JN441140

왓슨 분자생물학 7판

MOLECULAR BIOLOGY OF THE GENE

지은이 JAMES D. WATSON • TANIA A. BAKER
STEPHEN P. BELL • ALEXANDER GANN
MICHAEL LEVINE • RICHARD LOSICK

옮긴이 **양 재 섭**
강선철 · 김군도 · 김남우 · 김상해 · 김현희
박은정 · 배영석 · 백상기 · 송종태 · 이정섭
이준규 · 장종수 · 전성호 · 정계준

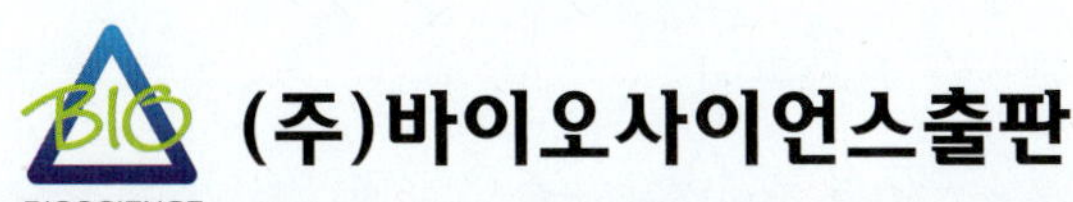

이 도서의 국립중앙도서관 출판시 도서목록 (CIP)은 e-CIP 홈페이지
(http://www.nl.go.kr/cip.php)에서 이용하실 수 있습니다.
(CIP 제어번호: 2014005891)

왓슨 분자생물학 7판

초판 인쇄: 2014년 3월 3일
초판 발행: 2014년 3월 10일
지은이: Watson, Baker, Bell, Gann, Levine, Losick
옮긴이: 양재섭, 강선철, 김균도, 김남우, 김상해, 김현희, 박은정,
배영석, 백상기, 송종태, 이준규, 장종수, 전성호, 정계준
발행인: 문정구
편집총괄: 이종률
교정·교열: 홍수희
영업총괄: 한상정
기획총괄: 최성원
발행처: (주)바이오사이언스출판
주 소: 137-060 서울특별시 서초구 효령로2길 10, 201호(방배동, 호산빌딩)
전 화: (02)581-4057~8 팩 스: (02)581-4059
이메일: inquiry@biosciencepub.com
홈페이지: http://www.biobooks.co.kr
ISBN: 978-89-6824-016-4 93470
등록번호: 제22-3079호
값 45,000원

(주)바이오사이언스출판

지은이 머리말

MOLECULAR BIOLOGY OF THE GENE 신판(7판)은 1953년 DNA 구조가 발견된 지 60주년이 되는 해에 발간되며 축하의 의미를 담아 표지를 디자인하였다. DNA 두 가닥의 염기가 독특한 짝을 맞춰 이루어진 이중나선 구조는 이 시대에 과학의 아이콘이 되었다. 19세기가 끝나갈 무렵에는 현미경 그림이 과학의 아이콘이라 할 수 있었는데, 20세기 중반으로 오면서 전자궤도가 그려진 원자가 그 역할을 대신했다. 그러나 20세기 말 원자 이미지는 점점 이중나선에게 그 자리를 양보하고 말았다.

우리가 이해하는대로 분자생물학 분야는 DNA 구조의 발견과 곧바로 이어 제기된 연구 주제들과 함께 탄생하였다. 왓슨과 크릭이 투고한 이중나선에 관한 논문은 오늘날 매우 유명한 문장이 된 "우리가 바로 제시한 독특한 짝맞춤이 유전물질에 대한 복제 기작일 가능성을 제시한다는 점을 눈여겨보았다"로 마무리되어있다. 이 구조는 DNA에 관한 새로운 연구의 길을 열어주면서, 분자적 수준에서 어떻게 복제되는지와 유전자가 세대를 통하여 어떻게 전달되는지를 암시하였다. 계속 뒤를 이어 DNA 분자 위의 염기 배열순서가 "유전암호"를 표현할 수 있다는 사실과 유전학의 엄청난 이차적 신비에 대한 공격—유전자가 형질을 암호화하는 방법—이 닻을 올리고 출항하게 되었다.

DNA 이중나선이 제안된 지 불과 12년이 지난 1965년 이 책의 초판이 출간될 때까지, 암시한 모델대로 DNA 복제가 이뤄진다는 것이 확인되었고, 유전암호가 거의 해결되었으며, 유전자 발현 기작과 유전자 조절에 관한 개요가 수립되었다. 분자생물학 주제에 관한 학부 과정의 교과목이 처음으로 정의되면서 본서의 초판은 이 분야 최초의 교과서로 자리매김하였다.

초판이 출판된 이래 과거 48년 동안 위에 열거한 주요 기작들에 관한 이해는 DNA 서열분석법을 포함하여 여러 기술적 진보에 의해 급격하게 폭이 확대되기도 했었다. 금년은 인간유전체계획(Human Genome Project)이 완성된 지 10주년이 되는 또 다른 기념비적 해이기도 하다. 그런 의미에서 이 책은, 초판에서 다루었던 분자생물학 분야의 핵심적 지식의 틀과, 그 동안 성취된 기작에 관한, 생물학적, 그리고 진화적 이해라는 경이적 이해들의 양 측면에서 모두 축하하는 바이다.

7판에서의 새로운 점

신판에는 주요한 변화를 대단히 많이 수록하였다. 구성의 변화와 완전히 새로운 장의 추가를 포함하여 폭넓은 지식의 보충뿐만 아니라 기존의 장에도 새로운 주제들을 추가하였다.

- 고분자의 구조와 연구에 관한 새로운 2부. 새로운 2부에는 주요한 세 가지 고분자를 한 장씩 배치하였다. DNA에 관한 장은 6판을 거의 유지하였으나 전판의 장 끝에 간단하게 한 절로 다루었던 RNA의 구조는 독립된 한 장(5장)으로 확장하였다. 단백질의 구조에 관한 6장은 스테판 해리슨 교수(하버드대학교)가 완전히 새로 저술하였다.
- 연구기법에 관한 장은 책의 끝부분에서 2부 끝부분으로 옮겨 배치. 연구기법에 관한 7장은 수정하여 재배치하였는데 책 전체를 통하여 참고해야 할 중요한 연구기법들을 소개하고 있다. 분자생물학 전반에 걸쳐 사용되는 많은 기본 연구기법에 덧붙여, 7장에서는 분자생물학자들이 통상적으로 사용하는 많은 유전체 연구기법에 관해 새롭게 향상시킨 마디(section)를 포함하고 있다. 특정한 장에서 좀 더 특수화된 연구기법에 관해서는 각 장의 글상자를 활용하였다.

- **생명의 기원과 초기 진화에 관해 완전히 새로운 장.** 17장은 분자생물학과 생화학의 연구기법이 생명의 기원-(재구성까지)-에 관해 어떻게 고려하도록 허용하는가를 보여주고 또 시험관에서 생명을 창조하는 데 대한 전망을 다루고 있다(합성생물학). 이 장은 또 생명체의 아주 초기 단계에서 분자적 과정이 어떻게 진화에 연결되어 있는지까지 보여준다.
- **유전자 조절의 다수 관점에 대한 새 자료.** 이 책의 5부는 유전자 조절에 관해 관심을 가진다. 본 7판에서는 세균 집단의 쿼룸 감지(quorum sensing), 세균의 CRISPR 방어체계와 동물의 piRNA, 폴리콤(Polycomb)의 기능, 고등 진핵생물에서 유전자 조절의 소위 "후성적" 기작 등과 같은 의미 있는 새로운 주제에 관해 소개하고 있다. 동물이 발생하는 동안 많은 유전자에 존재하는 "멈춰 있는 중합효소" 조절과 유전자가 활성화하는 동안 프로모터에서 뉴클레오솜의 자리잡기와 재구성에 대한 결정적 관련성도 이번 7판에서 새로 선보이는 주제들이다.
- **장의 끝에 있는 연습문제.** 이번 7판에서 연습문제를 처음으로 시도하였는데, 간략한 정답과 자료 분석 질문을 포함하고 있다. 책의 뒷부분 부록 2에 짝수 문제 정답을 수록하였다.
- **최근 연구 발전을 반영하는 새로운 실험과 실험 접근방법.** 새로운 실험 접근방법과 연구의 지평을 넓혀준 응용을 종합하여 책에 실었다. 예를 들면, 유전암호가 어떻게 실험적으로 신기한 단백질을 생산하도록 확장되는지에 대한 기술, 생명에 필요한 최소한의 형태를 확인하기 위한 합성 유전체의 창조, 뉴클레오솜의 자리잡기를 분석하는 새로운 유전체 확장 분석(genome-wide analysis), 세균의 바이모달 스위치(bimodal switch)에 관한 실험, 병리과정에 필수인 쿼럼 감지 경로를 목표로 하는 새로운 항세균 약품이 어떻게 디자인되었는지 등에 관해 서술하고 있다.

콜드 스프링 하버 연구소 사진

이전 판에서와 마찬가지로 각 부의 도입에는 몇 장의 사진이 실려 있는데, 이번 신판에 새로이 몇 개를 추가하였다. 콜드 스프링 하버 연구소 기록보관실에서 선별한 이 사진들은 대부분 1933년 이래 거의 매년 여름 이 연구소에서 개최되는 심포지엄 동안 촬영한 것이다. 제목을 보면 사진의 인물이 누구인지 또 언제 찍었는지 알 수 있다. 이 역사적인 사진의 더 많은 예는 콜드 스프링 하버 연구소 기록보관실 웹사이트(http://archives.cshl.edu/)에서 찾아볼 수 있다.

감사의 말씀

이번 판의 일부는 저자 중 한 사람(RL)이 하버드대학교에서 강의한 분자생물학 입문에서 시작되었다. 저자는 과거 수년간 이 과정에 공헌한 스티브 해리슨(Steve Harrison)과 짐 왕(Jim Wang)에게 감사를 표한다. 스티브 해리슨의 경우, 이번 새 판에서 특별히 단백질 구조에 대한 새로운 장을 저술하고 그림을 그린 것에 대해 특히 감사드린다. 그러한 작업을 이렇게 훌륭하게 해낼 수 있는 분은 아마 잘 없을 것이며, 덕분에 이 책이 엄청수준 높은 좋은 책이 되었고 그런 점에서 넘치는 감사를 표하는 바이다.

저자들은 부록 1의 선충 마디를 작성한 크레이그 헌터(Craig Hunter)와, 같은 부록의 애기장대 마디를 작성한 로브 마르티엔센(Rob Martienssen)에게 특별히 감사드린다.

우리는 각 마디의 원고를 다양한 동료들에게 보여주었고, 그들의 의견은 매우 유용하였다. 특별히, 카츄라 아사노(Katsura Asano), 스티븐 블랙로(Stephen Blacklow), 제이미 케이트(Jamie Cate), 에이미 카우디(Amy Caudy), 이렌 첸(Irene Chen), 빅토리아 드수자(Victoria D'Souza), 리차드 에브라이트(Richard Ebright), 마이크 아이센(Mike Eisen), 크리스 프롬(Chris Fromme), 브랜톤 그래블리(Brenton Graveley), 크리스 하멜(Chris Hammell), 스티브 한(Steve Hahn), 올리버 호버트(Oliver Hobert), 앤 호취쉴드(Ann Hochschild), 짐 후(Jim Hu), 데이비드 예루살미(David Jeruzalmi), 리모르 조슈아토(Leemor Joshua-Tor), 샌디 존슨(Sandy Johnson), 앤드류 놀(Andrew Knoll), 애드리안 크라이너(Adrian Krainer), 줄리안 루이스(Julian Lewis), 수 로베트(Sue Lovett), 캐롤라인 루거(Karoline Luger), 크리스틴 린치(Kristen Lynch), 로브 마르티엔센(Rob Martienssen), 빌 맥기니스(Bill McGinnis), 매트 마이클(Matt Michael), 릴리 미렐스(Lily Mirels), 니팜 파텔(Nipam Patel), 마크 타시네(Mark Ptashne), 대니 라인버그(Danny Reinberg), 디미터 사셀러브(Dimitar Sasselove), 데이비드 쉐크너(David Shechner), 사라 스튜어트-무코아드하이에이(Sarah T.Stewart-Mukhoadhyay), 브루스 스틸만(Bruce Stillman), 그리고 잭 스조스타크(Jack Szostak)에게 감사드린다.

또한 그림을 제공하거나 그림을 그릴 수 있는 단서를 제공한 신 캐롤(Sean Carroll), 세스 다스트(Seth Darst), 폴 프란츠(Paul Fransz), 브랜톤 그래블리(Brenton Graveley), 앤 호취쉴드(Ann Hochschild), 줄리안 루이스(Julian Lewis), 빌 맥기니스(Bill McGinnis), 피비 라이스(Phoebe Rice), 댄 로크사(Dan Rokhsar), 노리 사토(Nori Satoh), 매트 스코트(Matt Scott), 알리 실라티파드(Ali Shilatifard), 피터 소저(Petter Sorger), 탐 스타이츠(Tom Steitz), 안제이 스테시악(Andrzej Stasiak), 댄 보이타스(Dan Voytas)와 스티브 웨스트(Steve West)에게도 감사를 드린다.

이번 신판에 새롭게 도입된 각 장 끝에 있는 연습문제는 메리 엘렌 윌트라우트(Mary Ellen Wiltrout)가 제공하였으며, 우리는 신판을 향상시킨 그녀의 노력에 감사를 표한다. 덧붙여 메리 엘렌(Mary Ellen)은 DNA 수선에 관한 장에도 도움을 주었다.

우리는 모든 구조 그림을 그토록 아름답게 그려준 리모르 조슈아토(Leemor Joshua-Tor)에게 고마움을 전한다. 그녀의 노련한 기술과 참을성에 깊이 감사드린다.

우리는 또한 소프트웨어를 제공한 퍼 크롤리스(Per Kraulis), 로버트 에스노프(Robert Esnouf), 에단 메리트(Ethan Merrit), 배리 호니그(Barry Honig)와 워렌 델라노(Warren Delano)에게 감사드린다.[1] 단백질 자료 은행(Protein Data Bank, www.rcsb.org/pdb/)으로부터 협조를 받았고, 각각의 구조를 해결한 분들에 대한 인용을 그림 설명에 포함하였다.

삽화 프로그램은 크레이그 듀랜트(Craig Durant)가 이끄는 드래곤플라이 미디어(Dragonfly Media) 그룹의 유능한 팀에 의해 다시 완성되었다. 데니스 바이스(Denise Weiss)와 마이크 알바노(Mike Albano)는 아름다운 표지를 디자인하여 만들었다. 우리는 각 부의 도입에 사용된 사진을 제공하고 그것들을 찾는 데 많은 도움을 준 클레어 분스(Clare Bunce)와 콜드 스프링 하버 연구소 기록보관실에 감사드린다.

우리들의 노력을 보살펴주고 항상 가까이서 도와주고 충고해준 피어슨(Pearson)의 조슈 프로스트(Josh Frost)에게 감사한다. 장 아르젠틴(Jan Argentine)은 콜드 스프링 하버 출판사에서 작업이 진행되는 동안 전 과정을 통하여 다양한 지원과 안내를 아끼지 않았고 또 균형감각을 가지고 일하도록 도와주었다. 우리의 변함없는 구세주 카렌 얀센(Kaaren Janssen)은 다시 한 번 더 편집과 구성, 격려와 이해로 도와주었고 심지어 힘들어 할 때에 아낌없는 유머로 위로해주었기에 가슴 깊은 곳으로부터 감사를 전하고 싶다. 아이네즈 시알리아노(Inez Sialiano)는 원고의 교정을, 캐롤 브라운(Carol Brown)은 언제나처럼 효율적으로 저작권 관련 문제를 처리하였다. 제작과정 동안, 우리는 캐슬린 부베오(Kathleen Bubbeo)의 비범한 노력과 인내심에 의지하였었는데, 최상의 고마움을 표시하는 바이다. 제작 과정을 감독하고 페이지 배정에서 디자인에 이르기까지 이 책을 멋지게 꾸며 준 데니스 바이스(Denise Weiss)에게 감사드린다. 존 잉글리스(John Inglis)는 언제나처럼 출판의 전 과정에서 좋은 작업환경을 창조해 주었다.

그리고 또 다시 한 번, 세 번째로 책을 만드는 일을 참고 견디어준 우리의 가족들에게 감사드린다.

제임스 왓슨(James D. Watson)
태니어 베이커(Tania A. Baker)
스티븐 벨(Stephen P. Bell)
알렉산더 간(Alexander Gann)
마이클 레바인(Michael Levine)
리처드 로식(Richard Losick)

[1]Per Kraulis granted permission to use MolScript (Kraulis P.J. 1991. MOLSCRIPT: A program to produce both detailed and schematic plots of protein structures. *J. Appl. Cryst.* **24:** 946–950). Robert Esnouf gave permission to use BobScript (Esnouf R.M. 1997. *J. Mol. Graph.* **15:** 132–134). In addition, Ethan Merritt gave us use of Raster3D (Merritt E.A. and Bacon D.J. 1997. Raster3D: Photorealistic molecular graphics. *Methods Enzymol*. **277:** 505–524), and Barry Honig granted permission to use GRASP (Nicolls A., Sharp K.A., and Honig B. 1991. Protein folding and association: Insights from the interfacial and thermodynamic properties of hydrocarbons. *Proteins* **11:** 281–296).Warren DeLano agreed to the use of PyMOL (DeLanoW.L. 2002. *The PyMOL Molecular Graphics System*. DeLano Scientific, Palo Alto, California).

지은이 소개

제임스 왓슨(James D. Watson)은 1968년부터 1993까지 콜드 스프링 하버 연구소(Cold Spring Harbor Laboratory)의 소장(Director)을 역임하였으며 1994년부터 2003년까지 총장(President)을, 2003년부터 2007년까지 대표총장(Chancellor)을 거쳐 현재는 명예대표총장(Chancellor Emeritus)으로 재직 중이다. 시카고대학교(University of Chicago)를 졸업하고 1950년, 인디애나대학교(Indiana University)에서 박사(Ph.D.) 학위를 받았다. 1950년에서 1953년 사이에 코펜하겐과 잉글랜드의 캠브리지에서 박사후과정 연구를 수행하였는데, 캠브리지에서 연구하는 동안, 훗날 1953년 DNA의 이중나선 구조를 밝혀낼 공동연구를 시작하였다. [이 발견으로 왓슨, 크릭(Francis Crick), 윌킨스(Maurice Wilkins)는 1962년에 노벨상을 수상하였다.] 1953년 후반에 캘리포니아 공과대학(California Institute of Technology)으로 갔고, 1955년 하버드로 옮겨 1976년까지 강의하면서 RNA 합성과 단백질 합성에 관한 연구를 수행하였다. 1989년에 국립보건원(NIH)의 국립유전체연구센터의 초대 소장으로 취임하여 1992년까지 일하였다. 왓슨 박사는 *Molecular Biology of the Gene*의 초판, 2판, 3판에서는 혼자서 책을 저술하였고, 4판과 5판 그리고 6판에서는 공동으로 참여하였다. 본서는 1965년에 초판이 발간된 이래, 1970년, 1976년, 1987년, 2003년, 2007년에 각각 개정판이 출판되었다. 또 왓슨은 다른 두 교과서, *Molecular Biology of the Cell*과 *Recombinant DNA*의 공동 저자이다. 이뿐만 아니라 1968년 기념비적 회고록이라 할 수 있는 *The Double Helix*을 출판하였는데, 이 책은 2012년 도서관 협회에 의해 미국을 만든 88권의 책으로 선정되었다.

태니어 베이커(Tania A. Baker)는 MIT의 학과장이자 화이트헤드 석좌교수이며 하워드 휴즈 의학연구소(Howard Hughes Medical Institute)의 연구원이다. 위스콘신대학교(University of Wisconsin, Madison)에서 생화학으로 이학사(B.S)를, 그리고 1988년에 스탠퍼드대학교(Stanford University)에서 생화학으로 박사(Ph.D) 학위를 받았다. 그녀의 대학원 과정 실험은 콘버그(Arthur Konberg)의 연구실에서 수행되었으며 DNA 복제의 개시 기작에 초점을 맞추었다. 그 후 NIH의 미추치(Kiyoshi Mizuuchi) 박사 실험실에서 DNA 전위(transposition)의 조절에 관한 주제로 박사후연구 과정을 거쳤고, 현재는 유전적 재조합의 기작과 조절, 효소에 의한 단백질 풀림, 그리고 ATP 의존 단백질 분해 등의 주제를 탐구하고 있다. 베이커 교수는 미국 미생물학회가 수여하는 2001 엘리 릴리 연구상과 2000 MIT 우수교수상을 수상하였다. 2004년에는 미국예술과학아카데미 회원, 그리고 2007년에는 국립과학아카데미 회원으로 선출되었다. 콘버그(Arthur Konberg)와 함께 *DNA Replication* 2판의 지은이다.

스티븐 벨(Stephen P. Bell)은 MIT의 생물학 교수이며 하워드 휴즈 의학연구소의 연구원이다. 노스웨스턴대학교(Northwestern University) 생화학, 분자생물학, 그리고 세포생물학과와 통합과학 프로그램에서 이학사(B.S.)를 받고, 1991년에 캘리포니아대학교(University of California, Berkely)에서 생화학으로 박사(Ph.D.) 학위를 받았다. 그의 대학원 과정 실험은 치안(Robert Tjian) 박사의 연구실에서 수행되었으며 진핵세포의 전사에 초점을 맞추었다. 박사후연구로는 콜드 스프링 하버 연구소의 스틸만(Bruce Stillman) 박사의 연구실에서 진핵세포 DNA 복제의 개시에 관한 주제를 다루었으며, 현재는 진핵세포 염색체의 복제를 조절하는 기작에 초점을 두고 연구하고 있다. 벨 교수는 2001 ASBMB-쉐링 플라우 과학업적상과 1998년에 MIT에서 에버레트 무어 베이커 기념 우수교수상,

2006년 MIT 과학대학 우수교수상, 2009년 국립과학학술원 분자생물학상을 받은 바 있다.

알렉산더 간(Alexander Gann)은 콜드 스프링 하버의 왓슨 생명과학대학(Watson School of Biological Sciences)의 리타 안넨버그 하젠(Lita Annenberg Hazen) 학장과 교수이며 콜드 스프링 하버 출판사의 선임 편집인(Senior Editor)이다. 런던대학(University College London)에서 미생물학으로 이학사(B.Sc)를 받고 1989년 에딘버러대학교(University of Edinburgh)에서 분자생물학을 전공하여 박사(Ph.D)학위를 받았다. 그의 대학원 과정 실험은 머레이(Noreen Murray) 연구실에서 수행되었으며 주제는 제한효소에 의한 DNA 인식에 초점을 맞추었다. 박사후연구로는 하버드의 타슌(Mark Ptashne)의 연구실에서 전사 조절에 관한 일을 하였고, 또 런던대학의 루드비히 암연구소(Ludwig Institute of Cancer Research)의 브록스(Jeremy Brokes) 연구실에서 영원(newt)의 사지 재생에 관한 연구를 수행하였다. 콜드 스프링 하버로 옮기기 전, 1996년부터 1999년까지 잉글랜드의 랭커스터대학교(Lancaster University)의 강사로 재직하였다. 타슌과 함께 *Genes & Signals*(2002)의 지은이이며, 잰 위트코브스키(Jan Witkowski)와 함께 *The Annotated and Illustrated Double Helix*(2012)의 지은이다.

마이클 레바인(Michael Levine)은 버클리 캘리포니아대학교(UC, Berkely)의 유전학, 유전체학 및 발생학 교수이며, 통합유전체센터(Center for Intergrative Genomics)의 공동소장(Co-Director)을 겸하고 있다. 버클리 캘리포니아대학교(University of California, Berkeley) 유전학과에서 이학사를 받고 1981년 예일대학교(Yale University) 분자생물리학 및 생화학과에서 개런(Alan Garen)과 함께 박사(Ph.D)학위를 받았다. 1982년에서 1984년까지 게링(Walter Gehring), 루빈(Gerry Rubbin)과 함께 박사후과정을 수행하였는데, 초파리 발생에 관한 분자유전학을 연구하였다. 현재 레바인 교수 그룹은 초파리(*Drosophila*)와 멍게(*Ciona*)의 낭배형성을 담당하는 유전자 그물망에 관한 연구를 계속하고 있다. 레바인 교수는 또 버클리 캘리포니아대학교의 유전학과 발생학의 윌리엄즈(F. Williams) 석좌교수이기도 하다. 1996년 국립과학아카데미로부터 분자생물학 분야에서 몬산토상(Monsanto Prize)을 수상하였으며, 1996년에 미국예술과학아카데미 회원, 1998년에 국립과학아카데미 회원으로 선출되었다.

리처드 로식(Richard M Losick)은 Harvard College Professor로 임명된 마리아 무어스 카보트 생물학 석좌교수이며, 하버드대학교의 문리과대학 하워드 휴즈 의학연구소 교수이다. 프린스튼대학교에서 화학으로 학사를 받고, MIT에서 생화학으로 박사(Ph.D.) 학위를 받았다. 대학원 과정을 마침에 따라 하버드 펠로우회로부터 주니어 펠로우로 임명을 받았고, 그때에 세균의 RNA 중합효소와 유전자 전사 조절에 관한 연구를 시작하였다. 하버드대학교의 세포 및 발생생물학과와 분자 및 세포생물학과의 학과장을 역임하였다. 까미유와 앙리 드레퓌스 우수교수상을 수상하였고, 국립과학아카데미 회원, 미국예술과학아카데미 펠로우, 미국과학진흥협회 펠로우, 미국미생물아카데미 펠로우이고, 미국철학회 회원, 파이 베타 카파 협회의 객원연구원을 역임하였다. 로식 교수는 2007년에 국립과학아카데미가 수여하는 셀만 웍스만 상, 2009년 캐너더 게어드너 상, 2012년에 컬럼비아대학교 루이저 그로스 호르비츠 상(생물학 혹은 생화학) 2012년에 하버드대학교 파니 콕스 상(과학교육 우수상)을 수상하였다.

7판 옮긴이 머리말

원제목이 유전자의 분자생물학(*MOLECULAR BIOLOGY OF THE GENE*)인 책을 『왓슨 분자생물학』이라 이름 붙여 세 번째 번역 출판하게 되었습니다. 2007년 5판을 처음 번역한 이래 2010년에 6판을 그리고 이제 7판을 선보이게 되는데, 이렇게 판을 거듭할 수 있게 된 것은 그 동안 독자들이 보내 주신 따뜻한 성원 덕분이며 마음 깊은 곳으로부터 고마운 마음을 전합니다. 원저자가 워낙 유명한 분(들)이라는 점 때문에 함께 옮긴이들도 덩달아 영광을 누리게 되어 송구스럽기도 합니다. 세 번 작업을 해보니 이제 좀 감이 잡히는 것 같아 좀 더 완성도를 높일 수 있을 것이라 자평해 보기도 하지만 번역이라는 작업 자체가 늘 불완전할 수밖에 없다는 생각에는 변함이 없습니다.

1953년 DNA 구조를 발견한 장본인이며 이제 80대 후반에 접어든 분자생물학의 대석학 제임스 왓슨(James Watson, 1928~) 박사가 노련한 경륜을 가지고 책 전체를 끊임없이 보완하여 나가는 과정을 보면서 그의 학문적 열정과 후학들에 대한 애정에 경의를 표합니다. 학부과정에서 다뤄야 할 분자생물학의 범위와 내용을 최초로 규정하고 또 그에 걸맞은 교과서를 개발한 지 반세기가 되어 가는데, 이 책은 그 동안의 경이로운 발전을 거듭한 분자생물학의 내용을 고스란히 담아낸, 가히 분자생물학의 경전이라 할 수 있을 것입니다.

DNA 구조 발견 60주년을 축하하는 금년에 우리나라는 정전협정 60주년을 맞이하였습니다. 다른 나라들이 생명과학의 발전을 통해 새 역사를 준비하고 있는 사이에 우리는 민족이 분단되고 또 전쟁의 포화 속에 있었던 것을 생각하면 가슴이 저리고 아픕니다. 그래도 그 동안 애쓴 보람이 있어 대한민국의 분자생물학 수준이 미흡한 부분이 없지 않지만 세계와 어깨를 겨룰 만큼 성장했습니다. 그런 의미에서 세계적인 저서를 원저와 거의 동시에 한국어판을 출판할 수 있게 된 것도 보람 중 하나가 되겠습니다.

이번에도 여전히 (주)바이오사이언스출판 문정구 대표이사님과 홍수희 팀장님을 비롯한 편집부 여러분의 정성 어린 수고를 잊을 수 없습니다. 마지막으로 이 책을 가지고 공부한 독자들이 한국 분자생물학의 전통을 훌륭하게 이어나가고 뿐만 아니라 새롭게 창조함으로 인류의 생명과 평화에 이바지하기를 바라는 마음 간절합니다.

2013년 12월
함께 옮긴이들

6판 옮긴이 머리말

생물학의 거의 모든 분야가 분자생물학의 패러다임으로 전환된 시대에 우리가 살고 있습니다. 말하자면 생물학과 분자생물학은 사실상 같은 말이라고 해도 과히 틀린 말이 아닐 정도로 분자생물학적 사고방식은 생명을 탁월하게 분석해내는 보편적인 해석의 도구가 되었습니다. 1869년 미셔(Johann F. Miescher)에 의해 핵산의 존재가 발견되고, 1928년~1944년 사이에 DNA가 유전물질이라는 증거를 확인하였으며, 그 동안에 분자생물학이라는 용어가 사용되기 시작하였지만, 실제로 분자생물학이 활성화된 시대는 아마도 유전자의 본체인 DNA의 이중나선 구조가 밝혀진 1953년 이후라 할 수 있을 것입니다. 이를 밝혀낸 왓슨(James Watson)과 크릭(Francis Crick)의 빛나는 업적은 오늘날 찬란한 생명과학 내지 생명공학의 시대를 있게 한 역사적 사건의 원류입니다.

그 유명한 왓슨 박사의 『유전자의 분자생물학(*Molcular Biology of the Gene*)』을 『왓슨 분자생물학』이라는 책 이름을 붙여 우리말로 번역 출판하게 되었습니다. 초판부터 3판까지는 왓슨의 단독 저서였고 4판 이후 각 분야의 쟁쟁한 동료들과 공동작업을 하여 6판에 이르렀으며, 유전체 시대에 현대적 감각을 충분히 살려 정교하게 잘 엮어진 책이라는데 의심의 여지가 없을 것입니다. 지은이의 표현대로 “원리를 중요하게 여긴다는 철학”을 금과옥조로 삼으면서도 바이오시대에 적응성과 응용성을 골고루 맛 볼 수 있게 차려진 진수성찬이 될 것입니다. 특히 6판은 본격적으로 염기서열을 분석해 내는 시대에 걸맞게 수정 보완되었고 조절 RNA에 대한 관심과 시스템생물학의 출연에 따른 변화를 적절히 설명하고 있습니다. 내용 자체에 대한 개괄적인 설명은 지은이 머리말에 소상하게 서술되어 있기에 여기에서는 말을 줄이기로 하겠습니다.

이렇게 좋은 분자생물학 책을 우리말로 옮겨 독자들의 학업에 도움을 주자는 단순한 생각에서 전국 주요 대학의 분자생물학 혹은 유전학 강의를 담당한 15명의 교수들로 번역진을 구성하여 작업을 시작하였습니다. 너무 많은 숫자라고 생각하였지만 교육과 연구, 그리고 봉사의 과중한 업무에 시달리는 교수들이 전적으로 여기에만 매달리는 것이 불가능하다는 판단 아래 다수의 번역자가 심도 있는 공동의 노력을 기울이기로 하였던 것입니다. 가능하면 아름다운 우리말을 살리고 독자들이 쉽게 읽을 수 있도록 노력하였으며 전체적인 통일성에도 신경을 곤두 세웠지만 그리 쉬운 작업이 아니었음을 고백합니다.

우선 각자 나누어서 초역을 하고 1차 통일/수정 작업을 하여 출판사에서 초고를 편집 완성하였습니다. 초고는 처음 옮긴이들이 점검한 후, 책임 옮긴이가 최종적으로 검토하는 과정을 거쳤습니다. 나름대로 세심한 과정을 거쳤다고는 하여도 번역이라는 작업 자체가 완전성을 기하기 어렵다는 생각은 우리 모두의 경험을 통하여 잘 알고 있습니다. 본의 아니게 원저자의 본뜻을 훼손한 부분이 있을 것으로 생각되는 바, 이는 독자들의 따가운 질책과 따스한 성원을 통하여 앞으로 고쳐나가도록 하겠습니다.

이 책이 나오도록 인내로 기다리시며 책을 만들어 주신 (주)바이오사이언스출판의 문정구 사장님, 그리고 실무를 맡아 능숙한 솜씨로 성실하게 편집을 담당한 이종률, 홍수희 팀장님과 편집부 여러분께 고마운 마음을 전합니다.

외국어로 된 책을 우리말로 옮긴다는 일이 대학에서 가르치는 일에 종사하고 있는 저희들에게는 보통 있는 일상이지만, DNA 이중나선 구조를 밝힌 장본인이자 또 노벨상 수상자이기도 하여 세계적 명성을 얻고 있는 분의 책이라는 점에서 옮긴이들이 감히 감당하기 어려운 영광이기도 합니다. 유전자를 총체적으로 다루는 유전체에 관한 모든 것을 탁월하게 풀어낸『왓슨 분자생물학』이 독자들에게 생명체계에 대한 새로운 지평을 열어주고 생명에 대한 창조적인 사고를 진작시키는 길잡이가 될 것으로 믿어 의심치 않습니다. 이 책을 가지고 공부한 독자들 가운데서 훌륭한 분자생물학자들이 많이 배출되기를 기대하며 이 기쁨을 모든 독자들과 함께 나누고 싶습니다.

2010년 2월

함께 옮긴이들

옮긴이 소개

양 재 섭 (총괄)
서울대학교 생명과학부 이학사
서울대학교 생명과학부 이학박사
California Institute of Technology 생물학부 교환교수
(현) 대구대학교 의생명과학과 명예교수
jsyang@daegu.ac.kr

■ **강 선 철 (12장)**
서울대학교 응용생물화학부 농학사
KAIST 생물공학과 이학박사
National Institutes of Health (NIH) 연구원
(현) 대구대학교 생명공학과 교수
sckang@daegu.ac.kr

■ **김 군 도 (8장)**
경상대학교 환경생명화학전공 농학사
University of Glasgow(UK) 생화학/분자생물학부 이학박사
National Institute of Health(NIH) 박사후 연구원
(현) 부경대학교 미생물학과 교수
gundokim@pknu.ac.kr

■ **김 남 우 (21장)**
전북대학교 생물교육과 이학사
중앙대학교 생물학과 이학박사
National Institute of Health(NIH) 연구교수
(현) 대구한의대학교 한약자원학과 교수
tree@dhu.ac.kr

■ **김 상 해 (13, 14장)**
부산대학교 생물학과 이학사
서울대학교 생명과학부 이학박사
National Institute of Health(NIH) 연구교수
(현) 인제대학교 생명과학부 교수
bioshkim@inje.ac.kr

■ **김 현 희 (9장)**
경북대학교 생물학과 이학사
경북대학교 생물학과 이학박사
University of Illinois, Crop Science Department 교환교수
(현) 삼육대학교 생명과학과 교수
kimhh@syu.ac.kr

■ **박 은 정 (18, 22장)**
이화여자대학교 생물학과 이학사
서울대학교 생명과학부 이학박사
아주대학교 의과대학 교수
University of California, San Diego 방문교수
(현) 국립암센터 국제암대학원 교수
ejpark@ncc.ac.kr

■ **배 영 석 (4~6장)**

경북대학교 농화학과 농학사
동경대학교 생화학과 이학박사
Cold Spring Harbor 연구소 박사후연구원
(현) 경북대학교 생명과학부 교수
ysbae@knu.ac.kr

■ **백 상 기 (1~3, 17장)**

서울대학교 생명과학부 이학사
서울대학교 생명과학부 이학박사
Albert Einstein College of Medicine 유전학과 연구원 및 객원강사
(현) 충남대학교 생명시스템과학대학 명예교수
sgpaik@cnu.ac.kr

■ **송 종 태 (11장)**

서울대학교 농화학과 농학사
서울대학교 농화학과 농학박사
University of Chicago 박사후 연구원
(현) 경북대학교 응용생명과학부 식물생명과학전공 교수
jtsong68@knu.ac.kr

■ **이 정 섭 (7장)**

조선대학교 생물교육과 이학사
서울대학교 생명과학부 이학박사
University of North Carolina(Chapel Hill) 병리 및 실험의학과 교환교수
(현) 조선대학교 의생명과학과 교수
jsplee@chosun.ac.kr

■ **이 준 규 (부록 1)**

서울대학교 생명과학부 이학사
서울대학교 생명과학부 이학박사
Memorial Sloan-Kettering Cancer Center 연구원
(현) 서울대학교 생물교육과 교수
joonlee@snu.ac.kr

■ **장 종 수 (15장)**

경북대학교 생물교육과 이학사
경북대학교 생물학과 이학박사
Mitsubishi Kasei Institute of Life Science 박사후연구원
(현) 대진대학교 생명과학과 교수
jchang@daejin.ac.kr

■ **전 성 호 (16, 20장)**

서울대학교 생명과학부 이학사
서울대학교 생명과학부 이학박사
Weizmann Institute of Science 박사후연구원
(현) 한림대학교 생명과학과 교수
sjeon@hallym.ac.kr

■ **정 계 준 (10, 19장)**

경상대학교 생물교육과 (이학사)
고려대학교 생물학과 (이학박사)
(현) 경상대학교 생물교육과 교수
jgiejoon@gsnu.ac.kr

요약 목차

1부

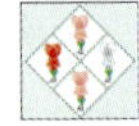 

역사 1

2부

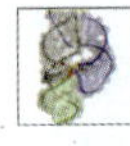 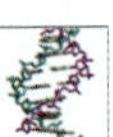

고분자의 구조와 연구 45

3부

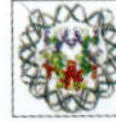 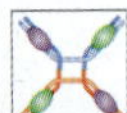

유전체의 유지 193

4부

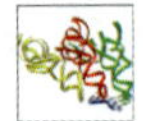 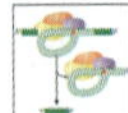

유전체의 발현 423

5부

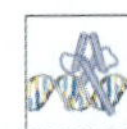 

조절 609

6부

부록 793

상세 목차

1부 역사 1

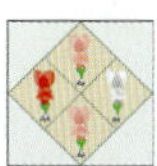

1 멘델의 세계관 5

2 유전정보를 전달하는 핵산 21

2부 고분자의 구조와 연구 45

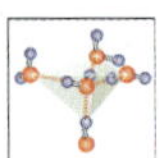

3 약한 그리고 강한 화학결합의 중요성 51

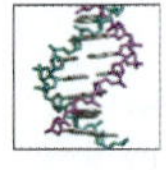

4 DNA 구조 77

5 RNA의 구조와 다능성 107

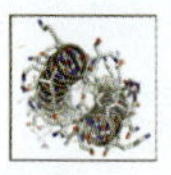

6 단백질 구조 121

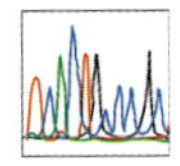

7 분자생물학 기법 147

3부 유전체의 유지 193

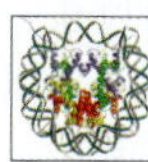

8 유전체 구조, 염색질 그리고 뉴클레오솜 199

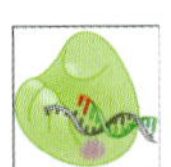

9 DNA 복제 257

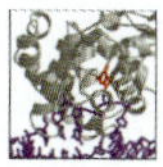

10 돌연변이 발생과 DNA 수선 313

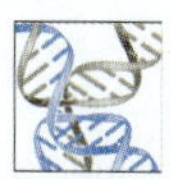

11 분자수준에서의 상동재조합 341

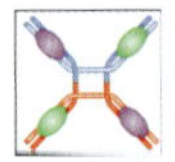

12 자리특이적 DNA 재조합과 전위 377

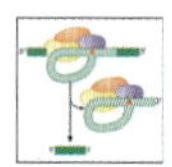

14 RNA 이어맞추기 467

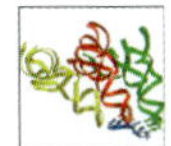

15 번역 509

16 유전암호 573

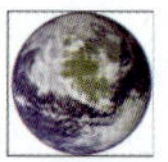

17 생명의 기원과 초기 진화 593

5부 조절 609

18 원핵생물의 전사 조절 615

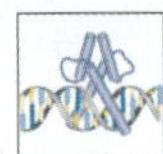

19 진핵세포의 전사 조절 657

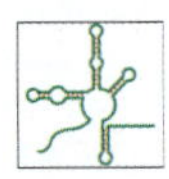

20 조절 RNA 701

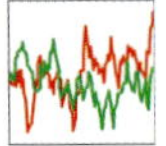

22 유전체분석 및 시스템생물학 775

6부 부록 793

부록 1 모델 생물체 797

글상자 목차

고급개념

핵심실험

의학관련

연구기법

PART 1

역사

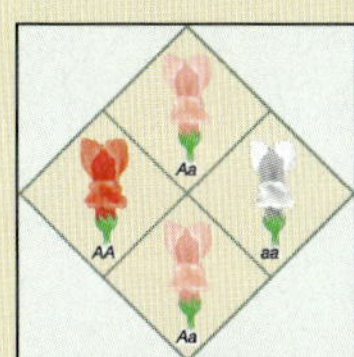

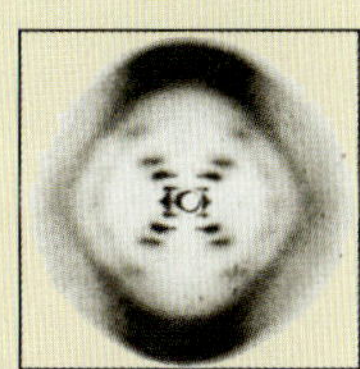

개요

이 책의 1부를 이루는 두 개 장은 다른 나머지 부분과는 달리 이전의 판과 내용이 크게 달라지지 않았다. 그 이유는 이전에도 그랬던 것처럼 오늘날에도 이 내용은 여전히 매우 중요하기 때문이다. 특히 1장과 2장은 유전학과 유전학의 분자적 기반이 어떻게 성립되었는지에 대한 역사적인 관점을 제공한다. 핵심 개념과 실험들이 설명되어 있다.

1장은 유전학 역사에서 토대가 되는 사건들을 다룬다. 유전의 기본 법칙을 밝힌 완두콩에 관한 멘델의 유명한 실험에서부터 하나의 유전자가 하나의 효소를 암호화한다는 개로드(Garrod)의 가설까지 모든 것을 논의한다. 2장에서는 DNA가 유전물질이라는 에이버리(Avery)의 발견으로부터 시작하여 DNA의 구조가 이중나선이라는 왓슨(Watson)과 크릭(Crick)의 제안과 유전암호의 규명을 거쳐 "중심원리(central dogma)" (DNA가 RNA를 "만들고" RNA가 단백질을 "만든다")의 설명으로 이어지고 계속된 분자생물학의 혁명적인 발전에 대해 다룬다. 2장은 수많은 생물체들의 유전체 염기서열이 완전히 결정된 후 이루어진 최근의 발전들과 이 서열이 현대 생물학에 끼칠 영향에 대한 논의로 끝을 맺는다.

콜드 스프링 하버 연구소 기록보관실 제공 사진

버넌 잉그램(Vernon Ingram), 마셜 니런버그(Marshall Nirenberg)와 마티아스 스테헬린(Matthias Staehelin), 고분자의 합성과 구조에 관한 1963년 심포지엄. 잉그램은 유전자가 단백질의 아미노산 서열을 조절한다는 것을 보여주었다. 낫꼴세포 빈혈증(sickle-cell anemia)을 일으키는 돌연변이는 헤모글로빈 단백질에서 단 하나의 아미노산 변화를 일으킨다(2장). 니런버그는 시험관 내에서 인공 RNA 주형에 의한 단백질 합성을 이용하여 유전암호를 푸는 데 중요한 역할을 했다(2, 16장). 이 업적으로 그는 1968년 노벨 생리의학상을 공동수상하였다. 스테헬린은 유전암호를 단백질의 아미노산 서열로 번역하는 tRNA라는 작은 RNA 분자들에 대해 연구하였다(2, 16장).

멜빈 캘빈(Melvin Calvin), 프란시스 크릭(Francis Crick), 조지 가모(George Gamow)와 제임스 왓슨(James Watson), 고분자의 합성과 구조에 관한 1963년 심포지엄. 캘빈은 식물의 CO_2 동화작용에 관한 연구로 1961년 노벨 화학상을 받았다. 왓슨과 크릭은 그들이 제안한 DNA 구조로 1962년 노벨 생리의학상을 공동수상하였다(2, 4장). 유전암호에 관한 문제들(2, 16장)에 매력을 느낀 물리학자인 가모(Gamow)는 뜻이 맞는 과학자들의 비공식 모임인 RNA 타이 클럽을 창립했다. (그는 이 사진에서 자기가 디자인한 그 모임의 타이를 매고 있다.)

레이먼드 애플야드(Raymond Appleyard), 조지 보엔(George Bowen)과 마르타 체이스(Martha Chase), 바이러스에 관한 1953년 심포지엄. 파지 유전학자인 애플야드와 보엔, 그리고 체이스를 볼 수 있다. 1952년에 알프레드 허시(Alfred Hershey)와 함께 체이스는 DNA가 유전 물질이라는 것을 대부분의 사람들에게 설득시킨 간단한 실험을 하였다(2장).

막스 퍼루츠(Max Perutz), 3차원에서의 단백질의 구조와 기능에 관한 1971년 심포지엄. 퍼루츠는 존 켄드루(John Kendrew)와 1962년 노벨 화학상을 공동 수상하였다. X선 결정학을 이용하여 25년간의 노력 끝에 그들은 각각 헤모글로빈과 미오글로빈의 단백질 구조를 원자수준에서 처음으로 알아냈다(6장).

시드니 브레너(Sydney Brenner)와 제임스 왓슨(James Watson), 시냅스에 관한 1975년 심포지엄. 왓슨과 함께 있는 브레너는 mRNA와 유전암호의 본질(2, 16장)을 발견하는 데 기여하였다. 그는 2002년 예쁜꼬마선충을 발생생물학 연구의 모델 시스템으로 확립(부록 1)한 공로로 노벨상을 수상하였다.

프란시스 크릭(Francis Crick), 고분자의 합성과 구조에 관한 1963년 심포지엄. DNA 구조를 밝힌 역할 외에도 크릭은 이 분야의 초창기에 지적으로 분자생물학의 발전을 주도적으로 이끌었다. 그의 "매개자(adaptor) 가설"(RNA 타이 클럽에서 발간한 뉴스레터)은 RNA의 유전암호가 단백질의 아미노산 서열로 번역되는데 어떤 분자가 필요하다고 추측하였다. 나중에 tRNA가 그 역할을 한다고 밝혀졌다(15장).

시모어 벤저(Seymour Benzer), 시냅스에 관한 1975년 심포지엄. 파지 유전학을 사용하여 벤저는 돌연변이의 가장 작은 단위를 정의하였는데 이는 나중에 단일 뉴클레오티드로 밝혀졌다(1장, 부록 1). 또한 같은 연구에서 기능적 보상법(functional complementation test)을 사용하여 실험적으로 유전자를 정의하였는데 그는 이를 시스트론(cistron)이라 하였다. 후에 그는 초파리를 모델로 행동(behavior)에 대해 연구하였다.

캘빈 브리지스(Calvin Bridges), 생장에 관한 1934년 심포시엄. 사진에서 신문을 읽고 있는 브리지스는 초파리(*Drosophila*)가 유전적 모델 생물체로 발전하도록 선구적 역할을 한 모건(T. H. Morgan)의 유명한 "초파리 그룹"의 일원이었다(1장, 부록 1). 그와 함께 있는 사람은 존 벅홀츠(John T. Buchholtz)로 당시 CSHL에 여름 방문자로 와 있던 식물 유전학자로 1941년에 미국 식물학회 회장이 되었다.

찰스 야노프스키(Charles Yanofsky), 유전암호에 관한 1966년 심포지엄. 야노프스키(오른쪽)는 시드니 브레너와 함께 유전자의 직선대응성(colinearity), 즉 계속되는 뉴클레오티드 그룹이 단백질 산물에서의 아미노산을 계속하여 암호화한다는 것을 증명하였다(2장). 그는 후에 대장균의 트립토판 오페론의 전사약화(attenuation)에 대한 상세한 분석으로 RNA 구조에 의한 전사조절의 예를 처음으로 발견하였다(20장). 이 사진에서 그는 RNA 중합효소에 의한 전사 개시에 대해 연구한 마이켈 챔벌린(Michael Chamberlin)과 이야기하고 있다.

에드윈 샤가프(Edwin Chargaff), 핵산과 핵단백질에 관한 1947년 심포지엄. 탁월한 핵산 생화학자인 샤가프의 유명한 비율인 DNA 샘플에서 아데닌의 양은 티민의 양과 같고 시토신의 양은 구아닌의 양과 같다는 것은 후에 왓슨과 크릭의 DNA 이중나선 구조의 배경으로 이해되었다. 아마도 그는 자신이 염기쌍을 생각해내지 못한 것을 실망하면서 분자생물학에 대해 "본질적으로 면허 없이 생화학을 수행하는" 직업이라고 신랄하게 비평하는 사람이 되었다.

CHAPTER 1

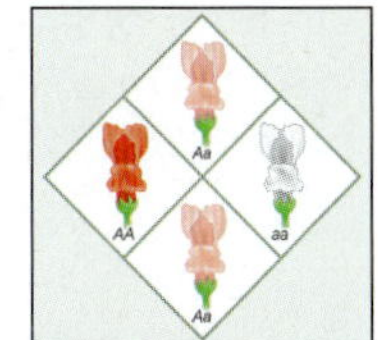

멘델의 세계관

인간을 살아 있는 생명체 중에서 독특한 것으로 간주하기 쉽다. 우리만이 의미 있고 복잡한 사상과 감정의 상호작용을 가능하게 하는 복잡한 언어를 발달시켰다. 다른 생명체에서는 상상할 수도 없는 방식으로 위대한 문명을 발달시켰고 우리 세계의 환경을 변화시켰다. 그러므로 인간을 다른 모든 종으로부터 구별하는 뭔가 특별한 것이 있을 것으로 항상 생각하려는 경향이 있었다. 이러한 믿음의 표현은 우리 존재의 기원과 이유에 대해 탐구하는, 그리고 그렇게 함으로써 우리의 인생을 운영해 나가는 여러 형태의 종교에서 발견된다. 약 한 세기 전에는 정해진 시간에 모든 사람의 인생이 시작하고 끝나는 것처럼 인류와 다른 모든 생명체들 역시 어느 고정된 순간에 창조되었을 것이라고 생각하는 것이 자연스러웠다.

150년 전에 처음으로 이런 믿음이 심각하게 의심을 받게 되었는데, 찰스 다윈(Charles Darwin)과 알프레드 월리스(Alfred R. Wallace)가 가장 적합한 것이 선택된다는 설에 바탕을 둔 진화 이론을 제기하였다. 생명의 다양한 형태는 불변하는 것이 아니라 계속적으로 약간 다른 동물과 식물을 만들어내고, 그들 중 일부만이 살아남도록 적응하여 더 효과적으로 번식한다고 하였다. 이 이론이 나왔을 당시에 그들은 이 연속적인 변화의 기원이 무엇인지 알지 못하였지만 그런 변화들이 진화의 바탕을 이루기 위해서는 이러한 새로운 특성들이 자손에서도 전달되어야 한다는 것을 정확히 인식하고 있었다.

처음에는 비록 천만 년 전이라 하더라도 유인원과 인간이 공통의 조상을 갖는다는 것을 믿기 싫어하는 사람들이 다윈을 격렬히 비난하였다. 또한 다윈의 증거가 설득력이 없다고 생각한 많은 생물학자들로부터도 초기에 많은 반대가 있었다. 이들 중에는 장 아가시(Jean L. Agassiz)라는 하버드의 유명한 박물학자가 있었는데, 그는 여러 해 동안 다윈과 다윈의 옹호자이며 진화론을 가장 성공적으로 대중화시킨 토마스 헉슬리(Thomas H. Huxley)에 반대하는 글을 썼다. 그러나 19세기 후반이 되어서는 과학적인 논쟁은 거의 끝이 났다. 동식물들의 현재의 지리적 분포와 그들의 지질학적 과거의 화석 기록에서의 선택적 출현은 연속적으로 진화하는 생물집단들이 공통의 조상으로부터 이어져 내려왔다고 가정해야만 설명할 수 있다. 오늘날 진화론은 논증에

개 요

의해서가 아니라 종교적 원리에 대한 독단적인 집착 때문에 반대하는 소수의 근본주의자를 제외한 모든 사람들에게 사실로 받아들여지고 있다.

다윈설의 직접적인 결과는 40억 년도 더 이전에 오늘날 가장 단순한 생명체인 세균을 닮았을 간단한 형태의 생명체가 지구상에 최초로 존재했었다는 사실을 깨닫는 것이다. 그런 작은 세균의 존재는 생명의 본질을 매우 작은 생명체에서도 찾아낼 수 있다는 사실을 알려준다. 진화론은 더 나아가 생명의 기본 원리가 모든 생명체에 적용된다는 것을 제시해 준다.

멘델의 발견

그레고르 멘델((Gregor Mendel)의 실험은 콩의 모양(둥근꼴 또는 주름진꼴), 콩의 색깔(노란색 또는 초록색), 깍지의 모양(부픈 깍지 또는 잘룩한 깍지), 그리고 줄기의 길이(긴 것 또는 짧은 것) 등과 같이 잘 정의된 형질을 가진 완두콩 계통 사이의 육종실험(유전적 교배)의 결과를 추적한 것이다. 그가 잘 정의된 차이에 집중한 것은 매우 중요한 것이었다. 그 이전의 많은 육종학자들은 무게와 같이 더 총체적인 특성의 유전적 성질을 찾으려 하였으나, 이러한 특징이 어버이에서 자손으로 전달되는데 대한 어떤 간단한 법칙도 발견하지 못하였다(글상자 1-1 "멘델의 법칙" 참조).

분리의 법칙

각 어버이의 계통에서 순종만 생산된다는 것, 즉 어버이의 것과 동일한 특성을 가진 자손을 만들어내는 것을 확인한 후, 멘델은 콩 모양 또는 콩 색깔과 같이 한 가지 형질만이 다른 어버이(P) 사이의 교배를 수없이 많이 수행하였다. 그 결과 모든 자손(F_1 = 첫 번째 자손 세대)은 어버이의 한쪽 형질만을 나타내었다. 예를 들어, 노란색을 가진

▶ 고급개념

글상자 1-1 멘델의 법칙

살아 있는 세포의 가장 두드러진 속성은 유전적 성질을 하나의 세포 세대에서 다음 세대로 전달하는 능력이다. 어버이에게서 자손으로 눈 색깔이나 머리카락 색깔과 같은 특성이 전해지는 것을 목격한 초기의 인간들도 유전의 존재를 알아차렸을 것이다. 그러나 이러한 현상에 대한 물질적인 근거는 창의적인 활동이 왕성한 시기였고 유전의 염색체 이론이 정립되었던 20세기 초기에 와서야 이해되었다.

정자와 난자를 통해 유전이 전달된다는 것이 1860년에 이미 알려졌고 1868년에 에른스트 헤켈(Ernst Haeckel)은 정자가 대부분 핵 물질로 이루어진 것에 주목하며 핵이 유전에 책임이 있다는 가정을 하였다. 유사분열, 감수분열, 그리고 수정에 대해 먼저 알아내야 했기 때문에 염색체가 유전현상의 활성인자로 확인되기까지는 거의 20년이 소모되었다. 염색체 연구를 통해 염색체는 다른 세포 구성성분과는 달리 딸세포에서 동등하게 나뉜다는 것을 알게 되었으며, 또한 정자와 난자 염색체의 개수가 감수분열 동안 반수체 개수로 줄어드는 염색체의 수적변화를 통해 일정 수의 염색체가 유지된다는 사실을 이해할 수 있게 되었다. 그러나 이러한 사실들은 단지 염색체가 유전을 전한다는 것을 의미할 뿐이었다.

증거는 세기가 바뀔 즈음에 유전의 기본 법칙들의 발견과 함께 나왔다. 그 개념들은 1865년에 브르노(Brno)에 있는 자연과학협회에 제출된 "식물 잡종에 관한 실험"이라는 논문에서 멘델이 처음으로 제안하였다. 이 논문에서 멘델은 완두콩 식물의 형질 전달 양상, 유전의 법칙에 대한 그의 결론, 그리고 논쟁의 여지가 있는 진화 이론과의 관련성에 대해 자세히 묘사했다. 그러나 과학계의 반응은 그다지 좋지 않았고 그 시대의 저명한 생물학자들의 관심을 끌려던 멘델의 초기의 노력에도 불구하고 이 주장들은 완전히 무시되었다. 멘델이 죽고 16년이 지난 1900년에 각자 다른 시스템에서 독립적으로 연구하던 세 명의 식물 육종학자들이 멘델의 잊어진 연구의 중요성을 확인하였다. 휴고 드브리스(Hugo de Vries), 칼 코렌스(Karl Correns), 에리히 체르마크(Erich von Tschermak-Seysenegg)는 모두 전에는 멘델의 연구에 대해 알지 못했지만 멘델의 실험과 관련된 독자적인 실험을 수행하여 유사한 결론에 도달하게 되었다.

완두콩과 초록색 완두콩을 교배했을 때 모든 자손은 노란색 콩이 나왔다. F_1 자손에서 나타나는 형질을 **우성(dominant)**이라 하고, F_1에서 나타나지 않는 형질을 **열성(recessive)**이라 한다.

이런 결과의 의미는 멘델이 F_1 자손 사이의 유전적 교배를 실행했을 때 분명해졌다. 이러한 교배의 결과 열성 형질이 F_2 자손의 약 25%에서 다시 나타난 반면, 우성 형질은 이들 자손 중 75%에서 나타났다. 그가 조사했던 일곱 가지의 형질 각각에 대해 F_2에 나타나는 우성 대 열성 형질의 비는 항상 거의 3:1이었다. 세 번째 자손 세대(F_3)를 만들어내는 교배를 수행한 결과 열성 형질을 가진 F_2 완두콩의 자가 교배는 항상 순종을 낳았다(열성 형질을 가진 자손이 나왔다). 우성 형질을 가진 것들은 두 종류로 나누어지는데, 자가 교배 결과 1/3은 순종을 낳았고(우성 형질을 가진 자손만 나왔고), 나머지 2/3는 다시 3:1의 비율로 우성과 열성이 섞인 자손을 만들어냈다.

멘델은 그의 결과를 다음과 같이 정확하게 해석했다(그림 1-1). 즉 다양한 형질들은 인자[현재 우리는 이것을 **유전자(gene)**라 부른다]의 쌍에 의해 조절되는데, 하나의 인자는 수컷 어버이에게서 받고 다른 하나는 암컷 어버이에게서 받는다. 예를 들어, 둥근 완두콩의 순계는 둥근꼴 유전자 두 벌(*RR*)을 [또는 **대립유전자(allele)**] 갖는 반면, 주름진꼴 순계는 주름진꼴 대립유전자 두 개(*rr*)를 갖는다. 둥근꼴 순계의 배우자는 각각이 하나의 둥근꼴(*R*) 유전자를 가지고 주름진꼴 순계의 배우자는 각각이 하나의 주름진꼴(*r*) 유전자를 갖는다. *RR*과 *rr* 사이의 교배에서 이들 배우자의 수정 결과 두 가지 대립유전자(*Rr*)를 모두 가진 F_1 식물이 만들어진다. *R*이 *r*보다 우성이기 때문에 종자는 둥근 모양을 갖게 된다. 각 개체의 모양 또는 물리적 구조를 **표현형(phenotype)**이라 부르고, 그 유전적 구성을 **유전자형(genotype)**이라 부른다. 동일한 표현형을 가진 개체도 서로 다른 유전자형을 가질 수 있으며, 따라서 한 개체의 유전자형을 결정하기 위해서는 종종 여러 세대에 걸친 유전적 교배를 실시할 필요가 있다. **동형접합(homozygous)**이라는 용어는 부계와 모계로부터 유래한 유전자 모두가 동일한 유전자 쌍을 말한다(예를 들어, *RR* 또는 *rr*). 반대로, 부계와 모계로부터 유래한 유전자가 다른(예를 들어, *Rr*) 유전자 쌍을 **이형접합(heterozygous)**이라 부른다.

하나 또는 여러 개의 문자나 기호가 어떤 특정한 유전자를 표현하는데 쓰일 수 있다. 유전자의 우성 대립유전자는 대문자나(*R*), 위첨자 + (r^+), 또는 홀로 있는 + 등으로 표기한다. 이 책에서 우리는 우성 대립유전자를 대문자로, 열성 대립유전자를 소문자로 표시하는 첫 번째 관례를 사용할 것이다.

배우자(gamete)는 개체가 갖고 있는 두 벌의 유전자 중 오직 하나(하나의 대립유전자)만을 가진다는 것(예를 들어, *R* 또는 *r*, 그러나 절대 둘 모두는 아님)과 동일한 개수의 두 종류 배우자가 만들어진다는 사실이 중요하다. 따라서 F_1 완두콩에서 어떤 배우자가 특정한 유전자(*R* 또는 *r*)를 가질 확률은 50:50이다. 이 선택은 완전히 임의적이다. 우리는 제한된 수의 F_2 자손을 검사할 때에 정확히 3:1의 비율로 발견되리라고는 기대하지 않는다. 그 비율은 가끔 약간 높을 것이고 다른 경우에는 약간 낮을 것이다. 그러나 점점 더 큰 표본을 살펴볼수록 우성 형질을 가진 완두콩 대 열성 형질을 가진 완두콩 사이의 비율은 점점 더 3:1에 가까워질 것이다.

F_2 세대에서 열성 특성이 다시 나타나는 것은 열성 대립유전자가 F_1 (*Rr*) 세대에서 변형되거나 없어져버리는 것이 아니며, 우성과 열성 유전자가 각각 독립적으로 전해져서 생식세포가 형성될 때 독립적으로 분리될 수 있다는 것을 나타낸다. 이 **분리의 법칙(principle of independent segregation)**을 종종 멘델의 제1법칙이라 부른다.

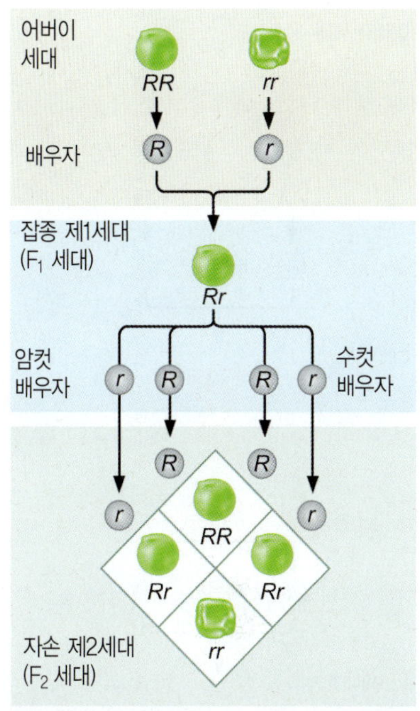

그림 1-1 멘델의 제1법칙(분리의 법칙)은 F_2 자손에서 어떻게 우성과 열성의 표현형이 3:1로 분리되는지를 보여준다. *R*은 우성유전자를 *r*은 열성유전자를 나타낸다. 둥근 종자는 우성 표현형을, 주름진 종자는 열성 표현형을 나타낸다.

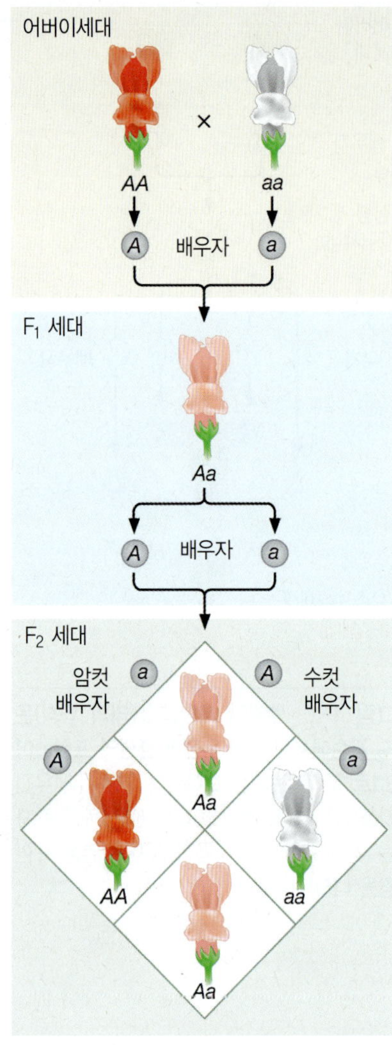

그림 1-2 금어초 꽃 색깔의 유전. 한쪽 어버이는 붉은 꽃의 동형접합체(*AA*)이고 다른 한쪽 어버이는 흰 꽃의 동형접합체(*aa*)이다. 우성은 존재하지 않으며, 이형접합체 F_1 꽃은 분홍색이 된다. F_2 자손에서 붉은색, 분홍색, 흰색 꽃이 1:2:1의 비율로 나타난다.

어떤 대립유전자는 우성도 열성도 아니다

멘델이 발표한 교배실험에서 각 유전자 쌍 가운데 한쪽은 다른 것에 비해 확실한 우성이었다. 그러나 그와 같은 행동이 완전히 보편적인 것은 아니다. 가끔은 이형접합형의 표현형이 두 동형접합형의 표현형 사이의 중간에 있다. 예를 들어 순계의 빨간 금어초(*Antirrhinum*)와 순계의 흰 금어초 간의 교배 결과 중간색인 분홍색의 F_1 자손이 얻어진다. 만약 이 F_1 자손들끼리 교배하면 그 결과, F_2 자손은 붉은색, 분홍색, 흰색의 꽃을 1:2:1의 비율로 나타내게 된다(그림 1-2). 따라서 여기서는 표현형만으로 이형접합자와 동형접합자 사이를 구별하는 것이 가능하다. 또한 멘델의 법칙은 유전자 쌍 가운데 한 쪽의 대립유전자가 다른 것에 대해 우성인지의 여부에 좌우되지 않는다는 것을 알 수 있다.

독립의 법칙

멘델은 하나 이상의 형질이 다른 완두콩으로 교배실험을 확장하였다. 전과 마찬가지로 그는 각각 자가 수분 결과 순계인 두 계통의 완두콩을 가지고 시작하였다. 계통 중 하나는 둥글고 노란 종자를 가졌고 다른 하나는 주름지고 초록색의 종자를 가졌다. 둥글고 노란 것이 주름지고 초록색에 대해 우성이기 때문에 F_1 세대는 모두 둥글고 노란 종자를 만들어냈다. F_1 세대를 자가 수분하여 얻은 F_2 자손의 종자 모양(표현형)을 관찰한 결과, 두 개의 원래 표현형(둥글고 노란색; 주름지고 초록색)에 더하여 두 개의 새로운 형태(**재조합체, recombinant**)인 주름지고 노란 것과 둥글고 초록색인 것이 나왔다.

만약 생식세포 형성 시에 유전자 쌍이 각각 독립적으로 배우자에 전달되는 것으로 추정한다면 이 경우에도 멘델은 다시 유전자의 존재를 가정함으로써 이 결과를 해석할 수 있다는 것을 발견하였다. 이러한 해석은 그림 1-3에 나와 있다. 어느 한 배우자는 각 유전자 쌍에 대해 오직 한 종류의 대립유전자만을 갖는다. 따라서 F_1(*RrYy*)에 의해 만들어진 배우자는 *RY*, *Ry*, *rY*, 또는 *ry*의 구성을 갖지만 절대 *Rr*, *Yy*, *YY*, 또는 *RR*은 갖지 못한다. 또한 이 예에서도 네 개의 가능한 배우자는 모두 동일한 빈도로 만들어진다. 한 어버이에서 나온 유전자가 같이 있게 되는 경우도 없다. 그 결과 F_2 자손의 표현형은 둥글고 노란색 9개, 둥글고 초록색 3개, 주름지고 노란색 3개, 그리고 주름지고 초록색 1개의 비율로 나타났는데, 이것이 그림 1-3의 아래쪽에 있는 퍼네트 네모꼴(Punnett square)에(처음 사용한 영국의 수학자 이름을 따서 불려짐) 나타나 있다. 이 **독립의 법칙(principle of independent assortment)**은 종종 멘델의 제2법칙으로 불린다.

유전의 염색체설

처음에 멘델의 발견을 이해하는데 실패했던 주요 원인은 감수분열과 체세포분열 동안에 일어나는 염색체의 행동에 대하여 확실히 알지 못하였기 때문이다. 그러나 염색체 행동에 대한 지식은 1900년에 멘델의 법칙이 증명될 때에는 이용 가능했으며, 1903년에 미국의 생물학자인 월터 서턴(Walter S. Sutton)에 의해 보다 잘 활용되었다. 그의 고전적인 논문인 "유전에서의 염색체들"에서 서턴은 이배체 염색체군은 두 개의 형태적으로 유사한 세트(상동염색체)로 구성되어 있고 감수분열 시에 모든 배우자는 각 상동염색체 쌍 중 오직 하나의 염색체를 받는다는 사실의 중요성을 강조하였

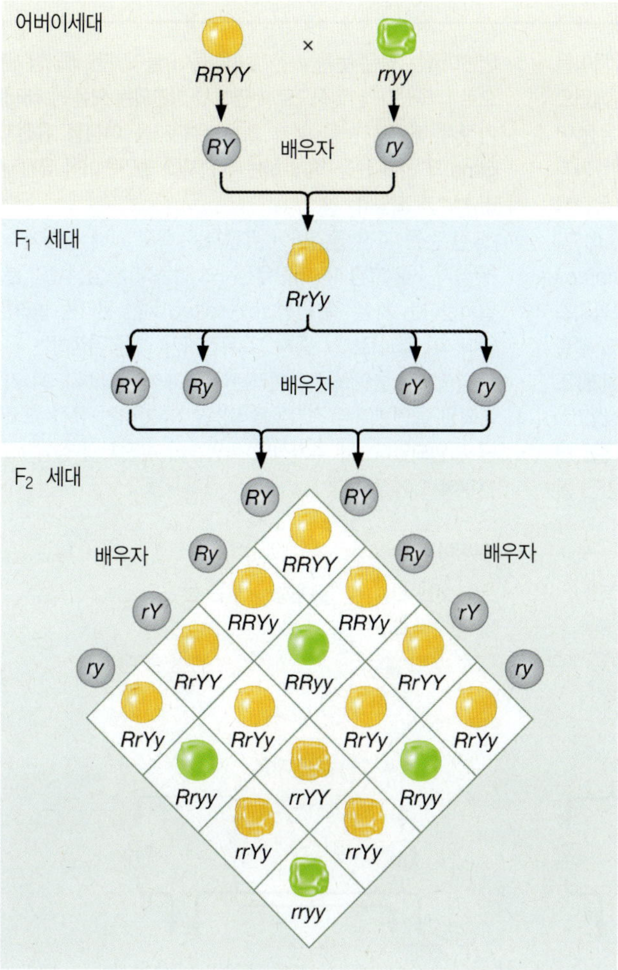

그림 1-3 멘델의 제2법칙(독립의 법칙)은 어떻게 작동하는가. 이 예에서 노란색(*Y*)과 초록색(*y*) 종자의 유전과 둥근(*R*) 것과 주름진(*r*) 종자의 유전을 함께 다룬다. *R*과 *Y* 대립유전자는 *r*과 *y*에 대하여 우성이다. 다양한 어버이와 자손의 유전자형은 문자조합으로 나타냈고, 네 가지 표현형은 적당한 모양으로 구별하였다.

다. 그는 이 사실을 이용하여 유전자가 염색체의 일부라는 가정을 하여 멘델의 결과를 설명하였다. 그는 노란색과 초록색 종자 유전자가 어떤 특정한 염색체 쌍에 놓여 있고 둥근 것과 주름진 종자 유전자는 다른 쌍에 있다고 가정하였다. 이 가설은 실험적으로 관측된 9:3:3:1의 분리비를 즉각적으로 설명해 준다. 비록 서턴의 논문이 유전의 염색체설을 증명하지는 못했지만 최초로 유전학(교배실험의 연구)과 세포학(세포구조의 연구)의 독립적인 학문을 결합시켰다는 점에서 매우 중요하다.

유전자의 연관과 교차

멘델의 독립의 법칙은 서로 다른 염색체에 위치한 유전자들은 감수분열 시에 독립적으로 행동한다는 사실에 바탕을 둔다. 그러나 가끔은 두 개의 유전자가 같은 염색체에 위치하고 있기 때문에 [**연관된 유전자(linked gene)**; 글상자 1-2, "유전자들은 염색체에 연관되어 있다" 참조] 독립적으로 분리되지 않는다. 많은 수의 돌연변이 유전자가 교배 분석에 쓰일 수 있게 되자 곧 임의적이지 않은 분리의 많은 예들이 발견되었다. 잘 연구된 모든 경우에 연관군의 수는 반수체 염색체의 개수와 동일하였다. 예를 들어 초파리에는 네 개의 연관된 유전자군이 있고 반수체 세포에는 형태적으로 전혀 다른 네 개의 염색체가 있다.

그러나 연관은 실제로는 완전하지 못하다. 같은 염색체에 있는 두 개의 유전자가

▶ 핵심실험

글상자 1-2 유전자들은 염색체에 연관되어 있다

처음에는 모든 교배 실험에서 자연계에 이미 존재하는 유전적 차이를 이용하였다. 예를 들어 멘델은 농부에게서 종자를 얻은 종자 판매인으로부터 종자를 얻었다. 같은 유전자의 다른 형태의 존재(대립유전자)는 그것들이 어떻게 생겨났는지에 대한 의문을 제기하였다. 한 가지 확실한 가설은 유전자가 변화하여(돌연변이가 일어나) 새로운 유전자 [**돌연변이체 유전자(mutant gene)**]를 만들 수 있다는 것이다. 이 가설은 1908년부터 미국의 위대한 생물학자인 토마스 모건(Thomas Hunt Morgan)과 그의 젊은 공동연구자들인 유전학자 캘빈 브리지스(Calvin B. Bridges), 허만 멀러(Hermann J. Muller), 그리고 앨프레드 스터티번트(Alfred H. Sturtevant)에 의해 처음으로 진지하게 조사되기 시작하였다. 그들은 아주 작은 파리인 노랑초파리(*Drosophila melanogaster*)를 가지고 실험을 수행하였다. 가장 먼저 발견한 돌연변이는 정상적인 붉은 눈 대신 흰 눈을 가진 수컷이었다. 흰 눈을 가진 돌연변이체는 붉은 눈을 가진 초파리들이 들어있던 배양병 안에서 자연적으로 나타났다. 본질적으로 자연에서 발견되는 모든 초파리는 붉은 눈을 가졌기 때문에 눈을 붉게 하는 유전자를 **야생형 유전자(wild-type gene)**라 하고 눈을 희게 하는 유전자를 돌연변이형 유전자(대립유전자)라 부르게 되었다.

흰 눈을 가진 돌연변이 유전자는 즉시 교배 실험에 사용되었는데(글상자 1-2 그림 1), 대립유전자의 행동이 X 염색체의 분포와 완전히 일치한다는 사실, 즉 반성(sex-linked)유전 된다는 놀라운 결과를 얻었다. 이 결과로부터 즉시 그 유전자가 성을 결정하는 유전자와 함께 X 염색체에 놓여있을 것이라는 사실이 제시되었다. 이 가설은 새롭게 분리된 돌연변이 유전자들을 이용한 추가적인 유전 교배에 의해서도 곧 확인되었다. 이 추가적인 돌연변이 유전자의 상당수도 역시 반성 연관이 되어 있었다.

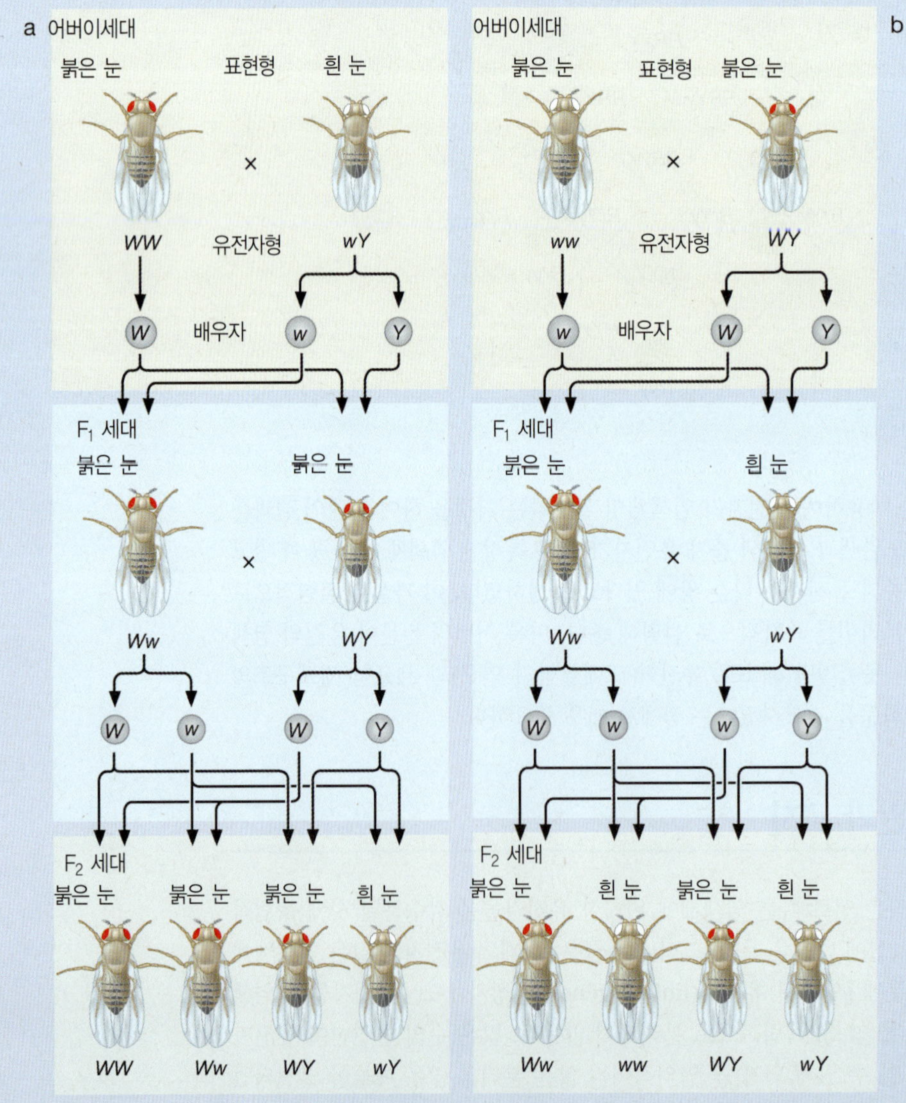

글상자 1-2 그림 1 초파리에서 반성 유전자의 유전. 성염색체 위에 위치한 유전자들은 수컷과 암컷 자손에 서로 다르게 발현할 수 있다. 왜냐하면 만약 오직 하나의 *X* 염색체만 갖고 있다면 이 염색체 위에 있는 열성 유전자도 항상 발현되기 때문이다. 그림에 두 가지 교배가 제시되었는데 양쪽 모두 *X* 염색체 위에 있는 열성 유전자(*w*, 흰 눈)를 포함하고 있다. (a) 수컷 어버이는 흰 눈(*wY*) 초파리이고 암컷은 동형접합형의 붉은 눈(*WW*)이다. (b) 수컷이 붉은 눈(*WY*)이고 암컷은 흰 눈(*ww*)이다. 여기서 문자 *Y*는 대립유전자가 아니라 *Y* 염색체로 수컷 초파리에서 상동 *X* 염색체 자리를 대신한다. *Y* 염색체 위에는 *X* 염색체 위에 있는 *w* 또는 *W* 유전자에 상응하는 유전자가 없다.

감수분열 동안 함께 남을 확률은 100%보다 약간 적은 것에서부터 50%에까지 이른다. 이러한 연관 정도의 다양성은 상동염색체 사이에 유전자를 교환하는 기작이 있어야 함을 시사해 주는데, 이를 **교차(crossing over)**라 한다. 교차의 세포학적 근거는 벨기에의 세포학자 얀센스(F. A. Janssens)에 의해 처음 설명되었다. 감수분열을 시작할 때 **접합(synapsis)** 과정을 통해 상동염색체는 길게 축을 따라 평행하여 쌍을 이룬다. 이 시기에 각 염색체는 이미 복제되어 두 개의 염색분체를 형성한다. 따라서 접합은 서로 감겨 있는 네 개의 염색분체를 가까이 위치하게 한다. 얀센스는 아마도 이러한 감김에 의해 생기는 장력 때문에 염색분체 중 두 개가 각각의 대응하는 위치에서 가끔 끊길 수 있다고 가정하였다. 그 결과 네 개의 잘린 끝을 만들 수 있고, 이들이 서로 바뀌어 붙어 두 개의 염색분체 각각의 부분이 서로 다른 부분에 합해질 수 있다(그림 1-4). 이런 방식으로 각각이 원래의 상동염색체에서 유래된 조각을 포함하는 재조합 염색분체가 만들어질 수 있다. 접합 동안에 염색체들이 물리적으로 물질을 교환한다는 얀센스의 가설에 대한 증명은 그로부터 20년이나 더 지난 후에 이루어졌는데, 1931년에 옥수수(*Zea mays*)를 재료로 코넬 대학에서 연구하던 바버라 매클린톡(Barbara McClintock)과 해리엇 크레이튼(Harriet B. Creighton)이 정교한 세포학적 실험을 고안하여 염색체의 절단과 재결합을 입증하였다(그림 1-5).

복제된 염색체가 접합하여 사분염색체를 이룬다.

두 개의 염색분체는 구부러져 서로 교차한다.

각각의 염색분체는 서로 접촉되는 부위에서 절단되고 상대방의 부분과 융합된다.

그림 1-4 얀센스의 교차 가설.

염색체 지도 작성

모건과 그의 제자들은 교차에 대한 확고한 세포학적 증명이 이루어지기도 전에 얀센스의 가설이 암시한 사실들을 탐색하기 시작했다. 그들은 한 염색체 안에서 가까이 있는 유전자들은 멀리 떨어져 있는 유전자들보다 보다 더 같이 분배될 것이라고(밀접한 연관) 생각하였다. 그들은 그 즉시 이것이 염색체 위에 유전자의 상대적 위치를 정하

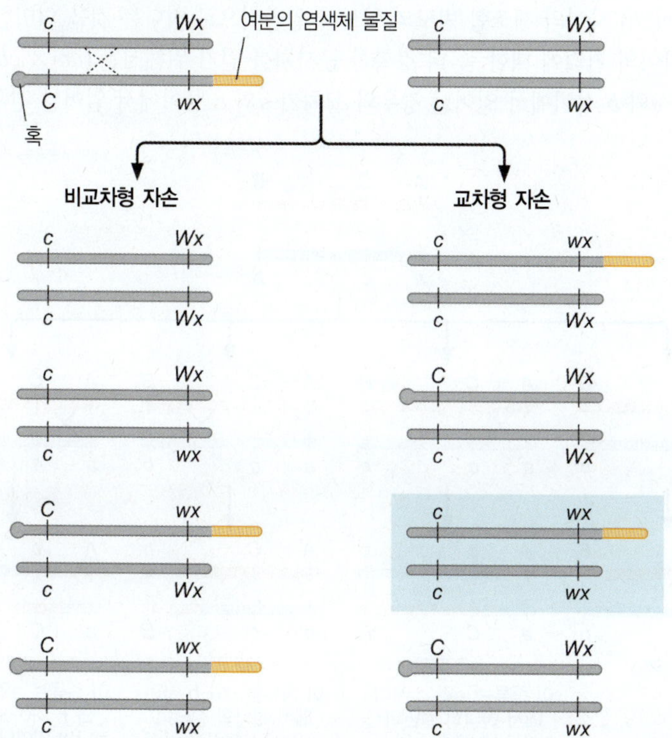

그림 1-5 상동염색체 사이의 물리적 교환을 보여주는 예. 대부분의 생물체에서 상동염색체의 쌍은 그 모양이 같다. 그러나 때때로 그 쌍의 두 염색체가 동일하지 않고 한쪽에 여분의 염색체 물질이 존재하거나 또는 혹 모양의 구조를 형성하는 촘촘한 부위를 가진다. 매클린톡(McClintock)과 크레이톤(Creighton)은 그와 같은 한 쌍을 발견하였고, 이것을 사용하여 쌍을 이룬 염색체 사이에서 실제로 물리적 교환이 교차 시에 일어난다는 것을 보여주었다. 여기서 보여주는 실험은 동형접합형의 *c*와 *wx* 자손은 *C*와 *wx* 좌위 사이에서 교차에 의해 일어나야만 한다. 그와 같은 *c*, *wx* 자손을 세포학적으로 관찰하였을 때, 혹 염색체가 보였고, 이는 혹이 없는 *Wx* 부위가 혹이 있는 *wx* 부위와 물리적으로 교환되었음을 보여준다. 그림 내의 유색 상자는 동형접합형의 *c*와 *wx* 자손의 염색체를 구별해 준다.

그림 1-6 세 가지 2인자 교배에 의한 3개 유전자의 임의적 순서 배치.

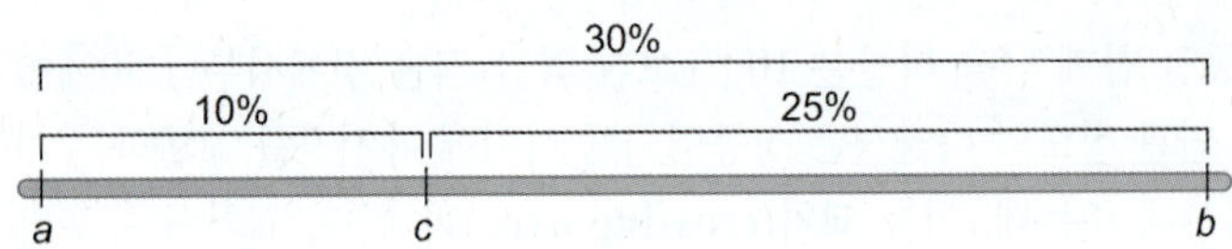

여 **유전자 지도(genetic map)**를 만드는 데 이용될 수 있음을 알아챘다. 다양한 종류의 재조합 빈도를 사용하는 방법은 매우 직선적인 것이다. 동일한 염색체에 위치한 세 개 유전자의 분리를 고려해보자. 유전자의 배치는 각각 두 개의 유전자(2인자 교배, two-factor crosses)에 의한 세 가지 교배에 의해 결정될 수 있다. *AB*와 *ab* 사이의 교배는 네 개의 자손 형태를 만들어내는데, 두 개의 어버이 유전자형(*AB*와 *ab*)과 두 개의 재조합 유전자형(*Ab*와 *aB*)이다. *AC*와 *ac* 사이의 교배는 유사하게 두 개의 어버이형 조합과 *Ac*와 *aC*의 재조합형을, 그리고 *BC*와 *bc* 사이에서는 어버이형과 재조합형 *Bc*와 *bC*를 만들어낸다. 각 교배는 특정한 비율의 어버이형과 재조합형 자손을 만들어낼 것이다. 예를 들어 첫 번째 교배가 30%의 재조합형을 보여주고, 두 번째 교배가 10%, 세 번째 교배가 25%를 준다고 가정해 보자. 이 결과는 유전자 *a*와 *c*가 *a*와 *b* 또는 *b*와 *c*보다 더 가깝게 있다는 것을 알려주고 *a*와 *b* 그리고 *b*와 *c* 사이의 유전적 거리가 더 유사하다는 것을 알려준다. 이 결과에 가장 잘 맞는 배열은 *a-c-b*이다(그림 1-6).

두 유전자의 교배에 의해 제안된 유전자 순서의 정확성은 일반적으로 3인자 교배(three-factor crosses)에 의해 보다 분명하게 확인될 수 있다. 위의 예가 세 개의 유전자를 사용한 *ABC* × *abc*로 되면 6개의 재조합 유전자형이 발견된다(그림 1-7). 이들은 세 개의 상호적인 쌍의 집단으로 나뉘며, 이들 중 가장 드문 경우가 이중 교차에서 나타난다. 가장 적게 나타나는 종류를 보면 대부분의 경우 예측된 배열을 즉시 확인하는 (또는 부정하는) 것이 가능하다. 그림 1-7의 결과는 바로 2인자교배에 의해 암시된 순서를 확증시켜준다. 순서가 *a-c-b*일 때만 *AcB*와 *aCb*의 재조합이 드물게 일어나는 것으로 이해된다.

다중 교차의 존재는 바깥쪽 인자인 *a*와 *b*(*ab*) 사이의 재조합된 양이 *a*와 *c* (*ac*) 사이와 *c*와 *b*(*cb*) 사이의 재조합 빈도의 합보다 일반적으로 적다는 것을 의미한다. 바깥쪽 인자 사이의 거리에 대한 좀 더 정확한 근사치를 얻기 위해서는 (*ac* × *cb*)의 확률을 교차가 *c*와 *b* 사이에서 일어날 경우와 교차가 *a*와 *c* 사이에서 일어날 경우로 계산

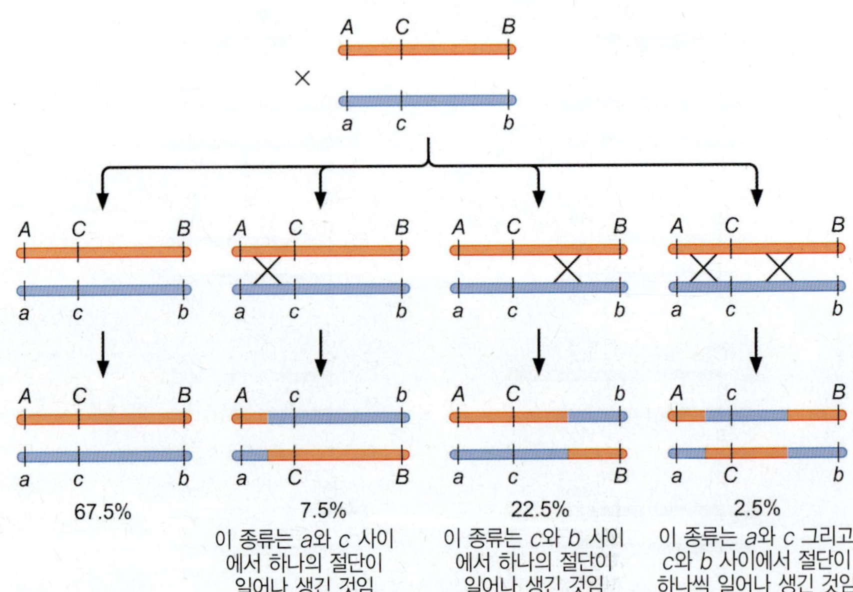

그림 1-7 유전자의 순서를 정하기 위한 3인자 교배법의 사용. 상호 재조합체 쌍 중에서 가장 낮은 빈도를 보이는 것이 이중 교차를 나타낸다. 여러 종류에서 기재된 백분율은 무한히 큰 집단 샘플에서 이론적으로 기대되는 값이다. 한정된 자손 수가 기록될 때 정확한 값은 무작위적인 통계적 변동에 좌우될 것이다.

하고, 그리고 반대의 경우($cb \times ac$)도 마찬가지로 계산한다. 이 확률들을 빈도의 총합에서 빼면 재조합 정도를 좀 더 정확하게 표현할 수 있다. 다음과 같은 간단한 식은

$$ab = ac + cb - 2(ac)(cb)$$

하나의 교차가 다른 교차의 확률에 영향을 주지 않는 모든 경우에 적용할 수 있다. 그러나 불행히도 정확한 지도 작성은 연관된 교차의 확률을 증가시키거나 감소시킬 수 있는 간섭(interference) 현상에 의해 방해를 받는다.

이러한 추론을 이용하여 모건이 이끌었던 컬럼비아 대학의 연구진은 1915년에 85개 이상의 초파리 돌연변이 유전자의 위치를 각각 4개의 연관군 또는 염색체 중 하나의 특정 장소에 부여하였다(표 1-1). 가장 중요한 것은 모든 유전자가 주어진 염색체상에 일직선으로 놓인다는 것이다. 유전자 배열은 정확히 선형이고 절대로 가지를 치지 않았다. 초파리의 염색체 중 하나의 유전자 지도가 그림 1-8에 있다. 이 지도에서 유전자 간의 거리는 유전자 사이의 재조합 빈도를 나타낸 **지도단위(map unit)**로 측정된다. 따라서 만일 두 유전자 사이의 재조합 빈도가 5%라면 이 두 유전자는 5 단위만큼 떨어져 있다고 말한다. 유전자 사이가 멀리 떨어진 경우는 이중 교차의 가능성이 크기 때문에 지도단위의 설정은 가까운 곳에 위치한 유전자 사이의 재조합이 이루어졌을 때에만 정확한 것으로 간주한다.

2개의 유전자가 매우 긴 염색체의 양 끝에 놓였을 때에도 다중 교차 때문에 최소한 50%의 경우는 함께 분리된다. 2개의 유전자 사이에 교차가 홀수 번 일어나면 분리가 될 것이고, 짝수 번 일어나면 결국 함께 있게 될 것이다. 따라서 초파리의 유전적 분석의 초기에는 2개의 유전자가 서로 다른 염색체에 있는지 또는 하나의 긴 염색체의 반대편 끝에 있는지 결정하는 것이 때로는 불가능하였다. 많은 수의 유전자가 지도로 작성된 후에야 비로소 연관군의 수가 세포학적으로 보이는 염색체의 수와 같다는 것을 설득력 있게 보이는 것이 가능해졌다. 1915년에 모건은 그의 제자들인 앨프레드 스터트반트(Alfred H. Sturtevant), 허만 멀러(Hermann J Muller), 그리고 캘빈 브리지스(Calvin B, Bridges)와 함께 『멘델 유전의 기작(*The Mechanism of Mendelian Heredity*)』이라는 책을 출판하였는데, 이는 유전의 염색체적 근거에 대한 일반적인 타당성을 처음으로 발표한 결정판이다. 오늘날 우리는 이 개념을 진화론 그리고 세포학설과 함께 생명의 본질을 이해하고자 하는 우리의 탐구에 기여한 매우 중요한 성과로 평가한다.

돌연변이에 의한 유전적 변이의 기원

이제는 여러 생명현상에서 발견되며 진화론의 바탕이 되는 유전적 변이에 대한 이해가 가능해졌다. 유전자는 정상적인 경우에는 염색체 복제 동안에 정확히 복사된다. 그러나 드물기는 하지만 유전자의 변화(**돌연변이, mutation**)로 인해 변형된 형태의 유전자가 만들어지기도 하며, 모두 그런 것은 아니지만 돌연변이가 발생한 유전자들 중 대부분은 야생형 유전자보다 그 기능이 떨어진다. 이 돌연변이 발생과정은 필연적이나 매우 드문 현상인데, 만약 그렇지 않았다면 많은 유전자들이 모든 세포주기마다 변했을 것이고 자손은 보통 그들의 어버이와 닮지 않았을 것이다. 작긴 하지만 일정한 돌연변이율을 나타내는 것은 매우 큰 장점이기도 한데, 이는 동물과 식물이 끊임없이 변하는 물리적, 생물학적 환경에 적응할 수 있도록 다양성을 확보하게 하는 원천이 되기 때문이다.

표 1-1 1915년에 노랑초파리(*Drosophila melanogaster*)에서 보고된 85개 돌연변이 유전자

명칭	변이 부위	명칭	변이 부위
제1군			
Abnormal(복부 이상)	복부	*Lethal*(치사), 13	몸, 치사
Bar(막대기 모양의 눈)	눈	*Miniature*(소형 날개)	날개
Bifid(시맥 융합)	날개시맥	*Notch*(패인 날개)	날개시맥
Bow(굽은 날개)	날개	*Reduplicated*(중복 눈)	눈 색
Cherry(체리색 눈)	눈 색	*Ruby*(루비)	다리
Chrome(크롬색 몸)	체색	*Rudimentary*(짧은 날개)	날개
Cleft(갈라진 시맥)	날개시맥	*Sable*(검은 몸)	체색
Club(곤봉형 날개)	날개	*Shifted*(시맥 이동)	날개시맥
Depressed(눌림 날개)	날개	*Short*(왜소한 날개)	날개
Dotted(흉부의 반점)	흉부	*Skee*(스키 날개)	날개
Eosin(에오신색 눈)	눈 색	*Spoon*(스푼 날개)	날개
Facet(낱눈의 이상)	낱눈	*Spot*(반점)	체색
Forked(굴곡된 강모)	강모	*Tan*(황갈색 촉각)	촉각
Furrowed(주름 눈)	눈	*Truncate*(끝이 잘린 날개)	날개
Fused(융합된 시맥)	날개시맥	*Vermilion*(선홍색 눈)	눈 색
Green(초록색 몸)	체색	*White*(흰 눈)	눈 색
Jaunty(끝 올린 날개)	날개	*Yellow*(황색 몸)	체색
Lemon(레몬 체색)	체색		
제2군			
Antlered(가지친 뿔 날개)	날개	*Jaunty*(멋 부린 날개)	날개
Apterous(無翅, 퇴화 날개)	날개	*Limited*(왜소 복부 밴드)	복부 밴드
Arc(궁형 날개)	날개	*Little crossover*(교차결손)	제2염색체
Balloon(부풀린 시맥)	날개시맥	*Morula*(오디모양 낱눈)	낱눈
Black(검은 체색)	체색	*Olive*(올리브색)	체색
Blistered(돌출 날개)	날개	*Plexus*(망상 시맥)	날개시맥
Comma(컴마형)	흉부 반점	*Purple*(자주색 눈)	눈 색
Confluent(융합된 시맥)	날개시맥	*Speck*(흑색 반점)	흉부 반점
Cream II(크림 II)	눈 색	*Strap*(가는 피대형 날개)	날개
Curved(굽은 날개)	날개	*Streak*(줄무늬)	배문
Dachs(짧은 다리)	다리	*Trefoil*(세 잎 무늬)	배문
Extra vein(과다 시맥)	날개시맥	*Truncate*(끝 잘린 날개)	날개
Fringed(포도송이 날개)	날개	*Vestigial*(흔적날개)	날개
제3군			
Band(밴드 무늬)	배문	*Pink*(핑크색 눈)	눈 색
Beaded(방울무늬 날개)	날개	*Rough*(거친 눈)	눈
Cream III(크림 III)	눈 색	*Safranin*(황적색 눈)	눈 색
Deformed(기형 눈)	눈	*Sepia*(암갈색 눈)	눈 색
Dwarf(왜소 체형)	몸의 크기	*Sooty*(검은색 몸)	체색
Ebony(흑단 색)	체색	*Spineless*(짧고 작은 털)	강모
Giant(거대형)	몸의 크기	*Spread*(퍼진 날개)	날개
Kidney(신장형)	눈	*Trident*(세 갈래 무늬)	배문
Low crossing over(저교차)	제3염색체	*Truncate*(끝 잘린 날개)	날개
Maroon(밤색 눈)	눈 색	*Whitehead*(흰 머리)	배문
Peach(복숭아빛 눈)	눈 색	*White ocelli*(백색 낱눈)	낱눈
제4군			
Bent(만곡)	날개	*Eyeless*(눈없음)	눈

돌연변이는 4개의 연관군으로 나뉜다. 세포학적으로 4개의 염색체가 보이므로 이는 유전자들이 염색체 위에 놓여 있음을 의미한다. 여러 유전자에서의 돌연변이가 서로 다른 방식으로 하나의 형질(예, 체색)을 변하게 작용할 수 있다.

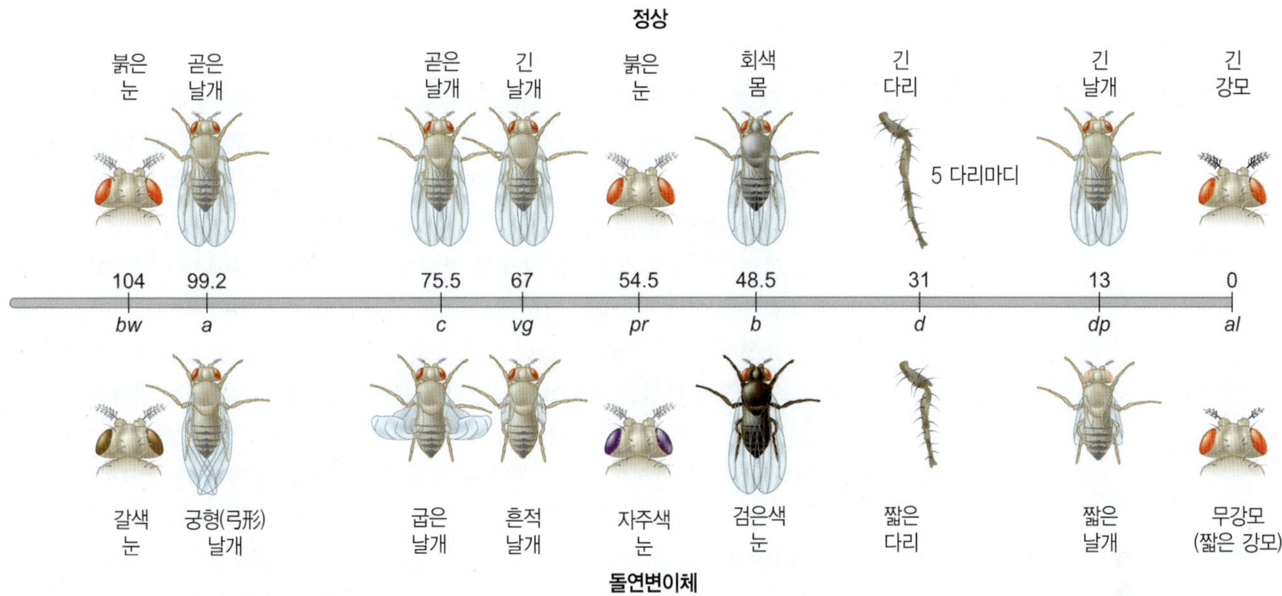

그림 1-8 노랑초파리 2번 염색체의 유전자 지도

그러나 놀랍게도 멘델학파 유전학자들의 결과들은 다양한 형태의 생명체들 간의 진화적 관계에 대해서 그 당시의 권위자들인 고전 생물학자들을 확실하게 납득시키지 못했다. 모건과 그의 제자들에 의해 연구된 유전적 변화가 날개나 눈과 같이 근본적으로 새로운 구조의 진화를 일으키기에 충분한지에 대한 의심들이 일어났다. 당시의 생물학자들은 더 강력한 "대돌연변이(macromutation)"가 일어나고 이들에 의해 큰 진화적 진보가 가능할 것으로 믿었다.

그러나 수리 유전학자들인 세웰 라이트(Sewall Wright), 로널드 피셔(Ronald A. Fisher), 그리고 존 홀데인(John Burden Sanderson Haldane)의 노력의 결과로 점차적으로 의심은 사라졌다. 그들은 오래된 지구의 나이를 생각하면 초파리의 유전자에서 보여주는 상대적으로 낮은 돌연변이율과 아주 작은 선택의 이점이 새로운 유리한 속성들의 점진적인 축적을 일으키는데 충분하다는 것을 보여주었다. 1930년대에 이르러서 생물학자들은 종의 기원에 대한 그들의 지식을 재평가하고 수리 유전학자들의 연구를 이해하기 시작했다. 이들 새로운 다윈학파들 중에는 생물학자인 줄리언 헉슬리(Julian Huxley) [다윈 진화론의 추종자이며 대변인이었던 토머스 헉슬리(Thomas Huxley)의 손자], 유전학자인 테오도시우스 도브잔스키(Theodosius Dobzhansky), 고생물학자인 조지 심슨(George Gaylord Simpson), 그리고 조류학자인 에른스트 마이어(Ernst Mayr)가 있었다. 1940년대에는 이 네 명 모두가 자신들의 관점에서 중요한 연구 결과들을 발표했고 각각 어떻게 멘델학파와 다윈학파가 양립할 수 있는지를 보여주었다.

유전자는 무엇이고 이들이 어떻게 행동하는가에 대한 초기의 고찰

멘델의 법칙이 재발견된 후 곧바로 유전학자들은 유전자의 화학적 구조와 그것이 행동하는 방식에 대해 고찰하기 시작했다. 그러나 유전물질의 화학적 정체가 알려지지 않았기 때문에 실질적인 진보는 없었다. 핵산과 단백질이 모두 염색체 안에 존재한다는 사실조차도 그들의 구조를 이해하지 못했기 때문에 아무런 도움이 되지 못했다. 그 중 가장 큰 결실을 맺게 한 것은 유전자가 스스로 복제되어야만 한다는 사실에 관심을 집중하게 된 것이었다. 유전자의 구조는 하나의 염색체가 두 개로 될 때마다 항상 정확히 복사되어야만 한다. 이 사실은 즉시 어떻게 복잡한 분자가 정확히 복사되어 똑같은 사본을 만들어 낼 수 있는지와 같은 난해한 화학적 질문을 불러왔다.

몇몇 물리학자들도 유전자에 흥미를 갖게 되었고, 1920년대에 양자역학이 생겨났을 때 유전자를 이해하기 위해서는 우선 가장 진보된 이론 물리학의 미묘함을 터득해야 할 필요성이 대두되었다. 그러나 가장 훌륭한 물리학자나 이론 화학자들조차도 물질의 구조 규명에 관심을 기울이지 않았기 때문에 그런 생각은 뿌리를 내리지 못하였다. 그들이 깊이 생각할만한 사건이 한 가지 있었는데, 1927년에 멀러와 스태들러(L.J. Stadler)가 독립적으로 발견한 X-선으로 유도한 돌연변이가 바로 그것이다. X-선이 작은 유전자보다는 큰 유전자를 맞출 확률이 크기 때문에 주어진 X-선 양에 대해 유전자에서 유도된 돌연변이의 빈도는 유전자의 크기를 예측할 수 있게 한다. 그러나 여기에서도 특별한 가정이 너무 많이 요구되었기 때문에 멀러와 스태들러는 물론 다른 어느 누구도 그 예측들을 심각하게 받아들이지 않았다.

유전자와 단백질 간의 관계를 찾기 위한 예비 시도

유전자와 단백질 사이의 관계를 찾기 위한 초기의 노력들 중 가장 큰 결실은 어떤 유전자의 변화가 세포에 존재하는 어떤 단백질에 영향을 주는지를 조사하는 방법을 통해서 얻어졌다. 처음에는 눈이나 날개와 같은 구조들에 존재하는 단백질에 대해 아는 사람이 아무도 없었기 때문에 이러한 연구가 힘들었다. 그러던 중 간단한 대사 기능을 가진 유전자들이 거다란 구조에 영향을 주는 유전자들보다 연구하기가 쉽다는 것이 곧 명확해졌으며, 최초의 유용한 예 중 하나가 아미노산 대사에 영향을 주는 유전병의 연구에서 나왔다. 인간에게 자연발생적으로 일어난 돌연변이가 페닐알라닌 아미노산의 대사에 영향을 준 것이다. 돌연변이 형질에 대해 동형접합형인 사람이 페닐알라닌이 들어 있는 음식을 먹으면 그 아미노산을 티로신으로 바꾸지 못하여 혈액 내에 페닐피루브산(phenylpyruvic acid)이 쌓여 독성을 나타내게 된다. 이 병은 "선천적 대사이상(inborn errors of metabolism)"의 예로서 1909년에 영국 의사인 아치볼드 개로드(Archibald E. Garrod)가 야생형 유전자가 특정 효소가 존재하도록 하고, 동형접합형 돌연변이 개체에는 그 효소가 선천적으로 부재한다고 제안하였다.

개로드의 유전자-효소의 관계에 대한 일반 가설은 1930년대에 영국의 홀데인과 로즈 스콧-몬크리에프(Rose Scott-Moncrieff)에 의한 식물 색소에 대한 연구, 미국의 라이트에 의한 기니피그(guinea pig)의 털 색소에 관한 연구, 그리고 독일의 쿤(A. Kuhn)과 프랑스에서 먼저 연구하고 나중에 캘리포니아에서 연구한 보리스 에프뤼시(Boris Ephrussi)와 조지 비들(George W. Beadle)의 곤충 눈의 색소에 관한 연구에 의해 확장되었다. 모든 경우에 특정 유전자가 각각의 색소를 형성하는 특정 단계에 영향을 주며 그 색소가 없을 때에는 예를 들면 초파리의 눈이 붉은색에서 루비색으로 변화된다는 증거가 드러났다. 그러나 해당 효소의 구조에 대한 근본적인 지식이 부족하여 유전자-효소 관계에 대한 보다 더 자세한 실험을 할 수 없었으며, 따라서 대부분의 유전자가 단백질의 합성을 조절한다거나 (그 당시는 모든 효소가 단백질이 아닌지를 의심하는 수준) 또는 모든 단백질이 유전자의 조절을 받는다는 아무런 확신도 할 수 없었다.

1936년에 이미 멘델 유전학자들은 멘델 유전학의 기본적인 특징들을 성공적으로 설명할 수 있었던 실험들을 더 진행시킨다 하더라고 이 실험들로는 어떻게 유전자가 행동하는지를 알아낼 수 없다는 사실을 잘 알고 있었으며, 따라서 멘델 유전학 대신 화학적 분석에 더 적합한 생물학적 대상들을 찾는 것이 필요했다. 또한 그들은 가장 적절한 생물학적 시스템을 찾더라도 당시의 핵산과 단백질 화학에 대한 지식으로는 근본적으로 화학적 분석이 불가능하다는 사실도 잘 알고 있었다. 그러나 다행히도 이러한 화학적 한계가 화학적으로 단순한 모델 생물들, 즉 곰팡이, 세균 그리고 바이러스를 이용한 유전학적 실험을 방해하지는 않았다. 앞으로 보게 되겠지만 유전학자들이 이들 모델 생물들을 사용할 무렵에 이미 필요한 화학적 지식들을 사용할 수 있게 되었다.

요약

유전은 유전자의 세포내 운반체인 염색체에 의해 조절된다. 유전에 관여하는 인자는 1865년에 멘델에 의해 처음 발견되어 기술되었는데, 20세기가 시작되어서야 그 중요성을 깨닫게 되었다. 각 유전자는 대립유전자라 불리는 여러 다른 형태로 존재할 수 있다. 멘델은 각 유전형질에 대한 유전 관련 인자(현재는 유전자라 함)는 각 어버이로부터 그들의 자손에게 주어진다고 제안하였다. 이러한 양상에 대한 물리적 기반은 감수분열 동안 일어나는 상동염색체의 분포로서, 각 상동염색체 쌍 중 (임의로 선택된) 하나가 각 반수체 세포에 분포한다는 데 있다. 두 개의 유전자가 같은 염색체에 있다면 그들은 함께 유전되는 경향이 있다(연관). 서로 다른 형질에 영향을 주는 유전자는 흔히 서로 다른 염색체에 위치해 있기 때문에 서로 독립적으로 유전된다. 어떠한 경우에도 연관은 완전하지 않는데 그 이유는 감수분열 동안에 서로 붙어 있는 상동염색체가 때때로 같은 지점에서 절단된 다음 다시 십자형으로 반대로 붙기 때문이다(교차). 교차는 원래 부계로부터 온 염색체에 위치했던 유전자를 모계의 유전자 집단으로 옮겨놓는다.

서로 다른 대립유전자는 동일한 유전자로부터 유전되는 변화(돌연변이)에 의해 생겨난다. 정상적인 경우 유전자는 매우 안정적이고, 염색체 복제 동안에 정확히 복사된다. 돌연변이는 매우 드물게 나타나고 보통은 해로운 결과를 낳는다. 그러나 드물지만 유리한 돌연변이가 진화론의 전제가 되는 유전적 다양성의 근거를 제공하기 때문에 돌연변이는 긍정적인 역할을 할 수도 있다.

여러 해 동안 유전자의 구조와 유전자가 세포 특성을 조절하는 화학적 방식은 수수께끼였다. 많은 수의 자연돌연변이가 알려지게 되자, 하나의 유전자가 하나의 형질과 일대일 관계로 존재하는 것이 아니며, 모든 복잡한 형질들이 수많은 유전자의 조절 아래 있다는 것이 명백해졌다. 가장 이해하기 쉬운 견해는 1909년에 개로드가 주장한 것처럼 유전자가 효소의 합성에 영향을 준다는 것이었다. 그러나 멘델학파의 유전학자들이 갖고 있던 도구들, 즉 옥수수 식물, 쥐, 심지어는 초파리와 같은 생물들은 모두 유전자와 단백질의 관계에 관한 자세한 화학적 실험을 하는 데는 적당하지 않았다. 이러한 형태의 분석을 위해서는 보다 더 간단한 생명체를 이용하는 것이 필수적이었다.

참고문헌

Ayala F.J. and Kiger J.A., Jr. 1984. *Modern genetics*, 2nd ed. Benjamin Cummings, Menlo Park, California.

Beadle G.W. and Ephrussi B. 1937. Development of eye color in *Drosophila*: Diffusible substances and their inter-relations. *Genetics* **22**: 76–86.

Carlson E.A. 1966. *The gene: A critical history*. Saunders, Philadelphia.

_______. 1981. *Genes, radiation, and society: The life and work of HJ. Muller*. Cornell University Press, Ithaca, New York.

Caspari E. 1948. Cytoplasmic inheritance. *Adv Genet* **2**: 1–66.

Correns C. 1937. *Nicht Mendelnde vererbung* (ed F. von Wettstein). Borntraeger, Berlin.

Dobzhansky T. 1941. *Genetics and the origin of species*, 2nd ed. Columbia University Press, New York.

Fisher R.A. 1930. *The genetical theory of natural selection*. Clarendon Press, Oxford.

Garrod A.E. 1908. Inborn errors of metabolism. *Lancet* **2**: 1–7, 73–79, 142–148, 214–220.

Haldane J.B.S. 1932. *The courses of evolution*. Harper & Row, New York.

Huxley J. 1943. *Evolution: The modern synthesis*. Harper & Row, New York.

Lea D.E. 1947. *Actions of radiations on living cells*. Macmillan, New York.

Mayr E. 1942. *Systematics and the origin of species*. Columbia University Press, New York.

_______. 1982. *The growth of biological thought: Diversity, evolution, and inheritance*. Harvard University Press, Cambridge, Massachusetts.

McClintock B. 1951. Chromosome organization and gene expression. *Cold Spring Harbor Symp. Quant. Biol.* **16**: 13–57.

_______. 1984. The significance of responses of genome to challenge. *Science* **226**: 792–800.

McClintock B. and Creighton H.B. 1931. A correlation of cytological and genetical crossing over in *Zea mays. Proc. Natl. Acad. Sci.* **17**: 492–497.

Moore J. 1972a. *Heredity and development*, 2nd ed. Oxford University Press, Oxford.

_______.1972b. *Readings in heredity and development*. Oxford University Press, Oxford.

Morgan T.H. 1910. Sex-linked inheritance in *Drosophila. Science* **32**: 120–122.

Morgan T.H., Sturtevant A.H., Muller H.J., and Bridges C.B. 1915. *The mechanism of Mendelian heredity*. Holt, Rinehart & Winston, New York.

Muller H.J. 1927. Artificial transmutation of the gene. *Science* **46**: 84–87.

Olby R.C. 1966. *Origins of Mendelism*. Constable and Company Ltd., London

Peters J.A. 1959. *Classic papers in genetics*. Prentice-Hall, Englewood Cliffs, New Jersey.

Rhoades M.M. 1946. Plastid mutations. *Cold Spring Harbor Symp. Quant. Biol.* **11**: 202–207.

Sager R. 1972. *Cytoplasmic genes and organelles*. Academic Press, New York.

Scott-Moncrieff R. 1936. A biochemical survey of some Mendelian factors for flower color. *J. Genetics* **32**: 117–170.

Simpson G.G. 1944. *Tempo and mode in evolution*. Columbia University Press, New York.

Sonneborn T.M. 1950. The cytoplasm in heredity. *Heredity* **4**: 11–36.

Stadler L.J. 1928. Mutations in barley induced by X-rays and radium. *Science* **110**: 543–548.

Sturtevant A.H. 1913. The linear arrangement of six sex-linked factors in Drosophila as shown by mode of association. *J. Exp. Zool.* **14**: 39–45.

Sturtevant A.H. and Beadle G.W. 1962. *An introduction to genetics*. Dover, New York.

Sutton W.S. 1903. The chromosome in heredity. *Biol. Bull.* **4**: 231–251.

Wilson E.B. 1925. *The cell in development and heredity*, 3rd ed. Macmillan, New York.

Wright S. 1931. Evolution in Mendelian populations. *Genetics* **16**: 97–159.

_______. 1941. The physiology of the gene. *Physiol. Rev.* **21**: 487–527.

연습문제

짝수 문제의 해답은 부록 2 해답을 참조하라.

문제 1. 유전자 *X*의 두 대립유전자를 비교하고 있다. 두 개의 대립유전자를 틀림없는 대립유전자로 정의하는 것은 무엇인가?

문제 2. 옳음과 틀림을 가리되 그 이유를 설명하라. 하나의 유전자는 오직 두 개의 대립유전자만을 지니고 있다.

문제 3. 옳음과 틀림을 가리되 그 이유를 설명하라. 하나의 형질은 항상 하나의 유전자에 의해 결정되는가?

문제 4. 옳음과 틀림을 가리되 그 이유를 설명하라. 어떤 주어진 유전자에 있어 대립유전자가 항상 우성인지 혹은 열성인지를 정의할 수 있는가?

문제 5. 우림지역에서 발견된 신종 개구리의 피부색에 대해 우성/열성 관계를 알아보고자 한다. 이 종에서 피부색은 하나의 상염색체 유전자에 의해 조절된다고 가정하자. 발견된 개구리 종 모두가 밝은 청색이거나 노란색이었다. 밝은 청색 암컷과 밝은 청색 수컷을 교배하였더니 모두 밝은 청색 자손이 나왔다. 노란색 암컷과 노란색 수컷을 교배하였더니 밝은 청색과 노란색의 자손이 섞여 나왔다. 각각의 형질(밝은 청색과 노란색 피부)의 우성과 열성을 가리고 왜 그런지를 설명하라. 앞의 두 교배에서 각각의 부모들의 유전자형을 표시하여라. 피부색과 관련된 유전자는 문자 B를 사용하라.

문제 6.

A. 멘델이 실험한 것과 같이 순계의 초록색 종자를 순계의 노란색 종자와 교배하였을 때 만약에 노란색 종자가 초록색 종자에 대해 우성이었다면 F_1 세대에 어떤 표현형을 기대할 수 있겠는가?

B. F_1 세대를 자가교배를 하였다. F_2 세대에 기대되는 표현형의 비는?

C. F_2 세대에 기대되는 유전자형의 비는?

D. F_2 세대에 기대되는 이형접합형 대 동형접합형의 비는?

문제 7. 멘델은 완두콩에서 7개의 뚜렷이 다른 형질에 대해 연구하였다. 운 좋게도 6개의 형질은 서로 다른 염색체 위에 놓여 있었고 2개의 형질은 하나의 염색체 위에 놓여 있으나 아주 멀리 떨어져 있었다. 만약 멘델이 원래의 실험에서 연관된 유전자에 의해 조절되는 2개의 형질을 선택하였다면 멘델의 제1법칙과 제2법칙 중의 어떤 법칙이 영향을 받았겠는가? 선택한 이유를 설명하라.

문제 8. 초파리에서 하나의 염색체 위에 있는 3개의 유전자(*X*, *Y*, *Z*)의 위치를 지도 작성하고자 한다. 각각의 유전자는 하나의 우성 대립유전자와 하나의 열성 대립유전자를 지니고 있다. 세 가지의 서로 다른 2인자 교배(교배 1: *XY*와 *xy*, 교배 2: *YZ*와 *yz*, 교배 3: *XZ*와 *xz*)를 수행하였다. 모든 교배는 이들 유전자의 대립유전자들이 동형접합형인 이배체 개체 사이에서 이루어졌다. 재조합체가 교배 1에서는 7%, 교배 2에서는 20%이고 제3 교배에서는 13%인 결과를 얻었다. 적합한 순서로 유전자가 놓인 자리를 그리고 지도에서 유전자들 사이의 거리를 지도단위로 표시하여라.

문제 9. 3인자 교배(*XYZ*/*xyz*와 *xyz*/*xyz*의 교배)를 수행하여 문제 8에서 정한 순서를 확인하고자 한다. 가장 적은 수를 나타낸 재조합체는 *xYZ*와 *Xyz*이었다. 이 결과로 문제 8에서 얻은 순서를 확인할 수 있는가? 왜 그런지의 여부를 설명하라.

문제 10. 이제 다시 초파리의 다른 3개의 유전자(*L*, *M*, *N*)의 위치를 지도 작성하려고 한다. 각각의 유전자는 하나의 우성 대립유전자와 하나의 열성 대립유전자를 지니고 있다. 세 가지의 서로 다른 2인자 교배(교배 1: *LM*과 *lm*, 교배 2: *MN*과 mn, 교배 3: *LN*과 *ln*)를 수행하였다. 모든 교배는 이들 유전자의 대립유전자들이 동형접합형인 이배체 개체 사이에서 이루어졌다. 재조합체가 교배 1에서는 5%, 교배 2에서는 50%이고 제3 교배에서는 50%인 결과를 얻었다. 주어진 데이터에 기초하여 유전자들의 위치와 각 유전자들 사이의 거리를 지도단위로 표시할 수 있는가?

문제 11. 문제 10의 관찰에 이어 유전자 *O*를 사용하여 새로운 교배를 수행하였다. *MO*와 *mo* 사이의 교배에서 30%, *LO*와 *lo* 사이에서 35%, 그리고 *NO*와 *no* 사이에서 25%의 재조합을 각각 관찰하였다. 모든 교배는 이들 유전자의 대립유전자들이 동형접합형인 이배체 개체 사이에서 이루어졌다. 문제 10과 11로부터 얻은 정보를 사용하여, 적합한 순서로 유전자가 놓인 자리를 그리고 지도에서 유전자들 사이의 거리를 지도단위로 표시하여라.

문제 12. 돌연변이를 정의하라. 세포는 돌연변이를 막는 많은 기작을 지니고 있다. 한 개체에서 매우 낮은 돌연변이율을 지니고 있는 것이 왜 생기는 모든 돌연변이를 막는 것보다 도움이 되는지를 설명하라.

문제 13. 염색체와 염색분체의 차이를 구별하여라.

문제 14. 금파리(*Lucilia cuprino*)의 6번 염색체를 지도 작성하려고 한 실험에서 얻은 결과와 기존에 발표된 지도를 비교하고자 한다. 최근의 교배에서 날개의 시맥 교차점이 진한 것(*tri*), 핑크 체색(*pk*) 그리고 노란 눈(*y*)인 돌연변이를 사용하였다. 이 3개의 돌연변이에 동형접합형인 수컷과 이형접합형인 암컷(*tri pk y*/+ + +)을 교배하여 나온 자손을 계수하였다. 발표된 지도를 보면 *y*와 *pk* 사이의 거리는 23.0 m.u.이고, *pk*와 *tri* 사이는 18.4 m.u., 그리고 y와 tri 사이는 41.4 m,u.이다. 발표된 지도와 아래 주어진 값을 이용하여 단일교차 혹은 이중교차를 나타내는 관찰된 자손의 기대치를 계산하라. 관찰된 값은 약간의 통계적인 변동 폭을 지닌 것이라는 것을 상기하라.

전체 자손의 수: 1000

이중교차를 보이는 재조합체 수: 15

발표된 지도의 정보는 Weller and Foster(1993. *Genome* **36**:495-506).

문제 15. 새의 신종에 대해 연구하고 있다. 이 종은 닭과 같은 성염색체를 갖고 있다. 수컷은 2개의 Z 염색체를, 반면에 암컷은 하나의 Z 염색체와 하나의 W 염색체를 갖고 있다. 유전체의 염기서열 분석이 아직 이루어지지 않고 있어서 교배를 통해 보다 많은 유전정보를 얻고자 했다. 이 새의 눈 색에 흥미를 갖고 있다. 검은색과 초록색 눈을 지닌 순계의 새를 얻었다. 검은색 눈의 수컷과 초록색 눈의 암컷을 교배하였다. 이 형질은 하나의 유전자에 의해 결정된다고 가정하자.

A. 우성/열성의 관계를 고려하여, 만약 검은색이 초록색에 대해 열성일 경우 혹은 초록색이 검은색에 대해 열성일 경우를 결정하고자 한다. 이 문제에 답을 얻도록 도와주기 위해서는 F_1과 F_2 자손의 표현형을 어떻게 사용하여야 하는가?

B. 만약 이 형질이 반성유전을 한다면, F_1 세대에 대해 Z 염색체 상에 있는 반성형질의 우성/열성의 관계에 비추어 A항의 해답을 상세히 논하라.

C. 검은색이 초록색에 대해 우성이라고 가정하자. F_1 세대의 검은색 수컷을 F_1 세대의 검정 암컷과 교배를 하였다. 만약 이 형질이 반성유전을 한다면, F_2 세대에서의 유전자형과 표현형의 비를 예측하여라.

CHAPTER 2

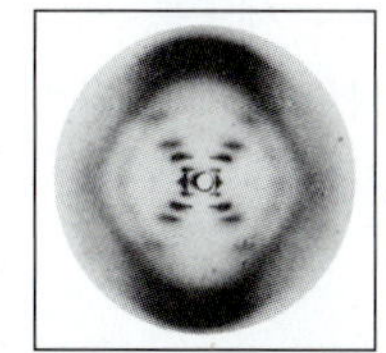

유전정보를 전달하는 핵산

개 요

특별한 분자들이 유전정보를 운반할 것이라는 생각은 화학자들의 주의를 끌기 훨씬 전부터 유전학자들 사이에서 인식되어 왔다. 1930년대에 와서 유전학자들은 어떤 종류의 분자들이 유전자가 요구하는 수준의 안정성을 가지며, 그럼에도 불구하고 진화의 기초를 제공하는 돌연변이 형태로 영구적이며 갑작스럽게 변화할 수 있는지 심사숙고하게 되었다. 1940년대 중반까지는 유전자의 화학적 본질에 접근할 직접적인 방법이 없는 것처럼 보였다. 염색체는 디옥시리보핵산(DNA)이라고 하는 독특한 분자 성분을 갖고 있다고 알려졌다. 그럼에도 불구하고, 이 성분이 유전정보를 운반하도록 특별히 만들어진 아직 발견되지 않은 종류의 단백질을 위한 분자적 뼈대로 작용하는 것이 아니라 유전정보를 운반한다는 것을 보여줄 수 있는 방법이 없었다. 일반적으로 유전자는 아미노산으로 구성되어 있을 것으로 추측되었는데, 왜냐하면 그 당시에는 그것만이 유전정보를 운반할 충분히 복잡한 유일한 생체 분자인 것처럼 보였기 때문이다.

따라서 유전자가 세포 안에서 어떻게 기능하는지를 물음으로써 유전자의 본질에 접근하는 방법은 올바른 것이었다. 1940년대 초반에 조지 비이들(George W. Beadle)과 에드워드 테이텀(Edward Tatum)은 붉은빵곰팡이(*Neurospora*)에 대한 연구를 통해 유전자가 특정 효소의 합성을 조절하여 작용한다는 아치볼드 개로드(Archibald E. Garrod)의 30년 된 가설을 뒷받침하는 결정적인 증거를 제공하였다[한 유전자-한 효소(one gene-one enzyme) 가설]. 따라서 이때까지 알려진 모든 효소가 단백질로 알려져 있었으므로 중요한 문제는 유전자가 단백질의 합성에 어떻게 참여하느냐를 밝히는 것이었다. 이것을 심각하게 숙고하기 시작할 때부터 가장 간단한 가설은 유전자 안의 유전정보가 단백질의 폴리펩티드 사슬 안의 20가지 서로 다른 아미노산의 순서를 결정한다는 것이었다.

가장 뛰어난 생화학자에게도 이러한 가설을 시험하는데 직관은 아무런 도움이 되지 못하였다. 왜냐하면, 효소가 폴리펩티드 사슬에 더해지는 각 아미노산의 순서를 정하는 도구로써 이용될 수 있다는 어떠한 논리적 근거도 없었기 때문이다. 그런 체계에서는 한 종류의 단백질을 합성하기 위해서는 그 단백질을 이루는 아미노산의 개수만큼의 효소가 필요할 것이다. 또한 그 당시에 알려진 모든 효소들도 그 자체가 단백질이었기 때문에(이제 우리는 RNA도 효소로 작용할 수 있다는 것을 안다) 순서를 정하는 효소를 합성하는 데에는 추가로 또 다른 순서를 정하는 효소가 필요하게 된다. 이 상황은 하나의 주어진 단백질이 여러 가지 서로 다른 효소 특이성을 갖고, 기발하게 서로 연관된 일련의 합성을 한다고 가정하지 않는 한 확실히 모순되는 것이다. 그런 가정을 한다면 이 상황에서 작동하는 세포를 상상하는 것은 (상당한 어려움은 있지만) 가능할 수도 있다. 그러나 대부분의 단백질이 여러 가지 임무를 수행할 것 같지는 않았다. 사실 최신의 모든 지식은 하나의 단백질이 하나의 기능을 한다는 것에 반대되는 결론으로 모아지고 있다.

에이버리의 폭탄선언: DNA가 유전적 특수성을 전달할 수 있다

DNA가 핵심 유전 분자일 수 있다는 아이디어는 폐렴을 일으키는 세균에 관한 연구에서 뜻하지 않게 대두되었다. 1928년에 영국의 미생물학자인 프레드릭 그리피스(Frederick Griffith)는 세균의 비병원성 균주를 열처리로 죽인 병원성 균주와 섞었을 때 병원성 세균으로 변환된다는 놀라운 사실을 관찰하였다. 비병원성에서 병원성 세균으로의 **형질전환(transformation)**이 유전적 변화를 의미한다는 사실은 새로운 병원성 균주의 자손을 이용하여 또 다른 비병원성 세균을 변환시킴으로써 확인할 수 있었다. 이것은 열에 의해 병원성 세포가 죽었을 때 그 유전 성분은 파손되지 않고 남아 있을 수 있다는 가능성을 제기했다. 게다가 열에 의해 죽은 세포에서 나온 이 성분은 살아 있는 수용세포의 세포벽을 통과할 수 있으며, 살아 있는 세포 안의 유전기구와 유전적 재조합을 할 수 있었음을 의미한다(그림 2-1). 이후의 계속된 연구로 이러한

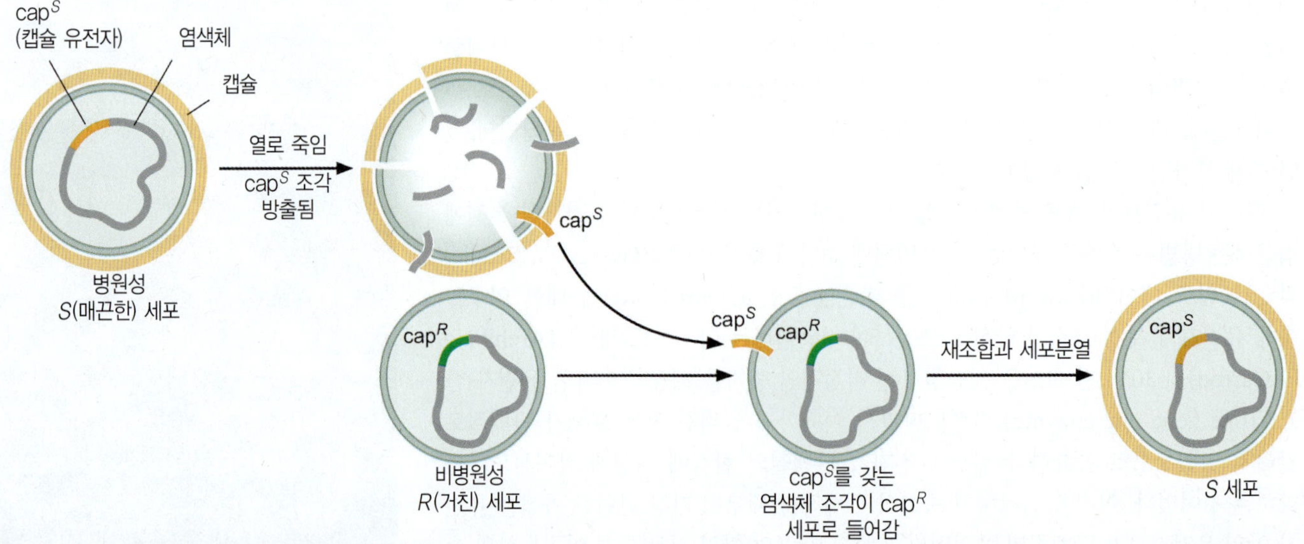

그림 2-1 열처리로 죽인 유전적으로 다른 계통의 세포 첨가로 인한 세균 세포(폐렴쌍구균, *Streptococcus pneumoniae*) 유전 특성의 형질전환. 이 그림은 *R* 세포가 열처리된 *S* 세포의 캡슐 유전자를 포함한 염색체 조각을 받는 과정을 보여주고 있다. 대부분의 *R* 세포들은 다른 염색체 조각들을 받기 때문에 주어진 유전자의 형질전환 효율은 보통 1%보다 낮다.

유전적 해석이 확인되었다. 병원성은 폐렴을 일으키는 대부분의 세균을 둘러싸고 있는 탄수화물을 내포한 캡슐의 합성에 관여하는 핵심효소를 암호화하는 캡슐 유전자의 행동과 관련이 있다. 캡슐 유전자의 *S*(smooth, 매끈한) 대립형질이 존재하면 발병에 필요한 일종의 캡슐이 세포 둘레에 형성된다(캡슐이 형성되면 이 세포들로 형성되는 콜로니들은 매끄러운 모양을 갖는다). 이 유전자의 *R*(rough, 거친) 대립형질이 존재하면 캡슐이 형성되지 않으며, 그 세균은 비병원성이 되고, 이 세포들로 형성된 콜로니는 뾰족한 모서리를 지닌 구형이 된다.

그리피스의 관찰이 있은 지 몇 년 안에 죽은 세균의 추출물로도 형질전환을 유도할 수 있다는 것이 발견되었고, 이 형질전환 인자의 화학적 정체를 찾기 시작하였다. 그 당시 대부분의 생화학자들은 여전히 유전자가 단백질이라고 믿고 있었다. 따라서 뉴욕의 록펠러 연구소에서 미국인 미생물학자 오즈월드 에이버리(Oswald T. Avery)와 그의 동료들인 콜린 매클라우드(Colin M. MacLeod)와 맥린 매카티(Maclyn McCarty)가 10여 년간의 연구 끝에 1944년, 드디어 실제 유전적 요인은 DNA라는 중대한 발표를 했을 때 이것은 큰 충격을 불러일으켰다(그림 2-2). 이들의 결론을 뒷받침하는 실험결과는 다음과 같았다. 극히 최근에 정제되어 DNA 분자만을 선택적으로 기본단위인 뉴클레오티드로 분해하지만 단백질 분자나 RNA의 성질에는 영향을 주지 않는 효소라고 알려진 디옥시리보뉴클레아제(dexoyribonuclease)에 의해 이들이 아주 순수하게 분리한 분획의 형질전환 활성이 파괴되었다. 반면에 리보뉴클레아제(ribonuclease, RNA를 분해하는 가수분해효소)나 또는 여러 가지 단백질분해효소들(proteolytic enzymes; 단백질을 분해하는 효소들)을 처리했을 때 형질전환 활성에는 아무런 영향이 없었다.

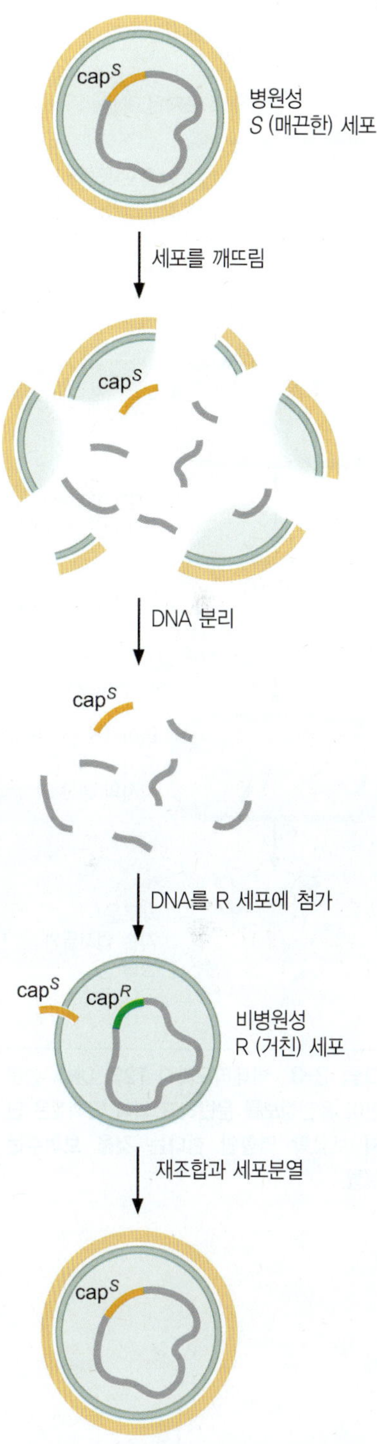

그림 2-2 화학적으로 순수한 형질전환 인자의 분리. (Adapted, with permission, from Stahl F.W. 1964. *The mechanics of inheritance*, Fig.2.3. © Pearson Education, Inc.)

바이러스의 유전자도 역시 핵산이다

동일하게 중요하며 확실한 증거는 바이러스와 바이러스에 감염된 세포의 화학적 연구에서 나왔다. 1950년에 와서는 수많은 바이러스를 순수하게 얻을 수 있었고, 바이러스에 어떤 종류의 분자들이 존재하는지 알아낼 수 있었다. 이 연구를 통해 모든 바이러스는 핵산을 갖고 있다는 사실을 알게 되었다. 그 당시에는 바이러스가 유전물질을 갖고 있을 것이라는 인식이 커지고 있을 때여서 핵산 성분이 곧 바이러스 유전자인지를 가리고자 하였다. 이에 대한 결정적인 시험이 DNA 중심(DNA core)과 보호껍질(여러 가지 단백질 분자들로 이루어짐)로 구성된 세균성 바이러스[**박테리오파지(bacteriophage)** 또는 **파지(phage)**라고도 함]인 T2 파지를 대상으로 방사성 동위원소를 이용한 파지 증식 실험이었다. 1952년 뉴욕 롱아일랜드에 있는 콜드 스프링 하버 연구소에서 알프레드 허시(Alfred D. Hershey)와 마서 체이스(Martha Chase)가 수행한 실험에서, 이들은 단백질 껍질은 방사성 동위원소 ^{35}S로 표지하고 DNA 핵심은 방사성 동위원소 ^{32}P로 표지하였다. 표지된 바이러스는 그 후 파지의 증식이 진행됨에 따라 파지의 단백질과 핵산의 이동경로를 살피는 데 사용되었는데, 특히 어버이 바이러스에서 표지된 어떤 원자가 숙주세포로 들어가고 나중에 자손 파지에 나타나는지를 살펴보는 데 사용되었다.

이 실험을 통해 명확한 결과가 나타났는데, 어버이의 핵산은 자손 파지에서 관찰된 반면 어버이의 단백질은 자손 파지에서 전혀 관찰되지 않았다(그림 2-3). 또한 어버이 단백질은 숙주세균에 거의 들어가지 못하고 세균의 바깥쪽에 붙은 상태로 남아 있었으며, DNA 성분이 안으로 들어가고 난 후에는 아무런 기능도 수행하지 않았다. 이러한 사실은 DNA가 들어가고 난 후에 감염된 세균을 심하게 흔들어서 단백질 외

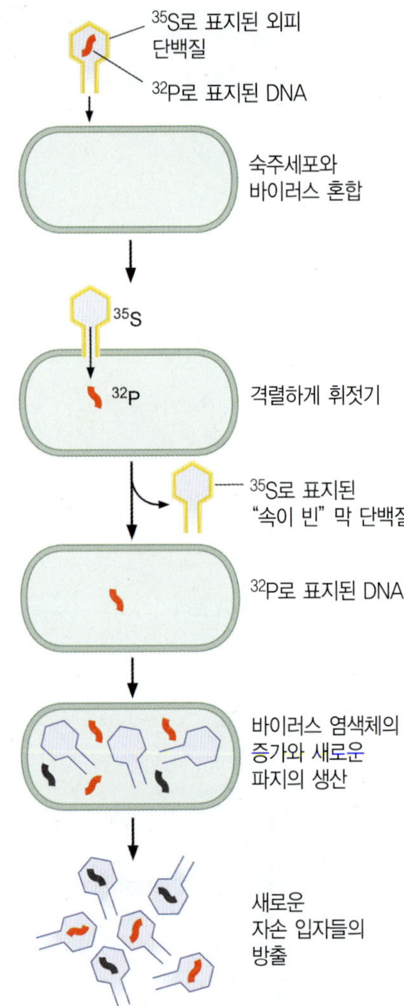

그림 2-3 박테리오파지 T2의 DNA 성분만이 유전정보를 운반하고 외피 단백질은 단지 보호막 역할만 한다는 것을 보여주는 실험.

피를 떨어뜨려도 세균이 새로운 파지 입자들을 만드는 능력에는 아무런 영향이 없음을 확인함으로서 입증할 수 있었다.

이제는 더 많은 바이러스를 이용하여 보다 더 설득력 있는 실험을 행할 수도 있다. 예를 들어 생쥐의 폴리오마 바이러스에서 정제한 DNA는 생쥐의 세포에 들어가 바이러스의 증식주기를 시작하여 수천 개의 새로운 폴리오마 입자들을 만들어낼 수 있다. 따라서 바이러스 단백질의 1차 기능은 하나의 세포에서 다른 세포로 이동할 때 유전적인 핵산 성분을 보호하고 전달하는 데 있다.

이중나선

단백질 구조에 대한 X-선 분석 연구가 진행되고 있는 동안 소수의 과학자들은 DNA의 X-선 회절 양상을 풀려고 노력하였다. 첫 번째 회절 양상은 올라 하마스텐(Ola Hammarsten)과 토르뵨 카스페르손(Torbjörn Caspersson)이 제공한 DNA를 이용하여 1938년에 윌리엄 애스트버리(William Astbury)에 의해 얻어졌다. 그러나 1950년대 초반이 되어서야 모리스 윌킨스(Maurice Wilkins)와 로잘린드 프랭클린(Rosalind Franklin)에 의해 고품질의 X-선 회절 사진들이 찍혀졌다(그림 2-4). 이 사진들은 DNA 구조가 나선형이라는 것을 보여줄 뿐 아니라 하나보다 많은—둘 또는 세 개의—폴리뉴클레오티드 사슬로 이루어져 있다는 사실을 제시하였다. 그와 동시에 DNA의 공유결합 구조가 확립되기 시작하였다. 1952년에 알렉산더 토드(Alexander Todd)의 실험실에서 일하는 유기화학자들이 3′-5′ 포스포디에스테르(phosphodiester) 결합이 DNA의 뉴클레오티드들을 규칙적으로 서로 연결시켜 준다는 것을 보여주었다(그림 2-5).

1951년에 라이너스 폴링(Linus Pauling)의 α 나선 단백질 모티브(6장에서 보게 될 것임)에 힘입어 윌리엄 고크란(William Cochran), 프랜시스 크릭(Francis H. Crick), 그리고 브라디미르 반드(Vladimir Vand)가 나선 분자의 회절에 관한 멋진 이론을 만들었다. 이 이론을 바탕으로 시행착오는 있었으나 가능한 DNA 구조를 쉽게

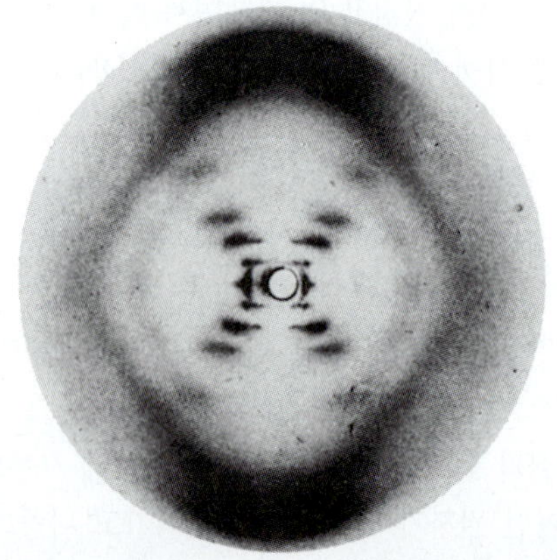

그림 2-4 DNA 구조 해명에 사용된 중요한 X-선 사진. 런던 킹스 칼리지의 로잘린드 프랭클린(Rosalind Franklin)이 1952~1953년 겨울에 찍은 이 사진은 DNA가 나선형이라는 추측을 확증해 주었다. 사진 중앙의 십자형 무늬의 X-선 영상이 나선 구조를 암시한다. 위와 아래의 매우 어두운 검은 부분은 3.4 Å 두께의 퓨린과 피리미딘 염기가 나선 축에 수직으로 서로 나란히 규칙적으로 쌓여 있다는 것을 의미한다. (Printed, with permission, from Franklin R.E. and Gosling R.G. 1953. *Nature* **171:** 740–741. © Macmillan.)

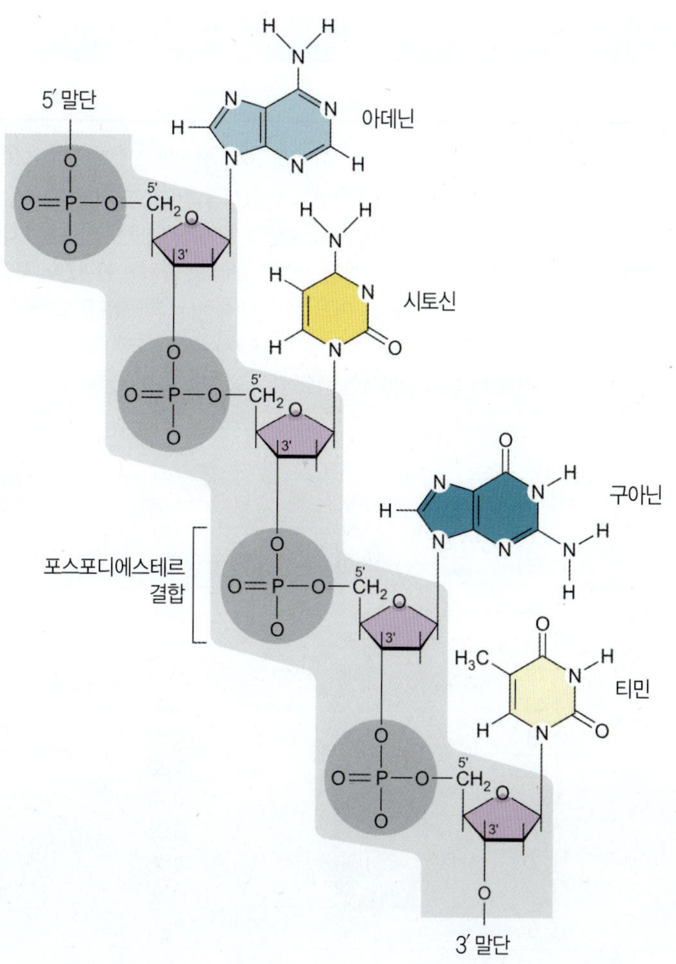

그림 2-5 뉴클레오티드를 연결하는 3′→5′ 포스포디에스테르 결합을 보여주는 DNA 폴리뉴클레오티드 사슬의 일부. 인산기는 한 뉴클레오티드의 3′ 탄소와 다음 뉴클레오티드의 5′ 탄소를 연결한다.

시험할 수 있게 되었다. 1953년에 드디어 영국 케임브리지의 막스 퍼루츠(Max Perutz)와 존 켄드루(John Kendrew)의 실험실에서 일하던 크릭과 제임스 왓슨(James D. Watson)에 의해 DNA의 상보적인 이중나선 구조(4장 참조)가 밝혀지게 되었다. 이들은 윌킨스와 프랭클린의 X-선 회절 데이터와 모순되지 않는 입체화학적으로 가장 적합한 구조를 찾음으로써 DNA 구조를 밝힐 수 있었다.

이중나선에서 두 개의 DNA 사슬은 반대 가닥에 있는 염기와 수소결합(약한 비공유 화학결합, 3장 참조)으로 염기쌍을 형성하여 서로 결합하고 있다(그림 2-6). 이 염기들이 쌍을 이루는 것은 매우 특이하여 퓨린 염기인 아데닌은 피리미딘 염기인 티민과만 염기쌍을 이루고, 반면에 퓨린 염기인 구아닌은 피리미딘 염기인 시토신과만 염기쌍을 이룬다. 이중나선 DNA에서 A 잔기의 수는 T 잔기의 수와 일치해야 하고, G와 C 잔기의 수도 마찬가지로 일치해야 한다(글상자 2-1, "샤가프의 법칙" 참조). 결과적으로 주어진 이중나선의 두 사슬의 염기서열은 상보적 관계를 갖고 DNA 한 가닥의 서열은 그 상대 가닥의 서열을 정확히 결정한다.

이중나선의 발견은 많은 유전학자들이 그들의 실험 결과를 분석하는 방법에 큰 변혁을 일으켰다. 유전자는 더 이상 유전학적 실험들에 의해서만 그 행동연구가 가능한 신비로운 존재가 아니었다. 대신에 유전자는 화학자들에게 피루브산이나 ATP와 같은 작은 분자들처럼 객관적으로 생각할 수 있는 실제의 대상 분자로 빠르게 인식되어졌다. 그러나 이들이 가장 흥분했던 이유는 단지 그 구조가 풀렸다는 사실에서가 아니라 그 구조의 본질 때문이었다. 해답을 얻기 이전에는 구조를 밝히더라도 어떻게 유전

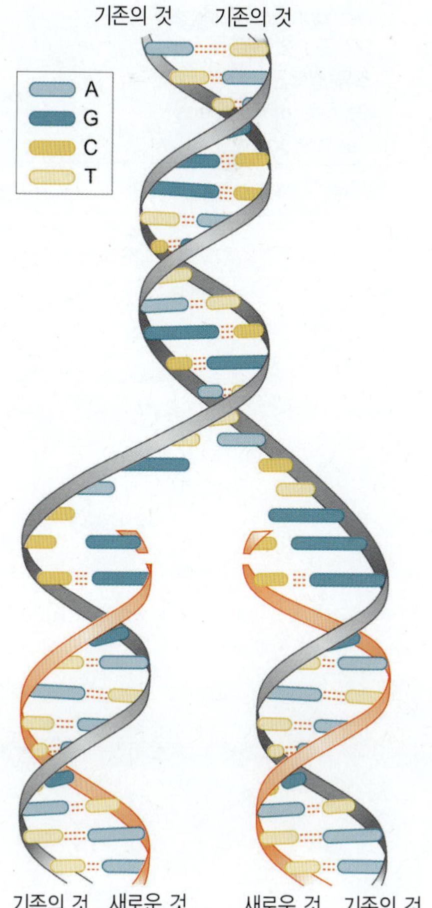

그림 2-6 DNA의 복제. 새롭게 합성된 가닥은 주황색으로 표시되었다.

▶ 핵심실험

글상자 2-1 샤가프의 법칙

생화학자인 샤가프(Erwin Chargaff)는 "종이 크로마토그래피(paper chromatography)"라는 기술을 이용하여 DNA의 뉴클레오티드 구성을 분석하였다. 1949년까지 그의 실험 결과들은 네 가지 서로 다른 뉴클레오티드가 동일한 양으로 존재하지 않는다는 것과 네 가지 뉴클레오티드의 정확한 비(ratio)가 생물종마다 다르다는 것을 보여주었다(글상자 2-1 표 1). 이 발견들은 DNA 분자 안의 뉴클레오티드의 정확한 배열이 유전적 특이성을 줄 수 있다는 가능성을 보여주었다.

샤가프의 실험들은 또한 네 가지 염기의 상대적 비가 임의적이지는 않다는 것을 보여주었다. 모든 종류의 DNA에서 아데닌(A) 잔기의 수는 티민(T) 잔기의 수와 같았고, 구아닌(G) 잔기의 수는 시토신(C) 잔기의 수와 일치하였다. 게다가 DNA의 출처에 상관없이 퓨린 대 피리미딘의 비가 항상 거의 1이었다(퓨린 = 피리미딘). 그러나 DNA의 3차원 구조에 큰 관심을 갖기 전까지는 A = T와 G = C인 관계(샤가프의 법칙)의 근본적인 중요성은 크게 부각되지 못하였다.

글상자 2-1 표 1 샤가프의 법칙의 공식을 유도한 데이터

공급원	아데닌 대 구아닌	티민 대 시토신	아데닌 대 티민	구아닌 대 시토신	퓨린 대 피리미딘
소	1.29	1.43	1.04	1.00	1.1
사람	1.56	1.75	1.00	1.00	1.0
닭	1.45	1.29	1.06	0.91	0.99
연어	1.43	1.43	1.02	1.02	1.02
밀	1.22	1.18	1.00	0.97	0.99
효모	1.67	1.92	1.03	1.20	1.0
Hemophilus influenzae	1.74	1.54	1.07	0.91	1.0
대장균 K2 균주	1.05	0.95	1.09	0.99	1.0
조류 결핵균	0.4	0.4	1.09	1.08	1.1
Serratia marcescens	0.7	0.7	0.95	0.86	0.9
Bacillus schatz	0.7	0.6	1.12	0.89	1.0

After Chargaff E. et al. 1949. *J Biol. Chem.* **177**: 405.

자가 복제하고 기능하는지에 대해 아무것도 알 수 없을지도 모른다는 걱정이 항상 있었다. 운 좋게도 밝혀진 결과는 매우 흥분되는 것이었다. 상보적 구조를 가진 두 개의 서로 얽힌 가닥은 하나의 가닥이 다른 가닥을 만들어내는 특수한 표면(주형) 역할을 할 것이라는 사실을 시사하고 있다(그림 2-6). 이 가설이 옳다면 유전학자들이 여러 해 동안 고민해오던 유전자 복제의 근본적인 문제가 사실상 개념적으로 풀리는 것이었다.

DNA를 만드는 중합효소 찾기

하나의 DNA 사슬이 상보적인 DNA 사슬의 합성을 지시하는 주형으로 작용한다는 사실을 증명하기 위해서는 DNA를 시험관 내에서 합성할 수 있는 시스템이 개발되기를 기다려야만 했다. 이것은 그들의 세계가 효소 분리에 필요한 과정에 대해 조예가 깊었던 생화학자들의 세계와는 거리가 멀었던 분자유전학자들이 기대했던 것보다는 훨씬 빠르게 실현되었다. DNA 복제를 생화학적으로 잘 밝혀낸 사람은 1956년에 세균의 세포를 분쇄하여 얻은 추출물에서 DNA 합성을 보여준 미국의 생화학자 아서 콘버그(Arthur Kornberg)였다. 그 후 몇 년 동안 콘버그는 DNA를 이루는 전구체들의 연결에는 특수한 중합효소의 촉매작용이 필요하다는 사실을 보여주었다. 콘버그의 연구로 DNA 합성에는 에너지가 풍부한 전구체들, 즉 dATP, dGTP, dCTP 및 dTTP

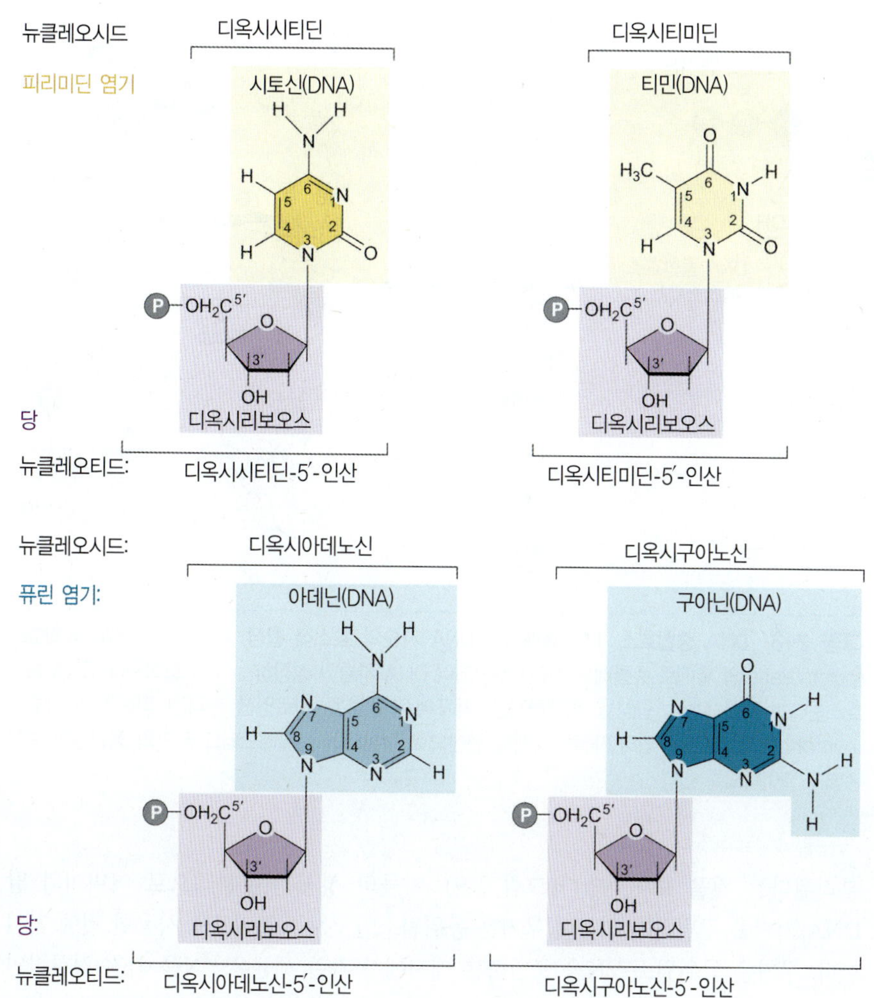

그림 2-7 DNA의 뉴클레오티드. 네 가지 뉴클레오티드의 구조를 보여주고 있다.

가 필요하다는 것이 밝혀졌다(그림 2-7). 이후 단일 폴리펩티드로 이루어진 DNA 중합효소 I(DNA Pol I)이 동정되었는데, 이 효소는 새로운 DNA 가닥의 합성을 촉매하는 효소로서, 뉴클레오티드 전구체들을 3′−5′ 포스포디에스테르 결합으로 연결시킨다(그림 2-8). 또한 이 중합효소는 폴리뉴클레오티드 생성물에서 네 가지 뉴클레오티드의 순서를 결정하는 DNA(주형가닥 DNA)가 존재할 때만 작용한다.

DNA Pol I은 주형 DNA에 의존하여 합성되는 DNA의 서열을 결정한다. 이러한 사실은 각기 다른 양의 A:T와 G:C 염기쌍을 지닌 DNA 분자가 존재하는 조건에서 DNA 중합효소를 작용시킴으로써 처음으로 입증되었다. 모든 경우에 효소에 의해 합성된 생성물은 주형 DNA와 같은 염기의 비를 갖고 있었다(표 2-1). 이 세포가 없는 상태에서의 합성 동안에는 어떤 단백질이나 다른 종류의 분자 합성도 일어나지 않았으며, 이로부터 유전적 특이성의 중간 운반자로서 DNA 이외의 다른 것이 사용될 가능성을 배제할 수 있었다. 따라서 DNA가 자신의 복제에 직접적인 주형이 된다는 것은 의심할 여지가 없게 되었다.

DNA 복제 동안 DNA 가닥이 분리된다는 실험적 증거

콘버그의 연구와 동시에 1958년 당시 캘리포니아공과대학(CIT)에 있던 매튜 메셀슨(Matthew Meselson)과 프랭크 스탈(Frank W. Stahl)은 딸 DNA 분자를 분리할 수 있는 정교한 실험을 수행함으로써 DNA 복제 동안에 두 가닥의 이중나선이 영구히

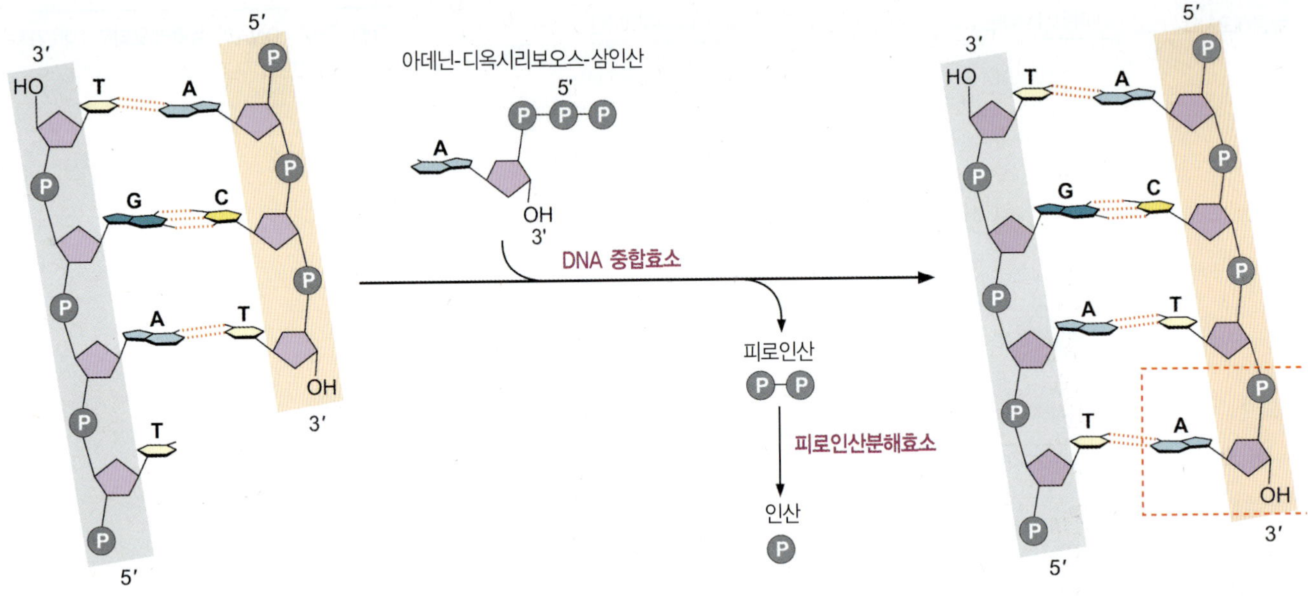

그림 2-8 DNA 중합효소 I이 촉매하는 DNA 사슬의 효소적 합성. 이 모양은 DNA 중합효소(polymerase)의 촉매로 뉴클레오티드가 부가되어 DNA 사슬이 성장하는 것을 보여준다. DNA 중합효소는 그 자신 DNA 합성을 촉매하지만, 세포에서 방출된 피로인산 분자는 피로인산분해효소(pyrophosphatase)에 의해 재빨리 2개의 인산으로 전환되어 뉴클레오티드 부가의 정반응이 보다 손쉽게 일어나도록 한다.

분리된다는 것을 보여주었다(그림 2-9). 이들의 성공은 부분적으로 어버이와 딸 DNA 가닥을 구별하기 위하여 무거운 동위원소인 ^{15}N을 꼬리표로 사용한 것에 기인한다. 무거운 동위원소 ^{15}N을 포함하는 배지에서 자란 세균은 ^{14}N을 가진 정상적인 환경에서 자란 세균보다 더 높은 밀도의 DNA를 갖는다. 염화세슘(cesium chloride)과 같은 무거운 염의 밀도 구배를 이용하여 무거운 DNA와 가벼운 DNA를 분리하는 실험 방법의 발달 또한 이들 실험의 성공에 기여하였다. 큰 원심력이 가해지면 이러한 용액의 원심분리관의 바닥(회전시켰을 때 회전축으로부터 가장 멀리 떨어진 부분) 부분에서는 용액의 밀도가 높아지게 된다. 용액의 초기 밀도를 적절히 선택하면 각각의 DNA 분자는 원심분리관의 염 용액의 밀도가 자신의 밀도와 같아지는 중심 부분으로 움직이게 될 것이다. 이 상황에서 양 사슬이 모두 ^{15}N 전구체로 되어 있는 DNA 분자(무거운-무거운, 즉 HH DNA)는 ^{14}N 전구체로 되어 있는 DNA 분자(가벼운-가벼운, 즉 LL DNA)보다 더 높은 밀도에서(관의 바닥에 가까운 곳에) 띠를 형성할 것이다. 만약 무거운 DNA를 가지고 있는 세균을 가벼운 배지(^{14}N을 포함)로 옮겨 자라도록

표 2-1 효소적으로 합성한 DNA와 이들 DNA 주형 간의 염기조성 비교

DNA 주형의 공급원	효소 생성물의 염기 조성				$\frac{A+T}{G+C}$ 생성물 내	$\frac{A+T}{G+C}$ 주형 내
	아데닌	티민	구아닌	시토신		
Micrococcus lysodeikticus (세균)	0.15	0.15	0.35	0.35	0.41	0.39
Aerobacter aerogenes (세균)	0.22	0.22	0.28	0.28	0.80	0.82
대장균	0.25	0.25	0.25	0.25	1.00	0.97
소의 흉선	0.29	0.28	0.21	0.22	1.32	1.35
T2 파지	0.32	0.32	0.18	0.18	1.78	1.84

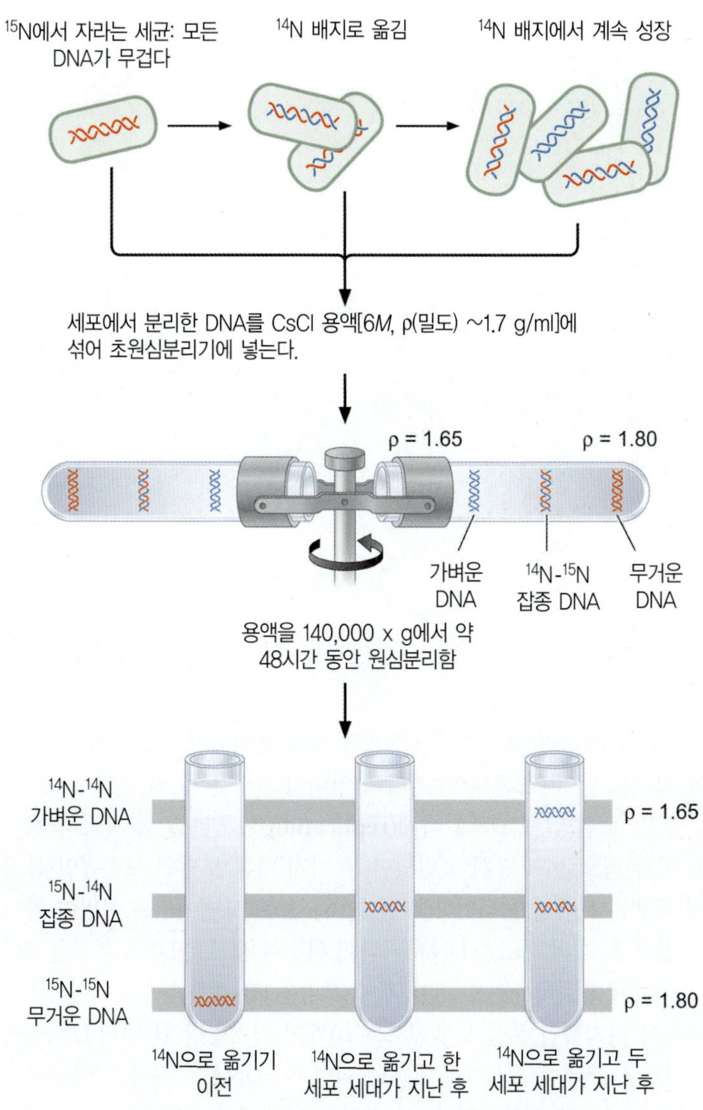

그림 2-9 염화세슘(CsCl) 밀도 구배를 사용하여 DNA 복제 중 상보적 가닥의 분리를 입증하는 실험.

한다면 DNA 합성에는 가벼운 뉴클레오티드 전구체가 사용되며, 따라서 옮겨진 이후에 합성된 DNA는 옮기기 이전에 만들어진 DNA와 구별이 가능해진다.

만약 DNA 복제가 가닥의 분리를 포함한다면, 가벼운 배지에서 다양한 시간동안 성장시킨 이후에 나타나는 DNA 분자의 밀도에 대한 정확한 예측이 가능할 것이다. 한 세대의 성장 이후에는 모든 DNA가 하나의 무거운 가닥과 하나의 가벼운 가닥을 포함할 것이며 따라서 중간 밀도가 될 것이다(무거운-가벼운, 즉 HL DNA). 이런 결과는 메셀슨과 스탈이 관측한 것과 정확히 일치했다. 또한 두 세대의 성장 후에는 예상되는 사슬 분리처럼 절반의 DNA 분자들은 가벼웠고 절반은 잡종이었다. 특히 주목해야 할 것은 세균으로부터 DNA를 분리하는 과정에서 DNA가 작은 조각들로 분해되는 것인데 대부분의 DNA가 완전히 복제되어 있거나 혹은 전혀 복제되어있지 않은 상태인 것을 확보하는 것이다. 만약 세균의 유전체가 모두 온전히 보존되어 있는 상태라면, 오직 부분적으로 복제가 이루어진 수많은 중간밀도의 (HH, HL, 또는 LL이 아닌) 분자들로 이루어질 것이다.

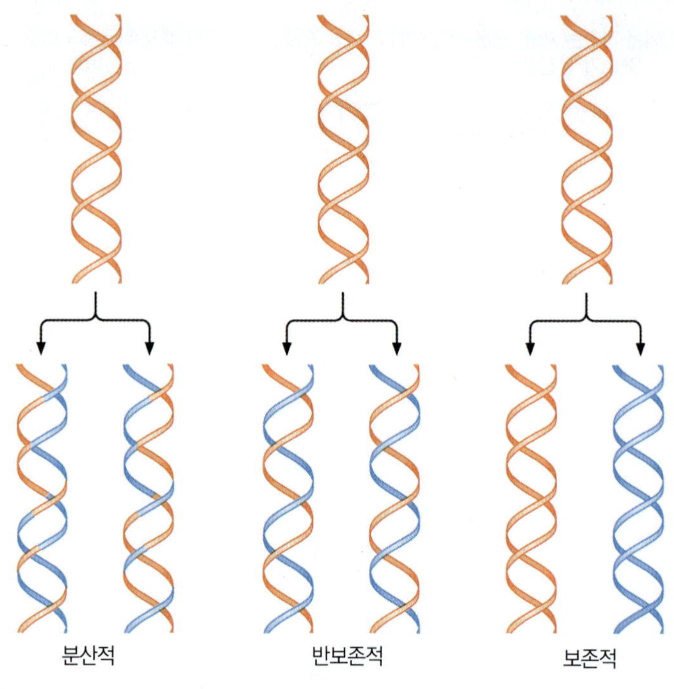

그림 2-10 DNA 복제의 세 가지 가능한 메커니즘. DNA의 구조가 발견되었을 때, DNA 복제를 설명하기 위한 여러 가지 모델들이 제안되었다. 여기에는 그 중 세 가지를 나타내었다. 메셀슨과 스탈이 제안한 실험들로 이들 모델을 확실히 구별할 수 있었으며, 그 결과 DNA가 반보존적으로 복제된다는 것을 보여주었다.

따라서 메셀슨과 스탈의 실험은 DNA가 복제 과정에서 이중나선 각각의 가닥 중에 하나는 그대로 남아 (보존되어) 각각의 어버이 가닥을 두 딸 분자에게로 분배하는 (따라서 "반"만 보전되는), DNA **복제(replication)**가 반보존적 과정이라는 것을 보여주었다. 이 실험으로 그 당시에 있었던 두 가지 다른 모델인 보존적인 복제 체계와 분산 복제 체계는 사라지게 되었다(그림 2-10). 보존 모델에서는 어버이 가닥 모두가 함께 남아 있고 두 개의 새로운 DNA 가닥이 완전히 새로운 DNA 분자를 형성한다고 제안되었는데, 이 모델에서는 한 세대 후에 가벼운 DNA가 형성되어야 한다. 그 당시 많은 사람들이 지지했던 분산 모델에서는 10개의 염기쌍당 한 번씩 DNA 가닥이 깨져서 짧은 DNA 부분을 합성하는데 사용되며, 이 DNA는 곧바로 연결되어 완전한 DNA가 만들어진다고 제안되었다. 이 복잡한 모델에서는 DNA 가닥이 헌 DNA와 새 DNA 모두를 포함하므로 (따라서 비보존적이며) 수많은 세대의 성장 이후에나 완전히 가벼운 DNA가 만들어질 것이다.

DNA 내의 유전정보는 네 가지 뉴클레오티드 구성단위의 서열에 의해 운반된다

이중나선의 발견으로 DNA가 주요 유전물질인지에 대한 논쟁은 사실상 끝이 났다. DNA 복제 중의 나선 분리가 실험적으로 증명되기 이전부터 분자유전학자들의 주된 관심은 DNA의 유전정보가 어떻게 작용하여 단백질 합성 동안에 아미노산을 지정하는가에 있었다(글상자 2-2, "유전자가 단백질의 아미노산 서열을 통제한다는 증거" 참조). 모든 DNA 사슬이 이중나선을 형성할 수 있으므로 이들의 유전적 특이성의 본질은 DNA를 이루는 네 가지 뉴클레오티드들의 선형서열(linear sequence) 내에 존재해야만 했다. 따라서 그 당시에는 정보를 가진 존재로서 DNA 분자가 네 글자의 알파벳(A, G, C, T)으로 만들어진 아주 긴 단어로 여겨졌다(나중에 보게 되겠지만 지금은 이것이 매우 긴 문장으로 받아들여지고 있다). 단지 네 개의 글자만으로도 가능한

DNA 서열의 개수는 작은 DNA 분자에서조차 매우 크며(4^N, 여기서 N은 서열 안에 있는 글자의 개수), 따라서 사실상 무한한 수의 서로 다른 유전적 메시지가 존재할 수 있다. 이제 우리는 전형적인 세균의 유전자가 약 1,000여 개의 염기쌍으로 이루어져 있다는 것을 잘 알고 있다. 이러한 크기의 유전자가 가능한 종류는 현재의 모든 생물에서 알려져 있는 유전자의 개수보다 자릿수가 매우 많은 4^{1000} 가지나 된다.

▶ 핵심실험

글상자 2-2 유전자가 단백질의 아미노산 서열을 통제한다는 증거

유전자(DNA)가 아미노산 서열을 통제한다는 첫 실험적 증거는 유전병인 낫꼴세포 빈혈증으로 고통 받는 사람에 존재하는 헤모글로빈의 연구에서 나왔다. 어떤 개인이 양쪽 상동염색체 모두에(헤모글로빈을 형성하는 두 개의 폴리펩티드 중 하나를 암호화하는) β-글로빈 유전자의 *S* 대립유전자를 갖고 있으면(*SS*) 적혈구의 모양이 낫꼴을 가지게 되며 심각한 빈혈이 초래된다. β-글로빈 유전자의 두 대립유전자 중 하나만 *S* 형태를 갖게 되면(+*S*) 빈혈은 덜 심각하고 적혈구는 거의 정상의 모양을 갖는다. 마찬가지로 적혈구 세포 내의 헤모글로빈 형태는 유전적 양상과 관련이 있다. *SS* 경우에는 헤모글로빈이 비정상으로, 정상 헤모글로빈과 다른 용해도 특성을 가지는 반면에, +*S* 상태는 헤모글로빈의 절반은 정상이고 절반은 비정상이다.

야생형 헤모글로빈 분자는 두 종류의 폴리펩티드 사슬인 α와 β 사슬로 이루어진다(글상자 2-2 그림 1 참조). 각 사슬은 약 16,100 달톤(dalton)의 분자량을 갖는다. 각 분자에는 두 개의 α 사슬과 두 개의 β 사슬이 존재해서 헤모글로빈의 분자량은 약 64,400달톤이 된다. α 사슬과 β 사슬은 서로 다른 유전자에 의해 조절되어 하나의 돌연변이는 α 사슬 또는 β 사슬 하나에만 영향을 주고 둘 다에는 영향을 주지 않는다. 1957년에 케임브리지대학교의 버넌 잉그램(Vernon M Ingram)은 낫꼴 헤모글로빈이 정상 헤모글로빈과 β 사슬의 6번 위치에서 정상인 글루탐산 잔기가 발린으로 교체되어 아미노산 하나가 변한 차이를 갖고 있다는 것을 보여주었다. 이것 하나의 차이를 제외하고는 정상과 돌연변이 헤모글로빈의 전 아미노산 서열이 동일하였다. 이 아미노산 서열의 변화가 β-글로빈 유전자의 *S* 대립유전자를 가진 환자에게서만 관찰되었기 때문에 가장 간단한 가설은 그 유전자의 *S* 대립유전자가 β-글로빈 유전자에의 변화를 암호화한다는 것이다. 이어진 다른 종류의 빈혈로부터 분리된 헤모글로빈의 아미노산 서열 연구들도 이 제안을 전적으로 지지하는 것이었다. 즉 서열 분석의 결과 각각의 특정 빈혈에서 폴리펩티드 사슬의 특정 부위가 다른 아미노산으로 대체되는 특징을 지닌다는 것을 보여주었다(글상자 2-2, 그림 2).

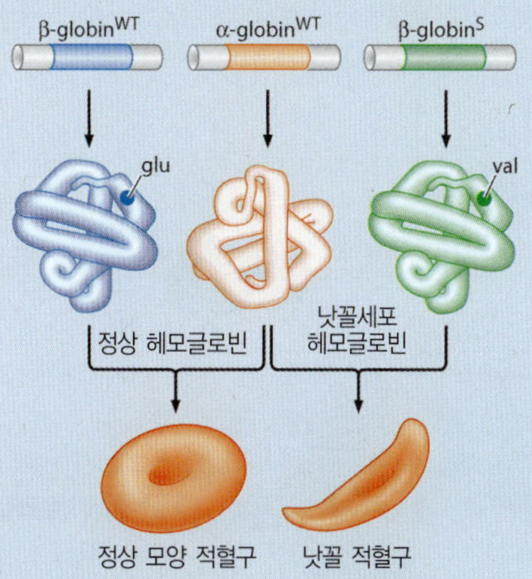

글상자 2-2 그림 1 정상-및 낫꼴-세포 헤모글로빈의 생성. (헤모글로빈 구조의 출처: Illustration, Irving Geis. Right owned by Howard Hughes Medical Institute. Not to be reproduced without permission.)

α 알파 사슬

Hb 변이체	위치	1	2	16	30	57	58	68	141
	아미노산	Val	Leu	Lys$^+$	Glu$^-$	Gly	His$^+$	AspN	Arg
	Hb I			Asp$^-$					
	Hb G 호놀룰루				GluN				
	Hb 노퍽					Asp$^-$			
	Hb M 보스턴						Tyr		
	Hb G 필라델피아							Lys$^+$	

β 베타 사슬

Hb 변이체	위치	1	2	3	6	7	26	63	67	125	150
	아미노산	Val	His$^+$	Leu	Glu$^-$	Glu$^-$	Glu$^-$	His$^+$	Val	Glu	His$^+$
	Hb S				Val						
	Hb C				Lys$^+$						
	Hb G 산호세					Gly					
	Hb E						Lys$^+$				
	Hb M 사스카툰							Tyr			
	Hb 취리히							Arg$^+$			
	Hb M 밀워키-1								Glu$^-$		
	Hb D β 펀자브									GluN	

글상자 2-2 그림 2 사람 헤모글로빈 변이체에서 알려진 아미노산 치환의 몇 가지 예.

DNA는 단백질 합성 시 아미노산의 순서를 직접 지시하는 주형이 될 수 없다

비록 DNA가 아미노산의 순서를 정하는 정보를 가지고 있어야 하지만, 이중나선 자체가 단백질 합성의 주형이 될 수 없다는 것은 확실해 보였다. 단백질 합성이 DNA가 없는 장소에서 일어난다는 것을 보여주는 실험들은 DNA의 직접적 역할을 배제하였다. 모든 진핵세포에서 단백질 합성은 염색체 DNA로부터 핵막으로 분리되어 있는 세포질에서 일어난다.

따라서 적어도 진핵세포에서는, DNA로부터 유전적 특이성을 얻는 제2의 정보를 지닌 분자가 존재해야만 했다. 이 분자는 그 후 단백질 합성의 주형으로 작용하도록 세포질로 이동할 것이다. 처음부터 아직까지 기능이 모호한 제2의 핵산 종류인 RNA에 관심이 쏠렸다. 토르뵨 카스페르손(Torbjörn Caspersson)과 장 브라쉐(Jean Brachet)는 세포질에 주로 존재하는 RNA를 발견하였고 그리고 이것은 하나의 DNA 가닥이 상보적 DNA 가닥의 주형으로 역할을 하지 않을 때 상보적인 RNA 사슬의 주형으로 역할을 한다고 상상하는 것은 쉬운 일이였다.

RNA는 DNA와 화학적으로 매우 유사하다

RNA 구조를 단순히 살펴보는 것으로도 RNA가 어떻게 DNA 주형으로부터 정확히 합성되는지를 알 수 있다. 화학적으로 RNA는 DNA와 매우 유사하다. RNA 역시 길고 네 종류의 뉴클레오티드가 3′ – 5′ 포스포디에스테르 결합으로 연결된 가지가 없는 분자이다(그림 2-11). 화학적으로 RNA는 DNA와 구분되는 두 가지 차이점이 있다.

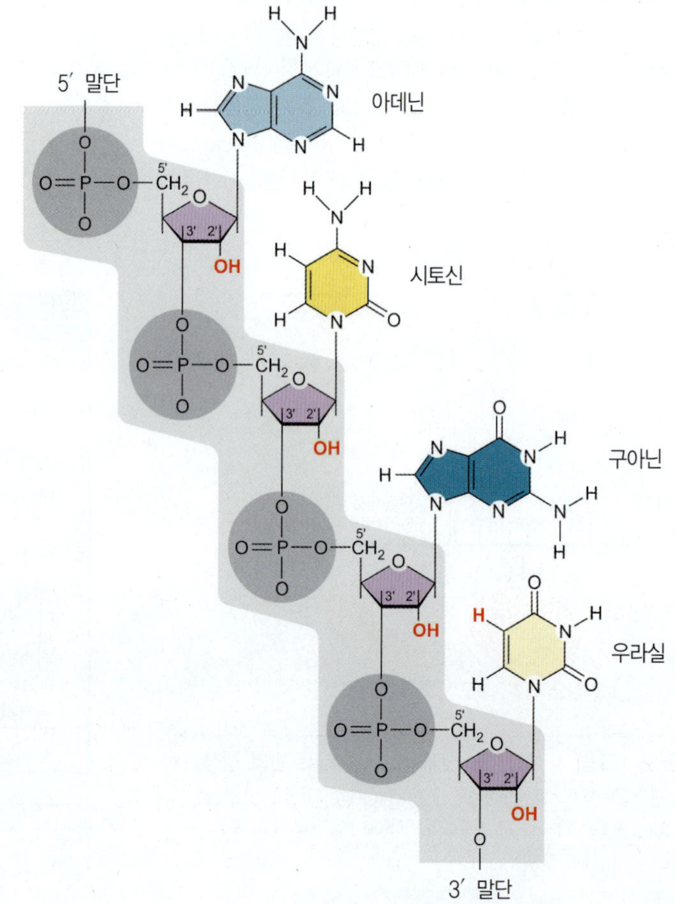

그림 2-11 폴리리보뉴클레오티드(RNA) 사슬의 일부분. 붉은색으로 표시된 부분이 DNA와 다른 부분이다.

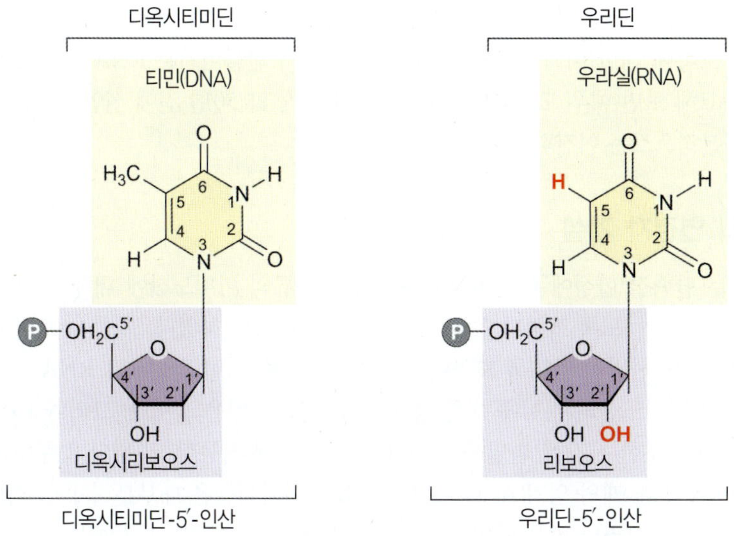

그림 2-12 RNA와 DNA 뉴클레오티드 사이의 차이. DNA의 뉴클레오티드와 RNA의 뉴클레오티드가 나타나 있다. 모든 RNA 뉴클레오티드는(DNA의 디옥시리보오스 대신에) 리보오스 당을 갖고 있으며 그것은 2′ 탄소 위치에(붉은색으로 표시된) 수산기를 갖는다. 게다가 RNA는 피리미딘 염기로 티민 대신에 우라실을 갖는다. 피리미딘 고리의 5번 위치에 티민의 경우는 메틸기를 갖는데 반하여 우라실은 수소(붉은색으로 표시된)를 갖는다. 다른 세 가지 염기는 DNA와 RNA에서 동일하다.

첫 번째는 당 성분의 작은 변형이다(그림 2-12). DNA의 당은 디옥시리보오스(deoxyribose)인 반면에 RNA는 2’ 탄소에 OH기(수산기)를 추가로 하나 더 갖고 있는 점을 제외하고는 디옥시리보오스와 동일한 리보오스(ribose) 당을 가지고 있다. 두 번째 차이점은 RNA는 티민 대신에 매우 유사한 피리미딘인 우라실을 갖는 것이다. 그러나 이런 차이들에도 불구하고 폴리리보뉴클레오티드는 DNA처럼 상보적인 이중나선을 형성할 가능성을 갖고 있다. 추가적인 수산기나 티민에서는 발견되지만 우리딘에는 없는 메틸기는 RNA가 이중나선 구조를 형성하기 위한 염기쌍을 이루는 능력에 거의 영향을 주지 않는다. 그러나 DNA와는 달리 RNA는 세포 안에서 보통 외가닥 분자로 발견된다. 만약 이중가닥 RNA 나선이 형성된다면 이는 보통 외가닥 RNA 분자 내의 두 부분 사이에서 이루어진 것이다.

중심원리

1953년 가을에 염색체 DNA는 RNA 분자의 주형 기능을 하고, RNA는 세포질로 이동하여 그곳에서 단백질 내의 아미노산 배열을 결정한다는 가설이 받아들여졌다. 1956년에 크릭은 이러한 유전정보의 흐름 경로를 **중심원리(central dogma)**라고 불렀다.

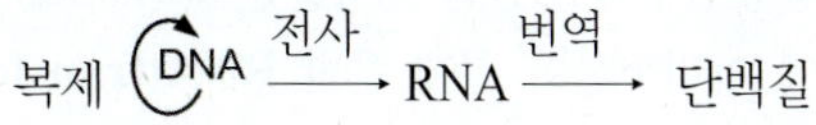

이 그림에서 화살표는 유전정보의 이동 방향을 나타낸다. DNA를 둘러싸고 있는 화살표는 DNA가 자가복제의 주형임을 나타낸다. DNA와 RNA 사이의 화살표는 DNA 주형에 의해 RNA 합성이[**전사(transcription)**라 함] 지시된다는 것을 나타낸다. 상대적으로 단백질의 합성은[**번역(translation)**이라 함] RNA 주형에 의해 지시된다. 가장 중요한 것은 뒤쪽의 두 화살표가 한쪽 방향으로만 나타내어진 것이다. 즉, RNA 서열은 절대 단백질 주형에 의해 결정되어지지 않고 DNA도 그 당시에는 RNA 주형에 의해 만들어지지 않는 것으로 예상되었다. 단백질이 RNA에 대한 주형 역할을 절대하지 않는다는 아이디어는 시간이 흘러도 변하지 않았다. 그러나 12장에서 보게 될 것처럼 RNA 사슬은 가끔 상보적인 DNA 사슬의 주형 역할을 한다. 정보의 정상적인 흐름에 대한 이러한 역행은 DNA 주형에서 만들어지는 RNA 분자의 엄청난 수와 비교해 보면 매우 드문 사건이다. 따라서 원래 약 50년 전에 선언되었던 중심원리는 근본적으로는 여전히 유효하다.

크릭의 연결자 가설

처음에는 단백질 합성에 대한 RNA 주형이 20종류의 아미노산에 대해 특정한 틀을 바깥 표면에 만들도록 접혀져 있을 것이라고 단순히 생각하였다. 그 틀은 오직 하나의 주어진 아미노산만이 맞도록 모양이 생길 수 있으며, 이런 방법으로 RNA가 단백질 합성 동안 아미노산의 순서에 대한 정보를 제공할 수 있을 것이다. 그러나 1955년에 크릭은 이 진부한 생각에 환멸을 느끼며 절대 그렇게 작동할 리 없다고 주장하였다. 우선 RNA의 네 개의 염기(A, U, G, C)에 있는 화학기들은 대부분 수용성 화학기와 상호작용한다. 그러나 많은 아미노산들(예를 들어 류신, 발린, 페닐알라닌 등)의 특정 잔기들은 물에 녹지 않는(소수성) 잔기와 강하게 상호작용한다. 둘째로 RNA가 소수성 표면이 보이도록 어떻게 접힐 수 있다고 하더라도 RNA 주형이 메틸기(CH_3) 하나만 다른 글리신과 알라닌, 또는 발린과 이소류신과 같이 화학적으로 매우 유사한 아미노산의 차이를 정확히 구별하기는 어려움이 있을 것이라고 여겨졌다. 따라서 크릭은 아미노산이 단백질로 삽입되기 전에 RNA 주형에 있는 염기에 특이적으로 결합할 수 있는 독특한 표면을 가진 특정 연결자(adaptor) 분자에 먼저 부착되어야 한다고 제안하였다.

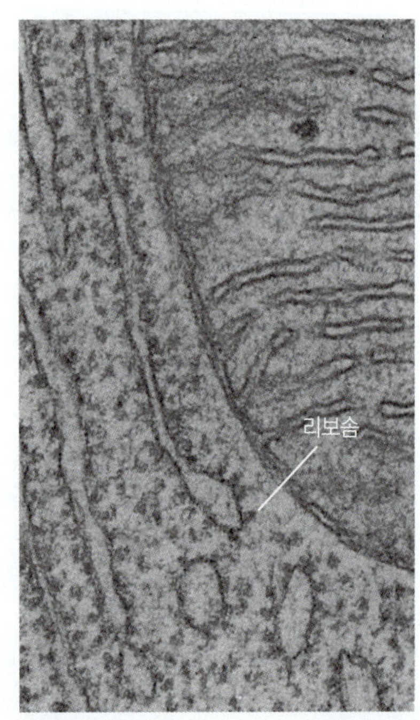

그림 2-13 소포체에 부착된 리보솜의 전자현미경 사진. 이 전자현미경 사진(105,000배)은 이자세포의 일부를 보여준다. 오른쪽 윗부분은 미토콘드리아의 일부를 나타내며 왼쪽 아랫부분은 소포체에 부착된 수많은 리보솜(전자밀도를 지닌 작은 구형체)들을 나타낸다. 어떤 리보솜은 세포질에 떠있는 형태로 존재하며 다른 것은 막성 소포체에 부착되어 존재한다. (Courtesy of K. R. Porter.)

운반 RNA의 발견

단백질이 어떻게 합성되는지를 알기 위해서는 첨가하는 RNA 분자의 지시대로 선구물질인 아미노산으로부터 단백실을 반들 수 있는 무세포추출물(cell-frcc cxtract)의 개발이 요구되었다. 1953년 초에 처음으로 폴 자멕닉(Paul C. Zamecnik)과 그의 동료들이 이를 효과적으로 개발하였다. 이들의 성공 비결은 당시에 처음으로 사용 가능해진 방사능 표지 아미노산과 초원심분리기이다. 방사능 표지 아미노산을 사용하여 새로 만들어지는 단백질의 양을 추적하고, 초원심분리기로 세포내 조성물의 분획을 높은 순도로 얻었다. 초기의 연구에 의해 단백질 합성이 일어나는 세포 내의 위치가 단백질 합성에 적극 참여하는 모든 세포의 세포질에 있는 RNA-함유 입자인 리보솜이라고 정확히 지적되었다(그림 2-13).

몇 년 후 자멕닉은 공동연구자인 말론 호아글랜드(Mahlon B. Hoagland)와 함께 단백질로 삽입되기 전에 아미노산이 현재 **운반 RNA(transfer RNA, tRNA)**라고 불리는 분자에 먼저 부착된다는 중대한 발견을 하게 된다. 운반 RNA의 양은 세포내 모든 RNA의 약 10%를 차지한다(그림 2-14).

크릭을 제외한 거의 모든 사람에게 이 발견은 전혀 기대하지 않은 것이었다. 그러나 크릭은 이미 그가 제한한 "연결자"가 단백질 합성의 주형으로 작용하는 RNA 분자에 있는 적당한 그룹과 염기쌍을 이루고 "읽힐 수 있는" 짧은 RNA 사슬일 것이라고 전에 추측했었다. 후에 좀 더 자세히 다루겠지만(15장) 자멕닉과 호아글랜드의 운반 RNA 분자들은 실제로 크릭이 제안했던 연결자 분자들이다. 각 운반 RNA는 단백질 합성 동안 RNA 주형에 있는 계속된 염기 그룹(코돈, codon)과 특이하게 결합하는 염기서열(역코돈, anticodon)을 갖고 있다.

비특이적으로 보이는 리보솜의 역설

세포성 RNA의 약 85%는 리보솜에서 발견되고 단백질의 절대적 양을 대규모로 합성하는 세포(예를 들면, 췌장세포나 빠르게 분열하는 세균)에서 매우 증가하므로 **리보솜 RNA(ribosomal RNA, rRNA)**를 처음에는 아미노산의 순서를 정하는 데 쓰이는 주형으로 생각하였다. 그러나 대장균의 리보솜을 주의 깊게 분석한 결과 몇 가지 다른 특징들이 나타났다. 첫째로, 모든 대장균 리보솜과 더불어 다른 모든 생물체의 리보솜은 두 개의 서로 다른 크기를 가진 소단위(subunit)로 이루어져 있으며, 각각은 주위의 이온 농도에 따라 가역적으로 서로 달라붙거나 떨어지는 RNA를 포함하고 있었다. 둘째로, 작은 소단위에 있는 모든 rRNA 사슬은 거의 같은 사슬 길이를 가지며(대장균에서는 약 1,500 염기) 큰 소단위의 rRNA 사슬도 거의 같은 길이를 가진다(약 3,000 염기). 셋째로, 모든 알려진 세균, 식물, 그리고 동물들에서 각각의 DNA의 AT/GC 비율에는 상당히 큰 차이가 있음에도 불구하고 작은 rRNA 사슬과 큰 rRNA 사슬의 염기 구성은 (G와 C가 많은) 거의 모두 같다. 이는 만약 rRNA 사슬이 실제로 많은 수의 서로 다른 유전자로 만들어진 서로 다른 RNA 주형의 큰 집합이었다면 그렇지 않을 것이다. 따라서 작은 종류건 큰 종류건 rRNA는 RNA의 주형은 아닐 것이다.

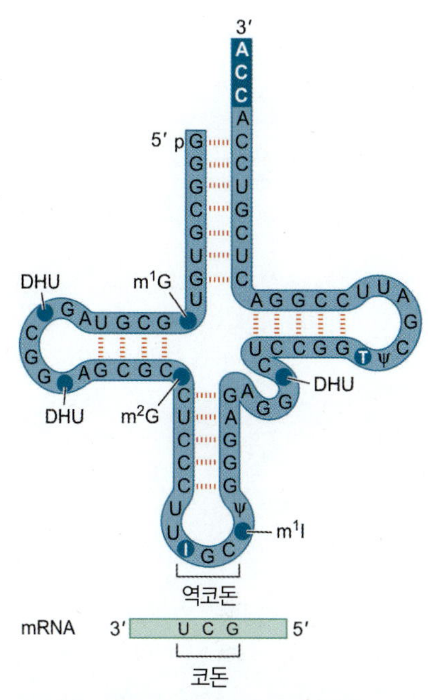

그림 2-14 로버트 홀리(Robert W. Holley)와 그의 동료들에 의해 제시된 효모의 알라닌 tRNA 구조. 이 tRNA에 있는 역코돈은 mRNA에 있는 알라닌 코돈을 인식한다. 이 구조에는 몇 개의 변형된 뉴클레오시드들이 존재한다. ψ = 슈도우리딘(pseudouridine), T = 리보티미딘(ribothymidine), DHU = 5,6-디히드로우리딘 (5,6-dihydrouridine), I = 이노신(inosine), m^1G = 1-메틸구아노신 (1-methylguanosine), m^1 = 1-메틸이노신(1-methylinosine), m^2G = *N,N*-디메틸구아노신(*N,N*-dimethylguanosine).

전령 RNA(mRNA)의 발견

T4 파지에 감염된 세포들은 진정한 주형을 찾기에 가장 이상적인 시스템을 제공해 주었다. 이 바이러스에 감염되면 대장균의 RNA 합성이 중지되기 때문에 바이러스 감염 후 합성된 RNA는 T4 DNA로부터만 전사된 것이다. 가장 뚜렷한 특징은 T4 RNA가 T4 DNA와 매우 유사한 염기 조성을 갖고 있을 뿐만 아니라 리보솜을 형성하기 위해 rRNA와 결합하는 리보솜 단백질과는 결합하지 않는다는 것이다. 대신에 T4 RNA는 이미 존재하는 리보솜에 붙은 다음, 그 표면을 통과해 이동하여 자신의 염기에 적합한 tRNA-아미노산 전구체와 결합할 수 있는 위치로 가져간다(그림 2-15). 이 같은 작용으로 T4 RNA는 아미노산을 배열시키는데 그러므로 이것이 오랫동안 찾았던 단백질 합성의 RNA 주형이라 할 수 있다. DNA로부터 단백질이 합성되는 리보솜에까지 정보를 전달하기 때문에 이 RNA를 **전령 RNA(messenger RNA, mRNA)**라 부른다. 대장균 리보솜에 결합하는 T4 RNA의 관찰은 1960년 봄에 처음 이루어졌고, 곧 감염되지 않은 대장균 세포에서 다른 종류의 mRNA가 발견됨으로써 rRNA의 주형 역할 가능성은 배제할 수 있었다. 대신에 15장에서 더 자세히 다루겠지만, 리보솜의 rRNA 성분들은 50여 종의 다른 리보솜 단백질들과 결합하여 단백질 합성의 공장 역할을 하고, tRNA-아미노산 전구체를 모아 전령 RNA 주형이 제공하는 정보가 읽혀질 수 있도록 하는 기능을 한다.

전체 세포내 RNA 중 적은 %만이 mRNA이다. 이 mRNA의 크기는 주어진 세포에서 볼 수 있는 수많은 다양한 단백질을 암호화하기에 폴리펩티드의 크기에 따라 큰 차이를 보인다. 따라서 mRNA가 왜 처음에 간과되었는지 쉽게 이해할 수 있다. mRNA의 작은 부분만이 특정 순간에 리보솜에 부착되어 있기 때문에 하나의 mRNA 분자는 동시에 여러 개의 리보솜에 의해 읽힐 수 있다. 대부분의 리보솜은 50개 이상의 리보솜으로 이루어진 **폴리리보솜(polyribosome**; 같은 mRNA를 번역하는 리보솜 집단)의 한 부분으로 발견된다(그림 2-16).

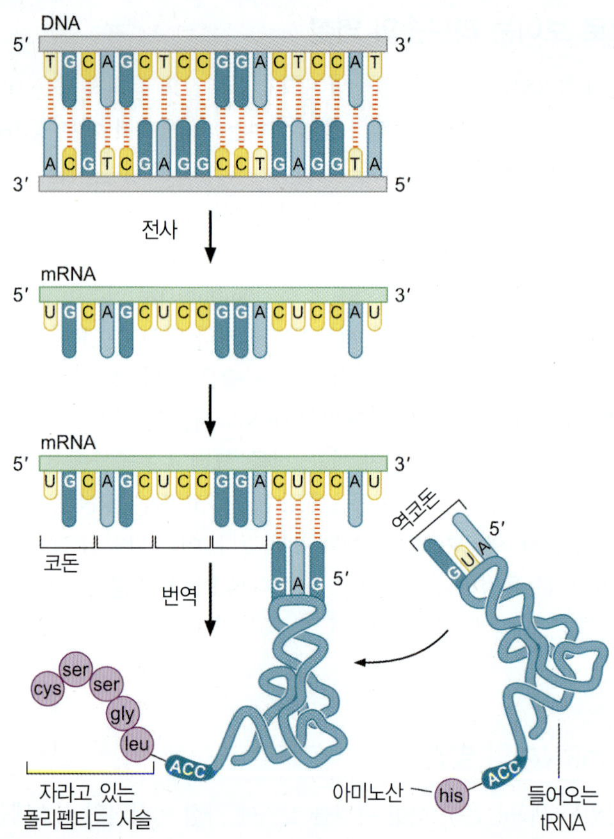

그림 2-15 전사와 번역. mRNA는 한 DNA 가닥에 상보적으로 뉴클레오티드들이 모아져 만들어진다. 세 개의 뉴클레오티드로 이루어진 코돈은 특정 tRNA의 역코돈 부위에 있는 세 개의 뉴클레오티드와 상보적인 염기서열을 갖는다. 염기짝짓기가 일어날 때, tRNA 분자의 한쪽 끝에 운반되는 아미노산이 자라는 단백질 사슬에 더해진다.

DNA 주형에 의한 RNA의 효소적 합성

mRNA가 발견될 때 DNA 주형에서 RNA를 합성(또는 전사)하는 최초의 효소들이 생화학자인 제랄드 허비츠(Jerard Hurwitz)와 사무엘 바이스(Samuel B. Weiss)의 연구실에서 독립적으로 분리되었다. **RNA 중합효소(RNA polymerase)**라 불리는 이 효소는 외가닥 RNA 사슬의 주형 역할을 하는 DNA가 존재할 때만 기능을 하고,

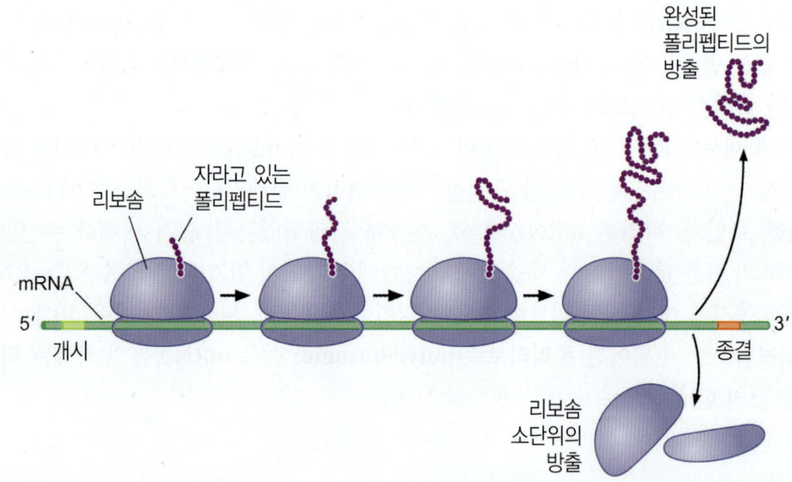

그림 2-16 폴리리보솜의 모식도. 각 리보솜은 mRNA 사슬의 5′ 말단에 있는 시작 신호에 붙어 mRNA를 따라 진행하면서 폴리펩티드를 합성한다. 몇 개의 리보솜들이 동시에 하나의 mRNA에 붙을 수 있다. 이 집합 전체를 폴리리보솜이라 부른다.

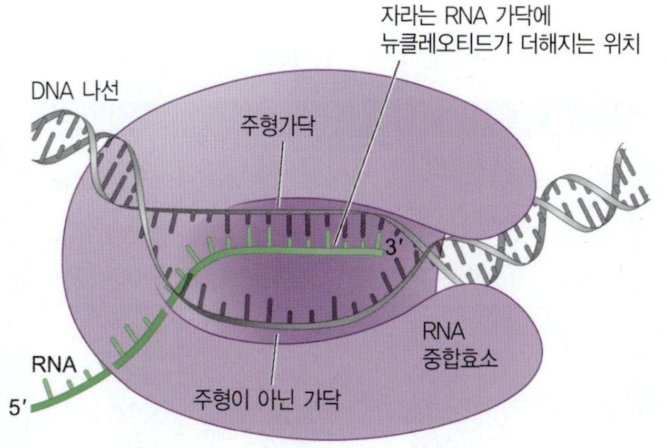

그림 2-17 RNA 중합효소가 촉매하는 DNA 주형에서 RNA의 효소적 합성.

전구체로 뉴클레오티드 ATP, GTP, CTP, 그리고 UTP를 사용한다(그림 2-17). 이들 효소는 염색체 DNA의 적절한 절편을 주형으로 사용하여 RNA를 만든다. DNA가 리보뉴클레오티드 전구체를 정확하게 정렬시킨다는 직접적인 증거는 AT/GC 비율이 다른 DNA 분자들로부터 합성된 RNA가 어떤 염기구성을 갖는가를 알아보는 실험으로부터 나왔다. 모든 효소적 합성에서 RNA의 AU/GC 비율은 대략 DNA의 AT/GC 비율과 유사하였다(표 2-2).

전사 동안에 DNA의 두 가닥 중 한 가닥만이 RNA를 만드는 주형으로 사용된다. 이는 당연한 사실로서 상보적이나 동일하지 않는 두 가닥이 운반하는 메시지는 완전히 다른 폴리펩티드를 코딩하기 때문이다. RNA의 합성은 항상 5′ 말단에서 시작하여 3′ 말단에서 끝나는 방향으로 진행된다(그림 2-17 참조).

이 무렵에 이미 DNA를 지닌 핵에서 리보솜이 있는 진핵세포의 세포질로 RNA가 이동한다는 것에 대한 충분한 증거가 있었다. 세포들을 잠깐 동안 방사능이 표지된 전구체에 노출시키고 난 후, 다량의 표지되지 않은 아미노산을 첨가하는 "펄스-체이스"(pulse-chase) 실험을 통해 짧은 시간 동안에 합성되는 mRNA를 표지할 수 있었다. 이러한 연구는 mRNA가 핵에서 합성된다는 것을 보여주었다. 한 시간 안에 이 RNA의 대부분은 핵을 떠났으며 세포질에서 관찰되었다(그림 2-18).

유전암호의 확립

염기는 네 종류에 불과하지만 아미노산은 20가지가 존재하기 때문에 여러 개의 뉴클레오티드가 집단이 되어 하나의 아미노산을 지정해야만 한다. 그러나 두 개로 된 집단은 단지 16개(4 × 4)의 아미노산만을 지정할 수 있다. 따라서 유전암호가 어떤 형태일지에 대한 심각한 고민이 1954년부터 시작되었다. 각 아미노산이 오직 하나의 3문자(triplet, 3개의 글자로 이루어짐)에 의해 지정된다면 필요한 수보다 더 많은 순열(4

표 2-2 효소적으로 합성한 RNA들의 염기조성과 이들의 이중나선 DNA 주형의 염기조성의 비교

DNA 주형의 공급원	RNA 염기의 조성				$\frac{A+U}{G+C}$	$\frac{A+T}{G+C}$
	아데닌	우라실	구아닌	시토신	관찰치	DNA 내
T2	0.31	0.34	0.18	0.17	1.86	1.84
소의 흉선	0.31	0.29	0.19	0.21	1.50	1.35
대장균	0.24	0.24	0.26	0.26	0.92	0.97
미구균(*Micrococcus lysodeikticus*)	0.17	0.16	0.33	0.34	0.49	0.39

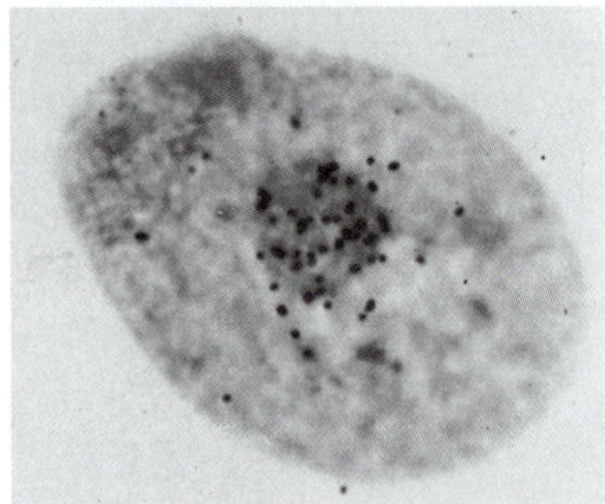

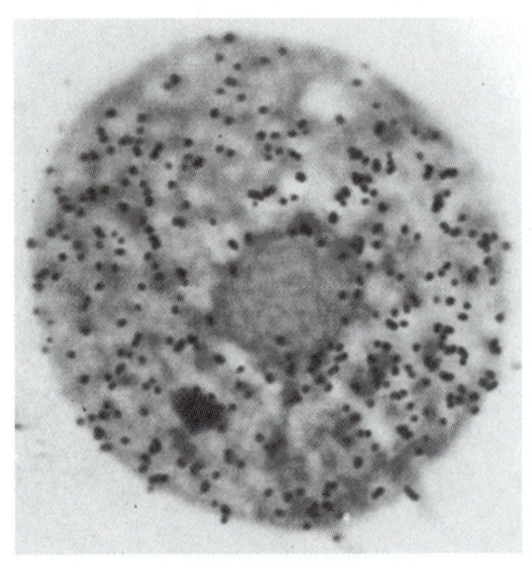

그림 2-18 RNA가 핵에서 합성되어 세포질로 이동한다는 것을 보여주는 사진. (위) 15분 동안 방사성 시티딘에 노출된 세포(*Tetrahymena*)의 자기방사성 사진. 이 세포의 박편에 은 감광유제를 덧씌워 노출시킨 사진이다. 각각의 검은 반점은 RNA에 도입된 ^{3}H(tritium, 3중수소) 원자에서 방출된 전자의 경로를 나타낸다. 거의 대부분의 새로 만들어진 RNA는 핵 안에서 발견된다. (아래) 12분 동안 방사성 시티딘에 노출시킨 후 이를 방사성을 띠지 않는 시티딘이 있는 배지로 옮겨 88분 동안 자라도록 한 세포의 자기방사성 사진. 실질적으로 처음 12분 동안 RNA에 도입된 모든 방사성 표지는 핵을 떠나 세포질로 이동하였다. (Courtesy of D.M. Prescott, University of Colorado Medical School; reproduced, with permission, from Prescott D.M. 1964. *Progr. Nucleic Acid Res. Mol. Biol.* **3:** 35. © Elsevier.)

표 2-3 유전암호

제1위치	제2위치 U		제2위치 C		제2위치 A		제2위치 G		제3위치
U	UUU	Phe	UCU	Ser	UAU	Tyr	UGU	Cys	U
	UUC		UCC		UAC		UGC		C
	UUA	Leu	UCA		UAA	stop	UGA	stop	A
	UUG		UCG		UAG	stop	UGG	Trp	G
C	CUU	Leu	CCU	Pro	CAU	His	CGU	Arg	U
	CUC		CCC		CAC		CGC		C
	CUA		CCA		CAA	Gln	CGA		A
	CUG		CCG		CAG		CGG		G
A	AUU	Ile	ACU	Thr	AAU	Asn	AGU	Ser	U
	AUC		ACC		AAC		AGC		C
	AUA		ACA		AAA	Lys	AGA	Arg	A
	AUG	Met	ACG		AAG		AGG		G
G	GUU	Val	GCU	Ala	GAU	Asp	GGU	Gly	U
	GUC		GCC		GAC		GGC		C
	GUA		GCA		GAA	Glu	GGA		A
	GUG		GCG		GAG		GGG		G

×4×4)이 생기기 때문에 대부분의 관심은 3문자가 어떻게 작용할 것인가로 모아졌다. 그 당시에 직선대응성(colinearity)의 가정은 매우 중요한 것이었는데 DNA 사슬의 뉴클레오티드 서열이 곧 폴리펩티드 사슬의 아미노산 순서를 결정한다고 생각하고 있었기 때문이었다. 1960년대 초기에 세균 단백질에 대한 정교한 돌연변이 분석이 찰스 야노프스키(Charles Yanofsky)와 시드니 브레너(Sydney Brenner)에 의해 수행되어, 직선대응성이 실제로 존재한다는 것이 확인되었다. 동일하게 중요한 것은 1961년 브레너와 크릭에 의한 유전적 분석으로 세 개의 뉴클레오티드가 개별 아미노산을 지정하는 데 쓰인다는 사실이 처음으로 확립되었다.

그러나 특정한 3개의 염기집단(코돈, codon)이 어떤 특정 아미노산을 결정하는지는 오직 생화학적 분석을 통해서만 얻을 수 있었다. 가장 획기적인 발견은 마셜 니런버그(Marshall Nirenberg)와 하인리히 마테이(Heinrich Matthaei)가 함께 1961년에 단백질을 만들 수 있는 무세포추출물 시스템에 합성 폴리뉴클레오티드인 폴리 U(poly U, UUUUU…)를 첨가하면 아미노산 페닐알라닌으로만 이루어진 폴리펩티드 사슬이 만들어진다는 것을 관찰한 것이다. 따라서 뉴클레오티드 집단 UUU는 페닐알라닌을 지정하는 것이다. 보다 더 복잡한 폴리뉴클레오티드를 합성 mRNA로 사용할 수 있게 됨으로써 보다 신속히 많은 코돈(codon)들을 밝힐 수 있었다. 유기화학자인 고빈드 코라나(Har Gobind Khorana)에 의해 만들어진 AGUAGU와 같은 폴리뉴클레오티드의 사용이 유전암호를 완성하는데 특히 중요하였다. 염기서열이 정해져 있는 이들 폴리뉴클레오티드들은 코돈의 특정 세트를 검증하는데 결정적인 역할을 하였다. 1966년에 암호가 완성되었으며, 64가지 가능한 수열집단 중 61개가 아미노산에 대응하며, 대부분의 아미노산은 하나 이상의 뉴클레오티드 3문자에 의해 암호화된다는 것이 밝혀졌다(표 2-3).

단백질 합성 방향의 확립

유전암호의 본질이 확인된 후에는 폴리뉴클레오티드 사슬이 어떻게 폴리펩티드의 합성을 지시하는지에 대한 의문이 생기게 되었다. 9장에서 더 자세히 다루겠지만, DNA와 RNA 모두 폴리뉴클레오티드 사슬의 합성은 성장하는 사슬의 3′ 말단에 더함으로(5′→3′ 방향으로 성장) 이루어진다. 그렇다면 성장하고 있는 폴리펩티드 사슬에서는 어떻게 될까? 아미노 말단에서 카르복실 말단 방향으로 조립되는 것인가 아니면 그 반대 방향으로 조립되는 것인가?

이 질문에 대한 답은 아미노산 코돈을 밝히는 데 사용하였던 것과 유사한 단백질 합성을 위한 무세포추출물 시스템을 사용하여 얻어졌다. 합성 mRNA를 제공하는 대신에 연구자들은 β-글로빈 mRNA를 직접 단백질 합성에 제공하였다. 단백질 합성이 시작한 몇 분 후에 무세포추출물 시스템에 방사성을 띤 아미노산을 몇 초간(완전한 글로빈 사슬을 합성하는 데 필요한 시간보다 짧은 시간대) 처리한 후, 바로 단백질 합성을 중지시켰다. 이러한 종류의 짧은 방사성 표지 체제를 **펄스-표지(pulse-labeling)**라 한다. 그런 다음 펄스-표지 기간 동안 성장이 완성된 β-글로빈 사슬들을 전기영동으로(7장) 미완성의 사슬들로부터 분리하였다. 따라서 분석한 모든 단백질들은 방사성 표지된 전구체들의 존재 하에서 합성을 마치게 될 것이다. 그런 다음 폴리펩티드 사슬의 특정 부위에서 단백질을 절단하는 단백질분해효소인 트립신을 완전한 길이의 폴리펩티드에 처리하여, 일련의 펩티드 조각들이 되게 하였다. 실험의 마지막 단계에서 각 펩티드 조각에 삽입된 방사능의 양을 측정하였다(그림 2-19).

이 실험에서 모든 단백질들은 방사성 표지된 전구체의 존재 하에서 합성이 끝났기 때문에, 마지막까지 합성된 펩티드는 가장 높은 밀도의 방사성 전구체를 가질 것이다(그림 2-19a). 역으로 가장 적은 양의 방사성 아미노산을 지닌(펩티드의 크기로 표준화한) 펩티드는 처음에 합성되는 β-글로빈 단백질 부위에서 유래되었을 것이다. 연구

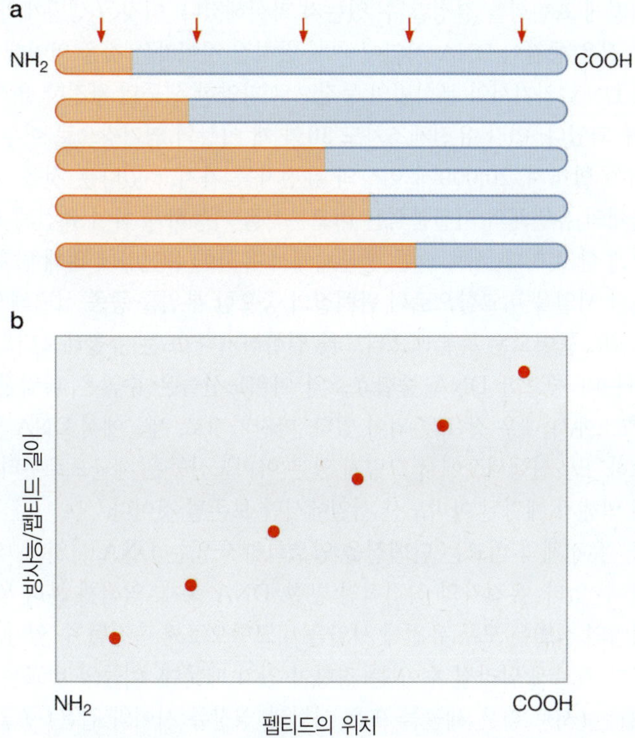

그림 2-19 자라는 폴리펩티드 사슬에 방사성 동위원소로 표지된 아미노산의 부여. (a) 짧은 시간 동안 표지한 후에 완성된 사슬에서의 방사능(푸른색으로 표시한) 분포. β-글로빈 단백질의 트립신 절단부위를 적색 화살표로 표시하였다. (b) 각 펩티드의 길이로 표준화한 표지 양을 완성된 사슬 내의 펩티드의 위치에 대한 함수로 나타내었다.

자들이 관찰한 바는 방사능 표지는 글로빈의 아미노 말단 부분의 펩티드에서 가장 적게 나타났고 카르복실 말단 부분에서 가장 많이 나타났다(그림 2-19b). 따라서 단백질 합성의 방향은 아미노 말단에서 카르복실 말단으로 일어난다고 결론지을 수 있다. 다시 말해, 새로운 아미노산은 성장하는 폴리펩티드 사슬의 카르복실 말단에 더해진다.

개시와 종결신호도 역시 DNA 안에 암호화되어 있다

처음에는 mRNA 분자의 번역이 한쪽 끝에서 시작하여 mRNA 메시지 전체가 아미노산으로 읽혀지고 난 후에 끝날 것으로 추측되었다. 그러나 사실은 mRNA 분자의 내부에서 번역이 시작되고 정지된다. 따라서 DNA(그리고 그 mRNA 산물들) 안에 번역을 개시하고 종결하는 신호들이 존재해야만 한다. 먼저 알아낸 것은 종결신호였다. 초기에 **넌센스 코돈(nonsense codon)**으로 알려졌던 세 개의 코돈들(UAA, UAG, 그리고 UGA)은 특정한 아미노산의 첨가를 지시하지 않는다. 대신에 이들 코돈들은 단백질 번역의 종결신호로[때때로 종결코돈(stop codon)으로 불린다] 기여한다. 번역개시 신호의 암호화되는 방식은 이보다 더 복잡하다. 아미노산 메티오닌이 모든 폴리펩티드 사슬을 개시하지만, 이 개시 메티오닌을 암호화하는 세문자(AUG)가 내부에 위치하면 메티오닌 잔기로 암호화된다. 원핵생물에서는 폴리펩티드 사슬이 시작되는 AUG 코돈 앞에 특정한 퓨린이 많은 뉴클레오티드 서열을 가진 부분이 존재하여 mRNA를 리보솜에 붙여주는 역할을 한다(15장 참조). 진핵세포에서는 mRNA의 시작에 관계가 있는 AUG의 위치는 중대한 결정 요소로, 첫 번째 AUG는 항상 번역의 시작 부위로 선발된다.

유전체학의 시대

중심원리의 설명으로 1960년대 중반에 와서는 뉴클레오티드 서열에 포함된 유전적 청사진이 어떻게 표현형을 결정할 수 있는지 확실해졌다. 이것은 생명체의 본질과 그 진화에 관한 깊은 통찰이 DNA 서열에 의해 밝혀질 것이라는 것을 의미했다. 최근 자동화된 고속 DNA 염기서열 분석법의 등장으로 다양한 생물의 완전한 유전체 서열을 밝힐 수 있게 되었다. 인간 유전체조차도 30억 개 이상의 염기쌍으로 이루어진 한 벌의 염기서열이 밝혀져, 20,000개 이상의 유전자를 가지고 있다는 것을 보여주었다. 수많은 생물체의 유전체의 서열분석은 비교분석을 가능하게 하여 유전체 서열분석을 매우 유용하게 할 것이다. 서로 다른 생물체에서 유사한 유전자에 의해 암호화되는 예견된 아미노산 서열을 비교함으로써 단백질의 중요한 부위를 종종 식별해 낼 수 있다. 예를 들면, 새로 들어오는 뉴클레오티드와 결합하거나 또는 뉴클레오티드의 부가를 직접 촉매하는데 중요한 DNA 중합효소의 아미노산들은 수많은 다양한 생물체의 DNA 중합효소에서 매우 잘 보존되어 있다. 마찬가지로, 세균에서 DNA 중합효소의 기능에 중요하지만 진핵세포에서 그렇지 않은 아미노산들은 세균으로부터 얻어진 유전체 서열에 의해서 예견된 아미노산 서열에서만 보존될 것이다.

서로 다른 유전체의 비교는 단백질을 암호화하지 않는 DNA 서열에 대한 통찰도 또한 제공할 수 있다. 유전자의 직접적인 발현, DNA 복제, 염색체 분리 및 재조합을 지시하는 서열의 식별은 모두 유전체 서열을 비교함으로써 촉진될 수 있다. 이런 조절 서열들은 보다 빠르게 달라질 수 있는 경향이 있기 때문에, 이들의 비교는 매우 가까이 관련이 있는 (서로 다른 세균들 또는 사람과 영장류 사이와 같은) 종들 사이에서 이루어진다. 상당히 인접한 종들 사이의 비교는 가치 있는 일로써, 예를 들면 노랑초파리(*Drosophila melanogaster*), 출아효모(*Saccharomyces cerevisiae*) 또는 다양한 영장류와 같은 잘 연구된 모델 생물체처럼 매우 가까운 생물체의 유전체 서열 분석이 이루어지도록 한다.

동일 생물체의 서로 다른 개체들 사이의 비교유전체학은 질병을 일으키는 돌연변이를 식별할 수 있는 가능성을 지니고 있다. 예를 들면, 질병 유전자를 식별하고자 수많은 서로 다른 개인 간의 인간 유전체의 일부 작은 부위의 서열을 재빨리 비교분석할 수 있는 방법을 개발하는 시도들이 최근에 많이 이루어지고 있다. 마지막으로, 비교유전체 분석을 통해 언어의 습득과 같은 인간의 복잡한 행동과 동물 체제의 진화적 다양성 기작 등에 대한 기본적인 통찰을 얻게 될 날을 기대해도 좋을 것이다.

이후의 장들은 DNA가 어떻게 생물학적 복잡성에 대한 주형으로 기능할 수 있는지를 이해하는 데 필요한 튼튼한 기초를 제공하는데 그 목적이 있다. 2부의 몇몇 장들은 이 책의 주제와 관련된 기초 화학과 생화학적 구조를 개관한 것이다. 2부의 마지막 장은 생물학적 구조와 문제를 조사하기 위하여 일반적으로 쓰이는 여러 가지 실험 기법을 보여준다. 3부인 "유전체의 유지"의 처음 장은 유전물질의 구조와 정확한 복제를 다룬다. 계속되는 장에서는 유전적 변이를 일으키는 수단과 유전체의 손상된 부분을 수복하게 하는 과정을 다룬다. 4부인 "유전체의 발현"에서는 DNA에 담겨 있는 유전정보가 어떻게 단백질로 전환되는지를 보여준다. 5부인 "조절"에서는 생물체들 내의 복잡성(예를 들면, 배 발생)과 생물체들 사이의 다양성(예를 들면, 진화)을 만들어 내는데 사용되는 차별적인 유전자 활성에 대한 전략들을 설명한다. 5부의 마지막 장인 "시스템생물학"은 생물체계의 보다 복잡한 단계를 조사하기 위한 다방면에서의 접근을 보여준다. 그리고 부록은 수많은 서로 다른 생물체에서 일반적인 생물학적 모형을 밝히기 위해 실험 시스템을 제공한 중요한 몇몇 모델 생물체에 대해 기술한다.

요약

DNA가 유전물질이라는 발견은 세균의 비병원성 균주가 열처리된 병원성 균주로부터 나온 물질에 의해 유전적으로 형질전환될 수 있다는 것을 보여준 그리피스의 실험으로 거슬러 올라갈 수 있다. 그 후에 에이버리, 매카티, 그리고 매클라우드는 형질전환 물질이 DNA라는 것을 보여주었다. DNA가 유전물질이라는 추가적 증거는 허시와 체이스에 의해 방사성으로 표지된 박테리오파지를 이용한 실험에서 얻어졌다. 샤가프의 규칙과 프랭클린과 윌킨스의 X-선 회절 연구를 바탕으로 왓슨과 크릭은 DNA의 이중나선 구조를 제안하였다. 이 모델에서 두 개의 폴리뉴클레오티드 사슬은 서로 꼬여서 규칙적인 이중나선을 이룬다. 이중나선 안의 두 사슬은 염기쌍 사이의 수소결합에 의해 서로 결합되어 있다. 아데닌은 항상 티민과 결합하고 구아닌은 항상 시토신과 결합한다. 염기쌍의 존재는 두 사슬을 이루고 있는 뉴클레오티드의 서열이 동일하지 않고 상보적이라는 것을 의미한다. 이러한 관계의 발견으로 각 상보적 가닥이 주형 역할을 한다는 DNA 복제 기작이 제안되었다. 이 가설은 (a) 이중나선의 두 가닥이 DNA 복제의 각 단계에서 분리된다는 메셀슨과 스탈의 관찰과 (b) 외가닥 DNA를 상보적 가닥의 합성에 대한 주형으로 사용하는 효소를 콘버그가 발견함으로써 입증되었다.

살펴본 바와 같이 "중심원리(central dogma)"에 의하면 정보는 DNA에서 RNA로 그리고 단백질로 흐른다. 이 변환은 두 단계로 이루어진다. 첫 단계에서 DNA는 RNA 중간생성물(전령 RNA, mRNA)로 전사되고, 두 번째 단계에서 mRNA는 단백질로 번역된다. mRNA의 번역에는 tRNA라 불리는 RNA 연결자 분자가 필요하다. 유전암호의 주요 특성은 각 3문자 코돈을 해당 아미노산과 결합한 tRNA가 인지한다는 것이다. 64(4 × 4 × 4) 개의 가능한 코돈 중에서 61개는 단백질을 구성하는 20개의 아미노산을 지정하는데 사용되고 3개는 사슬-종료 신호를 제공하는 데 쓰인다. 유전암호에 대한 지식은 DNA 서열로부터 암호화되는 단백질 서열의 예측을 가능하게 한다. DNA 서열의 고속 분석 방법의 등장은 인간을 포함한 다양한 종류의 생물체에서 완전한 유전체의 서열을 밝히는 유전체학의 새로운 시대를 예고한다. 유전체 서열의 비교는 중요한 단백질 분자뿐 아니라 유전자 발현을 관리하는 조절 부위를 코딩하는 유전체의 정밀한 부위나 유전체의 중복을 인지하는 강력한 방법이 된다.

참고문헌

Brenner S., Jacob F., and Meselson M. 1961. An unstable intermediate carrying information from genes to ribosomes for protein synthesis. *Nature* **190**: 576–581.

Brenner S., Stretton A.O.W., and Kaplan S. 1965. Genetic code: The nonsense triplets for chain termination and their suppression. *Nature* **206**: 994–998.

Cairns J., Stent G.S., and Watson J.D., eds 1966. *Phage and the origins of molecular biology*. Cold Spring Harbor Laboratory, Cold Spring Harbor, New York.

Chargaff E. 1951. Structure and function of nucleic acids as cell constituents. *Fed Proc* **10**: 654–659.

Cold Spring Harbor Symposia onQuantitative Biology. 1966.Vol. 31: *The genetic code*. Cold Spring Harbor Laboratory, Cold Spring Harbor, New York.

Crick F.H.C. 1955. On degenerate template and the adaptor hypothesis. A note for the RNA Tie Club, unpublished. Mentioned in Crick s 1957 discussion, pp. 25–26, in The structure of nucleic acids and their role in protein synthesis. *Biochem Soc Symp* no. 14, Cambridge University Press, Cambridge, England.

_______. 1958. On protein synthesis. *Symp. Soc. Exp. Biol.* **12**: 548–555.

_______. 1963. The recent excitement in the coding problem. *Prog Nucleic Acid Res.* **1**: 164–217.

_______. 1988. *What mad pursuit: A personal view of scientific discovery*. Basic Books, New York.

Crick F.H.C. and Watson J.D. 1954. The complementary structure of deoxyribonucleic acid. *Proc. Roy. Soc. A* **223**: 80–96.

Echols H. and Gross C.A., eds 2001. *Operators and promoters: The story of molecular biology and its creators*. University of California Press, Berkeley, California.

Franklin R.E. and Gosling R.G. 1953. Molecular configuration in sodium thymonuclease. *Nature* **171**: 740–741.

HersheyA.D. and ChaseM.1952. Independent function of viral protein and nucleic acid on growth of bacteriophage. *J. Gen. Physiol.* **36**: 39–56.

Hoagland M.B., Stephenson M.L., Scott J.F., Hecht L.I., and Zamecnik P.C. 1958. A soluble ribonucleic acid intermediate in protein synthesis. *J. Biol. Chem.* **231**: 241–257.

Holley R.W., Apgar J., Everett G.A., Madison J.T., Marquisse M., Merrill S.H., Penswick J.R., and Zamir A. 1965. Structure of a ribonucleic acid. *Science* **147**: 1462–1465.

Ingram V.M. 1957. Gene mutations in human hemoglobin: The chemical difference between normal and sickle cell hemoglobin. *Nature* **180**: 326–328.

Jacob F. and Monod J. 1961. Genetic regulatory mechanisms in the synthesis of proteins. *J. Mol. Biol.* **3**: 318–356.

Judson H.F. 1996. *The eighth day of creation, expanded edition*. Cold Spring Harbor Laboratory Press, Cold Spring Harbor, New York.

Kornberg A. 1960. Biological synthesis of deoxyribonucleic acid. *Science* **131**: 1503–1508.

Kornberg A. and Baker T.A. 1992. *DNA replication*. W.H. Freeman, New York.

McCarty M. 1985. *The transforming principle: Discovering that genes are made of DNA*. Norton, New York.

Meselson M. and Stahl F.W. 1958. The replication of DNA in *Escherichia coli. Proc. Natl. Acad. Sci.* **44**: 671–682.

Nirenberg M.W. and Matthaei J.H. 1961. The dependence of cell-free protein synthesis in E. coli upon naturally occurring or synthetic polyribonucleotides. *Proc. Natl. Acad. Sci.* **47**: 1588–1602.

Olby R. 1975. *The path to the double helix*. University of Washington Press, Seattle.

Portugal F.H. and Cohen J.S. 1980. *A century of DNA: A history of the discovery of the structure and function of the genetic substance*. MIT Press, Cambridge, Massachusetts.

Sarabhai A.S., Stretton A.O.W., Brenner S., and Bolte A. 1964. Colinearity of the gene with the polypeptide chain. *Nature* **201**: 13–17.

Stent G.S. and Calendar R. 1978. *Molecular genetics: An introductory narrative*, 2nd ed. Freeman, San Francisco.

Volkin E. and Astrachan L. 1956. Phosphorus incorporation in E. coli ribonucleic acid after infection with bacteriophage T2. *Virology* **2**: 146–161.

Watson J.D. 1963. Involvement of RNA in synthesis of proteins. *Science* **140**: 17–26.

_______. 1968. *The double helix*. Atheneum, New York.

_______. 1980. *The double helix: A Norton critical edition* (ed. G.S. Stent). Norton, New York.

_______. 2000. *A passion for DNA: Genes, genomes and society*. Cold Spring Harbor Laboratory Press, Cold Spring Harbor, New York.

_______. 2002. *Genes, girls, and Gamow: After the double helix*. Knopf, New York.

Watson J.D. and Crick F.H.C. 1953a. Genetical implications of the structure of deoxyribonucleic acid. *Nature* **171**: 964–967.

_______. 1953b. Molecular structure of nucleic acids; a structure for deoxyribose nucleic acid. *Nature* **171**: 737–738.

Wilkins M.H.F., Stokes A.R., and Wilson H.R. 1953. Molecular

structure of deoxypentose nucleic acid. *Nature* **171**: 738–740.
Yanofsky C., Carlton B.C., Guest J.R., Helinski D.R., and Henning U. 1964. On the colinearity of gene structure and protein structure. *Proc. Natl. Acad. Sci.* **51**: 266–272.

연습문제

짝수 문제의 해답은 부록 2 해답을 참조하라.

문제 1. 에이버리, 매카티, 그리고 매클라우드는 DNA에 비병원성 *R* 세균(*Streptococcus pneumoniae*)이 병원성 *S* 세균(*S. pneumoniae*)으로 형질전환하게 하는 유전정보를 지니고 있다고 결론을 내렸다. 정제된 분획에 디옥시리보뉴클레아제, 리보뉴클레아제 혹은 단백질 분해효소를 처리한 실험의 논리를 설명하라.

문제 2. 1952년에 허시와 체이스가 행한 실험(그림 2-3)에서 단백질은 ^{35}S로 표지하고 DNA는 ^{32}P로 표지한 이유를 설명하라. 역으로 표지하여(DNA를 ^{35}S로 단백질을 ^{32}P로 표지) 실험하는 것도 가능하나?

문제 3.

A. 글상자 2-1에 있는 샤가프의 데이터를 보았을 때, 사람의 데이터가 어떻게 이중나선 DNA에서 티민과 시토신이 서로 짝을 이루지 않는다는 것인지 설명하라.

B. 만약 샤가프가 대장균(*E. coli* K2)에서만 데이터를 얻었다면, 이중나선 DNA에서 티민과 시토신이 짝을 이루지 않는다고 자신 있게 거부할 수 있겠는가?

문제 4. 염기, 뉴클레오시드, 뉴클레오티드(주어진 어떤 염기에도 적용할 수 있는)의 구조적 차이를 기술하라.

문제 5. 표 2-1에 있는 데이터를 개관하라. *Aerobacter aerogenes*의 실험데이터가 DNA 중합효소가 주형에 따라 특정 염기서열을 지닌 새로운 DNA를 합성하도록 한다는 가설을 어떻게 지지하는가를 입증하라.

문제 6.

A. 메셀슨과 스탈이 원래 행한 실험과 동일한 실험여건을 사용하여(그림 2-9와 2-10 참조), 만약 DNA 중합효소가 세균 유전체를 분산적 복제 모형에 따라 복제한다고 했을 때 한 세대 복제 후에 어떤 밴드(무거운, 가벼운, 중간)를 기대할 수 있는가?

B. 메셀슨과 스탈이 원래 행한 실험과 동일한 실험여건을 사용하여, 만약 DNA 중합효소가 세균 유전체를 보존적 복제 모형에 따라 복제한다고 했을 때 한 세대 복제 후에 어떤 밴드(무거운, 가벼운, 중간)를 기대할 수 있는가?

C. 원래의 메셀슨과 스탈의 실험에서 몇 세대의 복제를 하여야 세 가지 복제 모형(분산적, 보존적, 반보존적)을 구별할 수 있겠는가? 이유를 설명하라.

문제 7. 글상자 2-2를 개관하라. 버논 잉그램이 유전자가 단백질을 암호화한다는 증거를 제공하기 위하여 *S* 대립유전자와 낫꼴 적혈구 빈혈증을 어떻게 사용하였는가를 설명하라.

문제 8. DNA의 유전정보가 단백질의 아미노산 서열로 가게 하는데 RNA가 연관되어 있다는 증거가 되는 RNA의 일반적인 성질 몇 가지를 기술하라.

문제 9. rRNA가 단백질 합성에서 아미노산의 서열을 지시하지 않는다는 이유를 제시하라.

문제 10. 어떤 특정 단백질을 발현하는데 폴리리보솜의 형성이 어떻게 유익하나?

문제 11. 표 2-3에 있는 유전암호를 이용하여 무세포추출물 시스템에서 주형 AGUAGU로부터 만들어지는 아미노산(들)의 이름을 나열하라.

문제 12. 중심설에서의 단계를 적어보라. 각 단계가 세포의 어디에서 일어나는가를 기술하라. 화살표 각각에 대하여 화살표가 나타내는 과정과 각 단계를 마무리하는 데 필요한 일차 효소(복합체)를 기술하라. mRNA, tRNA와 rRNA가 이 단계에서 갖는 역할을 기술하고 각 단계의 역할을 간략히 설명하라.

문제 13.

A. 그림 2-19에서 보이는 데이터와 실험을 검토하라. 실험 설정 기간 내에서 펩티드 길이당 방사능의 값이 분리한 각각의 전체 펩티드의 길이와 같지 않는 이유를 설명하라.

B. 만약 트립신 절단 단계가 이루어지지 않았다면 도표 내에 보이는 데이터가 어떻게 변할 것인지 예측하라.

C. 만약 단백질이 카르복실 말단에서 아미노 말단 방향으로 번역되었다면 도표 내에 보이는 데이터가 어떻게 변할 것인지 예측하라. 왜 그 같은 변화를 볼 수 있을지를 설명하라.

문제 14. 티시에레스와 홉킨스는 DNA와 단백질 합성 간의 상호관계를 연구하였다. 한 실험에서 이들은 효소 디옥시리보뉴클레아제(DNase)의 존재 하에서 단백질로 아미노산이 추가되는 것을 측정하였다. 이들은 대장균 조추출물에 여러 농도의 DNase를 10분간 처리하였다. 그런 후에 ^{14}C-표지된 알라닌을 포함한 단백질 합성 반응에 필요한 요소들을 첨가하였다. 들어간 방사능의 양은 cpm으로 표시하였고 데이터는 아래 표에 요약하였다.

DNase (μg/ml)	0	1	5	10	20	50
cpm	813	334	372	364	386	426
% 억제		59	54	55	53	48

A. 단백질 합성에 DNase의 첨가가 어떤 영향을 미치는가?

B. DNase의 첨가가 관찰된 아미노산의 부가에 효과를 미치는지를 중심설로 알고 있는 바에 비추어 설명하라.

Data adapted from Tissières and Hopkins (1961. *Proc. Natl. Acad. Sci.* **47:** 2015-2023)

문제 15. 오드리 스티븐스는 RNA에 ^{32}P-표지 ADP 혹은 ^{32}P-표지 ATP의 첨가를 측정하였다. 그는 RNA 합성을 촉매하는 대장균 추출물에 여러 가지 뉴클레오티드 혼합액을 첨가하였다. 반응에 첨가한 요소들은 아래 표에 표시하였다. RNA로 들어간 관찰된 방사능은 cpm으로 표시하였다.

첨가한 반응 요소	들어간 cpm
ATP	790
ATP, UTP, CTP, GTP	3920
ADP	690
ADP, UDP, CDP, GDP	1800

A. 이 장에서 배운 지식과 주어진 데이터에 의거하여 볼 때 대장균 추출물에 어떤 효소가 존재할 것으로 생각하는가?

B. 왜 이차 반응이 다른 반응과 비교해 보았을 때 더 많은 cpm 값을 가질 것이라고 생각하는가?

Data adapted from Stevens (1960. *Biochem. Biophys. Res. Commun.* **3**: 92-96).

PART 2

고분자의 구조와 연구

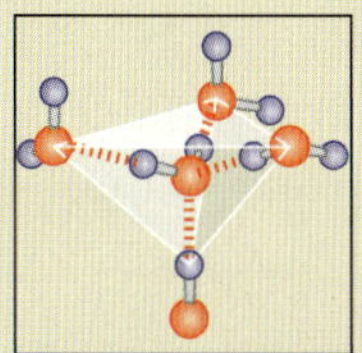
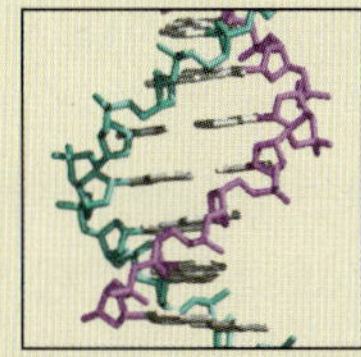
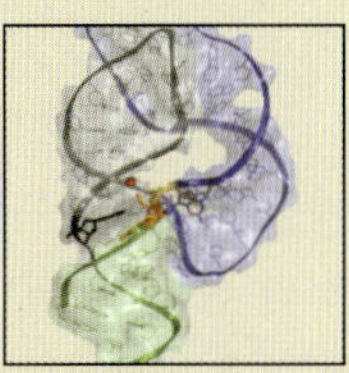
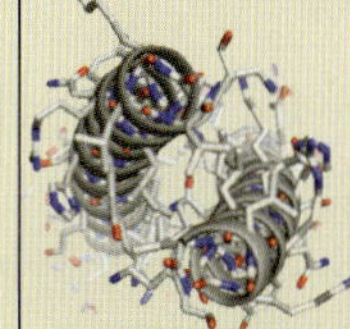
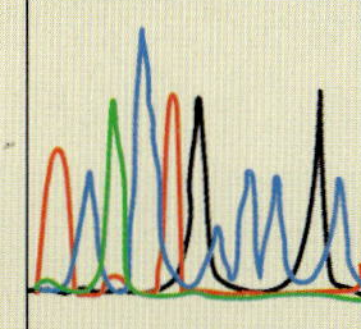

개 요

2부는 고분자의 구조에 바치는 것으로 이들 구조의 기초가 되는 화학과 이 분자들을 연구하는 방법에 대해 서술한다.

3장에 제시된 기초 화학은 약한 화학결합과 강한 화학결합의 본질에 초점을 맞추고 이들이 생물학에서 하는 역할을 설명한다. 우리는 약한 화학적 상호작용, 즉 수소결합, 반데르발스 힘 그리고 소수성 상호작용으로 논의를 시작한다. 이들 결합력은 고분자 사이의, 예를 들면 단백질과 단백질 사이 또는 단백질과 DNA 사이에서 대부분의 상호작용을 매개한다. 이들 약한 결합은 대부분 세포에서 일어나는 반응의 활성과 이들의 조절에 아주 결정적이다. 즉 효소는 기질과 약한 화학적 상호작용으로 결합하고, 전사 조절인자는 DNA 부위에 같은 방식의 화학결합을 함으로써 유전자의 작동 여부를 조절한다.

각각의 약한 상호작용은 정말로 매우 약해서 형성되고 난 후 곧바로 분리되는데, 생물학에서 이러한 가역성의 역할은 아주 중요하다. 세포 안에서 분자들은 역동적으로 그리고 가역적으로 상호작용하지 않으면 전체 시스템에 문제가 발생한다. 동시에 어떤 상호작용들은 최소한 단기적으로는 안정적이어야 한다. 분명히 상반되는 이 요구들을 조정하기 위해서 다수의 약한 상호작용이 함께 사용되는 경향이 있다.

이제 강한 결합을 보기로 하자. 강한 결합은 각 고분자를 이루는 구성요소들을 결합시킨다. 즉 단백질은 특정 순서로 강한 결합으로 연결된 아미노산으로 이루어져 있고, DNA도 비슷하게 연결된 뉴클레오티드로 이루어져 있다. (아미노산과 뉴클레오티드를 이루는 분자들 역시 강한 결합으로 서로 연결되어 있다.)

4장은 염기와 골격의 화학으로부터 염기쌍 상호작용, 두 가닥을 서로 묶게 하는 다른 힘에 이르기까지 원자 수준에서의 DNA 구조에 대해 탐구한다. 그러므로 강한 결합과 약한 결합이 함께 어떻게 이 분자의 특성과 기능을 정의하는데 결정적인지를 보게 된다. DNA는 종종 위상적으로 속박을 받고 있는데 4장에서 위상을 변화시키는 효소와 함께 이런 속박의 생물학적 효과를 논의한다.

5장은 RNA 구조에 대해 탐구한다. RNA는 DNA와 화학적으로 유사함에도 불구하고 자신만의 독특한 구조와 성질을 지녔고, 뒤에 다시 다룰 주제인 여러 세포과정에서 촉매로 작용하는 놀라운 능력을 지녔다. RNA는 (DNA처럼) 정보를 암호화하는 능력과 (많은 단백질처럼) 효소로서 작용하는 능력을 모두 지녀 생명의 초기 진화에서 매혹적인 역할을 하였다고 보며 이 문제는 17장에서 다루게 될 것이다.

6장에서는 또한 어떻게 강한 결합과 약한 결합이 함께 단백질로 하여금 독특한 3차원적 모양을 갖고 (특정 기능을 하게) 하는지에 대해 살펴볼 것이다. 그러므로 약한 결합이 고분자 사이의 상호작용을 매개하는 것처럼, 예를 들면 어떤 단백질 내에서 약한 결합은 서로 인접해 있지 않은 아미노산들 사이에서도 작용한다. 이렇게 함으로 해서 아미노산의 1차 사슬이 어떻게 3차원 모양으로 접힐지가 결정된다.

우리는 또한 6장에서 단백질들이 어떻게 서로 간에 그리고 다른 고분자들, 특히 DNA와 RNA와 상호작용을 하는지도 살펴볼 것이다. 이 책에서 되풀이해서 보게 되겠지만 단백질과 핵산 사이의 상호작용은 대부분의 작용과 조절의 핵심에 놓여 있다. 단백질의 기능을 조절하는 한 가지 방법은 다른자리 입체성 조절(allosteric regulation)이라고 하는 기작에 의해 단백질의 모양을 변화시키는 것이다. 단백질은 한 입체구조에서는 특정효소로서의 기능을 수행하거나 특정한 표적 분자와 결합할 수 있지만, 다른 입체구조를 가지는 경우에는 그 능력을 잃을 수도 있다. 이와 같은 구조상의 변화는 다른 단백질 또는 설탕과 같은 작은 분자의 결합에 의해 촉발될 수도 있으며, 다른 경우로서 공유결합에 의한 변형으로 다른자리입체성 효과가 유도될 수 있다. 예를 들어 하나 또는 그 이상의 인산기가 단백질에 붙어 단백질의 모양 변화를 유발할 수 있다. 또 다른 방법으로 단백질이 표적 분자와 접촉하는 단계에서 단백질의 기능이 조절될 수 있다. 이와 같이 단백질은 서로 다른 신호에 반응하여 서로 다른 표적 단백질에 접근하여 작용할 수 있다.

2부는 분자생물학의 중요한 많은 필수 기법들을 설명하는 7장으로 마무리를 짓는다. 이들 기법은 핵산과 단백질을 연구하는데 광범위하게 이용되는 것으로 이 책의 도처에서 만날 수 있다. 부수적인 방법과 기법들은—때로는 특정 문제를 해결하기 위한 보다 특화된 것도 있음—각 장에 제시되어 있지만, 7장에 모아놓은 기법들은 분자생물학에서 널리 쓰이는 핵심 세트라 할 수 있다.

콜드 스프링 하버 연구소 기록보관실 제공 사진

조앤 스테이츠(Joan Steitz)와 프리츠 리프만(Fritz Lipmann), 단백질 합성 기작에 관한 1969년 심포지엄. 스테이츠의 연구는 RNA 분자들의 구조와 기능, 특히 RNA 이어붙이기와 관련된 것들을 주로 다루었으며(14장), 그녀는 이 책 4판의 한 저자였다. 리프만은 ATP의 고에너지 인산기가 많은 생물학적 과정들을 추진하는 에너지원이라는 것을 밝혔다(3장). 이 연구로 그는 1953년 노벨 생리의학상을 한스 크렙스(Hans Krebs)와 공동수상하였다.

스테판 해리슨(Stephen Harrison)과 돈 와일리(Don Wiley), 면역계에서 신호전달과 유전자 발현에 관한 1999년 심포지엄. 수 년 동안 이 두 구조생물학자는 하버드에서 실험실을 공유하며 독립적이며 때로는 서로 겹치는 과제를 수행하였다. 이들은 바이러스 감염에 흥미가 있었다. 해리슨의 연구팀은 온전한 바이러스 입자의 원자구조를 처음으로 결정하였고, 한편 와일리는 인플루엔자 적혈구응집소와 주조직적합성(MHC) 복합체의 연구로 잘 알려져 있다. 해리슨은 이 책의 단백질 구조에 관한 새로운 장(6장)을 썼고, 또한 마크 프타신(Mark Ptashne)과 공동연구로 서열-특이 단백질: DNA 복합체의 구조를 처음으로 결정하였다.

베르너 아르버(Werner Arber)와 다니엘 네이선스(Daniel Nathans), DNA: 복제 및 재조합에 관한 1978년 심포지엄. II형 제한효소들의 특성 규명과 DNA를 분자적 수준에서 분석하는데 이 효소들을 이용한 업적을 인정받아 이 두 사람은 해밀턴 스미스(Hamilton Smith)와 함께 1978년 노벨 생리의학상을 공동수상하였다(7장). 이는 1970년대 초에 재조합 DNA 기술의 발달을 가능케 한 핵심 발견들 중 하나였다.

캐리 뮬리스(Kary Mullis), 인간(*Homo sapiens*)의 분자생물학에 관한 1986년 심포지엄. 뮬리스(오른쪽)는 분자생물학의 중심 기술 중의 하나인 중합효소연쇄반응(PCR)을 발명하여(7장), 1993년 노벨 화학상을 수상하였다. 이 사진의 가운데에는 유전학에 관해 많은 책을 저술한(폴 버그와의 공저도 포함) 작가이며 행정가로 잘 알려진 맥신 싱어(Maxine Singer)가 있다. 그녀는 1992년에 국가과학메달을 받았다. 왼쪽에는 러시아 발생생물학 잡지의 설립 편집발행인인 게오르기 게오기에브(Georgii Georgiev)가 있다.

폴 버그(Paul Berg), 고분자의 합성과 구조에 관한 1963년 심포지엄. 버그는 체외(in vitro)에서 재조합 DNA 분자를 제조하는데 있어 선구자였다. 그 공로를 인정받아 그는 1980년 노벨 화학상을 공동수상하였다.

해밀턴 스미스(Hamilton O. Smith), DNA 수준에서 재조합에 관한 1984년 심포지엄. 스미스는 베르너 아르버와 다니엘 네이선스와 함께 형태 II 제한효소들의 발견과 그 특성을 밝힌 공로로 1978년 노벨 생리의학상을 받았다(7장). 후에 스미스는 크레이그 벤터와 같이 일하며 최초의 박테리아 유전체(*Haemophilus influenzae*)의 염기서열을 분석한 것부터 합성 유전체의 생성에 이르는 여러 과제에 참여하였다(17장).

르로이 후드(Leroy Hood)와 크레이그 벤터(J. Craig Venter), 1990년 유전체 지도 작성 및 서열분석 회의. 후드는 자동서열분석법을 개발하였으며, 1980년대 중반에 최초의 기계를 만들었다. 자동화서열분석기를 최초로 받아 이를 극대화시킨 사람은 벤터였다. 그는 이 기계가 지닌 원래의 서열분석 기능에 산탄전략(shotgun strategy)을 결합시켜 인간 유전체를 포함한 전체 유전체의 서열분석능을 크게 향상시켰다(7장)

알버트 케스톤(Albert Keston), 시드니 어든프렌드(Sidney Udenfriend)와 프레데릭 생어(Frederick Sanger), 아미노산과 단백질에 관한 1949년 심포지엄. 케스톤(포도당 탐지 시험테이프 창안자)과 어든프렌드(항말라리아제의 탐색 및 시험법 개발자)가 생어(유일하게 노벨 화학상을 두 번이나 수상)와 함께 보인다. 생어는 1958년 단백질의 아미노산 서열을 결정하는 방법을 개발하여 첫 노벨상을 받았으며, 22년 후에는 DNA 서열분석 방법을 개발하여 두 번째 노벨상을 수상하였다(7장). 단백질 서열을 결정하는 기술적 성취를 넘어 그는 아미노산 서열이 단백질의 구조를 결정한다는 사실을 최초로 규명하였다.

에릭 랜더(Eric S. Lander)(말하는 사람), 인간(*Homo sapiens*)의 분자생물학에 관한 1986년 심포지엄. 랜더는 공중 인간 유전체 사업의 선도적 인물이 되었으며, 2001년 인간 유전체 서열을 발표한 논문의 제1저자이다(7장). 길버트와 보스타인의 아래 있는 사진에서처럼 랜더는 여기에서 인간 유전체의 서열을 분석하는 것이 가치가 있는지의 여부에 관한 1986년 논쟁에 대해 그의 견해를 피력하고 있다. 랜더 이외에 심각한 얼굴의 데이비드 페이지(David Page)가 있는데 그는 Y 염색체의 구조, 기능 및 진화를 중점적으로 연구하고 있다. 최전면에 낸시 홉킨스(Nancy Hopkins, 발생생물학자이며 이 책의 4판 저자 중 한 사람)이 그리고 맨 뒤에 왓슨이 이를 즐기고 있다.

프렌시스 콜린스(Francis S. Collins)와 메이너드 올슨(Maynard V. Olson), 1992 유전체 지도 작성과 서열 회의. 콜린스는 1989년에 낭포성섬유증(cystic fibrosis) 유전자를 발견하였으며, 유전자를 대량으로 발굴하는 초기 "유전자 탐색가" 중 한 사람이었다. 1993년에 그는 제임스 왓슨으로부터 국립 인간유전체연구센터(National Center for Human Genome Research)의 소장을 물려받았으며, 현재는 국립보건원(National Institute of Health)의 원장이다. 이 사진에서 그는 효모 인공염색체(YACs)에 관한 포스터 앞에서 올슨의 이야기를 듣고 있다. 올슨은 이보다 수 년 전에 그 당시 클로닝이 가능한 DNA 단편에 비해 10배 이상의 크기를 지닌 DNA 단편을 클로닝할 수 있는 YAC 벡터를 만들었다(7장).

월터 길버트(Walter Gilbert)와 데이비드 보스타인(David Botstein), 인간(*Homo sapiens*)의 분자생물학에 관한 1986년 심포지엄. DNA의 화학적 서열분석법을 개발한 길버트가 보스타인과 인간 유전체 서열분석이 가능한 일인지 그리고 그것이 의미 있는 일인지를 두고 역사적인 논쟁을 벌이고 있다. 보스타인은 오랜 기간 파지를 연구한 후에 분자생물학자들을 위한 모델 진핵생물로 출아효모(*Saccharomyces cerevisiae*)를 개발하는 데 크게 공헌하였다. 그는 또한 유전체학 분야를 탄생시킨 초기 인물이기도 하다(7장, 부록 1).

CHAPTER 3

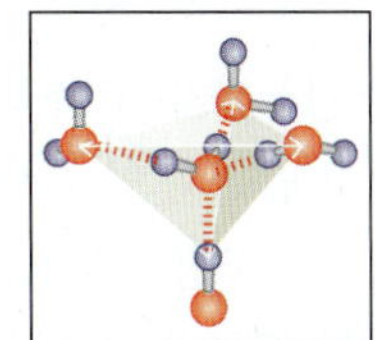

약한 그리고 강한 화학결합의 중요성

이 책의 대부분에서 다룰 고분자는 단백질과 핵산으로 분자생물학자들에게 가장 관심이 큰 물질이다. 이들은 각각 아미노산과 뉴클레오티드로 이루어져 있으며, 모두 그 성분들이 공유결합으로 묶여 폴리펩티드(단백질) 사슬과 폴리뉴클레오티드(핵산) 사슬이 된다. 공유결합은 강하고 안정된 결합이고 생물학적 시스템에서 원래 자발적으로는 깨지지 않는다. 그러나 약한 결합도 역시 존재하는데, 이들은 특히 세포 내의 생리 조건하에서 만들어지고 파괴될 수 있기 때문에 생명유지에 필수적이다. 약한 결합은 효소와 기질 사이, 그리고 계속되는 다음 장들에서 보게 될, 단백질과 DNA 또는 RNA, 또는 단백질과 다른 단백질 같은 고분자 사이의 상호작용을 매개한다. 그러나 동시에 중요한 것은 약한 결합이 각 고분자 안에서 다른 부분들 사이의 상호작용을 매개함으로써 분자들의 구조를 결정하고 이를 통하여 생물학적 기능이 결정되도록 한다는 것이다. 따라서 단백질이 공유결합으로 연결된 아미노산의 선형 사슬임에도 불구하고 그 모양이나 기능은 3차원적(3D)인 구조에 의해 결정된다. 그 모양은 1차 서열에서는 인접하고 있지 않은 아미노산들 사이에서 이루어지는 상당히 많은 약한 상호작용들에 의해 결정된다. 마찬가지로 DNA 이중나선의 두 사슬을 서로 잡고 있는 것도 약한 비공유결합이다.

이 장의 첫 부분에서는 화학결합의 본질과 자유에너지의 개념, 즉 화학반응을 이루는 동안에 방출되는(또는 변하는) 에너지에 대해 논의한다. 그런 다음에 모든 생물학적 고분자물질이 적절한 기능을 하도록 활력을 주는 약한 결합에 집중할 것이다. 특히 약한 성질을 주는 약한 결합이 무엇인지를 기술할 것이다. 이 장의 마지막 부분은 고에너지 결합들을 다루고 펩티드 결합과 포스포디에스테르 결합의 열역학적 관점을 고려한다.

화학결합의 특징

화학결합(chemical bond)은 원자들을 붙잡고 있는 하나의 인력이다. 한정된 크기의 원자들의 응집체를 **분자(molecule)**라고 부른다. 처음에는 단지 공유결합만이 분자

그림 3-1 포도당에서 C_5—C_6 결합의 회전. 이 탄소-탄소 결합은 단일결합이므로 a, b, c와 같은 세 가지 원자배열 중의 하나가 생길 수 있다.

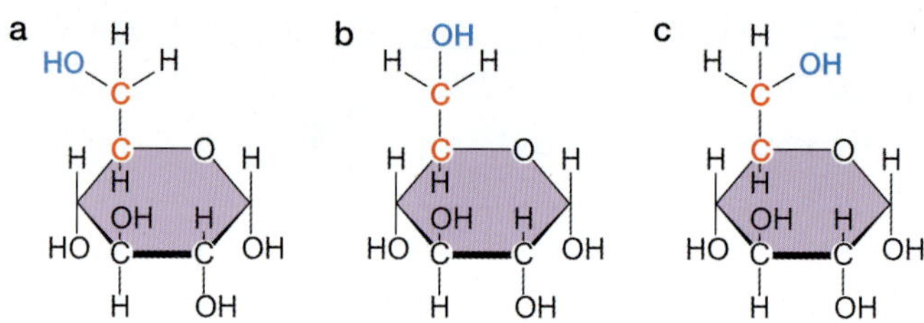

내에서 원자를 서로 붙잡고 있다고 생각했지만, 지금은 더 약한 인력들이 많은 고분자들을 서로 붙잡고 있는데 중요하다고 알려져 있다. 예를 들면, 헤모글로빈의 4개의 폴리펩티드 사슬들은 여러 약한 결합들의 조합된 작용에 의해 서로 붙잡혀 있다. 따라서 한 개만 존재할 때는 두 개의 원자를 효과적으로 결합시키지 못하는 약한 양성 상호작용도 이제는 "화학결합"으로 간주하는 것이 통상적이다.

화학결합들은 여러 가지 방식으로 특징지을 수 있다. 결합의 가장 분명한 특징은 그것의 강함이다. 강한 결합은 거의 대부분 생리온도에서는 결코 끊어지지 않는다. 공유결합에 의해 결합된 원자들은 항상 동일 분자에 속하는 이유도 이 때문이다. 약한 결합은 쉽게 끊어지며 따라서 하나만 있을 때에는 순간적으로만 존재한다. 체계화된 집단 내에 존재할 때에만 약한 결합들은 오랫동안 존재할 수 있다. 결합의 세기는 화학결합의 길이와 관련되어 있는데 강한 결합에 의해 연결된 두 개의 원자는 약한 결합에 의해 붙잡혀 있는 동일한 두 개의 원자보다 항상 더 가깝게 존재한다. 예를 들면, 수소분자(H:H)를 형성하기 위해 공유결합으로 연결된 두 개의 수소원자는 0.74 Å 떨어져 있는 반면, 반데르발스 힘에 의해 붙잡혀 있는 동일한 두 개의 원자는 1.2 Å 떨어져 있다.

또 하나의 중요한 특징은 주어진 원자 하나가 만들 수 있는 결합의 최대수이다. 원자가 형성한 공유결합의 수를 그 원자의 **원자가(valence)**라 한다. 예를 들면 산소의 원자가는 2인데, 이는 두 개 이상의 공유결합을 절대로 형성하지 않는다. 그러나 반데르발스 결합의 경우는 더욱더 다양하여 제한 요소는 순선히 입체적이다. 가능한 결합의 수는 동시적으로 서로 닿을 수 있는 원자들의 수에 의해서만 제한된다. 수소결합의 형성은 더 제한적이다. 공유결합 된 수소원자는 항상 하나의 수소결합에만 참여하는 반면 산소원자는 두 개의 수소결합 이상에는 결코 참여하지 못한다.

단일 원자에서 기원된 두 개의 결합 사이의 각도를 **결합각(bond angle)**이라 부른다. 두 개의 특정한 공유결합 사이의 각도는 항상 거의 동일하다. 예를 들면, 탄소원자가 4개의 단일 공유결합을 가질 때 이들은 4면체로 배열한다(결합각 = 109°). 이와는 반대로 약한 결합들 사이의 각도는 매우 다양하다.

결합은 허용되는 **회전의 자유(freedom of rotation)**에 있어서도 마찬가지로 다르다. 단일공유결합은 결합된 원자들의 자유로운 회전이 허용되지만(그림 3-1), 반면에 이중결합이나 삼중결합은 상당히 단단하게 고정된다. 펩티드 결합과 같이 부분적인 이중결합의 성질을 지닌 결합 또한 상당히 단단하게 고정되어 있다. 이와 같은 이유로 펩티드 결합에 의해 서로 결합되어 있는 카르보닐[carbonyl(C═O)]기와 이미노[imino(N═C)]기는 동일 평면상에 놓여 있어야만 한다(그림 3-2). 반면에 약한 이온결합은 결합된 원자들의 상대적 방향에는 아무런 제한도 주지 않는다.

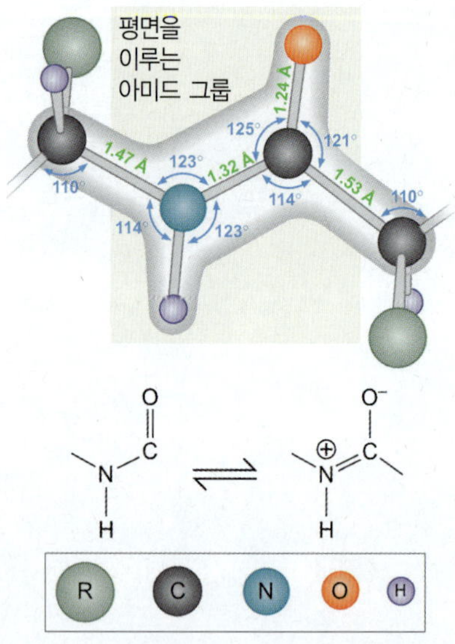

그림 3-2 펩티드 결합의 평면 형태. 여기 보이는 것은 확장된 폴리펩티드 사슬의 일부분이다. 부분적인 이중결합 특성 때문에 펩티드 결합에 회전 가능성은 없다(중간 패널 참조). 그늘바탕 안에 있는 모든 원자들은 동일 평면상에 놓여 있어야만 한다. 그러나 나머지 2개의 결합 둘레에서는 회전이 가능하며, 따라서 폴리펩티드의 원자배열들이 만들어진다. (Adapted, with permission, from Pauling L. 1960. *The Nature of the chemical bond and the structure of molecules and crystals: An introduction to modern structural chemistry*, 3rd ed., p. 495. © Cornell University.)

화학결합은 양자역학적 용어로 설명된다

화학결합에 주어진 강하거나 또는 약한 힘의 성질은 1920년대에 원자의 양자론(양자역학)이 발전될 때까지는 화학자들에게 신비로 남아 있었다. 그 이후 처음으로 어떻게 화학결합이 형성되는가에 대한 여러 경험적인 법칙들이 견고한 이론적인 기반 위에 놓여졌다. 강하고 약한 모든 화학결합들이 정전기적 힘에 근거한다는 것을 알게 되었으며, 전자들의 공유에 의한 공유결합뿐만 아니라 약한 결합의 형성도 양자역학적으로 설명되었다.

화학결합 형성은 에너지의 형태 변화를 포함한다

두 원자 사이의 자발적인 결합의 형성은 항상 결합되지 않은 원자들의 내부 에너지 방출과 그것의 또 다른 에너지 형태로의 전환을 포함한다. 결합이 강할수록 이를 형성하기 위해 방출되는 에너지의 양은 커진다. 따라서 두 원자 A와 B 사이를 결합하는 반응은,

$$A + B \rightarrow AB + \text{에너지} \qquad \textbf{[반응식 3-1]}$$

로 묘사되며, 이때 AB는 결합된 집합체를 나타낸다. 반응의 속도는 A와 B 사이의 충돌의 빈도에 비례한다. 에너지를 측정하는데 가장 공통적으로 사용되는 단위는 **칼로리**로서, 물 1그램의 온도를 14.5°C에서 15.5°C로 증가시키는 데 요구되는 에너지량이다. 1몰의 화학결합을 끊는 데는 보통 수천 칼로리가 이용되기 때문에 화학반응에서 대부분의 화학적 에너지 변환은 킬로칼로리/몰(kcal/mol)로 표시된다.

그러나 화학결합에 의해 결합된 원자들이 영원히 유지되지는 않는데, 이는 화학결합을 깨는 힘이 또한 존재하기 때문이다. 이런 힘 중 가장 중요한 것은 열에너지이다. 빠르게 움직이는 분자 또는 원자들과의 충돌로 화학결합은 끊어질 수 있다. 충돌하는 동안 움직이는 분자의 운동에너지 일부가 결합된 두 개의 원자들을 떼어놓는 데 사용된다. 분자가 빠르게 움직일수록(온도가 높을수록) 충돌로 결합이 끊어질 확률은 커진다. 그러므로 분자들의 집합체 온도가 증가함에 따라 이들 결합의 안정성은 감소한다. 따라서 결합의 깨짐은 다음과 같은 식으로 나타낸다,

$$AB + \text{에너지} \rightarrow A + B \qquad \textbf{[반응식 3-2]}$$

결합을 깨기 위해 들어가는 에너지량은 결합 형성 시에 방출되는 양과 정확하게 같다. 이 동일성은 열역학 제1법칙에서 나오는데, 이는 에너지(질량과 상호 전환될 때에는 제외)는 결코 생성되거나 소멸되지 않는다는 것을 말한다.

결합 형성과 절단 사이의 평형

그러므로 모든 결합은 결합을 만드는 힘과 결합을 끊는 힘의 조화된 작용의 결과이다. 폐쇄계에서 평형상태에 도달하였을 때 단위 시간당 만들어진 결합의 수는 끊어진 수와 같을 것이다. 따라서 결합된 원자들의 비율은 다음의 질량작용의 공식으로 표시된다.

$$K_{eq} = \frac{\text{conc}^{AB}}{\text{conc}^{A} \times \text{conc}^{B}} \qquad \textbf{[반응식 3-3]}$$

K_{eq}는 **평형상수(equilibrium constant)**이고 conc^{A}, conc^{B}, conc^{AB}는 각각 몰/리터로 표시된 A, B 그리고 AB의 농도이다. 우리가 자유로이 존재하는 A와 B 또는 AB 분자만이나, 또는 AB와 A와 B의 자유로운 조합 등 어떤 조건에서 반응을 시작하든간에 평형에서 A와 B 그리고 AB의 비율은 K_{eq}에 의해 주어진 농도에 도달할 것이다.

자유에너지의 개념

결합된 원자들의 비율이 **평형 농도(equilibrium concentration)** 쪽으로 이동함에 따라 에너지 상태도 항상 변하게 된다. 생물학적으로 이런 에너지 변화를 표현할 수 있는 가장 유용한 방법은 물리화학자들의 **자유에너지(free energy)** 개념을 통해서이다. 19세기 위대한 물리학자인 조사이어 깁스(Josiah Gibbs)의 이름을 따서 자유에너지를 G로 표기한다. 이 책에서 우리는 자유에너지에 대한 자세한 기술이나 이것이 에너지의 다른 형태와 어떻게 다른지에 대해서는 다루지 않을 것이다. 따라서 독자들은 열역학 제2법칙을 서술한 화학 교과서를 참조해야만 하며, 우리는 여기서 자유에너지는 일을 할 수 있는 능력을 가진 에너지라고 언급하는 데 그칠 것이다.

열역학 제2법칙은 우리에게 자발적인 반응에서는 항상 자유에너지의 감소(음수의 ΔG)가 일어난다는 것을 말해 준다. 그러나 평형에 도달했을 때 자유에너지의 양에는 더 이상의 변화가 없다($\Delta G = 0$). 그러므로 폐쇄된 원자들의 집합체에서의 평형상태는 최소의 자유에너지를 가지고 있는 상태이다.

평형에 도달하는 동안 상실되는 자유에너지는 열로 전환되거나 엔트로피의 양을 증가시키는 데 사용된다. 여기서 우리는 엔트로피의 양은 무질서한 양의 척도라고 말하는 것을 빼고는 엔트로피를 정의하기 위한 시도를 하지 않을 것이다. 무질서가 클수록 엔트로피의 양은 커진다. 엔트로피의 존재는 자발적인 화학반응(자유에너지의 순감소가 일어난 반응)이 모두 열의 방출을 수반하며 일어나지는 않는다는 것을 의미한다. 예를 들면, 소금(NaCl)을 물에 녹일 때는 열을 방출하기보다는 열을 흡수한다. 그럼에도 불구하고 이들이 고체에서 액체상으로 이동함으로써 Na 이온과 Cl 이온의 무질서가 증가하기 때문에 자유에너지의 순감소가 일어난다.

K_{eq}는 ΔG와 지수적인 상관관계에 있다

결합이 강할수록, 그러므로 결합 형성 시 수반되는 자유에너지의 변화(ΔG)가 클수록 결합된 형태로 존재하는 원자들의 비율은 커진다. 이러한 상식적인 생각은 물리화학적 공식에 의해 정량적으로 표현될 수 있다.

$$\Delta G = -RT\,(\ln K_{eq}) \quad \text{또는} \quad K_{eq} = e^{-\Delta G/RT} \qquad \textbf{[반응식 3-4]}$$

여기서 R은 기체상수, T는 절대온도, ln은 밑수 e에 대한(K_{eq}의) 로그, K_{eq}는 평형상수, 그리고 e = 2.718이다.

R (1.987 cal/deg-mol)과 T (25°C에서 298)에 적절한 값을 대입해보면, 모든 반응물들이 몰농도로 존재할 경우 2 kcal/mol 정도의 낮은 ΔG 값으로도 결합을 형성하는 반응을 거의 마칠 수 있다는 것을 알 수 있다(표 3-1).

표 3-1 25°C에서 평형상수와 ΔG 사이의 관계

K_{eq}	ΔG (kcal/mol)
0.001	4.089
0.01	2.726
0.1	1.363
1.0	0
10.0	−1.363
100.0	−2.726
1000.0	−4.089

공유결합은 아주 강하다

수소나 산소 같은 자유로운 원자들에서 공유결합의 형성에 수반되는 ΔG 값은 보통 −50에서 −110 kcal/mol로 매우 크며 부호는 음이다. 반응식 3-4는 우리에게 결합 반응의 K_{eq}가 그에 상응하여 클 것이며, 따라서 결합되지 않고 존재하는 수소나 산소의 농도는 매우 낮을 것이라는 것을 알려준다. 예를 들면, −100 kcal/mol의 ΔG 값은 우리에게, 만일 반응하는 원자들 1몰/리터를 가지고 시작한다면 평형에 도달했을 때 10^{40}개 원자들 중에 단지 하나만이 결합하지 않은 채로 남아 있을 것이다.

생물계에서의 약한 결합

생물계에서 중요한 약한 결합들에는 반데르발스 결합, 수소결합, 이온결합 등이 있다. 곧 살펴보게 되겠지만, 수소결합과 이온결합 사이의 구별은 때로는 분명하지 않다.

약한 결합은 1과 7 kcal/mol 사이의 에너지를 갖는다

가장 약한 결합은 반데르발스 결합이다. 이는 열운동의 운동에너지보다 약간 큰 에너지(1~2 kcal/mol)를 갖는다. 수소결합과 이온결합의 에너지 범위는 3과 7 kcal/mol 사이이다.

용액 내에서 거의 모든 분자들은 인접한 원자들과 다수의 약한 결합을 형성한다. 모든 분자들은 반데르발스 결합을 형성할 수 있지만, 수소결합과 이온결합은 순전하를 갖는 분자들(이온들) 사이 또는 전하가 불균일하게 분포된 분자들 사이에서만 형성될 수 있다. 따라서 어떤 분자들은 여러 종류의 약한 결합을 형성할 수 있는 능력을 가지고 있다. 그러나 에너지 측면에서 보면 분자들은 항상 더욱더 강한 결합을 이루려는 경향을 보인다.

약한 결합은 생리온도에서 끊임없이 만들어지고 파괴된다

약한 결합 중에서 가장 약한 것은 25°C에서 동력학적 운동(열)의 평균에너지(0.6 kcal/mol)보다 약간 높을 뿐이지만 가장 강한 것이라 하더라도 약 10배 정도만큼의 에너지를 가진다. 그럼에도 불구하고, 동력학적 운동에너지는 널리 퍼져 있기 때문에 가장 강력한 약한 결합을 파괴시키기에 충분한 운동에너지를 지닌 분자들이 생리온도에서 항상 많이 존재하게 된다.

극성과 비극성 분자들 사이의 구별

모든 형태의 약한 상호작용은 전하 사이의 인력에 근거한다. 전하의 분리는 관련된 원자들에 따라 영구적일 수도 일시적일 수도 있다. 예를 들면 산소 분자(O:O)는 두 개의 산소원자 사이에 전자들이 대칭적인 분포를 가지며 따라서 두 개의 원자 각각은 전하를 갖지 않는다. 이와 대조적으로 물(H:O:H)에서는 전하가 불균일하게 분포하고 있어, 결합을 이룬 전자들도 불균일하게 분배되어 있다(그림 3-3). 이들은 산소원자에 의해 더욱 강하게 붙잡혀 있어, 산소는 상당한 양의 음전하를 지니게 되며, 반면에 두 개의 수소원자들은 동일한 양의 양전하를 갖는다. 양전하의 중심은 음전하 중심의 한쪽 면에 있다. 분리된 음전하 및 양전하의 조합을 전기적 **쌍극자 모멘트(dipole moment)**라 부른다. 동일하지 않은 전자 분배는 전자들에 대해 결합하고 있는 원자들의 친화력이 같지 않음을 반영한다. 전자를 얻을 수 있는 경향을 갖는 원자들을 **전기적 음성(electronegative)** 원자라 한다. 전자들을 포기하는 경향을 갖는 원자들을 **전기적 양성(electropositive)** 원자라 한다.

쌍극자모멘트를 갖는 물(H_2O)과 같은 분자들을 **극성 분자(polar molecule)**라 한다. **비극성 분자(nonpolar molecule)**들은 효과적인 쌍극자모멘트를 갖지 않은 것들이다. 예를 들면 메탄(methane, CH_4)에서 탄소와 수소원자들은 그들이 공유하는 전자쌍에 대해 동일한 친화력을 가지며, 따라서 탄소나 수소원자는 뚜렷한 전하를 갖지 않는다.

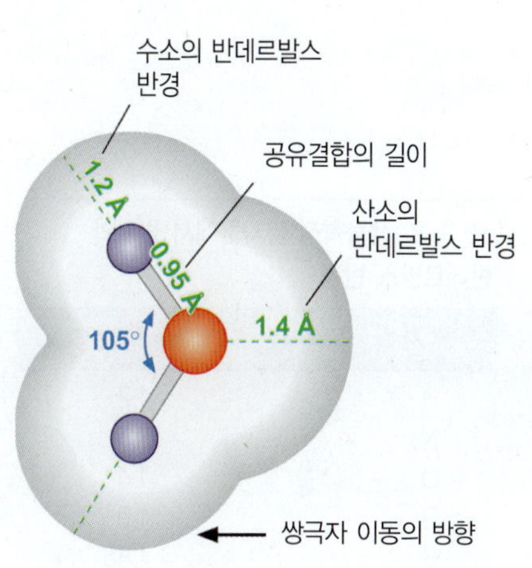

그림 3-3 물 분자의 구조. 반데르발스 반경에 대해서는 그림 3-5 참조.

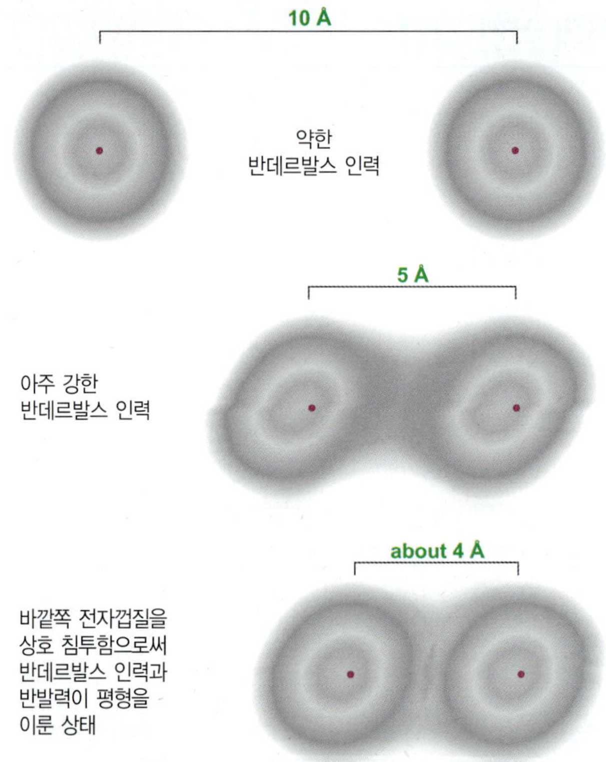

그림 3-4 거리에 따른 반데르발스 힘의 변화. 이 모식도에서 보여주는 원자들은 비활성 희귀 가스인 아르곤 원자이다. (Adapted from Pauling L. 1953. *General chemistry*, 2nd ed., p. 322. Courtesy Ava Helen and Linus Pauling Papers, Oregon State University Libraries.)

한 분자 내에서 전하의 분포는 근처에 있는 분자들의 존재에 의해 영향을 받을 수 있고, 영향을 받는 분자가 극성을 갖는다면 더욱 그러하다. 이 효과는 비극성 분자로 하여금 약간의 극성 성질을 가질 수 있도록 한다. 만약 두 번째 분자가 극성이 아닐 경우에도 이것의 존재는 전하 분포의 변화를 초래하여 비극성 분자를 변형시킨다. 그러나 이런 효과는 극성 분자들에게서 발견되는 것보다 훨씬 적은 전하의 분리를 생기게 하며, 따라서 상호작용 에너지는 훨씬 작고 화학결합도 매우 약하게 된다.

반데르발스 힘

반데르발스 결합(van der Waals bond)은 두 개의 원자가 서로 근접할 때 생기는 비특이적 인력에 의해 생긴다. 이것은 영구적인 전하의 분리에 의해 생기는 것이 아니고 분자들의 근접에 의해 유도되는 전하의 변동에 의해 생긴다. 그러므로 이것은 극성이나 비극성에 관계없이 모든 형태의 분자들 사이에서 작용한다. 이것은 상호작용하는 기들 사이의 거리에 의해 크게 좌우되는데, 그 이유는 결합에너지가 거리의 6승에 반비례하기 때문이다(그림 3-4).

또한 거리가 짧아질수록 더욱 강해지는 반데르발스 반발력(repulsive force)도 존재한다. 이 반발력은 관련된 원자들의 바깥쪽 전자껍질 겹침에 의해 생긴다. 반데르발스 인력과 반발력은 원자의 종류에 따라 특정한 거리에서 균형을 유지하며, 이 거리가 소위 **반데르발스 반경(van der Waals radius)**이다(표 3-2; 그림 3-5). 두 원자의 반데르발스 반경의 합만큼 분리된 두 원자 사이의 반데르발스 결합에너지는 각 원자들의 크기에 따라 증가한다. 평균적으로 두 원자 사이의 경우 약 1 kcal/mol인데, 이것은 실온에서 분자들의 평균 열에너지(0.6 kcal/mol)보다 약간 크다.

이것은 반데르발스 힘이 생리온도에서 어떤 한 분자 내에서 여러 원자들이나 또는 다른 분자 또는 동일한 분자의 다른 부위에서 여러 원자들과 결합할 때에만 효과적인

표 3-2 생물학적 분자들에서 원자의 반데르발스 반경

원 자	반데르발스 반경(Å)
H	1.2
N	1.5
O	1.4
P	1.9
S	1.85
CH_3기	2.0
방향족 분자의 절반 두께	1.7

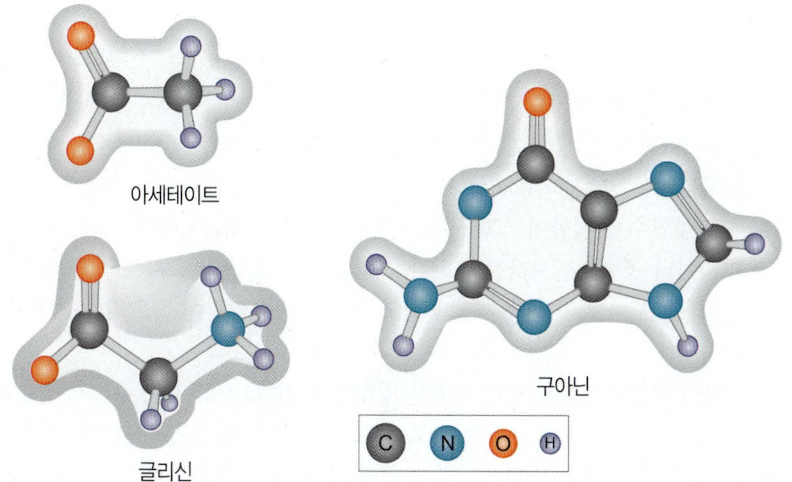

그림 3-5 그늘 구름으로 보이는 원자들의 반데르발스 반경을 지닌 몇몇 분자의 모식도.

결합력이라는 것을 의미한다. 이 경우에는 상호작용의 에너지가 무작위적인 열운동으로 생기는 해리 경향보다 훨씬 크다. 여러 원자들이 효과적으로 상호작용을 하기 위해서는 분자의 모양이 잘 맞아야 하는데, 그 이유는 어떤 두 개의 원자들이 상호 작용하기 위해서는 떨어져 있는 거리가 반데르발스 반경의 합보다 크지 않아야 하기 때문이다(그림 3-6). 상호작용의 세기는 이 거리가 조금만 커져도 급격히 0에 접근한다. 그러므로 가장 강한 형태의 반데르발스 접촉은 항원과 그에 특이적인 항체 사이의 경우에서와 같이 한 분자가 다른 분자의 돌출된 모양에 정확히 상보적인 면을 가지고 있을 때 일어난다(그림 3-7). 이 경우에 결합에너지는 때때로 20~30 kcal/mol 정도까지 커질 수 있으며, 따라서 항원-항체 복합체는 거의 떨어지지 않는다. 많은 극성 분자들의 결합 양상은 반데르발스 상호작용에 의해 거의 영향을 받지 않는데, 왜냐하면 이런 분자들은 다른 형태의 결합을 형성하여 더 낮은 에너지 상태(더 많은 자유에너지의 상실)를 얻을 수 있기 때문이다.

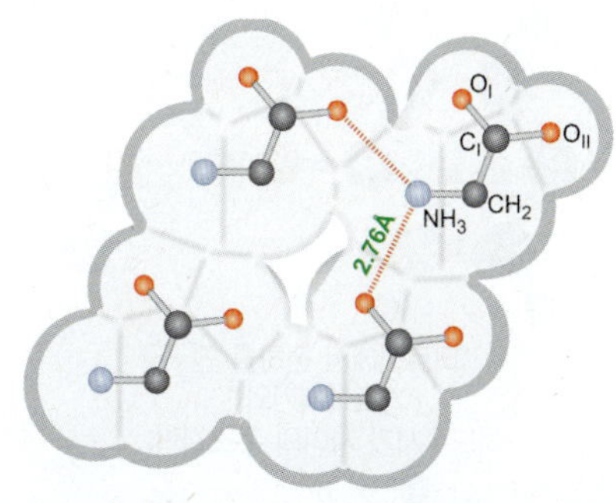

그림 3-6 아미노산 글리신으로 만든 단층 결정에서 분자들의 배열 방식. 분자가 모이는 방식은 각 그룹의 반데르발스 반경에 의해 결정된다. 단 N—H····O가 있는 곳은 수소결합의 형성에 따라 짧아진다. [Adapted, with permission, from Pauling L. 1960. *The Nature of the chemical bond and the structure of molecules and crystals: An introduction to modern structural chemistry*, 3rd ed., p. 262. © Cornell University.]

수소결합

수소결합(hydrogen bond)은 약간의 양전하를 지닌 공여 수소원자와 음전하를 지닌 수용 원자 사이에서 만들어진다(그림 3-8). 예를 들면 아미노기($-NH_2$)의 수소원자는 음전하를 띤 케토($-C{=}O$) 산소원자에 의해 잡아당겨진다. 때때로 하나의 전하단위를 지닌 그룹(NH_3^+나 COO^-)에 속하는 원자들이 수소결합을 하기도 하며, 다른 경우에는

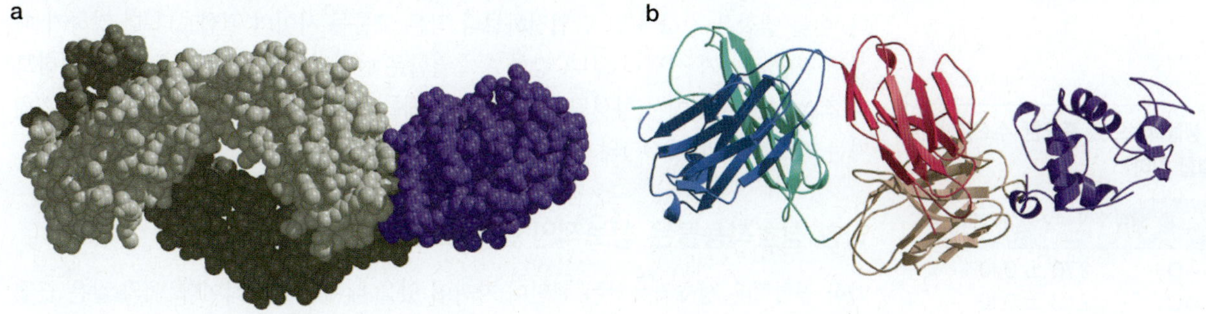

그림 3-7 항체-항원 상호작용. 공간 채움(a)과 리본(b)로 묘사된 구조는 Fab D 1.3과 리소자임(보라색) 사이의 복합체를 보여준다. (Fischmann T.O. et al., 1991. *J. Biol. Chem.* **266**: 12915.) 이미지는 MolScript, BobScript 및 Raster 3D로 나타내었다.

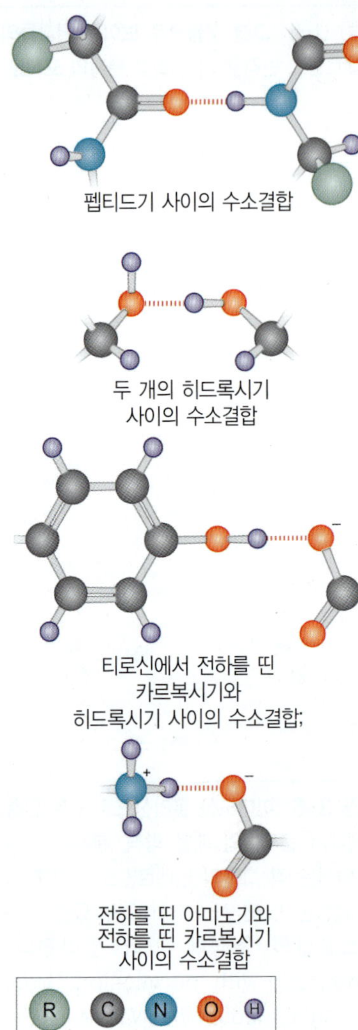

그림 3-8 생물 분자에서 수소결합의 예.

공여수소 원자들과 음성 수용원자들 모두 한 전하단위보다 작은 전하를 가지기도 한다.

생물학적으로 가장 중요한 수소결합은 산소원자(O—H) 또는 질소원자(N—H)에 공유결합 된 수소원자들을 포함하는 것이다. 또한 음성 수용원자들은 보통 질소 또는 산소이다. 표 3-3은 가장 중요한 수소결합의 일부를 보여준다. 둘러싼 물 분자가 없을 경우, 결합에너지는 3에서 7 kcal/mol 사이이고 공여와 수용원자들 사이에 더 큰 전하 차이를 포함할수록 결합이 강해진다. 이와 같이 수소결합은 반데르발스 결합보다는 상당히 강하나 공유결합보다는 약하다. 그러므로 수소결합은 두 개의 원자를 반데르발스 반경의 합보다는 거리가 가깝게 잡고 있으나 공유결합이 잡고 있는 것만큼 가깝지는 않다.

반데르발스 결합과는 달리 수소결합은 방향성이 있다. 가장 강한 수소결합에서 수소원자는 직선적으로 수용원자를 향하고 있으며(그림 3-9), 만일 직면해 있지 않고 30o 이상 기울어져 있다면 결합에너지는 훨씬 작아지게 된다. 또한 수소결합은 반데르발스 결합보다 더욱 특이성이 있는데 왜냐하면 결합에 상보적인 공여수소와 수용기를 지닌 분자들이 필요하기 때문이다.

어떤 이온결합은 수소결합이다

많은 유기분자들은 하나 또는 그 이상의 순양성 또는 순음성의 전하를 지닌 이온그룹을 가진다. 예를 들어 모노뉴클레오티드는 음전하를 갖는 인산기를 지니고 있고, 프롤린을 제외한 각 아미노산은 음의 카르복시기(COO^-)와 양의 아미노기(NH_3^+)의 양쪽 전하단위를 모두 갖는다. 이렇게 하전 된 그룹들은 보통 주위의 반대로 하전된 그룹에 의해 중화된다. 두 개의 반대로 하전된 그룹들 사이에 작용하는 정전기적 인력을 **이온결합(ionic bond)**이라 부른다. 수용액 내에서 이들의 평균 결합에너지는 ~5 kcal/mol이다.

많은 경우에 Na^+, K^+ 또는 Mg^{2+} 같은 무기 양이온이나 Cl^- 또는 SO_4^{2-} 같은 무기 음이온은 이온화된 유기분자들의 전하를 중화시킨다. 이것이 수용액 내에서 일어날 때 무기이온들은 보통 물 분자의 껍질에 의해 둘러싸이므로 반대로 하전된 그룹에 직접 결합하지 않으며, 따라서 중화되는 양이온과 음이온들은 고정된 위치를 차지하지도 않는다. 그러므로 수용액 내에서는 둘러싸고 있는 무기 양이온들이나 음이온들에 대한 정전기적 결합은 유기분자의 분자적 형태를 결정하는 데 일차적으로 중요하지 않다.

반면에 만약 반대로 하전 된 그룹들이 서로 수소결합을 만들 수 있다면 방향성이 큰 결합이 생긴다. 예를 들면, COO^-기와 NH_3^+ 기는 가끔 수소결합으로 서로 결합한다. 이들 결합은 전하가 한 단위전하보다 작은 그룹들 사이의 결합보다 더 강하기 때문에 결합 길이가 상당히 짧다. 강한 수소결합은 단위전하를 갖는 그룹과 단위전하보다 적은 그룹 사이에서 형성될 수도 있는데, 예를 들면 아미노기(NH_2)에 속한 수소원자는 카르복시기(COO^-)의 산소원자와 강하게 결합한다.

표 3-3 생물학적으로 중요한 수소결합의 대략적인 결합 길이

결 합	대략적인 수소결합 길이 (Å)
O—H⋯O	2.70 ± 0.10
O—H⋯O$^-$	2.63 ± 0.10
O—H⋯N	2.88 ± 0.13
N—H⋯O	3.04 ± 0.13
N$^+$—H⋯O	2.93 ± 0.10
N—H⋯N	3.10 ± 0.13

약한 상호작용들은 상보적인 분자 표면을 필요로 한다

약한 결합력은 상호작용하는 표면이 가까이 있을 때에만 효과적이다. 이와 같은 근접은 분자 표면들이 **상보적인 구조(complementary structure)**를 지녔을 때에만, 즉 한 쪽 표면의 돌출한 그룹(또는 양전하)이 다른 쪽 표면의 구멍(또는 음전하)과 잘 맞을 때에만 가능하다. 즉, 상호작용하는 분자들은 **열쇠와 자물쇠의 관계(lock-and-**

key relationship)를 가져야만 한다. 세포에서 이러한 요구는 흔히 어떤 분자들이 같은 종류의 다른 분자들과 거의 결합하지 못하는 것을 의미하는데, 왜냐하면 이런 분자들은 자가-상호작용에 필수적인 대칭성을 갖고 있지 않기 때문이다. 예를 들면, 어떤 극성 분자들은 공여 수소원자들은 포함하나 적당한 수용원자들을 갖지 않는 반면, 다른 것들은 수소결합을 받아들일 수 있지만 줄 수 있는 수소원자를 갖고 있지 않다. 반면에 세포 내에서 강한 자가-상호작용에 필요한 대칭성을 갖고 있는 분자들이 많이 있는데, 물은 이런 예 중 가장 중요한 것이다.

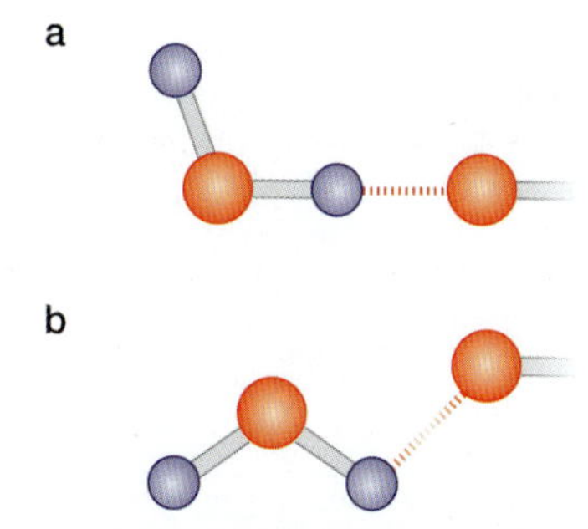

그림 3-9 수소결합의 방향성 특성. (a) 방향이 O—H 공유결합을 따라 직선적으로 수용체인 산소를 향하고 있으므로 강한 결합을 형성한다. (b) 방향이 산소원자에서 벗어나 있으므로 약한 결합이 형성된다.

물 분자들은 수소결합을 이룬다

생리 조건하에서 물 분자는 H^+와 OH^- 이온으로 거의 이온화하지 않는다. 대신에 이들은 강한 수소결합을 형성하는 수소원자와 산소원자를 모두 지닌 극성 H—O—H 분자들로 존재한다. 각 물 분자에서 산소원자는 2개의 외부 수소원자와 결합할 수 있는 반면, 각각의 수소원자는 인접한 하나의 산소원자와 결합할 수 있다. 이들 결합은 4면체 방향으로 각각 형성되며(그림 3-10) 따라서 고체 및 액체 형태에서 각각의 물 분자는 4면체의 네 개 방향 각각에 하나씩인 4개의 **아주 가까운 이웃(nearest neighbors)**을 가지려는 경향이 있다. 얼음에서 이 이웃들과의 결합은 매우 견고하며 분자들의 배열은 고정되어 있다. 녹는 온도(0°C)이상에서 열운동에너지는 수소결합을 파괴시키기에 충분하며, 따라서 물 분자에 가까운 이웃 분자들은 계속 변하게 된다. 그러나 용액상태에서도 한 순간에는 대부분의 물 분자들이 4개의 강한 수소결합들에 의해 결합되어 있다.

수용액 내에서 분자들 사이의 약한 결합들

2차결합의 평균에너지는 비록 공유결합에 비해 작기는 하지만 열에너지와 비교하면 충분히 강해서 수용액 내의 대부분 분자들은 다른 분자들과 2차결합을 하게 된다. 결합된 배열과 결합되지 않은 배열 사이의 비율은 용액 내에서 분자의 높은 농도를 고

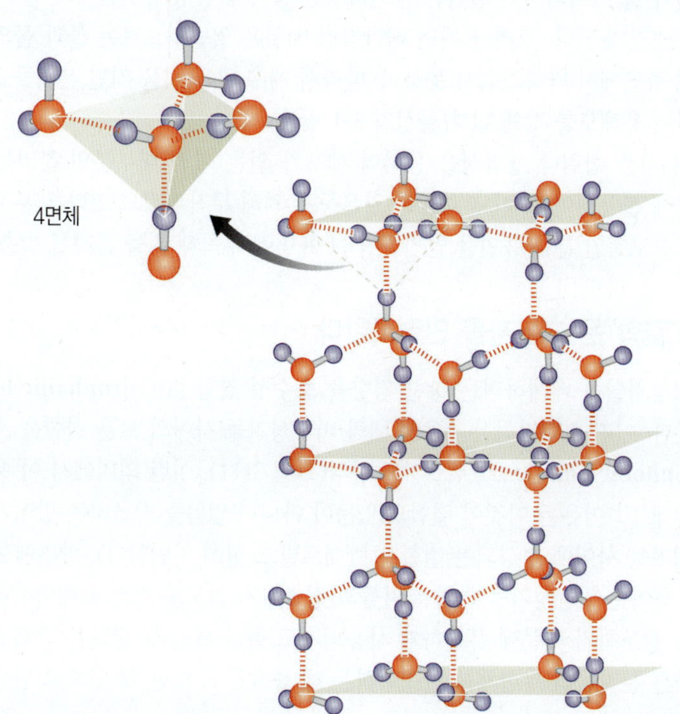

그림 3-10 물 분자에 의해 만들어진 격자의 모식도. 물 분자 사이에서 만들어진 특이적인 수소결합에 의해 얻어진 에너지는 4면체 분자가 인접하는 분자배열에 기여한다. 산소원자는 붉은색 공, 수소원자는 보라색 공으로 표시하였다. 배열의 단단한 정도 여부는 분자의 온도에 의존하지만, 얼음에서와 마찬가지로 물에서도 여기에 그려져 있는 것과 같은 구조가 유력하다. (Adapted, with permission, from Pauling L. 1960. *The Nature of the chemical bond and the structure of molecules and crystals: An introduction to modern structural chemistry*, 3rd ed., p. 262. © Cornell University.]

려하여 수정한 [반응식 3-4]로 구할 수 있는데, 그 결과는 2~3 kcal/mol 정도의 낮은 상호작용 에너지가 생리온도에서 대부분의 분자들이 최대수의 강한 2차결합을 이루기에 충분하다는 것을 말해준다.

주어진 순간에 어떤 용액의 독특한 구조는 어떤 용질 분자들이 있느냐에 의해 상당히 영향을 받는데, 이는 분자들이 독특한 형태를 가지고 있다는 것뿐만 아니라 분자들이 형성할 수 있는 2차결합의 형태가 분자마다 다르기 때문이다. 그러므로 어떤 분자는 그와 가장 강한 결합을 형성할 수 있는 다른 분자 옆에 도달할 때까지 이동하는 경향이 있다.

용액은 물론 정적이지 않다. 열의 파괴적인 영향 때문에 용액의 독특한 전체 형태는 한 배열에서 거의 동일한 에너지 함량의 다른 배열로 끊임없이 변화한다. 생물계에서는 또한 물질대사를 통해 한 분자가 다른 분자로 지속적으로 전환됨으로써 형성될 수 있는 2차결합의 본질이 자동적으로 변화한다는 사실도 중요하다. 그러므로 세포의 용액 구조는 열운동에 의해서뿐만 아니라 세포의 용질 분자들의 대사전환에 의해서도 끊임없이 파괴된다.

수소결합을 형성할 수 있는 유기분자는 수용성이다

원자 그룹당 수소결합의 에너지는 반데르발스 접촉의 에너지보다 훨씬 크므로 분자들은 반데르발스 접촉보다는 수소결합을 형성할 것이다. 예를 들어 수소결합을 형성할 수 없는 벤젠과 같은 분자를 물과 혼합하려고 한다면, 물과 벤젠은 서로 급격히 분리되어 물 분자는 자신들 사이에서 서로 수소결합을 형성하고 벤젠 분자들은 반데르발스 결합에 의해 서로 부착된다. 그러므로 물에 비수소결합성 유기분자를 삽입하는 것은 사실상 불가능하다.

그러나 (=O 또는 OH와 같이) 수소결합을 잘 형성하는 다수의 기들을 포함하고 있는 포도당이나 피루브산과 같은 극성 분자들은 물에 녹는다[즉 이들은 **소수성(hydrophobic)**이 아니라 **친수성(hydrophilic)**이다]. 이와 같은 기들이 물 격자에 삽입되면 물과 물 사이의 수소결합은 끊어지지만 동시에 극성 유기분자와 물 사이에 수소결합이 생기게 된다. 그러나 이런 대안적인 배열은 일반적으로는 물과 물의 배열만큼 에너지 측면에서 만족스럽지 못하며, 따라서 매우 큰 극성을 지닌 분자들조차도 대체로 제한된 용해도를 갖게 된다(글상자 3-1 참조).

따라서 식품 섭취나 생합성을 통하여 세포가 얻는 거의 대부분의 분자들은 어느 정도는 물에 불용성이다. 이 분자들은 열운동에 의해 무작위적으로 다른 분자들과 충돌하다가 상보적인 분자 표면을 발견하면 그 표면에 부착해서 물 분자를 방출시킨다.

소수성 "결합"은 고분자를 안정화한다

물이 비극성기들을 배제하려는 강한 경향을 **소수성 결합성(hydrophobic bonding)**이라 부른다. 어떤 화학자들은 수용액 내의 비극성기들 사이의 모든 결합을 **소수성 결합(hydrophobic bond)**으로 부르기도 한다(그림 3-11). 이런 의미에서 이 용어는 잘못된 것인데, 그 이유는 이것이 결합의 있음이 아니라 없음을 강조하는 말이기 때문이다(비극성기들 사이에 형성되는 결합은 반데르발스 힘에 기인한다). 반면에 **소수성 결합**이라는 용어는 비극성기들이 물 분자들과 접촉하지 않도록 스스로 배열하려고 한다는 사실을 강조하기 때문에 유용하게 사용되기도 한다. 소수성 결합은 단백질이나 단백질과 다른 분자들의 복합체를 안정화하는 데 중요하고 또한 막 안으로 단백질을 분

▶ 고급개념

글상자 3-1 분자 모양의 특수성과 선택적 고착의 개념

대부분의 세포 분자들이 OH, NH_2 그리고 CH_3와 같은 적은 수의 화학기들로 만들어지긴 하지만 어떤 분자들이 서로 옆에 위치하는 경향이 있는가에 대한 높은 특이성이 있다. 이것은 개개의 분자가 독특한 결합성질을 갖기 때문이다. 하나의 매우 명확한 증거를 입체이성질체(streoisomer)들의 특이성에서 볼 수 있다. 예를 들어, 단백질은 L-아미노산으로만 만들어지며 거울상 이성체인 D-아미노산들로는 결코 만들어지지 않는다(글상자 3-1 그림 1). 비록 D-와 L-아미노산들은 같은 공유결합을 지니고 있지만 비대칭분자들에 대한 이들의 결합성은 대부분 매우 다르다. 따라서 대부분의 효소들은 L-아미노산들에 대한 특이성을 갖는다. 만일 어떤 L-아미노산이 특정 효소에 부착할 수 있다고 한다면, D-아미노산은 이와 결합하지 못한다.

세포 내의 대부분 분자들은 소수의 다른 분자들과만 "약한" 결합을 할 수 있는데 이는 부분적으로 생물계의 대부분 분자들이 수용액의 환경 내에 존재하기 때문이다. 그러므로 세포 내에서의 결합 형성은 두 분자들이 서로 잘 결합할 수 있느냐의 여부에 좌우될 뿐만 아니라 그 결합 형성이 전반적으로 용매 물 분자와 같이 만들 수 있는 다른 결합보다 우월한지의 여부에 의해서도 좌우된다.

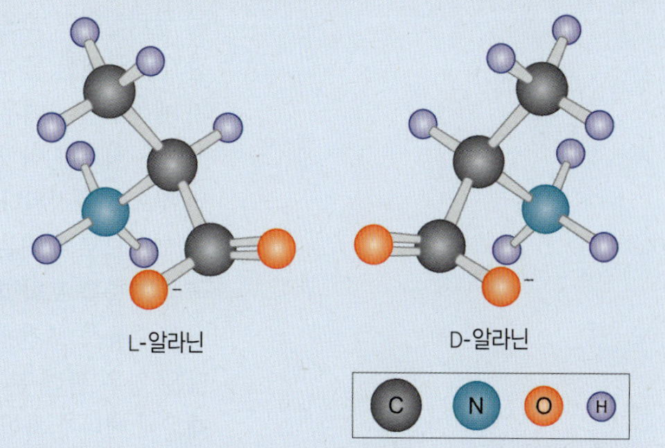

글상자 3-1 그림 1 아미노산 알라닌의 2개의 입체이성질체. (Adapted, with permission, from Pauling L. 1960. *The nature of the chemical bond and the structure of molecules and crystals: An introduction to modern structural chemistry*, 3rd ed., p. 465. © Cornell University; Pauling L. 1953. *General chemistry*, 2nd ed., p. 498. Courtesy Ava Helen and Linus Pauling Papers, Oregon State University Libraries.)

배하는 데에도 중요하다. 이것이 단백질 접힘에 필요한 자유에너지의 절반 정도를 설명해 줄 수 있다.

예를 들면, 물에서 아미노산 알라닌과 글리신이 알라닌에 상보적인 표면을 갖는 제3의 분자와 결합할 때 생기는 에너지의 차이를 고려해 보자. 알라닌에 있는 한 개의 메틸기가 글리신에는 없다. 알라닌이 제3의 분자와 결합하면 메틸기 주위의 반데르발스 접촉은 1 kcal/mol의 에너지를 생성시키는데, 글리신이 대신 결합했을 때에는 생

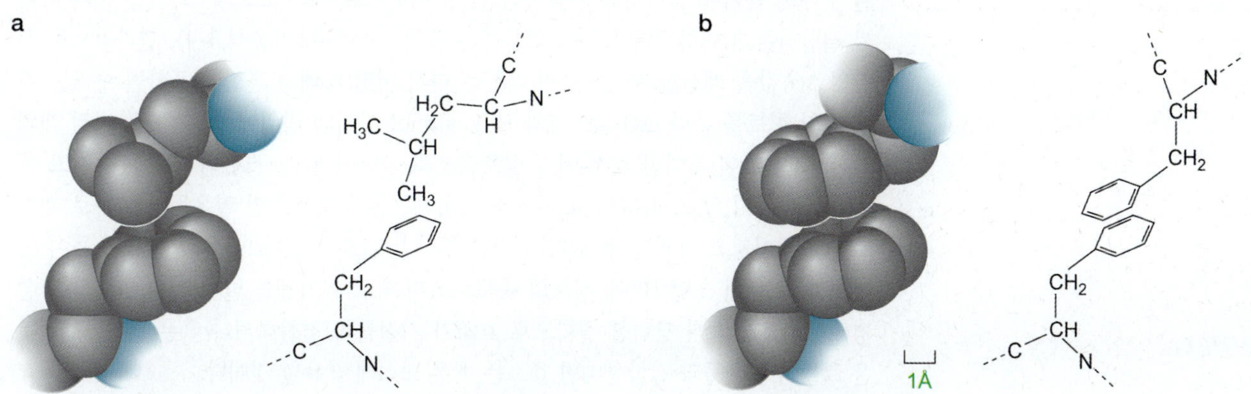

그림 3-11 아미노산의 비극성 곁사슬들 사이의 반데르발스(소수성) 결합의 예. 수소원자의 일부는 생략되어 있다. 알기 쉽도록 반데르발스 반경은 20%로 축소하였다. 공간-채움(space filling) 형식의 그림 옆 구조식은 원자의 배열을 나타낸다. (a) 페닐알라닌-루신 결합. (b) 페닐알라닌-페닐알라닌 결합. (Adapted, with permission, from Scheraga H.A. 1963. *The proteins*. 2nd ed. [ed. H. Neurath], p. 527. Academic Press, New York. © Harold Scheraga.)

성되지 않는다. 반응식 3-4로부터 이 작은 에너지의 차이는 알라닌과 글리신의 결합 사이에 오직 6의 인수를 줄 수 있다는 것을 안다. 그러나 이 계산은 물이 글리신보다 알라닌을 더 배제하려고 한다는 사실을 고려하지 않은 것이다. 알라닌의 메틸기 존재는 글리신의 수소원자 잔기보다 더 심하게 물 격자를 흩으려 놓는다. 현재도 소수성 잔기들에 의한 물 격자의 교란을 설명하기 위해 얼마나 큰 보정계수를 도입해야 하는지 예측하기는 매우 어려우나, 물은 알라닌을 배제하려는 경향이 있어 글리신을 배제하려는 힘보다 약 2~3 kcal/mol만큼 큰 소수성 힘으로 알라닌을 제3의 분자로 밀어낼 것으로 추정된다.

그러므로 우리는 세 번째 분자와 가장 유사한 분자(유사한 분자들 간의 차이가 비극성 그룹을 포함할 때)의 결합에서도 에너지 차이가 비수용성 조건하에서보다 세포 안의 수용성 조건에서 적어도 2~3 kcal/mol만큼 더 크다는 중요한 결론에 도달한다. 많은 경우 관련 분자들이 수소결합을 형성할 수 있는 극성 그룹들을 포함하고 있기 때문에 에너지 차이는 3~4 kcal/mol이 된다.

2와 5 kcal/mole 사이의 ΔG의 이점

우리는 단 하나의 2차결합 에너지(2~5 kcal/mol)가 한 분자를 선택된 다른 분자 그룹에 결합시키기에 충분하다는 것을 살펴보았다. 게다가 이들 에너지 차이는 세포 내에 견고한 격자배열이 생기게 할 만큼 크지 않다. 따라서 2차결합 에너지가 수 배 더 커진다면 모르겠지만 세포의 내부는 결코 결정화되지 않는다. 더 큰 에너지 차이는 2차결합이 잘 파괴되지 않는다는 것을 의미하며, 따라서 세포 존재와는 양립할 수 없는 낮은 확산율을 보인다.

약한 결합은 기질에 효소를 붙인다

효소와 기질이 처음에 서로 결합하기 위해서는 약한 결합이 필수적이다. 효소는 모든 분자들과 무분별하게 결합하지는 않으나 일반적으로 그 자신의 기질에 대해서는 확고한 친화력을 갖는다.

효소는 화학반응을 양쪽 방향으로 모두 촉매하기 때문에 이들은 양쪽의 반응 분자들에 대해 특이한 친화력을 가져야만 한다. 어떤 경우에는 효소와 그 기질 중의 하나가 결합하는데 대한 평형상수를 계산하는 것이 가능하며(반응식 3-4), 결과적으로 결합의 ΔG 값을 계산할 수 있다. 이 계산은 다시 어떤 형태의 결합이 포함될 수 있는지에 대한 힌트를 준다. ΔG 값이 5와 10 kcal/mol 사이의 범위에 있는 경우, 여러 개의 강한 2차결합이 특이한 효소-기질 상호작용의 기반이 된다. 결합의 ΔG 값은 결코 예외적으로 높지 않고, 따라서 효소-기질 복합체들은 무작위적인 열운동의 결과로 재빠르게 만들어지고 파괴될 수 있다는 것을 주목할 필요가 있다. 이 사실은 효소들이 어떻게 때로는 매 초당 10^6배 정도의 속도로까지 빠르게 기능을 발휘할 수 있는가를 설명해 준다. 만일 더 강력한 결합으로 효소가 기질들과 결합하거나 혹은 더 중요한 것은 그들의 산물들과 결합한다면 효소는 매우 느리게 작용할 것이다.

약한 결합은 대부분의 단백질-DNA와 단백질-단백질 상호작용을 매개한다

이 책 전반에 걸쳐 보게 되겠지만, 단백질과 DNA 그리고 단백질과 다른 단백질 간의 상호작용은 세포가 어떻게 신호를 찾으며 어떻게 그것에 반응하는지, 세포가 어떻게 유전자를 발현하며, 그들의 DNA를 복제, 수선, 그리고 재조합하는지, 그리고 이 모든 과정들이 어떻게 조절되는지 등과 같은 모든 세포내 생명현상의 중심에 놓여 있다. 또한 이들 상호작용은 이 장에서 언급한 약한 화학결합 부류에 의해 매개된다. 개개 결합의 약한 에너지에도 불구하고 두 개의 상호작용을 하는 분자 사이의 여러 약한 결합이 합쳐진 결과 상호작용의 친화력과 특이성이 생겨난다.

우리는 6장에서 단백질이 어떻게 만들어지며, 어떻게 특정 구조를 갖게 되는지, 그리고 어떻게 이들이 DNA나 RNA 그리고 서로 간에 어떻게 결합하는지를 자세히 살펴보며 이 문제를 다시 짚어보게 될 것이다.

고에너지 결합

이제 우리는 생물계에서의 고에너지 공유결합을 보기로 하자. 이제까지 우리는 열역학적인 관점에서 약한 결합의 형성을 보았다. 약한 결합의 잠재성을 고려할 때마다 떠오르는 질문은: 그 형성이 자유에너지를 획득할 것인가 또는 감소할 것인가? 이다. 자유에너지 ΔG가 음수일 때에만 열역학적 평형은 반응이 일어나는 방향으로 된다. 이런 접근은 공유결합에서도 똑같이 유효하다. 효소가 공유결합의 형성이나 파괴에 자주 관여한다는 사실도 반응에 있어서 음의 ΔG 값이 요구된다는 사실에 아무런 영향을 주지 않는다.

그러나 피상적으로 보면, 세포에서 중요한 공유결합의 형성 중에는 많은 것이 열역학 법칙에 어긋나는 것처럼 보이는데, 특히 작은 분자들을 서로 연결시켜 거대한 중합체 분자를 형성하는 공유결합의 경우에서 그렇게 보인다. 이와 같은 결합의 형성에는 자유에너지의 증가가 수반된다. 초기에는 이러한 사실로부터 원래 세포는 열역학 법칙을 거스를 수 있는 독특한 능력을 지녔으며, 이러한 특성이 사실상 "생명의 비밀"이라고 몇몇 사람들은 주장하였다.

그러나 지금은 이들 생합성 과정이 열역학 법칙에 위배되지 않으며 그것이 최초에 가정되었던 것과는 다른 반응에 기반을 둔다는 것이 명백해졌다. 예를 들어, 핵산은 뉴클레오시드 인산의 축합에 의해서 형성되는 것이 아니고, 글리코겐은 포도당 잔기로부터 직접 형성되는 것이 아니며, 단백질은 아미노산의 연합에 의해 직접 형성되지 않는다. 대신에 단량(monomeric) 전구체가 ATP에 존재하는 에너지를 사용하여 먼저 고에너지로 "활성화된" 전구체로 전환된 후에 (특정 효소의 도움으로) 자발적으로 보다 더 큰 분자들을 형성하기 위해 결합하게 된다. 이 장에서 우리는 단백질의 펩티드 결합과 핵산의 포스포디에스테르 결합(phosphodiester bond)의 열역학에 초점을 맞추어 이런 아이디어들을 설명하고자 한다. 그러기 위해서는 우선 공유결합의 일반적인 열역학 성질을 간단히 살펴보아야 한다.

에너지를 주는 분자들은 열역학적으로 불안정하다

개개의 분자들마다 지닌 자유에너지의 양에는 많은 차이가 있다. 이것은 공유결합이 모두 동일한 결합에너지를 가지고 있지 않기 때문이다. 예를 들면 산소와 수소 사이의 공유결합은 수소와 수소 혹은 산소와 산소 사이의 공유결합보다 현저하게 더 강하다. 따라서 O—O 혹은 H—H 결합의 사용으로 O—H 결합을 형성하면 에너지를 방출하게 될 것이다. 그러므로 에너지 측면에서 보면 산소와 수소가 충분히 농축된 혼합물은 물로 변형될 것임을 알려준다.

따라서 분자가 약한 공유결합으로 서로 연결되어 있을 때가 강한 결합으로 서로 연결되어 있을 때보다 더 많은 양의 자유에너지를 갖게 된다. 이런 아이디어는 얼핏 보면 거의 모순인 것같이 여겨지는데 그 이유는 결합이 강하면 강할수록 발산되는 에너지의 양이 적다는 것을 의미하기 때문이다. 그러나 이런 생각은 매우 강한 결합을 형성하는 원자는 이미 결합 과정에서 많은 양의 자유에너지를 잃어버리게 된다는 것을 인식하면 자연히 이해가 될 것이다. 그래서 가장 좋은(에너지를 주는 분자인) 음식 분자는 약한 공유결합을 지닌 열역학적으로 불안정한 분자들이다.

예를 들면 포도당은 아주 우수한 음식물 분자인데 그 이유는 포도당이 산소에 의해 산화되어 이산화탄소와 물이 생성될 때 자유에너지가 크게 감소되기 때문이다. 대조적으로 이산화탄소는 **카르보닐 결합(carbonyl bond)**이라고 알려진 탄소와 산소 사이의 강한 이중 공유결합으로 되어 있고, 동물에게는 음식물 분자가 되지 않는다. 에너지 공여체인 ATP가 없으면 이산화탄소는 설령 특이한 효소의 도움을 받는다 하더라도 보다 복잡한 유기분자들로 자발적으로 전환되지 않기 때문이다. 이산화탄소는 식물에게 우선적인 탄소원으로 사용되는데 이는 식물이 광합성 수행 시 광양자에 의해 공급되는 에너지로 ATP를 형성하기 때문이다.

분자가 전환하여 자유에너지가 더 적은 다른 분자로 만들어지는 화학반응은 촉매가 없으면 생리온도에서도 거의 일어나지 않는다. 그 이유는 약한 공유결합조차도 사실상 매우 강하여 세포 내의 열운동에 의해서는 좀처럼 분자가 쪼개지지 않기 때문이다. 촉매 없이 공유결합이 쪼개지기 위해서는 결합된 원자들을 서로 떨어지게 하는 에너지의 유입이 있어야 한다. 이렇게 원자들 사이가 부분적으로 벌어지면 새로운 짝과 더 강한 결합으로 재결합할 수 있게 된다. 이 재결합 과정에서 방출된 에너지는 먼저 형성된 결합을 쪼개기 위해 공급된 자유에너지와 먼저 이루어져 있는 결합과 새로운 결합 사이의 자유에너지 차이를 합한 것이 된다(그림 3-12).

분자의 전환에서 전에 이루어져 있던 공유결합을 파괴하기 위해 공급되어야 하는 에너지를 **활성화 에너지(activation energy)**라 부른다. 이 활성화 에너지는 본래의 결합에너지보다는 다소 적은 것이 보통인데 그 이유는 일반적으로 분자 재배열이 완전한 자유원자를 만들어 내는 것이 아니기 때문이다. 대신에 두 개의 반응 분자 사이의 충돌이 필요하고 그 결과 **활성화 상태(activated state)**의 일시적인 분자 복합체의 형성이 뒤따른다. 이 활성화 상태에서 두 분자의 밀접한 접근은 서로의 결합을 매우 불안정하게 만들기에 결합을 쪼개기 위해 필요한 에너지가 결합이 자유분자로 존재했을 때보다 더 적게 든다.

그러므로 세포에서 공유결합의 대부분 반응들은 아래 식으로 표시된다.

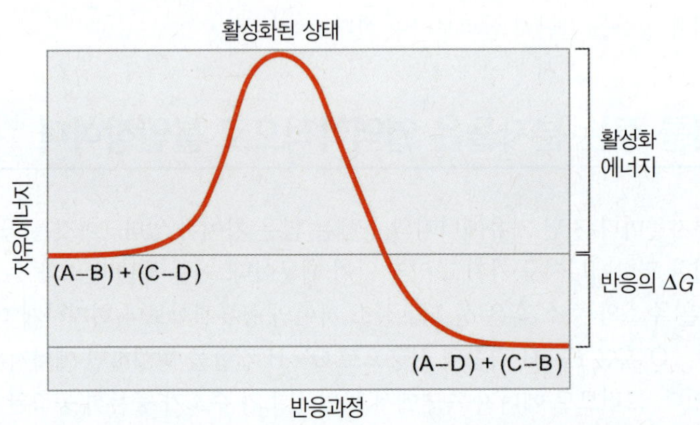

그림 3-12 화학반응에서의 활성화 에너지: (A—B) + (C—D) → (A—D) + (C—B). 이 반응은 자유에너지의 감소를 동반한다.

$$(A—B) + (C—D) \rightarrow (A—D) + (C—B) \quad \textbf{[반응식 3-5]}$$

이 반응을 질량작용으로 표현하면

$$K_{eq} = \frac{conc^{A—D} \times conc^{C—B}}{conc^{A—B} \times conc^{C—D}} \quad \textbf{[반응식 3-6]}$$

여기서 $conc^{A—B}$, $conc^{C—D}$ 등은 여러 반응물질의 리터당 몰 농도이다. 또한 K_{eq}의 값은 아래의 ΔG와 관계된다(표 3-4 참조).

$$\Delta G = -RT \ln K_{eq} \quad 또는 \quad K_{eq} = e^{-\Delta G/RT} \quad \textbf{[반응식 3-7]}$$

활성화 에너지는 일반적으로 20~30 kcal/mol 사이에 있기 때문에 실제로 활성화 상태는 생리온도에서 결코 일어나지 않는다. 따라서 높은 활성화 에너지는 자발적인 세포의 공유결합의 재배열을 방해하는 장벽으로 생각할 수 있다.

이러한 장벽은 매우 중요하다. 만일 이 장벽이 없다면 생명은 불가능하게 되는데, 그 이유는 모든 원자들이 가능한 한 가장 작은 에너지 상태에 있게 되기 때문이다. 장래의 일을 위해 일시적으로 에너지를 저장할 방법도 없게 될 것이다. 반면에 반응의 활성화 에너지를 선택적으로 더 낮게 하는 수단이 발견되지 않았다면 역시 생명은 불가능했을 것이다. 또한 세포의 성장이 이온화 방사선이나 자외선과 같은 무작위적인 파괴력에 의해 심하게 방해되지 않도록 충분히 빠른 속도로 일어나게 하려면 활성에너지를 낮게 해주는 것이 역시 필요하다.

표 3-4 K_{eq}와 ΔG [$\Delta G = -RT(\ln K_{eq})$] 간의 상호관계

K_{eq}	ΔG (kcal/mol)
10^{-6}	8.2
10^{-5}	6.8
10^{-4}	5.1
10^{-3}	4.1
10^{-2}	2.7
10^{-1}	1.4
10^{0}	0.0
10^{1}	−1.4
10^{2}	−2.7
10^{3}	−4.1

효소는 생화학 반응에서 활성화 에너지를 낮춘다

효소는 생명에 절대적으로 필요하다. **효소의 기능(function of enzyme)**은 분자 재배열의 활성화 에너지를 열운동에 의해 공급될 수 있는 정도까지 낮춤으로써 세포의 생존에 필수적인 화학반응의 **속도(rate)**를 높이는 것이다(그림 3-13). 특정한 효소가 존재하기만 하면, 최소의 자유에너지를 지닌 반응생성물의 급속한 형성을 방해할 효과적인 장해는 더 이상 없게 된다. 효소들은 평행의 상태에는 결코 영향을 미치지 않는다. 효소는 다만 평형에 도달되기까지의 속도를 빠르게 한다. 따라서 만일 열역학적 평형이 분자의 형성에 우호적이지 않다면 효소의 존재는 결코 분자의 축적을 이루어 낼 수 없게 된다.

효소는 근본적으로 모든 세포의 분자 재배열을 촉매해야만 하기 때문에 여러 가지 분자의 자유에너지에 대한 지식만으로는 에너지 측면에서 가능한 재배열이 실제로 일어나는지의 여부를 알 수는 없으며, 항상 반응의 속도를 고려해야만 한다. 세포가 적절한 효소를 가지고 있다는 것만으로도 그 반응은 중요한 것이다.

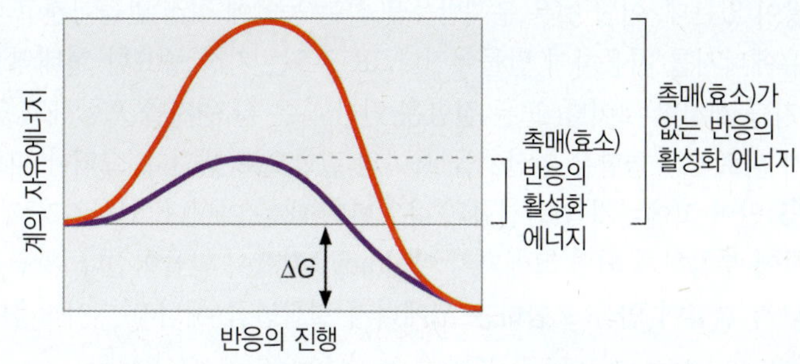

그림 3-13 효소는 활성화 에너지를 낮추어 반응 속도를 높인다. 효소 촉매 반응은 보라색 곡선으로 보여준다. 평형의 위치는 변하지 않았기 때문에 ΔG는 동일함에 주목하라.

생체분자에서의 자유에너지

열역학은 모든 생화학반응의 경로가 자유에너지의 감소로 특징지어진다는 것을 말해준다. 이것은 분해경로의 경우에 보다 분명한데, 열역학적으로 불안정한 음식물 분자가 열을 방출하면서 이산화탄소와 물과 같이 매우 안정한 화합물로 전환된다. 모든 분해경로에는 두 가지 기본적인 목적이 있다: (1) 큰 유기분자의 구축소재로서 필요한 작은 유기분자를 생산하기 위한 것과, (2) 본래의 음식물 분자에 포함된 자유에너지의 상당한 부분을 일을 할 수 있는 형태로 보존하기 위한 것이다. 후자의 경우는, 자유에너지를 저장할 수 있는 ATP와 같은 고에너지 분자의 형성을 몇 가지 분해 단계들과 연결(coupling)시켜 진행된다.

음식물 분자의 모든 자유에너지가 고에너지를 가진 분자의 자유에너지로 전환되는 것은 아니다. 모두가 바뀔 수 있다고 한다면 분해경로가 자유에너지의 감소로 특징지어지지도 않을 것이며, 음식물 분자의 분해를 이끌어 낼 추진력도 없어지게 된다. 대신 모든 분해경로는 음식물 분자가 가진 자유에너지의 최소한 절반이 열이나 혹은 엔트로피로 전환되는 특징을 지니고 있다. 예를 들면 세포 내에서 포도당의 자유에너지의 ~40%가 새로운 고에너지 화합물을 만들기 위해서 쓰이고 나머지는 열에너지와 엔트로피로 소실된다고 추정된다.

고에너지 결합은 가수분해될 때 큰 음수의 ΔG를 갖는다

고에너지 분자는 **가수분해(hydrolysis)**라 불리는 물에 의한 절단으로 자유에너지가 크게 감소하는 하나 또는 그 이상의 결합을 지니고 있다. 가수분해 시 큰 음수의 ΔG 값을 나타내는 이러한 특수한 결합을 **고에너지 결합(high-energy bond)**이라고 부른다. 이는 다소 오해를 불러올 수 있는 잘못된 용어로서 높은 것은 결합에너지가 아니고 가수분해의 자유에너지이다. 그럼에도 불구하고 고에너지 결합이라는 말은 일반적으로 널리 쓰이는데 우리도 또한 고에너지 결합이란 용어를 사용할 것이며 편의상 "~" 기호로 표시한다.

고에너지 결합의 평균적인 가수분해 에너지(≈7 kcal/mol)는 포도당 한 분자가 한 번에 완전히 분해될 때 방출되는 에너지(688 kcal/mol)의 양보다 아주 적다. 따라서 포도당이 한 단계로 분해되는 것은 고에너지 결합을 형성하는 데에는 비효율적이다. 이것이 생물학적으로 포도당의 분해가 왜 그렇게 많은 단계를 요구하는지에 대한 확실한 이유이다. 이 같은 방식으로 분해의 각 단계에서 방출된 에너지의 양은 고에너지 결합의 가수분해 시의 자유에너지 변화와 같은 도수의 비슷한 크기가 된다.

가장 중요한 고에너지 화합물로는 ATP가 있다. 이것은 분해반응을 통해 얻어진 에너지나 **광합성(photosynthesis)** 과정을 통해 태양광선으로부터 얻어진 에너지를 사용하여 ADP와 무기인산(Ⓟ)로부터 형성된 것이다. 이 외에도 중요한 고에너지 화합물들이 많이 있는데, 어떤 것은 분해반응을 하는 동안에 직접 만들어지고 다른 것은 ATP의 자유에너지를 사용하여 만들어진다. 표 3-5는 가장 중요한 형태의 고에너지 결합 몇 가지를 제시한 것이다. 모든 결합은 인산 혹은 황 원자를 포함하고 있다. ATP의 고에너지 피로인산 결합은 인산기들 사이의 결합으로 생긴다. 그러나 피로인산 결합(Ⓟ ~ Ⓟ)만이 고에너지 인산결합의 유일한 형태는 아니다. 인산기가 카르복시기의 산소원자에 부착하게 되면 고에너지 아실(acyl)결합이 만들어진다. 황원자를 포함하는 고에너지 결합이 인을 포함하는 고에너지 결합만큼 에너지 대사작용에서 중요

표 3-5 중요한 고에너지 결합의 종류

종 류	분자의 예	반 응	반응의 ΔG (kcal/mole)
피로인산	Ⓟ~Ⓟ 피로인산	Ⓟ~Ⓟ ⇌ Ⓟ + Ⓟ	ΔG = −6
뉴클레오시드 이인산	아데노신−Ⓟ~Ⓟ (ADP)	ADP ⇌ AMP + Ⓟ	ΔG = −6
뉴클레오시드 삼인산	아데노신−Ⓟ~Ⓟ~Ⓟ (ATP)	ATP ⇌ ADP + Ⓟ ATP ⇌ AMP + Ⓟ~Ⓟ	ΔG = −7 ΔG = −8
에놀 인산	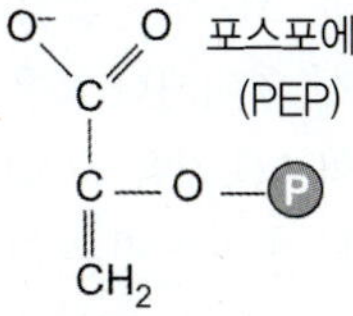 O^-, O, C, C—O—Ⓟ, CH_2 포스포에놀피루브산 (PEP)	PEP ⇌ 피루브산 + Ⓟ	ΔG = −12
아미노아실 아데닐산	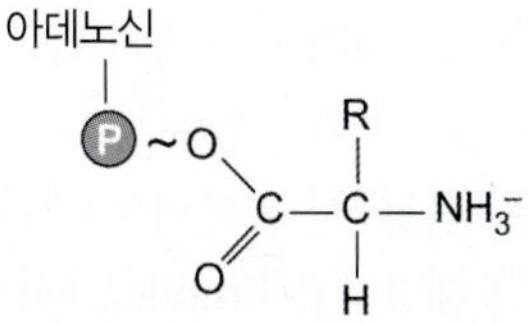 아데노신, Ⓟ~O, C(=O)—C(R)(H)—NH_3^-	AMⓅ ~ AA ⇌ AMP + AA	ΔG = −7
구아니딘 인산	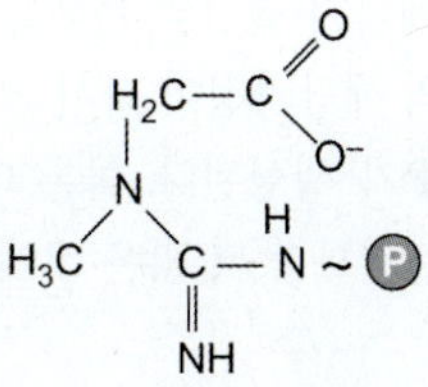 H_2C—C(=O)O^-, N, H_3C, C(=NH)—N(H)~Ⓟ 크레아티닌 인산	크레아티닌 ~Ⓟ ⇌ 크레아티닌 + Ⓟ	ΔG = −8
티오에스테르	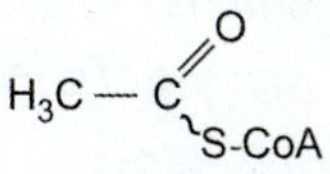 H_3C—C(=O)S-CoA 아세틸-CoA	아세틸 CoA ⇌ CoA-SH + 아세틸산	ΔG = −8

한 역할을 한다는 것은 지금에 와서는 명백해졌다. 고에너지 황결합을 포함하고 있는 가장 중요한 분자는 아세틸-CoA이다. 이 결합은 지방산 생합성을 위한 중요한 에너지원이다.

고에너지 결합의 ΔG 값이 넓은 범위를 지니고 있음은(표 3-5 참조) 이 결합을 고에너지 결합이라 부르는 것이 때로는 임의적임을 의미한다. 일반적인 기준은 그 결합의 가수분해가 중요한 생합성에 영향을 주는 다른 반응과 연계되어 있는지의 여부에 있다. 예를 들면 포도당-6-인산의 가수분해 시의 음성 ΔG는 3~4 kcal/mol이다. 그러나 이 ΔG는 펩티드 결합을 효율적으로 합성하는 데에는 불충분하므로, 그러므로 이런 인산 에스테르 결합은 고에너지 결합 중에 포함되지 않는다.

생합성 반응에서의 고에너지 결합

작은 구축소재로부터 큰 분자를 구성할 때에는 흔히 자유에너지의 투입이 요구된다. 분해경로와 마찬가지로 생합성경로도 전체적인 자유에너지가 감소하지 않는다면 존

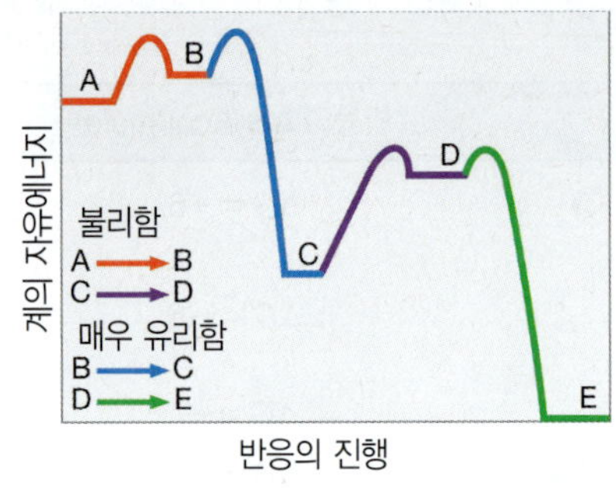

그림 3-14 다단계 대사경로 A → B → C → D → E에서의 자유에너지의 변화. 두 단계 (A → B와 C → D)는 반응이 A → E 방향으로 가는 것에 유리하지 않다. 왜냐하면 이들은 작은 양의 ΔG 값을 지니고 있기 때문이다. 그러나 이들은 B → C와 D → E 단계에서 제공된 아주 큰 음의 ΔG 값 때문에 무의미해지며, 따라서 전체적인 반응은 A → E 전환에 유리하다.

재할 수 없다. 이것은 많은 생합성경로가 외부로부터의 자유에너지 공급을 필요로 한다는 것을 의미한다. 이들 자유에너지의 공급원은 고에너지 화합물이다. 많은 생합성 결합의 생성은 고에너지 결합의 분해와 연계되어 있어 전체 자유에너지의 변화는 항상 음이다. 따라서 세포에서의 고에너지 결합은 일반적으로 수명이 매우 짧다. 이들은 분해반응 동안 형성되자마자 곧바로 다른 반응을 완성시키기 위한 필요 에너지를 제공하기 위해 효소에 의해 쪼개지게 된다.

생합성경로에서 모든 단계가 고에너지 결합의 절단을 요구하는 것은 아니다. 많은 경우 하나 혹은 두 개의 단계만이 그와 같은 결합을 포함한다. 그 이유는 때때로 외부에서 고에너지 결합이 부가되지 않더라도 ΔG가 생합성이 진행될 수 있는 값을 가지기 때문이다. 다른 경우에는 ΔG가 사실상 영이거나 혹은 심지어 영에 가까운 작은 양수일 수도 있다. 그러나 이런 작은 양수의 ΔG 값은 고에너지 결합의 가수분해 반응이 뒤따르기만 하면 큰 문제가 되지 않는다. 중요한 것은 그림 3-14에서 보듯이 한 경로에서의 모든 자유에너지 변화의 총합(sum)이다. 만일 어떤 특정 생합성 단계의 K_{eq}가 약간(80:20) 분해 방향 쪽으로 작용하더라도 계속된 다음 단계의 K_{eq}가 100:1로 생합성 방향으로 우호적이라면 별로 문제가 되지 않는다.

마찬가지로 분해경로의 모든 단계에서 고에너지 결합이 만들어지는 것도 아니다. 예를 들면 포도당을 분해하는 긴 해당작용(Embden-Meyerhof)에서도 두 개의 단계에서만 ATP가 생성된다. 게다가 고에너지 결합의 분해를 요구하는 단계를 하나 이상 가진 분해경로도 많이 있다. 포도당의 해당과정이 다시 그 한 예가 된다. 이 경우 ATP 두 분자가 사용되고 모두 4개의 ATP가 생성된다. 물론 여기서도 에너지를 생산하는 모든 분해 과정에서와 같이 소비되는 것보다 더 많은 고에너지 결합이 만들어진다.

펩티드 결합은 자발적으로 가수분해된다

두 개의 아미노산으로부터 디펩티드(dipeptide)와 물 분자가 형성될 때 어떤 아미노산이 사용되느냐에 따라 1~4 kcal/mol의 ΔG가 요구된다. 이 양수의 ΔG 값은 폴리펩티드 사슬이 유리 아미노산으로부터 만들어질 수 없다는 것을 말해준다. 게다가 물 분자는 세포내 다른 분자들보다(일반적으로 100배 이상의) 농도가 아주 높다는 사실을 고려해야 한다. 그래서 물이 참여하는 모든 평형반응들은 물 분자를 소비하려는 방향으로 강력하게 나아간다. 이는 평형상수의 정의에서 쉽게 볼 수 있다. 예를 들면, 디펩티드를 형성하는 반응은

$$\text{아미노산(A)} + \text{아미노산(B)} \rightarrow \text{디펩티드(A—B)} + H_2O \qquad \textbf{[반응식 3-8]}$$

이며, 평형상수는 다음 식과 같은데 여기서 농도는 몰/리터로 주어진다.

$$K_{eq} = \frac{\text{conc}^{A-B} \times \text{conc}^{H_2O}}{\text{conc}^{A} \times \text{conc}^{B}} \qquad \textbf{[반응식 3-9]}$$

따라서 주어진 K_{eq} 값(공식 $\Delta G = -RT \ln K_{eq}$와 관련된)에서 물의 농도가 아주 높다는 것은 상대적으로 이펩티드의 농도가 아주 낮다는 것을 의미한다. 그런 까닭에 상대적 농도는 매우 중요하다. 실제로 계산해보면 비가수분해 반응의 ΔG가 −3 kcal/mol 일 때조차도 가수분해가 종종 자발적으로 진행된다는 것을 알 수 있다.

그러므로 이론상 단백질은 불안정하므로 충분한 시간이 주어진다면 단백질은 모두 유리 아미노산으로 자발적으로 분해될 것이다. 그러나 특정 효소가 없으면 이 자발적인 분해 비율은 너무 느려서 세포 대사에 그다지 중요한 영향을 끼치지는 못한다.

즉 단백질이 일단 만들어지면, 그 분해는 특정 효소에 의해서 촉매되지 않는 한 안정된 상태로 남아 있을 것이다.

양수의 ΔG와 음수의 ΔG의 연결

아미노산들은 서로 결합하여 단백질을 형성하기 전에 자유에너지를 얻어야 한다. 이것이 어떻게 일어나는지는 에너지 공여체인 ATP의 기본적인 역할이 발견됨으로써 명백해졌다. ATP는 아데노신 분자에 결합된 3개의 인산기(adenosine—O—Ⓟ ~ Ⓟ ~ Ⓟ)를 가지고 있다. 말단에 있는 ~ Ⓟ 중 한 개 혹은 두 개가 가수분해에 의해 떨어져 나가면 자유에너지의 큰 감소가 있게 된다.

아데노신—O—Ⓟ ~ Ⓟ ~ Ⓟ + H_2O → 아데노신—O—Ⓟ ~ Ⓟ + Ⓟ
(ΔG = −7 kcal/mol) **[반응식 3-10]**

아데노신—O—Ⓟ ~ Ⓟ ~ Ⓟ + H_2O → 아데노신—O—Ⓟ + Ⓟ ~ Ⓟ
(ΔG = −8 kcal/mol) **[반응식 3-11]**

아데노신—O—Ⓟ ~ Ⓟ + H_2O → 아데노신—O—Ⓟ + Ⓟ
(ΔG = −6 kcal/mol) **[반응식 3-12]**

이 모든 분해반응은 단위체 구축소재로부터 중합체 분자를 형성하는 반응에 수반되는 양수의 ΔG 값보다도 절대치(+/−에 구애되지 않는 수치)가 더 큰 음수의 ΔG 값을 가진다. 생합성 반응 그 자체는 양수의 ΔG값을 가지며, 이 반응이 일어날 수 있는 비결은 그들이 절대치에서 더 큰 음수의 ΔG를 가지는 고에너지결합의 분해와 연결되어 있다는 것이다. 그러므로 단백질 합성 동안 각 펩티드결합(ΔG = +0.5 kcal/mol)의 형성은 −8 kcal/mol의 ΔG를 가지는 ATP의 AMP와 피로인산으로의 분해반응과 연결되어 일어난다(반응식 3-11 참조). 그 결과 전체 반응의 순 ΔG는 −7.5 kcal/mol로서, 평형이 분해보다는 단백질 합성에 더 우호적이 되기에 충분한 값이다.

기-전이반응에서 전구체의 활성화

ATP가 ADP와 인산으로 가수분해될 때 대부분의 자유에너지는 열로 방출된다. 열에너지는 공유결합을 만드는 데 사용될 수 없으므로 연결반응(공역반응, coupled reaction)은 하나는 양수의 ΔG, 다른 하나는 음수의 ΔG를 지닌 완전히 분리된 두 개 반응의 결과일 수는 없다. 그 대신에 공역반응은 두 개 혹은 그 이상의 연속된 반응에 의해서 완성된다. 이들은 항상 **기-전이(group-transfer)**반응으로 산화 혹은 환원을 포함하지 않고, 분자가 기능기를 교환하는 반응이다. 이 반응을 촉매 하는 효소를 **전이효소(transferase)**라 한다. 다음 반응을 살펴보자.

(A—X) + (B—Y) → (A—B) + (X—Y). **[반응식 3-13]**

이 예에서 기 X는 B 요소와 교환된다. 기-전이반응에는 물이 참여하는 반응을 제외하는 것으로 임의로 정의했다. 물이 포함되는 경우는

(A—B) + (H—OH) → (A—OH) + (B—H). **[반응식 3-14]**

이다. 이 반응은 가수분해라 하고 포함된 효소들은 **가수분해효소(hydrolase)**라 부른다.

여기서 우리가 관심을 갖는 기-전이반응들은 고에너지 결합으로 부착된 기를 포함하는 것이다. 이러한 고에너지기가 적절한 수용체 분자로 옮겨질 때 그것은 수용체에 고에너지 결합으로 부착된다. 그래서 기-전이는 하나의 분자에서 다른 분자로 고에너지 결합을 전달하게 된다. 예를 들면, 반응식 3-15와 3-16은 ATP에 존재하는 에너지가 어떻게 RNA 합성에 사용되는 전구체의 하나인 GTP를 형성하기 위해 옮겨지는가를 보여준다.

아데노신—Ⓟ ~ Ⓟ ~ Ⓟ + 구아노신—Ⓟ →
아데노신—Ⓟ ~ Ⓟ + 구아노신—Ⓟ ~ Ⓟ

[반응식 3-15]

아데노신—Ⓟ ~ Ⓟ ~ Ⓟ + 구아노신—Ⓟ ~ Ⓟ →
아데노신—Ⓟ ~ Ⓟ +구아노신—Ⓟ ~ Ⓟ ~ Ⓟ **[반응식 3-16]**

GTP에 있는 고에너지 Ⓟ ~ Ⓟ기는 다른 분자와 자발적으로 결합하는 것을 가능하게 해주며, 따라서 GTP는 소위 **활성화 분자(activated molecule)**의 한 예가 된다. 이에 상응하여 고에너지기를 옮기는 과정을 **기 활성화(group activation)**라 한다.

기전이에서 ATP의 융통성

ATP 합성은 에너지 공여체로 작용하는 분자의 에너지를 조절적으로 얻어내는데 핵심적인 역할을 한다. 산화적 인산화 과정과 광인산화 과정 모두에서 에너지는 ADP와 인산으로부터 ATP를 합성하는데 사용된다.

아데노신—Ⓟ ~ Ⓟ + Ⓟ + 에너지 → 아데노신—Ⓟ ~ Ⓟ ~ Ⓟ **[반응식 3-17]**

ATP는 고유한 생물학적 고에너지기 수용체이기 때문에, 고에너지기를 저에너지 분자에 옮겨 자발적으로 반응이 일어날 수 있는 능력을 부여함으로써 다양한 반응의 시발점이 된다. ATP의 중심적 역할에는 ATP가 2개의 고에너지 결합을 지니고 그 절단으로 인하여 특별한 기가 방출된다는 사실이 이용된다. 이는 그림 3-15에 잘 나타나 있는데, ATP로부터 만들어지는 3가지 중요한 기에는, 피로인산기 Ⓟ ~ Ⓟ, 아데노실 1인산기 ~AMP, 그리고 인산기 ~ Ⓟ가 있다. 이들 고에너지기가 적절한 수용체 분자에 전달되었을 때에만 고에너지의 속성을 보유한다는 것은 중요한 사실이다. 예를 들면 ~ Ⓟ기가 COO^- 기로 가면서 고에너지 COO ~ Ⓟ인 아실인산(acylphosphate)기를 생성하지만 같은 기가 당 히드록시기(sugar hydroxyl, —C—OH)로 전달되면, 포도당-6-인산 형성의 예처럼 (가수분해 시 ΔG는 < 5 kcal/mol의 감소) 낮은-에너지 결합을 하게 된다.

AMP의 부착에 의한 아미노산의 활성화

아미노산의 활성화는 ATP로부터의 AMP기를 아미노산의 COO^- 기로 전달함으로써 이루어진다.

$$H_3N^+—CHR—COO^- \;+\; 아데노신—Ⓟ\sim Ⓟ\sim Ⓟ \longrightarrow H_3N^+—CHR—C(=O)—O\sim Ⓟ—아데노신 \;+\; Ⓟ\sim Ⓟ$$

[반응식 3-18]

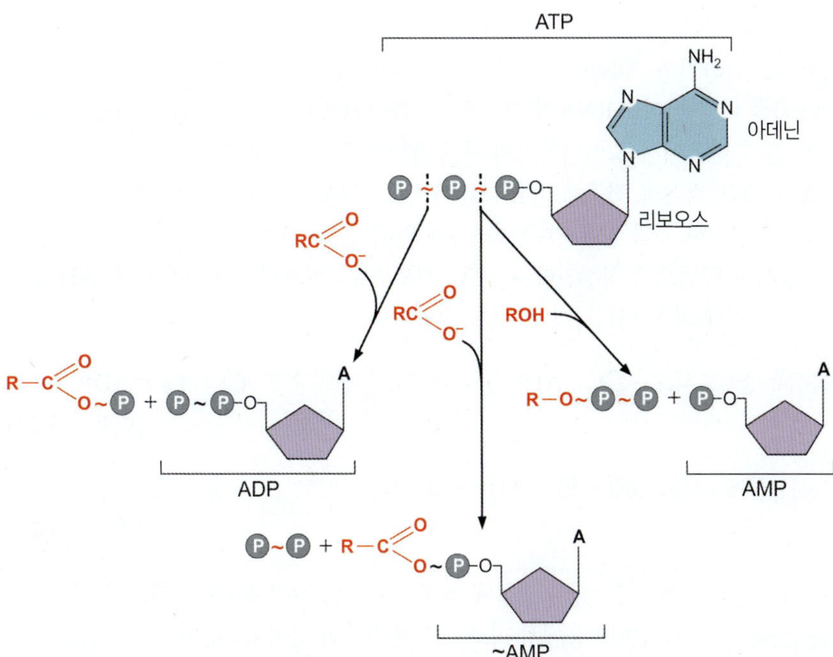

그림 3-15 ATP가 관여하는 중요한 기-전이 반응

(식에서 R은 아미노산의 특유한 곁사슬잔기를 나타낸다.) 이런 형의 반응을 촉매하는 특이적인 효소를 **아미노아실 합성효소(aminoacyl synthetase)**라 한다. 활성화된 아미노산(AA)은 열역학적으로 단백질 합성에 효과적으로 사용 가능해진다. 그럼에도 불구하고 AA ~ AMP 복합체는 단백질의 직접적 전구물질은 아니다. 대신에 15장에서 설명하게 될 이유로 인해, 활성화된 카르복실기를 지닌 아미노산을 tRNA 분자의 말단에 전달하기 위하여 두 번째 기 전이가 일어나야만 한다.

$$\text{AA} \sim \text{AMP} + \text{tRNA} \rightarrow \text{AA} \sim \text{tRNA} + \text{AMP} \qquad \textbf{[반응식 3-19]}$$

펩티드 결합은 자라나는 폴리펩티드 사슬의 끝에 AA ~ tRNA 분자를 붙이는 응축반응에 의해 형성된다.

AA ~ tRNA + 성장하는 폴리펩티드 사슬(n 아미노산의) →
tRNA +성장하는 폴리펩티드 사슬(n + 1 아미노산의) **[반응식 3-20]**

다른 모든 연결반응에서와 마찬가지로 이 "연결반응"의 마지막 단계에서도 활성기의 제거와 고에너지 결합을 가수분해해서 더 낮은 자유에너지를 지닌 결합으로 전환하는 과정이 필연적으로 수반된다. 이것이 단백질을 합성하는 방향으로 반응을 추진시키는 음의 ΔG의 원천이다.

Ⓟ ~ Ⓟ 존재에 의해 활성화되는 핵산 전구체

핵산의 두 가지 형태인 DNA와 RNA는 **뉴클레오시드 인산(nucleoside phosphate)**이라 부르는 모노뉴클레오티드 단위체로 구성되어 있다. 그러나 이 모노뉴클레오티드는 열역학적으로는 아미노산보다는 결합하는 것이 더욱 어렵다. 이는 모노뉴클레오티드를 연결시키는 포스포디에스테르 결합이 가수분해 시 상당한 양의 자유에너지(−6 kcal/mol)를 방출하기 때문이다. 이는 핵산이 그 속도는 매우 낮지만 자발적으로 가수분해되어 모노뉴클레오티드가 될 수 있다는 것을 의미한다. 따라서 핵산의 합성에 활성화된 전구체가 사용되는 것이 단백질의 합성 때보다도 더욱 중요하다.

DNA와 RNA 모두 직접적인 전구체는 뉴클레오시드-5′-삼인산(nucleoside-5′-triphosphate)이다. DNA의 전구체는 dATP, dGTP, dCTP, dTTP[d는 디옥시(deoxy)를 나타냄]이고 RNA의 전구체는 ATP, GTP, CTP, UTP이다. 그러므로 ATP는 기-전이 반응에서 고에너지기의 주요 원천으로 공급될 뿐만 아니라 그 자체가 RNA에 대한 직접적 전구체이다. 다른 3개의 RNA 전구체 모두는 반응식 3-15와 3-16에서 서술한 것과 같은 기-전이반응에 의해 만들어진다. 디옥시삼인산은 근본적으로 동일한 방법으로 형성된다. 즉, 디옥시모노뉴클레오티드가 합성된 후 ATP로부터의 기-전이에 의해 3인산형으로 전환된다.

디옥시뉴클레오시드—Ⓟ + ATP → 디옥시뉴클레오시드—Ⓟ ~ Ⓟ + ADP,
[반응식 3-21]

디옥시뉴클레오시드—Ⓟ ~ Ⓟ + ATP → 디옥시뉴클레오시드—Ⓟ ~ Ⓟ ~ Ⓟ + ADP.
[반응식 3-22]

이들 삼인산은 인산이에스테르 결합에 의해 서로 결합하여 폴리뉴클레오티드를 형성할 수 있다. 이런 기-전이반응에서 피로인산 결합이 깨져 피로인산기가 방출된다.

디옥시뉴클레오시드—Ⓟ ~ Ⓟ ~ Ⓟ
+ (*n* 뉴클레오티드의) 성장하는 폴리뉴클레오티드 사슬 **[반응식 3-23]**
~ Ⓟ ~ Ⓟ + (*n* + 1 뉴클레오티드의) 성장하는 폴리뉴클레오티드 사슬.

펩티드 결합을 형성하는 것과는 달리 이 반응은 음의 ΔG를 갖지 않는다. 실제로 ΔG는 약간 양의 값을 가진다(약 0.5 kcal/mol). 그럼에도 불구하고 폴리뉴클레오티드가 형성되기 때문에, 필요한 자유에너지의 공급원이 무엇일까? 라는 질문을 갖게 된다.

핵산 합성에서 Ⓟ~Ⓟ 방출의 유용성

고에너지 포스포디에스테르 결합과 함께 동시에 형성되는 고에너지 피로인산기가 쪼개짐으로써 필요한 자유에너지가 얻어진다. 모든 세포는 강력한 효소인 피로포스파타아제(pyrophosphatase)를 갖고 있는데 이 효소는 피로인산 분자들이 형성되자마자 곧바로 이들 분자를 절단한다.

Ⓟ ~ Ⓟ → 2 Ⓟ ($\Delta G = -7$ kcal/mol). **[반응식 3-24]**

큰 음수의 ΔG는 이 반응이 실제로는 거의 비가역적이라는 것을 뜻한다. 즉 일단 Ⓟ ~ Ⓟ가 분해되면 재형성이 되지 않는다는 것이다.

피로인산기의 쪼개짐[반응식 3-24]과 뉴클레오시드 일인산기와의 결합[식 3-21]이 연결된 반응은 두 반응의 합해진 ΔG 값으로 결정되는 평형상수를 갖는데, 이는 (0.5 kcal/mol) + (−7 kcal/mol)이다. 그 결과 얻어지는 값($\Delta G = -6.5$ kcal/mol)은 핵산이 뉴클레오시드 3인산의 전구체를 위해 거의 쪼개지지 않는다는 것을 보여준다.

우리는 여기서 기-반응(group of reaction)에 수반되는 자유에너지가 기에서 반응이 일어날 것인가의 여부를 결정하는 요인이라는 사실을 보여주는 하나의 강력한 예를 보게 된다. 작은 양수의 ΔG 값을 갖는 반응은 그들 스스로는 결코 일어날 수 없지만 흔히 큰 음수의 ΔG 값을 갖는 반응이 뒤따라오는 중요한 대사과정의 한 부분이 되기도 한다. 어떤 반응(또는 어떤 경로)도 결코 격리되어 따로 일어나는 것이 아니며, 평형의 본질은 대사물질의 첨가나 제거를 통하여 계속 변화한다는 것을 우리는 항상 기억해야만 한다.

Ⓟ ~ Ⓟ 절단은 대부분 생합성 반응의 특징이다

핵산의 합성은 Ⓟ ~ Ⓟ가 방출되어 쪼개짐으로써 방향이 결정되는 유일한 반응은 아니다. 실제로 거의 모든 생합성 반응들은 피로인산기를 방출하는 하나 이상의 과정을 가지고 있다. 예를 들어 AMP의 부착에 의한 아미노산의 활성화를 생각해보자. ATP에서 AA ~ AMP 복합체로의 고에너지 결합의 전달은 그 자체가 약간 양수의 ΔG를 갖는다. 그러므로 이 반응을 유도하는데 필요한 음수의 ΔG를 갖게 하는 것이 ATP의 말단 피로인산기의 방출과 쪼개짐이다.

어떤 세포가 뉴클레오티드 삼인산이 아니라 뉴클레오시드 이인산으로 핵산을 합

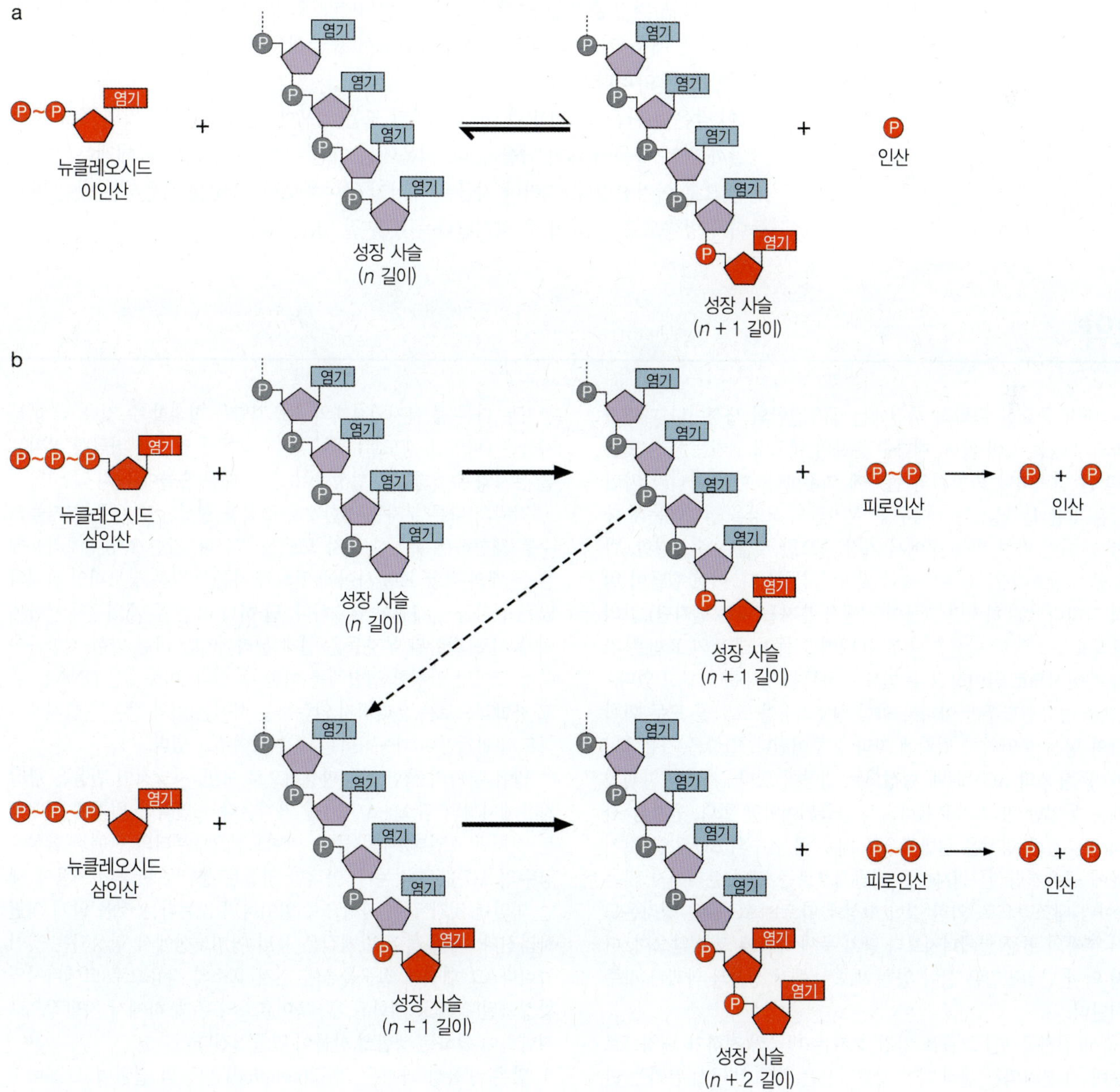

그림 3-16 핵산 생합성의 두 가지 시나리오. (a) 뉴클레오시드 이인산을 사용한 핵산의 합성 (b) 뉴클레오시드 삼인산을 사용한 핵산의 합성.

성하려고 했을 때 일어나는 문제를 고려하면 피로인산의 쪼개짐이 갖는 큰 유용성을 잘 보여준다(그림 3-16). 포스포디에스테르 결합 골격이 만들어짐에 따라 피로인산이 아니라 인산이 방출될 것이다. 포스포디에스테르 결합은 인산이 상당량 존재할 때에는 불안정한데 이는 유의하게 많은 자유에너지의 방출이 없이도 만들어지기 때문이다. 따라서 생합성 반응은 쉽게 가역적이 되며, 만일 인산이 축적된다면 질량작용의 법칙에 따라 핵산이 쪼개지는 방향으로 반응이 일어나기 시작할 것이다. 게다가 인산이 생성되자마자 세포가 인산기를 제거할 수도 없는데(제거하면 역반응을 막을 수 있는데), 왜냐하면 모든 세포가 성장을 위해서 내부에 상당량의 인산을 필요로 하기 때문이다. 이와 반대로, 피로인산의 방출과 이를 곧바로 두 개의 인산으로 분해하는 일련의 반응은 핵산 생합성 반응에서 인산의 방출을 막고 그럼으로써 생합성 반응을 역전시킬 수 있는 가능성을 제거해 준다(그림 3-16 참조). 결론적으로 세포 안에 이 두 반응을 모두 역방향 또는 분해 방향으로 일어나게 할 만큼 충분한 양의 인산이 축적되는 것은 매우 어렵다. 핵산의 전구물질로서 뉴클레오시드 3인산이 사용되는 것은 우연한 일은 아니다.

이 같은 논란은 왜 ADP가 아닌 ATP가 모든 세포에 있어 고에너지기의 주요 공여체일까 라는 물음에 대한 답을 준다. 처음에는 이런 편향성이 생화학자에게는 임의적인 것으로 여겨졌었다. 그러나 지금은 에너지 공여체로서 ADP를 이용하는 많은 반응들이 양방향으로 똑 같이 잘 일어난다는 것을 잘 알고 있다.

요약

세포 내의 중요한 화학적 사건에는 공유결합의 생성이나 파괴가 포함되지 않는 것이 많다. 대다수 분자의 세포내 위치는 약한 또는 2차적인 인력이나 반발력의 존재에 의존한다. 뿐만 아니라 약한 결합은 많은 분자들, 특히 매우 큰 분자들의 모양을 결정하는데 중요하다. 이런 약한 힘들 중에서 가장 중요한 것들은 수소결합, 반데르발스 상호작용, 소수성 결합 및 이온결합이다. 이런 힘들이 비교적 약하다고는 하지만 그들이 적절한 분자들(또는 원자단) 간의 상호작용을 보장할 만큼은 충분하다. 예를 들면, 효소의 표면은 기질을 특이적으로 끌어당길 수 있도록 독특한 형태를 이루고 있다.

강한 공유결합뿐만 아니라 약한 상호작용을 포함한 모든 화학결합의 형성은 열역학 법칙에 따라 이루어진다. 결합은 자유에너지가 방출(음의 ΔG)될 때 형성되는 경향이 있다. 결합이 파괴될 때에는 동일한 양의 자유에너지가 공급되어야만 한다. 원자들 사이의 공유결합 형성은 일반적으로 매우 큰 음수의 ΔG 값을 갖기 때문에 공유결합 된 원자들은 자발적으로는 거의 분리되지 않는다. 이와 대조적으로, 약한 결합 형성에 따르는 ΔG 값은 생리온도에서 분자의 평균 열에너지보다 단지 두세 배밖에 크지 않으며, 따라서 약한 단일결합은 살아 있는 세포 내에서 생성과 파괴가 자주 일어난다.

극성(전하를 띤) 그룹을 가진 분자는 비극성(전하가 대칭으로 분포하는) 분자와는 전혀 다른 상호작용을 한다. 비극성 분자는 반데르발스 결합만을 형성할 수 있는 반면에 극성 분자는 수소결합을 잘 형성할 수 있다. 가장 중요한 극성 분자는 물이다. 각각의 물 분자는 다른 물 분자와 4개의 수소결합을 형성할 수 있다. 극성 분자들은 (다양한 정도로) 물에 녹는 경향이 있지만 비극성 분자는 물 분사와 수소결합을 형성할 수 없기 때문에 물에 녹지 않는다.

각각의 다른 분자는 강한 2차 결합을 형성할 수 있는 분자들의 수를 제한하는 독특한 분자 모양을 갖는다. 강한 2차 상호작용에는 두 개의 결합 표면 사이에 열쇠와 자물쇠 같은 상보적인 관계와 많은 원자들의 개입이 필요하다. 단 하나 혹은 두 개의 2차 결합에 의해 서로 결합된 분자들은 쉽게 분리되지만 이런 약한 결합들이 여럿 모이면 안정한 집합체를 이룰 수 있다. 이중나선 DNA는 결코 자발적으로는 분리되지 않는다는 사실은 이와 같은 집합체에서 극도의 안정감이 가능하다는 것을 보여주고 있다.

많은 분자의 생합성은 피상적으로 보면, 자발적인 반응은 항상 자유에너지의 감소($-\Delta G$값)를 가져온다는 열역학 법칙에 위배되는 것처럼 보인다. 예를 들면, 아미노산으로부터의 단백질 합성은 양수의 ΔG 값을 갖는다. 이러한 역설은 생합성 반응이 처음에 제안 되었던 것과 같은 과정으로 일어나지 않는다는 것을 알게 되면 사라진다. 예를 들어 단백질은 유리 아미노산에서 형성되는 것이 아니다. 그 대신에 전구물질이 먼저 효소의 작용으로 고에너지의 활성화된 분자로 변화된 후, 특이효소의 존재 하에서 자발적으로 결합하여 원하는 생합성 산물이 만들어진다.

많은 생합성 과정은 "연결(coupled)"반응의 결과이고, 에너지를 공급하는 첫 번째 반응이 두 번째 반응을 자발적으로 일어나게 한다. 세포 내에서 일차적인 에너지의 원료는 ATP이다. 이것은 분해반응(발효 혹은 호흡과 같은) 동안 혹은 광합성 동안에 ADP와 무기인산으로부터 만들어진다. ATP는 가수분해시 큰 음수의 ΔG를 갖는 여러 고에너지 결합을 갖고 있다. 고에너지 결합으로 연결된 기(基, group, 또는 군)를 **고에너지기**라 하며 이는 기-전이(group-transfer)반응에 의해 다른 분자로 전이되는데, 그로 인해 새로운 고에너지 화합물이 합성된다. 이런 고에너지 분자 유도체는 많은 생합성 반응단계에서 곧바로 직접적인 전구물질이 된다.

아미노산은 ATP에서 유래한 AMP기의 부가로 AA ~ AMP 분자가 만들어져 활성화된다. AA ~ AMP 분자에서 고에너지 결합의 에너지는 ATP의 고에너지 결합의 에너지와 비슷하다. 그럼에도 불구하고 기-전이 반응은 완전히 진행되는데, 이는 AA ~ AMP 분자가 형성될 때 생긴 고에너지 Ⓟ ~ Ⓟ 분자를 효소 피로포스파타아제가 분해하여 낮은 에너지기가 되게 하기 때문이다. 따라서 역반응인 Ⓟ ~ Ⓟ + AA ~ AMP → ATP + AA는 일어날 수 없다.

거의 모든 생합성 반응에서 Ⓟ ~ Ⓟ의 방출이 있게 된다. 이것의 대부분은 형성되자마자 효소에 의해 2개의 인산분자로 쪼개지고 그렇게 되므로 생합성 반응의 역반응이 불가능하게 된다. 이런 Ⓟ ~ Ⓟ 쪼개짐의 활용이 왜 ADP가 아니고 ATP가 주된 에너지 공여체인가란 의문에 대한 설명을 제공한다. ADP는 고에너지기를 전이할 수도 없으며, 동시에 부산물로 Ⓟ ~ Ⓟ기를 생성할 수도 없다.

참고문헌

Weak Chemical Interactions

Branden C. and Tooze J. 1999. *Introduction to protein structure*, 2nd ed. Garland Publishing, New York.

Creighton T.E. 1992. *Proteins: Structure and molecular properties*, 2nd ed. W.H. Freeman, New York.

_______. 1983. *Proteins*. W.H. Freeman, San Francisco.

Donohue J. 1968. Selected topics in hydrogen bonding. In *Structural chemistry and molecular biology* (ed. A. Rich and N. Davidson), pp. 443–465. W.H. Freeman, San Francisco.

Fersht A. 1999. *Structure and mechanism in protein science: A guide to enzyme catalysis and protein folding*. W.H. Freeman, New York.

Gray H.B. 1964. *Electrons and chemical bonding*. Benjamin Cummings, Menlo Park, California.

Klotz I.M. 1967. *Energy changes in biochemical reactions*. Academic Press, New York.

Kyte J. 1995. *Mechanism in protein chemistry*. Garland Publishing, New York.

_______. 1995. *Structure in protein chemistry*. Garland Publishing, New York.

Lehninger A.L. 1971. *Bioenergetics*, 3rd ed. Benjamin Cummings, Menlo Park, California.

Lesk A. 2000. *Introduction to protein architecture: The structural biology of proteins*. Oxford University Press, New York.

Marsh R.E. 1968. Somecomments on hydrogen bonding in purine and pyrimidine bases. In *Structural chemistry and molecular biology* (eds. A. RichandN.Davidson), pp. 485–489.W.H. Freeman, SanFrancisco.

Morowitz H.J. 1970. *Entropy for biologists*. Academic Press, New York.

Pauling L. 1960. *The nature of the chemical bond*, 3rd ed. Cornell University Press, Ithaca, New York.

Tinoco I., Sauer K., Wang J.C., Puglisi J.D., and Wang J.Z. 2001. *Physical chemistry: Principles and applications in life sciences*, 4th ed. Prentice Hall College Division, Upper Saddle River, New Jersey.

Strong Chemical Bonds

Berg J., Tymoczko J.L., and Stryer L. 2006. *Biochemistry*, 6th ed. W.H. Freeman, New York.

Kornberg A. 1962. On the metabolic significance of phosphorolytic and pyrophosphorolytic reactions. In *Horizons in biochemistry* (eds. M. Kasha and B. Pullman), pp. 251–264. Academic Press, New York.

Krebs H.A. and Kornberg H.L. 1957. A survey of the energy transformation in living material. *Ergeb. Physiol. Biol. Chem. Exp. Pharmakol*. **49**: 212.

Nelson D.L. and Cox M.M. 2000. *Lehninger principles of biochemistry*, 3rd ed. Worth Publishing, New York.

Nicholls D.G. and Ferguson S.J. 2002. *Bioenergetics* 3. Academic Press, San Diego.

Purich D.L., ed. 2002. *Enzyme kinetics and mechanism, Part F: Detection and characterization of enzyme reaction intermediates*. Methods in Enzymology, Vol. 354. Academic Press, San Diego.

Silverman R.B. 2002. *The organic chemistry of enzyme-catalyzed reactions*. Academic Press, San Diego.

Tinoco I., Sauer K., Wang J.C., Puglisi J.D., and Wang J.Z. 2001. *Physical chemistry: Principles and applications in life sciences*, 4th ed. Prentice Hall College Division, Upper Saddle River, New Jersey.

Voet D., Voet J.G., and Pratt C. 2002. *Fundamentals of biochemistry*. John Wiley & Sons, New York.

연습문제

짝수 문제의 해답은 부록 2 해답을 참조하라.

문제 1. 두 개의 고분자 사이에서 가능한 결합의 종류는 어떤 것이 있는가?

문제 2. (옳음과 틀림, 만약에 틀리면 옳도록 고쳐 써라.) 효소는 반응의 ΔG를 낮춘다.

문제 3. (옳음과 틀림, 만약에 틀리면 옳도록 고쳐 써라.) 이온결합과 수소결합은 반데르발스 결합보다 강하다.

문제 4. (옳음과 틀림, 만약에 틀리면 옳도록 고쳐 써라.) 25°C에서 K_{eq}이 10배가 변했다면 ΔG에서의 10배 변화에 상응한다.

문제 5. 표 3-5를 개관하라. 뉴클레오티드 삼인산이 뉴클레오티드 일인산과 피로인산으로 분해되며 다시 피로인산은 2개의 인산으로 분해되는 반응에 포함되는 주된 세포 과정은 어떤 것이 있느냐? 이 반응의 ΔG는 왜 이 과정에서 의미가 있느냐?

문제 6. 다음과 같은 상호작용에 책임이 있는 1차적인 결합은 무엇인가?

A. 이중나선 DNA에서 DNA의 한 가닥이 다른 가닥 DNA와의 상호작용.

B. 2개의 아미노산의 디펩디드 형성.

문제 7. 25°C와 빙점 이하의 온도에서 물 분자의 일반적인 구조를 기술하고, 이때 물 분자 간의 1차적인 결합 유형을 적어라.

문제 8. 쌍극자모멘트의 말로 극성 분자와 비극성 분자를 정의하라. 극성 분자와 비극성 분자 사이에 반데르발스 상호작용이 일어날 수 있는가?

문제 9. 25°C에서 PEP가 가수분해하여 피루브산과 인산으로 만드는데 ΔG가 −12 kcal/mol이라 할 때 K_{eq}의 값을 계산하라.

문제 10. 반응식 AB + 에너지 ⇔ A + B, $K_{eq} = 8.0 \times 10^5$ mM, [B] = 2 mM, 그리고 [AB] = 0.5 mM일 때 평형 시에 A의 농도를 계산하라. ([x]는 "x의 농도"를 나타냄).

문제 11. 아래 보이는 것이 질소를 지닌 염기의 구조이다. (DNA나 RNA와의 관계는 무시하고) 이 구조만 생각하라. 수소결합 수용자는 얼마나 가능하겠는가? 수소결합 공여자는 얼마나 가능하겠는가?

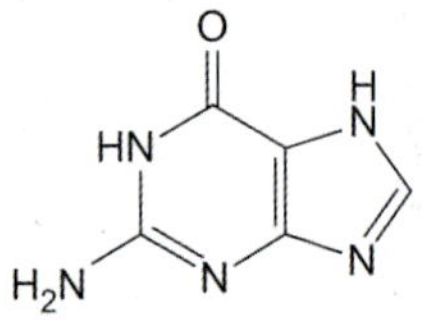

문제 12. 글루탐산 + NH_3 ⇔ 글루타민 + H_2O $\quad \Delta G = +3.4$ kcal/mol.

이 반응과 연계하여 ATP가 가수분해되어 글루타민이 만들어지는 것이 유리할 것인가? 그 이유를 설명하라. 전체 반응과정을 기술하라.

문제 13. DNA 합성에 뉴클레오시드 이인산이 보다는 뉴클레오시드 삼인산이 사용되는 이유를 설명하라.

문제 14. 연구자들이 100개도 넘는 단백질-DNA 복합체에서 단백질과 DNA 간의 상호작용에 대해 연구하였다. 아래의 표는 일련의 데이터, 즉 특정 염기와 아미노산 사이에서 이루어진 하나의 수소결합의 분포를 보여준다.

	DNA 염기			
아미노산	티민	시토신	아데닌	구아닌
아르기닌	5	4	7	26
글루탐산	–	11	–	1
트립토판	–	–	–	–

A. 연구자가 트립토판과 DNA 염기 중의 어떤 하나와의 사이에서도 단 한 개의 수소결합을 발견하지 못한 이유를 설명하라.

B. 연구자가 글루탐산과 각각의 DNA 염기와의 사이에서 하나의 수소결합을 발견한 이유를 설명하라.

C. 아미노산의 하나로서 아르기닌이 선호되는 면이 있는가?

Data adapted from Luscombe et al. (2001. *Nucleic Acids Res*. **29**: 2860-2874).

CHAPTER 4

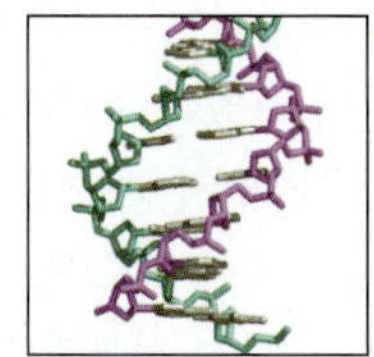

DNA 구조

개 요

DNA가 염색체 내의 모든 유전정보를 담고 있는 결정적인 유전물질이라는 발견은 즉시 DNA 구조에 대한 관심을 불러일으키게 되었다. DNA 구조에 대한 지식이, 염색체가 동일한 2개의 사본을 만들어낼 때 복제되는 유전정보를 DNA가 어떻게 운반하는지에 대한 궁금증을 풀어줄 것이라 기대되었다. 1940년대 후반부터 1950년대 초반 동안, 미국과 유럽의 몇몇 연구자들(경쟁관계 혹은 공동연구 그룹)은 DNA의 원자들이 어떻게 공유결합으로 연결되어 있는지, 그 결과 분자들이 3차원 공간에서 어떤 식으로 배열되어 있는지를 이해하기 위해 많은 노력을 기울였다. 당연히 연구 초기에는 DNA가 매우 복잡하며, 각 유전자마다 고유한 구조를 가질 것이라는 두려움을 가지고 있었다. DNA의 기본적인 구조가 이중나선이라는 사실의 발견은 이러한 두려움을 어느 정도 덜어주었다. 이 사실을 통해서 모든 유전자는 대략 유사한 3차원 형태를 가지며, 두 유전자 간의 차이는 그들이 가지는 네 종류 뉴클레오티드의 수와 순서 때문이라는 사실을 알게 되었다.

DNA의 이중나선 구조가 발견된 지 60년이 지난 지금에도, 유전물질에 대한 이러한 간단한 설명은 여전히 사실로 받아들여지고 있으며, 이 사실을 바꿀 만한 새로운 발견은 없다. 그럼에도 불구하고, 우리는 DNA의 구조가 처음에 생각했던 것처럼 균일한 형태는 아님을 인식하게 되었다. 예를 들면, 어떤 작은 바이러스의 염색체는 이중가닥이 아닌 단일가닥 DNA를 가지고 있다. 더구나 염기쌍의 정확한 방향은 염기쌍마다 조금씩 다르며, 국소적인 DNA 서열에 의해 영향을 받는다. 몇몇 DNA 서열은 일반적인 DNA 구조인 오른손방향과 반대로 왼손방향으로 꼬여 있는 이중나선 구조를 가지기도 한다. 그리고 어떤 DNA는 선형구조인 반면, 원형 모양을 가지는 DNA도 있다. 또한 이중나선이 흔히 DNA 결합 단백질 둘레에 초나선구조를 이루면서, 또 다른 복잡성이 생겨나게 된다. 분명히, DNA의 구조는 처음 알려졌던 것에 비해 보다 더 풍부해지고 복잡해졌다. 실은 DNA에 대한 하나의 포괄적인 구조는 존재하지 않는다. 우리가 이 장에서 볼 수 있듯이, 폴리뉴클레오티드 사슬의 고유한 물리적, 화학적, 위상학적 성질로부터 나타나는 구조는 매우 다양하다.

DNA의 구조

DNA는 폴리뉴클레오티드 사슬로 구성되어 있다

DNA의 가장 중요한 특징은 보통 2개의 **폴리뉴클레오티드 사슬(polynucleotide chain)**이 서로 꼬여서 이중나선 구조를 이루고 있다는 점이다(그림 4-1). 그림 4-1a는 이중나선 구조를 모식도로 나타내고 있다. 두 DNA 가닥의 상보적인 성질 때문에 모식도를 180° 회전시켰을 때(예를 들어, 이 책을 상하 거꾸로 하여도) 겉보기에 회전 전과 똑같은 구조를 가진다는 점에 주목하자. 그림 4-1b에 있는 이중나선의 공간-채움 모델은 나선구조에서 DNA 분자의 구성 성분과 그들의 상대적인 위치를 보여주고 있다. 나선 각 가닥의 골격은 당과 인산기로 구성되어 있고, 염기는 골격의 안쪽을 향하고 있지만 큰홈(major groove)과 작은홈(minor groove)을 통해 접근 가능하다.

DNA의 기본골격 단위인 뉴클레오티드의 성질에 대해서 알아보도록 하자. **뉴클레오티드(nucleotide)**는 **2′-데옥시리보오스(2′-deoxyribose)**로 알려져 있는 당에 인산기와 염기가 결합된 형태이다. 당과 인산기는 그림 4-2와 같은 구조를 가지고 있다. 이 당은 2′ 위치에 히드록시기를 가지지 않기 때문에 2′-데옥시리보오스라 부른다(단지 두 개의 수소만 가짐). 리보오스에서 탄소의 위치는 염기상의 위치와 구별하기 위해 프라임 부호(′)를 붙여 표시하고 있다(아래의 내용을 참조).

당의 1′ 탄소에 위치해 있는 히드록시기와 염기 사이에서 물 한 분자가 제거되면서 글리코시드 결합(glycosidic bond)을 형성함으로써 염기가 2′-데옥시리보오스에 결합하게 된다(그림 4-2). 당에 염기만 붙어 있는 것을 **뉴클레오시드(nucleoside)**라 부른다. 이와 마찬가지로 당의 5′ 탄소의 히드록시기와 인산기 사이에서 물 한 분자가 제거되면서 5′ 포스포모노에스테르(인산일에스테르)를 형성함으로써 인산기가 2′-데옥시리보오스에 결합함을 알 수 있다. **뉴클레오시드(nucleoside)**에 하나(혹은 그 이상)의 인산기가 결합하면 **뉴클레오티드(nucleotide)**가 형성된다. 그래서 당과 염기

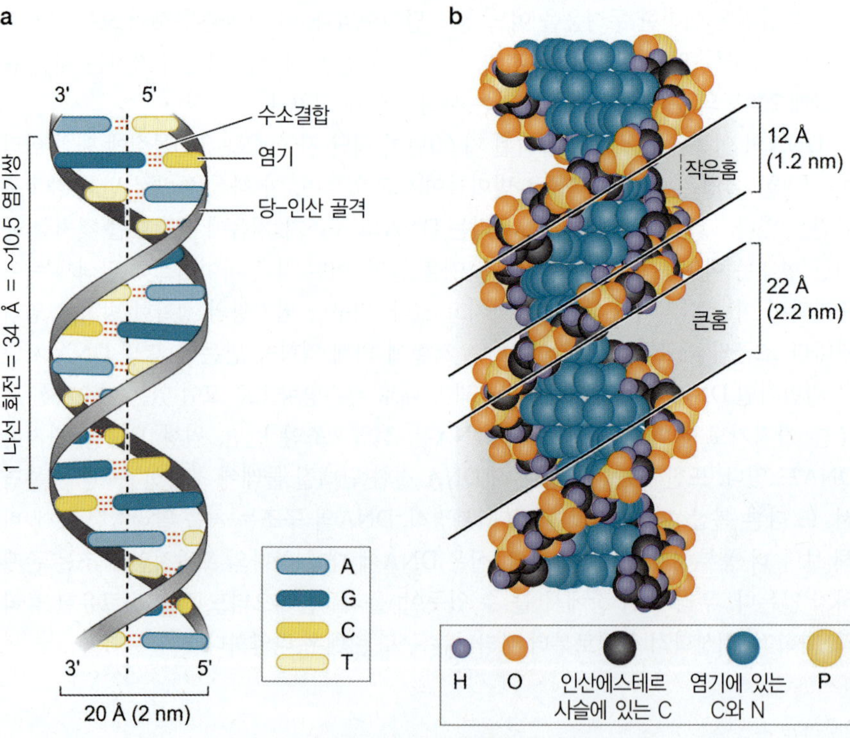

그림 4-1 DNA의 나선구조. (a) 이중나선의 모식도. 나선의 한 번 회전(34 Å 혹은 3.4 nm)은 약 10.5 염기쌍을 가진다. (b) 이중나선의 공간-채움 모델. 노란색, 회색 그리고 빨간 원으로 표시한 각 가닥의 당과 인산기는 골격을 형성하고 있으며, 전체적으로 분자가 나선꼬임을 하고 있다. 염기는 안쪽을 향해 있지만 큰홈과 작은홈을 통해서 접근이 가능하다.

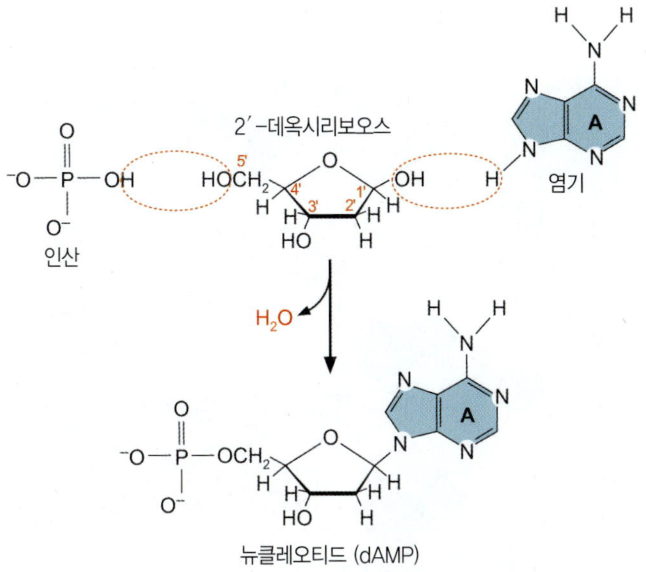

그림 4-2 물 제거에 의한 뉴클레오티드 형성. 2'-데옥시리보오스에서 탄소원자의 수는 빨간색으로 표시되었다.

사이에는 글리코시드 결합이 만들어지고 당과 인산기 사이에는 인산에스테르(phosphoester) 결합이 만들어져 뉴클레오티드가 형성된다(표 4-1).

뉴클레오티드는 한 뉴클레오티드의 2′-데옥시리보오스의 3′-히드록시기와 다른 뉴클레오티드의 5′-히드록시기에 결합되어 있는 인산기를 통해서 폴리뉴클레오티드 사슬을 형성한다(그림 4-3). 두 뉴클레오티드 사이의 인산기 그룹이 3′-히드록시기를 통해서 에스테르화된 당 하나를, 그리고 5′-히드록시기를 통해 에스테르화 된 두 번째 당을 가지는 것을 **인산이에스테르 결합(phosphodiester linkage)**이라 한다. 인산이에스테르 결합은 폴리뉴클레오티드 사슬의 반복적인 당-인산 골격을 형성하는데, 이것이 DNA의 규칙적인 특징이다. 이와는 대조적으로 폴리뉴클레오티드 사슬을 따라 존재하는 염기의 순서는 불규칙하다. 앞으로 보겠지만, 이러한 염기의 불규칙성과 긴 길이는 DNA에 저장된 막대한 정보의 기본이 된다.

인산이에스테르 결합은 DNA 사슬에 고유한 극성을 부여한다. 이 극성은 뉴클레오티드의 비대칭성과 그들이 결합하는 방식에 따라 정해진다. DNA 사슬은 한 쪽 말단에는 5′-인산기 혹은 5′-히드록시기를 가지며 다른 쪽 말단에는 3′-인산기 혹은 3′-히드록시기를 가진다. DNA 서열은 5′ 말단으로부터 3′ 말단 방향으로 표기하되, 보통 5′-인산기와 3′-히드록시기를 함께 표기하는 것이 관례이다.

표 4-1 아데닌과 관련 화합물

	염기 아데닌	뉴클오티드 2'-데옥시아데노신	뉴클레오시드 2'-데옥시아데노신 5'-인산
구조	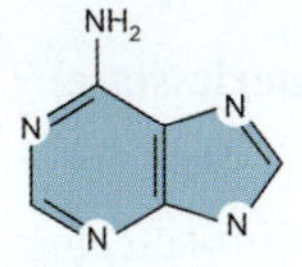	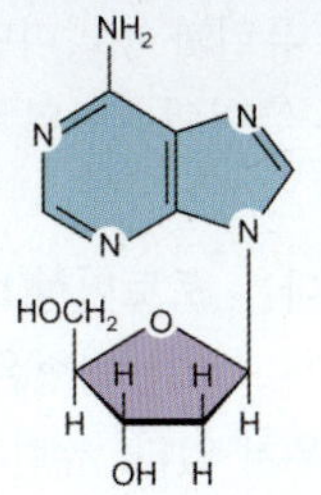	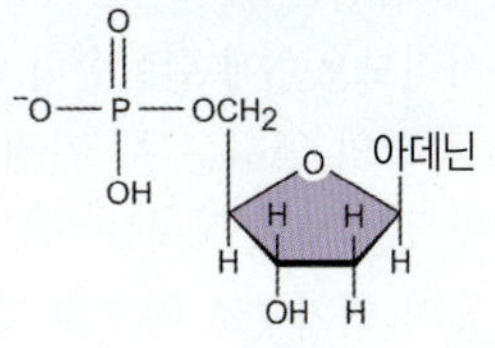
분자량	135.1	251.2	331.2

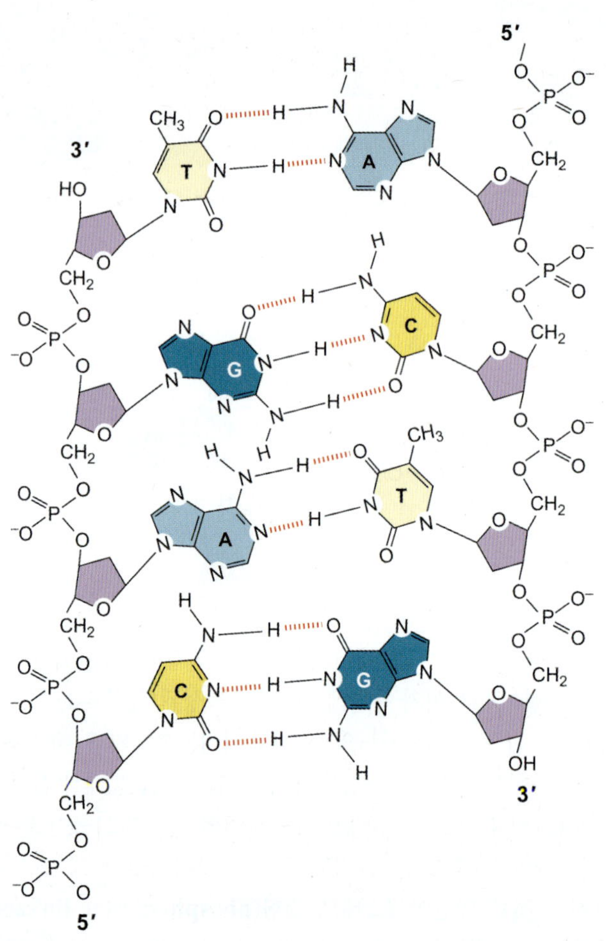

그림 4-3 폴리뉴클레오티드 중합체의 세부 구조. 이 구조는 퓨린(파란색)과 피리미딘(노란색) 사이의 염기쌍, 그리고 골격의 인산이에스테르 결합을 보여주고 있다. [Adapted from Dickerson R.E. 1983. *Scientific American* **249:** 94. Illustration, Irving Geis. Image from Irving Geis Collection/Howard Hughes Medical Institution Not to be reproduced without permission.]

아데닌

퓨린

구아닌

시토신

피리미딘

티민

그림 4-4 퓨린과 피리미딘. 점선은 당에 연결되는 염기의 자리를 가리키고 있다. 간단하게 표시하기 위해서 다음 그림부터 꼭 필요한 곳을 제외하고는, 당과 염기에서 수소를 생략한다.

각각의 염기는 선호하는 토토머형을 가진다

DNA의 염기는 납작한 이종고리형태이고, 탄소와 질소원자로 구성되어 있다. DNA의 염기는 **퓨린(purine)**과 **피리미딘(pyrimidine)** 두 가지 부류로 나뉜다. 퓨린에는 **아데닌(adenine)**과 **구아닌(guanine)**이 있으며, 피리미딘에는 **시토신(cytosine)**과 **티민(thymine)**이 있다. 퓨린은 그림 4-4에 나타나 있듯이 두 개의 고리구조로 되어 있다. 아데닌과 구아닌은 공통적으로 이러한 기본구조를 가지지만, 서로 다른 기가 붙어 있다. 마찬가지로, 하나의 고리구조로 되어 있는 시토신과 티민도 그림 4-4에서 보듯이 차이가 있다. 이 그림은 또한 퓨린과 피리미딘 고리에서의 번호 매김을 보여주고 있다. 염기는 피리미딘의 N1 혹은 퓨린의 N9 위치에서 글리코시드 결합에 의해서 데옥시리보오스에 결합한다.

각각의 염기는 두 가지 서로 다른 **토토머형(tautomeric state)**으로 존재하는데, 이것들은 서로 평형을 이루고 있다. 그러나 평형은 그림 4-4에 나타나 있는 것과 같은 보통의 염기구조 쪽으로 많이 치우쳐 있다. 퓨린과 피리미딘 고리에 붙어 있는 질소원자는 아미노 형태가 우세하며, 이미노(imino) 배열로 존재하는 경우는 매우 드물다.

a 아미노 이미노

b 케토 에놀

수소결합 공여자
수소결합 수용자

그림 4-5 염기 토토머. 아미노 ⇌ 이미노, 그리고 케토 ⇌ 에놀 토토머 형성. (a) 시토신은 보통 아미노형으로 존재하나 드물게는 이미노형을 취한다. (b) 구아닌은 보통 케토형으로 존재하나 드물게는 에놀형으로도 발견된다.

마찬가지로, 구아닌과 티민에 붙은 산소원자는 보통 케토 형태를 가지며, 에놀 배열을 취하는 경우는 매우 드물다. 예를 들어, 그림 4-5에는 시토신(그림 4-5a)의 이미노 형태로의 토토머화와 구아닌(그림 4-5b)의 에놀 형태로의 토토머화를 보여주고 있다. 앞으로 볼 수 있듯이, 다른 토토머형을 취할 가능성은 DNA 복제과정 동안 발생하는 오류의 흔한 원인이 된다.

이중나선의 두 가닥은 역평행 방향으로 서로 감고 있다

이중나선은 반대 방향으로 정렬한 두 개의 폴리뉴클레오티드 사슬로 구성되어 있다. 두 가닥은 같은 나선형상을 하지만, 5′-3′ 방향이 서로 반대이다. 즉 그림 4-1과 그림 4-3에서 보듯이, 한 가닥의 5′-3′ 방향은 다른 가닥의 5′-3′ 방향과 역평행(antiparallel)이다. 두 가닥은 서로 마주보는 염기가 쌍을 이루면서 상호작용한다. 즉, 한쪽 사슬에 있는 아데닌은 항상 다른 쪽 사슬의 티민과 쌍을 이루고, 마찬가지로 구아닌은 시토신과 쌍을 이룬다. 그래서 한쪽 가닥의 5′ 말단 염기는 다른 쪽 가닥의 3′ 말단의 염기와 쌍을 이룬다. 이러한 역평행 방향성은 아데닌과 티민, 그리고 구아닌과 시토신이 서로 염기쌍을 이루기 위한 입체화학적 결과이다.

이중나선의 두 사슬은 상보적인 서열을 가진다

아데닌과 티민, 그리고 구아닌과 시토신 사이의 염기쌍은 두 개의 꼬여 있는 사슬 위에 있는 염기서열 사이의 상보적인 관계를 초래하며, 이것은 DNA에 자가-암호화(self-encoding) 성질을 부여한다. 예를 들어, 한 쪽 사슬이 5′-ATGTC-3′과 같은 염기서열을 가진다면, 반대쪽 사슬은 여기에 상보적인 3′-TACAG-5′ 염기서열을 가져야만 한다.

이 "왓슨-크릭" 염기쌍 법칙의 엄격성은 아데닌과 티민, 그리고 구아닌과 시토신 사이의 수소결합 특성과 모양의 상보성에 의한 것이다(그림 4-6). 아데닌과 티민은 서

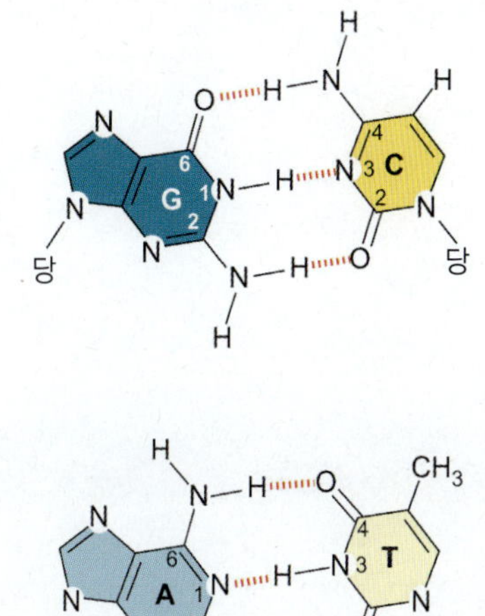

그림 4-6 A:T 및 G:C 염기쌍. 그림은 염기 사이의 수소결합을 보여주고 있다.

로 잘 맞아서 아데닌의 C6자리 아미노기와 티민의 C4자리 카르보닐기 사이의 수소결합이 형성되며, 이와 마찬가지로 아데닌의 N1과 티민의 N3 사이에서 수소결합이 형성된다. 이와 상응하는 배열이 구아닌과 시토신 사이에서도 만들어질 수 있는데, 이로 인해 이들 염기쌍에서도 수소결합과 모양의 상보성이 마찬가지로 존재한다. G:C 염기쌍은 세 개의 수소결합을 가지는데, 이는 구아닌의 C2 위치에 있는 NH_2가 반대 방향으로 있어 시토신의 C2 위치의 카르보닐기와 수소결합을 형성할 수 있기 때문이다. 이와 마찬가지로, 구아닌의 N1과 시토신의 N3 사이, 그리고 구아닌의 C6 위치의 카르보닐기와 시토신 C4자리의 NH_2 사이에서도 수소결합이 형성될 수 있다. 왓슨-크릭 염기쌍을 위해서는 선호하는 토토머형의 염기가 필요하다.

이중나선의 중요한 특징은 두 가지 염기쌍이 정확히 같은 기하학적 특성을 가진다는 것이다. 즉, 두 염기쌍에서 당 결합지점 사이의 거리가 같기 때문에 두 당 사이에서 일어나는 A:T나 G:C 염기쌍은 당의 배열을 흐트러뜨리지 않는다. T:A나 C:G 염기쌍의 경우도 마찬가지다. 다시 말해, 두 당에 대해 대략적인 대칭축이 있어서 모든 네 종류의 염기쌍이 전체 DNA 구조를 뒤틀지 않고 같은 배열 내에 수용될 수 있다. 더구나 염기쌍은 두 나선의 당-인산 골격 사이에서 서로 깔끔하게 중첩될 수 있다. 그래서 비교적 규칙적인 DNA 구조물 속에 불규칙적인 염기쌍 순서가 내장된다. 이것은 불규칙적인 아미노산 순서가 매우 다양한 단백질의 구조를 초래하는 경우(6장 참조)와 대조적이다.

이중나선은 염기쌍과 염기중첩에 의해 안정화된다

상보적인 염기 사이의 수소결합은 이중나선의 기본적인 특징인데, 이것은 나선의 열역학적(thermodynamic) 안정성과 염기쌍 형성의 특이성에 기여한다. 얼핏 보아서는 수소결합은 다음의 이유 때문에 DNA의 안정성에 중요하지 않은 것처럼 보인다. 수용액에서 유기 분자는 빠르게 오가는 물 분자들에 의해 충족되는 수소결합 성질을 가지고 있다. 그 결과, 염기쌍 형성 시 만들어지는 모든 수소결합을 위해서 염기쌍이 형성되기 전에 있었던 물과의 수소결합은 깨어지게 된다. 그래서 이중나선의 안정성에 대한 수소결합의 순에너지 기여도는 크지 않은 것으로 보일 것이다. 그러나 뉴클레오티드 중합체 가닥이 분리될 때 물 분자들은 염기에 줄지어 위치하게 된다. 가닥이 이중나선으로 합쳐질 때, 물 분자들은 염기로부터 분리된다. 이것은 무질서를 유발하고 엔트로피(entropy)를 증가시키는데, 이로 인해 이중나선은 안정화된다. 수소결합이 이중나선을 안정화시키는 유일한 힘은 아니다.

두 번째로 중요한 힘은 염기 간의 중첩 상호작용에 의한 것이다. 염기들은 납작하고 상대적으로 비수용성 분자이며, 그것들은 나선축 방향에 대략 수직으로 각각의 위에 차곡차곡 쌓이는 경향이 있다. 나선으로 중첩된 상태에서 염기 사이의 전자구름 상호작용(π-π)은 이중나선의 안정성에 중요한 역할을 한다. 중첩된 염기들은 반데르발스 상호작용이라고 알려진 현상, 즉 전자구름 사이에 순간적으로 유도된 쌍극자에 의해 서로에게 이끌린다. 염기중첩은 소수성 효과에 의한 이중나선의 안정성에 기여한다. 물 분자는 염기의 소수성 표면과 상호작용하기보다는 자기들끼리 더 잘 상호작용한다. 이들 소수성 표면은 (단일가닥 DNA에서 중첩이 부족할 때와 비교해서) 이중나선에서 염기중첩에 의해 효과적으로 묻혀진다. 이렇게 하여 염기표면이 물 분자에 노출되는 것을 최소화하고 이중나선의 자유에너지를 감소시킨다.

수소결합은 염기쌍 형성의 특이성을 위해 중요하다

이미 보았듯이, 수소결합 그 자체로는 DNA의 안정성에 중요하게 기여하는 것은 아니다. 그러나 수소결합은 염기쌍의 특이성을 위해서 특히 중요하다. 아데닌과 시토신을 짝짓는다고 가정하자. 그때 수소결합 수용체(아데닌의 N1)와 수소결합 수용체(시토신의 N_3) 사이에 물 분자가 들어갈 공간이 없다는 것을 알 수 있다(그림 4-7). 반면 두 수소결합 공여체(donor)인 아데닌의 C6과 시토신의 C4에서의 아미노기가 서로 마주보고 있게 된다. 그러므로 A:C 염기쌍은 염기쌍 내에 수소결합을 형성하지 못한 채 물 분자가 공여체와 수용체로부터 떨어지기 때문에 염기쌍이 불안정할 것이다.

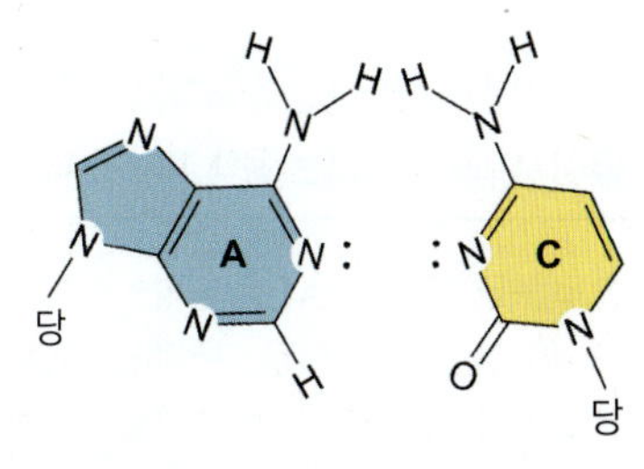

그림 4-7 A:C 불화합성. 이 구조는 아데닌이 시토신과 적절한 수소결합을 형성하는 것이 불가능함을 보여준다. 그러므로 염기쌍은 불안정하다.

염기는 이중나선으로부터 돌출되어 나올 수 있다

우리가 보았듯이, 이중나선에서는 한 폴리뉴클레오티드 가닥의 염기가 다른 가닥의 상보적인 염기와 쌍을 이루는 구조가 에너지 측면에서 더 선호되는 구조이다. 그러나 때로는 특정 염기가 **염기 돌출(base flipping)**이라는 특별한 현상에 의해 이중나선으로부터 튀어나온 구조를 형성할 수 있다(그림 4-8). 10장에서 보게 되겠지만, 염기가 이중나선으로부터 나선구조 바깥으로 튀어나옴으로써 그것을 메틸화시키거나 손상된 염기를 제거하는 특정 효소의 촉매작용 부위에 놓이는 것이 가능하게 된다. 게다가, 상동재조합과 DNA 수선에 관여하는 효소들은 염기를 하나씩 차례로 돌출함으로써 DNA의 상동성과 손상을 검사하는 것으로 여겨진다. 한 번에 단 하나의 염기만 돌출되기 때문에 에너지 측면에서도 나쁘지 않다. 확실히 DNA는 우리가 처음 생각했던 것보다 좀 더 유동적인 구조이다.

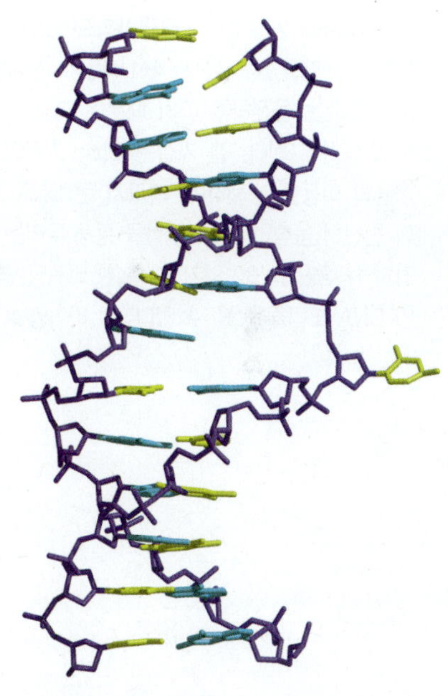

그림 4-8 염기 돌출. 시토신 잔기가 튀어나와 있고 인접한 염기쌍이 조금 뒤틀린 것을 보여주는 DNA의 구. (Klimasauskas S. et al. 1994. *Cell* **76**: 357.) Image prepared with BobScript, MolScript, and Raster 3D.

DNA는 보통 오른손방향의 이중나선이다

우리는 물리학의 손잡이법칙(handedness rule)에 따라 이중나선에서 각각의 폴리뉴클레오티드 사슬이 오른손방향임을 알 수 있다. 그림 4-9에서처럼 당신의 오른손으로 엄지손가락이 위로 향하면서 나선의 긴 축 방향과 나란히 되도록 DNA 분자를 잡고 나머지 손가락들은 나선의 홈을 따르게 해보자. 엄지손가락이 지시하는 방향으로 나선을 따라 추적해 보면, 당신의 나머지 손가락과 같은 방향으로 나선이 돌아가는 것을 알 수 있다. 만약 왼손을 사용하게 되면 이것은 불가능하다. 시도해 보라!

DNA 나선의 특징은 주기성이다. 각 염기쌍은 이전의 염기쌍으로부터 약 36° 정도

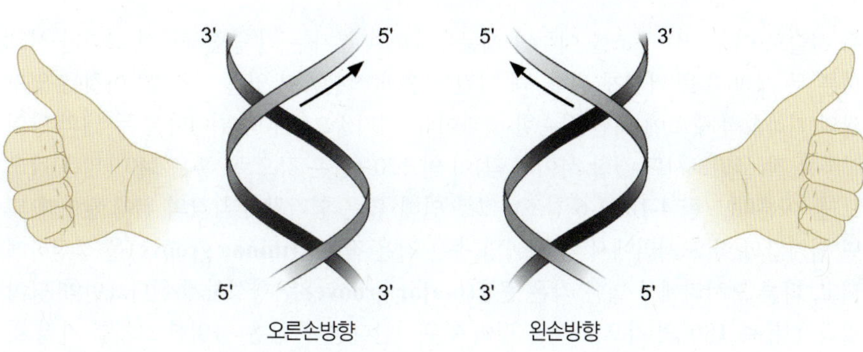

그림 4-9 왼손방향 및 오른손방향 나선. 이중나선에서 두 개의 폴리뉴클레오티드 사슬은 오른손 방향으로 서로를 휘감는다.

▶ 핵심실험

글상자 4-1 DNA는 용액 내에서 나선의 한 회전당 10.5개의 염기쌍을 가진다: 운모(Mica) 실험

한 바퀴당 10개의 염기쌍이라는 수치는 조건에 따라 다소 차이가 있다. 1970년대에 수행된 고전적인 실험에서는 표면에 흡수된 DNA가 한 바퀴당 염기쌍의 수가 10개보다 크게 나타났다. 짧은 DNA 조각은 운모 표면에 붙일 수 있는데, DNA에 존재하는 5′-말단의 인산 때문에 DNA는 운모에 고정된 방향으로 붙게 된다. 운모에 붙어 있는 DNA들에 DNA 분해효소 I(DNase I)을 처리하면 효소는 DNA 골격에서 인산이에스테르 결합을 절단하게 된다. 효소는 크기 때문에 입체적 장애로 인해 DNA의 측면 또는 아랫면에 접근하기 어려우며, 따라서 운모로부터 멀리 떨어진 DNA 표면의 인산이에스테르 결합만을 절단할 수 있다(DNA를 평면에 놓여 있는 실린더로 생각해 보라). 그 결과 생겨나는 조각의 길이는 DNA의 주기성, 즉 한 바퀴당 염기쌍의 수를 반영할 것이다.

운모에 결합된 DNA를 DNA 분해효소로 처리한 후, 생겨난 조각들을 젤리처럼 생긴 폴리아크릴아미드(polyacrylamide) 겔에서 전기영동하여 분리하였다(글상자 4-1 그림 1; 전기영동에 대해서는 7장을 참조). DNA는 음전하를 띠기 때문에 그것은 전기장의 양극 방향을 향해 이동하게 된다. 겔 기질은 DNA 조각의 상대적인 길이에 따라서 이들의 이동을 방해하며, 따라서 큰 DNA 조각이 작은 조각에 비해 더 천천히 움직인다. 이 실험을 통해 우리는 평균 크기 10의 DNA 조각과 11, 21, 31, 32 염기쌍, 즉 한 바퀴당 염기쌍의 수가 10.5의 배수인 DNA 조각들을 볼 수 있다. 한 바퀴당 10.5개의 염기쌍 수치는 다른 방법에 의해 도출된 용액 내에서 DNA의 값과 가깝다. (아래의 "이중나선은 다양한 구조로 존재한다" 부분을 참조.) DNA 구조를 조사하는데 DNA 분해효소를 사용한 이 방법은 현재 DNA와 단백질의 상호작용을 분석하는 데 사용하고 있다(7장 참조).

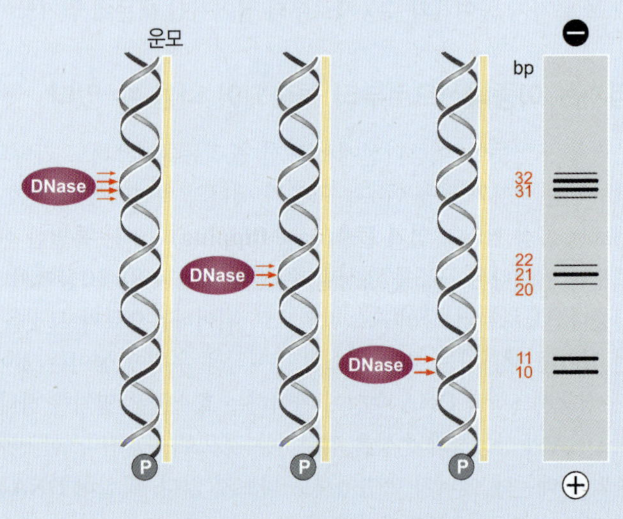

글상자 4-1 그림 1 운모 실험.

틀어져 있다. 그래서 DNA의 X-선 결정구조에서 나선의 주위를 완전히 돌아가는데(360°) 약 10개 염기쌍이 쌓이게 된다(그림 4-1a). 이것은 나선의 주기성이 나선 한 바퀴당 보통 10개의 염기쌍으로 이루어진다는 것이다. 이와 관련한 자세한 논의는 글상자 4-1 "DNA는 용액 내에서 나선의 한 회전당 10.5개의 염기쌍을 가진다: 운모(Mica) 실험"을 참조하라.

이중나선은 작은홈과 큰홈을 가진다

두 사슬로 이중나선 구조를 이루기 때문에, DNA 분자는 긴 중합체로서 크기가 서로 다른 두 개의 홈을 가지게 된다. 왜 이런 큰홈과 작은홈이 있는 것일까? 이것은 염기쌍의 기하학적 구조에 의한 단순한 결과이다. 염기쌍으로부터 튀어나온 두 개의 당이 이루는 각(글리코시드 결합 사이의 각)이 약 120°(좁은 각으로) 혹은 240°(넓은 각으로)를 이룬다(그림 4-1b, 4-6 참조). 그로 인해, 많은 염기쌍이 각각의 위에 쌓이게 되면 염기쌍의 한 모서리에서 당 사이의 좁은 각은 **작은홈(minor groove)**을 생성하게 되고, 다른 모서리에서 넓은 각은 **큰홈(major groove)**을 형성하게 된다. (만약 당이 일직선상, 즉 180°의 각으로 서로 떨어져 위치한다면 두 홈은 동일한 크기를 가질 것이고 그러면 큰홈과 작은홈은 존재하지 않을 것이다.)

큰홈은 화학적 정보가 풍부하다

각 염기쌍의 가장자리는 염기가 쌍을 이루는데 중요한 수소결합 공여체와 수용체 및 소수성기(반데르발스 상호작용을 허용) 표면을 형성하며 큰홈과 작은홈에 노출되어 있다(그림 4-10 참조). 큰홈에서의 A:T 염기쌍의 가장자리에서 생기는 화학적 작용기는 다음과 같이 수소결합 수용체(아데닌의 N7), 수소결합의 공여체[아데닌의 C6에서의 외향고리 아미노기(exocyclic amino group)], 수소결합 수용체(티민의 C4에서 카르보닐기), 그리고 큰 소수성 표면(티민의 C5에서 메틸기) 등이다. 이와 마찬가지로 G:C 염기쌍의 가장자리에서도 큰홈에서 다음과 같이 수소결합 수용체(구아닌의 N7), 수소결합의 수용체(구아닌의 C6에서 카르보닐기), 수소결합 공여체(시토신의 C4에서 외향고리 아미노기), 작은 비극성 수소(nonpolar hydrogen, 시토신의 C5에서 수소) 등의 작용기가 생긴다.

그러므로 큰홈에 노출된 전체적인 모양 및 수소결합에는 A:T 염기쌍과 G:C 염기쌍을 구별하는 특징적인 패턴이 있으며, A:T와 T:A, 그리고 G:C와 C:G에서도 마찬가지다. 우리는 암호로 **A**를 **수소결합 수용체(hydorgen bond acceptor)**, **D**를 **수소결합 공여체(hydorgen bond donor)**, **M**을 **메틸기(methyl group)**, 그리고 **H**를 **비극성 수소(nonpolar hydrogen)**로 생각해 볼 수 있다. 이 암호를 사용하면, 큰홈에서의 **ADAM**은 A:T 염기쌍을 나타내고 **AADH**는 G:C 염기쌍을 나타낸다. 마찬가지로, **MADA** 부호는 T:A 염기쌍을 나타내고 HDAA는 C:G 염기쌍의 특징이다. 모든 경우에 큰홈에서의 화학적 작용기의 이런 암호는 염기쌍의 종류를 나타낸다. 이런 양

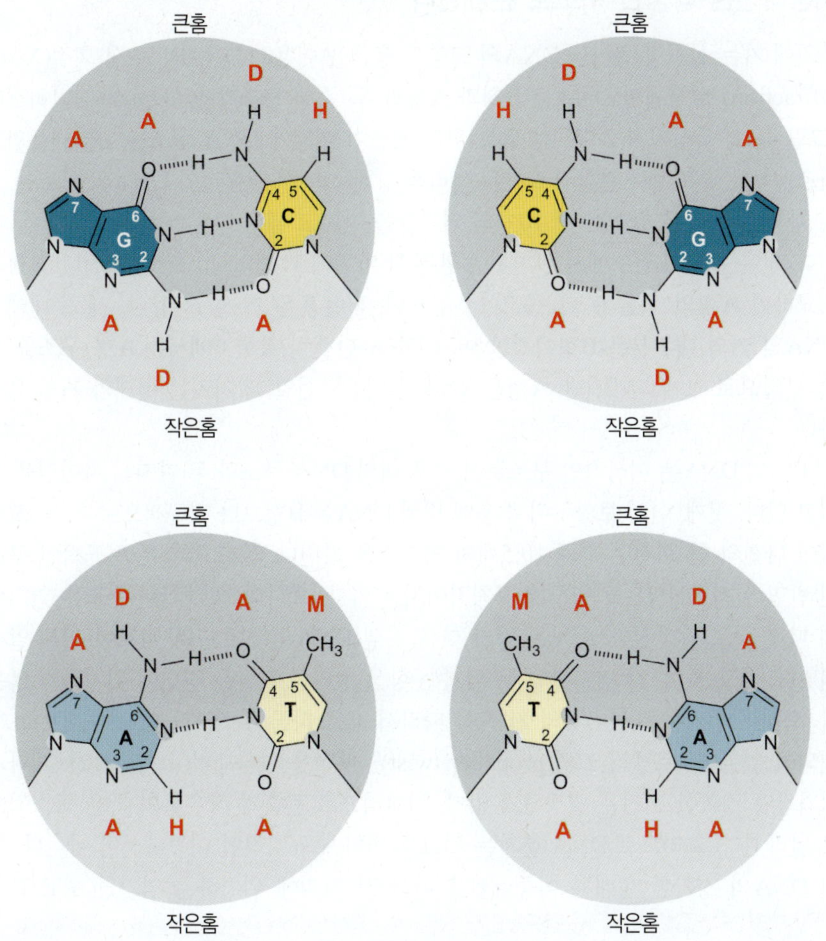

그림 4-10 화학기는 염기쌍의 가장자리로부터 큰홈과 작은홈으로 노출된다. 수소결합 수용체(A), 수소결합 공여체(D), 비극성 수소(H), 그리고 메틸기(M)는 빨간색으로 나타냄.

상은 이중가닥이 열려 파괴되지 않고도 단백질이 명확하게 DNA 서열을 인지하게 하기 때문에 중요하다. 실제로 앞으로 보게 되겠지만, 중요한 암호의 해독작용 기작은 큰홈에 끼어들어가 특정 DNA 서열을 인지해서 결합하는 아미노산 곁사슬의 능력에 의존한다(6장 참조).

작은홈은 화학적 정보가 풍부하지 않고 염기쌍을 구별하는 데도 유용하지 않다. 작은홈의 작은 크기는 아미노산 측쇄를 수용하는 능력이 작다. 역시 작은홈에서는 A:T와 T:A 염기쌍 그리고 G:C, C:G 염기쌍은 서로 유사하다. A:T 염기쌍은 수소결합 수용체(아데닌의 N3), 비극성 수소(아데닌의 N2), 그리고 수소결합 수용체(티민 C2에서 카르보닐)를 가진다. 그래서 이것의 부호는 **AHA**이다. 그러나 이 부호는 반대방향에서 읽어도 같다. 그러므로 작은홈으로 곁사슬이 나와 있는 단백질의 수소결합 성질의 관점에서 보면 A:T 염기쌍과 T:A 염기쌍은 별로 다르지 않다. 이와 마찬가지로, G:C 염기쌍은 수소결합 수용체(구아닌의 N3), 수소결합의 공여체(구아닌의 C2에서 아미노기), 그리고 수소결합 수용체(시토신의 C2에서 카르보닐)를 가져서 ADA로 나타낼 수 있다. 그러므로 수소결합의 관점에서 C:G와 G:C 염기쌍은 서로 많이 다르지 않다. 작은홈에서 A:T 염기쌍과 G:C 염기쌍을 비교하면 다르게 보이지만, G:C와 C:G, 또는 A:T와 T:A를 구분하는 것은 쉽지 않다(그림 4-10 참조). 비록 작은홈이 염기쌍을 구분하는데 덜 유용하지만, 모든 왓슨-크릭 염기쌍의 작은홈에 나타나는 수소결합 수용체의 동일 패턴은 단백질이 정확한 염기쌍의 B형 DNA를 인식하는데 이용된다(즉 DNA 중합효소; 9장 참조).

이중나선은 다양한 구조로 존재한다

초기에 가는 실처럼 뽑아낸 DNA의 고농도 용액을 이용한 DNA의 X-선 회절(X-ray diffraction) 실험에서 DNA는 B형과 A형의 두 종류 구조가 있다는 것이 밝혀졌다(그림 4-11; 글상자 4-2 "X-선 필름 위의 점들이 어떻게 DNA 구조를 나타내는가?" 참조). 높은 습도에서 관찰된 B형은 생리적 상태 하에서 일반적인 DNA의 구조에 가장 가깝다. 그것은 한 바퀴에 10개의 염기쌍을 가지고 넓은 큰홈과 좁은 작은홈을 가진다. 낮은 습도의 환경에서 관찰된 A형은 한 바퀴에 11개의 염기쌍을 가진다. B형과 비교하면 A형의 큰홈은 더 좁고 더 깊으며, 작은홈은 더 넓고 얕다. 세포 내에서 DNA의 거의 대부분은 B형이지만 어느 DNA-단백질 복합체에서는 A형 구조를 가진다. 앞으로 보게 되겠지만, A형은 RNA가 이중나선일 때 가지는 형태와 거의 유사하다.

B형의 DNA는 이상적인 구조로서 세포 내의 DNA 구조와 두 가지의 차이점을 가지고 있다. 첫째, 이미 보았듯이 수용액 내의 DNA는 B형보다 평균적으로 좀 더 꼬여 있어 나선의 한 회전당 평균 10.5개의 염기쌍을 가진다. 둘째, B형은 평균적인 구조인 반면 실제 DNA는 완벽하게 규칙적이지는 않다. 오히려 그 정확한 구조는 염기쌍에 따라 서로 달라진다. 이것은 각기 다른 서열 DNA의 결정구조 비교에 의해 알게 되었다. 예를 들어, 각 염기쌍의 두 염기는 항상 정확하게 같은 평면에 위치하지 않는다. 오히려 염기들은 염기쌍의 긴 축을 따라서 서로 다른 두 염기들이 상대적으로 회전되어 있는 "프로펠러 꼬임(propeller twist)" 배열을 나타낸다(그림 4-12). 게다가 염기쌍당 정확한 회전은 일정하지 않다. 결과적으로 큰홈과 작은홈의 폭은 국소적으로 달라진다. 그러므로 DNA 분자는 결코 완벽하게 규칙적인 이중나선이 아니다. 대신 DNA의 정확한 형태는 이중나선을 따라 각 자리에 위치하는 염기쌍(A:T, T:A,

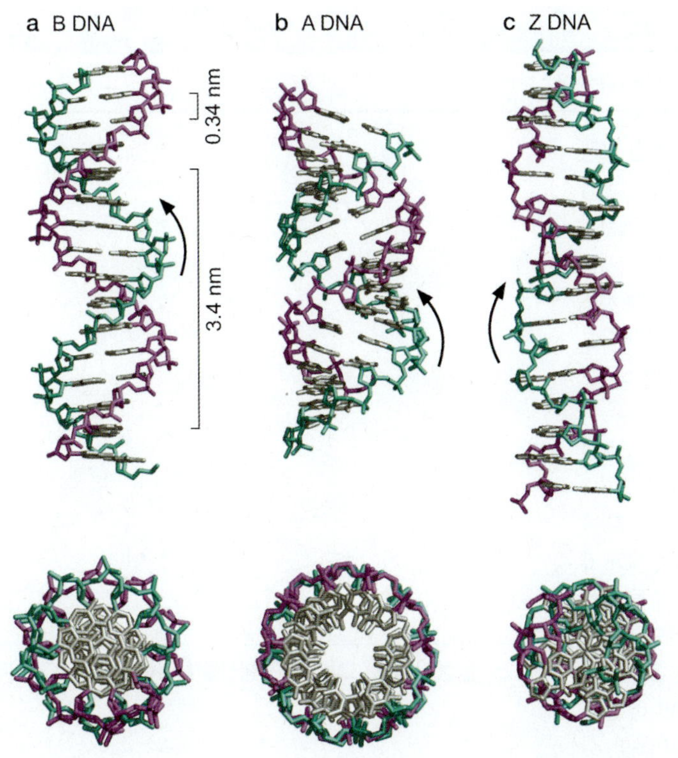

그림 4-11 B, A 및 Z형 DNA의 모형. 각 사슬의 당-인산 골격(보라색과 초록색)은 모든 구조에서 바깥쪽에 위치하고 염기(회색)는 안쪽으로 향한다. 측면에서 본 그림은 위에, 나선축을 따라 본 그림은 아래에 나타나 있다. (a) 세포에서 보통 발견되는 B형 DNA는 10 염기쌍마다(3.4 nm) 한 바퀴의 나선이 생기고, 인접한 염기쌍들은 서로 약 0.34 nm로 떨어져서 중첩된다. 작은홈과 큰홈 역시 뚜렷하게 보인다. (b) 좀 더 치밀한 A형 DNA는 한 회전당 11 염기쌍을 가지고, 나선축에 대해 염기쌍의 경사가 더 기울어져 있다. 게다가, A형은 중심 구멍을 가지고 있다(아래). 이 나선형은 RNA-DNA와 RNA-RNA 나선들에서 볼 수 있다. (c) Z DNA는 왼손방향 나선이고 지그재그 형태의 외형을 가진다(그래서 "Z"). (Courtesy of C. Kielkopf and P.B. Dervan.)

G:C, C:G)과 인접한 염기쌍의 종류에 의해 좌우된다. 그럼에도 불구하고, B형은 여러 목적으로 세포 내 DNA 구조와 가장 유사한 구조이다.

DNA는 때로 왼손방향 나선 형태를 갖기도 한다

퓨린과 피리미딘 잔기를 교대로 가지는 DNA의 경우 오른손방향뿐만 아니라 왼손방향 나선 형태로 접힐 수도 있다. 어떻게 DNA가 왼손방향을 취할 수 있는지 이해하기 위해서 2′-데옥시리보오스의 1′ 위치에 염기를 연결하는 글리코시드 결합에 대해 고려할 필요가 있다. 글리코시드 결합은 ***syn***과 ***anti***(그림 4-13)라 불리는 구조들 중 하나의 구조를 가지게 된다. 오른손방향 DNA에서 글리코시드 결합은 항상 *anti* 구조이다. 왼손방향 나선에서 기본적으로 반복되는 단위는 보통 퓨린-피리미딘의 디뉴클레

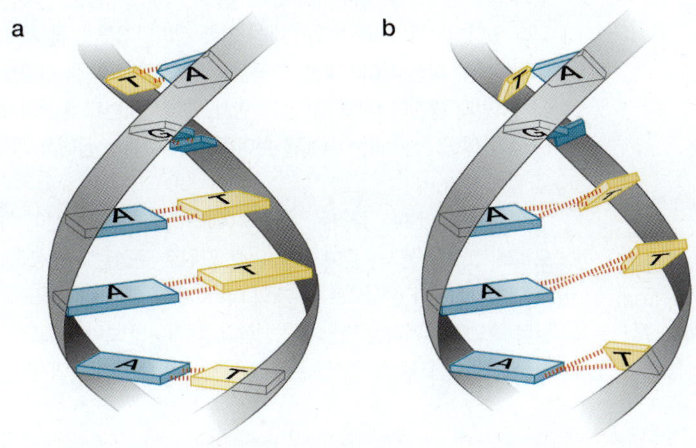

그림 4-12 오른손방향 나선에서 퓨린과 피리미딘 염기쌍 사이에서 프로펠러 꼬임. (a) 이 구조는 정상적인 왓슨-크릭 결합을 가지는 3개의 연속적인 A:T 염기쌍 서열을 보여준다. (b) 프로펠러 꼬임은 긴 축에 대하여 염기들의 회전을 야기한다. (Adapted, with permission, from Aggarwal A.K. et al. 1988. *Science* **242:** 899–907, Fig. 5b. © AAAS.)

▶ 핵심실험

글상자 4-2 X-선 필름 위의 점들이 어떻게 DNA 구조를 나타내는가?

분자생물학 역사에 있어서 가장 불후의 화상 중 하나는 로잘린 프랭클린이 DNA 분자를 찍은 X-선 회절사진이다. 프랭클린의 화상은 B형 DNA를 위한 왓슨-크릭 모델의 결정적인 증거를 제공하였기 때문에 엄청난 역사적 중요성을 가진다. 또한 나선 분자의 회절 가설을 개발하는데 일조한 프랜시스 크릭은 점의 무늬로부터 DNA 가닥이 서로 꼬여 있다는 것을 추론할 수 있었다. 얼핏 보아서는 프랭클린의 화상으로부터 이중나선을 알아내기 어렵다. 어떻게 이 점들의 신비스러운 형태로부터 유전물질의 원자구조를 밝히게 되었는가?

그림에서 보듯이, 프랭클린의 화상은 중앙에 넓은 점으로 구성된(점의 폭은 섬유의 무질서를 반영) "몰타" 십자가(글상자 4-2 그림 1에서 붉은 선)로 구성되어 있다. 점들은 수평의 "층"선(그림의 숫자)을 따라 고르게 간격지어 있다. 십자가의 중심으로부터 위아래로 세어 가면 네 번째 층선의 점들이 소실되었다는 것에 주목하라. 또한 몰타 십자가와 화상의 상하에 있는 검은 부위는 네 개의 다이아몬드형 공간(두 개의 예를 푸른색으로 표시함)을 만들어낸다는 사실을 주목하라. 이제 설명하듯이, 파동 회절의 성질에 관해 조금만 이해하면 이 점들의 비밀스런 무늬가 이중나선의 구조에 상응한다는 것을 이해할 수 있다.

X-선 회절의 기초 원리는, 파동이 주기성 배열을 통과할 때 파장이 배열의 반복 거리와 비슷하면 파동 사이에 간섭이 일어난다는 것이다. [그래서 매우 짧은 파장(0.15 nm)을 가진 X-선은 원자구조를 밝히는데 사용된다.] 만약 파동의 진동이 정렬되면 파동은 서로를 강화하게 된다(건설적 간섭). 그러나 어떤 파동의 골이 다른 파동의 정점과 정렬하게 되면 파동은 서로를 없애게 된다(파괴적 간섭). 그래서 수평석인 일련의 선들로 구성된 정렬을 통과하는 파동은 선들에 수직이 되게 한 줄의 점을 생성시킨다(글상자 4-2 그림 2). 이제 수평 선들이 기울어졌다고 가정해 보자. 이것은(기울어진 선에 수직으로) 점들의 줄을 기울게 할 것이다. 다음으로 파동이 그림에서처럼 서로 지그재그 형태로 기울어진 선들을 통과한다고 가정해 보자: 이것은 기울어진 두 줄의 점으로 구성된 십자가를 만든다.

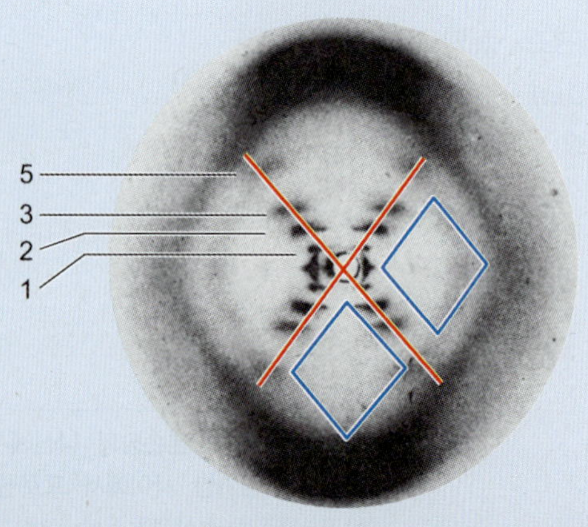

글상자 4-2 그림 1 로잘린드 프랭클린이 찍은 DNA의 X-선 회절상은 몰타십자가를 보여준다. (Modified, with permission, from Franklin R.E. and Gosling R.G. 1953. *Nature* **171**: 740–741. © Macmillan.)

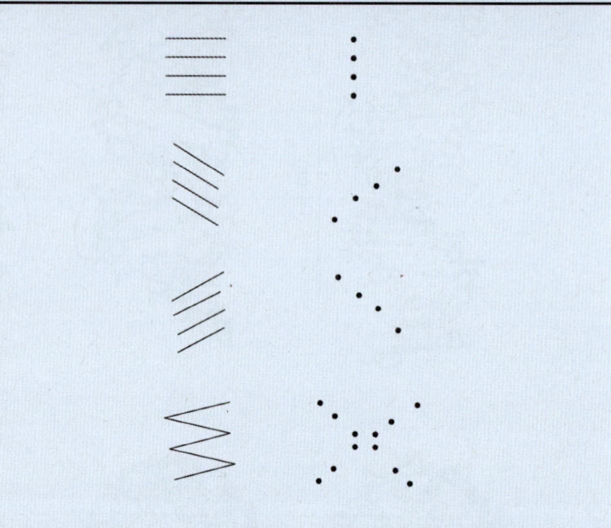

글상자 4-2 그림 2 평행선을 통과하는 파동의 회절무늬

이제 DNA에 주목해 보자. 평평한 표면 위에 투영된 이중나선의 한 가닥 골격을 상상하라. 대충 말하자면 이것은 지그재그의 연속(더 엄밀히 말하면 사인파 모양의 곡선)을 만들 것이다. 지그로 기울어진 선 묶음과 재그로 기울어진 다른 선 묶음을 상상하면, 지그재그를 통과하는 파동은 위의 예에서처럼 서로 교차하는 두 줄의 점들을 생성할 것이다. 이것은 프랭클린 사진에서 몰타 십자가가 나타나는 기초가 되며, 그래서 십자가는 DNA가 나선이라는 사실을 말해준다. X-선의 파장을 알고 층선 사이의 거리를 측정함으로써 나선이 3.4 nm의 주기를 가진다는 것을 알게 되었다. 물론 DNA는 한 가닥이 아닌 두 가닥의 나선 골격으로 이루어져 있다. 이것 역시 프랭클린의 사진에 나타나 있다. DNA의 두 가닥은 나선 반복 길이의 3/8 만큼 서로 어긋나 있다. 두 나선 사이의 이런 어긋남은 부가적인 파괴적 간섭을 발생시켜 4번째 층선이 나타나지 않게 한다. 그래서 4번째 층선의 소실은 DNA가 이중나선이라는 사실을 보여주며 두 나선의 상대적 정렬방식을 말해 준다.

마지막으로 DNA 골격은 가상의 예에서처럼 매끈한 선이 아니다. 오히려 그것은 원자수준에서 당-인산 단위로 구성된 과립상이다. 이 과립성은 십자가 중심으로 네 개의 다이아몬드 형태를 만들도록 특히 남북 쪽으로 부가적인 명암을 형성한다. 여기 사진보다 더 고해상도의 사진에서는 십자가의 중심으로부터 남북극 쪽으로 10개의 층선을 볼

글상자 4-2 (계속)

수 있다. 이 회절의 모양은 이중나선의 주기성(3.4 nm)이 원자 주기성의 10배이어서 0.34 nm 간격으로 10번 반복되기 때문에 나타난다. 당-인산 단위당 1 염기가 있기 때문에 B형의 DNA는 나선 주기(나선의 회전)당 10염기로 구성된다.

그래서 파동 회절에 대한 기본적 이해는, X-선 사진 위 점들의 단순한 형태로부터 DNA 구조의 주요 특징을 파악해 낼 수 있게 해준다.

오티드(dinucleotide)로, 이것들은 피리미딘 잔기에서 *anti* 구조로 그리고 퓨린 잔기에서 *syn* 구조로 글리코시드 결합을 이루고 있다. 퓨린 뉴클레오티드에서 이런 *syn* 구조는 나선을 왼손방향으로 되게 하는 원인이 된다. 퓨린 잔기에 *syn* 위치로 변화가 일어나 반복된 *anti-syn* 구조를 가지게 되면 왼손방향 DNA의 골격은 오른손방향 나선의 형태와 구별되는 지그재그 모양이 된다(그래서 **Z DNA**라고 부른다; 그림 4-11 참조). *anti*에서 *syn*으로 변하게 하는 효과로 인해 회전은 리보오스의 변화를 유도하게 된다. 그림 4-13에서 보면, C3′과 C2′은 위치를 바꿀 수 있다. 용액 상태에서 반복되는 퓨린-피리미딘 잔기는 음전하의 인산기를 가리는(예를 들면, Na^+와 같은) 고농도의 양전하 이온이 존재할 때만 왼손방향 구조가 가능하다. 낮은 염 농도에서는 전형적인 오른손방향 나선구조를 가지게 된다. Z DNA의 생리학적인 의미는 확실치 않으며, 왼손방향 나선은 아마도 세포 내 DNA 중 적은 부분에 불과한 것으로 여겨진다. A, B, Z형 DNA에 대한 자세한 내용은 표 4-2에 나와 있다.

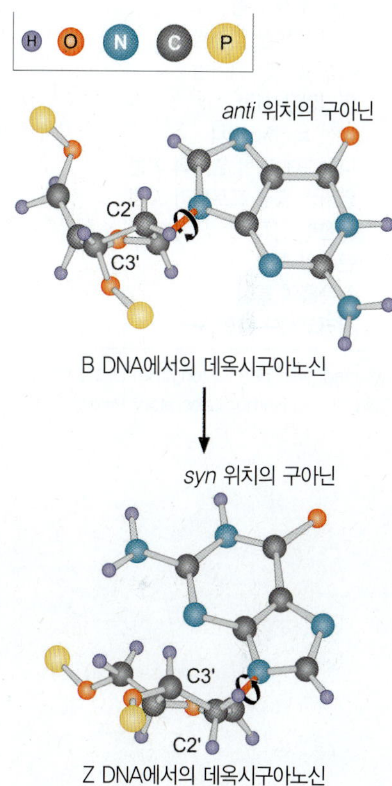

그림 4-13 B형 DNA와 Z형 DNA에서 구아닌의 *syn*과 *anti* 위치. 오른손방향 B DNA에서 염기가 데옥시리보오스에 연결되는 글리코시드 결합(빨간색)은 항상 *anti* 위치이다. 반면 왼손방향 Z DNA에서는 글리코시드 결합이 화살표 방향으로 회전하여 퓨린(여기서는 구아닌) 잔기에서는 *syn* 구조를 갖지만, 피리미딘 잔기에서는 통상의 *anti* 위치(회전하지 않는다)를 갖는다. (Adapted with permission, from Wang A.J.H. et al. 1982. *Cold Spring Harbor Symp. Quant. Biol.* **47:** 41. © Cold Spring Harbor Laboratory Press.)

DNA 가닥은 분리(변성)되고 재생될 수 있다

이중나선의 두 가닥은 비교적 약한 힘(비공유결합)에 의해 결합해 있기 때문에 두 가닥은 쉽게 분리될 수 있다. 실제로 이중나선의 최초 구조로부터 DNA 복제 시기에 이런 현상이 일어날 것이라는 것이 제안되었다. 이중나선의 상보적인 가닥은 생리적 온도보다 높은 온도(약 100°C 부근)를 가하거나, 높은 pH 조건일 때 두 가닥의 분리가 일어난다. 이런 현상을 **변성(denaturation)**이라고 한다. 하지만 변성에 의한 DNA 가닥의 완전한 분리는 가역적인 반응이다. 열에 의해 변성된 DNA를 서서히 냉각시키게 되면 단일가닥이 되었던 DNA가 상보적인 가닥을 만나 다시 이중나선 구조를 이루게 된다(그림 4-14). 변성된 DNA를 재생하는(renature) 능력을 이용해서, 2개의 서로 다른 근원을 가진 DNA 혼합물을 변성시켜 서서히 냉각시킬 경우 인공적인 혼성(hybrid) DNA 분자를 만들 수 있다. 마찬가지로 DNA와 RNA 간의 상보적인 가닥으로도 혼성체를 만들 수 있다. 7장에서 좀 더 자세히 다루겠지만, 2개의 단일가닥 핵산 사이에 혼성체를 형성하는 능력을 **혼성화(hybridization)**라고 한다. 분자생물학에서는 이런 혼성화를 이용한 중요한 몇몇 기술이 있는데, 그 예로 서던블롯 혼성화와 DNA 마이크로어레이(microarray) 분석 등이 있다(7장 참조).

이중나선의 특성에 대한 중요한 내용은 1950년대에 수행된 다양한 조건에서의 DNA 변성에 관한 실험들을 통해 알려졌다. 이들 실험에서 DNA 변성은 DNA 용액을 관통하는 자외선의 흡광도를 이용해서 측정하였다. DNA는 약 260 nm의 파장에서 자외선을 최대로 흡수하는데, 이런 흡광도를 이용하여 DNA 변성을 알 수 있다. DNA 용액의 온도가 물의 비등점 가까이 올라갈 때 260 nm에서의 광학밀도, 즉 **흡광도(absorbance)**는 현저하게 증가되는데, 이런 현상을 **흡광증가현상(hyperchromicity)**이라고 부른다. 이렇게 흡광도가 증가하는 현상은 이중가닥 DNA는 단일가닥 DNA가 자외선을 흡수하는 것보다 약 40% 정도 덜 흡수하기 때문에 나타난다. 이런 흡광

표 4-2 단일 결정 X-선 분석을 통한 A, B, Z DNA의 구조적 특징 비교

	나선 종류		
	A	B	Z
전체적인 형태	짧고 폭이 넓다	더 길고 더 가늘다	신장되어 있고 매우 가늘다
염기쌍 간의 거리	2.3 Å	3.32Å	3.8Å
나선 직경	25.5 Å	23.7Å	18.4Å
나선 회전 방향	오른손방향	오른손방향	왼손방향
나선 반복당 염기쌍	1	1	2
나선 회전당 염기쌍	~11	~10	12
염기쌍당 회전	33.6°	35.9°	2염기쌍당 −60°
나선 회전당 피치	24.6 Å	33.2Å	45.6Å
나선축에 대한 염기의 기울기	+19°	−1.2°	−9°
염기쌍 평균 프로펠러 꼬임	+18°	+16°	~0°
나선축 위치	큰홈	염기쌍 통과	작은홈
큰홈의 특징	상당히 좁지만 깊다	넓고 중간 정도의 깊이	나선 표면 위에 평평하다
작은홈의 특징	매우 넓지만 얇다	좁고 중간 정도의 깊이	매우 좁으며 깊다
글리코시드 결합 구조	*anti*	*anti*	C에서는 *anti*, G에서는 *syn*

Adapted, with permission, from Dickerson R.E. et al. 1982. *Cold Spring Harboy Symp. Quant. Biol.* **47:** 14. Cold Spring Harbor Laboratory Press.

증가성은 자외선을 흡수하는 염기의 능력을 감소시키는 염기 중첩(base stacking) 현상 때문에 일어난다.

만약 온도에 따른 DNA의 흡광도를 그래프로 나타내면, 흡광도의 증가는 상대적으로 좁은 온도 범위에서 갑자기 증가되는 곡선을 갖는다. 이런 전환의 중간점을 **융점(melting point)** 또는 T_m이라 한다(그림 4-15). 얼음처럼 DNA는 녹는데, 이는 DNA의 잘 정렬된 이중나선 구조가 훨씬 덜 정렬된 단일가닥 구조로 전환이 일어난다는 것이다. T_m에서 가파른 흡광도 증가는 상보적인 DNA 가닥의 변성과 재결합 작용이 매우 협동적이어서 지퍼(zipper)를 여닫는 것과 같은 과정이라는 것을 말해준다. 예를 들어, 재결합은 아마도 하나의 가닥 위에 있는 비교적 소수의 염기가 상보적 가닥에 있는 상대 염기를 찾아 결합하는 천천히 일어나는 핵형성과정에 의해 시작된다(그림 4-14의 중간 패널). 두 가닥의 나머지 부분은 그 이후에 핵형성 자리로부터 빠르게 지퍼를 채우듯이 이중나선을 연장하게 된다(그림 4-14의 아래 패널).

DNA의 T_m은 고유의 특성으로 주로 G:C 함량과 용액의 이온 농도에 의해 좌우된다. DNA에서 G:C 염기쌍의 함량이 높을수록(다시 말하면, A:T 염기쌍의 비율이 낮을수록) 녹는 점이 더 높다(그림 4-16). 또한 용액의 염 농도가 높을수록 DNA 변성이 일어나는 온도가 더 높아진다. 이런 현상을 어떻게 설명할까? G:C 염기쌍은 A:T 염기쌍보다 DNA의 안정화에 더 기여하는데, 그것은 G:C 염기쌍이 A:T 염기쌍보다 더 많은 수의 수소결합을 가지고 있기 때문이다(G:C 염기쌍의 수소결합은 3개, A:T 염기쌍의 수소결합은 2개). 뿐만 아니라 G:C 염기쌍과 인접 염기쌍의 중첩 상호작용이 A:T 염기쌍과 인접 염기쌍의 중첩 상호작용보다 더 잘 일어나기 때문이다. 이온 농도의 효과는 이중나선의 또 다른 기본 특성을 반영한다. 두 가닥의 DNA 골격에는 음전하를 가진 인산기가 존재한다. 이들 음전하는 이중나선의 두 가닥에서 매우 가깝

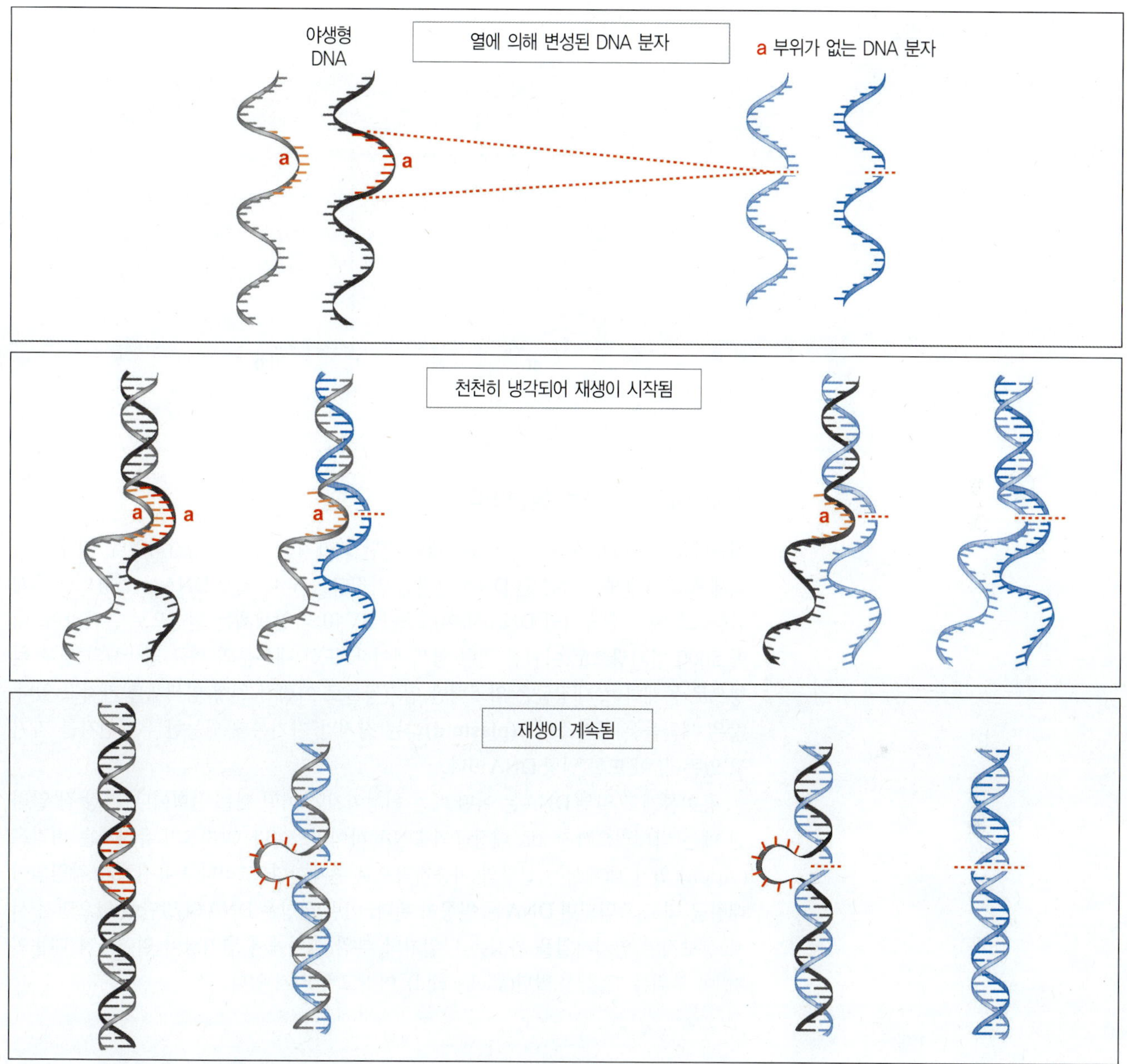

그림 4-14 재결합과 혼성화. 정상의 야생형 DNA와 일부의 뉴클레오티드(빨간색으로 표시된 **a**부분)가 결실된 돌연변이체 DNA의 혼합물에 열을 가해 변성시킨다. 변성된 DNA를 T_m 아래까지 식혀 재생을 유도한다. 그 결과 2가지 형태의 DNA가 생기게 된다. 하나는 야생형 가닥끼리 재생한 DNA와 돌연변이체 가닥끼리 재생한 DNA로 구성된다. 다른 하나의 형태는 야생형 가닥과 돌연변이체의 가닥이 모여 만든 혼성화된 DNA로, DNA의 일부가 쌍을 이루지 않는 고리(a부분)를 만든다.

게 존재하므로, 차단되지 않으면 두 가닥의 분리를 촉진할 만큼 서로 반발하는 경향이 있다. 이온 농도가 높은 경우, 음전하는 양이온에 의해 차단되어 나선은 안정화된다. 그와 반대로, 이온 농도가 낮은 경우에는 음전하의 차단이 일어나지 않아 나선이 불안정해지는 경향이 있다.

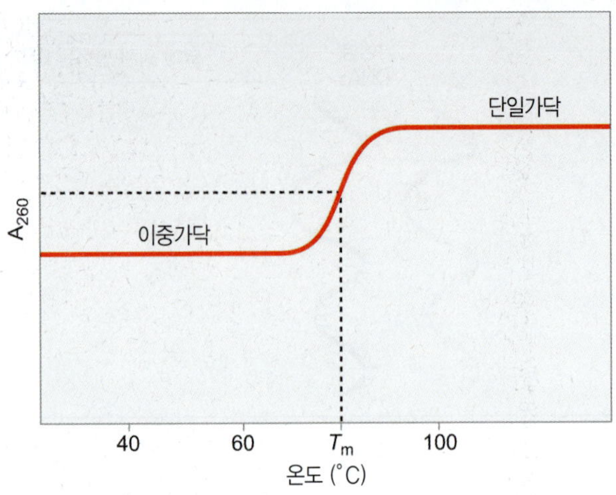

그림 4-15 DNA 변성곡선.

일부 DNA 분자는 원형이다

처음에는 모든 DNA가 선형으로 2개의 말단을 가지는 것으로 생각하였다. 실제로 진핵세포의 염색체는 각각 긴 DNA 분자를 가진다. 그러나 일부 DNA는 원형으로 존재한다. 그 예로 원숭이의 DNA 바이러스인 SV40의 염색체는 원형으로 존재하여, 대략 5000 염기쌍으로 이뤄진 원형 염색체이다. 또한 대부분의 세균 염색체의 경우 원형으로 존재하며, 대장균은 약 5백만 염기쌍들로 이뤄진 원형 염색체를 가지고 있다. 많은 세균들은 **플라스미드(plasmid)**라는 작지만 자기복제 가능한 유전인자를 가지고 있는데, 이 또한 원형 DNA이다.

흥미롭게도 일부 DNA는 어떤 때는 원형이지만 어떤 때는 선형이다. 가장 잘 알려진 예는 박테리오파지 λ로 대장균의 DNA 바이러스이다. 파지 λ의 유전체는 비리온(virion) 입자 내에서는 선형의 이중가닥으로 존재한다. 그러나 λ 유전체가 감염되어 대장균 내로 주입되면 DNA는 원형이 된다. 이런 현상은 DNA의 말단에 있으면서 서로 상보적인 염기서열을 가지는 단일가닥 부위 사이에서 염기쌍이 일어나기 때문이며, 이 부위는 "점착성 말단(sticky end)"이라고 알려져 있다.

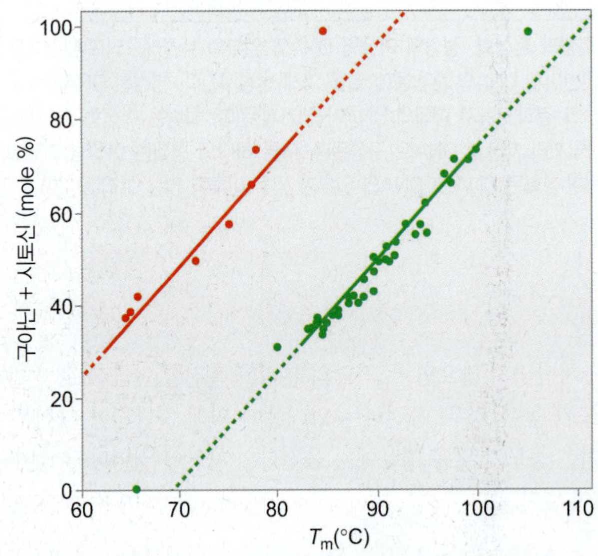

그림 4-16 염 농도와 G+C 함량에 따른 DNA 변성의 의존성. G+C 함량이 많을수록, 더 높은 온도에서 DNA의 변성이 일어난다. 서로 다른 DNA를 pH 7.0에서 각각 낮은 염 농도(빨간 선)와 높은 염 농도(녹색 선)의 용액에 녹였다. DNA 변성 온도를 나타내는 점들을 G+C 함량에 대한 그래프로 나타내었다. (Data from Marmur J. and Doty P. 1962. *J. Mol. Biol.* **5**: 120. © Elsevier.)

DNA의 위상학

DNA는 유연한 구조를 하고 있어, 그 정확한 분자구조는 주변의 이온 환경과 결합단백질에 의해 결정된다. 선형 DNA 분자는 DNA의 말단이 자유롭기 때문에 두 가닥 간의 이중나선 꼬임의 회수 변화를 수용할 수 있는 회전이 가능하다. 그러나 만약 두 말단이 공유결합으로 연결되어 원형 DNA를 이루면 두 가닥의 당-인산 골격이 절단되지 않고서는 사슬이 꼬일 수 있는 절대 회수가 변할 수 없다. 이러한 **공유결합상 닫힌 원형(covalently closed circular) DNA (cccDNA)**는 위상적으로 한정되어 있다. 진핵세포 염색체는 선형 DNA일지라도 염색체의 엄청난 길이와 세포 내 구성성분과의 상호작용 때문에 위상적인 제한을 받는다(8장 참조). 이런 제한에도 불구하고 DNA는 세포 내에서 수많은 역동적인 작용에 참여한다. 예를 들면, 서로 꼬여 있는 이중나선의 두 가닥은 DNA가 복제되거나 RNA로 전사되기 위해서는 빠르게 분리되어야 한다. 따라서 DNA 위상에 대한 이해뿐만 아니라 DNA 복제, 전사, 그리고 염색체의 다른 활동 동안에 어떻게 세포가 DNA의 위상적인 한계를 조절하고 이용하는가에 대한 이해는 분자생물학에서 기본적인 중요성을 가진다.

고리수는 공유결합상 닫힌 원형 DNA의 고유한 위상학적 속성이다

cccDNA라 부르는 공유결합상 닫힌 원형 DNA의 위상학적 속성에 대하여 생각해 보자. 두 가닥의 폴리뉴클레오티드 사슬에 아무런 방해 없이 연결되어 있기 때문에 cccDNA의 두 가닥은 공유결합의 절단 없이는 서로 분리될 수 없다. 당-인산 골격 내 어떤 결합의 영구적인 절단 없이 두 원형가닥을 분리하고자 한다면 한 가닥이 반복적으로 다른 가닥을 통과해야 한다(우리는 이와 같은 일을 수행하는 효소를 보게 될 것이다!). 두 가닥을 서로 완전히 분리하기 위해서 한 가닥이 다른 가닥을 통과해야 하는 회수를 **고리수(linking number)**라 한다(그림 4-17). DNA 분자의 형태가 얼마나 많이 뒤틀려 있는지에 상관없이 고리수는 항상 정수로 존재하며 cccDNA의 고유한 위상학적인 속성을 나타낸다.

고리수는 꼬임과 초나선으로 구성된다

고리수는 **꼬임(twist)**과 **초나선(writhe)**이라 불리는 두 종류의 기하학적 구성요소의 합이다. 먼저 꼬임에 대해서 알아보자. 꼬임은 단순히 반대가닥에 대한 한 가닥의 나선회전의 수, 즉 한 가닥이 다른 가닥을 감는 수이다. 평면에 평평하게 놓인 cccDNA를 생각해 보자. 이런 평평한 형태에서 고리수는 전적으로 꼬임으로 구성된다. 물론, 꼬임은 두 가닥이 서로 교차하는 수를 세어서 쉽게 측정할 수 있다(그림 4-17a 참조). 오른손방향 나선에서 나선의 교차(꼬임)는 양의 값으로 정의되며, 이때 DNA의 고리수도 양의 값을 가지게 될 것이다.

그러나 cccDNA는 일반적으로 평면에 평평하게 놓일 수 없다. 오히려 cccDNA는 보통 뒤틀림의 힘을 받아서 이중나선의 긴 축이 3차원 공간에서 반복적으로 스스로 교차하게 된다(그림 4-17b). 이것을 초나선이라고 한다. 비틀림 압력에 의해 생긴 초나선을 상상하기 위해 과도하게 꼬여진 전화기 선의 감김을 생각해 보라.

초나선은 두 가지 형태를 가진다. 초나선의 한 형태는 **서로휘감긴 초나선(interwound 또는 plectonemic writhe)**으로, 그림 4-17b와 4-18a에서 묘사된 것

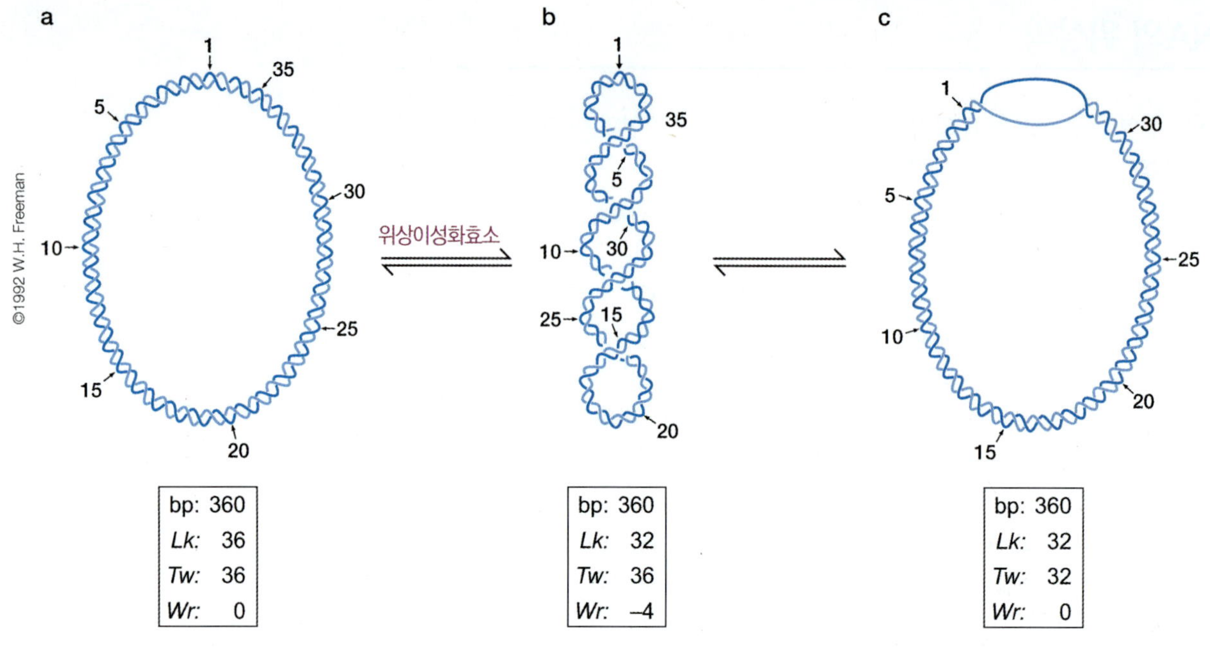

그림 4-17 공유결합상 닫힌 원형 DNA(cccDNA)의 위상학적인 상태. 그림은 DNA가 이완된 형태(a)에서 음성 초나선꼬임형(b)으로 변화되는 것을 보여준다. 초나선꼬임형의 힘은 초나선꼬임(b)이나 부분적인 염기쌍 파괴(c)를 만들어 낼 수 있다. [Adapted from a diagram provided by Dr. M. Gellert. (Modified, with permission, from komberg A. and baker T.A. 1992. *DNA replication*, 2nd ed., Fig 1.21, p. 32. © W.H. Freeman.)]

과 같이 긴 축이 스스로 감겨져 있다. 초나선의 다른 형태는 **환상면체(toroid)** 또는 **나선형(spiral)**이며, 이것의 긴 축 방향으로 DNA가 단백질을 둘러쌀 때 흔히 나타나듯이 원통형 모양으로 감겨져 있는 것이다(그림 4-18b). **초나선수[writhing number (*Wr*)]**는 cccDNA의 나선형 초나선(spiral writhe)과 서로휘감긴 초나선 수의 합이다. 예를 들어, 그림 4-17b 분자의 초나선수는 4이다.

서로휘감긴 초나선과 나선형 초나선은 서로 위상학적으로 동일하며 쉽게 cccDNA의 기하학적인 성질을 상호 전환할 수 있다. 또한 꼬임과 초나선도 상호전환 될 수 있다. cccDNA 분자는 어떤 공유결합의 절단 없이도 꼬임의 일부가 초나선으로 전환되거나 초나선의 일부가 꼬임으로 전환되는 비틀림이 쉽게 일어날 수 있다. 이때 유일한 제한은 **꼬임수[twist number (*Tw*)]**와 초나선수의 합이 항상 **고리수[linking munber (*Lk*)]**와 같다는 것이다.

$$Lk = Tw + Wr$$

Lk^o는 생리적 상태에서 완전히 이완된 cccDNA의 고리수이다

초나선꼬임(supercoiling)이 없이, 즉 **이완(relaxation)**되어 있는 상태로 생리적 조건의 용액 내에 있는 B형 DNA의 꼬임수(회전당 10.5 염기쌍)와 같은 꼬임수를 가지는 cccDNA를 생각해 보라. 생리학적 상태 하의 그런 cccDNA의 고리수(Lk)를 $\boldsymbol{Lk^o}$로 나타낸다. 그런 분자의 Lk^o는 염기쌍 수를 10.5로 나누었을 때의 값이다. 10,500 염기쌍을 가지는 cccDNA의 경우 $Lk = +1{,}000$이다. (DNA의 꼬임이 오른손 방향이어서 +값을 가지게 된다.) 이것을 보기 위한 하나의 방법은 10,500 염기쌍인

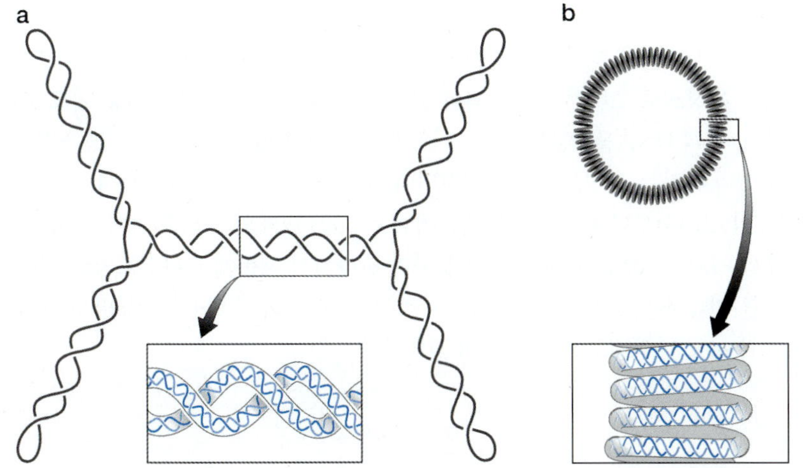

그림 4-18 초나선꼬임 DNA에서 나타나는 초나선의 2가지 형태. 그림은 같은 길이를 가지는 cccDNA의 서로 휘감긴 초나선(a)과 원추곡선 회전체 초나선(b)을 보여준다. (a) 서로휘감긴 초나선은 분지된 분자의 예에서 나타난 것과 같이 DNA 이중나선들의 꼬임에 의해 형성된다. (b) 원추곡선 회전체 초나선은 그림에서와 같이 원통코일(cylindrical coil)로 나타낼 수 있다. (Modified, with permission, from Kornberg A. and Baker T.A. 1992. *DNA replication*, I 1–22, p. 33. © W.H. Freeman. Used by permission of Dr. Nicholas Cozzarelli.)

cccDNA의 한 가닥을 당겨 평평한 원을 만든다고 상상하라. 그러면 만들어진 평평한 원형의 가닥 위에 상보가닥이 1,000번 교차하게 하면 될 것이다.

만약 이미 이완되지 않았다면 cccDNA로부터 초나선꼬임을 어떻게 제거할 것인가? 하나의 방법은 DNase I으로 DNA를 약하게 처리하여 각 DNA 분자 내에 하나의(또는 작은 수의) 인산이에스테르 결합(phosphodiester bond)을 절단하는 것이다. 일단 DNA가 이런 식으로 틈새(nick)를 가지게 되면 DNA는 더 이상 위상학적인 제한이 없어져 각 가닥들이 자유롭게 회전하므로 초나선은 사라지게 된다(그림 4-19). 만약 틈새가 수선되면 cccDNA 분자는 이완되고 Lk^o와 동일한 Lk를 평균적으로 가지게 될 것이다. [틈새가 수선되는 시간의 회전 변동(rotational fluctuation) 때문에 일부의 cccDNA는 Lk^o보다 다소 큰 Lk 또는 작은 값의 Lk를 가지게 된다. 따라서 이러한 이완 방법은 평균 Lk가 Lk^o와 동일한 좁은 스펙트럼의 cccDNA을 만들어낸다.]

세포 내 DNA는 음성의 초나선꼬임을 이루고 있다

초나선꼬임(supercoiling)의 정도는 Lk와 Lk^o의 차이, 즉 고리수 차이(linking difference)에 의해서 측정된다.

$$\Delta Lk = Lk - Lk^o$$

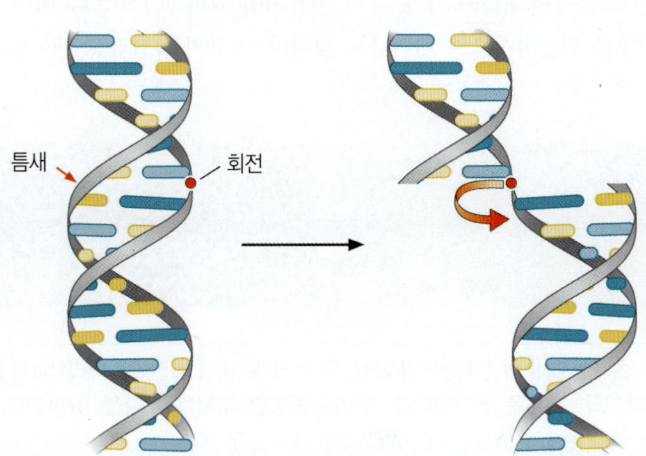

그림 4-19 DNase I에 의한 DNA의 이완.

만약 cccDNA의 ΔLk 값이 '0' 에서 크게 차이가 날 때 그 DNA는 뒤틀려 있으며, 따라서 초나선꼬임을 하고 있는 것이다. 만약 $Lk < Lk^o$이고 $\Delta Lk < 0$ 이라면, 이때 DNA는 "음성으로 초나선꼬임이 되어 있다"라고 한다. 반대로 $Lk > Lk^o$이고 $\Delta Lk > 0$ 이라면, 이때 DNA를 "양성으로 초나선꼬임이 되어 있다"라고 한다. 예를 들어, 그림 4-17b의 분자는 음성으로 초나선꼬임이 되어 있으며, 이 경우 그림 4-17a의 이완된 형태의 Lk(36)보다 4만큼 적기 때문에 ($Lk = 32$) 이때의 고리수 차이는 –4이다.

ΔLk와 Lk^o는 DNA 분자의 길이에 따라 달라지기 때문에 초나선꼬임의 표준화된 측정치를 언급하는 것이 더 편리하다. 이것이 초나선꼬임 밀도(superhelical density)로서, 이는 σ로 나타내고 아래와 같이 정의한다.

$$\sigma = \Delta Lk / Lk^o$$

세균과 진핵생물에서 정제된 원형의 DNA는 보통 σ가 −0.06인 음성 초나선꼬임 상태이다. 그림 4-20의 전자현미경 사진은 박테리오파지 DNA의 이완된 형태와 초나선꼬임 형태의 구조를 비교한 것이다.

초나선꼬임 밀도의 생물학적 의미는 무엇인가? 음성 초나선꼬임은 DNA 복제나 전사처럼 두 가닥의 DNA가 분리되는 과정에 필요한 자유에너지의 저장소라고 생각할 수 있다. $Lk = Tw + Wr$ 이기 때문에, 음성 초나선꼬임은 이중나선의 풀림으로 전환될 수 있다(그림 4-17a와 4-17b를 비교해 보라). 그러므로 음성 초나선꼬임을 가진 DNA는 부분적으로 풀어지려는 경향이 있다. 따라서 이완된 DNA보다 음성 초나선꼬임을 가진 DNA에서 두 가닥의 분리가 더 쉽게 일어날 수 있다.

양성 초나선꼬임의 DNA를 가지는 생명체는 온천과 같은 극단의 고온 상태에서 서식하는 미생물인 호열성세균(thermophile)뿐이다. 이 경우 양성 초나선꼬임은 온도상승 시에 일어나는 DNA의 변성을 막기 위해 도움이 되는 자유에너지의 저장소라 생각된다. 양성 초나선꼬임이 더 많은 꼬임으로 전환될 수 있는 한(양성 초나선꼬임 DNA는 지나치게 꼬인 것으로 생각할 수 있다), 음성 초나선꼬임의 DNA를 가지는 생명체보다 호열성세균에서 가닥을 분리시키는 데 더 많은 에너지가 필요하다.

뉴클레오솜은 진핵생물에서 음성 초나선꼬임을 도입한다

다음 장에서 볼 수 있듯이, 진핵세포 핵 안의 DNA는 이중나선이 단백질 입자의 주위를 거의 2바퀴 감고 있는 **뉴클레오솜(nucleosome)**으로 응축되어 있다. 이렇게 감는 것을 초나선의 환상면체(toroid) 또는 나선형(spiral)으로 인식할 수 있다. 보다 중요한 것은, 이것은 왼손방향으로 일어나는 것이다. (8장의 뉴클레오솜을 둘러싼 DNA

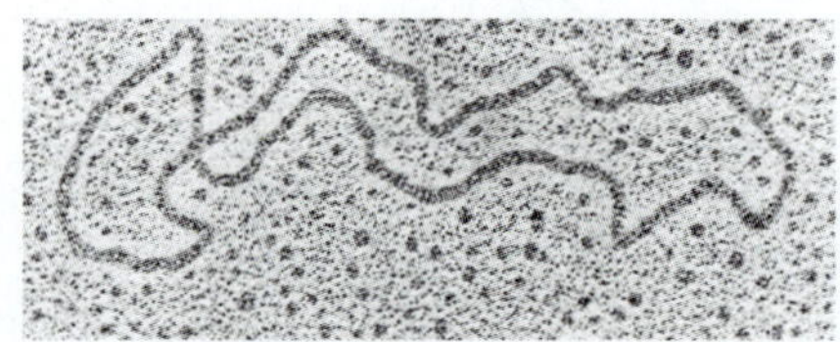

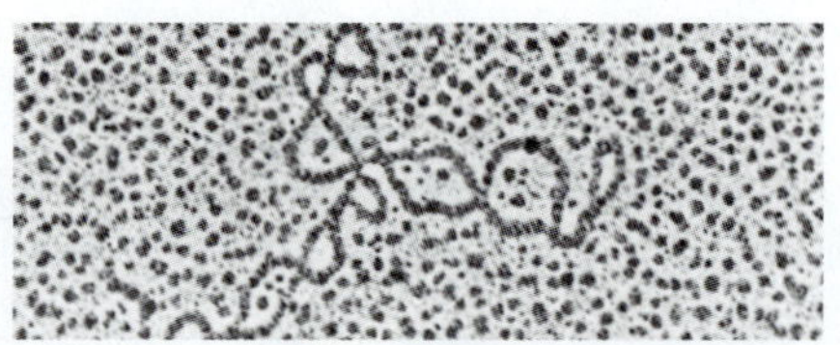

그림 4-20 초나선 DNA의 전자현미경 사진. 왼쪽 전자현미경 사진은 박테리오파지 PM2의 이완된 DNA 형태이다. 오른쪽 전자현미경 사진은 동일한 파지의 초나선 DNA이다. (Electron micrographs courtesy of Wang J.C. 1982. *Sci. Am.* **247:** 97.)

를 손잡이 법칙에 적용시켜 확인해 보라; 그림 8-18.) 결국 왼손방향 나선형의 초나선은 음성 초나선꼬임과 동일하다는 것을 알 수 있다. 따라서 뉴클레오솜으로의 DNA 응축은 음성 초나선꼬임 밀도를 도입한다.

위상이성화효소는 초나선꼬임의 DNA를 이완할 수 있다

이미 보았듯이 고리수는 위상적으로 제한된 DNA의 고유한 성질이다. 고리수는 당-인산 골격이 절단되었을 때만 변할 수 있다. **위상이성화효소(topoisomerase)**라고 알려진 효소는 DNA의 단일가닥이나 이중가닥을 일시적으로 절단하여 고리수를 변화시킬 수 있다.

위상이성화효소는 일반적으로 2가지 형태가 있다. II형 위상이성화효소는 두 단계로 고리수를 변화시킨다. 이는 DNA에 일시적인 이중가닥 절단을 만들고, 다시 재결합하기 전에 잘리지 않은 이중가닥 DNA의 부분을 여기로 통과시킨다. 이런 형태의 반응은 그림 4-21에서 도식화하여 나타나 있다. II형 위상이성화효소는 반응을 위해 ATP 가수분해를 통한 에너지가 필요하다. 이와 대조적으로, I형 위상이성화효소는 한 단계로 DNA의 고리수를 변화시킨다. 이들 위상이성화에 일시적인 단일가닥 절단을 만들고, 틈새(nick)가 이어지기 전에 절단된 곳을 통해 잘리지 않은 가닥을 통과시킨다(그림 4-22). II형 위상이성화효소와 대조적으로 I형 위상이성화효소는 ATP를 필요로 하지 않는다. 어떻게 위상이성화효소가 DNA를 이완하고, 조절된 상태에서 다른 관련 반응을 촉진시키는지 다음에 설명되어 있다.

원핵생물은 DNA에 초나선꼬임을 도입하는 특별한 위상이성화효소를 가진다

원핵생물과 진핵생물 모두 DNA로부터 초나선꼬임을 제거할 수 있는 I형과 II형 위상이성화효소를 가진다. 그러나 원핵생물에서는 음성 초나선꼬임을 제거하는 것이 아니라 유도하는 DNA 지라아제(gyrase)라고 하는 특별한 II형 위상이성화효소를 가진다. DNA 지라아제는 원핵생물에서 염색체의 음성 초나선꼬임을 담당한다. 이 음성 초나선꼬임은 DNA 이중가닥의 풀림을 촉진시키고, 전사와 DNA 복제의 개시를 포함하는 DNA의 많은 반응들을 촉진시킨다.

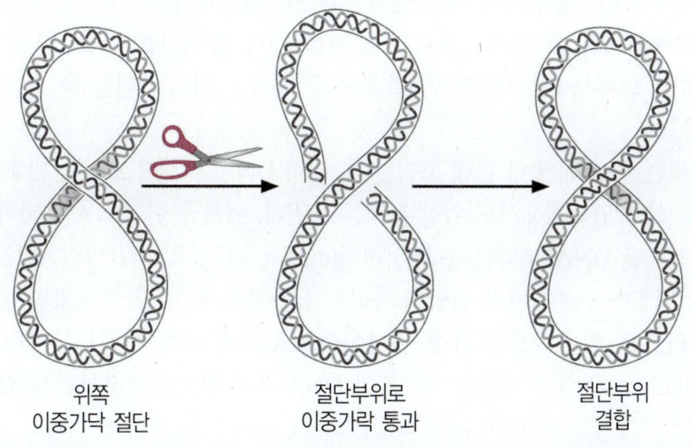

그림 4-21 위상이성화효소 II에 의한 DNA 고리수의 변화. 위상이성화효소 II는 DNA에 결합하여 이중나선을 자른 후 틈새를 통해서 잘리지 않은 DNA를 통과시키고, 그 후 절단된 곳을 재결합한다.

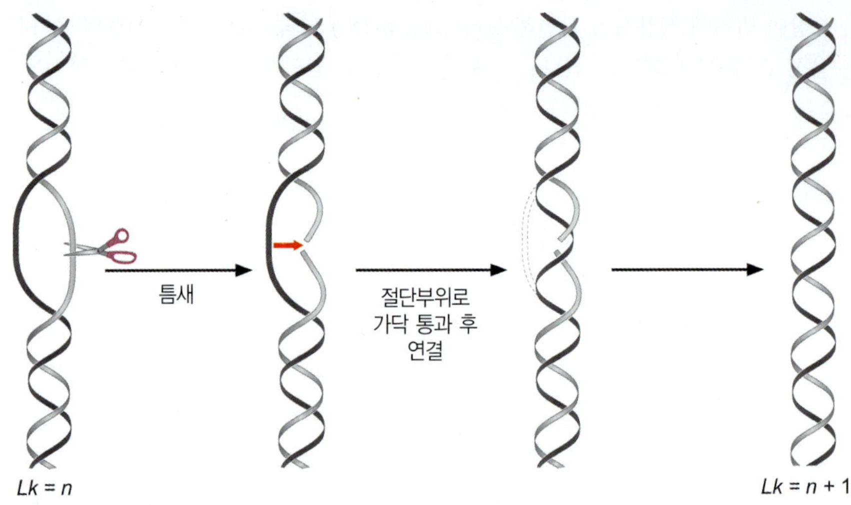

그림 4-22 위상이성화효소 I의 작용기작. 효소는 DNA 이중가닥 중 한 가닥을 자르고, 잘린 곳을 통해서 잘리지 않은 가닥을 통과시킨 후, 절단된 곳을 재결합한다. 이 과정에서 고리수는 +1만큼 증가한다.

위상이성화효소는 DNA 분자의 매듭을 풀거나 엉킨 것을 푼다

위상이성화효소는 초나선 DNA의 이완뿐만 아니라 세포 내에서 적절한 DNA 구조를 유지하는 데 중요한 여러 가지 다른 반응을 촉진한다. 이러한 반응을 수행하기 위하여, DNA를 이완시킬 때와 마찬가지로 이 효소는 DNA의 일시적인 절단 및 가닥 통과반응을 사용한다.

위상이성화효소는 원형 DNA 분자들의 고리를 연결하거나**(catenate)** 반대로 고리를 분리할 수 있다**(decatenate)**. 만약 원형 DNA 분자가 사슬의 두 고리처럼 연결된다면, 고리연결되었다고 말한다(그림 4-23a). 이런 두 가지 활성 중 한 가지인 DNA의 고리를 분리하는 능력은 생물학적으로 매우 중요하다. 9장에서 볼 수 있듯이, 고리로 연결된 DNA 분자는 일반적으로 DNA 복제 단계가 끝남에 따라 만들어진다(그림 9-35 참조). 위상이성화효소는 DNA 분자가 두 개의 딸세포로 나눠질 수 있도록 DNA 분자의 고리를 분리함으로써 세포분열에 필수적인 역할을 한다. 두 cccDNA 분자들 사이의 고리가 서로 분리되기 위해서는 한 DNA 분자 내에 절단된 이중가닥 사이로 다른 DNA 분자의 이중가닥이 통과하는 과정이 필요하다. 그러므로 이 반응은 II형 위상이성화효소에 의존적이다. 고리를 분리해야 하는 필요성은 왜 II형 위상이성화효소가 필수적인 세포 단백질인가를 설명해 준다. 하지만 만약 고리로 연결된 두 DNA 분자 중 적어도 하나가 틈새(nick)나 간격(gap)과 같은 단일가닥 부위를 가진다면, 그때는 I형 위상이성화효소가 두 분자 사이의 고리를 풀 수 있을 것이다(그림 4-23b).

비록 우리는 위상 문제에 관해 고려할 때 원형 DNA 분자에 초점을 맞추지만, 진핵세포의 긴 선형 염색체에서도 위상 문제는 생긴다. 예를 들면, DNA 복제과정 동안 두 이중가닥의 딸 DNA 분자는 종종 얽히게(entangle) 될 것이다(그림 4-23c). 마치 고리로 연결된 DNA 분자처럼 뒤엉킨 자리는 유사분열 동안 딸 염색체의 분리를 방해한다. 그러므로 일반적으로 II형 위상이성화효소에 의해 촉진되는 DNA 풀림(disentanglement)은 진핵세포의 성공적인 DNA 복제과정과 세포분열을 위하여 필요하다.

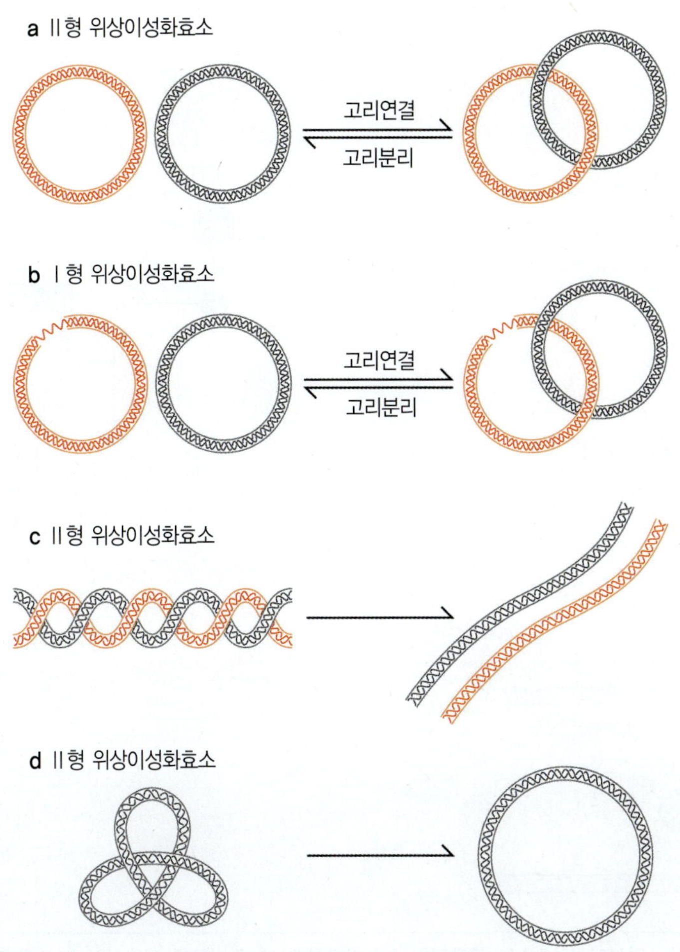

그림 4-23 위상이성화효소들은 DNA의 고리를 분리하고, 얽힌 것을 풀거나, 매듭을 푼다. (a) II형 위상이성화효소는 한 DNA의 이중가닥을 절단하고 절단한 곳으로 다른 DNA를 통과시킴으로써 cccDNA 분자들을 고리로 잇거나 그 고리를 분리할 수 있다. (b) I형 위상이성화효소는 만약 단일 DNA가닥에 틈이나 간격이 있을 때만, 고리를 잇거나 풀 수 있다. 왜냐하면 이 효소는 단일가닥 DNA만 자르기 때문이다. (c) 진핵 염색체의 복제 동안 만들어지는 것과 같은 얽혀진 긴 선형 DNA 분자들은 위상이성화효소에 의해 얽힌 것이 풀릴 수 있다. (d) DNA 매듭 또한 위상이성화효소 작용에 의해 풀릴 수 있다.

경우에 따라서는, 한 DNA 내에 매듭(knot)이 생기기도 한다(그림 4-23d). 예를 들면, (12장에서 자세히 다루게 되겠지만) 부위-특이적인 재조합 반응의 어떤 반응은 재조합의 결과로 매듭이 있는 DNA를 만들기도 한다. 반복해서 말하지만, II형 위상이성화효소는 이중가닥 DNA의 매듭을 풀 수 있다. 만약 그 DNA 분자가 틈새나 간격을 가진다면, 그때는 I형 위상이성화효소가 그 일을 할 수 있다.

위상이성화효소는 단백질-DNA 공유결합을 사용하여 DNA 가닥을 자르고 재결합한다

위상이성화효소는 기능을 수행하기 위하여, DNA 한 가닥(혹은 두 가닥)을 자른 다음, 잘려진 가닥을 재결합시켜야 한다. 위상이성화효소는 공유결합 중간체를 사용하는 기작을 이용하므로 다른 단백질이나 고에너지 보조인자(예를 들면, ATP; 아래 참조)의 도움 없이도 DNA 절단과 재결합의 두 가지 과정을 촉진할 수 있다. 위상이성화효소의 활성부위의 티로신 잔기가 표적 DNA 골격의 인산이에스테르 결합을 공격하여 DNA 절단이 일어난다(그림 4-24). 이 공격은 DNA의 절단을 야기하는데, 이때 위상이성화효소는 잘려진 DNA의 말단에 인산-티로신(phospho-tyrosine) 결합을 통하여 공유결합을 한다. 그 DNA의 다른 말단은 자유로운 OH기를 가지고 있다. 이 말단 또한 효소에 의해 강하게 결합되는데, 이것은 아래에서 다시 보게 될 것이다.

인산-티로신 결합은 잘려진 인산이에스테르 결합의 에너지를 보존한다. 그러므로 원래의 반응을 거꾸로 진행함으로써 DNA는 간단히 재결합될 수 있다: 잘린 DNA 말

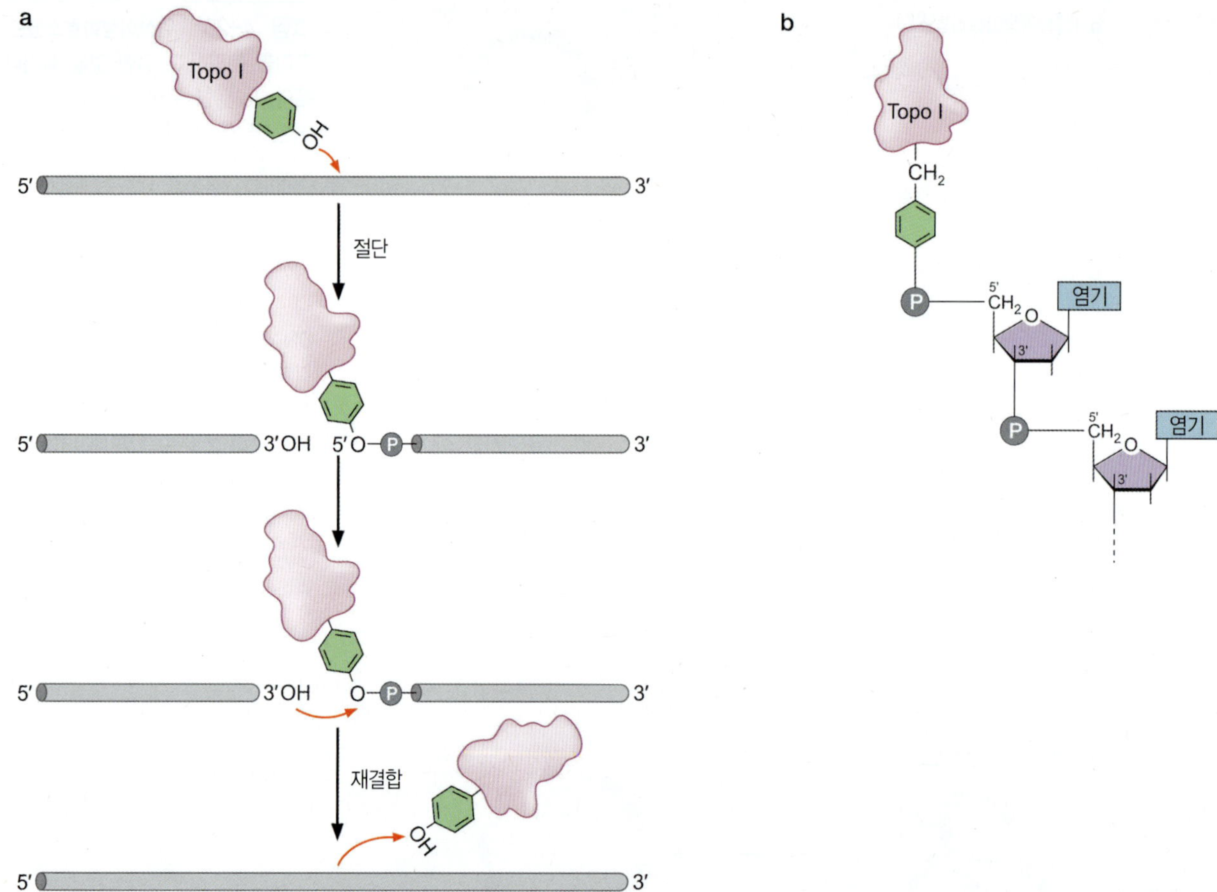

그림 4-24 위상이성화효소는 공유결합성의 티로신-DNA 중간체를 사용하여 DNA를 자른다. (a) 절단과 재결함 반응의 모형. 간단하게 오직 DNA의 한 가닥만 나타냈다. 그림 6-25는 좀 더 사실적인 그림이다. II형 위상이성화효소에서는 두 DNA 가닥을 자르기 위해 두 개의 소단위체가 요구되지만, 결국 같은 기작이 사용된다. 위상이성화효소들은 때로는 5′쪽을 자르고 때로는 3′쪽을 자른다. (b) 인산-티로신 공유결합 중간체를 자세히 보여준 그림.

단의 OH기가 DNA 인산이에스테르 결합을 다시 형성하면서 인산-티로신 결합을 공격한다. 이러한 반응에 의해 DNA 가닥이 재결합되고 위상이성화효소가 방출됨으로써, 방출된 효소가 다른 반응과정을 촉매할 수 있게 한다. 위에서 말하였듯이, II형 위상이성화효소는 활성을 위하여 ATP 분해가 요구되는데, 가수분해로 얻어진 에너지는 DNA의 절단이나 재결합에 사용되기보다는 위상이성화효소-DNA 복합체 내의 입체구조 변화를 촉진하는 데 사용된다.

위상이성화효소는 효소 다리를 형성하고 그 사이로 DNA 가닥을 통과시킨다

DNA 절단과 DNA 재결합 단계 사이에, 위상이성화효소는 끊어진 부분을 통하여 DNA의 두 번째 부분의 통과를 촉진한다. 따라서 DNA 절단, 가닥 통과, DNA 재결합과 같은 위상이성화효소의 모든 기능이 잘 조화되는 방식으로 이루어져야만 한다. 여러 가지 다른 위성이성화효소의 구조를 살펴보면, 어떻게 반응과정이 일어나는지 알 수 있다. 여기에서는 I형 위상이성화효소가 DNA를 이완하는 모델에 대하여 살펴

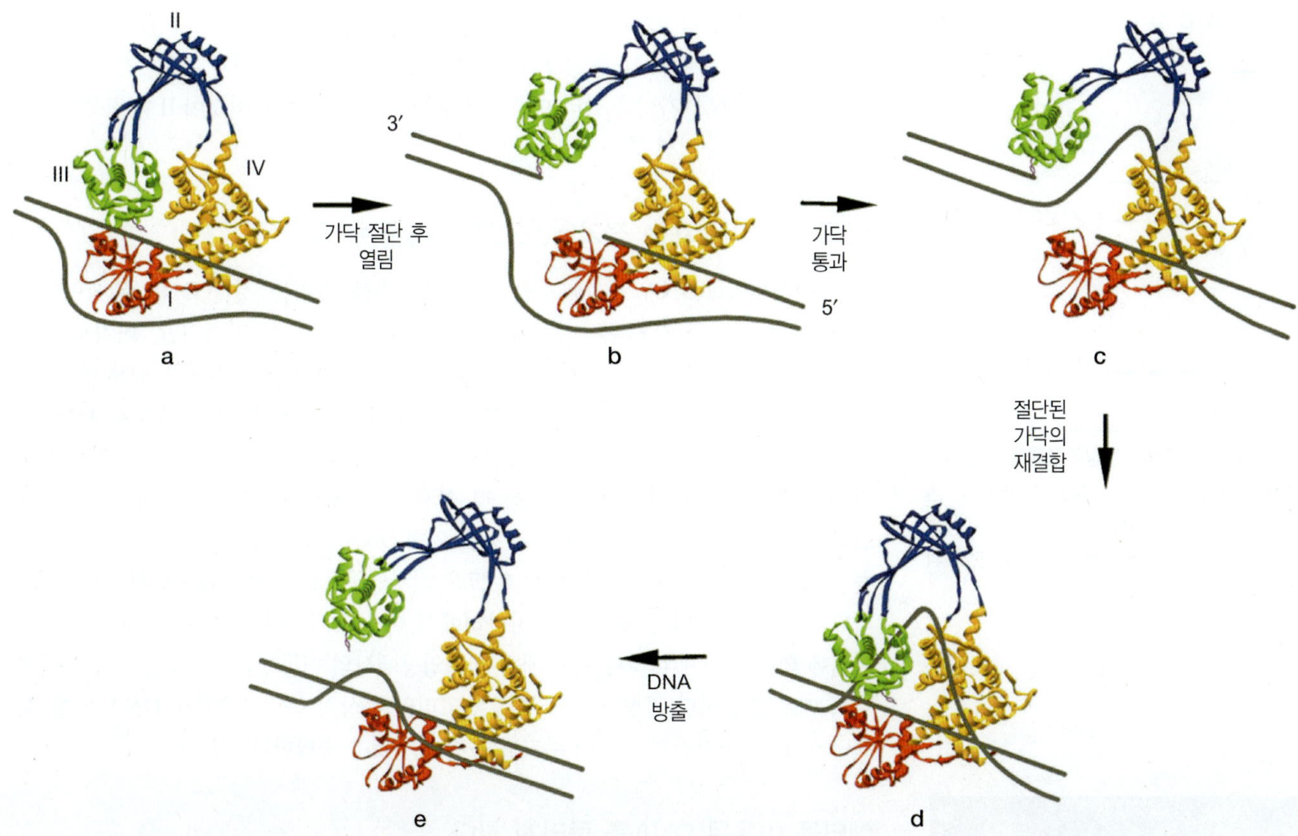

그림 4-25 I형 위상이성화효소에 의하여 촉진되는 반응과정의 모델. 그림은 음성초나선 플라스미드 DNA가 한 회전 이완되는 일련의 과정을 보여준다. DNA 두 가닥은 진한 회색으로 나타내었다 (일정 비율로 그려지지 않음). 단백질 내 4개의 도메인은 패널 (a)에 표시되어 있다. 도메인 1은 빨강, 2는 파랑, 3은 초록, 4는 주황색으로 나타내었다. (Adapted, with permission, from Champoux J. 2001. *Annu. Rev. Biochem.* **70:** 369–413. © Annual Reviews.)

볼 것이다.

이완과정을 시작하기 위해서, 위상이성화효소는 이중가닥 DNA의 단일가닥 부분에 결합한다(그림 4-25a). 단일가닥의 형성은 음성적으로 많이 초나선꼬임을 하고 있는 DNA에서 잘 일어나며, 따라서 이러한 DNA가 이완이 잘 되는 훌륭한 기질이 된다. DNA 두 가닥 중 한 가닥은 티로신 중간체의 근처에 위치한 효소 내 틈에 결합하게 된다(그림 4-25b). 이 반응이 성공적으로 이루어지기 위해서는, 새롭게 잘려진 DNA의 다른 말단이 효소와 강하게 결합하고 있어야 한다. DNA가 잘린 후, 위상이성화효소는 잘린 가닥에 간격을 만들기 위해서 구조적으로 큰 변화를 겪게 되고 효소는 다리처럼 그 간격을 연결한다. 그때 잘리지 않은 두 번째 DNA 가닥은 그 간격을 통과하여 단백질 내의 "도넛 모양의" 구멍에 위치한 DNA-결합자리에 결합한다(그림 4-25c). DNA 가닥이 통과한 후, 위상이성화효소-DNA 복합체 안에서 두 번째 구조변화가 일어나 잘려진 DNA 말단이 다시 연결된다(그림 4-25d); DNA 가닥의 재결합은 인산-티로신 결합에 있는 OH 말단의 공격에 의해 일어난다. 재결합 후, DNA가 빠져나갈 수 있도록 효소는 마지막으로 한 번 더 열려야 한다(그림 4-25e). 이렇게 만들어진 DNA는 고리수가 하나 늘어난 것을 제외하고는 시작할 때의 DNA 분자와 동일하다.

DNA 가닥 통과반응 동안 효소가 "단백질 다리"를 제공하는 이런 일반적인 작용

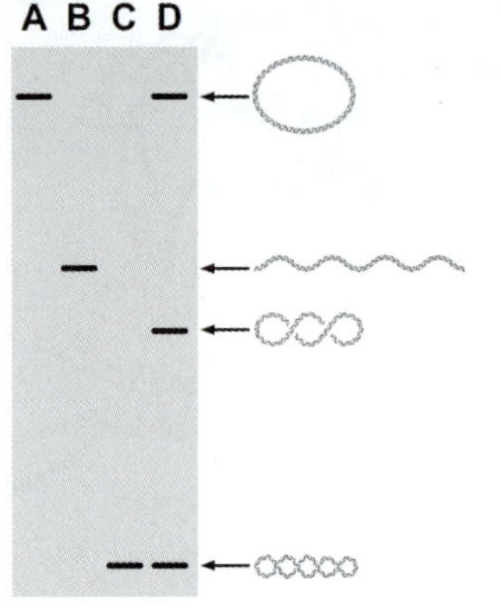

그림 4-26 **DNA 위상이성체들의 전기영동에 의한 분리 모식도.** A는 이완되거나 틈을 가진 원형 DNA를 나타낸다. B는 선형 DNA, C는 고도의 초나선 cccDNA, D는 위상이성체들의 사다리.

기작은 II형 위상이성화효소에도 적용될 수 있다. 하지만 II형 위상이성화효소는 2량체이다(어떤 것은 4량체). 활성자리 티로신 잔기를 가지는 두 개의 위상이성화효소 소단위체가 두 DNA 가닥을 잘라 이중가닥 절단을 만들어내며, 이것이 II형 위상이성화효소 기작의 필수적인 특징이다.

DNA 위상이성체는 전기영동으로 분리될 수 있다

같은 길이의 cccDNA 분자이지만 다른 고리수를 가지는 것을 DNA 위상이성체(topoisomer)라 부른다. 위상이성체들은 비록 같은 분자량을 가지지만, 아가로스 겔(agarose gel) 전기영동으로 서로 분리될 수 있다(겔 전기영동 설명을 위해서는 7장을 참조). 이러한 분리는 초나선 꼬임을 더 많이 가질수록 더 작은 형태의 cccDNA가 된다는 것이다. 다시 한 번 전화선이 초나선 꼬임을 할수록 더 치밀해진다는 것을 생각해 보라. DNA가 더 치밀해질수록 더 쉽게 겔을 통해 이동할 수 있다(그림 4-26). 그러므로 완전히 이완된 cccDNA는 같은 원형 DNA의 초나선으로 꼬여 있는 위상이성질체보다 더 늦게 이동한다. 그림 4-27은 전기영동으로 분리된 DNA 위상이성체의 사다리(ladder) 모양을 보여준다. 사다리에서 이웃한 각 밴드들은 단 하나의 고리수 차이에 의해 다르게 나타나며, 이처럼 전기영동에서의 이동성은 DNA의 위상 상태에 대해 매우 민감하다(글상자 4-3, "DNA 고리의 위상적 특징으로부터 DNA가 한 회전당 약 10.5 염기쌍의 나선형 주기를 가진다는 것을 증명한다" 참조).

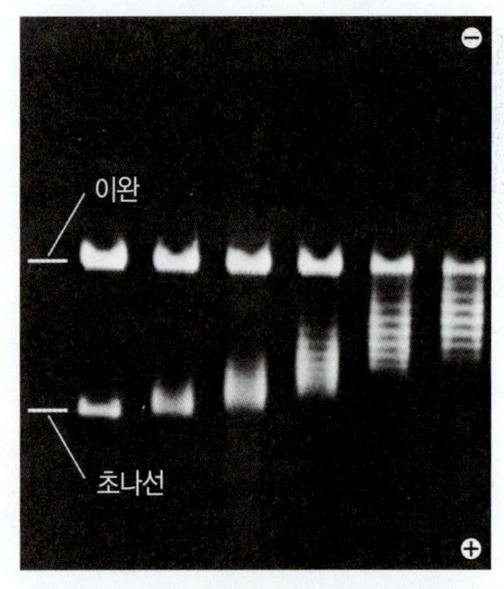

그림 4-27 **겔 전기영동에 의한 이완된 DNA와 초나선 DNA의 분리.** 이완되거나 초나선으로 꼬인 DNA 위상이성체들은 겔 전기영동으로 분리된다. 초나선 꼬임수가 증가한 만큼 DNA 분자의 이동속도는 빨라진다. (Courtesy of J.C. Wang.)

에티듐 이온은 DNA를 풀리게 한다

에티듐(ethidium)은 크고 편평한, 여러 개의 링을 가진 양이온이다. 평면 모양은 에티듐이 DNA의 중첩된 염기쌍 사이에 미끄러져 들어가거나, 삽입을 가능하게 한다(그림 4-28). 자외선에 노출되었을 때 형광을 발하고, 삽입되고 난 후 형광이 크게 증가하기 때문에, 에티듐은 DNA를 보기 위한 염색약으로 쓰인다.

하나의 에티듐 이온이 두 염기쌍 사이에 삽입될 때, 그것은 26° 만큼 DNA를 풀리

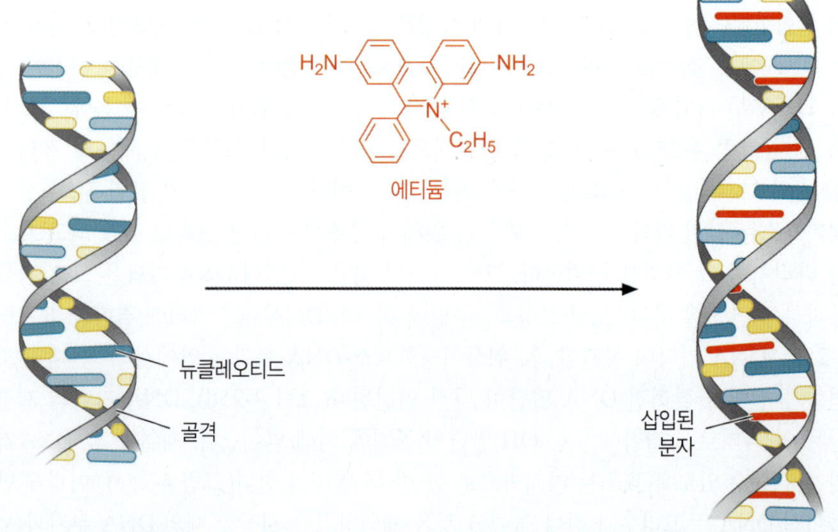

그림 4-28 **DNA에 에티듐의 삽입.** 에티듐은 연속되는 염기쌍의 간격을 증가시키고, 규칙적인 당-인산 골격을 일그러뜨리며, 나선의 꼬임을 감소시킨다.

▶ 핵심실험

글상자 4-3 DNA 고리의 위상적 특징으로부터 DNA가 한 회전당 약 10.5 염기쌍의 나선형 주기를 가진다는 것을 증명한다

DNA 위상이성체들이 각각 전기영동으로 분리될 수 있다는 관찰은 DNA가 용액상태에서 한 바퀴당 약 10.5 염기쌍의 나선형 주기를 가지는 것을 증명하는 간단한 실험의 기초가 된다. I형 위상이성화효소를 처리하여 완전히 이완한 3990, 3995, 4011 염기쌍 크기의 세 가지 cccDNA를 생각해보자. 3990과 4011 염기쌍의 DNA는 아가로스 겔 전기영동에서 동일한 이동성을 보인다. 열의 변동 때문에, 위상이성화효소 처리는 실제적으로 좁은 스펙트럼의 위상이성질체들을 만들어내지만, 단순화를 위해 오직 가장 많은 위상이성체(완전히 이완된 위상이성체 상태의 cccDNA)의 이동성만 고려해보자. 3990과 4011 염기쌍의 DNA에서 가장 많은 위상이성체의 이동은 고리의 크기에 비해 염기쌍의 차이가 21 염기쌍으로 작기 때문에 구별하기 어렵다. 그런데 3995 염기쌍의 가장 많은 위상이성체는 3990 염기쌍의 DNA보다 단지 5 염기쌍만큼에도 불구하고 다른 두 DNA보다 조금 더 빨리 이동함을 관찰할 수 있다. 이러한 현상을 어떻게 설명할 수 있을까? 가장 이완된 상태에서 3990과 4011 염기쌍 DNA는 Lk^o와 동일한 고리수, 즉 3,990 염기쌍 DNA는 380, 4,011 염기쌍 DNA는 382(10.5 염기쌍으로 크기를 나눔)의 고리수를 가질 것으로 예측할 수 있다. Lk가 Lk^o와 동일하기 때문에 두 경우의 고리수 차이($\Delta Lk = Lk - Lk^o$)는 '0'이며 초나선(writhe)은 없다. 하지만 고리수는 정수가 되어야 하므로, 3995 염기쌍 DNA의 가장 이완된 상태는 380 혹은 381의 고리수를 가지는 두 위상이성체 중 하나이어야 한다. 그렇지만 3995 염기쌍을 위한 Lk^o 값은 380.5이다. 따라서 가장 이완된 상태에서조차도 3995 염기쌍의 공유결합상 닫힌 원형 DNA는 필연적으로 약 1/2의 초나선을 가지며(고리 차이는 0.5), 그러므로 3990 및 4011 염기쌍 DNA보다 더 빨리 이동할 것이다. 바꾸어 말하면, 21 염기쌍(나선의 두 바퀴)의 길이 차이가 나는 DNA가 같은 이동성을 나타내는데 반해, 단지 5 염기쌍(나선의 반 바퀴)의 차이가 나는 DNA가 어떻게 다른 이동성을 나타내는지를 설명하기 위하여, 용액 내의 DNA가 회전당 약 10.5 염기쌍의 나선형 주기를 가진다는 것으로 결론지어야 한다.

게 하여, 염기쌍당 정상 회전을 ~36°에서 ~10°로 감소시킨다. 다시 말해, 에티듐은 DNA의 꼬임을 감소시킨다. 모든 염기쌍 사이에 에티듐 이온을 가지는 DNA 분자의 극단적인 경우를 생각하면, 그것은 회전당 10 염기쌍 대신 36 염기쌍을 가진다. 에티듐이 선형 DNA나 새김눈을 가진 원형 DNA에 결합할 때는, 단순히 나선의 피치(pitch)를 증가시킨다. 하지만 에티듐이 cccDNA에 결합할 때 무엇이 일어나는지 생각해 보라. cccDNA의 고리수는 변하지 않지만(공유결합이 깨지거나 재결합되지 않는다), 꼬임은 DNA에 결합하고 있는 각 에티듐 분자당 26°씩 감소한다. $Lk = Tw + Wr$이기 때문에, Tw의 감소는 Wr의 상응하는 증가로 상쇄되어야 한다. 만약 원형 DNA가 처음에 음성 초나선 꼬임을 하고 있다면(세포에서 분리되는 원형 DNA는 이런 경우가 보통이다), 에티듐의 첨가로 Wr이 증가하게 될 것이다. 다시 말하면, 에티듐의 첨가는 DNA를 이완시킬 것이다. 만약 에티듐이 충분히 첨가된다면, 음성 초나선 꼬임은 '0'으로 될 것이다. 그리고 더 에티듐을 넣으면, Wr은 '0' 이상으로 증가할 것이며, DNA는 양성 초나선 꼬임으로 될 것이다.

에티듐의 결합은 Wr을 증가시키기 때문에, 에티듐은 겔 전기영동 동안 cccDNA의 이동성에 큰 영향을 줄 것이다. 에티듐이 충분하지 않은 상태에서는 음성 초나선 꼬임을 하는 원형 DNA는 더 이완되어 더 늦게 이동하는 반면에, 이완된 cccDNA는 양성 초나선 꼬임을 하게 되어 더 빨리 이동한다.

요약

DNA는 보통 오른손방향 이중나선의 형태를 가진다. 이 이중나선은 두 개의 폴리데옥시뉴클레오티드 사슬로 구성된다. 각 사슬은 인산이에스테르 결합을 통해 연결된 데옥시리보오스 당과 인산의 상보적인 중합체이다. 각 당으로부터 퓨린 염기인 아데닌과 구아닌, 피리미딘 염기인 티민과 시토신 등 4개의 염기 중 하나가 돌출되어 있다. 당-인산 골격은 규칙적인 반면에, 염기의 순서는 불규칙적이며 이는 DNA가 가지는 정보 내용과 관련이 있다. 각 사슬은 5′에서 3′방향의 극성이 있고 이중나선의 두 사슬은 역평행, 즉 반대방향을 향하고 있다.

폴리뉴클레오티드 사슬은 염기쌍 형성과 염기 중첩에 의해 서로 묶인다. 염기쌍 형성은 수소결합에 의해 매개되며, 이때 엔트로피를 증가시키면서 물 분자의 방출을 초래한다. 염기 중첩 역시 염기 사이의 전자구름 상호작용(반데르발스 힘) 및 염기의 소수성 표면 매립을 통해 이중가닥의 안정성에 기여한다.

수소결합은 특이적이다: 한 사슬 내의 아데닌은 항상 다른 사슬의 티민과 쌍을 이루는 반면에, 구아닌은 시토신과 쌍을 이룬다. 이러한 제한적인 염기쌍은 DNA에서 발견되는 이들 퓨린과 피리미딘 염기 내 수소원자의 고정된 위치를 반영한다. 아데닌과 시토신은 거의 이미노(imino) 토토머가 아닌 아미노(amino)형으로 존재하며, 구아닌과 티민은 에놀(enol)형이 아닌 케토(keto)형으로 존재한다. 두 가닥의 염기 간 상보성은 DNA의 자기-암호화 특성을 부여한다.

이중나선의 두 가닥은 고온, 극단적인 pH, 수소결합을 끊는 어떤 물질에 노출되면 변성된다. 정상의 세포 조건으로 서서히 돌아가면서, 변성된 단일가닥은 생물학적 활성을 가진 이중나선으로 완전히 재생될 수 있다.

용액 내의 DNA는 나선 1회전당 약 10.5개 염기쌍의 나선 주기성을 가진다. 염기쌍이 포개어져 중첩됨으로써 두 개의 홈을 가진 나선을 만든다. 당이 약 120°의 각으로 염기로부터 돌출되기 때문에 홈의 크기가 동일하지 않다. 각 염기쌍의 가장자리가 홈에 노출되어 각 염기를 구분할 수 있는 수소결함의 공여자와 수여자의 패턴과 반데르발스 표면을 형성한다. 넓은 큰홈은 좁은 작은홈보다 화학적 정보가 더 풍부하고 뉴클레오티드 서열-특이적 결합 단백질에 의한 인식에 있어서 더 중요하다.

기의 모든 세포 내 DNA는 매우 긴 분자로, 염색체 내에는 단 하나의 DNA 분자만을 가진다. 진핵세포에서는 DNA가 뉴클레오솜이라고 알려진 단백질 입자를 둘러싸고 있으며, 이것이 부분적으로는 긴 DNA 분자를 제한된 공간에 수용하는 데 기여한다. 대부분의 DNA 분자는 선형이지만, 원핵생물의 염색체나 특정 바이러스의 경우 일부 DNA들은 원형이다.

DNA는 유연하다. 이 분자가 위상학적으로 제한되지 않는다면, 두 가닥은 서로 꼬인 회전수의 변화에 적응하기 위해 자유롭게 회전할 수 있다. DNA가 공유결합상 닫힌 원형을 하고 있거나 또는 염색질 내에 있을 때에는 위상적으로 억제되어 있다. 고리수는 공유결합상 닫힌 원형 DNA에서 변하지 않는 위상적 성질이다. 이는 두 원형의 가닥을 분리하기 위해 한 가닥이 다른 가닥을 통과해야만 하는 횟수이다. 고리수는 상호전환이 가능한 두 가지 위상적 성질, 즉 두 가닥이 서로 꼬여진 꼬임수와 DNA의 긴 축이 공간에서 스스로 교차하는 수인 초나선수의 합이다. 생리적 조건에서 이완되어 있을 때 DNA는 회전당 약 10.5 염기쌍을 가지며 초나선이 없다. 고리수가 감소하면 DNA는 비틀림 압력을 받게 되고 이를 음성 초나선 꼬임이라 부른다. 세포에서 DNA는 일반적으로 약 6% 정도 음성 초나선 꼬임을 하고 있다.

진핵생물에서 DNA가 왼손방향으로 뉴클레오솜 주위를 감으면 음성 초나선 꼬임이 도입된다. 히스톤이 없는 원핵생물에서는 DNA 지라아제가 음성초나선을 만들어낸다. DNA 지라아제는 II형 위상이성화효소군에 속한다. 이 효소는 이중나선을 일시적으로 절단하고 잘린 곳을 통하여 이중가닥 DNA 부분을 통과시키는 두 단계를 통해서 DNA의 고리수를 변화시킨다. 일부 II형 위상이성화효소는 초나선 DNA를 이완시키는 반면, DNA 지라아제는 음성 초나선을 발생시킨다. I형 위상이성화효소 또한 초나선 DNA를 이완시키지만, 외가닥 DNA가 다른 가닥의 일시적 틈새를 통과하는 단계를 거친다.

참고문헌

Books

Bloomfield V.A., Crothers D.M., Tinoco I. Jr., and Heast J.E. 2000. *Nucleic acids: Structures, properties, and functions*. University Science Books, Sausalito, California.

Watson J.D., ed. 1982. *Structures of DNA*. Cold Spring Harbor Symposium on Quantitative Biology, Vol. 47. Cold Spring Harbor Laboratory Press, Cold Spring Harbor, New York.

DNA Structure

Chambers D.A., ed. 1995. DNA: The double-helix Perspective and prospective at forty years. *Ann. N.Y. Acad. Sci.* **758:** 1–472.

Dickerson R.E. 1983. The DNA helix and how it is read. *Sci. Am.* **249:** 94–111.

Franklin R.E. and Gosling R.G. 1953. Molecular configuration in sodium thymonucleate. *Nature* **171:** 740–741.

Roberts R.J. 1995. On base flipping. *Cell* **82:** 9–12.

Watson J.D. and Crick F.H.C. 1953a. Molecular structure of nucleic acids: A structure for deoxyribonucleic acids. *Nature* **171:** 737–738.

_________. 1953b. Genetical implications of the structure of deoxyribonucleic acids. *Nature* **171:** 964–967.

Wilkins M.H.F., Stokes A.R., andWilson H.R. 1953. Molecular structure of deoxypentose nucleic acids. *Nature* **171:** 738–740.

DNA Topology

Droöge P. and Cozzarelli N.R. 1992. Topological structure of DNA knots and catenanes. *Methods Enzymol.* **212:** 120–130.

Wang J.C. 2002. Cellular roles of DNA topoisomerases: A molecular perspective. *Nat. Rev. Mol. Cell Biol.* **3:** 430–440.

연습문제

짝수 문제의 해답은 부록 2 해답을 참조하라.

문제 1. 이중가닥 DNA에 관련된 다음 형용사의 의미가 무엇인지 설명하라.

A. 극성인

B. 역평행의

C. 상보적인

문제 2.

A. B형 DNA의 4회전 나선에 포함되는 대략적인 염기쌍 수를 계산하라(초기 X-선 회절 구조의 수치에 기초하여). B형 DNA의 4회전 나선에 포함되는 대략적인 염기쌍 수를 계산하라(녹아 있는 DNA일 때 기준으로). B형 DNA의 4회전 나선의 길이를 계산하라.

B. A형 DNA의 4회전 나선에 포함되는 대략적인 염기쌍 수를 계산하라(초기 X-선 회절 구조의 수치에 기초하여).

문제 3. 아래 문장이 맞는가, 틀리는가? 만약 틀리면 맞도록 고쳐라.

A. A:T 염기쌍은 2개의 수소결합을 가지고 G:C 염기쌍은 3개의 염기쌍을 가지기 때문에, 더 높은 GC 함량을 가지는 DNA일수록 더 높은 융점(T_m)을 가진다.

B. 엔트로피와 염기중첩은 이중가닥 DNA의 안정성에 기여하는 주요 인자이다.

C. 염기중첩은 DNA 염기쌍의 특이성을 결정한다.

문제 4. 다음 염기쌍 세트에서, 두 쌍이 작은홈, 큰홈, 혹은 둘 다를 사용해서 구분 가능한지 아닌지를 설명하라.

G:C 대 C:G ____________________

A:T 대 G:C ____________________

A:T 대 T:A ____________________

문제 5. 뉴클레오시드의 구조 유사물질은 DNA에서 발견되는 주요 4가지 뉴클레오시드에 비해 화학구조에서 다소 다양하다. DNA 합성에 사용된 2가지 뉴클레오시드 유사물질의 구조는 아래와 같다.

A. 밑줄 친 1과 2에 이들 구조와 유사한 데옥시뉴클레오시드의 이름을 적어라.

1. ________________ 2. ________________

B. 보통의 데옥시뉴클레오시드와 다른 화학기를 원으로 표시하라.

문제 6.

A. 대장균으로부터 10,000 bp의 초나선 플라스미드를 분리하였다. 이 플라스미드는 공유결합 폐환상 DNA (cccDNA)라고 가정하라. DNA분해효소(DNase) I으로 이 플라스미드를 DNA 분자당 하나의 틈새(nick)를 만드는 조건으로 처리하였다.

i. DNA 분해효소 I이 절단하는 결합의 이름을 적어라.

ii. 이 처리로 인해 이 플라스미드의 위상상태는 어떻게 달라지나?

B. DNase I을 불활성화시킨 후, 플라스미드를 다시 cccDNA로 만들기 위해 DNA 연결효소(ligase)와 ATP로 처리하였다. (DNA 연결효소는 ATP의 도움으로 DNA 틈새를 연결하는 효소이다.) 만들어진 cccDNA의 위상상태를 설명하라. *Lk* (고리수)와 Lk^o에 대해 추론하라.

문제 7. 대장균으로부터 10,500 bp 플라스미드(초나선의 cccDNA)를 분리하였다. 이 플라스미드에는 제한효소 EcoRI의 인식자리가 하나 있다. 제한효소는 특별한 서열을 인식하여 그 서열에서 두 가닥을 자르는 효소이다(21장 참조). cccDNA를 아래에 열거한 각각의 시약과 섞은 후 37°C에서 간단히 반응시켰다. 반응한 각각의 DNA를 아가로스 겔에서 전기영동한 후 브롬화에티듐(EtBr)으로 염색하여 자외선 하에서 관찰하였다. 필요 시 적당한 완충액과 ATP를 반응에 넣었다. 4가지 반응에서 만들어진 산물을 포함하는 겔의 그림은 아래와 같다. 각 반응에서 예상되는 산물은 겔 상의 어느 것에 해당하는지 표시하라.

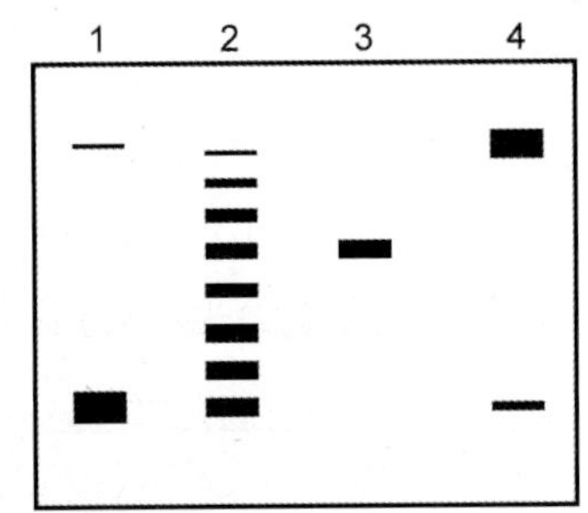

i. 완충액

ii. DNA 분해효소 I(간단한 처리)

iii. I형 위성이성체화효소

iv. EcoRI

문제 8. X-선 회절에 대한 지식을 이용하여 아래 문자를 해당 회절 패턴과 짝지어라. 회절 패턴은 문자의 반복 패턴(배열)에 기초하지만, 단순성을 위해 단일 문자로 표시했다고 가정하라(힌트: 각 글자를 구성하는 선으로 부수어 각 선이 생성하는 회절 패턴을 생각하라. 그 다음, 최종 회절 패턴을 얻기 위해 각 선의 패턴을 합쳐라. 완성된 예가 제시되었다.)

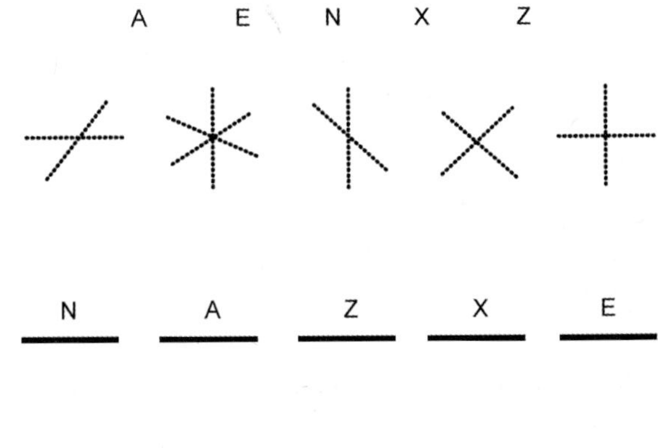

CHAPTER 5

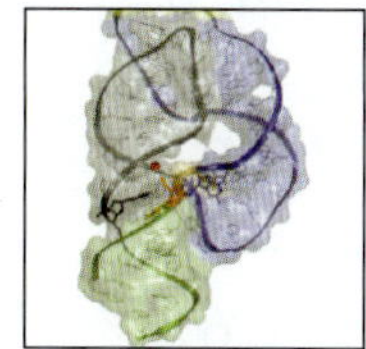

RNA의 구조와 다능성

개 요

얼핏 보기에 RNA는 DNA와 매우 유사하다. 확실히 RNA의 화학적 조성은 DNA와 비교했을 때 일부만 다르다: 즉 RNA의 골격에는 수소원자 대신 히드록시기가 있고 4염기 중 하나에는 메틸기가 없다. 사실, 오랫동안 RNA는 정보전달에서 단순히 DNA의 보조적인 역할을 하는 것으로 간주되었다. 비록 어떤 바이러스는 유전체로 RNA를 가지지만, 대부분의 경우는 DNA가 유전정보 저장소이다. 대신에 RNA는 DNA로부터 리보솜으로 정보를 전달하는 매개체나 그 정보의 암호를 푸는 어댑터, 그리고 리보솜의 구조적 구성요소로 간주되어 왔다. 그러나 현재는 RNA가 처음 생각했던 것보다 훨씬 더 구조가 복잡하고 더 다양한 기능을 하고 있는 것으로 인식된다.

RNA는 대개 단일가닥 분자로 발견된다. 그러나 단일가닥 내 염기쌍 형성에 의해서 광범위하게 이중나선 특징을 나타내며, 다양한 3차구조로 접혀질 수 있다. 이러한 RNA의 특이한 염기쌍, 염기와 골격의 상호작용, 그리고 매듭 모양 등의 구조는 굉장한 놀라움을 안겨준다. 이 중에서 가장 놀랍고도 진화적으로 의미 있는 것은 일부 RNA 분자가 뉴클레오티드에서 단백질로 정보를 전달하는 핵심반응을 수행하는 효소라는 사실이다.

RNA는 리보오스와 우라실을 포함하며 보통 단일가닥이다

RNA는 세 가지 측면에서 DNA와 다르다(그림 5-1). 첫째, RNA 골격은 2′-데옥시리보오스가 아닌 리보오스로 이루어진다. 즉, 리보오스는 2′ 위치에 히드록시기를 가진다. 둘째, RNA는 티민 대신 **우라실(uracil)**을 가진다. 우라실은 티민과 같은 단일 링 구조를 하고 있지만 5 위치에 메틸기[**5 메틸(5 methyl)**기]가 없다. 티민은 사실 **5 메틸-우라실(5 methyl-uracil)**이다. 우라실은 티민처럼 아데닌과 쌍을 이룬다(그림 5-2 참조). 두 염기의 유사성을 볼 때, 왜 DNA는 진화적으로 여분의 메틸기를 갖게 되었을까? 10장에서 설명하겠지만, 염기 시토신은 탈아미노화 반응에 의해 우라실이 될 수 있으며, 이 우라실은 수선계에 의해 DNA의 이단자로 인식되어 시토신으로 다

그림 5-1 RNA의 구조적 특징. 그림은 인산기와 리보오스 부분으로 이루어진 RNA 골격의 구조를 보여준다. DNA와 구별되는 RNA의 특징은 빨간색으로 나타냈다.

시 복구된다. 만약 유전물질이 본래부터 우라실을 갖고 있다면, 시토신의 탈아미노화에 의해 생긴 우라실은 유전체를 유지하는 수선계에 의해 결코 검출되지 않을 것이다.

셋째, RNA는 보통 단일가닥의 폴리뉴클레오티드 사슬이다. 인플루엔자와 후천성면역결핍증을 유발하는 바이러스 등을 제외하고, RNA는 유전물질이 아니므로 스스로 복제하기 위한 주형을 제공할 필요가 없다. 오히려 RNA는 유전자와 단백질 합성 기구 사이에서 중간체, 즉 메신저RNA(mRNA)로 작용한다. RNA의 또 다른 기능은 mRNA의 코돈과 아미노산 사이의 어댑터, 즉 전달RNA(tRNA) 역할이다. 아울러 RNA가 리보솜의 구성성분일 때는 구조적인 역할도 수행한다. 어떤 RNA는 조절 분자의 역할도 하는데, 이는 서열상보성을 통해 특정 mRNA에 결합하여 번역을 간섭함으로써 이루어진다(20장 참조). 끝으로 일부 RNA(리보솜의 구조 RNA 중 일부를 포함해서)는 세포의 필수적인 반응을 촉매하는 효소로 작용하기도 한다. 위의 모든 경우에서 RNA는 DNA 두 가닥 중 한 가닥을 주형으로 복사되어 단일가닥으로 존재하고, 그것의 상보적인 가닥은 존재하지 않는다. RNA는 긴 이중나선을 형성할 수 있지만, 일반적으로 자연상태에서는 그렇지 않다.

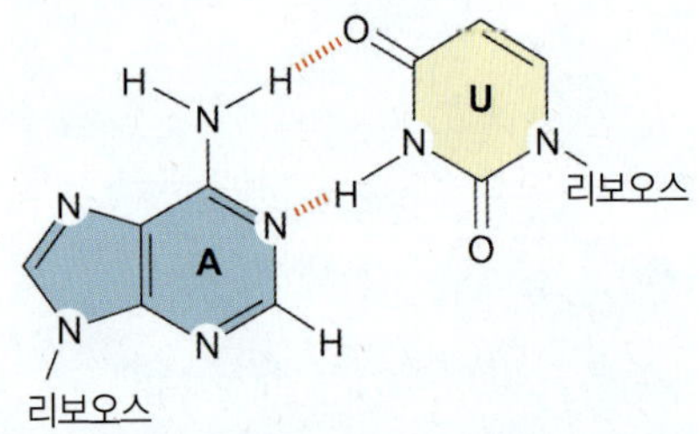

그림 5-2 우라실은 아데닌과 쌍을 이룬다. 티민과 다른 우라실의 5′ 위치는 염기쌍 형성에 관여하지 않음을 주목하라.

RNA 사슬의 골격은 스스로 접혀서 국소적으로 A형 DNA와 유사한 이중나선을 형성한다

RNA는 비록 단일가닥이지만 이중나선의 특징을 많이 나타낸다(그림 5-3). 이것은 RNA 사슬이 종종 스스로 접혀서 짧은 상보적 서열 사이에서 염기쌍을 형성하기 때문이다. 두 부분의 상보적인 서열이 서로 가까이 있으면 RNA는 다양한 **줄기-고리구조(stem-loop structure)**를 형성하며, 이때 비상보적으로 끼어 있는 RNA는 이중나선 부분의 끝에 고리를 형성한다(그림 5-3). 또한 연속적인 이중나선 RNA는 **내부고리(internal loop**; 줄기의 양쪽에 쌍을 이루지 않는 뉴클레오티드가 있을 때), **돌출부(bulge**; 줄기의 한 쪽에 쌍을 이루지 않는 뉴클레오티드가 있을 때), 혹은 **교차로(junction)**를 형성할 수도 있다(그림 5-3).

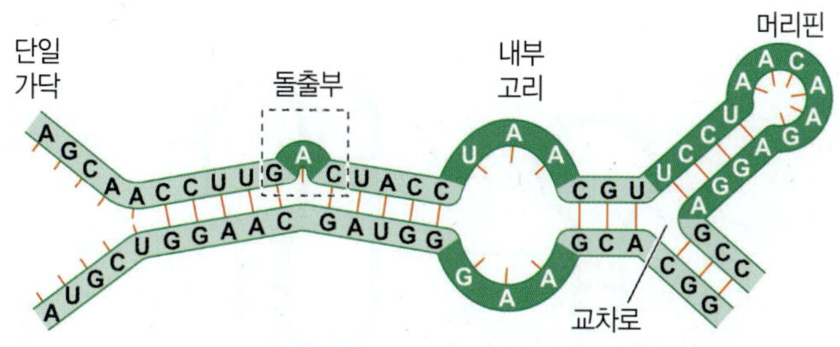

그림 5-3 RNA의 이중나선 특징. 상보적인 서열을 가지는 RNA 분자에서는 사이에 끼어 있는(비상보적인) 부위가 그림에 나타나 있는 구조(돌출부, 내부고리, 머리핀 고리) 중 한 형태로 "고리 돌출"된다.

이 줄기-고리구조의 안정성은 가끔 고리의 특수한 성질에 의해 강화된다. 그 예로, "4중고리(tetraloop)"서열인 UUCG를 가지는 줄기-고리구조는 고리의 특수한 염기 중첩 상호작용 때문에 예상 외로 안정하다(그림 5-4). 염기쌍은 인접하지 않은 서열 사이에서도 생길 수 있으며 이때 **유사매듭(pseudoknot)**이라고 부르는 복합구조를 형성할 수 있다(그림 5-5). RNA에서 염기쌍을 이루는 부분은 규칙적인 이중나선일 수도 있고, 나선으로부터 돌출된 비상보적인 부분 때문에 불연속적일 수도 있다.

이중나선 구조를 형성하는 성질 외에 또 다른 RNA의 특징은 특수한 비왓슨-크릭 염기쌍을 형성한다는 것이다. 한 예가 G:U 염기쌍이며 우라실의 N3와 구아닌의 C6에 있는 카르보닐기 사이, 그리고 우라실의 C2에 있는 카르보닐기와 구아닌의 N1 사이에서 수소결합이 형성된다(그림 5-6). 비왓슨-크릭 염기쌍은 RNA의 모든 조합에서 발견될 수 있다(G:A 및 G:U는 리보솜 RNA에서 가장 풍부하다). RNA 사슬은 정상적인 왓슨-크릭 염기쌍뿐만 아니라 이러한 비규범적인 염기쌍도 형성할 수 있기 때문에, 자가-상보성(self-complementarity) 능력이 촉진된다. 그래서 RNA는 DNA처럼 규칙적이고 긴 범위의 나선을 형성하지 못하고 종종 국소적인 염기쌍을 형성한다.

RNA 골격에 2′-히드록시기가 존재하는 것이 RNA가 B형 나선(B-form helix)을 형성하지 못하도록 막는다. RNA 이중나선은 오히려 DNA의 A형 구조와 유사하다. 그래서 작은홈은 넓고 얕아서 접근하기 쉽다. 그렇지만 작은홈은 서열 특이적 정보를 거의 제공하지 못한다는 사실을 명심하자. 반면에 큰홈은 매우 좁고 깊어서 상호작용하는 단백질의 아미노산 곁사슬이 접근하기가 어렵다. 그래서 RNA 이중나선은 DNA 이중나선과 세부적인 원자구조가 상당히 다르며, 단백질과 서열 특이적 상호작

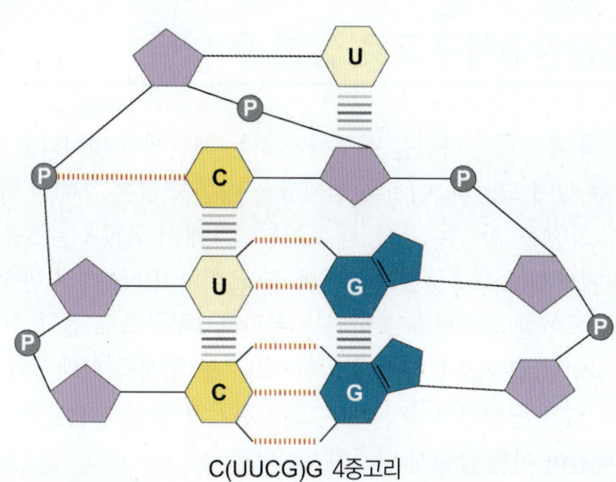

그림 5-4 4중고리(tetraloop). 염기-중첩 상호작용이 "4중고리" 구조를 촉진하고 안정화시킨다. 보라색으로 나타낸 리보오스 사이의 회색 원은 RNA 골격의 인산기 부분을 나타낸다. 가로선은 염기-중첩 상호작용을 나타낸다.

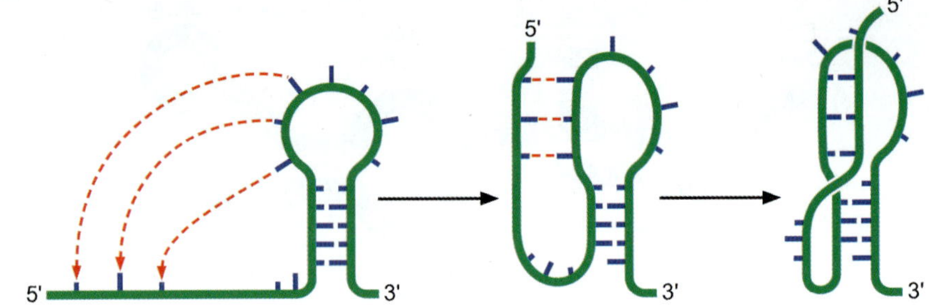

그림 5-5 유사매듭(pseudoknoks). 유사매듭 구조는 인접하지 않은 상보적인 서열 사이의 염기가 쌍을 이루면서 형성된다.

용을 하기에는 적당하지 않다. 그러나 많은 단백질의 경우 RNA 내 머리핀 고리, 돌출부, 그리고 비규범적인 염기쌍에 의해 유발되는 뒤틀림을 인식하면서 서열 특이적으로 RNA에 결합할 수 있다. 그 예로는, 이미노아실-tRNA 합성효소에 의한 해당 tRNA 인식, 진핵세포 리보솜의 큰 서브유닛 rRNA 내 "사르신/리신(sarcin/ricin)" 고리의 글리코시드 결합을 절단하는 식물 독소단백질 리신, 폴리(A) 중합효소의 접근을 막아 폴리(A)의 길이를 제한하면서 mRNA 내 U자형 U1A 폴리아데닐화 저해요소에 결합하는 U1A 단백질 등이 있다.

때때로 RNA 2차구조는 단백질의 개입 없이 중요한 생물학적 기능을 가질 수 있다. 그 좋은 예가 병원성 세균이다. 병원성 세균은 동물에서 병을 유발하는 독성유전자를 발현한다. 전형적으로 독성유전자는 숙주의 바깥에서는 발현하지 않으며, 대신에 감염한 동물 내에서 자극에 의해 발현이 유도된다. 자극의 한 예는 동물 바깥보다 안쪽에서 더 높은 온도이다. 어떻게 병원체가 온도상승을 감지하며, 어떻게 온도감지가 독성유전자를 활성화 하는가? 식품매개 병원균이면서 면역력이 떨어진 사람이나 임산부에게 치명적인 *Listeria monocytogenes*로부터 그 답을 얻을 수 있다. *L. monocytogenes*의 독성 유전자는 전사인자 PrfA에 의해 발현되며, PrfA의 합성은 리보솜 결합자리를 포함하는 자신의 mRNA 내 상류부위에서 번역수준으로 조절된다(그림 5-7 참조). 15장에서 볼 수 있듯이, 리보솜 결합자리란 단백질 합성 개시를 위해 리보솜이 인식하는 서열을 말한다. 이 상류부위는 스스로 접혀 온도감수성 2차구조를 이루고 리보솜 결합자리를 막아서, 그 결과 30°C에서는 리보솜이 결합할 수 없다. 그러나 37°C에서는 번역기구가 리보솜 결합자리에 접근할 수 있어서 PrfA는 합성된다. 이차구조가 온도조절에 필요할 뿐만 아니라 충분하다는 것은 녹색형광단백질 유전자의 상류에 이것을 융합한 실험을 통해 밝혀졌다(글상자 5-2 참조). 이 융합체를 대장균에 넣었을 때 37°C에서는 형광을 내지만 30°C에서는 형광을 내지 않았다.

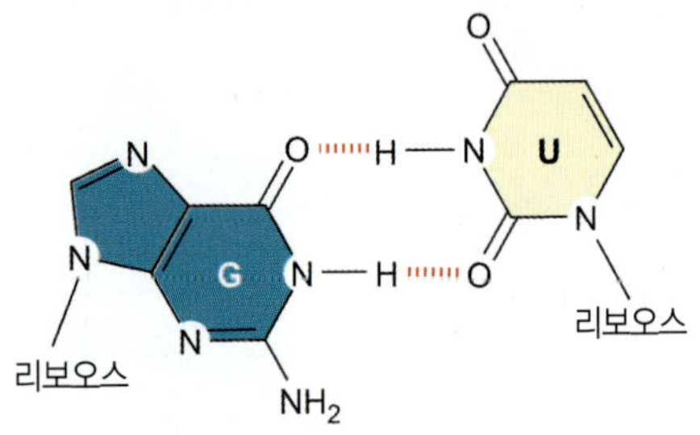

그림 5-6 G:U 염기쌍. 이 구조는 구아닌과 우라실 사이에 염기쌍을 형성하기 위해 필요한 수소결합을 보여준다.

RNA는 복잡한 3차구조로 접힐 수 있다

RNA는 긴 영역의 규칙적인 나선을 형성해야 하는 제한에서 벗어남으로써, 다양한 3차구조를 가질 수 있게 되었다. 이것은 염기쌍을 이루지 않는 부위의 골격에서 RNA가 엄청난 자유회전을 할 수 있기 때문이다. 그래서 RNA는 3중염기쌍(base triple)(그림 5-8에서 U:A:U 3중염기쌍의 예 참조)이나 tRNA에서 관찰되는 염기-골격 상호작용처럼 특이한 염기쌍을 포함하는 복잡한 3차구조로 접힐 수 있다. 리보솜에서 발견되는 것처럼 큰 RNA 분자에 의한 3차구조 형성을 단백질이 도울 수도 있다. RNA 골격에 있는 인산기의 음전하는 그 정전기적 반발력 때문에 구조를 불안정화시키는데, 단백질이 이를 감싸서 안정화시킨다.

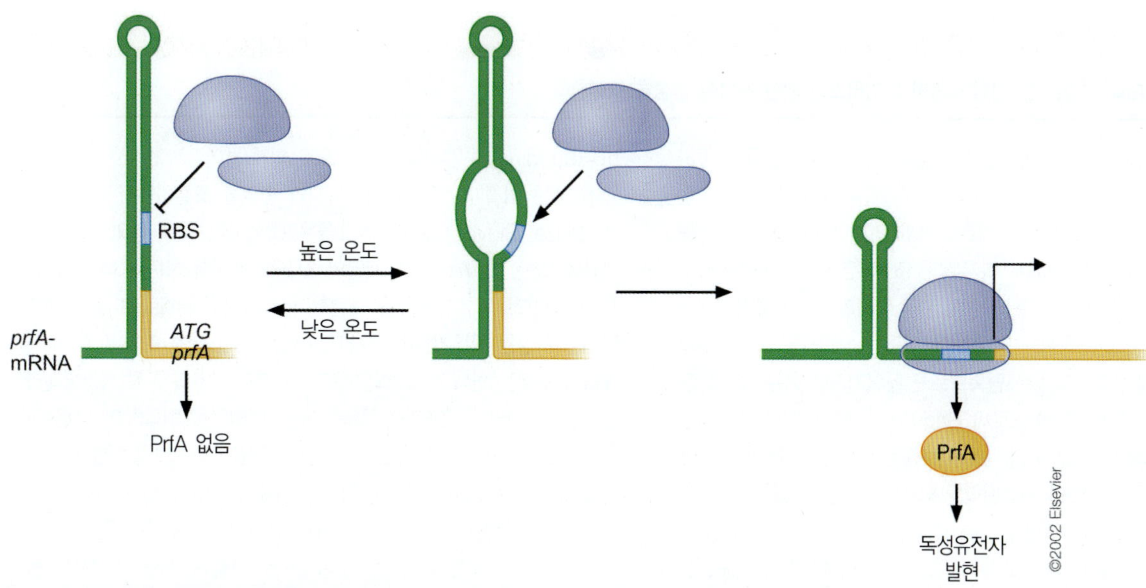

그림 5-7 독성유전자 발현을 위한 온도센서 *L. monocytogenes*의 *prfA* 유전자는 리보솜 결합자리(RBS)의 온도-의존성 노출에 의해 번역수준에서 조절된다. 푸른색 타원은 리보솜 소단위를 나타낸다. (Adapted, with permission from Elsevier, from Johannson J. et al. 2002. *Cell* **110**: 551–561, Fig. 7.)

RNA에 의해 만들어진 3차구조가 반드시 정적일 필요는 없다. 대신 동일한 RNA 분자가 두 가지 이상의 대체구조를 취할 수 있다. 다른 구조로의 변환 능력은 리보스위치(아래 및 20장 참조)와 생쥐백혈병 바이러스(글상자 5-1 참조)처럼 생물학적으로 중요한 의미를 가진다.

뉴클레오티드 치환과 화학 탐침으로 RNA 구조를 예측할 수 있다

이미 보았듯이, RNA 분자는 나선, 돌출부, 고리, 긴 영역의 3차 상호작용 등 다양한 구조를 가진다. 어떻게 이러한 구조를 알아낼 수 있는가? 고전적인 방법은 핵자기공명(NMR)과 X-선결정학이다. 그러나 이러한 방법으로 구조를 해명하는 것에는 한계가 있으며, NMR은 큰 RNA 분자에 사용할 수 없다. 다른 방법으로는 쌍을 이루지 않는 염기와 반응하는 화학약품과 함께 이미 알려진 염기중첩과 수소결합의 에너지로부터 구조를 예측하는 알고리즘을 사용하여 RNA 분자의 2차구조를 조사하는 것이

U:A:U 삼중염기쌍

그림 5-8 U:A:U 3중염기쌍. 이 구조는 특수한 3중염기쌍을 형성하기 위해 필요한 수소결합의 예를 보여준다.

▶ 의학관련

글상자 5-1 RNA 스위치는 생쥐 백혈병 바이러스에 의한 단백질 합성을 조절한다

생쥐 백혈병 바이러스(MLV)는 생쥐와 일부 척추동물에 암을 유발하는 RNA 바이러스이다. MLV는 사람 면역결핍증 바이러스(HIV)처럼 DNA 중간체를 통해 복제하는 레트로바이러스이다. 이 RNA 유전체는 역전사효소에 의해 DNA로 복사된다. RNA 유전체는 mRNA로도 사용되어 Gag이라 알려진 구조단백질뿐만 아니라 역전사효소 Pol과 Gag으로 구성된 다단백질을 암호화한다. Gag 유전자는 Pol 유전자의 바로 상류에 있다. Gag은 단독으로 만들어지거나 혹은 Pol 유전자 하류까지 번역을 연장함으로써 Gag-Pol 융합단백질로 만들어진다. Gag이 단독으로 만들어질 때는 리보솜은 Gag 암호화 서열 끝에 있는 종결코돈(15장 참조)에서 번역을 멈춘다. 융합단백질을 만들 때는 종결코돈을 지나가서 Pol 암호화 서열까지 번역을 계속하여 Gag-Pol을 만든다. 바이러스가 효소보다 구조단백질이 더 많이 필요하기 때문에 두 단백질의 적정 비율을 유지하는 것이 중요하다. 바이러스가 Pol 하류까지 번역하는 것을 전체 Gag 번역의 5~10%로 제한한다.

이러한 고안은 많은 장점을 가진다. 그것은 이미 치밀한 구성을 하고 있는 유전체에 부가적인 프로모터가 필요하지 않도록 해주고, 바이러스 내 효소의 생산을 구조단백질 합성과 연관 짓게 하며, 바이러스 버딩(budding) 동안 바이러스 속으로 쉽게 들어가게 한다.

MLV는 어떻게 mRNA 하류까지의 번역을 조절하는가? Victoria D'Souza, Steven Goff와 동료들은 Gag 암호화 서열의 종결코돈 하류에 있는 MLV mRNA 서열의 3차구조를 결정하는데 핵자기공명을 사용함으로써 이 문제를 해결했다(Houck-Loomis et al. 2011). 발견한 사실은 하류서열이 유사매듭(pseudoknot)을 가지며, 이 유사매듭의 구조는 하나로 고정되기보다 두 가지 구조의 동적 평형상태라는 것이다. 어떤 구조(불활성형)는 Gag 번역만을 허락하고, 다른 구조(활성형)는 Gag-Pol 합성을 허락한다(글상자 5-1 그림 1 참조).

오직 제한된 mRNA만이 종결코돈 하류까지 번역하도록 하기 위해 유사매듭은 양성자 센서로 작용한다. 생리적 pH에서는, 유사매듭의 5~10%만 양성자를 감지하여 활성형으로 접힐 수 있는 양성자의 농도를 가진다. 양성자를 얻은 후 삼중염기를 형성하여 활성 구조로 변환하기 위해서, RNA 분자는 일반적으로 양자화되지 않는 아데닌의 N1 질소원자를 사용한다.

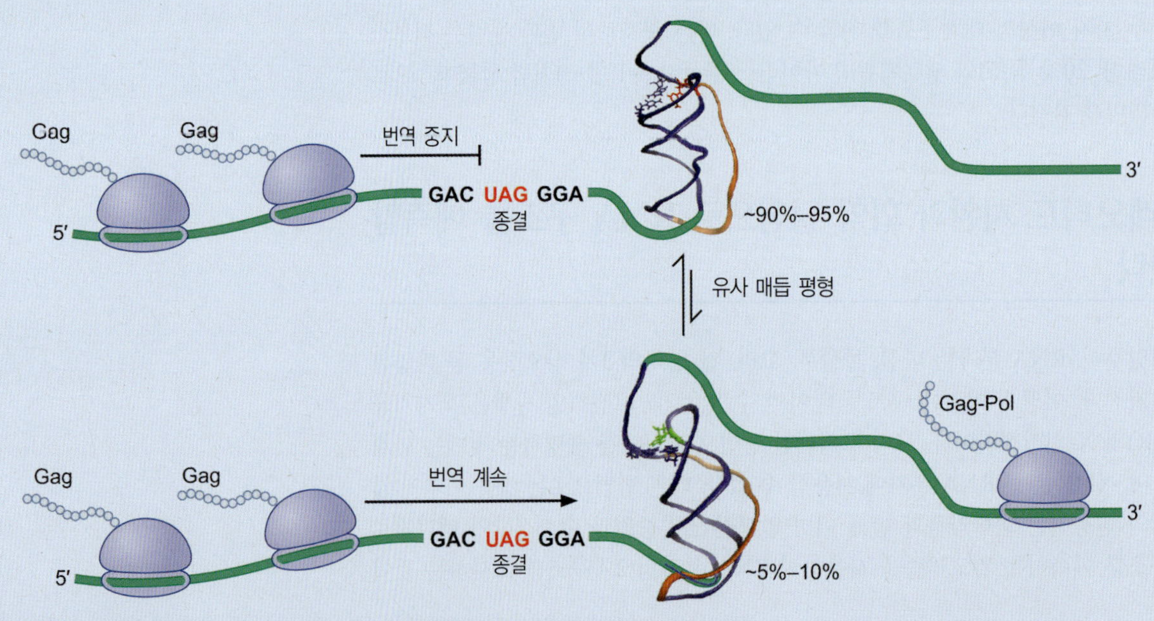

글상자 5-1 그림 1 두 유사매듭 사이의 평형은 종결코돈을 지나가는 번역을 조절한다. MLV RNA를 번역하는 리보솜은 Gag의 열린 읽기틀(open reading frame)의 하류에 있는 종결코돈(UAG)을 만난다. 유사매듭이 불활성 구조일 때(위), 번역은 종결코돈에서 끝나고 Gag 단백질이 합성된다. 그러나 유사매듭이 활성 구조일 때(아래), 리보솜은 종결코돈을 통과해 지나가고 그 결과 Gag-Pol 융합단백질이 만들어진다. 두 구조 사이의 평형은 Gag과 Gag-Pol 다단백질 사이의 비율을 결정한다. 양자화되지 않거나 양자화된 아데닌은 각각 빨간색과 초록색으로 표시되었다. (Figure kindly provided by V. D'Souza.)

다. 이런 화학적인 방법은 종종 신뢰성이 부족하다. "변이-지도(mutate-and-map)" 방법은 높은 신뢰도를 가지고 RNA 구조를 예측할 수 있는 놀라운 고안이다.

변이-지도는 변이와 화학적 변형을 혼합한 2차원적 방법이다. 우선, 선택된 RNA 서열 내에서 상보성을 가지도록 뉴클레오티드가 바뀐 뉴클레오티드 치환 라이브러리를 만든다. 다음으로, 각 변이 RNA를 SHAPE(시발체 연장법에 의해 분석된 선택적 2′-히드록시 아실화) 방법으로 화학적으로 변형한다. SHAPE 과정에서, 쌍을 이루지 않는 뉴클레오티드의 2′-OH를 아실화시키는 화학시약(즉, *N*-methylisatoic anhydride)으로 RNA를 처리한다. 쌍을 이루지 않은 뉴클레오티드의 위치는 시발체(primer) 연장법(역전사효소로 DNA 시발체를 연장함)으로 결정한다(12장 참조). 역전사효소는 화학변형 지점에 도달하면 연장을 멈추게 되고, 이 지점의 위치는 시발체 연장 산물의 길이로 결정한다.

그림 5-9는 리보스위치(20장에서 보듯이 리보스위치는 특수한 저분자에 결합하는 RNA임)로 알려진 RNA에 변이-지도를 적용한 결과를 보여준다. 가로축은 RNA 내 위치(5′ 부터 3′ 까지)를 나타내며, 세로축은 각 변이(위쪽이 5′ 말단부에서 변이, 아래쪽이 3′ 말단부에서 변이를 가진) RNA의 뉴클레오티드 치환변이를 나타낸다. 상자는 아실화되어 쌍을 이루지 못하는 뉴클레오티드를 나타낸다. 뚜렷한 대각선은 변이된 위치에서 쌍을 이루지 않는 뉴클레오티드에 해당한다. 즉 대각선을 따라 존재하는 각 아실화 지점은 각 변이 자리에 상응한다. 대각선을 벗어난 상자는 변이의 직접적인 결과로 쌍을 이루지 않는 뉴클레오티드이다. 이들은 종종 상보적인 염기쌍에서 일어난 뉴클레오티드 치환으로 쌍을 이루지 못하게 된 뉴클레오티드를 나타낸다. 그러나 어떤 경우에는 변이가 여러 인접한 뉴클레오티드를 짝짓지 못하게 하여 전체 나선을 불안정하게 하는 것으로 나타난다. 마지막 단계로, 데이터를 RNA 구조 모델링 알고리즘(예를 들면 RNA structure)으로 분석한다. 알고리즘은 나선뿐만 아니라 인접한 뉴클레오티드에 관련하는 긴 영역의 상호작용도 예측할 수 있다. 그 결과, 변이-지도 기술은 2차 및 3차 상호작용을 예측할 수 있게 한다. 독립적으로 구조가 알려진(그림 5-9의 예처럼 리보스위치와 같은) RNA에 변이-지도를 적용하는 것은 믿을 만한 방법이다.

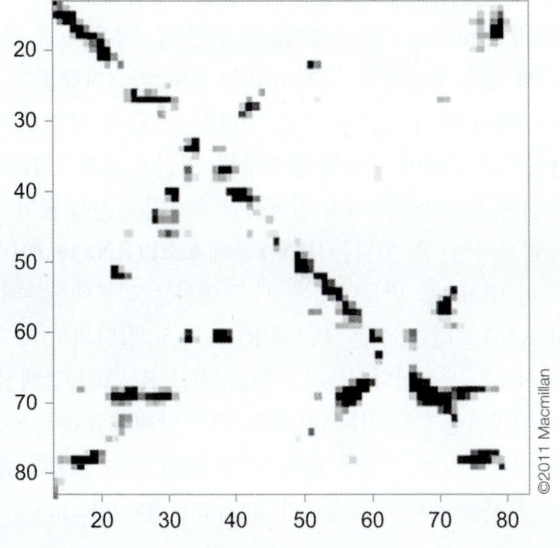

그림 5-9 RNA의 2차구조와 3차구조를 예견하는 2차원 비법. 리보자임을 위한 변이-지도 결과에서 수평축은 RNA에 있는 아실화자리, 수직축은 변이자리를 각각 나타낸다. 아실화자리는 회색과 검은색 상자로 표시되었다(명암 정도는 변형의 정도를 표시). 가장 의미있는 결과만 통계 분석 알고리즘에 기초하여 나타낸다. (Adapted, with permission, from Kladwang W. et al. 2011. *Nat. Chem.* **3**: 954–962, Fig. 2A, p. 956. © MacMillan.)

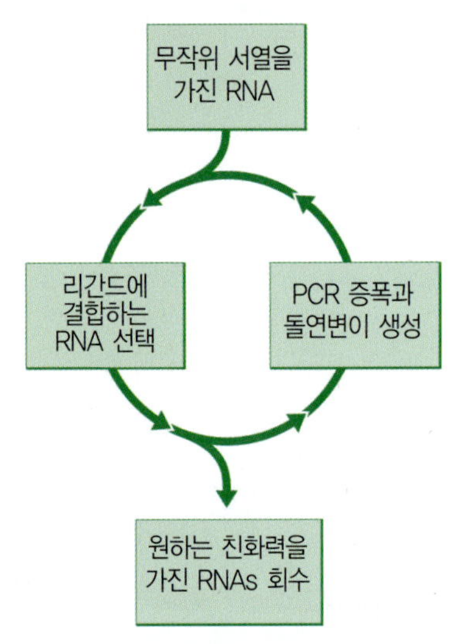

그림 5-10 SELEX에 의해 저분자와 결합하는 RNA를 만드는 회로.

직접진화는 저분자에 결합하는 RNA를 선택한다

연구자들은 SELEX(지수적 농축에 의한 리간드의 체계적 진화)로 알려진 직접진화(directed evolution) 과정을 통하여 원하는 특성을 가진 새로운(자연에 없는) RNA 종을 만들기 위해 잠재적인 구조 복잡성을 이용해 왔다. 무작위적인 서열을 가진 RNA 분자를 합성함으로써, 매우 다양한 서열을 가진 올리고뉴클레오티드 혼합체를 만들 수 있다. 예를 들어, 20개 길이의 올리고뉴클레오티드의 혼합체는 각 위치에 4가지 가능한 뉴클레오티드를 가져 4^{20}, 즉 10^{12} 가지의 서열 혼합체가 될 것이다! 특정 저분자나 단백질에 대한 친화성과 같은 특별한 성질을 가진 RNA 분자는 다양한 올리고뉴클레오티드 혼합체로부터 생화학적 방법으로(즉, 친화성크로마토그래피에 의해) 선택될 수 있다. 그런 RNA를 **앱타머(aptamer)**라 부른다. PCR(7장)에 의한 연속적인 증폭과 변이생성 중합효소 사용으로 만드는 서열 다양화를 통해 앱타머가 저분자 혹은 단백질 리간드에 대한 친화성이 점점 더 높아지도록 농축할 수 있다(그림 5-10). RNA 앱타머에 의해 인식되는 리간드의 예로는 ATP, 가나마이신(kanamycin), 토브라마이신(tobramycin), 네오마이신, 시아노코발라민(cyanocobalamine), 프리온 단백질 PrP, 응고인자 X11a가 있다. 연속적인 SELEX에 기초한 방법으로 만든 다른 예로는 녹색형광단백질과 유사하게 형광발색단에 강하게 결합하는 RNA 분자가 있다(글상자 5-2 참조).

20장에서 볼 수 있듯이, 사실 자연은 이와 같이 움직인다. 세균에서 대사성 오페론은 전사와 번역을 조절할 때 가끔 저분자 리간드에 결합하여 반응하는 **리보스위치(riboswitch)**라 부르는 조절성 RNA에 의해 조절된다. 리보스위치에 의해 인식되는 분자의 예로는 아미노산 리신, 염기 구아닌, 효소보인자 코엔자임 B12, 대사산물 글루코사민-6-인산(glucosamine-6-phosphate)이 있다(아래 참조).

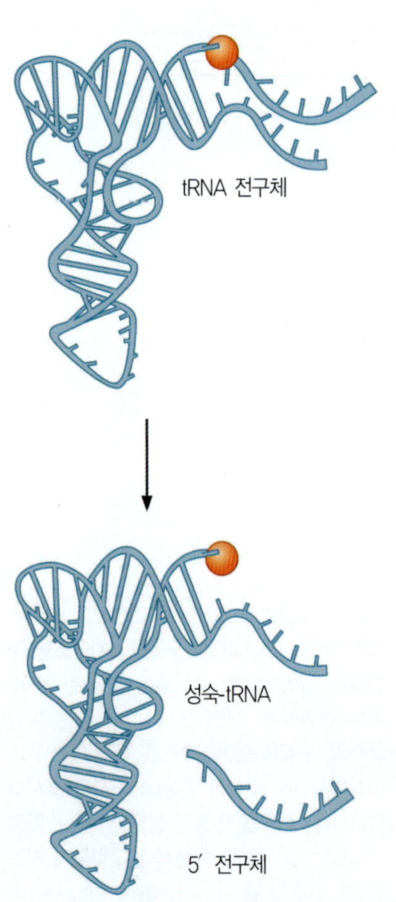

그림 5-11 RNase P는 tRNA 전구체의 5′ 말단부위를 절단한다.

일부 RNA는 효소이다

오랜 세월 동안 단백질만이 효소로서의 역할을 할 수 있다고 알려져 왔다. 효소는 기질에 결합하여 화학적 반응을 통해 생산물을 방출하며 이 과정을 여러 번 반복할 수 있어야 한다. 단백질은 많은 종류의 서로 다른 아미노산(20가지)으로 구성되어 있고 복잡한 3차구조로 잘 접힐 수 있기 때문에, 기질과 저분자의 보조인자와 결합하기 위한 결합주머니(binding pocket) 및 촉매반응을 위한 활성부위가 잘 형성될 수 있어서 이 일을 수행하기에 매우 적합하다. 이제 우리는 RNA가 3차구조를 형성할 수 있기 때문에 생물학적 촉매가 될 수 있다는 것을 이해할 수 있다. 이런 RNA 효소를 **리보자임(ribozyme)**이라고 부르며, 이들은 활성부위, 기질에 대한 결합자리, 금속이온과 같은 보조인자에 대한 결합자리를 가져 전형적인 효소의 특징을 많이 나타낸다.

처음 발견된 리보자임 중 하나는 **RNA분해효소P(RNase P)**이며, 이것은 긴 RNA 전구체로부터 tRNA를 만들어내는 데 관여하는 리보핵산분해효소이다. 그림 5-11에서 보듯이, RNA분해효소P는 전구체 RNA의 5′ 말단의 선도부위를 절단하여 성숙한 기능적 tRNA를 생성한다. RNA분해효소P는 RNA와 단백질로 구성되지만 RNA 부분만이 촉매역할을 한다. RNA분해효소P의 단백질 부분은 RNA의 음전하를 감싸서 효소가 음전하를 띠는 기질에 효과적으로 결합할 수 있도록 함으로써 반응을 촉진시킨다. RNA 부분은 펩티드 스페르미딘(peptide spermidine)과 같은 작고 양전

▶ 연구기법

글상자 5-2 직접 진화에 의해 녹색형광단백질의 RNA 모방체 만들기

분자생물학에서 가장 유용한 단백질 중의 하나는 자외선에 의해 들뜰 때 녹색형광을 방출하는 녹색형광단백질(GFP)이다. 스스로 공유결합된 형광발색단을 생성하는 녹색형광단백질은 해파리 *Aequorea victoria*에서 발견되었다. 기능적인 GFP를 발현하는 능력은 세균에서부터 물고기나 생쥐까지 생물종에 따라 다양하며, 연구자들이 많은 과학적 실험에 GFP를 사용하도록 하였다. 예를 들어 GFP는 살아 있는 세포에서 유전자 발현의 리포터로 사용되고 융합된 단백질의 세포 내 위치를 파악하는데 사용될 수 있다. RNA의 엄청난 다양성, 복잡한 3차구조로 접히는 능력, 그리고 SELEX 기술은 많은 유용한 성질을 가진 맞춤형 앱타머(aptamer)를 제작 가능하게 했다. 특별히 놀라운 것은 최근 Jeremy Paige와 동료들이 GFP 모방체를 만들기 위해 SELEX를 적용하여 저분자의 형광발색단에 결합하는 RNA 앱타머를 개발한 것이다(Paige et al. 2011. *Science* **333**: 642–646). 이 RNA-형광발색단 복합체는 색이나 밝기가 GFP와 비슷하지만, 부가적인 유용성을 가진다.

GFP에서 자가-생성 형광발색단은 4-hydroxybenzlidene imidazolinone이며, 이 형광은 분자 내 이동을 억제하여 GFP 단백질 일부분과 특별하게 결합함으로써 가능하다. Paige 등은 먼저, 형광을 내기 위해 분자 내 이동이 억제되어야 하는 GFP 내 자연 형광발색단의 유도체인 3,5-dimethoxy-4-hydroxybenzylidene imidazolinone을 사용하였다. SELEX를 10회 반복함으로써 아가로스에 고정시킨 3,5-dimethoxy-4-hydroxybenzylidene imidazolinone에 결합하는 RNA 분자를 만들었다. 이 진화된 RNA 중 하나인 Spinach는 형광발색단과 결합했을 때 밝은 초록 형광을 낸다. 다른 형광발색단을 사용하고 추가적으로 SELEX를 반복했을 때, 파랑에서 빨강까지 다양한 색을 내는 RNA-형광발색단 복합체를 생산할 수 있었다(글상자 5-2 그림 1). 이 앱타머의 용도를 조사하기 위해, Paige 등은 Spinach 암호화 서열을 5S RNA 유전자의 3′ 말단에 연결하였다. 5S RNA는 리보솜 큰 소단위체의 비암호화 요소로서 RNA 중합효소 III에 의해 합성된다(15장 참조). 5S RNA-Spinach 융합체를 사용함으로써, 리보솜 RNA가 핵으로부터 세포질로 이동하는 것을 관찰할 수 있다.

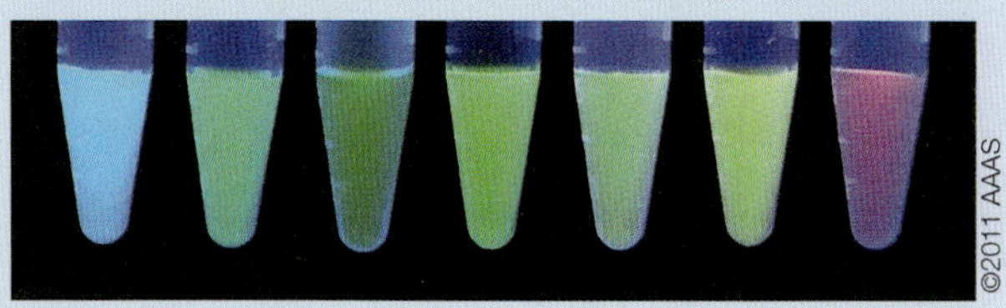

글상자 5-2 그림 1 서로 다른 색깔을 나타내는 RNA-형광발색단 복합체. (Reproduced, with permission, from Paige J.S. et al. 2011. *Science* **333**: 642–646, Fig. © AAAS.)

최근에 Spinach는 세포 대사산물을 감지하기 위해 더 변형되었다. 이것은 Spinach를 *S*-adenosyl methionine (SAM) 혹은 ATP와 같은 대사산물과 결합하는 앱타머에 연결함으로써 이루어졌다(글상자 5-2 그림 2). Spinach와 대사산물 결합 도메인으로 구성된 이 센서 RNA는 대사산물과의 결합에 의해 구조가 안정화되지 않는 한 형광발색단과 결합할 수 없도록 고안되었다. 이런 센서 RNA가 살아 있는 대장균 세포 내에서 SAM을 측정하는 데 사용되었다. 메티오닌(SAM의 생합성 전구체)이 부족한 상태로 키운 센서 RNA 함유 세포를 먼저 형광발색단으로 처리한다. 그 후 메티오닌을 배지에 첨가하면 세포 내 형광이 강하게 발생된다. 이런 종류의 센서 RNA는 살아 있는 세포에서 실시간으로 대사산물 양의 변화를 측정하는 강력하고 새로운 방법을 제공한다.

이런 예로부터 RNA의 엄청난 다능다재를 알 수 있다. 자연은 리보스위치, 리보자임, tRNA 분자, 그리고 조절성 RNA(15장과 20장 참조)을 만들기 위해 자연선택을 통하여 이런 다양성을 개발해 왔다. 그러나 지금 분자생물학자 역시 인간에게 유용한 여러 종류의 RNA 분자를 만들기 위해 이 다양성을 개발하기에 이르렀다.

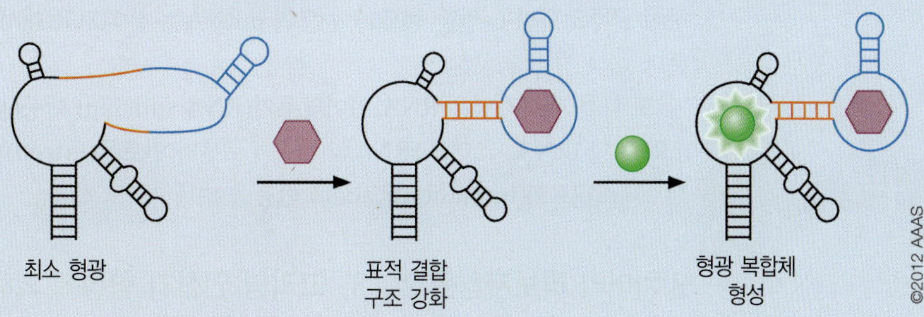

글상자 5-2 그림 1 대사산물 센서를 만들기 위한 SELEX 사용. 대사산물 센서는 형광발색단(초록색)과 대사산물(자주색)의 결합 도메인을 함유한다. 안정적인 형광발광 복합체는 RNA가 두 저분자와 결합했을 때만 형성된다. (Adapted, with permission, from Paige J.S. et al. 2012. *Science* **335**: 1194, Fig. 1A. © AAAS.)

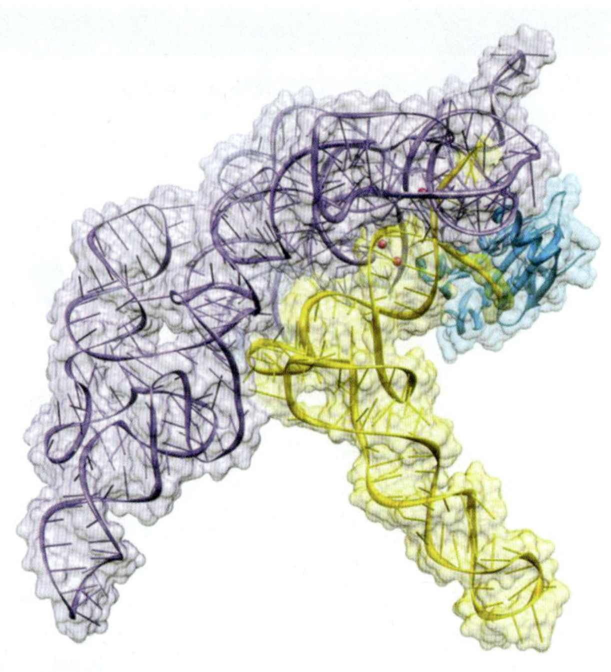

그림 5-12 RNase P의 구조. 세균의 RNase P 완전효소의 결정구조는 tRNA(노란색)과 복합체를 이룬 RNA 소단위(보라색), 단백질 소단위(청색)를 보여준다. 촉매중심부의 금속이온은 빨간색의 작은 구슬로 나타내었다. (This structure, assembled from coordinates in the Protein Data Base [PDB: 3Q1R], is based on the description by Reiter N.J. et al. 2010. *Nature* **468**: 784–789.)

하를 띠는 이온이 반발성 음전하를 감쌀 때 단백질이 없어도 tRNA 전구체의 절단을 촉매할 수 있다.

아래에 보듯이, tRNA 분자는 5′과 3′ 말단을 가진 L자형 3차구조로 접힌다. RNA분해효소P의 결정구조로부터, RNA로 구성된 촉매 중심부위에 포스포디에스테르(phosphodiester) 골격 절단자리가 위치하고, 단백질 부분은 선도가닥과 결합함을 볼 수 있다(그림 5-12).

리보자임이면서 동시에 리보스위치인 예는, 효소단백질 GlmS을 위한 mRNA의 5′-비번역부위(untranslated region)에서 발견되는 구조이다. GlmS은 글루코사민-6-인산 합성을 촉매한다. 이 RNA는 GlmS mRNA를 분해하는 리보자임이며, 리보자임의 활성은 대사체인 글루코사민-6-인산에 의존한다; 그래서 리보스위치이다. 이리하여 글루코사민-6-인산 농도가 높으면 mRNA는 분해되고 대사산물의 합성은 줄어든다.

또 다른 리보자임은 **RNA 이어맞추기(RNA splicing)** 반응(14장 참조)에서 특정 mRNA나 tRNA, 그리고 rRNA의 전구체로부터 **인트론(intron)**을 제거하기 위해 트랜스에스테르화(transesterification) 반응을 수행하기도 한다.

망치머리 리보자임은 2′, 3′ 고리형 인산기 형성에 의해 RNA를 자른다

RNA에 대한 논의를 끝내기 전에 특수한 리보자임인 **망치머리(hammerhead)**의 구조와 기능에 대해 더 자세히 알아보도록 하자. 망치머리는 식물에 감염하는 RNA로 알려진 **비로이드(viroid)**에서 발견되는 서열-특이적 리보핵산분해효소이다. 비로이드는 증식하기 위해 자기-절단(self-cleavage)을 필요로 하는데, 비로이드는 복제할

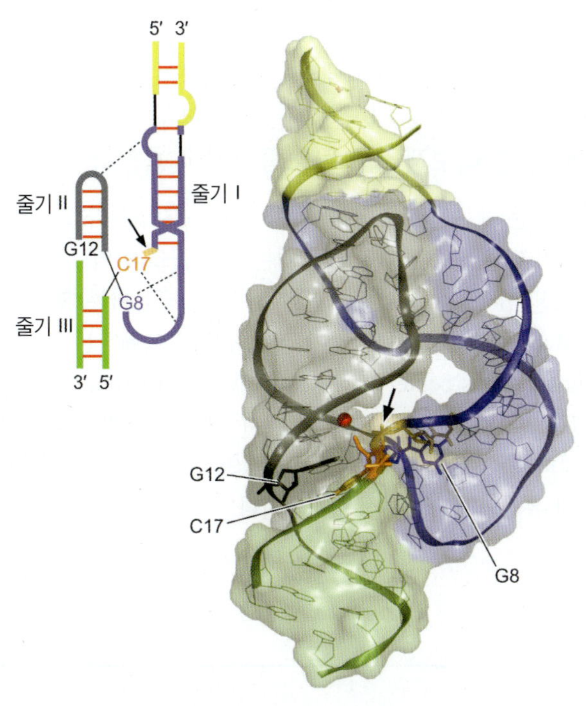

그림 5-13 망치머리 리보자임의 구조. (왼쪽) 다른 색으로 표시된 세 개의 줄기를 가진 망치머리 2차구조 그림. (점선) 왓슨-크릭 염기쌍 상호작용, (화살표의 오렌지색) C17에서 잘리는 결합, (대각선) 추가 나선 상호작용. (Adapted, with permission, from McKay D.B. and Wedekind J.E. 1999. *The RNA world*, 2nd ed. [ed. Gesteland R.F. et al.], p. 267, Fig. 1A. © Cold Spring Harbor Laboratory Press.) (오른쪽) 촉매중앙에 마그네슘(빨강)을 가진 망치머리의 3차구조. 이 구조 그림에서 줄기 I(오른쪽 위), 줄기 II(왼쪽 중앙), 줄기-고리 III(아래)를 왼쪽 그림과 동일한 색으로 나타내었다. 마그네슘 이온이 촉매(화살표한 오렌지색 자리)에 참여하는지는 확실치 않다. 절단자리는 시토신 17 (C17)이다. (Image kindly prepared by V. D′Souza using PyMOL, from coordinates in the Protein Data Base [PDB: 20EU] based on the description by Martick M. et al. 2008. *Chem Biol.* **15**: 332–342.)

때 여러 개의 복사체를 하나의 연속되는 RNA 사슬로 만들어낸다. 이 사슬이 절제되어 하나의 비로이드가 생겨나고, 이 절단반응은 연결부위 주위의 RNA 서열에 의해 일어난다. 이런 자기-절단 서열을 그 2차구조의 모양 때문에 망치머리라고 부르며, 절단에 필요한 비상보적 뉴클레오티드의 중심부를 둘러싸는 세 개의 염기쌍 줄기(I, II, III)로 구성된다(그림 5-13). 절단반응은 시토신 17에서 일어난다. 망치머리의 3차구조는 리보자임의 핵심에서 세 개의 줄기가 만나는 근처에 촉매중심부가 위치함을 보여준다(그림 5-13).

망치머리가 어떻게 작용하는지 이해하기 위해 먼저 RNA가 염기성 조건에서 어떻게 가수분해되는지 알아보자. 높은 pH에서는 RNA 골격에 있는 리보오스의 2′-히드록시기의 양성자가 떨어지고, 그 결과 생겨난 음전하의 산소가 같은 리보오스의 3′ 위치에 있는 잘리기 쉬운 인산기를 공격한다. 이를 통해 RNA 사슬이 깨지고 2′,3′ 고리형 인산기와 자유 5′-히드록시기를 형성한다. RNA 사슬의 각각의 리보오스에서 이러한 반응이 일어날 수 있으며, 따라서 원래의 분자가 뉴클레오티드로 잘리게 된다. (왜 DNA는 이와 같은 염기성 가수분해에 민감하지 않을까?) 많은 단백질 리보핵산분해효소 역시 2′,3′ 고리형 인산기 형성을 통해 그들의 RNA 기질을 절단한다. 정상적인 세포 내 pH에서 작용할 때는, 이들 효소단백질은 활성부위에 결합하고 있는 금속이온을 이용해 RNA의 2′-히드록시기를 활성화시킨다. 망치머리 역시 2′,3′ 고리형 인산기의 형성을 통해 RNA를 절단한다. 흥미롭게도, 3차구조는 마그네슘 이온이 촉매중심 근처에 있다는 사실을 보여주지만, 절단반응의 정확한 기작과 금속이온의 중요성은 아직 잘 모르고 있다.

망치머리의 정상적인 기능은 자기절단이기 때문에 그것은 실제로 촉매가 아니다; 각 분자는 보통 단 한 번의 반응을 촉진하므로 대사회전수(turnover number)가 1이다. 그러나 망치머리 분자를 두 부분, 즉 촉매 핵심부를 가지는 리보자임과 절단자리(cleavage site)를 가지는 기질부로 나눔으로써 진짜 리보자임처럼 작용하도록 만들 수 있다. 그 기질은 리보자임의 줄기 I과 III에 결합한다. 잘린 후 기질은 떨어져 나오고 잘리지 않은 새로운 기질에 의해 교체되어 절단반응이 반복적으로 일어날 수 있다.

리보솜 중심에 있는 리보자임은 탄소중심에 작용한다

지금까지 고려한 모든 예는 인산중심에 작용하는 리보자임이다. 그러나 15장에서 보듯이, 리보솜의 RNA 성분 중 하나는 예전에는 단지 구조적 역할을 한다고 생각했지만, 지금은 단백질 합성 동안 펩티드결합 형성을 책임지는 **펩티드기 전달효소(peptidyl transferase)**라고 알려졌다. 이 경우, 반응을 촉매하는 데 있어서 리보자임은 인산중심(phosphorous center)이라기보다 탄소중심(carbon center)에 작용한다. 더구나, 17장에서 보듯이, 살아 있는 세포에서 가장 근본적인 효소반응의 하나가 RNA 분자에 의해 촉매된다는 발견은 동시대의 단백질에 기초한 생명체가 초기 RNA 세계로부터 유래되었다는 가설을 지지한다.

요약

RNA는 다음과 같은 면에서 DNA와 다르다; RNA의 골격은 2′-데옥시리보오스 대신 리보오스를 가지며, 티민 대신 피리미딘 우라실을 가진다. 일반적으로 상보적인 가닥 없이 단일 폴리뉴클레오티드 가닥으로 존재한다. 단일가닥으로 존재하기 때문에 RNA는 서로 상보적인 부분 사이에서 짧은 이중나선을 형성하기 위해 스스로 접힐 수 있다. RNA는 DNA보다 더 다양한 염기쌍을 형성한다. 따라서 A:U와 C:G 쌍과 마찬가지로 U는 G와 쌍을 이룰 수 있다. 이 비왓슨-크릭 염기쌍을 형성하는 능력이 RNA의 부분적 이중나선 형성을 쉽게 한다. 긴 길이의 규칙적인 나선을 형성해야 하는 제약에서 벗어나 있기 때문에 RNA는 복잡한 3차구조를 형성할 수 있는데, 이것은 흔히 나타나지 않는 염기와 당-인산 골격 사이의 비규범적 상호작용에 근거한다.

일부 RNA들은 효소로 작용한다—이들은 세포와 시험관에서 화학적 반응을 촉매한다. 이 RNA 효소들을 **리보자임**이라 한다. 대부분의 리보자임은 RNA 분해효소인 RNase P의 경우처럼 인산기 중심에 작용한다. RNA분해효소P는 단백질과 RNA로 구성되는데, RNA 부분이 촉매작용을 한다. 망치머리는 자가-절단 RNA이며, 이는 RNA에 결합된 마그네슘 이온이 관여하는 반응에 의해 2′, 3′ 고리형 인산을 형성함으로써 RNA 골격을 자른다. 펩티드기 전달효소는 탄소중심에 작용하는 리보자임의 한 예이다. 펩티드결합을 형성하는 이 리보자임은 리보솜의 RNA 구성요소들 중 하나이다.

참고문헌

Books

BloomfieldV.A., Crothers D.M., Tinoco I., Jr., and Heast J.E. 2000. *Nucleic acids: Structures, properties, and functions*. University Science Books, Sausalito, California.

Gesteland R.F., Cech T.R., and Atkins J.F., eds. 2006. *The RNA world*, 3rd ed. Cold Spring Harbor Laboratory Press, Cold Spring Harbor, New York.

RNA Structure

Darnell J.E. Jr. 1985. RNA. *Sci Am*. **253**: 68–78.

Doudna J.A. and Cech T.R. 2002. The chemical repertoire of natural ribozymes. *Nature* **418**: 222–228.

Doudna J.A. and Lorsch J.R. 2005. Ribozyme catalysis: Not different, just worse. *Nat. Struct Mol Biol*. **15**: 394–402.

Houck-Loomis B., Durney M.A., Salguero C., Shankar N., Nagle J.M., Goff S.P., and D Souza V.M. 2011. An equilibrium-dependent retroviral mRNA switch regulates translational recoding. *Nature*. **480**: 561–564.

Nelson J.A. andUhlenbeck O.C. 2006. When to believe what you see. *Mol Cell*. 23: 447–450.

Kladwang W., VanLang C.C., Cordero P., and Das R. 2011. A two-dimensional mutate-and-map strategy for non-coding RNA structure. *Nat. Chem*. **3**: 954–962.

연습문제

짝수 문제의 해답은 부록 2 해답을 참조하라.

문제 1.

A. 데옥시구아노신의 구조를 그려라. DNA에서 데옥시시티딘과 염기쌍을 형성하는데 참여하는 수소결합 공여체(D)와 수용체(A)를 표시하라.

B. 구아노신의 구조를 그려라. RNA에서 우리딘과 염기쌍을 형성하는데 참여하는 수소결합 공여체(D)와 수용체(A)를 표시하라.

문제 2. 새로운 바이러스를 발견하고 그 유전체의 특성을 알기 위해 염기 조성과 함량을 조사하였다. 유전물질 특성에 의해 이 바이러스를 분류하고자 한다. 바이러스는 유전물질로 단일가닥 DNA나 RNA 혹은 이중가닥 DNA나 RNA를 가질 수 있다. 서열정보만으로 유전물질이 RNA인지 DNA인지 구분하는 방법을 제안하라. 또한 유전정보가 단일가닥인지 이중가닥인 구분하는 방법을 제시하라.

문제 3. DNA 나선구조가 이중가닥 RNA 나선구조와 다른 이유를 설명하라. 이러한 구조 차이가 나선 RNA에 단백질이 결합하는데 어떤 영향을 미치는가?

문제 4. RNA에서는 DNA와 달리 우라실이 존재하는 생물학적 이유를 설명해 보라.

문제 5. 다음과 같은 서열의 RNA가 있다. 이 RNA의 가능한 머리핀 구조를 그림으로 그리고, 염기쌍은 점선으로 표시하라.

5′-AGGACCCUUCGGGGUUCU-3′

문제 6. 아래 그림은 효모의 알라닌 tRNA이다(2장, 그림. 2-14 참조). 이 tRNA에 존재하는 2차구조의 형태를 동정하라. 비규범적인 염기쌍을 찾아라.

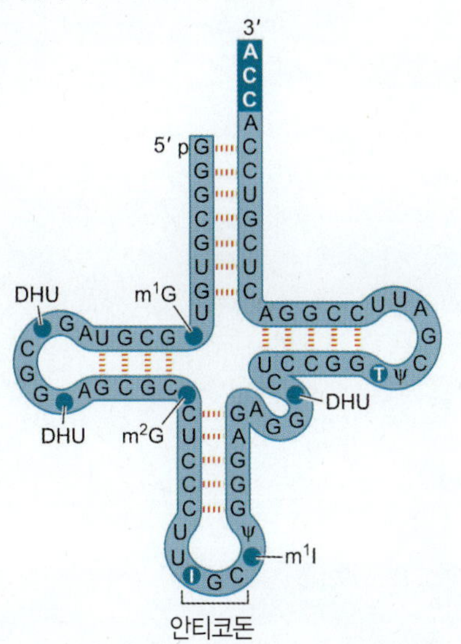

문제 7. 어떤 세균에 항생제 저항성을 부여하는 방법을 찾고자 한다. 이를 위해 SELEX로 항생제에 특이적으로 결합하는 RNA(앱타머)를 동정하고, 항생제 저항성을 부여하기 위한 RNA 앱타머를 세균에서 발현하기로 결정하였다.

A. RNA 앱타머의 어떤 일반적 성질이 항생제에 특이적으로 결합하게 하는지 알고 있는 RNA에 대한 지식으로 유추하라.

B. SELEX를 사용하는 대신, 세균 유전체에 의해 만들어진 RNA 풀을 정제해서 사용하고, 원하는 RNA를 동정하기 위해 항생제에 결합하는 RNA를 선택하였다. 이러한 방법보다 SELEX를 사용하는 방법의 장점 2가지를 적어라.

문제 8. 효소와 리보자임 사이에 공유하는 성질에 대해 설명하라.

문제 9. 어떤 RNA는 비로이드처럼 식물 병원체로서 작용한다. 일부 비로이드는 촉매반응을 할 수 있다. 어떤 식물종에서 비로이드로 분리된 RNA의 서열을 가지고 있다. 이 비로이드가 촉매 망치머리로 작용한다는 사실을 나타낼 수 있는 특성을 동정하라.

문제 10. 연구자들은 잠재적 치료약물을 위해 자가-절단 망치머리를 다양하게 변형한다. 다른 RNA 분자를 절단하기 위해, 망치머리 구조를 어떻게 변형해야 하는지 설명하라. 왜 이 변화가 망치머리를 진짜 리보자임으로 만드는가?

문제 11. 델타 간염 바이러스에서 발견되는 것과 같은 어떤 리보자임과 glmS mRNA에 존재하는 리보자임/리보스위치는 이중 유사매듭(double pseudoknot)으로 접힐 수 있다. 리보자임과 리보스위치에서 유사매듭 형성의 장점에 대해 설명하라.

문제 12. 아래 구조는 뉴클레오시드 유사체이다.

A. 이 구조와 닮은 뉴클레오시드의 이름을 적어라.

B. 이 뉴클레오시드 유사체를 함유하는(정상 RNA에서처럼 인산이에스테르 결합에 의해 연결된) RNA 가닥을 상상하라. 높은 pH에서, RNA 가닥은 뉴클레오시드 유사체가 있는 곳에서 가수분해되는가? 왜 그런가? 아니면 왜 그렇지 않은가?

문제 13. 세포 내 DNA는 유전물질로 작용한다. RNA의 세포 내 역할 3가지를 설명하라.

문제 14. RNA 부분과 단백질 부분으로 구성된 어떤 복합체가 RNA 기질을 자를 수 있는 사실을 발견하였다. 어느 부위가 촉매 작용을 하는지 알기 위해, 낮은 농도의 마그네슘 이온을 가진 완충액을 넣은 시험관에서 RNA 절단 실험을 수행하였다. 아래 표는 수행한 일곱 반응의 결과를 정리한 것이다. +는 포함된 반응 요소를 나타낸다. 스페르미딘은 양전하의 펩티드로 이 반응에만 특이적인 것은 아니다.

단백질 부분	−	+	−	+	+	−	+
RNA 부분	−	−	+	+	−	+	+
스페르미딘	−	−	−	−	+	+	+
절단 백분율	0	0	0	90	0	50	90

A. 단백질과 RNA 중 이 반응에서 촉매자로 작용하는 것은 어느 것인가? 결론을 내리는데 어느 반응이 도움을 주었는지 설명하라.

B. 마지막 두 반응으로부터 스페르미딘의 기능을 제안하라.

문제 15. 박테리오파지 Qβ의 유전체는 약 4000 뉴클레오티드의 단일가닥 RNA로 구성되어 있다. 대장균 숙주 내에서 이 유전체의 복제를 위해서는 파지와 세균 단백질로 구성된 RNA-의존성 RNA 중합효소가 필요하다. 흥미롭게도, 복제효소는 RNA 유전체의 중심부에 결합하지만, RNA 딸가닥을 5′ 에서 3′ 방향으로 만들기 위해서는 RNA 주형의 3′ 말단에서 합성을 시작해야 한다. 연구자는 Qβ 유전체의 예측된 유사매듭 존재가 복제효소로 하여금 RNA의 3' 말단에 접근 가능하도록 한다는 가설을 세웠다. 이 가설을 조사하기 위해, 야생형 복제효소와 예측된 유사매듭 부위에 다양한 변이를 가진 Qβ RNA를 사용하여 시험관에서 복제 효율을 조사하였다. 그들은 특별히 3′ 말단의 머리핀 구조에 상보적이면서 RNA 중심부에 있는 여덟 개의 뉴클레오티드에 관심을 가졌다. 야생형과 돌연변이체의 서열, 그리고 복제 결과는 아래와 같다.

야생형 5′-UAAAGCAG-3′
GUUUCGUC
돌연변이체 A 5′-UAAA**CG**AG-3′
GUUUCGUC
돌연변이체 B 5′-UAAAGCAG-3′
GUUU**GC**UC
돌연변이체 C 5′-UAAA**CG**AG-3′
GUUU**GC**UC

야생형 대비 복제 효율은 다음과 같다.
야생형: 100%
돌연변이체 A: 1.6%
돌연변이체 B: 0.6%
돌연변이체 C: 42%

A. 돌연변이체 A에서는 복제효율이 왜 그렇게 낮은지 추론하라.

B. 돌연변이체 B에서는 왜 복제효율이 야생형의 거의 절반까지 회복되었는지 추론하라.

C. 이 결과는 유사매듭의 존재가 복제에 영향을 준다는 가설을 지지하거나 반박한다고 생각하는가?

Data adapted from Klovins and van Duin (1999. *J. Mol. Biol.* **294:** 875-884.)

CHAPTER 6

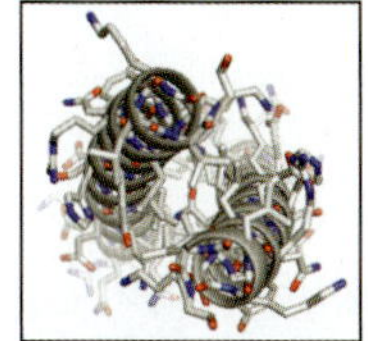

단백질 구조

단백질은 중합체이다. 즉 공유결합으로 연결된 여러 개의 작은 구성요소를 함유하는 분자이다. 단백질의 구성요소는 α-아미노산이다. 생명체의 단백질에는 보통 20가지의 아미노산이 있는데, 이들은 유전암호에 의해 지정된다. 아미노산의 일부는 단백질 내에서 변형될 수 있어서, 세포나 조직으로부터 분리된 단백질 내에서 실제 아미노산의 다양성은 더 크다.

기초 내용

아미노산

아미노산의 α-탄소(C_α)는 가장 간단한 아미노산인 글리신의 경우를 제외하고는 서로 다른 4개의 치환기를 가진다(그림 6-1). 자연상태의 모든 아미노산에 존재하는 3개의 치환기는 아미노기, 카르복시기, 그리고 양성자이다. 종종 R로 표시하고 "R기"로 부르는 네 번째 기로 인해 아미노산은 서로 구별된다. R기는 다음에 설명할 이유로 인해 "곁사슬"이라 부른다. (글리신을 제외하고) 4개의 치환기가 서로 다르기 때문에 C_α는 비대칭 중심이다. 보통의 단백질에 있는 아미노산은 모두 중앙에 L-배위를 가진다; D-아미노산은 (미생물의 작은 단백질과 같은 폴리펩티드를 포함하여) 다른 종류의 분자에 존재한다.

R기의 성질이 아미노산의 특성을 결정한다. 물에서의 용해도와 관련있는 R기의 극성은 하나의 임계 특성이며, 크기도 마찬가지이다. 유전적으로 암호화되는 20가지 아미노산의 R기를 다음과 같은 범주로 구별하면 유용하다: (1) 중성(즉, 비전하)이면서 비극성; (2) 중성이면서 극성; (3) 전하(그림 6-2). 곁사슬의 크기(부피)는 비극성 아미노산에서 특별한 의미를 갖는다. 왜냐하면 다음에 볼 수 있듯이, 이들 곁사슬은 단백질의 내부를 조밀하게 채우기 때문에, 단백질에서 글리신과 알라닌의 기능적 역할이 페닐알라닌과 트립토판의 경우와 매우 다르다. 또한 트립토판은 비록 큰 비극성 아미노산이지만 극성을 부여하는 수소결합기를 가진다는 것과, 티로신은 OH기 때문

개 요

그림 그림 6-1 아미노산의 구조적 특성.

에 그림 6-2에서 극성으로 분류되었지만 세린보다 훨씬 덜 하다는 것을 주목하라. 요약하면, 활성기 사이의 경계가 명칭 자체가 의미하는 것보다 덜 엄격하다. 전하된 R기는 중성 pH에서 음전하를 띠거나(아스파르트산, 글루탐산) 혹은 양전하를 띤다(리신, 아르기닌, 히스티딘). 중성 pH에서조차 히스티딘의 pK_a는 6.5이며, 히스티딘은 전하의 대부분을 잃는다. 이 성질은 많은 효소의 촉매부위에서의 역할 때문에 특히 중요하다.

펩티드결합

펩티드결합(peptide bond)은 단백질에서 아미노산 사이의 공유결합이다. 물 한 분자가 제거되는 축합반응에 의해 펩티드결합이 형성된다(그림 6-3). 그것은 아미드결합의 특수한 경우이다. 각 아미노산은 이런 결합 2개를 형성할 수 있기 때문에, 같은 종류의 연속적 연결이 선형의(가지가 없는) **폴리펩티드 사슬(polypeptide chain)**을 형성할 수 있는 것이다. 각 펩티드결합이 형성될 때마다 물이 제거되기 때문에 사슬의 구성요소를 **아미노산 잔기(amino acid residue)**라 부르며, 문장에서 아미노산이 명

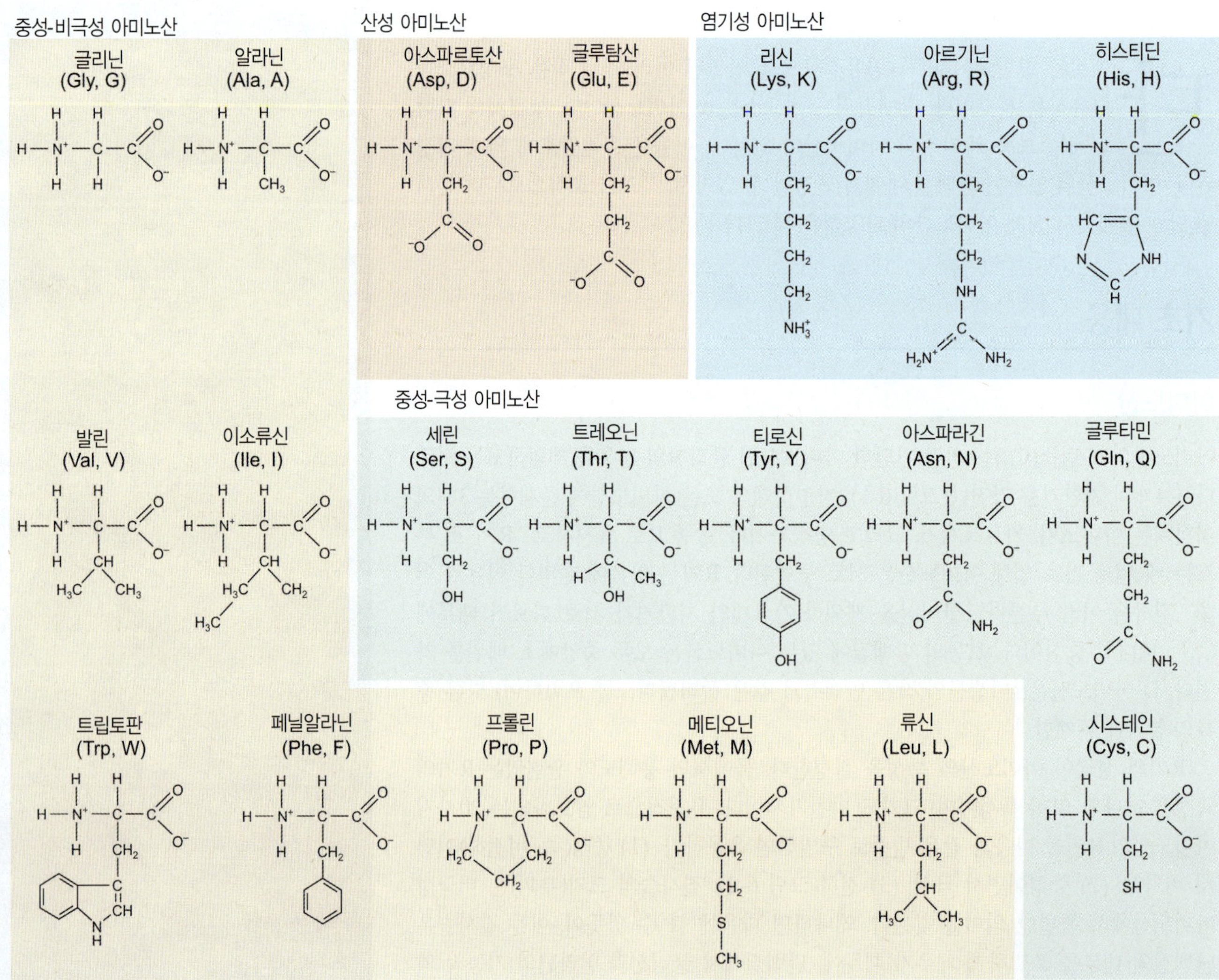

그림 6-2 단백질 내에 자연적으로 존재하는 아미노산 20가지. 단일 문자를 포함하여 보통 사용되는 아미노산의 약자는 괄호 안에 표시함.

아미노기 곁사슬 카르복시기 아미노기 곁사슬 카르복시기

H_2O

그림 6-3 펩티드결합 형성.

확할 때는 그냥 "잔기(residue)"라 부르기도 한다. 펩티드결합은 부분적으로 이중결합 특성을 가진다; 카르보닐과 아미드 구성요소는 거의 동일 평면상에 있고 거의 트랜스 배열을 한다(그림 6-4).

폴리펩티드 사슬

구조(conformation)는 3차원에서 화학적으로 결합된 원자의 정렬을 표현하는 단어이다. 그래서 폴리펩티드 사슬의 구조를 부를 때 간단히 "접힌 구조(folded

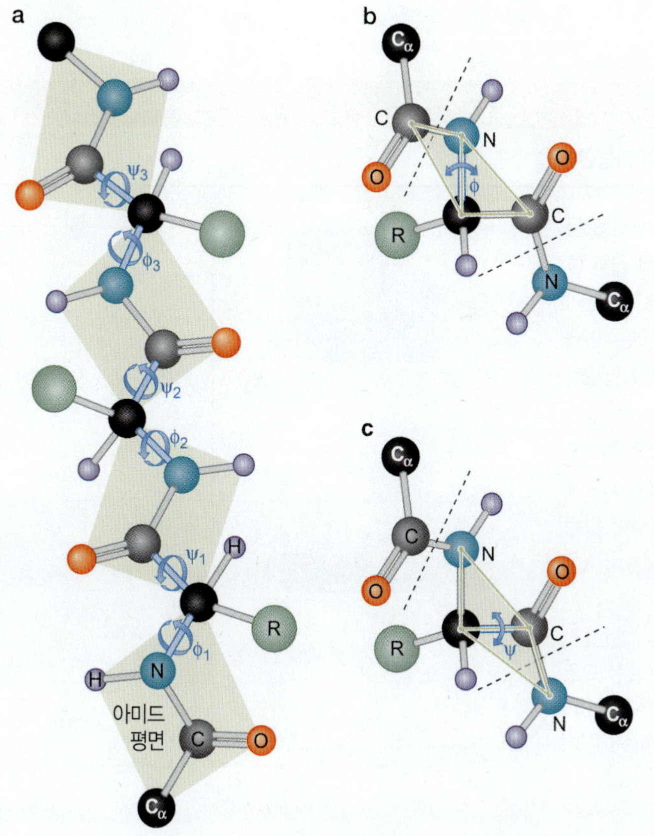

그림 6-4 골격 비틀림 각도 ϕ와 ψ. (a) 이 그림은 펩티드 골격의 회전 지점을 보여준다. (b) ϕ 비틀림 각도는 N—C_α 결합에 대한 회전에 해당한다; 여기 나타낸 구조는 ϕ=180° 값에 해당한다. (c) ψ 비틀림 각도는 C_α—C 결합에 대한 회전에 해당한다; 여기 나타낸 구조는 ψ=0°에 해당한다. (Adapted, with permission, from Kuriyan J. et al. 2012. *The molecules of life*. © Garland Science/Taylor & Francis LLC; Branden C. and Tooze J. 1999. *An introduction to protein structure*, p. 8, Fig. 1.6. © Garland Science/Taylor & Francis LLC.)

structure)"라 하기도 한다. 폴리펩티드 사슬에 있는 공유결합 서열을 따라가면 아미노산 잔기당 3개의 결합이 있다. 하나는 C_α에 아미노기의 결합, 다른 하나는 C_α에 카르보닐기의 결합, 그리고 마지막은 사슬에서 펩티드결합에 다음 잔기의 연결이다. 처음 2개는 비교적 자유롭게 비틀려 회전 가능한 단순결합이다(그림 6-4). 그러나 펩티드결합은 부분적인 이중결합 특성을 가지기 때문에 거의 회전할 수 없다. 그래서 폴리펩티드 사슬 구조는 각 잔기의 처음 두 골격 결합에 대한 비틀림 각도와 각 곁사슬에서 단일결합의 비틀림 각도에 의해 규정된다. 두 골격 각도는 관례적으로 ϕ와 ψ로 표시한다. 이들 두 각도의 다양한 조합은, 개별 각도의 범위에 대한 폴리펩티드 사슬의 구조적 자유도를 제한하면서, 원자 충돌을 초래한다(글상자 6-1, 라마찬드란 조사구).

특별한 구조적 성질을 가진 세 아미노산

글리신, 프롤린, 시스테인은 특수한 성질을 가진다. 글리신은 R기가 그냥 수소이기 때문에 비대칭이 아니며, 어떤 다른 아미노산보다 구조적으로 더 자유롭다. 반대로 프롤린은 곁사슬이 N뿐만 아니라 C_α와 공유결합을 하기 때문에[엄격히 말하면 이미노(imino)산임] 다른 아미노산보다 구조적으로 덜 자유롭다. 프롤린은 NH기가 수소결합할 가능성이 없어 2차구조에 참여하기 어렵다(아래 "단백질 구조는 네 단계로 묘사될 수 있다"절 참조).

측쇄에 황화수소(—SH)를 가지는 시스테인은 생리적 조건하에서 산화-환원에 가장 민감한 아미노산 중 하나이다. 접힘 구조의 단백질에서 정확하게 서로 마주보는 두 시스테인은 두 —SH기가 S—S로 산화됨으로써 **이황화결합(disulfide bond)**을 형성할 수 있다(그림 6-5). [S—S 공유결합에 의해 연결된 두 아미노산 쌍을 종종 시스틴(cystine)이라 부른다.] 세포 표면 단백질과 세포 외 분비 단백질은 이황화결합을 하기 쉬운 산화-환원 전위 환경에 노출되기 때문에, 대부분의 그런 단백질은 이황화

▶ 고급개념

글상자 6-1 라마찬드란 조사구: 주사슬 비틀림각 ϕ와 ψ의 가능한 조합

G.N. Ramachandran과 그의 동료(1963)는 비틀림각 ϕ와 ψ의 모든 가능한 조합에 대해 연구하였고(그림 6-4 참조), 어느 조합이 원자 충돌을 피하는지("허용된"), 어느 조합이 충돌을 초래하는지("금지된") 조사하였다. 허용 및 금지된 조합을 보여주는 2차원적 구획은 현재 라마찬드란 조사구로 알려져 있다(글상자 6-1 그림 1). 정상적인 2차 구조의 골격구조는 표시된 ψ와 ϕ 값을 갖는다: 오른손형 α나선; β가닥; 폴리프롤린 나선(연속적인 프롤린 지역에 의해 우선적으로 채택되는 삼중나선구조); 310 나선(회전당 3.3 잔기를 갖는 나선, 회전당 3.6 잔기를 갖는 α나선에 가깝다); 왼손형 α나선, Lα(곁사슬이 없는 글리신만으로).

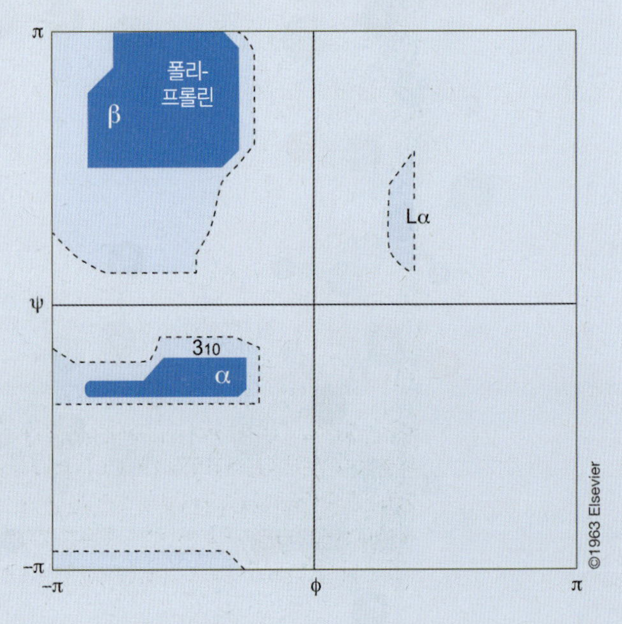

글상자 6-1 그림 1 라마찬드란 조사구. "허용된" 구획은 청색으로 음영처리 하였다. (Modified, with permission, from Ramachandran G.N., et al. 1963. Stereochemistry of polypeptide chain configurations. *J. Mol. Biol.* **7**: 95–99.)

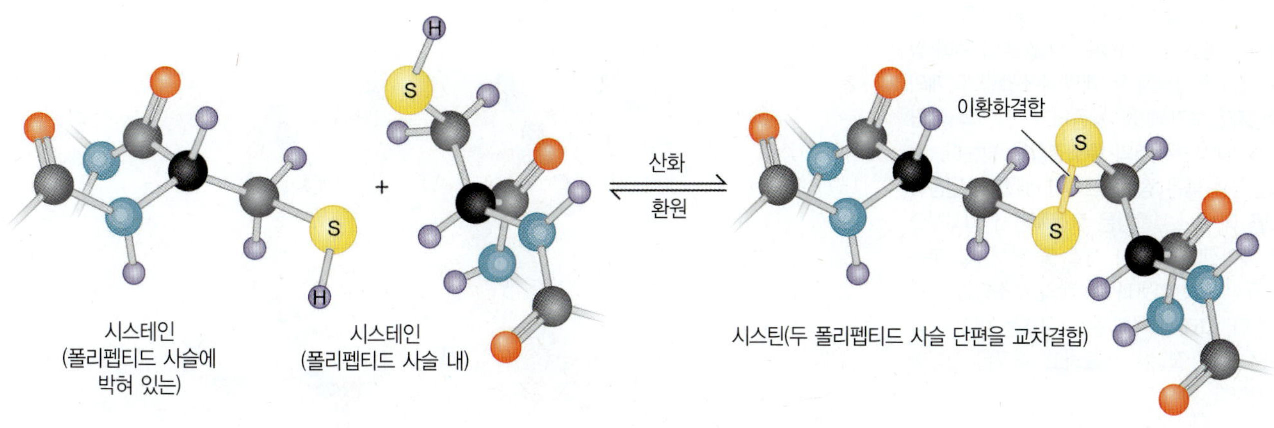

그림 6-5 이황화결합 형성. (Adapted, with permission, from Kuriyan J. et al. 2012. *The molecules of life*. © Garland Science/Taylor & Francis LLC.)

결합을 하고 있고 시스테인이 산화되어 있다. 그러나 살아 있는 세포의 경우 내부 환경을 매우 환원된 상태로 유지하고 있어 세포 내 단백질에서의 이황화결합은 매우 드물다.

이황화결합은 공유적 가교결합을 추가하기 때문에 접힌 단백질의 안정성을 촉진시킨다. 이황화결합은 호르몬과 같은 작은 분비성 단백질을 안정화하고, 세포 내 단백질보다 조절하기 어려운 환경에 처한 막 단백질의 세포외 도메인을 안정화하는데 특별히 중요하다.

물의 중요성

생물계에서 모든 분자 현상은 수분을 함유한 환경과 관련이 있다. 아미노산 곁사슬의 극성과 비극성의 중요한 차이 역시 용매인 물과 관련한 성질로부터 기인한다. 아스파르트산과 페닐알라닌(각각 초산과 톨루엔과 유사함)의 곁사슬을 서로 비교해 보자. 초산은 물에 매우 잘 녹으나 톨루엔은 그렇지 않다. 그래서 아스파르트산의 곁사슬은 **친수성(hydrophilic)**이나 페닐알라닌의 곁사슬은 **소수성(hydrophobic)**이다. 친수성의 곁사슬조차 소수성 부분(예를 들면, 리신 곁사슬의 메틸렌기 세 개)을 가질 수 있다.

물은 매우 수소결합능이 강한 용액이다(그림 6-6). 각 물 분자는 두 개의 수소결합을 주고 두 개의 수소결합을 받을 수 있다. 용질은 주위에 있는 물의 수소결합에 영향을 주는 방식으로 그들의 친수성과 소수성을 결정한다. 소수성 분자는 수소결합망(network)을 교란하고, 친수성 분자는 수소결합망에 참여한다. 그래서 소수성 분자가 수성 용매에 분산되기(가용성)보다 서로 붙어 있게(불용성) 된다. 많은 아미노산 곁사슬의 소수성은 물로부터 떨어진 무리를 이루도록 하고, 다른 아미노산의 친수성은 물을 향하도록 하는 경향이 있다. 이런 경향 때문에 단백질 내 아미노산 서열은 소수성

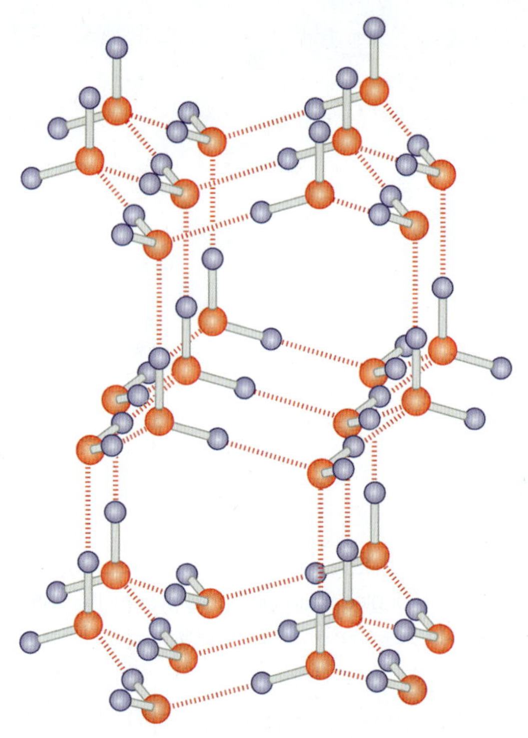

그림 6-6 물: 얼음의 수소결합 구조. 얼음에서 물 분자는 이웃하는 산소(빨강) 위에 있는 고립 전자쌍에 두 개의 수소결합[두 개의 양성자(연보라색)]을 제공하고, 자신의 고립 전자쌍에서 두 개의 수소결합을 받는다. 수소결합은 붉은 점선으로 나타내었다. 얼음이 녹을 때 수소결합망은 요동치면서 일시적으로 깨어진다. 그러나 개별 물 분자 대부분은 (평균적으로) 이웃과 네 개의 수소결합을 함유한다. 그래서 액체 물의 구조는 여기에 나타낸 얼음 결정의 동요하고 왜곡된 형태와 유사하다.

잔기를 내부로 감추고 친수성 잔기를 바깥으로 노출시키면서 폴리펩티드 서열이 접히도록 진화되어 왔다.

평균 크기의 폴리펩트드 사슬은 가능한 서열이 매우 많기 때문에 늘 이런 식으로만 접히는 것은 아니다. 대신 용액에서 무작위적으로 변하는 긴 사슬로 남든지[**랜덤 코일(random coil)**이라 부름], 아니면 사슬의 소수성기 때문에 다른 사슬의 소수성기와 함께 무리를 이루어 덩어리진다.

단백질 구조는 네 단계로 묘사될 수 있다

단백질 구조를 분석하고 설명할 때, 구조를 네 단계로 구분하는 것이 유용하다 (그림 6-7). 첫 번째 단계는 단순히 폴리펩티드 사슬의 아미노산 잔기 서열을 말하는 **1차구조(primary structure)**이다. 유전암호는 단백질의 1차구조를 직접 규정한다. 그래서 1차구조는 화학적 결합의 형태를 규정하는 1차원(1D)적 선(string)이다: 나머지 세 단계는 단백질의 3차원(3D)적 특성에 의존한다.

단백질의 **2차구조(secondary structure)**란 폴리펩티드 사슬의 **국부적인** 구조(즉, 짧은 구간의 아미노산 잔기의 3D 정렬)를 말한다. 자연상태의 단백질에서 자주 발견되는 2차구조에는 두 가지가 있으며, 이 국부적 구조는 L-아미노산 사슬에서 특히 안정하다(글상자 6-1). 이 중에 하나는 **α나선(α helix)**이다(그림 6-8a). 폴리펩티드 골격은 나선 축을 돌면서 오른손 방향으로 나선을 이룬다. 그래서 수소결합은 한 잔기의 주사슬 카르복시기와 사슬을 따라 네 번째 있는 잔기의 주사슬 아미드기 사이에 형성된다. 정상 구조의 다른 형태는 **β가닥(β strand)**이다(그림 6-8b). 이것은 곁사슬이 교대로 골격의 서로 반대편을 향해 뻗어 있고, 아미드기와 카르복시기는 측면으로 향해 있는 신장된 구조이다. 골격이 완전히 신장된 것은 아니고 가닥이 약간 지

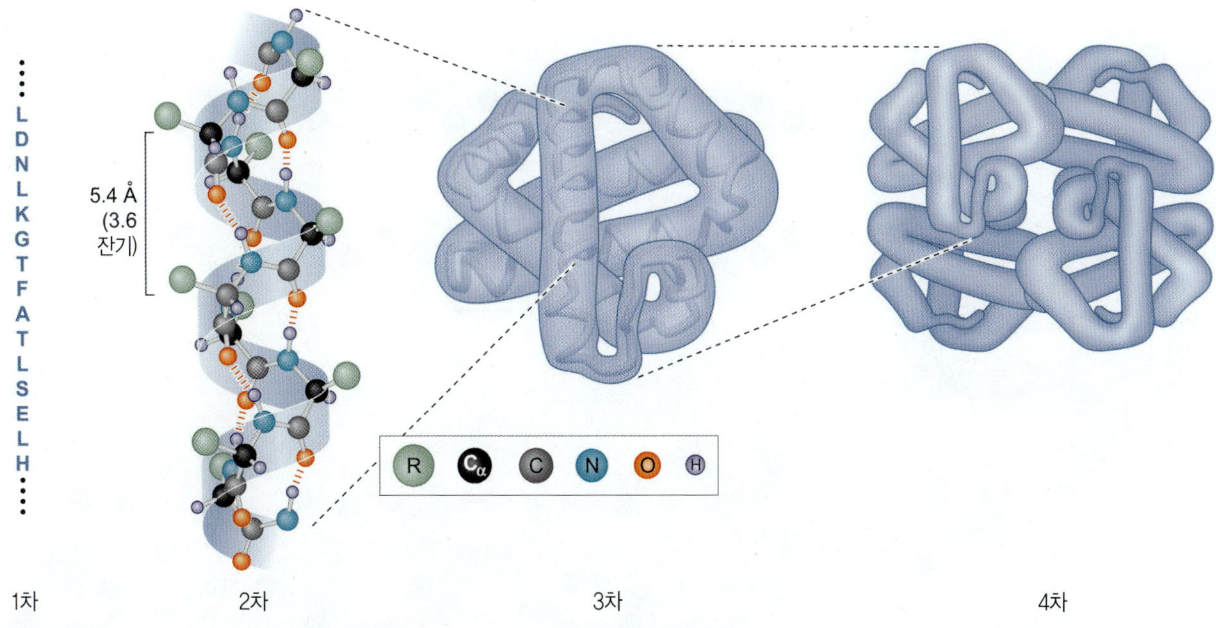

그림 6-7 헤모글로빈으로 설명하는 단백질 구조의 단계. "1차구조"는 폴리펩티드 사슬 내 아미노산 서열을 말한다. 단일문자 암호는 헤모글로빈 소단위의 일부분의 1차구조이다. "2차구조"는 반복적인 골격 수소결합을 가진 규칙적인 국부 구조를 말한다. 여기서는 헤모글로빈 소단위의 긴 α나선의 일부를 나타낸다. "3차구조"는 폴리펩티드 사슬 전체(혹은 복수 도메인을 가진 단백질 내 단일 도메인)의 접힘 구조를 말한다. 그림은 헤모글로빈 단백질 소단위 네 개 중 하나를 보여준다. 점선은 왼쪽에 표시한 1차와 2차구조에 해당하는 α나선 부위의 경계를 표시한다. "4차구조"는 큰 복합체 내에 있는 여러 단백질 소단위의 정렬을 말한다. 헤모글로빈은 α사슬 두 개와 β사슬 두 개로 된 4량체이다. 그러나 두 종류의 사슬은 그림에서 보듯이 매우 유사한 3차구조를 하고 있다. (Modified from an illustration by Irving Geis. Rights owned by the Howard Hughes Medical Institute.)

그재그를 이루면서 판의 특성을 지닌다. 접힌 단백질에서 β가닥은 주사슬 수소결합에 의해 연결되면서 시트를 이룬다. 평행 혹은 역평행 수소결합 형태가 가능하며, 이를 평행 혹은 역평행 β판 시트라고 각각 부른다. 진짜 단백질에서는 엄격하게 한 방향을 가지거나 엄격하게 교대하는 가닥 방향보다는 오히려 다양하게 혼합된 시트가 자주 발견된다.

단백질의 **3차구조(tertiary structure)**란 보통 폴리펩티드 사슬이 생리적 조건하에서 조밀하게 3차원적으로 접힌 것을 말한다. 사슬은 부분적으로 α나선이거나 β가닥일 수 있다; 나머지는 덜 규칙적인 구조[즉 서로 강하게 뭉치도록 허용하는 2차구조 요소들 사이의 회전(turn) 혹은 고리(loop)]를 취할 수 있다. 아래 절에서 가능한 3차구조를 설명하고 분류할 것이다. 보통 폴리펩티드 사슬의 2차구조와 3차구조의 안정성은 서로에 의존한다.

많은 단백질은 하나 이상의 폴리펩티드 사슬로 구성된다; **4차구조(quaternary structure)**란 개별적으로 접힌 사슬이 서로 결합하는 것을 말한다. 한 종류의 폴리펩티드 사슬[일반적으로 "소단위(subunit)" 또는 "기본단위(protomer)"라 부른다]로 되어 있는 경우와 두 종류 이상의 소단위로 되어 있는 경우로 구분할 수 있다. 간단한 경우에는 복합체 내 소단위가 동료 폴리펩티드 접힘을 변화시키지 않는다. 그러나 종종

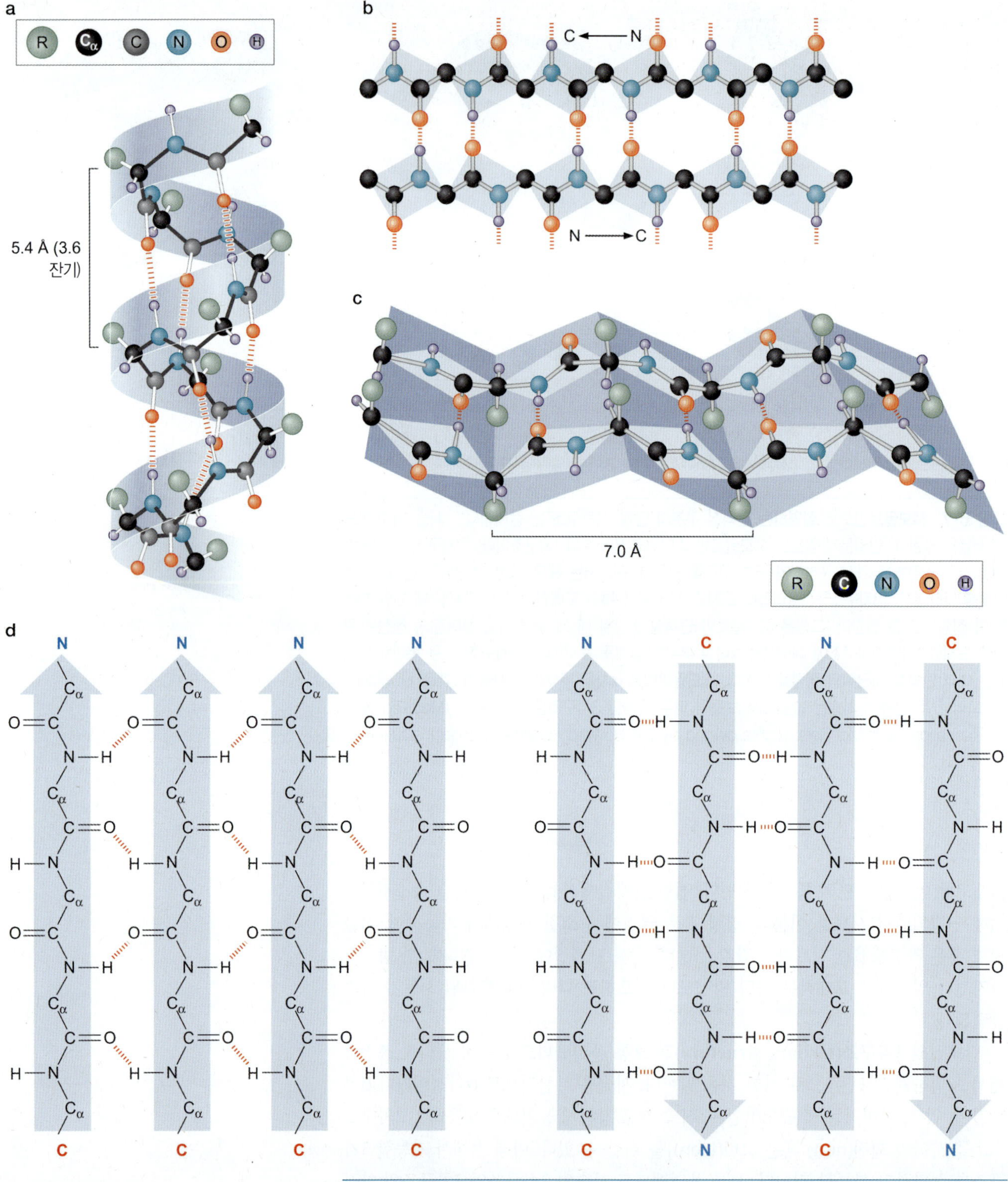

그림 6-8 단백질 2차구조. (a) α나선. 수소결합은 붉은 점선으로 표시하였다. (b) β시트. 수소결합은 붉은 점선으로 표시하였다. (상) 위에서 본 β시트. (하) 옆에서 본 β시트. (c) 수소결합 형태를 보여주는 평행 β시트. 두 사슬의 방향이 아미노기에서 카르복시기로 동일하다. (d) 수소결합 형태를 보여주는 역평행 β시트. 사슬의 방향이 서로 반대이다. (a, Modified from illustration by Irving Geis. b,c, Illustrations by Irving Geis. Rights owned by Howard Hughes Medical Institute. Not to be reproduced without permission. d, Adapted, with permission, from Branden C. and Tooze J. 1999. *Introduction to protein structure*, 2nd ed., p.19, Fig. 2.6a and p.18, Fig. 2.5b. © Garland Science/Taylor & Francis LLC.)

단백질 **올리고머(oligomer**; 여러 개의 소단위로 구성된 단백질)의 구성요소의 4차구조 혹은 2차구조는 서로간의 결합에 의존적이다. 즉 이들 각 소단위는 4차구조를 이루었을 때만 어떤 2차 혹은 3차구조를 획득한다. 일반적인 예가 α나선의 또꼬인나선(coiled-coil)이다; 같거나 다른 두 개(혹은 가끔 세 개 이상)의 폴리펩티드 사슬이 α나선 구조를 이루면서 서로를 아주 가볍게 감싼다(그림 6-9a). 각 사슬은 보통 서로 모여 있을 때만큼 α나선이 안정하지 않다. 올리고머가 해체되면 분리된 나선은 정돈되지 않은 폴리펩티드 사슬로 흐트러지게 된다.

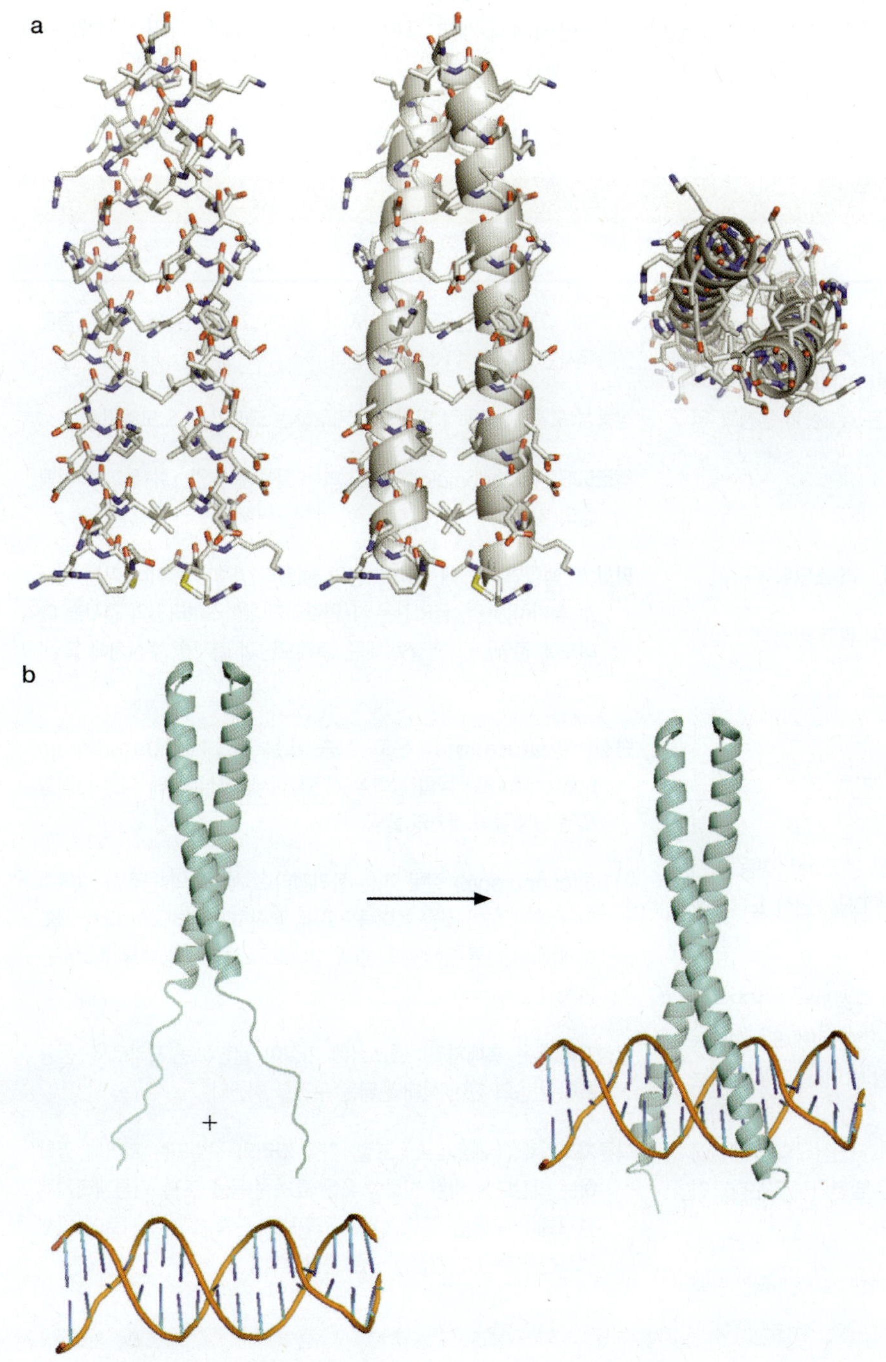

그림 6-9 효모 전사인자 GCN4. (a) GNC4 또꼬인나선(coiled-coil) 구조의 세 그림. (왼쪽) 그림에서 화학결합은 막대로, 원자는 교차점으로 표시하였으며, 탄소는 회색, 산소는 빨간색, 질소는 청색으로 나타내었다. 동일한 두 개의 폴리펩티드 사슬의 카르복시 말단은 위를 향해 있다. 두 나선 사이의 경계에 있는 사다리 모양(대부분 회색)의 소수성 곁사슬을 주목하라. (가운데) 폴리펩티드 골격은 리본으로, 곁사슬은 막대로 표시한 그림. 두 사슬이 서로의 주위를 완만하게 감고 있음을 주목하라. (오른쪽) 가운데의 그림을 위에서 본 것. (b) GCN4와 DNA의 복합체 구조 그림은 소위 "염기성 영역(basic region)"이 무질서에서 질서로 변화하는 것을 보여준다. 이 "염기성 영역"은 또꼬인나선으로 아미노 말단부위에 있으며, α나선으로 접혀 DNA의 큰홈에 결합한다. Images prepared with PyMOL (Schrödinger, LLC).

단백질 도메인

전형적으로 폴리펩티드 사슬은 하나 이상의 도메인으로 접힌다

폴리펩티드 사슬이 접히면 "내부"와 "외부"를 만들게 되며, 이를 통해 아미노산의 곁사슬은 내부로 **묻히거나(buried)** 외부로 **노출된다(exposed)**. 만약 폴리펩티드 사슬이 너무 짧으면 접힘 구조를 안정화하기 위해 소수성기가 충분히 묻힐 정도의 구조를 취하지 않는다. 만약 사슬이 너무 길면 접힘의 복잡성 때문에 오류가 발생하기 쉽다. 이와 같은 제한의 결과, 대부분의 안정한 접힘구조는 50~300개의 아미노산으로 이루어진다. 더 긴 폴리펩티드 사슬은 보통 **도메인(domain)**으로 알려진 분리된 단위로 접힌다(글상자 6-2, "용어 설명" 참조); 방금 말했듯이 각 도메인은 보통 50~300개의 잔기 범위로 되어 있다. 그런 단백질의 개별 도메인 구조는 더 작은 단일 도메인 단백질의 구조와 유사하다(그림 6-10a).

▶ 고급개념

글상자 6-2 용어 설명

1차구조: 폴리펩티드 사슬의 아미노산 서열.

2차구조: 주-사슬 수소결합을 가진 규칙적인 폴리펩티드 사슬 구조의 요소. 단백질에서 자주 나타나는 이차구조는 α나선과 평행과 역평행 β판.

3차구조: 폴리펩티드 사슬의 접힌 3차원 구조.

4차구조: 단백질 올리고머, 즉 단백질 집합체의 여러 소단위체 구성.

도메인: 단백질 내 어떤 다른 부위에도 영향 받지 않고 안정적인 접힘 구조를 가진 폴리펩티드 사슬의 일부.

모티프(서열): 특징적인 성질을 가진 짧은 아미노산 서열로서, 종종 다른 단백질의 특정 도메인과 상호작용함. (때로는 "도메인" 용어가 그런 서열 모티프로 부정확하게 사용되기도 한다.)

모티프(구조): 많은 단백질에서 나타나는 도메인 구조로서, 종종 어떤 특징적인 아미노산 서열을 갖는다(즉, 많은 DNA-인식 도메인에서 나선-회전-나선 모티프).

위상(혹은 접힘): 대개 단백질 도메인의 구조는 구성하는 2차구조 요소의 3차원에서의 연결성과 이들 요소의 포장에 의해 도식적으로 표현될 수 있다. Jane Richardson은 6장의 여러 그림에 있는 것처럼, 도메인의 접힘을 보여주는 편리한 방법으로 리본 도식을 도입하였다(그림 6-10 참조). 모든 접힘이 자연상태의 단백질에서 발견되는 것은 아니며(즉, 매듭형 접힘은 발견되지 않는다), 어떤 접힘은 다른 접힘보다 더 많이 발견된다.

상동적 도메인(혹은 단백질): 공통조상에서 유래한 도메인(혹은 단백질). 그들은 같은 접힘을 가지고, (항상 그런 것은 아니지만) 종종 유사한 아미노산 서열을 가진다.

상동성 모델링: 상동적 도메인에 기초하는 도메인 구조 모델링.

엑토도메인(ectodomain): 세포막의 바깥쪽에 놓인 1회-통과 막단백질의 일부.

당화: 단백질의 측쇄에 하나 이상의 당(글리칸)을 사슬이나 가지 형태로 첨가하는 것. 글리칸은 N-연결되거나(아스파라긴의 곁사슬 아미드에 붙임), O-연결될(세린, 트레오닌의 곁사슬 수산기에 붙임) 수 있다.

변성(denaturation): 온도 상승 혹은 요소나 guanidinium hydrochloride 등의 강력한 계면활성제("변성제")에 의한 단백질 혹은 단백질 도메인의 풀림.

샤페론(chaperone): 잘못 접힌 폴리펩티드 사슬들의 응집을 막아주거나 잘못 접힌 것을 풀어줌으로써, 정확하게 접히도록 다시 시도하게 하여 다른 단백질의 원래 상태로의 접힘 가능성을 높여주는 단백질.

활성자리(혹은 촉매자리): 효소상에 기질이 결합하는 자리로서, 종종 촉매 반응의 전이 상태와 닮은 구조를 취한다.

다른자리입체성(allosteric) 조절: 기질 자리와 구별되는 자리에 결합하는 리간드에 의한 친화성 혹은 효소 반응률 조절. 다른자리입체성 조절의 기작은 종종 4차구조의 변화—즉 소단위 서로에 대해 위치전환 혹은 방향전환—를 동반한다.

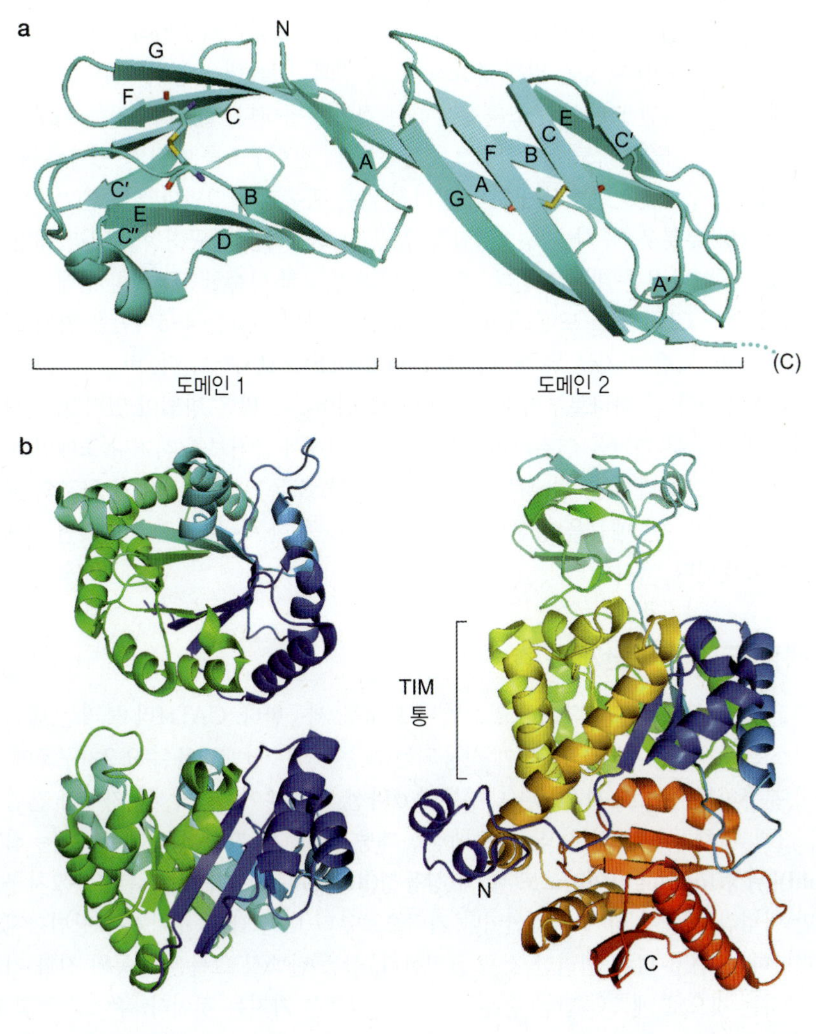

그림 6-10 단백질 도메인. Jane Richardson에 의해 소개된 바 있는 "리본"으로 폴리펩티드 사슬을 도식화하였다. 이 방법은 도메인의 접힘구조에서 2차구조 요소의 역할을 강조한다: α나선은 꼬인 리본으로, β가닥은 완만하게 회전하는 화살표로 그리되 카르복시 말단 방향으로 화살방향을 표시하였다. 두 2차구조 요소 사이에 있는 고리는 "벌레"처럼 표시하였다. (a) 어떤 T-세포와 대식세포의 표면에 발견되는 CD4 단백질의 네 개 도메인 중 두 개. 이들 도메인의 각각은 면역글로불린 접힘을 가진 β-샌드위치이다(글상자 6-3 참조); 각 도메인의 β가닥은 폴리펩티드 사슬에 나타나는 순서에 따라 문자로 표시하였다. 각 도메인은 한 개의 이황화결합(노란색으로 표시된 황원자에 결합한 막대)을 가진다. (b) 두 가지 효소: 3탄당 인산이성질체화효소(triose phosphate isomerase) (TIM; 왼쪽) 및 pyruvate kinase (PK; 오른쪽). 그림은 TIM 2량체 중 하나를 나타낸다. TIM 소단위는 "TIM 통"(여덟 개의 β가닥은 내부에 통을 형성하고 α나선은 그 주변을 싸고 있는 짧은 실린더)이라 불리는 프로토타입(원형)이다. 두 그림은 통을 축에 따라 본 것(위)과 옆에서 본 것(아래)을 나타낸다. 아미노 말단부는 짙은 청색으로, 카르복시 말단부는 초록색으로 표시하였다. PK는 세 도메인으로 접혀 있다. 중앙도메인은 TIM 통(TIM의 측면 그림과 비교하라)이다. 무지개 색깔로 표시하되, 카르복시 말단에 가까울수록 빨간색, 아미노 말단에 가까울수록 짙은 청색으로 표시하였다. 위에 있는 연한 청색은 TIM 통의 세 번째 가닥 다음 잔기로부터 접힌다. 아래쪽의 다홍색 도메인은 마지막 TIM 통 나선의 카르복시 말단부 잔기를 포함한다. TIM과 PK의 비교는 한 단백질에서 분리된 도메인이 다른 단백질의 추가적인 도메인과 합쳐질 수 있다는 것을 보여준다. 더구나, 하나 이상의 추가적인 도메인은 주요 도메인의 2차구조 요소 사이에 "삽입된" 폴리펩티드 사슬로부터 접힐 수 있다. Images prepared with PyMOL (Schrödinger, LLC).

접힌 폴리펩티드 사슬의 두 개 이상 도메인의 각각은 종종 연결된 아미노산 서열을 함유한다. 그러나 도메인 중 적어도 하나는 가끔 두 개(혹은 그 이상)의 불연속적인 분절로부터 접히고 사슬의 간섭 부분은 별개의 도메인을 형성한다(그림 6-10b). 간섭 도메인은 인접 부분으로부터 접힌 도메인 속에 삽입한 것처럼 보인다.

단백질 구조 연구의 기본 지식

실험적으로 결정된 많은 도메인 구조로부터 다음과 같은 결론을 도출할 수 있다. 첫째, 대부분의 소수성 곁사슬은 내부로 묻히고 대부분의 극성 곁사슬은 노출된다. 둘째, 수소결합을 주거나 받을 수 있는 작용기(functional group)가 묻히게 되면 그것은 거의 항상 수소결합 파트너를 가진다. 이러한 성질의 이유는 극성기가 도메인 표면으로 노출될 때(수소결합을 주거나 받을 수 있는) 물과 수소결합을 한다는 사실을 상기하면 이해하기 쉽다. 만약 수소결합이 접힘구조로부터 사라지면, 폴리펩티드 사슬이 접히는 것처럼 기로부터 물이 제거될 때 선호하는 활동적 기여가 사라질 것이다. 소수성 아미노산 잔기조차도 그들의 펩티드 골격에 두 개의 수소결합 기(NH와 CO)를 가진다. 이들 수소결합은 접힘구조 내, 2차구조를 형성한 상당 부분에도 들어 있다. α나선과 β판은 그들 내부에 모든 잔기의 주사슬 수소결합을 들어 있다.

주사슬 수소결합을 하는 것은 아마 많은 정규적인 2차구조(조밀하게 접힌 단백질 도메인을 포함하여) 형성을 위해 중요하다. 그 결과 그들 내에 들어 있는 2차구조의 종류에 따라 관측된 도메인 구조를 분류하는 것이 유용하다. 원칙적으로는 비교적 짧은 폴리펩티드 사슬조차도 천문학적으로 많은 수의 접힘구조를 가질 수 있다. 이들 중 단지 제한된 수만 3D 단백질 구조의 알려진 많은 목록에 나타난다. 이들은 아미노산 잔기의 상당 부분을 (주사슬 수소결합을 훨씬 덜 허락하는 불규칙적인 고리 내가 아니라) α나선이나 β판 내에 가진다. 뿐만 아니라 비교적 단순한 3D 접힘 형태를 가진다. 예를 들면 CD4의 Ig 도메인(그림 6-10a)은 하나의 판에는 4~5가닥을 가지고 다른 판에는 4가닥을 가지는 두 개의 **β판(β sandwich)**으로 구성된다. 비록 폴리펩티드 사슬이 8~9가닥 중 하나로부터 다음 가닥으로 넘어가는 많은 방법이 있지만, 관찰된 방법은 인접한 두 가닥을 연결하면서 하나의 판 내에서 급커브를 하거나 도메인의 위나 아래를 가로질러 다른 판으로 넘어가는 것이다. 모든 알려진 도메인 구조의 매우 중요한 성질 하나는 매듭을 형성하지 않는 것이다. 즉 한 쪽 끝을 잡고 당기면 전체가 직선으로 열린다.

단백질 도메인의 단계

단백질 도메인의 분류는 단순하고 요약된 묘사를 제공한다. CATH라 불리는 데이터베이스로 체계화된, 하나의 폭넓게 사용되는 계층분석은 단백질을 주요 2차구조에 따라서 분류하는 것으로 시작한다(대부분이 α나선, 대부분이 β가닥, 두 가지가 혼합된 것, 거의 이차구조가 없는 작은 도메인). 계층분석에서 가장 중요한 단계는 **접힘(fold)**[**위상(topology)**이라고도 함]과 **상동성(homology)**이다. 접힘 분류는 2차구조뿐만 아니라 사슬이 하나의 나선이나 가닥으로부터 다른 데로 지나가는 방법까지도 고려한다. 그림 6-11은 이러한 것을 설명한다. 상동 단백질 그룹은 공통된 진화 기원을 가지는 것으로 예측할 만큼 충분한 서열 유사성을 가지는 것이다. 주어진 접힘 단계의 모든 도메인이 공통 기원을 가질 가능성에 관련해서는 아직 잘 모른다. 매우 복잡한 도메인을 위해서는 공통 기원은 직감적으로 타당한 것 같다.

그림 6-11 주요 접힘의 세 가지 예. (왼쪽) 모두 α나선으로 된 단백질(미오글로빈). (가운데) β가닥 도메인 두 개의 이질2량체(면역글로불린의 가변부위, 글상자 6-3 참조). (오른쪽) α 도메인과 β 도메인의 혼합형(작은 GTPase, Ras). 각 도메인의 색깔은 아미노 말단일수록 짙은 청색, 카르복시 말단일수록 빨강으로 표시하였다. Images prepared with PyMOL (Schrödinger, LLC).

링커와 경첩

접힘 단백질 내 두 도메인 사이의 연결부는 이들 사이에 엄격한 경계를 허용하면서 매우 짧거나, 상당한 유연성을 부여하면서 매우 길다. 어떤 단백질은 그들의 세포 내 기능이 끝에 있는 도메인으로 먼 거리에서도 상호작용하기 때문에 극도로 길고 유연한 링커를 가진다. 긴 링커의 아미노산 서열은 일반적으로 연장 가능한 유연한 구조가 물로부터 격리할 수 없는 큰 소수성기가 부족하고, 다른 단순한 형상을 가진다.

도메인과 단백질 구조의 4단계에 대해 항체(면역글로불린) 분자의 삽화와 함께 글상자 6-3, 단백질 도메인의 예시로서의 항체에 요약하였다.

번역후 변형

리보솜으로부터 폴리펩티드 사슬이 노출된 후 도입되는 아미노산 곁사슬의 다양한 변형은 단백질의 구조와 기능을 조절한다. 가장 중요한 변형 중의 하나가 당화(glycosylation)이며, 아스파라긴 곁사슬 혹은 세린, 트레오닌 곁사슬에 하나 이상의 당(글리칸)을 추가한다. 이런 변형은 일반적으로 진핵세포의 소포체에서 일어나며,

▶ 고급개념

글상자 6-3 단백질 도메인의 예시로서의 항체

순환형 항체는 두 개의 동일한 중사슬과 두 개의 동일한 경사슬로 구성된 면역글로불린 G(IgG) 분자이다. 경사슬은 하나의 가변도메인(V_L)과 하나의 불변도메인(C_L)을 가지고, 중사슬은 하나의 가변도메인(V_H)과 세 개의 불변도메인(C_H1, C_H2, C_H3)을 가진다. 그래서 12개의 독립적인 도메인이 있다. V_H와 V_L은, 그들을 암호화하는 유전자의 거대한 조합 라이브러리가 있고 면역반응 과정 동안 선택된 유전자 내에서 일어나는 체세포돌연변이 때문에 "가변"적이다. 가변 도메인은 항원에 대한 특별한 친화성을 결정한다. C_H1–3 및 C_L 도메인은, 훨씬 적은 수의 이 도메인은 항체생산 세포의 성숙 동안 많은 가변 도메인 중 하나에 연결되어 있고 체세포 돌연변이가 일어나지 않기 때문에 "불변"적이다. 글상자 6-3 그림 1에 나타나 있는 것처럼, 도메인은 결집한 이질4량체(heterotetramer) 내에서 짝을 이룬다; Fab("항원결합") 단편을 형성하며 V_H와 V_L 그리고 C_H1과 C_L은 각각 짝을 이룬다; Fc 단편을 형성하며 한 중사슬의 C_H2와 C_H3은 다른 중사슬의 C_H2와 C_H3과 각각 짝을 이룬다. 경첩부위를 선택적으로 자르게 하는 단백질가수분해는 Fab와 Fc 단편을 생성시킨다. 그림 6–11에도 설명한 모두 β 도메인의 예처럼, 각 도메인은 비슷한 "Ig-도메인" 접힘을 한다. 가변 도메인과 불변 도메인 사이의 짧은 연결부("팔꿈치")는 제한된 유연성을 부여한다. C_H2와 C_H3 사이의 훨씬 더 긴 연결(경첩)은 훨씬 더 큰 유연성을 부여한데, 이는 각 Fab의 끝에 있는 항원결합자리("상보성 결정부위")가 항원에 있는 인식자리(cognate site)의 상대적인 위치에 따라서 효과적으로 그 쪽을 향하도록 허용한다.

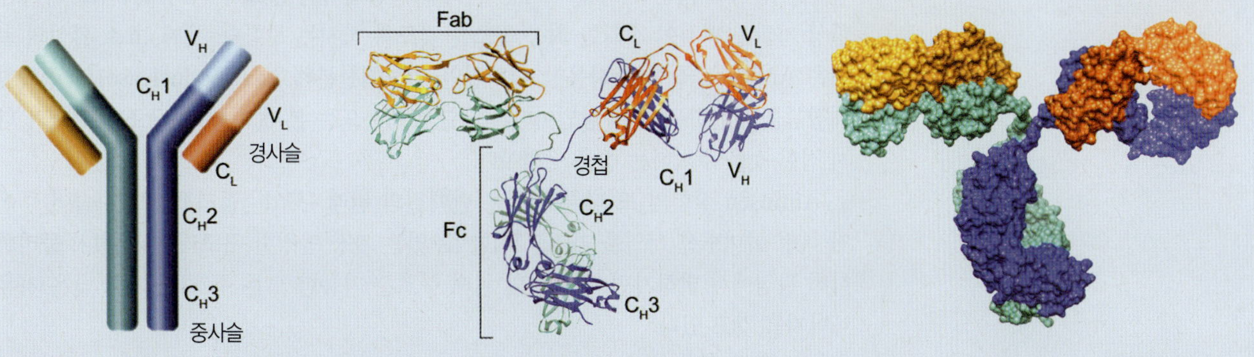

글상자 6–3 그림 1 IgG의 세 가지 다른 표현. 왼쪽 패널은 IgG의 4개 사슬이 결합한 "Y자"형 모식도를 보여준다. 가운데 있는 "리본" 도식은 IgG의 2차구조를 강조한다. 오른쪽에서는 표면렌더링은 접힌 단백질의 곁사슬이 단백질의 소수성 내부에 효과적으로 충진된다는 것을 보여준다. Images prepared with PyMOL (Schrödinger, LLC) and UCSF Chimera.

그러므로 세포표면 단백질과 분비 단백질의 엑토도메인의 거의 보편적인 특징이다. 당을 가지는 단백질을 당단백질(glycoprotein)이라 한다. 아스파라긴의 곁사슬에 당을 전달하는 효소는 Asn-X-Ser/Thr(X는 아무 아미노산이나 다 해당)의 짧은 서열을 인식한다.

세린, 트레오닌, 티로신, 히스티딘의 곁사슬의 인산화는 세포 내 조절에 중요한 또 다른 보편적인 변형이다. 처음 세 잔기의 인산화는 진핵세포에서 주로 일어나고, 마지막 잔기의 인산화는 원핵세포에서 더 일반적이다.

아미노산 서열에서 3차원 구조까지

단백질 접힘

도메인의 아미노산 서열은 안정한 접힘구조를 결정한다. 이 일반화는 분자생물학의 중심설의 중요한 부분이다. 왜냐하면 뉴클레오티드 서열이 단백질의 아미노산 서열을 지정할 뿐만 아니라 단백질의 3차원 구조와 기능을 지정한다는 것을 의미하기 때문이다. 실험실에서 풀린 단백질의 재접힘에 관한 고전적 실험은 이 점을 처음으로 확립하였다[글상자 6-4, "단백질의 3차원 구조는 아미노산 서열에 의해 지정된다(Anfinsen 실험)" 참조]. 이 실험은 폴리펩티드 사슬이 어떤 추가적인 세포성 기구의 도움 없이도 정확히 접힐 수 있다는 것을 보여주었다.

Anfinsen의 재접힘 실험은 여러 가지 요점에 의존한다. 첫째, 세포나 조직에서 정제된 단백질은 수용액에서 랜덤코일로 풀릴 수 있다. 이러한 풀림을 종종 **변성(denaturation)**이라 부르며, 이것은 일반적으로 높은 농도의 **변성제(denaturant)**라 부르는 어떤 용질[즉 요소(urea)나 guanidinium hydrochloride]에 단백질이 노출되었을 때 일어난다. 만약 단백질이 효소이면 촉매활성도 잃는다. 그것이 특별한 결합성질(즉 DNA 자리 인식)을 가진다면 그 특성을 잃는다. 즉 단백질의 기능적 성질의 대부분은 그들의 접힘구조에 의존한다. 글상자 6-4에 설명한 실험에서 Anfinsen과 동료가 사용한 단백질의 경우, 완전한 풀림을 위해서 4개의 이황화결합이 환원되어야 한다. 둘째, 변성제를 제거하면 단백질은 다시 접힌다. 이 과정은 여러 이유 때문에 실험실에서 항상 효율적인 것은 아니다. 세포는 잘못 접힌 단백질을 풀어서 다시 접히도록 하는 **접힘 샤페론(folding chaperone)**이라는 효소를 가진다. 이들 샤페론 중의 일부는 접히지 않은 단백질이 다른 단백질과 응집하지 않도록 격리시키기도 하지만, 항상 기질 단백질이 정확한 최종 구조를 갖도록 하지는 못한다. 셋째, 효소 활성의 측정은 Anfinsen 실험에 사용한 단백질인 리보핵산분해효소(ribonuclease)의 정확한 재접힘을 관찰하는 좋은 방법이다. 즉, 활성 회복도는 본래(기능적) 구조로 효소가 다시 접힌 것을 추적하는 좋은 방법이다.

Anfinsen 실험의 또 다른 결론은 단백질의 원래 구조는 폴리펩티드 사슬이 주어진 특정 아미노산 서열을 가지고 취할 수 있는 가장 안정한 구조라는 것이다. 물리화학적 관점에서 말하자면, 단백질의 원래 구조는 가능한 모든 구조 중 가장 낮은 자유에너지를 갖고 있다.

아미노산 서열로부터 단백질 구조 예측하기

원칙적으로, 아미노산 서열이 단백질의 접힘구조를 결정한다면, 같은 것을 하기 위한 컴퓨터를 사용하는 방법을 고안하는 것도 가능할지 모른다. 그러나 실제로는 이런 전

▶ 핵심실험

글상자 6-4 단백질의 3차원 구조는 아미노산 서열에 의해 지정된다(Anfinsen 실험)

1960년대 초, Christian Anfinsen과 그의 동료는, 단백질의 아미노산 서열이 정확하게 접힌 구조를 결정하는데 충분하며 외부의 접힘 "기계"가 필요하지 않다는 것을 보여주는 고전적 실험을 수행하였다. 이 결론은 어떻게 유전자의 뉴클레오티드 서열이 궁극적으로 단백질의 기능을 규정하는 정보를 암호화하는지를 이해하는데 근본이 된다.

리보핵산분해효소 A(ribonuclease A)는 RNA의 인산이에스터 골격을 분해하는 효소이다. 이 효소는 원래 구조로 접혀 있을 때는 활성을 가지지만, 2–5 M 농도의 요소나 guanidinium hydrochloride과 같은 변성제 처리에 의해 풀릴 때 활성을 잃는다. 124 잔기의 이 단백질은 8개의 시스테인을 가지며, 4개의 이황화결합을 형성한다(글상자 6-4 그림 1 참조). 이들 이황화물은 β-mercaptoethanol과 같은 환원제에 의해 술프히드릴(sulfhydryl)로 환원될 수 있다. Anfinsen 등은 β-mercaptoethanol 존재 하에서 리보핵산분해효소 A를 풀고, 그 다음 투석을 통해 변성제와 환원제를 제거하면 높은 효소활성을 회복할 수 있다는 사실을 알았다. 적당히 접힘구조를 할 때만 효소가 인산이에스터 결합의 가수분해를 촉매할 수 있다고 가정하면, 활성 회복은 폴리펩티드 사슬이 접힘구조를 명령하는 데 필요한 모든 정보를 갖고 있다는 사실을 보여준다. Anfinsen 등이 이황화결합이 재형성되도록 먼저 β-mercaptoethanol을 제거하고, 그 다음 변성제를 제거하였을 때는 효소활성 회복을 검출할 수 없었다. 8개의 시스테인은 105가지 다른 방법으로 짝지을 수 있다. 변성제 존재 하에서의 이황화결합의 형성은 원래 단백질에서 발견되는 특징적인 짝을 이루기보다 시스테인이 무작위로 짝을 지어 비정상적인 이황화결합을 형성하도록 한다. 그래서 풀린 리보핵산분해효소 A의 산화는 동시에 산화와 재접힘에 의해 1% 미만만 활성을 회복할 것이다. 이러한 기대는 단지 원래의 비공유성 접촉이 가능할 때만 각 시스테인이 적당한 파트너를 찾을 것이라는 근본적인 결론을 강조하면서 실험관찰과 일치한다.

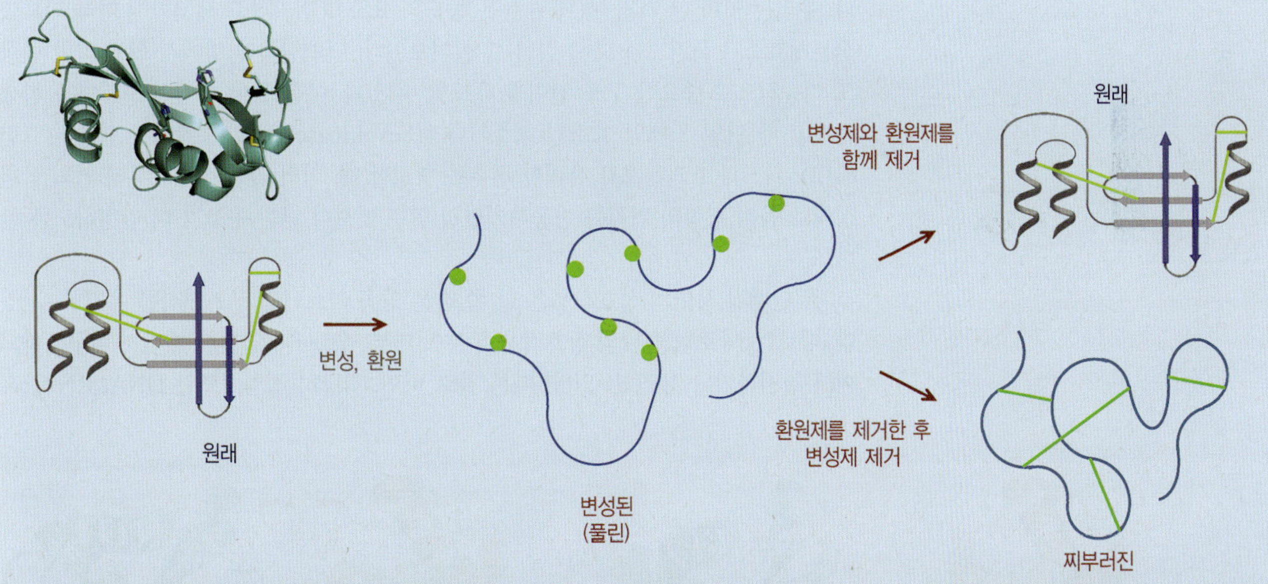

글상자 6-4 그림 1 Anfinsen 실험. 왼쪽 위에는 ribonuclease A 효소의 3차구조를 보여주는 리본 도식이 나타나 있다(여기에서 이황화결합은 노란색으로 표시됨). 아래에 있는 상응하는 도식은 다양한 2차구조 요소와 4개의 이황화결합의 위치를 묘사한다. 변성제의 존재 하에서 이황화물의 환원은 폴리펩티드 사슬을 풀리게 한다. 변성제가 있을 때나 없을 때 환원제를 제거하면 본문에 설명한 것처럼 아주 다른 2가지 결과가 초래된다. 도식에서 이황화결합은 초록색 선으로, 시스테인은 초록 원으로 표시되었다.

산업무가 힘들다. 그 이유는 다음과 같다. 첫째, 컴퓨터는 폴리펩티드 사슬의 모든 가능한 구조의 안정성(자유에너지)을 계산할 수 있고, 그런 다음 가장 안정한 것에 해당하는 하나를 고를 수 있다고 상상할 수 있다. 사실 안정성을 결정짓는 단백질 내 원자들 사이의 다양한 힘(수소결합, 소수성 접촉 등)을 계산할 수 있다. 그러나 100개의 아미노산 잔기를 가진 작은 단백질을 고려하고 이들 각 잔기가 단지 3가지 배열(나선,

가닥, 기타)만 가진다고 상상해 보라. 그러면 가능한 구조의 수는 대략 3^{100} 즉 10^{47}으로, 이것은 이 전략을 배제시킬 만한 천문학적인 숫자이다. 둘째, 어떤 종류의 역학적 계산으로 단백질 접힘 과정의 시뮬레이션을 시도할 수 있다. 그런 노력은 작은 단백질과 진보된 전산 자원을 가지고 이미 시작 중이다; 결과는 일부 목적을 위해서는 좋은 근사치를 얻고 있으나, 모든 기능적인 면에서는 아직 부족하다. 그런 접근이 가까운 장래에 아미노산 서열로부터 복잡한 단백질의 구조를 예측하는 실제적인 방법이 될 것 같지는 않다. 셋째, 이미 유사한 상동 단백질의 구조를 안다면, 처음 근사치로서 출발하고 알기 원하는 새로운 단백질을 일치시키기 위해 아미노산 잔기 바꾸기를 고려할 것이다. **상동 모델링(homology modeling)**이라 알려진 이런 종류의 계산은 비교적 실제적이다. 그들의 신뢰도는 의문을 가지는 두 단백질의 상동성과 예측의 정확도에 확실히 의존한다.

단백질의 구조적 변화

특수한 조건 하에 있는 단백질의 접힌(혹은 풀린) 구조는 가장 낮은 자유에너지를 가진 상태이다. 그러나 만약 단백질의 환경이 변하면, 가장 안정한 구조 역시 변할 수 있다. 우리는 이미 한 가지 예(매우 높은 농도의 요소를 첨가하고 제거함에 따라 리보핵산분해효소가 풀리거나 다시 접힘)를 살펴보았다. 단백질의 환경에서 훨씬 약한 변화도 기능적으로 중요한 구조 전이를 유도할 수 있다. 예를 들어 기질인 포도당과 함께 존재할 때 단일 도메인 효소인 헥소키나제(hexokinase)는 그 주위에서 닫힌다(그림 6-12). 기질과 효과적으로 유리한 접촉을 형성할 때, 거의 열린 상태로부터 거의 닫힌 상태로 동적 평형의 위치를 이동시키면서 열린 것보다 닫힌 구조가 더 안정하도록 한다.

두 단백질 사이의 상호작용은 한 쪽 혹은 양쪽 파트너의 구조변화를 유발할 수 있다. 때로는, 파트너 하나의 상호작용 부분이 다른 파트너와 결합할 때까지 비구조화되어(무질서하거나 유연한) 있다. 다른 말로 하면, 적당히 접힘구조는 DNA, RNA, 혹

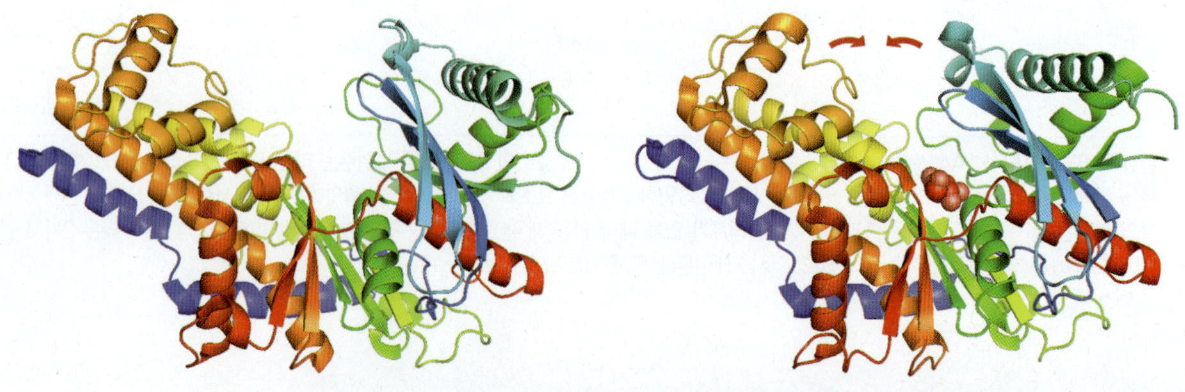

그림 6-12 효소 헥소키나제(hexokinase)에서 도메인 닫힘. 포도당에 인산기를 전달하는 효소인 헥소키나제의 두 돌출부는 기질(포도당)이 결합할 때 서로 닫힌다(빨간색 화살표). (왼쪽) 포도당에 결합하기 전 상태의 효소. (오른쪽) 포도당(효소의 촉매자리 내 빨강으로 표시) 결합 후. 폴리펩티드 사슬은 청색(아미노 말단)으로부터 빨강(카르복시 말단)까지 무지개 색으로 표시하였다. 접힌 사슬이 두 돌출부 사이를 두 번 왕복함을 주목하라. Images prepared with PyMOL (Schrödinger, LLC).

은 다른 단백질과 같은 표적이 존재할 때만 안정하다. 효모의 전사인자인 GCN4의 또꼬인나선(coiled-coil) 2량체 내의 α나선은 서로 결합할 때만 안정하다. DNA에 결합하였을 때, 단백질의 부가적 단편이 DNA 큰홈 내에서 α나선을 형성하지만, GCN4가 DNA와 결합하지 않을 때는 단백질의 같은 부위가 비구조화 상태로 되어 있다(그림 6-9b).

특수 분자 인식 요원으로서의 단백질

DNA 서열을 인식하는 단백질

유전자 발현의 조절은 특수한 뉴클레오티드 서열을 가지는 짧은 DNA 단편에 결합하는 단백질에 의존한다. 여기에서는 이미 위에서 설명한 단백질의 구조와 상호작용의 원칙을 설명하는 몇 가지 예를 들어보자.

i. GCN4 우리는 이미 GCN4를 통해 단백질의 접힘이 때때로 다른 단백질(GCN4 또꼬인나선의 경우 2량체의 다른 사슬)이나 표적(DNA 자리)과의 상호작용에 의존한다는 것을 설명하였다. GCN4는 접촉자리에서 염기서열이 정확할 때만 DNA에 강하게 결합한다. 큰홈에서 α나선이 적합하게 맞기 때문에, α나선의 곁사슬은 그들의 형태, 극성, 수소결합 공여자와 수용자 성질 등에 있어서 DNA 표면과 상호보완적일 필요가 있다. 이들 α나선은 DNA 골격의 인산과 염다리를 형성함으로써 DNA에 잘 결합하도록 하는 여러 개의 아르기닌과 리신 잔기를 가지고 있다.

ii. 박테리오파지 λ 억제자 박테리오파지 λ의 억제자는 박테리오파지 유전체 위에 6개의 결합자리를 가진다. 이들 결합자리 서열은 비슷하지만 조금씩 다른데 각 자리의 정확한 억제자와의 친화성을 결정한다(그림 6-13a). 억제자는 대칭적 2량체이고 결합자리는 대략 대칭(**회문구조, palindromic**) 서열이다. 단백질의 각 소단위는 두 개의 접힘 도메인을 가지며, 아미노 말단은 DNA 결합도메인이고 카르복시 말단은 2량체화 도메인이다.

λ억제자의 DNA 결합도메인은 5개의 α나선으로 구성된 꽉 찬 꾸러미이다(그림 6-13b). GCN4와 달리, 이 도메인은 DNA에 결합할 때 어떤 주요 구조도 변형되지 않는다. 이들 나선 중 두 개(2번째와 3번째)가, 특히 원핵세포의 많은 다른 DNA 결합단백질에서처럼, **나선-회전-나선(helix-turn-helix)**으로 알려진 구조 모티프를 형성한다. 이 모티프가 DNA 이중나선에 맞는 방식은 두 나선 중 2번째이자 종종 **인식나선(recognition helix)**으로 알려진 것이 DNA 큰홈에 맞도록 하고 여러 개의 곁사슬이 염기쌍의 노출된 모서리 쪽으로 존재하게 한다(그림 6-13c). 각 염기쌍의 주요 기 모서리는 수소결합 공여체와 수용체 기의 특징적인 형태를 나타낸다; A:T 및 T:A 염기쌍 역시 티민 메틸기의 소수성 표면을 나타낸다(그림 6-14). λ 억제자의 인식나선 위에 있는 곁사슬의 수소결합 및 비극성 접촉 성질은 인식된 염기서열의 그것과 조화를 이룬다. DNA의 당-인산 골격과 단백질 사이의 접촉은 이런 상호보완이 확보되도록 인식나선의 곁사슬이 위치하고 향하게 한다.

단백질 곁사슬과 DNA 사이의 상보성은 DNA 염기쌍에서 두 염기 사이의 상보성과 중요한 점에서 다르다. 각 DNA 염기는 독특한 상보성 염기를 가지며, 이들 수소결합은 기하학적으로 정상적인 이중나선에서 일관되게 유지된다. 대조적으로, 단백질의 경우 특별한 염기나 특별한 염기서열을 인식하는 여러 가지 방식이 있다. 더구나,

그림 6-13 박테리오파지 λ의 억제자에 의한 DNA 인식. (a) λ 유전체 내에 λ 억제자가 결합하는 6가지 DNA 자리("작동자")의 뉴클레오티드 서열. 각 자리는 대략 "회문구조"(즉, 양쪽 끝에서 5′-3′ 방향으로 읽을 때 서로 같은 염기서열)이다. 제일 위에 있는 서열(OR1)의 오른쪽 "절반자리"와 가장 아래 있는 서열(OL3)의 왼쪽 절반이 모든 절반자리의 최적인 인식서열에 해당한다. 전체 길이가 홀수(17 염기쌍)이기 때문에 중앙의 염기쌍은 완전한 회문구조에서 제외된다. (b) DNA에 결합하는 λ 억제자의 DNA-결합(아미노 말단) 도메인, 각 소단위는 5개의 α나선으로 되어 있다. 이들 중 두 개(연한 청색)는 나선-회전-나선 모티프를 형성한다; 두 다리의 첫 번째는 큰홈의 한 쪽에서부터 다른 쪽으로 걸쳐서, 두 번째는 큰홈 내에 거의 평행으로 놓인다. (c) 나선-회전-나선 모티프 내 잔기와 DNA(골격과 염기) 사이의 극성 상호작용[수소결합과 염다리(salt bridge)]. 염기쌍 접촉이 반대편에 놓인 단백질 위의 기와 조화를 이룰 때만 단백질은 큰홈에 잘 맞게 된다. Images prepared with PyMOL (Schrödinger, LLC).

a

OR1 5′ T A C C T C T G G C G G T G A T A
A T G G A G A C C G C C A C T A T 5′

OR2 T A A C A C C G T G C G T G T T G
A T T G T G G C A C G C A C A A C

OR3 T A T C A C C G C A A G G G A T A
A T A G T G G C G T T C C C T A T

OL1 T A T C A C C G C C A G T G G T A
A T A G T G G C G G T C A C C A T

OL2 C A A C A C C G G C A G A G A T A
G T T G T G G C C G T C T C T A T

OL3 T A T C A C C G C A G A T G G T T
A T A G T G G C G T C T A C C A A

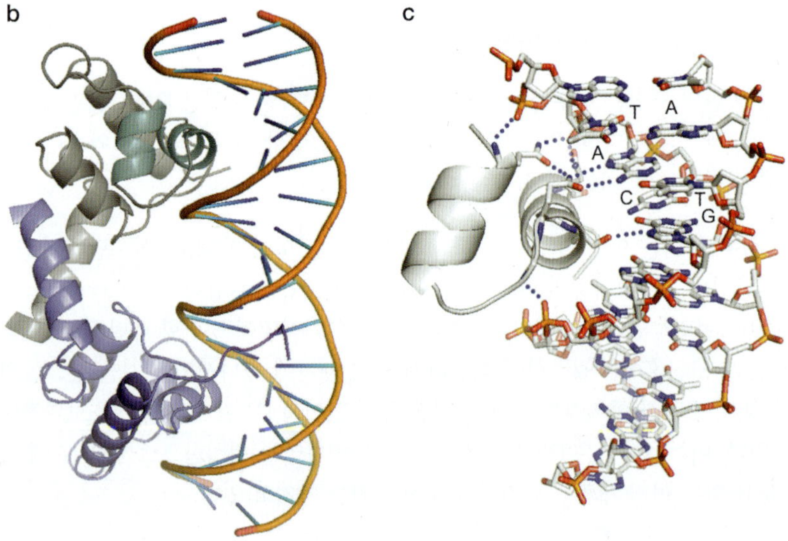

b

c

그림 6-14 큰홈과 작은홈에서 DNA 염기쌍의 성질. 네 가지 염기쌍이 특별한 접촉을 결정짓는 큰홈과 작은홈 내의 기 위에 표시되어 있다: a, 수소결합 수용체; d, 수소결합 공여체; m, 메틸기(반데르발스 접촉). 수소결합은 점선으로 표시하였다. 큰홈에서 네 염기쌍의 각각은 특별한 형태를 나타낸다: T:A, m-a-d-a; A:T, a-d-a-m; C:G, d-a-a; G:C, a-a-d. 아미노산 곁사슬의 상보성에 대한 두 가지 특별한 예를 T:A와 C:G 쌍을 통해 보여준다. 염기쌍 인식의 두 가지 방식은 (1976년에 Seeman, Rosenberg, Rich에 의해 제시되었듯이) 종종 일어나지만, 특별한 DNA 인식의 대부분은 접촉 시 더 복잡하다. 작은홈에서 T:A와 A:T는 같은 형태의 접촉을 나타낸다(a-a); C:G와 G:C도 마찬가지이다(a-d-a). 그래서 서열-특이적 DNA 인식은 보통 큰홈에서 일어난다.

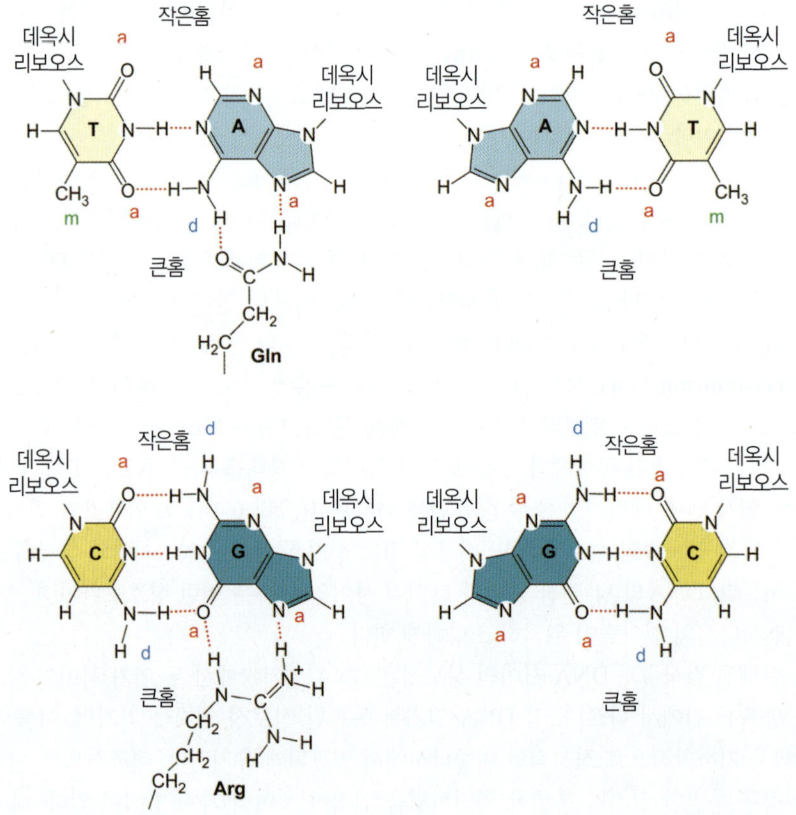

억제자-결합자리의 다른 서열에서 보여주듯이. 같은 단백질 구조라도 조금 다른 염기서열과 상보성을 가지도록 약간 조정할 수 있다. 그래서 단백질에 의한 DNA 인식을 위한 "암호"(예를 들어 DNA 큰홈에 삽입된 α나선에 의한 단백질 곁사슬의 제시와 같은, 주제를 회상하는 세트)는 없다

λ 억제자는 특별한 DNA 서열을 인식하는 단백질에 대한 일반적 특성을 보여준다: 즉 그들은 비교적 작은 DNA 결합도메인을 가지며, 이 도메인은 올리고머화 혹은 타 단백질과의 상호작용과 같은 구별된 기능을 가진 하나 이상의 부가적인 도메인에 연결되어 있다.

iii. 아연-집게 단백질 많은 진핵세포에서 가장 풍부한 DNA 인식 도메인은 **아연집게(zinc finger)**로 알려진 작은 모듈이다(그림 6-15a). 이들 도메인은 일반적으로 두 개가 나란히 있고 그 사이에 짧은 링커 단편을 가진다. 링커는 유연해서 단백질이 DNA에 결합할 때 정렬한다. 각 아연집게의 30개가량의 잔기는 소수성 핵심을 겨우 형성할 정도이다. 중앙에 있는 아연이온은 접힌 도메인이 서로 결합하는 데 필요하다. 두 개의 시스테인과 두 개의 히스티딘은 Zn^{2+}과 결합한다. 세포 내 단백질은 이황화결합을 하지 않기 때문에 Zn^{2+} 결합은 종종 매우 작은 도메인이 안정하도록 한다. 아연집게가 DNA에 결합했을 때 짧은 α나선은 큰홈에 놓이고, 반복 배열하는 연이은 아연집게는 연이은 염기쌍 세트에 접촉하며, 아연집게당 대략 3 bp이며 일부는 겹친다(그림 6-15b). 염기쌍 접촉의 패턴은 상당한 규칙성이 보인다: 나선에 있는 −1, 2, 3, 6 위치의 잔기들은 하나 이상의 염기쌍에 접촉하는 것 같다(그림 6-15a). 이런 규칙성(그리고 반복 배열하는 아연집게가 DNA 큰홈을 감는 방식) 때문에, 단백질은

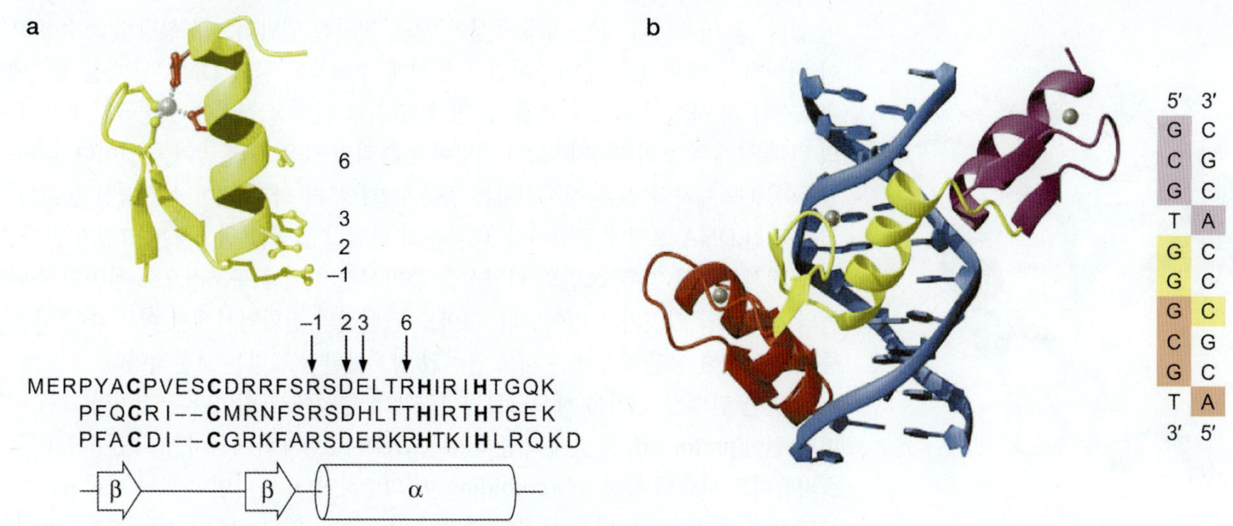

그림 6-15 아연집게(zinc-finger) 모티프. (a) Cys2His2 아연집게 모티프와 Zif268 핑거 서열. 위에는 집게 2의 리본 그림인데, 아연이온(회색 구)과 결합한 두 개의 시스테인 곁사슬(노랑)과 두 개의 히스티딘 곁사슬(빨강)을 보여준다. 주요 잔기의 곁사슬은 DNA 큰홈에서 염기와 접촉한다(인식나선의 시작 위치가 숫자로 표시되어 있다). 아래 그림은 보존된 시스테인과 히스티딘(굵은 글씨체)을 가진 Zif268의 세 핑거의 아미노산 서열을 정렬한 것이다. 2차구조 요소는 그림의 아래에 표시하였다. (b) 왼쪽에 있는 Zif268-DNA 복합체는 DNA의 큰홈에 결합한 Zif268의 세 아연집게를 보여준다. 집게는 3 bp 간격으로 위치한다; DNA(파랑); 집게 1(빨강), 2(노랑), 3(자주); 결합 아연이온 (회색 구). 오른쪽에는 Zif268 결합자리의 DNA 서열이 각 핑거 색깔과 일치하게 표시되어 있다. (Reproduced, with permission, from Pabo C.O. et al. 2001. *Annu. Rev. Biochem.* **70**: 313–340, Fig. 6-15a is Fig. 1 on p. 315; Fig. 6-15b is Fig. 2 on p. 316. ©Annual Reviews.)

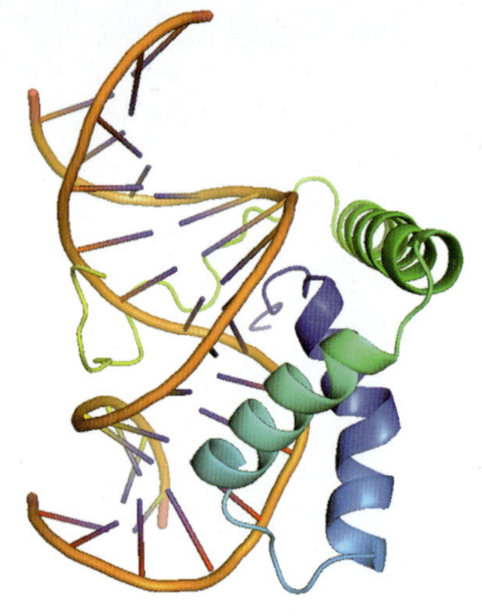

그림 6-16 **DNA에 결합한 LEF-1 단백질.** Image prepared with PyMOL (Schrödinger, LLC).

염기쌍의 비교적 긴 서열을 인식하도록 설계될 수 있다. 더구나, 개개 모듈의 라이브러리는 이제 12~18 bp 길이의 DNA 서열에 특이적이도록 디자인한 단백질을 만들 수 있다.

iv. 림프구 인핸서인자-1[Enhancer Factor-1 (LEF-1)] DNA 큰홈에서의 염기쌍 접촉이 염기서열 특이성을 결정짓는 유일한 방법은 아니다. A:T와 T:A, 그리고 G:C와 C:G는 서로 같아 보이기 때문에, 염기서열이 작은홈에서의 수소결합 접촉의 패턴을 독특하게 명시하지 못한다(그림 6-14). 그러나 염기서열도 DNA 이중나선이 굽거나 꼬이는(즉, 이상적인 왓슨-크릭 이중나선으로부터 벗어난 구조를 취하는) 성향에 영향을 준다. DNA가 굽거나 꼬이는 성향에 대한 염기서열 영향에 대한 민감도는 때때로 "간접판독(indirect readout)"이라 불리는데, 이것은 염기쌍과의 직접적인 극성 및 비극성 접촉으로부터 구분하기 위해서다. 여러 다른 인자들과 함께 T-세포 유전자 발현을 조절하는 림프구 인핸서 인자-1(LEF-1)는 굽은 DNA의 상당히 넓은 작은홈에 들어맞는 3개의 나선 다발로 되어 있다(그림 6-16). 작은홈을 향한 아미노산 곁사슬의 대부분은 비극성이고, 그들 중 하나는 DNA 축에서 거의 90° 굽은 곳이 안정하도록 도와주면서, 인접한 두 염기쌍 사이에 약간 삽입해 있다. 굽은 곳은 LEF-1의 상류와 하류에 결합한 단백질이 서로 가깝도록 해준다: 그 역할의 일부는 다른 DNA 결합 전사인자들 사이의 접촉을 촉진하는 것이기 때문에, 이러한 이유로 "구성적 단백질(architectural protein)"이라 부른다.

단백질-단백질 접점

단백질-단백질 접점은 단백질-DNA 접점보다 오히려 더 정교하게 상호보완적인 경향이 있다. 그 이유는 후자는 대개 극성인 반면, 전자는 일반적으로 상당히 소수성 표면이 관여하기 때문이다. 공여자이면서 동시에 수용자인 물은 DNA-단백질 접점에서 수소결합 기 사이의 틈새를 메울 수 있다. 그러나 단백질 접점에서 비극성 표면 사이의 간격은(매우 호의적이지 않은) 구멍이나 분리된 물을 그냥 남겨둘 것이다. 이미 보았듯이, λ 억제자와 같은 전사인자는 공통서열로부터 약간 벗어난 적당한 범위의 서열을 가진 DNA 표적에 결합한다. 대부분의 단백질 접점을 위해서는 그렇지 않다. 일부의 전사인자의 경우, 조합의 다양성을 증가시키기 위해 구조적으로 상동인 소단위들의 선택적인 짝짓기가 일어난다. 아마도 단백질의 진화역사에서 어느 순간 유전자 중복으로 인해 생긴 경우에는 서로 관련된 상호보완적 표면은 보존적이다.

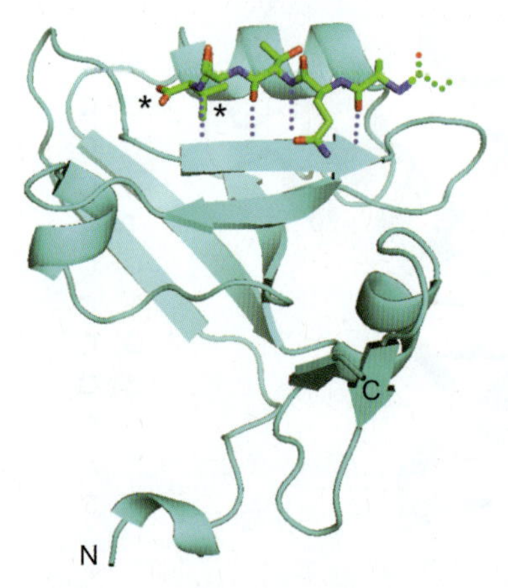

그림 6-17 **펩티드 인식.** PDZ 도메인(막 단백질의 세포질 꼬리의 카르복시 말단과 결합하는 반복 단위)에 의한 단백질의 카르복시 말단 단편의 특별한 인식. 주요 접촉은 포켓(카르복시 말단에 있는 발린의 카르복시기와 비극성 곁사슬을 별 표로 표시) 내에서 일어나며, 발린 앞에 있는 리간드의 여러 잔기에 의해 도메인 내에 역평행 β판을 추가함으로써 일어난다(점선은 β판 수소결합). Image prepared with PyMOL (Schrödinger, LLC).

특별한 단백질 인식은 헤모글로빈 4량체의 형성에서 일어나는 것처럼(그림 6-7) 미리 접힌(prefolded) 표면에 의존하거나, GCN4 2량체화에서처럼(그림 6-9a) 두 개 폴리펩티드 사슬의 동시접힘(cofolding)에 의존하거나, 아니면 파트너 단백질의 인식 표면 위에 체계화되지 않은 분절의 결합에 의존할 수 있다(그림 6-17). 상호작용의 이 마지막 유형에서 문제되는 분절은 복합체 내에 있을 때 비로소 명확한 구조를 갖는다, 즉 그것의 정확한 접힘 구조는 표적 표면의 존재 하에서만 안정하다. 때로는 결합이 인산화나 아세틸화와 같은 번역후 변형에 의존하기 때문에, 상호작용이 세포 내 다른 과정으로부터의 신호에 의해 조절될 수 있다. 폴리펩티드 사슬의 결합한 분절은 인식 가능한 아미노산 서열 모티프를 종종 가진다. 이 종류의 결합은, 아마 그것이 원거리 구성에서 상당한 가변성을 허용하기 때문에, 전사를 조절하는 단백질 복합체의 조립에서 특히 흔하다. 비구조화된 분절이나 도메인은 비교적 극성이면서 "덜 복잡한" 아미노산 구성(즉 동일한 극성 잔기가 많이 반복된 경우)을 가진 더 큰 비구조화 된 부위에 끼워져 있을 수 있다. 이런 덜 복잡한 부위는 원거리 유연성을 부여해서, 특별한 상호작용 사이의 공간이 다양할 수 있고, 같은 조립이라도 다른 상황에(즉 DNA 위에 다른 자리배열에) 적응할 수 있다.

RNA를 인식하는 단백질

DNA와 달리, RNA는 국소적으로 매우 다양한 구조를 가질 수 있으며, tRNA의 경우처럼 3차원적인 상호작용은 잘 규정된 3D 구조를 안정화 시킨다. 그러므로 단백질-RNA 상호작용은 어떤 면에서 단백질-단백질 상호작용에 오히려 가깝다. RNA의 모양과 그 표면에 분포하는 기(즉 인산 혹은 2′-수산기, 혹은 염기)의 상호작용 방식은 특이성을 나타내는 주요한 결정요소이다. tRNA의 5′ 말단에 아미노산을 붙여주는 효소가 tRNA에 결합할 때처럼, 두 개의 미리 접힌 구조는 함께 복합체를 이룰 때까지 하나 혹은 두 파트너가 고정된 구조를 거의 가질 수 없다.

RNA-인식모티프[RRM; 리보핵단백질(RNP) 모티프로도 알려짐]는 특별한 RNA 인식에 관여하는 도메인을 묘사하는 서열이다. 80~90개의 아미노산으로 이루어진 RRM 서열은 4가닥의 역평행 β판과 2개의 α나선으로 접힌다. 이런 정렬은 αβ 위상의 특징적인 분할을 하게 한다. 이런 예는 U1 small nuclear RNA (snRNA)와 상호작용하는 U1A 단백질에서 발견된다: 이들은 RNA 전사체를 이어맞추기(splicing)하는 기구의 구성요소이다(14장). 그림 6-18에 나타낸 것처럼, U1A:U1snRNA 복합체의 구조는 U1A의 RNA-결합 표면의 모양이 특별한 RNA에 특이적이라는 것을 보여준다.

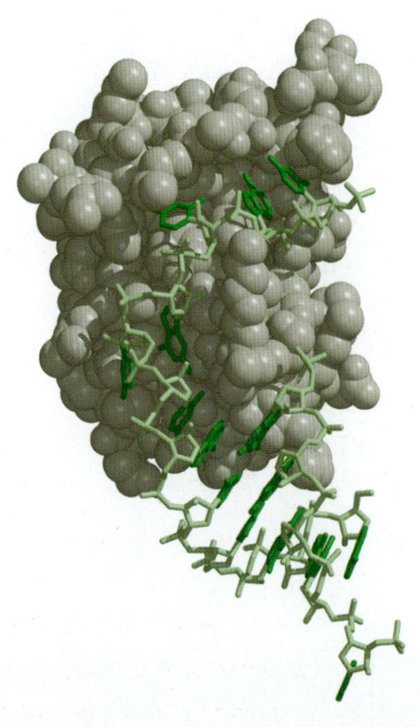

그림 6-18 이어맞추기복합체(spliceosome) 단백질과 RNA의 복합체의 구조: U1A는 U1 snRNA의 머리핀 II에 결합한다. 단백질은 회색으로, U1 snRNA는 초록색으로 표시하였다. (Oubridge C. et al. 1994. *Nature* **372**: 432.) Image prepared with MolScript, BobScript, and Raster 3D.

효소: 촉매제로서 단백질

세포 내 단백질의 가장 중요한 기능 중의 하나는 생화학적 반응을 촉매하는 것이다. 자발적인 반응속도는 너무 느려 정상적인 세포 활동과 생존을 유지하기 어렵기 때문에, 세포 내에서 진행하는 거의 모든 과정(즉, 에너지를 생성하기 위해 영양소를 전환하는 것으로부터 DNA 및 RNA의 합성을 위해 뉴클레오티드를 중합하기까지)은 촉매(즉, 속도촉진)를 필요로 한다. 생물계에서 대부분의 촉매제는 단백질(효소)이다; RNA는 확실히 매우 고전적인 촉매제(리보자임)이다.

화학반응의 장벽은, **전이 상태(transition state)**로 알려진, 반응물질의 고에너지 배열의 형성이다. 전이 상태는 반응물과 생산물 사이에서 구조 중간체를 가지기 때문에, 반응물질의 일부 왜곡은 전이 상태에 도달하기 위해 필요하다. 반응은 반응물이 전이 상태 배치로 왜곡되는데 필요한 에너지를 낮춤으로써 (종종 매우 극적으로) 가속화될 수 있다. 대부분의 효소는 모양과 상호작용 성질(즉 수소결합과 비극성 접촉)에 있어서 반응의 전이 상태에 상호보완적인 활성자리(보통 주머니 혹은 홈)를 가짐으로써 그렇게 한다. 반응물질이 **활성자리(active site)**와 결합했을 때 형성하는 유리한 접촉은 그들이 겪는 왜곡을 어느 정도 보상한다. 효소구조의 진화는 활성자리를 보다 정밀하게 만들고, 이것은 촉매 과정에 엄청난 특이성을 부여한다. 예를 들어 데옥시리보뉴클레오티드를 DNA로 중합시키는 효소는 리보뉴클레오티드를 RNA로 중합시킬 수 없다. 왜냐하면 리보오스의 2′-수산기가 DNA 중합효소의 활성자리에서 원자와 충돌하기 때문이다.

단백질 활성의 조절

이미 보았듯이, 다른 분자(효소기질과 같은 저분자 혹은 단백질 및 핵산과 같은 고분자)와의 상호작용은 단백질의 구조적 변화를 유도한다. 규정된 방식으로 단백질(혹은 다른 표적)에 결합하는 분자를 **리간드(ligand)**라 부른다. 리간드는 단백질(즉, 효소)을 특별한 상태로 안정화함으로써 그 활성을 조절할 수 있다. 예를 들어, 리간드가 효소에 결합함으로써 활성자리의 막힌 구조를 안정화시킨다면, 리간드는 그 효소의 활성을 끌 것이다. 저해성 리간드의 결합자리가 활성자리와 반드시 겹칠 필요는 없다. 단지 리간드의 결합으로 인해 반응물이 활성자리에 도달할 수 없는 구조나 혹은 활성자리가 더 이상 옳은 배치를 가지지 않는 구조의 에너지가 낮아지는 것이 필요하다. 반대로 먼 자리에 리간드가 결합함으로써 활성자리가 기질에 유용해질 뿐만 아니라 반응의 전이 상태에 상호보완적인 구조로 바뀔 수 있다; 그러면 리간드는 활성자(activator)가 된다. 리간드의 구조("steric" 문자)가 어떤 반응물의 구조와도 다르기(그리스어 *allo*-) 때문에, 이런 종류의 조절을 **다른자리입체성 조절(allosteric regulation)** 혹은 알로스테릭 효과(allostery)라 부른다.

(세균에서 젖당과 같은 β-갈락토시드를 가수분해하는 효소인 β-갈락토시다제를 암호화하는 유전자의 발현을 저해하는) Lac 억제자는 전사 조절에 있어서 다른자리입체성 조절의 좋은 예이다(그림 6-19). Lac 억제자는 2량체이다. 2량체는 두 개의 구

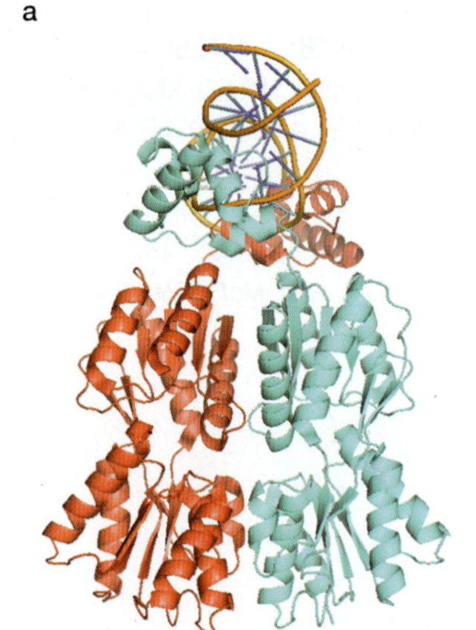

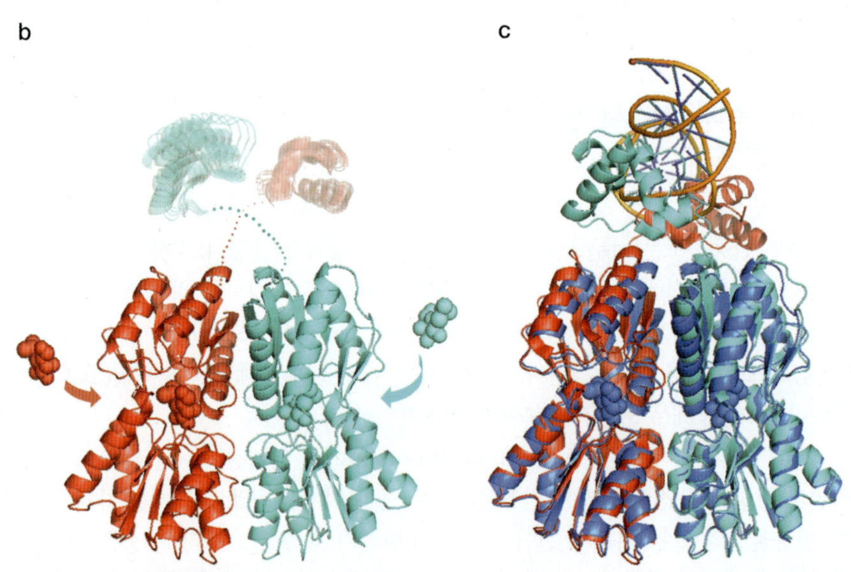

그림 6-19 Lac 억제자에 의한 DNA 결합의 다른자리입체성 조절. (a) Lac 억제자 2량체가 DNA에 결합한 구조. 그림의 위쪽에는 "작동자"라 불리는 특별한 결합자리에 해당하는 DNA 단편이다. 아미노 말단에 나선-회전-나선 모티프를 가진 DNA 결합 도메인은 큰홈에서 염기쌍과 상호작용한다. 단백질의 몸체는, 두 도메인 사이에 위치하면서 젖당 유사 분자를 수용하는 자리를 가진다. 두 개의 동일한 억제자 소단위는 각각 빨강과 남색으로 나타냈었다. (b) 유도자(억제자의 바깥부위이면서 억제자 소단위 내에 있는 특별한 자리에 결합하는 galactoside 관련 물질)의 결합은 억제자의 두 도메인이 서로 방향이 변하도록 한다. 그 결과, DNA 결합 도메인과 단백질 몸체 사이의 경첩부위는 흐트러지고 DNA 결합 도메인은 느슨하게 연결되어 작동자에 강하게 결합할 수 없게 된다. (c) 억제자의 한 도메인이 다른 것에 비해 얼마나 변할 수 있는가를 보여주기 위해 DNA 결합과 유도된 구조를 중첩시켰다. DNA에 결합한 소단위는 (a) 그림과 같다; 유도된 억제자 2량체는 짙은 청색으로 표시. Images prepared with PyMOL (Schrödinger, LLC).

별된 구조를 가진다-한 구조는 (작동자라 알려진) DNA 자리에 결합하고, 다른 구조는 (유도자라 알려진) 저해성 대사산물과 결합한다. 작동자에 결합한 억제자는 RNA 중합효소가 β-갈락토시다제 mRNA의 합성을 방해하고, 고농도의 유도자는 DNA에 잘 결합하지 못하는 구조를 취하도록 한다. 그래서 유도자 결합자리가 억제자의 DNA 접촉 표면으로부터 멀리 있음에도 불구하고 유도자는 DNA 친화성을 변화시켜 유전자 발현에 영향을 미친다. 다양한 리간드와 다양한 결합자리를 가진 더 복잡한 다른자리입체성 스위치도 가능하다. 두 개의 Lac 억제자 2량체 사이의 전이에서 볼 수 있듯이, 다른자리입체성 조절은 종종 4차구조의 변화를 동반한다.

요약

단백질은 펩티드결합에 의해 연결된 아미노산의 직선 사슬이다("폴리펩티드 사슬"). 유전암호에 의해 지정되는 20개의 아미노산은 비극성(소수성) 곁사슬을 가진 것 9개, 중성 pH에서 전하를 띠지 않는 극성 곁사슬을 가진 것 6개, 산성 곁사슬(중성 pH에서 음전하)을 가진 것 2개, 그리고 염기성 곁사슬(중성 pH에서 양전하, 히스티딘의 경우에는 부분적으로)을 가진 것 3개를 포함한다. 펩티드결합은 부분적으로 이중결합 특성을 가진다; N-C_α 및 C_α-(C=O) 결합의 뒤틀림 각도는 폴리펩티드 사슬 골격의 3차원 구조를 규정한다. 세 개의 아미노산은 특별한 구조적 성질을 가진다: 글리신은 비대칭적이 아니고 다른 아미노산들보다 구조적으로 더 자유롭다; 프롤린(엄밀히 말하면, 이미노산)은 곁사슬과 아미드 사이에 공유결합을 가져서 구조적 자유를 제한한다; 곁사슬에 술프히드릴기(sulfhydryl group)를 가진 시스테인은 산화되면 접힌 폴리펩티드 사슬 혹은 인접한 두 개의 폴리펩티드 사슬을 가교시키면서 두 번째 시스테인과 이황화결합을 형성할 수 있다. 세포 내부는 환원적인 환경이기 때문에 이황화결합 형성은 산화적 세포기관과 세포외 환경에서만 일어난다.

단백질의 구조는 전통적으로 4단계로 묘사한다: 1차(폴리펩티드 사슬의 아미노산 서열—유전암호에 의해 직접 결정되는 1단계), 2차(주사슬 수소결합에 의해 안정화되는 국소적이고 반복적인 골격구조, 주로 α나선과 β가닥), 3차(폴리펩티드 사슬의 접힌 3차원적 구조), 그리고 4차(두 개 이상의 접힌 폴리펩티드 사슬 소단위의 조립). 3차구조에서는 폴리펩티드 사슬이 하나 이상의 독립적인 (단백질의 나머지로부터 절제되어도 유사한 모양을 유지하는) 도메인으로 접힌다. 도메인의 구조는 구성하는 2차구조 요소(나선 및 가닥)들이 3차원에 채우는 방식에 의해 훌륭하게 규정될 수 있다. 여러 개의 도메인으로 되어 있는 폴리펩티드 사슬 내 도메인 사이의 링커는 길고 유연할 수도 있고, 짧고 뻣뻣할 수도 있다. 수성환경은 자연에 존재하는 다양한 아미노산과 함께 접힌 도메인의 구조적 안정성뿐만 아니라 4차구조를 만드는 그들 사이 접점의 구조적 안정성을 위해 중요하다. 비극성 곁사슬 무리는 물로부터 배제되어 접힌 도메인의 조밀하게 싸인 소수성 핵에 들어간다. (물과 수소결합을 못하는) 격리된 수소결합기(group)는 단백질 유래의 파트너를 가져야 한다. 도메인 구조를 묘사하고 분류하는데 그들의 중요성을 설명하면서, 2차구조 요소는 주사슬 아미드와 카르보닐기를 위해 마지막 요구를 만족시킨다.

폴리펩티드 사슬에서 아미노산 서열은 그것이 어떻게 접혀야 할지 규정한다. 이 성질은 유전암호가 단순히 1차구조를 결정할 뿐만 아니라 고차구조 역시, 그리고 단백질의 기능까지도 지시하게 한다. 정확히 접힌 도메인 내의 다양한 비공유성 상호작용(그리고 세포외 도메인에서는 공유결합성 이황화결합)은 전체적으로 자유에너지가 최소(최대로 안정한 구조)가 되도록 하며, 그래서 사슬은 원래의 구조에 자발적으로 도달할 수 있다. 하나 이상의 곁사슬에서 번역후 변형이나 리간드의 결합을 포함하는 단백질의 환경 변화는 이런 자유에너지 최소 위치를 바꾸어 구조 변화를 유도할 수 있다. 접힌 단백질 표면에 있는, 그리고 때로는 접히지 않은 폴리펩티드 사슬의 분절에 있는 아미노산 곁사슬의 배열은 그것이 단백질이나 핵산 파트너, 혹은 저분자 리간드를 인식하는 방법을 규정할 수 있다. 그래서 단백질은 세포 내에서 그리고 세포 사이에서 특수한 분자 인식의 주요 물질일 뿐만 아니라 화학반응의 중요한 촉매제(효소)이다.

참고문헌

Books

Branden C. and Tooze J. 1999. *Introduction to protein structure*, 2nd ed. Garland Publishing, New York.

Kuriyan J., Konforti B., andWemmer D. 2012. *The molecules of life*. Garland Publishing, New York.

Pauling L. 1960. *The nature of the chemical bond*, 3rd ed. Cornell University Press, Ithaca, New York.

Petsko G.A. and Ringe D. 2003. *Protein structure and function (primers in biology)*. New Science Press, Waltham, Massachusetts.

Williamson M. 2012. *How proteins work*. Garland Publishing, New York.

Protein Structure Can Be Described at Four Levels

Richardson J.S. 1981. The anatomy and taxonomy of protein structure. *Adv. Protein Chem.* **34**: 167–339.

From Amino Acid Sequence to Three-Dimensional Structure

Anfinsen C.B. 1973. Principles that govern the folding of protein chains. *Science* **181**: 223–230.

연습문제

짝수 문제의 해답은 부록 2 해답을 참조하라.

문제 1. 분비 단백질 내 두 시스테인 사이에 형성되는 결합은 무엇인가? 이 결합은 왜 세포 내 단백질에서는 보통 때는 형성되지 않는가? 이 상호작용은 다른 아미노산 곁사슬 사이에서 일어나는 상호작용과 어떻게 다른가?

문제 2. 중성 pH에서 이온결합을 통해 서로 상호작용할 수 있는 두 아미노산 곁사슬의 예를 들어라. 이온결합에 대해서는 3장의 설명을 참조하라.

문제 3. DNA에서 일어나는 변이는 단백질 내의 아미노산 치환을 유발할 수 있다. 변이 단백질 내 아미노산의 화학적 성질이 본래 아미노산의 성질과 비슷할 때 이런 아미노산 치환을 보존적이라 묘사한다. 그림 6-2를 참고하여, 보존적 치환에 해당하는 아미노산 쌍의 4가지 다른 예를 들어라.

문제 4. 펩티드결합 형성은 축합반응의 한 예이다. 이 문장의 의미는 무엇이며, 펩티드결합 형성을 탈수반응이라고도 부르는 이유를 설명하라.

문제 5. β가닥은 β샌드위치와 어떻게 다른지 설명하라.

문제 6. 산소-결합 단백질인 헤모글로빈과 미오글로빈은, 헤모글로빈은 적혈구에서 4량체로 기능하는 반면에 미오글로빈은 근육세포에서 단량체로 기능한다는 점에서 서로 다르다. 미오글로빈과 각 헤모글로빈 단량체의 구조는 8개의 α나선 분절을 갖는다. 이들 두 단백질 사이에 가장 차이나는 것은 1~4차 구조 중 어느 것인가? 그 이유를 설명하라.

문제 7. 페닐알라닌, 아르기닌, 글루타민, 메티오닌 중에서 안정하게 접힌 단백질 도메인 내에서 안으로 묻힐 것 같은 아미노산과 밖으로 노출될 것 같은 아미노산은 어느 것인가? 그 이유를 설명하라.

문제 8. 단백질을 변성제인 요소(urea)로 처리하였다. 아래의 각 상호작용이나 결합이 요소 처리에 의해 파괴되는지 어떤지 설명하라.

A. 이온결합.

B. 수소결합.

C. 이황화결합.

D. 펩티드결합.

E. 반데르발스 상호작용.

문제 9. 4장에서 DNA 구조에 대해 배운 내용을 참고하여, Gcn4가 DNA의 작은홈보다 큰홈에 오히려 결합하는 이유를 설명하라. Gcn4와 DNA 사이의 상호작용에서 아르기닌과 리신의 중요성을 설명하라.

문제 10. Cys2His2 아연집게에서 하나 이상의 시스테인이나 히스티딘이 알라닌으로 치환되었을 때의 효과를 예측하고, 그 이유를 설명하라.

문제 11. LEF-1과 DNA 상호작용의 특이한 점을 설명하라.

문제 12. 효소는 어떻게 반응속도를 촉진하는가?

문제 13. 효소의 기질과 구조적으로 유사하면서 활성자리에 강하게 결합하여 정상적인 기질의 결합을 방해하는 리간드가 있다. 이런 "경쟁적 저해제"와 다른자리입체성 저해제의 차이는 무엇인가?

문제 14. 효모에서 번역과정의 개시인자 Tif3 즉 eIRF4B는 폴리펩티드 사슬에서 다음과 같은 서열 요소를 가진다; 이미노 말단 도메인은 RNA 인식 모티프(RRM)을 가지고, 중앙 부분은 염기성과 산성 아미노산 잔기가 7번 반복하는 서열을 가지나, 카르복시 말단은 알려진 모티프나 도메인과 명확한 상동성이 없다.

A. RRM의 중요성을 설명하라.

단백질의 모듈방식은 다른 부분의 역할을 분석하기 위해 다음과 같은 일련의 실험을 제안하였다. *TIF3* 유전자가 결실된 세포는 자라지 못하지만, 30°C에서는 정상적으로 자란다. 단백질 단편을 암호화하는 유전자를 추가함으로써 상보성(즉 37°C에서 야생형 증식이 가능한 단편의 능력) 시험이 가능하다. 이 실험의 결과가 아래 표에 나타나 있다. ++, +, 는는 생장/상보성의 정도를 표시한다.

Tif3 단백질	37°C 성장
전체 길이	++
RRM + 처음 3반복	++
RRM + 첫 번째 반복	–
7번 반복 모두 + 카르복시 말단부	+

B. 이들 결과로부터 판단했을 때, 37°C에서 야생형 생장을 위해서 단백질의 어느 부위가 요구되는가?

TIF3 유전자를 결손한 균주로부터 얻은 추출물을 사용하여 시험관 번역분석(in vitro translation assay) 실험을 추가적으로 하였다. 반응은 완전한 혹은 절단된 형태의 TIF3 정제 단백질을 넣음으로써 시작하였다. 결과는 아래 표에 있으며, 완전한 TIF3를 가진 반응에 대한 시험관 번역분석 퍼센트로 표시한다.

Tif3 단백질	번역 활성 (%)
전체길이	100
RRM + 처음 3반복	43
RRM + 첫 번째 반복	–
7번 반복 모두 + 카르복시 말단부	+

C. 이 결과를 B의 상보성 실험 결과와 어떻게 비교하는가? 그들은 유전적 실험을 통해 얻은 당신의 결론을 수정하는가?

Data adapted from Niederberger et al. (1998. *RNA* **4**: 1259-1267).

CHAPTER 7

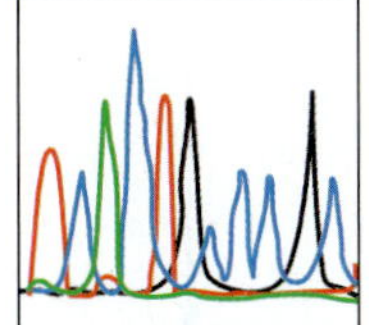

분자생물학 기법

개 요

살아 있는 세포는 대단히 복잡한 존재이며, 수천 가지의 거대분자를 만들고 수백만에서 수십억 염기쌍에 이르는 유전체를 가지고 있다. 어떻게 세포가 유전적 과정을 작동시키는지를 알기 위해서는 다양한 도전적인 실험적 접근법들이 필요하다. 여기에는 세포 안의 수많은 혼합물로부터 개개의 거대분자들을 분리하는 방법, 유전체를 다루기 쉬운 크기의 조각으로 나누고 조작하는 방법, 특정 DNA 서열을 분석하는 방법뿐만 아니라 유전적 분석이 가능한 적절한 모델생물들의 사용 등이 포함된다. 이에 대해서는 부록 1에서 다루게 될 것이다. 이러한 방법들의 성공적인 개발은 지난 수십 년 동안 분자생물학 분야를 이끌어온 원동력이 되었으며 그 자체가 커다란 업적이기도 하다.

최근에는 분자적 접근법을 사용하여 세포의 전체 DNA, RNA 및 단백질을 대규모로 분석하는 것이 가능해졌다. 이런 유전체적 및 단백질체적 접근법들과 더불어 급격히 그 수가 늘어나고 있는 수많은 유전체 서열을 이용하여 다양한 생물 유전체의 대규모 비교분석이 가능해졌으며, 특정 세포에서 모든 인산화된 단백질들을 동정할 수 있게 되었다.

이 장에서는 개개 단백질의 기능연구뿐만 아니라 유전체와 단백질체를 대량으로 분석할 수 있는 최신 기법 중 몇 가지를 간단히 소개할 것이다. 앞으로 알게 되겠지만 이런 방법들은 생물학적 거대분자들의 특성 이해에 기초했거나 이로부터 개발된 것들이다. 예를 들면, DNA와 RNA의 염기쌍 형성의 특징을 이해함으로써 유전자 발현을 유전체 수준에서 분석할 수 있는 혼성화 기술(hybridization technique)이 개발되었다. DNA 중합효소, 제한효소 및 DNA 연결효소의 활성을 이해하게 됨으로써 DNA 클로닝과 중합효소연쇄반응과 같은 기술들이 탄생하였으며, 이 기술들을 이용하여 과학자들은 본질적으로 어떠한 DNA 조각이든(심지어 멸종된 몇몇 생물체로부터도) 무한한 양으로 DNA를 분리할 수 있게 되었다.

이 장은 5부로 나누어져 있다. 즉, DNA 및 RNA 분석법, 유전체 DNA 대량분석법, 단백질 분석법, 단백질 대량 분석법, 마지막으로 핵산과 단백질이 어떻게 상호작용하여 세포 내 반응들을 수행하는지를 알아내는 핵산-단백질 상호작용 분석법 등을 소개한다.

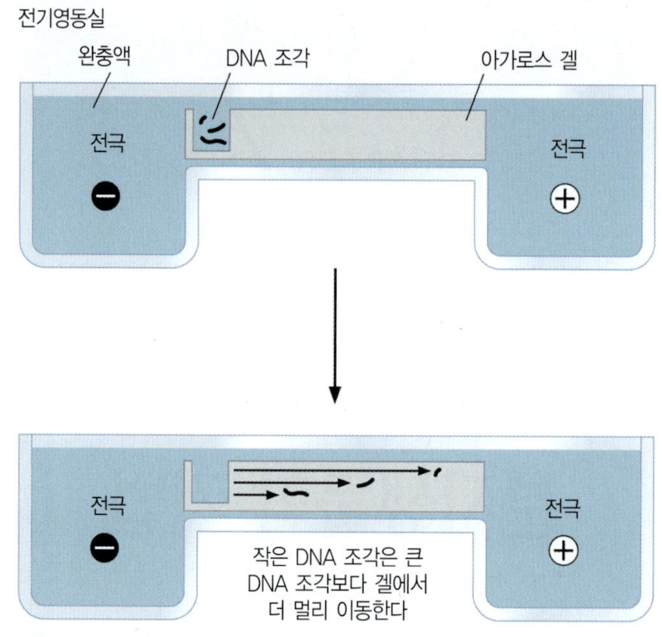

그림 7-1 겔 전기영동에 의한 DNA 분리. 이 그림에서는 겔의 횡단면을 보여주고 있다. 따라서 DNA 혼합물을 집어넣는"홈(well)"은 겔의 머리 부분인 왼쪽에 있다. 전기장을 만드는 음극과 양극은 겔의 왼쪽과 오른쪽에 각각 위치한다. 음전하를 지닌 DNA는 결과적으로 왼쪽에서 오른쪽으로 겔을 통해 이동한다. 이동거리는 그림이 보여주는 것처럼 DNA 크기에 반비례 한다. (Adapted, with permission, from Micklos D.A. and Freyer G.A. 2003. *DNA science: A first course*, 2nd ed., p. 114. © Cold Spring Harbor Laboratory Press.)

핵산: 기본방법

겔 전기영동으로 DNA와 RNA를 크기에 따라 분리할 수 있다

겔 전기영동(gel electrophoresis) 기술에 의한 DNA와 RNA의 분리부터 살펴보자. 선형 DNA를 비활성 젤리와 같은 다공성 **겔 매트릭스(gel matrix)**에 넣고 전기장을 걸면 DNA를 크기에 따라 분리할 수 있다. DNA는 음전하를 띠고 있기 때문에 전기장이 가해지면 겔에서 양극(positive pole) 쪽으로 이동한다(그림 7-1). DNA 분자는 유연성이 있으며, 유효부피를 지니고 있다. 겔 매트릭스는 DNA 분자가 통과할 때 체(sieve)처럼 작용한다. 즉, 크기가 큰 DNA 분자들은 작은 DNA들보다 유효부피가 크기 때문에 겔의 세공(pore)을 통과하기가 어려워 더 천천히 이동한다. 따라서 일정 시간 동안 겔을 전기영동하면 이동거리가 달라져 크기가 다른 DNA 분자들이 서로 분리된다.

전기영동을 끝낸 후 DNA의 염기와 염기 사이에 끼어들 수 있는 **에티듐(ethidium)**과 같은 형광색소로 겔을 염색하고 자외선을 비추면 DNA를 볼 수 있다(4장, 그림 4-28 참조). 염색된 DNA 분자들은 겔에서 "띠(band)"로 나타나며, 각 띠에는 특정 크기의 DNA들이 존재한다.

가장 많이 사용되는 2가지 겔 매트릭스는 **폴리아크릴아미드(polyacrylamide)**와 **아가로스(agarose)**이다. 폴리아크릴아미드는 분리능은 높지만 한정된 크기 범위의 DNA만 분리할 수 있다. 따라서 폴리아크릴아미드 겔은 단 하나의 염기쌍 차이도 분리해 낼 수 있을 정도로 분리능이 뛰어나지만 수백(단지 1,000 이하) 염기쌍 이내 크기의 DNA만 분리할 수 있다. 아가로스 겔은 폴리아크릴아미드 겔보다 분리능은 떨어지지만 수십에서 수백 kb에 달하는 크기의 DNA도 분리할 수 있다.

매우 긴 DNA는 아가로스에서 조차도 세공을 통과하지 못한다. 대신 한쪽 끝은 매트릭스를 통하여 뱀이 꿈틀거리듯 움직이고, 다른 쪽 끝은 뒤에서 끌리듯 따라가게 된다. 그 결과 특정 크기(30~50 kb) 이상의 DNA 분자들은 비슷한 정도로 이동하기 때문에 쉽게 분리되지 않는다. 그러나 이렇게 매우 긴 DNA들도 전기장을 펄스(pulse)로 직각 방향으로 걸어주면 서로 분리할 수 있다. 이를 **펄스-전기장 겔 전기영동(pulse-field gel electrophoresis)**이라 한다(그림 7-2). 전기장의 방향이 바뀔 때마다 겔을 통해 끌려가던 DNA는 새로 가해진 전기장 쪽으로 방향을 돌리며, DNA 크기가 크면 클수록 방향을 바꾸는데 더 오랜 시간이 걸린다. 펄스-전기장 겔 전기영동은 커다란 유전체 DNA의 크기를 결정하는 데 사용된다. 이를 이용하면 온전한 세균의 염색체와 수백만 염기쌍 길이에 달하는 곰팡이와 같은 하등 진핵세포의 염색체도 분리할 수 있다.

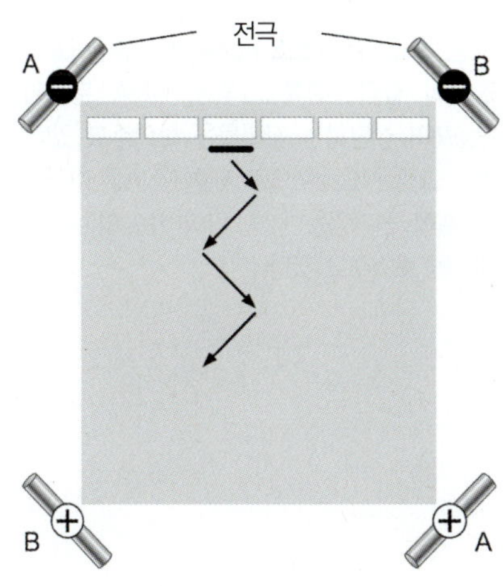

그림 7-2 펄스-전기장 겔 전기영동. 상단 끝 부분에 시료를 넣는 몇 개의 홈이 있는 아가로스 겔을 보여주고 있다. A와 B는 두 쌍의 전극이다. 본문에 기술한 것처럼 이 두 쌍의 전극이 교대로 켜지고 꺼진다. A가 켜지면 DNA는 양극이 놓여 있는 겔의 오른쪽 구석 바닥 방향으로 이동한다. A가 꺼지면 B가 켜지고, DNA는 왼쪽 구석의 바닥을 향해 이동한다. 화살표들은 전기영동이 진행될 때 DNA가 이동하는 경로를 보여주고 있다.

전기영동을 사용하면 DNA 분자를 분자량에 따라 분리할 수 있을 뿐만 아니라 DNA의 형태와 위상적 특성에 따라 분리할 수도 있다(4장 참조). 이완(relaxed)되었거나 틈새(nick)를 지닌 원형의 DNA는 같은 분자량을 갖고 있는 선형 DNA 분자보다 더 천천히 이동한다. 또한 응축되어 더 작은 유효부피를 지니는 초나선 DNA(supercoiled DNA)는 초나선 정도가 덜하거나 이완된 동일 분자량의 원형 DNA보다 전기영동 동안 더 빨리 이동한다.

전기영동은 RNA를 분리하는 데도 사용된다. 선 모양의 이중가닥 DNA는 일정한 2차 구조를 가지기 때문에 전기영동하면 그 이동률은 분자량에 반비례한다. DNA처럼 RNA도 일정한 음전하를 가지고 있다. 그러나 RNA는 항상 단일가닥이며, 5장에서 살펴본 것처럼 전기영동할 때 이동성에 영향을 미치는 다양한 2차 및 3차 구조를 가지고 있다. 이 문제는 RNA에 글리옥살(glyoxal)과 같은 시약을 처리하면 해결할 수 있다. 글리옥살은 염기의 아미노기와 부가물을 형성함으로써 RNA 내 염기쌍의 형성을 막는다. 글리옥살을 처리한 RNA들은 2차 및 3차 구조를 형성하지 못하기 때문에 대략 분자량과 반비례하는 이동성을 갖는다. 나중에 살펴보겠지만 전기영동은 크기에 따라 단백질을 분리하는 데도 사용된다.

제한효소는 DNA의 특정 자리를 자른다

자연 상태에 있는 대부분의 DNA 분자들은 너무 커서 실험실에서 다루거나 분석하기가 쉽지 않다. 예를 들면, 염색체는 수천 개의 유전자를 갖고 있으며, 100 Mb 이상의 지극히 기다란 단일 DNA 분자이다(8장 참조). DNA에 존재하는 개개의 유전자나 각 부위를 연구하려면 커다란 세포의 DNA를 다룰 수 있는 크기로 쪼개야 한다. 이때 **제한효소(restriction endonuclease)**를 사용한다. 제한효소는 특정한 염기서열을 인지하여 특정자리만을 선택적으로 절단하는 핵산분해효소들이다.

분자생물학에 사용되는 제한효소들은 전형적으로 항상 회문(palindrome)서열인 4~8 bp의 짧은 표적서열을 인지하여 이 서열 내의 정해진 위치를 자른다. 널리 사용되는 제한효소인 EcoRI을 살펴보자. EcoRI은 대장균(*Escherichia coli*)의 한 균주에서 처음(I) 발견되었기 때문에 붙여진 이름이다. 이 효소는 5′-GAATTC-3′ 서열을 인지하여 자른다. [두 가닥의 DNA는 서로 상보적이기 때문에 한 가닥만 쓰되 극성(polarity)을 표기해야 한다.]

6개의 뉴클레오티드로 이루어진 서열은 확률적으로 4 kb마다 한 번꼴로 존재할 것이다. (왜냐하면 DNA 염기서열은 어느 부위이든지 4가지 종류의 염기들로 이루어져 있기 때문에 특정 6 bp 서열이 발견될 확률은 $1/4^6$이기 때문이다.) GAATTC 서열이 6개가 존재하는 선형 DNA가 있다고 하면, EcoRI은 이 DNA를 잘라 7조각을 만들 것이며, 생성된 조각의 크기는 이 DNA 내의 EcoRI 부위들의 분포를 반영할 것이

그림 7-3 제한효소 EcoRI을 사용한 DNA 조각의 절단. 위쪽 그림은 DNA 분자와 EcoRI이 절단하는 자리들을 보여주고 있다. 아래 그림은 EcoRI으로 자른 DNA를 아가로스 겔에 전기영동한 후 나타나는 띠(band) 패턴을 보여주고 있다.

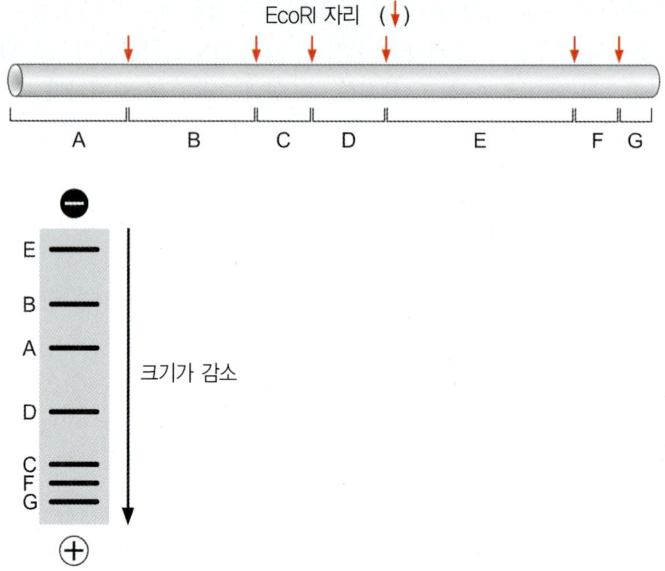

다. EcoRI으로 자른 DNA를 겔에 전기영동하면, 이 7개의 조각들이 크기에 따라 서로 분리될 것이다(그림 7-3). 따라서 그림 7-3에서 보여주는 것처럼 EcoRI은 DNA를 여러 개의 특정한 조각으로 절단하며, 각 조각은 DNA의 특정 부위에 해당한다.

만일 동일한 DNA 분자를 다른 종류의 제한효소, 예를 들면 HindIII로 자르면(HindIII 또한 6 bp 표적서열을 인지하지만 다른 서열, 즉 5′-AAGCTT-3′을 자른다) DNA의 다른 부위가 절단되어 크기가 다른 조각이 생성된다. 따라서 여러 가지 제한효소들을 사용하면 서로 다른 DNA 부위를 얻을 수 있기 때문에 원하는 DNA 분자를 찾을 수 있다. 또한 제한효소는 특정한 DNA 분자를 확인하는데도 사용될 수 있다. 그 이유는 여러 가지 제한효소로 DNA를 자르면 일련의 특징적인 패턴으로 DNA가 절단되기 때문이다.

Sau3A1(세균 *Staphylococcus aureus*에서 발견됨)과 같은 제한효소는 4개의 뉴클레오티드로 이루어진 5′-GATC-3′를 인지하여 자르기 때문에 매 250 bp당 한 번꼴로 더 많이 자른다. 또 다른 극단적인 예로 NotI은 8개의 염기서열(5′-GCGGCCGC-3′)을 인지하여 자르기 때문에 평균 65 kb당 한 번꼴로 DNA를 자른다(표 7-1). 주목할 것 중 하나는 몇몇 제한효소들은 메틸화에 민감하다는 점이다. 즉, 제한자리 내의 한 염기(또는 염기들)의 메틸화는 그 자리에 대한 효소활성을 저해한다.

제한효소들은 인지서열의 특이성과 길이가 서로 다를 뿐만 아니라 특성이 다른 DNA 말단을 만든다. HpaI과 같은 제한효소들은 "평활 말단(flush end)"을 만드는

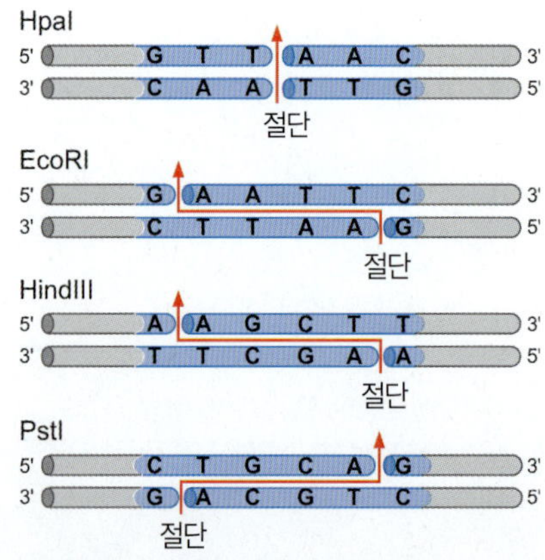

그림 7-4 여러 가지 제한효소의 인식자리와 절단자리. 서로 다른 제한효소들은 인지하는 표적자리도 다르고, 자르는 위치도 다르다는 것을 보여주고 있다. 따라서 평활말단(blunt end), 5′ 또는 3′이 돌출된 말단들이 생성된다.

표 7-1 일부 제한효소와 이들의 인식서열

효소	염기서열	절단빈도[a]
Sau3A1	5′-GATC-3′	0.25 kb
EcoRI	5′-GAATTC-3′	4 kb
NotI	5′-GCGGCCGC-3′	65 kb

[a]절단빈도 = $1/4^n$, 여기서 n은 인식서열의 염기쌍 수임.

반면, EcoRI, HindIII, PstI과 같은 제한효소들은 엇갈린 말단(staggered end)을 만든다(그림 7-4). 예를 들면, EcoRI은 각 DNA 가닥의 엇갈린 부위에서 G와 A 사이의 인산이에스테르 결합을 자른다. 절단자리 사이 4개의 염기쌍을 유지시키던 수소결합들은 쉽게 파괴되고, 4개의 뉴클레오티드로 이루어진 5′-돌출말단(5′-protruding end)이 생성된다(그림 7-5). 이 말단들은 서로 상보성이라는 것을 주목하라. 이러한 말단을 "점착성 말단(sticky end)"이라고도 하는데, 동일한 제한효소로 잘린 DNA 분자들끼리 또는 동일한 제한효소로 잘린 다른 DNA 분자와 염기쌍을 형성하여 쉽게 결합하기 때문이다. 이런 특성은 DNA 클로닝에 유용하게 사용된다.

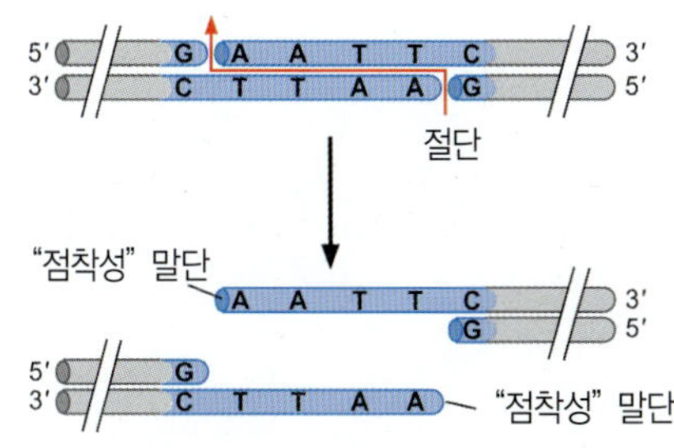

그림 7-5 EcoRI 자리의 절단. EcoRI은 인식자리를 지닌 두 가닥을 모두 잘라 5′ 돌출성 말단을 만든다. 이 말단을"점착성(sticky)" 말단이 라고 부르는데, 그 이유는 이 말단이 EcoRI으로 절단한 다른 DNA와 쉽게 붙기 때문이다. EcoRI으로 자르면 DNA 말단에는 상보성 단일가닥들이 만들어져 두 DNA가 양 말단 간의 염기쌍 형성을 통해 서로 붙을 수 있다.

DNA 혼성화로 특정 DNA 분자를 찾아낼 수 있다

4장에서 살펴본 것처럼, 변성된 DNA는 재생(즉, 상보성 가닥들이 염기쌍을 다시 형성하는 것)될 수 있다. 따라서 적정한 조건의 이온강도와 온도에서 기원은 서로 다르지만 상동성을 지닌 두 종류의 변성된 DNA들을 혼합하여 혼성(hybrid) 분자를 만들 수 있다. 상보성 단일가닥 폴리뉴클레오티드들 사이의 이런 염기쌍 형성과정을 **혼성화(hybridization)**라 한다.

많은 실험기법들은 상보성 서열을 지닌 두 DNA 분자들 사이의 혼성화 특이성(hybridization specificity)에 의존한다. 예를 들어, 이를 이용하면 특정 염기서열을 여러 가지 핵산들이 혼재하고 있는 복합물 내에서 찾아낼 수 있다. 이 경우, 두 분자 중 하나는 서열을 알고 있는 분리한 DNA 조각이나 화학적으로 합성한 DNA 분자인 **탐침(probe)**이다. 탐침은 상보성 서열을 갖고 있는 DNA 분자를 핵산 혼합물로부터 찾는 데 사용된다. 탐침 DNA는 표적서열과 결합했는지를 쉽게 확인할 수 있도록 표지해야 한다. 탐지대상 혼합물은 통상 겔에서 크기별로 분리된 것이거나 클론 라이브러리이다(아래 참조).

DNA를 표지하는 방법에는 기본적으로 2가지 방법이 있다. 첫 번째 방법은 DNA 분자의 말단에 표지를 붙이는 것이다. 예를 들면, 폴리뉴클레오티드 인산화효소(polynucleotide kinase)는 DNA의 5′-OH기에 ATP의 γ-인산기를 붙인다. 만일 이 인산기가 방사성 인산이면 DNA 말단이 방사성 동위원소로 표지된다.

두 번째 방법은 삽입에 의한 표지 방법으로, 표지된 전구체가 새로 DNA를 합성하는 과정에서 삽입되도록 하는 것이다. 이 방법은 흔히 표지된 전구체로 PCR을 수행하거나, 짧은 무작위 서열의 6개 뉴클레오티드로 이루어진 올리고뉴클레오티드를 혼성화시킨 후 DNA 중합효소로 이를 신장시키는 방법으로 진행된다. 표지된 전구체는 형광성 물질이나 방사성 원소를 붙인 뉴클레오티드를 흔히 사용한다. 전형적으로 DNA 합성의 전구체로 사용되는 4가지 뉴클레오티드 중 단 한 개에만 형광물질을 붙인다(약 25%만 표지되어도 대부분의 목적에 충분하다).

형광 전구체로 표지한 DNA는 적당한 파장의 자외선을 조사한 후 발산되는 더 긴 파장의 빛을 측정함으로 탐지할 수 있다. 방사능으로 표지한 전구물질은 전형적으로 4가지 뉴클레오티드 중 한 가지의 α-인산에 ^{32}P 또는 ^{35}S를 갖는다. 바로 이 인산이 합성된 DNA에 남는다(9장 참조). 방사성 동위원소로 표지된 DNA는 X-선 필름에 노출시키거나 ^{32}P 또는 ^{35}S로부터 방출되는 β-입자에 의한 여기(excitation)에 반응하여 빛을 방출하는 광증폭기(photomultiplayer)로 탐지할 수 있다.

DNA 또는 RNA 조각을 찾아내는데 사용되는 혼성화 방법에는 여러 가지가 있는데, 가장 일반적인 두 가지 방법을 다음에 소개한다.

혼성화 탐침을 이용하여 전기영동으로 분리한 DNA와 RNA를 동정할 수 있다

수많은 종류의 DNA나 RNA 분자집단으로부터 특정 DNA 또는 RNA의 양과 크기를 측정해야 하는 경우가 종종 있다. 예를 들면, 두 가지 서로 다른 형태의 세포에서 발현되는 특정 mRNA의 양을 정량하고자 할 때 또는 연구대상 유전자를 지닌 제한 조각(restriction fragment)의 길이를 알고자 할 때 이를 유용하게 이용할 수 있다. DNA나 RNA를 전기영동하여 분리한 후 특정 핵산을 찾는 블롯방법(blot method)으로 이런 형태의 정보를 얻을 수 있다.

효모의 유전체를 제한효소 EcoRI으로 잘라 연구대상 유전자를 갖고 있는 DNA 조각의 크기를 알아내고자 한다고 가정해 보자. 효모의 유전체를 EcoRI으로 잘라 전기영동한 후, 에티디움브로마이드(ethidium bromide)로 염색해서 보면 수천 개 DNA 조각이 생성되기 때문에 너무 많은 띠가 나타나 개별적인 띠들을 분명하게 볼 수 없을 뿐만 아니라 4 kb 근처를 중심으로 끌린 것처럼 보인다. **서던블롯 혼성화(Southern blot hybridization**; 고안자인 Edward Southern의 이름을 따서 붙여진 이름) 기술을 이용하면 이 수많은 DNA 조각 중에서 표적유전자를 갖고 있는 특정 DNA 조각의 크기를 알 수 있다.

서던블롯 혼성화 과정에서, 제한효소로 자른 DNA를 겔에 전기영동하여 분리한 후, 알칼리 용액에 담가 이중가닥 DNA를 단일가닥으로 변성시킨다. 그런 다음, 양전하를 띤 막(DNA 가닥이 붙을 수 있음)에 DNA를 옮겨 각인(imprint) 또는 "블롯(blot)"을 만든다. 이동과정 동안 DNA 조각들은 겔에서의 위치 그대로 거울상으로 막에 결합한다. DNA들이 막에 결합하면 비특이 DNA 조각의 혼합물과 반응시켜 막에 존재하는 모든 결합자리들을 포화시킨다. 이 혼합물에 있는 DNA는 막에 무작위로 분포되고, 적절히 선택되었다면 찾고자 하는 서열을 갖고 있지 않기 때문에 차후의 특정 유전자 탐지를 방해하지 않을 것이다.

이제 막에 결합시킨 DNA는 찾고자 하는 표적유전자와 상보적인 서열을 지닌 DNA 탐침과 반응시킨다. 막의 모든 비특이적 결합자리들이 메꾸어져 있기 때문에 탐침 DNA(probe DNA)가 막에 결합할 수 있는 유일한 방법은 막에 존재하는 상보성 DNA와 혼성화되는 것뿐이다. 이 탐침화(probing)는 핵산이 변성하고 재생할 수 있는 조건을 고려한 염 농도와 온도에서 수행하는데, 이 조건에서 탐침 DNA는 정확히 상보성 서열을 지닌 DNA 조각에만 결합한다. 흔히 막에 붙어 있는 표적 DNA에 비해 과량의 탐침을 사용하기 때문에 변성 DNA의 재생보다는 혼성화가 더 잘 일어난다. 또한 변성 DNA가 막에 고정되면 재생이 억제된다. 블롯에 결합한 탐침의 위치는 다양한 필름이나 표지된 탐침 DNA에 의해 방출되는 빛 또는 전자에 민감한 매질(media)로 탐지할 수 있다. 예를 들면, 방사성 동위원소로 표지된 탐침 DNA를 사용하고 막을 X-선 필름에 노출시켜 현상하면 **방사성자동사진(autoradiogram)**이 나타난다. 이 사진에서 필름 위의 노출 양상은 블롯 상의 혼성체[hybrid; 탐침과 막 위의 DNA가 혼성화로 결합된 것(역자 주)] 위치에 해당한다(그림 7-6).

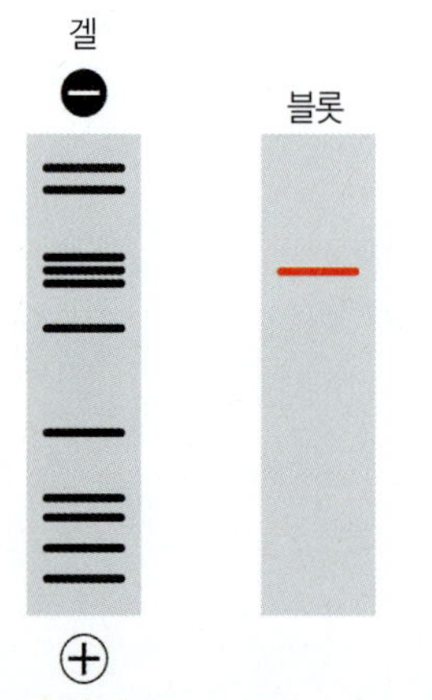

그림 7-6 서던블롯. 제한효소로 자른 DNA 조각을 아가로스 겔에 전기영동한다. 겔을 염색하면 DNA 조각들의 패턴을 볼 수 있다. DNA 조각을 필터에 옮긴 후, 이 DNA 조각 중 하나와 상동서열을 지닌 DNA 탐침으로 탐색하면 해당 DNA 조각의 위치를 단일 띠(band)로 확인할 수 있다.

이와 비슷한 방법인 **노던블롯 혼성화(Northern blot hybridization**, 서던블롯 혼성화와 구별하기 위해 붙여진 이름임)를 이용하면 RNA 집단에서 특정 mRNA를 찾아낼 수 있다. mRNA는 비교적 짧기 때문에(전형적으로 5 kb 이하) DNA처럼 어떤 효소로도 자를 필요가 없다(특정 RNA를 자르는 효소는 몇 개 되지 않는다). 이를 제외하면 노던블로팅의 실험과정은 서던블로팅과 거의 같다. 겔 전기영동으로 분리한 mRNA를 양전하를 띠고 있는 막에 옮기고, 방사성 동위원소로 표지한 DNA로 탐침

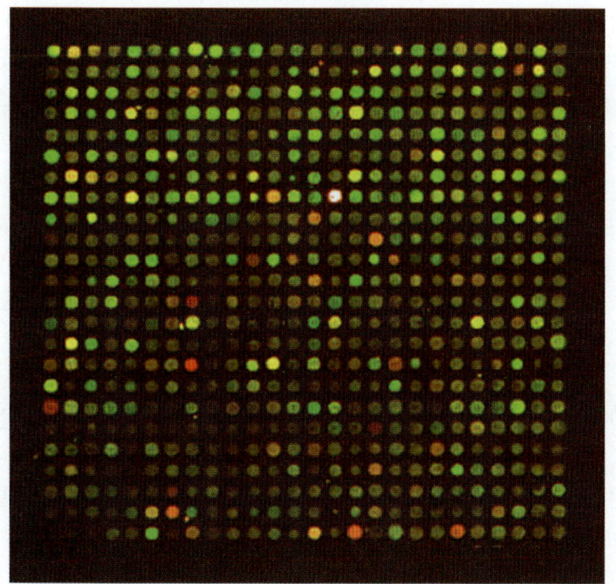

그림 7-7 두 조직(예쁜꼬마선충의 근육과 뉴런)의 발현양상을 비교하는 미세배열 그리드(grid). 그리드에 있는 원(circle)들 각각은 예쁜꼬마선충 유전체의 짧은 DNA 조각(단일 유전자의 암호화 부위)을 갖고 있다. 근육과 뉴런(neuron)으로부터 추출한 RNA는 형광성 색소(각각 적색과 녹색으로)로 표지하였다. 따라서 적색 원들은 근육에서의 유전자 발현을, 녹색 원들은 뉴런에서의 유전자 발현을 나타낸다. 노랑 원들은 두 조직 모두에서 발현되는 유전자들이다. 두 조직에서 발현되는 유전자들이 뚜렷이 다르다는 것을 분명하게 보여주고 있다.

한다. (이 경우, 혼성화는 상보적인 RNA와 DNA 사이의 염기쌍 형성으로 이루어진다.)

노던블롯 혼성화는 시료에 존재하는 특정 mRNA의 크기보다는 그 양을 측정하기 위해 수행한다. 그 측정치는 곧 해당 mRNA를 암호화하는 유전자의 발현 수준을 의미한다. 예를 들면, 노던블롯 혼성화를 사용하면 유도물질(inducer)을 처리하지 않은 세포에 비해 처리한 세포에서 특정 mRNA가 얼마나 더 많이 존재하는지를 알아낼 수 있다. 예를 하나 더 들면, 노던블롯 혼성화로 한 생물체의 여러 조직에서 발현되는 특정 mRNA의 상대적 수준, 즉 해당 유전자의 상대적 발현정도를 비교 분석할 수 있다. 노던블롯 혼성화에는 과량의 DNA 탐침이 사용된다. 따라서 혼성화 정도는 시료에 존재하는 mRNA 양을 반영하기 때문에 mRNA의 상대적 양을 결정할 수 있다.

서던과 노던 블롯 혼성화의 원리는 이 장의 유전체 부분에서 다루게 될 미세배열 분석(microarray analysis)에도 또한 적용된다. 온전한 서열정보의 이용이 가능해져 이 "역혼성화(reverse hybridization)" 실험의 개발이 가능해졌다. 미세배열은 수백에서 수천 개의 알려진 DNA 서열을 유리나 플라스틱 판과 같은 고체표면에 붙여 만든다(그림 7-7). 각각의 DNA 서열은 연구대상 생물체의 유전자들이다. 미세배열 분석을 기술할 때 사용되는 용어들은 서던 또는 노던 분석에서와는 반대로 사용된다. 미세배열 분석에서, 고정된 미표지 서열은 이미 알고 있는 DNA 서열이기 때문에 탐침이라고 하는 반면, "표적(target)"은 세포나 조직의 총 RNA(total RNA)로부터 만든 증폭되고 표지된 cDNA이다. 표적서열들을 탐침 DNA 배열(DNA array)과 혼성화시켰을 때 나오는 혼성화 신호(hybridization signal)의 세기(intensity)가 해당 유전자의 발현 수준을 나타내는 척도가 된다.

특정 DNA 조각의 분리

유전자와 유전자의 기능을 분자수준에서 분석하기 위해서는 대부분의 경우, 커다란 DNA로부터 특정 DNA 조각을 분리해 내거나, 특정 DNA 부위를 증폭해야 한다. 순수한 단일 DNA를 다량으로 분리하면 특정 DNA 분자에 암호화된 정보를 분석하기가 쉬어진다. 따라서 DNA를 먼저 분리해야만 서열을 분석하여 특성을 규명하거나 클로닝한 후 발현시켜 그 단백질 산물을 연구할 수 있다.

또한 상당량의 특정 DNA를 순수분리하면 이를 여러 가지 다양한 방법으로 조작할 수 있다. 예를 들면, 암호화 서열과 이종 프로모터(heterologous promoter)를 융합시켜 재조합 DNA 분자를 만들면 특정 유전자의 발현을 변화시킬 수 있다. 경우에 따라서는 순수분리한 DNA 서열들을 재조합시켜 소위 **융합 단백질(fusion protein**; 서로 다른 단백질들로 이루어진 잡종 단백질)을 암호화하는 DNA를 만들 수 있다. DNA 클로닝과 PCR에 의한 증폭기술은 이제 유전자 발현 조절, 유전체 유지 그리고 단백질 기능을 밝히는 연구에 필수적인 도구가 되었다.

DNA 클로닝

재조합 DNA를 만들고 이를 세포에서 유지시키는 것을 **DNA 클로닝(DNA cloning)**이라 한다. 전형적으로 DNA 클로닝에는 클로닝한 DNA를 복제 중인 숙주세포에서 증식시키는 데 필요한 정보를 제공하는 벡터가 사용된다. 재조합 DNA를 만드는 핵심은 특정 DNA 서열을 자르는 제한효소들과 잘린 DNA들을 서로 연결시키는 여타의 효소들이다. 숙주 생물체 내에서 증식이 가능한 재조합 DNA 분자를 만들면 여러 다른 DNA로부터 특정 DNA 조각을 분리할 수 있을 뿐 아니라 이를 대량으로 증폭시킬 수 있다.

이 절의 나머지 부분에서는 어떻게 DNA 분자를 자르고 재조합시켜 증식시키는지 살펴보고, 어떻게 **라이브러리(library)**라고 하는 잡종분자 집단을 만들 수 있는지 살펴볼 것이다. 라이브러리에는 공통의 벡터에 수많은 다양한 다른 DNA들이 삽입되어 있다. 어떻게 라이브러리를 만드는지 그리고 이 라이브러리로부터 특정 DNA 조각을 어떻게 찾아내고 분리하는지를 살펴보기로 하자.

DNA를 잘라 조각을 만들면 이를 벡터에 삽입시켜 증식시켜야 한다. 즉, DNA 조각을 숙주 생물체 내에서 복제될 수 있도록 두 번째 DNA 분자인 벡터에 넣어야 한다. 대장균은 DNA를 증식시키는 데 가장 일반적으로 사용되는 숙주이다. 벡터는 전형적으로 3가지 특징을 가지고 있다.

1. 벡터는 복제개시점을 가지고 있어 숙주염색체 DNA와는 독립적으로 복제할 수 있다. [몇 가지 효모 벡터는 동원체도 있어야 한다는 점에 주목하라.]
2. 벡터는 선택표지(selectable marker)를 가지고 있기 때문에 벡터를(그리고 벡터에 연결된 DNA를) 가지고 있는 세포를 쉽게 동정할 수 있게 한다.
3. 벡터는 한 가지 또는 여러 가지 제한효소들이 각기 한 곳만 자를 수 있는 단일자리(unique site)들을 가지고 있다. 이 자리는 위 두 가지 기능이 방해받지 않도록 벡터 내의 정해진 지점에 DNA 조각을 삽입할 수 있게 한다.

많은 통상적인 벡터들은 **플라스미드(plasmid)**라고 하는 작은(약 3 kb) 원형의 DNA 분자들이다. 플라스미드들은 원래 자연계에 존재하는 많은 종류의 세균과 단세포 진핵세포에서 발견된 여분염색체적(extrachromosomal) 원형의 DNA 분자에서 유래되었다(부록 1). 효모에서는 그렇지 않지만 플라스미드들은 대부분 항생제에 대한 저항성 유전자를 가지고 있다. 따라서 자연계에 존재하는 플라스미드는 벡터로서 갖추어야 할 두 가지 특성을 본래부터 지니고 있다. 즉, 숙주에서 독립적으로 증식할 수 있으며, 선택표지를 가지고 있다. 플라스미드의 또 다른 이점은 때로 세포에 여러 사본으로 존재한다는 점이다. 이 때문에 세포로부터 많은 양의 DNA를 얻을 수 있다.

자연계의 플라스미드들은 지닐 수 있는 DNA 양(전형적으로 1~10 kb)이 제한되어 있다. 나중에 살펴보겠지만, 전형적으로 유전체 분석에 사용되는 커다란 DNA 조각들을 클로닝하고 증식시키기 위해 그리고 DNA 서열분석에 사용하기 위해서 다양한 인공 벡터들, 예를 들면 120 ~ 500 kb 이상의 DNA를 수용할 수 있는 세균과 효모 인공염색체들[BAC(bacterial artificial chromosome)와 YAC(yeast artificial chromosome)]이 만들어졌다.

DNA 조각을 벡터에 삽입하는 과정은 비교적 단순하다(그림 7-8). 플라스미드 벡터가 단일 EcoRI 제한자리를 가지고 있다고 가정하자. EcoRI으로 벡터를 자르면 플라스미드는 선형 DNA가 된다. EcoRI은 서로 상보적인 5′-돌출성 말단(5′-protruding end)들을 만들어내기 때문에(그림 7-5 참조) 그 점착성 말단(sticky end)들이 재결합하여 2개의 틈(nick)을 지닌 원형의 DNA가 재형성된다. **DNA 연결효소(DNA ligase)**와 ATP를 처리하여 틈을 봉합하면 공유결합적으로 닫힌 원형(covalently closed circle)의 DNA가 재형성된다. 이 경우에는 표적 DNA를 제한효소 EcoRI으로 잘라 삽입 DNA(insert DNA)를 만든다. 점착성 말단이 혼성화할 수 있는 조건 하에서 벡터 DNA와 EcoRI으로 자른 과량의 삽입 DNA를 혼합한다. DNA 연결효소를 이용하여 두 DNA의 호환성 말단(compatible end)들을 연결시킨다. 플라스미드 DNA 양에 비해 상대적으로 과량의 삽입 DNA를 첨가하면 대부분의 벡터는 삽입 DNA와 결합한다(그림 7-8).

어떤 벡터들은 특정 DNA의 분리 및 정제를 가능하게 할 뿐만 아니라 삽입 DNA 내에 존재하는 유전자를 발현시키기도 한다. 이런 플라스미드를 **발현벡터(expression vector)**라고 하며, 삽입자리 근처에 숙주세포 유래의 프로모터(promoter)를 가지고 있다. 적절한 방향으로 유전자의 암호화 DNA 부위(자체 프로모터 없이)를 이 발현벡터의 삽입자리에 삽입하면 숙주세포에서 전사가 일어나 mRNA가 만들어지고 단백질로 번역된다. 발현벡터는 이종(heterologous) 또는 돌연변이 유전자의 기능을 알아내기 위해 흔히 사용된다. 발현벡터는 또한 과량의 단백질을 생산하는 데도 사용된다. 게다가 제어 가능한 특정 프로모터를 지닌 발현벡터를 사용하면 배양액에 간단한 화합물(예, 당 또는 아미노산)을 첨가하여 유전자의 발현을 조절할 수도 있다(18장의 원핵생물 전사조절 부분 참조). 이 방법은 특히 유전자 산물이 숙주세포에 독성을 보일 때 유용하게 사용할 수 있다.

형질전환으로 벡터 DNA를 숙주 생물체에 도입시킬 수 있다

삽입 DNA를 지닌 벡터를 증식시키기 위해서는 재조합 DNA 분자를 형질전환을 통해 숙주세포 내로 도입시켜야 한다. 2장에서 살펴본 것처럼 **형질전환(transformation)**은 숙주 생물체가 외부로부터 DNA를 취하는 과정이다. 대장균은 그렇지 않지만 몇몇 세균들은 자연적으로 이런 능력을 가지고 있으며 이를 **유전적 수용능(genetic competence)**이라 한다. 그러나 대장균에 칼슘이온을 처리하여 DNA를 흡수하는 수용능을 갖게 할 수 있다. DNA 흡수의 정확한 기작은 알려지지 않았지만, Ca^{2+} 이온이 DNA의 음전하를 막아 DNA가 세포막을 통과할 수 있도록 하는 것으로 여겨진다. 따라서 칼슘을 처리한 이런 대장균 세포를 형질전환성 수용세포라 한다. 플라스미드가 내성(resistance)을 부여하는 항생제를 배지에 넣어 플라스미드를 획득한 세포[이를 **형질전환체(transformant)**라고 함]를 선별한다. 플라스미드를 갖고 있는 세포는 항생제가 들어 있는 상태에서도 성장할 수 있지만 그렇지 않은 세포는 살 수 없다.

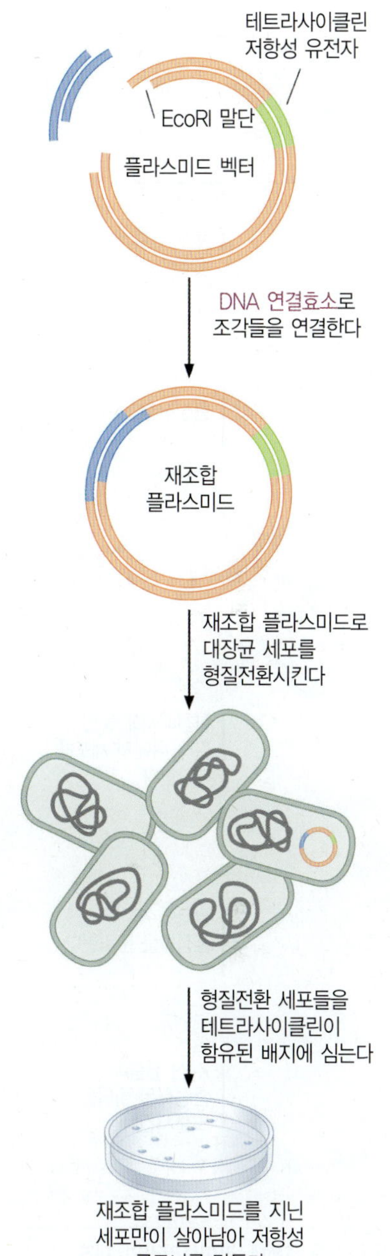

그림 7-8 플라스미드 벡터에 클로닝하기. EcoRI으로 자른 DNA 조각을 EcoRI으로 자른 플라스미드 벡터에 삽입한다. DNA 연결효소로 연결시킨 재조합 DNA를 세균에 형질전환하여 세포 안에 도입시킨다(본문 참조). 플라스미드를 갖고 있는 세포들을 플라스미드에 의해 부여되는 항생제 저항성을 이용하여 배지 위에서 선별한다. (Adapted, with permission, from Micklos D.A. and Freyer G.A. 2003. *DNA science: A first course*, 2nd ed., p. 129. © Cold Spring Harbor Laboratory Press.)

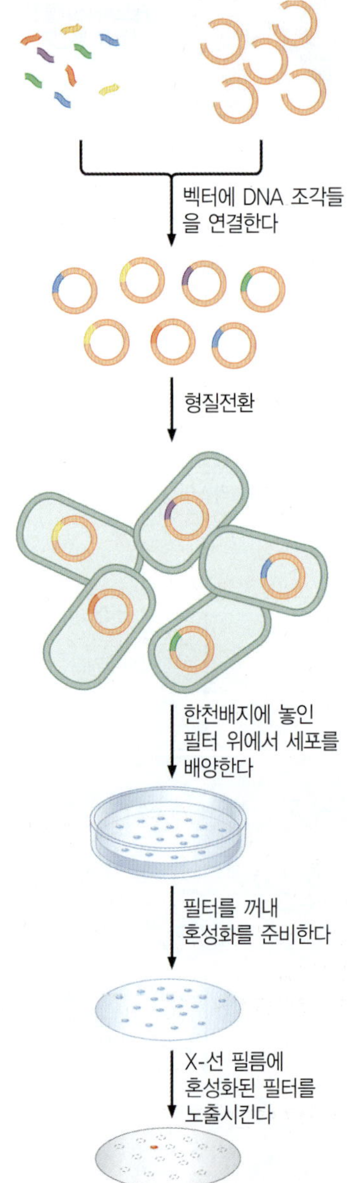

그림 7-9 DNA 라이브러리의 제조. 라이브러리 제조를 위해 동일한 제한효소로 자른 유전체 DNA와 벡터 DNA를 연결효소와 반응시킨다. 재조합 벡터(각각의 벡터는 서로 다른 유전체 DNA 삽입물을 갖게 되며 서로 다른 색깔로 나타냄)의 라이브러리 또는 풀(pool)을 대장균에 도입시키고 세포들을 한천배지 위에 놓인 필터 위에 도말한다. 콜로니들이 다 자라면 필터를 평판배지로부터 제거하여 혼성화를 준비한다. 즉, 세포를 용해시키고 DNA를 변성시킨 후, 표지한 탐침과 필터를 반응시킨다. 찾고자 하는 클론을 자기방사법으로 찾아낸다.

형질전환은 일반적으로 비교적 비효율적인 과정으로서, DNA를 처리한 세포 중 단 몇 퍼센트만 플라스미드를 획득한다. 이렇게 낮은 형질전환 효율 때문에 항생제로 형질전환체를 선별해야 한다. 대부분의 경우, 형질전환된 세포가 단지 한 분자의 DNA만을 얻게 되는 이유는 이 낮은 형질전환율 덕분이다. 이런 특성 때문에 각각의 형질전환 세포와 특정 DNA를 갖는 자손들이 만들어진다. 따라서 형질전환은 형질전환 혼합물의 다른 DNA들로부터 한 DNA 분자를 효과적으로 분리하고 증폭시킨다.

클로닝으로 DNA 라이브러리를 만들 수 있다

DNA 라이브러리(DNA library)는 각기 다른 삽입 DNA를 갖고 있는 동일한 벡터 집단이다(그림 7-9). DNA 라이브러리를 만들기 위해 표적 DNA(예, 인간 유전체 DNA)를 제한효소로 잘라 원하는 크기의 삽입 DNA를 만든다. 삽입 DNA의 크기는 경우에 따라 100 bp 미만에서부터 메가염기쌍까지 일 수 있다[매우 커다란 삽입 DNA를 얻고자 하는 경우에는 제한효소로 DNA를 자를 때 부분절단(partial digestion)을 수행한다]. 그런 다음, 동일한 제한효소로 자른 적당한 벡터와 DNA 연결효소를 혼합한다. 이렇게 하면 서로 다른 삽입 DNA를 가진 다양한 벡터들이 만들어진다.

서로 다른 원천에서 유래한 삽입 DNA로 다양한 종류의 라이브러리를 만든다. 가장 간단한 라이브러리는 총 유전체 DNA를 제한효소로 잘라 만든 **유전체 라이브러리(genomic library)**이다. 이 라이브러리는 유전체 서열분석용 DNA를 만들 때 가장 유용하게 사용된다. 한편, 특정 유전자를 암호화하는 DNA 조각을 클로닝하고자 한다면 유전체 라이브러리는 대상 생물체의 유전체에 비암호화 DNA가 거의 없는 경우에만 효과적으로 사용될 수 있다. 더 복잡한 유전체를 가지고 있는 생물체의 경우, 비암호화 서열을 갖는 삽입 DNA들이 많기 때문에 이 라이브러리를 이 용도로 사용하는 것은 적절하지 않다.

라이브러리에 암호화 서열이 많게 하려면 그림 7-10에 보여주는 것처럼 **cDNA 라이브러리(cDNA library)**를 만든다. 이 경우, 유전체 DNA를 사용하는 대신 mRNA를 DNA 서열로 변환시킨다. 이 과정을 **역전사(reverse transcription)**라 하며, RNA 주형으로부터 DNA를 만들 수 있는 특별한 DNA 중합효소, 즉 역전사효소(reverse transcriptase)가 사용된다(12장 참조). 역전사효소를 처리하여 mRNA를 **cDNA**(상보성 DNA; complementary DNA 또는 "copy DNA")라고 하는 이중가닥 DNA 복사본으로 변환시킬 수 있다. 이때부터 라이브러리 구축은 유전체 라이브러리 구축과 동일한 전략을 따른다. 즉, cDNA와 벡터를 동일한 제한효소로 처리한 다음, 이들을 연결시킨다.

어떤 라이브러리로부터 특정 유전자를 분리하기 위해서는 전체 라이브러리를 숙주세포(통상 *E. coli*)에 형질전환시킨다. 각각의 형질전환세포는 한 가지 종류의 삽입 DNA를 지닌 재조합 벡터만을 가진다. 따라서 형질전환 후 증식하는 각 세포는 라이브러리 내에 존재하는 클론들 중 한 가지만을 갖게 되며, 이를 증폭시킨다. 표적 DNA 서열을 가진 세포들로 형성된 콜로니를 동정하여 그 DNA를 분리할 수 있다. 클론을 동정하는 데는 여러 가지 방법들이 사용된다. 예를 들면, 아래에 기술한 것처럼 특정 DNA 또는 RNA 탐침으로 혼성화를 수행함으로써 특정 삽입 DNA를 가지고 있는 세포집단을 찾아낼 수 있다.

혼성화로 DNA 라이브러리로부터 특정 클론을 찾아낼 수 있다

어떤 유전자를 클로닝하고 할 때 사용하는 일반적인 방법은 라이브러리로부터 표적 유전자를 갖고 있는 클론(clone)을 찾아내는 것이다. 여기에는 표적유전자와 일부 서열이 일치하는 DNA 탐침이 사용된다. 아래에 기술한 것처럼 이 탐침을 이용하여 특정 유전자를 지닌 클론을 찾아낼 수 있다.

표지된 DNA 탐침으로 라이브러리를 탐색하는 과정을 **콜로니 혼성화(colony hybridization)**라 한다. 전형적인 cDNA 라이브러리는 수천 개의 서로 다른 삽입물을 가지고 있으며, 그 각각은 벡터 내에 들어 있다(위 참조). 라이브러리를 적당한 숙주 세균에 형질전환시킨 후, 고체배지(항상 한천을 사용함; 부록 1 참조)로 만든 페트리 접시에 도말한다. 각각의 세포가 자라 독립적인 콜로니를 만들며, 한 콜로니 안의 세포들은 모두 라이브러리로부터 유래된 동일한 벡터와 삽입 DNA를 갖게 된다(전형적으로 각 접시에는 수천 개의 콜로니가 있게 된다).

여기서 서던과 노던 블롯 혼성화에 사용되는 동일한 양전하를 띤 막 필터가 적은 양의 DNA를 고착시키는 데 사용된다. 이 경우, 필터조각을 접시의 콜로니 위에 덮어 누르면 콜로니들(약간의 DNA 포함)이 필터 위에 찍힌다(각 콜로니로부터 약간의 세포들이 접시 위에 남는 것에 주목할 것). 따라서 필터에는 접시의 콜로니 분포와 똑같은 양상으로 DNA 클론이 붙게 된다. 필터를 탐색(probing)하여 원하는 클론의 위치를 알면 해당 클론을 가지고 있는 콜로니를 접시로부터 찾을 수 있기 때문에 삽입 DNA를 가지고 있는 플라스미드를 분리할 수 있다.

필터의 탐색은 다음과 같이 수행한다. 먼저, 막 위의 세포가 용해되는 조건으로 필터를 처리하여 세포로부터 유출된 DNA가 그 자리에 결합하게 한다. 그런 다음, 그 필터를 노던과 서던블롯 실험에서 사용되는 동일한 조건 하에서 표지된 탐침과 반응시킨다.

앞에서도 언급하였고 부록 1에서 설명한 바와 같이 박테리오파지(특히 λ 파지) 또한 변형시켜 벡터로 사용된다. 파지 벡터에 라이브러리가 만들어졌다면 플라스미드 탐색에서 사용된 방법과 거의 동일하게 파지 라이브러리를 탐색할 수 있다. 콜로니 대신 세균밭(bacterial lawn)에서 파지의 증식으로 형성된 용균반(plaque)을 탐색하는 것만 차이가 있다(부록 1 참조).

특정 DNA 서열의 화학적 합성

현대 분자생물학의 시대는 **올리고뉴클레오티드(oligonucleotide)**라고 하는 짧은 단일가닥 DNA[single-stranded DNA(ssDNA)]를 화학적으로 합성할 수 있는 방법의 개발에서부터 시작되었다고 해도 과언이 아니다. 가장 일반적인 화학적 합성 방법은 자동화 기계를 사용하여 고형 지지물 상에서 DNA를 합성하는 것이다. 이때 뉴클레오티드 첨가에는 화학적으로 보호된 분자인 **포스포아미딘(phosphoamidine)**이 전구체로 사용된다(그림 7-11). DNA 사슬의 신장(growth)은 DNA 중합효소에 의한 사슬신장의 방향(9장 참조)과는 반대로 포스포아미딘의 5′ 말단에 뉴클레오티드가 첨가되어 이루어진다.

화학적 합성으로 10~100개 염기 길이의 DNA 분자를 효율적이고 정확하게 합성할 수 있다. 이는 일상적인 과정으로, 연구자는 단순히 DNA 합성기(DNA synthesizer)를 제어하는 컴퓨터에 합성하고자 하는 염기서열을 써 넣기만 하면 된다. 그러나 합성 분자의 길이가 길어질수록 순환 합성과정 중에 발생하는 오류로 인해 일정하

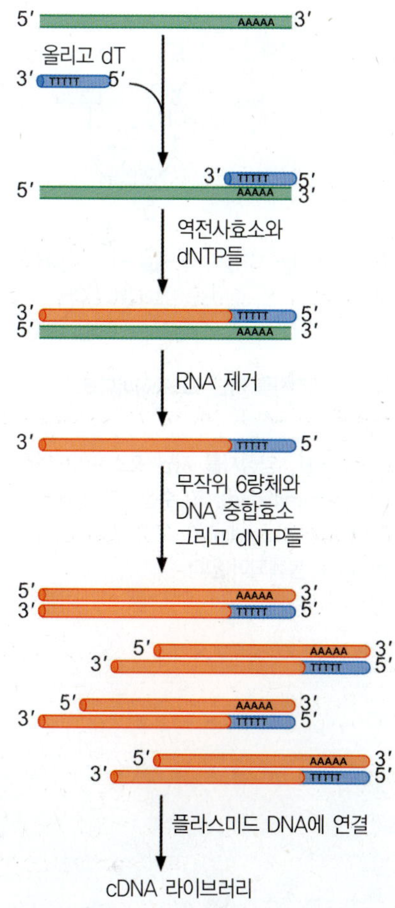

그림 7-10 cDNA 라이브러리의 제조. RNA-의존성 DNA 중합효소(RNA-dependent DNA polymerase)인 역전사효소(reverse transcriptase, RT)는 RNA를 주형으로 DNA(cDNA)를 만든다. 첫 번째 과정에서(1차 가닥합성) 폴리-dT 서열의 올리고(oligo)들이 mRNA의 폴리-A 꼬리와 결합하여 시발체(primer)로 작용한다. (cDNA 라이브러리는 전형적으로 3′ 말단에 폴리-A 꼬리를 갖고 있는 진핵세포 mRNA로부터 만든다; 19장 참조). 역전사효소가 dT 시발체를 신장시켜 mRNA 주형으로부터 완전한 DNA 복사본을 만든다. 그 산물은 한 가닥의 mRNA와 한 가닥의 상보성 DNA로 이루어진 이중가닥(duplex)이다. RNA 가닥은 염(NaOH)을 처리하여 제거하고, 남아 있는 단일가닥 DNA를 주형으로 사용하여 두 번째 과정(2차 가닥합성)을 수행한다. 주로 약 6 bp 길이의 짧은 무작위 서열 DNA[무작위 6량체(random hexamer)라고 함]를 cDNA 주형의 여기저기에 붙도록 주형에 혼성화시켜 시발체로 작용토록 한다. 이 시발체들을 DNA 중합효소로 신장시켜 이중가닥 DNA(cDNA)를 만든 후, 플라스미드 벡터(그림 7-8 참조)에 클로닝하여 cDNA 라이브러리를 만든다.

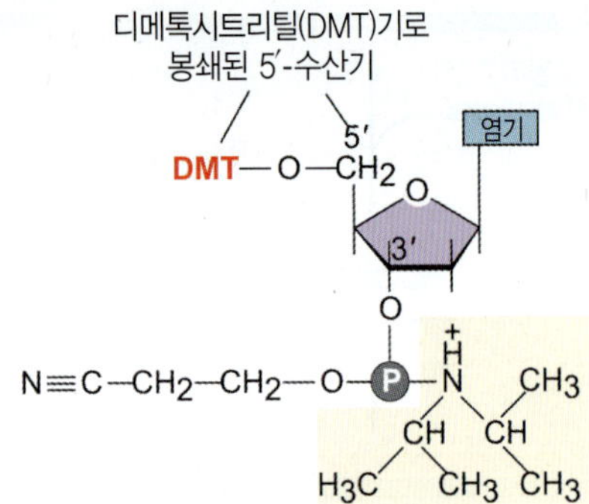

그림 7-11 양성자를 지닌 포스포아미디트 (phosphoramidite). 5′-수산기가 디메톡실 트리틸(dimethoxyltrityl) 보호기(protecting group)로 봉쇄되어 있다.

지 않은 최종산물이 만들어진다. 따라서 100 뉴클레오티드 이상의 길이를 갖는 올리고뉴클레오티드를 대부분의 분자적 분석에 적합하도록 양적으로 그리고 정확하게 합성하기란 그리 쉽지 않다.

그러나 쉽게 합성할 수 있는 짧은 ssDNA 조각도 다양한 목적에 적절히 이용된다. 예를 들면, 클로닝한 DNA의 일부분과 일치하지 않는 부위를 지닌 주문 제작된 올리고뉴클레오티드를 사용하여 클로닝한 DNA의 특정 부위에 돌연변이를 유도할 수 있다. 이러한 방법을 **자리-지정 돌연변이 유도(site-directed mutagenesis)**라고 하며 다음과 같이 수행한다. 그 올리고뉴클레오티드를 클로닝한 DNA 조각과 혼성화시킨 후, 클로닝 한 DNA를 주형으로 DNA 합성이 시작되도록 한다. 이렇게 하면 한 개의 잘못된 염기쌍을 갖는 이중가닥 분자가 만들어진다. 그런 다음 두 가닥을 서로 분리한 후, 원하는 돌연변이가 일어난 가닥을 더 증폭시킨다.

이런 방식으로 주문 제작한 올리고뉴클레오티드는 클로닝한 DNA에 제한효소자리를 만드는 데도 사용되며, 이렇게 만든 제한효소자리는 2개의 서로 다른 유전자의 암호화 부위를 융합시키거나, 한 유전자의 프로모터와 또 다른 유전자의 암호화 부위를 연결시키는 등과 같은 다양한 재조합 DNA를 만드는 데 이용된다. 유전자에 도입된 돌연변이들은 특정 아미노산을 암호화하는 서열을 변화시킬 수 있다. 이런 결과로 만들어진 돌연변이 단백질과 야생형 단백질의 특성을 비교하면 단백질의 기능에 중요한 역할을 하는 특정 아미노산을 알아낼 수 있다.

주문 제작한 올리고뉴클레오티드는 다음에 언급할 PCR에 결정적인 것이며, 나중에 기술할 DNA 서열분석에도 필수불가결하다. 따라서 새로운 유전자 클론의 제조, 특정 DNA의 탐색, DNA의 증폭 및 DNA 서열분석 등과 같은 실험을 계획할 때의 공통적 특징은 원하는 서열을 지닌 짧은 합성 올리고뉴클레오티드를 설계하여 합성하는 것이다.

중합효소연쇄반응은 시험관 내에서 반복적 DNA 복제로 DNA를 증폭시킨다

숙주세포 내에서의 클로닝 및 증식과는 달리, **중합효소연쇄반응(polymerase chain reaction, PCR)**은 경기-교체 방식(game-changing method)으로 특정 DNA 조각들을 증폭시킨다. 이는 시험관 내에서 온전히 생화학적으로 수행된다. PCR은 단일가닥의 주형 DNA 상에서 데옥시뉴클레오티드를 기질로 DNA를 합성하는 DNA 중합효소를 사용한다. 9장에서 살펴보겠지만, DNA 중합효소는 주문 제작된 올리고뉴클레오티드가 긴 주형 DNA에 결합하면 그 올리고뉴클레오티드의 3′ 말단에 뉴클레오티드를 첨가한다. 따라서 합성 올리고뉴클레오티드가 단일가닥 주형의 상보성 부위에 결합하면, DNA 중합효소가 이를 DNA 합성의 시발체(primer)로 사용하여 DNA 사슬의 3′ 말단을 신장시켜 이중가닥 DNA를 만든다.

어떻게 DNA 중합효소와 이 반응이 특정 DNA 서열을 증폭시킬까? 두 개의 단일가닥 올리고뉴클레오티드를 합성한다. 하나는 증폭될 DNA의 5′ 말단과, 다른 하나는 반대편 가닥의 5′ 말단과 상보적이도록 합성한다(그림 7-12). 그런 다음, 증폭할 DNA를 변성시켜 올리고뉴클레오티드가 표적서열에 결합하도록 한다. 이 시점에 DNA 중합효소와 데옥시뉴클레오티드 기질들을 첨가하면 중합효소가 두 시발체를 신장시킨다. 이 반응에서 두 가닥의 해당 DNA 부위로부터 각각 이중가닥 DNA가 생성된다. 따라서 이 첫 번째 PCR에서 시작 DNA로부터 두 개의 이중가닥 복사본이 만들어진다.

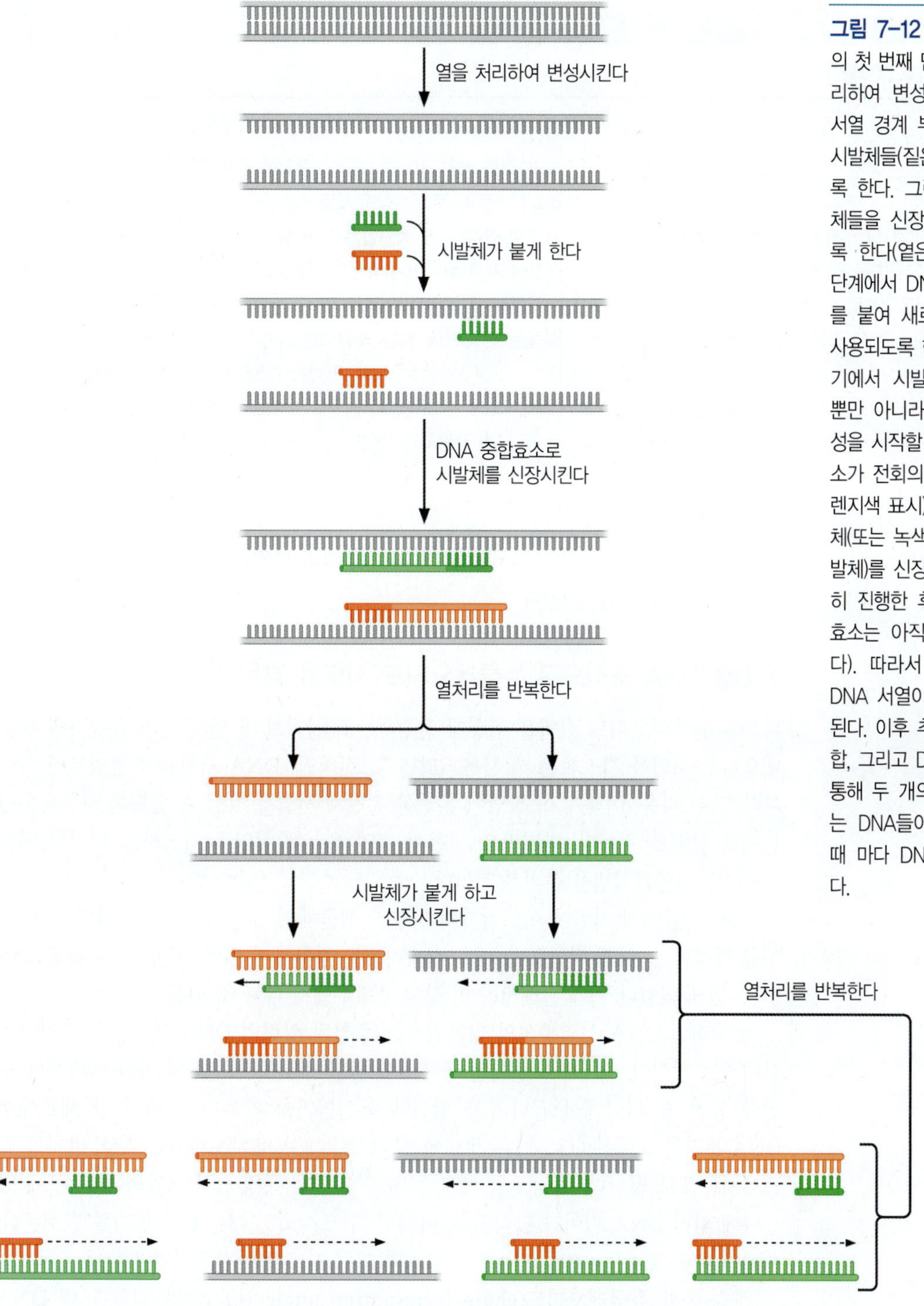

그림 7-12 중합효소연쇄반응(PCR). PCR의 첫 번째 단계에서는 주형 DNA에 열을 처리하여 변성시키고, 증폭하고자 하는 DNA 서열 경계 부위에 합성 올리고뉴클레오티드 시발체들(짙은 오렌지색과 짙은 녹색)이 붙도록 한다. 그런 다음, DNA 중합효소가 시발체들을 신장시켜 단일가닥 주형이 복사되도록 한다(옅은 오렌지색과 옅은 녹색). 다음 단계에서 DNA를 또다시 변성시키고 시발체를 붙여 새로운 DNA 합성주기의 주형으로 사용되도록 한다. 주목할 것은 이 두 번째 주기에서 시발체는 새로 합성된 DNA로부터 뿐만 아니라 원래의 주형 DNA로부터도 합성을 시작할 수 있다는 점이다. DNA 중합효소가 전회의 DNA 합성으로 새로 합성된(오렌지색 표시) 주형에 결합한 녹색-표시 시발체(또는 녹색-표시 주형의 오렌지색-표시 시발체)를 신장시킬 때 그 주형의 끝까지 완전히 진행한 후 떨어진다(바닥 그림에서 중합효소는 아직 주형의 끝에 도달하지 못하였다). 따라서 이 두 번째 주기에서 증폭될 DNA 서열이 정확하게 포함된 DNA가 합성된다. 이후 추가적인 주기의 변성, 시발체 결합, 그리고 DNA 합성(보여주지 않음) 과정을 통해 두 개의 시발체 사이의 안쪽에 해당하는 DNA들이 생성된다. 반응주기가 진행될 때 마다 DNA 양은 기하급수적으로 증가한다.

그런 다음, 동일한 시발체(primer)를 사용하여 DNA를 변성시키고 합성하는 또 다른 순환반응을 반복한다(단지 시발체들 사이의 서열만 실제로 정확하게 증폭된다는 점에 주목할 것). 이렇게 하면 4개의 해당 복사본이 생성된다. 이런 식으로 추가적인 변성과 시발체에 의해 지정된 DNA 합성반응의 순환에 의해 기하급수적 방식(즉 2, 4, 8, 16, 32, 64 등으로)으로 두 시발체 사이의 DNA 부위가 증폭된다. 따라서 원래 극소량으로 존재하던 DNA 조각이 많은 양의 이중가닥 DNA로 증폭된다(그림 7-12와 글상자 7-1의 "과학수사와 중합효소연쇄반응" 참조). 실제로 PCR 순환반응을 20~30번 수행하면, 수백만 개의 DNA 서열 중에 탐지할 수 없을 만큼 소량으로 존재

▶ 연구기법

글상자 7-1 과학수사와 중합효소연쇄반응

우리는 지금 과학수사 실험실에 있으며 용의자의 DNA 시료를 가지고 있다고 가정하자. 범죄현장에서 발견된 DNA의 다형현상(polymorphism)이 용의자의 DNA에 존재하는지를 알아보고자 한다. 다형현상은, 이를테면 유전자처럼 한 생물집단의 상동염색체 부위에서 발견되는 선택적 DNA 서열들(대립유전자들)이다. 다형현상은 집단의 구성원들이 갖고 있는 상동염색체의 동일한 자리에서 나타나는 선택적 단일 염기쌍의 차이 또는 CA와 같은 단순 뉴클레오티드 반복서열(simple nucleotide repeat sequence)의 길이 차이처럼 단순한 경우도 있다(9장 참조). 우리가 하고자 하는 것은 다형현상을 보이는 DNA를 증폭하여 뉴클레오티드 서열을 분석한 후, 범죄현장에서 발견된 시료의 서열과 이 서열이 일치하는지를 살펴보는 것이다. 추가적인 다형현상 검토와 더불어 증폭한 DNA의 뉴클레오티드 서열을 비교함으로써 두 DNA가 서로 일치하는지를 결정할 수 있다. DNA 서열을 밝히는 이 접근법은 DNA를 사용한 감정과 전통적인 지문감식법이 서로 유사하기 때문에 "DNA 프로파일링(DNA profiling)" 또는 "DNA 지문감정법(DNA fingerprinting)"이라 한다. DNA 프로파일링은 1985년에 처음 사용되었으며[미국 연방수사국(U.S. Federal Bureau of Investigation, FBI)은 1988년에 이 방법을 사용하기 시작함], 그 후 범죄현장의 증거를 분석하여 용의자의 유무죄를 판단하는 데 널리 사용되게 되었다.

하는 서열(즉, 전체 인간 유전체에 존재하는 한 개의 서열)도 한천 DNA 겔상에서 단일 띠로 쉽게 동정할 수 있다.

중첩성 DNA 조각으로 뉴클레오티드 서열을 밝힌다

다음은 뉴클레오티드 서열을 어떻게 결정하는지 살펴보자. 먼저 개별 유전자의 뉴클레오티드 서열을 결정하는 데 사용되었던 "고전적인" DNA 서열분석 방법부터 살펴본다. 그런 다음, 어떻게 이 방법이 온전한 유전체 서열을 밝힐 수 있도록 자동화되었는지를 살펴볼 것이다. 마지막으로 현재 개인 유전체 서열을 결정하는 데 사용되는 "차세대" 서열분석법을 살펴볼 것이다.

이제 세균에서 사람에 이르기까지 다양한 생물체의 유전체 뉴클레오티드 서열 전체를 결정할 수 있게 되었으며, 매우 신속하고도 정확하게 어떤 특정 서열이라도 찾아낼 수 있게 되었다(이에 관해서는 이 장의 후반부에서 다룰 것이다).

통상적인 DNA 서열분석의 기본원리는 중첩된 일련의 DNA 분자들을 크기별로 분리하는 것이다. 각 DNA 분자는 공통의 5′ 말단에서 시작하여 몇 가지 선택적인 3′ 말단 종점 중 하나에서 끝나며, 3′ 말단에 특정염기를 갖는다. 따라서 한 세트에서 DNA 분자들 모두는 G로, 다른 세트에서는 C로, 세 번째 세트에서는 A로, 마지막 세트에서는 T로 끝난다. G 세트를 예로 들면, 3′ 말단의 특정 G가 서열의 어느 곳에 있느냐에 따라 DNA 길이가 달라진다. 따라서 각 조각의 길이는 G의 위치를 말해준다. 어떻게 이런 조각들이 생성되는지를 아래와 그림 7-15에서 살펴보기로 한다.

사슬-종결 뉴클레오티드(chain-terminating nucleotide)들과 시험관 내 DNA 합성을 이용하는 가장 보편적으로 사용된 서열분석법이 초기 자동화 DNA 서열분석의 기초이다. 사슬-종결법에서 DNA는 올리고뉴클레오티드 시발체의 혼성화로 지정

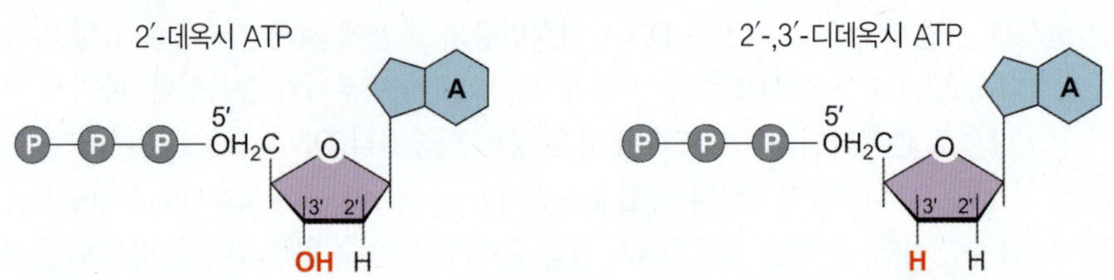

그림 7-13 DNA 서열분석에 사용되는 디데옥시뉴클레오티드. 왼쪽은 2′-데옥시 ATP이다. 이 뉴클레오티드는 신장 중에 있는 DNA 사슬에 삽입될 수 있으며 여기에 또 다른 뉴클레오티드가 첨가될 수 있다. 오른쪽은 2′,3′-디데옥시 ATP이다. 이 뉴클레오티드는 신장하고 있는 DNA 사슬에 삽입될 수는 있지만 추가적인 뉴클레오티드의 삽입은 일어나지 않는다.

그림 7-14 디데옥시뉴클레오티드들에 의한 사슬종결. 윗줄은 먼저 삽입된 시토신의 3′ 말단에 아데닌 뉴클레오티드가 첨가되어 신장하는 DNA 사슬을 보여주고 있다. 신장사슬에 디데옥시시토신이 존재하면(아래 그림) 본문에서 기술한 것처럼 추가적인 뉴클레오티드의 첨가가 차단된다.

된 고정점에서 DNA 중합효소에 의해 DNA 주형으로부터 복제된다. DNA 중합효소는 2′-데옥시뉴클레오시드 삼인산(2′-deoxynucleoside triphosphate)을 기질로 사용하여 3′ 말단을 신장시켜 DNA를 합성한다. (사슬-종결법의 원리는 9장에서 설명한 것처럼 DNA의 효소적 합성에 의한 것이다.) 사슬-종결법은 2′,3′-디데옥시뉴클레오티드들(dideoxynucleotides, ddNTPs)라고 하는 특별히 변형시킨 기질을 이용한다. ddNTP는 당(sugar)부위에 2′-수산기뿐만 아니라 3′-수산기도 없다(그림 7-13). DNA 중합효소는 신장하는 폴리뉴클레오티드 사슬의 3′ 말단에 2′,3′-디데옥시뉴클레오티드를 삽입시키지만 이 디데옥시뉴클레오티드는 3′-수산기가 없기 때문에 뉴클레오티드의 추가 첨가를 막아 사슬신장을 종결시킨다(그림 7-14).

이제 2′,3′-디데옥시구아노신 삼인산(2′,3′-dideoxyguanosine triphosphate, ddGTP)과 2′-데옥시-GTP(2′-deoxy-GTP, dGTP)의 비율이 1:100인 뉴클레오티드 기질 혼합물을 사용한다고 가정해 보자. DNA 중합효소가 주형가닥의 C를 만날 때 1/100의 빈도로 DNA 합성이 중단될 것이다(그림 7-15a). 모든 DNA 사슬은 동일지점에서 성장을 시작하기 때문에 사슬-종결 뉴클레오티드는 중첩된 폴리뉴클레오티드 조각 세트를 생성할 것이며, 이들 모두는 동일한 5′ 말단을 가지지만 길이와 3′ 말단이 서로 다를 것이다. 따라서 생성된 DNA 조각의 길이는 주형가닥에 존재하는 C들

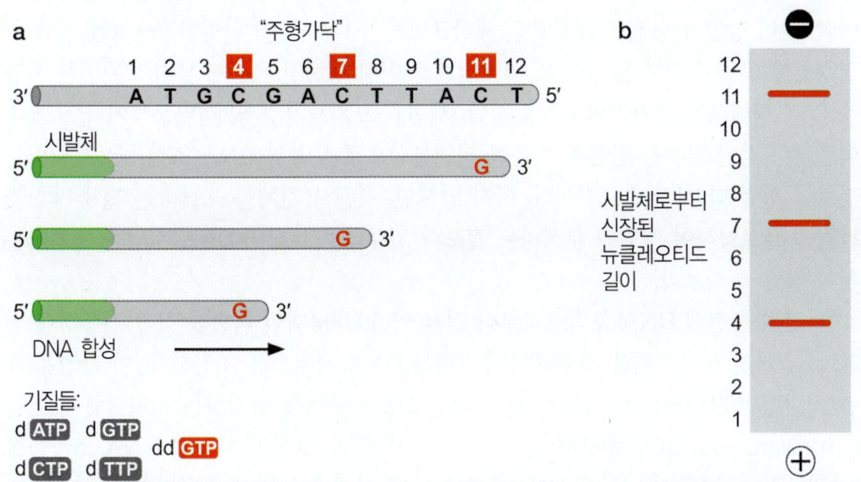

그림 7-15 사슬-종결법에 의한 DNA 서열분석. 본문에 기술한 바와 같이 서로 다른 길이의 사슬들이 디데옥시뉴클레오티드의 존재하에 합성된다. 합성된 사슬의 길이는 어떤 디데옥시뉴클레오티드가 반응에 포함되는가에 의해 결정된다. (a, 위) 주형 염기서열. 이 반응에서 모든 염기들이 데옥시뉴클레오티드 형태로 존재하지만, G는 디데옥시 형태로도 존재한다. 따라서 신장사슬이 주형의 C에 도달하면 어떤 것은 dGTP 대신 ddGTP가 첨가될 것이다. 이렇게 되면 사슬신장이 그 지점에서 중지된다. (b) 폴리아크릴아미드 겔에서 분리된 조각들. 겔에 나타난 조각들의 길이는 분석 중에 있는 DNA 주형에서 시토신의 위치를 나타낸다.

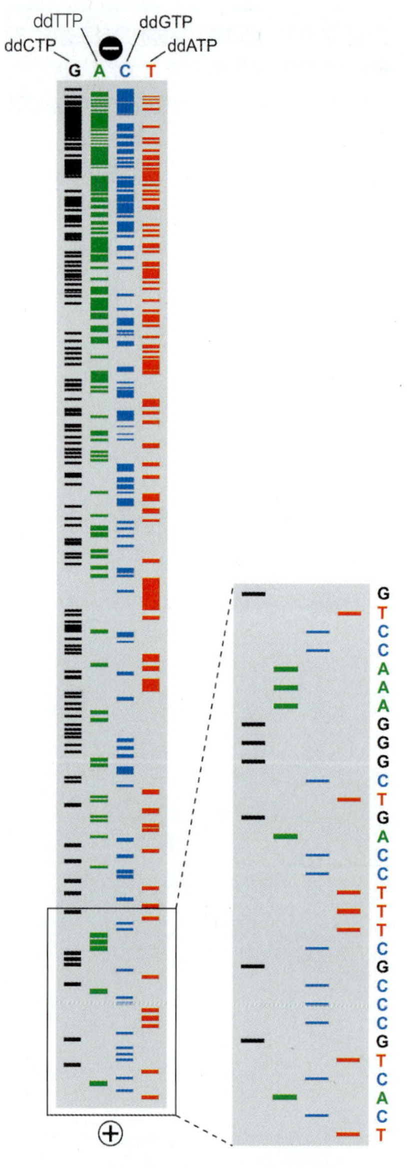

그림 7-16 DNA 서열분석 겔. 각 레인(lane)의 맨 위쪽에 나타낸 디데옥시뉴클레오티드로 종결된 DNA 사슬의 길이를 폴리아크릴아미드 겔로 분리하여 결정하였다. 아래에서 위쪽으로 겔을 읽으면 5′→ 3′ 서열이 된다.

의 위치를 나타낸다. DNA 조각들은 방사성 동위원소 또는 형광성 부가물(fluorescent adduct)을 붙인 시발체를 사용하여 5′ 말단을 표지하거나 ddGTP의 형광표지 유도체로 3′ 말단을 표지할 수 있다. 폴리아크릴아미드 겔에 전기영동하면 중첩조각 세트에 의해 사다리(ladder)꼴이 만들어지며, 사다리의 각 띠는 주형가닥의 C를 나타낸다(그림 7-15b). 이와 같이 ddCTP, ddATP, ddTTP를 DNA 합성반응에 첨가하면 4가지의 중첩조각 세트가 만들어진다. 이 모두를 합치면 DNA의 전체 뉴클레오티드 서열을 얻을 수 있다. 서열을 판독하기 위해 4개의 각 반응에서 생성된 조각들을 폴리아크릴아미드 겔에 전기영동하여 분리한다(그림 7-16).

아래에서 보는 것처럼, 초기에는 짧은 DNA 조각의 서열을 분석하기 위해 개발되었던 이 개념상 단순한 접근법이 일련의 기술적 적응과 향상을 거쳐 전체 유전체 분석을 가능하게 하였다(글상자 7-2, “시퀴네이터를 사용한 고처리 서열분석” 참조).

세균 유전체의 산탄 서열분석

전체 유전체 서열이 밝혀진 최초의 생물체는 세균인 헤모필루스 인플루엔자(*Hemophilus influenzae*)였다. 이 세균이 선택된 이유는 이 세균이 1.8 메가 염기쌍(megabase pair, Mb) 크기의 DNA로 이루어진 작고 간결한 유전체(인간 유전체의 1/1000 크기)를 갖고 있기 때문이었다. 이 세균의 유전체 서열을 밝히기 위해 헤모필루스 인플루엔자 유전체를 평균 1 kb 크기를 갖는 수많은 무작위 조각으로 잘랐다. 이 유전체 DNA 조각들을 플라스미드 DNA 벡터에 클로닝하여 라이브러리를 만들었다. 각 재조합 DNA 콜로니들로부터 DNA를 분리하여 앞서 공부한 디데옥시법(dideoxy method)을 이용하여 시퀴네이터(Sequenator)로 서열을 분석하였다. 이런 방법을 “산탄 서열분석(shotgun sequencing)”이라 한다. 무작위로 재조합 DNA 콜로니들을 골라 가공한 다음 서열을 분석하였다. 최종 유전체 조립을 위해 30,000~40,000개의 재조합 클론들의 서열이 분석되었다. 이렇게 하여 총 약 20 Mb의 가공하지 않은 유전체 서열을 얻었다(1번에 평균 600 bp의 서열을 분석하였으므로 600 bp × 33,000개 콜로니 = 총 20 Mb DNA 서열). 이를 **10배 유효서열 범위(10×sequence coverage)**라 한다. 원칙적으로 유전체 내의 모든 뉴클레오티드가 10번 분석되어야 한다.

이 방법은 지루해 보이지만 원래 생각했던 기술보다 상당히 빠르고 경제적이다. 계통적 서열분석(systematical sequencing)이라고 하는 초기의 서열분석 전략은 세균 염색체의 제한효소 지도를 작성한 후, 모든 제한 DNA 조각의 서열을 결정하는 것이었다. 이 방법의 단점은 대부분의 제한조각들이 너무 커서 단일반응으로는 전체 서열정보를 얻을 수 없다는 점이다. 결과적으로 어떤 정해진 유전체 부위의 완전한 서열을 얻기 위해서는 추가적인 DNA 절단, 제한효소 지도작성 및 서열분석이 필요했다. 이런 추가적인 과정은 반복적 자동화 서열분석으로 무작위 DNA 조각들을 분석하는 것보다 훨씬 더 시간 소모적이다. 다시 말하면, 세균 유전체를 포괄하는 전체 제한조각들을 클로닝하여 서열을 분석하는 것보다 컴퓨터로 무작위 DNA 서열을 조립하는 것이 훨씬 더 빠르다.

무작위 유전체 DNA 조각으로부터 얻은 약 30,000개의 서열을 직접 컴퓨터에 넣고 여러 가지 프로그램을 사용하여 중첩하는 DNA 서열들을 조립한다. 이 과정은 개념상 결정된 단어와의 중첩으로 실마리로 모르는 단어를 결정하는 십자말풀이 퍼즐(crossword puzzle)과 유사하다. 일치하는 서열들을 토대로 무작위 DNA 조각들을 “조립(assembly)”한다. 짧은 DNA 서열들을 순서대로 조립하여 콘티그(contig)라고

▶ 핵심실험

글상자 7-2 시퀀네이터를 사용한 고처리 서열분석

인간 유전체서열 분석이 처음 계획되었을 때 그것은 마치 희망이 없는 무모한 모험처럼 보였다. 인간의 전체 유전체는 30억(3×10^9) 염기쌍으로 이루어져 있으며, 초기의 서열분석 방법들은 짧은 DNA 조각의 뉴클레오티드 서열을 분석하는 것조차도 매우 힘든 일이었다. 1980년대와 1990년대 초에는 하루나 이틀 동안 열심히 노력해도 한 사람당 겨우 수백 염기쌍 정도(약 500 bp)를 분석할 수 있었을 뿐이었다. 몇몇 기술적 혁신이 DNA 서열분석의 속도와 신뢰성을 크게 향상시켰다.

앞 절에서 살펴본 것처럼, 사슬-종결 방법은 단지 한 개의 뉴클레오티드 차이가 나는 일련의 DNA들을 만든다. 초기에는 커다란 폴리아크릴아미드 겔을 사용하여 DNA를 분리하였다(그림 7-16 참조). 그러나 최근에는 짧은 칼럼이 이를 대신하게 되어 단 2~3시간 내에 DNA를 분리할 수 있게 되었다. 이 짧고 재사용이 가능한 칼럼으로 기존의 매우 긴 폴리아크릴아미드 겔의 능력과 비슷한 700에서 많게는 800 bp 범위의 DNA 조각들을 분리할 수 있다.

DNA 서열분석에서 이루어진 주요 기술적 진보는 **형광 사슬-종결 뉴클레오티드(fluorescent chain-terminating nucleotide)**의 사용에서 이루어졌다. 원칙적으로 단일 "색깔"로 각 DNA 조각들을 표지할 수 있다. 각 DNA 조각의 색깔은 마지막 뉴클레오티드를 동정하는데 사용된다. 예를 들면, 주형 DNA의 50번 위치에서 T로 끝나는 DNA는 붉은색으로 표지하고, 51번째 위치에서 G로 끝나는 DNA는 검은색으로 표지한다. 따라서 각각의 DNA 조각은 특정 크기와 색깔을 갖게 된다. 크기별로 이 DNA들을 서열분석 칼럼에서 분획하면 형광센서가 각 DNA의 색깔을 탐지한다(글상자 7-2, 그림 1 참조). 이런 방식으로 단일 칼럼으로 3시간 이내에 600~800 bp 길이의 서열을 분석할 수 있다.

384개의 칼럼을 가진 자동화 서열분석기인 **시퀀에이터(Sequenator)**가 개발되었다. 원칙적으로 이 서열분석기는 단 수 시간 내에 200,000 뉴클레오티드(200 kb)를 분석해 낼 수 있다. 하루 9시간이면 3번의 서열분석이 가능하기 때문에 1/2 메가염기쌍(megabase pair, Mb)(500 kb)의 서열정보를 얻을 수 있다. 100대의 서열분석기로 이루어진 클러스터(cluster)를 사용하면 단 2개월 내에 인간 유전체량에 해당하는 3×10^9 bp를 분석할 수 있다. 최근 미국과 영국에는 5개의 주요 서열분석 센터가 있다. 각 센터에는 커다란 자동화 DNA 서열분석기 클러스터들이 있다. 이 5개의 센터가 공동으로 1년에 경이적인 60×10^9 bp의 DNA 서열정보를 만들어낸다. 이는 인간 유전체 정보의 20배에 해당하는 양이다! 그러나 나중에 살펴보겠지만 단 수 시간 소요되는 단일 운행으로 온전한 인간 유전체 크기에 해당하는 정보를 통상적으로 만들어내는 차세대 시퀀에이터와 비교하면 이는 어린아이 장난에 불과하다.

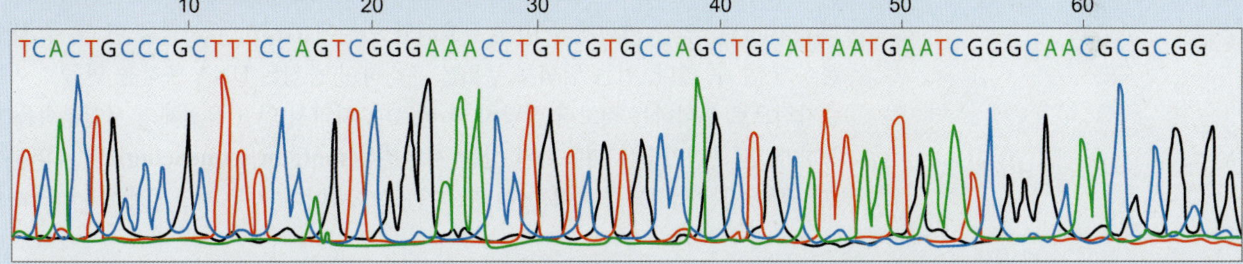

글상자 7-2 그림 1 DNA 서열 판독. 본문에 기술한 것처럼 이 반응에는 형광말단 표지 디데옥시뉴클레오티드들이 사용되었으며, DNA 사슬들을 칼럼 크로마토그래피로 분리하였다. 그래프에서 A는 녹색, T는 빨간색, G는 검은색, C는 파란색으로 나타내었다.

하는 단일의 연속성 조립을 만든다(그림 7-18 참조).

산탄 전략으로 커다란 유전체 서열의 일부분을 조립할 수 있다

앞서 살펴본 것처럼 짧은 600 bp DNA 조각의 서열분석 방법은 믿을 수 없을 정도로 빠르고 효과적이다. 실제로 자동 서열분석기는 매우 효율적이어서 가공되지 않는 DNA 서열정보를 조립하고 주석을 붙이데 있어 우리를 훨씬 능가한다. 다시 말하면 인간의 유전체처럼 복잡한 유전체의 전체 DNA 서열을 결정하고자 할 때, 속도제한 단계는 서열정보 자체를 얻는데 있는 것이 아니라 오히려 정보를 분석하는데 있다. 이런 문제는 서열분석 방법들이 점점 더 빠르고 강력해질수록 더 심각해지고 있다. 이제 1회의 자동화 기계 "운행(run)"으로 10억 염기쌍(기가염기쌍: gigabase pairs, Gb)의

DNA 서열정보를 얻을 수 있다("1000달러 인간 유전체가 손닿는 곳에 있다" 부분 참조). 이제 세균 헤모필루스 인플루엔자의 전체 염기서열을 결정하는 데 사용되었던 산탄 서열분석 방법이 훨씬 더 크고 복잡한 동물의 유전체 서열분석에 어떻게 적용되는지를 살펴보자.

인간의 염색체는 평균 150 Mb로 이루어져 있다. 따라서 전형적인 서열반응으로 얻는 600 bp의 DNA 서열은 염색체의 0.0004%에 지나지 않는다. 결과적으로, 인간 염색체의 전체서열을 결정하기 위해서는 훨씬 더 많은 수의 짧은 DNA 조각을 만들어 서열을 결정해야 한다(그림 7-17). 이를 위해 인간의 유전체를 이루고 있는 23개의 염색체로부터 얻은 DNA를 가는 구경의 주사기 바늘에 압력을 가하여 통과시켜 작은 조각으로 부순다. 각 염색체로부터 만든 이 작은 조각들을 몇 개의 집단으로 나눈다. 전형적으로 1, 5 또는 100 kb 등과 같이 크기가 더 길어지도록 2개 또는 3개의 조각 집단을 만든다. 이 조각들을 앞서 기술한 것처럼 세균 플라스미드에 무작위로 클로닝하여 라이브러리를 만든다.

인간 염색체의 임의의 부위를 지닌 재조합 DNA를 세균 플라스미드로부터 분리하여 자동 서열분석기로 신속하게 서열을 분석할 수 있다. 완전한 염색체에 해당하는 서열을 얻기 위해서는 평균 약 2백만 개의 무작위 DNA 조각을 분석해야 한다. 조각당 평균 600 bp DNA 서열을 얻는다면 이는 10억 염기쌍 이상 또는 전형적인 염색체 DNA 양의 거의 10배에 해당하는 염기서열을 분석하는 것이 된다. 앞서 세균 염색체 서열분석에서 논의한 것처럼 염색체 서열 양의 약 10배를 분석하면 염색체의 모든 부분을 얻었다고 확신할 수 있다.

"산탄" 재조합 라이브러리 작성과정과 엄청난 무작위 DNA 서열분석은 매우 낭비적인 것으로 보일 수 있다. 그러나 100대의 384-칼럼을 지닌 자동 서열분석기 클러스터(cluster)는 인간 염색체의 10배 유효서열 범위에 해당하는 서열을 단 몇 주 내에 분석해 낼 수 있다. 이는 염색체 부위를 분리하여 중첩된 DNA 조각을 만들고 이를 순차적으로 분석하는 것보다 상당히 더 빠르다. 따라서 인간 유전체의 서열분석을 가능하게 한 핵심기술은 자동화된 **산탄 서열분석(shotgun sequencing)** 및 서열분석 후 이루어지는 컴퓨터를 이용한 서열조각들의 조립이다. 자동 서열분석기와 컴퓨터의

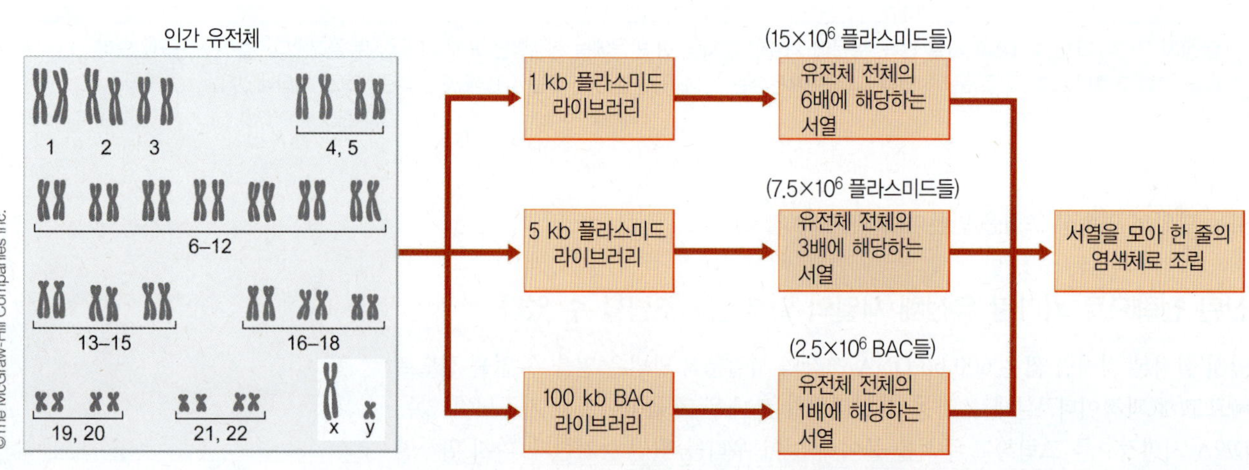

그림 7-17 전체 유전체 라이브러리의 구축과 서열분석 전략. 짧은 유전체 DNA 조각의 산탄 서열분석으로 연속성 서열을 결정한다. 본문에 기술한 것처럼 5 kb와 100 kb의 커다란 삽입 DNA로부터 얻은 말단서열을 이용하여 콘티그를 확장시킨다. (Adapted, with permission, from Hartwell L. et al. 2003. *Genetics: From genes to genomes*, 2nd ed., Fig. 10-13. © McGraw-Hill.)

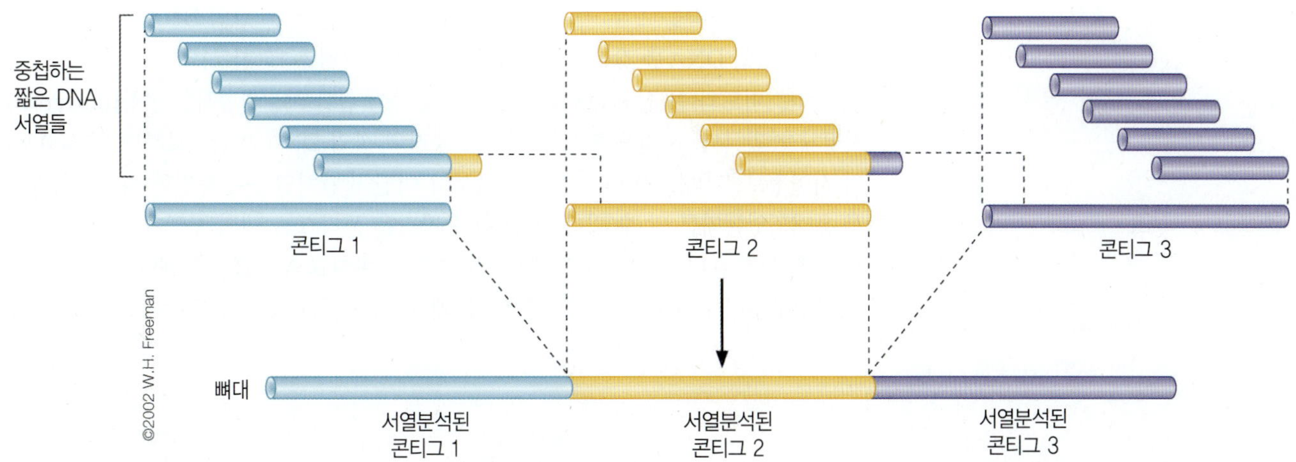

그림 7-18 커다란 DNA 조각들의 말단 서열분석에 의한 콘티그의 연결. 예를 들면, 한 임의의 100 kb 유전체 DNA 조각의 한쪽 말단은 1번 콘티그와 일치하는 서열을 가지고 있는 반면, 다른 쪽 끝은 2번 콘티그와 일치하면 이를 바탕으로 2개의 콘티그를 공통의 뼈대에 연결시킬 수 있다. (Adapted, with permission, from Griffiths A.J.F. et al. 2002. *Modern genetics*, 2nd ed., Fig. 9-29b. © W.H. Freeman.)

결합으로 당초 계획했던 것보다 몇 해나 더 일찍 인간 유전체 서열을 완성함으로써 이 둘이 유전체 서열분석에 있어 강력한 원-투 펀치(one-two punch)임이 증명되었다.

정교한 컴퓨터 프로그램들이 개발되어 무작위 산탄 DNA들로부터 얻은 짧은 서열들을 **콘티그(contig)**라고 하는 더 큰 연속성 서열로 조립할 수 있게 되었다. 동일한 서열의 서열(sequence)들 또는 "리드(read)"들은 중첩된 것으로 간주하여 연결함으로써 더 큰 콘티그를 만든다(그림 7-18). 콘티그의 크기는 얻은 서열의 양에 따라 결정된다. 즉, 서열이 많으면 많을수록 더 크고 서열의 틈(gap)도 더 작은 콘티그를 얻을 수 있다.

개별 콘티그는 대체로 50~200 kb로 이루어진다. 이는 전형적인 사람 염색체 크기에 아직 훨씬 못 미치는 짧은 크기이다. 그러나 이 콘티그들은 조밀한 유전체를 분석하는 데 유용하게 사용된다. 예를 들면, 초파리 유전체는 10 kb당 평균 하나의 유전자를 가지고 있기 때문에 전형적인 콘티그는 몇 개의 연관 유전자들을 갖게 된다. 유감스럽게도 복잡한 유전체일수록 유전자 밀도가 낮은 경향이 있다(8장 참조). 인간의 유전체는 매 100 kb마다 평균 1개의 유전자를 갖고 있기 때문에 전형적인 콘티그는 종종 연관 유전자들은 말할 것도 없고 한 개의 유전자 전체를 담기에도 충분하지 않은 길이이다. 이제 비교적 짧은 콘티그들을 조립하여 어떻게 1~2 Mb 길이의 커다란 **뼈대(scaffold)**를 만드는지 살펴보기로 하자.

쌍-말단 전략으로 커다란 유전체 뼈대를 조립할 수 있다

보다 커다란 콘티그를 만들고자 할 때 직면하게 되는 큰 문제는 반복성 DNA(repetitive DNA)들의 출현이다(8장 참조). 이 DNA들은 조립과정을 복잡하게 한다. 왜냐하면 염색체 또는 유전체의 비연관 부위로부터 유래한 무작위 DNA 조각들이 동일한 반복성 DNA 서열을 갖고 있으면 이들은 서로 중첩된 것처럼 보이기 때문이다. 이런 난점을 극복하는데 사용되는 한 방법은 **쌍-말단 서열분석(paired-end sequencing)**이다. 이는 단순한 기술이지만 매우 효과적이다(그림 7-19 참조).

짧은 DNA 조각으로 산탄 DNA 라이브러리를 만듦과 동시에, 이 동일한 유전체 DNA를 사용하여 일반적으로 3~100 kb 길이의 더 커다란 DNA 조각으로 이루어진 재조합 라이브러리를 만든다. 인간 염색체 한 개로부터 얻은 DNA를 생각해 보자. 이 DNA 중 일부는 1 kb 조각을 만드는 데 사용하고, 나머지는 5 kb 조각을 만드는 데 사용한다. 이 조각들로 두 가지 라이브러리, 즉 하나는 작은 삽입 DNA를, 다른 하나는 더 큰 삽입 DNA를 갖는 라이브러리를 만든다(그림 7-17 참조).

플라스미드와 큰 삽입 DNA 조각의 양옆 사이 접합부에 결합하는 만능(universal) 시발체를 만든다. 서열을 분석할 때마다 무작위 삽입 DNA 말단으로부터 약 600 bp의 서열정보를 얻을 것이다. 이 정보로부터 어떤 말단서열들이 동일한 삽입 DNA에서 유래되었는지를 알 수 있다. 만일 한쪽 말단은 콘티그 A 내의 서열과 정렬하고, 다른 한쪽 끝은 콘티그 B 내의 서열과 정렬한다면, 콘티그 A와 B들은 해당 염색체의 동일 부위로부터 유래되었음을 알 수 있다. 왜냐하면 이들은 공통의 5 kb 조각과 서열을

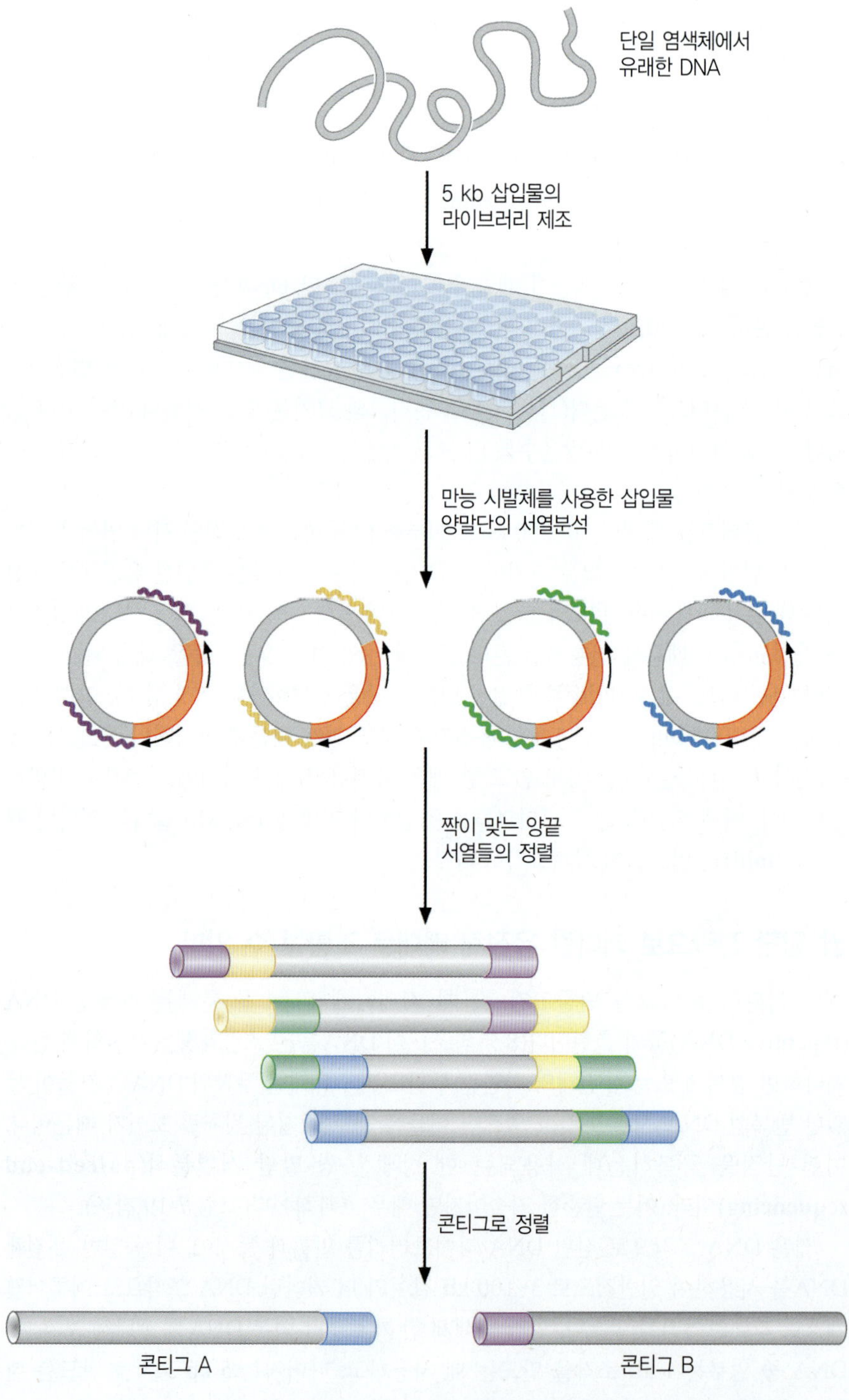

그림 7-19 5 kb 길이의 무작위 유전체 DNA 삽입물을 가지고 있는 "산탄(shotgun)" 라이브러리. 평판의 각 홈(well)은 서로 다른 삽입물을 가지고 있다. 각 유전체 DNA의 양쪽 말단으로부터 600 bp(색 깔로 표시됨) 길이의 서열을 결정한다. 짝을 형성하는 말단서열들을 사용하여 콘티그들을 맞춘다. 이 예에서는 파란색 말단서열의 5 kb 유전체 DNA 조각이 콘티그 A와 콘티그 B를 맞추는 서열들을 갖고 있다.

공유하고 있기 때문이다. 대부분의 반복성 DNA 서열들은 2 또는 3 kb 이하이다. 따라서 5 kb 삽입 DNA로부터 얻은 "쌍-말단" 서열들은 반복성 DNA들에 의해 중단된 콘티그들을 충분히 채울 수 있다.

앞의 결과로 보통 500 kb 이하 길이의 콘티그들이 만들어진다. 수 Mb 또는 그 이상의 크기를 갖는 긴 서열을 얻기 위해서는 적어도 100 kb 이상의 커다란 DNA 조각들로부터 쌍-말단 서열 데이터를 얻을 필요가 있다. 최고 수백 kb의 매우 큰 삽입 DNA를 수용할 수 있는 **BAC(세균 인공 염색체, bacterial artificial chromosome)**라고 하는 특정 클로닝 벡터를 사용하면 이를 얻을 수 있다. 긴 범위의 서열정보를 얻는데 이들을 사용하는 방법은 5 kb 삽입물에서 언급한 것과 같다. 시발체를 사용하여 BAC 삽입물의 양 말단으로부터 600 bp 서열을 얻는다. 이 서열들을 다른 콘티그들과 정렬시켜 공통의 BAC 삽입 DNA와 서열을 공유하면 동일한 뼈대(scaffold)에 배치할 수 있다. BAC의 사용으로 종종 수 Mb 길이의 단일 뼈대에 다수의 콘티그를 배치할 수 있다(그림 7-18 참조).

1000달러 인간 유전체가 손닿는 곳에 있다

최초의 두 인간 유전체 서열분석[하나는 미국 NIH(National Institutes of Health)에서, 다른 하나는 사기업에 의해 이루어졌음]에는 3억 달러 이상이 소요되었다. 지금은 나노기술을 이용하여 빠르고 값싸게 유전체 서열분석을 하고자 하는 운동이 일고 있다. 그 목적은 임상진단을 위해 개개인의 유전체 서열분석이 가능한, 충분히 빠르고 간단하며 값이 싼 기술을 만들고자 하는 것이다. 이제 제 1세대 고처리 나노기술 서열분석기의 이용이 가능해졌다.

454 라이프 사이언스(Life Science) 서열분석기를 4시간 "운행(run)"하여 최고 400 Mb의 서열정보를 얻을 수 있다. 그 기본원리는 매우 독창적이다. 작은 DNA 조각들(유전체 DNA나 cDNA 등)을 작은 구슬들과 섞는다. 그 혼합물을 충분히 희석하여 구슬당 한 개의 DNA 분자가 결합하도록 한다. 그런 다음, 그 DNA-결합 구슬들을 400,000개의 규칙적 배열의 피코리터(picoliter, 10^{-12}리터 -역자 주) 홈(well)으로 이루어진 실리콘 판에 분산시킨다. 홈의 크기가 지극히 작기 때문에 한 개의 홈에는 한 개의 구슬만 포획된다. PCR로 직접, 구슬에 매달린 DNA들을 증폭시킨다(그림 7-20). 따라서 각 홈에는 동일한 DNA 분자 집단이 생성되며, 이 DNA들은 DNA 중합효소를 첨가하여 반응시키는 다음 주기 DNA 합성에 주형으로 사용된다. 서열분석은 순차적 방식으로 수행되는데, 데옥시뉴클레오티드 기질의 각 펄스(pulse) 사이에는

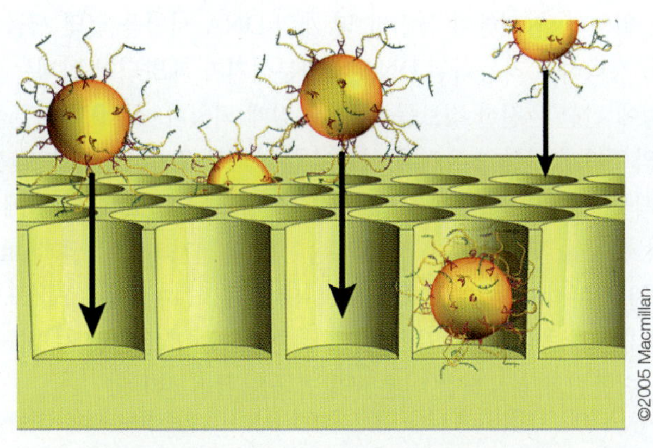

그림 7-20 454 서열분석기의 개별 세공(pore) 모식도. 각 세공은 증폭된 DNA 서열이 붙은 작은 구슬을 한 개씩 갖고 있다. 순차적 서열분석은 피로인산염(pyrophosphate)과 빛의 방출로 확인할 수 있다. 이에 관해서는 본문에 자세히 설명되어 있다. (Reprinted, with permission, fromMargulies M. et al. 2005. *Nature* **437:** 376–380, Fig. 1a. © Macmillan.)

세척주기(washing cycle)를 넣고 실리콘 판을 dATP, dGTP, dCTP, dTTP에 차례로 노출시킨다. 주형의 상보성 염기에 의존적으로 데옥시뉴클레오티드가 삽입되면 이때 피로인산염(pyrophosphate)이 방출된다. 피로인산염의 방출은 빛 펄스(light pulse)를 만들어내는 효소반응을 촉진시키며 이는 컴퓨터에 연결된 마이크로프로세서에 의해 탐지된다. 그 빛 펄스는 합성주기마다 각 홈에서 삽입된 뉴클레오티드가 어떤 것인지를 말해주기 때문에 400,000개의 모든 홈에 들어 있는 DNA 서열을 얻을 수 있다. 각 DNA 조각으로부터 약 200~250 염기서열이 결정될 때까지 순차적인 각 뉴클레오티드의 첨가를 계속한다.

454 서열분석으로 이 교과서 주저자의 전체 유전체를 분석하였다(어떤 이유에선지 그 회사는 다른 저자들의 유전체에는 관심이 덜 한 것 같다). "운행(run)"당 100 Mb 유전체 서열을 분석하면 왓슨(Watson) 유전체의 1배 유효서열 범위(1× coverage)를 완성하는 데는 꼭 30회 운행(기계 1대를 사용하면 2~3주가 소요됨)이 필요하다. 지금(이 책을 쓰고 있는 시간) 시작하면, 총 비용은 최초 인간 유전체 분석에 들어간 비용보다 훨씬 적은 약 1만~3만 달러가 소요될 것이다. 그 서열정보는 유전체 조립에 충분할 필요도 없다. 대신 완성된 미국 국립보건원(NIH)의 최종 인간 유전체 서열이 비교 주형으로 사용된다. 454 서열분석기로 얻은 200~250 bp 서열 리드(read)들을 이미 완성된 최종 유전체 서열과 비교하여 왓슨의 모든 변이 유전자를 찾는다. 따라서 인간 유전체 서열분석은 그 의미가 달라졌다. 완성된 전체-유전체 서열 조립을 이미 갖고 있기 때문에 개개인의 독특한 유전적 조성에 대한 포괄적인 도해서(atlas)를 얻는 데는 이제 짧은 서열리드(sequence read)들만 필요하다.

차세대 서열분석기는 1000달러 유전체의 목표에 근접하고 있다. 일루미나(illumina)사는 운행당 200 bp 길이를 갖는 수억 개의 서열리드들을 만들 수 있는 기계를 생산하였다. 그 기본원리는 454 라이프 사이언스 서열분석기와 비슷하다. 차이는 유리 슬라이드에 개개의 DNA 분자를 붙이는 것이다. 제한된 PCR 증폭으로 DNA 분자당 약 1000개의 복사본을 만든다. 순차적 DNA 합성반응을 수행하고 방출된 피로인산을 탐지한다. 일루미나 서열분석기는 통상적으로 운행당, 수 Gbp 이상의 DNA 서열을 만들어낸다. 다양한 "차세대(next-gen)" 고처리 서열분석법들이 개발 중에 있으며, 이중에는 DNA 합성 과정에서 뉴클레오티드의 삽입으로 방출되는 수소이온을 탐지하는 이온 반도체 서열분석법(ion semiconductor sequencing) 등이 있다.

유전체학

전체-유전체 서열분석이 도래하기 전에는 DNA 서열을 비교할 수 있는 범위가 크게 제한될 수밖에 없었다. 기껏해야 유전자 몇 개의 DNA 서열을 몇몇 생물체에서 살펴보는 정도였다. 강력하고 자동화된 DNA 서열분석기가 개발되어 이제는 전체 유전체의 구성과 조성에 관한 온전한 정보를 얻을 수 있게 되었다. 실제로 이 글을 쓰고 있는 지금 현재, 거의 200개 이상의 유전체 서열이 분석되고 조립되었다. 따라서 수많은 종류의 미생물, 식물, 동물의 온전한 유전적 조성을 비교할 수 있다. 이 절에서는 유전체에서 유전자의 위치를 확인하는데 사용되는[이를 유전자의 주석달기(annotation)라고 함 - 역자 주] 기본적인 방법들, 즉 인트론-엑손 구조(14장 참조)를 포함하여 모든 유전자를 찾아내는 방법 및 복합 유전체 내에 존재하는 조절관련 서열들을 찾아내는 데 사용되는 실험방법과 컴퓨터를 이용한 방법들을 살펴본다.

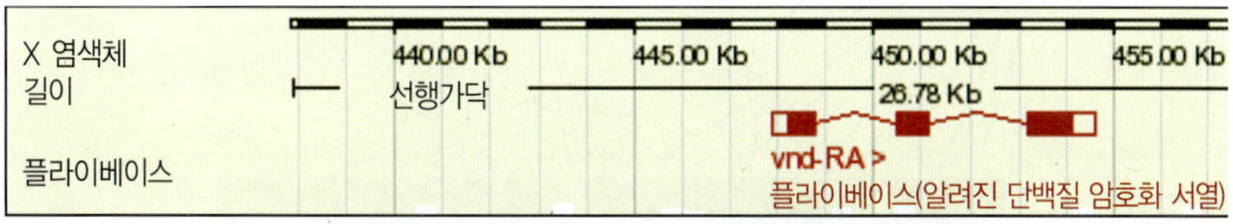

X 염색체
길이
플라이베이스
440.00 Kb
445.00 Kb
450.00 Kb
455.00 Kb
선행가닥
26.78 Kb
vnd-RA >
플라이베이스(알려진 단백질 암호화 서열)

그림 7-21 초파리 *vnd* 자리의 구조. *vnd* 유전자를 포함하는 X 염색체 위의 약 25 kb. *vnd* 전사단위(transcription unit)는 3개의 엑손과 2개의 인트론을 갖고 있다. 5′ 엑손(왼쪽)과 3′ 엑손(오른쪽)의 빈곳은 최종 단백질 산물을 만드는 데 관여하지 않는 비암호화 서열을 의미한다. 플라이베이스(FlyBase)는 초파리 유전체 분석에 사용되는 표준 데이터베이스이다.

생물정보학 도구로 전체 유전체에서 단백질을 암호화하는 유전자들을 찾아낼 수 있다

유전체 서열 조립은 해당 생물체의 염색체를 이루고 있는 수백만 개의 A, G, C, T로 이루어진 연속성 블록서열이다. "주석"이 붙여지지 않으면 이는 크고, 지루하며, 비정보적이다. 다음 몇 쪽에 걸쳐 살펴보겠지만 **주석붙이기(annotation)**는 단백질을 암호화하는 정보를 갖고 있는 모든 유전체 DNA 부위 또는 미세 RNA[microRNA (miRNA); 20장 참조]와 같은 조절 RNA들을 지정하는 비암호화 서열을 계통적으로 찾아내는 것이다. 모든 전사단위의 상세한 인트론-엑손 구조가 동정되고 해당 유전체가 모델 생물체(즉, 효모 및 초파리)인 경우, 대부분의 유전체 유전자들에 대한 잠재적인 또는 알려진 기능들이 부여될 수 있다. 이 정보의 이용이 가능할 때에만 유전체의 온전한 암호화 역량을 분류할 수 있으며 다른 유전체들과 그 내용을 비교할 수 있다.

세균과 단순 진핵세포 유전체의 주석붙이기는 비교적 쉬운데, 이는 본질적으로 열린 읽기틀(open reading frame, ORF)을 찾는 것이다. 비록 모든 ORF가(특히 작은 ORF들의 경우) 실제 단백질-암호화 유전자는 아니지만, 이 과정은 매우 효과적이며 그 핵심은 유전자들의 기능을 정확하게 부여하는 것이다.

복잡한 인트론-엑손 구조를 지닌 동물 유전체의 경우, 유전자들의 기능을 정확하게 부여하는 일은 이 보다 훨씬 더 어렵다. 이 경우, 유전자를 동정하고 복합 유전체(complex genome)의 유전적 조성을 결정하기 위해서는 다양한 생물정보학 도구들이 필요하다. 적절한 5′ 및 3′ 이어맞추기 자리(splice site)를 갖는 ORF들의 출현 등과 같은 다양한 서열 기준들을 이용하여(그림 7-21) 잠재적인 단백질-암호화 유전자들을 찾아내는 컴퓨터 프로그램들이 개발되었다. 14장에서 살펴본 것처럼, 이어맞추기 공여 및 수용자리들은 짧고 어느 정도 쇄락한 서열(degenerate sequence)들이지만, 그럼에도 불구하고 발현된 서열 꼬리표(expressed sequence tag, EST) 서열 데이터와 같은 추가적인 정보를 고려하면 엑손-인트론 경계를 찾을 때 도움이 된다. 그러나 컴퓨터를 이용한 방법들은 아직 100% 정확성을 갖고 있지 않다. 이 방법으로 전체 유전자 중 3/4 정도를 찾아낼 수 있지만, 많은 유전자들과 심지어 이미 찾은 후보 유전자 중에서도 작은 엑손들(특히 비암호화 엑손들)을 놓치게 된다.

전체-유전체 타일링 배열을 사용하면 전사체를 밝힐 수 있다

어떤 생물체의 전체-유전체 서열을 조립하면 특정 세포나 조직에서 발현되는 모든 단백질-암호화 및 비암호화 서열(즉, 인트론 및 miRNA 유전자)을 밝히는데 이를 이용할 수 있다. RNA 합성에 주형으로 작용하는 생물체의 유전체 부위를 **전사체(transcriptome)**라 한다. 유전체의 전사체 부위를 찾기 위해 50개 뉴클레오티드 길이의 합성한 단일가닥 DNA를 유리나 실리콘 슬라이드에 붙인다. 전형적으로, 유전체에 걸쳐 순차적인 방식으로 매 100~150 bp DNA 서열마다 한 개씩 올리고뉴클레

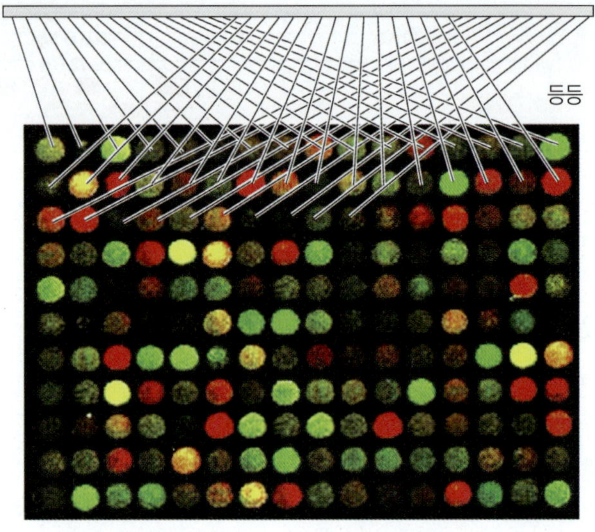

그림 7-22 전체-유전체 타일링 미세배열. 이 그림은 형광색소로 표지한 탐침과 혼성화시킨 타일링 미세배열의 일부를 보여주고 있다. 그리드(grid)는 전체 유전체에 균등하게 분포하고 있는 수많은 DNA 탐침들을 갖고 있다.

오티드가 생성되도록 한다. 이를 "타일링 배열(tiling array)"(타일링이란 컴퓨터 그래픽에서 화면상의 특정 영역에 도형이나 패턴이 서로 겹쳐지지 않도록 채워 넣는 것을 말함 - 역자주)이라 한다. 전체-유전체 타일링(genome wide tiling) 기술은 빠르게 발전하고 있으며, 이제 단일 유리 슬라이드 또는 단 1 cm^2 크기의 실리콘 칩 위에 전체 배열을 만드는 것이 가능하게 되었다. 예를 들면, 전체 초파리 유전체를 아우르는 일백만 개의 50-mer를 단일 DNA 칩에 찍을 수 있다. 이 DNA 칩의 각 점(즉, 각 올리고뉴클레오티드 서열)은 너무 작아서 혼성화 신호는 현미경에 장착된 마이크로센서로 탐지한다(이는 나중에 설명함).

전사체를 알아보기 위해 타일링 배열을 형광물질로 표지한 RNA(또는 cDNA) 탐침과 혼성화한다(그림 7-22 참조). 이 탐침들은 우렁쉥이 올챙이(sea squirt tadpole)의 꼬리 근육이나 특정 배지에서 배양한 효모세포와 같은 특정 세포로부터 만든다. 최종 결과는 일련의 혼성화 신호로 나타나는데, 이는 유전체로부터 단백질을 암호화할 가능성이 있는 모든 서열에 겹쳐 나타난다(그림 7-23). 전사체 프로파일링(transcriptome profiling)의 또 다른 전략은 배양세포나 적출조직으로부터 만든 cDNA를 고처리 서열분석하는 것이다.

전체-유전체 타일링 배열은 개별적인 전사단위의 인트론-엑손 구조에 관한 직접적인 정보를 제공한다(그림 7-23). 그 이유는 인트론 전사체들은 불안정한 특성을 지니고 있기 때문이다. 비록 일반적으로 총 RNA(total RNA)가 이 실험에 사용되기는 하지만 엑손서열들은 일차 전사체로부터 제거된 후 신속히 붕괴되는 인트론보다 더 안정하다(14장 참조). 표지해서 타일링 배열 칩에 혼성화하면 엑손서열은 인트론보다 더 강한 신호를 낸다.

전체-유전체 타일링 배열의 또 다른 유용한 특징은 miRNA 유전자와 같은 비암호화 유전자를 찾을 수 있게 한다는 점이다. 이 RNA들은 항상 1~10 kb 길이의 전사단위로부터 생성되는 커다란 전구체 RNA들(pri-RNAs)로부터 가공(processed)된다

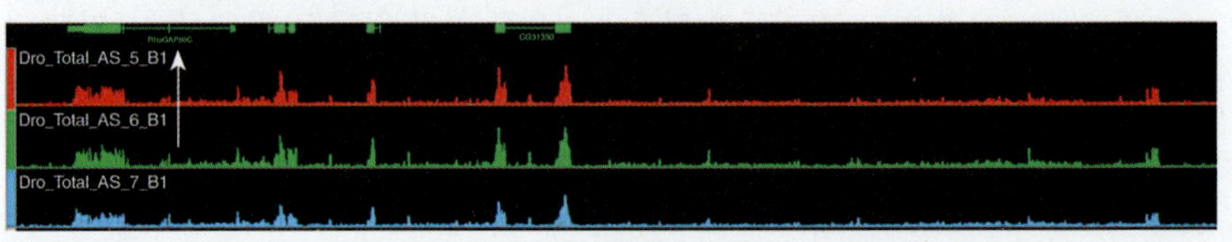

그림 7-23 한 유전자의 상세 인트론-엑손 구조를 보여주는 전체-유전체 타일링 배열. 초파리의 3번 염색체 위의 50 kb에는 4가지 종류의 유전자가 포함되어 있다. 각 전사단위의 인트론-엑손 구조는 그림의 상단에 나타나 있다. (흰색 화살표) 작은["미세(micro)"] 엑손을 포함할 수도 있는 큰 인트론 부위. 총 RNA(total RNA)를 점차 발생이 진행되고 있는 배(embryo)들(적색, 어린 배아; 녹색, 발생이 좀 더 진행된 배아; 청색, 발생이 더 진행된 배아)로부터 추출하였으며, 전 유전체에 걸쳐 매 35 bp 간격으로 25 뉴클레오티드 서열들을 지닌 타일링 배열과 혼성화하였다. 강한 혼성화 신호들은 엑손들이고, 약한 신호들은 인트론들에 해당한다. 세 가지 색깔 모두에서 비슷한 신호들이 나오는 것으로 보아 이 유전자는 세 가지 배 발생 단계에서 모두 비슷한 수준으로 발현된다는 것을 알 수 있다.

(20장 참조). Pri-RNA 전사체 단위들은 타일링 배열에 혼성화시켜 쉽게 찾을 수 있다. 몇몇 경우에서 miRNA 유전자들은 최종 성숙한 miRNA가 만들어지기 전에 가공되는 인트론들을 갖고 있다. 단백질-암호화 유전자들 내의 "안티센스(antisense)" RNA를 포함한 또 다른 형태의 비암호화 전사체들도 탐지해 낼 수 있다. 또한 그런 RNA들이 단백질-암호화 유전자들의 발현과 기능을 조절하는 기능을 갖고 있는지도 알아낼 수 있다.

타일링 배열은 놀라운 결과를 이끌어냈는데, 비록 이중 일부만 단백질-암호화 서열에 해당하지만 전형적인 유전체는 약 1/3만 전사된다(인간 유전체의 경우 단지 5%만 전사됨). 대부분의 추가적인 전사는 방대한 인트론 DNA 서열 때문이라는 것도 밝혀졌다. 많은 유전자들은 암호화 서열 본체로부터 멀리 떨어진 곳에 위치하는(어떤 경우, 메가베이스 또는 그 이상) 5′-비암호화 엑손들을 가지고 있다. 어떤 경우, 이 인트론 부위들은 miRNA들과 추가적 형태의 비암호화 RNA들을 생성한다. 또 다른 형태의 비암호화 전사로는 확장 3′-UTR(extended 3′-UTR)을 들 수 있다.

특수한 정렬도구를 사용하여 조절 DNA 서열들을 찾아낼 수 있다

유전체 기술들은 유전자를 찾아내고 그 전사단위의 구조를 결정하는데 효과적이다. 이렇게 유전자를 찾아내면 생물정보학 방법들을 이용하여 잠재적인 단백질의 구조와 기능을 결정할 수 있다. 예를 들면, 그 단백질이 기존에 알려진 어떤 영역(domain) 또는 모티프(motif)들을 가지고 있는지, 그리고 이미 알려진 단백질과 어떤 특징들을 공유하고 있는지 등을 알아낼 수 있다. 특히, 기본 부분정렬 탐색도구(Basic Local Alignment Search Tool, BLAST) 알고리즘(algorithm)은 단백질이나 핵산서열을 탐색하고, 비교하고, 정렬하는 데 있어 매우 유용하다. BLAST 탐색으로, 어떤 엑손 서열과 방대한 단백질-암호화 정보 데이터베이스를 신속하게 비교할 수 있다. 이미 기능이 알려진 단백질-암호화 서열들(즉, DNA-결합 단백질, 복제인자 또는 막 수용체)과 상당한 정도의 서열정렬이 이루어지면 해당 유전자와 그 단백질 산물의 잠재적 특성을 즉각적으로 알아낼 수 있다. 단순 BLAST 탐색만으로도 miRNA들을 생성하는 비암호화 전사체들의 존재를 밝힐 수도 있다(20장 참조)

단백질-암호화 서열들과는 반대로, 19장에서 살펴보겠지만 조절서열들[생물체에서 관련 유전자를 켜고(ON), 끄는(OFF) 장소와 시간을 조절하는 DNA 부위]을 찾아내어 그 특성을 규명하는 일은 지극히 도전적인 것이다. 실제로 어떤 이들은 조절서열들을 유전체의 "암흑물질(dark matter)"이라 부르기도 한다. 전체 유전체 분석법들은 이제 이 중요한 부류의 DNA 서열 정보를 찾아낼 수 있게 하는 중요한 방법이 되고 있다.

척추동물의 일부 조절서열들을 단백질-암호화 서열의 특성분석을 위해 개발된 변형 BLAST 탐색을 사용하여 찾을 수 있다. 세포-특이 증폭자(enhancer)들은 한 개 또는 그 이상의 서열-특이 DNA-결합 단백질들이 결합하는 집단 결합자리를 갖고 있다(19장 참조). 경우에 따라서는 이 집단결합 자리만 알면 DNA 서열이 어떤 것인지를 충분히 찾아낼 수 있다. VISTA라고 하는 컴퓨터 프로그램은 다른 생물체의 유전체에 포함된 약 10~20 bp 서열들을 윈도우(window)에 정렬함으로써 딱 50~75 bp 구간에 보존된 비암호화 서열들을 불완전하게나마 찾아낸다(그림 7-24). 복어와 생쥐는 약 10,000개의 짧은 비암호화 서열을 공유하고 있다. 이들 중 많은 것들은 조직-특이적 증폭자일 가능성이 있다. 그러나 이 두 동물, 특히 생쥐는 적어도 100,000개 이상의 증폭자를 갖고 있기 때문에 이런 단순 서열정렬로는 대부분의 조절서열들을 찾아

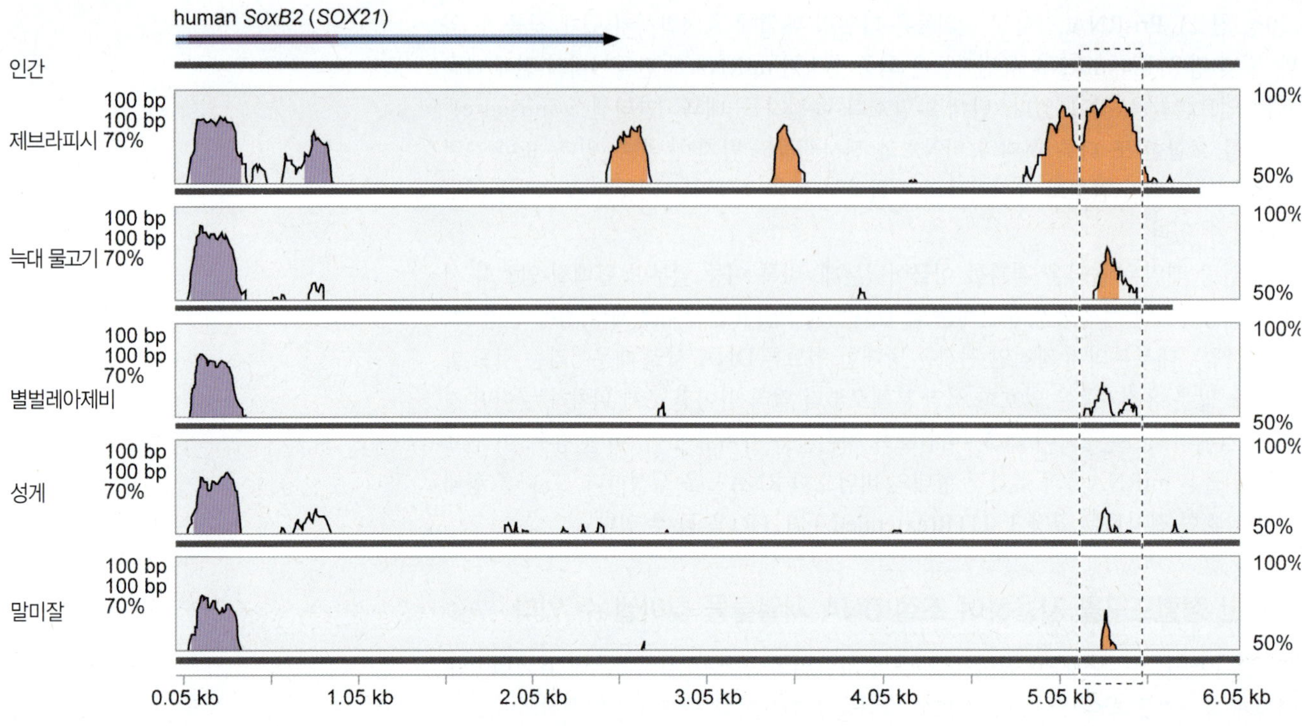

그림 7-24 여러 동물에서 *SoxB2* 유전자의 비교. 연보라색 신호들은 SoxB2 전사단위의 3′-UTR에서 보존된 서열에 해당한다. 핑크색 신호들은 이 유전자의 하류(downstream)에 존재하는 보존된 서열들을 의미한다. 점선으로 표시된 사각형이 신경계에서 유전자의 발현을 매개하는 찾은 증폭자(enhancer)들이다. (Adapted, with permission, from Royo J.L. et al. 2011. *Proc. Natl. Acad. Sci.* **108:** 14186–14191, Fig. 1A, p. 14187.)

낼 수는 없다.

조직-특이적 증폭자도 또한 이미 알고 있는 조절 단백질의 결합자리를 지닌 유전체 DNA 서열들을 탐색하여 찾을 수 있다. 세포 접착 분자(cell adhesion molecule)를 만드는 α-카테닌(catenin) 유전자의 경우를 살펴보자. 이 유전자는 몇몇 서로 다른 조직에서 발현되지만 특히, 심근세포(cardiomyocyte)라고 하는 심장 전구세포에서 강하게 발현된다. α-카테닌 유전자의 주변서열(flanking sequence)과 인트론 서열들이 이미 알려진 심장세포 조절 단백질들(MEF2C, GATA-4 및 E47/HAND 포함)의 결합자리들과 일치하는지 조사함으로써 심장-특이 증폭자(heart-specific enhancer)를 찾을 수 있었다(그림 7-25). 이 단백질들은 6~10 bp 범위의 짧은 서열 모티브들을 인지한다. 각 인자들이 결합하는 범위는 위치-가중 매트릭스(position-weighted matrix, PWM)로 나타내며, PWM은 SELEX(시험관내 선별, in vitro selection) 시험법(이 장의 후반부에 기술할 것임)과 같은 다양한 컴퓨터적 및 실험적 방법들을 사용하여 결정할 수 있다. 이 PWM을 사용하여 α-카테닌 유전자 자리(locus)를 조사함으로써 잠재성 MEF2C-, GATA-4- 및 E47/HAND-결합자리들[즉, 단일 집단(single cluster)]이 동정되었다. 실험적 연구로 이 결합자리 집단이 α-카테닌 유전자의 5′-측면지역(5′-flanking region)에 존재하며, 실제 증폭자로 작용한다는 사실을 확인하였다.

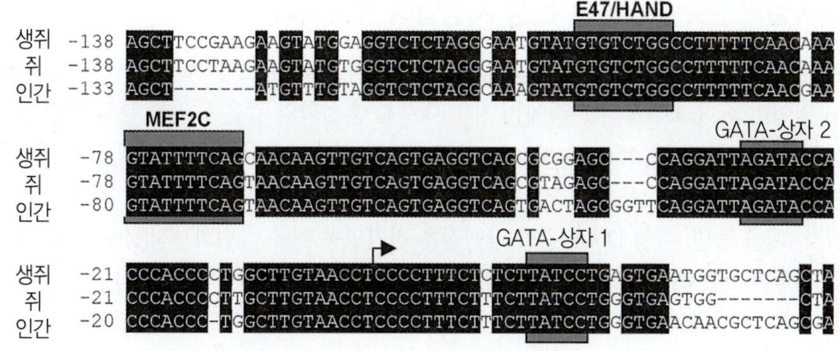

그림 7-25 심장 증폭자의 인실리코(in silico) 동정. α-카테인 유전자의 5′-측면지역에 있는 약 140 bp 서열은 생쥐, 쥐 그리고 인간 유전체에 보존되어 있다. 그 보존서열은 심장 분화를 조절하는 3가지 결정적 조절자들인 E47/HAND, MEF2C 및 GATA의 결합자리를 갖고 있다. 생쥐 서열은 실제로 심장-특이 증폭자로 작용하는 것으로 알려져 있다. 원칙적으로 VISTA 정렬(20장, 그림 20-4 참조)이나 심장 조절 단백질들의 집단화(clustering)로 이를 찾을 수 있다. (Portion reprinted, with permission, from Vanpoucke G. et al. 2004. *Nucleic Acids Res.* **32:** 4155–4165, Fig. 1. © Oxford University Press.)

유전체 편집으로 복합 유전체를 정교하게 변화시킬 수 있다

앞서 기술한 유전체 조립과 주석붙이기와 같은 방법들은 서술적이다. 이들은 전체-유전체 지도의 상세한 도해서를 보여줄 뿐, 분자생물학자들이 갈망하는 기능적 정보를 주지는 못한다. 그러나 최근에 개발된 유전체 편집 방법은 온전한 유전체 내의 특정 DNA 부위를 제거하거나 수정할 수 있게 한다. 이 방법은 특정 표적 DNA 서열에 이중가닥 절단(double-strand break, DSB)을 유도하고, 수정한 DNA(modified DNA)를 세포에 도입함으로써 상동성 재조합이 촉진되어 DSB가 수선되는 과정에서 도입한 유전자가 유전체 내로 들어가도록 하는 원리를 이용한다. 따라서 이중가닥 절단의 회복과정을 통해 유전체의 특정위치에 우리가 원하는 변화가 도입된다. 표적절단(targeted cleavage)에는 전형적으로 징크-핑거 핵산분해효소(zinc-finger nuclease)와 "메가뉴클레아제(meganuclease)"와 같은 특정 맞춤형 핵산분해효소가 이용되며, 이 효소들은 유전체 내의 정해진 표적자리를 절단하도록 인위적으로 조작한(engineered) 것들이다. 그러나 새로운 "디자이너" 핵산분해효소들, 즉 TALEN(transcriptional activator-like effector nuclease)들은 향상된 효율을 보인다. TALEN들은 여러 모델 생물체뿐만 아니라 인간 줄기세포에서도 표적화 유전체 편집에 중요한 도구로 부상하고 있다.

단백질

특정 단백질을 세포추출물로부터 순수분리할 수 있다

개개의 단백질을 순수분리해 내는 일은 단백질의 기능을 이해하고자 할 때 결정적인 것이다. 비록 어떤 경우에는 특정 단백질의 기능을 복합 혼합물에서 연구할 수 있지만, 많은 경우 그 결과가 모호할 수 있다. 예를 들면, 만일 세포추출물과 같은 단백질 혼합물 내에 존재하는 특정 DNA 중합효소를 연구한다고 가정하자. 여러분이 관찰한 DNA 합성 활성은 완전히 또는 부분적으로 다른 종류의 DNA 중합효소들이나 부수단백질들에 의한 것일 수 있다. 이런 이유 때문에 단백질의 순수분리는 특정 단백질의 기능을 연구하고자 할 때 매우 중요하다.

각 단백질은 독특한 특성을 지니고 있기 때문에 순수분리하는 방법도 서로 다르다. 단백질과는 대조적으로, DNA는 동일한 나선구조를 공유하면서 단지 명확한 염기서열에 의해서만 구분이 이루어지는데, 이것이 서로 다른 점이다. 단백질은 지니고 있는 독특한 특성, 즉 크기, 전하, 모양 그리고 많은 경우에 있어 그 기능에 따라 순수분리한다.

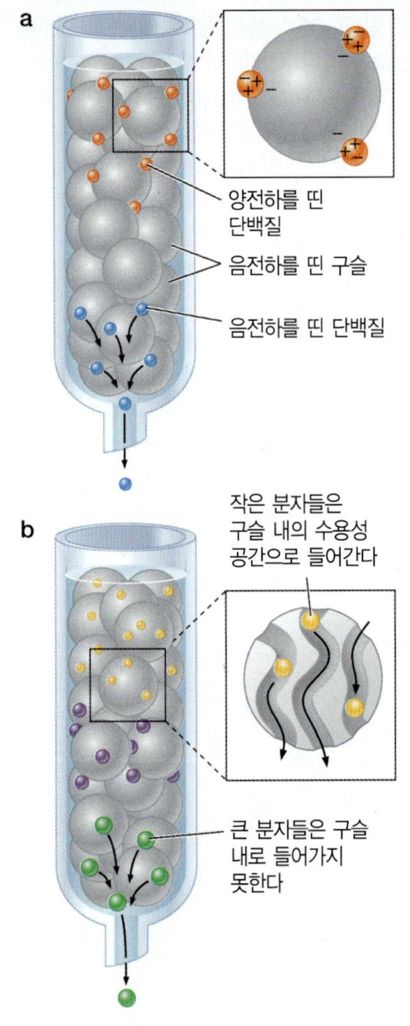

그림 7-26 이온교환 크로마토그래피와 겔 여과 크로마토그래피. 본문에서 살펴본 것처럼 일반적으로 사용되는 이 두 가지 형태의 크로마토그래피는 각각 전하와 크기에 근거하여 단백질을 분리한다. 이 두 경우 모두, 유리관을 구슬로 채우고 단백질 혼합물을 이 매트릭스(matrix)에 통과시킨다. 구슬의 특성이 단백질 분리의 기본이 된다. (a) 이온교환 크로마토그래피. 이 크로마토그래피에서는 구슬들이 음 전하를 띠고 있다. 따라서 양전하를 지닌 단백질들은 구슬에 붙어 칼럼에 남지만 음전하를 띤 단백질들은 칼럼을 통과한다. 완충액의 염 농도를 높여 칼럼 위의 음전하와 경합시키면 결합된 단백질들을 유출시킬 수 있다. (b) 겔 여과 크로마토그래피. 구슬들은 작은 단백질들이 통과할 수 있는 수용성 공간을 가지고 있어 칼럼을 천천히 통과하도록 한다. 보다 더 큰 단백질들은 구슬 내로 들어갈 수 없기 때문에 칼럼을 더 빨리 통과한다.

단백질의 순수분리에는 특정 시험법이 필요하다

어떤 단백질을 순수분리하려면 그 단백질에만 적용할 수 있는 독특한 시험법(assay)이 있어야 한다. DNA의 분리에는 거의 대부분 혼성화와 같은 동일한 분석 방법이 사용된다. 면역블로팅(immunoblotting) 부분에서 살펴보겠지만 특정 단백질을 탐지하는 데에는 항체가 사용된다. 많은 경우, 단백질의 기능을 직접 측정하는 것이 더 편리하다. 예를 들면, 특정 DNA 결합 단백질은 전기영동 이동성-변화분석[electrophoretic mobility-shift assay(EMSA), 핵산-단백질 상호작용 부분에서 기술함]을 이용하여 DNA와의 상호작용을 분석할 수 있다. 비슷하게 DNA 또는 RNA 중합효소는 앞서 살펴본 DNA 표지 방법과 유사한 방식으로 적절한 주형과 방사성 뉴클레오티드 전구체를 세포추출물에 첨가하는 삽입 분석법(incorporation assay)으로 탐지할 수 있다. 9장의 글상자 9-1에 기술한 것처럼 삽입 분석법은 DNA, RNA 또는 단백질과 같은 중합체의 합성을 촉매하는 수많은 효소들의 순수분리 및 기능 측정에 매우 유용하게 사용된다.

활성 단백질들을 함유하는 세포추출물의 준비

거의 모든 단백질의 순수분리를 위한 시작재료는 세포에서 유래한 세포추출물이다. 온도에 매우 탄력적인 DNA와는 달리 단백질은 세포로부터 유출되면 온화한 온도에서 조차도 쉽게 변성된다. 이 때문에 대부분의 추출물 준비와 단백질의 분리는 4°C에서 수행된다. 세포추출물을 만드는 방법에는 여러 가지가 있다. 계면활성제(detergent), 전단력(shearing force), 저이온성 염처리(세포가 삼투에 의해 물을 흡수하여 쉽게 터지게 함), 또는 빠른 압력변화를 이용하여 세포를 용해시킬 수 있다. 이는 모두 세포를 둘러싸고 있는 막을 약화시켜 터트림으로써 단백질이 유출되도록 하기 위한 것이다. 어떤 경우에는 막을 처리하는 이 과정을 전단력(부엌에서 사용하는 커피 분쇄기나 믹서 등을 이용함)을 사용하기 전에 세포를 일려 매우 낮은 온도에서 수행하기도 한다.

단백질은 칼럼 크로마토그래피를 사용하여 분리할 수 있다

단백질을 분리하는 가장 일반적인 방법은 칼럼 크로마토그래피(**column chromatography**)이다. 칼럼 크로마토그래피는 적절히 변형시킨 작은 아크릴아미드 또는 아가로스 구슬을 채운 유리 칼럼에 단백질 분획을 통과시켜 단백질을 분리한다. 칼럼을 사용하여 다양한 방법으로 단백질을 분리할 수 있다. 이 모두는 단백질의 특성을 근거로 한 것이다. 여기서는 세 가지 기본적인 방법을 기술하고자 한다. 이 절에서 처음 두 가지는 단백질의 전하 또는 크기에 기초하여 단백질을 분리하는 방법들이며 이는 그림 7-26에 요약되어 있다.

이온교환 크로마토그래피(Ion-Exchange Chromatography) 이 방법에서 단백질들은 표면의 이온전하에 따라 양전하 또는 음전하 화학기를 갖도록 만든 구슬을 사용하여 분리된다. 구슬과 약하게 결합하는 단백질은(약한 양전하를 지닌 단백질은 음전하를 띤 구슬에 약하게 결합함) 낮은-염(salt) 완충액에서 구슬로부터 유출(eluted)된다. 보다 더 강하게 결합한 단백질들을 유출시키기 위해서는 더 높은 농도의 염이 필요하다. 둘 중 어떤 경우이든 염은 전하를 띤 부위의 전하를 상쇄시켜 단백질이 구슬로부터 떨어지게 한다. 각 단백질은 표면에 서로 다른 전하를 가지고 있기 때문에 특정 염 농도에서 칼럼으로부터 각기 유출된다. 유출 완충액의 염 농도를 점진적으로 높이면 비슷한 전하적 특성을 지닌 단백질들이 칼럼으로부터 유출되기 때문에 서로 다른 분획으로 분리할 수 있다.

겔 여과 크로마토그래피(Gel-Filtration Chromatography) 이 방법은 단백질의 크기와 모양을 기초로 단백질을 분리한다. 이 크로마토그래피에 사용하는 구슬은 전하를 띠지 않는 대신 구슬의 표면을 관통하는 다양한 크기의 세공(pore; 아가로스나 아크릴아미드 겔에서 DNA가 통과하는 세공과 비슷함)을 가지고 있다. 작은 단백질들은 세공에 들어갈 수 있으므로 칼럼과 더 많이 접하게 되어 유출되는데 더 오래 걸린다(다시 말하면, 이 단백질들은 더 넓은 공간을 이동한다). 큰 단백질들은 칼럼에 덜 접하여 더 빨리 유출된다.

칼럼 형태에 따라 크로마토그래피 분획을 서로 다른 염 농도나 유출시간에서 받아 연구대상 단백질을 갖고 있는지를 분석한다. 가장 높은 활성을 지닌 분획들을 함께 모아 추가적인 분리를 수행한다.

여러 가지 종류의 다른 칼럼에 단백질을 통과시킴으로써 단백질을 정제할 수 있다. 단일 칼럼으로 연구대상 단백질을 함유하고 있는 분획(그 단백질을 확인할 수 있는 시험법으로 결정함)을 반복적으로 분리하여 그 단백질을 균질(homogeneity)로 정제할 수 있는 경우는 거의 없다. 그러나 일련의 크로마토그래피 단계를 사용하면 특정 단백질 분자는 많고, 다른 단백질 분자는 거의 없는 분획을 얻을 수 있다. 예를 들면, 비록 양전하를 띤 칼럼에서 높은 염 농도로 유출되는 단백질들(높은 음전하를 띤 단백질들을 의미)이나, 겔 여과 칼럼에서 천천히 유출되는 단백질들(비교적 작은 크기의 단백질들을 의미함)은 많이 있지만 이 두 가지 기준을 모두 충족시킬 수 있는 단백질은 거의 없을 것이다.

친화성 크로마토그래피(Affinity Chromatography) 이 방법을 이용하면 보다 신속히 단백질을 정제할 수 있다. 어떤 단백질의 특성을 알면 보다 빨리 단백질을 정제할 수 있다. 예를 들면, 어떤 단백질이 기능을 발휘하는 동안 ATP와 결합하는 특성을 지니고 있으면 ATP를 붙인 구슬 칼럼을 사용할 수 있다. ATP와 결합하는 단백질들만 칼럼에 결합하고 ATP에 결합하지 않는 대부분의 단백질들은 칼럼을 통과할 것이다. ATP-결합 단백질들은 ATP 농도를 순차적으로 증가시킨 용액을 부어 ATP에 대한 친화성에 따라 유출시켜 더 분리할 수 있다(친화성이 높을수록 더 높은 농도의 ATP가 유출시키는 데 필요하다). 이러한 순수분리 방법을 **친화성 크로마토그래피(affinity chromatography)**라 한다. ATP 외에도 다른 물질들을 칼럼에 붙여 단백질을 신속하게 분리할 수 있는데, 여기에는 특정 DNA 서열(DNA 결합 단백질을 분리하기 위해) 또는 심지어 분리하고자 하는 단백질과 결합하는 또 다른 특정 단백질도 사용된다. 따라서 순수분리를 시작하기 전에 표적 단백질에 대해 어떤 정보가 있는지를 살펴보는 것이 중요하다.

가장 일반적인 단백질 친화성 크로마토그래피 중 하나는 **면역친화성 크로마토그래피(immunoaffinity chromatography)**이다. 이 방법에서는 표적 단백질에 대한 특이 항체를 구슬에 붙인다. 이상적이라면 이 항체는 오로지 표적 단백질과만 결합하기 때문에 모든 다른 단백질들은 구슬을 통과할 것이다. 결합한 단백질들은 염, pH 구배 또는 어떤 경우 중성 계면활성제를 사용하여 칼럼으로부터 유출시킬 수 있다. 이 방법의 주된 단점은 흔히 항체가 표적 단백질과 너무 강하게 결합하기 때문에 유출 전에 단백질이 변성될 수밖에 없다는 점이다. 단백질 변성은 보통 비가역적이어서 이렇게 얻은 단백질은 불활성화되어 이용성이 떨어진다.

정제가 용이하도록 단백질을 변형시킬 수도 있다. 이러한 변형은 대개 표적 단백질의 시작(아미노 말단) 또는 끝(카르복시 말단)에 짧은 아미노산들을 추가적으로 붙이는 것이다. 이러한 추가 "꼬리표(tag)"는 클로닝으로 넣을 수 있다. 정제를 용이하게 하는 특성이 알려진 펩티드 꼬리표를 붙여 단백질을 변형시킨다. 예를 들면, 단백질의 시작 또는 끝 부분에 6개의 히스티딘 잔기를 붙여 변형시킨 단백질은 Ni^{2+} 이온이 붙어 있는 구슬로 만든 칼럼에 강하게 결합한다. 이런 특성은 일반적인 단백질들은 가지고 있지 않다. 또한 특정 **항원결정기(epitope**; 항체에 의해 인지되는 7~10개의 아미노산 서열)를 단백질에 붙일 수도 있다. 이렇게 변형된 단백질은 면역친화성 순수분리법(immunoaffinity purification)과 첨가된 항원 결정기에 특이적인 이종항체(heterologous antibody)를 사용하여 분리할 수 있다. 항체와 항원 결정기를 선택할 때, 이들이 어떤 조건(즉, Ca^{2+}이 존재할 때)에서는 높은 친화도로 결합하지만, 다른 조건(즉, Ca^{2+}이 없을 때)에서는 쉽게 유출되도록 하는 것이 중요하다. 이렇게 해야 유출 시 변성을 일으키는 조건의 사용을 피할 수 있다.

면역친화성 크로마토그래피는 또한 세포추출물로부터 특정 단백질(강하게 결합하는 어떤 단백질이라도)을 신속하게 침전시키는 데도 사용할 수 있다. 이 경우, 침전은 칼럼 크로마토그래피에 사용되는 동일한 형태의 구슬에 항체를 붙여 수행된다. 이 구슬은 비교적 크기 때문에 항체에 결합한 단백질들과 함께 시험관 바닥에 신속히 가라앉는다. 이를 **면역침전(immunoprecipitation)**이라고 하며, 세포 추출물로부터 단백질 또는 단백질복합체를 신속하게 분리해내는 데 사용된다. 비록 단백질이 완전히 순수하지는 않지만 이 면역침전은 흔히 어떤 단백질들 또는 다른 분자들(즉 DNA; 이 장의 후반부 염색질 면역침전 부분 참조)이 표적 단백질과 결합하는지를 결정하는 데에도 유용하게 사용된다.

폴리아크릴아미드 겔에서 단백질의 분리

단백질들은 균일한 음전하를 갖고 있지 않으며 일정한 구조를 가지고 있지도 않다. 오히려 단백질은 20가지 종류의 특성이 각기 다른 아미노산들로 이루어져 있다. 이 아미노산들은 전하가 없거나 양전하 또는 음전하를 띠고 있다(6장, 그림 6-2 참조). 6장에서 살펴본 것처럼, 단백질은 또한 다양한 2차 및 3차 구조를 갖고 있으며, 때로 다중 복합체(4차 구조)로 존재한다. 그러나 단백질에 강한 이온성 계면활성제인 SDS(sodium dodecyl sulfate)와 머캅토에탄올(mercaptoethanol)과 같은 환원제를 처리하면 2차, 3차 및 4차 구조가 사라지게 된다. SDS로 덮이면 단백질은 구조가 없는 중합체처럼 행동한다. SDS 이온들은 폴리펩티드 사슬을 덮어 단백질에 균일한 음전하를 부여한다. 머캅토에탄올은 이황화결합을 환원시켜 시스테인 잔기들 사이에 형

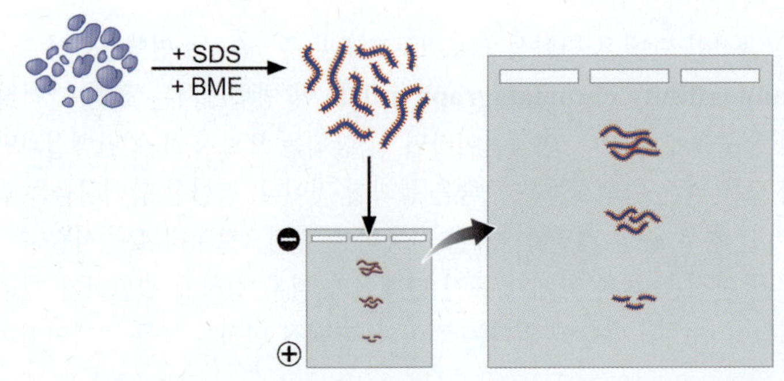

그림 7-27 SDS 겔 전기영동. 크기가 다른 세 종류의 단백질 혼합물을 도식화한 것이다(항상 훨씬 더 많은 단백질들을 함유하는 혼합물이 분석된다). SDS(빨간색)와 β-머캅토에탄올(BME)의 첨가는 단백질을 변성시키고 균일한 음전하를 갖게 한다. 크기에 따른 분리는 전기영동에 의해 이루어진다.

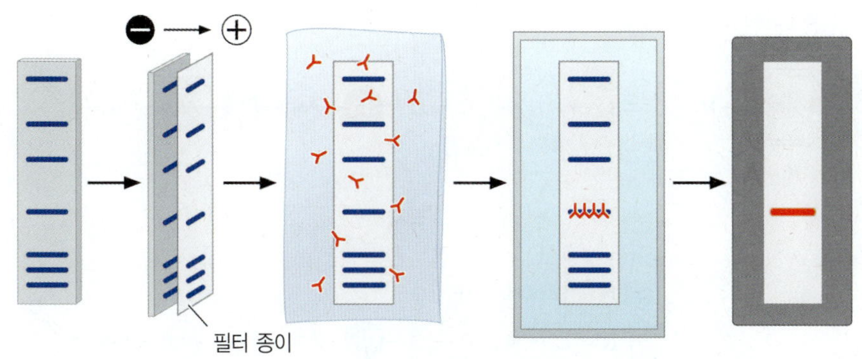

그림 7-28 면역블롯팅(Immunoblotting). 단백질을 전기영동하여 분리한 후, 단백질들이 상대적으로 동일한 위치에 남도록 필터 종이 위에 옮긴다(전장을 다시 사용함). 비특이적 단백질-결합자리를 차단시킨 후, 연구 대상 단백질에 대한 항체를 필터 종이에 첨가한다. 항체가 결합한 자리는 기질과 작용할 때 빛을 내는 효소(항체에 붙어 있음)를 사용하여 탐지한다.

성된 분자 간 또는 분자 내의 이황화결합을 끊는다. 이런 조건들 하에서 DNA와 RNA 혼합물의 경우에서처럼 전기영동을 수행하면 각 폴리펩티드 사슬의 길이에 따라 단백질 혼합물을 분리할 수 있다(그림 7-27). 전기영동 후 단백질에 비특이적으로 결합하는 **쿠마시 브릴리언트 블루(Coomassie Brilliant Blue)**와 같은 염색액으로 염색하면 단백질을 확인할 수 있다. SDS를 생략하고 전기영동하면 알짜전하(net charge)와 등전점과 같은 분자량 이외의 특성에 따라 단백질들을 분리할 수 있다(차후 설명 참조).

항체를 사용하면 전기영동으로 분리한 단백질을 볼 수 있다

단백질은 비록 DNA 및 RNA와는 판이하게 다르지만 개념상 서던과 노던블롯 혼성화와 유사한 **면역블롯팅(immunoblotting)**이라는 방법으로 수천 개의 단백질들 중에서 특정 단백질을 확인할 수 있다(그림 7-28). 이런 유사성 때문에 면역블롯팅을 실제로 "웨스턴 블롯팅(western blotting)"이라고도 한다. 면역블롯팅에서 전기영동으로 분리한 단백질들을 비특이적으로 단백질과 결합하는 필터에 옮긴다. 서던블로팅 측면에서, 단백질들을 원래의 겔 위치와 거울상 위치가 되도록 막에 옮긴다. 지금까지 살펴본 다른 블로팅 방법에서처럼 단백질이 막에 붙으면 나머지 모든 비특이적 결합자리들을 표적대상 단백질과는 관련 없는 단백질 용액(주로 알부민 단백질을 갖고 있는 분말 우유가 흔히 사용됨)을 반응시켜 차단한다. 이 필터를 표적대상 단백질에 특이적으로 결합하는 항체용액에 넣어 반응시킨다. 그 항체는 필터위의 표적 단백질에만 결합할 것이다. 마지막으로 바로 그 항체에 인공적으로 붙인 발색효소(chromogenic enzyme, 또는 1차 항체에 결합하는 2차 항체에 붙인 발색효소)를 사용하여 필터에 결합한 항체가 보이도록 한다. 서던, 노던 그리고 면역블롯팅은 복합 혼합물에서 특정 분자를 확인하는 **선택적 반응자(selective reagent)**를 사용한다는 공통점이 있다.

단백질의 아미노산 서열을 직접 분석할 수 있다

핵산의 서열분석보다 더 복잡하기는 하지만 단백질 서열도 분석할 수 있다. 즉, 단백질의 아미노산 서열을 직접 결정할 수 있다. 단백질의 서열을 결정하는 데 널리 사용되는 두 가지 방법은 자동 단백질 서열분석기를 이용한 에드만 분해와 직렬 질량분석법이다. 단백질의 서열을 결정하면 단백질을 동정하는 데 있어 매우 유용하게 이를 이용할 수 있다. 게다가 많은 양의 완전한 유전체서열 혹은 거의 완성 단계에 있는 유전체서열 덕분에 단백질 서열 중에 작은 일부만을 결정해도 단백질 암호화 서열을 검색함으로써 해당 단백질을 암호화하는 유전자를 찾아낼 수 있다.

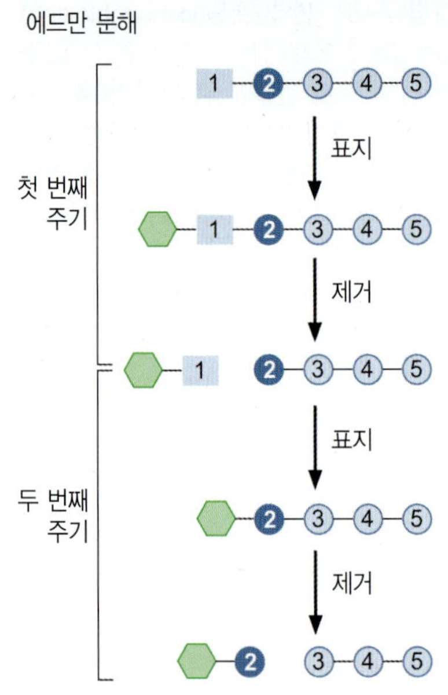

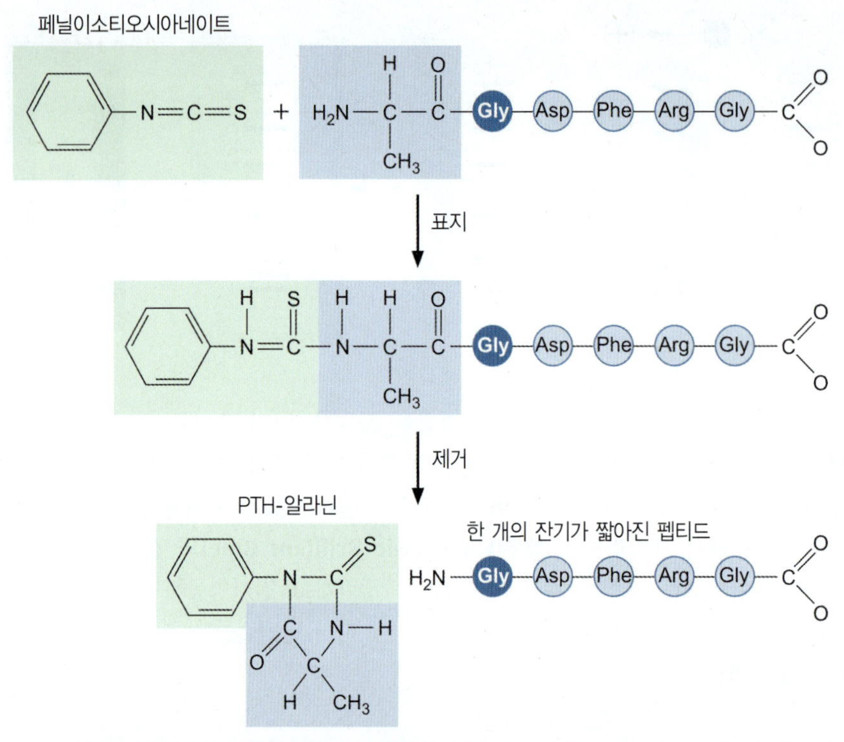

그림 7-29 에드만 분해에 의한 단백질 서열분석. 아미노-말단 잔기를 표지하여 나머지 펩티드 결합들은 가수분해되지 않는 조건에서 이를 떨어뜨릴 수 있다. 따라서 주기마다 한 개씩의 아미노산 잔기를 동정함으로써 펩티드의 서열을 결정한다.

에드만 분해(Edman Degradation) 에드만 분해는 폴리펩티드 사슬의 아미노 말단으로부터 순차적으로 아미노산 잔기들을 떼어내는 화학반응이다(그림 7-29). 이 방법의 핵심은 단백질 사슬의 아미노 말단 끝에 존재하는 아미노산의 유리 α-아미노기를 선택적으로 **페닐이소티오시아네이트(phenylisothiocyanate, PITC)**라고 하는 화학시약으로 변형시키는 것이다. 나머지 단백질을 파괴하지 않는 조건 하에서 산(acid)을 처리하여 이 아미노산 유도체를 잘라낸다. 그 떨어져 나온 아미노산 유도체는 고속 액체 크로마토그래피(high-performance liquid chromatography, HPLC)라고 하는 칼럼 크로마토그래피를 사용하여 이 유도체의 유출 양상으로 쉽게 결정할 수 있다[각 아미노산은 특징적인 체류시간(retention time)을 갖고 있다]. 펩티드 결합을 절단할 때마다 유리 α-아미노기를 가진 정상적인 아미노 말단이 만들어진다. 따라서 에드만 분해를 여러 번 반복하여 아미노-말단 조각의 서열을 분석할 수 있다. 실제로 단백질을 동정하는 데는 통상적으로 15회 정도의 순환분해가 수행된다. 이 정도의 순환횟수로도 거의 항상, 특정 단백질을 찾기에 충분한 서열을 얻을 수 있다. 자동화 에드만 분해에 의한 아미노-말단 서열분석은 강력한 기술이다. 그러나 단백질의 N-말단이 화학적으로 변형되면[즉, 포밀기(formyl group)나 아세틸기(acetyl group)에 의해] 문제가 발생한다. 이런 봉쇄(blockage)는 생체에서 일어나거나 단백질을 분리하는 과정에서 발생할 수 있다. 단백질의 아미노-말단이 봉쇄되어 있는 경우에는 단백질분해효소로 잘라 내부 부위를 노출시킨 후 서열을 분석할 수 있다.

직렬 질량분석법(Tandem Mass Spectrometry, MS/MS) 직렬 질량분석법(tandem mass spectrometry, MS/MS) 또한 단백질 서열을 결정하는 데 사용할 수

있으며, 오늘날 가장 일반적으로 사용되는 방법이기도 하다. 질량분석법은 매우 소량인 어떤 물질의 질량(mass)을 매우 정확하게 결정할 수 있는 방법이다. 매우 간단히 말하면, 질량분석법은 물질이 진공 상태에서 질량 대 전하 비율(mass/charge ratio)로 비행(travel)하는 원리를 이용한다. MS/MS를 이용하면 펩티드 및 작은 단백질과 같은 소형 생물학적 거대분자들의 질량을 단일 달톤(dalton)의 정확도로 결정할 수 있다.

MS/MS를 사용하여 단백질 서열을 결정하기 위해서는 항상 해당 단백질을 트립신(trypsin)과 같은 특정 단백질 분해효소로 잘라 작은 펩티드(보통 20개 아미노산 이하)로 조각내야 한다. 이 펩티드 혼합물을 질량분석기로 분석하면 개개의 펩티드는 질량 대 전하 비율로 서로 분리될 것이다. 각 펩티드를 얻은 다음, 구성 펩티드들로 조각낸 후 그 구성 조각들 각각의 질량을 결정한다(그림 7-30). 이 데이터들을 역필터링(deconvolution)하면 최초 펩티드 서열을 정확하게 알 수 있다. 에드만 분해와 마찬가지로 이렇게 얻은 약 15개 정도의 아미노산 단일 펩티드 서열은 DNA 서열로부터 유추한 서열과 비교함으로써 그 단백질을 동정하는데 거의 항상 충분한 길이이다. 에드만 분해와는 반대로, MS/MS는 흔히 동일 단백질에서 유래한 여러 펩타이드들의 서열을 결정한다.

MS/MS는 단백질 서열분석과 동정에 혁명을 가져왔다. 매우 소량의 물질만 필요하기 때문에 단백질의 복합 혼합물을 동시에 분석할 수 있다.

단백질체학

유전자 발현을 포괄적으로 분석하면 세포의 활성을 신속히 알아볼 수 있다. 그러나 이런 방식으로는 측정할 수 없는 중요한 또 다른 수준의 조절이 있다. 실제로 유전자의 전사 수준은 암호화되는 단백질의 발현 수준을 개략적으로 보여줄 뿐이다. mRNA의 수명이 짧거나 번역이 잘되지 않으면 많은 양의 mRNA이 만들어지더라도 생성되는 단백질 양은 상대적으로 적을 것이다. 게다가 많은 단백질들은 번역 후 변형(post-translational modification, PTM -역자 주)되어 활성이 크게 달라지기 때문에 이런 경우, 전사의 프로파일링은 조절 수준과 관련된 아무런 정보도 주지 못한다.

단백질을 분리하고 동정할 수 있는 고처리 분석 방법들이 개발되고 이들과 함께 전체 유전체 서열을 이용할 수 있게 됨에 따라 단백질체학(proteomics)이라고 하는 분야가 생겨나게 되었다. 단백질체학의 목표는 어떤 특정 조건 하에서 세포 또는 조직에서 생성되는 전체 단백질들[이를 단백질체(proteome)라 함], 각 단백질들의 상대적인 양, 이들의 변형(modification) 그리고 이들이 상호작용하는 대상 단백질들을 동정하는 것이다. 미세배열 분석이 전체 유전체 수준에서 유전자 발현 또는 DNA 내용을 볼 수 있게 한다면, 단백질체학 도구들은 세포의 전체 단백질들과 변형(인산화 자리 등)의 스냅사진을 제공한다고 할 수 있다.

질량분석법과 액체 크로마토그래피를 결합시켜 복합 추출물 내의 단백질을 개별적으로 동정할 수 있다

세포추출물과 같은 복합혼합물에서 모든 단백질들을 동정하는 강력한 방법은 이 장의 앞부분에서 기술한 것처럼 액체 크로마토그래피와 질량분석법을 결합시키는 것이다. 비록 단순하게 세포추출물 내의 모든 단백질을 질량분석법으로 직접 분석하는

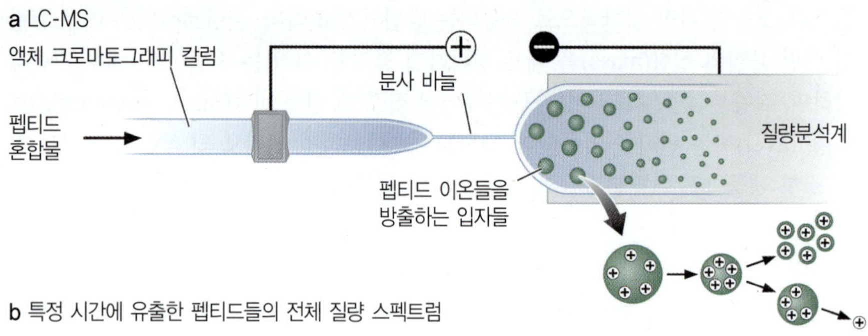

b 특정 시간에 유출한 펩티드들의 전체 질량 스펙트럼

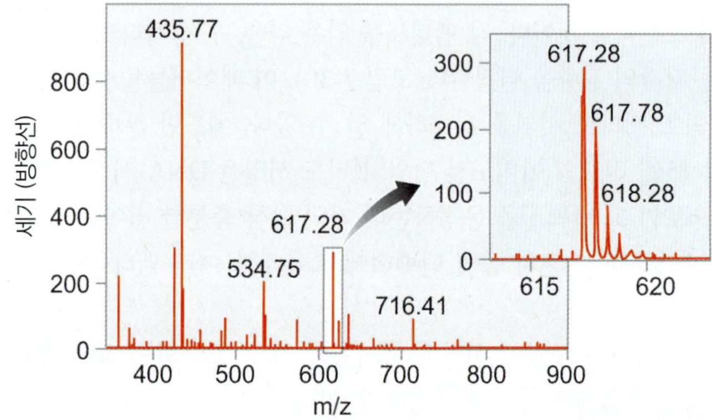

c MS/MS 서열 결정에 사용되는 일반적인 펩티드 조각들

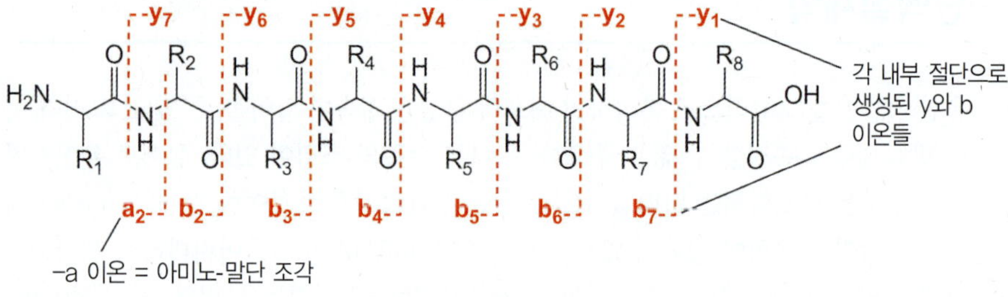

d 예상 및 관찰 스펙트럼들을 이용한 동정의 신뢰성 평가(confidence score)

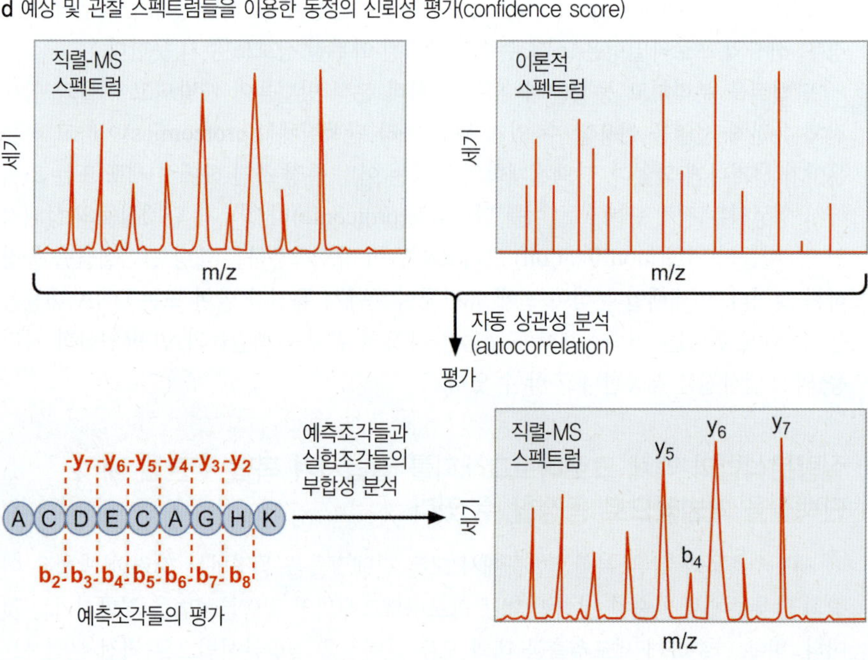

그림 7-30 액체 크로마토그래피-MS/MS를 이용한 단백질 혼합물의 내용물 분석. (a) 펩티드 혼합물을 액체 크로마토그래피한 후 질량분석을 수행한다. (b) 크로마토그래피 칼럼으로부터 펩티드들이 유출되면 그들을 질량에 따라 분리하고, 그 결과를 질량 대 전하 비율(m/z)로 나타낸다. 관련 펩티드들을 선택하여 조각낸 다음[밀접하게 관련된 피크(peak)들이 생긴 이유는 펩티드가 서로 다른 원자 동위원소(atomic isotope)들을 갖고 있기 때문이다], 만들어진 펩티드 조각들을 두 번째 질량분석을 수행한다. (c) 펩티드의 절단은 일반적으로 그림에서 보여주는 자리에서 일어난다. 절단된 펩티드들을 b 펩티드(아미노-말단 조각), y 펩티드(카르복시-말단 조각), a_2 펩티드(가장 짧은 아미노-말단 조각)라 한다. (d) 관찰된 스펙트럼들과 그 단백질들을 분리한 생물체가 암호화한 단백질들의 아미노산 서열로 만든 모든 이론적 스펙트럼들과 비교한다. 전형적으로 일부의 펩티드들만 명백히 동정할 수 있다. 예를 들면, Ile과 Leu은 질량이 동일하다. 그럼에도 불구하고 원래의 펩티드로부터 유래한 세 개 또는 네 개 정도의 펩티드 조각들을 명확히 동정해내면 그 단백질을 동정하는 데 항상 충분하다.

것이 이상적이지만, 세포추출물과 같은 혼합물에는 실제로 수많은 단백질들이 존재하기 때문에 질량분석법만으로는 해결하지 못할 정도로 많은 펩티드들이 만들어진다. 이렇게 하는 대신 연구자들은 질량분석법으로 분석하기 전에 두 가지 종류의 액체 크로마토그래피로 펩티드들을 분리하는 강력한 방법을 개발하였다(LC-MS; 그림 7-31). 이 LC-MS에서는 세포추출물을 먼저 서열-특이 단백질분해효소(즉, 트립신; 이 효소는 단백질의 Arg와 Lys 잔기 뒤를 자름)로 잘라 펩티드들을 만든다. 이렇게 만들어진 펩티드들을 이온교환 크로마토그래피(전하를 띠고 있는 칼럼물질과의 이온적 상호작용에 기초하여 펩티드들이 분리됨)와 역상(reverse phase) 크로마토그래피(칼럼물질과의 소수성 상호작용에 따라 펩티드들이 분리됨)로 분리한다. 이 과정은 고도로 복잡한 초기의 펩티드 집단을 서로 구별이 가능하고 보다 쉽게 서열을 분석할 수 있는 여러 개의 더 낮은 복합성의 혼합물로 분리한다. 그런 다음, 직렬 질량분석법(앞서 언급한 MS/MS)으로 각 펩티드 집단(subset)에 존재하는 펩티드들의 서열을 가능한 많이 분석한다. 이렇게 연구대상 생물체의 전체 유전체 서열과 질량분석법으로 분석한 펩티드 서열들을 얻으면 최종적으로 생물정보학 도구들을 이용하여 유전체 내의 특정 단백질-암호화 서열(유전자)에 각 펩티드를 지정하는 것이 가능해진다.

실제로 이 방법은 세포에서 유래된 단백질 복합혼합물 내의 일부 단백질만을 탐지해 낼 수 있다. 전형적 분석에서 약 1000가지 종류의 단백질을 찾을 수 있다. 그럼에도 불구하고 추가적인 분획 방법들과 민감성을 향상시킨 질량분석법으로 미래에는 세포의 전체 단백질 프로파일의 분석이 가능해질 것이다. 비록 LC-MS 분석이 세포추출물에 어떤 단백질들이 존재하는지를 알아내는데 매우 좋은 방법이긴 하지만 이 방법으로 단백질의 상대적 풍부성(relative abundance)을 밝히는 일은 쉽지 않다. 이러한 약점을 해결하기 위해 단백질의 풍부성을 정량적으로 분석하는 신기술들이 개발되고 있으며 몇몇 경우에 사용되었다.

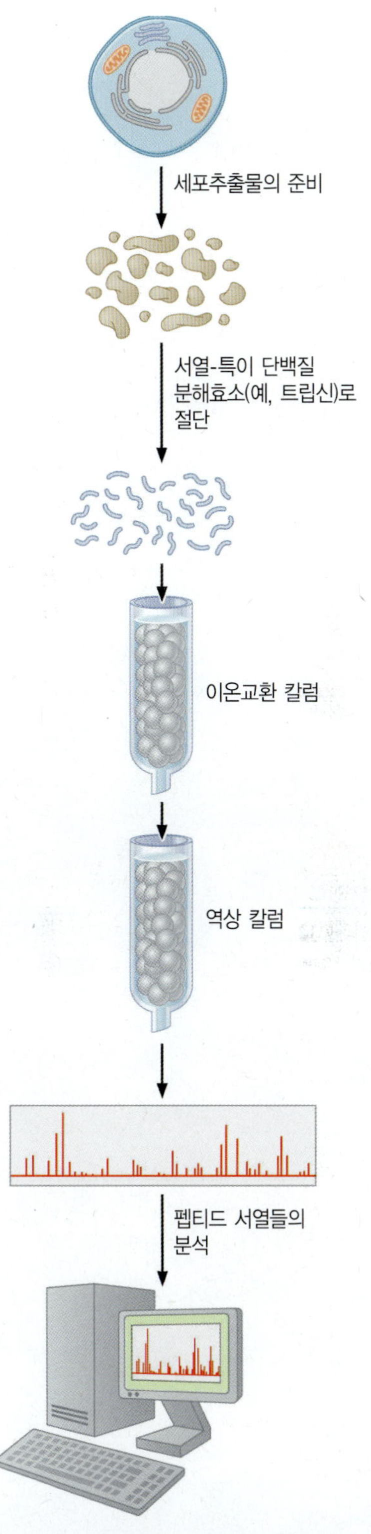

그림 7-31 액체 크로마토그래피에 이은 질량분석법에 의한 단백질의 분리. 이 분석법들의 각 단계가 그려져 있으며 자세한 내용은 본문에 설명되어 있다.

단백질체 비교로 세포들 사이의 중요한 차이점을 알아낼 수 있다

한 세포에 존재하는 단백질의 전체 구성을 밝히는 것은 본질적으로 가치 있는 일이지만 대부분의 경우, 두 세포 사이 또는 두 가지 서로 다른 성장조건에 노출된 세포들 사이의 차이점을 아는 것이 가장 가치 있는 일이 될 것이다. 각각의 상황에서 단백질체를 분석함으로써 단백질들이 어떻게 달라지는지를 알 수 있다. 이 분석으로 세포 간의 차이를 만들어내는데 관여할 가능성이 있는 단백질들을 차례로 동정할 수 있기 때문에 이렇게 찾은 단백질들은 추가적 연구에 좋은 후보 단백질이 된다.

비교 단백질체학의 가치는 서로 다른 암세포의 분석에서 찾아볼 수 있다. 명백히 동일형태의 암에 걸린 사람들이 같은 화학요법에 매우 다르게 반응하는 것을 흔히 볼 수 있다. 여러 가지 종양 표본의 단백질체를 비교하면 분명히 유사한 세포들임에도 불구하고 그들이 발현한 단백질 구성에는 큰 차이가 있음을 알 수 있다. 이런 차이점들은 종양형태를 구별하는 유용한 지표가 될 수 있다. 보다 중요하게는 이러한 지표들이 개별 환자들에게 어떤 화학요법이 가장 효과적인지를 찾아주는데 사용될 수 있다는 점이다.

질량분석법은 또한 단백질 변형 상태를 측정할 수 있게 한다

단백질의 변형 상태(modification state)는 단백질의 기능에 지대한 영향을 미치기 때문에 세포 내에 존재하는 단백질들의 변형 상태를 포괄적으로 알아내고자 하는 노력 또한 진행되고 있다. 특정 변형으로 단백질의 활성 또는 안정성이 변화된다. 예를 들면, 단백질의 인산화는 단백질의 활성 조절에 광범위하게 사용된다. 인산화는 단백질의 구조를 변화시켜 기능이 달라지게 한다[즉, 많은 단백질 인산화효소(protein kinase)들은 인산화된 후에만 활성을 지닌다]. 어떤 경우에는 인산기가 붙으면 단백질 표면에 또 다른 단백질이 결합할 수 있는 새로운 결합자리가 만들어져 새로운 단백질 복합체가 조립되기도 한다. 또 다른 단백질 변형에는 메틸화, 아세틸화, 유비퀴틴화(ubiquitylation) 등이 있다. 유비퀴틴화는 슈도펩티드 결합(pseudopeptide bond)을 통해 리신 잔기에 76개의 아미노산으로 이루어진 유비퀴틴 단백질이 결합한다. 여러 개의 유비퀴틴을 지닌 단백질로 변형되면 그 단백질은 일반적으로 분해의 표적이 된다.

변형 형태에 따라 단백질의 분자적 질량이 뚜렷이 달라진다. 이를 질량분석법으로 측정할 수 있으며, 특정 변형을 지닌 단백질들만을 갖는 단백질체들을 동정하는 방법이 개발되었다. 예를 들면, 세포의 인산화된 단백질 전체를 "인산화단백질체(phosphoproteome)"라 한다. 개발된 특정 변형을 지닌 단백질들만을 동정하는 방법들은 일반적으로 연구대상 변형에 특이적으로 결합하는 친화성 수지(affinity resin)를 이용한다. 예를 들면, 고정 Fe^{3+} 함유 수지[이를 고정 금속 친화성 크로마토그래피, 즉 immobilized metal affinity chromatography(IMAC)라고도 함]는 인산화된 펩티드와 선택적으로 결합한다. 세포추출물에서 유래한 펩티드 혼합물을 이런 수지와 반응시키면 인산화된 펩티드들이 이 수지에 결합하기 때문에 소량의 인산화된 펩티드들을 농축시킬 수 있다. 이 펩티드들을 LC-MS로 분석하면 변형된 단백질들과 단백질 내의 변형된 자리들을 찾아낼 수 있다. 이 정보는 단백질을 변형시킨 인산화효소(kinase)를 찾는데 그리고 변형될 수 없는 돌연변이 단백질을 만들어 그 변형의 중요성을 시험하는 데 유용한 도구가 된다.

단백질-단백질 상호작용은 단백질 기능에 관한 정보를 준다

단백질체학은 또한 한 세포에서 상호작용하는 모든 단백질들을 찾아내어 **상호반응체(interactome)**를 만드는 것과도 관계가 있다. 어떤 세포의 완전한 상호반응체는 그 세포에 존재하는 단백질들 사이의 모든 상호작용을 말한다. 연합으로 묶여 있다는 점에서 그러한 상호작용들은 어떤 단백질이 어떤 과정과 관련되어 있는지를 알아내는 데 사용될 수 있다. 동일한 단백질복합체를 이루는 단백질들은 거의 항상 동일한 세포과정(cellular process)에 관여한다.

단백질-단백질 상호작용을 알아내는데 사용되는 방법 중 하나는 효모 이중-잡종화 시험법(yeast two-hybrid assay)이다(19장, 글상자 19-1 참조). 이 시험법에서 연구대상 단백질이 "미끼(bait)"가 되고 단백질 라이브러리가 잠재성 "먹이(prey)"가 된다. 두 번째 방법은 친화성 수지(affinity resin)들이나 면역침전(immunoprecipitation)을 사용하여 연구대상 단백질에 결합하는 관련 단백질들을 모두 신속하게 분리하는 것이다. 이렇게 얻은 단백질 혼합물을 LC-MS로 분석하여 관련 단백질들을 찾아낼 수 있다. 이 과정을 반복함으로써 한 세포 내에서 일어나는 모든 단백질-단백질 상호작용에 대한 포괄적인 상호작용을 도식화할 수 있다.

후자의 접근법이 출아효모(*Saccharomyces cerevisiae*)에 적용되었다. 6000개 이상의 효모 단백질을 친화성 크로마토그래피로 순수 분리하였으며[각 단백질 유전자는 유전적으로 변형되었거나 두 가지 친화성 수지들에 결합하는 짧은 "꼬리표(tag)"를 카르복시-말단에 붙임], 질량분석법을 꼬리표를 가진 단백질과 함께 분리되는

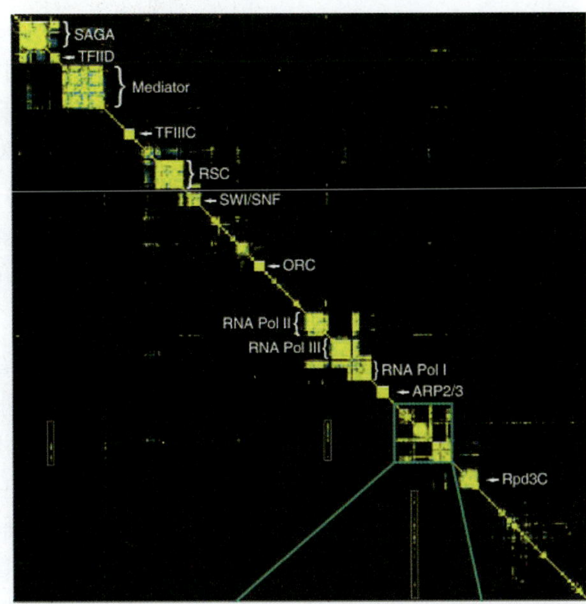

그림 7-32 출아효모의 상호반응체 물리지도. 모든 출아효모 단백질들의 친화성 순수분리 대 질량분석(affinity purification/mass spectrometry) 결과를 보여주고 있다. 이 그림은 정해진 단백질이 어떤 단백질들과 상호침전(coprecipitation)되는지를 실제적인 일련의 칼럼 상자들로 보여주고 있다. 만일 어떤 단백질이 "꼬리표가 붙은(tagged)" 단백질과 함께 상호-침전되면 그 상자는 노란색이고 그렇지 않으면 검은색이다. 이 그림에서 동일한 복합체 내의 단백질들은 수직축과 수평축, 양쪽 모두에 모이기 때문에 복합체들은 대각선 위에 있게 된다. 모든 복합체 중 일부(그들 중 많은 것들은 본문의 여러 곳에서 설명됨)가 표시되었으며 여기서는 그 이미지를 보여주고 있다.

단백질들을 동정하는 데 사용하였다. 이들 데이터를 비교하여 세포에 존재하는 수백 개의 단백질복합체들을 동정하였다. 이중에 많은 것들은 이미 알려진 것들이었으나 어떤 것은 새로운 것이었다. 이 연구의 효용성은 잘 입증된 수많은 단백질 복합체들(즉, RNA 중합효소 II)에서 볼 수 있다(그림 7-32).

핵산-단백질 상호작용

이제 핵산과 단백질 사이의 상호작용을 알아보고자 할 때 사용할 수 있는 여러 가지 방법들을 살펴보자. 핵산과 단백질의 상호작용은 이 책에서 기술한 여러 상황들의 특이성과 정확성을 판단하는 데 있어 결정적이다. 예를 들면, 전사, 재조합, DNA 복제, DNA 회복, mRNA 이어맞추기 또는 번역 등을 매개하는 단백질들은 세포에서 특정 핵산구조 또는 서열을 인지하여 이들 사건이 정확한 장소와 시간에 일어나도록 해야 한다.

핵산-단백질 상호작용을 이해하는 것이 중요한 만큼 이런 사건들을 생체 내와 시험관 내 모두에서 측정하는 데 사용할 수 있는 수많은 강력한 방법들이 있다. 다음 부분에서는 강점과 약점을 비교하면서 몇 가지 이들 시험법에 대해 살펴본다.

단백질과 결합하면 DNA의 전기영동적 이동성이 달라진다

전기영동적 이동성이 DNA, RNA 또는 단백질 분자의 상대적 크기를 결정하는 데 사용될 수 있는 것처럼 단백질-DNA 상호작용을 탐지하는 데도 이를 이용할 수 있다. 만일 어떤 DNA가 단백질과 결합하여 DNA-단백질복합체를 형성하면 겔(gel)에서의 이동이 결합하지 않은 DNA 분자의 이동에 비해 지체된다. 이것이 특정 DNA-결합 활성을 탐지하는 시험법의 기초가 된다. 일반적인 방법은 다음과 같다. 대상 결합자리를 지닌 짧은 DNA 조각을 방사성 동위원소로 표지하여 소량이어도 폴리아크릴아미드 겔과 자기방사법으로 탐지될 수 있도록 한다. 형광성 표지도 또한 사용할 수 있지만 중요한 것은 형광체(fluorophore; 9장, 글상자 9-1, 그림 1b 참조)가 DNA 결

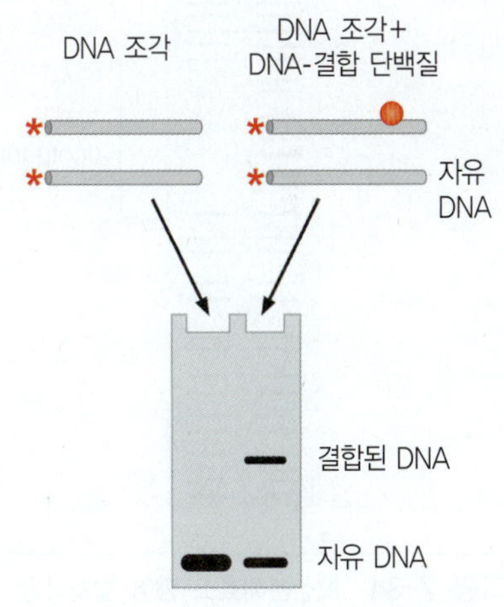

그림 7-33 전기영동 이동성-변화분석. 이동성-변화분석의 원리를 도식적으로 보여주고 있다. 어떤 단백질을 그 단백질의 결합자리를 갖고 있는 탐침 DNA(방사성 동위원소로 표지되어 있음)와 섞는다. 그 혼합물을 아크릴아미드 겔 전기영동으로 분리하고 자기방사법을 사용하여 시각화한다. 단백질과 섞지 않은 DNA는 그 DNA 조각의 크기에 해당하는 단일 띠로 이동한다(왼쪽 레인). 단백질과 섞은 혼합물에서, 사용한 농도에서 모든 DNA 분자가 아닌 일부 DNA만 단백질과 결합한다. 따라서 오른쪽 레인에는 자유 DNA(free DNA)에 해당하는 띠와, 단백질과 복합체를 이룬 DNA에 해당하는 또 다른 띠가 있게 된다.

합을 방해하지 않는 위치에 있어야 한다. 이렇게 만든 DNA "탐침(probe)"을 대상 단백질과 혼합한 후, 그 혼합물을 비변성 겔(nondenaturing gel)에서 분리한다. 만약 그 단백질이 탐침 DNA에 결합하면 단백질-DNA 복합체는 더 천천히 이동하기 때문에 표지된 DNA의 위치가 변하게 된다(그림 7-33). 이런 이유 때문에 이 시험법을 **전기영동 이동성-변화분석(electrophoretic mobility-shift assay, EMSA)**라고 하며, 보다 구어적으로는 띠 변화분석(band shift assay) 또는 겔 변화분석(gel shift assay)이라 한다. 여기서는 dsDNA 조각에 대해서만 기술하였지만 이 시험법은 ssDNA 또는 RNA와의 결합을 탐지하는 데도 사용될 수 있다.

EMSA는 또한 동일한 DNA에 여러 개의 단백질이 결합하는지를 알아보는 데도 사용될 수 있다. 왜냐하면 각 단백질들은 서열-특이적 DNA 결합을 하기 때문이다. 경우에 따라서는 최초 서열-특이적 상호작용 후, 다음 단백질이 최초의 DNA 결합단백질에 결합할 수 있다. 어느 경우에서든 추가적인 단백질 결합이 일어나면 DNA 조각의 이동성은 더 감소될 것이다. 이런 방식으로 EMSA를 사용하기 때문에 이는 얼마나 많은 일련의 단백질들이 상호의존적으로 DNA와 상호작용하는지를 알아내는데 매우 강력한 방법일 수 있다. 이 방법을 이용하면 동일한 DNA 탐침에 결합하는 단백질들을 또한 구별할 수 있다. 왜냐하면 단백질의 크기가 다르면 다른 정도로 DNA 이동성에 영향을 주기 때문이다. 즉, 단백질이 크면 클수록 이동이 더 느려진다. 만일 두 단백질이 동일한 정도의 변화(shift)를 준다면, 두 번째 방법을 사용하여 어느 단백질이 결합했는지를 구별할 수 있다. 한 단백질에 대한 항체를 첨가하면 그 단백질이 DNA에 결합되어 있는 경우, "초변화(supershift)"가 일어날 것이다. 따라서 잠재적 결합 단백질에 대한 항체를 처리하여 단백질-DNA 복합체 내의 해당 단백질의 존재를 알아낼 수 있다.

EMSA의 한 가지 약점은 DNA의 어떤 서열에 단백질이 결합하는지를 본질적으로 밝히지는 못한다는 점이다. 두 가지 형태의 추가적인 실험을 수행하면 DNA 탐침 내의 단백질 결합자리를 밝힐 수 있다. 한 가지 실험은 DNA 탐침과 반응시키기 전, 단백질에 짧은 dsDNA 올리고머를 첨가하는 것이다. 만약 단백질 결합자리가 이 올리고머 내에 포함되어 있으면 그 단백질은 DNA 탐침에 결합하는 대신 올리고머에 결합할 것이다. 다른 한 가지 방법은 DNA 탐침에 돌연변이들을 만들어 단백질 결합에 미치는 그 돌연변이들의 영향을 살펴보는 것이다. 비록 이런 실험들이 잠재적 결합자리에 대한 사전지식이 없는 상태에서도 수행될 수 있지만 대부분의 경우, 선행실험 결과 또는 DNA 탐침 내에 존재하는 서열의 보존성 등이 시험해볼 서열을 선택하는 데 도움을 준다.

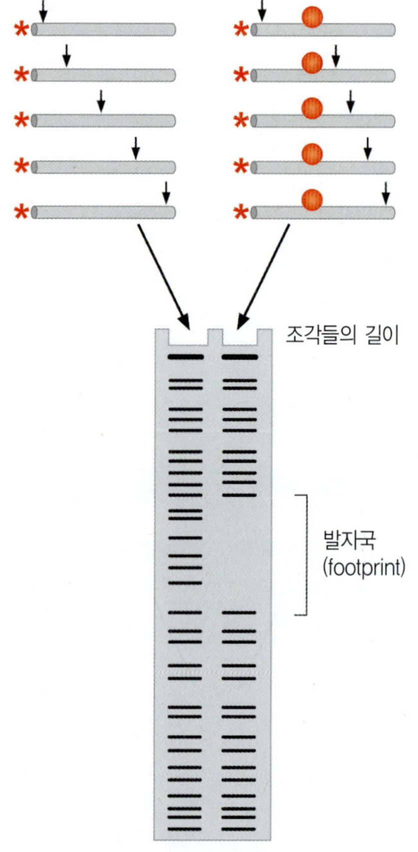

그림 7-34 핵산분해효소 방어 발자국법. (별표) DNA 조각 말단의 방사성 표지. (화살표) DNase 절단자리. (빨간색 원) 작동유전자(operator)에 결합한 *Lac* 억제인자(repressor). 왼편은 DNase에 의해 무작위로 잘린 DNA 분자들을 크기에 따라 겔 전기영동으로 분리한 것이다. 오른편은 DNA 분자들을 먼저 억제인자와 결합시킨 후 DNase를 처리한 것이다. "발자국(footprint)"은 오른쪽에 표시되어 있다. 이 발자국은 자유 DNA는 DNase에 의해 잘려 조각 집단을 만들지만 억제인자와 결합한 DNA는 잘리지 않기 때문에 만들어진 것이다. 후자의 억제인자와 결합한 DNA의 경우, 절단자리들이 작동유전자 서열 내에 있어서 억제인자에 의해 덮이기 때문에 DNase의 접근이 허락되지 않는 자리들이다.

DNA-결합 단백질은 핵산분해효소와 화학적 변형으로부터 DNA를 방어한다

어떻게 DNA 내의 단백질 결합자리를 보다 쉽게 찾아낼 수 있을까? 일련의 강력한 방법들을 이용하면 단백질이 결합한 DNA 자리와 그 단백질이 접촉한 DNA의 화학기들(메틸기, 아미노기 또는 인산기)을 찾을 수 있다. 이들의 기본원리는 다음과 같다. DNA 조각을 방사능 원자로 한 가닥의 한쪽 말단에 표지하면, 이 가닥에 생긴 어떤 절단자리든 생성된 표지조각의 크기로 이를 찾아낼 수 있다. 그 크기는 폴리아크릴아미드 겔에서 고해상 변성 전기영동한 후, 표지된 ssDNA 조각을 탐지함으로써 결정할 수 있다. 이 방법들이 일반적으로 **DNA 발자국법(DNA footprinting)**이라 불리는 데에는 분명한 이유가 있다.

이 방법들 중 가장 일반적인 것은 **핵산분해효소 방어 발자국법(nuclease protection footprinting)**이다. 말단 표지된 DNA를 단백질과 함께 반응시킨 후, 만들어진 복합체를 DNA 핵산분해효소(대부분의 경우, 표적 dsDNA를 자르는 DNase I)에 잠깐 노출시킨다. 단백질이 결합한 DNA 자리들은 핵산분해효소의 절단으로부터 방어되어 잘리지 않은 DNA 부위를 민든다(그림 7-34). 결과직으로 "빌자국빕"은 특정 크기의 띠(band)들이 존재하지 않기 때문에 만들어진다. **화학적 방어 발자국법(chemical protection footprinting)**은 결합한 단백질에 의해 결합자리를 이루는 염기들이 DNA의 척추(backbone)를 자르는 염기-특이적 화학물질로부터(반응을 더 진행시킨 후) 방어되는 원리를 이용한다. 이 두 방법에서 DNA 탐침 당 한 곳만 핵산분해효소에 의해 절단되거나 화학적 변형이 일어나도록 조절하는 것이 중요하다. 왜냐하면 표지된 DNA 말단에 가장 가까이 있는 절단자리만이 겔 전기영동과 표지된 DNA 탐색 후에 검출되기 때문이다.

세 번째 방법은 처음 두 단계의 순서를 바꾸는 **화학적 간섭 발자국법(chemical interference footprinting)**이다. 이 방법은 단백질과 DNA의 결합에는 DNA의 어떤 구조적 특징들이 필요한지를 알아보는 데 사용된다. 단백질을 DNA에 첨가하기 전에 DNA당 평균 한 개의 화학적 변화가 일어나도록 한다. 이 DNA를 DNA-결합 단백질과 반응시킨 다음, 단백질-DNA 복합체를 분리한다. 단백질과 결합하지 않은 DNA로부터 단백질-결합 DNA를 분리하는 일반적인 방법 중 하나는 EMSA를 이용하는 것이다. EMSA 겔에서 표지한 DNA를 살펴보면 이동성이 변화된 DNA(단백질과 결합한 DNA)와 변하지 않은 DNA(단백질과 결합하지 않은 DNA)를 쉽게 분리할 수 있다. 만일 DNA 특정 위치의 변형이 그 단백질의 결합을 막지 않는다면 복합체로부터 분리한 DNA는 해당 변형을 가지고 있을 것이다. 이와는 달리 어떤 변형이 단백질의 DNA 결합을 방해한다면, 단백질과 결합한 DNA에서 해당자리가 변형된 DNA는 발견되지 않을 것이다. 화학적 방어 시험법(chemical protection assay)과 마찬가지로 화학적 변형자리들은 그 자리를 자르는 시약으로 DNA를 처리하여 알아낸다.

화학적 변형에 사용되는 시약들은 DNA를 매우 특이적으로 변형시킨다. 예를 들면, 화학물질 에틸니트로소우레아(ethylnitrosourea, ENU)는 DNA 척추의 인산기를 변형시킨다. 다른 화학물질들은 DNA의 큰홈 또는 작은홈의 특정 염기들을 변형시킨다. 다양한 화학물질들을 이용하여 DNA의 당-인산 척추에서 특정 단백질이 접촉하는 염기들과 인산기들을 정확히 알아낼 수 있다.

발자국법은 어떤 단백질의 DNA 결합자리를 즉각적으로 알아낼 수 있게 해준다는 점에서 강력한 방법이지만 단백질이 집단으로 DNA에 강하게 결합해야만 한다. 일반적으로 유효한 DNA 발자국법에는 탐침 DNA의 90% 이상이 단백질과 결합해야 한다. 이 정도 수준의 결합이 필요한 이유는 DNA 발자국법이 새로운 띠(band)의 출현보다는 오히려 없는 신호(DNA의 절단 또는 변형이 방어되기 때문에)를 탐지하기 때문이다. 이는 표지된 DNA에 단백질이 결합하면 겔의 어떤 지역에 새로운 띠가 형성되고, 그렇지 않으면 새로운 띠가 형성되지 않는 EMSA와는 반대의 상황이다.

염색질 면역침전으로 세포에서 DNA와 단백질의 결합을 알아낼 수 있다

단백질과 DNA의 결합을 알아내는데 시험관 내 시험법(in vitro assay)들이 유용할 수 있지만, 어떤 단백질의 특정 DNA 자리에 대한 결합 여부를 살아 있는 세포에서

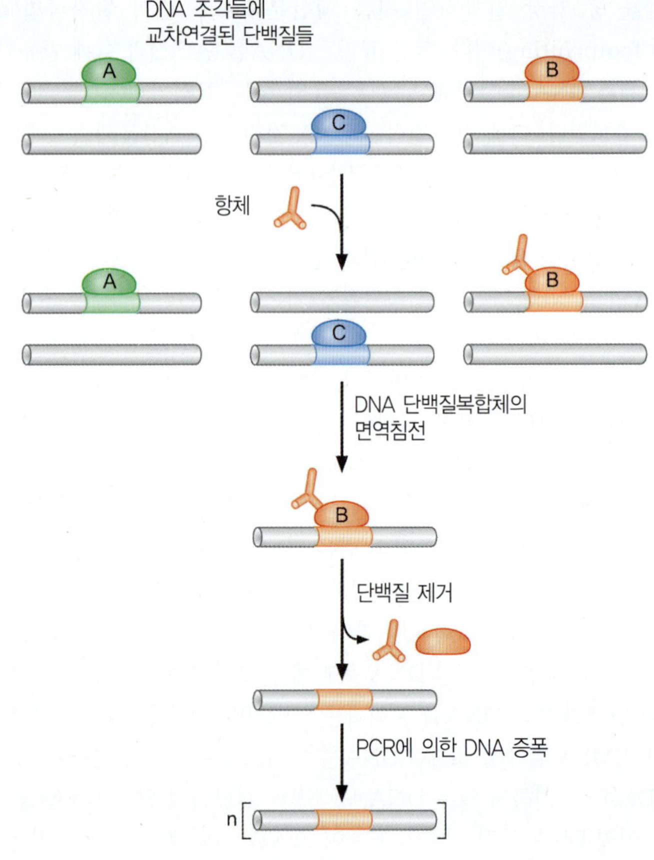

그림 7-35 염색질 면역침전(ChIP).

알아보는 것이 중요한 경우가 종종 있다. 세포의 전체 유전체에는 특정 DNA-결합 단백질의 잠재성 결합자리들이 많이 있다. 그럼에도 불구하고 대부분의 경우, 이들 자리 중 일부에만 단백질이 결합한다. 어떤 경우는 단백질의 잠재성 DNA 결합자리에의 결합이 다른 단백질들과의 결합으로 억제되기도 한다. 다른 경우에는 인접한 단백질들의 결합이 결합강화에 필요한 경우도 있다. 어떤 경우이든, 어떤 단백질(즉, 전사 조절자; 19장 참조)이 특정자리(즉, 특정 프로모터 부위)에 결합하는지를 알면 이는 그 자리에서 일어나는 사건(즉, 전사활성)을 조절하는데 그 단백질이 작용하는지를 판단할 수 있는 강력한 한 증거가 될 수 있다.

ChIP라고도 하는 염색질 면역침전은 세포에서 단백질-핵산 상호작용을 살펴보는데 있어 강력한 방법이다. 개략적으로 이 방법은 다음과 같이 수행된다. 포름알데히드를 살아 있는 세포에 처리하여 DNA와 거기에 결합한 단백질들 그리고 다른 단백질들과 강하게 결합하고 있는 단백질들을 교차 연결시킨다. 교차 연결시킨 세포들을 용해하여 DNA를 작은 조각들(200~300 bp)로 쪼갠다. 연구대상 단백질(즉, 전사 조절자)-특이 항체를 사용하여 면역침전(또는 IP)시켜 그 단백질과 결합한 DNA 조각들을 분리한다. 면역침전을 끝내면 단백질과 DNA의 교차연결과는 반대로 DNA를 떼어 내어 IP에 존재하는 DNA 서열들을 분석한다(그림 7-35).

ChIP 실험의 가장 중요한 단계는 DNA의 특정 부위가 단백질과 결합하여 IP 내에 존재하는지 여부를 결정하는 것이다. 이는 두 가지 기본적인 방법 중 한 가지로 수행할 수 있다. 특정 DNA 부위(즉, 프로모터)가 연구대상 단백질과 결합했는지 알아보기 위해, 그 DNA 부위를 표적으로 하는 시발체를 사용하여 PCR을 수행할 수 있다. 만일 교차연결 당시에 그 단백질이 해당 DNA에 결합했다면 그 서열은 IP에 존재할 것이고, PCR로 증폭될 것이다. 이 시험법에 일반적으로 포함되는 두 가지 중요한 대조군(control)이 있다. 첫째, DNA의 또 다른 부위(단백질이 결합하지 않을 것으로 예상되는 부위)에 결합하는 PCR 시발체들이 사용된다. 그 경우, DNA가 증폭되지 않아야 한다(그림 7-35). 둘째, IP를 수행하기 전에 소량의 총 DNA(total DNA, 유전체 DNA를 말함 - 역자주)를 따로 준비하고, 시험 시발체 및 대조군 시발체, 이 둘 모두를 사용하여 비분획 시료(즉, 총 DNA)에서 DNA를 증폭시킨다. 만일 그 PCR들이 동일 효능으로 DNA를 증폭시킨다면, 두 서열은 이 총 DNA로부터 동일하게 증폭되어야 한다. 이 대조군은, 두 서로 다른 시발체 세트를 사용하여 ChIP DNA를 PCR로 증폭했을 때 나타나는 차이가 DNA의 많고 적음에 기인한 것이지 PCR 효능 차이로 발생한 것이 아님을 보증한다.

세포에서 특정 단백질과 결합하는 DNA 서열들을 찾아내는 두 번째 접근법은 타일링 DNA 미세배열을 사용하는 것이다. 이 방법에서는 단백질과 교차 연결시킨 DNA와 총 DNA를 세포로부터 분리하여 두 가지 서로 다른 형광체로 표지한다(여기서는 적색과 녹색으로 각각 언급할 것이다). 두 집단을 함께 섞어 미세배열과 혼성화시킨다. 높은 적색 대 녹색 비율 부위는 단백질의 결합자리를 나타낸다. 낮은 적색 대 녹색 비율 부위는 단백질이 결합하지 않은 부위이다. 이 방법은 전체 유전체를 동시에 조사할 수 있고 잠재적 결합자리에 대한 사전정보가 필요하지 않기 때문에 특히 유용하다. 이 방법은 타일링 DNA 칩을 사용하여 ChIP으로 분획한 DNA 시료를 분석하는 것이기 때문에 흔히 ChIP-Chip이라고 한다.

비록 ChIP-Chip은 매우 강력한 기술이고 일상적으로 사용되지만 이 또한 한계를 지니고 있음을 알아둘 필요가 있다. 첫째, EMSA와 비슷하게 ChIP의 분리능에는 한계가 있다. ChIP은 단지 어떤 단백질이 주어진 200~300 bp DNA 조각 내의 어떤 자리에 결합하고 있다는 것만을 보여줄 뿐, 어떤 서열에 결합하고 있는지는 보여주지 못한다. 따라서 ChIP은 어떤 조절 단백질이 한 유전자의 상류(upstream)에 결합하는지를 보여주기에는 적당하지만 정확하게 그 유전자 상단부 어디에 결합하는지를 보여주지는 못한다. EMSA에서처럼 DNA에 돌연변이를 유도하여 그 단백질이 어떤 특정자리에 결합하는지를 살펴보아야 한다. 둘째, 항체의 사용이 가능한 단백질들만 ChIP을 사용하여 연구할 수 있다. 이보다 더 중요한 것은 문제의 단백질(그리고 그 단백질이 결합하는 유전자에 함께 결합하는 다른 단백질들)이 DNA에 교차 연결될 때 관련 항원결정기(epitope; 항체에 의해 인지되는 단백질의 특정 부위)가 노출되어 있어야만 단백질들을 동정할 수 있다는 점이다. 이런 문제의 연장선상에서, 만일 문제의 단백질이 어떤 환경적 또는 생리적 조건에서는 탐지되지 않지만 또 다른 조건 하에서는 탐지된다면 이는 분명 그 단백질이 환경적 조건의 변화에만 반응하여 해당 DNA 부위에 결합함을 의미한다. 그러나 이를 달리 해석할 수도 있는데, 문제의 단백질이 항상 결합하지만 그 단백질의 항원결정기가 다른 단백질에 의해 숨겨져 있다가 어떤 조건 하에서는 노출되고 다른 조건 하에서는 노출되지 않기 때문에 생긴 결과일 수도 있다.

전체-유전체 기술들은 빠른 속도로 진화하고 있으며, 여기서 살펴본 기본 ChIP 시험법을 변형시킨 수많은 시험법들이 있다. 예를 들면, ChIP-Seq라고 하는 방법은 교차 연결시킨 후 쪼갠 염색질 DNA를 면역침전시켜 서열을 분석한 후, 그 DNA 리드(read)들을 해당 유전체 조립에 정렬시킨다. 특정 유전체 자리에 존재하는 서열들이 반복적으로 찾아지면 이 자리는 단백질 결합자리라는 것을 보이는 증거가 된다. ChIP-Seq는 ChIP-ChIP 방법과 비슷하지만 전체-유전체 타일링 배열을 만들 필요를

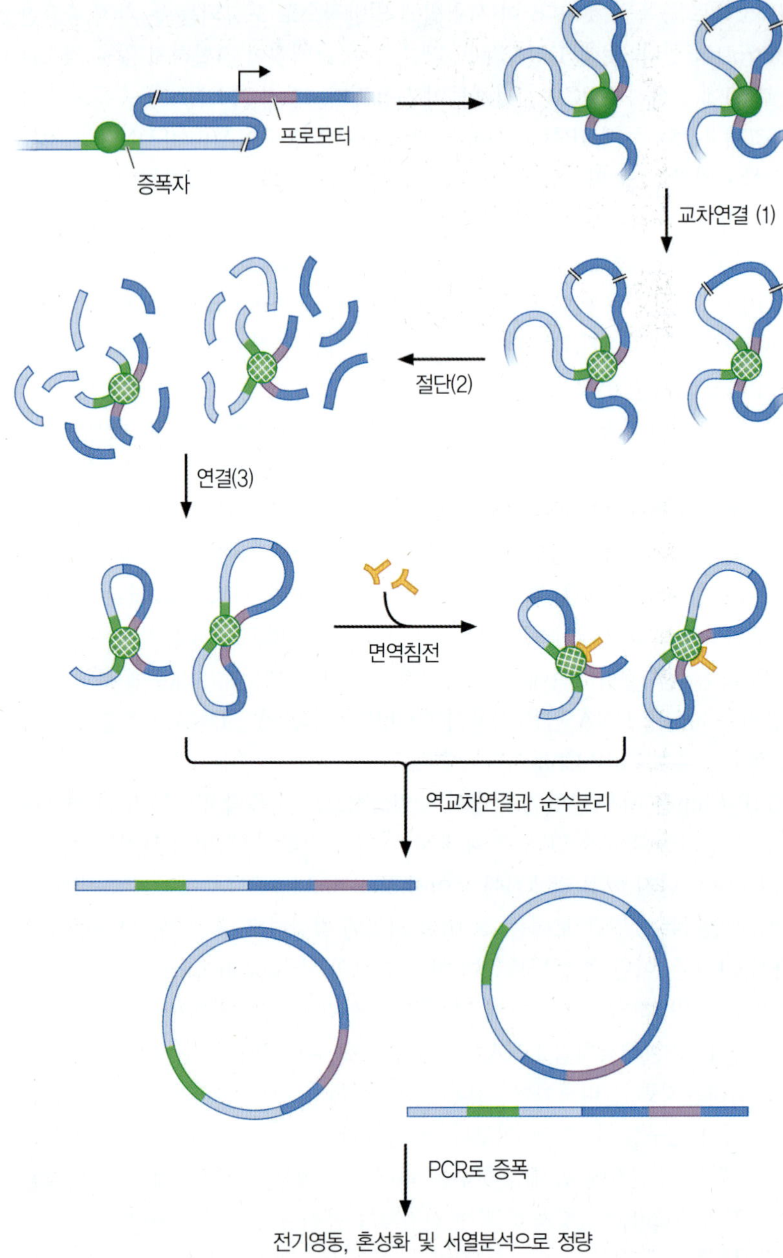

그림 7-36 염색체 구조 포획 시험법 개요. 3C 시험법은 기본적인 세 단계로 수행된다. 즉, (1) 염색체 조작들을 포름알데히드로 교차 연결시킨다. (2) 그 DNA를 절단한다. (3) 교차 연결된 DNA 조각들을 연결시킨 다음, 증폭하고 더 분석한다.

없기 때문에 때로 더 쉽다. 유일하게 알 필요가 있는 한 가지는 DNA 결합자리를 정할 유전체 서열(연구 중인 생물체나 세포의)이다. 19장에서 증폭자를 동정할 때 이 특수화된 방법들이 어떻게 적용되는지 보다 세밀하게 살펴볼 것이다.

염색체 구조 포획 시험법을 사용하여 장거리 상호작용을 분석할 수 있다

염색체는 다양한 삼차원적(three-dimensional, 3D) 형태로 접혀 있으며, 이 구조는 유전체 안정성(10장), 염색체 분리(8장) 그리고 유전자 조절과 활성(19장)에 영향을 미친다. 장거리 상호작용(long-range interaction)들이 널리 분포하고 있는 유전자들과 해당 조절 요소들 사이에서 일어난다는 사실이 알려졌으며, 그중 몇 가지는 최고 수 백만 염기만큼 떨어져 일어난다. 예를 하나 들면, 21장에서 보다 자세히 다루겠지만 포유동물 배 발생과정에서 사지(limb)의 발달을 조절하는 Sonic hedgehog 유전자의 발현을 조절하는 증폭자(enhancer)는 그 유전자의 전사개시 자리로부터 약 1 Mb 떨어져 존재한다. 유전자의 발현은 멀리 떨어진 증폭자와 Sonic hedgehog 프로모터가 장거리에 걸쳐 고리모양으로 구부러지는 능력에 달려 있다. 염색체 구조 포획 시험법(chromosome conformation capture assay, 3C)은 그런 상호작용을 알아내는 데 사용될 수 있다. 그림 7-36에 그린 것처럼 이 방법의 원리는 다음과 같다. 온전한 세포에 포름알데히드를 처리하여 단백질들과 DNA 그리고 단백질들과 다른 단백질들을 교차 연결시켜 상호작용하고 있는 유전체 부위들 연결시킨다. 그런 다음, 제한효소나 초음파 분쇄로 염색질을 부순다. 그렇게 부서진 DNA 조각들을 분자내적으로 연결되기 쉬운 조건하에서 이들을 잡아맨다. 이쯤에서 교차-연결을 풀고 연결 혼합물(ligation mixture)을 분리한다. 이렇게 하는 대신, 연결 후에 앞서 설명한 것처럼 대상 단백질을 인지하는 특정 항체로 혼합물을 면역침전시킬 수도 있다.

4C와 5C 시험법은 3C의 변형법으로, 유전체 내의 고정 정박점(fixed anchor point)과 염색체 수준에서 일어나는 모든 상호작용들을 탐지할 수 있게 한다. 한 실례로, 이 방법들은 *Hoxd* 유전자 자리를 조절하는 "증폭자 군도(enhancer archipelago)"를 연구하는데 사용되었다. *HoxD* 유전자 집단(gene cluster)은 성장패턴, 특히 사지(limb)의 발달을 조직화하는데 관여한다. 이들 유전자의 전사는 파상적으로 조절되는데, 그 유전자 집단으로부터 수백 kb 떨어져 있는 조절서열들에 의해 활성화된다. 발현의 첫 번째 파동은 초기 사지발달(limb development) 동안 일어나며 한 세트의 증폭자들에 의해 조절되는 반면, 두 번째 세트의 유전자들은 후기 전사파동(transcription wave)으로 발현된다. 이 후기 전사파동은 손가락 형성과 함께 일어나지만 또 다른 세트의 증폭자들에 의해 조절된다. 3C-관련 기술을 이용하여 연구자들이 *Hoxd13* 프로모터와 상호작용하는 몇 개의 증폭자들을 밝혀냈는데 이들은 약 800 kb 간격으로 분포하고 있다.

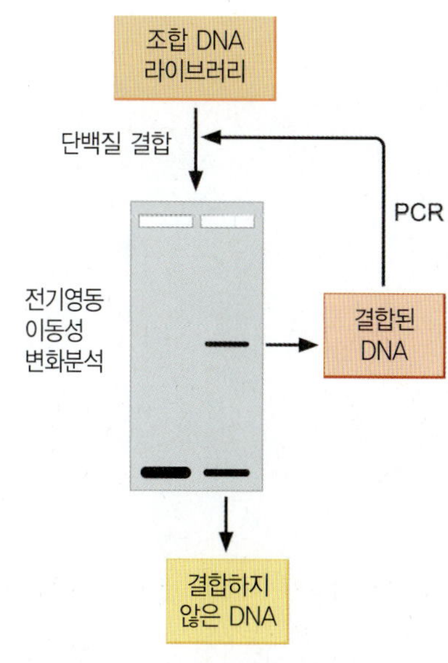

그림 7-37 시험관 내 선별(in vitro selection)의 개요. 중간의 10~12 염기들이 무작위 조합을 갖도록 만든 조합 DNA 라이브러리(combinatorial DNA library)를 연구대상 단백질과 결합시킨다. EMSA를 사용하여 단백질과 결합한 DNA를 결합하지 않은 DNA로부터 분리한다. 결합한 DNA를 겔로부터 유출시켜 무작위 DNA 부위 옆의 일정 부위(constant region)에 결합하는 시발체로 PCR을 수행한다. 결합과 농축을 2~5번 이상 수행하여 친화성이 가장 높은 서열들을 찾아낸다.

시험관 내 선별을 사용하여 단백질의 DNA- 또는 RNA-결합자리를 찾을 수 있다

점점 더 많은 DNA-결합 단백질들이 동정되고 이해됨에 따라 서열-특이적 DNA 결합과 관련된 아미노산 모티브[amino acid motif; 예, 나선-회전-나선 모티브(helix-turn-helix motif; 6장 참조)]들을 비교적 쉽게 찾을 수 있게 되었다. 이런 발견에도 불구하고 핵산-결합 단백질 도메인의 어떤 1차 아미노산 서열이 DNA에 결합에 충분한지를 아는데 까지는 미치지 못하고 있다. 그러나 이 정보는 흔히 차후 분석의 주 대상이 되는 잠재성 조절부위를 찾는 데 매우 중요하다.

어떻게 특정 단백질에 의해 인지되는 DNA 서열을 찾을 수 있을까? **시험관 내 선별(in vitro selection)** 또는 **SELEX**[systematic evolution of ligands by exponential enrichment(지수적 농축에 의한 리간드의 계통 진화)의 약어]라고 하는 한 가지 강력한 방법은 단백질의 서열 특이성을 사용하여 다양한 올리고뉴클레오티드 라이브러리를 탐색한다. 농축된 DNA의 특성을 규명함으로써 단백질과 강하게 결합하는 서열들을 찾을 수 있다.

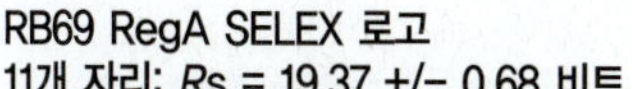

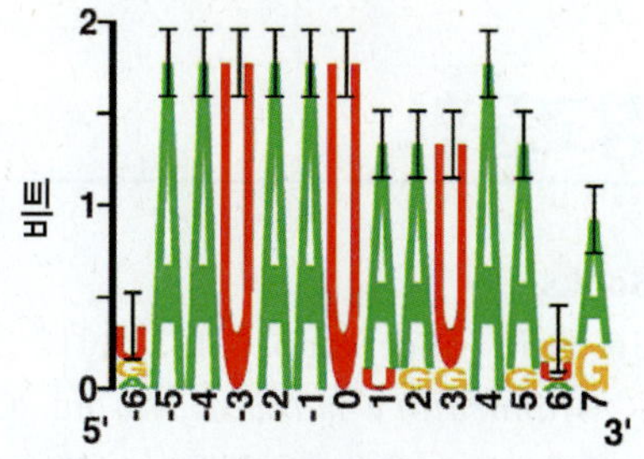

그림 7-38 SELEX 서열 로고. 시험관 내 선별을 사용하여 번역 억제인자 단백질 RB69 RegA와 결합하는 RNA들을 분리하였다. 이 그림은 선별된 서열들의 로고를 보여주고 있다. 활자의 높이는 해당위치에서 가장 빈번히 출현하는 각 염기의 비례적 출현빈도를 나타낸다. (Reprinted, with permission, fromDean T.R. et al. 2005. *Virology* **336:** 26–36, Fig. 4a. © Elsevier.)

이 방법의 첫 번째 단계는 화학적 DNA 합성(이 장의 첫 부분에서 기술함)을 사용하여 대규모의 ssDNA 올리고뉴클레오티드 라이브러리를 만드는 것이다. 중요한 것은 올리고뉴클레오티드를 합성 단계에서 4가지 종류의 뉴클레오티드 모두를 함께 넣어 중간의 10~12 염기가 무작위 서열을 갖게 하는 것이다. 각 뉴클레오티드의 무작위 부위 어느 한쪽에는 정해진 서열이 있도록 한다. 올리고뉴클레오티드 라이브러리를 합성한 후, 짧은 시발체(primer)를 올리고뉴클레오티드의 정해진 3′ 말단에 결합시키고 신장시켜 그 무작위화 ssDNA 라이브러리(randomized ssDNA library)를 무작위화 dsDNA 라이브러리로 변환시킨다.

연구대상 단백질과 결합하는 올리고뉴클레오티드들의 농축은 이미 언급한 방법들과 유사한 방법으로 수행한다. 올리고뉴클레오티드 라이브러리를 단백질과 반응시킨 후, 그 반응물 전체를 EMSA로 분리할 수 있다. 단백질과 강하게 결합한 DNA 서열들이 이동성이 변화된 복합체를 형성하기 때문에 단백질과 결합한 DNA 서열들이 크게 농축될 것이다. 또 다른 방법은 만일 연구대상 단백질을 인지하는 항체의 사용이 가능한 경우, ChIP과 비슷한 면역침전으로 단백질에 결합된 DNA를 결합하지 않은 DNA로부터 분리할 수 있다. 농축 기작과 관계없이 이제 PCR(dsDNA 라이브러리의 비무작위 말단 부위에 결합하는 짧은 올리고뉴클레오티드를 사용함)로 결합한 DNA를 증폭시킨다. 이 증폭과정이 필요한 이유는 초기 올리고뉴클레오티드 중 아주 소량만 단백질에 결합하기 때문이다. 결합, 농축, 증폭 단계를 반복하면 연구대상 단백질과 강하게 결합하는 대부분의 서열들이 크게 농축된다(그림 7-37). 전형적으로, 연구대상 단백질과 강하게 결합하는 DNA 서열들을 찾는 데는 3~5번의 농축이 수행된다.

단백질의 DNA 서열 특이성은 농축된 DNA들의 서열을 분석하여 결정할 수 있다. 전형적으로 대부분의 DNA-결합 단백질들은 6개 또는 7개 뉴클레오티드 이상을 인지하지 않기 때문에 무작위 부위 내의 일정 부분 서열들만 보존되어 있을 것이다. 가장 보존된 서열들을 찾는 데에는 일반적으로 컴퓨터 분석이 사용된다. 최종 염기서열은 서열 로고로 표시하며, 여기서 G, A, T 또는 C 문자들의 크기는 농축된 올리고뉴클레오티드 라이브러리에서 각 뉴클레오티드의 출현빈도를 나타낸다(그림 7-38).

참고문헌

Books

Green M. and Sambrook J. 2012. *Molecular cloning: Alaboratory manual*, 4th ed. Cold Spring Harbor Laboratory Press, Cold Spring Harbor, New York.

Griffiths A.J.F., GelbartW.M., Lewontin R.C., and Miller J.H. 2002. *Modern genetic analysis*, 2nd ed. W.H. Freeman, New York.

Hartwell L., Hood L., Goldberg M.L., Reynolds A.E., Silver L.M., and Veres R.C. 2003. *Genetics: From genes to genomes*, 2nd ed. McGraw-Hill, New York.

Snustad D.P. and Simmons M.J. 2002. *Principles of genetics*, 3rd ed. Wiley, New York.

Genomic Analysis

Frazer K.A., Pachter L., Poliakov A., Rubin E.M., and Dubchak I. 2004. VISTA: Computational tools for comparative genomics. *Nucleic Acids Res*. **32**: W273-W279.

Human Genome. 2001. *Nature* **409**: 813-960.

Human Genome. 2001. *Science* **291**: 1145-1434.

International Human Genome Sequencing Consortium. 2004. Finishing the euchromatic sequence of the human genome. *Nature* **431**: 931-945.

Mouse Genome. 2002. *Nature* **420**: 509-590.

Osoegawa K., Mammoser A.G., Wu C., Frengen E., Zeng C.,

Catanese J.J., and de Jong P.J. 2001. A bacterial artificial chromosome library for sequencing the complete human genome. *Genome Res.* **11**: 483-496.

The Human Genome at Ten. 2011. *Nature* **464**: 649-671.

Proteomic Analysis

Yates J.R. III, Gilchrist A., Howell K.E., and Bergeron J.J. 2005. Proteomics of organelles and large cellular structures. *Nat. Rev. Mol. Cell. Biol.* **6**: 702-714.

연습문제

짝수 문제의 해답은 부록 2 해답을 참조하라.

문제 1. 전기영동을 위해 전기장이 가해질 때 DNA는 겔에서 어떻게 이동할까? 이를 설명하고 전기영동 후 DNA를 확인할 수 있는 방법을 설명하라.

문제 2. 제한효소 XhoI은 5′-CTCGAG-3′ 서열을 인지하여 C와 T 사이를 자른다.

A. 유전체에서 이 서열이 나타나는 빈도를 계산하라.

B. 제한효소 SalI은 5′-GTCGAC-3′ 서열을 인지하여 G와 T 사이를 자른다. XhoI과 SalI 절단으로 만들어진 점착성 말단들은 서로 붙을 수 있을까? 이를 설명하라.

문제 3. DNA 탐침을 표지하는 두 가지 방법을 개괄적으로 설명하라.

문제 4. 서던블롯과 노던블롯을 비교하고 이들의 공통점과 차이점을 설명하라.

문제 5. 플라스미드 클로닝 벡터들은 클로닝과 발현에 유용한 몇 가지 특징을 갖도록 특별히 고안되었다. 한두 문장으로 다음 특징을 각각 설명하라: 복제개시점, 제한효소 인지자리들, 선택표지 및 프로모터.

문제 6. cDNA 라이브러리와 유전체 DNA 라이브러리의 차이점을 설명하라. cDNA 라이브러리를 사용하면 어떤 장점이 있을까?

문제 7. 다음의 시간과 온도들은 PCR 단계의 한 예이다. 다음 질문에 답하는데 도움이 된다면 그림 7-12를 사용할 수도 있다.

94°C⇒	94°C⇒	55°C⇒	72°C⇒	72°C⇒	4°C
10분	30초	30초	1분 30초	10분	∞
	(× 25 순환)				

A. 첫 번째 단계가 94°C에서 수행되는 이유는?

B. 순환동안 온도를 55°C로 옮기면 반응에는 어떤 일이 생길까?

C. 순환동안 72°C에서는 어떤 일이 일어날까?

문제 8. 단백질을 분리하는 데 사용되는 이온교환, 겔-여과 및 친화성 컬럼 크로마토그래피의 기본원리를 설명하라.

문제 9. 폴리아크릴아미드 겔 전기영동을 위해 단백질 시료에 SDS를 첨가하는 목적을 설명하라.

문제 10. 단백질과 DNA 사이의 상호작용을 알아보는데 사용되는 세 가지 시험법에는 전기영동 이동성-변화분석(EMSA), DNA 발자국법(DNA footprinting) 및 염색질 면역침전(chromatin immunoprecipitation, ChIP)이 있다.

A. DNA 발자국법에서 DNA의 오로지 한 가닥에만 말단표지(end-labelling)를 하는 이유를 설명하라.

B. ChIP의 면역침전 단계 이후에 연구대상 단백질과 결합하는 DNA 서열을 찾는 방법을 설명하라.

문제 11. 여러분은 PCR 산물로 디데옥시 서열분석을 하기로 결정한다. 4개의 반응 튜브에 적절한 ^{32}P로 표지된 시발체(primer), DNA 중합효소, DNA 주형(그 PCR 산물), 완충액, dNTP 혼합물, 소량의 4가지 ddNTP들 중 한 가지를 넣는다. 그 반응물들을 열순환기(thermal cycler)에서 반응시키고, 각 반응물들을 폴리아크릴아미드 겔의 서로 다른 레인(lane)에 올려 겔 전기영동으로 산물들을 분리한다. 아래 그림에서 레인들은 첨가한 ddNTP에 따라 표시되었다.

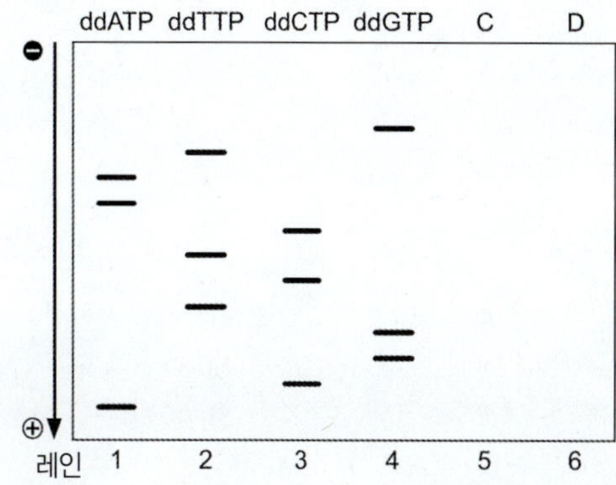

A. 주형가닥의 서열을 쓰고, 5′ 과 3′ 말단을 표시하라.

B. 여러분이 실수로 레인 4의 반응에 10배 더 많은 ddGTP를 첨가하였다고 가정하자. 레인 4의 띠 패턴에는 어떤 영향이 있을까?

C. 여러분이 오로지 dATP, dTTP, dCTP 및 dGTP만을 갖는 뉴클레오티드 혼합물을 사용하여 반응시켰다면 어떤 결과가 예측되는지를 레인 5에 그려 넣으라.

D. 여러분이 오로지 ddATP, dTTP, dCTP 및 dGTP만을 갖는 뉴클레오티드 혼합물을 사용하여 반응시켰다면 어떤 결과가 예측되는지를 레인 6에 그려 넣으라.

문제 12. 노랑초파리의 발생과정에서 발현되는 유전자의 특성을 분석하고자 한다. 여러분은 초파리의 배(embryo)와 성체로부터 mRNA를 분리하여 노던블롯을 수행하였다. 이때 초파리의 발생에 필요한 유전자 Z의 mRNA에 특이적으로 결합할 수 있는 표지된 DNA 탐침(labeled DNA probe)을 사용하였다. 그 결과는 다음 그림(왼쪽)과 같다.

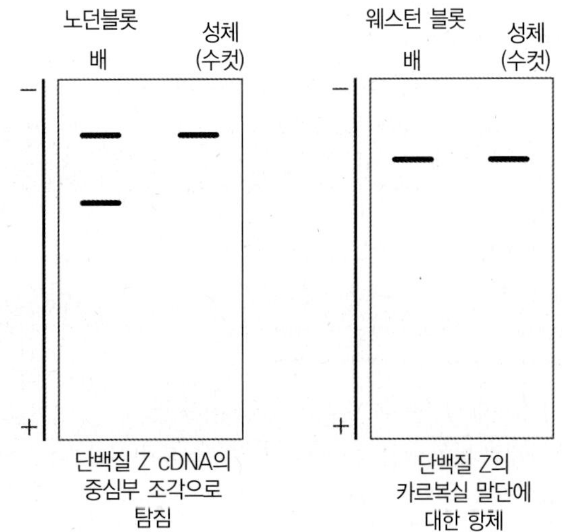

여러분은 또한 초파리의 배(embryo)와 성체로부터 단백질 Z를 분리하였으며, 이 단백질의 카르복시 말단에 대한 항체를 사용하여 웨스턴 블롯을 수행하였다. 그 결과는 다음 그림(오른쪽)과 같다. 여러분은 배와 성체 초파리 둘 모두에서 나온 동일 분자량의 단일 띠를 보고 놀란다.

A. 이런 결과들을 설명할 수 있는 가설을 제안하라.

B. 여러분의 가설을 증명할 또 다른 웨스턴 블롯 실험전략을 제안하라. 여러분은 실험에 어떤 것이라도 사용할 수 있다고 가정하라.

PART 3

유전체의 유지

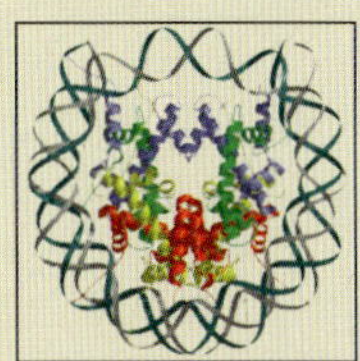
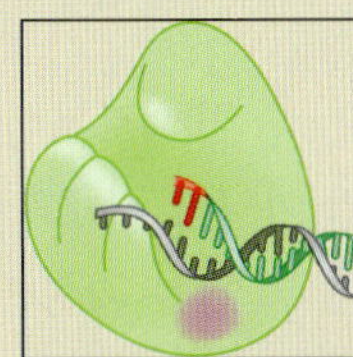
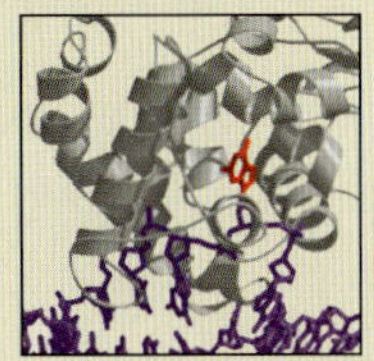
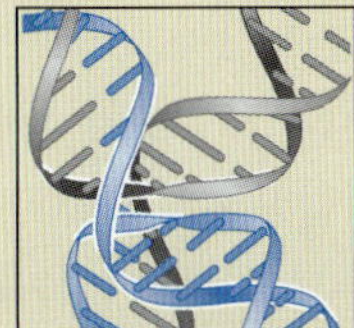
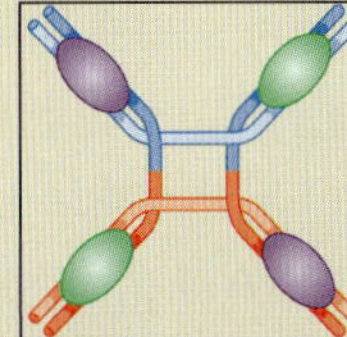

개 요

3부에는 세대를 거쳐 일어나는 유전체의 증식, 유지, 그리고 변형 과정에 대하여 기술되어 있다. 8장부터 12장까지 아래의 질문에 대해 살펴볼 것이다.

- 진핵생물의 염색체를 구성하는 거대 분자인 DNA는 핵 내에 어떻게 응축되어 있는가?
- 세포주기가 진행되는 동안 DNA는 어떻게 높은 정확도를 가지며 완전하게 복제될 수 있는가?
- 자연적이거나 환경적인 손상으로부터 DNA는 어떻게 보호되며, 손상된 DNA는 어떻게 복구되는가?
- 유전자 재조합과 전위로 알려진 염색체 사이에서의 DNA 염기서열 교환은 어떻게 이루어지며, 이러한 과정의 생물학적 역할은 무엇인가?

이들 질문에 답하면서, DNA 분자는 한 세대로부터 다음 세대로 전달될 때, 변형되지 않도록 유지하는 보존적 과정뿐만 아니라 개체의 다양성과 진화에 도움이 되도록 유전물질의 엄청난 변화를 야기하는 또 다른 과정을 겪게 된다는 사실을 알게 될 것이다.

8장은 거대 분자인 DNA가 어떻게 서로 다른 종들 간에 구조와 크기가 다양한 염색체를 형성하는지를 서술함으로써 시작한다. 거대한 크기의 염색체 DNA는 세포 내에 노출되어 있지 않고 더 조밀한 형태로 세포에 적합하도록 응축되어 있는데, 조밀하게 응축되어 있는 형태의 DNA를 염색질이라 부른다. DNA가 응축되면서 염색체의 길이가 감소되고 DNA의 행동과 접근성에 변화가 생길 뿐만 아니라 염색질은 DNA의 접근성을 증가시키거나 감소시키도록 변형될 수 있다. 이러한 변화는 적시적소에 반드시 DNA의 복제와 재조합, 전사가 일어날 수 있도록 한다. 8장에서는 염색질의 히스톤과 비히스톤 구성요소, 염색질의 구조, 염색체 DNA의 접근성을 조절하는 효소들에 대해 소개한다.

DNA의 구조는 유전물질의 복제 방법을 위한 기작을 제공하는데, 9장에서는 DNA 복제 기작을 자세히 다룰 것이다. DNA를 합성하는 효소와 DNA의 두 가닥 모두를 동시에 복제할 수 있는 복잡한 분자적 기작에 대해 설명한다. 또한 DNA 복제의 개시과정과 세포가 어떻게 적절한 염색체 수를 유지시키기 위해 이러한 과정을 신중하게 조절하는지에 대해 논의한다.

그러나 복제 기작에 오류가 전혀 생기지 않는 것은 아니기 때문에 복제의 매 주기마다 오류가 야기되며, 오류가 정정되지 않은 채로 방치되면 다음 세대 DNA 분자에서 돌연변이가 나타나게 된다. 게다가 DNA는 자연적으로도 손상을 받으며 화학물질과 방사선에 의해서도 손상 받을 수 있는 깨지기 쉬운 분자이다. 유전물질 내에서 부적절한 돌연변이가 빠른 속도로 축적되는 것을 막기 위해서 위와 같은 손상은 반드시 감지되어야 하고 수리되어야 한다. 10장은 DNA의 손상을 감지하고 수선하는 기작에 대해 설명한다. 세균으로부터 인간에 이르기까지 생물체들은 온전한 상태의 DNA를 유지시키기 위해 유사하며, 매우 잘 보존되어 있는 기작에 의존한다. 이들 보존체계의 고장은 암과 같은 파국적인 결과를 초래한다.

3부의 마지막 두 장은 DNA 대사의 상보적 측면을 밝힌다. 최소한의 변형으로 유전물질을 보존하려는 기존의 복제 및 수선 과정과는 달리 이들 장에서는 DNA 염기서열의 새로운 배열 과정을 다루게 된다. 11장은 매우 유사한(상동) 염색체 상에서 동일한 DNA 분절을 교환하는 절단과 재결합 과정인 상동재조합을 다룬다. 상동재조합은 유전적 다양성을 생성하고 소실되거나 손상된 염기서열의 교체를 가능하게 하여 절단된 DNA 분자를 수선하는 주요 기작이다. 상동재조합 경로에 대한 모델이 설명되어있을 뿐 아니라, DNA 분자 사이에서 상동 염기서열을 찾은 뒤 경로 모델에 의해 예측된 중간체를 생성하고 해리하는 매혹적인 세트의 분자 "기계"를 보여준다.

마지막으로 12장은 자리-특이적 재조합과 전이로 알려진 2종류의 특수한 재조합에 대해 설명한다. 이들 과정은 인간을 포함한 많은 생물의 유전체 내에 어떤 염기서열의 광대한 축적을 초래한다. 이러한 유전자 교환의 분자 기작과 생물학적 결과들을 다룰 것이다.

콜드 스프링 하버 연구소 기록보관실 제공 사진들

레이지 오카자키(Reiji Okazaki), 미생물에서의 DNA 복제에 관한 1968년 심포지엄. 이 심포지엄에서 오카자키는 DNA 복제 동안 새로운 딸가닥 중 한 가닥이 짧은 조각으로 합성되고 이후에 함께 연결된다는 것을 보여주었다. 이러한 "오카자키 조각"의 존재는 효소가 단지 한 방향으로 DNA를 합성함에도 불구하고 어떻게 반대 극성의 두 가닥을 동시에 만들 수 있는지를 설명하였다(9장).

폴 모드리치(Paul Modrich), DNA와 염색체에 관한 1993년 심포지엄. DNA 수선 분야의 개척자(10장)인 모드리치는 잘못짝지움 수선 기작의 기초에 관한 많은 연구를 하였다.

캐럴 그라이더(Carol Greider), 티티아 드랑게(Titia de Lange), 그리고 엘리자베스 블랙번(Elizabeth Blackburn), 2001년 말단소체 회의. 블랙번은 염색체 양끝에 있는 말단소체의 특징인 반복되는 서열들을 발견했다. 후에, 블랙번의 실험실 대학원생인 그라이더는 말단소체를 유지하는 효소인 말단소체중합효소(telomerase)를 발견했다(9장). 두 사람 사이에 있는 드랑게는 말단소체에 결합하여 이를 보호하는 세포 내 단백질에 집중하여 연구했다. 블랙번, 그라이더, 잭 쇼스택(Jack Szostak)과 함께 2009년 노벨 생리 · 의학상을 수상하였다.

아서 콘버그(Arthur Kornberg), DNA 복제와 재조합에 관한 1978년 심포지엄. DNA 복제 연구에(9장) 콘버그는 대장균으로부터 DNA를 합성할 수 있는 DNA 중합효소를 처음으로 정제함으로써 DNA 복제 연구에 크게 기여하였다. 그의 실험들은 새로운 DNA의 합성을 위해서는 DNA 주형이 필요하다는 것을 보여주었으며, 이것은 제임스 왓슨(James Watson)과 프란시스 크릭(Francis Crick)에 의해 제안된 DNA 복제에 관한 예측 모델을 확인시켜주었다. 이 연구로 콘버그는 세베로 오초아(Severo Ochoa)와 공동으로 1959년 노벨 생리 · 의학상을 수상하였다.

매튜 메셀슨(Matthew Meselson), 미생물에서의 DNA 복제에 관한 1968년 심포지엄. 메셀슨은 스탈(Stahl)의 실험 동료였으며 DNA 복제는 반보존적이라는 것을 보여주었다(다음 페이지 사진, 2장). 메셀슨은 후에 처음으로 제한효소를 정제하는 등 여러 분야에 큰 기여를 하였고, 이 사진은 그 해에 찍었다. 더구나 그는 화학 및 생물 무기의 사용과 생산을 금지하기 위해 노력한 것으로도 널리 알려져 있다.

바바라 맥클린톡(Barbara McClintock)과 로버트 홀리데이(Robert Holliday), DNA 수준에서의 재조합에 관한 1984년 심포지엄. 맥클린톡은 1940년대에 진행한 옥수수의 유전학적 연구 결과를 토대로 전위인자의 존재를 제안하였다(12장); 이 연구를 인정받아 30년이 더 지난 1983년 프랭클린 스탈은 노벨 생리 · 의학상을 수상하였다. 홀리데이는 자신의 이름 딴 상동재조합의 기본 모델을 제안하였다(11장).

프랭클린 스탈(Franklin Stahl)과 막스 델브뤽(Max Delbrück), 유전물질의 교환에 관한 1958년 심포지엄: 기작과 결과. 스탈은 메셀슨(앞 페이지의 사진)과 함께 DNA는 반보존적 기작에 의해 복제됨을 증명하였다. 이것은 한때 "생물학에서 가장 아름다운 실험"이라고 불렸다(2장). 스탈은 이후 상동재조합을 이해하는 데 크게 기여하였다(11장). 델브뤽은 소위 "파지 그룹"의 영향력 있는 공동설립자였다. 이 그룹의 과학자들은 콜드 스프링 하버 연구소에서 여름을 보내며 박테리오파지를 분자생물학의 첫 번째 모델 시스템으로 개발하였다(부록 1).

CHAPTER 8

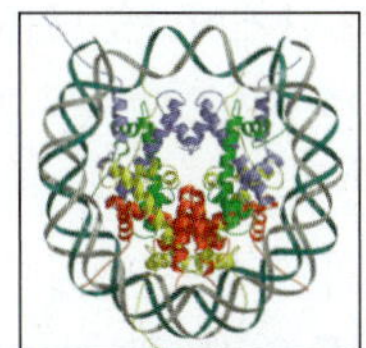

유전체 구조, 염색질 그리고 뉴클레오솜

4장에서는, DNA를 분리하여 그 구조를 살펴보았다. 그러나 세포 안에서, DNA는 단백질과 결합되어 있으며 각각의 DNA와 여기에 연결된 단백질들의 결합체를 **염색체(chromosome)**라 부른다. 원핵생물과 진핵생물 세포뿐만 아니라 바이러스에도 이러한 구조가 존재한다. DNA를 염색체 상태로 포장하는 것은 여러 중요한 기능을 한다. 첫째, 염색체는 세포 안에 쉽게 담겨질 수 있는 조밀한 형태의 DNA이다. 둘째, DNA의 염색체 형태로의 변형은 DNA를 손상으로부터 보호한다. 완전하게 노출된 DNA 분자는 세포 내에서 상대적으로 불안정하다. 반면에 염색체 DNA는 매우 안정하다. 셋째, 염색체에 담겨진 DNA만이 세포분열이 일어날 때 효과적으로 2개의 딸세포 각각에 전달된다. 마지막으로, 염색체는 각각의 DNA 분자가 전체적으로 잘 조직될 수 있도록 해준다. 이러한 조직화는 DNA의 접근성을 조절, DNA가 관여하는 세포 내에서의 모든 현상들을 조절한다.

진핵생물의 염색체 분자량 중 절반은 단백질이 차지한다. 진핵세포에서 일정한 DNA 부분과 이에 상호작용하는 단백질의 결합체를 **염색질(chromatin)**이라 부르며, 결합 단백질들의 대부분은 **히스톤(histone)**이라는 작은 염기성 단백질들이다. 히스톤만큼 풍부하지는 않지만, 흔히 **비히스톤 단백질(nonhistone protein)**이라 불리는 다른 단백질들도 염색체와 결합한다. 이들 단백질에는 DNA의 복제, 수선, 재조합 그리고 세포 내 DNA의 전사를 조절하는 수많은 DNA 결합 단백질(DNA-binding protein)들이 포함되어 있다. 이들 각각의 주제에 대해서는 다음 5개의 장에서 좀 더 자세히 설명할 것이다.

염색질 내의 단백질은 또 다른 필수적인 기능을 수행하는데, 이들 단백질은 DNA를 조밀하게 압축시킨다. 다음의 계산은 이러한 기능의 중요성을 명확하게 해준다. 하나의 사람세포는 염색체의 **반수체 세트(haploid set)**당 3×10^9 bp DNA를 포함한다. 4장에서 배웠지만, 각 염기쌍의 두께("rise")는 3.4 Å이다. 따라서 만약 반수체 염색체의 모든 DNA 분자를 끝에서 끝으로 펼쳐 놓는다면, DNA의 총 길이는 약 10^{10} Å, 즉 1 m나 된다! 하나의 이배체 세포에서는(전형적인 사람 세포처럼), 그 길이가 두 배인 2 m나 된다. 일반적인 사람세포의 핵의 직경은 불과 10~15 μm이기 때문에,

개 요

DNA는 좁은 공간에 맞도록 만 배 이상 조밀하게 압축되어야만 한다. 이러한 일이 어떻게 이루어질까?

사람세포(그리고 다른 모든 진핵생물 세포)에서 대부분의 압축화는 DNA와 히스톤의 규칙적 상호작용의 결과이며, 이 구조체를 **뉴클레오솜(nucleosome)**이라 부른다. 뉴클레오솜의 형성은 DNA의 직선길이를 10,000배까지 줄여 훨씬 조밀한 구조로 압축되도록 하는 과정의 첫 번째 단계이다. 그러나 DNA의 압축이 비용 없이 이루어지는 것은 아니다. DNA와 히스톤, 그리고 다른 단백질들의 상호작용은 DNA의 접근성을 줄인다. 이러한 접근성의 감소는 복제, 수선, 재조합, 그리고 가장 중요하게는 DNA의 전사를 조절하는 단백질의 작용을 방해한다. 진핵세포는 유전자의 발현과 DNA와 관련이 있는 다른 많은 일들을 조절하기 위해 염색질의 억제적 성질을 이용한다. 각각의 뉴클레오솜의 변화는 염색체 DNA의 특정 부분이 다른 단백질과 상호작용할 수 있게 만들어 주며, 이러한 변화는 뉴클레오솜을 변형시키고 재구성하는 효소에 의해 매개된다. 이러한 과정은 역동적이며 국지적이어서 효소와 조절 단백질들이 서로 다른 시간에 염색체의 다른 부분에 접근하는 것이 가능하다. 뉴클레오솜의 구조와 DNA와의 결합 조절과정을 이해하는 것은 진핵세포에서 DNA와 관련된 대부분의 현상들을 이해하는 데 매우 중요하다.

비록 원핵세포는 일반적으로 유전체(genome)의 크기가 작지만 DNA를 압축해야 하는 필요성은 마찬가지이다. 대장균(*E. coli*)은 약 1 mm의 염색체를 길이가 1 mm인 세포 내로 압축해 넣어야 한다. 원핵생물의 DNA가 어떻게 압축되어지는지는 아직 명확하게 밝혀지지 않았다. 세균은 히스톤이나 뉴클레오솜을 가지고 있지는 않지만, 이들과 유사한 기능을 하는 다른 작은 염기성의 단백질들을 가지고 있다. 이 장에서, 우리는 더 잘 알려진 진핵세포의 염색체와 염색질을 중점적으로 살펴볼 것이다. 먼저 서로 다른 여러 생물에서 염색체의 기본적인 DNA 서열을, 특히 단백질 암호화 부분의 변화에 초점을 맞추어 살펴볼 것이다. 그 다음에는 세포가 분열될 때, 염색체가 정확히 전달되도록 해주는 전체적인 기작에 대하여 논의 할 것이다. 이 장의 나머지 부분에서는 진핵생물의 염색질과 그 기본 구성단위인 뉴클레오솜의 구조와 조절에 대해 중점적으로 다루게 될 것이다.

유전체 서열과 염색체의 다양성

염색체의 구조를 자세히 논하기에 앞서, 염색체 구조의 기본을 형성하는 DNA 분자의 특성을 이해하는 것이 중요하다. 최근의 다양한 생물에 대한 유전체 염기서열 분석 결과는 염색체 DNA와 구성과 관련된 많은 정보와 생물의 복잡성이 증가함에 따라 염색체 DNA의 특성이 어떻게 변화되었는지에 대한 정보를 제공해 주었다.

염색체는 원형 혹은 선형일 수 있다

전통적인 관점에서는, 원핵세포는 하나의 원형 염색체를 가지고 진핵생물 세포는 여러 개의 선형 염색체를 가진다(표 8-1). 그러나 더 많은 원핵생물들이 연구되면서, 이러한 견해에 대한 이의가 제기되었다. 비록 연구된 대부분의 원핵생물(예를 들어, *E. coli*와 *B. subtilis*)은 실제로 하나의 원형 염색체를 가지지만, 여러 개의 염색체나 선형의 염색체, 또는 두 가지 특성을 모두 지닌 염색체를 가진 원핵세포의 예가 많이 알려졌다. 반면, 모든 진핵생물의 세포는 여러 개의 선형 염색체를 가진다. 진핵생물

표 8-1 생물체의 종류에 따른 염색체 구성의 다양성

종	염색체의 수	염색체의 사본 수	염색체의 형태	유전체 크기 (Mb)
Prokaryotes				
Mycoplasma genitalium	1	1	원형	0.58
Escherichia coli K-12	1	1	원형	4.6
Agrobacterium tumefaciens	4	1	3 원형, 1 선형	5.67
Sinorhizobium meliloti	3	1	원형	6.7
Eukaryotes				
Saccharomyces cerevisiae (budding yeast)	16	1 또는 2	선형	12.1
Schizosaccharomyces pombe (fission yeast)	3	1 또는 2	선형	12.5
Caenorhabditis elegans (roundworm)	6	2	선형	97
Arabidopsis thaliana (weed)	5	2	선형	125
Drosophila melanogaster (fruit fly)	4	2	선형	180
Tetrahymena thermophilus	5	2	선형	125
(protozoa)	225	10~10,000	선형	
Fugu rubripes (fish)	22	2	선형	393
Mus musculus (mouse)	19 + X와 Y	2	선형	2,600
Homo sapiens	22 + X와 Y	2	선형	3,200

의 염색체의 수는 종에 따라 대부분 2개에서 50개 사이지만, 드물게는 수천 개에 이르기도 한다[예를 들면, 원생동물인 테트라히메나(*Tetrahymena*)의 대핵(macronucleus), 표 8-1 참조].

원형과 선형의 염색체는 각각 유전체의 복제와 유지를 위해 극복되어야 하는 특수한 문제를 지니고 있다. 원형의 염색체는 그들이 복제된 후에 딸 분자를 분리하기 위하여 위상이성질화효소(topoisomerase)가 필요하다. 이러한 효소들이 없으면, 두 개의 딸 분자는 복제 후 서로서로 연결된 상태, 또는 사슬모양으로 남아 있게 된다(4장, 그림 4-23). 반면에 선형의 진핵생물 염색체의 DNA 말단은 이것을 분해하는 효소로부터 보호되어야 하며, DNA 복제 동안에 다른 종류의 문제점을 지니고 있다. 이것은 9장에서 알아볼 것이다.

모든 세포는 특정수의 염색체를 가진다

전형적인 원핵세포는 **핵양체(nucleoid)**라 불리는 구조로 함축된 하나의 완전한 염색체를 가진 염색체를 가지고 있다(그림 8-1b). 그러나 원핵세포가 빠르게 분열될 때 일부 염색체 부위는 복제과정에 있어서 2개 혹은 4개의 사본이 존재하게 된다. 원핵생물은 또한 흔히 **플라스미드(plasmid)**라 불리는 하나 혹은 그 이상의 작고 독립적인 원형의 DNA를 가진다. 큰 염색체 DNA와는 달리, 플라스미드는 일반적으로 세균의 성장에 있어서 필수적인 것은 아니다. 대신에 플라스미드는 항생제 저항성과 같은 매력적인 특징을 세균에 제공하는 유전자를 가지고 있다. 또한 염색체 DNA와는 달리, 플라스미드는 세포당 많은 완벽한 복사본을 가지고 있다.

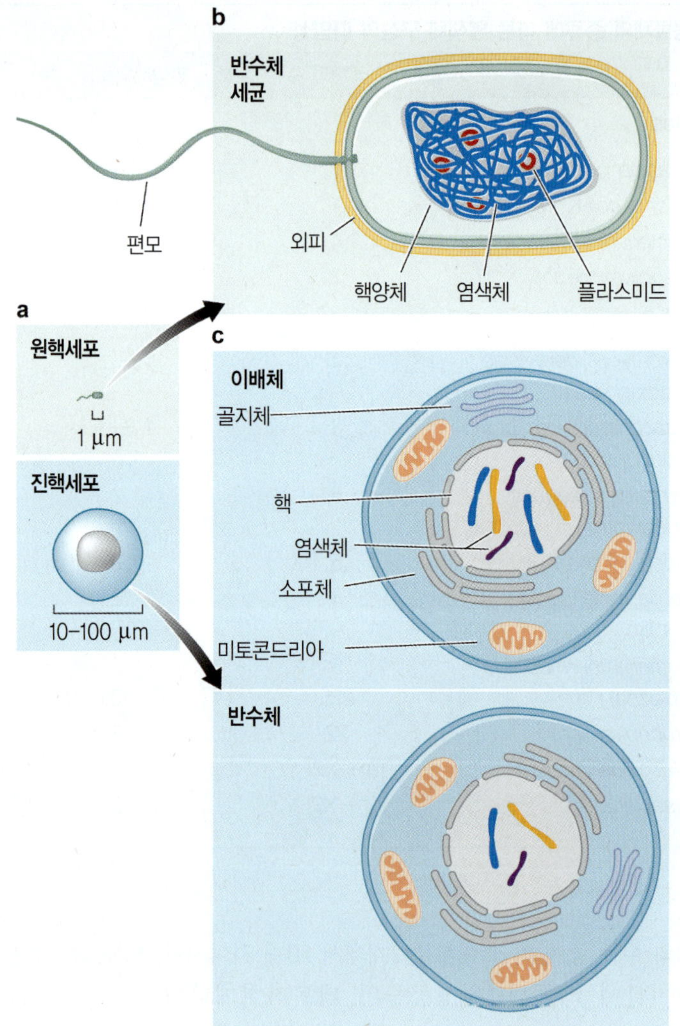

그림 8-1 전형적인 원핵세포와 진핵세포의 비교 (a) 진핵세포의 직경은 10~100 μm 정도로 다양하다. 전형적인 원핵세포의 직경은 ~1 μm 정도이다. (b) 원핵생물의 염색체 DNA는 핵양체 내에 위치하며 세포 내부의 상당한 부분을 차지한다. 진핵생물의 핵과는 달리, 핵양체는 막에 의해 세포의 나머지 부분과 분리되어 있지 않다. 플라스미드 DNA는 붉은색으로 나타내었다. (c) 진핵생물의 염색체는 막으로 둘러싸인 핵 내부에 위치한다. 반수체(사본 1개)와 이배체(사본 2개)세포는 핵 내에 존재하는 각 염색체의 사본 수에 의해 구별된다. (Adapted, with permission, from Brown T.A. 2002. *Genomes*, 2nd ed. p. 32, Fig. 2.1. © BIOS Scientific Publishers by permission of Taylor & Francis.)

대부분의 진핵세포는 **이배체(diploid)**로서, 각 염색체의 사본을 2개씩 가지고 있다(그림 8-1c 참조). 주어진 염색체의 두 복사체를 **상동체(homolog)**라고 하며, 이들 각각은 각각의 어버이로부터 유래된다. 그러나 모든 진핵세포가 이배체는 아니다. 진핵세포의 일부는 반수체이거나 배수체이다. 반수체(haploid) 세포는 각 염색체의 사본 하나만을 가지고 있으며, 유성생식(sexual reproduction)을 한다(예를 들면, 정자와 난자는 반수체 세포이다). **배수체(polyploid)** 세포는 각 염색체에 대해 두 개 이상의 사본을 가진다. 실제로, 일부 생물은 성인 세포의 대부분 시기에서 배수체 상태를 유지한다. 극심한 경우에서는 각 염색체에 대해 수백, 심지어 수천 개의 사본이 존재할 수도 있다. 이러한 종류의 광범위한 유전체의 증폭은 세포가 더 많은 RNA를 생성하게 하고, 그로 인해 더 많은 단백질이 생성되게 한다. 예를 들어, 거핵세포(megakaryocyte)는 특수화된 배수체 세포로(~28개의 각 염색체 사본을 가짐) 수천 개의 혈소판을 생성한다. 혈소판에는 염색체가 결핍되어 있지만 사람의 혈액에 있어서는 필수적인 요소이다(혈액 1 ml당 200,000개의 혈소판이 존재한다). 배수체가 됨으로써, 거핵세포는 많은 수의 혈소판을 생성하기 위한 매우 높은 수준의 대사 요구를 충족시킬 수 있다. 이렇게 많은 염색체는 분리가 어렵기 때문에 배수체 세포는 거의 항상 분열이 정지되어 있다. 진핵생물의 염색체는 수에 상관없이, 막으로 둘러싸인 **핵(nucleus)**이라는 세포기관 내에 항상 존재한다(그림 8-1c 참조).

표 8-2 다른 생명체의 유전체에서 유전자 밀도의 비교

종	유전체 크기 (Mb)	대략적인 유전자 수	유전체 밀도 (유전자/Mb)
Prokaryotes (bacteria)			
Mycoplasma genitalium	0.58	500	860
Streptococcus pneumoniae	2.2	2,300	1,060
Escherichia coli K-12	4.6	4,400	950
Agrobacterium tumefaciens	5.7	5,400	960
Sinorhizobium meliloti	6.7	6,200	930
Eukaryotes (animals)			
Fungi			
Saccharomyces cerevisiae	12	5,800	480
Schizosaccharomyces pombe	12	4,900	410
Protozoa			
Tetrahymena thermophila	125	27,000	220
Invertebrates			
Caenorhabditis elegans	103	20,000	190
Drosophila melanogaster	180	14,700	82
Ciona intestinalis	160	16,000	100
Locusta migratoria	5,000	nd	nd
Vertebrates			
Fugu rubripes (pufferfish)	393	22,000	56
Homo sapiens	3,200	20,000	6.25
Mus musculus (mouse)	2,600	22,000	8.5
Plants			
Arabidopsis thaliana	120	26,500	220
Oryza sativa (rice)	430	~45,000	~100
Zea mays (corn)	2,200	>45,000	>20
Triticum aestivum (wheat)	16,000	nd	nd
Fritillaria assyriaca (tulip)	~120,000	nd	nd

nd, not determined.

유전체의 크기는 생물의 복잡성과 연관되어 있다

유전체의 크기(염색체 한쪽의 반수체에 존재하는 DNA 길이)는 서로 다른 생명체들 사이에서 상당히 다르다(표 8-2). 더 복잡한 생명체의 형성을 지시하기 위해서는 더 많은 유전자들이 요구되기 때문에(적어도 세균, 단세포 진핵생물, 그리고 다세포성 진핵생물을 비교했을 때; 21장 참조) 유전체의 크기가 대략적으로 생명체의 복잡성과 상관관계가 있다는 것은 놀랄 일이 아니다. 원핵세포는 일반적으로 10메가바이트(Mb)보다 작은 유전체를 가진다. 비록 좀 더 복잡한 원생동물이 200 Mb 이상의 유전체를 가지기는 하지만, 전형적인 단세포 진핵생물은 대개 50 Mb 이하의 유전체를 가진다. 다세포 생물체는 100,000 Mb 이상에 이르는 크기의 유전체를 가진다.

비록 유전체의 크기가 생물체의 복잡성과 관련이 있기는 하지만 이것은 완전한 것은 아니다. 확실히 복잡성이 비슷한 많은 생명체들이 매우 다른 유전체의 크기를 가진다. 초파리는 메뚜기의 유전체보다 약 25배 정도 작은 유전체를 가지고, 벼의 유전체는 밀의 유전체보다 약 40배 정도 작다(표 8-2 참조). 이러한 예들에서, 유전체 크기의 증가보다는 유전자의 수가 생명체의 복잡성과 더 관련성이 깊은 것으로 보인다. 이것은 서로 다른 유전체의 상대적인 유전자 밀도를 조사해 보면 더 명백해진다.

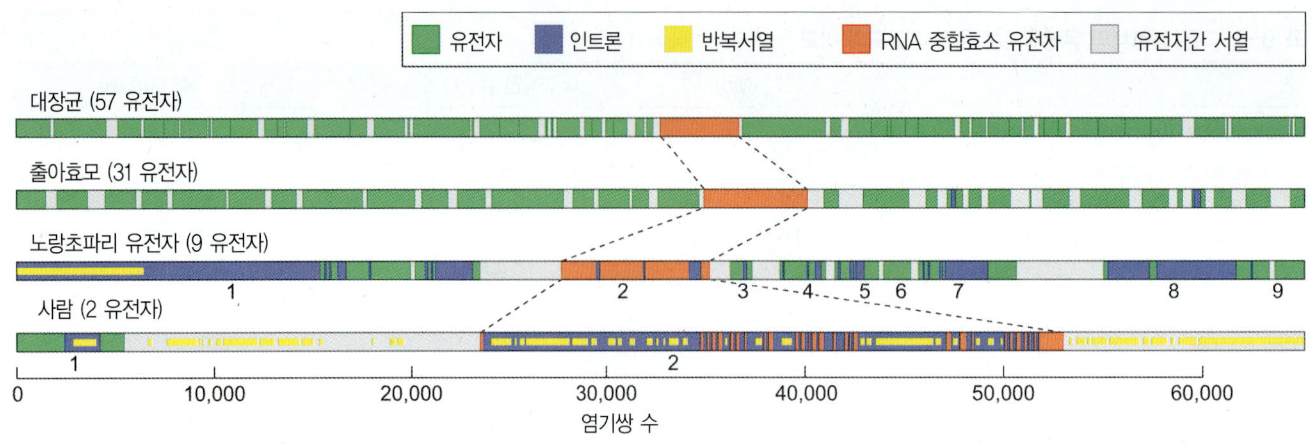

그림 8-2 서로 다른 생명체에서 염색체의 유전자 밀도 비교. 각 생명체의 65 kb DNA 부위를 보여주고 있다. RNA 중합효소(진핵세포에서는 RNA Pol II)의 가장 큰 단위체를 암호화하는 부분은 붉은색으로 표시하였다. 다른 유전자들을 암호화하는 DNA는 녹색, 인트론 DNA는 보라색, 반복되는 DNA는 노란색, 그리고 특정한 유전자간 DNA는 회색으로 표시하였다. 생명체의 복잡성이 증가함에 따라 65 kb에 포함된 유전자의 수가 감소하고 있다는 점을 주시하시오.

대장균의 유전체는 대부분이 유전자로 구성되어 있다

대장균(*E. coli*)에서 염색체의 대부분은 단백질과 구조 RNA들을 암호화하고 있다(그림 8-2). 비암호화 서열의 대부분은 유전자의 전사를 조절하는 데 사용된다(18장에서 보게 될 것임). 한 전사과정의 시작이 흔히 여러 유전자의 발현을 조절하는 데 쓰이기 때문에, 심지어 이러한 지역들조차도 유전체 내에서 최소로 유지된다. 대장균 유전체의 한 필수요소인 복제개시점(origin of replication)은 특정 유전자의 일부가 아니다. 이 짧은 염색체 부위는 복제기구의 조립을 지시하지만(9장에서 볼 것임), 그 중요성에도 불구하고 이 부위는 매우 작아서 4.6 Mb의 대장균 유전체에서 수백 개 정도의 염기쌍을 차지할 뿐이다.

복잡한 생명체는 낮은 유전자 밀도를 가진다

초파리나 메뚜기와 같이 유사한 복잡성을 가진 생물체가 유전체의 크기는 엄청나게 다르다는 사실은 어떻게 설명할 것인가? 이러한 차이는 주로 유전자의 밀도와 관계가 있다. 유전자 밀도의 간단한 기준은 유전체 DNA Mb당 평균 유전자의 수이다. 만약 생물체가 5,000개의 유전자를 가지고 있고 유전체의 크기가 50 Mb라면, 이 생물체의 유전자 밀도는 100개 유전자/Mb이다. 서로 다른 생명체의 유전자 밀도를 비교해 보면, 생명체들에서 DNA의 유전자 암호화 효율이 매우 다양하다는 사실이 명백해진다. 생물체의 복잡성과 유전자 밀도 사이에는 대략 역관계가 성립한다. 생물체가 덜 복잡할수록 유전자 밀도는 높다. 예를 들어, 가장 높은 유전자 밀도는 바이러스에서 발견되는데 어떤 경우에는 유전자를 중복해 암호화하기 위하여 DNA의 양쪽 가닥을 모두 사용하기도 한다. 세균에서는 비록 중복된 유전자가 드물기는 하지만 유전자 밀도가 거의 1,000개 유전자/Mb에 달한다.

진핵생물의 유전자 밀도는 원핵생물 보다 항상 낮으며, 매우 다양하다(표 8-2 참조). 진핵생물에서는 일반적으로 생물의 복잡성이 증가하면 유전자 밀도가 감소하는 경향이 있다. 단세포성 진핵생물인 출아효모(*S. cerevisiae*)는 원핵생물과 매우 비슷

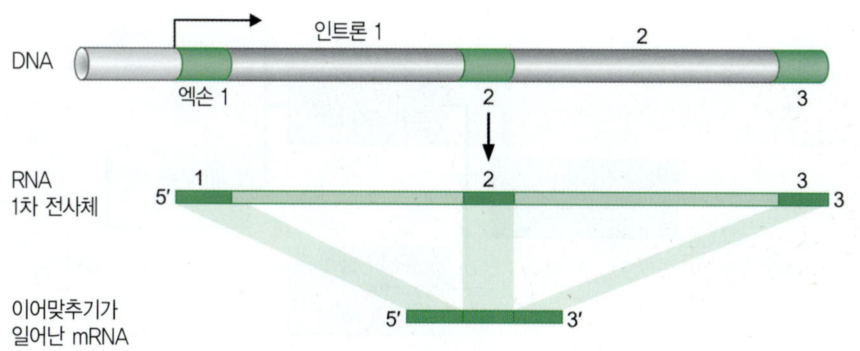

그림 8-3 RNA 이어맞추기의 개요. mRNA 전구체의 전사는 엑손 1위에 보이는 화살표에서 시작된다. 1차 전사체는 그 후에 가공되어(이어맞추기에 의해) 인트론이 제거되고 전령 RNA(messenger RNA)가 만들어진다.

한 유전자 밀도를 가진다(~500개 유전자/Mb). 반면에 사람의 유전체는 50배 정도 유전자 밀도가 낮은 것으로 추정된다. 그림 8-2에는 모든 생명체에서 잘 보존되어 있는 유전자(RNA 중합효소의 큰 소단위)의 발현에 필요한 DNA 서열의 양이 비교되어 있다. 보는 바와 같이 하나의 유전자 발현에 관여하는 DNA의 양에는 상당한 차이가 있지만 인지되어 있는 단백질의 크기는 매우 유사하다. 이러한 유전자 밀도의 감소는 무엇 때문일까?

유전자는 진핵생물의 염색체 DNA에서 단지 작은 부분만을 차지한다

두 가지 요소가 진핵세포에서 관찰된 유전자 밀도의 감소에 관여하는데, 유전자 크기의 증가와 DNA와 유전자 사이의 **유전자간 서열(intergenic sequence)**의 증가가 그것이다. 더욱 복잡한 생명체에서 유전자의 크기가 더 커지는 중요한 이유는 일반적인 단백질이 더 커지거나 같은 단백질을 암호화하기 위해 더 많은 DNA가 요구되기 때문이 아니다. 진핵생물에서 단백질을 암호화하는 유전자는 흔히 불연속적인 단백질 암호화 부위를 가진다. 이들 사이에 산재된 비단백질 암호화(non-protein-coding) 지역을 **인트론(intron)**이라 하며, 인트론은 전사 후에 **RNA 이어맞추기(RNA splicing)**에 의해 제거된다(그림 8-3). RNA 이어맞추기에 대해서는 14장에서 자세히 알아볼 것이다. 인트론의 존재는 유전자를 암호화하기 위해 필요한 DNA의 길이

표 8-3 서로 다른 유전체에서 인트론과 반복서열의 기여

종	유전자 밀도 (유전자/Mb)	유전자당 평균 인트론 수	반복 DNA의 비율 (%)
Prokaryotes (bacteria)			
Escherichia coli K-12	950	0	<1
Eukaryotes (animals)			
Fungi			
Saccharomyces cerevisiae	480	0.04	3.4
Invertebrates			
Caenorhabditis elegans	190	5	6.3
Drosophila melanogaster	82	3	12
Vertebrates			
Fugu rubripes	56	5	2.7
Homo sapiens	6.25	6	46
Plants			
Arabidopsis thaliana	220	3	nd
Oryza sativa (rice)	~100	nd	42

nd, not determined.

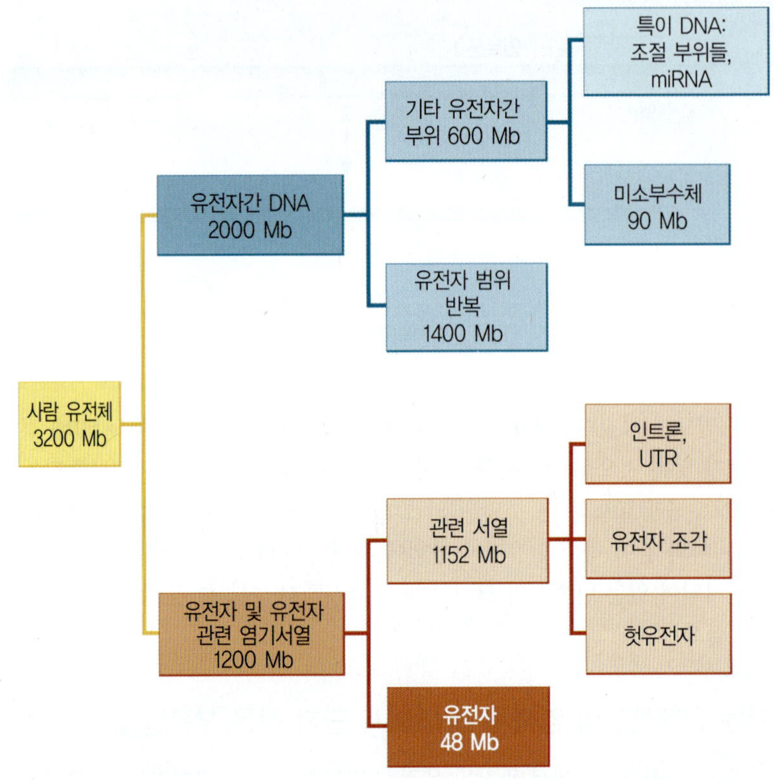

그림 8-4 사람 유전체의 구성과 내용. 사람의 유전체는 서로 다른 여러 종류의 DNA 서열로 구성된다. 이들의 대부분은 단백질을 암호화하고 있지 않다. 그림은 다양한 종류의 염기서열 각각의 양과 분포를 보여준다. (Adapted, from Brown T.A. 2002. *Genomes*, 2nd ed., p. 23, Box 1.4. © BIOS Scientific publishers. by permission of Taylor & Francis.)

를 크게 증가시킨다(표 8-3). 예를 들어, 사람 유전자의 전사되는 부위의 평균 길이는 약 27 kb(이것을 유전자 밀도와 혼동해서 안 된다)인 반면, 사람 유전자의 단백질 암호화 부위는 1.3 kb밖에 되지 않는다. 평균적으로 사람의 단백질-암호화 유전자의 단 5%만이 직접 원하는 단백질을 암호화하고 있다. 나머지 95%는 인트론을 가지지 않는다. 그 예로서, 출아효모는 단지 유전자의 3.5%만이 인트론이고 이들 중 어떤 것도 1 kb를 넘지 않는다(표 8-3 참조).

좀 더 복잡한 생명체에서는 유전자간 서열의 급증이 유전자 밀도의 더 큰 감소를 이끌어 낸다. 유전자간 DNA는 유전체의 일부로서 단백질이나 구조 RNA의 발현과는 관련이 없다. 사람 유전체의 60% 이상이 유전자간 서열로 구성되어 있는데, 대부분의 이런 DNA의 기능은 알려져 있지 않다(그림 8-4). 유전자간 DNA에는 특이적(unique)인 것과 반복되는(repeated) 것의 2가지 종류가 있다. 유전자간 DNA의 약 1/4이 특이적인 것이다. 특이적 유전자간 서열의 증가에는 전사과정을 통제하고 조절하는 데 필요한 DNA 부분, 이른바 **조절서열(regulatory sequence)**이 관여한다. 생명체가 더 복잡하고 많은 유전자들을 암호화할수록 조절서열은 유전자의 발현을 조절하기 위하여 보다 더 복잡하고 커지게 된다. 이러한 부위들은 비기능적인 돌연변이 유전자, 유전자 조각(gene fragment), 그리고 헛유전자(pseudogene) 등과 같은 여러 비기능성 잔해물(nonfunctional relic)들로 구성되어 있다. 돌연변이 유전자와 유전자 조작은 단순한 무작위적인 돌연변이의 유발(random mutagenesis)이나 DNA 재조합 과정의 오류로부터 발생된다. 위유전자는 **역전사효소(reverse transcriptase)**라는 효소의 활동에 의해 생성된다(그림 8-5, 12장 참조). 이 효소는 RNA로부터 이중가닥의 DNA(일명 copy DNA 혹은 cDNA라 한다)를 복사하는데, 이것은 재생을 위해 이 효소가 필요한 일부 바이러스에서만 발현된다. 그러나 이러한 바이러스의 감염의 부작용으로 세포의 mRNA가 DNA로 복사되어 낮은 비율이지만 유전체 내로 재통합될 수 있다. 그러나 이들은 발현을 지시하는 정확한 조절서열이 부족하기 때문에 이

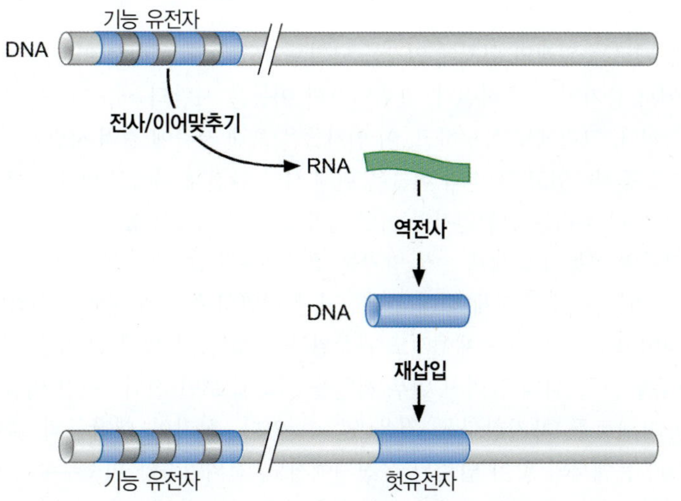

그림 8-5 가공된 헛유전자는 역전사된 mRNA의 통합에 의해 생성된다. 세포 내에 역전사효소가 존재할 때, mRNA 분자는 이중나선의 DNA로 복사될 수 있다. 아주 드물게, 이런 DNA 분자가 유전체 내로 통합되어 헛유전자를 만들기도 한다. 새로 전사된 RNA로부터 인트론은 매우 빠르게 제거되기 때문에, 이러한 헛유전자는 인트론이 없다는 공통적인 특성을 나타낸다. 이것이 헛유전자와 원래 유전자로부터 유래된 유전자의 복사체를 구별해 준다. 또한 프로모터 부위는 mRNA의 일부가 아니므로 헛유전자는 이들의 전사를 지시할 프로모터(promoter) 서열을 가질 수 없다.

복사체들은 발현이 되지는 않는다(이러한 서열들은 일반적으로 유전자의 RNA 생성물의 일부분은 아니다; 13장 참조).

마지막으로, 진핵세포에서 특이적 유전자간 서열의 기능이 있는 것은 확실하지만, 이는 아직 명확히 밝혀지지는 않았다. 일례로 일반적으로 **miRNA**로 언급되는 새로운 microRNA가 규명되어 있다. 이들 작은 구조적 RNA들은 생산된 mRNA의 안정성 또는 전사되는 능력을 바꿈으로써 다른 유전자들의 발현을 조절하는 역할을 한다(20장에서 small RNA에 의한 유전자의 조절을 다루게 될 것이다). 이러한 서열들이 단지 최근 들어서 발견되고 있기 때문에 표 8-2에 있는 유전자들에는 포함되지 않았다. 하지만 사람의 세포는 500개 이상의 miRNA를 가질 것이라고 추정되고 있다. 이와 비슷하게 수천 개의 long-intervening non-coding RNA(lincRNA)가 밝혀져 있다. 비록 이들 RNA가 특정 단백질을 암호화하고 있지는 않지만 최근 연구에서는 이들이 아직은 규명되지 않은 어떤 형태로 유전자의 발현을 증가시키거나 감소시키는 조절작용을 한다고 제안하고 있다. 특이적 유전자간 서열에서의 암호화와 같은 또 다른 기능이 복제개시점이며, 이것은 대부분의 진핵생물에서 아직 밝혀지지 않고 있다.

사람의 유전자간 서열은 대부분이 반복 DNA로 구성되어 있다

사람 유전체의 거의 절반은 여러 번 반복되는 DNA 서열로 구성되어 있다. 반복 DNA에는 일반적으로 미소부수체 DNA와 유전체 범위의 반복서열 DNA의 2가지 종류가 있다. **미소부수체(microsatellite) DNA**는 매우 짧고(13 bp 보다 작음) 직렬로 반복되는 서열이다. 가장 흔한 미소부수체 서열은 디뉴클레오티드 반복(dinucleotide repeats)이다(예를 들면, CACACACACACACACA). 이러한 반복은 정확하게 DNA를 복제하기 힘든 어려움에서 생겨나며, 사람 유전체의 거의 3%에 해당한다.

유전체 범위의 반복서열(genome-wide repeat)은 미소부수체 반복보다 훨씬 커서, 각각의 반복 단위 길이는 100 bp 이상이고, 큰 것은 길이가 1 kb 이상이다. 이러한 서열은 각 복사본이 유전체의 여러 부위에 산재되어 있거나, 또는 가깝게 여러 개가 위치한 덩어리(cluster)로써 발견된다. 비록 여러 종류의 반복이 존재하지만, 이들의 공통적인 특성은 모두 **전위인자(transposable element)**라는 것이다.

전위인자는 유전체 내의 한 위치에서 다른 위치로 이동할 수 있는 서열이다. **전위(transposition)**라 불리는 이러한 이동에 의해 인자는 유전체상의 새로운 위치로 이동하는데, 때로는 원래의 위치에 인자를 남겨두기도 한다. 따라서 이러한 서열은 유전체 도처에서 증가하고 축적된다. 전위인자의 이동은 사람의 세포에서는 상대적으로 드문 현상이다. 그럼에도 불구하고, 이 인자들은 오랜 시간에 걸쳐 사람의 유전체에서 성공적으로 증식하였고 그 결과 이들은 현재 사람 유전체 내에서 약 45%를 차지하고 있다. 12장에서 우리는 전위인자가 어떤 작용 기작에 의해서 유전체 내에서 이동하고 어떻게 그들의 이동이 염색체 손상 방지를 조절하는지 알아볼 것이다.

비록 우리는 사람 유전체 내에서 유전자간 서열의 특성에 대해 논의하였지만, 동일한 특성이 많은 다른 생명체에서도 관찰된다. 예를 들어, 매우 큰 유전체를 가진 여러 식물(옥수수 같은)의 알려진 일부 서열을 비교해 보면 전위인자가 이들 유전체에서 많은 퍼센트를 차지한다는 것을 알 수 있다. 심지어 대장균과 출아효모(*S. cerevisiae*) 등에서와 같이 압축된 유전체에서도, 전위인자와 미소부수체 반복의 예가 존재한다(그림 8-2). 단, 차이점이 있다면 이들 인자가 단순한 생명체의 유전체 한 부분을 차지하게 되는 성공률이 낮다는 것이다. 이것은 복제가 비효율적이거나 또는 효과적으로 이들이 제거되기(복제 시 수선과정이나 생명체의 제거에 의한 제거) 때문일 것이다.

비록 반복 DNA를 쓸모없는 DNA로 여기고 싶기는 하지만, 수백, 수천 세대를 거쳐 이들 서열이 안정적으로 유지되었다는 사실은 유전자간 DNA가 숙주 생물에게 긍정적 가치(혹은 선택적 이점)를 준다는 것을 시사한다.

염색체의 복제와 분리

진핵생물의 염색체가 세포분열 동안에 유지되기 위해서는 동원체, 말단소체 그리고 복제개시점을 필요로 한다

진핵생물의 염색체에는 유전자도 아니고 유전자 발현을 조절하는 데 관여하지도 않는 여러 중요한 DNA 요소들이 있다(그림 8-6). 이러한 요소에는 염색체 DNA의 복

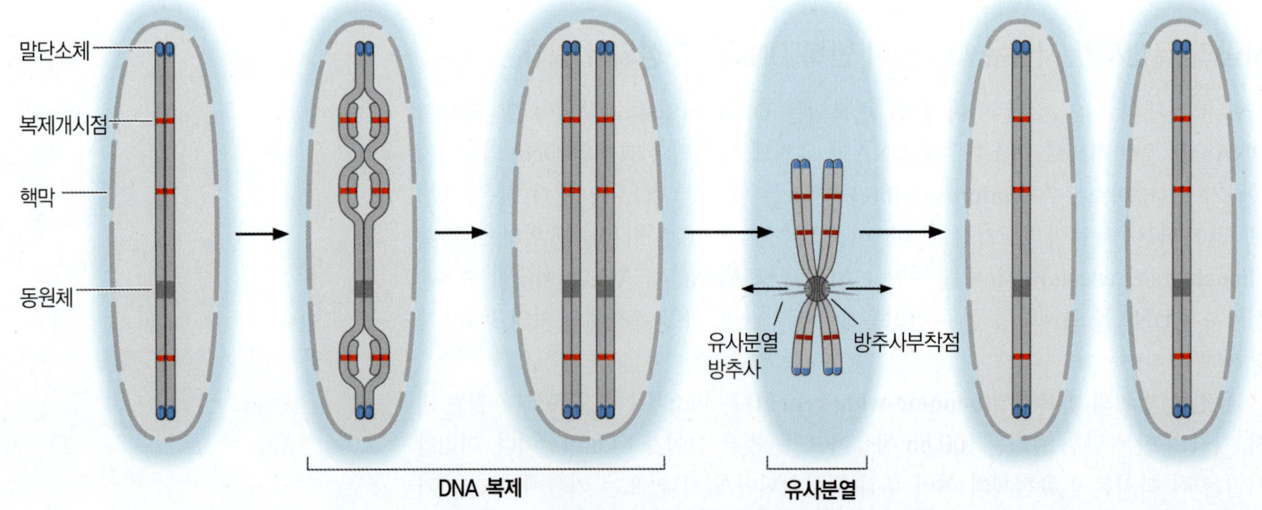

그림 8-6 동원체, 복제개시점, 그리고 말단소체는 진핵생물의 염색체 유지를 위해 필수적이다. 각각의 진핵생물 염색체는 2개의 말단소체, 하나의 동원체, 그리고 수많은 복제개시점을 가지고 있다. 말단소체는 각 염색체 각각의 말단에 위치한다. 말단소체와는 달리, 각 염색체에서 하나만 관찰되는 동원체는 정해진 위치가 없다. 일부 동원체는 염색체의 중심 부근에서 보이고 다른 일부는 말단소체 가까이에 위치한다. 복제개시점은 각 염색체의 도처에 위치한다(출아효모에서는 대략 매 30 kb마다).

제를 지시하는 복제개시점, 염색체가 딸세포로 이동할 때 작용하는 동원체, 그리고 선형 염색체 말단의 보호와 복제에 기여하는 말단소체가 포함된다. 이러한 모든 특성들이 세포분열 동안 염색체의 정확한 복제와 분리를 위해 필수적이다. 지금부터 이들 요소에 대해 자세히 알아보자.

복제개시점(origins of replication)은 DNA의 복제에 관여하는 요소들이 복제를 시작하기 위해 결합하는 장소이다. 이들은 각 진핵생물 염색체에서 약 30~40 kb 떨어진 길이마다 하나씩 발견된다. 원핵생물 염색체 역시 복제개시점을 필요로 하지만 진핵생물의 복제개시점과는 달리, 원핵생물의 염색체는 일반적으로 단 하나의 복제 시작 기점을 가진다. 일반적으로 복제개시점은(대개, 복제원점은) 비암호화 지역에서 발견된다. 복제개시점으로 여겨지는 DNA 서열에 대해서는 9장에서 자세히 설명할 것이다.

동원체(centromere)는 DNA 복제 후에 염색체의 정확한 분리에 필요하다. 각각 복제된 염색체의 2개의 복사본을 **딸 염색체(sister chromosome)**라 부르는데, 이들은 하나씩 2개의 딸세포로 각각 분리되어야 한다. 복제개시점처럼 동원체에는 정교한 단백질 복합체가 형성되는데, 이를 **방추사부착점(kinetochore)**이라 한다. 방추사부착점은 염색체가 분리 되기 전 각각의 동원체 DNA에서 조립되며 **미세소관(microtubule)**이라고 불리는 섬유성 단백질과 결합하여 자매염색분체를 분리시켜 2개의 딸세포를 형성한다. 하나의 진핵생물 염색체에서 복제개시점이 여러 개 발견되는 것과는 달리, 동원체는 각 염색체에 단 하나만 존재한다는 사실은 중요하다(그림 8-7a). 동원체가 없으면, 복제된 염색체가 임의로 분리되어 염색체의 손실이나 중복이 생겨난다(그림 8-7b). 만약 동원체가 여러 개 존재한다면, 동원체는 하나의 염색체를 2개의 딸세포로 당기게 되어 염색체의 파손을 일으킨다(그림 8-7c). 동원체는 크기가 상당히 다양하다. 출아효모에서는 동원체가 200 bp보다 작은 반면에, 대부분의 진핵생물에서는 동원체가 40 kb보다 크고 주로 반복 DNA 서열로 구성되어 있다(그림 8-8).

말단소체(telomere)는 선형 염색체의 두 말단에 위치한다. 복제개시점과 동원체와 같이 말단소체 또한 많은 단백질에 의해 둘러싸여 있다. 이들 단백질은 두 가지 중요한 기능을 수행한다. 첫째, 말단소체 단백질은 염색체의 본래의 말단부위와 세포 내에서 염색체 파손이나 기타 DNA 파괴에 의해 생긴 말단 부분을 구분해 준다. DNA 말단은 보통 DNA 재조합과 DNA 분해가 많이 일어나는 곳이다. 말단소체에 결합하는 단백질을 이러한 두 가지 작용이 일어나지 않도록 보호하는 역할을 한다. 둘째, 말단소체는 특수한 복제개시점으로 작용하여 세포 안에서 염색체 말단의 복제를 가능하게 해준다. 그 이유는 9장에서 자세히 논의되겠지만, 전형적인 DNA 복제기구에 의해서는 선형 염색체의 말단 부분은 완전히 복제될 수 없다. 말단소체는 **말단소체중합효소(telomerase)**라 불리는 특별한 DNA 중합효소와의 결합을 통해 말단의 복제를 가능하게 해준다.

대부분의 염색체와는 달리, 말단소체의 일부분은 단일가닥의 형태로 유지된다(그림 8-9). 말단소체는 생명체에 따라 그 서열이 다양한 단순 반복서열로 이루어져 있다. 전형적인 반복서열은 TG가 풍부한 짧은 반복서열로 구성되어 있는데, 예를 들어 사람의 말단소체 5′-TTAGGG-3′의 반복서열을 가진다. 9장에서 살펴보겠지만, 말단소체의 반복서열 특성은 그들의 특이한 복제 방법의 결과이다.

a 하나의 동원체

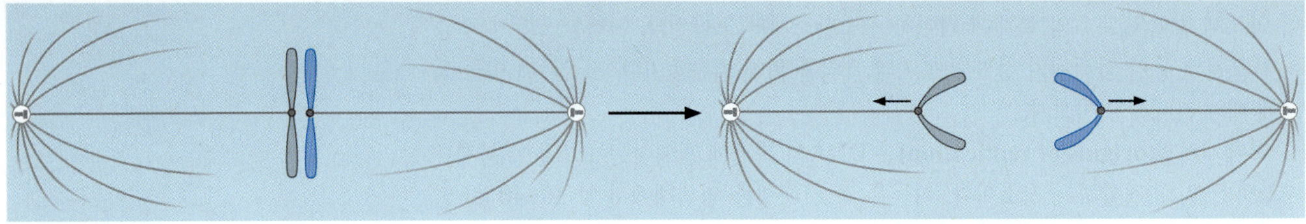

b 동원체가 없음

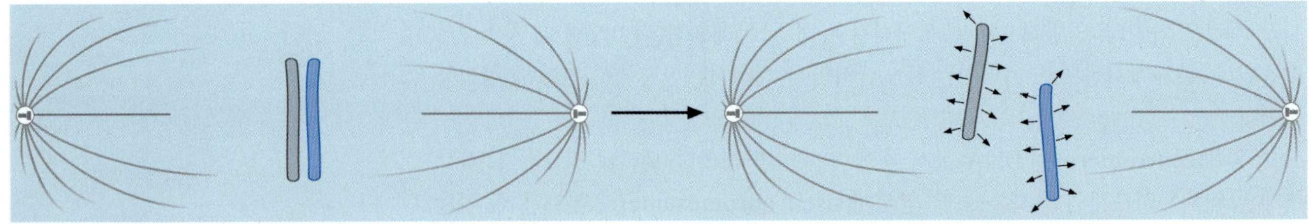

c 두 개의 동원체

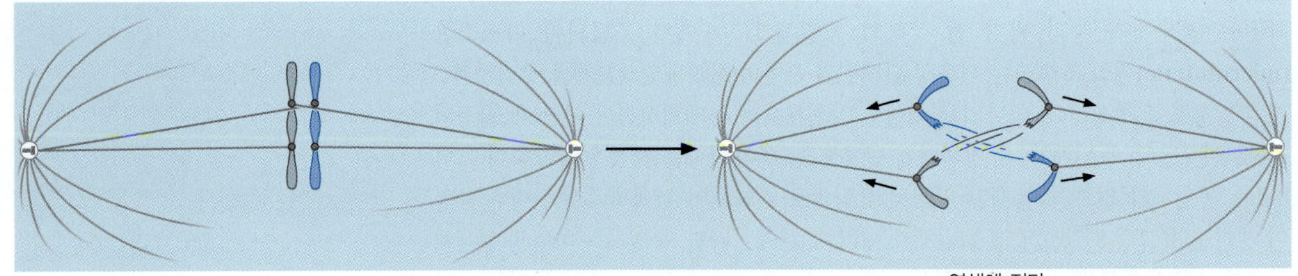

그림 8-7 동원체가 하나보다 많거나 적으면 염색체의 소실이나 파괴가 일어난다. (a) 정상적인 염색체는 하나의 동원체를 가진다. 염색체 복제 후, 각 복사본의 동원체에는 방추사부착점의 형성이 유도된다. 이 두 개의 방추사부착점은 반대극의 유사분열 방추사에 결합하고 세포분열 전에 세포 양끝의 반대편으로 잡아당겨진다. (b) 동원체가 없는 염색체는 빠르게 세포에서 소실된다. 동원체가 없으면, 염색체는 방추사에 결합하지 못하고 두 개의 딸세포에 무작위로 위치하게 된다. 하나의 딸세포가 두 개의 염색체를 가지거나 다른 딸세포가 그 염색체를 잃어버리는 경우가 생기게 된다. (c) 두 개 혹은 그 이상의 동원체를 가진 염색체는 분리되는 도중에 대부분 파괴된다. 만약 한 염색체가 두 개 이상의 동원체를 가진다면, 유사분열 방추사의 양극 쪽에 동시에 결합하게 된다. 분리가 시작될 때, 방추사의 반대 방향으로 작용하는 힘은 양극에 동시에 결합한 염색체를 파손시킨다.

진핵생물 염색체의 복제와 분리는 세포주기의 구분된 단계에서 일어난다

세포분열기에 염색체는 복제되어 딸세포로 분리되어야만 한다. 세균세포에서 이러한 두 가지 사건은 동시에 일어난다. 즉, DNA가 복제되면서 곧바로 그 두 개의 사본이 세포의 반대편으로 분리된다. 비록 이들 현상이 세균에서 엄격히 조절되는 것은 사실이지만, 어떻게 이러한 조절이 일어나는지에 대한 자세한 과정은 잘 알려져 있지 않다. 반면에 진핵세포에서는 세포주기 동안에 염색체의 복제와 분리가 각각 구분된 시기에 일어난다. 이러한 과정에 대해서는 염색체에 대하여 공부할 때 자세히 살펴보게 될 것이다.

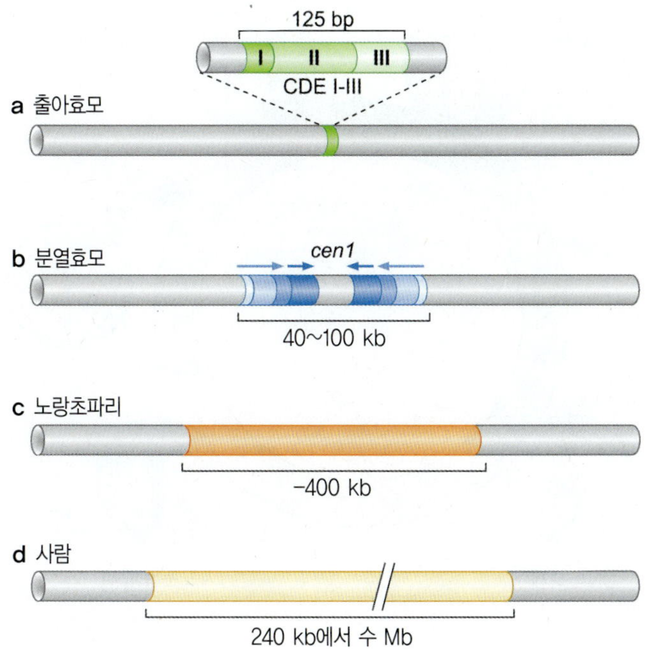

그림 8-8 동원체의 크기와 구성은 여러 생명체에서 매우 다양하다. 출아효모(*S. cerevisiae*)의 동원체는 작고 비반복적인 서열로 구성된다. 반면에 노랑초파리(*Drosophila melanogaster*)와 분열효모(*Schizosaccharomyces prombe*)와 같은 생물의 동원체는 훨씬 크고 주로 반복서열로 구성된다. 분열효모 동원체의 중심부 4~7 kb 부분만이 비반복적이며, 초파리와 사람의 중심체 대부분은 반복 DNA이다.

한 번의 세포분열에 필요한 과정을 총칭하여 **세포주기(cell cycle)**라고 한다. 대부분의 진핵세포 분열 시 어버이 세포에 존재하는 염색체의 수가 딸세포 내에서도 일정하게 유지되며, 이러한 종류의 분열을 **유사분열(mitotic cell division**, 체세포분열)이라 한다.

유사분열 세포주기는 G_1, S, G_2, 그리고 M의 네 단계로 나뉜다(그림 8-10). DNA 합성은 세포주기의 **합성기(synthesis)** 혹은 **S기(S phase)**에 일어나고 그 결과 각 염색체가 복제된다(그림 8-11). 복제된 쌍의 각 염색체를 **염색분체(chromatid)**라 하고, 한 쌍의 두 염색분체를 **자매염색분체(sister chromatid)**라 한다. 자매염색분체가 합쳐지는 과정을 **자매염색분체 결합(sister-chromatid cohesion)**이라 하고 이렇게 결합된 상태는 염색체가 분리될 때까지 유지된다. 자매염색분체의 결합은 **코헤신(cohesin)**이라는 단백질에 의해 형성되며 이 단백질에 대해서는 차후 설명할 것이다.

염색체의 분리는 세포주기의 **유사분열기(mitosis)** 또는 **M기(M phase)**에서 일어난다. 유사분열의 전체적인 과정에 대해서는 아래에서 살펴보겠지만 먼저 이 과정 중의 세 가지 주요 단계를 살펴보겠다(그림 8-12). 첫째, 자매염색분체의 각 쌍은 **유사분열 방추사(mitotic spindle)**와 결합한다. 방추사는 **미세소관(microtubule)**이라는 긴 단백질 섬유로 구성되는데 이것은 두 개의 **미세소관 형성중심(microtubule organizing center)**[동물세포에서 **중심체(centrosome)**라 하고 효모나 곰팡이에서는 **방추사 극체(spindle pole body)**라 한다] 중 하나에 결합되어 있다. 미세소관형성부위는 미세소관이 염색분체를 당기는 세포의 반대편 양쪽 "극(pole)"에 위치한다. 방추사와 염색분체의 결합은 각 염색체에 있는 **방추사부착점(kinetochore)**에 의해

5′ TTAGGGTTAGGGTTAGGGTTA // GGGTTAGGG 3′
3′ AATCCCAATCCC

그림 8-9 전형적인 말단소체의 구조. 사람 세포에서 반복되는 서열을 상자로 표시하였다. 염색체 3′ 말단의 단일가닥 DNA 지역은 그 길이가 수백 개의 염기에 달할 수도 있다는 사실에 주목할 것.

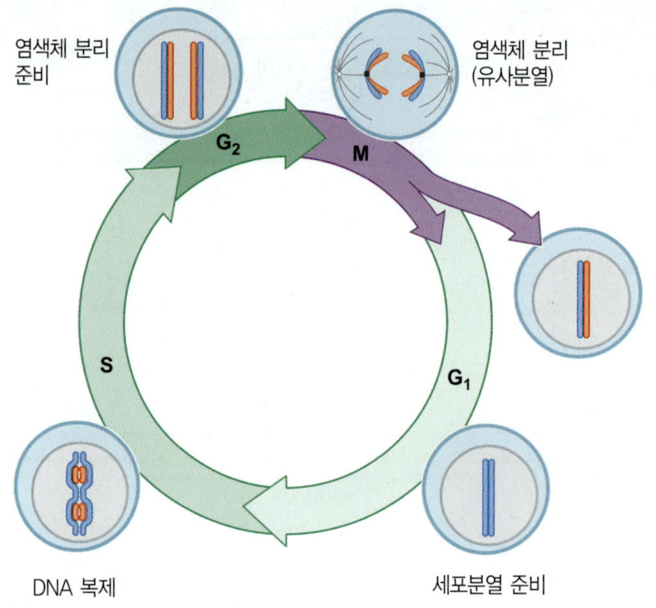

그림 8-10 진핵생물의 유사분열 세포주기. 진핵생물의 세포주기는 네 단계로 나눌 수 있다. S기에 염색체 복제가 일어나고 M기에는 염색체의 분리가 일어난다. G_1과 G_2(gap)기에는 세포가 세포주기의 다음 단계를 준비한다. 예를 들어, 많은 진핵세포들은 세포주기의 G_1기에 세포분열을 완벽하게 마칠 수 있는 충분한 수준의 영양분을 만들어낸다.

매개된다(그림 8-6 참조). 둘째, 염색분체 사이의 결합이 분해된다. 염색분체결합이 분해되기 전까지는 이들이 유사분열 방추사의 장력에 저항하게 된다. 결합이 분해된 후에는, 유사분열에서 세 번째 중요한 사건이 일어나는데, **자매염색분체의 분리(sister-chromatid separation)**가 그것이다. 염색분체 결합에 의해 반대 방향으로 대응하는 힘이 없었다면, 염색분체는 빠르게 유사분열 방추사 반대편 끝으로 끌려갔을 것이다. 따라서 자매염색분체 결합과 유사분열 방추사의 방추사부착점 결합은 염색체 분리가 올바르게 일어나기 위해서 조심스럽게 조화되어야 하는 상반되는 기능을 수행한다.

진핵세포의 분열에 따라 염색체의 구조도 변화한다

세포분열이 한 번 진행하는 동안 염색체의 구조는 여러 번 변화하는데, 염색체의 상태

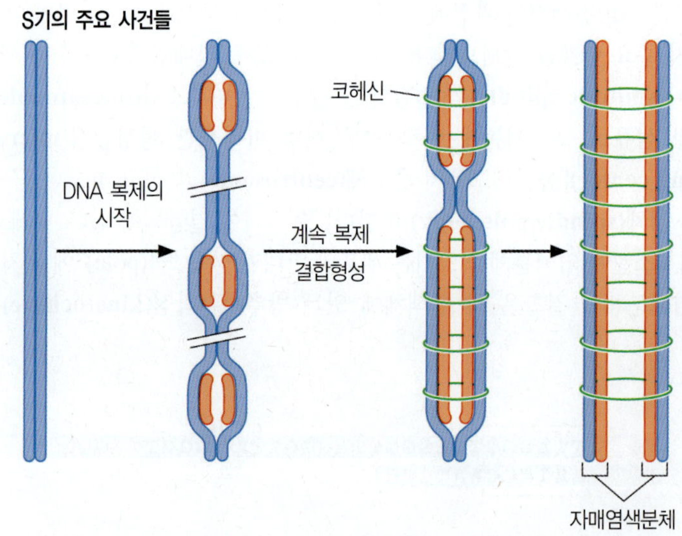

그림 8-11 S기의 현상들. S기에는 염색체에 두 가지 중요한 현상이 일어난다. DNA 복제에 의해 각각의 염색체가 완전히 복사되며, 복제가 일어나고 잠시 후, 새로 복제된 두 개의 DNA 사본 주변에 고리 모양의 코헤신이 위치함으로써 자매염색분체의 결합이 형성된다. 각각의 파란색 혹은 빨간색 관은 단일가닥의 DNA 분자를 나타낸다.

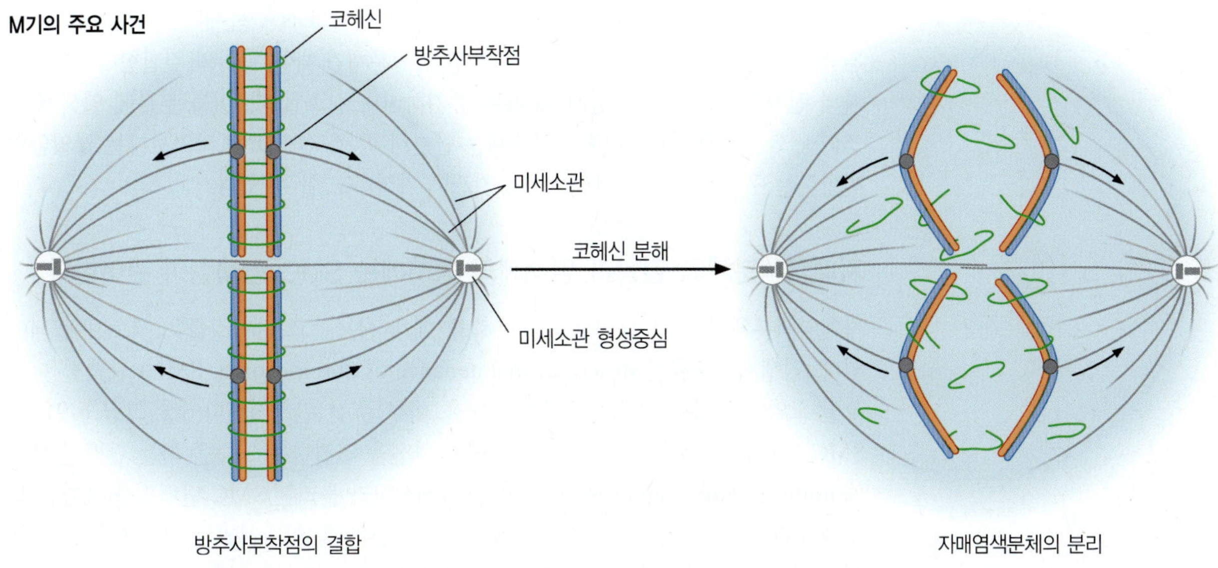

그림 8-12 유사분열기(M기)의 현상들. 유사분열 중에는 세 가지 중요한 현상이 일어난다. 먼저, 각각 연결된 자매염색분체에 존재하는 두 개의 방추사부착점이 양극의 방추사와 결합한다. 모든 방추사부착점이 양극에 결합되면, 코헤신 고리가 파괴되면서 자매염색분체 결합이 제거된다. 마지막으로, 결합이 제거된 후에는 자매염색분체가 방추사의 양극 쪽으로 분리된다.

는 크게 둘로 나눌 수 있다(그림 8-13). 세포가 유사분열이나 감수분열을 거치는 동안에 염색체는 가장 압축된 형태로 존재한다. 이러한 압축된 형태를 형성하는 과정을 **염색체 응축(chromosome condensation)**이라고 한다. 이러한 압축된 상태에서 염색체는 다른 하나와 얽혀 있지 않은 상태로 존재하며, 따라서 염색체 분리과정이 용이해진다.

세포주기가 진행되는 동안[총체적으로 **간기(interphase)**라고 한다]에는 염색체 분리가 일어나지 않으며, 염색체는 덜 조밀한 상태로 존재한다. 실제로 세포주기의 이들 단계에서는 염색체 매우 얽혀 있어서, 유사분열 동안의 정렬된 형태의 염색체라기보다는 마치 한 접시의 스파게티와 유사하다고 할 수 있다. 그럼에도 불구하고 심지어 이들 단계에서도 염색체의 구조는 변한다. DNA 복제는 각각의 염색체에 결합된 단

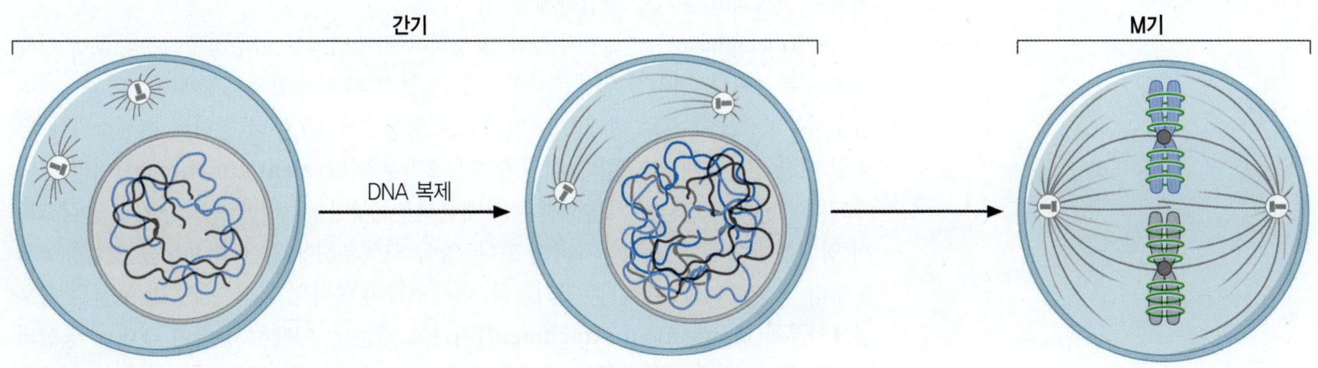

그림 8-13 염색질 구조의 변화. 염색체는 M기에 최대한 응축되어 있고 세포주기의 나머지 기간 동안에는 느슨하게 풀어져 있다(유사분열 세포의 G_1, S 및 G_2기). 이렇게 느슨하게 풀어져 있는 기간을 통틀어 간기(interphase)라고 한다.

백질들의 거의 완전한 분리와 재결합을 필요로 한다. DNA 복제가 끝나자마자 자매염색분체 결합이 형성되어 새롭게 복제된 염색분체가 다른 하나와 결합한다. 각 유전자의 전사가 시작되고 종결될 때 혹은 증가하거나 감소할 때, 이들 부분에 염색체 구조의 변화가 일어난다. 따라서 염색체는 단순히 한 가닥의 DNA라기보다는 끊임없이 변화하는 구조를 가진 하나의 세포소기관에 가깝다고 할 수 있다.

자매염색분체의 결합과 염색체의 응축에는 SMC 단백질이 관여한다

자매염색분체의 결합과 염색체의 응축을 매개하는 주요 단백질들은 서로 관련되어 있다. 염색체구조유지(structural maintenance of chromosome, SMC) 단백질은 긴 코일-코일(coiled-coil) 부분을 통해 쌍을 이루는 긴 단백질이다(6장 그림 6-9). 비SMC 단백질과 함께, 이들은 2개의 DNA 나선을 연결하는 기능을 하는 단백질 복합체(multiprotein complex)를 형성한다. 코헤신이라 불리는 SMC 단백질을 포함한 복합체가 DNA 복제 후 2개의 딸 DNA(자매염색분체)를 연결시키는 데 필요하며, 이들에 의한 결합이 자매염색분체 결합의 기초가 된다. 코헤신은 2개의 SMC 단백질들과 비SMC 단백질로 구성된 큰 고리 형태의 구조로 여겨진다. 실제로, 2개의 딸 염색체가 코헤신 단백질 고리의 중앙을 통과한다는 자매염색분체 결합 기작을 입증하는 증거가 점차적으로 증가하고 있다(그림 8-14). 이 모델에 의하면 코헤신의 비SMC 단위체는 단백질분해효소에 의하여 절단되고 이로 인해 자매염색분체의 결합 고리가 열리면서 딸 염색체는 세포의 양극으로 이동하게 된다.

염색체의 분리를 수반하는 염색체 응축 또한 **콘덴신(condensin)**이라는 SMC 단백질을 포함하는 복합체를 필요로 한다. 비록 이 복합체의 구조와 기능은 잘 알려져 있지 않지만, 코헤신 복합체의 특성과 많은 부분을 공유하며 고리 모양의 복합체일 것이라 예상된다. 만약 그렇다면, 고리의 특성을 이용하여 염색체 응축을 유도할 것이다. 예를 들어, 콘덴신으로 같은 염색체의 다른 부분들을 연결함으로써 빠르게 염색체의 전체 직선 길이를 줄일 것이다(그림 8-14).

유사분열에서는 어버이 염색체 수가 유지된다

다시 전체적인 유사분열 과정으로 돌아가겠다. 유사분열은 여러 단계로 이루어진다(그림 8-15). **전기(prophase)** 동안, 콘덴신과 type II 위상이성화효소는 염색체가 분리되기에 적합한 형태로 고도로 응축화하는 작용을 한다. 전기 말에 대부분의 세포는 핵막이 소실되고 중기로 진입하게 된다.

중기(metaphase) 동안, 방추사가 형성되고 자매염색분체의 방추사부착점에 미세소관이 부착된다. 정확한 염색분체의 부착은 한 쌍의 자매염색분체에 존재하는 2개의 방추사부착점들이 서로 반대쪽의 미세소관 형성중심으로부터 방사된 미세소관에 결합할 때만 얻어진다. 이러한 형태의 부착을 **2가부착(bivalent attachment)**이라 하며(그림 8-15), 이로 인해 미세소관은 자매염색분체들을 서로 반대 방향으로 당김으로써 염색분체쌍에 신장력을 가하게 된다. 양쪽 염색분체에 같은 미세소관 형성중심으로부터 생성된 미세소관이 부착되거나, 미세소관이 하나의 염색분체에만 부착될 경우를 **1가부착(monovalent attachment)**이라고 하는데, 이때는 장력이 제대로 형성되지 못하고 결국에는 염색체의 상실을 초래한다. 자매염색분체가 결합되어 있기 때문에 이가부착에 의해 신장력이 가해지면 모든 염색체가 2개의 미세소관 형성중심 사이의 세포 중앙에 배열되게 되는데, 이를 중기판(metaphase plate)이라 한다.

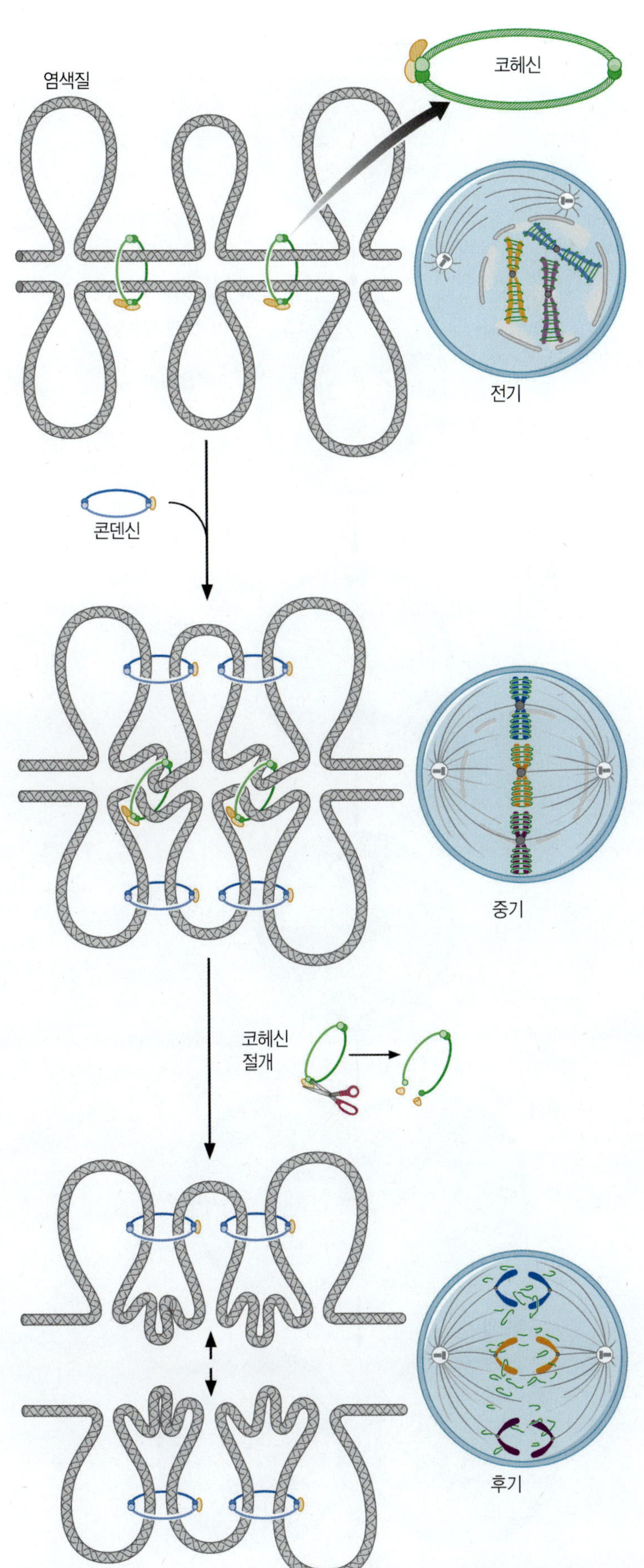

그림 8-14 코헤신과 콘덴신의 구조에 대한 이론적 모형. 코헤신과 콘덴신은 핵골격의 구성요소이다. 이들 모두 멀리 떨어져 있거나 다른 부분의 DNA를 하나로 합치는 데 중요한 기능을 한다. 이들 단백질의 제시된 고리 모양의 구조는 두 부분의 DNA 사이에 유연하지만 강한 결합을 형성한다. 이 그림에서 SMC 단백질은 녹색(코헤신) 또는 파란색(콘덴신)으로 나타내었다. (Adapted, with permission, from Haering C.H. et al. 2002. *Mol. Cell* **9:** 773–778, Fig. 8, p. 785. © Elsevier.]

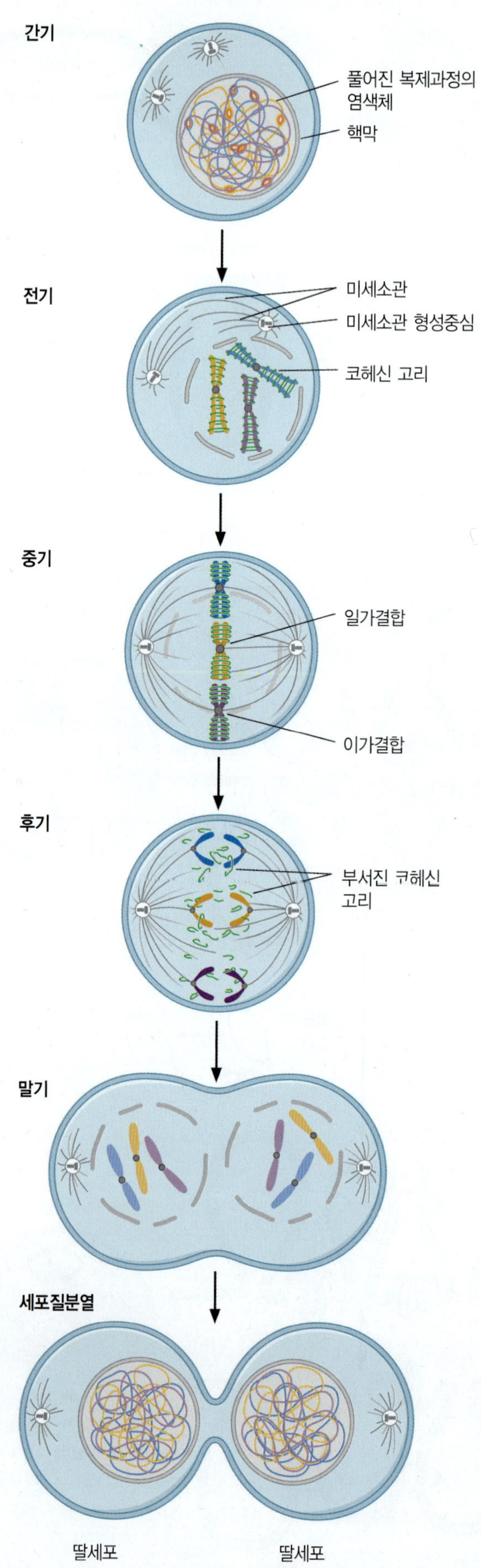

그림 8-15 유사분열 과정. 유사분열 이전에, 염색체는 느슨하게 풀어진 상태로 간기 단계에 존재한다. 전기에 대부분의 진핵세포 염색체는 분리를 위해 응축되고 염색체를 둘러싸고 있는 핵막은 파괴된다. 중기에 각각의 염색분체에는 양극의 방추사가 부착된다. 후기는 자매염색분체 결합의 소실에 의해 시작되고 그 결과 자매염색분체들이 분리된다. 말기에는 염색체 응축이 사라지고 두 개의 분리된 염색체 주변에 핵막이 재형성된다. 세포질분열은 세포주기의 마지막 단계로, 이때 두 개의 핵을 둘러싼 세포막이 수축되어 결국에는 완전한 두 개의 딸세포로 분리된다. 모든 DNA 분자들은 이중가닥이다.

이 시점에 각 염색분체는 분리될 준비가 갖추어져 있다. 중요한 것은, 염색체의 분리는 모든 자매염색분체 쌍의 이가부착이 이루어진 후에만 시작된다는 것이다.

염색체 분리는 단백질분해효소에 의한 코헤신 분자의 파괴에 의해 유도된다. 자매염색분체 결합의 손실로 세포가 **후기(anaphase)**로 들어가며, 이 시기 동안에 자매염색분체가 분리되어 세포의 양극으로 이동된다. 두 개의 자매염색분체가 더 이상 결합되어 있지 않으면, 이들 미세소관방추사(microtubule spindle)에 의한 바깥쪽으로의 끌림에 저항할 수 없다. 이가부착에 의해 자매염색분체 각각이 양극 쪽으로 끌려가며, 각각의 딸세포는 하나의 복제된 염색체를 확실히 받게 된다.

유사분열의 마지막 단계는 **말기(telophase)**로서, 이 기간 동안 각각 분리된 염색체 주변에 핵막이 재생성 된다. 이때 **세포질분열(cytokinesis)**이라 불리는 과정을 통하여 세포질이 두 개로 물리적으로 분리되면서 세포분열이 완료된다.

세포주기의 G기는 이전의 단계가 정확히 마쳐졌는지를 점검하면서 세포주기의 다음 단계를 준비하는 시기이다

진핵 세포주기의 나머지 두 단계는 G기(G phase)들이다. G_1기는 DNA 합성 전 시기이며, G_2기는 S와 M기 사이의 기간이다. 세포주기의 G기는 두 가지 일을 한다. 이들은 세포가 세포주기의 다음 단계를 준비하고 이전의 단계가 적절히 이루어졌는지를 확인하기 위한 시간을 제공한다. 예를 들면, S기로 들어가기 전에, 대부분의 세포들은 다음 단계의 DNA 합성을 완료하기에 충분한 단백질과 영양분을 확보하기 위하여 일정한 크기와 단백질 합성 수준에 도달해야만 한다. 또한 만일 세포주기의 전 단계에 문제가 있다면, 그 단계를 완료시킬 시간을 세포에게 주기 위하여 **세포주기 점검점(cell cycle checkpoint)**에서 세포주기가 정지된다. 예를 들어, DNA에 손상이 있는 세포는 DNA 합성 전에 G_1기에서 세포주기가 정지되거나 유사분열 이전의 G_2기에서 세포주기가 정지되거나 유사분열 이전의 G_2기에서 정지되는데, 이는 손상된 염색체가 발생하는 것을 막기 위해서이다. 이러한 지연은 세포주기가 진행되기 전에 손상을 복구하기 위한 시간을 제공한다.

감수분열은 어버이 염색체 수를 줄인다

진핵세포의 두 번째 세포분열 형태는 어버이 세포보다 염색체 수가 절반인 세포를 생성하는 특성을 가지고 있다. 이들 세포는 난자와 정자 세포를 형성하여 수정과정에 관여한다. 이것은 DNA 복제 후 2번의 염색체 분리로 이루어진다. 유사분열의 세포주기처럼, **감수분열 세포주기(meiotic cell cycle)**도 G_1, S, 그리고 연장된 G_2기를 포함한다(그림 8-16). 감수분열의 S기 동안, 각 염색체는 복제되고 딸 염색분체들은 유사분열의 S기에서와 같이 결합되어 있다. 감수분열로 들어가는 세포는 이배체(diploid)이어야만 하며, 따라서 하나의 염색체에 대하여 각각의 어버이로부터 유래된 두 개의 사본을 가지고 있다. DNA 복제 후에, 자매염색분체는 **상동(homolog)**이라 불리는 관련된 다른 자매염색분체와 쌍을 이루며 재조합된다. 재조합은 모두 상동염색체 사이의 물리적인 연결을 수반하는데, 이것이 염색체 분리 시까지 두 개의 관련된 자매염색분체를 연결시키기 위해 필요하다. 감수분열 동안의 재조합에 대해서는 11장에서 자세히 다룰 것이다.

유사분열 세포주기와 감수분열 세포주기의 가장 중요한 차이점은 염색체의 분리과정에 있다. DNA복제 후 한 번의 염색체 분리가 이루어지는 유사분열과는 달리,

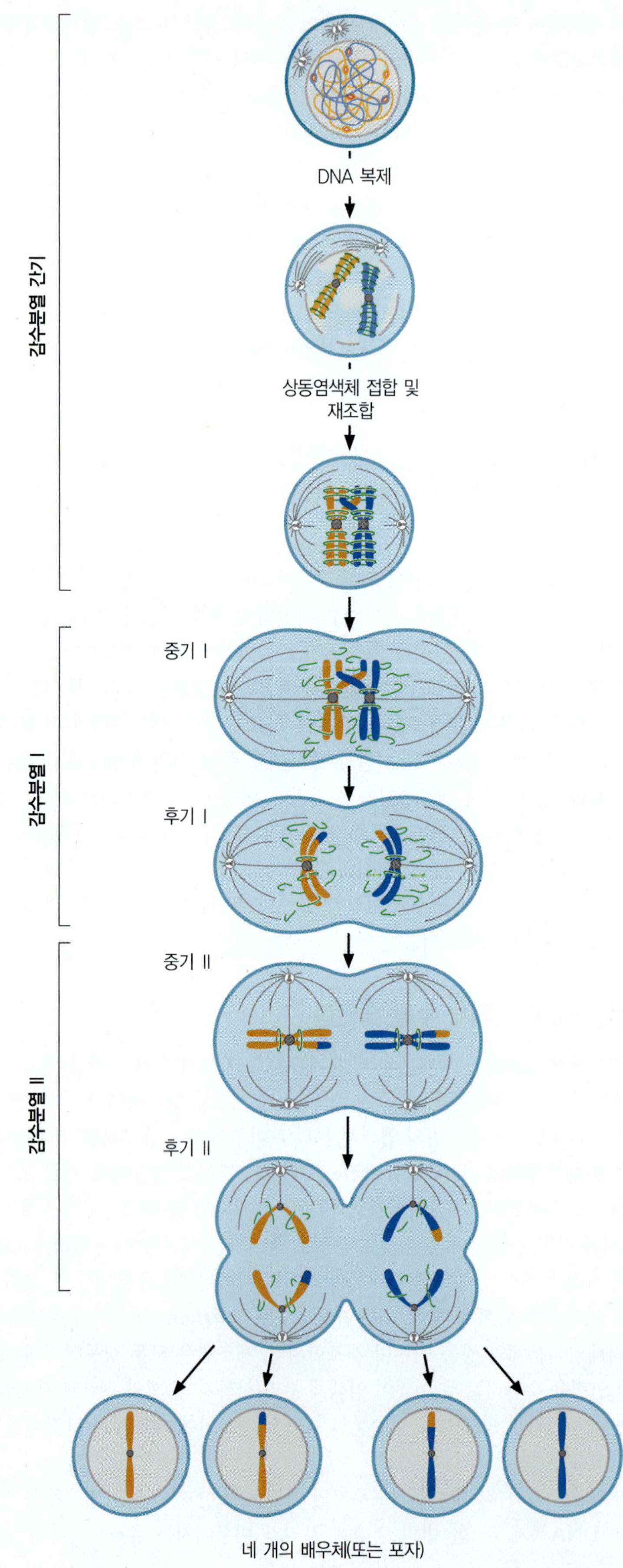

그림 8-16 감수분열 과정. 유사분열과 같이, 감수분열도 단계별로 나눌 수 있다. DNA 복제 후, 상동의 자매염색분체는 다른 하나와 쌍을 이루어 네 개의 관련된 염색체가 모인 구조를 형성한다. 단순화하기 위하여, 한 어버이로부터 나온 하나의 파란 사본과 다른 한 어버이로부터 나온 노란 사본을 구분하여 단 하나의 염색체만 나타내었다. 쌍을 이루는 동안, 서로 다른 자매염색분체 사이에서 염색분체들이 결합되어 교차(chiasma)라 불리는 상동염색체 사이의 결합이 형성된다. 중기 I에서 각각의 자매염색분체 쌍에 존재하는 두 개의 방추사부착점들은 방추사의 한쪽 극에 부착한다. 상동 자매염색분체의 방추사부착점들은 반대편 극에 결합되어 장력이 생겨나게 되며, 이 장력은 상동염색체들 사이의 결합에 의해 유지된다. 후기 I의 시작은 하나의 상동염색체로부터 다른 하나를 분리시키는 두 가지 현상과 관련되어 있다. 자매염색분체 결합이 염색체의 팔을 따라 소실되며, 상동염색체들 사이의 교차가 분리된다. 이 두 현상이 함께 작용하여 하나의 상동염색체로부터 다른 상동염색체가 분리된다. 자매염색분체는 동원체 부위의 자매염색분체 결합에 의해 여전히 결합한 채로 남아 있게 된다. 감수분열 II는 유사분열과 매우 유사하다. 감수분열 중기 II 동안, 두 개의 방추사가 형성된다. 유사분열의 중기에서처럼, 각 자매염색분체의 방추사부착점들은 양극의 방추사에 부착한다. 후기 II 동안, 자매염색분체 사이에 남아 있던 결합력이 상실되어 자매염색분체가 다른 하나로부터 분리된다. 네 개로 분리된 염색체는 핵을 형성하고 생식세포(spore)나 배우자(gamete)를 생성하기 위해 네 개의 세포로 분리된다. 모든 DNA 분자들은 이중가닥이다. (Adapted, with permission, from Murray A. and Hunt T. 1993. *The cell cycle: An introduction*, Fig. 10.2. © Oxford University Press, Inc.)

감수분열에 관여하는 염색체는 감수분열 I과 II로 알려진 두 번의 분리과정을 거친다. 유사분열과 같이, 각각의 분리과정에는 전기, 중기, 후기 단계가 포함된다. **감수분열 I (meiosis I)**의 중기(또는 중기 I) 동안에, 상동염색체들에 양극의 방추사 미세소관이 부착되며, 이 부착은 방추사부착점에 의해 매개된다. 자매염색분체 쌍의 두 방추사부착점이 같은 방향의 방추사에 결합되기 때문에, 이 상호작용을 **1가부착(monovalent attachment)**이라 한다(유사분열에서 본 각 자매염색분체 쌍의 각 방추사부착점이 양극의 방추사에 부착하는 이가부착과는 대조를 이룬다). 유사분열에서처럼, 쌍을 이룬 상동염색체들은 처음에는 그들을 당기는 방추사의 장력에 저항한다. 감수분열 I의 경우, 이러한 저항성은 재조합에 의해 유도되는 상동염색체들 사이의 물리적인 연결인 키아즈마(chiasma) 혹은 교차에 의해 매개된다. 이러한 저항에는 또한 자매염색분체 결합도 필요로 한다. 후기 I기에 염색체들 사이의 결합이 제거되면, 상동염색체들이 분리되어, 세포의 양극으로 분리된다. 중요한 것은 자매염색분체 결합이 동원체 부근에서는 계속 유지되면, 그 결과 자매염색분체는 쌍을 이룬 채 남아 있게 된다는 것이다.

감수분열의 두 번째 분리과정인 **감수분열 II(meiosis II)**는 유사분열과 매우 유사하다. 가장 큰 차이점은 분리 단계 이전에 DNA 복제가 선행되지 않는다는 것이다. 대신, 새롭게 분리된 두 개의 자매염색분체 쌍 각각에 방추사가 형성된다. 유사분열처럼, **중기 II(metaphase II)** 동안, 이들 방추사는 각 자매염색분체 쌍의 방추사부착점에 이가형태로 부착한다. 감수분열 I 이후에, 동원체에 남아 있는 자매염색분체 결합은 방추사의 당김에 저항하는데 있어 중요한 역할을 한다. 유사분열처럼, **후기 II(anaphase II)**는 동원체 부위의 결합 제거에 의해 시작된다. 이 시점에 세포 내에는 4세트의 염색체가 존재하는데, 이들 각각은 염색체 사본을 단 하나씩만 가지게 된다. 각 염색체 세트 둘레로 핵이 형성되고, 세포질이 분리되어 네 개의 반수체 세포가 형성된다. 이제 이 세포들은 새로운 이배체 세포를 형성하기 위하여 짝짓기를 할 준비가 되어 있는 상태인 것이다.

서로 다른 수준의 염색체 구조를 현미경을 통해 관찰할 수 있다

현미경은 오랫동안 염색체의 구조와 기능을 관찰하는 데 사용되어 왔다. 실제로 염색체는 세포에서 유전정보의 출처라는 것이 명백해지기 오래 전에 이미 세포분열 동안의 움직임과 변화들이 잘 알려졌었다. 유사분열기 염색체의 응축된 특성으로 인해 단순 광학현미경에 의해서도 이들이 상대적으로 쉽게 관찰될 수 있었다. 응축된 염색체의 현미경적인 분석은 사람세포의 염색체 구조를 결정하고 염색체의 삭제 또는 각 염색체에 너무 적거나 너무 많은 복사물이 존재하는 등의 이상 유무를 확인하는 데 유용하게 사용된다.

유사분열하지 않는(즉, 간기에 있는) 염색체 DNA는 덜 밀집되어 있다(그림 8-17a). 전자현미경 상에서는 30 nm 혹은 10 nm 직경의 섬유들(그림 8-17b)로 구성된 두 염색질 상태가 관찰된다. 30 nm 섬유는 염색질이 좀 더 응축된 형태로 주로 단백질 중심부나 뼈대로부터 펼쳐져 있는 듯한 큰 고리형태를 하고 있다. 반면에 10 nm 섬유는 덜 밀집된 염색질의 형태로서 "실에 꿰어진 구슬(beads on a string)"이 연속해 있는 것과 같은 모양을 하고 있다. 이 구슬들이 뉴클레오솜이며, 이들 단백질-DNA 구조는 염색체의 구조와 기능을 조절하는 데 중요한 역할을 한다. 이 장의 남은 부분에서 우리는 우선 뉴클레오솜이 어떻게 형성되었는지를 포함한 이들의 특성에 대해 알아볼 것이며, 또한 어떻게 뉴클레오솜 의존적인 구조들이 핵 DNA의 접근성

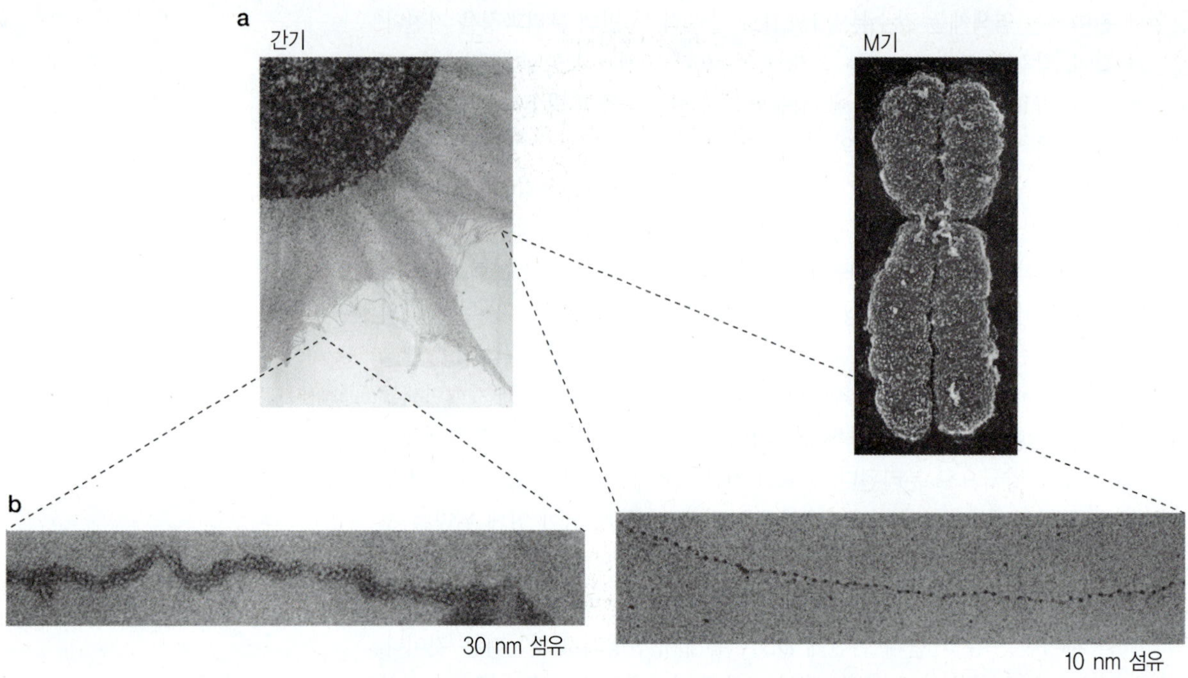

그림 8-17 전자현미경상의 염색질의 구조. (a) M기와 간기 DNA의 염색질의 구조 변화를 보여주는 전자현미경 사진. (b) 간기 세포 내의 서로 다른 염색질의 구조인 30 nm와 10 nm 염색질 섬유(구슬을 실에 꿰어놓은 듯한)를 보여주는 전자현미경 사진. (a, Reprinted, with permission, from Alberts B. et al. 2002. *Molecular biology of the cell*, 4th ed., Figs. 4-21 and 4-23. Garland Science/Taylor & Francis LLC. © V. Foe.)

전반에 영향을 미치는지에 대해서 살펴보게 될 것이다.

뉴클레오솜

뉴클레오솜은 염색체의 기본 구성단위이다

진핵세포에서 대부분의 DNA는 뉴클레오솜을 형성하고 있다. 뉴클레오솜은 8개의 히스톤 단백질 중심과 이 둘레를 감고 있는 DNA로 구성된다. 각 뉴클레오솜 사이의 DNA("실에 꿰어진 구슬"에서 실에 해당하는 부분 그림 8-17b)를 **연결 DNA(linker DNA)**라 한다. 뉴클레오솜이 조립되면서, DNA는 약 6배 정도 응축된다. 이것은 진핵세포에서 관찰되는 1,000~10,000배 정도의 DNA 응축에 비하면 매우 작은 것이다. 그럼에도 불구하고, 첫 단계인 DNA 정렬은 DNA 응축의 나머지 단계에 있어 매우 중요하다.

뉴클레오솜에 매우 단단하게 결합된 DNA를 **중심 DNA(core DNA)**라 하는데, 이것은 실패에 실이 감기듯 히스톤 8량체 단백질의 외부 둘레를 약 1.65바퀴 정도 감고 있다(그림 8-18). 각 뉴클레오솜과 결합한 DNA의 길이는 핵산분해효소를 처리하여 조사할 수 있다(글상자 8-1, "마이크로코커스 핵산분해효소와 뉴클레오솜 결합

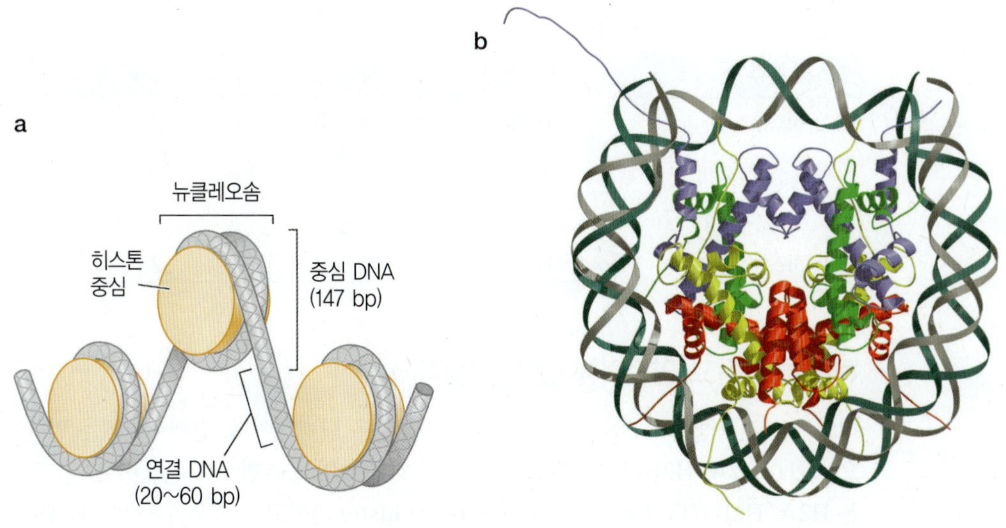

그림 8-18 뉴클레오솜을 형성하는 DNA. (a) 뉴클레오솜 형성과 구성의 모식도. (b) 뉴클레오솜의 결정구조로 DNA가 히스톤 단백질 중심을 둘러싸고 있다는 것을 보여준다. H2A는 붉은색, H2B는 노란색, H3는 보라색, 그리고 H4는 녹색으로 나타냈다. 여기서 사용된 히스톤 단백질의 색깔을 다음에 나오는 구조에서도 똑같이 사용했다는 사실을 기억하라. (Luger K. et al. 1997, *Nature* **389:** 251-260.) 이미지는 MolScript, BobScript 및 Raster 3D로 나타내었다.

DNA"). 모든 진핵생물 세포에서, 약 147 염기쌍 정도의 결합자리 DNA 길이는 모든 세포의 뉴클레오솜에서 변하지 않는 특성인 반면 뉴클레오솜 사이의 연결 DNA의 길이는 상당히 다양하다. 일반적으로, 이 거리는 20~60 bp로서 각각의 진핵생물은 특징적인 연결 DNA의 평균 길이를 가진다(표 8-4). 평균적인 연결 DNA 길이의 차이는 뉴클레오솜 자체의 차이보다는 각 생명체 내에서 뉴클레오솜 DNA에 의해 형성되는 더 큰 구조의 특성 차이를 반영한다고 할 수 있다(고단계의 염색체 구조 부분 참조).

모든 세포에는 뉴클레오솜을 형성하지는 않은 펼쳐진 DNA 부분도 있다. 일반적으로 이러한 부분은 유전자 발현, 복제 및 재조합 등이 일어나는 DNA 부분이다. 비록 뉴클레오솜과 결합하지는 않지만, 이들 부분에도 이러한 현상에 참여하거나 조절하는 비히스톤 단백질과 결합되어 있다. 우리는 DNA로부터 뉴클레오솜을 제거하는 기작과 뉴클레오솜이 없는 상태에서 DNA의 이런 부분이 유지되는 기작에 대해 아래와 19장에서 알아볼 것이다.

표 8-4 다양한 생명체 존재하는 연결 DNA의 평균 길이

종	뉴클레오솜 반복의 길이 (bp)	연결 DNA의 평균 길이 (bp)
출아효모	160~165	13~18
성게 (정자)	약 260	약 110
노랑초파리	약 180	약 33
사람	185~200	38~53

표 8-5 히스톤의 일반적 특성

히스톤 종류	히스톤	분자량 (M_r)	리신과 아르기닌의 %
중심 히스톤	H2A	14,000	20
	H2B	13,900	22
	H3	15,400	23
	H4	11,400	24
연결 히스톤	H1	20,800	32

히스톤은 작고 양전하를 띤 단백질이다

히스톤은 진핵생물의 DNA와 결합하는 가장 많은 단백질이다. 진핵세포에는 일반적으로 H1, H2A, H2B, H3, 그리고 H4의 다섯 종류의 풍부한 히스톤들이 있다. 히스톤 H2A, H2B, H3, H4는 **중심 히스톤(core histone)**이고 이들은 뉴클레오솜 DNA로 둘러싸이는 단백질 중심을 형성한다. 히스톤 H1은 뉴클레오솜 중심입자의 일부가 아니다. 대신 이것은 연결 DNA와 결합하기 때문에 이를 **연결 히스톤(linker histone)**이라 한다. 네 개의 중심 히스톤은 세포 내에 동일한 양으로 존재하는 반면, H1은 다른 히스톤들의 절반 정도밖에 되지 않는다. 이것은 단 한 분자의 H1이 각 뉴클레오솜과 결합한다는 것을 보여준다(뉴클레오솜에는 각각의 중심 히스톤이 두 개씩 있다).

히스톤들이 음전하를 띠는 DNA 분자와 밀접하게 결합하는 것에서 알 수 있듯이, 히스톤들은 양전하의 아미노산을 높은 비율로 가지고 있다(표 8-5). 각 히스톤 안의 20% 이상의 잔기들이 리신(lysine)이거나 아르기닌(arginine)이다. 중심 히스톤들은 또한 상대적으로 크기가 작은 11~15킬로달톤(kD)의 단백질들인 반면, 히스톤 H1은 약 21 kD이다.

뉴클레오솜의 단백질 중심은 디스크 형태의 구조로 DNA의 존재 하에서만 순차적인 방식으로 조립된다. DNA가 없으면, 중심 히스톤들은 용액 내에서 중간 단계의

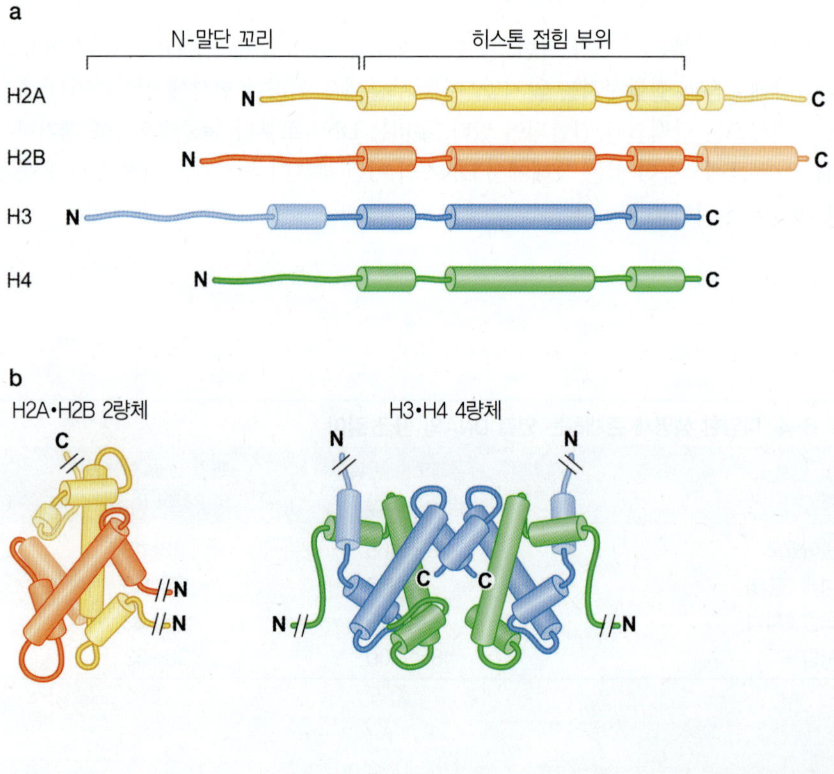

그림 8-19 중심 히스톤들은 공통적인 구조적 접힘을 가지고 있다. (a) 네 개의 히스톤을 선형의 분자로 나타내었다. α-나선 구조를 형성하는 히스톤의 접힘 부위는 실린더 형태로 표시하였다. 각 히스톤들의 인접 지역에 추가적인 α-나선 부분을 포함하는 구조적으로 다른 부분이 있음을 주목하라. (b) 두 히스톤(H2A, H2B)의 나선 부분은 서로 결합하여 2량체를 형성한다. H3와 H4 또한 유사한 상호작용을 통하여 $H3_2 \cdot H4_2$의 4량체를 형성한다. (Adapted, with permission, from Alberts B. et al. 2002. *Molecular biology of the cell*, 4th ed., p. 209, Fig. 4-26. © Garland Science/Taylor & Francis LLC.)

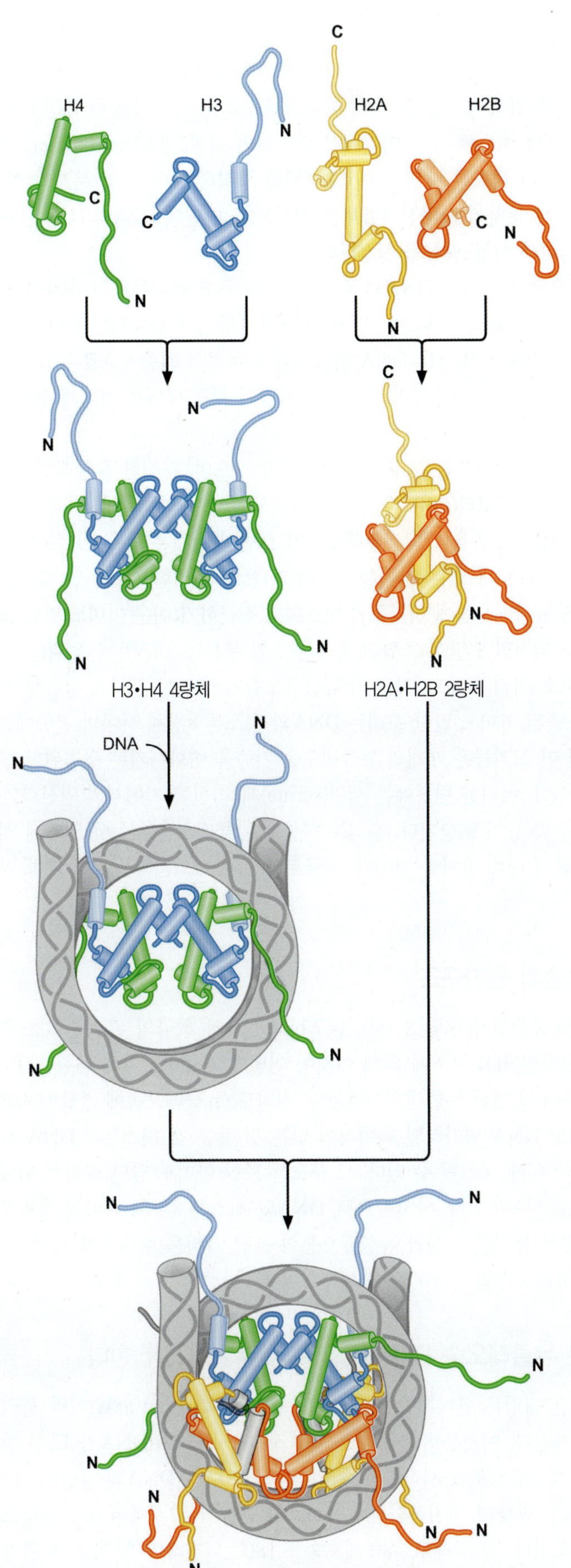

그림 8-20 뉴클레오솜의 조립. 뉴클레오솜의 조립은 $H3_2 \cdot H4_2$의 4량체 형성으로 시작된다. 4량체는 이중가닥 DNA에 결합한다. DNA에 둘러싸인 $H3_2 \cdot H4_2$ 4량체는 뉴클레오솜의 조립을 완성하기 위해 2개의 H2A•H2B 2량체를 불러 모은다. (Adapted, with permission, from Alberts B. et al. 2002. *Molecular biology of the cell,* 4th ed., p. 210, Fig. 4-27. Garland Science/Taylor & Francis LLC. © J. Waterborg.]

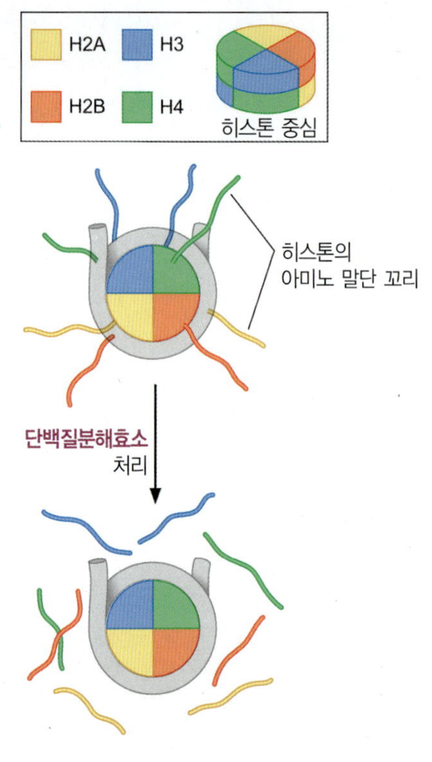

그림 8-21 중심 히스톤의 아미노 말단 꼬리는 단백질분해효소가 접근하기 쉬운 부분이다. 뉴클레오솜에 염기성 아미노산 뒤쪽을 절단하는 소량의 단백질분해효소(예를 들어, 트립신)를 처리하면 특이적으로 아미노 말단 "꼬리"가 제거되어 완전한 히스톤 중심만 남게 된다.

결합까지만을 형성한다. 중심 히스톤마다 발견되는 **히스톤 접힘 부위(histone-fold domain)**는 잘 보존된 부위로서 히스톤만의 중간 단계 산물의 조립을 매개한다(그림 8-19). 히스톤 접힘 부위는 두 개의 비구조적 고리로 나눠지는 세 개의 α-나선 부위로 구성되며, 특정 히스톤 쌍의 머리에서 꼬리로의 이형2량체(hetrodimer) 형성을 매개한다. H3와 H4 히스톤은 먼저 이형2량체를 형성하고 이들 두 분자가 합쳐져 H3와 H4가 각각 두 분자씩 합쳐진 4량체를 형성한다. 반면에 H2A와 H2B는 용액 내에서 4량체가 아니라 이형2량체를 형성한다.

뉴클레오솜의 결합은 DNA와 이러한 기본 구조 단위들과의 순차적인 결합 과정을 포함하고 있다(그림 8-20). 먼저 H3·H4 4량체가 DNA와 결합한 다음, 2개의 H2A·H2B 2량체가 H3·H4-DNA 복합체와 합쳐져서 최종적으로 뉴클레오솜을 형성한다. 우리는 이 장의 후반부에서 이 결합과정이 세포 내에서 어떻게 수행되는지를 알아볼 것이다.

각각의 중심 히스톤들은 구조가 일정하지 않으며, 완전한 뉴클레오솜 상태에서도 접근이 용이하여 **"꼬리(tail)"**라 불리는 아미노 말단 연장 부위를 가지고 있다. 이러한 접근성은 뉴클레오솜을 단백질분해효소인 트립신(이것은 특이적으로 단백질에서 양전하 아미노산 후에 있는 잔기를 절단한다)으로 처리함으로써 알 수 있다. 트립신(trypsin)을 뉴클레오솜에 처리하면 히스톤의 접근하기 쉬운 아미노 말단 꼬리 부분은 빠르게 제거되지만 단단히 조립된 히스톤-접힘 부분은 절단할 수 없다(그림 8-21). 단백질분해효소 처리 후에도 DNA가 뉴클레오솜과 여전히 강하게 결합하고 있는 것으로 보아 노출된 아미노 말단 꼬리는 DNA와 히스톤 8량체 사이의 결합에는 필요하지 않다. 대신 이 꼬리들은 개개의 뉴클레오솜 기능을 변화시키는 광범위한 변형이 일어나는 부위이다. 이러한 변형에는 세린(serine)과 리신 잔기에서의 인산화와 아세틸화, 그리고 메틸화 등이 포함된다. 우리는 나중에 뉴클레오솜 기능에 있어서 히스톤 꼬리 변형의 역할에 대해 알아볼 것이다. 지금부터, 뉴클레오솜의 구조에 대해 자세히 살펴보자.

뉴클레오솜의 원자구조

뉴클레오솜 중심입자(그림 8-18b, 147 bp DNA와 하나의 완전한 히스톤 8량체)의 고해상도 3차원(3D) 구조에 의해 이것이 어떻게 기능하는지에 대한 많은 정보가 얻어졌다. DNA에 대한 뉴클레오솜의 높은 친화도, 뉴클레오솜에 결합할 때의 DNA 뒤틀림, 그리고 DNA 염기서열 특이성이 없는 점 등은 각 히스톤과 DNA 사이의 상호작용 특성에 의해 설명될 수 있다. 그 구조는 또한 아미노 말단 꼬리의 위치와 기능에 대한 정보도 제공하였다. 마지막으로, DNA와 히스톤 8량체 사이의 상호작용을 통해 뉴클레오솜의 동적인 특성과 뉴클레오솜의 조립 과정을 이해하게 되었다. 다음 부분에서는 뉴클레오솜의 각 특성들을 다루고자 한다.

히스톤은 뉴클레오솜 내 DNA의 특정 부위와 결합한다

비록 완전한 대칭은 아니지만, 뉴클레오솜은 **이분축(dyad axis)**이라 불리는 하나의 대칭축을 가진다. 이것은 8량체 디스크의 정면을 147 bp DNA가 12시 방향에 위치한 시계로 생각함으로써 시각화할 수 있다(그림 8-22). DNA의 말단이 11시와 1시에 약간 못 미친 방향에 위치한다. 이 디스크의 중앙에 12시에서 6시 방향으로 그어진 선이 이분축이다. 축 둘레로 뉴클레오솜을 180° 회전하면 회전 전에 관찰된 형상과

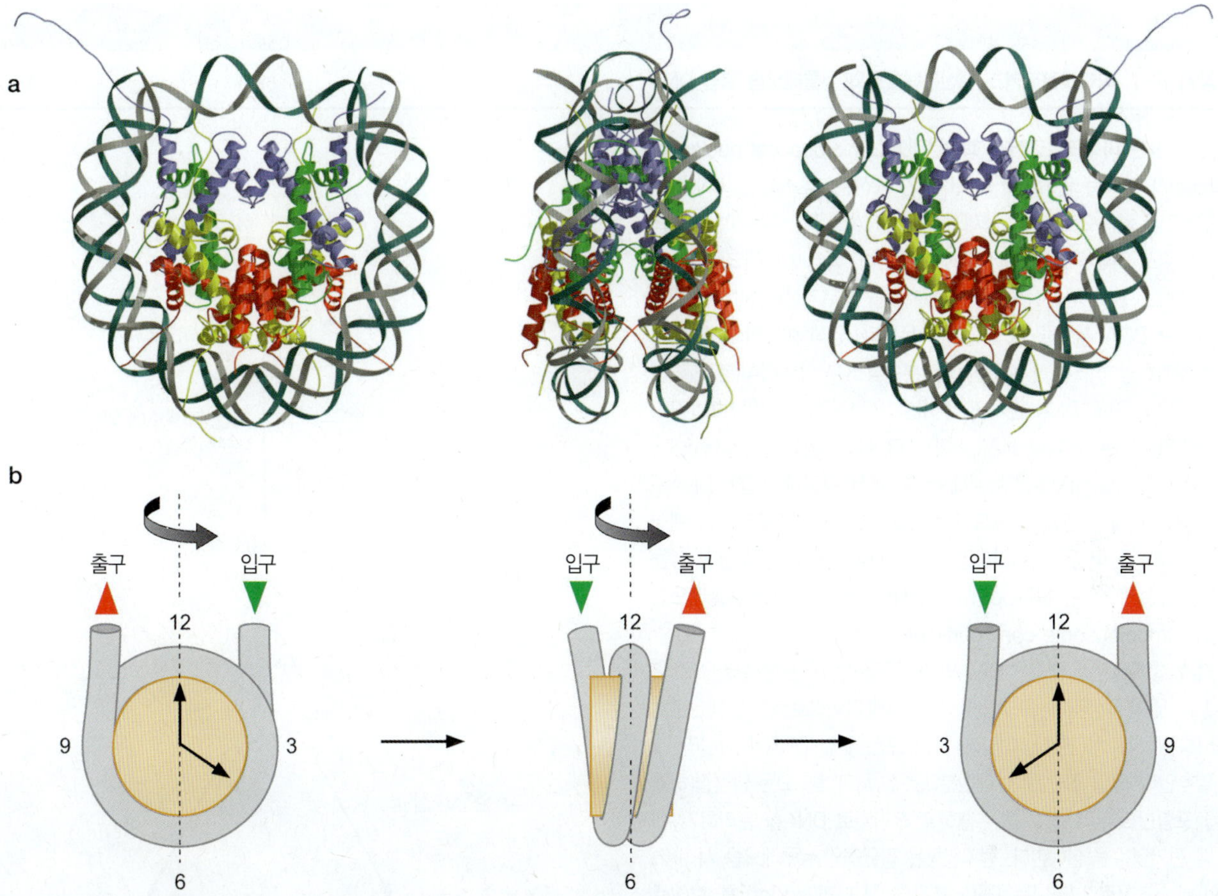

그림 8-22 뉴클레오솜은 대략적으로 이분축의 대칭성을 가지고 있다. (a) 3차원적 구조. (b) 시계 모양으로 도식화. 세 방향에서 뉴클레오솜의 원자구조를 보여주고 있다. 각각은 12시와 6시 사이의 축을 중심으로 90°씩 회전시킨 것이다. 180° 회전한 것은 원래의 그림과 거의 동일한 구조를 보여 준다. 각 구조 아래의 그림은 회전을 설명하고 있다. (a, Luger K. et al., 1997. *Nature* **389**: 251–260.) 이미지는 MolScript, BobScript 및 Raster 3D로 나타내었다.

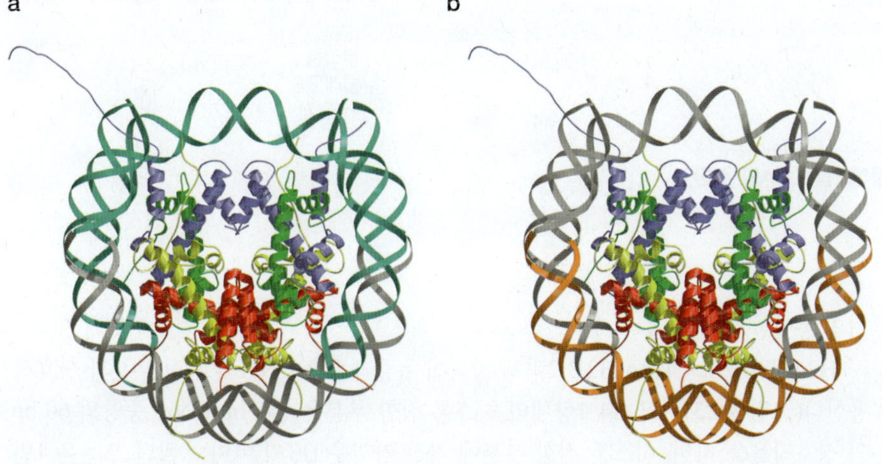

그림 8-23 히스톤들과 뉴클레오솜 DNA 사이의 상호작용. (a) H3•H4는 DNA의 중앙과 말단 부위에 결합한다. H3•H4 4량체에 결합한 DNA 부위는 청록색으로 나타냈다. (b) H2A•H2B는 뉴클레오솜 한 면의 30 bp DNA에 결합한다. H2A•H2B 2량체와 결합하고 있는 DNA는 오렌지색으로 표시하였다. (a, Luger K. et al. 1997. *Nature* **389**: 251–260.) 이미지는 MolScript, BobScript 및 Raster 3D로 나타내었다.

▶ 핵심실험

글상자 8-1 마이크로코커스 핵산분해효소와 뉴클레오솜 결합 DNA

뉴클레오솜은 **마이크로코커스 핵산분해효소(micrococcal nuclease, MNase)**라 불리는 염기서열 비특이적인 핵산분해효소를 염색체에 처리함으로써 처음으로 분리 정제되었다. DNA를 절단하는 이 효소의 기능은 주로 DNA의 접근성에 의해 조절된다. 따라서 마이크로코커스 핵산분해효소는 단백질이 없는 DNA 서열을 빠르게 절단하며, 단백질에 결합된 DNA 서열을 잘 절단하지 못한다. 염색체에 이 효소를 조금만 처리하면 히스톤과 결합한 핵산분해효소 저항 DNA 분자를 얻을 수 있다. 이들 DNA 분자의 길이는 160~220 염기쌍이며, 각각 두 개씩의 히스톤 단백질, H2A, H2B, H3, H4와 함께 결합되어 있다. 평균적으로, 이들 입자들은 뉴클레오솜과 매우 강하게 결합된 DNA뿐만 아니라 하나의 연결 DNA도 포함하고 있다. 마이크로코커스 핵산분해효소를 좀 더 많이 처리하면 연결 DNA는 모두 분해된다. 남는 최소의 뉴클레오솜은 147 bp의 DNA만을 포함하며 이를 **뉴클레오솜 중심입자(nucleosome core particle)**라고 한다.

각 뉴클레오솜과 결합된 DNA의 평균 길이는 간단한 실험으로 측정할 수 있다(글상자 8-1 그림 1). 염색질에 마이크로코커스 핵산분해효소를 약하게 처리한다. 이렇게 하면 모든 연결 DNA가 아니라 그 중 일부만이 단일 절단된다. 핵산분해효소 처리 후, 모든 단백질(히스톤을 포함한)로부터 DNA를 추출하고 크기별로 DNA를 분리하기 위해 겔 전기영동을 실행한다. 전기영동은 평균적인 뉴클레오솜 사이 거리의 배수크기로 나타나는 DNA 조각의 "사다리(ladder)"를 보여준다. 조각의 사다리는 염색질에 마이크로코커스 핵산분해효소를 단지 부분적으로만 처리하였기 때문에 관찰이 가능하다. 따라서 여러 개의 뉴클레오솜들이 효소작용에 의해 분리되지 않은 채 남아 있을 수 있으며, 이들 뉴클레오솜에 의해 둘러싸인 모든 DNA에 상응하는 DNA 조각들이 남게 한다. 더 오랫동안 처리하면 모든 연결 DNA가 절단되어 뉴클레오솜 중심입자와 ~147 bp 조각이 형성된다.

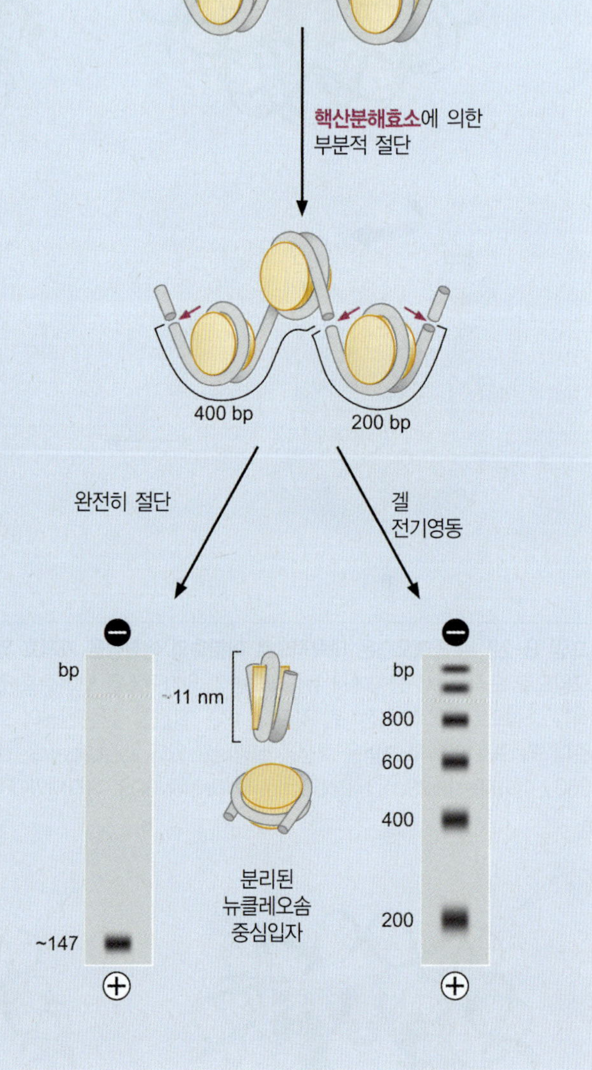

글상자 8-1 그림 1 MNase를 이용한 뉴클레오솜 DNA의 절단. (Courtesy of R.D. Kornberg.)

거의 동일한 형상을 볼 수 있다.

H3·H4 4량체와 H2A·H2B 2량체 각각이 뉴클레오솜 DNA의 특정 부분과 상호작용한다(그림 8-23). H3·H4 4량체의 히스톤 접힘 부분은 147 bp DNA 중앙의 60 bp와 상호작용을 하며, 히스톤 접힘 부분에 가장 가까운 H3의 아미노 말단 부분은 4번째 α-나선 구조를 형성하여 결합한 DNA 끝부분의 최종 13 bp와 상호작용한다(이 부분은 위에서 언급된 비구조적인 H3 아미노 말단 꼬리와는 다르다). 위에서 언급된 대로 뉴클레오솜을 시계로 나타내면, H3·H4 4량체는 히스톤 8량체의 위쪽 절반을 형성한다. H3·H4 4량체는 DNA의 중앙과 양쪽 말단에 결합함으로써 뉴클레오솜의 주요 부위를 차지하고 있다는 사실이 중요하다(청록색 DNA, 그림 8-23a). 두 개의 H2A·

H2B 2량체들은 각각 H3와 H4와 결합하고 있는 60 bp 중심 DNA 양옆의 약 30 bp와 결합하고 있다. 시계 비유를 다시 사용하면, H2A·H2B와 결합한 DNA는 뉴클레오솜 디스크 양면의 5시에서 9시 부분에 위치한다. 즉, 2개의 H2A·H2B 2량체들은 DNA 말단으로부터 디스크의 아랫부분을 차지하는 히스톤 8량체의 바닥 부분을 형성한다(오렌지색 DNA, 그림 8-23b).

H3·H4 4량체와 DNA 사이의 광범위한 상호작용은 뉴클레오솜의 순차적인 조합을 쉽게 설명해준다(그림 8-24). H3·H4 4량체가 DNA의 중앙과 말단 부분에 걸쳐 결합함으로써 DNA가 광범위하게 구부러지고 움직임이 제한되어 H2A·H2B 2량체와의 결합이 상대적으로 쉬워지게 된다. 반면에 H2A·H2B 2량체와 결합하는 짧은 길이의 DNA는 H3·H4 4량체가 DNA에 잘 결합하도록 만들기에는 충분치 못하다.

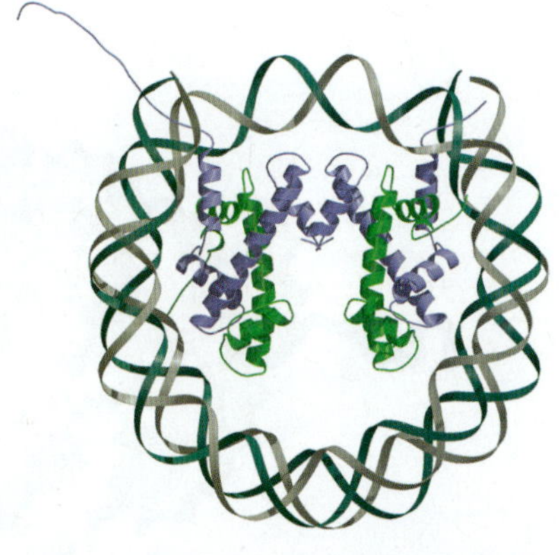

그림 8-24 H2A와 H2B가 결핍된 뉴클레오솜. H2A와 H2B 히스톤이 인위적으로 제거된 뉴클레오솜의 모습이다. 이 구조는 뉴클레오솜 조립과정의 DNA•$H3_2$•$H4_2$ 4량체 중간체와 유사하다(그림 8-20 참조). (a, Luger K. et al. 1997. *Nature* **389:** 251–260.) 이미지는 MolScript, BobScript 및 Raster 3D로 나타내었다.

다수의 DNA 염기서열 비의존적인 접촉이 히스톤 중심과 DNA 사이의 결합을 유도한다

히스톤들과 뉴클레오솜 DNA 사이의 상호작용을 자세히 살펴보면 뉴클레오솜 내의 DNA의 결합과 굽혀짐에 대한 구조적인 기초를 알 수 있다. 14개의 독특한 접촉 부위들이 관찰되는데, 각각은 DNA 작은홈(minor groove)이 히스톤 8량체와 접하고 있다(그림 8-25). 뉴클레오솜과 DNA의 상호작용은 DNA와 히스톤 사이의 수많은 (~40) 수소결합에 의해 매개된다. 이들 수소결합의 대부분은 단백질과 DNA의 작은홈 근처에 존재하는 인산디에스테르(phosphodiester) 골격의 산소원자 사이에 형성된다. 단지 7개의 수소결합만이 단백질의 곁가지와 DNA 작은홈의(수소결합이 단백질의 DNA의 작은홈 내의 곁가지와) 염기 사이에서 만들어진다.

이러한 다수의 수소결합(전형적인 염기서열-특이적 DNA 결합 단백질은 DNA와 단지 20여 개의 수소결합을 가진다)은 DNA가 구부러질 수 있는 원동력을 제공한다. DNA가 구부러지면 구부러진 안쪽의 인산이 지나치게 가까이 위치하게 되어 구부러짐에 저항하게 되는데, 히스톤의 높은 염기성 특성은 또한 히스톤 8량체 둘레를 한 번 이상 감싸기 위해 필요한 2개 DNA 나선의 근접한 배열을 용이하게 해준다.

히스톤과 DNA 사이의 모든 접촉 부위가 DNA의 작은홈 또는 인골격과 관련이 있다는 것은 DNA와 히스톤 8량체의 상호작용이 염기서열 비특이적이라는 사실과 일치한다. 인골격이나 DNA의 작은홈은 둘 다 염기 특이적 정보가 풍부하지 않다. 게다가, DNA의 작은홈에 존재하는 염기와 형성된 7개의 수소결합 중에서 어떤 것도 G:C와 A:T 염기쌍 사이를 구별하는 요소를 가지진 못한다(4장, 그림 4-10 참조).

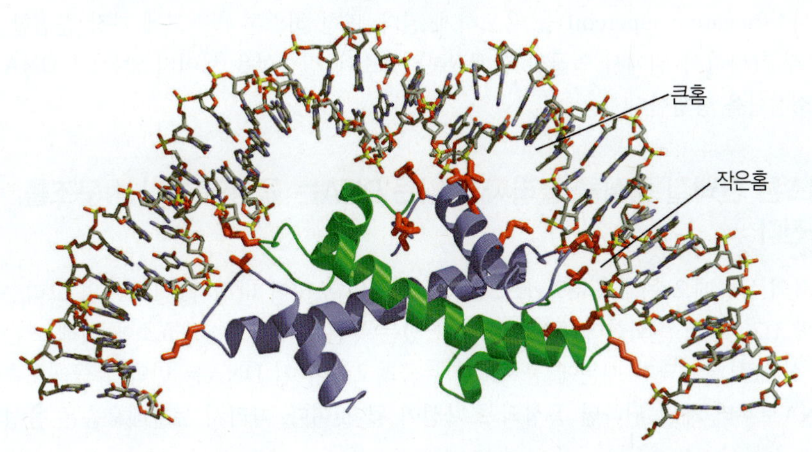

그림 8-25 DNA와 히스톤 사이의 접촉 부위. 명확히 보여주기 위해서 단 하나의 H3•H4 2량체와의 상호작용만을 나타냈다. 히스톤들의 DNA와 상호작용하는 부분은 붉은색으로 강조하였다. 이러한 부분들은 DNA의 작은홈 주위에 밀집되어 있다. (a, Luger K. et al. 1997. *Nature* **389:** 251–260.) 이미지는 MolScript, BobScript 및 Raster 3D로 나타내었다.

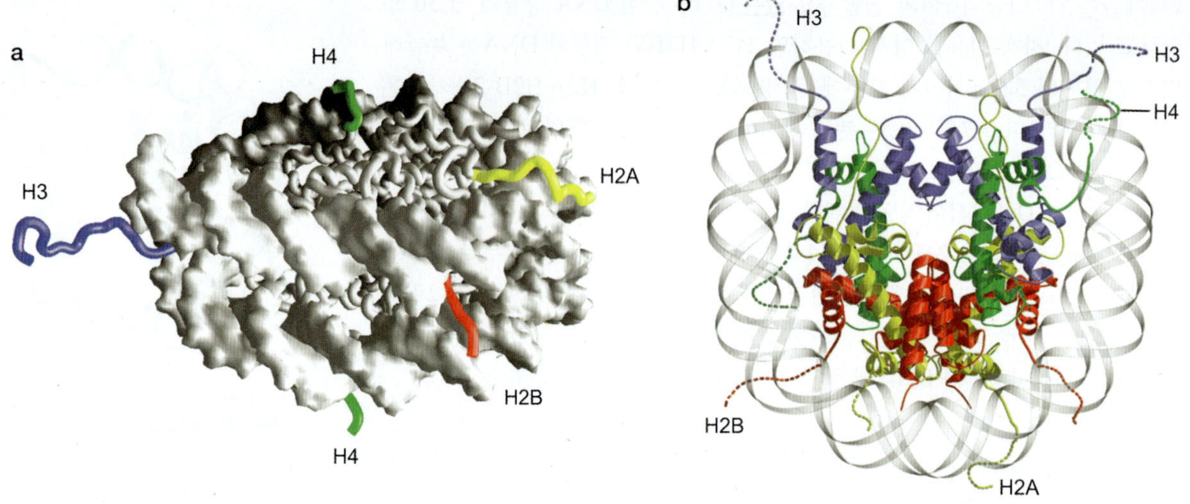

그림 8-26 뉴클레오솜 중심의 특정 위치에 나오는 히스톤 꼬리. (a) 측면에서 본 모습은 두 개의 DNA 가닥 사이로부터 H3와 H2B 꼬리가 나오는 것을 보여주고 있다. 반면에 H4와 H2A 꼬리들은 두 DNA 가닥의 위나 아래에 위치한다. (Luger K. et al. 1997. *Nature* **389:** 251-260.) 이미지는 GRASP로 나타내었다. (b) DNA의 입구와 출구에 상대적인 꼬리의 위치를 보여준다. 이 그림은 히스톤 꼬리들이 DNA에 대하여 다양한 위치에서 나온다는 것을 보여준다. (Davey C.A. et al., 2002. *J. Mol. Biol.* **319:** 1097-1113.) 이미지는 MolScript, BobScript 및 Raster 3D로 나타내었다.

히스톤 아미노 말단 꼬리는 DNA가 8량체 주위를 에워싸는 것을 안정화한다

뉴클레오솜의 구조는 또한 히스톤 아미노 말단 꼬리에 관한 정보를 제공한다. 4개의 H2B와 H3 꼬리들은 2개의 DNA 나선 사이로 나와 있다. 그들의 출구는 2개의 인접한 DNA 작은홈에 의해 형성되는데, 2개의 DNA 나선 사이에 폴리펩티드 사슬이 빠져나갈 정도만큼의 "간격"을 만든다(그림 8-26a). 놀랍게도, H2B와 H3 꼬리들은 8량체 디스크 둘레에서 서로 다른 꼬리들과 거의 동일한 간격을 나타낸다(대략 H3 꼬리는 1시와 11시 그리고 H2B 꼬리는 4시와 8시에 위치). H4와 H2A 꼬리들은 8량체의 정면 위나 아래에 위치하는데, H4는 3시와 9시, H2A는 5시와 7시 방향에 위치한다(그림 8-26b). DNA 나선 사이의 양 측면에 출연함으로써, 히스톤 꼬리들은 나사의 홈처럼 작용하여 DNA가 왼손 방향으로 히스톤 8량체 디스크 둘레를 감싸도록 지시한다. 4장에서 논의한 바와 같이, 왼손 방향으로 감겨진 DNA의 특성은 DNA에 음성 초나선(negative supercoil)을 유도하게 된다. 또한 히스톤 디스크에 가장 근접한 꼬리 부분(따라서 위에서 언급한 단백질분해효소에 민감성을 보이지 않는)은 DNA와 수소결합을 형성한다.

히스톤 단백질 중심을 둘러싸고 있는 DNA는 음성의 초나선 구조를 가진다

각각의 뉴클레오솜에 공유결합으로 닫힌 원형의 주형이 더해지면 DNA의 고리수는 대략 1.2배까지 변화한다. DNA의 남아 있는 부분은 위상이성화효소에 의해 느슨해진 상태로 유지되기 때문에 뭉쳐져서 뉴클레오솜이 된 DNA는 만약 뉴클레오솜이 DNA로부터 제거 된다면 음성의 초나선이 될 것이다. 따라서 뉴클레오솜은 음성의 초나선구조로 유지되거나 초나선구조로 안정되어 있는 것처럼 보일 수 있다. 왜 세포는 음성의 초나선구조를 유지하길 원하는 것일까? 세포에서 DNA가 풀리도록 할 때 유용하고, DNA 복제의 시작, 전사, 그리고 재조합에 있어서도 그것(음성의 초나선구조를 유지하는 것)은 유용하다는 경우가 많이 있다. 중요한 것은, 음성의 초나선 DNA가 DNA의 풀림에 유용하다는 것이다(4장, 그림 4-17 참조). 따라서 뉴클레오솜을 제거하면 DNA로의 접근을 용이하게 할 뿐만 아니라, 근처에 존재하는 DNA 서열의 풀림도 용이하게 된다(글상자 8-2, "뉴클레오솜과 초나선 밀도").

만약 진핵세포에서 뉴클레오솜이 음성의 초나선구조를 가지고 있다면, 원핵세포에서 동일한 기능을 만족시키는 것은 무엇인가? 많은 원핵생물을 위한 그 대답은 전체 유전체는 음성의 초나선 상태로 유지된다는 것이다. 이것은 고리수를 감소시킴으로써 음성의 초나선구조를 느슨한 상태의 DNA로 유도하는 능력을 가진 지라아제(gyrase)라고 불리는 특별한 위상이성화효소에 의해 이루어진다. 예를 들어, 대장균의 유전체는 지라아제의 작용에 의해 약 0.07의 평균적인 초나선 밀도를 가지게 된다. 다른 방향으로 느슨한 상태의 DNA에 음성 초나선을 추가하고자 한다면 이는 에너지를 요구하는 반응이다. 이와 마찬가지로, 지라아제는 음성의 초나선을 유도하기 위해 ATP를 요구한다. ATP가 없으면 지라아제는 느슨한 상태의 DNA만을 유지시킬 것이다(예, 양성 초나선 DNA의 고리수를 감소).

모든 세균들이 그들의 DNA를 음성의 초나선 상태로 유지하는 것은 아니다. 매우 높은 온도(80°C 이상)에서 성장하는 것을 선호하는 세균들은 열변성에 의한 풀림으로부터 그들의 DNA를 보호하기 위해 에너지를 소비해야 한다. 이들 생명체는 역지라아제(reverse gyrase)라고 불리는 다른 위상이성화효소를 가지고 있다. 그 이름에서 알 수 있듯이, 역지라아제는 ATP의 존재 하에서 느슨한 상태의 DNA 고리수를 증가시킨다. 유전체를 양성의 초나선 형태로 유지함으로써, 역지라아제는 열변성의 영향을 방해하고 그 결과, 유전체의 대부분의 부위가 풀리도록 한다.

고단계의 염색질 구조

이질염색질과 진정염색질

염색체들이 일정한 구조가 아니라는 것은 광학현미경을 사용한 초기의 염색체 연구에서부터 명확했다. 초기 염색체에 대한 연구는 염색체의 부분을 **진정염색질(euchromatin)**과 **이질염색질(heterochromatin)**로 나누었다. 이질염색질은 여러 가지 염색에 의해 진하게 염색되며 더욱더 응축된 모습의 특징을 가지고 있고, 그에 반해 진정염색질은 염색에 의해 불충분하게 염색이 되며 상대적으로 열린 구조의 반대되는 특성을 가지고 있다. 유전자에 대한 분자적인 이해와 그들의 발현이 진보하면서, 염색체의 이질염색질 부분에서 유전자 발현이 매우 제한적이라는 것이 명확해졌다. 반면, 진정염색질 부분에서는 더 높은 유전자 발현을 보여주며, 이들의 서로 다른 구조가 전반적인 유전자 발현 수위와 관련 있을 것이라고 추정하고 있다.

이질염색질 부분에서 유전자 발현이 낮지만 이것이 그 부분이 중요하지 않다는 것을 의미하는 것은 아니다. 유전자 발현이 논의될 때, 가려지는 유전자는 발현되는 유전자만큼 중요하다. 추가적으로 이질염색질은 특정한 염색체 부분으로 말단소체와 동원체를 포함하고 있으며, 이들 중요한 염색체 요소들의 기능에 중요한 역할을 담당한다.

오랜 시간에 거쳐, 연구자들은 이질염색질과 진정염색질 구조의 보다 더 완벽한

글상자 8-2 뉴클레오솜과 초나선 밀도

뉴클레오솜은 왜 포함하고 있는 DNA의 위상적인 상태를 바꾸는가? 4장에서 설명한 것처럼, 두 가지 형태의 비틀림: 도넛형태와 서로 얽혀진 형태(또한 plectonemic으로 언급된다)가 초나선 DNA의 형성에 관여하고 있다. 히스톤 8량체를 감은 DNA의 포장은 도넛형태로 비틀린 형태이다. 비틀림의 형태가 그것이 양성 또는 음성 초나선이 될지를 조절한다(즉, 결합된 DNA의 고리수가 증가할지 감소할지를 조절한다). 도넛형의 비틀림, 왼손 방향으로의 감김은 음성의 초나선구조가 되게 한다(서로 얽혀진 형태의 비틀림, 그 반대 역시 사실이다: 오른손방향의 피치도 음성의 초나선구조와 관련이 있다). 따라서 뉴클레오솜 주변 DNA의 왼손 방향 도넛형 감김은 관련된 DNA의 고리수를 감소시킨다. 이러한 이유로 인해, 뉴클레오솜은 음성의 초나선 밀도의 DNA와 우선적으로 결합한다. 이와 반대로, 양성의 초나선 밀도를 가진 DNA와의 뉴클레오솜 조립은 매우 어렵다.

공유결합으로 닫힌 원형의 DNA(covalently closed circular DNA, cccDNA)에 대하여 뉴클레오솜이 형성될 때는 히스톤에 감겨있는 DNA 고리수의 변화를 조절하기 위해 위상이성화효소를 필요로 한다(글상자 8-2 그림 1). 위상이성화효소 없이, cccDNA와 뉴클레오솜을 형성하기 위해서는, 결합하지 않은 DNA(뉴클레오솜과는 관계없는)가 동등한 고리수가 되도록 증가 조절해야 할 것이다(cccDNA의 전체 고리 수는 위상이성화효소가 없다면 고정되어 있다는 것을 기억해라). 따라서 결합하지 않은 DNA는 고리 수를 증가하여 양성의 초나선 밀도를 축적할 것이다. 양성의 초나선구조를 가지는 결합하지 않은 DNA가 더 많아질수록, 이 DNA에 대한 추가적인 뉴클레오솜의 조립은 더욱더 어려워진다.

위상이성화효소를 추가하면 cccDNA와의 뉴클레오솜 조립이 매우 용이하게 된다. 위상이성화효소가 뉴클레오솜이 조립되는 동안 존재하더라도, 뉴클레오솜에 묶여진 DNA에는 작용할 수 없다. 반면에 위상이성화효소는 고리수를 감소시켜 이들 부위에서의 양성 초나선 밀도를 낮추며 뉴클레오솜에 포함되지 않은 DNA를 느슨하게 만든다. 위상이성화효소는 느슨한 상태의 결합하지 않은 DNA를 유지시키면서, DNA에 히스톤이 결합하는 것과 추가적인 뉴클레오솜의 형성을 용이하게 한다. 중요한 것은, 더 많은 뉴클레오솜이 조립되는 만큼 플라스미드에 대한 전반적인 영향 즉 고리수는 감소한다는 것이다.

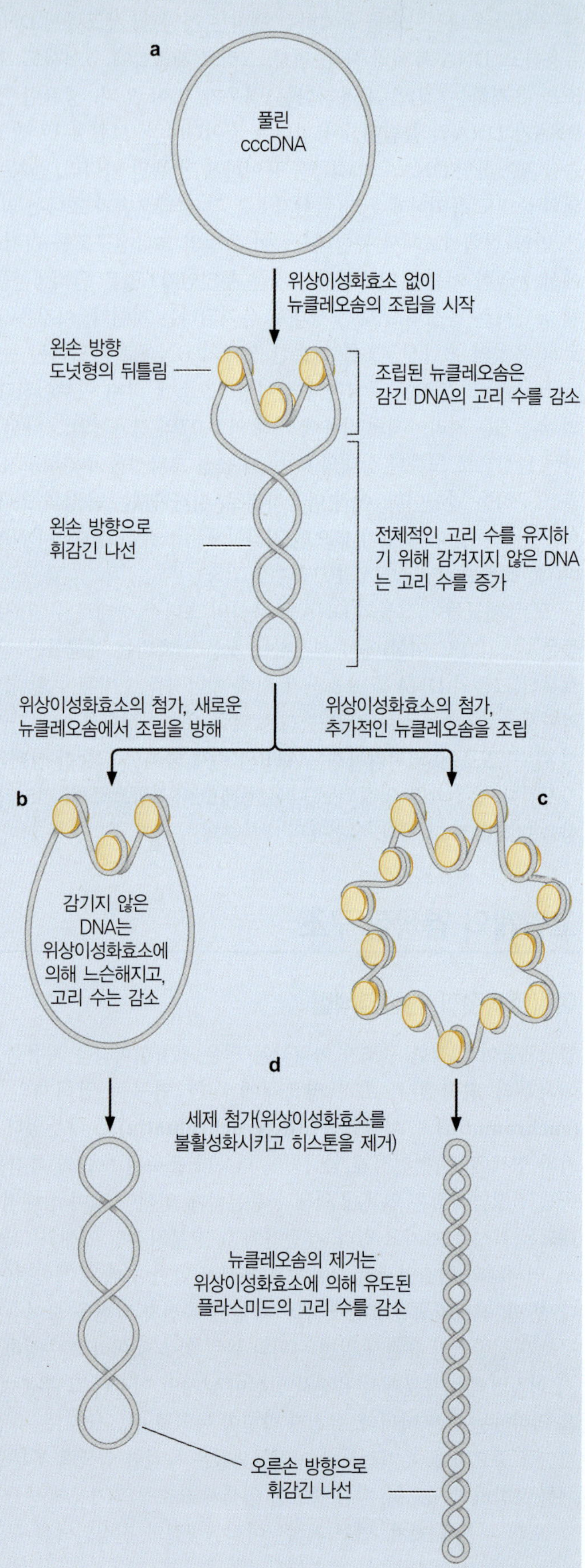

글상자 8-2 그림 1 공유결합으로 닫힌 원형 DNA(cccDNA)를 이용한 뉴클레오솜의 조립에는 위상이성화효소가 필요하다. (a) 위상이성화효소가 없는 상태에서 공유결합으로 닫힌 원형 DNA를 이용하여 뉴클레오솜을 조립하면 뉴클레오솜과 결합하지 않는 양성의 초나선구조를 가지는 DNA의 축적에 의해 제한받게 된다. (b) 추가적인 뉴클레오솜의 조립이 없는 상태에서 위상이성화효소의 첨가는 위상이성화효소가 어떻게 풀린 상태의 DNA가 뉴클레오솜으로 합쳐지지 않도록 고리 수를 감소시키는지를 설명한다. (c) 위상이성화효소가 존재할 때의 추가적인 뉴클레오솜 조립. (d) 히스톤의 제거와 위상이성화효소의 비활성화(예, 강력한 세제를 추가함으로써)를 동시에 가하면 뉴클레오솜 DNA와 작용하는 고리 수의 감소를 나타낸다.

글상자 8-2 (계속)

뉴클레오솜이 조립되는 동안 위상이성화효소에 의해 초래되는 고리 수의 감소는 이러한 현상에 대한 분석 방법으로 사용될 수 있다. 이 분석법은 느슨한 상태와 초나선구조의 cccDNA를 전기영동 겔에서 구별할 수 있다는 장점을 가지고 있다(4장, 그림 4-27 참조). 첫 번째 단계는 위상이성화효소의 존재 하에 cccDNA에 뉴클레오솜을 조립하는 것이다. 적당한 시간에 강한 세제(sodium dodecyl sulfate, SDS)를 조립반응에 첨가하면, 위상이성화효소가 비활성화되고 DNA로부터 어떤 히스톤이 떨어져 나온다. 그런 다음 DNA는 DNA의 초나선구조의 성질을 결정하기 위해 전기영동 겔에서 분리된다. DNA로부터 히스톤이 제거되는 동시에 세제가 위상이성화효소를 비활성화시키기 때문에, 뉴클레오솜에 조립되어 있는 DNA의 고리 수는 보존된다. 보통, 위상이성화효소는 cccDNA에 조립되는 각 뉴클레오솜의 고리수를 −1.2까지 감소시켜 cccDNA를 더욱더 음성의 초나선구조로 만든다(글상자 8-2 그림 1c,d). 이것은 전기영동을 하는 동한 겔상에서 초나선구조의 DNA가 더 빨리 이동하기 때문에 쉽게 관찰될 수 있다(글상자 8-2 그림 2).

뉴클레오솜 DNA가 히스톤 단백질을 1.65번 감고 있기 때문에 공유결합으로 닫힌 원형의 플라스미드를 이용하는 단일 뉴클레오솜의 형성은 −1.65의 비틀림을 만들 것이고, 이어서 동등한 양까지 고리 수가 변할 것이다. 위의 설명에서처럼, 각각의 뉴클레오솜과 관계된 고리 수의 변화를 측정하면, 더해진 각각의 뉴클레오솜에서 그 수는 약 −1.2보다 낮을 것이다. 이러한 모순은 "뉴클레오솜 고리 수 역설"이라고 언급되고, 이것을 해결하기 위한 해결책은 뉴클레오솜에 대한 고해상도 결정구조가 풀렸을 때 밝혀질 것이다. 히스톤 단백질 중심과 관련된 DNA의 면밀한 분석은 한 바퀴당 염기의 수가 naked DNA에 비례하여 감소한다는 것을 보여준다(10.5에서 10.2 bp/바퀴). 한 바퀴당 염기쌍 수의 감소로 DNA에서 고리의 수는 증가한다. 4장에서 설명된 10,500 bp cccDNA의 예를 고려해 보자. B형태 DNA는 10.5 bp/바퀴를 가져서 플라스미드에서 +1000의 고리 수를 가진다 (10,500/10.5). 반면, 한 바퀴당 10.2 bp를 나아가는 동일한 DNA는 대략 +1029(10,500/10.2)의 고리 수를 가지게 될 것이다. 따라서 나선의 한 바퀴당 염기쌍의 수가 감소함으로써 히스톤 8량체에 대한 결합은 뉴클레오솜에 묶여진 DNA의 길이 이상으로 고리 수 증가를 야기한다. 이 변화는 조립된 뉴클레오솜의 고리 수를 −1.65에서 −1.2까지 줄인다. 뉴클레오솜당 약 +0.4의 차이는 한 바퀴당 염기쌍의 수와 뉴클레오솜과 연결된 DNA의 길이 차이를 이용해서 계산될 수 있다.

이러한 일들이 선형의 진핵 염색체와 관련되어 있는가? 짧은 선형 조각에서는 DNA의 끝이 고리수의 변화를 조절하기 위해 회전할 수 있기 때문에 초나선구조는 관련이 없다. 진핵세포의 아주 큰 선형의 염색체에서 이것은 사실이 아니다. 첫째, 이들 염색체의 거대한 크기는 DNA 초나선구조에서 쉽게 변화를 없애기 위한 순환이 충분히 빠르지 못할 것이다. 더 중요한 것은 아래에서 논의하는 것처럼, 염색체는 단순한 선형가닥의 DNA가 아니다. 각각의 염색체 DNA는 접혀져서 더욱더 밀집된 구조로 **핵뼈대(nuclear scaffold)**라고 불리는 단백질 구조에 매어진 거대한 고리에 위치해 있다. 이러한 부착들은 위상학적으로 다음의 고리에서 하나의 고리를 분리하고 염색체 DNA의 자유로운 회전을 막는다.

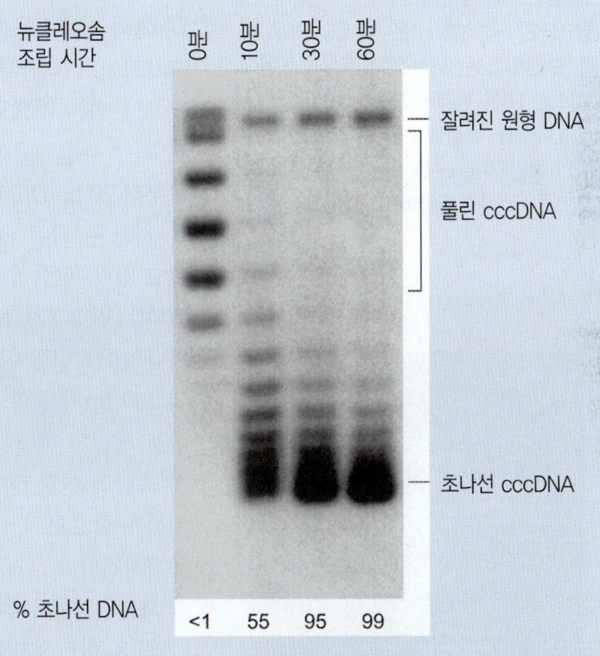

글상자 8-2 그림 2 고리 수의 감소를 측정하는 뉴클레오솜 조립 분석의 예. 뉴클레오솜 조립은 위상이성화효소의 존재 하에 느슨한 상태의 공유결합으로 닫힌 원형 DNA에서 수행된다. 조립의 억제 이전(0분) 또는 뉴클레오솜 조립반응이 일어나는 여러 시간에 세제(detergent)가 첨가되고 DNA는 비변성의 아가로스 겔에서 분리되고 브롬화에티듐에 의해 염색되어 보인다. 비록 아가로스 겔 상에서는 양성과 음성의 초나선형태 cccDNA 사이의 구별이 되지 않지만, DNA 삽입물질은 고리수를 증가시켜 겔의 상단부(보다 더 느슨한 상태)로부터 DNA를 이동시키면 음성 초나선형태 cccDNA(나타내진 않았지만)가 있다는 것을 보여줄 수 있다. (Reprinted, with permission, from Ito T. et al. 1997. *Cell* **90:** 145–155, Fig. 2c. ⓒ Elsevier.)

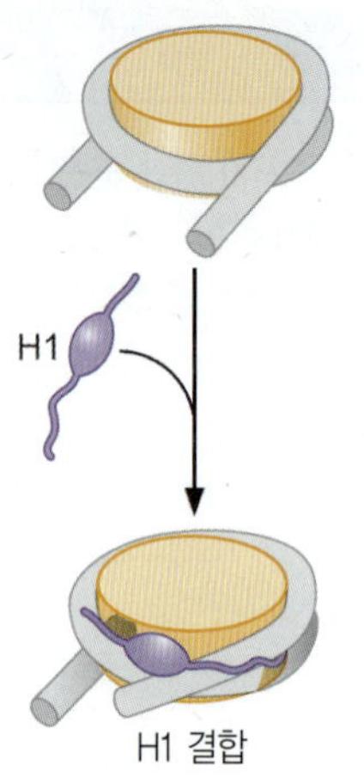

그림 8-27 **히스톤 H1은 두 개의 DNA 나선에 결합한다.** 뉴클레오솜과의 상호작용에서 히스톤 H1은 뉴클레오솜 한쪽 끝에 있는 연결 DNA와 뉴클레오솜을 감싸고 있는 DNA의 중앙 부분 DNA 나선에 결합한다(중심 히스톤 8량체를 둘러싸고 있는 147 bp의 중간).

분자적 구조를 이해하게 되었다. 두 형태의 염색질에서 DNA는 뉴클레오솜으로 압축되어 있음이 분명해졌다. 이질염색질과 진정염색질 구조에서 차이점은 어떻게 서로 다른 이들 염색체 부위에서뉴클레오솜이 거대한 조립체가 되는가(또는 아닌가) 하는 것이다. 이질염색질 부분은 고단계 구조로 조립된 뉴클레오솜 DNA로 구성되어 있고, 그 결과 유전자 발현의 장벽이 된다. 대조적으로, 진정염색질의 뉴클레오솜은 훨씬 비조직화된 조립 형태를 보여준다. 이어지는 부분에서는 뉴클레오솜이 어떻게 고단계 구조로 조립되는지를 논의할 것이다.

히스톤 H1은 뉴클레오솜 사이의 연결 DNA에 결합한다

일단 뉴클레오솜이 형성되면, 다음 단계로 히스톤 H1이 결합한다. 중심히스톤들처럼, H1은 작고 양전하를 띤 단백질이다(표 8-5 참조). H1은 뉴클레오솜들 사이에서 연결 DNA와 상호작용을 하여, 뉴클레오솜과 DNA의 결합을 더 단단하게 한다. 이는 마이크로코커스 핵산분해효소(micrococcal nuclease)의 처리에 대해 뉴클레오솜 DNA가 보호되는 것으로 확인될 수 있다. 중심부 히스톤에 의해서는 147 bp가 보호되는데 비해 뉴클레오솜에 히스톤 H1이 결합하면 마이크로코커스 핵산분해효소의 처리로부터 20 bp DNA가 더 보호된다.

히스톤 H1은 DNA 이중가닥의 두 개의 특정 부위와 결합하는 특이한 특성을 가지고 있다. 일반적으로, 이 두 부위는 뉴클레오솜과 결합하고 있는 DNA 부분의 일부이다(그림 8-27). H1이 결합하는 부위는 뉴클레오솜에 대해 비대칭적으로 위치한다. 하나의 H1 결합자리는 뉴클레오솜 한쪽 끝의 연결 DNA이며, 두 번째 DNA 결합자리 147 bp의 중앙 부분(이분축 상에 존재하는 DNA 이중가닥 부분)이다. 따라서 위에서 언급된 핵산분해효소의 처리로부터 보호되는 추가적인 DNA는 뉴클레오솜 한쪽 측면의 연결 DNA에만 국한되는 것이다. 이들 두 개의 DNA 부분을 가까이에 위치하게 함으로써, H1의 결합은 히스톤 8량체 둘레를 강하게 감싸는 DNA의 길이를 증가시킨다.

H1의 결합은 뉴클레오솜에 들어오고 나오는 DNA 사이의 각도를 더 제한해 준다(그림 8-28). 전자현미경으로 확인할 수 있는 이러한 효과로 인해 뉴클레오솜 DNA는 뚜렷하게 지그재그 모양을 가지게 된다. DNA의 입출각은 조건(염의 농도, pH, 그리고 다른 단백질의 존재 등을 포함)에 따라 상당히 다양하다. 만약 이들 각이 이분축에 대하여 약 20° 정도라고 가정하면, 뉴클레오솜은 히스톤 H1이 결합된 연결 DNA 중앙부분의 양측면으로 교차하는 형태를 만들 것이다(그림 8-29).

a
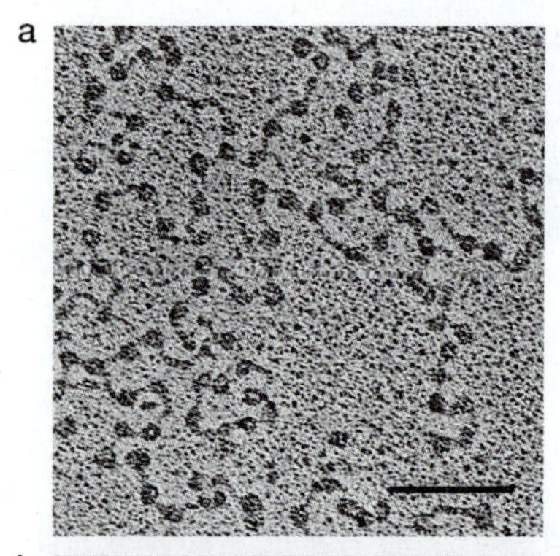
b
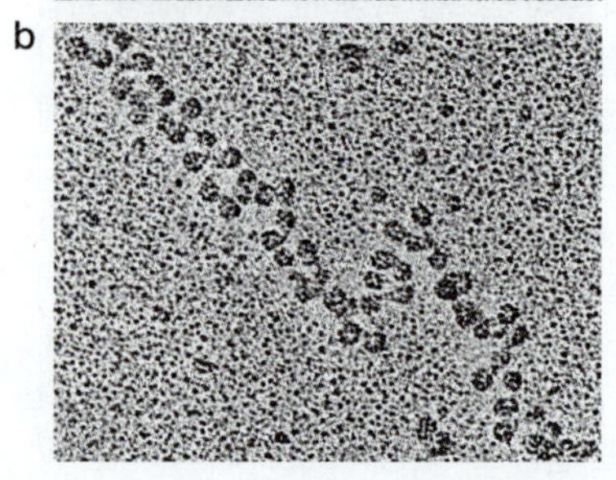

그림 8-28 **H1의 첨가는 뉴클레오솜 DNA를 더 조밀하게 만든다.** 두 개의 이미지는 히스톤 H1이 존재하지 않는 경우(a)와 존재하는 경우(b)의 뉴클레오솜 DNA의 전자현미경 사진이다. 히스톤 H1이 존재할 때 더 조밀하고 뚜렷한 DNA 구조를 보인다. (Reprinted, with permission, from Thoma F. et al. 1979. *J. Cell Biol.* **83:** 403–427, Figs. 4 & 6. © Rockefeller University Press.)

뉴클레오솜의 배열은 보다 더 복잡한 구조인 30 nm 섬유를 형성할 수 있다

H1의 결합은 고단계 염색질 구조를 안정화시킨다. 시험관에서 염의 농도가 증가함에 따라 히스톤 H1의 첨가는 뉴클레오솜 DNA가 **30 nm 섬유(30-nm fiber)**를 형성하게 한다. 세포 안에서도 관찰될 수 있는 이 구조는 다음의 DNA 압축 단계를 대표한다. 더 중요한 것은, DNA가 이 섬유를 형성하면 많은 DNA-의존성 효소(RNA 중합효소 같은)들에 대한 접근성이 줄어든다는 것이다.

30 nm 섬유의 구조에 대해서는 두 가지 모형이 있다. **솔레노이드 모델(solenoid model)**에서는, 뉴클레오솜 DNA가 한 회전당 약 6개의 뉴클레오솜을 가지는 초나선을 형성한다(그림 8-30a). 이 구조는 EM과 X-선 회절 연구에 의해서 지지되는데, 이

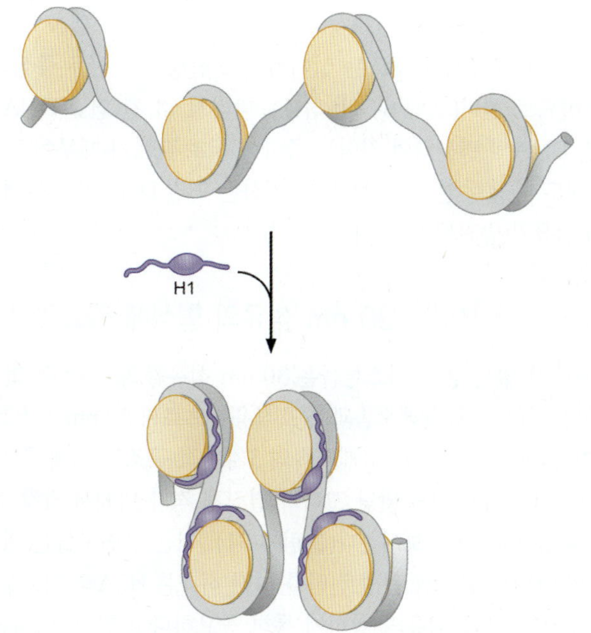

그림 8-29 히스톤 H1은 DNA가 뉴클레오솜 둘레를 보다 더 강하게 둘러싸도록 만든다. 두 개의 그림은 히스톤 H1이 존재하지 않을 때, DNA가 뉴클레오솜 둘레를 둘러싸는 차이를 보여준다. 하나의 히스톤 H1이 각각의 뉴클레오솜과 결합할 수 있다.

결과에 의하면 30 nm 섬유는 약 11 nm의 나선 피치(pitch)를 가진다. 이 값은 또한 뉴클레오솜 디스크의 대략적인 직경과 같으며, 이것은 30 nm 섬유가 나선의 형태로 뉴클레오솜 디스크로 쌓여져 구성된다는 것을 시사한다(그림 8-30a). 이 모델에서, 히스톤 8량체 디스크 양면의 평평한 표면들은 각각 다른 표면에 인접해 있고 뉴클레오솜의 DNA 표면은 초나선의 접근 가능한 바깥표면을 형성한다. 연결 DNA는 초나선의 중심에 묻혀 있으나 섬유의 축을 통과하지는 못하며, DNA가 한 뉴클레오솜에서 다음 뉴클레오솜으로 이동할 때 중심축을 둘러싸게 된다.

30 nm 섬유에 대한 또 다른 모델로는 "지그재그(zigzag)" 모델이 있다(그림 8-30b). 이 모델은 H1의 첨가에 의해 나타나는 뉴클레오솜의 지그재그 패턴에 기초를 둔다. 이 경우에, 30 nm 섬유는 이러한 지그재그 뉴클레오솜 배열의 압축된 형태이다.

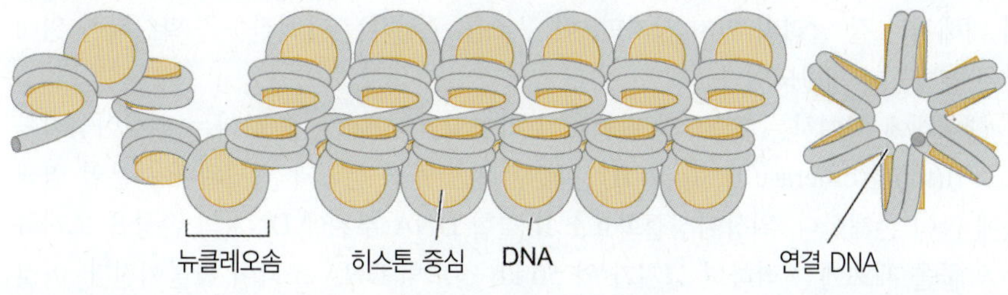

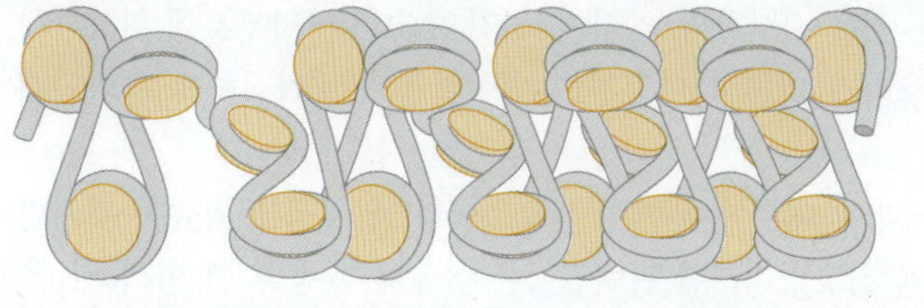

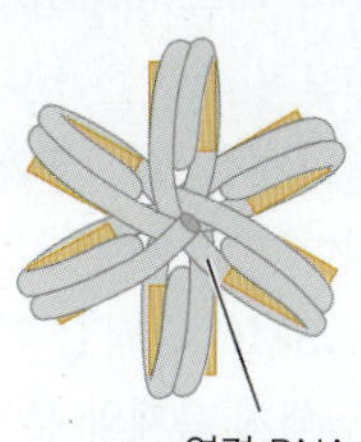

그림 8-30 30 nm 염색질 섬유에 대한 두 개의 모델. 각 패널에서 왼쪽은 섬유의 측면을, 오른쪽은 섬유의 중심축을 기준으로 내려 보고 있다. (a) 솔레노이드(solenoid) 모델. 연결 DNA는 초나선의 중심축을 통과하지 않으며, 뉴클레오솜의 측면과 출구 및 입구가 비교적 접근하기 어렵다는 점을 주목하라. (b) "지그재그(zigzag)" 모델. 이 모델에서는, 연결 DNA가 섬유의 중심축을 주로 통과하며, 뉴클레오솜의 측면과 심지어 출구 및 입구도 접근이 용이하다. (Reproduced, with permission, from Pollard T. and Earnshaw W. 2002. *Cell biology*, 1st ed., Fig. 13-6. © Elsevier.)

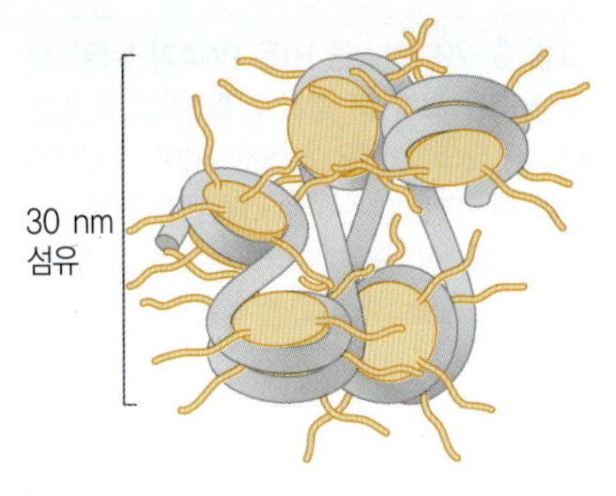

그림 8-31 히스톤 아미노 말단 꼬리에 의한 30 nm 섬유의 안정화에 대한 가상적인 모델. 이 모델에서 30 nm 섬유는 "지그재그" 모델로 나타내었다. 여러 개의 서로 다른 꼬리-히스톤 중심 사이의 상호작용이 가능하다. 여기서는 이러한 상호작용을 하나 건너 위치한 히스톤 사이에서만 나타내었으나 바로 다음의 히스톤이나 약간 떨어진 히스톤 사이에서도 일어날 수 있는 것으로 여겨진다.

분리된 30 nm 섬유의 스프링 같은 특성 분석은 이 지그재그 모델을 입증한다. 솔레노이드 모델과는 달리, 지그재그 구조는 상대적으로 선형으로 섬유 중심축을 통과하는 연결 DNA를 필요로 한다(그림 8-30b 참조). 따라서 더 긴 연결 DNA가 이 구조에 적합하다. 연결 DNA의 평균적인 길이는 종마다 서로 다르기 때문에(표 8-4 참조) 30 nm 섬유의 형태도 항상 동일하지 않으며 위치하는 연결 DNA의 길이에 따라 두 가지 형태의 30 nm 섬유가 발견될 수 있다.

히스톤 아미노 말단 꼬리가 30 nm 섬유의 형성에 필요하다

아미노-말단 꼬리가 없는 중심 히스톤들은 30 nm 섬유를 형성할 수 없다. 꼬리의 가장 중요한 역할은 인접한 뉴클레오솜과 상호작용함으로써 30 nm 섬유를 안정화시키는 것으로 여겨진다. 이 모델은 뉴클레오솜의 3차원적 구조에 의해 증명되었는데, 이 구조는 H2A, H3, H4의 아미노 말단 꼬리가 결정체 격자 내에서 각각 인접한 뉴클레오솜과 상호작용한다는 것을 보여준다(그림 8-31). 최근의 연구들은 양성 전하를 띠는 히스톤 H4의 아미노 말단과 음성 전하를 가진 히스톤 H2A의 히스톤-접힘 도메인 사이의 상호작용이 30 nm 섬유의 형성에 특히 중요하다고 한다. 이러한 상호작용의 중요성을 뒷받침하듯이 H4 꼬리와 상호작용하는 H2A의 잔기들은 많은 진핵생물체에서 잘 보존되어 있지만, DNA 결합이나 히스톤 8량체의 형성에는 관여하지 않는다. 한 가지 가능성은 H2A와 H2B의 이러한 부분들이 H4 꼬리와 함께 뉴클레오솜 간의 상호작용을 매개하기 위해 보존되었다는 것이다. 뒤에서 살펴보겠지만, 히스톤 꼬리들은 세포 내에서 변형의 주요 표적이 된다. 이러한 변형들은 30 nm 섬유와 다른 고단계 뉴클레오솜 구조를 형성하는 능력에 영향을 주게 된다.

더 이상의 DNA 압축에는 뉴클레오솜 DNA의 큰 고리가 관여한다

DNA가 뉴클레오솜과 30 nm 섬유구조를 형성하면 약 40배 정도 DNA의 직선 길이가 압축된다. 그러나 이것은 여전히 1~2미터의 DNA가 약 10^{-5} 미터의 핵 내로 들어가기에는 충분치 못하다. 30 nm 섬유의 추가적인 접힘이 DNA를 더 조밀하게 하기 위해 필요하다. 비록 이 접혀진 구조의 정확한 특성은 명백하게 알려지지 않았지만, 30 nm 섬유가 **핵뼈대(nuclear scaffold)**라 불리는 단백질성 구조에 의해 고정되어 40~90 kb의 고리를 형성한다는 모델이 제시되었다(그림 8-32). 비록 핵뼈대의 특성에 대해서는 잘 알려져 있지 않지만, 이 구조를 구성하는 단백질들을 확인하기 위해 많은 방법들이 개발되었다.

핵뼈대에 기여하는 2종류의 단백질이 확인되었다. 이들 중 하나는 위상이성질화효소 II(topoisomerase II, Topo II)인데, 이것은 골격 분획과 정제된 유사분열 염색체에 많이 존재한다. 위상이성질화효소 II 결합 DNA 부위에 DNA의 손상을 초래하는 약물을 세포에 처리하면 크기가 약 50 kb 정도의 DNA 조각이 만들어진다. 이것은 염색체에 낮은 농도로 제한된 핵산분해효소를 처리한 경우 관찰되는 크기가 유사하며, 이는 위상이성질화효소 II가 이들 고리의 바닥 부분에서 DNA를 붙잡는 기작의 일부를 수행할 수도 있다는 것을 시사한다. 게다가, 각각의 고리 바닥부분에 위상이성질화효소 II가 존재하면 고리가 다른 하나로부터 위상학적으로 확실하게 분리되게 된다.

SMC 단백질 역시 핵뼈대에 매우 풍부한 구성요소이다. 위에서 논의했던 것처럼(염색체 복제와 분리 부분을 참조), 이러한 단백질들은 염색체 복제 후 딸 염색체들을

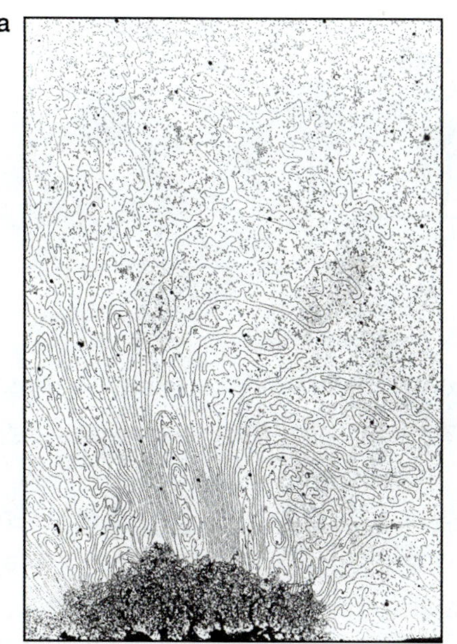

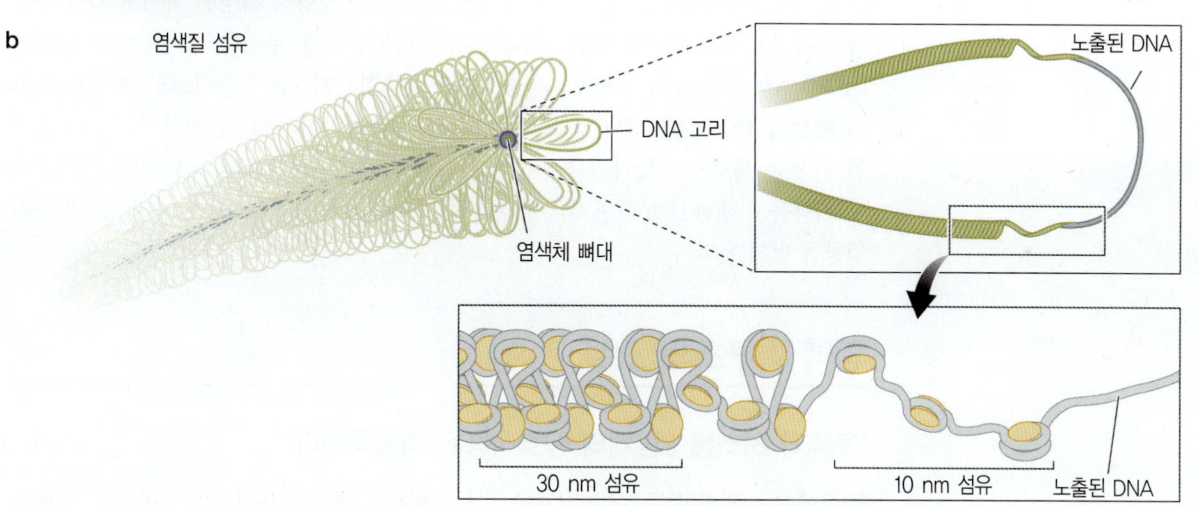

그림 8-32 염색질의 고단계 구조. (a) 투과전자현미경 사진은 염색체의 중심구조로부터 뻗어 나온 염색질을 보여준다. 전자 밀집 지역은 핵뼈대(nuclear scaffold)로서 진핵생물의 염색체에서 많은 양의 DNA를 조직화하는 역할을 한다. (b) 진핵생물 염색체의 구조 모델은 대부분의 DNA가 아래쪽 핵뼈대에 붙어 있는 30 nm 섬유의 큰 고리로 응축되어 있다는 것을 보여준다. 활동적인 DNA 조작 부분(예를 들어, 전사나 DNA 복제 부위)은 10 nm 섬유 형태이거나 심지어 노출된 DNA 형태이다. (a, Courtesy of J.R. Paulson and U.K. Laemmli.)

합치고 응축시키는 기작의 주요 구성요소이다. 이러한 단백질들과 핵뼈대의 결합은 이들이 염색체 DNA와 상호작용할 수 있는 토대를 제공함으로써 이들의 기능을 향상시키는 작용을 할 것이다.

히스톤 변이체는 뉴클레오솜의 기능을 변화시킨다

중심 히스톤은 진핵세포에서 가장 잘 보존된 단백질 중의 하나이다. 따라서 이러한 단백질에 의해 만들어지는 뉴클레오솜은 모든 진핵생물에 있어서 매우 유사하다. 그러나 진핵세포에서는 여러 종류의 히스톤 변이체(histone variant)들이 발견된다. 이러한 변이적인 히스톤들은 네 개의 정상 히스톤 단백질 중 하나를 대신하여 대체 뉴클레오솜을 형성할 수 있다. 이러한 뉴클레오솜은 염색체의 특정 부분을 구분하게 하거나 이들이 포함된 부분의 뉴클레오솜이 특별한 기능을 수행하도록 해준다. 예를 들어, H2A.X는 H2A의 변이체로서 진핵생물의 뉴클레오솜에 광범위하게 분포되어 있다. 염색체상의 DNA가 손상되면(이중가닥의 깨짐이라고 언급됨), H2A.X는 DNA의

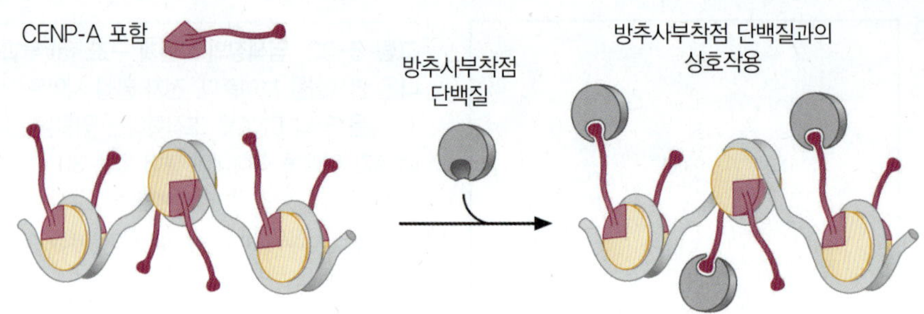

그림 8-33 히스톤 변이체의 결합에 의한 염색질의 변화. 히스톤 H3 대신에 CENP-A가 결합하면 하나 혹은 그 이상의 방추사부착점 구성요소에 대한 결합자리로써 작용하게 된다.

손상 부위에 위치하여 H2A에는 존재하지 않는 세린 잔기에 인산화된다. 인산화된 H2A.X는 DNA 수선효소들에 의해 특이적으로 인식되어 DNA 손상 부위로 이동하게 된다.

또 다른 히스톤 변이체인 CENP-A는 동원체 DNA 부분의 뉴클레오솜에 포함되어 있다. 이 염색체 부위에서, CENP-A는 뉴클레오솜의 히스톤 H3을 대신한다. 이러한 뉴클레오솜들은 방추사(그림 8-12 참조)의 염색체 부착을 매개하는 방추사부착점(kinetochore)에 형성한다. H3에 비해, CENP-A는 상당히 확장된 아미노 말단 부위를 가지고 있으며 히스톤 접힘 부위와는 유사하지만 다른 부위를 가지고 있다. 따라서 CENP-A의 결합이 뉴클레오솜의 중심구조를 변화시키지는 않는다. 대신에 CENP-A의 확장된 꼬리는 CENP-C라고 하는 방추사부착점의 또 다른 단백질 요소들이 결합할 수 있는 새로운 결합자리를 생성한다(그림 8-33). 이러한 가설과 더불어, CENP-A가 기능을 수행하지 못하면 방추사부착점 요소들과 동원체 DNA 사이의 상호작용이 영향을 받게 된다.

염색질 구조의 조절

DNA와 히스톤 8량체의 상호작용은 역동적이다

19장에서 자세히 배우겠지만, DNA의 뉴클레오솜 형성은 유전체의 발현에 큰 영향을 미칠 수 있다. 많은 경우에 뉴클레오솜이 움직일 수 있다는 것이나 DNA를 잡고 있던 부분이 DNA의 특정 부분에 접근하기 위해 느슨해질 수 있다는 점은 매우 중요하다. 히스톤 8량체와 DNA의 결합은 이러한 필요성과 일치하도록 근본적으로 역동적이다. 게다가 뉴클레오솜에 작용하는 여러 요소들이 이 결합의 역동성을 증가시키거나 감소시킨다. 이러한 특성들은 자주 변화하는 DNA의 접근성에 대한 요구에 따라서 뉴클레오솜의 위치와 DNA의 결합을 변화시킨다.

비공유결합에 의해 매개되는 모든 상호작용들과 같이 히스톤 8량체와 DNA 특정 부분과의 결합은 영원한 것이 아니다. DNA의 어떤 부분이라도 일시적으로 히스톤 8량체와의 강력한 상호작용으로부터 분리될 수 있다. 이러한 분리는 DNA 이중나선이 간헐적으로 열리는 것과 유사하다(4장에서 설명하였다). 히스톤 중심구조과 DNA 결합의 역동적인 특성은 매우 중요한데, 이는 많은 DNA 결합 단백질들이 히스톤이 없는 DNA를 선호하기 때문이다. 이러한 단백질들은 결합자리 DNA가 히스톤 8량체로부터 분리되거나 혹은 linker나 뉴클레오솜-free DNA에 결합자리가 위치할 때만 결합자리를 인식할 수 있다.

뉴클레오솜으로부터 간헐적이고 자발적으로 DNA가 풀림으로써, 단백질은 그들 DNA의 결합자리에 대하여 뉴클레오솜 내부의 결합자리 위치에 따라 1/50에서

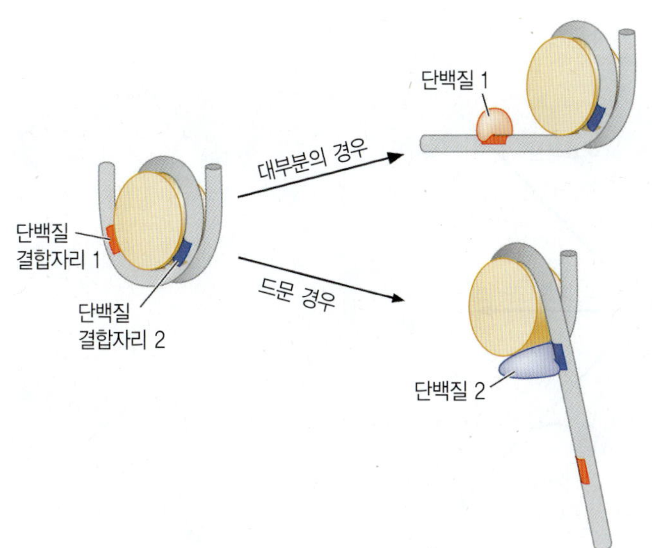

그림 8-34 뉴클레오솜 결합 DNA의 접근성이 증가하는 모델. 염기서열 특이적인 DNA 결합 단백질의 뉴클레오솜 결합능력에 관한 연구를 통해 뉴클레오솜으로부터 DNA가 풀리는 것이 DNA의 접근성에 필요할 것이라고 제안되었다. 따라서 입구와 출구에 가까운 DNA 부분이 가장 접근하기 쉽고 결합된 DNA의 중심부에 가까운 부분이 접근하기 가장 어려운 곳이다.

1/100,000까지의 확률로 접근성을 가지게 된다. 뉴클레오솜 내부의 결합자리가 더 중심에 있을수록 접근성이 떨어지며, 따라서 뉴클레오솜과 강하게 결합하고 147 bp의 73 위치 주변의 결합 부위는 접근이 어려운 반면, 뉴클레오솜 DNA의 말단(위치 1또는 147) 근처의 결합자리는 가장 쉽게 접근할 수 있다. 이러한 발견은 DNA가 노출되는 기작이 DNA가 히스톤 8량체의 표면에서 잠시 분리되기 때문이라기보다는 뉴클레오솜으로부터 DNA가 풀어지기 때문이라는 것을 보여준다(그림 8-34). 이러한 연구들은 시험관에서 수많은 뉴클레오솜의 집단을 대상으로 수행되었으며, 따라서 뉴클레오솜으로부터 DNA가 풀어지는 능력은 세포 내에서의 커다란 **뉴클레오솜 배열(nucleosome array)**에서의 풀림과는 다를 수 있다. H1과의 상호작용과 뉴클레오솜의 결합에 의한 30 nm 섬유 또한 이러한 확률을 변화시킬 수 있다. 그럼에도 불구하고, 뉴클레오솜 구조의 동적인 특성을 보면 많은 시간을 할여했다기보다는 짧은 기간에 X-선 결정학연구에서 나타난 구조같이 보인다.

뉴클레오솜-리모델링 복합체는 뉴클레오솜의 운동을 촉진한다

뉴클레오솜 고유의 역동성과 더불어 히스톤 8량체와 DNA 상호작용의 안정성은 **뉴클레오솜-리모델링 복합체(nucleosome-remodeling complex)**라 불리는 큰 단백질 복합체의 영향을 받는다. 이러한 여러 단백질의 복합체는 ATP 가수분해 에너지를 사용하여 뉴클레오솜의 위치나 DNA와의 상호작용을 변화시킨다. 이들 효소에 의한 뉴클레오솜의 변화에는 2가지 형태가 있다(그림 8-35). 모든 뉴클레오솜 리모델링 복합체들은 히스톤 8량체의 표면을 따라가는 DNA의 **"미끄러짐(sliding)"**을 촉매할 수 있다. 뉴클레오솜 리모델링 복합체들의 부소체는 하나의 DNA 나선에서 다른 쪽으로 히스톤 8량체가 **"전달(transfer)"**되는 극도의 변화를 촉매할 수 있다. 결론적으로, 이들 효소의 일부는 뉴클레오솜 내에서 H2A/H2B 이량체와 변이 2량체와의 교환을 촉진시킬 수 있다(예를 들어 이중나선의 손상부위에서 H2A/H2B는 H2A.X/H2B로 교체된다).

최근 들어 뉴클레오솜-리모델링 복합체가 어떻게 히스톤 8량체의 표면에 있는 DNA를 이동하는지에 대한 연구들이 시작되었다(그림8-36). 이들 다양한 소단위체 효소들 각각은 하나의 ATP-가수분해 DNA 전좌효소 소단위체를 포함하고 있으면 뉴클레오솜-리모델링 복합체로부터 분리될 때 이중가닥의 DNA 상에서 방향 지향적 방식

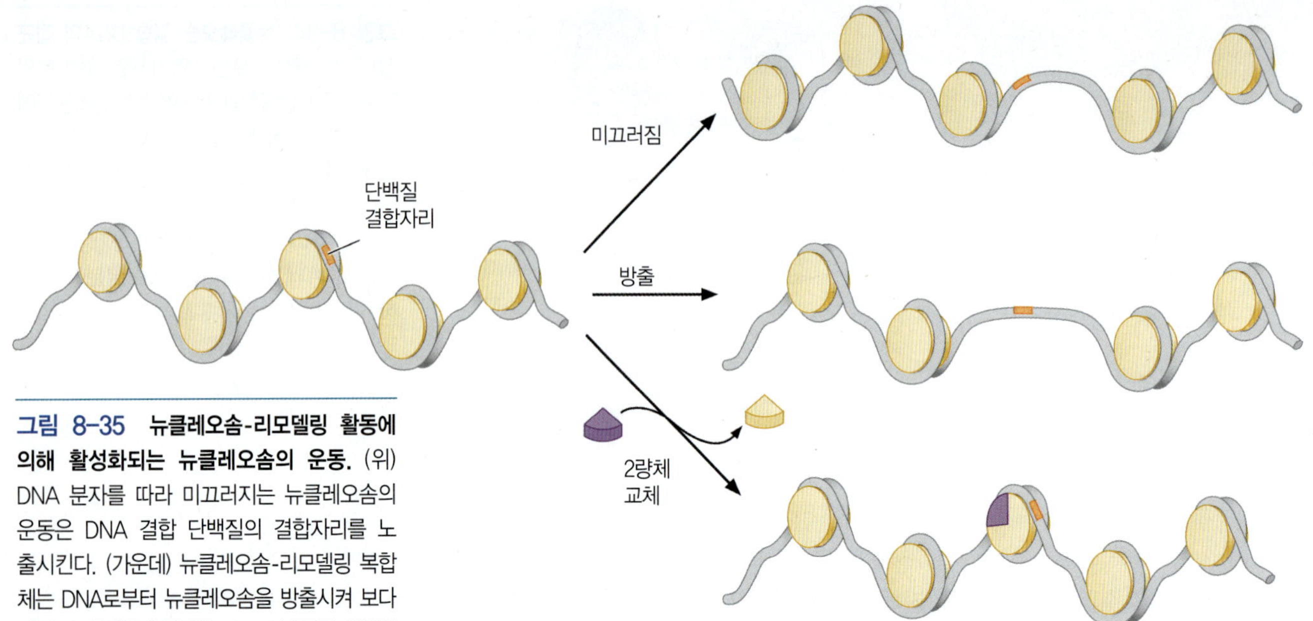

그림 8-35 뉴클레오솜-리모델링 활동에 의해 활성화되는 뉴클레오솜의 운동. (위) DNA 분자를 따라 미끄러지는 뉴클레오솜의 운동은 DNA 결합 단백질의 결합자리를 노출시킨다. (가운데) 뉴클레오솜-리모델링 복합체는 DNA로부터 뉴클레오솜을 방출시켜 보다 더 큰 뉴클레오솜이 없는 DNA 부위를 생성할 수 있다. (아래) 뉴클레오솜-리모델링 복합체는 H2A/H2B에서 변형되지 않은 형태 혹은 변형된 형태의 H2A/H2B 2량체(예, H2A-X)로의 교체를 활성화한다.

[또한 위치이동(translocating)이라고 불리는]으로 이동할 수 있다. 현재의 모델들은 뉴클레오솜-리모델링 복합체들이 히스톤 8량체와 강하게 결합, 뉴클레오솜 DNA에 인접한 DNA 전좌효소 소단위체에 위치한다고 제안하고 있다. 히스톤 8량체에 인접하게 전좌효소를 잡아둠으로써 뉴클레오솜-리모델링 복합체에 의한 ATP 가수분해는 히스톤 8량체의 표면을 따라 DNA가 이동하도록 한다. DNA의 전좌는 전좌가 일어나는 부위에 인접한 뉴클레오솜의 표면에 돌출되는 DNA 고리를 형성한다. 이러한 DNA 고리는 히스톤 8량체의 표면을 따라 뉴클레오솜 DNA의 다른 끝과 만날 때까지 이동한다고 제안되어 있다. 이러한 이동이 잠정적으로는 양방향으로 진행될 수도 있다고 하지만, 뉴클레오솜-리모델링 복합체와 뉴클레오솜 DNA 간의 또 다른 상호작용이 인접한 DNA 연결부위로의 진행을 막는다고도 생각한다(뉴클레오솜 위치화에는 변함이 없다). 이러한 접근법을 동시에 깨어질 수도 있는 히스톤 8량체와 뉴클레오솜 DNA사이의 모든 상호작용에 적용해서는 안된다는 것이 중요하다. 대신에 히스톤 8량체 표면에 대한 DNA의 "자벌레 같은(inchworm- like)" 이동이 리모델링 과정 동안 히스톤과 DNA 상호작용이 유지되도록 한다. 서로 다른 DNA 서열이 대략 동일한 결합력으로 히스톤 8량체와 상호작용한다는 것을 명심해야 한다. 따라서 히스톤 8량체를 가로질러 미끄러지는 DNA 분자는 8량체에 여러 가지 다른 에너지적으로 동등한 상태로 결합한 것처럼 보일 수 있고, 뉴클레오솜 리모델링 복합체는 더 쉽게 이러한 다른 상태에 접근할 수 있게 된다.

어떠한 특정 종류의 세포에서도 다양한 종류의 뉴클레오솜 리모델링 복합체가 존재한다(표 8-6). 이들은 작게는 2개에서 혹은 10개 이상의 소단위(subunit)로 구성되어 있다. 각 복합체는 ATP-가수분해 관련 소단위들을 포함하고 있는데, 이 소단위는 앞에서 기술하였고 또 그림 8-36에서 설명하고 있는 DNA 이동을 촉매한다 . 비록 ATP를 가수분해하는 소단위가 여러 복합체들에서 상대적으로 잘 보존되어 있지만, 다른 소단위의 첨가로 인해 복합체의 기능이 조절될 수도 있다. 예를 들어, 복합체를 특정한 염색체 부위에 위치하도록 해주는 소단위가 포함될 수 있다. 일부 예에서는 이러한 표적 부위 결합이 뉴클레오솜 리모델링 복합체의 소단위와 DNA에 결합된 전사인자 사이의 상호작용에 의해 매개된다. 다른 예로, 위치 결정이 히스톤 소단위 자체의

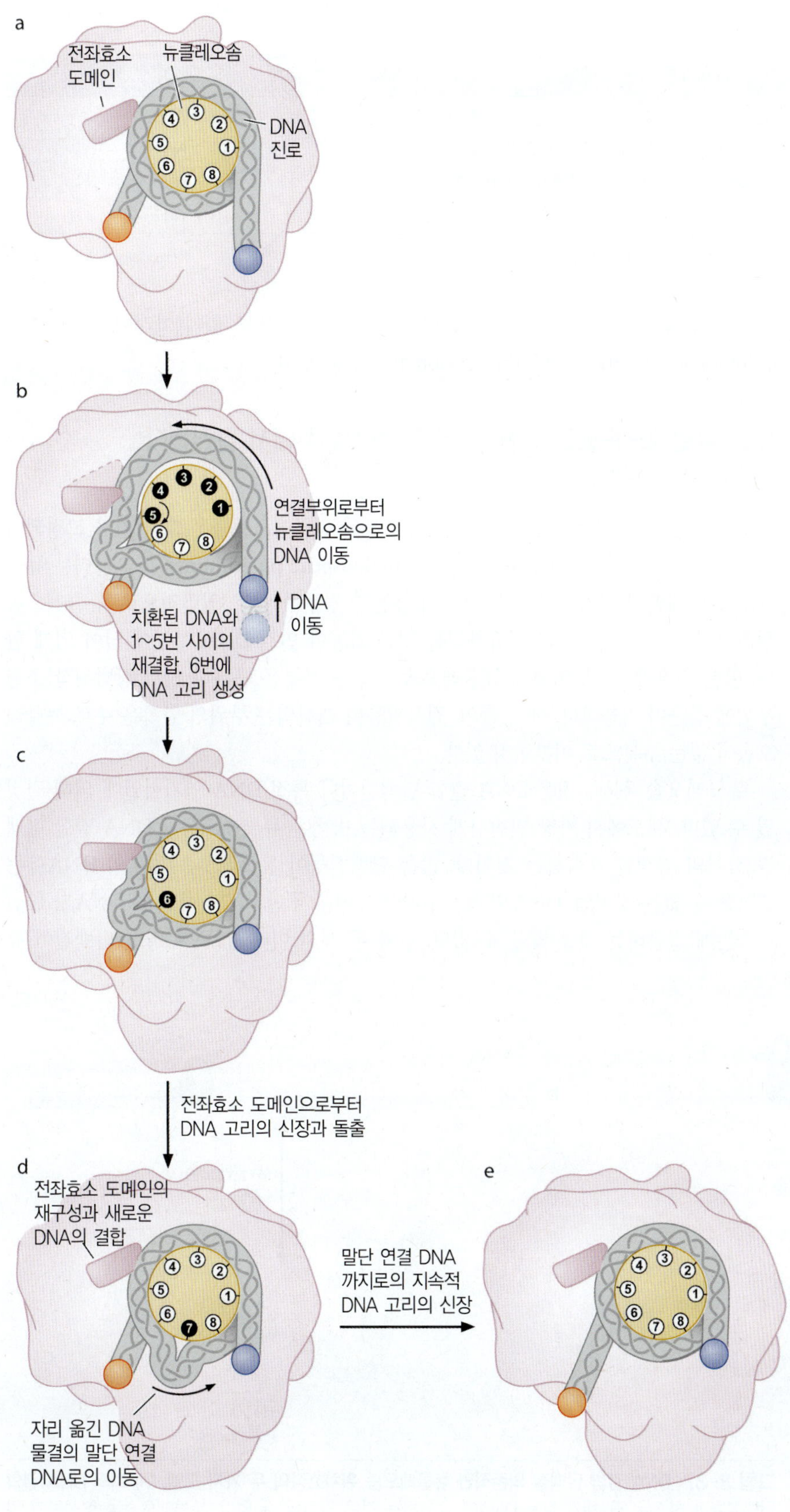

그림 8-36 뉴클레오솜-리모델링 복합체에 의해 촉매되는 뉴클레오솜 DNA의 미끄러짐 모델. (a) 이 모델은 뉴클레오솜-리모델링 복합체의 ATP-가수분해 소단위체가 중심의 한 쌍을 따라 회전하는 뉴클레오솜 DNA의 2개 나선에 결합하는 것을 나타낸다(예, 뉴클레오솜에 있는 전체 147 bp 중에서 52에). 다른 뉴클레오솜-리모델링 복합체의 소단위체는 히스톤에 단단히 결합한다. 이 그림은 중심의 한 쌍에서부터 가장 가까우며 결합하지 않은 상태의 DNA와 히스톤 사이의 각 접촉을 나타낸다(나선 한바퀴당 한 번의 접촉, 14중의 7). (b) ATP-의존적 DNA 위치이동 활성을 이용하여 뉴클레오솜-리모델링 복합체는 먼저 가장 가까운 연결 도메인의 DNA를 뉴클레오솜으로 끌어당긴다. ATP-가수분해 소단위체와 연결 DNA 사이의 다섯 개 히스톤-DNA 접촉들이 깨어지고(접촉이 깨진 것은 검정, 접촉이 완전하면 흰색) 전좌효소 도메인의 반대편에 DNA 고리를 형성한다. (c) 접촉이 깨지고 나면 위치되었던 DNA가 재 이동되고(1~5의 위치), DNA 고리는 ATP-가수분해 소단위체와 인접하여 남겨진다(6번 위치에서의 접촉을 방해하면서). (d) 이 모델에서 DNA 고리는 한번에 하나 혹은 두 개의(처음에는 6과 접하고 그 다음은 7) 접촉점을 지나며 히스톤을 에워싸기에 충분한 길이만큼의 초과된 DNA와 히스톤 표면을 가로질러 "물결"처럼 움직이며 제거되고 뉴클레오솜은 DNA에서 그 위치를 이동한다고 제시하고 있다. (e) DNA 고리가 DNA 연결부의 말단으로 전달되면 뉴클레오솜은 DNA상에서 그 위치를 바꾸게 된다. (Adapted, with permission, from Saha A. et al. 2006. *Nat. Rev. Mol. Cell Biol.* **7:** 437–447, Fig. 4a. © Macmillan.)

표 8-6 ATP-의존적 뉴클레오솜 리모델링 복합체

종류	소단위 수	히스톤 결합 도메인	미끄러짐	전이
SWI/SNF	8~14	Bromodomain	Yes	Yes
ISWI	2~4	Bromodomain, SANT domain, PHD finger	Yes	No
CHD	1~10	Chromodomain, PHD finger, SANT domain	Yes	Yes
INO80	10~16	None	Yes	nd

nd, not determined.

특정한 변형 부위와의 상호작용에 의해 매개되는 경우도 있다[아래에서 보게 될, chromo-또는 bromo-도메인(bromodomain)을 통해서].

몇몇 뉴클레오솜들은 생체 내의 특정한 위치에서 발견된다: 뉴클레오솜 위치고정

DNA와의 역동적인 상호작용 때문에, 대부분의 뉴클레오솜들은 그 위치가 고정되어 있지 않다. 그러나 **뉴클레오솜 위치고정(nucleosome positioning)**이라 불리는 뉴클레오솜의 제한된 위치에서의 배열이 더 유용한 경우가 있다. 일반적으로, 뉴클레오솜 위치고정은 조절 단백질의 결합자리를 접근 가능한 연결 DNA 부분에 남아 있게 한다. 많은 경우에 있어, 이렇게 뉴클레오솜이 없는 부분은 충분히 커서 광범위한 조절 부위에 접근이 가능하다. 예를 들어, 전사활동이 개시되는 부위의 앞쪽은 주로 뉴클레오솜이 없는 부분으로 이루어져 있다.

뉴클레오솜 위치고정은 DNA 결합 단백질이나 특정 DNA 염기서열에 의해 결정될 수 있다. 세포에서 가장 빈번하게 사용되는 방법은 뉴클레오솜과 DNA 결합 단백질 사이의 경쟁을 포함하는 것이다. 많은 단백질들이 뉴클레오솜 내부의 DNA에는 결합할 수 없는 것처럼, DNA의 특정위치에 단백질이 먼저 결합하면 이 DNA가 중심 히스톤에 결합하는 것을 막을 수 있다. 만약 두 개의 이러한 DNA 결합 단백질이 뉴

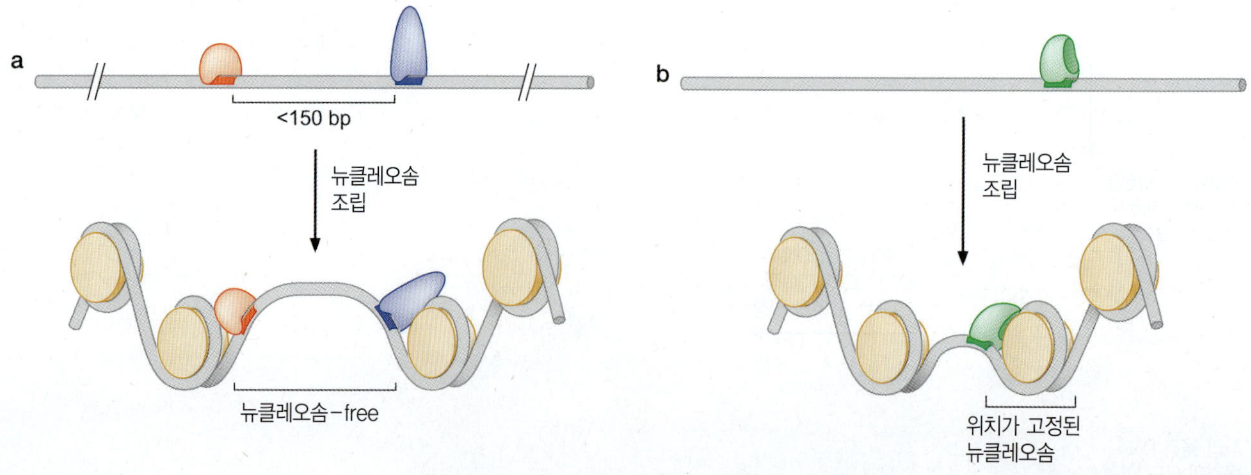

그림 8-37 DNA 결합 단백질 의존적인 뉴클레오솜 위치고정의 두 가지 모델. (a) 여러 DNA 결합 단백질들과 히스톤 8량체가 같은 DNA에 결합하는 것은 양립할 수 없다. 뉴클레오솜을 형성하기 위해서는 147 bp 이상의 DNA가 필요하기 때문에, 만약 두 개의 인자가 이 거리보다 가까이 DNA와 결합한다면, 이들 인자 사이의 DNA에는 뉴클레오솜이 형성될 수 없다. (b) DNA 결합 단백질의 작은 부분은 뉴클레오솜과 결합하는 능력을 가지고 있다. 일단 DNA 결합자리에 바로 인접한 곳에서부터 뉴클레오솜의 형성을 촉진할 것이다.

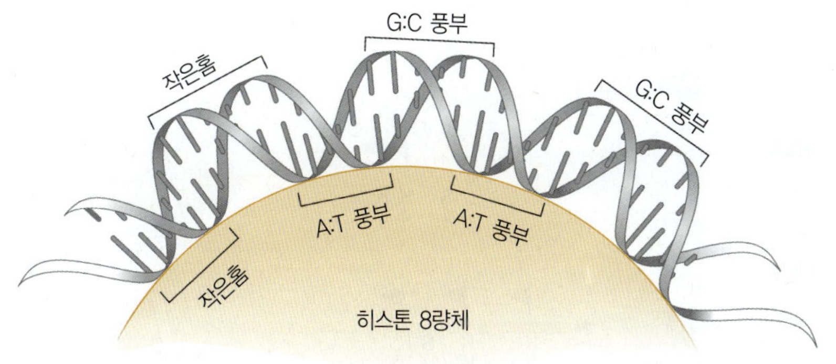

그림 8-38 뉴클레오솜은 구부러진 DNA와의 결합을 선호한다. 특정한 DNA 염기서열은 뉴클레오솜의 위치를 고정시킬 수 있다. DNA는 뉴클레오솜과 결합하는 동안 심하게 구부러지기 때문에, 뉴클레오솜의 위치를 고정하는 DNA 염기서열들은 본질적으로 구부러져 있다. A:T 염기쌍은 작은홈을 향해 구부러지는 내재적인 성향을 가지고 있으며, G:C 염기쌍은 반대의 성향을 가진다. A:T와 G:C가 풍부한 염기서열이 ~5 bp의 주기로 교차되는 염기서열은 선호되는 뉴클레오솜 결합자리로 작용할 것이다. (Adapted, with permission, from Alberts B. et al. 2002. *Molecular biology of the cell*, 4th ed., Fig. 4-28. © Garland Science/Taylor & Francis LLC.)

클레오솜의 형성에 필요한 최소한의 DNA 길이보다 더 가깝게 위치한다면(~150 bp), 단백질 사이의 DNA는 뉴클레오솜이 없는 상태로 남아 있게 된다(그림 8-37a). 인접한 DNA에 단백질이 추가적으로 결합하면 뉴클레오솜이 없는 부분의 크기가 더 증가할 수 있다. 단백질 의존적인 뉴클레오솜 위치고정의 위와 같은 뉴클레오솜 억제 기작뿐만 아니라, 일부 DNA 결합 단백질들은 인접한 뉴클레오솜과 강하게 상호작용하여 뉴클레오솜이 이러한 단백질과 인접한 부위에 우선적으로 결합하게 한다(그림 8-37b).

뉴클레오솜 위치고정의 두 번째 방법은 뉴클레오솜에 대해 높은 친화도를 가지는 특정 DNA 염기서열을 이용하는 것이다. 뉴클레오솜에 결합된 DNA는 구부러져 있기 때문에, 뉴클레오솜들은 우선적으로 쉽게 구부러지는 DNA 상에 형성된다. A:T가 풍부한 DNA는 작은홈(minor groove) 쪽으로 구부러지는 고유의 성향을 가진다. 따라서 A:T가 풍부한 DNA는 반대 성향을 가지므로 작은홈이 히스톤 8량체와 대면하지 않으려는 경향이 있다(그림 8-38). 각 뉴클레오솜은 A:T와 G:C가 풍부한 서열 부분이 최대한 위와 같은 경향을 갖도록 형성되게 한다. 출아효모에서 뉴클레오솜의 위치고정에 대한 최근의 연구들은 정확하게 위치된 뉴클레오솜들의 50%나 되는 많은 뉴클레오솜들이 그들이 포함하고 있는 서열에 대해 히스톤 중심의 우선적인 결합에 기여한다는 것을 제시하고 있다. 이런 유리한 상태에도 불구하고 어떤 서열들은 뉴클레오솜의 조립에 필요치 않으며, 염색질-리모델링과 전사인자들을 포함하는 다른 단백질들의 활동은 어떤 우선적인 위치로부터 뉴클레오솜을 이동시킬 수 있다는 것을 주목하는 것은 중요하다.

이러한 뉴클레오솜 위치고정 기작들은 유전체 내의 뉴클레오솜 구성에 영향을 미친다. 그럼에도 불구하고, 대부분의 뉴클레오솜들은 그 위치가 확고히 고정되어 있지는 않다. 진핵생물의 전사에 관한 장에서 배우게 되겠지만(13, 19장), 위치가 잘 고정된 뉴클레오솜들은 전사의 개시를 지시하는 부분에서 가장 흔하게 발견된다. 비록 위치고정을 조절 DNA 염기서열의 접근을 용이하게 하는 방법으로써 주로 논의하기는 하였지만, 고정된 뉴클레오솜은 특정 염기서열 부분에 형성되면 이 부위로의 접근을 쉽게 제한할 수 있다. 따라서 위치가 고정된 뉴클레오솜은 DNA 서열 주변의 접근성에 대해 긍정적 효과와 부정적 효과를 모두 나타낼 수 있다. 뉴클레오솜의 위치를 지도화하는 방법이 글상자 8-3의 "세포 내에서 뉴클레오솜의 위치 결정"에 소개되어 있다.

히스톤 아미노 말단 꼬리의 변형에 의해 염색질의 접근성은 변화한다

세포로부터 히스톤을 분리하면, 히스톤의 아미노 말단 꼬리는 일반적으로 다양한 작은 분자들에 의해 변형되어 있다(그림 8-39). 꼬리에 위치하는 리신들은 흔히 하나의 아세틸기나 메틸기에 의해 변형되어 있고, 아르기닌들은 하나에서 세 개의 메틸기에

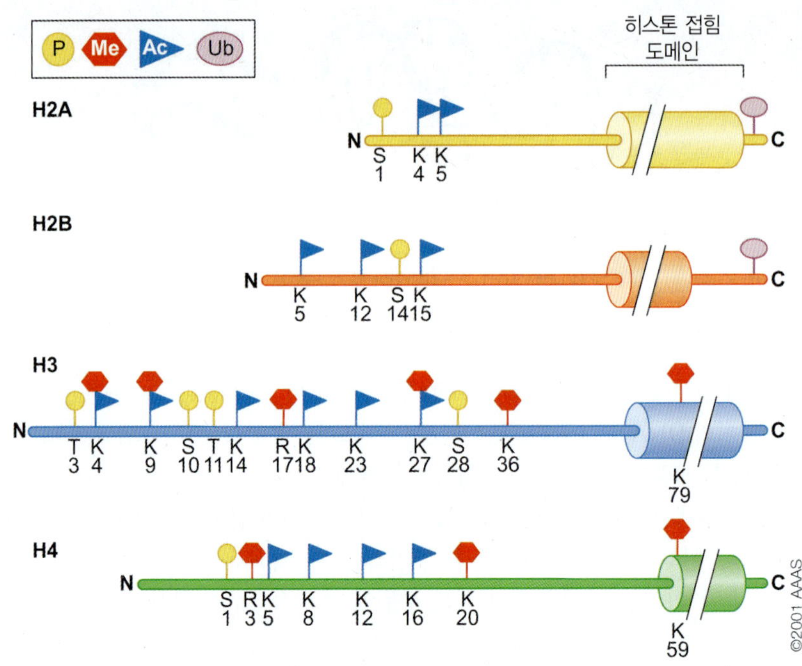

그림 8-39 히스톤 아미노 말단 꼬리의 변형은 염색질의 기능을 바꾼다. 알려진 히스톤 변형들의 위치를 각 히스톤에 나타내었다. 이러한 변형의 대부분은 꼬리 부분에서 일어나지만 경우에 따라서는 히스톤 접힘 부분에서도 일어난다(예, 히스톤 H3의 79번째 리신에서의 메틸화). (Adapted, with permission, from Alberts B. et al. 2002. *Molecular biology of the cell*, 4th ed., p. 215, Fig. 4-35. © Garland Science/Taylor & Francis LLC; and, with permission, from Jenuwein T. and Allis C.D. 2001. *Science* **293:** 1074-1080, Figs. 2 and 3. © AAAS.)

의해 변형되어 있다(그림 8-40). 이와 비슷하게, 세린과 트레오닌(티로신)들은 인산기에 의해 변형된다. 흔하지는 않지만, ADP-리보오스, 유비퀴틴과 sumo를 통한 변형도 히스톤과의 결합에 관여한다고 알려져 있다.

중요하게도, 히스톤에서의 특이적 변형들은 세포 내에서의 서로 다른 현상들과 연관되어 있다. 예를 들어, 히스톤 H4 아미노 말단 꼬리의 8번과 16번 리신에서의 아세틸화는 유전자 발현의 출발과 관련되지만 5번과 12번 리신에서의 아세틸화는 이와는 무관하다. 대신, 이들 다른 리신(5와 12)에서의 아세틸화는 새로이 합성된 H4 분자들을 표지하여 새로운 뉴클레오솜을 형성하는 한 부분으로서 DNA에게 제공된다. 이와 비슷하게, 히스톤 꼬리에서의 메틸화 또한 다른 의미를 가지고 있다. 히스톤 H3의 4, 36 또는 79번 리신에서의 메틸화는 유전자의 발현과 관련되어 있는 반면 같은 히스톤의 9번 또는 27번 리신에서의 메틸화는 전사의 억제와 관련되어 있다. 염색사의 특정 기능부위(예, 전사 개시점)에서 일어나는 히스톤의 특이적 변형은 세포 내에서 히스톤 꼬리에서의 변형이 특정 단백질에 의해 기록, 해독, 삭제될 수 있는 생물학적 코드를 생성한다는 가설에 대한 높은 가능성을 나타내고 있다. 이 가설에 대한 전체적인 것은 글상자 19-5를 참조하라.

히스톤의 변형이 어떻게 뉴클레오솜의 기능을 변화시킬 수 있는가? 한 가지 명확한 변화는 아세틸화와 메틸화 각각 모두 히스톤 꼬리의 양전하를 감소시킨다는 것이다. 리신의 아세틸화는 양전하를 중성화시킨다(그림 8-41). 이러한 양전하의 손실은 DNA의 음전하성 골격에 대한 꼬리의 친화도를 감소시킨다. 히스톤 꼬리의 변형은 뉴클레오솜 배열이 더 억제된 형태인 고단계 염색질 구조를 형성하는 능력에 영향을 준다는 사실이 더 중요하다. 앞에서 기술하였듯이, 히스톤 아미노 말단 꼬리는 30 nm 섬유를 형성하는 데 필요하며, 꼬리의 변형은 이들의 기능을 조절한다. 예를 들어, 유전체의 발현 부위와 아세틸화된 히스톤 간의 몇몇 일관된 결합에서, H4 아미노 말단 꼬리의 아세틸화는 뉴클레오솜이 억제된 30 nm 섬유로 통합되는 능력을 방해한다. 앞서 설명한 것처럼, 30 nm 섬유의 형성은 양성 전하의 H4 아미노 말단 꼬리와 H2A 히스톤의 접힘 영역 표면의 음성 전하 사이의 상호작용에 의해 촉진된다. 아세틸화는

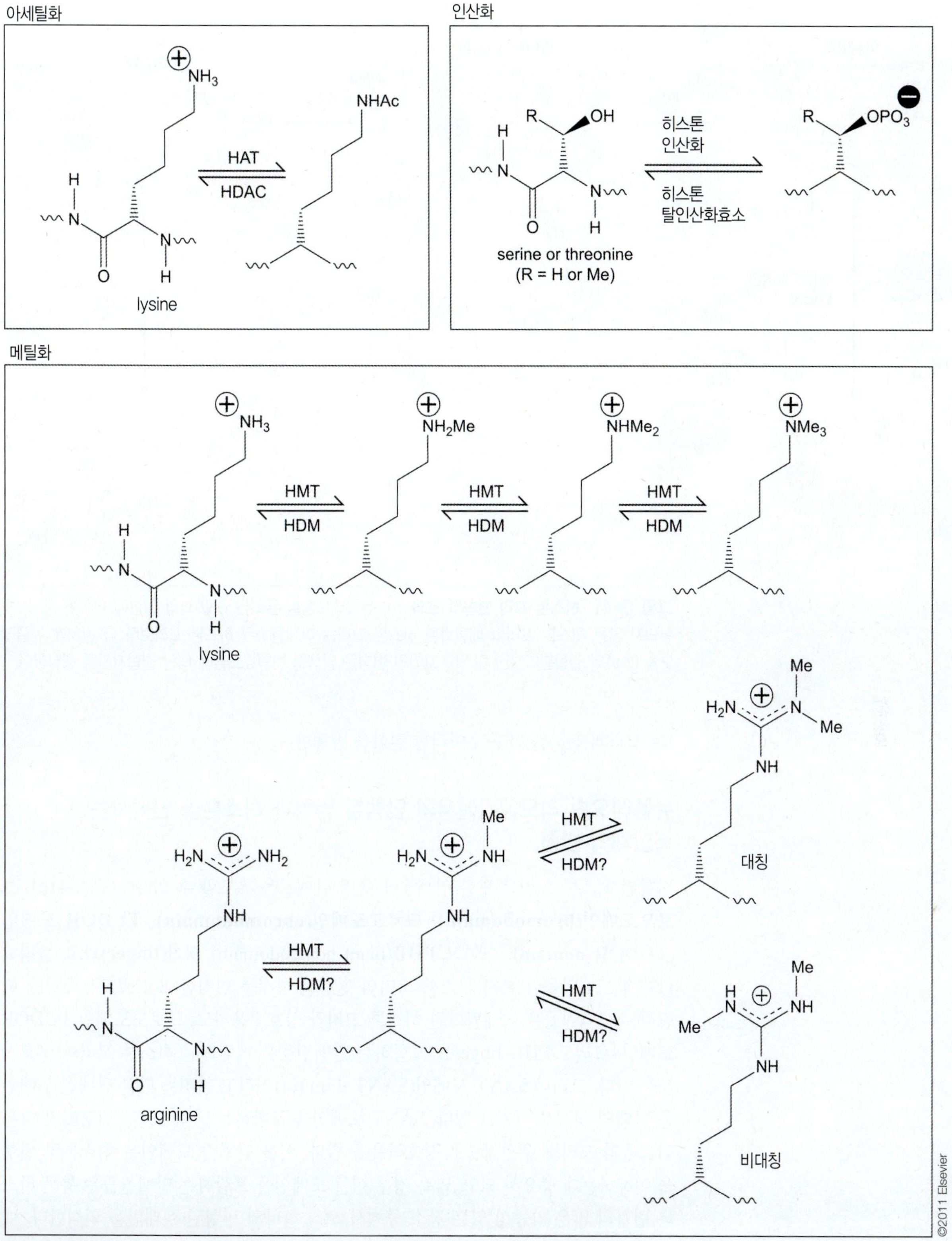

그림 8-40 히스톤 말단의 변형. 히스톤 변형에 관여하는 소분자의 분자구조와 관여하는 효소들을 나타내고 있다(히스톤 아세틸전이효소[HAT]; 히스톤 탈아세틸화효소[HDAC]; 히스톤 메틸전이효소[HMT]; 히스톤 탈메틸화효소[HDM]. 관여하는 아미노산만을 나타내었다. 현재까지 아르기닌 메틸화에 대한 히스톤 탈메틸화 효소는 알려진 바 없으며, 히스톤이 DNA로 부터 분리되면서 메틸기를 잃어버릴 것이라는 제안설이 있다. (Adapted, with permission, from Lohse B. et al. 2011. *Bioorg. Med. Chem.* **19:** 3625-3636, Fig. 1. © Elsevier.)

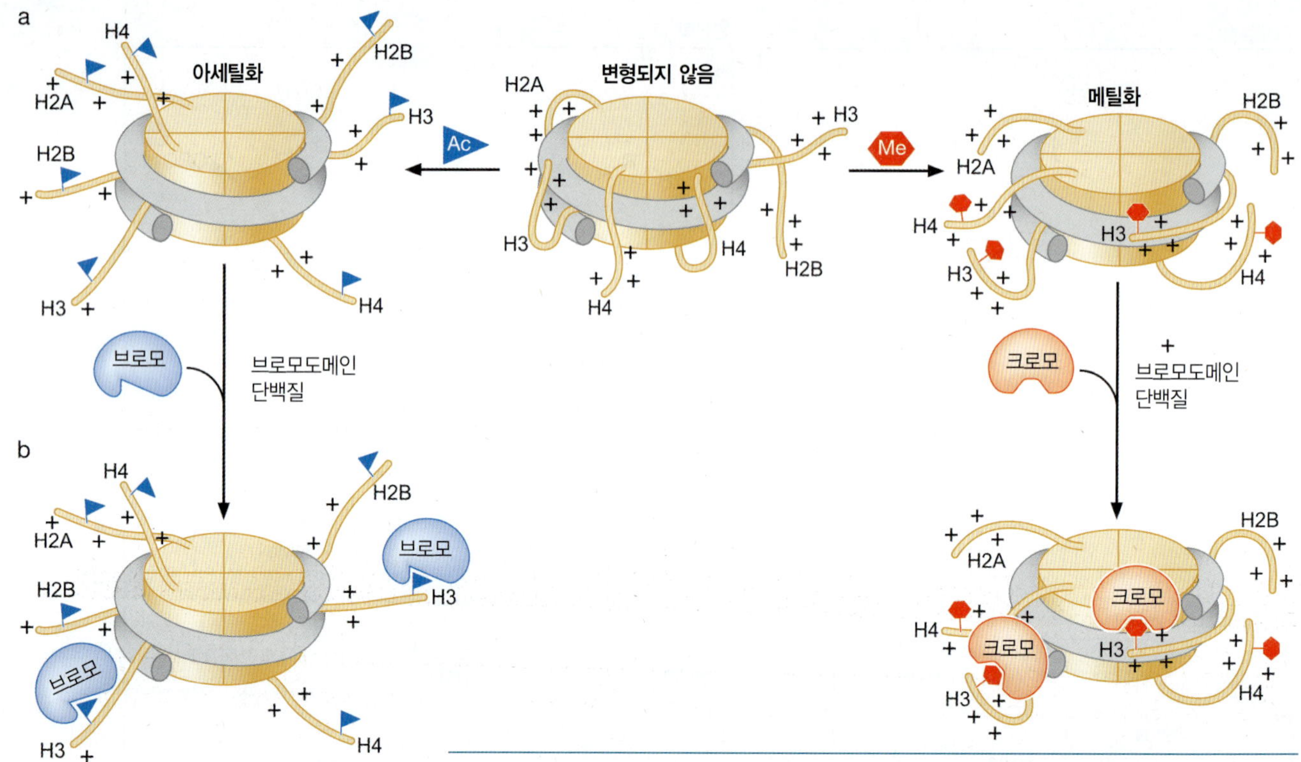

그림 8-41 히스톤 꼬리 변형의 효과. (a) 뉴클레오솜을 둘러싼 DNA와의 결합에 미치는 효과. 변형되지 않은 히스톤 꼬리와 메틸화된 히스톤 꼬리는 아세틸화된 히스톤 꼬리보다 더 강하게 뉴클레오솜 DNA와 결합한다. (b) 히스톤 꼬리의 변형은 염색질 변형효소들에 대한 결합자리를 생성한다.

H4 꼬리의 전하를 바꾸어 이러한 결합을 방해한다.

뉴클레오솜 리모델링에서의 단백질 영역과 히스톤을 인식하는 복합체의 변형

변형된 히스톤 꼬리는 또한 염색질에 특정 단백질을 유도할 수 있다(그림 8-41b). **브로모도메인(bromodomain)**, **크로모도메인(chromodomain)**, **TUDOR 도메인(TUDOR domain)**, 그리고 **PHD**(plant homeodomain) **핑거(finger)**라고 불리고 단백질 도메인들이 특히 히스톤 꼬리의 변형된 형태를 인식한다. 브로모도메인을 포함하는 단백질들은 아세틸화된 히스톤 꼬리와 상호작용하고, 크로모도메인-TUDOR 도메인, 그리고 PHD-finger를 포함하는 단백질들은 메틸화된 히스톤 꼬리와 상호작용을 한다. 그러나 **SANT 도메인(SANT domain)**이라고 불리는 다른 단백질 도메인은 반대의 성질을 가지고 있다. SANT 도메인을 포함하는 단백질들은 변형되지 않은 히스톤의 꼬리와 우선적으로 상호작용을 한다. 이들 단백질 도메인은 히스톤의 변형을 이해하는데 중요시 되고, 많은 경우 이들 도메인을 포함하는 단백질들은 특히 히스톤 변형의 많은 가능성 있는 장소 중에서 오직 하나의 변형된 형태만을 인식한다. 예를 들어, 크로모도메인을 포함하는 단백질 HP1은 히스톤 H3의 메틸화된 리신 9에 결합하지만, 다른 어떤 곳에서의 히스톤 메틸화와는 결합하지 않는다. 공교롭게도 이들 도메인을 하나 이상 가지는 단백질들이 있고, 그들은 다양하게 변화된 히스톤의 꼬리를 전문적으로 인식한다. 예를 들어, 히스톤 H3의 메틸화된 리신 4에 대해 특이성이 있는 PHD finger를 가진 단백질들은 아세틸화된 리신을 인식할 수 있는 브로모도메인을 바로 인접에 두고 있다.

이러한 도메인들은 어떻게 변형된 히스톤을 인식하여 결합하고 있는 뉴클레오솜들의 기능을 바꾸는 것일까? 한 가지 중요한 방법은 변형된 히스톤들이 효소들을 모으고, 그 효소들이 근접한 뉴클레오솜들을 더욱더 변형시키는 것이다. 예를 들어, 히스톤 꼬리를 아세틸화시키는 많은 효소[히스톤 아세틸전이효소(acetyltransferase) 또는 HAT라고 불리는]들은 그들이 만드는 같은 종류의 히스톤 변형을 인식하는 브로모도메인들을 가지고 있다(표 8-7). 이 경우, 브로모도메인은 이미 아세틸화된 부분의 변형을 더욱 진행시킴으로써 아세틸화된 히스톤의 유지와 전파를 촉진한다(뒤에 논의됨).

변형된 히스톤은 또한 염색질에 작용하는 다른 단백질들을 모을 수 있다. 많은 뉴클레오솜 리모델링 복합체들은 하나 또는 그 이상의 변형된 히스톤들을 인식하는 소단위체들을 포함하며(표 8-6 참조), 그래서 변형된 히스톤들에 이 효소들이 모인다.

▶ 핵심실험

글상자 8-3 세포 내에서 뉴클레오솜의 위치 결정

주요 조절 부위에 인접한 뉴클레오솜 위치의 중요성으로 인해 세포내에서 뉴클레오솜의 위치를 확인하기 위한 방법들이 개발되었다. 이러한 많은 방법들은 마이크로코커스 핵산분해효소의 작용으로부터 DNA를 보호하는 뉴클레오솜의 능력을 이용한다. 글상자 8-1에서 설명했듯이, 마이크로코커스 핵산분해효소는 뉴클레오솜과 강하게 결합한 DNA보다는 뉴클레오솜 사이의 DNA를 더 잘 절단한다. 이 특성이 세포 집단에서 특정 부위에 형성되는 뉴클레오솜의 지도를 만드는데 사용될 수 있다(글상자 8-3 그림 1).

뉴클레오솜의 위치를 정확하게 찾기 위해서는, 전체적인 염색질 구조의 손상을 최소화하면서 세포의 염색질을 분리하고 여기에 적당한 양의 마이크로코커스 핵산분해효소를 처리하는 것이 중요하다. 핵은 손상되지 않게 남겨두면서 세포를 부드럽게 분해해야 한다. 그 다음, 핵에 서로 다른 여러 농도의 마이크로코커스 핵산분해효소를 처리하여(일반적으로 1분 정도) 단백질이 핵 안으로 빠르게 확산될 수 있을 정도로 작게 만든다. 이 적정과정의 목표는 마이크로코커스 핵산분해효소가 각 세포에서 관심부분을 단 한번만 절단하게 만드는 데 있다. 일단 DNA가 절단되면, 핵은 분해되고 모든 단백질은 DNA로부터 제거된다. 절단부위(그리고 더 중요하게, 절단되지 않은 부분)에는 DNA에 결합한 단백질의 기록이 남게 된다.

특정 지역에서의 절단부위를 확인하기 위해서는, 모든 절단된 조각에 대해 일정한 말단을 만드는 것과 DNA 혼성화의 특성을 이용하는 것이 필요하다. 일정한 말단부를 생성하기 위하여, 각 샘플로부터 정제된 DNA에 관심 있는 부위 근처를 절단하는 제한효소를 처리한다. 아가로즈 겔 전기영동법으로 DNA를 크기별로 분리한 후, DNA를 변성시키고 니트로셀룰로오스 막(nitrocellulose membrane)에 옮긴다. 그 다음, 특정 염기서열에 대해 표지된 DNA 탐침자를 사용하여 니트로셀룰로오스 막에 있는 DNA와 혼성화시킨다[이를 서던 블롯(southern blot)이라고 하며 7장에 자세히 설명되어 있다]. 이 경우에 DNA 탐침자는 관심있는 부위의 제한효소 절단부위 바로 옆에 혼성화되도록 주의해서 선택해야 한다. 혼성화와 세척과정을 거치면, 탐침자 DNA는 관심있는 지역 내에서 마이크로코커스 핵산분해효소에 의해 생성된 조각들의 크기를 보여줄 것이다.

어떻게 조각들의 크기가 위치가 고정된 뉴클레오솜의 위치를 나타내 줄까? 위치가 고정된 뉴클레오솜에 결합된 DNA는 마이크로코커스 핵산분해효소의 절단에 저항적일 것이므로 DNA의 ~160~200 bp 지역은 잘리지 않고 그대로 남아 있을 것이다. 이것은 서던 블롯 상에서 사다리 모양의 DNA 밴드에서 커다란 간극(gap)처럼 보이게 될 것이다. 이러한 gap들의 위치가 제한효소 위치와 표지된 DNA 탐침자에 근접한 뉴클레오솜의 위치를 알려준다.

최근에 전체 유전체에 위치하는 뉴클레오솜을 밝혀내기 위한 것과 관련된 접근 방법이 개발되었다. 이 방법은 세포에 포름알데히드를 처리하여 히스톤 단백질과 DNA를 결합시키면서 시작한다(글상자 8-3 그림 2a). 다음으로, 포름알데히드 처리된 세포들은 용해되고 염색질이 분리되며, 대부분의 DNA 크기가 뉴클레오솜의 단량체(~147 bp)에 이를 때까지 마이크로코커스 핵산분해효소를 처리한다. 결합을 역전시킨 후, DNA를 겔 전기영동 장치를 이용하여 분리하고, 결과적으로 형성된 147 bp의 DNA 조각들만을 순수 분리하여, paired-end deep 시퀀싱을 실시한다. Deep 시퀀싱 방법은 각 DNA 조각의 양 말단 서열을 확인할 수 있을 뿐만 아니라, 같은 DNA 조각의 말단들을 확인할 수 있도록 해준다. 따라서 paired-end 시퀀싱으로 유전체의 위치와 서열화된 DNA 조각의 길이를 밝힐 수 있다. 서열화된 뉴클레오솜 크기의 DNA 조각들은 뉴클레오솜의 위치를 알려준다. 이러한 위치들은 각 염색체의 길이에 따라 표지될 수 있다. 위치화된 뉴클레오솜의 위치는 동일한 147 bp 부위로부터 형성된 많은 DNA 조각들의 위치에 의해 확인될 수 있다(글상자 8-3 그림 2b.) 이러한 접근 방법을 이용하여, 유전체 전체에 있는 모든 위치화된 뉴클레오솜의 위치를 표시할 수 있다.

글상자 8-3 (계속)

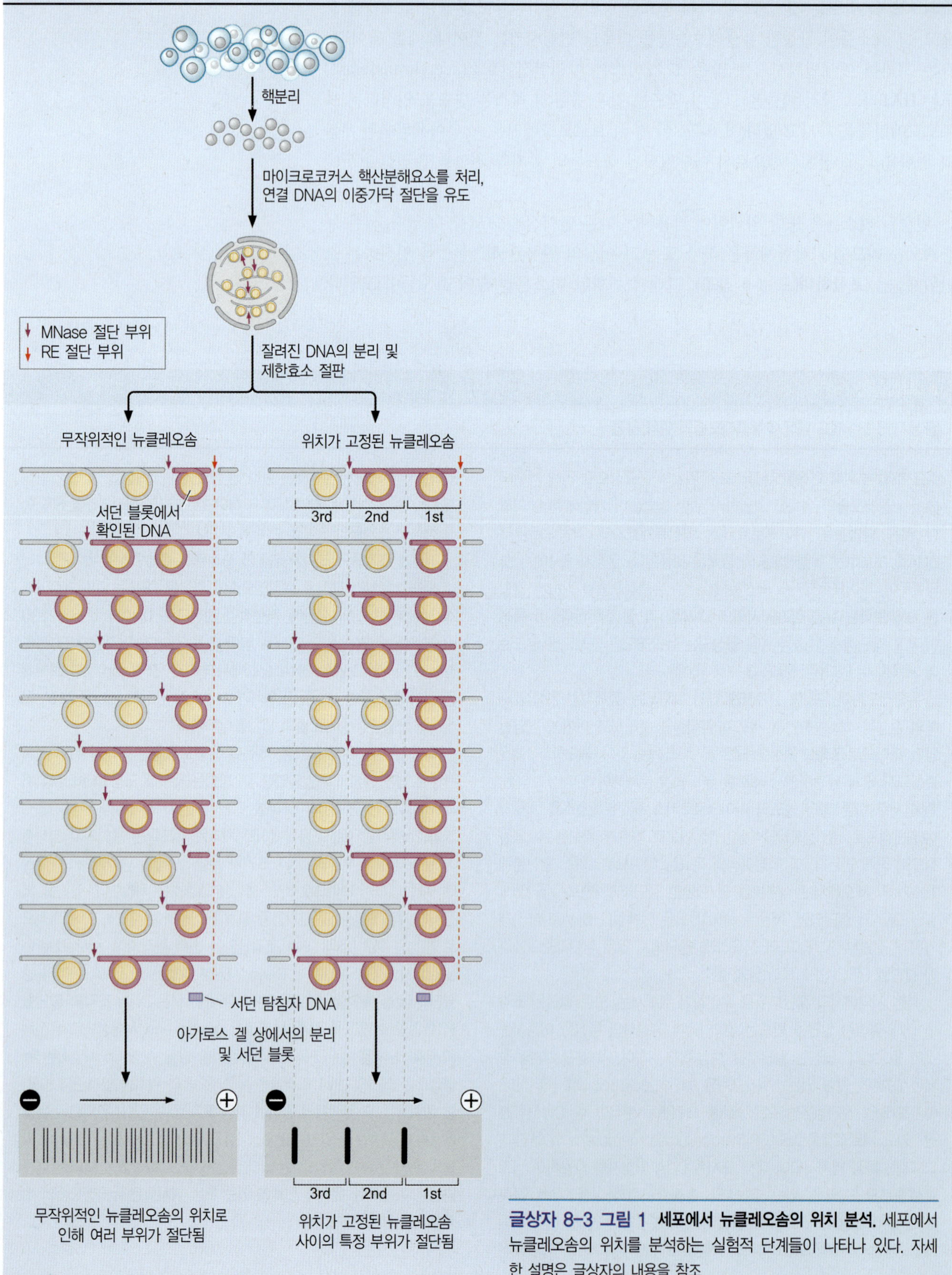

글상자 8-3 그림 1 세포에서 뉴클레오솜의 위치 분석. 세포에서 뉴클레오솜의 위치를 분석하는 실험적 단계들이 나타나 있다. 자세한 설명은 글상자의 내용을 참조.

글상자 8-3 (계속)

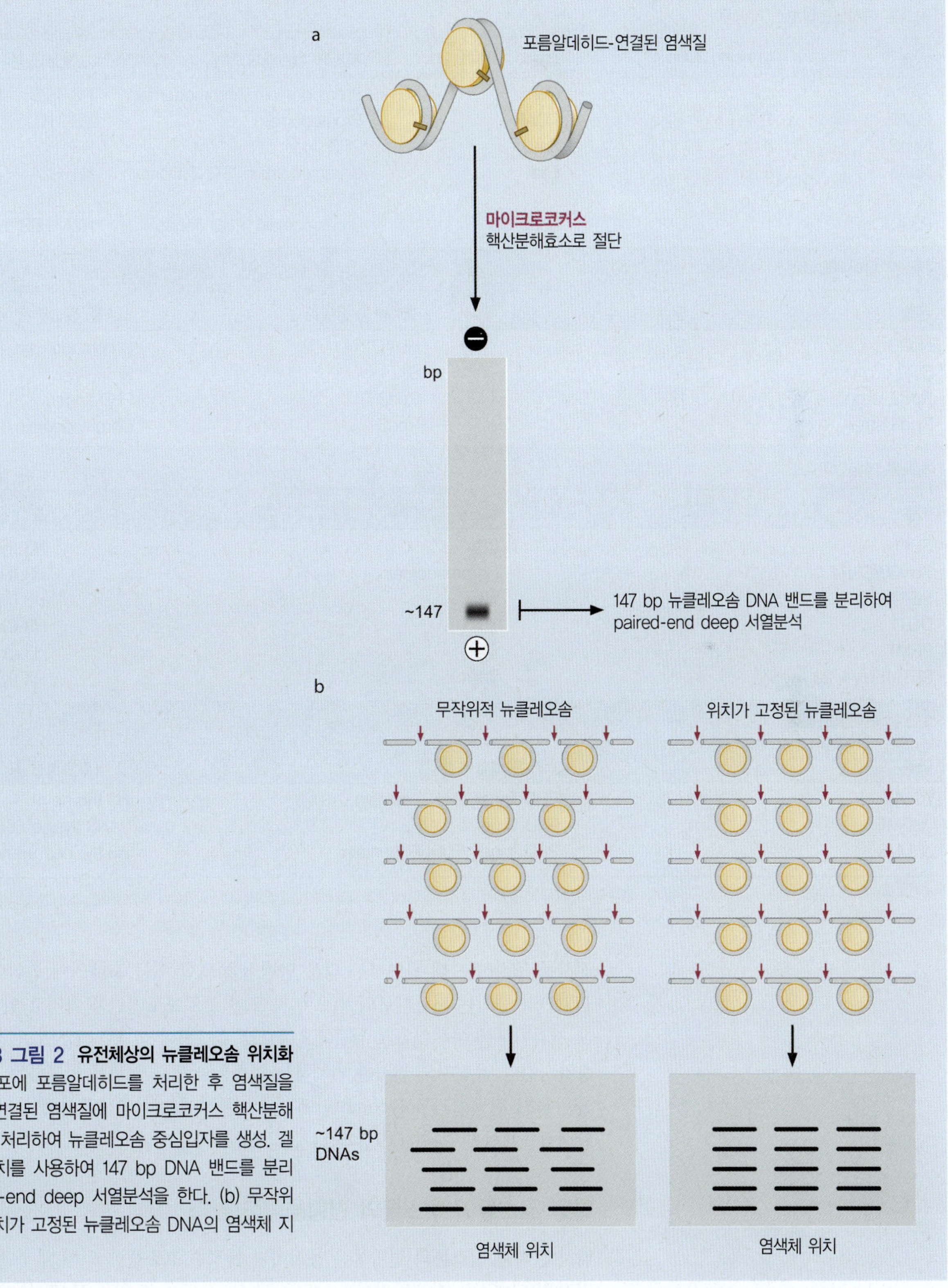

글상자 8-3 그림 2 유전체상의 뉴클레오솜 위치화 분석. (a) 세포에 포름알데히드를 처리한 후 염색질을 분리, 서로 연결된 염색질에 마이크로코커스 핵산분해효소를 추가 처리하여 뉴클레오솜 중심입자를 생성. 겔 전기영동 장치를 사용하여 147 bp DNA 밴드를 분리하고 paired-end deep 서열분석을 한다. (b) 무작위적이거나 위치가 고정된 뉴클레오솜 DNA의 염색체 지도 그림.

표 8-7 히스톤 변형효소들

히스톤 아세틸전이효소 복합체				
유형	**단위체의 수**	**촉매반응 단위체**	**히스톤-결합부위**	**표적 히스톤**
SAGA	15	Gcn5	Bromodomain, chromodomain	H3, H2B
PCAF	11	PCAF	Bromodomain	H3, H4
NuA3	5	Sas3	PHD finger	H3
NuA4	6	Esa1	Chromodomain, SANT Domain, PHD finger	H4, H2A
P300/CBP	1	P300/CBP	Bromodomain, PHD finger	H2A, H2B, H3, H4

히스톤 탈아세틸화효소			
유형	**단위체의 수**	**촉매반응 단위체**	**히스톤-결합부위**
NuRD	9	HDAC1/HDAC2	Chromodomain, PHD finger
SIR2 complex	3	Sir2	둘 다 아님
Rpd3 large	12	Rpd3	PHD finger
Rpd3 small	5	Rpd3	Chromodomain, PHD finger

히스톤 메틸전이효소		
이름	**히스톤-결합부위**	**표적 히스톤**
SET1	없음	H3 (lysine 4)
SUV39/CLR4	Chromodomain	H3 (lysine 9)
SET2	없음	H3 (lysine 36)
DOT1	없음	H3 (lysine 79)
PRMT	없음	H3 (arginine 3)
SET9/SUV4-20	없음	H4 (lysine 20)

히스톤 탈메틸화효소		
이름	**히스톤-결합부위**	**표적 메틸화된 히스톤**
LSD1	PHD finger, SANT domain	H3 (lysine 4)
JHDM1	PHD finger	H3 (lysine 36)
JHDM3	PHD finger, TUDOR domain	H3 (lysines 9 and 36)

전사를 조절하는 데 관여하는 많은 단백질들 또한 이들 도메인에 속한다. 예를 들어, TFIID라 불리는 전사기구의 주요 인자 또한 브로모도메인을 가지고 있다. 이 도메인은 전사기구를 아세틸화된 뉴클레오솜으로 유도하여 이 부위 DNA의 전사 활성도를 증가시킨다. 유전자의 전사를 억제하는 히스톤 메틸화 부위를 인지하는 크로모도메인들은 HP1 단백질과 polycomb 단백질을 비롯하여 이질염색질의 형성에 중요한 여러 단백질들에서 발견된다(19장과 21장 참조).

특정 효소들이 히스톤의 변형을 담당한다

앞서 살펴본 히스톤의 변형들은 동적이며 특정한 효소들에 의해 매개에 촉매된다(그림 8-40). 히스톤 아세틸전이효소(histone acetyltransferase, HAT)는 히스톤에 아세틸을 첨가하는 반응의 촉매작용을 하는 반면, 히스톤 탈아세틸화효소(histone deacetylase, HDAC)는 이러한 변형을 제거한다. 마찬가지로 히스톤 메틸전이효소(histone methyl transferase, HMT)는 히스톤에 메틸 그룹을 첨가하는데, 히스톤 탈

메틸화효소(histone demethylase, HDM)는 아직 확인되지 않았다 다수의 히스톤 아세틸전이효소들이 확인되었는데, 이들은 다른 히스톤을 표적으로 하거나 같은 히스톤 꼬리 내에서도 다른 리신 부위를 표적으로 사용하는 능력에 의해 구별된다. 이와 비슷하게, 각각의 히스톤 메틸전이효소는 특정 히스톤에 존재하는 특정한 리신이나 아르기닌을 표적으로 한다(표 8-7). 서로 다른 변형은 뉴클레오솜의 기능에 미치는 영향이 서로 다르기 때문에, 다른 종류의 히스톤 아세틸전이효소나 메틸전이효소로 변형된 뉴클레오솜은 염색질의 구조와 기능에 다양한 효과를 나타낼 수 있다.

뉴클레오솜 리모델링 복합체들과 마찬가지로, 이러한 변형효소들도 커다란 여러 단백질 복합체의 일부분이다. 복합체의 다른 소단위들이 DNA의 특정 부위에 이들 효소를 모으는데 있어서 중요한 역할을 하는데, 이들도 뉴클레오솜 리모델링 복합체의 경우와 같이, DNA에 결합한 전사인자와의 상호작용이나 또는 변형된 뉴클레오솜과의 직접적인 상호작용에 의해서 작용할 수 있다. 특정 DNA 부위에 이러한 효소들이 모이는 것이 염색질에 따라 관찰되는 독특한 패턴의 히스톤 변형의 원인이며, 또한 진핵생물의 염색체를 따라 유전자의 발현 정도가 조절되는 주요 기작이다(19장 참조).

뉴클레오솜 변형과 리모델링은 DNA 접근성을 증가시키기 위해 함께 작용한다

아미노 말단 꼬리의 변형과 뉴클레오솜 리모델링의 조합은 DNA의 접근성을 크게 변화시킨다. 13장과 19장에서 배우게 되겠지만, 이러한 변형에 관여하는 단백질 복합체들은 주로 전사가 활발한 부분으로 모이게 된다. 그들의 작용순서가 항상 동일하지는 않지만, 복합적인 작용의 결과 DNA의 접근성은 국지적으로 크게 변할 수 있다. N-말단 꼬리의 변형은 전사가 억제된 형태의 뉴클레오솜 구조를 형성하는 능력을 감소시킬 수 있다. 이러한 변화는 뉴클레오솜 리모델링에 관여하는 다른 단백질들이 모일 수 있는 장소를 만들어낼 수도 있다. 뉴클레오솜 리모델링은 DNA 결합 단백질들이 그들의 결합자리에 접근할 수 있도록 뉴클레오솜 DNA의 접근성을 더욱 증가시킬 수 있다. 또한 이러한 복합체들은 뉴클레오솜의 미끄러짐이나 풀림을 유발할 수도 있다. 적절한 DNA 결합 단백질들이나 DNA 염기서열의 조합에 의해, 이러한 변화들이 특정한 DNA 부위에서 뉴클레오솜의 위치고정이나 풀림을 일으키게 된다(그림 8-42).

뉴클레오솜의 조립

뉴클레오솜은 DNA 복제 후 즉시 조립된다

염색체의 복제는 DNA의 복제와 각 딸 DNA 분자에 결합하는 단백질들의 재조립을 필요로 한다. 후자의 과정은 DNA 복제과정과 밀접하게 연관되어 있어서, 복제된 DNA가 빠르게 뉴클레오솜을 형성할 수 있도록 해준다. DNA 복제과정에 대해서는 9장에서 자세히 살펴보게 될 것이다. 여기서는 DNA가 복제된 후에 뉴클레오솜이 조립되는 과정에 대해 살펴보겠다.

DNA 복제를 위해서는 뉴클레오솜의 부분적인 분해가 필요하지만, DNA는 빠르게 순차적으로 재조립된다. 앞에서 이미 설명한 바와 같이, DNA와의 뉴클레오솜 조립의 첫 단계는 H3·H4 4량체와 DNA의 결합이다. 4량체가 결합하면, 두 개의 H2A·H2B 2량체가 결합하여 완전한 뉴클레오솜이 형성되며, 여기에 H1이 마지막으로 결합하여 고단계의 염색질이 형성된다.

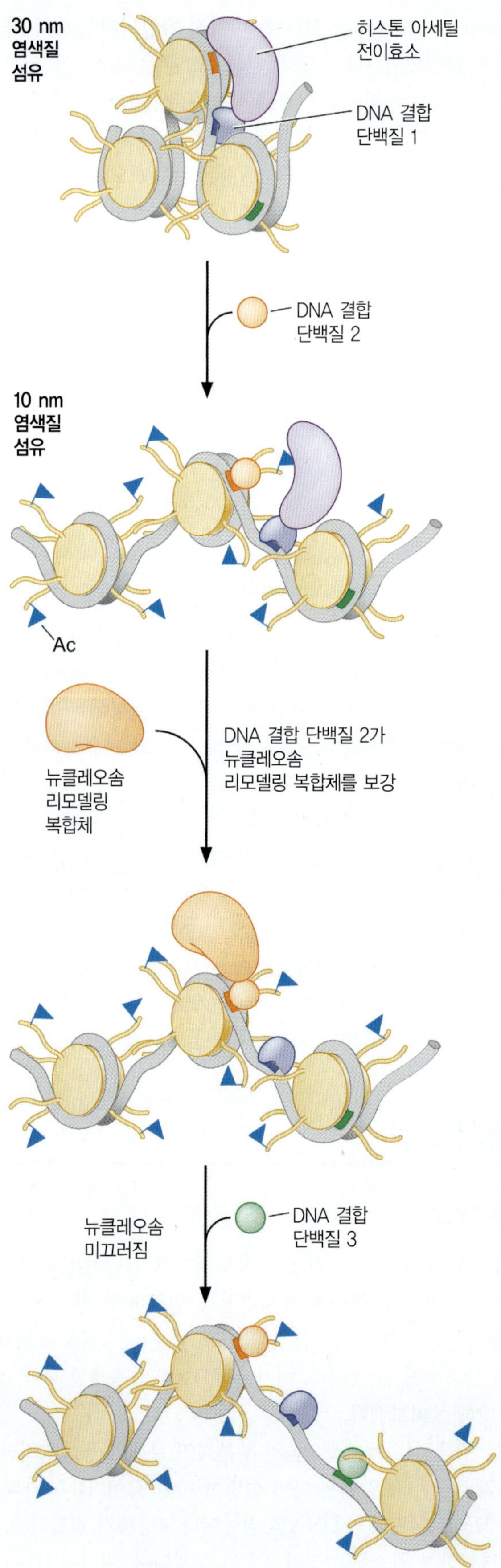

그림 8-42 염색질 리모델링 복합체들과 히스톤 변형효소들은 함께 작용하여 염색질의 구조를 변화시킨다. 염기서열 특이적 DNA 결합 단백질들은 일반적으로 염색체의 특정 부위에 효소들을 모은다. 그림에서, 파란색의 DNA 결합 단백질은 먼저 히스톤 아세틸전이효소를 끌어들여 인접한 뉴클레오솜을 변형시키고 부분적으로 30 nm 섬유를 접근성이 용이한 10 nm 형태의 염색질 섬유로 전환시켜 결합된 DNA에 대한 접근성을 증가시킨다. 이렇게 접근성이 증가되면 두 번째 DNA 결합 단백질(오렌지)이 결합하여 뉴클레오솜-리모델링 복합체를 보강한다. 뉴클레오솜-리모델링 복합체가 자리를 잡으면 인접한 뉴클레오솜의 미끄러짐을 용이하게 하여 세 번째 DNA 결합 단백질이 결합할 자리가 노출된다. 예를 들어, 이 자리가 전사가 시작될 때 TATA-결합 단백질이 결합하는 자리가 될 수도 있다. 히스톤 아세틸화 복합체 다음에 뉴클레오솜-리모델링 복합체가 결합한다고는 하였지만, 이러한 순서는 바뀔 수도 있으며 이 또한 효율적이다. 다른 종류의 히스톤 변형 복합체가 결합하면 더 조밀하고 접근하기 어려운 염색질을 형성할 수도 있다.

염색체를 복제하기 위해서는 적어도 딸 염색체 상의 뉴클레오솜 절반은 새롭게 합성되어야 한다. 모든 오래된 히스톤들은 소실되고 새로 합성된 히스톤만이 뉴클레오솜에 결합되는 것일까? 아니면, 원래의 히스톤들이 어떻게 두 개의 딸 염색체 사이에 분포될까? 히스톤의 변형은 새로 형성되는 염색질의 접근성에 영향을 주기 때문에 원래의 오래된 히스톤의 운명은 특히 중요한 문제이다. 만약 오래된 히스톤들이 완전히 손실된다면, 염색체 복제는 이전의 변형된 뉴클레오솜의 모든 "기억"을 지워버릴 것이다. 반면에 만약 오래된 히스톤들이 하나의 염색체에 남아 있다면, 그 염색체는 다른 염색체 사본과 구별되는 변형들을 가지게 될 것이다.

오래된 히스톤과 새로운 히스톤을 다르게 표지한 실험에서, 오래된 히스톤들은 딸 염색체 양쪽에 모두 존재한다는 것이 확인되었다(그림 8-43). 그러나 혼합은 완전히 무작위적이지 않아서, H3·H4 4량체와 H2A·H2B 2량체 각각은 모두 새로운 히스톤이거나 또는 모두 오래된 히스톤으로 구성된다. 따라서 복제분기점을 지날 때, 뉴클레오솜은 그들의 구성분체 형태로 분해된다. H3·H4 4량체는 두 개의 딸 이중가닥 중 하나에 임의적으로 결합되어 있는 것처럼 보이며, DNA에서 완전히 떨어져 나가지는 않는다. 반면에 H2A·H2B 2량체는 방출되어 새로운 뉴클레오솜의 조립에 사용되는 2량체 집단에 포함되게 된다.

염색체 복제 시 원래의 오래된 히스톤의 분자적인 유전은 어버이의 히스톤 변형 양식이 정확히 전달되는 기작을 제공한다. 이러한 기작에 의해, 오래된 히스톤들은 딸 염색체의 어느 부위이든 상관없이 어버이 염색체에 가까이에 위치할 수 있다(그림 8-44). 오래된 히스톤들은 두 개의 딸 염색체에 대해 동일한 결합 가능성을 가지고 있다. 변형된 히스톤들의 이러한 국지적인 유전으로 인해 변형된 히스톤들은 각 딸 염색체상의 비슷한 위치에 자리하게 된다. 인접한 뉴클레오솜에 변형을 더해주는 효소들을 끌어오는 변형의 능력은(위에서 설명한 변형된 히스톤 결합 도메인) DNA 복제 후

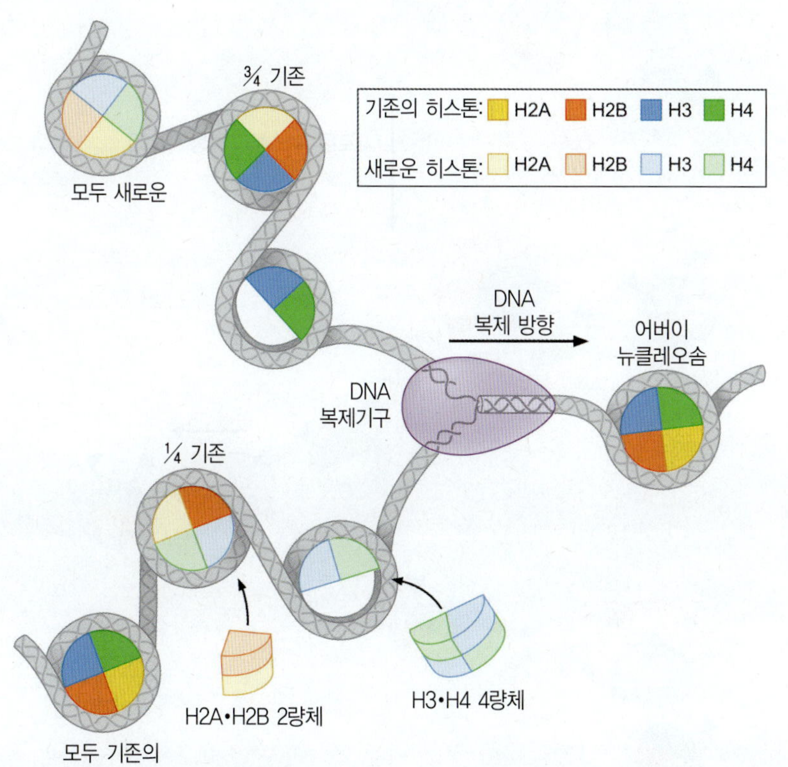

그림 8-43 DNA 복제 후 히스톤의 유전. 염색체가 복제될 때, 어버이의 염색체와 결합된 히스톤들은 다르게 분포된다. H3•H4 4량체는 임의적으로 두 개의 딸 가닥 중 하나로 이동되며 수용성의 H3•H4 4량체 풀(pool)로 들어가지는 않는다. 새롭게 합성된 H3•H4 4량체는 어버이 4량체가 유전되지 않는 가닥에서 뉴클레오솜의 기초를 형성한다. 반면, H2A와 H2B 2량체는 떨어져 나가 수용성 풀에 합해지며, 따라서 새롭게 합성된 H2A 및 H2B와 경쟁적으로 H3•H4에 결합한다. 이러한 분포로 인해, 평균적으로 새롭게 합성된 DNA상의 매 두 번째 H3•H4 4량체는 어버이의 뉴클레오솜에 첨가되었던 모든 변형들은 포함할 것이다. H2A•H2B 2량체들은 새롭게 합성된 단백질로부터 유도되었을 것이다.

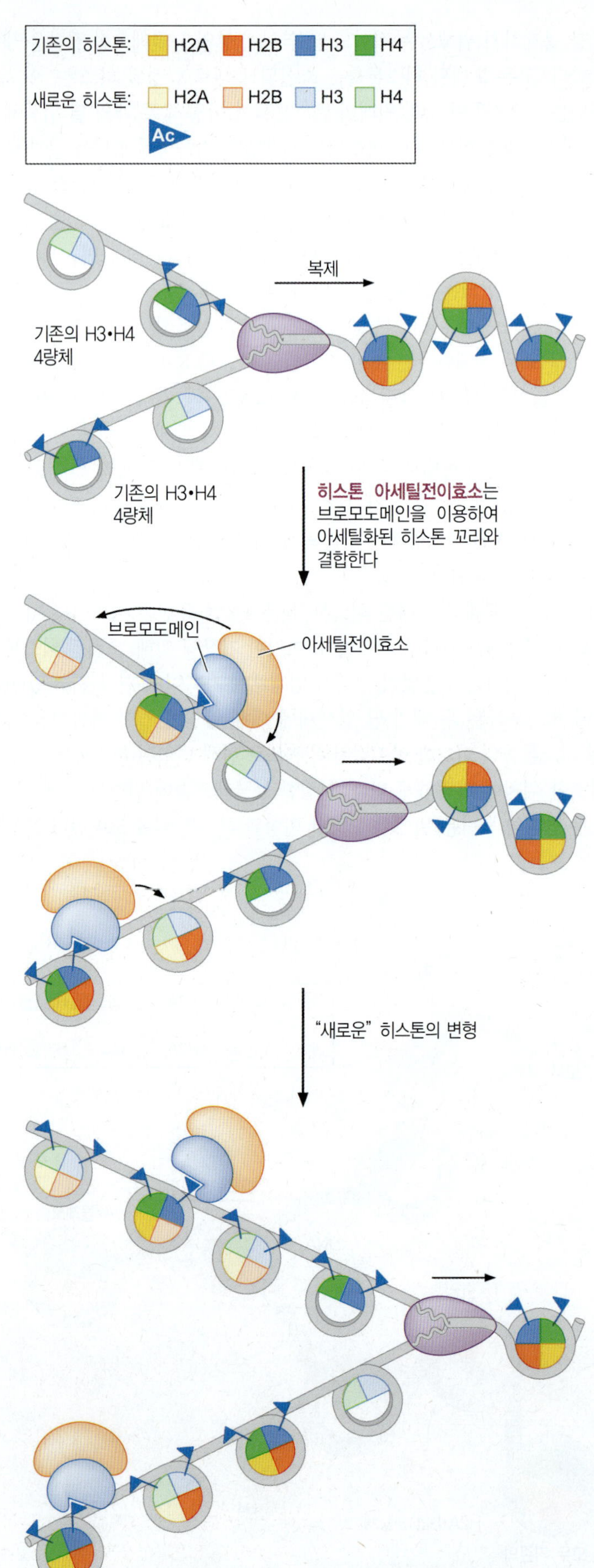

그림 8-44 어버이 H3•H4 4량체의 유전은 염색질 상태의 유전을 용이하게 한다. 염색체가 복제될 때, 어버이의 H3•H4 4량체의 분배는 딸 염색체가 어버이와 동일한 변형을 가지도록 한다. 같은 변형을 일으키는 효소들을 모으는 히스톤 변형들의 능력은 두 개의 딸 염색체로 같은 상태의 변형이 정확하게 전달되도록 한다. 아세틸화는 히스톤의 중심 부분에 간단하게 나타내었다. 실제로, 이 변형은 아미노 말단 꼬리에서 일어난다.

에도 유사한 변형 상태를 유지하도록 하는 간단한 기작을 제공한다(그림 8-44). 이런 기작들은 한 세대에서 다음 세대로 이어지는 염색질 상태의 유전에 있어서 중요한 역할을 하는 것으로 여겨진다. 유전자의 발현(19장 참조)과 DNA 전사과정을 조절하는 데 있어서 히스톤 변형이 중요하다면, 그 변형 상태를 유지하는 것은 세포가 그들의 DNA를 복제하고 분열시키는 것과 같이 세포의 주체성을 유지하는 데 있어서 매우 중요하다.

뉴클레오솜의 조립에는 히스톤 "샤페론"들이 필요하다

뉴클레오솜의 조립은 자발적인 과정이 아니다. 초기의 연구를 통해 단순히 정제된 히스톤을 DNA에 첨가하는 것으로 뉴클레오솜이 거의 형성되지 못한다는 것을 알게 되었다. 대신 대부분의 히스톤은 비생산적인 형태로 모이게 되는데, 정확한 뉴클레오솜을 형성하기 위해서는, 염의 농도를 고농도(>1 M NaCl)로 높인 후에 오랜 시간에 걸쳐 천천히 염의 농도를 줄여나가야 한다. 이러한 방법이 비록 시험관 연구(위에서 설명한 뉴클레오솜의 구조 연구)를 위한 뉴클레오솜의 형성에는 유용하였지만, 증가된 염 농도는 생체 내에서의 뉴클레오솜 조립과는 관련이 없다.

생리학적인 염 농도에서의 뉴클레오솜 형성에 관한 연구를 통해 DNA에 히스톤이 조립되는 것을 도와주는 인자들이 있음이 확인되었다. 이러한 인자들은 음전하를 띠는 단백질로서 H3·H4 4량체나 H2A·H2B 2량체와 복합체를 형성하여(표 8-8) 이들을 뉴클레오솜 합성 장소까지 안내해 준다. 이 인자들은 히스톤이 DNA와 비생산적으로 상호작용하는 것을 막는 작용을 하기 때문에, **히스톤 샤페론(histone chaperone)**이라 불린다(그림 8-45).

히스톤 샤페론은 어떻게 새로 DNA가 합성되는 부위에서 뉴클레오솜이 조립되도록 해줄까? 히스톤 H3·H4 4량체 샤페론 CAF-I이 그 해답을 줄 수 있다. 뉴클레오솜의 조립은 복제되는 DNA를 표적으로 하는 CAF-I의 지시를 받는다. 따라서 복제되는 DNA는 뉴클레오솜으로의 조립을 위해 어떤 방식으로든 표지화된다. 흥미롭게도 이러한 표지는 복제가 완료된 후에는 점차적으로 사라진다. CAF-I-의존적인 조립에 관한 연구를 통해 그 표시가 PCNA라 불리는 고리 모양의 활주 클램프 단백질이라는 것이 확인되었다. 9장에서 자세히 설명하겠지만, 이 인자는 DNA 이중나선 주위에 고리를 형성하여 DNA가 합성되는 동안 DNA 상에 DNA 중합효소를 붙잡아두는 역할을 한다. 중합효소가 임무를 수행한 후, PCNA는 DNA 중합효소로부터 분리되지만 DNA와는 여전히 연결되어 있게 된다. 이때에 PCNA는 다른 단백질들과 상호작용을 할 수 있는데, CAF-I이 PCNA에 결합함으로써 H3·H4 4량체를 PCNA가 결합된 DNA 상에 우선적으로 조립해 넣는다. 따라서 CAF-I은 DNA 복제기구의 구성요소와 결합함으로써, 새로운 DNA 복제 부위에서 뉴클레오솜의 합성을 지시한다.

표 8-8 히스톤 샤페론의 특징

이름	소단위 수	히스톤 결합	활주 클램프와의 상호작용
CAF-1	4	H3•H4	Yes
HIRA	4	H3•H4	No
RCAF	1	H3•H4	No
NAP-1	1	H2A•H2B	No

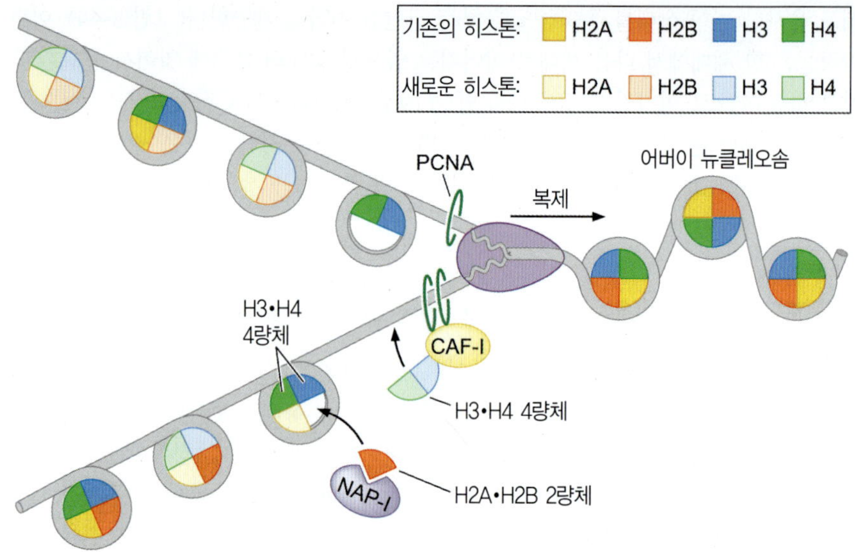

그림 8-45 염색질 형성인자들이 뉴클레오솜 형성을 용이하게 한다. 복제분기점을 지난 후, 염색질 조립인자인 샤페론은 H3•H4 4량체(CAF-I)와 H2A•H2B 2량체(NAP-I)를 새롭게 복제된 DNA 부위로 이동시킨다. 새로 복제된 부위에서, 이들은 히스톤 내용물을 DNA에 전달한다. CAF-I은 DNA 활주 클램프와의 상호작용으로 인해 새로이 복제된 DNA로 모이게 된다. 이러한 고리 모양의 보조적인 복제인자들은 DNA를 둘러싸고 있으며, 복제분기점을 움직일 때 복제기구로부터 방출된다. DNA 복제에서 DNA 활주 클램프와 이들의 기능에 대한 자세한 설명은 9장에 다루어져 있다.

요약

세포 내에서, DNA는 염색체라는 큰 구조를 이루고 있다. 비록 DNA가 각 염색체의 기초를 형성하고 있지만, 각 염색체의 절반 정도는 단백질로 구성된다. 염색체는 원형이거나 선형일 수 있으나, 각각의 세포는 특정한 염색체 수와 조성을 가지고 있다. 우리는 현재 많은 생명체의 유전체 전체의 염기서열을 알고 있다. 이러한 염기서열들은 각 생명체에 존재하는 염색체의 DNA에서 단백질을 암호화하는 부분의 비율이 서로 다르다는 사실을 보여준다. 간단한 생명체들은 대부분의 DNA를 단백질을 암호화하는데 사용하지만, 좀 더 복잡한 생명체는 그들 DNA의 단지 작은 부분만을 실제로 단백질이나 RNA를 암호화하는데 사용한다. 인트론의 배열, 추가적인 조절 RNA(예, miRNA)의 존재와 같은 조절부위에서의 증가된 복잡성이 고등생물 유전체에 있어서 비암호화 부분의 확장에 기여한다.

세포는 분열할 때, 그들의 염색체 구성요소를 조심스럽게 유지해야만 한다. 각 염색체는 세포분열 동안 염색체 보존을 지시하는 DNA 요소들을 가져야만 한다. 모든 염색체는 하나 또는 그 이상의 복제개시점을 가져야만 하며, 진핵세포에서 동원체는 염색체 분리에 중요한 역할을 하고, 말단소체는 선형 염색체의 말단을 보호하고 염색체 말단의 복제를 돕는다. 진핵세포는 세포분열 과정에서 염색체의 복제와 분리 단계를 잘 구분하는데, 염색체의 분리는 두 가지 방식 중 하나로 일어난다. 유사분열 동안에는 매우 특수화된 기구가 각각 복제된 염색체의 사본 하나씩을 각각의 딸세포로 전달되도록 해준다. 감수분열 동안에는 추가적인 염색체 분리 과정을 통해(DNA의 복제 없이) 딸세포의 염색체의 수가 더 감소되어 반수체를 형성한다.

진핵생물 DNA와 이에 결합된 단백질들의 조합을 염색질이라 부른다. 염색질의 기본단위는 뉴클레오솜이고 이것은 2분자의 중심 히스톤들(H2A, H2B, H3, H4)과 약 147 bp의 DNA로 구성된다. 이 단백질-DNA 복합체는 세포에서 DNA를 압축시켜 핵 내로 들어가게 해주며 DNA의 접근성을 제한하는 두 가지 중요한 기능을 수행한다. 후자의 기능은 유전자 발현을 포함한 여러 DNA 상의 작용들을 조절하기 위해 세포에서 광범위하게 사용된다.

뉴클레오솜의 원자 구조는 DNA가 디스크 형태의 히스톤 단백질 중심 둘레를 약 1.7바퀴 정도 감싸고 있음을 보여준다. DNA와 히스톤 간의 상호작용은 광범위하지만 염기 비특이적이다. 이러한 상호작용의 특성은 히스톤 8량체 둘레의 DNA의 구부러짐과 거의 모든 DNA 염기서열에서 뉴클레오솜이 형성될 수 있다는 사실을 잘 설명해 준다. 이 구조는 또한 히스톤 아미노 말단 꼬리의 위치와 히스톤 둘레의 DNA 진로를 지시하는 이들의 역할을 보여주었다.

일단 DNA가 뉴클레오솜을 형성하게 되면, DNA가 보다 더 응축될 수 있는 복잡한 구조를 형성하는 능력을 가지게 된다. 이 과정은 H1이라 불리는 5번째 히스톤에 의해 촉진된다. H1은 뉴클레오솜을 이루는 DNA에 결합함으로써, DNA가 8량체 둘레를 더 강하게 감싸게 한다. 염색질의 더 압축된 형태인 30 nm 섬유는 H1-결합 뉴클레오솜만 형성하였을 때보다 더 응축된 형태이다. DNA가 이러한 구조를 형성하면 DNA의 전사에 관련된 효소와 단백질들의 접근성이 현저히 감소하게 된다.

뉴클레오솜에서 DNA와 히스톤의 상호작용은 상당히 역동적이어서, DNA 결합 단백질들은 DNA에 간헐적으로 접근할 수 있다. 뉴클레오솜-리모델링 복합체들은 뉴클레오솜의 운동성을 증가시켜 뉴클레오솜을 형성하고 있는 DNA의 접근성을 증가시킨다. 두 가지 형태의 운동성이 관찰되는데 DNA를 따라가는 히스톤 8량체의 미끄러짐 혹은 DNA로부터 히스톤 8량체의 완전한 방출이 있다. 게다가 이 복합체들은 H2A/H2B 이량체의 치환을 촉진하기도 한다. 뉴클레오솜-리모델링 복합체들은 유전체의 특정 지역에 위치하여 염색질의 접근성을 변화시킨다. 뉴클레오솜의 일부는 유전체에서 고정된 위치에 제한되어 있는데 이를 "위치고정(positioned)"되었다고 한다. 뉴클레오솜의 위치고정은 DNA 결합 단백질이나 특정 DNA 염기서열에 의해 결정될 수 있다.

히스톤 아미노 말단 꼬리의 변형 또한 염색질의 접근성을 변화시킨다. 변형의 종류에는 리신의 아세틸화와 메틸화, 아르기닌의 메틸화 그리고 세린, 트레오닌, 티로신의 인산화가 있다. 아미노 말단 꼬리의 아세틸화는 유전자의 발현이 활발한 지역에서 흔히 볼 수 있으며 30 nm 섬유의 형성을 억제한다. 히스톤 변형들은 뉴클레오솜 자신의 특성뿐만 아니라 염색질의 접근성에 영향을 미치는 단백질들에 대한 결합자리로서의 작용을 변화시킨다. 이러한 변형들은 또한 같은 변형을 수행하는 효소들을 불러 모아 인접한 뉴클레오솜에도 유사한 변형을 유도한다. 이는 염색체가 복제될 때 변형된 뉴클레오솜/염색질 지역이 안정적으로 전달되도록 해줄 것이다.

뉴클레오솜은 DNA 복제 후에 DNA가 혼자 남아 있을 시간을 거의 두지 않고 바로 조립된다. 조립과정에는 복제분기점까지 H3·H4 4량체와 H2A·H2B 2량체를 유도하는 특정 히스톤 샤페론의 기능이 필요하다. DNA가 복제되는 동안, 뉴클레오솜은 일시적으로 분리된다. 히스톤 H3·H4 4량체와 H2A·H2B 2량체들은 임의적으로 어느 한쪽의 딸 분자로 분배된다. 평균적으로, 각각의 새로운 DNA 분자는 오래된 히스톤과 새로운 히스톤을 절반씩 가지게 된다. 따라서 양쪽 염색체는 모두 변형된 히스톤을 물려받는데 이는 인접한 히스톤을 유사하게 변형시키는 "씨앗(seed)"으로 작용한다.

참고문헌

Books

Allis C.D., Jenuwein T., Reinberg D., and Caparros M.-L., eds. 2007. *Epigenetics*. Cold Spring Harbor Laboratory Press, Cold Spring Harbor, New York.

Brown T.A. 2007. *Genomes 3*, 2nd ed. Garland Science, New York.

Morgan D.O. 2007. *The cell cycle: Principles of control.* New Science Press Ltd., London.

Chromosomes

Bendich A.J. and Drlica K. 2000. Prokaryotic and eukaryotic chromosomes: What s the difference? *Bioessays* **22**: 481–486.

Thanbichler M.,Wang S.C., and Shapiro L. 2005. The bacterial nucleoid: A highly organized and dynamic structure. *J. Cell Biochem*. **96**: 506–521.

Nucleosomes

Clapier C.R. and Cairns B.R. 2009. The biology of chromatin remodeling complexes. *Annu. Rev. Biochem*. **78**: 273–304.

Gardner K.E., Allis C.D., and Strahl B.D. 2011. Operating on chromatin, a colorful language where context matters. *J. Mol. Biol*. **409**: 36–46.

Li G. and Reinberg D. 2011. Chromatin higher-order structures and gene regulation. *Curr. Opin. Genet. Dev*. **21**: 175–186.

Luger K., Madev A.W., and Richmond R.K. 1997. Crystal structure of the nucleosome core particle at 2.8 Å resolution. *Nature* **389**: 251–260.

Narliker G.J., Fan H.-Y., and Kingston R.E. 2002. Cooperation between complexes that regulate chromatin structure and transcription. *Cell* **108**: 475–487.

Rando O. 2012. Combinatorial complexity in chromatin structure and function: Revisiting the histone code. *Curr. Opin. Genet. Dev*. **22**: 148–155.

Shahbazian M.D. and Grunstein M. 2007. Functions of site-specific histone acetylation and deacetylation. *Annu. Rev. Biochem*. **76**: 75–100.

Thiriet C. and Hayes J.J. 2005. Chromatin in need of a fix: Phosphorylation of H2AX connects chromatin to DNA repair. *Mol. Cell* **18**: 617–622.

연습문제

짝수 문제의 해답은 부록 2 해답을 참조하라.

문제 1. 대장균과 인간 세포의 염색체가 가지는 차이점을 3가지 이상 나열하라.

문제 2. 원핵세포와 진핵세포의 염색체 DNA는 어디에 존재하는지 설명하라.

문제 3. 생명체의 복잡성과 유전체의 크기는 직접적으로 연관이 있는가? 그 이유를 설명하라.

문제 4. 유전자간 서열(intergenic sequence)은 인간 유전체의 60% 이상을 구성하고 있다. 이러한 유전자간 서열은 어느 곳에서 위치하며, 그들의 기능은 무엇인가?

문제 5. 진핵세포에서 각각의 염색체가 단지 하나의 동원체를 가지면서 여러 개의 복제개시점을 가지고 있는지 그 이유를 설명하라.

문제 6. 자매염색분체 결합으로부터 각각의 딸 세포가 어떻게 하나의 염색체 복제본을 받게 되는지 설명하라.

문제 7. 인간의 이배체 세포에 있어서, 각 단계별 세포(또는 곧 딸세포가 될)는 몇 개의 염색체 복제본을 가지는지 답하라.

유사분열 시작 단계
유사분열 종결 단계
감수분열 시작 단계
제 1 감수분열 종결 단계
제 2 감수분열 종결 단계

문제 8. 인간에게 있어서 유사분열을 수행하는 세포와 감수분열을 수행하는 세포를 각각 서술하라.

문제 9. 뉴클레오솜의 구성성분을 서술하라.

문제 10. 히스톤 단백질과 DNA 사이에 형성되는 결합의 종류와 이러한 결합이 형성되는 DNA의 위치를 말하고, 이러한 상호작용이 DNA 서열 특이적으로 나타나는지 또는 그렇지 않은지를 설명하라.

문제 11. DNA를 뉴클레오솜으로 저장하는 negative superhelicity 방식이 왜 세포 기능에 있어서 이점이 되는지 설명하라.

문제 12. 어떤 단백질 도메인이 히스톤 아미노 말단 꼬리의 아세틸화를 인지하는가? 어떤 단백질 도메인이 같은 부위에서의 메틸화를 인지하는가? 각각 서술하라.

문제 13. 글상자 8-2의 그림 1을 참조하여, 각각의 질문에 설명된 DNA들이 아가로스 겔상에서 어디로 이동하게 될지 아래에 그려진 겔 이미지를 이용하여 설명하라.

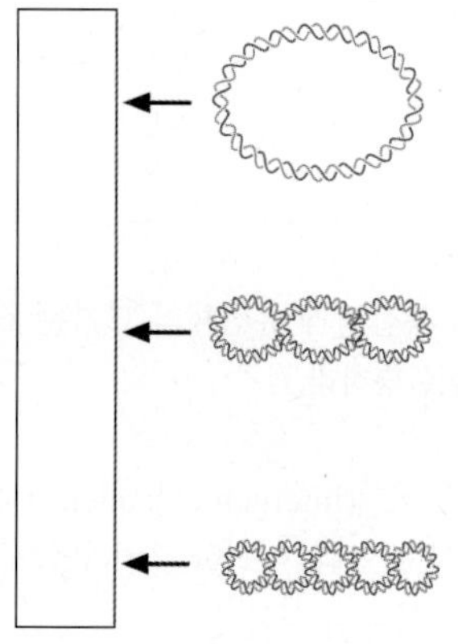

A. 글상자 8-2, 그림 1a에 제시되었듯이 cccDNA를 풀기 시작한다.

B. 글상자 8-2, 그림 1a와 같이 위상이성화효소 없이 뉴클레오솜의 조립을 실시하고, 아가로스 겔에서 합성물을 전기영동하기 전에 detergent를 처리한다.

C. 글상자 8-2, 그림 1b와 같이 이전 반응에 위상이성화효소를 첨가하여 뉴클레오솜의 추가적인 조립을 방해한다. 마찬가지로 합성물은 아가로스 겔에서 전기영동하기 전에 detergent를 처리한다.

D. B에서 설명한 반응에 위상이성화효소를 첨가하고, 글상자 8-2, 그림 1c에 나타난 것처럼 추가적인 뉴클레오솜의 조립을 진행한다. 합성물은 아가로스 겔에서 전기영동하기 전에 detergent를 처리한다.

문제 14. 뉴클레오솜이 결합된 DNA와 특정 히스톤 탈아세틸화효소의 상관관계에 대해 연구하고자 한다. 해당 연구를 위해서는 electrophoretic mobility shift assay (EMSA)를 실시해야 한다. EMSA에 대한 이해를 위해서 7장을 참조. EMSA에 이용될 DNA는 2개의 뉴클레오솜 위치화 부위를 가지며, ^{32}P로 표지된 선형의 DNA 주형이다. 해당 DNA를 이용하여 히스톤 탈아세틸화효소를 첨가 또는 첨가하지 않은 상태에서 2개의 뉴클레오솜을 조립한다. 반응성 비교를 위해, 변형되지 않은 뉴클레오솜을 이용한다. 또 다른 반응성 비교를 위해서는, 히스톤 단백질 H3의 리신 36이 메틸화된 뉴클레오솜을 이용한다.

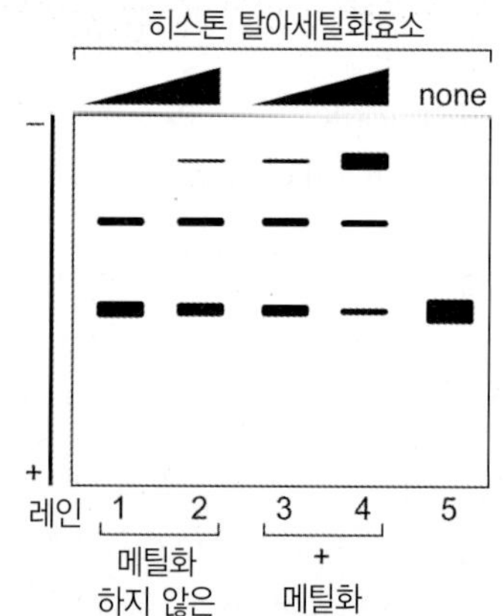

A. 결과를 바탕으로, 히스톤 탈아세틸화효소와 뉴클레오솜이 결합된 DNA의 상관관계를 확인할 수 있는 모델을 제시하라.

B. 어떤 단백질 도메인이 히스톤 탈아세틸화효소가 뉴클레오솜과 상호작용하도록 하는지 예상해보라.

Adapted from Huh et al. (2012. *EMBO J.* **31:** 3564-3574)

CHAPTER 9

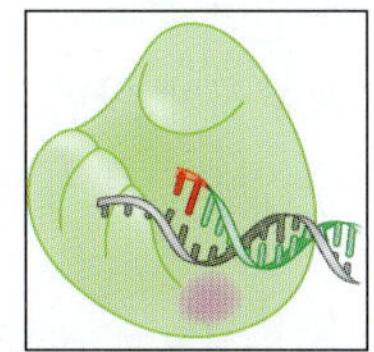

DNA 복제

DNA 이중나선 구조가 처음으로 밝혀졌을 때 생물학자들을 가장 흥분시킨 것은 서로 감고 있는 폴리뉴클레오티드 사슬의 염기 사이에 상보적인 관계가 있다는 것이었다. 그러한 상보적인 구조가 DNA 복제에 기초가 된다는 것은 예상할 수 있는 일이었다. 사실상 대부분의 생물학자들이 에이버리(Oswald T. Avery)가 주장한 것처럼 단백질이 아닌 DNA가 유전정보를 함유하고 있는 물질이라는 사실을 받아들이게 되었던 것은 DNA 구조로부터 드러나게 된 자가상보적 성질 때문이었다(2장).

어떻게 주형이 작용하는지에 대한 설명에서 우리는 동일한 표면을 가진 두 가닥은 서로 짝짓지 못함을 강조했다(4장). 대신에 대조적인 모양이나 전하를 띤 그룹이 서로 끌리게 된다는 것은 쉽게 생각할 수 있을 것이다. 따라서 구조에 대한 세밀한 지식이 없이도 유전자와 같은 복잡한 분자는 바로 복제가 될 수 없다는 것을 추측할 수 있을 것이다. 복제과정은 모양이 상보적인 분자가 형성되고 이것이 원래 분자의 복제판을 만드는 주형으로 작용해야 하는 것이다. 따라서 단백질이나 핵산의 구조가 상세히 밝혀지기 전에 일부 유전학자들은 DNA가 특정 단백질의 주형으로 작용하고 이것이 그 다음에 상응하는 DNA 분자의 주형으로 작용하지 않을까 생각했다.

그러나 DNA의 자가 상보적인(self-complementary) 구조가 알려지자마자 DNA 복제에서 단백질이 주형으로 작용한다는 생각은 사라졌다. 어버이 DNA 분자의 두 가닥이 각각 상보적인 딸가닥(daughter strand) 형성을 위한 주형이 된다고 추정하는 것은 매우 당연했다. 이러한 가정은 너무나 당연했음에도 불구하고 실험적 증거는 여전히 필요했다. 다행히 이중나선 구조 발견 5년 만에 DNA 복제 동안 상보적 가닥이 분리된다는 결정적인 증거(2장의 미셀슨과 스탈 실험 참조)와, DNA가 단독으로 새로운 DNA 가닥을 합성하는 주형으로 작용할 수 있다는 확실한 효소학적 증거가 발견되었다.

이 결과로 어떻게 유전자가 복제하는지의 문제가 한 가지 측면에서는 해결되었다. 그러나 이것은 다른 한편으로는 DNA 복제 연구의 시작이었다. 어떻게 DNA 복제가 시작될까? 어떻게 서로 감겨 있는 DNA 가닥이 주형으로 작용하도록 분리가 될까?

개 요

무엇이 딸세포가 염색체를 더하거나 잃지 않도록 복제 정도를 조절할까? 이들에 대한 연구와 기타의 의문들로부터 가장 단순한 DNA 분자의 복제일지라도 매우 복잡하고 많은 단계로 이루어지며, 최초 발견된 DNA 중합효소 이후 처음 예상했던 것보다 훨씬 더 많은 효소가 관여함을 알게 되었다. 진핵생물의 큰 선형 염색체의 복제는 훨씬 더 복잡하다. 이들 염색체는 적절한 시간에 전체를 합성하기 위해 많은 복제개시점을 필요로 하며, 모든 서열이 정확히 한 번만 복제되기 위해 복제개시가 세밀하게 상호 조정되어야 한다. 더욱이 일반적 DNA 복제 방법으로는 말단소체(telomere)라 불리는 염색체 말단을 완전하게 복제할 수 없으므로 세포는 이 부분을 원래대로 유지하기 위해 새로운 방법을 개발하였다.

이 장에서는 DNA 합성의 기본 화학작용과 이들 반응을 촉매하는 효소의 기능에 대해 먼저 소개하고자 한다. 그 다음은 "복제분기점(replication fork)"이라 불리는 구조에서 실제 염색체가 어떻게 합성되는지를 살펴볼 것이다. 그 다음은 DNA 복제 개시에 초점을 맞춘다. DNA 복제는 모든 세포에서 확실하게 조절되고 있으며, 개시 단계에서 가장 강력하게 조절된다. 우리는 복제개시 단백질이 어떻게 유전체의 특정 부위, 즉 "복제개시점(replication origin)"에서 DNA 이중가닥을 풀어 주고, 복제분기점 단백질이 이 부위에 모여 들어 레플리좀(replisome)을 구축하는지를 알아볼 것이다. 마지막으로 우리는 DNA 복제가 어떻게 종결되는지와 선형 염색체의 말단 복제 시의 특정 문제점을 알아볼 것이다. 또한 DNA 복제 연구로부터 어떻게 많은 단백질들이 모여서 놀라운 속도와 정확성, 그리고 완전성으로 이 중요한 과정을 수행하는 다효소 기구인 복합체를 형성하는지를 알 수 있게 될 것이다.

DNA 합성의 화학

DNA 합성에는 데옥시뉴클레오시드 삼인산과 프라이머: 주형 결합체가 필요하다

DNA 합성이 진행되기 위해서는 두 가지 주요 물질이 존재해야 한다. 먼저 새로운 합성을 위해서는 데옥시뉴클레오시드 삼인산-dGTP, dCTP, dATP, dTTP가 필요하다(그림 9-1a). 뉴클레오시드 삼인산은 2′-데옥시리보오스의 5′ 수산기에 결합된 3개의 인산기를 가지고 있다. 가장 안쪽에 있는 인산기(즉, 데옥시리보오스의 기부쪽 기)를 α-인산이라 하고 가운데와 가장 바깥쪽 인산기를 각각 β-, γ-인산이라 부른다.

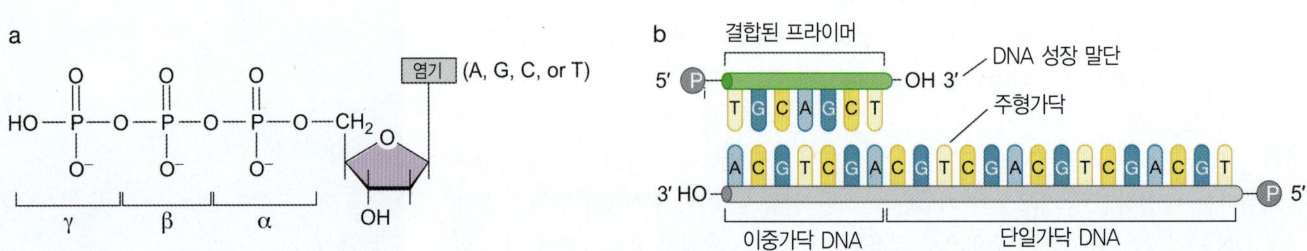

그림 9-1 DNA 합성에 필요한 기질. (a) 2′-데옥시뉴클레오시드 삼인산의 일반적인 구조. α-, β-, γ-인산의 위치가 표시되어 있다. (b) 프라이머:주형 결합체의 일반적인 구조. 짧은 프라이머 가닥은 긴 DNA에 완전하게 결합되어 있으며 주형의 ssDNA 부분 가까이에 3′-OH를 가지고 있어야 한다. 긴 DNA 가닥은 프라이머와 결합된 부분과 새로운 DNA 합성을 위한 주형으로 작용하는 이웃한 단일가닥 ssDNA 부분을 가지고 있다. 새로운 DNA 합성은 프라이머의 3′ 말단에서부터 신장되어 간다.

DNA 합성을 위한 두 번째 주요 기질은 **프라이머:주형 결합체(primer: template junction)**라 불리는 단일가닥 DNA 부분과 이중가닥 DNA 부분의 특정한 배열이다(그림 9-1b). 그 이름에서 나타나는 것처럼 프라이머:주형 결합체는 두 가지 주요한 구성요소로 이루어진다. **주형**은 단일가닥 DNA로 새로이 들어오는 상보적인 데옥시뉴클레오티드를 지정해 주는 역할을 한다. **프라이머(시발체)**는 주형에 상보적이기는 하나 짧은 가닥이다. 프라이머는 또한 주형의 단일가닥 쪽으로 노출된 3′-OH를 가지고 있어야 한다. 이 3′-OH에 새로운 뉴클레오티드가 첨가되어 사슬이 신장된다.

사실 DNA 합성 동안 프라이머만이 화학적으로 변화되므로 프라이머:주형 결합체의 프라이머 부분만이 DNA 합성의 기질이다. 주형은 단지 새로 첨가되는 뉴클레오티드를 결정하는 데 필요한 정보를 제공한다. 그럼에도 불구하고 DNA가 합성되기 위해서는 프라이머와 주형 모두 필수적으로 요구된다.

DNA는 프라이머의 3′ 말단의 신장에 의해 합성된다

DNA 합성은 화학적으로 프라이머의 3′ 말단이 신장됨으로써 새로운 가닥의 성장을 이루게 된다(그림 9-2). 이것은 RNA와 DNA 모두에서 나타나는 공통적인 특징이다. 프라이머 가닥의 3′ 말단의 하이드록실기가 새로이 들어오는 뉴클레오시드 삼인산의 α-인산기를 공격하는 S_N2 반응에 의해 인산이에스테르결합이 형성된다. 이 반응에서 뉴클레오티드 기질의 β-, γ-인산이 유리되어 생기는 피로인산(pyrophosphate)이 떨어져 나간다.

주형가닥은 4종류의 뉴클레오시드 삼인산 중 어느 것이 첨가될지를 지시한다. 주형가닥과 염기쌍을 이루는 뉴클레오시드 삼인산은 프라이머 가닥에 첨가되기에 매우 유리하다. 이중나선 구조의 두 가닥이 역평행임을 기억하라. 이러한 배열은 DNA 합

그림 9-2 DNA 합성 기작의 모식도. DNA 합성은 새로 들어오는 dNTP의 α-인산이 친핵성 공격을 함으로써 개시된다. 이로써 프라이머의 3′ 말단은 한 뉴클레오티드만큼 신장하며 한 분자의 피로인산이 유리된다. 피로인산분해효소(pyrophosphatase)는 신속히 이 인산을 두 개의 인산 분자로 가수분해한다.

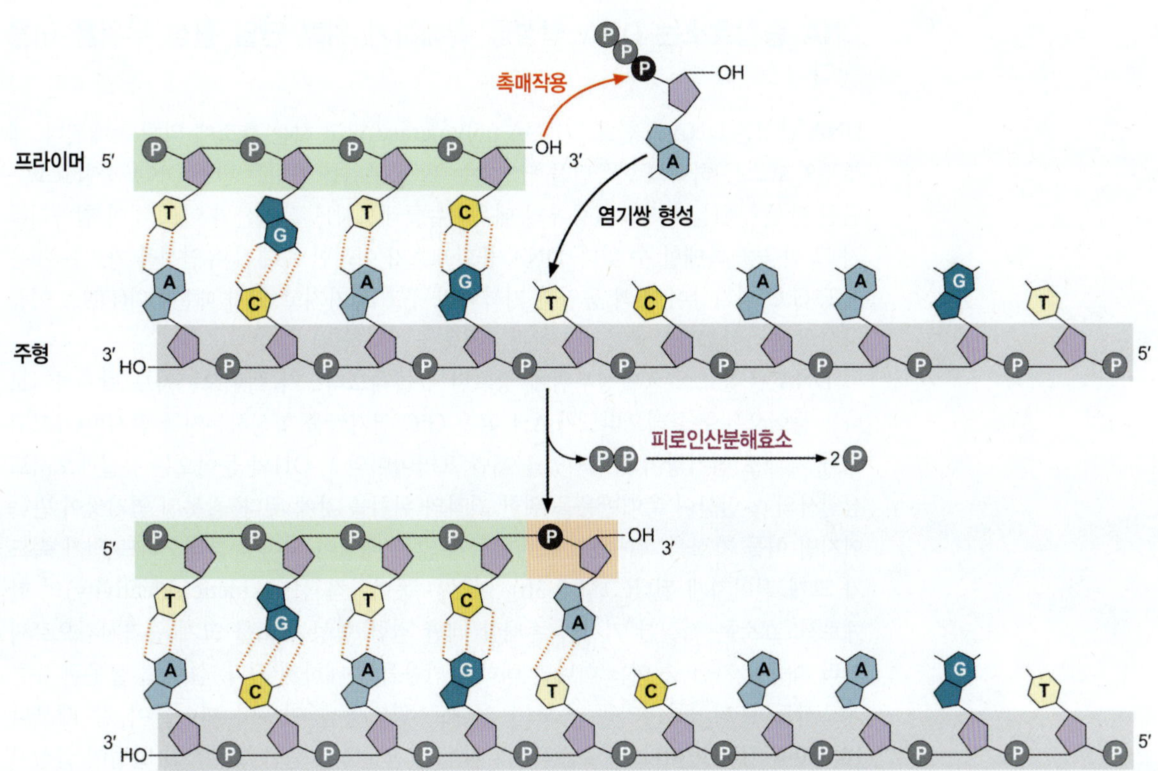

성을 위한 주형가닥이 새로이 신장하는 가닥과는 방향성이 반대임을 나타낸다.

피로인산의 가수분해로 DNA 합성에 필요한 에너지가 유도된다

길이가 n인 신장하고 있는 폴리뉴클레오티드 사슬에 뉴클레오티드가 첨가되는 반응은 다음과 같다.

$$\mathrm{XTP} + (\mathrm{XMP})_n \rightarrow (\mathrm{XMP})_{n+1} + \text{Ⓟ} \sim \text{Ⓟ}.$$

그러나 이 반응의 자유에너지는 매우 작다(ΔG = −3.5 kcal/mol). 그러면 뉴클레오티드를 DNA로 중합하는 데 필요한 에너지는 어디서 온 것일까? 첨가적인 자유에너지는 피로인산분해효소(pyrophosphatase)에 의해 피로인산이 두 개의 인산으로 신속히 가수분해되며 공급된다.

$$\text{Ⓟ} \sim \text{Ⓟ} \rightarrow 2\,\text{Ⓟ}_i.$$

뉴클레오티드 첨가와 피로인산의 가수분해 결과 두 개의 고에너지 인산결합이 깨어지는 것이다. 그러므로 DNA 합성은 연계된 반응으로서, 전체 반응은 다음과 같다.

$$\mathrm{XTP} + (\mathrm{XMP})_n \rightarrow (\mathrm{XMP})_{n+1} + 2\,\text{Ⓟ}_i.$$

이 반응은 ΔG가 −7 kcal/mole인 매우 일어나기 쉬운 반응이며 반응의 평형상수(K_{eq})는 약 10^5에 달한다. 이러한 높은 K_{eq}는 DNA 합성이 효과적인 비가역반응임을 나타낸다.

DNA 중합효소의 작용 기작

DNA 중합효소는 DNA 합성을 촉매하기 위해 단일 활성 부위를 이용한다

DNA 합성은 DNA 중합효소(DNA polymerase)라고 하는 효소에 의해 촉매된다. 대부분의 효소는 하나의 반응만을 담당하는 활성 부위를 가지는 반면 DNA 중합효소는 단일 활성 부위를 가지고 4종류의 데옥시뉴클레오시드 삼인산의 어느 것이 첨가되든지 그 반응을 촉매할 수 있다. DNA 중합효소가 이러한 촉매적 유연성을 가지는 것은 A:T, G:C 염기쌍이 거의 동일한 기하학적 구조를 가지고 있기 때문이다(DNA 이중나선의 용적이 DNA 염기서열에 관계없음을 기억하라).

DNA 중합효소는 활성부위에 정확한 뉴클레오티드가 들어오는지를 탐지하기보다는 들어오는 뉴클레오티드가 A:T 혹은 G:C 염기쌍을 형성하는지를 감시한다(그림 9-3). 제대로 염기쌍이 형성되었을 때만 프라이머의 3′-OH와 들어오는 뉴클레오시드 삼인산의 α-인산이 촉매반응을 위한 최적의 위치를 갖게 된다. 잘못된 염기쌍이 만들어지면 이들 기질을 촉매하기에 적합하지 않은 배열이 되어 뉴클레오티드 첨가 속도가 크게 떨어지게 된다(그림 9-3b). 이것은 동력학적 선택(kinetic selectivity)의 한 예로서, 효소는 적절한 기질이 존재할 때만 결합 형성 속도를 크게 증가시킴으로써 여러 가능한 기질 중 어느 하나를 택하여 반응을 촉매하게 된다. 실제로, 잘못된 뉴클레오티드가 끼어들어가는 속도는 제대로 염기쌍을 이루어 끼어들어 갈 때보다 10,000배 정도 느리다. 새로운 DNA 합성을 관찰하기 위한 일반적인 방법이 글상자

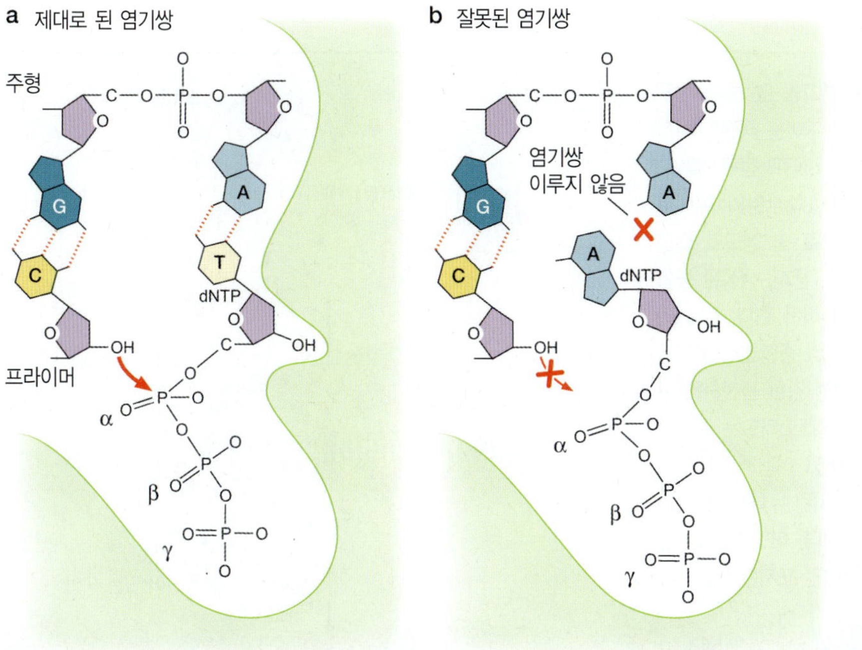

그림 9-3 DNA 중합효소가 촉매하는 뉴클레오티드 첨가 반응은 제대로 염기쌍을 형성하는 염기가 필요하다. (a) 프라이머의 3′-OH 말단이 제대로 염기쌍을 형성한 dNTP를 공격하는 개략적 모식도. (b) 잘못된 염기쌍을 이루었을 때 DNA 중합효소 촉매반응에 미치는 결과를 보여주는 개략적 모식도. 잘못된 A:A 염기쌍으로 인해 새로 들어오는 뉴클레오티드의 α-인산이 제 위치에 오지 못하게 된다. 이러한 잘못된 배치로 촉매반응의 속도가 크게 떨어짐으로써 DNA 중합효소가 제대로 염기쌍을 형성하는 dNTP를 더 잘 첨가시키게 된다. (Adapted, with permission, from Brautigan C.A. and Steitz T.A. 1998. *Curr. Opin. Struc. Biol.* **8**: 54–63, Fig 4d. © Elsevier.)

▶ 연구기법

글상자 9-1 결합분석은 핵산과 단백질 합성을 측정하는 데 이용된다

DNA 중합효소의 활성은 어떻게 측정할까? 중합체의 합성을 측정하는 데 사용되는 가장 단순한 분석이 결합분석이다. DNA 중합효소의 경우, 이러한 형태의 분석은 표지된 dNTP 전구체가 DNA 분자에 끼어들어간 것을 측정한다. 일반적으로 dNTP는 최종 DNA 산물에 들어간 뉴클레오티드가 가지게 될 방사능 원소로 표지된다(예로서, α-인산에 있는 인 원소를 방사능 동위원소 ^{32}P로 대체함으로, 글상자 9-1 그림1a). 또 다른 방법으로 dTTP의 메틸기에 형광 분자를 붙여 뉴클레오티드를 합성할 수도 있다(글상자 9-1 그림 1b). 이 메틸기는 염기쌍을 형성할 때 관여하지 않으며 DNA 중합효소는 제 위치에 훨씬 더 큰 부분도 쉽게 넣을 수 있다. 어느 경우이든 이러한 변형은 방사된 전자나 광자를 탐지하기 위한 필름 혹은 고성능 광학기를 이용하여 표지된 뉴클레오티드를 쉽게 탐색할 수 있게 했다.

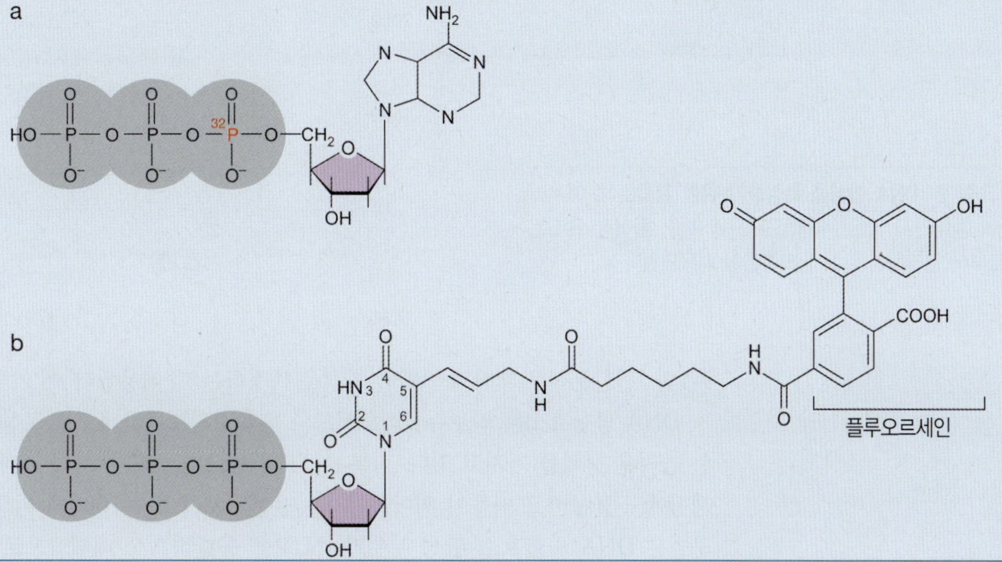

글상자 9-1 그림 1 표지된 데옥시뉴클레오시드 삼인산의 2가지 형태. (a)[α-^{32}P] dATP. 이 뉴클레오티드에서 α-인은 방사성 동위원소 ^{32}P로 대체된다. 뉴클레오티드가 끼어 들어간 후에 이 인원자만이 DNA의 일부분이 됨을 주시하라. (b) 형광으로 표지된 티미딘 삼인산 유사체. 이 표지된 전구체에서 형광 화합물 플루오르세인(fluorescein)은 보통 메틸기가 결합되어 있는 티민 환의 5번 탄소 위치에 연결자를 통해 결합되어 있다.

글상자 9-1 (계속)

결합분석은 두 단계를 필요로 한다(글상자 9-1 그림 2). 첫째, 전구체를 중합체에 끼워 넣는다. DNA 중합효소의 경우, 이는 적절한 시간 동안 중합효소와 프라이머:주형 결합체 및 표지된 dNTP 전구체를 시험관에 함께 넣어 배양기에 둠으로 이루어진다. 대부분의 예에서 4 종류의 dNTP 중 하나만 표지되는데 일반적으로 이 정도로 결합 뉴클레오티드가 쉽게 탐지될 수 있는 수준이 된다. 둘째, 생성된 중합체는 끼어 들어가지 않은 전구체들로부터 분리되어야 한다. DNA의 경우 이는 두 가지 중 한 방법으로 진행된다. DNA 중합효소 반응물을 염 농도 하에 양전하로 하전된 필터에 통과시켜 강한 음전하를 가진 DNA 골격은 결합되고 전하가 약한 단일 뉴클레오티드는 결합되지 못하게 한다. 또 다른 방법으로는 겔 전기영동을 이용해 DNA 산물을 크기에 따라 분리시키면 끼어들어 가지 않은 뉴클레오티드는 DNA 산물보다 훨씬 더 빠르게 이동하게 될 것이다. 어떤 경우든 합성된 DNA 산물의 양은 DNA 중합체에 끼어 들어간 표지된 뉴클레오티드의 양을 결정하므로 측정된다.

DNA 중합효소 반응의 경우에서 결합분석을 서술했다: 그러나 유사한 방법으로 RNA 또는 단백질 합성에 관여하는 효소의 활성을 측정할 수 있다. 예로, 표지된 아미노산이 단백질로 끼어 들어간 것을 분석하기 위해 비슷하게 사용될 수도 있다.

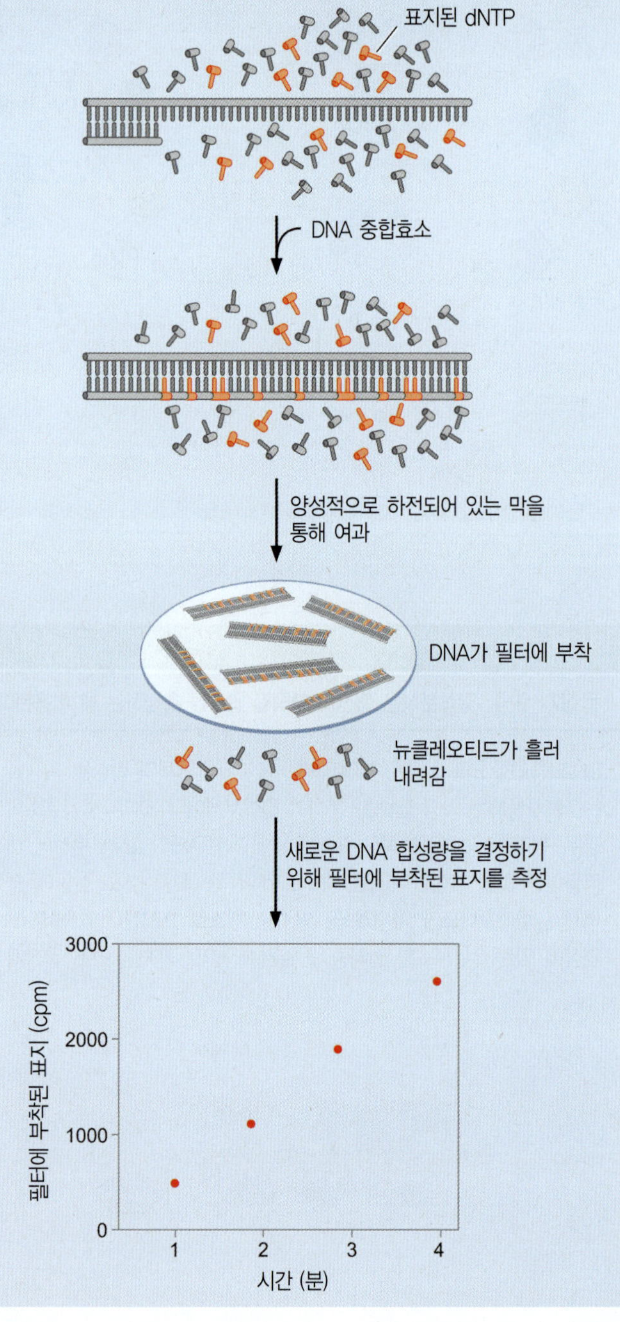

글상자 9-1 그림 2 DNA 합성을 측정하기 위한 결합분석. 예시에서 DNA에 끼어 들어가지 않은 뉴클레오티드를 끼어 들어간 표지된 뉴클레오티드로부터 분리하기 위해 필터결합이 사용되었다.

9-1의 "결합분석은 핵산과 단백질 합성을 측정하는 데 이용된다"에 기술되어 있다.

DNA 중합효소는 리보뉴클레오시드와 데옥시리보뉴클레오시드 삼인산을 구별하는 놀라운 능력을 가지고 있다. 비록 rNTP의 농도가 세포에 거의 10배 이상 높게 존재함에도 불구하고 이들이 끼어들어가는 율은 dNTP보다 1000배 이상 낮다. 이러한 구별은 DNA 중합효소 활성 부위가 rNTP를 공간적으로 배제함으로써 이루어진다(그림 9-4). DNA 중합효소에서 뉴클레오티드 결합주머니는 매우 작아 들어오는 뉴클레오티드에 2′-OH기가 있으면 이를 수용하지 못한다. 이 공간에는 당 고리와 반데르발스 결합을 하는 두 개의 아미노산이 위치하는데, 흥미롭게도 이 두 아미노산을 결

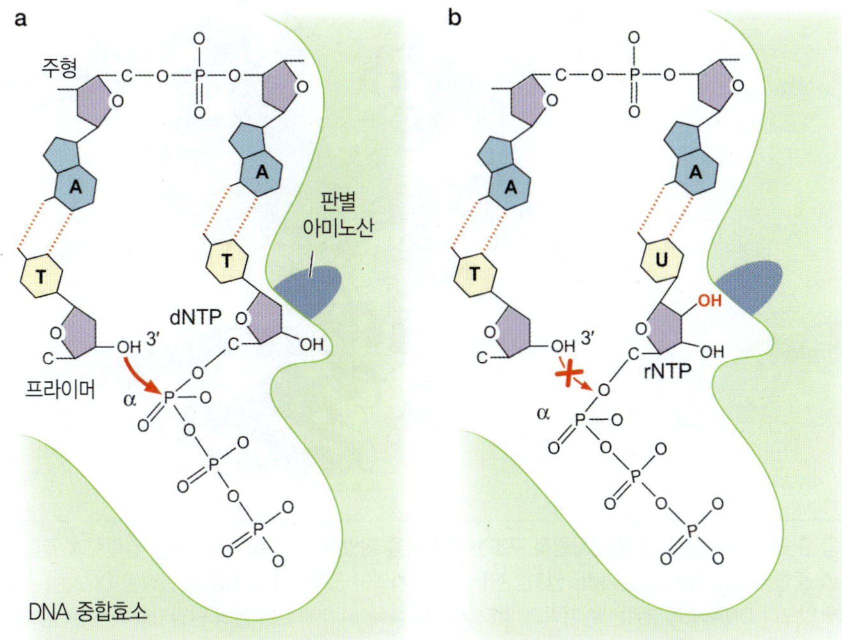

그림 9-4 DNA 중합효소 촉매 시 rNTP를 이용하지 못하게 하는 공간적 제약를 보여주는 개략적 모식도. (a) 제대로 된 염기쌍을 형성하는 dNTP가 DNA 중합효소에 결합. 이러한 상태에서는 프라이머의 3′-OH와 dNTP의 α-인산은 가까이 접근해 있다. (b) 2′-OH의 첨가로 뉴클레오티드 결합 주머니에 있는 판별(discriminator) 아미노산과 입체적 충돌이 생긴다. 이로써 dNTP의 α-인산은 제자리에서 벗어나고 프라이머의 3′-OH와의 배열이 달라져 촉매 속도는 크게 떨어진다.

사슬이 더 작은 다른 아미노산으로 치환하면(예를 들면 글루탐산을 알라닌으로) DNA 중합효소가 dNTP와 rNTP를 구별하는 능력이 크게 떨어진다. DNA 중합효소의 요구를 모두 충족시키지는 않지만 일부는 충족시켜 주는 뉴클레오티드는 신장을 종결시키므로 DNA 합성을 저해할 수 있다. 이러한 뉴클레오티드는 암과 바이러스 감염을 치료하는데 중요한 약물로도 쓰인다(글상자 9-2, "항암제와 항바이러스제는 DNA 복제를 표적으로 한다" 참조).

DNA 중합효소는 프라이머:주형 결합체를 쥔 손 모양을 하고 있다

DNA 중합효소가 어떻게 DNA 합성을 촉매하는지에 대한 분자적 이해는 프라이머:주형 결합체에 결합한 여러 DNA 중합효소의 원자 구조에 대한 연구로부터 이루어졌다. 이들 구조는 DNA 기질이 반쯤 쥔 오른 손 모양을 한 깊은 고랑에 자리하고 있는 것을 보여준다(그림 9-5). 손 모양과의 유사성에 근거하여 중합효소의 세 영역을 엄지, 손가락 및 손바닥 영역으로 부른다.

손바닥 영역은 β-병풍구조로 이루어져 있고 촉매부위의 주요 요소를 포함하고 있다. 특별히 DNA 중합효소의 이 부위는 두 2가 금속이온(대부분 Mg^{2+} 혹은 Zn^{2+})과 결합하여 프라이머의 3′-OH와 제대로 짝을 맺은 dNTP 주위의 화학적 환경을 바꿔준다(그림 9-6). 금속이온 하나는 3′-OH의 수소에 대한 친화성을 감소시킨다. 이로 인해 3′-O-가 생기며 이는 들어오는 dNTP의 α-인산에 대한 친핵성 공격을 유발시킨다. 두 번째 금속이온은 dNTP의 β-인산과 γ-인산의 음전하와 조화를 이루어 프라이머와 새로 들어온 뉴클레오티드가 연결될 때 생성되는 피로인산(pyrophosphate)을 안정화시킨다.

촉매 역할 이외에도 손바닥 영역은 또한 가장 최근에 첨가된 뉴클레오티드가 정확히 염기쌍을 이루었는지를 감시한다. 중합효소의 이 영역은 새로이 합성된 DNA의 작은홈(minor groove)에 있는 염기쌍들과 광범위한 수소결합을 형성한다. 이 결합은

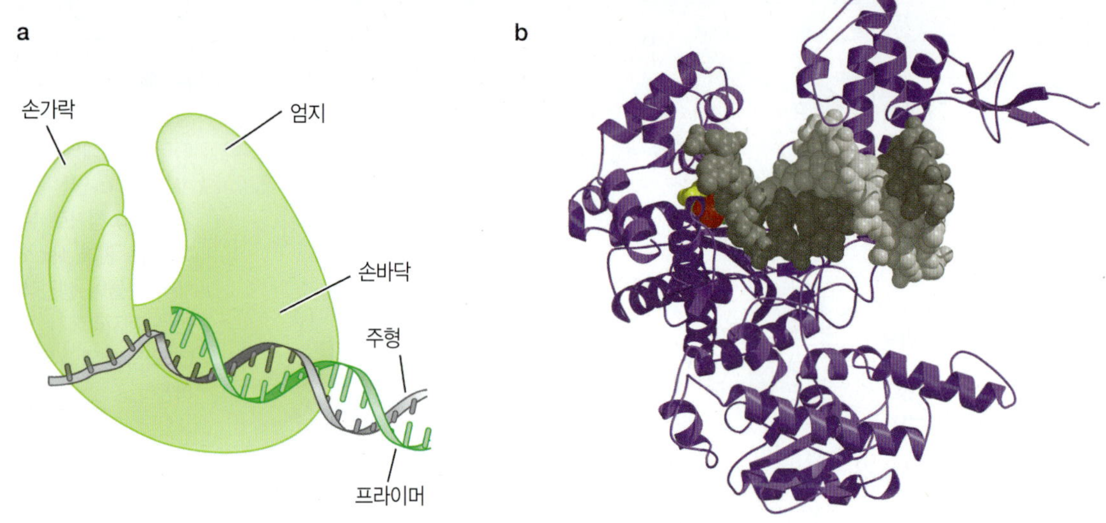

그림 9-5 DNA 중합효소의 3차원적 구조는 오른손을 닮았다. (a) 프라이머: 주형 결합체에 결합된 DNA 중합효소의 개략도. 손가락, 엄지, 손바닥이 표시되어 있다. 가장 최근에 합성된 DNA는 손바닥에 있으며 DNA 촉매부위는 손가락과 엄지 사이의 틈에 위치한다. 주형의 단일가닥 부분은 심하게 굽혀져 엄지와 손가락 사이를 통과하지 못한다. (b) DNA에 결합된 T7 DNA 중합효소의 유사한 모습. DNA는 공간채움 모형으로, 단백질은 리본모양으로 나타냈다. 손가락과 엄지는 α-나선으로 이루어져 있으며, 손바닥은 DNA에 의해 가려져 있다. 새로 들어오는 dNTP는 빨간색(염기와 데옥시리보스당)과 노란색(삼인산 부분)으로 표시되어 있다. DNA의 주형가닥은 진한 회색으로, 프라이머는 연한 회색으로 나타나 있다(Doublie S. et al. 1998. Nature 391:251-258.). Image Prepared with Bobscript, Molscript, and Raster 3D.

염기 특이적이 아니며(그림 4-10 참조) 최근에 첨가된 뉴클레오티드가(그것이 무엇이든) 정확히 염기쌍을 이루기만 하면 형성된다. 이 부위에 잘못된 염기쌍을 지닌 DNA는 촉매작용의 속도가 크게 낮아지게 된다. 촉매작용의 속도 감소와 새로 합성되는 DNA에 대한 친화성의 감소로 인해 프라이머:주형 결합체는 중합효소 활성부위로부터 떨어져 나와 중합효소의 다른 부위인 교정(proofreading)을 위한 핵산분해효소 활성부위에 결합하게 된다(나중에 논의됨).

손가락 영역과 엄지 영역의 역할은 무엇인가? 손가락 영역 또한 촉매에 중요하다. 손가락 영역 내에 있는 여러 잔기가 새로 들어오는 dNTP에 결합한다. 훨씬 더 중요한 것은 일단 들어오는 dNTP와 주형 사이에 제대로 염기쌍이 이루어지면 손가락 영역은 dNTP를 둘러싸도록 움직인다(그림 9-7). 이 닫힌 형의 중합효소 "손(hand)"은 들어오는 뉴클레오티드를 촉매 금속이온에 가까이 접하게 함으로써 촉매작용을 자극한다.

손가락 영역은 또한 주형 부위와도 결합하여 활성부위 바로 뒤에서 주형의 인산이에스테르 골격을 거의 90° 회전시킨다. 이러한 구부러짐에 의해 촉매 부위에서 프라이머 뒤의 첫 번째 주형 염기만이 노출되게 된다. 이러한 주형의 입체구조로 인해 어느 주형 염기가 첨가되는 다음 뉴클레오티드와 쌍을 이루게 되는지에 관한 어떤 혼란도 방지된다(그림 9-8).

손가락이나 손바닥 영역과는 달리 엄지영역은 촉매작용에 직접적으로 관여되지 않는다. 대신 엄지영역은 새로 합성된 DNA와 상호작용한다(그림 9-5 참조). 이것으로 다음의 두 가지 도움을 주게 된다. 첫째는 프라이머와 활성부위를 제 위치에 있게

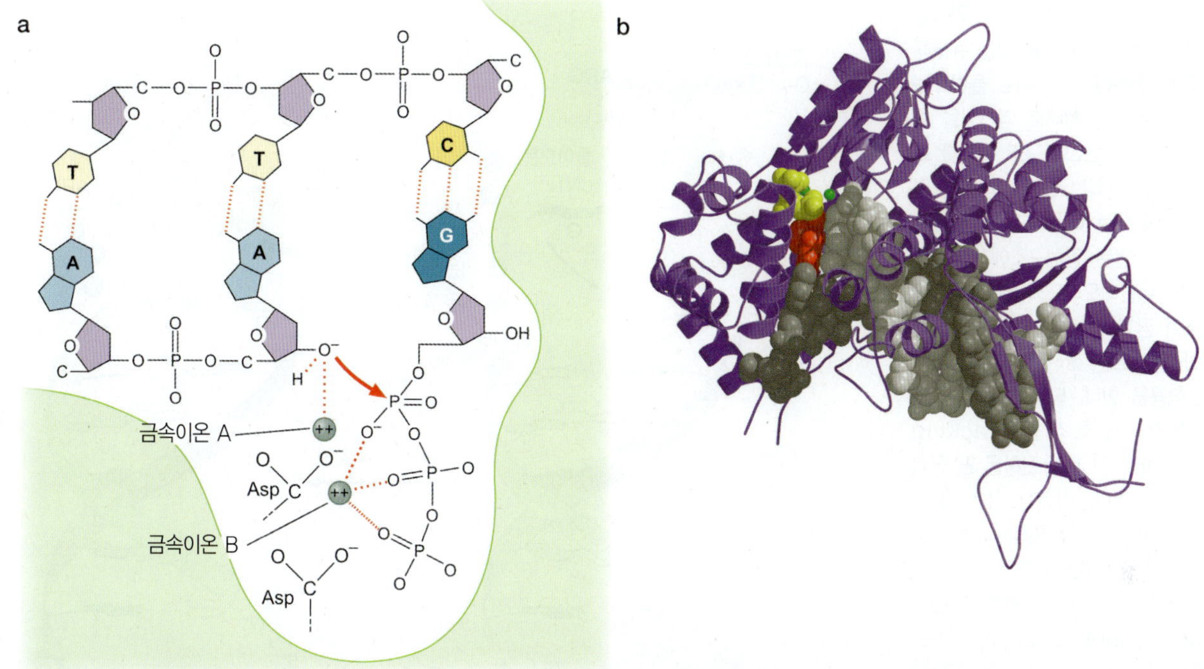

그림 9-6 DNA 중합효소에 결합되어 있는 2개의 금속이온이 뉴클레오티드 첨가반응을 촉매한다. (a) DNA 중합효소의 활성부위 도해. 2개의 금속이온(녹색)이 2개의 매우 보존적인 아스파르트산 잔기와의 상호작용으로 제 위치에 놓여 있다. 금속이온 A는 기본적으로 3′-OH와 상호작용하여 O와 H사이의 결합력을 약화시킨다. 이로써 친핵성 3′-O⁻가 생긴다. 금속이온 B는 새로 들어오는 dNTP의 삼인산 부위와 상호작용하여 그들의 음전하를 상쇄시킨다. 촉매 후 생성된 피로인산은 금속이온 B와 비슷한 상호작용으로 안정화된다(그림에는 나타내지 않았음). (b) T7 DNA 중합효소, 프라이머의 3′-OH 말단, 새로 들어오는 뉴클레오티드에 결합한 활성부위 금속이온의 3차원적 구조. 금속이온은 녹색으로, 나머지 요소들은 그림 9-5b와 같은 색으로 표시되어 있다. 여기서 보이는 중합효소의 모습은 그림 9-5b에 나타난 영상을 DNA 나선 축을 중심으로 거의 180° 회전시킨 것이다 (Doublié S. et al. 1998. *Nature* **391:** 251-258.). 이미지는 MolScript, BobScript 및 Raster 3D로 나타내었다.

하며, 둘째는 엄지영역이 DNA 중합효소와 그 기질 사이에 강한 결합을 유지하도록 돕는 것이다. 이러한 결합으로 DNA 중합효소는 한 번 프라이머:주형 결합체에 결합할 때마다 여러 개의 dNTP를 첨가할 수 있게 된다(나중에 논의됨).

요약하면, DNA 중합효소는 매번 일련의 정해진 단계에 의해 신장하는 DNA 사슬에 뉴클레오티드를 첨가하게 된다. 새로 들어오는 뉴클레오티드는 주형의 다음 번 이용 가능 염기와 염기쌍을 이룬다. 이러한 상호작용으로 인해 중합효소 "손가락" 영역이 염기쌍을 이룬 dNTP 주변으로 닫히게 된다. 효소의 이러한 입체구조로 인해 촉매에 결정적인 역할을 하는 금속이온이 다음 번 인산이에스테르 결합을 촉매할 수 있는 위치에 오게 된다. 염기쌍을 이룬 뉴클레오티드가 프라이머에 결합하면 손가락 영역은 다시 열리게 되고 프라이머:주형 결합체는 한 염기쌍 만큼 이동하게 된다. 그러면 DNA 중합효소는 다음 사이클을 위한 준비가 완료된 것이다. 중요한 것은 이들 각 단계가 새로 들어오는 dNTP와 주형 사이에 제대로 염기쌍이 이루어진 경우에만 강하게 자극되어 진행된다는 것이다.

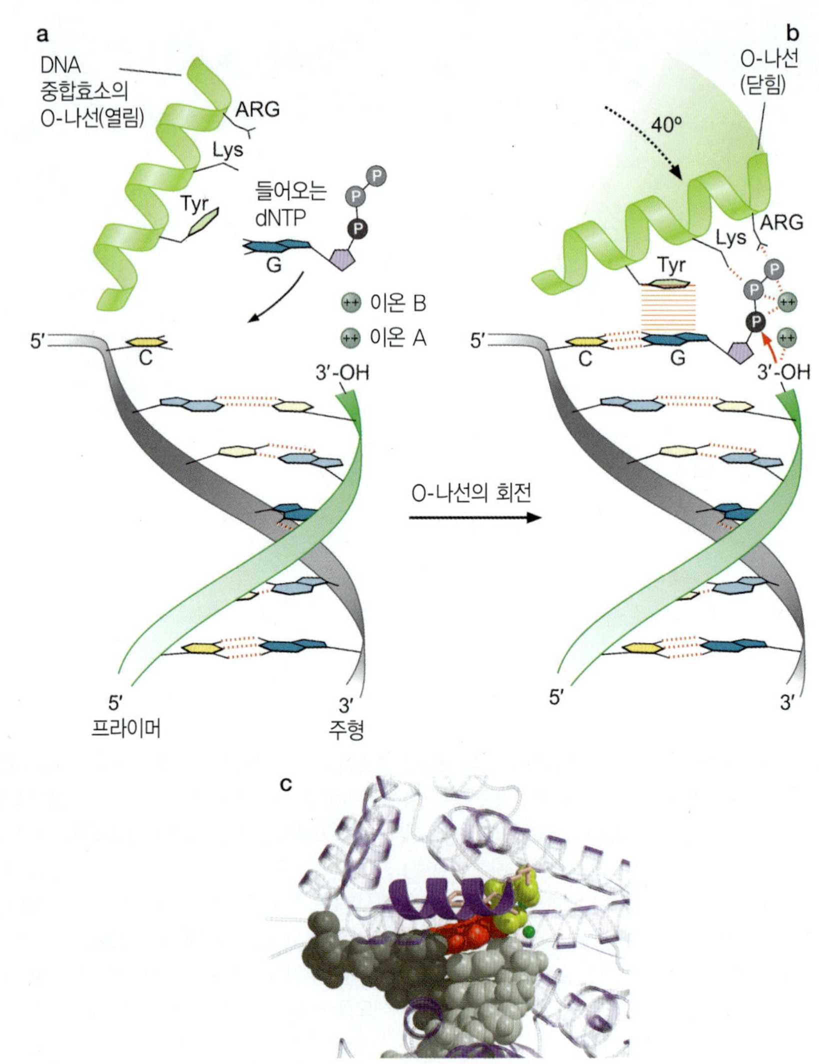

그림 9-7 DNA 중합효소는 제대로 염기쌍이 이루어지면 주형과 새로 들어오는 뉴클레오티드를 "움켜 잡는다". (a) 새로 들어오는 뉴클레오티드가 주형과 제대로 염기쌍을 형성한 후의 DNA 중합효소의 구조 변화를 보여주는 도해. 주요 변화는 O-나선이라 불리는 손가락 영역에 있는 나선의 하나가 40° 회전하는 것이다. 열린 입체구조에서 이 나선은 들어오는 뉴클레오티드와 멀리 위치한다. 중합효소가 닫힌 입체구조일 때는 이 나선이 움직여 들어오는 dNTP와 여러 가지 중요한 상호작용을 한다. 티로신은 dNTP의 염기와 중첩 상호작용(stacking interaction)을 하며 두 개의 전하를 띤 잔기는 삼인산과 결합한다. 이러한 상호작용의 조합에 의해 dNTP가 DNA 중합효소에 결합되어 있는 2개의 금속이온에 의해 매개되는 촉매작용에 적절한 위치에 자리하게 된다 (Based on Doublié S. et al. 1998. *Nature* **391:** 251–258. Fig. 5. ⓒ 1998.) (b) 기질에 결합된 닫힌 입체 구조의 T7 DNA 중합효소. O-나선은 자주색으로, 단백질의 나머지 부분은 잘 보이게 하기 위해 투명하게 나타내었다. 핵심적 기능을 하는 티로신, 리신 및 아르기닌 잔기는 O-나선 뒤에 분홍색으로 나타내었다. 들어오는 dNTP의 염기와 데옥시리보스는 빨간색으로, 프라이머는 연한 회색으로, 주형은 진한 회색으로 나타내었다. 2개의 촉매 금속이온은 녹색으로, 인산은 노란색으로 나타나 있다 (Adapted from Doublié S. et al. 1998. *Nature* **391:** 251–258.). 이미지는 MolScript, BobScript 및 Raster 3D로 나타내었다.

DNA 중합효소는 진행성을 가진 효소이다

DNA 중합효소에 의한 촉매작용은 매우 빠르게 일어난다. DNA 중합효소는 프라이머 가닥에 1초당 최대 1000개의 뉴클레오티드까지 첨가시킬 수 있다. 이러한 빠른 DNA 합성 속도는 대부분이 진행성이 큰 DNA 중합효소의 특성에 기인한다. **진행성(processivity)**은 중합체를 형성할 수 있는 기질에 작용하는 효소의 특징 중 하나이다. DNA 중합효소의 경우 **진행성의 정도(degree of processivity)**는 효소가 프라이

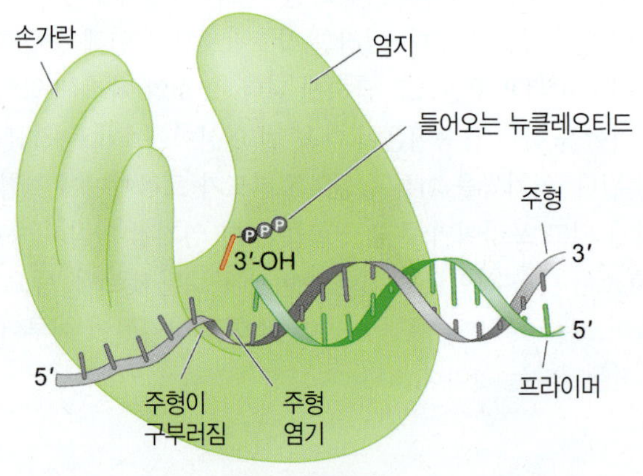

그림 9-8 DNA 중합효소를 통과하는 주형 DNA의 경로 도해. 바로 전에 새로 복제된 DNA가 DNA 중합효소의 손바닥 부위에 결합되어 있다. 활성부위에서 주형의 단일가닥 부위의 첫 번째 염기가 이중가닥 DNA로 될 위치에 있다. 주형가닥에서 5′ 말단 방향의 다음 염기 앞에서 인산이에스테르 주골격이 갑자기 90°로 굽어진다. 이 결과 두 번째 이후의 모든 단일가닥 염기가 활성부위에 결합한 dNTP와 염기쌍을 형성할 수 없는 위치에 있게 된다.

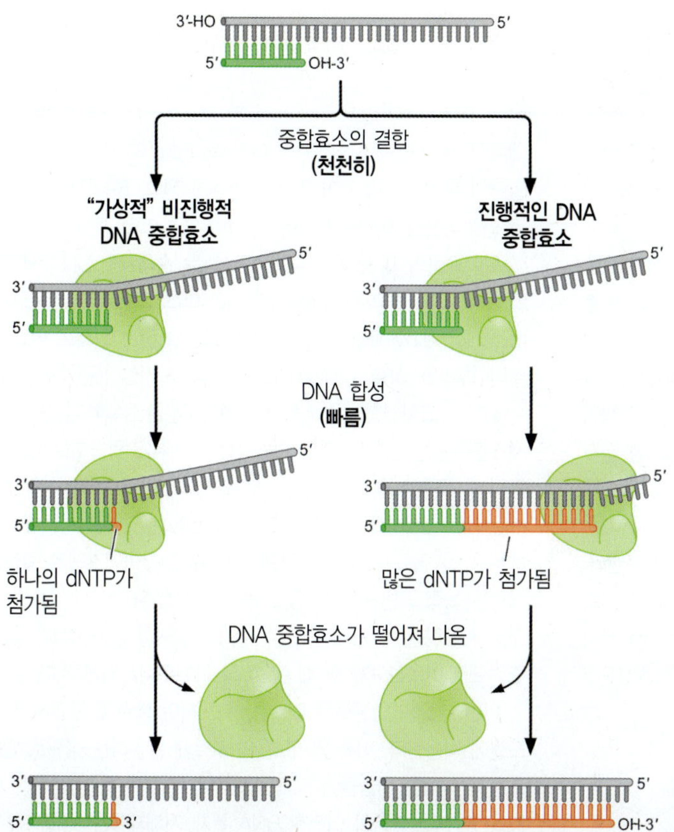

그림 9-9 DNA 중합효소는 DNA 합성 시 진행성이 크다. 이 그림은 진행성이 큰 DNA 중합효소와 비진행성인 DNA 중합효소 간의 차이를 보여준다. 두 DNA 중합효소 모두 프라이머:주형 결합체에 결합한다. 결합하자마자 비진행성인 효소는 프라이머의 3′ 말단에 단 하나의 dNTP를 첨가하고 새로운 프라이머:주형 결합체로부터 떨어져 나온다. 반면, 진행성인 DNA 중합효소는 한번 주형에 결합할 때마다 여러 개의 dNTP를 첨가한다.

머:주형 결합체에 한 번 결합할 때마다 첨가시키는 평균 뉴클레오티드 수의 평균값으로 정의된다. DNA 중합효소의 진행성은 효소에 따라 특성이 서로 달라서, 매 결합할 때마다 수 개의 뉴클레오티드를 첨가하는 것에서부터 50,000개 이상의 염기를 첨가시키는 것도 있다(그림 9-9).

DNA 합성 속도는 효소가 매 결합시마다 다수의 뉴클레오티드를 첨가시키면 크게 향상된다. 반응의 속도를 제한하는 단계는 중합효소가 프라이머:주형 결합체에 결합하는 첫 번째 단계이다. 전형적인 DNA 중합효소 반응에서 DNA 중합효소가 프라이머:주형 결합체를 찾아 결합하는 데는 약 1초의 시간이 걸린다. 일단 결합이 되면 뉴클레오티드는 굉장히 빠른 속도로 첨가된다(1/1000 초 단위로). 그러므로 완전히 비진행성인 DNA 중합효소는 초당 약 1개의 염기를 추가한다. 반대로 가장 빠른 DNA 중합효소는 많은 수의 dNTP를 첨가시키는 동안 주형에 계속 결합을 유지함으로써 초당 최대 1000개의 뉴클레오티드까지 첨가할 수 있다. 결과적으로 높은 진행성을 가지고 있는 중합효소는 비진행성 효소보다 전체 DNA 합성 속도를 최대 1000배까지 향상시킬 수 있다.

진행성은 DNA 중합효소가 DNA 주형을 따라 미끄러져 이동함으로써 이루어진다. 일단 프라이머:주형 결합체에 결합하면 DNA 중합효소는 염기서열에 상관없이 DNA의 이중가닥 부분과 더욱 강하게 상호작용을 한다. 이 상호작용에는 인산 주 골격과 "엄지" 영역 사이의 정전기적 상호작용, DNA의 작은홈과 손바닥 영역과의 상호작용(위에 설명된)이 포함된다. 이러한 상호작용들은 서열에 상관없으며, 따라서 DNA가 중합효소에 결합된 후에 쉽게 이동하는 것이 가능하도록 해준다. 뉴클레오티드가 프라이머 가닥에 첨가될 때마다 DNA는 부분적으로 중합효소로부터 떨어지게 된다(작은홈과의 수소결합은 깨어지나 엄지 영역과의 정전기적 상호작용은 유지된

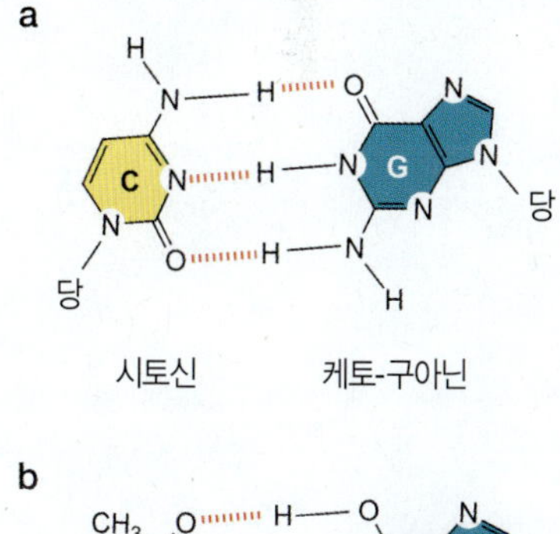

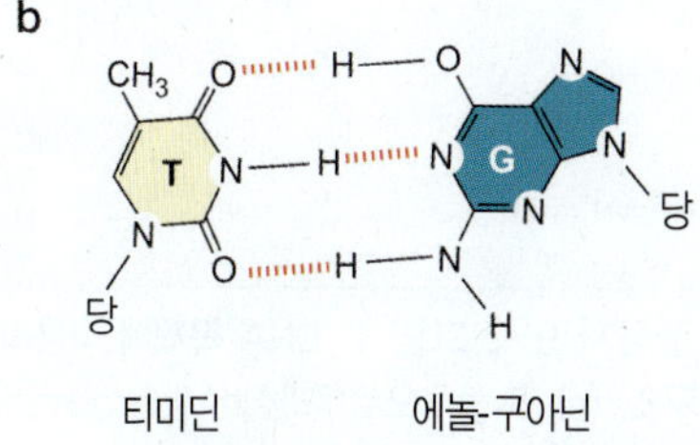

그림 9-10 티미딘과 잘못된 염기쌍을 이룬 구아닌의 토토머 변이 (a) 일반 케토형 구아닌과 시토신의 염기쌍. (b) 구아닌이 에놀 토토머의 형태를 취하는 드문 경우에는, 시토신 대신 티미딘과 염기쌍을 이룬다. 여기서는 구아닌 토토머 변이체의 잘못 짝지음의 경우를 보았지만 각각의 염기들은 염기쌍 특이성을 바꾸는 토토머 변이체로 바뀔 수 있다.

▶ 의학관련

글상자 9-2 항암제와 항바이러스제는 DNA 복제를 표적으로 한다

세포분열 동안 DNA 복제의 중심적 역할로 인해 종양억제를 목적으로 하는 화학요법 약물의 일반적인 표적은 DNA 복제가 된다. 이러한 약물들은 다양한 단계에서 DNA 복제를 표적으로 삼는다.

수많은 일반 화학요법 제제들이 DNA 뉴클레오티드 전구체의 생합성에 작용한다. 따라서 새로운 구성 성분으로 인해 DNA 중합효소를 고사시킨다. 예로, 의약품인 5-플루오로우라실(5-fluorouracil, 5-FU)과 6-메르캅토퓨린(6-mercaptopurine, 6-MP)은 각각 피리미딘과 퓨린 뉴클레오티드 합성을 방해하는 뉴클레오티드 전구체의 유사체이다(글상자 9-2 그림 1a,b). 5-FU는 결장암과 위암, 췌장암, 중-말기 유방암을 치료하는 데 사용되는 주요 약물이다. 6-MP는 주로 급성백혈병(백혈구 암) 환자를 치료하는 데 사용된다.

다른 항암 약물들은 DNA 합성에 훨씬 더 직접적으로 작용한다. 시토신 아라비노시드(cytosine arabinoside, AraC)는 뉴클레오시드 삼인산으로 전환 후 dCTP를 대신해 DNA에 끼어 들어가는 데옥시시티딘 유사체이다(글상자 9-2 그림 1c). 일단 끼어 들어가면 dCTP의 데옥시리보스당과 AraCTP의 아라비노스 당의 차이로 인해 DNA 3′ 말단의 위치가 잘못되어 합성이 멈추게 된다. 6-MP처럼 AraC도 주로 급성백혈병 치료에 쓰인다.

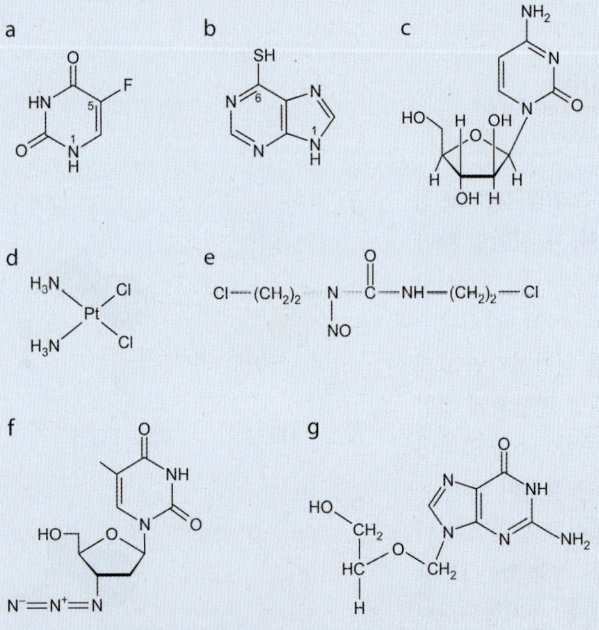

화학요법의 세 번째 종류에는 DNA를 손상시켜 DNA 복제를 막는 것이다. 시스플라틴(cisplatin)과 비스크롤로에틸니트로소리아(bischloroethylnitrosourea, BCNU)는 G 잔기가 서로 인접할 때 사슬내 그리고 사슬간 DNA 교차결합을 야기한다(글상자 9-2, 그림 1d,e). 이 교차결합들은(특히 사슬간인 경우) DNA 합성을 방해한다. 시스플라틴은 전이성 고환암을 치료하는 주요 약물이고 BCNU는 뇌종양과 백혈병을 치료하는 데 쓰인다. 이와 비슷하게 캠토테신(camptothecin)과 에토포시드(etoposide)는 위상이성질체효소의 저해제로 이 효소가 DNA 골격을 절단 후 인산이에스테르 결합을 재형성하는 능력을 방해한다(4장, 그림 4-24 참조). 이 저해제 중 어느 것으로 치료하든 이 치료는 DNA 주형에 절단을 남겨 DNA 중합효소가 주형으로 이용하고자 할 때 DNA 복제를 종결시키게 된다.

이런 부류의 약물들은 DNA를 복제하여 빠르게 분열하고 있는 세포들에 작용한다. 비록 암세포들의 빠르게 분열하는 성질로 인해 암세포들이 이러한 약물들에 더 민감하지만 인체의 다른 세포들 또한 영향을 받는다. 당연히 이러한 DNA 복제 저해제들은 적혈구나 백혈구, 모근세포, 위장점막세포 같은 빠르게 분열하는 숙주세포에도 독성을 미친다. 이들 세포분열의 저해로 인해 면역억제(백혈구 세포의 소실로 인해), 빈혈(적혈구 세포의 소실로 인해), 설사(위장의 결손으로 인해), 탈모 등 오늘날 우리에게 친숙한 많은 화학요법의 부작용들이 나타나게 된다.

복제 저해제들은 또한 항바이러스제로 사용되어 왔다. HIV(에이즈 바이러스)에 감염 시 효과적인 것으로 알려진 첫 번째 약물은 아지도티미딘(azidothymidine, AZT)이다. 이는 티미딘 유사체로 HIV 감염 후 RNA 유전체를 DNA로 복사하는 특정 DNA 중합효소(역전사효소라 불리는; 12장 참조)를 저해한다. 최근에는 아시클로바(acyclovir)라 불리는 구아닌 뉴클레오시드 유사체가 더 효력있는 HIV DNA 중합효소 저해제로 AZT를 대체하고 있다. 이 유사체는 열린 사슬 구조를 갖는 일반 뉴클레오시드의 리보오스이다(글상자 9-2 그림 1f,g). 그럼에도, 이 유사체는 바이러스 DNA 중합효소에 의해 DNA에 끼어 들어갈 수 있는 삼인산 형태로 변형될 수 있다. 일단 끼어 들어 가면 이들 유사체는 리보오스기가 없으므로 뉴클레오티드가 첨가되는 데 필요한 3′-OH가 없어 사슬 종결자로 작용하게 된다. 중요한 것은 이 약물들은 세포의 DNA 중합효소에 의해서는 거의 인식되지 않는다. 따라서 화학요법의 뉴클레오티드 유사체보다 부작용이 적다.

글상자 9-2 그림 1 DNA 복제에 작용하는 일반 화학요법제제들의 구조 (a) 5-플루오로우라실(5-fluorouracil), (b) 6-메르캅토퓨린(6-mercaptopurine), (c) 시토신 아라비노시드(cytosine arabinoside), (d) 시스플라틴(cisplatin), (e) 비스크롤로에틸니트로소리아(bischloroethylnitrosourea, (f) 아지도티미딘(azidothymidine, (g) 아시클로바(Acyclovir).

다). 이어 DNA는 위에서와 같은 서열에 상관없는 상호작용에 의하여 1개의 염기쌍만큼 자리를 이동한 위치에서 중합효소와 신속히 재결합한다. 진행성은 DNA 중합효소와 부수적인 단백질들 사이의 상호작용에 의해 더욱 향상될 수 있다. 이것에 대하여는 다음에 다루게 될 것이다.

핵산말단분해효소는 새로 합성된 DNA를 교정한다

염기쌍의 결합구조와 염기 사이의 상보성에만 의존하는 시스템으로는 세포 내의 DNA 합성에서 나타나는 아주 높은 정확성(10^{10} 염기쌍당 한 번 정도 오류)을 이루어 낼 수 없다. DNA 중합효소가 이렇게 높은 정확성을 띠지 못하는 것은 염기가 때때로 (10^{6}마다 한 번) "잘못된" 토토머형(이미노 혹은 에놀; 4장, 그림 4-5 참조)을 가지기 때문이다. 이러한 다른 형태의 염기들은 잘못된 염기쌍이 형성되어도 그것이 촉매작용에 적절한 위치에 올 수 있도록 만들어 준다(그림 9-10). 뉴클레오티드가 원래의 형태로 되돌아오면, 잘못 끼어 들어간 뉴클레오티드는 주형에 맞지 않기 때문에 제거되어야 한다.

이들 잘못 끼어 들어간 염기쌍 뉴클레오티드의 제거는 일종의 핵산분해효소에 의해 이루어지는데 이러한 핵산분해효소는 원래 DNA 중합효소와 같은 폴리펩티드 내에서 발견되었다. 이를 **교정 핵산말단분해효소(proofreading exonuclease)**라 부르며 이들은 DNA를 3′ 말단에서부터, 즉 새로 합성되는 DNA 가닥의 신장하는 말단으로부터 제거할 수 있다. [DNA 말단에서만 뉴클레오티드를 제거할 수 있는 핵산분해효소를 **핵산말단분해효소(*exo*nuclease)**라 한다. DNA 가닥의 중간을 자를 수 있는 핵산분해효소를 **핵산내부분해효소(*endo*nuclease)**라 한다.]

처음에는 3′ 핵산말단분해효소가 DNA 중합효소를 이루는 폴리펩티드의 일부라는 것이 납득이 되지 않았다. 왜 DNA 중합효소가 방금 합성한 DNA를 다시 분해시켜야 하는가? 핵산말단분해효소의 역할은 그들이 잘못된 염기쌍을 가진 DNA를 선택적으로 분해시킨다는 사실이 발견된 후에 명확해졌다. 즉, 간혹 잘못된 뉴클레오티드가 프라이머 가닥에 첨가되면 교정 핵산말단분해효소가 이 뉴클레오티드를 프라이머 가닥의 3′ 말단에서부터 제거한다. 잘못 첨가된 뉴클레오티드가 교정되면 DNA 중합효소는 올바른 뉴클레오티드를 첨가할 수 있는 두 번째 기회를 가지게 된다.

DNA 중합효소는 잘못된 염기쌍을 가진 프라이머 바로 뒤에서는 뉴클레오티드를 첨가하는 능력이 떨어지며, 이로써 잘못 짝지어진 뉴클레오티드의 제거가 용이해진다. 잘못 짝지어진 DNA는 손바닥 영역과의 상호작용이 잘 이루어지지 않아 3′-OH 말단과 새로 들어오는 뉴클레오티드의 기하학적 배치가 변화된다. 잘못 짝지어진 dNTP가 중합반응 촉매작용을 감소시키는 것처럼 이렇게 변화된 배치로 인해 뉴클레오티드 첨가 속도는 감소된다. 그러므로 잘못 짝지어진 뉴클레오티드가 첨가되면 새로운 뉴클레오티드의 첨가 속도는 감소하고 핵산말단분해효소 교정의 속도는 빨라진다.

DNA 합성에서처럼 교정 또한 DNA가 중합효소에서 유리되지 않은 상태에서 가능하다(그림 9-11). 중합효소 활성부위에 잘못 결합한 염기쌍이 있을 때, 프라이머:주형 결합체는 불안정해져 결합이 이루어지지 않는 여러 개의 염기쌍이 생긴다. DNA 중합효소 활성부위는 잘못 결합된 주형에 약하게 결합하지만, 핵산말단분해효소 활성부위는 단일가닥 3′ 말단에 대해 10배 더 강한 친화력을 가진다. 그러므로 새로운 짝지어지지 않은 3′ 말단은 중합효소 활성부위로부터 핵산말단분해효소 활성부위로 이동한다. 잘못 결합된 뉴클레오티드는 핵산말단분해효소에 의해 제거된다(추가적으로 한 뉴클레오티드가 더 제거될 수도 있다). 잘못된 염기쌍이 제거되면 올바르게 교정된 프라이머:주형 결합체는 DNA 중합효소의 활성부위로 다시 미끄러져 옮겨가고 DNA 합성은 계속된다.

요약하면 교정 핵산말단분해효소는 자판에서의 "삭제키"처럼 작용하여 가장 최근의 오류만 제거한다. 교정 핵산말단분해효소가 작용함으로써 DNA 합성의 정확도는

a DNA 합성 감소 또는 정지

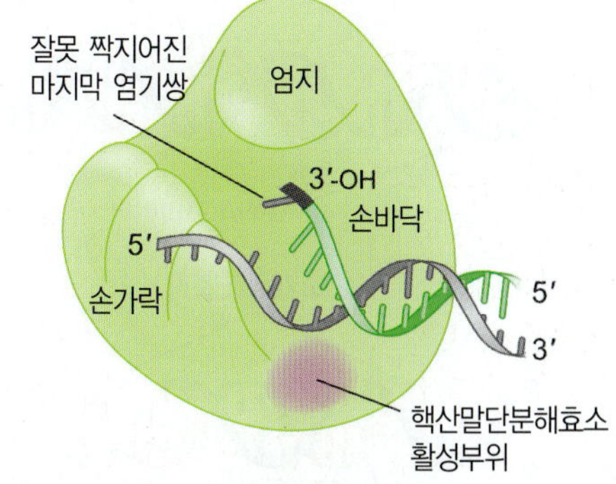

b 잘못 짝지어진 뉴클레오티드 제거

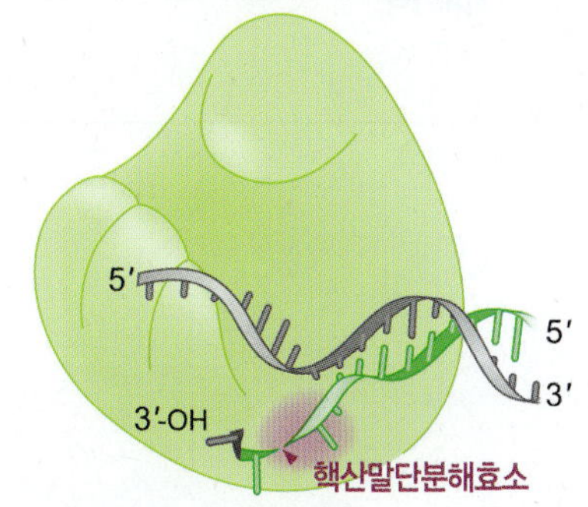

c DNA 합성 재개

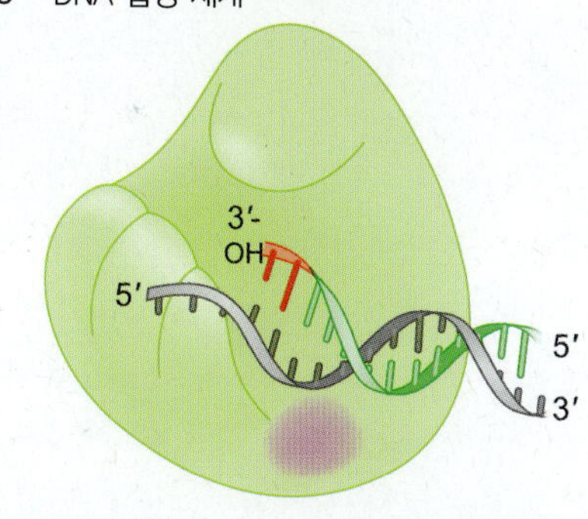

그림 9-11 교정 핵산말단분해효소는 잘못 결합된 DNA의 3′ 말단으로부터 염기를 제거한다 (a) 잘못된 뉴클레오티드가 DNA에 끼어 들어오면 3′-OH의 위치가 잘못되어DNA 합성속도가 떨어진다. (b) 3′ 말단이 잘못 짝지어져 있으면 프라이머의 마지막 3~4개의 뉴클레오티드가 단일가닥이 되어 핵산말단분해효소의 활성부위에 대한 친화성이 증가하게 된다. 일단 활성부위에 결합되면, 잘못 짝지어진 뉴클레오티드(그리고 흔히 부가적인 뉴클레오티드)는 프라이머로부터 제거된다. (c) 잘못 짝지어진 뉴클레오티드가 제거되면, 제대로 염기쌍을 형성한 프라이머:주형 결합체는 재형성되고 중합반응은 재개된다(새로 합성된 DNA는 적색으로 보인다).(Adapted, with permission, from Baker T.A. and Bell S.P. 1998. *Cell* **92:** 295–305, Fig. 1b. © Elsevier.]

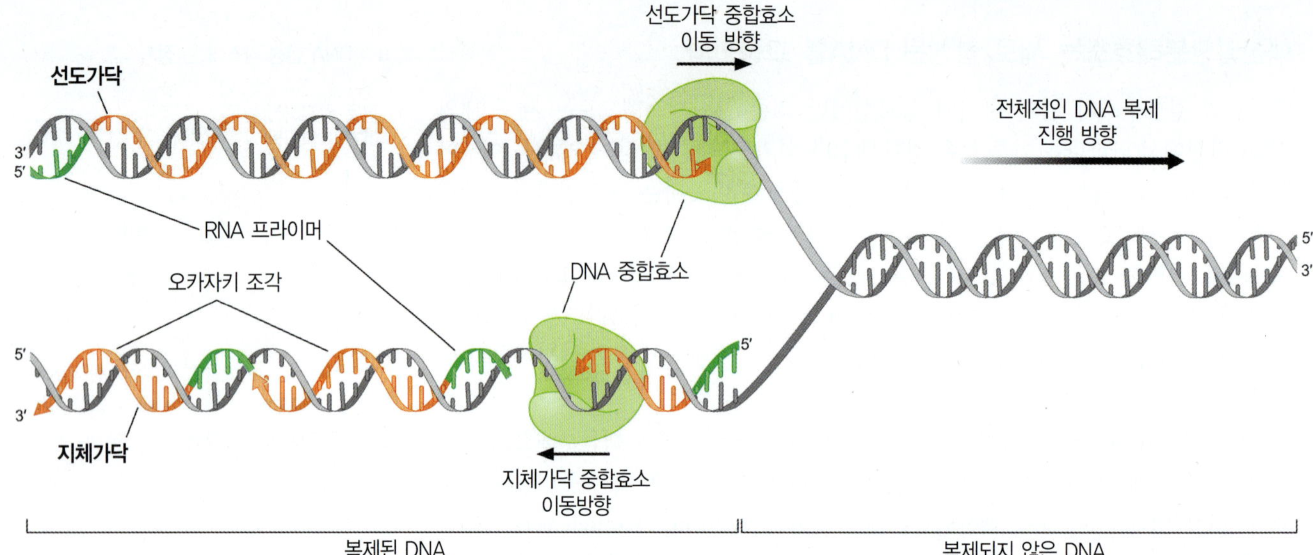

그림 9-12 복제분기점. (빨간색)새로 합성된 DNA는 빨간색으로 RNA프라이머는 녹색으로 표시되어 있다. 나타낸 오카자키 조각들은 도해 편의상 인위적으로 짧게 나타나 있다. 세포 안에서 오카자키 조각들은 생물체에 따라 100~2000개의 염기를 가진다.

크게 높아진다. 평균적으로 DNA 중합효소는 10^5개의 뉴클레오티드가 첨가될 때마다 1개의 잘못된 뉴클레오티드를 삽입한다. 교정 핵산말단분해효소는 잘못 짝지어진 염기가 나타나는 빈도를 10^7 뉴클레오티드당 1개로 줄인다. 이 오류율은 보통 세포에서 관찰되는 실제 돌연변이율(대개 10^{10} 뉴클레오티드당 1개의 오류)보다 여전히 크다. 정확성을 더 높이기 위해서는 9장에 소개될 복제 후 잘못짝지움(mismatch) 수선 기작이 필요하다.

복제분기점

DNA의 두 가닥 모두 복제분기점에서 함께 합성된다

이제까지 우리는 DNA 합성을 비교적 인위적인 상황에서 설명했다. 즉, 프라이머:주형 결합체 차원에서만 다루어서 한 가닥 DNA가 새로 만들어지는 것을 설명했다. 세포 안에서는 DNA 이중가닥의 두 사슬이 동시에 복제된다. 이를 위해서는 DNA 이중나선의 두 가닥이 분리되어 두 개의 주형가닥이 생겨야 한다. 새로 분리된 주형가닥과 복제되지 않은 DNA 이중가닥 사이의 접합점을 **복제분기점(replication fork)**이라 한다(그림 9-12). 이 복제분기점은 아직 복제되지 않은 이중가닥 부위를 향해서 연속적으로 움직이며, 그 뒤로는 두 개의 DNA 이중가닥 생성을 지시하는 두 개의 단일가닥 DNA 주형이 생겨난다.

DNA의 역평행성으로 인해 복제분기점에 존재하는 두 주형이 한꺼번에 복제되는 것이 복잡해진다. DNA는 3′ 말단을 신장시킴으로써만 합성될 수 있기 때문에, 드러난 두 주형 중 한 가닥만 복제분기점의 움직임을 따라 연속적으로 복제될 수 있다. 이 주형가닥에서는 중합효소는 그저 복제분기점을 쫓아가기만 하면 된다. 이 주형에 의해 새로 합성되는 DNA 가닥을 **선도가닥(leading strand)**이라 한다.

나머지 단일가닥 주형에 의해 합성되는 새로운 DNA 가닥은 훨씬 문제가 많다. 이 주형에서는 DNA 중합효소가 복제분기점의 움직임과는 반대 방향으로 움직이게 된다. 이렇게 해서 생기는 새 DNA 가닥을 **지체가닥(lagging strand)**이라 한다. 그림 9-12에서 나타난 것처럼, 이 DNA 가닥은 불연속적으로 합성되어야만 한다.

선도가닥 DNA 중합효소는 주형이 드러나는 즉시 복제를 시작할 수 있지만, 지체가닥의 합성은 복제분기점의 움직임이 상당한 길이의 주형을 노출시킬 때까지 복제를 시작하지 못하고 기다려야 한다. 매번 상당한 길이의 새 지체가닥 주형이 노출되면 DNA 합성이 시작되고 그 이전에 합성된 지체가닥 DNA 조각의 5′ 말단에 이르기까지 계속된다.

이렇게 지체가닥에 생기는 짧은 DNA 조각을 **오카자키 조각(Okazaki fragment)**이라 하며 그 길이는 세균의 경우 1000에서 2000 뉴클레오티드, 진핵생물에서는 100에서 400 뉴클레오티드 정도이다. 합성 후 얼마 지나지 않아 오카자키 조각들은 서로 공유결합으로 연결되어 연속적인 완전한 새 DNA 가닥을 이룬다(아래 참조). 그러므로 오카자키 조각들은 DNA 복제과정에서 일시적인 중간생성물이라 할 수 있다.

새로운 DNA 가닥의 합성이 시작되기 위해서는 RNA 프라이머가 필요하다

위에서 살펴본 것처럼 모든 DNA 중합효소는 유리 3′-OH를 가진 프라이머가 필요하다. DNA 중합효소는 아무것도 없는 상태에서 새로 DNA 가닥 합성을 시작할 수 없다. 새 DNA 가닥의 합성은 어떻게 시작될까? 이를 위해서 세포는 DNA 중합효소는 가지지 못한 RNA 중합효소의 능력, 즉 아무것이 없어도 새로 RNA 사슬 합성을 시작할 수 있는 성질을 이용한다. **프리마아제(primase)**는 특수화된 RNA 중합효소로서, 단일가닥 DNA 주형 위에 짧은 RNA 프라이머(5~10 뉴클레오티드 정도의 길이)를 만드는 역할을 한다. 이 프라이머들은 이어 DNA 중합효소에 의해 신장된다. DNA 중합효소들은 합성 시 단지 데옥시리보뉴클레오티드만을 사용하지만, 합성개시에는 DNA 주형에 결합된 RNA 프라이머나 DNA 프라이머를 모두 이용할 수 있다.

DNA 합성개시를 위해서 선도가닥과 지체가닥 모두 프리마아제를 필요로 하지만, 프리마아제가 두 가닥에 작용하는 빈도는 매우 다르다(그림 9-12). 각 선도가닥은 하나의 RNA 프라이머만 있으면 된다. 이와는 달리 지체가닥은 불연속적 합성이며 이는 각 오카자키 조각마다 새로운 프라이머가 필요함을 의미한다. 하나의 복제분기점으로 수십만 개의 뉴클레오티드들이 프라이머에 부가될 수 있으므로, 지체가닥을 합성하는 데는 수백 개의 오카자키 조각들과 각각에 대한 RNA 프라이머들이 필요하다.

mRNA, rRNA, tRNA의 합성에 필요한 RNA 중합효소들과는 달리(15장 참조) 프리마아제는 RNA 프라이머의 합성을 개시할 때 특정 DNA 서열을 필요로 하지 않는다. 대신 프리마아제는 특정 3량체(대장균 프리마아제의 경우 GTA)를 갖고 있는 ssDNA 주형을 이용하여 RNA 합성을 개시한다. 대장균 유전체 서열분석에서 지연가닥 DNA 합성의 주형이 될 부분에 대장균 프리마아제의 표적서열인 GTA서열이 과도하게 나타난다는 사실은 이를 반증한다.

프리마아제는 복제분기점에서 작용하는 또 다른 단백질인 **DNA 나선효소(DNA helicase)**라 불리는 단백질과 결합할 때 그 활성이 극적으로 증가된다. 이 단백질은 복제분기점에서 DNA를 풀어 프리마아제에 주형으로 작용할 ssDNA를 만든다. DNA 나선효소의 기능은 이후 더 상세히 다룰 것이다. ssDNA 주형과 DNA 나선효소와의 결합이 필요한 것을 볼 때 프리마아제는 복제분기점에서만 활성을 나타낸다는 것이 확실하다.

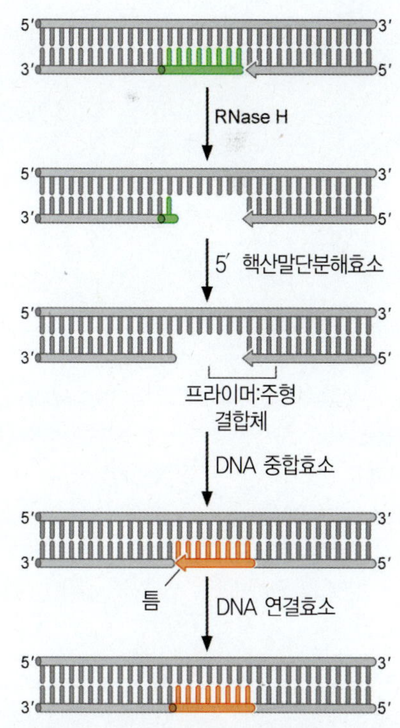

그림 9-13 새로 합성된 DNA로부터 RNA 프라이머 제거하기. RNA 프라이머 제거 시 RNase H, 5′ 핵산말단분해효소, DNA 중합효소, DNA 연결효소의 연속적인 기능이 도해되어 있다. RNA 프라이머를 제거하기 이전의 DNA는 회색, RNA 프라이머는 녹색, RNA 프라이머를 대체한 새로 합성된 DNA는 빨간색으로 나타나 있다.

DNA 복제 완결을 위해서는 RNA 프라이머가 제거되어야 한다

DNA 복제가 완결되려면 개시에 사용된 RNA 프라이머는 제거되고 대신 DNA로 교체되어야 한다(그림 9-13). RNA 프라이머의 제거는 DNA 수선이라고 생각할 수 있고, 이 과정은 10장에서 구체적으로 배우게 될 DNA 절단수선 과정과 많은 공통점을 가진다.

RNA 프라이머를 DNA로 교체하기 위해서는, **RNA 분해효소 H(RNase H)**라는 효소가 각 RNA 프라이머를 인식하여 각 프라이머의 대부분을 제거해야 한다. 이 효소는 DNA와 염기쌍을 이룬 RNA를 특이적으로 분해한다[이 효소 이름의 "*H*" 부분은 바로 RNA:DNA 혼성체(hybrid)를 뜻한다]. RNase H는 DNA 말단에 직접 연결되어 있는 리보뉴클레오티드 이외의 제외한 모든 RNA 프라이머 부위를 제거한다. 이는 RNase H가 리보뉴클레오티드끼리의 결합만을 분해시킬 수 있기 때문이다. 마지막 남은 리보뉴클레오티드는 5′ 말단으로부터 RNA 또는 DNA를 분해시키는 핵산 말단분해효소에 의해 제거된다.

RNA 프라이머의 제거로 이중가닥 DNA에 공간이 생기는데, 이 공간은 DNA 중합효소에게 이상적인 기질, 즉 프라이머:주형 결합체가 된다(그림 9-13). DNA 중합효소는 모든 뉴클레오티드가 염기쌍을 이룰 때까지 이 공간을 메우게 되고, 회복된 가닥 골격의 3′-OH와 5′ 인산 사이에는 틈이 남게 된다. **DNA 연결효소(DNA ligase)**라 불리는 효소는 이 "틈(nick)"을 수리할 수 있다. DNA 연결효소는 고에너지 보조인자(ATP와 같은)를 이용해 이웃한 5′ 인산과 3′-OH 사이의 인산이에스테르 결합을 형성한다. 모든 RNA 프라이머가 DNA로 교체되고, 틈새가 메워지면 DNA 합성은 완결된다.

DNA 헬리카아제는 복제분기점 앞에서 이중나선을 푼다

일반적으로 DNA 중합효소는 염기쌍을 이루고 있는 이중가닥 DNA의 두 가닥을 분리시키지는 못한다. 따라서 복제분기점에는 **DNA 헬리카아제(DNA helicase)**라 불리는 다른 종류의 효소가 있어 이중가닥 DNA를 분리한다. 이 효소는 ssDNA에 결합하여 뉴클레오시드 삼인산(일반적으로 ATP)의 결합과 가수분해에 의해 얻은 에너지

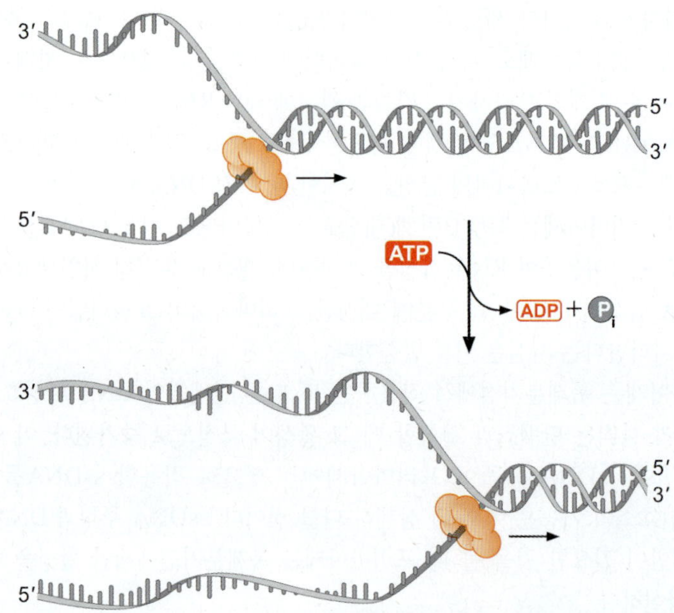

그림 9-14 DNA 헬리카아제는 이중나선의 두 가닥을 분리한다. 단일가닥 DNA에 결합된 DNA 헬리카아제에 ATP가 더해지면 헬리카아제는 단일가닥 DNA 상에서 정해진 극성에 따라 이동한다. 그림의 경우 DNA 헬리카아제는 5′→ 3′의 극성을 띤다. 이 극성은 DNA 헬리카아제가 복제분기점에서 지체가닥 주형에 결합될 것을 의미한다.

를 이용해 방향성을 가지고 움직이며 그 가닥에 결합되어 있는 다른 DNA 가닥을 떼어 낸다. 복제분기점에 작용하는 전형적인 DNA 헬리카아제는 6량체 단백질로서 고리 모양을 하고 있다(그림 9-14). 이 고리 모양의 단백질복합체는 단일가닥:이중가닥 접합점 부근의 복제분기점에서 두 단일가닥 중 한 가닥을 둘러싸고 있다.

DNA 중합효소와 마찬가지로 DNA 헬리카아제 또한 진행성을 가지고 작용한다. 이들은 기질에 결합할 때마다 다수의 DNA 염기쌍을 풀어 준다. 복제분기점에서 고리 모양의 6량체 DNA 헬리카아제는 DNA를 둘러싸고 있기 때문에 높은 진행성을 보여준다. DNA 기질로부터 헬리카아제가 분리되기 위해서는 6량체 단백질 고리가 열려야 하는데 이런 일은 드물다. 대신 헬리카아제는 자신이 둘러싼 DNA 가닥의 말단에 이르렀을 때 해체된다.

물론 효소와 DNA가 이러한 배열을 하려면 DNA 헬리카아제가 DNA 기질에 결합하여야만 한다. 이 문제는 DNA 나선효소가 끼워져 들어갈 DNA에 말단이 없는 원형 염색체일 경우 가장 분명하다. 그러나 선형 염색체에서도 헬리카아제가 거의 항상 내부에서 DNA에 끼워지기 때문에 선형 DNA에서도 DNA의 복제 동안 같은 문제가 존재하게 된다. 그러므로 세포는 DNA 헬리카아제를 DNA 주위에 배치하는 특별한 기작을 가지고 있다(다음의 "DNA 복제개시"를 참조). DNA 복제 관련 단백질들과 DNA 기질 사이의 이러한 위상적(topological) 결합은 진행성을 증가시키는 일반적인 기작이다.

각 DNA 헬리카아제는 ssDNA를 따라서 특정한 방향으로 이동한다. 이를 DNA 헬리카아제의 **극성(polarity)**이라 한다. DNA 헬리카아제는 5′→3′ 혹은 3′→5′ 중 한 극성을 가진다. 이 방향은 분리된 DNA 가닥이 아닌 결합되어 있는 가닥(고리 모양 헬리카아제가 둘러싸고 있는 가닥)을 기준으로 정한다. 복제분기점의 지체가닥 주형에 작용하는 DNA 헬리카아제의 경우 극성은 5′→3′이며 이 방향으로 복제분기점의 이중가닥을 향해서 이동한다(그림 9-14). DNA를 따라 특정 방향으로 이동하는 모든 효소와 마찬가지로 단일가닥 DNA를 따라 이동하기 위해서는 화학에너지의 투입이 있어야 한다. 헬리카아제 경우 이 에너지는 ATP의 가수분해에 의해 얻어진다.

DNA 헬리카아제는 중앙 구멍을 통해 단일가닥 DNA를 끌어당긴다

6량체 DNA 헬리키아제는 DNA를 따라 이동하기 위해 어떻게 ATP 가수분해의 에너지를 사용하는가? 단일가닥 DNA 기질에 결합된 바이러스의 6량체 헬리키아제의 원자구조가 결정됨으로써 이 질문에 대한 답을 얻을 수 있게 되었다. 이 구조에서 ssDNA는 나선효소의 6개 소단위로 둘러싸여져 있다(그림 9-15). 각 소단위는 "머리핀(hairpin)" 단백질 고리를 가지고 있어 DNA 골격의 인산과 이와 이웃하고 있는 두 개의 리보오스와 결합하고 있다. 흥미롭게도 이 DNA 결합 고리들은 오른쪽으로 도는 나선형 계단 형태로 되어 있었고 각각은 ssDNA를 따라 이웃한 인산에 결합되어 있다. 그림 9-15에서 보이는 것처럼 나선계단의 상부는 5′ 말단과, 하부는 3′ 말단과 결합되어 있다.

이 원자구조는 단지 한순간의 단면일 뿐이다. 여섯 개의 서로 다른 소단위는 DNA 이동과정에서 각각 다른 단계에 있다. 여섯 개의 서로 다른 소단위와 DNA, ATP/ADP의 상호작용이 함께 작용하여 이 단백질 머리핀 구조들이 조화롭게 움직이며 나선효소의 중앙 구멍을 통해 ssDNA 가닥을 끌어당기게 된다. 한 소단위가 먼저 이 구조의 맨 윗부분에서 ssDNA 가닥에 결합하고(그림 9-15b) 이 DNA에 결합한 고리가 연속적으로 입체구조가 변하면서 아래로 이동하며 결합한 DNA를 가지고 간

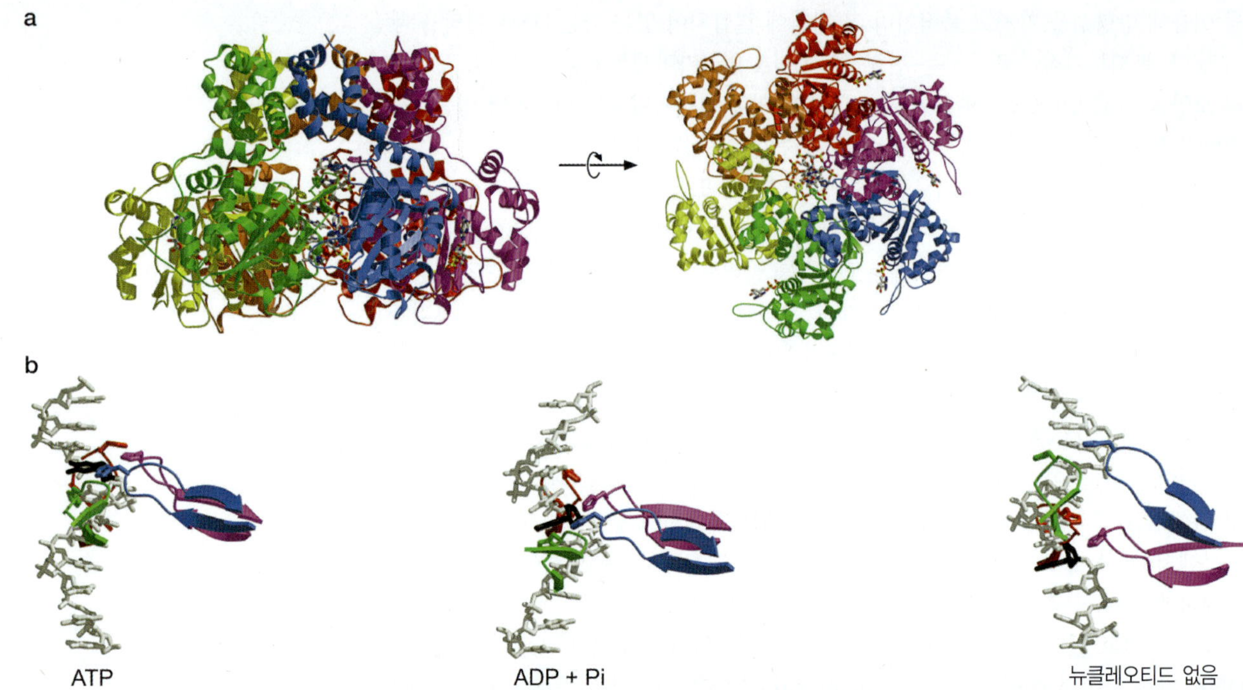

그림 9-15 DNA 헬리카아제의 구조와 제안된 기작. (a) 소의 유두종 바이러스 E1의 6량체 헬리카아제의 전체 구조. 각 소단위는 서로 다른 색으로 나타나 있으며 복합체는 6량체의 중앙 통로를 내려다 봤을 때(오른쪽)와 옆에서 보았을 때(왼쪽)이다. 단백질 소단위는 띠 모양으로, ssDNA는 막대 모양으로 보인다. (b) DNA 결합 머리핀 구조의 이동에 대해 제시된 모식도. 이 모식도에서는 단지 헬리카아제 중앙통로의 ssDNA와 이 DNA에 결합된 머리핀 구조만 보여주고 있다. 이 세 가지 장면은 검은색 뉴클레오티드에 결합된 인산과 상호작용하는 파란색 머리핀이 위(ATP-결합)에서 가운데(ADP-결합)를 거쳐 아래(뉴클레오티드-비결합)로 움직이는 것과 머리핀과 함께 움직이는 ssDNA를 보여준다. ATP의 재결합으로 DNA 결합 고리가 다시 위로 되돌아가 새로운 인산과 결합하게 된다. 서로 다른 색낄을 띤 나머지 다섯 기지 DNA-결합 고리들도 또한 같은 중간체를 거치나 각기 다른 출발 지점과 각기 다른 인산/뉴클레오티드와 결합하며 이동한다는 것을 주목하라. (From Enemark E.J. and Joshua-Tor L. 2006. *Nature* **442:** 270–275. PDB Code: 2GXA. 이미지는 MolScript, BobScript 및 Raster 3D로 나타내었다.)

다. 중요한 것은 이들 입체구조의 각각은 서로 다른 뉴클레오티드와의 결합 상태와 관련되어 있다는 것이다. 윗부분의 입체구조는 ATP-결합 상태이고, 중간 입체구조는 ADP-결합 상태, 아랫부분의 것은 뉴클레오티드와 결합하지 않은 상태이다. 따라서 하나의 소단위 결합, ATP 가수분해, 방출이 진행되면서 위, 중간, 아래의 입체구조로 순환하게 된다. 결국 6개의 손을 가지고 있는 헬리카아제가 한 손씩 순서대로 줄을 끌어당기는 식으로 생각하면 된다.

헬리카아제는 ssDNA를 따라 이동함과 아울러 DNA 풀림이 일어나도록 상보가닥을 또한 제거해야 한다. 6량체 헬리카아제의 중앙 통로의 구조를 통해 DNA가 그 통로를 통과하면서 가닥이 제거됨을 알 수 있다. 통로의 가장 좁은 지점은 그 직경이 13 Å으로 ssDNA가 지나가기에는 충분하나 직경이 20 Å인 이중가닥 DNA에는 너무 좁다.

단일가닥 DNA 결합 단백질은 복제 전에 단일가닥 DNA를 안정시킨다

새로 형성된 단일가닥 DNA는 DNA 헬리카아제가 지나간 후에 DNA 합성 시 주형으로 사용되기 전까지 염기쌍 결합이 없는 상태를 지속해야 한다. 분리된 가닥들을 안

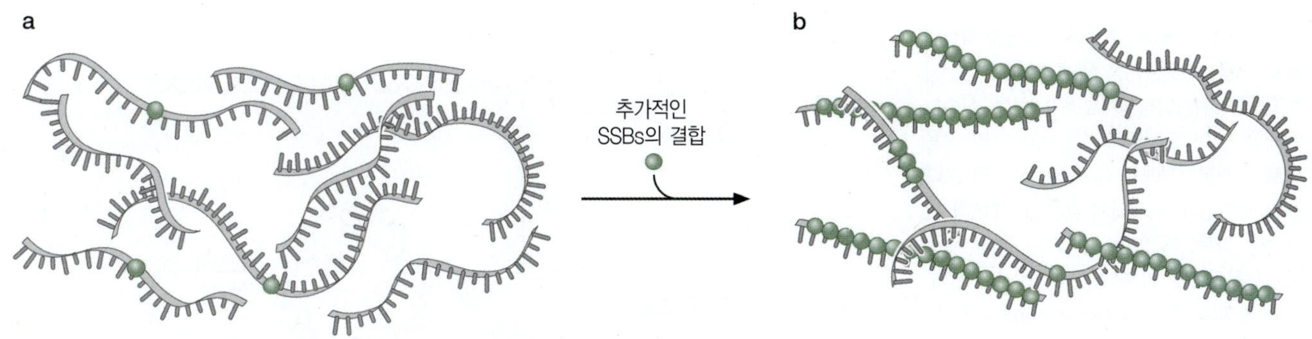

그림 9-16 단일가닥 결합 단백질(SSB)이 DNA에 결합되는 과정. (a) 제한된 양의 SSB가 아홉 개의 ssDNA 분자 중 네 개에 결합한다. (b) 더 많은 SSB가 DNA에 결합할 때, 이전에 결합된 SSB 분자 바로 옆자리를 선호한다. SSB가 이미 결합된 ssDNA 분자를 완전히 덮은 후라야 다른 분자와도 결합하게 된다. ssDNA가 SSB로 덮여졌을 때 분자 내 염기쌍 형성을 방해하는 더 신장된 입체 구조를 가지게 됨을 주목하라.

정시키기 위해서 **단일가닥 DNA 결합 단백질(single stranded DNA binding protein, SSB라고 표시)**이 분리된 가닥에 신속하게 결합한다. 하나의 SSB가 결합하면 또 다른 SSB가 바로 옆 ssDNA에 결합하는 것을 촉진한다(그림 9-16). 이것을 **협동적 결합(cooperative binding)**이라 하며, 바로 옆자리의 ssDNA에 결합된 SSB분자들끼리 서로 결합함으로써 나타난다. 이것은 SSB와 ssDNA 간의 상호작용을 크게 안정시키며, 이렇게 함으로써 한 개 이상의 SSB 분자에 점유된 위치를 빈 위치보다 선호하게 한다.

협동적 결합으로 인해 ssDNA가 DNA 헬리카아제로부터 빠져나오는 즉시 SSB에 의해 신속하게 덮이게 된다(협동적 결합은 많은 DNA 결합 단백질들의 특징이다. 18장, 글상자 18-4, "농도, 친화성, 협동적 결합" 참조). SSB로 덮인 후 ssDNA는 DNA 혹은 RNA 프라이머 합성의 주형으로서의 용도에 맞는 신장된 상태로 유지된다.

SSB는 ssDNA의 서열에 상관없이 상호작용한다. SSB는 기본적으로 인산 주골격과 정전기적 상호작용, 그리고 DNA 염기와의 중첩 상호작용을 통해서 단일가닥 DNA에 접한다. 서열 특이적 DNA 결합 단백질들과는 달리 SSB는 ssDNA 염기와 약간의 수소결합을 한다.

위상이성질체효소는 복제분기점에서 DNA 이중나선이 풀어지면서 생기는 초나선을 풀어준다

복제분기점에서 DNA 두 가닥이 풀릴 때 분기점 바로 앞의 이중가닥 DNA는 점점 양성 초나선을 이루게 된다(그림 9-17). 이러한 초나선은 DNA 헬리카아제가 두 가닥 사이의 염기쌍을 제거한 결과로 축적된다. 만약 DNA 가닥이 끊어지지 않은 상태로 유지되면 DNA 이중가닥을 풀기 위한 고리 수(linking number; DNA 두 가닥이 서로 감긴 횟수)의 감소는 있을 수 없다(4장 참조). 따라서 DNA 헬리카아제가 진행함에 따라 DNA는 점점 적어지는 염기쌍 내에 똑같은 고리 수를 가져야 한다. 실제로 동일한 초나선 정도를 유지하기 위해서는 약 10개의 DNA 염기쌍이 풀릴 때마다 하나의 DNA 꼬임이 제거되어야 한다. 만일 초나선의 축적을 완화하는 기작이 없다면 복제기구는 증가하는 압력 때문에 멈추게 될 것이다.

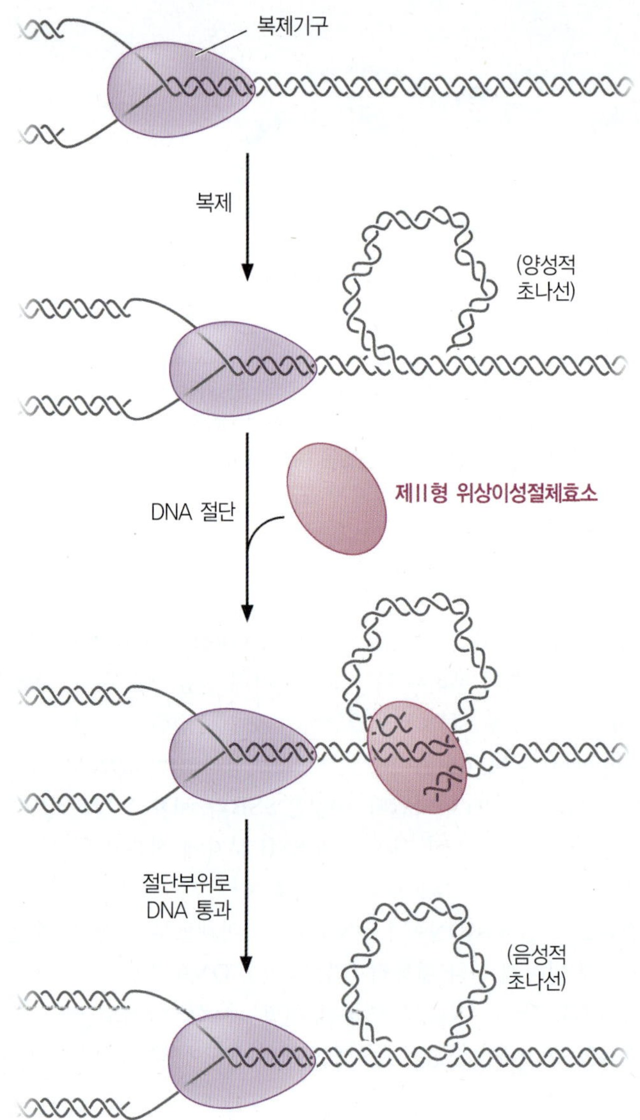

그림 9-17 복제분기점에서 위상이성질체효소 작용. 복제분기점 앞에 양성 초나선이 축적되면 위상이성질체효소가 이를 신속히 제거한다. 이 모식도에서는 Topo II의 작용으로 복제분기점에서 생겨나는 양성적 초나선이 제거된다. 복제되지 않은 dsDNA의 한 부분을 가까이에 있는 이중가닥 절단부위로 통과시킴으로써 양성적 초나선은 제거된다. 이런 변화는 고리 수(linking number)를 두 개 낮춤으로써 20 bp가 복제될 때마다 한 번 정도 나타나게 되는 것이 주목할 만하다. 여기에서는 II형 위상이성질체효소의 작용만 나와 있지만 I형 위상이성질체효소 또한 복제분기점에 의해 생긴 양성 초나선을 제거할 수 있다. 복제분기점 앞의 양성 초나선 꼬임은 오른쪽으로 꼬인 도넛형 뒤틀림을 하고 있음을 주목하라(한 번의 회전은 양성적 뒤틀림 +1에 해당). 한 이중가닥 DNA 분자가 뒤틀린 곳에서 다른 것을 통과하면 왼쪽으로 꼬인 도넛형 뒤틀림이 생긴다(뒤틀림 −1에 해당). 이는 II형 위상이성질체효소에 의해 고리 수가 어떻게 두 개 만큼 적어지는가를 설명해 준다(DNA 위상학과 뒤틀림에 대해 더 알고 싶으면 4장의 DNA 위상학 내용과 8장의 상자 8-2를 참조하라).

이러한 문제는 원형의 세균 염색체에서 명확히 나타나지만, 이것은 진핵생물의 염색체에서도 똑같이 나타난다. 진핵세포 염색체는 닫혀진 원형구조가 아니기 때문에 원칙적으로는 길이를 따라 회전함으로써 생겨난 초나선이 제거될 수 있다. 그러나 실제로는 그렇지 않은데, 수백만 염기쌍이나 되는 길이의 DNA 분자를 나선이 풀릴 때마다 회전시킨다는 것은 불가능하다.

DNA 헬리카아제의 작용으로 생긴 초나선은 복제분기점 앞에 있는 아직 복제되지 않은 DNA 이중나선에 작용하는 **위상이성질체효소(topoisomerase)**에 의해 제거된다(그림 9-17). 이 효소는 DNA에서 분리되지 않은 상태로 DNA의 한 가닥 혹은 두 가닥을 절단시킨 후 절단된 틈 사이로 같은 수의 가닥을 통과시킨다(4장에서 배운 내용). 이 작용은 초나선의 축적을 막아준다. 이런 방식으로 위상이성질체효소는 복제분기점 앞에서 양성적 초나선의 축적을 막는 "회전고리효소(swivelase)" 역할을 한다.

복제분기점 효소는 DNA 중합효소 기질의 범위를 넓힌다

DNA 중합효소 자체로는 ssDNA 주형에 결합된 3′-OH 프라이머만을 효과적으로 신장시킬 수 있다. 프리마아제, DNA 헬리카아제, 위상이성질체효소가 추가됨으로써

표 9-1 복제분기점에서 기능하는 효소

	대장균	땅효모	인간
프리마아제	DnaG	프리마아제(PRI 1/PRI 2)	프리마아제
DNA 헬리카아제	DnaB	Mcm2-7 복합체	Mcm2-7 복합체
SSB	SSB	RPA	RPA
위상이성질체효소	Topo I, 지라아제	Topo I, II	Topo I, II

DNA 중합효소가 작용할 수 있는 기질의 종류는 크게 늘어난다. 프리마아제는 어떤 ssDNA 상에서도 새 DNA 가닥의 합성을 시작할 수 있는 능력을 제공해 준다. 물론 프리마아제를 사용하게 되면 복제가 완결될 때 RNA 프라이머가 제거되어야 한다. 마찬가지로 DNA 헬리카아제가 DNA 가닥들을 분리하고 위상이성질체효소가 양성적 초나선을 제거하면 DNA 중합효소는 dsDNA를 복제하게 된다. 이 단백질의 이름은 각 생물마다 다를 수 있지만(표 9-1), 염색체 DNA의 복제를 위한 효소 활성은 세균, 효모, 인간 등 다양한 생물에서 모두 같다.

DNA 헬리카아제와 위상이성질체효소 둘 다 DNA 화학구조를 영구적으로 변화시키지 않고, 또한 어떤 새로운 분자의 합성도 없이 자신들의 기능을 수행할 수 있다는 사실은 주목할 만하다. DNA 헬리카아제는 어떤 공유결합의 파괴도 없이 DNA 두 가닥 사이의 수소결합만을 깬다. 위상이성질체효소는 하나 혹은 두 개의 표적 DNA 공유결합을 깨지만 DNA에서 떨어져 나가기 전에 깨어졌던 결합은 정확히 재형성된다(4장, 그림 4-25 참조). 이 효소들은 DNA의 화학적 구조는 바꾸지 않고 대신 DNA 분자의 입체구조를 바꿔놓는다. 이러한 입체구조의 변화는 거대한 dsDNA 분자를 복제하는 데 필수적이며 이는 세균과 진핵생물 염색체 모두에서 기본이 된다.

복제분기점에서 작용하는 단백질들은 DNA와 강하게, 그러나 DNA 서열에는 상관없이 상호작용을 한다. 이 상호작용은 특정 염기쌍과는 관계없는 일반적인 DNA의 특징들, 즉 음전하와 인산골격의 구조(예, DNA 중합효소의 엄지영역), 작은홈에서 수소결합하는 잔기들(예, DNA 중합효소의 손바닥 영역), 염기 간의 소수성 집적(예, SSB) 등을 이용한다. 이외에도 이들 단백질 중 다수가 DNA를 완전히 감싸거나(예, DNA 헬리카아제) 둘러싸(예, DNA 중합효소) DNA와 결합 상태를 유지하기에 적합한 구조를 가진다.

DNA 중합효소의 특수화

DNA 중합효소는 세포 내에서 다른 역할을 위해 특수화된다

유전체를 효율적이고 정확하게 복제하는데 중심적인 역할을 하는 DNA 중합효소는 세포 내에 특수화된 많은 DNA 중합효소를 발달시켜 왔다. 예를 들어, 대장균(*E. coli*)은 적어도 다섯 종류의 DNA 중합효소를 가지고 있는데, 이들은 효소의 성질, 소단위의 구성 및 수에 의해 구별된다(표 9-2). **DNA 중합효소 III**(DNA Pol III)는 염색체를 복제하는 주효소이다. 전체 4.6 Mb 크기의 대장균 유전체는 2개의 복제분기점에 의해 복제되기 때문에 DNA 중합효소 III은 매우 큰 진행성을 가져야 한다. 이러한 요구에 부합하기 위해 DNA 중합효소 III은 일반적으로 매우 높은 진행성을 가지는 커다란 복합체, 즉 **DNA 중합효소 III 완전효소(DNA Pol III holoenzyme)**를 형성하게 된다.

표 9-2 다양한 DNA 중합효소의 활성과 기능

	소단위체 수	기능
원핵생물(대장균)		
Pol I	1	RNA 프라이머 제거, DNA 수선
Pol II (Din A)	1	DNA 수선
Pol III core	3	염색체 복제
Pol III 완전효소	9	염색체 복제
Pol IV (Din B)	1	DNA 수선, 손상통과합성(translesion synthesis, TLS)
Pol V (UmuC, UmuD′$_2$C)	3	TLS
진핵생물		
Pol α	4	DNA 복제 시 프라이머 합성
Pol β	1	염기 절제 수선
Pol γ	3	미토콘드리아 DNA 복제 및 수선
Pol δ	2~3	지체가닥 DNA 합성; 뉴클레오티드 및 염기 절제 수선
Pol ε	4	지체가닥 DNA 합성; 뉴클레오티드 및 염기 절제 수선
Pol θ	1	교차연결의 DNA 수선
Pol ζ	1	TLS
Pol λ	1	감수분열 관련 DNA 수선
Pol μ	1	체세포 과돌연변이
Pol κ	1	TLS
Pol η	1	*cis-syn* 사이클론부탄 2량체 부위의 정확한 TLS
Pol ι	1	TLS, 체세포 과돌연변이
Rev1	1	TLS

Data from Sutton M.D. and Walker G.C. 2001. *Proc. Natl. Acad Sci.* **98:** 8342–8349, and references therein.

이와는 달리, **DNA 중합효소 I**(DNA Pol I)는 DNA 합성개시에 사용되는 RNA 프라이머를 제거하기 위해 특수화되어 있다. 이 DNA 중합효소는 5′ 핵산말단분해효소의 기능을 갖는데 이것이 DNA 합성 부위의 바로 앞에 있는 RNA 또는 DNA를 제거해 준다. DNA Pol III와 다르게 DNA Pol I은 높은 진행성을 가지고 있지 않아서, 한번 결합하여 20~100개 정도의 뉴클레오티드만을 첨가시킨다. 이러한 성질은 효과적으로 RNA 프라이머를 제거하고, 그 결과 생기는 ssDNA 공간 부분을 합성하는 데 이상적이다. DNA Pol I의 5′ 핵산말단분해효소는 RNase H(그림 9-13)가 분해하지 못하는 RNA-DNA 결합체를 제거하는 기능이 있다. DNA Pol I의 낮은 진행성으로 인해 RNA 프라이머에 의해 차지되었던 짧은 부위(10 뉴클레오티드 미만)가 용이하게 합성된다. RNA에 의해 합성이 개시되었던 DNA가 분해되고 재합성되는 일이 있기 전에 유리된다. 결국 DNA Pol I이 그 기능을 완수하고 나면 DNA에 연결되지 않은 틈만이 남는다.

DNA Pol I과 DNA Pol III은 둘 다 DNA 복제에 필요하기 때문에 이 효소들은 매우 정확해야 한다. 그러므로 두 단백질은 모두 교정 기능을 수행하는 핵산말단분해효소를 가진다. 대장균에 있는 나머지 3가지 DNA 중합효소는 DNA 회복 기능을 위해 특수화되어 있으며 교정 능력은 없다. 이러한 효소들은 10장에서 논의하도록 하자.

진핵생물 역시 다양한 DNA 중합효소를 가지고 있는데 전형적인 세포는 15개 이상의 DNA 중합효소를 가지고 있다. 이 중 DNA Pol δ, DNA Pol ε, DNA Pol α/프리마아제 등의 3가지 중합효소는 유전체 복제에 필수적이다. 이들 진핵 DNA 중합효소 각각은 여러 개의 소단위로 구성된다(표 9-2 참조). DNA Pol α/프리마아제는 새

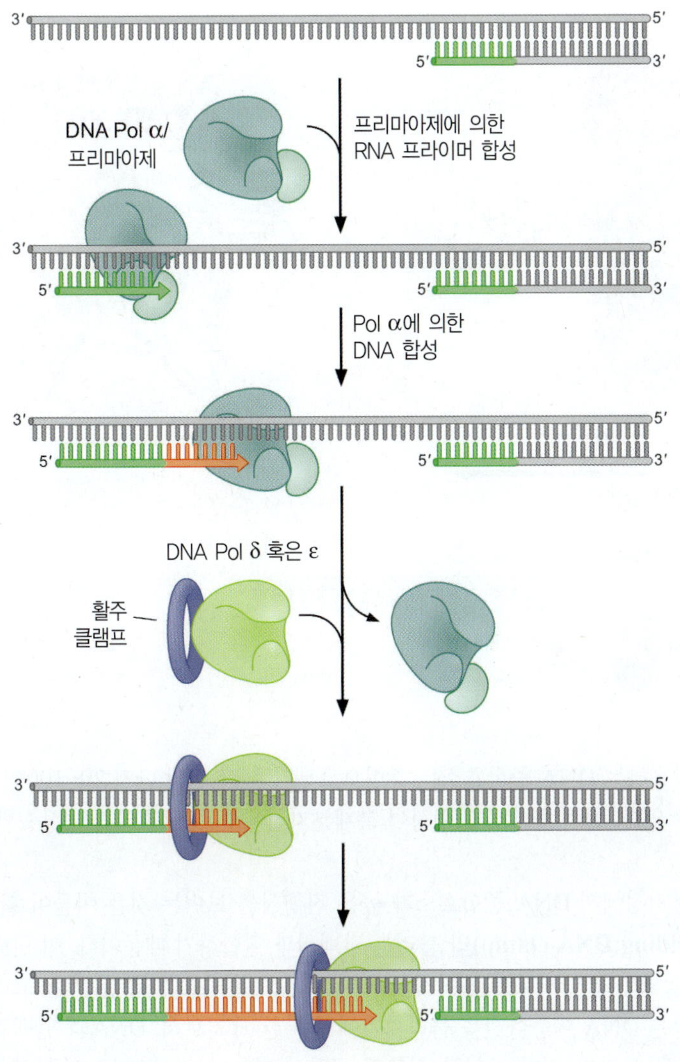

그림 9-18 진핵세포 DNA 복제 동안 DNA 중합효소의 전환. 진핵세포 DNA 중합효소 기능의 작용 순서가 예시되어 있다. 편의상 합성된 DNA의 길이는 실제보다 짧게 나타내었다. 전형적으로, 결합된 DNA Pol α/프리마아제 생성물은 50~100 bp 범위 내이며, Pol ε 혹은 Pol δ에 의해 100~10,000 뉴클레오티드 더 신장된다. DNA Pol δ와 ε은 모두 DNA Pol α/프리마아제를 대치할 수 있지만, 최근 연구 결과 DNA Pol ε은 선도가닥 주형에서, DNA Pol δ는 지체가닥 주형에서 작용함이 알려졌다.

로운 DNA 가닥의 합성개시에 특별히 관여한다. 이 4개의 소단위로 구성된 단백질 복합체 중 2개의 소단위는 DNA Pol α이고 2개의 소단위는 프리마아제이다. 프리마아제가 RNA 프라이머를 합성하면 RNA 프라이머:주형 결합체는 DNA Pol α에 넘겨져 DNA 합성이 개시된다.

DNA Pol α/프리마아제는 비교적 진행성이 낮기 때문에 진행성이 매우 높은 DNA Pol δ 혹은 DNA Pol ε에 의해 빠르게 대체된다. DNA Pol α/프리마아제가 DNA Pol δ 혹은 DNA Pol ε에 의해 대체되는 과정을 **중합효소 교체(polymerase switching**, 그림 9-18)라고 하며, 그 결과 3개의 다른 DNA 중합효소가 진핵생물의 복제분기점에서 기능을 하게 된다. DNA Pol δ와 ε는 복제분기점에서 서로 다른 가닥을 합성하며, DNA pol ε는 선도가닥을, DNA Pol δ는 지체가닥을 합성하도록 특수화되어 있다. 세균세포에서와 같이 나머지 진핵생물의 DNA 중합효소 대부분은 DNA 수선에 관여한다.

활주 클램프는 DNA 중합효소의 진행성을 크게 증가시킨다

복제분기점에서 진행성이 높으면 염색체의 복제는 신속히 이루어진다. 앞에서 언급한 대로 복제분기점에서 DNA 중합효소는 주형으로부터 분리됨이 없이 수천~수백만 개의 염기쌍을 첨가한다. 그럼에도 불구하고 다른 단백질들이 없는 경우에는 복제분기

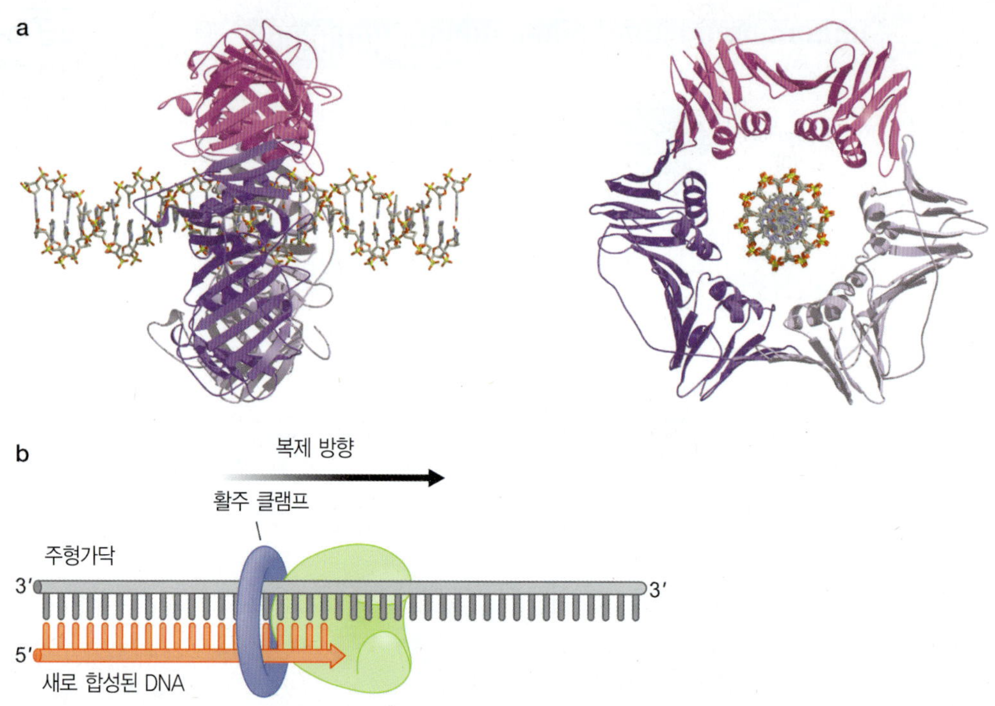

그림 9-19 활주 DNA 클램프의 구조. (a) DNA와 결합되어 있는 활주 DNA 클램프의 3차원적 구조. 활주 클램프의 중앙 통로는 직경이 35 Å이고 DNA 이중나선의 폭은 약 20 Å이다. 이러한 구조는 활주 클램프와 DNA 사이에 1~2개의 물 분자로 된 얇은 층을 형성하기에 충분한 공간을 준다. 따라서 활주 클램프가 DNA를 따라 미끄러져 이동하는 것이 용이하다(Adapted from Krishna T.S., Kong X.P, Gray S., Burger, P.M., and Kuriyan J. 1994. *Cell* **79:** 1233–1243.)] 이미지는 MolScript, BobScript 및 Raster 3D로 나타내었다. (b) 활주 DNA 클램프는 DNA 중합효소에 의해 새로 복제된 DNA를 둘러싼다. 활주 클램프는 새로 합성되어 나오는 DNA에 가장 가까이 있는 DNA 중합효소의 한 부분과 상호작용한다.

점에서 작용하는 DNA 중합효소는 주형으로부터 분리 전에 단지 20~100염기쌍만을 첨가할 수 있다. 이런 효소의 진행성이 복제분기점에서 어떻게 급격히 상승할 수 있을까?

복제분기점에서 DNA 중합효소가 높은 진행성을 보이는 것은 이들이 **활주 DNA 클램프(sliding DNA clamp)**라 불리는 단백질과 결합하기 때문이다. 이 단백질은 여러 개의 동일한 소단위로 이루어져 있으며 그 모양은 "도넛"을 닮았다. 고리 가운데 뚫린 구멍은 DNA 이중나선을 둘러싸기에 충분한 크기로서, DNA와 단백질 사이에 1~2개의 물 분자가 끼어 들어갈 정도의 공간이 남는다(그림 9-19a). 이런 특징들로 인해 클램프 단백질은 DNA와 분리됨이 없이 DNA를 따라 미끄러져 나간다. 중요한 것은 활주 DNA 클램프는 프라이머:주형 결합체에 결합된 DNA 중합효소에 또한 단단히 결합한다(그림 9-19b). 이 중합효소와 활주 클램프 복합체는 DNA 합성 동안 내내 DNA를 따라 효과적으로 이동한다.

활주 클램프와의 결합으로 DNA 중합효소의 진행성은 어떻게 변화되는가? 활주 클램프가 없다면 DNA 중합효소는 평균 20~100개의 염기쌍을 합성할 때마다 주형 DNA로부터 떨어져 나가 확산하게 된다. 활주 클램프가 존재할 때도 DNA 중합효소의 활성부위가 DNA의 3′-OH 말단 부위로부터 빈번하게 떨어져 나가지만, DNA 중합효소가 활주 클램프에 결합되어 있기 때문에 DNA로부터 멀리 확산되어 나가지는 않게 된다(그림 9-20). 활주 클램프는 DNA 중합효소를 DNA에 근접하게 유지시킴으로써 DNA 중합효소가 동일한 프라이머:주형 결합체에 신속히 재결합할 수 있게 하며, 따라서 DNA 중합효소의 진행성은 크게 증가하게 된다.

일단 ssDNA 주형이 완전히 복제되면 DNA 중합효소는 DNA로부터 떨어져 나오고, 활주 클램프는 새로운 프라이머:주형 결합체에 작용하게 된다. 이러한 분리는 결합된 DNA 중합효소와 활주 클램프 사이의 친화성이 결합된 DNA에 의존적으로 변화하기 때문에 일어난다. 프라이머:주형 결합체에 결합한 DNA 중합효소는 클램프에 대해 높은 친화성을 가진다. 이와는 달리 DNA 중합효소가 단일가닥 DNA 끝에 다다

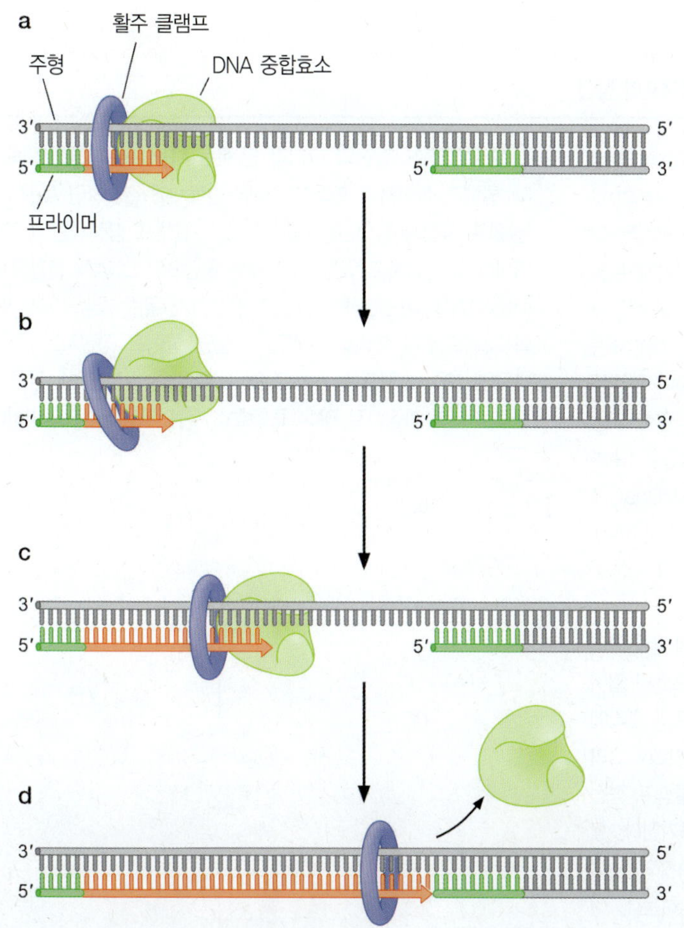

그림 9-20 **활주 DNA 클램프는 결합된 DNA 중합효소의 진행성을 증가시킨다.** (a) 활주 DNA 클램프는 DNA를 둘러 싸는 동시에 DNA 중합효소와 결합한다. (b) DNA 중합효소는 비교적 낮은 진행성 때문에 프라이머:주형 결합체로부터 빈번히 떨어져 나오지만 중합효소와 활주 클램프가 결합하면 DNA로부터의 이탈이 방지된다. (c) DNA 중합효소와 활주 클램프가 결합하면 DNA 중합효소가 프라이머:주형 결합체에 다시 결합하게 되고 DNA 합성은 재개된다. (d) DNA 중합효소가 주형의 합성을 마치면 프라이머:주형 결합체가 없으므로 DNA 중합효소는 활주 클램프에서 떨어져 나오게 된다.

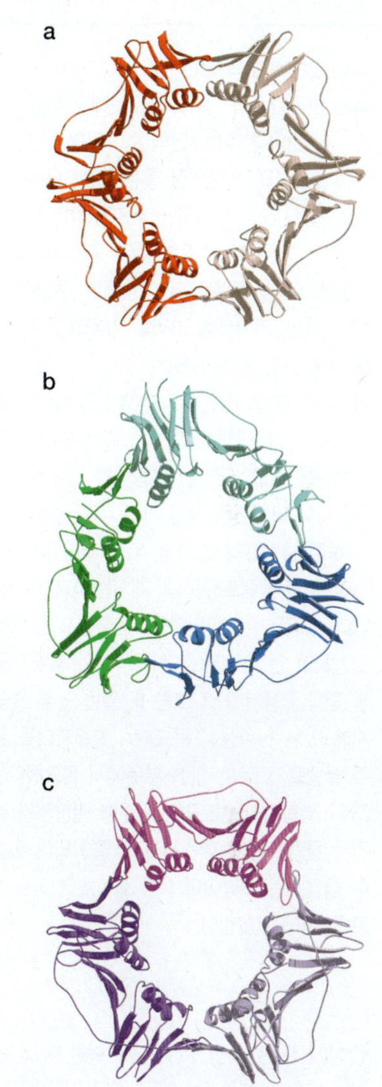

그림 9-21 **서로 다른 생물체로부터 분리된 활주 클램프의 3차원 구조.** 활주 DNA 클램프는 모든 생물체에서 발견되며 비슷한 구조를 가지고 있다. (a) 대장균의 활주 DNA 클램프는 2분자의 β 단백질로 구성되어 있다. (Adapted from Kong X. P. et al. 1992. *Cell* **69**: 425-437). (b) T4 파지의 활주 DNA 고리는 gp45 단백질의 3량체로 구성된다. (Adapted from Moarefil. et al. 2002. *J Mol. Biol.* **296**: 1215-1223.) (c) 진핵생물의 활주 DNA 고리는 PCNA 단백질의 3량체이다(Adapted from Krishna T.S. et al. 1994. *Cell* **79**: 1233-1243. 이미지는 MolScript, BobScript 및 Raster 3D로 나타내었다.)

르면(예를 들어, 오카자키 조각 끝부분), 활성부위에 dsDNA가 존재하면 중합효소의 입체구조가 변하여 중합효소의 활주 클램프와 DNA에 대한 친화성이 감소하게 된다(그림 9-20). 그러므로 DNA 중합효소가 DNA 조각을 완전히 복제하면 활주 클램프로부터 떨어져 나오게 되고 새로운 프라이머:주형 결합체에 작용하게 된다.

일단 DNA 중합효소로부터 떨어져 나오게 된 활주 클램프는 복제된 DNA로부터 바로 제거되지는 않는다. 대신에 새로 DNA가 합성된 부위에서 기능해야 하는 다른 단백질이 클램프 단백질과 상호작용한다. 8장에서 기술한 바와 같이 진핵세포에서 염색질 조립에 필요한 효소들은 진핵 활주 DNA 클램프(PCNA라 불림)와의 상호작용에 의해 DNA 복제 부위에 모여든다. 비슷하게 오카자키 조각의 회복에 관여하는 진핵생물 단백질 또한 활주 클램프 단백질과 상호작용한다. 두 경우 모두, 이들 단백질은 활주 클램프와의 상호작용에 의해 그들이 가장 요구되는 새로운 DNA 합성 부위에 축적되게 된다.

활주 클램프 단백질은 바이러스, 세균, 효모, 인간 등, 다양한 생물체의 DNA 복제 장치 중 매우 잘 보존되어 있는 부분이다. 이들의 기능이 보존적인 것과 마찬가지로 이

▶ 고급개념

글상자 9-3 단백질 기능에 있어서 ATP의 활용: 활주 클램프의 장전

DNA 활주클램프 장전자를 구성하는 다섯 개의 소단위는 AAA⁺라 불리는 연관된 ATP 결합, 가수분해 자리를 가지는 큰 단백질 부류의 모든 구성원이다. 이들 단백질이 모여 다중 AAA⁺ 단백질 중합체를 이루며 이는 표적 단백질 혹은 표적 DNA의 구조를 변화시키기 위해 ATP 결합, 가수분해의 에너지를 이용한다. DNA 활주클램프 장전자는 여러 다른 AAA⁺ 단백질로 구성되나 다른 AAA⁺ 단백질 복합체는 동일한 AAA⁺ 단백질의 다중체로 구성된다. AAA⁺ 단백질이 연관된 ATP 결합, 가수분해 자리를 가지고 있지만 이들은 또한 다양한 기능을 수행한다. 활주클램프를 장전하는 것 외에도 AAA⁺ 단백질은 DNA를 풀고, DNA 주위에 나선효소를 장전하고(예로써 ORC와 DnaC에서처럼, 이에 대해서는 DNA 복제개시를 설명할 때 보게 될 것이다.), 단백질을 풀고, 단백질 복합체를 해체하기도 한다. 참으로 그 기능이 다양하여 다양한 활성을 가진 ATPase라고 이름하게 된다.

활주 클램프의 장전과 ATP 결합 및 가수분해는 어떻게 연관되어 일어날까? 클램프 장전의 개시는 ATP가 장전자에 결합함으로써 일어난다. ATP가 결합되었을 때 클램프 장전자는 활주 클램프의 고리에 결합하여 한 소단위:소단위 사이의 경계면을 떨어지게 함으로써 고리를 연다(글상자 9-3 그림 1). 열린 활주 클램프의 고리는 클램프 장전자에 있는 친화성이 큰 DNA 결합자리를 통해 DNA로 옮겨진다. 활주 클램프가 DNA 합성 부위에서 필요하다는 사실에 잘 부합되게, 이 DNA 결합자리는 프라이머:주형 결합체를 특이적으로 인식하는데, 이것은 클램프 장전자가 ATP와 결합되어 있을 때만 가능하다. 열린 활주 클램프는 프라이머:주형 결합체의 이중가닥 부위를 둘러싸는 식으로 DNA에 결합한다.

활주 클램프 장전의 마지막 단계는 ATP 가수분해에 의해 촉진된다. 클램프 장전자가 프라이머:주형 결합체에 결합하면 ATP 가수분해(클램프 장전자에 의한)가 활성화된다. 클램프 장전자는 ATP(ADP는 아니다)와 결합하고 있을 때만 활주 클램프와 DNA에 결합할 수 있기 때문에 ATP 가수분해는 클램프 장전자가 활주 클램프에서 떨어져나와 DNA로부터 분리되게 만든다. 일단 클램프 장전자로부터 떨어져 나오면 활주 클램프는 스스로 DNA 주위를 둘러싼 채 닫히게 된다. 결국 이러한 과정으로 DNA 중합효소 작용 부위, 즉 프라이머:주형 결

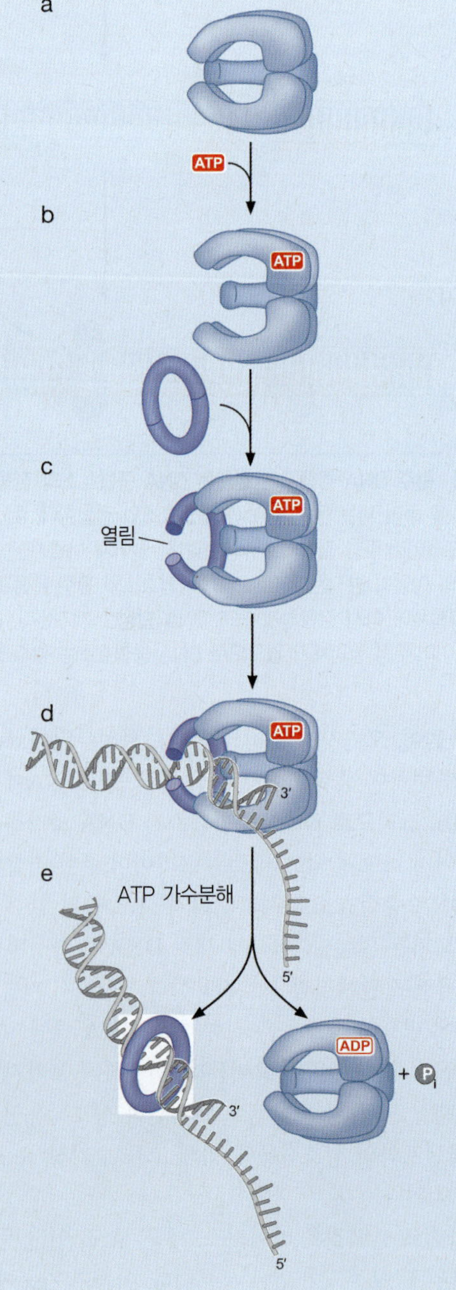

글상자 9-3 그림 1 ATP에 의한 DNA 활주 클램프 장전 조절. (a) 활주 클램프 장전자는 ATP 결합과 가수분해에 의해 활성이 조절되는 5개의 소단위 단백질 복합체이다. 대장균에서는 고리 장전자를 γ-복합체라 부르고, 진핵세포에서는 복제 인자 C(RF-C)라고 한다. (b) 활주 클램프의 열림반응을 촉매하기 위해서는 클램프 장전자가 ATP에 결합되어야 한다. (c) 일단 ATP와 결합하면 클램프 장전자는 클램프와 결합해 소단위체: 소단위체 경계면 중 하나를 연다. (d) 생성된 복합체는 이제 DNA와 결합할 수 있다. DNA와의 결합은 클램프 장전자에 의해 매개되며 클램프 장전자는 먼저 프라이머: 주형 결합체에 결합한다. DNA와 제대로 결합하면 2가지의 결과가 생긴다. 첫째, dsDNA가 클램프의 "구멍" 안에 들어오도록 열린 활주 클램프가 자리잡게 된다. 둘째, DNA 결합은 클램프 장전자에 의한 ATP 가수분해를 촉진한다. (e) ATP에 결합된 클램프 장전자만이 클램프와 DNA에 결합할 수 있기 때문에, ADP와 결합된 클램프 장전자는 클램프와 DNA에서 신속히 떨어져 나가고 닫혀진 클램프는 프라이머:주형 결합체의 dsDNA 부분을 둘러싸게 된다. (Adapted, with permission, from O′Donnell M. et al. 2001. *Current Biology* **11:** R935–R946, Fig 5. © Elsevier.)

글상자 9-3 (계속)

합체에 활주 클램프가 장전되게 된다. ADP와 Pi가 떨어져 나오고 새로운 ATP가 결합하면 클램프 장전자는 새로운 장전 주기를 시작한다.

클램프 장전자의 기능을 살펴보면서 어떤 분자적 과정과 ATP의 결합 및 가수분해가 연계되어 일어나는 일반적인 특징들을 보게 된다. 단백질에 ATP가 결합하는 것은 전형적으로 사건의 **조립 단계(assembly stage),** 즉 단백질과 표적 분자의 결합 단계이다. 예를 들면, 클램프 장전자의 표적 분자는 활주 클램프와 프라이머:주형 결합체 두 종류인데, 클램프 장전자가 이들 표적에 결합하려면 ATP가 필요하다. 비슷하게, ATP 결합은 DNA 헬리카아제가 ssDNA에 결합하는 것을 촉진한다. 두 경우 모두 ATP 결합과 연결되어 있는 사건은 그 주기의 작동기로 생각할 수 있다. 클램프 장전자에 있어서 활주 클램프 고리를 열기 위해서는 ATP와의 결합은 필요하나 ATP 가수분해는 필요치 않다. DNA 헬리카아제에 경우에는, ssDNA와의 결합이 DNA를 푸는 핵심적인 과정인 것 같다. 이러한 경우들에서 ATP와의 결합은 효소가 기질과의 상호작용을 하기에 유리한 입체구조를 갖도록 안정화시켜준다.

ATP 가수분해의 역할은 무엇인가? ATP의 가수분해는 전형적으로 **해체 단계(disassembly stage),** 즉 결합되었던 표적물들이 효소로부터 떨어져 나가는 단계이다. 일단 ATP 결합에 의해 안정화된 복합체가 형성되었으면 그것은 반드시 분해되어야 한다. 이것은 단순한 해체단계에 의해서도 일어날 수 있다. 하지만 구성 성분들은 대개 처음의 상태로 되돌려지는데(예를 들어 용액 내에 유리된 활주 클램프) ATP로 안정화된 복합체가 강하게 결합되어 있다면 이 과정은 느리게 일어나게 된다. 해체 단계가 적절한 시기, 장소, 속도로 일어나도록 하기 위해서 해체를 개시할 때 ATP 가수분해가 이용된다. 예를 들어, ATP 가수분해로 클램프 장전자는 활주 클램프 및 DNA와 결합할 수 없는 상태로 되돌아간다. 이렇게 기본 상태로 되돌아가는 것은 효소가 ATP 가수분해 산물(ADP and P_i)에 여전히 결합하고 있을 때에 일어날 수도 있으며, 혹은 이들이 유리되어야만 일어날 수도 있다.

마지막으로 ATP 가수분해와 연계되는 반응의 핵심 기작에는 **ATP 가수분해 촉발인자(trigger for ATP hydrolysis)**가 관여한다. 이 인자가 원하는 복합체가 조립되기까지는 ATP를 가수분해하지 않는 것은 매우 중요하다. 전형적으로 특정 복합체의 형성이 ATP 가수분해를 촉발한다. 클램프 장전자의 경우에는 활주 클램프와 고리 장전자, 그리고 프라이머:주형 결합체, 이 세 개의 복합체가 ATP 가수분해를 일으킨다.

따라서 이들 분자적 과정의 ATP에 의한 조절은 효소에 의한 입체구조의 변화 시기를 적절히 조절하는 것과 가장 직접적으로 연관되어 있다. 두 가지 입체구조를 순서대로 교대로 바꾸는 효소와 ATP 가수분해를 촉발하는 핵심 중간체에 의해 효소는 작업을 완수할 수 있다. 이와는 달리, 단순히 효소가 ATP에 결합했다가 가수분해 없이 유리되면 반응은 초기 상태로 되돌아올 것이며 작업은 거의 이루어질 수 없게 된다.

들 서로 다른 생물체로부터 유래한 활주 클램프의 구조 또한 보존적이다(그림 9-21). 어떤 개체에서나 클램프는 6면의 대칭성을 가지며, 그 직경도 같다. 그러나 이러한 전체적인 구조의 유사성에도 불구하고 고리를 구성하는 소단위의 수는 다르다.

활주 클램프는 클램프 장전자에 의해 열려져 DNA에 얹혀진다

활주 클램프는 용액 내에서 닫혀진 고리의 형태를 하고 있으므로 DNA 이중나선을 둘러싸기 위해서는 열려야 한다. **활주 클램프 장전자(sliding clamp loader)**라고 불려지는 특별한 종류의 단백질 복합체가 활주 클램프를 열어 DNA에 결합하는 것을 촉매한다. 이 효소는 ATP와 결합해 이를 가수분해시켜 DNA의 프라이머:주형 결합체 주위에 활주 클램프가 얹혀지도록 한다(글상자 9-3, "단백질의 기능에 있어서 ATP의 조절: 활주 클램프의 장전" 참조). 활주 장전자는 또한 활주 클램프가 더 이상 소용되지 않을 때 활주 클램프를 DNA로부터 떨어지게 하며 이때는 ATP 가수분해가 필요치 않는다. DNA 헬리카아제나 위상이성질체효소와 같이 이들 효소는 목표물(활주 클램프)의 입체구조를 변화시키며, 그것의 화학적 조성을 변화시키지는 않는다.

활주 클램프가 DNA에 결합하고 떨어지는 것은 어떻게 조절될까? 활주 클램프는 세포 내에 프라이머:주형 결합체가 있으면 언제라도 결합한다. 이런 구조는 DNA 복제 때나 여러 DNA 회복과정에서 형성된다(10장 참조). 활주 클램프는 다른 단백질과 결합되어 있지 않을 때만 DNA에서 떨어진다. 활주 클램프 장전자와 DNA 중합효소는 활주 클램프의 결합자리가 중복되기 때문에 동시에 활주 클램프와 상호작용할

그림 9-22 DNA pol III 완전효소의 구성. DNA pol III 완전효소 각각에는 3개의 DNA Pol III 중심효소와 한 개의 활주 클램프 장전자의 네 효소가 있다. 활주 클램프 장전자는 DNA Pol III 중심효소 각각에 결합하는 3개의 τ 단백질을 가지고 있다. τ 단백질의 아미노산 서열분석 결과 이 단백질의 DNA pol III 결합부위는 길쭉하고 유연성이 있는 연결부위에 의해 클램프 장전에 관련하는 부위와 떨어져 있음을 보여준다. 이러한 연결부위로 인해 두 개의 중합효소가 비교적 독립적으로 움직일 수 있는 것으로 보이며, 이는 한 중합효소는 선도가닥을 복제하고, 다른 하나는 지체가닥을 복제하는 데 필수적이다. (Adapted, with permission, from O'Donnell M. et al. 2001. *Curr. Biol.* **11:** R9935–R946, Fig. 6. © 2001 Elsevier.)

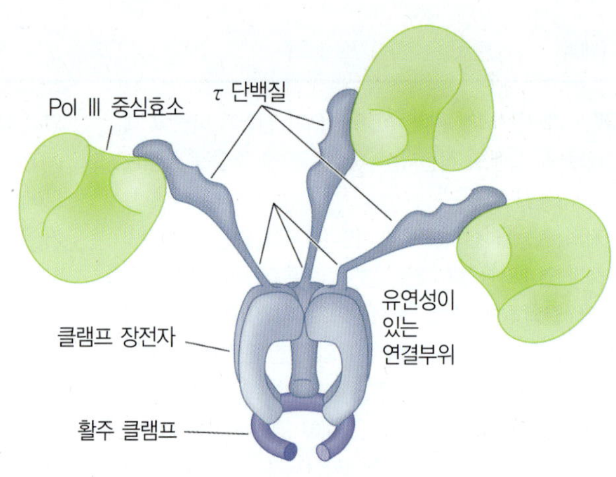

수는 없다. 그러므로 DNA 중합효소와 결합한 활주 클램프는 DNA로부터 분리되지 않는다. 마찬가지로, 뉴클레오솜 형성인자, 오카자키 조각 수선 단백질, 기타 DNA 수선 단백질들은 모두 활주 장전자가 작용하는 부위와 동일한 활주 클램프의 자리에 결합한다. 그러므로 활주 클램프는 상호작용하는 모든 효소들이 그들의 기능을 다했을 때만 DNA로부터 분리된다.

복제분기점에서의 DNA 합성

복제분기점에서는 지체가닥과 선도가닥의 합성이 동시에 이루어진다. 이것은 DNA 복제 동안 세포에 존재하는 ssDNA 양을 제한하는 중요한 장점을 가진다. DNA의 ssDNA 부위가 끊어지면 염색체에서 완전한 절단이 생기는데 이는 dsDNA 부위에서의 ssDNA 손상보다 수선이 훨씬 더 어렵다. 더구나 이러한 형태의 손상에 대한 수선 과정에서는 DNA 돌연변이가 자주 발생한다(10장 참조). 그래서 DNA가 그런 상태로 존재하는 시간을 줄이는 것은 매우 중요하다. 두 DNA 가닥의 복제를 대등하게 진행시키기 위해서는 복제분기점에서 여러 개의 DNA 중합효소가 작용해야 한다.

대장균에서는 이 중합효소들이 "DNA Pol III 완전효소(holoenzyme)"라 불리는 거대한 다량체 단백질 복합체 내에서 서로 물리적으로 연결되어 통합적으로 조절되며 작용하게 된다(그림 9-22). 완전효소란 중심효소가 기능을 증진시키는 다른 요소들과 결합하고 있는 다량체 단백질복합체를 나타내는 일반적인 이름이다. DNA Pol

그림 9-23 대장균 복제분기점에서 두 DNA 중합효소에 의해 조화로운 복제가 이루어지는 "트롬본(trombone)" 모델. (a) 대장균 DNA 복제분기점에서 DNA 헬리카아제는 지체가닥 주형을 5′→3′ 방향으로 이동한다. DNA Pol III 완전효소는 τ 소단위체를 통하여 DNA 헬리카아제와 상호작용하는데 이 소단위체는 두 중합효소 III 중심 단백질과도 결합한다. 한 DNA pol III 중심효소는 선도가닥을, 나머지 두 DNA Pol III 중심효소는 지체가닥을 복제한다. SSB는 ssDNA 부위를 덮고 있다. [단순화하기 위해 (a)에서는 지체가닥의 SSB만 나타냈다.] (b) 주기적으로 DNA 프리마아제가 DNA 헬리카아제와 결합하여 지체가닥 주형에서 새로운 프라이머를 합성한다. (c) 새로운 RNA 프라이머가 합성되자마자, 활주 DNA 클램프 장전자가 프라이머:주형 결합체에 활주 DNA 클램프를 모은다. (d) 작업에 참여하지 않은 "두 번째" 지체가닥 DNA 중합효소가 신속히 프라이머:주형 결합체에 장전된 DNA 클램프를 인지하여 새로운 오카자키 조각의 합성을 개시한다. (e) "첫 번째" 지체가닥 DNA 중합효소가 오카자키 가닥 주형 끝에 도달하면 활주 클램프로부터 떨어져 나간다. 이 "첫 번째" 지체가닥 DNA 중합효소는 이제 지체가닥 주형에 모여든 다음 번 RNA 프라이머/활주 클램프와 결합할 준비가 되었다. 따라서 이 모델은 두 개의 지체가닥 DNA 중합효소가 교대로 새로운 오카자키 조각의 합성을 개시하는 것을 보여준다.

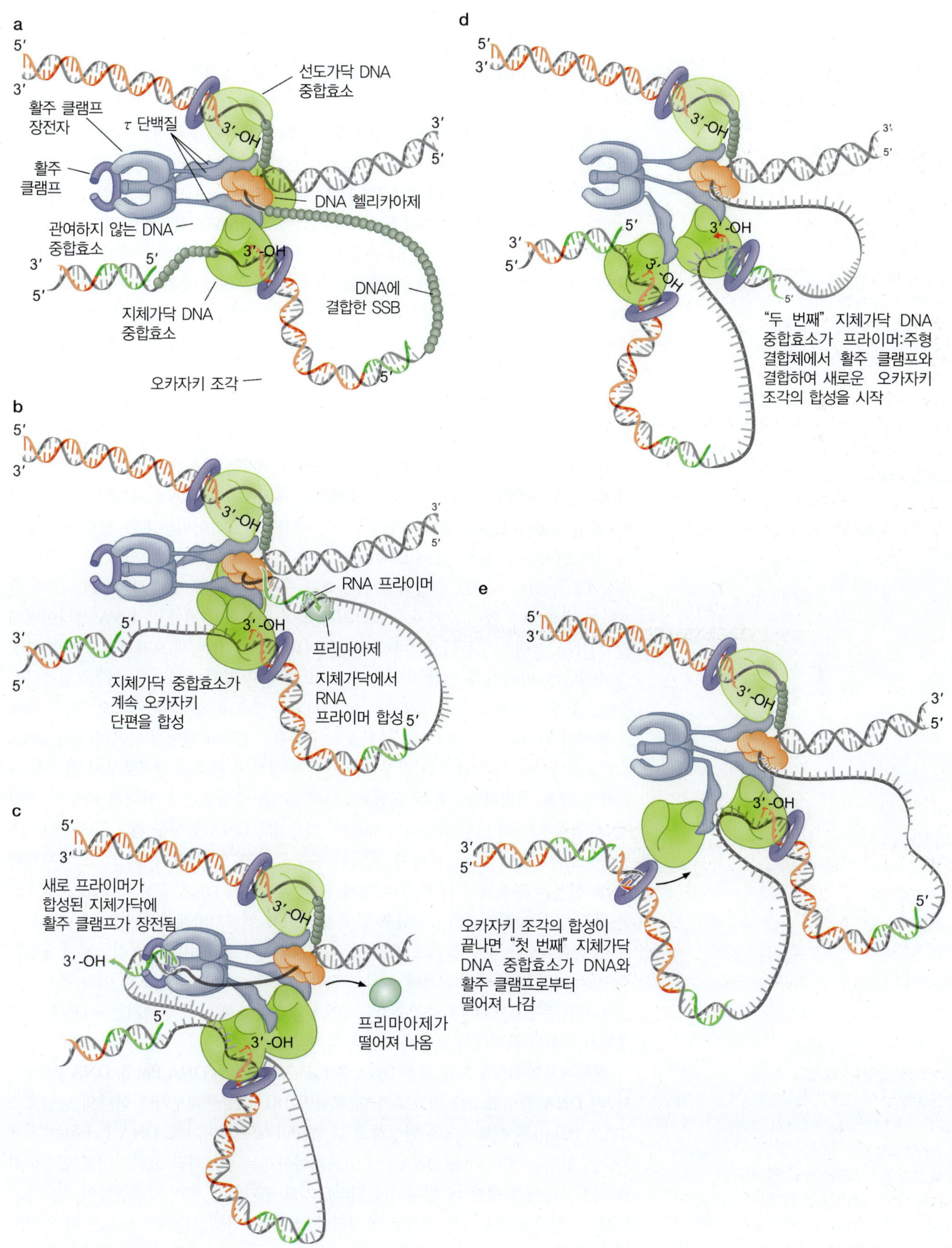

그림 9-23 (설명은 옆 페이지를 참조하라)

III 완전효소는 3개의 "중심" DNA 중합효소 III과 한 개의 다섯 소단위로 이루어진 활주 클램프 장전자로 구성된다. 활주 클램프 장전자는 완전효소에서 하나뿐이지만 3개의 DNA Pol III 중심효소 각각에 결합한 τ 단백질 3개를 가지고 있다(그림 9-22 참조).

어떻게 다수의 DNA 중합효소가 선도가닥과 지체가닥을 주형으로 하여 양쪽에서 DNA를 합성하면서 동시에 복제분기점에서 연결된 채로 있을 수 있는가? 이러한 공조를 설명하는 한 모델은 복제기구가 DNA의 유연성과 τ 단백질을 개발시켰다고 주장한다(그림 9-23). 헬리카아제가 복제분기점에서 DNA를 풀어줌에 따라 선도가닥 주형이 노출되고 한 DNA Pol III 중심효소가 즉시 작용하여 연속가닥의 합성이 이루어진다. 반면 지체가닥은 DNA 중합효소가 바로 작용하지 못하고 단일가닥 DNA가 풀려 나오게 되며 이때 SSB가 빠르게 결합한다. 간간히 프리마아제가 DNA 나선효소와 상호작용하여 지체가닥 주형에 새로운 RNA 프라이머를 합성하게 된다. 결과적으로 생긴 RNA:DNA 혼성체는 DNA 활주 클램프 장전자에 의해 프라이머:주형 결합체로 인식되고 활주 클램프가 이 자리에서 조립되어 두 번째 DNA Pol III 효소가 지체가닥 합성을 개시한다.

하나의 지체가닥 DNA 중합효소가 오카자키 조각을 합성하면서 헬리카아제에 의해 추가적인 ssDNA가 나오고 이를 주형으로 해서 새로운 RNA 프라이머가 합성된다. 앞선 지체가닥 프라이머와 마찬가지로, 새 RNA 프라이머는 활주 클램프 장전자에 의해 인식된다. 전통적으로 DNA Pol III 완전효소에는 단지 두 개의 DNA Pol III 중심효소가 있는 것으로 생각되었지만, 최근 연구에서는 세 번째 DNA Pol III가 존재함이 밝혀졌다. 앞선 오카자키 조각의 합성이 완결되기 전에 새 RNA 프라이머에 활주 DNA 클램프가 들어오자마자 세 번째 DNA Pol III는 새 오카자키 조각의 합성을 개시한다. 따라서 두 번째 오카자키 조각의 합성은 앞선 오카자키 조각을 합성하는 중합효소가 떨어져 나가기 전에 합성이 개시되는 것으로 생각된다. 각 오카자키 조각의 합성이 완결되면 해당 DNA 중합효소는 주형으로부터 떨어져 나온다(일단 DNA 중합효소가 오카자키 조각의 합성을 완결하면 결합된 활주 클램프로부터 떨어져 나온다는 것을 기억하라). 활주 클램프로부터 DNA 중합효소가 떨어져 나오는 것이 DNA 합성보다 더 느린 과정이기 때문에, 지체가닥 DNA 합성을 위한 두 번째 DNA 중합효소를 가짐으로써 이렇게 천천히 중합효소가 떨어져 나가더라도 지체가닥 DNA 합성은 연속해서 일어날 수 있게 된다. 빠져나간 DNA 중합효소 III 중심효소는 활주 클램프 장전자의 τ 소단위 단백질을 통해 헬리카아제에 여전히 매여 있으므로 이 중합효소는 활주 클램프가 들어오자마자 RNA 프라이머:주형 결합체에 결합할 수 있는 가장 이상적인 위치에 놓이게 된다. 이 모델을 "트롬본 모델"이라 부르는데 지체가닥 주형에서 DNA 중합효소와 DNA 헬리카아제 사이에 생기는 ssDNA 고리 크기의 변화에 관련해서 그렇게 이름이 붙여졌다.

진핵세포의 DNA 복제 또한 DNA Pol α/프리마아제, DNA Pol δ, DNA Pol ε의 3가지 DNA 중합효소를 필요로 한다(그림 9-18). 대장균에서처럼 하나의 중합효소(DNA Pol ε)는 선도가닥을 합성하고 두 개(Pol α/프리마아제, DNA Pol δ)는 지체가닥의 합성을 한다(비록 DNA Pol α/프리마아제는 선도가닥 프라이머도 합성하지만 지체가닥에서 훨씬 더 많이 사용된다). 기타 추가적인 여러 단백질들이 진핵세포 복제분기점에서 작용하는 것으로 알려졌다. 현재 이 단백질들의 기능들은 다 알려져 있지 않지만, 3가지 DNA 중합효소의 기능을 보조하고 진핵세포 헬리카아제(Mcm 2-7 복합체)와 그 작용이 연계되어 있는 것으로 보인다. 원핵세포에서와는 달리 진핵

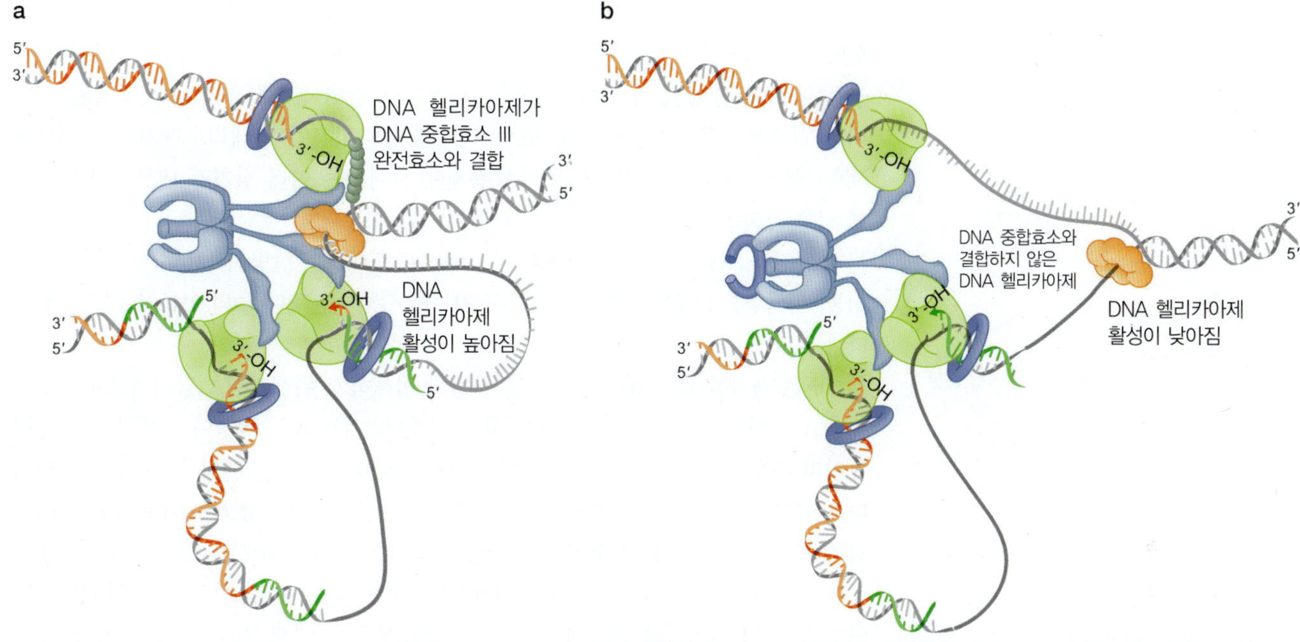

그림 9-24 DNA 헬리카아제가 DNA Pol III 완전효소에 결합하면 DNA 가닥의 분리속도가 증가된다. 클램프 장전자의 τ 소단위체는 복제분기점에서 DNA 헬리카아제와 DNA 중합효소 모두와 상호작용한다. (a) 이러한 상호작용이 이루어지면 DNA 헬리카아제는 DNA 중합효소가 DNA를 복제하는 것과 거의 비슷한 속도로 DNA를 푼다. (b) 만약 DNA 헬리카아제가 DNA Pol III 완전효소와 결합하지 않으면 DNA가 풀리는 속도는 10배 정도 느려진다. 이러한 상황에서 DNA 중합효소는 DNA 헬리카아제가 복제되지 않은 DNA 가닥을 푸는 속도보다 더 빨리 복제하게 된다. 이렇게 되면 DNA Pol III 완전효소는 DNA 헬리카아제를 따라잡게 되고 다시 완전한 레플리솜을 재형성하게 된다.

세포 활주 클램프 장전자인 RF-C는 이러한 기능들을 수행하지 않는 것으로 보인다.

복제분기점 단백질들 사이의 상호작용으로 대장균 레플리솜이 형성된다

DNA 중합효소 III 완전효소 구성요소들 사이의 결합이 세균의 복제분기점 구성요소 사이의 상호작용의 전부는 아니다. DNA 중합효소 III 완전효소 구성성분 사이의 상호작용 이외에도 여러 단백질-단백질 간의 상호작용이 복제분기점의 신속한 진행을 도와준다. 이들 중 가장 중요한 것은 DNA 헬리카아제(6량체 dnaB 단백질; 표 9-1 참조)와 DNA Pol III 완전효소 사이의 상호작용이다(그림 9-24). 완전효소의 구성성분인 클램프 장전자에 의해 매개되는 이러한 상호작용은 헬리카아제와 DNA Pol III 완전효소를 묶어 두게 된다. 또한 이러한 결합은 헬리카아제의 활성을 자극하여 헬리카아제의 이동 속도를 10배까지 증가시킨다. 그러므로 DNA 헬리카아제가 DNA 중합효소로부터 분리되면 그 속도가 떨어지게 된다(그림 9-24). 헬리카아제 활성과 DNA Pol III의 관계는 헬리카아제가 DNA Pol III 완전효소로부터 떨어져 나가는 것을 방지하며 따라서 이들 두 핵심적인 복제분기점 효소가 조화롭게 작용하게 된다.

두 번째 중요한 단백질-단백질 간의 상호작용은 DNA 헬리카아제와 프리마아제 사이에 나타난다. 대장균 복제분기점에서 작용하는 대부분의 단백질들과는 다르게 프리마아제는 분기점과 단단히 결합하지 않는다. 대신에 프리마아제는 초당 한 번 정도의 간격으로 헬리카아제와 SSB가 결합된 ssDNA와 결합하여 새로운 RNA 프라이머를 합성한다. DNA 헬리카아제와 프리마아제 사이의 상호작용이 비록 비교적 약하기는 하지만 이러한 상호작용은 프리마아제의 기능을 크게 자극한다(약 1000배 정도). RNA 프라이머가 합성된 이후 프리마아제는 DNA 헬리카아제로부터 떨어져 나간다.

대장균 프리마아제와 DNA 헬리카아제와의 비교적 약한 상호작용은 오카자키 조각의 길이를 조절하는 데 중요하다. 더 강하게 결합하면 지체가닥 위에 좀 더 빈번하게 프라이머들이 합성될 것이고 그러므로 인해 오카자키 조각은 더욱 짧아지게 될 것이다. 마찬가지로 더 약하게 상호작용하면 좀 더 긴 오카자키 조각이 생길 것이다.

복제분기점에서 작용하는 모든 단백질들의 조합을 **레플리솜(replisome)**이라 한다. 이들 단백질은 모두 함께 정교한 DNA 합성 공장을 형성하는데, 그 안에는 서로 상호작용하는 여러 기구들을 가지고 있다. 이들은 개별적으로 특별하고 중요한 기능을 수행한다. 함께 있게 되면 그들의 활성은 서로간의 상호작용에 의해 조절된다. 이러한 상호작용은 특히 대장균 세포에서 잘 알려졌지만 박테리오파지와 진핵생물 DNA 복제기구의 연구에서도 DNA 복제에 관여하는 여러 장치가 대장균과 비슷하게 서로 조화를 이루며 통합되어 있다는 것을 보여준다. 실제로 대장균 복제에 관여하는 단백질과 이들 다른 유기체에서 기능하는 단백질들은 상당히 유사하다. 파지, 원핵생물, 진핵생물 DNA 복제에서 유사한 기능을 수행하는 인자들의 이름이 표 9-1에 나타나 있다.

DNA 복제효소의 놀라운 능력을 완전히 이해하기 위해 DNA 염기가 우리 책 크기라고 상상해 보자. 이러한 상황에서는 이중나선 DNA의 직경이 거의 1미터가 될 것이며 대장균의 유전체는 원주가 약 500마일(800 km)인 큰 환이 될 것이다. 무엇보다도 레플리솜은 페덱스 화물 트럭 크기가 될 것이며, 시간당 600 km(375 mph)가 넘는 속도로 이동하게 될 것이다! 대장균 유전체의 복제는 40분 걸릴 것이고, 두 대의 복제장치(레플리솜)는 250마일(400 km)의 여행을 하여 각각 1미터 직경의 DNA 가닥을 두 개씩 흔적으로 남기게 될 것이다. 놀랍게도 이 여행 동안 이 복제기구는 평균적으로 단 한 번의 실수만 하게 된다.

DNA 복제개시

유전체의 특정 DNA 서열이 DNA 복제개시를 지시한다

복제분기점이 처음 형성되기 위해서는 DNA 나선효소가 결합하는 데 필요한 ssDNA를 제공하고 RNA 프라이머와 새로운 DNA 합성의 주형으로 제공하기 위해 DNA 이중나선의 두 가닥이 먼저 분리되어야 한다. DNA 가닥의 분리(DNA 풀림)는 염색체 말단에서 가장 쉽게 이루어지지만 DNA 합성은 일반적으로 안쪽에서 시작된다. 실제로 원형의 염색체는 염색체 말단 부위가 없으므로 복제개시를 위해서는 필히 DNA 내부에서 풀림이 있어야 한다.

DNA 풀림과 복제개시가 일어나는 특정 부위를 **복제개시점(origin of replication)**이라 한다. 생물체에 따라서 염색체당 적게는 한 개에서 많게는 수천 개의 복제개시점이 존재한다.

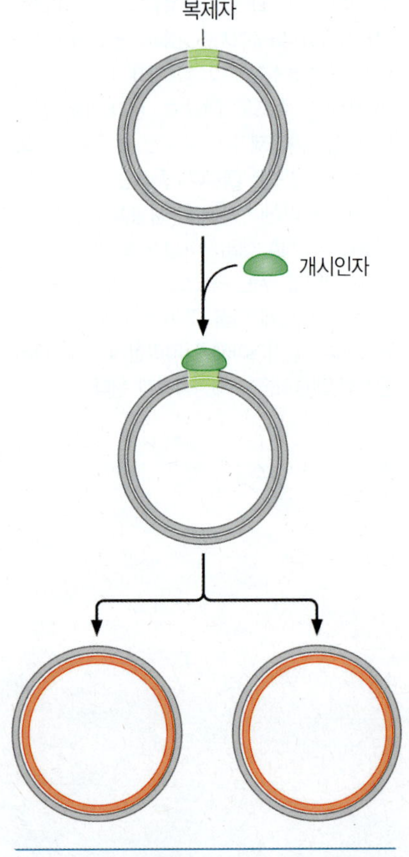

그림 9-25 복제단위 모델. 복제자에 개시인자가 결합하면 복제가 개시되고 결합된 DNA의 복제가 진행된다.

복제개시의 복제단위 모델

1963년 자코브(Françis Jacob), 브래너(Sydney Brenner), 쿠친(Jacques Cuzin)은 세균에서의 복제개시 조절 현상을 설명하기 위한 모델을 제시했다. 그들은 한 특정한 복제개시점으로부터 복제되는 DNA를 **복제단위(replicon)**라 정의했다. 예를 들어, 대장균에 존재하는 염색체는 하나의 복제개시점만을 가지므로 전체 염색체가 하나의 복제단위이다. 그와 대조적으로, 다수의 복제개시점들을 가지는 진핵세포의 염색체는 여러 개의 복제단위(복제개시점당 하나)로 나누어진다.

복제단위 모델에서 복제개시를 제어하는 구성요소는 복제자와 개시인자(initiator)이다(그림 9-25). **복제자(replicator)**는 DNA 복제개시를 지시하기에 충분한 *cis*-작용 DNA 서열로 정의된다. 이것은 DNA가 풀리고 합성이 개시되는 물리적 DNA 부위인 복제개시점과는 대조적이다. 복제개시점은 항상 복제자 서열에 포함되지만 때로는(특히 진핵세포에서) 복제개시점은 복제개시를 지시하는 DNA 서열(복제자)의 한 부분에 불과하다. 13장에서 보게 될 전사의 프로모터와 전사개시 부위도 이와 같이 구분될 수 있다.

복제단위 모델의 두 번째 구성요소는 **개시인자(initiator)** 단백질이다. 이 단백질은 복제자의 DNA 부분을 특이하게 인식하여 복제개시를 활성화시킨다(그림 9-25). 세균, 바이러스, 진핵세포 등 다양한 생물체에서 개시인자 단백질이 확인되었다. 모든 개시인자 단백질들이 서로 다른 방법으로 DNA에 결합하지만 이들 모두는 복제개시점이 될 부위를 선택한다. 흥미롭게도 지금까지 알려진 모든 개시인자 단백질은 ATP와 결합하고 이를 가수분해하여 작용하며 DNA 활주 클램프 장전자에서와 차이는 있지만 공통된 중심 AAA^+ ATP-결합 기조를 가진다.

차후 다시 보겠지만 개시인자 단백질은 복제개시에 관계하는 유일한 서열-특이 DNA-결합 단백질이다. 복제개시에 필요한 나머지 단백질들은 서열 특이적으로 DNA에 결합하지는 않는다. 대신에 이 단백질들은 단백질-단백질 간 상호작용과 특정한 DNA 구조(단일가닥 DNA 혹은 프라이머:주형 결합체)에 대한 친화성 등에 의해 복제자에 모여들게 된다. 그러나 많은 진핵세포에서는 개시인자 단백질이라 할지라도 서열-특이 DNA 결합 활성은 보이지 않는다.

복제자 서열은 개시인자 결합자리와 쉽게 풀리는 DNA 부위를 가지고 있다

복제자의 DNA 서열은 두 가지 공통적인 특징을 가진다(그림 9-26). 첫째, 그들은 복제개시 기구 형성을 촉진하는 개시인자 단백질 결합자리를 가진다. 둘째, 그들은 자발적이지는 않지만 쉽게 풀릴 수 있는 AT가 풍부한 DNA 부위를 가진다. 복제자의 DNA 풀림은 복제개시 단백질에 의해 제어되며, 이들 단백질의 작용은 대부분의 생물체에서 정확하게 조절된다.

대장균 염색체의 복제에는 *oriC*라 불리는 단일 복제자가 필요하다. *oriC* 기능에는 두 종류의 반복서열 요소가 필수적이다(그림 9-26a). 9-염기 요소는 대장균의 개시인자인 DnaA의 결합자리로서 *oriC*에서 5회 반복되어 있다. 13-염기 요소는 3회 반복되어 있으며, 개시 때 단일가닥 DNA가 생기기 시작하는 부위이다.

비록 특정한 DNA 서열은 다를지라도 복제자의 전체 구조는 많은 진핵생물 바이러스와 단세포 진핵생물인 효모에서 매우 비슷하다(그림 9-26b,c). 복제개시점을 찾아내는 방법이 글상자 9-4, "복제개시점과 복제자의 확인"에 기술되어 있다.

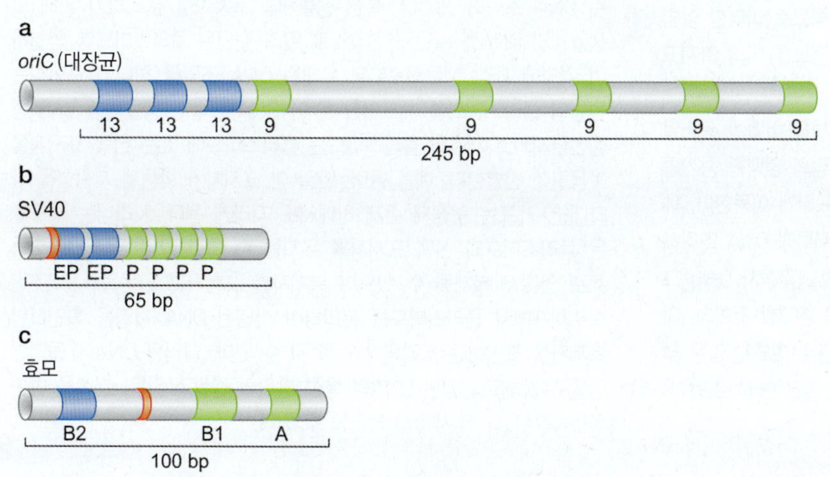

그림 9-26 복제자의 구조. 특징이 잘 밝혀져 있는 세 가지 복제자의 DNA 구성요소가 나타나 있다. 개시인자의 DNA 결합자리는 녹색으로, DNA 풀림을 용이하게 해주는 부분은 파란색으로, 최초의 DNA 합성부위는 빨간색으로 나타냈다(oriC의 경우에는 바깥에 있음). (a) *oriC*는 5개의 "9-염기" DNaA 결합자리와 DNA 풀림이 시작되는 3개의 "13-염기" 반복 요소로 구성되어 있다. (b) 진핵 바이러스인 SV40의 개시점은 T 항원이라 불리는 개시인자 단백질 결합자리인 4개의 5-염기 부위(P)와 DNA가 풀리는 부위인 20 bp의 앞쪽 회문구조(EP) 서열로 구성되어 있다. (c) *S. cerevisiae* 복제자에서는 일반적으로 3가지 요소가 발견된다. A와 B1 요소에는 개시인자인 ORC가 결합한다. B2 요소는 DNA 헬리카아제가 복제개시점에 결합하는 것을 용이하게 해준다.

▶ 핵심실험

글상자 9-4 복제개시점과 복제자의 확인

복제자 서열은 일반적으로 유전적 분석을 이용해 확인할 수 있다. 예를 들면, 효모 복제자는 DNA 형질전환 분석을 이용해 최초로 확인되었다(글상자 9-4 그림 1). 이 연구에서는 유전체 DNA 조각을 복제자가 없는 선택 표지 유전자만을 가지고 있는 플라스미드에 무작위로 클로닝하였다. 형질전환 후 세포 안에 플라스미드가 유지되려면 클로닝된 DNA 조각이 효모 복제자를 가지고 있어야 한다. 이렇게 확인된 DNA 조각을 **자율적 복제가능서열(autonomously replicating sequence, ARS)**이라 불렀다. 이 서열이 원형 플라스미드라는 인위적 환경에서 복제자로 작용할지라도 이 서열이 원래의 염색체 위치에서 복제자였는지를 보여주는 증거가 필요했다.

이 DNA 서열이 염색체에서 복제자로 작용했는지를 증명하기 위해 세포에서 복제개시점의 위치를 찾아내는 방법을 개발할 필요가 있었다. 복제개시점을 알아내는 한 방법은 복제가 시작되는 동안에 형성되는 DNA 복제 중간체의 특이 구조를 이용하는 것이다. 완전히 복제되었거나 전혀 복제되지 않은 DNA와는 다르게 복제가 진행 중에 있는 DNA는 선형구조가 아니다. 예를 들어, 복제개시점을 가지고 있지 않은 DNA를 제한효소로 절단하여 생긴 조각은 복제가 진행되는 동안 다양한 "Y 모양"의 형태를 갖게 될 것이다(글상자 9-4 그림 2, 파란 DNA 조각). 마찬가지로 복제개시 직후의 복제개시점을 포함하는 DNA 조각은 "기포" 모양을 갖게 된다. 마지막으로, 복제개시점이 시작해서 Y 모양으로 전환될 것이다(글상자 9-4 그림 2, 빨간 DNA 조각). 이런 특이한 모양의 DNA들은 다른 선형 DNA와 2차원 아가로스 겔 전기영동을 이용하여 식별할 수 있다(글상자 9-4 그림 3).

복제과정에 있는 DNA를 확인하기 위해 분열 중인 세포로부터 유래된 DNA를 먼저 제한효소로 절단하고 2차원 아가로스 겔에서 분리한다. 1차원에서 DNA가 주로 크기에 의해 분리되고 2차원에서는 크기와 모양에 의해 분리된다. 이는 서로 다른 겔 농도와 전기영동 아가로스 겔 구멍들은 작아야 하고 전기영동의 속도는 빨라야 한다. 이와는 달리 주로 크기에 의해 분리하려면 아가로스 겔 구멍들은 더 커야 하고 전기영동 속도는 더 느려야 한다. 전기영동이 끝나면, DNA 분자들은 니트로셀룰로오스 막에 옮겨 서던 블롯(Southern blotting)으로 확인한다(7장 참조). 사용할 제한효소와 DNA 탐침자(probe)의 선택에 따라 분석 결과는 엄청나게 다를 수 있다. 일반적으로 이러한 방법은 연구자가 잠재적인 복제개시점의 위치에 대한 정보를 미리 가지고 있을 때 가능하다.

2차원 겔에서 복제개시점에 관련된 DNA 중간체를 어떻게 확인할 수 있을까? 특이한 DNA 이동 양상으로 복제개시점의 명백한 증거를 볼 수 있다. 가장 특이한 구조는 1차원에서 가장 느리게 이동한다. 예를 들면, 3개의 가지 길이가 같은 Y 모양의 분자는 특정 DNA 조각에서 얻은 모든 분자 중에 가장 느리게 이동할 것이고(글상자 9-4, 그림 3b), 비선형의 DNA 분자 곡선 중 가장 상단에 존재할 것이다. 이와 달리, 2개의 매우 짧게 복제된 가지와 하나의 큰 복제되지 않은 부위를 가지고 있는 Y 모양의 분자는 복제되지 않은 같은 DNA 조각과

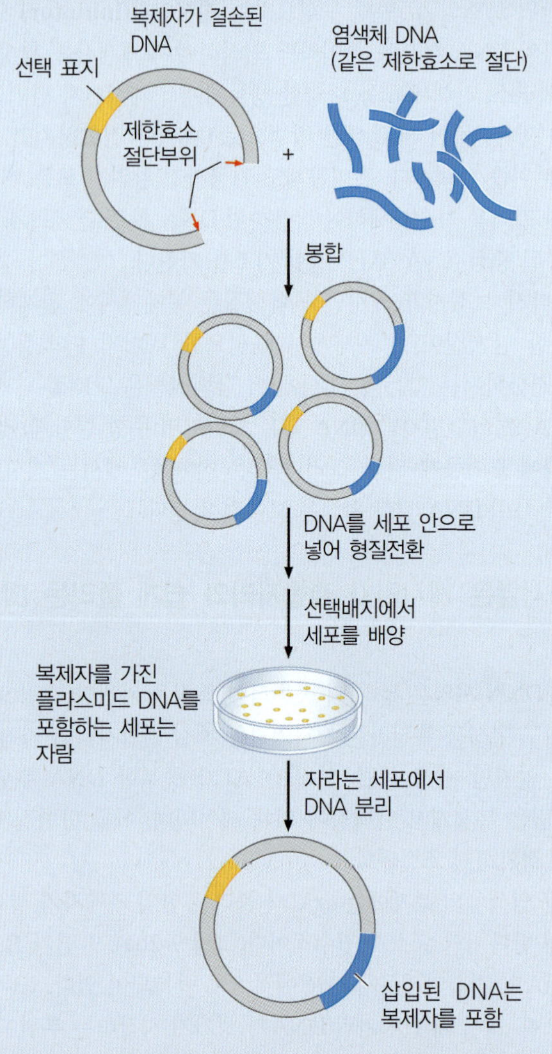

* **글상자 9-4 그림 1 복제자의 유전학적 확인.** 선택 표지 유전자를 가지고 있는 플라스미드(작은 원형의 DNA 분자)를 제한효소로 잘라 플라스미드의 정상적인 복제자를 제거한다. 이로써 복제자가 결실된 DNA 조각이 생긴다. 특정 생물체의 복제자를 분리하기 위해 그 생물체의 DNA를 같은 제한효소로 잘라 절단된 플라스미드에 연결하여 각각에 대상 생물체로부터 유래된 DNA 조각을 하나씩 포함하는 원형의 플라스미드를 재조립한다. 이 DNA를 숙주 생물체에 넣어 형질전환시키고 재조합 플라스미드는 플라스미드에 있는 선택 표지자를 이용하여 선별한다. 예를 들어, 만일 이 표지자가 항생제 저항성을 나타내면, 세포는 항생제 존재 하에서도 자라게 된다. 자라나는 세포들은 플라스미드와 선택 표지자를 유지할 수 있고, 이는 플라스미드가 세포 안에서 복제될 수 있으며 복제자를 포함하고 있음을 나타낸다. 숙주세포에서 플라스미드를 분리하여 삽입된 DNA 서열을 확인하면 복제자를 포함하는 조각의 서열을 알 수 있다. 삽입된 DNA에 돌연변이를 유발하고(삽입된 DNA의 특정 부위의 결실과 같은) 분석을 반복하면 복제자를 더 세밀히 확인할 수 있다.

글상자 9-4 (계속)

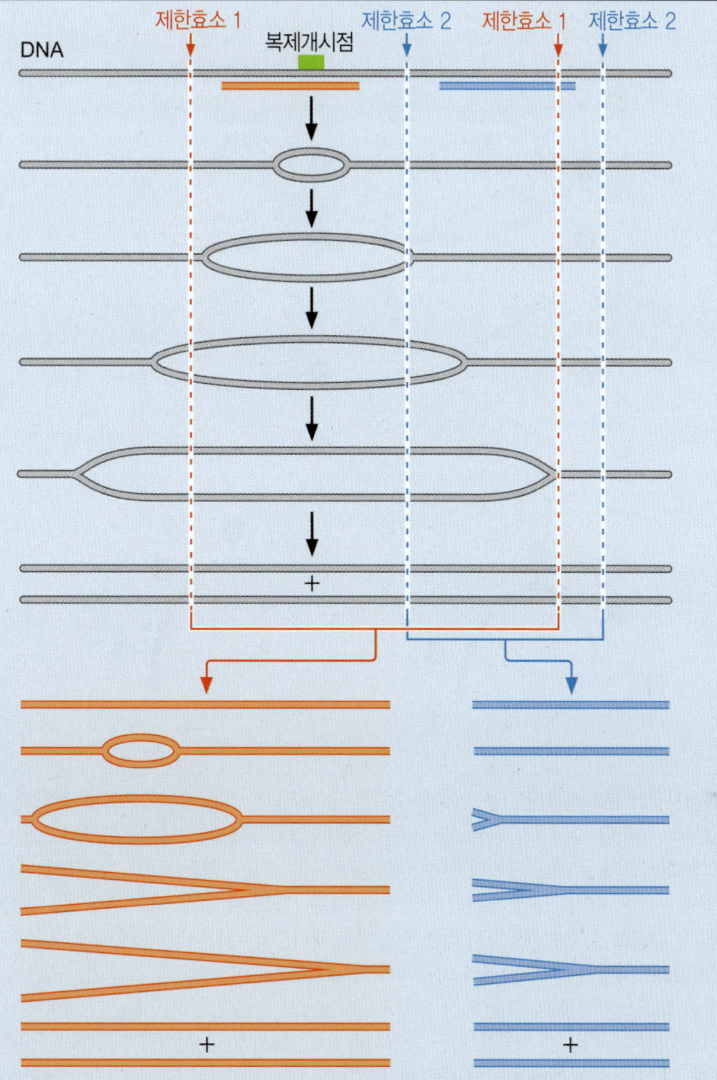

글상자 9-4 그림 2 복제가 진행 중인 DNA는 특이한 구조를 가진다. 복제 중인 DNA의 제한효소 절단 결과를 보여주고 있다. 모식도는 "복제 방울"(복제개시점으로부터 서로 반대 방향으로 진행하는 두 개의 복제분기점에 의해 만들어진)의 성장을 보여준다. 이 복제 중간체를 절단하여 표지된 DNA 탐침자로 혼성화하여 확인한다. 만일 빨간 제한효소를 사용하고 빨간 DNA 탐침자에 혼성화된 조각을 조사한다면, 왼편과 같은 양상이 나타날 것이다. 만일 파란 제한효소와 파란 DNA 탐침자가 생성된 DNA 조각을 탐지하기 위해 사용된다면, 오른쪽에 있는 양상이 나타날 것이다. 왼편의 것은 "방울"을 포함하는 DNA 조각에서 시작하여 결국은 "Y 모양"의 분자로 끝나는 것을 주목하라. 오른편은 "방울"은 없지만 다양한 종류의 "Y 모양" 중간체를 갖게 된다. 복제개시점을 포함하는 DNA 조각만이 왼편과 같은 양상을 나타낼 수 있다.

매우 비슷한 이동 양상을 보일 것이다. 마지막으로, 거의 복제가 다 된 조각의 Y 모양 분자는 모양에 있어서는 선형 분자와 비슷하고, 크기에 있어서는 복제되지 않은 조각의 두 배를 나타내게 된다. 그러므로 단일 복제분기점으로부터 복제가 진행됨에 따라 DNA 분자는 이동 곡선에서, 복제되지 않은 조각에 가까운 지점으로부터 복제되지 않은 선형 DNA의 2배 크기의 분자가 도달해게 되는 위치에 이르기까지 이동이 변화한다. 이 모양을 **Y 곡선(Y-arc)**이라 하며 한 분자가 복제과정에 있음을 나타낸다. 매 복제주기 동안 모든 DNA 분자가 복제되기 때문에 대부분의 DNA 조각은 이러한 양상을 나타낼 것이다.

복제개시점을 갖는 분자는 Y 모양 분자보다 1차원에서 훨씬 더 천천히 이동하는 거품 모양의 복제 중간체를 형성한다. 거품이 클수록 이 분자들은 선형 DNA와는 더욱 다르게 이동한다(글상자 9-4 그림 3c). 불행히도 거품을 포함하는 조각에 의해 만들어지는 중간체 곡선(**거품 곡선, bubble arc**)과 Y 모양 중간체에 의해 만들어지는 곡선과는 구별하기가 쉽지 않다(글상자 9-4 그림 3b,c). 이 어려움은 복제개시점이 DNA 조각 비대칭적으로 존재하면 극복될 수 있다. 이 경우에, 중간체는 거품으로 시작되지만, 조각의 끝에 가장 가까운 복제분기점에서 복제가 끝나고 나면 거품 모양의 중간체는 Y-모양이 된

글상자 9-4 (계속)

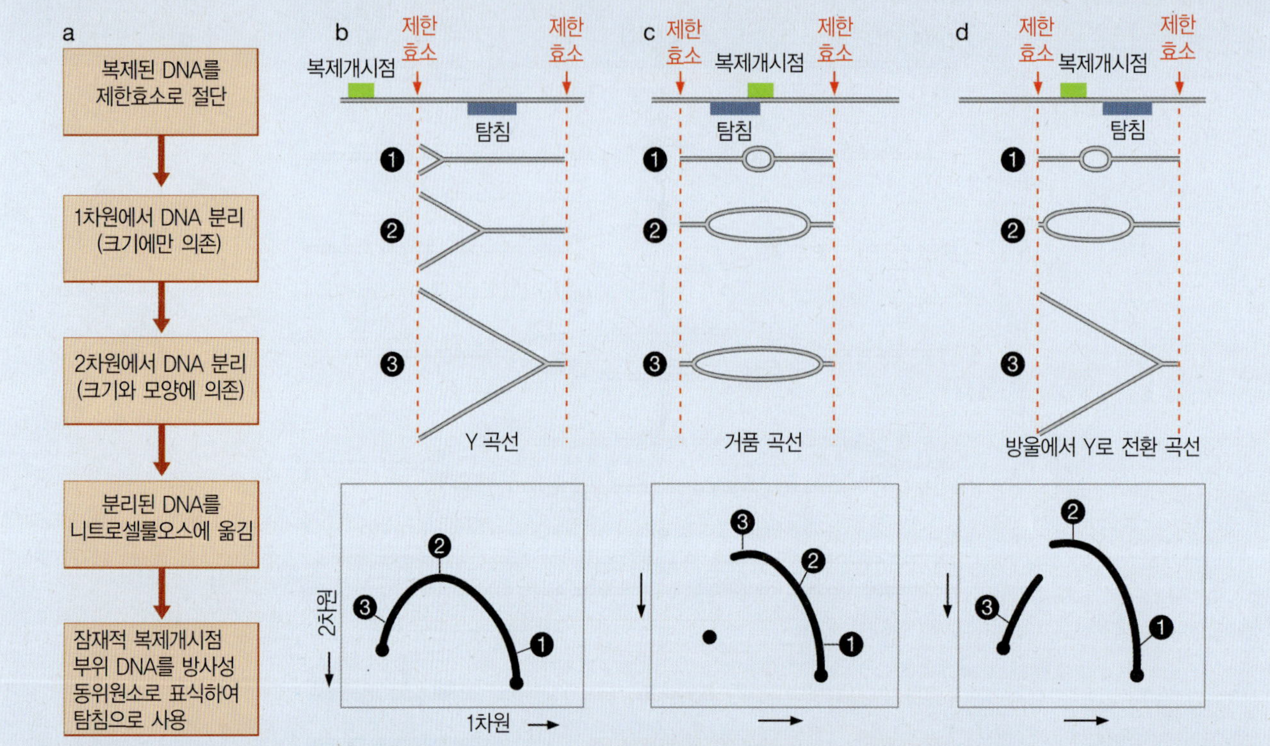

*** 글상자 9-4 그림 3 복제개시점의 분자적 확인.** (a) DNA를 2차원 전기영동에 의해 분리함으로써, 복제가 진행 중인 DNA를 완전히 복제되었거나 복제되지 않은 DNA로부터 분리할 수 있다. 분열하고 있는 세포(따라서 자신의 DNA를 복제하고 있는)로부터 전체 DNA를 분리한다. DNA를 먼저 크기에 의해 분리한다(비교적 큰 구멍 크기의 한천 겔에 낮은 전압의 전기영동을 함). 그런 다음 전장(electric field)을 90° 회전하여 DNA를 주로 크기와 모양에 의해 분리한다(작은 구멍 크기의 한천 젤에 높은 전압으로 전기영동). 관심있는 DNA를 탐색하기 위하여 서던 분석법(Southern analysis)을 이용힌다. 관찰할 수 있는 세 가지 다른 양상에서 개시점의 위치(녹색), 제한효소 절단자리(적색), 서던 블롯 DNA 탐침(청색)이 보이고 있다. (b) 서던 블럿으로 확인된 DNA 단편의 바깥 부위에 복제개시점이 있을 때 관찰되는 중간체 모양. Y 곡선으로 불리는 것처럼 모든 중간체는 Y 모양이다. 세 개의 동일한 길이의 팔을 가진 분자가 2차원에서 가장 천천히 이동한다. (c) 복제개시점이 확인된 DNA 단편 중간 부근에 있을 때는 방울-곡선이 형성된다. 가장 큰 방울을 가진 중간체가 2차원에서 가장 천천히 이동한다. (d) 이러한 패턴은 복제개시점이 제한효소 절편 중간에서 벗어나 있을 때 나타난다. 처음에 방울-중간체가 확인되나 나중에는(한 복제분기점이 제한효소 절단부위를 통과한 후) Y-중간체가 관찰된다. 이러한 방울에서 Y 곡선으로의 전환은 복제개시점의 존재를 가장 잘 알려주는 표지가 된다.

다. 이것을 **거품에서 Y로의 전환(bubble-to-Y transition)**이라고 하는데, 곡선에 불연속성이 나타나므로 쉽게 확인되며, 복제개시점의 확실한 증거가 된다(글상자 9-4 그림 3d). 그러므로 확인하고자 하는 복제개시점 부위 양쪽이 비대칭적으로 절단되도록 제한효소를 선택하는 것이 이상적이다.

다세포 진핵생물의 복제자에 대해서는 잘 알려져 있지 않다. 이들의 확인 및 특징은 단세포 진핵생물과 세균에서 복제개시점을 확인하기 위해 사용되었던 작은 원형 DNA의 안정된 증식과 같은 유전적 분석 방법(글상자 9-4)이 다세포 진핵생물에서는 없기 때문에 잘 밝혀지지 못했다. 복제자가 확인된 몇 가지 사례에서는, 일반적으로 효모나 세균 염색체에서 확인된 복제자보다 더 큰 것으로 나타났다. 작은 크기의 복제자와는 달리 이들 복제자의 기능을 제거하는 돌연변이들은 아직 분리되지 않고 있다. 이로써 특정 DNA 서열이 이들 복제자에서 핵심 역할을 하는 것 같지는 않다. 최근 연구에서는 부분적으로 뉴클레오솜 밀도가 낮아지고 그 근처에서 전사가 일어나는 것이 복제자를 결정하는 주요한 요인임을 보여준다.

결합과 풀림: 개시인자 단백질에 의한 복제개시점 선택과 활성화

개시인자 단백질은 일반적으로 복제개시 동안 최소한 두 가지의 다른 기능을 수행한다. 첫째, 이 단백질은 복제자의 특정 DNA 결합부위에 결합한다. 둘째, 개시인자 단백질은 복제개시에 필요한 다른 인자들과 상호작용하여 그들을 복제자 서열로 모여들게 한다. 모든 개시인자 단백질이 그런 것은 아니지만 어떤 것들은 세 번째 기능인 DNA 이중나선이 처음에 열리도록 결합자리와 인접한 DNA 부위를 뒤틀거나 풀리게 하는 기능을 한다.

예를 들어, 대장균의 개시인자 단백질 DnaA를 보자. DnaA는 두 개의 DNA 결합부위를 가지고 있다. 한 부위는 *oriC*에 있는 이중나선의 반복된 9-염기서열에 결합한다(그림 9-26). ATP(ADP는 아님)와 결합하면 DnaA는 *oriC*의 반복된 13-염기 반복서열 부위와도 상호작용한다. 이러한 추가적인 상호작용은 DnaA에 있는 뚜렷한 단일가닥 DNA 결합부위를 통해 이루어지며 그 결과 13-염기 반복서열 부위의 DNA 두 가닥이 20 bp 이상 풀리게 된다. 흥미롭게도 일단 DnaA에 결합되면 이 단일가닥 DNA는 3개 이상의 연속적인 염기쌍을 형성할 수 없는 입체구조를 가지게 되어 DNA가 단일가닥을 유지하도록 한다. 이 풀린 DNA는 다른 복제 단백질이 RNA와 DNA 합성 단계를 시작할 수 있는 단일가닥 주형으로 제공된다(추후 논의할 것임).

염색체의 한 부위에 단일가닥 DNA가 생긴 것 자체로는 DNA 헬리카아제와 다른 복제 단백질들이 결합하기에 충분하지 못하다. 복제자 서열에 생긴 단일가닥 DNA에 DNA 헬리카아제를 포함하여 기타 복제 단백질들을 끌어오는 것은 DnaA이다(다음 절 참조). 대장균에서의 복제 조절은 DnaA 활성의 조절에 의해 일어나며, 이것은 글상자 9-5, "대장균의 DNA 복제는 DnaA·ATP 수준과 SeqA에 의해 조절된다"에 논의되어 있다.

진핵세포에서 개시인자는 **복제개시점 인식복합체(origin recognition complex, ORC)**라 불리는 여섯 개의 단백질 복합체이다. ORC의 기능은 효모세포에서 가장 잘 알려져 있다. ORC는 효모 복제자 서열에서 A 요소라 불리는 보존적 서열과 두 번째로 보존적인 B1 요소를 인식한다(그림 9-26). DnaA와 마찬가지로, ORC는 ATP에 결합하고 이를 가수분해한다. 복제개시점에서 서열-특이적으로 결합을 하려면 ATP 결합이 필요하고 ORC가 진핵세포 DNA 헬리카아제를 복제자에 장전시키기 위해서는 ATP 가수분해가 필요하다(추후 논의할 것임). DnaA와는 달리 효모 복제자 서열에 ORC가 결합하는 것만으로는 인접한 DNA 가닥의 분리를 일으키지는 못한다. 그렇지만 ORC는 나머지 모든 복제 단백질을 복제자 서열에 끌어오는 데 필요하다("진핵세포 복제개시의 첫 단계는 헬리카아제 장전이다" 참조).

단백질-단백질간 그리고 단백질-DNA간 상호작용이 개시과정을 지시한다

일단 개시인자가 복제자 서열에 결합하면, 복제개시의 나머지 단계는 단백질-단백질간, 그리고 서열에 관계없는 단백질-DNA간 상호작용에 의해 진행된다. 그 결과 앞에서 언급한 두 개의 복제분기점 기구가 만들어지게 된다. 이 단백질 기구가 만들어지는 과정을 살펴보기 위해 먼저 지금까지 가장 많이 알려진 대장균의 경우를 살펴보자.

개시인자(DnaA)가 *oriC*에 결합하여 13-염기서열 DNA가 풀리면, ssDNA와 DnaA가 결합하여 두 단백질(DNA 헬리카아제인 DnaB와 헬리카아제 장전자인

▶ 고급개념

글상자 9-5 대장균의 DNA 복제는 DnaA·ATP 수준과 SeqA에 의해 조절된다

모든 생물체에서 염색체 수와 세포 수가 적절하게 균형을 유지하도록 복제개시가 정확히 조절되는 것은 매우 중요하다. 이러한 균형은 진핵세포에서 가장 잘 조절되지만, 대장균 또한 새로 개시된 복제개시점들이 재개시되지 않도록 함으로써 염색체 복제가 계속되는 것을 막는다. 여러 가지의 기작들이 이러한 기능을 수행한다.

그 중 한 방법은 DNA 복제 전과 후에 DNA 메틸화(methylation) 상태를 바꾸는 것이다(글상자 9-5 그림 1). 대장균 세포에서 Dam 메틸기전달효소(Dam methyltransferase)라 불리는 효소는 모든 GATC 서열[서열이 회문구조(palindrome)임을 주지하라]의 A에 메틸기를 첨가시킨다. 일반적으로 유전체는 GATC 서열이 완전히 메틸화되어 있다. 이러한 상태는 각 GATC 서열이 복제되고 나면 달라진다. 새로 합성된 DNA 가닥에 있는 A 잔기는 미처 메틸화되지 않았기 때문에 최근에 새로 복제된 부위는 한 가닥만이 메틸화되어 있게 된다[반메틸화(hemimethylation)라 함].

새로 복제된 oriC DNA의 반메틸화된 상태는 SeqA라 불리는 단백질에 의해 감지된다. SeqA는 반메틸화 상태일 때만 GATC 서열에 단단하게 결합한다. *oriC*와 그 주변에는 GATC 서열이 많이 있다. 일단 복제가 되고 나면, Dam 메틸기전달효소에 의해 완전히 메틸화되기 전에 SeqA가 이 부위에 결합한다.

SeqA의 결합은 두 가지 결과를 가져온다. 첫째, GATC 부위가 메틸화되는 속도가 급격히 떨어진다. 둘째, SeqA가 *oriC* 인접 부위에 결합하면 DnaA가 *oriC*와 결합하여 새로운 복제 사이클을 개시하는 것을 방해한다. 그러므로 *oriC* 인접 GATC 부위의 메틸화에서 반메틸화로의 전환은(*oriC* 복제개시의 직접적인 결과) DnaA 결합을 저해하고, 따라서 새로 복제된 *oriC* 의 두 개의 딸 사본이 바로 복제를 재개하는 것을 막는다.

DnaA는 새로 합성된 *oriC*의 딸 사본이 바로 복제를 재개하는 것을 저해하는 다른 기작의 표적이 된다. 앞서 언급한 바와 같이, ATP에 결합한 DnaA만이 복제개시를 유도할 수 있다. 하지만 이 결합된 ATP는 개시과정 동안 ADP로 전환된다. 또한 복제개시의 결과로 장전된 활주 클램프는 DnaA에 의한 ATP 가수분해를 촉진하는 단백질(Hda)를 끌어들인다. 따라서 복제개시 주기를 유도하는 과정에서 DnaA는 불활성화되어 재사용되지 못한다. 결합된 ADP를 ATP로 교환하는 과정은 느리게 이루어지며, 이는 ATP와 결합된 복제능이 있

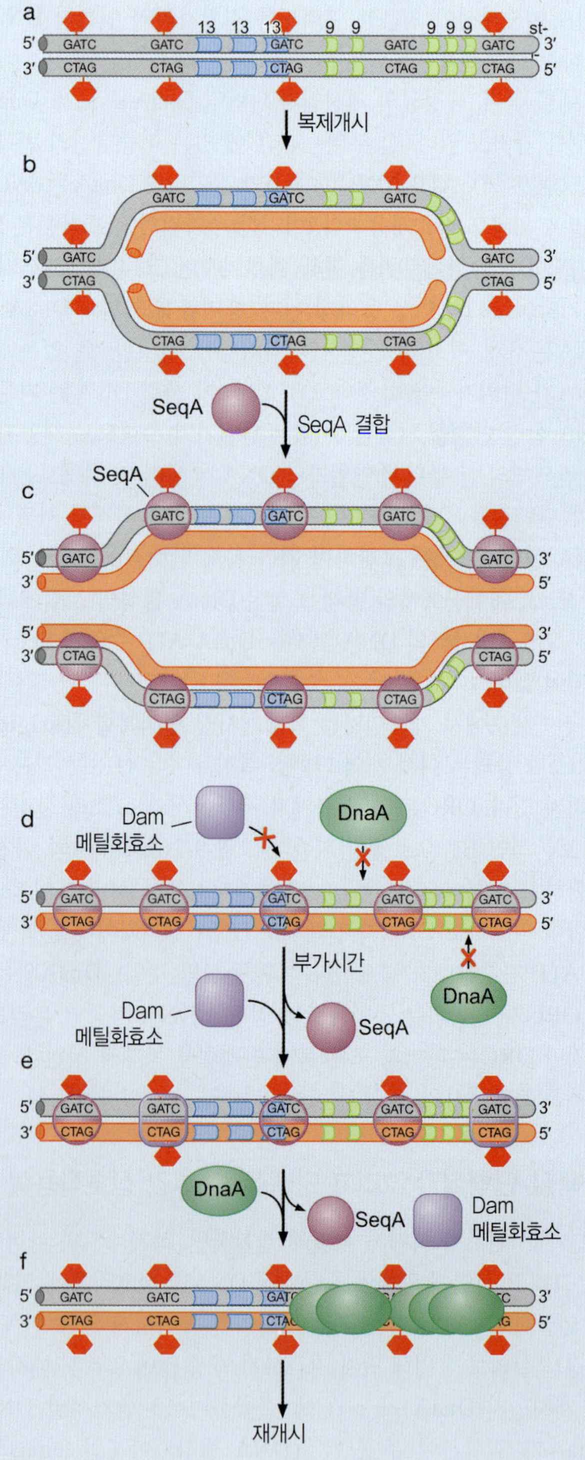

글상자 9-5 그림 1 반메틸화된 DNA에 결합된 seqA는 새로 복제된 딸 복제 개시점의 복제 재개를 억제한다. (a) DNA 복제 전에, 대장균 전체 유전체 내 GATC 서열은 두 가닥 모두 메틸화되어 있다("완전히" 메틸화되어 있다). 그림을 통해 살펴보라. 메틸기는 빨간색의 6각형으로 표시되어 있다. (b) DNA 복제는 이 부위를 반메틸화 상태(DNA 한 가닥만이 메틸화되어 있음)로 전환시킨다. (c) 반메틸화된 GATC 서열에 SeqA가 신속히 결합한다. (d) 결합된 SeqA 단백질은 이 서열들이 완전히 메틸화되는 것과 DnaA가 oriC에 결합하는 것을 방해한다(간단히 하기 위해, d, e, f에는 두 딸 분자 중 하나만 나타냈다). (e) SeqA가 간혹 GATC 부위에서 분리되면, 그 서열은 Dam DNA 메틸기전달효소에 의해 완전히 메틸화되어 SeqA와의 재결합이 억제된다. (f) GATC 부위가 완전히 메틸화되면, DnaA가 결합하여 딸 *oriC* 복제자에서 새로운 복제주기가 유도될 수 있다.

글상자 14-1 (계속)

는 DnaA가 축적되는 것을 더욱 지연시키게 된다. 주변 염기서열을 복제하는 과정 또한 *oriC* 에 결합할 수 있는 DnaA의 양을 감소시키는 데 작용한다. *oriC* 바깥 부위에도 300개 이상의 9-염기 DnaA 결합자리가 있으며(DnaA는 여러 프로모터에서 전사 조절자로서도 작용한다), 이들 부분이 복제됨에 따라 이 숫자는 배가 된다. DnaA 결합자리의 증가는 이용가능한 DnaA의 양을 감소시키는 결과를 가져온다.

이러한 방법들이 동원되어 대장균에서 새로이 복제된 *oriC*가 복제를 재개할 수 없도록 만든다. 이러한 기작들에 의해 바로 복제가 재개되는 것을 막기는 하지만, 이러한 저해작용이 세포분열이 완결될 때까지 반드시 지속될 필요는 없다. 실제로 최대 속도로 분열하고 있는 대장균 세포를 보면, *oriC*의 딸 사본은 이전 복제주기가 완전히 끝나기 전에 복제를 개시해야 한다. 그 이유는 대장균 세포의 경우 매 20분마다 분열을 하지만, 대장균 유전체를 복제하기 위해서는 40분 이상 소요되기 때문이다. 따라서 빠른 분열 상태에서 대장균 세포는 이전 복제주기가 완전히 끝나기 전에 1회 그리고 가끔씩 2회 복제를 재개한다(글상자 9-5 그림 2). 그러한 빠른 분열 상황에서도 복제개시는 세포분열 주기당 한 번 이상 일어나지는 않는다. 즉, 각 세포분열 주기당 *oriC*로부터의 복제개시는 단 한번만 일어날 뿐이다.

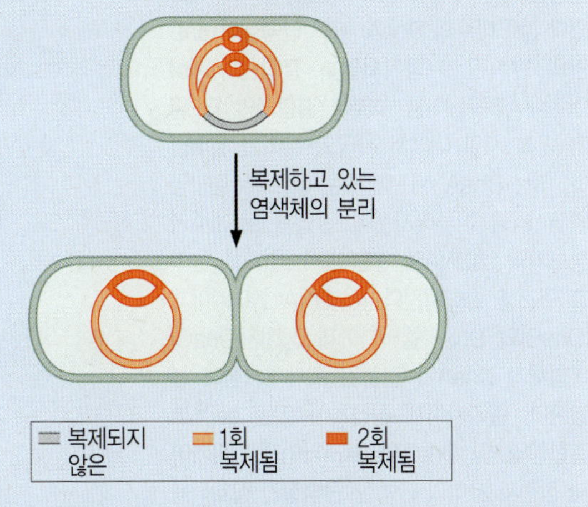

글상자 9-5 그림 2 빠르게 분열하는 세포는 세포분열이 끝나기 전에 복제개시점에서 복제가 재개된다. 각 세포분열 주기 이전에 유전체를 완전히 복제하기 위해 세균 세포들은 세포분열이 완결되기 전에 단일 복제개시점에서 DNA 복제를 재개해야 한다. 이는 딸세포로 분리되는 염색체들이 활발히 복제하고 있음을 나타낸다. 이는 DNA 복제가 완결되기 전에는 염색체 분리를 시작하지 않는 진핵세포와는 대조적이다.

DnaC) 복합체를 끌어들인다(그림 9-27 a~d). 중요한 것은 헬리카아제 장전자가 결합하면 DNA 헬리카아제를 불활성화시키게 되어 적합하지 않는 자리에서 작용하는 것을 방지하게 된다. 일단 헬리카아제 장전자가 복제개시점의 ssDNA에 결합하면 ssDNA주위에 DNA 헬리카아제가 조립된다(ssDNA는 DnaB 헬리카아제의 6량체 단백질 고리 가운데로 통과할 수 있음을 기억하라.). 이 장전 기작은 자세하게 밝혀져 있지 않지만 이 과정은 활주 DNA 클램프가 프라이머:주형 결합체 주위를 둘러싸서 조립되는 과정과 비슷하며 DNA 헬리카아제 6량체 고리가 표적 ssDNA를 둘러싸도록 열려야 한다(글상자 9-3 참조). 흥미롭게도 활주 클램프 장전자의 소단위처럼 DnaC는 ATP를 이용하는 AAA+ 단백질이다.

헬리카아제와 이미 언급한 복제분기점의 다른 구성요소들 사이의 단백질-단백질간 상호작용으로 나머지 다른 복제기구들이 집합된다(그림 9-27e,f). 헬리카아제는 DNA 프리마아제를 복제개시점에 끌어들여 복제개시점의 각 가닥에서 RNA 프라이머가 합성된다. DNA 선도가닥에서 프라이머가 생성됨과 아울러 헬리카아제 장전자가 방출되고 헬리카아제가 활성화된다. DNA Pol III 완전효소는 프라이머:주형 결합체 및 헬리카아제와의 상호작용으로 복제개시점에 오게 된다. 일단 완전효소가 존재하면, 활주 클램프가 RNA 프라이머 부위에 결합하게 되고 선도가닥의 중합효소가 작업을 하게 된다. 헬리카아제의 작용에 의해 새로운 ssDNA가 드러나면 SSB가 결합하게 되고 DNA 프리마아제가 첫 번째 지체가닥 프라이머를 합성한다. 이 새로운 프라이머: 주형 결합체들은 클램프 장전자의 목표물이 되고, 따라서 지체가닥에 두 개의 활주 클램프가 더 추가된다. 이 클램프들은 다음 번 DNA Pol III 중심효소에 의해 인식되어, 지체가닥 DNA 합성이 개시된다. 첫 번째 오카자키 조각이 신장되면서 지연가닥 주형 DNA가 더 많이 생기면 새로운 RNA 프라이머가 합성된다. 활주 DNA

그림 9-27 대장균 DNA 복제개시 모델. 대장균 복제개시의 중요 사건들을 보여주고 있다. (a) 다수의 DnaA·ATP 단백질이 *oriC* 안의 반복된 9-염기서열과 결합한다. (b) DnaA·ATP가 이들 서열에 결합하면 13-염기 반복 서열 내에서 가닥의 분리가 일어난다. 이는 DnaA·ATP에 있는 ssDNA 결합영역에 의해 이루어지는데 결합된 ssDNA가 상보가닥 ssDNA에 결합할 수 없도록 늘리고 구조를 변화시킨다. (c) DNA 헬리카아제(DnaB)와 DNA 헬리카아제 장전자(DnaC) 복합체가 DnaA가 결합된 복제개시점에 결합한다. 헬리카아제 장전자에 있는 ssDNA 결합영역 및 DnaA와 헬리카아제/헬리카아제 장전자 사이의 단백질-단백질간 상호작용이 이들 상호작용을 중재한다. (d) DNA 헬리카아제 장전자는 DNA 헬리카아제의 단백질 고리를 열어 복제개시점의 ssDNA 주위를 둘러싸게 한다. (e) 각 DNA 헬리카아제는 각 주형에서 RNA 프라이머를 합성하는 DNA 프리마아제를 끌어들인다. RNA 프라이머는 헬리카아제 장전자가 헬리카아제로부터 떨어져 나가게 하고 DNA 헬리카아제는 활성화된다. DNA 헬리카아제가 이동하면 복제자에 결합되어 있는 나머지 DnaA는 모두 제거된다. (f) 새로 합성된 프라이머와 헬리카아제가 DNA Pol III 완전효소의 클램프 장전자에 의해 인식된다. 활주 클램프가 각 RNA 프라이머에 결합하고, 각 완전효소의 3개의 DNA pol III 중심효소 중 하나에 의해 선도가닥의 합성이 개시된다. (g) DNA 헬리카아제가 약 1000 염기가량 움직이면 두 번째 RNA 프라이머가 각 지체가닥 주형에서 합성되고 활주 클램프가 장전된다. 생성된 프라이머:주형 결합체는 각 완전효소에 있는 두 번째 DNA Pol III 중심효소에 의해 인식되고, 결국 지체가닥 합성이 개시된다. (h) 이제 각 복제분기점에서 선도가닥 합성과 지체가닥 합성이 개시되었다. 그림 9-23에서 보이는 것처럼 3번째 DNA Pol III 중심효소 또한 지체가닥 DNA 합성에 참여한다. 각 복제분기점은 주형의 끝까지 혹은 반대 방향으로 이동하는 다른 복제분기점과 만날 때까지 계속 진행한다.

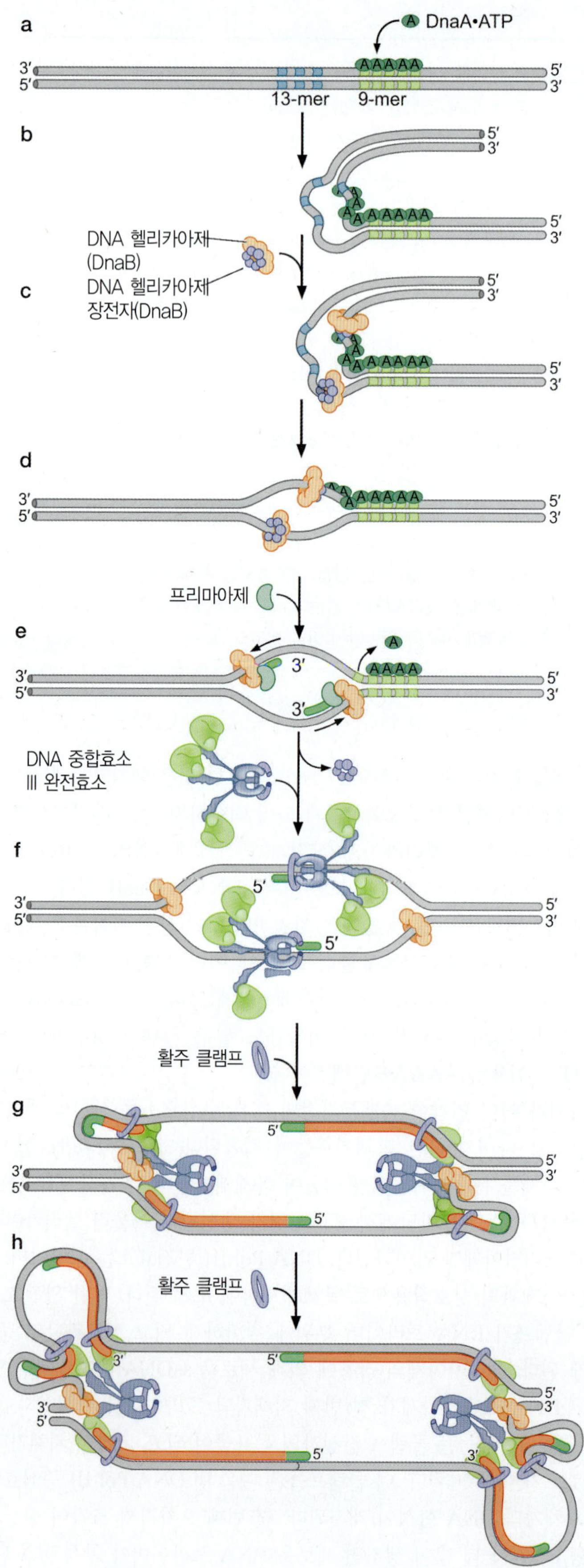

클램프가 조립된 후에, 또 다른 DNA Pol III 효소에 의해 두 번째 오카자키 조각의 합성이 개시된다(그림 9-27g,h). 이 시점에서 두 개의 복제분기점이 만들어지고 복제 개시는 완결된다.

진핵생물 염색체는 세포주기마다 정확히 한 번만 복제한다

7장에서 논의된 것처럼, 진핵세포가 분열하는 데 필요한 과정은 세포주기의 어느 특정한 시기에 이루어진다. 염색체의 DNA 복제는 세포주기에서 S기 동안에만 일어난다. 이 시기 동안 세포 안의 모든 DNA는 정확히 한 번만 복제되어야 한다. 염색체의 어느 한 부분이라도 부정확하게 복제되면 딸 염색체가 부적절하게 연결되어, 연결된 염색체가 분리되면 염색체 절단이나 소실이 생긴다(그림 9-28). 진핵세포 DNA가 아주 일부라도 재복제가 이루어지면 세포가 수리하기 어려운 상태의 손상을 가지게 된다. 이러한 손상을 수선하고자 하는 시도는 흔히 관련 DNA의 증폭을 야기하게 되며 결국 관련 유전자들의 발현이 부적절하게 증가되는 결과를 가져온다. 필수적인 조절 유전자가 하나 혹은 두 개만 추가되어도 유전자 발현, 세포분열, 주위 신호의 반응에 심각한 결함이 야기될 수 있다. 그러므로 각 염색체의 모든 염기쌍이 진핵세포가 매 분열할 때마다 정확히 한 번만 복제되는 것은 매우 중요하다. 진핵생물의 염색체에서 DNA가 한 번만 복제되는 것은 각 염색체가 많은 복제개시점을 갖고 있기 때문에 특히 어려운 난제이다. 복제개시점들은 일반적으로 ~30 kb 정도로 떨어져 있어 매우 작은 진핵세포 염색체도 10개 이상의 복제개시점을 가질 수 있으며, 사람의 염색체의 경우는 수천 개의 복제개시점이 있을 수 있다. 각 염색체가 매 S기마다 완전히 복제될 수 있도록 충분한 양의 이들 복제개시점들이 활성화되어야 한다. 일반적으로 복제를 완결하는 데 모든 복제자들이 다 활성화될 필요는 없지만, 너무 적게 활성화되면 유전체의 모든 부위가 복제되기 어렵다. 한편, 세포분열 주기 동안에 어떤 복제개시점이 사용되지 않았다 하더라도 복제가 끝난 후에는 어떤 복제자도 개시될 수 없다. 그러므로 복제자가 자체적으로 활성화되어 복제가 이루어졌는지, 아니면 인접한 복제자에서 유래된 복제분기점에 의해 복제되었는지에 관계없이 복제자는 그 다음 세포분열 주기까지는 불활성화되어야 한다(그림 9-29). 그렇지 않으면 그 복제개시점에 연계된 DNA는 진핵세포의 "한 번에 단 한번"의 규칙을 깨고 같은 세포주기 내에서 두 번 복제될 수 있다.

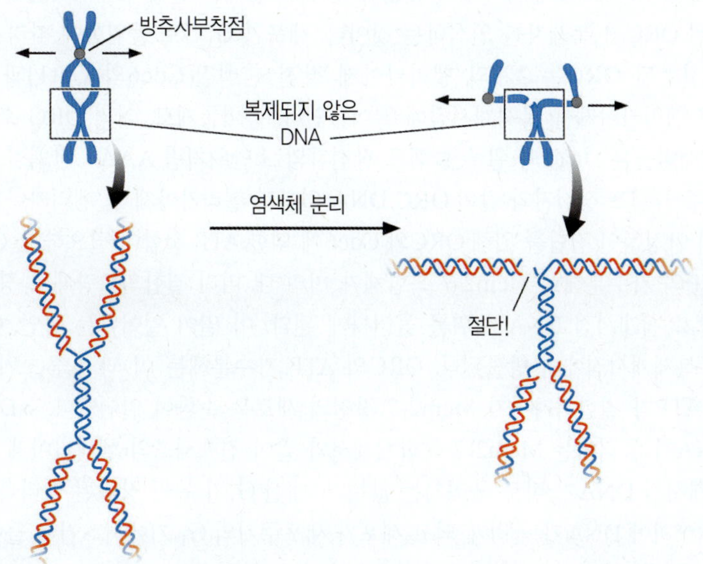

그림 9-28 불완전한 DNA 복제로 인한 염색체 절단. 이 그림에서는 불완전한 복제에 이은 염색체 분리의 결과를 보여주고 있다. 그림의 상단은 전체 염색체를 보여준다. 하단은 DNA 수준에서 염색체의 절단을 자세히 보여주고 있다(염색체 분리에 대한 더 자세한 내용은 7장 참조.). 염색체가 서로 분리되어 이동함에 따라 복제되지 않은 DNA에 힘이 가해지며, 결국 염색체가 절단된다.

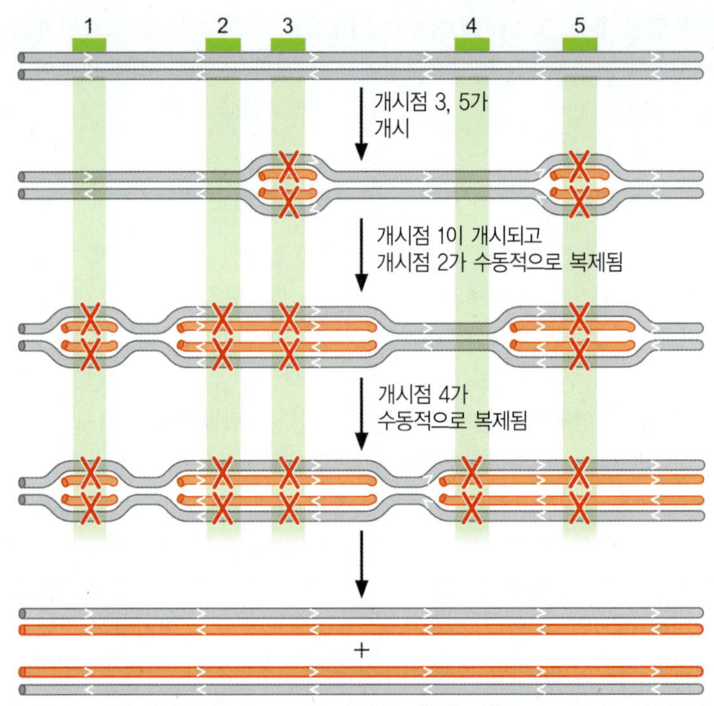

그림 9-29 복제자는 DNA 복제에 의해 불활성화된다. 5개의 복제자를 가진 진핵세포 염색체가 보인다. 3과 5로 표시된 복제자가 먼저 활성화되어 2쌍의 양방향 복제분기점을 형성하게 된다. 어버이가닥 복제자들의 활성으로 두 딸 DNA 분자의 각 복제자 사본은 다음 세포주기까지 불활성화 된다(붉은색 X로 표시). 생성된 복제분기점이 전진함에 따라 2번과 4번 복제자가 복제를 개시하기 전에 이들과 중첩되는 DNA 부분을 복제하게 된다. 복제자가 개시되기 전에 이웃한 복제개시점에서 유래된 복제분기점에 의해 복제될 때, 이것을 수동적으로 복제되었다고 한다. 비록 이런 복제자들은 개시되지 않았지만 이들 DNA의 복제에 의해 불활성화된다(나중에 논의하겠지만 이는 복제개시점에 장전된 헬리카아제가 복제분기점이 통과함으로써 제거되기 때문이다). 이와는 대조적으로, 1번 복제자는 개시되기 전에 이웃한 분기점이 도달하지 않아 정상적으로 개시하게 된다. DNA 복제를 완성하는 데 필요한 복제자보다 더 많은 복제자가 존재하는 것은 각 염색체를 완전하게 복제하기 위해 여분으로 가지고 있는 것이다.

진핵세포 복제개시의 첫 단계는 헬리카아제 장전이다

진핵세포의 복제개시는 세포주기에서 특정 시간에 일어난다(8장 참조). 헬리카아제 장전은 G1기(S기 이전)에 모든 복제자에서 일어난다. 복제자나 개시점 활성화, 헬리카아제 활성화 및 레플리솜 조립은 세포가 S기에 진입한 후에만 발생한다.

헬리카아제 장전과 개시점 활성화의 분리는 원핵세포의 상황과는 다른데 원핵세포의 경우 개시인자가 복제자 DNA에 결합하면 바로 DNA 풀림, 헬리카아제 장전, 레플리솜 조립으로 이어진다. 나중에 보겠지만 진핵세포 주기 동안 헬리카아제 장전이 헬리카아제 활성화와 레플리솜 조립과 시간적으로 분리됨으로써 각 염색체가 각 세포주기마다 단 한번만 복제되도록 보장된다(세균세포는 이 문제를 다르게 해결한다. 글상자 9-5 참조).

진핵세포의 헬리카아제 장전은 각 복제자에 작용하는 4개의 독립된 단백질을 필요로 한다(그림. 9-30). 헬리카아제 장전의 첫 번째 단계는 진핵세포 개시인자인 ATP에 결합된 ORC가 복제자를 인식하는 것이다. 세포가 G_1기로 돌입함에 따라 복제개시점에 결합된 ORC는 2개의 헬리카아제 장전 단백질(Cdc6와 Cdt1)과 2개의 Mcm2-7 헬리카아제를 복제개시점에 끌어들인다. 흥미롭게도, 여러 ORC 소단위와 Cdc6 단백질들은 DnaC와 활주 클램프 장전자의 소단위처럼 AAA+ 단백질족에 속한다. 활주 클램프 장전자와 같이 ORC DNA 결합과 헬리카아제 및 헬리카아제 장전 단백질의 안정적인 집합을 위해 ORC와 Cdc6에 의한 ATP 결합이 필요하다. Cdc6에 의한 ATP의 가수분해로 Mcm2-7 복합체가 머리 대 머리 결합의 2량체로 장전되어 이중가닥 복제개시점 DNA 주위를 둘러싸게 된다. 이 일이 일어나는 동안, Cdt1과 Cdc6은 복제개시점에서 방출된다. ORC의 ATP 가수분해는 이 과정을 초기화하고 ORC에 ATP가 결합하자마자 Mcm2-7 장전의 새로운 순환이 일어난다. ssDNA 대신 dsDNA를 둘러싸는 Mcm2-7 복합체에서와 같이 진핵세포의 헬리카아제 장전으로 복제개시점 DNA가 바로 풀리지는 않는다. 대신 G_1기 동안 장전된 헬리카아제가 활성화되어서야 DNA가 풀리게 되고 세포가 세포주기의 G_1 기에서 S기로 들어간 후

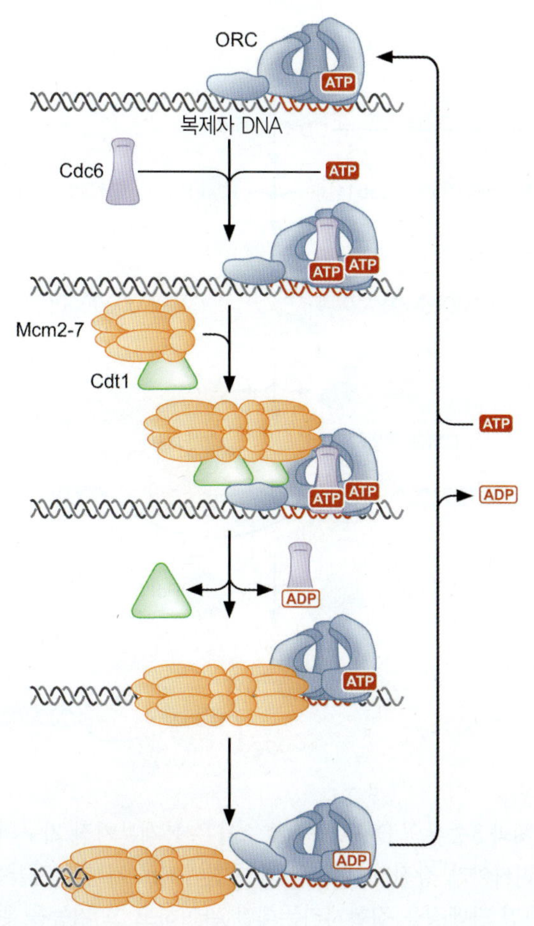

그림 9-30 진핵세포의 헬리카아제 장전. 진핵세포 복제 시 DNA 헬리카아제의 장전은 ATP가 결합된 복제개시점 인식 복합체(ORC)가 복제자에 결합함으로써 시작되는 질서정연한 과정이다. 일단 복제자에 결합하면, ORC는 ATP가 결합된 Cdc6와 또 다른 헬리카아제 장전 단백질인 Cdt1에 결합된 2개의 Mcm2-7 헬리카아제를 집합시킨다. 이러한 단백질들이 모이면 Cdc6에 의해 ATP 가수분해가 일어나고 이중가닥 복제개시점 DNA를 둘러싸는 Mcm2-7 복합체는 머리 대 머리 결합으로 2량체를 형성해 장전되며 Cdc6와 Cdt1은 복제개시점으로부터 방출된다. 이어서 ORC에 의해 다음 번 ATP가 가수분해되어 전 과정이 완성된다(Mcm2-7로부터 떨어져 나오는 것으로 묘사됨). ADP가 ATP로 교체되면 새로운 헬리카아제 장전을 하게 한다.

에 복제가 시작된다.

장전된 헬리카아제는 2개의 단백질인산화효소 CDK(cyclin-dependent kinase)와 DDK(Dbf4-dependent kinase)에 의해 활성화된다(그림 9-31). **단백질인산화효소(protein kinases)**는 인산기를 표적 단백질에 공유결합시키는 단백질이다(13장 참조). 이러한 인산화효소들은 세포가 S기에 들어갈 때 활성화된다. 일단 활성화되면 DDK는 장전된 헬리카아제를, CDK는 두 개의 다른 복제 단백질을 표적으로 삼는다. 이들 단백질이 인산화되면 Cdc45 단백질과 GINS 단백질이 Mcm2-7 헬리카아제에 결합하게 된다(그림 9-31). 중요한 것은 Cdc45와 GINS는 Mcm2-7 ATPase와 헬리카아제의 활성을 강하게 자극하여 Mcm2-7 DNA 헬리카아제의 활성형인 Cdc45-Mcm2-7-GINS(CMG) 복합체를 형성한다. 헬리카아제가 처음엔 머리 대 머리 2량체로서 이중가닥 DNA 주변에 장전되지만, 복제분기점에서는 단일가닥 DNA를 둘러싸는 단일 Mcm2-7 6량체로서 작용하는 것으로 생각된다. 따라서 활성화 과정 동안 DNA 한 가닥이 각 헬리카아제의 중심 통로로부터 빠져나와야 하고 두 개의 Mcm2-7 복합체간의 상호작용은 깨지게 된다(그림 9-32). 3종류의 진핵 DNA 중합효소들이 특정한 순서대로 복제개시점에 모인다. DNA Pol ε는 DNA가 풀리기 전에 Cdc45와 GINS와 함께 복제개시점에 모인다. 반면 DNA Pol δ와 DNA Pol α/프리마아제는 복제개시점에 모이기 전에 DNA가 풀려야 한다. 이런 순서는 DNA Pol α/프리마아제에 의해 첫 RNA 프라이머가 합성되기 전에 3종의 DNA 중합효소가 모두 복제분기점에 존재하게 한다.

복제개시점에 모이는 단백질들의 일부만이 진핵세포의 레플리솜으로서 기능하게

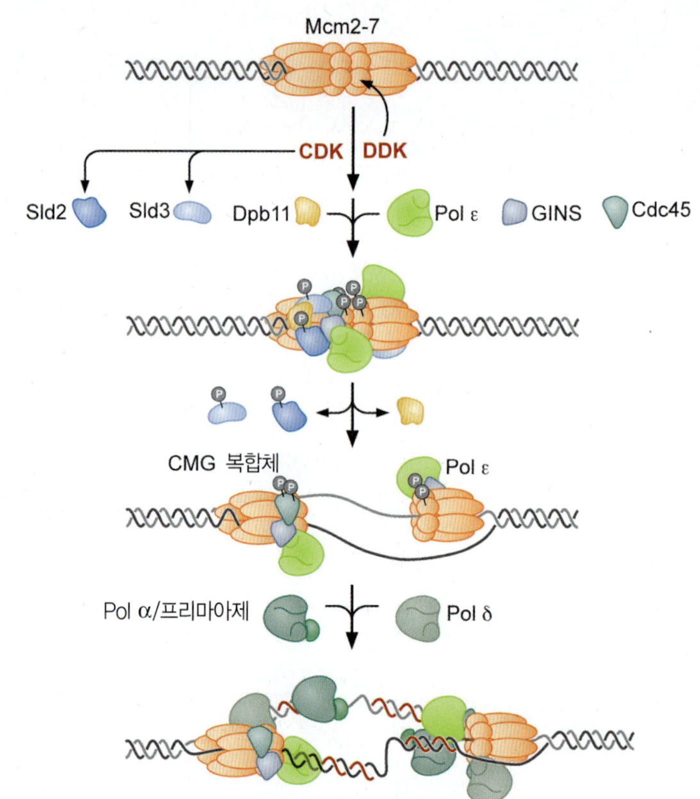

그림 9-31 장전된 헬리카아제의 활성화로 진핵세포 레플리솜이 조립된다. 세포가 세포주기의 S기에 들어가면 2개의 인산화효소 CDK와 DDK가 활성화된다. DDK는 장전된 Mcm2-7 헬리카아제를, CDK는 Sld2와 Sld3를 인산화시킨다. 인산화된 Sld2와 Sld3는 Dpb11에 결합하고 이들 단백질들은 함께 헬리카아제-활성화 단백질인 Cdc45와 GINS가 헬리카아제에 결합할 수 있게 한다. Cdc45와 GINS는 Mcm2-7 헬리카아제와 함께 Cdc45/Mcm2-7/GINS 또는 CMG 복합체라고 불리는 안정된 복합체를 형성하고 Mcm2-7 헬리카아제를 크게 활성화시킨다. 선도가닥 DNA 중합효소(ε)는 DNA가 풀리기 전인 이 단계에서 헬리카아제에 모인다. CMG 복합체를 형성한 후 Sld2, Sld3, Dpb11은 복제개시점에서 방출된다. DNA Pol α/프리마아제와 지체가닥에서 작용하는 DNA Pol δ는 DNA가 풀린 후에 모인다. DNA 중합효소가 복제분기점에 있게 되는 단백질-단백질 간의 상호작용에 대해서는 아직 밝혀진 것이 거의 없다.

된다. CMG복합체와 3종류의 DNA 중합효소들은 복제분기점 기구의 일부분이 된다. 대장균 DNA 헬리카아제 장전자 (DnaG)와 마찬가지로 다른 인자들은 Cdc6과 Cdt1과 같은 복제분기점 단백질을 집합시키는데만 관여하고 그 기능을 완수하고 나면 방출되거나 파괴된다(그림 9-31).

헬리카아제의 장전과 활성화는 각 세포주기 동안 단 한번만 복제가 일어나도록 조절된다

진핵세포는 어떻게 세포주기 동안 수백 혹은 수천 개의 복제개시점이 단 한번만 활성화되도록 조절할 수 있을까? 답은 세포주기당 한 번 일어나는 두 복제 상태의 변화에 있다. G_1기 동안 세포들은 헬리카아제 장전 단계에 들어서고 헬리카아제 장전을 하지만 장전된 헬리카아제를 활성화하지는 못한다. S기에 들어서면 G_2기와 M기를 지나면서 계속해서 G_1기에 장전된 헬리카아제는 활성화되지만 새로운 헬리카아제 장전은 엄격히 제한된다(그림 9-33). 중요한 것은, 헬리카아제 장전과 활성화는 서로 양립할 수 없다는 것이다. 정확한 기작은 생물체에 따라 다르지만, 왕성하게 분열하는 모든 진핵세포에서는 이와 동일한 조절 기작이 관찰된다. 따라서 각 세포주기 동안, 헬리카

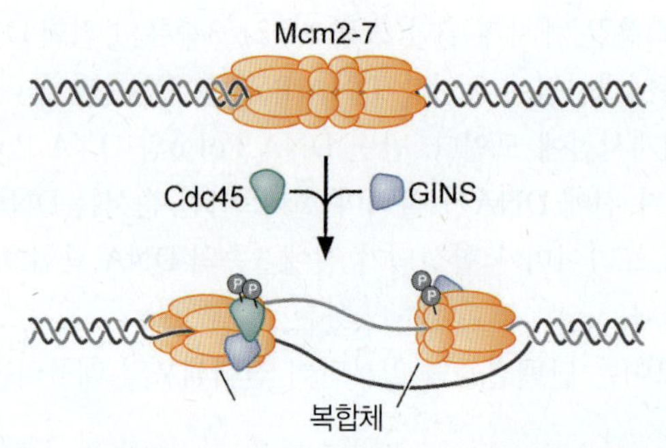

그림 9-32 헬리카아제가 활성화되면 헬리카아제 상호작용이 변화된다. 헬리카아제가 활성화되기 전에 장전된 헬리카아제는 이중가닥 DNA를 둘러싼 채 Mcm2-7 단백질의 아미노 말단 사이의 상호작용에 의해 머리 대 머리의 결합으로 이중 6량체의 형태를 취한다. 헬리카아제가 활성화된 후에는 CMG 복합체에 있는 Mcm2-7 단백질은 단일가닥 DNA를 둘러싸게 되고 두 Mcm2-7복합체 사이의 상호작용은 깨지게 된다.

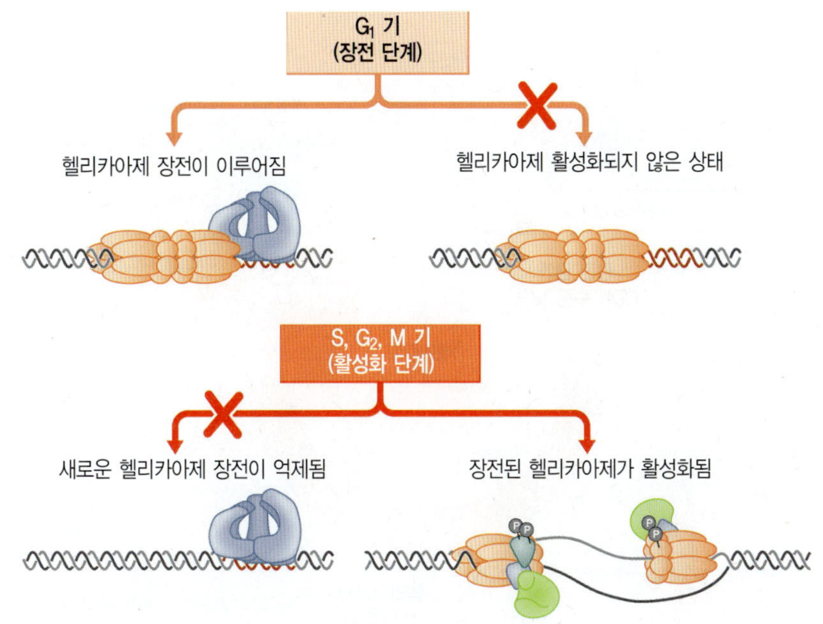

그림 9-33 진핵세포 헬리카아제의 장전과 활성화는 세포주기의 서로 다른 단계에서 일어난다. 세포주기의 G_1기에서 헬리카아제의 장전이 이루어지나 이때는 헬리카아제 활성화는 이루어지지 않는다. 세포주기의 나머지 기간(S, G_2, M기)에는 헬리카아제 장전은 억제되고 장전된 헬리카아제는 활성화된다(S기 이후에는 모든 장전된 Mcm2-7 복합체들이 DNA로부터 제거되기 때문에 활성화는 S기 동안에만 일어난다; 그림 9-29).

아제가 복제개시점에 장전되는 기회는 단 한번이며 (G_1기 동안), 그런 장전된 헬리카아제가 활성화되는 기회도 단 한번이다(S, G_2, M기 동안—실제로 모든 장전된 헬리카아제는 S기 동안 복제분기점에서 활성화되거나 제거된다). 세포는 복제된 염색체들을 분리시키고 분열한 이후라야 다시 G_1기로 들어갈 수 있으며 복제개시점에 새로운 헬리카아제를 장전할 수 있다.

이러한 조절이 어떻게 이루어질 수 있을까? 출아하고 있는 효모(*S. cerevisiae*)에서는 이러한 조절이 CDK의 기능과 단단히 연관되어 있다(그림 9-34). 이 효소는 복제를 조절하는 데 있어서 두 상반된 역할을 수행하는 것 같다. 하나는 위에서 언급한 대로 DNA 복제를 시작할 수 있도록 장전된 헬리카아제를 활성화시키는 것이고 다른 하나는 헬리카아제 장전을 막는 것이다. 위에서 언급한 조절의 관점에서 생각해보면, 이러한 다른 역할로 인해 하나의 효소가 복제개시의 두 단계를 제어할 수 있게 되는 것이다. G_1기 동안은 CDK 농도가 낮아 헬리카아제 장전이 이루어지더라도 헬리카아제의 활성화는 이루어지지 않는다. 세포주기의 S기로 들어가면 CDK 활성이 빠르게 증가하여 장전된 헬리카아제가 활성화되지만 동시에 새로운 헬리카아제의 장전은 막는다. 중요한 것은 CDK 농도는 세포주기의 남은 기간(S, G_2, M기) 동안 계속 높은 수준을 유지한다는 것이다.

장전된 헬리카아제는 복제분기점이 DNA 합성을 완수한 후 혹은 결합되었던 DNA가 복제된 후 DNA로부터 방출된다(그림 9-29). 노출된 복제자는 새로운 헬리카아제 장전에 활용되고 신속히 ORC가 결합하게 된다. 그러나 이 부위에 개시인자들이 존재하더라도 S, G_2, M기 동안 CDK 활성이 높기 때문에 ORC, Cdc6, Cdt1의 기능은 억제된다. 세포의 염색체가 분리되고 세포분열이 완결되어 CDK 활성이 사라진 후에야 비로소 새로운 헬리카아제 장전이 시작된다.

진핵세포와 원핵세포 DNA 복제개시의 유사점

이제까지 우리는 진핵세포와 원핵세포의 복제개시를 살펴보았다. 두 경우 모두 복제개시의 일반적 원리가 같은 것은 분명하다. 첫 번째 단계는 개시인자 단백질에 의해 복제자가 인식되는 것이다. 개시인자 단백질은 하나 혹은 여러 개의 헬리카아제 장전

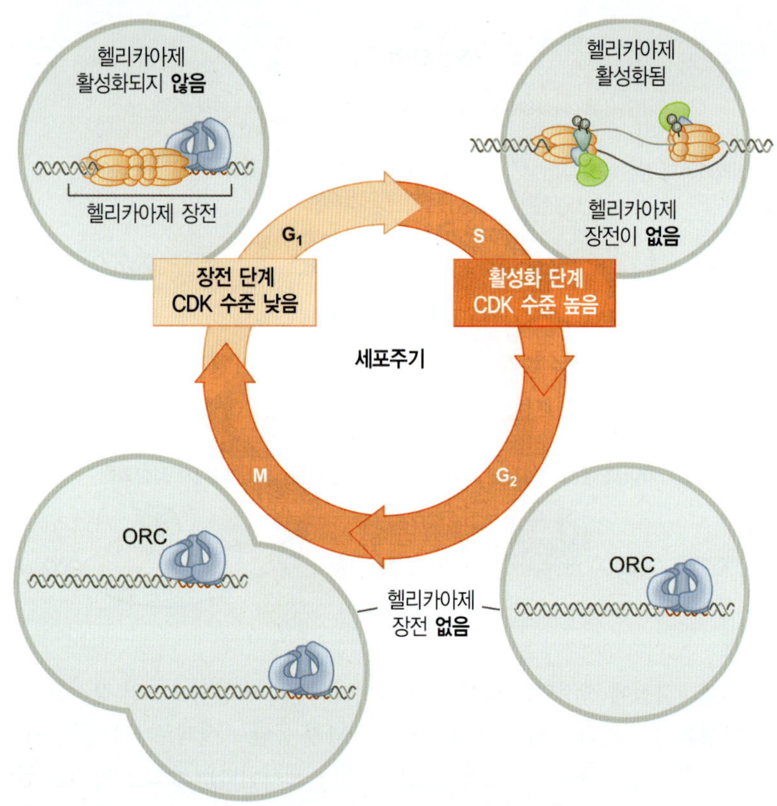

그림 9-34 CDK 활성에 의한 세포주기 조절로 복제가 제어된다. 효모세포에서 CDK 수준은 헬리카아제 장전과 활성화를 강력하게 조절한다. G_1기에는 CDK 수준이 낮아 헬리카아제가 장전되지만 장전된 헬리카아제가 활성화되지는 않는다(활성화에 CDK가 필요하기 때문에). S기 동안에는 CDK 활성이 높아져 새로운 헬리카아제 장전은 억제되고 앞서 장전된 헬리카아제는 활성화된다. 장전된 헬리카아제가 복제개시를 위해 사용될 때는, 복제분기점으로 들어가 복제개시점을 떠나게 된다. 마찬가지로 복제개시점 DNA는 수동적으로 복제되어 복제개시점 DNA로부터 헬리카아제를 제거한다(그림에는 나타나 있지 않음). CDK 수준은 유사분열이 끝날 때까지 높게 유지되므로 염색체 분리가 완수되고 딸세포가 다시 G_1기로 들어가기까지 새로운 헬리카아제 장전은 일어나지 않는다. 헬리카아제 장전이 다시 시작되지 않는 한 복제는 다시 시작될 수 없다.

단백질과 함께 복제자에 DNA 헬리카아제를 조립한다. 헬리카아제(그리고 진핵세포의 경우 아마도 복제개시점에 있는 다른 단백질들)는 RNA 프라이머 합성을 위한 주형가닥으로 작용될 ssDNA 부분을 제공한다. 일단 프라이머가 합성되면 나머지 레플리솜 구성인자들이 프라이머:주형 결합체와의 상호작용에 의해 모여든다.

비록 박테리아와 진핵세포의 복제개시의 기작은 비슷할지라도 복제의 조절 기작은 확연히 다르다. 예로 진핵세포와 달리 빠르게 분열하고 있는 세균세포는 세포주기마다 한 번 이상의 복제를 개시한다. 가장 확실하게 조절되는 단계도 다르다. 진핵세포는 DNA 복제개시점에 MCM 헬리카아제의 초기 장전을 조절하는 데 중점을 두는 반면 세균세포는 DnaA 개시인자 단백질이 DNA에 결합하는 것을 조절하는 데 중점을 둔다(글상자 9-5, "대장균 DNA 복제는 DnaA-ATP 수준과 SeqA에 의해 조절된다" 참조).

복제종결

DNA 복제가 종결되기 위해서는 일련의 특별한 과정이 요구된다. 이러한 과정들은 원형 염색체와 선형 염색체의 경우에 서로 다르다. 원형 염색체에서는 일반적인 복제분기점 기구가 DNA 분자 전체를 완전하게 복제하지만, 그 결과 생성된 딸 분자들은 위상학적으로 서로 엮이어 있다. 이와는 달리 선형 염색체의 맨 끝 말단부위는 지금까지 공부해온 복제분기점 기구에 의해서는 복제가 완결될 수 없다. 따라서 선형 염색체를 가지고 있는 생물체들은 이러한 말단 복제의 문제점을 해결하기 위해 새로운 전략을 개발했다.

제II형 위상이성질체효소는 딸 DNA 분자를 분리하는 데 필요하다

원형 염색체의 복제가 완결된 후, 생성된 딸 DNA 분자는 사슬처럼 서로 연결되어 있다(그림 9-35; 4장, 그림 4-23). 연쇄체(catenane)는 2개의 환이 연결되어 있는 것을 말하는 일반적인 단어이다(사슬 연결과 비슷). 이 염색체들을 두 딸세포로 나누기 위해서는 이 두 원형의 DNA 분자가 분리되어야 한다. 이러한 분리는 **제II형 위상이성질체효소(type II topoisomerase)**의 작용에 의해 이루어진다. 4장에서 본 것처럼 이 효소는 이중가닥 DNA 분자를 절단해 이 절단된 틈으로 다른 이중가닥 DNA를 통과시키는 능력이 있다. 따라서 제II형 위상이성질체효소는 2개의 딸 분자 중 하나를 절단해, 두 번째 딸 분자를 그 틈으로 통과시키는 반응을 촉매한다. 이 반응으로 2개의 딸 염색체가 분리되어 각 세포로 나누어지게 된다.

이러한 효소 활성은 원형 염색체 분리의 경우에 가장 확실하지만, 거대한 선형 분자의 분리에서도 결정적이다. 비록 선형 분자의 복제 후에는 위상학적 연결은 없지만, 진핵 염색체는 큰 크기로 인해 DNA가 복잡하게 접혀 단백질 뼈대(scaffold)에 고리 모양으로 부착되어 있다(8장, 그림 8-32b 참조). 이러한 부착으로 인해 복제 후 두 딸 선형 염색체로 분리되어야 할 때 원형 염색체가 가졌던 것과 같은 문제들을 갖게 된다. 원형 염색체에서처럼 제II형 위상이성질체효소가 이러한 연결된 DNA들을 분리한다.

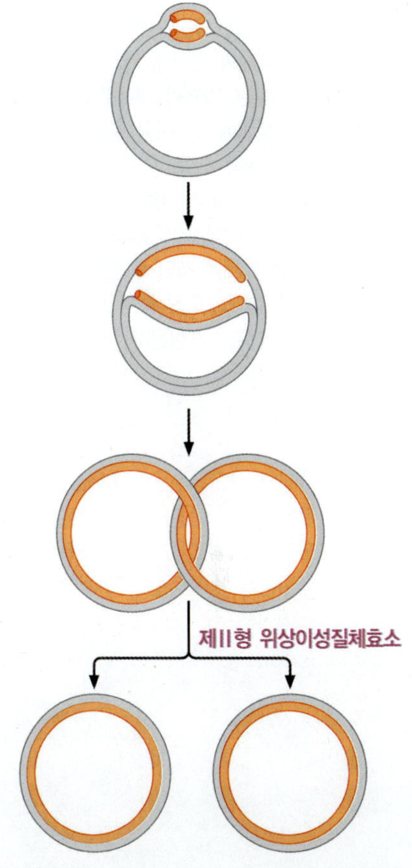

그림 9-35 제II형 위상이성질체효소는 복제산물의 연쇄 분리를 촉매작용한다. 원형 DNA 분자의 복제 결과 생긴 딸 DNA 분자는 서로 엮여 있다. 제II형 위상이성질체효소는 이러한 엮인 두 DNA 고리를 효과적으로 분리할 수 있다.

선형 염색체의 말단에서는 지체가닥 합성이 불가능하다

모든 새로운 DNA 합성을 개시하기 위해서는 RNA 프라이머가 요구되며, 이로 인해 선형 염색체 말단의 복제에 해결할 수 없는 문제가 생긴다. 이것을 **말단 복제 문제(end replication problem)**라고 한다(그림 9-36). 이러한 문제는 선도가닥의 복제에서는 관찰되지 않는다. 이 경우에는 단 하나의 내부 RNA 프라이머로 DNA 가닥 합성이 개시되고 이것은 주형의 5′ 말단까지 신장된다. 이와는 달리 지체가닥 합성을 완수하기 위해서는 다수의 프라이머가 필요하며 이는 그 주형이 완전히 복제될 수 없음을 의미한다. 오카자키 조각을 합성하기 위한 마지막 RNA 프라이머 말단이 지체가닥 주형의 마지막 염기쌍과 결합하였다고 하더라도, 이 RNA 분자가 제거되면 결국 염색체의 말단에 RNA 프라이머 크기의 짧은 복제되지 않은 ssDNA 부위가 남게 된다. 이렇게 짧아지는 것이 딸 분자의 두 가닥 중 한 가닥에서만 일어날지라도, 다음 번 복제 후에는 딸 분자의 두 가닥 모두가 짧아지게 된다. 이것은 매 DNA 복제에서 두 딸 DNA 분자 중 하나가 짧아지게 됨을 의미한다. 이 시나리오에 의하면 유전물질은 한 세대에서 다음 세대로 완전히 전달되지는 못하게 되며, 결국 염색체 말단에 있는 유전자는 소실될 것이다.

세포는 다양한 방법으로 말단 복제 문제를 해결한다. 한 가지 해결책은 염색체 각 말단에 있는 마지막 오카자키 조각의 프라이머로 RNA 대신 단백질을 사용하는 것이다(그림 9-37). 이때, 그 "프라이머 단백질"은 지체가닥의 주형에 결합하여, 원래 RNA 프라이머에 의해 제공되는 3′-OH를 대체하는 OH를 제공하는 아미노산(주로 티로신)을 사용한다. 마지막 지체가닥의 프라이머를 제공함으로써, 이 프라이머 단백질은 염색체의 5′ 말단에 공유결합으로 연결되게 된다. 이러한 종류의 말단 복제 단백질은 특정 종의 세균(대부분의 세균은 원형 염색체를 가지고 있다)의 선형 염색체의 말단과 세균 바이러스나 동물 바이러스의 선형 염색체의 말단에서 발견된다.

그러나 대부분의 진핵세포들은 염색체 말단을 복제하기 위해 전혀 다른 방법을 사

그림 9-36 말단 복제 문제. 지체가닥 복제기구가 염색체의 말단에 가까워지면 어느 지점부터는 프리마아제가 새로운 RNA 프라이머를 합성하기에 더 이상 충분한 공간을 가질 수 없게 된다. 그 결과 복제가 완결되지 못하고 지체가닥 DNA 산물의 3′ 말단에 짧은 ssDNA 부분이 생기게 된다. 이 DNA 산물이 다음 번 복제를 하면 두 산물의 하나는 짧아지게 될 것이고 이전 복제 시 충분히 복제되지 못한 부분이 소실된다.

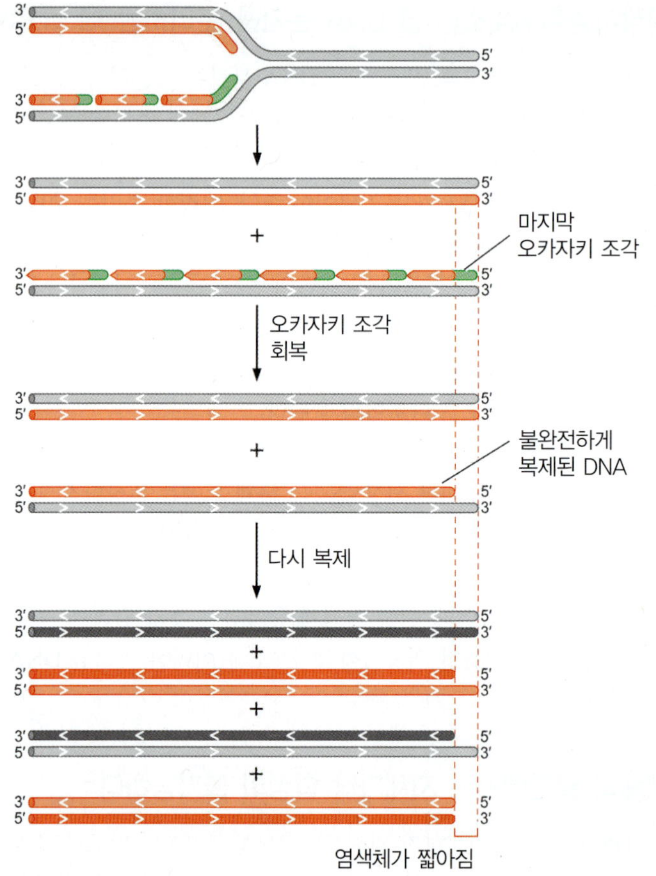

용한다. 8장에서 배운 것처럼, 진핵세포 염색체의 말단을 **말단소체(telomere)**라고 하며 그것은 대개의 경우 TG가 풍부한 DNA 서열이 순차적으로 반복되어 있다. 예를 들면, 사람의 말단소체는 5′-TTAGGG-3′ 서열이 순차적으로 여러 번 반복되어 있다. 이들 반복서열들은 거의 모두가 이중가닥으로 존재하지만 각 염색체의 3′ 말단은 5′ 말단보다 ssDNA로 더 뻗어 나와 있다. 이 특이한 구조가 말단 복제 문제를 해결하기 위한 새로운 복제개시점으로 작용한다. 이 복제개시점은 다른 진핵세포 복제개시점에서와 같은 단백질들과 상호작용하지 않고, 대신 **말단소체중합효소(telomerase)**라는 특수화된 DNA 중합효소를 끌어들인다.

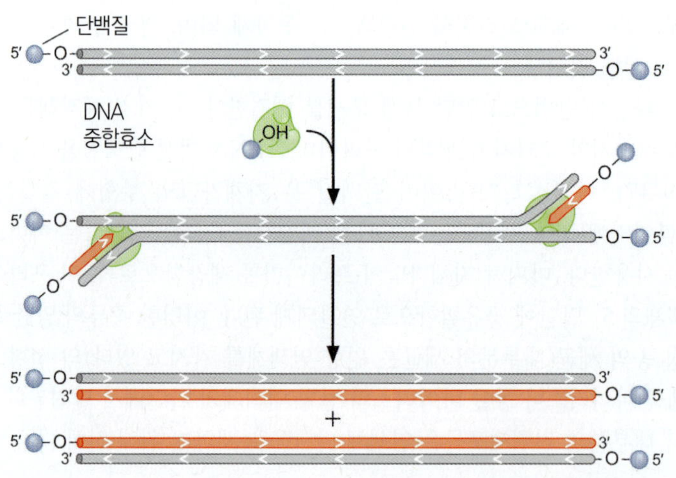

그림 9-37 말단 복제 문제를 해결하는 단백질 프라이머. 어떤 단백질은 DNA 중합효소와 주형의 3′말단에 결합함으로써 DNA 합성을 개시하도록 OH기를 제공한다. 그림의 예에서,이 단백질은 여러 바이러스에서 볼 수 있는 것처럼 모든 DNA 합성의 프라이머를 제공한다. 더 긴 DNA 분자에서는, 염색체를 복제하기 위해 이 방법과 일반적인 복제개시점이 함께 사용된다.

말단소체중합효소는 외래의 주형이 필요 없는 새로운 DNA 중합효소이다

말단소체중합효소는 단백질과 RNA를 모두 가지고 있는 놀라운 효소이다(그러므로 이것은 리보핵산 단백질의 예이다; 5장 참조). 다른 모든 DNA 중합효소처럼, 말단소체중합효소는 DNA 기질의 3′ 말단을 신장시키는 데 작용한다. 그러나 대부분의 DNA 중합효소와는 다르게, 말단소체중합효소는 새로운 dNTP의 첨가를 지시하는데 외래의 DNA 주형을 필요로 하지 않는다. 대신, 말단소체중합효소의 RNA 성분이 염색체의 3′ 끝에 말단서열을 추가하는데 사용되는 주형이 된다. 말단소체중합효소는 자기 자신의 RNA를 주형으로 해서 말단소체의 ssDNA의 3′-OH를 특이적으로 신장시킨다. 이런 특이한 기작의 결과로 새롭게 합성된 DNA는 단일가닥이다.

말단소체중합효소 기능의 핵심은 "말단소체중합효소 RNA(telomerase RNA, TER)" 라고 하는 효소의 RNA 성분에서 찾을 수 있다. 생물에 따라 TER의 크기는 150~1300 염기까지 다양하다. 모든 생물에서 이 RNA 염기서열은 말단소체 서열의 약 1.5배에 해당하는 서열을 가진다(사람의 경우에는 5′-AAUCCCAAUC-3′ 이다). 이 부분은 말단소체 3′ 말단에 있는 단일가닥 DNA에 결합할 수 있다(그림 9-38). 결합은 RNA 주형의 일부가 단일가닥으로 남도록 이루어져 말단소체중합효소가 작용할 수 있는 프라이머:주형 결합체를 만든다. 흥미롭게도, 말단소체중합효소의 단백질 성분은 역전사효소(reverse transcriptase)라 불리는 RNA를 주형으로 하는 DNA 중합효소의 부류에 속한다(이 소단위를 "말단소체중합효소 역전사효소" 혹은 TERT라 부른다) 12장에서 보겠지만, 이 효소는 기존의 DNA에서 RNA로의 전사 대신 RNA에서 DNA로 "역전사"한다. 결합한 RNA 주형을 이용하여 TERT는 TER 주형의 끝 부분에서 DNA를 합성하지만 RNA 부분을 넘어선 부분까지 RNA를 역전사하지는 않는다. 여기서 RNA 주형은 생성된 DNA로부터 떨어지고, 말단소체의 마지막 네 뉴클레오티드에 다시 결합한 다음 이 과정을 계속 반복한다.

말단소체중합효소는 다른 DNA 중합효소와 뚜렷한 차이점과 유사점을 모두 가지고 있다. RNA 구성요소를 포함하는 점, 외래의 주형이 필요 없는 점, 전적으로 ssDNA 기질을 이용하는 능력은 다른 DNA 중합효소로부터 말단소체중합효소를 구별되게 한다. 또한 말단소체중합효소는 주형 의존적인 합성을 반복하기 위해 자신의 RNA 주형을 생성된 DNA로부터 분리시키는 능력도 있어야 한다. 형식적으로, 이것은 말단소체중합효소가 RNA·DNA 헬리카아제 기능을 가지고 있음을 의미한다. 반면에 모든 다른 DNA 중합효소처럼 말단소체중합효소는 뉴클레오티드 첨가를 위해 주형을 필요로 하고, DNA의 3′ 말단만을 신장시키고, 같은 뉴클레오티드 전구체를 이용하고, 진행성을 가지고 작용하며, DNA 기질에 결합할 때마다 여러 반복서열을 첨가한다. 세포의 성장과 세포의 노화를 조절하는 데 있어 말단소체중합효소의 흥미로운 역할이 글상자 9-6의 "노화, 암 그리고 말단소체 가설"에서 논의된다.

말단소체중합효소는 염색체의 3′ 말단을 신장시킴으로써 말단 복제 문제를 해결한다

말단소체중합효소가 말단소체의 3′ 말단에 작용할 때, 말단소체중합효소는 염색체의 3′ 말단만을 신장시킨다. 5′ 말단은 어떻게 신장되는가? 이것은 지체가닥 DNA 복제기구에 의해 이루어진다(그림 9-39). 신장된 3′ 말단을 제공함으로써, 말단소체중합효소는 지체가닥 복제기구가 작용할 수 있는 주형을 제공하게 된다. 말단소체중합효소가 신장시켜 놓은 3′ 말단을 주형으로 이용해 RNA 프라이머를 합성하고 신장시킴

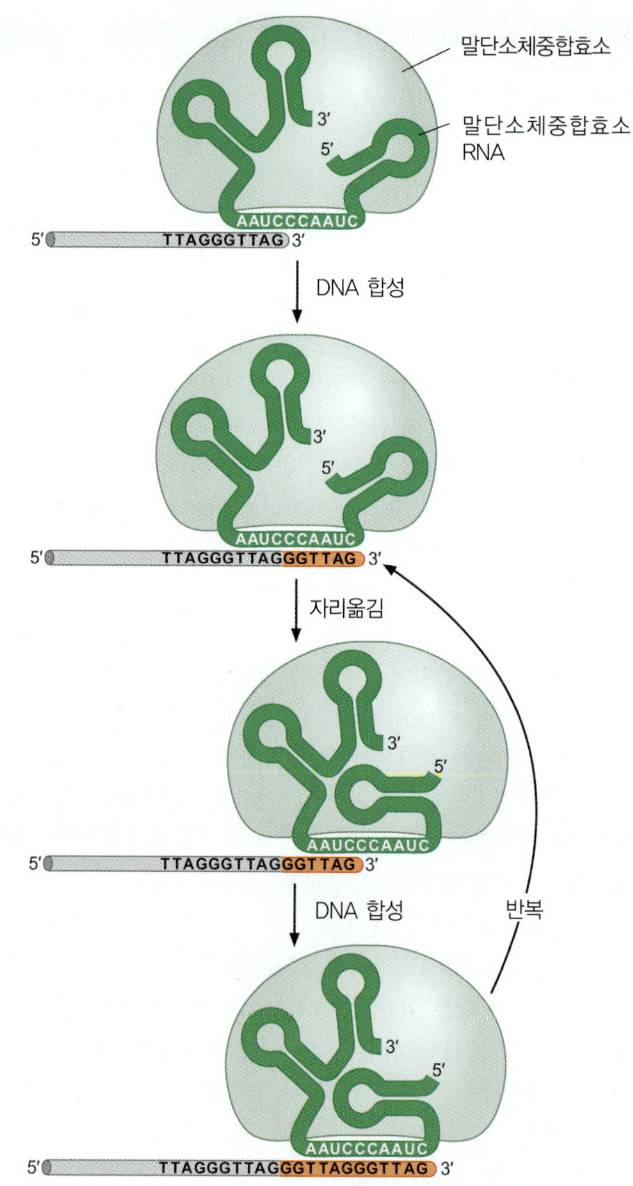

그림 9-38 말단소체중합효소에 의한 말단소체의 복제. 말단소체중합효소는 말단소체 ssDNA부위의 3′ 말단에 자신의 RNA를 결합시킨다. 말단소체중합효소는 역전사 기능을 사용하여 RNA 주형에서 DNA를 합성한다. 그런 다음 말단소체중합효소는 합성된 DNA에서 RNA를 떼어내어 말단소체 끝에 재결합시켜 위의 과정을 반복한다.

으로써 세포는 효과적으로 염색체의 5′ 말단의 길이도 늘릴 수 있다.

심지어 지체가닥 복제기구의 작용이 활성화된 후에도 염색체 말단에는 짧은 ssDNA 부분이 존재한다. 사실 3′ 가닥의 돌출은 말단소체의 말단 방어 기능에 중요할 수 있다(이후에 다시 논의된다). 그럼에도 말단소체중합효소와 지체가닥 복제기구의 작용으로 염색체의 끝 부분이 짧아지는 것이 방지되어 말단소체는 충분한 길이로 유지된다. 말단소체 DNA가 반복서열로 이루어져 있고 단백질을 암호화하고 있지 않으므로 해서 말단소체 길이가 변하더라도 세포는 잘 견뎌낼 수 있다.

말단소체 결합 단백질은 말단소체중합효소의 활성과 말단소체 길이를 조절한다

이론적으로는 말단소체중합효소에 의한 말단소체의 신장이 무한정 진행될 수 있지만, 말단소체의 이중가닥 부위에 결합된 단백질들이 말단소체의 길이를 섬세하게 조절한다(그림 9-40). 효모세포에서 말단소체에 결합하는 단백질들은 말단소체중합효소 활

▶ 의학관련

글상자 9-6 노화, 암, 그리고 말단소체 가설

모든 생명체들은 수명이 정해져 있다. 며칠 혹은 몇 주 사는 작은 생명체이든 평균 수명이 수십 년인 인간이든 정해진 수명은 생물체들에게는 숙명인 것이다. 자연히 과학자들을 포함한 많은 사람들은 생명의 한계에 대한 이해와 한계에 대한 극복 및 신화적인 "젊음의 원천"을 찾고자 오랫동안 연구해 왔다.

과학자들이 체외에서 개개의 세포를 배양하는 법을 개발했을 때, 세포는 제한된 수명이 없이 계속 분열한다고 생각했고 제한된 수명은 세포 자체의 문제가 아니라 전체 생명체 조직의 문제라 여겼다. 그러나 이 가설은 헤이플릭(Leonard Hayflick)이 세포배양에서 세포분열을 주의깊게 연구한 후 사라지게 되었다. 그는 심지어 독립된 세포라도 제한된 횟수만 분열한다는 것을 발견했다. 한 세포가 겪는 분열횟수가 그 세포 본래의 특성이라는 것이 오늘날 알려진 헤이플릭의 한계이다.

헤이플릭의 연구에서 세포는 원래 세포분열 횟수를 제한하는 초시계를 가지고 있다고 생각했다. 초시계가 영을 가르치면 분열을 할 수 없게 된다. 수 년 동안 이런 초시계에 대한 분자수준에서의 이해는 없었다. 그러나 말단소체와 복제 동안에 말단소체의 역할이 잘 알려지면서 말단소체가 그 유명한 분열시계가 될 것이라는 것이 분명해졌다. 이를 증명하듯 젊은이의 말단소체는 나이든 사람의 말단소체보다 길다. 이러한 관점은 곧 DNA 말단소체의 길이가 세포가 분열할 수 있는 횟수를 제한한다는 가설을 낳게 했다.

비록 이 개념이 아직까지 가설에 지나지 않지만, 말단소체가 세포노화에 관련된다는 생각은 실험보고를 통해 증명되고 있다. 예로, 가설이 맞다면 정상세포는 말단소체 중합효소 활성이 아주 적거나 없어야 된다. 그렇지 않다면 이 세포들은 말단소체가 짧아졌을 때 그것을 신장시킬 것이다. 사실 많은 정상 세포들은 말단소체중합효소 활성이 제한되어 있다. 이와는 달리 줄기세포나 종양세포들처럼 왕성히 증식하는 세포들은 높은 수준의 말단소체중합효소 활성을 보인다. 암세포배양을 통해 암세포가 무한정 분열한다는 것을 알았다. 이러한 모델을 지지하는 또 다른 실험은 정상세포에서 말단소체중합효소가 활성을 나타내면 그 세포의 수명이 영구적이 된다는 것을 보여주었다.

암세포에서 말단소체중합효소의 활성이 증가한다는 발견으로부터 정상적인 성장 조절이 되지 않는 세포의 성장 능력을 제한하는 방법을 말단소체로부터 얻어낼 수 있다는 가설이 나왔다. 만약 가설을 받아들인다면 왜 다세포 생물체에서 모든 세포가 다 말단소체 활성을 갖지는 않는지 설명이 된다. 화학요법에서 약물로 사용할 수 있는 말단소체중합효소 저해제를 찾으려고 많은 노력들을 하고 있다. 암세포에서 말단소체중합효소 활성이 증가된다는 사실을 볼 때 말단소체중합효소를 활성화하는 것이 영원한 삶을 찾는 현명한 방법은 아니라는 것을 알 수 있다.

성에 약한 저해제로 작용한다(그림 9-41). 말단소체 반복서열의 수가 비교적 적을 때에는, 적은 수의 단백질이 말단소체에 거의 결합하지 않아 말단소체중합효소는 말단소체의 3′-OH 말단을 신장시킨다. 말단소체가 길어짐에 따라 더 많은 말단소체 결합 단백질들이 축적되어 말단소체중합효소가 말단소체의 3′-OH 말단을 신장시키는 것

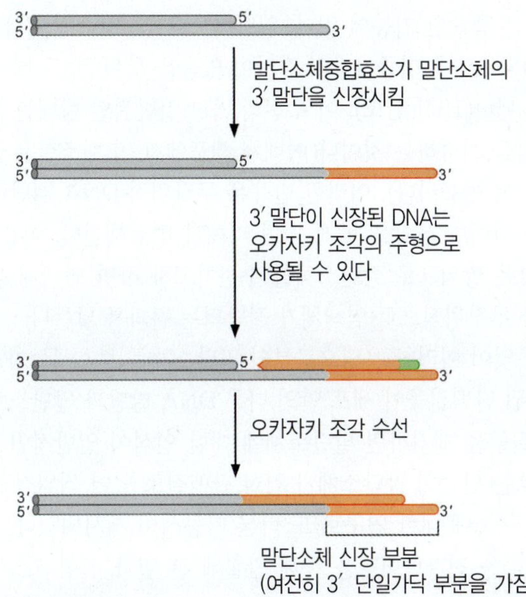

그림 9-39 말단소체중합효소에 의한 말단소체의 3′ 말단 신장으로 말단 복제 문제를 해결한다. 말단소체중합효소는 말단소체의 3′ 말단만을 직접적으로 신장시키지만, 이것이 지체가닥 DNA 합성을 위한 추가적인 주형을 제공함으로써 염색체의 양끝이 둘 다 신장된다.

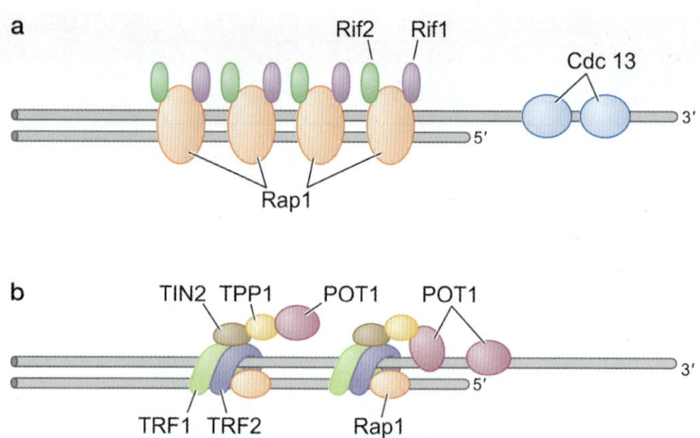

그림 9-40 말단소체 결합 단백질. 출아효모(*S. cerevisiae*)와 사람세포에서 말단소체중합효소 활성을 조절하는 말단소체 결합 단백질을 보여준다. (a) 효모세포, Rap1은 말단소체 반복 DNA의 이중가닥 부분에 직접적으로 결합하는 반면 Rif1과 Rif2는 Rap1에 결합하여 간접적으로 말단소체와 결합한다. 이 세 단백질 모두 말단소체중합효소의 활성에 저해효과를 나타내는 것으로 알려져 왔다. Cdc13은 말단소체 반복 DNA의 단일가닥 부분에 결합하여 말단소체중합효소를 끌어 모은다. (b) 사람세포, TRF1과 TRF2는 말단소체 반복 DNA의 이중가닥 부분에 직접적으로 결합한다. 사람의 Rap1 단백질과 TIN2, TPP1과 POT1는 모두 TRF1 또는 TRF2와 결합한다. 이 단백질은 셀터린(Shelterin)이라 불리는 하나의 복합체를 형성하는데 이는 DNA 수선효소로부터 말단효소를 보호하는 기능에 의해 이름이 붙여진 것이다. POT1은 또한 말단소체 반복 DNA의 단일가닥 부분에 직접 결합하여 말단소체중합효소 활성을 저해한다.

을 저해한다. 이 단순한 음성되먹임 조절 기작(말단소체가 길어질수록 말단소체중합효소는 저해된다)은 모든 염색체 말단에서 말단소체의 길이를 비슷하게 유지시키는 확실한 방법이다.

말단소체의 단일가닥 형태를 인식하는 단백질들은 또한 말단소체중합효소의 활성도 조절할 수 있다. 효모세포에서 Cdc13 단백질은 말단소체의 단일가닥 부분에 결합한다. 이 단백질에 대한 연구 결과 Cdc13은 말단소체중합효소가 말단소체에 집합하게 하는 역할을 한다. 따라서 Cdc13은 말단소체중합효소의 양성적 활성자이다. 이와는 달리 사람의 단일가닥 말단소체 DNA에 결합하는 단백질 POT1은 반대로 작용하며 말단소체중합효소 활성의 저해자로 역할한다. 시험관 연구에서 말단소체의 단일가닥 DNA에 결합하고 있는 POT1은 말단소체 활성을 방해함을 보여준다. 이 단백질이 결핍된 세포는 말단소체 DNA의 길이가 엄청나게 증가한다. 흥미롭게도 사람세포에서 이 단백질은 이중가닥 말단소체 결합 단백질과 간접적으로 상호작용한다. 말단소체의 길이가 증가함에 따라 더 많은 POT1이 집합되고 따라서 말단소체의 ssDNA 말단에 결합할 확률이 더 커져 말단소체중합효소를 방해하는 것으로 여겨진다.

말단소체 결합 단백질은 염색체 말단을 보호한다

말단소체 결합 단백질은 말단소체중합효소의 기능을 조절하는 것 이외에도 염색체의 말단을 보호하는 중요한 기능이 있다. 일반적으로 한 세포 안에서 DNA 말단이 존재한다는 것은 DNA 내에 이중가닥의 절단이 있음을 보여주는 신호로 이는 DNA 수선 기작의 표적이 된다(10장 참조). 이 수선의 가장 일반적인 형태는 유전체 안에서 다른 DNA와 재조합을 시작하는 것이다(이배체 세포에서 이 재조합은 끊어진 염색체를 원상 복귀하는 것이 목표이다). 이러한 반응은 무작위적 DNA 절단에는 적합할지 몰라도 말단소체가 이러한 상황을 맞게 되면 피해가 막심해진다. 이중가닥 DNA가 절단되었을 때와 같은 방식으로 말단소체를 수선하고자 하면 염색체 융합으로 이어질 것이고 이는 결국 무작위적으로 염색체가 절단되는 결과를 낳는다.

그렇다면 무엇이 이러한 운명으로부터 말단소체를 보호하는가? 간단히 말해서 말단소체에 결합된 단백질들이 세포 안의 다른 DNA 말단과 말단소체를 구별한다는 것이다. 이 단백질들을 제거하면 말단소체에 대한 인식이 일반적인 DNA 절단으로 인식이 된다. 보호는 단순히 말단소체가 결합 단백질로 덮어 씌워짐으로 이루어진다. 인간 말단소체의 구조에 대한 연구로 또 다른 가능성이 제시되었다. 사람세포로부터 분리한 말단소체들을 전자현미경을 통해 관찰해 본 결과 선형구조가 아닌 고리구조를

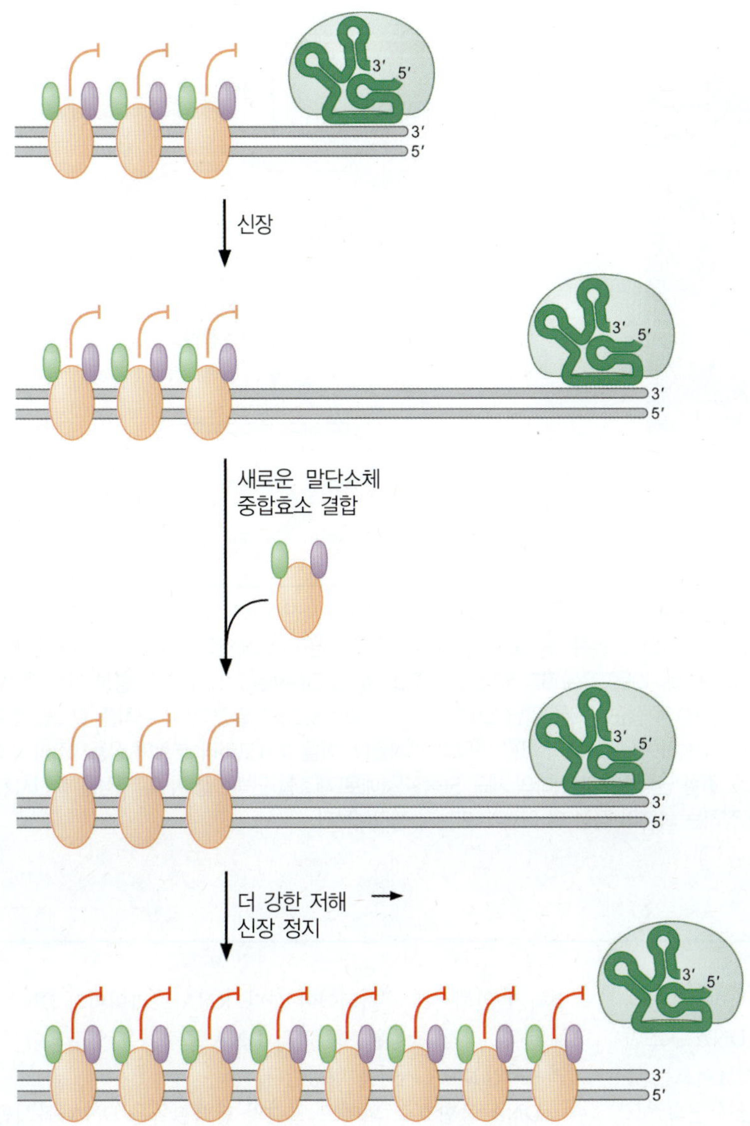

그림 9-41 말단소체 결합 단백질에 의한 말단소체 길이 조절. 말단소체의 길이가 비교적 짧을 때 말단소체 결합 단백질은 거의 나타나지 않아 말단소체중합효소에 대한 저해는 약하다. 이러한 상황에서 말단소체중합효소는 말단소체의 3′ 말단을 신장시킬 수 있다. 이 부위가 지체가닥 DNA 합성 기작에 의해 이중가닥이 되면 말단소체 결합 단백질이 더 많아져 말단소체에 결합하게 된다. 이들 단백질의 결합은 저해의 수준을 높여 말단소체중합효소에 의한 길이 신장을 억제하게 된다. (Adapted, with permission, from Smogorzeska A. and de Lange T. 2004. *Annu. Rev. Biochem.* **73:** 177–208. Fig. 3a. © Annual Reviews.)

형성함을 알게 되었다(그림 9-42a). 연구 결과 **t-고리(t-loop)**라 불리는 이 구조는 말단소체의 3′ ssDNA 말단이 말단소체의 이중가닥 부위로 침투하여 형성되었음을 알게 되었다(그림 9-42b). t-고리를 형성함으로써 말단소체의 말단 부분이 감추어져 일반적인 DNA 말단으로 인식될 수 없는 것으로 알려지고 있다. 흥미롭게도 순수 분리한 TRF2는 순수 분리된 말단소체 DNA를 t-고리를 형성하도록 인도한다.

t-고리구조는 또한 말단소체 길이 조절에도 관련이 있다. 고리구조로 인해 DNA 수선효소로부터 말단소체가 보호됨과 아울러 드러난 단일가닥 3′ 말단이 없으므로 말단소체중합효소는 이러한 형태의 말단소체를 인식할 수 없게 되는 것 같다. 말단소체가 짧아지면 t-고리를 형성하기가 매우 어려워지고 따라서 말단소체의 3′ 말단에 말단소체중합효소가 더 많이 접근하게 된다.

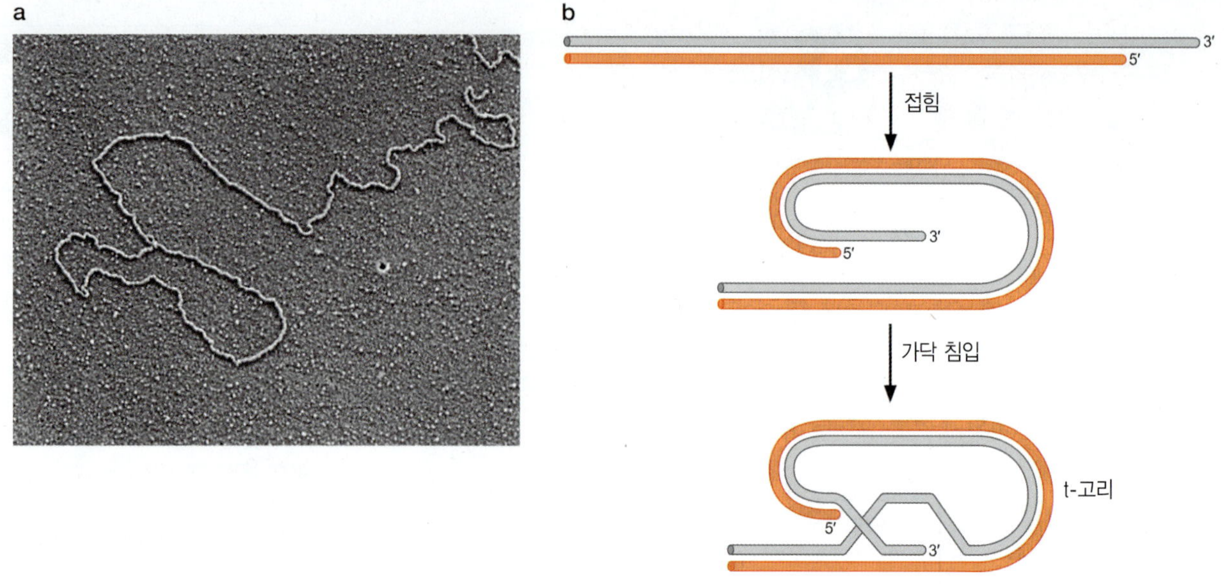

그림 9-42 말단소체는 세포 내에서 고리구조를 만든다. (a) 사람세포 말단소체의 전자현미경 사진. DNA 말단에서 보이는 고리는 말단소체 끝의 ssDNA를 포함하며 t-고리라고 부른다. 사진의 오른쪽 위 모퉁이 부분의 DNA 끝이 염색체의 나머지 부분에 붙게 된다. (Reprinted, with permission, from Griffith J.D. et al. 1999 *Cell* **97:** 503-514, Fig. 3f © Elsevier.) (b) t-고리 형성 기작. 첫 단계는 말단소체 끝의 ssDNA가 말단소체 반복서열의 dsDNA에 접근하도록 말단소체가 접힌다. 일단 ssDNA 말단이 제 위치를 찾으면 반복서열 dsDNA에 침투해 들어가 상보적인 가닥과 나선을 형성하여 dsDNA의 다른 가닥과 교체된다. 이를 대체고리라 부르며 상동재조합 과정에서 흔하게 발견되는 중간체이다(11장 참조). 말단소체 결합 단백질들과 기타의 세포 단백질들(예로 재조합 단백질들)이 이 과정을 촉진시키는 듯하다. 말단소체의 길이가 짧아짐에 따라 어떻게 접히는 과정이 점점 더 어렵게 되는지 생각해보라.

요약

DNA 합성은 두 가지 형태의 기질, 즉 4종류의 데옥시리보뉴클레오시드 삼인산(dATP, dGTP, dCTP, dTTP)과 주형 DNA 구조인 프라이머:주형 결합체에 의존한다. 주형 DNA는 끼어들어오는 뉴클레오티드 서열을 결정한다. 프라이머는 3′-OH 말단에 연속적으로 들어오는 데옥시뉴클레오티드 첨가를 위한 기질 역할을 한다.

DNA 합성은 DNA 중합효소라 부르는 효소에 의해 촉매되는데 이 효소는 4가지 dNTP 전구체 중 어느 것이라도 첨가시키는 단일 활성부위를 가지고 있다. DNA 중합효소의 구조는 촉매부위에서 DNA와 들어오는 뉴클레오티드를 움켜잡고 있는 손 모양을 하고 있는 것으로 드러났다. 이러한 구조는 DNA 합성반응이 매우 정확하게 일어나는 데 기여한다. DNA 중합효소는 진행성을 가지고 있다. 즉, 기질과 결합할 때마다 여러 뉴클레오티드를 첨가한다. 교정작용을 하는 핵산말단분해효소는 잘못 첨가된 뉴클레오티드를 제거하는 "삭제키"처럼 작용함으로써 DNA 합성의 정확성을 증진시킨다.

세포에서 주형 DNA 두 가닥은 복제분기점이라고 불리는 구조에서 동시에 복제된다. DNA의 두 가닥이 역평행이기 때문에 오직 한 가닥(선도가닥이라 부른다)의 주형 DNA만이 연속적으로 복제된다. 다른 DNA 가닥(지체가닥이라 부른다)은 우선 오카자키 조각이라 부르는 일련의 짧은 DNA 조각들로 합성되어야 한다. 각 DNA가닥의 합성은 프리마아제라 불리는 효소에 의해 합성되는 RNA프라이머에서 시작된다. 이들 프라이머는 복제과정을 완결하기 위해서는 제거되어야 한다. RNA 프라이머가 DNA로 교체된 후, 각각 합성된 지체가닥 DNA 조각들은 연결되어 하나의 연속적인 DNA 가닥을 형성한다.

DNA 중합효소 외에도 일련의 단백질들은 DNA 복제반응이 통합적으로 용이하게 진행되도록 돕는다. 이 추가적인 인자들은 dsDNA 주형을 풀고(DNA 헬리카아제), ssDNA 주형을 안정시키며(SSB), 복제분기점 앞에 생성된 초나선 구조를 제거한다(위상이성질체효소). DNA 중합효소들은 DNA 복제 동안에 각각 다른 일을 수행하기 위해 특수화된다. 어떤 것들은 높은 진행성을 갖도록, 또 어떤 것들은 약한 진행성을 갖도록 고안된다. DNA 활주 클램프는 큰 영역의 DNA를 복제하는 DNA 중합효소의 진행성을 향상시킨다. 이 클램프 단백질은 DNA에 결합되어 있지만 DNA 중합효소에 결합되어 있는 동안 새로 합성된 DNA를 따라 이동해 갈 수 있다. 이러한 상호작용은 결합된 DNA 중합효소가 프라이머:주형 결합체로부터 분리되는 것을 효과적으로 막는다. DNA활주 클램프 장전자라 불리는 특별한 단백질 복합체는 프라이머:주형 결합체 근처의 DNA 부위에 활주 클램프를 배치하기 위해 ATP와 결합하여 이를 가수분해시켜 에너지를 얻는다.

복제개시점에서 단백질 사이의 상호작용은 DNA 합성에 중요한 역할을 한다. 대장균의 경우 두 개의 DNA 중합효소는 DNA polIII 완전효소라 불리는 큰 복합체의 일부분이다. DNA 중합효소 III 완전효소가 DNA 헬리카아제에 결합하면 DNA 풀리는 속도가 촉진된다. 마찬가지로, 프리마아제가 DNA헬리카아제에 결합하면 RNA프라이머를 합성하는 능력이 증가된다. 그래서 복제반응은 일련의 복제 단백질 모두가 복제분기점에 존재할 때 가장 잘 일어난다. 이들 단백질 모두가 모여 레플리솜이라는 복합체를 구성한다.

DNA 복제의 개시는 복제자라 불리는 특정한 DNA 염기서열에 의해 일어난다. 복제가 개시되는 물리적인 장소를 복제개시점이라고 부른다. 복제자는 개시인자라 불리는 단백질이 특이적으로 결합하며, 개시인자는 복제에 필요한 다른 단백질들(DNA 헬리카아제와 같은)이 모여 들도록 자극하며 모든 경우는 아니지만 일부의 경우에서는 복제개시점 DNA가 풀리도록 자극한다. DNA 복제개시의 이후 과정은 대부분 단백질-단백질간 혹은 비특이적인 단백질-DNA간의 상호작용에 의해 유도된다.

진핵세포에서 복제개시는 모든 염색체의 모든 뉴클레오티드들이 세포분열 주기마다 단 한번씩만 복제되도록 아주 철저하게 조절된다. 이러한 철저한 조절은 세포주기 동안 헬리카아제의 장전과 활성화를 조절함으로써 수행된다. 세포주기의 G_1기 동안에는 헬리카아제가 장전은 되지만 활성화되지는 않는다. 나머지 세포주기(S, G_2, M기) 동안에는 장전된 헬리카아제가 활성화되고, DNA 복제가 개시되지만 새로운 헬리카아제의 장전은 일어나지 않는다. 따라서 각 복제자들은 세포주기마다 단 한번만 복제개시를 하며, 결국 DNA는 정확히 한 번만 복제된다.

DNA 복제를 마치려면 특정 효소의 작용이 필요하다. 원형 염색체의 경우, 유형 II DNA 위상이성질체효소가 위상학적으로 연결된 원형의 복제산물을 서로 분리한다. 선형 염색체의 경우 또한 복제를 완결하기 위해 특정 단백질이 필요하다. 진핵세포의 경우, 말단소체중합효소라 불리는 특정 DNA 중합효소가 염색체의 말단(말단소체)을 유일한 복제개시점 역할을 하게 한다. 말단소체중합효소는 말단소체의 3′ 말단을 신장시킴으로써, 복제분기점 기구에 의한 일반적인 합성 방식으로 야기될 수 있는 염색체 말단의 계속적인 소실을 막아준다. 말단소체 DNA에 결합된 단백질들은 말단소체중합효소 활성을 조절하는 작용을 하며, 분해되거나 재조합되는 것으로부터 염색체 말단을 보호한다.

참고문헌

Books

DePamphilis M.L., Bell S., and M chali M. 2012. *DNA replication*. Cold Spring Harbor Laboratory Press, Cold Spring Harbor, New York. In press.

The Chemistry of DNA Synthesis

Brautigam C.A. and Steitz T.A. 1998. Structural and functional insights provided by crystal structures of DNA polymerases. *Curr. Opin. Struct. Biol.* **8**: 54–63.

Jäger J. and Pata J.D. 1999. Getting a grip: Polymerases and their substrate complexes. *Curr. Opin. Struct. Biol.* **9**: 21–28.

The Mechanism of DNA Polymerase

Doublié S. and Ellenberger T. 1998. The mechanism of action of T7 DNA polymerase. *Curr. Opin. Struct. Biol.* **8**: 704–712.

Steitz T.A. 1998. A mechanism for all polymerases. *Nature* **391**: 231–232.

_______. 2006. Visualizing polynucleotide polymerase machines at work. *EMBO J.* **25**: 3458–3468.

The Replication Fork

Corn J.E. and Berger J.M. 2006. Regulation of bacterial priming and daughter strand synthesis through helicase–primase interactions. *Nucleic Acids Res.* **34**: 4082–4088.

McHenry C.S. 2011. DNA replicases from a bacterial perspective. *Annu. Rev. Biochem.* **80**: 403–436.

O Donnell M. and Kuriyan J. 2006. Clamp loaders and replication initiation. *Curr. Opin. Struct. Biol.* **16**: 405–415.

Vos S.M., Tretter E.M., Schmidt B.H., and Berger J.M. 2011. All tangled up: How cells direct, manage and exploit topoisomerase function. *Nat. Rev. Mol. Cell Biol.* **12**: 827–841.

The Specialization of DNA Polymerases

Lovett S.T. 2007. Polymerase switching in DNA replication. *Mol. Cell.* **27**: 523–526.

Initiation of DNA Replication

Arias E.E. andWalter J.C. 2007. Strength in numbers: Preventing rereplication via multiple mechanisms in eukaryotic cells. *Genes Dev.* **21**: 497–518.

Duderstadt K.E. and Berger J.M. 2008. AAA ATPases in the initiation of DNA replication. *Crit. Rev. Biochem. Mol. Biol.* **43**: 163–187.

Remus D. and Diffley J.F.X. 2009. Eukaryotic DNA replication control: Lock and load, then fire. *Curr. Opin. Cell Biol.* **21**: 771–777.

Robinson N.P. and Bell S.D. 2005. Origins DNA replication in the three domains of life. *FEBS J.* **272**: 3757–3766.

Finishing Replication

Blackburn E.H. and Collins K. 2011. Telomerase: An RNP enzyme synthesizes DNA. *Cold Spring Harb. Perspect. Biol.* **3**: a003558. doi: 10.1101/cshperspect.a003558.

Linger B.R. and Price C.M. 2009. Conservation of telomere protein complexes: Shuffling through evolution. *Crit. Rev. Biochem. Mol. Biol.* **44**: 434–446.

연습문제

짝수 문제의 해답은 부록 2 해답을 참조하라.

문제 1. DNA 합성을 위한 2개의 기질을 들고, 이것들이 각각 DNA 합성에 필요한 이유를 설명하라.

문제 2. 프라이머가 부착된 주형가닥과 dNTP에서 출발하여 DNA가 합성되는 단계적 기작을 서술하라.

문제 3. 왜 DNA 합성이 피로인산의 가수분해와 짝을 지어 일어나는지를 설명하라.

문제 4. 항바이러스제인 아시클로비르(아래 그림의 구조식)는 단순포진바이러스와 같은 이중가닥 DNA 바이러스 감염의 치료제로 이용된다. 아시클로비르는 DNA 합성 단계에 작용한다.

A. 아시클로비르는 어느 데옥시뉴클레오시드 유사체로 작용하는가?

B. 아시클로비르는 바이러스에 암호화되어 있는 키나아제에 의해 변형되지 않으면 DNA에 끼어들어 갈 수 없다. 아시클로비르가 DNA 합성 동안에 끼어들어 가기 위해 왜 키나아제의 활성이 필요한지 설명하라.

문제 5. PCR을 할 때 사용하는 buffer에 $MgCl_2$(염화마그네슘)를 첨가하는 이유를 설명하라.

문제 6. 일부 DNA 중합효소는 엑소뉴클레아제의 활성이 없는데도 DNA 복제 동안 왜 잘못 짝지은 염기쌍 수에 큰 차이가 없는지 이유를 가정해 보자.

문제 7. 아래는 지체가닥의 DNA 합성이 이루어지는 긴 주형 DNA 가닥이다. 짧은 가로선은 이미 만들어진 두 개의 오카자키 조각이다. 복제분기점의 맥락에서 프리마아제가 다음 번 RNA 프라이머를 합성하게 될 위치를 a~d에서 선택하고 왜 그 위치를 선택했는지 설명하라.

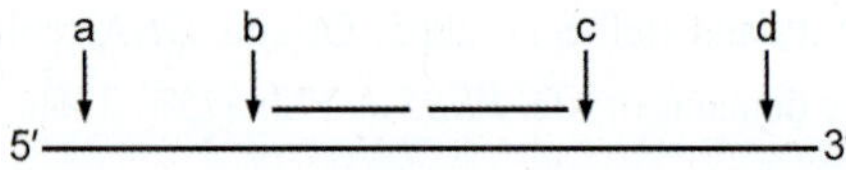

문제 8. 아래의 그림은 진핵세포의 한 복제개시점이다.

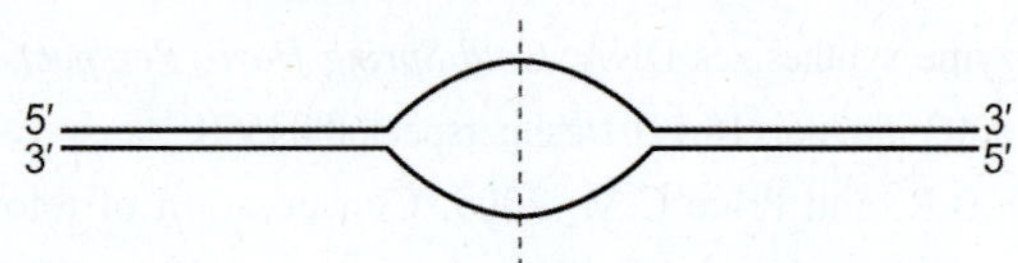

A. 점선을 기준으로 했을 때, 전체 복제 방향은 오른쪽, 왼쪽, 양쪽 중 어느 쪽으로 진행되는가?

B. 점선의 오른편에서 DNA 중합효소에 의해 아래 혹은 윗가닥 중 어느 주형가닥의 복제가 연속적으로 이루어지는가?

C. 점선의 왼편에서 아래 혹은 윗가닥 중 어느 주형가닥의 복제가 DNA 리가아제가 부분적으로만 기능을 하는 돌연변이에 의해 더욱 영향을 받는가?

문제 9. DNA에 결합된 활주 클램프로 시작하는 분석을 하고자 할 때, 활주 클램프와 DNA 사이에 결합을 이루려면 DNA가 어떤 특별한 성질을 가져야 하는가? 결합을 확실하게 하기 위해 어떤 다른 단백질들이 반응에 있어야 하는가?

문제 10.

A. 대장균 유전체 복제를 완료하는 데는 40분이 걸리는데 세포는 매 20분마다 분열을 한다. 어떻게 된 건지 설명하라.

B. 대장균 세포에서는 왜 말단소체중합효소가 필요치 않는가?

문제 11.

A. 복제분기점에서 헬리카아제의 역할에 대해 설명하라.

B. DNA 헬리카아제 활성의 결과로 복제 과정 동안 위상이성질체효소가 필요하다. 위상이성질체효소가 어떻게 DNA 헬리카아제로 하여금 보다 효과적으로 기능하도록 돕는지 설명하라.

C. PCR 동안에는 반응액에 DNA 헬리카아제를 첨가하지 않아도 된다. 왜 그런지 설명하라.

문제 12. 대상균에서 DNA 중합효소 III은 3′ 핵산밀단분해효소 활성을 가지는 반면, DNA 중합효소 I은 5′ 핵산말단분해효소 3′ 핵산말단분해효소의 활성을 가진다. 이러한 두 DNA 중합효소의 핵산말단분해효소 활성의 차이로 인한 기능성을 설명하라.

문제 13. 연구자들은 말단소체중합효소의 RNA 성분을 암호화하는 DNA에 각하이상증과 같은 선천적 질병에 관련된 돌연변이 유전자가 있음을 밝혔다. 말단소체중합효소의 RNA 성분에서의 결손이 질병과 관련되는 이유를 설명하라.

문제 14. 글상자 9-1을 보면, ^{32}P-표지 dNTP를 사용하여 DNA 합성을 측정한다(^{32}P는 dNTP의 a-인산에 들어간다).

A. β-또는 γ-인산이 표지된 dNTP를 사용하는 경우, 새로 합성된 DNA에서는 어떤 방사능도 감지되지 않는다. 왜 그런지 설명하라.

B. 32P-표지 dNTP가 끼어들어간 후 ^{32}P가 끼어들어간 양을 측정하기 전에 새로 합성된 DNA 가닥으로부터 끼어들어 가지 않은 ^{32}P-표지 dNTP를 제거시켜야 한다. 새로 합성된 DNA 가닥으로부터 끼어들어 가지 않은 ^{32}P-표지 dNTP를 제거하기 위한 수단으로 겔 전기영동이 어떻게 활용되는지 설명하라.

C. 글상자 9-1의 그림 2에서 보여 준 필터결합에서, 필터가 끼어들어 가지 않은 ^{32}P-표지 dNTP를 DNA로부터 분리시킨다는 것을 확실하게 해주는 대조군에 대해 기술하라.

CHAPTER 10

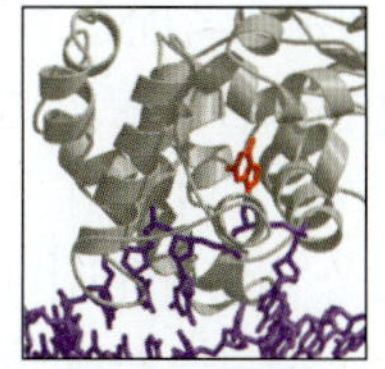

돌연변이 발생과 DNA 수선

개 요

세대에서 세대로 전달되는 유전물질이 영속적이기 위해서는 돌연변이율을 낮은 수준으로 유지하는 것이 관건이 된다. 생식계 세포에서의 높은 돌연변이율은 종을 파멸시킬 것이고, 체세포에서의 높은 돌연변이율은 개체를 파멸시킬 것이다. 살아 있는 세포는 수천 가지 유전자의 정확한 기능 발휘를 필요로 하는데, 이들 유전자 각각은 그것의 단백질 암호화 부위 내의 여러 곳이나 또는 그것의 발현이나 mRNA의 가공(processing)을 지배하는 인접서열에 돌연변이를 일으킬 수 있다.

만약 후손이 살아남으려면, 생식계 세포에서의 DNA 서열이 거의 변하지 않고 전달되어야 한다. 마찬가지로 만약 체세포의 돌연변이율이 높다면 성체의 분화된 세포는 자신의 임무를 수행하지 못할 것이다. 예를 들어, 암은 세포주기를 조절하는 유전자의 손상으로 성장과 분열의 통제 능력을 상실한 세포에서 유래된다. 만약 체세포에서의 돌연변이율이 높다면, 암 발생은 파멸적으로 높을 것이다.

동시에, 만약 유전물질이 완벽한 정확도로 영속된다면, 진화에 필요한 유전적 변이가 일어나지 않을 것이며, 사람을 포함한 새로운 종들은 발생하지 않았을 것이다. 따라서 생명체와 생물의 다양성은 돌연변이와 그것의 수선 간의 적절한 균형에 의존하는 것이다. 이 장에서 우리는 돌연변이의 원인 및 유전물질의 손상을 바로잡아 그 영향을 최소화시키는 시스템에 관해 알아본다.

돌연변이의 두 가지 주요한 원인은 DNA 복제의 부정확성과 유전물질의 화학적 손상이다. 복제 실수는 호변이성에서 일어난다. 9장에서 논의한 바 있지만, 호변이성은 DNA 복제 중 염기쌍의 정확성에 문제를 야기한다. DNA를 복제하는 효소 장치는 교정 기작을 통하여 잘못된 뉴클레오티드가 편입되는 것을 제어하지만 일부 실수는 탐지의 범위를 벗어난다. 또한 DNA는 화학적 안정성에 한계가 있는 복잡하고 취약한 유기 분자이다. 그것은 염기의 소실과 같은 자연적 손상뿐 아니라, 골격을 절단하고 화학적으로 염기를 변화시키는 자연 및 인공적인 화학물질과 방사선의 공격도 받는다. 간단히 말해 복제 실수와 환경으로부터의 유전물질의 손상은 피할 수 없다. 돌연변이의 세 번째 주요한 원인은 **트랜스포손(transposon)**으로 알려져 있는 DNA 인자의 삽입에 의한 것이다. 전위는 그 자체가 하나의 큰 주제이므로, 12장에서 상세히 논할 것이다.

복제 실수와 DNA의 손상은 두 가지 결과를 초래한다. 하나는, DNA의 영구적 변화(**돌연변이, mutation**)로, 유전자의 암호화 서열이나 그것의 조절서열을 바꿀 수 있다. 두 번째 결과는, DNA의 어떤 화학적 변화로, DNA를 복제와 전사의 주형으로 사용하는 것을 막는 것이다. 돌연변이의 영향은 대개 서열의 변화가 일어난 세포의 후손에서 나타나지만, 복제나 전사를 방해하는 DNA의 **손상(lesion)**이나 구조적인 변화는 세포의 기능과 생존에 즉각적인 영향을 미칠 수 있다.

세포가 극복하기 위해서는 두 가지 면이 갖춰져야 한다. 첫째, 유전체를 조사하여 합성과정의 실수와 DNA의 손상을 찾아내야 한다. 둘째, 손상을 수선하여 원래의 DNA 서열이 회복되도록 해야 한다. 우리는 복제 중에 생긴 실수, 임의적으로 일어나는 DNA의 손상, 그리고 화학 약품과 방사선에 의한 손상 등을 논의할 것이다. 각각의 경우에, 유전물질의 변화가 어떻게 탐지되고 또 적절히 수선되는지 고찰할 것이다. 의문점들 중 특히 다음 문제에 주목할 것이다: 어떻게 실수가 유전물질 내에 고착되어 돌연변이 되기 이전의 빠른 시간 내에 DNA의 수선이 일어나는가? 세포가 복제 실수를 수선할 때 어떻게 어버이 가닥과 딸 가닥을 식별하는가? 절단이나 심한 손상으로 원래의 서열을 더 이상 읽을 수 없을 때, 세포가 어떻게 정확한 DNA 서열을 복구할까? 복제를 차단하는 손상에 대해 세포는 어떻게 대응하는가? 이들 질문에 대한 해답은 수선이 요구되는 실수나 손상의 종류에 따라 달라진다.

우리는 복제 중에 일어나는 실수와 그것의 수선에 대해 먼저 고찰하고자 한다. 그 다음에는 임의적으로 또는 환경의 영향으로 일어나는 여러 종류의 손상에 대해 알아볼 것이다. 그리고 세포가 DNA의 다양한 손상에 대항할 수 있도록 해주는 여러 중첩되는 시스템을 보게 될 것이다. 생물이 유전물질을 보호하기 위한 투자에 주목하게 될 것이다.

복제 실수와 그 수선

돌연변이의 성질

돌연변이는 DNA 서열의 가능한 모든 변화를 포함한다. 가장 단순한 돌연변이는 하나의 염기가 다른 염기로 바뀌는 것이다. 여기에는 두 종류가 있는데, **염기전이(transition)**는 피리미딘 염기에서 다른 피리미딘 염기로(예, T에서 C로) 또는 퓨린 염기에서 다른 퓨린 염기로(예, A에서 G로) 바뀌는 것이고, **염기교차(transversion)**는 피리미딘에서 퓨린으로 바뀌거나(예, T에서 G나 A로), 퓨린에서 피리미딘으로 바뀌는 경우이다(예, A에서 C나 T로)(그림 10-1) 그 밖의 단순한 돌연변이로는 하나 또는 몇 개의 뉴클레오티드가 삽입되거나 결실되는 경우이다. 하나의 뉴클레오티드가 변하는 돌연변이를 **점돌연변이(point mutation)**라고 부른다.

DNA에 보다 큰 변화를 일으키는 돌연변이도 있는데, 광범위한 삽입과 결실 및 염색체 구조의 상당한 재배치를 들 수 있다. 이 같은 변화는 예컨대 트랜스포존의 삽입에 의해 일어날 수도 있고, 비정상적인 세포성 재조합 과정에 의해서도 일어날 수 있다. 트랜스포존의 경우 수천 염기쌍에 달하는 외래 DNA를 유전자의 암호화 부위나 조절서열에 삽입시킨다(12장 참조). 염색체 상의 어떤 지점에서 일어나는 자연발생적 돌연변이율은 DNA 1회 복제당 약 10^{-6}~10^{-11} 범위이다. 염색체의 어떤 부위는 "과열점(hot spot)"이라 불리는데, 이곳은 돌연변이율이 매우 높다. 반면 돌연변이가 상

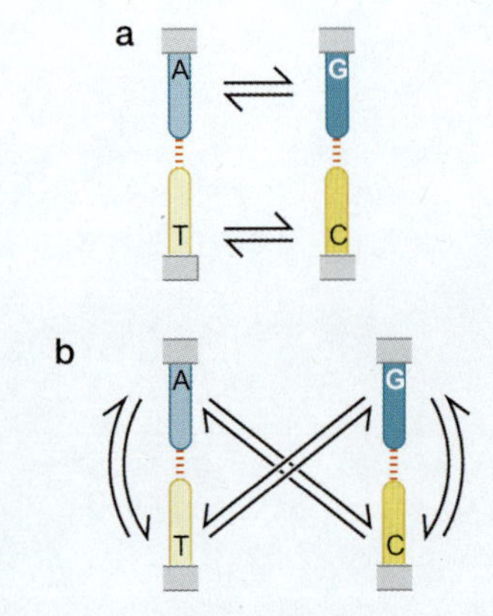

그림 10-1 염기치환. (a) 전이 (b) 교차.

대적으로 낮게 일어나는 곳도 있다.

돌연변이가 특히 잘 일어나는 한 부류의 서열이 있는데, 이 서열은 사람의 유전자 및 유전병에 대한 그 중요성 때문에 특별히 언급할 필요가 있을 것 같다. 이들 돌연변이 성향의 서열은 단순한 2-, 3-, 또는 4개 뉴클레오티드 서열의 반복으로, **DNA 미소부수체(DNA microsatellite)**라고 부른다. 이것의 잘 알려진 예로는 디뉴클레오티드 서열인 CA의 반복을 포함한다. CA 반복 구역은 사람과 다른 진핵생물 염색체의 여러 곳에 널리 존재한다. 복제 장치는 이 같은 반복부위를 정확하게 복제하는 데 어려움이 있어 종종 "미끄러짐(slippage)"이 일어난다. 이 미끄러짐은 복제본의 반복횟수를 증가 또는 감소시킨다. 그 결과 염색체 상의 특정 부위인 CA 반복부위 길이는 흔히 개체군에서 고도의 다형을 나타낸다. 이 같은 다형은, 예컨대 사람에서 어떤 병의 경향성을 증가시키는 돌연변이와 같은, 유전되는 돌연변이의 지도를 만드는 데 편리한 물리적 표지가 된다(글상자 10-1, "삼-뉴클레오티드의 반복부위 확장이 병을 일으킨다" 참조).

어떤 복제 실수는 교정을 회피한다

복제 장치는 잘못 붙여진 뉴클레오티드를 제거하는 레플리솜 내의 3′→5′ 핵산내부분해효소 인자에 의한 교정 기능을 사용함으로써 놀라울 정도의 높은 정확성을 이룩한다(9장 참조). 교정은 DNA 복제의 정확성을 약 100의 계수로 증가시킨다. 그러나 교정을 맡은 핵산내부분해효소가 완벽한 것은 아니다. 일부 잘못 통합된 뉴클레오티드는 탐지되지 않고 새로 합성된 가닥과 주형가닥 간에 잘못짝지움(mismatch)을 하게 된다. 주형의 네 가지 뉴클레오티드(T, G, C, T)에 대해 세 가지씩의 잘못된 뉴클레오티드가 통합될 수 있어, 전체적으로 12가지 잘못짝지움이 가능하다(T:T, T:G, T:C 등). 만약 잘못 통합된 뉴클레오티드가 추후 탐지되어 대체되지 않는다면, 염기서열의 변화는 유전체 내에서 영구적이 될 것이다. 그 다음번 복제과정 중에 그 잘못 통합된 뉴클레오티드는 이번엔 주형가닥의 일부가 되어 새로 합성되는 가닥에 그에 상보적인 뉴클레오티드의 통합을 지시할 것이다(그림 10-2). 이 시점에서는, 잘못짝지움은 더 이상 존재하지 않으며, 대신 DNA 서열의 영구적인 변화(돌연변이)로 귀결될 것이다.

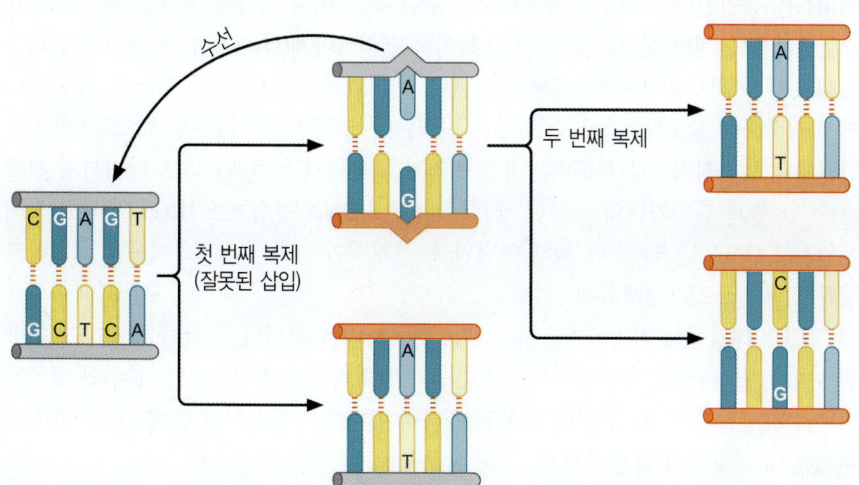

그림 10-2 돌연변이는 복제에 의해 영구적으로 고정될 수 있다. 첫 번째 복제 때 잘못된 염기로 돌연변이가 일어났다. 두 번째 복제로, 돌연변이는 영구적으로 DNA 서열 내에 고정된다.

▶ 의학관련

글상자 10-1 삼-뉴클레오티드의 반복부위 확장이 병을 일으킨다

실수 경향성 서열의 또 다른 잘 알려진 예는 어떤 유전자에서의 삼뉴클레오티드 서열인 CGG와 CAG의 반복이다. 사람에서 그와 같은 3중자 반복은 한 세대에서 다음 세대로 내려가면서 때로 확장되는 것으로 밝혀졌다. 이 같은 3중자 반복의 확장은 유전질환을 가지는 사람의 자녀에서, 그리고 손자로 갈수록 더욱 심해지는 결과를 초래한다. 3중자 반복의 확장에 의해 일어나는 유전병의 예로는 근경직증(muscular dystrophy); 부서지기 쉬운 X 증후군(fragile X syndrome, 정신박약이 나타남); 헌팅턴병(Huntington's diseaes, 신경계 퇴행이 일어남)을 들 수 있다. CAG는 글루타민을 암호화하는 코돈이다. 따라서 헌팅턴 단백질의 이 부위의 암호화 서열의 확장은 헌팅턴병을 가지는 환자의 돌연변이 단백질에서 글루타민 잔기들의 길이가 길어지는 결과를 초래한다. 최근의 연구에 의하면, 이 다중 글루타민 부위가 Sp1이라 불리는 전사인자의 글루타민 풍부 부위 및 TFIID라고 하는 전사장치의 구성요소의 한 소단위인 TAFII130의 상응하는 글루타민 풍부 부위 간의 정상적인 상호작용을 방해함을 보여준다(13장 참조). 이와 같은 방해는 신경전달물질의 수용체를 만드는 유전자를 포함한, 뇌 내의 신경세포에서의 유전자의 전사에 손상을 입힌다. 다른 유전자에서의 CAG 확장에 의한 유사한 다중 글루타민 구역도 역시 전사인자 및 TAFII130과의 상호작용의 교란에 의한 영향으로 나타날 것이다.

잘못짝지움 수선은 교정에서 놓친 실수를 제거한다

다행스럽게 잘못짝지움을 탐지하여 수선하는 기작이 존재한다. DNA 복제의 정확성에 대한 최종 임무는 **잘못짝지움 수선계(mismatch repair system)**에 존재한다. 이 계는 DNA 복제 시의 정확도를 추가적으로 2~3배 증가시킨다. 잘못짝지움 수선계는 두 가지 문제에 직면하게 된다. 첫째, 유전체를 조사하여 잘못짝지움을 찾아내야 한다. 잘못짝지움은 일시적이기 때문에(두 번째 복제가 완료된 후에는 사라지게 되고 그러면 돌연변이로 귀결된다), 잘못짝지움 수선계는 잘못짝지움을 재빨리 찾아내어 수선해야 한다. 둘째, 잘못짝지움을 정확하게 바로잡아야 한다; 즉 어버이 가닥의 정확한 뉴클레오티드는 그대로 두고 새로 합성된 가닥의 잘못된 뉴클레오티드를 대체해야만 한다.

대장균에서, 잘못짝지움은 잘못짝지움 수선 단백질인 **MutS** 2량체에 의해 탐지된다(그림 10-3). MutS는 DNA를 주사하여 DNA 골격이 왜곡되는 것으로 잘못짝지움을 인지한다. MutS는 잘못짝지움 부위의 DNA를 감싸서 DNA의 꼬임을 유도하며 자신도 구조적 변화를 일으킨다(그림 10-4). MutS의 특이성의 핵심은 잘못짝지움을 가지는 DNA는 올바른 염기쌍을 이루고 있는 DNA에 비해 훨씬 왜곡되어 있다는 것이다. 이 MutS와 잘못짝지움 함유 DNA 복합체는 이 수선계의 두 번째 단백질인 **MutL**을 동원한다. MutL은 잘못짝지움 부위 부근의 한 가닥에 절단을 일으키는 효소인 **MutH**를 활성화시킨다. 절단은 특이적 헬리카아제(UvrD)와 세 가지 핵산내부분해효소 중 하나의 작용에 의해 일어난다. 헬리카아제는 DNA를 푸는데, 절단자리에서 시작하여 잘못짝지움 부위를 향해 진행한다. 그러면 핵산내부분해효소가 풀려진 단일가닥을 점진적으로 분해하는데 잘못짝지움 부위의 뉴클레오티드 너머까지 진행된다. 그 결과 단일가닥의 간극이 생기는데 이는 DNA 중합효소 III(Pol III)에 의해 채워지고 DNA 연결효소에 의해 연결된다. 전체적인 결과는 잘못짝지움을 제거하고 정확한 염기쌍으로 대체하게 된다.

그런데 대장균의 잘못짝지움 수선계는 잘못짝지움 부위의 두 뉴클레오티드 중 바꿔야 할 것을 어떻게 알아낼까? 만약 수선이 임의적으로 일어난다면, 실수의 절반은 영구히 고정될 것이다. 그 답은 대장균이 어버이 가닥을 일시적인 반메틸화로 표지하는 것인데 그것에 대해 알아보자.

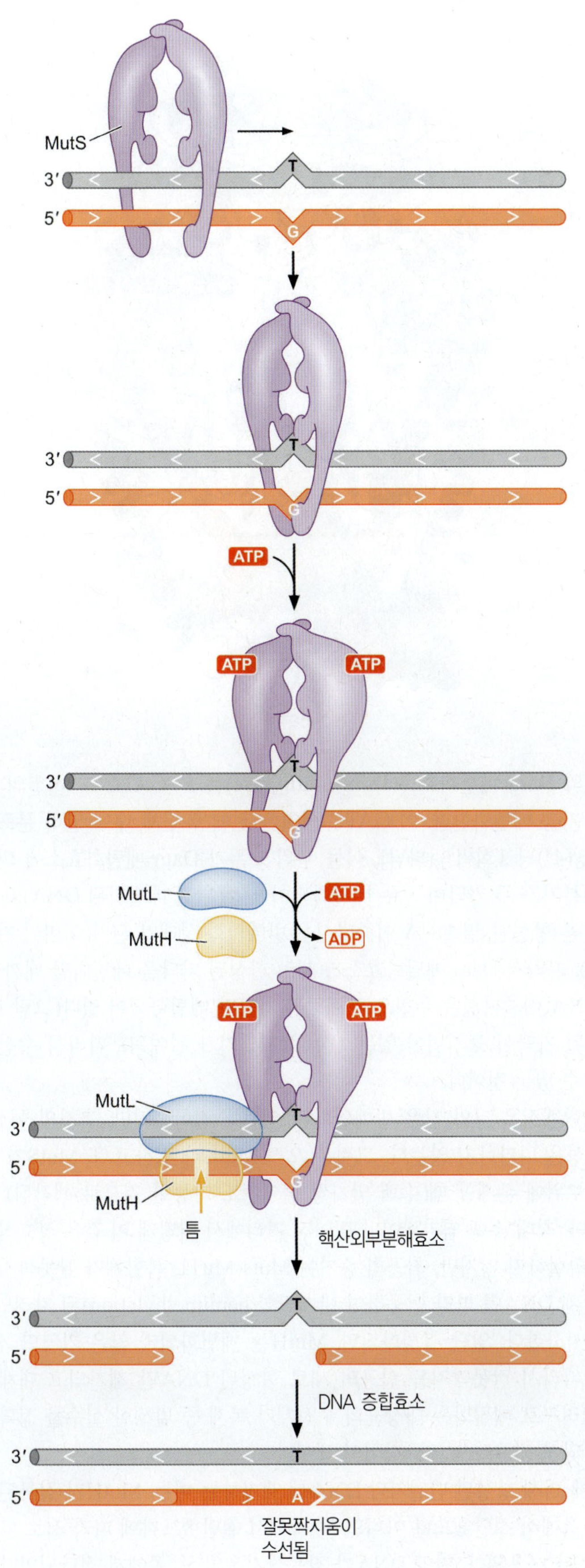

그림 10-3 복제 실수를 바로잡는 잘못짝지움 수선 경로. MutS는 잘못짝지움을 가지는 DNA에 결합하여 비틀림을 일으킨다(이 그림에는 나와 있지 않음, 그림 10-4 참조). 다음 단계에서 MutS는 MutL과 MutH를 보충하며, 또한 MutS의 ATPase 활성은 ATP의 가수분해를 촉매한다. MutH는 핵산내부분해효소로 잘못짝지움 자리의 인근에 절단을 일으킨다. 그런 후 핵산외부분해효소가 잘못짝지움을 가로질러 절단된 DNA 가닥을 분해한다. 마지막으로, 형성된 단일가닥의 간극은 DNA 중합효소에 의해 채워져 잘못짝지움은 제거된다. (Adapted with permission, from Junop M.S., et al. *Mol. Cell* **7**: 1–12, fig6b. c Elsevier)

그림 10-4 MutS-DNA 복합체의 결정 구조. 구조체의 바닥 가까이에 있는 DNA의 꼬임을 주목하라. 효소 구조체의 꼭대기 부근에 황색 및 녹색과 적색으로 보이는 것은 ATP이다. DNA의 골격은 적색으로, 염기는 회색으로 표현하여 공간-채움 방식으로 나타내었다. (Junop M.S. et al. 2002. Mol. *Cell* **7**: 1-12.) Image Prepared with Bobscript, Molscript, and Raster 3D.

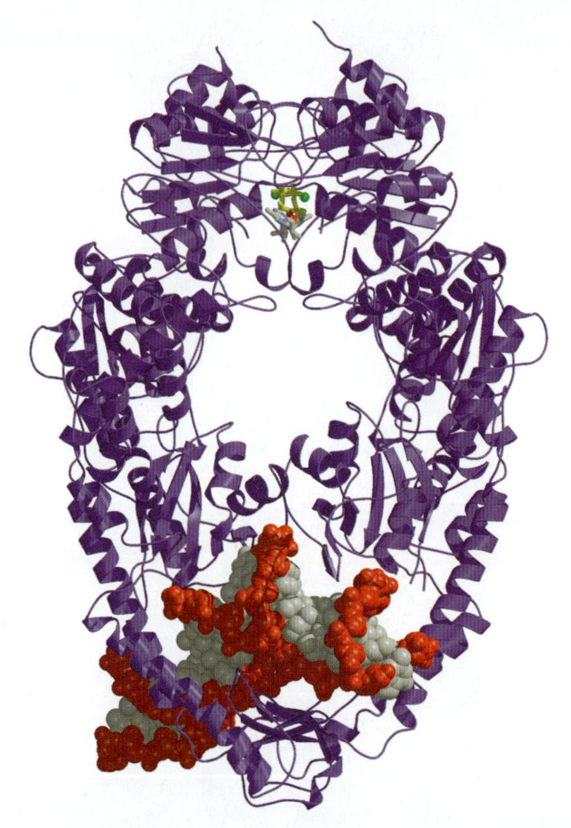

대장균의 **Dam 메틸화효소(Dam methylase)**는 5′-GATC-3′ 서열의 두 가닥에 있는 A 잔기를 메틸화한다. 이 GATC 서열은 전체 유전체 내에 널리 분포하는데[매 256 염기쌍(4^4)당 1회씩 나타남], 이들 부위 모두가 Dam 메틸화효소에 의해 메틸화된다. 복제분기가 두 가닥이 모두 메틸화되어 있는(완전 메틸화된 DNA) GATC 부위를 통과한 후 형성된, 딸 DNA 이중나선은 반메틸화 상태가 된다(어버이 가닥만 메틸화된 상태). 따라서 Dam 메틸화효소가 새로 합성된 가닥을 메틸화할 때까지의 몇 분간은 딸 DNA 이중나선은 주형으로 제공된 가닥만 메틸화되어 있다(그림 10-5a). 즉, 새로 합성된 가닥이 표지되어 있는 셈이고(메틸기가 결여됨), 따라서 수선될 가닥으로 인지될 수 있는 것이다.

MutH 단백질은 그와 같은 반메틸화된 부위에 결합하지만, 그것의 핵산내부분해효소의 활성은 나타나지 않는다. 그것은 오직 MutL과 접하고 또 MutS가 인접한 잘못짝지움 부위에 존재할 때(수백 염기쌍 떨어져도 가능한 것으로 생각됨) 비로소 활성을 가진다. 최대 수백 염기쌍이나 떨어진 거리에서 어떻게 이 같은 상호작용이 일어나는지는 확실하지 않지만, 최근의 증거는 Muts-MuTL 복합체가 잘못짝지움 부위를 그대로 둔 채 DNA를 따라 이동하여 반메틸화(hemimethylation)된 자리인 MutH에 도달함을 시사한다. 일단 활성화되면, MutH는 메틸화되지 않은 가닥만 선택적으로 절단한다. 따라서 잘못짝지움 인근의 새로 합성된 DNA만 제거되고 대체된다(그림 10-5b). 그러므로 메틸화는 대장균의 수선계가 복제 중 발생한 실수를 정확한 서열로 수정할 수 있게 해주는 "기억" 장치인 셈이다.

MutH에 의해 형성된 단일가닥 DNA를 제거하는 데는, MutH가 잘못된 뉴클레오티드를 5′ 쪽에서 절단했느냐 아니면 3′ 쪽에서 절단했느냐에 따라 서로 다른 핵산내부분해효소가 사용된다. 만약 DNA가 잘못짝지움의 5′ 쪽에서 절단되었다면 핵산내부분해효소 VII 또는 RecJ가 DNA를 5′→3′ 방향으로 분해한다. 반대로, 만약 절단

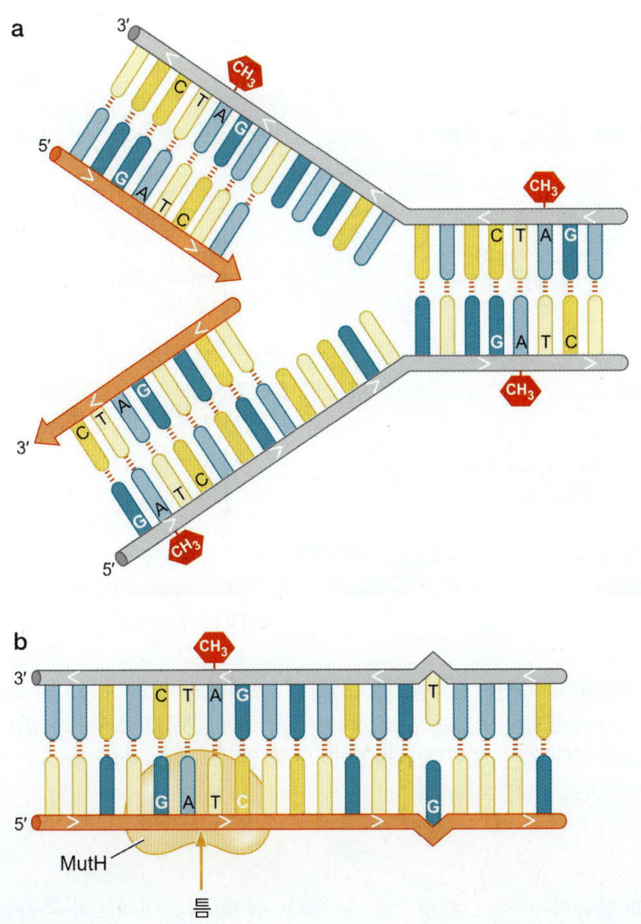

그림 10-5 복제 분기에서의 Dam 메틸화. (a) 대장균에서, 복제에 의해 형성된 반 메틸화된 DNA. (b) MutH는 메틸화되지 않은 딸가닥에 절단을 일으킨다.

부위가 잘못짝지움의 3′ 쪽이면 핵산내부분해효소 I이 DNA를 3′→5′ 방향으로 분해한다. 앞에서 설명한대로, 잘못짝지움 염기가 제거되고 나면 DNA Pol III가 빈 서열을 메우게 된다(그림 10-6).

진핵세포도 또한 잘못짝지움을 수선하는데 각기 MutS와 MutL의 상동 단백질을 사용한다[MutS의 상동 단백질은 MSH(MutS homologs)라 불리며, MutL의 상동 단백질은 MLH와 PMS라 불림]. 실제로, 진핵세포는 특이성이 서로 다른 여러 MutS 유사 단백질을 가진다. 예컨대, 어떤 것은 단일 잘못짝지움에 대해 특이적인 반면 또 다른 것은 DNA 복제 중의 "미끄러짐(slippage)" 현상에 의한 작은 삽입이나 결실을 인지한다. 고등생물에서 잘못짝지움 수선이 중요한 역할을 한다는 결정적인 증거는 결장암(가족성 비용종성 결-직장암)의 유전적 소인이 사람의 MutS(특별히 MSH2 homolog) 및 MutL의 상동 단백질을 만드는 유전자의 돌연변이에서 비롯된다는 발견에서 나왔다.

비록 진핵세포가 잘못짝지움 수선계를 가지고 있지만, 그들은 MutH가 결여되어 있으며 따라서 대장균에서와 같이 양친가닥에 반메틸화 표지를 붙이는 영리한 술수를 부리지 못한다. (사실 대부분의 세균도 Dam 메틸화효소가 없으며 따라서 새로 합성된 가닥의 반메틸화 방법을 사용할 수 없다.) 그렇다면 잘못짝지움 수선계는 두 가닥 중 바로잡아야 할 가닥을 어떻게 알아낼까? 우리가 9장에서 본 대로 지체가닥의 합성은 오카자키 조각이 형성되어 먼저 합성된 DNA와 DNA 연결효소에 의하여 연결되는 방식으로 불연속적으로 일어난다. 연결 단계 이전의 오카자키 조각은 먼저 합성된 DNA와 간극으로 격리되어 있어, 그것이 대장균의 MutH에 의해 새 가닥이 형

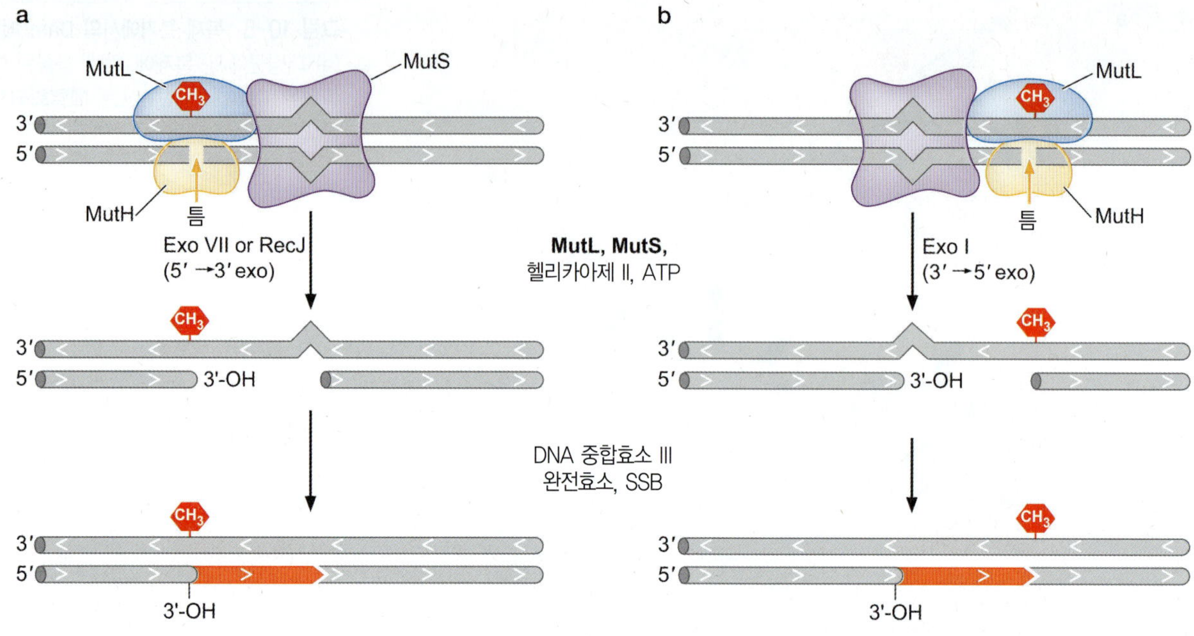

그림 10-6 잘못짝지움 수선의 방향성: 핵산외부분해효소에 의한 잘못짝지움 DNA의 제거. 단순화 시키다 보니, DNA에 결합한 MutH는 MutS와 바로 인접하여 잘못짝지움 자리에 있는 것으로 나와 있다. (a) 메틸화되지 않은 GATC가 돌연변이의 5′ 말단쪽에 위치함. (b) 메틸화되지 않은 GATC가 돌연변이의 3′ 말단쪽에 위치함.

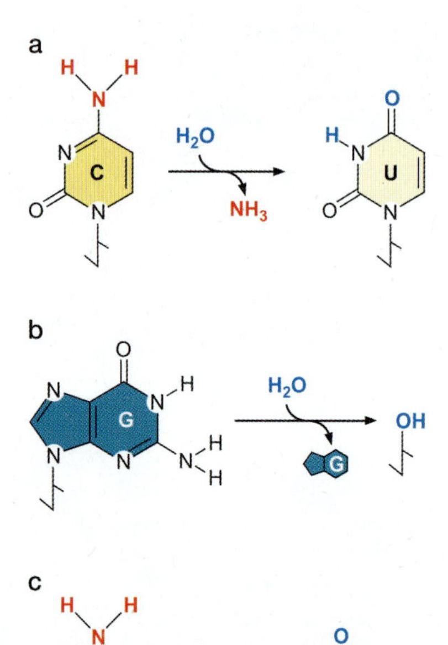

그림 10-7 가수분해에 의한 DNA 손상의 일반적 형태. (a) 시토신이 탈아미노반응으로 우라실이 된다. (b) 구아닌이 가수분해에 의해 탈퓨린화되면 무(無) 퓨린성 디옥시리보오스가 된다. (c) 5-메틸 시토신이 탈아미노반응으로 DNA의 자연 염기인 티민이 된다.

성된 간극과 상응하는 것으로 생각될 수 있다. 실제로, 진핵세포의 추출물이 간극을 가지는 인공 주형에서 잘못짝지움 수선을 할 수 있는데, 이때 수선은 간극을 가지는 가닥에만 선택적으로 일어난다. 최근의 연구 결과는 사람의 MutS 상동 단백질(MSH)이 레플리솜(PCNA, 9장에서 논의했음)의 구성요소인 활주 클램프(sliding clamp) 인자와 상호작용하며, 아마도 그리하여 지연가닥의 불연속적 DNA 합성부위에 동원되는 것으로 보인다. 활주 클램프 인자와의 상호작용은 또한 잘못짝지움 수선 단백질을 선도가닥의 3′ 말단에 동원할 수 있을 것이다.

DNA 손상

DNA는 가수분해와 탈아미노화로 자연적인 손상이 일어난다

돌연변이는 복제 실수뿐 아니라 DNA 손상에 의해서도 일어난다. 손상은 방사선이나 **돌연변이유발원(mutagen)**이라 불리는 돌연변이 빈도를 증가시키는 화학물질 등과 같은 환경 요인에 의해 일어날 수 있다(글상자 10-2, "에임즈 검정법" 참조). 그러나 DNA는 물의 작용에 의한 자연적 손상도 일어날 수 있다. (이것은 이중나선의 정확한 구조가 물과 접하는 환경에 의존적이라는 점에서 역설적이다.)

가장 빈번하고 중요한 가수분해에 의한 손상은 시토신 염기의 탈아미노화(deamination)이다(그림 10-7a). 정상적인 생리 조건에서 시토신은 자연적인 탈아미노화가 일어나 DNA에는 비정상 염기인 우라실을 형성하게 된다. 우라실은 아데닌과 결합하므로, 복제 시 맞은편 가닥에 원래의 C에 대한 G 대신 아데닌을 들어오게 한다. 아데닌과 구아닌도 또한 자연적인 탈아미노화를 일으킬 수 있다. 아데닌은 탈아미

▶ 의학관련

글상자 10-2 에임즈 검정법

동물에 대한 화학물질의 잠재적 발암 효과를 판별하는 것은 시간도 많이 걸리고 많은 비용이 든다. 그러나 대부분의 발암물질은 돌연변이 유발물질이므로, 화학물질의 발암성은 돌연변이 유발능력을 측정함으로써 간편히 알아볼 수 있다. 캘리포니아 대학의 Bruce Ames는 세균인 *Salmonella typhimurium*에 돌연변이를 일으키는 능력에 근거하여 화학물질의 잠재적 발암 효과를 알 수 있는 간단한 검사법을 고안했다. 에임즈 검정법에서는 히스티딘의 생합성을 책임지는 오페론에 돌연변이가 일어난 *S. typhimurium*의 균주를 사용한다. 예컨대, 돌연변이 오페론은 히스티딘 생합성에 관계하는 유전자 중의 하나에 미센스 돌연변이나 틀이동 돌연변이를 가진다. 그 결과 돌연변이 세포는 히스티딘이 결핍된 고체배지에서 자라지 못하여 콜로니를 형성하지 못한다(글상자 10-2 그림 1). 그런데 만약 이들 세포를 돌연변이 유발성의(따라서 발암성인) 화학물질로 처리하면, 화학물질이 미센스 또는 틀이동 돌연변이를 일으켜(돌연변이 유발원의 성격에 따라서 다를 것임) 소수의 역돌연변이 세포를 만들 것이다. 이 역돌연변이로 세포는 히스티딘이 결핍된 고체배지에서 자라서 콜로니를 형성할 수 있는 능력을 회복할 것이다. 돌연변이 유발원이 강력할수록 콜로니의 수는 많아질 것이다. 암을 일으키는 일부 화학물질은 처음에는 돌연변이 비유발성이지만, 외래 물질을 대사하는 간에서 돌연변이 유발물질로 전환된다. 간에서 돌연변이 유발물질로 전환되는 화학물질을 확인하기 위해, 에임즈 검정법에서는 잠재적 돌연변이 유발물질을 간에서 추출한 효소 혼합물과 함께 처리한다. 에임즈 검정법에서 돌연변이 유발성으로 밝혀진 화학물질은 다시 동물에 대한 발암 효과를 검사할 수 있다.

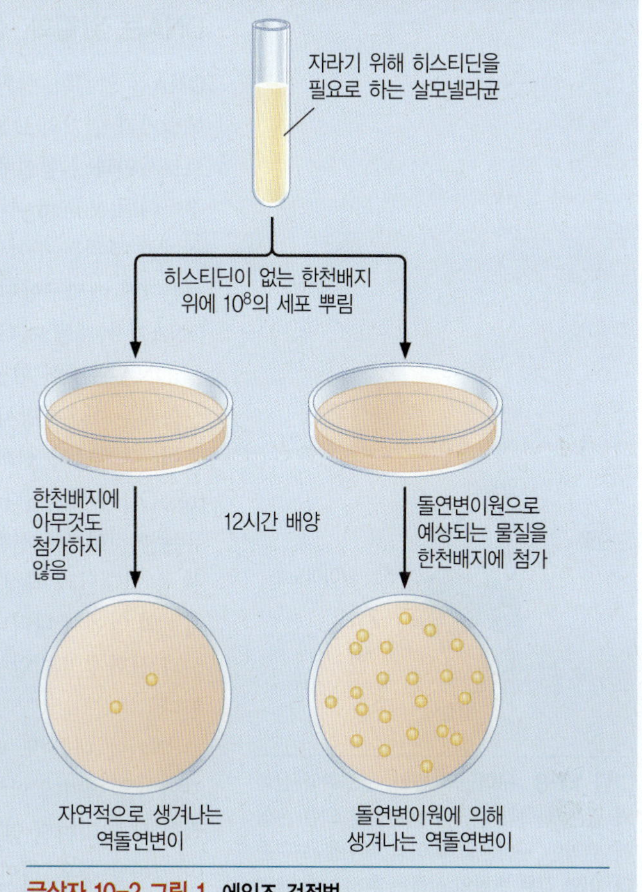

글상자 10-2 그림 1 에임즈 검정법.

노화로 하이포크산틴(hypoxanthine)이 되는데, 그것은 티민 대신 시토신과 짝짓게 된다. 구아닌은 크산틴(xanthine)으로 전환되는데, 이것은 수소결합이 둘 밖에 형성되지 않지만 계속 시토신과 짝짓게 된다. DNA는 또한 *N*-글리코실 결합의 자연적 가수분해에 의해 **탈퓨린화(depurination)**가 일어날 수 있는데, 그 결과 DNA에 염기가 없는 것이 생기게 된다(그림 10-7b).

앞에서 논의했던 복제 실수와 달리, 이들 가수분해반응은 비정상적인 DNA의 변화를 야기한다는 것을 주목하라. 탈퓨린화 자리는 물론 비정상적이며, 탈아미노화도 잘못된 염기를 형성하게 된다. 이와 같은 변화는 수선계에 의해 인지된다. 이 경우에서 왜 DNA는 우라실 대신 티민을 가지는지에 대한 설명도 가능하다. 만약 DNA가 원래 티민 대신 우라실을 가졌더라면 시토신의 탈아미노화 결과 자연적인 염기가 형성되므로 수선계가 이를 쉽게 인지하지 못할 것이다.

탈아미노화로 자연적인 염기가 형성될 때의 위험성은 5-메틸시토신(5-methyl cytosine)이 존재할 때 일어나는 문제점에 도해되어 있다. 척추동물의 DNA는 흔히 메틸기 전이효소의 작용에 의해 시토신 대신 5-메틸시토신을 가진다. 이렇게 변화된 염기는 전사를 침묵화시키는 역할을 한다(19장 참조). 5-메틸시토신에 탈아미노화가 일어나면 티민을 형성하게 되는데(그림 10-7c), 그것은 비정상 염기로 인지될 수 없고, DNA 복제가 한 번 일어나면 C에서 T로의 전이가 고정되게 된다. 실제로, 척추동물의 DNA에서 메틸화된 시토신은 자연 돌연변이가 잘 일어나는 과열점이 된다.

DNA는 알킬화, 산화 및 방사선에 의해 손상을 입는다

DNA는 알킬화, 산화 및 방사선으로 인한 손상에 취약하다. 알킬화의 경우, 메틸 또는 에틸기가 염기와 DNA 골격 인산의 반응성 부위에 전이된다. 알킬화 화합물에는 니트로사민과 실험실에서 사용되는 강력한 발암물질인 *N*-메틸-N^1-니트로-*N*-니트로소구아니딘(*N*-methyl-N^1-nitro-*N*-nitrosoguanidine)이 포함된다. 알킬화에 대해 가장 취약한 부위는 구아닌의 탄소 6번 위치의 산소원자이다(그림 10-8). 이 메틸화의 산물은 O^6-메틸구아닌(O^6-methylguanine)으로 흔히 티민과 잘못된 짝짓기를 하여, DNA가 복제될 때 G:C 염기쌍을 A:T 염기쌍으로 바뀌게 한다.

DNA는 또한 활성 산소(예, O_2^-, H_2O_2, OH•)의 공격을 당하기 쉽다. 이들 강력한 산화제는 이온화방사선과 자유라디칼을 생성하는 화학약품에 의해 만들어진다. 예를 들어, 구아닌이 산화되면 7,8-디히드로-8-옥소구아닌[7,8-dihydro-8-oxoguanine (oxoG)]이 생성된다. 이렇게 생성된 oxoG는 높은 돌연변이 유발성을 가지는데 그 이유는 이것이 시토신뿐만 아니라 아데닌과도 짝지을 수 있기 때문이다. 만약 그것이 복제 중 아데닌과 짝짓게 되면 G:C 염기쌍을 T:A 염기쌍으로 전환시키게 되는데, 이는 사람의 암에서 나타나는 가장 흔한 돌연변이 중 하나이다. 따라서 아마도 이온화방사선과 산화제의 발암 효과는 부분적으로 구아닌을 oxoG로 바꾸는 자유라디칼에 기인한다.

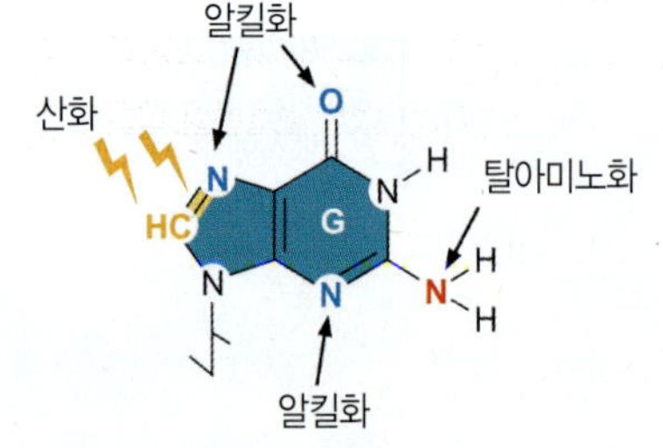

그림 10-8 구아닌의 변화. 알킬화나 산화와 같은 화학적 처리나 방사선에 의한 손상에 취약한 구아닌의 특이적 부위를 보여준다. 이와 같은 변화의 산물은 흔히 높은 돌연변이성을 나타낸다.

염기에 대한 또 다른 유형의 손상은 자외선에 의해 일어난다. 약 260 nm 파장의 자외선은 염기에 의해 강하게 흡수되는데, 그 결과 같은 폴리뉴클레오티드 사슬의 인접한 두 피리미딘 염기 간에 광화학적 결합이 일어날 수 있다. 두 개의 티민 간에 결합이 일어날 경우, **티민 2량체(thymine dimer**, 그림 10-9)라 부르는데, 이들은 인접 티민 간의 5번 및 6번 탄소 간에 형성된 **사이클로부탄(cyclobutane)** 고리를 형성한다. 인접한 티민과 시토신 간에 결합이 일어날 경우, 티민의 6번 탄소와 시토신의 4번 탄소 간에 공유결합이 일어난다. 이들 결합된 염기들은 염기쌍 형성이 불가능하며 복제 시 DNA 중합효소를 멈추게 한다. **티민** 2량체와 같은 DNA 손상의 정도를 측정하고 또 DNA 손상이 세포의 생존 및 유전체의 정확성을 유지하는 능력에 미치는 영향에 관한 분석법이 글상자 10-3에 나와 있다(글상자 10-3, "DNA 손상의 정량적 분석과 DNA 손상이 세포의 생존과 돌연변이 발생에 미치는 영향" 참조).

마지막으로, 감마선과 X-선(이온화방사선)은 특히 위험한데, 그 이유는 이들이 DNA의 이중가닥 절단을 일으키는데 이런 손상은 수선이 어렵기 때문이다. 이온화방

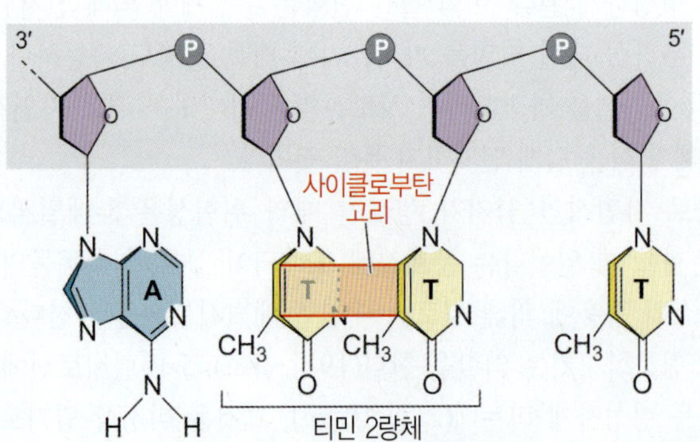

그림 10-9 티민 2량체. UV는 인접한 티민 간에 사이클로 부탄 고리의 형성을 야기한다.

▶ 고급개념

글상자 10-3 DNA 손상의 정량적 분석과 DNA 손상이 세포의 생존과 돌연변이 발생에 미치는 영향

DNA의 손상, 수선 및 돌연변이 유발을 연구하기 위해 과학자들은 DNA 손상과 그것이 세포에 미치는 영향을 측정하기 위한 분석법을 사용한다. DNA 손상을 정량화하는 것은 처음엔 무척 어려운 도전으로 여겨졌다. 과학자들은 세포 내의 DNA에서 일어난 어떤 변화를 어떻게 알 수 있을까? 과학자들은 이를 위해 여러 기술을 개발했다. 그 중 한 가지는 항체를 사용하여 티민 2량체와 같은 특정 유형의 DNA 손상을 탐지하는 것이다. 이 방법으로 마치 면역블롯 분석법(7장 참조)으로 단백질의 수준을 측정하듯이 분리해 낸 유전체 DNA 표본 내의 티민 2량체의 수준을 알아낼 수 있다. 또 다른 분석법으로는 단일세포 젤 전기영동분석법으로, 젤 전기영동 과정 중에 나타나는 이동양상의 변화를 통해 세포 내 DNA의 단일가닥 또는 이중가닥 절단과 같은 DNA 손상을 찾아내는 것이다. 손상된 DNA는 형광 현미경으로 마치 혜성과 같은 모습으로 관찰된다. 새로운 기술이 계속 개발 중에 있어 앞으로 DNA 손상에 대한 더욱 정확하고 구체적인 탐지가 가능해질 것이다.

그러면 DNA 손상이 세포의 생존력에 미치는 영향은 어떻게 측정할까? 세균이나 효모와 같은 단세포 생물의 경우, 처리된 세포와 비처리 세포를 고체배지에 접종하여 콜로니의 수를 세어 비교하는 것으로 간단히 분석할 수 있다. DNA 손상 유발 약품이나 조건에 의한 사망률은 DNA 손상 약품의 다양한 농도에서의 생존 세포의 백분율을 그래프화하면 된다. 특정 유형의 DNA 손상을 수선하는 데 필요한 경로에 돌연변이가 생긴 것은 동일한 농도의 처리에서 보다 낮은 생존율을 보일 것이다. DNA에 손상을 일으키는 약품이 포유류 세포의 생존율에 미치는 영향을 측정하는 데는 다른 방법이 사용된다. 이 경우 살아 있는 세포와 죽은 세포를 구분케 해주는 형광염료(생-사 염료)가 사용된다. DNA 손상 약품 처리 후 생존율은 이 염료로 염색되거나 또는 되지 않은 세포를 형광현미경을 이용하여 헤아리면 된다.

DNA 손상 약품 또는 조건의 정량적 연구는 세포 생존율뿐 아니라 돌연변이 유발성의 측정도 포함된다. 에임즈 검정법(글상자 10-2 참조)과 비슷하게, 돌연변이 유발 분석은 돌연변이 세포가 꼭 필요로 하는 요구 물질이 결핍된 고체배지에서 성장 가능하게 되는 복귀율 측정을 사용할 수 있다. 돌연변이 유발 분석은 또한 오직 돌연변이체만 생존가능한 선택적 배지를 사용하는 특정 유전자의 점 돌연변이(야생형에서 돌연변이체가 되는 경우) 분석법도 포함될 수 있다. 생존율 분석과 비슷하게, 돌연변이 유발 분석 또한 다양한 농도의 DNA 손상 약품으로의 처리를 포함한다. 돌연변이 유발 빈도는 세포 생존에 영향을 미치는 약품의 농도에 대한 함수로서의 역 돌연변이율 또는 정 돌연변이율로 결정된다.

사선은 DNA 골격의 디옥시리보오스당을 직접 공격할 수(이온화할 수) 있다. 또한 이들 방사선은 활성 산소를 생산하여 디옥시리보오스와 반응하는 간접적인 공격을 할 수도 있다. 세포는 자신의 DNA를 복제하려면 온전한 염색체를 필요로 하므로, 이온화방사선은 암 치료에서 빨리 증식하는 세포를 죽이는 치료법으로 이용될 수 있다. 블레오마이신 같은 항암제도 또한 DNA의 절단을 일으킨다. 이온화방사선과 블레오마이신처럼 DNA의 절단을 일으키는 물질을 **절단성(clastogenic**, "절단"을 의미하는 그리스어 *klastos*에서 유래)이라 한다.

염기 유사물질과 염기 간 삽입물질에 의해서도 돌연변이가 일어난다

돌연변이는 정상 염기를 대치하거나(**염기 유사물질, base analog**) 또는 염기 사이에 끼어드는 **삽입물질(intercalating agent)**에 의해서도 일어날 수 있다(그림 10-10). 염기 유사물질은 정상적인 염기와 구조가 비슷하나 세포에 위험하게 작용한다. 즉 정상 염기와 비슷하여 세포에 의해 수용되어, 뉴클레오시드 삼인산으로 전환되며, 복제시 DNA에 통합된다. 그러나 정상 염기와의 구조 차이로 인해 부정확한 염기쌍을 형성하게 되어 복제과정 중에 종종 실수를 일으킨다. 돌연변이 유발성이 가장 큰 염기 유사물질은 **5-브로모우라실(5-bromouracil)**로 티민 유사물질이다. 이 유사물질은 에놀형 토토머(tautomer)를 거쳐 구아닌과 잘못된 짝짓기를 할 수 있다(그림 10-10a). 4장에서 논의한 바 있지만, 에놀형 토토머보다는 케토형 토토머로 주로 존재하는데, 이런 경향은 5-브로모우라실에서 보다는 티민에서 더 강하다.

4장에서 이미 언급한 에티듐과 같이 **삽입물질(intercalating agent)**은 편평한 구조

그림 10-10 DNA에 돌연변이를 일으키는 염기 유사물질과 삽입물질(intercalating agents). (a) 티민 유사 염기인 5-bromouracil로, 구아닌과 잘못된 짝짓기를 할 수 있다. (b) 삽입물질

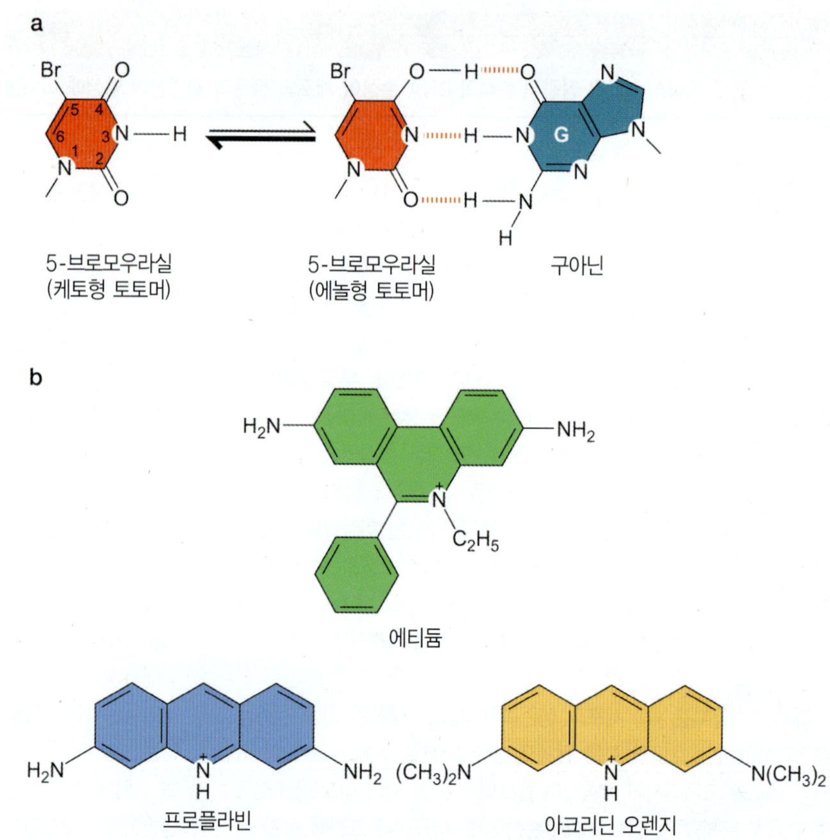

로 다환성 고리구조(polycyclic ring)를 가져 같은 편평구조인 DNA의 퓨린이나 피리미딘과 결합한다. 이는 이중나선에서 염기들이 결합하거나 정렬되는 것과 마찬가지 방식이다. 프로플라빈(proflavin), 아크리딘(acridine) 및 에티듐(ethidium) 같은 삽입물질은 한 개 또는 몇 개 염기쌍의 결실이나 첨가를 야기한다. 그 같은 결실이나 첨가가 유전자 내에서 일어날 때 그것의 mRNA의 번역 시 심각한 결과가 일어날 수 있는데 그 이유는 그들이 암호화 서열을 바른 틀에서 잘못되게 이동시킬 수 있기 때문이다. 이에 관해서는 16장의 유전암호에서 다시 다루게 될 것이다.

삽입물질은 어떻게 짧은 삽입과 결실을 일으킬까? 염기가 삽입되는 경우의 한 가지 가능성은, 주형가닥의 염기들 사이에 끼어들어감으로써, 이 돌연변이 유발물질이 DNA 중합효소로 하여금 반대쪽 가닥에 여분의 뉴클레오티드를 들어가게 하는 것이다. (이들 물질 중 하나가 끼어들 때의 자리는 전형적인 두 염기쌍 거리의 2배가 된다.) 거꾸로, 결실되는 경우 이들 물질의 존재로 인해 야기된 주형의 뒤틀림은 중합효소로 하여금 뉴클레오티드를 건너뛰게 할 것이다.

DNA 손상의 수선 및 내성

우리가 앞에서 본 대로, DNA의 손상은 두 가지 결과를 초래할 수 있다. 티민 2량체나 DNA 골격의 간극 형성이나 절단 같은 손상은 복제나 전사 장애를 일으킨다. 염기의 변화를 일으키는 부류의 손상은 복제에 대해 즉각적인 구조적 결과를 일으키지 않으나 잘못된 짝짓기를 일으킨다. 그렇게 되면 복제 후 DNA 서열은 영구적인 변화가 초래된다. 예를 들어, 시토신이 탈아미노화로 우라실이 되면 U:G 염기쌍이 형성되고 한

표 10-1 DNA 손상 수선계와 내성계

유형	손상	효소
잘못짝지움 수선	복제 실수	MutS, MutL, and MutH in *E. coli*; MSH, MLH, and PMS in humans
광회복	피리미딘 2량체	DNA photolyase
염기절제 수선	염기 손상	DNA glycosylase
뉴클레오티드 절제 수선	피리미딘 2량체 염기상의 부가물	UvrA, UvrB, UvrC, and UvrD in *E. coli*; XPC, XPA, XPD, ERCCI-XPF, and XPG in humans
이중가닥 절단 수선	이중가닥 절단	RecA and RecBCD in *E. coli*
장애관통 DNA 합성	피리미딘 2량체, 탈퓨린 부위, 염기에 대한 부가물 부착	Y-family DNA polymerases, such as UmuC in *E. coli*

번 복제 후에는 한쪽 딸 염색체에서 C:G 에서 T:A로의 전이 돌연변이가 일어나게 된다. 이 같은 결과는 왜 세포가 DNA의 손상을 탐지하고 수선하는 정교한 기작을 진화시켰는지 잘 설명해 준다. 만약에 세포에 그 같은 기작이 존재하지 않는다면 오래 버티지 못할 것이다.

이 절에서, 우리는 DNA의 손상을 수선하는 계에 대해 고찰하고자 한다(표 10-1). 대개 이들 계는 직접적으로, 수선효소가 단순하게 손상을 원상회복시킨다(역전시킨다). 다른 보다 정교한 계로는 **절제수선(excision repair)**이 있는데, 여기서 손상된 뉴클레오티드는 수선되는 것이 아니고 DNA로부터 절제된다. 이 절제수선계에서, 손상되지 않은 다른 가닥은 DNA 중합효소에 의한 정확한 뉴클레오티드로의 재합성의 주형이 된다. 절제수선 방법에는 두 가지가 존재하는데, 한 가지는 손상된 뉴클레오티드만 제거하는 것이고, 다른 하나는 손상부위를 포함하는 짧은 길이의 단일가닥 DNA를 제거하는 것이다.

보다 더 정교한 **재조합수선(recombinational repair)**도 있는데, 이 방법은 DNA가 절단되는 것과 같이 두 가닥에 모두 손상이 있을 때 사용된다. 이런 경우 한 가닥이 다른 가닥의 주형으로 작용할 수 없다. 따라서 재조합수선(**이중가닥 절단수선, double-strand break repair**)의 경우, 염기서열의 정보는 손상되지 않은 제 2의 염색체 사본으로부터 복구된다. 마지막으로, 복제 중에 손상된 염기에 의해 DNA 중합효소의 진행이 봉쇄될 때, 특별한 **장애관통 중합효소(translesion polymerase)**가 주형가닥과 새로 합성된 DNA 가닥 간의 염기쌍에 구애받지 않고 손상부위에 대한 복제를 하게 된다. 장애관통 합성은 고도로 돌연변이유발성이므로, 이 기작은 마지막 수단이 된다.

DNA 손상의 직접적인 역전

손상을 간단히 역전시켜 수선하는 예로는 **광회복(photoreactivation)**을 들 수 있다. 광회복은 자외선 조사에 의해 형성된 피리미딘 2량체를 직접 되돌려 놓는다. DNA 포토리아제(photolyase)가 빛에너지를 이용하여 인접한 두 피리미딘을 연결하고 있는 공유결합을 절단한다(그림 10-11). 다시 말해, 손상된 염기는 직접적으로 복구되는 것이다.

직접적인 역전의 또 다른 예로는, 메틸화된 염기인 O^6-메틸구아닌(O^6-methylguanine)으로부터의 메틸기 제거이다. 이 경우, 메틸기전이효소가 구아닌 잔

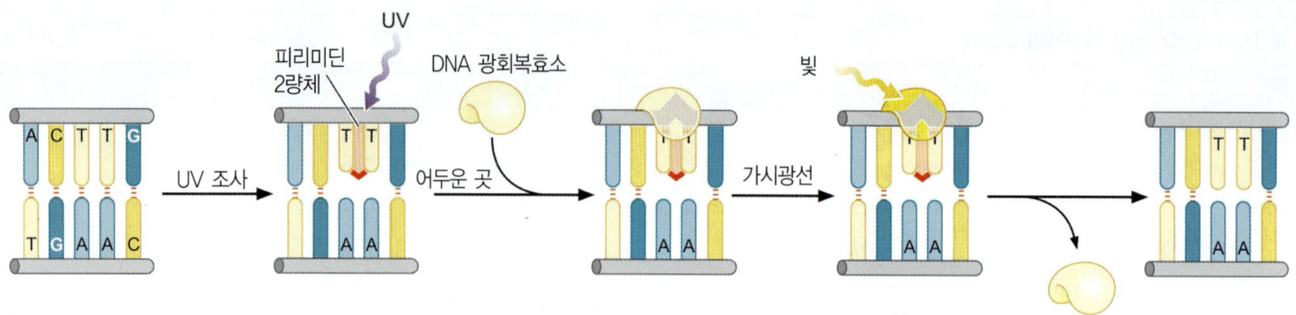

그림 10-11 광회복. UV조사는 티민 2량체의 형성을 일으킨다. 빛이 비치면, DNA 광회복효소가 2량체 사이에 형성된 고리를 절단하여 2개의 티민 잔기를 복구시킨다.

기로부터 메틸기를 제거하여 효소 자신의 시스테인 잔기에 옮긴다(그림 10-12). 이 방법은 세포로서는 매우 고비용의 방법인데, 그 이유는 메틸기전이효소가 촉매적으로 작용하는 것이 아니라는 데 있다. 즉, 이 효소는 일단 메틸기를 수용하게 되면 더 이상은 사용될 수 없다.

염기 절제수선효소는 손상된 염기를 염기 절단 기작으로 제거한다

손상된 염기들을 복구하는데 가장 많이 사용되는 방법은 잘못된 염기를 제거하고 대체하는 수선계에 의한 방법이다. 두 가지 주요한 수선계로 **염기 절제수선(base excision repair)**과 **뉴클레오티드 절제수선(nucleotide excision repair)**이 있다. 염기 절제수선의 경우, 글리코실라아제(glycosylase)가 손상된 염기를 인지하여 글리코시드 결합을 가수분해함으로써 그것을 제거한다(그림 10-13). 그 결과 남게 되는 염기 없는 당은 다시 핵산내부분해 단계에서 DNA 골격으로부터 제거된다. 핵산내부분해적 절난은 또한 자연적 가수분해로 생성된 탈퓨린화(apurinic) 및 탈피리미딘화(apyrimidinic)된 당도 제거한다. 손상된 뉴클레오티드가 골격으로부터 완전히 제거된 후, 수선 DNA 중합효소와 DNA 연결효소가 손상되지 않은 가닥을 주형으로 사용하여 완전한 가닥으로 복구한다.

DNA 글리코실라아제는 장애 특이적이어서 세포는 특이성이 서로 다른 여러 종류의 DNA 글리코실라아제를 가진다. 즉, 우라실(시토신의 탈아미노화 반응으로 형성됨)을 특이적으로 인지하는 글리코실라아제가 있으며 마찬가지로 oxoG(구아닌의 산화반응으로 형성됨)에 특이적인 글리코실라아제가 존재한다. 사람의 세포 핵 내에서는 지금까지 11종류의 DNA 글리코실라아제가 확인되었다.

손상된 염기를 가지는 유전체를 복구하기는, 이들 염기가 DNA 나선 속에 묻혀 있는 관계로 쉬운 일이 아니다. DNA 글리코실라아제는 어떻게 유전체를 조사하여 손

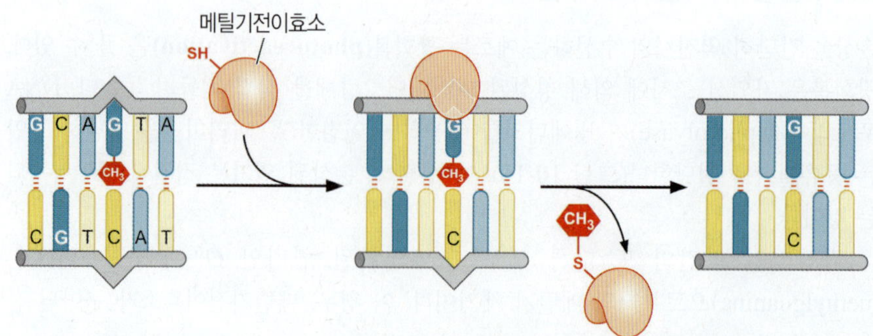

그림 10-12 메틸기의 제거. 메틸기전이 효소가 O^6-메틸구아닌 위의 메틸기를 효소 내의 시스테인 잔기로 옮기는 것을 촉매하여, DNA에서 정상적인 G로 복구한다.

그림 10-13 염기 절제 경로: 우라실 글리코실라아제의 작용. 우라실 글리코실라아제는 DNA 골격의 글리코시드결합(glycosidic bond)을 가수분해하여 AP자리[탈퓨린(apurinic) 또는 탈피리미딘(apyrimidinic) 자리, 여기서는 탈피리미딘 자리임]를 남긴다. AP 핵산내부분해효소는 AP자리의 5′ 위치의 DNA 골격을 절단하여 3′ OH를 남긴다; 핵산외부분해효소는 AP자리의 3′ 위치를 절단하여 5′-phosphate를 남긴다. 그 결과 생성된 간극은 DNA 중합효소 I 이 메꾼다.

상된 염기를 탐지할까? 효소는 DNA의 작은홈을 따라 옆으로 접근하여 특정 장애를 탐지한다. 그러나 그 장애가 나선 속에 매몰되어 있는 염기일 경우 효소는 어떻게 그 염기에 작용할까? 이 수수께끼에 대한 해답은 DNA의 놀라운 유연성에 있다. X-선 결정분석에 의하면 손상된 염기는 이중나선으로부터 밖으로 돌출되어 글리코실라아제의 특이적 자리에 접하게 된다(그림 10-14). 흥미롭게, DNA 이중나선은 구조를 약간만 왜곡하여 염기를 돌출시킬 수 있어 이 과정에 큰 에너지 비용이 들지는 않는다(4장, 그림 4-8 참조). 그럼에도 불구하고 글리코실라아제가 DNA를 따라 확장하면서 잘못된 염기를 탐지하기 위해 모든 염기를 들춰볼 것 같지는 않다. 따라서 이들 효소가 잘못된 염기를 찾아내는 기작은 여전히 의문으로 남는다.

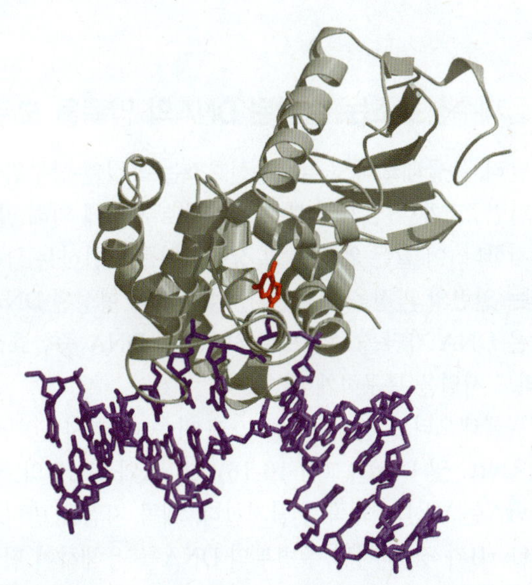

그림 10-14 DNA-글리코실라아제 복합체의 구조. 효소는 회색으로 DNA는 자주색으로 나타냈다. 손상된 염기인 oxoG는 붉은색으로 나타내었고 나선으로부터 끌려나가 효소의 촉매 중심에 들어간다. (Bruner S.D., Norman D.P., and Verdine G.I. 2000 *Nature* **403**: 859–866. Image Prepared with Bobscript, Molscript, and Raster 3D.)

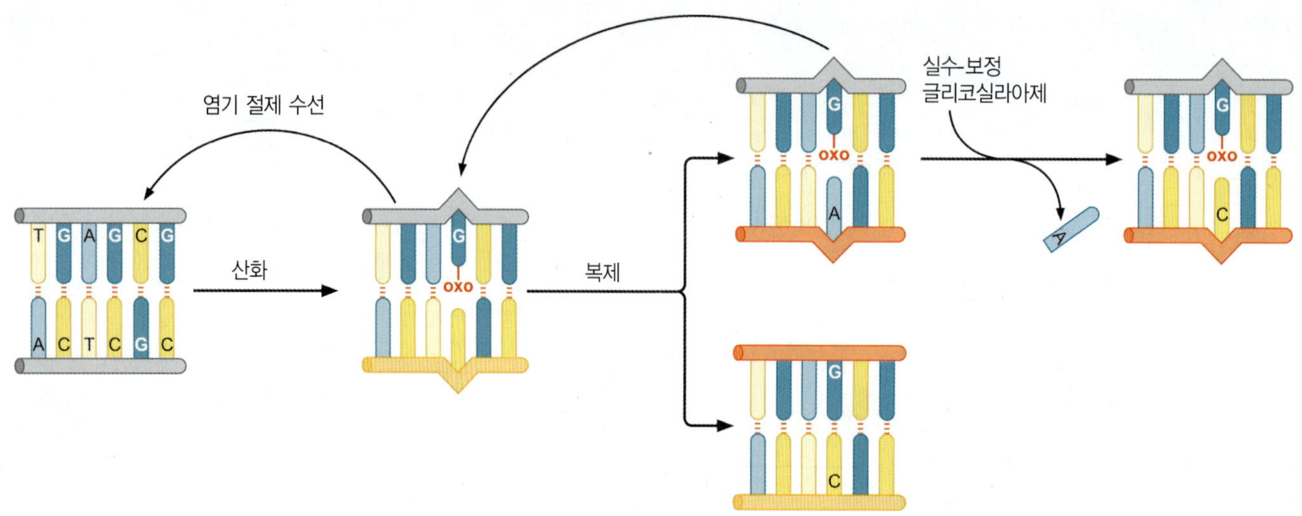

그림 10-15 oxoG의 수선. 구아닌이 산화되면 oxoG가 된다. 이렇게 변화된 염기는 복제되기 이전에 DNA 글리코실라아제에 의해 염기 절제 경로를 통해 수선될 수 있다. 만약 oxoG가 제거되기 전에 복제가 일어나면 잘못된 염기인 아데닌(A)이 들어가게 된다. 그러면 실수-구제 글리코실라아제가 A를 제거하여 C로 대체될 수 있게 한다. 이것은 DNA 글리코실라아제가 변화된 염기를 제거하는 두 번째 기회가 되는 것이다.

만약 DNA 복제 이전에 잘못된 염기가 제거되지 않으면 어떻게 될까? 이 장애가 모두 돌연변이로 귀결될까? oxoG의 경우, A와 잘못된 짝짓기를 하는 경향이 있는데, 실수-구제계가 존재한다(그림 10-15). 투입된 글리코실라아제는 주형가닥의 oxoG에 대해 잘못 통합된 A와의 사이에 형성된 oxoG:A 염기쌍을 인지한다. 그러나 이 경우에 글리코실라아제는 A를 제거한다. 즉, 수선계는 oxoG와 마주하는 A를 돌연변이로 인지하여 손상은 없지만 부정확한 염기를 제거한다.

실수-구제계의 또 다른 예로, G와 마주보는 T를 제거하는 글리코실라아제가 있다. T:G 잘못짝지움은, 앞에서 본 대로 5-메틸시토신의 자연적 탈아미노화로 발생하는데, 척추동물의 DNA에서 빈번하게 일어난다. T와 G는 모두 정상 염기인데 세포는 어떻게 부정확한 염기를 알아낼까? 글리코실라아제계는 T:G 잘못짝지움의 T가 5-메틸시토신의 탈아미노화 반응에서 발생한 것으로 간주하고 이것을 제거하고 C로 대체될 수 있게 한다.

뉴클레오티드 절제수선효소는 손상된 DNA의 양쪽을 모두 절단한다

염기 절제수선과 달리, 뉴클레오티드 절제수선효소는 특정 손상부위를 인지하지 못한다. 대신 이 계는 티민 2량체나 염기에 붙은 화학적 부가기에 의해 일어나는 이중나선 구조의 왜곡을 인지한다. 이 같은 왜곡은 그 장애부위를 포함하는 짧은 단일가닥 조각의 절제를 유도하는 일련의 과정을 촉발한다. 절제 결과 형성된 DNA의 단일가닥 간극은 손상되지 않은 DNA 가닥을 주형으로 사용하여 DNA 중합효소에 의해 채워져 정확한 뉴클레오티드 서열을 복구하게 된다.

대장균에서의 뉴클레오티드 절제수선은 크게 다음 네 가지 단백질에 의해 수행된다: UvrA, UvrB, UvrC 및 UvrD(그림 10-16). UvrA와 UvrB의 복합체는 DNA를 조사하며, 이중 UvrA는 나선의 왜곡을 탐지한다. 왜곡 지점을 만나면 UvrA는 복합체에서 방출되고 UvrB가 장애 지점 주변부의 DNA를 용해하여 단일가닥의 버블을

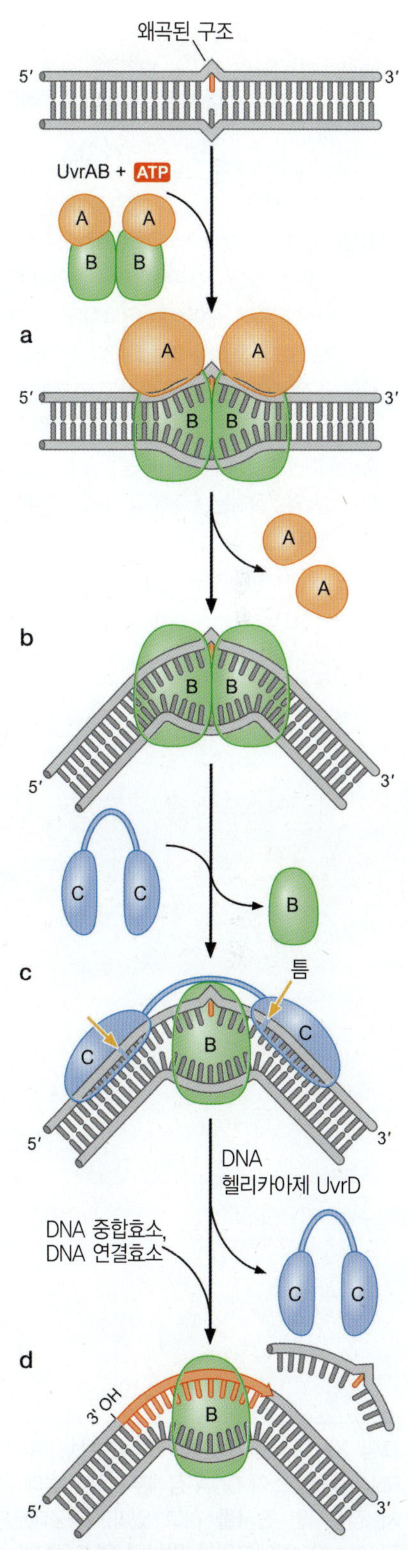

그림 10-16 뉴클레오티드 절제수선 경로. (a) ATP 가수분해로 UvrA의 2량체 형성을 촉진한다. UvrA는 UvrB 2량체와 복합체를 형성한다. UvrA와 UvrB 복합체는 DNA를 주사하여 왜곡부위를 찾아낸다. (b) UvrA는 복합체에서 유리되고 UvrB 2량체가 DNA의 왜곡부위 주변부를 용해시킨다. (c) UvrC가 UvrB와 복합체를 형성하여 장애부위의 5′쪽과 3′쪽에 절단을 일으킨다. (d) DNA 헬리카아제, UvrD가 이중나선으로부터 단일가닥의 단편을 방출시키며, DNA Pol I 과 리가아제가 간극을 수선하고 연결한다. (Adapted, with permission, from Zou Y. and Van Houten B. 1999. *EMBO J.* **18**: 4898, Fig. 7. c Macmillan.)

형성한다. 그 후 UvrB는 UvrC를 동원하고, UvrC가 두 곳의 절단을 일으킨다. 한 곳은 손상 지점의 5′ 쪽에서 8 뉴클레오티드 떨어진 지점이고 다른 한 곳은 3′ 쪽에서 4~5 뉴클레오티드 떨어진 지점이다. 이 절단으로 12~13 잔기 길이의 단일가닥 조각이 만들어지는데, 이것은 DNA 헬리카아제 UvrD의 작용에 의해 접근이 가능해지게 된다. 최종적으로 DNA 중합효소 I(Pol I)과 DNA 연결효소가 간극을 메우게 된다.

보다 고등한 세포에서의 뉴클레오티드 절제수선의 원리도 대장균의 그것과 같으나 손상부위의 탐지, 절제 및 수선의 장치는 보다 복잡하여, 25가지 이상의 폴리펩티드가 관여한다. 대장균에서 UvrA가 맡았던 왜곡부위의 탐지는 XPC가 맡는다. 대장균에서와 마찬가지로 장애 지점 주변부의 DNA는 열려 버블을 형성한다. 버블의 형성에는 XPA 및 XPD 단백질의 헬리카아제 활성(대장균에서의 UvrB 활성)과 단일가닥 결합 단백질인 RPA가 관여한다. 버블의 형성으로 절단 지점이 나타나는데, 장애부위의 5′ 쪽으로는 ERCC1-XPF라는 핵산분해효소가, 3′ 쪽으로는 XPG라는 분해효소가 절단을 책임진다. 고등한 세포에서, 형성되는 단일가닥 DNA 조각의 길이는 24~32 뉴클레오티드 길이이다. 세균에서와 마찬가지로 DNA 조각은 방출되고 간극이 형성되며 간극은 DNA 중합효소와 연결효소에 의해 메워진다.

이름으로 짐작할 수 있듯이, UVR 단백질은 UV에 의한 손상을 수선하는 데 필요하다. *uvr* 유전자의 돌연변이체는 UV에 대해 감수성이며 티민-티민 및 티민-시토신 생성물을 제거하는 능력이 결여된다. 사실 이들 단백질은 여러 종류의 큰 생성물들을 널리 인지하고 수선한다. 뉴클레오티드 절제수선은 사람에서도 역시 중요하다. 사람의 색소성건피증(xeroderma pigmentosum)이라는 유전병은 햇빛에 매우 민감하며, 피부암을 포함한 피부의 병변을 일으킨다(글상자 10-4, "사람의 유전병에서 뉴클레오티드 절제수선 및 장애관통 합성의 연관성" 참조).

뉴클레오티드 절제수선은 유전체 내의 손상을 고칠 수 있을 뿐만 아니라, 유전자를 전사하는 주형가닥에 존재하는 장애에 의해 RNA 중합효소의 진행이 정지되었을 때 이를 구조해 줄 수도 있다. 이 현상을 **전사-짝지음 수선(transcription-coupled repair)**이라 하는데, 여기에는 정지된 RNA 중합효소에 뉴클레오티드 절제수선 단백질의 동원이 수반된다(그림 10-17). 전사-짝지음 수선이 중요한 것은, 수선효소가 왕성하게 전사 중인 DNA(유전자)에 집중되기 때문이다. 결과적으로 RNA 중합효소가 세포 내의 또 다른 손상부위 감지 단백질로 기능하는 효과가 있는 것이다. 진핵세포의 전사-짝지음 수선의 중추는 일반 전사인자, TFIIH이다. 13장에서 논의하겠지만, TFIIH는 전사개시 과정 중에 DNA 주형을 푼다. TFIIH의 소단위로는 위에서 설명한 바 있는, DNA 나선을 여는 단백질인 XPA와 XPD가 포함된다. 따라서 TFIIH는 두 가지 별도의 기능을 가진다: 나선을 분리시키는 헬리카아제의 기능은 뉴클레오티드 절제수선 과정에서(전사-짝지음 수선 포함) DNA의 병변부 부근을 용해시키며, 또한 유전자 전사과정에서 DNA 주형을 여는 것을 돕는다. 전사-짝지음 수선계는 원핵세포에도 존재한다.

▶ 의학관련

글상자 10-4 사람의 유전병에서 뉴클레오티드 절제수선과 장애관통 합성의 연관성

사람에 나타나는 유전병인 색소건피증(xeroderma pigmentosum, XP)은 상염색체성 열성유전병으로 이 환자는 햇빛에 극도로 민감하여 피부암을 포함하여 피부에 병변이 나타나게 된다. 돌연변이 시 XP를 발생케 하는 일곱 가지 유전자가 확인되었는데 이들은 뉴클레오티드 절제수선(NER)에 관여하는 단백질들(예컨대 XPA, XPC, XPD, XPF 및 XPG; 교재 참조)을 암호화한다. 이 결과는 자외선에 의한 DNA 손상의 수선에서 NER의 중요성을 강조하는 것이다. NER에 관여하는 단백질에 덧붙여서, XP-V라 불리는 XP의 변이형은 장애관통 DNA 중합효소인 Pol η(장애관통 중합효소 참조)의 결합에 의해 일어난다. Pol η를 암호화하는 유전자를 *XPV*라 부른다. XP-V를 가지는 사람은 보다 경증의 XP를 보인다.

XP를 가지는 사람은 세포 수준에서 무슨 일이 일어날까? NER에 결함이 있으면 세포는 티민 2량체와 같은 UV에 의해 야기되는 DNA 손상의 수선 능력이 제한된다. XP를 가지는 사람이 햇빛에 노출되면 세포 내 DNA 손상이 증가하게 되고 그 결과 돌연변이 발생과 세포 사망도 증가하게 된다. 돌연변이가 된 Pol η를 가지는 세포는 복제 중에 티민 2량체를 우회하는 능력에 손상을 입게 되므로 복제 중단을 피하려면 우회용 다른 장애관통 중합효소에 의지해야만 한다. Pol η는 티민 2량체에 대해 정확하게 A 염기를 삽입하므로(다른 장애관통 중합효소는 그렇지 않음), 다른 장애관통 중합효소의 사용은 돌연변이 발생 빈도를 증가시킬 수 있다.

재조합은 손상되지 않은 DNA로부터 서열정보를 복구함으로써 DNA 절단을 수선한다

절제수선은 손상된 DNA 조각을 대체하기 위해 손상되지 않은 다른 쪽 가닥을 이용한다. 그러면 세포는 이중나선이 모두 절단되었을 때는 어떻게 수선할까? 이는 이중

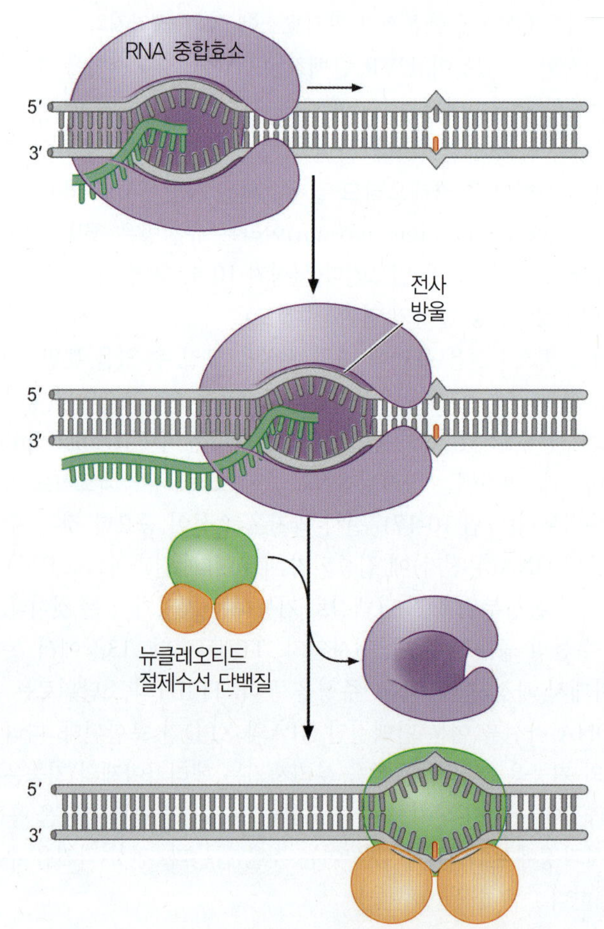

그림 10-17 전사-짝지음 DNA 수선. (위) RNA 중합효소가 DNA 장애부위의 상류에서 정상적인 전사를 하고 있다. (가운데) DNA 상의 장애부위를 만나면 RNA 중합효소는 진행하지 못하고 전사는 중지된다. (아래) RNA 중합효소가 뉴클레오티드 절제수선 단백질을 장애부위에 동원하고, 자신은 물러나 있거나 해리된다. (Adapted, with permission, from Zou Y. and Van Houten B. 1999. *EMBO J.* **18:** 4898. Fig 7. Copyright © Macmillan.)

가닥 절단수선 경로[double-strand break (DSB) repair pathway]에 의해 수행되는데, 이 경로는 서열의 정보를 자매 염색체로부터 복구한다. 수선에서뿐 아니라 상동재조합에서도 이중가닥 절단수선 경로는 중추적 역할을 하는 등, 이 수선 경로는 그 자체가 중요한 논제가 되므로 11장에서 다시 상세히 논의할 것이다.

DNA 재조합은 또한 DNA 복제 때의 수선 실수를 보조한다. 뉴클레오티드 절제수선에 의해 교정되지 않은 DNA의 손상부위(예컨대, 티민 2량체)를 만난 복제분기를 생각해 보자. DNA 중합효소는 장애부위의 복제를 시도하며 지연될 것이다. 주형가닥이 사용되지 못하더라도, 서열의 정보는 복제분기의 다른 딸 분자로부터 재조합에 의해 복구될 수 있다(11장 참조). 일단 이 재조합수선이 완벽하다면, 뉴클레오티드 절제계는 티민 2량체를 수선하는 또 다른 방법을 가지는 셈이 된다. 실제로 재조합에 결함을 가지는 돌연변이체는 자외선에 대해 감수성을 가지는 것으로 알려져 있다. 복제분기가 DNA 주형상의 절단부위를 만났을 경우도 생각해 보자. 복제분기가 절단점을 통과하게 되면 DNA의 절단이 초래될 것이다. 이것의 수선도 오로지 이중가닥 절단수선 경로에 의해서 일어날 수 있다. 우리가 일반적으로 재조합을 새로운 서열의 조합을 만들기 위한 진화를 위한 장치로 생각하지만, 그것의 원래 기능은 DNA의 손상을 수선하는 것일 수도 있다.

DNA 내의 DSB는 또한 절단된 양 말단의 직접적인 연결에 의해 수선될 수 있다

DSB는 DNA 손상 중에서도 가장 유해한 손상이다. 만약 DNA 절단이 수선되지 않고 방치된다면 복제 불능, 염색체 소실 등과 같은 여러 유해한 결과를 낳게 되어 세포사망이나 종양 형성과 같은 결과로 귀결될 것이다. 따라서 세포들은 DNA 손상을 극복하는 여러 중첩되는 경로를 가진다. 그러므로 세포가 DSB를 수선하기 위해 오직 DSB 복구 경로에만 의존하지 않는 것은 그리 놀라운 일이 아니다. 앞에서 논의하였고 또 11장에서 보다 상세하게 더 논의하겠지만, DSB 수선 경로는 절단된 DNA 분자를 수선하기 위해 자매염색체에 존재하는 DNA 서열정보에 의존한다. 이 방법은 효과적인 전략이 된다. 왜냐하면 자매염색체는 절단된 부위의 원래의 서열을 정확하게 복구하는 주형으로 제공되기 때문이다. 효모세포에서, DSB 수선 경로는 손상부위를 복구하는 가장 주된 방법이 된다. 그렇다면 DNA 복제에 의한 자매 염색체가 형성되기 전 세포주기의 이른 시기에 염색체가 절단되면 어떻게 될까? 만약 아직 복제되지 않은 염색체에 절단이 일어난다면 DSB 수선 경로가 주형으로 이용할 자매염색체가 존재하지 않는다. 그와 같은 경우에는 **비상동 말단연결(nonhomologous end joining, NHEJ)**이라는 다른 장치가 작동한다. NHEJ는 효모에서는 보조 장치이지만 보다 고등한 세포에서는 절단부위를 수선하는 주경로가 된다(글상자 10-5, "비상동 말단연결" 참조).

NHEJ를 수행하는 장치는 절단된 말단을 보호하고 이어 붙인다. 그 과정을 살펴보자. 절단된 말단으로부터의 서열정보는 상실되므로 NHEJ에 의한 복구는 절단된 지점의 원래 서열이 정확하게 회복되지 않는다. 따라서 NHEJ는 돌연변이유발성이다. 물론 세포로서는 NHEJ에 의해 수행되는 DNA 말단의 돌연변이유발성의 복구가 DNA를 수선하지 않고 그대로 내버려 두는 것에 비하면 유해성이 덜하다.

NHEJ가 DNA 말단을 연결하는 기작은 무엇일까? 이름에서 알 수 있듯이 NHEJ는 상동 서열의 구역을 가지지 않는다. 대신, 절단된 DNA의 두 말단이 절단된 말단

▶ 의학관련

글상자 10-5 비상동 말단연결

NHEJ는 전리방사선 같은 외부 인자 및 DNA 복제 실패와 같은 내부 인자에 의한 DSB를 수선할 수 있다. 놀랍게도 NHEJ는 세포의 정상적인 고유 기능인 적응면역 과정에도 관여한다. 면역체계는 엄청나게 다양한 종류의 항체를 생산하는데, 이 항체는 경사슬 및 중사슬로 구성된다. 경사슬과 중사슬은 재조합 과정으로 생산되는데, 폴리펩티드의 서로 다른 부위를 구성하는, 엄청나게 많은 다양성을 가지는 단백질 암호화 DNA 단편인 V 및 J 단편의(중사슬의 경우는 V, J 단편 외에 D 단편도 존재함) 놀랄 정도의 재조합 수를 가진다. 12장에서 논의하겠지만 이 과정을 **V(D)J 재조합(recombination)**이라 부른다. V(D)J 재조합은 림프구에 특이적인 과정으로 DNA 내에 절단이 도입되는 것으로 시작되는데 이 과정에는 RAG1과 RAG2 단백질로 구성되는 효소가 관여한다. 일단 절단이 일어나면, 림프구에 특이적 경로가 아닌 NHEJ 경로가 양 말단을 연결한다. 그러나 이 경우, 단백질을 암호화하는 단편의 말단은 원래의 파트너와 그대로 결합하지 않고 새로운 파트너와 결합함으로써 중사슬과 경사슬의 복합적인 암호화 서열을 만들게 된다. NHEJ 또한 12장에서 논의하겠지만, T-세포 수용체라 불리는 또 다른 면역 단백질의 생산을 관장하는 V(D)J 재조합의 제2의 방법에 참여한다.

NHEJ의 중요성은 전리방사선 및 DNA에 손상을 입히는 물질에 대해 과민성을 나타내고 또 면역 결핍을 일으키는 아주 드물게 나타나는 유전병에서 명백해지는데, 이 병은 V(D)J 재조합의 결함에 의해 일어난다. 이 증후군을 가지는 환자는 NHEJ 경로의 구성원인 Artemis, 연결효소 IV, Cernunnos-XLF 등의 유전자에 돌연변이를 가진다.

으로부터 돌출된 단일가닥들 사이의 오정렬(misalignment)에 의해, 직접 연결된다. 이 오정렬은 짧은 구역(1염기쌍 정도의 길이) 간의 상보적 염기의 짝짓기에 의해 일어나는 것으로 보인다. 단일가닥 꼬리는 핵산분해효소에 의해 제거되고 간극은 DNA 중합효소에 의해 메워진다.

NHEJ에 관여하는 여러 단백질이 계속 밝혀지고 있다. 포유류 세포에서는 현재까지 일곱 가지 구성요소가 밝혀졌다. 이들 단백질로는, Ku70, Ku80, DNA-PKcs, Artemis, XRCC4, Cernunnos-XLF 및 DNA 연결효소 IV가 있다(그림 10-18). Ku70과 Ku80은 NHEJ의 가장 기본적인 구성요소이다. 이 둘은 이종 이합체를 형성하여 DNA 말단에 결합하여 단백질 키나아제인 DNA-PKcs를 보충시킨다. 결합한 DNA-PKcs는 Artemis와 복합체를 이룬다. Artemis는 5′ 및 3′ 핵산외부분해효소이면서 또한 DNA-PKcs에 의한 인산화에 의해 활성화되는 잠재적인 핵산내부분해효소이기도 하다. 이와 같은 핵산분해 활성이 절단된 말단을 처리하고 또 연결되게 한다. 연결은 XRCC4와 Cernunnos-XLF와 복합체를 이룬 연결효소 IV에 의해 수행된다.

NHEJ는 진핵생물에서는 흔히 발견되지만 세균에서는 그렇지 않다. 그럼에도 세균의 일종인 *Bacillus subtilis*의 포자에서는 특이한 예가 관찰되었다. 고초균(*B. subtilis*)은 포자 형성 시 Ku와 유사한 단백질과 DNA 연결효소를 생산하여 이 둘을 성숙된 포자 내에 함께 넣는다. 간단한 두 개의 단백질로 된 NHEJ 시스템인 Ku와 DNA 연결효소는 포자가 발아할 때 DNA의 절단을 수선한다. 이들 단백질이 결핍된 돌연변이 포자는, DNA의 손상을 야기하는 조건으로 알려진 건조하고 고열의 조건에서 매우 감수성이 된다. 발아할 때 가열된 포자는 열에 의해 발생한 절단을 재결합시킬 수 없으므로 성장을 회복하지 못한다.

발아 중인 포자는 절단을 수선하기 위한 방법으로 DSB 수선 경로보다는 NHEJ에 의존한다는 것이 타당한 것으로 보인다. 포자는 오직 하나의 염색체만 가진다. 따라서 절단점을 수선하기 위한 주형으로 자매염색체를 이용할 수 없는 것이다. 흥미롭게도 포자의 염색체는 도넛 모양의 구조로 단단하게 꼬여 있어 DNA의 두 절단점이 서로

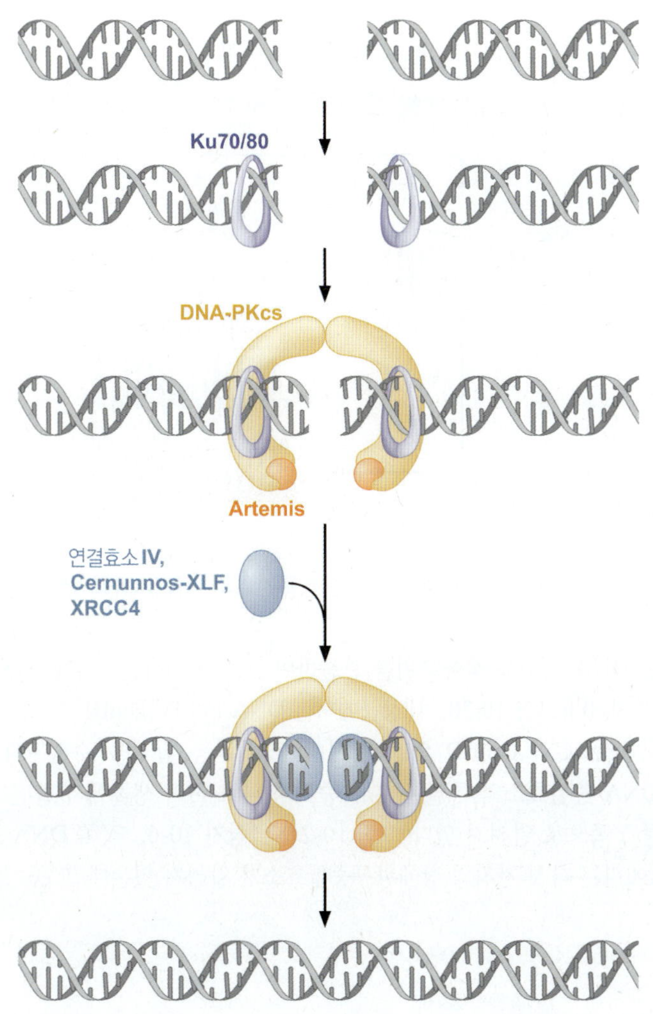

그림 10-18 포유류에서의 NHEJ 경로. Ku70과 Ku80으로 된 이종 이합체가 절단된 DNA와 결합하고 단백질 인산화효소인 DNA-PKcs를 보충한다. DNA-PKcs는 다시 핵산내부분해효소 및 핵산외부분해효소의 활성을 가지는 Artemis를 보충하며, 이것이 절단된 말단을 처리한다. 마지막으로, XRCC4 및 Cernunnos-XLF와 결합한 Ligase IV 복합체가 절단된 양 말단을 연결한다. (Adapted, with permission, from Sekiguchi J.M. and Ferguson D.O. 2006. *Cell* **124**: 260–262. c Elsevier.)

매우 가깝게 유지되도록 해준다. 두 말단부의 이와 같은 가까운 유지는 여러 곳의 절단이 일어나는 경우라도 정확한 재결합을 가능하게 해준다. 고초균 및 근연의 세균들은 다른 휴면세포에 비해 훨신 효과적으로 극한 환경에서 살아남을 수 있다. 이 같은 놀라운 생존력의 근저에는 NHEJ도 한몫하고 있다.

장애관통 DNA 합성은 DNA 손상부위를 가로질러 복제한다

위에서 설명한대로, DNA의 손상은 손상부위를 절제한 후 손상되지 않은 주형을 이용한 재합성으로 복구된다. 그러나 그 같은 수선계는 완벽한 효율로 작동되는 것은 아니어서 때로는 복제 중인 DNA 중합효소가 수선되지 않은 피리미딘 2량체나 탈퓨린자리 같은 손상부위와 맞닥뜨리게 된다. 그와 같은 부위는 DNA 중합효소의 진행에 장애가 되므로 복제 장치는 손상부위를 통과하려 시도하거나 아니면 멈출 수밖에 없게 된다. 세포가 이들 손상부위를 수선할 수 없는 경우라도 복제 장치가 이 손상부위를 경유할 수 있도록 해주는 또 다른 안전장치 기작이 있다. 이 기작을 **장애관통 DNA 합성(translesion synthesis)**이라고 한다. 곧 설명하겠지만, 이 기작은 실수할 위험이 높아서 돌연변이될 가능성이 크지만, 세포가 염색체 복제가 완성되지 못하는 더 나쁜 결과를 막아준다. DNA 손상에 대한 내성의 핵심은 DNA의 손상이 유전체

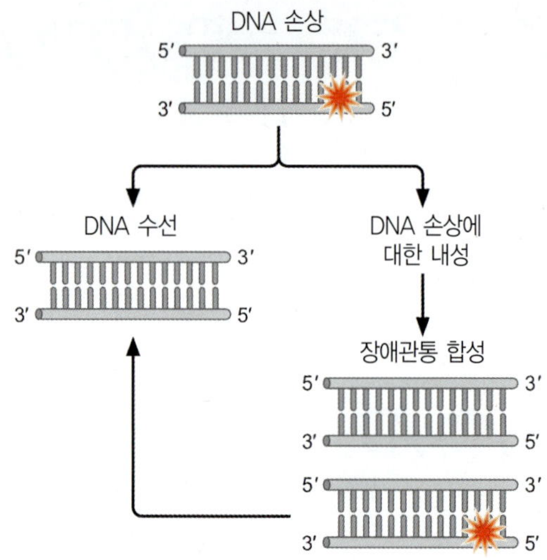

그림 10-19 DNA 손상에 대한 세포의 방어. 세포는 DNA를 손상 이전의 상태로 복구하기 위해 DNA 수선 경로를 사용한다. 만약 유전체가 복제되고 있을 때 DNA 손상이 존재한다면, 세포는 복제 중단과 치명적인 이중가닥 절단을 회피하기 위해서는 DNA 손상 내성이 있어야 한다. 장애관통 합성은 DNA 장애부위를 통과하지만 장애 자체는 DNA 수선 경로가 추후 손상을 바로 잡을 때까지 그대로 남아 있게 된다.

내에 그대로 유지되며, 추후에 DNA 수선 경로가 그 부위를 바로 잡는 것이다(그림 10-19).

장애관통 DNA 합성은 장애부위를 관통하여 직접 복제하는 특별한 DNA 중합효소에 의해 촉매된다(그림 10-20). 대장균에서는 DNA Pol IV(DinB) 또는 DNA Pol V (두 단백질, UmuC와 UmuD′ 의 복합체)가 장애관통 합성을 수행된다. DinB와 UmuC는 DNA 중합효소의 특별한 부류 중의 하나로 여러 생물에서 발견되며 DNA 중합효소 중 Y족으로 알려져 있다(그림 10-21; 글상자 10-6, "Y족 DNA 중합효소" 참조). 사람에서는 다섯 가지의 장애관통중합효소가 알려져 있는데 그 중 넷은 Y족에 속한다.

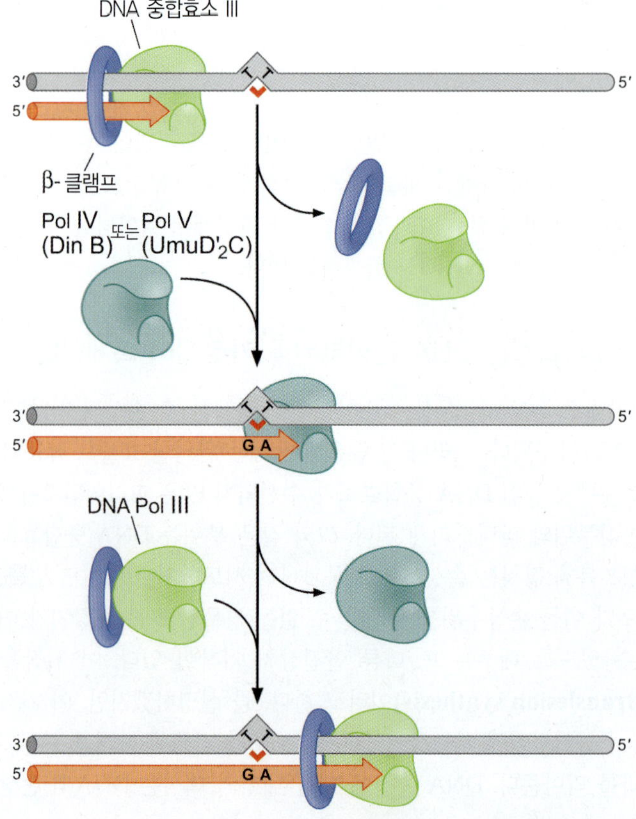

그림 10-20 장애관통 DNA 합성. 복제 도중 주형에서 장애부위를 만나면 DNA 중합효소 III는 활주 꺾쇠와 함께 DNA로부터 해리되고 장애관통 DNA 중합효소로 대체된다. 장애 관통 DNA 중합효소는 주형가닥의 티민 2량체를 통과하는 DNA 합성을 한다. 통과한 후 이 효소는 다시 DNA 중합효소 III로 대체된다. (Adapted, with permission, from Woodgate R. 1999. *Genes Dev.* **13**: 2191–2195, Fig. 1. c Cold Spring Harbor Laboratory Press.)

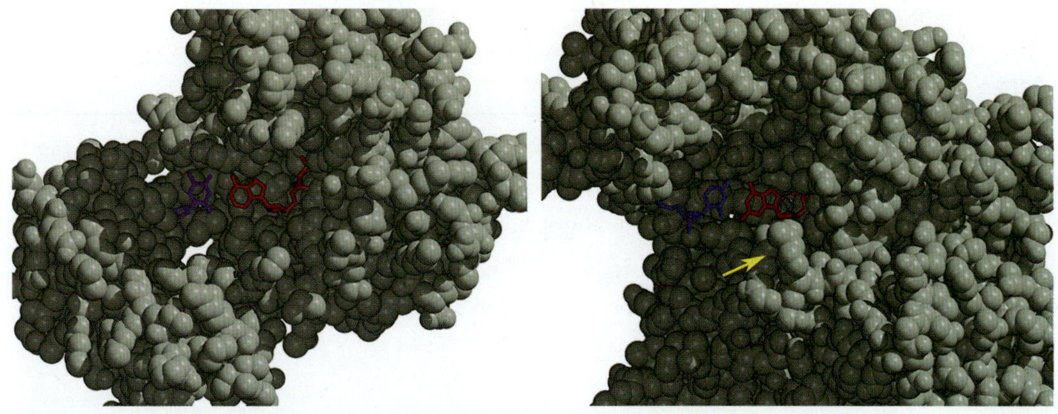

그림 10-21 장애관통 중합효소의 결정 구조. 이 그림은 DNA 중합효소의 서로 다른 두 유형의 구조를 보여준다. 왼쪽 구조는 Y족(장애부위 우회) 중합효소이고, 오른쪽 구조는 박테리오파지 T7의 전형적인 DNA 중합효소이다. Y-중합효소의 구조는 활성부위 부근이 보다 개방적인 구조이면서 통로(황색 화살표로 표시됨)를 폐쇄하는 단백질 부위가 결여되어 있음을 주목하라. 새로 들어오는 뉴클레오티드는 적색이고 주형 뉴클레오티드는 청색임. (Y polymerase, Ling H. et al. 2001. *Cell* **107**: 91. PDB Code: 1JX4. T7 polymerase, Doublié S. et al. 1998. *Nature* **391**: 251. PDB Code:1T7P.) Images prepared with MolScript, BobScript, and Raster 3D.

이들 중합효소의 중요한 특징은, 비록 그들이 주형에 대해 의존적이긴 하지만, 뉴클레오티드의 부가는 염기의 짝짓기와는 무관하게 한다는 것이다. 이것은 이들 효소가 DNA 주형가닥의 장애를 어떻게 건너 합성할 수 있는지를 설명해 준다. 그러나 효소가 주형으로부터 서열정보를 읽지 않기 때문에, 장애관통 합성은 흔히 높은 실수 경향성을 나타낸다. 장애부위에 염기가 없는 탈퓨린 및 탈피리미딘 자리를 생각해 보자. 장애관통 중합효소는 염기쌍에 의해 유도되는 방식이 아닌 방법으로 뉴클레오티드를 삽입하여 손상부위를 통과한다. 그럼에도 불구하고 부가되는 뉴클레오티드가 임의적인 것은 아니고, 일부 장애관통 중합효소는 특이적 뉴클레오티드를 부가시킨다. 예를 들어, 사람의 장애관통중합효소 중 Y족에 속하는 어떤 효소(DNA Pol η)는 티민 2량체에 대해 정확하게 두 개의 A 잔기를 삽입한다. DNA Pol η의 활성부위에 대한 구조 연구로 이것이 다른 장애관통 DNA 중합효소(DNA Pol κ)보다 티민 2량체에 더 잘 들어맞는 것이 확인되었다(그림 10-22).

그것의 높은 실수 경향성 때문에, 장애관통 합성은 (NHEJ와 마찬가지로) 마지막 수단으로 간주된다. 그것은 세포를 파멸적인 복제 중단을 회피하고 살아남을 수 있게 해 주지만 그 대가로 높은 수준의 **돌연변이유발(mutagenesis)**을 일으킨다. 이런 이유로, 대장균에서 장애관통 중합효소는 정상적인 환경에서는 존재하지 않는다. 그것의 합성은 DNA 손상에 의해서만 유도되는 것이다. 즉, 장애관통 중합효소를 암호화하는 유전자는 **SOS 반응(SOS response)** 경로의 일부로 발현된다. DNA 손상은 SOS 반응에 관여하는 유전자들(DinB, UmuC와 UmuD의 불활성형인 UmuD′ 등이 포함됨)의 발현을 조절하는 전사 억제인자(LexA 억제인자)의 분해를 일으킨다. 또한 이 경로에서는 UmuD가 UmuD′로 전환된다. LexA와 UmuD의 절단은 모두 RecA 단백질에 의해 촉진되는데, RecA는 DNA 손상 결과 형성된 단일가닥 DNA에 의해 활성화된다. RecA는 두 가지 기능을 가진 단백질로, DNA 재조합에도 관여하는데 여기에 관해서는 11장에서 설명할 것이다.

우리는 다음에 장애관통 중합효소가 어떻게 DNA 손상부위의 정지된 복제 장치에 접근하는지를 살펴볼 것이다. 포유류 세포에서, 장애관통 수선 경로로 들어가는 것은

▶ 고급개념

글상자 10-6 Y족 DNA 중합효소

DNA 중합효소는 그들의 아미노산 서열의 유사성에 근거하여 족(族)으로 분류할 수 있는데, 그림에서 여러 색깔로 나타내었다. 최근 UmuC를 포함하는 몇 가지 장애관통 DNA 중합효소가 Y족으로 불리는 크고 명확히 구분되는 족으로 구분됨이 밝혀졌다. Y족은 생물의 큰 세 영역, 즉 세균, 고세균 및 진핵생물에서 모두 발견된다. Y족에 속하는 DNA 중합효소들은 손상되지 않은 DNA 주형 상에서 정확도가 낮은 DNA 합성을 수행하지만, 다른 족의 DNA 중합효소가 복제할 수 없게 된 DNA 장애부위를 통과할 수 있는 능력을 가진다. 글상자 10-6 그림 1은 장애관통 DNA 중합효소 Y족의 계통수를 보여준다.

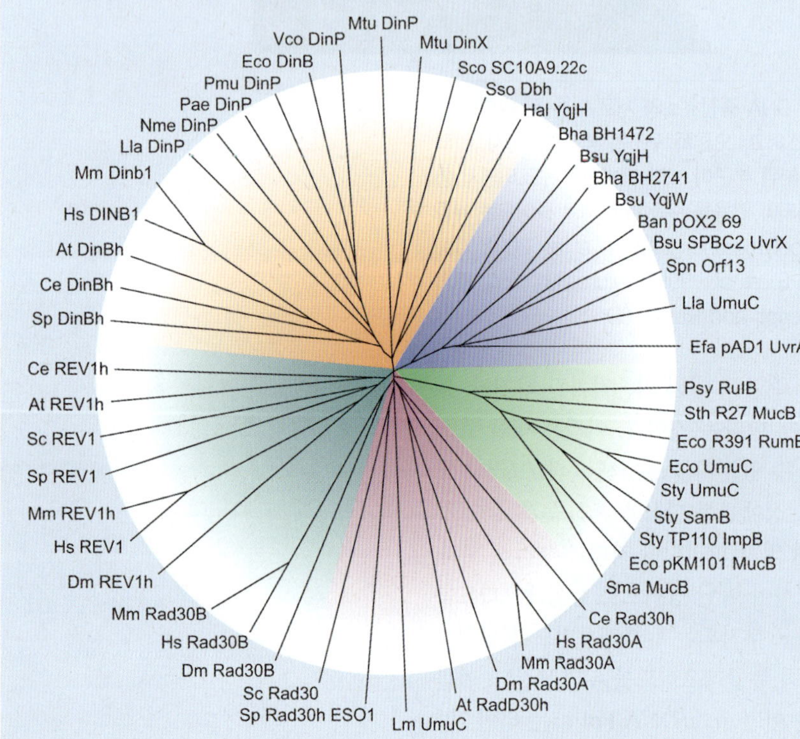

글상자 10-6 그림 1 Y족 DNA 중합효소의 계통수. (Adapted, with permission, from Ohmori H. et al. 2001. Mol. *Cell* **8**: 7, Fig 1. © Elsevier.)

활주 클램프의 화학적 변화에 의한다. 9장에서 본 바와 같이, 진핵세포에서 PCNA로 알려져 있는 활주 클램프는 복제 중합효소를 DNA 주형에 고정한다. 화학적 변화는 활주 클램프에 유비퀴틴(ubiquitin)이라 불리는 펩티드를 **유비퀴틴화(ubiquitination)**라 부르는 과정으로 공유결합으로 부착하는 것이다. 유비퀴틴화는 진핵세포에서 예컨대 분해와 같은 여러 과정에서 단백질을 표지하기 위해 널리 사용된다. 그것이 장애관통 합성을 촉발하는 데 사용된다는 것은 최근 밝혀졌고, 유비퀴틴 펩티드로 단백질을 표지하는 것에 의해 지배되는 세포의 대사과정 목록에 하나가 더 추가된 것이다. 일단 유비퀴틴화되면 활주 클램프는 장애관통 중합효소를 보충하는데, 이 중합효소는 유비퀴틴을 인지하여 결합하는 영역을 가진다. 그런 후 장애관통 중합효소는 복제 중합효소를 3′ 신장 말단에서 이탈시키며 손상된 부위에 자리하게 된다(그림 10-23a). 따라서 활주 클램프의 유비퀴틴화는 DNA 손상부위에서 정지하고 있는 복제 장치를 구조하기 위해 장애관통 중합효소를 보충하는 조난 신호인 셈이다. 여러 증거에 의하면, 장애관통 합성에는 중합효소의 교체 기작 외에 간극 메꾸기 기작도 있다. 복제하던 중합효소가 장애 구간을 건너뛰어 다시 새로운 오카자키단편을 시작하는 방식으로 복제를 계속하고 장애 지역에 간극을 남겨두는 방식이다(그림10-23b).

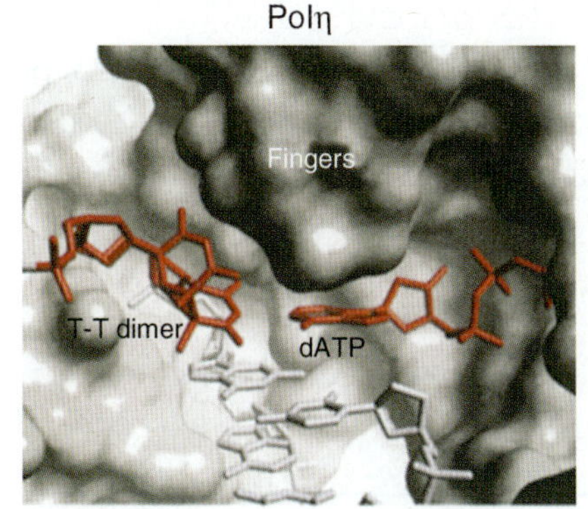

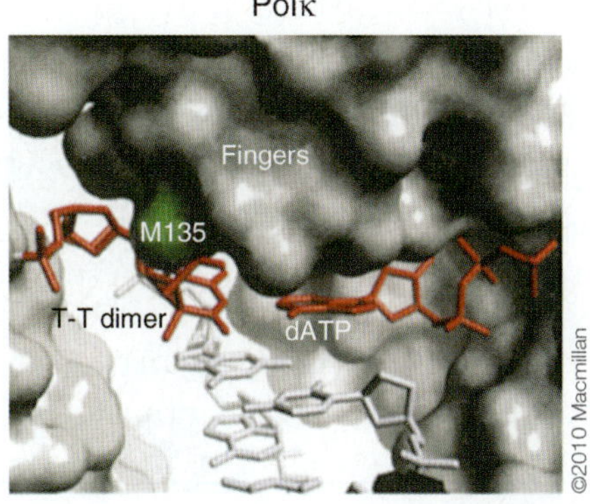

그림 10-22 장애관통 중합효소는 특별한 형태의 손상을 선호한다. (왼쪽 사진) 티민 2량체는 DNA Pol η의 활성부위와 잘 들어맞아. 중합효소가 2량체에 대해 정확하게 두 개의 As를 삽입하게 한다. (오른쪽 사진) 다른 형태의 DNA 장애에, 보다 잘 들어맞는 또 다른 장애관통 DNA 중합효소(DNA Pol κ)의 활성부위와 티민 2량체를 겹쳐 놓은 사진으로 서로 아귀가 맞지 않는다. (Reprinted from Silverstein T.D. et al. 2010. *Nature* **465**: 1039–1043, Fig. 4b, p. 1042. © Macmillan.)

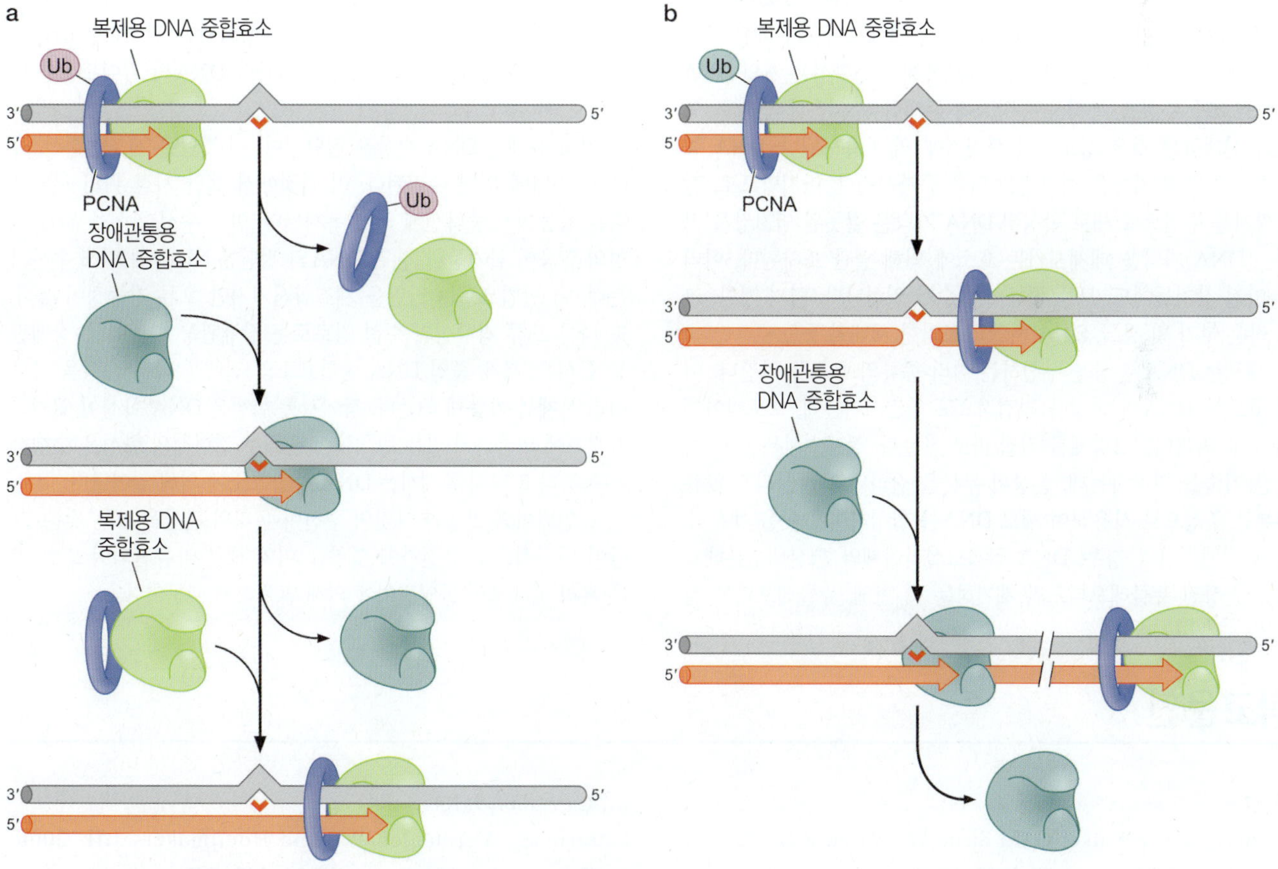

그림 10-23 장애관통 합성을 설명하는 대안적인 두 모델. 장애관통 합성 기작을 설명하는 모델로 두 가지가 있는데, 이들은 각기 특정 환경에서 작동되는 것으로 보인다. (a) 중합효소 교체 모델은, 복제하던 중합효소는 DNA 장애지역을 만날 때까지 DNA 합성을 지속한다. DNA 중합효소가 정지하면 하나 또는 그 이상의 장애관통 중합효소와 교체되어 장애를 가로질러 짧게 복제를 이어 받는다. 이 교체 합성에 뒤이어 다시 복제 중합효소가 장애관통 중합효소를 대체하여 정상적인 복제로 되돌아간다. (b) 간극 메꾸기 모델은, 진행하는 복제 DNA 중합효소가 DNA 장애를 만날 때까지 복제가 진행된다. DNA 장애를 만나면 중합효소는 정지되는 것이 아니라 장애를 건너뛰어 하류 지역의 DNA 합성을 계속하며 결국 간극이 남겨지게 된다. 뒤이어 하나 또는 그 이상의 장애관통 중합효소가 장애 지역을 합성하여 간극을 메꾸게 된다. (Adapted from Waters L.S. et al. 2009. *Microbiol. Mol. Biol. Rev.* **73**: 134–154, Fig. 4, p. 146.)

마지막으로, 장애관통 합성은 몇 가지 흥미 있는, 아직 풀어야 할 문제를 남겨 두고 있다. 어떻게 장애관통 중합효소는 DNA 복제 복합체에 있는 정상적인 중합효소를 대체할까? 일단 DNA 중합이 장애부위를 통과한 다음에는 어떻게 정상적인 복제 중합효소가 장애관통 효소와 교대할까? 장애관통 중합효소는 처리 속도가 느리므로 아마도 장애부위를 통과하면 곧바로 주형으로부터 해리할 것이다. 그렇더라도 여전히 정상 효소가 어떻게 복제 장치로 다시 들어갈 수 있는지에 대한 의문은 남는다.

요약

생물은 그들의 DNA가 정확히 복제되고, 또한 암호화 성질을 변화시킬 수 있는 화학적, 물리적 손상으로부터 보호될 수 있어야만 생존할 수 있다. 정확한 복제 및 손상에 대한 수선의 한계는 자연 돌연변이율로 나타난다. 각각의 염기의 실수 비율은 10,000배나 차이날 수 있지만, 실수에 의해 하나의 뉴클레오티드가 바뀔 가능성은 평균적으로 10^9번에 1회꼴이다. 복제의 정확성은 거의 DNA 중합효소가 주형을 복제하는 방식에 존재한다. 처음에 정확한 염기를 선택하는 것은 상보적인 짝짓기에 의해 유도된다. DNA 중합효소의 교정 기능은 정확성을 더욱 증가시킨다. 마지막으로, 잘못짝지움 수선으로 새로 합성된 DNA 가닥은 잘못된 염기쌍을 가지는 DNA 가닥을 대체시키는 효소에 의해 일관 조사된다. 이러한 안전 장치들에도, 모든 종류의 실수가 일어난다: 염기 치환, 크고 작은 부가 및 결실, DNA 서열의 조악한 재배열 등등.

세포는 DNA 손상을 수선하는 여러 종류의 효소를 가진다. 어떤 효소는 DNA의 손상을 직접적으로 역전시키는데, 포토리아제의 경우 피리미딘 2량체를 직접 바로 잡는다. 절제수선은 보다 현란한 기술을 자랑하는데, 손상된 부분을 잘라내고 손상되지 않은 부분을 주형으로 사용하여 새로 DNA를 합성하여 그곳을 채운다. 염기 절제수선의 경우, DNA 글리코실라아제와 핵산내부분해효소는 손상된 뉴클레오티드만 제거하는 데 반해, 뉴클레오티드 절제수선에서는 장애를 가진 부위의 짧은 단일가닥 DNA를 절제한다. 대장균에서, 절제수선은 UvrABC 핵산내부분해효소에 의해 시작되는데, 손상부위에 버블을 형성하여 장애부위를 포함하여 12개 염기 길이의 조각을 잘라낸다. 보다 고등한 세포에서의 뉴클레오티드 절제수선도 비슷한 방법으로 수행되지만, 관여하는 단백질의 수가 훨씬 많고 또 절제되는 단일가닥 DNA의 길이도 24~32잔기로 더 길다.

가장 유해한 DNA 손상은 절단이다. 이 절단은 재조합수선, 즉 DSB 수선에 의해 수리된다. 이 과정에서 절단 지점 위의 서열은 다른 상동의 이중나선에 의해 복제된다. 만약 수선 합성을 위한 주형의 활용이 불가능할 경우, DNA의 절단은 NHEJ에 의해 수선되는데, 이 방법으로는 말단을 재결합시키지만 오류 가능성이 높다. 또 다른 오류 경향성의 수선 경로로는 장애관통 합성이다. 장애관통 합성은, 복제 중인 DNA 중합효소의 진행을 막는 손상을 가로질러 복제를 가능케 해준다. 장애관통 합성은 DNA 합성이 염기의 짝짓기에 의존하지 않는 방식이어서 실수 경향성의 합성을 수행하는 독특하고 널리 존재하는 DNA 중합효소에 의해 일어난다.

돌연변이의 발생과 그것의 수선이 우리의 관심을 끄는 것은, 그들이 영구적으로 유전자에 영향을 미쳐 생물에 유전되며 또한 암은 흔히 체세포의 돌연변이에 의해 발생하기 때문이다.

참고문헌

Books

Friedberg E.C., Walker G.C., Siede W., Wood R.D., Schultz R.A., and Ellenberger T. 2005. *DNA repair and mutagenesis.* ASM Press,Washington, DC.

Kornberg A. and Baker T.A. 1992. *DNA replication*, 2nd ed. W.H. Freeman, New York.

Replication Errors and Their Repair

Kunkel T.A. and Erie D.A. 2005. DNA mismatch repair. *Annu. Rev. Biochem.* **76**: 681–710.

Repair of DNA Damage

Bridges B.A. 1999. DNA repair: Polymerases for passing lesions. *Curr. Biol.* **9**: R475–R477.

Citterio E., Vermeulen W., and Hoeijmakers J.H. 2000. Transcriptional healing. *Cell* **101**: 447–450.

Daley J.M., Palmbos P.L., Wu D., andWilson T.E. 2005. Nonhomologous end joining in yeast. *Annu. Rev. Genet.* **39**: 431–451.

de Laat W.L., Jaspers N.G., and Hoeijmakers J.H. 1999. Molecular mechanism of excision nucleotide repair. *Genes Dev.* **13**: 768–785.

Drapkin R., Reardon J.T., Ansari A., Huang J.C., Zawel L., Ahn K., Sancar A., and Reinberg D. 1994. Dual role of TFIIH in DNAexcision repair and in transcription by RNA polymerase

II. *Nature* **368**: 769–772.

Kleczkowska H.E., Marra G., Lettieri T., and Jiricny J. 2001. hMSH3 and hMSH6 interact with PCNA and colocalize with it to replication foci. *Genes Dev*. **15**: 724–736.

Lehmann A.R., McGibbon D., and Orphanet M.S. 2011. Xeroderma pigmentosum. *J Rare Dis* **6**: 70.

Sekiguchi J.M. and Ferguson D.O. 2006. DNA double-strand break repair: A relentless hunt uncovers new prey. *Cell* **124**: 260–262.

Silverstein T.D., Johnson R.E., Jain R., Prakash L., Prakash S., and Aggarwal A.K. 2010. Structural basis for the suppression of skin cancers by DNA polymerase h. *Nature* **465**: 1039-1043.

Verhoeven E.E., Wyman C., Moolenaar G.F., and Goosen N. 2002. The presence of two UvrB subunits in the UvrAB complex ensures damage detection in both DNA strands. *EMBO J*. **21**: 4196–4205.

Waters L.S., Minesinger B.K., Wiltrout M.E., D Souza S., Woodruff R.V., and Walker G.C. 2009. Eukaryotic translesion polymerases and their roles and regulation in DNA damage tolerance. *Microbiol. Mol. Biol. Rev*. **73**: 134–154.

Webster M.P., Jukes R., Zamfir V.S., Kay C.W., Bagne·ris C., and Barrett T. 2012. Crystal structure of the UvrB dimer: Insights into the nature and functioning of the UvrAB damage engagement and UvrB–DNA complexes. *Nucleic Acids Res*. doi: 10.1093/nar/gks633.

연습문제

짝수 문제의 해답은 부록 2 해답을 참조하라.

문제 1. DNA 중합효소가 주형 T에 대하여 실수로 C를 삽입하였고, 교정과 잘못짝지움 수선 과정이 이를 바로 잡지 못한다면 다음 번 복제 결과 나타나는 돌연변이는 전이인가, 아니면 전환인가? 그 선택의 이유를 설명하라.

문제 2. 왜 DNA 내의 5-methylcytosine의 탈아미노화는 cytosine의 탈아미노화에 비해 돌연변이 빈도가 높은지 설명하라.

문제 3. 아래의 손상된 염기 구조를 보고, DNA에서 발견되는 정상 염기에서 변화된 부분에 동그라미를 쳐라. 또 이와 같은 변화를 일으키는 과정을 무엇이라 하나? 이러한 형태의 DNA 손상을 수선하는 경로의 이름을 써라.

문제 4. 다음은 어떤 DNA 수선 경로의 과정을 설명하는 용어이다. 용어들을 올바른 순서대로 나열하라. 대장균의 경우, 잘못짝지움 수선, 염기 절제 수선 및 뉴클레오티드 절제 수선의 각 단계에서 작용하는 단백질의 이름을 써라.

연결, DNA 합성, 인지, 절제

문제 5.

A. 사람의 세포에서 한 번의 복제가 일어날 때 발생하는 잘못짝지움의 수를 계산하라. 사람의 유전체는 32억 염기쌍으로 간주함.

B. 사람의 세포에서 잘못짝지움 수선이 없을 경우, 한 번의 복제가 일어날 때 발생하는 잘못짝지움의 수를 계산하라.

문제 6. 대장균에서, *dam*(Dam 메틸화효소를 암호화하는 유전자)의 기능 상실 돌연변이는 어떤 표현형을 가지게 될지 임의적 돌연변이 발생 관점에서 답하시오. 그리고 그 이유를 간단히 설명하라.

문제 7. 3-methyladenine의 염기 절제 수선이 O^6-methylguanine의 메틸기 전이효소에 의한 직접적인 역전에 의한 수선과 비교할 때 유리한 점과 불리한 점을 설명하라.

문제 8. 화학요법 치료제인 시스플라틴에 대한 DNA의 노출은, DNA 가닥 내의 두 인접한 구아닌 간의 가교결합을 야기한다. 가닥 내의 두 인접 구아닌의 가교결합이 염기 절제 수선보다는 뉴클레오티드 절제 수선의 대상이 될 가능성이 높은 이유를 설명하라.

문제 9. 세포에서 전사-공역 뉴클레오티드 절제 수선계의 올바른 기능이 정지된다면 어떤 직접적인 결과가 초래될지 설명하라.

문제 10. DNA 손상에 대한 내성과는 별도로, 잠재적으로 돌연변이를 일으키는 수선 경로의 이름을 말해보시오. 그리고 이 경로가 어떻게 돌연변이를 일으키는지 설명하라.

문제 11. DNA 수선과 DNA 손상에 대한 내성 간의 차이점을 설명하라.

문제 12. 뉴클레오티드 절제 수선과 장애관통 합성 경로의 기능 상실 돌연변이를 생각해 보자. 자외선을 조사한 후 이들이 야생형에 비해 나타나는 DNA 손상 수준, 생존율, 돌연변이 발생 수준을 예측해 보라. 아래 표의 공란에 증가, 감소, 동일로 답하라.

돌연변이 된 경로	DNA 손상	생존율	돌연변이 발생
NER	(　　)	(　　)	(　　)
장애관통 합성	(　　)	(　　)	(　　)

문제 13. 만약에 대장균의 두 균주에 대해 DNA 손상을 일으키는 약품인 MMS(methyl methanesulfonate)에 대한 감수성 검증을 하고자 한다(MMS는 알킬화 화합물로 DNA의 특정 염기를 메틸화 한다). 세포를 일련의 분량으로 MMS로 처리한 후(MMS를 함유하는 액체배지에서 다양한 시간으로 배양함), 세포를 고체배지로 옮겨 생존한 세균 수를 센다(결과는 아래 표에 있음). 두 균주의 자료로 그래프를 그려라(MMS의 노출에 대한 생존율). 어느 균주가 MMS에 대해 더 민감한가? (단일 콜로니를 세기 위해서는 배양액을 연속 희석하여야 됨을 주의하라. 이 예에서, 연속 희석의 단계는 무시함.)

균주	MMS에 0분 처리	MMS에 5분 처리	MMS에 10분 처리
A	254	251	249
B	325	253	189

문제 14. 우리가 일상생활에서 접하는 많은 화합물 중 어떤 것은 돌연변이 유발물질일 수 있다. 일상적으로 사용하는 어떤 화학물질이 돌연변이 유발성인지 알고 싶을 수도 있다.

만약 그렇다면, *Salmonella typhimurium*의 *HisG* 유전자의 점돌연변이의 복귀 돌연변이를 검증하는 에임즈 검정법을 사용할 수 있다. 이 검정법은 각 배지에 똑같은 수의 세균을 접종하여, 화학물질을 처리한 배지와 처리하지 않은 배지의 생존율을 얻을 수 있다. 생존율을 조사하기 위한 배지는 비선택적임을 기억하라. 어떤 화합물로 배양한 결과는 다음과 같았다.

화학물질	생존율	복귀돌연변이 수 (선택적 배지에 대한 His^+ 콜로니 수)
첨가하지 않음	100	28
A 화학물질	50	1400
B 화학물질	70	20
C 화학물질	100	7

A. 에임즈 검정법에서 선택적 배양 때 사용된 배지는 무엇인가? 이 실험에서 어떻게 돌연변이가 복귀 돌연변이체를 만들게 되는지 구체적으로 설명하라.

B. 당신은 처음 어떤 화학물질도 첨가하지 않은 배지에서 복귀 돌연변이가 발생한 것에 놀랐을지도 모르지만, 이는 정상적인 현상이다. 별도의 화학물질이 첨가되지 않았는데도 어떻게 복귀 돌연변이가 일어날 수 있는지 구체적 예를 들어 설명하라.

C. 어떤 화학물질이 돌연변이 유발원인가? 그 이유를 설명하라.

D. 어떤 화학물질이 항 돌연변이 유발물질인가? 그 이유를 설명하라.

문제 15. 9장의 문제에서 논의했던 실험을 추가로 진행하고자 한다. 여기에 이 문제의 개요를 제시한다. 당신이 지금 막 두 가지 새로운 DNA 중합효소를 발견했는데 그것의 성질에 대해 좀 더 알고자 한다. 당신이 우선 먼저 할 것은, 두 DNA 중합효소의 정제된 단백질을 얻고 중합효소의 진행도 분석을 수행한다. 당신은 5′ 말단에 ^{32}P로 표지된 짧은 시발체를 사용하여 환형의 단일가닥 주형 DNA(ssDNA, 아래 그림에 있음)에 결합시킨다. 그런 다음, DNA 중합효소 #1(Pol #1)과 #2(Pol #2)의 진행도 분석 결과를 얻기 위해 아래 과정들을 완성한다.

1. 적당한 완충액 조건에서, 시발체를 첨가한 환형 단일가닥 DNA를 Pol #1 또는 Pol #2 와 함께 37°C에서 5분간 사전 인큐베이트한다.
2. dNTP와 과량의 ssDNA를 첨가하여 반응을 개시시킨다.
3. 반응을 10분간 진행시킨 후, SDS를 첨가하여 반응을 중지시키고 샘플을 변성조건에서 polyacrylamide gel 상에서 전기영동한다(단일 뉴클레오티드 가닥으로 해리될 것이다).

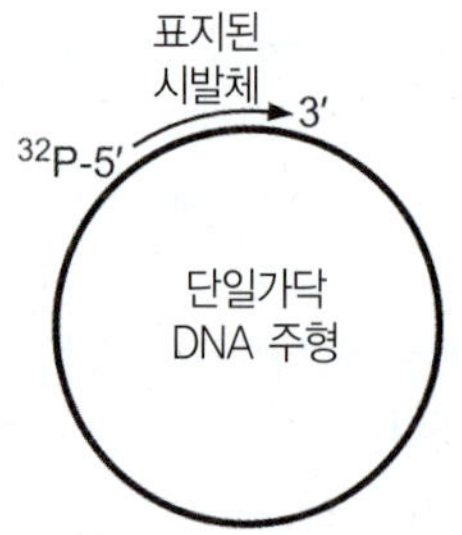

당신은 이제 그 다음 과정을 수행하는데, 그 결과는 아래에 나와 있다. 이 실험에서, 각 DNA 중합효소를 따로 따로 보조단백질(PCNA, RFC 및 RPA)과 함께 인큐베이트하며 여기서 DNA 주형은 가닥 내의 두 구아닌 간에 교차결합이 존재한다(교차결합은 cisplatin에 의해 유도됨). 교차결합은 시발체의 3′ 말단 바로 인접 지점에 위치하며 아래 그림에서 별표로 표시하였다.

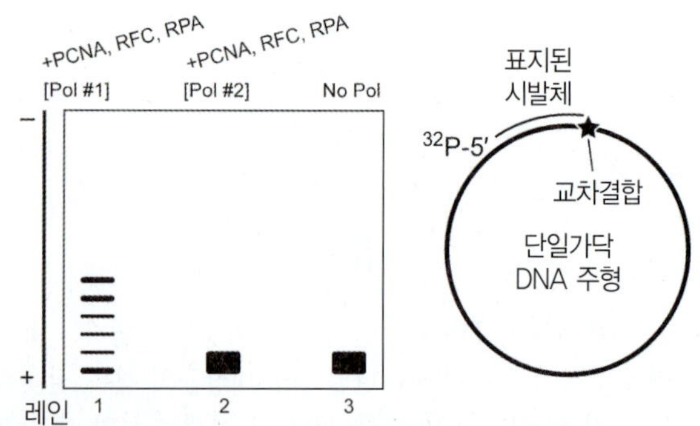

A. 시스플라틴 유도성 가닥 내 교차결합을 가지는 주형 조건에서 각각의 DNA 중합효소의 진행도를 설명하라.

B. 이 자료로부터 중합효소 #1의 세포 내 역할을 구체적으로 설명하라.

CHAPTER 11

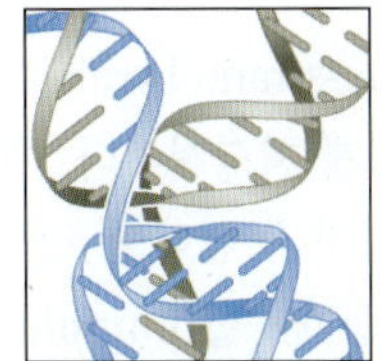

분자수준에서의 상동재조합

개 요

모든 DNA는 재조합 DNA이다. 유전적 교환에 의해 염색체는 끊임없이 서로 섞이고 재배열되는데, 대부분은 감수분열 동안에 첫 번째 핵분열 이전 상동 염색체가 쌍을 이룰 때 발생되며, 쌍을 이루는 과정 동안에 염색체들 사이의 유전적 교환이 일어난다. 이러한 교환은 전통적으로 **교차(crossover)**라고 불리며 **상동재조합(homologous recombination)**의 결과 중 하나이다. 재조합은 염색체들 사이에서 DNA 염기서열의 물리적인 교환을 수반한다. 같은 염색체상에 있는 두 유전자들 사이의 교차 빈도는 유전자들 사이의 물리적인 거리에 의존하며 거리가 멀수록 교차 빈도가 높다. 사실 유전자 지도는 초기에 교차 빈도를 측정함으로써 만들어졌으며, 이것은 유전자가 고정된 일직선 순서로 배열되어 있다는 것을 밝힘으로써 염색체 구조에 대한 최초의 실질적인 정보를 제공하였다.

그런데 유전자 순서도 때때로 변하게 된다. 예를 들면 **전위인자(transposon)**라 불리는 이동 가능한 DNA 절편은 염색체 주위에서 가끔 "건너뛰어" DNA의 재배열을 촉진함으로써 염색체의 유기적인 구성을 바뀌게 한다. 전위(transposition)와 기타 유전체 재배열을 일으키는 재조합 기작은 상동재조합과는 완전히 다르며, 이 기작은 12장에서 자세히 논의될 것이다.

상동재조합은 필수적인 세포 현상 중 하나이며, 이런 목적을 위해 특이적으로 형성되고 조절되는 효소에 의해 촉매된다. 유전적인 변이를 제공하는 것 외에 재조합은 손상된 부분을 상동염색체의 손상되지 않은 DNA 가닥을 이용하여 대체시킴으로써 DNA 손상으로 인해 소실된 DNA 염기서열을 복구시킨다. 또한 재조합은 손상 받은 혹은 멈춰진 복제분기점(replication fork)을 다시 시작하는 기작을 제공하기도 한다(복제의 재시작). 게다가 특별한 형태의 재조합은 유전자 발현을 조절하기도 한다. 예를 들면 염색체 내의 특정 조각을 바꿔치기 함으로써 세포에서 발현되지 않던 유전자를 발현 가능한 곳으로 이동시켜 주기도 한다.

재조합을 분자수준에서 규명하는 것은 유전과정을 설명하는 것 이외에도 유전자 조작 방법의 개발을 이끌어냈다. 예를 들어 실험동물에서 유전자를 "제거(knock-out)"하거나 "형질전환(transgenic)"시키는 것은 지금 아주 일반적인 실험이 되었다

(부록 1 참조). 완전한 개체를 유지한 채 유전자를 제거하거나 도입하는 이러한 방법은 재조합에 의존한 것으로 유전자의 기능을 밝히는 강력한 도구로 이용되고 있다.

DNA 절단은 일반적인 현상이며 재조합을 개시한다

DNA에서 이중가닥의 절단(double-strand break, DSB)은 비교적 자주 발생된다. 이 절단이 복구되지 않는다면 세포에게 치명적이다. 예를 들어 대장균 염색체에 발생하는 단일 DSB를 대장균이 복구하지 못한다면 결국 죽게 된다. 대부분의 세포에서 DSB를 수선하는 주요 기작은 **상동재조합(homologous recombination)**이다. 일부 세포에서는 더 단순한 기작인 **비상동 말단연결**(nonhomologous end joining, NHEJ) 방법이 이용되기도 한다. 이 과정은 10장에 설명되어 있다(10장 본문 및 글상자 10-5 참조).

세균에서 상동재조합의 주요한 생물학적 역할은 DSB를 수선하는 것이다. 이들 절단된 DNA 말단은 여러 수단에 의해 발생된다(10장 참조). 전리방사선(ionizing radiation)과 기타 일부 상해물질들은 직접적으로 DNA 가닥을 절단시킨다. 여러 종류의 DNA 상해 요인들도 또한 복제분기점 진행을 방해함으로써 간접적으로 DSB를 발생시킨다. 예를 들어 단일 DNA 가닥의 복구되지 않은 틈(nick, 단일가닥 DNA의 절단)은 진행하고 있는 복제분기점의 붕괴를 야기한다(그림 11-1). 마찬가지로 단일가닥을 주형으로 사용 못하게 하는 DNA의 상해는 복제분기점을 멈추게 할 것이다. 이런 유형의 멈춰선 복제분기점은 여러 다른 경로를 통해 가공(예를 들어 복제분기점 회귀나 핵산가수분해, 그림 11-1 참조)되어 DSB 말단은 상동 DNA 분자와 재조합을 개시하며 그 결과 파손된 부분이 회복된다.

염색체 DNA에 DSB를 수선하는 것 외에도 상동재조합 과정은 세균에서 유전적 교환을 촉진한다. 이러한 교환은 파지를 매개로 한 도입이나 세포와 세포의 연결부에 의해 세균 세포로 들어온 DNA와 세균 세포 염색체 사이에서 발생한다(7장 참조). 이 경우에 새로운 DNA는 선형 모양의 분자로 세포에 들어가서 상동재조합 개시에 필요한 절단된 DNA 말단을 제공한다.

진핵세포에서 상동재조합은 DNA 절단이나 붕괴된 복제분기점을 회복하는 데 결정적이다. 염색체 복구와 복제의 재시작은 상동재조합의 주요 기능으로서, 영양생장하면서 성장하는 단세포성의 진핵세포뿐만 아니라 복잡한 유기체 대부분의 체세포에서 작용한다. 그런데 재조합은 다른 여러 경우 즉 유전적 교환과 염색체 유지에도 필수적이다. 나중에 볼 것이지만 재조합은 감수분열 동안 염색체가 쌍을 짓는 과정에도 필수적이다. 이 경우에는 세포가 감수분열에 들어감에 따라 세포는 DNA에 DSB를 도입하는 특수한 단백질이 만들어져 재조합 과정이 시작된다. 이렇게 많은 다양한 요인에 의해 상동재조합이 발생되지만 DNA 상에서의 DSB 형성은 상동재조합에서 가장 중요한 초기과정이다.

상동재조합 모델들

DNA 안으로 중동위원소를 삽입시키는 초기의 실험들을 통해 상동재조합 과정을 분자수준에서 살펴볼 수 있게 되었다. 이것은 미셀슨과 스탈이 DNA 복제가 반보존적으로 이루어진다는 것을 보여주기 위해 사용된 것과 같은 접근 방법이다(2장 참조).

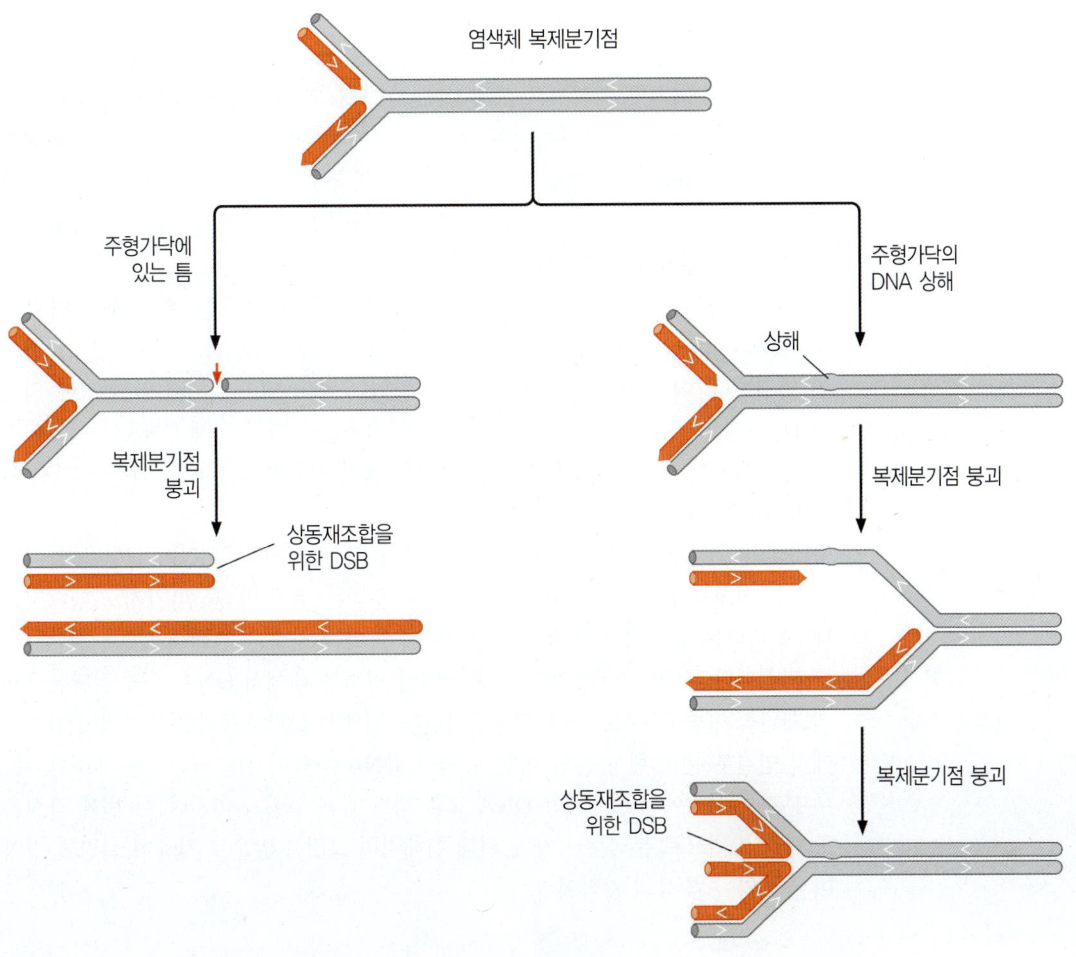

그림 11-1 DNA 주형에 발생된 상해는 DNA 복제 동안에 DSB를 형성시킨다. 이것은 주형이 틈을 포함하고 있을 때(왼쪽 그림)와 DNA 주형이 복제분기점을 멈추게 하는 상해를 가지고 있을 때(오른쪽 그림) 생겨난다. 후자의 경우에 새로 합성되는 두 가닥(빨간색)은 염기쌍을 형성할 수 있으며 복제분기점이 다시 회귀될 수 있다. 이 구조는 여러 가지 방법에 의해 처리되며, 끊어진 DNA 말단은 재조합을 시작하는 데 사용될 수 있다.

그들의 실험에서 미셀슨과 스탈은 복제에 의해 생성된 산물은 기존에 만들어진 DNA 가닥과 새로 합성된 DNA 가닥으로 이루어졌다는 것을 보여줬다. 역으로 같은 접근 방법을 이용한 실험을 통해, 연구된 재조합 과정은 DNA 분자가 직접 절단되고 재연결되어 일어난다는 것이 밝혀졌다. 뒤에서 살펴보겠지만 DNA 절단과 연결은 상동재조합 과정의 핵심적인 사항이다. 그러나 재조합 과정에서 DNA 가닥의 제한적 분해와 재합성이 대개 최소한으로 이루어진다. 이런 초기 실험 이후 수 년 동안 유전적 교환 기작을 분자수준에서 설명하기 위해서 무수히 많은 모델들이 제안되었다. 이들 모델들에 존재하는 상동재조합의 주요 단계들은 다음과 같다.

1. **상동성이 있는 두 DNA 분자의 정렬.** "상동성"은 DNA 염기서열에서 적어도 백여 개의 염기쌍이 똑같거나 거의 같은 것을 의미한다. 이런 매우 높은 유사성에도 불구하고 DNA 분자들은 염기서열이 서로 다른 작은 부분을 가질 수 있는데 예를 들어 **대립유전자(allele)**는 다른 염기서열을 갖는 같은 유전자의 변이체이다.
2. **DNA에서 절단 도입.** 일단 절단이 발생되면 절단 말단은 과정이 더 진행되어 단일

가닥 DNA를 갖는 부위를 발생한다.

3. 가닥 침투. 재조합되는 두 DNA 분자 사이에서 초기의 짧은 부위에서 염기쌍 형성이 발생된다. 염기쌍의 형성은 모체 DNA로부터 온 단일가닥 부분이 상동 이중가닥 DNA 분자에 있는 상보적 가닥과 쌍을 이룰 때 발생한다. 이런 경우 **가닥 침투(strand invasion)**라고 불린다. 가닥 침투 과정 결과 새로운 이중 DNA 부위가 발생한다. 이 DNA는 종종 다소의 잘못 짝지어진 염기쌍을 가지며 **이질이중 DNA(heteroduplex DNA)**라 불린다.
4. 홀리데이 연결부 형성. 가닥 침투 후에 두 DNA 분자는 **홀리데이 연결부(Holliday junction)**라고 불리는 구조를 형성하기 위해 DNA 가닥이 서로 교차되어 연결된다. 이 연결부는 반복되는 염기쌍의 융해(melting, 해체)와 형성에 의해서 DNA를 따라 이동할 수 있다. 연결부가 이동함에 따라 모체 DNA에서는 염기쌍이 해체되고 재조합 중간체에서는 동일한 염기쌍이 형성된다. 이 과정을 **가지 이동(branch migration)**이라 한다.
5. 홀리데이 연결부의 분리. DNA 분자를 재발생시켜 결국은 유전적 교환을 마치는 과정을 연결부 **분리(resolution)**라고 한다. 분리는 두 방법 중 한 가지로 행해지는데 그 하나는 홀리데이 연결부의 절단이며 나머지 하나는 진핵세포에서 "용해"라는 과정이다. 첫 번째 과정에서는 홀리데이 연결부 내에서 DNA 가닥 절단은 2개의 개별적 이중 DNA 분자를 재발생시킨다. 뒤에서 살펴보겠지만 홀리데이 연결부에서 연결부 분리 현상 동안 어떤 두 쌍의 DNA 가닥이 절단되는가는 재조합되는 두 분자들 사이에서 발생되는 DNA 교환 정도에 큰 영향을 미친다. 두 번째 과정은 또 다른 방법으로 분리는 용해에 의해 행해지며 그것은 앞으로 자세히 설명될 것이며 일종의 수렴/붕괴 기작이다.

상동재조합의 초기 주요 단계 중 하나는 가닥 침투이다

상동재조합 단계들을 설명할 때에 그림 11-2a에서 보이는 것처럼 정렬된 2개의 상동성 DNA 이중가닥의 DNA 분자를 그려보는 것이 유용하다. 거의 같을지라도 이들 분자들은 동일 유전자의 다른 대립유전자들을 갖고 있으며(그림 11-2에서 *A/a*, *B/b* 그리고 *C/c*로 표시) 이들은 재조합의 결과물들을 확인하는 데에 도움을 준다 .

재조합은 DNA 분자들 중 하나에서 DSB 존재에 의해 처음 개시된다(그림 11-2b). 다음에 절단부위 근처에서 DNA 가닥이 상보적인 가닥으로부터 떨어져 나오고 이후에는 침투가 자유로운 가닥이 만들어지며, 궁극적으로는 이들이 상동 DNA와 염기쌍을 형성한다(그림 11-2c). 절단부위 근처에 있는 DNA 가닥들의 이후 과정들은 다음에 세세히 설명된다. 가닥 침투는 상동재조합의 핵심 단계이다. 왜냐하면 재조합은 침투와 그 이후의 쌍 형성, 즉 두 상동 이중가닥 사이에 안정한 상보적 가닥과 쌍을 형성하는 것이기 때문이다. 이 과정은 두 모체 DNA 사이에서 DNA 가닥 교환도 개시한다. 앞으로 보겠지만 이 가닥 침투를 촉매하는 효소를 **가닥 교환 단백질(strand-exchange protein)**이라 하는데 그 이유는 그 단백질들이 이 핵심적인 반응을 진행시키기 때문이다.

가닥 침투는 홀리데이 연결부를 발생시키는데 그것은 다음 과정에서 가지이동에 의해 DNA를 따라 이동할 수 있다. 이 이동은 교환되는 DNA의 길이를 증가시킨다. DNA 두 분자가 동일하지 않고, 동일 유전자의 두 대립유전자 사이에 종종 발생되는 것처럼 약간의 염기서열 차이를 지니고 있다면 서로 염기서열이 다른 부분을 통한 가지 이동은 한 개 이상의 염기서열 불일치를 가지는 DNA 이중가닥을 만들어 낸다(그

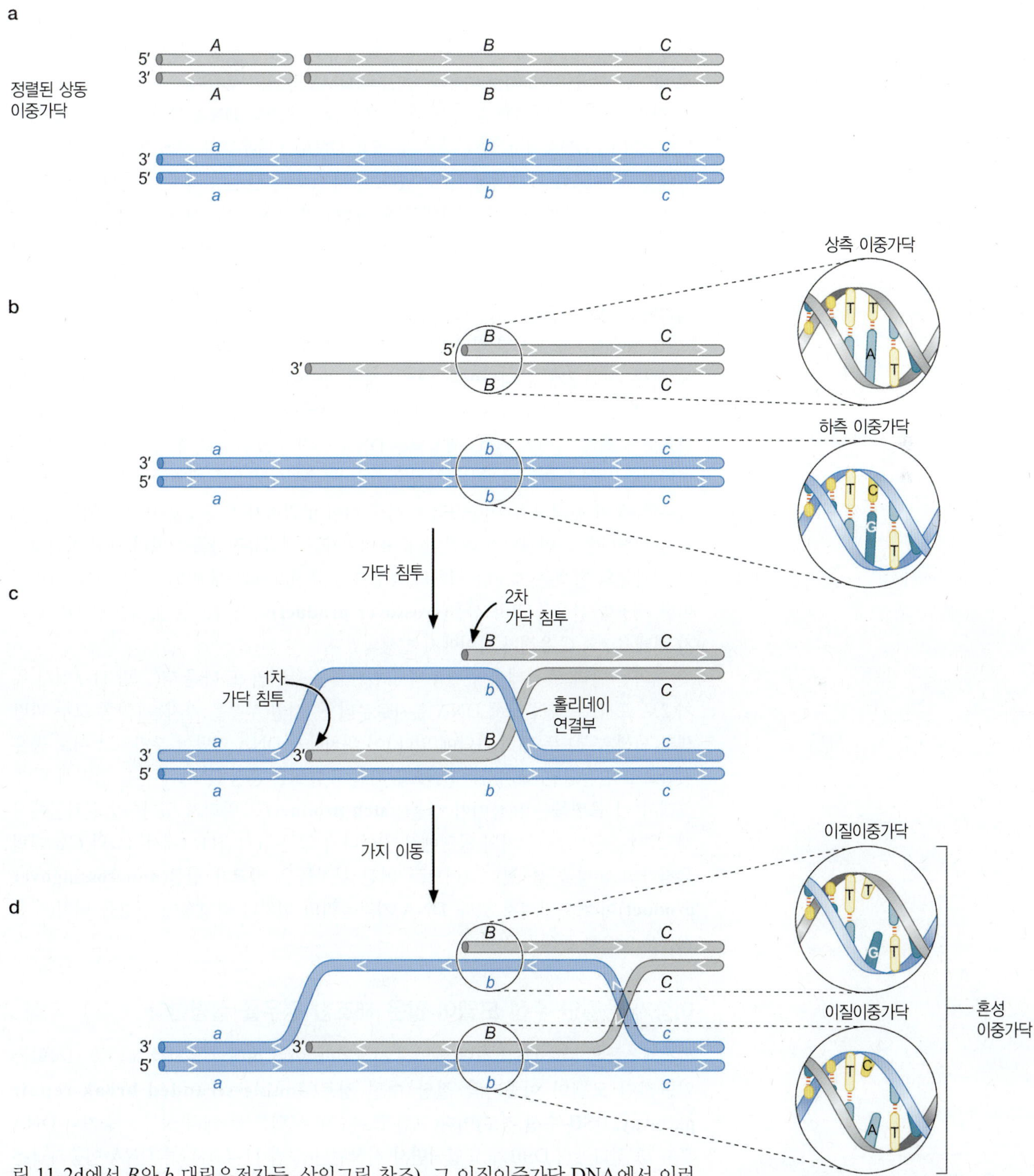

그림 11-2 가지 이동 단계들을 보여주는 **홀리데이 모델.** DNA 단일가닥에 있는 작은 화살촉은 5'에서 3'으로의 방향성을 나타낸다. *A*와 *a*, *B*와 *b*, *C*와 *c*는 다른 대립유전자를 나타내며 다소 다른 DNA 염기서열을 지니고 있다. 따라서 이들 유전자를 포함하는 이질이중 DNA(d의 확장 부분)는 다소의 염기쌍 불일치를 가질 것이다.

림 11-2d에서 *B*와 *b* 대립유전자들. 삽입그림 참조). 그 이질이중가닥 DNA에서 이런 불일치의 수선은 중요한 유전적 결과를 가질 수 있는데, 이에 대해서는 마지막 부분에서 다시 언급될 것이다.

유전적 교환을 종결시키는 주요 단계 중 하나가 홀리데이 연결부를 분리하는 것이다

재조합을 종결시키기 위해서는 교차 부위 근처에서 DNA 가닥을 절단하는 홀리데이 연결부의 분리가 보통 필요하다. 즉, 이 반응은 두 개의 재조합 DNA 분자들을 분리하고 나서 유전적 교환을 끝내는 것이다. 하나의 홀리데이 연결부에 의해 연결된 두 상동 DNA 이중가닥을 그림 11-3에서 볼 수 있다. 바로 설명되겠지만 분리는 두 가지로 일어날 수 있으며, 서로 다른 두 종류의 DNA 산물이 생긴다.

단순히 가지 쳐진 DNA는 두 개의 유사한 이중가닥 DNA 사이에서 교환에 의해 발생되며 이 DNA에서 서로 다른 두 쌍의 DNA 절단부위가 분리 동안에 선택될 수 있다는 것을 그림 11-3에서 볼 수 있다. 분리 동안에 단순히 가지 쳐진 DNA에서 절단 위치를 더 쉽게 보여주기 위해서 홀리데이 연결부는 어떠한 교차 가닥도 없는 사각 평면 구조를 가지도록 "회전"되었다. 동일한 염기서열과 극성을 갖는 두 가닥이 절단되어야만 하며, 두 개의 선택적인 절단위치는 그림 11-3에서 위치 1과 위치 2로 표시되어 있다.

그 예에서 1로 표시된 절단 위치는 모체 DNA 분자(그림에서 굵은 파란 가닥과 굵은 회색 가닥) 2개 중 하나에서 나온 2개의 가닥에서 발생된다. 이 두 가닥이 절단되고 나서 공유결합으로 서로 연결되면(앞으로 언급하겠지만 두 번째 반응은 DNA 연결효소에 의해 촉매가 된다) 생성되는 DNA 물질은 그림의 좌측 밑에 보이는 구조와 염기서열을 가질 것이다. 이들 산물은 "이어맞추기(splice)" 재조합 산물로 일컬어진다. 왜냐하면 원래의 두 이중가닥이 서로 이어 맞춰져서 혼성이중가닥의 부분에서 서로 공유결합으로 연결되기 때문이다. 표지인자인 대립유전자들을 따라 보면 이어맞추기 결과물의 발생은 재조합 위치의 양옆으로 유전자들의 재배열을 일으킨다. 따라서 이런 재조합 산물을 **교차 산물(crossover product)**이라 부르는데, 교차는 DNA 분자 내에서 *A*와 *C* 유전자 사이에서 발생되었다.

이와는 달리, 홀리데이 연결부에서 절단되는 부위의 또 다른 쌍(그림 11-3에서 위치 2로 표시)은 양쪽 모체 DNA 분자로부터 온 서열 부분을 가지는 (양쪽 모두 파란색과 회색 부분) 두 개의 가닥에 있다. 이 위치에서 DNA 가닥이 분리되고 서로 공유결합으로 연결되면, 생겨나는 DNA 분자는 덧붙여진 혼성 DNA 부분을 가지게 된다. 그래서 이 물질들은 **덧붙이기 산물(patch product)**로 알려져 있나. 이 결과물에서 재조합은 초기 절단위치의 양옆에서 일어나지 않는다(그림11-3에서 *A*/*a*와 *C*/*c* 대립유전자의 운명을 볼 것). 그러므로 이런 분자들은 **비교차 산물(noncrossingover product)**이라고 알려져 있다. DNA 가닥분리의 위치나 방향성에 영향을 미치는 요소들은 앞으로 논의될 것이다.

이중가닥 절단 수선 모델이 많은 재조합 경우를 설명한다

상동재조합은 주로 DSB 절단에 의해 시작된다. 이런 형태의 유전적 교환을 묘사하는 일반적인 모델이 **이중가닥 절단 수선 경로(double-stranded break-repair pathway, DSB-수선 경로)**이다(그림 11-4). 이 모델은 두 개의 상동 이중가닥 DNA 분자 중 하나에서 DSB가 도입되면서 시작된다(그림 11-4a). 다른 DNA 이중가닥은 손상 받지 않는다. DSB-수선 모델에서는 두 DNA 분자의 초기 절단이 비대칭적이어서 후반부의 재조합 과정도 또한 비대칭적이다(앞으로 보겠지만 두 개의 이중가닥은 다르게 가공된다).

DSB 도입 후에는 절단된 DNA 분자를 DNA 분해효소가 연속적으로 분해한다(그림 11-4b). 이 과정은 절단된 DNA 분자에서 단일가닥 DNA 꼬리(ssDNA tail)로 알려진 단일가닥 부분을 만들어 내는데, 이 꼬리의 끝은 3′ 말단이다. 몇몇의 경우에는 DSB가 양쪽 가닥 모두에서 만들어지는 경우도 있으며, 일부 경우에는 단지 5′ 으로 종결되는 가닥에서만 분해가 일어난다.

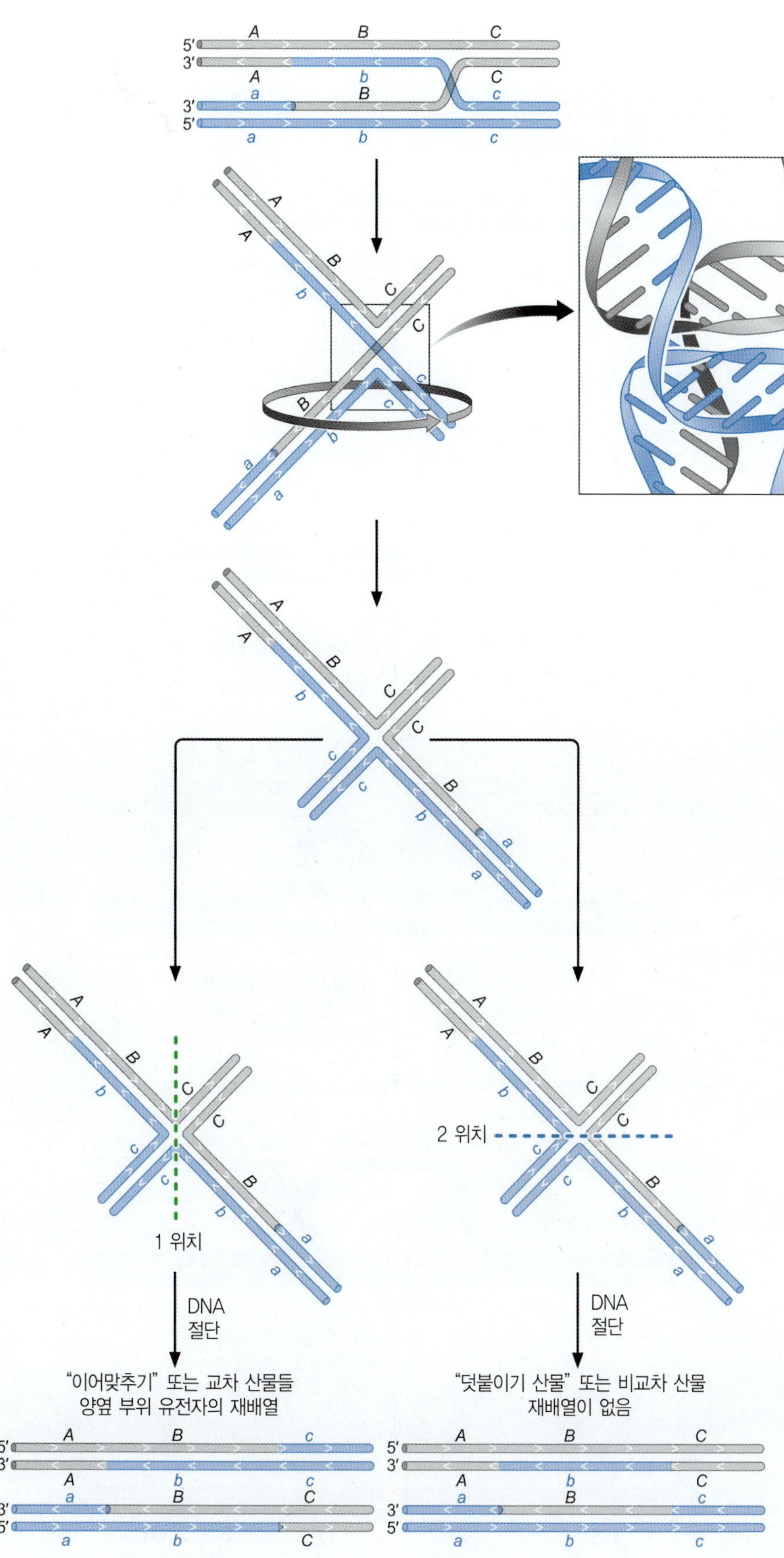

그림 11-3 홀리데이 연결부의 절단. 두 쌍의 다른 DNA 부위가 연결부 분리 현상 동안 절단될 수 있다. 한 위치가 절단되면 "이어맞추기 산물" 또는 교차 결과물이 생겨나고, 다른 위치에서 절단되면 "덧붙이기 산물" 또는 비교차 산물이 생긴다. 글상자 안의 삽입그림은 홀리데이 연결부의 DNA 구조를 보여준다. 이 구조에서 DNA는 완벽하게 염기쌍을 형성하고 있다는 것에 주목하라.

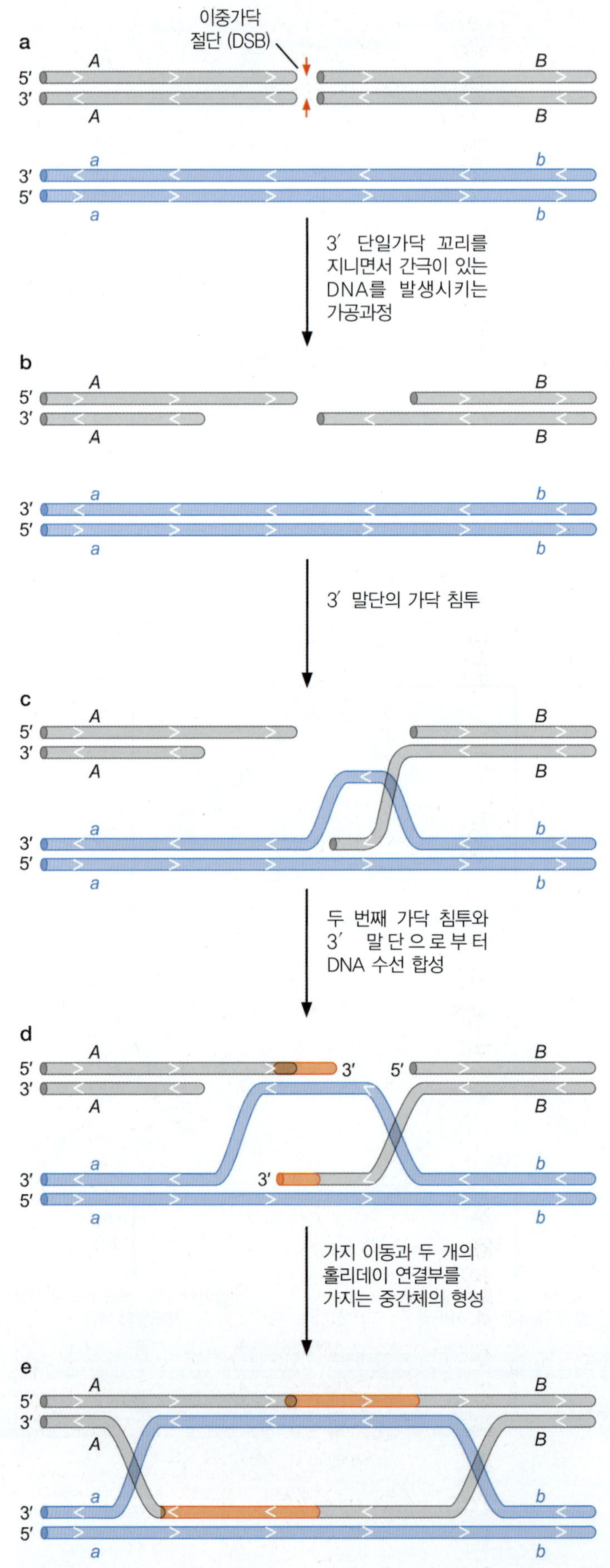

그림 11-4 상동재조합의 DSB 수선 모델. 두 개의 홀리데이 연결부를 지니는 재조합 중간체가 만들어지는 단계를 보여준다.

이 과정에서 발생된 ssDNA 꼬리는 손상 받지 않은 상동 DNA 이중가닥으로 침투한다(그림 11-4c). 초기에 발생하리라 여겨지는 단일가닥의 침투를 이 그림에서 볼 수 있고 반면에 두 가닥의 침투는 다음 그림(그림 11-4d)에서 볼 수 있다. 각 경우에 침투하는 가닥은 다른 DNA 분자의 상보적 가닥과 염기쌍을 이룬다. 침투하는 가닥이 3' 말단으로 끝나기 때문에 그 가닥들은 새로운 DNA 합성을 위한 프라이머로 이용된다. 이들 DNA 말단으로부터 상동 이중가닥의 상보적 가닥을 주형으로 사용하여 DNA 신장(elongation)이 일어난다. 이것은 절단부위에서 지금까지의 과정 동안에 분해된 DNA 부분을 회복시킨다(그림 11-4d,e).

절단위치 근처에서 원래의 두 이중가닥의 염기서열이 동일하지 않다면 (예를 들어 단일 염기쌍 치환을 갖는다면) 염기서열 정보는 DSB-수선 경로를 통한 재조합과정에서 없어질 수 있다. 그림 11-4에서와 같은 재조합의 경우, 회색으로 표시된 DNA 분자로부터 소실된 염기서열 정보는 DNA 합성 결과 생긴 파란색으로 표시된 염기서열로 대체된다. 이러한 DSB-수선에서의 비상호적인 단계는 때때로 **유전자 변환 (gene conversion)** 등의 유전적 흔적을 남기는데 이것은 이번 장 끝에서 다시 언급될 것이다.

이 모델에서 생기는 재조합 중간체에서 발견되는 두개의 홀리데이 연결부는 가지 이동에 의해 움직이고 궁극적으로는 분리되어 재조합을 끝마치게 된다. 여기서도 또한 번 홀리데이 연결부의 분리 현상 동안 어느 가닥이 절단되는가에 따라 그 산물이 재조합부위의 양옆에서 재배열된 유전자를 가지는지(즉 교차가 생기는지) 아닌지가 결정한다. 두 개의 홀리데이 연결부를 포함하는 재조합 중간체가 분리되는 방법들은 글상자 11-1, "두 홀리데이 연결부를 갖는 재조합 중간체를 분리하는 방법"에 설명되어 있다.

상동재조합 단백질 기구

모든 생명체는 상동재조합의 생화학 단계들을 촉매하는 효소들을 가지고 있다. 몇몇 경우에는 상동성이 있는 단백질 부류가 모든 생명체에서 같은 기능을 하기도 한다. 반면에 다른 재조합 단계는 생명체에 따라 다른 단백질들에 의해 촉매되지만 그에 의해 형성되는 산물은 같다. 재조합 기작에 대해 매우 자세히 이해된 것은 대장균이나 대장균 파지의 연구를 통해 이루어졌다. 따라서 다음 절에서는 먼저 대장균에서 **RecBCD 경로**라 알려진 주요 DSB 수선 경로를 통해 재조합을 촉진하는 단백질들에 관해 초점이 맞춰져 있다. 진핵세포의 상동재조합과 여기에 관련된 단백질들은 아래에서 논의될 것이다.

표 11-1은 세균에서 핵심적인 재조합 단계를 촉매하는 단백질들과 진핵세포 가장 잘 이해되는 본보기는 출아효모인 *S. cerevisiae*에서 같은 기능을 수행하는 단백질들을 열거한 것이다. 이들 단백질은 DSB-수선 경로의 중요한 단계들에 필요한 활성을 제공한다. 이들 재조합 단백질 외에 DNA 중합효소, 단일가닥 DNA 결합 단백질 (ssDNA-binding protein), 위상이성질화효소(topoisomerase), DNA 연결효소 (ligase) 역시 유전적 교환 과정에 매우 중요한 역할을 담당한다.

RecBCD 경로를 통해 이루어지는 재조합은 두 개의 재결합되는 DNA 분자 중 하나에 DSB를 필요로 한다는 사실에도 불구하고 대장균에서는 DSB를 도입하는 단백질이 표 11-1에 없다는 사실에 주목하라. 전에도 언급되었지만 세균에는 그 과정을 수행하는 특수한 단백질이 발견되지 않았다. 대신에 DNA 복구 시에 착오로 인한

▶ 고급개념

글상자 11-1 두 홀리데이 연결부를 갖는 재조합 중간체를 분리하는 방법

재조합 중간체에 존재하는 홀리데이 연결부가 어떻게 절단되는가에 따라 생성된 DNA 분자 구조는 크게 달라진다. 연결부가 나눠지는 방법에 따라 생성물은 재조합 부위의 양옆 DNA가 재배열된 유전자를 가지는지(이어맞추기/ 교차 산물인지) 그렇지 않은지(덧붙이기/비교차 산물인지)가 결정된다. DSB-수선 경로에 의해 생긴 중간체는 두 개의 홀리데이 연결부를 갖고 있기 때문에 홀리데이 연결부가 가능한 여러 다른 조합으로 절단되면 어떤 산물이 발생되는지 식별하기가 어려울 수 있다. 사실상 교차 산물과 비교차 산물 중 어떤 것이 생길지를 판단할 수 있는 간단한 방법이 있다.

이 중간체가 분리되는 가능한 여러 방법을 설명하기 위해서 글상자 11-1 그림 1에 있는 두 연결부(x와 y로 표시)를 고려해 보자. 각 연결부에는 두 개의 가능한 절단부위(1과 2 위치로 표시)가 있다. 연결부에 의해 발생하는 산물이 교차 산물인지 비교차 산물인지 결정하는 간단한 법칙은 다음과 같다. 만일 두 연결부가 같은 방법으로 즉 양쪽 다 1 위치에서, 또는 양쪽 다 2 위치에서 절단되면 비교차 산물이 생겨날 것이다. 이런 산물의 예는 그림 b에 있는데, 홀리데이 연결부 양쪽에서 모두 2의 위치에서 절단되었다. 이 경우에 모체의 염색체처럼 대립유전자인 *A*/*B*와 *a*/*b*가 여전히 같은 DNA 분자에 존재하는 것에 유의하라. 양쪽 모두 1의 위치에서 연결부가 절단되어도 여전히 비교차 산물이 생겨난다.

반면에 두 홀리데이 연결부위에서 절단이 각기 다른 위치에서 일어나면 교차 산물이 만들어진다. 이런 유형의 예는 글상자 11-1 그림 1c에서 볼 수 있다. 여기에서 x 연결부는 1 위치에서 전달되고, y 연결부는 2 위치에서 절단된다. 이제 A 유전자는 *b* 유전자에 연결되어 있으며, *a* 유전자는 *B* 유전자에 연결되어 있다는 사실에 주목하라. 즉 양옆 부분에서 유전자 재배열이 일어났다. x 연결부에서 2 위치가, 그리고 y 연결부에서 1 위치가 절단되어도 역시 교차 산물이 만들어진다.

왜 이러한 단순한 법칙이 사실일까? 이것을 이해하기 위해서는 여기에서 보이는 연결부들을 그림 11-3에 있는 단일 홀리데이 연결부와 비교하라. 단일연결부에서 1 위치의 절단은 이어맞추기 산물을 발생시키며 반면에 2 위치의 절단은 덧붙이기 산물을 낳는 것을 여러분은 볼 수 있어야 한다. 따라서 이 두 연결부에서의 절단 결과를 합치면 다음과 같은 일이 일어난다.

- 양쪽 연결부의 2 위치에서의 절단은 덧붙이기 산물을 낳는다 (덧붙이기 + 덧붙이기 = 덧붙이기, 비교차 산물).
- 양쪽 연결부의 1 위치에서의 절단은 덧붙이기 산물을 낳는다(이어맞추기 + 이어맞추기 = 덧붙이기) 왜냐하면 둘째 이어맞추기 형태의 연결부 분리는 첫 번째 절단에 의한 재배열을 원래 상태로 되돌리기 때문이다.
- 1 위치에서 한 연결부의 절단과 2 위치에서의 다른 연결부의 절단은 교차 산물을 만든다(이어맞추기 + 덧붙이기 = 이어맞추기) 왜냐하면 1 위치의 절단으로 생긴 재배열이 마지막 산물까지 유지되기 때문이다.

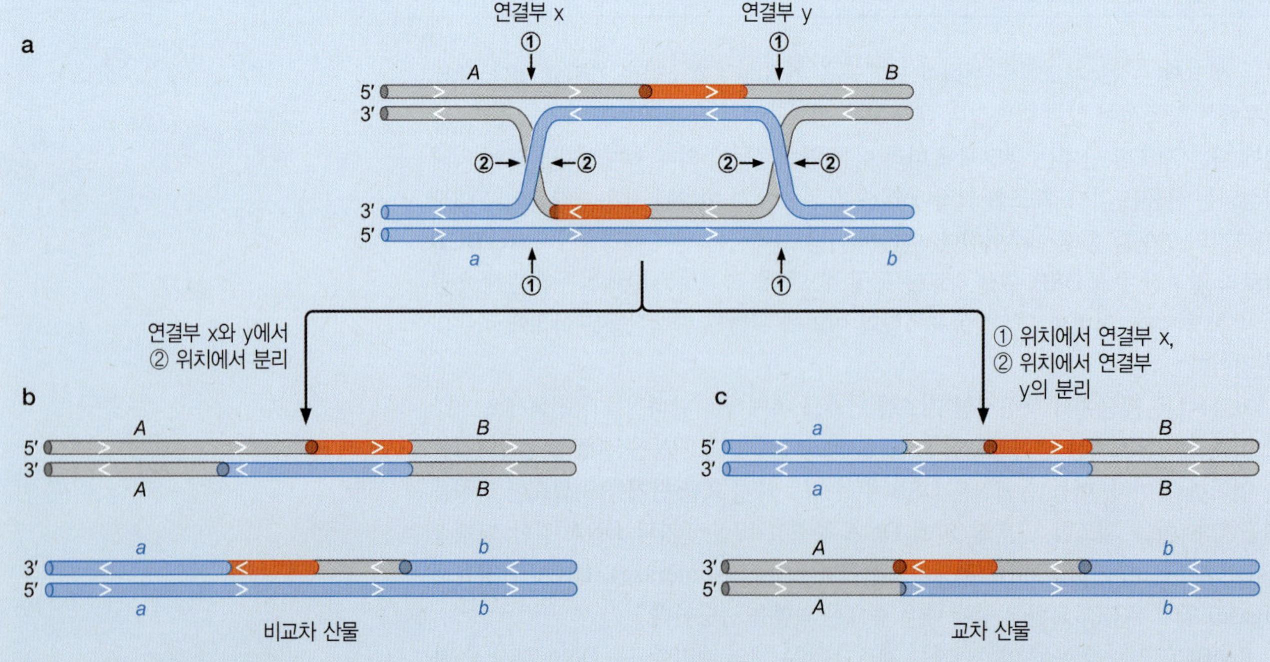

글상자 11-1 그림 1 DSB-수선 경로에서 중간체를 분리하는 두 가지의 가능한 방법. 모체 DNA 분자는 그림 11-4에 있는 것과 같다. 빨간색으로 표시된 DNA 부분은 재조합 동안 새로 합성된 부분이다.

표 11-1 원핵세포와 진핵세포에서 재조합 단계를 촉매하는 요소들

재조합 단계	대장균 단백질 촉매	진핵세포 단백질 촉매
상동 DNA 쌍 형성과 가닥 침투	RecA 단백질	Rad51 Dcm1 (감수분열시)
DSB 도입	없음	Spo11 (감수분열시) HO (교배형 전환시)
침투용 단일가닥을 생성하는 DNA 가공과정	RecBCD 헬리카아제/핵산분해효소	MRX 단백질 (Rad50/58/60 핵산분해효소라고 통칭)
가닥 교환 단백질의 조립	RecBCD와 RecFOR	Rad52 와 Rad59
홀리데이 연결부 인지와 가지 이동	RuvAB 복합체	특성 규명이 제대로 안됨
홀리데이 연결부 분리 현상	RuvC	Rad51c-XRCC3 복합체, WRN 그리고 BLM

DNA 상해나 복제분기점의 붕괴 결과로 생겨나는 절단이 염색체 DNA에서 재조합을 개시하는 주요한 원인이다. 대장균 파지를 매개로 하는 형질도입 등의 유전적 교환은 다른 방법을 통해 일어나는데(이것에 대해서는 부록 1 참조) 그 도입된 DNA 부분은 절단된 DNA 말단을 가지고 있다.

다음 절에서는 대장균의 재조합 단백질과 그것들이 어떻게 DSB-수선 경로에 의한 재조합 동안에 기능을 수행하는지 설명되어 있다. 이들 단백질은 반응 경로에서 나타나는 순서대로 설명되어 있다. 먼저 DSB 위치에서 RecBCD 효소가 어떻게 DNA를 가공하여 단일가닥 부분을 발생시키는가를 고려할 것이다. 다음에는 가닥 교환 단백질인 RecA의 구조와 작용 기작이 언급된다. RecA는 단일가닥의 DNA에 조립된 후에 DNA 분자에 있는 염기서열이 상동성을 보이는 부분을 발견하여 이 부분 사이의 새로운 염기쌍의 짝을 발생시킨다. DNA 가지이동을 이끄는 RuvA와 RuvB가 이후에 설명된다. 마지막으로 홀리데이 연결부를 나누는 효소인 RuvC가 고려된다.

RecBCD 헬리카아제/핵산분해효소가 재조합을 위해 절단된 DNA 분자를 가공한다

단일가닥 DNA 신장부나 꼬리를 가지는 DNA 분자는 상동 염기서열 사이에서 가닥 교환을 개시하기 위한 기질로 선호된다. **RecBCD 효소**는 절단된 DNA 분자를 가공하여 단일가닥 DNA 부분을 만들어 준다. 또한 RecBCD는 RecA 가닥 교환 단백질이 단일가닥 DNA 말단에 결합하는 데 도움을 준다. 또한 앞으로 보게 되겠지만, RecBCD 단백질의 다양한 효소 활성은 세포 안으로 들어오는 DNA 분자를 재조합시킬 것인지 아니면 파괴시킬 것인지 세포가 "결정"하는 하나의 수단을 제공한다.

RecBCD는 세 개의 단위체(*recB*, *recC*와 *recD* 유전자의 산물들)로 구성되어 있으며 모두가 헬리카아제와 핵산분해효소 활성을 지니고 있다. 이 복합체는 DSB 위치에서 DNA 분자에 결합하고 ATP 가수분해 에너지를 사용하여 DNA를 따라 이동한다. 그 결과로서 DNA는 풀리게 되며, 이러한 풀림은 DNA 단일가닥 혹은 이중가닥의 파괴를 수반하기도 하며, 안하기도 한다. RecBCD 활성은 **카이자리(Chi site, "cross-over hotspot instigator")**로 알려진 특정 DNA 염기서열 요소에 의해 조절된다. 카이 자리는 이들이 상동재조합의 빈도를 촉진시키기 때문에 발견되었다.

RecB와 RecD 단위체 모두 DNA 헬리카아제이며 그 효소는 DNA 염기쌍을 용해시키고 풀어헤치기 위해 ATP 가수분해를 이용한다(9장 참조). RecB는 3′ 에서 5′

방향으로 작용하는 헬리카아제 기능을 가지면서 움직임에 따라 DNA를 분해하는 다기능 핵산분해효소 부분도 지니고 있다. RecD는 5′에서 3′방향으로 작용하는 헬리카아제이고, RecC는 카이자리를 인식하는 기능을 수행한다. 그런데 이 복잡한 다기능 단백질의 다양한 단위체들이 어떻게 DNA를 따라 함께 일을 수행하고 실제로 이 복합체가 카이 자리를 만날 때 무슨 일이 발생하는가?

단일 분자 기술에 기반을 둔 연구를 포함한 다양한 연구들은 RecB와 RecD 헬리카아제 "모터"가 독립적으로 이중 DNA의 반대 나선을 따라 다른 속도로 움직이는 것을 보여줬다. 그것들은 RecBCD 복합체를 초당 1,000 염기쌍 이상의 속도로 "드라이브"한다. DNA 내의 카이자리는 일종의 "분자 조절판" 역할을 수행하여 헬리카아제 활성을 조절하고 따라서 DNA 위치를 변경시키는 속도를 조절한다. 그림 11-5는 RecBCD가 카이자리 하나를 포함하고 있는 DNA 분자를 가공하는 과정을 보여주는 전체적인 모식도이다. RecBCD는 DSB 자리를 포함하는 DNA로 들어가고 그 DNA를 따라 이동하면서 그 가닥을 풀어 준다. 그러나 초기에는 그 복합체의 두 모터들은 같은 속도로 움직이지 않는다. 즉 RecD 단위체가 RecB보다 빠르게 움직이며 그 복

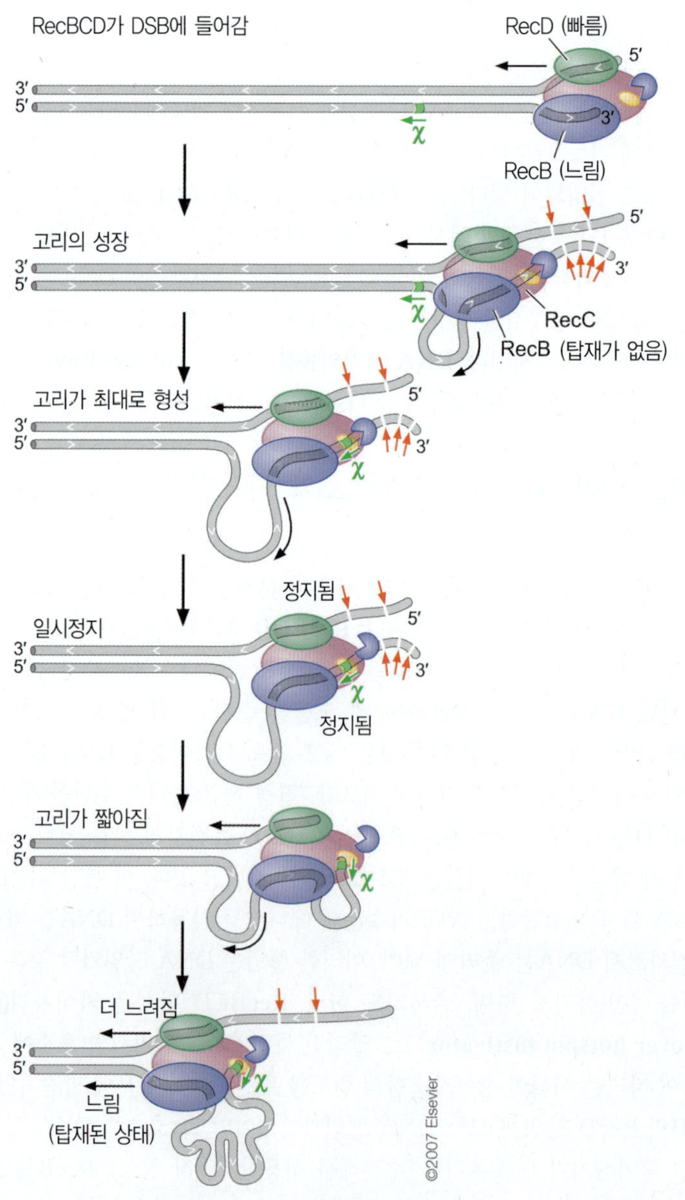

그림 11-5 RecBCD에 의한 DNA 가공 단계. RecBCD 단백질은 DNA의 파손된 말단 부분의 한쪽이든 양쪽이든 들어갈 수 있음에 주목하라. 그런데 카이자리는 한쪽 방향으로만 기능을 수행한다. 그림에서 보는 DNA 분자에서 카이자리는 방향이 오른쪽에서 왼쪽으로 이동하는 RecBCD 효소만을 조절하도록 되어 있다. RecBCD 효소는 두 개의 DNA 헬리카아제를 가지고 있다: RecD(초록색)는 5′으로 끝나는 가닥(상측 가닥)으로 빠르게 이동하고 RecB(자주색)는 3′으로 끝나는 가닥(하측 가닥)으로 천천히 이동한다. 이 두 단위체들은 서로 다른 속도로 이동하기 때문에 RecB는 가닥이 풀리는 동안 하측 가닥에서 단일가닥 DNA 고리를 축적시킨다. 효소가 카이자리를 만난 후에 이 고리는 "안쪽으로 감기게" 되고 카이자리를 지나는 3′ 말단은 RecA 조립에 유용하게 된다. (Adapted, with permission, from Spies et al. 2007. *Cell* **131**: 694–705, Fig. 5, 701 © Elsevier.)

합체를 이끈다. RecB는 지속하려고 해서 3′ 말단으로부터의 단일가닥 DNA 고리가 그 복합체의 앞부분에 도출하게 된다.

카이자리 염기서열과 마주치게 되면 그 복합체는 몇 초간 정지하고 그리고 나서 초기 속도의 반 정도로 진행한다. 일시정지 동안에는 그 복합체의 활성을 변화시키기 위해 세 가지 일들이 발생한다. 먼저 고리형태로 빠져나와 있는 단일가닥 DNA는 RecB 단위체에 의해 잡아당기게 되거나 감아올리게 되며 이제는 RecB가 그 복합체를 이끄는 주요 모터가 된다. 두 번째는 RecD 단위체가 분리되는 입체형태가 발생되고 세 번째는 RecBCD 복합체의 핵산분해효소 활성이 달라진다. RecBCD가 카이자리와 멀리 떨어진 염기서열로 이동함에 따라 이 효소는 더 이상 3′→5′ 극성으로 DNA 가닥을 자를 수 없다. 게다가 반대쪽 DNA 가닥은 카이자리와 마주치기 전 보다 더 자주 잘리게 된다. 활성의 이런 변화의 결과로서 이중가닥은 3′ 말단에 카이자리 염기서열로 끝나는 긴 단일가닥 신장을 가지게 된다. 이 구조는 RecA가 조립되어 가닥교환이 시작되는데 이상적이다(이후에 설명). 지금 두 가지를 설명할 것인데 하나는 카이자리와 마주친 후의 RecBCD 활성 변화에 따른 분자적 기반이고 나머지 하나는 DNA가 다중체인 RecBCD 복합체를 따라 이동하는 방법에서의 변화에 대한 것이다.

DNA에 결합된 RecBCD 복합체의 구조는 그 복합체가 어떻게 기능을 수행하고 또한 카이자리를 만나면서 활성이 어떻게 변화하는가에 대한 보다 깊은 직관력을 제공한다. 그 단백질 복합체는 전체적으로 삼각형 모양을 하고 있는 것을 그림 11-6에서 볼 수 있으며, 이중가닥의 DNA가 그 삼각형 단백질의 제일 위쪽으로부터 들어가고 있다. 여기에서 그 DNA는 RecC 단위체로부터 돌출된 “핀(pin)” 모양의 구조를 만나게 되며 이후에 RecC에 의해 이중가닥이 나눠지며 나눠진 두 개의 단일가닥 DNA는 복합체 효소의 두 모터(motor)로 각각 분리되어 나간다. RecC 단위체는 3′ 가닥을 RecB 모터로 이동시키고 5′가닥은 RecD 모터로 이동시킨다. 이런 측면에서 RecC 자체는 헬리카아제가 아니지만 그 복합체의 헬리카아제 활성도의 전체 효율성을 높인다. 그 효소 내에서 DNA 이동 체계는 RecB 단위체의 핵산분해효소 위치에 있는 홈으로 3′ DNA 꼬리를 이동시키도록 한다. 그 결과로 효소가 카이자리를 만나기 전에 그 가닥은 효율적으로 분해가 진행된다. 5′ DNA 꼬리 역시 RecD를 통과하면서 핵산분해효소 활성자리를 지나쳐 이동한다. 그러나 3′ 꼬리보다는 덜 분해되는

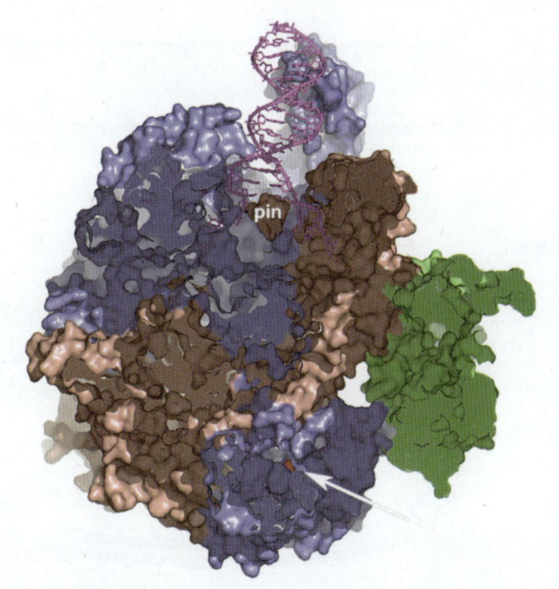

그림 11-6 RecBCD-DNA 복합체 구조. 그림에서 파란색은 RecB, 고동색은 RecC, 녹색은 RecD를 나타낸다. 복합체와 결합된 DNA(자주색)는 복합체의 제일 위쪽으로부터 들어가고 있으며, 흰색 화살표로 표시된 빨간색의 칼슘이온은 RecB의 핵산분해효소의 활성자리에 결합되어 있다. 복합체 구조에서 DNA가 보이도록 복합체의 절단면을 보여준다. RecC는 DNA의 양쪽 가닥과 접촉하고 그 가닥들을 분리시키는데 좌측의 RecB 쪽으로 3가닥을 향하도록 하고 우측의 RecD 쪽으로 5꼬리를 향하도록 한다. (Singleton M.R. et al. 2004. *Nature* **432**: 7015; PDB code: 1W36.) 이미지는 PyMOL(DeLano W.L. 2002. *The PyMOL molecular graphic system.* DeLano Scientific, Palo Alto, California. http: www.pymol.org)를 이용하여 준비되었다.

데 그 이유는 분해에 선호되는 자리에 있는 3′ 가닥과 경쟁하기 때문이다. 그런데 카이자리를 만날 때에는 그 상황이 변하게 된다. RecC가 그 자리를 인식하고 강하게 결합되는데, 일단 3′ 말단에 결합하게 되면 핵산분해 위치로 가는 것을 막아 버린다. 그리하여 그 결합은 3′ 꼬리를 더 이상 분해하는 것을 막게 되고 5′ 꼬리는 경쟁자가 없어짐으로써 분해가 촉진된다.

RecBCD에 의해 생기는 단일가닥 DNA 꼬리는 재조합이 일어나기 위해서 RecA 단백질로 덮여야 한다. 그런데 세포에는 이런 DNA와 결합할 수 있는 단일가닥 DNA 결합 단백질(ssDNA binding protein, SSB)도 가지고 있다. SSB보다 RecA 단백질이 이들 단일가닥 DNA 꼬리에 확실히 결합하기 위해, RecBCD는 직접적으로 RecA와 상호작용하여 그 조립을 증진시킨다. 이런 탑재(loading) 활성도는 단백질과 단백질의 직접적인 상호작용을 참여시키며 그 작용은 RecB의 핵산분해 위치와 RecA 단백질 간에 일어나서 RecA 단백질을 3′꼬리에 탑재시킨다.

카이자리는 RecBCD를 조절한다

카이자리는 재조합 빈도를 열배정도 증가시킨다. 이런 촉진은 카이자리 바로 근처에서 매우 뚜렷하다. 카이자리에서 10 kb 정도 떨어진 곳에서도 재조합 빈도의 증가가 관찰되지만 재조합 빈도는 거리의 증가에 따라 점차로 감소한다(그림 11-7). 재조합이 카이자리의 "한 쪽"에서만 특이적으로 촉진된다는 사실이 초기에는 이상하게 여겨졌다. 그러나 지금은 이런 현상이 왜 관찰되는지가 명백하다. 즉 DSB(RecBCD가 들어가는 곳)와 카이자리 사이의 DNA는 그 효소에 의해 작은 조각으로 잘려 이 부위는 재조합하는데 이용될 수 없다. 반면에 RecBCD가 카이자리와 마주친 후에 접하게 되는 DNA 염기서열은 재조합을 일으킬 수 있는 단일가닥 형태로 유지되어 특이적으로 RecA 단백질을 탑재할 수 있다.

카이자리가 RecBCD 핵산분해효소의 활성을 조절하는 능력은 파지 감염이나 연결부를 통한 외부 DNA 유입으로부터 세균 세포가 자신을 보호하는 데 도움을 준다.

8개의 뉴클레오티드인 카이자리(GCTGGTGG)는 대장균 유전체에 많이 존재한다. 하지만 산술적으로는 매 65 kb마다 한 번 정도로, 즉 유전체 전체에 대략 80개 정도 있다고 추정되지만 실제로는 염색체의 염기서열 내에 1009개의 카이자리가 존재한다는 것이 밝혀졌다. 이렇게 많이 존재하기 때문에 대장균 세포로 유입되는 대장균

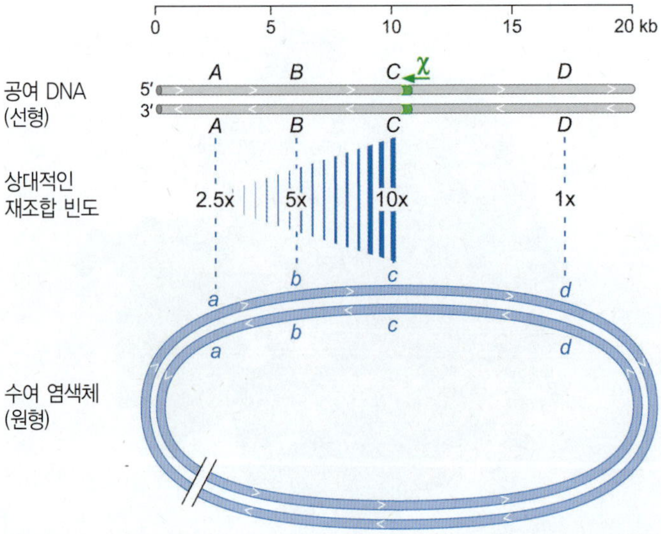

그림 11-7 카이 작용의 방향성. 모식도는 카이자리가 특이적으로 그 위치나 그 위치에서 멀리 떨어진 곳에서 재조합 빈도를 증가시키는 것을 보여준다. 그림에서 보이는 재조합은 형질도입이나 연결부에 의해 세포 안으로 들어오는 선형 DNA와 세균 염색체 사이의 교환을 나타낸다. 실제로 이러한 과정에 참여하는 DNA 절편은 훨씬 더 길 수 있다. 예를 들어 파지의 형질도입은 80 kb까지의 DNA 절편을 유입시킨다. 대장균의 염색체는 5 Mb 정도이다.

DNA는 3′ 단일가닥 DNA 꼬리를 만드는 방법으로 RecBCD에 의해 처리되어 재조합을 위해 활성화될 것이다. 반면에 다른 종의 DNA(대장균처럼 카이자리가 많이 존재하지 않는 DNA)는 카이자리가 많지 않아서, RecBCD 활동은 재조합의 활성화보다는 광범위한 분해가 일어나도록 할 것이다.

요약하면 RecBCD의 DNA 분해 활성은 다양한 결과를 만들어낸다. 분해는 이후의 RecA 조립과 가닥 침투 단계를 위해서 절단 위치에서 DNA를 가공하는 데 필요하다. 이런 방식으로 RecBCD는 재조합을 증진시킨다. 그런데 RecBCD는 활성화를 위해 DNA를 분해하기 때문에 상동재조합 과정에서는 분해된 가닥을 회복시키기 위해 DNA 합성이 수반되어야만 한다. RecBCD는 카이자리가 많지 않은 외부 DNA가 대장균 세포로 들어오면 이를 분해하는 것처럼 때로는 단지 DNA를 분해하는 기능만을 수행한다. 이런 방법으로 RecBCD는 외부 DNA 염기서열, 즉 예를 들어 박테리아 파지나 다른 해로운 물질 유입으로 인해 생겨날지도 모르는 유해한 결과로부터 세포를 보호할 수 있다.

RecA 단백질은 단일가닥 DNA에 조립되어 가닥 침투를 촉진한다

RecA는 상동재조합 과정의 중심 단백질로서, **가닥 교환 단백질(strand-exchange protein)** 효소군의 기본적인 구성원이다. 이 단백질은 상동 DNA 분자 사이의 염기쌍 형성의 촉매작용을 한다. 염기쌍 형성에는 두 분자 사이의 염기서열이 일치하는지 탐색하는 과정과 염기쌍 형성하는 과정이 포함된다.

RecA의 DNA 염기쌍 형성과 가닥 교환 활성도는 간단한 DNA 기질을 사용하여 시험관 내에서 관찰할 수 있다. 그림 11-8은 RecA의 생화학적 활성을 나타내는 DNA 염기쌍 형성과 가닥교환 반응의 예를 보여준다. 이들 DNA 분자들의 중요한 특징은 다음과 같다. (1) 두 짝 DNA 사이의 염기서열 상동성 정도, (2) RecA가 조립될 수 있는 적어도 한 분자에서의 단일가닥 DNA 부분, (3) 새로이 감겨 이중가닥 DNA를 형성할 수 있는 상보적인 DNA 말단의 존재 등이다.

RecA의 활성을 나타내는 형태는 단백질-DNA 섬유(filament) 구조이다(그림 11-9). 대다수의 분자생물학에 관련된 단백질들이 작은 단백질 단위인 단량체, 2량체, 또는 6량체로 기능을 나타내는 것과는 달리 RecA 섬유구조는 매우 크며 크기에서 다

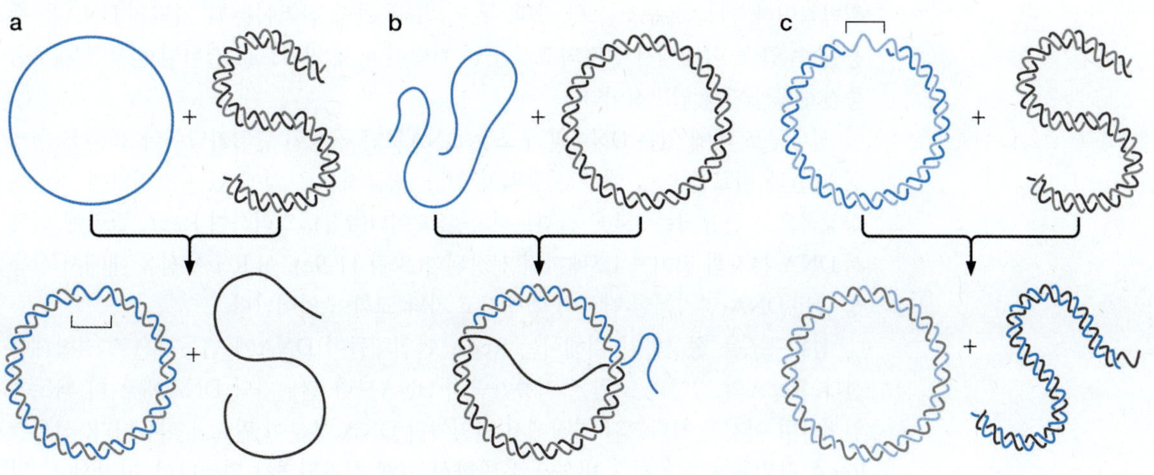

그림 11-8 RecA 가닥 교환을 위한 기질들. DNA 염기쌍과 가닥 침투에 관여하는 3가지의 가능한 구조 배합을 볼 수 있다. a와 c의 모난 괄호는 한쪽 가닥의 간극 위치를 나타낸다.

a

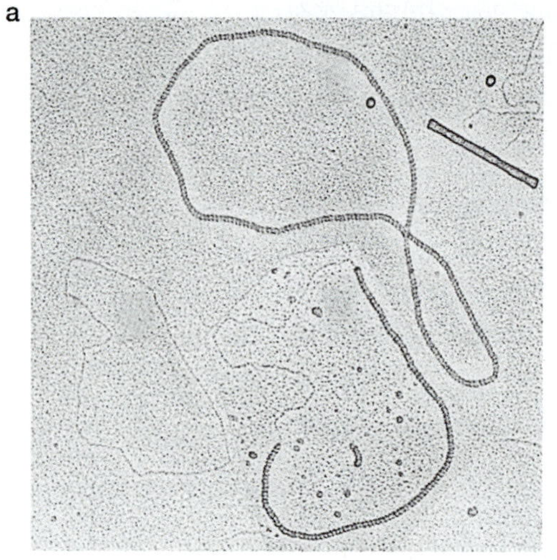

b

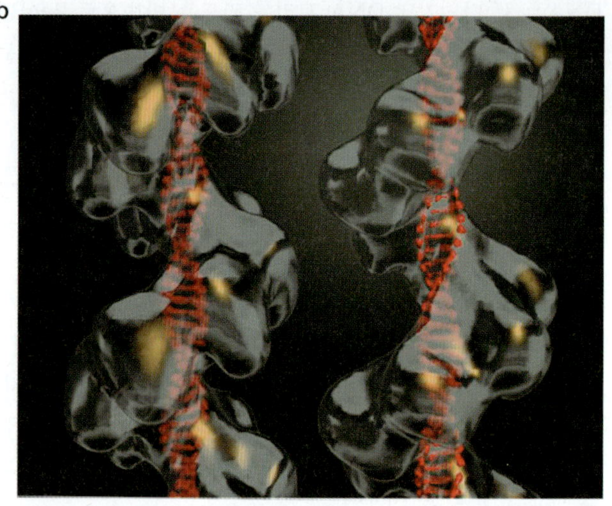

c

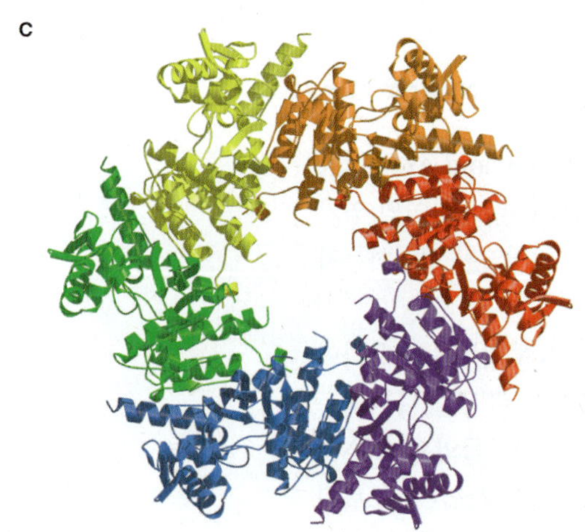

그림 11-9 RecA 섬유구조의 모형. (a) RecA로 완전히 또는 부분적으로 덮여 있는 원형 DNA 분자의 전자현미경 사진. DNA 분자가 RecA 결합으로 인해 얼마나 신장되는가를 보여주기 위해 RecA로 덮여 있지 않은 DNA도 나타내었다. (Reprinted with permission from Stasiak A. and Egelman E.H. 1988. *Genetic Recombination.* [ed. R. Kucherlapati and G. Smith], pp265–307, Fig. 3., © ASM Press.) (b) 여러 전자현미경 이미지들을 평균하여 만들어낸 섬유구조의 고해상도 그림. 좌측 그림은 대장균의 RecA이고, 우측은 가닥교환 단백질의 일종인 효모의 Rad51이다. (Image provided by Edward Egelman, University of Virginia.) (c) X선 결정법에 의해 얻어진 고해상도의 이미지. 나선형의 섬유구조가 한번 회전하는 모습을 위에서 아래로 보여주는 그림이다. 개별적인 단위체는 채색되어 있으며 빨간색의 소단위가 보는 사람에게 가장 가까운 것이다. (Story R.M. and Steitz T.A. 1992. *Nature* **355**: 318–325.) 이미지는 Molscript, Bobscript와 Raster 3D를 이용하여 준비되었다.

양한데, 대략 RecA의 100 단위체와 DNA의 300 뉴클레오티드로 구성된 섬유구조가 일반적이다. 그 섬유구조는 한 가닥, 두 가닥, 세 가닥 심지어는 네 가닥의 DNA를 수용할 수 있다. 아래에서 설명되겠지만 한 가닥이나 세 가닥으로 결합된 섬유가 재조합 중간체에서 가장 일반적이다.

섬유구조 내에 있는 DNA의 구조는 DNA로만 구성된 단일가닥이나 표준 B 형태의 나선과 비교할 때에 매우 신장되어 있다. 평균적으로 옆에 있는 염기와의 거리는 정상적으로 관찰되는 3.4 Å 간격보다 큰 5 Å이다(4장). 그리하여 RecA 결합에 의해서 DNA 분자의 길이가 1.5배까지 신장된다(그림 11-9a). 이 RecA 섬유 내에서 상동성 있는 DNA 염기서열 탐색이 행해지고 가닥 교환이 일어난다.

섬유구조를 형성하기 위해서는 RecA 단위체들이 DNA에 협동적으로 결합해야 한다. RecA의 결합과 조립은 이중가닥의 DNA보다 단일가닥 DNA에서 더 빠르게 일어나며 이것은 가닥교환 기질에서 단일가닥 DNA 부분이 필요한 이유이다. 섬유는 RecA 단위체가 5′에서 3′방향으로 방향성 있게 첨가되면서 일어나며, 따라서 3′ 말단부위의 DNA 가닥은 RecA로 쌓여 있게 된다(그림 11-10). 재조합의 DSB-수선 모델에서 가닥 침투에 참여하는 DNA 분자는 이런 구조임을 주목하라.

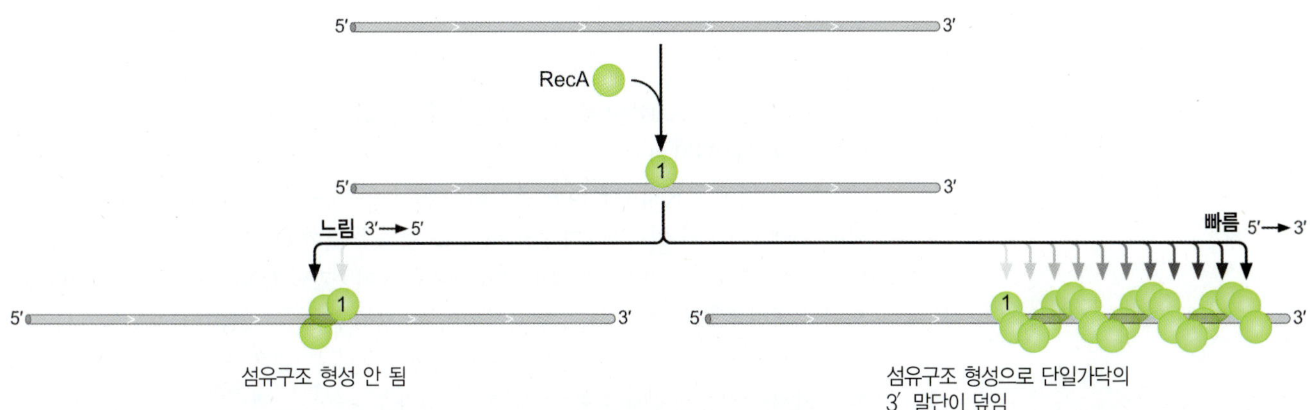

그림 11-10 RecA 조립의 방향성. RecA의 새로운 단위체가 DNA상에 이미 존재하는 RecA 단위체의 3' 쪽에 결합하는 것이 5' 쪽에 결합하는 것보다 훨씬 빠르다. 이러한 결합 방향성 때문에 DNA의 3' 단일가닥 신장부분이 더 효율적으로 RecA로 덮이게 될 것이다. 반대로 5' 단일가닥 신장을 가진 DNA 분자는 섬유구조 조립의 기질로 사용되지 못할 것이다.

새로 염기쌍을 형성하는 짝은 RecA 섬유구조 안에서 정해진다

RecA에 의해 촉매되는 가닥교환은 명확한 반응 단계들로 구분된다. 첫째 RecA 섬유가 참여하는 DNA 분자들 중 하나에 조립되어야만 한다. 그 조립은 단일가닥 DNA 꼬리 같은 단일가닥 DNA 일부분을 포함하는 분자에서 발생한다. 이런 RecA-단일가닥 복합체가 상동성 탐색에 참여하는 활성을 가진다. 탐색과정 동안 RecA는 섬유구

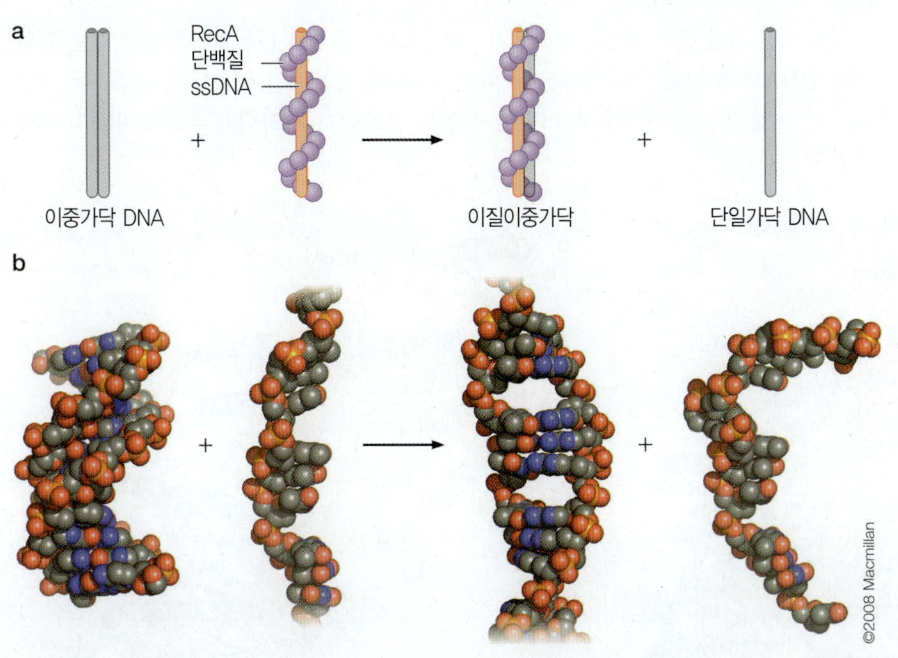

그림 11-11 RecA에 의해 촉진되는 가닥 침투 반응의 DNA 모습. (a) RecA와 단일가닥 DNA로 구성된 RecA 프리시냅스 섬유와 이중가닥 DNA는 이질이중 DNA-RecA와 단일가닥 DNA를 형성한다. (b) 그림에 해당되는 DNA 구조는 다음과 같다. B 형태 DNA, 프리시냅스 섬유 내에 있는 단일가닥 DNA, 섬유 내에 있는 이중가닥 DNA, 무작위로 감긴 단일가닥 DNA. (Adapted, with permission, from Kowalczykowski S.C. 2008. *Nature* **453**, Fig.1, p.465. © Macmillan.)

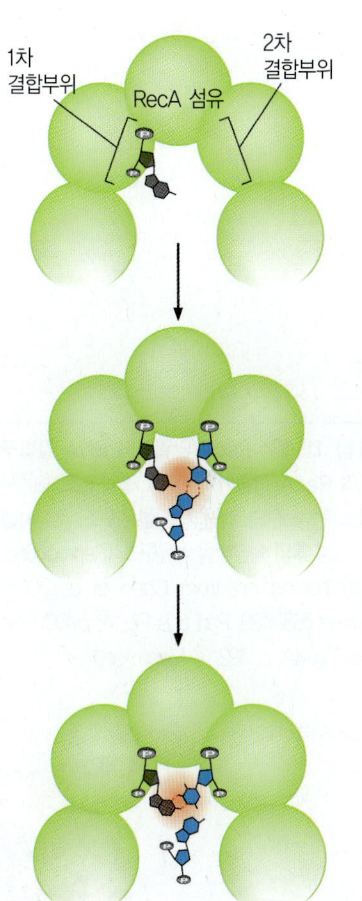

그림 11-12 RecA 섬유구조 내에서의 상동성 탐색과 DNA 가닥교환 단계의 모델. 여기에서 RecA 섬유구조는 그림 11-9c에서와 마찬가지로 위에서 내려다 본 그림으로 나타내었다. 유입되는 이중가닥 DNA는 파란색으로 표시되어 있다. (a) RecA 단백질과 결합된 단일 DNA 가닥의 횡단면을 첫 그림에서 볼 수 있다. (b) 이차결합부위에 있는 DNA가 상보성을 위해 검사되고 있다. (c) 가닥 사이의 염기쌍이 전환되고 있다. (Adapted from Howard-Flanders et al. 1984. *Nature* **309**: 215-220.)

조 내의 DNA 분자와 새로운 DNA 분자 사이에 염기쌍을 형성할 수 있는 상보성이 있는지를 "찾아야만" 한다. 단일가닥 DNA나 이중가닥 DNA와의 RecA가 결합된 구조는 다양한 정도로 DNA를 스트레칭할 수 있다는 것을 보여주며 가닥교환 기작을 암시한다(그림 11-11)

상동성 탐색은 RecA에 의해 촉진되는데 그 이유는 섬유구조(첫 DNA 분자에 결합하는)에 1차적인 위치와 2차적인 위치 두 개의 뚜렷한 DNA 결합자리가 있기 때문이다(그림 11-12). 2차적인 DNA 결합자리에는 이중가닥 DNA가 위치하고 있다. 이 위치의 결합은 빠르고, 약하고, 일시적이며, 더 중요한 것은 이들이 DNA 염기서열에 의존적이지 않다는 것이다. 이런 방식으로 RecA 섬유는 넓은 범위의 DNA에 결합하여 염기서열 상동성을 빠르게 "검사"할 수 있다.

어떻게 RecA 섬유가 염기서열 상동성을 감지할 수 있는가? 자세한 기작은 아직까지 불명확하다. 하지만 구조연구로부터 주로 우리가 알고 있는 것은 이중나선의 "시냅스 형성전(프리시냅스, presynapse)" 섬유를 형성하기 위해 단일가닥 DNA와 ATP가 어떻게 RecA와 결합하는가이다. 그 섬유 내의 단일가닥 DNA는 풀리고 이중가닥 DNA와 염기쌍을 형성하는데, 이것은 단일가닥 DNA와 이중가닥 DNA 사이의 상동성을 검사하기 위한 시냅스 섬유를 형성하기 위한 것이다(그림 11-13에서 구조를 비교하라). 프리시냅스 섬유 내에서 단일가닥 DNA는 화학양론적으로 B-DNA 같은 입체형태에 배열되어 있는 3개의 뉴크레오티드 당 정확하게 하나의 RecA가 결합한다. 4장에 DNA 구조의 반복 단위는 3개의 뉴클레오티드 즉 뉴클레오티드 삼중체라고 서술되어 있다는 것을 상기하라(그림 11-14). 프리시냅스 섬유 내에서 B 입체형태 DNA의 3개 뉴클레오티드 단위 이후와 그 다음 염기 전 사이에 큰 "간격"이 있다. 이 큰 간격들은 DNA 자체만 있을 때와 비교할 때에 주로 연장된 이중나선에 중요하다(그림 11-13과 11-14).

2차적인 결합 위치에 있는 DNA가 일시적으로 풀려서 1차 결합자리에 있는 단일가닥 DNA와의 상보성이 검사된다. 비록 처음에는 2자적인 위치에서 DNA 두 가닥 사이의 전체 염기쌍 형성을 무너뜨리지 않는 상태에서 시작되기는 하겠지만 이러한

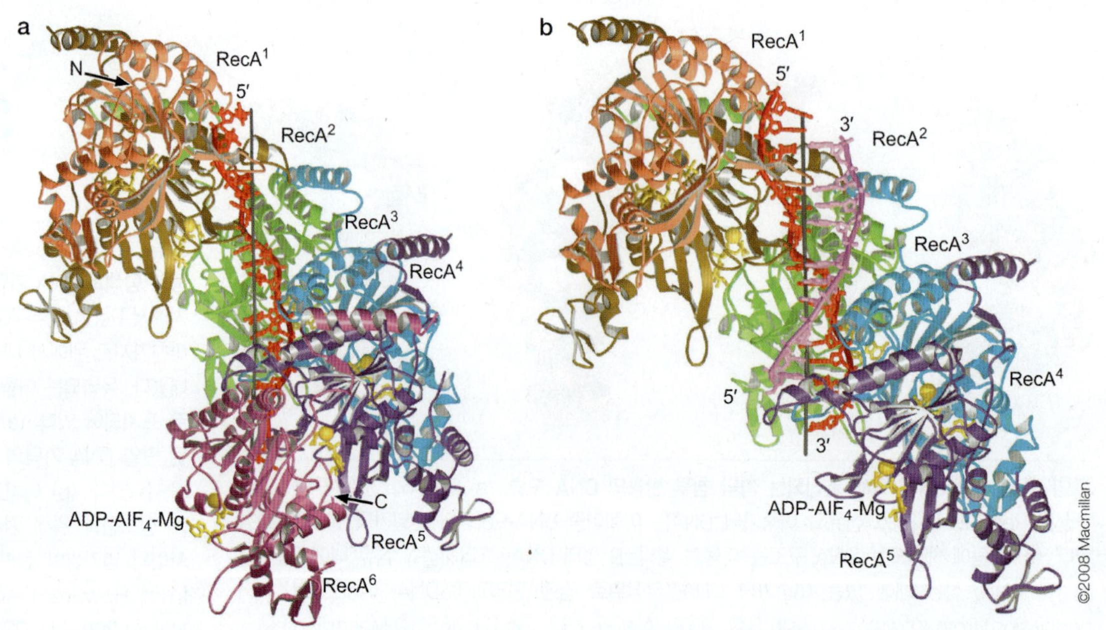

그림 11-13 RecA/단일가닥 DNA 결합구조와 RecA/이중가닥 DNA 결합구조. (a) 시냅스 형성 전의 핵단백질 섬유구조. (b) 시냅스 형성 후의 핵단백질 섬유구조. (Reproduced, with permission, from Chen et al. 2008. *Nature* **453**: 489. Part a is Fig.1A, p.490; part b is Fig. 4A, p. 492. © Macmillan.)

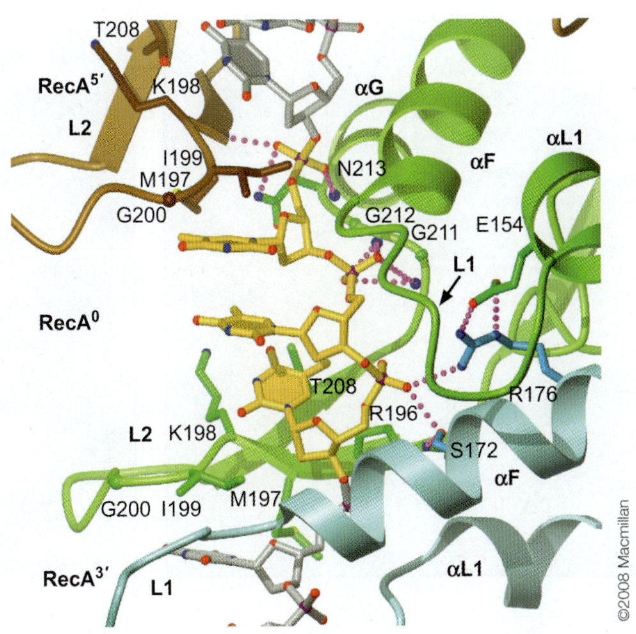

그림 11-14 RecA 내의 단일가닥 DNA의 근접 그림. 각 뉴클레오티드 삼중체는 세 개의 RecA 단위체에 결합된다. (Reproduced, with permission, from Chen et al. 2008. *Nature* **453**: 489, Fig. 2, p.491. © Macmillan.)

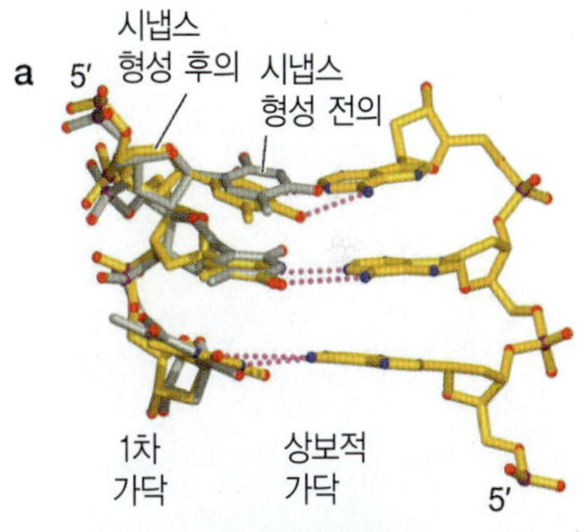

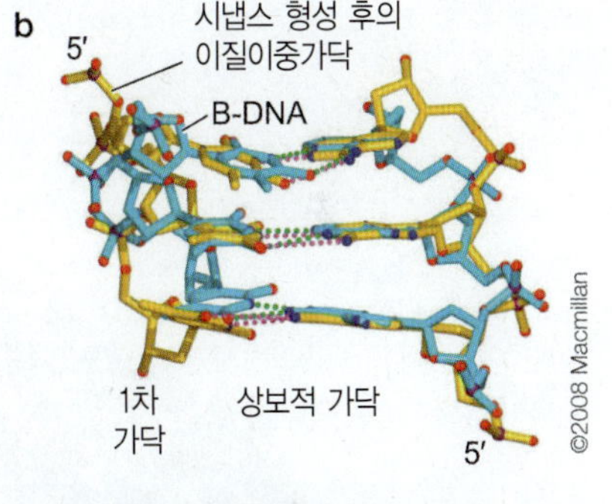

그림 11-15 섬유에서 DNA 구조는 많이 변하지 않는다. (a) 시냅스 형성 전 뉴클레오티드 삼중체(회색)는 시냅스 형성 후 염기쌍 삼중체(노란색)과 겹쳐 있다. 왓슨-크릭 수소결합은 점선으로 표시되어 있다. (b) 시냅스 형성 후의 염기쌍 삼중체(노란색)는 B 형태 DNA(청록색)와 겹쳐 있다. 왓슨-크릭 수소결합은 점선으로 표시되어 있는데 이질이중가닥을 위해서는 자홍색으로, B-DNA를 위해서는 녹색으로 표시되어 있다. (Reproduced, with permission, from Chen et al. 2008. *Nature* **453**: 489, Fig. 5a,b, p.491. © Macmillan.)

"검사"는 염기쌍 상호작용에 의해 이뤄진다. 단지 15염기쌍의 염기서열 일치가 RecA 섬유구조에 충분한 신호를 제공하여 가닥 교환으로 유도한다는 사실이 실험을 통해 얻어졌다.

일단 상보적인 염기쌍 형성 지역을 찾으면, RecA는 두 DNA 분자들 사이에 완전한 왓슨-크릭 수소결합으로 안정한 복합체 형성을 촉진한다(그림 11-15a). 이제 그 반복 단위는 B 형태 DNA와 유사한 염기쌍을 이루는 삼중체(염기쌍 삼중체)가 된다(그림 11-15b). 이런 RecA가 결합된 삼중가닥 구조를 **이음새 분자(joint molecule)**라고 하며 보통 수백 염기쌍의 혼성 DNA를 포함하고 있다. 이 이음새 분자 내에 실제적인 DNA 가닥교환이 일어난다. 일차적인 결합 위치에 있는 DNA 가닥은 이차적인 위치에 결합되어 있는 이중가닥의 상보적 DNA와 염기쌍을 형성하게 된다. 이리하여 가닥 교환은 염기쌍 한 세트의 분리와 새로운 동일한 염기쌍 한 세트의 형성을 필요로 한다. 가닥 교환의 완성을 위해 필요한 다른 하나는 새로 염기쌍이 형성된 두 가닥이 감겨 적절한 이중나선 구조를 형성하는 것이다. RecA는 가닥 교환이 일어난 후의 DNA 산물에 결합하게 되며, 이 결합에너지가 새로운 DNA 입체형태로 그 교환 반응을 실제적으로 이끌게 된다.

RecA 상동단백질은 모든 생명체에 존재한다

RecA 종류의 가닥교환 단백질은 모든 형태의 생명체에 존재한다. 특성이 가장 잘 규명된 것들은 진정세균류(Eubacteria)의 RecA, 시원세균류(Archaea)의 RadA, 진핵생물군(Eukaryota)의 Rad51과 Dmc1, 박테리아 파지의 T4 UvsX 단백질이다. 이들 단백질은 RecA에 의해 만들어지는 섬유구조와 유사한 형태를 형성하며(그림 11-16) 아주 비슷한 방법으로 거의 같은 기능을 수행한다(비록 이들 단백질의 몇몇 특징들이 세포내 특정 역할이나 또는 그 단백질들과 상호작용하는 짝을 위해서 특이적인 기능을 수행할지라도). 진핵세포에서 Rad51과 Dmc1의 재조합에서의 역할은 후반부에 논의된다.

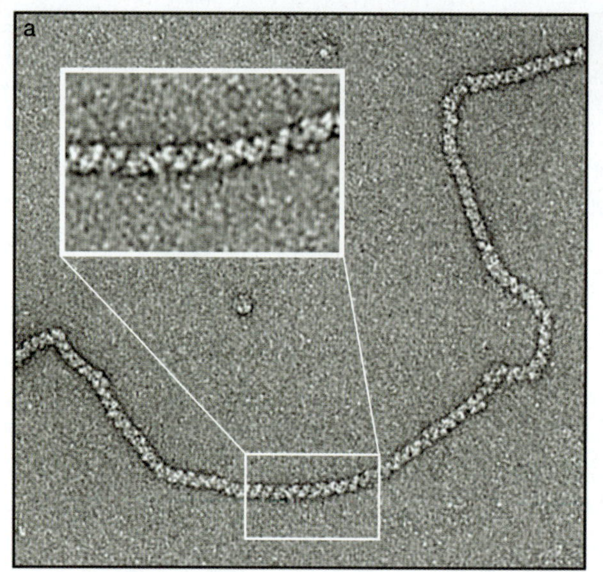

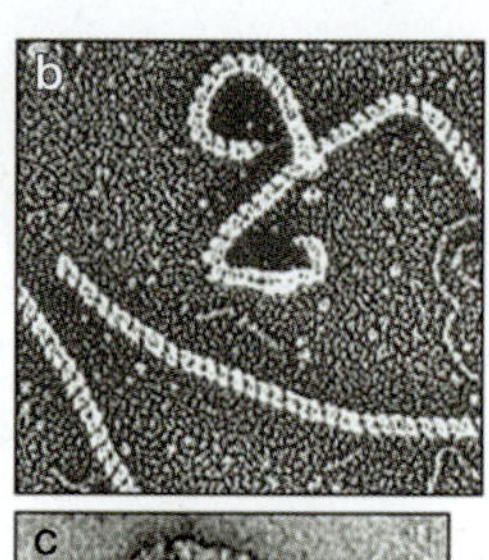

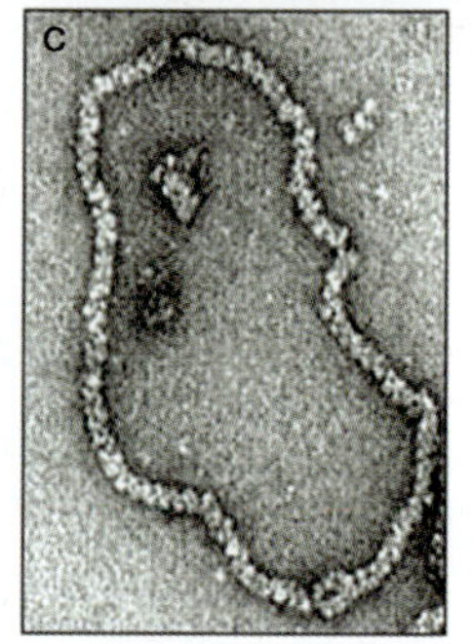

그림 11-16 세 종류 생명체에서의 RecA 유사 단백질. 인간의 Rad51(a), 대장균의 RecA(b) 및 *Archaeoglobus fulgidus*의 RadA(c) 단백질의 DNA-단백질 섬유구조이다. Rad51과 RecA 단백질의 경우에는 그림 11-8에도 나타나 있다. 전자현미경 이미지에서 줄무늬로 나타나는 섬유의 나선구조가 비슷하다는 것에 주목하라. (Reprinted, with permission, from West S.C. et al. 2003. *Nat. Rev. Mol. Cell Biol.* **4**: 435–445. © Macmillan. 이미지는 스위스 University of Lausanne의 A. Stasiak에 의해 제공되었음.)

RuvAB 복합체는 특이적으로 홀리데이 연결부를 인지하여 가지 이동을 촉진한다

재조합과정 중 가닥 침투 단계가 끝나면 재조합되는 두 분자의 DNA는 홀리데이 연결부라고 알려진 DNA 가지에 의해 연결된다. 이 가지 위치의 이동은 두 상동성이 있는 DNA 이중가닥 사이의 염기쌍 교환을 필요로 한다. 세포는 가지 이동 속도를 매우 촉진시키는 단백질들을 가지고 있다.

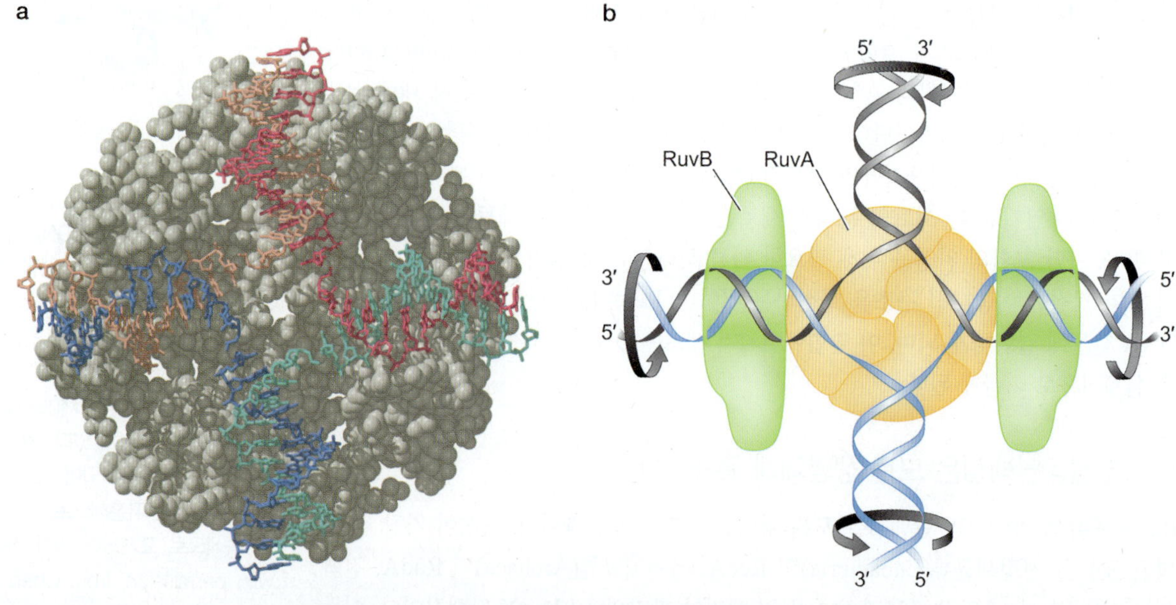

그림 11-17 RuvA의 고해상도 구조와 홀리데이 연결부 DNA에 결합한 RuvAB 복합체의 모식적 모델. (a) RuvA 4량체의 결정구조는 이 단백질이 4배 대칭성을 가지고 있음을 보여준다. (Ariyoshi M. et al. 2000. *Proc. Natl. Acad. Sci.* **97**: 8257–8262.) 이미지는 Molscript, Bobscript와 Raster 3D를 이용하여 준비되었다. (b) 6량체로 이루어진 RuvB의 두 개가 RuvB 복합체로 형성된 결정구조의 모식적 모델. RuvA의 4량체가 어떻게 연결부 부위에서 4배 대칭성을 가지고 결합되어 있는가를 주목하라. 두 개의 RuvB의 6량체는 각각 RuvA의 반대쪽에 결합하여, 연결부를 통해 DNA를 펌프질하는 모터로서 기능한다. (Redrawn from Yamada K. et al. *Mol. Cell* **10**: 671–681, Fig. 4.)

RuvA 단백질은 홀리데이 연결부에 특이적인 DNA 결합 단백질로서, 염기서열과는 상관없이 DNA 연결부의 구조를 인지한다. RuvA 홀리데이 연결부를 인지하여 결합하면 그 자리로 RuvB 단백질을 끌어온다. RuvB는 DNA 복제에 관여되는 6량체의 헬리카아제와 유사하게 6량체의 ATPase이다(9장 참조). RuvB ATPase는 DNA 가지를 이동하는 염기쌍 교환을 추진하는 에너지를 공급한다. 이 에너지는 가지를 재빠르게 한 쪽 방향으로 움직이는 데 필요하다. 홀리데이 연결부에서 RuvAB 복합체의 구조모델은 어떻게 RuvA의 4량체와 두 분자의 RuvB의 6량체가 서로 함께 작용하여 DNA 교환 과정을 추진하는지를 보여준다 (그림 11-17).

RuvC는 홀리데이 연결부에서 특정 DNA 가닥을 잘라서 재조합을 끝낸다

재조합을 끝내기 위해서는 두 개의 결합 DNA 분자 사이의 홀리데이 연결부(또는 연결부들)를 분리하는 것을 필요로 한다. 세균에서 홀리데이 연결부를 분리하는 주요 핵산내부분해효소는 RuvC이다. RuvC는 시험관에서 RecA에 의해 만들어진 DNA 연결부를 자르는 능력에 기초하여 발견되고 순수분리되었다. 또한 RuvC는 RuvA 및 RuvB와 함께 연합하여 기능을 수행하는 것으로 입증되었다.

RuvC에 의한 연결부 분리현상은 RuvA, RuvB와 복합체를 형성하고 있을 홀리데이 연결부를 RuvC가 인지하여, 같은 방향성을 갖는 상동성 DNA 가닥 두 개를 특이적으로 절단함으로써 시작된다. 이 절단은 DNA 연결효소에 의해 직접적으로 연결될 수 있는 형태인 5′ 인산기와 3′ 수산기를 갖는 DNA 말단을 형성한다. RuvC에 의해 어떤 가닥의 염기쌍이 절단되는지에 따라 생성된 재조합 산물은 이어맞추기(교차)나 덧붙이기(비교차) 형태 중 하나를 가질 것이다. 그림 11-18은 RuvC의 구조와, 이 단백질이 어떻게 연결부 DNA와 상호작용할 수 있는지 보여주는 모식도이다.

RuvC가 특정 염기서열보다는 구조를 인지함에도 불구하고 이 단백질에 의한 DNA의 절단은 어느 정도 염기서열 특이성을 가진다. 절단은 염기서열 5′-A/T-T-T-G/C에 일치하는 부위에서만 일어나며, 이 염기서열 두 번째 T 다음에서 절단된다. 이 공통 염기서열은 DNA에서 자주 발견되며 평균적으로 64 뉴클레오티드당 한번 정도

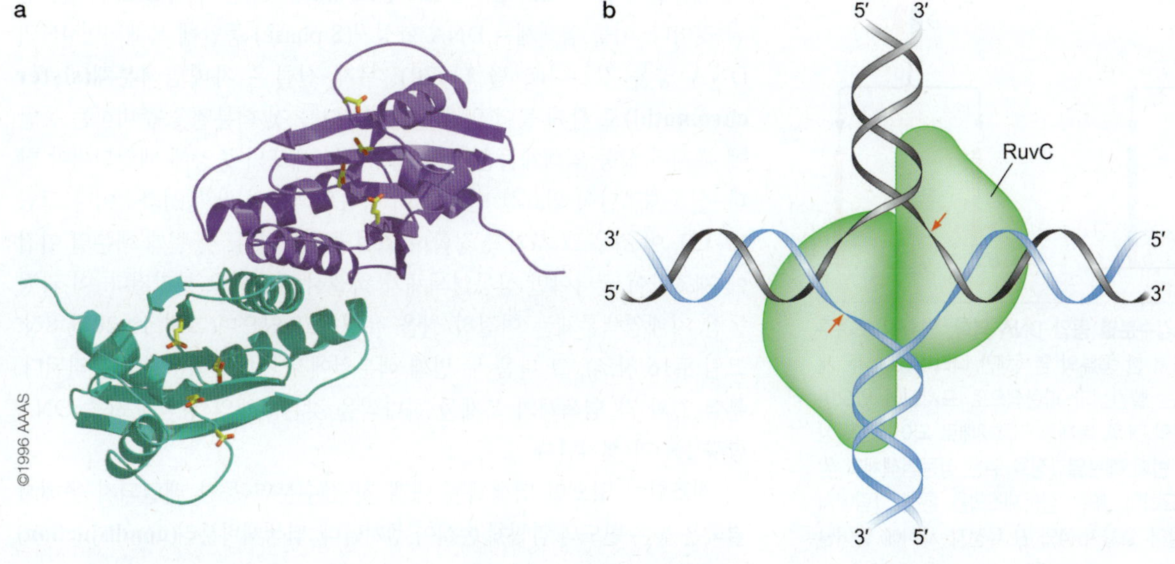

그림 11-18 RuvC 연결부 분리효소의 고해상도 구조와 홀리데이 연결부 DNA에 결합된 RuvC 2량체의 모식도. (a) RuvC 단백질의 결정 구조. (Ariyoshi M. 1944 Cell 78: 1063–1072.) 이미지는 Molscript, Bobscript와 Raster 3D를 이용하여 준비되었다. (b) 홀리데이 연결부에 RuvC 2량체가 결합한 모델. 이 모델에서 RuvC 2량체가 어떻게 홀리데이 연결부에 결합할 수 있으며 두 가닥의 DNA을 대칭적으로 절단할 수 있는지에 유의하라. (Adapted, with permission, from Rafferty J.B. et al. 1996. *Science* **274**: 416–421 Fig. 1b. © AAAS.)

나타난다. 이런 적당한 염기서열 선택성은 연결부 분리 현상이 일어나기 전에 가지 이동이 적어도 어느 정도는 이뤄지도록 한다. 이런 염기서열 선택성이 없다면 홀리데이 연결부가 형성되자마자 그것을 RuvC는 절단할 것이며, 따라서 가닥 교환이 일어나는 DNA 부분이 한정될 것이다.

진핵생물에서의 상동재조합

진핵생물에서 상동재조합은 추가적 기능을 가진다

바로 전에 언급했듯이 세균의 상동재조합은 DSB 수선이나 붕괴된 복제 분기점의 재시작, 그리고 세포의 염색체 DNA가 파지 감염이나 연결부를 통해 유입되는 DNA와 재결합을 허용하는 과정 등에 필요하다. 진핵생물에서도 상동재조합은 DNA 수선이나 파손된 복제분기점의 재시작에 필요하다. 이런 필요성은 재조합을 증진시키는 단백질이 결핍된 세포가 DNA 상해제, 특히 DNA 가닥을 절단시키는 물질에 매우 예민하다는 사실로 알 수 있다. 게다가 상동재조합에 지장을 초래하는 돌연변이를 갖고 있는 동물은 조기노화나 특정 암에 걸리기 쉽다. 그런데 진핵생물에서는 이후에 언급하겠지만 상동재조합의 추가적인 주요 기능들을 수행한다. 가장 중요한 것은 감수분열에 상동재조합이 필수적이라는 것이다. 상동재조합은 감수분열 동안 적절한 염색체 쌍의 형성과 유전체의 안정성을 유지하는데 "필수적"이다. 또한 이런 상동재조합은 모체 염색체 사이에서 유전자들을 섞어줘 다음 세대에 전달되는 유전자 세트에 다양성을 제공한다.

상동재조합은 감수분열 동안의 염색체 분리에 필요하다

9장에서 보았듯이 **감수분열(meiosis)**에서는 두 번의 핵분열이 일어나며 결과적으로 이배체 정상세포의 DNA 양(2N)이 생식 세포의 양(1N)으로 감소된다. 그림 11-19는 염색체가 두 번의 분열주기 동안에 어떻게 배열되는가를 모식적으로 보여준다. 분열 전에 세포는 각각의 염색체를 두 개씩(**상동염색체, homolog**) 가지고 있으며, 그 각각은 두 부모로부터 유전된 것이다. 이들 염색체는 DNA 합성기(S phase) 동안에 복제되어 4N의 DNA 양을 갖는다(그림 11-20). 복제 산물은 **자매염색분체(sister chromatid)**로 함께 붙어 있게 된다. 그 다음 첫 핵분열을 준비하는 동안에 복제된 상동 염색체들은 쌍을 형성하여 세포의 중앙에 배열되어야 한다. 상동재조합이 필요한 단계가 이 상동염색체의 쌍 형성과정이다(그림 11-19). 이 경우 그 시기가 정확히 조절되어야 한다. 첫 번째 핵분열 이전에 재조합이 끝나야만 상동염색체가 적절히 배열되고 분리된다. 이 과정 동안 자매염색분체는 여전히 쌍을 유지하고 있으며(그림 11-20과 8장, 그림 8-16 참조), 그 다음 두 번째 핵분열에서 자매염색분체가 분리된다. 분열 결과 각 염색체의 복제물 하나씩을 갖는 4개의 생식세포(즉 DNA 함량 1N)가 생겨난다.

재조합이 없으면 염색체는 대개 첫 감수분열 동안 배열되지 못해서 결국은 높은 빈도의 염색체 손실이 생겨난다. **염색체비분리(nondisjuction)**

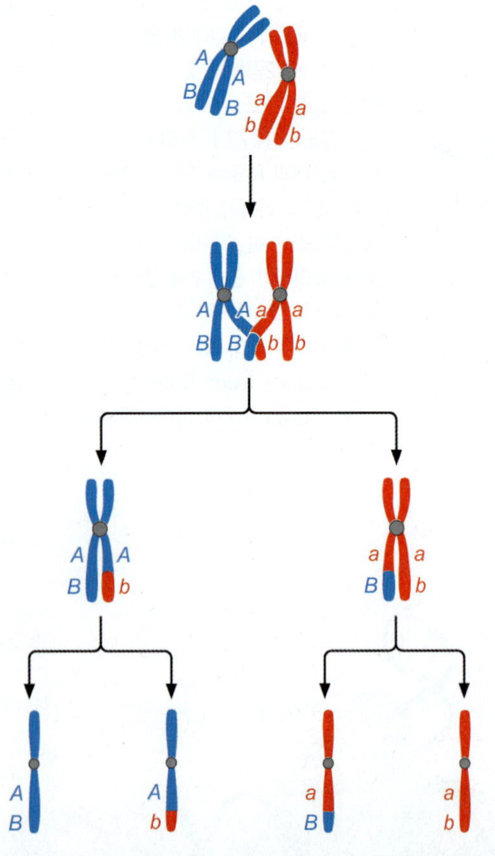

그림 11-19 감수분열 동안 DNA 역학. 명확히 보여주기 위해 여기에서 한 종류의 염색체만 나타내었다. 두 개의 상동염색체는 빨간색과 파란색으로 표시되어 있으며 그것들은 한 번의 DNA 복제를 거쳐 2배로 되어 있다. 상동재조합은 첫 번째 핵분열과정을 위한 상동염색체의 쌍 형성과정에 필요하다. 또한 상동재조합을 통해 그림에서 보이는 것과 같이 교차가 *A*와 *B* 유전자 사이에 일어난다.

라고 불리는 이러한 염색체의 부적절한 분리는 정확한 염색체 산물을 가지지 못하는 많은 수의 생식세포를 만들어 낸다. 너무 적거나 많은 수의 염색체를 갖는 생식세포는 수정된 이후에 정상적으로 발생할 수 없다. 따라서 상동재조합의 결함은 흔히 저조한 생식능력으로 나타난다. 감수분열동안 생기는 상동재조합 과정을 **감수분열 재조합 (meiotic recombination)**이라고 불린다.

감수분열 재조합은 또한 상동성을 갖는 두 모체 염색체의 유전자 사이에 교차를 일으킨다. 그림 11-20에서 모식적으로 보여준 이러한 유전적 교환은 세포학적으로 관찰된다(그림 11-21a). 중요한 결과는 부모 DNA에 있는 대립유전자들이 다음 세대를 위해 재배치된다는 것이다.

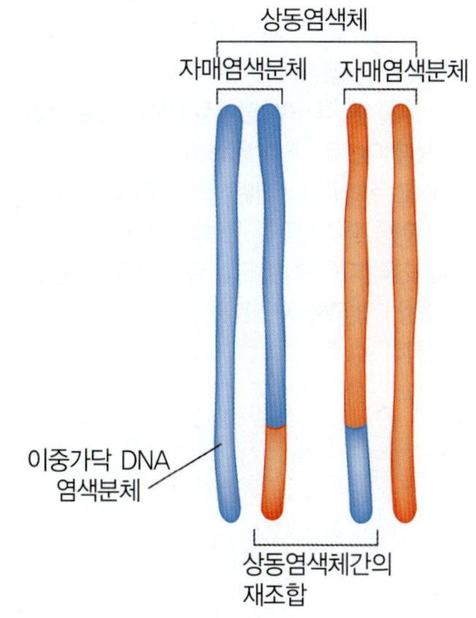

그림 11-20 감수분열 동안 상동염색분체 사이의 재조합. 그림의 각 구조는 염색분체라 불리는 복제된 이중가닥 DNA 분자이다. 쌍을 형성한 것은 자매염색분체이며, 비자매 염색분체들 사이에서 일어난 재조합은 Dmc1에 의해 매개된다(그림 11-19 참조)

감수분열 시기에 이중가닥 DNA의 프로그램된 절단이 일어난다

세포가 성공적으로 감수분열을 마치기 위해서 필요로 하는 발생 프로그램에는 일반적인 성장에는 필요치 않은 많은 유전자들의 발현이 포함되어 있다. 이런 유전자 중의 하나가 *SPO11*이다. 이 유전자는 감수분열 재조합 개시를 위해 염색체 DNA에 DSB를 도입하는 단백질을 암호화하고 있다.

Spo11 단백질은 염기서열 선택성이 없이 염색체의 여러 부위에서 DNA를 절단하지만, 이것은 감수분열 동안의 특정 시기에서만 일어난다. Spo11에 의해 매개되는 절단은 복제된 상동염색체가 쌍을 형성하기 시작하는 시기에 일어난다. Spo11의 절단 부위는 여러 군데이나 DNA 상에 무작위적으로 분포하지는 않으며 뉴클레오솜(nucleosome)으로 단단히 묶여지지 않은 염색체 부분, 즉 예를 들어 유전자 전사를 조절하는 프로모터 같은 부위에서 절단 위치들이 주로 위치한다(8장과 19장 참조). DSB가 높은 빈도로 일어나는 DNA 부분 역시 재조합의 빈도가 높게 나타난다. 따라서 가장 많이 이용되는 Spo11 DNA 절단부위도 카이자리처럼 재조합이 많이 일어나는 과열부위(hotspot)이다.

DNA 절단 기작은 다음과 같다. Spo11 단백질에 있는 특정한 티로신(tyrosine) 잔기가 DNA 골격(backbone)의 포스포디에스테르 결합을 공격하여 DNA를 절단하고, 잘린 DNA 가닥과 단백질 사이에 공유결합 복합체를 형성한다(그림 11-22). Spo11의 두 단위체는 두 DNA 가닥에서 두 개의 뉴클레오티드 만큼 떨어져 있는 부위를 절단하여 서로 엇갈리는 DSB를 생성한다. Spo11은 이러한 DNA 위상이성질화효소(topoisomerase)나 위치 특이적인 재조합효소(recombinase)와 같다(4장과 12장 참조). 단백질의 아미노산 서열 비교를 통하여 Spo11은 이 두 효소와 먼 사촌 간인 것으로 여겨진다.

Spo11 절단에 공유결합으로 연결된 DNA-단백질 복합체가 관여한다는 것은 두

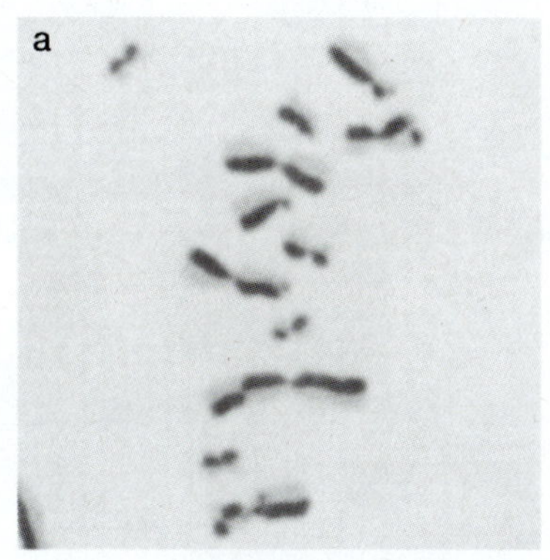

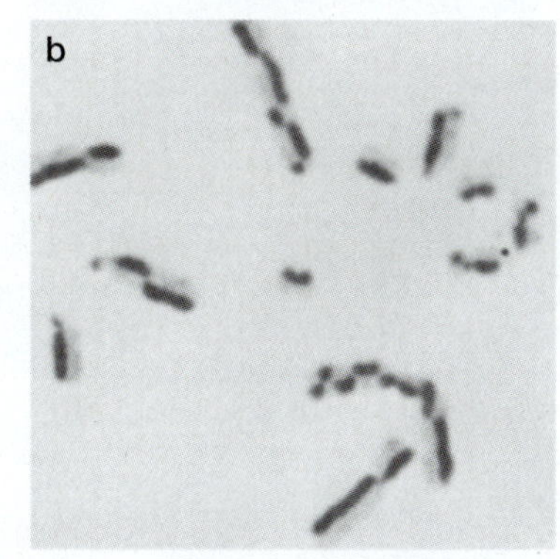

그림 11-21 교차의 세포학적 관찰. 조직 배양한 햄스터(hamster) 세포에서 직접 확인한 상호 교차. 양쪽 가닥 모두 티미딘(thymidine) 위치가 브로모데옥시우리딘(bromodeoxyuridine)으로 대체된 DNA를 가진 염색체는 김자(Giemsa) 염색 처리 후에 밝게 보이는 반면, 단지 한 가닥만 대체된 DNA를 가지는 염색체는 어둡게 보인다. 브로모데옥시우리딘이 들어 있는 상태에서 두 세대를 키우면 새로 복제된 염색분체 중 하나는 DNA 가닥 중 하나만이 브로모데옥시우리딘을 가지며, 다른 한 자매염색분체는 양쪽 가닥이 모두 브로모데옥시우리딘으로 대체된다. 따라서 자매염색분체들은 염색에 의해 구별되며, 교차는 서로 다른 길이로 밝은 쪽과 어두운 쪽이 교대되는 것으로 쉽게 측정된다(a). 유사분열로 자라는 세포에 DNA 상해 물질을 처리한 경우에도, 이와 유사한 재조합 염색체를 볼 수 있다(b). (Courtesy of Sheldon Wolf and Jody Bodycote.)

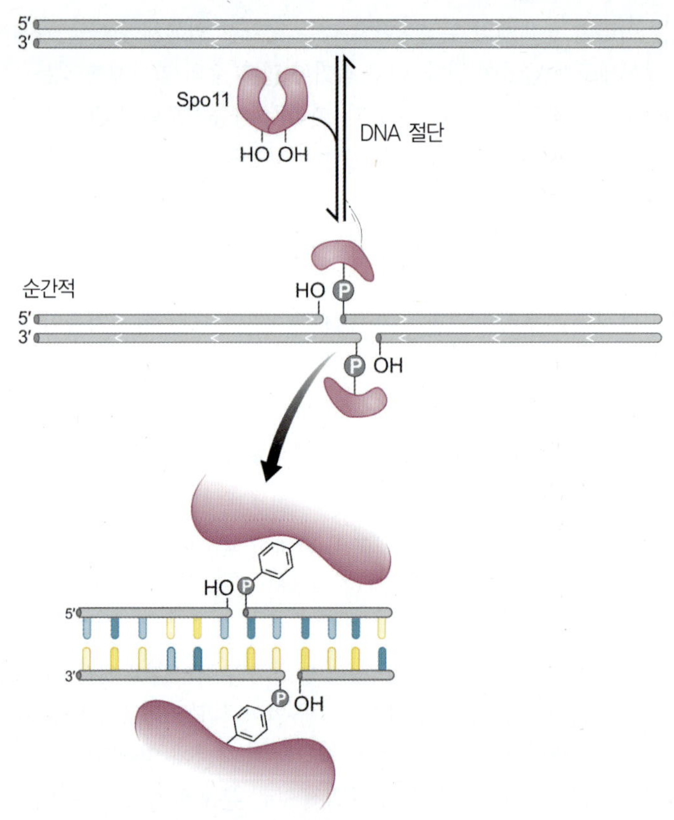

그림 11-22 Spo11에 의한 절단 기작. Spo11 단백질에 있는 티로신의 수산기는 DNA를 공격하여 단백질-DNA 공유결합을 형성한다. 두 개의 Spo11 단위체는 각각의 DNA 두 가닥을 개별적으로 공격하여 DNA의 이중가닥 절단을 만들어 낸다. 이러한 절단 기작 때문에 DSB는 절단 반응의 단순한 역반응에 의해 재연결될 수 있다는 것에 주목하라.

가지 결과를 낳는다. 첫째는 Spo11 절단 위치에 있는 DNA의 5′ 말단이 효소와 공유결합을 형성한다는 것이다. RecA 유사 단백질들의 조립과 DNA 가닥 침투의 개시에 요구되는 단일가닥 DNA 꼬리를 만들어 내기 위해서 DNA 가공이 일어나는 부위는 이 Spo11과 결합하고 있는 5′ DNA 말단이다(이후에 설명). 둘째는 절단된 DNA 포스포디에스테르 결합에너지는 단백질-DNA 결합에 저장되어 있어서 DNA 가닥은 절단 반응의 단순한 역반응을 통해서 다시 연결될 수 있다(화학적 기작을 위해서는 그림 12-5 참조). 이런 재연결은 세포가 감수분열 진행을 중지하는 신호를 받을 때 생길 수 있다.

RecA 유사 가닥 교환 단백질의 조립을 위해 MRX 단백질은 절단 DNA의 말단을 가공한다

Spo11에 의해 촉매된 DSB 부위는, RecA와 유사한 가닥 교환 단백질들의 조립을 위해 필요한 단일가닥 부분이 생기도록 가공된다. 세균의 RecBCD 경로에서 볼 수 있듯이 이 과정에 의해 끝이 3′ 말단인 긴 단일가닥 DNA가 만들어진다(그림 11-23). 감수분열 재조합 동안에는 MRX-효소 복합체가 이 DNA 가공과정을 담당한다. RecBCD와 유사성은 없지만 이 효소 복합체는 다중체인 DNA 핵산분해효소이다. MRX는 Mre11, Rad50 그리고 Xrs2라 불리는 단백질 단위체로 되어 있으며, 이들 단위체의 첫 글자를 따서 복합체의 이름이 붙여졌다.

절단부위에서의 DNA 가공은 끝이 5′ 말단인 DNA 가닥, 즉 Spo11 단백질이 공유결합으로 연결된 가닥에서만 일어난다. 3′ 말단으로 종결하는 가닥은 분해되지 않는다. 이 DNA 가공은 따라서 5′에서 3′으로의 절제(resection)라고 불린다. MRX에

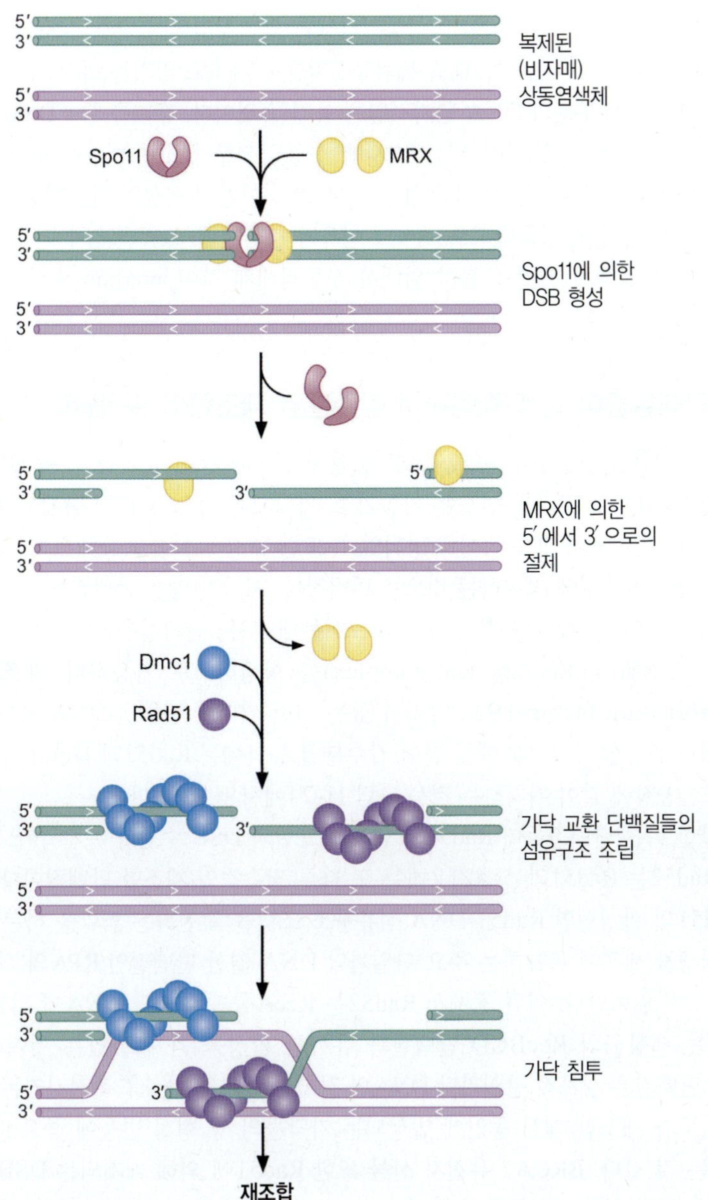

그림 11-23 감수분열 재조합 경로의 전체 모식도. 감수분열 동안의 DSB 형성에는 Spo11과 MRX 복합체가 모두 필요하다. 이러한 결과는 DSB 형성과 이후의 가닥 처리과정이 여러 단백질들의 조화로운 작용에 의해 서로 연결되어 있다는 것을 시사해준다. MRX 단백질은 절단위치에서 5'으로 종결되는 가닥을 절제하는 일을 담당한다. 그러면 가닥 교환 단백질인 Dmc1과 Rad51이 단일가닥 DNA 꼬리에 조립된다. 이 두 단백질 모두 재조합에 참여하지만 어떻게 그들이 함께 작용하는지는 알려져 있지 않다. 이 둘 모두를 명확히 보여주기 위해 개별적인 섬유구조로 나타냈다. (Redrawn, with permission, from Lichten M. 2001. *Curr. Biol.* **11**: R253–R256, Fig 2. © Elsevier.)

의존적인 5′ 에서 3′ 으로의 절제는 3′ 말단을 갖는 긴 단일가닥 DNA(때로는 1 kb 이상)를 만든다. MRX 복합체는 또한 DNA에 결합된 Spo11도 제거하는 것으로 여겨진다.

Dmc1은 감수분열 재조합에 특이적으로 기능을 하는 RecA 유사 단백질이다

진핵생물은 세균의 RecA 단백질과 상동성이 있으면서 특성이 잘 규명된 단백질 2개를 암호화하는데 그것은 Rad51과 Dmc1이다. 이 두 단백질은 모두 감수분열 재조합에서 기능을 수행한다. Rad51은 유사분열 세포나 감수분열 세포 모두에서 다 발현되는 반면에 Dmc1은 감수분열에 들어가는 세포에서만 발현된다.

감수분열 동안의 가닥 교환은 특정한 종류의 상동 DNA 짝 사이에서만 일어난다. 감수분열 재조합은 각 염색체에 해당하는 네 개의 완전한 이중가닥의 DNA 분자, 즉 두 개의 자매 염색분체를 갖는 두 개의 상동염색체(그림 11-20)가 존재할 때에만 일어난다는 것을 상기하라. 비록 두 상동염색체가 염기서열에서 약간의 차이가 있으며 다양한 유전자에 대한 독특한 대립 독립유전자들을 가지고 있기는 하지만, 네 개의 염색체 사본에서 대부분의 DNA 염기서열은 동일할 것이다. 흥미롭게도 Dmc1 의존적인 재조합은 주로 상동성이 있는 **비자매 상동염색분체(non-sister** homologous chromatid)들 사이에서 잘 일어난다(그림 11-20). 이런 선택성의 기본적인 기작은 잘 알려져 있지 않지만, 생물학적으로는 그 이유가 명확한데, 그것은 감수분열 재조합이 분열을 위한 염색체 배열을 돕기 위해서 상동염색체 사이(interhomolog)의 연결을 일으킨다는 것이다.

많은 단백질들이 함께 작용하여 감수분열 재조합이 일어난다

지금까지 언급했듯이 감수분열 재조합 동안에 일어나는 여러 과정들, 즉 DSB 형성, 3′ 단일가닥 DNA 꼬리를 만드는 가공과정, 가닥교환 등의 중요한 단계에 관여하는 단백질들이 분리되어 그 특성이 규명되었다. 또한 유전적 실험을 통해서 그 외의 여러 단백질들도 이 과정에 참여하는 것으로 밝혀졌다. 게다가 많은 단백질들이 알려진 재조합 효소와 서로 상호작용하는 것으로 보이는데, 이들 단백질은 여러 구성요소들이 커다란 복합체(multicomponent complex)를 형성하므로 가능하다. **재조합 공장 (recombination factory)**으로 알려져 있는 이런 커다란 단백질-DNA 복합체는 세포 안에서 관찰할 수 있다. 예를 들어 감수분열 동안에는 Rad51과 Dmc1 두 단백질이 재조합공장에 같이 위치하는 것을 그림 11-24에서 볼 수 있다.

다양한 다른 단백질들이 Rad51과 함께 재조합과 DSB 수선을 촉진시키도록 참여한다. Rad52는 Rad51과 상호작용하는 또 다른 필수적인 재조합 단백질이다. Rad52는 Rad51의 활성형인 Rad51-DNA 섬유구조 조립을 촉진하는 역할을 하는데, 이것은 진핵생물 세포에 존재하는 주요 단일가닥 DNA 결합 단백질인 RPA의 작용을 방해함으로써 일어난다. 이런 점에서 Rad52는 RecA를 단일가닥 DNA에 결합하도록 도와주는 대장균의 RecBCD 단백질과 유사한 활성을 가지고 있는 것이다. 또한 Rad52 단백질은 상보적 단일가닥 DNA의 결합과 염기쌍 형성을 촉진시키는데, 그러한 활성도가 재조합 개시 동안에 발생되는 가닥들의 쌍 형성 반응에 중요한 역할을 수행하는 것 같다. BRCA2 유전자 산물 또한 Rad51에 의해 매개되는 DSB 수선에 참여한다(글상자 11-2, "종양억제 유전자인 *BRCA2* 산물이 Rad51 단백질과 상호작용하고 유전체의 안정성을 조절한다" 참조).

세균과 유사하게 진핵세포는 재조합의 가닥이동과 홀리데이 연결부 분리 단계를 증진시키는 단백질을 가지고 있을 것이라고 예상할 수 있다. 실제로 이러한 반응을 증진시키는 효소들이 확인되고 특성이 규명되었다. 어떤 복합체는 홀리데이 연결부 분리 활성도를 지니는 것으로 발견되었는데 그 복합체는 두 가지의 단백질을 지니고 있다. 하나는 Rad51과 유사하여 Rad51C라고 불리는 단백질 그리고 두 번째는

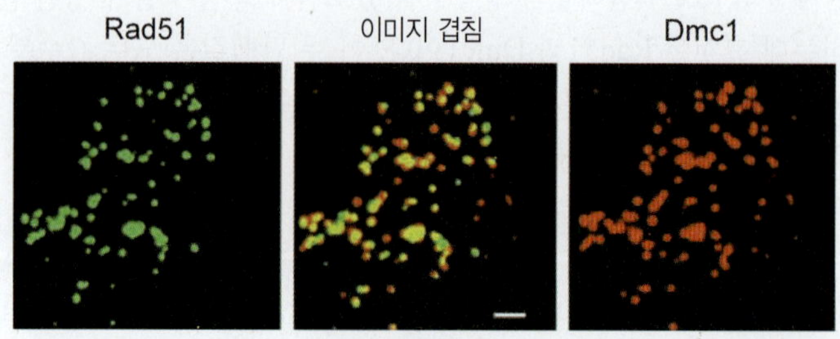

그림 11-24 감수분열 중인 세포의 "재조합 공장"에 Rad51과 Dmc1 단백질이 함께 같은 위치에 존재. 형광으로 표지한 Rad51(녹색)과 Dmc1(빨간색) 항체를 이용한 면역염색방법에 의해 이들 단백질을 확인하였다. 이 두 단백질이 함께 위치해 있을 때에는 그 이미지가 겹쳐져서 노란색으로 보인다. (Reprinted, with permission, from Shinohara M. et al. 2000. *Proc. Natl. Acad. Sci.* **97**: 10814–10819, Fig. 1A. © National Academy of Sciences.)

▶ 의학관련

글상자 11-2 종양억제 유전자인 *BRCA2*의 산물이 Rad51 단백질과 상호작용하고 유전체 안정성을 조절한다

BRCA2 유전자는 유전체의 안정성을 유지하는 데 중요하다. 인간에서 가족력이 있는 유방암의 50% 정도가 *BRCA2* 유전자 돌연변이 때문인 것으로 여겨진다. 이 암 발생의 소인은 적어도 부분적으로나마 Rad51에 의해 매개되는 DSB 수선 과정에서 BRCA2의 직접적인 역할 때문인 것 같다. 세포에 DNA 상해물질이 투입되면 Rad51은 수선 기능을 활성화하기 위한 필수 조건인 조립을 수행한다. BRCA2에 문제가 있는 세포는 상해 받은 세포의 핵에서 그러한 조립을 수행하지 못하고, 그것은 정상세포가 DNA 절단에 따른 수선이 필요한데 수선을 하지 못하는 문제점과 일치한다. BRCA2는 직접적으로 Rad51 단백질과 상호작용하며(글상자 11-2 그림 1 참조), 이런 상호작용이 DNA 수선을 위해서 Rad51 단백질을 세포내 적절한 위치로 되돌리는 데 중요한 것 같다. 물론 그 상호작용은 Rad51 단백질의 활성도를 조절하는데도 관여한다. *BRCA2* 유전자 돌연변이로 인해 나타나는 뚜렷한 표현형은 인간을 포함한 진핵생물에서 DSB 수선의 중요성 그리고 Rad51 의존적인 상동재조합의 중요성을 강하게 증명한다.

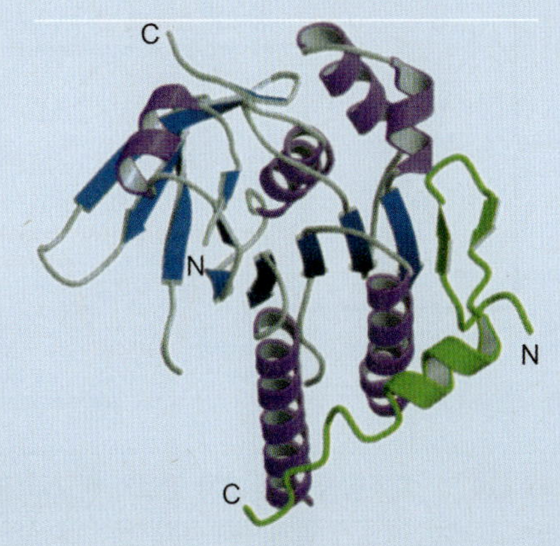

글상자 11-2 그림 1 Rad51과 BRCA2의 반복 모티프(repeat motif) 사이의 복합체 구조. BRCA2 단백질의 특정 부위 즉 BRC 모티프로 알려진 보존적 반복 서열은 Rad51과 상호작용하는 주요 부위임이 다양한 생화학적, 구조학적 연구에서 밝혀졌다. 이 모티프들 중의 하나인 BRC4는 Rad51과 강하게 결합하고 있으며 구조학적 분석을 통해서 어떻게 BRC4가 Rad51과 복합체를 형성하는지 자세하게 밝혀졌다. 그림에서 Rad51의 α 나선은 자주색, β 선은 파란색으로 표시된 반면에 펩티드 BRC 반복서열은 녹색으로 표시되어 있다. Rad51과 펩티드 BRC 서열들의 아미노 말단과 카복시 말단은 N과 C로 표시되어 있다. (Reprinted, with permission, from Pellegrini L. et al. 2002. *Nature* **420**: 287–293, Fig. 1a. © Macmillan.)

XRCC3라 불리는 단백질이다. RecQ 헬리카아제 효소들은 DSB 수선 동안에 상동재조합에 중요한 역할을 수행하며 또한 감수분열에도 관여되는 것 같다. 예를 들어 인간에게서 RecQ 헬리카아제는 위성이성질화효소와 같이 작용하여 이중의 홀리데이 연결부를 분리하는 또 하나의 과정에 참여한다. 이중 연결부 분리라 불리는 이 기작은 측면 염기서열(flanking sequence)의 교환을 막는다. 인간에게서 발견되는 이 헬리카아제의 3개(BLM, WRN, RTS/RECQ4)는 블룸(Bloom)증후군, 워너(Werner)증후군, 로스먼드-톰슨(Rothmund-Thomson)증후군과 각각 관련되어 있으며 조기노화와 종양 발생의 소인을 야기시킨다(글상자 11-3, "조기노화와 암과 관련된 단백질들은 홀리데이 연결부 과정을 위한 또 하나의 경로를 촉진시킨다" 참조).

이미 보았듯이 감수분열 재조합은 상동염색체를 정렬하여 그들 사이의 유전적 교환을 증진시킨다. 이들 재조합 반응은 때로는 모체의 염색체들 사이에서 교차를 이끈다. 그러나 재조합 중간체에서 홀리데이 연결부가 분리되는 방법에 따라 DSB-수선 경로를 통한 재조합 역시 비교차(non-crossover) 산물을 만들 수 있다는 것을 상기하라. 이 경우에는 성공적인 감수분열을 위해 필요한 염색체 쌍 형성 기능을 제공하기는 하지만 확인할 수 있는 염색체의 유전적 구조 변화는 남지 않는다.

그러나 비교차 재조합이라 할지라도 **유전자 변환(gene conversion)**과 같은 유전적인 변화를 낳을 수 있다. 유전자 전환은 대립유전자 하나가 소실되고 다른 대립유전자로 대체될 때 발생한다. 유전자 전환이 어떻게 유사분열과 감수분열 동안에 발생하는지는 다음 절에 설명되어 있다.

▶ 의학관련

글상자 11-3 조기노화와 암과 관련된 단백질들은 홀리데이 연결부 과정을 위한 또 하나의 경로를 촉진시킨다

박테리아에서부터 인간에까지 보존된 RecQ DNA 헬리카아제는 상동 재조합의 초반과 후반에 중요한 역할을 수행한다. 특이적으로 이들 헬리카아제들은 재조합 중간체들을 가공하고 편집할 수 있어서 종종 이중 홀리데이 연결 중간체들이 확립되기 이전에 이음새 분자들을 붕괴시킨다. 그 결과로 헬리카아제들은 교차산물이 생기는 경로를 비교차 재조합 경로로 촉진시킨다. 인간에게서 심각한 조기 노화나 암은 이들 3개의 헬리카아제, 즉 WRN, BLM, RTS/RECQ4를 암호화하는 유전자의 기능상실 돌연변이와 관련되어 있다(그림 II-3 표 1 참조).

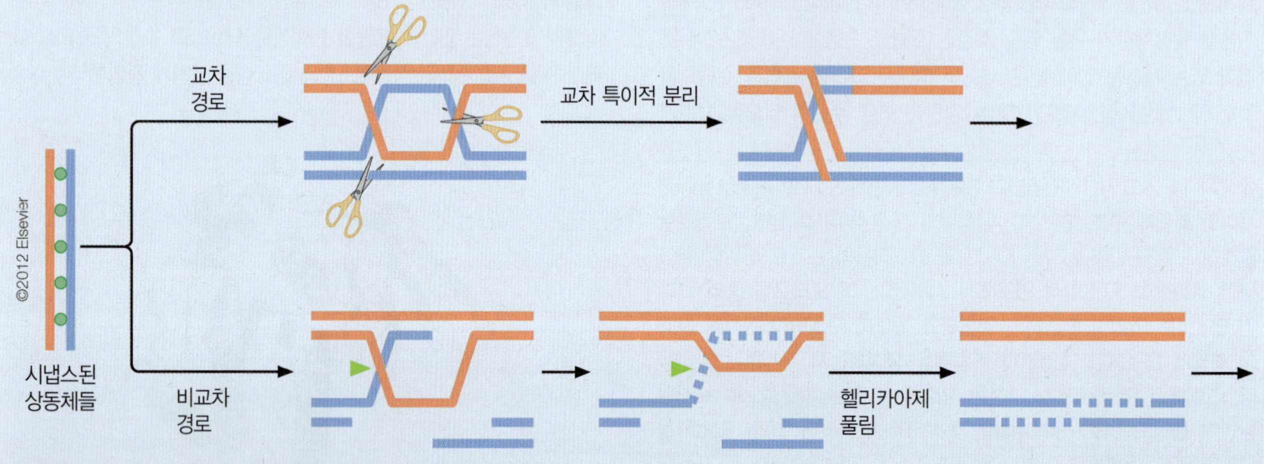

글상자 11-3 그림 1 재조합을 위한 교차 경로와 비교차 경로. 교차 경로(그림에서 위쪽 경로)에서 홀리데이 연결부 분리효소(가위로 표시)는 연결부에 조립되고 교차산물을 만들기 위해 비대칭적으로 절단한다. 대조적으로 비교차 경로(그림에서 아래쪽 경로) RecQ 헬리카아제(녹색으로 표시)는 합성의존 가닥의 혼성화와 분리를 촉진시킨다. 이들 효소의 헬리카아제 활성은 초기에 가닥침투 단백질에 의해 만들어진 이음새 분자들을 분리시키는 것이 이 반응의 기작인 것으로 여겨진다. 또한 이 반응은 이음새분자의 붕괴 전에 DNA를 따라 D-고리가 지나가게 할 수 있고 침투되는 가닥이 DNA 합성효소에 의해 신장되도록 할 수 있다. (Adapted and modified, with permission, from Zakharyevich K. et al. 2012. *Cell* **149**: 334–347, Fig. 7. © Elsevier.)

글상자 11-3 표 1 RecQ 질환에 의한 임상 특징

증후군(유전자)	주요 임상적 특징	암의 성질
블룸증후군(BLM)	난쟁이, 부리형 코, 좁은 얼굴, 색소화, 홍조, 피부의 팽창된 혈관, 정신 지체, 2형 당뇨, 면역반응 결핍, 폐질환, 생식력 저하	조직의 정상적인 분포와 함께 초기 개시
워너증후군(WRN)	양측 백내장, 쉰 목, 피부 변화, 가는 사지, 조기 백발/탈모, 야윈 얼굴, 작은 키, 골다공증, 생식선 기능 감퇴, 당뇨, 연조직 석회화	기본 육종과 중간엽 종양의 초기 개시
로스먼드-톰슨증후군 (RECQ4)	다형피부증, 연소기 백내장, 성장 지체, 골이양증, 적은 머리숱, 생식선 기능 감퇴	골육종의 초기 개시

Adapted, with permission, from Bernstein K.A. et al. 2010. *Annu. Rev. Geneti.* **44**: 393–417, Table 1, p. 395. © Annual Reviews.

교배형 전환

상동재조합은 DNA 염기쌍 형성, DNA 복구 그리고 유전적 교환을 증진시키는 것 이외에 특정한 염색체 부위에 있는 DNA 염기서열을 변화시킬 수도 있다. 이런 형태의 재조합은 유전자 발현을 조절하는데 때때로 이용된다. 예를 들어 출아효모(*S. cerevisiae*)의 교배형은 재조합에 의해 조절된다. 즉, 재조합을 통해서 특정 교배형 유전자가 전환(switching)이 일어나고 이 유전자는 효모 유전체에서 발현되는 특정부

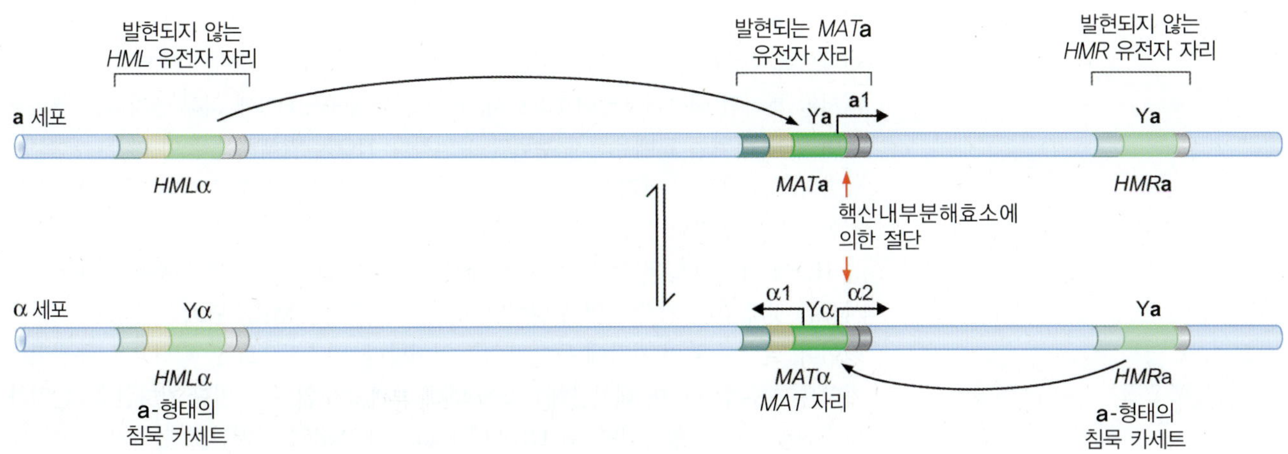

그림 11-25 교배형 정보를 암호화하는 유전자 자리. 3번 염색체에는 세 개의 교배형 유전자 자리가 있지만, 이 중 *MAT* 위치에 있는 유전자만 발현된다. *HML*은 발현되지 않는 α 유전자를, 그리고 *HMR*은 **a** 유전자 하나를 추가적으로 가지고 있다. 재조합이 *MAT*와 *HML* 사이에서 발생할 때 **a** 세포는 α 세포로 전환한다. 재조합이 *MAT*와 *HMR* 사이에서 발생할 때 α 세포는 **a** 세포로 전환한다. (Adapted, with permission, from Haber J.E. 1998. *Annu. Rev. Genet.* **32**: 561–599, Fig. 3. © Annual Reviews.)

위에 위치하게 된다.

출아효모는 단세포 진핵생물로서 세 가지의 다른 형태로 존재할 수 있다(부록 1 참조). 반수체 출아효모 세포는 두 가지의 교배형 즉 **a** 와 α 중 한 가지 형태로 존재한다. **a** 와 α 세포가 매우 근접해 있을 때에는 서로 융합(즉 "교배")하여 **a**/α 이배체 세포를 형성할 수 있으며, 이 **a**/α 세포는 감수분열을 거쳐 두 개의 반수체 **a** 세포와 두 개의 반수체 α 세포를 형성할 수 있다.

교배형 유전자들은 전사 조절인자(transcription regulator)를 암호화하고 있다. 이들 조절인자는 각 세포의 교배형을 결정하는 단백질 유전자 발현을 조절한다. 세포에서 발현되는 교배유전자들은 세포의 **교배형 자리(*MAT* locus,** mating-type locus)에 위치하는 것이다(그림 11-25). 즉 **a** 세포에서는 ***a1*** 유전자가 *MAT* 위치에서 존재하는 반면에 α 세포에서는 *α1*과 *α2* 유전자가 *MAT* 위치에 존재한다. 이배체에서는 교배 조절 유전자 두 세트가 모두 발현된다. 교배유전자가 암호화하는 조절인자와 세 종류의 세포 모두에서 발견되는 다른 조절인자가 다양한 조합으로 작용하여 각각의 세포에서 유전자들의 발현 양상이 정확히 조절된다(19장 참조).

세포들은 다음과 같은 방법으로 재조합에 의해 교배형을 전환할 수 있다. 각 세포의 *MAT* 위치에 존재하는 ***a*** 또는 α 유전자들 외에 또 다른 ***a***와 α의 유전자를 (그러나 발현되지는 않는) 유전체의 다른 곳에 가지고 있다. 이들 발현되지 않는 유전자들은 *HMR*과 *HML*이라 불리는 유전자 자리에서 발견된다(그림 11-25).

이들 *HML*과 *HMR* 위치는 유전자의 발현이 일어나지 않기 때문에 **침묵 카세트 (silent cassette)**로 알려져 있다. 이들은 세포의 교배형을 전환하는데 이용될 수 있는 유전적 정보의 "저장소"를 제공하는 역할을 한다. 교배형의 전환을 위해서는 상동재조합에 의해 *HM* 위치에서 *MAT* 위치로 유전정보의 이동이 필요하다.

교배형 전환은 위치 특이적 이중가닥 절단에 의해 개시된다

교배형 전환은 *MAT* 위치에서의 DSB의 도입으로 시작된다. 이 반응은 **HO 핵산내부분해효소(HO endonuclease)**라고 불리는 특수한 형태인 DNA 절단효소에 의해 일어난다. HO 유전자의 발현은 정확하게 조절되어 교배형 전환이 필요한 경우에만 일어나도록 해준다. 이런 조절을 담당하는 기작에 대해서는 19장에 논의된다. HO는 염기서열 특이적 핵산내부분해효소로서, 효모 염색체에서 HO에 의해 인지되는 염기서열이 있는 부위는 교배유전자 부위가 유일하다. HO는 염색체를 끝이 어긋나도록 절단한다. Spo11과는 달리 HO는 단순히 DNA를 가수분해만 하고 절단된 가닥에 공유결합을 통해 연결되지 않는다.

HO에 의해 도입된 절단부에서 5′에서 3′으로의 DNA 절제가 감수분열 재조합에 사용된 것과 같은 기작에 의해 일어난다. 따라서 절제는 MRX 단백질 복합체에 의존적이며, 말단이 5′인 가닥에 특이적으로 일어난다. 대조적으로 3′ 말단으로 종결되는 가닥은 매우 안정하여 핵산분해효소에 의해 분해되지 않는다. 일단 기다란 3′ 단일가닥 DNA 꼬리가 형성되면, 이 DNA에 Rad51과 Rad52 단백질로 덮여지게 되는데 이때 단백질-DNA 복합체 조립을 도와주는 다른 단백질들도 함께 덮여진다. 이후에 Rad51 단백질로 덮여진 가닥이 가닥 침투와 유전적 교환을 개시하기 위해 상동염색체 부분을 탐색한다.

교배형 전환은 하나의 방향성을 갖는다. 즉 염기서열 정보가 *HMR*과 *HML* 위치에서 *MAT* 위치로 "이동"하지만 다른 방향으로는 결코 이동하지 않는다. 따라서 절단된 *MAT* 위치는 재조합 동안 항상 "수여자(recipient)"이며, *HMR*과 *HML* 위치는 재조합과정 동안 변화되지 않는다. 이런 방향성은 HO 핵산내부분해효소가 염색질(chromatin) 구조로 인해 *HMR*과 *HML* 어느 위치에도 접근할 수가 없기 때문에 그 인지 염기서열을 절단할 수 없다는 사실에 기인한다.

Rad51로 덮인 *MAT* 위치의 단일가닥 DNA 꼬리는 가닥 침투를 위해서 *HMR*이나 *HML* 위치의 DNA 중 하나를 "선택"하게 된다. *MAT* 위치에 있는 DNA 염기서열이 **a**라면 가닥 침투는 α 염기서열을 지니는 *HML*로 일어날 것이다. 반면에 α 유전자가 *MAT* 위치에 존재하면 **a** 염기서열을 지니는 위치인 *HMR*로 가닥 침투가 일어날 것이다. 재조합 후에는 선택된 *HM* 위치에 있는 유전적 정보는 *MAT* 위치에 존재하게 된다. 이런 유전적 교환은 *MAT*으로부터 *HM* 위치로의 정보 교환 없이 한쪽으로만 일어난다. 이런 형태의 비상호적 재조합(nonreciprocal recombination)은 유전자 교환의 특별한 예이다.

교배형 전환은 유전자 변환 현상으로 교차와는 관련이 없다

DSB-수선 경로로도 교배형 전환의 재조합 기작을 설명할 수는 있지만, 계속되는 실험 증거들은 가닥 침투 단계 이후에는 DSB-수선 기작과 다르다는 사실을 보여주고 있다. 기작이 완전히 다를 것이라는 한 가지 단서는 교차 형태의 재조합 산물은 교배형 전환에서 결코 관찰되지 않았다는 사실이다. DSB-수선 경로에서 홀리데이 연결부 중간체의 분리는 두 종류의 산물, 즉 이어맞추기(교차) 종류와 그리고 덧붙이기(비교차) 종류(그림 11-3 참조)의 산물을 만들어 낸다. DSB-수선 경로에 따르면 이 두 가지 형태의 산물은 유사한 빈도로 발생될 것이라 예상되지만 교배형 전환에서는 교차 산물이 결코 관찰되지 않는다. 따라서 홀리데이 연결부 중간체의 분리가 참여하지 않는 재조합 모델이 교배형 전환을 더 잘 설명해 준다.

교차가 없는 유전자 변환을 설명하기 위해서 **합성의존적 가닥 연결(synthesis-dependent strand annealing, SDSA)**이라는 새로운 재조합 모델이 제안되었다. 그림 11-26에서 어떻게 교배형 전환이 이 기작을 통해 일어나는가 볼 수 있다. 그 전에 언급했듯이 개시 단계는 재조합부위에서의 DSB 도입이다(그림 11-26a). 5′에서 3′

으로의 절제와 가닥 침투 후(그림 11-26b,c), 침투된 3′ 말단은 프라이머로 사용되는데 그것은 Ya 측면과 상동성이 있는 부분에서 새로운 DNA 합성을 시작하고 계속해서 Ya 염기서열을 복사하기 위한 것이다(그림 11-26c,d). 놀랍게도 DSB-수선 경로와는 매우 대조적으로 완전한 복제분기점이 이 위치에서 조립된다.

그러나 정상적인 DNA 복제와는 달리 새로 합성되는 가닥은 주형으로부터 따로 떨어지게 되고 두 번째 절제된 5′ 말단과 혼성화된다. 일단 이 혼성화가 발생되면 그 일치하는 기다란 3′ 꼬리는 핵산내부분해효소(endonuclease)에 의해 절단되며 새롭게 생긴 3′ 말단은 프라이머로 이용되고 신장되어 Ya 염기서열의 두 번째 가닥을 복사하게 된다(그림 11-26e,f). 그 결과 새로운 이중가닥 DNA 절편이 합성되어, HO에 의해 절단되고 MRX에 의해 절제되었던 부위에 연결된다. 이 새로 합성된 조각은 주형으로 사용된 DNA 부위(그림 11-26의 *HMR***a**)의 염기서열을 가지고 있다.

이렇게 해서 새로 합성된 DNA는 원래 존재하던 정보를 대체한다. 이 기작은 홀리데이 연결부를 절단하지 않고서 어떻게 유전자 변환이 일어나는가를 설명해준다. 이 모델로 교배형 전환동안에 교차 산물이 발생하지 않는다는 것이 더 이상 신기한 일은 아니게 되었다.

상동재조합 기작의 유전적 결과

이 장 초반부에 설명했듯이 초기의 상동재조합 기작에 대한 모델은 주로 그 과정의 유전학적 결과를 설명하기 위해 만들어졌다. 이제는 재조합에 참여하는 기본적 단계들을 잘 이해하고 있으며, 따라서 상동재조합 과정이 DNA 분자를 어떻게 바꿔서 특정한 유전학적 변화를 가져오는지 재검토하는 것이 유용할 것이다.

상동재조합의 중요한 특징은 DNA의 두 부분이 충분한 상동성을 가지고 있다면 DNA의 염기서열에 상관없이 어떠한 부분에도 발생할 수 있다는 것이다. 상동재조합의 어떤 단계도 특정 DNA의 염기서열을 필요로 하지 않는다. 특정 염기서열을 선호하는 단계(카이자리에서 RecBCD에 의한 형질전환과 RuvC에 의한 DNA 절단 같은)에서도 선호되는 염기서열은 매우 흔한 서열이다. 두 DNA 분자 사이의 재조합 과정 동안 염기서열이 필요한 단계는, 적절한 염기쌍을 형성할 수 있는 능력을 가진 DNA 쌍을 RecA 종류의 가닥교환 단백질에 의해 성공적으로 염기쌍을 형성하는 단계이다.

재조합이 일반적으로 염기서열에 비의존적이라는 사실로부터 두 유전자 사이의 재조합 빈도가 그들 유전자 사이의 거리에 일반적으로 비례한다는 것을 추론해 낼 수 있다. 그런 비례성은 DNA 부분들이 일반적으로 성공적인 재조합을 개시하는데 동등하게 이용되기 때문에 관찰된다. 유전자의 순서와 공간 배치를 보여주는 유전적 지도(genetic map)를 만드는데 재조합 빈도를 이용하는 것을 가능하게 해준 것이 바로 상동재조합의 이러한 기본적인 특성이다.

DNA의 어떤 부분이 재조합에 참여하는 빈도가 "평균값"과 다를 때 물리적 지도(physical)에 비해 유전적 지도의 왜곡이 발생한다(그림 11-27). 재조합 빈도가 평균치보다 높은 부분은 "과열부위(hot spot)"이며, 반면에 평균보다 낮은 부분은 "냉각부위"라 할 수 있다. 두 유전자 사이에 과열부위가 있으면, 이 두 유전자는 물리학 지도에 비해 유전적 지도에서 더 멀리 떨어져 있는 것처럼 나타난다. 반대로 냉각부위에 의해 분리된 두 유전자는 물리적 지도에서 해당하는 것보다 더 가깝게 유전적 지도에서 나타낸다. 우리는 염색체의 과열부위와 냉각부위를 분자수준에서 설명해 줄 수

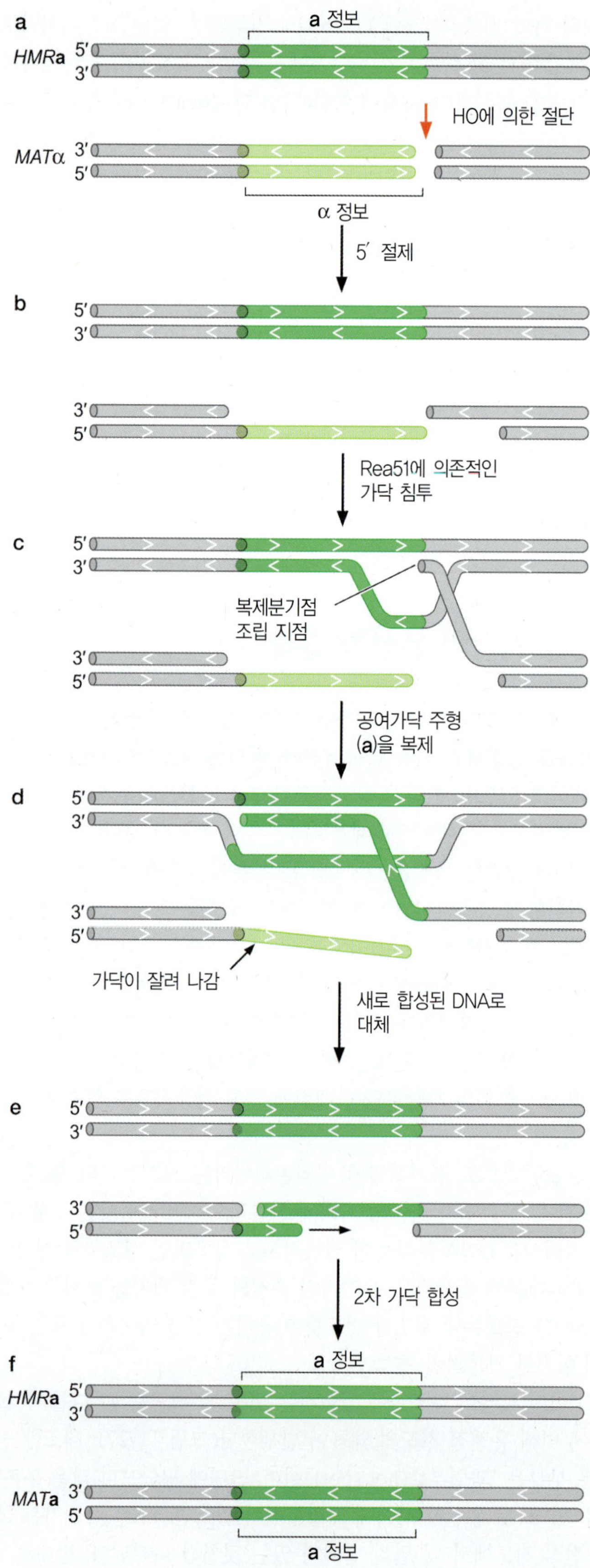

그림 11-26 교배형 전환의 재조합 모델: 합성 의존적인 가닥 연결(synthesis-dependent strand annealing, SDSA). *MAT* 위치에서 유전자 변환의 진행 단계들이 그림에 나타나 있다. *HMR*과 *MAT* 위치는 녹색으로 표시되어 있다. a 정보를 지니는 *HMR* 위치는 진한 녹색으로 표시된 반면, α 정보를 지니는 *MAT* 위치는 연한 녹색으로 표시되어 있다. SDSA 과정이 완성되면 *MAT* 위치에 원래 존재하던 α 부분이 *HMR* 위치에 존재하는 **a** 정보로 대체(즉, 전환)된다.

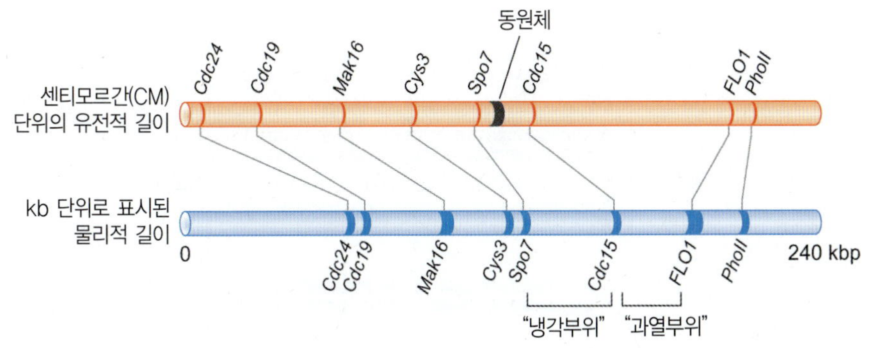

그림 11-27 효모 염색체 특정 부위의 유전적 지도와 물리적 지도의 비교. 표지들은 다양한 유전자의 위치를 나타낸다. *Spo7*과 *Cdc15* 사이는 교차가 낮은 빈도로 일어나기 때문에 유전학적 지도에서는 매우 가깝게 위치하는 것에 주목하라. 반대로 *Cdc15*과 *FLO1* 사이는 교차의 높은 빈도 때문에 유전학적 지도에서는 멀리 떨어져 있다. (Adapted, with permission, from Alberts B. et al. 2002. *Molecular biology of the cell*, 4th ed., p. 1138, Fig. 20-14. © Garland Science/Taylor & Francis LLC.)

있는 두 가지 예를 이미 보았다. 카이자리와 Spo11 절단 위치 근처는 평균치 이상의 빈도로 재조합을 개시하는 과열부위이며, 반면에 그런 위치를 별로 가지지 못하는 부분은 그것과 상응하여 냉각부위이다.

유전자 변환의 한 원인은 재조합 동안 발생하는 DNA 수선이다

상동재조합의 또 다른 유전적 결과는 **유전자 변환(gene conversion)**이다. 효모의 교배형 전환을 담당하는 특수한 재조합 동안에 유전자 변환의 개념에 대해 전에 언급하였다. 그런데 세균에서의 유전자 교환이나 감수분열 동안의 염기쌍 형성 등과 같은 정상적인 상동재조합 동안에도 유전자 변환이 일반적으로 관찰된다.

감수분열 재조합 동안의 유전자 변환을 설명하기 위해서 감수분열을 거치는 세포의 상동염색체에 있는 *A* 대립유전자와 또 하나의 상동염색체에 있는 *a* 대립유전자를 고려해보자. DNA 복제 후에는 복제된 4개의 유전자가 존재하고, 그 유전자형은 *AAaa*가 될 것이다. 유전자 변환이 없으면 *A*를 가지는 두 개의 배우자와 *a*를 가지는 다른 두 개의 배우자가 생겨날 것이다. 만일 그 대신에 *A a a a* (또는 *A A A a*) 유전자형을 가지는 배우자가 만들어진다면 유전자 변환이 일어나 하나의 *A* 유전자의 하나가 *a*로 변환된(또는 반대)것이다. 어떻게 이런 일이 일어날까?

유전자 전환이 DSB-수선 경로 과정을 거쳐 발생하는 방법에는 두 가지가 있다. 첫째로 *A* 유전자가 DSB 부위에 매우 가깝게 위치한다면 무슨 일이 일어날지를 고려해 보자. 이 경우에 3′ 단일가닥 DNA 꼬리가 상동성이 있는 이중가닥에 침투하여 신장될 때, *a* 정보를 복사하여 염색체 산물에 있는 *A* 정보를 대체할 수 있을 것이다(그림 11-4d 참조).

유전자 변환의 두 번째 기작은 재조합 중간체에서 발생하는 염기쌍 불일치(base-pair mismatch)의 수선을 포함하는 것이다. 예를 들어 가닥 침투나 가지이동이 *A/a* 유전자를 포함한다면 한 가닥에는 *A* 염기서열과 다른 가닥에는 *a* 염기서열을 갖는 이질이중구조(heteroduplex) DNA 절편이 형성될 것이다(그림 11-28과 그림 11-2d의 삽입그림 참조). 염기쌍 불일치를 수반하는 부분은 세포의 불일치 수선효소(mismatch repair enzyme, 10장에서 논의)에 의해 인지될 수 있다. 이들 효소는 DNA의 염기쌍 불일치를 수리하도록 특수화되어 있으며, 불일치된 염기쌍이 감지될 때 두 가닥 중 한 가닥의 DNA 짧은 부분이 제거된다. 이후에 수선 DNA 중합효소가 그 간격을 채우게 되어 염기쌍이 적절히 형성된다. 재조합 중간체에서 작동할 때에는 불일치 수선효소는 수선할 가닥을 임의적으로 선택한다. 따라서 이 효소들의 작용 후에는 양쪽 가닥은 (복구 효소에 의해 "수리"되는 가닥에 따라) *A* 정보 혹은 *a* 정보를 암호화하는 염기서열을 가지게 되며, 결국은 유전자 변환이 관찰될 것이다.

그림 11-28 재조합 중간체 내에서 이질이중가닥 DNA의 불일치 수선은 유전자 변환을 발생시킬 수 있다.

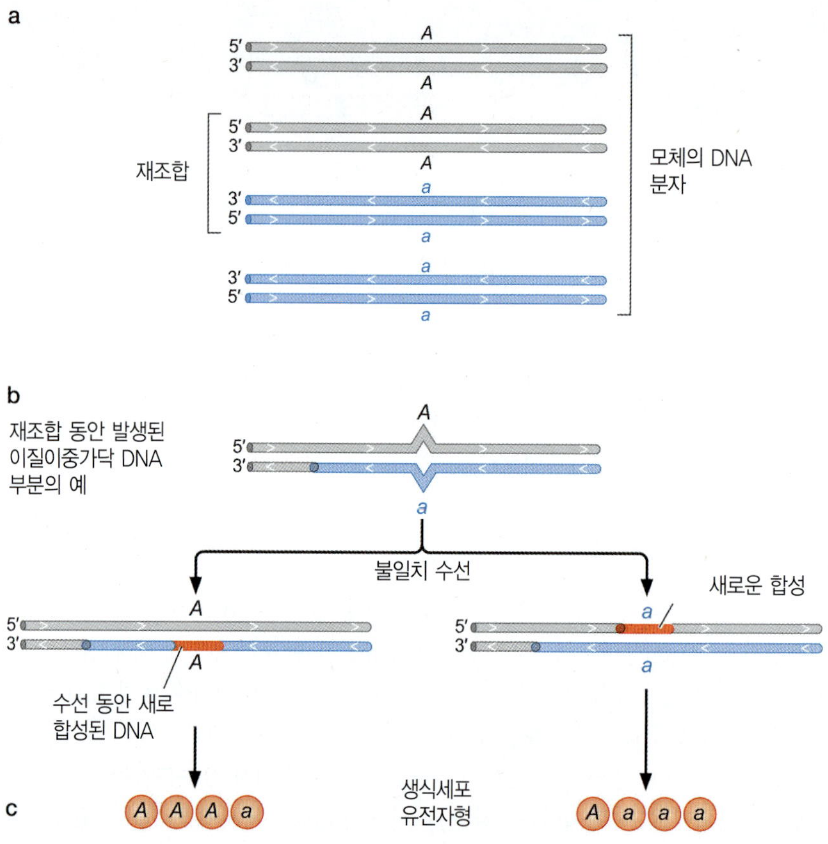

요약

상동재조합은 모든 생명체에서 발생하여 유전적 교환, 염색체 내에서의 유전자 재배열, 그리고 절단된 DNA 가닥과 붕괴된 복제 분기점의 회복을 일으킨다. 재조합 과정은 DNA 분자의 절단과 재결합을 필요로 한다. 상동재조합의 이중가닥 수선 경로는 많은 재조합 과정을 잘 보여준다. 이 모델에 따르면 교환의 개시는 두 상동 DNA 분자 중 하나에서 이중가닥 절단이 요구된다. 절단된 DNA 말단은 단일가닥 DNA 절편을 발생시키기 위해서 DNA 분해효소에 의해 가공된다. 이들 단일가닥 부분은 DNA의 상동성이 있는 짝과 함께 염기쌍을 형성한다. 일단 염기쌍이 형성되면 두 분자의 DNA는 홀리데이 연결부라고 불리는 가지형 구조로 연결된다. 홀리데이 연결부 부위에서 DNA가 절단되어 연결부가 분리되며 재조합이 종결된다. 홀리데이 연결부는 둘 중 한 가지 방법으로 절단될 수 있다. 하나의 방법은 두 모체 DNA 분자가 공유결합으로 연결되는 교차 산물을 만들어낸다. 연결부를 자르는 다른 방법은 재조합된 "덧붙이기" DNA를 발생시키며 교차는 일어나지 않는다.

세포는 상동재조합의 각 단계를 촉매하는 효소들을 가지고 있다. 핵심적인 효소는 가닥 교환 단백질로서, 대장균의 RecA가 가장 잘 알려져 있다. RecA 유사 단백질들은 모든 생명체에서 발견된다. RecA 유사 가닥 교환 단백질들은 DNA 두 분자 사이에서 상동 염기서열을 탐색하여 재조합 중간체 내에서 DNA 가닥의 교환을 촉진한다. RecA는 RecA 섬유라 불리는 커다란 단백질-DNA 복합체를 형성하여 작용한다. 진핵세포는 Rad51과 Dmc1이라는 두 개의 가닥 교환 단백질이 있다. 다른 중요한 재조합 단백질은 재조합을 개시하기 위해 DNA에 이중가닥 절단을 일으키는 DNA 절단효소이다. 이들 단백질은 진핵생물에서만 발견되는 것으로 여겨지며, Spo11과 HO 등이 알려져 있다. 단일가닥 부분을 만들기 위해 절단부위에서 DNA를 가공하는 핵산분해효소에는 원핵생물의 RecBCD 효소, 진핵생물에서 MRX 효소 복합체 등이 있다. 그 외의 추가 효소들이 홀리데이 연결부의 이동(가지 이동)과 절단(분리)을 촉진한다.

감수분열 동안 재조합은 첫 번째 핵분열 전에 적절한 상동염색체의 쌍 형성에 필수적이다. 따라서 재조합은 모든 염색체에서 일어나도록 잘 조절되어야 한다. Spo11 DNA 절단효소와 Dmc1 가닥 교환 단백질은 모두 이들 재조합 과정에 특이적으로 참여한다. 상동재조합은 또한 유전자 발현을 조절하는데 때때로 이용된다. 효모의 교배형 전환은 이러한 조절의 아주 좋은 예이다. 교배형 전환 기작의 분석은 합성-의존적 가닥 재연결이라 불리는 상동재조합 과정을 설명하는 새로운 모델을 낳았다. 이 기작은 유전자 변환 형태의 유전자 교환 산물을 발생시키지만 교차를 일으키지는 않는다.

참고문헌

Books

Brown T.A. 2007. *Genomes*, 3rd ed. Garland Science, New York.

Griffiths A.J.F., Miller J.H., Suzuki D.T., Lewontin R.C., and Gelbart W.M. 2000. *An introduction to genetic analysis*, 7th ed. W.H. Freeman, New York.

Recombination in Bacteria

Chen Z., Yang H., and Pavletich N.P. 2008. Mechanism of homologous recombination from the RecA-ssDNA/dsDNA structures. *Nature* **453**: 489–494.

Court D.L., Sawitzke J.A., and Thomason L.C. 2002. Genetic engineering using homologous recombination. *Annu. Rev. Genet.* **36**: 361–388.

Cox M.M. 2001. Recombinational DNA repair of damaged replication forks in *Escherichia coli*: Questions. *Annu. Rev. Genet.* **35**: 53–82.

Kowalczykowski S.C., Dixon D.A., Eggleston A.K., Lauder S.D., and Rehrauer W.M. 1994. Biochemistry of homologous recombination in *Escherichia coli. Microbiol. Rev.* **58**: 401–465.

Lusetti S.L. and Cox M.M. 2002. The bacterial RecA protein and the recombinatorial DNA repair of stalled replication forks. *Annu. Rev. Biochem.* **71**: 71–100.

Smith G.R. 2001. Homologous recombination near and far from DNA breaks: Alternative roles and contrasting views. *Annu. Rev. Genet.* **35**: 243–274.

Recombination in Eukaryotes

Bernstein K.A., Gangloff S., and Rothstein R. 2010. The RecQ DNA helicases in DNA repair. *Annu. Rev. Genet.* **44**: 393–417.

Eichler E.E. and Sankoff D. 2003. Structural dynamics of eukaryotic chromosome evolution. *Science* **301**: 793–797.

Keeney S. 2001. Mechanismand control of meiotic recombination initiation. *Curr. Top. Dev. Biol.* **52**: 1–53.

Page S.L. and Hawley R.S. 2003. Chromosome choreography: The meiotic ballet. *Science* **301**: 785–789.

Pâques F. and Haber J.E. 1999. Multiple pathways of recombination induced by double-strand breaks in *Saccharomyces cerevisiae. Microbiol. Mol. Biol. Rev.* **63**: 349–404.

Pastink A., Eeken J.C., and Lohman P.H. 2001. Genomic integrity and the repair of double-strand DNA breaks. *Mutat. Res.* **480–481**: 37–50.

Prado F., Cortes-Ledesma F., Huertas P., and Aguilera A. 2003. Mitotic recombination in *Saccharomyces cerevisiae. Curr. Genet.* **42**: 185–198.

Stracker T.H. and Petrini J.H.J. 2011. The MRE11 complex: Starting from the ends. *Nat. Rev.* **12**: 90–103.

Symington L.S. 2002. Role of RAD52 epistasis group genes in homologous recombination and double-strand break repair. *Microbiol. Mol. Biol. Rev.* **66**: 630–670.

van den Bosch M., Lohman P.H., and Pastink A. 2002.DNAdouble-strand break repair by homologous recombination. *Biol. Chem.* **383**: 873–892.

West S.C. 2003. Molecular views of recombination proteins and their control. *Nat. Rev. Mol. Cell Biol.* **4**: 435–445.

Mating-Type Switching in Yeast

Haber J.E. 2002. Switching of *Saccharomyces cerevisiae* mating-type genes. In *Mobile DNA II* (ed. N.L. Craig, et al.), pp. 927–952. ASM Press, Washington, D.C.

Haber J.E. 2012. Mating-type genes and MAT switching in *Saccharomyces cerevisiae. Genetics* **191**: 33–64.

연습문제

짝수 문제의 해답은 부록 2 해답을 참조하라.

문제 1. DNA 복제가 DNA 주형에 이중가닥 절단(DSB)을 발생할 수 있는 두 가지 방법을 설명하라.

문제 2. 여러분은 특정 유전자 하나에 대한 두 대립유전자를 고려하고 있다. 그 DNA를 고려할 때에 두 대립유전자 서로를 구별하는 특징을 설명해 보라. 그리고 두 대립유전자는 상동성인가?

문제 3. DSB 형성 후에 효소들은 그림 11-4b처럼 단일가닥 DNA를 만들기 위해 이중가닥 DNA를 가공한다. 절제가 5′에서 3′ 방향으로 또는 3′에서 5′ 방향으로 일어난다면 문제가 있는가? 그 이유에 대해 문제가 있든 없든 설명하라.

문제 4. 아래 그림에서 DSB 수선 상동재조합의 첫 세 단계는 몇 가지 오류를 지니고 있다. 그 오류들을 나열하고 각 오류에 대한 문제점을 말하고, 그 오류를 어떻게 정정해야 하는지(할 수 있는지) 설명하라.

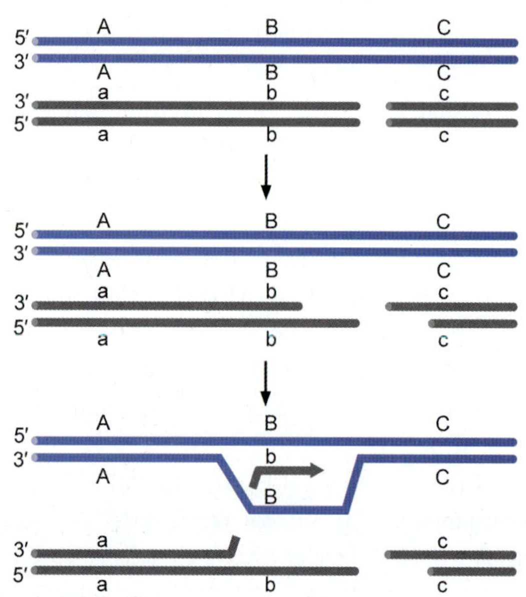

문제 5. 이질이중 DNA는 무엇을 의미하는가?

문제 6. RecBCD 효소가 촉매하는 여러 활성들을 열거하고 (DSB-수선 경로를 통해) 상동재조합 단계에서 그 각 활성의 중요성에 대해 설명하라.

문제 7. RecA 의존 가닥 교환은 공유결합적으로 연결된 원형 DNA의 두 상동체 사이에서는 발생되지 않고 그림 11-8c에서처럼 두 개의 이중가닥 DNA 분자들 사이에서 발생하는 것에 대해 설명하라.

문제 8. 그림에서처럼 (5′ 말단의 인산기에 ^{32}P로 방사능 표지) 홀리데이 연결 DNA 기질을 이용하여 그 DNA 기질에 RuvA 단백질이 결합할 수 있는지 검사하기 위해 사용하는 연구기법을 제안하라. RuvA 단백질의 결합 특이성 검사를 위한 음성대조군(negative control)으로 사용하기 위해 DNA 기질을 변화시켜야 하는데 어떻게 해야 하는지 제안하라. (단일가닥 DNA 조각들이 A, B, C, D로 표시되어 있고 그것들은 그림에서처럼 DNA 기질로 조립하기 위해 사용됨.)

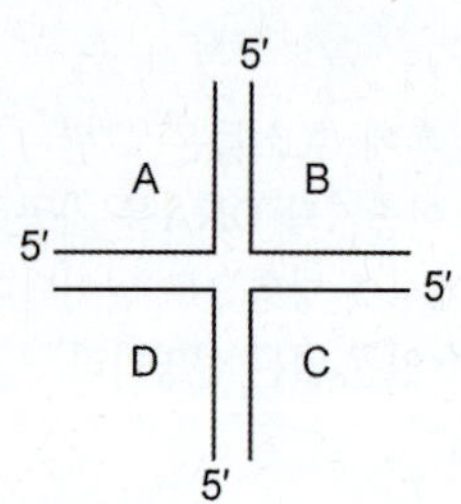

문제 9. 원핵세포에는 없고 진핵세포에만 있는 상동재조합의 가장 중요한 역할에 대해 설명하라.

문제 10. 진핵세포에서 감수분열 동안 상동재조합 개시를 위한 DSB를 어떻게 세포들이 만들어내는지 짤막하게 설명하라.

문제 11. 유전자 변환을 정의하고 어떻게 유전자 변환이 발생하는가에 대해 설명하는 기작의 예를 들어보라.

문제 12. 교배형 전환에 이용된 합성의존 가닥 연결(SDSA)을 DSB 수선 상동재조합과 비교하고 차이를 설명하라.

문제 13. DSB 수선 상동재조합은 특정 염기서열을 지니는 두 DNA 분자 사이보다는 상동성을 지니는 두 DNA 분자 사이에서 더 발생하는 이유에 대해 설명하라.

문제 14. 연구자들은 홀리데이 연결부 분리에 역할을 수행하는 인간단백질들의 특징을 규명하였다. 그 단백질들은 분리되었고 아래 그림 좌측에서 보이는 DNA 기질과 반응시켰다. 그 DNA 가닥 각각은 A, B, C, D로 표시되었고 그 가닥의 길이는 60 뉴클레오티드(nt)이며 A로 표시된 DNA 가닥만이 5′ 말단의 인산기에 ^{32}P로 방사능 표지되었다. 연구자들은 그 DNA 기질을 가지고 세 반응을 실시하였는데 첫 번째는 (1) 단백질이 없는 경우, 두 번째는 (2) 순수분리된 단백질(X 단백질)을 넣어준 경우, 세 번째는 (3) 대조군으로 RecA를 넣어 준 경우이다. 각 반응의 산물들을 비변성 폴리아크릴아미드 겔(denaturing polyacrylamide gel)에 전기영동하였다. 그 겔의 자가방사기록사진(autoradiogram) 결과는 아래그림의 오른쪽과 같다.

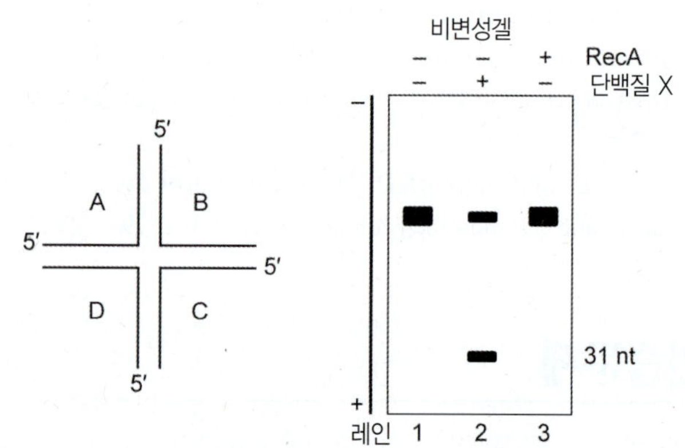

A. 오른쪽 그림에 나타난 결과에 따라 X 단백질의 기능을 제안하라.

B. A 답에 따르면 이 단백질은 대장균의 어떤 단백질과 기능이 유사한가?

Data adapted from Rass et al. (2010. *Genes Dev.* **24:** 1559–1569).

CHAPTER 12

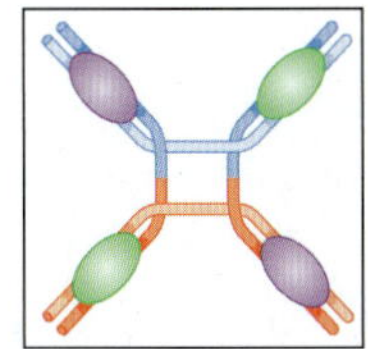

자리특이적 DNA 재조합과 전위

개 요

DNA는 대단히 안정된 분자이다. 이전 장에서 이미 배운 바와 같이 DNA 복제, 수선, 상동재조합은 모두 대단히 정확하게 일어난다. 이와 같은 현상들은 모든 생명체의 유전체가 한 세대로부터 다음 세대까지 거의 변화 없이 전달되게 해준다. 그러나 또 다른 한편으로는 DNA 염기서열을 재배열하는 유전현상이 일어나서 보다 역동적인 유전체 구조를 이루게 된다. 이와 같은 역동적 현상에 대해서 이 장에서 다루고자 한다.

보존성 자리특이적 재조합(conservative site-specific recombination, CSSR)과 **전위 재조합(transpositional recombination)** 혹은 **전위(transposition)**, 이 두 종류의 유전적 재조합이 대부분의 중요한 DNA 재배열과 관련이 있다. 보존성 자리특이적 재조합은 두 개의 지정된 염기서열 사이에서 일어나는 재조합이다(그림 12-1). 이에 비해 전위는 특이적 염기서열과 비특이적 DNA 부위 사이에 일어나는 재조합이다. 이와 같은 재조합 반응에 의하여 촉진되는 생물학적 현상들은 감염 중인 바이러스 유전체가 숙주세포의 DNA 속으로 삽입되는 과정과 유전자 구조의 변경을 동반하는 DNA 조각의 역위 그리고 **전위인자(transposable element)**의 이동, 즉 한 염색체에서 다른 염색체 부위로 유전자가 "도약"하는 현상을 포함한다.

DNA 재배열이 염색체 구조와 기능에 미치는 효과는 매우 크다. 많은 생물체에서 전위는 자연돌연변이의 중요한 요인이며 거의 반 정도의 인간 유전체는 전위인자로부터 유래된 염기서열로 구성되어 있다(현재는 전위인자의 대부분이 불활성화 상태라고 하더라도). 뿐만 아니라 바이러스 감염과 척추동물의 면역계의 발생도 이와 같은 특별한 DNA 재배열과 관련되어 있다.

보존성 자리특이적 재조합과 전위는 중요한 기작상의 특징을 공유한다. 즉, **재조합효소(recombinase)**로 알려진 단백질들이 특별한 염기서열을 인식하여 재조합이 DNA 분자 내에서 일어나게 한다. 재조합효소들은 DNA의 특정한 부위들과 함께 결합하여 **시냅스복합체(synaptic complex)**로 알려진 단백질-DNA 복합체를 구성하게 된다. 시냅스복합체 내에서 재조합효소는 DNA 조각을 반대 방향으로 혹은 새 위치로 이동하는 형태로 DNA 분자들의 절단과 재연결을 촉매한다. 이때 한 종류의 재조합효소가 대체로 모든 단계의 반응에 관여하고 있다. 두 가지 형태의 재조합은 모두

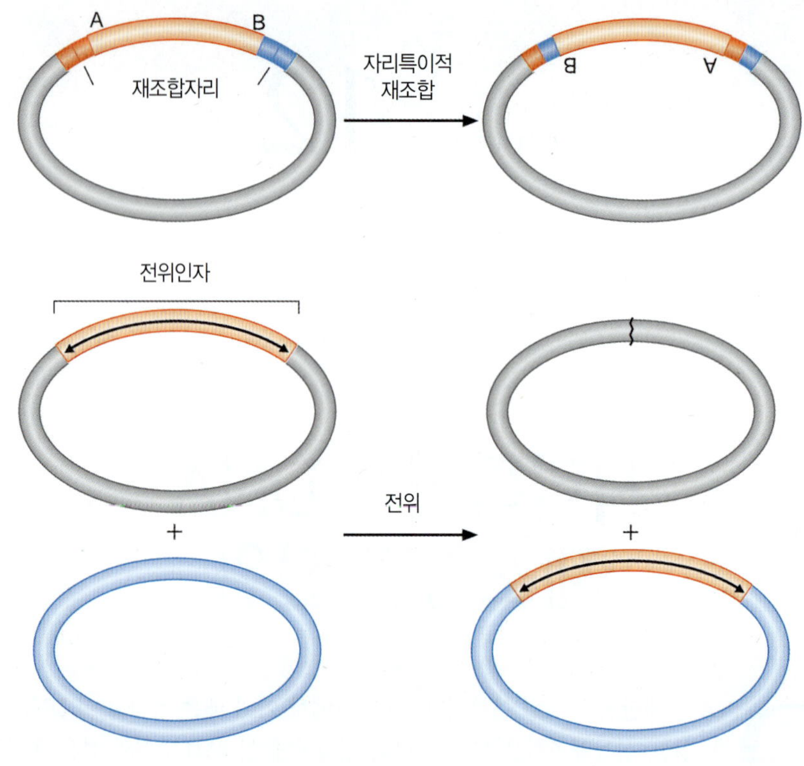

그림 12-1 두 종류의 유전적 재조합. (위쪽 그림) 자리특이적 재조합의 예시. 여기서 빨간색 재조합자리와 파란색 재조합자리 사이의 재조합에 의하여 A와 B 유전자를 가진 DNA 자리가 서로 반대 위치로 바뀌게 된다. (아래쪽 그림) 전위의 예시로서 회색 DNA로부터 빨간색 전위인자가 절단되어 파란색 DNA 내의 무관한 부위로 삽입된다.

조심스럽게 조절되어 세포에 DNA의 절단과 비의도적 방법에 의한 DNA 조각의 재배열과 같은 위험성이 초래되는 것을 최소화하게 한다. 그러나 앞으로 소개할 두 종류의 재조합은 기작상의 중요한 차이점들도 갖고 있다.

다음 마디에는 보다 단순한 자리특이적 재조합 반응들을 먼저 소개하고 전위에 대하여 순차적으로 설명할 예정이다. 이 단락들의 각각은 먼저 기작의 일반적 특징을 소개한 후 몇 가지 특이적인 예시를 보여주는 형태로 구성하게 된다.

보존성 자리특이적 재조합

자리특이적 재조합은 표적 DNA 내 특이적 DNA 염기서열에서 일어난다

보존성 자리특이적 재조합(CSSR)은 DNA의 지정된 조각이 재배열되는 많은 반응에 관련되어 있다. 이 반응에서 하나의 중요한 특징은 이동하게 될 DNA 조각이 **재조합자리(recombination site)**로 알려진 특이적인 짧은 염기서열인자를 갖고 있으며 여기서 DNA 교환이 일어나게 된다. 이러한 형태의 재조합에 대한 하나의 예시는 파지 λ 유전체가 세균의 염색체 내로 통합되는 과정에서 일어난다(그림 12-2 및 부록 1).

λ 통합 중 재조합은 항상 하나는 파지 DNA 부위에서, 다른 하나는 세균 DNA 부위에 존재하는 두 재조합자리 내의 같은 뉴클레오티드 염기서열에서 정확히 일어난다. 재조합자리는 재조합효소가 특이적으로 결합하는 염기서열과 DNA 절단과 재연결이 일어나는 염기서열의 두 종류 염기서열인자를 갖고 있다. 재조합자리는 종종 아주 짧은 20 염기쌍 정도가 되지만 간혹은 매우 길거나 부가적인 염기서열 모티프와 단백질 결합 부위를 갖고 있다. 보다 복잡한 재조합자리의 예시는 특이적 재조합반응

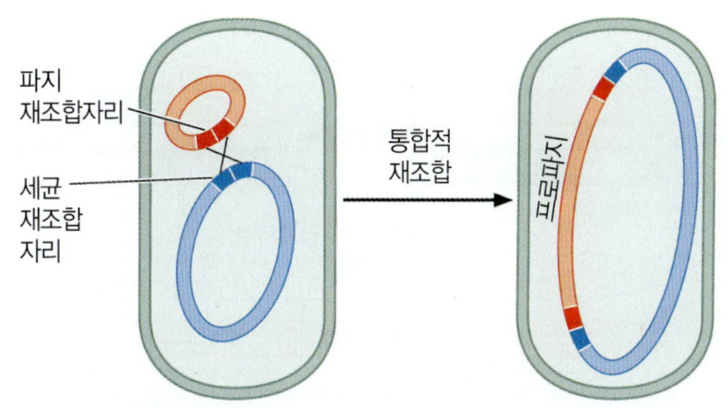

그림 12-2 λ 유전체의 숙주세포 염색체 내 통합. DNA 교환은 두 DNA 분자들 간의 재조합자리에서 특이적으로 일어난다. λ와 세균 염색체의 상대적인 길이는 실제 크기와 다르다.

예시들을 설명할 때 소개할 예정이다.

보존성 자리특이적 재조합은 세 가지 유형의 DNA 재배열이 가능하다(그림 12-3): 즉 (1) 특이적인 부위 내로 DNA 조각의 삽입(파지 λ DNA 통합 중에 일어나는 것과 동일함), (2) DNA 조각의 결실, (3) DNA 조각의 역위가 있다. 재조합의 결과가 DNA 삽입, 결실 또는 역위 중의 어떤 것에 해당되는지의 여부는 재조합에 관여하는 DNA 분자 또는 분자들에 존재하는 재조합 인식 부위의 구조에 의해서 결정된다.

재조합자리의 구조가 DNA 재배열의 유형을 어떻게 결정하는지 이해하기 위해서는 재조합자리 내의 염기서열인자를 좀 더 자세하게 알아볼 필요가 있다(그림 12-4). 재조합자리의 각각은 대칭적으로 위치하는 **재조합효소 인식 염기서열(recombinase recognition sequence)**의 쌍으로 이루어져 있다. 이들 인식 염기서열은 DNA 절단과 재연결이 일어나는 **교차 부위(crossover region)**로 알려진 중앙의 짧은 비대칭 염기서열로 구성되어 있다.

교차 부위는 비대칭적이기 때문에 주어진 재조합자리는 항상 극성을 갖고 있다. 따라서 하나의 DNA 분자에 있는 두 부위의 방향은 서로 **역위반복(inverted repeat)** 또는 **직접반복(direct repeat)** 형태가 될 것이다. 역위 부위 쌍 간의 재조합은 두 부

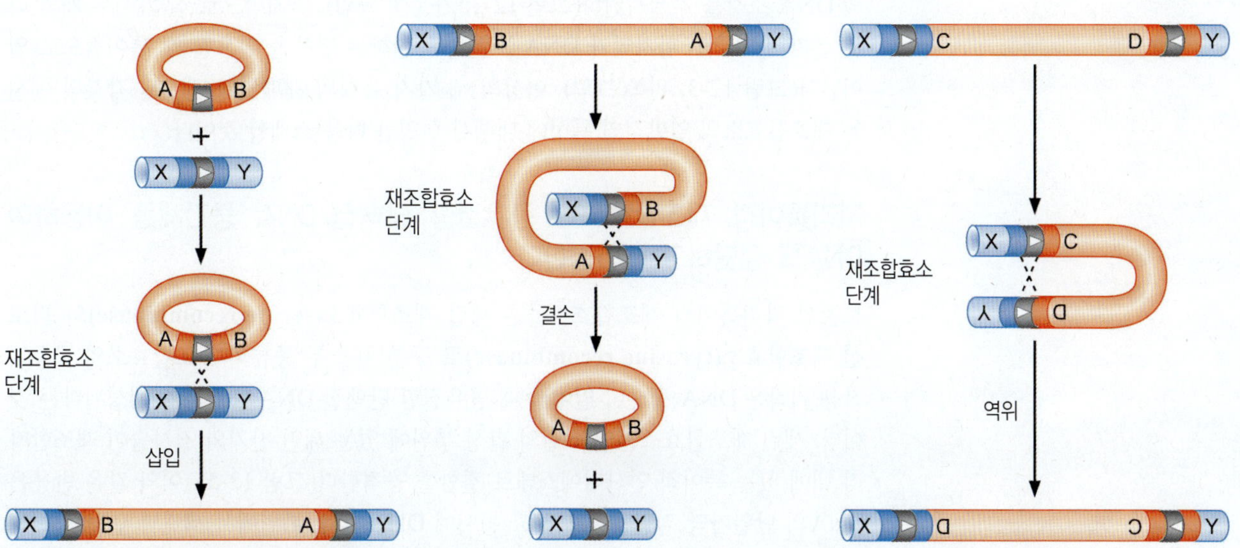

그림 12-3 보존성 자리특이적 재조합의 세 가지 유형. 각각의 예시에서 재조합이 일어나는 동안 이동하거나 재배열되는 것은 빨간색 DNA 조각이다. A, B, C, D, X 및 Y는 다른 DNA 조각 내에 존재하는 유전자를 표시한다. 진한 빨간색 및 파란색 부위는 재조합효소 인식 염기서열이고 검은 화살표는 교차 부위이다. 이들 염기서열인자는 함께 재조합자리를 형성한다.

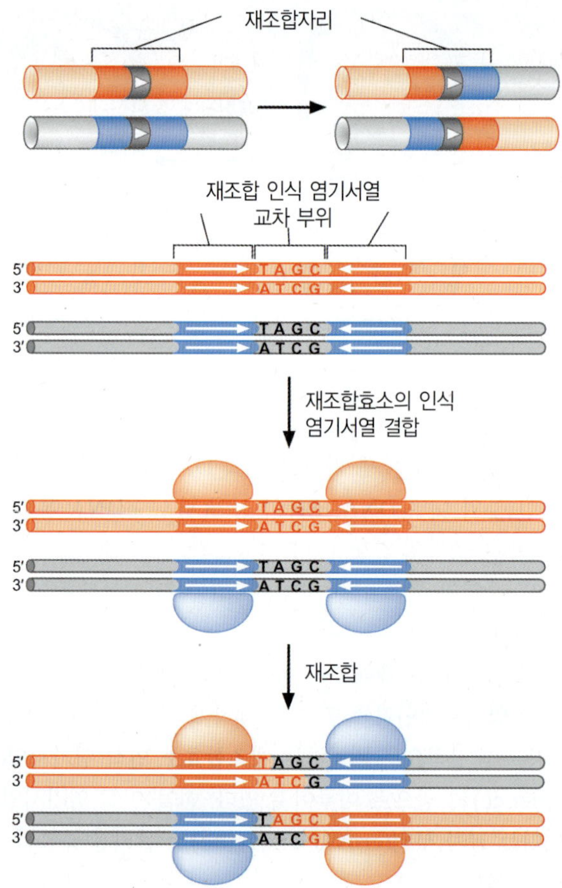

그림 12-4 보존성 자리특이적 재조합에 참여하는 구조. 대칭적 재조합효소 인식 염기서열의 쌍은 재조합이 일어나는 교차 부위에 위치한다. 재조합효소의 아단위는 이들 인식 부위와 결합한다. 교차 부위의 염기서열은 팔린드로믹(palindromic)이 아님으로 비대칭의 재조합자리가 생기게 된다.
(Adapted, with permission, from Craig N. et al. 2002. *Mobile DNA II*, p. 4, Fig. 1. © ASM Press)

위 간의 DNA 조각의 위치를 바꾸게 된다(그림 12-3, 오른쪽 그림). 이에 비해 동일한 기작을 이용하지만 직접반복으로 구성된 부위들 간에 일어나는 재조합은 두 부위 간의 DNA 조각을 결실시킨다(그림 12-3, 가운데 그림). 마지막으로 삽입은 두 개의 다른 분자 간의 재조합자리가 DNA 교환을 동반하는 반응을 일으킬 때 특이적으로 일어난다(그림 12-3, 왼쪽 그림). 이상의 세 가지 유형의 재배열과 관련된 각각의 예시는 재조합효소의 일반적인 특성에 대해서 설명한 다음 소개할 것이다.

자리특이적 재조합효소는 공유결합 단백질-DNA 중간체를 이용하여 DNA를 절단하고 재연결한다

보존성 자리특이적 재조합효소들은 **세린 재조합효소(serine recombinase)**와 **티로신 재조합효소(tyrosine recombinase)**로 구분된다. 두 종류의 재조합효소의 공통적 작용 기작은 DNA 절단이 일어날 때 공유결합 단백질-DNA 중간체가 생성된다는 것이다. 세린 재조합효소는 단백질의 활성 부위에 있는 세린 잔기의 곁사슬이 재조합자리 내에 있는 특이적 인산디에스테르 결합을 공격한다(그림 12-5). 이와 같은 반응은 DNA의 단일가닥 절단을 유도하고 동시에 DNA 절단 부위에서 세린과 인산 사이에 공유결합을 일으킨다. 마찬가지로 티로신 재조합효소는 활성 부위의 티로신 측면사슬이 DNA를 공격하여 연결시킨다. 표 12-1은 계열 및 생물학적 기능에 따라 중요한 재조합효소를 분류해 놓은 것이다.

공유결합 단백질-DNA 중간체는 단백질-DNA 결합 내에 절단된 인산디에스테르

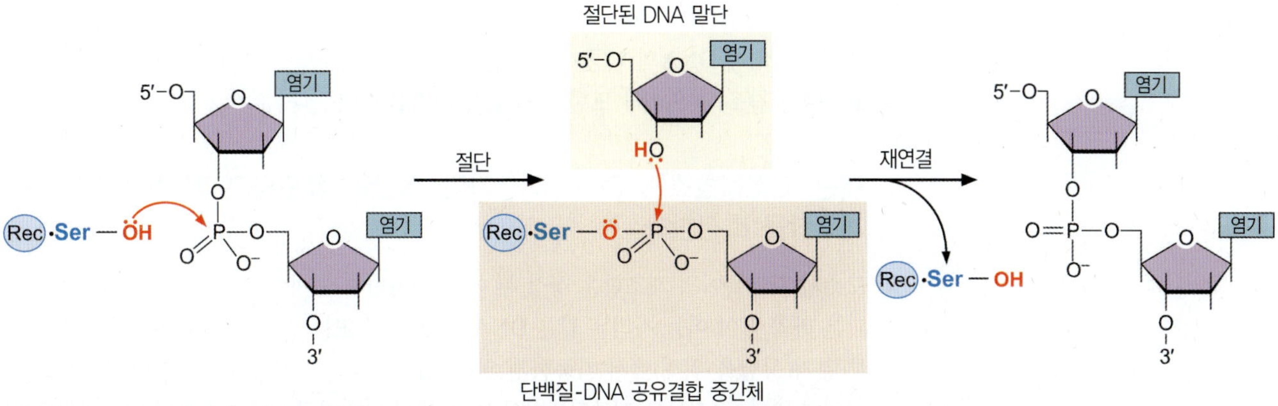

절단된 DNA 말단

단백질-DNA 공유결합 중간체

그림 12-5 세린 및 티로신 재조합효소에서 일어나는 공유결합 중간체를 경유한 작용 기작. 활성부위 세린의 OH기는 인산을 공격하여 재조합자리에서 단일가닥 절단을 유도한다. 절단된 DNA의 OH기는 단백질-DNA 공유결합을 재공격하여 절단반응의 반대가 되어 DNA를 봉합하고 단백질을 방출한다. Rec으로 표시된 재조합효소는 파란색으로 나타낸다.

결합의 에너지를 보존한다. 그 결과로서 DNA 가닥들은 절단과정과는 반대로 재연결될 수 있다. 역으로 절단된 DNA의 OH기는 공유결합을 공격하여 DNA에 단백질을 연결시킨다. 이러한 과정은 절단된 DNA를 공유결합으로 연결하고 DNA와 결합하지 않은 재조합효소를 재생시킨다(그림 12-5 참조).

이러한 기작 특성이 보존성 자리특이적 재조합효소에 "보존성"을 붙이게 된다. 왜냐하면 재조합효소에 의하여 일어나는 모든 반응에서 절단된 DNA 결합이 이 효소에 의하여 다시 연결되기 때문이다. 이때 이들 단백질에 의한 DNA 절단과 연결반응은 ATP 가수분해에 의해 방출되는 외부에너지의 공급은 필요 없다. 공유결합 중간체를

표 12-1 계열과 기능에 따른 재조합효소의 분류

재조합효소	기능
세린 계열	
Salmonella Hin 역위효소	*hix* 부위를 인식하여 염색체 부위를 역위시켜 유전자 프로모터를 바꾸어준다. 두 종류의 독특한 표면항원의 발현을 허용한다.
전위인자 Tn*3* 및 γδ resolvases	복제전위로 일어나는 DNA 융합 현상을 해결하기 위해 DNA 결손반응을 촉진한다. 재조합자리는 *res* 자리로 부른다.
티로신 계열	
박테리오파지 λ 통합효소	대장균 염색체의 특이적 염기서열에서 파지 λ 유전체의 DNA 통합과 방출을 촉진한다. 재조합자리는 *att* 자리로 부른다.
파지 P1 Cre	파지 DNA의 인식 자리(*lox* 부위로 불림)에서 감염 중인 파지 DNA의 원형화를 촉진한다.
대장균 XerC 및 XerD	2량체 원형 DNA 분자를 단량체로 변환시키는 몇몇 DNA 결손반응을 촉진한다. 플라스미드 자리(*cer*)와 염색체 자리(*dif*)를 인식한다.
효모 FLP	돌림바퀴-복제라 불리는 DNA 증폭반응을 수행하는 효모 2 μ 플라스미드의 부위를 역위시킨다. 재조합자리는 *frt* 자리로 부른다.

갖는 이러한 절단 기작은 재조합효소들에만 있는 특이한 것은 아니다. 감수분열 중(11장 참조)에 DNA의 이중가닥을 절단하여 상동재조합을 시작하는 DNA 위상이성효소(4장 참조)와 Spo11 또한 이와 같은 기작을 이용한다.

세린 재조합효소는 DNA 이중가닥 절단을 유도하고 가닥을 바꾸어서 재조합을 촉진한다

보존성 자리특이적 재조합은 항상 두 개의 재조합자리 사이에서 일어난다. 위에서 살펴본 바와 같이 이들 자리는 같은 DNA 분자(역위 또는 결손을 위해) 또는 두 개의 다른 분자(통합을 위해)에서 가능하게 된다. 재조합자리의 각각은 이중가닥 DNA로 구성되어 있다. 그러므로 재조합반응에서 네 개의 단일가닥 DNA(각각의 이중가닥으로부터 두 개씩)는 절단되고 다른 가닥과 재연결되어 재배열된 DNA를 생성하게 된다.

세린 재조합효소는 가닥교환 이전에 네 개의 가닥 모두를 절단한다(그림 12-6). 재조합효소의 한 분자는 이들 각각의 절단반응을 촉진하기 때문에 네 개의 아단위가 요구된다.

어버이 DNA 분자에 있어서 이들 이중가닥 DNA 절단은 네 개의 이중가닥 DNA

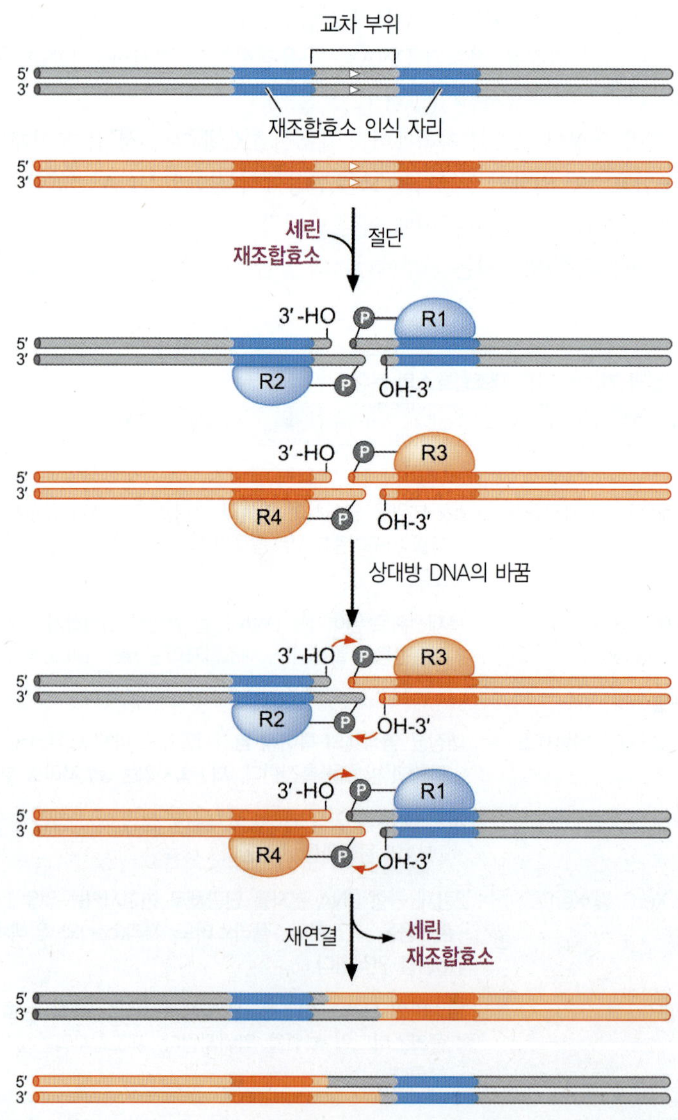

그림 12-6 세린계 재조합효소에 의한 재조합. 네 개의 DNA 가닥 각각은 단백질 한 개의 아단위에 의해 교차 부위에서 절단된다. 이들 아단위는 R1, R2, R3, R4로 표시되며 하나의 DNA 이중가닥의 두 개 개별가닥 절단은 두 개의 염기에서 점착성 말단 형태로 일어난다. 따라서 재조합 산물에 있어서 두 개의 염기 부위는 교잡 이중가닥을 형성한다. 재조합자리는 그림 12-4에서 보여주는 것과 유사하다.

조각(그림 12-6에서 R1, R2, R3, R4와 같이 이들에 붙는 단백질에 의해 표시됨)을 생성한다. 재조합이 일어나기 위해 위쪽 DNA 분자의 R2 조각은 아래쪽 DNA 분자의 R3 조각과 재조합되어야 한다. 마찬가지로 위쪽 분자의 R1 조각은 아래쪽 DNA 분자의 R4 조각과 재조합되어야 한다. 이들 DNA의 "바뀜(swap)"이 일어나면 각각의 절단된 DNA 가닥의 3′ 말단의 OH기는 새로운 상대방 조각에 있는 재조합효소-DNA 결합을 공격할 수 있다. 위에서 언급한 것처럼 이들 반응은 재조합효소를 유리시키고 DNA 가닥을 공유적으로 봉합하여 재배열된 DNA 산물을 생성시킨다.

세린 재조합효소-DNA 복합체의 구조는 아단위들이 가닥교환을 이루기 위해서 회전한다는 것을 나타낸다

재조합 과정에서 세린 재조합효소-DNA 복합체의 구조는 DNA 가닥교환이 물리적으로 어떻게 조화를 이루어 일어나는지에 대한 스냅사진을 제공한다. 이 복합체는 네 개의 재조합효소 아단위와 두 개의 절단된 이중가닥 DNA 분자로 구성되어 있다. 각각의 재조합효소 아단위에서의 활성 부위 세린과 각각의 재조합 중간 부위 DNA의 5′-인산기 사이의 공유연결이 분명히 보인다. 이들 각각의 연결들은 다시 자유로운 3′-OH DNA를 남기게 되어 이것이 가닥교환에 참여할 수 있게 한다.

이 구조의 가장 극적인 특징은 "위"와 "아래" 재조합효소 2량체 사이의 크고, 평평한 경계면이다(그림 12-7a). 이 구조는 대부분 소수성이며, 미끄러워서 복합체의 위와 아래 반쪽의 회전을 서로 방해하는 작은 장애물이 된다. 그러나 상보적인 양성과 음성 전하들의 어떤 부위는 초기와 180° 회전된 위치에서 특이적으로 구조를 안정화시키는 데 관여할 수 있다. 따라서 이 복합체에 대한 분석은 재조합의 작용 기작이 (1) 공유결합 효소-DNA 중간체 형성을 위한 DNA 절단과정, (2) 단백질-DNA 복합체에서 효소 이중체의 180° 회전과정, (3) 새로 재조합된 구조에서 가닥들을 연결하기 위하여 3′-OH DNA 말단부들의 분해효소-DNA 연결부들에 대한 공격과정으로 구성되는 모델을 강력하게 지지한다. 추가적인 구조 및 작용기작에 대한 실험이 완결될 때에 이와 같은 극적인 단백질 회전에 대한 구체적 설명이 나올 수 있을 것이다(그림 12-7b).

티로신 재조합효소는 DNA 가닥 쌍을 절단하고 동시에 재연결한다

세린 재조합효소와는 반대로 티로신 재조합효소는 먼저 첫 번째 두 개의 DNA 가닥을 절단 및 재연결하고 다음에 다른 두 개의 가닥을 절단 및 재연결한다(그림 12-8). 그들의 재조합자리에 배열되어 있는 두 개의 DNA 분자를 생각해 보라. 네 개의 개별 DNA 가닥 중에서 각각 하나씩을 절단하기 위해서 4분자의 재조합효소가 필요하다. 재조합을 시작하기 위해 왼쪽의 재조합효소 결합 부위(그림 12-8a의 R1과 R3로 표시됨)에 결합된 재조합효소의 아단위는 각각 그들이 결합하는 DNA 분자의 위쪽 가닥을 절단한다. 이와 같은 절단은 교차 부위의 첫 번째 뉴클레오티드에서 일어난다. 다음은 위쪽(회색) DNA 분자로부터 오른쪽 위쪽 가닥과 아래쪽(빨간색) DNA 분자로부터 오른쪽 위쪽 DNA 가닥이 상대방을 바꾸게 된다. 이들 두 DNA 가닥은 그때 연결되어 재조합된 구조가 된다. 이와 같은 첫 번째 가닥의 교환반응은 홀리데이 접합으로 알려진 가지형의 DNA 중간체를 생성한다(11장 참조, 그림 12-8b).

일단 첫 번째 가닥교환이 완성되면 두 개 이상의 재조합효소 아단위(R2와 R4로 표시된 것들)는 DNA 분자 각각의 아래쪽 가닥을 절단한다(그림 12-8c). 이들 가닥은

그림 12-7 세린 재조합효소의 구조. (a) 구조는 크고 평평한 4개의 아단위 경계면, 즉 회전 부위를 보여준다. 재조합효소 4량체(tetramer)는 청록색 아단위 2량체(위)와 회색 아단위 2량체(아래)가 합쳐져서 구성된다. 4량체의 각각의 아단위는 자리특이적으로 4개의 "DNA 팔"과 하나씩 결합된다(DNA 분자의 바깥면과 단백질 아단위의 α 나선 사이의 접촉이 일어난다). 완전한 재조합 반응을 위해서 네 개의 DNA 가닥 모두 절단되어야 한다(그림 12-6에서 보여준 것처럼). 그러나 이 구조에서는 단지 두 가닥의 DNA만 절단된다. (Li W. et al. 2005. *Science* **309**: 1210. PDB Code: 1ZR4.) 이미지는 MolScript, BobScript 및 Raster 3D로 나타내었다. (b) 위 배열에서 옆 관찰을 통해 회전 부위인 4량체 경계면을 보여준다. 아래 배열에서 4량체의 아단위 쌍들의 정렬각도를 보여주는(색 있는 막대로 보여준 것처럼) 위 관찰로 봤을 때 구조들은 90°까지 회전된다. 이 배열에서 구조는 DNA 절단과정 중의 세린 재조합효소 4량체의 다른 회전구조들을 보여준다. 왼쪽에서 시작하는 4량체 구조(모구조)는 절단을 위한 위치에 놓이고, 각 회전하는 아단위 쌍의 나선들은 대략 50°의 각도로 위치하게 된다. 처음 35° 시계 방향 회전으로 아단위 쌍들의 나선들이 85°의 교차각을 생성하게 된다. 추가적인 90° 회전은 정렬된 구조를 생성하고, 최종적으로 55° 회전으로 1회의 아단위 교환이 완결되고 재조합체 구조에서 연결을 위하여 DNA 가닥들을 정렬한다. (Image modified, with permission, from Johnson R.C. and McLean M.M. 2011. *Structure* **19**: 751–753; Fig. 2, p. 752. © Elsevier.)

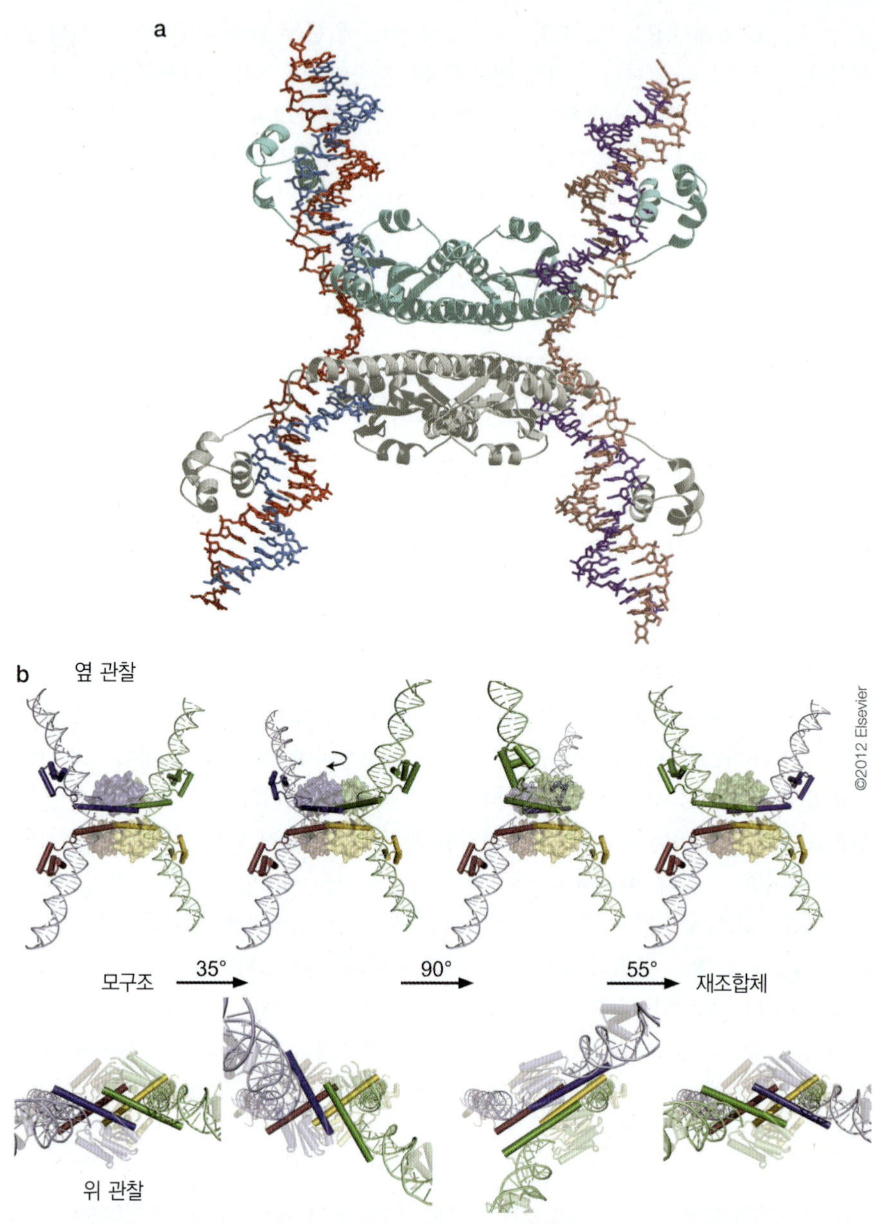

다시 상대방을 교체하여 절단반응과는 반대로 연결이 이루어진다. 이와 같은 "2차 가닥" 교환반응은 홀리데이 접합을 "원상태"(예를 들면, 분해효소; 11장 참조)로 돌려 재배열된 DNA 산물을 생산한다. 다음 단락에서 재조합효소 단백질-DNA 복합체에서 이와 같은 화학반응이 어떻게 일어나는지에 대해서 서술할 것이다.

DNA에 결합하는 티로신 재조합효소의 구조는 DNA 교환 기작을 밝혀준다

티로신 재조합효소는 자리특이적 재조합의 작용 기작을 이해하는 데 가장 적합하다. 이 단백질 계통에서 몇몇 구조가 밝혀졌고, 이들 구조는 재조합효소가 재조합에서 하는 역할을 밝혀주었다. 하나의 보기 좋은 예는 재조합 DNA의 두 개의 다른 구조에 결합하는 Cre 재조합효소의 구조이다. 이들 구조에서 유추된 작용 기작은 나중에 자세하게 서술되어 있다. Cre는 P1 파지의 감염 중에 선형 파지 유전체를 원형으로 바

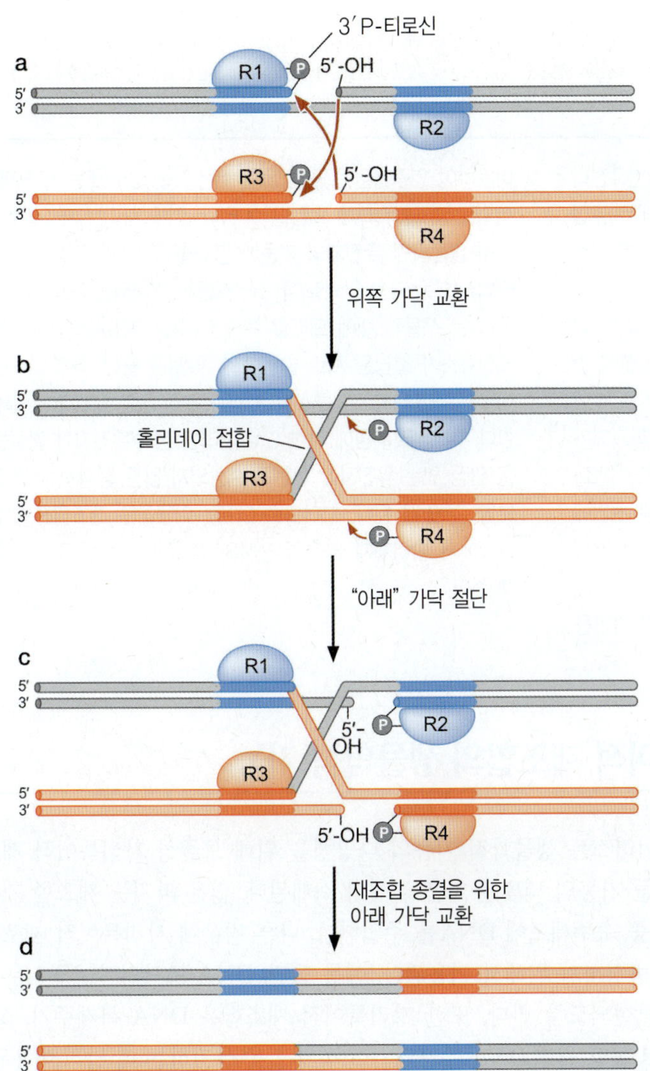

그림 12-8 티로신 재조합효소에 의한 재조합. R1과 R3 아단위는 첫 단계에서 DNA를 절단한다(a). 예시에서 보여주는 것처럼 단백질은 3′ P-티로신 결합에 의해 절단된 DNA에 연결된다. (b) 절단 부위에 있는 두 개의 5′-OH기가 각각 다른 DNA 분자에 있는 단백질-DNA 결합을 공격할 때 첫 번째 가닥 쌍의 교환이 일어난다. (c, d) R2와 R4 아단위를 이용해서 같은 기작에 의해 두 번째 가닥 교환이 일어난다. (Adapted from Craig N. et al. 2002. *Mobile DNA II*, Color Plate 1, Chapter 2. © ASM Press.)

꿔주는 기능을 가진 파지 P1에 의해 암호화되는 효소이다. Cre가 작용하는 DNA 재조합자리는 *lox* 부위로 불린다. Cre-*lox*는 티로신 재조합효소에 의한 재조합의 간단한 예이다. 즉, Cre 단백질과 *lox* 부위는 완전한 재조합을 위해 필요하다. 또한 Cre는 유전공학에서 도구로 널리 이용된다(글상자 12-1, "자리특이적 재조합의 유전공학적 응용" 참조).

Cre-*lox* 구조에서 재조합은 4개의 Cre 아단위를 요구하고 각각의 아단위는 기질 DNA 분자에 있는 하나의 결합자리에 각각 한 개씩 결합한다는 것을 밝혀주었다(그림 12-9). DNA 구조는 일반적으로 한 개의 Cre 아단위에 의해 결합되는 접합에 각각의 "팔"을 갖고 있는 네모꼴에 네 방향을 향하는 접합(11장에 서술된 홀리데이 접합 참조) 형태이다. 처음에 얼핏 보면 4배 대칭을 가지고 있는 것처럼 보이지만 실제로는 그렇지 않다. Cre는 녹색으로 보여주는 구조 1에 한 쌍의 아단위와 자주색으로 보여주는 구조 2의 다른 쌍의 두 종류의 독립적 구조로 존재한다(그림 12-9b). 이들 구조의 하나(그림에서 녹색 아단위)에서 Cre는 DNA를 절단하고 연결할 수 있다. 그러므로 단지 한 개의 아단위 쌍이 동시에 활성 구조를 갖는다. 이와 같은 활성 구조에서의 아단위 쌍은 반응이 진행될 때 반응을 전환시킨다. 이 반응전환은 재조합 진행 과정을 조절하고 순차적으로 동시에 한 가닥씩 교환 기작을 일으키는 것을 확실하게 하는 데 결정적인 역할을 한다.

▶ 의학관련

글상자 12-1 자리특이적 재조합의 유전공학적 응용

어떤 자리특이적 재조합 시스템은 너무 간단하기 때문에 실험유전학의 도구로 널리 이용되고 있다. Cre 재조합효소 및 이것과 매우 밀접한 관계가 있는 FLP 재조합효소는 모두 진핵생물에서 유전자를 결실시키는 실험에 이용된다(부록 1 예시 참조).

이것에 대한 유용한 예는 아래와 같은 가설적인 예를 고려할 때 명확해진다. 연구자가 폐암의 진행에 관련된 특이한 유전자의 역할에 관심을 갖고 이 과정을 모델생물로서 생쥐를 이용하여 연구하기를 희망한다고 가정한다(부록 1 참조). 그러나 관심 있는 유전자가 파괴되거나 혹은 "기능이 제거(knock-out) 되었을 때"(그림 부록 A-27 참조) 초기 배발생 동안 모든 생쥐는 죽는다. 분명히 유전자는 발생 초기에 꼭 필요한 것임을 알 수 있다. 폐암에 있어 그것의 역할이 어떻게 성체동물에서 연구될 수 있을까?

자리특이적 재조합은 종종 답을 제공할 수 있다. 일상적인 방법을 이용하여 연구자들은 관심 있는 유전자를 Cre(또는 FLP)에 의해 인식되는 재조합자리에 도입할 수 있다. 이들 자리는 재조합효소가 존재하지 않는다면 유전자의 기능에 영향을 주지 않을 것이다. 한편 Cre 단백질(또는 FLP 단백질)을 조심스럽게 조절되는 프로모터의 조절 하에 같은 생물체 내에 도입할 수 있다(19장 참조). 그러므로 생쥐는 재조합효소가 결핍된 채로 발생할 수 있지만 출생 후에 Cre 발현을 시작할 수 있다. 재조합효소의 존재는 관심 있는 유전자의 결실을 야기한다. 이 경우 폐암에 대한 Cre 처리된 생쥐(유전자가 결실됨)의 성향을 관심 있는 유전자가 여전히 손상되지 않은 정상적 새끼 생쥐와 비교할 수 있게 된다. 그러므로 Cre를 이용하는 재조합은 발생의 다른 단계에서 밝혀지지 않은 유전자의 잠재적 기능을 규명할 수 있도록 해 준다.

자리특이적 재조합의 생물학적 기능

세포와 바이러스는 생물학적 기능의 다양성을 위해 보존성 자리특이적 재조합을 이용한다. 이들 기능의 몇몇은 다음 절에서 소개된다. 많은 파지는 재조합 기작을 이용하여 감염 중 숙주세포에 DNA를 주입한다. 다른 경우에 자리특이적 재조합은 유전자 발현을 변경하기 위해서 이용된다. 예를 들면, DNA 조각의 역위는 두 개의 대체 유전자가 발현되도록 한다. 또한 자리특이적 재조합은 DNA 복제주기, 상동재조합 및 세포분열 동안 원형 DNA 분자의 구조적 통합을 유지하는 데 널리 이용된다.

자리특이적 재조합 시스템의 비교를 통해 몇몇 일반적인 원리를 밝히게 되었다. 즉, 모든 반응은 DNA에 결합하는 결합체 및 두 개의 재조합자리가 가까이 오도록 하는 방식에 의해 결정적으로 좌우된다. 몇몇 재조합 반응에서는 Cre에 대해 서술한 것처럼 이 결합체는 단지 재조합효소와 DNA 인식 염기서열을 요구하는 것과 같이 매우 단순하다. 이에 비해 다른 반응은 보조 단백질들을 요구한다. 이들 보조 단백질에는 소위 특이적인 DNA 염기서열에 결합하여 DNA를 굽히게 하는 **구성 단백질 (architectural protein)**을 포함한다. 그들은 특이한 모양으로 DNA를 구성하여 그것으로 인해서 재조합을 촉진한다. 또한 구성 단백질은, 예를 들면 DNA 조각의 통합이 일어나는 것을 확실하게 하기 위하여 역반응, 즉 DNA 절제를 막기 위한 방식으로 재조합반응의 방향을 조절할 수 있다. 명확하게 이런 종류의 조절은 체계적인 생물학적 결과물을 위해서 필수적이다. 최종적으로 재조합효소는 특이한 DNA 재배열이 발생하고 다른 세포반응과의 협력이 필요할 때 이를 조절하기 위해 다른 단백질에 의해 조절될 수 있음을 알 수 있다.

λ 통합효소는 바이러스 유전체의 숙주세포 염색체로의 통합과 절제를 촉진한다

박테리오파지 λ가 숙주 세균에 감염될 때 일련의 조절 현상을 통해 숙면의 **용원성 상태(lysogenic state)** 혹은 **용균성 생장(lytic growth**; 18장, 부록 1 참조)이라 불리는

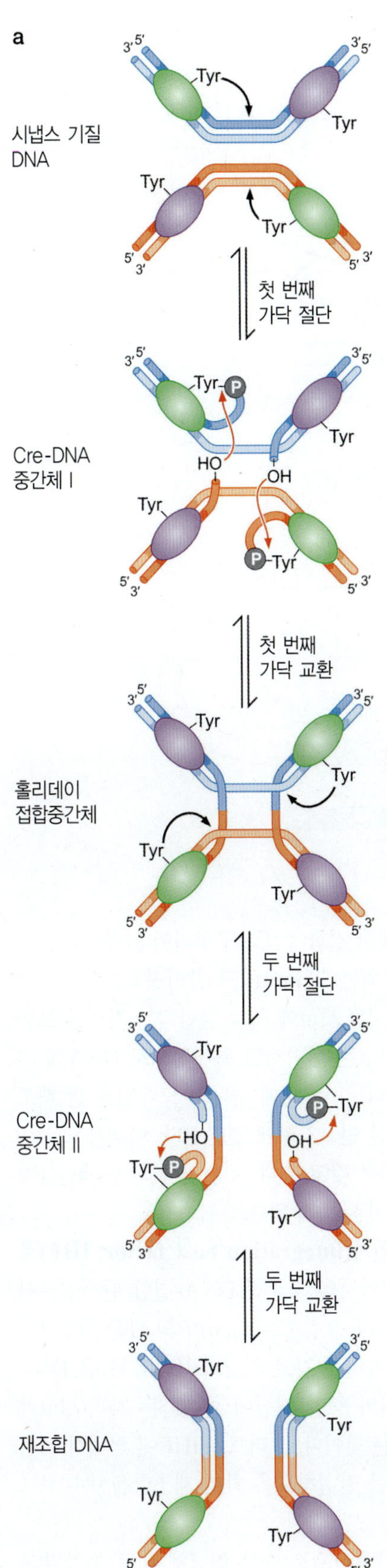

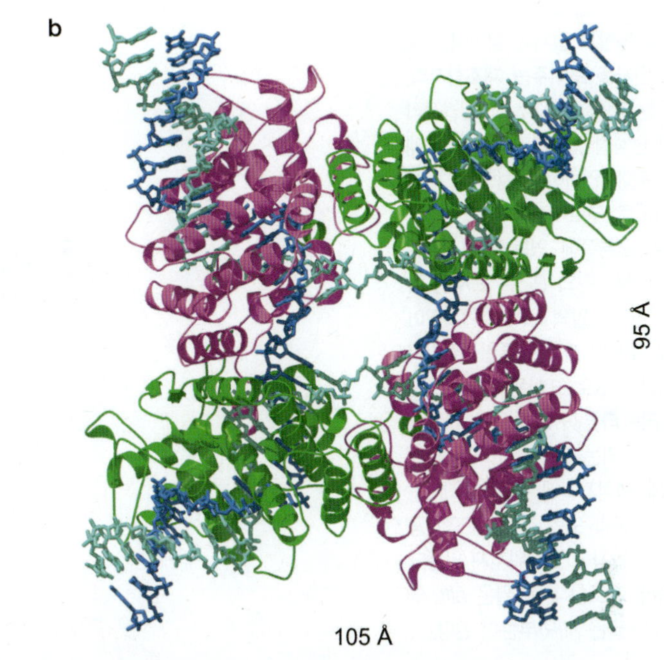

그림 12-9 Cre 재조합효소에 의한 자리특이적 재조합의 작용 기작. (a) "동시에 한 가닥씩" 방법으로 교환 기작을 보여주는 일련의 중간체 Cre-DNA 구조. 각각의 그림에서 녹색으로 보이는 두 개의 아단위는 활성이 있는 구조이다. 첫 번째 가닥 절단 후에 아단위의 색깔이 Cre 아단위의 두 번째 쌍이 활성 구조가 되도록 바뀌게 된다. (Adapted, with permission, from Guo F. et al. 1997. *Nature* **389**: 41. © Macmillan.) (b) 홀리데이 접합 중간체[(a) 부분의 3번째 그림과 일치]에 결합하는 Cre의 결정구조. 녹색으로 보이는 두 개의 아단위는 자주색으로 보이는 것과 다른 구조인 것을 주목하라. 그러므로 복합체는 4배 대칭을 가지고 있지 않다. 예를 들어, 이 구조에서 인접한 DNA "팔"의 쌍은 다른 쌍보다 더 가까이 위치해 있음을 주목하라. (Gopaul D. N. et al. 1998. *EMBO J.* **17**: 4175.) 이미지는 MolScript, BobScript 및 Raster 3D로 나타내었다.

과정 중 하나를 선택하게 된다. 용원성균으로의 정착은 숙주 염색체 내에 파지 DNA의 통합을 요구한다. 마찬가지로 파지가 용원균 상태를 벗어나 복제하여 새로운 파지 입자를 만들 때 숙주 염색체로부터 자신의 DNA가 절제되어야 한다. 이와 같은 통합/절제 반응의 분석은 자리특이적 재조합에 대한 첫 번째 분자적 통찰을 제공하였다.

통합하기 위해서 λ 통합효소 단백질(λInt)은 *att* 또는 attachment 자리로 알려진 두 개의 특이적인 자리 간의 재조합을 촉매한다. *attP* 자리는 파지 DNA(파지에 대하여 *P*)에, *attB* 자리는 세균의 염색체(세균에 대하여 *B*; 그림 12-2 참조)에 있다. λInt는 티로신 재조합효소이며, 가닥교환 기작은 위에서 서술한 Cre 단백질의 경로를 따른다. 그러나 Cre 재조합과는 달리 λ 통합은 단백질-DNA 복합체를 구성하는 것을 돕기 위한 보조 단백질을 필요로 한다. 이들 단백질은 DNA 통합과 절제가 파지 생활환에서 정확한 시간에 일어나는 것을 확실하게 하기 위해 반응을 조절한다. 여기서 처음에는 통합과정을 먼저 이해하고 어떻게 절제가 시작되는지도 살펴볼 것이다.

*attP*와 *attB* 자리의 매우 비대칭적인 구조가 λ 통합의 조절에 중요하다(그림 12-10). 양쪽 자리는 약 30 bp의 중앙 핵심조각을 갖고 있다. 이 핵심 재조합자리는 위에서 서술한 것과 같이 두 개의 λInt 결합자리와 한 개의 가닥교환이 일어나는 교차 부위로 구성되어 있다. 그런데 *attB*는 중앙 핵심 부위로만 구성되어 있는 데 비해 *attP*

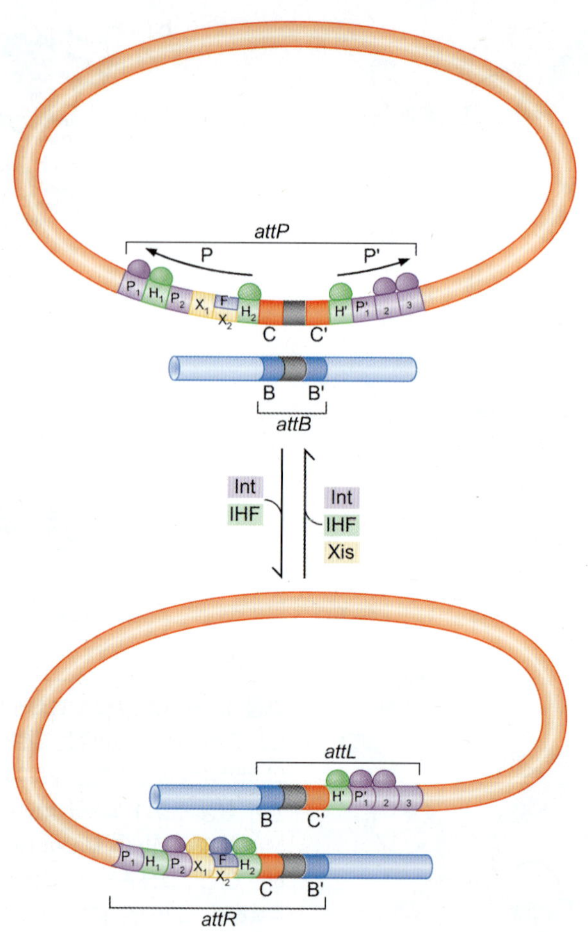

그림 12-10 λ 통합과 절제에 참여하는 중요한 염기서열 인자를 보여주는 재조합자리. C, C′, B, B′는 핵심(core) λInt 결합자리이다. 부가적인 단백질 결합자리는 *attP* 상에 있고 C와 C′ 뒤에 연이어 위치한다. 이들 부위를 "팔(arm)"로 부르며 왼쪽에 있는 염기서열은 P 팔, 오른쪽에 있는 염기서열은 P′ 팔이라 한다. P_1, P_2와 P_1'로 표시된 작은 자주색 박스자리는 팔의 λInt 결합자리이다. 그리고 H로 표시된 자리는 통합숙주인자(IHF) 결합자리이고, X로 표시된 자리는 Xis 결합자리이다. F는 다른 구성 단백질 Fis 결합자리이며, 회색자리는 교차자리이다. 명쾌하게 하기 위해 핵심자리에 결합한 λInt는 보여주지 않았다. 통합 또는 절제 재조합 중에 모든 단백질 결합자리가 채워지지 않는다는 점을 주목하라. 재조합 후 P 팔은 *attL* 부분으로 반면에 P′ 팔은 *attR* 부분이 된다.

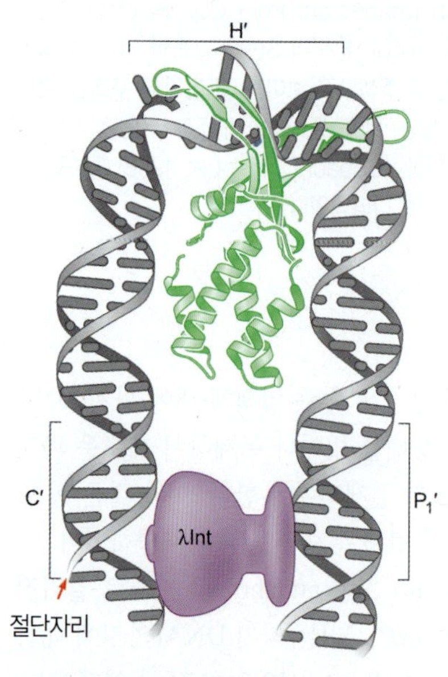

그림 12-11 DNA-결합자리 간의 접근을 위한 통합숙주인자(IHF)의 DNA 구부림 모델. *AttP*의 P′ 팔의 λInt와 IHF 결합자리를 보여준다. H′ 자리에 IHF가 결합함으로써 DNA가 구부려져서 한 개의 λInt 분자가 P_1'과 C′ 자리 양쪽에 결합하도록 한다. H′ 자리 내의 DNA 절단은 IHF-DNA 복합체의 구조분석에 이용되는 DNA 틈새(nick)를 반영하는 것이다. (Adapted, with permission, from Rice P. et al. 1996. *Cell* **87**: 1295–1306, Fig. 8. © Elsevier.)

는 240 bp로 훨씬 길고, 몇 개의 추가적인 단백질 결합자리로 구성되어 있다.

AttP 핵심자리 각 측면에 뒤이어 나오는 부위는 "팔(arm)"로 알려진 DNA 부위이다. 이 팔은 그림 12-10에서 P_1, P_2와 P′로 표시된 λInt에 의해 결합되는 자리를 포함하는 다양한 단백질 결합자리를 갖고 있다. λInt는 염기서열 특이적으로 DNA에 결합하는 두 개의 도메인을 가진 드문 단백질이다. 이 가운데 하나의 도메인은 팔 재조합효소 인식자리에 결합하고 다른 하나는 핵심 인식자리에 결합한다. 이외에도 *attP*의 팔은 몇 종의 구성 단백질에 결합되는 자리를 갖고 있다. 어떤 종류의 단백질들이 결합하는지에 따라 재조합의 방향성과 효율성이 다르게 된다.

통합은 *attB*, *attP*, λInt 그리고 **통합숙주인자(integration host factor, IHF)**로 불리는 구성 단백질을 요구한다. 이 IHF는 염기서열 의존적 DNA-결합 단백질로서 DNA에 160° 이상의 큰 구부림을 일으키게 한다(그림 12-11). *attP*의 팔은 그림 12-10의 H_1, H_2, H′로 표시된 세 개의 IHF 결합자리를 갖고 있다. IHF의 기능은 DNA 팔(λInt가 강하게 결합하는 자리)의 λInt 자리와 중앙 핵심에 존재하는 자리(λInt가 약하게 결합하는 자리)가 함께 근접하도록 하는 것이다. 그러므로 IHF에 의해서 조절되는 DNA의 구부림이 λInt가 약한 핵심자리를 발견하도록 하여 재조합을 촉매하게 한다.

재조합이 완성될 때 원형 파지 유전체는 안정적으로 숙주 염색체 내로 통합된다. 그 결과 파지와 숙주 DNA 사이의 연결자리에 두 개의 새로운 잡종(hybrid) 자리가 생성된다. 이 자리는 *attL*(왼쪽)과 *attR*(오른쪽)로 표시된다(그림 12-10 참조). 이 자리는 그림 12-10의 P와 P′ 자리의 위치를 볼 때 둘 다 핵심 자리를 가지고 있지만 두 개의 팔 부위는 서로로부터 분리된다. 그러므로 이 새로운 배열에서 두 개의 핵심 부위의 어느 것도 통합을 위해 복합체를 생성하는데 사용되는 기작을 이용하여 활성 λ Int 재조합효소 복합체를 조합하는 것과 경쟁적이지 않게 된다. 즉, 간단히 보면 결합에 중요한 DNA 자리는 이제 올바른 위치에 있지 않게 된다.

박테리오파지 λ 절제는 새로운 DNA-구부림 단백질을 요구한다

어떻게 λ가 절제되는가? 이것은 파지에서 암호화되는 하나의 다른 구성 단백질이 절제 재조합에 필수적이다. 절제를 위해 Xis로 불리는 단백질이 특이적으로 DNA 염기서열에 결합해서 DNA에 구부림을 유도한다. 이와 같은 방법으로 Xis는 IHF와 기능적으로 유사하다. Xis는 그림 12-10의 *attP*에 존재하는 X1과 X2로 표시된 *attR*의 한쪽 팔에 존재하는 두 개의 염기서열 모티프를 인식한다. 이들 부위에 결합하는 것은 140° 이상의 큰 구부림을 초래하고 Xis, λInt와 IHF가 함께 *attR*에서 활성 단백질-DNA 복합체를 형성하여 절제를 자극하게 된다. 이때 이들 복합체는 *attL*에 모인 단백질과 생산적으로 상호작용하여 재조합이 일어나게 된다.

절제(*attL*과 *attR* 사이의 재조합)를 자극하는 것에 부가적으로 Xis에 의한 DNA 결합은 통합(*attP*와 *attB* 사이의 재조합)을 억제한다. Xis가 *attP*에 결합하여 만들어 내는 DNA 구조는 이 부위에서 λInt와 IHF의 적절한 조합을 부적합하게 한다. Xis는 파지 암호화된 단백질이고 파지가 용균성 생장을 시작할 때에만 만들어진다. Xis 발현은 18장에서 자세하게 소개된다. 절제를 위한 촉진적 보조인자(cofactor) 및 통합의 억제자로서 Xis의 이원적 작용이 Xis가 존재할 때 파지 유전체가 숙주 염색체로부터 앞으로 자유로울 것이거나, 현재 자유롭게 남아 있도록 하는 것을 확실하게 해준다.

Hin 재조합효소는 DNA 조각을 역위시켜 대체 유전자의 발현을 가능하게 한다

Salmonella Hin 재조합효소는 자신의 염색체 조각을 역위시켜 두 세트의 대체 유전자 발현을 가능하게 한다. Hin 재조합은 비교적 세균에 공통적인 프로그램화된 재배열로 알려진 일종의 재조합 반응의 예이다. 이 반응은 종종 환경의 갑작스런 변화에 집단의 일부분이 "미리 적응하는(preadapt)" 기능이 있다. Hin 역위의 경우에 있어 재조합은 지금 설명하는 것처럼 세균이 숙주 면역체계를 피하도록 도와주는 데 이용된다.

역위 과정으로 조절되는 유전자는 H1과 H2로 불리는 두 개의 대체 편모 단백질인 플라젤린(flagellin)을 암호화한다. 즉, 이 단백질은 편모사(flagellar filament)의 구성 단백질이 된다. 편모는 세균의 표면에 존재하고 면역계에 대한 공통 표적물이다(그림 12-12). Hin을 이들 대체 형태로 변환함으로써 적어도 세균 집단의 몇몇 개체들은 면역계에 의한 이들 표면구조의 인식을 피할 수 있다.

Hin에 의해 역위되는 염색체 부위는 약 1000 bp이고 *hixL*(왼쪽)과 *hixR*(오른쪽)이라 불리는 특이적 재조합자리에 의해 곁가지로 연결되어 있다(그림 12-13). 이들 염기서열은 서로에 대해서 역위 방향에 놓여 있다. 세린 재조합효소인 Hin은 이들 효소계열에 대해서 위에서 설명한 기본 기작을 이용하여 역위를 촉진한다. 역위 가능 조각은 Hin과 프로모터를 암호화하는 유전자를 갖고 있으며, 프로모터가 *hixR* 부위에 직접 인접하는 위치에서는 역위 가능 조각의 바깥쪽에 위치하는 유전자를 발현하도록

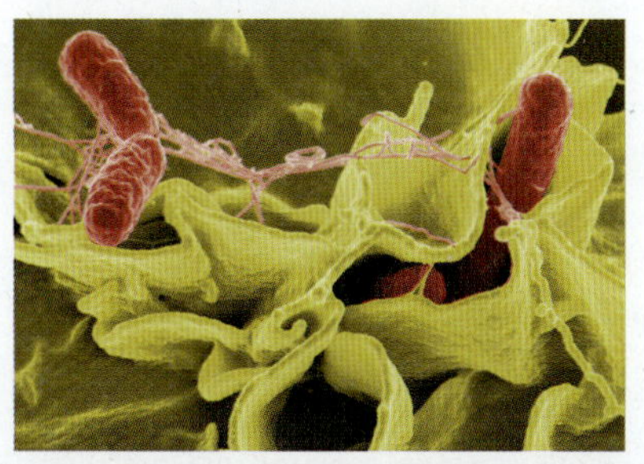

그림 12-12 편모를 보여주는 세균(*Salmonella*)의 현미경 사진. 색을 강화한 주사전자현미경 사진은 인간의 배양세포에 침입하는 *Salmonella typhimurium*(빨간색)을 보여준다. 세균에서 머리카락 같은 노출물이 편모이다. (Courtesy of the Rocky Mountain Laboratories, NIAID, NIH.)

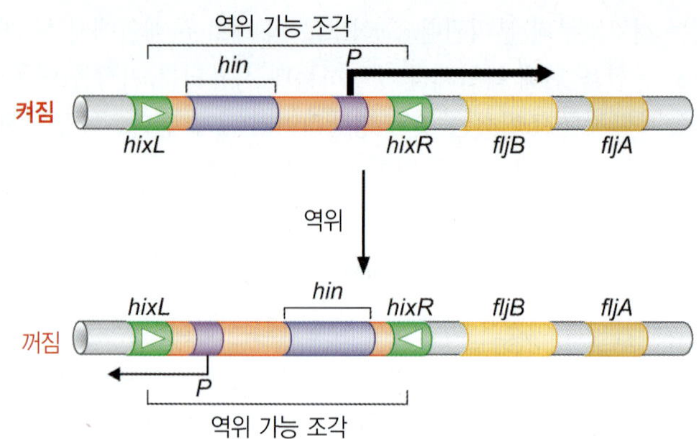

그림 12-13 ***Samonella*의 Hin 재조합효소에 의한 DNA 역위.** *Hix* 부위 사이에서 DNA 조각의 역위는 프로모터(*P*)의 방향을 바꾸어서 플라젤린(flagellin) 유전자 발현을 두 개의 대체 형태가 생기게 한다.

할 수 있다. 역위 가능 조각이 "켜짐" 위치에 있을 때는 이와 인접한 유전자들이 발현되지만 "꺼짐" 위치로 뒤바뀌어 있을 때는 기능 프로모터가 없기 때문에 유전자들은 전사될 수 없게 된다.

"뒤바뀜(flipping)"이 가능한 프로모터의 조절 하에 있는 두 유전자는 H2 플라젤린을 암호화하는 *fljB*와 H1 플라젤린에 대한 유전자의 전사억제자를 암호화하는 *fljA*이다. H1 플라젤린 유전자는 멀리 떨어진 다른 부위에 위치한다. 그러므로 "켜짐" 위치에서는 H2 플라젤린과 H1 억제자가 발현된다. 따라서 이 세포들은 표면에 독점적으로 H2형 플라젤린을 가지게 된다. 그러나 "꺼짐" 위치에서는 H2 플라젤린도 H1 억제자도 합성되지 않음으로 H1형 편모가 존재하게 된다.

Hin 재조합에는 DNA 증폭자를 요구한다

Hin 재조합에는 *hix* 부위 이외의 부가적인 염기서열을 요구한다. 60 bp 내외의 짧은 이 염기서열은 재조합 속도를 1000배 정도 촉진시키는 증폭자(enhancer)이다. 이 염기서열은 재조합자리로부터 멀리 떨어진 곳에 있을 때도 19장에서 서술한 전사를 촉진시키는 증폭자 염기서열과 같은 기능을 수행할 수 있다. 증폭자가 기능을 수행하기 위해서는 **역위 촉진에 관여하는 인자(factor for inversion stimulation, Fis)**로 명명된 세균 Fis 단백질을 요구한다. Fis는 IHF처럼 자리특이적으로 DNA를 구부려주

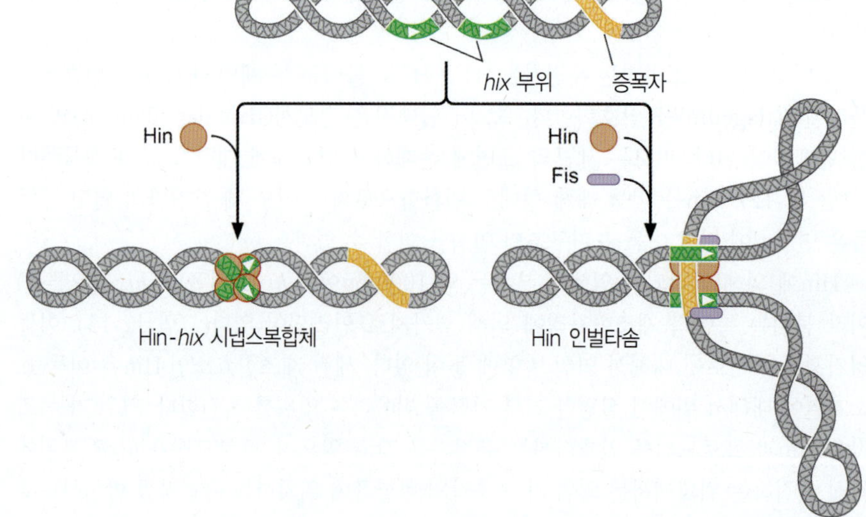

그림 12-14 Hin 촉매된 재조합 과정 중에 형성되는 복합체. Hin 단백질은 단독으로 두 개의 *hix* 자리를 인식하여 쌍을 만든다. Fis 단백질이 존재하면 세 개의 조각 복합체를 형성할 수 있다. 이 복합체를 인벌타솜(invertasome)이라 부르며 이것이 재조합을 촉진시키는 가장 높은 활성 복합체이다. (Adapted, with permission, from Craig N. et al. 2002. *Mobile DNA II*, p. 246, Fig. 9. © ASM Press.)

는 단백질이다. 이외에도 이것은 재조합에 중요한 Hin 단백질과 단백질-단백질 결합을 만들게 한다.

Fis-증폭자 복합체는 재조합의 촉매 과정을 활성화시킨다. Hin은 실제로 *hix* 재조합자리와 결합하여 쌍이 되어 Fis-증폭자 복합체가 없는 곳에서 시냅스복합체를 형성한다(그림 12-14). 이것은 재조합효소-DNA 복합체 형성에서 반드시 보조 단백질을 필요로 하는 λ 통합에 관여하는 IHF의 역할과는 상반된다. Hin의 Fis 활성화를 위해서는 세 가지 DNA 자리, 즉 *hixL*, *hixR*, 증폭자가 결합되는 것이 필요하다. 이 세 갈래길 복합체의 형성은 멀리 떨어져 있는 DNA 자리의 결합을 안정화시켜주는 음성 DNA 초나선꼬임(4장 참조)에 의해 용이해진다. 또한 다른 세균 구성 단백질인 HU도 인벌타솜(invertasome) 복합체가 형성되는 것을 용이하게 해준다. HU는 IHF와 유사한 구조적 상동성이 있지만 IHF와는 대조적으로 염기서열과 무관한 방식으로 DNA에 결합한다.

Fis-증폭자 복합체가 Hin 역위를 조절하는 생물학적 원리는 무엇인가? 중요한 기능은 같은 DNA 분자상에 존재하는 *hix* 자리 간에 재조합이 일어나도록 해주는 것이다. 세균 염색체의 통합을 파괴하는 분자간 DNA 재배열이 회피될 때에도 이러한 선택성은 역위 가능 조각이 종종 뒤바뀌도록 해준다.

파지 λ의 통합 및 절제와는 대조적으로 Hin에 의해 촉매되는 역위는 조절이 되지 않는다. 오히려 역위는 세포집단 내에서 각 방향으로 역위 가능 조각을 가지고 있는 몇몇 세포들이 항상 존재하는 것처럼 확률적으로 일어난다.

재조합효소는 다량체 원형 DNA 분자를 단량체로 변환시켜 준다

세포 내에서 자리특이적 재조합은 원형 DNA 분자를 유지하는 데 중요하다. 원핵생물과 진핵생물의 세포에 있는 대부분의 플라스미드처럼 세균 염색체도 대부분 원형이다. 또한 몇몇 바이러스 유전체도 원형이다. 원형 DNA 분자들이 가지고 있는 근본적인 문제는 때때로 상동재조합이 진행되는 동안 2량체 혹은 다량체가 형성되는 것이다. 이들 다량체 DNA를 단량체로 되돌리기 위해 자리특이적 재조합이 사용될 수 있다.

두 개의 동일한 원형 DNA 분자 사이에서 DNA 교차가 일어날 때 어떤 일이 일어날지 생각해 보자. 이러한 현상이 DNA 복제 동안에 세균 염색체의 두 개의 사본 사이에서 일어나는 것으로 보인다(그림 12-15, 11장 상동재조합 토의 참조). 단일 상동재조합은 모든 유전자의 두 개 사본, 즉 2량체 염색체를 가지고 있는 큰 단일 원형 염색체를 생성할 수 있다. 한 개의 상동재조합은 모든 유전자들을 포함하여 두 개의 사본을 가진 하나의 큰 원형의 염색체(예를 들면, 2량체의 염색체)를 생성할 수 있다. 세포분열 시 이들 2량체는 두 개의 딸세포로 분리될 두 개의 DNA 분자라기보다는 단지 한 개인 것처럼 되는 중요한 문제를 노출할 수 있다.

이와 같은 다량체화 문제로 인해서 많은 원형 DNA 분자는 자리특이적 재조합효소에 의해 인식되는 염기서열을 갖고 있다. 이들 염기서열에 작용하는 단백질을 때때로 **분해효소(resolvase)**라 명명하며, 이것은 2량체 또는 큰 다량체를 단량체로 "분해한다". 분명히 이들 단백질은 다량체화 문제를 더 나쁘게 만드는 단량체에서 2량체로 변환되는 반응, 즉 역반응이 아니라 특이적으로 일종의 DNA 결실반응인 분해를 촉매하는 것이 필수적이다. 특이적 기작은 재조합 과정에서 방향적 선택을 강화하는 위치에 있게 된다(글상자 12-2, "Xer 재조합효소는 세균 염색체와 많은 세균 플라스미드의 단량화를 촉매한다" 참조).

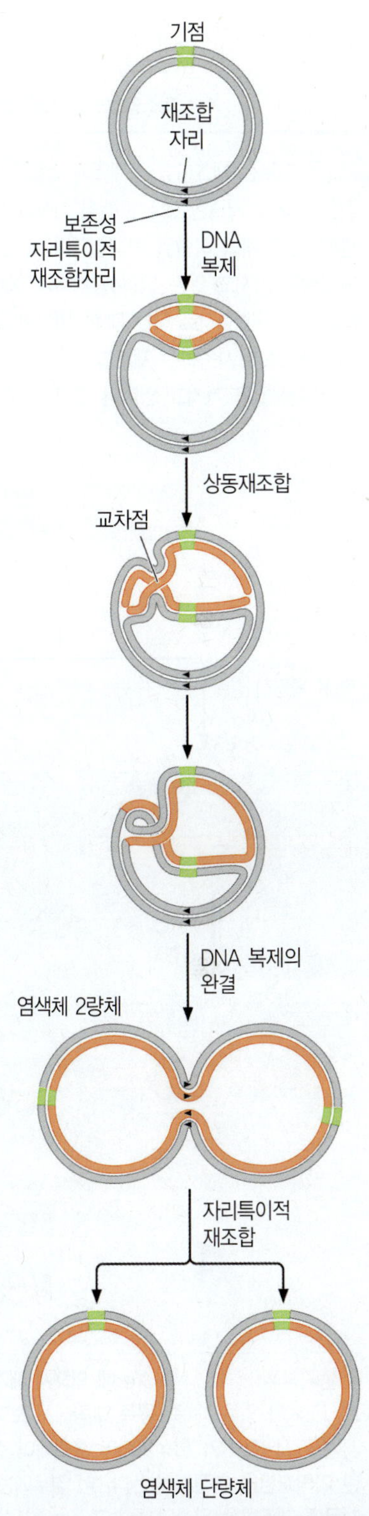

그림 12-15 원형 DNA 분자는 다량체를 형성할 수 있다. DNA 복제가 진행되는 동안 두 개의 딸 DNA 분자 사이에 일어나는 상동재조합이 2량체 염색체(또는 플라스미드)를 생성한다. XerCD에 의한 자리특이적 재조합이 세포분열에 필요한 단량체 DNA 분자를 생성하기 위해 필요하다.

▶ 고급개념

글상자 12-2 Xer 재조합효소는 세균 염색체와 많은 세균 플라스미드의 단량화를 촉매한다

Xer은 티로신 재조합효소 계열에 속하고 재조합을 촉진하기 위한 기작은 위에서 서술한 Cre 단백질 기작과 유사하다. Xer은 XerC로 명명되는 두 개의 아단위 단백질과 XerD로 명명되는 두 개의 아단위 단백질을 가지고 있는 이형4량체이다. XerC와 XerD는 모두 티로신 재조합효소지만 서로 다른 DNA 염기서열을 인식한다. 그러므로 Xer 재조합효소가 사용하는 재조합자리는 이들 단백질에 대한 각각의 인식 염기서열을 가지고 있어야 한다. 세균 염색체에 있는 *dif* 자리라 명명되는 재조합자리는 한 쪽에는 XerC 인식 염기서열을 교차 부위의 다른 쪽에는 XerD 인식 염기서열을 갖고 있다(글상자 12-2 그림 1). 염색체에는 한 개의 *dif* 자리가 있다. 그것은 DNA 복제가 종결되는 부위 내에 위치한다(9장 참조). 염색체가 2량체일 때 물론 이 2량체는 두 개의 *dif* 자리를 가질 것이다(그림 12-15 참조).

세포들은 어떻게 Xer에 의해서 매개되는 재조합이 *dif* 자리에서 역반응을 촉진하지 않고 염색체 2량체를 단량체로 변환하는 것을 확실하게 해주는가? 이와 같은 방향성을 가진 조절은 Xer 재조합효소와 FtsK로 명명되는 세포분열 단백질 간의 상호작용을 통해서 완성된다. 이러한 조절은 글상자 12-2 그림 1에서 보는 바와 같이 다음과 같이 일어난다. FtsK가 *dif* 자리에서 XerCD 복합체와 상호작용이 가능하지 않을 때 재조합효소 복합체는 두 개의 XerC 아단위가 활성화되는 구조를 취한다. 그 결과로 위에서 티로신 재조합효소의 재조합 기작에 관한 논의에서 본 것처럼 XerC는 한 쌍의 DNA 가닥의 교환을 촉진해서 홀리데이 접합 중간체를 형성한다. XerD는 전혀 활성화되지 않기 때문에 재조합은 절대 완성되지 않는다. 대신에 XerC 절단반응의 역반응이 종종 일어난다. 이러한 역반응은 간단히 원래의 DNA 배열을 재생한다(글상자 12-2 그림 1 참조).

이와 달리 FtsK 단백질이 가능하고 이것이 XerCD 복합체와 상호작용할 때는 복합체의 구조를 변경하고 XerD 단백질을 활성화시킨다. 이 경우 XerD는 첫 쌍 가닥의 재조합을 촉진하여 홀리데이 접합 중간체를 생성한다. 일단 이 반응이 완성되고, XerC가 두 번째 쌍의 가닥교환반응을 촉진하게 되면 재조합 DNA 산물이 생성된다(글상자 12-2 그림 1 참조).

FtsK는 DNA를 따라 움직이는 ATPase이다. 이것은 11장에서 서술하는 상동재조합이 일어나는 동안 DNA 가지 이동을 촉진하는 RuvB 단백질과 유사한 "DNA-펌핑 단백질 기구"로서 기능하고 있다. 또한 FtsK는 세포분열이 일어나는 부위의 세포에 위치하는 막결합 단백질이다. 이것은 세포분열이 시작되기 전에 DNA가 세포의 중심에서 멀리 이동하도록 하여 결과적으로 세포는 이 부위에서 분열할 수 있다.

FtsK가 세포분열 부위에 위치하는 것은 2량체 염색체가 존재할 때 세포가 어떻게 XerD가 특이적으로 활성화되는지를 보여주는 열쇠가 된다. 이 경우 염색체는 염색체 2량체의 절반이 각각의 딸세포로 이동할 때 분열하는 세포의 중앙에 "고정될" 것이다. 또한 FtsK는 *dif* 자리 근처에 비대칭적으로 배열된(KOPS라 불리는) 특이적인 극성 DNA 염기서열들과 상호작용한다. 결과적으로 FtsK는 *dif* 자리에서 격막으로 그리고 격막에서 *dif* 자리로 쌍방으로 위치를 바꾸게 된다. 그러므로 이러한 움직임이 그들의 결합과 XerD 재조합을 활성화하는 것을 쉽게 한다. 이러한 방법으로 세포분열 주기에서 자리특이적 재조합이 정확한 시간과 장소에서 일어나도록 조절된다.

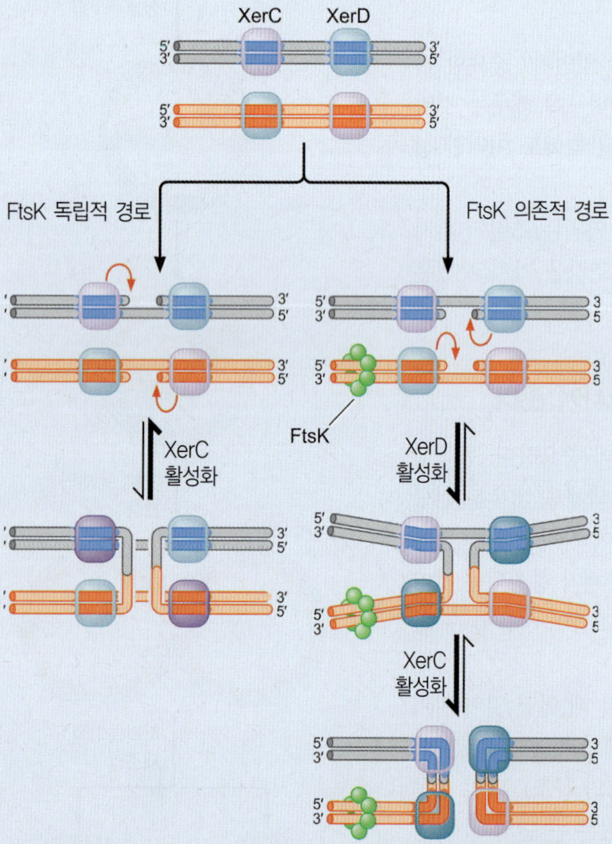

글상자 12-2 그림 1 Xer에 의해서 매개되는 *dif*에서의 재조합 경로. FtsK가 없을 때 즉 왼쪽 그림에서 보여주는 FtsK 독립적 경로에서는 단지 XerC가 활성화되어 홀리데이 접합 중간체를 형성하기 위한 가닥교환을 촉진하게 된다. 이 경우에는 XerD가 활성화되지 않기 때문에 재조합은 완성되지 않고 XerC 반응은 종종 역으로 진행된다. 오른쪽 그림에서 보여주는 FtsK 의존적 경로, 즉 FtsK가 존재하면 활성화된 XerD는 홀리데이 접합 중간체의 형성을 촉매하고 계속해서 XerC는 두 번째 가닥교환을 촉진하여 재조합을 완성하고 최종적으로 염색체 단량체가 생성된다. (Adapted, with permission, from Aussel L. et al. 2002. *Cell* **108**: 195–205, Fig. 6. © Elsevier.)

특이적인 DNA 조각에 재조합을 지시하는 다른 기작이 있다

보존성 자리특이적 재조합으로 우리의 토의가 제한되어 있음에도 불구하고 특이적 염기서열에서 발생하여 유사한 생물학적 기능을 제공하는 다른 재조합이 있다. 예를 들면, 효모의 접합성 바꿈과 같이 이들 몇몇 반응은 11장에서 서술한 것처럼 표적유전자 변환에 의해서 일어난다. 또한 V(D)J 재조합으로 알려진 척추동물 면역계의 중요한 단백질을 암호화하는 유전자 조각의 조합과 관계있는 유전자 재배열도 특이한 부위에서 일어난다. 이 반응은 기작에 있어서 전위와 유사함으로 이 장의 나중에 설명한다.

전위

전위는 유전인자를 새로운 염색체 위치로 이동시킨다

전위(transposition)는 유전인자를 하나의 DNA 부위로부터 다른 부위로 이동시키는 특이한 형태의 유전적 재조합이다. 이들 이동성 유전인자는 **전위인자(transposable element)** 또는 **트랜스포존(transposon)**으로 명명된다. 이동은 전위인자 말단의 DNA 염기서열과 숙주세포의 DNA 염기서열 간의 재조합을 통해서 일어난다(그림 12-16). 즉, 아래에 보게 될 것처럼 이동은 전위인자의 중복을 동반하거나 혹은 동반하지 않고 일어날 수 있다. 어떤 경우 재조합반응은 한시적 RNA 중간체를 거쳐 일어난다.

전위인자가 이동할 때 삽입 부위의 선택에서 염기서열의 선택성은 거의 보이지 않는다. 그 결과 전위인자는 종종 유전인자 내에 삽입되어 유전자 기능을 완전히 파괴할 수 있다. 또한 그들은 유전자의 조절 염기서열 내에 삽입되어 유전자가 발현되는 양상을 변화시키게 된다. 이와 같은 유전자 기능과 발현의 파괴가 전위인자를 발견하게 하였다(글상자 12-3, "옥수수 전위인자와 트랜스포존의 발견" 참조). 그러므로 전위인자가 많은 생물체에 새로운 돌연변이를 유발하는 가장 일반적인 원인이라는 것은 놀라운 것이 아니다. 실제로 이들 인자는 인간 유전질병을 유발하는 돌연변이의 중요한 원인이 된다. 또한 DNA에 무차별적으로 삽입할 수 있는 전위인자의 능력은 DNA 변형을 유발함으로 실험생물학에서 돌연변이원과 DNA 운반체로 이용된다.

전위인자는 모든 생물체의 유전체에 존재한다. 유전체 염기서열의 비교분석을 통하여 두 가지 놀랄만한 관찰 결과를 밝혀내었다. 첫째, 전위인자와 관련된 염기서열은

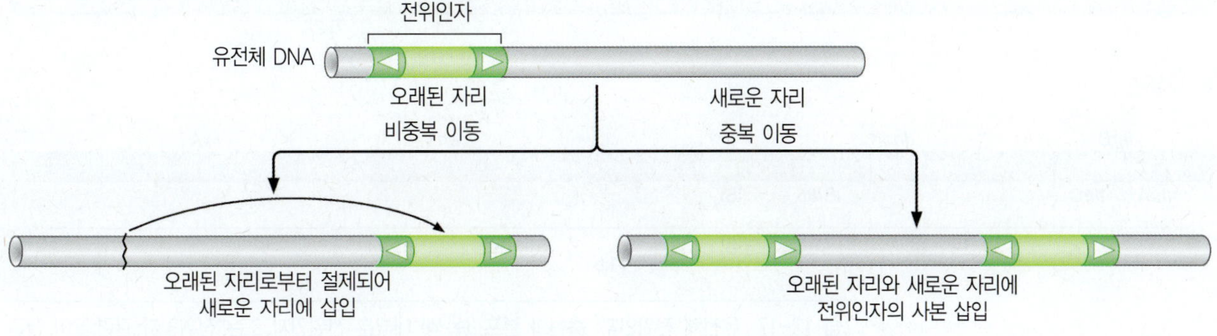

그림 12-16 숙주 DNA에서 이동성 유전인자의 새로운 자리로의 전위. 어떤 경우 재조합은 오래된 DNA 자리로부터 전위인자의 절제를 동반한다(왼쪽). 다른 경우 한 개의 전위인자 사본은 오래된 위치에 머물고 다른 사본은 새로운 DNA 자리로 삽입된다(오른쪽).

생물체 유전체의 많은 부분을 차지할 수 있다. 예를 들면, 인간과 옥수수 유전체의 50% 이상이 전위인자와 관련된 DNA 염기서열로 구성되어 있다(전위인자의 조각들 혹은 돌연변이에 의하여 불활성화된 "죽은" 전위인자를 포함하여). 이와 같은 공헌은 인간의 경우 실제로 세포 내 단백질을 암호화하는 염기서열의 비율이 2% 이하로 낮은 것과는 극히 상반적이다. 둘째, 다른 유전체들의 전위인자 함량은 매우 다양하다(그림 12-17). 예를 들어, 파리와 효모 유전체는 인간 혹은 옥수수와 비교하면 "유전자는 풍부"하고 "전위인자는 빈약"하다.

유형이 다른 많은 전위인자들이 있다. 이들 인자는 구조와 재조합 기작에서 공통적인 면을 공유하는 계열로 구분할 수 있다. 다음 마디에서 세 가지 주요 계열의 전위인자와 각 계열과 관련된 재조합 기작을 소개한다. 그리고 가장 연구가 많이 된 개별 인자의 몇 가지에 대해서 서술하게 된다. 개별인자의 서술에서 전위가 숙주 생물체 내에 있는 유전자 파괴 및 잘못된 조절의 잠재성을 가진 이들 인자의 유지와 증식에 균형을 맞추기 위해 어떻게 조절되는지에 대해서 초점을 맞춘다.

전위에 관여하는 유전적 재조합 기작은 전위인자들의 이동보다는 다른 기능을 위해서 사용된다. 예를 들면, 많은 바이러스의 감염은 숙주세포의 유전체 내 통합을 위해 전위와 유사한 재조합 경로를 이용한다. 그러므로 이들 바이러스 통합반응은 전위와 같이 고려될 것이다. 마찬가지로 유전자 발현 양상을 변경하기 위해 세포가 이용하는 몇몇 DNA 재조합은 DNA 전위와 매우 유사한 기작을 통하여 일어난다. 척추동물의 기능적 면역계 발생에 요구되는 반응인 V(D)J 재조합은 쉽게 이해되는 보기이다. V(D)J 재조합은 이 장의 마지막 부분에서 논의될 것이다.

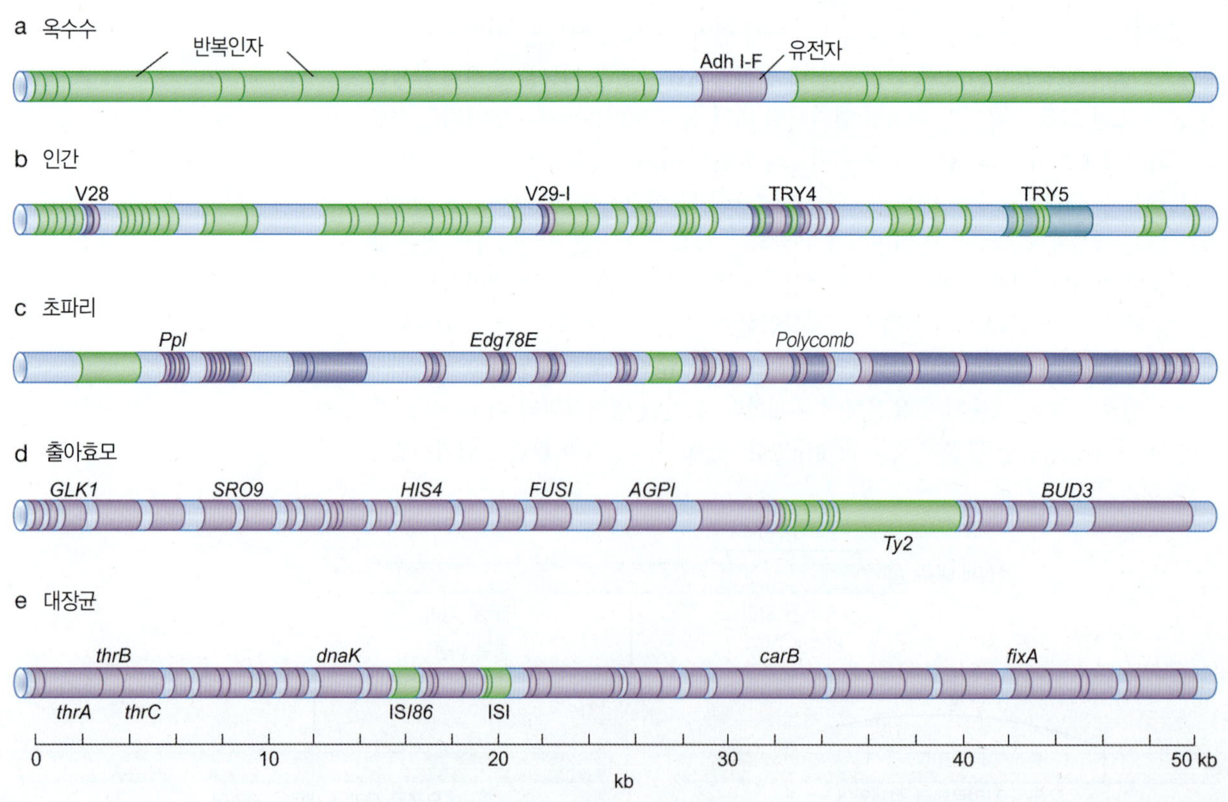

그림 12-17 유전체 전위인자: 출현과 분포. (녹색) 대부분 전위인자 또는 전위인자 관련(끝이 잘린 인자 같은) 염기서열로 구성된 반복인자; (자주색) 세포 내 유전자. (a) 옥수수; (b) 인간; (c) 초파리; (d) 출아효모; (e) *대장균*. (With permission from Brown T.A. 2002. *Genomes*, 2nd ed., p. 34, Fig. 2.2 and references therein. © Taylor & Francis.)

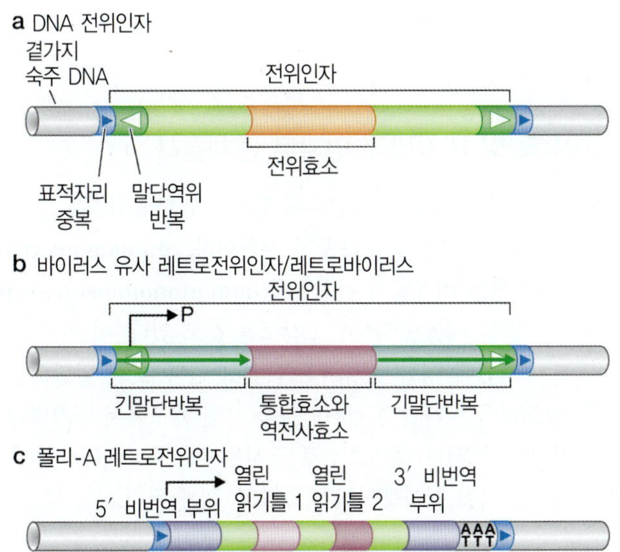

그림 12-18 세 가지 계열 전위인자의 유전자 구조. (a) DNA 전위인자. 전위인자는 재조합자리에 있는 말단역위반복 염기서열(흰색의 화살표와 녹색으로 표시된)과 전위효소를 암호화하는 유전자를 포함한다. (b) 바이러스 유사 레트로전위인자와 레트로바이러스. 이 인자는 통합효소와 역전사효소(RT)를 암호화하는 부위의 곁가지 두 개의 긴말단반복(LTR) 염기서열을 포함한다. (c) 폴리-A 레트로전위인자. 이 인자는 5′ 말단과 3′ 말단 비번역부위(UTR)에서 종결되고 RNA 결합효소 열린 읽기틀 1(ORF1)과 역전사효소 및 제한효소 활성을 동시에 갖는 효소인 열린 읽기틀 2(ORF2)를 암호화한다.

세 가지 계열의 중요한 전위인자가 있다

전위인자는 그들의 전체적인 구조와 전위 기작에 따라 다음과 같은 세 가지 계열로 구분된다.

1. DNA 전위인자.
2. 바이러스 유사 레트로전위인자. 이 계열은 레트로바이러스를 포함한다. 이 인자들은 **긴말단반복(long terminal repeat, LTR)** 레트로전위인자라 명명된다.
3. 폴리-A 레트로전위인자. 이 인자들은 비바이러스성 레트로전위인자라 명명된다.

그림 12-18은 이 전위인자 계열들 각각에 대한 일반적 유전자 구조의 모식도를 보여준다. DNA 전위인자는 재조합주기 동안 DNA로 존재한다. 그들은 DNA 가닥 절단과 재연결을 통한 기작을 이용하여 이동하고 이러한 방법은 보존성 자리특이적 재조합에 의해 이동하는 전위인자와 유사하다. 두 가지 유형의 레트로전위인자는 모두 일시적인 RNA 중간체를 이용하여 새로운 DNA 위치로 이동한다.

DNA 전위인자는 재조합자리 곁가지 전위효소 유전자를 갖고 있다

DNA 전위인자는 재조합자리 기능이 있는 DNA 염기서열과 재조합에 관여하는 단백질을 암호화하는 유전자를 모두 갖고 있다(그림 12-18a). 재조합자리는 전위인자의 양쪽 말단에 있고 역위반복 염기서열로 구성되어 있다. 이 말단역위반복은 약 25에서 수백 개의 염기쌍으로 길이가 다양하고, 정확한 염기서열 반복이 아니며, 재조합효소 인식 염기서열을 갖고 있다. 전위와 관련된 재조합효소는 보통 **전위효소(transposase)** 또는 때때로 **통합효소(integrase)**로 명명된다.

DNA 전위인자는 자신의 전위효소를 암호화하는 유전자를 갖고 있다. 그들은 때때로 전위를 조절하거나 전위인자 또는 숙주세포에 유용한 기능을 제공하는 단백질을 암호화하는 부수적인 유전자를 갖게 된다. 예를 들면, 많은 세균 DNA 전위인자는 하나 또는 그 이상의 항생제에 대해 저항성을 촉진하는 단백질을 암호화하는 유전자를 갖고 있다. 그러므로 전위인자는 숙주세포가 그 항생제에 저항성을 갖게 한다.

전위인자에 곧바로 연결된 곁가지 DNA 염기서열은 길이가 2~20 bp 정도 되는 중복된 염기서열의 짧은 조각을 갖고 있다. 이 조각들은 직접 반복으로 구성되는 **표적**

자리 중복(**target-site duplication**)이라 명명되고, 나중에 논의될 재조합 과정 중에 생성된다.

전위인자는 자발적 및 비자발적 인자로 존재한다

DNA 전위인자는 자신의 전위를 촉진하는 데 필요한 말단역위반복 쌍과 전위효소 유전자를 모두 갖고 있다. 이 인자들은 **자발적 전위인자(autonomous transposon)**로 명명된다. 하지만 유전체는 **비자발적 전위인자(nonautonomous transposon)**로 알려진 훨씬 더 단순한 많은 이동성 DNA 조각들을 갖고 있다. 이 인자들은 전위에 필요한 말단역위반복, 즉 *cis*-활성화 염기서열만 갖고 있다. 또한 말단역위반복을 인식하는 전위효소를 암호화하는 자발적 전위인자를 가진 세포에서 비자발적 전위인자가 전위할 수 있을 것이다. 그러나 전위효소로 표시된 이 "구조자(helper)" 전위인자가 없으면 비자발적 전위인자는 얼어붙어서 이동할 수 없게 된다.

바이러스 유사 레트로전위인자와 레트로바이러스는 재조합에 중요한 말단반복 염기서열과 두 개의 유전자를 갖고 있다

바이러스 유사 레트로전위인자(retrotransposon)와 레트로바이러스는 재조합효소가 결합하여 작동하는 부위인 말단역위반복 염기서열을 갖고 있다(그림 12-18b). 말단역위반복은 긴 반복 염기서열 내에 끼워져 있다. 즉, 이 염기서열은 직접반복 구조로 전위인자의 양쪽 끝에 위치해서 긴말단반복 또는 LTR로 명명된다. 바이러스 유사 레트로전위효소는 이동에 필요한 두 개의 단백질, 즉 통합효소(전위효소) 및 역전사효소를 암호화한다.

역전사효소(reverse transcriptase, RT)는 RNA 주형을 이용하여 DNA를 합성하는 특이한 유형의 DNA 중합효소이다. RNA 중간체가 전위반응을 위해서 요구되기 때문에 이 효소가 필요하다. 이 전위인자들은 DNA에서 RNA로의 생물학적 정보 전달의 정상적 경로에 대하여 역방향으로 RNA를 DNA로 전환시키기 때문에 그들을 "레트로" 인자라 한다. 바이러스 유사 레트로전위인자와 레트로바이러스 간의 차이는 레트로바이러스 유전체는 바이러스 입자 속에 쌓여진 후 숙주세포로부터 빠져나와 새로운 세포를 감염시킨다. 이에 비해 레트로전위인자는 세포 내에서 새로운 DNA 부위로 이동할 수는 있지만 결코 그 세포를 떠날 수는 없다. DNA 전위인자처럼 이 전위인자는 재조합이 일어나는 동안에 생성되는 짧은 표적자리 중복에 의하여 옆으로 위치하게 된다.

폴리-A 레트로전위인자는 유전자와 비슷하다

폴리-A 레트로전위인자는 다른 계열의 전위인자에 존재하는 말단역위반복이 없다. 대신에 전위인자의 양쪽 말단에 다른 염기서열을 갖고 있다(그림 12-18c). 한쪽 말단은 5′-UTR로 명명되는 5′-비번역 부위이고 다른 쪽 말단은 3′-UTR로 명명되는 3′-비번역 부위로서 여기에 **폴리-A 염기서열(poly-A sequence)**이라는 일단의 A:T 염기쌍이 뒤따른다. 또한 짧은 표적자리 중복이 이 인자들 곁가지로 위치하게 된다.

레트로전위인자는 열린 읽기틀 1(ORF1)과 열린 읽기틀 2(ORF2)로 알려진 두 개의 유전자를 갖고 있다. 열린 읽기틀 1은 RNA 결합 단백질을 암호화한다. 열린 읽기틀 2는 역전사효소 활성 및 제한효소 활성이 있는 단백질을 암호화한다. 이 단백질은 다른 계열의 전위인자에 의해 암호화되는 전위효소 및 통합효소와는 다르지만 재조합이 진행되는 동안 중요한 역할을 갖는다. 그들의 DNA와 바이러스 유사 전위인자의 상대방처럼 폴리-A 레트로전위인자는 자발적 및 비자발적 형태 양쪽으로 존재한다. 게다가 유전체 염기서열 분석 결과, 불완전한 5′-비번역 부위가 있고 전위 능력이 없는 끝이 잘린(truncated) 전위인자가 많다는 것을 보여준다.

오려붙이기 기작에 의한 DNA 전위

DNA 전위인자, 바이러스 유사 레트로전위인자 및 레트로바이러스는 모두 유사한 재조합 기작을 사용하여 새로운 부위에 그들의 DNA를 삽입한다. 먼저 비복제 기작에 의한 DNA 전위인자의 이동과 같은 가장 단순한 전위반응을 생각해 보자. 이 재조합 경로는 숙주 DNA의 개시 부위로부터 전위인자가 절제되고 새로운 DNA 부위에 절제된 전위인자가 통합된다. 그러므로 이 기작은 **오려붙이기 전위(cut-and-paste transposition)**로 명명된다(그림 12-19).

전위효소는 전위인자 말단에 있는 말단역위반복에 결합하여 재조합을 개시한다. 일단 전위효소가 이 염기서열을 인식하면 전위인자 DNA의 양쪽 말단을 함께 가져와 안정한 단백질-DNA 복합체를 생성한다. 이 복합체는 **시냅스복합체(synaptic complex)** 또는 **트랜스포소솜(transpososome)**으로 명명된다. 이것은 보통 2개 또는 4개의 아단위인 전위인자 다량체와 2개의 DNA 말단을 갖고 있다(나중의 토의 참조). 이 복합체는 전위인자를 이동하는 데 필요한 DNA의 절단과 연결이 전위인자 DNA의 두 말단에서 동시에 일어나게 하는 기능을 갖고 있다. 이것은 또한 재조합이 진행되는 동안 세포 내 효소로부터 DNA 말단을 보호한다. 다음 단계는 유전체의 원래 위치로부터 전위인자 DNA의 절제이다. 이 단계를 완성하기 위하여 시냅스복합체 내의 전위효소 아단위들이 전위인자의 각각의 말단에서, 정확하게 전위인자 DNA와 그것이 삽입되는 숙주 염기서열[**곁가지 숙주 DNA(flanking host DNA)**로 불리는 부위] 간 접합지역에서, 한 개의 DNA 가닥을 먼저 절단한다. 전위효소가 DNA를 절단함으로써 전위인자 염기서열은 전위인자 DNA의 각 말단에 3′-OH 자유기를 가지고 종결한다. 절제반응을 끝내기 위해서 전위인자 각 말단에서 다른 DNA 가닥이 절단되어야만 한다. 다른 전위인자는 다른 기작을 사용하여 "2차" DNA 가닥들을 절단함으로써 이들 가닥은 전위인자 숙주 DNA 접합 부위에서 5′ 말단을 가지고 종결한다. 이 기작들은 다음 절에서 설명된다.

전위인자의 절제 후 전위인자 DNA의 3′-OH 말단들, 즉 전위효소에 의해 처음 방출된 말단들은 새로운 삽입 부위에 있는 DNA 인산디에스테르 결합을 공격한다. 이 DNA 조각은 **표적 DNA(target DNA)**로 명명된다. 대부분의 전위인자들에 대해서 생각해 보면 표적 DNA는 필수적으로 어떤 염기서열을 가질 수 있다. 이 공격의 결과 전위인자 DNA는 표적자리에 있는 DNA와 공유결합으로 연결된다. 또한 각각의 DNA 연결반응이 일어나는 동안 한 개의 틈새(nick)가 표적 DNA 내에 생성된다(그림 12-19). 이 DNA 연결반응은 **DNA 가닥 운반(DNA strand transfer)**이라 명명되는 한 단계의 트랜스에스테르화(transesterification) 반응에 의해서 일어난다(그림 12-20). 핵산가닥들을 연결하는 유사한 기작이 RNA 이어맞추기(RNA splicing)에도 사용된다(14장 참조).

시냅스복합체는 전위인자 DNA 두 말단이 동일한 표적자리의 두 개의 DNA가닥을 동시에 공격하도록 한다. 두 개의 가닥에 있는 공격 부위들은 소수의 보통 2, 5, 9 뉴클레오티드 간격의 뉴클레오티드에 의해서 분리되어 있다. 이 간격은 각 유형의 전위인자에 대해서 고정되어 있으며, 다음 단락에서 설명되는 것처럼 전위인자의 전위

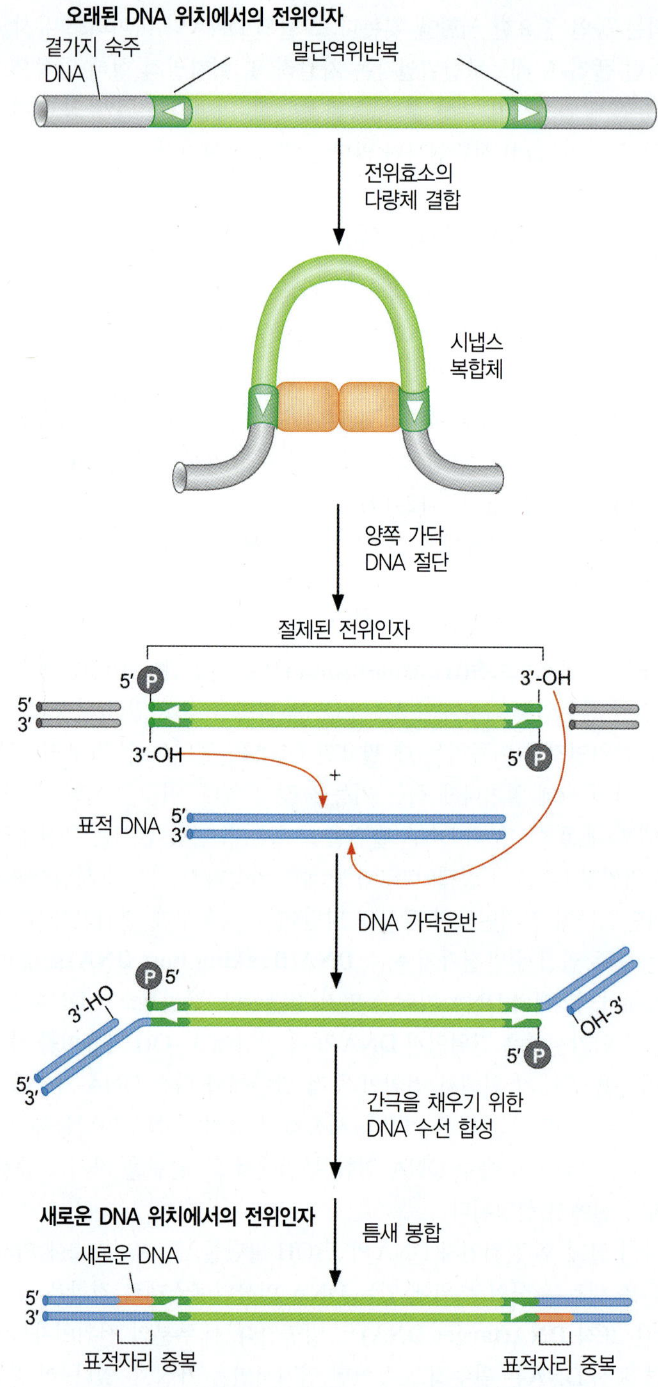

그림 12-19 오려붙이기 전위 기작. 전위인자가 회색 숙주 DNA 표적자리로부터 파란색 DNA의 새로운 자리로 이동하는 것을 보여준다. 새로운 표적자리, 즉 표적자리 중복에서의 짧은 반복 염기서열을 생성하는 DNA 가닥 운반반응이 일어나는 동안 표적 DNA에서 비틀어진(staggered) 절단자리를 주목하라. 전위인자 절제의 결과로 원래 삽입자리에 있는 회색 DNA는 이중가닥 DNA 절단 상태로 존재할 것이다. 이 절단은 비상동 말단연결 또는 상동재조합으로 수선될 수 있다(10장과 11장 참조). 화학적 반응단계들은 명확성을 위해 결합한 단백질 없이 보여준다.

사본을 곁가지로 연결한 짧은 표적자리 중복이 일어나게 한다. 일단 DNA 가닥 운반이 완성되면 시냅스복합체의 일 또한 완결된다. 남아 있는 재조합 단계들은 세포 내 DNA 수선 단백질들에 의하여 수행된다.

오려붙이기 전위에서 중간체는 간극 수선으로 완성된다

DNA 가닥 운반 후에 생성되는 DNA 중간체 구조는 표적 DNA에 붙는 전위인자 DNA의 3′ 말단을 갖고 있다. 또한 이 구조는 DNA 가닥 운반이 진행되는 동안에 생성된 표적 DNA에 두 개의 틈새를 갖고 있다. 두 가닥에 있는 두 개의 DNA 가닥운반 부위가 몇 개의 뉴클레오티드에 의하여 분리되어 있다는 것이 전위인자 곁가지로 놓이는 짧은 단일가닥 DNA(ssDNA) 간극이 생기게 한다. 이 간극은 숙주세포에서 암

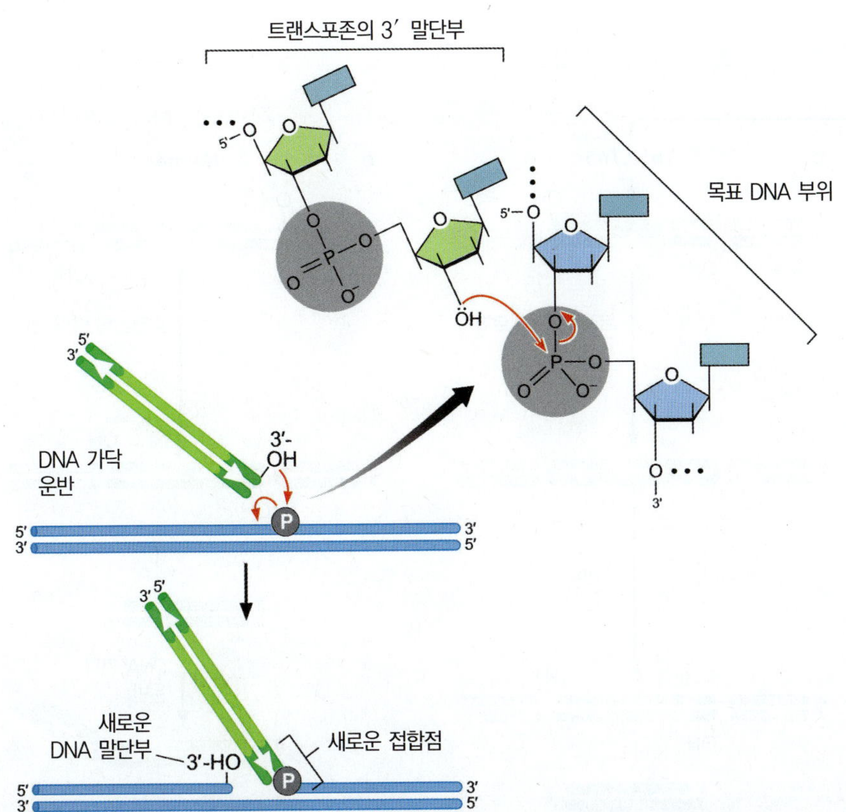

그림 12-20 DNA 가닥 운반에 대한 화학적 단계의 확대 보기. 그림에서 명확성을 위하여 한 가닥의 DNA만 트랜스포존(전위인자)과 목표 DNA에 대하여 보여준다.

호화된 DNA 수선 중합효소에 의해 채워진다. DNA 가닥 운반 단계 동안 표적 DNA가 절단되어 3′-OH 말단을 생성하고, 이 말단은 수선반응을 위한 프라이머(primer)로 제공될 수 있음을 주목하라(그림 12-18 참조). 간극 채우기는 전위인자가 연결되는 표적자리 중복을 유발한다(위 참조). 그러므로 표적자리 중복의 길이는 DNA 가닥 운반이 일어나는 동안 표적 DNA 두 가닥의 공격받은 부위들 간의 간격을 나타낸다. 간극수선 합성 후 DNA 연결효소(DNA ligase)가 DNA 가닥을 봉합하기 위해서 필요하다.

또한 오려붙이기 전위는 "오래된" 삽입 부위 DNA에 이중가닥 절단을 남기게 되며 이것은 숙주세포 유전체 통합을 위하여 수선되어야만 한다. 상동재조합에 의한 이중가닥 DNA 절단의 수선은 11장에서 서술된다. 또한 이 절단은 Tc*1*/*mariner* 계열의 전위인자에 대하여 나중에 논의되는 것처럼 때때로 직접 연결된다.

DNA 전위가 일어나는 동안 비운반가닥을 절단하기 위한 많은 기작들이 있다

위에서 서술한 것처럼 전위효소는 전위인자 DNA의 3′ 말단을 절단하고 DNA 가닥 운반을 촉진하여 자르고 붙이기 전위를 촉매한다. 그러나 이 기작으로 이동되는 전위인자들은 전위인자와 곁으로 연결된 숙주 DNA 간의 접합 부위에서 5′ 종결 가닥을 절단하는 것이 필요하다. DNA 가닥 운반반응 동안 그들의 5′ 말단이 직접 표적 DNA에 연결되지 않기 때문에 이들 DNA 가닥을 **비운반가닥(nontransferred strand)**으로 명명한다. 다른 전위인자들은 다른 기작들을 사용해서 이 2차 가닥 절단 반응을 촉매한다(그림 12-21). 여기에 두 가지 방법이 서술된다.

전위효소가 아닌 다른 효소가 비운반가닥을 절단하기 위해서 사용될 수 있다(그림 12-21). 예를 들면, 세균 전위인자 Tn7은 TnsA로 명명되는 특이적 단백질을 암호화

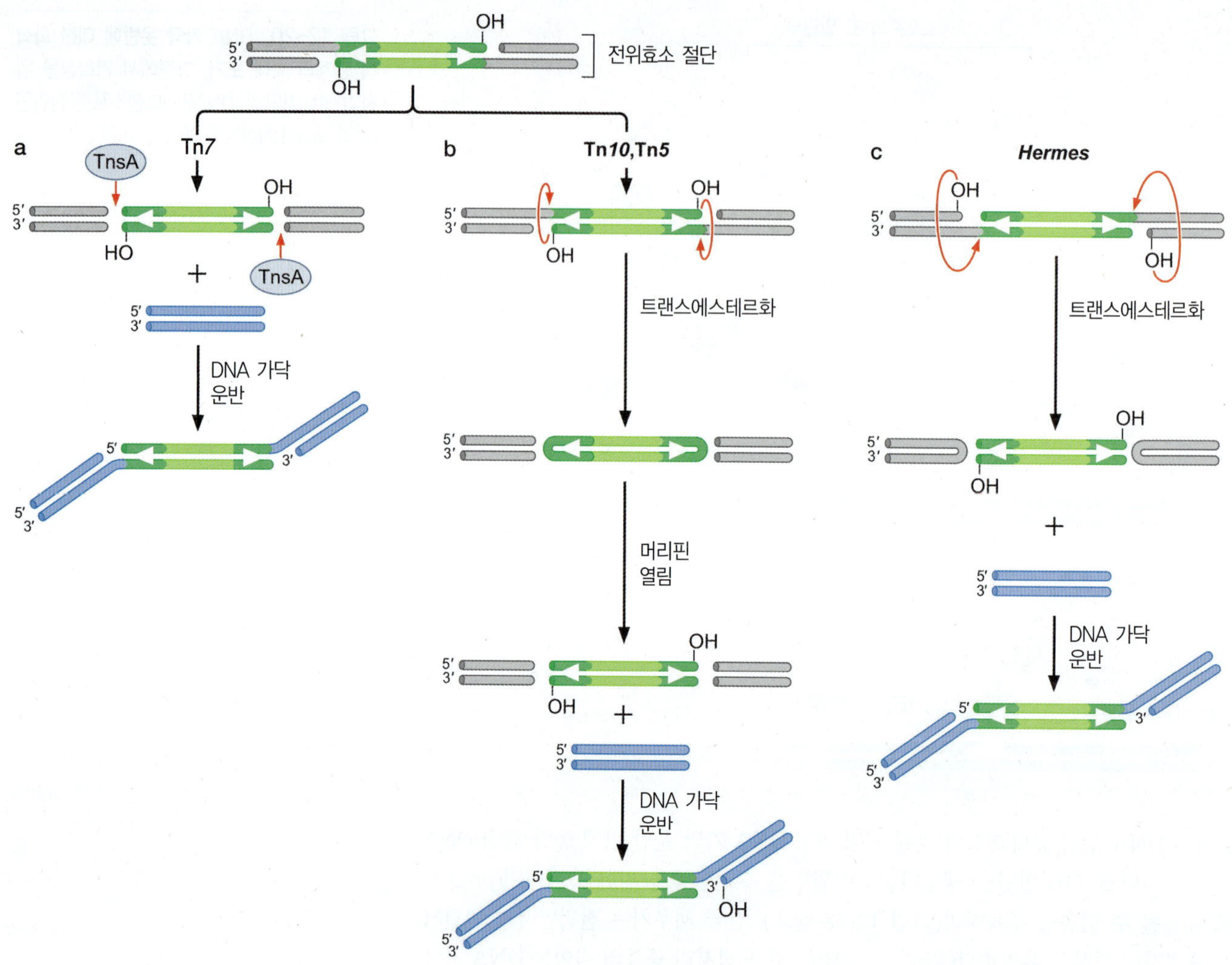

그림 12-21 비운반가닥 절단을 위한 세 가지 기작. (a) 전위효소가 아닌 다른 효소가 이용된다. (b) 전위효소는 반대쪽 가닥에 있는 한 개의 DNA 가닥에 대한 공격을 촉매하여 DNA 머리핀 중간체를 형성한다. 전위효소는 계속적으로 두 개의 머리핀 말단을 가수분해한다. 이 경우 공격은 비운반가닥에 대하여 운반가닥에서 일어난다. (c) *Hermes* 트랜스포존은 머리핀 형성에 의하여 두 번째 가닥 절단의 두 번째 기작을 이용한다. 이 경우 위쪽 가닥(비운반가닥)의 절단이 먼저 일어나고, 머리핀들이 트랜스포존 말단부보다는 원래의 삽입 부위 DNA에 생성된다.

하여 이 일을 수행한다(그림 12-21a). TnsA는 제한효소와 대단히 유사한 구조를 갖고 있다. TnsA는 Tn*7*-암호화된 전위효소, 즉 TnsB 단백질과 결합한다. TnsA는 전위효소와 함께 작용하여 원래 표적자리로부터 전위인자를 절제한다.

비운반가닥을 절단하는 다른 방법들은 DNA 가닥 운반과 유사한 DNA 트랜스에스테르화(transesterification) 기작을 사용하여 전위효소 자체적으로 촉진된다. 예를 들면, 전위인자 Tn*5*와 Tn*10*은 "DNA 머리핀"으로 알려진 구조를 유발하여 비운반가닥을 절단한다. 이 머리핀을 형성하기 위하여 전위효소는 먼저 전위인자 DNA의 절단된 3′-OH 말단을 사용하여 반대쪽 가닥의 이중가닥 DNA(duplex)를 가로질러 직접 인산디에스테르 결합을 공격한다(그림 12-21b). 이 반응은 공격받은 DNA 가닥을 자른 다음 절단된 한쪽 면에 전위인자 DNA의 3′ 말단을 공유결합으로 연결한다. 그 결과 두 개의 DNA 가닥들은 머리핀 모양을 연상시키는 고리화된 말단 형태로 공유결합으로 연결된다.

그리고 전위효소는 이 머리핀 DNA 말단을 절단하여(즉 "개방하여") 정상적인

DNA 이중가닥 절단이 이루어진다. 이 개방반응은 전위인자 DNA의 양쪽 말단에서 일어난다. 일단 이들 단계가 완성되면 DNA 가닥 운반반응에 의한 전위인자 DNA의 3′-OH 말단이 새로운 표적 DNA에 연결될 준비가 된다.

Hermes 전위인자는 *hAT* 계열의 전위인자로서 DNA-머리핀 중간체를 사용하여 오랜된 DNA 삽입 부위로부터 전위인자를 절단한다. 그러나 이 경우 가닥 절단과 트랜스에스테르화 반응의 순서는 달라서, DNA 머리핀들은 전위인자의 말단에서 보다는 숙주세포의 DNA에서 형성된다(그림 12-21c). 이 장의 나중에 보게 될 것처럼 이와 같은 DNA 절단 및 연결반응의 경로는 V(D)J 재조합의 초기 단계 동안에 관찰되는 것과 매우 유사하다. 이 기작의 유사성은 V(D)J 재조합이 척추동물의 진화 동안에 숙주생물에 의한 전위인자의 포획과 “길들임”을 통해서 일어난다는 가설을 강력히 지지하고 있다.

그림 12-21에 보여주지는 않더라도, 트랜스에스테르화 반응을 경유한 DNA 절단은 전위인자의 두 말단 사이에서 또한 일어날 수 있다. 이 경우, 하나의 절단된 3′-OH 말단은 전위인자 DNA의 반대편 말단에 있는 DNA 가닥을 공격해서 결과적으로 생기는 DNA 중간체가 추가적인 과정을 진행하여 절단된 전위인자를 생성하게 한다. IS3 계열의 전위인자들은 이 기작을 이용한다.

전위효소들은 절단 기작으로 왜 트랜스에스테르화를 사용하는가? 이것은 아마도 경제적인 해결책이 된다. 전위효소는 (1) 전위인자 DNA의 3′ 말단에 대한 자리특이적 가수분해와 (2) 이 말단을 비특이적 DNA 부위로 트랜스에스테르화하는 것을 촉진시키는 기본적 능력을 갖고 있다. 이와 같은 새로운 DNA 부위(예를 들면, 가닥 반대편의 초기 절단 부위)에 간단하게 응용되는 트랜스에스테르화 반응과 동일한 활성은 전위효소가 전위인자 절제를 촉진하게 할 수 있다. 그러므로 이 기작은 전위효소가 비운반가닥을 절단하기 위해 2차 효소를 암호화할 필요성을 없게 한다.

복제 기작에 의한 DNA 전위

어떤 DNA 전위인자는 **복제전위(replicative transposition)**로 명명되는 기작을 이용하여 이동하고 이때 전위인자 DNA는 각각 한 번의 전위가 종결되면 중복된다. 지금 논의될 것처럼 전위반응의 산물은 명확히 다르지만 재조합 기작은 오려붙이기 전위와 대단히 유사하다(그림 12-22).

복제전위의 첫 번째 단계는 전위인자 DNA의 두 개의 말단에 전위효소 단백질이 결합하여 시냅스복합체를 생성하는 것이다. 오려붙이기 전위에서 살펴보았던 것처럼 시냅스복합체 형성은 전위인자 DNA 두 말단에서 DNA 절단과 연결반응을 일으키는 데 필수적이다.

다음 단계는 전위인자 DNA 말단에서의 DNA 절단이다. 이 반응은 시냅스복합체 내의 전위효소에 의하여 촉매가 일어난다. 전위효소는 전위인자 염기서열과 곁가지 숙주 DNA 간 두 개의 접합 부위 각각에서 DNA 틈새를 유도한다(그림 12-22 참조). 이 절단은 전위인자 염기서열에 두 개의 3′-OH DNA 말단을 생성시킨다. 이 단계에서는 오려붙이기 전위와는 달리 전위인자 DNA는 숙주 염기서열로부터 절제되지 않는다. 이것이 복제전위와 오려붙이기 전위 간에 가장 큰 차이점이다.

그리고 전위인자 DNA의 3′-OH 말단은 DNA 가닥 운반반응에 의해서 표적 DNA 부위에 연결된다. 그 기작은 위에서 토의했던 오려붙이기 전위와 같다. 그러나 이 경우 DNA 가닥 운반으로 생성되는 중간체는 이중으로 가지를 친 DNA 분자이다(그림 12-22 참조). 이 중간체에서 전위인자의 3′ 말단은 새로운 표적자리에 공유결합으로 연결되고, 또한 전위인자 염기서열의 나머지 5′ 말단은 곁가지로 놓인 오래된

그림 12-22 복제전위 기작. 시냅스복합체는 전위인자 DNA의 각 말단에 단일가닥 틈새를 유도한다. 이 절단은 각각의 말단에 3′-OH기를 생성한다. 그리고 이들 OH기는 표적 DNA를 공격하고 DNA 가닥 운반에 의해 표적에 연결된다. 전위인자의 각 말단에서 한 개의 가닥이 이 지점에서 표적으로 운반되어 이중가지 DNA 구조를 형성한다는 것을 주목하라. 복제 기구는 그림 왼쪽에 있는 이들 "분기점(forks)"의 하나에 결합한다. 복제는 전위인자 염기서열을 통해서 계속된다. 동시통합체(cointegrate)로 명명되는 결과적인 산물은 두 개의 전위인자 사본에 연결된 두 곳에서 시작하는 원형 DNA 분자가 된다. 가지 중간체에 단일가닥 DNA 간극은 표적자리 중복을 일으킨다. 이들 중복은 명확성을 위하여 동시통합체에서는 보여주지 않는다.

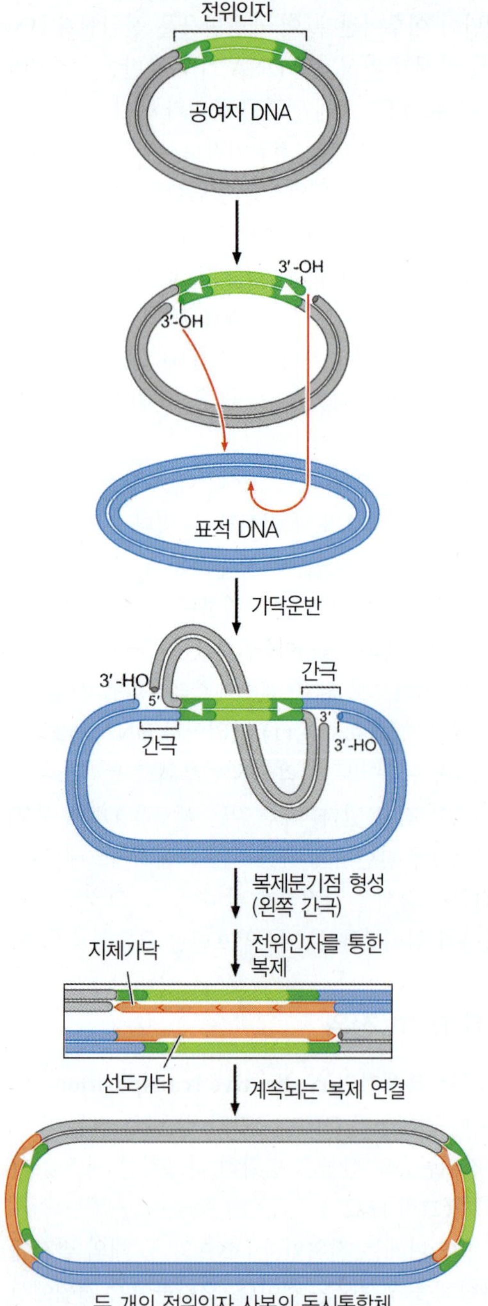

DNA에 연결된다.

이 중간체 내에 있는 두 개의 DNA 가지는 복제분기점 구조를 갖고 있다(9장 참조). DNA 가닥 운반 후 숙주세포로부터 DNA 복제 단백질이 이들 분기점에 결합할 수 있다. 복제전위를 이해하기에 가장 좋은 예는 나중에 논의할 파지 Mu로 이 형성체는 특이적으로 두 개의 분기점 구조 중 하나에서만 일어난다(그림 12-22 아래쪽 그림). 절단된 표적 DNA의 3′-OH 말단은 DNA 합성을 위한 프라이머로 사용된다. 복제는 전위인자 염기서열을 통하여 진행하고 두 번째 분기점에서 멈춘다. 이 복제반응은 두 개의 전위인자 DNA 사본을 생성한다. 이들 사본은 짧은 직접 표적자리 중복 형태로 곁가지이다.

복제전위는 종종 숙주세포를 매우 해롭게 할 수 있는 염색체 역위와 결실을 야기한다. 이 재배열을 야기하는 성향은 복제 전위인자에게 선택적 불리함에 놓이게 한다. 아마도 이것은 많은 전위인자들이 새로운 DNA 부위에 연결되기 전에 원래 DNA 위치로부터 완전히 절제하는 방법을 개발하게 된 이유가 된다. 절제에 의하여 전위인자들은 숙주 유전체에 이와 같은 중요한 파괴가 일어나는 것을 피한다. 또한 나중에 설명하게 될 것처럼 RNA 중간체를 경유한 전위는 이와 같은 파괴적 재배열이 생성되는 것을 회피하게 한다.

바이러스 유사 레트로전위인자와 레트로바이러스는 RNA 중간체를 이용하여 이동한다

DNA 전위인자에 대해서 서술했던 것처럼 바이러스 유사 레트로전위인자와 레트로바이러스는 DNA 절단 및 DNA 가닥 운반과 동일한 단계를 이용하여 숙주세포 유전체의 새로운 부위로 삽입된다. 그러나 DNA 전위인자에서와는 달리 이들 레트로전위인자에 대한 재조합은 RNA 중간체를 포함한다.

전위주기는 세포 내 RNA 중합효소에 의해 레트로전위인자 또는 레트로바이러스의 DNA 염기서열이 RNA로 전사되면서 시작한다. 전사는 긴말단반복(LTR) 중의 하나인 프로모터 염기서열에서 개시하여(그림 12-23) 구성 DNA의 거의 전체 RNA 사본을 생성할 때까지 계속 진행된다. 그러면 RNA는 역전사되어 이중가닥 DNA 분자를 생성한다. 이 DNA 분자는 사본 DNA에 대한 **상보적 DNA(cDNA)**로 명명되며 곁가지 숙주 DNA 염기서열로부터 자유롭게 된다.

이 cDNA는 나중에 살펴볼 것처럼 DNA 인자의 전위효소와 높은 관련이 있는 통합효소 단백질에 인식되어 새로운 표적 DNA 부위와 재조합된다. 통합효소는 이 cDNA 말단과 결합하여 각 가닥의 3′ 말단에서 몇 개의 뉴클레오티드를 절단한다. 이 절단반응은 DNA 전위에서의 DNA 절단 단계와 동일하다. 통합을 위한 직접 전구체 DNA가 역전사에 의해 RNA 주형으로부터 생성될 때 이것은 이미 절제된 전위인자의 형태가 된다. 그러므로 이들 인자는 2차 가닥을 절단하기 위한 기작이 불필요하게 된다. 통합효소는 DNA 가닥 운반반응을 이용하여 숙주세포 유전체에서 이들 절단된 3′ 말단이 DNA 표적자리로 삽입되는 것을 촉진시킨다. 위에서 서술한 것처럼 이 표적자리는 어떤 DNA 염기서열을 반드시 갖고 있다. 숙주세포 DNA 수선 단백질들은 DNA 가닥 이동이 일어나는 동안에 생성되는 표적자리의 간극을 채워 재조합을 완성한다. 이 간극-수선(gap-repair) 반응은 표적자리 중복을 일으킨다.

RNA 중간체를 생성하는 전사는 하나의 긴말단반복 내에서 개시되기 때문에 이 RNA는 전체 긴말단반복 염기서열을 갖지 않는다. 즉, 전사개시 부위와 전위인자의 말단 간 염기서열이 유실되어 있다. 그러므로 역전사가 일어나는 동안 전체 길이의 전위인자 염기서열을 재생하기 위하여 특별한 기작이 필요하게 된다. 역전사 경로는 두 개의 내부 시발 현상(internal priming event)과 두 개의 가닥 바뀜을 포함한다. 이들 바뀜 현상은 cDNA의 말단에 염기서열 중복이 생기게 한다. 그러므로 전사가 일어나는 동안 잃어버린 염기서열 부위를 보충해서 cDNA는 완전하고 재구성된 긴말단반복 염기서열을 갖게 된다. 이 긴말단반복의 재구성은 통합효소의 cDNA 인식 및 일련의 재조합에 필수적이다.

DNA 전위효소와 레트로바이러스 통합효소는 슈퍼패밀리 계열 단백질 종류이다

살펴보았던 것처럼 전위인자 DNA 또는 cDNA의 3′ 말단과 DNA가닥 운반의 DNA 절단은 DNA 전위와 바이러스 유사 레트로전위인자 및 레트로바이러스가 이용하여 이동하는 일반적인 단계이다. 이 보존적 재조합 기작은 전위효소/통합효소 단백질의

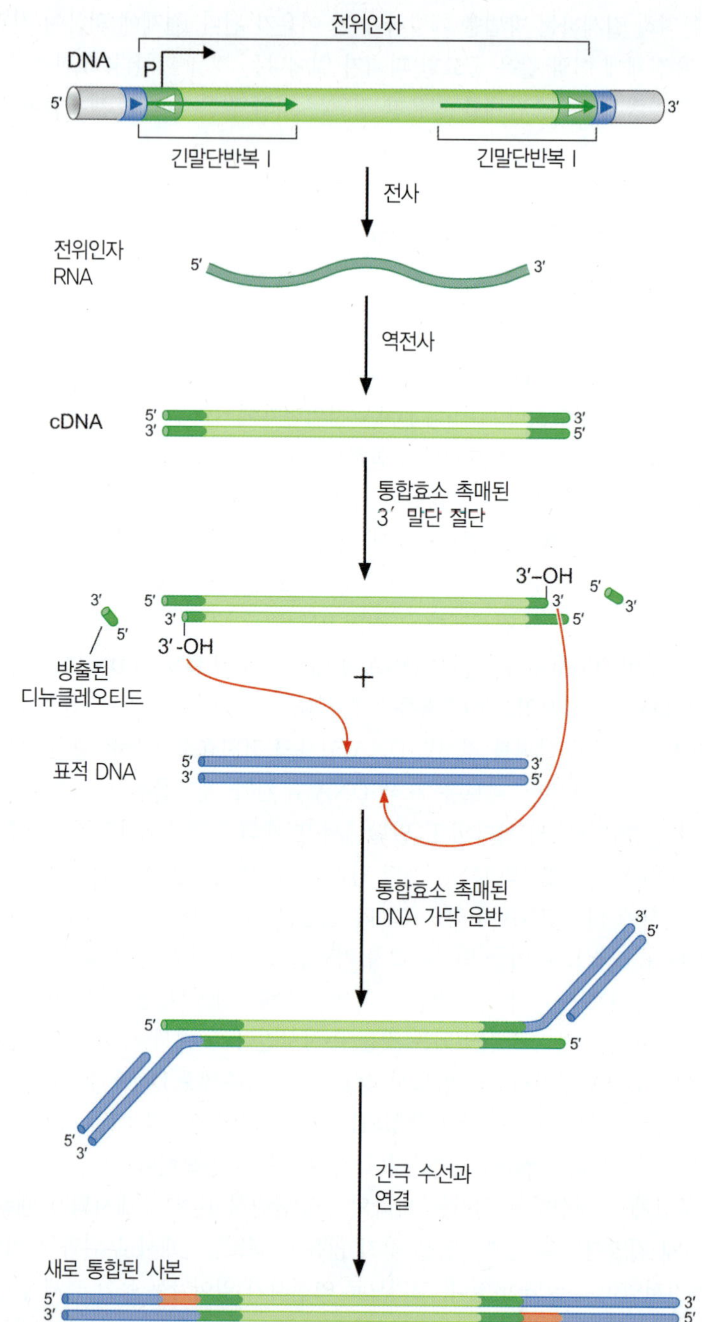

그림 12-23 바이러스 유사 레트로전위인자의 레트로바이러스 통합 및 전위 기작. 위쪽 그림은 통합된 프로바이러스(provirus)를 보여준다. 그림에서 보는 것처럼 바이러스 RNA의 전사를 위한 프로모터는 왼쪽 긴말단반복에 끼워져 있다. 통합효소가 촉매하는 DNA 절단과 DNA 가닥 운반 단계를 그림에서 보여준다.

구조에 반영된다(그림 12-24). 고분해(high-resolution) 구조는 다른 많은 전위효소와 통합효소가 보통 3차원(3D) 형태의 촉매도메인이 있음을 밝혀준다. 이 촉매도메인은 진화적으로 동일한 세 개의 산성 아미노산으로 두 개의 아스파르트산(D)과 한 개의 글루탐산(E)이다. 그러므로 이 계열의 재조합효소는 DDE-모티프 전위효소/통합효소 단백질로 언급된다. 9장에서 DNA 중합효소에 대해서 서술했던 것처럼 이 산성 아미노산은 활성 부위를 형성하고 활성에 필요한 Mg^{2+} 또는 Mn^{2+} 같은 2가금속 이온을 결합한다. 전위효소/통합효소 단백질의 특이적 특성은 하나의 화학반응을 위해서 그들이 분화되어 두 개의 활성 부위를 갖고 있기보다는 DNA 절단과 DNA 가닥 운반을 모두 촉매하기 위해서 같은 활성 부위를 사용한다는 것이다.

촉매도메인 구조가 매우 보존적인 것과 달리 이 계열 단백질의 나머지 부위는 비보존적이다. 이 부위는 자리특이적 DNA 결합 도메인을 암호화하고 단백질-단백질

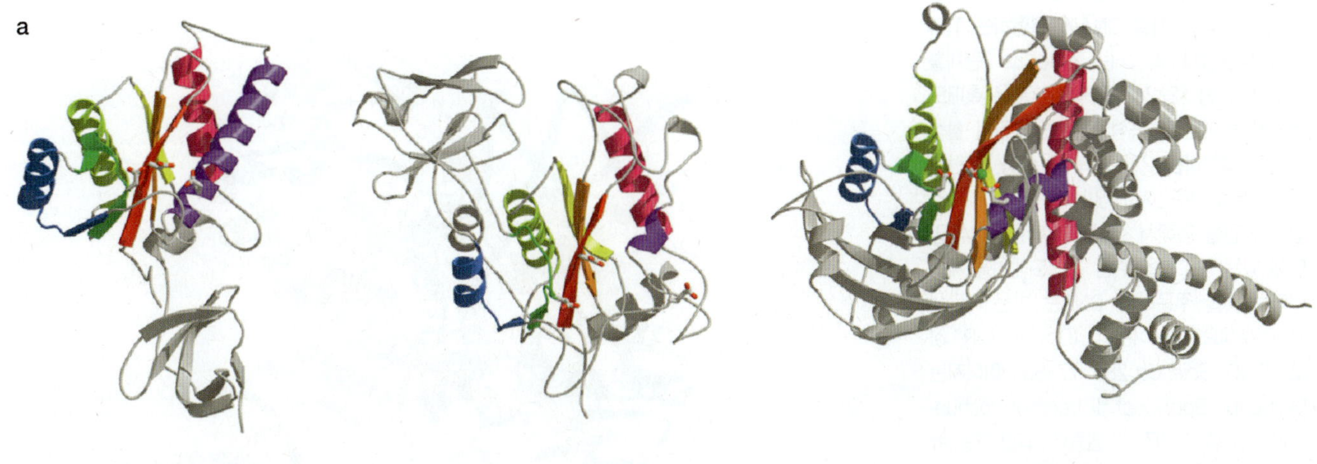

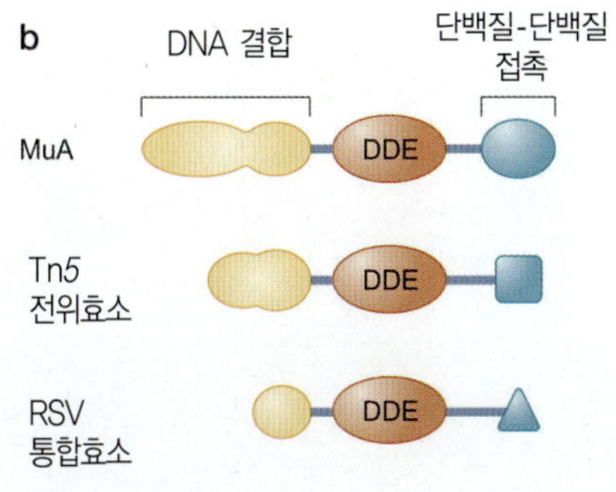

그림 12-24 전위효소 및 통합효소에 있는 촉매도메인의 유사성. (a) Tn*5* 전위효소(Davies D.R. et al. 2000. *Science* **289**: 77-85), 파지 Mu 전위인자(Rice P. and Mizuuchi K. 1995. *Cell* **82**: 209-220) 및 RSV 통합효소(Chook Y.M. et al. 1994. *J. Mol. Biol.* **240**: 476-500)의 보존적 핵심 도메인 구조(오른쪽부터 왼쪽으로 순서대로 보여줌). 보통 같은 색은 전위인자의 이차구조를 보여준다. 막대기는 DDE 모티프 활성 부위의 잔여기를 보여준다. 이미지는 MolScript, BobScript 및 Raster 3D로 나타내었다. (b) (a)부분에서 보여준 세 개의 단백질 도메인 구조 모식도. 아미노-말단 도메인은 전위인자 DNA에 결합한다. 중간 도메인은 (a)에서 보여준 촉매 부위를 갖는다. 카르복시-말단 도메인은 시냅스 복합체를 형성하거나 전위를 조절하는 다른 단백질과의 상호반응에 필요한 단백질-단백질 접촉을 갖는다. (Derived from Rice P.A. and Baker T.A. 2001. *Nat. Struct. Biol.* **8**: 302-307.)

상호반응 부위는 각각 개별 인자가 특이적 단백질-DNA 복합체를 형성하는 데 필요하다. 그러므로 이 특이적 도메인은 전위효소와 통합효소가 그들을 암호화하는 전위인자 또는 높은 관련이 있는 전위인자의 특이적 재조합을 촉진하도록 확실하게 해준다.

전위효소와 통합효소는 DNA에 있는 트랜스포소솜(transpososome)으로 명명되는 시냅스복합체가 형성될 때 활성화된다(위 참조). 이 경우 Tn5 전위효소의 상호-결정구조가 왜 전위인자 말단의 DNA 조각 쌍에 결합하는지에 대한 실마리를 제공해준다(그림 12-25). 전위효소 아단위는 이 한 개의 DNA 조각, 즉 한 개의 전위인자 말단에 있는 재조합효소 인식 염기서열에 결합하고, 다른 전위인자 말단에 DNA 절단과 DNA 가닥 운반반응을 촉진시키는 촉매도메인을 제공한다. 이 아단위 구조 때문에 두 개의 아단위와 DNA 말단 쌍이 복합체에 함께 존재할 때 전위효소는 재조합에 적당한 곳에 위치할 것이다.

폴리-A 레트로전위인자는 "역이어맞추기(reverse splicing)" 기작을 이용하여 이동한다

폴리-A 레트로전위인자, 예를 들면 인간 LINE 전위인자는 RNA 중간체를 이용하여 이동하지만 바이러스 유사 전위인자와는 다른 기작을 이용한다. 이 기작은 **표적자리 시발 역전사(target-site-primed reverse transcription)**로 명명된다(그림 12-26). 첫 번째 단계는 통합된 전위인자의 DNA가 세포 내 RNA 중합효소에 의해서 전사되는 것이다(그림 12-26a). 프로모터가 5′ 비번역 부위에 끼워질지라도 이것은 전위인자 염기서열의 첫 번째 뉴클레오티드에서 시작하기 위하여 직접 RNA를 합성할 수 있다.

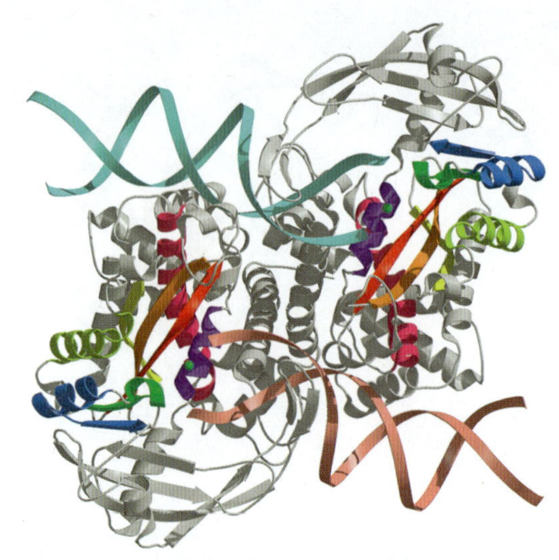

그림 12-25 기질 DNA에 결합하는 *Tn5*의 공동결정체. 복합체는 전위효소 2량체를 갖는다. 그림 12-24처럼 색깔부분은 촉매도메인을 보여준다. 녹색 공은 단백질의 활성 부위에 결합하는 2가 금속이온이다. 아단위는 한 개의 전위인자에 있는 그것의 DNA 결합 도메인을 통해서 결합하고 다른 DNA 말단에 있는 재조합을 위한 촉매도메인을 제공한다는 것을 주목하라. DNA는 밝은 파란색과 분홍색으로 보여준다. (Davies D.R. et al. 2000. *Science* **289**: 77-85.) 이미지는 MolScript, BobScript 및 Leemor Joshua-Tor의 DNA 추가적 모델링에 의한 Raster 3D로 나타내었다.

이 새로 합성된 RNA는 세포질로 빠져나와 번역되어 열린 읽기틀 1과 열린 읽기틀 2 단백질을 생성한다(위 참조). 이 단백질들은 그들을 암호화하는 RNA와 결합한 채로 남아 있다(그림 12-26b). 이 방법으로 전위인자는 자신의 전위효소를 촉진하고 대립되는 전위인자에는 단백질을 제공하지 않는다.

그리고 단백질-RNA 복합체는 핵산분해효소를 이용하여 세포 내 DNA와 결합한다(그림 12-26c). 열린 읽기틀 2 단백질은 제한효소 활성 및 역전사효소 활성을 둘 다 갖고 있다는 것을 상기하라. 제한효소는 염색체 DNA에 하나의 틈새를 도입함으로써 통합반응을 개시한다(그림 12-26d 참조). T가 풍부한(T-rich) 염기서열은 선호하는 절단 부위이다. 절단 부위에 이들 다수의 T가 존재함으로써 DNA가 전위인자 RNA의 폴리-A 꼬리 염기서열과 염기쌍을 이루게 된다. 그리고 틈새반응에 의해서 생성되는 3′-OH DNA 말단은 전위인자 RNA의 역전사를 위한 프라이머로 사용된다(그림 12-26e). 또한 열린 읽기틀 2 단백질은 이것의 DNA 합성을 촉매한다. 완전하게 이해되지 않고 있지만 전위의 남은 단계는 2차 cDNA 가닥 합성, 삽입 부위에서 DNA 간극의 수선 및 DNA 가닥들을 봉합하기 위한 연결을 포함한다.

대량의 유전체 염기서열에 의해 발견된 많은 폴리-A 레트로전위인자는 끝이 잘린 전위인자이다. 이들의 대부분은 5′ 말단에 소실된 지역이 있고 완전한 전위인자를 암호화하는 유전자 사본이나 손상되지 않은 프로모터를 가지고 있지 않다. 그러므로 이들 끝이 잘린 전위인자들은 전위능력을 상실하였다.

전위인자들 및 그들의 조절에 대한 예시

전위인자는 모든 생물체의 유전체에 성공적으로 침입하여 영토를 차지하면서 증식하여 왔다. 명확하게 말하면 그들은 매우 강건한 생물학적 실체를 갖고 있다. 이 성공의 어떤 부분은 전위가 숙주세포와 조화로운 공존의 확립에 도움이 되는 방법으로 조절된다는 사실에 기인하고 있다. 이 공존은 숙주 생명체가 없으면 존재할 수 없는 전위인자 같은 인자의 생존에 필수적이다. 다른 한편으로 전위인자는 위에서 소개된 것처럼 세포에서 삽입돌연변이, 유전자 발현 변경 및 대량의 DNA 재배열 촉진을 야기하는 무질서를 가져올 수 있다. 이 파괴는 옥수수에서 전위인자의 발견을 초래한 특징을

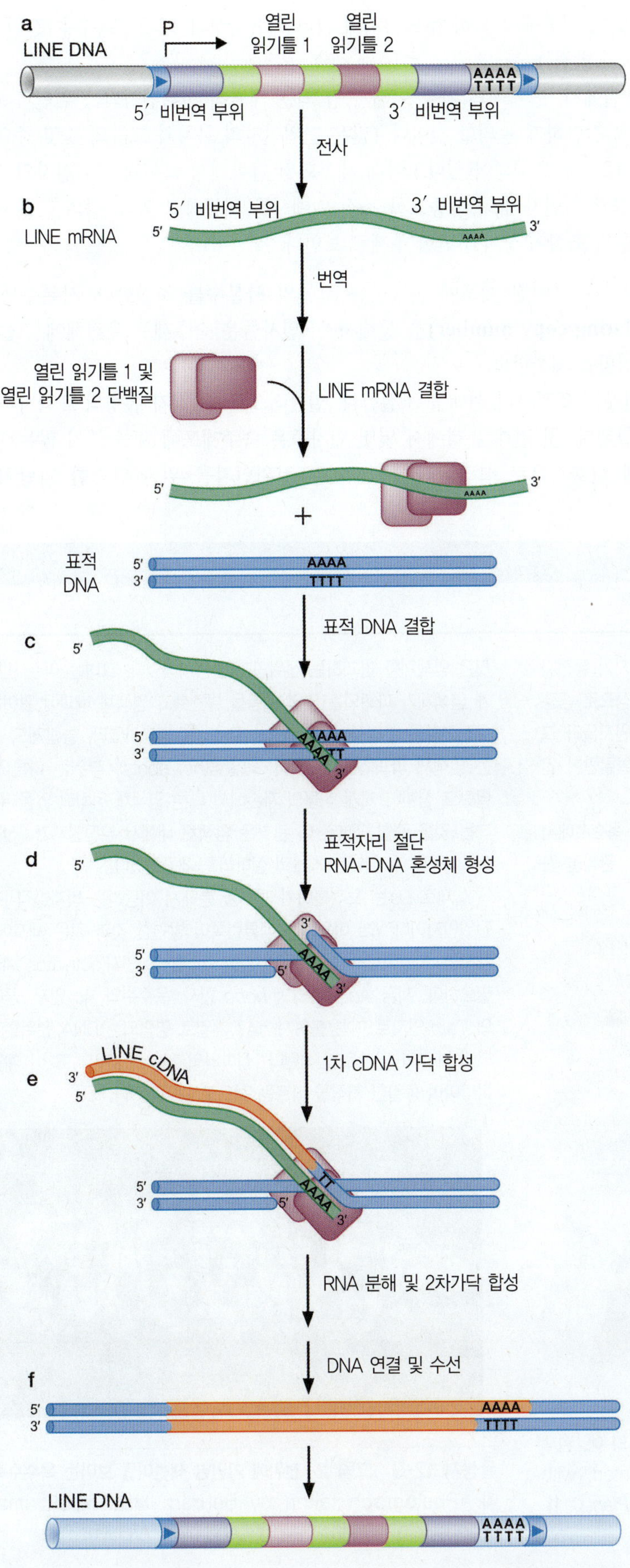

그림 12-26 표적자리 시발 역전사에 의한 폴리-A 레트로전위인자의 전위. 그림은 LINE 전위인자의 이동 모델을 설명한 것이다. (a) 세포 내 RNA 중합효소는 통합된 LINE 염기서열의 전사를 개시한다. (b) 그 결과 만들어진 mRNA는 번역되어 그들의 3′ 말단에 결합하는 두 개의 열린 읽기틀을 암호화하는 산물을 생성한다. (c) 그리고 단백질-mRNA 복합체는 표적 DNA의 T가 풍부한 부위에 결합한다. (d) 단백질은 표적 DNA의 절단을 개시하여 DNA 말단에 3′-OH를 남겨놓고 RNA:DNA 혼성물(hybrid)을 형성한다. (e) 표적 DNA의 3′-OH 말단은 전위인자 RNA의 역전사를 위한 프라이머로 사용되어 1차 cDNA 가닥을 합성한다. (f) 전위반응의 최종단계는 2차 가닥 합성, DNA 연결 및 새로 삽입된 LINE 전위인자를 만들기 위한 수선을 포함한다.

가지고 있는 식물에서 특히 두드러지게 나타난다(글상자 12-3, "옥수수 전위인자와 트랜스포존 발견").

다음 절에서 몇 가지의 가장 이해가 잘 되는 개별적 전위인자와 전위인자 계열들에 대하여 간단하게 논의할 것이다. (많은 전위인자의 목차와 그들의 몇몇 중요한 특징은 표 12-2에 요약되어 있다.) 아래 세분화된 단락에서 특이적 전위인자의 간단한 개요와 그 전위인자에 특히 중요한 조절의 예시를 제공하고 있다. 살펴볼 것처럼 두 가지 유형의 조절이 상기할 만한 주제로 보인다.

- 전위인자는 주어진 세포에 존재하는 그들의 사본수를 조절한다. **사본수의 조절(regulating copy number)**을 통해서 이 인자들은 숙주세포 유전체에 그들의 해로운 영향을 제한한다.
- 전위인자는 표적자리 선택을 조절한다. 일반적으로 두 가지 유형의 표적자리 조절이 관찰된다. 첫 번째 유형에서 몇몇 인자들은 숙주세포에 해를 주지 않는 염색체 부위에 선호적으로 삽입된다. 이 부위는 전위인자를 위한 **안전한 피난처(safe**

▶ 핵심실험

글상자 12-3 옥수수 전위인자와 트랜스포존의 발견

식물 유전체는 많은 전위인자를 갖고 있다. 게다가 전위인자가 유전자 발현을 변경시키는 능력은 식물의 착색에서 역동적 다양성으로 종종 관찰된다(글상자 12-3 그림 1 및 그림 2). 그러므로 전위인자들과 그들의 많은 현저한 특징들이 식물에서 처음 밝혀진 것은 놀랄만한 일이 아니다.

맥클린톡(Barbara McClintock)은 1940년대 후반에 옥수수에서 "조절 전위인자"를 발견하였다. 실제로 처음에 맥클린톡의 관심을 끈 것은 염색체를 파괴하는 전위인자의 능력이었다. 그녀는 아주 빈번하게 염색체가 파괴되는 몇몇 계통을 발견했고 염색체 파괴에 관여하는 유전인자를 분리자(dissociator, *Ds*)라고 명명하였다. 놀랍게도 그녀는 염색체 파괴와 관련된 이 "과열점(hot spots)" 부위는 다른 종과 달랐고 심지어 개개 식물의 자손에서 다른 염색체 위치에 있을 수 있다는 것을 관찰하였다. 이 관찰은 염색체 내에서 유전인자가 "전위되어" 이동할 수 있다는 최초의 실마리를 제공하였다.

실제로 *Ds*는 오려붙이기 전위를 통해서 이동하는 비자발적 DNA 전위인자이다. *Ds* 이동에는 맥클린톡이 발견한 것과 같은 세포에 존재하면서 전위효소 단백질을 제공하는 활성화인자(activator, *Ac*)가 필요하다. 지금 *Ac*는 파리의 *hobo* 인자, 옥수수의 *Ac* 인자, 금어초의 *Tam* 인자로 이름 붙여져 *hAT* 계열로 명명되는 DNA 전위인자의 거대 계열의 일부로 인식된다. 집파리의 *Hermes* 인자도 이 계열의 하나이며 동일한 기작을 따르는 것으로 증명되었다.

글상자 12-3 그림 1 전위에 기인한 금어초 화색변이의 예. 흰색 조각 부위의 크기는 전위 빈도와 관련이 있다. (Reprinted, with permission, from Chatterjee M. and Martin C. 1997. *Plant J.* **11**: 759–771, Fig. 2a. © Blackwell Publishing.)

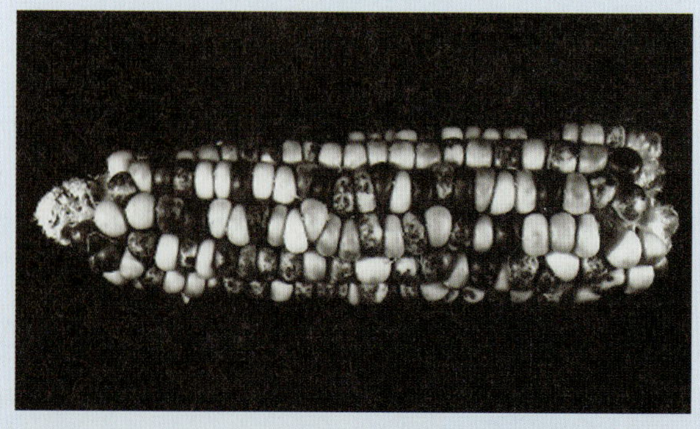

글상자 12-3 그림 2 전위에 기인한 색변이를 보이는 옥수수속의 예. (Photograph taken by Barbara McClintock; image courtesy Cold Spring Harbor Laboratory Archives.)

표 12-2 전위인자의 주요 유형

유형	구조적 특징	이동 기작	예시
DNA 매개 전위			
세균 복제 전위인자	항생제 저항성 및 전위효소 유전자가 연결된 말단역위반복	새로운 표적자리 내에 삽입을 수반하는 전위인자 DNA의 사본	Tn*3*, γδ, 파지 Mu
세균 오려붙이기 전위인자	항생제 저항성 및 전위효소 유전자가 연결된 말단역위반복	오래된 표적자리로부터 DNA 절제 및 새로운 부위로의 삽입	Tn*5*, Tn*10*, Tn*7*, IS*911*, Tn*917*
진핵 전위인자	인트론과 함께 암호화 부위가 연결된 역위반복	오래된 표적자리로부터 DNA 절제 및 새로운 부위로의 삽입	P 전위인자(초파리), *hAT* 계열 전위인자, Tc*1*/*Mariner* 전위인자
RNA 매개 전위			
바이러스 유사 레트로전위인자	역전사효소, 통합효소 및 레트로바이러스 유사 Gag 단백질에 대한 유전자가 연결된 250~600 bp의 직접말단반복(LTRs)	RNA 중합효소 II에 의한 왼쪽 긴말단반복에 있는 프로모터로부터 RNA 전사 및 연이은 역전사와 표적자리로의 삽입	Ty 전위인자(효모), *Copia* 전위인자(초파리)
폴리-A 레트로전위인자	RNA 결합 단백질과 역전사효소를 암호화하는 유전자가 연결된 3′-A-T가 풍부한 염기서열 및 5′ 비번역 부위	내부 프로모터로부터 RNA 전사, 제한효소 절단에 의해 개시되는 표적 시발 역전사	F와 G 전위인자(초파리), LINE와 SINE 전위인자(포유동물), *Alu* 염기서열(인간)

haven)로 명명된다. 두 번째 유형의 조절에서 몇몇 전위인자는 특이적으로 자신의 DNA 내에 전위되는 것을 피한다. 이 현상은 **전위 표적 면역(transposition target immunity)**으로 명명된다.

IS*4* 계열 전위인자는 다양한 기작으로 사본수를 조절하는 치밀한 인자이다

세균 전위인자 Tn*10*은 Tn*5*를 포함하는 IS*4* 계열의 자세히 조사된 대표적인 것이다. Tn*10*은 9 kb의 치밀한 전위인자로 자신의 전위효소 유전자와 항생제 테트라사이클린 저항성 유전자를 암호화한다(그림 12-27).

Tn*10*은 비운반가닥을 절단하기 위하여 DNA 머리핀 방법을 이용하여 오려붙이기 전위 기작으로 전위한다(그림 12-18, 12-21). Tn*10*은 세 개의 기능적 단위로 구성

그림 12-27 세균 전위인자 Tn*10*의 유전자 구성. 지도는 세균 전위인자 Tn*10*에 있는 기능적 인자를 보여준다. 많은 세균 전위인자처럼 Tn*10*은 말단에 두 개의 "작은 전위인자(mini-transposons)"를 갖고 있다. Tn*10*에 대해서 이 인자들은 IS*10L*(왼쪽)과 IS*10R*(오른쪽)로 명명된다. 두 가지 유형의 IS*10* 전위인자는 전위를 일으킬 수 있고 Tn*10*으로부터 독립적으로 DNA에서 발견된다. 흰색 삼각형은 IS 전위인자와 Tn*10*의 말단에 있는 역위반복 염기서열을 보여준다. 이 네 개 사본의 염기서열이 정확하게 같지는 않지만 모두 Tn*10* 전위효소에 의해서 인식되고 재조합자리로 사용된다.

되어 있다. 이 구성은 비교적 공통성이 있고 이것을 갖고 있는 인자들은 **복합 전위인자(composite transposon)**로 명명된다. 실제로 IS*10L*(왼쪽)과 IS*10R*(오른쪽)로 명명되는 가장 바깥쪽에 있는 두 개의 단위들은 작은 전위인자이다. "IS"는 **삽입 염기서열(insertion sequence)**을 나타낸다. IS*10R*은 IS*10R*, IS*10L* 및 Tn*10*의 말단 역위반복 염기서열을 인식하는 전위효소 유전자를 암호화한다. IS*10L*은 IS*10R*과 염기서열이 유사함에도 불구하고 기능적 전위효소를 암호화하지 않는다. 그러므로 IS*10R*과 Tn*10*은 둘 다 자발적인 반면에 IS*10L*은 비자발적 전위인자이다. 예상한 것처럼 두 유형의 IS*10* 전위인자는 모두 Tn*10*과 연합되지 않는다.

Tn*10*은 전위빈도를 제한하는 방법으로 주어진 세포 내에서 사본수를 제한한다. 예를 들면, 하나의 기작은 17장과 18장 안티센스 RNA 조절 부분에서 논의되고 있는 **안티센스 RNA(antisense RNA)**를 사용하여 전위효소 유전자의 발현을 조절하는 것이다. IS*10R* 말단에는 숙주세포의 RNA 중합효소를 이용하여 RNA 합성을 지시하는 두 개의 프로모터가 있다. 안쪽으로 RNA 합성을 지시하는 프로모터는 P_{IN}으로 명명되고 전위효소 유전자 발현에 책임이 있다. 이와는 달리 바깥쪽에서 전사를 지시하는 프로모터는 P_{OUT}으로 명명되고 안티센스 RNA를 만들어 전위효소의 발현을 조절한다.

이와 같은 기작으로 많은 Tn*10* 사본을 갖는 세포들은 더 많은 안티센스 RNA를 전사하게 되고 이것은 다시 전위효소 유전자의 발현을 제한할 것이다(그림 12-28, 보다 자세한 것은 그림 설명 참조). 그러므로 이와 같은 종에서 전위빈도는 매우 낮을 것이다. 이와는 달리 세포에 한 개의 Tn*10* 사본이 있다면 안티센스 RNA의 양은 낮아지고 전위 단백질의 합성이 효율적이 되어 전위가 높은 빈도로 일어날 것이다.

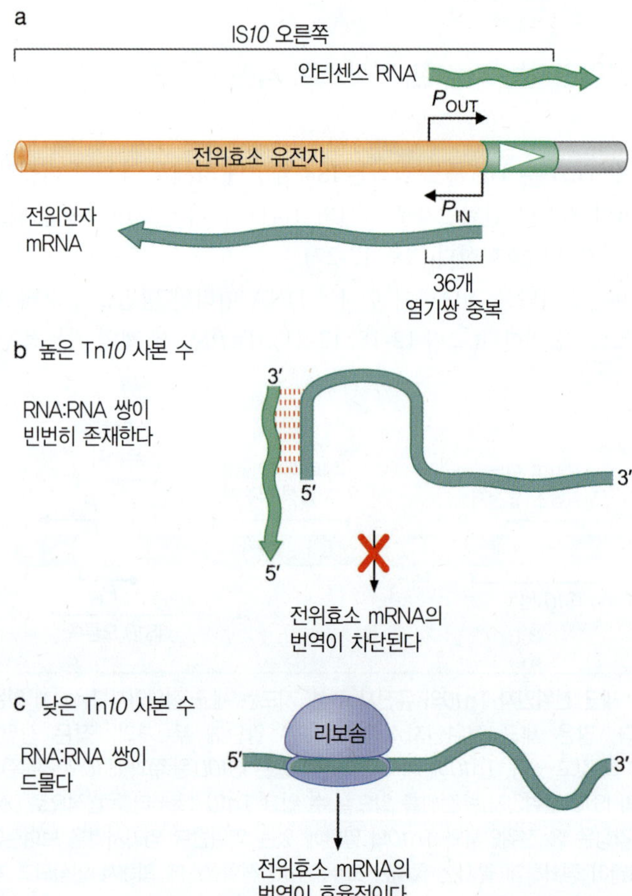

그림 12-28 Tn*10* 발현의 안티센스 조절. (a) 중복되는 프로모터 부위의 지도를 보여준다. 왼쪽 방향의 프로모터(P_{IN})는 전위효소 유전자의 발현을 촉진하고, P_{IN} 왼쪽으로 36 염기 떨어져 존재하는 오른쪽 방향의 프로모터(P_{OUT})는 안티센스 RNA의 발현을 촉진한다. 각 전사체의 처음 36개 염기는 다른 하나와 상보적이다. 세포에서 P_{OUT}에서 개시되는 안티센스 전사체는 P_{IN}에서 개시되는 mRNA보다 더 오래 살아남는다는 것에 주목하라. (b) 높은 Tn*10* 사본 수를 갖는 세포에서 RNA:RNA 쌍이 종종 일어나서 전위효소 mRNA의 번역을 차단한다. 이에 의해서 궁극적으로 전위인자의 사본 수를 감소시키게 된다. (c) 낮은 전위인자 사본 수를 갖는 세포에서는 RNA:RNA 쌍이 드물어 전위효소 mRNA의 번역이 효율적으로 일어나서 세포 내 사본 수는 증가한다.

파지 Mu는 아주 튼튼한 전위인자이다

파지 λ처럼 파지 Mu는 용원성 박테리오파지이다(부록 1 참조). 또한 Mu는 큰 DNA 전위인자이다. 이 파지는 감염 중에 전위를 이용하여 숙주세포 유전체 내에 자신의 DNA를 삽입한다. 이 방법은 위에서 논의된 레트로바이러스와 유사하다. 또한 Mu는 용균성 생장이 일어나는 동안에 수차례의 복제전위를 이용하여 자신의 DNA를 증폭시킨다. 용균성 주기 동안 Mu는 시간당 약 100번의 전위를 완성해서 가장 효율적 전위인자를 만드는 것으로 알려져 있다. 게다가 정지된 용원균으로 존재할 때에도 Mu 유전체는 Tn*10*과 같은 전형적인 전위인자와 비교하여 아주 빈번히 전위한다. *Mu*라는 이름은 돌연변이자(mutator)의 축약어이며, 난잡하게 전위가 일어나는 능력으로부터 유래한다. 즉 삽입된 Mu DNA 사본을 갖는 세포는 파지 DNA가 세포 내 유전자로 삽입되기 때문에 새로운 돌연변이를 빈번하게 축적한다.

Mu 유전체는 약 40 kb이고 35개 이상의 유전자를 가지고 있지만 전위에 중요한 역할을 하는 단백질을 암호화하는 것은 두 개뿐이다. 이들은 *A*와 *B* 유전자이며 각각 MuA와 MuB 단백질을 암호화한다. MuA는 전위효소이며, 이미 논의한 DDE 단백질 superfamily 계열의 한 종류이다. MuB는 MuA 활성을 자극하는 ATPase이고 DNA 표적자리 선택을 조절한다(그림 12-29). 이 과정은 다음 단락에서 설명된다.

Mu는 표적 면역을 사용하여 자신의 DNA 내에 전위가 일어나는 것을 회피한다

많은 전위인자처럼 Mu는 표적자리에 대한 염기서열 선호도를 거의 보여주지 않는다. 그 결과 "좋은(good)" 표적자리는 자신의 Mu 유전체 DNA를 포함하는 DNA에서 아주 빈번히 일어난다. 이 무작위 염기서열 선호도가 주어지면 Mu는 파지 유전자의 심각한 파괴 결과를 가져오는 상황인 자신의 DNA 내에 전위되는 것을 어떻게 회피하는가?

이 문제는 Mu 전위가 **전위 표적 면역(transposition target immunity)**으로 명명되는 과정에 의하여 조절되기 때문에 해결된다(글상자 12-4, "전위 표적 면역의 기작" 참조). 전위인자 자신의 DNA를 포함하는 Mu 전위인자 사본 주변의 DNA 부위는 새로운 전위에 대해서 매우 빈약한 표적을 제공한다.

전위 표적 면역은 몇 개의 다른 전위인자들에서 관찰되며, 매우 긴 거리에서도 작동될 수 있다. Mu에 대해서 Mu 삽입이 존재하는 약 15 kb 내에 있는 염기서열은 새로운 삽입에 면역성을 부여한다. Tn*3* 과 Tn*7* 같은 몇몇 전위인자에 대해서 표적 면역이 100 kb 이상의 거리에서도 일어난다. 표적 면역은 전위인자가 그 자신 내에 전위되는 것 또는 다른 새로운 사본의 같은 유형의 전위인자가 자신의 유전체 내에 삽입되는 것으로부터 보호한다. 게다가 이 유형의 표적 DNA 선택 조절은 전위인자가 그들이 원래 삽입되었던 곳으로부터 "멀리" 떨어진 새로운 위치로 이동하는 원동력을 제공하며 이와 같은 특징은 그들 전체의 증식과 생존에 이점이 되도록 한다.

Tc*1*/*mariner* 전위인자는 진핵생물에서 아주 성공적인 DNA 전위인자이다

전위인자 Tc*1*/*mariner* 계열의 알려진 종류는 무척추와 척추동물에 모두 광범위하게 퍼져 있다. 이 계열의 전위인자는 진핵생물에 존재하는 가장 공통적인 DNA 전위인자이다. 이 전위인자들은 명확히 관련되어 있음에도 불구하고, 다른 생물체에서 분리된 것은 구별되는 특징을 갖고 있어서 다르게 명명된다. 예를 들면, 예쁜꼬마선충

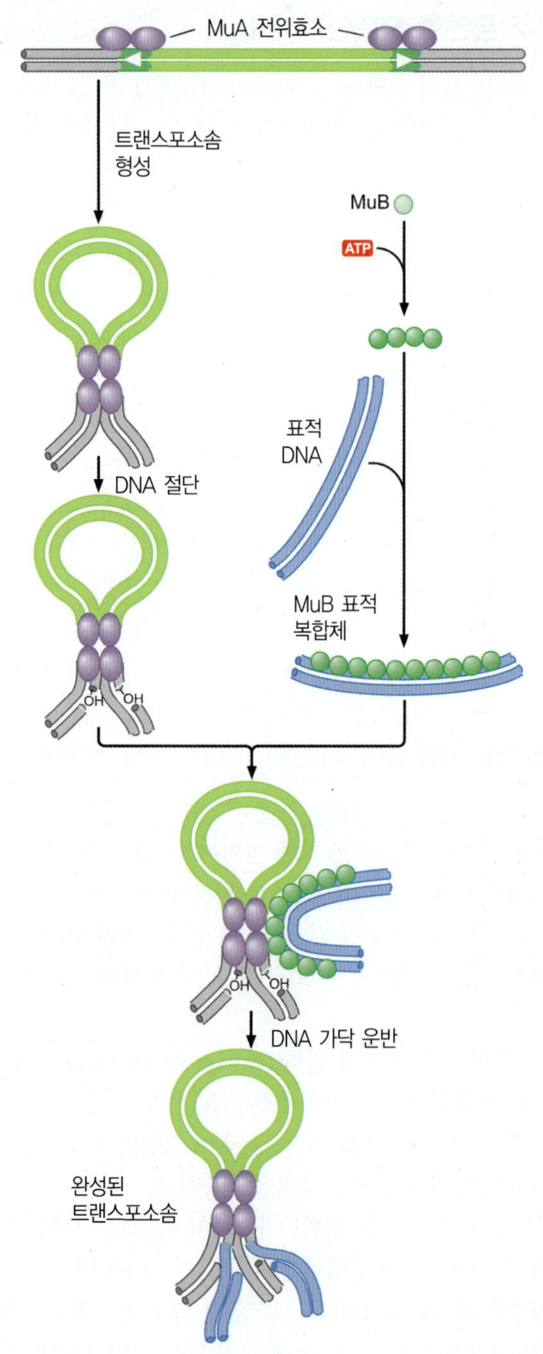

그림 12-29 초기 단계의 Mu 전위 개요. MuA 전위효소의 4개 아단위는 Mu DNA의 말단에 합쳐진다. MuB는 ATP와 결합하고 불특정 염기서열 DNA와 결합한다. MuA와 MuB 간의 단백질-단백질 상호반응은 MuA DNA-트랜스포소솜 복합체를 새로운 DNA 표적자리로 가져오게 한다. MuB는 DNA 가닥 운반 후 더 이상 필요 없고 복합체에서 떨어져 나가기 때문에 마지막 그림에는 보여주지 않는다.

(*C. elegans*)에 있는 전위인자는 Tc 전위인자로 명명되고 반면에 *Mariner*로 명명된 전위인자는 초파리(*Drosophila*)에서 분리되었다.

Tc*1*/*mariner* 전위인자는 가장 단순한 자발적 전위인자로 알려진 것이다. 전형적으로 그들은 길이가 1.5~2.5 kb이고 한 쌍의 말단역위반복 염기서열(전위효소 결합자리)과 DDE 전위효소 슈퍼패밀리 계열의 전위효소 단백질을 암호화하는 유전자를 갖고 있다(위 참조). 많은 전위인자와는 달리 재조합의 마지막 단계에서 세포 내 DNA 수선 단백질이 요구됨에도 불구하고 전위를 위해 다른 부수적 단백질을 요구하지 않는다. 구조와 기작에 있어서 이와 같은 단순함은 광범위한 숙주생물에서 이 전위인자들의 대성공과 관련된다.

Tc*1*/*mariner* 전위인자는 오려붙이기 전위 기작에 의하여 이동한다(그림 12-19).

▶ 고급개념

글상자 12-4 전위 표적 면역의 기작

MuA 전위효소와 MuB ATPase 간의 상호작용은 전위 표적 면역 기작의 중심에 있다. MuA-MuB 상호반응은 MuB가 MuA 결합하는 근처의 DNA에 결합하는 것을 방해한다. 이 상호작용과 관련된 상호반응들을 아래에 나타내었다.

- MuA는 MuB가 근처의 DNA 부위에 결합하는 것을 저해한다. 이 저해는 ATP 가수분해를 요구한다.
- MuB는 MuA가 전위를 위한 표적자리를 찾는데 도움을 준다.

개개의 단백질-단백질과 단백질-DNA의 상호반응이 표적 면역을 생성하는데 어떻게 함께 기능을 하는지 이해하기 위해서 두 개의 후보 DNA 조각 내부로의 전위를 생각해 보라. 하나는 어떤 대표적 조각인 반면에 나머지 하나는 이미 삽입된 Mu의 사본을 갖고 있다(글상자 12-4 그림 1 참조). 첫 번째 DNA 조각은 깨끗한 부위이고 두 번째 DNA 조각은 면역 부위라고 명명할 것이다.

Mu가 전위를 준비할 때 이 DNA 부위들에서는 어떤 일이 일어날까? 먼저 깨끗한 부위에서의 사태를 고려한다. ATP와 복합체를 이룬 MuB, 즉 MuB-ATP는 비특이적 DNA 결합 활성을 이용하여 DNA에 결합할 것이다. 동시에 MuA 전위효소는 Mu DNA 상에서 트랜스포소솜을 형성할 것이다. 그리고 트랜스포소솜 내의 이 MuA는 깨끗한 부위에서 MuB-DNA 복합체와 단백질-단백질 접촉을 만들 수 있다. 이 상호반응의 결과 MuB는 이 DNA를 표적자리로 이용하기 위해 MuA로 운반한다.

이와는 달리 MuA와 MuB는 둘 다 면역 부위에서 DNA와 결합한다. MuA는 이미 존재하는 Mu 유전체상의 특이적 결합자리와 상호작용하고 MuB-ATP는 어떤 DNA 염기서열에 대한 친화성을 이용하여 재결합한다. 그러나 MuA와 MuB가 둘 다 이 부위에 결합될 때 그들은 상호작용할 것이다. 그 결과 MuA는 MuB에 의한 ATP 가수분해와 이 DNA로부터 MuB의 분리를 촉진한다. 그러므로 MuB는 면역 DNA 조각에 축적되지 않는다. 이와 같은 방법으로 Mu 전위 단백질은 ATP에 저장된 에너지를 이용하여 Mu 유전체가 전위의 표적이 되는 것으로부터 보호한다. 이 기작으로부터 예상되는 것처럼 DNA 분자 내에 하나라도 MuA 결합자리가 있다면 표적 면역을 제공하는 데는 충분하다는 것이다.

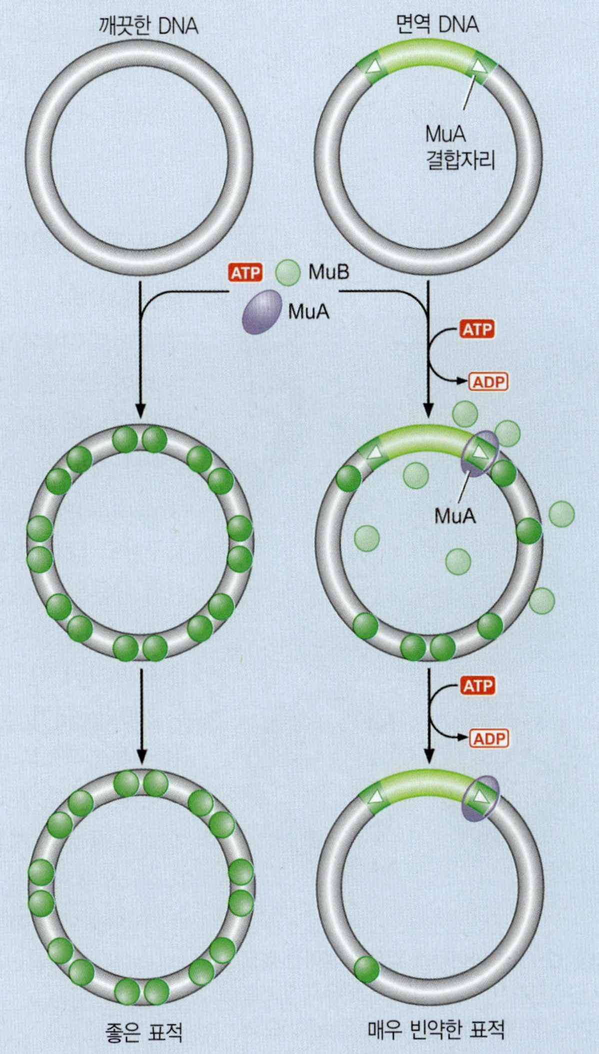

글상자 12-4 그림 1 DNA 상의 MuA와 MuB 간의 상호작용은 면역 표적 DNA의 발달을 초래한다. MuA 결합 부위는 진한 녹색으로 보여준 전위인자의 말단에 있는 말단역위반복이다. MuA는 명확히 두 개의 반복부위 중 하나와 결합한다. MuB가 ATP를 가수분해할 때마다 그것은 DNA로부터 분리된다. ATP에 결합된 MuB는 더 진한 녹색으로 보여준다. MuA-MuB 접촉은 이 가수분해반응을 촉진한다. 두 분자의 MuB를 접촉하는 것으로 보이고 있음에도 불구하고 MuA는 DNA 결합자리에서 가까운 곳에 결합하고 있는 모든 MuB와 선호적으로 접촉할 것이다. 길이가 5~15 kb 되는 DNA는 하나의 MuA 결합 말단역위반복 염기서열에 의하여 "면역"을 제공할 수 있다.

전위인자 DNA는 두 개의 염기쌍에 의해 엇갈리는 염기쌍의 절단을 이용하여 오래된 숙주 DNA에서 절단된다. 이 전위인자들은 분명히 매우 공통적인 염기서열 5′TA를 갖고 있는 DNA 부위 내에 강하게 선호적으로 삽입된다.

전위인자가 절제될 때 숙주염색체의 "빈(empty)" 자리에서는 어떤 일이 일어나는가? Tc*1*/*mariner* 전위인자들 경우에 일단 전위인자를 갖고 있는 몇몇 자리의 DNA 염기서열 분석을 통하여 때때로 절단된 DNA 말단은 수선 DNA 합성에 의해서 채워지고 그 후에 직접 연결된다는 것을 보여준다(10장의 비상동 말단결합에 관한 논의의 내용 참조). 이 수선반응은 오래된 삽입 부위에 몇 개의 여분의 DNA 염기쌍이 삽입되는 결과를 가져온다. 이 작은 DNA의 삽입은 유전체에서 "이동한" 자리를 갖고 있는 전위인자가 남겨놓은 흔적이기 때문에 "발자국(footprint)"으로 알려져 있다.

많은 전위인자와 달리 Tc*1*/*mariner* 전위인자의 전위는 잘 조절되지 않는다. 아마도 이와 같은 조절 결핍 결과로 유전체 "서열분석(sequencing)"에 의해 밝혀진 많은 전위인자들은 "죽은(dead)" 즉 전위가 불가능한 것이다. 예를 들면, 많은 전위인자들은 전위효소 유전자에 돌연변이를 갖고 있어서 불활성화가 일어나게 된다. 비활성 및 활성 전위인자에 있는 많은 염기서열을 이용하여 연구자들은 인공적인 고활성 Tc*1*/*mariner* 전위인자를 만들었다. 잠자는 숲속의 미녀(*Sleeping Beauty*)로 명명된 이 전위인자는 천연적으로 분리된 전위인자들과 비교하여 매우 높은 빈도로 전위된다. 잠자는 숲속의 미녀는 많은 진핵생물체에 돌연변이 유발과 DNA 삽입을 위한 도구로 기대된다. 게나가 이 재구성 실험은 Tc*1*/*mariner* 전위인자들에 의한 진위 빈도가 그들 전위효소 단백질의 차상의 최적(suboptimal) 활성 때문에 자연히 저지됨을 나타낸다.

효모 Ty 전위인자들은 유전체에 있는 안전한 안식처로 전위한다

효모에서 뛰어난 전위인자인 Ty 전위인자는 바이러스 유사 레트로전위인자이다. 실제로 레트로바이러스와 그들의 유사성은 전위 기작 이상으로 확대된다. 즉, Ty RNA는 바이러스 유사 입자로 쌓여져 세포에서 발견된다(그림 12-30). 그러므로 이들 전위인자는 한 개의 세포에서 빠져나와 새로운 세포에 감염시킬 수 없는 바이러스처럼 보인다. 연구가 잘 된 많은 유형의 Ty 전위인자들이 있다. 예를 들면, 출아효모(*S. cerevisiae*)에는 이 효모종 모두에서 Ty5 전위인자들이 불활성화인 것으로 보임에도 불구하고 Ty1, Ty3, Ty4 및 Ty5 계열이 있다. 이들 Ty 전위인자 계열의 각각은 그 자신의 이동을 촉진하지만 다른 계열의 전위인자들을 이동시키지는 않는다.

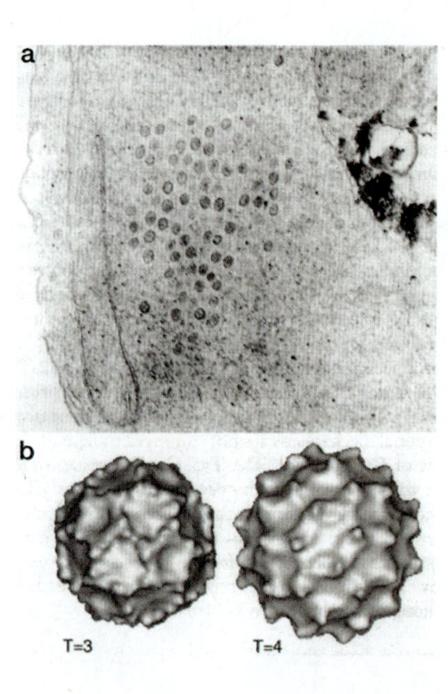

그림 12-30 바이러스 입자에 쌓여진 효모 Ty 전위인자. (a) Ty1 바이러스 유사 입자를 과발현시킨 출아효모(*S. cerevisiae*) 세포의 전자현미경 사진. 입자는 타원형의 전자 밀집구조를 보인다. (b) Ty1 바이러스의 3차원 재구성을 보여주는 저온 전자현미경 사진. 이 Ty1 전위인자들은 입자의 3량체 단위를 갖는 끝이 뾰족한 외관을 형성하는 끝이 잘린 Gag 단백질을 갖고 있다. (Reprinted, with permission, from Craig N. et al. 2002. *Mobile DNA II*, © ASM Press. b, Also courtesy of H. Saibil.)

Ty 전위인자들은 우선적으로 특이적 염색체 부위 내에 통합된다(그림 12-31). 예를 들면, Ty1 전위인자들은 숙주 RNA 중합효소 III에 의하여 전사개시 부위에서 상위 200 bp 내에 있는 DNA 속으로 거의 항상 전위된다(13장 참조). RNA 중합효소 III는 특이적으로 tRNA 유전자를 전사하고 대부분의 Ty1 삽입은 이들 유전자 근처에서 일어난다. 또한 Ty3 통합은 중합효소 III의 프로모터와 강하게 연결되어 있다. 이 경우 통합은 정확하게 전사개시 부위($\pm$2 bp)를 표적으로 하게 된다. 이와는 달리 Ty5는 우선적으로 침묵된, 전사적으로 정지된 상태에 있는 유전체 부위 내에 통합한다. Ty5에 의해 표적된 침묵 부위는 말단소체와 접합형자리(mating-type loci)의 침묵사본을 포함한다(11장 참조). 이 모든 경우 국부적 표적자리 선택 기작은 cDNA에 복합체로 결합하는 전위인자 통합효소와 이들 염색체 부위에 결합하는 숙주 특이적 단백질 간의 특이적 단백질-단백질 복합체 형성을 포함한다. 예를 들면, Ty5 통합효소는 DNA 침묵 단백질 Sir4와 특이적 복합체를 형성한다(19장 참조).

Ty 전위인자들은 왜 이 국부적 표적자리 우선성을 보이는가? 이 표적 특이성은 대부분의 삽입이 직접 단백질을 암호화하는데 포함되는 유전체의 중요한 부위에서 떨어지는 것에 초점이 맞추어짐으로써 전위인자들이 숙주 생물체에서 지속할 수 있도록 하는 것으로 제안되었다. 이 유형의 표적전위의 이용은 특히 효모 같은 크기가 작고 유전자가 많은 유전체를 가진 생물체에 중요하게 된다.

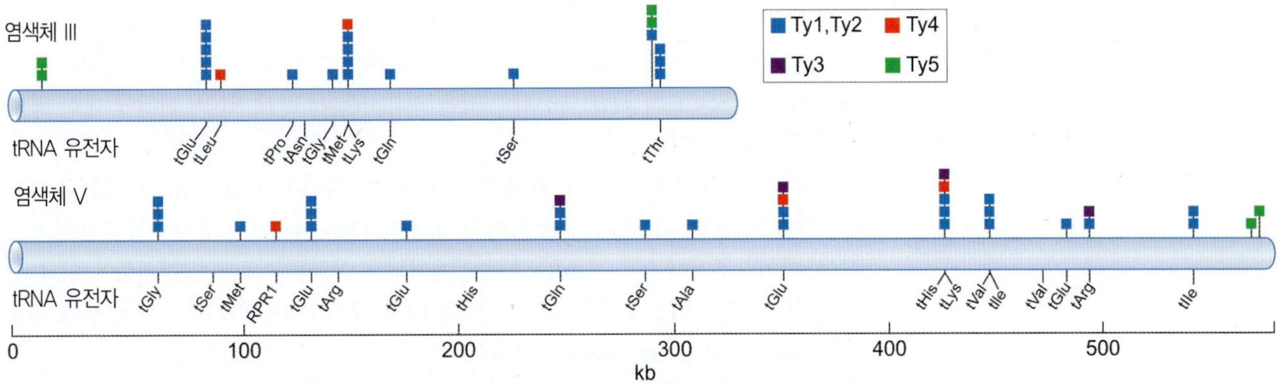

그림 12-31 Ty 전위인자에서 관찰되는 다발 통합 자리. 색을 띠고 있는 상자는 전위인자 삽입을 위한 알려진 자리를 나타낸다. Ty1, Ty2, Ty3 및 Ty4 삽입은 세포 내 RNA 중합효소 III에 의해서 전사되는 tRNA 유전자 근처라는 것을 주목하라. 삽입은 실제 유전자의 상류 부위에서 일어남으로 유전자 발현을 파괴하지 않는다. Ty1과 Ty2는 서로 밀접하게 관련된 전위인자임으로 함께 분류된다. Ty5는 "침묵된(silenced)" 즉 많이 전사되지 않는 염색체 말단과 접합형자리(mating-type loci) 근처에서 발견된다(11장 참조). (Courtesy of Dan Voytas.)

LINE은 자신의 전위를 촉진하고 세포 내 RNA를 전위한다

LINE으로 알려진 자발적 폴리-A 레트로전위인자는 척추생물 유전체에 풍부하다. 실제로 인간유전체의 20%는 LINE 염기서열로 구성된다. 이 전위인자들은 처음에 반복염기서열 계열로 인식되었다. 그들의 이름은 이것의 초기 확인에서 유래되는데 **LINE**은 "long interspersed nuclear element"의 머리글자이다. L1은 인간에서 가장 연구가 많이 된 LINE의 하나이다. 자신의 이동을 촉진하는 것 이외에도 LINE는 **SINE**(short interspersed nuclear element)로 알려진 비자발적 폴리-A 레트로전위인자 반복염기서열인 또 다른 관련 계열의 반복염기서열을 역전사하고 통합하는 데 필요한 단백질을 제공한다. 유전체 염기서열들은 다시 한번 이 인자들이 많이 존재하고 있다는 것을 보여주며 이것은 전형적으로 길이가 100~400 bp 정도이다. *Alu* 염기서열은 인간유전체에 널리 분포하고 있는 SINE의 한 예이다. 그림 12-32는 전형적인 LINE와 SINE 전위인자들의 구조를 비교해 놓은 것이다. LINE와 SINE의 염기서열은 단순한 유전자처럼 보인다. 실제로 전위에 중요한 *cis*-활성 염기서열은 전위인자의 RNA 전사를 지시하는 프로모터와 폴리-A 염기서열을 단순히 갖고 있다. 이 A 잔기는 역전사를 위해서 프라이머 말단을 생성하는 것을 도와주는 표적자리에 있는 DNA와 염기쌍을 이룬다는 것을 상기하라(그림 12-23 참조).

전위에 대한 이 단순한 염기서열은 LINE에 문제를 제기한다. 즉 그들은 어떻게 세포 내 mRNA 분자를 전위하는 것을 피하는가? 모든 유전자들은 프로모터를 갖고

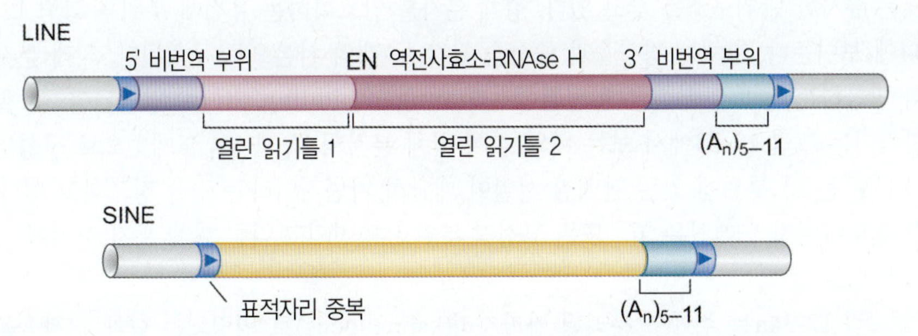

그림 12-32 전형적인 LINE와 SINE의 유전적 구성. 전위인자들의 오른쪽 말단에 있는 폴리-A 염기서열의 길이가 다양하다는 것을 주목하라. 이것은 폴리-A 레트로전위인자의 결정적 특징이다. 또한 이 전위인자는 길이가 다양한 표적자리 중복(파란색 화살표)에 의하여 곁가지가 된다. 염기서열 인자들은 실제 크기와는 다르다. 그림 12-20과 12-28에서 보는 것처럼 두 가지 유형의 전위인자는 프로모터 염기서열을 갖고 있다. (Adapted, with permission, from Bushman F. 2002. *Lateral DNA transfer*, p. 251, Fig. 8.4. © 2002 Cold Spring Harbor Laboratory Press.)

있고 대부분은 분자의 3′ 말단에 폴리-A 염기서열을 갖고 있는 mRNA로 전사된다(13장). 그러므로 어떤 mRNA는 전위에 대한 매력적인 "기질"이 된다. 실제로 유전체 염기서열들은 표적 시발 역전사 기작을 경유하는 세포 내 RNA 전위에 대한 명확한 증거를 제공한다.

많은 세포 내 유전자들을 위해서 유전체에 높은 관련성이 있는 염기서열의 추가적 사본들이 있다. 이 사본들은 프로모터 및 유전자 내에 존재하는 염기서열 부위이지만 RNA 이어맞추기에 의하여 mRNA에서 제거되는 인트론을 소실한 것처럼 보이고 종종 5′ 말단 근처에 끝을 자름을 갖고 있다(14장 참조). 이들 염기서열은 **가공된 헛유전자(processed pseudogene)**로 알려져 있고 세포에서 발현되지 않는다. 이들 헛유전자(pseudogene)들은 종종 표적 DNA에 짧은 반복으로 연결된다. 이 구조는 정확히 세포 내 mRNA의 LINE 촉진된 전위를 기대하는 것이다.

세포 내 RNA의 전위가 일어날 수 있다고 하더라도 이것은 드문 일이다. 이와 같은 과정을 회피하기 위해서 사용되는 중요한 기작은 LINE 암호화된 단백질이 번역되는 동안에 그들 자신의 RNA와 즉각적으로 결합하는 것이다(그림 12-23 참조). 그러므로 그들을 암호화하는 RNA의 역전사와 통합을 촉매하는 것에서 강력한 엇갈림을 보여준다.

V(D)J 재조합

전위가 많은 다른 유전인자의 이동에 관련되어 있다는 것을 살펴보았다. 그러나 세포들은 직접 생물체를 돕는 기능을 수행하기 위해 이 재조합 기작을 이용해왔다. 가장 좋은 예는 척추동물 면역계 세포에서 일어나는 V(D)J 재조합이다.

척추동물 면역계는 바이러스, 세균 및 병원성 진핵생물을 포함하는 생물체가 침입하면 이를 인식하고 막아내는 일을 한다. 척추동물은 이들 침입자를 인식하는 데 관여하는 두 개의 특수한 세포유형을 가지고 있는데 B 세포와 T 세포이다. B 세포는 혈액을 순환하는 **항체(antibody)**를 만들고 반면에 T 세포는 세포표면에 결합하는 **T 세포 수용체(T-cell receptor)**로 명명되는 수용체 단백질을 만든다. 이 계열의 단백질의 어느 한쪽이 "외래(foreign)" 분자를 인식하면 침입자의 파괴에 초점을 맞춘 일련의 단계적 반응(cascade event)이 시작된다. 그들의 기능을 성공적으로 수행하기 위하여 항체와 T 세포 수용체는 많은 다양한 분자군을 인식할 수 있어야 한다. 세포들이 다양성을 가지고 있는 항체와 T세포 수용체를 생성하는 중요한 기작은 **V(D)J 재조합[V(D)J recombination]**으로 알려진 특수한 DNA 재배열 반응에 의존한다.

항체와 T 세포 수용체 유전자들은 일련의 염기서열 특이적 DNA 재배열에 의하여 조합된 유전자 조각으로 구성된다. 이 재조합이 필요한 다양성을 어떻게 생성하는지 이해하기 위해서 항체 분자의 구조를 살펴볼 필요가 있다(그림 12-33). T 세포 수용체는 유사한 단위구조를 갖고 있다. 항체 분자를 암호화하는 유전체 부위를 그림 12-34에 보여준다. 항체는 경사슬과 중사슬 각각 두 개의 사본으로 구성된다. 외래 분자와 반응하는 단백질 부분은 **항원결합자리(antigen-binding site)**로 명명된다. 이 결합자리는 그림 12-33에서 보는 바와 같이 항체 분자의 V_L과 V_H 도메인으로 구성된다. "V"는 이 부위에 있는 단백질 서열이 대단히 가변적이라는 것을 강조하고 있다. 항체의 나머지 도메인은 "C" 또는 고정적 부위로 명명되고 다른 항체 분자 사이에 차이가 별로 없다.

그림 12-34a는 쥐에서 분리된 카파자리(kappa locus)로 명명되는 항체 경사슬을

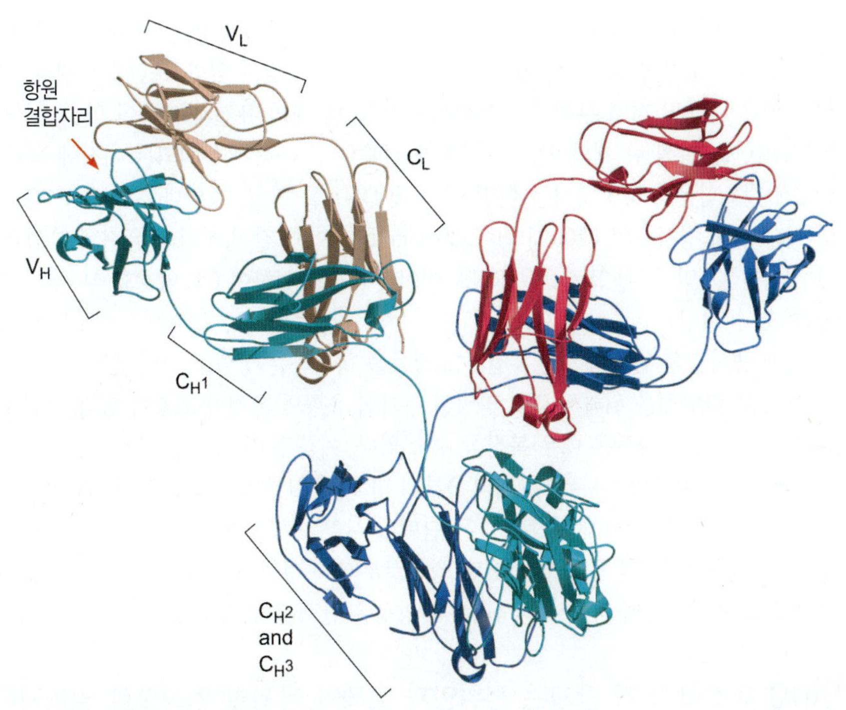

그림 12-33 항체 분자의 구조. (분홍색) 두개의 경사슬; (파란색) 중사슬. 가변 부위와 고정 부위는 분자의 왼쪽 면에만 표시되어 있다. 항원결합자리는 V_L과 V_H 도메인 간의 접촉면에 형성된다. (Harris L.J. et al. 1998. *J. Mol. Biol.* **275**: 861-872.) 이미지는 MolScript, BobScript 및 Raster 3D로 나타내었다.

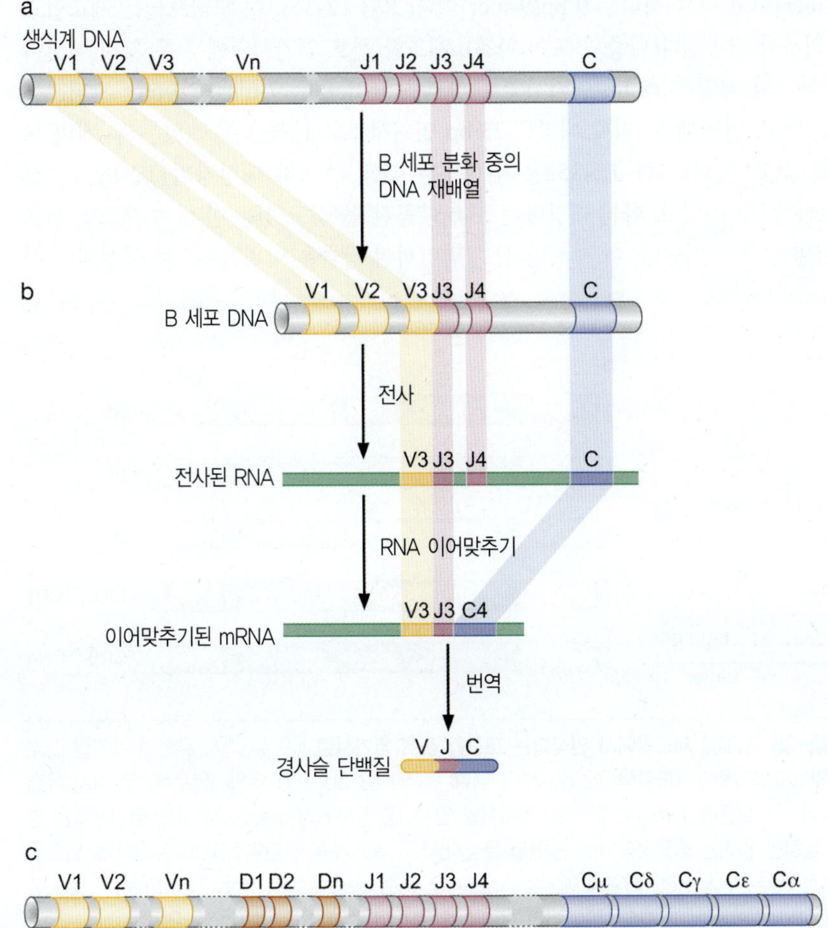

그림 12-34 V(D)J 재조합 과정의 개요. 위쪽 그림은 항체 단백질의 경사슬을 생성하는 데 관련된 단계를 보여준다. (a) V(D)J 재조합(생식계 DNA, germ-line DNA)이 일어나지 않는 세포 내 경사슬 DNA 부분의 유전적 구성. (b) B 세포 발생 동안 일어나는 두 개의 특이적 유전자 조각들(V3와 J3) 간의 재조합. 이것은 다른 전-B 세포에서도 일어날 수 있는 많은 유형의 재조합 반응 중 하나이다. 그리고 재조합된 자리(locus)는 고정부위 유전자 조각을 이웃하여 전사되고 RNA가 이어맞추기 된다(14장). 그리고 이 mRNA는 번역되어 경사슬 단백질을 생성한다. (c) 추가적 "D" 유전자 조각들과 다양한 유형의 고정부위 조각들(Cμ, Cγ 등)을 갖는 훨씬 더 복잡한 중사슬 유전자 부위의 모식도. (Adapted, with permission, from Bushman F. 2002. *Lateral DNA transfer*, p. 345, Fig. 11.3. © Cold Spring Harbor Laboratory Press.)

암호화하는 유전체 부위를 보여준다. 이 부위는 경사슬 V_L 단백질 부위의 다양한 변형을 위하여 암호화하는 약 300개의 유전자 조각들을 갖고 있다. 또한 J 부위로 명명되는 짧은 단백질 서열 부위를 암호화하고 있는 네 개의 유전자 조각이 있고, 이어서 C_L 도메인을 위해 한 개의 암호화 부위가 뒤따른다. 나중에 논의되는 기작에 의하면 V(D)J 재조합은 V와 J 조각들 어떤 쌍 간에 DNA를 합칠 수 있다. 그러므로 재조합의 결과 항체 경사슬의 1200개 변이체(variant)가 이와 같이 하나의 유전체 부위로부터 생성될 수 있다. 이 조각들은 RNA 이어맞추기에 의하여 CL 암호화 부위와 함께 올 수 있다(14장).

항체 중사슬을 암호화하는 유전자 조각들을 형성하는 상황도 이와 유사하다. 하지만 이 경우 다양성을 위해서 D로 명명된 추가적 유형의 유전자 조각이 있다(그림 12-34c). 중사슬 유전자들은 매우 복잡할 수도 있다. 예를 들면, 생쥐는 특이적 중사슬 자리(locus)에 100개의 V부위, 12개의 D부위 및 4개의 J부위를 갖고 있다. V(D)J 재조합은 이 유전자가 4800개 이상의 다른 단백질 서열을 생성하도록 조합할 수 있다. 기능적 항체는 경사슬과 중사슬의 어떤 쌍으로부터 구성될 수 있기 때문에 경- 및 중-자리에 있는 재조합에 의해서 생성되는 다양성은 단백질 구조에 많은 영향을 준다.

V(D)J 재조합 초기 단계는 전위인자 절제와 유사한 기작으로 일어난다

재조합 신호 염기서열(recombination signal sequence)로 명명되는 재조합 염기서열은 V(D)J 재조합에 의하여 조합되는 유전자 조각들의 곁가지이다. 이 신호들은 모두 두 개의 높은 보존적 염기서열 모티프(motif)를 갖고 있는데 하나는 길이가 7 bp(7-mer)이고 다른 하나는 9 bp(9-mer)이다(그림 12-35). 이 모티프들은 재조합효소에 의하여 결합된다(나중의 토의 참조). 재조합 신호 염기서열에는 두 가지 계열이 있다. 하나의 계열은 12 bp 염기서열로 간격을 두고 있는 7-mer와 9-mer 모티프를 가지고 있고, 반면에 두 번째 계열은 23 bp 염기서열로 간격을 두고 있는 두 개의 모티프를 갖고 있다(그림 12-35a). 재조합은 항상 하나의 대상자가 12 bp "공간(spacer)"을 갖고 있고, 다른 대상자는 23 bp "공간"을 갖고 있는 한 쌍의 재조합 신호 염기서열 간에 일어난다. 이 재조합 신호 염기서열 쌍들은 역위반복으로 구성되며 최

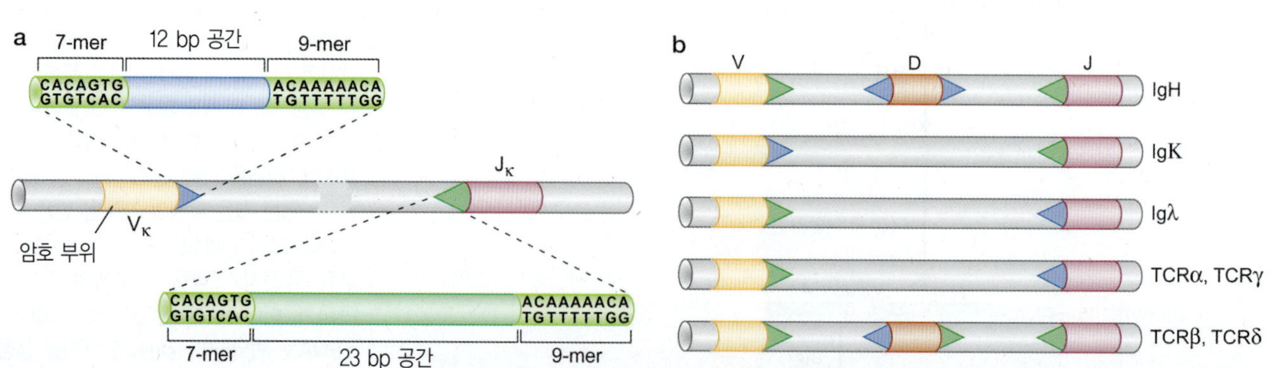

그림 12-35 V(D)J 재조합에서 인식되는 재조합 신호 염기서열. (a) 두 가지 유형의 재조합 신호 염기서열(RSS)의 확대. (파란색) 12 bp 간격 부위; (녹색) 23 bp 간격 부위; (연두색) 두 가지 유형 모두 공유하는 보존적 7-mer와 9-mer 염기서열 인자. 공간 부위에서 뉴클레오티드 염기서열은 중요하지 않지만 길이는 중요하다. (b) 항체(Ig 유전자)와 T 세포 수용체 단백질(TCR 유전자)을 암호화하는 유전적 부위에서 RSS 배열의 예. (a, Adapted, with permission, from Bushman F. 2002. *Lateral DNA transfer*, p. 346, Fig. 11.5. © Cold Spring Harbor Laboratory Press.)

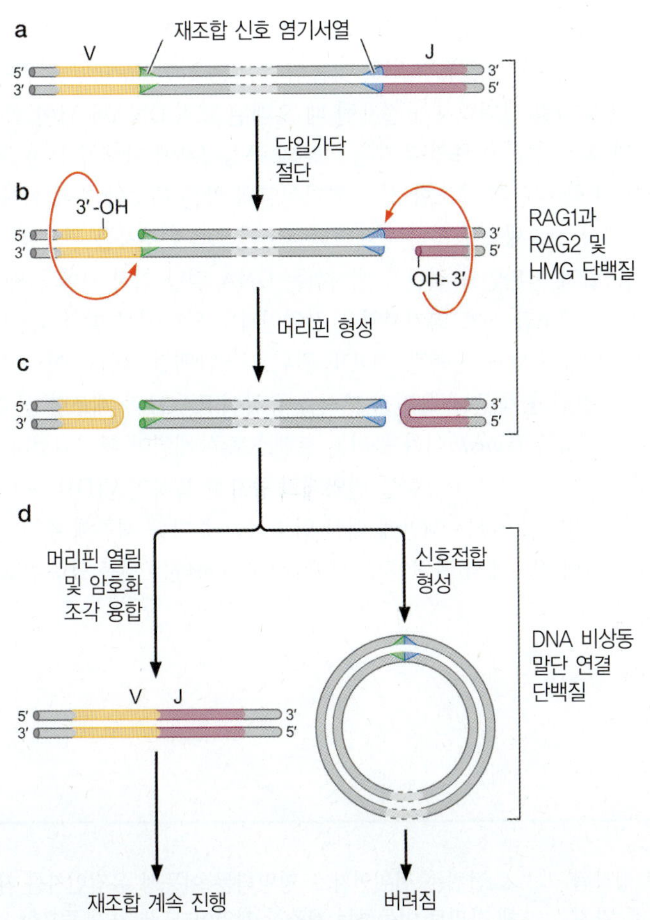

그림 12-36 V(D)J 재조합 경로: 절단은 전위인자 절제와 유사한 기작을 이용하여 일어난다. 재조합효소는 신호 염기서열 말단에서 단일가닥 절단을 촉매해서 3′-OH 자유기를 생성시킨다. 그리고 각각의 3′-OH는 반대쪽 가닥에 공격을 개시하여 머리핀 중간체를 형성한다(그림 12-23b 참조). 머리핀 구조는 일련적으로 가수분해된 후 V 및 J 부위 간에 함께 연결되어 암호화 접합을 형성한다. 재조합 신호 염기서열을 가지고 있는 두 개의 말단도 연결되어 신호 접합을 형성한다. 이전의 구조는 더 재조합을 진행하는 반면에 후자는 버려진다. (Adapted, with permission, from Bushman F. 2002. *Lateral DNA transfer*, p. 348, Fig. 11.6. © Cold Spring Harbor Laboratory Press.)

종적으로 결합될 예정인 DNA 조각들의 곁가지이다(그림 12-35b).

재조합 신호 염기서열을 인식하고 절단하는 것과 관련된 재조합효소는 **RAG1**과 **RAG2**(RAG는 "recombination-activating gene"의 약어)로 명명되는 두 개의 단백질 아단위로 구성된다. 이들 단백질은 전위효소와 매우 유사한 방법으로 기능한다(그림 12-36). 그들은 재조합 신호 염기서열을 인식하여 두 부위가 단백질-DNA 시냅스 복합체를 형성하도록 쌍을 이루게 한다.

그리고 이 복합체 내의 RAG1 단백질은 재조합 신호 염기서열과 재배열될 유전자 조각 간에 각각의 접합 부위에 있는 DNA에서 단일가닥 절단을 유도한다(그림 12-36a). 절단 부위는 단백질을 암호화하는 조각이 3′-OH DNA 말단에 자유기를 갖게 한다(그림 12-36b). 그리고 이전에 몇몇 전위인자 절제반응에서 살펴본 바와 같이(그림 12-21 참조), 이 3′-OH DNA 말단은 DNA 이중나선의 반대편 가닥을 공격한다. 이 공격은 머리핀 DNA 말단을 생성하는 DNA 절단과 연결반응을 동시에 생기게 한다. 이것은 머리핀 DNA 말단을 갖고 있는 단백질 암호화 염기서열 조각이고, 반면에 재조합 신호 염기서열은 그들의 말단에 정상적인 이중가닥 절단을 갖게 된다(그림 12-36c). 이와 같은 기작은 두 개의 재조합 DNA 조각의 각각에 DNA 머리핀을 생성한다.

일단 시냅스복합체에서 두 개의 DNA 염기서열이 RAG 재조합효소를 이용하여 틈새화되고 머리핀을 형성하면, 세포 내 DNA 수선 단백질이 이어받아 재조합 반응을 종결하게 된다(그림 12-36d). 두 개의 단백질을 암호화하는 조각의 DNA 머리핀 말단은 개방되고 이들 말단은 함께 연결되는 것이 틀림없다. 세포 내 비상동 말단연결 단백질들이 이 반응에 참여한다(10장 참조). 흥미롭게 DNA 연결반응은 뉴클레오티드의 추가 또는 결손이 종종 동반된다. 이들의 추가는 Tc*1*/*mariner* 전위인자에 대해서 논의되었던 것처럼 전위인자가 절제될 때 오래된 표적 DNA에 남아 있는 "발자국(footprint)"과 유사하다. 이들의 추가는 여분의 구성성분에 단백질 분자 서열 다양성을 주게 된다. 또한 절단된 재조합 신호 염기서열의 쌍은 재조합 중에 함께 연결된다. 이 반응은 대체적으로 세포에 의하여 폐기되는 원형 DNA 분자를 생성한다.

V(D)J 재조합과 전위인자 절단을 개시하는 DNA 절단 기작 간에 놀랄 만한 유사성이 있다. 사실, 재조합 신호 염기서열은 전위인자의 말단에서 발견되는 말단역위반복과 유사성이 있고 RAG1 단백질은 DDE 전위효소 단백질 계열과 어느 정도 유사성이 있는 것으로 보인다. 최근에 유전적 분석을 통하여 RAG1과 재조합 신호 염기서열 양쪽 소스로 추정되는 *Transib*이라 불리는 트랜스포존 계열이 확인되었다. 다른 많은 것들과 함께 이 관찰은 지금 고등동물 면역계의 중요한 특성인 V(D)J 재조합이 DNA 전위인자로부터 진화되었다는 제안에 대한 압도적인 증거를 제공해 주고 있다. 이 결론은 세포 유전체의 진화에서 전위인자가 대단히 중요하다는 것을 말해주고 있다.

요약

보통 DNA는 유전물질을 보관하는 대단히 정적인 분자로 생각됨에도 불구하고 또한 이것은 많은 유형의 재배열을 따른다. 두 가지 계열의 유전재조합은 보존성 자리특이적 재조합(CSSR)과 전위로서 이와 같은 많은 재배열에 관여한다.

보존성 자리특이적 재조합은 DNA의 한정된 염기서열 인자에서 일어난다. 재조합효소 단백질은 이 염기서열 인자를 인식하여 DNA 가닥을 절단 및 연결함으로써 재조합자리를 포함하는 DNA 조각들을 재배열한다. 세 가지 유형의 재배열이 공통적으로 일어난다. 즉, DNA 삽입, DNA 결실 및 DNA 역위이다. 이들 재배열은 바이러스가 감염되는 동안 바이러스 유전체가 숙주세포 내로 삽입, DNA 다량체의 변형 및 유전자 발현 변경을 포함하는 많은 기능을 가지고 있다.

DNA 구성 단백질 관여뿐 아니라 DNA 상의 재조합자리 구성은 특이적 재조합 반응의 결과물을 지시하고 있다. 구성 단백질은 DNA 조각을 구부리는 기능을 하고 DNA 특이적 부위에서 일어나는 반응에 큰 영향을 줄 수 있다.

두 가지 계열의 보존성 자리특이적 재조합효소가 있다. 두 계열 모두 단백질-DNA 공유결합 중간체를 이용하여 DNA를 절단한다. 세린 재조합효소는 활성 부위에 세린 잔기를 사용하고 티로신 재조합효소는 티로신을 사용하여 이들을 연결한다. 티로신 재조합효소의 구조는 재조합 기작의 자세한 부분에 대하여 많은 통찰력을 제공한다.

전위는 전위인자로 명명되는 이동성 유전인자를 새로운 유전체 자리로 이동하는 재조합 계열이다. 세 가지 중요한 전위인자 계열이 있는데 DNA 전위인자, 바이러스 유사 레트로전위인자 및 폴리-A 레트로전위인자이다. DNA 전위인자는 전위주기 동안 DNA로 존재한다. 그들은 절제된 전위인자 중간체를 포함하는 오려붙이기 재조합 기작 또는 복제 기작을 이용하여 이동한다. 두 가지 계열의 레트로전위인자는 RNA 중간체를 이용하여 이동한다. 이들 "레트로" 인자는 이동을 위하여 재조합효소 단백질뿐만 아니라 역전사효소로 명명되는 RNA 의존성 DNA 중합효소를 요구한다.

전위인자는 전체 DNA 염기서열의 거대한 부분을 구성할 수 있는 모든 생물체의 유전체에 존재한다. 그들은 돌연변이와 유전체 재배열의 중요한 원인이다. 전위는 전위인자가 숙주세포 유전체에 너무 많은 파괴를 야기하지 않도록 돕기 위하여 종종 조절된다. 전위인자 사본 수의 조절과 새로운 삽입 부위 선택의 조절이 공통적으로 관찰된다.

최종적으로 전위 유사 기작은 다른 유형의 DNA 재배열 반응에 이용될 수 있다. 이것의 중요한 예는 척추동물 면역계의 발생 동안에 진행되는 유전자 조각들의 조합과 관련된 V(D)J 재조합 반응이다.

참고문헌

Books

Bushman F. 2002. *Lateral DNA transfer: Mechanisms and consequences.* Cold Spring Harbor Laboratory Press, Cold Spring Harbor, New York.

Craig N.L., Craigie R., Gellert M., and Lambowitz A.M. eds. 2002. *Mobile DNA II.* American Society for Microbiology,Washington, D.C.

Site-Specific Recombination

Chen Y. and Rice P.A. 2003. New insight into site-specific recombination from FLP recombinase–DNA structures. *Annu. Rev. Biophys. Biomol. Struct.* **32**: 135–159.

Grindley N.D.F., Whiteson K.L., and Rice P.A. 2006. Mechanisms of site-specific recombination. *Annu. Rev. Biochem.* **75**: 567–605.

Hallet B. and Sherratt D.J. 1997. Transposition and site-specific recombination: Adapting DNA cut-and-paste mechanisms to a variety of genetic rearrangements. *FEMS Microbiol. Rev.* **21**: 157–178.

Matthews A.G. and Oettinger M.A. 2009. RAG: A recombinase diversified. *Nat. Immunol.* **10**: 817–821.

Smith M.C. and Thorpe H.M. 2002. Diversity in the serine recombinases. *Mol. Microbiol.* **44**: 299–307.

Yang W. 2010. Topoisomerases and site-specific recombinases: Similarities in structure and mechanism. *Crit. Rev. Biochem. Mol. Biol.* **45**: 520–534.

Transposition

Gueguen E., Rousseau P., Duval-Valentin G., and Chandler M. 2005. The transpososome: Control of transposition at the level of catalysis. *Trends Microbiol.* **13**: 543–549.

Haren L., Ton-Hoang B., and Chandler M. 1999. Integrating DNA: Transposases and viral integrases. *Annu. Rev. Microbiol.* **53**: 245–281.

Plasterck R. 1995. The Tc*1/mariner* transposon family. *Curr. Top. Microbiol. Immunol.* **204**: 125–143.

Prak E.T.L. and Kazazian H.H. Jr. 2000. Mobile elements in the human genome. *Nat. Rev. Genet.* **1**: 134–144.

Rebollo R., Romanish M.T., and Mager D.L. 2012. Transposable elements: An abundant and natural source of regulatory sequences for host genes. *Annu. Rev. Genet.* (in press). doi: 10.1146/annurev-genet-110711-155621.

Rice P.A. and Baker T.A. 2001. Comparative architecture of transposase and integrative complexes. *Nat. Struct. Biol.* **8**: 302–307.

Smit A.F.A. 1999. Interspersed repeats and other mementos of transposable elements in mammalian genomes. *Curr. Opin. Genet. Dev.* **9**: 657–663.

V(D)J Recombination

Fugmann S.D., Lee A.I., Schockett P.E., Villey I.J., and Schatz D.G. 2000. The RAG proteins and V(D)J recombination: Complexes, ends, and transposition. *Annu. Rev. Immunol.* **18**: 495–527.

Gellert M. 2002. V(D)J recombination: RAG proteins, repair factors, and regulation. *Annu. Rev. Biochem.* **71**: 101–132.

Oettinger M.A. 2004. Hairpins at split ends in DNA. *Nature* **432**: 960–961.

연습문제

짝수 문제의 해답은 부록 2 해답을 참조하라.

문제 1. 재조합효소 인식자리에 둘러싸인 2개의 분리된 교차 부위를 포함하는 선형의 이중가닥 DNA가 주어졌을 때 재조합 결과가 결실 혹은 역위로 결정되는 재조합자리의 배열을 설명하라. 또한 왜 이와 같은 배열이 반응 결과를 생성하는지 그 이유도 설명하라.

문제 2. 왜 세린 및 티로신 재조합효소는 촉매를 위하여 ATP 가수분해 같은 외부의 에너지를 요구하지 않는지 그 이유를 설명하라.

문제 3. 자리특이적 재조합과 전위의 주요 차이점을 설명하라.

문제 4. 보존성 자리특이적 재조합에서 티로신 및 세린 재조합효소 기작의 유사성과 차이점을 나열하라.

문제 5. 진핵세포의 유전공학을 위하여 Cre 재조합효소를 이용하는 장점들을 설명하라.

문제 6. 대장균에 대한 박테리오파지 λ 감염은 파지가 용원상태로 들어가기 위해 통합재조합을 그리고 용균성 성장으로 들어가기 위해서는 절제재조합이 일어난다. λInt는 통합재조합, 절제재조합, 혹은 둘의 역할을 동시에 갖는가? 그리고 그 이유를 설명하라.

문제 7. *Salmonella typhimurium* 유전체에서 DNA 역위를 촉매하는 Hin 재조합효소에 대한 생물학적 타당성을 설명하라.

문제 8. DNA 전위인자와 레트로전위인자를 구별하는 재조합 사이클에서의 주요 특징을 설명하라.

문제 9. 인간유전체가 어떻게 50%보다 더 큰 전위인자관련 염기서열을 갖고 있지만 전위인자 이동의 결과 발생할 수 있는 주요 유전적 불안정성을 보이지 않는지 설명하라.

문제 10. 왜 과학자들이 주어진 표현형에 대한 돌연변이체를 얻기 위해서 집단의 세균 혹은 출아효모를 스크리닝하는 유전공학적 기술로서 Tn*5* 같은 전위인자를 이용하는지 그 이유를 설명하라. 그리고 왜 돌연변이체에서 전위인자의 존재가 화학적 돌연변이를 통해 생성되는 돌연변이에 비해 유전적 스크리닝에서 더 나은 실험적 장점을 제공하는가?

문제 11. 연구자들은 인간 암세포주를 역전사효소의 저해제로 치료하는 것이 암세포 증식 속도를 감소시키기 때문인 것으로 발견하였다. 왜 역전사효소가 인간의 세포에서 발현되는지 그 이유를 예측하라. 또한 왜 역전사효소 활성이 암세포와 관련될 수 있는지 일반적 이유에 대한 가설을 만들라.

문제 12. 오려붙이기 전위 기작과 복제전위 기작을 비교하고 대조하라.

문제 13. 항체 다양화에서 V(D)J 재조합의 역할을 설명하라. 또한 왜 V(D)J 재조합 경로에서 머리핀이 가수분해되고 난 후 코딩 조각의 융합을 통한 비상동 말단연결이 이중가닥 DNA 절단을 수선하는 유익한 기작인지 그 이유를 설명하라.

문제 14. 인자 VIII의 결함이 혈우병 A, 즉 혈액 이상을 초래한다. 혈우병 A를 연구하는 연구자들은 병이 있는 환자와 병이 없는 환자 어머니의 DNA를 평가하였다. 그들은 26개의 엑손을 갖는 186 kb 길이의 인자 VIII 유전자를 분석하였다(14장 참조). 유전체 DNA를 KpnI 혹은 SstI으로 분해하고, 전기영동으로 산물을 분리하여, 엑손 14~26을 포함하는 인자 VIII 유전자와 결합하는 방사성동위원소 표시된 cDNA 탐침으로 확인하였다. 조각들과 대응하는 엑손의 크기는 방사성 자동사진의 오른쪽에 보여주었다. 연구자들은 인자 VIII의 엑손의 하나에 전위인자가 끼워들어 간 것으로 결론내렸다.

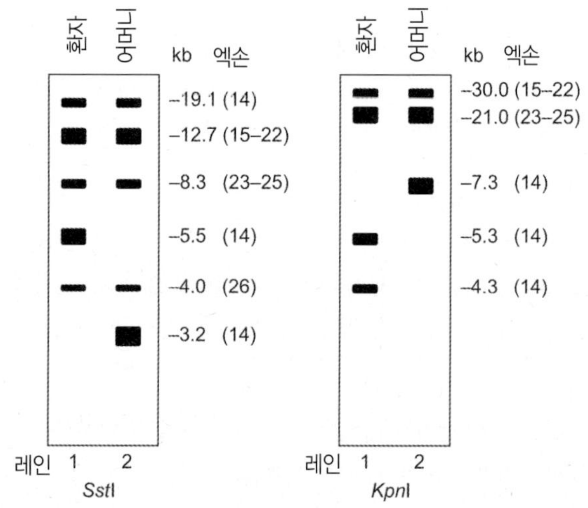

A. 환자와 어머니 SstI 분해 결과물의 차이를 명확하게 설명하라.

B. 환자와 어머니 KpnI 분해 결과물의 차이를 명확하게 설명하라.

C. 인자 VIII 유전자의 어떤 엑손이 전위인자를 갖고 있는지를 포함해서 관찰된 차이점들을 설명하는 가설을 제안하라.

Data adapted from Kazazian Jr. et al. (1988. *Nature* **332**: 164-166)

PART 4

유전체의 발현

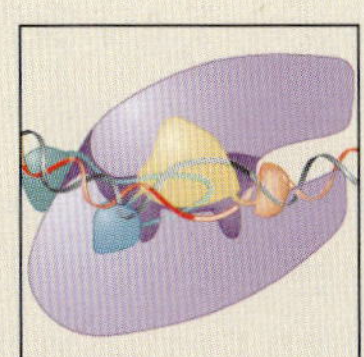

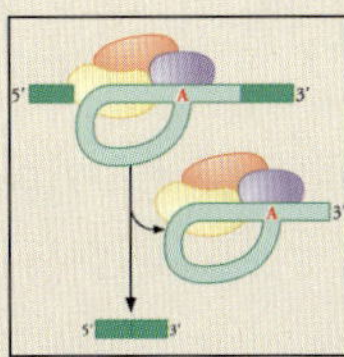

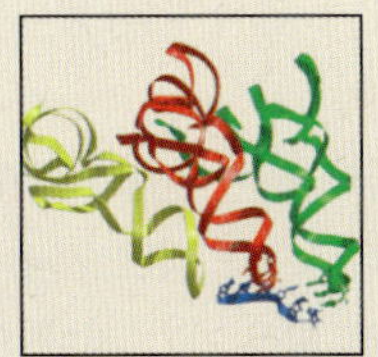

개 요

이 책의 4부는 유전자가 어떻게 발현되는지를 이해하고자 하는 내용 중 일부를 담고 있다. 다시 말해 폴리뉴클레오티드 사슬(DNA) 내의 일련의 뉴클레오티드 서열의 정보가 어떻게 폴리펩티드의 아미노산 서열로 바뀌는지에 대해 설명한다, 또한 이 과정이 어떻게 더 단순한 상태에서 진화되어 왔는지에 대해서도 알아볼 것이다.

13장에서 16장까지는 전령 RNA의 암호를 폴리펩티드 사슬로 풀기 위해 유전자를 전령 RNA라는 RNA 복제물로 복사하는 정보의 흐름을 다룬다. 13장에서는 뉴클레오티드 서열의 정보가 DNA에서 RNA로 전환되는 과정인 전사(transcription)에 대해 살펴볼 것이다.

RNA 중합효소는 DNA의 짧은 부분을 지엽적으로 풀고 일시적으로 분리된 두 사슬 중 하나를 주형으로 사용한다. 주형사슬상에서 DNA 합성과 매우 유사한 화학반응을 통해 합성되는 상보적인 RNA 복사물과 염기쌍을 형성한다. 전령 RNA는 모든 세포에서 유사하게 만들어진다. 그러나 RNA를 만드는 기본 효소들은 매우 유사하지만 진핵생물의 전사에 사용되는 나머지 기구들은 원핵생물의 것보다 훨씬 더 복잡하다.

원핵생물에서는 전령 RNA가 한번 합성되면 다음 단계의 정보 흐름인 단백질 합성을 위해 주형으로 바로 사용된다. 그러나 진핵생물에서는 전사산물인 RNA는 최종 전령 RNA로 사용되기 전에 일련의 성숙 과정을 거쳐야 한다, 그 중 가장 극적인 가공 과정은 mRNA 이어맞추기인데 이 부분은 14장에서 다루기로 한다. 진핵세포의 유전자는 종종 인트론이라는 여러 개의 단백질을 암호하지 않는 부분들로 분리되어 있다. 암호서열 내의 인트론 수는 한 개에서 여러 개에 이르기까지 유전자마다 다양하다. 유전자가 RNA로 전사될 때 이들 인트론들은 제거되며 엑손이라는 단백질 암호지역들이 서로 연결되어 연속된 단백질 암호서열을 만들게 된다. 14장에서 고도의 정확성을 가지고 인트론이 제거되는 분자적 기구들을 살펴볼 것이다.

15장과 16장에서는 번역(translation)과정에 대해 설명한다. 이 과정은 전령 RNA의 뉴클레오티드 서열 형태로 있는 유전정보가 아미노산을 순서대로 단백질의 폴리펩티드 사슬로 연결되도록 지정하는 과정이다. 15장은 번역의 주요 참여물질에 대해 기술한다: 전령 RNA의 암호서열; tRNA; 아미노산을 tRNA에 연결하는 효소; 그리고 RNA와 단백질로 구성된 리보솜.

16장에서는 유전암호를 밝힌 고전적 실험에 대해 설명하고 암호가 번역되는 원칙을 간단히 기술한다. 뉴클레오티드 서열의 정보는 3개의 문자 암호로 되어 있는 반면, 단백질 서열의 정보는 20개의 아미노산에 기초한다. 암호는 두 개 또는 그 이상의 코돈이 같은 아미노산을 지정할 수 있어 퇴화의 성격을 가진다. 코돈에는 번역의 시작과 종결을 지시하는 특정 코돈 또한 포함되어 있다.

마지막으로 17장에서는 맨 처음 생명이 어떻게 생겼으며 암호와 복제 그리고 정보의 발현의 원시적 기구가 어떻게 현재의 복잡한 체계로 진화했는지에 대해 살펴본다(3부와 4부에서 논의됨).

콜드 스프링 하버 연구소 기록 보관실 제공 사진

데이비드 볼티모어(David Baltimore), 프랑수아 자코(François Jacob), 그리고 월터 길버트(Walter Gilbert), 발생 분자생물학에 관한 1985 심포지엄. 볼티모어는 테민(Howard Temin)과 함께 RNA를 주형으로 하여 DNA를 만드는 역전사효소를 발견하였다(12장). 자크는 자크 모나드(Jacques Monad)와 함께 유전자 발현의 조절에 대한 기본 모델을 제안하였으며(18장) 또한 DNA 복제의 조절 모델(9장)도 제안하였다. 길버트는 자코와 모나드의 유전자 조절에 대한 모델을 생화학적으로 입증하였으며, DNA 염기서열을 결정할 수 있는 화학적 방법(7장)을 개발하였다. 그들은 모두 1975년(생리의학상)과 1965년(생리의학상), 그리고 1980년(화학상)에 각기 노벨상을 수상하였다.

아다 요나드(Ada Yonath), 리보솜에 관한 2001년 심포지엄. 요나드는 리보솜이 동면 중인 곰 세포에서 2차원 결정체를 형성한다는 사실에 영감을 받아 그 구조를 밝히기 위해 리보솜 결정을 만들었다. 그녀의 실험 목적은 오래전부터 사람들이 리보솜의 구조를 밝힐 수 있을 것이라 믿어온 데에 기인한다. 이러한 성과에 대한 기여로 그녀는 라마크리쉬난(Venki Ramakrishnan)과 스타이츠(Tom Steitz)와 함께 2009년에 노벨 화학상을 수상하였다.

데이비드 앨리스(David Allis)와 에밀리 번스타인(Emily Bernstein), 후성학(Epigenetics)에 관한 2004년 심포지엄. 앨리스는 히스톤을 변형시키는 효소인 히스톤 아세틸 전이효소를 *Tetrahynema*로부터 처음 발견하였다(8장). 그 발견 이후 히스톤 변형의 범위를 조사하는 것과 이들이 유전자 발현에 미치는 영향 등에 관한 분야에서 많은 발전이 이뤄졌다. 앨리스 함께 있는 사람은 그 당시 박사 후 연구원인 번스타인으로 그레그 해넌(Greg Hannon) 실험실의 대학원생이었으며 당시 그녀는 RNAi에 관여하는 다이서(Dicer) 효소를 발견하였다(20장).

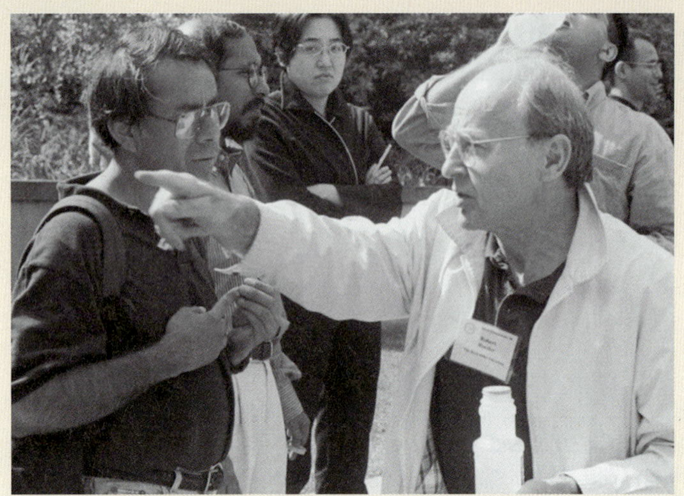

로버트 레더(Robert Roeder), 전사 기작에 관한 1998년 심포지엄. 레더는 각각의 프로모터에서 전사를 개시하는 데 필요한 세 가지 효소와 다른 인자들을 정제하는 실험을 통해, 세 가지 진핵생물의 RNA, 중합효소 Pol I, II, III를 발견하였다(13장). 왼쪽에 회의적으로 바라보는 사람은 그 당시 레더 실험실의 박사 후 연구원인 카밀로 파라다(Camilo Parada)다.

로저 콘버그(Roger D. Kornberg), 염색질에 관한 1977년 심포지엄. 초기에 뉴클레오솜의 구조(8장)에 관해 연구했었던 콘버그는 RNA 중합효소 II의 구조 연구를 통해 2006년에 노벨 화학상을 수상하였다(13장). 그의 아버지는 아더 콘버그(Arthur Kornberg)다(196쪽).

필립 샤프(Phillip Sharp), 종양 바이러스에 관한 1974년 심포지엄. 샤프와 로버츠(Richard Roberts)는 1993년에 많은 진핵생물 유전자들은 "분리"되어 있음을 발견하여 노벨 의학상을 수상하였다. 즉 유전자의 암호 지역이 비암호 지역들에 의해 떨어져 있다는 것이며 이들 비암호 지역은 "이어맞추기"(14장)란 과정으로 RNA에서 제거된다. 옆은 그의 부인 앤(Anne)이다.

폴 자메니크(Paul Zamecnik), 단백질 합성기구에 관한 1969년 심포지엄. 자메니크는 단백질 합성의 시험관 시스템을 개발하여 유전암호가 어떻게 작동되는지 그리고 세포들이 어떻게 단백질을 만드는지(2, 15장)에 대한 이해를 도왔다. 그는 말론 호글랜드(Mahlon Hoagland)와 함께 그 과정(15장)의 중요한 성분인 tRNA를 발견하였다.

리처드 로버츠(Richard Roberts), 염색질(chromatin)에 관한 1977년 심포지엄. 로버츠의 많은 실험들은 제한효소의 기능과 다양성에 초점을 두었다(7장). 그러나 그는 "분리된 유전자"를 발견함으로써 1993년에 필립 샤프(Phillip Sharp)와 함께 노벨상을 받았다. 사진의 왼쪽에서 오른쪽으로 종양바이러스 학자인 야스하 글루즈만(Yasha Gluzman); Mu 파지의 전이(12장)를 연구한 아마드 부카리(Ahmad Bukhari); 유전자 조절에서 신호전도(19장)를 연구한 제임스 다넬(James Darnell).

벤키 라마크리쉬난(Venki Ramakrishnan)과 잭 조스탁(Jack Szostak), 진화에 관한 2009년 심포지엄. 왼쪽의 라마크리쉬난은 요나드(Ada Yonath)와 스타이츠(Tom Steitz)와 함께 리보솜의 결정 구조에 관한 연구로 2009년에 노벨 화학상을 수상하였다. 중앙의 조스탁은 같은 해에 텔로미어(telomere)에 관한 연구로 엘리자베스 블랙번(Elizabeth Blackburn)과 캐롤 그레이더(Carol Greider)와 함께 노벨 생리의학상을 수상하였다. 그들은 심포지엄에서 이 책의 저자 중 하나인 알렉스 갠(Alex Gann)과 함께 사진을 찍었다.

CHAPTER 13

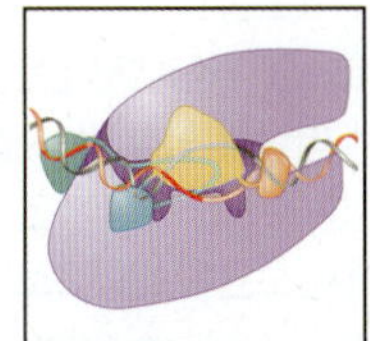

전사 기작

개 요

지금까지 우리는 유전물질의 조직화와 보호, 그리고 복제와 같은 유전체의 유지에 대하여 살펴보았다. 이제부터는 유전물질의 발현에 대해 알아본다. 유전자 발현은 DNA의 염기서열로부터 RNA와 단백질이 만들어지는 과정으로, 앞으로 유전자 발현의 기본 과정인 전사(transcription)와 RNA 가공(RNA processing), 그리고 번역(translation)에 대해 다룰 것이다.

전사는 화학적으로나 효소학적으로 DNA 복제(9장)와 매우 유사하다. 이 두 과정 모두 효소의 작용 하에 DNA 주형가닥과 상보적인 새로운 핵산가닥을 합성한다는 공통점이 있다. 가장 큰 차이는 전사의 경우 새로 만들어지는 가닥은 디옥시리보뉴클레오티드가 아닌 리보뉴클레오티드라는 점이다(5장 참조). 그 외 전사가 복제와 다른 차이점을 살펴보면 다음과 같다.

- **RNA 중합효소(RNA polymerase**; RNA 합성을 촉매하는 효소)는 시발체(primer)를 필요로 하지 않으며, 비록 특정 부위에서만 일어나기는 하지만 새로이 전사를 시작할 수 있다.
- 합성된 RNA 산물은 주형 DNA와 염기쌍을 이루지 않으며, 리보뉴클레오티드가 첨가되는 곳으로부터 몇 뉴클레오티드 뒤에서 효소에 의해 방출된다(그림 13-1). 이런 RNA의 방출은 번역에 의해 단백질 산물이 만들어지는 데 매우 중요하다. 더구나 방출은 중합반응이 일어나는 곳 뒤에서 즉시 일어나기 때문에 많은 RNA 중합효소들이 동시에 같은 유전자를 전사시킬 수 있다. 그러므로 하나의 세포는 짧은 시간 안에 하나의 유전자로부터 많은 전사체를 합성할 수 있다. RNA 산물이 앞서 진행하는 RNA 중합효소의 바로 뒤에서 DNA 주형으로부터 분리될 때, 두 DNA 가닥은 다시 결합하다는 점을 유의해야 한다(그림 13-1).
- 전사는 매우 정확한 과정이지만 복제보다는 덜 정확하다(복제 시 뉴클레오티드 10^7개당 한 개꼴로 오류가 발생하는데 비해, 전사에서는 뉴클레오티드 10^4개당 한 개꼴로 오류가 발생한다. 이러한 차이는 전사의 경우 두 가지 RNA 합성 교정 방식을 가지고는 있지만 제대로 된 교정 기작이 없다는 것을 말한다.

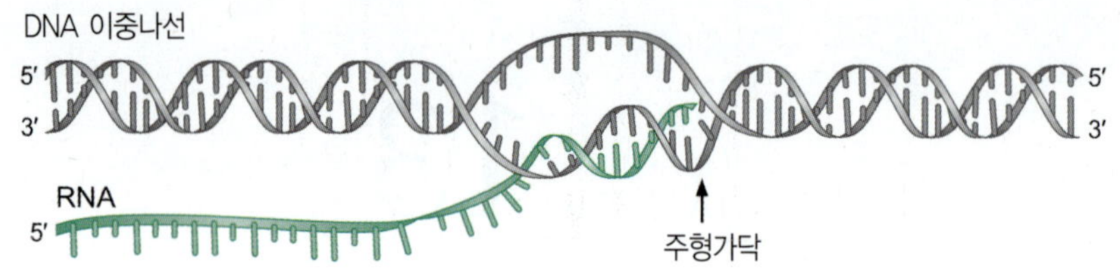

그림 13-1 DNA에서 RNA로의 전사. 효소를 나타내지 않은 이 그림에서는 DNA 이중나선이 어떻게 풀리고, RNA 가닥이 주형가닥 위에서 어떻게 형성되는지를 보여준다. 또한 RNA 전사체가 어떻게 합성 지점 몇 뉴클레오티드 뒤에서 DNA 주형으로부터 분리되고 DNA가닥이 어떻게 다시 결합하는지를 보여준다. 그림에서 전사는 왼쪽에서 오른쪽 방향으로 진행된다.

세포가 전사의 정확성보다 복제의 정확성을 더 걱정하는 것은 당연한 것이다. DNA는 유전정보가 담겨 있는 분자이며 DNA 복제는 유전물질이 전달되는 과정이다. 그러므로 복제과정 중에 생기는 어떠한 오류도 치명적일 수 있으며, 그 개체의 유전체에 영구히 남아 다음 세대로 전달되게 된다. 반면에 전사는 각각의 전사부위에서 일시적으로 단지 몇 개의 복제물을 만드는 것이다. 따라서 전사 동안의 실수는 여러 개의 전사체 중 하나에 결함이 생기는 것 이상의 해를 끼치지는 않는다.

DNA 복제와 전사 사이에는 이러한 기계적 차이뿐만 아니라 서로 다른 목적을 반영하는 더 중요한 차이점이 있다. 전사는 유전체의 단지 특정 부분을 선택적으로 복사하는 것이며 그 부분을 하나에서 수백 또는 수천 개를 만든다. 그러나 복제는 전체 유전체를 복사하는 것이며 매 세포분열마다 단 한 번 복사를 한다(9장 참조). 전사될 부위는 무작위로 선택되지 않는다. 전사부위에는 주로 하나 또는 그 이상의 유전자가 포함되어 있으며 각 부위는 전사의 개시와 종결에 관여하는 특정 서열을 포함하고 있다.

유전체에서 전사되는 정도는 각 부분마다 다르며 어떤 부분이 얼마만큼 전사될 것인지는 조절될 수 있다. 그러므로 같은 세포나 서로 다른 세포에서도 다른 시점에서는 다른 유전자가 전사될 수 있다. 예를 들면, 유전적으로 동일한 한 사람의 두 세포에서 서로 다른 유전자들이 전사됨으로써 두 세포의 특징과 기능이 서로 달라질 수 있는 것이다(예를 들면, 한 세포는 근육으로, 다른 세포는 신경으로). 또한 하나의 세균세포가 성장 배지에 따라서 서로 다른 유전자를 전사할 수도 있다. 이러한 조절에 관한 의문점들은 4부에서 다루게 될 것이다.

RNA 중합효소와 전사주기

RNA 중합효소들은 공통적인 특징이 많다

RNA 중합효소는 세균에서 사람에 이르기까지 모든 세포에서 동일한 반응을 수행한다. 그러므로 이들 개체의 중합효소가 RNA 합성을 직접 촉매하는 부분을 비롯한 많은 점에서 유사하다는 것은 놀라운 일이 아니다. 세균에서 사람에 이르기까지 세포 내 RNA 중합효소는 많은 소단위체로 구성된다(몇몇 파지 등은 단일 단위체 효소를 가짐, 글상자 13-2 참조). 표 13-1은 여러 RNA 중합효소의 소단위체 수와 크기, 그리고 서열이 보존된 소단위체들의 종류를 보여준다.

세균은 하나의 RNA 중합효소를 가지지만 진핵생물의 세포는 3개(RNA Pol I, II, III)의 중합효소를 가진다. **Pol II**는 이 장의 후반부에서 진핵생물의 전사를 다룰 때

표 13-1 RNA 중합효소의 소단위체

원핵생물		진핵생물		
세균 핵심	고세균 핵심	RNAP I (Pol I)	RNAP II (Pol II)	RNAP III (Pol III)
β′	A′/A′′	RPA1	RPB1	RPC1
β	B	RPA2	RPB2	RPC2
α^{I}	D	RPC5	RPB3	RPC5
α^{II}	L	RPC9	RPB11	RPC9
ω	K	RPB6	RPB6	RPB6
	[그 외 6개]	[그 외 9개]	[그 외 7개]	[그 외 11개]

각 칸의 소단위체들은 분자량이 큰 순서로 표기함. (Adapted, with permission, from Ebright R.H. 2000. *J. Mol. Biol.* **304:** 687–698, Fig. 1, p. 688. © Elsevier.)

자세히 살펴보겠지만 가장 연구가 많이 된 효소이며, 모든 단백질 유전자의 전사를 담당한다. **Pol I**과 **Pol III**는 특수한 RNA 유전자들의 전사를 담당한다. Pol I은 큰 RNA 전구체 유전자를 전사하고 Pol III는 tRNA 유전자와 작은 핵 RNA 유전자, 그리고 5S rRNA 유전자를 전사한다. 이 장의 말미에 이 효소에 대해 다시 살펴볼 것이다. 마지막으로 최근에 **Pol IV**와 **Pol V**라는 두 개의 DNA 의존적 RNA 중합효소가 발견되었다. 이들은 식물에서만 발견되었고 전사 침묵(silencing, 20장 참조)에 관여하는 **작은 간섭 RNA(small interfering RNA)**를 전사한다. 이들은 둘 다 Pol II와 밀접하게 연관되어 있고 최근에 Pol II로부터 진화했을 것이 명백하다: 그들의 소단위체 중 일부는 Pol II의 것과 똑같아서 같은 유전자에서 암호되었고, 다른 것들은 최근에 중복된 유전자에서 만들어졌다.

세균 RNA 중합효소의 **핵심효소(core enzyme)**는 그 자체로 RNA를 합성할 수 있으며 두 개의 α 소단위체와 β, β′, 그리고 ω 소단위체로 구성된다. 이 효소는 진핵생물의 중합효소와도 유사성이 크다(표 13-1 참조). 특히 두 개의 커다란 소단위체인 β와 β′는 RNA Pol II에 존재하는 두 개의 커다란 소단위체인 RPB1과 RPB2와 상동성을 가진다. α 소단위체는 RPB3와 RPB11, ω 소단위체는 RPB6과 상동성이 있다. 세균 RNA 중합효소의 핵심효소의 구조는 효모의 Pol II 효소구조와 유사하다(그림 13-2). 이 효소가 어떻게 작동하는지를 보여줄 구조적 상세함은 나중에 다룰 것이며 여기서는 일반적인 특징에 대해서만 기술한다.

세균과 효모의 효소는 전반적인 형태와 구성에 있어 공통점을 가진다. 이는 실제로 소단위체 서열의 비교를 통해 예상할 수 있는 것보다 훨씬 유사하며 특히 내부 부분과 활성 부위는 매우 유사하다. 반면에 주변 부위는 유사성이 떨어진다. 이들의 유사성은 그 효소들이 같은 기능(DNA 주형에서 RNA의 합성)을 수행한다는 것을, 그리고 차이점은 두 효소가 다른 단백질들과 상호작용한다는 것을 의미하는 것이다.

전체적으로 효소의 모양은 게의 집게발을 닮았다. 이는 9장에서 묘사한 DNA 중합효소의 "손(hand)" 구조를 떠올리게 한다(9장, 그림 9-5). 집게발의 두 집게는 각 효소의 가장 큰 두 소단위체로 형성된다(세균의 경우는 β와 β′이고, 진핵생물은 RPB1과 RPB2이다). 이 두 소단위체에 의해 만들어지는 활성부위는 "활성중심틈(active center cleft)"이라 불리는 집게의 안쪽 아랫부분에 위치한다(그림 13-2 참조). 활성 부위는 모든 종류의 중합효소에 해당되는 뉴클레오티드 첨가를 위한 두 개의 금속이온 촉매 기작에 따라 작동한다(9장 참조). 그러나 활성부위는 단지 한 개의 Mg^{2+}

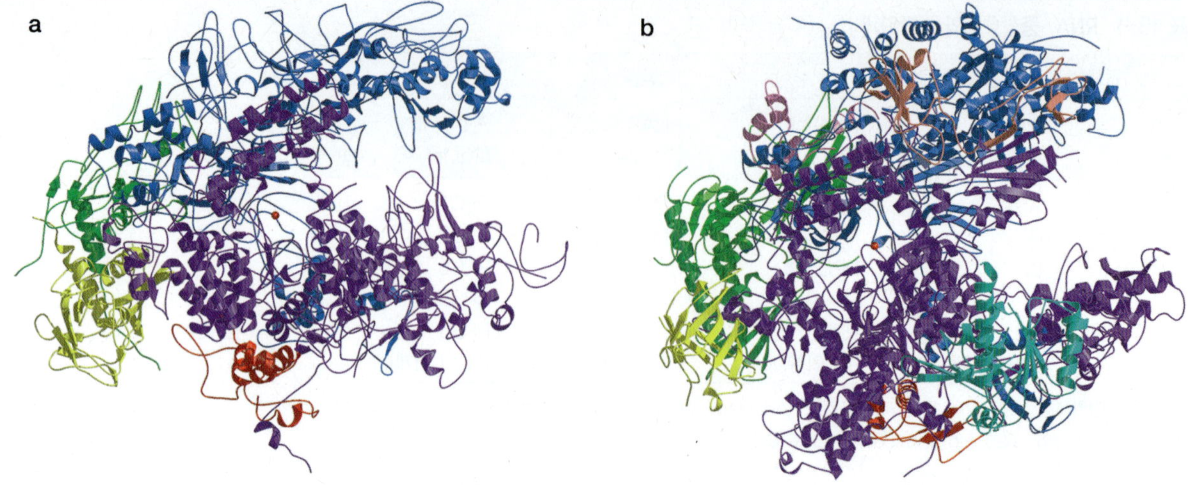

그림 13-2 원핵과 진핵생물의 RNA 중합효소의 결정 구조 비교. (a) *Thermus. aquaticus*의 RNA 중합효소 핵심효소의 구조. β 소단위체는 보라색, β′는 파란색, 두 개의 α 소단위체는 노란색과 녹색으로, 그리고 ω 소단위체는 빨간색으로 표시함. Mg^{2+} 이온은 빨간색 원으로 표시하였으며 여기와 b 부분에서 활성자를 나타낸다. (b) 출아 효모의 RNA 중합효소 II 구조. 소단위체들의 색은 세균 효소와 상응하게 표시함(표 13-1 참조). RPB1과 2는 각각 보라색과 파란색으로, RPB3과 11은 녹색과 노란색으로, 그리고 RPB6는 빨간색으로 표시함. (From Cramer P. et al. 2001. Science 292: 1863.) 이미지는 MolScript, BobScript 및 Raster 3D로 나타내었다.

이온과만 강하게 결합하고 있고, 두 번째 Mg^{2+}이온은 첨가 회로에서 새 뉴클레오티드와 함께 들어왔다가 피로인산과 함께 방출된다.

효소에는 DNA와 RNA, 그리고 리보뉴클레오티드가 활성중심틈의 안팎으로 드나들 수 있는 다양한 통로가 있으며, 이에 대해서는 전사 기작을 다룰 때 다시 언급할 것이다.

RNA 중합효소에 의한 전사는 단계적으로 진행된다

RNA 중합효소가 유전자를 전사하는 과정은 **개시(initiation)**, **신장(elongation)**, 그리고 **종결(termination)**이라는 일련의 세 단계를 통해 진행된다. 그림 13-3은 각 단계의 기본적인 특징을 보여준다.

개시(Initiation) **프로모터(promoter)**는 RNA 중합효소가 1차적으로 결합하는 DNA 서열이다. 프로모터와 중합효소의 복합체가 형성되면 전사개시를 진행하기 위해 구조 변화가 일어난다. 복제개시처럼 전사개시점 주변의 DNA는 풀리며, 염기쌍이 분리되어 단선 DNA로 된 "전사거품(transcription bubble)" 형태가 된다. 또한 DNA 복제처럼 전사는 항상 5′→3′ 방향으로 진행한다. 즉, 신장되는 가닥의 3′ 말단에 새 리보뉴클레오티드가 첨가된다. 그러나 복제와는 달리 DNA 가닥 중 단 한 개의 가닥만이 한 개의 가닥 합성의 주형으로 사용된다. RNA 중합효소는 프로모터에 특정한 방향으로만 결합하기 때문에 그 프로모터에서 전사되는 가닥은 항상 같다.

프로모터의 선택은 전사될 DNA 가닥을 결정하고 전사를 조절하는 중요한 단계이다.

신장(Elongation) RNA 중합효소가 짧은 길이의 RNA(약 10개 염기)를 합성하고 나면 신장 단계로 전환된다. 신장과정 동안 효소는 RNA 합성을 촉매하는 일 외에도

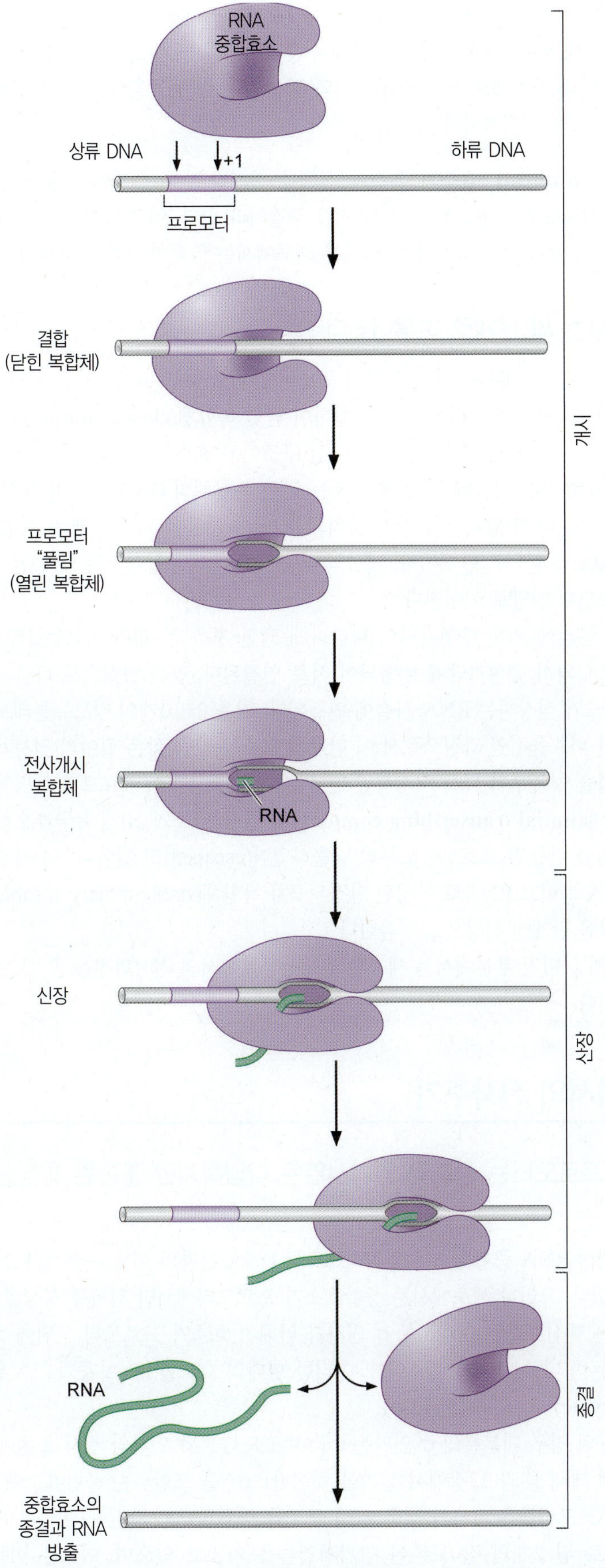

그림 13-3 전사환의 단계: 개시, 신장, 그리고 종결. 이 그림은 일반적인 전사 단계를 보여주고 있으며, 세균과 진핵생물 둘 다에 공통적인 특징을 나타내었다. 개시와 신장 그리고 종결에 필요한 서로 다른 인자들은 나타내지 않았다. RNA 가닥이 시작되는 지점의 DNA 뉴클레오티드를 전사개시 부위라 하고 "+1"로 표시한다. 전사가 진행하는 방향의 서열을 개시부위에서 하류라 하고 반대 방향을 상류 서열이라 한다. 상류 서열의 특정 위치를 나타낼 때는 − 수치로 표기하고 하류 서열은 + 수치로 표기한다.

다양한 일을 수행한다. DNA를 진행 방향으로 풀고 반대 방향으로는 다시 결합시켜 주며, 또 합성되는 RNA 가닥을 주형에서 분리시킨다. 또한 효소는 교정 기능도 가지고 있다. 이와는 반대로 복제에서는 이와 같은 유사 기능들을 수행하는 데에는 여러 개의 다른 효소가 필요하다는 것을 기억하자.

종결(Termination) 효소가 유전자 전체를 전사하고 나면 전사는 종결되고 RNA 산물이 DNA로부터 방출된다. 이 과정을 **종결**이라 한다. 어떤 세포에서는 종결과 관련된 특정 서열이 잘 밝혀져 있으나 다른 세포에서는 명확치 않은 경우도 있다.

전사개시는 세 단계로 이루어진다

전사의 첫 단계인 개시는 다시 일련의 구분된 단계로 나눌 수 있다(그림 13-3). 첫 단계는 중합효소가 프로모터에 처음 결합하여 **닫힌 복합체(closed complex)**를 형성하는 것이다. 이 형태에서 DNA는 이중나선 구조이고 효소는 나선의 한쪽 면에 결합하고 있는 상태이다. 개시의 두 번째 단계는 닫힌 복합체의 DNA 가닥이 개시 시작 지점 주변의 약 13개 염기쌍에 걸쳐 분리되고, 전사 거품을 가지는 **열린 복합체(open complex)**로 전환되는 단계이다. 개시의 다음 단계에서 중합효소는 초기 전사로 들어가고 프로모터 이탈로 이어진다.

DNA 분리에 의해 주형가닥이 나타나게 되면 처음 두 개의 리보뉴클레오티드가 활성자리에 와서 주형가닥에 배열되어 서로 연결된다. 같은 방식으로 다음의 리보뉴클레오티드가 성장하는 RNA 사슬에 연결된다. 처음 약 10개의 리보뉴클레오티드 연결은 약간 비효율적인 과정으로서 이 단계의 효소는 가끔 짧은 길이의 전사체를 내보내고 합성을 처음부터 다시 시작하곤 한다. 이때의 중합효소-프로모터 복합체를 **초기 전사복합체(initial transcribing complex)**라 한다. 효소가 10개 뉴클레오티드 이상의 전사체를 만들면 프로모터로부터 탈출하였다(escaped)고 말한다. 이 지점에서 효소와 DNA 그리고 RNA로 구성된 안정된 3차 복합체(stable ternary complex)가 형성되며 다음 단계인 신장으로 전환한다.

이 장의 나머지 부분에서는 세균과 진핵생물계에서의 전사과정을 좀 더 상세히 살펴볼 것이다.

세균에서의 전사주기

세균의 프로모터는 강도와 염기서열은 다양하지만 공통된 특징을 가진다

세균의 핵심 RNA 중합효소는 원칙적으로는 DNA 분자의 어느 곳에서나 전사를 개시할 수 있다. 그러나 세포에서는 중합효소가 프로모터에서만 전사를 시작할 수 있으며, 이것은 핵심효소($\alpha_2\beta\beta'\omega$)에 σ 인자가 더해져 효소가 프로모터 부위에서만 개시할 수 있는 형태로 바뀌기 때문이다. 이러한 형태의 효소를 RNA 중합효소 **완전효소(holoenzyme)**라 한다(그림 13-4).

대장균의 경우 대부분의 σ 인자는 σ^{70}이다(또 다른 σ 인자와 전사 조절에서 이들의 역할에 대해 18과 22장에서 살펴볼 것이다). σ^{70}을 포함하는 중합효소에 의해 인지되는 프로모터들은 다음과 같은 특정 구조를 공통적으로 가진다. 이들은 6개 뉴클레오티드로 된 2개의 잘 보존된 염기서열들을 가지고 있으며, 이들은 비특이적인

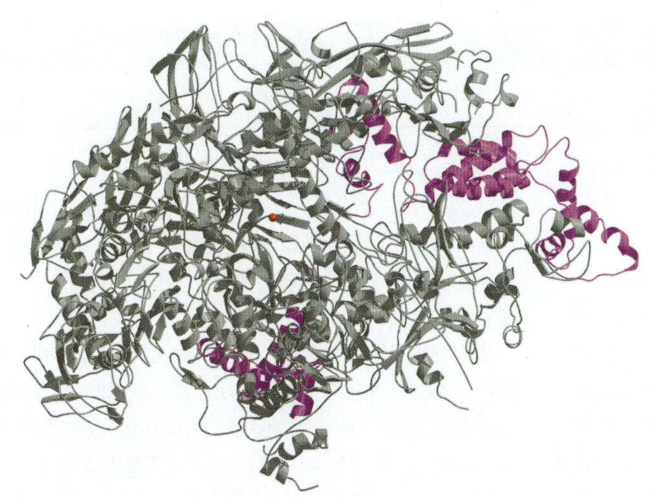

그림 13-4 ***T. aquaticus*의 RNA중합효소 완전효소.** *Thermus aquaticus*의 RNA중합효소 완전효소이다. 회색은 핵심효소이다. 보라색은 σ^{70} 소단위체이다(부위 2, 3, 4). 오른쪽이 부위 2이고 위쪽이 부위 3, 그리고 아래쪽이 부위 4이다. σ 부위 2와 4는 각각 프로모터의 −10과 −35 부위을 인지한다.

17~19개 뉴클레오티드 서열에 의해 서로 분리되어 있다(그림 13-5a). 두 특정 서열의 중앙은 RNA 합성의 개시점으로부터 상류로 약 10 염기쌍과 35 염기쌍 부위에 위치한다. 그래서 그 서열을 **−35** 부위(**−35** region)와 **−10** 부위(**−10** region) 또는 **요소(element)**라 한다. 여기서 숫자의 표기는 다음 규칙에 따른다. RNA 가닥의 시작에 해당하는 DNA 뉴클레오티드를 +1로 표기한다(그림 13-3).

대부분의 σ^{70} 프로모터들이 −35와 −10 부위를 포함하고 있지만 그 서열들이 똑같지는 않다. 많은 프로모터들을 비교하여 **공통서열(consensus sequence)**을 찾아낼 수 있었다(글상자 13-1 참조). 공통서열은 17 bp로 분리된 −10과 −35 부위에서 나타났는데, 이 서열과 정확하게 같은 프로모터는 거의 없지만 대부분은 몇 개의 염기에서만 조금 다른 정도였다.

공통서열과 더 일치하는 서열을 가진 프로모터들이 그렇지 못한 프로모터보다 일반적으로 더 "강하다". 여기서 프로모터의 세기는 일정 시간 안에 개시되는 전사체의 양을 의미한다. 그 강도는 프로모터가 초기에 중합효소와 얼마나 잘 결합하는지, 이성질화를 얼마나 효과적으로 지원하는지, 그리고 중합효소가 얼마나 쉽게 탈출하는지에 따라서 영향을 받는다. 프로모터의 강도와 서열 사이의 연관성은 왜 프로모터들이 그

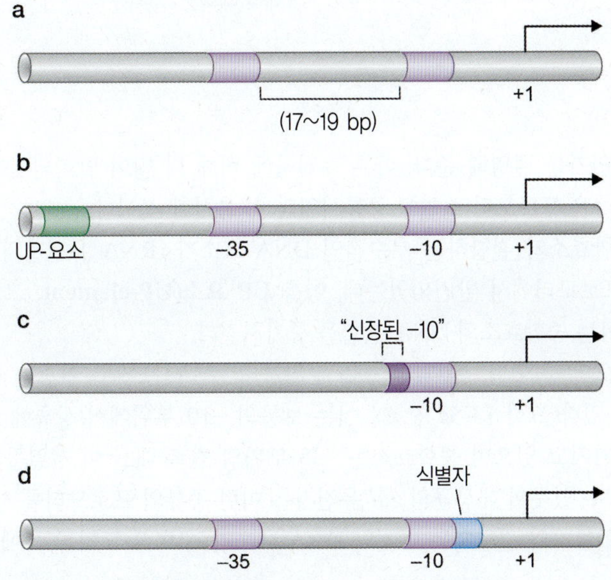

그림 13-5 세균 프로모터의 모습. 세균 프로모터 요소들의 다양한 조합을 보여준다. 각 요소가 어떻게 중합효소 결합과 기능에 관여하는지는 책에 상세하게 기술된다.

▶ 연구기법

글상자 13-1 공통서열

특정 단백질에 의해 인지되는 결합자리의 DNA 서열이 항상 정확하게 같지는 않다. 마찬가지로 단백질이 특정 기능을 갖도록 해주는 아미노산 서열도 단백질에 따라서 약간씩 다를 수 있다. 공통서열(consensus sequence)은 여러 예에서 각 위치에 가장 공통적으로 발견되는 뉴클레오티드나 아미노산의 서열이다. σ^{70}을 가지는 RNA 중합효소에 의해 인지되는 대장균 프로모터의 공통서열을 글상자 13-1의 그림 1에 나타내었다. 이 공통서열은 300개의 σ^{70} 프로모터 서열을 배열하고 -35와 -10 부위 각각의 6개 염기 위치에서 가장 공통적인 염기를 확인하여 도출하였다. 각 위치에서 가장 공통적인 뉴클레오티드가 선택되었으며, 이들의 상대적 빈도와 다른 세 뉴클레오티드가 오는 빈도를 그래프에 나타내었다. -35와 -10 사이 부위에 있는 17~19개 뉴클레오티드들에서는 공통성이 높지 않는 것을 주목하자.

이 예에서는 각각의 프로모터 서열이 이미 밝혀져 있었으며, 따라서 서열을 배열하는 것이 쉬웠다. 이제 좀 더 어려운 예를 살펴보자. 관심있는 DNA 결합 단백질의 결합자리가 아직 밝혀지지 않았으며, 다만 염색체의 일정 부위 안에 이 단백질의 결합자리가 위치한다는 것만 알려져 있다고 생각해 보자. 컴퓨터 연산을 이용해 염색체의 각 부위를 검색해 보면 이들에 공통적인 결합 가능성이 큰 부위를 찾아낼 수 있을 것이다.

결합자리가 이미 알려지지 않았을 때 DNA 결합 단백질의 공통서열을 도출하기 위한 시도로 무작위 서열로 된 짧은 길이의 DNA 절편들을 화학적으로 합성하여 이용하는 방법이 있다. 관심 대상의 단백질을 다양한 염기서열을 지닌 DNA 분자 집단들과 섞은 후 그 단백질이 결합하는 DNA만을 골라내어 염기서열을 밝히게 된다. 각 절편들은 길이가 매우 짧기 때문에 결합한 서열들을 비교함으로써 일치성을 쉽게 밝힐 수 있다. 이 방법(SELEX라고도 함)도 이전에 규명되지 않은 DNA 결합 단백질의 결합자리를 찾는데 널리 사용된다. SELEX에 대해서는 7장에서 더 자세히 다룰 것이다.

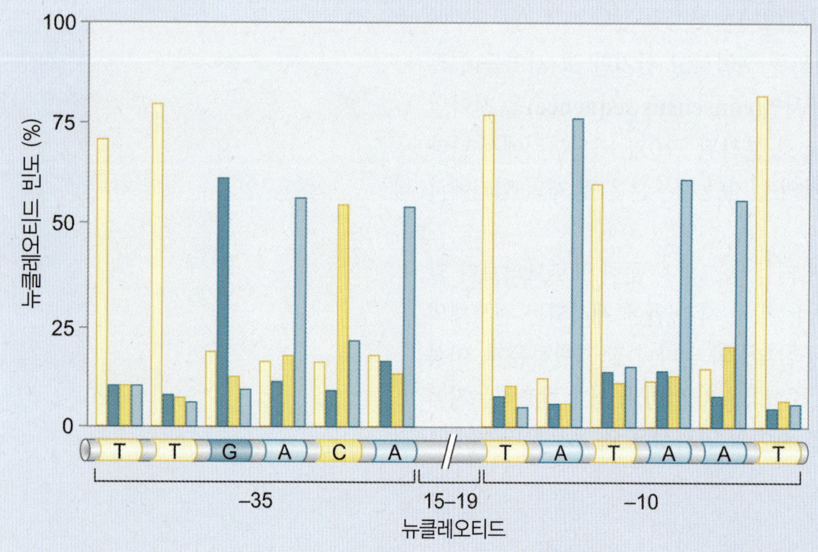

글상자 12-1 그림 1 프로모터 공통서열 및 간격의 공통성. (Redrawn, with permission, from Alberts B. et al. 2002. *Molecular biology of the cell,* 4th ed., p. 308, Fig. 6.12. © Garland Science/Taylor & Francis Books LLC.)

렇게 이질적인가를 설명해 준다. 다른 유전자에 비해 더 많이 발현되어야 할 필요가 있는 유전자들은 프로모터 서열이 공통서열과 더 유사할 것이다.

RNA 중합효소가 결합하는 부수적인 DNA 요소가 rRNA 유전자의 프로모터와 같은 강한 프로모터에서 발견되었는데, 이를 **UP 요소(UP-element**, 그림 13-5b 참조)라 하며 이는 중합효소의 DNA 결합을 증가시킨다.

σ^{70} 프로모터 중 어떤 종류들은 -35 부위가 없는 대신 소위 "연장된 -10" 요소를 가진 경우도 있다(그림 13-5c 참조). 이는 보통의 -10 부위에서 상류에 추가로 짧은 서열요소를 가지고 있으며 중합효소는 -35 부위의 접촉 대신 이 서열들과 접촉한다. 18장에서 볼 수 있듯이 대장균의 *gal* 유전자는 이런 종류의 프로모터를 사용한다.

RNA 중합효소와 결합하는 마지막 DNA 요소가 -10 요소 하류 쪽에서 발견되었다. 이 새로운 요소를 **식별자(discriminator)**라 부르며(그림 13-5d) 식별자와 중합효소 간의 상호작용의 세기는 효소와 프로모터 사이에 형성하는 복합체의 안정성에 영향을 준다.

σ 인자가 중합효소의 프로모터 결합을 매개한다

σ^{70} 인자는 σ 부위 1에서 4까지 네 부위로 나눈다(그림 13-6 참조). 그 중 프로모터의 −10과 −35 요소를 인지하는 것은 각각 부위 2와 4이다.

부위 4 내의 두 나선은 **나선-전환-나선(helix-turn-helix)**이라 불리는 일반적인 DNA 결합자리를 만든다. 이들 나선 중 하나는 큰홈 안으로 들어가서 −35 부위 내의 염기들과 작용하고 다른 하나는 홈의 상단에 걸쳐 놓임으로써 DNA 골격과의 접촉을 한다. 이런 부위는 세균 세포에서 발견된 모든 전사활성인자와 억제인자 같은 거의 모든 DNA 결합 단백질들에서 발견된다(6장, 그림 6-13).

−10 부위 또한 α 나선에 의해 인지되지만 그 상호작용은 잘 밝혀지지 않았고 훨씬 더 복잡하다. 그 이유는 −35 부위는 중합효소가 단순히 프로모터에 결합을 잘 할 수 있게 해주는 역할만 하지만, −10 부위는 닫힌 복합체에서 열린 복합체로 전환이 일어날 때 DNA의 풀림이 일어나는 부위 안에 위치하기 때문에 전사개시 과정에서 더 많은 일을 하게 된다. 그러므로 −10 부위와 상호작용하는 σ 부위는 단순히 DNA와 결합하는 이상의 역할을 하게 된다. 이러한 예상과 일치하게 −10 부위의 인지에 필요한 α 나선은 비주형가닥에 있는 염기와 반응할 수 있는 몇 가지 필수적인 방향족 아미노산을 포함하고 있어 풀어진 DNA를 안정화시킨다. 이와 유사한 경우로는 9장에 있는 DNA 복제 시 단일가닥 결합 단백질(single-strand binding protein, SSB)의 역할이 있다.

최근에 단선이나 열린복합체 상태의 −10 부위에 결합하는 부위 2의 구조적 연구를 통해 σ와 단선 DNA 사이에서 어떻게 풀림이 더 잘 일어나는지를 밝혔다. 비주형가닥에 있는 두 개의 염기가 튕겨 나와 σ 단백질의 주머니 안으로 들어간 뒤 프로모터 지역의 풀린 상태를 안정화 시켜주기에 유리한 접촉을 만들어 준다.

신장된 −10 요소는 σ 부위 3에 있는 α 나선이 인지한다. 이 나선은 −10 요소에 있는 두 개의 특정 염기쌍과 접촉한다. 식별자는 σ 부위 1.2에 의해 인지된다.

프로모터 내의 다른 요소들과는 달리, UP 요소는 σ에 의해 인지되지 않고 **αCTD**(그림 13-7)라는 α 소단위체의 카르복시 말단 도메인에 의해 인지된다. αCTD는 유연한 연결자에 의해 αNTD와 연결되어 있다. 그래서 αNTD가 효소 내부에 들어 있더라도 αCTD는 상류 요소로 접근이 가능하다. 또한 이 요소가 −35 부위에 바로 인접해 있지 않고 더 상류 쪽에 있는 경우에도 작용을 한다.

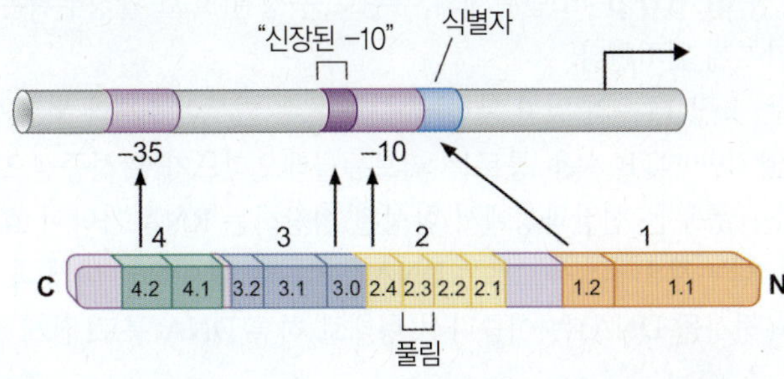

그림 13-6 σ의 부위. 프로모터의 특정 부위를 인지하는 σ 인자의 부위들을 화살표로 표시하였다. 부위 2.3은 DNA 풀림에 관여한다. 표준 프로모터에 RNA 중합효소 핵심효소를 모이도록 하는 σ의 도식적 모습은 그림 13-7을 참고하라.

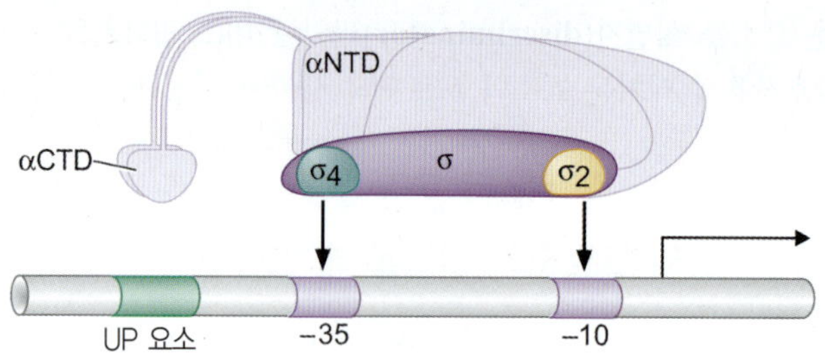

그림 13-7 σ와 α 소단위체는 RNA 중합효소 핵심효소를 프로모터로 끌어온다. α 소단위체의 C-말단 영역(σCTD)은 UP 요소를 인지하고 σ 부위 2와 4는 각각 −10과 −35 부위을 인지한다(그림 13-6 참조). 이 그림에서 나타낸 RNA중합효소는 앞의 그림과는 다른 도식적 모양이지만 이 모양은 DNA와 조절단백질과 접촉하는 면을 나타낼 때 특히 유용하다. 18장에서 박테리아의 전사 조절을 다룰 때 다시 보여줄 것이다.

σ 소단위체는 완전효소 구조 안에서 다양한 프로모터 요소들을 인지할 수 있는 방식으로 위치한다. 그러므로 DNA 결합부위는 효소 안쪽이 아니라 효소 바깥쪽으로 나와 있다. 또한 이 부위들 사이의 공간은 그들이 인지하는 DNA 요소들 사이의 거리와 일치한다. σ 부위 2와 4는 σ가 완전효소에 결합하였을 때 약 75 Å 정도 떨어져 있으며 이 거리는 전형적인 σ^{70} 프로모터에서 −10과 −35 요소의 중앙들 사이의 거리와 같다(그림 13-7 참조). 단백질 영역 간의 큰 공간은 σ 부위 2와 4 사이, 즉 부위 3, 특히 $\sigma_{3/4}$ 연결자라는 부위 3.2에 위치한다(그림 13-4, 13-6 참조).

열린 복합체로의 전환에는 RNA 중합효소와 프로모터 DNA의 구조 변화가 따른다

RNA 중합효소가 프로모터 DNA에 처음 결합하여 닫힌 복합체가 되었을 때는 DNA가 이중나선 형태이다. 닫힌 복합체에서 열린 복합체로 전환하는 데에는 효소의 구조적인 변화와 함께 DNA 이중나선이 주형과 비주형가닥으로 분리되는 과정이 필요하다. 이런 "풀림(melting)"은 전사개시 부위 내의 −11과 +2 위치 사이에서 일어난다.

σ^{70}을 포함하는 세균 효소의 경우, 이런 전환을 **이성질화(isomerization)**라 하며, 이는 DNA-효소 복합체에서 생기는 자발적 형태 변화의 결과로서 역학적으로 유리한 형태를 취하기 때문에 ATP 가수분해를 통한 에너지는 필요치 않다. 앞에서 언급했듯이 −10 요소(A_{11}과 T_7)의 비주형가닥에 있는 두 개의 염기가 튕겨 나와 σ 단백질의 주머니 안으로 들어가서 더 유리한 상호작용을 만든다. −10 요소의 단선 형태를 안정화 시켜줌으로써 이 상호작용이 프로모터 지역의 풀림을 만드는 것이다(그림 13-8 참조).

어떤 경우에는 이 시점 후까지 조절이 가해지는 경우도 있지만 이성질화는 비가역적이어서 전사가 계속 개시될 수 있도록 해준다. 반대로 닫힌 복합체의 형성은 가역적이어서 중합효소가 열린 복합체로 전환할 수 있는 만큼이나 또한 프로모터에서 쉽게 떨어질 수도 있다.

이성질화에 수반되는 구조적 변화를 생각해 보기 위해서는 완전효소(holoenzyme)의 구조를 더 자세히 알아볼 필요가 있다. 통로는 집게발 모양의 효소 집게들 사이에 있다(그림 13-2 참조). β와 β′ 소단위체의 부위로 구성된 효소 활성부위는 활성중심틈 안의 집게들 기부에 위치한다.

효소 안에는 그림 13-9의 열린 복합체에서 볼 수 있듯이 5개의 통로가 있다. 그림에는 보이지 않지만 NTP-수용 통로는 리보뉴클레오티드가 활성중심으로 들어가게 한다. RNA 출구 통로는 신장과정에서 합성된 성장하는 RNA 가닥이 효소에서 방출되는 통로이다. 나머지 3개의 통로로는 DNA가 효소로 들어오고 나간다.

하류 DNA(전사될 DNA)는 이중나선 형태로 하류 DNA 통로(집게 사이)를 통해

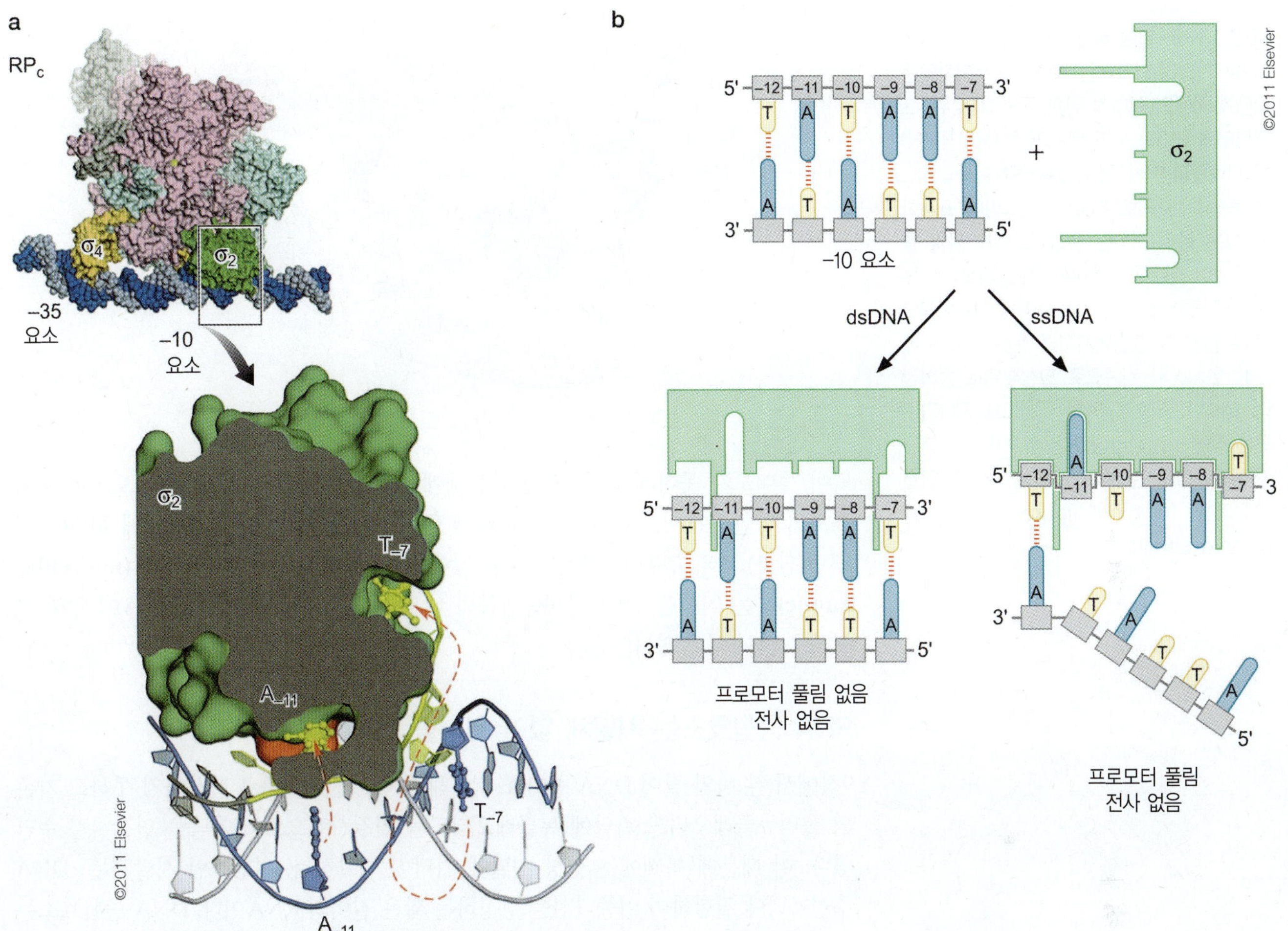

그림 13-8 σ 부위 2에 의한 −10 요소의 인식과 풀림. σ 부위 2는 두 개의 주머니를 가지며 각각은 −10 부위의 비주형가닥에서 삐져 나온 한 염기에 결합한다. 이는 프로모터를 푸는데 에너지적으로 더 유리한 결합 반응이므로 ATP의 가수분해 없이 닫힌 복합체를 열린 복합체로 전환시킬 수 있다. (a) Taq RNA 중합효소 σ_2의 확대 모습으로 닫힌 복합체의 dsDNA(파란색)와 열린 복합체의 ssDNA(노란색) 부분을 포함한다. 절단면에는 결합주머니 안에 두 개의 삐져 나온 염기, A와 T(노란색)를 보여준다. 빨간 화살표는 닫힌 복합체의 동일 염기들이 어떻게 삐져 나오는지를 나타낸다. (Image reproduced, with permission, from Feklistov A. and Darst S.A. 2011. *Cell* **147:** 1257, Fig. 6C, p. 1265. © Elsevier.) (b) 그림 a의 모식도로서 σ 부위 2와 −10 부위의 비주형가닥, 특히 이 지역에서의 DNA 풀림을 이끄는 삐져나온 염기사이의 상호작용을 좀 더 명확하게 보여준다. (Adapted, with permission, from Liu X., Bushnell D.A., and Kornberg R.D. 2011. *Cell* **147:** 1218, Fig. 1, p. 1219. © Elsevier.)

활성중심틈으로 들어온다. 활성중심틈 안에서 DNA 가닥은 +3 위치에서 분리된다. 비주형가닥은 비주형가닥(NT) 통로를 통해 활성중심틈에서 나가게 되고, 주형가닥은 활성중심틈을 통해 지나가면서 주형가닥(T) 통로로 나간다. 이중나선은 효소의 뒤쪽, 상류 DNA의 −11 위치에서 재형성된다.

닫힌 복합체에서 열린 복합체로 이성질화가 일어날 때 효소에는 두 가지 뚜렷한 구조적 변화가 생긴다. 첫째는 효소 앞쪽의 집게가 하류 DNA를 꽉 조이는 것이며 둘째는 σ(부위 1.1)의 아미노 말단에 큰 위치전환이 생긴다는 것이다. σ 부위 1.1은 DNA에 결합하지 않았을 때는 완전효소의 활성중심틈 안에 위치하여 주형 DNA 가

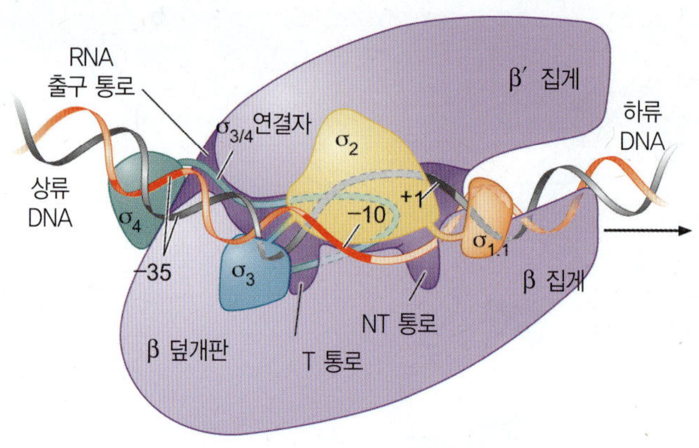

그림 13-9 열린 복합체의 통로. 이 그림은 DNA 가닥(주형가닥은 회색, 비주형가닥은 오렌지색)들의 상대적 위치, σ의 네 부위, 프로모터의 −10과 −35 부위과 전사개시점(+1)을 보여준다. DNA와 RNA가 RNA 중합효소로 출입하는 통로가 보인다. 그림에 표시하지 않은 통로 하나는 뉴클레오티드 유입 통로다. 이 통로를 통하여 뉴클레오티드는 RNA 가닥에 들어가기 위하여 활성부위틈으로 유입된다. 그림에서처럼 통로는 DNA에 "+1" 위치에서 뒤쪽으로 활성부위로 들어간다. DNA 가닥이 단백질 뒤편으로 지나가는 곳은 점선으로 나타내었다. σ 부위 3/4 연결자($\sigma_{3.2}$라고도 함)는 $\sigma_{3.1}$과 σ_4 사이의 연결부위이다. (Original figure design by Richard Ebright.)

닥이 들어오지 못하게 한다. 열린 복합체에서는 부위 1.1이 약 50 Å 정도 이동하여 효소의 바깥쪽에 위치하게 되며, 따라서 DNA가 틈으로 들어올 수 있게 된다(그림 13-9 참조). σ의 부위 1.1은 음전하를 많이 띠고 있어 DNA **분자를 모방(molecular mimic)**하는 역할을 한다. 활성중심틈의 내부 공간은 부위 1.1이나 DNA에 의해 양전하를 많이 띠고 있다.

RNA 중합효소는 시발체 없이 전사를 개시한다

9장에서 본 바와 같이 DNA 중합효소는 새 DNA 가닥을 바로 합성하지 못하고 기존의 폴리뉴클레오티드 가닥에 뉴클레오티드를 연결시킴으로써 가닥을 연장시킬 수만 있다. 이 때문에 복제에는 항상 시발체 가닥이 필요하다. 전형적인 시발체는 DNA 주형가닥에 결합하여 이중나선을 형성하는 짧은 길이의 RNA이다. DNA 중합효소는 이런 시발체의 3′ 말단에 뉴클레오티드를 첨가한다.

반면 RNA 중합효소는 시발체 없이 DNA 주형 상에 새 RNA 가닥을 합성할 수 있다. 이러한 일이 일어나기 위해서는 첫 번째 리보뉴클레오티드가 활성부위로 와서 두 번째 NTP가 중합반응이 일어날 수 있는 정확한 위치에 자리를 잡을 때까지 안정하게 유지되어 있어야 한다. 이 작업은 RNA 중합효소가 전사를 대부분 A에서 시작하고 이는 DNA 주형의 T와 2개의 수소결합(C와 G 사이에는 3개의 수소결합)에 의해서만 결합하여 유지되기 때문에 특히 어려운 일이다.

그러므로 효소는 첫 번째 리보뉴클레오티드와 특별한 상호작용을 하여 첫 뉴클레오티드가 다음에 오는 NTP와 화학적 결합을 할 수 있도록 정확한 방향으로 견고하게 붙잡고 있어야 한다. 대부분 전사체들의 첫 뉴클레오티드가 같은 것은 효소와 첫 뉴클레오티드 사이에 특별한 상호작용이 필요하다는 것을 대변한다. 이 상호작용에는 σ인자 3/4 연결자를 포함한 중합효소 완전효소의 여러 부분들이 관여할 것으로 생각된다. 이를 뒷받침하는 실험으로, σ^{70} 인자에서 상호작용과 관련된 부분을 없앤 RNA 중합효소를 사용한 결과, 첫 뉴클레오티드의 농도가 정상상태보다 훨씬 높은 경우에만 전사가 시작되었다.

전사 초기에 RNA 중합효소는 정지하고 하류의 DNA를 자신 쪽으로 끌어온다

전사 초기 동안 RNA 중합효소는 프로모터를 이탈하여, 신장으로 들어가면서 적당한 전사체를 합성하기 전에 10개 이하의 뉴클레오티드로 된 짧은 RNA 전사체를 합성

(개시실패)하고 방출한다. 효소의 활성부위가 전사의 개시실패 기간 동안 DNA 주형을 따라 어떻게 이동하는지 오랫동안 명확하지 않았다. 이에 대한 3가지 모델이 제시되었다(그림 13-10 참조).

1. "일시적 탈선(transient excursion)" 모델로서 RNA 중합효소가 일시적으로 앞뒤로 이동한다는 것이다. 중합효소는 프로모터를 떠나 DNA 주형을 따라 짧게 이동하면서 전사실패 전에 짧은 전사체를 합성한 후 전사체를 방출하고, 프로모터의 원래 위치로 되돌아온다는 생각이다.
2. "자벌레식 이동(inchworming)" 설은 중합효소 안의 유연한 부위가 활성부위를 포함하고 있는 효소 앞쪽 부위로, 효소가 프로모터에서 개시실패와 수축이 되기 전에, 짧은 전사체를 합성하면서 하류로 움직일 수 있도록 한다는 것이다.
3. "깨물기(scrunching)" 설은 정지 상태이면서 프로모터에 결합하고 있는 중합효소로부터 하류의 DNA가 효소 쪽으로 당겨진다는 제안이다. 그래서 효소 안으로 들어온 DNA는 단일가닥의 부푼 형태로 존재하게 된다.

현재는 세 번째 모델인 **깨물기(scrunching)**가 이에 대한 설명으로 가장 적합한 것으로 믿어지고 있다. 이 결론의 근거는 중합효소의 다른 부분의 위치들을 서로에 대해, 그리고 전사 초기 동안의 주형 DNA에 대해 상대적으로 측정될 수 있도록 하는 단일 분자 분석법 등을 통한 실험들에 의하였다. 이 실험들은 초기 전사 동안 중합효소는 프로모터에 정지되어 있고, 하류 DNA를 풀면서 DNA를 자신 쪽으로 당긴다. 깨물기 설만이 이 결과들과 일치한다.

프로모터 탈출에서 중합효소-프로모터와 핵심중합효소-σ간 상호작용은 깨진다

이미 살펴본 바와 같이, 전사 초기 동안 개시실패의 과정이 일어나고 9개 뉴클레오티드 또는 더 짧은 전사체가 만들어져서 방출된다. 중합효소는 프로모터에서 탈출하고

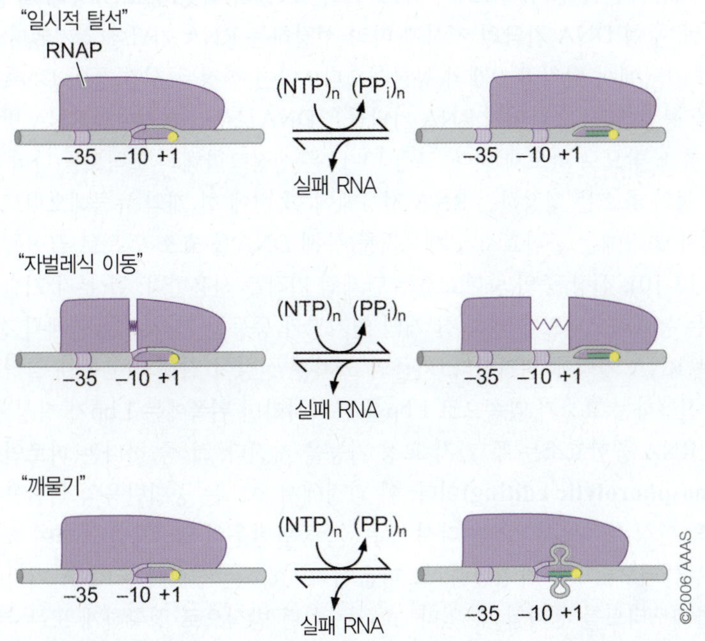

그림 13-10 초기 전사 기작. 초기 전사 동안 RNA 중합효소의 활성중심은 DNA 주형에 대해 앞쪽으로 이동하고 전사 실패 전에 짧은 전사체를 합성한다. 그리고 프로모터를 탈출할 때까지 이 순환은 반복된다. 여기에 대한 세 가지 모델이 그림에 제시되었다. 첫 번째 모델은 "일시적 탈선"(맨 위)으로서 중합효소는 DNA를 따라 움직인다. 두 번째는 "자벌레식 이동"(가운데)로서 효소의 앞쪽 부분이 DNA를 따라 움직이지만 효소 안의 유연한 지역 때문에 효소의 뒷부분은 프로모터에 정지한 상태로 남아 있게 된다. 세 번째 모델은 "깨물기"(아래)로서 효소는 정지해 있고 DNA를 자기 쪽으로 당긴다. 이 모델들 사이의 차이는 본문에 설명하였으며 세 번째 모델이 가장 타당한 것으로 보인다.

신장 단계로 들어가도록 함으로써 10개 뉴클레오티드 또는 그 이상의 길이의 전사체가 합성되도록 한다. 이 길이가 되면 전사체는 DNA와 결합되어 있는 부위 안에 들어 있을 수 없기 때문에 RNA 출구 통로로 빠져나가야 한다(그림 13-9). 프로모터 탈출은 중합효소와 프로모터 요소 간 그리고 중합효소와 한정된 프로모터에서 작동하는 조절 단백질 간의 모든 상호작용이 깨지는 것과 연관된다(18장).

RNA 중합효소가 왜 이탈 전에 개시실패의 기간을 거치는지는 확실치 않다. 그러나 σ 인자의 한 부위가 다시 관련하여 모방 분자로 작용하는 것으로 보인다. 이 경우에는 3/4 연결자가 RNA를 모방한다. σ의 이 부위는 열린 복합체(그림 13-9 참조)의 RNA 출구 통로의 중간에 있으며 RNA 가닥이 약 10개 뉴클레오티드보다 더 길게 만들어지기 위해 그 위치에서 방출되어야 한다.

σ 부위 3/4 연결자의 방출은 σ 인자가 열린 복합체에 비하여 신장하는 효소에 더 약하게 결합하는 것에 대한 설명이 될 수 있다. 실제로 이들은 신장복합체로부터 종종 함께 사라진다.

깨물기는 이탈과는 반대이다. 즉, 깨물기가 일어나는 동안 풀린 DNA는 다시 감기면서 22~24개 뉴클레오티드 크기의 전사거품이 붕괴되어 뒤에 12~14개로 작아진다(그림 13-3). 이 과정은 중합효소가 탈출과 관련된 중합효소-프로모터 그리고 핵심효소-σ 간의 상호작용을 깨는 데 필요한 에너지를 제공한다. 그래서 깨물기는 전사개시 동안 에너지를 저장하고 이동하기 위한 방법이며 이탈에서의 방출은 중합효소로 하여금 프로모터로부터 떠날 수 있게 하며 핵심효소에서 σ 인자의 분리가 가능토록 해준다.

글상자 13-2는 σ 소단위체가 없음에도 불구하고 단일 소단위체 RNA 중합효소가 개시복합체에서 신장복합체로의 전환에서 겪는 구조적 변화를 보여준다.

신장 단계의 중합효소는 진행성이 크며 RNA를 합성하고 교정한다

DNA는 열린 복합체에서와 유사한 방법으로 신장 단계의 효소를 통과한다(그림 13-9). 즉, 이중나선 DNA는 효소 앞쪽의 집게 사이로 들어가며, 활성부위틈이 열리면 DNA 가닥이 분리되어 이동한 후, 각각의 통로를 통해 배출되어 중합효소의 뒤쪽에서 다시 이중나선이 된다. 리보뉴클레오티드는 그들의 특정 통로를 통해 활성부위로 들어간 뒤, 주형 DNA 가닥의 지시에 따라 성장하는 RNA 가닥에 첨가된다. 성장하는 RNA 가닥에서 단지 8~9개의 뉴클레오티드만이 한정된 시간 동안 DNA 주형과 염기쌍을 형성한다. 그 나머지 RNA 가닥들은 DNA로부터 빠져나와 RNA 방출 통로를 통해 효소 밖으로 나오게 된다. 그림 13-11은 신장복합체의 모식도를 나타낸다.

신장 동안 효소는 성장하는 RNA 전사체에 한 번에 한 개의 뉴클레오티드를 첨가한다. 전사 초기에는 중합효소가 깨물기를 통해 DNA를 효소 안으로 끌어들이는 반면(그림 13-10), 신장 중의 중합효소는 단계적 기작을 사용한다: 한 분자 기술을 사용하여 모든 뉴클레오티드에 대해 한 개의 염기쌍과 동등한 거리로 한 단계씩 전진하며 성장하는 RNA 가닥에 첨가한다. 거품의 크기는 신장이 진행되는 동안 일정하게 유지된다: 진행하는 효소가 앞쪽으로 1 bp를 분리시키면 뒤쪽에는 1 bp가 형성된다.

또한 RNA 중합효소는 두 가지 교정 기능을 가진다. 그 중 하나는 **피로인산 교정(pyrophosphorolytic editing)**이다. 이 과정에서 효소는 중합반응의 역반응을 통하여 자신의 활성 부위에서 PPi를 다시 넣은 후, 중합반응의 역반응을 통하여 잘못 들어간 리보뉴클레오티드를 제거한다. 그 다음에 이 효소는 신장하는 RNA 가닥에 다른 리보뉴클레오티드를 첨가할 수 있다. 효소는 이런 방식으로 정확하게 또는 부정확하

▶ 고급개념

글상자 13-2 단일 소단위체의 RNA 중합효소

이 책에서 많은 소단위체로 구성된 RNA 중합효소가 세균과 진핵생물 세포에서 발견된다고 하였다. 그러나 동일한 기본 반응을 수행할 수 있는 단일 소단위체의 RNA 중합효소의 예가 몇 가지 알려져 있다. 그 예로서 대장균의 T7과 같은 박테리오파지는 이런 형의 RNA 중합효소를 가지고 있으며, 이를 이용하여 감염 후 그들 대부분의 유전자를 전사한다. 이와 유사하게 미토콘드리아와 엽록체 유전자들도 단일 소단위체의 파지 효소와 밀접하게 연관된 중합효소에 위해 전사된다. 진화과정을 통해 이들과 같이 전사를 수행할 수 있는 비교적 단순한 효소들이 만들어 졌다는 것은 주목할 만하다.

T7 중합효소는 단일 소단위체 효소로서 가장 널리 연구되어 왔다. 이 효소의 분자량은 세균의 핵심효소(σ 인자가 없는 상태)가 400 kDa인 것에 비해 약 100 kDa에 불과하다. 이 효소의 구조는 글상자 13-2의 그림 1에 나타나 있으며, 전반적으로는 9장에서 다루었던 DNA 중합효소의 Pol I 군과 비슷하다. 실제로 T7 RNA 중합효소는 활성부위를 지닌 중심틈 둘레의 여러 도메인을 나타내는 손가락, 엄지 및 손바닥을 가진 오른손과 닮은 구조를 하고 있다.

T7 효소는 DNA 중합효소와 더 많이 닮은 면도 있지만 세포 내 RNA중합효소들과도 공통적인 많은 특징들을 가지고 있고, 이것은 T7과 세균 효소가 주형 DNA와 결합하고 있는 구조를 비교해보면 더 명확해진다. 본문에 설명한 것과 같이 세균의 효소는 활성 중심틈으로 들어오고 나가는 여러 통로를 가지고 있다(그림 13-8 참조). 예를 들어 이들 중 하나는 NTP가 활성부위와 주형에 접근하여 RNA 합성에 이용될 수 있도록 해준다. 또 다른 통로는 신장되는 RNA 사슬이 효소에서 빠져나가도록 해준다. 파지 중합효소의 구조에서도 이러한 통로를 볼 수 있다.

세균과 T7 중합효소의 개시 및 신장 과정의 복합체를 비교하였다. 이 비교를 통해 어떻게 유사한 기능적 전이가 다른 종류의 구조적 변화를 통해 만들어질 수 있는지를 알 수 있다. 세균의 경우, σ 인자의 한 영역의 위치가 이동됨으로써 개시에서 신장으로의 전이가 만들어진다. 이 이동은 RNA 출구 통로를 열어서 길이가 10 뉴클레오티드보다 더 긴 전사체가 만들어질 수 있게 한다. T7 효소는 σ 인자를 가지지는 않지만 효소 몸체에서 개시 복합체에서 신장 복합체로의 전이를 매개하는 유사한 구조 변화가 일어나며, 이러한 구조 변화가 RNA 출구 통로를 만드는 데 필요하다.

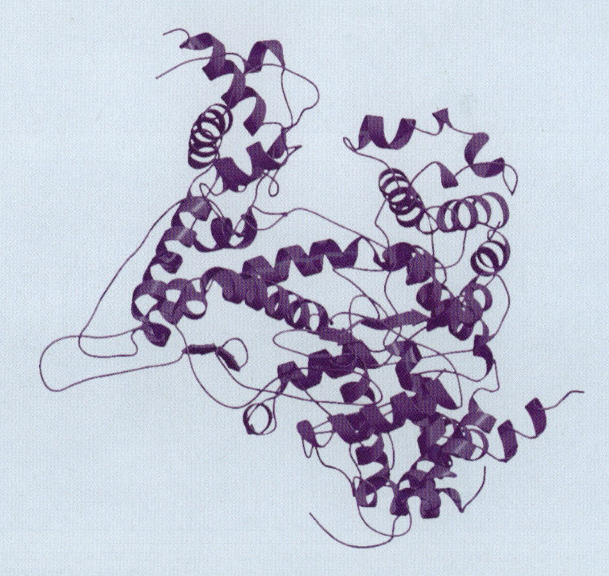

글상자 12-2 그림 1 T7 박테리오파지의 RNA 중합효소. (From Jeruzalmi D. and Steitz T.A. 1998. *EMBO J.* **17**: 4101.) Image prepared with MolScript, BobScript, and Raster 3D.

게 들어간 염기를 둘 다 제거할 수 있지만 잘못 들어간 부위에 더 오래 머물기 때문에 잘못된 염기를 더 잘 제거한다. 두 번째 교정 기작은 **가수분해 교정(hydrolytic editing)**이며 이 기작에서 중합효소는 합성 방향과 반대 방향으로 하나 또는 그 이상의 뉴클레오티드를 RNA에서 절단하여 잘못 삽입된 서열을 제거한다(그림 13-11d 참조).

가수분해 교정은 Gre 인자들에 의해 촉진되는데 이 인자는 가수분해 교정을 촉진할 뿐만 아니라 신장 촉진인자로도 작용한다. 즉, 이들 인자는 중합효소가 전사하기 어려운 서열에서 "지체(arrest)"되는 것을 극복하게 하여 효율적으로 신장을 하게 한다. 이런 기능적인 조합은 진핵생물의 RNA 중합효소 II와 전사인자 TFIIS의 관계와 유사하다(아래와 그림 13-22 참조). 또 다른 단백질군인 Nus 단백질은 신장 단계에서 중합효소와 협력하여 신장과 종결과정을 증진시킨다(18장의 신장 단계에서의 조절 참조). 세균의 Nus 단백질 중 하나인 NusG는 고세균과 진핵생물의 Spt5와 매우 보존적이다.

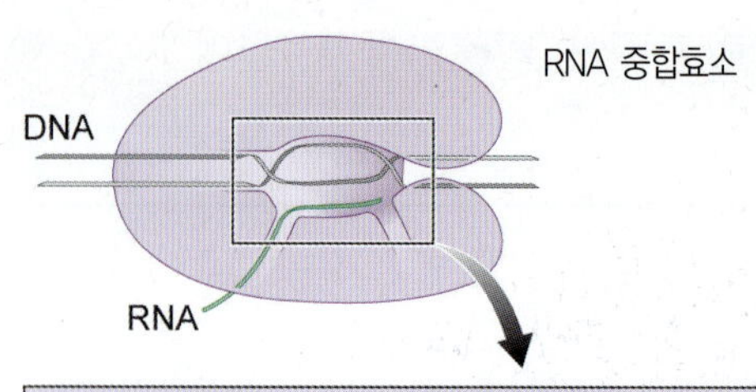

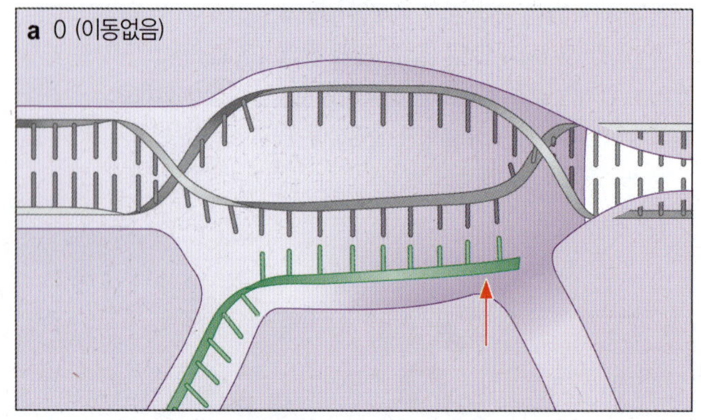

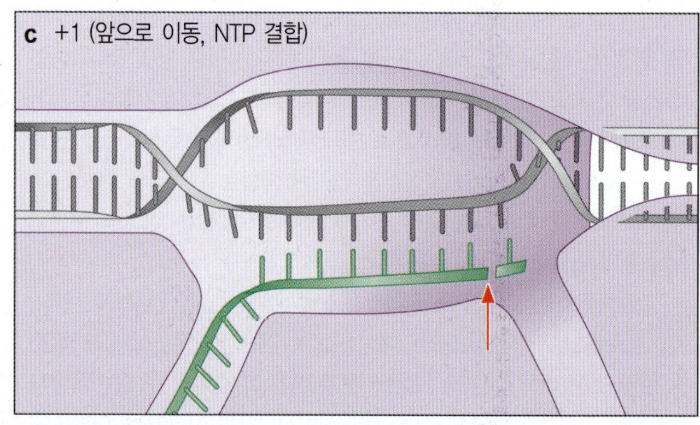

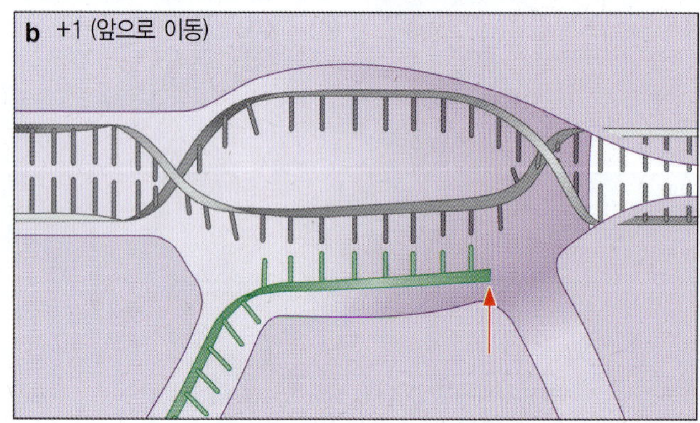

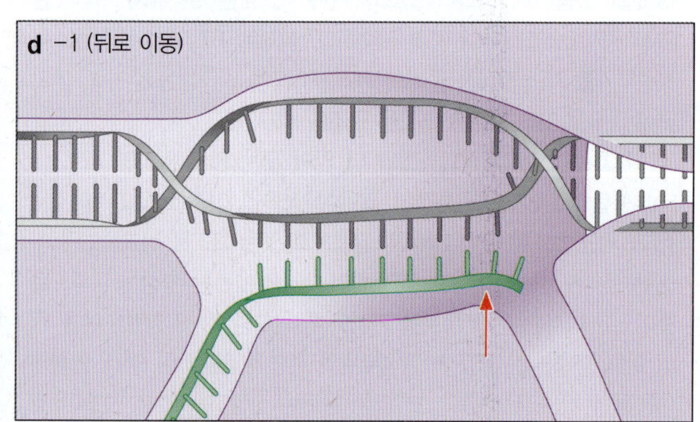

그림 13-11 신장 중인 복합체에서 RNA 중합효소 내의 주형과 전사체. 그림은 전사 단계의 여러 상태에서 RNA 중합효소 내의 RNA와 DNA 주형의 상대적 위치를 모식적으로 보여준다. (a) 이동하지 않은 중합효소(0)에서는 RNA 가닥이 DNA가닥과 9개 염기에서 염기쌍을 형성한다. (b) 앞으로 이동한 중합효소(+1)는 효소가 염기 한 개 앞으로 이동했을 때를 가리킨다. (c) NTP를 가지고 앞으로 이동한 중합효소는 (b)와 같은 위치며 결합한 NTP를 가진 상태의 DNA와 RNA를 나타낸다. (d) 뒤로 이동한 중합효소(−1)는 효소가 가수분해 교정이 이루어지는 동안 염기 한 개만큼 뒤로 이동한 상태를 나타낸다. 빨간색 화살표는 중합효소 내의 고정 지점으로서 그림의 모든 부분에서 동일하다. 여기의 중합효소는 그림 13-9에 보여준 것과는 다른 방향으로 나타내었다. (Figures based on images courtesy of Richard Ebright.)

RNA 중합효소는 정지될 수 있고 제거가 필요하다

특정 조건에서 신장 중인 RNA 중합효소는 정지되고 전사를 마치게 된다. 이 같은 정지가 일어나는 일반적인 원인은 DNA 가닥이 손상된 경우이다. 만약 전사되는 유전자가 중요한 것이라면 정지는 큰 문제가 된다: 중합효소가 정지하면 생산물이 만들어지지 않게 되고, 정지된 중합효소는 동일 유전자를 전사하고자 하는 다른 중합효소의 길을 가로막게 한다.

세포는 이 상황을 해결하기 위해 정지한 중합효소를 제거하는 기구를 가지며, 동시에 수리효소[특히, 핵산내부가수분해효소 Uvr(A)BC]를 모아서 전사-연계 수리라고 하는 수리를 한다(10장 참조). TRCF라는 단백질이 중합효소의 제거와 수리효소의 모집 둘 다에 작용한다.

TRCF는 ATPase 활성을 가진다. 이는 중합효소의 상류에 있는 이중나선 DNA에 결합하여 ATPase 모터를 사용해 정지한 RNA 중합효소를 만날 때까지 DNA를 따라 이동한다. 충돌이 일어나면 중합효소를 앞으로 밀어내게 되는데, 이로 인해 중합효소가 신장을 다시 시작할 수도 있고 또는 RNA 중합효소, 주형 DNA, 그리고 RNA 전사체의 복합체가 분리될 수도 있다. 이 효소로 인해 전사가 종결되고 또 다른 중합효소에게 길을 만들어주게 된다.

전사는 RNA 서열 내의 신호에 의해 종결된다

앞에서 전사가 종결되는 한 가지 방법을 살펴보았다. RNA 중합효소가 신장 동안 정지될 때 TRCF의 작용에 의해 DNA에서 떨어질 수 있다. 이런 종결은 손상된 DNA나 다른 원치 않은 방해에 의해 유발된다. 그러나 유전자 끝에서의 종결은 정상적이며 중요한 기능이다. **종결인자(terminator)**라는 서열은 진행하는 중합효소가 DNA에서 떨어지게 하고 효소가 만든 RNA 가닥이 방출되도록 한다. 세균에는 두 종류의 종결인자가 있다. 하나는 **Rho-의존성 종결인자(Rho-dependent terminator)**이며 다른 하나는 **Rho-비의존성 종결인자(Rho-independent termirator)**이다. 첫 번째 것은 이름에서처럼 종결을 유도하는데 Rho라는 추가적인 인자가 필요하며 두 번째 것은 다른 인자의 도움 없이 종결을 이끈다.

Rho-의존성 종결인자는 아직 규명이 덜 된 **rut** 자리라는 RNA 요소를 가지며, 이들의 기능에는 Rho 인자의 작용이 필요하다. Rho 인자는 6개의 동일한 소단위체로 된 반지 모양의 단백질로서 중합효소로부터 빠져나오는 단일가닥의 RNA에 결합한다(그림 13-12). Rho는 또한 ATP 가수분해효소(ATPase)의 활성을 가지고 있으며, 전사체에 결합하면 ATP를 가수분해하여 얻은 에너지를 사용하여 주형과 중합효소로부터 RNA를 분리한다. 종결의 정확한 기작은 더 연구가 이루어져야 한다. 이를 설명하는 다음의 모델들이 있는데 첫째는 Rho가 중합효소를 DNA와 RNA에 대해 앞쪽으로 밀어줌으로써 TRCF에 의한 종결과 유사한 방법으로 종결이 된다는 것이며 두 번째는 Rho가 RNA를 중합효소 바깥으로 당김으로써 종결이 된다는 것이다. 다음은 Rho가 종합효소의 형태변화를 유도하여 종결이 되게끔 한다는 것이다. 가장 최근의 연구를 통해 이 중 가장 마지막이 중요하며 형태 변화는 신장하는 복합체를 멈추게 하여 좀 더 천천히 분리되게 한다는 것을 알게 되었다.

또한 Rho는 전사주기에 걸쳐 RNA 중합효소와 결합한다고 제시되었다. rut를 가진 전사체를 따라 움직이면서 중합효소에 도달하는 것이 아니고 전사 초기에 중합효소에 결합하며 또한 일정 시점에 신장 중인 효소에서 빠져나온 전사체에도 결합한다는 것이다. Rho에 의한 이동의 역할은 결과적으로 형성되는 RNA 고리를 강하게 만들어 주며 충분히 강해졌을 때 중합효소의 신장은 정지하게 된다.

Rho가 어떻게 특정한 RNA 분자를 찾아 작용할까? 첫째, Rho가 결합하는 부위(rut 부위)에 대한 특이성이 있다. 일반적으로 이 부위는 약 40개의 뉴클레오티드로 구성되어 있고 2차구조는 형성하지 않으며(즉, 단일가닥으로 남아 있다), C 염기를 많이 가지고 있다.

둘째, Rho는 번역이 진행되는 전사체(즉, 리보솜이 결합한 전사체)에는 결합하지 않는 특성을 가진다. 세균에서는 전사와 번역이 연계되어 있어, 전사가 진행 중인 상태에서도 중합효소로부터 빠져나온 RNA 전사체에서 번역이 시작된다. 따라서 Rho는 한 유전자나 오페론의 끝을 넘어 전사되는 전사체만 종결시킨다.

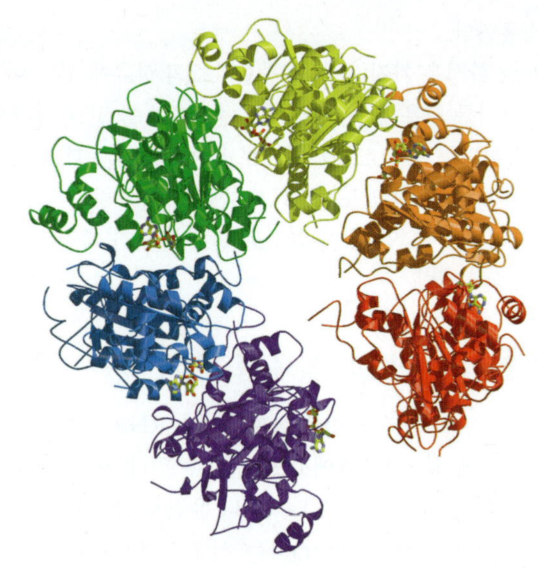

그림 13-12 Rho 전사종결 인자. Rho 전사종결 인자의 결정 구조를 위쪽에서 본 그림. 이것은 단백질 6량체로 구성되어 있다. 각 단량체는 서로 다른 색으로 나타내었다. 6개의 단량체는 열린 고리를 형성한다. 고리는 납작하지 않고 여섯 번째 소단위체는 다른 소단위체에 비해 아래쪽으로 떨어져 있다. 두 소단위체 사이의 거리는 12 Å이며 그들 사이의 나선 피치는 45 Å이다. ρ가 작동하는 RNA 전사체는 각 소단위체의 아래쪽을 따라 결합하고 고리의 중앙을 통해 지나가는 것으로 여겨진다. (From Skordalakes E. and Berger J.M. 2003. Cell 114: 135.) 이미지는 MolScript, BobScript 및 Raster 3D로 나타내었다.

Rho-비의존성 종결인자는 **내재성 종결인자(intrinsic terminator)**라고도 하는데 두 가지 서열 요소로 구성되어 있다. 그 중 하나는 짧은 길이(약 20개 뉴클레오티드)의 역반복서열이며 다른 하나는 그 바로 뒤에 따라오는 약 8개의 A:T 염기쌍 서열이다(그림 13-13). 이들 요소는 이들이 전사되기 이전까지는 중합효소에 영향을 주지 않는다. 즉, 그들은 DNA에서가 아니라 RNA에서 기능을 한다. 중합효소가 역반복서열을 전사하면, 그 결과 만들어지는 RNA는 그 자체 내에서 염기쌍을 이루어 줄기-고리 구조("머리핀 구조"라고도 함)를 형성할 수 있다(5장 참조). 이 머리핀 구조가 신장 복합체를 교란시킴으로써 종결이 일어나도록 하는 것으로 생각된다. Rho-의존성 종결처럼 이 기작은 더 연구가 되어야 하지만 현재 모델은 Rho에서 제안된 것과 같다. 즉, 머리핀 구조가 중합효소를 DNA와 RNA에 대해 전방으로 밀어줘서 전사체가 중합효소에서 비틀려 떨어지게 하거나 중합효소의 형태변화를 유도함으로써 종결을 이끄는 것이다.

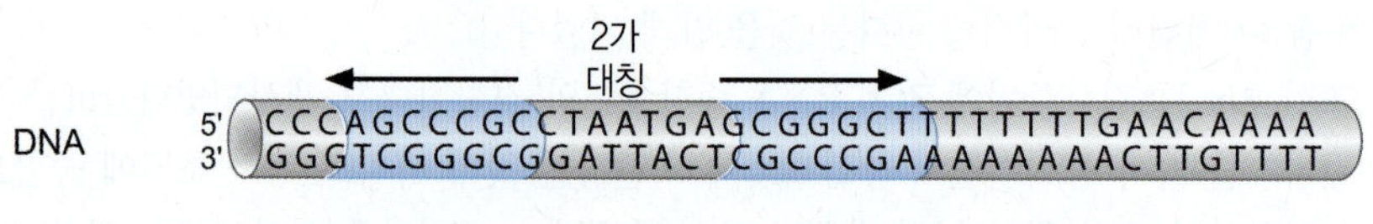

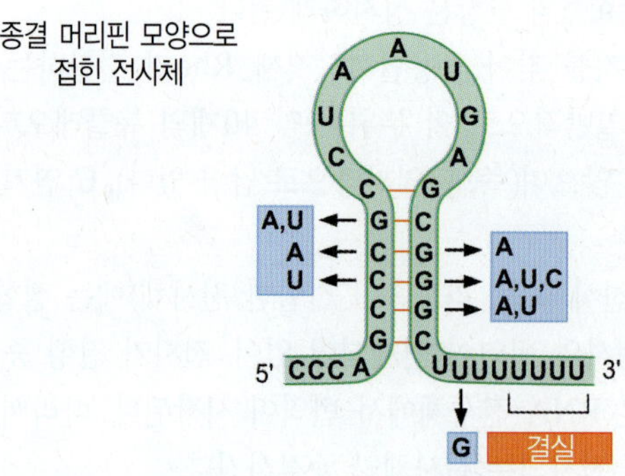

그림 13-13 Rho-비의존성 종결인자의 서열. 위쪽은 종결인자의 DNA 서열이며 그 밑은 RNA 서열이다. 아래쪽은 종결인자 머리핀 구조다. 상자는 종결인자가 파괴된 서열에서 보이는 돌연변이들이다. 문제에서의 종결인자는 18장에서 논의될 *trp* 전사약화자이다. 상자는 종결인자가 파괴된 서열에서 보이는 돌연변이들이다. (Adapted from Yanofsky C. 1981. *Nature* **289:** 751–758.)

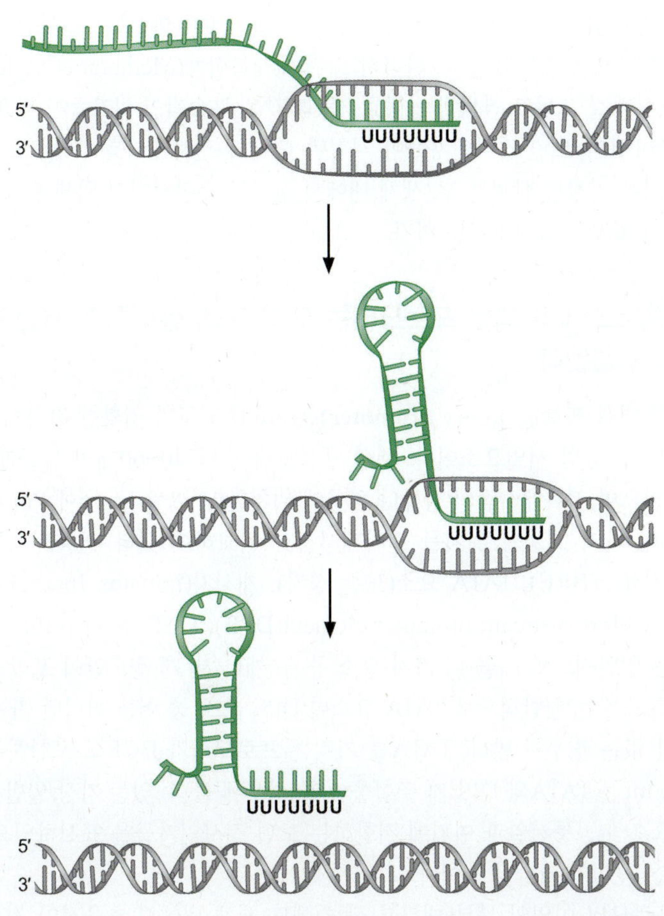

그림 13-14 전사종결. Rho-비의존성 종결자의 작동 모델. (위) 머리핀은 중합효소에 의해 만들어지자마자 RNA(그림 13-11)에서 형성된다(여기서 효소는 보이지 않는다). (가운데) 이 RNA 구조는 효소가 DNA 하류의 AT가 많은 지역을 전사할 때 중합효소를 떨어지게 한다. (아래) 머리핀 구조와 어떻게 정확하게 전사 중인 중합효소를 떨어뜨리는지는 명확하지 않다(책의 대체모델 참조) 그러나 DNA의 연속된 U와 주형의 A와의 약한 상호작용의 조합이 전사체를 주형에서 떨어지게 한다.

머리핀은 그 뒤에 A:U 염기쌍이 있을 때만 효과적인 종결인자로 작동한다. 이것은 머리핀 구조가 형성되는 시점에 신장하는 RNA 가닥은 활성부위에서 단지 A:U 염기쌍에 의해서만 주형과 결합하기 때문이다. A:U 염기쌍은 모든 염기쌍 중에서 가장 약하기(A:T 염기쌍보다도 약함) 때문에, 줄기-고리 구조가 전사 중인 중합효소에 미치는 영향에 의해 쉽게 파괴되며, 따라서 RNA가 쉽게 떨어져 나온다(그림 13-14).

진핵생물의 전사

앞에서 이미 언급하였듯이 진핵생물의 전사도 세균의 RNA 중합효소와 매우 연관성이 높은 중합효소에 의해 이루어진다. 이러한 점은 두 경우의 전사과정 그 자체가 동일하기 때문에 그렇게 놀라운 것은 아니다. 그러나 이 두 경우에 사용되는 전사기구에는 몇 가지 차이가 있다. 그 중 하나는 세균은 단지 한 개의 중합효소를 가지지만 진핵생물은 적어도 3개의 중합효소(Pol I, II, III; 식물은 Pol IV와 Pol V를 가짐)를 가지는 것이다. 또한 세균은 단 한 개의 부수적 개시인자(σ)만 필요하지만, 진핵생물은 **보편 전사인자(general transcription factor, GTF)**라고 하는 많은 개시인자들이 프로모터 특이적인 효율적 전사개시에 필요하다.

시험관 내(in vitro)에서는 Pol II와 보편 전사인자들만 있으면 DNA 주형에서 전사를 개시할 수 있다. 그러나 생체 내(in vivo)에서는 8장에서 본 바와 같이 DNA 주형이 뉴클레오솜(nucleosomes) 안에 포함되어 있기 때문에 보편 전사인자만으로는 발현을 촉진하기에 충분치 않다. 따라서 소위 매개복합체(Mediator complex), DNA 결합 조절 단백질 그리고 염색질 변형효소들과 같은 부수적인 인자들이 필요하다.

우선, Pol II와 보편 전사인자들이 시험관 내에서 전사개시를 위해 프로모터에서 조합하는 기본 기작을 살펴본 후, 생체 내에서 전사를 촉진시키기 위해 필요한 부수적인 성분들의 역할을 살펴보기로 하자.

RNA 중합효소 II의 핵심 프로모터는 여러 개의 상이적인 서열의 조합으로 구성된다

진핵생물의 **핵심 프로모터(core promoter)**는 Pol II 기구가 정확한 전사개시를 하는데 필요한 최소한의 서열요소이다. 핵심 프로모터는 약 40~60개의 뉴클레오티드로 구성되어 있으며 전사개시점의 상류나 하류에 위치한다. 그림 13-15에 Pol II 핵심 프로모터의 네 가지 요소의 위치를 전사개시점과 비교하여 나타내었다. 이들 요소는 TFIIB 인지요소(BRE), TATA 요소(또는 상자), 개시자(initiator, Inr), 그리고 하류 프로모터 요소[downstream promoter element(DPE), DCE, MTE]이다. 하나의 프로모터에는 일반적으로 이들 네 가지 요소 중 두 개나 세 개 정도만이 포함되어 있다. 따라서 프로모터는 일반적으로 TATA 요소나 DPE 요소 중 어느 하나만 가지든지, 아니면 둘 다 없는 경우가 많다. TATA를 가지는 프로모터가 DCE도 포함하는 경우도 가끔 있다. Inr는 TATA와 DPE가 조합을 이룬 경우에 볼 수 있는 가장 일반적인 요소이다. 각 요소의 공통서열과 여기에 결합하는 보편 전사인자들을 표시하였으며 더 자세한 부분은 곧이어 기술할 것이다.

핵심 프로모터 이외의 부분(대부분 상류)에도 생체 내에서 효율적인 전사에 필요한 또 다른 서열요소들이 있다. 이들은 함께 **조절서열(regulatory sequence)**을 구성하며 그들의 위치와 속한 개체 그리고 기능에 따라 다음과 같은 다양한 종류로 나뉠 수 있는데, 이들에는 프로모터 근접요소(promoter proximal element); 상류 활성서열(upstream activator sequences, UAS); 증폭자(enhancer); 사일렌서(silencers), 경계요소(boundary element), 절연인자(insulator)와 같은 억제요소들이 있다. 이 모든 DNA 요소에는 핵심 프로모터에서의 전사를 돕거나 방해하는 조절 단백질들(촉진인자와 억제인자)이 결합하며, 이에 대해서는 19장에서 살펴볼 것이다. 이들 조절서

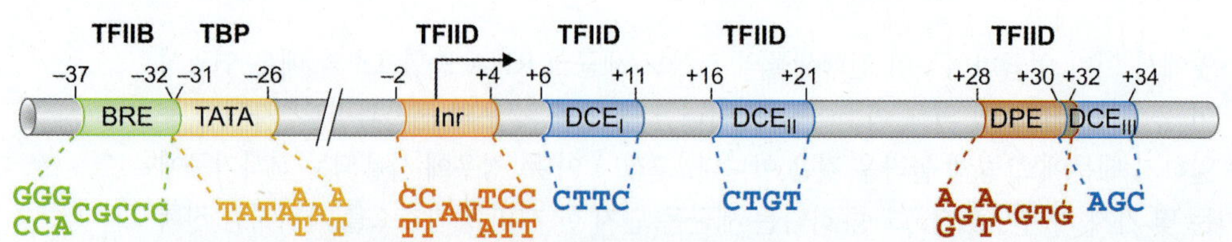

그림 13-15 RNA중합효소 II에 의해 전사되는 핵심 프로모터. 여러 가지 DNA 요소들의 위치를 화살표로 표시한 전사개시점을 중심으로 나타내었다. 이들 요소에는 BRE(TFIIB 인지요소, TFIIB recognition element), TATA(TATA 상자), Inr(개시자 요소, initiator element), DPE(하류 프로모터 요소, downstream promoter element), DCE(downstream core element) 등이 있다. 책에서 언급된 또 다른 요인인 MTE(motif ten element)는 그림에서 표시하지 않았지만 DPE의 바로 상류에 위치한다. 아래쪽은 글상자 13-1처럼 박테리아 프로모터 요소를 표기할 때와 같은 방법으로 결정된 각 요소의 공통서열이며 위쪽은 각 요소를 인지하는 보편 전사인자들의 이름이다.

열들 중 일부는 그들이 작용하는 핵심 프로모터로부터 수십 또는 수백 kb 떨어진 위치에 있는 것도 있다.

RNA 중합효소 II는 보편 전사인자들과 함께 프로모터에서 개시전복합체를 만든다

보편 전사인자들은 서열상으로는 동질성이 크게 없지만 세균의 전사에서 σ 인자가 하는 기능과 같은 역할을 수행한다. 즉, 보편 전사인자들은 중합효소가 프로모터에 결합하는 것과 DNA의 풀림을 돕는다. 또한 이들은 중합효소가 프로모터로부터 벗어나 신장 단계로 들어갈 수 있도록 도와준다. 보편 전사인자와 중합효소가 프로모터에서 결합하여 전사개시의 준비를 이룬 상태를 **개시전복합체(preinitiation complex)**라 한다.

앞서 본 바와 같이(그림 13-15) 많은 Pol II 프로모터들은 전사 개시자리에서 약 30 bp 상류쪽에 있는 소위 TATA 요소를 포함하고 있는데 여기에서 개시전복합체가 형성된다. TATA 요소는 보편 전사인자인 **TFIID**에 의해 인지된다("TFII"는 transcription factor for Pol II의 약자로 명명하였고, D는 A, B 등으로 구분한 전사인자의 한 종류). 많은 보편 전사인자들과 같이 TFIID는 여러 소단위체로 이루어진 복합체이다. TFIID의 구성 단위체 중 TATA DNA 서열에 결합하는 단백질을 **TBP**(TATA 결합 단백질, TATA binding protein)라 한다. 또한 **TAF**(TBP 연결인자, TBP associated factor)란 소단위체가 있는데, 어떤 TAF는 TBP가 특정 프로모터의 DNA에 결합하는 것을 도와주는 역할을 하고 다른 것들은 TBP의 DNA 결합 활성을 조절하기도 한다. TBP와 TATA 사이에서 가장 강한 결합이 이루어지지만, 일부 TAF는 Inr과 DPE 그리고 DCE 같은 다른 핵심 프로모터 요소를 인식한다. 그래서 TFIID는 프로모터 인식과 개시전복합체의 완성에 결정적인 인자이다.

TBP는 DNA에 결합한 상태에서 TATA 서열부위의 형태를 변화시킴으로써 TBP-DNA 복합체가 다른 보편 전사인자들과 중합효소들이 프로모터에 모일 수 있도록 하는 정거장 역할을 하도록 한다. 시험관 내에서는 이들 단백질은 다음 순서에 의해 프로모터에 조립된다(그림 13-16). TFIIA, TFIIB, 중합효소와 함께하는 TFIIF 그리고 TFIIE와 TFIIH가 결합한다. 이들 요소는 모두 포함한 개시전복합체가 형성되고 나면 다음은 프로모터 부위의 풀림이 일어난다. 세균과는 반대로 진핵생물에서의 프로모터 풀림에는 ATP의 가수분해가 필요하며 TFIIH에 의해 매개된다.

프로모터 이탈에는 중합효소 "꼬리"의 인산화가 필요하다

세균 경우처럼 중합효소가 프로모터로부터 벗어나 신장 단계로 들어가기 전에 개시 실패기가 있다. 이 개시 실패기에는 중합효소가 짧은 길이의 전사체 만을 합성한다. 진핵생물의 프로모터 이탈에는 중합효소의 인산화라는 세균에서는 볼 수 없었던 두 단계가 포함된다. 하나는 초기에 DNA 용해에 필요한 ATP 가수분해 외의 ATP 가수분해이며 다른 하나는 지금 기술할 중합효소의 인산화 단계이다.

Pol II의 큰 소단위체는 "꼬리(tail)"처럼 신장되어 있는 C-말단 도메인(CTD)을 가지고 있다(그림 13-16 참조). CTD는 7개 아미노산 펩티드(Tyr-Ser-Pro-Thr-Ser-Pro-Ser)가 반복된 구조를 가진다. 효모의 Pol II CTD에는 이 반복서열이 27개 있으며, 예쁜꼬마선충에는 32개, 초파리에는 45개, 그리고 사람의 경우는 52번 반복되어 있다. 각 반복서열에는 TFIIH의 한 소단위체를 비롯한 특정 인산화효소(kinase)에

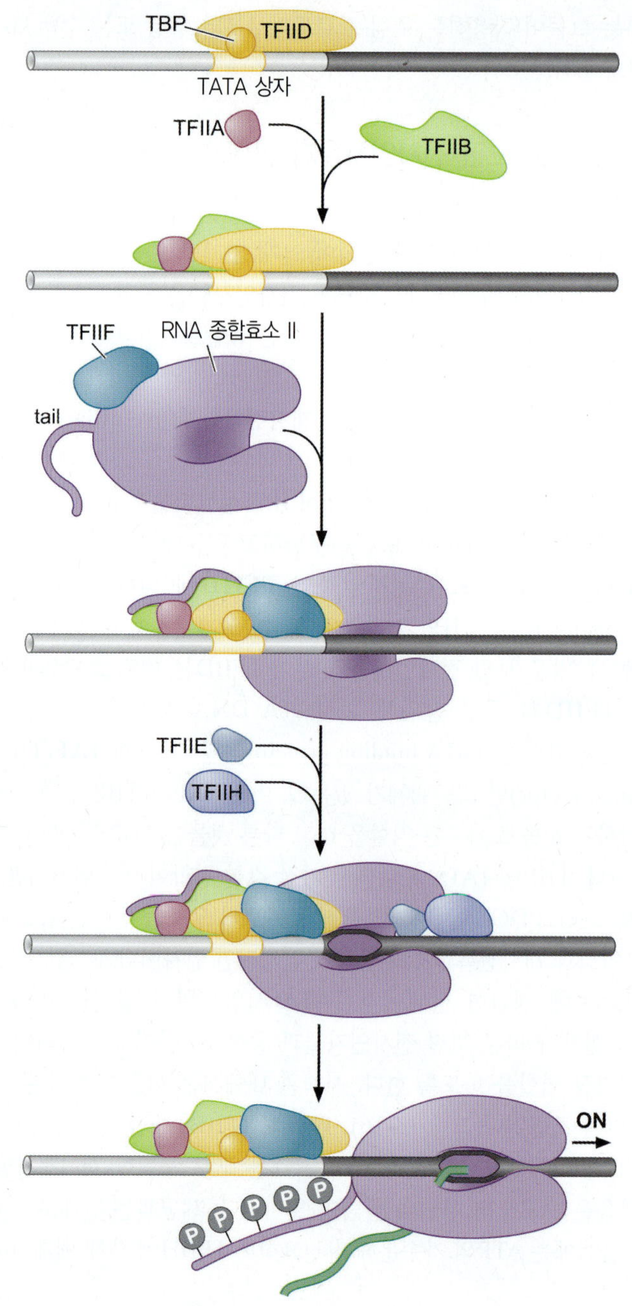

그림 13-16 RNA 중합효소 II에 의한 전사 개시. Pol II 개시전 복합체의 단계별 조합을 나타내었다. 프로모터에 개시전 복합체가 조립되면 RNA 합성에 필요한 뉴클레오티드 전구체가 첨가되고, 효소 "꼬리"의 Ser 잔기에 인산화가 일어나 Pol II는 개시전복합체를 떠난다. 꼬리는 7개 아미노산(Tyr-Ser-Pro-Thr-Ser-Pro-Ser)이 여러 번 반복된 서열을 가진다(그림 13-21 참조).

의해 인산화가 일어나는 부위가 포함되어 있다.

처음에 프로모터로 모이는 Pol II는 인산화되어 있지 않은 꼬리를 가지나 신장 단계의 복합체 꼬리에는 다수의 인산기가 결합되어 있다. 인산의 첨가는 중합효소를 개시에 사용되었던 대부분의 보편 전사인자들로부터 떨어져 나와 프로모터에서 벗어나게 해준다.

또한 Pol II CTD의 인산화 상태를 조절하는 것은 RNA 가공을 비롯한 다음 단계들을 조절하는 기작이 된다. 실제로 TFIIH 외에도 여러 종류의 인산화효소들이 CTD에 작용하는 것으로 알려졌다. 뿐만 아니라 많은 탈인산화효소가 인산화효소에 의해 첨가된 인산을 제거한다.

TBP는 작은홈에 끼워 들어간 β 시트를 통해 DNA에 결합하고 구조를 변화시킨다

TBP는 TATA 요소의 작은홈을 인지하는데 β 시트의 넓은 부위를 사용한다(그림 13-17). 6장에서 보았듯이 이 장의 σ인자 단백질들은 일반적으로 α 나선을 큰홈에 넣어 DNA를 인지하는 것이 일반적인데 비해 특이한 경우라 할 수 있다. 이러한 TBP의 특이한 인지 기작은 단백질이 부위 DNA의 구조를 부분적으로 변화시키기 위해 필요하다. 그러나 이러한 인지양식으로 어떻게 특이성을 확보할 수 있는지에 대한 의문이 남는다.

6장에서 본 바와 같이 DNA의 작은홈은 큰홈에 비해 염기쌍이 서로 구별될 수 있는 화학적 정보가 적기 때문에 TBP는 TATA 서열을 구별하는데 화학적 정보 대신 특이적인 구조의 변화에서 생기는 서열의 특성을 이용한다.

TBP가 DNA에 결합하면 작은홈이 거의 평평한 형태로 넓어지며, DNA는 약 80° 각도로 휘어진다. TBP와 DNA 사이의 상호작용에는 단백질과 작은홈에 있는 염기쌍의 가장자리 사이에 형성되는 제한된 수의 수소결합만이 관여하며, 특이성에는 인지 서열의 양끝에 있는 염기쌍들 사이에 끼어 들어가 DNA를 심하게 꺾이도록 하는 두 쌍의 페닐알라닌 곁사슬이 크게 기여한다.

A:T 염기쌍 부분은 쉽게 비틀어질 수 있어 작은홈이 열리기 쉬우며, 따라서 A:T 염기쌍 부분에 잘 결합하게 된다. 또한 DNA의 인산 골격과 β 시트의 염기성 잔기 사이의 많은 상호작용에 의해 전체적인 결합에너지가 증가한다.

다른 보편 전사인자들도 개시에서 특정 역할을 수행한다

우리는 다른 보편 전사인자들의 모든 기능을 상세히는 모른다. 이들 인자 중 일부는 둘 또는 그 이상의 소단위체로 구성된 복합체이다(표 13-2). 이들의 구조와 기능적 특징에 대해 알아보자.

TAFs TBP는 약 10개의 TAF와 결합한다. TAF들 중 2개는 프로모터에서 개시자(initiator element, Inr)나 하류 프로모터 요소(downstream promoter element, DPE) 같은 DNA 요소와 결합한다(그림 13-15 참조). 일부 TAF들은 구조적으로 히

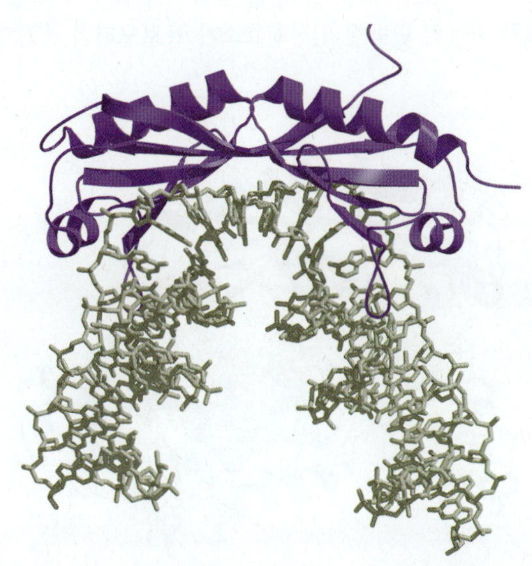

그림 13-17 TBP-DNA 복합체. 여러 Pol II 유전자의 개시 부위에서 형성되는 TATA 결합 단백질(TBP, 보라색)과 DNA TATA 서열(회색)과의 복합체 구조이다. 상호작용의 상세한 부분은 책에 기술하였다. (From Nikolov D.B. et al. 1995. *Nature* **377:** 119.) 이미지는 MolScript, BobScript 및 Raster 3D로 나타내었다. 이미지의 한쪽 편에 있는 신장된 DNA는 Leemor Joshua-Tor에 의해 만들었다.

표 13-2 RNA 중합효소 II의 보편 전사인자

GTFs	소단위체 수
TBP	1
TFIIA	2
TFIIB	1
TFIIE	2
TFIIF	3
TFIIH	10
TAFs	11

숫자는 효모의 경우이며 사람을 포함한 다른 진핵생물에서도 유사하다. 차이점으로는 사람의 TFIIF는 2개의 소단위체를 가지며 TFIIA는 3개를 가진다.

스톤 단백질과 유사성을 가지며 아직까지 그 증거는 없으나 이들과 유사한 방식으로 DNA에 결합할 것으로 추정한다. 그 예로서 초파리의 TAF42와 TAF62는 H3 · H4 4량체(8장 참조)와 유사한 구조를 가진 것으로 알려졌다. 이 히스톤-유사 TAF들은 TFIID 복합체에서 발견될 뿐만 아니라 효모의 SAGA 복합체와 같은 히스톤 변형효소와도 결합한다(8장, 표 8-7 참조).

또 다른 TAF는 TBP가 DNA에 결합하는 것을 조절한다. 이는 TAF의 저해 부분이 TBP의 DNA-결합 표면에 결합함으로써 작용하며, 이 부분은 TBP가 TATA에 결합하기 위해서는 그 위치가 바뀌어야만 한다.

TFIIB 이 단백질은 하나의 폴리펩티드 가닥으로 구성되어 있고 TBP 다음에 개시전복합체에 결합한다(그림 13-16). TFIIB-TBP-DNA 복합체의 결정구조는 특이적인 TFIIB-TBP의 접촉과 TFIIB-DNA 접촉을 보여준다(그림 13-18). 이들 접촉에는 TATA 요소 상류 큰홈(BRE; 그림 13-15 참조)과의 염기 특이적인 상호작용과 하류 작은홈과의 염기 특이적 상호작용이 포함된다. TFIIB가 TBP-TATA 복합체에 비대칭적으로 결합하는 것은 개시전복합체의 나머지 조립이 왜 비대칭적이며, 왜 전사가 한 방향으로만 진행되는가를 설명해 준다. TFIIB는 개시전복합체에서 Pol II와도 접촉한다. 따라서 이 단백질은 TATA에 결합한 TBP와 중합효소를 연결하는 역할을 하는 것으로 보인다. 최근의 구조 연구를 통해 TFIIB의 아미노 말단 영역이 세균의 σ 부위 3/4 연결자와 유사한 방법으로 Pol II의 RNA 출구 통로로 삽입된다고 알려졌다. TFIIB의 이 지역들(**연결자, linker**와 **판정자, reader**)은 RNA:DNA 혼성체가 그 역할을 다할 때까지 풀린 DNA를 안정화 시킴으로써 열린복합체의 형성을 도와준다.

TFIIF 두 개의 소단위체로 구성(인간의 경우)되며 Pol II와 결합한다. Pol II-TFIIF 결합은 DNA-TBP-TFIIB 복합체를 안정시키며, TFIIE와 TFIIH가 개시전복합체로 모이기 위해 필요하다(그림 13-16). 효모의 경우, 이 인자는 3개의 단위체로 구성되나 세 번째 단위체의 기능은 알려져 있지 않다(표 13-2 참조).

TFIIE와 TFIIH TFIIE는 TFIIF처럼 두 개의 소단위체로 구성되어 있고 TFIIH의 결합과 조절에 역할을 한다. TFIIH는 개시전복합체가 열린 복합체로 전환되는 것(ATP 필요)을 조절한다. TFIIH는 10개의 소단위체로 구성되어 있어 중합효소에 견줄만한 크기로, 보편 전사인자들 중 가장 큰 복합체이다! TFIIH 중 ATPase 기능을 가진 두 소단위체와 하나의 단백질 인산화효소가 프로모터의 풀림과 이탈에 역할을

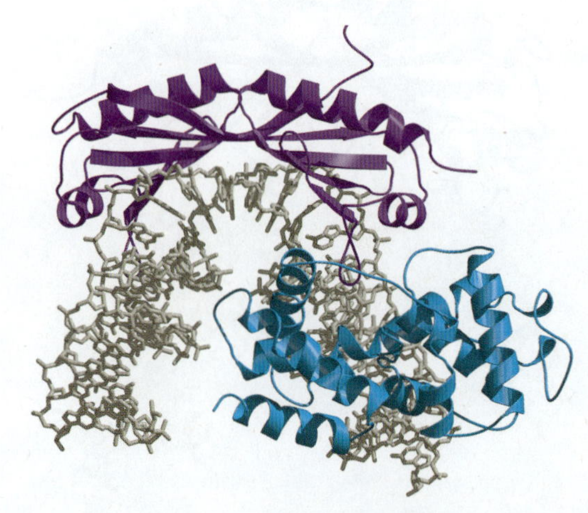

그림 13-18 TFIIB-TBP-프로모터 복합체. TBP 단백질이 TATA 서열에 결합하고 보편 전사인자인 TFIIB(청록색)가 첨가된 상태의 구조이다. 이 삼중 복합체는 개시전복합체의 조립이 이루어지는 동안 다른 보편 전사인자들과 Pol II가 모이는 정거장 역할을 한다. (From Nikolov D.B. et al. 1995. *Nature* **377**: 119.) 이미지는 MolScript, BobScript 및 Raster 3D로 나타내었다. 이미지의 한쪽 편에 있는 신장된 DNA는 Leemor Joshua-Tor에 의해 만들었다.

한다. ATPase 소단위체들은 또한 다른 인자들과 함께 뉴클레오티드 잘못짝지움(mismatch) 수선에도 관여한다(10장 참조).

TFIIH는 어떻게 프로모터 풀림을 중재할까? 앞서 세균에서 프로모터의 −10 요소의 풀림의 중재는 비암호 DNA 가닥에 있는 염기가 튕겨 나와 σ 소단위체의 주머니와 결합에 의해 이루어진다고 하였다. 여기에는 ATP 가수분해가 필요 없으며 단순히 풀린 형태가 쉽게 생길 수 있도록 해주는 결합 반응만으로 충분하다(그림 13-8 참조). 진핵생물에서는 더 복잡하다. TFIIH의 한 소단위체가 이중나선 DNA의 ATP 구동 이동자(translocator)로 작용할 것으로 생각한다. 이 소단위체는 중합효소로부터 하류 쪽의 DNA에 결합하고(그림 13-16 참조), 이중나선 DNA를 중합효소의 홈으로 오른쪽 방향으로 넣어준다. 이 작용은 프로모터 DNA 상류 쪽이 TFIIH와 GTF의 나머지 부분에 의해 고정된 위치에서 잡혀 있기 때문에 DNA의 풀림을 만들어 준다.

생체 내의 전사개시에는 매개복합체와 같은 부수적 단백질들이 필요하다

앞에서 우리는 시험관 내에서 Pol II가 DNA 주형으로부터 전사를 시작하는데 무엇이 필요한지를 살펴보았다. 그러나 이미 언급한 바와 같이 생체 내에서 전사가 높은 수준으로 잘 조절되어 일어나기 위해서는 매개복합체(Mediator complex)와 전사 조절 단백질들 그리고 뉴클레오솜 변형효소와 같은 부수적인 단백질들이 필요하다(그림 13-19). 여러 가지 변형효소 복합체들의 특징은 8장과 표 8-7에 나타내었다.

8장에서 이미 언급한 바와 같이, 이러한 부수적인 단백질이 필요한 이유 중의 하나는 DNA 주형이 생체 내에서 뉴클레오솜과 염색질로 포장되어 있기 때문이다. 이러한 환경은 중합효소나 그와 연관된 인자들이 프로모터에 결합하는 것을 어렵게 한다. **활성인자(activator)**라고 하는 전사 조절 단백질은 중합효소가 프로모터로 모이도록 도와주어 프로모터에 결합하는 것을 안정화시킨다. 이런 모집은 DNA에 결합한 활성인자와 전사기구의 특정 부분 사이에서의 상호작용에 의해 매개된다. 이러한 상호작용은 대부분 매개복합체에 의해 일어나는데, 매개복합체는 한쪽 면에서는 중합효소 큰 소단위체의 CTD "꼬리"와 결합하고 다른 면에서는 DNA에 결합한 활성인자와 상호작용한다. 이것이 매개복합체가 생체 내에서 중요한 전사가 일어나는데 왜 필요한지를 설명해 준다.

전사활성화에서의 이러한 중추적 역할에도 불구하고 매개복합체의 각 소단위체의 결실은 대부분 일부 특정 유전자들의 발현에만 영향을 미치며, 결실되는 유전자에 따라 다른 유전자들이 영향을 받는다. 이 결과는 서로 다른 활성인자들이 매개복합체의 서로 다른 소단위체와 상호작용하여 중합효소를 다른 유전자에 결합하도록 해준다는

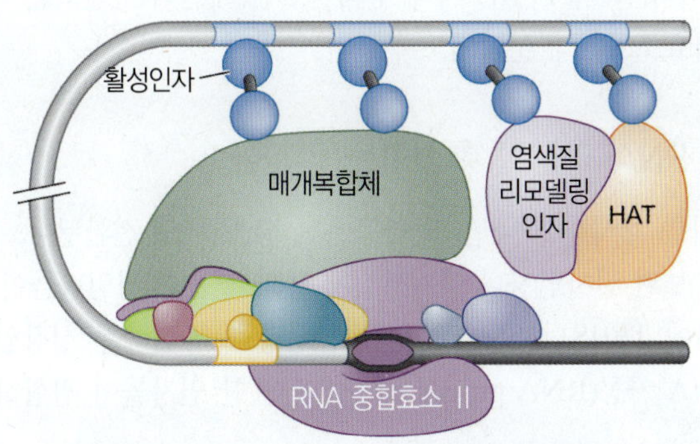

그림 13-19 매개복합체, 뉴클레오솜 변형인자와 리모델링인자, 그리고 전사활성인자들이 있는 상태에서의 개시전복합체 조합. 그림 13-16에서 보여준 보편 전사인자들과 더불어 전사활성인자가 유전자 근처의 부위에 결합하여 뉴클레오솜 변형인자와 리모델링인자 복합체 및 매개복합체를 집합시켜 개시전복합체의 형성을 돕는다.

것을 시사해 주는 것으로 여겨진다. 또한 매개복합체는 TFIIH 안의 CTD 인산화효소를 조절함으로써 개시를 도와준다.

뉴클레오솜 변형인자와 리모델링인자들의 필요성도 프로모터에 따라 각기 다르며, 같은 유전자에서라 할지라도 환경에 따라 달라진다. 이들 인자도 모두 필요한 시점이나 자리에 관계없이 DNA에 결합한 활성인자나 조절 RNA에 의해 모집된다.

전사활성화에 있어서 매개복합체와 변형인자들의 역할은 19장에서 다룰 것이며 여기서는 매개복합체의 구조적, 기능적 특성에 대해서 살펴보겠다.

매개복합체는 많은 소단위체로 구성되어 있으며, 일부 소단위체는 효모에서 사람에 이르기까지 보존되어 있다

그림 13-20에서처럼 효모와 사람의 매개복합체는 각기 20개 이상의 많은 소단위체를 포함하고 있고 그 중 7개는 두 개체 사이에서 중요한 서열 유사성을 보여준다. (소단위체들의 이름은 처음에는 각 경우에 따라 달랐다. 이는 이들을 확인하는 실험에 따라 붙여진 것이나, 최근에 회의에서 그림 13-20에서처럼 서로 다른 생물에 있더라도 같은 단위체들은 같은 이름을 붙이기로 하였다.) 이들 소단위체 중 기능이 정확하게 밝혀진 것은 거의 없지만 Srb4/Med17은 생체 내에서 Pol II에 의한 유전자의 전사에 필수적인 것으로 알려져 있다. 낮은 해상도에서 구조를 비교해본 결과 이 두 종의 매개복합체는 유사한 모양을 가지며 크기는 RNA 중합효소보다도 더 크다는 것을 알 수 있었다.

효모와 사람의 매개복합체는 둘 다 몇 개의 모듈로 구성되어 있다(그림 13-20). 머리(head), 중앙 또는 팔(middle or arm) 그리고 꼬리(tail)라 부르는 이 모듈들은 시험관에서의 특정 조건에 따라 서로 분리될 수도 있다. 이러한 사실과 사람의 매개복합체가 그 분리 방법에 따라 구성과 크기 등에서 다양하다는 사실로부터, 매개복합체는 그 종류가 다양하고 각각의 매개복합체는 그 구성 소단위체의 조성이 다를 것으로 여겨진다. 또한 이 다른 형태의 매개복합체는 각각 다른 유전자들의 조절이나 다른 종류의 조절인자(활성인자와 억제인자)에 대한 반응에 관여할 것으로 생각된다. 그러나 이러한 소단위체 조성의 다양성이 단지 분리 방법의 차이에 따른 인공적인 결과일 가능성도 여전히 배제할 수 없다.

최근에 효모 매개복합체의 머리 모듈처럼 복합체 한 부분의 결정 구조의 해석은 매개복합체의 구조를 조사하려는 시도에 도움을 준다. 이 모듈은 7개(Med17/Srb4, Med11, Med22/Srb6, Med6, Med8, Med18/Srb5, Med20/Srb2)의 소단위체를 가지며 3개의 영역으로 된 구조를 형성함으로써 TFIIH와 RNA 중합효소의 CTD 꼬리에 나란히 정렬하여 RNA 중합효소의 TFIIH에 의한 CTD 꼬리의 인산화를 촉진시키는 방식으로 전사 복합체에 결합한다. 꼬리 내 세린의 인산화는 전사 개시와 프로모터 탈출에 필요하다. 특히 TFIIH 자체에 의한 5번 세린의 인산화는 이 과정 동안 매개복합체가 중합효소로부터 분리되도록 한다.

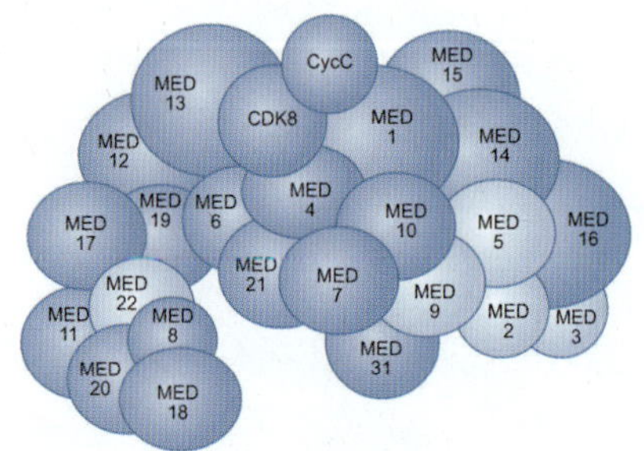

효모 매개복합체

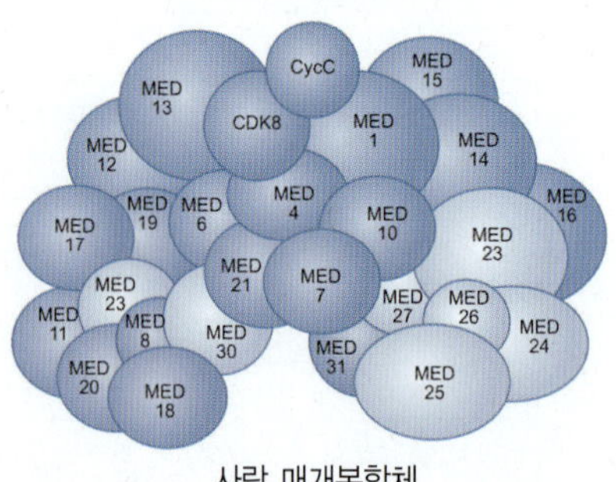

사람 매개복합체

그림 13-20 효모와 사람의 매개복합체(mediator) 비교. 단위체 대부분이 두 경우에 다 포함되어 있으며 차이가 있는 것들을 연하게 표시하였다. (Yeast Mediator: modified from Guglielmi B. et al. 2004. *Nucleic Acids Res.* **32:** 5379–5391, Fig. 8B; human Mediator: modified, with permission, from Malik S. and Roeder R.G. 2005. *Trends Biochem. Sci.* **30:** 256–263, Fig. 1a. © Elsevier.)

Pol II 신장과 RNA 교정을 촉진하는 인자들

중합효소가 전사를 개시하고 나면 그 다음은 신장 단계로 전환된다. 전환과정에서는 Pol II 효소에서 보편 전사인자나 매개복합체 등과 같은 개시인자들이 대부분 떨어져 나가고, 그 자리에 TFIIS나 hSPT5와 같이 신장을 촉진하는 **신장인자(elongation factor)**들과 RNA 가공(RNA processing)에 필요한 인자들이 결합하게 된다. 이 모든 과정에 필요한 효소들은 앞서 살펴본 일부 개시인자들과 같이 Pol II의 큰 소단위체의 C-말단 꼬리(CTD)로 모이게 된다(그림 13-21). 그러나 이 경우에는 CTD가 인산화되어야만 인자들이 결합을 잘 할 수 있으며, 따라서 CTD의 인산화는 개시인자들과, 신장과 RNA 가공 에 필요한 인자들의 교환을 유도한다.

효모 Pol II의 결정구조는 중합효소의 CTD가 새로 합성된 RNA가 효소로부터 방출되는 통로부위에 인접하여 있다는 것을 보여준다. CTD는 효소로부터 약 800 Å 정도 꼬리처럼 길게 삐져나와 있어, 이 꼬리에 여러 신장과 가공 기구의 성분들이 결합하여 방출되는 RNA 쪽으로 전달되도록 해준다.

다양한 단백질들이 Pol II의 전사 신장을 촉진한다. 이들 중 하나인 인산화효소 P-TEFb는 전사활성인자들에 의해 중합효소로 모인다. 이 단백질은 Pol II에 결합하여 CTD 반복서열에서 2번 위치의 세린 잔기를 인산화시킨다. 이러한 인산화 작업은 신장과 상호 연관되어 있다(그림 13-21). 또한 P-TEFb는 신장인자인 SPT5라는 단백질을 인산화하여 활성화시킨다. 또 다른 신장인자인 TAT-SF1도 P-TEFb에 의해 중합효소에 모이게 된다. 따라서 P-TEFb는 세 가지 다른 방법으로 신장을 촉진한다.

STP5는 세균의 신장인자인 NusG에 상응한다. 실제 이것은 세균과 고세균 그리고 진핵생물을 포함한 생물의 세 가지 모든 계에 걸쳐 보존된 유일한 전사인자다. NusG/SPT5 인자는 집게의 끝에서 σ 부위 4(세균)과 TFIIB(진핵생물)에 의해 접촉

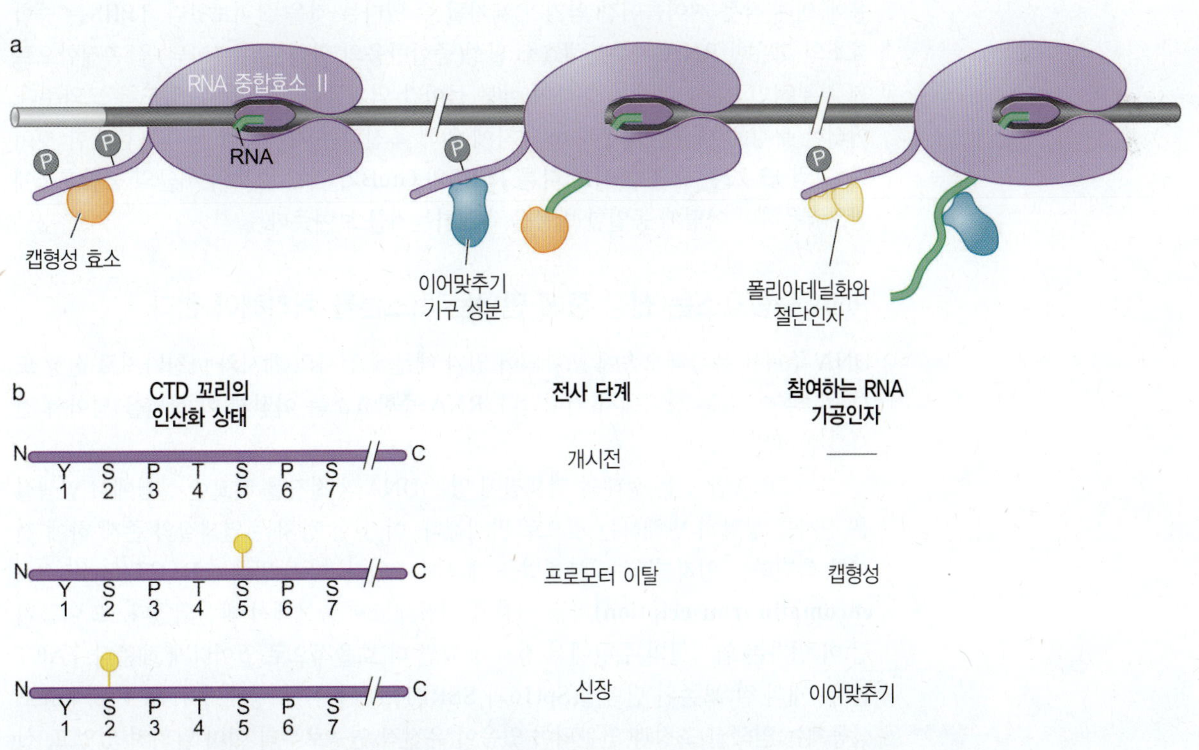

그림 13-21 RNA 가공효소들은 중합효소의 꼬리를 통해 모인다. (a) 중합효소의 "꼬리"를 통해 모이는 RNA 가공에 관여하는 여러 효소들을 보여준다. 꼬리의 인산화 상태에 따라 다른 효소들이 모이며, 그 다음 이 효소들은 RNA로 전이된다(다음 절 참조). (b) 꼬리에서 7개 펩티드의 반복서열 중 하나의 서열을 위에 표시하였다. 5번 위치 세린의 인산화는 캡형성 인자의 모집과 관련이 있고 2번 위치 세린의 인산화는 이어맞추기 인자들의 모집과 관련이 있다. 전사의 신장에 참여하는 인자들의 모집은 RNA 가공과 중복되기 때문에 신장인자 hSPT5는 Ser-5가 인산화된 꼬리에 모집된다.

되는 중첩된 지역에서 각각의 RNA 중합효소와 결합한다. 서로 배제적일 거라고 생각하나 이러한 중첩적 결합은 바뀌지는 개시인자가 이들 신장 조절자의 기능 중 한 부분을 맡을 수 있는 가능성과 신장의 효율을 조절하는 것이 유전자 발현을 조절하는 예전의 기작일 수 있음을 제시한다. 19장에 언급했듯이 고등한 진핵생물에는 여러 프로모터들이 있다. 개시전복합체는 효과적으로 모집되지만 중합효소는 전사를 개시한 후 중지하여 남아 있는다. 이들 프로모터는 빠르게 발현되거나 매우 유사한 형태로 발현되는 유전자와 관련이 있다. 그리고 그들의 발현은 P-TEFb 인산화효소의 특이적인 활성인자에 의한 모집을 통해 조절된다(19장 참조).

그 외 종류의 신장인자는 소위 ELL계이다. 이들도 역시 신장 중인 중합효소에 결합하여 중합효소가 일시적으로 정지하는 것을 억제한다; 이러한 중합효소의 정지는 DNA의 많은 자리에서 일어난다. 첫 번째 인간 ELL 단백질은 원래 급성 골수백혈병에서 전위를 겪는 유전자 산물로 확인되었다(글상자 19-3 참조).

개시에는 영향을 주지 않지만 신장을 촉진하는 또 다른 인자로는 TFIIS가 있다. 이 인자는 ELL처럼 중합효소의 진행을 느리게 만드는 염기서열 부분에서 효소의 정체 시간을 제한함으로써 전반적인 신장 속도를 증가시킨다. 중합효소는 모든 서열을 일정한 속도로 전사하는 것이 아니라 진행 중에 간헐적으로 멈추었다 진행하는 경향이 있다. TFIIS는 이러한 특정 위치에서 중합효소의 정체 시간을 감소시켜 준다.

TFIIS의 또 다른 기능은 중합효소의 교정을 도와주는 것이다. 우리는 이미 이 장의 앞부분에서 비록 비효율적이기는 하지만 활성부위에서 뉴클레오티드 합성의 역반응에 의해 잘못 끼어들어간 염기가 제거될 수 있다는 것을 살펴보았다. TFIIS는 중합효소의 고유한 RNA 가수분해효소 활성(중합반응의 활성부위는 아님)을 촉진함으로써 부분적인 RNA 분해를 통하여 잘못 들어간 염기들을 제거할 수 있도록 도와준다. 이러한 특징은 세균의 경우 Gre 인자에 의해 촉진되는 가수분해 교정과 비슷한 것이다. 그림 13-22는 구조가 서로 다른 TFIIS와 GreB가 각각 효모와 세균의 중합효소에 상호작용하여 어떻게 동일한 반응을 촉진하는지를 보여준다.

RNA 중합효소는 신장 중에 만나는 히스톤을 처리해야 한다

DNA 주형은 뉴클레오솜에 포함되어 있기 때문에 전사의 개시와 마찬가지로 신장 또한 히스톤이 있는 상태에서 일어난다. RNA 중합효소는 어떻게 이 장벽을 넘어서 전사를 할까?

그냥 DNA만 있는 상태와 염색질에 있는 DNA의 전사를 비교한 실험에서 염색질은 전사를 상당히 방해하는 것으로 밝혀졌다. 이 실험 장치는 염색질의 존재 하에 전사를 촉진하는 인자를 찾는 분석법을 제공해 주었다. 이 방법에서 **FACT(facilitates chromatin transcription)**라는 인자가 인간세포 추출물에서 발견되었다. 그 이름처럼 이 인자는 염색질의 주형에서 전사가 훨씬 더 효율적으로 일어나게 해준다. FACT는 두 개의 잘 보존된 단백질(Spt16과 SSRP1)로 된 이형2량체이다. SPT16의 효모 상동체는 염색질 조정과 연관되어 있음이 유전적 연구로부터 이미 알려져 있었고, 신장에서 FACT의 역할은 이 복합체와 TFIIS를 포함한 신장인자들 간의 유전적 상호작용을 통해 입증되었다.

FACT는 어떻게 작동할까? 8장에서 기술하였듯이 뉴클레오솜은 H2A, H2B, H3, H4 히스톤 단위체와 DNA로 형성된 8량체임을 상기하자(8장, 그림 8-20 참조). 이 히스톤들은 두 개의 단위, 즉 H2A/H2B 2량체들과 H3/H4 4량체로 배열되어 있다. Spt16은 H2A/H2B 2량체들과 결합하고 SSRP1은 H3/H4 4량체와 결합한다. 놀랍

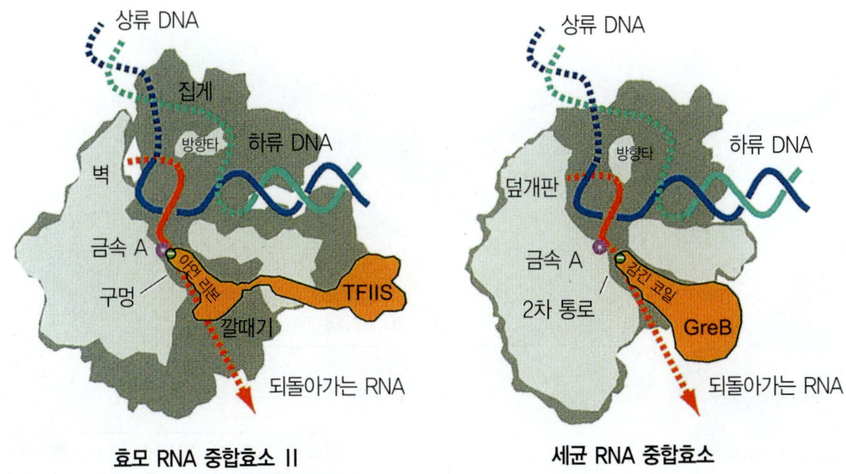

그림 13-22 TFIIS와 GreB는 유사한 방법으로 작용한다. 그림은 정지한 RNA 중합효소 II와 TFIIS 복합체(왼쪽) 그리고 세균의 RNA 중합효소와 GreB 복합체(오른쪽)의 주요 형태를 절단한 모습을 나타낸다. TFIIS(오렌지색)는 RNA 중합효소 II의 핵심에 삽입되어 있고, GreB(오렌지색)는 세균의 RNA 중합효소 통로에 삽입되어 있다. 각각에서 주요 촉매 역할을 하는 마그네슘이온은 메탈 A(핑크색)로 표시하였고, 두 개의 보존된 산성 잔기의 위치는 녹색 원으로 나타냈다. 두 단백질은 서로 다르지만 같은 방법으로 작용한다는 것을 알 수 있다. 점선의 화살표는 되돌아 나오는 RNA의 예상되는 위치를 가리킨다(그림 13-11 참조). (Reprinted, with permission, from Conaway R.C. et al. 2003. *Cell* **114**: 272-74,Fig. 1. © Elsevier.)

게도 FACT는 H2A/H2B 2량체 중 하나를 제거함으로써 히스톤을 해체시키기도 하고, 그 2량체를 다시 복원시켜 재조합을 이루게도 한다.

그림 13-23에 FACT가 어떻게 신장 동안 작동하는지를 나타낸다. 전사 중인 RNA 중합효소 앞에서 FACT가 H2A · H2B 2량체 하나를 제거한다. 이는 중합효소가 뉴클레오솜을 지나갈 수 있게 해준다. FACT는 히스톤 샤페론(chaperone)의 활성도 가짐으로써 진행하는 중합효소 뒤에서 히스톤 6량체에 H2A · H2B 2량체를 즉각적으로 복귀시킨다. 이런 방법으로, FACT는 중합효소가 신장을 할 수 있도록 해주며 동시에 전사가 일어나는 중에도 염색질의 본래 상태를 유지시킨다.

진행 중인 중합효소는 여러 형태의 RNA 가공과정에 필요한 단백질 인자들과 결합되어 있다

전사 후 진핵생물의 RNA는 핵에서 세포질로 배출되기 전에 여러 방법으로 가공된다. 이들 가공과정에는 RNA 5′ 말단의 캡형성(capping), 이어맞추기(splicing), 그리고 RNA 3′ 말단의 폴리아데닐화(polyadenylation)가 있다. 그 중 가장 복잡한 것이 이어맞추기이다. 이 과정은 RNA에서 비암호성 인트론을 제거하여 성숙 mRNA를 만드는 것이다. 14장에서 이 과정의 기구와 조절 그리고 RNA 편집과 다른 부분도 다룰 것이다.

놀랍게도 전사의 신장과 RNA 가공에 관여하는 단백질들 중에는 서로 중복되는 것들이 많다. 한 예로 신장인자인 SPT5는 중합효소[5번 세린 잔기에 인산화가 되어 있음(그림 13-21b)]의 CTD 꼬리에 5′ 캡형성 효소를 모은다. hSPT5는 5′-캡형성효소의 활성을 촉진시킨다. 또 다른 신장인자인 TAT-SF1은 이어맞추기 기구의 성분들을 2번 세린이 인산화가 된 중합효소(그림 13-21b)에 모으는 역할을 한다. 그러므로 신장과 전사종결 그리고 RNA 가공들은 상호 밀접하게 연관된 과정이라 할 수 있다.

캡형성(capping)은 RNA 가공과정에서 가장 먼저 일어난다. 이는 RNA의 5′ 말단에 변형된 구아닌 염기가 첨가되는 과정이다. 변형된 염기는 메틸화된 구아닌이며 3개의 인산기를 포함한 상태로 5′-5′ 연결에 의해 RNA 전사체와 결합한다(그림 13-24).

5′ 캡은 세 단계 효소반응으로 만들어진다(그림 13-24). 첫 단계에서, 전사체의 5′ 말단에서 인산기 한 개가 제거된다. 다음은 GMP가 첨가되며, 마지막으로 뉴클레오

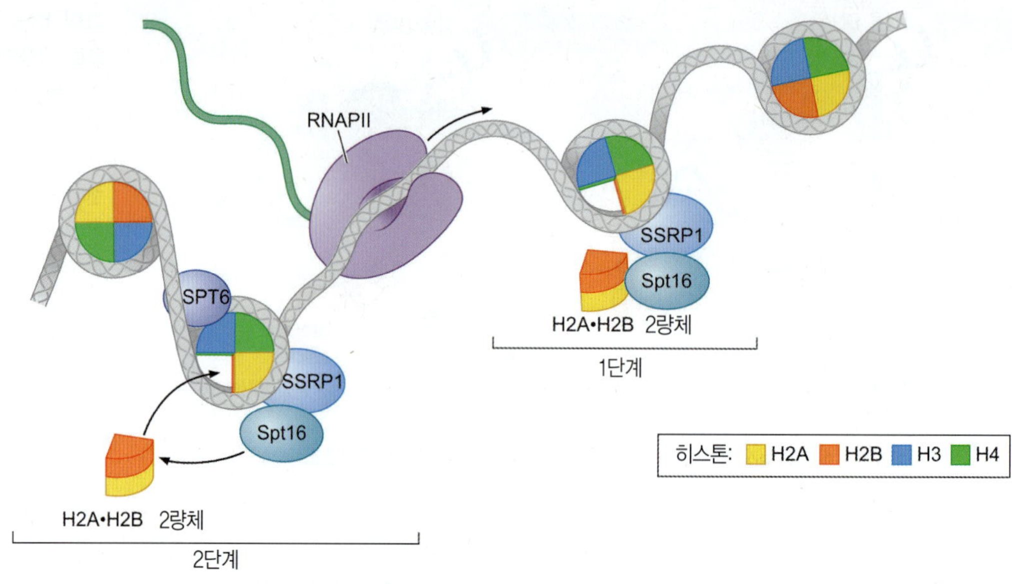

그림 13-23 FACT가 뉴클레오솜에서 신장에 도움을 주는 모델. Spt 16과 SSRP1의 이형2량체로 표시한 FACT는 전사하는 RNA 중합효소의 앞에서 뉴클레오솜을 해체시키거나(1단계), 뒤에서 그들을 재조합시킬 수 있다(2단계). 특히 H2A·H2B 2량체가 제거된다. SPT6은 히스톤 H3에 결합하며 뉴클레오솜의 재조합에 도움을 주는 것으로 생각된다. (Adapted, with permission, from Reinberg D. and Sims R. 2006. *J. Biol. Chem.* **281:** 23297–23301, Fig. 2b. © American Society for Biochemistry and Molecular Biology.)

티드가 메틸기의 첨가로 인해 변형된다. RNA는 중합효소의 RNA 출구 통로로부터 빠져나오면 바로 캡형성이 일어난다. 이것은 전사주기가 개시와 신장 단계 사이의 전환이 진행되었을 때에만 일어난다. 캡형성 이후, 꼬리의 반복서열 내의 5번 세린에서 탈인산화가 생기면 캡형성 기구가 떨어진다. 그리고 다시 2번 세린이 인산화가 되면 RNA 이어맞추기에 필요한 기구들이 결합하게 된다(14장, 그림 13-21b 참조).

마지막 RNA 가공작업은 mRNA의 3′ 말단의 **폴리아데닐화(polyadenylation)**이며 이는 전사종결과 연결되어 있다(그림 13-25). 캡형성과 이어맞추기처럼 중합효소의 CTD 꼬리가 폴리아데닐화에 필요한 효소들을 끌어 모은다(그림 13-21). 중합효소가 유전자의 끝에 있는 특정 서열부위에 도달하면, RNA에 폴리아데닐화 효소가 전달되어 다음과 같은 네 가지 작업, 즉 RNA 절단, 3′ 말단에 폴리아데닌 첨가, 5′ → 3′ RNA 가수분해효소에 의한 RNA 중합효소에 남아 있는 RNA의 분해, 그리고 전사의 종결이 이루어진다.

중합효소가 유전자의 끝에 도달함에 따라 CTD에 두 개의 단백질복합체[CPSF (clevage and polyadenylation specifiuity factor), CSTF(clevage stimulation factor)]가 운반된다. RNA로 전사되었을 때 이러한 인자들의 결합을 유도하는 염기부위를 **폴리-A 신호서열(poly-A signal)**이라 한다(그림 13-25). CPSF와 CSTF가 RNA에 결합하면 여기에 결합하는 다른 단백질들과 함께 RNA 절단과 폴리아데닐화가 일어난다.

폴리아데닐화는 폴리-A 중합효소(poly-A polymerase)가 절단으로 생긴 RNA의 3′ 말단에 약 200개의 아데닌을 첨가하는 과정이다. 이 효소는 ATP를 전구체로 사용

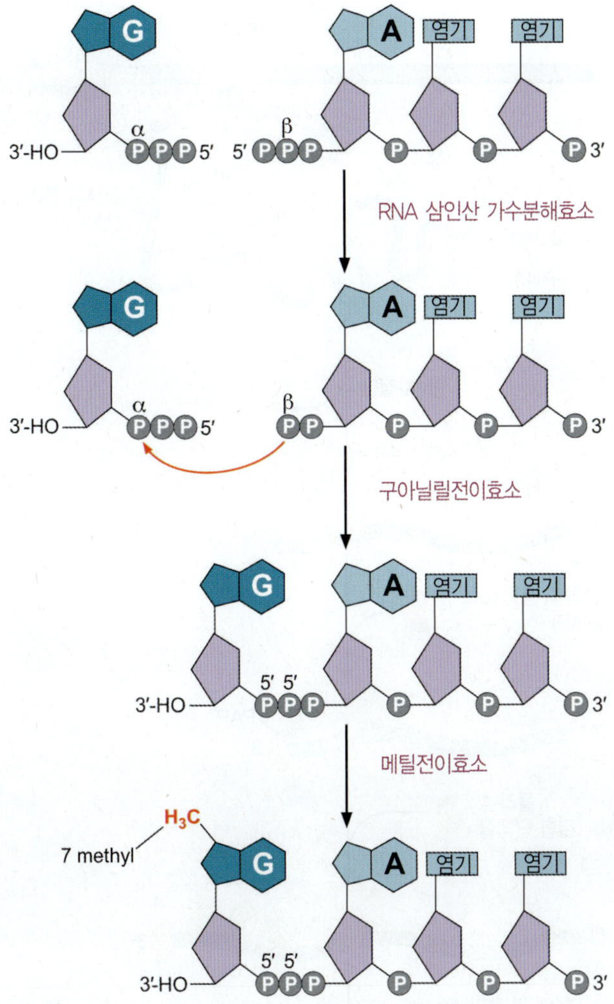

그림 13-24 5‘ RNA 캡의 구조와 형성. 첫 단계에서 RNA의 5‘ 끝에 있는 γ-인산이 RNA 삼인산 가수분해효소에 의해 제거된다(전사체의 첫 뉴클레오티드는 α-, β-, γ-인산기를 모두 가진다.). 다음 단계에서 구아니딘 전이효소(guanylyltransferase)는 말단의 GMP 분자의 β-인산이 반응을 촉매한다. 이는 두 단계 과정으로 이루어진다. 첫 번째, GTP에서 β-, γ-인산기를 끊어내고 효소-GMP 복합체를 형성한다. 다음 단계로 복합체에 있는 GMP가 RNA의 5′ 말단의 β-인산기로 옮겨진다. 이 결합이 형성되면 새로 첨가된 구아닌과 mRNA의 원래 5′ 끝에 있는 퓨린 염기는 메틸전이효소(methyltransferase)에 의해 메틸화된다. 이러한 5′ 캡 구조는 나중에 번역의 개시를 위해 리보솜이 mRNA로 모일 수 있게 한다(15장 참조).

하여 RNA 중합효소와 같은 화학반응으로 뉴클레오티드를 첨가하는데, 이 경우에는 RNA 중합효소와는 달리 주형은 필요치 않다. 따라서 긴 A 꼬리는 DNA는 없고, RNA에서만 발견된다. 폴리-A의 길이가 어떻게 결정되는지는 확실치 않으나 이 과정에는 폴리-A 서열에 특이적으로 결합하는 다른 단백질들이 관여한다. 그 다음, 성숙한 mRNA는 핵에서 세포질로 수송되는데, 그 과정은 14장에서 다루게 될 것이다. A의 긴 꼬리는 Pol II에 의해 만들어지는 전사체에서만 나타나며, 이러한 특징을 이용하여 친화성 크로마토그래피 방법으로 단백질을 암호화하는 mRNA를 분리할 수 있다.

지금까지 우리는 유전자가 전사된 후 성숙한 mRNA가 중합효소에서 어떻게 방출되는가를 살펴보았다. 그런데 전사의 종결은 어떻게 일어날까? 실제로 중합효소는 RNA가 절단되고 폴리아데닐화된 후 즉각 종결하지 않고, 오히려 주형을 따라 이동을 계속하여 두 번째 RNA 분자를 만들어내는데, 이것은 그 길이가 수백 뉴클레오티드에 달하기도 한다. 이후 중합효소는 주형으로부터 떨어져 나가며, 이 새로운 RNA는 방출되어 핵 안에서 분해된다. 다음은 어떻게 종결이 일어나는지에 대한 최근 모델을 기술할 것이다.

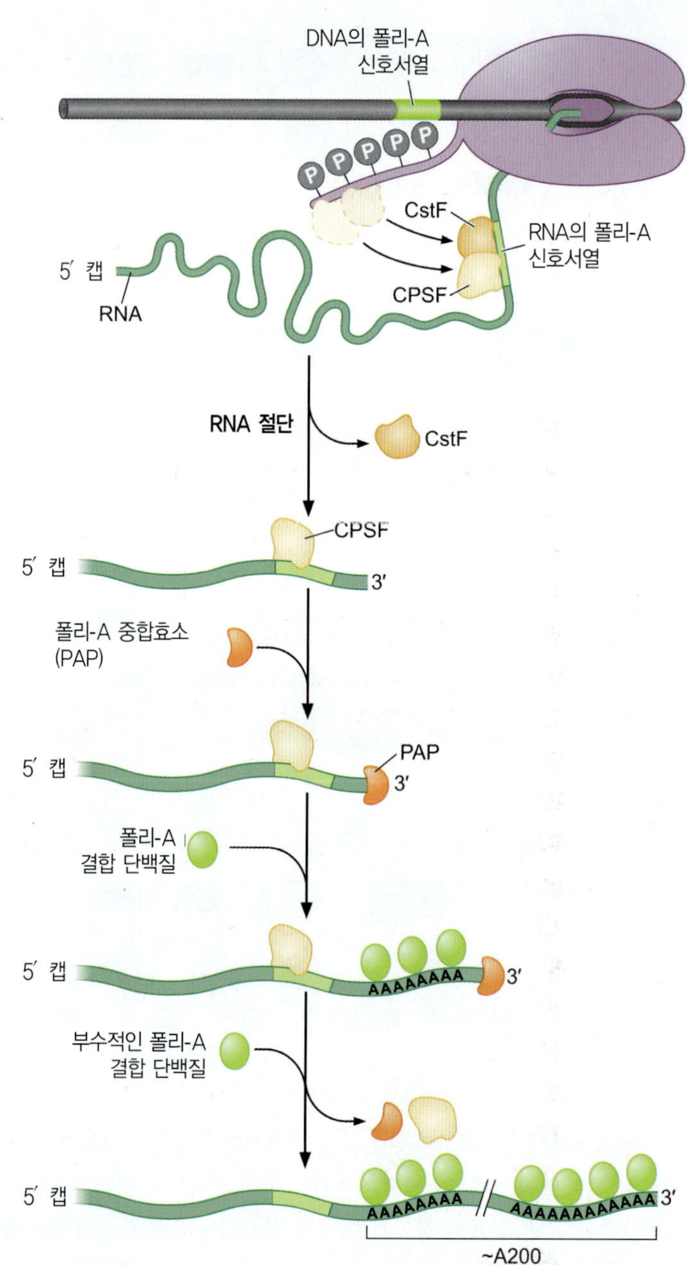

그림 13-25 폴리아데닐화와 종결. 여러 단계의 과정에 대한 설명은 책에 기술되어 있다.

전사종결은 RNA 가수분해효소에 의한 RNA 분해와 관련되어 있다

폴리아데닐화는 아직까지 명확히는 모르지만 종결과 연관되어 있다. 그러나 최근에 두 번째 RNA가 중합효소로부터 나올 때 분해하는 효소가 발견되었다. 이 효소가 종결의 방아쇠 역할을 할 것으로 보며, 이것을 종결의 "어뢰(torpedo)설"이라 한다(그림 13-26a).

두 번째 RNA의 유리 말단은 캡형성이 안되어 있기 때문에 진짜 전사체와 구별될 수 있다. 이 새 RNA는 효모에서 Rat1(인간에서는 Xrn2)이라는 RNA 가수분해효소에 의해 인식된다. Rat1은 RNA 중합효소의 CTD에 결합하는 또 다른 단백질(Rtt103)에 의해 RNA 말단으로 옮겨진다. Rat1 효소는 매우 진행적이며 5′에서 3′ 방향으로 빠르게 분해한다. 종결에는 Rat1과 중합효소 사이에 어떤 특별한 작용을 필요로 하지 않으며 세균의 Rho-의존성 종결과 유사한 방식으로 유발된다. 즉, 매우 진행적인 RNA 가수분해효소가 중합효소를 앞쪽으로 밀든지 아니면 효소로부터 RNA 전사체의 나머지를 끌어당기는 식으로 작용한다. 시험관 실험에서 Rat1은 전사체를 분해한 후에도 이러한 기능을 혼자서 수행하기에는 충분치 않다는 점에서 Rat1 외에 다른 인자들이 관여할 가능성이 있다.

현재는 어뢰 모델이 전사종결에 대해 더 좋은 설명이라고 생각하지만, "다른자리 입체성 모델"이란 다른 설명도 있다(그림 13-26b). 이 모델에 따르면 자발적인 종결을 이끄는 효소의 진행성이 감소되도록 신장 중인 중합효소에서 형태 변화가 일어나고 이에 따라 종결이 된다는 것이다. 이 형태 변화는 폴리아데닐화와 연관되어 있고, 3′ 가공효소를 중합효소의 CTD 꼬리에서 RNA로 운반하거나 또는 형태 변화를 유도하는 다른 인자의 CTD 꼬리에 결합을 함으로써 유발될 수 있다.

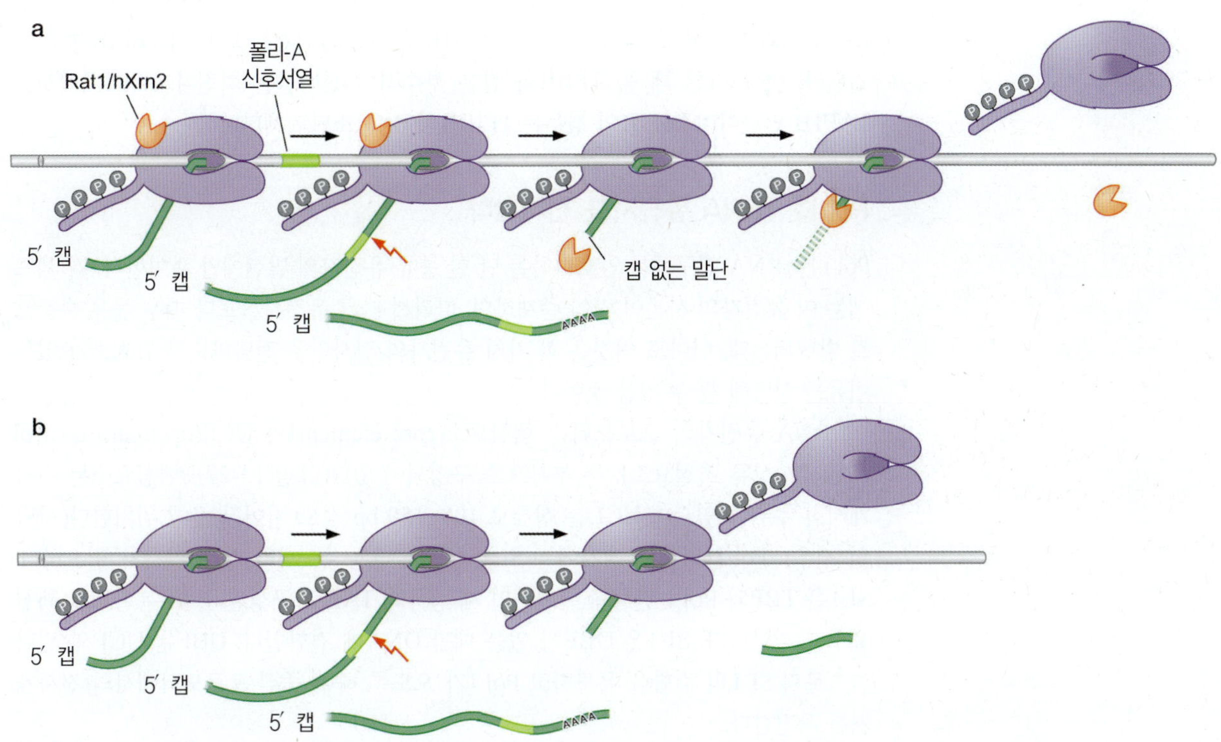

그림 13-26 종결 모델: 어뢰설과 다른자리 입체성설. 진핵생물의 RNA 중합효소 II가 유전자를 전사한 후 어떻게 종결되는지에 대한 두 가지 모델을 책에 기술하였다. 폴리-A 자리는 DNA에 연두색으로 표시하였고 유전자의 바로 하류에 위치한다. 이 자리는 전사체에도 연두색으로 표시하였다. 녹색의 점선은 분해되는 전사체를 나타낸다. (a) 어뢰설에서, 폴리-A 자리의 하류 쪽에 전사된 RNA는 중합효소에서 이 전사체로 옮겨온 5′에서 3′으로 작용하는 RNase(어뢰)에 의해 공격을 받는다. 이 핵산외부가수분해효소가 중합효소에 다시 붙게 되면 중합효소는 DNA 주형으로부터 떨어져서 전사가 종결되게 한다. (b) 다른자리 입체성 모델에서는, 중합효소는 유전자 안에서 매우 진행적이나 폴리-A 자리를 지나면 덜 진행적이 된다. 이러한 변경은 형태적 변형이나 변화 때문이다. 다른자리 입체성 모델에서도 두 번째 RNA는 RNase에 의해 분해되지만 종결의 원인은 아니다. 이 경우 RNA 분해는 두 모델에서 종결의 서로 다른 기작을 강조하기 위하여 그림 상에는 나타내지 않았다. (Adapted, with permission, from Luo W. and Bentley D. 2004. *Cell* **119:** 911–914, Fig. 1. © Elsevier.)

RNA 중합효소 I과 III에 의한 전사

RNA 중합효소 I과 III는 다른 프로모터를 인지하지만 여전히 TBP가 필요하다

모든 진핵생물은 Pol II 외에 두 개의 다른 RNA 중합효소—Pol I과 Pol II—를 가진다. 이 효소들은 Pol II와 연관되어 있으며 몇 개의 소단위체를 공유한다(표 13-2). 그러나 이들은 서로 다른 프로모터에서 전사를 개시하며 다른 종류의 유전자를 전사한다. 이러한 유전자들은 단백질보다는 특정 기능을 갖는 RNA들을 암호화한다. 이 효소들 각각은 자신의 전사인자 세트에 의해 작동된다. 그러나 TBP는 모든 경우에 다 사용하는데 그 이유는 TBP가 Pol II뿐만 아니라 Pol I과 III에 의한 전사개시에도 관여하고 있기 때문이다.

TBP는 Pol I과 Pol III 그리고 Pol II에 의해 사용되는 GTF이지만 최근에 Pol II 경우에서 다른 GTF들 중 몇 개가 다른 계에서 구조와 기능적으로 동등한 성분을 가지는 것으로 알려졌다. 예로서 TFIIF는 Pol I(A49/34.5)과 Pol II(C37/53) 내의 두 소단위체와 대응체일 것으로 보인다. TFIIE 유사 소단위체는 Pol I과 Pol III에서 발견된다. 이들 다른 계 둘 TFIIB와 같은 부수적인 인자들을 가진다: Pol I계에서는 TAF1B 인자이며 Pol III의 경우는 TFIIIB의 Brf1 소단위체다.

Pol I은 rRNA 유전자를 전사한다

Pol I은 rRNA 전구체를 암호화하는 단 한 종류 유전자의 발현에만 관여한다. 각 세포에는 이 유전자의 사본이 많이 존재하며, 따라서 다른 유전자들보다 매우 높은 수준으로 발현되는데, 아마도 이것은 한 가지 유전자의 전사만을 전담하는 중합효소가 있는 이유를 설명해 줄 수 있을 것이다.

rRNA 유전자의 프로모터는 핵심요소(core element)와 UCE(upstream control element, 상류 조절요소), 두 부분으로 구성되어 있다(그림 13-27). 핵심요소는 전사개시점 주위에 있으며 UCE는 상류로 100~150 bp 정도 떨어진 곳에 위치한다(사람의 경우). Pol I 외에도 개시에는 SL1과 UBF라는 두 개의 다른 인자가 필요하다. SL1은 TBP와 Pol I 전사에 특이적인 세 종류의 TAF로 구성된다. 이 복합체는 핵심요소와 결합한다. SL1은 UBF가 있을 때만 DNA에 결합한다. UBF는 UCE와 결합함으로써 SL1의 결합을 유도하고 Pol I가 오도록 하여 중심 프로모터에서의 전사개시를 촉진한다.

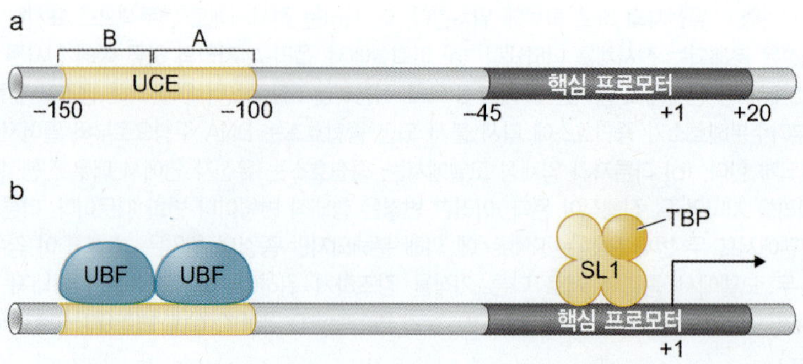

그림 13-27 Pol I 프로모터 지역. (a) Pol I 프로모터의 구조. (b) Pol I 전사인자. 이 그림은 척추동물의 경우이며 효모에서 Pol I 전사를 돕는 데 관여하는 단백질들은 이와 다르다.

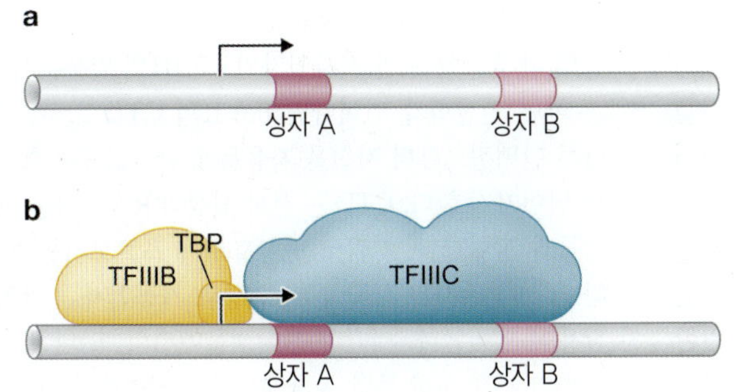

그림 13-28 Pol III 핵심 프로모터. 효모 tRNA 유전자의 프로모터. 전사개시 순서는 책에 설명되어 있다. 다른 Pol III 유전자(5S rRNA)에서는 또 다른 인자(TFIIIA)가 TFIIIB 와 TFIIIC와 함께 필요하다. TFIIIA는 상자 A에 결합한다.

PolI III 프로모터는 전사개시 자리의 하류에 위치한다

Pol III 프로모터는 여러 형태가 있으며, 그 중에서 가장 많은 것은 전사개시점에서 하류에 위치하는 특징을 지닌 것이다. 이들 중 일부 Pol III 프로모터는 상자 A와 상자 B라 부르는 두 개의 부위(그림 13-28)으로 구성되어 있고(tRNA 유전자), 다른 일부는 상자 A와 상자 C(5S rRNA 유전자)로 구성되어 있으며, 또한 Pol II의 프로모터와 같이 TATA 요소를 가지는 것도 있다.

Pol I와 Pol II에서처럼 Pol III에 의한 전사에도 중합효소 외의 전사인자들이 필요하다. 이 경우 tRNA 유전자에서는 TFIIIB와 TFIIIC라 부르는 전사인자가 관여하며, 5S rRNA 유전자에서는 이들과 함께 TFIIIA도 관여한다.

그림 13-28은 tRNA의 프로모터를 나타내는데, TFIIIC 복합체는 프로모터 부위에 결합하고 있다. 이 복합체는 TFIIIB를 전사개시 부위의 상류 DNA에 결합하도록 해주며, 이것이 전사개시점으로 Pol III가 모이도록 해준다. Pol III는 전사를 진행할 때 DNA 주형에서 TFIIIC를 방출시키면서 전사를 시작할 것으로 생각한다. 다른 중합효소들처럼 Pol III도 TBP를 사용하는데, 이 경우 TBP는 TFIIIB 복합체 내에 포함되어 있다.

요약

유전자 발현은 DNA 이중나선의 정보가 RNA와 세포의 모양과 기능을 결정짓는 단백질로 전환되는 과정이다. 전사는 유전자 발현의 첫 단계로서 DNA에서 RNA를 만들어 내며 이 과정은 RNA 중합효소가 촉매한다.

RNA 중합효소는 세균에서 사람에 이르기까지 잘 보존되어 있다. 진핵생물은 세 종류의 중합효소를 가지지만 세균에는 한 가지만 있다. 진핵생물의 세 종류 중합효소를 RNA Pol I, II, III라 한다. 이 장에서는 Pol II가 세포의 대부분의 유전자와 모든 단백질 암호 유전자를 전사하기 때문에 주로 이 중합효소에 초점을 맞추었다. 식물은 Pol IV와 Pol V 두 개의 추가적인 RNA 중합효소를 가진다.

대장균의 기본 효소는 핵심효소이며 β, β′, ω 소단위체 1개씩, 그리고 α 2개로 구성된다. 이 모든 소단위체들은 진핵생물 효소와 상동성을 가지며, 또한 세균 효소와 효모의 Pol II 효소는 그 구조 또한 유사하다. 둘 다 게의 집게발 모양처럼 생겼으며, 집게는 세균의 경우 가장 큰 소단위체인 β와 β′로 구성된다. 활성부위는 집게의 아래 부분에 있고 활성부위로의 출입은 5개의 통로를 통해 일어난다. 그 중 하나는 이중나선 DNA가 효소 앞에서 집게 사이로 들어오게 하고, 다른 2개는 주형과 비주형의 두 단일가닥이 활성부위의 뒤로 효소에서 나가게 해준다. 또 다른 한 통로는 NTP가 활성부위로 들어오게 한다. DNA 주형에서 빠져나온 RNA 산물은 5번째 통로를 통해 효소 밖으로 나간다.

Pol II는 세균 효소와 다른 한 가지 중요한 점이 있는데, 이는 Pol II가 큰 소단위체의 C-말단 끝에 세균 효소에는 없는 소위 "꼬리"를 가지고 있다는 것이다. 이 꼬리는 7개 펩티드의 반복 서열로 구성되어 있다.

전사는 개시, 신장, 종결의 세 단계로 진행한다. RNA 중합효소는 다른 도움 없이 RNA를 합성할 수 있지만 정확하고 효율적인 개시를 위해 개시인자라는 다른 단백질들이 필요하다. 이 인자들은 효소가 프로모터라는 DNA 상의 특정 지역에서만 전사를 개시할 수 있게 한다. 세균에는 σ라는 단 한 개의 개시인자가 있는 반면, 진핵생물은 여러 개의 보편 전사인자들이 있다. 진핵생물에서는 DNA가 뉴클레오솜으로 감겨져 있기 때문에 효과적인 개시를 위해서는 매개복합체와 뉴클레오솜 변형효소, 그리고 전사 활성인자 등과 같은 부수적인 단백질들이 필요하다(19장 참조).

개시 동안, RNA 중합효소는 개시인자들과 함께 프로모터에 결합하여 닫힌 복합체를 만든다. 이 상태에서의 DNA는 이중나선형이다. 그 다음 닫힌 복합체는 이성질화되어 열린 복합체로 변한다. 이 때 전사개시부위 주변에 있는 DNA는 풀려서 거품 모양의 단일가닥 DNA가 된다. 이 변환은 주형 DNA를 접근 가능하게 만들어 주어 새로운 RNA 가닥에서 염기의 순서를 결정할 수 있도록 해준다. 그 다음 단계는 프로모터 이탈이다. 개시실패기 동안에 일련의 짧은 RNA를 합성던 효소가 10 bp가 넘는 전사체를 만들게 되면, 이 효소는 프로모터를 떠나 신장 단계로 들어간다. 이 단계 동안 중합효소는 다음과 같은 여러 기능을 수행하면서 유전자를 따라 이동한다. 먼저, 하류의 DNA를 풀어주고, 활성부위 뒤쪽의 상류 DNA를 다시 감아준다. 또 합성되는 전사체의 3′ 끝에 리보뉴클레오티드를 첨가하고, 새로 형성된 RNA를 주형에서 방출시키며, 잘못 들어간 뉴클레오티드를 확인하여 교정하는 등의 일을 한다.

세균과 진핵생물의 전사는 위와 같은 단계를 동일하게 거치지만 두 경우에는 차이점이 있다. 세균에서는 열린 복합체로의 이성질화가 자발적으로 일어나지만 진핵생물에서는 ATP 가수분해가 필요하다. 더 놀라운 것은 진핵생물에서 프로모터 이탈은 CTD 꼬리의 인산화 상태에 따라 조절된다는 점이다. 개시전 복합체에서 프로모터에 결합하는 Pol II는 인산화가 안된 CTD 꼬리를 가진다. 이 영역은 하나 이상의 인산화효소에 의해 인산화되는데, 그 중의 한 효소는 보편 전사인자인 TFIIH의 일부분이다.

한번 인산화가 일어나면 Pol II의 CTD 꼬리는 프로모터에서 다른 단백질로부터 자신을 자유롭게 만들고 중합효소를 신장 단계로 넘어가게 한다. CTD는 전사 신장과 RNA 가공 에 관련한 단백질들과 결합한다. 따라서 중합효소가 프로모터를 떠나 이동할 때와 유전자 전사를 시작할 때 신장과 가공인자들 간의 교환과 상호작용이 일어난다. 세균과 진핵생물에서의 또 다른 차이점은 진핵생물의 경우 신장 동안 뉴클레오솜을 처리해야 하는 것이다. 이 과정에는 진행하는 중합효소의 앞에서 뉴클레오솜을 분리하고 뒤에서는 다시 조립시킬 수 있는 또 다른 복합체가 필요하다.

종결 또한 세균과 진핵생물에서 다르게 작동한다. 세균은 두 종류의 종결인자(Rho-비의존성, Rho-의존성)를 가진다. 내재적 종결인자는 두 개의 서열 요소로 구성된다. 하나는 RNA에 가지와 고리를 형성하여 신장하는 중합효소를 떨어지게 하는 역반복서열이고, 다른 하나는 폴리 U서열이다. 이 두 요소가 함께 작용하여 전사체의 방출이 일어난다. Rho 의존성 종결인자는 ATPase인 Rho를 필요로 하는데, 이 단백질은 신장하는 전사체에 뛰어올라 이들을 효소로부터 잡아당겨 떼어내는 역할을 한다. 진핵생물에서의 종결은 5′ 폴리아데닐화라는 RNA 가공 과정과 밀접하게 관련되어 있다. 그러나 이 과정에서도 종결에는 전사체를 따라 이동하다 중합효소와 만나서 종결을 유발시키는 RNA 가수분해효소 같은 또 다른 단백질이 필요하다.

이 장에서 우리는 RNA 전사체의 5′ 캡형성과 3′ 폴리아데닐화 그리고 3′ 폴리아데닐화와 전사종결과의 연관성 등을 다루었다. 이어맞추기은 다음 장에서 다룰 것이다.

참고문헌

Books

Cold Spring Harbor Symposia on Quantitative Biology. 1998. Volume 63: Mechanisms of transcription. Cold Spring Harbor Laboratory Press, Cold Spring Harbor, New York.

RNA Polymerase and Transcription Initiation

Brueckner F., Ortiz J., and Cramer P. 2009. A movie of the RNA polymerase nucleotide addition cycle. *Curr. Opin. Struct. Biol.* **19**: 294–299.

Campbell E.A.,Westblade L.F., and Darst S.A. 2008. Regulation of bacterial RNA polymerase s factor activity: A structural perspective. *Curr. Opin. Microbiol.* **11**: 121–127.

Conaway R.C. and Conaway J.W. 2011. Origins and activity of the Mediator complex. *Semin. Cell Dev. Biol.* **22**: 729–734.

Cramer P., Armache K.J., Baumli S., Benkert S., Brueckner F., Buchen C., Damsma G.E., Dengl S., Geiger S.R., Jasiak A.J., et al. 2008. Structure of eukaryotic RNA polymerases. *Annu. Rev. Biophys*. **37**: 337–352.

Ebright R.H. 2000. RNA polymerase: Structural similarities between bacterial RNA polymerase and eukaryotic RNA polymerase II. *J. Mol. Biol.* **304**: 687–698.

Hahn S. and Young E.T. 2011. Transcriptional regulation in Saccharomyces cerevisiae: Transcription factor regulation and function, mechanisms of initiation, and roles of activators and coactivators. *Genetics* **189**: 705–736.

Kornberg R.D. and Young E.T. 2007. The molecular basis of eukaryotic transcription *Proc. Natl. Acad. Sci.* **104**: 12955–12961.

Krishnamurthy S. and HampseyM. 2009. Eukaryotic transcription initiation. *Curr. Biol.* **19**: R153–R156.

Malik S. and Roeder R.G. 2005. Dynamic regulation of Pol II transcription by the mammalian Mediator complex. *Trends Biochem. Sci.* **30**: 256–263.

Roberts J.W. 2006. RNA polymerase, a scrunching machine. *Science* **314**: 1097–1098.

Saecker R.M., Record M.T. Jr, and Dehaseth P.L. 2011.

Mechanism of bacterial transcription initiation: RNA polymerasepromoter binding, isomerization to initiation-competent open complexes, and initiation of RNA synthesis. *J. Mol. Biol.* **412**: 754–771.

Sekine S.,Tagami S., andYokoyama S. 2012. Structural basis of transcription by bacterial and eukaryoticRNApolymerases. *Curr. Opin. Struct. Biol.* **22**: 110–118.

Promoters

Juven-Gershon T., Hsu J.Y., Theisen J.W., and Kadonaga J.T. 2008. The RNA polymerase II core promoter–The gateway to transcription. *Curr. Opin. Cell Biol.* **20**: 253–259.

Elongation and RNA Processing

Herbert K.M., GreenleafW.J., and Block S.M. 2008. Single-molecule studies of RNA polymerase: Motoring along. *Annu. Rev. Biochem.* **77**: 149–176.

Maniatis T. and Reed R. 2002. An extensive network of coupling among gene expression machines. *Nature* **416**: 499–506.

Perales R. and Bentley D. 2009. Cotranscriptionality : The transcription elongation complex as a nexus for nuclear transactions. *Mol. Cell.* **36**: 178–191.

Petesch S.J. and Lis J.T. 2012. Overcoming the nucleosome barrier during transcript elongation. *Trends Genet.* **28**: 285–294.

Reinberg D. and Smith R.J. III 2006. de FACTo nucleosome dynamics. *J. Biol. Chem.* **281**: 23297–23301.

Zhou Q., Li T., and Price D.H. 2021. RNA polymerase II elongation control. *Annu. Rev. Biochem.* **81**: 119–143.

Termination

Luo W. and Bartley D. 2004. A ribonucleolytic rat torpedoes RNA polymerase II. *Cell* **119**: 911–914.

Peters J.M., Vangeloff A.D., and Landick R. 2011. Bacterial transcription terminators: The RNA 30-end chronicles. *J. Mol. Biol.* **412**: 793–813.

Richardson J.P. 2006. How Rho exerts its muscle as RNA. *Mol. Cell* **23**: 711–712.

Rosonina E., Kaneko S., and Manley J.L. 2006. Terminating the transcript: Breaking up is hard to do. *Genes Dev.* **20**: 1050–1056.

RNA Polymerases I and III

SchrammL. and Hernandez N. 2002. Recruitment of RNA polymerase III to its target promoters. *Genes Dev.* **16**: 2593–2620.

Vannini A. and Cramer P. 2012. Conservation between the RNA polymerase I, II, and III transcription initiation machineries. *Mol. Cell* **45**: 439–446.

White R.J. 2008. RNA polymerases I and III, non-coding RNAs and cancer. *Trends Genet.* **24**: 62.

연습문제

짝수 문제의 해답은 부록 2 해답을 참조하라.

문제 1. T 대신 U을 가진 것을 제외한 RNA 전사체의 서열은 어떤 DNA 사슬의 서열과 같은가? 다음 중 한 개 이상을 선택하라: 주형 사슬, 비주형 사슬, 암호 사슬, 비암호 사슬. 그리고 그 이유를 설명하라.

문제 2. 전사의 조절에 프로모터와 단백질의 상호작용이 관여한다. 그 이유를 설명하라.

문제 3. 신장이 시작되기 전의 전사 개시 세 단계를 각 단계별 RNA 중합효소의 특징을 중심으로 기술하라.

문제 4. −35와 −10 요소를 가진 세균 프로모터에서 RNA 중합효소가 전사 개시자리의 상류에 있는 −35와 −10 위치의 중앙 부위에 결합하는 것을 밝혀줄 수 있는 가장 좋은 분석 방법은 무엇인가? (7장 참조)

문제 5. "−35 요소의 서열은 항상 5′-TTGACA-3′ 이다"는 말이 맞는지 틀리는지 선택하고 그 이유를 설명하라.

문제 6. 세균에서 전사 초기에 대한 세 가지 모델(일시적 탈선, 자벌레식 이동, 깨물기)이 있다. 가설이 실험적으로 가장 잘 지지받는 모델은 무엇인가? 이 실험의 일반적인 결론을 기술하라.

문제 7. 원핵생물에서 RNA 중합효소의 두 가지 교정 기능을 기술하라.

문제 8. Rho 비의존적 종결자 서열은 다음과 같다. 5′-CCCAGC**CCG**CCUAAUGAGC**GGG**CUUUUUUUU-3′ 이 서열에서 굵게 표시한 뉴클레오티드에 점돌연변이를 일으키면 전사 종결이 되지 않는 이유는 무엇이며 그 결론을 어떻게 검증하는가?

문제 9. 중재인자와 뉴클레오솜 변형인자가 왜 시험관에서와는 달리 진핵생물에서 높은 전사량을 위해 필요한지 설명하라.

문제 10. RNA 중합효소의 큰 소단위체의 카르복시 말단부위(CTD)의 인산화에 의해 촉진되는 것은 진핵생물의 전사 회로 중 어떤 단계인가?

문제 11. 5′ RNA 캡형성을 통해 mRNA의 5′ 말단에 방사성 동위원소로 표식을 하고자 한다. 캡형성 반응에서 α-, β-, 또는 γ-^{32}P GTP 중 무엇을 사용할 것이며 그 이유는?

문제 12. 폴리-A 중합효소의 기능은 RNA 중합효소와 어떻게 다른가?

문제 13. 진핵생물의 mRNA에 캡형성과 폴리-A 꼬리 첨가의 목적은 무엇인가?

문제 14. 진핵생물에서 전사 종결의 어뢰설을 연구할 때 Rtt103과 Rat1이 전사되는 유전자에 어디에 위치하는지를 조사해야 한다. 이를 위해 꼬리표를 가진 Rat1으로 염색질 면역침전 분석(ChIP)을 수행하였다(7장 참조). 야생형 세포에서 염색질을 얻어내어 꼬리표에 특이적인 항체를 사용하여 Rat1을 면역 침전시킨다. 그런 다음 전사가 많이 되는 유전자에 특이적인 시발체로 Rat1과 관련된 DNA를 PCR로 증폭시킨다. 아래에 한 유전자의 결과를 나타내었다. ADH1 유전자에서 열린 읽기틀(ORF)[1번 레인(lane)]의 상류에 있는 TATA 상자 지역의 증폭에 필요한 시발체와 ORF의 3′ 지역(2번 레인)에 특이적인 시발체, 그리고 폴리-A 신호서열을 암호하는 서열의 3′ 쪽의 DNA(3번 레인)를 증폭하기 위한 시발체를 정한다. 면역침전의 PCR 결과와 면역침전 전에 염색질 시료로 같은 시발체를 사용하여 얻은 PCR 결과를 비교한다. 이 실험에는 모든 레인에 염색질 V의 비전사 지역의 증폭에 특이적인 시발체를 사용한 반응이 함께 포함되어 있다[각 반응의 맨 아래쪽의 띠(band)]. 아래의 결과는 면역침전 전의 유입물(input)과 면역침전 시료를 보여준다.

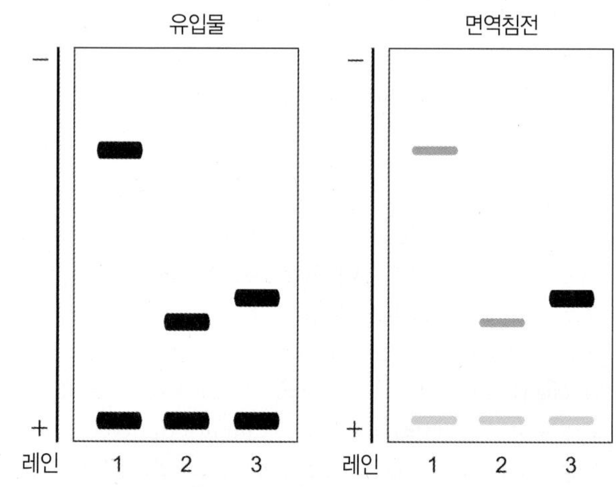

A. 유입물 PCR에서 모든 띠의 굵기가 거의 비슷한 이유를 설명하라.

B. ChIP 결과의 주요 결론은?

C. 전사가 많이 되는 다른 유전자의 ChIP 결과도 ADH1에서의 Rat1의 결과와 유사한 것으로 보인다. 이들 결과가 왜 어뢰설을 지지하는지 설명하라.

CHAPTER 14

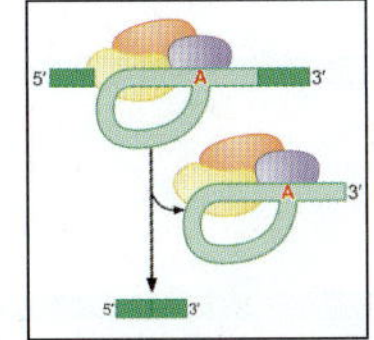

RNA 이어맞추기

개 요

단백질을 암호하는 유전자의 암호서열은 폴리펩티드 내의 아미노산 서열을 지정하는 3개의 뉴클레오티드로 된 연속된 코돈을 의미한다. 암호서열은 한 아미노산의 코돈 바로 뒤에 다음 아미노산 코돈이 이어지는 것과 같이 인접되어 있는 것으로 생각해 왔다. 이는 세균나 파지의 경우에는 사실이다. 그러나 진핵생물 유전자에서는 항상 그런 것은 아니며, 암호서열이 비암호서열에 의해 주기적으로 단절된 경우가 많다.

그러므로 진핵생물의 많은 유전자는 암호서열 지역이 비암호서열 지역에 의해 분리된 모자이크이라고 할 수 있다. 암호서열을 **엑손(exon)**이라 하고 사이에 있는 서열을 **인트론(intron)**이라 한다. RNA 전사체로 전사가 일어나게 되면 그 유전자의 mRNA를 만들기 위해 인트론은 제거되고 엑손은 서로 연결되어야 한다. 엑손이란 말은 그것이 암호를 가진 것과는 상관없이 성숙한 RNA에 있는 지역에는 모두 적용된다. 암호를 가지지 않는 엑손에는 mRNA의 5′과 3′ 쪽의 비번역 부위와, X 염색체의 불활성화 조절자인 *Xist*와 같이 이어맞추기가 되었지만 안정화된 비암호 RNA들(20장), 그리고 20장에서 언급될 미세 RNA(micro-RNA)와 같은 기능적인 RNA에 해당하는 부분들도 포함된다.

그림 14-1은 암호지역이 3개의 인트론에 의해 단절되어 4개의 엑손으로 나누어진 전형적인 진핵생물 유전자를 보여준다. 한 유전자에 있는 인트론의 수는 매우 다양해서 효모 유전자는 대개 한 개 정도이며, 닭의 *proα2* 콜라겐 유전자의 경우는 50개, 그리고 인간의 *Titin* 유전자의 경우 363개이다. 그림 14-2는 지금까지 분석된 여러 생물체의 유전자당 평균 인트론의 수를 보여준다. 인트론의 평균 수는 효모와 같은 단세포 진핵생물에서 사람에 이르기까지 더 고등한 생물로 갈수록 확실히 증가하는 것을 알 수 있다.

또한 엑손과 인트론의 크기도 다양하며 일반적으로 인트론이 엑손보다 더 길다. 예를 들어, 전형적인 엑손의 길이는 150 뉴클레오티드 정도이나 인트론은 800,000 뉴클레오티드만큼의 길이를 가진 경우도 있다(800 kb). 포유류의 디히드로폴레이트 환원효소(dihydrofolate reductase) 유전자는 약 31 kb 이상의 길이를 가지지만 그 안에는 2 kb의 mRNA 길이에 해당하는 6개의 엑손만이 들어 있다. 이와 같이 유전자

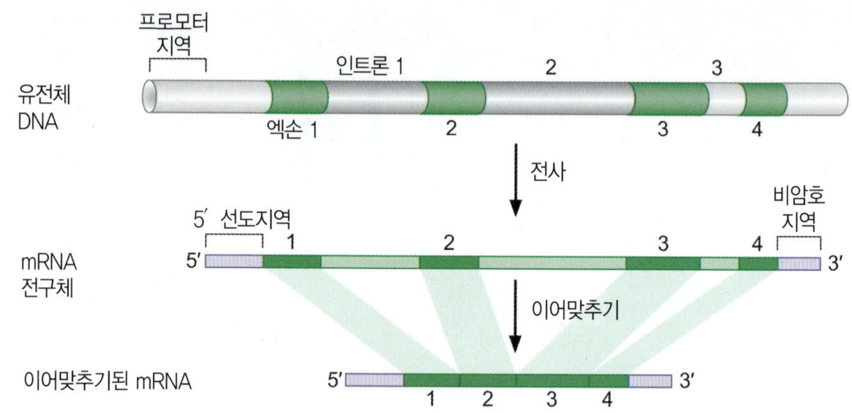

그림 14-1 전형적인 진핵생물 유전자. 그림의 유전자는 3개의 인트론으로 분리된 4개의 엑손을 가진다. 프로모터에서 전사가 일어나면 중앙의 mRNA 전구체가 만들어지고 여기에는 모든 엑손과 인트론이 포함되어 있다. 이어맞추기는 인트론을 제거하고 엑손들을 연결하여 성숙한 mRNA를 만든다. 이 mRNA는 더 가공되어(13장의 폴리아데닐화 참조) 핵 밖으로 배출된 후 특정 단백질 산물로 번역된다. 5′ 선도지역과 3′ 비암호지역도 성숙한 mRNA에 남아 있기 때문에 엑손이라 할 수 있다. 이들은 비암호 엑손이라는 것을 나타내기 위해 보라색으로 표시하였다.

에서 임호지역은 유전자 전체 길이의 약 10% 이내이다.

진핵생물의 분리된 유전자도 단절되지 않은 원핵생물의 유전자처럼 유전자 전체 지역이 하나의 RNA로 전사된다. 따라서 진핵생물 유전자의 1차 전사체는 엑손뿐만 아니라 인트론도 포함하여 그림 14-1의 중앙부분에 나타내었다. 인트론의 수와 길이 때문에 1차 전사체(또는 **mRNA 전구체**)는 실제로 매우 길 수 있다. 인간의 디스트로핀(dystrophin) 유전자의 경우 RNA 중합효소가 전체 유전자를 전사하기 위해서는 DNA를 따라 2400 kb만큼 진행해야 한다. (1초에 40개의 뉴클레오티드의 속도로 전사가 진행된다고 가정해 보면, 이 유전자의 전사를 위해서는 17시간이 걸린다!)

이는 엑손의 양과 길이가 유전자 발현율에 중요한 영향을 미칠 수 있다는 가능성을 높여주며 이 부분은 21장에서 발생 시 유전자 조절을 다룰 때 다시 언급할 것이다.

그러므로 인트론을 포함한 1차 전사체는 단백질로 번역되기 전에 인트론이 제거되어야만 한다. 인트론은 **RNA 이어맞추기(RNA splicing)**라는 과정을 통해 mRNA 전구체로부터 제거된다. 이 과정은 mRNA 전구체를 성숙한 mRNA로 전환하고, 엑손이 연결되는 부위에서 단 하나의 뉴클레오티드라도 첨가나 결실이 되지 않도록 매우 정확히 일어난다. 15, 16장에서 볼 수 있듯이 mRNA의 코돈은 단백질 암호서열에

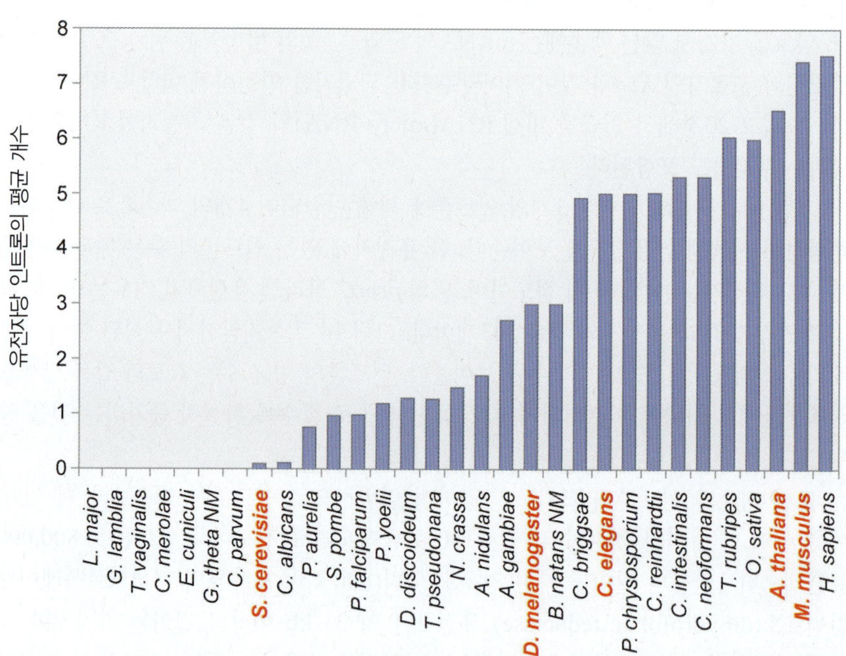

그림 14-2 다양한 진핵생물 종에서 유전자당 인트론의 수. 유전자당 인트론의 평균 개수를 진핵생물의 종에 따라 나타내었다. 빨간색의 이름은 통상적인 모델 생물이다(부록 1): 효모(*Saccharomyces cerevisiae*), 초파리(*Drosphila melanogaster*), 선충(*Caenorhabditis elegans*), 식물(*Arabidopsis thaliana*), 생쥐(*Mus musculus*). 다른 종명은 다음과 같다: *Anopheles gambiae; Aspergillus nidulans; Bigelowiella natans Nucleomorph; Caenorhabditis briggsae; Candida albicans; Chlamydomonas reinhardtii; Ciona intestinalis; Cryptococcus neoformans; Cryptosporidium parvum; Cyanidioschyzon merolae; Dictyostelium discoideum; Encephalitozoon cuniculi; Giadia lamblia; Guillardia theta Nucleomorph; Homo sapiens; Leishmania major; Neurospora crassa; Oryza sativa; Paramecium aurelia; Phanerochaete chrysosporium; Plasmodium falciparum; Plasmodium yoelii, Schizosaccharomyces pombe; Takifugu rubripes; Thalassiosira pseudonana; Trichomonas vaginalis.* (Redrawn, with permission, from Roy S.W. and Gilbert W. 2006. *Nat. Rev. Genet.* **7:** 212, Fig. 1. © Macmillan.)

서 첫 번째 코돈에 의해 정해지는 고정된 읽기틀(reading frame)에 따라 번역된다. 이어맞추기 과정이 두 엑손 사이의 경계 지점에서 한 염기가 더해지거나 빠지는 것과 같이 부정확하게 이루어지면 엑손의 읽기틀이 바뀔 수도 있다.

몇몇 mRNA 전구체는 한 가지 이상의 방법으로 이어맞추기하여 대체 mRNA를 만들 수 있다. 예를 들어, 서로 다른 조합의 엑손을 가진 mRNA들이 하나의 mRNA 전구체로부터 만들어질 수 있다. 이를 **대체 이어맞추기(alternative splicing)**라 하며, 이 전략으로 하나의 유전자에서 한 개 이상의 폴리펩티드 산물이 만들어질 수 있다. 이 대체 산물들을 **이성질체(isoform)**라 한다. 인간 유전체에서 유전자의 90% 이상이 대체 이어맞추기에 의해 유전자당 한 개 이상의 이성질체를 생산한다고 추정된다.

이런 방법으로 한 유전자에서 만들어질 수 있는 유사체들은 두 개에서 수백 또는 수천 개까지 될 수 있다. 예를 들어, 신경세포에서 발현되는 칼륨 채널을 암호화하는 생쥐의 *Slo* 유전자는 잠재적으로 500가지의 대체 산물을 암호화할 수 있다. 또한 대체 이어맞추기로 38,000가지의 산물을 암호화할 수 있는 초파리 유전자도 있다. 대체 이어맞추기는 다른 신호나 다른 세포형에 따라 다른 이성질체가 만들어지는, 조절 받는 과정이기도 하다.

이 장에서 우리는 RNA 이어맞추기의 기작과 조절, 그리고 왜 진핵생물 유전자의 암호지역이 단절되어 있는지를 알아본다. 또한 초기 전사체가 변경되는 또 다른 방법인 RNA 편집(RNA editing)에 대해서도 살펴볼 것이다.

이어맞추기는 글상자 14-1의 "아데노바이러스와 이어맞추기의 발견"에서 볼 수 있듯이 포유동물에 감염하는 아데노바이러스의 유전자 발현을 연구하면서 발견되었다.

RNA 이어맞추기의 화학적 특성

RNA 내부 서열이 이어맞추기가 일어날 위치를 결정한다

여기서는 인트론과 엑손이 어떻게 서로 구별되는지? 인트론이 어떻게 제거되는지? 엑손들이 어떻게 정확히 연결되는지? 등과 같은 이어맞추기 반응의 분자적 기작을 살펴볼 것이다. 인트론과 엑손의 경계는 mRNA 전구체 안의 특정 뉴클레오티드 서열에 의해 표시된다. 이 서열은 이어맞추기가 일어날 곳을 가리킨다. 그림 14-3에 보여주는 것처럼 엑손-인트론의 경계 지점 중 인트론의 5′ 말단 경계는 **5′ 이어맞추기 자리(5′ splice site)**라는 서열에 의해 표시되고, 인트론의 3′ 말단 경계는 **3′ 이어맞추기 자리(3′ splice site)**에 의해 표시된다. [5′과 3′ 이어맞추기 자리는 가끔 각기 **공여(donor)**와 **수여(acceptor)**자리로 언급됐으나 지금은 이 명명법은 거의 사용하지 않

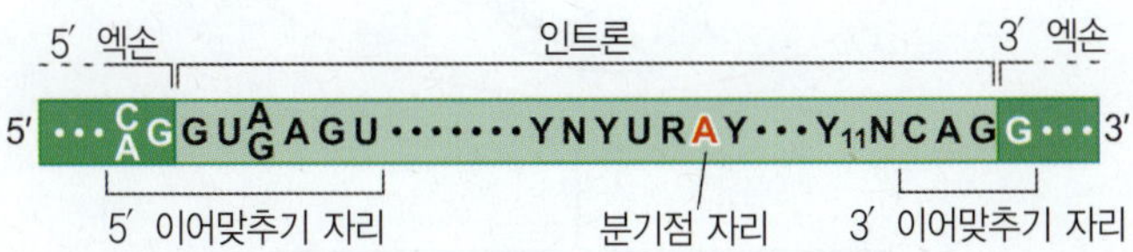

그림 14-3 인트론-엑손 경계의 서열. 그림은 5′와 3′ 이어맞추기 자리의 공통서열과 분기점 부위에 있는 보존된 A를 보여준다. 다른 공통서열에서처럼 특정 위치에 두 염기가 비슷하게 나올 수 있는 경우는 그 위치에 두 염기를 함께 표기하였다. 이 공통서열은 사람의 경우를 나타내었으며 다른 언급이 없는 한, 이 장의 다른 그림에서도 동일하다.

는다.]

그리고 이어맞추기에 필요한 세 번째 서열은 **분기점 자리(branch point site)** 또는 분기점 서열(branch point sequence)라 하며, 인트론 내의 3′ 말단 가까이에 있다. 그 뒤에는 Py 연속서열(polypyrimidine tract)이 나온다.

이 각 요소들의 공통서열(consensus sequence)을 그림 14-3에 나타내었다. 가장 잘 보존된 서열은 5′ 이어맞추기 자리의 GU와 3′ 이어맞추기 자리의 AG, 그리고 분기점 자리의 A이다. 대부분 엑손의 서열이 인트론과는 달리 단백질 산물의 특정 아미노산을 암호할 필요성에 따라 정해지는 것처럼 이들 잘 보존된 서열은 인트론 내부에서 모두 발견된다.

엑손이 연결될 때 그 사이의 인트론은 올가미 형태로 제거된다

이제 이어맞추기의 화학적 기작에 대해 생각해 보자. 인트론은 mRNA 전구체(pre-mRNA) 내의 포스포디에스테르(phosphodiester) 결합이 깨지고 새 결합이 형성되는 두 번의 연속적인 **트랜스에스테르화(transesterification)** 반응을 통해 제거된다(그림 14-4). 첫 반응은 분기점 자리에 보존된 A의 2′-OH에 의해 유발된다. 이 기는 5′ 이어맞추기 자리에 보존된 G의 인산기를 공격하는 핵친화성기(nucleophile)로 작용한다. (이것은 5가 인산 중간물을 통해 진행하는 S_N2 반응이다.)
인트론과 엑손 사이의 경계 지점에 있는 당과 인산염 사이의 포스포디에스테르 결합이 절단되고, 인트론의 유리 5′ 말단은 분기점 자리 안의 A와 연결된다. 그래서 5′와 3′ 골격 연결에 더하여, A의 2′-OH에서 세 번째 포스포디에스테르 결합이 형성되어 세 방향 연결이 만들어진다. 이 세 방향 연결의 구조가 그림 14-5에 나타나 있다.

이 첫 번째 트랜스에스테르화 반응에서 떨어져 나가는 것은 5′ 엑손이라는 사실을 주목하라. 두 번째 반응에서는 5′ 엑손의 3′-OH가 3′ 이어맞추기 자리의 인산기를 공격한다(그림 14-4). 이 반응에 의해 두 가지 결과가 생긴다. 첫째는 가장 중요한 것으로 5′와 3′ 엑손을 연결하는 것이다. 그러므로 이는 두 암호서열이 실제로 함께 이어맞추기가 되는 단계이다. 두 번째는 같은 반응을 통해 방출기로 작용하는 인트론을 방출하는 것이다. 인트론의 5′ 말단이 첫 트랜스에스테르화 반응에서 분기점 A에 연결되었기 때문에 방출되는 인트론은 **올가미(lariat)** 모양을 나타낸다.

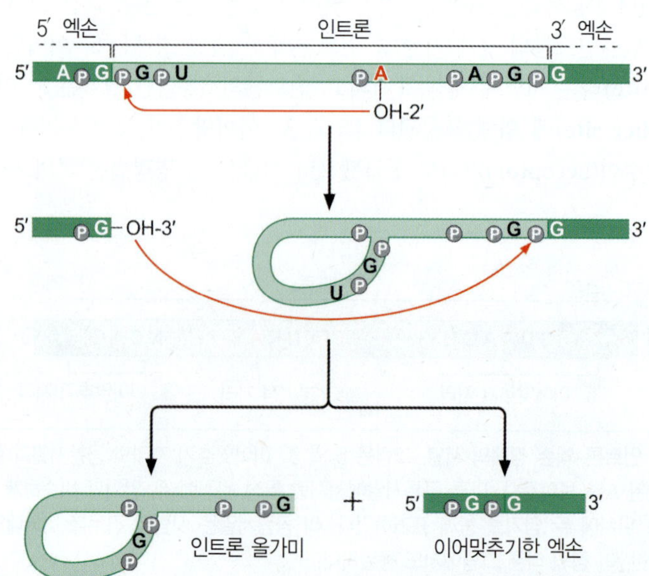

그림 14-4 이어맞추기 반응. 이어맞추기 반응의 두 단계를 나타낸다. 첫 단계에서 RNA는 고리 구조를 형성하며 다음 그림에서 상세히 보여준다.

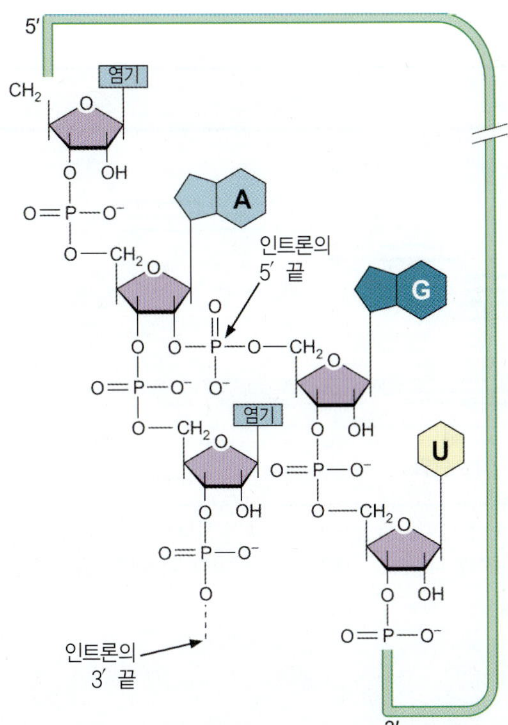

그림 14-5 이어맞추기 반응 동안 형성되는 세 방향 연결의 구조.

▶ 핵심실험

글상자 14-1 아데노바이러스와 이어맞추기의 발견

세균과 파지 연구에서 mRNA는 그 유전자의 뉴클레오티드 서열과 정확히 같다는 것을 알게 되었다(16장 참조). 그런 점에서 1977년 어떤 진핵생물 mRNA가 그보다 훨씬 더 긴 1차 전사체로부터 이어맞추기가 된다는 발견은 충격적이었다. 이 초기 발견은 어떻게 이루어졌을까?

진핵생물에서 유전자 전사를 연구하는 과정에서 과학자들은 **아데노바이러스(adenovirus)**라는 인간 DNA 바이러스에 관심을 가졌다. 이 바이러스는 원핵생물의 경우 파지 T4나 λ를 가지고 연구한 것처럼 진핵생물 유전자의 분자생물학적 연구를 위한 모델로서 사용하였다(부록 1 참조). 아데노바이러스 입자는 여러 개의 다른 바이러스 암호 단백질들로 구성되어 있다. 바이러스 유전체에 있는 이들 유전자의 전사개시점을 알기 위해 이 단백질들의 mRNA를 정제하였다. 놀랍게도 이 모든 mRNA가 서로 다른 단백질들을 암호화하고 있음에도 불구하고 동일한 5′ 서열을 가지고 있었다. 지금은 이 바이러스 입자를 구성하는 모든 단백질의 mRNA가 주 후기 프로모터(major late promoter)라는 하나의 프로모터에서 나왔다는 것을 잘 알고 있다. 이 프로모터에서의 전사개시는 여러 단백질에 대한 암호서열을 포함하는 긴 전사체를 만든다(글상자 14-1 그림 1). 이 전사체가 대체 이어맞추기를 거쳐 헥손(hexon)이나 섬유 단백질 등과 같은 각 바이러스 입자의 구성물에 대한 각각의 독립된 mRNA들을 만든다. 모든 mRNA는 5′에 공통적인 염기서열을 가지고 있는데, 이것은 "3조 선도서열(tripartite leader)"이라 알려진 세 부분의 짧은 비단백질 암호서열로 구성되어 있다. 이 서열은 헥손, 섬유 및 기타 바이러스 입자 단백질의 암호화 부위와 대체 이어맞추기 되어 각각의 후기 바이러스 mRNA를 만들어 낸다.

R-고리(R-loop) 지도화 같은 실험을 통하여 이 암호물들이 모든 유전체의 여러 지역에서 대체 이어맞추기에 의해 나온 것이라는 것을 알게 되었다(글상자 14-1 그림 2). RNA를 적당한 조건에서 RNA와 같은 서열을 가진 이중나선 DNA와 반응시키면 RNA는 그와 비상보적인 가닥을 고리 형태로 풀어 젖히면서 자신과 상보적인 곳에 붙는다(글상자 14-1 그림 2a). 전자현미경을 이용하면 R-고리를 볼 수 있는데, RNA-DNA와 DNA-DNA 이중나선은 단일가닥 핵산보다 더 두껍게 보인다. 이와 같은 실험을 아데노바이러스 mRNA를 이용하여 수행해 보면 만들어지는 R-고리는 DNA의 단일가닥 부위와 완전히 일치하지 않는다. 그 대신 사용한 바이러스 DNA 절편에 따라 RNA의 한쪽 또는 양쪽 끝이 단일 가닥으로 RNA 고리에서 빠져나와 있는 것이 발견된다(글상자 14-1 그림 2b). 다른 경우에는 이 꼬리 중 하나가 유전체의 다른 지역의 DNA에 붙는 것으로 나타났다(글상자 14-1 그림 2c). 결국 이 mRNA들은 유전체에서 비연속적인 부분들에 상보적인 서열들이 서로 연결되어 만들어졌다는 것이 명확해진다. 이러한 종류의 DNA-RNA 융합실험은 대체 이어맞추기의 양상을 유추하는데도 사용되었다(글상자 14-1 그림 1).

글상자 14-1 (계속)

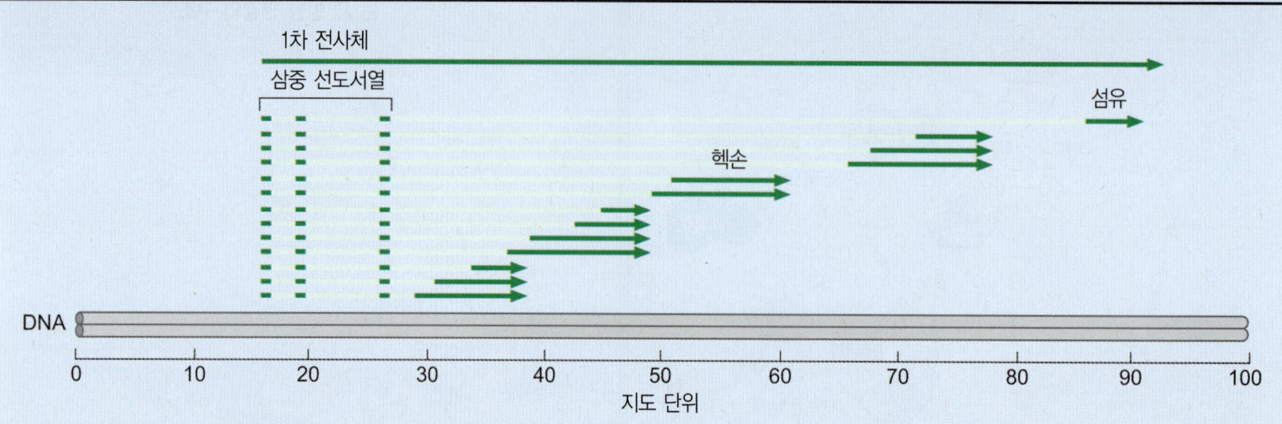

글상자 14-1 그림 1 사람 아데노바이러스-2 유전체 지도. 지도는 1차 전사체(녹색)를 포함하여 후기 전사 양식을 나타낸다. 16.6과 19.6 그리고 26.6 위치의 세 개 선도서열과 여러 가지 후기 mRNA를 암호화하는 DNA 서열들의 위치를 나타내었다(후기 mRNA들은 짧은 녹색 화살표로 표시).

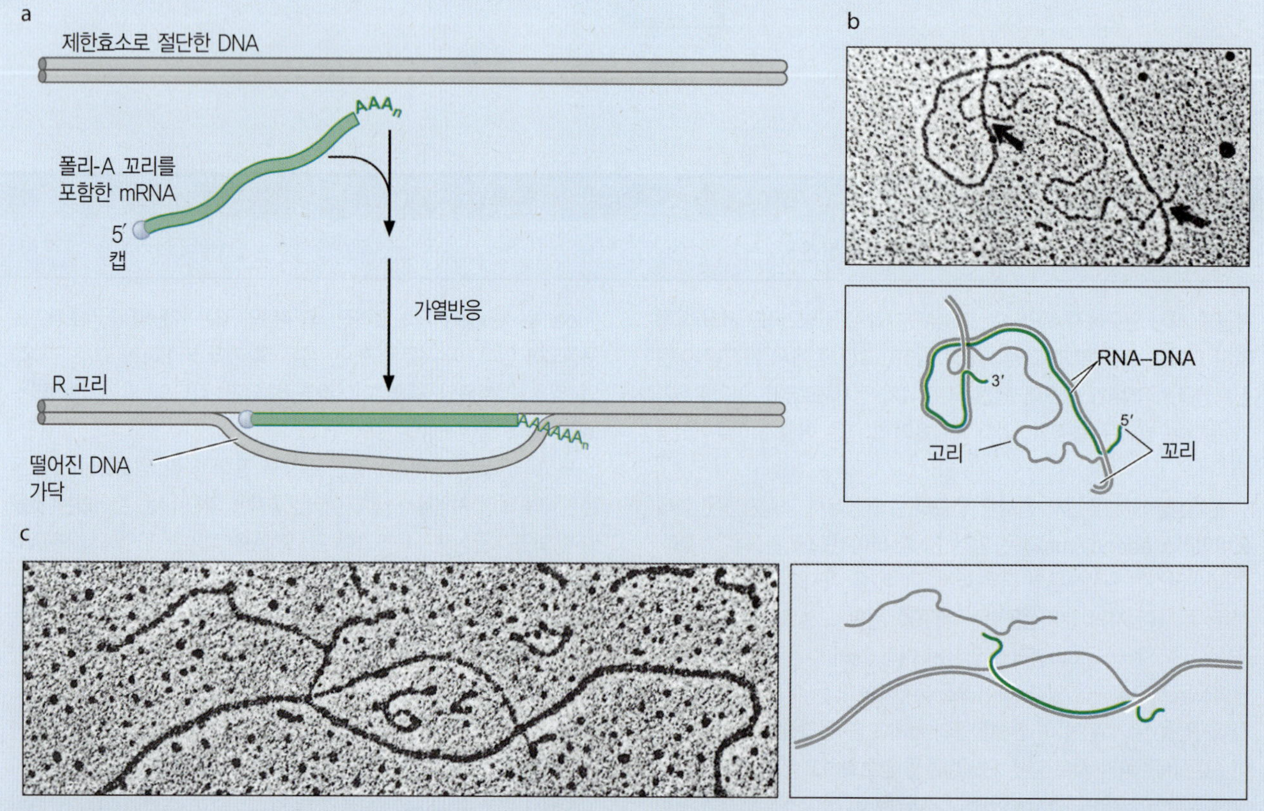

글상자 14-1 그림 2 아데노바이러스-2 후기 암호물의 R-고리 지도화. (a) R-고리 구조의 형성. 제한효소로 절단한 이중나선 DNA 조각을 mRNA와 반응시키고 80% 포름아미드 하에서 DNA의 Tm 값 이상의 온도를 가함. mRNA와 그와 상보적인 DNA 서열 사이에서 혼합체가 생성되면 비상보적인 DNA 가닥은 떨어지게 된다. mRNA의 폴리-A 꼬리는 혼합체의 끝에 나타나 있다(12장 참조). (b) 헥손 mRNA와 아데노바이러스-2 유전체 후기 지역의 상보적인 DNA 서열을 반응시킨 후 관찰한 전자현미경 사진과 모식도. 암호체의 5′와 3′ 끝을 주목하라. 모식도에서 DNA는 회색 선으로 RNA는 녹색 선으로 나타내었다. (Reprinted, with permission, from Berget S.M. et al. 1977. *Proc. Natl. Acad. Sci.* **74:** 3171–3175. © National Academy of Sciences.) (c) 섬유 mRNA를 아데노바이러스의 완전한 유전체와 초기 지역의 제한효소 절편의 두 가지 DNA와 반응한 후 관찰된 R-고리의 전자현미경 사진과 모식도. (Reprinted, with permission, from Chow L.T. et al. 1977. *Cell* **12:** 1–8, p. 2. © Elsevier.)

이 두 단계의 반응에서 두 개의 포스포디에스테르 결합이 절단되고 두 개의 새 결합이 만들어지므로 화학결합의 수는 증가하지 않는다. 즉, 결합이 뒤바뀌는 것으로 화학적으로는 이 과정에서 에너지의 유입은 필요치 않다. 그러나 이어맞추기 반응 동안에는 많은 양의 ATP가 소모된다. 이 에너지는 화학반응을 위해 필요한 것이 아니라 이어맞추기 기구가 적절히 조합되고 작동되는 데 사용된다.

이어맞추기 반응에서의 또 다른 중요한 점은 반응의 방향이다. 그림 14-4에서처럼 산물이 만들어지는 방향으로만 이어맞추기가 진행되는 것은 무엇 때문일까? 원칙적으로는 반응이 특수한 환경에서 다른 방향으로 일어날 수 있지만 실제로 세포 안에서는 일어나지 않는다. 이러한 일이 어떻게 일어나는지를 여기서 설명할 것이다.

이어맞추기복합체 기구

RNA 이어맞추기는 큰 복합체에 의해 이어맞추기복합체가 이루어진다

트랜스에스테르화 반응은 **이어맞추기복합체(spliceosome)**이라는 거대한 분자 "기계"에 의해 일어난다. 이 복합체는 150개의 단백질과 5개의 RNA로 구성되며, 리보솜과 크기가 비슷하다(15장). 이어맞추기복합체는 이어맞추기 반응을 한 번 수행하는 데에도 여러 개의 ATP를 사용한다. 놀랍게도 이어맞추기복합체의 많은 기능들은 리보솜에서처럼 단백질보다는 자신의 RNA 성분에 의해 이루어진다. 따라서 이어맞추기복합체의 RNA는 인트론-엑손 경계 지점의 서열에 위치하여 이어맞추기 반응을 촉매하는데 관여하는 것으로 보인다.

5개의 RNA(U1, U2, U4, U5, U6)를 통칭하여 **작은핵 RNA(small nuclear RNA, snRNA)**라고 한다. 이 RNA들 각각의 길이는 100~300 뉴클레오티드이며, 여러 개의 단백질과 함께 복합체를 형성한다. 이 RNA-단백질복합체를 **snRNP(small nuclear ribonuclear protein-**"snurp"로 발음한다)라 한다. 6장에서 U1 snRNA의 일부분의 결정구조가 U1 snRNP의 단백질 하나와 결합되어 있는 것을 보았다(그림 6-18).

이어맞추기복합체는 이들 snRNP로 구성된 큰 복합체이나 그 정확한 조성은 이어맞추기 반응의 단계에 따라 달라진다. 이어맞추기복합체 내에는 snRNP를 구성하지 않는 다른 단백질들도 많이 있다.

snRNP는 이어맞추기에서 세 가지 역할을 한다. 이들은 5′ 이어맞추기 자리와 분기점 자리를 인지하고, 이들 자리가 함께 모이도록 하며, RNA의 절단과 연결 반응을 촉매한다. 이들 기능의 수행에는 RNA-RNA, RNA-단백질, 그리고 단백질-단백질 상호작용들이 모두 중요하다. 그 중 RNA-RNA 상호작용을 먼저 살펴볼 것이다. 이들은 개별적인 snRNP 내에서와, 다른 snRNP들 사이에서, 그리고 snRNP와 mRNA 전구체 사이에서도 작용한다.

예를 들어, 그림 14-6a는 U1 snRNA와 mRNA 전구체의 5′ 이어맞추기 자리가 상보적인 염기쌍을 이루는 상호작용을 보여준다. 반응 후반에 이어맞추기 자리는 U6 snRNA에 의해 인지된다. 그림 14-6b의 다른 예에서는 분기점 자리는 U2 snRNA에 의해 인지된다. 그림 14-6c는 U2와 U6 snRNAs 사이의 상호작용을 보여준다. 이것이 5′ 이어맞추기 자리와 분기점 자리가 결합할 수 있게 해준다. 이어맞추기 반응을 작동시키고 정확성에 기여하는 것은 이들과 다른 유사한 상호작용, 그리고 이들이 만드는 재배열들이다. 여기에 관해서는 잠시 후에 다룰 것이다.

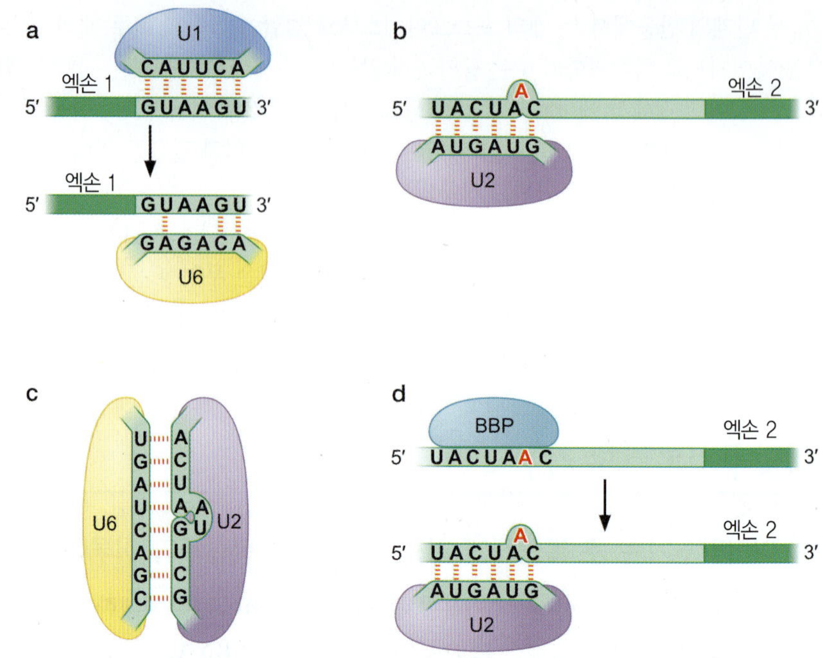

그림 14-6 이어맞추기 반응 중 형성된 RNA-RNA 혼합체. 몇몇 경우, (a) U1과 U6이 5′ 이어맞추기 자리를 인지하는 것처럼 다른 snRNP들이 이어맞추기 반응의 다른 단계에서 전구체 mRNA의 같은(또는 중첩된) 서열을 인지하기도 한다 (b) snRNP U2는 분기점 자리를 인지한다. (c) snRNP U2와 snRNP U6 사이의 RNA:RNA 쌍. 마지막으로, (d) mRNA 전구체 안의 같은 서열이 한 단계에서는 한 단백질에 의해 인지되고 또 다른 단계에서는 한 snRNP에 의해 떨어진다. 이 각각의 변화들은 이어맞추기복합체 성분의 결합과 분리, 그리고 이어맞추기 반응의 진행에 필요한 구조적인 재배열에 따라 일어난다. 이 그림에서의 서열은 효모의 것이다.

위에 언급한 것처럼 몇몇 비snRNP들도 이어맞추기에 참여한다고 하였는데, 한 예로 U2AF(U2 anxilliary factor)는 Py 연속서열/3′ 이어맞추기 자리를 인지하고, 이어맞추기 반응의 초기 단계에서 분기점 결합 단백질(branch-point binding protein, BBP)이 분기점 자리에 결합하는 것을 도와준다. 그런 다음 BBP(포유동물에서는 SF1이라 함)는 U2 snRNP로 대체된다(그림 14-6d). 그 외의 단백질로는 snRNP를 mRNA에 놓이도록 도와주는 RNA 융합인자(RNA-annealing factor)와 DEAD-글상자 헬리카아제 단백질이 있다. 후자의 단백질은 ATPase 활성을 사용하여 RNA-RNA 상호작용을 분리시켜서 대체 염기쌍이 형성되도록 하며, 이를 통해 이어맞추기 반응 동안의 재배열이 일어나게 한다. 이들은 이어맞추기복합체에서 이어맞추기가 된 mRNA를 제거하고 이어맞추기복합체를 분리시키는 데도 필요하다.

이어맞추기 과정

이어맞추기복합체 내에서의 조합, 재배열 및 촉매작용: 이어맞추기 과정

그림 14-7 이어맞추기 과정의 단계들을 나타내었다. 여기서 보여주는 것은 기본적인 것이며 어떤 경우에는 많은 단계가 순서에 따라 다를 수 있으며 역방향인 경우도 있다. 그러나 여기에 나타낸 과정은 세포에서 이어맞추기 반응을 이끄는 이어맞추기복합체에 의해 수행되는 특별한 사례들을 보여주는 것이다.

맨 처음, U1 snRNP가 5′ 이어맞추기 자리를 인지한다(그림 14-6에 나타낸 것처럼 snRNA와 mRNA 전구체 사이의 염기쌍 형성을 통해서). U2AF는 두 개의 소단위체로 이루어져 있다. 그 중 큰 것(65)은 Py 연속서열에 결합하고 작은 소단위체(35)는 3′ 이어맞추기 자리에 결합한다. 전자의 소단위체는 BBP(SF1)와 작용하여 단백질이 분기점 자리에 결합하도록 돕는다. 단백질들과 RNA의 이러한 배열을 초기 (E) 복합체[early(E) complex]라 한다.

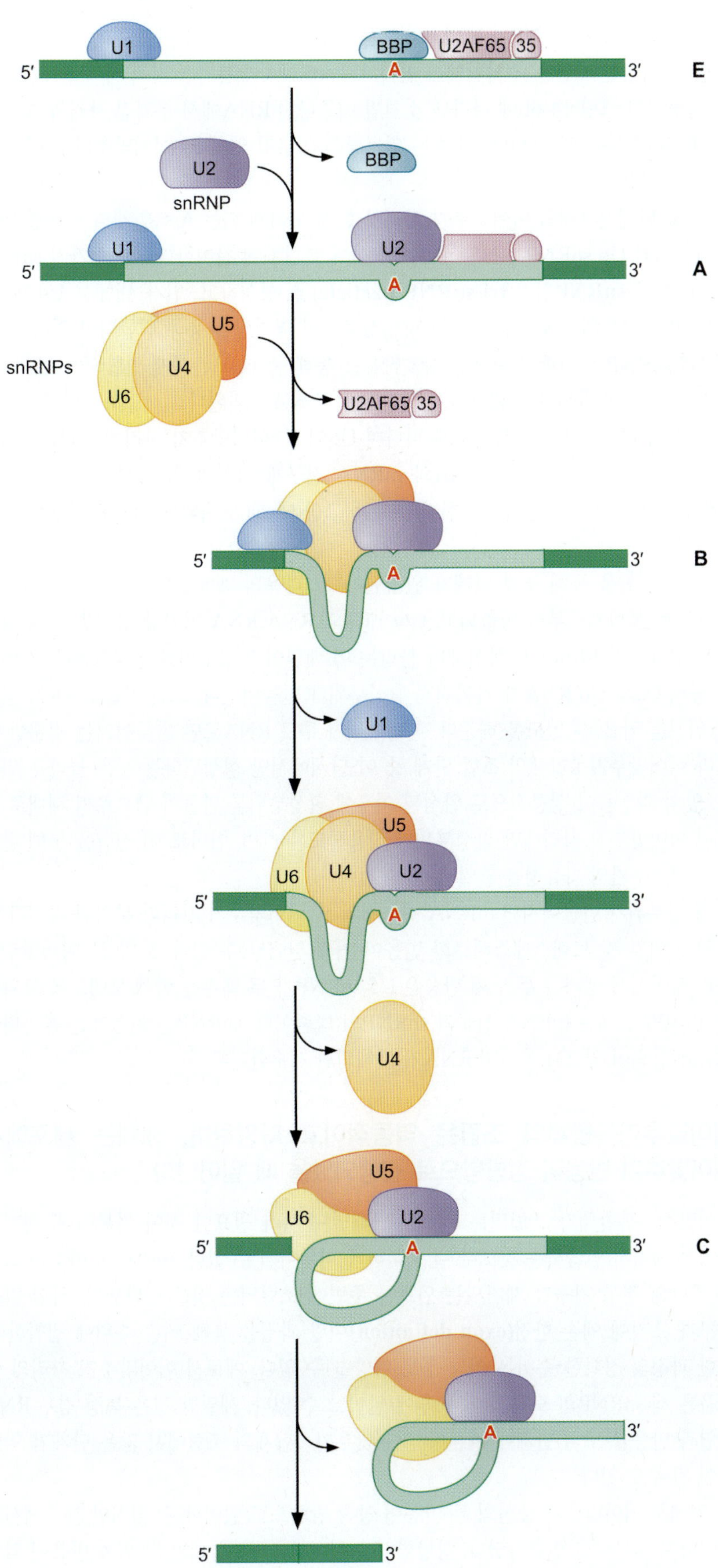

그림 14-7 이어맞추기복합체가 매개하는 이어맞추기 반응의 단계. 이어맞추기복합체의 조합과 작용; 각 단계의 세부 내용은 책에 기술하였다. 이어맞추기 기구의 구성 요소들은 각 단계에서 복합체에 들어오거나 떠나며, 구조적 재배열과 관련한 변화들은 이어맞추기 반응을 진행하는 데 필요하다. 복합체 각각의 이름은 오른쪽에 나타내었다. 구성요소들 중 몇 개는 이 그림에서 표시한 것과 같은 시점에 정확하게 모이고 방출되지 않는다는 것을 제시하는 증거가 있다. 일부 요소들은 복합체에서 완전히 떨어져 나가지 않고, 약하게나마 복합체에 결합하여 남아 있을 수 있다. 또한 특히 U6이 쌍을 이루는 변화와 관련된 두 단계, 즉 U6이 5′ 이어맞추기 자리에서 U1을 대신할 때와 U6이 U2와의 결합으로 U4를 대신할 때의 두 단계처럼 변화의 순서를 확인하는 것은 불가능한 경우도 있다. 이런 불확실성에도 불구하고 이어맞추기 반응의 각 단계에서 중요한 성분들의 참여와 이어맞추기복합체의 일반적인 역동적인 특징들을 그림에 나타내었다.

그 다음에 U2 snRNP가 U2AF의 도움을 받아 BBP를 대신하여 분기점 자리에 결합한다. 이러한 배열을 A 복합체라 한다. U2 snRNA와 분기점 자리 사이에서 염기쌍이 형성되면 그림 14-6b에 나타낸 것처럼 이중나선 RNA에서 분기점 자리의 A가 불룩 삐져나오는 모양이 된다. 이 A는 염기쌍을 이루지 않아 5′ 이어맞추기 자리와 반응할 수 있다.

다음 단계는 3개의 이어맞추기 자리가 함께 모이게 되는 A 복합체의 재배열 과정이다. U4와 U6 snRNP는 U5 snRNP와 함께 복합체에 참여한다. 이 세 가지 snRNP가 모여 **세-snRNP 입자(tri-snRNP particle)**를 형성하고, 입자 내에서 U4와 U6 snRNP는 그들의 RNA 성분들 사이의 상보적인 염기쌍을 통해 결합되어 있다. 그리고 U5 snRNP는 단백질-단백질 상호작용을 통해 좀 더 느슨하게 연합되어 있다. 세-snRNP 입자의 참여로 인해 A 복합체는 B 복합체로 전환된다.

다음 단계에서 U1은 복합체를 떠나며 U6이 5′ 이어맞추기 자리에서 U1을 대체한다. 이를 위해서는 U1 snRNA와 mRNA 전구체 사이의 염기쌍이 깨어지고 U6 RNA가 같은 자리에 결합해야 한다(실제는 그림 14-6a에 나타낸 것처럼 중첩되는 서열이다).

이 단계들을 통해 조합 단계가 완성된다. 그 다음의 재배열은 촉매작용을 유발한다. U4는 복합체로부터 방출되고, U6이 U2와 RNA:RNA 염기쌍 형성을 통해 상호작용한다(그림 14-6c). C 복합체라 불리는 이 배열이 활성부위를 형성하는데, 재배열을 통해 U2와 U6 RNA가 가까워져 활성부위가 만들어진다. 또한 기질 RNA가 적절히 위치를 잡을 수 있도록 해준다. 활성부위가 주로 RNA로만 만들어지는 것뿐만 아니라 이어맞추기복합체의 조합 단계 중 이 단계에서만 형성된다는 것은 놀라운 일이다. 앞의 과정들이 성공적으로 완성된 이후에 활성부위를 만들어 냄으로써 제대로 형성된 이어맞추기 자리에만 활성부위가 작용하도록 하며, 아마도 이 전략을 통해 잘못된 이어맞추기의 가능성을 줄일 수 있을 것이다.

활성부위가 만들어지면 mRNA 전구체의 5′ 이어맞추기 자리와 분기점 자리가 나란히 놓여져 첫 트랜스에스테르화 반응이 쉽게 일어날 수 있다. 5′와 3′ 이어맞추기 자리 사이에서 생기는 두 번째 반응은 U5 snRNP가 두 엑손을 함께 모이도록 도와준다. 마지막 단계는 mRNA 산물과 snRNP의 방출이다. snRNP는 처음에는 올가미에 계속 결합되어 있으나 올가미 RNA가 분해되면 재순환된다.

이어맞추기복합체의 조립은 역동적이고 다양하며, 해체는 세포에서 이어맞추기 반응이 정방향으로 진행되었을 때 일어난다

이어맞추기복합체가 조립되는 과정은 단계별 순서가 필요한 것이 기본이다. 실제로 과정은 여기서 언급하는 것보다 덜 엄격하게 이루어질 수 있다. 여기서 보여주는 그림 중 하나의 경우 기구가 제거되는 인트론 주변에 조립되는 것을 나타낸다. 사실 많은 기구가 초기에 **엑손 한정(exon definition)**이란 과정을 통해 엑손 주위에 집합한다. 또한 과정의 정확한 순서는 어느 정도 다양할 수 있다. 예로서 이어맞추기 자리의 짝지움은 세-snRNP의 모집 전이나 후에 일어날 수 있다: 세밀한 것은 특정 경우 RNA 서열과 반응률 조절 단계에 따른다. 이어맞추기복합체의 조립에서 많은 단계가 역반응이 될 수도 있다.

앞에서 이어맞추기 중심의 두 반응이 양쪽 방향으로 일어날 수 있지만 세포에서는 일어나지 않는다고 언급하였다. 양방향성은 이어맞추기복합체가 두 번째 반응이 일어난 후 즉시 빠르게 해체되기 때문이다. 해체는 DEAD-상자 헬리카아제 단백질 중 하나인 Prp22에 의해 이루어진다. 이 단백질은 이어맞추기의 두 번째 촉매 단계에 필요하며 이어맞추기복합체로부터 이어맞추기된 mRNA를 제거하는 데에도 필요하다. 돌연변이를 일으켜 후자의 기능을 없애면 이어맞추기복합체의 해체가 방해되며 이 상태에서 이어맞추기 반응은 정제된 이어맞추기복합체에서 앞, 뒤로 일어날 수 있다.

이어맞추기의 기구와 기작이 너무 복잡해 이상하게 보일지도 모른다. 어떻게 이런 방법으로 진화했을까? 두 개의 반응이 아닌 단일 반응으로 엑손을 융합시킬 수는 없는 것일까? 이러한 질문에 대해 생각해 보기 위해 현재까지 살펴본 것과는 다른 한 인트론군을 주목해 보자. 이들은 이어맞추기복합체가 없어도 mRNA 전구체에서 스스로를 이어맞추기 시킬 수 있는데, 이들을 **자가 이어맞추기 인트론(self-splicing intron)**이라 한다.

자가 이어맞추기 인트론에 의해 RNA가 RNA 이어맞추기를 촉매할 수 있다는 것이 밝혀졌다

표 14-1은 세 종류의 이어맞추기가 나타나 있다(15장에서 다룰 tRNA 가공과정은 포함시키지 않았다). 여기에는 현재까지 우리가 살펴본 모든 진핵생물에서 발견된 이어맞추기복합체에 의한 핵 mRNA 전구체 이어맞추기 이외에도 **I군(group I)**과 **II군(group II)**의 자가 이어맞추기 인트론이 포함된다. 자가 이어맞추기란 인트론 자체가 전구체 RNA 안에서 특정 형태로 접혀, 스스로 방출작용을 촉매하는 것이다(5장의 RNA 효소의 일반적인 특징을 회상하라). 실질적으로 자가 이어맞추기는 인트론이 다른 단백질이나 RNA 분자들이 없는 상태에서 RNA로부터 제거될 수 있어야 한다. 자가 이어맞추기 인트론은 구조와 이어맞추기 기작에 따라 두 종류로 나뉜다. 엄격히 말하자면, 자가 이어맞추기 인트론은 RNA 가공과정을 단 한 부분만 일으키기 때문에 효소(촉매제)는 아니다(글상자 14-2, "I군 인트론의 리보자임으로의 전환" 참조).

II군 인트론의 경우 이어맞추기의 화학반응 결과 만들어지는 RNA 중간물들은 핵 mRNA 전구체에서와 같다. 그림 14-8에서처럼 인트론은 5′ 이어맞추기 자리에서 포스포디에스테르 결합을 공격하기 위해 분기점 자리 안의 A 잔기를 사용한다. 이 반응에 의해 분기된 올가미가 만들어지고, 그 후 두 번째 반응을 통해 엑손의 유리 3′-OH가 3′ 이어맞추기 자리를 공격하여 인트론이 방출되며 3′과 5′ 엑손이 융합된다.

I군 인트론은 올가미 모양이 아닌 선형의 인트론을 방출한다

I군 인트론은 다른 방법으로 이어맞추기 된다(그림 14-8c 참조). 이들은 분기점 A 잔기 대신에 유리 G 뉴클레오티드 또는 뉴클레오시드를 사용한다. 이 G들은 RNA에

표 14-1 세 종류의 RNA 이어맞추기

종류	양	기작	촉매기구
핵 mRNA 전구체	가장 보편적: 대부분의 진핵유전자에서 사용	두 개의 트랜스에스테르화 반응	주요 이어맞추기복합체
II군 인트론	드물다; 원핵생물과 진핵생물 소기관 유전자	약간 mRNA 전구체와 동일	인트론에서 암호되는 RNA 효소(리보자임)
I군 인트론	드물다; 약간의 진핵생물의 핵 rRNA와 소기관 유전자, 몇몇 원핵생물 유전자	두 개의 트랜스에스테르화 반응; 분기점 자리 G	II군과 동일

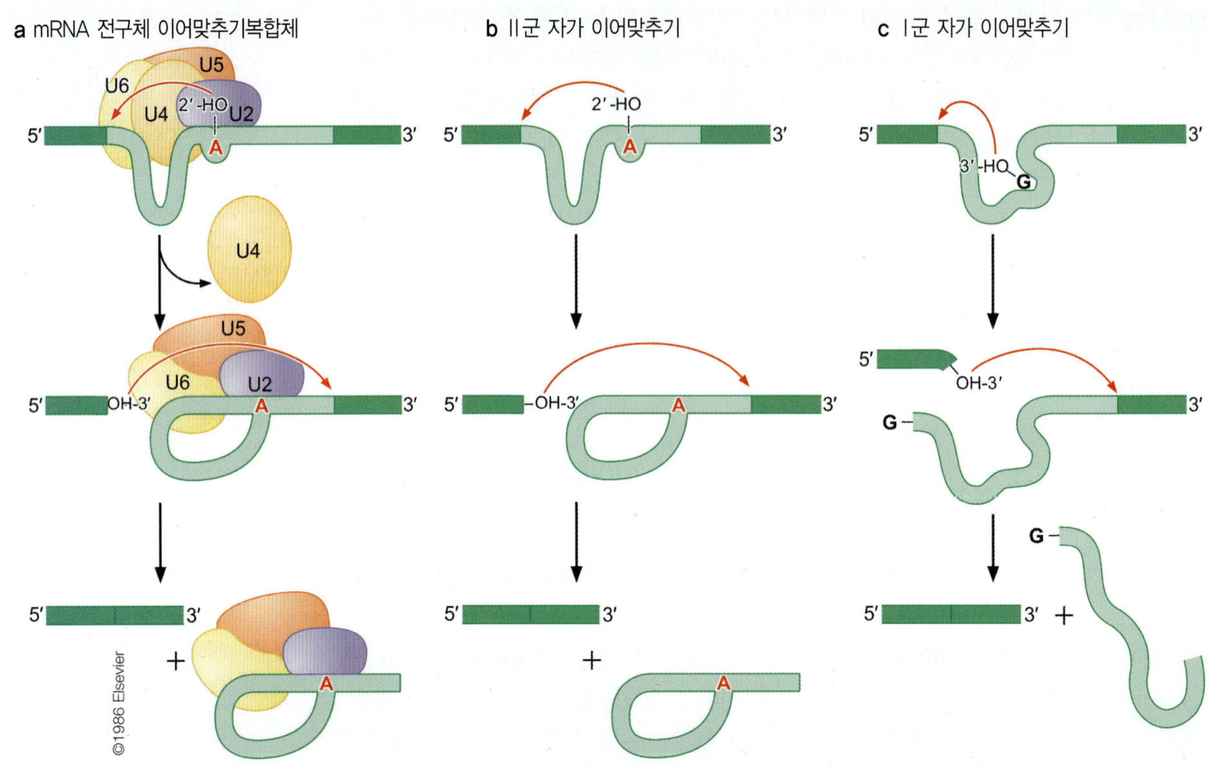

그림 14-8 I군과 II군 인트론. I과 II군 자가 이어맞추기 인트론의 반응과 이어맞추기복합체-매개 반응의 비교. II군 인트론의 화학반응은 이어맞추기를 시작하게 하는 인트론 내의 반응성 A를 가지고 있는 점, 그리고 올가미 산물을 만드는 점 등에서 이어맞추기복합체 매개반응과 유사하다. I군 인트론의 경우, RNA는 구아닌-결합 주머니를 형성하는 방식으로 접힌다. 이는 분자가 유리 구아닌 뉴클레오티드와 결합할 수 있게 해주며 이어 맞추기를 시작할 때 사용할 수 있게 한다. 비록 이들 인트론이 시험관 내에서는 그들 자신을 단백질의 도움 없이 RNA 분자로부터 이어맞추기를 할 수 있지만, 생체 내에서는 그 반응을 촉진하는 단백질 성분들이 필요하다. (Adapted, with permission, from Cech T.R. 1986. *Cell* **44:** 207–210, Fig. 1. © Elsevier.)

결합되어 그것의 3′-OH기가 5′ 이어맞추기 자리와 접한다. 앞에서 올가미를 형성하는 것과 똑같은 트랜스에스테르화 반응에 의해 여기서는 G가 인트론의 5′ 말단에 붙는다. 그 다음 엑손의 유리 3′ 말단이 3′ 이어맞추기 자리를 공격하는 두 번째 반응이 일어남으로써 두 엑손이 융합하고 인트론은 올가미가 아닌 선형의 형태로 방출된다.

I군 인트론은 II군 인트론에 비해 더 작지만 이 둘의 2차구조는 유사하다(RNA 접힘은 5장에서 다루었음). I군 인트론의 구조에는 리보오스형이기만 하면 어떤 길이의 구아닌(G) 뉴클레오티드나 뉴클레오시드도 수용할 수 있는 결합 주머니(binding pocket)가 있으며, 그 외에도 5′ 이어맞추기 자리의 서열과 염기쌍을 이루는 "내부 안내서열(internal guide sequence)"이 있어 G 뉴클레오티드에 의한 공격이 일어나는 정확한 자리가 결정된다(글상자 14-2 참조).

전형적인 자가 이어맞추기 인트론의 길이는 대개 400~1000 뉴클레오티드이며, 이어맞추기복합체에 의해 제거되는 인트론과는 달리 자가 이어맞추기 인트론의 많은 서열들이 이어맞추기 반응에 있어 중요한 역할을 한다. 그 이유는 인트론이 화학반응을 수행하기 위해서는 정확한 구조로 접혀야 하기 때문이다. 또한 생체 내에서 인트론은 골격 내의 일부분을 가려줌으로써 정확한 구조로 안정화시켜 주는 많은 단백질들

▶ 핵심실험

글상자 14-2 I군 인트론의 리보자임으로의 전환

I 군 자가 이어맞추기 인트론이 자신이 가지고 있는 활성부위를 이어맞추기시켜 잘라내더라도 인트론은 활성을 그대로 가지고 있다. 무엇이 이어맞추기 반응이 역으로 진행되는 것을 막는 것일까? 이를 가능케 하는 첫 번째 요소는 세포 내 G 뉴클레오티드의 높은 농도다. 이 상태에서는 정반응이 훨씬 선호된다. 또한 인트론은 역반응에 관여하는 것을 효과적으로 막는 추가 반응을 진행시킨다. 인트론의 3′ 말단 끝에는 G가 G-결합 주머니에 결합되어 있다. 반면에 인트론의 5′ 말단은 내부 안내서열(IGS)을 통해 결합할 수 있다. 따라서 인트론 고리를 형성하는 세 번째 트랜스에스테르화 반응이 일어날 수 있다. 말단의 G와 형성된 결합은 불안정하여 자발적으로 가수분해된다. 결과적으로 인트론은 재선형화되고 잘려져서 이어맞추기 역반응이 일어나지 않게 된다.

책 전반부에 언급한 바와 같이 I, II 군 인트론들은 단지 한번만 사용할 수 있기 때문에 효소가 아니다. 그러나 이들은 다음 방법에 의해 효소(리보자임)로 쉽게 전환될 수 있는데(글상자 14-2, 그림 1), 위에서처럼 재선형화된 인트론은 활성부위를 가지고 있다. 만약 내부 안내서열과 상보적인 서열을 포함한 기질과 G를 넣어주면 기질 분자를 반복적으로 절단할 것이다. 이와 같이 I 군 인트론은 스스로를 절단 하는 망치머리가 그 활성부위를 기질에서 떼어놓음으로써 리보자임으로 전환되는 것(5장)과 유사하게 리보자임으로 바뀔 수 있다. 또한 우리는 내부 안내서열을 바꿈으로써 우리가 선택한 RNA 분자들을 자를 수 있는 맞춤형의 RNA 분해효소를 만들 수 있다.

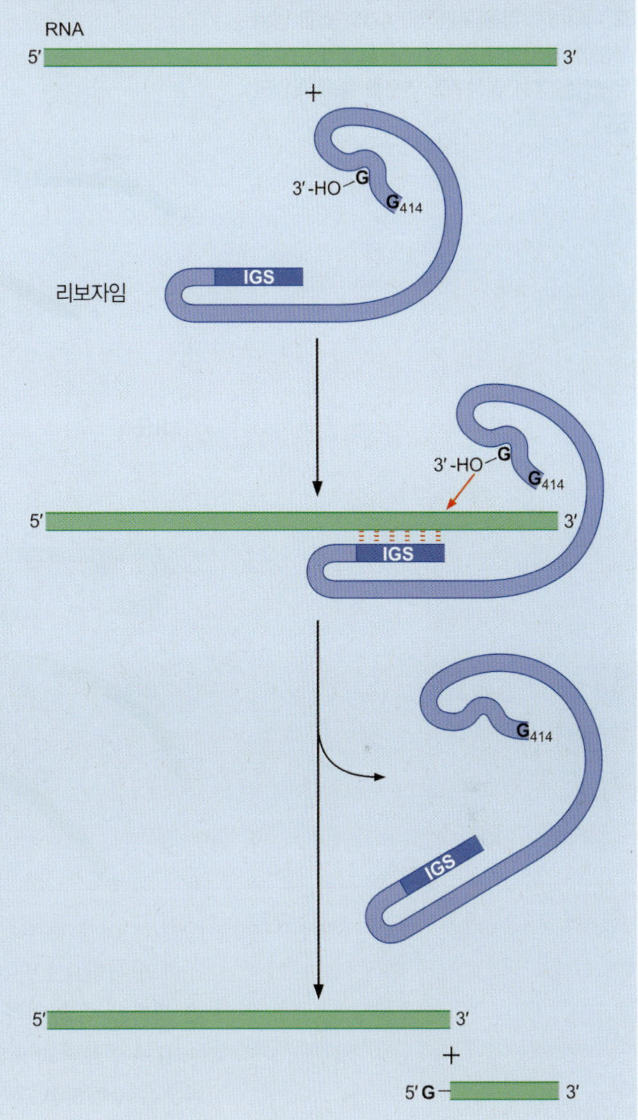

글상자 14-2 그림 1 I군 인트론은 리보자임으로 전환할 수 있다.

과 함께 복합체를 형성하고 있다. 즉, 접힘에는 RNA 골격의 특정 구획이 다른 구획에 매우 근접해 있어야 할 필요가 있으며, RNA의 골격 부분에 있는 인산의 음전하들은 만약 그들이 숨겨져 있지 않다면 서로 반발하게 될 것이다. 시험관 내에서는 고농도의 염(양이온)을 가함으로써 이 단백질들의 역할을 대체할 수 있으며, 이것이 우리가 이어맞추기 반응 자체에는 단백질이 필요하지 않음을 확인하게 된 방법이다.

이어맞추기복합체에 의한 이어맞추기와 스스로 일어나는 이어맞추기의 유사한 화학반응은 진화적 관련성을 나타내는 것으로 여겨진다. 아마도 고대의 II군 자가 이어맞추기 인트론이 근대의 mRNA 전구체 이어맞추기의 진화를 위한 출발점이었을 것이다. RNA의 촉매 기능은 그대로 유지되었으나, 인트론 내에 필요했던 광범위한 서열 특이성은 snRNA들과 트랜스로 작용하는 관련 단백질에 의해 해소되었다. 이를 통해 인트론은 이이어맞추기가 정확한 위치에서 일어날 수 있도록 하는 데 필요한 최

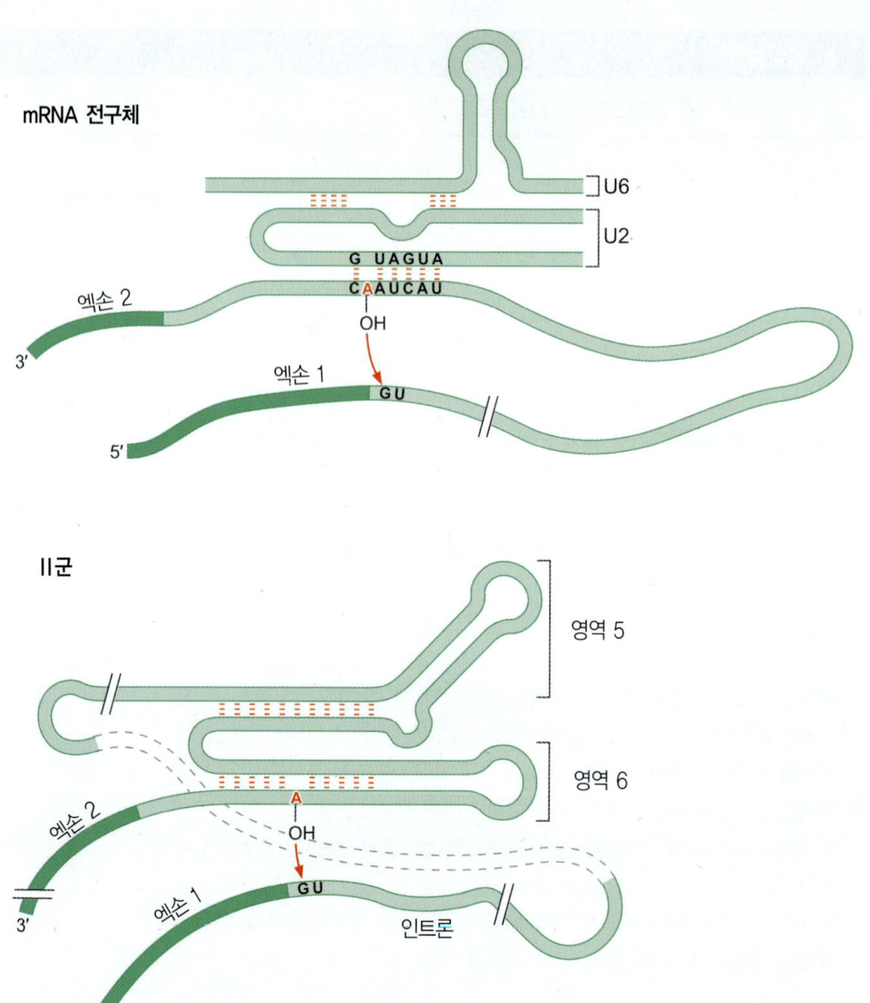

그림 14-9 II군 인트론과 mRNA 전구체의 이어맞추기에 필요한 RNA 촉매부위의 접힘 모델. II군의 경우 RNA의 점선부위는 그림으로 나타내지 않은 부가적인 4개의 접힌 영역 부분에 해당한다. 이 구조들에서의 놀라운 유사성은 X선 결정구조 연구를 통해 확인되었다.

소한의 서열요소만 가지게 되었으며, 따라서 더 많고 다양한 크기를 가지는 인트론들이 생겨날 수 있었다.

II군 인트론과 mRNA 전구체/snRNP 복합체 사이에서 첫 번째 트랜스에스테르화 반응을 수행하는 촉매구역의 구조가 매우 유사하다는 것은 흥미로운 점이다(그림 14-9). 최근에 상세한 X-선 회절법 연구를 통해 확인된 이 관찰은 17장에서 논의될 더 확장된 고찰에 대한 재료가 된다. 이것은 현대 생물체의 진화 초기에는 RNA가 촉매 기능을 맡았으나 나중에 이 기능이 단백질로 넘어갔다는 일반적인 추론에 힘을 실어 준다. 그러나 이어맞추기복합체와 리보솜의 경우는 이 활성이 단백질로 완전히 대체된 것이 아니다. 다소 퇴화된 상태이기는 하지만 RNA에 의해 촉매되는 기작들이 현재의 복합체 기구 중심에 남아 있다.

이어맞추기복합체가 어떻게 이어맞추기 자리를 정확하게 찾을까?

부적절한 이어맞추기를 막는 기작은 이미 살펴보았다. 이어맞추기복합체의 활성부위는 이어맞추기복합체가 조합되는 동안 많은 요소들에 의해 인지되는 RNA 서열상에서만 형성된다. 예를 들어, 5′ 이어맞추기 자리는 처음에 U1 snRNP에 의해 인지되고, 그 다음은 U6 snRNP에 의해 인지되어야만 한다. 그 둘이 모두 부정확한 서열을 인지할 가능성은 낮기 때문에 그 선택은 엄격하게 이루어질 것이다. 그러나 mRNA

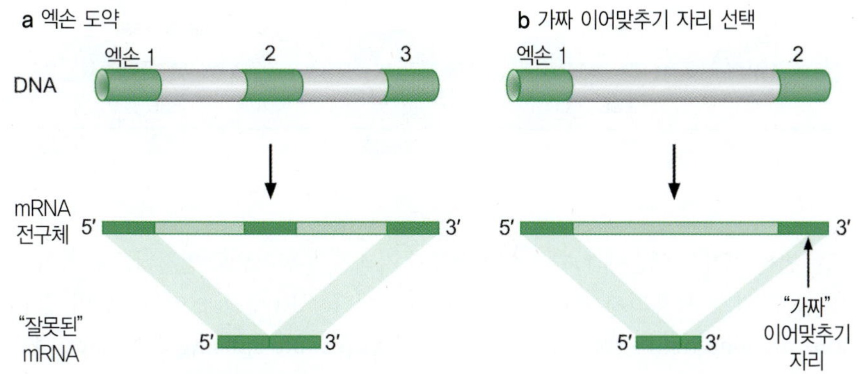

그림 14-10 이어맞추기 자리 선택에서의 실수. (a) 엑손 도약의 결과 이는 한 엑손의 5′ 이어맞추기 자리에 결합한 이어맞추기복합체 성분이 다음 엑손이 아니라 그 너머 다른 엑손의 3′ 이어맞추기 자리와 작용할 경우에 생긴다. (b) 이어맞추기복합체 성분들이 "가짜" 이어맞추기 자리를 인지한 결과. 가짜 부위가 엑손 안에 있고 엑손의 5′ 끝 부분 일부가 인트론과 함께 잘못 이어맞추기 된다.

전구체에서 이어맞추기 자리를 적절히 인지하는 것은 여전히 어려운 문제이다.

다음 예를 생각해 보자. 일반적으로 평균적인 사람의 유전자는 7~8개의 엑손을 가지고 있으며 세 가지 선택적 형태로 이어맞추기 된다. 그러나 363개의 엑손을 갖고 있는 사람 유전자와 38,000개의 선택 방법들로 이어맞추기 될 수 있는 초파리 유전자도 있다. 만약 snRNP가 어떤 도움도 없이 RNA 분자 위에서 올바른 5′과 3′ 이어맞추기 자리를 찾아야 하고 그 부위들을 결합시켜야 한다면 필연적으로 잘못이 생기게 될 것이다. 엑손의 평균 길이가 단지 150 뉴클레오티드 정도인 반면, 인트론의 평균 길이는 대략 3000 뉴클레오티드인 것을 고려해 볼 때(우리가 이미 살펴본 것처럼 어떤 인트론은 길이가 800,000 뉴클레오티드인 것도 있다), 엑손은 방대한 인트론 서열들 속에서 찾아야 한다.

이어맞추기 자리의 인지에는 두 종류의 실수가 일어나기 쉽다(그림 14-10). 첫째는 이어맞추기 자리를 건너뛰는 것으로서, 한 5′ 이어맞추기 자리가 정확한 부위를 넘어서 다음 3′ 쪽의 이어맞추기 자리와 짝을 이룰 수 있다.

두 번째는 올바른 이어맞추기 자리가 아닌 서열이 비슷한 다른 부위를 잘못 인지될 수 있다. 이것은 이어맞추기 자리의 공통서열이 비교적 짧고 엄격하게 보존되어 있지 않다는 사실을 생각하면 쉽게 납득될 것이다. 예를 들어, 한 5′ 이어맞추기 자리에 있는 요소가 "가짜" 3′ 이어맞추기 자리에 부정확하게 결합하고 있는 요소들과 짝을 이룰 수도 있다(그림 14-10b).

이어맞추기 자리 선택의 정확성은 다음 두 가지 방법에 의해 증가할 수 있다. 첫째는 13장에서 보았듯이 유전자를 전사하는 동안 RNA 중합효소 II가 RNA 가공과정에서 역할을 하는 여러 단백질들을 가지고 있는 것이다(13장, 그림 13-19 참조). 여기에는 이어맞추기에 관여하는 단백질들도 포함되어 있다. 새로 합성된 RNA의 5′ 이어맞추기 자리를 만나게 되면 이들 인자는 중합효소의 C-말단의 "꼬리"에서 RNA로 옮겨간다. 그곳에서 5′ 이어맞추기 자리 인자들은 새로 합성될 3′ 이어맞추기 자리에 결합할 성분들과 상호작용할 때까지 유지된다. 그래서 정확한 3′ 이어맞추기 자리는 더 하류의 경쟁적인 부위가 전사되기 전에 인지된다. 이렇게 전사와 동시에 진행되는 결합과정에 의해 엑손이 건너뛰어질 가능성은 크게 줄어든다.

(그렇지만 비록 대부분의 이어맞추기 기구는 전사가 일어나는 동안, 전사되는 순서에 따른 인트론에 순서대로 조립되지만, 그것이 그 순서대로 이어맞추기가 진행된다는 것은 아니다. 세포 내의 추적기구가 아닌 전사와 복제 같은 다른 활성과는 달리 이어맞추기는 기구가 유전자나 암호물의 한쪽 끝에 조립한 후에 다른 끝으로 추적하며 작용하기도 한다.)

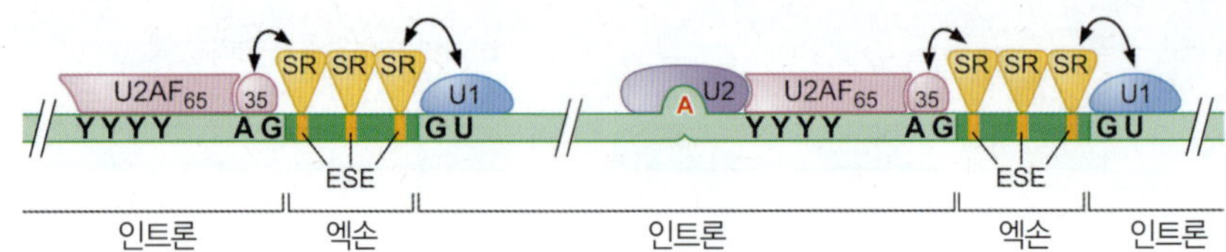

그림 14-11 SR 단백질은 5′와 3′ 이어맞추기 자리에 이어맞추기복합체 성분들을 모집한다. 정확한 이어맞추기 자리는 엑손에 가까이 있는 이어맞추기 기구에 의해 인지된다. SR 단백질은 엑손 내의 서열(ESE)에 결합하고 거기서부터 U2AF와 U1 snRNP를 각각 5′ 이어맞추기 자리의 하류와 3′ 이어맞추기 자리의 상류로 모은다. 이것은 정확한 자리에서의 이어맞추기 기구 조립과 이어맞추기의 진행을 시작하도록 한다. (Adapted, with permission, from Maniatis T. and Tasic B. 2002. *Nature* **418:** 236–243. © Macmillan.)

두 번째 기작은 엑손에 가까운 이어맞추기 자리가 우선적으로 인지되도록 하여 부정확한 부위가 사용되지 못하게 억제하는 것이다. SR(세린과 아르기닌이 많음, serine arginine-rich) 단백질들은 엑손 내의 **ESE(exonic splicing enhancer, 엑손 이어맞추기 증폭자)**라는 서열에 결합한다. 이 부위에 결합한 SR 단백질은 이어맞추기 기구의 성분들과 상호작용하여 그들이 이어맞추기 자리 근처에 모이도록 한다. 이러한 방법으로 기구는 엑손에 가깝지 않은 부정확한 자리보다는 이어맞추기 자리에 더 효과적으로 결합한다. 특히 SR 단백질은 U2AF 단백질을 3′ 이어맞추기 자리로 집합시키고 U1 snRNP는 5′ 부위로 모은다(그림 14-11). 이런 모집은 이어맞추기복합체 내의 SR 단백질들과 다른 단백질 간의 직접적인 상호작용을 통하기도 하고 또는 최근에 알려진 것처럼 이어맞추기복합체의 조합과 작용이 이루어지는 동안 형성된 RNA:RNA 융합체와 상호작용을 통하기도 한다.

엑손의 한 쪽에 이어맞추기 인자들을 모집함으로써 이어맞추기복합체의 조립 과정 순서를 이야기 하면서 언급한 "엑손 한정(exon definition)"이 일어나게 한다. 즉, 초기에 이어맞추기복합체의 구성물들은 제거되는 인트론 주변이 아니라 엑손 주위에 모집되고 한 엑손 근처의 구성물이 인접한 엑손 근처에 있는 구성물과 짝을 이뤄 가운데 있는 인트론을 제거한다.

SR 단백질들은 이어맞추기에 필수적이다. 그들은 이어맞추기가 정확하고 효율적으로 이루어지게 할 뿐만 아니라 대체 이어맞추기도 조절한다. 그들은 매우 다양하여 몇몇은 생리적 신호에 의해 조절되며, 다른 것들은 항상 활성을 가지고 있다. 어떤 것은 특정 종류의 세포에서 우선적으로 발현되며 세포형에 특이적인 방식으로 이어맞추기를 조절한다. 우리는 대체 이어맞추기에서 SR 단백질의 역할에 대한 몇 가지 특이적인 예를 살펴볼 것이다.

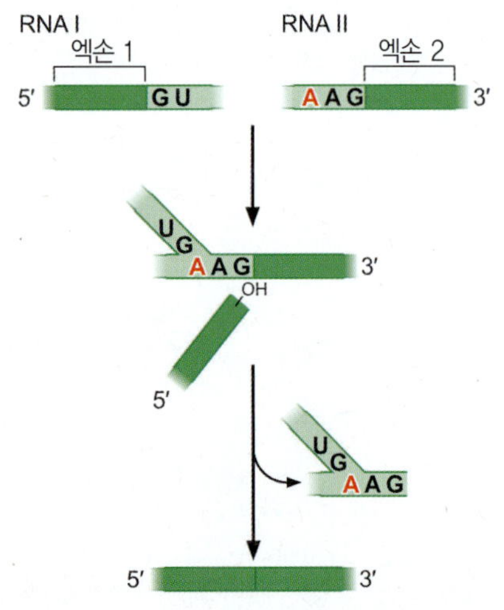

그림 14-12 트랜스-이어맞추기. 트랜스-이어맞추기에서 두 개의 구분된 RNA 분자에 있던 두 엑손들이 단일 mRNA로 함께 이어맞추기 된다. 이 화학반응은 보편적인 이어맞추기 반응과 같으며 이어맞추기된 산물은 구별되지 않는다. 차이점은 단지 일반 이어맞추기에서는 잘려나가는 산물이 올가미 모양이고 트랜스 이어맞추기에서는 Y 모양인 것뿐이다. 이것은 초기 반응이 단일 분자 안에서 고리를 형성하기보다는 두 RNA 분자를 함께 가져오기 때문이다.

이어맞추기 변이체

대체 이어맞추기로 들어가기 전에 지금까지 언급한 이어맞추기 기구와 이어맞추기 반응의 두 가지 변이체에 대해 간단히 기술한다. 첫 번째는 다른 RNA 분자에 있는 두 엑손이 연결되는 것이며, 두 번째는 일부 인트론을 이어맞추기하는 데 사용하는 특수한 이어맞추기 기구다.

트랜스-이어맞추기로 다른 RNA 분자의 엑손들이 연결될 수 있다

위의 설명에서는 한 엑손의 5′ 이어맞추기 자리는 그 다음 엑손 3′ 이어맞추기 자리와 연결된다고 하였으나 반드시 그런 것은 아니다. **대체 이어맞추기(alternative splicing)**에서 엑손은 건너뛸 수 있고 더 하류에 있는 엑손과 연결될 수도 있다. 어떤 경우에는 서로 다른 RNA 분자에 있는 두 엑손이 **트랜스-이어맞추기(trans-splicing)**라는 과정에 의해 연결되기도 한다. 일반적으로는 드물지만 트리파노솜

(trypanosomes)에서는 거의 모든 mRNA에서, 예쁜꼬마선충(*Caenorhabditis elegans*)에서는 모든 mRNA에서 트랜스-이어맞추기(5′ 선도서열을 부착하기 위하여)가 일어난다. 물론 이들은 시스-이어맞추기(*cis*-splicing)도 한다. 그림 14-12는 기본적 이어맞추기 반응이 어떻게 트랜스-이어맞추기에 사용되는가를 보여준다. 트랜스-이어맞추기에는 트랜스-이어맞추기에는 필요 없는 U1을 제외하고는 정상적인 시스-이어맞추기와 동일한 이어맞추기복합체 기구를 사용한다.

일부 인트론들은 다른 snRNP 세트로 구성된 다른 이어맞추기복합체에 의해 이어맞추기가 된다

포유동물과 식물을 포함한 더 고등한 진핵생물은 대부분의 mRNA 전구체를 이어맞추기하는데 지금까지 이야기한 주요 이어맞추기 기구를 사용한다. 그러나 이들 생물에서 일부의 mRNA 전구체는 적은 양으로 존재하는 다른 형태의 이어맞추기복합체에 의해 이어맞추기가 된다. 이 드문 형태의 이어맞추기복합체는 주요 이어맞추기복합체와 일부 성분은 공통적이지만, 또 다른 독특한 성분들을 가지고 있다. 이 이어맞추기복합체의 U11과 U12는 이어맞추기 반응에서 주요형의 U1과 U2와 같은 역할을 하지만 그들과는 다른 별개의 서열을 인지한다. U4와 U6도 두 이어맞추기복합체 형에서 서로 대응되는 상대자이며 두 형에서 같은 이름은 쓰지만 서로 다른 별개의 snRNP이다. 마지막으로 U5 성분은 이 두 형태의 이어맞추기복합체에서 똑같다.

이 소수 이어맞추기복합체는 대부분의 mRNA 전구체와는 구별되는 공통서열을 가지는 매우 드문 인트론을 인지한다. 이 인트론들은 드문 편이나 약 800개의 사람 유전자에 적어도 한 개의 소수 인트론이 있을 정도로 널리 분포되어 있다. 또한 소수 snRNA에서 발견된 돌연변이가 희귀한 사람의 유전병과 연관이 있음이 밝혀졌다.

이 이어맞추기복합체의 소수 형은 인트론 말단의 5′ 이어맞추기 자리에 AU를 그리고 3′ 부위에 AC를 가지고 있기 때문에 RNA나 DNA에서 AT-AC 이어맞추기복합체라고 부른다. 이후에 이 경로로 이어맞추기 되는 인트론 중에서도 GT-AG 말단을 가지고 있음이 알려졌으나 이들의 공통서열은 주요 경로의 서열과는 별개이다.

이 두 이어맞추기 시스템에서 이어맞추기 자리와 분기점 자리의 서열이 다름에도 불구하고 이 두 경로 모두 동일한 화학 경로를 사용하여 인트론을 제거한다(그림 14-13). 이 snRNP에 의해 인지되는 이어맞추기 자리의 서열 차이에 맞게 snRNA의 서열이 상보적으로 차이를 나타내며, 이것은 이 두 시스템의 동일한 작용 기작과도 잘 부합된다. 즉, 잘 보존되어 있는 것은 특정한 염기서열이 아니라 snRNA와 이어맞추기 자리가 염기쌍을 형성할 수 있는 능력인 것이다.

AT-AC 인트론이 앞에 언급한 대로 II군 인트론이 가장 오래된 인트론 형일 것이라는 진화의 방향과도 잘 맞는다는 점은 주목할 만하다. 즉, II군 인트론이 최초의 인트론이며, AT-AC 인트론은 II군 인트론에서 진화되었고, 이후 주요 mRNA 전구체의 인트론들이 만들어졌다고 생각된다.

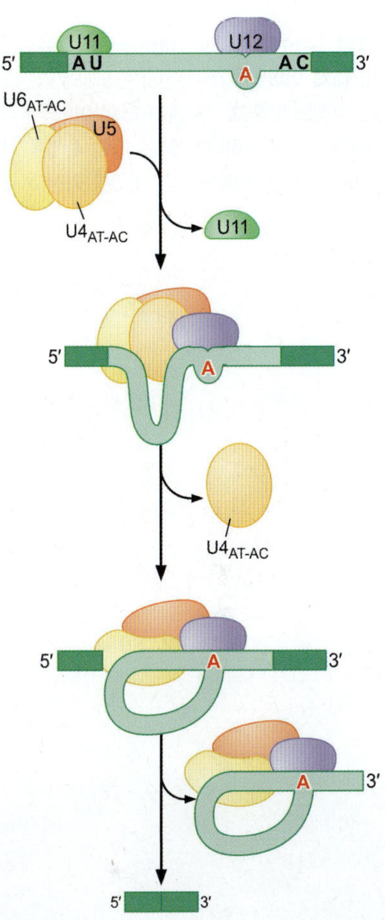

그림 14-13 AT-AC(소수) 이어맞추기복합체에 의한 이어맞추기. 이 이어맞추기복합체는 소수의 엑손에 작동하며(사람의 경우, 1/1,000) 구별된 이어맞추기 자리를 가진다. 이어맞추기복합체의 성분들과 밀접하게 연관되어 있다.

대체 이어맞추기

하나의 유전자가 대체 이어맞추기를 통해 여러 가지 산물을 만들 수 있다

이장의 서론에 기술하였듯이 고등한 진핵생물의 많은 유전자들은 둘 또는 그 이상의 다른 mRNA와 단백질(이성질체)들을 만들기 위해 대체 방법으로 이어맞추기를 한

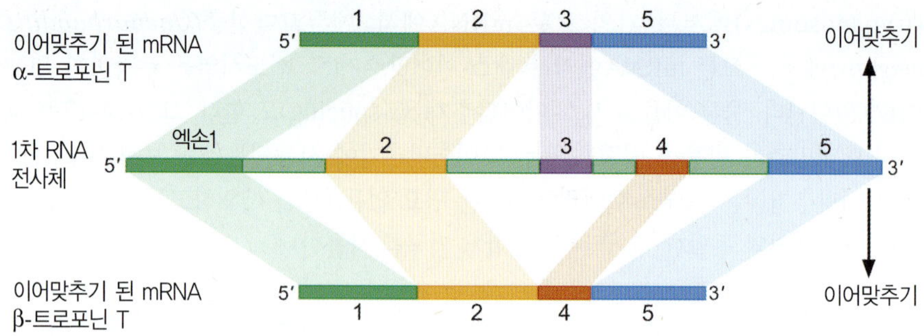

그림 14-14 트로포닌(troponin) T 유전자의 대체 이어맞추기. 유전자는 5개의 엑손으로 구성되어 있고, 두 가지 대체 이어맞추기 형태를 보인다. 하나는 엑손 1, 2, 4, 5를 가지며, 다른 것은 엑손 1, 2, 3, 5를 가진다.

다. 초파리 유전자의 40%, 인간 유전자의 90%가 대체 이어맞추기를 하는 것으로 알려져 있다. 이들 중 많은 유전자는 단지 2개의 대체 산물을 만들지만 어떤 경우에는 한 유전자에서 만들어질 수 있는 가능한 산물들이 수백(인간의 *Slo* 유전자) 또는 수천(초파리의 *Dscam* 유전사)이 되기도 한다. 대체 이어맞추기는 통계적으로 대체 형이 만들어지므로 다양성을 만드는 방법으로 사용된다. 그러나 많은 경우에 이 과정은 다른 단백질이 다른 세포형과 다른 조건에 반응하여 만들어지도록 조절된다.

단순한 예로서 포유류의 근육 단백질인 troponin T의 유전자는 그림 14-14에서와 같이 5개의 엑손을 포함하는 하나의 mRNA 전구체를 만든다. 이 RNA 전구체는 이어맞추기되어 두 가지 성숙한 mRNA이 만들어지는데, 각각은 4개의 엑손을 포함하고 있다. 서로 다른 한 개의 엑손이 두 mRNA에서 제거되었기 때문에, 이 둘은 3개의 엑손을 공통적으로 가지며 하나의 엑손은 서로 다르다.

그러나 대체 이어맞추기는 그림 14-15와 같이 다양하게 일어날 수도 있다. 엑손들

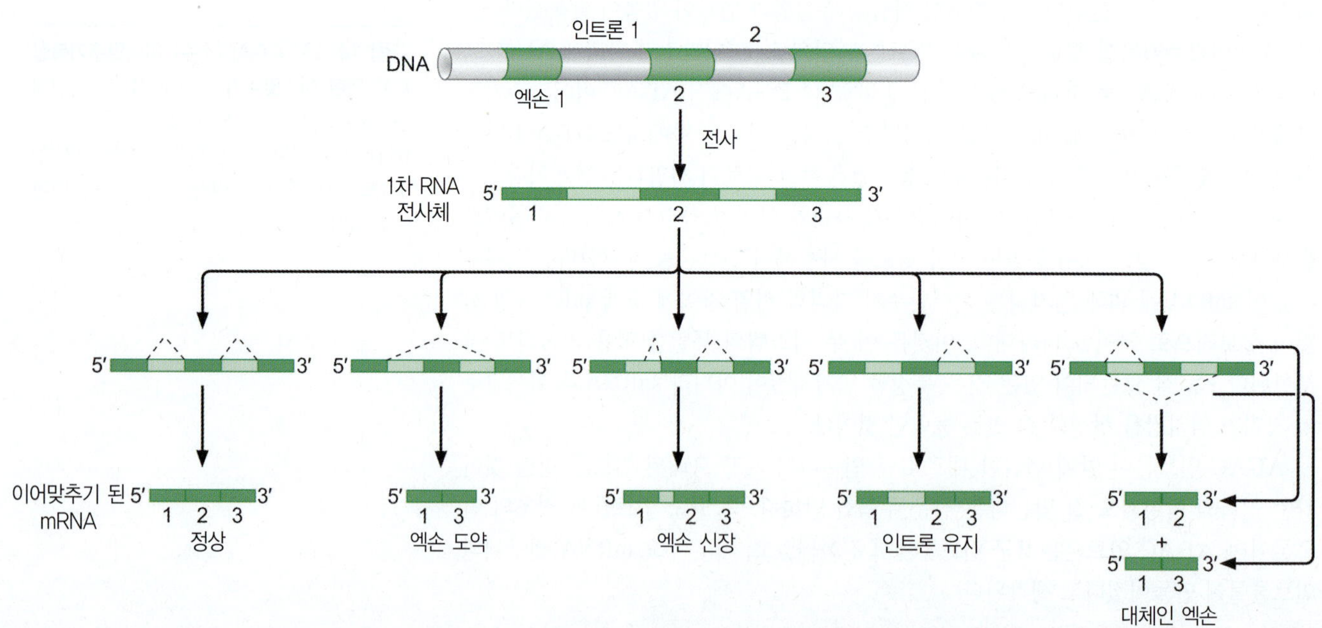

그림 14-15 RNA를 이어맞추기하는 5가지 방법. 위 그림은 세 개의 엑손으로 구성된 유전자로서, 전사되어 중앙에 나타낸 mRNA 전구체를 만들고 다섯 가지의 대체적인 방법으로 이어맞추기 된다. 세 개의 엑손을 모두 가지는 정상 mRNA가 만들어진다. 엑손 도약은 엑손 1과 3만 가지는 mRNA를 만들고 엑손 신장에 의해서는 인트론 1의 부분이 세 개의 엑손과 함께 포함된다. 어떤 경우에는 인트론 전체가 성숙한 mRNA에 들어갈 수도 있다. 엑손 2와 3은 여러 종류의 mRNA를 만드는데 대체적으로 사용되기도 하여, 각 mRNA는 엑손 1과 2 또는 3을 가진다.

이 5′ 하류 쪽의 대체 이어맞추기 자리나 또는 3′ 상류 쪽 자리를 선택함으로써 신장될 수도 있고, 다른 경우는 건너뛸 수도 있다. 또한 인트론이 제거되지 않고 암호에 남아서 다양한 단백질들이 만들어질 수도 있다. 어떤 대체 이어맞추기는 대체 프로모터에서 유전자 전사가 일어나서 생김으로써 하나의 전사체가 다른 것에는 없는 5′ 엑손을 포함하도록 한다. 이와 유사하게, 대체 폴리-A 자리는 3′ 말단 엑손을 연장시키거나, 대체 3′ 말단 엑손이 그 유전자의 전사체에서 사용되도록 한다. 또 대체 트랜스 이어맞추기의 경우도 있다(그림 14-12 참조).

계속적인 대체 이어맞추기의 예는 원숭이 바이러스인 SV40의 T 항원에서 볼 수 있다(그림 14-16). T 항원 유전자는 큰 T 항원(T-ag)과 작은 t 항원(t-ag), 두 단백질 산물을 암호화한다. 두 단백질은 같은 유전자에서 mRNA 전구체의 대체 이어맞추기에 의해 만들어진다. 그림 14-16에서처럼 유전자는 2개의 엑손을 가지며, 2개의 다른 5′ 이어맞추기 자리를 사용하여 서로 다른 성숙한 mRNA가 만들어진다. 큰 T 항원의 mRNA에서는 엑손 1과 엑손 2 사이의 인트론이 제거되고 두 엑손이 직접 연결된다. 반대로 작은 t 항원은 다른 5′ 이어맞추기 자리를 사용하여 이어맞추기가 일어난다. 그러므로 이 경우 mRNA는 인트론 부분을 포함하게 된다. (결과적으로 그림 14-15에서 보여주듯이 "신장된 엑손"이 된다.) 길이가 더 긴 mRNA가 더 작은 단백질을 암호하는 이유는 이 mRNA에 포함된 인트론 안에 종결코돈이 있기 때문이다.

T 항원의 두 가지 형은 SV40에 감염된 세포에서 만들어진다. 큰 T 항원은 형질전환과 세포주기 재시작을 유도하는 반면 작은 t 항원은 이 과정에서 나타나는 세포의 사멸반응을 차단시킨다. 그러나 생산된 두 형의 비율은 이어맞추기 단백질인 SF2/ASF의 농도에 따라 다르다. 농도가 높을 때는 이 단백질이 가장 가까운 5′ 이어맞추기 자리를 사용하여 이어맞추기가 일어나게 하여 t-항원 mRNA가 더 많이 만들어지게 된다. SF2/ASF는 SR 단백질이며 엑손 2 안에 있는 부위에 결합하여 이어맞추기복합체의 조립을 도울 것으로 추정된다.

유전체 범위의 연구에서 대체 이어맞추기의 가장 보편적인 예는 엑손의 전체가 성

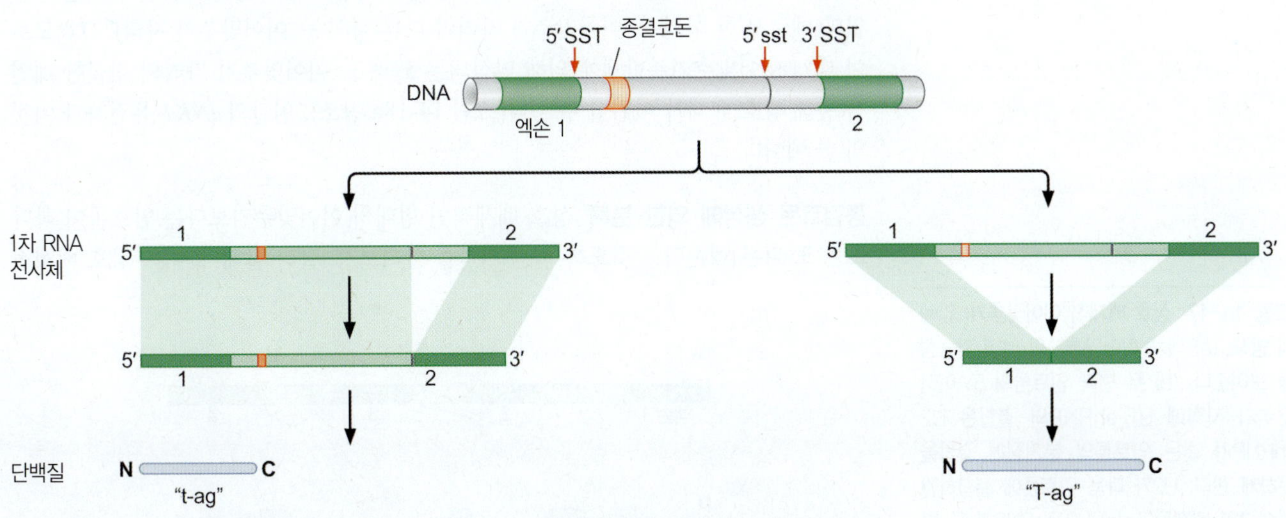

그림 14-16 SV40 T 항원의 대체 이어맞추기. SV40 T 항원 RNA의 이어맞추기를 나타내었다. 감염 시 두 가지 RNA 형이 모두 다 생산되어 두 종류 단백질이 만들어진다. 작은 t 항원은 두 mRNA 중 더 긴 것에서 만들어진다. 이 RNA는 엑손 2의 상류에 같은 읽기틀로 종결코돈을 가진다. 5′ SST는 큰 T mRNA를 만드는데 사용되는 5′ 이어맞추기 자리이고 5′ sst는 작은 t를 만드는데 이용되는 이어맞추기 자리이다. 3′ SST는 두 mRNA를 만드는 데 사용되는 3′ 이어맞추기 자리이다.

숙한 암호물에 포함되거나 또는 배제되는 식이다. 이런 엑손을 종종 **카세트 엑손(cassette exon)**이라 한다. 약 10% 정도의 카세트 엑손은 쌍을 이루며, α-트로포닌 T의 경우처럼 그 중 단 한 개만이 이어맞추기가 일어난 암호물에 포함된다(그림 14-14). 이 경우 엑손이 상호 배제적인 형태로 이어맞추기가 일어나게 하는 기작이 있어야 한다.

상호 배제적인 이어맞추기를 위한 기작

대체 이어맞추기의 선택이 상호 배제적으로 되게끔 하는 몇 가지 기작이 있다(α-트로포닌 T의 예를 다시 참조하면 엑손 3이 선택되면 엑손 4는 항상 배제된다. 또 그 반대의 경우도 마찬가지이다). 여기서는 이 기작들의 각각에 대해 다루고 다음에 특별한 기작이 필요한 극단적인 경우에 대해 살펴볼 것이다.

입체적 방해 두 개의 대체 엑손이 하나의 인트론에 의해 분리되어 있다고 가정하자. 만약 인트론 안의 이어맞추기 자리가 서로 너무 가까이 있다면 이어맞추기 인자는 동시에 두 자리에 결합할 수 없을 것이다. 그러므로 그림 14-17은 U1 snRNP가 두 대체 엑손 사이에 있는 인트론의 5′ 이어맞추기 자리에 결합하는 경우 U2 snRNP는 같은 인트론의 분기점에 결합할 수 없다는 것을 보여준다(그림 14-17b). 대신 U2 snRNP가 분기점에 결합을 하면 5′ 이어맞추기 자리를 사용할 수 없다(그림 14-17c). α-트로포닌의 엑손 3과 4의 이어맞추기는 이 기작에 의해 상호 배제적으로 만들어진다.

이런 배열화는 인트론 내의 이어맞추기 자리의 상대적인 위치에 따라 일어나거나 또는 인트론이 너무 짧아서 작업이 일어날 수 없는 경우이다; 초파리에서 59 뉴클레오티드 이하의 엑손은 이러한 범주에 속한다.

주요 그리고 소수 이어맞추기 자리의 조합 앞에서 살펴보았듯이 소수 이어맞추기복합체는 주요 이어맞추기복합체에 의해 인식되는 것과는 구별되는 이어맞추기 자리를 인식한다. 어떤 이어맞추기복합체라도 조합된 자리를 포함하는 인트론을 제거할 수는 없다(예로서 한 형의 5′ 이어맞추기 자리와 다른 형의 3′ 이어맞추기 자리). 그러므로 이 대체 이어맞추기복합체에 의해 인식되는 5′과 3′ 이어맞추기 자리의 적절한 배열을 통해 상호 배제가 이뤄질 수 있다(그림 14-18a 참조). 인간의 *JNK1* 유전자가 이것의 한 예이다.

종결코돈 생성에 의한 분해 상호 배제적인 형태의 이어맞추기보다는 암호물이 하나 또는 또 다른 엑손만을 갖도록 하는 기작을 살펴보자. 달리 말해서, 비록 상호 배제적

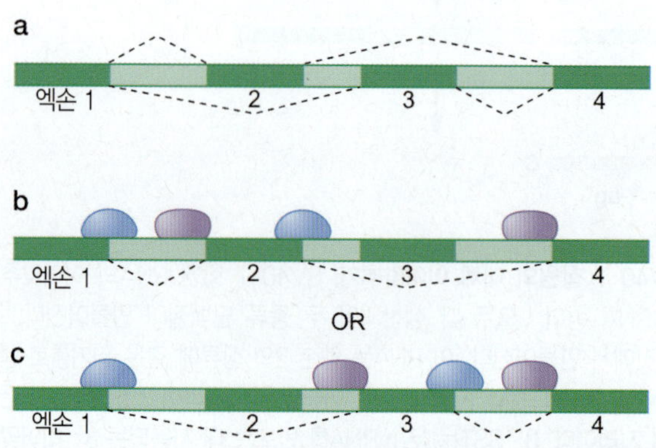

그림 14-17 상호 배제적 이어맞추기: 입체적 방해. (a) 대체 이어맞추기의 여러 가능성을 보여준다. (b) 두 번째 인트론의 5′ 이어맞추기 자리에 U1 snRNP의 결합은 U2 snRNP가 같은 인트론의 분기점에 결합을 못하게 한다; U2가 다음 인트론에 결합하면 엑손 3이 배제된다. (c) U2 snRNP가 두 번째 인트론의 분기점에 결합하면 U1은 동일 인트론의 5′ 이어맞추기 자리에 결합할 수 없다. 이 경우 U1이 첫 번째 인트론의 5′ 이어맞추기 자리에 결합하면 엑손 2가 배제되게 된다.

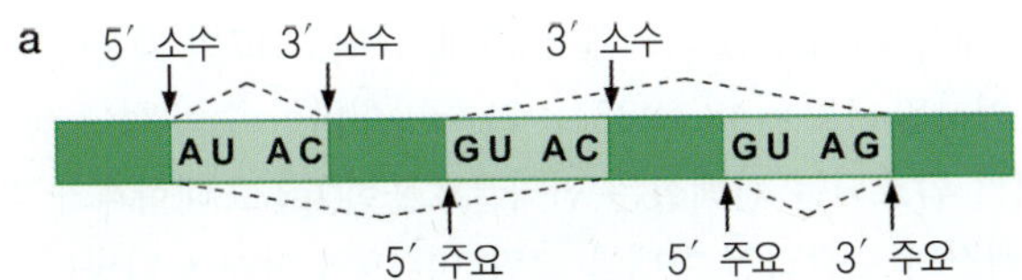

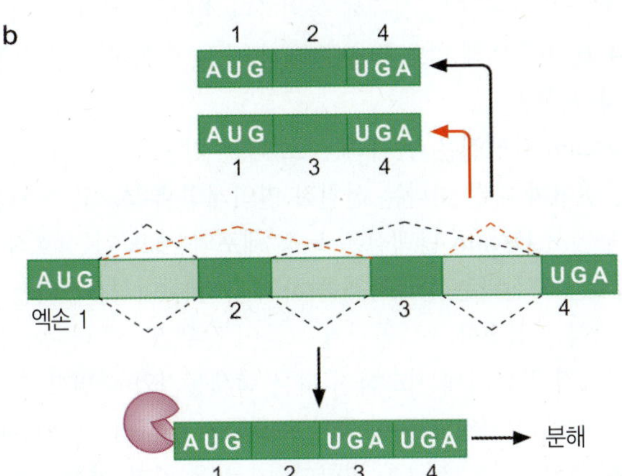

그림 14-18 상호 배제적 이어맞추기. (a) 이어맞추기 자리는 주요 이어맞추기복합체와 소수 이어맞추기복합체에 의해 인식된다. (b) 종결코돈 생성에 의한 분해.

인 이어맞추기는 아니지만 이 기작의 결과는 같다. 종결코돈 생성에 의한 분해(nonsense-mediated decay, NMD)는 두 엑손이 미성숙 종결코돈을 가지는 mRNA를 만들게 함으로써 일어날 수 있다(그림 14-18b). 이 암호물은 NMD에 의해 분해된다. 이에 대한 상세한 설명은 15장에서 다룰 것이다(그림 15-50 참조).

초파리의 *Dscam* 유전자의 특별한 경우: 방대한 규모의 상호 배제적인 이어맞추기

초파리의 *Dscam*(Down syndrome cell-adhesion molecule) 유전자는 38,016개의 단백질 이성질체를 암호화할 수 있다. 그림 14-19에서처럼 이 유전자에서 만들어지는 각각의 가능한 mRNA는 24개의 엑손을 가지며 그 중 20개는 항상 같으나 4개(엑손 4, 6, 9, 17)에서는 많은 대체형이 생긴다. 그러므로 4번 엑손에서 12개의 형이 가

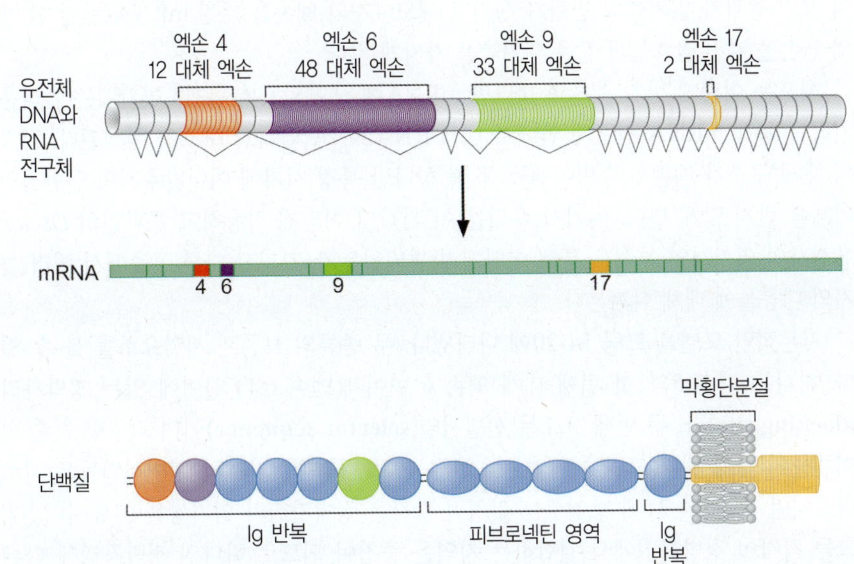

그림 14-19 초파리 *Dscam* 유전자의 다수 엑손. *Dscam* 유전자(위 그림)의 길이는 61.2 kb이며 전사와 이어맞추기되어 24개 엑손을 가진 7.8 kb mRNA를 한 종류 이상 만든다. (그림은 mRNA의 유전자 구조를 보여줌.) 그림에서 보는 것처럼 엑손 4, 6, 9, 17에 대한 상호 배제적인 대체물들이 있다. 각 mRNA는 엑손 4(빨간색)의 12개 대체 엑손들 중 하나를 가지며 엑손 6(보라색)은 48개 중 하나, 엑손 9(녹색)는 33개 중 하나, 그리고 엑손 17(노란색)은 2개 중 하나를 가진다. 엑손 4, 6 그리고 9는 Ig의 세 영역의 부분을 암호하고 상응하는 색으로 표시하였으며 엑손 17은 막횡단분절 영역을 암호한다. 이 엑손들의 가능한 조합이 모두 이루어지면 *Dscam* 유전자는 38,016개의 다른 mRNA와 단백질을 만든다. (Adapted, with permission, from Schmucker D. 2000. *Cell* **101**: 671, Fig. 8. © Elsevier.)

능하고 6번 엑손에서 48개, 9번 엑손에서 33개, 그리고 17번 엑손에서는 2개가 가능하다. 이들을 순열하면 (12 × 48 × 33 × 2) 어마어마한 수의 형이 생길 수 있다.

이 유전자에서 암호되는 단백질은 면역글로불린(Ig) 초대형계와 같은 세포 표면 단백질이다. 단백질의 포괄적인 형태를 그림 14-19의 아래에 나타내었다. 분자는 막횡단 분절(17번 엑손에 의해 암호되며, 2개의 대체형이 생긴다)을 가진다; 피브로넥틴(fibronectin) 영역은 모든 이성질체에 동일하다; Ig 영역에서 세 가지 부분은 고도로 다양한 엑손 4, 6, 9에 의해 암호된다. 그래서 이 Ig 영역이 이성질체에서 다양성이 가장 많은 주요 자리이다.

초파리에서 Dscam 단백질은 두 개의 서로 다른 기능을 가진다. 하나는 뇌에서 신경형에 작용하는 것이며 다른 하나는 선천적 면역계의 부분으로 항원을 인식하는 것이다. 신경의 기능에서 Dscam 단백질은 특정 세포와 세포 간 상호작용을 중재한다. 단백질의 이성질체는 자신과는 상호작용을 하지만 다른 이성질체와는 상호작용을 하지 않는다. 이 선택성은 일정한 축색돌기가 그들이 같은 또는 다른 이성질체를 발현하는지 아니면 발현하지 않는지에 기초하여 다른 축색돌기와 구별할 수 있도록 해준다고 생각한다. 뇌 발생에서 신경망 형성 동안 축색돌기는 자기 회피 행동을 보인다: 같은 뉴런에서 나온 축색돌기는 서로를 피한다. 이 같은 자가 인식은 항뉴런의 표면에 있는 특정 DSCAM 이성질체의 동종 친화성 인식에 의해 중재된다.

면역계에서는 다른 이성질체들은 척추동물의 항체처럼 다른 항원을 인식한다. 다양성을 주도하는 진화 압력은 이 기능에 대한 선택에서 나왔을 것으로 생각된다.

Dscam 엑손 6의 상호 배제적인 이어맞추기는 기존 기작과는 다른 새로운 방법이다

Dscam 유전자에서 엑손 6은 대체 이어맞추기가 되는 4개의 엑손 중 하나이다. 이 엑손에서 선택될 수 있는 대체물은 48개이다. 이 선택의 규모는 상상을 뛰어넘는다. 예로서 입체적 방해는 인접한 엑손들이 이어맞추기가 되지 않을 때는 적용할 수 있으나 더 멀리 떨어진 다른 것이 배제되는 것에 대한 설명은 할 수 없다. 또한 *Dscam* 유전자의 모든 이어맞추기 자리는 주요 이어맞추기복합체에 대한 자리이다. 이중의 이어맞추기복합체 기작도 선택 사항이 아니다. NMD 또한 6번 엑손의 상호 배제적인 이어맞추기를 설명할 수 없다: 엑손이 하나도 포함되지 않든지 또는 2개, 3개를 포함하여 생긴 결과가 읽기틀의 변화가 생긴다 해도 4개의 엑손을 가진 mRNA는 단 한 개의 엑손을 가진 암호물과 같은 읽기틀을 가지게 된다.

세포는 어떻게 단지 엑손 6 하나만 mRNA에 포함되도록 할까? 여기에는 놀라운 기작을 통해 mRNA 전구체 안에서 대체 RNA:RNA 염기쌍 구조가 형성된다. 각각의 대체 구조가 엑손 6의 변이체들 중 딱 하나만 특정 시기에 이어맞추기의 일반적인 억제를 받지 않게 한다. 여기서 우리는 이 기작이 어떻게 작용하고 초파리의 *Dscam* 유전자의 염기서열 분석을 통해 어떻게 발견되었는지, 그리고 다른 곤충에서 여러 가지의 대응물에 대해 살펴본다.

기본적인 모델을 그림 14-20에 나타냈다. 두 종류의 보존된 서열요소를 볼 수 있다. 하나는 엑손 5와 첫 번째 대체 엑손 6 변이체(엑손 6.1) 사이에 있는 **정박자리(docking site)**다. 두 번째 요소는 **선별서열(selector sequence)**이며 각 6번 엑손 변이체들의 앞에 있다(그림에서 엑손 6.21을 예로 나타내었다). 각 선별서열들은 서로 다르지만 그림 14-21에 보여주는 것처럼 각각은 정박자리와 염기쌍을 이룰 수 있다. 그들 각각이 정박자리에서 결합하는 지역은 중첩이 되므로 하나의 정박자리에 다른

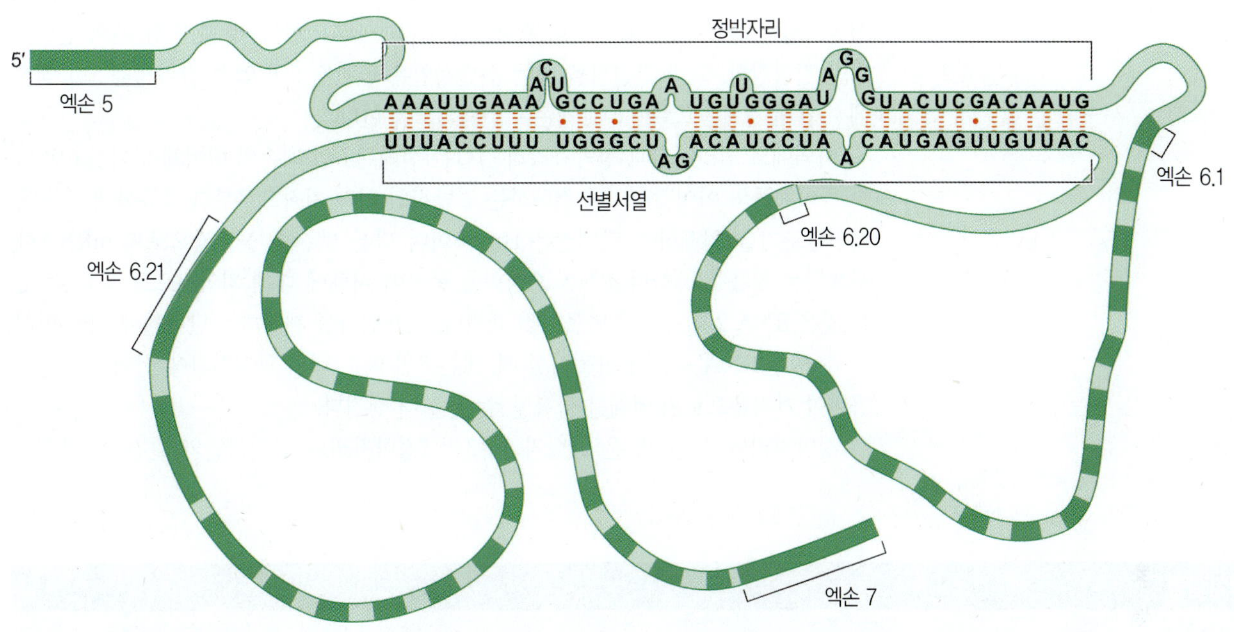

그림 14-20 정박자리: 선별서열. 엑손 6.21에 대한 선별서열의 정박자리와의 염기쌍 형성. (Design courtesy of Brenton Graveley.)

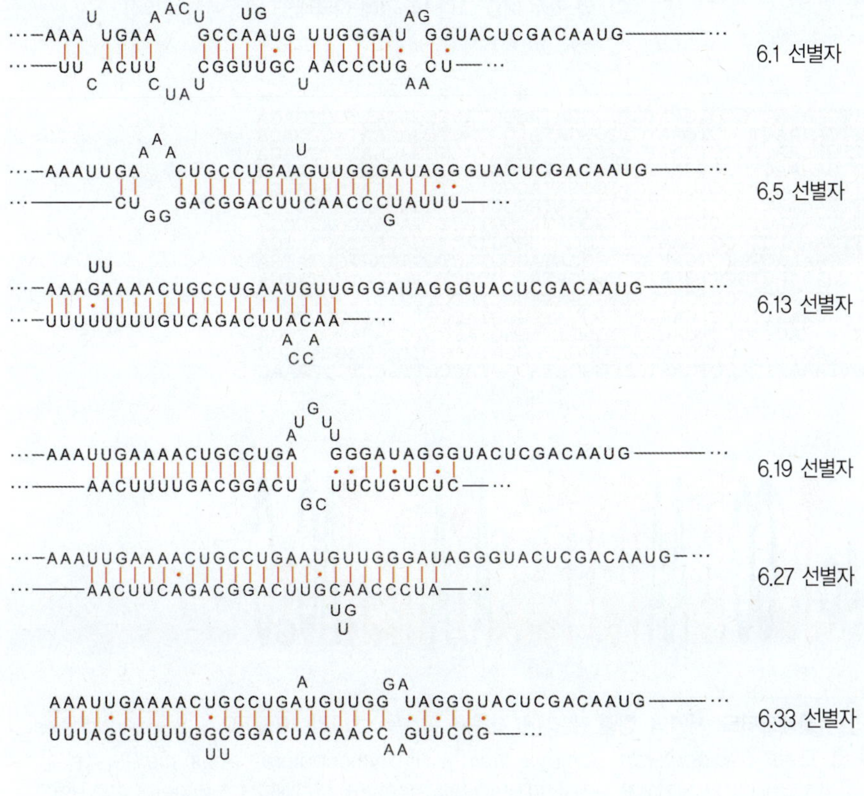

그림 14-21 6번 엑손의 정박서열에 결합하는 여섯 가지의 6번 엑손 변이체들의 선별서열. 각각의 선별서열은 정박 자리의 약간 다른 지역과 염기쌍을 이루지만 상호 배제적이다. (Courtesy of Brenton Graveley.)

선별서열이 결합하는 것은 상호 배제적일 수밖에 없다: 한 번에 단지 한 개의 선별서열만 결합한다. 그리고 결합을 하는 선별서열은 연관된 6번 엑손 변이체를 5번 엑손에 가깝게 가져옴으로써 6번 엑손이 선택되도록 한다.

이외에도 선별서열과 정박자리의 결합은 선택된 6번 엑손의 변이체가 다른 6번 엑손 변이체들의 이어맞추기를 저해하는 일반적인 억제 기작으로부터 자유롭게 해준다. 이어맞추기를 억제하는 단백질은 Hrp36이며 다른 엑손을 둘러쌈으로써 mRNA에 포함되는 것을 저해한다. RNA 혼성화를 통하여 저해에 대해 지역적으로 피할 수 있는 것은 RNA 2차 구조가 만들어질 때거나, 억제인자를 제거하는 단백질에 의해 인식될 수 있는 RNA 구조가 만들어질 때, 또는 5번 엑손 내의 활성인자에 선택된 엑손을 가까이 가져옴으로써 억제를 극복할 수 있을 때 생긴다.

정박자리와 선별서열은 글상자 14-3의 "정박자리와 선별서열의 발견"에 기술한

▶ 핵심실험

글상자 14-3 정박자리와 선별서열의 발견

초파리의 정박자리는 66개 뉴클레오티드로 구성되어 있다. 이 서열의 보존성은 10개의 다른 초파리종들 간에 90~100% 다. 초파리 외에 모기 또는 누에, 그리고 꿀벌 같은 다른 곤충과 비교했을 때에도 정박자리의 중앙의 24개 뉴클레오티드는 보존성이 가장 높았다. 실제로 60 kb 이상의 길이를 가진 *Dscam* 유전자에서 이 지역이 가장 잘 보존되어 있다. 정박자리의 첫 발견은 이러한 보존성에 근거하여 찾아졌다(글상자 14-3 그림 1).

선별서열 또한 서열의 비교를 통해 발견되었으며 정박자리보다는 보존성이 낮지만 6번 엑손 변이체들의 상류에 있는 인트론 안에 존재하였다. 초파리의 6번 엑손 변이체들의 48개 선별서열을 정렬해본 결과 28개의 뉴클레오티드 공통서열이 정박자리의 서열과 상보적임이 밝혀졌다(글상자 14-3 그림 2). 각각의 선별서열을 정박자리와 비교해 보면 각자 유일하면서도 중첩되는 방법으로 서로 염기쌍을 형성한다. 몇 가지 예를 그림 14-21에 나타내었다.

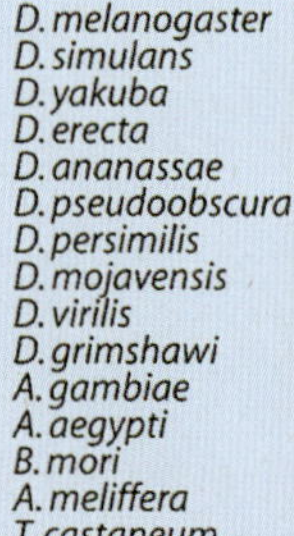

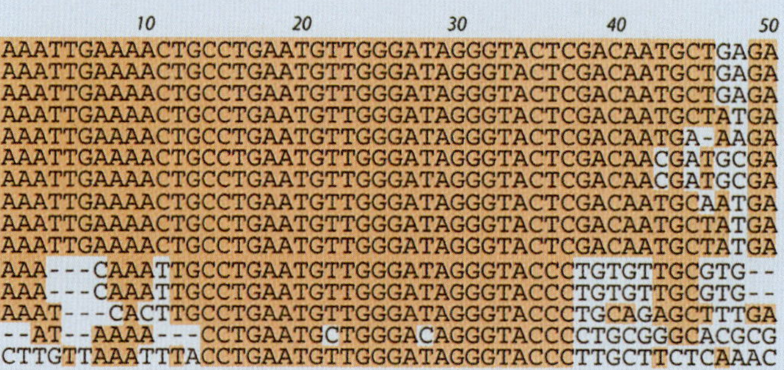

글상자 14-3 그림 1. 15개 곤충의 정박자리 뉴클레오티드 서열의 정렬. 분석에 사용된 곤충은 초파리 10종, 모기 2종, *Anopheles gambiae*(말라리아 모기), *Aedes aegypti*(황열 모기), *Lepidopteran Bombyx mori*(누에), Hymenopteran *Apis mellifera*(꿀벌), *Coleopteran Tribolium castaneum*(붉은 밀가루 딱정벌레)다. 각 위치에서 가장 보편적인 서열은 음영으로 나타내었고 정박자리의 공통서열은 아래에 그림문자로 표시하였다. 각 문자의 높이가 그 위치에서의 각 뉴클레오티드의 빈도를 나타낸다. (Modified, with permission, from Graveley B.R. 2005. *Cell* **123**: 65–73, Fig. 2. © Elsevier.)

글상자 14-3 (계속)

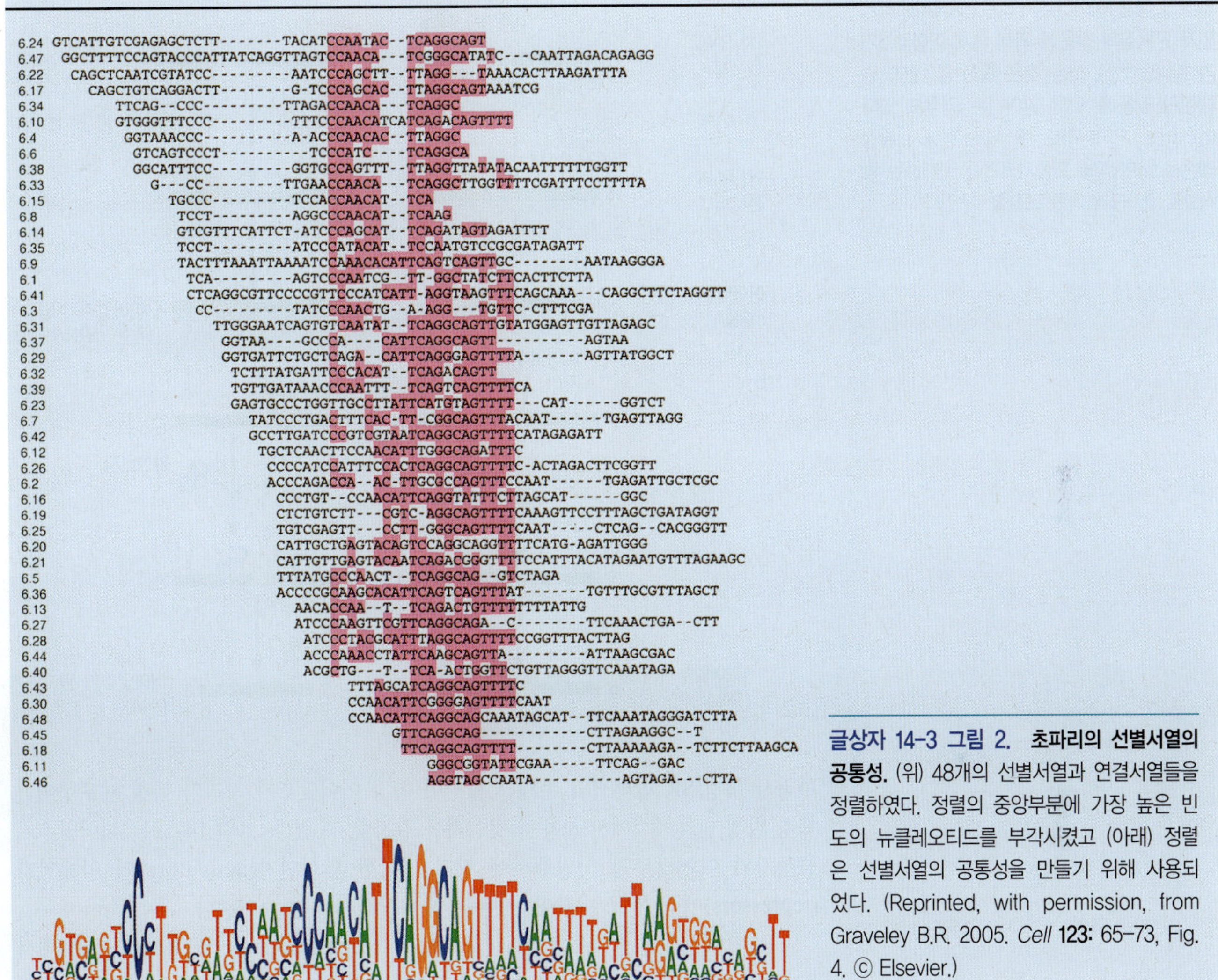

글상자 14-3 그림 2. **초파리의 선별서열의 공통성.** (위) 48개의 선별서열과 연결서열들을 정렬하였다. 정렬의 중앙부분에 가장 높은 빈도의 뉴클레오티드를 부각시켰고 (아래) 정렬은 선별서열의 공통성을 만들기 위해 사용되었다. (Reprinted, with permission, from Graveley B.R. 2005. *Cell* **123:** 65–73, Fig. 4. © Elsevier.)

바와 같이 생물정보학적 분석의 한 예에서 서열들을 비교해 봄으로써 발견되었다.

대체 이어맞추기는 활성인자와 억제인자에 의해 조절된다

이어맞추기를 조절하는 단백질들은 엑손 또는 **인트론 이어맞추기 증폭자(ESE** 또는 **exonic; ISE** or **intronic splicing enhancer)**나 **사일렌서(silencer, ESS**와 **ISS)**라는 특정 부위에 결합한다. 전자는 이어맞추기 자리 근처에서 이어맞추기를 증가시키고 후자는 억제한다. 증폭자와 그곳에 결합하는 SR 단백질에 대해서는 이미 언급한 바 있다(그림 14-11). 이 요소들과 단백질들은 대체 이어맞추기가 일어나지 않을 때에도 실제로 이어맞추기 기구와 단백질들이 여러 엑손에 작용하는데 중요한 역할을 한다. 또한 SR 단백질은 앞서 언급한 T 항원 이어맞추기의 예에서 보듯이(그림 14-16) 대체 이어맞추기가 일어나는데 중요한 역할을 했다. 그러나 이런 역할 외에도 크고 다양한 이 단백질군은 이어맞추기 기구가 다른 조건 하에서 다른 이어맞추기 자리에 작용하도록 하여, 조절적인 대체 이어맞추기 과정에서도 특수한 역할을 수행한다.

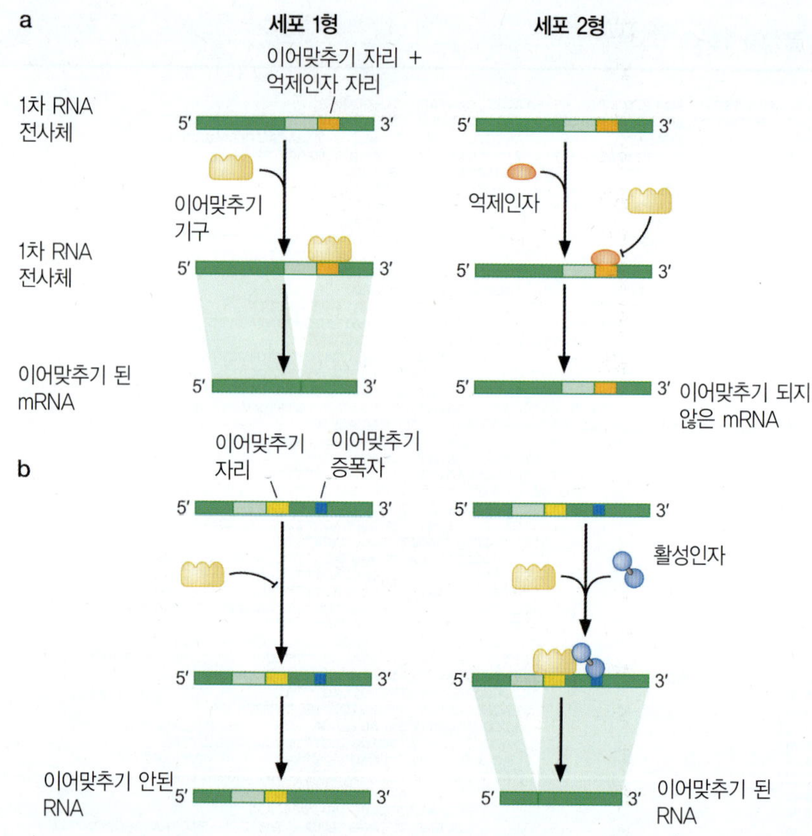

그림 14-22 조절적인 대체 이어맞추기. 일부의 대체 이어맞추기되는 mRNA는 억제인자 단백질의 작용에 의해 대체 이어맞추기가 일어난다(a). 다른 것은 특정 활성인자 단백질의 작용에 의해 일어나는 경우도 있다(b). 어느 기작이라도 한 세포 형에서 특정 엑손을 mRNA에 포함시키거나 배제하는 방식으로 이어맞추기를 조절할 수 있다.

따라서 특정 SR 단백질의 존재나 활성이 특정 이어맞추기 자리가 특정 세포형이나 특정 발생 단계에서에서 사용될 것인지를 결정할 수 있다. 그림 14-22는 이어맞추기 증폭자와 이어맞추기 사일렌서에 각각 결합한 활성인자(activators)와 억제인자(repressors)에 의한 조절된 이어맞추기의 가상적 경우를 보여준다.

SR 단백질들은 RNA 인지모티프(RNA-recognition motif, RRM)를 통해서 RNA에 결합한다(6장, 그림 6-18). 각 SR 단백질은 아르기닌과 세린이 많은 **RS 영역(RS domain)**이란 또 다른 영역을 가지고 있다. 단백질의 C-말단에 있는 RS 영역은 SR 단백질과 이어맞추기 기구 안에 있는 단백질들과의 상호작용을 매개하여 이어맞추기 자리 근처에 기구가 모이도록 한다.

초파리의 Half-pint 단백질은 특정 조직형에서 특정한 대체 이어맞추기를 증진시키는 활성인자의 한 예이다. 이 활성인자는 초파리 난소의 mRNA 전구체들의 대체 이어맞추기를 조절하며, 이들 mRNA 전구체의 특정 엑손의 3′ 이어맞추기 자리 근처에 결합하여 U2AF 이어맞추기 인자를 오게 함으로써 작용한다.

대부분 사일렌서들은 이질 핵 리보뉴클레오단백질(heterogeneous nuclear ribonucleoprotein, hnRNP)들에 의해 인지된다. 이들은 RNA에 결합하지만 RS 영역을 가지지 않아서 이어맞추기 기구를 모으지 못한다. 그 대신 특정 이어맞추기 자리를 차단함으로써 이들 자리가 사용되는 것을 억제한다. 이와 같은 기능은 *Dscam* 예에서 보았는데, Hrp36이 엑손 6 변이체가 mRNA에 포함되는 것을 막았으며 또 다른 예로서 hnRNPA1은 HIV *tat* RNA 전구체의 한 엑손 안에 있는 엑손 사일렌서 요소에 결합하여 최종 mRNA가 이 엑손을 포함되지 못하게 한다. 억제인자는 이 부위에 결합함으로써, SR 단백질인 활성인자 SC35가 증폭자 근처에 결합하는 것을 차단한다. 이 차단은 두 결합자리가 중첩하지 않기 때문에 직접적이지는 않지만 hnRNPA1

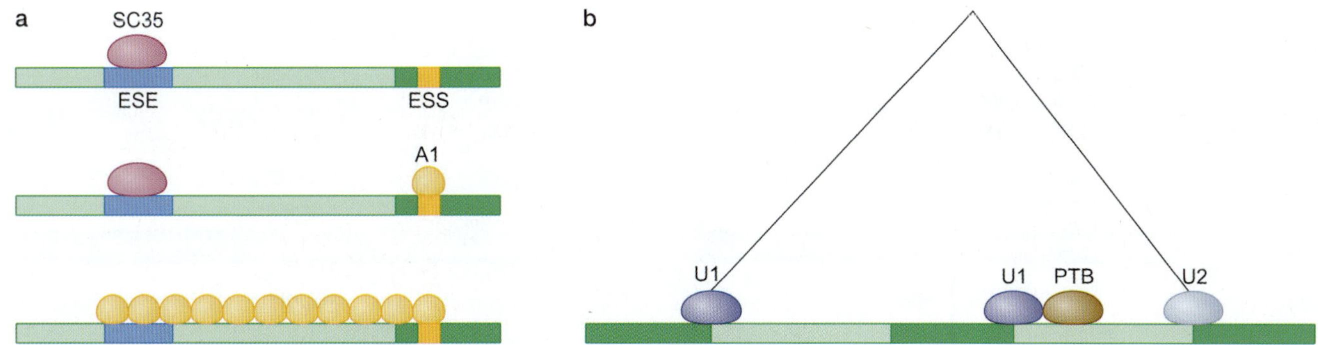

그림 14-23 사일렌스 작용의 두 가지 기작 (a) hnRNPA1에 의한 HIV *tat* 엑손 3 배제의 기작. 이어맞추기 활성인자 SC35는 ESE에 결합하여 엑손 첨가를 촉진한다. A1은 엑손 안의 ESS에 결합하며 협동적 결합을 통해 ESE에까지 퍼져 나가 SC35의 결합을 경쟁적으로 막는다. (b) hnRNP1(PTB) 단백질에 의한 엑손 배제 기작. PTB는 엑손 안에 결합하여 책에 기술한 것처럼 5′ 이어맞추기 자리에서 U1과 상호작용한다. 이 상호작용은 U1이 3′ 이어맞추기 자리의 성분과 작용하는 것을 막는다. 결국 상류의 엑손에 있는 U1이 하류의 엑손에 있는 U2와 짝을 이룬다.

은 협동적 결합을 통해 증폭자 부위를 포함한 주변부위에 hnRNPA1가 결합하는 것을 촉진한다(그림 14-23). 억제인자가 있더라도 또 다른 SR 단백질인 SF2/ASF이 존재하면, 이들이 증폭자 서열에 더 강한 친화력을 가지고 있기 때문에 결합된 억제인자를 떨어지게 할 수 있어 억제가 극복될 수 있다. 18장과 19장의 전사 조절에서 이와 유사한 단백질들의 협동적 또는 경쟁적 결합을 볼 수 있다.

포유류의 또 다른 이어맞추기 억제인자로는 hnRNPI(PTB) 단백질이 있다. 이 단백질은 특정 엑손 주변 서열에 결합하여 성숙 mRNA에 그 엑손이 포함되지 못하게 한다. 이 작동 기구는 이어맞추기 자리에 결합하기 위해 이어맞추기복합체 성분과 경쟁하는 것이 아니라 hnRNPI은 이어맞추기 기구와 상호작용하여 그 기능을 저해한다: U1이 5′ 이어맞추기 자리에 결합한 후 hnRNPI은 U1과 상호작용한다. 그렇지 않으면 U1은 엑손 짝지움을 용이하게 하기 위하여 다른 단백질과 상호작용할 것이다. 이런 방식으로 hnRNPI은 엑손 짝지움을 방해한다(그림 14-23b).

대체 이어맞추기의 조절이 초파리의 성을 결정한다

여기서 우리는 초파리의 이중 성(double-sex) 유전자의 정교한 조절적인 대체 이어맞추기의 예를 보게 될 것이다. 초파리의 성은 이 유전자가 만드는 mRNA의 두 가지 대체 이어맞추기 변이체에 따라 결정된다.

초파리의 성은 X 염색체와 상염색체의 비율에 따라 결정된다. 비율이 1이면(2개의 X : 2개의 상염색체 세트) 암컷이 되고 비율이 0.5이면 수컷이 된다. 이 비율은 처음에 SisA와 SisB라는 두 개의 활성인자를 사용하여 전사 조절의 차원에서 측정되었다(이 부분은 18장과 19장의 전사 조절 기구에서 상세히 다룰 것이다). 이 조절인자의 유전자는 X 염색체에 있으며 초기 배에서 암컷은 수컷에 비해 이 유전자 산물을 두 배로 만든다(그림 14-24).

이 활성인자들은 성-치사(Sex-lethal, *Sxl*) 유전자의 상류 조절 염기서열에 있는 자리에 결합한다. *Sxl* 유전자에 결합하고 조절하는 또 다른 조절인자는 Dpn(Deadpan)이란 억제인자이다; 이는 2번 염색체에서 발견되었다. 그래서 활성인자와 억제인자의 비는 두 성에서 다르게 되며, 이로 인해 *Sxl* 유전자가 암컷에서는 활성화되고 수컷에

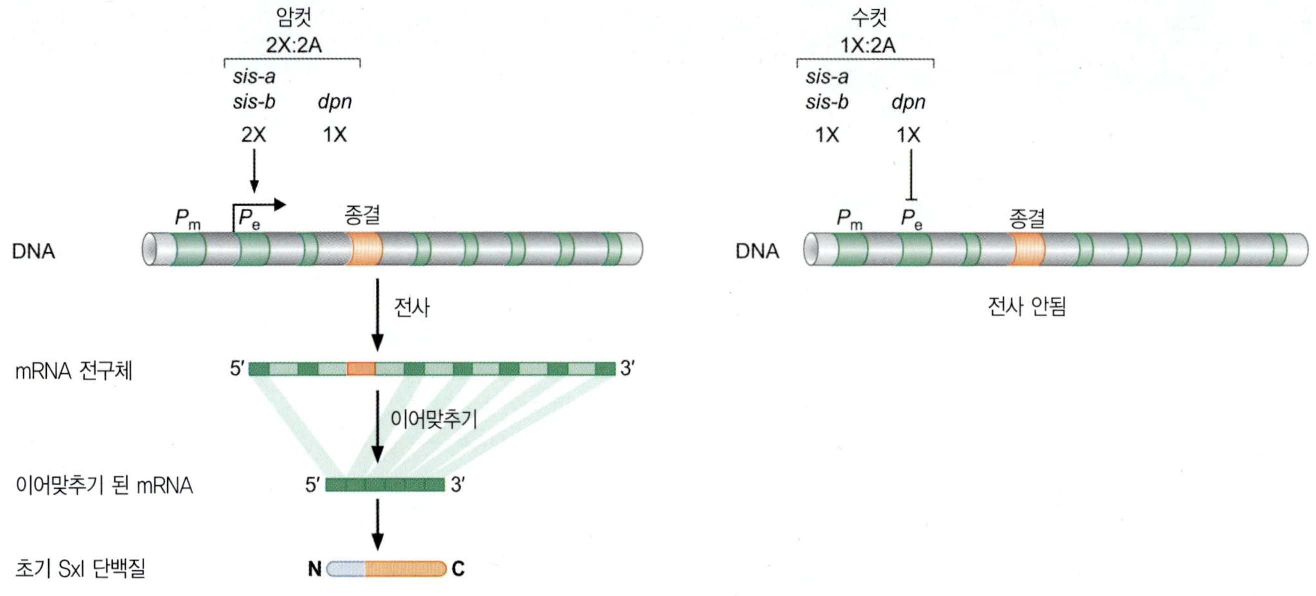

그림 14-24 초파리 암컷과 수컷에서 Sxl의 초기 전사 조절. *sisA*와 *sisB* 유전자는 X 염색체에 있으며 *Sxl* 유전자의 발현을 조절하는 전사 활성인자를 암호화한다. *Sxl*의 억제인자인 Dpn은 2번 염색체에 있는 유전자에서 만들어진다. 수컷과 암컷 둘 다 상염색체에서 암호되는 Dpn을 같은 양으로 발현하지만 암컷은 수컷보다 2배 많은 활성인자를 만든다(암컷이 X 염색체를 2개 가지는 반면 수컷은 한 개이기 때문). 억제인자에 대한 활성인자의 비에서의 차이로 인해 *Sxl*은 암컷에서는 발현되지만 수컷에서는 발현되지 않는다. Sxl 단백질은 본문과 다음 그림에 나타낸 것처럼 자신의 발현을 자가 조절한다. (Adapted from Estes P.A. et al. 1995. *Mol. Cell. Biol.* **15:** 904–917.)

서는 억제되는 차이를 만들게 한다.

Sxl 유전자는 P_e와 P_m 두 프로모터에서 발현된다. P_e 프로모터는 SisA와 SisB에 의해 조절된다. 발생 후기에 이 프로모터는 영구히 차단된다. 암컷의 배에서 *Sxl*의 발현은 P_m 프로모터(유지를 위한 프로모터)에서 발현되어 유지된다.

P_m 에서의 전사는 암컷과 수컷 둘 다에서 항상적으로 일어난다. 그러나 이 프로모터에서 만들어진 RNA는 P_e에서 만들어진 전사체보다 엑손 한 개를 더 가진다(그림 14-23). 만약 이 엑손이 성숙한 암호물에 남게 되면, 활성을 갖는 단백질은 만들어지지 않는다. 이 같은 경우가 수컷에서는 일어나지만 암컷에서는 이어맞추기에 의해 그 엑손은 제거되어 기능적인 Sxl 단백질이 생산되어진다.

그림 14-25에서처럼 P_m에서 만들어지는 RNA를 이어맞추기가 일어나서 저해 엑손을 잘라내게 하는 것은 수컷에는 없고(P_e로부터의 초기 발현 때문) 암컷에만 존재하는 Sxl 단백질 자체이다. 이 일은 Sxl이 이어맞추기의 억제인자로 작용함으로써 수행된다.

기능적인 Sxl 단백질은 암컷에서 계속 만들어져서 암컷에서 자기 자신뿐만 아니라 다른 RNA의 이어맞추기를 조절한다. 이들 중 하나가 암컷과 수컷 둘 다의 *tra* 유전자에서 항상적으로 만들어지는 RNA이다(그림 14-25). Sxl에 의한 이어맞추기가 없으면(수컷) 이 RNA는 단백질을 못 만들지만 Sxl이 있으면 기능적인 Tra 단백질을 만들 수 있도록 이어맞추기가 된다(암컷).

Tra 단백질도 이어맞추기의 조절인자다. Sxl이 이어맞추기의 억제인자라면, Tra는 활성인자이다(그림 14-25). Tra의 목표물은 이중 성(Doublesex, Dsx)을 암호하는

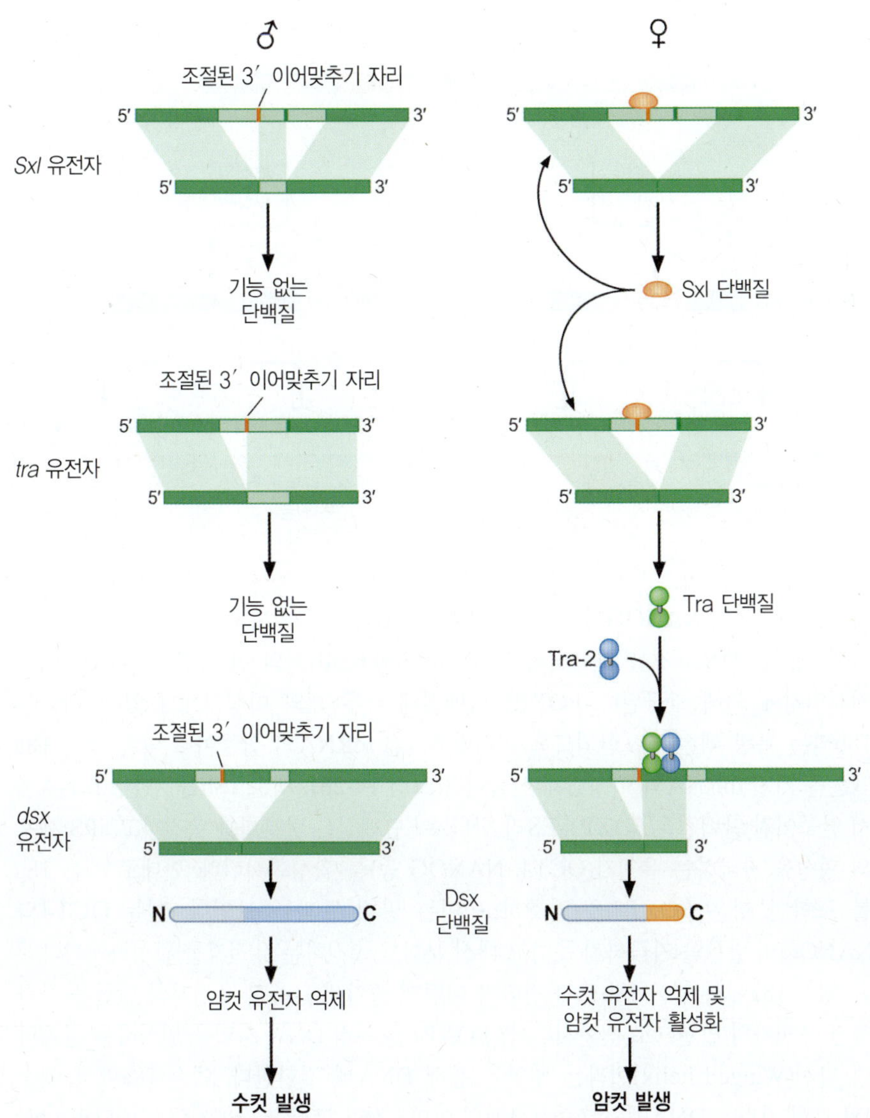

그림 14-25 초파리 성을 결정하는 단계적 대체 이어맞추기. 초파리에서 만들어지는 성-치사 단백질은 암컷으로 발생을 유도하고(그림의 오른쪽), 이 단백질이 없으면 수컷이 된다(왼쪽). 이 단백질의 존재는 자신의 암호물의 이어맞추기를 자가 조절을 함으로써 유지된다. 만약 이러한 조절이 없으면 기능적인 단백질은 만들어지지 않는다(수컷). 또한 이 단백질은 *tra* 유전자의 이어맞추기도 조절을 하여 암컷에서 기능적인 Tra 단백질이 만들어지게 한다. Tra는 그 자체가 이어맞추기의 조절인자다. 이는 *이중 성*(*doublesex*) 유전자의 mRNA 전구체에 작용한다. *dsx* mRNA가 Tra 단백질에 의해 이어맞추기가 되면 이중 성 단백질은 암컷에서 Tra 조절인자가 없을 때(수컷) 만들어지는 단백질 형태와는 구분되는 카르복시 말단에 30개의 아미노산을 포함한 단백질로 만들어진다(암컷). Dsx의 암컷형은 암컷 발생에 필요한 유전자를 활성화하고 수컷 발생에 필요한 유전자는 억제한다. 카르복시 말단에 150개의 아미노산을 가지는 수컷형은 암컷 발생을 유도하는 유전자를 억제한다. Sxl 단백질은 3′ 이어맞추기 자리에서 피리미딘 열에 결합하여 작동하는 이어맞추기의 억제인자다(그림 14-3 참조). 반대로 Tra 단백질은 이어맞추기의 활성인자며 *dsx* RNA의 엑손 중 하나에 있는 증폭자 서열에 결합한다(그림 14-11 참조).

유전자에서 만들어지는 RNA이다. 이 RNA는 이어맞추기에 의해 두 가지 대체형이 만들어지며, 둘 다 조절 단백질을 암호하지만 활성은 서로 다르다. 그래서 Tra가 있을 때 *dsx* RNA는 수컷 특이적인 유전자의 발현을 억제하는 단백질을 만들도록 이어맞추기가 되며, Tra 단백질이 없으면 암컷 특이적인 유전자를 억제하는 Dsx형이 만들어진다.

대체 이어맞추기의 전환이 전분화능의 중추 역할이다

실험실에서 배아줄기세포를 사용하여 특정 세포형을 만드는 일보다도 의학적 면에서 잠재적 성공에 더 많은 관심을 가지는 것과 포유동물의 발생생물학 분야에 더 많은 흥미를 가지는 것만큼 중요한 주제도 없다. 배아줄기세포는 배아에 있는 미분화 세포이며 성체 동물의 여러 조직과 세포형이 되기 때문에 전분화능을 가진다(부록 1 참조). 실제 실험실에서 배아 줄기세포는 근육과 신경, 췌장, 그리고 다른 특수 세포형으로 분화되도록 유도할 수 있다. 최근에 전분화능의 유지에 필요한 주요 전사인자의 생산을 인위적으로 증진시킴으로써 체세포를 전분화능 세포(유도된 전분화능 줄기세포, **iPS 세포**라 함)로 탈분화시키는 것이 가능해졌다(글상자 21-1). 이런 종류의 전사인

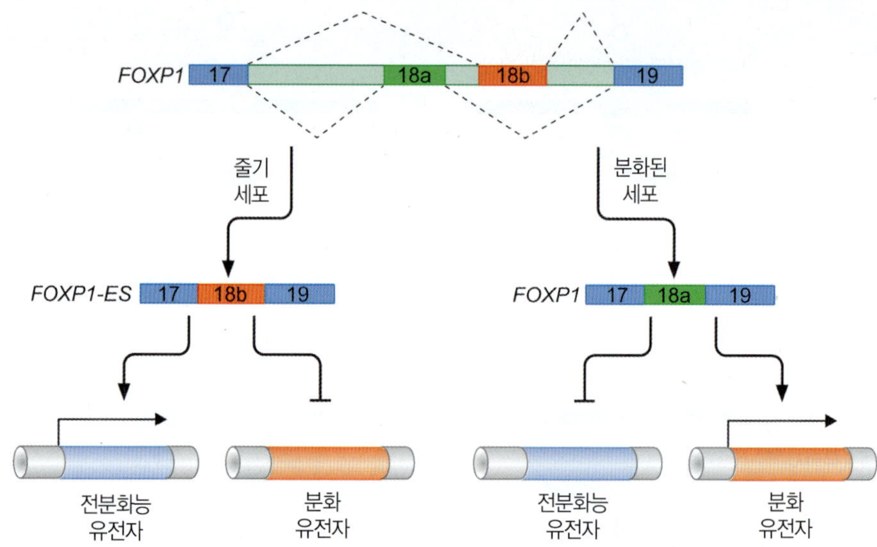

그림 14-26 대체 이어맞추기의 전환은 전분화능의 중추 역할이다. 전사인자 FOXP1은 날개달린 나선 영역(Winged helix domain)이란 영역을 통해 DNA의 특정 자리에 결합한다. 이것이 인식하는 DNA 자리의 특이성은 mRNA의 대체 이어맞추기를 통해 변할 수 있다. 하나의 특정 엑손(엑손 18a)이 포함되면 결과적인 산물(FOXP1)은 특정 서열로 된 자리를 인식한다. 그러나 대체 이어맞추기로 18a 대신 18b 엑손을 포함한 형을 만들게 되면 그 산물(FOXP1-ES)은 다른 서열에 결합하여 다른 유전자들의 발현을 조절하게 된다.

자에는 OCT4와 NANOG가 있다. OCT4와 NANOG 그리고 다른 주요 조절 단백질들의 생산은 DNA 결합 단백질의 포크머리(Forkhead)계의 한 종류인 FOXP1이란 전사인자에 의해 자극된다. FOXP1 단백질에는 두 개의 이성질체가 있다. 하나는 18b라는 특정 엑손이 포함되도록 이어맞추기된 mRNA의 산물이며 다른 것은 18a 엑손을 가진 mRNA의 이성질체 산물이다(그림 14-26). 엑손 18b를 가진 mRNA에서 만들어진 단백질은 FOXP1-ES라 한다: 이 단백질은 탈분화를 촉진하고, iPS 세포의 형성을 자극하는 유전자(OCT4, NANOG 등)를 활성화시킨다. 반대로 엑손 18a를 포함한 형은 FOXP1을 암호하고 이는 반대 효과를 보인다: 이는 OCT4와 NANOG의 발현을 자극하지 못하고 대신 분화를 촉진하는 유전자를 활성화시킨다.

엑손 18a에서 엑손 18b로의 전환이 어떻게 줄기세포 촉진 유전자의 발현을 분화촉진 유전자의 발현으로 전환시킬까? FOXP1은 특정 DNA 서열을 인식하는 날개달린 나선(Winged helix)이라는 영역을 통해 DNA에 결합한다. 엑손 18a에서 엑손 18b로의 전환은 DNA에 접촉하는 4개의 아미노산을 포함한 단백질의 날개달린 나선 내의 35개 잔기가 바뀌도록 한다. 이러한 교환은 FOXP1의 DNA 서열 특이성을 변화시킨다. 실제로 이 잔기들 중 아스파라긴과 히스티딘 두 개를 각각 글리신과 트레오닌으로 바꾸면 FOXP1에 대한 공통서열과 FOXP1-ES에 대한 공통서열 사이의 특정 염기쌍 차이가 제한된다.

그렇기 때문에 FOXP1에 대한 mRNA의 대체 이어맞추기형 간의 전환은 전분화능과 분화에 대한 전사 회로를 조절하는 과정에서 가장 우선순위에 있다. 이는 앞서 봤듯이 초파리 성을 결정하는 일련의 과정에서의 성-치사 유전자의 대체 이어맞추기를 생각나게 한다. 성-치사의 경우 체세포에 대한 X 염색체의 비율이 수컷과 암컷에서 이어맞추기 변이체들을 만들도록 지시한다. 그러나 FOXP1의 경우 배아줄기세포와 분화하는 세포에서 어떤 형이 만들어질 건지를 결정하는 인자는 아직 발견되지 않았다. 그럼에도 불구하고 초파리와 포유동물에서의 이런 예는 유전자의 조절 과정의 폭넓은 다양성에서 대체 이어맞추기의 역할을 강조한다.

우리는 진핵생물계에서 수행되는 다양한 이어맞추기와 여기에 참여하는 많은 성분들에 대해 살펴보았다. 이 성분들 중 어느 약간의 기능이 상실되면 글상자 14-4에 언급한대로 심각한 결과를 초래할 수 있다(글상자 14-4, "mRNA 전구체의 이어맞추기 결함에 의한 인간 질병" 참조).

엑손 뒤섞기

엑손은 재조합으로 뒤섞여 새 단백질을 암호화하는 유전자가 만들어진다

모든 진핵생물은 인트론을 가지지만 세균은 인트론을 거의 가지지 않는다. 여기에는 두 가지 해석이 가능하다.

첫째는 **인트론 초기 모델(intron early model)**인데 모든 인트론은 모든 생물에 있었으나 세균에서는 없어졌다는 것이다. 만약 인트론이 세균에 원래 있었다면 왜 그들이 점차적으로 없어졌을까? 이것은 세균이 염색체의 복제와 세포분열의 효율을 높이는 쪽으로 가해지는 선택압력에 대해 능률적으로 대처하여 유전체 중 유전자의 비

▶ 의학관련

글상자 14-4 mRNA 전구체의 이어맞추기 결함에 의한 인간 질병

이 책에서 언급한 바와 같이 인간 유전자의 대부분은 인트론을 포함하고 있다. 그러므로 인간 질병을 일으키는 여러 점돌연변이의 염기 치환이 mRNA 전구체의 이어맞추기를 손상시킨다는 것은 그다지 놀라운 일이 아니다. 인간 질병을 일으키는 모든 점돌연변이의 약 15%가 이어맞추기의 인식서열을 바꾸는 것으로 추정된다. 전형적인 예가 β-탈라세미아이다. 이 유전질병은 헤모글로빈의 소단위체인 β-글로빈의 생산에 결함이 있는 것이 특징이다. β-탈라세미아의 한 종류는 β-글로빈 유전자의 첫 인트론에서 TTGGT를 TTAGT로 바꾸는 돌연변이 때문에 생긴다. 이 돌연변이는 서열을 정상적인 3′ 이어맞추기 자리(Py열 AG/G, 그림 14-3 참조)와 유사하게 만든다. 그 결과 질환자의 β-글로빈 mRNA 전구체의 이어맞추기는 정상 자리가 아닌 돌연변이로 인하여 생긴 3′ 이어맞추기 자리에서 일어난다.

가족성 성장호르몬 결핍증 제II형이란 유전병은 성장 호르몬의 mRNA 전구체의 이어맞추기에 결함으로 인해 생겨 신장이 작은 사람이 된다. 프레이저(Frasier) 증후군은 비뇨생식기적 질병이며 신장과 생식선의 발생에 중요한 유전자의 mRNA 전구체 이어맞추기에 결함이 생긴 것이 원인이다. 두 가지 다른 예는 세포 골격 단백질의 mRNA에서 이어맞추기의 결함에 의한 치매의 일종과 낭성 섬유종(cystic fibrosis)의 한 형태다.

이어맞추기 기작 자체의 손상을 야기하는 돌연변이에 의한 질병도 있다. 한 예가 망막 색소증(retinitis pigmentisa)으로서 망막의 진행성 퇴행을 야기하며 결국 눈이 멀게 되는 특징이다. 이 병은 여러 유전자의 돌연변이에 의해 생기는데 유전자 대부분이 망막 특이적 기능을 한다. 그러나 돌연변이들 중 약간은 이어맞추기복합체의 구성물의 유전자에서 생긴다. 질환자는 정상적인 유전자와 돌연변이체를 하나씩 가지므로 이어맞추기 단백질은 정상적인 양보다 더 적게 만들어진다.

왜 이어맞추기 구성물의 양이 정상보다 적을 경우 망막 같은 특정 조직에서 그 효과가 더 명확하게 나타날까? 한 가지 가능한 답은 망막의 광색소인 로돕신(rhodopsin)의 교체율이 매우 높다는 것이다. 따라서 로돕신의 분해로 인한 손실을 보상하기 위하여 옵신(opsin)의 생산을 높이기 위한 이어맞추기가 필요하게 된다. 망막은 특정 단백질을 많이 만들 필요성이 덜한 다른 조직보다도 이어맞추기에서의 부분적인 손상 정도에도 상당히 민감한 것으로 보인다.

척추근 위축증(spinal muscular atrophy, SMA)은 어린이 사망의 가장 보편적인 유전질병 중 하나다. 이 병의 특징은 척추 신경의 진행성 소실로서 이어맞추기 기구의 SMN(survival motor neuron)이란 구성물의 유전자에서의 돌연변이가 원인이다. 망막 색소증과 마찬가지로 왜 이어맞추기의 결함이 운동성 뉴런에 주로 영향을 미치는지는 의문이다.

지금까지 예를 든 것은 주로 유전질병이었다. 그러나 이어맞추기에 손상을 일으켜 질병을 야기하는 돌연변이가 체세포에도 만들어질 수 있다. 그 한 예는 세포주기 조절인자인 p73 유전자의 돌연변이다. p73 단백질은 mRNA의 대체 이어맞추기의 결과로 여러 형이 존재한다. p73 mRNA 전구체의 대체 이어맞추기의 실수를 야기하는 돌연변이는 인편세포 육종(squamous cell carcinoma)이란 암을 초래한다. 이는 이어맞추기를 망가뜨리거나 많은 mRNA 전구체의 대체 이어맞추기를 잘못되게 하는 체세포 돌연변이 또한 암발생의 원인으로 작용할 수 있음을 의미한다.

가끔 의학이 생물학의 가장 훌륭한 선생이라는 말을 한다. 이 격언은 인간 유전질병의 연구가 이어맞추기를 관장하는 서열과 그 기작에 대해 풍부한 정보를 제공한 것처럼 mRNA 전구체의 이어맞추기 분야에 잘 들어맞는 말이다. 실제로 snRNP와 mRNA 전구체 이어맞추기 기구의 기본적인 구성물들의 발견은 리보핵산 단백질 입자에 대한 항체를 생산하는 질환인 낭창(lupus)라는 자가면역질병을 연구를 통해서 이루어졌다. 인간 유전질병에 대한 계속적인 연구는 mRNA 전구체 성숙화 기작에 대한 더 많은 지식을 얻게 해줄 것이다.

이어맞추기 결함의 교정은 질병 치료의 한 방법이다

질병의 원인인 이어맞추기 결함을 교정함으로써 많은 질병을 치료하고자 하는 시도를 해왔다. 여기서는 그 중 하나인 SMA에 대한 것을 다룬다. 위에서 언급한대로 SMA는 돌연변이에 의해 *SMN1* 유전자에

글상자 14-4 (계속)

의해 암호되는 이어맞추기 기구의 성분이 제거되어 발생한다. *SMN1* 유전자는 정상적으로 대체 이어맞추기를 하여 성숙한 mRNA의 90%가 엑손 7을 포함하며 완전한 길이의 단백질을 만든다. 인간은 동일한 단백질을 암호하는 *SMN2*라는 또 다른 유전자를 가진다. 이 단백질은 *SMN1*의 기능을 대신할 수 있지만 *SMN2* 전사체는 이 유전자에서 만들어진 mRNA의 약 10% 만이 엑손 7을 가지도록 이어맞추기 된다. *SMN1*이 완전히 소실되면 이를 보상하는 한가지 방법으로 *SMN2*의 이어맞추기를 통해 엑손 7이 포함되는 mRNA가 만들어지도록 하는 것이다.

엑손 7의 이어맞추기를 조절하는 *SMN2* 1차 전사체 내의 서열에 대한 안티세스 올리고뉴클레오티드를 만드는 시도를 하였다. 그림에 보여주는 것처럼(글상자 14-4 그림 1) 올리고뉴클레오티드는 왓슨-크릭 염기쌍으로 전사체 내의 특정 서열을 인식하도록 고안하였다. 이 결합은 이어맞추기 억제인자인 hnRNP의 결합을 배제시킨다. 이 전략은 인간 *SMN2* 유전자를 발현하도록 만든 생쥐에서 작동하였으며 현재는 인간의 임상 시험에도 수행되고 있다.

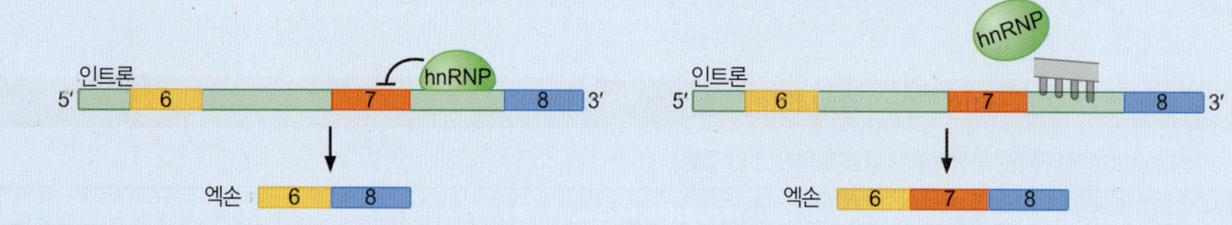

글상자 14-4 그림 1. *SMN2* 사일렌스 조절. 외가닥의 안티세스 올리고뉴클레오티드를 RNA 전사체의 지역 중 정상적으로는 이어맞추기 억제인자인 hnRNP가 엑손 7이 포함되는 것을 막기 위해 결합하는 부위에 결합하도록 고안한다. 결합이 되면 올리고뉴클레오티드는 hnRNP를 대신하게 되며 성숙한 mRNA에 엑손 7이 포함되어 SMN 단백질이 생산되도록 한다. (Adapted, with permission, from Rigo F. et al. 2012. *J. Cell Biol.* **199:** 21–25, Fig. 2, p. 23. doi:10.1083/jcb.20127087. © Rockefeller University Press.)

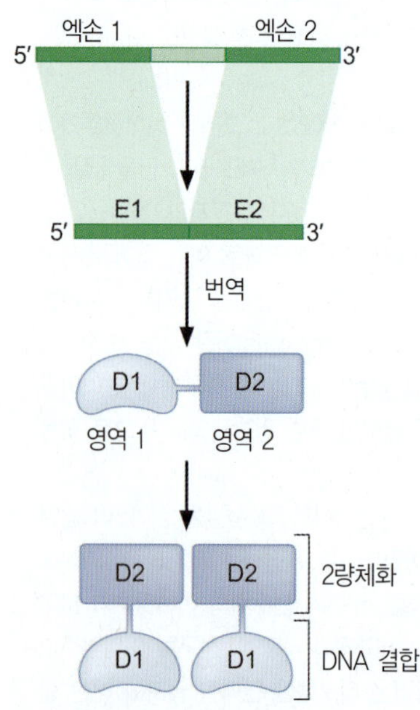

그림 14-27 엑손은 단백질의 영역을 암호화한다. 예로서 한 단백질의 DNA 결합영역이 하나의 엑손에서 암호화되고, 같은 단백질의 2량체화 영역은 떨어진 엑손에서 암호화된다고 가정하자. 단백질의 영역들은 단백질의 나머지 부분과 독립적으로 접히고 종종 단일 기능을 수행한다(6장에서 논의됨). 그러므로 엑손들은 단백질들 사이에서 생산적으로 교환될 수 있다.

율이 높아졌기(8, 12장 참조) 때문이라는 것이다. (진핵생물 중에 단세포성이며 빠르게 성장하는 효모가 복잡한 다세포생물에 비해 인트론을 더 적게 가지고 있음을 상기하라.)

둘째는 인트론은 세균에 원래 없었고 진화과정을 통해 생겨났다는 **인트론 후기 모델(intron late model)**이다. 이 모델에 따르면 인트론은 전이인자(transposon, 트랜스포존)와 유사한 기작에 의해 전에 인트론이 없었던 유전자에 끼어들어 갔다는 것이다(12장 참조).

어떤 해석이 맞는지 명확하지는 않지만 이보다 더 흥미로운 의문이 있다. 인트론이 왜 진핵생물에 많이 남아 있는가이다. 한 가지 분명한 장점은 인트론의 존재와 그들의 제거 필요성이 대체 이어맞추기를 통해 한 유전자에서 여러 가지 단백질을 만들 수 있게 해주었다는 것이다. 그러나 더 큰 의미의 또 다른 장점은 한 유전자의 암호서열이 여러 개의 엑손으로 나누어짐으로써 엑손의 뒤섞임에 의해 새로운 유전자가 만들어질 수 있게 되었다는 것이다. 다음의 세 가지 관찰을 통해 이 과정이 실제 일어날 수 있음을 알 수 있다.

- 첫째, 한 유전자의 엑손과 인트론 사이의 경계는 흔히 그 유전자에 의해 암호되는 단백질 안에 있는 영역(domain)들 사이의 경계와 일치한다(6장 참조). 즉, 각 엑손은 흔히 하나의 독자적인 단백질의 접힘 단위를 암호화한다. 그 예로서 그림 14-27의 DNA 결합 단백질을 보면, 대부분의 DNA 결합 단백질들처럼 DNA 인지 영역과 2량체화 영역의 두 부분을 가지고 있다. 그림에서처럼 이들 영역(D1과 D2)은 유전자의 분리된 엑손(E1과 E2)에 의해 암호화된다.
- 둘째, 많은 유전자와 그들의 단백질은 명백하게 엑손 중복(duplication)과 분기(divergence)를 통한 진화과정에서 생겨났다. 반복 단위로 구성된 단백질(면역글로

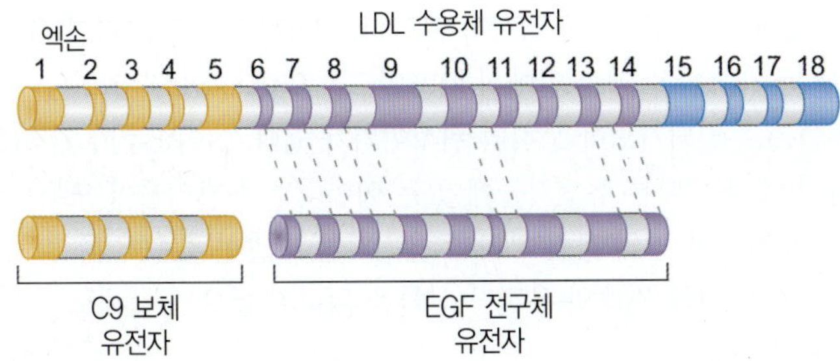

그림 14-28 다른 유전자의 부분들로 구성된 유전자. LDL(low-density lipoprotein) 수용체 유전자는 C9 보체 유전자의 엑손과 밀접히 관련된 연속된 6개 엑손과 EGF 전구체 유전자의 엑손과 유사한 8개의 엑손을 가진다. 즉 LDL 수용체 유전자는 다른 유전자 사이에서 엑손의 혼합에 의해 구성되어 있다. 인트론은 많은 경우에 LDL 수용체와 EGF 전구체 유전자에서 정확하게 같은 위치를 차지하고 있지는 않다. 인트론이 같은 위치에 있는 경우를 점선으로 표시하였다.

불린)들은 대부분 아마도 이 방법에 의해 만들어졌을 것이다(12장, 그림 12-35 참조). 각 엑손 사이의 인트론의 존재는 중복이 더 쉽게 일어나게 한다.

- 셋째, 관련된 엑손들이 가끔 서로 연관이 없는 유전자에서 발견된다. 즉, 이것은 엑손들이 실제로 다른 단백질을 암호화하는 유전자에서 재사용되었다는 것을 증명하는 것이다. 예로서 LDL(low-density lipoprotein) 수용체 유전자(그림 14-28)를 보면 이 유전자는 EGF(epidermal growth factor) 전구체를 암호화하는 유전자에 있는 엑손과 진화적으로 분명히 관련된 엑손을 가지고 있다. 그와 동시에 이 유전자는 C9 보체(complement) 유전자의 엑손과 관련된 엑손도 가지고 있다(그림 14-28). 엑손 융합의 더 광범위한 예는 유전체의 완전한 서열을 통해 명확해졌다. 그림 14-29처럼 혼합된 엑손으로 구성된 유전자에 의해 암호화되는 단백질에서 고도로 연관된 영역들이 다양한 조합으로 사용된 예를 많이 볼 수 있다.

우리가 보았듯이, 엑손은 짧은 반면(약 150 뉴클레오티드 정도)에 인트론은 길이

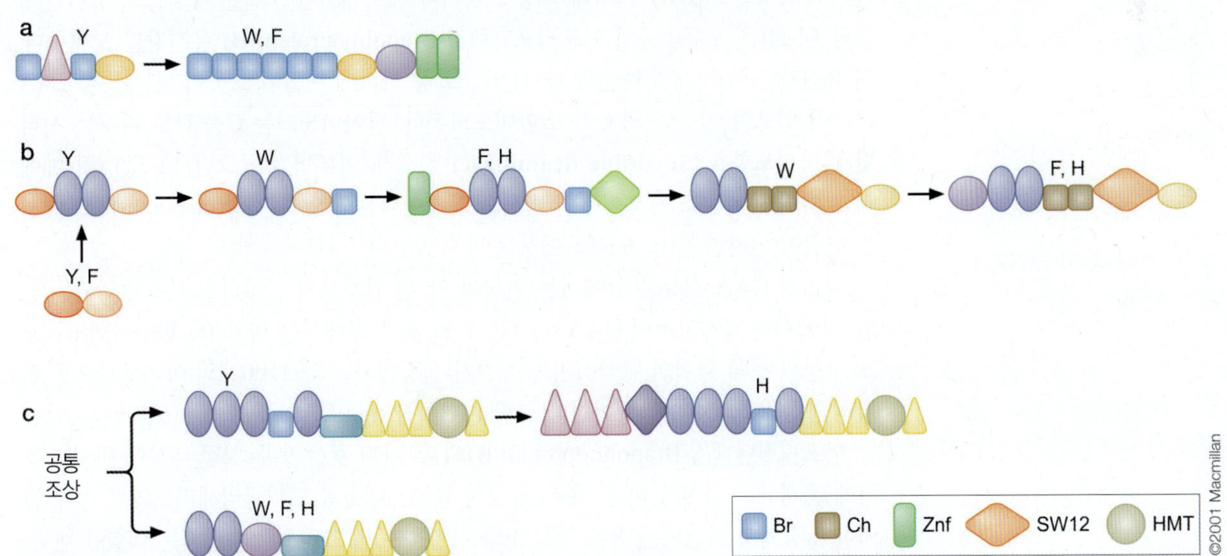

그림 14-29 한 단백질 군의 진화 과정에서 영역의 축적과 소실 그리고 재혼합. 그림은 서로 다른 관련된 단백질들이 특정 영역을 얻거나 잃으면서 진화할 수 있는 경로를 보여준다. 세 가지 예는 효모(Y)와 연형동물(W), 파리(F), 그리고 사람(H)의 염색질 변형효소를 보여준다(8장). 각 단백질은 서로 다른 색과 모양으로 나타낸 영역들로 구성되어 있고, 이러한 배열을 나타내는 종들을 위에 표시하였다. 어떤 배열은 하나 이상의 종에서 볼 수 있고, 또 한 종에서 유사한 영역들을 하나 이상의 연관된 배열이 나타나기도 한다. 발견된 영역들에는 브로모 영역(Br), 크로모 영역(Ch), 히스톤 메틸전이효소 영역(HMT), 염색질 구조 변경 효소(SW12)와 연관된 ATPase 활성, 그리고 아연 손가락영역(Znf) 등이 있다(8장, 19장에서 논의됨). (Adapted, with permission, from Lander et al. 2001. *Nature* **409:** 906, Fig. 42. © Macmillan.) RNA Splicing

가 다양하며 대체로 긴(수백 kb) 경향을 보인다. 고등생물의 평균적인 유전자에서 크기의 비를 볼 때 재조합은 엑손 안에서보다 인트론 안에서 더 잘 일어나게 될 것이다. 따라서 엑손들은 분열되기보다 오히려 뒤섞이기가 쉽다. 이어맞추기 기작(5′와 3′ 이어맞추기 자리)에서는 다른 유전자들에 있는 이어맞추기 자리들이 모두 상호 교환될 수 있기 때문에 가능한 거의 모든 재조합 유전자들이 발현될 수 있을 것이다. 더구나 대체 이어맞추기에 의해 원래의 유전자 산물을 버리지 않으면서 새로운 엑손을 시험해 볼 수 있을 것이다.

RNA 편집

RNA 편집은 mRNA의 서열을 바꾸는 또 다른 방법이다

RNA 이어맞추기처럼 **RNA 편집(RNA editing)**은 전사된 후의 RNA 서열을 바꿀 수 있다. 따라서 번역에서 만들어진 단백질은 유전자 서열에서 예상되는 것과 다르게 된다. 그러나 이러한 예는 mRNA의 길이가 다시 정리되는 것보다는, 편집 동안 각 염기들은 삽입되거나 결실 또는 변화되는 등 이어맞추기보다 훨씬 더 변화무쌍하다. 즉, RNA의 암호정보가 변경된다. 편집을 일으키는 기작에는 두 가지가 있는데, 이는 자리특이적 탈아미노화(site-specific deamination)와 안내 RNA에 의한 우리딘(uridine)의 삽입 또는 결실이다. 여기에 대해 차례차례 살펴보자.

자리특이적 특이적 **탈아미노화(deamination)**의 한 형태에서 mRNA 내의 특정한 시토신(cytosine) 잔기가 탈아미노화를 통해 우리딘으로 전환된다. 이 과정은 전형적으로 특정한 mRNA에 대해 특정 조직이나 세포에서만 조절된 방식으로 일어난다. 그림 14-30은 포유동물의 아포리포단백질-B(apolipoprotein-B) 유전자를 보여준다. 이 유전자는 여러 개의 엑손을 가지는데, 그 중 하나에 편집의 표적이 되는 특정 CAA 코돈이 있으며 이 코돈의 C가 탈아미노화된다. 탈아미노화는 C를 U로 바꾸는 **시티딘 탈아미노화효소(cytidine deaminase)**에 의해 이루어진다(그림 14-31). 이 예에서 탈아미노화는 조직 특이적인 방식으로 일어나는데 암호는 장(intestinal)세포에서는 편집이 되지만 간(liver)세포에서는 되지 않는다.

따라서 CAA 코돈은 간에서는 편집이 안 된 암호로서 글루타민으로 번역되는 반면, 장에서는 종결코돈인 UAA로 바뀐다. 그 결과 간에서는 약 4500개의 아미노산으로 구성된 전체 길이의 단백질이 만들어지나 장에서는 약 2100개의 아미노산으로 된 잘려진 폴리펩티드가 만들어진다(그림 14-30 참조).

아포지질단백질 B(apolipoprotein B)의 두 가지 형은 모두 지질 대사에 관여한다. 간에 존재하는 길이가 더 긴 형은 합성된 콜레스테롤과 트리글리세리드의 수송에 관여하고 장에서 발견되는 작은 형은 소화 지질을 여러 조직으로 수송하는 역할을 한다.

효소적 탈아미노화에 의한 mRNA 편집의 또 다른 예에는 아데노신 탈아미노화(adenosine deamination)도 포함된다. 이 반응은 **ADAR(adenosine deaminase acting on RNA)** 효소에 의해 수행되는데, 이 효소는 사람에는 3종류가 있으며 이노신(inosine)을 만든다. 이노신은 시토신과 염기쌍을 이룰 수 있어서 이 변화는 mRNA에 의해 암호화되는 단백질의 서열을 바꿀 수 있다. 포유류의 뇌에서 발현되는 이온 통로는 이러한 편집 형태를 보여주는데 그것의 mRNA 안에서 하나의 편집이 생기면 단백질에서는 한 아미노산의 변화가 생기게 되고 이것이 통로의 Ca^{2+}의 투과성을 바꾸어 준다. 이런 편집이 결여되면 뇌 발생은 심각하게 손상 받는다.

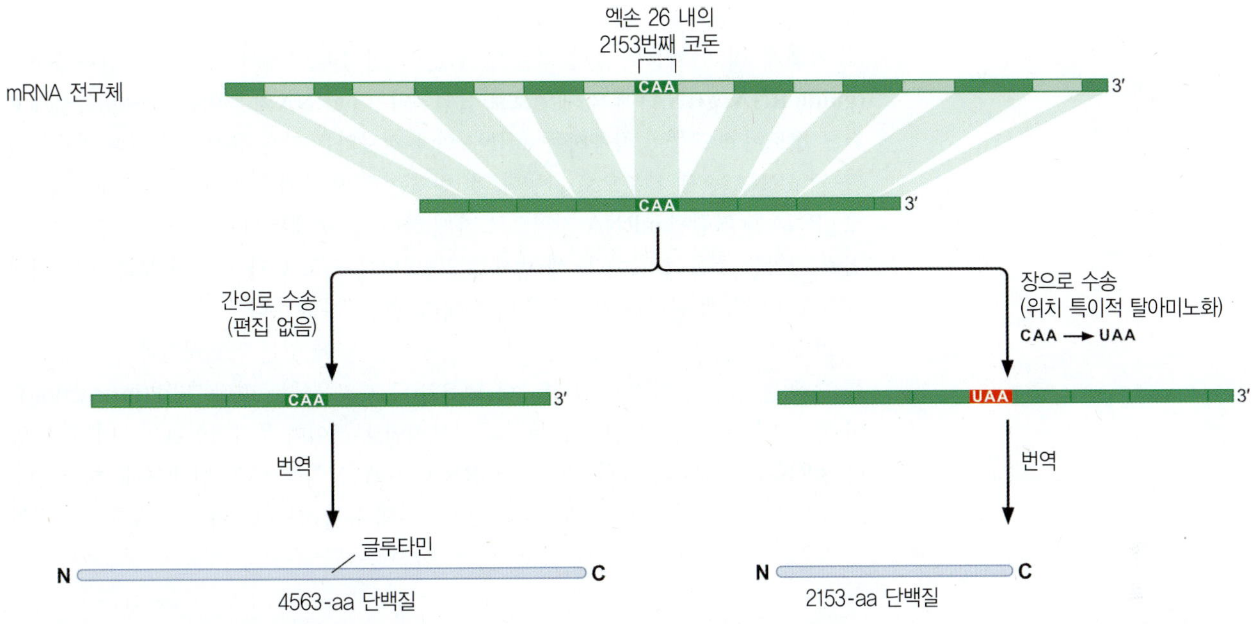

그림 14-30 탈아미노화에 의한 RNA 편집. 사람의 아포지질단백질 유전자의 mRNA는 특정 시토신을 우리딘으로 만드는 탈아미노화 과정을 통해 조직 특이적으로 편집된다. 이 사건은 장에 있는 RNA에서 생기지만, 간에 있는 RNA에서는 일어나지 않는다. 장의 mRNA에 종결코돈이 만들어져 간에서 만들어지는 단백질보다 더 짧은 단백질이 만들어진다. 그림은 원래 치수로 그리지 않았다. 편집된 엑손은 엑손 26이며 코돈을 채워서 표시했지만 실제는 그 엑손 안의 단지 짧은 지역에 해당한다.

효소적 탈아미노화와 같은 종류의 편집은 드문 경우지만 상당히 중요하다. 초파리에서 탈아미노화가 생기는 시티딘은 20개 정도로 매우 적은 것으로 추정된다. 그러나 이들 모두는 유전자 안에 있으며 신경전달물질의 생산이나 활성에 관여한다.

탈아미노화 효소가 어떻게 특이적으로 작동하는지 명확지는 않다: 이들의 활성자리는 특정 시토신에 작용할 수 있다. 단백질은 종종 복합체의 한 부분에 속하면서 다른 구성원에 의해 그 단백질의 작용 특이성이 영향을 받기도 한다. 또한 아포지질단백질 B에 작용하는 시토신 탈아미노화효소의 경우, RNA의 특정 서열이나 특정 2차 구조를 인식함으로써 탈아미노화의 특정 부위를 인식하는 데 도움을 주는 RNA 결합 영역을 가진다.

HIV 감염에 대한 세포성 방어에서의 탈아미노화효소의 또 다른 역할은 글상자 14-5의 "탈아미노 효소와 HIV"에 기술하였다.

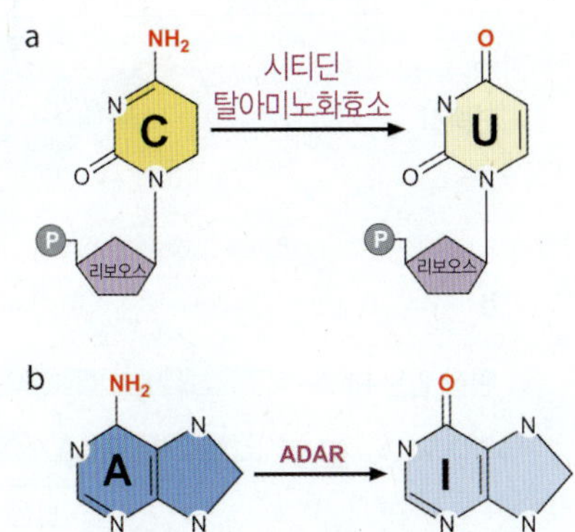

그림 14-31 우라실(uracil)과 이노신(inosine)을 만드는 시토신과 아데닌 염기의 탈아미노화. (a) 뉴클레오티드 고리의 아미노기는 시티딘 탈아미노화 효소에 의해 제거된다. (b) 아데닌 탈아미노화에서 아미노기는 ADAR에 의해 아데닌에서 이노신으로 바뀐다.

안내 RNA는 우리딘의 삽입과 결실을 이끈다

RNA 편집의 매우 다른 형태가 트리파노솜(trypanosomes)의 미토콘드리아에서 단백질을 암호하는 RNA 전사체에서 발견되었다. 이 경우에는 여러 U가 전사 후에 mRNA의 특정 지역으로 삽입된다. 이 삽입은 상당한 범위로 일어나며 극단적으로는 그것들이 완전한 mRNA 길이의 절반 이상인 경우도 있다. 암호에 U들이 더해지면 코돈과 읽기틀을 변화시켜 암호의 "의미(meaning)"를 완전히 바꾼다. 트리파노솜의 *coxII* 유전자를 예로 들어보자. 이 유전자 mRNA의 특정 지역에서 4개의 U가 세 부위에서 인접한 염기들 사이에 삽입된다(한 부위에는 두 개의 U가 삽입하며 다른 두 개의 부위에는 각각 한 개의 U가 삽입됨). 이 U의 첨가는 몇몇 코돈을 바꾸고 읽기틀에서 "−1"의 변화를 초래한다(그림 14-32a).

어떻게 이 염기들이 삽입되는가? U는 그림 14-32에서 보여주듯 **안내 RNA (guide RNA, gRNA)**에 의해 암호로 삽입된다. 이 gRNA의 길이는 40~80 뉴클레오티드 정도이고 그들이 작용하는 mRNA의 유전자와는 다른 유전자에 의해 만들어진다. 각 gRNA는 세 부분으로 나뉜다. 첫 번째는 5′ 말단에 있으며 닻(anchor)이라 하고 gRNA를 편집될 mRNA 지역으로 가게 한다. 두 번째는 U가 편집된 서열 안에 삽입될 정확한 곳을 결정한다. 세 번째는 3′ 말단에 있고 U가 연속된 부분이다. 이제 gRNA가 어떻게 편집을 이끄는지 더 자세히 알아보기로 한다.

gRNA의 닻 부분은 편집될 지역의 3′ 쪽 바로 옆에 있는 암호지역과 염기쌍을 이룰 수 있는 서열을 가지고 있다(그림 14-32b). 그 다음에는 편집 "명령(instruction)"이 온다. 이 부분은 편집될 암호부위와 상보적인 부분이며 추가적인 A가 포함되어 있다. gRNA 안에서의 A의 위치는 mRNA 속에 삽입될 U의 반대편에 해당한다. gRNA의 3′ 말단은 폴리-U 부분이다. 이 부분의 뉴클레오티드가 gRNA를 편집지역

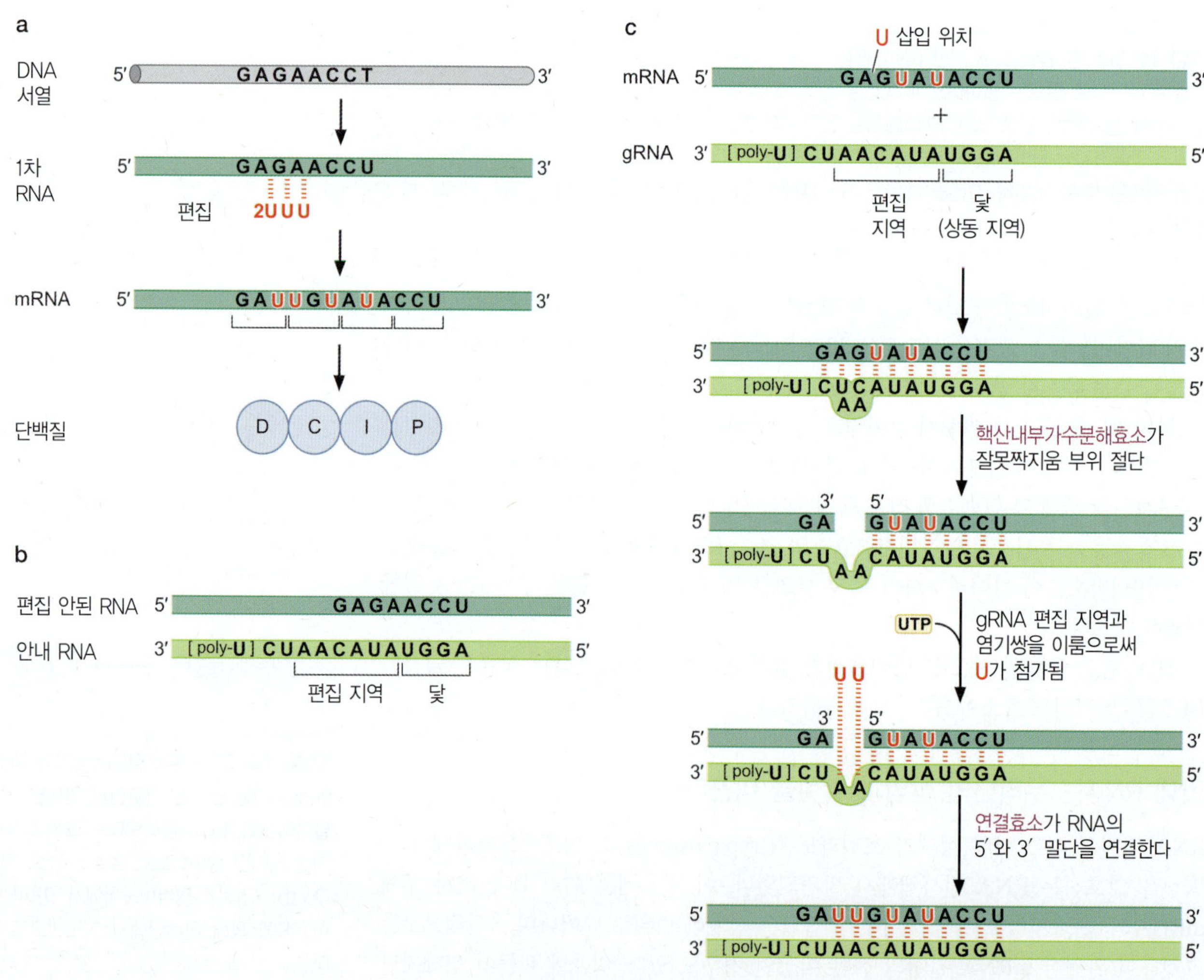

그림 14-32 안내 RNA 를 통한 U 삽입에 의한 RNA 편집. 트리파노솜 *coxII* 유전자 RNA의 편집. (a) *coxII* 유전자의 mRNA 전구체로 삽입되는 4개의 U의 위치를 나타낸다. 그 결과는 mRNA의 정확한 읽기틀과 정보가 만들어진다. (b) U 삽입 형태를 결정하는 안내 RNA의 서열과 편집되지 않은 mRNA의 서열을 보여준다. (c) 편집 반응.

▶ 의학관련

글상자 14-5 탈아미노 효소와 HIV

인간의 아포리포단백질-B mRNA의 탈아미노화는 APOBEC1이란 효소에 의해 이루어진다. 이는 RNA와 DNA 둘 다에서 시티딘을 탈아미노화시키는 효소계다. 다른 효소계인 APOBEC3G(A3G)는 HIV를 포함한 레트로바이러스 감염에 대한 억제인자다.

HIV 같은 레트로바이러스는 RNA 유전체를 가진다. 감염 시 RNA는 역전사를 통해 cDNA로 전환된다(12장 참조). A3G 효소는 역전사 동안 만들어진 cDNA의 마이너스 가닥을 공격하여 시티딘을 탈아미노화시켜 우리딘으로 만든다. 이는 바이러스가 감당할 수 없을 정도의 고도의 돌연변이를 만들거나 손상된 가닥이 DNA 당화효소(glycosylase)와 탈퓨린화-탈피리미딘화 핵산내부가수분해효소에 의해 분해되기도 한다(10장).

여기에 대응하기 위해 야생형 HIV는 Vif(viral infectivity factor)란 효소를 만들어 A3G 효소를 가수분해함으로써 바이러스 입자를 보호하고 다음 감염을 가능케 해준다. Vif는 바이러스가 생체 내에서 자신의 숙주세포에서 성장하는 데 필요하다. 바이러스를 키우는 실험실에서 사용하는 몇 가지 세포주들은 Vif 기능이 없는 HIV를 성장시킬 수 있는 것으로 알려졌다. 이런 세포를 **수용적(permissive)**이다 라고 한다. 수용적인 것과 비수용적인 세포로 만들어진 이형핵형세포(heterokaryon; 두 종류의 세포를 융합시킨 세포)는 비수용적인 세포의 특징을 가진다. 비수용적인 세포는 바이러스 복제를 막는 인자를 만든다. 이 인자가 탈아미노 효소인 A3G인 것으로 보이며 수용적인 세포는 단순히 A3G를 발현시켜 주면 비수용적으로 될 수 있는 것으로 보인다.

의 5′ 쪽의 mRNA 상류에 있는 퓨린이 많은 서열과 연결시킨다는 주장도 있으나 그 역할은 분명하지 않다.

그림 14-32c에서 보듯, gRNA와 mRNA는 U가 삽입될 곳과 반대쪽으로 단선 지역의 고리 형태를 포함하는 RNA-RNA 이중나선을 형성한다. 핵산내부가수분해효소(endonuclease)는 이 고리의 반대편 mRNA를 인지하고 자른다. 편집을 통해 암호의 틈으로 U를 운반한다. 이 과정은 효소 3′ 말단 우리딘전이효소(3′ terminal uridylyl transferase, TUTase)가 촉매한다.

U가 첨가된 후 mRNA 반쪽들은 RNA 연결효소(RNA ligase)에 의해 연결되고 gRNA의 "편집(editing)" 지역은 3′에서 5′ 방향으로 mRNA를 따라 그 역할을 계속한다. 하나의 gRNA는 여러 개의 U를 다른 자리에서 삽입할 수 있다(이 예는 그림 14-32에서 보여줌). 또한 어떤 경우에서는 여러 가지 다른 gRNA가 같은 암호의 다른 지역에서 작동하기도 한다.

mRNA 수송

가공된 mRNA는 포장되어 번역을 위해 핵에서 세포질로 배출된다

완전히 가공된 mRNA는 핵에서 단백질 번역이 일어나는 세포질(그림 14-33)로 수송된다(15장). 핵으로부터 세포질로의 이동은 수동적 과정이 아니라 매우 조심스럽게 조절되어야 하는 과정이다. 완전히 가공된 mRNA는 핵 안의 총 RNA에 비해 아주 적은 일부분에 불과하며, 손상을 받았거나 잘못 가공된 RNA, 또는 잘려진 인트론(이들은 엑손보다 훨씬 더 크며 성숙한 mRNA보다 더 많은 부분을 차지한다)들과 같은 RNA들이 배출되면 세포에 해로울 수도 있다.

어떻게 RNA 선택과 수송이 일어날까? 전사하기 시작하는 시점부터 RNA 분자에는 다양한 종류의 단백질들이 결합한다. 초기에는 캡핑과 관련된 단백질들, 그 다음은 이어맞추기 인자들 그리고 마지막은 폴리아데닐화와 관련된 단백질들이다. 이 단백질들 중 몇몇은 진행 경로를 따라 다양한 단계에서 교체되지만 SR 단백질 같이 그렇지 않은 경우도 있으며(그림 14-11), 부가적인 단백질들이 결합하는 경우도 있다. 결과적으로 전형적인 성숙한 mRNA는 이들이 수송되어야 할 mRNA임을 확인하는 단백질과 집합체를 형성하게 된다. 다른 RNA들은 수송에 필요한 단백질들을 가지지 못할 뿐만 아니라, 배출을 능동적으로 막는 다른 단백질들과 결합되어 있다. 따라서 예를 들어 잘려진 인트론은 흔히 hnRNP(앞에서 본 이어맞추기의 억제인자)를 가지고 있을 것이며 이것이 RNA가 핵에 남게 될 것인지 분해될 것인지를 표시해 준다.

성숙한 mRNA는 남겨진 SR 단백질과 엑손-엑손 접점에 특이적으로 결합하는 또 다른 단백질들을 가지게 된다. mRNA는 또한 몇 가지 hnRNP를 가지는데 인트론에 전형적으로 결합하는 것보다 훨씬 적은 수가 다른 배열로 결합하게 된다. 이것은 아마도 특정한 개개의 단백질이 아니라 단백질의 세트가 RNA가 핵에 남을지 아니면 배출될지를 표시하게 될 것이라는 점을 시사해 준다.

배출은 **핵공 복합체(nuclear pore complex)**라는 핵막에 있는 특수한 구조를 통해 일어난다. 50 kD 이하의 작은 분자들은 다른 도움 없이도 이 구멍을 통해 통과할 수 있으나 더 큰 분자들과 복합체들은 능동수송이 필요하다. (핵에서 기능을 하는 단백질 등은 세포질에서 핵 쪽으로 반대 방향으로 수송되는데 이 경우도 같은 통로를 이용한다.)

핵 수송의 기작은 이장의 내용 범위를 넘어서는 것으로서, RNA에 결합된 일부 단백질이 핵 수송 신호를 가지고 있어 RNA를 핵공으로 이동시킨다는 사실만 이야기해 두겠다. 이 단백질은 세포질에서 RNA로부터 떨어지며, 핵으로 다시 되돌아와 다른 mRNA와 결합됨으로써 수송과정이 반복된다(그림 14-33).

배출에는 에너지가 필요하며 이는 Ran이란 GTPase 단백질이 GTP를 가수분해하여 얻어진다. Ran은 GTP나 GDP 중 어느 것과 복합체를 이루는가에 따라 두 가지 형태가 있으며, 한 상태에서 다른 상태로의 전환이 핵으로 들어가게 하느냐 아니면 핵에서 나가느냐를 결정한다.

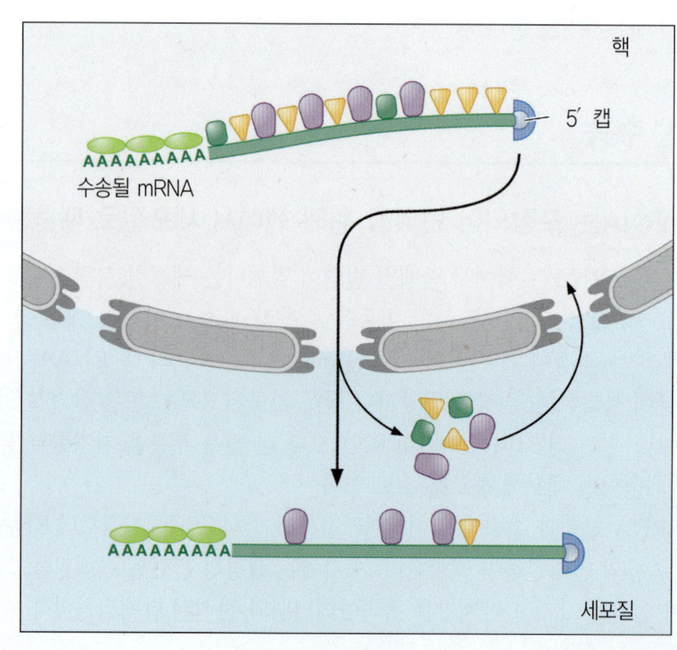

그림 14-33 핵 밖으로 mRNA의 수송. 핵에서 RNA의 배출은 능동적인 과정이며 특정 RNA만 선택적으로 수송된다. 선택적 수송을 하기 위해서는 RNA에는 여러 결합 단백질들이 정확히 모여야 한다. 이것에 의해 핵에 남거나 파괴될 다른 RNA들과 구별이 된다. 예를 들면 엑손:엑손 경계를 인지하는 단백질은 mRNA가 적절히 이어맞추기되었음을 표시하며, 인트론에 결합하는 단백질들은 핵에 남아 있어야 하는 RNA를 표시한다. 세포질에 도달하면 일부의 단백질들이 떨어져 나가고, 남은 것은 번역에 대비한다(15장).

요약

거의 모든 세균과 파지 유전자들의 열린 읽기틀은 단절되지 않은 하나의 연속된 코돈들로 되어 있다. 그러나 많은 진핵생물 유전자들의 암호서열은 비암호 서열들로 분리되어 있다.

이 분리된 암호지역을 엑손이라 하고 비암호 지역을 인트론이라 한다. 성숙한 mRNA에는 mRNA의 5′과 3′의 번역되지 않는 지역과 마이크로 RNA(microRNA, 20장) 같은 비암호 RNA 등과 같은 비암호 지역이 포함되어 있다. 이런 지역들은 엑손으로 분류된다. 인트론과 엑손의 크기와 수는 유전자에 따라 상당히 다양하다. 효모에서는 유전자들 중 소수만이 인트론을 가지고 있으며, 대체로 짧고 수도 적다. 사람과 같은 다세포생물에서는 인트론을 가진 유전자는 훨씬 많으며 유전자당 인트론의 수도 많다. 엑손의 크기는 다양하나 대략 150 뉴클레오티드 정도이나 인트론의 크기는 61 bp에서 800 kb 정도로 다양하다.

인트론을 가진 유전자가 전사될 때 처음에 만들어진 RNA에는 인트론이 포함되어 있다. 이들은 그 후 성숙한 mRNA를 만들기 위해 제거된다. 인트론을 제거하는 과정을 이어맞추기라 한다.

인트론을 가진 많은 유전자들은 한 종류의 mRNA를 만든다. 이 경우는 모든 인트론들이 원래의 RNA에서 제거되고 엑손만을 포함하는 mRNA가 생긴다. 그러나 다른 경우에는 RNA를 다른 방식으로 이어맞추기하여, 같은 유전자로부터 다른 종류의 많은 mRNA를 만들 수도 있다. 예로서 몇몇 유전자들은 선택적인 엑손들을 가지고 있어 그 중 단 하나만 특정 mRNA로 만들어지기도 하며, 또 다른 경우에는 특정 엑손이 RNA에서 제거됨으로써 결국 같은 유전자에서 다양한 mRNA들이 만들어지게 된다. 우리는 초파리의 *Dscam* 유전자에서 대체 이어맞추기의 한 예를 상세히 살펴보았었다. 이 경우 엑손들 중 한 개에서 48개의 변이체들이 생기고 이들 모두는 mRNA 전구체에 포함되어 있다. 그러나 단지 한 지역만이 각 mRNA에서 발견된다.

인트론과 엑손 사이의 경계에 있는 서열들이 세포가 제거할 인트론을 찾는 데 역할을 한다. 이 이어맞추기 서열들은 거의 다 인트론 안에 있는데, 이 서열들에는 인트론의 양 끝에 있는 3′과 5′ 이어맞추기 자리, 그리고 인트론의 3′ 말단 가까이에 있는 분기점 부위 서열들이 있다.

인트론의 제거는 두 번의 트랜스에스테르화 반응을 통해 진행된다. 처음은 분기점 부위의 A가 5′ 이어맞추기 자리의 G를 공격한다. 두 번째는 방출된 5′ 엑손이 3′ 이어맞추기 자리를 공격한다. 이 반응들은 두 가지 결과를 낳는데 첫째는 두 엑손을 연결하는 것이고, 둘째는 인트론을 올가미 형태의 구조로 방출하는 것이다.

뉴클레오솜의 mRNA 전구체 이어맞추기에는 이어맞추기복합체라는 단백질과 RNA들로 구성된 큰 복합체가 필요하다. 이것은 U1, U2, U4, U5 그리고 U6의 5개 snRNP로 구성되어 있다. 이들 각각은 U1에서 U6까지의 snRNA와 많은 단백질들로 구성되어 있다. 이어맞추기복합체의 작용은 두 가지 점에서 특히 흥미로운데, 첫째는 RNA 성분들이 인트론을 인지하고 그들을 제거하는데 중추 역할을 한다는 것이다. 둘째는 이 복합체가 매우 역동적이라는 것이다. 즉, 이어맞추기 과정 중 여러 단계에서 이어맞추기복합체의 조성이 바뀌면서 그 각각이 특수한 기능을 수행한다.

이어맞추기복합체의 역동적인 특징은 반응의 순서가 항상 똑같지 않다는 것이다. 어떤 복합체는 이어맞추기복합체의 조립의 기본적 경로가 다를 수도 있고 단계도 경우에 따라서는 역방향일 수도 있다. 이 점은 다른 종류의 RNA와 다른 환경에 따라 다양하게 각 단계를 가동케 하는 역학적 결과 때문일 것이다. 이어맞추기 반응을 촉매한 후 이어맞추기복합체는 해체되는데 이 과정이 이어맞추기 반응이 역방향으로 일어나지 않도록 해주며, 이어맞추기된 mRNA를 쉽게 방출하는데 중요하게 작용한다.

드문 경우이지만 자가 이어맞추기란 과정을 통해 RNA 분자 내에서 스스로를 제거하는 인트론도 있다. 엄격히 말해 효소반응은 아니지만 인트론의 RNA가 제거 반응을 매개한다. 자가 이어맞추기에는 두 종류가 있다. 그 중 하나는 이어맞추기복합체에 의한 것과 동일한 화학반응을 통해 작용하는 II군이다. 이 인트론은 현재의 이어맞추기복합체가 작용하는 인트론과 진화적으로 같은 계통이며, 이 둘이 똑같이 두 단계의 화학 경로를 거쳐 일어난다는 사실은 이들 사이의 진화적 관련성을 보여주고 있다.

위에서 언급한 이어맞추기 자리는 보존성이 낮은 짧은 서열로 구성되어 있기 때문에 이어맞추기 기구가 정확한 부위를 인지하고 이어맞추기하는 일은 매우 어려운 문제이다. 그러므로 이어맞추기복합체는 여러 가지 방법을 통해 정확성을 높인다. 첫째, 그들은 합성되자마자 이어맞추기 자리에서 조립된다. 이는 다른 하류 부위가 만들어지기 이전에 이어맞추기 자리가 선택될 수 있게 한다. 둘째는 SR 단백질이 올바른 이어맞추기 자리 근처에 결합하여 이어맞추기 기구들이 그 부위에 모일 수 있게 한다.

SR 단백질들은 다양하다. 각각은 한쪽으로는 RNA와 결합하고 다른 쪽으로는 이어맞추기 기구의 성분들과 상호작용한다. 약간의 SR 단백질은 이어맞추기를 조절한다. 특정한 SR 단백질은 특정한 세포형에만 존재하며, 그 세포에서만 일어나는 특정한 이어맞추기를 매개한다. 또한 다른 SR 단백질은 단지 특정한 생리적 신호 하에서만 활성을 가지고 이어맞추기를 수행하는 경우도 있다. 이런 점에서는 SR 단백질이 전사활성인자를 닮아 있다. 또한 전사의 조절과 유사하게 어떤 환경 하에서 특정한 인트론의 이어맞추기를 막는 이어맞추기 억제인자도 있다. 우리는 초파리의 성 결정의 경우, 단계적으로 조절되는 대체 이어맞추기가 초파리가 수컷과 암컷이 될 것인지를 결정한다는 것을 살펴보았었다.

13장에서 다룬 다른 가공 과정들처럼 이어맞추기는 mRNA가 핵공을 통해 핵 밖으로 수송되기 전에 일어나며, 이 또한 조절될 수 있다.

특정 엑손은 전형적으로 독립적으로 접히는 단백질의 영역을 암호화한다. 이 엑손들은 다른 엑손들과 조합을 이뤄 기능하기가 쉽다. 이것은 진화 동안에 유전자 사이에서 엑손들을 혼합함으로써 새 단백질들을 비교적 쉽게 만들 수 있다는 것을 보여준다.

RNA 편집은 전사 후에 RNA를 변경시켜서 유전자에서 암호화되어 있는 것과는 다른 단백질을 암호화하도록 하는 또 다른 기작이다. 두 가지 편집 기작이 있는데 하나는 염기의 효소적 변형이고, 다른 하나는 여러 U 뉴클레오티드의 삽입 또는 결실이다.

참고문헌

Books

Atkins J.F., Gesteland R.F., and Cech T.R. 2011. *RNA worlds: From life s origins to diversity in gene regulation.* Cold Spring Harbor Laboratory Press, Cold Spring Harbor, New York.

Mechanisms of Splicing and the Spliceosome

Hoskins A.A. and Moore M.J. 2012. The spliceosome: A flexible, reversible macromolecular machine. *Trends Biochem. Sci.* **237**: 179–188.

Newman A.J. and Nagai K. 2010. Structural studies of the spliceosome: Blind men and an elephant. *Curr. Opin. Struct. Biol.* **20**: 82–89.

Rino J. and Carmo-Fonseca M. 2009. The spliceosome: A self-organized macromolecular machine in the nucleus? *Trends Cell Biol.* **19**: 375–384.

Semlow D.R. and Staley J.P. 2012. Staying on message: Ensuring fidelity in pre-mRNA splicing. *Trends Biochem. Sci.* **37**: 263–273.

Wachtel C. and Manley J.L. 2009. Splicing of mRNA precursors: The role of RNAs and proteins in catalysis. *Mol. Biosyst.* **5**: 311–316.

Wahl M.C., Will C.L., and L hrmann R. 2009. The spliceosome: Design principles of a dynamic RNP machine. *Cell* **136**: 701–718.

Self-Splicing

Lambowitz A.M. and Zimmerly S. 2011. Group II introns: Mobile ribozymes that invade DNA. *Cold Spring Harb. Perspect. Biol.* **3**: a003616.

Michel F., Costa M., and Westhof E. 2009. The ribozyme core of group II introns: A structure in want of partners. *Trends Biochem. Sci.* **34**: 189–199.

Toor N., Keating K.S., and Pyle A.M. 2009. Structural insights into RNA splicing. *Curr. Opin. Struct. Biol.* **19**: 260–266.

Alternative Splicing and Regulation

Heyd F. and Lynch K.W. 2011. Degrade, move, regroup: Signaling control of splicing proteins. *Trends Biochem. Sci.* **36**: 397–404.

Kalsotra A. and Cooper T.A. 2011. Functional consequences of developmentally regulated alternative splicing. *Nat. Rev. Genet.* **12**: 715–729.

Li Q., Lee J.A., and Black D.L. 2007. Neuronal regulation of alternative pre-mRNA splicing. *Nat. Rev. Neurosci.* **8**: 819–831.

Maniatis T. and Tasic B. 2002. Alternative pre-mRNA splicing and proteome expansion in metazoans. *Nature* **418**: 236–243.

McManus C.J. and Graveley B.R. 2011. RNA structure and the mechanisms of alternative splicing. *Curr. Opin. Genet. Dev.* **21**: 373–379.

Mun oz M.J., de la Mata M., and Kornblihtt A.R. 2010. The carboxy terminal domain of RNA polymerase II and alternative splicing. *Trends Biochem. Sci.* **35**: 497–504.

Nilsen T.W. and Graveley B.R. 2010. Expansion of the eukaryotic proteome by alternative splicing. *Nature* **463**: 457–463.

Pawlicki J.M. and Steitz J.A. 2010. Nuclear networking fashions pre-messenger RNA and primary microRNA transcripts for function. *Trends Cell Biol.* **20**: 52–61.

mRNA Transport

Dreyfuss G., Kim V.N., and Kataoka N. 2002. Messenger-RNA-binding proteins and the messages they carry. *Nat. Rev. Mol. Cell Biol.* **3**: 195–205.

Stewart M. 2010. Nuclear export of mRNA. *Trends Biochem. Sci.* **35**: 609–617.

Evolution

Irimia M., Penny D., and Roy S.W. 2007. Coevolution of genomic intron number and splice sites. *Trends Genet.* **23**: 321–325.

Koonin E.V. 2009. Intron-dominated genomes of early ancestors of eukaryotes. *J. Hered.* **100**: 618–623.

Roy S.W. and GilbertW. 2006. The evolution of spliceosomal introns: Patterns, puzzles and progress. *Nat. Rev. Genet.* **7**: 211–221.

RNA Editing

Aphasizhev R. and Aphasizheva I. 2011. Uridine insertion/deletion editing in trypanosomes: A playground for RNA-guided information transfer. *Wiley Interdiscip. Rev RNA* **2**: 669–685.

Blanc V and Davidson N.O. 2010. APOBEC-1-mediated RNA editing. *Wiley Interdiscip. Rev. Syst. Biol. Med.* **2**: 594–602.

Chiu Y.L. and GreeneW.C. 2008. The APOBEC3 cytidine deaminases:An innate defensive network opposing exogenous retroviruses and endogenous retroelements. *Annu. Rev. Immunol.* **26**: 317–353.

Nishikura K. 2010. Functions and regulation of RNA editing by ADAR deaminases. *Annu. Rev. Biochem.* **79**: 321–349.

Paro S., Li X., O Connell M.A., and Keegan L.P. 2012.

Regulation and functions of ADAR in *Drosophila*. *Curr. Top. Microbiol. Immunol.* **353**: 221–236.

Rosenthal J.J. and Seeburg P.H. 2012. A-to-I RNA editing: Effects on proteins key to neural excitability. *Neuron* **74**: 432–439.

Stuart K.D., Schnaufer A., Ernst N.L., and Panigrahi A.K. 2004. Complex management:RNAediting in trypanosomes. *Trends Biochem. Sci.* **30**: 97–105.

Splicing and Disease

David C.J. and Manley J.L. 2010. Alternative pre-mRNA splicing regulation in cancer: Pathways and programs unhinged. *Genes Dev.* **24**: 2343–2364.

Kole R., Krainer A.R., and Altman S. 2012. RNA therapeutics: Beyond RNA interference and antisense oligonucleotides. *Nat. Rev. Drug Discov.* **11**: 125–140.

Padgett R.A. 2012. New connections between splicing and human disease. *Trends Genet.* **28**: 147–154.

연습문제

짝수 문제의 해답은 부록 2 해답을 참조하라.

문제 1. 효모의 유전자당 평균 인트론 수가 인간보다 적은 이유를 설명하라.

문제 2. 5′ 이어맞추기 자리와 3′ 이어맞추기 자리의 5′과 3′ 표시는 인트론과 엑손 중 어느 말단에 붙이는가? 위 두 자리 외에 이어맞추기에 필요한 다른 서열은 무엇이며 어디에 위치하는가?

문제 3. 이어맞추기가 되지 않은 전구체 RNA에서 이어맞추기 반응의 첫 단계를 거치면서 만들어지는 중간산물에 대해 기술하라.

문제 4. 이어맞추기에는 두 가지 주요 반응은 정방향과 역방향으로 진행할 수 있다. 생체 내에서 이어맞추기 반응이 역방향으로 진행하는 것을 막는 것은 무엇인가?

문제 5. 작은핵 RNA 단백질(snRNP)과 전구체 RNA 이어맞추기 기질 간의 상호작용의 원리를 설명하라.

문제 6. 5′ 이어맞추기 자리의 서열인 5′-GUAAGU-3′를 5′-GUAUGU-3′로 바꾸면 단백질-RNA 결합 분석 실험에서 바뀐 서열이 U1과 U6 snRNP의 결합에 어떤 영향을 미칠지를 예상해 보라.

문제 7. I군과 II군 인트론에 의한 자가 이어맞추기의 기작을 비교해 보라.

문제 8. 이어맞추기복합체가 실제 3′ 이어맞추기 자리 대신에 인트론 안에 있는 "가짜" 3′ 이어맞추기를 인식하는 이어맞추기 반응의 산물에 대해 기술하시오. "가짜" 자리는 실제 3′ 이어맞추기 자리에서 약간 상류 쪽에 있다. 번역 후 단백질 산물을 어떻게 바꿀까?

문제 9. 입체적 방해는 어떻게 상호 배제적인 이어맞추기를 만드는가?

문제 10. 종결코돈 생성에 의한 분해는 번역에 사용할 최종적인 대체 이어맞추기 산물을 결정하는데 어떻게 기여하는가?

문제 11. 세포가 특정 유전자의 세포 특이적인 발현을 위해 mRNA의 시토신 탈아미노화가 아닌 시티딘 탈아미노화 기작을 사용하는 이유를 기술하라.

문제 12. 생화학적 실험에서 세 가지 다른 기질을 사용하여 시험관에서 이어맞추기 반응을 수행하여 생기는 산물을 비교하고자 한다. 각 기질은 하나의 인트론이 두 개의 엑손 사이에 있고, 모든 기질의 크기는 모두 같도록 만들었다. 그러나 한 경우는 I군 인트론이고, 두 번째는 II군 인트론, 그리고 세 번째는 이어맞추기복합체에 의해 제거되는 인트론을 가졌다. 각각은 전기영동 후에 확인이 가능하도록 표식을 하였고 두 가지 반응으로 확인하였다. 한 반응은 자가 이어맞추기가 일어날 수 있는 조건에서 수행되고, 두 번째는 핵 추출물을 함께 넣어 반응시켰다. 아래의 겔 전기영동의 결과(A, B, 또는 C)와 인트론 종류를 대응시켜보라. 편의상 이어맞추기 반응에서 인트론이 분해되기 전의 최종 산물만을 나타내었다.

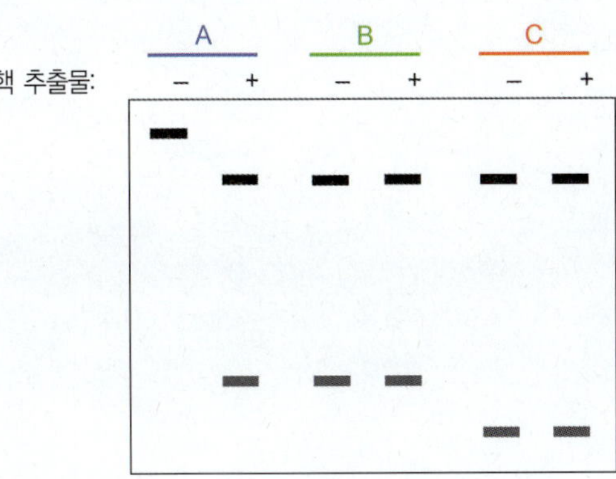

CHAPTER 15

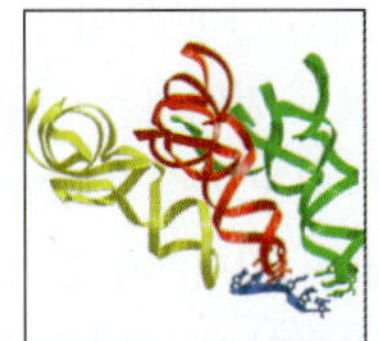

번역

개 요

이 장과 다음 장에서 제기되는 중심문제는 어떻게 하여 전령 RNA(messenger RNA, mRNA)에 있는 뉴클레오티드들의 순서 속에 포함된 유전정보가 단백질에서 일련의 아미노산 배열로 만들어지는데 사용되는가 하는 것이다. 이 과정은 **번역(translation)**이라고 알려져 있다. 우리가 다룬 내용들 중 번역은 거의 모든 생명체에서 가장 잘 보존되어 있는 과정 중의 하나이고 또한 세포에는 가장 많은 에너지를 필요로 하는 작업 중의 하나이다. 빠르게 성장하는 세균세포는 세포 전체 에너지의 80%까지를 단백질 합성에 사용하고 또한 세포 건중량의 50%까지가 단백질 합성에 관계하고 있다. 사실, 하나의 단백질 합성에는 100여 종 이상의 단백질과 RNA의 협동작용을 필요로 한다. 번역과정에 있어서의 보다 복잡한 본질에 걸맞게 번역부분에 대하여 두 장으로 나누어 설명고자 한다. 먼저, 이번 첫 장에서는 mRNA를 해독하는 일들에 대해 서술하였고 다음 16장에서는 유전암호의 특징과 전달 RNA(transfer RNA, tRNA)에 의한 유전암호의 인식에 대해 기술하였다.

정보 전달에 있어서 번역이라는 것은 DNA에서 RNA에로의 전사보다는 훨씬 더 가공할 만한 큰일이다. DNA 주형과 mRNA의 리보뉴클레오티드 사이에서의 상보성이 존재하는 것과는 다르게 아미노산의 측쇄는 RNA에서 발견되는 퓨린 염기나 피리미딘 염기에 대한 특이성이 거의 존재하지 않는다. 예를 들어, 알라닌, 발린, 류신 및 이소류신 등의 아미노산이 가지는 소수성 측쇄는 뉴클레오티드 염기들이 가지는 아미노기나 케토기와는 수소결합을 형성할 수 없다. 이와 같이 RNA의 어떤 3개의 염기들의 조합이 방향족 아미노산인 페닐알라닌, 티로신 및 트립토판의 표면들과 어떤 독특한 친화성을 가질 수 있다고는 상상할 수가 없는 것이다. 그러므로 mRNA의 주형과 아미노산 사이에서의 직접적인 상호작용이 하나의 폴리펩티드에 있어서의 특이적이고 정확한 아미노산의 배열을 결정할 수 있다고 보기는 어려울 것이다.

이와 같은 생각을 가지고서 1955년에 프란시스 크릭(Francis H. Crick)은 아미노산은 폴리펩티드로 삽입되기 이전에 세 개의 뉴클레오티드 길이로 된 전령 RNA의 암호단위와 직접 결합할 수 있고 또 이것을 인식할 수 있는 능력을 지닌 아주 특이한 연결자(adaptor) 분자에 먼저 결합할 것이라고 주장하였다. 크릭은 그 연결자 분자가

RNA일 것이라고 추정하였는데 그 이유는 왓슨-크릭 염기쌍 법칙에 의하여 암호를 인식할 필요가 있기 때문이었다. 바로 그 2년 뒤 폴 자메니크(Paul C. Zamecnik)와 말론 호글랜드(Mahlon B. Hoagland)는 아미노산이 폴리펩티드로 삽입되기 이전에 한 집단의 RNA 분자(전체 세포 내 RNA의 15%로 나타남)에 결합한다는 것을 증명하였다. 이 RNA를 전달 RNA(tRNA)라고 하는데 그 이유는 성장하고 있는 폴리펩티드에 아미노산을 계속하여 전달해 주기 때문이다.

mRNA의 언어를 단백질의 언어로 번역하는 기구는 네 가지 기본요소로 구성되는데 여기에는 **mRNA, tRNA, 아미노아실 tRNA 합성효소(aminoacyl-tRNA synthetase)** 및 **리보솜(ribosome)**이 있다. 이 요소들은 협동적으로 네 종류 염기로 구성된 알파벳으로 쓰인 암호를 20개의 아미노산의 언어로 쓰인 제2의 암호로 번역해내는 아주 특별한 일을 수행한다. mRNA는 번역을 위한 주형이므로 번역기구에서 해석이 가능한 정보를 제공해야 한다. mRNA의 단백질 암호화 부위는 순서를 가진 일련의 3염기 길이 단위로서 **코돈(codon)**이라고 불리는데 이것은 또한 아미노산의 순서를 지정한다. tRNA는 성장하고 있는 아미노산 사슬에 부가될 아미노산과 mRNA의 코돈 사이에서의 물리적인 경계면을 제공한다. 아미노아실 tRNA 합성효소라는 효소는 아미노산과 이에 특이적인 tRNA를 연결시켜준다. 번역에 있어서 마지막 핵심주자는 리보솜인데 이것은 RNA와 단백질로 구성되어 있으며 다수의 메가달톤 단위로 구성된 주목할 만한 기계이다. 리보솜은 각각의 tRNA에 의하여 mRNA가 정확하게 인식될 수 있도록 조정하며 나아가 tRNA에 부착된 아미노산과 성장하고 있는 폴리펩티드 사슬 사이에서의 펩티드결합 형성을 촉매한다.

우리는 먼저 이러한 네 개 요소들 각각의 핵심역할을 공부하게 될 것이다. 그 다음에 이들 요소가 번역을 수행하기 위하여 어떻게 서로 협동작용을 하는지에 대해 공부할 것이다. 번역기구의 구성요소의 구조를 밝혀 보려는 최근의 연구 결과들은 이 분야를 매우 흥미 있는 학문분야로 만들어 주었는데 이 분야는 그래서 기계론적 통찰이 풍부한 분야라고 할 수 있다. 여러 가지 문제들 중에 우리들이 알고자 하는 것은 다음과 같다. 즉, mRNA의 염기배열 속에 존재하는 정보의 체제라는 것은 어떤 것인가? tRNA의 구조는 어떻고 또한 어떻게 하여 아미노아실 tRNA 합성효소가 각각의 tRNA에 결합하는 아미노산을 정확하게 인식하고 이에 부착시킬 수 있는가? 그리고 마지막으로, 어떻게 하여 리보솜이 뉴클레오티드 배열 정보의 해독을 조직화하고 또한 성장 중인 폴리펩티드 사슬에 아미노산을 부가시킬 수 있도록 조절하는가?

전령 RNA

폴리펩티드 사슬은 열린 읽기틀에 의하여 지정된다

번역기구는 각 mRNA의 단지 일부분만을 해독한다. 우리가 2장에서 공부하였고 그리고 앞으로 16장에서 공부하게 되듯이, 단백질 합성에 대한 정보는 세 개의 뉴클레오티드 형태로 된 코돈이다. 각 mRNA의 단백질 암호화 부위는 **열린 읽기틀(open reading frame**, 흔히 **ORF**라고 알려져 있음)이라 불리는 부위로서 코돈이 서로 인접하여 연속적으로 존재하고 있으나 서로 겹쳐지지 않는 긴 실의 형태로 존재한다. 각 ORF는 하나의 단백질을 지정하고 이것은 mRNA의 내부에 그 시작과 끝이 존재한다. 다시 말해, ORF의 끝은 mRNA의 끝과는 다른 부위이다.

번역은 열린 읽기틀의 5′ 말단에서 시작되고 한 번에 하나의 코돈 단위로 번역해

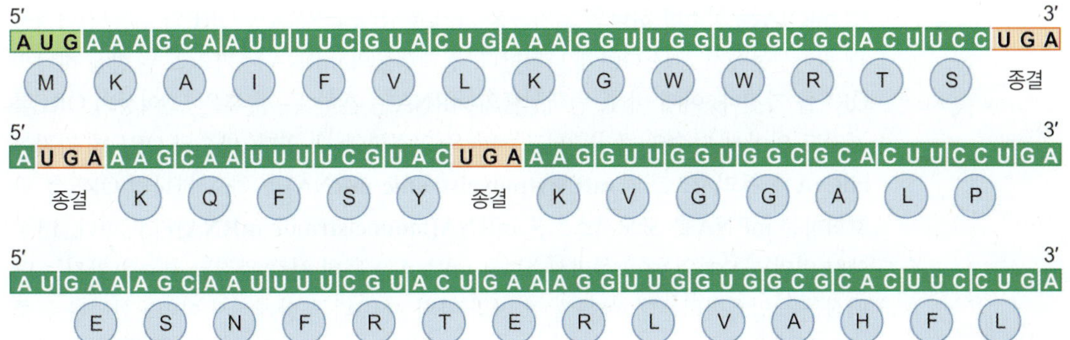

그림 15-1 **대장균의 *trp* 선도서열에 있어서 가능한 세 가지 해독틀.** 개시코돈과 종결코돈은 각각 연두색과 붉은색으로 표시하였다. 암호화되는 서열의 아미노산 서열은 각 코돈 아래에 단문자 약어로 표시하였다.

서 3′ 말단 쪽으로 나아간다. ORF의 처음과 마지막 코돈은 각각 **개시코돈(start codon)**과 **종결코돈(stop codon)**이라고 한다. 세균에서는 흔히 개시코돈이 5′-AUG-3′이며 가끔씩 5′-GUG-3′도 사용된다. 그리고 어떤 때는 5′-UUG-3′이 사용되기도 한다. 진핵세포는 늘 5′-AUG-3′만을 개시코돈으로 사용한다. 이 코돈은 두 개의 중요한 기능을 가지고 있다. 먼저, 개시코돈은 폴리펩티드 사슬로 성장할 첫 번째 아미노산을 지정한다. 두 번째로, 일련의 모든 코돈에 대한 읽기틀을 결정한다. 코돈들은 서로 가까이 인접해 있고 또 코돈들은 세 개의 뉴클레오티드 길이 단위로 구성되기 때문에 어떠한 하나의 mRNA 가닥이라도 서로 다른 세 개의 읽기틀로 번역될 수 있다(그림 15-1). 그러나 일단 번역이 시작되면 각각의 연속된 코돈은 서로 겹친 상태로는 해독되지 않고 늘 이전의 세 개 염기 단위 코돈의 뒤에서 연속적으로 세 개의 뉴클레오티드 단위로만 해독된다. 그러므로 제일 첫 코돈의 위치가 결정된다는 것은 곧 제일 첫 코돈이 바로 다음에 이어지는 모든 코돈들의 위치를 결정한다는 뜻이 된다.

종결코돈은 열린 읽기틀의 끝을 결정하고 또한 폴리펩티드 합성의 종결신호를 결정하는데 여기에는 5′-UAG-3′, 5′-UGA-3′ 및 5′-UAA-3′ 등 세 개가 있다. 우리는 이제 읽기틀이란 용어의 본질을 충분히 이해하였다. 어떤 하나의 틀(첫 번째 코돈에 의해 지정된)에서 인접하여 늘어선 코돈이 "해독된다(read)"라는 것은 이곳에는 종결코돈이 존재하지 않기 때문에 번역에 대해 "열려 있다(open)"라는 의미가 되는 것이다(다시 말해, ORF의 마지막 코돈까지는 해독되도록 열려 있다는 의미이다).

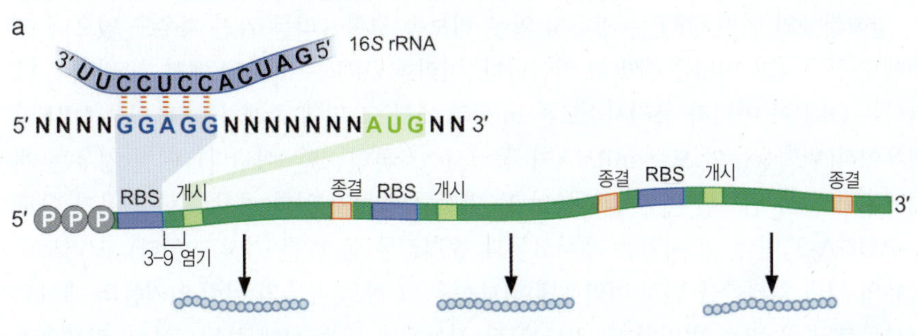

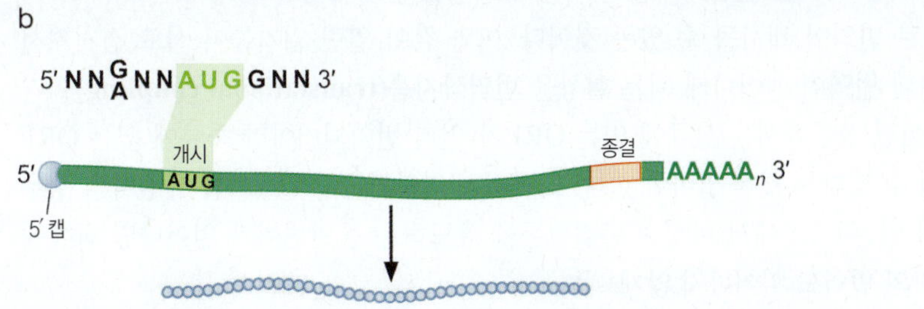

그림 15-2 **전령 RNA의 구조.** (a) 원핵생물에서 3개의 ORF를 가진 폴리시스트론 메시지. 각각의 리보솜 결합부위는 보라색 상자 안에 RBS로 표시하였다. (b) 진핵생물에서 모노시스트론으로 된 메시지. 5′ 캡은 mRNA의 시작 말단부에 "공 모양"으로 표시하였다.

mRNA는 최소한 하나의 읽기틀을 가지고 있다. mRNA당 ORF의 수는 진핵생물과 원핵생물에서 서로 다르게 나타난다. 진핵생물의 mRNA는 거의 모두 항상 하나의 ORF를 가진다. 이에 비해, 원핵생물의 mRNA는 흔히 두 개 혹은 그 이상의 ORF를 가지고 있어서 다수의 폴리펩티드 사슬을 암호화할 수 있다. 다수의 ORF를 가지는 mRNA를 **폴리시스트론 mRNA(polycistronic mRNA)**라 하고 하나의 ORF를 암호화하는 mRNA를 **모노시스트론 mRNA(monocistronic mRNA)**라고 한다. 13장에서 이미 공부하였듯이, 폴리시스트론 mRNA는 흔히 서로 관련된 기능을 가지는 단백질들을 암호화하는데, 예를 들면 여러 가지 서로 다른 단계에서 아미노산이나 뉴클레오티드의 생합성에 관여하는 단백질들이다. 전형적인 원핵생물과 진핵생물에서의 각 mRNA 구조를 그림 15-2에 나타내었다.

원핵생물 mRNA는 번역기구를 끌어안는 리보솜 결합자리를 가지고 있다

번역이 일어나기 위해서는 리보솜이 mRNA에 결합해야 한다. 많은 원핵생물의 열린 읽기틀은 리보솜과의 결합을 원활히 하기 위하여 개시코돈의 상류(5′ 부위)에 짧은 배열을 하나 가지고 있는데 이를 **리보솜 결합자리(ribosome-binding site, RBS)**라고 한다. 이 부위를 다른 용어로는 **샤인-달가노 서열(Shine-Dalgarno sequence)**이라고도 하는데 그 이유는 이들 두 과학자가 다수의 mRNA의 배열을 서로 비교분석한 결과로서 발견해낸 서열이기 때문이다. 리보솜 결합자리는 전형적으로 개시코돈의 5′ 부위에 3~9개 염기쌍으로 존재하고 있으며 이것은 리보솜의 RNA 성분, 즉 16S 리보솜 RNA(ribosomal RNA, rRNA)의 3′ 말단에 위치하는 염기배열들과 서로 상보적이다(그림 15-2a). mRNA의 리보솜 결합자리는 리보솜의 RNA 성분과 염기쌍을 형성함으로써 리보솜과 열린 읽기틀의 개시부위를 끼워 맞춘다. 이러한 16S rRNA의 핵심부위는 그 서열이 5′-CCUCCU-3′이다. 놀랄 것도 없이 원핵생물 mRNA의 리보솜 결합자리는 대개 5′-AGGAGG-3′이다. 이들 사이의 상보성 정도와 리보솜과 개시코돈 사이의 공간의 정도에 따라 하나의 열린 읽기틀의 번역이 얼마나 활성화되느냐에 매우 강한 영향을 미치게 된다. 즉, 상보성이 높고 그 공간이 적절하면 번역의 활성화를 촉진하고 그 반대로 상보성이 낮거나 공간이 적절치 못하면 번역의 효율은 매우 낮아지게 된다.

원핵생물의 어떤 ORF는 강하지 않은 리보솜 결합자리를 가진 경우도 있으나 그럼에도 불구하고 번역은 활발히 일어난다. 이러한 ORF는 mRNA에서 첫 번째로 나타나는 ORF가 아니라 폴리시스트론 mRNA에서 그 뒤에 존재하는 또 다른 ORF인 경우이다(원핵생물의 모든 mRNA가 폴리시스트론인 것은 아니다). 이런 경우는 개시코돈이 흔히 인접한 열린 읽기틀의 3′ 말단과 겹쳐져 있다(가장 흔한 경우가 바로 5′-AUGA-3′인데 이 서열은 개시코돈과 종결코돈 둘 다를 가지고 있다). 그러므로 상류의 열린 읽기틀을 먼저 번역해낸 리보솜은 그 바로 하류의 열린 읽기틀의 개시코돈으로부터 곧 바로 번역할 수 있도록 잘 정돈되어 있는 상태로 됨으로써, 리보솜과 결합하기 위한 리보솜 결합자리를 우회하여(리보솜 결합자리가 필요 없는 상태로 되어) 곧 바로 번역이 개시될 수 있는 것이다. 이와 같이 열린 읽기틀이 서로 겹쳐져서 서로 연관된 번역이 일어나게 되는 현상을 **번역짝지음(translational coupling)**이라고 한다. 이런 상황에서는 상류에 있는 ORF가 먼저 번역되어야만 하류에 있는 ORF가 번역될 수 있다는 것을 알아야 한다. 따라서 번역짝지움이 일어나는 유전자의 경우에 상류에 있는 ORF에서 미성숙 종결코돈을 유도하는 돌연변이가 일어나면 하류에 있는 ORF의 번역도 일어나지 않게 된다.

진핵생물의 mRNA는 효율적인 번역을 위하여 5′ 말단과 3′ 말단이 변형된다

진핵생물의 mRNA는 원핵생물의 mRNA와는 다르게 **5′ 캡(5′ cap)**이라 불리는 화학적으로 특수하게 변형된 형태를 가지고 있어서 이것이 리보솜을 끌어 오게 되는데 이것은 mRNA의 5′ 말단부에 위치한다(13장, 그림 13-25 참조). 5′ 캡은 구아닌 뉴클레오티드가 메틸화된 것으로서 mRNA의 5′ 말단에 비정상적인 5′-5′ 형태로 연결되어 있다. 5′ 캡은 5′ 말단에서 세 단계를 통하여 형성되는데(13장 및 그림 13-24 참조) 이것은 mRNA의 5′ 말단에 위치하는 세 개의 인산기를 통하여 연결된다. 이 구조가 바로 리보솜을 mRNA로 끌고 오는 작용을 한다. 일단 mRNA가 리보솜과 결합하면 리보솜은 mRNA의 5′→3′ 방향으로 이동해가서 개시코돈인 5′-AUG-3′을 만나게 되는데 이 과정을 **스캐닝(scanning)**이라 한다.

진핵생물인 포유류 mRNA의 또 다른 두 가지 특징은 번역을 자극시키는 것이다. 그 중 하나는, 어떤 mRNA에서는 개시코돈의 상류 부위에 세 개의 퓨린 염기를 가진다는 것과 아울러 개시코돈의 바로 하류에 구아닌을 가진다는 것이다(5′-<u>G</u>/<u>A</u>NNAUG<u>G</u>-3′). 이 서열은 원래 마릴린 코작(Marylin Kozak)에 의해 발견되었으며 그런 연유로 이 서열을 코작서열이라고 한다. 이 서열이 없는 다수의 진핵생물 mRNA도 있으나 이 서열이 존재하면 번역의 효율을 높여주는 것은 확실하다. 이것이 없는 원핵생물에 비해서, 진핵생물의 이러한 염기서열은 rRNA가 아닌 개시 tRNA와 상호작용을 할 것으로 생각된다. 효율적인 번역을 위한 두 번째 특징은 mRNA의 3′ 말단에 폴리-A 꼬리가 존재한다는 점이다. 13장에서 이미 공부하였다시피 이 꼬리는

▶ 고급개념

글상자 15-1 CCA-부가효소: 주형 없이도 RNA를 합성하는 효소

우리가 이미 공부했다시피 5'-CCA-3' 말단은 모든 tRNA에 보존되어 있으며 이것은 단백질 합성에 절대적으로 필요하다. 재미있는 것은 tRNA를 암호화하는 유전자를 클로닝하였을때 많은 클론들이 CCA말단을 암호화하는 염기가 없더라는 것이다. 그 대신에 이러한 유전자들은 성숙된 tRNA에서 발견되는 세 개의 뉴클레오티드로 구성되는 짧은 3' 말단으로 끝나게 되어 있었다. 실제로 많은 세균의 tRNA를 암호화하는 유전자들과 거의 모든 진핵생물의 tRNA들은 이러한 마지막 세 개의 염기가 없다. 그렇다면 이들은 어떻게 하여 CCA 말단을 가지게 되는가? 그 해답은 특수화된 RNA 중합효소에 있는데 그 이름은 **CCA-부가효소(CCA-adding enzyme)**이다. 이 효소의 이름이 나타내주듯이 이 효소는 tRNA의 말단에 CCA를 부가시켜 준다. 놀랍게도 이 효소는 핵산요소는 포함하고 있지 않다. 다시 말해서, CCA-부가효소는 tRNA의 말단에 특수한 염기서열을 추가시켜주는데 이때에 RNA나 DNA의 주형이 필요 없다는 것이다.

어떻게 하여 CCA-부가효소가 주형 없이도 특수한 염기서열을 부가할 수 있을까? 이 효소에 대한 다양한 3차원 구조(3D) 분석에 의하여 그 해답의 실마리가 풀리기 시작하였다. 먼저, 다른 DNA 중합효소나 혹은 RNA 중합효소와 같이 CCA-부가효소는 단지 하나의 활성부위를 가지고 있는데 이 부위는 두 개의 금속이온 기구를 이용하여 그 촉매활성을 나타내게 된다(9장, 그림 9-6 참조). 활성부위 안에서 하나의 아미노산 및 tRNA의 말단 뉴클레오티드의 인산기가 G나 U가 아닌 A나 C와 같은 염기와 수소결합을 형성한다. 이때의 결합 특이성은 각각의 염기에서의 수소결합 공여체와 수용체의 패턴을 보면 이해할 수 있다(6장, 그림 6-14 참조). A와 C의 패턴은 서로 겹쳐질 수 있으나 G나 U(T)는 서로 반대이거나 상보적인 패턴을 가지고 있다. 실제로, 이중가닥 DNA 나선 안에서 염기쌍 형성에 해당하는 바로 그 상보성과 같다. 이와 같은 수소결합 형성의 패턴은 부가효소가 C와 A에 대해 가지는 특이성을 설명한다.

C에 대해 A를 부가하는 특이성은 각각의 염기가 더해질 때마다 이 효소의 활성부위의 변화가 일어남으로써 조절된다. 다른 중합효소들과는 달리, 각각의 부가적인 뉴클레오티드들이 더해질 때 tRNA 주형의 위치는 변하지 않는다. 그 대신에 주형인 tRNA는 위치를 변화하지 않고 자리를 확고하게 잡고 있으나 각각 부가된 뉴클레오티드가 효소의 활성부위의 구조를 변화시킨다. 이와 같은 변화가 CCA 말단이 없는 tRNA와 결합할 때에는 먼저 그 활성부위가 C에 대해 특이적이 된다. 이후 C가 두 개 결합하고 나면 곧 바로 A에 대해 특이적인 활성부위로 바뀌게 되어 결국 CCA의 순서로 부가되도록 하는 것이다. 일단 A 잔기가 부가되면 활성부위는 더 이상의 부가적인 염기가 접근할 수 없게 되어 새로이 CCA가 부가된 tRNA는 효소로부터 유리된다.

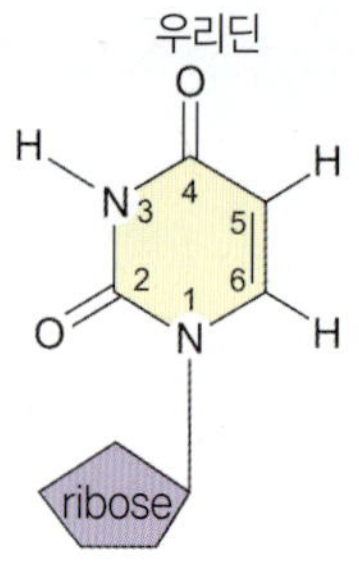

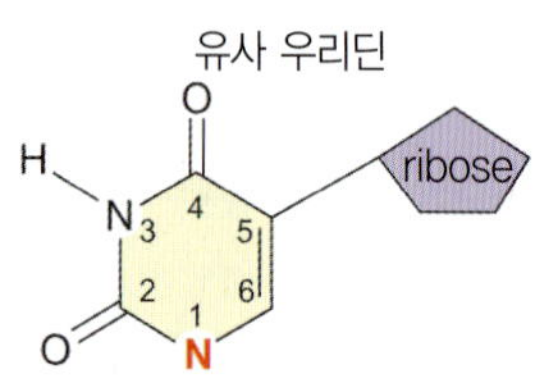

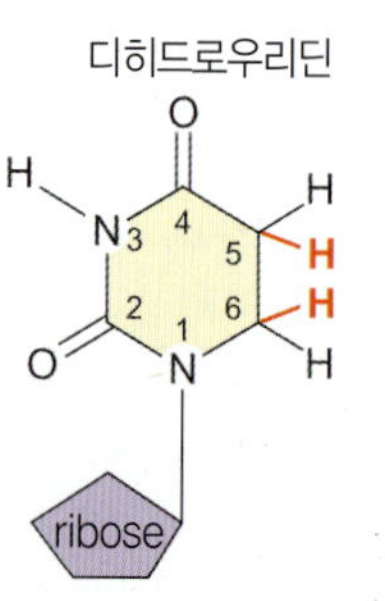

그림 15-3 tRNA에서 발견되는 변형된 뉴클레오시드들. 우리딘과 두 개의 우리딘 관련 뉴클레오티드들이다.

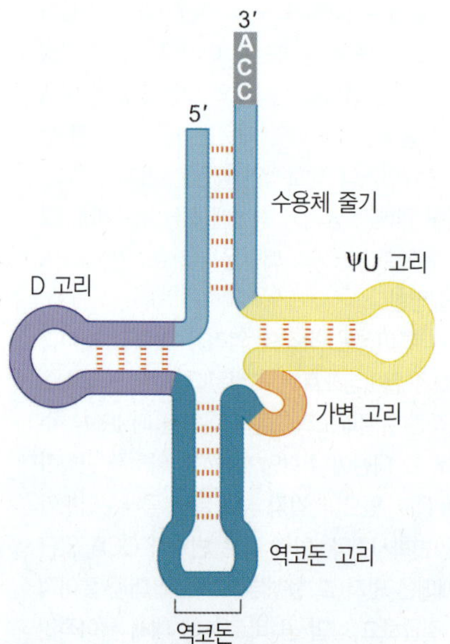

그림15-4 클로버 잎 모양을 나타내는 tRNA의 2차구조. 이 그림에서는 tRNA 분자 내의 서로 다른 부위들 사이에서 형성된 염기쌍 형성을 붉은 점선으로 나타내었다.

폴리-A 중합효소라는 효소에 의하여 부가적으로 첨가된다. mRNA의 3′ 말단에 폴리-A 꼬리가 부가적으로 있음에도 불구하고 효율적인 번역이 일어나는 것은 이 폴리-A 꼬리가 핵심적인 번역개시인자들을 끌고 오는 것을 촉진시켜 주기 때문이다. 중요한 것은, 번역에서 5′-과 3′-말단의 변형은 그 자체의 역할 이외에도 이러한 변형은 또한 진핵생물의 mRNA가 재빨리 분해되는 것을 막아주는 기능을 나타내기도 한다는 것이다(뒤에 나올 "mRNA의 번역 의존적 조절과 단백질의 안정성" 절에서 좀 더 상세히 설명될 것이다).

전달 RNA

tRNA는 코돈과 아미노산을 연결시켜 주는 어댑터이다

단백질 합성의 핵심은 뉴클레오티드 서열이 가지는 정보(코돈의 형태로서)를 아미노산으로 "번역"하는 것이다. 이 작업은 tRNA 분자에 의해서 수행되는데 tRNA 분자는 코돈과 그들이 지정한 아미노산 사이를 연결시켜 주는 어댑터이다. tRNA에는 많은 형태가 존재하고 있으나 이들은 각각 하나의 특이적인 아미노산에만 결합하며 또한 이들은 mRNA에 있는 특정한 하나의 코돈이나 혹은 여러 코돈들을 인식한다 (16장에서 공부하겠지만 대부분의 tRNA는 하나 이상의 코돈을 인식할 수 있다). tRNA 분자는 그 길이가 75~95개의 뉴클레오티드이다. 비록 이들의 서열은 매우 다양하지만 이들은 모두가 공유하는 몇몇 특징들을 가지고 있다. 먼저, 모든 tRNA는 그들의 3′ 말단의 서열이 5′-CCA-3′로 끝난다(글상자 15-1, "CCA-부가효소: 주형 없이도 RNA를 합성하는 효소" 참조). 이와 같이 절대적으로 잘 보존된 tRNA의 염기서열의 3′ 말단에 그에 맞은 아미노산이 결합하게 된다.

tRNA의 두 번째 특징은 그들의 1차구조에서 몇몇의 일반적이지 않은 뉴클레오티드들을 가지고 있다는 점이다. 이와 같은 생소한 특징들은 전사에 의하여 폴리뉴클레오티드 사슬이 만들어진 후 정상적인 염기가 효소에 의해서 전사 후 변형(post-transcriptional modification)을 거쳤기 때문이다. 예를 들어, **유사우리딘(pseudouridine, ΨU)**은 우리딘이 이성체화되어 생긴 것으로서 이것은 리보오스에 결합하는 우라실 염기가 고리의 1번 위치인 질소에서 고리의 5번인 탄소위치로 바뀐 것이다(그림 15-3). 비슷한 경우로서 **디히드로우리딘(dihydrouridine, D)**은 우리딘의 5번과 6번 위치의 탄소 사이에 형성된 이중결합이 효소작용에 의하여 환원됨으로써 만들어진다. tRNA에 존재하는 또 다른 특수염기들로는 히포크산틴(hypoxantine), 티민(thymine) 및 메틸구아닌(methylguanine)이 있다. 이와 같은 변형염기들은 tRNA의 기능에 반드시 필요한 것은 아니다. 그렇지만 이와 같은 변형염기를 가지지 않은 세포들은 성장이 지연되는 현상을 보여주고 있다. 예를 들어, 16장에서 다시 공부하겠지만, 히포크산틴은 어떤 tRNA가 코돈을 인식하는 데 있어서 매우 중요한 역할을 한다.

tRNA는 클로버 잎을 닮은 공통적인 2차구조를 가진다

5장에서 이미 공부했다시피 RNA 분자는 전형적으로 자가상보성을 나타내는 부위를 가지는데 이 부위는 염기 짝짓기에 의하여 제한된 형태의 이중나선을 형성한다. RNA 분자의 다른 부위는 상보성을 나타내지 않으며 그런고로 RNA 분자는 외가닥이다. tRNA 분자는 한 분자 내에 외가닥 형태와 이중가닥 형태를 가지고 있어서 그 모양이

클로버 잎을 닮은 특징을 가지고 있다(그림 15-4). 클로버 잎 모양의 tRNA의 기본적인 특징은 수용체 줄기, 세 개의 줄기고리(ΨU 고리, D 고리 및 역코돈 고리) 및 하나의 가변 고리가 있다. 이들에 대해 아래와 같이 요약하여 정리할 수 있다.

- **수용체 줄기**라는 이름은 아미노산이 결합하는 부위라는 뜻에서 붙여졌는데 이 수용체 줄기는 tRNA 분자의 5′ 말단과 3′ 말단 사이에서의 염기쌍 형성으로 이루어진 것이다. 분자의 3′ 말단에 위치하는 5′-CCA-3′ 서열은 이와 같은 이중가닥 줄기에서 뻗어 나온 것이다.
- **ΨU 고리**는 고리에 존재하는 비정상적인 염기인 ΨU이 존재하여 따온 이름이다. 변형된 염기는 흔히 5′-TΨUCG-3′의 서열 내에 존재한다.
- **D 고리**는 고리 내에 디히드로우리딘(dihydrouridine)이 존재함으로써 따온 이름이다.
- **역코돈 고리(anticodon loop)**는 이의 이름에 내포된 것과 같이 역코돈을 가지고 있는데 이것은 세 개의 뉴클레오티드 길이 단위의 해독인자로서 mRNA의 코돈에 상보적인 염기 짝짓기를 통하여 코돈을 인식한다. 역코돈은 3′ 말단 쪽에는 퓨린 염기가 그리고 5′ 말단 쪽에는 우라실에 의하여 둘러싸인다.
- **가변 고리(variable loop)**는 역코돈 고리와 ΨU 고리 사이에 위치하며 이의 이름이 뜻하는 바와 같이 염기의 수가 3~21개로 다양하게 나타난다.

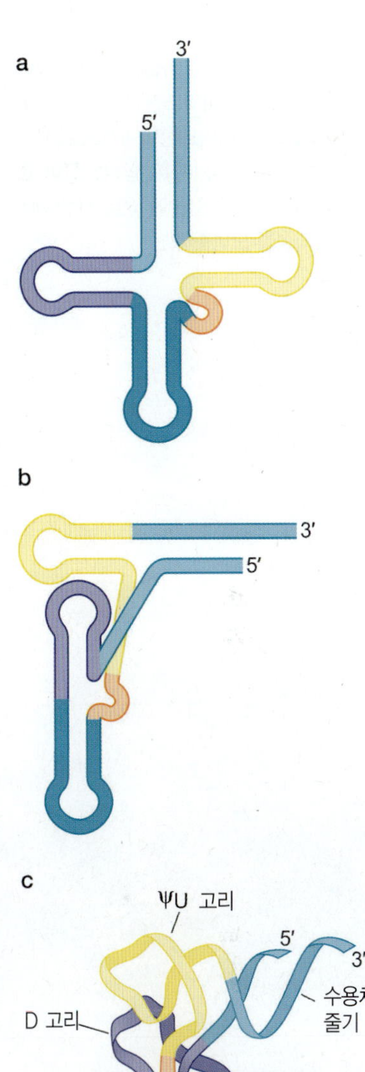

그림 15-5 tRNA의 클로버 잎 구조에서 실제적인 3차원적인 구조로의 전환. (a) 클로버 잎 구조. (b) L자 모양으로 나타내면 최종적으로 접힌 tRNA에서 염기쌍이 형성된 위치를 볼 수 있다. (c) 실제적으로 접힌 tRNA의 구조를 리본 모양으로 나타내었다. 비록 위의 그림은 tRNA의 실제적인 구조가 어떻게 하여 클로버 잎 구조와 관련이 있는지를 설명하긴 하지만, tRNA가 실제 구조를 가지는데 있어서 염기쌍이 먼저 형성 되니까 그 모양이 L자 모양으로 접혀진다는 생각은 맞지 않다.

tRNA의 3차원 구조는 L자 모양이다

클로버 잎 모양은 tRNA 내에서의 자기상보성 부위를 뜻한다. 이러한 어댑터 분자의 실제적인 3차원(3D) 입체배치는 어떨까? X-선 결정학으로 인해 L자 모양의 3차원적인 구조가 결정되었는데 이것의 수용체 줄기의 말단은 tRNA 분자의 끝에 위치하고 또한 역코돈 고리는 수용체 줄기로부터 약 70 Å 떨어진 그 반대편 말단에 존재하고 있음이 밝혀졌다(그림 15-5c). L자 구조(그림 15-5에 나타난 바와 같이 L자를 거꾸로 뒤집어 놓은 모양)와 클로버 잎의 연관성을 이해하기 위해서는 다음과 같은 사실을 고려해야 한다. 즉, 수용체 줄기와 ΨU 고리의 줄기가 최종적인 tRNA 구조에서의 신장된 나선형태를 형성한다(그림 15-5b). 이와 비슷하게, 역코돈 줄기와 D 고리의 줄기는 두 번째로 신장된 나선형태를 형성한다. 이와 같이 두 개의 신장된 나선형태가 서로 직각을 이루게 되어 D 고리와 ΨU 고리가 서로 가까이서 마주보게 된다. 결국 이들 두 개의 신장된 나선이 그들의 최종적인 나선입체배치를 나타내게 하는 것이다.

L자 구조는 세 종류의 상호작용에 의해 안정화된다. 첫째가 DNA의 이중나선에서 나타나는 것으로서 쭉 뻗어 나온 부위에서의 염기쌍 형성으로서 그 결과 염기중첩 상호작용을 나타낸다. 두 번째는 여러 나선 부위의 염기들 사이에서 일어나는 수소결합으로서 이것은 3차원적 공간에서 서로 끌어당겨 줌으로써 3차구조를 형성하게 한다. 이러한 것들은 일반적으로 알려진 왓슨-크릭 염기결합과는 다른 것이다. 마지막으로 염기와 당-인산 골격 간에서 일어나는 상호작용이다.

tRNA에 아미노산의 부착

tRNA는 3′ 말단의 아데노신 뉴클레오티드에 고에너지 아실결합에 의한 아미노산의 결합으로 충전된다

아미노산이 부착된 tRNA 분자를 충전 tRNA(charged tRNA)라 하고, 이에 반해 아

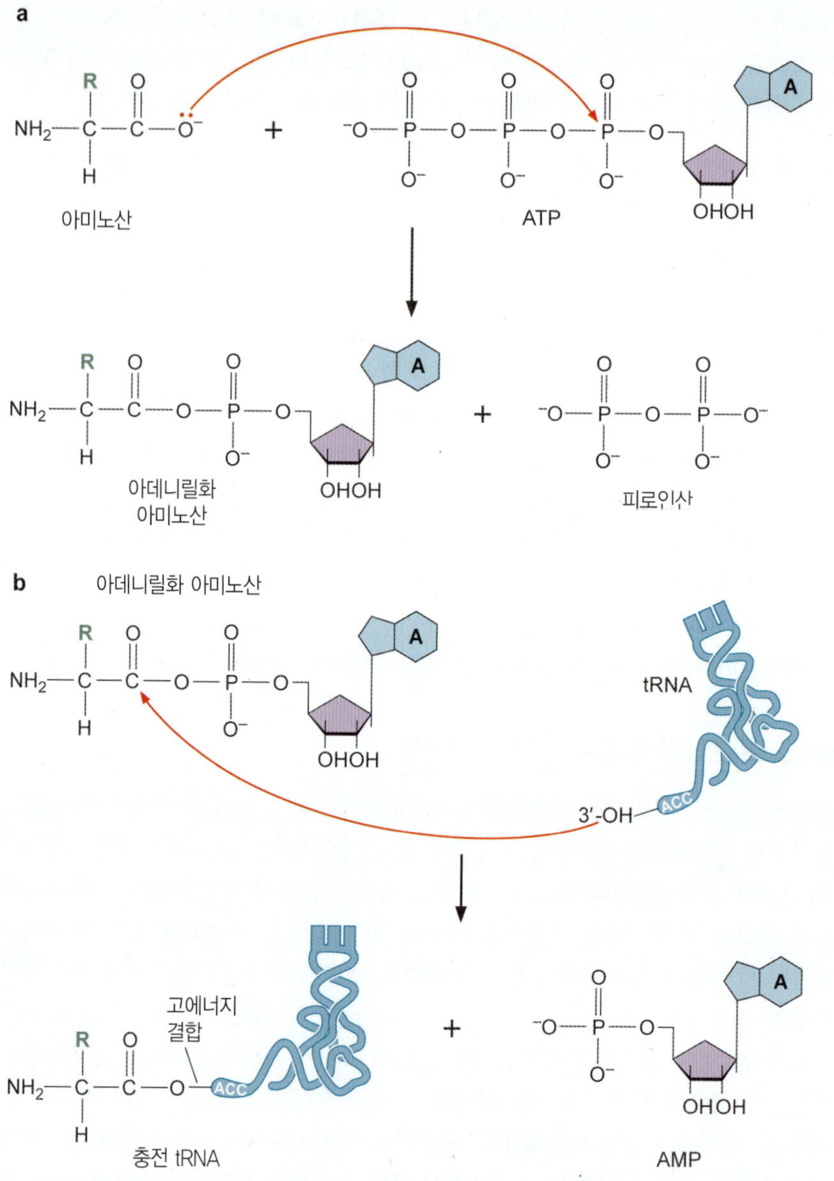

그림 15-6 아미노아실-tRNA 충전에 있어서의 두 단계. (a) 아미노산의 아데니릴화. (b) 아데니릴화된 아미노산의 tRNA로의 전달. 이 그림에서는 II형 tRNA 합성효소(이 효소는 아미노산을 3′-말단에 연결시킨다)에 의한 전달과정을 보여준다.

미노산이 부착되지 않은 tRNA를 **비충전 tRNA(uncharged tRNA)**라 한다. 충전은 아미노산의 카르복시기와 tRNA 수용체 줄기에서 뻗어 나온 아데노신 뉴클레오티드의 2′- 혹은 3′-히드록시기(뒤에 나오는 내용을 보라) 사이에서의 아실결합(acyl linkage)에 의해 일어난다. 이러한 아실결합은 고에너지 결합으로 생각되는데 그 이유는 이 결합이 가수분해될 때 큰 자유에너지의 변화를 초래하기 때문이다. 이것은 단백질 합성에서 매우 중요하다. 아실결합이 끊어질 때 방출되는 에너지는 폴리펩티드 사슬에서 아미노산을 서로 연결시켜 주는 펩티드결합의 형성으로 연결된다.

아미노아실 tRNA 합성효소는 두 단계를 거쳐 tRNA를 충전시킨다

모든 아미노아실 tRNA 합성효소는 tRNA에 아미노산을 붙일 때 두 단계의 효소 작용을 거친다(그림 15-6). 첫 단계는 **아데니릴화(adenylylation)**인데 이 단계에서 아미노산은 ATP와 반응하여 아데니릴화되고 이어서 피로인산(pyrophosphate)을 방출시킨다. 아데니릴화는 AMP의 전달을 말하는데 비하여 아데닐화(adenylation)는 아데닌 염기의 전달을 의미하므로 둘은 서로 다른 개념이다. 폴리뉴클레오티드 합성 반

표 15-1 아미노아실-tRNA 합성효소의 종류

II형 효소	4차구조	I형 효소	4차구조
Gly	$(\alpha_2\beta_2)$	Glu	(α)
Ala	(α_4)	Gln	(α)
Pro	(α_2)	Arg	(α)
Ser	(α_2)	Cys	(α_2)
Thr	(α_2)	Met	(α_2)
His	(α_2)	Val	(α)
Asp	(α_2)	Ile	(α)
Asn	(α_2)	Leu	(α)
Lys	(α_2)	Tyr	(α)
Phe	$(\alpha_2\beta_2)$	Trp	(α)

Delarue M. 1995. *Curr. Opin. Struct. Biol.* **5**: 48–55. © Elsevier.

I형 효소는 일반적으로 단량체이나 II형 효소는 각 서브유닛이 tRNA와 결합하는 부위를 가진 2량체 혹은 4량체이다. α와 β는 각각 아미노아실-tRNA 합성효소를 구성하는 서브유닛을 나타내며 α와 β에 내려쓰기로 된 표시는 이 효소 한 분자당 구성비율을 나타낸다.

응의 경우에서 보았다시피(9장), 아데니릴화 반응의 중요한 원동력은 피로인산분해효소에 의한 피로인산의 가수분해이다. 아데니릴화의 결과로서 아미노산은 고에너지 에스테르 결합을 통하여 아데닐산에 결합하게 되는데 여기서 아미노산의 카르보닐기는 AMP의 포스포릴기에 결합하게 된다. 두 번째 단계는 **tRNA 충전(tRNA charging)**으로서 이것은 합성효소에 단단히 붙어 있는 상태의 아데니릴화된 아미노산이 tRNA와 반응하는 단계이다. 이 반응은 아미노산을 tRNA의 3′ 말단에 있는 2′-혹은 3′-히드록시기에 전달하는 것인데 이때 AMP는 방출된다.

tRNA 합성효소는 두 가지 종류가 있다(표 15-1). I형 효소는 아미노산을 tRNA의 2′-OH에 결합시켜 주는 효소인데 흔히 단량체이다. II형 효소는 아미노산을 tRNA의 3′-OH에 결합시켜 주는데 이 효소는 전형적으로 2량체 혹은 4량체이다. tRNA와 아미노산의 초기 연결반응이 서로 다르긴 하지만, 일단 합성효소에서 빠져나오면 이들은 곧 3′-OH에 결합한 형태와 2′-OH에 결합한 형태가 평형을 이루게 된다.

각각의 아미노아실 tRNA 합성효소는 하나의 아미노산을 하나 혹은 그 이상의 tRNA에 부착시킬 수 있다

20여 개의 각 아미노산은 tRNA 합성효소에 의하여 각 하나씩 적절한 tRNA에 결합하게 된다. 대부분의 아미노산들은 하나 이상의 코돈에 의해 지정되기 때문에(16장 참조), 하나의 합성효소가 하나 이상의 tRNA(등수용 tRNA로 알려져 있음)를 인식하고 충전하는 것은 이상하지 않다. 그럼에도 불구하고, 같은 tRNA 합성효소가 특별한 하나의 아미노산을 모든 tRNA에 충전시켜 줄 수도 있다. 그러므로 하나, 단지 하나의 tRNA 합성효소가 각각의 아미노산을 이에 맞는 모든 tRNA에 연결시켜 줄 수가 있는 것이다.

대부분의 생명체들은 20여 종 이상의 tRNA 합성효소를 가지고 있으나 전부 다 그렇지는 않다. 가령, 어떤 세균은 글루타민이라는 아미노산만을 충전시켜 주는 tRNA($tRNA^{Gln}$) 합성효소가 결여되어 있다. 대신에 한 종류의 아미노아실 tRNA 합성효소가 글루탐산을 $tRNA^{Glu}$로 충전시키기도 하고 또한 글루타민을 $tRNA^{Gln}$로 충전시키기도 한다. 이럴 경우, 제2의 효소 아미노화(amination)를 통하여 글루탐산으

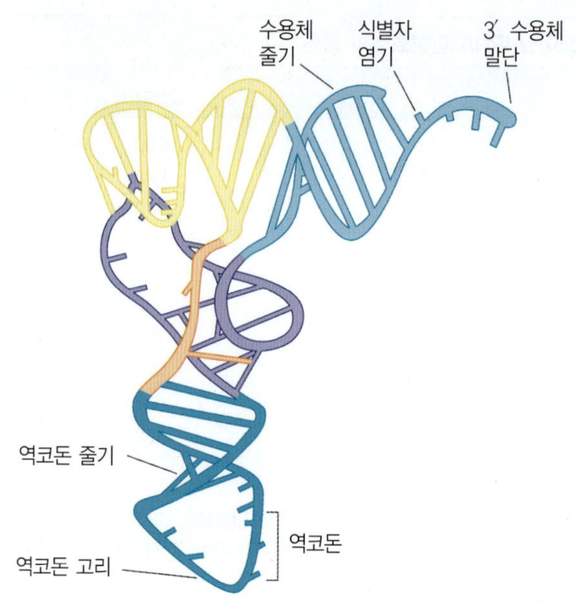

그림 15-7 tRNA의 구조: 아미노아실-tRNA 합성효소 인식에 필요한 요소.

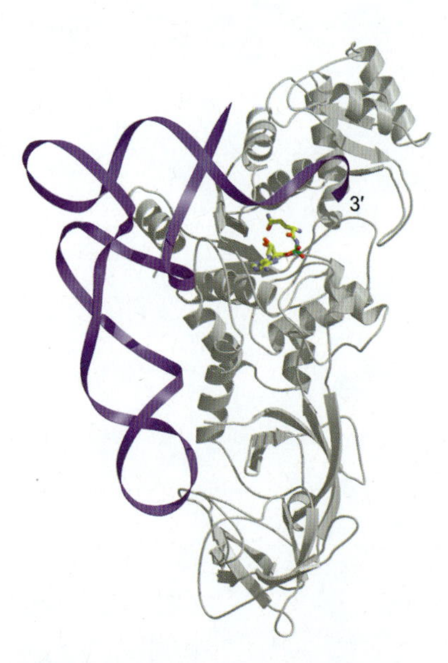

그림 15-8 글루타미닐 아미노아실-tRNA 합성효소와 $tRNA^{Gln}$의 공동 결정구조. 효소는 회색으로 그리고 $tRNA^{Gln}$은 보라색으로 나타내었다. 황색, 적색 및 녹색 분자는 글루타미닐-AMP를 나타낸다. 이 분자가 tRNA의 3′ 말단 부근에 있다는 사실과 이 부위에서 tRNA와 글루타미닐-tRNA 합성효소가 접촉하고 있음을 주의해서 보라. (Rath V.L. et al. 1998. *Structure* **6**: 439–449.) 이미지는 MolScript, BobScript 및 Raster 3D로 나타내었다.

로 충전된 아미노산을 글루타민으로 전환시켜 준다. 다시 말해, Glu-$tRNA^{Gln}$가 아미노화되어 Gln-$tRNA^{Gln}$으로 전환되는 것이다(앞의 문자는 결합한 아미노산을 나타내고 올려쓰기를 한 문자는 tRNA를 인식하는 코돈을 나타낸다). 이와 같은 제2의 효소가 존재함으로써 글루타민 tRNA 합성효소의 필요성을 제거시키는 것이다. 그럼에도 불구하고, 아미노아실 tRNA 합성효소는 주어진 하나의 tRNA 분자에 한 종류 이상의 아미노산을 결합시킬 수는 없다.

tRNA 합성효소는 고유한 자신의 tRNA에 대하여 독특한 구조적 특징을 인식한다

위에서 공부했던 내용에 의하면 아미노아실 tRNA 합성효소는 두 가지의 중요한 일을 수행해야만 하는데 그 하나는 특정한 하나의 아미노산에 대해서 이의 정확한 tRNA 세트를 인식해내는 일이고 두 번째는 이러한 등수용 tRNA에 맞는 아미노산을 충전시키는 일이다. 두 가지 일 모두 매우 높은 충실도를 요구한다.

먼저, tRNA 인식에 대한 특이성에 대해 알아보자. tRNA 분자는 어떠한 특징을 가지고 있길래 합성효소로 하여금 그 자신의 고유한 등수용 tRNA만을 인식하게 하고 나머지 19개 아미노산에 맞는 tRNA들은 따로 구별해낼 수 있는가? 유전학적이고 생화학적인 증거 및 X-선 결정학적인 증거들은 tRNA 분자 내에서 멀리 떨어진 두 부위가 이 결정의 특이성을 가지고 있음을 제시하였다. 즉, 수용체 줄기고리와 역코돈 고리가 바로 그곳이다(그림 15-7). 이 중 특히 수용체 줄기는 tRNA 합성효소의 특이적 인식에 있어서 매우 중요한 결정인자가 된다. 종종 수용체 줄기에서의 단일 염기 변화[**식별자 염기(discriminator base)**로 알려짐]만으로도 하나의 합성효소가 다른 합성효소로 뒤바뀔 만큼 tRNA의 인식특이성이 변하게 된다. 그렇지만 역코돈 고리 또한 그 식별에 있어서 중요하게 작용하고 있다. 가령, 글루타민에 대한 tRNA 합성효소는 tRNA의 역코돈 고리와 직접 작용하기도 하지만 수용체 줄기와 역코돈 고리를 가로지르는 수많은 부위에서 접촉점을 가지고 있다(그림 15-8).

여러분은 역코돈이 tRNA의 결정적인 특징이기 때문에, 즉 역코돈이 성장하고 있는 폴리펩티드 사슬에 맞는 아미노산의 삽입을 명령하기 때문에, 역코돈이 tRNA 합성효소의 인식에 있어서 가장 중요하게 사용될 것으로 예상할 것이다. 그러나 각 아미노산은 한 개 이상의 코돈에 의해 지정되기 때문에 모든 경우에 다 역코돈만으로 인식되어 해결되기는 불가능하다. 가령, 세린이라는 아미노산은 5′-AGC-3′ 및 5′-UCA-3′를 포함하여 여섯 개의 코돈에 의해 지정될 수 있는데 이들 코돈은 완전히 서로 다른 염기배열을 가지고 있다. 그러므로 세린에 대한 tRNA는 아주 다양한 역코돈을 가지고 있어야 한다. 그런 연유로 단지 하나의 tRNA 합성효소만으로는 세린의 역코돈을 모두 쉽게 인식해 낼 수 없을 것이다. 그래서 세린의 tRNA를 인식하기 위해서는, 세린에 대한 합성효소가 세린 tRNA의 역코돈 이외에 또 다른 결정인자를 반드시 필요로 하는 것이다.

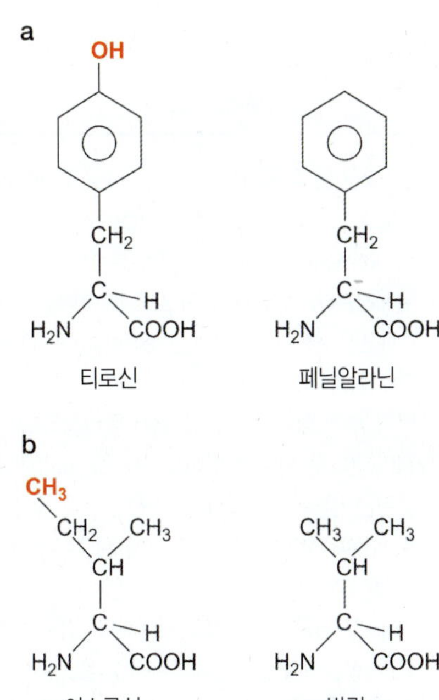

그림 15-9 유사한 아미노산에서 이들의 차이점.

아미노아실-tRNA의 형성은 매우 정교하게 이루어진다

아미노아실-tRNA 합성효소가 정확한 아미노산을 선별해내는 일은 아마도 이 효소가 적절한 tRNA를 인식해내는 일보다는 훨씬 더 어려운 일일 것이다(그림 15-9). 그 이유는 아미노산은 상대적으로 그 크기가 작고 또한 아미노산들은 서로가 매우 유사한 구조를 가지고 있기 때문이다. 이와 같은 사정이 있음에도 불구하고, 아미노산을 잘못 끼워 맞추는 빈도는 매우 낮아서 일반적으로 1000개의 tRNA당 1개 정도 이하로 잘못 충전되는 아미노산이 나타난다. 어떻게 보면 이렇게까지 정밀하게 잘 조절되고 있는지를 이해하기란 어렵지 않다. 가령, 시스테인과 트립토판이라는 아미노산은 그 크기나 모양 그리고 화학기가 완전히 다르다. 또한 아주 유사하게 보이는 티로신과 페닐알라닌(그림 15-9a 참조)의 경우에는 히드록시기를 가지고 에너지적으로 강한 수소결합을 형성할 수 있는 아미노산은 티로신이고 페닐알라닌은 그렇지 못하므로 아미노아실-tRNA 합성효소(티로실-tRNA 합성효소)는 티로신과 페닐알라닌을 효과적으로 구분해낼 수 있다.

이소류신과 발린의 경우를 보면 두 아미노산 간의 차이점이 단지 하나의 메틸렌기에 달려 있다(그림 15-9b 참조). 발릴-tRNA 합성효소는 이소류신을 입체구조적으로 배척하는 형태의 촉매포켓을 가지고 있는데 이는 이소류신이 발린보다는 분자가 크기 때문이다. 이에 반해 발린은 손쉽게 이소류실-tRNA 합성효소의 촉매포켓으로 들어갈 수 있다. 이 경우, 비록 두 아미노산이 모두 합성효소의 아미노산 결합자리와 쉽게 들어맞을 수 있으나 효소는 이소류신이 가지고 있는 잉여의 메틸렌기와 상호작용함으로써 잉여의 자유에너지(−2 ~ −3 kcal/mol)를 공급할 수 있게 된다(3장, 표 3-1 참조). 3장에서 언급한대로, 이와 같이 상대적으로 작은 자유에너지의 차이를 보이지만 이 차이가 바로 같은 농도로 존재하는 두 아미노산에 있어서 이소류신이 발린보다도 약 100배나 더 높은 결합력을 보이게 되는 것이다. 그러므로 발린은 이소류신 tRNA에 한번에 1%의 확률로 결합할 수 있게 되는데 이것은 받아들일 수 없을 정도로 에러가 높은 경우에 해당한다. 우리가 지금껏 공부한 바대로라면, 실제로 잘못 삽입되는 아미노산은 0.1% 이하이다. 그러면 어떻게 하여 높은 충실도로 나타나게 할 것인가?

어떤 아미노아실-tRNA 합성효소는 tRNA 충전 시에 높은 정확도를 위해서 교정포켓을 사용한다

아미노아실-tRNA의 충실도를 높이기 위한 일반적인 기구 중 하나는 충전반응의 산물을 교정하는 것으로서 이것은 9장에서 다룬 DNA 중합효소의 경우와 유사하다.

▶ 고급개념

글상자 15-2 셀레노시스테인

글루타치온 퍼옥시다제(glutathione peroxidase)나 포르메이트 탈수소효소(formate dehydrogenase)와 같은 일부 효소들은 셀레노시스테인(selenocysteine)과 같은 특수한 아미노산을 가지는데 이 잔기가 위치하는 부위가 흔히 이 효소의 촉매부위이다. 셀레노시스테인은 시스테인의 황원자가 셀레늄(selenium)과 같은 미량원소로 대체되어 있다(글상자 15-2 그림 1). 흥미 있는 사실은 셀레노시스테인은 단백질 번역 후에 화학적 변형을 거쳐 폴리펩티드에 들어가는 것이 아니라는 점이다(다른 특수한 아미노산들 즉, 콜라겐에서 발견되는 히드록시프롤린은 번역 후에 화학적 변형을 거친 것이다). 셀레노시스테인은 세린-tRNA 합성효소에 의해 충전된 특수한 tRNA 즉, 세린-$tRNA^{Ser}$에서 효소작용에 의해서 변형된 형태로 만들어진다. 이와 같이 변형된 tRNA가 글루타치온 퍼옥시다제와 같은 효소의 폴리펩티드에 직접적으로 합성되어 들어간다. 뒤에 나올 단백질 번역의 연장인자인 EF-Tu와 유사한 연장인자가 셀레노시스테닐-tRNA를 리보솜 속의 mRNA 코돈 중 UGA 코돈에 맞게 전달해준다. 이 UGA 코돈은 정상적으로는 종결코돈에 해당한다. 그래서 UGA 코돈에 셀레노시스테인이 들어오려면 mRNA 내의 어떤 다른 부위에 특수한 염기배열이 존재해 있어야 한다. 이와 같은 이유로 인해 세포 내의 일반적인 단백질 번역의 변형으로서 셀레노시스테인을 21번째의 아미노산으로 생각할 수 있다.

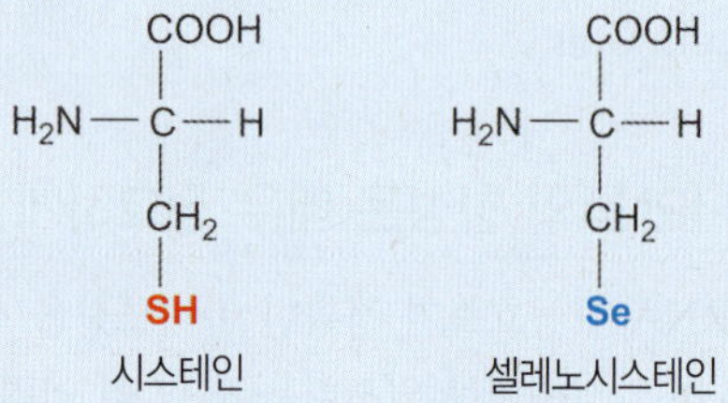

글상자 15-2 그림 1 시스테인과 셀레노시스테인의 구조.

가령, 이소류실-tRNA 합성효소는 아데니릴화를 위한 촉매포켓 이외에 효소의 깊숙한 함몰 부위에 교정포켓을 가지고 있어서 이것이 아데니릴화 반응산물을 교정할 수 있게 한다. AMP-발린(알라닌과 같은 작은 아미노산에서의 아데니릴화처럼)은 교정포켓 안으로 들어가서 발린과 AMP로 가수분해되어 방출된다. 이에 반해, AMP-이소류신은 교정포켓 안으로 들어가기에는 그 크기가 너무 크기 때문에 가수분해반응으로 가지 못한다. 결과적으로 이소류실-tRNA 합성효소는 발린과 이소류신을 두 군데에서 구별해 낼 수 있다. 즉, 아미노산의 초기 결합과 아데닐화 과정(약 100배 정도) 및 아데닐화된 아미노산의 교정과정(약 100배 정도)인데 이것은 전체적으로 10,000배 정도가 된다(다시 말해, 에러비율은 약 0.01%가 된다는 뜻이다).

리보솜은 바르게 충전된 tRNA와 잘못 충전된 tRNA를 구분해내지 못한다

적절한 tRNA에 맞는 정확한 아미노산이 결합되었는지에 대한 아미노아실-tRNA 합성효소의 책임은 매우 막중하여 일단 충전된 tRNA가 그 효소로부터 떨어져 나오면 더 이상의 구별, 즉 tRNA에 맞는 아미노산인지 아니면 잘못된 아미노산이 결합한 것인지에 대한 더 이상의 변별이 불가능해진다. 다시 말해, 리보솜은 코돈-역코돈 상호작용을 나타낼 수 있는 어떠한 충전 tRNA라도 받아들일 수 있기 때문에 tRNA가 그 자신에 맞는 고유한 아미노산을 끌고 왔는지 아니면 다른 아미노산을 잘못 붙여 왔는지에 대해서는 "눈을 감은(blindly)" 상태이다.

이러한 판단은 두 가지 실험에 의해 증명되었다. 하나는 유전학적이고 다른 하나는 생화학적인 실험이다. 유전학적인 실험은 tRNA의 역코돈에 있는 하나의 뉴클레오티드를 다른 것으로 교체한 변이형 tRNA를 분리함으로써 수행되었다. 아미노아실-tRNA 합성효소가 하나의 tRNA를 인식하는데 있어서 역코돈과의 상호작용에 의존하지 않는다는 점을 기억하라. 그러므로 몇몇 개의 tRNA의 역코돈에 돌연변이를 유발해도 이 tRNA들은 원래 이들이 인식하던 고유의 아미노산들과 결합하게 된다.

그러나 이러한 역코돈 돌연변이 결과로서 변이형 tRNA는 이들 아미노산들을 잘못된 코돈에 전달하게 된다. 다시 말해, 리보솜 및 리보솜의 보조 단백질들(이 부분에 대해 짧게 설명하고자 한다)은 1차적으로 충전된 tRNA가 mRNA의 코돈과 서로 맞는 코돈-역코돈 상호작용을 하고 있는지를 검사하게 된다. 리보솜과 그 보조 단백질들은 결국 하나의 tRNA에 잘못 충전된 아미노산을 걸러내는 데는 아무런 역할을 하지 못함으로써 이 잘못된 아미노산이 성장 중인 폴리펩티드로 삽입되어 들어가게 된다.

고전적인 생화학 실험에서는 리보솜이 tRNA는 잘 인식하나 이에 결합한 아미노산은 전혀 인식하지 못하고 있음을 잘 보여준다. 충전된 tRNA인 시스테닐-$tRNA^{Cys}$(cysteinyl-$tRNA^{Cys}$에서 앞 문자는 아미노산을 나타내고 올려쓰기를 한 문자는 tRNA의 성질을 나타낸다는 것을 기억하자)를 놓고 보자. 시스테닐-$tRNA^{Cys}$에 결합한 시스테인은 화학적 환원에 의하여 알라닌으로 변환되어 알라닌-$tRNA^{Cys}$로 될 수 있다(그림 15-10). 이것을 무세포 단백질 합성계에 넣어주면 알라닌-$tRNA^{Cys}$는 시스테인을 지정하는 코돈에 알라닌을 삽입시켜 폴리펩티드로 성장시킨다. 그러므로 번역기구에서 각 mRNA의 코돈이 정확하게 해독되기 위해서는 아미노아실-tRNA 합성효소의 충실도가 큰 역할을 하고 있다는 것을 알 수 있다(글상자 15-2, "셀레노시스테인" 참조).

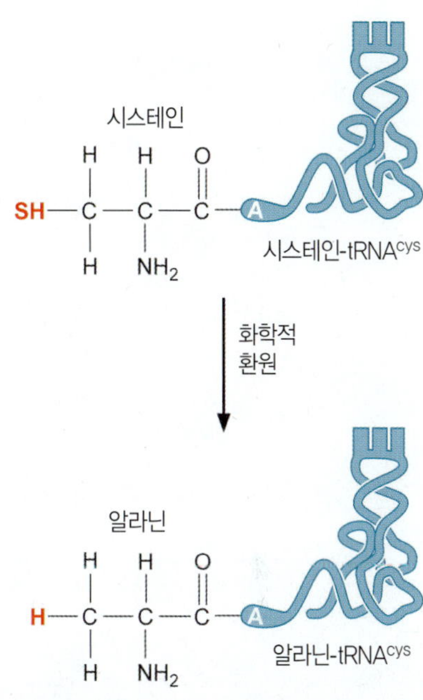

그림 15-10 시스테인-$tRNA^{Cys}$에서 알라닌-$tRNA^{Cys}$로의 화학적 환원.

리보솜

리보솜(ribosome)은 단백질 합성을 지휘하는 거대분자 기구이다. 리보솜은 핵산 코드를 아미노산 코드로 번역하는 일에서 보듯이 DNA나 RNA 합성을 담당하는 작은 기구들 보다는 훨씬 크고 복잡하다. 사실, 하나의 폴리펩티드만으로도 DNA나 RNA를 합성할 수 있다(비록 DNA 복제나 전사의 경우에는 다수의 큰 복합체들에 의해 매개되긴 하지만). 이에 비해, 아미노산을 중합하는 일에는 RNA 분자가 최소한 3종류가 필요하며 또한 그 분자량이 2.5 메가 달톤(megadalton)이 넘는 50여 종의 단백질을 필요로 한다. DNA 복제의 속도와 비교해 보면 DNA는 초당 200~1,000 뉴클레오티드가 합성되지만 번역은 초당 단지 2~20 아미노산이 중합될 뿐이다.

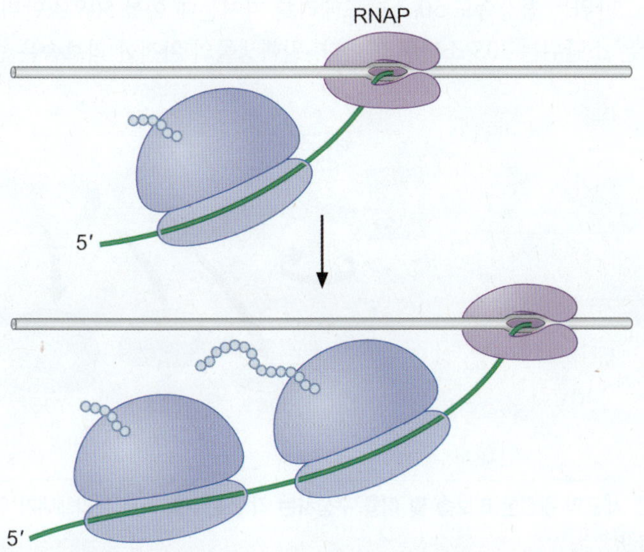

그림 15-11 같은 mRNA에서 일을 하고 있는 원핵생물의 RNA 중합효소와 리보솜.

원핵생물에서는 전사기구와 번역기구가 같은 구획 내에 존재한다. 그러므로 리보솜은 RNA 중합효소로부터 RNA가 떨어져 나오면 곧 바로 mRNA의 번역을 시작할 수 있다. 이러한 상황은 곧 RNA 중합효소와 리보솜이 세로로 나란히 서서 mRNA가 중합되는 즉시 번역이 개시될 수 있게 해준다(그림 15-11). RNA의 5′ 말단이 먼저 합성된다는 점을 상기하면 번역 또한 5′ 말단에서 먼저 시작되므로 RNA 중합효소에서 뻗어 나오는 mRNA는 곧 바로 번역에 사용될 수 있는 것이다. 흥미롭게도 전사와 번역이 공역하는 몇몇 예가 있는데 이것은 유전자발현의 조절에서 나타난다. 이 부분은 18장에서 공부하게 될 것이다.

DNA 합성에 비해서 상대적으로 느리긴 하지만 원핵생물에서는 리보솜이 전사기구를 따라갈 수 있는 능력을 가지고 있다. 원핵생물에서의 전형적인 번역속도가 초당 20개의 아미노산 정도인데 이것은 mRNA를 초당 60개 뉴클레오티드(20개 코돈)로 번역하는 꼴이 된다. 이것은 초당 50~100개의 뉴클레오티드를 합성해내는 RNA 중합효소의 속도와 비슷한 수준이다.

원핵생물의 경우에 비해서 진핵생물의 번역은 전사과정과 완전히 분리되어 있다. 더구나, 이렇게 분리된 두 개의 과정이 또한 세포의 다른 구획에서 따로 일어나고 있다는 사실이다. 즉, 전사는 핵에서 일어나는 데 반해 번역은 세포질에서 일어나고 있다. 진핵생물에서는 아마도 전사와 번역이 공역하지 않기 때문으로 판단되는데 번역의 속도는 초당 2~4개 아미노산 정도에 그치고 있다.

리보솜은 큰 소단위와 작은 소단위로 구성된다

리보솜은 RNA와 단백질로 구성된 두 개의 조립 단위를 가지는데 이를 큰 소단위와 작은 소단위라 한다. 큰 소단위는 **펩티딜 전이효소중심(peptidyl transferase center)**을 가지는데 이곳에서 펩티드결합이 일어난다. 작은 소단위는 **해독중심(decoding center)**을 가지는데 이곳에서 충전된 tRNA가 mRNA의 코돈 단위를 읽거나 혹은 "해독(decode)"한다.

큰 소단위와 작은 소단위의 이름은 원심력을 작용시킬 때 나타나는 그들의 침강속도에 따라 붙여진다(그림 15-12). 침강속도를 측정하는 단위는 **스베드베리(Svedberg, *S*;** 침강속도가 빠를수록 *S* 값은 커진다)로 나타내는데 이것은 초원심분리기의 발명자인 테오도르 스베드베리(Theodor Svedberg)의 이름에서 따온 것이다. 세균의 큰 소단위는 침강속도 50 스베드베리를 가지는데 이를 50*S* 소단위라 한다. 이에 반해 작은 소단위는 30*S* 소단위라 한다. 원핵생물의 완전한 리보솜은 큰 소단위와

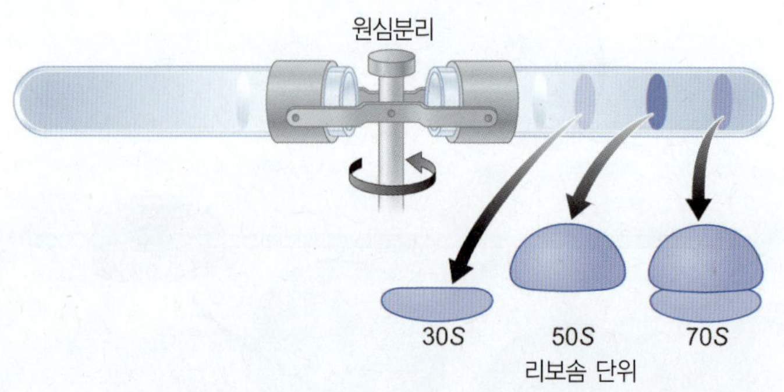

그림 15-12 세균의 완전한 리보솜 및 이를 구성하는 각 소단위를 따로 분리해내기 위한 초원심분리에 의한 침강.

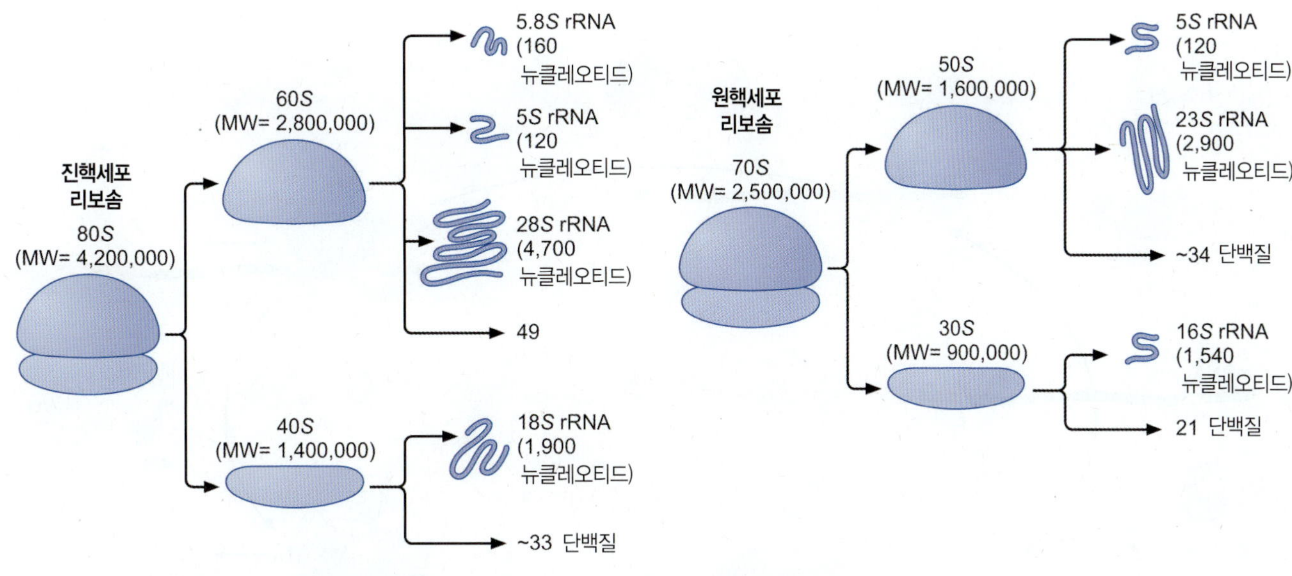

그림 15-13 원핵생물과 진핵생물의 리보솜 조성. 리보솜의 여러 가지 소단위에서의 rRNA와 단백질을 표시하였다. rRNA의 크기와 단백질의 수를 각각의 소단위에 따로 표시하였다.

작은 소단위가 뭉쳐진 70*S* 리보솜이다. 70*S*는 50*S*와 30*S*의 합보다 작다는 사실을 알아야 한다! 이러한 차이에 대한 해답은 바로 침강속도는 그 크기와 형태에 따라서 결정된다는 데 있으며 그런 연유로 리보솜의 단위는 단순히 그 질량을 측정한 것이 아니라는 점이다. 진핵생물의 리보솜은 좀 더 커서 60*S*와 40*S* 소단위로 이루어져 있고 이들이 합쳐져서 80*S* 리보솜을 형성한다.

큰 소단위와 작은 소단위 각각은 리보솜 RNA라고 알려진 RNA와 다수의 리보솜 단백질로 이루어져 있다(그림 15-13). 스베드베리 단위는 또한 리보솜 RNA들을 구분할 때에도 사용된다. 즉, 세균의 50*S* 소단위는 5*S* rRNA와 23*S* rRNA로 구성되고 30*S* 소단위는 16*S* rRNA 한 종류로 구성된다. 비록 각 리보솜 안에는 리보솜 RNA보다는 훨씬 많은 종류의 리보솜 단백질들이 존재하고 있지만 그 리보솜 부피는 리보솜 RNA와 단백질이 각각 절반씩을 차지하고 있다. 이것은 사실이다. 왜냐하면 리보솜 단백질은 크기가 작기 때문이다(세균의 작은 소단위에 존재하는 단백질들은 그 평균 분자량이 약 15 kD이다). 이에 반해, 하나의 뉴클레오티드는 그 분자량이 330달톤이기 때문에 2900개의 뉴클레오티드로 구성된 23*S* rRNA의 분자량은 1000 kD이 된다.

큰 소단위와 작은 소단위는 번역의 각 회로에서 결합과 해리를 반복한다

하나의 단백질이 합성될 때마다 번역인자들은 일련의 특이한 과정을 겪게 되는데 그것은 바로 리보솜의 큰 소단위와 작은 소단위가 표적이 되는 mRNA와 서로 결합하는 일이다. 단백질의 합성이 끝난 후 이들은 서로 해리된다. 이와 같이 리보솜이 결합하고 해리되는 일련의 과정을 **리보솜 회로(ribosome cycle)**라 한다(그림 15-14). 간단히 요약하면, 번역은 리보솜의 작은 소단위가 mRNA와 개시 tRNA에 결합하면서 시작된다. 작은 소단위-mRNA-개시 tRNA로 된 복합체는 다시 큰 소단위를 끌어와서 완전한 리보솜을 형성하게 되는데 이때 mRNA는 리보솜의 작은 소단위와 큰 소

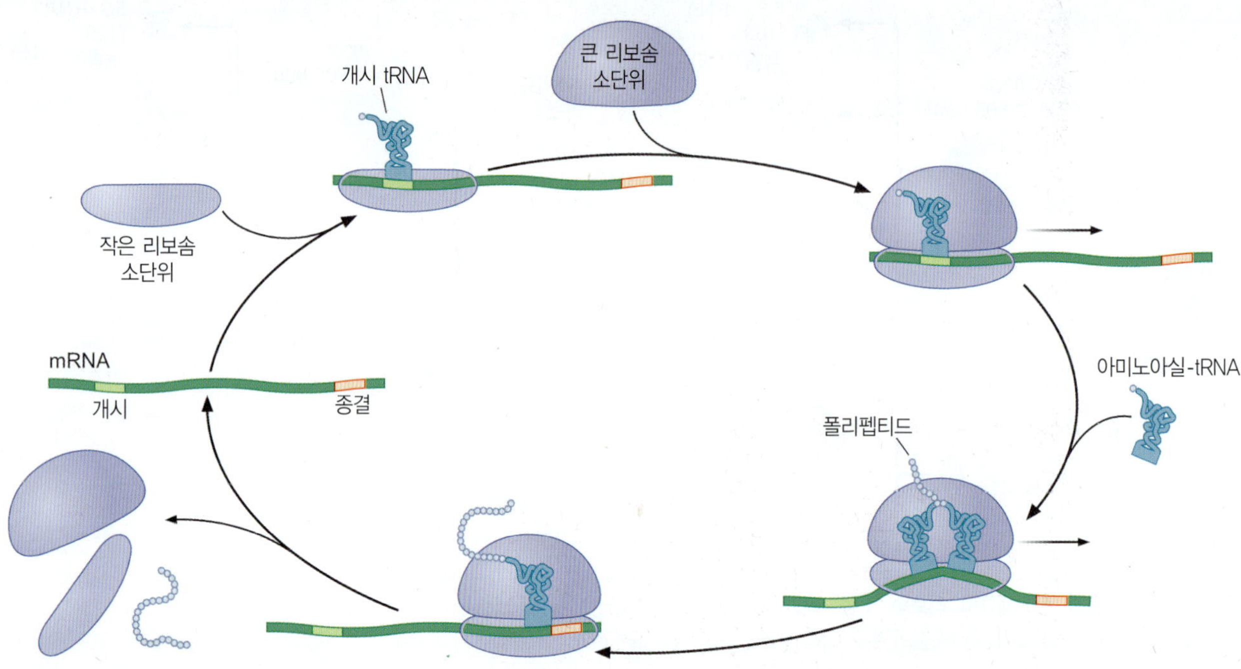

그림 15-14 번역의 개괄: 리보솜 회로.

단위 사이에 샌드위치처럼 위치하게 된다. 단백질 합성은 그 다음 단계에서 개시되는데 이 과정은 mRNA의 5′ 말단에 있는 개시코돈을 시작으로 하여 3′ 말단 쪽으로 리보솜이 이동해 감으로서 진행된다. 리보솜이 코돈에서 코돈으로 이동해 감에 따라 충전 tRNA가 하나씩 리보솜의 해독중심과 펩티딜 전이효소중심으로 미끄러져 들어간다. 길게 나아가던 리보솜이 종결코돈을 만나게 되면 지금까지 성장한 폴리펩티드 사슬은 방출되고 리보솜은 mRNA로부터 큰 소단위와 작은 소단위로 각각 나누어져 유리된다. 분리된 각 소단위는 새로운 mRNA와 결합하여 또 다른 단백질 합성 회로를 반복하게 된다.

비록 하나의 리보솜은 한꺼번에 하나의 폴리펩티드만을 합성할 수 있지만 하나의 mRNA는 다수의 리보솜에 의해 동시번역이 가능하다(단순화시켜서 모노시스트론 mRNA를 가정해 보면 이해가 쉬울 것이다). 하나의 mRNA가 다수의 리보솜과 결합한 상태를 **폴리리보솜(polyribosome)** 혹은 **폴리솜(polysome)**이라 한다(그림 15-15). 한 개의 리보솜은 하나의 mRNA 분자에 다수의 리보솜이 결합할 때에는 세포내에 상대적으로 제한된 양의 mRNA가 존재할 때이다(일반적으로 전체 RNA의 1~5%). 만약에 하나의 mRNA가 단지 하나의 리보솜에 의하여 번역된다면 어떤 경우라도 전체 리보솜의 10% 정도만이 단백질 합성에 관여하게 될 것이다. 그 대신에 하나의 mRNA에 다수의 리보솜이 결합한다면 리보솜의 대부분이 늘 단백질 합성에 관여하게 될 것이다.

그림 15-15 폴리리보솜.

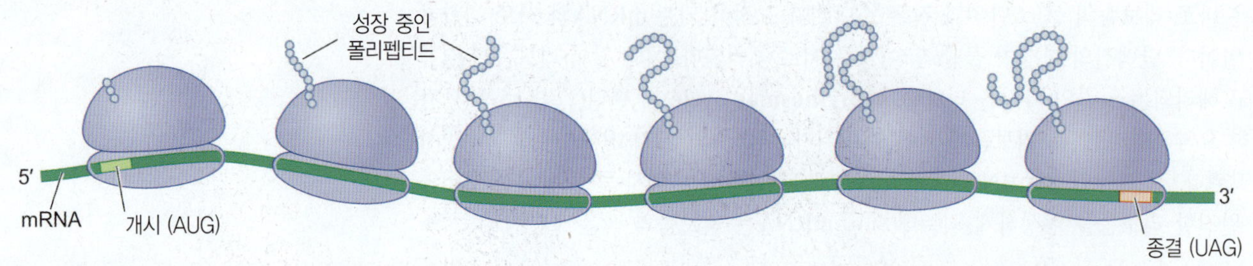

새로운 아미노산은 성장하는 폴리펩티드의 카르복시 말단에 부가된다

이미 알고 있다시피, 폴리뉴클레오티드나 폴리펩티드 사슬은 그들 고유의 극성을 가지고 있다. 그래서 이들 물질의 어느 말단이 먼저 합성되었는지에 대해 알아볼 필요가 있다. 9장과 13장에서 이미 공부했다시피 DNA와 RNA가 합성될 때는 새로운 뉴클레오티드 삼인산이 성장하고 있는 폴리뉴클레오티드 사슬의 3′ 말단에 부가된다(흔히 이를 5′→3′ 방향으로 합성이라 한다).

그렇다면 폴리펩티드의 성장은 어떤 순서로 일어나는 걸까? 이는 2장에서 언급한 바대로 고전적인 실험 방법을 통해 하워드 딘치스(Howard Dintzis)에 의해 밝혀졌다. 이 실험은 각각의 새로운 아미노산이 성장하고 있는 폴리펩티드 사슬의 카르복시 말단에 부가된다는 것을 밝혔다(흔히 이를 아미노 말단에서 카르복시 말단 방향으로의 합성이라 한다). 다음 절에서 설명되겠지만, 이 방향성은 단백질 합성 화학에서 일어나는 직접적인 결과이다.

펩티드결합은 성장 중인 폴리펩티드 사슬이 하나의 tRNA에서부터 다른 tRNA로 전달되면서 일어난다

리보솜은 펩티드결합이라는 하나의 화학반응을 촉매한다. 이 반응은 성장 중인 폴리펩티드 사슬의 카르복시 말단에 있는 아미노산 잔기와 그 사슬에 부가될 새로운 아미노산 사이에서 일어난다. 성장 중인 폴리펩티드 사슬이나 새로이 들어올 아미노산 모두는 tRNA에 결합되어 있다. 결과적으로, 펩티드결합이 일어나는 동안에도 성장 중인 폴리펩티드는 계속해서 tRNA에 결합해 있게 된다.

아미노산이 부가되는 각각의 반응에 있어서 실제적인 기질은 두 개의 충전 tRNA, 즉 아미노아실-tRNA와 **펩티딜-tRNA(peptidyl-tRNA)**이다. 이 장의 앞에서 공부했던 내용처럼(tRNA에 아미노산의 부착부분 참조), 아미노아실-tRNA(aminoacyl-tRNA)는 자신의 3′ 말단에 아미노산의 카르복시기를 결합시킨다. 펩티딜-tRNA(peptidyl tRNA) 또한 위와 똑같은 방법으로 자신의 3′ 말단에 성장 중인 폴리펩티드 사슬의 카르복시 말단을 결합시킨다. 아미노아실-tRNA와 아미노산 사이의 결합은 다음 펩티드결합이 일어날 때에도 파괴되지 않는다. 그 대신에 펩티딜 tRNA와 성장 중인 폴리펩티드와의 결합은 파괴될 수도 있는데 이것은 성장 중인 사슬이 아미노아실-tRNA에 결합한 아미노산의 아미노기와 결합하면서 새로운 펩티드결합을 형성할 때이다.

펩티드결합의 형성을 촉매하기 위해서 이들 두 개의 tRNA의 3′ 말단이 리보솜 내에서 매우 가깝게 밀접하게 된다. 이렇게 가깝게 위치하면 아미노아실-tRNA의 아미노기가 펩티딜-tRNA에 결합한 아미노산의 카르복시 말단에 존재하는 카르보닐기를 공격하여 새로운 펩티드결합이 형성된다. 이러한 친핵성 공격에 의해서 새로운 펩티드결합이 일어나는데 이것은 tRNA에 결합한 아미노산과 펩티딜 tRNA에서 방출된 폴리펩티드 사슬 사이에서 일어난다(그림 15-16). 이러한 방법으로 합성된 폴리펩티드는 두 가지 결과를 낳는다. 첫째는 이러한 방법으로 인해 형성되는 펩티드결합은 C-말단보다 N-말단이 먼저 합성되어야 한다. 둘째로 성장 중인 폴리펩티드 사슬은 펩티딜-tRNA에서 아미노아실-tRNA로 전달되어야만 한다. 이와 같은 이유로 인해 새롭게 형성되는 펩티드결합을 **펩티딜 전이효소반응(peptidyl transferase reaction)**이라고 한다.

재미있는 것은 펩티드결합의 형성이 뉴클레오시드 삼인산의 가수분해를 수반하는

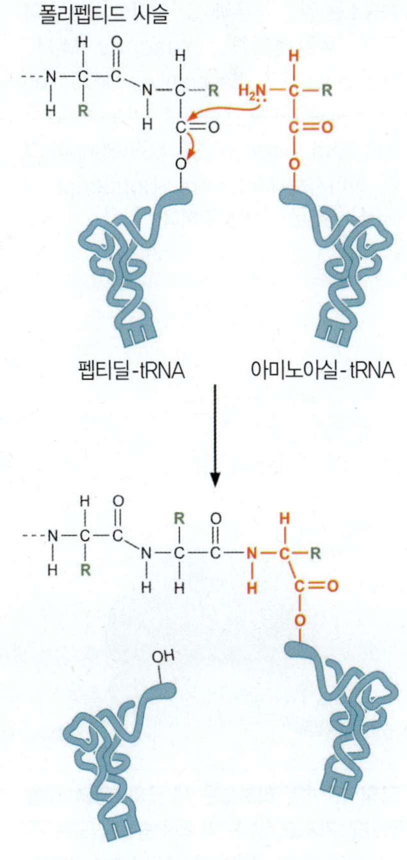

그림 15-16 펩티딜 전이효소반응.

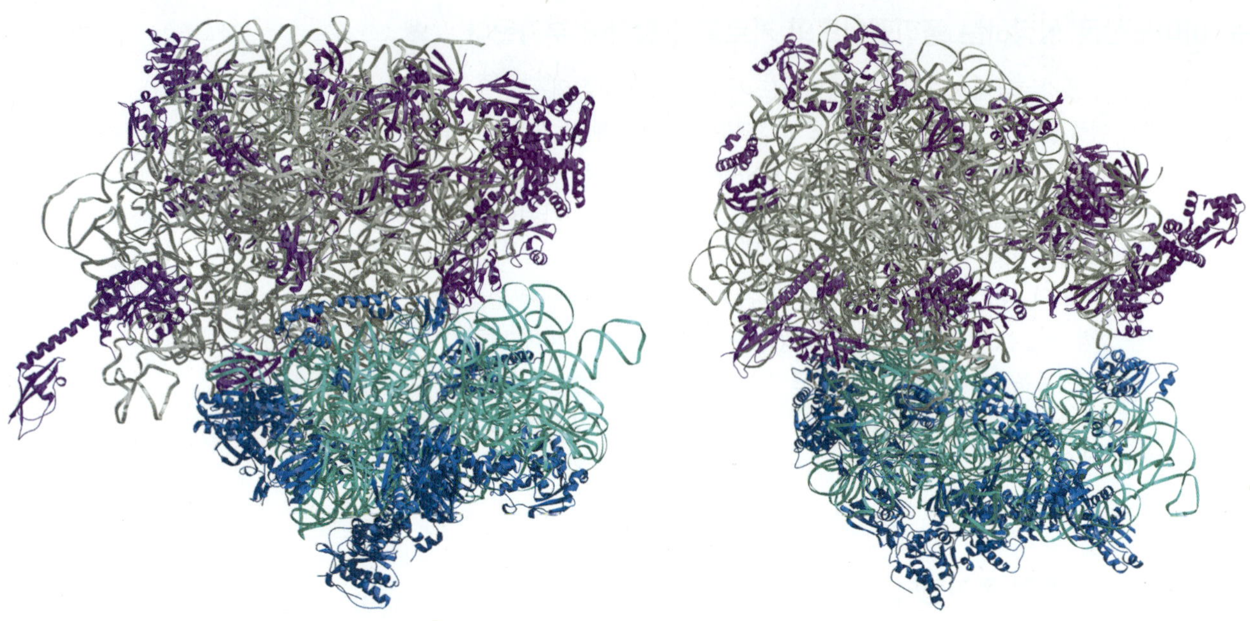

그림 15-17 서로 다른 각도에서 본 리보솜. 두 각도 모두 30*S* 소단위 위에 50*S* 소단위가 얹혀 있다. 오른쪽의 그림에서 50*S*와 30*S* 사이에서 보이는 강소는 tRNA가 결합하는 부위이다(그림 15-19 참조). 50*S* 소단위의 RNA 구성요소는 회색이고 단백질 성분은 보라색이다. 30*S* 소단위의 RNA 구성요소는 밝은 푸른색이고 단백질 성분은 어두운 푸른색이다. (Yusupov M.M., Yusupova G.Z., Baucom A., Lieberman K., Earnest T.N., Cate J.H., and Noller H.F. 2001. *Science* **292**: 883-896) 이 그림 이미지는 MolScript, BobScript 및 Raster 3D로 나타낸 것이다.

것이 아니라는 점이다. 왜냐하면 펩티드결합 형성의 원동력은 tRNA에 결합한 성장중인 폴리펩티드 사슬의 고에너지 아실결합(high-energy acyl bond)이 파괴되면서 나오기 때문이다. 여러분은 이 결합이 tRNA 합성효소가 촉매하는 반응, 즉 tRNA를 충전시키는 반응이 일어나는 동안에 생성된다는 것을 기억하고 있을 것이다. tRNA 충전반응은 한 분자의 ATP의 가수분해를 동반한다. 그러므로 펩티드결합 형성에 필요한 에너지는 결국 tRNA가 충전되는 동안 가수분해되는 한 분자의 ATP에서 기원하는 것이다(그림 15-16).

리보솜 RNA는 리보솜의 구조와 촉매를 결정하는 결정인자이다

비록 리보솜과 그 기본적인 기능에 대한 내용은 40년 전에 밝혀졌지만 최근에 와서 원핵생물에서의 리보솜이 고 해상력을 가진 3차원적인 구조가 결정됨으로써 말미암아 이 리보솜의 분자적 기구로서의 일에 대한 이해가 훨씬 광범위하게 이루어지게 되었다(그림 15-17). 이 분야 연구에서 가장 중요한 업적은 리보솜 RNA가 리보솜의 단순한 구조적 구성인자가 아님을 증명하게 된 것이라고 할 수 있다. 리보솜 RNA는 리보솜의 구조를 결정하기보다는 차라리 리보솜의 핵심 기능을 담당한다는 것이다. 이 부분에 대한 가장 확실한 예는 펩티딜 전이효소중심이 거의 RNA로 구성되어 있음을 증명한 것인데 이것은 아래에서 좀 더 상세하게 다루기로 하자. RNA는 또한 리보솜의 작은 소단위에서 가장 핵심적인 기능을 담당하고 있다. 충전 tRNA의 역코돈 고리와 mRNA의 코돈은 리보솜의 작은 소단위를 구성하는 단백질과 결합하는 것이 아니고 16*S* rRNA와 결합한다.

리보솜의 구조와 기능에 있어서의 RNA의 또 다른 중요성은 대부분의 리보솜 단백질들은 리보솜의 주변 부위, 즉 가장자리에 위치하고 있지 내부에 위치하고 있는 것이 아니라는 점이다(그림 15-17). 리보솜의 핵심기능 영역(펩티딜 전이효소중심 및 해독중심)은 순전히 RNA로만 구성되거나 혹은 거의 RNA로만 구성된다. 리보솜 단백질의 일부는 각 소단위의 핵심부위에까지 도달하는 것들도 있다. 그러나 이들은 단지 RNA의 당-인산골격이 띠는 음전하를 덮어줌으로써 rRNA를 단단히 서로 밀착시켜 안정화시켜 주는 역할을 하는 것으로 보인다. 사실은 현대의 리보솜들은 순전히

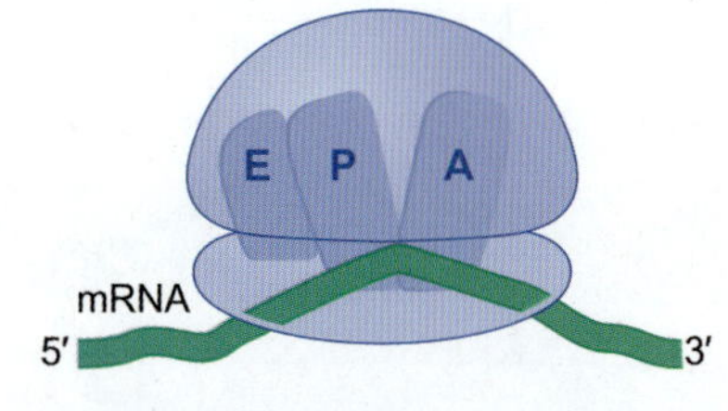

그림 15-18 리보솜은 세 곳의 tRNA 결합부위를 가지고 있다. 이 리보솜 모식도는 두 소단위에 걸쳐져 있는 세 곳의 tRNA 결합자리(E, P 및 A)를 보여주고 있다.

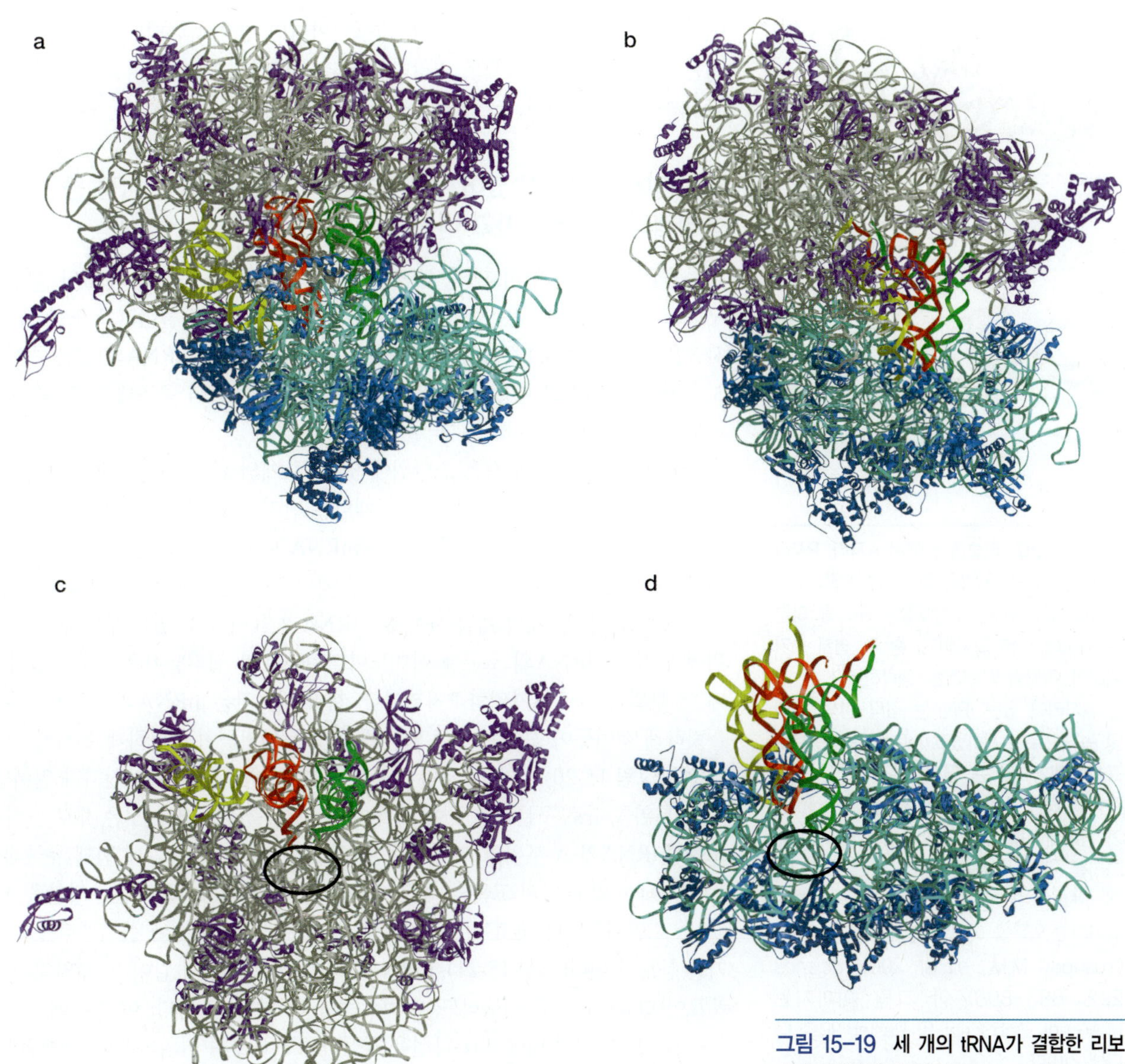

그림 15-19 세 개의 tRNA가 결합한 리보솜의 3차원적인(3D) 구조. E, P 및 A자리에 결합한 tRNA들은 각각 황색, 적색 및 녹색으로 표시하였다. 이 그림에서의 리보솜의 RNA 성분과 단백질 성분의 색깔은 그림 15-17의 것과 같다. (a)와 (b) 리보솜의 E, P 및 A자리 및 이것에 결합한 tRNA를 다른 각도에서 보고 있다. 왼쪽의 (a)와 오른쪽의 (b)는 그림 15-17과 같은 각도에서 본 것이다. (c) tRNA가 결합한 상태의 분리된 50*S* 소단위. 펩티딜 전이효소중심은 원으로 표시하였다. (d) tRNA가 결합한 상태의 분리된 30S 소단위. 해독중심은 원으로 표시하였다. (Yusupov M.M., Yusupova G.Z., Baucom A., Lieberman K., Earnest T.N., Cate J.H., and Noller H.F. 2001. *Science* **292**: 883-896) 이 그림 이미지는 MolScript, BobScript 및 Raster 3D로 나타낸 것이다.

RNA로만 구성되어 있던 원시적인 단백질 합성기구로부터 그 기능의 향상을 위하여 단백질이 부가된 형태로 진화한 것이다.

리보솜은 세 곳의 tRNA 결합자리를 가지고 있다

리보솜은 펩티딜 전이효소반응을 수행하기 위하여 최소한 두 곳이 동시에 tRNA에 결합할 수 있는 결합자리를 가지고 있어야만 한다. 실은 리보솜은 세 곳의 tRNA 결합자리를 가지고 있는데 이를 A자리, P자리 및 E자리라 한다(그림 15-18, 15-19). **A자리(A site)**는 아미노아실화-tRNA(aminoacylated-tRNA)의 결합자리이고 **P자리(P site)**는 펩티딜-tRNA(peptidyl-tRNA)의 결합자리이며 **E자리(E site)**는 아미노아실-tRNA로 전이된 성장 폴리펩티드로부터 방출된 tRNA와 결합하는 부위이다[E는 "exiting(퇴장)"을 나타냄].

각 RNA 결합자리는 리보솜의 큰 소단위와 작은 소단위의 사이에 형성된다(그림 15-19a,b). 이러한 방법에 의하여 일단 결합된 tRNA는 큰 소단위의 펩티딜 전이효소중심(그림 15-19c)과 작은 소단위의 해독중심(그림 15-19d) 사이에서 거리를 넓혀간다.

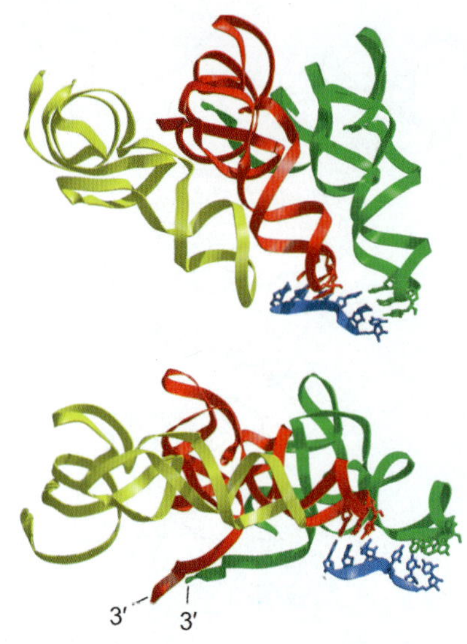

그림 15-20 리보솜 안에서 A자리, P자리 및 mRNA의 상호작용. 리보솜에서 발견되는 mRNA와 tRNA들의 상호작용 구조를 다른 두 각도에서 본 그림이다. 좀 더 쉽게 보기 위하여 리보솜의 구조는 생략하였다. E, P 및 A자리에 있는 tRNA는 각각 황색, 적색 및 녹색으로 표시하였고 mRNA는 청색으로 표시하였다. 염기는 단지 코돈-역코돈 상호작용을 하는 것만을 보여주고 있다. mRNA가 강하게 비틀려서 꺾인 부분이 A부위와 P자리를 구별시켜주고 있다. A자리와 P자리의 tRNA는 3′ 말단 근처에서 매우 가깝게 위치하고 있음을 아래 그림에서 볼 수 있다. (Yusupov M.M., e.t al. 2001. *Science* **292**: 883-896) 이 그림 이미지는 MolScript, BobScript 및 Raster 3D로 나타낸 것이다.

tRNA의 3′은 아미노산이 결합한 것이든 아니면 성장 폴리펩티드 사슬이 결합한 것이든 간에 큰 소단위 쪽으로 밀착하게 된다. 결합한 tRNA의 역코돈 고리는 작은 소단위 쪽으로 위치한다.

리보솜에는 채널이 있어서 이곳을 통하여 mRNA와 성장 중인 폴리펩티드가 들어가고 나온다

해독중심과 펩티딜 전이효소중심 모두는 완전한 리보솜 속에 묻혀 있다. 그럼에도 불구하고 번역이 진행되는 동안 mRNA는 해독중심을 뚫고 들어가고 또한 폴리펩티드 사슬은 펩티딜 전이효소중심을 빠져나온다. 어떻게 하여 mRNA와 같은 중합체가 리보솜 속을 들어가고 나올 수 있을까? 그 해답은 리보솜의 구조에 있다. 즉, 리보솜은 리보솜으로 들어가고 나오는 "터널"을 가지고 있다.

mRNA는 리보솜의 작은 소단위에 있는 두 개의 좁은 채널을 통해서 해독중심에 들어가고 또 나올 수 있다. 들어가는 채널은 단지 짝을 짓지 않은 외가닥 RNA만이 충분히 통과할 수 있다. 이러한 구조는 mRNA 내에 형성되었을지도 모를 어떤 분자 내 염기쌍 형성을 제거함으로서 단지 한 가닥으로 길게 뻗은 mRNA만을 통과시킬 수 있게 해준다. 두 개의 채널 사이에는 tRNA가 들어갈 수 있는 부위가 있는데 이 부위에 인접한 mRNA의 코돈에 아미노아실-tRNA와 펩티딜-tRNA가 결합하게 되는데 이 부위가 바로 A자리와 P자리이다. 재미있는 것은 mRNA의 두 개 코돈 사이가 뚜렷하게 꺾이듯이 꼬이는 곳이 있는데 이것은 읽기틀이 정확하게 유지될 수 있도록 해준다(그림 15-20). 이렇게 꼬인 부분은 또한 한 회로의 리보솜 전좌가 일어난 후 텅 빈 A 부위를 따로 구분되는 곳에 위치시키는 역할을 하는데 이것은 새로 들어올 아미노아실-tRNA가 A 부위의 코돈 바로 뒤에 있는 다른 염기(즉, 네 번째 뉴클레오티드)는 인식하지 않고 단지 코돈의 세 염기만을 인식할 수 있도록 해주는 역할을 한다.

큰 소단위를 관통하고 있는 두 번째 채널은 새로이 합성된 폴리펩티드 사슬이 나가는 통로가 된다(그림 15-21). mRNA가 통과하는 채널과 같이 이 채널의 크기 또한 새로이 만들어지는 폴리펩티드 사슬의 접힘을 제한하고 있다. 이 경우에는 합성되는 폴리펩티드가 채널 내에서 α-나선을 형성하도록 해주며 이외의 다른 단백질 구조, 즉

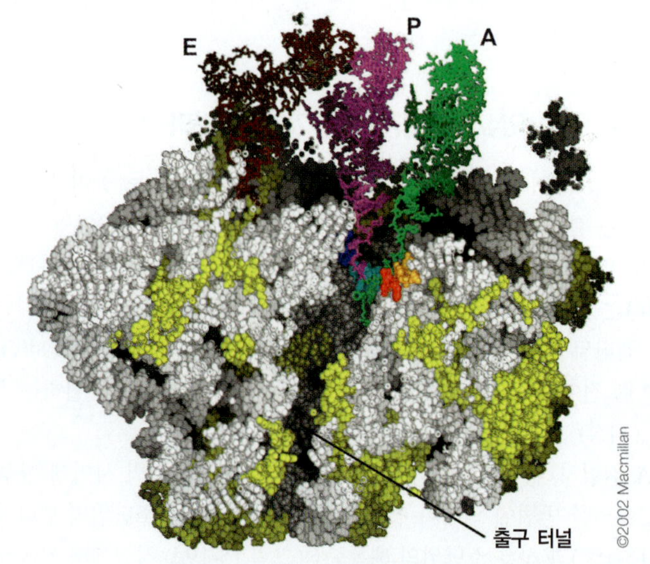

그림 15-21 폴리펩티드의 출구. 이 그림은 폴리펩티드의 출구를 쉽게 나타내기 위하여 50*S* 소단위의 절반을 자른 모습이다. rRNA와 단백질 성분은 각각 백색과 황색으로 나타내었다. 세 종류의 tRNA는 E, P 및 A자리의 순서로 갈색, 자주색 및 녹색으로 각각 나타내었다. A부위의 녹색인 tRNA 근처에서 빨갛고 또 금색으로 보이는 부위가 펩티딜 전이효소중심이다. (Courtesy of T. Martin Schmeing and Thomas Steitz; adapted, with permission, from Schmeing T.M. et al. 2002. *Nat. Struct. Biol.* **9:** 225-230. © Macmillan.)

β-병풍 구조와 같은 2차구조나 이외의 3차구조는 이 폴리펩티드가 리보솜의 큰 소단위를 통과해 나간 후에만 형성이 가능하다. 이와 같은 이유 때문에 새로이 합성된 단백질의 최종적인 3차구조는 리보솜을 빠져나온 이후라야만 가능하게 된다.

지금까지 번역과정에 관여하는 네 가지 기본요소에 대해 알아보았다. 이 장의 나머지 부분은 번역의 각 단계에 대해서 보다 상세하게 설명하려고 한다. 이 번역 단계는 세 가지의 단계로 나누어지는데 그 순서대로 나열하면 새로운 폴리펩티드 사슬 합성의 개시, 성장 중인 폴리펩티드의 신장 및 폴리펩티드 합성의 종결이 그것이다. 곧 알게 되겠지만 단백질 합성을 수행함에 있어서 원핵생물과 진핵생물에는 중요한 차이점이 존재하기도 하고 또 유사성이 존재하기도 한다. 원핵생물과 진핵생물의 세포가 가지는 번역기구의 본질적인 특징에 대해서 이어지는 각 절에서 공부하게 될 것이다. DNA와 RNA 합성에서와 마찬가지로, 비록 리보솜이 단백질 합성에서의 활성중심이긴 하나 정확하고도 신속한 단백질 합성을 위하여 리보솜 이외의 보조인자들도 번역의 각 단계에서 매우 중요한 역할을 담당하고 있다.

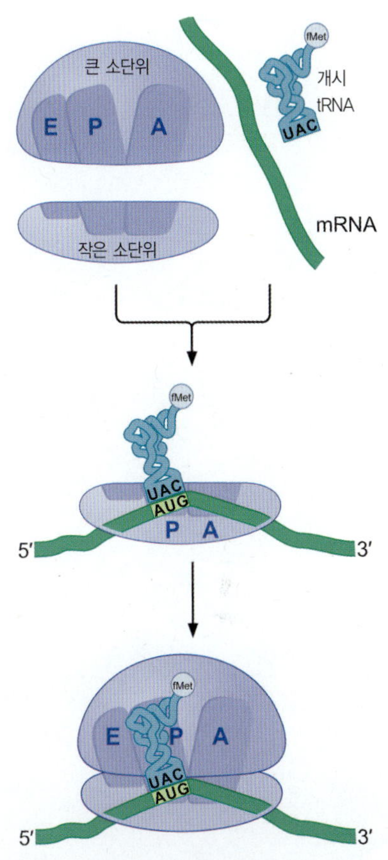

그림 15-22 **번역개시의 개괄.**

번역의 개시

번역이 성공적으로 개시되기 위해서는 꼭 필요한 세 개의 사건이 일어나야 한다(그림 15-22). 먼저, 리보솜이 mRNA로 이동해야만 한다. 둘째로, 충전된 tRNA가 리보솜의 P자리에 위치해야 한다. 마지막으로, 리보솜이 mRNA의 개시코돈 위에 정확하게 위치해야 한다. 리보솜이 개시코돈 위에 정확하게 위치하는 것은 매우 중요한데 왜냐하면 이것으로 인해 mRNA의 번역을 위한 읽기틀이 만들어지기 때문이다. 단지 하나의 염기만이라도 틀린 곳에 위치하면 이것은 완전히 엉뚱한 폴리펩티드를 합성해 낼 수 있기 때문이다(위에 있는 mRNA 부분과 16장을 참조하라). 진핵생물과 원핵생물은 서로 다른 mRNA 구조를 가지기 때문에 이 단계에서는 서로 다른 방법으로 진행된다. 먼저 원핵생물의 번역개시에 대해서 알아보고 이후에 진핵생물의 개시에 대하여 공부하기로 하자.

원핵생물의 mRNA는 먼저 리보솜의 작은 소단위에 있는 rRNA와 염기쌍을 형성한다

mRNA에 대한 리보솜의 결합은 한 번에 하나의 소단위 단위로 조립된다. 즉, mRNA에 작은 소단위가 먼저 결합한다. mRNA의 구조에서 보았듯이(그림 15-2 참조), 원핵생물에서는 mRNA에 작은 소단위가 결합할 때에 mRNA의 리보솜 결합자리와 리보솜의 16*S* rRNA 사이에서의 염기쌍 형성으로 이루어진다(그림 15-23). 리보솜이 이상적인 위치에 결합하기 위해서는, mRNA에 결합하는 작은 소단위의 위치가 후에 큰 소단위가 결합할 때 큰 소단위의 P자리가 mRNA의 개시코돈에 위치하게 하는 부위이다. 큰 소단위의 결합은 개시 단계의 거의 마지막 단계로서 첫 펩티드결합이 일어나기 바로 직전의 단계이다. 그래서 번역의 개시에 있어서의 핵심적인 작업들은 거의가 완전한 리보솜이 만들어지기 직전에 모두 마치게 된다.

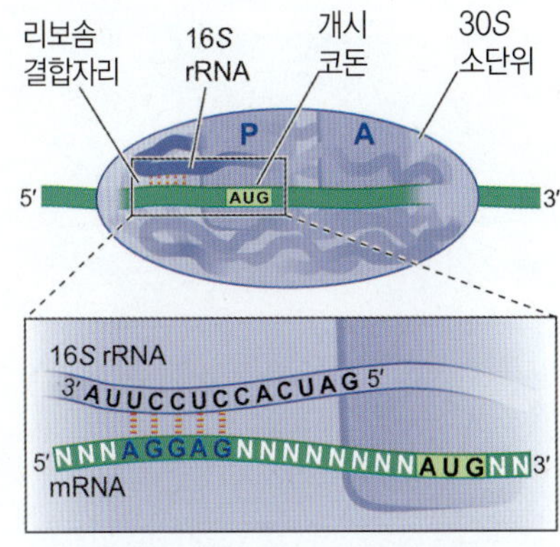

그림 15-23 **AUG를 P자리에 위치시키기 위하여 16*S* rRNA가 리보솜 결합자리(RBS)와 상호작용한다.** 이 그림은 mRNA의 AUG와 리보솜 결합부위 사이의 이상적인 거리를 보여준다. 이 정도의 거리가 AUG를 P자리에 위치시킨다. 많은 mRNA들이 이상적이지 못한 거리를 가지고 있어서 번역개시가 효율적으로 일어나지 않는 경우가 있다. 어떤 mRNA는 리보솜 결합부위가 아예 없는 것들도 있는데 이런 mRNA들은 이와는 다른 기작에 의해 리보솜을 끌고 온다.

변형된 메티오닌으로 충전된 특이한 tRNA가 원핵생물의 작은 소단위에 직접 결합한다

번역개시는 이전에 A자리에 들어간 적이 없던 tRNA가 P자리에 곧 바로 결합함으로

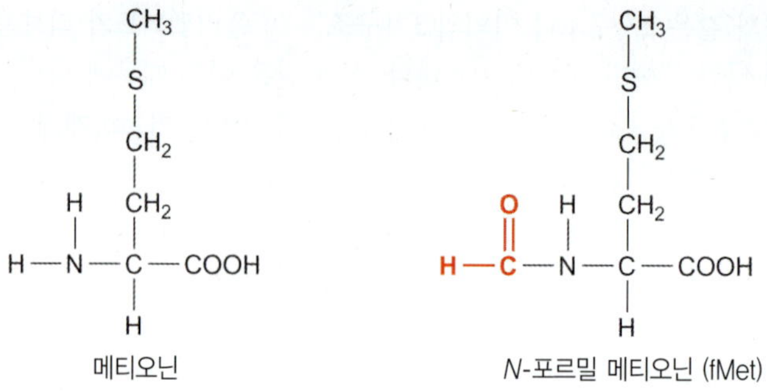

메티오닌

N-포르밀 메티오닌 (fMet)

그림 15-24 메티오닌과 *N*-포르밀 메티오닌.

서 시작된다. 이 일은 **개시 tRNA(initiator tRNA)**라고 불리는 특이한 tRNA에 의해 일어나는데 이 RNA는 AUG 혹은 GUG인 개시코돈과 염기쌍을 형성한다. AUG와 GUG가 열린 읽기틀 내에서 나타날 때에는 다른 의미를 지닌다. 즉, 열린 읽기틀 안에서는 각각 메티오닌 tRNA($tRNA^{Met}$)와 발린 tRNA($tRNA^{Val}$)로 읽힌다(16장 참조). 비록 개시 tRNA는 처음에 메티오닌으로 충전되지만 그 이후에 곧 바로 메티오닌의 아미노기에 포르밀기가 부가되며 이 반응은 별도의 효소인 메티오닌-tRNA 포르밀기 전이효소(Met-tRNA transformylase)에 의하여 촉매된다. 그러므로 개시 tRNA는 발린이나 메티오닌이 아닌 ***N*-포르밀 메티오닌(*N*-formyl methionine)**과 연결된다(그림 15-24). 따라서 충전된 개시 tRNA를 **fMet-$tRNA_i^{fMet}$**로 표시한다.

N-포르밀 메티오닌은 폴리펩티드 사슬의 제일 첫 아미노산이 되므로 여러분은 모든 원핵생물의 단백질들의 아미노 말단에 포르밀기를 가지고 있을 것으로 생각하게 될 것이다. 그러나 이것은 틀린 생각이다. 왜냐하면 **탈포르밀화효소(deformylase)**가 존재하여 폴리펩티드 사슬의 합성 도중이나 합성 이후에 아미노 말단의 포르밀기를 제거해 주기 때문이다. 실은 원핵생물의 폴리펩티드들은 메티오닌으로 시작하지 않는 것들이 많은데 그 이유는 아미노펩티다아제(aminopeptidase)가 있어서 이것이 아미노 말단의 메티오닌이나 혹은 메티오닌 바로 뒤의 한두 개 아미노산까지를 제거시켜 주기 때문이다.

세 개의 개시인자가 mRNA와 개시 tRNA를 포함하는 개시복합체의 조립을 지휘한다

원핵생물의 번역개시는 작은 소단위로 시작하여 **IF1**, **IF2** 및 **IF3**라 불리는 세 개의 **번역개시인자(translation initiation factor)**에 의해 촉매된다. 각 인자는 개시과정의 핵심적인 주요 단계들을 촉진시켜 주는데 다음과 같다.

- **IF1**은 작은 소단위의 A자리가 될 부분에 tRNA가 결합하는 것을 방지한다.
- **IF2**는 GTPase(GTP와 결합해 있으면서 GTP를 가수분해하는 단백질)로서 개시기구의 세 개의 핵심요소, 즉 작은 소단위, IF1 및 충전된 개시 RNA(fMet-$tRNA_i^{fMet}$)들과 상호작용한다. IF2는 이들과 상호작용함으로써 fMet-$tRNA_i^{fMet}$가 리보솜의 작은 소단위와 결합할 수 있게 해주고 이외의 충전된 다른 tRNA가 리보솜에 결합하는 것을 방지한다.
- **IF3**는 작은 소단위에 결합하여 이것이 큰 소단위나 충전 tRNA가 곧 바로 결합하는 것을 차단해 준다. 개시는 독립적으로 떨어진 작은 소단위를 필요로 하기 때문에 여기에 IF3가 결합한다는 것은 새로운 번역회로를 시작하는 데 중요하다. IF3는 앞

의 번역회로가 한 번 돌고 난 후 70*S* 리보솜이 큰 소단위와 작은 소단위로 다시 분리될 때 작은 소단위가 결합하여 이들의 해리를 돕는다.

각 개시인자는 작은 소단위에 있는 세 군데의 tRNA 결합자리 중 한 곳 혹은 그 가까이에 결합하게 된다. IF1은 그 역할이 충전 tRNA가 A자리에 결합하는 것을 차단하는 것인데 이에 걸맞게 작은 소단위의 A자리가 될 곳에 미리 결합한다. IF2는 A자리의 IF1에 결합한 후 P자리에 결합하는 fMet-$tRNA_i^{fMet}$에까지 닿을 수 있도록 걸쳐진다. 마지막으로, IF3는 장차 E자리가 될 작은 소단위를 채우게 된다. 그래서 이들 개시인자는 작은 소단위에 있는 세 곳의 tRNA 결합자리 중에서 단지 P자리에만 tRNA가 쉽게 결합할 수 있도록 해준다.

세 가지의 개시인자가 모두 결합하게 되면 작은 소단위는 mRNA 및 개시 tRNA와 결합할 준비를 한다(그림 15-25). 이들 두 RNA, 즉 mRNA와 개시 tRNA는 그 순서대로 결합하거나 혹은 따로 독립적으로 결합하게 된다. 위에서 언급한 대로, mRNA의 결합은 작은 소단위에 있는 리보솜 결합자리와 16S rRNA 사이에서 전형적인 염기쌍 형성에 의하여 이루어진다. 이에 반해, 작은 소단위에 결합하는 fMet-$tRNA_i^{fMet}$는 GTP와 결합한 IF2의 도움을 받아서 이것의 역코돈과 mRNA의 개시코돈 사이에서의 염기쌍 형성을 통하여 이루어진다. 이와 비슷하게, fMet-$tRNA_i^{fMet}$와 mRNA 사이의 염기쌍 형성이 곧 P 부위에 개시코돈을 정확히 위치시키게 해준다.

개시의 마지막 단계는 큰 소단위가 결합하여 **70*S* 개시복합체(70*S* initiation complex)**를 형성하는 것이다. 개시코돈과 fMet-$tRNA_i^{fMet}$이 염기쌍을 형성할 때에는 작은 소단위의 입체구조가 변하게 된다. 이렇게 입체구조가 변하게 되면 IF3가 방출된다. IF3가 없어지면 큰 소단위가 작은 소단위에 자유롭게 결합할 수 있게 되는데 이때의 작은 소단위는 IF1, IF2, mRNA 및 fMet-$tRNA_i^{fMet}$를 포함하고 있다. 큰 소단위가 결합하게 되면 IF2-GTP의 GTPase 활성이 자극을 받아서 GTP를 가수분해하게 된다. 이렇게 생성된 IF2-GDP는 리보솜과 개시 tRNA에 대한 친화력이 감소하여 IF1과 함께 IF2-GDP는 리보솜으로부터 방출된다. 결국 개시의 순결과(net result)는 완전한 70S 리보솜이 만들어지고 이 속의 P자리에 mRNA의 개시부위와 이에 결합한 fMet-$tRNA_i^{fMet}$가 들어 있고 A자리는 텅 빈 상태로 존재하는 것이다. 리보솜과 mRNA의 복합체는 A자리에 새로이 충전된 tRNA를 받아들일 준비가 된 상태이고 이어 폴리펩티드 합성이 시작된다.

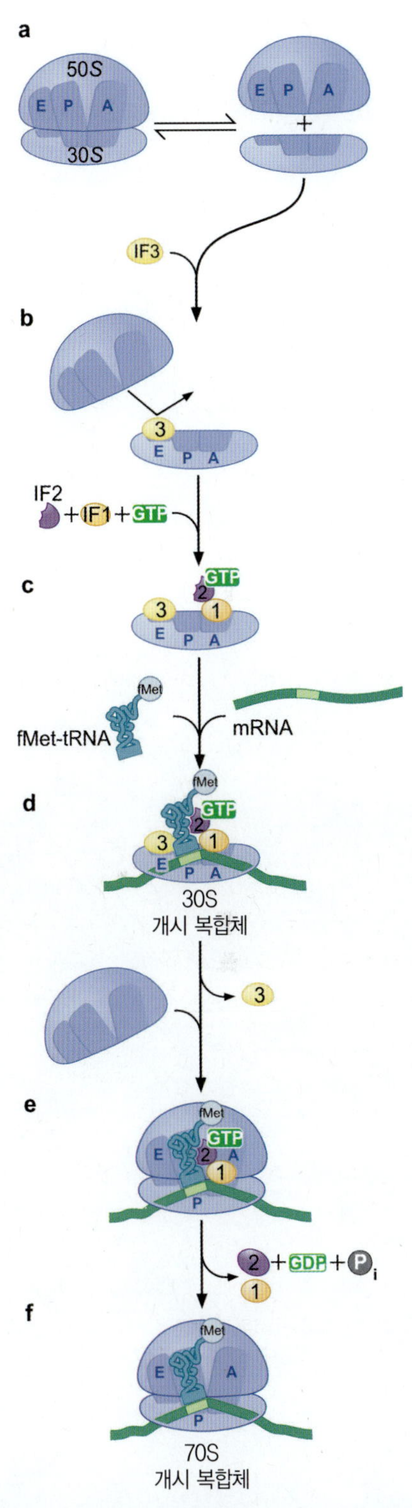

그림 15-25 원핵생물에서의 번역의 개시 요약.

진핵생물의 리보솜은 mRNA의 5′ 캡에 결합한다

진핵생물의 번역개시는 여러 가지 면에서 원핵생물의 개시와 비슷하다. 진핵생물이나 원핵생물이나 모두 개시코돈과 개시 tRNA를 사용한다. 또한 리보솜의 작은 소단위에 mRNA가 결합하며 개시인자들과 복합체를 형성한 이후 큰 소단위가 결합한다. 그럼에도 불구하고 진핵생물은 mRNA와 그 개시코돈을 인식하는 방법이 원핵생물과는 근본적으로 다른데 이것이 진핵생물에서의 번역에서 중요한 점이다.

진핵생물에서는 작은 소단위가 mRNA의 5′ 캡에 결합할 때에는 이미 개시 tRNA가 결합해 있는 상태이다. 작은 소단위는 mRNA의 5′→3′ 방향으로 "스캔(scan)"을 해나가면서 제일 처음에 나타나는 5′-AUG-3′를 개시코돈으로 간주하고 이것이 알맞은 것인지를 확인한다[앞 절의 mRNA에 관한 설명에서 공부한 코작(Kozak)배열 부분을 참조하라]. 대부분의 경우에서(글상자 15-3, "uORF와 IRES: 예외적인 규칙" 참조) 보듯이, 진핵생물에서는 제일 처음에 나타나는 AUG가 번역의 개시부위가 된

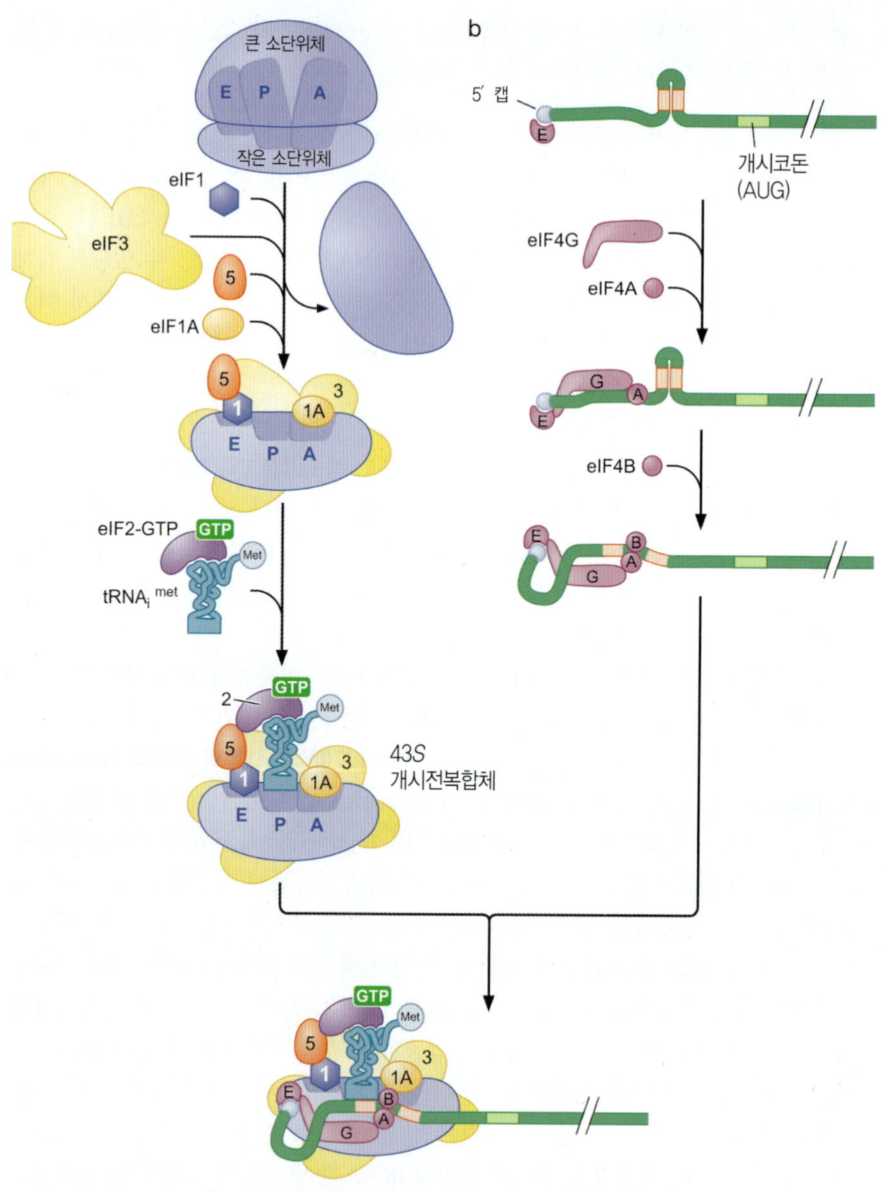

그림 15-26 진핵생물 리보솜의 작은 소단위와 개시 tRNA가 mRNA에 결합.

다. 이렇게 개시되는 방법은 거의 대부분의 진핵생물 RNA가 모노시스트론으로서 단지 하나의 폴리펩티드를 암호화한다는 점을 고려해 보면 이해하기 쉬우며 이러한 연유로 ORF 안에 존재하는 내부의 개시코돈을 인식하여 분별해 내는 작업은 거의 불필요하다.

진핵세포는 다른 여러 가지 분자작용들과 마찬가지로(전사가 일어날 때에 나타나는 프로모터 인식 등에서 보듯이) 원핵세포보다는 개시과정에 수많은 보조 단백질들을 필요로 한다. 진핵생물의 개시과정은 네 가지 단계로 나눌 수 있다. 먼저, 원핵생물의 경우에 비해서 진핵생물의 작은 소단위에 결합하는 개시 tRNA는 항상 mRNA보다 먼저 결합한다(그림 15-26a). 둘째, mRNA를 인식하는 독립적인 별도의 보조인자들이 관여한다. 셋째, 개시 tRNA와 결합한 리보솜은 AUG 서열을 찾아내기 위해서 mRNA를 스캔한다. 마지막으로, 개시코돈과 결합한 개시 tRNA에 리보솜의 큰 소단위가 결합하게 된다. 이러한 일련의 과정을 상세하게 살펴보자.

진핵생물은 한 번 번역이 끝나면 리보솜이 해리하여 큰 소단위와 작은 소단위로

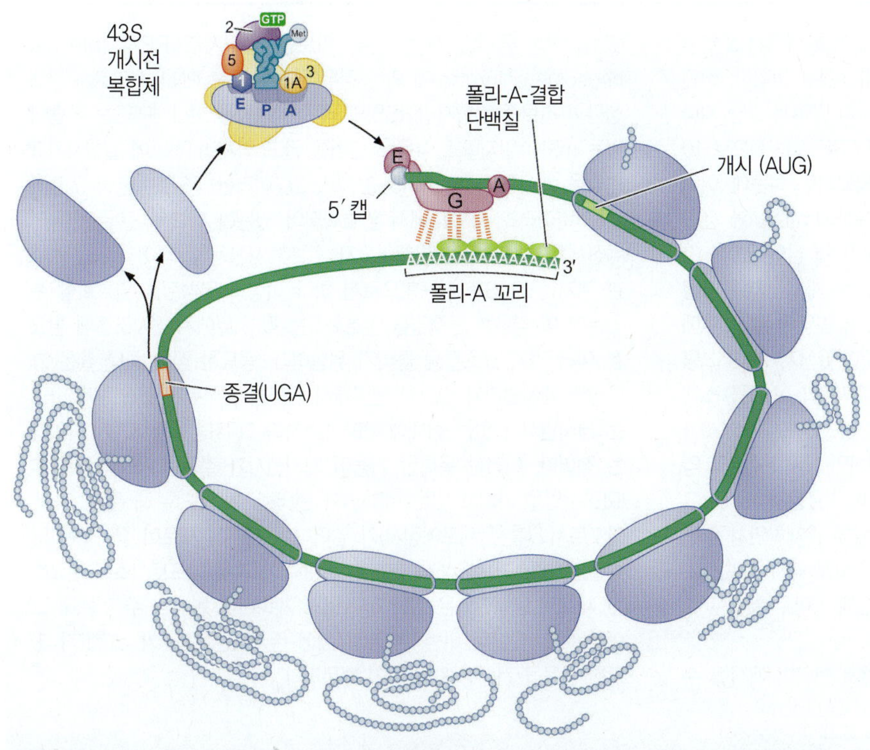

그림 15-27 진핵생물 mRNA가 둥근 고리모양(환상)으로 되는 모델. mRNA가 고리모양으로 되는 것은 폴리-A 결합 단백질인 eIF4G와 폴리-A 꼬리가 상호작용하기 때문이다.

분리되는데 이때에는 개시인자인 eIF1, eIF1A, eIF3 및 eIF5가 관계한다. 효모에서는 이들 중 세 개의 개시인자(eIF1, eIF1A 빛 eIF5)가 복합체를 형성하여 작은 소단위와 결합하게 되는데 이와 같은 일은 다른 종들에서도 많이 나타난다. 위의 네 개의 개시인자는 원핵생물의 개시인자인 IF3 및 IF1과 같이 리보솜의 큰 소단위가 결합하지 못하게 하고 또한 tRNA가 A자리에 결합하지 못하게 한다. 개시 tRNA는 세 단위로 구성된 GTP 결합 단백질인 eIF2에 의하여 리보솜의 작은 소단위와 결합한다. IF2와 마찬가지로 eIF2 또한 개시 tRNA와 결합할 때에는 GTP와 이미 결합한 상태이다. 이 결과 형성된 복합체를 **삼중복합체(ternary complex, TC)**라고 한다. 진핵생물에서는 개시 tRNA가 N-포르밀 메티오닌으로 충전되는 것이 아니고 보통의 아미노산인 메티오닌으로 충전되는데 Met-$tRNA_i^{Met}$로 표시한다. eIF2는 Met-$tRNA_i^{Met}$를 작은 소단위에서 장차 P자리가 될 곳에 위치시킴으로써 **43*S* 개시전복합체(43*S* pre-initiation complex, 43*S* PIC)**를 형성한다. eIF3가 거의 40*S* 소단위체와 그 크기가 같을 정도로 크지만 eIF3는 리보솜의 RNA 출입구분에 위치하는 소단위체에 결합해 있다는 것을 주목할 만하다. 그럼에도 불구하고 eIF3는 개시 tRNA를 포함하는 거의 모든 43*S* PIC 구성성분들과 상호작용하고 있다. 그래서 43*S* PIC 조립 시에 일어나는 다양한 상호작용들이 용이하게 일어나도록 도와준다.

별도의 반응으로서 mRNA는 리보솜의 작은 소단위에 의하여 인식된다. 이 과정은 eIF4E라는 캡 결합 단백질에 의하여 mRNA의 5′ 캡이 인식된다. 그러면 일련의 부가적인 개시인자들이 결합하게 된다. eIF4G는 eIF4E 및 mRNA와 결합하게 되나 반면에 eIF4A는 eIF4G 및 mRNA와 결합한다(그림 15-26b 참조). eIF4G와 eIF4E의 결합은 매우 중요하다. 세포 안에서 일어나는 전체적인 단백질의 번역 수준은 이

▶ 고급개념

글상자 15-3 uORF와 IRES: 예외적인 규칙

진핵생물의 모든 폴리펩티드가 mRNA의 열린 읽기틀 내에서 5′ 말단에서 가장 가까운 AUG에서 개시되어 암호화되는 것은 아니다. 어떤 경우에는, 제일 첫 AUG가 적절한 서열에 위치하지 않아서 그냥 지나치게 된다. 또 다른 경우에는 ORF의 상류부위(uORF, 일반적으로 10개 이하의 아미노산 길이를 암호화한다)가 번역되기도 하는데 이때 40*S* 소단위가 uORF의 번역이 끝난 후에도 계속해서 mRNA에 결합한 채로 남아 있다(약 50% 이하가 mRNA에 붙은 채 남아 있다). 그러므로 이와같이 짧은 길이를 가지는 uORF는 개시인자들(가령 eIF4G 와 eIF3) 사이의 상호작용을 유도함으로써 번역이 끝난 후에도 40*S* 소단위가 mRNA에 계속 붙어 있게 해준다(글상자 15-3 그림 1). mRNA에 붙어 있는 40*S* 소단위는 계속해서 제2의 AUG를 스캔하게 되는데 이 경우는 새로운 3중 복합체(TC; eIF-2-개시 tRNA)가 결합해야만 제2의 AUG를 찾아낼 수 있다. 왜냐하면 개시 tRNA의 역코돈이 새로운 AUG탐색해낼 때 필요하기 때문이다(글상자 15-3, 그림 1 참조). 일반적으로 uORF는 원래의 ORF 앞에 존재하면서 이곳의 번역을 감소시키기는 하지만 완전히 번역이 안되게 막지는 않는다. 어떻게 uORF가 번역을 조절하는지에 대해 이 장에서 아주 특별한 예를 들어 설명할 것이다.

5′ 말단에 가장 가까운 AUG보다도 더 하류에서 번역이 개시될 수 있는 보다 극적인 예는 내부 리보솜 입구자리(IRES; internal ribosome entry site)에 의한 경우이다. IRES는 RNA 서열로서 원핵생물의 리보솜 결합자리(RBS)와 비슷한 기능을 한다. IRES는 5′ 캡이 없는 mRNA일지라도 작은 소단위를 끌고 와서 mRNA에 결합시키고 번역을 개시한다(글상자 15-3 그림 2). 이러한 IRES는 흔히 5′ 캡이 없는 바이러스 mRNA에서 암호화되어 있는데 대개의 경우, 이들의 유전체를 최대한으로 발현하고자 할 때 사용된다. 바이러스 mRNA 한 분자는 IRES를 사용함으로써 하나 이상의 단백질을 암호화할 수 있는데 이 경우는 단백질을 암호화하는 각 서열에서 전사조절에 필요한 여러 가지 요소들을 줄이기 위함이다. 중요한 점은 하나 혹은 그 이상의 개시인자가 필요한 번역개시 반응을 건너뛰게 함으로써 IRES는 개시인자가 없는 상태에서도 계속하여 그 기능을 유지할 수 있다는 점이다. 이러한 독특한 기능이 개시인자가 결핍된 세포에서 일부 IRES서열을 가지고 있는 mRNA가 번역될 수 있도록 해 준다. 가령, 아포토시스(혹은 세포예정사)가 일어나는 시기에 새로이 활성화된 단백질분해효소가 eIF4E를 분해해 버린다. 그러나 아포토시스에 필요한 한 세트의 단백질들은 분해되지 않고 계속하여 합성될 수 있는데 그 이유는 5′ 말단위 비번역부위(UTR)에 존재하는 IRES가 eIF4E가 필요한 반응을 건너뛰게 해 주기 때문이다.

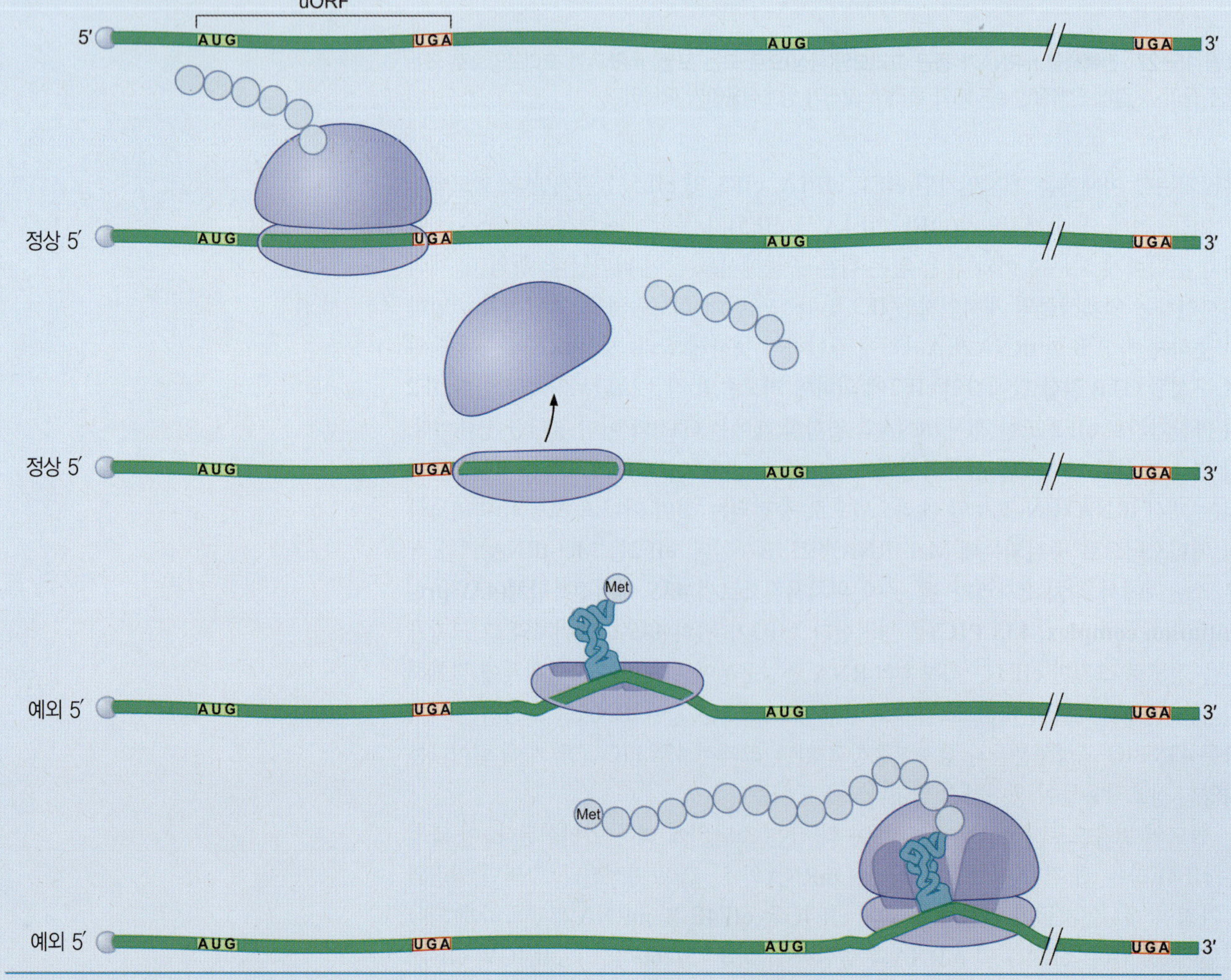

글상자 15-3 그림 1 uORF는 하류의 ORF의 번역을 조절한다. 어떤 경우에는 리보솜이 하나의 uORF를 번역하고 난 후 작은 소단위가 mRNA에 남아 있다가 두 번째 AUG를 다시 스캐닝하기 시작한다. 이때는 새로운 개시 tRNA가 결합해야만 두 번째 AUG로 인식된다.

여러 가지 IRES 서열이 있는데 이들은 서로 다른 기작으로 작동한다. 이 중 최소한 하나의 바이러스성 IRES는 eIF4G에 직접 결합함으로서 정상적으로 필요한 반응인 5′ 캡 결합 단백질인 eIF4E가 eIF4G를 끌어오게 하는 반응을 건너뛰게 해 준다(글상자 15-3 그림 2a). 가장 극단적인 형태의 IRES는 귀뚜라미 마비 바이러스 mRNA에서 볼 수 있다. mRNA의 5′ 비번역부위는 mRNA에 부착된 tRNA의 형태, 즉 PE 혼성화상태의 구조와 비슷한 모양을 하고 있는데 이것은 40*S* 소단위의 P자리에 직접 결합한다. 이러한 방법으로 단백질 합성에 필요한 모든 개시인자들이나 개시 tRNA가 필요한 과정을 건너뛰게 해 준다(글상자 15-3 그림 2b). 중요한 것은 이 구조의 바로 하류에 있는 RNA서열은 해독중심의 A자리에 위치하게 되어 이 부위가 첫 코돈으로 인식될 수 있게 해 준다는 점이다. IRES가 존재함으로서 개시인자가 불필요하다는 점은 진화학적으로 볼 때 초기의 모든 mRNA는 이와 같은 IRES 서열을 가지고 있었을 것이며 나중에 가서 보다 효율적이고 다양한 방법으로 번역을 진행하기 위하여 개시인자들이 진화되었을 것이라는 가설에 이르게 하였다.

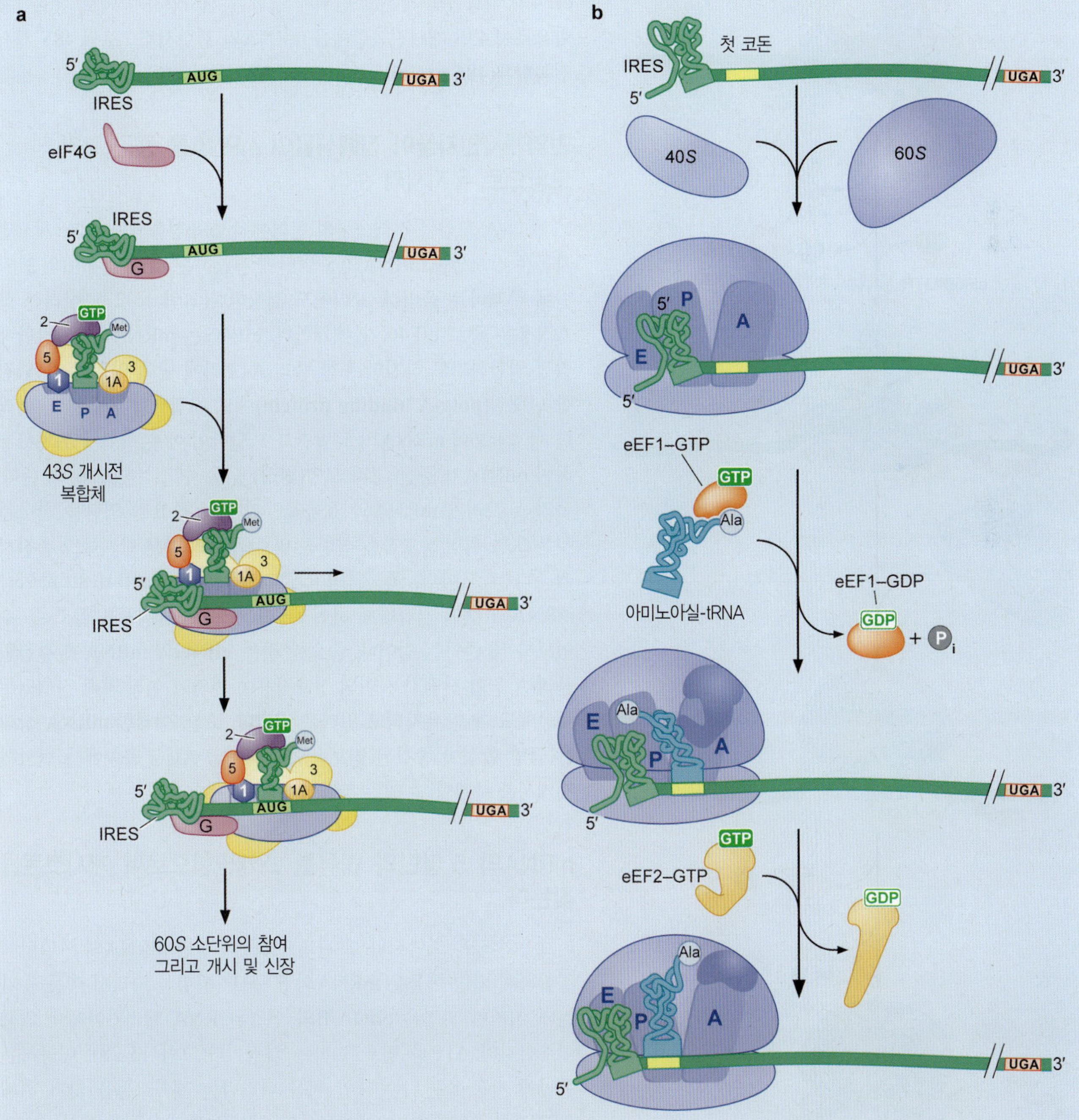

글상자 15-3 그림 2 IRES는 정상적인 번역개시에 필요한 과정을 건너뛴다. 바이러스에서는 흔히 하나 혹은 그 이상으로 필요한 진핵생물의 개시인자를 필요로 하는 반응을 건너뛸 수 있게 해 주는 IRES 서열을 가지고 있다. (a) 소아마비 바이러스의 IRES는 eIF4G와 직접 결합함으로써 mRNA에 5′ 캡이 없어도 번역된다. (b) 귀뚜라미 마비 바이러스는 매우 정교한 IRES 서열을 가지는데 이것은 40*S*와 60*S* 소단위의 P자리에 결합한 tRNA의 모양을 하고 있다. 하류의 mRNA는 A자리에 위치하여 첫 번째 아미노산으로서 알라닌(Ala)을 암호화한다.

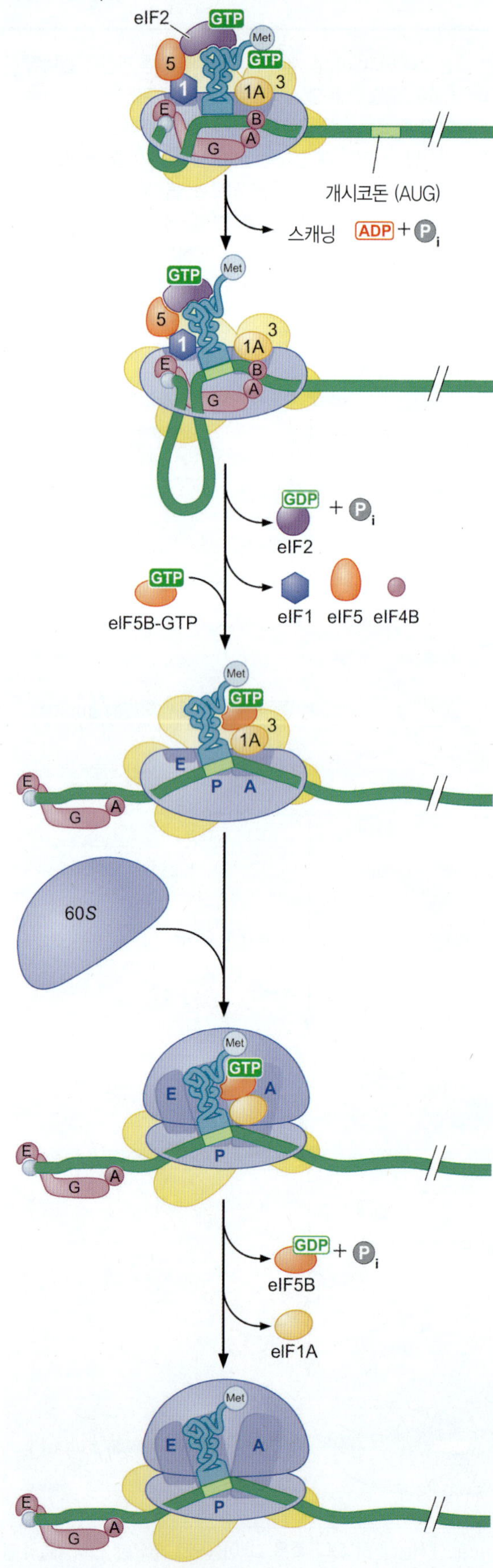

그림 15-28 진핵생물의 번역개시에 있어서 48*S* PIC에 의한 개시코돈 AUG의 동정과 큰 소단위의 참여. 완전한 설명은 본문을 보라.

결합에 의하여 결정된다(이 장의 후반부에 있는 "번역의 조절" 참조). eIF4G와 eIF4E의 복합체는 eIF4A의 헬리카아제를 활성화시켜 주는 eIF4B와 결합하게 된다. 헬리카아제는 mRNA의 말단에 존재하는 머리핀 모양과 같은 2차구조로 된 핵산을 풀어주는 효소이다. 2차구조의 제거는 매우 중요한데 그 이유는 2차구조가 제거되어야만 mRNA의 5′ 말단이 리보솜의 작은 소단위에 쉽게 결합할 수 있기 때문이다. 마지막으로, 2차구조가 깨진 mRNA와 결합한 eIF4와 리보솜의 작은 소단위에 결합한 개시인자가 서로 상호작용함으로써 43S 개시전복합체를 mRNA와 결합시킴으로써 **48*S* 개시전복합체(48*S* preinitiation complex)**를 형성한다.

번역개시인자들이 진핵생물의 mRNA를 둥근 고리 모양으로 유지시켜 준다

폴리-A 꼬리는 진핵생물의 번역에서 효율성을 높여준다. 개시인자들은 진핵생물 mRNA의 5′ 말단에 결합하는 것 이외에 이의 3′ 말단에 존재하는 폴리-A 꼬리에도 결합한다(그림 15-27). 이러한 상호작용은 주로 eIF4G가 매개한다. eIF4G는 mRNA의 3′-말단에 직접 결합하기도 하지만 또한 폴리 A-꼬리에 덮여 있는 **폴리-A 결합 단백질(poly-A binding protein)**에도 직접결합하게 된다. 이러한 상호작용이 mRNA의 5′ 말단과 3′ 말단이 매우 가깝게 위치하게 하여 mRNA가 둥근 고리 모양(환상)을 유지할 수 있도록 해 준다. 폴리-A 꼬리가 mRNA의 효율적인 번역에 중요한 역할을 한다는 것은 또한 위의 상호작용들이 곧 바로 개시의 다른 단계들도 촉진시켜준다는 점이다. 즉, 위의 상호작용들이 곧 eIF4E로 하여금 mRNA의 캡에 결합하게 하여 eIF4E가 큰 소단위체를 끌고 올 수 있도록 해 준다는 점이다. 중요한 것은, eIF4G와 mRNA에 결합한 폴리-A 결합 단백질 사이의 상호작용이 번역이 여러 차례 진행되는 동안에도 계속 유지되고 있다는 점이다. 또한, 이러한 mRNA 상태는 금방 합성이 종결된 리보솜으로 하여금 AUG 근처에서 번역의 재개시를 촉진할 수 있는 장점이 있을 것이다.

mRNA의 5′ 말단의 하류를 스캐닝함으로써 개시코돈을 찾는다

리보솜의 작은 소단위와 그 관련요소들이 일단 mRNA의 5′ 말단에 결합하게 되면 이들은 mRNA의 5′ → 3′ 방향을 따라서 이동해 가는데 이러한 과정은 eIF4A/B와 연결된 RNA 헬리카아제에 의해 이루어지며 ATP를 필요로 하는 과정이다(그림 15-28). 이동하는 동안에 작은 소단위는 제일 처음 나타나는 개시코돈을 찾기 위해 mRNA를 "스캔"한다. 개시코돈의 인식은 개시코돈과 개시 tRNA의 역코돈 사이에서 염기쌍을 형성함으로써 이루어진다. 개시코돈을 찾아내는 데 있어서 이 상호작용의 중요성이란 것은 바로 개시 tRNA가 왜 mRNA와 먼저 결합하지 않고 작은 소단위와 먼저 결합해야 하는지를 설명해 준다. 염기쌍 형성이 올바르게 일어나면

48S 복합체의 입체구조가 변하게 되면서 eIF1이 방출되도록 하고 이어 eIF5의 입체구조 변화를 유발하게 된다. 이 두 사건은 곧 eIF2를 자극하게 되어 GTP를 가수분해시키도록 해 준다. eIF2는 GDP와 결합하게 되면 더 이상 개시 tRNA와 결합해 있지 않고 eIF5와 같이 해리된다.

eIF2가 방출되면 또 다른 GTP 결합 단백질이자 개시 tRNA 결합 단백질인 eIF5B가 결합하게 된다. eIF5B · GTP가 개시 tRNA와 결합하게 되면 60S 소단위가 제자리에 잘 위치한40S 소단위에 결합하게 된다. 이 결합은 이전에 이들 두 소단위가 결합하지 못하도록 막아주었던 개시인자들(eIF1및 eIF5)가 이미 방출된 이후이기 때문에 가능하게 된다. 원핵생물에서와 같이, 큰 소단위가 결합함으로써 남아 있는 다른 개시인자들도 방출되는데 이것은 eIF5B에 의해서 일어나며 GTP의 가수분해가 동반되는 과정이다. 이러한 일련의 과정을 거쳐서 Met-tRNA$_i^{Met}$이 **80*S* 개시복합체(80*S* initiation complex)**의 P자리에 위치하게 된다. 이어 리보솜은 A자리에 충전된 tRNA를 받아들일 수 있게 되며 계속하여 첫 펩티드결합이 일어나게 된다. 비록 진핵세포의 번역개시에는 보다 많은 보조인자들이 관계하고 있지만 그 일부는 세포의 개시인자들과 유사하다. IF1과 eIF1A는 둘 다 리보좀의 A자리에 결합하여 이 부위에 미성숙 tRNA가 결합하는 것을 막아준다. IF2의 기능은 eIF2와 eIF5B 사이에 흩어져 있다. 즉, eIF2는 개시 tRNA를 끌어오는 데 관여하고 또한 이것이 개시 AUG와 염기쌍을 형성하도록 한다. eIF5B는 IF2의 기능으로서 큰 소단위를 끌어오는 데 관여한다. IF2와 마찬가지도 eIF2와 eIF5B도 그들이 어떤 뉴클레오티드와 결합하였는지에 따라 그 기능이 조절된다. 마지막으로, IF3과 eIF1은 둘 다 리보솜의 작은 소단위에 있는 P자리에 결합하며 또한 이들은 모두 개시 tRNA가 mRNA의 AUG와 염기쌍들 형성하게 되면 방출된다.

번역의 신장

일단 리보솜의 P자리에 충전된 개시 tRNA가 결합하면 폴리펩티드 합성이 시작된다. 이에 따라 각각의 아미노산이 정확하게 부가되려면 세 가지의 주요 사건이 일어나야만 한다(그림 15-29). 첫째, A자리에 있는 코돈에 알맞은 아미노아실-tRNA가 A자리로 들어와야 한다. 둘째, A자리에 있는 아미노아실-tRNA와 P자리에서 펩티딜-tRNA가 결합한 펩티드 사슬 사이에서 펩티드결합이 일어나야 한다. 앞서 공부한 바와 같이 펩티딜 전이효소반응은 성장 중인 폴리펩티드를 P자리에 있는 tRNA로부터 A자리에 있는 충전 tRNA에 결합된 아미노산으로 전이시킨다. 셋째, A자리에 있는 펩티딜-tRNA와 이에 결합한 코돈은 P자리로 **전좌(translocation)**해서 리보솜이 또 다른 코돈 인식과 펩티드결합을 형성할 수 있게 한다. 원래의 mRNA 위치와 관련해서 위와 같은 이동이 정확하게 이루어져야만 메시지의 올바른 읽기틀이 유지될 수 있다. **신장인자(elongation factor)**라고 알려진 두 개의 보조 단백질이 이들 사건을 조절한다. 두 개의 신장인자 모두 GTP와 결합하고 이를 가수분해하는 에너지를 사용하여 리보솜이 정확하게 기능하도록 촉진시켜 준다.

번역의 신장은 개시와는 다르게 원핵생물과 진핵생물에서 그 기작이 매우 잘 보존되어 있다. 원핵생물의 번역의 신장은 현재까지 아주 상세하게 잘 연구되어 있으나 원핵생물에 대해서는 따로 언급하지 않고 그 대신에 진핵생물의 번역신장은 원핵생물의 신장과 매우 유사하므로 신장 기작이나 이에 관여하는 인자들에 대해서 진핵생물의 신장에 관해서 설명하고자 한다.

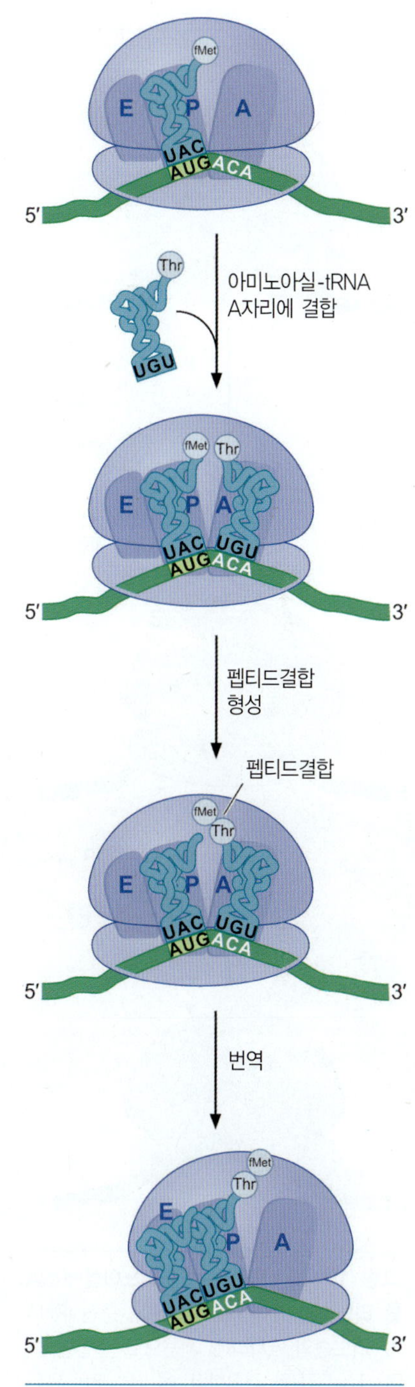

그림 15-29 번역 신장의 단계별 요약.

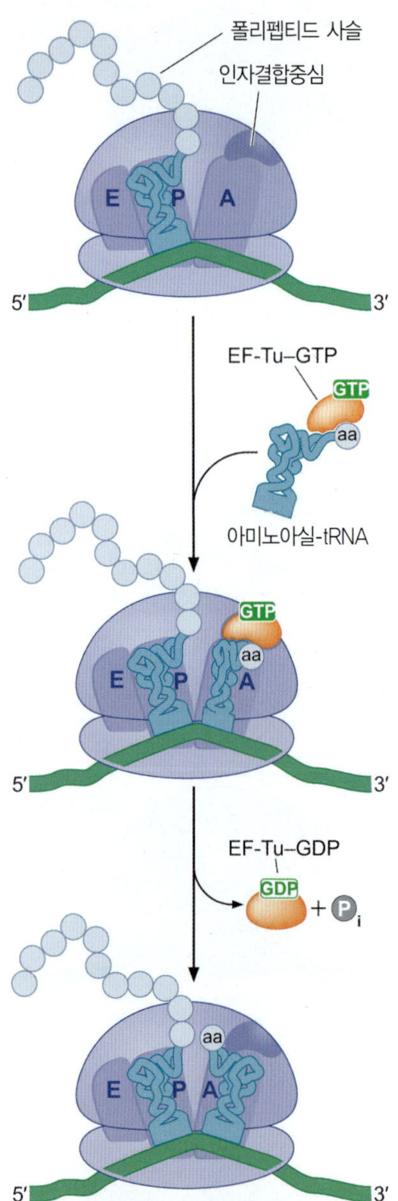

그림 15-30 EF-Tu는 아미노아실-tRNA를 리보솜의 A자리로 데려온다. 충전 tRNA가 리보솜의 A자리에 처음으로 결합할 때 EF-Tu-GTP와 결합한다. 올바른 코돈-안티코돈 상호작용이 일어나면 EF-Tu는 인자결합부위와 상호작용하여 결합해 있는 GTP를 가수분해하고 tRNA와 리보솜으로부터 방출된다. EF-Tu가 방출되면, tRNA가 리보솜의 펩티딜 전이효소 중심으로 회전한다(적응이라고 한다).

신장인자 EF-Tu가 아미노아실-tRNA를 A자리로 전달한다

아미노아실-tRNA 자체는 리보솜에 직접 결합할 수 없다. 그 대신에 신장인자인 **EF-Tu**가 이들을 리보솜에 "호송(escorted)"하게 된다(그림 15-30). 일단 tRNA에 아미노산이 결합하면 그 3′ 말단에 EF-Tu가 결합하여 결합해 있는 아미노산을 덮어 버린다. 이와 같은 상호작용이 아미노아실-tRNA로 하여금 EF-Tu가 방출될 때까지는 펩티드결합이 일어나지 못하도록 막아주는 역할을 한다.

신장인자인 EF-Tu는 개시인자인 IF2와 마찬가지로 GTP와 결합하기도 하고 이를 가수분해시키기도 하는데 EF-Tu는 어떤 형태(GDP 혹은 GTP)의 구아닌 뉴클레오티드와 결합하느냐에 따라 그 기능이 달라진다. EF-Tu는 GTP와 결합할 때에만 아미노아실-tRNA와 결합한다. EF-Tu가 GDP와 결합하거나 혹은 뉴클레오티드가 결합하지 않으면 아미노아실-tRNA에 결합하지 못한다. 그러므로 EF-Tu가 GTP를 가수분해하게 되면 아미노아실-tRNA가 방출된다. 그러나 아미노아실-tRNA와 이미 결합한 상태의 EF-Tu는 GTP를 손쉽게 분해해 내지 못한다. EF-Tu가 GTPase 활성을 가지도록 촉발해 주는 것은 리보솜의 큰 소단위에 있는 부위인데 이곳은 번역의 개시에서 큰 소단위가 결합함으로써 개시복합체를 형성하도록 해주는 IF2의 GTPase 활성을 촉발시켜 주는 부위와 동일한 부위이다. GTPase 활성을 촉발시켜 주는 큰 소단위의 이 영역을 **인자결합중심(factor binding center)**이라고 한다. EF-Tu는 tRNA가 A자리에 위치하고 난 이후 및 코돈-역코돈 염기쌍 형성이 정확하게 이루어진 이후에만 인자결합중심과 결합할 수 있다. 이 순간에 EF-Tu는 GTP를 가수분해하고 리보솜으로부터 방출된다(그림 15-30). 아래에서 더 설명되겠지만 EF-Tu에 의한 GTP의 가수분해 조절은 번역의 특이성에 있어서 매우 중요하다.

리보솜은 틀린 아미노아실-tRNA를 걸러내기 위하여 여러 가지 기작을 사용한다

번역에 있어서 에러가 일어날 확률은 1/1,000~1/10,000이다. 다시 말해서 1,000개의 아미노산이 단백질로 합성되어 갈 때 1개 이하의 틀린 아미노산이 삽입될 수 있다는 얘기다. 올바른 아미노아실-tRNA에 대한 선택의 기초는 리보솜의 A자리에서 나타나는 코돈과 충전 tRNA 사이에서의 염기쌍 형성이다. 정확하게 형성된 코돈-역코돈 쌍에서와 정확하진 않지만 비슷하게 형성된 코돈-역코돈 형성에서 필요한 에너지 차이로는 그 정확도를 설명해내지 못한다. 많은 경우에서 코돈-역코돈에서의 세 개 중 단지 하나의 잘못된 염기쌍 형성이 일어나더라도 리보솜은 그 틀린 아미노아실-tRNA를 사용하여 단백질 합성에 사용하는 경우는 거의 없다. 여기에는 최소한 세 가지 기작이 유도되어 그 특이성을 나타낸다(그림 15-31). 이 세 가지 기작 모두는 잘못 형성된 코돈-역코돈 염기쌍 형성 수준에서 걸러내는 과정이다.

그 중 하나는 리보솜의 작은 소단위에 있는 16*S* rRNA에 있는 두 개의 인접한 아데닌 염기에 의한 코돈 인식의 충실도이다. 이들 두 염기는 올바른 코돈-역코돈 염기쌍이 형성될 경우에 코돈의 처음 두 염기에 해당하는 코돈-역코돈 염기쌍의 작은홈과 밀접한 상호작용을 한다(그림 15-31a). 앞서 공부한 대로(6장, 그림 6-14 참조), G:C와 A:U의 염기쌍에서는 그 가장자리에 나타나는 작은홈은 그 구조가 매우 유사하다. 그래서 16*S* rRNA에 있는 인접한 두 개의 A 염기는 G:C와 A:U의 염기쌍을 구별해 내지 못하므로 이들이 올바르게 형성된 염기쌍으로 인식하게 된다. 이에 비해 왓슨-크릭 염기쌍이 아닌 틀린 염기쌍이 형성되어 만들어진 작은홈은 이들 두 A 염기에 의해 정상적인 염기쌍으로 인식되지 못하여 결국은 올바르지 못한 tRNA에 대한 친화

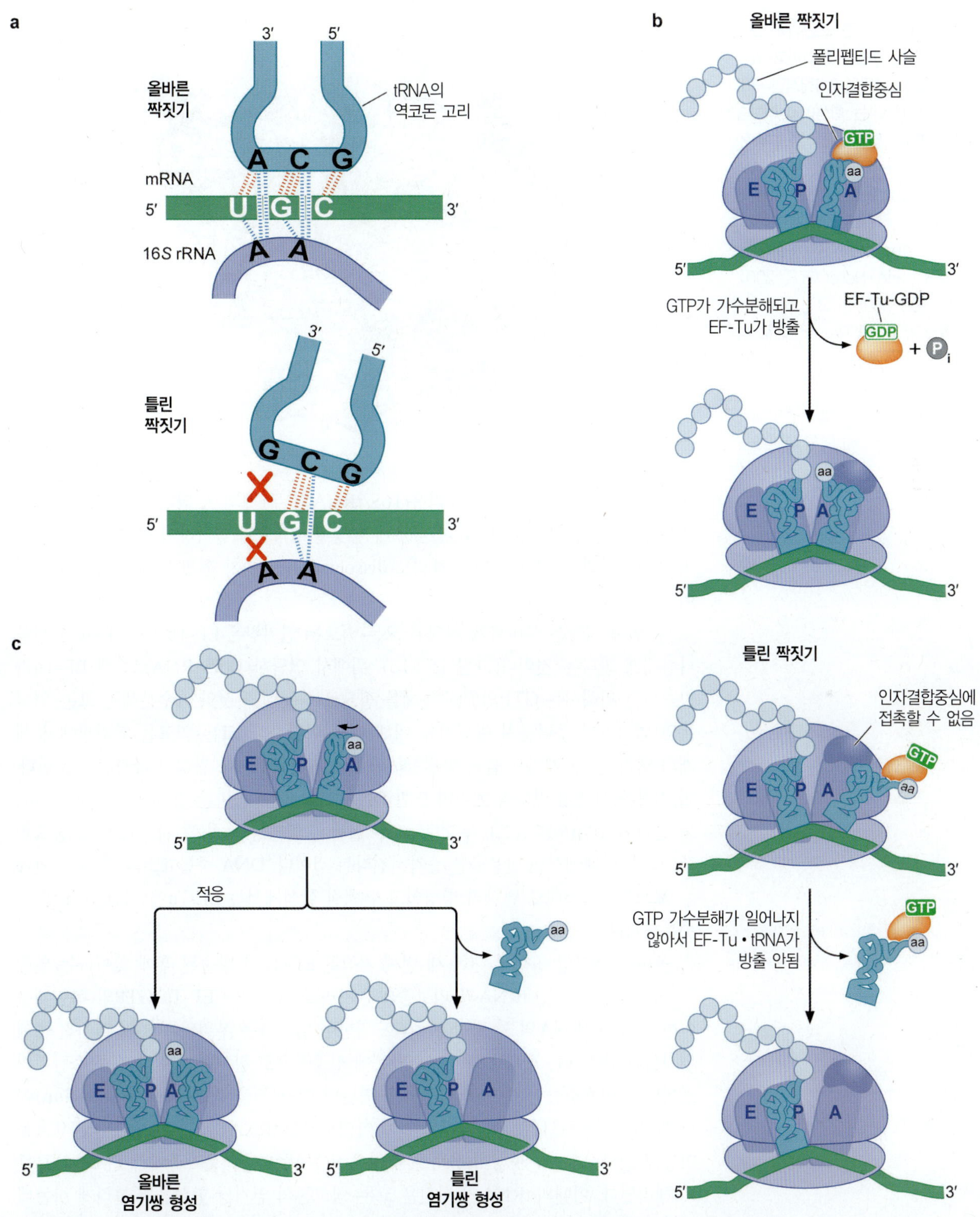

그림 15-31 tRNA와 mRNA 사이에서의 올바른 염기쌍 형성을 확인하는 세 가지 기작. (a) 코돈-역코돈 염기쌍이 올바르게 형성되면(처음의 두 개 염기쌍이 정확히 왓슨-크릭 염기쌍으로 형성되어 있어야만 한다) 16*S* rRNA의 두 개의 아데닌 잔기와 코돈-역코돈 염기쌍의 작은홈 사이에서 부가적인 수소결합이 일어나게 된다. (b) 올바른 염기쌍이 형성되면 아미노아실-tRNA에 결합한 EF-Tu가 인자결합부위와 상호작용하게 됨으로써 GTP의 가수분해가 일어나고 EF-Tu는 방출된다. (c) 펩티드결합 형성을 위해 아미노아실-tRNA가 A 부위에서 한 바퀴 돌 때에는 단지 올바르게 염기쌍이 형성된 아미노아실-tRNA만이 리보솜에 결합한 채 남아 있게 된다. 이와 같은 회전을 tRNA 적응이라 한다.

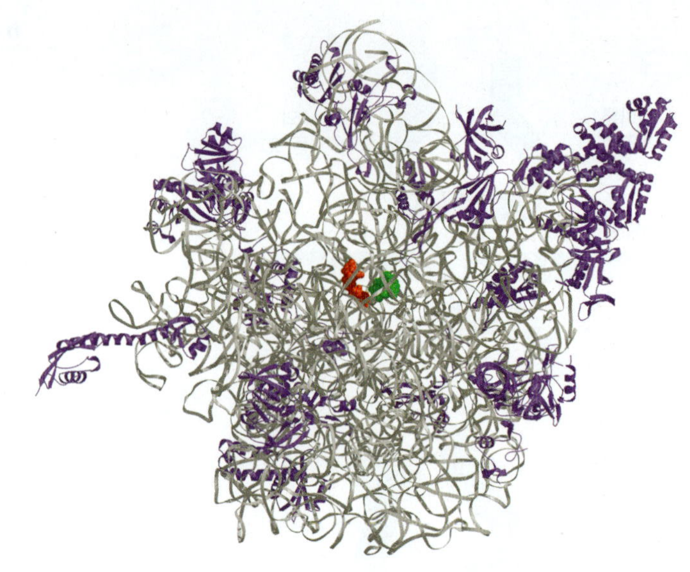

그림 15-32 리보솜의 큰 소단위에 있는 펩티딜 전이효소중심 주변을 둘러싸고 있는 RNA. 세균의 50S 소단위의 3차원적인 구조를 보여주고 있다. rRNA는 회색이고 리보솜 단백질은 자주색이다. 펩티딜 전이효소에 인접해 있는 A자리와 P자리에 있는 tRNA의 3' 말단은 각각 적색과 녹색으로 표시하였다. (Yusupov M.M., Yusupova G.Z., Baucom A., Lieberman K., Earnest T.N., Cate J.H., and Noller H.F. 2001. *Science* **292**: 883–869) 이 그림 이미지는 MolScript, BobScript 및 Raster 3D로 나타낸 것이다.

성이 사라지게 된다. 이들 상호작용(16S rRNA의 두 개의 A 염기와 코돈-역코돈의 작은홈)에 얻어지는 순 결과는 올바르게 형성된 tRNA의 염기쌍이 틀리게 형성된 염기쌍보다는 리보솜으로부터의 해리도(dissociation rate)가 훨씬 낮게 나타난다는 점이다.

두 번째 기작은 올바르게 형성된 코돈-역코돈 염기쌍은 EF-Tu의 GTPase 활성을 나타내게 한다는 것이다(그림 15-31b). 위에서 언급한 대로 tRNA로부터 EF-Tu가 방출되기 위해서는 GTP의 가수분해를 필요로 하는데 이것의 가수분해는 코돈-역코돈의 염기쌍이 올바른지 아닌지에 대해 매우 민감하다. 코돈-역코돈 염기쌍에서 세 개의 염기 중 한 개라도 틀리게 결합하면 EF-Tu의 GTPase 활성이 급격히 감소한다. 이 기작은 선택성 역학의 예이며 또한 DNA 합성 시에 올바른 염기쌍 형성의 기작과도 관련이 있다(9장 참조). 두 경우 모두 올바른 염기쌍 형성 그 자체가 어떤 중요한 생화학적 단계에서의 반응율을 증가시킨다는 점이다. DNA 중합효소의 경우 이 단계는 포스포디에스테르 결합의 형성이고 단백질 합성에서는 EF-Tu에 의한 GTP의 가수분해이다.

올바른 염기쌍 형성에 대한 세 번째 기작은 EF-Tu가 방출된 후에 일어나는 일종의 교정이다. 충전된 tRNA가 리보솜의 A자리로 들어가서 EF-Tu-GTP와 복합체를 이루게 될 때 tRNA의 3′ 말단은 펩티드결합이 일어나는 부위와는 멀리 떨어진 곳에 위치한다. tRNA는 펩티딜 전이효소반응에 성공적으로 참여하기 위하여 큰 소단위의 펩티딜 전이효소중심 쪽으로 회전하게 되는데 이 과정을 **적응(accommodation)**이라 한다(그림 15-31c). 적응과정 동안에 아미노아실 tRNA의 3′ 말단은 거의 70 Å을 이동해 간다. 염기쌍 형성이 올바르지 않은 tRNA는 이 적응과정에서 리보솜으로부터 해리된다. 이때의 tRNA의 회전은 코돈-역코돈의 염기쌍 형성을 뒤틀리게 하는데 단지 정확하게 짝지어진 염기쌍만이 이 뒤틀림을 견뎌내고 계속하여 상호작용을 유지할 수 있다는 주장이 제기되었다. 그래서 잘못 짝지어진 tRNA는 펩티딜 전이효소 반응에 참여하지 못하고 결국 리보솜으로부터 해리된다는 것이다.

요약하면, 리보솜은 코돈-역코돈 상호작용 이외에도 작은홈 상호작용과 두 가지 형태의 교정작업을 통하여 A자리에 올바른 아미노아실-tRNA가 결합할 수 있도록 해준다. 이들 세 가지 선택성 기구 각각은 틀리게 짝지어진 상호작용을 배제하고 올바른 코돈-역코돈 상호작용을 통한 펩티드결합의 형성이 일어나도록 도와준다.

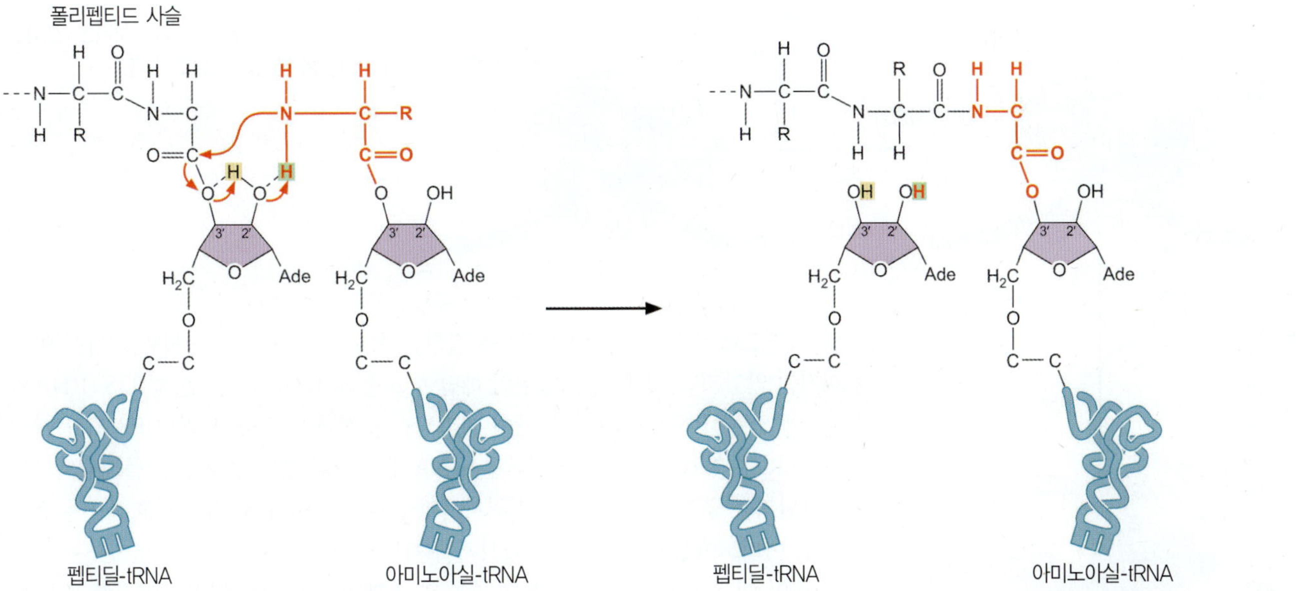

그림 15-33 펩티드결합의 형성에 있어서 P자리에 있는 tRNA의 2′-OH기의 역할 펩티딜-tRNA의 마지막 염기인 A가 가지고 있는 2′-OH는 펩티드결합의 형성에 매우 중요하다. 이 사실이 밝혀진 이후 2′-OH의 수소가 "양성자 셔틀"에 관여할 것이라는 설이 위의 그림에서와 같이 제시되었다. 이 모델에 의하면, 펩티딜-tRNA와 폴리펩티드 사슬 사이에서의 결합이 끊어지면 3′-산소가 수소(황색 바탕)를 2′-히드록시기로부터 빼어오고 일방으로는 2′-산소가 카르보닐기를 공격하는 아미노산으로부터 수소(녹색 바탕)를 빼어온다. 이 가설에서는 적색 화살표는 펩티드결합이 형성되는 동안에 일어나는 전자의 이동방향을 나타낸다.

리보솜은 리보자임이다

일단 올바르게 충전된 tRNA가 리보솜의 A자리에 들어가고 이후 펩티딜 전이효소중심으로 회전하게 되면 펩티드결합이 일어나게 된다. 이 반응은 RNA에 의하여 촉매되는데 이 RNA는 큰 소단위의 23*S* rRNA이다. 이 사실은 초기의 실험, 즉 리보솜의 큰 소단위를 구성하는 단백질 부분을 제거한 이후에 남아 있는 물질(RNA)로도 펩티드결합을 형성해낼 수 있다는 발견에서 증명된 바 있다. 펩티딜 전이효소가 거의 RNA로만 구성되어 있다는 것은 리보솜의 3차원적인 구조를 고해상력으로 분석함으로써 증명되었는데 이 실험 결과는 리보솜의 활성부위의 18 Å 이내에는 아미노산이 존재하지 않는다는 사실이었다(그림 15-32).

그러나 mRNA 및 tRNA와 결합한 대장균의 전체 리보솜의 3차원적인 구조를 결정한 최근의 연구 결과에 의하면 리보솜을 구성하는 L27이라는 단백질의 아미노 말단이 활성부위까지 뻗어져 있다는 사실이 밝혀졌다. 이 발견은 촉매작용에서의 그 기능을 추측해 보게 하였다. 이 가능성을 확인하기 위하여 L27의 아미노 말단으로부터의 9개의 아미노산, 즉 활성부위에 매우 인접해 있는 9개의 아미노산을 돌연변이 시켜보았다. 그 결과 돌연변이가 유도된 세포는 비록 그 활성이 줄어들기는 하였지만 펩티딜 전이효소 활성을 지니고 있는 리보솜을 생산하였다. 이 사실은 L27 단백질의 아미노 말단이 펩티딜 전이효소 활성을 지니고 있음을 시사한다. 돌연변이가 일어난 리보솜은 야생형에 비해 약 30~50% 정도의 단백질 합성능력을 보여주었으며 그 세포는 계속해서 생장하였고 세포분열 또한 정상적으로 이루어졌다. 아미노아실 tRNA가 용액 속에서 스스로 합성하는 펩티드결합보다도 리보솜에서 펩티드결합이 일어날 경우 약 10^7배 높은 효율을 보인다. 리보솜에서는 L27이라는 단백질이 없는 상태에서도 매우 높은 활성을 보여준다. 따라서 L27은 펩티드결합을 촉진시켜주기는 하지만 펩티딜 전이효소 활성에 필수적인 것은 아니다. 다른 여타의 리보솜 단백질들과 마찬가지로 L27 단백질 또한 리보솜 안에서는 매우 정확하게 활성부위에 위치해 있다. 중요한 것은, L27 단백질이 충분히 촉매활성을 가지고 있는 단 하나의 단백질이 되긴 하지만, 근본적으로는 리보솜의 rRNA 구성요소가 펩티드결합을 촉매하는 데 필수불가결한 요소라는 사실이다.

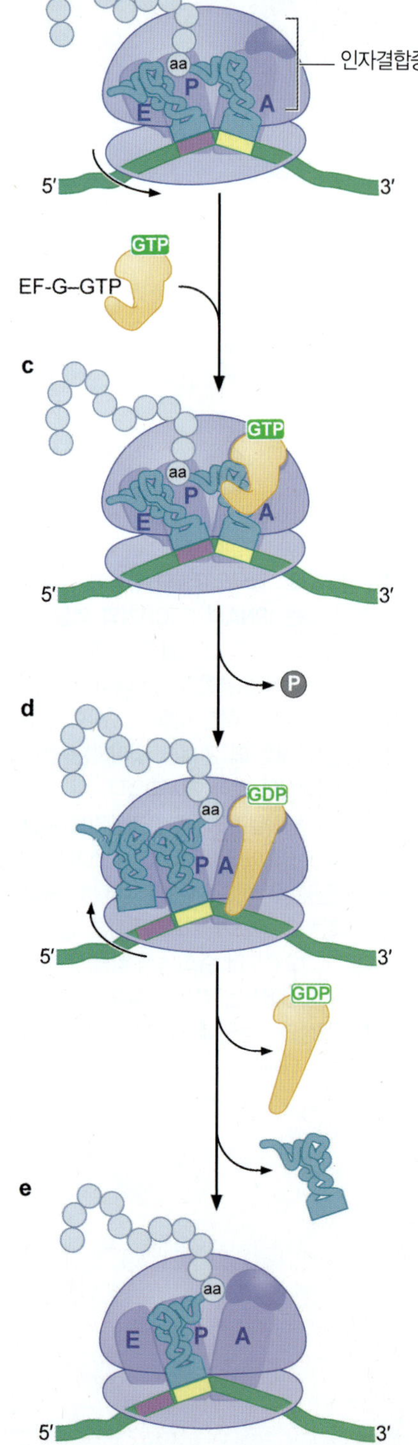

그림 15-34 EF-G가 촉진시키는 전좌는 GTP의 가수분해를 필요로 한다.

그러면 23*S* rRNA가 어떻게 펩티드결합을 형성하게 하는가? 정확한 기작은 아직 밝혀지지 않았지만 이에 대한 일부의 해답이 도출되기 시작했다. 먼저, 23*S* rRNA와 A자리에 있는 tRNA의 CCA 말단이 염기쌍을 형성하게 된다. 그러면 P자리가 아미노아실-tRNA의 α-아미노기가 펩티딜-tRNA에 결합해 있는 성장 중인 폴리펩티드의 카르보닐기를 공격할 수 있는 곳에 위치시켜 준다는 것이다. 이러한 상호작용은 적응이 끝난 아미노아실-tRNA를 안정화시켜 주기도 한다.

기질이 너무 근접해 있으면 높은 수준의 촉매반응을 일으키기가 어렵기 때문에, 아마 rRNA의 다른 요소들이 펩티딜 전이효소의 활성에 기여할 것으로 예측된다. 사실, 23S rRNA에 고도로 잘 보존되어 있는 잔기의 (대장균에서는 23*S* rRNA의 A2451이 됨) 2′-OH를 제거하는 반응이 일어나면, 그 촉매율은 최소한 약 10배 정도 감소하게 된다. 최근의 연구에 의하면, 또 다른 촉매 기능을 가진 RNA의 기능이 제시되었는데 그것은 바로 P자리에 있는 tRNA이다. 즉, P자리에 있는 tRNA의 3′ 말단에 위치한 A 잔기의 2′-OH가 제거되는 돌연변이가 일어나면 그 촉매율이 약 10^6배 정도 감소하게 된다는 사실이다. 이와 같은 "기질보조 촉매(substrate-assisted catalysis)"는 매우 흥미로운 발견으로 여겨진다. 그 이유는 바로 펩티딜-tRNA 복합체 자체가 곧 중요한 촉매인자라는 점이되기 때문이다. 이와 같은 사실의 발견은 곧 리보솜이 진화하기 이전에 tRNA 자체가 곧 단백질 합성에서 스스로가 중요한 촉매제였다는 것을 시사한다.

수많은 고찰들에 근거하여 P자리에 있는 tRNA의 2′-OH기는 "양성자 셔틀(proton shuttle)"의 일부로 작용하고 있음을 알 수 있다(그림 15-33). 이 모델에 의하면, 2′-OH기는 수소를 펩티딜-tRNA의 3′-OH기에 전달해 주고 tRNA의 A자리에 결합된 아미노산의 α-아미노기를 공격하여 그로부터 양성자를 받게 된다. 중요한 것은 이들 두 개의 발견이 시사하는 바는 펩티드결합의 형성은 단백질이 아니라 RNA에 의해서 이루어진다는 사실이다. 그럼에도 불구하고 아직까지는 펩티드결합의 형성을 촉매하는 리보솜에 대한 연구가 더 많이 진행되어야 할 것이다.

펩티드결합의 형성은 큰 소단위의 전좌를 촉발한다

일단 펩티딜 전이효소반응이 일어나면 P자리에 있는 tRNA는 탈아세틸화(더 이상 아미노산이 결합하지 못하게 된다)되고 성장 중인 폴리펩티드 사슬은 A자리에 있는 tRNA와 결합하게 된다. 또 다시 새로운 펩티드 사슬이 신장되기 위해서는 P자리의 tRNA는 E자리로 이동해야 하며 이와 동시에 A자리의 tRNA는 P자리로 이동해야만 한다. 동시에 mRNA는 다음 코돈인 세 개의 뉴클레오티드만큼 이동해야 한다. 이러한 이동은 리보솜 안에서 조절되는데 이 과정을 통틀어서 **전좌(translocation)**라 한다.

전좌의 첫 단계는 펩티딜 전이효소반응과 짝지워서 일어난다(그림 15-34). 일단 성장 중인 펩티드 사슬이 A자리에 있는 tRNA로 전달되면 A자리와 P자리에 있는 tRNA는 큰 소단위에서 새로운 위치를 찾게 된다. A자리에 있는 tRNA의 3′ 말단은 성장 중인 폴리펩티드 사슬에 결합한 후 큰 소단위의 P자리로 결합한다. 그러면 P자리에 있던 tRNA가 탈아실화되고 이것은 이제 성장 중인 폴리펩티드와 결합할 수 없게 되어 큰 소단위의 E자리와 결합하게 된다. 이에 반해, tRNA의 역코돈들은 아직까지 작은 소단위의 mRNA와 결합한 채로 남아 있는 상태가 된다. 이렇게 되면 작은 소단위 보다는 큰 소단위가 먼저 전좌를 시작하게 되는데 이때의 tRNA를 "걸친 상태(hybrid state)"라고 말한다. 3′ 말단 쪽은 후에 다시 새로운 위치로 이동하게 되나 역코돈 부위 쪽은 여전히 펩티딜 전이 이전의 위치에 남아 있게 된다(그림 15-34b). 이러한 변화는 큰 소단위보다는 상대적으로 작은 소단위가 시계반대 방향으로 회전하게 함으로써 리보솜의 각 소단위에서 tRNA와 tRNA결합부위 간의 상호작용을 촉진시켜주는 효과를 나타낸다.

EF-G는 전좌에 관계하는 매개체들을 안정화시켜주어 전좌를 촉진시킨다

전좌가 완료되려면 두 번째 신장인자인 **EF-G**의 활성을 필요로 한다. EF-G는 먼저 GTP와 결합한 후 리보솜에 결합한다. 펩티딜 전이효소반응이 끝나면 EF-G-GTP가 회전하여 '걸친상태'의 리보솜과 결합하여 리보솜을 안정화시킨다(그림 15-34c). EF-G-GTP가 리보솜에 결합하면 큰 소단위의 인자결합중심과 접하게 되는데 이때 GTP의 가수분해가 일어난다.

GTP의 가수분해는 EF-G의 입체구조의 변화를 유발한다 (그림 15-34d). EF-G의 입체구조는 두 가지 중요성을 가지는데 하나는 EF-G-GDP와 리보솜이 결합하여 리보솜을 "안 잠긴(unlock)" 상태로 유지해 준다. 구조분석 결과 리보솜에는 A, P, E자리를 구분할 수 있는 "문(gate)"이 있는데 EF-G-GDP는 리보솜의 이 "문"을 열어줌으로서 "안 잠긴" 상태를 유지시켜준다고 알려졌다. 두 번째는 변화된 EF-G-GDP 입체구조는 해독중심의 A자리와 결합한다는 것이다. 이 해독부위와의 결합은 tRNA와 경쟁적이다. 리보솜이 "안 잠긴"상태이기 때문에 이전의 A자리 tRNA는 P자리로 이동할 수 있게 되고 이것은 EF-G-GDP가 A자리로 결합할 수 있게 해 준다. 그러므로, EF-G-GTP가 리보솜의 걸친 상태를 안정화시켜주듯이 입체구조가 변화된 EF-G-GDP는 tRNA가 A자리를 떠난 후 "안 잠긴" 리보솜에 매우 강력하게 결합할 수 있게 된다. A자리의 tRNA가 P자리로 이동하면 P자리의 tRNA가 E자리로 이동하게 되는 것은 도미노와 같다. tRNA와 mRNA의 염기쌍 형성은 mRNA를 3개 염기만큼 이동시켜준다. 3개 염기의 거리만큼 이동하는 것은 tRNA가 명령하는 것이라는 사실이 4개 역코돈을 가진 보기 드문 틀변경(frameshifting) tRNA를 통해서 알려졌는데 (그래서 어떤 틀변경 돌연변이를 보상할 수 있었음) 이 경우 3개가 아닌 4개의 뉴클레오티드만큼 mRNA를 따라 이동하는 것을 보여주었다.

전좌는 리보솜의 작은 소단위가 시계방향으로 한 바퀴 회전하여 처음 위치로 돌아가면서 완료된다. 그 결과 리보솜의 구조는 EF-G-GDP에 대한 친화성이 급격히 감소하는 형태로 바뀌게 된다. EF-G의 방출은 리보솜을 다시 "잠긴(locked)" 상태로 돌아오게 하는데 이 상태는 해독중심의 작은 소단위에서 tRNA와 mRNA가 강하게 결합한 "잠긴(locked)" 상태로 돌아오게 되며 이때 A, P, E자리의 문(gate)은 닫히게 된다. 또한 이 사건은 A자리의 tRNA가 P자리로 전좌하게 되고 P자리의 tRNA는 E자리로 전좌하게 되어 mRNA는 정확하게 3개 염기만큼 이동하게 된다(그림 15-34e). 리보솜은 다시 새로운 회로의 아미노산이 추가되길 기다리는 상태가 된다.

어떻게 하여 EF-G-GDP가 해독중심의 A자리와 그렇게 효과적으로 상호작용을 할 수 있는가? tRNA에 결합해 있는 EF-G와 EF-Tu의 결정구조가 이에 대한 명확한 해답을 제시하였다. EF-G-GDP와 EF-Tu-GTP-tRNA는 둘 다 매우 유사한 구조를

그림15-35 신장인자의 구조비교. EF-Tu-GDPNP-Phe-tRNA는 위쪽에 있고 EF-G-GDP는 아래쪽에 있다. GDPNP는 GTP 유사물질로서 가수분해가 되지 않는 특징을 가지고 있어서 어떤 분자의 3차원적인 구조를 결정할 때에는 이것을 사용하여 그 분자가 GTP와 결합한 입체구조를 분석할 수 있다. 녹색으로 된 EF-G의 구조와 EF-Tu에 결합한 tRNA의 구조(이것 역시 녹색으로 표시됨)의 유사성을 비교해 보라. (위 구조: Nissen P. et al. 1995. *Science* **270**: 1464–1472. 아래 구조: al-Karadaghi S. et al. 1996. *Structure* **4**: 555–565.) 이 그림 이미지는 MolScript, BobScript 및 Raster 3D로 나타낸 것이다.

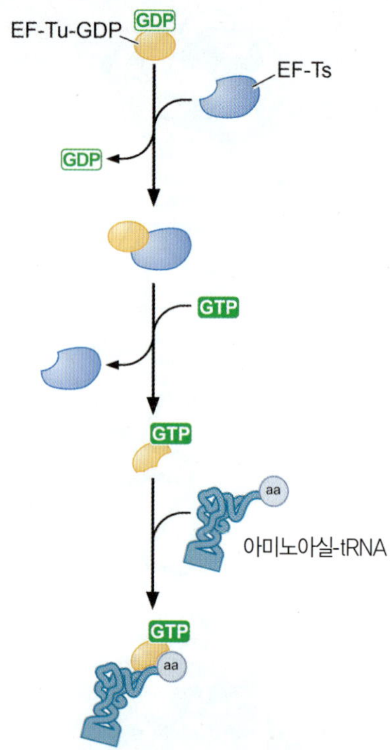

그림 15-36 EF-Ts는 EF-Tu로부터 GTP의 방출을 자극한다. EF-Tu에 결합한 GDP는 그냥 두면 매우 천천히 방출된다. EF-Ts는 EF-Tu-GDP복합체와 결합하여 GDP를 매우 삘리 방출시킨다. EF-Tu-EF-Ts복합체에서 EF-Tu와 GTP가 결합하면 EF-Ts가 유리되고 EF-Tu-GTP 상태로 되는데 이것이 새로운 아미노아실-tRNA와 결합하여 리보솜으로 이동된다.

가지고 있다(그림 15-35). EF-Tu-GTP-tRNA가 해독중심의 A자리와 결합하는 복합체라는 것을 생각하자. 위의 두 복합체의 구조가 유사하다는 데 있어서 가장 큰 의미는 비록 EF-G는 하나의 폴리펩티드이지만 이의 구조가 단백질과 결합한 tRNA의 구조를 그대로 따르고 있다는 사실이다. 이것은 "분자모방(molecular mimicry)"의 한 예로서 단백질이 tRNA와 매우 비슷한 모양을 함으로써 *tRNA*가 결합하는 곳에 단백질도 같이 결합할 수 있다. EF-G의 진핵생물 유사체인 eEF-2의 구조분석에서 이 단백질은 서로 다른 두 가지의 입체구조를 가지고 있음이 밝혀졌다[이들 중 하나는 항생제인 소다린(sordarin)과 결합하는 것으로 알려져 있다]. 이 중 한 가지 입체구조는 EG-G와 매우 유사하다(그림 15-35). 반면에 다른 입체구조는 GTP 결합자리에 비해서 상대적으로 tRNA 결합자리가 매우 많이 이동된 모습을 보여준다. 이와 같은 입체구조의 변화는 번역 중에 EF-G의 역할이 매우 중요하다는 사실을 말해준다.

EF-Tu-GDP와 EF-G-GDP는 새로운 신장회로에 들어가기 전에 GDP를 GTP로 교환해야 한다

EF-Tu와 EF-G는 tRNA가 리보솜에 결합할 때, 펩티드결합이 형성될 때 및 전좌가 일어날 때마다 한 번씩 사용되는 촉매 단백질이다. GTP가 가수분해된 후 이 두 단백질은 결합하고 있는 GDP를 방출하고 새로운 GTP 분자와 결합해야 한다. EF-G의 경우에는 GDP가 GTP보다 EF-G에 대한 친화성이 훨씬 낮으므로 GTP가 가수분해되면 GDP는 쉽게 방출된다. 유리형 EF-G는 매우 빠르게 새로운 GTP와 결합하게 된다. 그러나 EF-Tu의 경우에는 GDP를 GTP로 교환하기 위해서 제2의 단백질을 필요로 한다. 신장인자 **EF-Ts**가 EF-Tu에 대한 **GTP교환인자(GTP exchange factor)**로 작용한다(그림 15-36). EF-Tu-GDP가 리보솜에서 방출되면 EF-Ts가 EF-Tu에 결합함으로써 GDP가 유리된다. 그 다음에 EF-Tu-EF-Ts 복합체에 GTP가 결합함으로써 EF-Ts와 EF-Tu-GTP 복합체로 분리된다. 결국 EF-Tu-GTP는 새로운 충전 tRNA와 결합함으로서 EF-Tu-GTP 아미노아실-tRNA 복합체로 재생되어 충전 tRNA를 다시 한 번 리보솜으로 전달할 준비가 된다.

펩티드결합이 한 번 일어날 때마다 두 분자의 GTP와 한 분자의 ATP를 소비한다

번역의 신장에 대해서 단순히 비용으로만 정리해 보자. 펩티드결합 형성에 얼마나 많은 뉴클레오시드 삼인산 분자가 사용되는가?(아미노산 생합성의 에너지학과 개시와 종결의 에너지학은 제쳐두고서 볼 때) 여러분이 알고 있듯이 아미노산과 tRNA를 연결할 때에 형성되는 고에너지 아실결합은 아미노아실-tRNA 합성효소가 한 분자의 뉴클레오시드 삼인산(ATP)을 필요로 한다. 이러한 고에너지 결합이 파괴되면서 펩티딜 전이효소반응이 일어나 펩티드결합이 형성된다. 두 번째 뉴클레오시드 삼인산(GTP) 분자는 EF-Tu에 의해 충전 tRNA가 리보솜의 A자리로 전달되고 또한 올바른 코돈-역코돈 인식이 일어났는지를 확인하는 데 소비된다. 마지막으로 세 번째의 뉴클레오시드 삼인산은 EF-G가 매개하는 번역과정에서 소비된다. 그래서 세포에서의 펩티드결합에 소비되는 비용은 두 분자의 GTP와 한 분자의 ATP가 사용되는데 이들은 번역신장의 각 단계에서 한 분자씩의 뉴클레오티드 삼인산의 형태로 소비된다. 재미있는 것은 세 분자 중에서 단지 한 분자(ATP)만이 직접적인 펩티드결합의 형성과 에너지학적으로 연결되어 있다. 다른 두 분자(GTP)의 에너지는 번역과정에서의 정확도와 순서를 확인하는데 소비된다(글상자 15-4, "GTP 결합 단백질, 입체구조 변환 및 번역사건에서의 충실도와 순서" 참조).

번역의 신장을 공부하면서 우리는 진핵과 원핵생물을 따로 구분하지 않았다. 원핵생물의 신장인자인 EF-Tu(eEF1)와 EF-G(eEF2)에 대한 진핵생물의 신장인자의 이름이 다르게 지어졌지만 그들의 기능은 원핵생물의 신장인자의 기능과 거의 같다.

번역의 종결

종결코돈에 응답하여 방출인자가 번역을 종결한다

리보솜에서 일어나는 아미노아실-tRNA의 결합, 펩티드결합의 형성 및 전좌 등에 대한 회로는 세 가지의 종결코돈 중 하나가 A자리에 들어갈 때까지 계속된다. 원래는 이러한 세 가지의 종결코돈을 인식하는 하나 혹은 하나 이상의 사슬 종결 tRNA가 존재할 것으로 생각되었다. 그러나 종결코돈은 **방출인자(release factor, RF)**라고 불리는 단백질에 의해 인지되는데 이 분자는 또한 펩티딜-tRNA로부터 폴리펩티드의 가수분해를 촉진한다.

두 가지 형태의 방출인자가 존재한다. I형 방출인자는 정지코돈을 인식하고 또한 P자리에서 tRNA로부터 펩티드 사슬의 가수분해를 촉발한다. 원핵생물은 두 종류의 I형 방출인자를 가지고 있는데 여기에는 RF1과 RF2가 있다. RF1은 종결코돈인 UAG를 인식하고 RF2는 종결코돈 UGA를 인식한다. 세 번째 종결코돈인 UAA는 RF1과 RF2 둘 다에 의해서 인식된다. 진핵세포에서는 하나의 I형 방출인자를 가지고 있는데 이것은 eRF1으로서 세 개의 종결코돈을 모두 인식한다. II형 방출인자는 폴리펩티드 사슬이 방출되고 난 이후에 I형 방출인자들이 리보솜으로부터의 방출되도록 자극한다. II형 방출인자는 원핵생물이나 진핵생물 모두 하나씩을 가지고 있는데 그 이름은 각각 RF3와 eRF3이다. EF-G, IF2, EF-Tu와 같이 II형 방출인자들도 GTP의 결합과 해리에 의해 조절된다.

I형 방출인자의 짧은 부위가 종결코돈을 인식하고 펩티드 사슬의 방출을 촉발한다

어떻게 하여 방출인자가 종결코돈을 인식할 수 있을까? 방출인자는 거의가 단백질로 되어 있기 때문에 단백질-RNA 상호작용을 통해서 종결코돈을 인식해야만 한다. RF1과 RF2(이들 두 방출인자는 종결코돈에 대한 특이성이 서로 다르다) 사이에서 짧은 암호화 부위만을 서로 교환시킨 유전적인 실험을 통해서 이들 방출인자가 인식하는 종결코돈에 대한 특이성은 방출인자 내에 존재하는 단지 연속된 세 개의 아미노산에 기인한다는 사실을 알게 되었다. 즉, RF1과 RF2에서 단지 세 개의 아미노산이 서로 교환되어 만들어진 혼합 방출인자는 서로에 대한 종결코돈 인식 특이성이 서로 바뀌게 되었다. 그러나 다른 기능들은 모두 같았다. 이와 같은 사실은 종결코돈에 대한 인식 특이성이 단지 세 개의 아미노산에 의해 결정된다는 것을 말한다. 위의 세 개의 아미노산은 종결코돈을 인식하고 이것과 상호작용을 하게 되는 일종의 **펩티드 역코돈(peptide anticodon)**을 의미한다. 이러한 관점에서 리보솜에 결합한 RF1의 3차원적인 구조를 조사한 결과, RF1은 리보솜의 A자리에 결합하고 있음이 밝혀졌다(그림 15-37a). 이 구조에서 펩티드 역코돈은 tRNA의 역코돈에 매우 근접해 있으나 코돈을 인식하는 다른 단백질도 함께 존재하는 것으로 밝혀졌다(그림 15-37b).

I형 방출인자의 일정부분이 폴리펩티드의 방출에도 관여하고 있음이 밝혀졌다. 모든 I형 방출인자들은 잘 보존된 세 개의 아미노산으로 구성된 배열을 가지는데(글리신

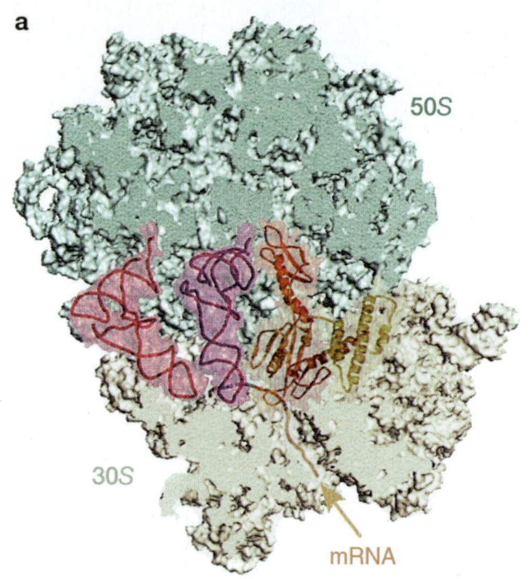

그림 15-37 리보솜에 결합한 RF1의 3차원 구조. (a) 리보솜의 A자리에 결합한 RF1의 모양. (b) 펩티드 역코돈은 역코돈에 매우 근접하여 위치하고 있음을 보여준다. (c) 리보솜에 결합한 RF1의 구조에서 GGQ 모티프는 P자리의 tRNA의 3′ 말단과 펩티딜 전이효소 중심에 근접해 있음을 보여준다. (Adapted, with permission, from Petry et al. 2005. *Cell* **123:** 1255–1266. © Elsevier)

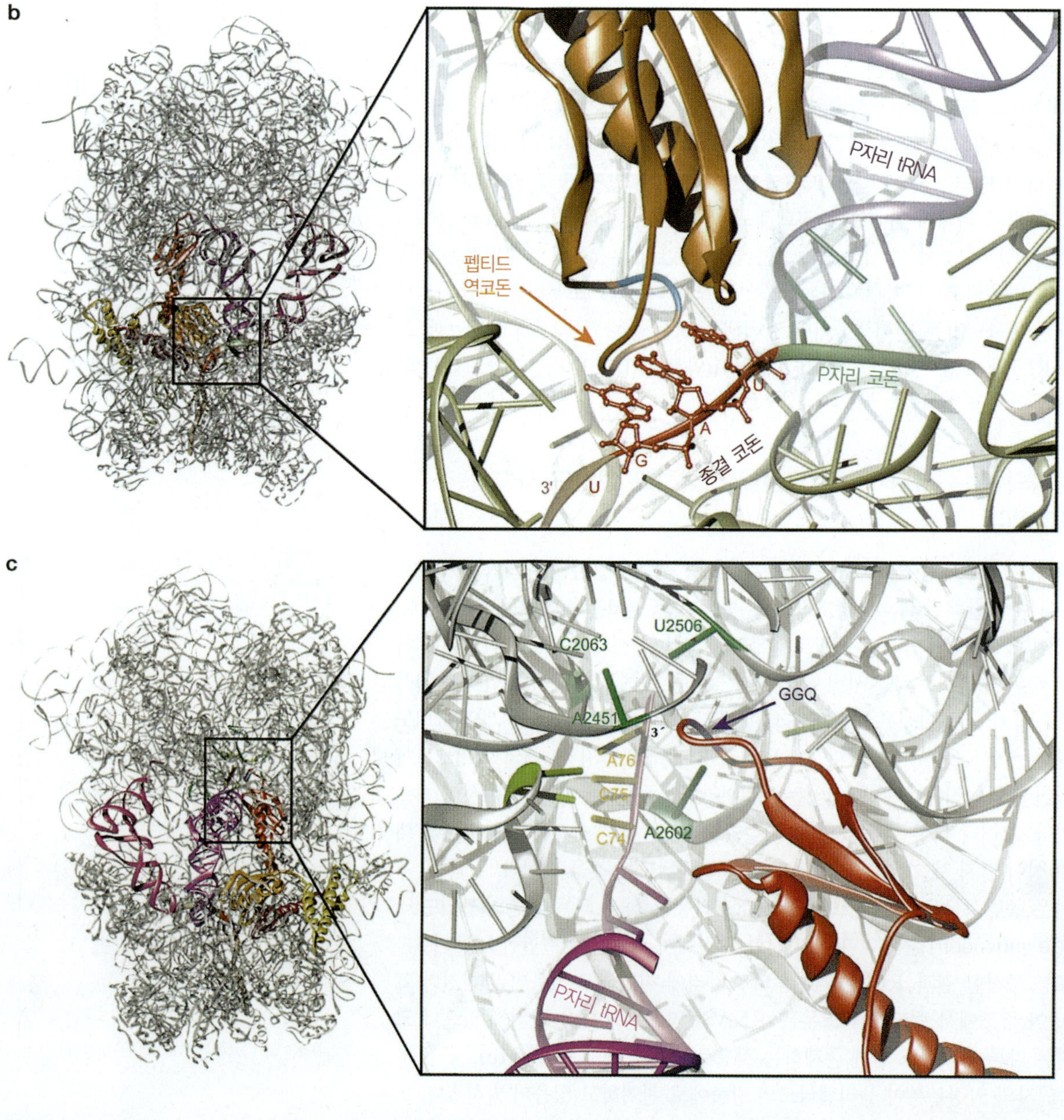

▶ 고급개념

글상자 15-4 GTP 결합 단백질, 입체구조 변환 및 번역사건에서의 충실도와 순서

핵심적인 번역 작용의 조절에는 늘 GTP가 사용되었다. GTP의 가수분해로 얻어지는 에너지가 ATP의 에너지처럼 화학적 변형 작용에 사용되지 않는 반응은 단지 아미노산이 tRNA에 결합할 때이다. 그 외에는 모두 GTP의 가수분해 에너지가 번역이 일어나는 동안 줄곧 번역의 순서와 충실도를 조절하는 데 사용된다. 이 반응이 어떻게 수행될 수 있을까?

번역에 관여하는 GTP 결합 단백질의 핵심적인 특징은 GDP나 GTP가 결합함으로써 유발되는 단백질의 입체구조 변화에 기인한다. 이 사실은 글상자 15-4 그림 1에 나타난 바와 같이 EF-Tu에서 쉽게 볼 수 있는데 그림 1은 GDP나 GTP와 결합했을 때의 EF-Tu의 3차원적인 구조를 나타낸 것이다. EF-Tu는 GTP가 결합하였을 때에는 중요한 입체구조의 변화를 겪는데 이 구조적 변화로 말미암아 tRNA의 결합부위를 제공하게 된다. 특히, EF-Tu의 한 영역(글상자 15-4 그림 1의 자홍색 부위)은 이 단백질에 어떤 뉴클레오티드가 결합하느냐에 따라, 즉 GDP 혹은 GTP 중 어느 것이 결합하느냐에 따라 상대적으로 그 위치를 이동하게 된다. 이와 같은 자홍색 영역의 위치 이동과 함께 이 단백질의 나머지 두 영역(짙은 청색과 녹색부위)에서의 입체구조 변화는 EF-Tu로 하여금 충전된 tRNA가 밀착하여 결합할 수 있는 새로운 표면을 제공하게 된다(그림 15-35에서 tRNA와 결합한 EF-Tu를 볼 수 있다). 그러므로 EF-Tu는 어떠한 뉴클레오티드와 결합하느냐에 따라 서로 다른 기능을 할 수 있으며 또한 서로 다른 단백질이나 tRNA와 결합할 수 있게 된다. 가령, EF-Tu-GTP는 아미노아실-tRNA와는 결합할 수 있으나 EF-Tu-GTP는 이것과 결합할 수 없다.

번역에 있어서 GTP의 가수분해로 인해 완료되는 주요 사건들은 그 순서가 고도로 잘 조절되고 있다. EF-Tu의 경우, GTP의존적인 아미노아실-tRNA와의 결합은 올바른 코돈-안티코돈 염기쌍이 형성되지 않으면 펩티드결합이 일어나지 않도록 해준다. 올바른 염기쌍 형성 그 자체가 바로 GTP의 가수분해를 촉발한다. EF-Tu는 일단 GDP와 결합한 상태가 되면 곧 바로 아미노아실-tRNA에서 유리되어 펩티드결합 형성이 계속될 수 있도록 해준다.

GTP의 가수분해는 각각의 GTP 조절성 보조 단백질에서 모두 같은 기작으로 활성화된다. 즉, 이들의 GTPase 활성은 리보솜의 큰 서브유닛에 있는 인자결합중심(factor binding center)이라 불리는 특정한 부위와의 상호작용을 통하여 활성화된다. 이 상호작용은 그 자체로 일어날 수 있을 만큼 친화성이 충분하지 못하다. 대신에, 이들은 또 다른 GTP에 의해 조절되는 번역인자가 리보솜과의 별도의 상호작용을 함으로써 그 리보솜의 인자결합부위가 GTPase 활성을 자극할 수 있도록 안정화시켜 주어야만 한다. EF-Tu에서 본 것과 같이, 사실은 이러한 상호작용은 EF-Tu, 아미노아실-tRNA, mRNA 및 리보솜들 사이에서의 상호작용에 있어서 이들 상호작용이 매우 정교해야 한다는 본질적인 면에 아주 민감하다. 그래서 인자결합부위와의 상호작용의 여부를 가지고 다른 단백질들이나 RNA들이 리보솜에 정확하게 상호작용을 하고 있는지를 알아낼 수 있다. 단지 알맞은 상호작용이 이루어질 때에만(올바른 코돈-안티코돈 염기쌍 형성과 같이) GTP 결합부위가 인자결합부위와 상호작용을 하여 GTP의 가수분해를 촉진하고 나아가 단백질의 입체구조의 변화를 가져올 수 있다.

번역이 일어나는 동안 GTP를 사용하는 것은 활주 크램프 로더(sliding clamp loader; 9장, 글상자 9-3 참조)가 ATP를 사용하는 것과 유사하다. 활주 클램프 로더에서는 ATP가 활주 클램프 복합체를 조립하기 위하여 이의 초기 단계에 사용되지만 ATP의 가수분해와 활주 클램프의 유리는 클램프 로더가 프라이머:주형의 이중나선을 둘러싸고 들어갈 때에 일어난다. 번역에서는 초기에 리보솜(혹은 어떤 경우에는 단백질이나 RNA)과 결합할 때에 GTP를 필요로 하고 이의 가수분해는 인자가 리보솜에 올바르게 결합한 이후에 일어난다. GTP가 가수분해되면 활주 클램프의 경우와 마찬가지로 인자가 리보솜에서 유리된다.

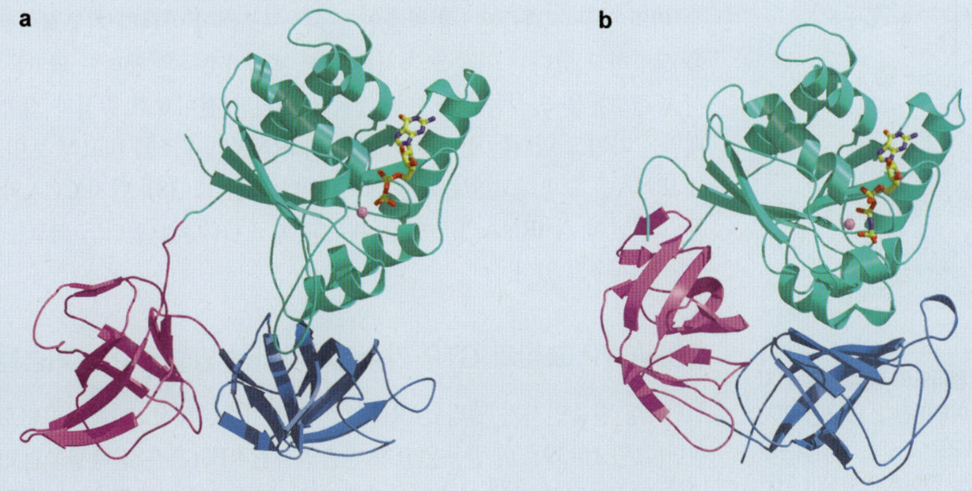

글상자 15-4 그림 1 GDP 및 GTP와 결합한 EF-Tu의 비교. (a) GDP와 결합한 EF-Tu. (b) GTP와 결합한 EF-Tu. GTP 결합영역은 적색으로 표시하였다. 자홍색 영역의 회전과 녹색과 청색 영역의 구조변화는 GTP가 결합하였을 때 아주 강한 tRNA 결합부위를 형성한다(그림 15-35 참조). (a, Polekhina G. et al. 1996 *Structure* **4**: 1141-1151; b, Kjeldgaard M. et al. 1993. *Structure* **1**: 35) 이 그림 이미지는 MolScript, BobScript 및 Raster 3D로 나타낸 것이다.

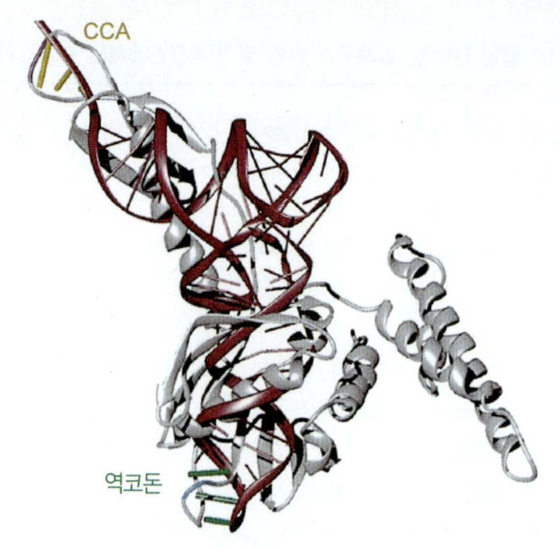

그림 15-38 RF1과 tRNA의 구조비교. tRNA는 어두운 적색이고 RF1은 같은 공간에 회색으로 채워 넣었다. (Redrawn, with permission, from Petry et al. 2005. *Cell* **123**: 1255-1266. Fig. 3E. © Elsevier.)

-글리신-글루타민, GGQ) 이 배열은 폴리펩티드의 방출에 필수적이다. 더구나 리보솜에 결합한 RF1의 구조는 GGQ 배열이 펩티딜 전이효소중심에 매우 가까이 위치하고 있음을 밝혀 주었다(그림 15-37c). 아직까지 GGQ 배열이 펩티딜 tRNA로부터 폴리펩티드를 직접 가수분해하는지 혹은 이것이 펩티딜 전이효소 중심을 변화시켜 이 전이효소 중심이 가수분해하도록 해주는지는 밝혀지지 않았다. 펩티딜 전이효소 중심(가령, A2541 혹은 A2602)에 있는 CCA 말단에 근접해 있는 잘 보존된 염기에 대한 연구 결과, 이러한 염기들은 펩티드의 가수분해에 필요한 잔기들로 밝혀졌다. 사실, 이와 같은 염기들은 펩티드결합의 형성과정보다는 펩티드들의 방출에 더 중요하게 작용하고 있어 보인다. 이러한 내용을 설명해 줄 수 있는 또 다른 사실은 오로지 기저부에 있는 RNA 잔기들만 가수분해를 위해서 하나의 작은 물 분자에 접할 수 있고 리보솜에 있는 다른 많은 부위에 존재하는 잔기들은 오히려 큰 tRNA 분자와 접하는 위치에 존재한다는 것이다.

위의 연구 결과들은 I형 방출인자들은 구조적이 아니라 기능적으로 tRNA의 기능을 모방하고 있다는 가설을 제시해 준다. 즉, 이것들은 펩티드 역코돈을 가지고 있어서 종결코돈을 인식하고 또한 이것들은 펩티딜 전이효소 중심과 접할 수 있는 GGQ 배열을 가지고 있다는 점 등이다. RF1과 tRNA의 구조를 비교해 보면, 단백질이 어떻게 tRNA를 모방하고 있는지를 알 수 있다(그림 15-38). 단지 CCA의 3′ 말단과 역코돈 고리만이 각 tRNA의 말단을 채우고 있고 GGQ와 펩티드 역코돈 고리는 RF1의 말단을 채우고 있다.

GDP/GTP 교환과 GTP 가수분해가 II형 방출인자의 기능을 조절한다

일단 I형 방출인자가 펩티딜-tRNA 결합을 가수분해하고 나면 곧바로 제거되어야만 한다(그림 15-39). 이 반응은 II형 방출인자인 RF3(혹은 진핵생물의 eRF3)가 담당한다. RF3는 GTP 결합 단백질이지만 번역에 관여하는 다른 GTP 결합 단백질들과는 달리 이 단백질은 GTP보다는 GDP에 대한 친화성이 더 높다. 그래서 독립적으로 떨어져 존재하는 RF3는 GDP와 우선적으로 결합하여 RF3-GDP 상태로 존재한다. RF3-GDP는 I형 방출인자의 존재 여하에 의존하여 리보솜에 결합한다. I형 방출인자가 폴리펩티드의 방출을 자극하고 나면 리보솜의 입체구조가 변하면서 I형 방출인자

그림 15-39 폴리펩티드의 방출은 두 가지 방출인자에 의하여 이루어진다. I형 방출인자(이 그림에서는 RF1으로 표시)는 종결코돈을 인식하고 또한 펩티딜 전이효소 중심에 위치하는 GGQ 잔기를 이용하여 폴리펩티드의 방출을 자극한다. II형 방출인자(RF3)는 폴리펩티드가 방출된 이후에만 결합하며 이 결합으로 인해 I형 방출인자를 유리시킨다.

가 RF3의 GDP를 GTP으로 교환하도록 자극한다. RF3에 GTP가 결합하면 리보솜에 대한 친화성이 높아져서 리보솜에 결합하게 되고 이에 따라 I형 방출인자는 리보솜에서 유리된다. 이러한 변화는 또한 RF3로 하여금 리보솜의 큰 소단위에 있는 인자결합중심에 결합할 수 있도록 해준다. 번역에 관여하는 다른 GTP 결합 단백질들과 같이 이 상호작용, 즉 RF3와 인자결합중심의 상호작용은 GTP의 가수분해를 자극하게 된다. 결합한 I형 방출인자가 존재하지 않으면 RF3·GDP는 리보솜에 대한 친화성이 현저히 떨어져서 리보솜으로부터 유리된다.

리보솜 재사용인자는 tRNA를 모방한다

리보솜에서 폴리펩티드 사슬과 방출인자가 떨어져 나가더라도 리보솜에는 아직까지 mRNA와 탈아세틸화된 두 분자의 tRNA(P자리와 E자리)가 남아 있게 된다. 이 mRNA와 tRNA는 새로운 회로의 폴리펩티드 합성에 참여하기 위하여 리보솜에서 떨어져 나와야 하며 아울러 리보솜도 또한 큰 소단위와 작은 소단위로 다시 분리되어야 한다. 이러한 일련의 반응을 **리보솜 재사용(ribosome recycling)**이라고 한다.

원핵생물에는 **리보솜 재사용인자(ribosome recycling factor, RRF)**가 존재하는데 폴리펩티드의 방출이 끝난 후 리보솜 재사용을 위하여 EF-G 및 IF3와 협동작용을 한다(그림 15-40). RRF는 리보솜의 텅 빈 A자리에 결합하는데 마치 tRNA인 것처럼 결합한다. RRF는 또한 EF-G-GTP를 리보솜으로 끌고 오는데 이것은 마치 번역의 신장 시에 EF-G의 역할을 하는 것과 같이 결합하여 P자리와 E자리에 결합해 있는 비충전 tRNA의 방출을 자극한다. 비록 어떻게 이와 같은 방출이 일어나는지에 대해서는 그 기작이 정확하지는 않지만, 아마 RRF가 EF-G에 의해서 A자리에서 빠져나오는 것처럼 보이는데 이것은 번역의 신장 시에 tRNA가 A자리에서 옮겨가는 것과 같을 것으로 생각된다. 일단 tRNA가 제거되면 EF-G-GTP와 RRF는 mRNA와 같이 리보솜에서 방출된다. IF3(개시인자)도 역시 mRNA의 방출에 관여하고 또한 리보솜이 큰 소단위와 작은 소단위로 나누어지는 데 관여한다. 이러한 일련의 반응의 결과 아직까지 IF3가 결합해 있는 작은 소단위(tRNA와 mRNA는 방출되고 없음)와 큰 소단위로 분리된다. 이렇게 유리된 리보솜은 후에 새로운 회로의 번역에 재사용된다.

RRF가 tRNA를 모방한다는 논리를 더 확신시켜 주는 것은 RRF의 3차원적인 구조가 tRNA와 매우 유사하다는 데 있다. 그럼에도 불구하고 RRF가 리보솜에 결합하는 방법은 tRNA가 결합하는 것과는 다르다. RRF는 단지 큰 소단위의 A자리와 밀접하게 결합한다. 아래와 같은 논리로서 RRF와 tRNA의 리보솜에 대한 결합에 있어서의 차이점을 설명할 수 있다. 리보솜 재사용인자가 A자리의 tRNA에 대하여 매우 정교하게 모방된 활성을 가진다면 EF-G가 P자리의 tRNA를 E부위로 이동시킬 것이다. 아니

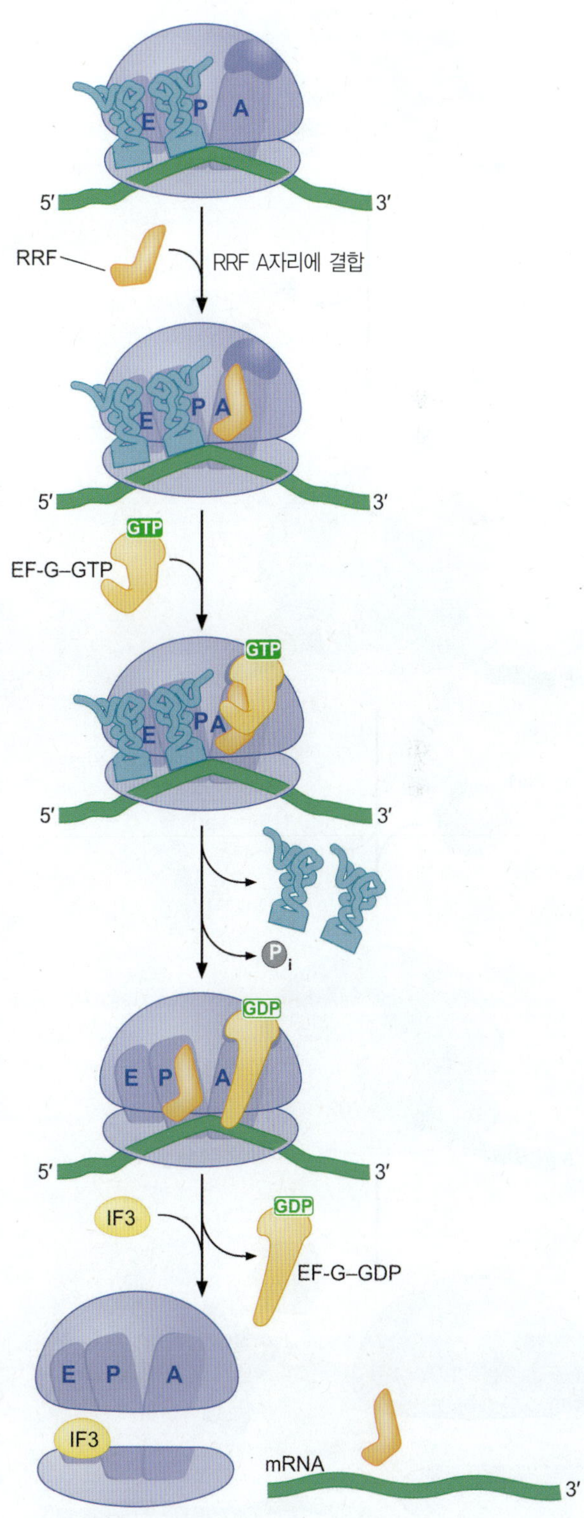

그림 15-40 RRF와 EF-G는 종결이 끝난 리보솜으로부터 tRNA와 mRNA를 방출하기 위하여 서로 결합한다.

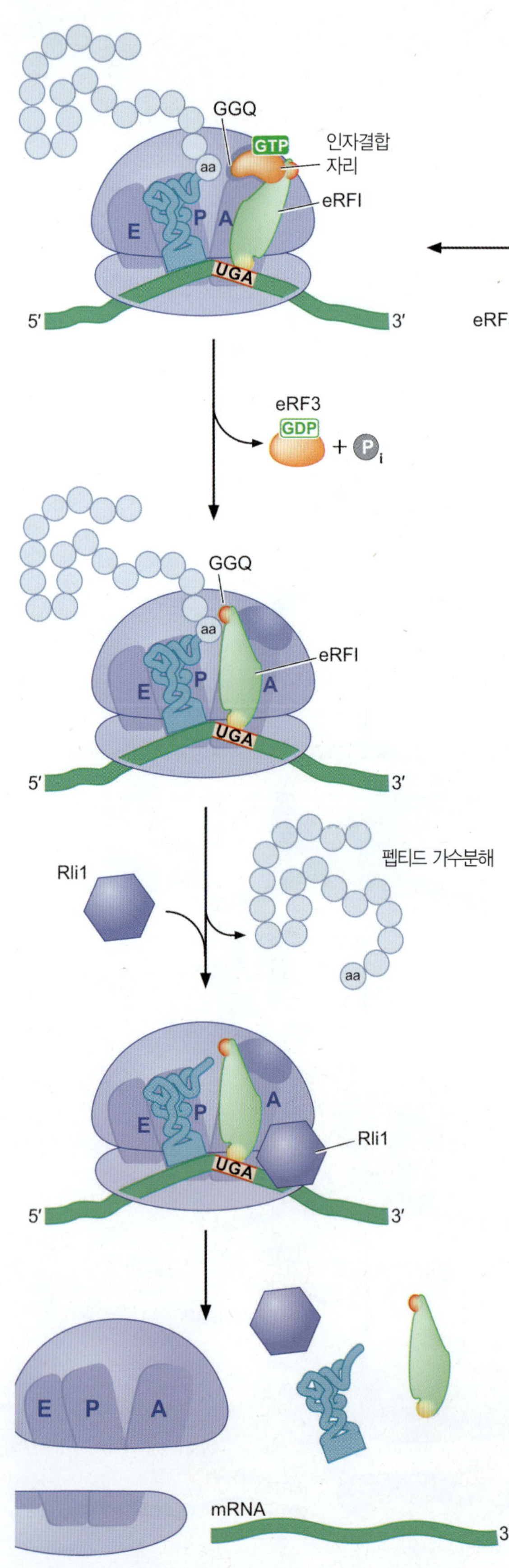

그림 15-41 진핵생물의 번역 종결 및 리보솜 재사용.

면, EF-G와 RRF가 협동하여 P자리에 있는 tRNA를 직접적으로 바로 제거할 것이다. 어떠한 방법이든 간에 EF-G와 RRF는 정상적인 번역이 일어날 때보다는 훨씬 큰 리보솜의 구조적 변화를 야기함으로써 mRNA와 tRNA 둘 다를 방출시키는 것 같다.

번역의 개시나 신장과 같이 번역의 종결 또한 독립된 종결인자가 관계하여 잘 정렬된 순서대로 일어난다. 번역에 있어서 이러한 일련의 순차적인 반응은 번역의 각 단계에 있어서 이전 단계가 끝나지 않으면 다음 단계가 일어나지 않는다는 것을 말해준다. 가령, EF-Tu는 EF-G가 전좌를 끝내지 않으면 tRNA를 A자리로 끌어들이지 못한다. 또한 I형 방출인자가 종결코돈을 인식하지 않으면 RF3는 리보솜에 결합하지 못한다. 번역에 있어서 이와 같은 순차적인 반응에 대한 약점이 없는 것도 아니다. 그것은 바로 어떤 한 단계를 끝낼 수 없으면 번역의 전 과정이 중지된다는 사실이다. 번역과정에 표적을 두고 있는 항생제가 바로 이와 같은 아킬레스건을 이용한 것이다(글상자 15-5, "항생제는 번역의 특정 단계를 차단함으로써 세포분열을 멈추게 한다" 참조).

비록 진핵생물에는 I형과 II형 방출인자를 모두 가지고 있지만 이들의 구조나 아미노산 서열은 원핵생물과 유사성이 없고 단지 I형 인자는 그 기능이 서로 유사하다. RF1이나 RF2와 같이 eRF1은 세 개의 종결코돈을 모두 인식할 수 있으며 GGQ 서열을 펩티딜 전이효소 중심으로 이동시켜 폴리펩티드의 방출을 유도한다. RF1/RF2의 방출을 촉매하는 원핵생물의 RF3와는 다르게 eRF3는 eRF1을 리보솜으로 전달해 준다. eRF3 · GTP는, 마치 EF-Tu가 충전된 tRNA를 데려다 주는 것처럼, 리보솜에서 떨어져 있는 eRF1과 결합하여 이것을 리보솜으로 데려다 준다(그림 15-41). 또한 EF-Tu와 같이 eRF1이 종결코돈을 인식하게 되면 인자결합중심에 결합해 있는 eRF3-GTP의 GTP 가수분해를 촉진한다. 이 결과 생긴 eRF3-GDP는 리보솜으로부터 재빠르게 방출되고 eRF1은 펩티딜 전이효소중심으로 이동하는데 이 반응은 tRNA의 적응과 유사하다. 재미있는 것은, 진핵생물에서는 리보솜 재사용 인자가 존재한다는 증거가 없으며 또한 eEF2(진핵생물의 EF-G)가 리보솜의 재사용에 어떤 작용을 한다는 증거도 없다. 그 대신에, 최신의 모델에서는 eRF1(Rli1이라 불리는 ATPase와 함께)이 P자리에 있는 tRNA로부터 폴리펩티드의 가수분해를 촉진하고 난 후에 리보솜 재사용 과정에 참여한다는 것이 제시되었다. 즉, 뭉쳐진 리보솜의 해리를 촉진한다고 알려진 두 단백질인 Dom34와 Hbs1이 eRF1과 eRF3와 매우 유사하다는 점을 보여주었다 (뒤에 다시 설명).

번역의 조절

대부분의 유전자의 발현은 mRNA의 전사 수준에서 조절되지만, 많은 유전자들에서는 단백질의 합성 수준에서도 그 발현이 조절되고 있다는 것이 점점 더 명확해지고 있다. 전사보다 번역 단계에서 조절되는 것이 장점인 것은 외부자극에 대해 매우 빠르게 대응할 수 있다는 점 때문이다. 단백질의 합성 수준에서 조절은 mRNA 전사수준 이후에서 필요한 시간을 줄일 수 있고 또한 진핵생물에서는 mRNA의 가공과정과 합성이후에 세포질로 이동시키는 데 필요한 시간을 줄일 수 있기 때문이다. 따라서 단백질 수준에서의 매우 빠른 변화에 대처할 수 있다. 다른 형태에서의 조절처럼, 번역의 조절은 번역개시 단계에서의 조절이다. 일반적으로 일이 시작되는 점에서의 조절이 과정의 중간에서 멈추게 하는 것보다는 훨씬 효과적이다. 번역의 경우에는, 개시 단계에서 조절이 되므로 불완전한 단백질의 생산을 통하여 이 단백질이 다른 기능을 나타내게 하는 것을 막을 수 있다.

여기서는 세균과 진핵생물의 번역의 조절에 있어서 일반적인 기작들을 설명하고 나아가 특이한 예를 들어서 번역이 조절되는 것을 알아본다.

리보솜 결합자리에 결합하는 단백질이나 RNA가 세균의 번역개시를 음성적으로 조절한다

세균의 번역개시에서 조절자의 1차 표적은 30*S* 소단위에 의해 RBS가 인식되는 것을 억제하는 것이다. 일반적으로, 이와 같은 저해제들의 기작은 RBS 주변에 있는 서열

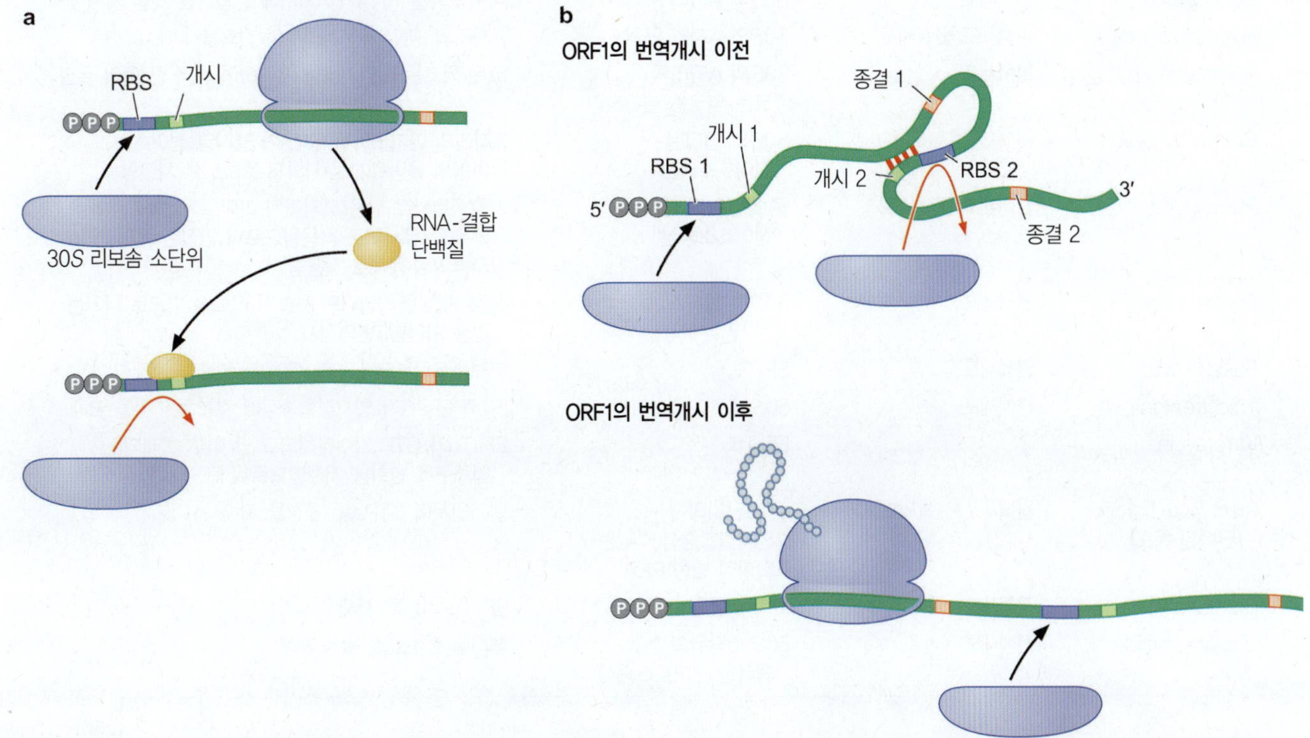

그림 15-42 30S 소단위의 결합을 저해함으로써 세균의 번역개시가 조절된다. (a) 단백질이 RBS 근처에 와서 결합하면 16*S* rRNA가 RBS에 접근하는 것을 막아주게 된다. 이것은 mRNA에 의해 암호화된 단백질이 그 자신의 RBS에 결합하는 경우이다. (b) 하나의 mRNA 분자 내에서의 염기쌍이 형성되면 16*S* rRNA가 결합하는 것을 막아준다. 많은 경우에서 이러한 유형의 저해는 같은 오페론에 있는 다른 유전자들의 번역에 의해 조절된다. mRNA 자체 내의 염기쌍 형성이 한 ORF 내에서 RBS 근처를 포함하고 있을 경우, 그 앞의 ORF가 번역됨으로서 저해하고 있던 염기쌍 형성이 파괴되고 여기에 제2의 리보솜이 RBS를 인식하고 결합할 수 있게 된다.

▶ 의학관련

글상자 15-5 항생제는 번역의 특정 단계를 차단함으로써 세포분열을 멈추게 한다

항생제는 질병에 대항하는 강력한 수단이다. 의학에서 쓰이고 있는 대부분의 항생제들은 세균을 죽일 수 있으나 진핵세포에는 그 효과가 거의 없다. 그래서 환자들에게는 독성을 나타내지 않는다. 항생제가 지난 세기의 앞 절반 경에 처음으로 발견된 이래 그 이전에는 치료가 불가능하였던 질병들, 즉 결핵, 세균성 폐렴, 매독 및 임질과 같은 감염성 질병의 치료가 대부분 가능하게 되었다(비록 항생제 내성 세균의 출현으로 말미암아 질병들의 효과적인 치료가 방해를 받긴 했었지만). 항생제들은 세균세포에서 수많은 여러 가지 표적들을 가지고 있지만 지금까지 알려진 항생제의 약 40% 정도는 단백질 번역기구를 저해하는 것들이다(글상자 15-5 표 1). 일반적으로 이러한 항생제들은 번역기구의 특정요소에 결합하여 그 요소의 기능을 방해한다. 여러 가지 항생제들은 번역의 여러 가지 각 단계들을 멈추게 하는데 그 작용 방법은 매우 정교하다(예를 들어, EF-Tu 방출의 바로 앞에서 작용). 이와 같은 이유로 항생제들은 오히려 단백질 합성 기구를 연구하는데 중요한 수단으로 사용되기도 하였다. 항생제는 의학적 치료제로서의 장점 이외에 단백질 번역기구의 작동을 이해하는 데 있어서 중요한 역할을 하였다.

퓨로마이신(puromycin)은 번역기구 연구에 있어서 흔히 사용된 항생제이다. 이 항생제는 A자리의 큰 서브유닛에 결합한다. 퓨로마이신이 일단 결합하게 되면 펩티딜 전이효소반응에서 아미노아실-tRNA와 교체되어 들어간다(글상자 15-5 그림 1). 퓨로마이신은 tRNA보다 매우 작기 때문에 이 항생제가 A자리에 결합하게 되면 리보솜 안에서 폴리펩티드 사슬을 계속하여 잡고 있을 수가 없게 된다. 그래서 퓨로마이신으로 전달된 폴리펩티드 사슬은 불완전한 형태로서 퓨로마이신-폴리펩티드의 복합체의 형태로서 리보솜에서 떨어져 나오게 된다. 다시 말해서, 퓨로마이신은 폴리펩티드 사슬이 성숙되기 전 단계에서 폴리펩티드 합성을 종료시킨다. 다른 항생제들은 리보솜의 다른 특징적인 구조에 작용하는데 여기에는 펩티드가 나가는 출구, 펩티딜 전이효소센터, 인자결합센터, 해독센터 및 그 이외에 번역에서의 중요한 부위 등이 있다(글상자 15-5 표 1).

또 어떤 항생제들은 번역인자 저해제도 있다. 가령, 카이로마이신(kirromycin) 및 후시드산(fusidic acid)과 같은 항생제는 각각 EF-Tu 및 EF-G의 저해제이다(글상자 15-5 표 1). 이 두 항생제는 모두 GTP와 결합한 번역인자와 상호작용함으로서 번역인자들이 GTP가 가수분해되고 난 이후에 정상적으로 일어나는 입체구조 변화를 저해함으로써 그 기능을 하지 못하도록 해 준다. 카이로마이신은 리보솜으로 하여금 EF-G-GDP-아미노아실-tRNA의 복합체 형태로 계속하여 유지하도록 해준다. 이와 유사하게, 후시드산은 리보솜이 EF-G-GDP 복합체의 형태로 유지시켜준다. 이들 항생제들은 결국 연장인자의 방출이 일어나지 못하도록 함으로써 번역의 다음 단계를 방해한다.

그림 15-5 표 1 여러 가지 항생제들의 표적과 그 영향

항생제/독소	표적세포	분자표적	영향
Tetracycline	원핵세포	30*S*의 A자리	아미노아실-tRNA가 A자리에 결합하는 것을 저해
Hygromycin B	원핵세포/진핵세포	30*S*의 A자리 근처	A자리의 tRNA가 P자리로의 전좌를 저해
Paromycin	원핵세포	30*S*의 A자리의 코돈-역코돈 결합자리	코돈-역코돈의 염기쌍을 저해하여 번역 중 에러 유발
Chloramphenicol	원핵세포	50*S*의 펩티딜 전이효소중심	A자리의 아미노아실-tRNA가 펩티딜 전이효소 반응의 올바르게 위치하지 못하도록 차단함
Puromycin	원핵세포/진핵세포	큰 소단위의 펩티딜 전이효소중심	사슬종결자로 작용; A자리의 아미노아실-tRNA의 3′ 말단 유사체로 작용함으로써 인접한 폴리펩티드 사슬의 수용체로 작용함
Erythromycin	원핵세포	50*S*의 펩티드 출구 통로	성장 중인 폴리펩티드 사슬이 리보솜 밖으로 나가는 것을 차단함; 번역정지
Fusidic acid	원핵세포	EF-G	리보솜으로부터 EF-G-GDP의 방출을 저해함
Thiostrepton	원핵세포	50*S*의 인자결합자리	IF2와 EF-G가 인자결합중심에 결합하는 것을 저해
Kirromycin		EF-Tu	EF-Tu가 GTP 가수분해되고 난 이후 초래되는 입체구조 변화를 저해함으로써 EF-Tu 방출 저해
Ricin 및 α-Sarcin (단백질 독소)	원핵세포/진핵세포	큰 소단위의 인자결합중심에 있는 화학적 변형 RNA	번역인자의 GTPase 활성을 저해
Diptheria 독소	진핵세포	화학적 변형 EF-Tu	EF-Tu 기능을 저해
Cyclohexamide	진핵세포	60*S* 소단위의 펩티딜 전이효소중심	펩티딜 전이효소 활성 저해

글상자 15-5 (계속)

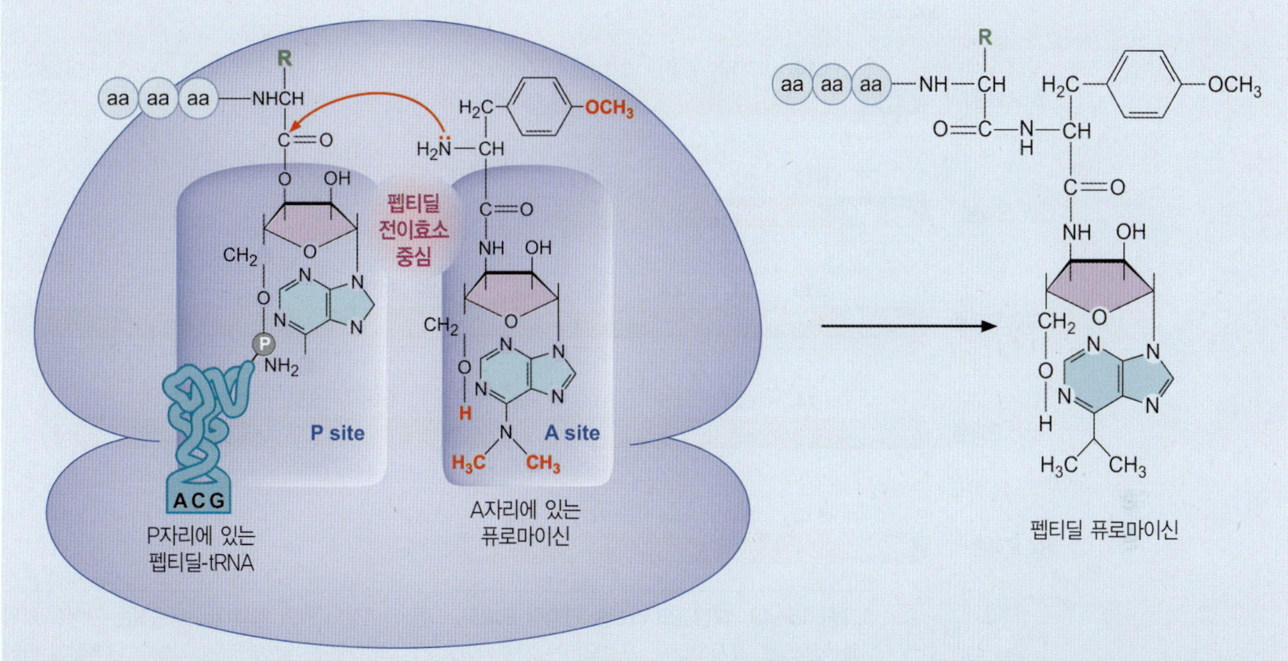

글상자 15-5 그림 1 퓨로마이신(puromycin)은 A자리에 있는 tRNA 유사체로서 번역을 종결한다. 퓨로마이신은 A자리에 결합하여 펩티드결합 형성에 관여한다. 일단 펩티드결합이 형성되면 퓨로마이신과 그에 결합된 폴리펩티드는 리보솜 밖으로 빠져나온다.

들과 결합함으로써 RBS와 16*S* rRNA 사이에서의 염기쌍 형성을 물리적으로 억제하는 것이다(그림 15-42a). 이러한 억제제들은 흔히 RNA 결합 단백질로서 RBS 주변에서 형성되어 있는 RNA의 구조를 인식한다. 비록 이들은 RBS와 직접적으로 결합하지 않지만, 일단 결합한 단백질은 30*S* 소단위가 RBS에 접근하지 못할 만큼 충분히 큰 구조를 가지게 된다. 사실은 이러한 억제자들이 이 RBS에 직접결합하지는 않는다. 왜냐하면 그렇게 되면 세포 내에 있는 대다수의 다른 단백질의 번역이 저해될 수 있는 위험성이 있기 때문이다.

RNA 분자 또한 이와 유사한 기작으로 번역의 억제인자로 작용한다. 이러한 RNA에 의한 번역의 억제는 하나의 mRNA가 그 자신 스스로가 염기쌍을 형성함으로써 하나 혹은 그 이상의 RBS들을 분자 내에 숨겨주는 형태가 될 때에 나타난다(그림 15-42b). 이러한 숨김 현상은 mRNA의 염기쌍 구조가 깨질 때까지 계속해서 유지됨으로써 ORF의 번역을 막아주게 된다. 수많은 예에서 보듯이 mRNA의 염기쌍 형성이 깨지는 것은 오페론에서 다른 유전자가 번역될 때에만 가능하다. 이런 경우는 RBS의 기저부에 다른 ORF를 가지고 있는 경우로서 리보솜이 지나가면서 mRNA의 염기쌍 형성이 파괴되는 경우이다. 그 이후에 또 다른 리보솜이 이제는 숨김현상에서 해방된 RBS와 결합함으로써 단백질 합성이 시작된다.

원핵생물의 번역 조절: 리보솜 단백질은 그들 자신의 합성에 있어서 번역의 억제인자로 작용한다

이제 우리는 세균의 번역 조절에 있어서 그 예, 즉 세균이 리보솜 단백질 유전자가 정확하게 발현되도록 조절하는 기작을 어떻게 사용하는지에 대해 알아보자. 리보솜 단

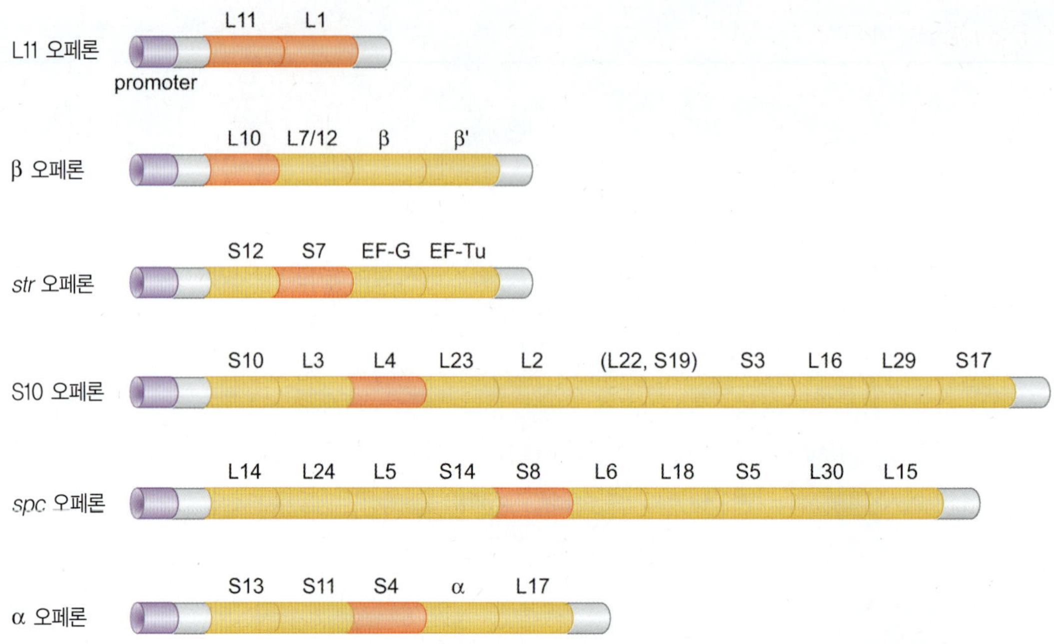

그림 15-43 대장균의 리보솜 단백질 오페론. 다른 단백질의 번역 억제제로 작용하는 단백질 부위를 적색으로 표시하였다. 프로모터는 자주색이고 각각의 ORF는 암호화되는 리보솜 단백질에 따라 표시하였다(예로, L14는 큰 리보솜 단백질 14이다). (Adapted, with permission, from Nomura M. et al. 1984. *Annu. Rev. Biochem.* **53**: 75–117. © Annual Reviews.)

백질의 발현과 rRNA의 발현이 대등히게 일어난다는 것은 세포에서의 흥미로운 조절의 문제로 보인다. 앞서 언급한 바대로, 각 리보솜은 50개 이상의 다른 단백질들을 가지고 있는데 이들의 발현은 이들과 결합하는 rRNA의 발현율과 같게 나타난다. 더구나, 세포가 단백질을 만들어내는 비율과 또 필요한 수만큼의 리보솜을 만들어내는 비율은 세포의 생장률과 매우 밀접한 관계를 가지고 있다. 생장 조건의 변화는 리보솜을 구성하는 요소들의 합성률이 증가하거나 혹은 감소한다는 것과 비례한다. 그러면 어떻게 이것들이 조화롭게 잘 조절되고 있는 것일까?

리보솜 단백질을 코드하는 유전자가 잘 조절되는 것은 이들을 구성하는 몇몇의 오페론들의 구성에 의하여 단순화될 수 있는데 각 오페론들은 11개의 리보솜 단백질을 코드하는 유전자를 포함하고 있다(그림 15-43). 다른 오페론들과 마찬가지로, 이러한 유전자들은 RNA의 합성수준에 의해서 조절된다(18장에서 공부하게 될 것이다). 그러나 리보솜 단백질의 합성에서 가장 중요한 조절은 mRNA의 번역(translation)의 수준에 있다. 이것은 간단한 실험에 의해 설명될 수 있다. 잉여 복제수의 리보솜 단백질 오페론이 세포 안에 도입되면 mRNA의 양도 따라서 증가하게 된다. 그렇지만 리보솜 단백질의 합성은 거의 그대로 유지된다. 그러므로 세포는 잉여의 mRNA가 존재하더라도 단백질 합성의 주형인 mRNA의 사용을 줄임으로써 잉여분에 대한 보상을 하게 되는 것이다.

리보솜 단백질의 mRNA의 번역을 엄밀하게 조절하는 것은 자가저해(autorepression)의 결과이다. 각 리보솜 단백질의 오페론에서 하나 혹은 두 개로 된 복합체 리보솜 단백질이 일단 만들어지면 이들 단백질이 가장 앞에 있는 5′쪽의 오페론의 mRNA의 번역개시 서열 부근에 결합하게 된다. 리보솜 단백질이 결합하게 되면 리보솜의 작은 소단위가 RBS에 결합하는 것을 저해함으로써 번역의 개시를 억제하게 되는 것이다.

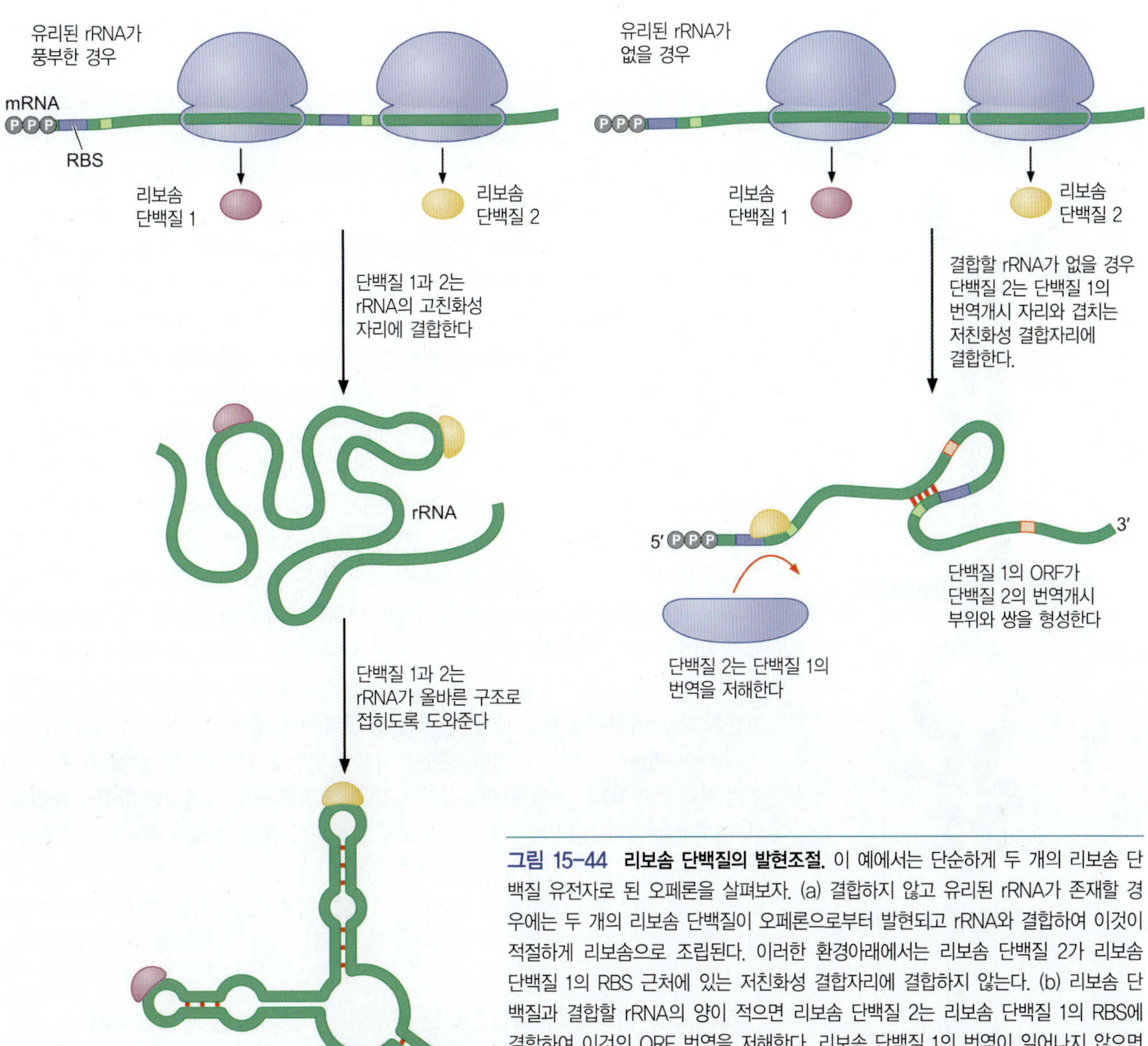

그림 15-44 리보솜 단백질의 발현조절. 이 예에서는 단순하게 두 개의 리보솜 단백질 유전자로 된 오페론을 살펴보자. (a) 결합하지 않고 유리된 rRNA가 존재할 경우에는 두 개의 리보솜 단백질이 오페론으로부터 발현되고 rRNA와 결합하여 이것이 적절하게 리보솜으로 조립된다. 이러한 환경아래에서는 리보솜 단백질 2가 리보솜 단백질 1의 RBS 근처에 있는 저친화성 결합자리에 결합하지 않는다. (b) 리보솜 단백질과 결합할 rRNA의 양이 적으면 리보솜 단백질 2는 리보솜 단백질 1의 RBS에 결합하여 이것의 ORF 번역을 저해한다. 리보솜 단백질 1의 번역이 일어나지 않으면 리보솜 단백질 2의 RBS 서열이나 혹은 이 서열에 근접한 서열과 상보적인 염기쌍을 형성함으로써 30*S* 소단위가 이 서열과 결합하는 것을 막는다. 본문에 설명한 것과 마찬가지로 번역공역은 하류에 위치하는 ORF의 번역을 저해하기도 한다.

어떻게 리보솜 단백질이 오페론의 첫 번째 유전자의 번역을 억제하는지를 보는 것은 매우 쉬운 일이다. 그러나 이것이 어떻게 그 하류의 유전자, 어떤 경우에는 그 자신의 RBS에 영향을 미치는 걸까? 이와 같은 “극성(polar)” 효과는 다양한 기작에 의해 일어난다. 이 장의 앞에서 공부한 것과 같이 번역짝지움이 일어난다. 즉, 상류 유전자의 종결코돈이 하류 유전자의 개시코돈에 매우 가깨이 밀접해 있을 때이다. 이와 같은 근접성은 상류 유전자의 번역이 있어야만 하류 유전자가 번역될 수 있는 상황을 만들어낸다. 두 번째 기작은 mRNA가 특별한 구조로 접혀 있을 때에 가능하다. 리보솜 단백질의 오페론에서 mRNA는 흔히 앞의 유전자가 번역되어야만 뒤의 유전자의 RBS가 인식될 수 있도록 접혀 있는 상태로 존재한다. 예를 들어, mRNA의 1차 유전자의 해독부위가 2차 유전자의 RBS 부위와 염기쌍을 형성해 있는 상황을 가정해 보자. 이와 같은 조건에서는 단지 1차 유전자의 해독 부위를 통해 리보솜의 번역이 있고 나서야

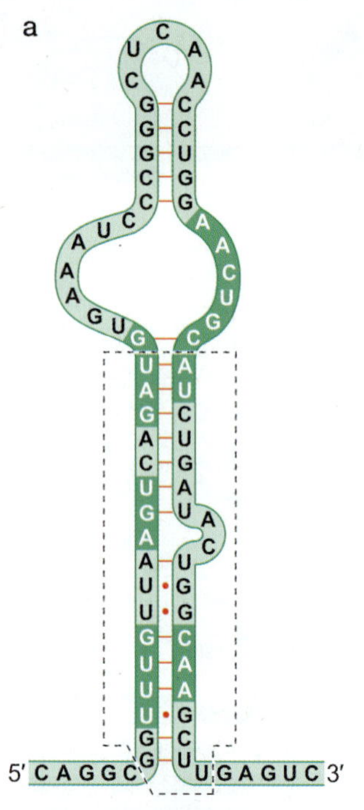

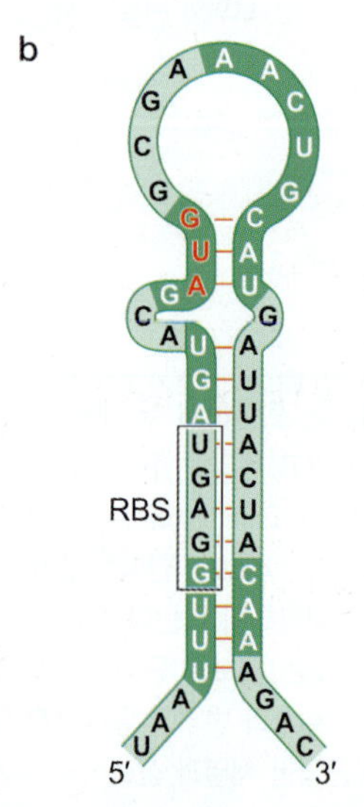

그림 15-45 리보솜 단백질 S8은 16*S* rRNA 및 그 자신의 mRNA와 결합한다. 리보솜 단백질 S8(spc 오페론에 의해 암호화, 그림 15-43)과 결합한 두 RNA의 S8 결합부위를 비교하여 나타내었다. (a) 리보솜 단백질 S8이 결합한 16*S* rRNA 부위. (b) 리보솜 단백질 S8의 번역개시 부위. S8 단백질은 더 이상 결합할 16*S* rRNA가 존재하지 않을 때에만 자신을 암호화하는 mRNA와 결합한다. 짙은 녹색부위가 같은 서열이다. 점선으로 된 상자는 S8로 보호되는 16*S* rRNA 서열이다. S8 단백질의 AUG(적색)와 상자로 된 RBS 결합부위를 표시하였다. (Adapted, with permission, from Cerreti D.P. et al. 1988. *J. Mol. Biol.* **204**: 309–329. © Elsevier.)

염기쌍 형성이 파괴될 것이고 그런 연후에야 16*S* rRNA가 2차 유전자의 RBS를 인식할 수 있게 된다(그림 15-42b).

세포에서는 어떻게 하여 리보솜 단백질의 발현량과 rRNA의 양이 같이 조절될 수 있는가? 이들 각각은, 우선 mRNA에 결합한 조절 리보솜 단백질은 적절한 rRNA에 대하여 매우 강하게 결합할 수 있는 부위를 인식해 낸다(그림 15-44). 이 결합자리가 비어 있다면, 리보솜 단백질은 그곳에 우선적으로 결합한다. 그 반대로, 만약 rRNA 결합자리가 모두 꽉 차 있다면 그 조절 단백질은 mRNA의 다른 위치에 있는 비교적 친화성이 낮은 두 번째의 결합자리에 결합한다. 그러므로 오로지 리보솜 단백질이 rRNA보다는 상대적으로 풍부하게 존재할 때에만 이에 해당하는 mRNA에 결합하게 되는 것이다. 이와 같은 단순히 경쟁적인 결합과정은 리보솜 단백질의 합성이 단지 조절 리보솜 단백질이 과다할 때에만 그 합성이 저해된다는 사실을 우리에게 알려준다.

조절 리보솜 단백질이 가지고 있는 두 개의 결합자리(rRNA 및 mRNA에 대한 부위)가 서로 연관되어 있다는 몇 가지의 예를 볼 수 있는데 이것은 놀라운 일이 아니다. S8 리보솜 단백질의 경우, 두 개의 결합자리는 실질적으로 매우 유사하다(그림 15-45). S8 단백질의 mRNA와 결합하는 부위의 서열은 S8 단백질이 번역을 저해한다는 기작을 보여주고 있다. mRNA 결합자리는 개시코돈인 AUG를 포함한다. 따라서 너무 과량의 S8 단백질이 mRNA에 결합하면 이것은 리보솜에 결합할 수가 없어서 단백질 합성의 개시가 일어날 수 없다. 두 개의 결합자리의 차이점, 즉 rRNA에 대한 결합력이 mRNA에 대한 결합력보다도 높다는 점은 리보솜의 조립에 있어서 필요한 양만큼의 S8 단백질이 존재할 때에만 단백질의 번역이 억제된다는 것을 말해준다.

번역의 개시에 있어서 이러한 전략은 리보솜 단백질에만 국한되는 게 아니다. 이외의 여러 가지 RNA 결합 단백질들이 mRNA에 결합하여 그 자신의 합성을 조절한다. 여기에는 아미노아실-tRNA 합성효소도 포함된다. 또한 세포가 필요한 조건에(온도나 대사물질의 수준 등에 따라서, 20장 참조) 따라서 그 mRNA가 다른 구조로 접혀짐으로써 해당 단백질이 더 잘 합성되거나 혹은 저해되도록 하는 기구를 가지고 있기도 한다.

진핵생물의 번역표적 핵심인자를 조절하는 전체적인 조절인자가 mRNA 인식과 개시 tRNA의 리보솜 결합에 필요하다

영양분이 고갈되거나 혹은 그 이외의 세포 스트레스가 가해지면 진핵생물은 흔히 전체적으로 번역을 감소시킨다. 이와 같은 경우에는 진핵생물의 번역개시에 있어서 두 개의 초기 단계가 저해되도록 그 표적이 된다. 그것은 곧 mRNA의 인식 그리고 개시 tRNA와 40*S* 소단위와의 결합이다. 앞에서 진핵생물의 번역개시에 대해 공부한 내용을 상기해 보자. 위와 같은 과정은 각각 독립적으로 일어나지만 이들 중 하나라도 저해되면 새로운 단백질의 합성은 일어나지 않는다. 각각의 경우, 저해의 기작은 인산화에 의해 조절된다.

일반적인 저해의 기작 중 하나는 eIF2의 인산화에 의해 일어난다. 진핵세포의 개시 tRNA가 리보솜의 40*S* 소단위의 P자리로 이동하는 데에는 GTP와 결합한 eIF2가 필요함을 기억하자. 수많은 단백질 인산화효소가 eIF2의 알파 소단위를 인산화시켜 주고 있음이 밝혀졌다.이 소단위의 인산화는 eIF2의 GTP 교환인자인 eIF2B의 활성을 저해한다. 즉, eIF2-GTP 수준을 감소시켜 주는 역할을 한다. EF-Ts가 EF-Tu-GDP에 작용하는 것과 유사하게, eIF2B는 eIF2-GDP를 자극하여 GDP를 방출하고 이것이 GTP와 결합하게 해준다. GTP와 결합한 eIF2는 개시tRNA를 40*S* 소단위로

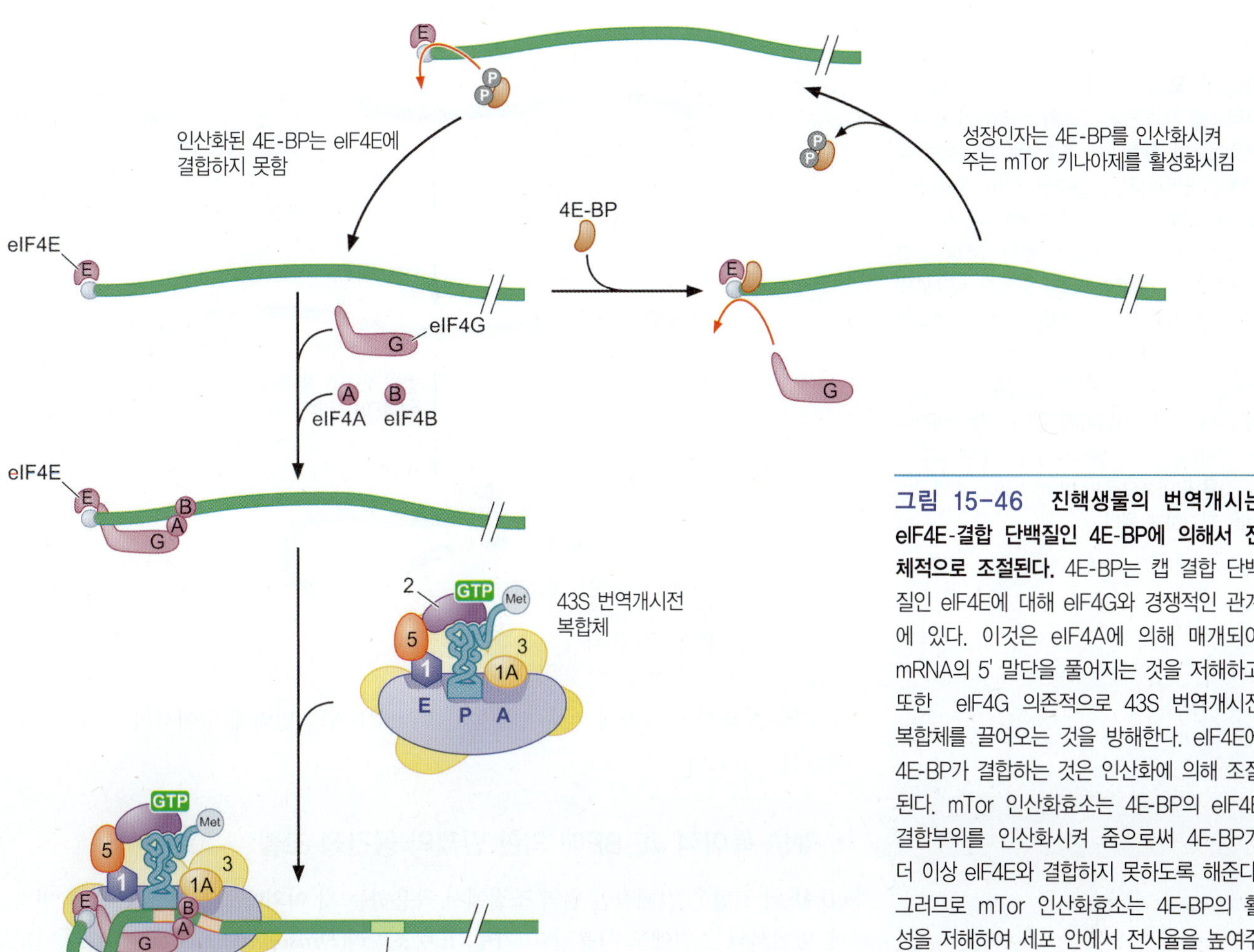

그림 15-46 진핵생물의 번역개시는 eIF4E-결합 단백질인 4E-BP에 의해서 전체적으로 조절된다. 4E-BP는 캡 결합 단백질인 eIF4E에 대해 eIF4G와 경쟁적인 관계에 있다. 이것은 eIF4A에 의해 매개되어 mRNA의 5′ 말단을 풀어지는 것을 저해하고 또한 eIF4G 의존적으로 43S 번역개시전 복합체를 끌어오는 것을 방해한다. eIF4E에 4E-BP가 결합하는 것은 인산화에 의해 조절된다. mTor 인산화효소는 4E-BP의 eIF4E 결합부위를 인산화시켜 줌으로써 4E-BP가 더 이상 eIF4E와 결합하지 못하도록 해준다. 그러므로 mTor 인산화효소는 4E-BP의 활성을 저해하여 세포 안에서 전사율을 높여주는 역할을 한다.

데리고 오게 된다. 따라서 eIF2-GTP의 수준이 감소하면 번역의 개시가 제한을 받게 된다. 알려진 eIF2α 인산화효소는 아미노산의 굶주림, 바이러스 감염 및 온도상승과 같은 여러 가지 세포 내 조건에 따라서 활성화된다.

단백질의 전체적인 번역 저해에 있어서의 두 번째 기작은 5′ 캡 결합 단백질인 eIF4E가 그 표적이다. eIF4E는 5′ 캡에 결합한 후 eIF4G와 결합한다는 것을 상기하자. eIF4G가 가지는 짧은 영역이 eIF4E에 의해서 인식되는데 이와 유사한 영역을 가진 단백질을 eIF4E 결합 단백질 가족 혹은 4E-BP라 한다. 이 단백질들은 eIF4G와 경쟁하여 결합하려는 경향이 있다. 따라서 번역개시의 경쟁적 저해제로 작용한다(그림 15-46). eIF2와 같이 4E-BP 또한 인산화에 의해서 그 활성이 조절된다. 탈인산화된 상태에서는 4E-BP가 eIF4E와 강력하게 결합하여 번역을 저해한다. 이에 반해 4E-BP가 인산화되면 eIF4E와 결합하지 못한다(그림 15-46).

4E-BP의 인산화는 mTor이라는 세포 내 핵심 인산화효소에 의하여 인산화된다. 성장인자, 호르몬 및 다른 인자와 같이 세포분열을 자극하는 인자들은 이 인산화효소를 활성화시켜 줌으로써 세포의 전체적인 단백질 합성을 증가시켜 준다. 이러한 발견은 번역용량의 조절은 세포의 증식과 밀접한 관련이 있다는 가설을 세우기에 이르렀다. 실제적으로, eIF4E를 세포 내에서 과잉발현시키면 세포가 암세포로 형질전환되고 또한 mTor의 저해제인 라파마이신(rapamycin)은 이에 대한 효과적인 화학치료제이다. 우리가 비록 단백질의 전체적인 번역의 조절 기작에 대하여 공부하였으나 이들

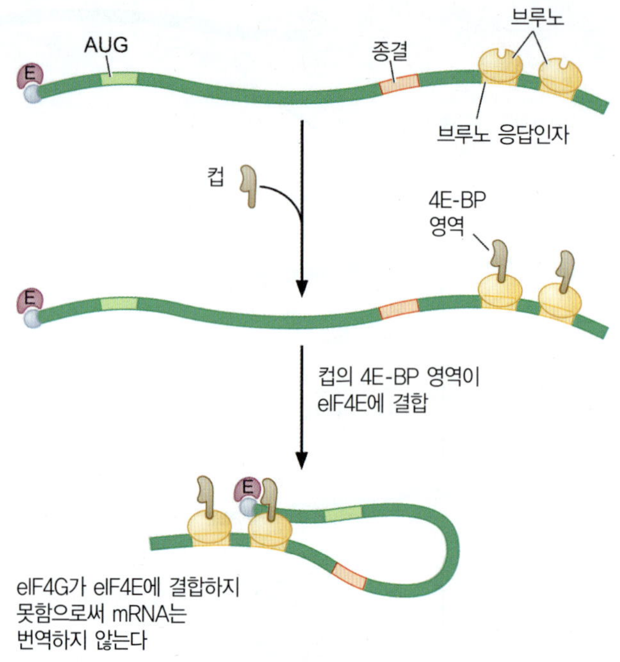

그림 15-47 eIF4E-결합 단백질인 컵(Cup)은 오스카 단백질 mRNA의 번역을 특이적으로 저해한다. 오스카 mRNA가 초파리 난모세포의 전축에서 후축으로 이동하는 동안에는 번역되지 않는다는 점이 중요하다. 오스카 단백질의 번역의 저해는 두 가지 단백질에 의해 이루어진다. 먼저, RNA 결합 단백질인 브루노(Bruno)가 오스카 mRNA의 3′- 비번역 부위에 존재하는 브루노 응답인자(Bruno response element)에 결합한다. 그러면 브루노는 4E-BP 활성을 가진 컵이 이곳으로 와서 결합하게 된다. 컵은 mRNA에 위치하게 되면 eIF4G가 eIF4E에 결합하는 것을 막아줌으로써 이 mRNA가 번역되는 것을 저지하게 된다.

두 기작은 또한 아래에서 계속 설명될 특이 mRNA의 번역에 있어서의 조절에서도 똑같이 사용된다.

mRNA-특이적 4E-BP에 의한 번역의 공간적 조절

eIF4E의 결합은 전체적인 번역 조절에서 작용하는 것 이외에도 특이 mRNA의 번역에 있어서의 조절에도 사용된다. 가령, 노랑초파리(*Drosophila melanogaster*) 난모세포(알)의 전후축이 정확하게 갖춰지고 또한 배 발달이 이루어지기 위해서는 하나의 큰 공유 세포질 안에 다양한 단백질들이 정확하게 위치해 있어야만 한다(21장에 이 부분에 대해서 완벽하게 설명된다). 몇몇의 경우에는, 이와 같은 주요 조절 단백질이 공간적으로 제한된 번역과정을 거침으로써 이들 자신의 세포질 내 위치를 결정하는 데 중요한 역할을 한다.

오스카 단백질은 수정되기 전에 난모세포의 후축에 자리한다. 그럼에도 불구하고 오스카 단백질의 mRNA는 초파리의 난모세포에 붙어 있는 영양세포에서 합성되어 수정 직전에 후축이 아닌 전축으로 이동해 위치한다. 세포가 오스카 단백질의 전축에서의 발현을 제한하기 위하여 mRNA가 전축에서 번역되지 않고 전축에서 후축으로 이동시켜 주는 것이 중요하다.

컵(Cup)라고 불리는 4E-BP의 활성은 오스카 단백질을 코드하는 mRNA의 번역을 특이적으로 억제한다(그림 15-47). 오스카 mRNA는 3′-비번역 부위(UTR)에 일부의 서열을 가지고 있는데 이 서열은 브루노(Bruno)라고 불리는 단백질과 결합한다. 다시 말해서, 브루노는 컵과 결합하여 4E-BP를 오스카 mRNA에 만들어 준다. 컵은 오스카 mRNA에 위치하게 되면 eIF4E와 결합하기 때문에 eIF4E에 eIF4G가 결합하는 것을 막는다. 따라서 mRNA의 번역을 저해하게 된다. 4E-BP는 위에서 설명한 대로 전체적인 번역과정을 조절하고 있으나 컵은 전체적인 조절을 할 수 있을 만큼의 세포 내에서의 단백질의 양이 충분하지 않다. 그럼에도 불구하고, 컵은 특이 mRNA와 같이 위치하게 되면 그 mRNA의 번역을 매우 효과적으로 저해할 수 있다. 이 기작은 오스카 단백질에 대해서만 적용되는 게 아니다. 초파리의 나노스(Nanos) 단백질

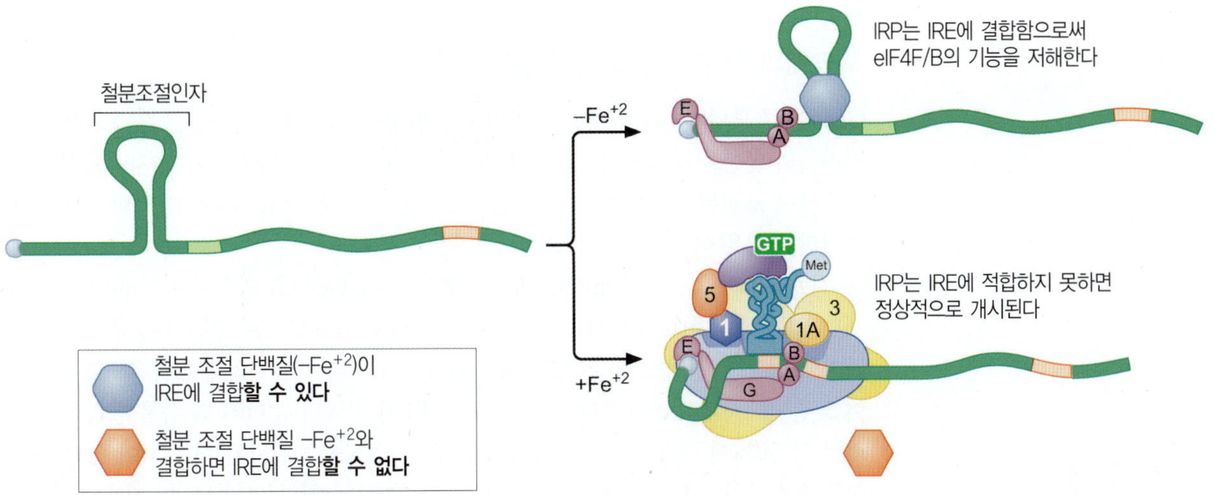

그림 15-48 철분에 의한 페리틴 번역의 조절. 페리틴 유전자의 5′-비번역 부위에는 철분조절인자(IRE)라고 하는 줄기-고리 구조를 포함하고 있다. 철분이 결합하지 않은 철분조절 단백질(IRP)이 있으면 이것들은 철분조절인자인 IRE에 단단히 결합하게 된다. 그렇게 되면 철분조절단백질은 철분조절인자의 줄기-고리 구조를 안정화시켜 줌으로써 eIF4A가 페리틴 mRNA의 말단에서 빠져나가는 것을 막아준다. 이러한 조건 아래에서는 mRNA와 43S 개시전 복합체가 결합하지 못하게 되어 페리틴 유전자가 번역되지 않게 된다. 철분의 양이 많아지고 페리틴 단백질이 더 필요하게 되면, 철분조절단백질이 Fe^{2+}에 결합하게 되는데 그렇게 되면 철분이 철분조절인자에 결합하지 못하게 되어 페리틴 단백질이 번역된다.

은 컵이 이 단백질의 mRNA에 결합하여 그 번역이 조절된다. 이와 유사하게 CPEB라고 불리는 단백질이 마스킨(Maskin)이라는 단백질에 4E-BP를 옮겨 주는데 이렇게 되면 해당 mRNA는 번역이 저해된다. 이는 척추동물의 난모세포 발생과정에서 볼 수 있다.

철분에 의해 조절되는 RNA 결합 단백질이 페리틴의 번역을 조절한다

인체에서 철분의 수준이 조절되는 것은 매우 중요하다. 많은 단백질들이 철분을 보조인자로 사용하고 있는데 그 예로서 산화적 인산화에 관계하는 많은 단백질과 또한 산소를 운반하는 헤모글로빈이나 미오글로빈과 같은 것이 있다. 산소 운반과 에너지 생산에 있어서 철분이 중요하다는 것은 인체에서 철분이 부족하여 빈혈이 생기고 그 결과 전체적으로 병약한 상태를 나타내는 것에서도 알 수 있다. 그 반면에 세포 내에 너무 과량의 철이 있으면 독성으로 작용하여 간 손상, 심장마비 및 당뇨병 등이 생길 수 있다.

철분결합 단백질인 페리틴(Ferritin)은 인체에서의 철분의 수준을 조절하는 가장 큰 역할을 하는 단백질이다. 페리틴은 인체 내에서 철분을 축적하거나 방출하여 그 수준을 유지시킴으로써 항상성을 조절한다. 그러므로 인체에서 철분의 수준변화에 재빨리 응답할 수 있는 페리틴의 수준(양)은 매우 중요하다. 철분의 수준을 조절하는 데 필요한 페리틴의 발현조절은 단백질의 합성 수준에서 조절된다.

페리틴 번역은 철분결합 단백질인 철분 조절 단백질(iron regulatory protein, IRP)에 의해 조절된다. 이 단백질들은 RNA 결합 단백질로서 mRNA의 5′ 말단에 위치하는 머리핀 구조로 된 철분조절인자(iron regulatory element, IRE)를 인식한다(그림 15-48). 이 단백질이 IRE를 인식해 내는 능력은 세포 안의 철분의 수준에 의존한다. 철분이 결핍된 세포에서는 철분이 IRP에 결합할 수 없을 정도로 그 농도가 낮다. 결합된 철분이 없으면 이 단백질은 IRE에 매우 강하게 붙어서 eIF4A/B가 IRE의 머리핀 구조를 푸는 것을 방해하게 된다. 이렇게 mRNA가 계속해서 머리핀 구조를 하게 되면 mRNA와 43*S* 복합체가 형성되는 것이 저해된다. 이에 비해서, 세포 안에 철분의 수준이 올라가기 시작하면 IRP는 철분과 결합한 형태로 된다. IRP가 철분과 결합하면, 이 단백질은 IRE에 결합하는 능력을 잃게 되어 단백질의 번역을 저해할 수 없게 된다.

효모의 전사촉진자인 Gcn4의 번역은 ORF 상류의 짧은 서열과 삼중복합체의 풍부도에 의해 조절된다

Gcn4는 효모의 전사촉진자로서 아미노산 합성을 지휘하는 효소들을 암호화하는 유전자들의 발현을 조절한다. *Gcn4*가 비록 전사촉진자이긴 하지만 이것 자신은 번역의 수준에서 조절된다. 아미노산의 수준이 낮으면 *Gcn4*의 mRNA는 번역되지 않는다. 그러면 이것은 어떤 기작으로 조절되는가?

진핵생물의 일반적인 mRNA의 구조와는 달리, Gcn4를 암호화하는 mRNA는 네 개의 열린 읽기틀(uORF라고 부른다)을 Gcn4를 암호화하는 부위의 상류에 별도로 가지고 있다. 가장 상류에 위치한 ORF(uORF1)는 리보솜에 의해 효과적으로 인식되어 5′ 말단에서부터 스캔된다. 일단 이 uORF1이 번역되면, ORF의 독특한 특징에 따라서 약 50%에 해당하는 리보솜의 소단위가 mRNA에 결합된 채로 남아 있다가 그 하류 유전자의 개시코돈(AUG)을 다시 스캔하기 시작한다(그림 15-49 및 글상자 15-3).

하류에 있는 어느 AUG가 소단위 리보솜에 의해 인식되어 스캔되는지는 스캔하는 단위가 P자리에서 개시 tRNA와 eIF2가 형성한 복합체에 결합할 때에 조절된다. 40*S* 소단위는 mRNA에 있는 AUG를 인식하지 못한다. 그러므로 하류에 있는 어느 ORF라도 번역이 시작되려면 스캐닝하는 소단위인 40*S* 리보솜이 eIF2-Met-$tRNA_i^{fMet}$와 먼저 결합해야만 한다(이후에는 이 삼중복합체를 TC라고 표시하겠다).

아미노산이 부족하지 않을 때에는 TC가 곧 바로 스캐닝 리보솜에 결합하여 uORF1의 번역을 완료한다(그림 15-49a). 소단위가 TC에 의해 다시 결합하면, 다른 uORF들인 uORF2, uORF3 또는 uORF4 중 하나의 번역을 시작한다. 이들은 uORF의 경우와는 다르게 하류의 다른 uORF들은 일단 번역되고 나면 리보솜은 mRNA로부터 완전히 해리되어 다른 Gcn4 ORF를 번역해 내지 못한다. 따라서 이에 해당하는 Gcn4 단백질을 만들어내지 못하게 된다.

아미노산이 결핍된 상태에서는 TC가 40*S* 단위에 결합하는 비율을 다양한 방법으로 감소시켜 준다. 아미노산이 부족하면 충전되지 않은 tRNA가 상대적으로 풍부하게 되는데 이는 Gcn2라고 하는 eIF2α 키나아제의 활성화를 초래한다. 앞에서 전체적인 번역 조절에서 eIF2α 키나아제에 의한 번역 조절처럼, Gcn2가 eIF2를 인산화시키면 eIF2는 GTP와의 결합력이 약화된다. eIF2는 GTP가 있을 때에만 Met-$tRNA_i^{fMet}$와 결합하기 때문에 이 상태에서는 TC가 부족한 상태를 초래하게 되는데 이렇게 되면 TC가 40*S* 소단위와 결합하는게 줄어들게 되는 것이다(그림 15-49b). 결합률이 감소한다는 것은 40*S* 소단위로 하여금 AUG가 없더라도 mRNA를 따라서 계속해서 스캐닝할 수 있도록 한다는 것이다. 만약에 리보솜이 TC와 다시 결합하기 전에 uORF2-4의 AUG를 찾아서 스캔하게 되더라도 이러한 ORF는 번역되지 않는다. uORF2-4의 개시코돈은 비교적 uORF1에 가까이 위치하고 있는 반면, Gcn4 ORF의 AUG는 멀리 떨어진 하류에 위치한다. 이와 같은 거리 차이는 TC로 하여금 ORF를 만나기 전에 소단위 리보솜과 결합할 수 있는 기회를 제공하기도 한다. 실제로 uORF와 Gcn4 사이에 있는 여분의 RNA를 제거하면 Gcn4 단백질의 발현이 점차적으로 감소하게 된다. 그러므로 TC가 부족한 상태에서는 Gcn4가 생산되어 세포에서 필요한 부가적인 아미노산을 합성하는 유전자의 발현을 작동시킬 수 있다. 단백질의 전체적인 번역패턴을 분석하기 위한 차세대 서열결정기술의 사용에 대해, 다시 말해 번역 중인 모든 mRNA를 측정하는 기술에 대해 글상자 15-6에 설명하였다(글상자 15-6, "리보솜과 폴리솜의 감식" 참조).

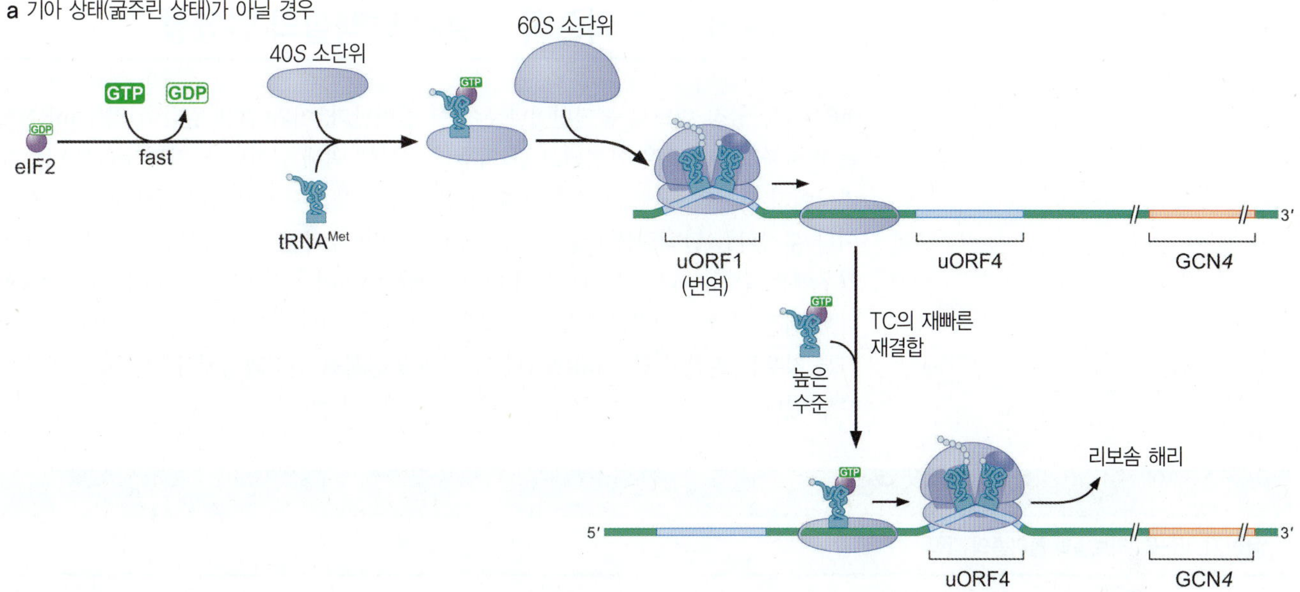

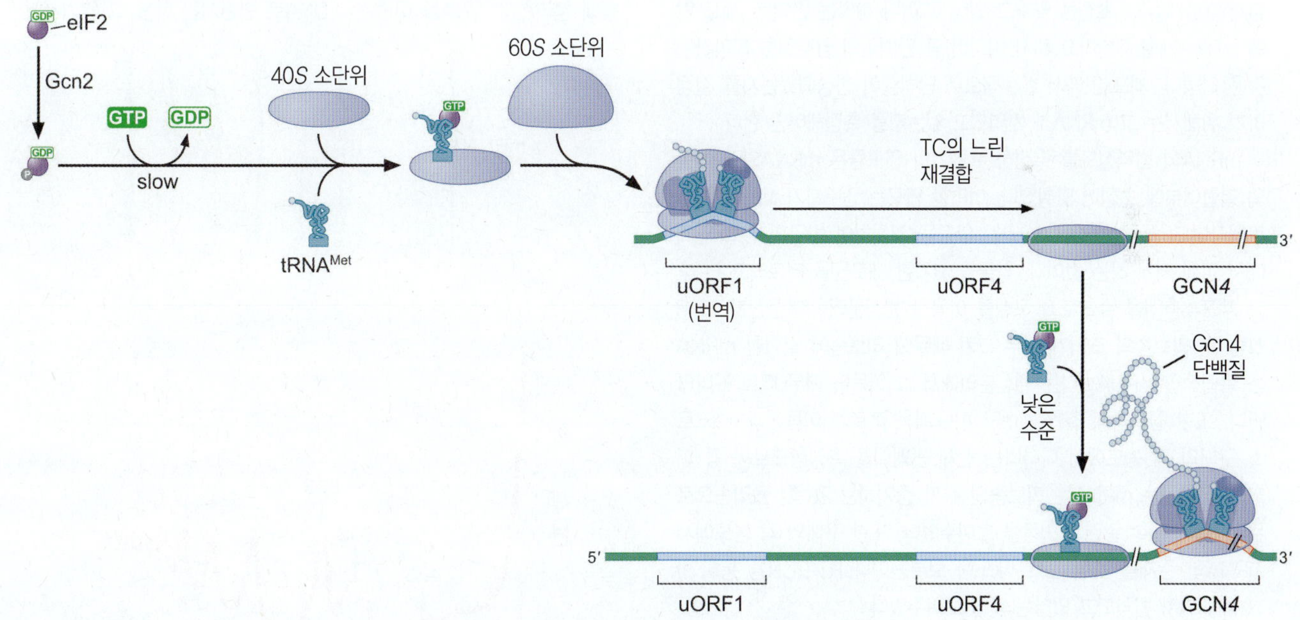

그림 15-49 아미노산의 결핍에 반응하는 Gcn4의 번역조절. 본문에 설명되어 있다시피 효모의 활성인자인 Gcn4를 암호화하는 ORF는 그 상류에 uORF라고 하는 네 개의 짧은 ORF가 위치한다(이 그림에서는 단지 uORF1과 uORF4만 표시하였다). 이와 같은 상류의 ORF 중 첫 번째 것이 이의 특별한 성질 때문에 먼저 번역된다. 그런데 이때 첫 번째 uORF가 번역되고 난 후 약 50%에 달하는 40*S* 소단위가 mRNA에 그대로 남아 있다가 *Gcn4* mRNA를 계속해서 스캐닝하게 된다. (a) 아미노산이 충분할 때에는 eIF2B가 eIF2를 자극하여 GDP를 GTP로 재빨리 교체한다. 이렇게 되면 eIF2-GTP-Met-$tRNA_i^{Met}$가 40S 소단위에 신속하게 결합하게 되고 이어 나머지 세 개의 uORF 중 하나를 인식할 수 있게 된다. 이들 중 어느 하나라도 번역되어야 번역이 완전히 끝나게 된다. (b) 아미노산이 굶주리게 되면(결핍되면) eIF2가 eIF2α 키나아제에 의하여 인산화되어 eIF2B가 eIF2를 자극하여 GDP를 GTP로 교체하는 힘이 감소하게 된다. 세포 내에 eIF2-GTP의 양이 줄어들게 되면 eIF2-GTP-Met-$tRNA_i^{Met}$가 40*S* 소단위에 매우 천천히 결합하게 된다. 이와 같이 매우 감소된 개시 tRNA의 AUG에 대한 결합력은 Gcn4의 번역을 유도하게 된다. (Modified, with permission, from Hinnebusch A.G. 1997. *J. Biol. Cell* **272**: 21661–21664, Fig. 1. © American Society for Biochemistry & Molecular Biology.)

mRNA의 번역 의존적 조절과 단백질의 안정성

mRNA는 일정 빈도로 돌연변이나 손상이 일어난다. 이와 같은 결함이 있는 mRNA는 전사과정이나 혹은 합성되고 난 이후의 손상에 의해 일어난다. 가령, mRNA는 외가닥이기 때문에 쉽게 끊어지는 경우가 있다. 손상을 입은 mRNA는 불완전한 단백질이나 부정확한 단백질을 만들어 세포에 부정적인 효과를 나타내게 할 수 있다. 어떤 경우에는, 단지 하나의 아미노산이 바뀌는 점돌연변이가 일어난 것이라도, 그 mRNA나 단백질 산물을 제거하지 못하는 경우가 있다. 그러나 아래에서 언급하였다시피 또 다른 경우는 결함이 있는 mRNA나 그 단백질 산물을 번역과정에서 검출하고 제거할 수도 있다.

▶ 연구기법

글상자 15-6 리보솜과 폴리솜의 감식

세포에서의 유전자 발현 정도를 측정하는 방법은 매우 다양하다. 유전자 발현에서 1차 산물의 양을 결정하는 데에 있어서 사용되는 많은 검사법이 RNA에 초점을 맞추고 있다. 그러나 이와는 반대로, 세포 안에 mRNA가 존재한다고 해서 이것이 곧 단백질의 암호화를 의미하는 것은 아니다. 세포 안에서 실질적으로 단백질이 합성되었는지를 결정하기 위해서는 그 mRNA가 번역되고 있는지를 측정해야만 한다.

mRNA의 번역정도를 결정하는 초기의 연구들은 mRNA와 폴리솜의 결합여부에 초전이 맞춰졌다. 이러한 연구는 연구자가 세포에 시클로헥사미드(cyclohexamide)라는 약물을 처치하여 번역의 전좌 단계에서 멈춰 서게 하는 것이다. 약물을 처치한 세포들을 터트리고 난 후 그 세포추출액을 슈크로스 구배를 이용한 원심분리한다(글상자 15-6 그림 1). 리보솜의 크기가 매우 크기 때문에 리보솜에 결합한 mRNA는 독립적인 mRNA보다는 원심분리에서 그 이동이 매우 빠르게 나타난다. 또한 폴리솜에 결합한 mRNA는 더욱 빠르게 이동한다. 슈크로스 구배의 각 농도에서 나타나는 전체 단백질을 측정함으로써 각 피크에 상응하는 mRNA는 리보솜의 수가 증가하는 것(즉, 폴리솜으로 된 것)과 밀접한 관련이 있음을 보여주었다. 또한 구배의 각 농도에서 mRNA의 존재를 측정함으로써(노던 브롯팅이나 RT-PCR을 통하여) 그 mRNA가 번역되고 있다는 것을 보여주었다.

최근에 와서는 이러한 검사법이 진화하여 새로운 서열분석기술로 적용되었으며 한 세포군에서 mRNA가 번역되고 있는지 그렇지 않는지를 총체적으로 측정할 수 있게 되었다. 리보솜 감식이라는 것은, 폴리솜 감식법도 마찬가지이다, 세포군에 시클로헥사미드를 처리한 후 세포추출액을 얻으면서 시작된다. 그 후, 이곳에 RNase I을 처리하면 mRNA에 죽 늘어선 리보솜이 자신의 해독중심에 들어가 있는 mRNA를 약 28-염기 단위로 RNase I으로부터 보호되어 분해되지 않고 남아 있게 된다(글상자 15-6 그림 2a). 그러므로 슈크로스 구배 원심분리를 하기 전에 미리 RNase I을 처리하는 것이다. 원심분리 후에는 80*S* 입자(리보솜과 보호되어 남아 있는 mRNA)를 포함하는 분획을 분리하고 변성시키다. 그 후 28-염기 RNA만을 겔 전기영동을 통해 분리한다. RNA를 이중가닥 DNA로 변환시킨 다음 그 염기서열

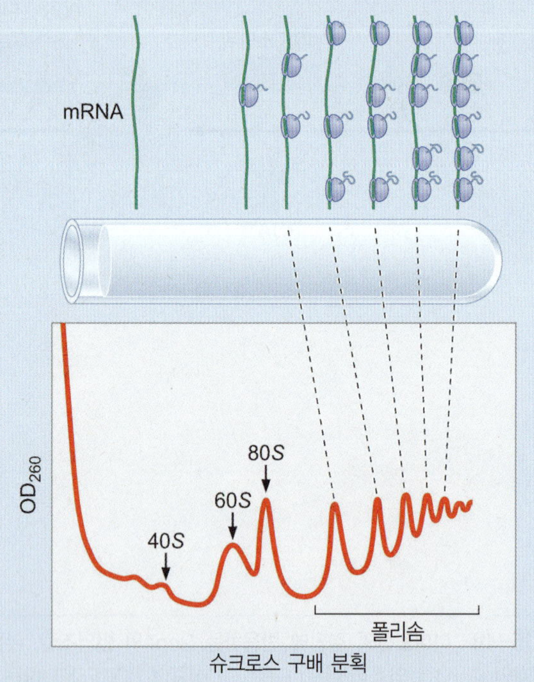

글상자 15-6 그림 1 폴리솜 감식. 서로 다른 수의 리보솜(폴리솜)이 결합된 mRNA들은 슈크로스 구배 원심분리법을 이용하여 분리될 수 있으며 이들은 또한 독립적인 mRNA, 하나의 리보솜이 결합된 mRNA 및 리보솜 각 소단위와 결합한 mRNA와 구분하여 분리될 수 있다. 폴리솜 분획에 mRNA가 존재한다는 것은 곧 그 mRNA가 활발히 번역되고 있다는 것을 암시한다.

글상자 15-6 (계속)

을 결정한다. DNA 서열을 분석함으로써 시클로헥사미드를 처리할 당시에 그 mRNA는 번역 중에 있었다는 것을 알 수 있으며 또한 각 리보솜이 정확히 mRNA의 어느 부위에 결합하고 있었는지도 알 수 있다. 사실, 이것은 어느 코돈이 정확히 A자리나 P자리에 있었는지도 충분히 알아낼 수 있을 만큼 정확한 방법이다.

이러한 연구 방법은 곧 바로 유전자 발현을 분석하는 중요한 방법으로 발전하였다. 두 세포군 사이에서 각 유전자 안에서 읽히고 있는 서열의 수를 비교함으로써 두 세포군에서 생산되고 있는 단백질의 변화를 알아낼 수 있다[가령, 고농도와 저농도의 아미노산이 포함된 배지에서 자라는 세포군(글상자 15-6 그림 2b)]. 또한 이 방법은 매우 정교하기 때문에 번역의 특징을 알아낼 수도 있다. 가령, 이 기술은 대장균에서 일어나는 번역의 일시 정지 현상을 나타내는 부위를 결정하는데도 사용된다. 즉, 대장균의 ORF 내에 RBS 유사서열이 존재하면 번역이 일시 정지된다.

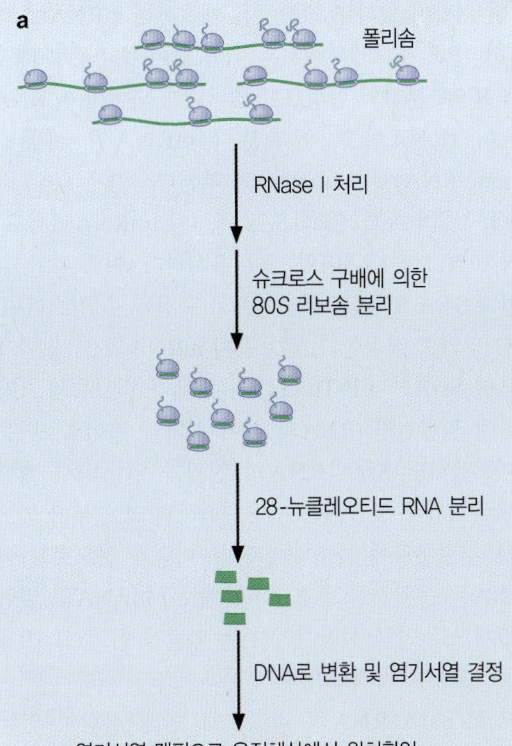

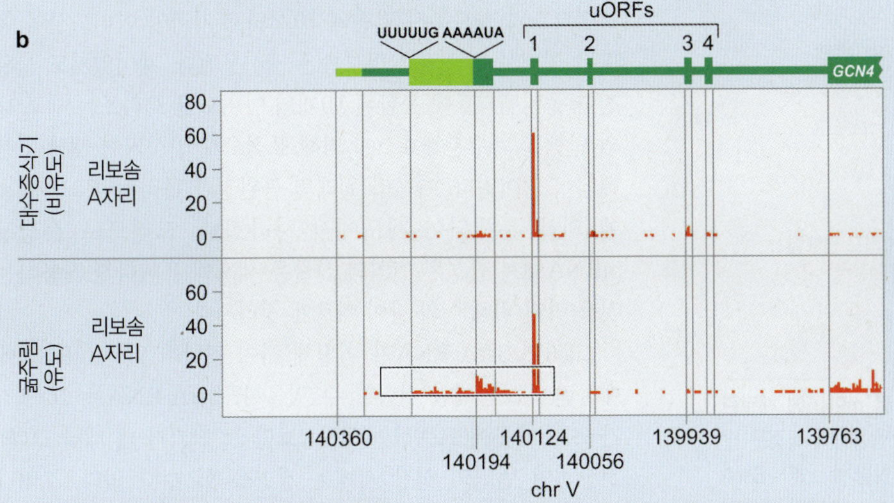

글상자 15-6 그림 2 리보솜 감식. (a) RNase I을 처리한 폴리솜을 슈크로스 구배 원심분리법을 사용하여 단일 리보솜(80*S* 입자)를 분리한다. 이 리보솜이 가지고 있는 것은 단지 28개 뉴클레오티드로 구성된 mRNA로서 이것은 리보솜에 의해 보호되어 분해되지 않은 것이다. 이 mRNA 조각을 겔을 이용하여 다시 분리한 후 DNA로 전환시키고(역전사효소를 사용한다) 이것의 염기서열을 결정한다. 결정된 염기서열을 개체의 유전체서열에 기준하여 맵핑하면 리보솜이 작용하는 자리를 알아낼 수 있는데 이것은 곧 번역자리를 나타낸다. 하나의 특정한 유전자에서 보다 많은 서열이 밝혀질수록 그 유전자는 활발히 번역되고 있다는 증거가 된다. (b) 효모인 유전자인 *S. cerevisiae GCN4*를 사용한 리보솜 감식 데이터이다. 효모를 완전배지와 아미노산을 굶주리게 한 배지에서 각각 배양한 후 리보솜 감식을 실시하였다. 도표는 각각의 조건에서 하나의 특정 서열이 나타나는 횟수를 표준화하여 나타낸 막대그래프이다(백만 염기당 혹은 rpM이라 읽는다). 두 조건 아래에서 Gcn4 ORF 및 여러 uORF들의 번역 정도가 서로 다르게 나타나고 있음을 알 수 있다.

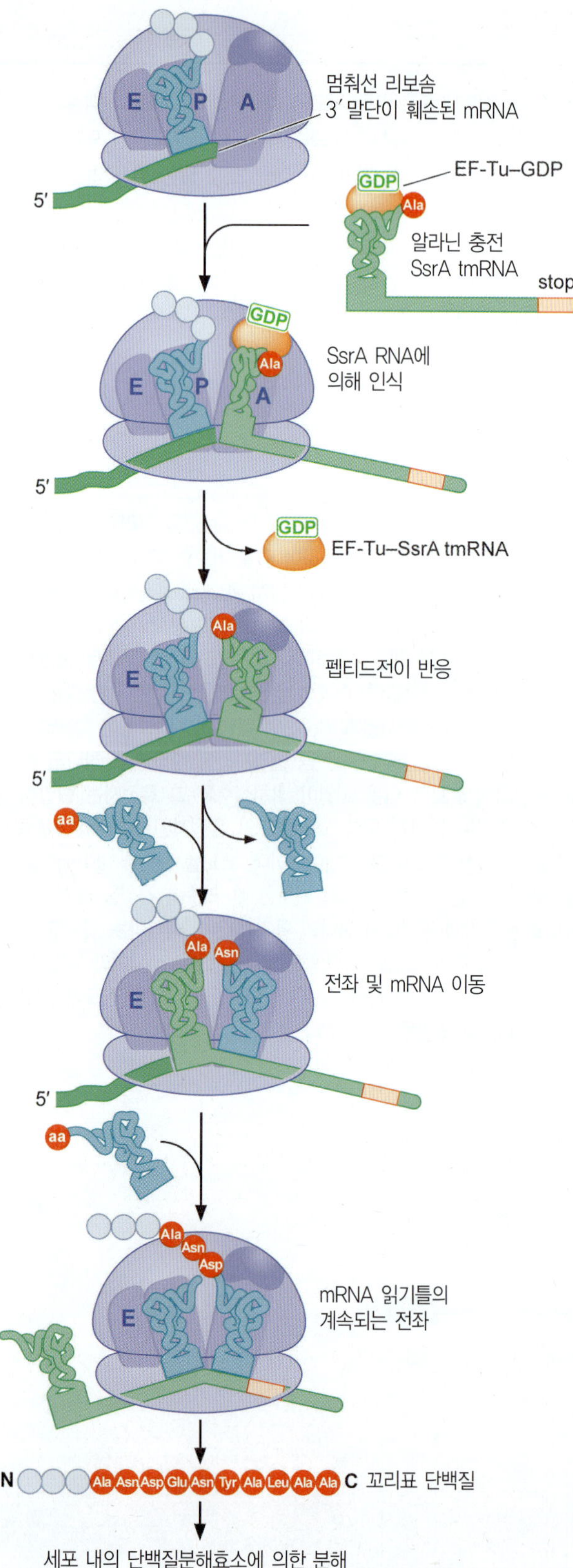

그림 15-50 tmRNA와 SsrA는 미성숙 종결 mRNA에 매달린 리보솜을 구제한다. SsrA RNA는 tRNA처럼 행동하나 이것은 단지 mRNA의 3′ 말단에 매달린 리보솜과만 결합할 수 있다. SsrA mRNA가 일단 리보솜에 결합하게 되면 SsrA mRNA의 일부가 새로운 "mRNA"의 서열의 일부로서 작용하게 된다.

SsrA RNA는 손상된 mRNA를 번역하고 있는 리보솜을 구제한다

정상적인 번역에서는 mRNA에서 리보솜이 떨어져 나오려면 종결코돈이 필요하다. 어떤 적당한 읽기틀에서 종결코돈이 없는 mRNA 단편을 번역하기 시작한 리보솜에서는 어떤 일이 일어날까? 종결코돈이 없는 mRNA는 불완전한 전사나 뉴클레아제 활성에 의해 만들어진다. 이러한 mRNA도 정상적으로 번역이 시작되어 3′ 말단에 도착할 때까지 번역이 지속된다. 그러나 3′ 말단에 도착하면 리보솜이 더 이상 번역 작업을 계속할 수 없다. 즉, 여기서는 아미노아실-tRNA가 결합할 코돈이 없기도 하고 방출인자가 결합할 수도 없다. 리보솜을 유리시킬 수 있는 어떤 기작이 없다면 리보솜은 계속하여 mRNA에 붙어 있게 될 것이다. 원핵세포에서는 이와 같이 주렁주렁 매달린 리보솜을 RNA 분자의 활성으로 떼어내게 되는데 이 RNA는 일부분이 tRNA이고 일부분이 mRNA인 키메라 RNA(chimeric RNA)로서 **tmRNA**라 부른다.

SsrA는 457개의 뉴클레오티드로 구성된 tmRNA로서 3′ 말단이 $tRNA^{Ala}$(그림 15-50)와 매우 유사하다. 이와 같은 유사성으로 인해 SsrA RNA는 알라닌으로 충전될 수 있으며 또한 EF-Tu-GTP와도 결합한다. 리보솜이 mRNA의 3′ 말단에 매달려 있으면 $SsrA^{Ala}$-EF-Tu-GTP 복합체가 리보솜의 A자리에 결합하여 일반적인 tRNA와 같이 펩티딜 전이효소반응에 참여한다. 펩티딜 SsrA RNA의 전좌가 일어나서 깨진 mRNA를 방출시킨다. SsrA RNA가 전좌하면 그 일부가 리보솜의 mRNA 결합통로에 들어가게 된다. 이렇게 안으로 들어간 SsrA RNA는 불완전한(종결코돈이 없는) mRNA의 열린 읽기틀을 10개 코돈만큼 신장시켜 주는 역할을 하고 그 10개 코돈 뒤에 종결코돈을 가지고 있다.

결과적으로, SsrA RNA의 결합으로 인해 결함이 있는 mRNA에서 리보솜이 방출되면 이때까지 합성된 불완전한 폴리펩티드의 카르복시 말단에 10개의 부가적인 아미노산이 융합된 형태로 방출되고 리보솜은 재사용된다. 재미있게도 불완전한 폴리펩티드에 융합된 10개의 아미노산 꼬리표는 세포 내의 단백질 가수분해효소에 의해 표적으로 인식되어 재빨리 분해되어 없어진다. 아울러 원래의 불완전한 폴리펩티드도 효소에 의해 분해되어 세포에서 사라진다. 그러므로 손상된 mRNA에서 합성된 번역의 산물은 세포에 유해하게 작용하는 것을 막기 위해 이와 같이 빠르게 정리된다.

그러면 SsrA RNA가 어떻게 하여 결함이 있는 mRNA에 매달린 리보솜에만 결합할 수 있을까? SsrA RNA는 그 크기가 크기 때문에(표준적인 tRNA보다 그 크기가 네 배나 크다), 정상적인 번역의 신장 시에는 결합을 할 수가 없다. 그러나

▶ 의학관련

글상자 15-7 최첨단 폐결핵 치료제로서 SsrA 꼬리표 붙이기

인류에게 가장 무서운 재앙 중의 하나가 폐결핵인데 오래된 이집트인의 미이라에서 폐결핵의 증거가 나타남을 볼 때 고대시대에도 이 질병이 존재했었음을 알 수 있다. 폐결핵의 심각한 증후군으로는 만성적인 기침, 피가 섞인 가래 및 체중감소[그래서 폐결핵의 옛 이름은 "소모(consumption)"이다]가 있다. 폐결핵을 유발하는 병원균은 *Mycobacterium tuberculosis*라는 세균이다. 인류의 1/3이 *M. tuberculosis*에 감염되어 있을 것으로 추정되나 감염된 사람들의 대부분은 이 세균이 잠복기 상태로 남아 있으므로 무병인 상태이다. 감염된 사람들의 약 10% 정도가 생애의 전 기간을 통해서 폐결핵으로 발전하기도 한다. 그 결과 인류 중 800만 명 정도가 폐결핵에 걸리게 되며 연간 15만 명 정도가 폐결핵으로 사망한다. HIV AIDS에 감염된 사람들과 면역반응이 정상적으로 일어나지 않는 사람들이 폐결핵 고위험군에 속한다.

폐결핵은 4종의 최첨단 약물을 조합하여 처치하는데 여기에는 리팜피신(rifampicin), 이소니아지드(isoniazid), 에탐부톨(ethambutol) 및 피라진아미드(pyrazinamide) 등이 그것이다. 이들 중 3종 약물의 작용기전은 잘 밝혀져 있다. 리팜피신은 세균의 RNA 중합효소 저해제이고(18장) 이소니아지드와 에탐부톨은 각각 *M. tuberculosis*의 세포껍질 구성요소의 합성을 저해한다. 그러나 피라진아미드는 치료효과가 있음이 밝혀진지 반세기가 지났지만 아직까지 그 작용 기작이 미스테리로 남아 있다. 피라진아미드는 전구체 약물로서 세균 세포 속으로 들어가면 일종의 탈아미노화 효소인 피라지나미다제(pyrazinamidase)에 의해 피라지노익 산(pyrazinoic acid)로 전환되어서 활성을 나타낸다(글상자 15-7 그림 1). 최근에 미국, 중국 및 한국의 과학자들로 구성된 연구팀에 의하여 피라지노익 산의 표적으로서 SsrA가 동정되었다(본문과 그림 15-50 참조).

Shi 등(2001)은 피라지노익 산이 어떻게 작용하는지를 알아내기 위하여 부단히 노력하였다. 이들은 피라지노익 산을 컬럼에 고정한 후 *M. tuberculosis* 파쇄액을 흘러내려서 이 약물에 결합하는 단백질을 찾아내는 친화성 컬럼 크로마토그래피를 실시하였다. 그 결과 동정된 단백질 중 하나는 소단위 리보솜에 존재하는 가장 큰 단백질인 S1 혹은 RpsA라는 것이었다. RpsA는 mRNA의 샤인-달가노 서열의 상류에 결합하는 단백질로서 번역의 개시에서 mRNA가 리보솜의 소단위에 잘 결합하도록 도와주는 기능을 하는 단백질인데 번역과정에서 핵심적인 역할을 한다. 그러나 RpsA는 또한 Ssr A꼬리표 붙이기에도 관여한다. SsrA RNA는 전용의 SsrA 결합 단백질(Smp8)과 복합체를 이루고 흥미롭게도 또한 여기에 RpsA도(EF-Tu-GTP도 같이) 같이 결합한 채로 주렁주렁 매달린 리보솜에 배달된다. Shi 등은 약물에 저항성을 나타내는 돌연변이체는 RpsA가 변화한 것임을 밝혀내었다. 이들은 또한 피라지노익 산이 SsrA RNA가 야생형의 RpsA에 결합하는 것을 차단하였으나 피라지노익 산 저항성 돌연변이체 RpsA에는 그렇지 못하다는 것도 알아내었다. 결국, 중요한 것은 이 연구자들이 in vitro 단백질 합성계에서 SsrA 기능을 필요로 하는 변형된 mRNA를 사용하여 피라지노익 산이 SsrA 꼬리표 붙이기를 저해한다는 사실을 밝혀내었다는 점이다. 대조군으로서 피라지노익 산이 정상적인 mRNA에서의 단백질 합성에는 아무런 영향을 주지 않는다는 것을 보여 줌으로써 정상적인 기능을 하는 RpsA는 저해되지 않는다는 것을 증명하였다.

글상자 15-7 그림 1 피라진아미드에서 피라지노익 산으로 전환.

피라진아미드 연구는 현대의학에서 화학생물학과 분자생물학 사이에서의 연결성을 강화시켜주었다. 중요한 새로운 의약들은 가끔 어떤 단백질에 활성을 나타내는 저분자 물질 도서관에서 탐색작업을 통해서 찾아지기도 하는데 이때는 이 표적 단백질이 그 질병에서 중요하다고 알려진 세포작용에 관여하는 경우이다. 반대로, 치료효과는 있으나 그 기초 기작이 밝혀져 있지 않은 약물들은, 세포작용을 지배하고 있으나 전에는 잘 알려지지 않았던 표적을 찾아낼 수 있게 해준다. 결국 피라진아미드가 나타내는 치료효과, 즉 RpsA에 결합해서 그 효과를 나타낸다는 것을 알게 됨으로써 SsrA 꼬리표 붙이기가 표적인 새로운 클래스의 항-*M. tuberculosis* 화합물의 발견으로 이어지게 하였다.

mRNA의 3′ 말단이 존재하지 않을 때에는 A자리에 부가적인 공간이 생겨서 보다 큰 RNA를 받아들일 수 있다(그림 15-50). 그런 연유로 인해서 mRNA의 3′ 말단이나 그 근처에 매달린 리보솜은 SsrA RNA가 쉽게 결합하는 자리가 된다. 최근에 SsrA는 폐결핵 치료제 중의 하나로 사용될 수 있음이 밝혀졌다(글상자 15-7, "최첨단 폐결핵 치료제로서 SsrA 꼬리표 붙이기").

그림 15-51 진핵생물의 미성숙 mRNA나 종결코돈이 없는 mRNA는 분해대상이 된다. (a) 정상적인 mRNA의 번역에서는 모든 엑손 연결 복합체(exon junction complex)를 제거한다. (b) 넌센스에 의한 mRNA 쇠퇴. 미성숙 종결코돈을 가진 mRNA의 번역은 하나 이상으로 존재하는 엑손 연결 복합체를 제거하지 못한다. 이렇게 되면 Upf1, Upf2 및 Upf3 단백질이 리보솜으로 들어오게 된다. 이들 단백질이 일단 리보솜에 결합하게 되면 mRNA의 5′캡을 제거해 주는 효소(decapping enzyme)와 mRNA의 폴리-A 꼬리를 제거해 주는 탈아데닐화 효소(deadenylating enzyme)를 활성화시킨다. 캡이 제거된 mRNA와 탈아딜화된 mRNA는 5′-to-3′ (Xrn1) 및 3′-to-5′ (exosome) 핵산말단분해효소에 의해 재빨리 분해된다. 이 핵산말단분해효소는 정상조건에서는 mRNA를 분해하지 못하는데 그 이유는 5′캡과 폴리-A 꼬리가 존재하기 때문이다.

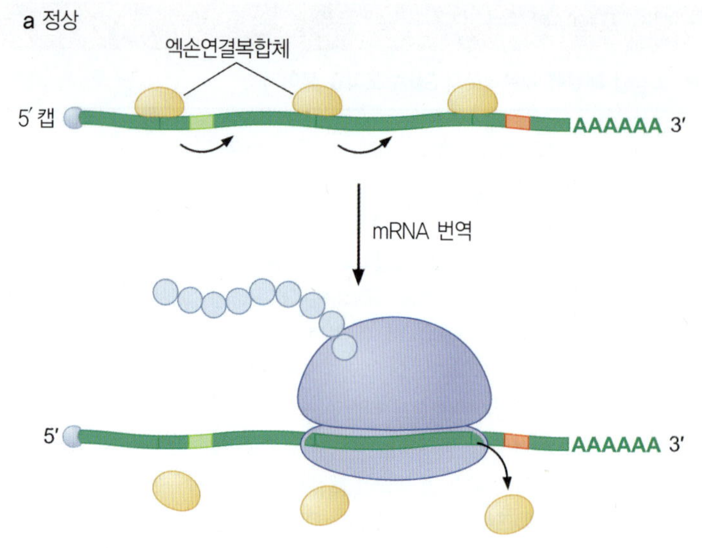

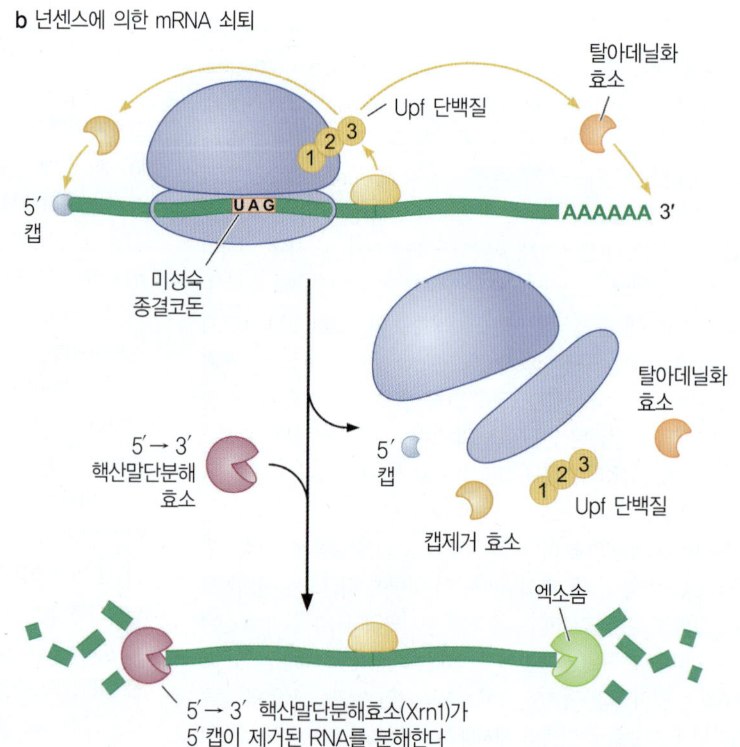

진핵세포는 불완전한 mRNA나 미성숙 종결코돈을 가진 mRNA를 분해해 버린다

진핵세포에서의 번역은 mRNA 쇠퇴작용과 밀접하게 연관되어 있다(그림 15-51). 이 연관은 번역되고자 하는 mRNA의 충실도를 검사해내는 두 가지 기구에 의해 알 수 있다. 가령, mRNA가 미성숙 종결코돈(넌센스 코돈으로 알려져 있음, 16장 참조)을 가지고 있으면 그 mRNA는 **넌센스에 의한 mRNA 쇠퇴(nonsense-mediated mRNA decay)**라고 불리는 작용에 의해 분해된다(그림 15-51b). 포유류에서는 미성숙 종결코돈을 가진 mRNA는 mRNA의 열린 읽기틀 내에 단백질복합체가 조립되어 이를 인식해 낸다. mRNA 이어붙이기(splicing)의 결과로 이러한 엑손연결복합체가 형성되는데 이 복합체는 각 엑손과 엑손 경계면의 상류에 형성된다(14장 참조). 일반적으로 번역을 하기위해 mRNA가 리보솜의 해독중심으로 들어갈 때 이러한 엑손연결복합체는 mRNA로부터 떨어져나간다. 그러나 mRNA 내에 미성숙 종결코돈이 존재하면(유전자의 돌연변이나 혹은 전사과정이나 이어잇기의 실수에 의해서), 엑손연결복합체가 떨어져 나가기 전에 리보솜이 먼저 유리된다. 이러한 상태에서는 엑손연결복합체와 미성숙 종결복합체에 결합한 eRF3가 일련의 단백질군을 미성숙 종결리보솜으로 끌고 온다. 이렇게 끌려온 단백질군은 mRNA를 분해하는 다양한 효소들을 끌고 와서 활성화시켜주거나, 5′ 말단에 위치하는 5′ 캡을 제거하거나 혹은 3′ 말단에 있는 폴리-A 꼬리를 제거시켜준다. 5′ 캡과 3′ 꼬리는 mRNA의 분해를 막아주고 있었기 때문에 캡이나 꼬리가 제거된 mRNA는 더 이상 보호되지 못하여 5′→3′과 3′→5′ 핵산말단분해효소에 의해 재빠르게 분해된다.

논스톱에 의한 mRNA 쇠퇴(nonstop-mediated mRNA decay)라는 것은 종결코돈이 없는 mRNA를 번역하고 있는 리보솜을 구출해 내는 것이다(그림 15-52a). 진핵생물은 원핵생물의 mRNA와는 다르게 폴리-A 꼬리를 가지고 있다. 리보솜은 종결코돈이 없는 mRNA를 번역할 때에는 이러한 폴리-A 꼬리마저 번역하게 된다(왜냐하면 꼬리까지 도달할 때까지 종결코돈이 없기 때문이다). 그 결과, 단백질의 말단에 다수의 리신 잔기가 부가되고(AAA는 리신을 암호화한다) 또한 mRNA의 말단에는 리보솜이 주렁주렁 매달려 있게 된다. 매달린 리보솜들은 eRF1 및 eRF3과 관련이 있는 두 단백질(Dom34 및 Hbs1)과 결합해 있는데 이 단백질들은 리보솜의 해리를 촉진시키고 또한 펩티딜-tRNA와 mRNA를 방출시킨다. 두 번째 eRF3-관련 단백질은 Ski7인데 이것은 3′→5′ 핵산말단가수분해효소를 끌고 와서 논스톱 mRNA를 분해시킨다. 또한 말단에 폴리리신이 부가된 단백질은 매우 불안정하여 재빠르게 분해된다. 원핵생물에서와 같이 진핵생물에서도 종결코돈이 없는 mRNA에서 합성된 단백질은 세포 안에서 빨리 분해되어 사라진다.

세 번째 mRNA 감시기구는 논스톱에 의한 mRNA 쇠퇴와 연관이 있는 것으로서 노고 쇠퇴(no-go decay)이다(그림 15-52b). 이 기구는 하나의 mRNA에 주렁주렁 매달린 리보솜을 인식한다. 이것은 mRNA의 암호화 지역에 안정화된 2차구조가 형성되어 있을 때 일어나거나 혹은 mRNA에서 하나의 코돈이 연속적으로 여러 개가 중복되어 있는데도 이에 알맞은 tRNA가 세포 속에 존재하지 않을 때(혹은 부족할 때) 나타난다. mRNA에 매달리는 리보솜이 논스톱에 의한 쇠퇴와는 다르지만 그 결과는 매우 유사하다. Dom34와 Hbs1이 매달린 리보솜에 결합해 있으며 이들 단백질이 리보솜의 큰 소단위와 작은 소단위의 분리를 촉진한다. 이 경우에는 핵산내부분해효소 활성이 나타나기도 한다. 넌센스에 의한 쇠퇴와 논스톱에 의한 쇠퇴에서는 핵산내부분해효소 활성이 알려지지 않았다.

넌센스에 의한 mRNA 쇠퇴, 논스톱에 의한 mRNA의 쇠퇴 및 노고에 의한 쇠퇴에서 흥미로운 것은 이들 세 경우 모두 mRNA의 분해작용이 일어나려면 손상을 입은 mRNA의 번역을 필요로 한다는 점이다. 다시 말해서, 번역작업이 일어나지 않으면 손상을 입은 mRNA 일지라도 분해되지 않고 계속해서 정상적인 안정성을 유지하고 있다는 사실이다. 그러므로 비록 간접적이기는 하지만 진핵생물에서는 번역이 곧 mRNA를 교정하는 도구로 사용된다는 것이다.

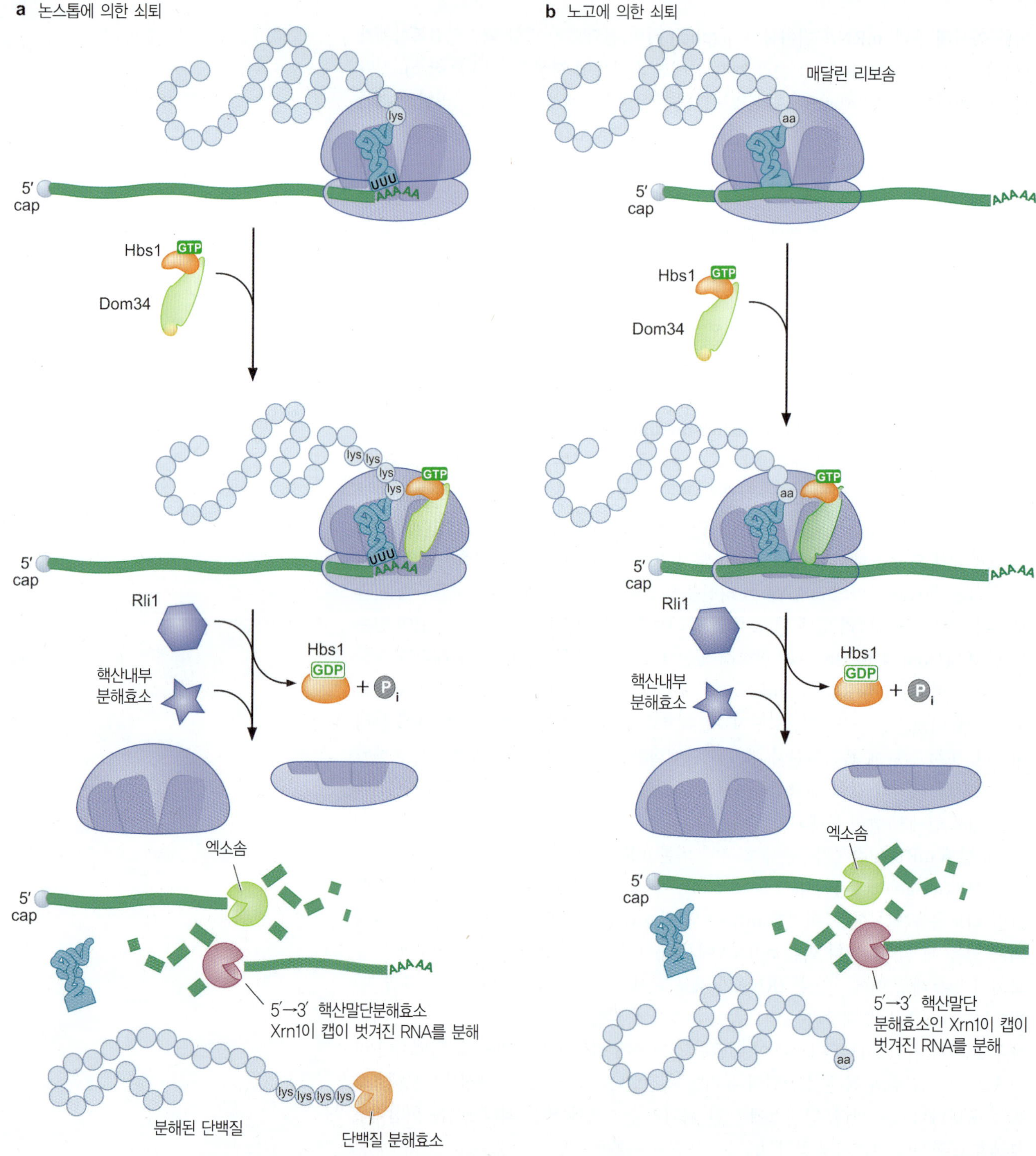

그림 15-52 진핵생물에서 미성숙 종결코돈을 가지는 mRNA는 분해표적이 된다. (a) 논스톱에 의한 쇠퇴. 종결코돈이 존재하지 않으면 mRNA 말단에 있는 폴리-A 꼬리가 번역되어 그 단백질의 말단에도 폴리리신(AAA는 리신을 암호화한다)이 부가된다. 주렁주렁 매달린 리보솜이 주형의 3′ 말단에 도착하면 Dom4와 Hbs1 복합체에 의해 인식된다. Hbs1은 Dom34를 리보솜으로 옮겨준 후 GTP를 가수분해하고 방출된다. Dom34는 Rli1 ATPase와 함께 리보솜을 해리시켜 두 개의 소단위로 나누고 이어 핵산내부분해효소를 데려와서 리보솜의 상류에 있는 mRNA를 잘라내게 한다. 이렇게 잘린 mRNA 조각은 5′→3′ 및 3′→5′ 핵산말단분해효소 활성에 의해 분해된다. 말단에 존재하는 폴리리신은 단백질 분해과정에 들어가게 된다. (b) 노고에 의한 쇠퇴. 노고에 의한 쇠퇴는 논스톱에 의한 쇠퇴와 같이 리보솜이 주렁주렁 쌓이게 되면 쇠퇴작업을 시작한다. 이 경우에는 리보솜이 주렁주렁 매달리게 되는 원인이 RNA가 2차구조를 형성하였거나 혹은 충전된 tRNA가 충분하지 않은데도 불구하고 이에 상응하는 코돈이 연속적으로 여러 개가 나타날 때이다(일반적으로 희귀코돈(rare codon)이라 한다). 이렇게 매달린 리보솜은 Dom34와 Hbs1에 의해 인식된 후 해리되고 mRNA는 논스톱에 의한 쇠퇴의 경우와 같은 방식으로 분해된다.

요약

단백질은 전령 RNA(mRNA)라고 알려진 RNA 주형을 이용하여 합성되는데 이 과정을 번역이라고 한다. 번역은 뉴클레오티드 서열이 가진 정보를 아미노산이 직선적인 서열로 연결된 폴리펩티드 사슬의 형태로 해독하는 것이다. 단백질 합성의 기구는 네 개의 주요기구로 구성되는데 여기에는 전령 RNA, tRNA라고 알려진 어댑터 RNA, tRNA에 아미노산을 연결시켜주는 아미노아실-tRNA 합성효소 및 펩티드결합 형성을 촉매하는 단백질과 RNA로 구성된 다수 서브유닛 복합체인 리보솜 등이 있다.

mRNA는 단백질을 암호화하는 서열을 가지고 있고 또한 번역의 개시와 종결을 인식할 수 있는 요소들을 가지고 있다. 암호화 서열은 열린 읽기틀(ORF)이라 불리며 이것은 코돈이라고 알려진 일련의 세 개 뉴클레오티드 길이 단위로서 구성된다. 이들 세 개 뉴클레오티드 단위의 코돈은 각각 암호표로서 알려져 있다. 하나의 ORF는 하나의 폴리펩티드를 지정한다. 각 ORF는 개시코돈에서 시작하여 종결코돈으로 끝난다. 개시코돈은 흔히 원핵생물에서는 AUG 혹은 GUG이고 진핵생물에서는 AUG이다. 원핵생물의 개시코돈은 그 상류에 리보솜의 16S rRNA와 상보성을 나타내는 서열이 존재하는데 이 부위는 리보솜과 개시코돈을 잘 맞추어 준다. 진핵생물에서는 mRNA의 5′ 말단에 5′-캡이라고 하는 특별한 구조를 가지고 있는데 이것이 리보솜을 끌어온다. 진핵생물의 mRNA는 또한 3′ 말단에 폴리-A 꼬리라고 하는 A염기가 중첩된 부위가 존재하는데 이것은 번역의 효율을 높여준다. 원핵생물의 mRNA는 흔히 하나 혹은 그 이상의 ORF를 가지는데 이것을 폴리시스트론 mRNA라고 한다. 진핵생물의 mRNA는 단지 하나의 ORF를 가진다.

tRNA는 mRNA의 코돈과 성장 중인 폴리펩티드 사슬에 부가될 아미노산의 중간에 위치하는 물리적인 경계면이다. tRNA는 L자형을 띄는 분자로서 역코돈을 나타내는 하나의 고리로된 말단과 3′ 말단에서 5′-CCA-3′ 의 서열을 나타내는 또 다른 말단을 가지고 있다. 역코돈은 코돈에 상보성을 나타내어 염기쌍을 형성한다. 5′-CCA-3′ 말단은 아미노산이 결합하는 부위인데 이때의 아미노산은 아미노산의 카르보닐기와 리보스당의 2′- 혹은 3′-히드록시기 사이에서 아실결합이 형성됨으로써 이루어진다.

아미노아실-tRNA 합성효소는 두 단계의 과정을 거쳐서 아미노산을 tRNA에 연결시켜주는데 이것을 충전이라고 한다. 한 분자의 아미노아실-tRNA 합성효소가 모든 tRNA에 대해 그에 맞는 아미노산을 충전시킬 수 있다. 이 합성효소는 L자형의 tRNA의 양 말단과 모두 상호작용하여 올바른 tRNA인가를 인식해낸다. 또한 합성효소는 tRNA에 맞는 올바른 아미노산이 충전되었는지를 인식할 수 있으며 그렇게 함으로써 높은 충실도를 나타낸다. 어떤 아미노아실-tRNA 합성효소는 교정기구를 통하여 그 정확도를 높이기도 한다.

리보솜은 펩티드결합의 형성이 일어나는 큰 소단위(펩티딜 전이효소중심)와 mRNA 해독부위(해독중심)를 가지고 있는 작은 서브유닛으로 구성된다. 각 소단위는 한 분자 이상의 rRNA와 여러 분자의 단백질로 구성된다. RNA는 각 소단위의 중요한 구조적 특징을 나타내는 동시에 리보솜의 중요한 기능을 담당한다. 완전한 리보솜은 세 곳의 tRNA 결합자리를 가지고 있는데 이곳은 두 소단위 모두에 걸쳐 있다. 즉, 충전된 tRNA가 리보솜으로 들어가는 A자리, 펩티딜-tRNA와 결합하는 P자리 및 탈 아세틸화된 tRNA가 빠져나가는 E자리가 그곳이다.

단백질의 합성이 한번 일어나면 큰 소단위와 작은 소단위의 결합과 해리가 한번 일어난다. 리보솜 회로에서 큰 소단위와 작은 소단위는 ORF의 번역이 시작되면서 결합하고 ORF의 번역이 끝나면서 서로 분리된다. mRNA는 ORF의 5′ 말단에서부터 번역이 시작되고 폴리펩티드 사슬은 아미노말단에서 카르복시말단 방향으로 합성된다.

번역은 중요한 세 단계로 일어나는데 그것은 개시, 신장 및 종결이다. 원핵생물에서의 첫 단계인 개시는 mRNA의 리보솜 결합부위와 16*S* rRNA의 결합으로 일어나는 작은 소단위와 mRNA의 결합이다. 이 상호작용은 IF1, IF2 및 IF3라는 세 가지의 보조단백질에 의해 촉진되는데 이 단백질들은 리보솜의 두 소단위가 일찍 결합하는 것을 막아주고 또한 특별한 개시 tRNA가 개시코돈으로 들어올 수 있도록 해준다. 충전된 개시 tRNA의 역코돈과 개시코돈이 짝지어진 후, 큰 소단위가 결합하게 되어 개시인자들은 방출되고 충전된 개시 tRNA는 P자리로 이동한다. 이것이 원핵생물에서의 개시복합체가 되어 그 다음의 충전 tRNA가 A자리로 들어올 수 있게 되어 제일 첫 펩티드결합이 형성된다.

진핵생물의 mRNA는 5′-캡과 수많은 보조개시인자들의 활성으로 작은 소단위가 결합한다. 원핵생물의 개시인자와 유사한 한 세트의 인자들이 개시 tRNA를 작은 소단위로 이동시켜주는 기능을 가지고 있다. 진핵생물에만 존재하는 또 다른 한 세트의 인자들이 mRNA의 5′ 캡을 인식하고 난 후 이를 개시인자가 결합된 작은 소단위에 연결시킨다(43S 개시전 복합체). 이후 mRNA와 결합한 작은 소단위는 개시코돈인 AUG를 만날 때까지 mRNA의 하류를 타고 스캔한다. 스캔을 통해서 AUG 개시코돈이 인식되면 mRNA에 큰 소단위가 결합하게 된다.

번역의 신장에 있어서 첫 단계는 충전 tRNA를 A자리로 도입하는 일이다. 이 작업은 원핵생물에서는 GTP 결합 단백질인 EF-Tu에 의해 촉매되고 진핵생물에서는 이와 유사한 보조단백질에 의해 촉매된다. 아미노아실기가 펩티딜 전이효소중심에 들어가기 전에 코돈과 역코돈의 염기쌍 형성이 올바른 것인지에 대한 다수의 검증장치를 거쳐야 한다. 다음, 펩티드결합은 P자리에 있는 tRNA로부터 A자리에 있는 아미노아실-tRNA로 펩티딜 사슬이 전달되면서 형성된다. 펩티드결합의 형성은 큰 소단위에 있는 펩티딜 전이효소중심 안에 존재하는 RNA에 의해 촉매된다. 이 리보자임은 A자리에서 아미노아실-tRNA의 아미노기가 P자리에서 tRNA에 결합한 채 성장 중인 폴리펩티드 사슬의 카르보닐기를 친핵성 공격을 할 수 있도록 자극해 준다. 결국 리보솜은 펩티딜 전이효소반응과 연장인자인 EF-G(혹은 진핵생물 연장인자)의 활성에 의하여 다음의 빈 코돈으로 전좌하게 된다. 전좌가 일어난 후 P자리에 있는 탈 아세틸화된 tRNA는 E자리로 이동하게 되는데 후에 이곳에서 리보솜을 빠져나가게 되고 A자리에 있던 새로운 펩티딜-tRNA가 비어 있는 P자리로 이동하게 된다. mRNA에서 바로 옆에 있던 코돈은 비어 있는 새로운 A자리로 들어가게 되는데 이 자리는 EF-Tu에 의해 충전된 tRNA를 받아들일 준비가 된 자리이다.

리보솜이 종결코돈을 만나게 되면 번역이 끝나게 되는데 이 종결코돈은 원핵생물에서는 두 종류의 I형 방출인자 중 하나에 의해서 인지되고 진핵생물에서는 단지 하나의 I형 방출인자에 의하여 인지된다. 방출인자는 펩티딜-tRNA로부터 폴리펩티드 사슬을 가수분해하여 완전한 폴리펩티드가 방출되도록 한다. 원핵생물에서는 II형 방출인자, 리보솜 재사용인자 및 개시인자(원핵생물의 IF3)는 mRNA 및 탈 아세틸화된 tRNA를 방출함으로써 완전히 종료되며 이어 리보솜의 큰 소단위와 작은 소단위가 분리된다. 진핵생물의 번역종결은 eRF1을 리보솜으로 운반해 주는 eRF3을 필요로 한다. 리보솜 재사용의 기작은 아직까지 확실하지 않으나 원핵생물에서의 RRF가 하는 역할을 진핵생물에서는 eRF1이 하고 있을 것으로 보인다. 리보솜 회로는 끝나고 작은 소단위는 이제 새로운 회로의 폴리펩티드 합성을 시작하도록 준비한다.

많은 유전자들에서의 발현은 전사개시 수준에서 조절된다. 세균 세포에서 이러한 조절이 일반적으로 일어나는데 이것은 RBS가 작은 소단위에 결합하는 것을 저해함으로써 일어난다. 이러한 저해는 mRNA 서열의 RBS 근처에 단백질이나 RNA가 결합하기 때문이다. 진핵생물의 번역에서의 전체적인 수준은 4E-BP라는 단백질에 의하여 조절되는데 이것은 eIF4E와 결합하며 eIF4G와는 그 결합에 있어서 경쟁적이다. 또한 4E-BP 이외에 eIF2α 인산화효소에 의해 조절되기도 하는데 이 효소는 eIF2가 GDP를 GTP로 교환하는 것을 저해한다. 진핵생물의 mRNA가 번역 특이적으로 조절되는 것은 작은 uORF에 의해 매개되기도 하는데 하류에 존재하는 ORF에 작은 소단위가 접근하는 것을 제한한다. 특별한 유전자들에서는 위의 조절기작들이 변형된 형태로 적용되고 있기도 한다.

세균과 진핵생물 모두 번역에서 mRNA의 충실도를 감시하며 돌연변이된 mRNA나 혹은 그 mRNA 산물을 모두 제거한다. 종결코돈이 없는 mRNA에 의해 합성된 단백질은 세포 안의 단백질 분해효소에 의해 인식되어 분해된다. 미성숙 종결코돈이 존재하는 진핵생물의 mRNA, 즉 리보솜이 주렁주렁 매달린 mRNA나 혹은 종결코돈이 없는 mRNA가 검출되면 이들은 최종적으로 분해된다.

참고문헌

Books

Mathews M.B., Sonenberg N., and Hershey J.W.B. 2007. *Translational control in biology and medicine*. Cold Spring Harbor Laboratory Press, Cold Spring Harbor, New York.

tRNA and Aminoacyl-tRNA Synthetases

Arnez J.G. and Moras D. 1997. Structural and functional considerations of the aminoacylation reaction. *Trends Biochem. Sci*. **2**: 189-232.

Ling J., Reynolds N., and Ibba I. 2009. Aminoacyl-tRNA synthesis and translational quality control. *Annu. Rev. Microbiol*. **63**: 61-78.

The Ribosome

Dunkle J.A., Wang L., Feldman M.B., Pulk A., Chen V.B., Kapral G.J., Noeske J., Richardson J.S., Blanchard S.C., and Cate J.H.D. 2011. Structures of the bacterial ribosome in classical and hybrid states of tRNA binding. *Science* **332**: 981-984.

Frank J. and Gonzalez R.L. 2010. Structure and dynamics of a processive Brownian motor: The translating ribosome. *Annu. Rev. Biochem*. **79**: 381-412.

Koronstelev A., Trakhanov S., Laurberg M., and Noller H.F. 2006. Crystal structure of a 70S ribosome-tRNA complex reveals functional interactions and rearrangements. *Cell* **126**: 1065-1077.

Moore P.B. and Steitz T.A. 2005. The ribosome revealed. *Trends Biochem. Sci*. **30**: 281-283.

Poehlsgaard J. and Douthwaite S. 2005. The bacterial ribosome as a target for antibiotics. *Nat. Rev. Microbiol*. **3**: 870-881.

Ramakrishnan V. 2002. Ribosome structure and the mechanism of translation. *Cell* **108**: 557-572.

Rodnina M.V., Beringer M., and Wintermeyer W. 2006. How ribosomes make peptide bonds. *Trends Biochem. Sci*. **32**: 20-26.

Selmer M., Dunham C.M., Murphy F.V.,Weixlbaumer A., Petry S., Kelley A.C.,Weir J.R., and Ramakrishnan V. 2006. Structure of the 70S ribosome complexed with mRNA and tRNA. *Science* **313**: 1935-1942.

Translation

Balvay L., Soto Rifo R., Ricci E.P., Decimo D., and Ohlmann T. 2009. Structural and functional diversity of viral IRESes. *Biochim. Biophys. Acta* **1789**: 542-557.

Broderson D.E. and Ramakrishnan V. 2003. Shapes can be seductive. *Nat. Struct. Biol.* **10**: 78-80.

Dever T.E. and Green R. 2012. The elongation, termination, and recycling phases of translation in eukaryotes. *Cold Spring Harb. Perspect. Biol.* **4**: a013706.

Hern ndez G. 2008. Was the initiation of translation in early eukaryotes IRES-driven? *Trends Biochem. Sci.* **33**: 58-64.

Laursen B.S., Sorenson H.P., Mortenson K.K., and Sperling-Peterson H.U. 2005. Initiation of protein synthesis in bacteria. *Microbiol. Mol. Biol. Rev.* **60**: 101-123.

Nilsson J. and Nissen P. 2005. Elongation factors on the ribosome. *Curr. Opin. Struct. Biol.* **15**: 349-354.

Nissen P., Kjeldgaard M., and Nyborg J. 2000. Macromolecular mimicry. *EMBO J.* **19**: 489-495.

Sonenberg N. and Hinnebusch A.G. 2009. Regulation of translation initiation in eukaryotes: Mechanisms and biological targets. *Cell* **136**: 731-745.

Weinger J.S., Parnell K.M., Forner S., Green R., and Strobel S.A. 2004. Substrate-assisted catalysis of peptide bond formation by the ribosome. *Nat. Struct. Mol. Biol.* **11**: 1101-1106.

Regulation of Translation

Gebauer F. and Hentze M.W. 2004. Molecular mechanisms of translational control. *Nat. Rev. Mol. Cell Biol.* **5**: 827-835.

IngoliaN.T., Ghaemmaghami S., NewmanJ.R.S., andWeissman J.S. 2009. Genome-wide analysis in vivo of translation with nucleotide resolution using ribosome profiling. *Science* **324**: 218-223.

Janssen B.D. and Hayes C.S. 2012. The tmRNA ribosome-rescue system. *Adv. Protein Chem. Struct. Biol.* **86**: 151-191.

Richter J.D. and Sonenberg N. 2006. Regulation of cap-dependent translation by eIF4E inhibitory proteins. *Nature* **433**: 477-480.

Shi W., Zhang X., Jiang X., Yuan H., Lee J.S., Barry C.E. 3rd, Wang H., Zhang W., and Zhang Y. 2011. Pyrazinamide inhibits transtranslation in *Mycobacterium tuberculosis*. *Science* **333**: 1630-1632.

van Hoof A. andWagner E.J. 2011. A brief survey of mRNA surveillance. *Trends Biochem. Sci.* **36**: 585-592.

연습문제

짝수 문제의 해답은 부록 2 해답을 참조하라.

문제 1. 원핵생물과 진핵생물의 mRNA 모양을 비교하고 그 차이점을 설명하라.

문제 2. 모든 tRNA의 3′ 말단에 존재하는 5′-CCA-3′ 서열의 중요성에 대해서 설명하라.

문제 3. 트레오닌과 트레오닐-tRNA 합성효소를 사용하여 tRNA 충전에서의 첫 번째와 두 번째 단계를 식으로 쓰고, 전체적인 화학식을 써라.

문제 4. 트레오닐 tRNA 합성효소에 의한 Ser-tRNAThr 교정을 화학식으로 써라.

문제 5. 티로실-tRNA합성효소가 어떻게 페닐알라닌과 티로신을 구분하여 두 아미노산이 서로 잘못 충전되는 것을 방지하는지에 대해 설명하라.

문제 6. 글리신으로 잘못 충전된 아미노아실-tRNA가 있을 경우, 어느 tRNA 합성효소가 교정포켓을 사용하여 이것을 가수분해시키는지 예상해 보라.

문제 7. 하나의 같은 mRNA에서 다수의 리보솜이 동시에 번역을 진행할 수 있다. 이것은 세포에서 어떻게 장점으로 작용하는가?

문제 8. 리보솜에서 단백질이 아닌 하나의 rRNA가 펩티딜 전이효소반응을 촉매한다는 내용을 증명하는 실험에 대해 설명하라.

문제 9. 펩티드결합을 형성할 때 필요한 에너지는 어디에서 나오는지를 설명하라.

문제 10. 어떻게 두 개의 다른 복합체 즉, 원핵생물의 EF-G-GDP와 EF-G-GTP-tRNA가 번역의 신장 단계에서 해독중심의 A자리에 서로 다른 시기에 상호작용할 수 있는지에 대해 복합체들의 구조적 면에서 설명하라.

문제 11. 번역 개시가 완전히 끝나고 1회의 신장 단계가 진행될 때 필요한 뉴클레오티드 삼인산의 에너지 비용을 계산하라.

문제 12. 항생제가 어떻게 번역을 저해하는지 하나의 기작을 설명하고 어떻게 항생제가 세균세포에 특이적인 표적으로 작용하는지에 대해 설명하라.

문제 13. 번역의 조절이라는 의미에서 원핵세포의 번역저해에 관한두 가지 기작을 설명하라.

문제 14. 발린-tRNA 합성효소(ValRS)는 정상적으로는 발린을 아데닐화시키고 $tRNA^{Val}$에 전달한다. 그러나 어떤 때는 ValRS가 $tRNA^{Val}$이 트레오닌으로 잘못 충전되게 하기도 한다. 연구자들이 ValRS의 교정포켓을 구성하는 어느 아미노산이 잘못 충전된 Thr-tRNAVal의 교정에 주요한 역할을 하는지를 알아보고자 하였다.

A. 왜 ValRS가 tRNAVal에 다른 아미노산이 아닌 트레오닌을 잘못 충전시키는가?
교정포켓에 있는 중요한 잔기를 연구하기 위하여 연구자들이 교정포켓 안에서 여러 위치에 아미노산을 교체하였다. 그 후 Thr-$tRNA^{Val}$의 합성량과 ATP 소모량을 in vitro 실험계에서 측정하였으며 이때 야생형 ValRS와 변이형 ValRS를 사용하였다. F264A라는 변이형 RS는 264번 위치에 페닐알라닌이 아닌 알라닌으로 교체된 효소이다. 아래에 그 데이터를 보여주고 있다.

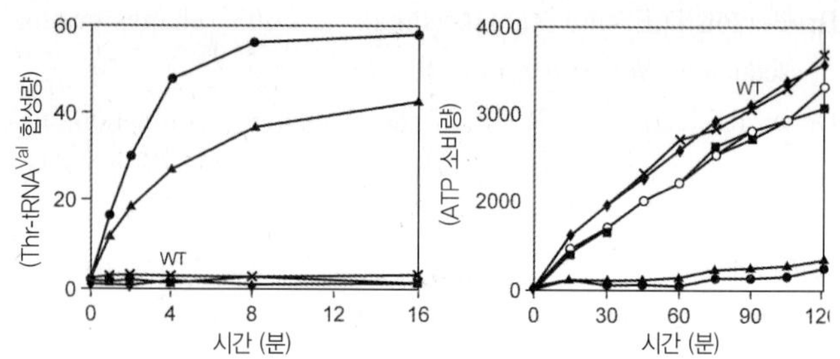

(그림설명) 돌연변이 ValRS의 효소활성. 야생형, ◆; D279A, ●; K270A, ▲; 다른 변이체들 (■, ○, ×) (Fukunaga R and Yokoyama S. 2005. *J. Biol. Chem.* **280:** 29937-29945, Fig. 5 B,C, p.29943. ⓒ The American Society for Biochemistry and Molecular Biology.)

B. 왼쪽에 주이진 그림을 보면 야생형에 비하여 이느 돌연변이체가 교정기능이 가장 약해졌는가? 왜 인가?

C. ATP 소모에 있어서 변이형 RS인 K270A에 비해 야생형의 ValRS가 ATP 소모량이 높다. 왜 그런가?

CHAPTER 16

유전암호

개 요

중심원리(central dogma)의 핵심은 폴리뉴클레오티드 사슬의 4 글자로 된 언어의 선형서열로부터 폴리펩티드 사슬의 20 아미노산 언어로 정보가 전달된다는 개념이다. 유전정보를 아미노산 서열로 번역하는 것은 리보솜(ribosome)에서 일어나며, 운반 RNA(transfer RNA, tRNA)라는 특별한 연결자 분자들에 의해 매개된다. 이 tRNA들은 코돈(codon)이라는 3개의 연속적인 뉴클레오티드로 된 그룹을 인식한다. 각각의 위치에 4개의 뉴클레오티드가 존재할 수 있으므로, 이들 3문자로 된 순열의 총수는 64개(4 × 4 × 4)로 아미노산의 수를 훨씬 초과한다. 이 3문자 코돈들 중 어느 것이 특정 아미노산을 지정하는가? 또 그 사용을 결정하는 규칙은 무엇인가? 이 장에서는 유전암호(genetic code)의 본질과 기초가 되는 논리, 어떻게 암호가 풀리게 되었는지, 그리고 전령 RNA(messenger RNA)의 암호 능력에 대한 돌연변이의 영향 등에 대해 논의하고자 한다.

암호는 퇴화되어 있다

표 16-1에는 모두 64개의 순열이 있는데 왼쪽 행은 3문자의 5′ 말단에 있는 염기를 나타내고, 위쪽 열은 가운데 염기를, 그리고 오른쪽 행은 3′ 위치에 있는 염기를 나타낸다. 유전암호의 가장 두드러진 특징 하나는 64개의 가능한 3문자들 중 61개는 아미노산을 지정하고 남은 3개의 3문자들은 사슬-종결 신호(chain-termination signal)라는 것이다. 이것은 많은 아미노산들이 하나 이상의 코돈에 의해 지정된다는 것을 의미한다. 이런 현상을 **퇴화성(degeneracy)**이라 하고, 같은 아미노산을 지정하는 코돈들을 **동의어(synonym)**라 한다. 예를 들어, UUU와 UUC는 페닐알라닌 코돈을 지정하는 동의어들이며, 세린은 동의어들인 UCU, UCC, UCA, UCG, AGU, AGC에 의해 암호화된다. 실제로 처음 두 뉴클레오티드가 동일하고 세 번째 뉴클레오티드가 시토신이나 우라실일 때 이 코돈들은 같은 아미노산을 암호화한다. 종종 아데닌과 구아닌도 유사하게 교환될 수 있다. 하지만 모든 퇴화성이 처음의 두 뉴클레오티드가 같을 때만 나타나는 것은 아니다. 예를 들어, 류신은 CUU, CUC, CUA, CUG뿐만 아니라

표 16-1 유전암호

첫 번째 위치 (5′ 말단)	두 번째 위치: U	C	A	G	세 번째 위치 (3′ 말단)
U	UUU Phe UUC Phe UUA Leu UUG Leu	UCU Ser UCC Ser UCA Ser UCG Ser	UAU Tyr UAC Tyr UAA* 종결 UAG* 종결	UGU Cys UGC Cys UGA* 종결 UGG Trp	U C A G
C	CUU Leu CUC Leu CUA Leu CUG Leu	CCU Pro CCC Pro CCA Pro CCG Pro	CAU His CAC His CAA Gln CAG Gln	CGU Arg CGC Arg CGA Arg CGG Arg	U C A G
A	AUU Ile AUC Ile AUA Ile AUG† Met	ACU Thr ACC Thr ACA Thr ACG Thr	AAU Asn AAC Asn AAA Lys AAG Lys	AGU Ser AGC Ser AGA Arg AGG Arg	U C A G
G	GUU Val GUC Val GUA Val GUG Val	GCU Ala GCC Ala GCA Ala GCG Ala	GAU Asp GAC Asp GAA Glu GAG Glu	GGU Gly GGC Gly GGA Gly GGG Gly	U C A G

* 사슬-종결 또는 "정지" 코돈들.

† 세균에서는 개시자 포밀-Met-tRNA^{fMet}을 지정하는 암호로도 사용한다.

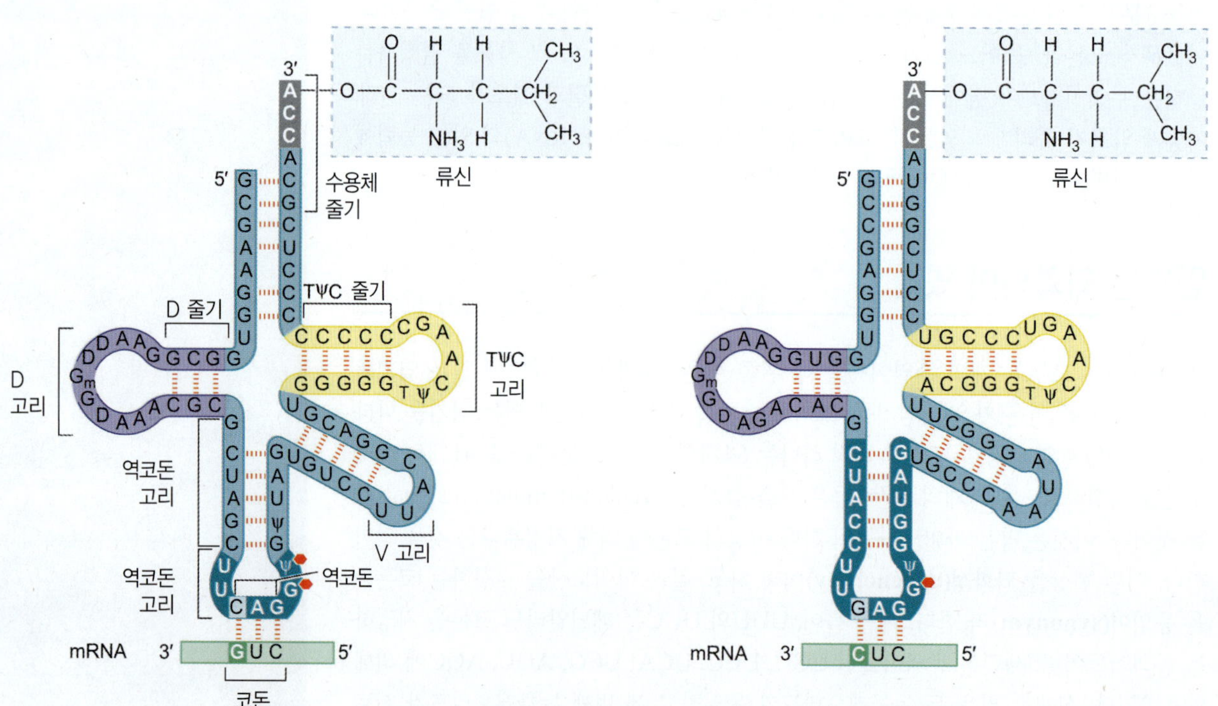

그림 16-1 두 류신-tRNA 분자들의 코돈-역코돈 쌍. tRNA 구조의 중요한 줄기(stem)와 고리(loop) 부위들이 표지되어 있다(14장 참조). G(역코돈의 3′ 쪽)에 연결된 붉은 육각형은 이 염기의 N1 위치에서의 메틸화를 나타낸다. 코돈은 3′ 에서 5′ 방향으로 나타나 있는 것에 주의하라.

UUA, UUG에 의해서도 암호화된다(그림 16-1). 코돈 퇴화성, 특히 시토신과 우라실 또는 구아닌과 아데닌의 빈번한 셋째자리 동등성은 어떻게 다양한 생명체들이 단백질의 아미노산 수준에서의 상대적인 비율에는 변화를 주지 않으면서, 그들의 DNA에서는 AT/GC 비의 커다란 변이를 가질 수 있는지를 설명한다. 예를 들어, 어떤 세균의 유전체들은 현저하게 다른 AT/GC 비를 나타냄에도 불구하고 매우 유사한 아미노산 서열을 가진 단백질들을 암호화할 정도로 아주 잘 연관되어 있다.

암호의 구성에서 밝혀낸 규칙

유전암호에서 코돈들의 분포를 조사해 보면 돌연변이의 해로운 영향을 최소화하는 방식으로 암호가 진화되어왔음을 알 수 있다. 예를 들어, 코돈의 첫 번째 위치에 돌연변이가 일어나도 종종 같거나 유사한 아미노산으로 바뀌게 된다. 더구나 두 번째 위치에 피리미딘을 가지고 있는 코돈들은 주로 소수성 아미노산들을 지정하는 반면, 퓨린을 가지고 있는 코돈들은 대개 극성 아미노산들에 해당된다(표 16-1과 5장, 그림 5-4 참조). 따라서 가장 흔한 형태의 점돌연변이는 A:T가 G:C로 되거나 G:C가 A:T로 치환되는 염기전이(transition)이므로, 코돈의 두 번째 위치에 점돌연변이가 일어나면 대개 매우 유사한 아미노산으로 치환된다. 마지막으로 만일 한 코돈의 세 번째 위치에 염기전이 돌연변이가 일어난다면 다른 아미노산으로 치환되는 일은 거의 없을 것이다. 이 위치에서는 염기교차(transversion) 돌연변이조차도 거의 언제나 대수롭지 않은 결과를 나타낼 것이다.

유전암호에서 주목할 만한 또 다른 일관성은 어떤 코돈의 처음 두 위치가 모두 G 또는 C로 채워지면, 4가지 뉴클레오티드들 중 어떤 것이 세 번째 위치에 와도 같은 아미노산을 지정한다는 것이다(프롤린, 알라닌, 아르기닌, 또는 글리신). 반면 코돈의 처음 두 위치가 모두 A 또는 U로 채워지면, 세 번째 뉴클레오티드가 차이를 만든다. G:C 염기쌍은 A:U 염기쌍보다 강하므로 만일 처음 두 위치들이 강한 G:C 염기쌍을 이루고 있다면 세 번째 코돈 염기의 잘못짝지움(mismatch)은 별 문제가 되지 않는다. 따라서 세 번째 위치에 4가지 뉴클레오티드 중 어느 것이 와도 같은 아미노산으로 지정되는 것은 이러한 코돈들을 번역하는 과정에서 발생하는 실수를 최소화하기 위한 안전 기작으로 진화된 것 같다.

역코돈에서의 동요

처음에는 각 코돈에 대해 특정한 tRNA 역코돈(anticodon)이 존재할 것이라고 제안되었다. 만일 그것이 사실이라면 적어도 61종류의 다른 tRNA들과, 어쩌면 사슬-종결 코돈에 대한 추가적인 3개의 tRNA가 존재해야 할 것이다. 그러나 서열을 알고 있는 고도로 정제된 tRNA들이 여러 개의 다른 코돈들을 인식할 수 있다는 증거가 나타나기 시작했다. 역코돈의 염기가 통상적인 4가지 염기들 중 하나가 아니라 제5의 염기인 이노신(inosine)인 사례들도 발견되었다. 다른 모든 소수의 tRNA 염기들처럼, 이노신은 tRNA 사슬이 완성된 후 염기의 효소적 변형을 통해 만들어진다. 이노신은 아데닌 염기로부터 유래되는데, 이것의 6번 탄소가 탈아미노화되어 이노신의 6번 케토기가 된다. (이노신은 원래 리보오스와 하이포크산틴 염기로 구성된 뉴클레오시드이지만 일반적인 관례로 염기로 언급되어 왔으며 우리도 여기서 염기로 취급한다.)

1966년, 크릭(Francis Crick)은 이러한 관찰들을 설명하기 위해 **동요개념 (wobble concept)**을 고안하였다. 이것은 역코돈의 5′ 말단에 있는 염기는 다른 두

표 16-2 동요개념에 따라 쌍을 이룰 수 있는 조합들

역코돈의 염기	코돈의 염기
G	U 또는 C
C	G
A	U
U	A 또는 G
I	A, U, 또는 C

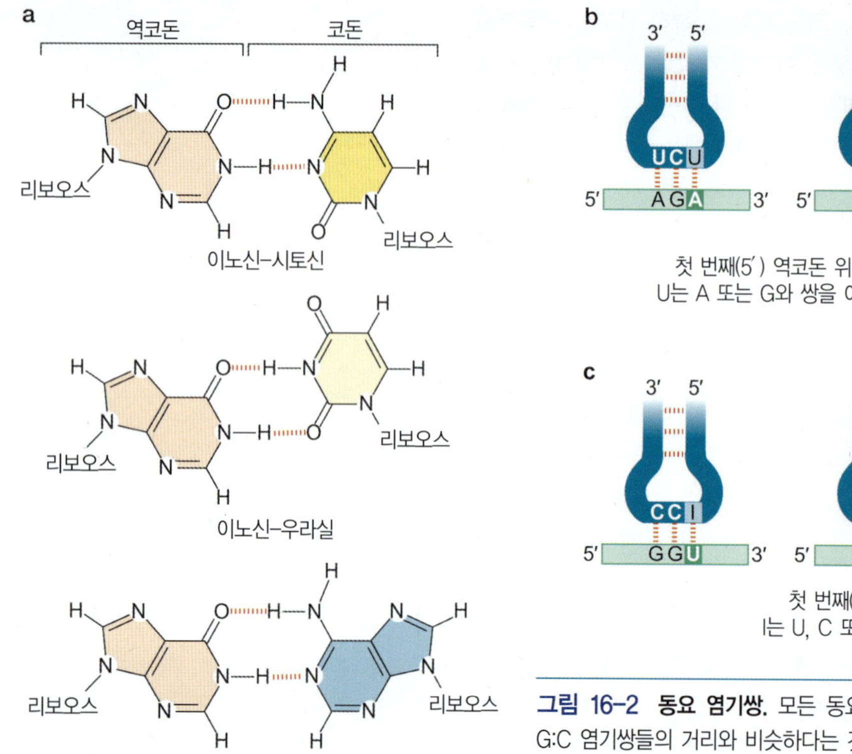

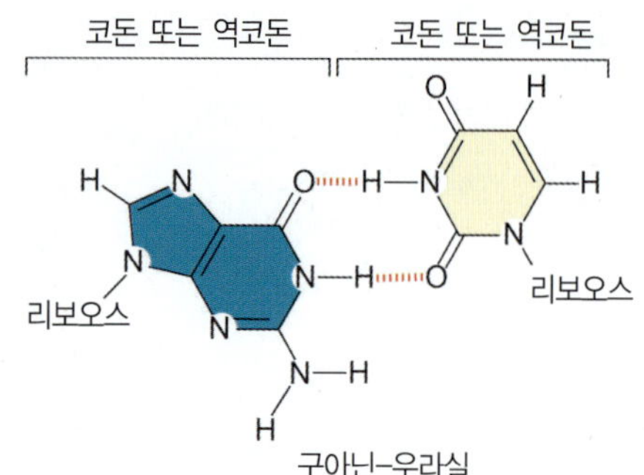

그림 16-2 동요 염기쌍. 모든 동요쌍 들에서 리보오스-리보오스 거리는 정상적인 A:U나 G:C 염기쌍들의 거리와 비슷하다는 것에 주목하라.

염기처럼 공간적으로 제한되어 있지 않아서 코돈의 3′ 말단에 위치한 여러 염기들 중 어느 것과도 수소결합을 형성할 수 있다는 것이다. 하지만 모든 염기쌍 결합이 가능한 것은 아니고 표 16-2에 나타낸 것들에 한정되어 있다. 예를 들어, 동요 위치에서 U는 A나 G와 쌍을 이룰 수 있는 반면, I는 U, C, 또는 A와 쌍을 이룰 수 있다(그림 16-2). 동요 법칙에 의해 허용되는 염기쌍들의 리보오스-리보오스 거리는 표준 A:U 또는 G:C 염기쌍들의 그것과 비슷하다. 퓨린-퓨린(I:A 쌍은 예외) 또는 피리미딘-피리미딘 쌍은 각각 너무 길거나 짧은 리보오스-리보오스 거리를 제공한다.

동요 법칙이 어떠한 단일 tRNA 분자라도 4개의 서로 다른 코돈들을 인식하게 허용하는 것은 아니다. 이노신이 역코돈의 첫 번째(5′) 위치에 채워질 때만 세 개의 코돈들이 인식될 수 있다.

1966년 이후 축적된 거의 모든 증거들은 동요개념을 지지한다. 예를 들어,이 개념은 6개의 세린 코돈(UCU, UCC, UCA, UCG, AGU, AGC)에 대해 최소한 3종류의 tRNA들이 존재할 것이라 정확히 예측하였다. 6개의 코돈에 의해 암호화되는 다른 두 아미노산, 류신과 아르기닌도 역시 첫 번째 또는 두 번째 위치가 다른 일련의 코돈들에 대해 각기 다른 tRNA들을 가지고 있다.

tRNA의 3차 구조에서 역코돈 고리상에 있는 3개의 역코돈 염기들과 (3′)염기 뒤에 오는 2개의 염기는 대개 모두 같은 방향을 향하고 있으며, 그들의 정확한 입체구조는 주로 염기들의 편평한 표면들 사이의 중첩 상호작용에 의해 결정된다(그림 16-3). 따라서 첫 번째(5′) 역코돈 염기는 중첩의 말단에 있어 아마도 다른 두 역코돈 염기들보다 움직임의 제한을 덜 받을 것이다. 그러므로 코돈의 세 번째(3′) 위치에서 동요가 일어난다. 이와는 대조적으로 세 번째(3′) 역코돈 염기는 중첩의 중간에 있을 뿐 아니라 인접 염기가 항상 부피가 큰 변형된 퓨린 잔기이다. 따라서 그 움직임이 제한되어 암호의 첫 번째(5′) 위치에서 동요가 일어나지 않는 이유가 된다.

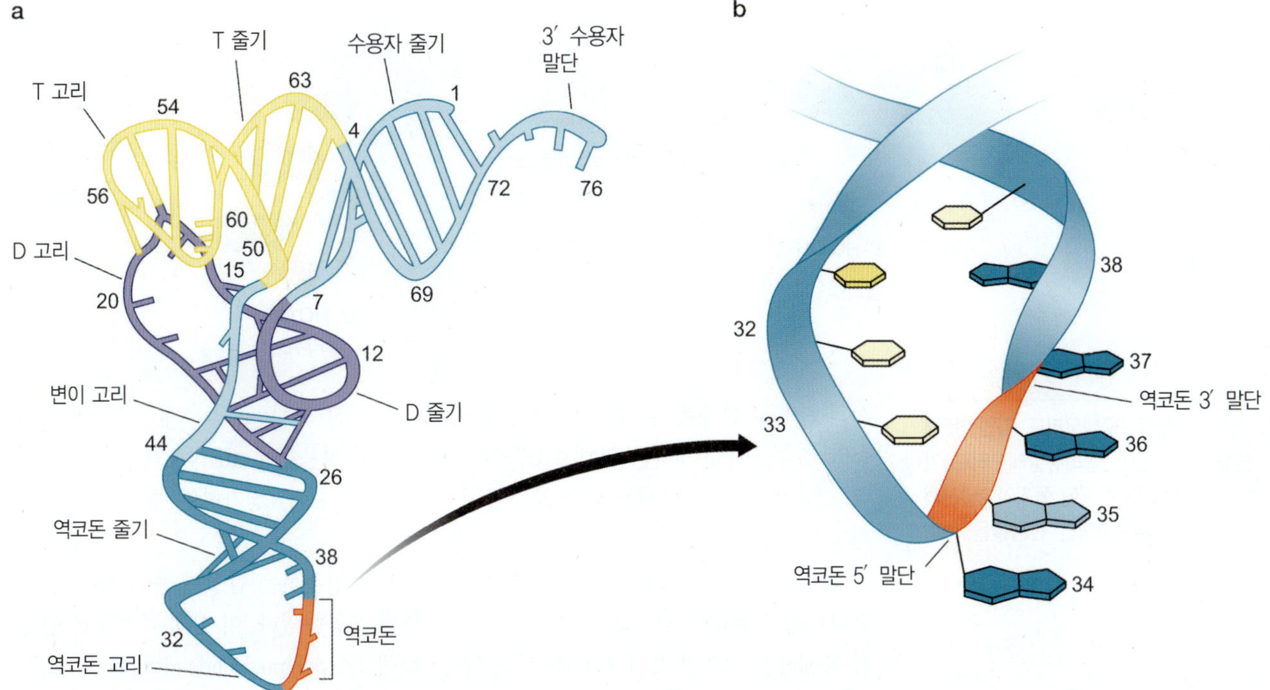

그림 16-3 효모 tRNA^{Phe}의 구조. (a) X-선 회절 데이터에 근거한 L자 모양 분자의 개관. (b) 역코돈 고리를 확대한 그림. 역코돈에 있는 염기들(34~36)은 붉은색으로 나타내었다. 역코돈과 3′쪽에 뒤따르는 두 개의 염기들(37과38)은 부분적으로 쌓여 있다. 역코돈의 5′ 말단에 있는 염기는 역코돈의 3′ 말단에 있는 완전히 쌓인 염기보다 더 자유로워 동요하기 쉽다는 것을 볼 수 있다. (Adapted from Kim S-H. et al. 1974. *Proc. Natl. Acad. Sci.* **71**: 4970.)

3개의 코돈이 사슬 종결을 유도한다

이미 살펴본 바와 같이, 3개의 코돈은 어떤 아미노산에도 해당되지 않는다. 대신 그들은 사슬 종결을 의미한다. 15장에서 논의한대로 사슬-종결 코돈들인 UAA, UAG, UGA는 특별한 tRNA들이 아니라, 세균의 RF1, RF2와 진핵세포의 eRF1 같이 방출인자(release factor)로 알려진 특이 단백질에 의해 읽혀진다. 방출인자들은 리보솜의 A자리에 들어가 P자리에 채워진 펩티딜-tRNA(peptidyl-tRNA)의 가수분해를 유발하여 새로 합성된 단백질을 방출한다.

어떻게 암호가 풀렸을까

특정 코돈들에 적합한 아미노산을 지정한 일은 분자생물학 역사의 큰 업적 중 하나이다(역사적 중요성은 2장 참조). 어떻게 이 지정이 이루어졌을까? 전령 RNA(mRNA)가 어떻게 단백질 합성에 관여하는지에 대한 일반적인 개념은 1960년대에 확립되었다. 그럼에도 불구하고 금방 유전암호 자체에 대해 자세히 이해하게 될 것이라 낙관할 수 없었다. 사람들은 특정 아미노산에 대한 코돈을 밝히기 위해서는 유전자의 뉴클레오티드 서열과 그 단백질 산물에 대응하는 아미노산 서열 모두를 정확히 알아야 한다고 믿었다. 그 당시 단백질의 아미노산 서열을 밝히는 것은 비록 힘든 과정이지만 이미 실용화되어 있었다. 반면 DNA 서열을 결정하는 방법들은 매우 원시적이었다. 다행히도 이러한 걸림돌은 제거되었다. mRNA가 발견된 다음해인 1961년, 인공적인 전령 RNA와 단백질을 합성할 수 있는 무세포 시스템(cell-free system)을 이용하여 암호를 푸는 것이 가능해졌다(2장 참조).

합성된 mRNA에 의한 아미노산 삽입의 촉진

생화학자들은 활발하게 단백질을 합성하는 대장균 세포의 추출물이 방사성 동위원소로 표지된 아미노산을 단백질로 중합시킬 수 있다는 것을 발견하였다. 이들 추출물에

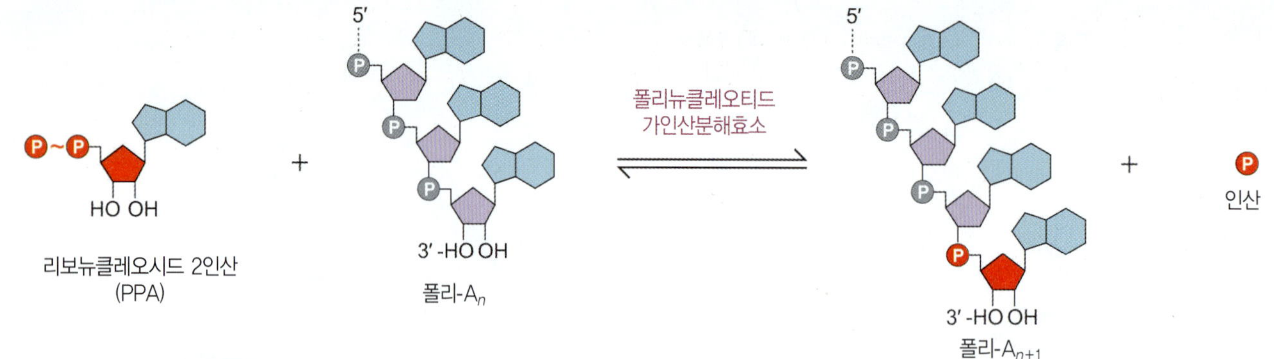

그림 16-4 폴리뉴클레오티드 가인산분해효소 반응. 이 그림은 폴리뉴클레오티드 가인산분해효소에 의해 촉매된 폴리아데닐산의 합성 또는 분해의 가역적인 반응들을 보여준다.

서의 단백질 합성은 수 분 동안 빠르게 진행되다가 점차적으로 멈추게 된다. 이 기간 동안 추출물에 존재하는 분해효소들의 작용에 의해 상응하는 mRNA의 손실이 생긴다. 그러나 단백질 합성을 멈춘 추출물에 새로운 mRNA를 첨가하면 즉시 합성이 재개된다.

외부에서 첨가된 mRNA에 대한 세포 추출물의 의존성은 합성된 폴리리보뉴클레오티드를 사용하여 암호의 실체를 밝히는 기회를 제공하였다. 이 합성 주형들은 반응을 촉매하는 효소인 폴리뉴클레오티드 가인산분해효소(polynucleotide phosphorylase)를 사용하여 만들어졌다.

$$[XMP]_n + XDP \rightleftharpoons [XMP]_{n+1} + Ⓟ, \qquad \textbf{[반응식 16-1]}$$

여기서 X는 염기를 나타내고 $[XMP]_n$은 n 뉴클레오티드 길이의 RNA를 나타낸다.

폴리뉴클레오티드 가인산분해효소는 통상적으로 RNA를 분해하는 데 관여하며 생리적 조건 하에서는 RNA를 뉴클레오시드 2인산(nucleoside diphosphate)으로 분해한다. 그러나 높은 농도의 뉴클레오시드 2인산을 사용하면, 이 효소는 뉴클레오티드 간에 3′ → 5′ 인산디에스테르 결합(phosphodiester bond)의 형성을 촉매하여 RNA 분자를 만들 수 있게 된다(그림 16-4). 이 효소로 RNA를 합성하는 경우에는 주형 DNA나 RNA를 필요로 하지 않는다. 합성 산물의 염기 조성은 전적으로 반응 혼합물에 첨가된 다양한 리보뉴클레오시드 2인산의 비율에 따라 결정된다. 예를 들어, 단지 아데노신 2인산만을 사용하여 만들어진 RNA는 오직 아데닐산(adenylic acid)만을 포함하며 따라서 **폴리아데닐산(polyadenylic acid)** 또는 **폴리-A(poly-A)**라 한다. 마찬가지로 폴리-U, 폴리-C, 폴리-G를 만드는 것이 가능하다. 2종류 이상의 다른 2인산을 첨가하면 폴리-AU, 폴리-AC, 폴리-CU, 폴리-AGCU와 같은 혼합된 혼성중합체(copolymer)들이 만들어진다. 이러한 모든 혼합 중합체(mixed polymer)에서 거의 무작위적이고 최근접 빈도(nearest-neighbor frequency)를 가진 염기서열은 전적으로 반응물들의 상대적인 농도에 의해 결정된다. 예를 들어, A가 U보다 두 배 많은 폴리-AU 분자는 UAAUAUAAAUAAUAAAAUAUU... 같은 서열을 갖게 된다.

폴리-U는 폴리페닐알라닌을 암호화한다

거의 모든 합성 폴리리보뉴클레오티드 중합체들은 시험관 내의 적합한 조건 하에서 리보솜에 부착하여 주형으로 기능한다. 운이 좋게도 초기 실험에서는 높은 농도의 마그네슘이 사용되었다. 높은 마그네슘 농도에서는 개시인자(initiation factor)와 특별한 개시자인 fMet-tRNA를 필요로 하지 않으며, mRNA 상의 적절한 신호 없이도 사슬 개시가 일어날 수 있다. 폴리-U는 mRNA 활성을 갖는 것으로 발견된 첫 번째 합성 폴리리보뉴클레오티드이었다. 이것은 페닐알라닐 tRNA 분자만을 선별하여 페닐알라닌으로만 이루어진 폴리펩티드 사슬(폴리페닐알라닌)을 만든다. 따라서 페닐알라닌에 대한 코돈은 3개의 우리딜산(uridylic acid) 잔기 UUU로 구성된다는 것을 알 수 있다. (하나의 코돈이 3개의 뉴클레오티드로 되어 있다는 것은 유전학적 실험으로부터 알려졌으며 2, 7장, 그리고 이후에 설명되어 있다.) 폴리-C와 폴리-A를 이용한 유사한 실험을 근거로 CCC는 프롤린 코돈으로, AAA는 리신 코돈으로 지정되었다. 불행히도 이런 종류의 실험으로 GGG가 어떤 아미노산을 지정하는지는 알 수 없었다. 폴리-G 상의 구아닌 잔기들은 서로 단단히 수소결합하여 여러 가닥의 삼중나선을 형성하므로 리보솜에 결합하지 않는다.

혼합 혼성중합체로 추가적인 코돈을 지정할 수 있었다

폴리-AC 분자들은 8종류의 다른 코돈, CCC, CCA, CAC, ACC, CAA, ACA, AAC, AAA를 가질 수 있는데 이들의 비는 혼성중합체의 A/C 비에 따라 결정된다. AC 혼성중합체가 리보솜에 부착하면 이들은 이전에 CCC 코돈에 지정된 프롤린과 AAA 코돈에 지정된 리신 외에 아스파라긴, 글루타민, 히스티딘, 트레오닌의 중합을 일으킨다. 폴리펩티드로 중합되는 이들 아미노산의 비는 A/C의 비에 따라 좌우된다. 따라서 C보다 A를 훨씬 많이 포함하는 AC 혼성중합체는 히스티딘 잔기에 비해 아스파라긴의 중합을 더 많이 일으키는 것으로 보아, 아스파라긴은 두 개의 A와 하나의 C에 의해, 히스티딘은 두 개의 C와 하나의 A에 의해 암호화된다고 결론지을 수 있다(표 16-3). 다른 혼성중합체들을 이용한 유사한 실험의 결과 일부 아미노산에 대한 추가적인 지정을 할 수 있었다. 하지만 이런 실험들로는 한 코돈 내의 뉴클레오티드서열을 밝힐 수 없었다. 무작위적인 혼성중합체들로부터는 두 개의 C와 하나의 A로 된 히

표 16-3 단백질로의 아미노산 중합

아미노산	관찰된 아미노산 중합	시험적인 코돈지정	계산된 3분자의 빈도 3A	2A1C	1A1C	3C	계산된 3문자의 빈도의 합
폴리-AC (5:1)							
아스파라긴	24	2A1C		20			20
글루타민	24	2A1C		20			20
히스티딘	6	1A2C			4.0		4
리신	100	3A	100				100
프롤린	7	1A2C, 3C			4.0	0.8	4.8
트레오닌	26	2A1C, 1A2C		20	4.0		24
폴리-AC (1:5)							
아스파라긴	5	2A1C		3.3			3.3
글루타민	5	2A1C		3.3			3.3
히스티딘	23	1A2C			16.7		16.7
리신	1	3A	0.7				0.7
프롤린	100	1A2C, 3C			16.7	83.3	100
트레오닌	21	2A1C, 1A2C		3.3	16.7		20

단백질로의 아미노신 중합은 A와 C의 무작위적 혼성중합체를 무세포 추출액에 첨가한 후 관찰하였다. 중합은 단일 아미노산의 최대 중합에 대한 비율로 나타내었다. 그 다음 혼성중합체의 비를 사용해서 특정 코돈이 폴리뉴클레오티드 산물에 나타날 빈도를 계산한다. 코돈들의 상대적 빈도는 특정 뉴클레오티드가 코돈의 정해진 위치에 나타날 확률의 함수이다. 예를 들어 A/C 비가 5:1이면, AAA/AAC의 비=5 x 5 x 5 : 5 x 5 x 1 = 125 : 25가 된다. 따라서 만일 세 개의 A로 된 코돈에 100의 빈도를 할당한다면, 두 개의 A와 하나의 C로 이루어진 코돈은 20의 빈도를 할당받는다. 아미노산이 중합되는 상대 빈도들과 특정 코돈이 나타날 것이라 계산된 빈도들을 서로 연관시킴으로써 시험적인 코돈 지정이 만들어질 수 있다.

표 16-4 아미노아실 tRNA 분자와 3뉴클레오티드-리보솜 복합체의 결합

3뉴클레오티드						결합된 AA-tRNA
5′-UUU-3′	UUC					페닐알라닌
UUA	UUG	CUU	CUC	CUA	CUG	류신
AAU	AUC	AUA				이소류신
AUG						메티오닌
GUU	GUC	GUA	GUG	UCU[a]		발린
UCU	UCC	UCA	UCG			세린
CCU	CCC	CCA	CCG			프롤린
AAA	AAG					리신
UGU	UGC					시스테인
GAA	GAG					글루탐산

AA, 아미노아실(aminoacyl).

[a] 이 코돈은 이 방법에 의해 잘못 지정되었음을 주목하라.

스티딘 코돈이 CCA, CAC, ACC 중 어느 순서로 되어 있는지 알 방법이 없다.

정확한 3뉴클레오티드 코돈에 결합하는 전달 RNA

코돈 내 뉴클레오티드의 순서를 밝히는 직접적인 방법이 1964년에 개발되었다. 이 방법은 단백질 합성에 필요한 모든 인자들이 없더라도 특정한 아미노아실 tRNA(aminoacyl-tRNA) 분자들이 리보솜-mRNA 복합체에 결합할 수 있다는 사실을 이용하였다. 예를 들어, 폴리-U와 리보솜을 혼합하면 페닐알라닐-tRNA만 부착된다. 마찬가지로 폴리-C는 프롤릴-tRNA의 결합을 촉진한다. 중요한 점은 이러한 특이 결합에 반드시 긴 mRNA 분자를 필요로 하지 않는다는 것이다. 실제로 3뉴클레오티드(trinucleotide)만으로도 충분히 리보솜에 결합한다. 3뉴클레오티드 UUU를 첨가하면 페닐알라닐-tRNA가 부착하는 반면, AAA가 첨가되면 리실-tRNA가 리보솜에 특이적으로 결합한다. 이러한 3뉴클레오티드 효과의 발견으로 많은 코돈 내 뉴클레오티드의 순서가 비교적 쉬운 방법으로 결정되었다. 예를 들어, 3뉴클레오티드 5′-GUU-3′는 발릴-tRNA의 결합을 촉진하고, 5′-UGU-3′은 시스테이닐-tRNA 결합을 자극하며 5′-UUG-3′은 류실-tRNA 결합을 일으킨다(표 16-4). 모든 코돈의 서열을 명확히 지정하기 위하여 가능한 모든 64개의 3뉴클레오티드들이 합성되었지만 코돈 전부가 이 방법으로 결정되지는 않았다. 일부 3뉴클레오티드들은 UUU나 GUU에 비해 리보솜에 결합하는 효율이 훨씬 낮아 이들이 어떤 특정 아미노산들을 암호화하는지 알 수 없었다.

반복형 혼성중합체로부터의 코돈 지정

3뉴클레오티드 결합 기술이 이용 가능하게 된 것과 같은 시기에 유기화학 및 효소 기술을 사용하여 알려진 반복서열을 가진 폴리리보뉴클레오티드를 합성할 수 있게 되었다(그림 16-5). 리보솜들은 이들 규칙적인 혼성중합체를 따라 아무데서나 단백질 합성을 시작하여 특이 아미노산들을 폴리펩티드로 중합한다. 예를 들어, 반복서열 CUCUCUCU...는 류신과 세린이 반복되어 있는 규칙적인 폴리펩티드를 만드는 전령이다. 마찬가지로 UGUGUG...는 시스테인과 발린을 포함하는 폴리펩티드의 합성을 촉진하고, ACACAC...는 트레오닌과 히스티딘이 반복되어 있는 폴리펩티드의 합성을 지시한다. 3개의 뉴클레오티드 서열 AAG의 반복으로 조립된 혼성중합체

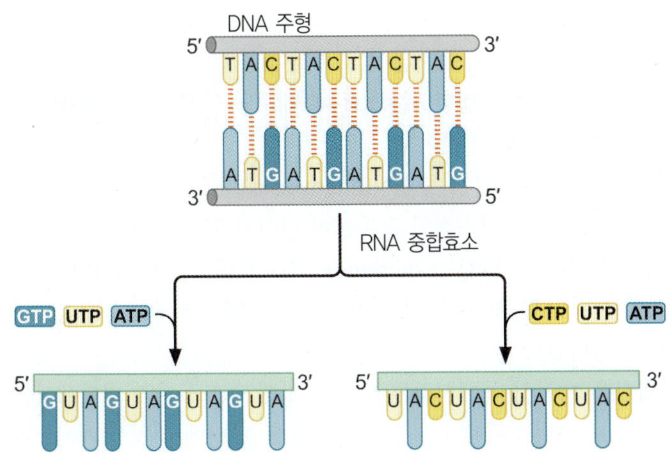

그림 16-5 올리고-리보뉴클레오티드의 준비. 유기합성과 DNA 중합효소 I에 의한 복사를 함께 사용하여 단순 반복서열들을 갖는 이중-가닥 DNA가 만들어질 수 있다. RNA 중합효소는 반응 혼합물에 첨가된 리보뉴클레오시드 3인산의 종류에 따라 DNA의 두 가닥 중 한 가닥으로부터 긴 폴리리보뉴클레오티드를 합성한다.

(AAGAAGAAG)는 폴리리신, 폴리아르기닌, 폴리글루탐산의 3종류의 폴리펩티드 합성을 지시한다. 폴리-AUC도 같은 방법으로 폴리이소류신, 폴리세린, 폴리히스티딘을 위한 주형으로 작용한다(표 16-5). 그 밖의 코돈들은 반복형 4뉴클레오티드 서열들을 사용하여 지정되었다.

이와 같은 여러 관찰을 통하여 가능한 64개의 코돈 중에서 61개에 특정 아미노산이 지정되었다(표 16-1 참조), 나머지 3개의 사슬-종결 코돈인 UAG, UAA, UGA는 어떤 아미노산도 지정하지 않는다. (앞의 장에서 논의하였듯이 대장균에서 번역개시의 특별한 상황에서는 AUG가 평상시의 메티오닌을 지정하는 코돈보다는 N-포밀 메티오닌을 지정하는 개시코돈으로 사용된다는 것을 주목하라.)

유전암호를 지배하는 3가지 법칙

유전암호는 전령 RNA에 있는 코돈들의 배열과 사용을 지배하는 3가지 법칙을 따른다. 첫 번째 법칙은 코돈들이 5′에서 3′방향으로 읽힌다는 것이다. 따라서 이론적인 한 예로 2펩티드(dipeptide) NH_2-트레오닌-아르기닌-COOH에 대한 암호서열은 5′-ACGCGA-3′(이때 5′-ACG-3′은 트레오닌 코돈이고 5′-CGA-3′은 아르기닌 코돈이다) 또는 3′-GCAAGC-5′로 쓰일 수 있다. 후자에서는 코돈들이 전자와 같은 순서

표 16-5 두 개 또는 세 개의 뉴클레오티드로 구성된 혼성복합체를 이용한 코돈의 지정

혼성중합체	인식된 코돈들	중합된 아미노산 또는 만들어진 폴리펩티드	코돈 지정
$(CU)_n$	CUC|UCU|CUC . . .	류신	5′-CUC-3′
		세린	UCU
$(UG)_n$	UGU|GUG|UGU . . .	시스테인	UGU
		발린	GUG
$(AC)_n$	ACA|CAC|ACA . . .	트레오닌	ACA
		히스티딘	CAC
$(AG)_n$	AGA|GAG|AGA . . .	아르기닌	AGA
		글루타민	GAG
$(AUC)_n$	AUC|AUC|AUC . . .	폴리이소류신	AUC
	UCA|UCA|UCA . . .	폴리세린	UCA
	CAU|CAU|CAU . . .	폴리히스티딘	CAU

이지만 원래 방향과는 반대로 쓰여 있다. 그러나 전령 RNA는 5′에서 3′ 방향으로 번역되기 때문에 오직 전자만이 올바른 암호서열이다. 만일 후자가 5′에서 3′방향으로 번역된다면 그 결과 생기는 펩티드는 NH_2-트레오닌-아르기닌-COOH이 아닌 NH_2-아르기닌-트레오닌-COOH일 것이다.

두 번째 법칙은 코돈들의 비중첩성(nonoverlapping)으로 메시지에는 간극(gap)이 없다는 것이다. 이것은 연속적인 코돈들이 인접한 3뉴클레오티드들로 기록된다는 것을 의미한다. 따라서 3펩티드(tripeptide) NH_2-트레오닌-아르기닌-세린-COOH에 대한 암호서열은 5′-ACGCGAUCU-3′ 서열의 3개의 연속되고 중첩되지 않은 3문자(triplet)들로 나타난다.

마지막 법칙은 메시지가 개시코돈에 의해 정해진 고정된 읽기틀에서 번역된다는 것이다. 15장을 보면 번역은 단백질-암호서열의 5′ 말단에 위치한 개시코돈에서 출발한다. 코돈들은 비중첩성이고 3개의 연속적인 뉴클레오티드로 구성되어 있기 때문에 일렬로 연속된 뉴클레오티드들은 이론상 3가지 읽기틀 중 어느 것으로도 번역될 수 있다. 3가지 가능한 읽기틀 중 어느 것이 사용되는지를 지시하는 것은 개시코돈이다. 따라서 예를 들어, 5′...ACGACGACGACGACGACGACG...3′ 서열은 상단부에 있는 개시코돈의 틀에 따라 일련의 트레오닌 코돈(5′-ACG-3′)이나 일련의 아르기닌 코돈(5′-CGA-3′) 또는 일련의 아스파르트산 코돈(5′-GAC-3′)으로 번역될 수 있다.

유전암호를 변경하는 세 종류의 점돌연변이

이제 유전암호의 본질을 고찰하였으니 어떻게 유전자의 암호서열이 점돌연변이에 의해 변경되는지를 재검토하는 것이 바람직할 것이다(10장 참조). 어떤 아미노산에 대해 특이적인 코돈이 다른 아미노산에 대해 특이적인 코돈으로 변경되는 것을 **과오 돌연변이(missense mutation)**라 한다. 그 결과 과오 돌연변이를 가지고 있는 유전자는 인간 유전병인 낫꼴세포 빈혈증(sickle-cell anemia)의 고전적인 예에서 보는 것처럼 어떤 단일 아미노산이 다른 것으로 치환된 단백질 산물을 생산한다. 여기서는 헤모글로빈의 베타-글로빈 소단위체의 6번 글루탐산이 발린으로 교체되어 있다.

보다 강렬한 효과는 **넌센스(nonsense)** 또는 **정지 돌연변이(stop mutation)**로 알려진 사슬-종결 코돈으로의 변경의 결과로 나타난다. 유전 메시지의 중간에서 정지 돌연변이가 일어나면 미성숙한 사슬 종결이 일어나 완전하지 않은 폴리펩티드가 리보솜으로부터 방출된다. 미완성된 폴리펩티드의 크기는 정지 돌연변이의 위치에 의해 좌우된다. 유전자의 개시 부위 가까이에서 일어난 돌연변이는 매우 짧은 폴리펩티드를 만드는 반면, 말단 근처의 돌연변이는 거의 정상 길이의 폴리펩티드 사슬을 생산한다. 15장에서 살펴본 바와 같이, 미성숙 정지코돈을 포함하는 mRNA들은 정지-매개 mRNA 분해(nonsense-mediated mRNA decay)로 알려진 과정에 의해 진핵세포에서 빠르게 분해된다.

세 번째 종류의 점돌연변이는 **틀이동 돌연변이(frameshift mutation)**이다. 틀이동 돌연변이는 읽기틀을 변경시키는 하나 또는 적은 수의 염기쌍의 삽입(insertion) 또는 결실(deletion)에 의한다. 일련의 알라닌 코돈들로 읽힐 나란히 반복된 GCU 서열을 검토해 보자(이 코돈들은 명확성을 위해 인위적으로 간극을 두어 서로 떨어뜨렸지만, 실제 전령 RNA에서는 물론 연속적이다).

```
   Ala   Ala   Ala   Ala   Ala   Ala   Ala   Ala
5′ GCU   GCU   GCU   GCU   GCU   GCU   GCU   GCU-3′
```

이제 이 메시지에 A를 하나 삽입하여 삽입된 위치에 세린 코돈(AGC)이 생기게 해보자. 그 결과 생긴 읽기틀 이동은 삽입 다음에 있는 3문자들이 시스테인으로 읽히게 만든다.

	Ala	Ala	Ser	Cys	Cys	Cys	Cys	Cys
5′	GCU	GCU	**A**GC	UGC	UGC	UGC	UGC	UGC-3′

따라서 단일 염기의 삽입(또는 결실)은 삽입 위치에서뿐만 아니라 전령의 나머지 부분에 대해서도 메시지의 암호능력을 완전히 변화시킨다. 마찬가지로 두 염기의 삽입(또는 결실)은 삽입 다음의 모든 암호서열을 다른 읽기틀로 바꾸는 효과를 가질 것이다.

마지막으로, 메시지 내의 가까운 위치에 세 개의 여분의 염기들이 삽입되는 경우를 생각해 보자. 세 개의 염기가 삽입된 위치와 그 사이에 있는 일련의 메시지는 명백히 심하게 변경될 것이다. 그러나 암호는 세 개의 단위로 읽히기 때문에 삽입된 세 개의 염기들 하단부의 mRNA는 그것의 읽기틀이 올바른 상태에 있으므로 전혀 변경되지 않을 것이다.

	Ala	Ala	Ser	Cys	Met	Leu	His	Ala	Ala	Ala
5′	GCU	GCU	**A**GC	UGC	**A**UG	CUG	C**A**U	GCU	GCU	GCU-3′

암호가 세 개의 단위로 읽힌다는 유전적 증거

크릭(Francis Crick)과 브레너(Sydney Brenner), 그리고 그 동료들은 박테리오파지(bacteriophage) T4를 사용한 고전적 실험의 예를 통해 암호는 3의 단위로 읽힌다는 논리를 확립하였다. 이것은 어떤 생화학 또는 분자생물학적 증거도 없이 순수한 유전적 논증에 기초한 것이다. 단일 유전자 내부의 가까운 위치에 세 개의 단일-염기쌍-삽입 돌연변이를 유도한 파지를 만들기 위해 유전적 교배가 수행되었다. 물론 이 세 개의 삽입은 짧은 길이의 코돈들을 변화시켰지만 문제의 유전자(*rII* 유전자)에 의해 암호화된 단백질은 아미노산 서열의 국지적인 변화를 견뎌낼 수 있었다. 이 결과는 유전자의 전체 암호화 능력이 세 개의 돌연변이의 존재에도 불구하고 크게 변하지 않고 남아 있다는 것을 의미하는데, 이 돌연변이들은 각각 또는 이들 중 두 개만으로도 유전자 메시지의 읽기틀을 완전히 변화시키고 그 단백질 산물을 불활성화시키는 것이었다. 이 유전자는 하나 또는 둘(또는 넷)은 아니지만 세 개의 삽입은 견딜 수 있었으므로, 유전암호는 반드시 세 개의 단위로 읽혀야 한다. 암호가 세 개의 단위로 읽힌다는 것을 보여준 역사적 인물들에 대한 논의와 암호의 본질을 밝히기 위한 모델 시스템으로서 박테리오파지 T4의 역할에 대해서는 2장과 부록 1을 참조하라.

억제인자 돌연변이는 같은 유전자 또는 다른 유전자 내에 존재할 수 있다

때때로 해로운 돌연변이의 효과는 두 번째 유전적 변화에 의해 회복될 수 있다. 이들 두 번째 돌연변이들 중 일부는 변경된 뉴클레오티드 서열을 원래 서열로 되돌아가게 바꾸는 단순한 **역돌연변이[reverse(back) mutation]**이기 때문에 이해하기 쉽다. 그러나 염색체상의 다른 B 위치에 추가적인 유전적 변화를 일으킴으로써 처음 A 위치

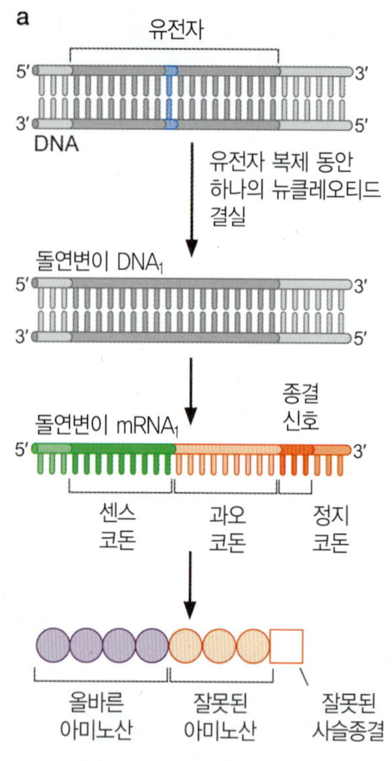

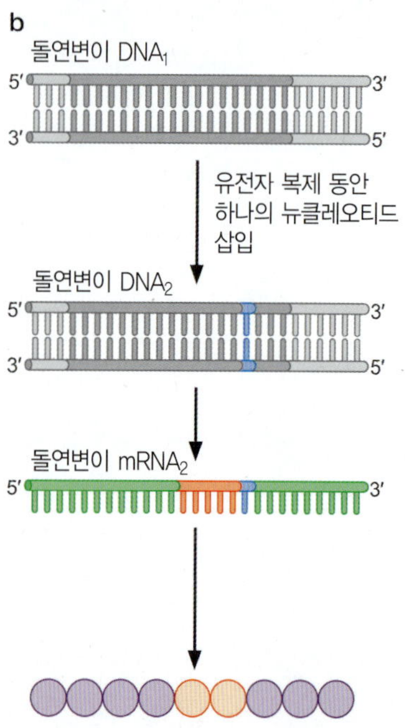

그림 16-6 틀이동 돌연변이의 억제. (a) 뉴클레오티드 암호서열에서의 결실은 불완전하고 불활성화된 폴리펩티드 사슬을 만든다. (b) 패널 a에 나타난 결실의 효과는 두 번째 돌연변이인 암호서열의 삽입에 의해 극복될 수 있다. 이 삽입은 두 개의 아미노산 치환을 가지는 완전한 폴리펩티드 사슬을 만들어낸다. 서열의 변화에 따라 단백질은 부분적 또는 완전한 활성을 가질 수도 있다.

의 돌연변이로 인한 변화를 억제하는 돌연변이는 이해하기가 쉽지 않다. 이런 **억제인자 돌연변이(suppressor mutation)**들은 크게 2종류, 즉 같은 유전자 내의 다른 위치에서 일어난 **유전자 내 억제(intragenic suppression)**와 다른 유전자에서 일어난 **유전자간 억제(intergenic suppression)**로 나뉜다. 다른 유전자에 있는 돌연변이를 억제하는 유전자를 **억제인자 유전자(suppressor gene)**라고 한다. 여기서 우리가 다루는 억제는 모두 원래의 해로운 돌연변이에 의해 불활성화된 단백질의 좋은(또는 부분적으로 좋은) 사본을 만들도록 작용한다. 예를 들어, 만일 첫 번째 돌연변이가 아르기닌을 만드는 데 관여하는 효소들 중 어느 하나가 불활성화된 사본으로 만들어지는 원인이 되었다면, 억제인자 돌연변이는 이 동일 효소의 활성형 사본의 합성을 회복시킴으로써 아르기닌을 만들 수 있게 한다. 그러나 유전자간 억제인자 돌연변이와 유전자 내 억제인자 돌연변이가 활성형의 단백질 합성을 회복시키는 기작은 완전히 다르다.

유전자 내 억제의 한 예로 과오 돌연변이의 경우를 생각해 보자. 이것의 효과는 같은 유전자 내의 추가적인 과오 돌연변이를 통해 때때로 회복될 수 있다. 이 경우 원래의 효소 활성을 잃게 되는 것은 암호화된 단백질 서열에 존재하는 잘못된 아미노산 때문에 생기는 3차구조의 변형 때문이다. 만일 같은 유전자 내의 두 번째 과오 돌연변이가 어떻게든 이 분자의 기능적 부분 주위의 원래 구조를 복원한다면 생물학적 활성을 되돌릴 수 있다. 그림 16-6은 유전자 내 억제의 다른 예인 틀이동 돌연변이의 경우를 나타낸다.

유전자간 억제에는 돌연변이 tRNA가 관여한다

억제인자 유전자들은 돌연변이 유전자의 뉴클레오티드 서열을 변화시킴으로써 작용하는 것이 아니다. 대신 그들은 mRNA 주형이 해독되는 방식을 변화시킨다. 가장 잘 알려진 억제인자 돌연변이의 예 중 하나는 단백질을 암호화하는 유전자에서 정지 돌연변이 효과를 억제하는 돌연변이 tRNA 유전자이다. 하지만 과오 돌연변이와 틀이동 돌연변이조차 억제하는 돌연변이 tRNA들도 알려져 있다. 대장균에서 세 개의 종결코돈 각각에 대한 억제인자 유전자들이 알려져 있다. 그들은 종결코돈을 마치 이것이 어떤 특정 아미노산에 대한 신호인 것처럼 해독함으로써 작용한다. 예를 들어, UAG 코돈을 억제하는 세 개의 잘 알려진 유전자들이 있다. 이 억제인자 유전자들은 각각 세린, 글루타민, 그리고 티로신을 정지 위치에 삽입시킨다. 이들 UAG 억제인자 돌연변이체 각각은 이들 아미노산 중 하나에 특이적인 tRNA의 역코돈이 변형되어 있다. 예를 들어, 티로신 억제인자는 $tRNA^{Tyr}$ 유전자의 역코돈이 GUA(3′-AUG-5′)에서 CUA(3′-AUC-5′)로 바뀌는 돌연변이에 의해 생기며, 결국 UAG 코돈을 인식할 수 있게 된다(그림 16-7). 세린과 글루타민 억제인자 tRNA들 역시 그들의 역코돈에서 하나의 염기가 변화되어 생긴다.

정지 억제인자를 가진 세포들이 돌연변이로 변경된 tRNA를 포함한다는 발견은 어떻게 이들 tRNA에 해당되는 코돈들이 정상적으로 계속 해독될 수 있는가? 하는 의문을 일으켰다. 티로신 UAG 억제인자의 경우, 그 해답은 세 개의 다른 유전자들이 $tRNA^{Tyr}$을 암호화한다는 것이 발견됨으로써 얻어졌다. 한 유전자는 주된 $tRNA^{Tyr}$을 암호화하는 반면에 다른 두 유전자는 적은 양으로 존재하는 $tRNA^{Tyr}$들을 암호화하는 중복 유전자들이다. 이 2개의 중복 유전자 중 어느 하나가 항상 억제인자 돌연변이가 일어나는 부위이다. UGA 억제에 대해서는 이런 딜레마가 존재하지 않는데, 그 이유는 돌연변이 형태의 $tRNA^{Trp}$가 UGA 종결코돈도 인식하면서 UGG(트립토판) 코돈을 해독하는 능력을 유지하기 때문이다. 이것은 역코돈이 야생형의 CCA(3′-ACC-

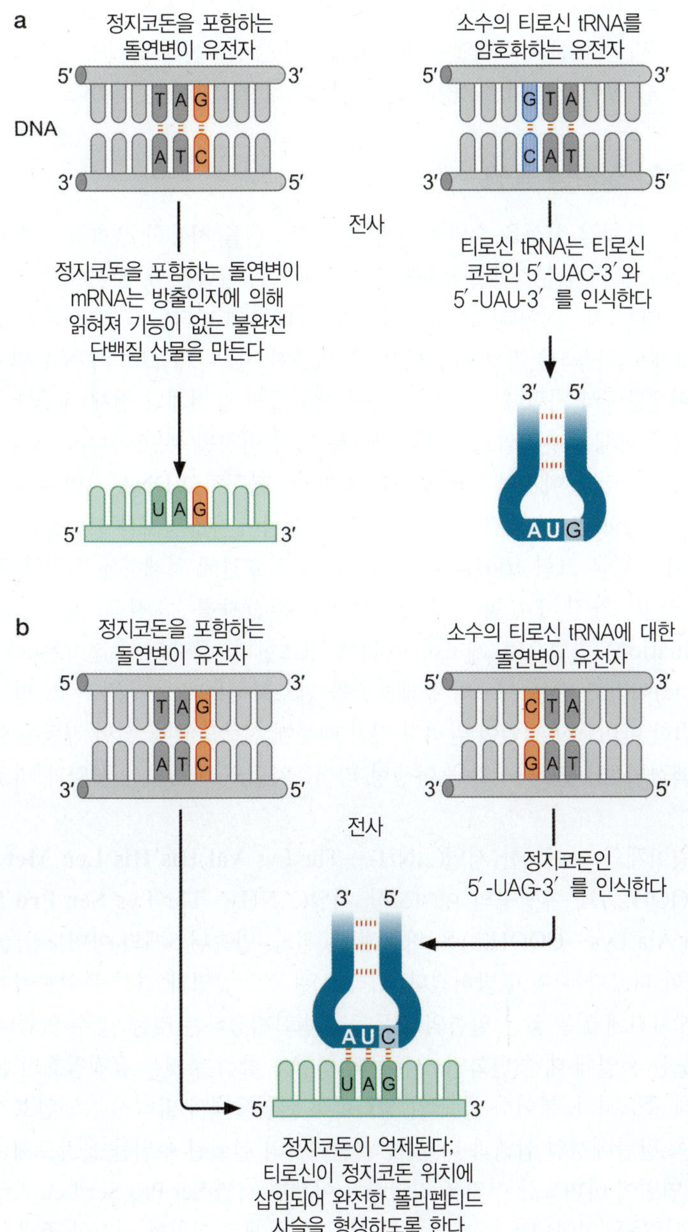

그림 16-7 정지 억제. 이 그림은 어떻게 소수의 티로신 tRNA들이 mRNA에 있는 정지 코돈을 억제하기 위해 작용하는지를 보여 준다.

5′)로부터 돌연변이 $tRNA^{Trp}$의 UCA(3′-ACU-5′)로 바뀌고, 동요 법칙에 의해 코돈의 3′ 위치에 있는 A나 G를 역코돈의 5′ 위치에 있는 U가 인식할 수 있기 때문이다.

정지 억제인자들은 정상적인 종결신호도 해독한다

정지 억제인자의 작용은 억제인자 tRNA와 방출인자 사이의 경쟁으로 볼 수 있다. 종결코돈이 리보솜의 A 위치에 도달했을 때 어떤 것이 먼저 도착하는가에 따라 계속 해독이 진행되거나 사슬 종결이 일어난다. UAG 코돈의 억제는 효율적이다. 억제인자 tRNA가 있을 때 사슬-종결 신호의 반 이상이 특정 아미노산의 코돈으로 읽힌다. 대장균은 UAG 종결코돈이 잘못 해독되는 것을 견딜 수 있는데, 열린 읽기틀(open reading frame)의 말단에서 사슬-종결 코돈으로 UAG가 드물게 사용되기 때문이다. 이와 대조적으로 UAA 코돈에 대한 억제는 평균 1~5% 정도이며 UAA-억제 tRNA

를 만드는 돌연변이 세포들은 잘 자라지 못한다. 이것은 UAA가 사슬-종결 코돈으로 자주 사용된다는 사실과 억제인자 tRNA에 의한 종결코돈의 인식이 비정상적으로 긴 폴리펩티드를 많이 만들어낼 것이라는 사실로부터 예견되었던 것이다.

유전암호의 정확성 증명

유전암호는 단백질 합성을 수반하는 무세포 시스템을 사용한 생화학적 방법들에 의하여 풀렸다. 그러나 분자생물학자들은 일반적으로 시험관 내 분석에만 의존하는 방법에 대해 매우 회의적이다. 그러면 어떻게 표 16-1에 나타난 암호가 살아 있는 세포들에서 실제로 사용되는지를 확실히 알 수 있을까? 물론 대규모의 DNA 염기서열 분석으로 미생물에서 사람에 이르는 다양한 생물들의 유전체의 전체 뉴클레오티드 서열이 결정된 현재는 유전암호가 정확하다는 것이 인정될 뿐만 아니라 거의 보편적이라는 것도 밝혀졌다(이후의 논의 참조). 그럼에도 불구하고 DNA 서열 분석이 가능하기 훨씬 전인 1966년의 고전적이고 교육적인 실험이 유전암호를 확인하는 데 도움이 되었다. 이 실험은 그림 16-6의 예와 유사하게 상호간에 억제하는 삽입과 결실의 돌연변이 쌍을 가진 T4 파지의 돌연변이 유전자를 유전적 재조합(genetic recombination) 방법으로 제조하는 것에 기초한다. 문제의 유전자는 라이소자임(lysozyme)이라고 하는 세포벽 분해효소를 암호화하는데 이것은 작고, 정제하기 쉬우며 완전한 아미노산 서열이 알려져 있기 때문에 선택되었다. 실험 전략은 이중 돌연변이 단백질의 아미노산 서열을 야생형 라이소자임의 아미노산 서열과 비교하는 것이었다.

돌연변이체의 아미노산 서열(...NH_2—Thr Lys **Val His His Leu Met** Ala Ala Lys—COOH...)과 야생형의 아미노산 서열(...NH_2—Thr Lys **Ser Pro Ser Leu Asn** Ala Ala Lys—COOH...)을 비교해 본 결과, 연속된 5개의 아미노산(굵은 글씨로 강조)이 다르다는 것이 밝혀졌다. 이러한 관찰로 삽입과 결실 돌연변이가 돌연변이체의 메시지에 있는 짧은 일련의 코돈들을 변화시켰다는 것을 알 수 있었다. 단백질의 아미노산 서열에 대한 변화된 코돈들의 영향을 밝히는 것은 유전암호의 본질을 이해하는 데 중요하다. 특이하게, 만일 생화학적 실험들에서 밝혀진 유전암호가 확실하다면, 한쪽 말단에서의 삽입과 다른 쪽 말단에서의 결실된 부위를 올바르게 정렬하였을 때, 돌연변이 아미노산 서열을 지정하는 야생형 서열 Ser Pro Ser Leu Asn에 대한 일련의 코돈들을 알아내는 것이 가능할 것이다. 실제로 이러한 해법이 존재하는데, 이는 암호서열의 5′ 말단에서 한 뉴클레오티드가 결실되고 3′ 말단에서 하나의 뉴클레오티드가 삽입되는 것을 필요로 한다.

NH_2—Lys	**Ser**	**Pro**	**Ser**	**Leu**	**Asn**	Ala—COOH
5′—AAA	**A**GU	CCA	UCA	CUU	AAU	GC—3′
5′—AAA	GUC	CAU	CAC	UUA	AUG	GC—3′
NH_2—Lys	**Val**	**His**	**His**	**Leu**	**Met**	Ala—COOH

여기서 보듯이, 해법은 여러 개의 코돈 지정을 입증하고 생체 내에서 하나 이상의 동의 코돈(synonymous codon)이 같은 아미노산을 지정하는 데 사용된다는 것을 보여준다(예를 들어, 히스티딘에 대해 5′-CAU-3′와 5′-CAC-3′). 마지막으로 중요한 것은 이 해법으로부터 번역은 5′에서 3′ 방향으로 진행된다는 것을 확신할 수 있다는 것이다. (힌트: 해법에서 각각의 코돈들을 3′에서 5′ 방향으로 배열할 때 두 아미노산 서열을 올바르게 NH_2에서 COOH 순서로 설명할 수 있는지를 보라.)

유전암호는 거의 보편적이다

유전체들의 대규모 염기서열 분석 결과, 예상했던 유전암호의 보편성이 충분히 확인되었다. 암호의 보편성은 유전체 서열이 알려진 모든 생명체들 사이에서 단백질 암호서열을 직접 비교할 수 있도록 하였으므로 진화를 이해하는 데 커다란 영향을 주었다. 21장에서 볼 수 있듯이, 다양한 생명체들로부터 예측된 암호서열들 간에 유사성을 찾고 확인할 수 있는 강력한 컴퓨터 프로그램이 이용가능하다. 암호의 보편성은 또한 세균에서 인간의 인슐린을 생산하는 것처럼 유용한 단백질 산물을 만드는 유전자들의 클로닝된 사본들을 대리 숙주 생물에서 발현시키는 것을 가능케 함으로써 유전공학 분야가 생겨나는 데 큰 도움을 주었다(21장 참조).

암호의 보존성을 이해하기 위해서 만일 어느 돌연변이가 유전암호를 변경한다면 어떠한 일이 일어날지 생각해 보자. 예를 들어, 돌연변이는 UCU에 해당되는 세린 tRNA 분자의 서열을 변경시켜 대신 UUU 서열을 인식하게 할 수 있을 것이다. 이것은 $tRNA^{Ser}$를 만드는 유전자를 단 하나만 가지고 있는 반수체(haploid) 세포에서는 단백질에서 많은 정상적인 위치에 세린이 들어가지 못하므로 치사(lethal) 돌연변이가 된다. 만일 이배체(diploid) 세포에서처럼 $tRNA^{Ser}$을 만드는 유전자가 하나 이상 있다고 하더라도 세포 내 단백질들의 많은 페닐알라닌 잔기들이 세린으로 동시에 치환될 것이기 때문에 이런 돌연변이는 여전히 죽게 될 것이다.

이러한 관점에서, 세포 내의 어떤 소기관에서는 유전암호가 위에서 언급한 표준암호와 약간 다르다는 것을 발견한 것은 전혀 예상치 못한 일이었다. 이러한 사실은 16,569 염기쌍의 사람 미토콘드리아 유전체의 전체 DNA 서열을 밝히는 과정에서 알려졌지만 효모, 초파리 및 고등식물들의 미토콘드리아에서도 관찰되었다. 단백질을 암호화하는 부위의 서열들을 조사한 결과, 표준 유전암호와 미토콘드리아 유전암호들 사이에 다음과 같은 차이가 있음이 밝혀졌다(표 16-6).

- UGA는 정지신호가 아닌 트립토판을 암호화한다. 따라서 미토콘드리아 $tRNA^{Trp}$의 역코돈은 마치 전통적인 동요 법칙을 따르는 것처럼 UGG와 UGA 모두를 인식한다.
- 내부에 있는 메티오닌은 AUG와 AUA에 의해서 암호화된다.
- 포유동물의 미토콘드리아에서 AGA와 AGG는 아르기닌 코돈("보편적" 암호에는 이것이 6개 있다)이 아니라 사슬 종결을 지정한다. 따라서 포유동물의 미토콘드리아 암호에는 4개의 종결코돈(UAA, UAG, AGA, AGG)이 존재한다.
- 초파리의 미토콘드리아에서 AGA와 AGG는 역시 아르기닌 코돈이 아닌 세린을 지정한다.

미토콘드리아의 tRNA들은 이들이 미토콘드리아 mRNA를 번역하는 방법에 있어서도 차이점이 있다. 포유동물의 미토콘드리아에는 단지 22종류의 tRNA만이 존재하는 데 비해 동요 법칙에 따르면 "보편적(universal)" 암호를 해독하는 데는 최소 32개의 tRNA 분자가 필요하다. 따라서 한 아미노산이 4종류의 코돈(첫 번째와 두 번째 위치에 있는 염기가 동일한)에 의해서 지정될 때, 단 한 종류의 미토콘드리아 tRNA가 관여한다. (보통의 유전암호에서는 최소 두 종류의 tRNA가 필요하다.) 그런 미토콘드리아 tRNA들은 모두 이들의 역코돈의 5′ (동요) 위치에 U 잔기를 가지고 있는데, 이것은 코돈의 세 번째 위치에 있는 4종류의 뉴클레오티드 중 어느 것과도 짝을 이룰

표 16-6 포유동물 미토콘드리아의 유전암호

두 번째 위치

첫 번째 위치 (5′ 말단)	U	C	A	G	세 번째 위치 (3′ 말단)
U	UUU Phe (GAA)†	UCU Ser (UGA)	UAU Tyr (GUA)	UGU Cys (GCA)	U
	UUC	UCC	UAC	UGC	C
	UUA Leu (UAA)	UCA	UAA 종결	UGA Trp (UCA)	A
	UUG	UCG	UAG 종결	UGG	G
C	CUU Leu (UAG)	CCU Pro (UGG)	CAU His (GUG)	CGU Arg (UCG)	U
	CUC	CCC	CAC	CGC	C
	CUA	CCA	CAA Gln (UUG)	CGA	A
	CUG	CCG	CAG	CGG	G
A	AUU Ile (GAU)	ACU Thr (UGU)	AAU Asn (GUU)	AGU Ser (GCU)	U
	AUC	ACC	AAC	AGC	C
	AUA Met (CAU)‡	ACA	AAA Lys (UUU)	AGA 종결	A
	AUG	ACG	AAG	AGG 종결	G
G	GUU Val (UAC)	GCU Ala (UGC)	GAU Asp (GUC)	GGU Gly (UCC)	U
	GUC	GCC	GAC	GGC	C
	GUA	GCA	GAA Glu (UUC)	GGA	A
	GUG	GCG	GAG	GGG	G

* 미토콘드리아와 "보편적" 유전암호(표 16-1) 사이의 차이들은 녹색으로 나타냈다.

† 회색으로 어둡게 표시된 각 그룹의 코돈들은 하나의 tRNA에 의해 읽혀지는데 이것의 역코돈이 괄호 안에 5′ → 3′ 방향으로 쓰여 있다. 각각의 4개로 이루어진 코돈 그룹은 역코돈의 첫 번째 (5′)위치에 U를 가지고 있는 tRNA에 의해 읽혀진다. U/C나 A/G로 끝나는 코돈을 가진 2개로 이루어진 코돈 그룹들은 역코돈의 첫 번째 위치에 G나 U를 가진 tRNA에 의해 GU 동요로 읽혀진다. 이 역코돈들은 종종 변형된 염기들을 가진다.

‡ 역코돈의 첫 번째 위치에 있는 C는 비정상적인 염기쌍을 이룸에 주목하라.

수 있도록 한다. 코돈의 세 번째 위치가 퓨린인 경우에는 그 위치에 피리미딘이 있을 때와는 다른 아미노산이 되며, 미토콘드리아 tRNA의 역코돈의 첫 번째 위치가 변형된 U일 경우는 동요가 제한되게 일어나 단지 두 종류의 퓨린에만 결합할 수 있다.

"보편적" 암호에 대한 예외는 미토콘드리아에만 제한되는 것이 아니라 여러 원핵생물들의 유전체들과 일부 진핵생물들의 핵 유전체들에서도 역시 발견된다. 세균인 *Mycoplasma capricolum*은 UGA를 사슬-종결 코돈이 아니라 트립토판 코돈으로 사용한다. 마찬가지로, 일부 단세포 원생동물들은 "보편적" 암호에서는 종결코돈인 UAA와 UAG를 글루타민 코돈으로 사용한다. 마지막으로 "보편적" 암호에서는 어떤 아미노산(류신)에 대한 코돈(CUG)이 효모인 *Candida*에서는 다른 아미노산(세린)을 위한 코돈이 된다.

지금까지 우리는 어떤 세포소기관 또는 개체에만 특징적으로 나타나는 유전암호의 다양성에 대해 살펴보았다. 하지만 이러한 암호의 차이는 전혀 새로운 종류의 아미노산이 단백질 서열로 도입되면서도 일어나며, 이는 실제로 암호를 확장하는 결과를 가져온다. 글상자 16-1에서는 어떻게 이러한 아미노산이 자연적 또는 인공적으로 만들어지며, 인상적인 유전공학적 성과를 통해 어떻게 그들이 단백질로 삽입될 수 있는지에 대해 이야기하고 있다.

▶ 고급개념

글상자 16-1 유전암호의 확장

앞에서 살펴보았듯이, 유전암호의 64개 코돈 중 61개는 단백질에서 가장 흔히 발견되는 20종의 아미노산을 지정한다. 그러나 일부 단백질은 암호에 의해 지정되지 않는 흔하지 않은 아미노산을 갖고 있다. 예를 들어 콜라겐은 하이드록시프롤린(hydroproline)이라는 아미노산을 갖고 있다. 이것은 프롤린의 수산화에 의해 만들어지며, 나중에 폴리펩티드 사슬에 삽입된다. 또한 일부 단백질은 세린으로 충전된 특화된 tRNA에서 만들어지는 셀레노시스테인(selenocysteine)을 갖고 있다. 셀레니움의 효소적 삽입에 의해 세린은 셀레노시스테인으로 바뀐다. 특화된 셀레노시스테인으로 충전된 tRNA는 전문적인 번역 신장인자에 의해 인식되는 mRNA 서열 주위의 특정 UGA 코돈 위치에서 리보솜에 삽입된다. 신장인자는 성장하는 폴리펩티드의 금속함유 아미노산이 삽입되는 A 부위에 셀레노시스테인으로 충전된 tRNA를 가져온다. 이러한 또는 다른 방식으로 변형된 아미노산은 유전암호의 보편성을 깨뜨리지 않으면서 대체 아미노산을 단백질에 포함시키는 기작에 관여한다. 하지만 우리는 유전공학적 방법을 통해 유전암호가 인공적 아미노산을 지정하도록 확장할 수 있지 않을까? 이 방식을 통해 단백질의 특정 부위에 맞춤형 아미노산을 삽입함으로써 유용한 특성을 갖춘 새로운 단백질 또는 전체 개체를 만들 수는 없을까?

두 부류의 연구의 융합에 의해 이러한 가능성이 현실로 다가왔다. 한 가지는, UAG를 인식하지만 대장균에 존재하는 어떠한 아미노아실 tRNA 합성효소와도 결합하지 않는 tRNA를 만드는 것이었다. 대신 이 특별한 tRNA를 인지해서 특정 인공 아미노산으로 충전할 수 있는 동족(cognate) 효소를 반복적 진화전략(iterative evolution strategy)을 통해 생산하였다. 이러한 방식으로 중금속 결합부위(X-ray 회절 연구), 형광부위(형광현미경), 광교차 연결부위 및 화학적 반응기 등의 유용한 특성을 지닌 다양한 인공 아미노산으로 tRNA를 충전할 수 있는 일련의 합성효소들이 개발되었다(글상자 16-1 그림 1). 대장균은 UAG를 인지하는 tRNA를 생산하고, 위의 합성 효소들 중 하나는 mRNA의 UAG 부위에서 성장배지에서 얻은 동족의 인공 아미노산을 단백질로 삽입할 수 있다. 예를 들어 어느 단백질의 특정 부위에 광교차 연결부위를 도입하고자 한다면, 단백질의 암호서열에 TAG 코돈을 도입하고 이 유전자를 UAG 코돈에서 인공 아미노산을 삽입할 수 있도록 조작된 대장균에서 발현시킨다.

한편, 두 번째 연구에서는 대장균 유전체의 314개 TAG(UAG) 정지코돈 모두가 TAA(UAA) 정지코돈으로 치환된 균주가 개발되고 있다. 이러한 유전공학적 성과는 다음의 두 단계에 걸쳐 이루어질 것이다. 첫 단계에서는 MAGE(multiplex automated genome engineering)라 불리는 복합적 접근법에 의해 TAG 코돈이 동의 정지코돈으로 치환된 부위가 서로 다른 32종의 균주가 개발되고 있다. 다음으로는 CAGE(conjugative assembly genome engineering)로 알려진 위계적인 유전적 접합(hierarchical genetic conjugation)의 전략을 통해, 모든 314개 코돈의 치환을 하나의 균주에 합칠 것이

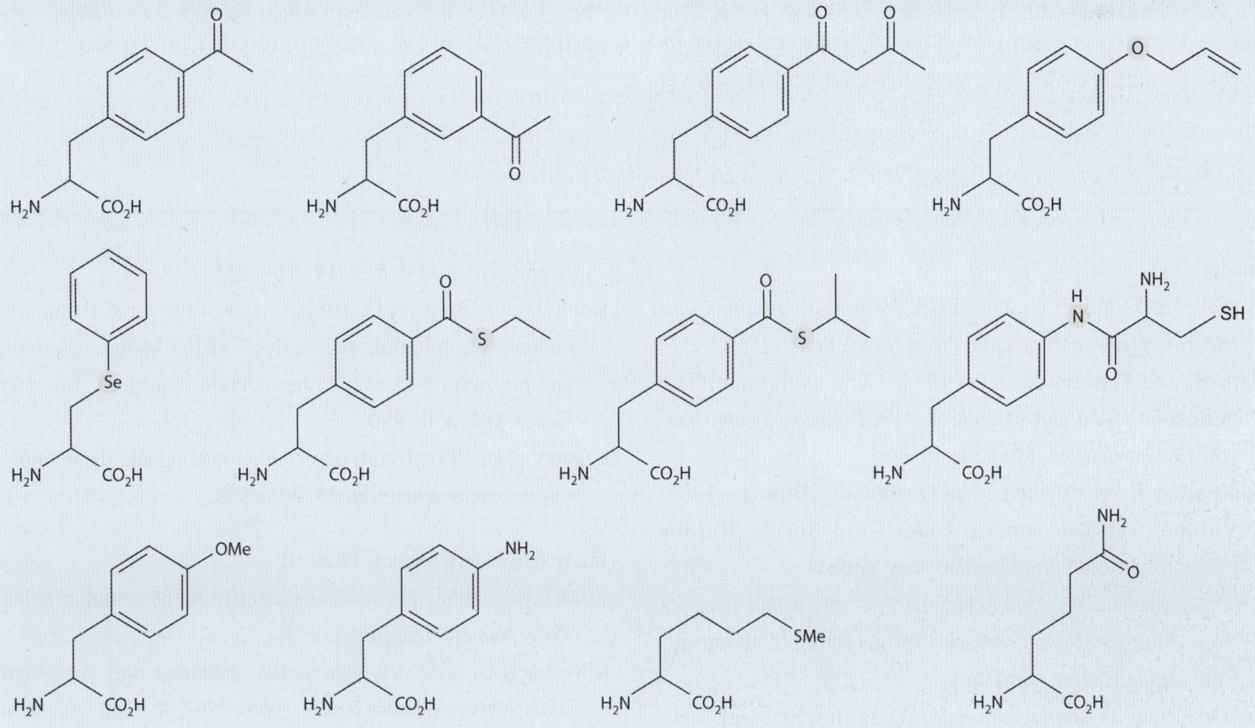

글상자 16-1 그림 1 **확장된 유전암호에 의해 삽입되도록 개발된 인공 아미노산의 예.** (Adapted from http://schultz.scripps.edu/research.php, courtesy Peter Schultz.)

글상자 16-1 (계속)

다. 이 전략을 통해 맞춤형 아미노산의 삽입을 위해 TAG 코돈이 제거된 대장균 균주가 완성될 것이다. 미래에는 이러한 전략들이 효모 같은 다른 미생물에도 적용될 수 있을 것이다. 20개의 자연적 아미노산의 제약에서 벗어나, 대장균과 효모는 조상들 보다 잘 조절된 실험실환경에서 유용한 특성의 진화 잠재력을 가진 코돈을 지정하는 21번째 아미노산을 갖게 될 것이다.

요약

세균에서 인간에 이르는 모든 생명체에 의해 사용되는 "보편적" 유전암호에서 61개의 코돈들은 특이적인 아미노산들을 지정하고 나머지 3개는 사슬-종결 코돈들이다. 코돈은 매우 퇴화되어 있어 여러 코돈(동의 코돈)들이 보통 하나의 아미노산에 해당된다. 어떤 tRNA는 때때로 여러 코돈을 특이적으로 인식할 수 있다. 이 능력은 역코돈의 5′ 말단에 있는 염기에서의 동요(wobble)에 의해 생긴다. 종결코돈인 UAA, UAG, UGA는 특별한 tRNA 분자가 아닌 특정 단백질들에 의해 인식된다.

유전암호는 세 가지 기본 법칙을 따른다. 코돈은 5′ 에서 3′ 방향으로 읽혀지고, 비중첩적이고 메시지는 간극을 포함하지 않으며, 개시코돈에 의해 정해지는 고정된 읽기틀에서 번역된다.

유전암호는 무세포 추출물(cell-free extract)에서의 단백질 합성에 관한 연구를 통해 해독되었다. 원래의 mRNA 성분이 없는 추출물에 새로운 mRNA를 넣으면 이 외부적으로 첨가된 mRNA에 의해 아미노산 서열이 결정된 새로운 단백질이 만들어진다. 유전암호를 해독하는 데 있어 첫 번째이자 가장 중요한 진전은 합성 폴리리보뉴클레오티드 폴리-U가 특정하게 폴리페닐알라닌을 암호화한다는 것의 발견이다. 단일형(폴리-C 등)과 혼합형(폴리-AU 등) 합성 폴리리보뉴클레오티드를 사용하여 여러 아미노산들에 대한 코돈들을 지정할 수 있었다. 코돈들의 정확한 뉴클레오티드 서열은 후에 특정한 3뉴클레오티드-tRNA-리보솜 상호작용에 대한 연구와 전령 mRNA로서 규칙적인 혼성중합체(copolymer)를 사용하여 결정되었다.

암호를 바꾸는 점(point) 돌연변이는 과오 돌연변이로, 이것은 한 아미노산에 대한 코돈을 다른 아미노산에 대한 코돈으로 바꾼다. 정지 돌연변이는 단백질 합성의 너무 이른 종결을 일으키고 틀이동 돌연변이는 mRNA의 읽기틀을 변경한다. 일부의 경우, 과오, 정지, 틀이동 돌연변이들의 효과는 유전자 밖의 억제인자(extragenic suppressor)들에 의해 부분적으로 억제될 수 있다. 예를 들어 돌연변이가 일어난 tRNA들은 정지 돌연변이에 의해 만들어진 종결코돈을 마치 그들이 특정 아미노산에 대한 코돈인 것처럼 해독한다.

미토콘드리아와 특정 원핵생물 및 원생동물의 기본 유전체에서는 약간 다른 유전암호를 이용하는 데, 예를 들어 "보편적" 코돈에서의 종결코돈인 UGA가 트립토판 코돈으로 사용된다.

참고문헌

Books

Celis J.E. and Smith J.D., eds. 1979. *Nonsense mutations and tRNA suppressors.* Academic Press, New York.

Clark B. and Petersen H., eds. 1984. Gene expression: The translational step and its control. *Alfred Benzon Symposium*, vol. 19. Copenhagen, Munksgaard.

Cold Spring Harbor Symposia on Quantitative Biology. 1966. Volume 31: *The genetic code*. Cold Spring Harbor Laboratory, Cold Spring Harbor, New York.

Söll D.G., Abelson J.N., and Schimmel P.R., eds. 1980. *Transfer RNA: Biological aspects*. Cold Spring Harbor Laboratory, Cold Spring Harbor, New York.

Ycas M. 1969. *The biological code*. Wiley (Interscience), New York.

Features of the Genetic Code

Crick F.H.C. 1966. Codon–anticodon pairing: The wobble hypothesis. *J. Mol. Biol.* **19**: 548–555.

Kohli J. and Grosjean H. 1981. Usage of the three termination codons: Compilation and analysis of the known eukaryotic and prokaryotic translation termination sequences. *Mol. Gen. Genet.* **182**: 430–439.

Lagerkvist U. 1981. Unorthodox codon reading and the evolution of the genetic code. *Cell* **23**: 305–306.

How the Code Was Cracked

Crick F.H.C. 1963. The recent excitement in the coding problem. *Prog. Nucleic Acid Res.* **1**: 164.

Khorana H.G. 1968. *Polynucleotide synthesis and the genetic code. Harvey Lecture Series 1966–1967*. Vol. 62. Academic Press, New York.

Nirenberg M. and Leder P. 1964. The effect of trinucleotides upon the binding of sRNA to ribosomes. *Science* **145**: 1399–1407.

Speyer J.F., Lengyel P., Basilio C.,Wahba A.J., Gardner R.S., and Ochoa S. 1963. Synthetic polynucleotides and the amino acid code. *Cold Spring Harbor Symp. Quant. Biol.* **28**: 559–568.

Three Rules of the Genetic Code

Brenner S., Stretton A.O.W., and Kaplan S. 1965. Genetic code: The nonsense triplets for chain termination and their suppression. *Nature* **206**: 994–998.

Crick F.H.C., Barnett L., Brenner S., and Watts-Tobin R.J. 1961. General nature of the genetic code for proteins. *Nature* **192**: 1227–1232.

Garen A. 1968. Sense and nonsense in the genetic code. *Science* **160**: 149–159.

Terzaghi E., Okada Y., Streisinger G., Emrich J., Inouye M., and Tsugita A. 1966. Change of a sequence of amino acids in phage T4 lysozyme by acridine-induced mutations. *Proc. Natl. Acad. Sci.* **56**: 500–507.

Suppression

Buckingham R.H. and Kurland C.G. 1980. Interactions between UGAsuppressor tRNN′P and the ribosome: Mechanisms of tRNA selection. In *Transfer R.N.A: Biological aspects* (ed. D. Söll, et al.), pp. 421–426. Cold Spring Harbor Laboratory, Cold Spring Harbor, New York.

Ozeki H., Inokuchi H., Yamao F., Kodaira M., Sakano H., Ikemura T., and Shimura Y. 1980. Genetics of nonsense suppressor of tRNAs in *Escherichia coli*. In *Transfer R.N.A: Biological aspects* (ed. D. Söll, et al.), pp. 341–349. Cold Spring Harbor Laboratory, Cold Spring Harbor, New York.

Steege D.A. and Söll D.G. 1979. Suppression. In *Biological regulation and development I* (ed. R.F. Goldberger), pp. 433–486. Plenum, NewYork.

Expanding the Genetic Code

Isaacs F.J., Carr P.A.,Wang H.H., Lajoie M.J., Sterling B., Kraal L., Tolonen A.C., Gianoulis T.A., Goodman D.B., Reppas N.B., et al. 2011. Precise manipulation of chromosomes in vivo enables genome-wide codon replacement. *Science* **333**: 348–353.

Noren C.J., Anthony-Cahill S.J., Griffith M.C., and Schultz P.G. 1989. A general method for site-specific incorporation of unnatural amino acids into proteins. *Science* **192**: 1227–1232.

연습문제

짝수 문제의 해답은 부록 2 해답을 참조하라.

문제 1. 코돈 퇴화성을 나타내지 않는 두 아미노산의 이름을 쓰시오. 왜 그런지 설명하라.

문제 2. 세포가 5′-AAG-3′ 코돈은 리신을 암호화하고, 5′-AGG-3′ 코돈은 아르기닌을 암호화할 때의 이점을 설명하라.

문제 3. mRNA의 5′-ACU-3′ 코돈을 생각해 보자. 이 코돈은 어떤 아미노산을 암호화하는가? 어떤 DNA 염기서열이 이 코돈을 암호화하는가? 이 코돈을 인지하는 tRNA 역코돈의 서열을 제시하라.

문제 4. 염기서열 기록에 대한 5′→3′ 규정을 따랐을 때, 다음의 mRNA 코돈들은 tRNA의 ICG 역코돈에 의해 인지될 수 있는지 '예' 또는 '아니오' 로 대답하라.

_______ **A.** UGC　　_______ **D.** CGU

_______ **B.** CGA　　_______ **E.** GCG

_______ **C.** UGA

문제 5. 생화학자들에 의해 수행된 초기실험에서, poly-U 같은 RNA 서열을 이용해 유전암호를 해독할 때 리보솜이 중합체 서열을 번역할 수 있도록 하는 중요한 조건은 무엇인가?

문제 6. 당신은 5′-GUG-3′ 코돈이 발린을 암호화하는지 조사하려고 한다. 어떤 반복적 2뉴클레오티드 RNA 서열을 사용하면 5′-GUG-3′ 코돈이 발린을 암호화한다는 것을 알 수 있을까? 리보솜이 반복적 2뉴클레오티드 서열을 번역한다면, 폴리펩티드 서열에서 어떤 다른 아미노산이 발견될 것이라 기대되는가?

문제 7. 대장균의 유전자 중간에 있는 다음과 같은 DNA 서열, 5′-ACCGTTTCGGCTAGG-3′이 있다. 이 가닥은 암호화 가닥이다. 이 서열을 폴리펩티드로 정확히 번역할 수 있기 위해 꼭 알아야 할 유전자 암호의 세 가지 규칙은 무엇인가?

문제 8. 대장균의 유전자 중간에 있는 다음과 같은 DNA 서열, 5′-ACCGTTTCGGCTAGG-3′이 있다. 이 가닥은 암호화 가닥이다. 이 서열이 암호화하는 세 가지 가능한 폴리펩티드를 써라.

문제 9. 아래는 270개의 아미노산으로 이루어진 단백질의 마지막 아미노산들을 암호화하는 야생형 DNA 서열의 일부를 나타낸다. 굵은 글씨의 첫 3개의 염기쌍은 암호화 부위를 포함하는 틀을 나타낸다.

5′...**GCT**AAGTATTGCTCAAGATTAGGATGATAAATAACTGG3′
3′...**CGA**TTCATAACGAGTTCTAATCCTACTATTTATTGACC5′

A. 어떤 가닥이 이 유전자의 전사를 위한 주형 가닥인가? 왜 그런지 간단히 설명하라.

B. 하나의 염기쌍을 삽입하면 7개의 아미노산 길이가 짧아지는 단백질이 만들어진다. 위에 있는 서열에서 어느 위치에 삽입이 일어났을까?

C. 하나의 염기쌍의 변화가 하나의 아미노산이 길어지는 단백질을 만든다. 위에 있는 서열에서 어느 염기쌍을 변화시키겠는가? 또 하나의 아미노산이 길어진 단백질을 위해 이 염기쌍을 무엇으로 바꿀 것인가?

문제 10. 아래의 야생형 서열을 참조하여, 각 서열의 변화는 다음에 제시한 돌연변이 중 어떤 타입에 해당되는지 구분하라: 과오 돌연변이, 틀이동 돌연변이, 역돌연변이, 유전자 내 억제인자 돌연변이, 유전자간 억제인자 돌연변이. 각각의 변형된 서열에 대해 하나 이상의 답이 가능하다. 이 DNA 서열은 270 아미노산으로 이루어진 단백질의 마지막 아미노산을 암호화하고 있다. 굵은 글씨로 나타낸 처음 3개의 염기쌍은 읽기틀을 나타내고 암호화부위를 포함하고 있다. 삽입된 뉴클레오티드는 이탤릭체로 나타내었다.
야생형:

5′...**GCT**AAGTATTGCTCAAGATTAGGATGATAAATAACTGG3′
3′...**CGA**TTCATAACGAGTTCTAATCCTACTATTTATTGACC5′

A. 변형된 서열 1:
5′...**GCT**AAGTATTGCTCAA*CC*GATTAGGATGATAAATAACTGG3′
3′...**CGA**TTCATAACGAGTT*GG*CTAATCCTACTATTTATTGACC5′

B. 변형된 서열 2 — 변형된 서열 1의 변화:
5′...**GCT**AAGTATTGCTCA*CC*GATTAGGATGATAAATAACTGG3′
3′...**CGA**TTCATAACGAGT*GG*CTAATCCTACTATTTATTGACC5′

C. 변형된 서열 3 — 변형된 서열 1의 변화:
5′...**GCT**AAGTATTGCTC*CC*GATTAGGATGATAAATAACTGG3′
3′...**CGA**TTCATAACGAG*GG*CTAATCCTACTATTTATTGACC5′

문제 11. 연구자들이 막관통 단백질에서 시스테인이 트립토판으로 바뀐 하나의 아미노산 변화가 망막 퇴화(retinal degeneration)를 일으킨다는 것을 발견하였다. 이러한 치환을 암호화하는 관련 mRNA의 서열을 제시하라. 야생형 mRNA 서열(들)과 돌연변이가 일어난 서열을 제시하라. 아미노산의 치환이 DNA 상의 염기전이 또는 염기교차 돌연변이에 의해 유발되는가?

문제 12. 유전암호의 보편성에 대해 설명하라. 어떻게 보편성의 예외가 존재하는가?

문제 13. *Candida albicans*로부터 유전자를 클로닝하여 대장균에서 발현하려고 한다. 대장균 세포가 *Candida albicans*에서와 똑같은 아미노산 서열을 가진 단백질을 만들기를 원한다. 어떻게 유전자의 DNA 서열에 돌연변이를 일으켜야 5′-CUG-3′ 코돈이 류신이 아닌 세린을 암호화할 수 있게 되는가?

문제 14. 특정 유전자의 돌연변이체에 대한 억제인자 돌연변이를 가진 대장균을 찾고자 한다. 이 유전자에 의해 암호화되는 단백질은 정지 돌연변이에 의해 발현되지 않는다. 하나의 억제인자 돌연변이는 자주 사용되지 않는 $tRNA^{Leu}$을 암호화하는 유전자상에 존재한다.

A. 위에서 어떤 종류의 억제인자 돌연변이가 묘사되었는가?

B. 왜 자주 사용되는 $tRNA^{Leu}$ 대신 자주 사용되지 않는 $tRNA^{Leu}$이 억제인자 돌연변이를 가지고 있을 가능성이 더 높을까?

C. 억제인자 돌연변이가 오직 하나의 점돌연변이에 의한 것이고 5′-UAG-3′ 정지코돈을 번역할 수 있다고 할 때, 돌연변이가 일어난 $tRNA^{Leu}$ 와 야생형 $tRNA^{Leu}$ 상의 역코돈의 서열을 제시하라.

D. 왜 5′-UAG-3′ 코돈의 억제가 다른 정지코돈의 억제보다 더 효율적인가?

문제 15. 출아효모(*S. cerevisiae*)에서 유래한 *X* 유전자를 플라스미드에 클로닝하려고 한다. 자신의 프로모터로부터 유전자를 발현하기 위해서 열린 읽기틀의 앞뒤 1 kb의 서열을 포함하였다. *X* 유전자의 열린 읽기틀의 앞쪽으로 AUG 코돈은 존재하지 않는다. 단백질이 발현되는지 확인하기 위하여, *X* 유전자를 포함하는 플라스미드가 이 유전자가 결핍된 균주를 보상하도록 하였으나, 그렇게 되지 않았다(야생형으로 돌아가지 않았다). *S. cerevisiae*의 이어붙이기 문제는 고려하지 않는다. 당신은 클로닝된 *X* 유전자에 돌연변이가 일어났을 것이라고 의심하고 있다. 이번 주에는 염기서열 분석 서비스를 하지 않지만, 실험실에서 시험관 내 번역(*in vitro* translation)시스템은 사용할 수 있다. 야생형 *X* 유전자와 클로닝된 *X* 유전자의 시험관내 번역시스템을 이용해 단백질을 합성한다. 이 산물을 SDS-폴리아크릴아마이드 겔에서 전기영동하여 분리하고 Coomassie Brilliant Blue 시약으로 염색한다(아래 결과). 당신은 크기가 작은 단백질이 만들어졌기를 기대하기에 작은 분자량의 표지자를 사용한다.

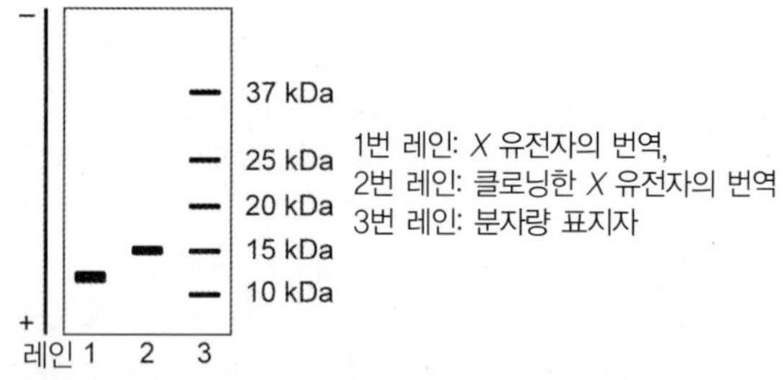

A. 클로닝한 *X* 유전자에 돌연변이가 일어났다고 생각하는가? 그렇다면 어떤 종류(과오, 정지, 틀이동)의 돌연변이인가? 결과를 바탕으로 설명하라.

B. 왜 클로닝한 유전자가 유전자 결핍균주를 보상하지 못했다고 생각하는가? 결과를 바탕으로 설명하라.

CHAPTER 17

생명의 기원과 초기 진화

개요

세포의 작용은 수많은 분자 기구들의 조화된 작용에 의해 이루어진다. 약간의 예외를 제외하고는 이들 기구는 주로 단백질로 구성되어 있고 이들이 공동으로 세포 삶의 거의 모든 면을 수행한다. 이들은 이 책에서 다루는 유전체의 복제와 수선, 유전자 발현의 조절, 세포분열, 그리고 염색체 분리와 같은 대부분의 과정에 포함된다. 이와 함께 물질 대사, 에너지 생산, 그리고 광합성이 종종 작은 분자인 보조인자와 함께 작용하기는 하지만 주로 단백질들에 의해 이루어진다. 간단히 말하면, 우리는 생명의 근간이 주로 아미노산 중합체들의 협력된 행동에 있는 "단백질 세상"에 살고 있다. 만약 그렇다면 어떻게 되어서 이렇게 되었는지를 알아볼 가치가 충분히 있다. 게다가 지구에 단백질을 근간으로 하는 생명체가 어떻게 생겨났는지, 그리고 정말로 그것이 이 행성에서 일어난 일이라면, 이와 같은 질문보다 더 심오한 쟁점은 있을 수 없다는 것은 자명하다. 어떤 화학적 및 물리적 사건의 경과로 생명체가 생기게 되었으며 또한 오늘날의 단백질-근간인 세상의 생물체로 진화되었는가?

생명의 기원에 대한 질문은 곧바로 어려운 문제들을 제기한다. 만약 DNA 복제 기구와 유전정보를 단백질로 해독하는 것이 단백질에 의해 이루어진다면, 그러면 단백질이 있기 이전에는 유전물질의 복제와 발현이 어떻게 이루어졌겠는가? 핵산-근간의 유전물질이 어쨌든 원시 혼합물에서 생겨난 순간을 가정하면 단백질이 있기 이전에 스스로 증식하기 위하여 필요로 하는 바로 그 단백질의 생산을 어떻게 지시할 수 있었겠는가? 그리고 이 증식이 다음에 고려할 복제 기구가 거처할 막 소낭으로서의 **원시세포(protocell)**들이 있기 이전에 이루어질 수 있었으며, 그리고 또 그와 같은 원시세포가 어떻게 생겨날 수 있었겠는가? 이런 질문에 대해 제시되는 개념상의 문제를 넘어서 역사적인 질문을 하는 매우 어려운 도전이 있다. 우리는 생명의 기원에 대한 사건에 재방문하도록 시간을 뒤로 가게 할 수 없을 뿐 아니라 남겨진 화석 기록으로서의 단서도 남겨진 것이 아주 적거나 없다. 그렇지만 이 같은 장애에도 불구하고, 분자생물학은 생명이 어떻게 생겨났으며, 아직 실체는 아니지만, 원리의 증명으로 시험관 내에서 생명을 만들어 내는 전망에 대한 가설을 제안하도록 해 주었다.

생명은 정확히 무엇을 의미하는가? 생명을 정의하는 것은 어렵다. 왜냐하면 생명은 과정이지 물체가 아니다. 그러나 심지어 어린이라 할지라도 살아 있는 것과 생명이 없는 물체를 확실히 구별할 수 있다. 여기서 이 장의 목적을 위하여 가장 초기 형태의 생명에 가장 잘 적용할 수 있는 다음과 같은 최소한의 정의를 사용하고자 한다. 즉, 그 당시의 생명은 자가-복제를 할 수 있으며 다윈적 진화에 종속하도록 되어 있는 시스템으로부터 나온다. **자가-복제(self-repliation)**는 증식을 위해 작은 분자와 에너지에만 의존하는 시스템을 의미한다. **다윈적 진화(Darwinian evolution)**는 보다 효과적으로 증식하도록 보다 복잡하고 상이한 시스템이 출현하고 선발되도록 허용하는 돌연변이와 일시적 변이를 하게 하는 시스템을 의미한다.

현대의 생명-형태 중에서 가장 간단하며 자유 생활을 하는 마이코플라스마(*Mycoplasma*) 속의 생물체가 있다. 이 박테리아는 세포벽이 없고 작은 유전체를 지니고 있는데 *Mycoplasma genitalium* 종의 예를 들면 580 kb의 유전체와 500개의 단백질을 암호화하는 유전자들을 지니고 있다. 마이코플라스마보다 더 간단한 것으로는 바이러스가 있지만 이 작은 감염성을 지닌 병원체는 그들이 세포 구조를 지니고 있지 않고, 세포분열에 의해 증식되지도 않으며 작은 분자와 에너지보다도 많은 것을 숙주세포에 의존하고 있기 때문에 살아있는 것으로 간주되지 않는다. 이외에도 마이코플라스마보다 더 단순한 것으로 곤충의 세포내 공생체의 예로 매미의 공생체인 *Hodgkinia cicadicola*가 있는데 오직 144 kb의 유전체로 되어 있다. 그러나 마이코플라스마와는 달리 이 공생체는 숙주 곤충의 세포 내에서만 살아갈 수 있고 물질대사와 증식을 숙주에 완전히 의존하고 있다.

마이코플라스마 박테리아는 단순히 세포질 막과 단백질-근간의 생명체로서 지녀야 할 최소한의 목록인 세포질분열, 염색체 복제와 분리, 단백질 합성과 물질대사를 위한 기구들로 구성되어 있다. (이와 같이 간단함에도 불구하고 마이코플라스마 박테리아는 생명의 가장 초기 형태의 직접적인 자손은 아니라고 본다. 오히려 이들은 세포벽과 보다 큰 유전체를 지닌 보다 복잡한 박테리아로부터 유전자와 함께 기능성을 잃어버려 생긴 것으로 본다.) 흥미롭게도 실험실에서 한 단계 더 나아가 세포질분열의 기구를 상실한 마이코플라스마와 닮은 **L-형태(L-form)**라 알려진 세포벽이 없는 박테리아가 생기게 하는 것이 정말로 가능하다. 대신에 이들 L-형태는 이 장의 뒤에서 다룰 원시세포와 다르지 않은 자발적인 기포와 같은 과정에 의해 분열한다. 그러므로 당시 생명의 최소 요소 명단에 **세포질분열(cytokinesis)**을 위한 기구를 포함시킬 필요는 없다.

마이코플라스마 박테리아는 아주 작은 유전체를 지니고 있기 때문에 최근에는 *Mycoplasma mycoides* 종의 전체 유전체를 합성하는 것과 인공 유전체를 지닌 생명체 세포를 만드는 것이 가능해졌다. *M. mycoides*의 백만 염기쌍(Mb) 유전체는 화학적으로 합성된 1 kb 단위를 단계적으로 조립하여 완전한 유전체가 되게 하였고 이를 대리 숙주인 효모에서 증식시켰다(그림 17-1). 최종 단계에서 합성된 *M. mycoides*의 유전체는 효모세포로부터 회수하여 다른 종의 마이코플라스마의 세포질 내로 옮겼고 그렇게 함으로써 박테리아의 유전체를 바꾸었다. 이런 이 식의 결과로 완전히 인공적인 합성법으로 만들어진 유전체를 지닌 자유-생활 박테리아가 만들어졌다(그림 17-2).

이 장의 목표는 어떻게 그리고 어떤 조건하에서 단순한 캡슐에 싸여 자가-복제를 할 수 있는 분자 시스템이 생겨났고 그리고 이 원시 시스템이 다윈적 진화를 거쳐 오늘날의 단세포 생물의 조상으로 되어졌는가를 고찰하는 것이다. 이 책에서 다루는 거의 모든 다른 주제와는 달리 생명의 기원에 관한 우리의 이해는 대부분 추론의 단계에 있는 형편이다. 그러므로 우리는 일련의 질문으로 이 주제를 탐구하고자 한다.

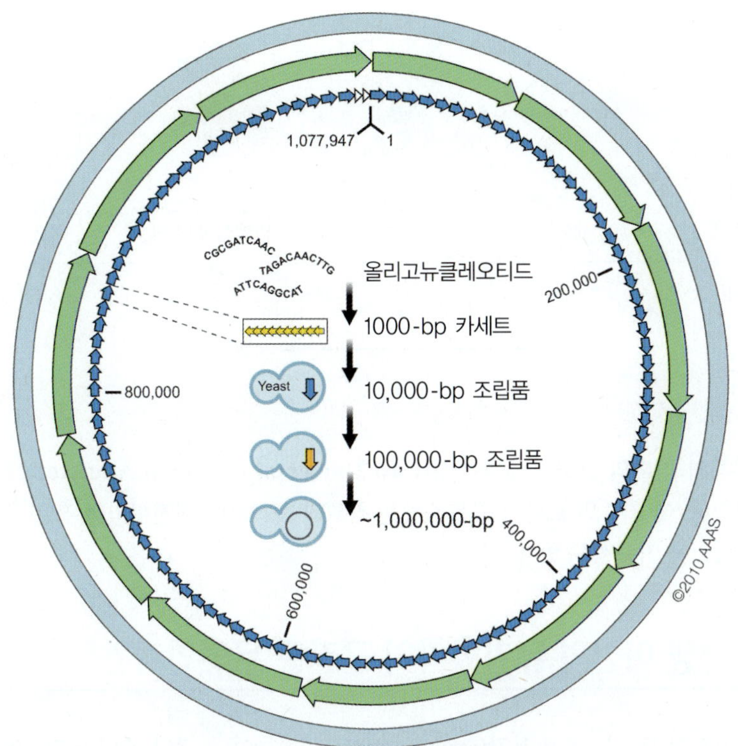

그림 17-1 합성 유전체의 창조. 이 개요는 *Mycobacterium mycoides*의 완전한 유전체의 화학적 합성에 사용한 전략을 나타낸다. 1000 bp의 카세트(노란 화살표)를 순차적으로 조립하여 보다 긴 단위로 증가시켜서 최종에는 숙주세포로 효모를 사용한 인공염색체가 되게 한다. (Adapted, with permission, from Gibson D.G. et al. 2010. *Science* **329:** 52–56. © AAAS.)

언제 지구상에 생명체가 생겨났는가?

이제 지구에서 생명체가 생겨났고 (그리고 우주의 다른 어떤 곳에서 이곳으로 와서 뿌려진 것이 아니라고) 가정하면, 생명체는 액체 물(liquid water)이 나타나기 이전에 생겨나지는 않았을 것이라고 추정할 수 있다. 지구는 거대한 발사체와의 충돌로 생긴 자신의 달을 지니고 있는 무한히 긴 기간의 과정을 거쳐 형성되었다. 이 충돌로 약 45억 (4.5 Ga, gigaannum) 년 전에 행성 성장의 주요 위상은 멈추게 된다. 충돌에 의한 에너지는 지구의 맨틀을 녹였고, 그래서 물구름의 형성이 허용되도록 충분히 식을 때까지 액체 물은 존재하지 않았다. 지구의 생성으로부터 가장 오래되고 잘 보존된 퇴적암 시대에 해당하는 약 38억 년까지의 지질학적으로 긴 시대를 **태고대(Hadean)**라 한다. 이어서 **시생대(Archaean)** 시대가 시작되어 대기 중에 산소를 지니게 되는 때와 거의 일치하는 25억 년 전에 와서 끝난다(그림 17-3). 광물 지르콘의 동위원소 연구에 의하면 바다는 44억 년 전쯤에 생기기 시작하여 **태고대 시기(Hadean eon)**인 42억 년 전에 이르러 안정된 수계를 지니게 되는데 이때가 생명의 기원이 이루어지는 사건의 초기 경계가 된다.

안정된 수계가 형성된 후 언제쯤 생명체가 나타났느냐? 생명의 초기 형태를 자신있게 식별하는 것은 어려운 일이다. 그럼에도 불구하고, 미생물 군집이 물리적인 퇴적물에 포획되어 형성된 화석 기록과 생물학적인 탄소와 황 주기로 보여주는 연대 결정의 동위원소 증거로 스트로마톨라이트(층상 구조)를 보면 생명은 시생대 시기인 35년 전쯤에도 존재하였다는 것을 보여준다. 아마도 그러면 생명은 태고대 시기 동안이나 시생대 시대 초기에 생겨났을 것인데 정확히 언제쯤 잔존물로 남겨졌는지에 대해서는 분명치 않다. 생명의 기원에 대한 연대 결정의 혼란은 생명이 여러 번에 걸쳐 독립적으로 생겨났을 수도 있다는 것이다. 그러나 그 같은 생명-형태의 오직 하나만이 오늘

그림 17-2 합성 유전체를 지닌 살아 있는 박테리아. 그림 17-1에서 설명한 바와 같이 제조된 완전한 인공염색체는 효모세포로부터 꺼내 다른 종 마이코플라스마의 자연 염색체를 바꾸는 데 사용하였다. 여기 보이는 주사현미경 사진은 합성 유전체를 지닌 박테리아 *Mycoplasma mycoides JCVI-Syn1.0*이다. 각 박테리아는 직경이 ~500 nm이다. (Image by Thomas Deerinck and Mark Ellisman, NCMIR, UCSD, and John Glass, JCVI.)

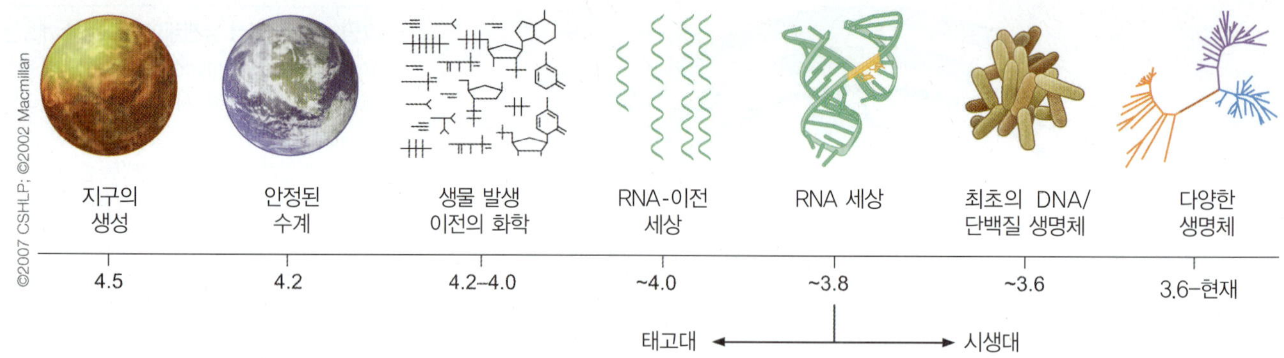

그림 17-3 초기 지구와 생명체의 출현을 보이는 지질학적 역사 연표. 태고대와 시생대의 무한히 긴 시대에 걸쳐 지구의 생성으로부터 일어나는 일련의 사건들과 RNA 세상 가설에 따라 생명의 기원에 부합하는 사건들을 보여준다. (Modified, with permission, from Barton N.H. et al. 2007. *Evolution*, Fig. 4.4, p. 91. © Cold Spring Harbor Laboratory Press. Originally, with permission, from Joyce G.F. 2002. *Nature* **418:** 214–221. © Macmillian.)

날 생명체의 **최후의 보편적 공통조상(Last Universal Common Ancestor)**으로 칭하게 되었다. 이 최후의 보편적 공통조상은 최초의 화석보다 이전이거나 혹은 훨씬 후에 나타났었을 가능성도 있다.

생물 발생 이전의 유기화학의 근간은 무엇인가?

생명의 기본적 요소는 **유기 분자(organic molecule)**들이다. 만약 생명이 지구에서 자발적으로 생겼다면 오늘날의 생명체의 조성과 공통점이 있는 유기 분자들로부터 만들어져야만 한다. 우리의 단백질 세상에서는, 아미노산, 당, 뉴클레오티드 그리고 지질들이 효소들에 의해 복잡한 다단계의 생합성 경로에서 만들어진다. 생명이 있기 이전에는 어디에서 생명의 유기적 기본 요소가 온 것인가?

1953년은 분자생물학의 역사에서 제임스 왓슨과 프란시스 크릭에 의해 DNA의 구조가 발견된 혁명적인 해로 알려져 있다. 그러나 또한 1953년은 시카고 대학의 스탠리 밀러와 헤럴드 유리의 역사적인 실험으로 찬양받고 있다. 이들은 원시 지구의 조건들이 전구체 무기물질들로부터 유기 분자를 만들어낼 수 있는 화학반응을 유지할 수 있는지의 여부에 대한 질문에 해답을 내놓았다. 밀러와 유리는 밀봉한 플라스크에 물, 메탄, 암모니아와 수소를 넣고 전기 방전을 하였다(그림 17-4). 일주일 안에 상당

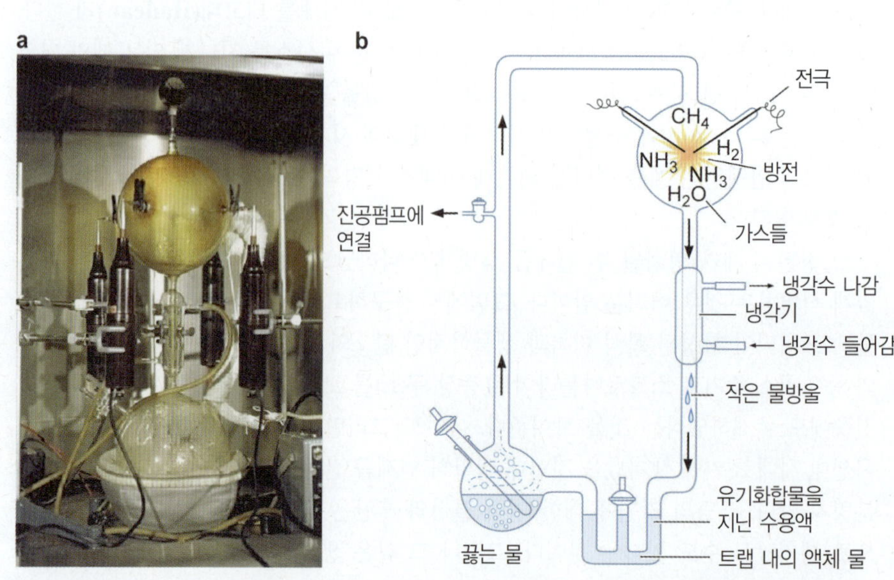

그림 17-4 밀러-유리 실험. 이 실험은 물, 메탄, 암모니아 그리고 수소로부터 아미노산이 만들어질 수 있다는 것을 보여준다. (a) 여기 보이는 것은 원래 실험 장치의 개조물이다. (미국 항공 우주국[NASA]의 허가에 의한 사진) (b) 이 장치의 도해는 각 단계의 순서를 보여준다. 물을 500-cc 플라스크에서 끓이고, 올라온 증기와 가스는 5-L 플라스크 내에 설치된 텅스텐 전극에 의한 전기적 방전에 놓여졌다. 커다란 플라스크로부터 나온 증기는 냉각기 내에서 식혀지면 다시 물로 되어 아래에 설치된 U자형 트랩에 모여져 방전에 의해 생긴 화합물을 얻었다.

량의 메탄이 11개의 아미노산 라세미 혼합물을 포함한 유기 분자로 변하였다. 후에 밀러가 황화수소를 포함한 실험에서 얻어 밀봉한 상태로 유리병에 보관했던 내용물을 분석하여 보았더니 오늘날의 단백질에서 보이는 20개의 아미노산 종류 모두와 기타 많은 아미노산들이 존재하였다. 주목할 만한 것은 이 분석들은 밀러가 원래의 실험을 한 후 유리병에 밀봉하여 보관하였던 것을 반세기도 더 지난 후에 다른 과학자들에 의해 이루어졌다. 밀러는 당시에 재현한 초기 지구의 대기가 환원 상태로 메탄이 풍부하였을 것이라고 믿었다. 그러나 현재의 생각은 (짧은 기간만 제외하고는) 초기 대기에 메탄은 적은 양이었고 이산화탄소의 형태로 탄소가 많이 있었다. 그럼에도 불구하고 이산화탄소, 질소 그리고 물을 전기방전, 전리 방사선, 그리고 자외선 하에 두었을 때에도 유기 분자들이 만들어졌다.

밀러와 유리의 혁신적인 실험의 성공에도 불구하고, **생물 발생 이전의 화학(prebiotic chemistry)** 조건을 모방하여 폴리뉴클레오티드의 기본 요소를 만들기 위한 노력은 최근까지도 성공적이지 못했다. 초기의 성공적이지 못했던 시도들은 뉴클레오티드를 만들기 위해 인산, 리보오스 그리고 핵염기(nucleobase)들을 반응시키는데 기초한 것이었다. 그러나 이제 뉴클레오티드는 생물 발생 이전의 그럴듯한 조건에서 쉽게 만들어질 수 있는 네 가지 간단한 유기 분자(시안아미드, 시아노아세틸렌, 글리코알데히드, 글리세르알데히드)들이 포함된 새로운 반응으로부터 만들어졌다(그림

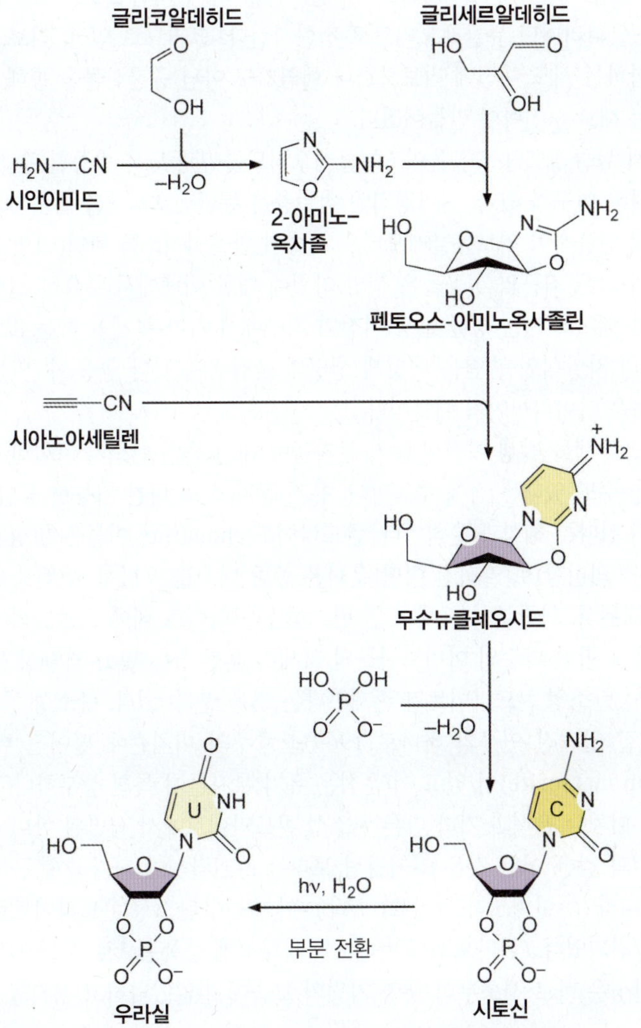

그림 17–5 간단한 유기 분자로부터 피리미딘 뉴클레오티드의 생성. 본 도해는 간단한 유기 분자로부터 피리미딘 뉴클레오티드가 합성되는 최근에 발견된 경로이다. 기본 요소는 글리코알데히드와 시안아미드가 반응하여 2-아미노-옥사졸을 만드는데 이는 오탄당 당의 일부와 피리미딘 고리의 일부로 생각될 수 있다. 글리세르알데히드의 첨가로 펜토오스-아미노옥사졸린에서 오탄당이 완성되고 시아노아세틸렌의 첨가로 피리미딘이 완성되어 무수뉴클레오시드가 만들어진다. 재배열과 인산과의 반응으로 무수뉴클레오시드는 시토신(C)과 우라실(U) 뉴클레오티드의 혼합물로 전환된다. (Adapted, with permission, from Sutherland J.D. 2010. Ribonucleotides. In *The origins of life* (ed. Deamer D. and Szostak J.W.), pp. 109-121, Fig. 2, p. 114. © Cold Spring Harbor Laboratory Press.)

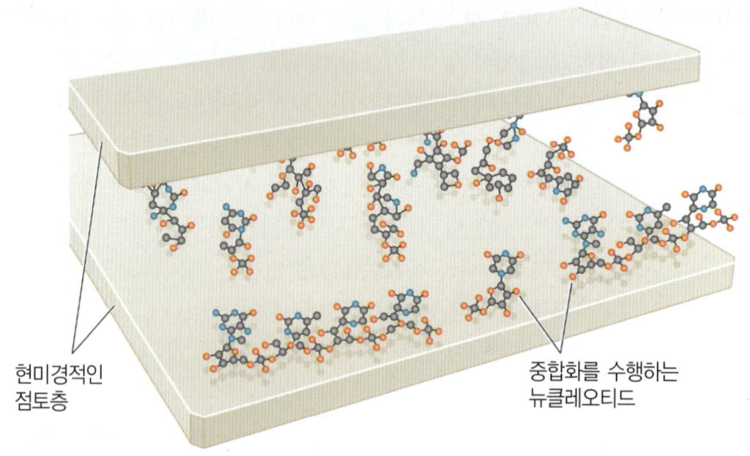

그림 17-6 폴리리보뉴클레오티드 합성에 점토의 가정적인 역할. 점토의 무기물은 뉴클레오티드와 결합하고 농축하여 포스포디에스테르 결합의 형성을 증진시킨다. 현미경적인 점토 무기물층은 최초의 폴리리보뉴클레오티드의 형성으로 생명의 기원에서도 유사한 역할을 수행했을 수 있다. (Adapted, with permission, from Ricardo A. and Szostak J.W. 2009. *Sci. Am.* **301:** 54–61. © Andrew Swift MS CM1.)

17-5). 예를 들면 시아노아세틸렌(cyanoacetylene)은 전기방전 하에서 메탄과 질소의 주된 반응산물이다. 주된 새로운 발견은 글리코알데히드(glycoaldehyde), 시안아미드(cyanamide)와 인산(완충액과 산-염기 촉매로서 작용하는)이 작용하여 중간산물인 2-아미노-옥사졸(2-amino-oxazole)을 만드는데 이는 피리미딘 고리와 오탄당 당의 일부가 된다(그림 17-5). 시아노아세틸렌, 글리세르알데히드(glyceraldehyde)와 인산이 포함된 그 후의 반응은 2-아미노-옥사졸(시티딘과 우리딘 2′, 3′-고리형 모노인산의 형태인)을 피리미딘 뉴클레오티드로 전환시킨다. 그러므로 인산, 리보오스와 핵염기들을 결합하는 시도 대신에 리보오스나 핵염기도 아닌 중간산물을 통해 뉴클레오티드를 만드는 새로운 전략이 만들어졌다.

점토에서 뉴클레오티드가 올리고뉴클레오티드를 만들도록 반응할 수 있다는 것을 보여주는 다른 연구가 있다. 현미경적인 점토층은 뉴클레오티드를 흡수하고 농축하여 이들이 서로 반응하여 리보뉴클레오티드 사슬이 만들어지도록 한다(그림 17-6). 전체적으로 이와 같은 최근의 성공들은 생명 기원에 대한 이해에서 주요한 결함을 메워줄 가능성을 보여준다. 이는 생물 발생 이전의 지구에서 자가-복제를 하는 RNA 분자(뒤에서 설명)의 자발적인 출현을 어떻게 생명의 출발점에 갖다 놓을 수 있는가에 대한 가장 흥미로운 아이디어이기 때문이다.

마지막으로 생물 발생 이전의 유기 분자들이 대기 중의 탄소가 포함한 반응에서만 나오지 않을 수도 있다는 점에 주목한다. 유기 분자의 또 다른 가능한 공급원은 달 형성의 충격에 뒤따른 혜성과 운석이다. 콘드라이트(chondrite; 이들은 형성과정에서 녹지 않은 것을 의미함)로 알려진 어떤 운석은 종종 탄소를 포함한 것(탄소성 콘드라이트)으로 발견된다. 화학분석을 해 보면 탄소성 콘드라이트 내에 오늘날의 단백질에서 보이는 것을 포함한 다수의 아미노산들의 라세미 혼합물(L- 및 D-키랄성 분자 모두를 포함)을 지닌 탄소성 콘드라이트가 존재한다는 것을 알 수 있다. 탄소성 콘드라이트에 대해 많이 잘 알려진 연구의 하나로 1969년 호주의 머치슨에 떨어진 **머치슨 운석(Murchison meteorite)**이 있고 이 운석은 유기 분자들이 특히 풍부하다(그림 17-7). 흥미롭게도 머치슨 운석과 기타 다른 탄소성 콘드라이트에서 식별된 아미노산들 중에는 이소바린과 같은 어떤 것은 D-키랄성 보다는 L-키랄성이 과다하게 구성되어 있었다. 그뿐 아니라 (D-아미노가 아니고) 오직 L-아미노가 탄소성 콘드라이트로부터 얻은 물질에서 발견되었다. (아마도 D에 반해 L이 과다하게 증폭됨으로써 생기는) L-아미노산 동형키랄성은 바로 시초부터 생명 기원의 모습이지 않았나하고 생각할 수 있을 법

그림 17-7 머치슨 운석. 이 운석은 워싱턴 D.C.의 국립 자연사 박물관에서 볼 수 있다. 이 운석의 알려진 무게는 총 100 kg이다. (http://en.wikipe dia.org/wiki/File:Murchison_crop.jpg.)

하다. 머치슨 운석으로부터 또 다른 매혹적인 발견은 우라실을 포함한 어떤 핵염기들의 존재였다. 그러므로 탄소성 콘드라이트에 있는 아미노산들과 핵염기들의 지구로의 수송은 초기 생물계를 낳게 한 화학적 혼합물(chemical soup)에 기여했을 수도 있다.

생명체는 RNA 세상에서 진화하였는가?

5장에서 보았듯이 RNA는 효소로서의 능력을 포함하여 구조와 기능 면에서 상당한 다양성을 지니고 있다. RNA 효소들—**리보자임(ribozyme)**—의 발견은 이 장의 시작부에 제기된 어려운 문제에 대한 가능한 해답을 제공하였다. 그러므로 만약 RNA가 정보 운반자로서뿐 아니라 동시에 자가-복제효소로서 작용할 수 있다면 원칙적으로 생명체는 단백질의 도움 없이도 시작될 수 있게 된다. 이러한 관점에서 돌연변이와 자연선택은 결국에는 시스템이 핵산 서열 정보에 의해 지정되는 방식으로 펩티드 결합의 형성을 촉진하는 능력을 갖도록 허용되었을 것이다. 오늘날의 단백질에 기반을 둔 생명은 RNA 혹은 그와 관련된 분자에 기반을 둔 초기 생명체의 형태로부터 나왔다는 아이디어로 **RNA 세상 가설(RNA World hypothesis)**이 알려져 있다. 이 가설에 따르면 현재의 단백질 세상은 원시적인 RNA 세상으로부터 진화되었다(그림 17-3).

만약 그렇다면 초기의 생명이 RNA에 근거했다는 어떠한 증거라도 있느냐? 많은 증거가 RNA 세상의 가능한 유물의 존재로부터 나온다. 이들에는 자가-이어맞추기 인트론, 리보자임, 리보스위치(20장 참조), 그리고 조효소 A, 플라빈 아데닌 디뉴클레오티드(FAD), 니코틴아미드 아데닌 디뉴클레오티드(NAD)와 같은 뉴클레오티드를 지닌 효소 보조인자들이 있다. 게다가 디옥시리보뉴클레오티드가 리보뉴클레오티드로부터 생합성된다는 사실은 RNA가 DNA에 선행한다는 개념과 일치한다. 대부분의 이런 증거는 추정적인 것이기는 하지만 초기 생명의 잔재로 보이는 하나의 극적인 예를 갖고 있다. 즉 리보솜의 한 RNA 구성요소에 의해 펩티드 결합이 형성되는 촉매 현상이다.

5장에서 언급되고 15장에서 자세히 논의된 리보솜의 중심에 있는 **리보자임**은 큰 소단위에 있는 큰 RNA 성분(박테리아에서 23*S*)으로 리보솜에 들어오는 충전 tRNA의 아미노산 부위에 성장하는 폴리펩티드 사슬을 전해줌으로써 펩티드 결합을 형성하는 촉매로서의 책임이 있다. 15장에 있는 구조적 증거는 이 반응이 리보솜에 있는 촉매 중심으로 단백질 요소의 잔기가 뻗어 있지 않기에 단백질의 뚜렷한 참여 없이 온전히 RNA에 의해서 촉매되는 것을 보여준다. 자연적으로 생기며 인산 중심에 작용하는 다른 리보자임과는 달리 리보솜의 리보자임은 펩티드 결합을 형성하는 탄소 중심에 작용한다(그림 17-8). 그러므로 단백질 세상에서의 가장 기본적인 화학반응은 RNA 분자에 의해 촉매된다. 그러므로 리보솜의 리보자임은 많은 또는 모든 고분자 반응이 RNA들에 의해 수행되던 초기 생명-형태로부터 온 분자 화석이라고 믿고 싶어 한다.

시적 허용처럼 RNA에 관해서는 많은 법칙을 던져버려야 한다고 말해야 한다! DNA는 엄격하고 한결같다면 RNA는 자유분방하고 무례하다. RNA는 일반적 규범을 따르지 않는다. DNA에 유전정보의 저장소로서의 지위를 양도하였지만 융통성을 얻었다. 복잡하고 3차원(3D)적 구조를 만드는 주 설계자이고 그리고 단백질이 어떻게 효소가 될 수 있는지를 알기 오래 전에 알아둔 비결인 촉매 현상을 수행할 수 있다. 요약하면 생명은 아마도 RNA 세상으로부터 진화되었다.

그림 17-8 펩티드기 전달효소는 펩티드 결합을 만들기 위하여 탄소 중심에 작용한다. 펩티드 결합의 형성은 성장하는 폴리펩티드 사슬의 끝에 있는 카르보닐기의 탄소 중심에 들어오는 아미노산(충전 tRNA에 의해 운반된)의 아미노기의 친핵성 공격에 의해 일어난다. 친핵성 공격의 결과는 들어오는 아미노산에 성장하는 폴리펩티드 사슬을 전달하는 것이다. 이 반응은 리보솜의 큰 소단위에 있는 큰 RNA 성분에 의해 촉매 된다(15장 참조).

폴리펩티드 사슬

펩티드-tRNA

아미노아실-tRNA

자가-복제하는 리보자임이 방향진화에 의해 생성될 수 있는가?

원시생명에서 가정한 RNA 중합효소 리보자임을 식별하기 위해서 시간을 뒤로 돌리는 것이 가능하지 않음에도 불구하고, **방향진화(directed evolution)**에 의해 실험실 내에서 자가-복제하는 리보자임 같은 것을 만드는 것은 가능해질지도 모른다. 만약 그렇다면 RNA 중합효소 리보자임의 창제는 원칙적으로 생명이 비단백질 복제효소로 시작될 수 있음을 보여줄 것이다. 우리는 보통 RNA는 단사슬로 여기나 자가-복제하는 리보자임 같은 것은 상보적 RNA 주형에 리보뉴클레오티드를 중합함으로써 이중나선 RNA를 만들 수 있을 것이라고 생각한다. 그러나 스스로 완전히 복제하는 능력을 지닌 RNA 중합효소 리보자임을 만드는 것이 아직까지는 가능하지 않다. 그럼에도 불구하고 정확하게 RNA 주형에 리보뉴클레오티드를 중합할 수 있는 RNA 중합효소 리보자임이 실험실에서 만들어졌다. 5장에서 논의한 바와 같이, 특별히 원하는 성질을 지닌 새로운 RNA 종류를 만드는 것이 무작위 서열을 지닌 RNA 분자를 합성하고 이를 계속해서 원하는 성질이 얻어질 때까지 여러 번의 선택과 서열 다양화로 가능해졌다(방향진화에 대한 논의와 그림 5-8 참조). 지수적 농축에 의한 리간드의 계통 진화(Systematic Evolution of Ligands by Exponential Enrichment, SELEX)라고 알려져 있는 이 전략은 무작위적 RNA 서열에 의해 생긴 수많은 서열 다양성을 이용한다. RNA 중합효소 리보자임의 경우 방향진화는 두 단계에서 소기의 성과를 이루었다(그림 17-9). 첫 단계에서 두 개의 RNA에 모두 상보적인 RNA 주형에 한 RNA 분자의 3′-히드록시에 다른 RNA 분자의 5′-삼인산을 연결하는 능력이 있는 리보자임을 선발

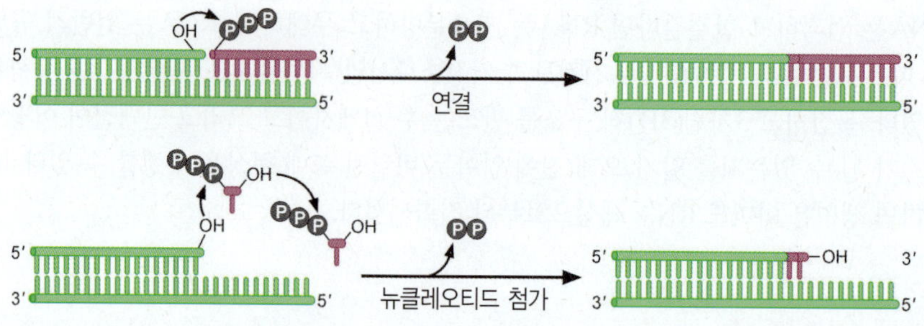

그림 17-9 RNA 연결과 RNA 뉴클레오티드 첨가의 비교. 연결은 한 쪽 RNA의 3′-OH가 다른 쪽 RNA의 5′ 말단에 포스포디에스테르 결합의 형성과 함께 피로인산의 방출로 연결된다. 뉴클레오티드 첨가는 동일한 화학반응이지만 RNA 대신에 3′-OH에 뉴클레오티드가 결합하는 것이다.

하였다. 이런 연결 책략은 첫 단계에서 사용되었는데 이는 포스포디에스테르 결합을 이루게 하는 화학은 RNA 분자의 3′-히드록시에 뉴클레오시드 삼인산을 첨가시키는 것과 동일하기 때문이다. 하지만 연결될 분자들은 상보적인 RNA 주형에 두 가닥 복원이 쉽게 이루어지게 서로 간에 일렬로 정렬되어야만 한다. 두 번째 단계에서는 이와 같은 연결효소로서의 리보자임은 여러 번의 서열 다양화를 거치게 되지만 이번의 그 선발은 3′ 말단에 뉴클레오티드를 붙일 수 있는 RNA 분자를 위한 것이었다. 이 선발이 갖는 장점은 3′ 말단에서의 신장이 리보자임을 보다 크게 만들었을 수 있다는 사실이다. RNA 주형에 의존한 방식으로 뉴클레오티드의 첨가가 일어나는 분자들을 선발하였다. 계속되는 선발 횟수에 따라 점진적으로 보다 더 높은 효율을 지닌 중합효소를 얻게 되고, 그리고 다양한 주형의 사용은 삽입되는 뉴클레오티드의 배열이 리보자임의 본래 갖고 있던 성질에 의한 것이라기보다는 주형의 배열에 의해 결정되었다.

이 전략은 약 200개 뉴클레오티드 길이의 RNA 중합효소 리보자임을 만드는 것으로 정점에 이르렀다. 이는 나선의 거의 2 회전을 나타내는 적어도 20개 뉴클레오티드에 의해 정확히 주형-의존적인 방식으로 3′ 말단을 확장시킬 수 있는 것이다. 그리고 아주 최근에 보다 나은 선발 전략으로 (비록 효율은 낮지만) 95개의 뉴클레오티드를 지닌 RNA들을 만들 수 있는 RNA 중합효소 리보자임이 만들어졌다. 최근의 이 예에서 RNA 중합효소 리보자임은 별도의 RNA 주형에 결합된 프라이머를 신장시킬 수 있는 능력을 가졌다. 놀랍게도 이것은 5장에서 논의한 망치머리 리보자임의 주형을 완전히 복사할 수 있는 능력이 있고, 이는 그 자신이 효소로서 활성을 지닌 RNA 산물이란 결과이다! 리보자임에 의해 만들어진 망치머리 리보자임은 별도의 RNA 기질을 정확히 절단할 수 있었다.

이들 RNA 중합효소 리보자임은 무엇을 닮았고 또 어떻게 작용하는가? 아직까지는 잘 모르지만 그 단서는 RNA 중합효소 리보자임의 방향진화의 시발점으로 사용하고 있는 것과 유사한 120개 길이의 뉴클레오티드 연결효소인 리보자임의 구조로부터 나온다. 리보자임의 3차 구조는 노란색으로 표시된 촉매 중심에 있는 삼각대와 닮은 3개의 나선 도메인으로 구성되어 있다(그림 17-10). 촉매반응에서 중요한 뉴클레오티드들이 특정 뉴클레오티드의 화학적 수식과 치환에 관한 실험에서 확인되었다. 이 증거는 활성부위에 있는 특정 시토신에 중대한 역할로 주어졌는데 포스포디에스테르 결

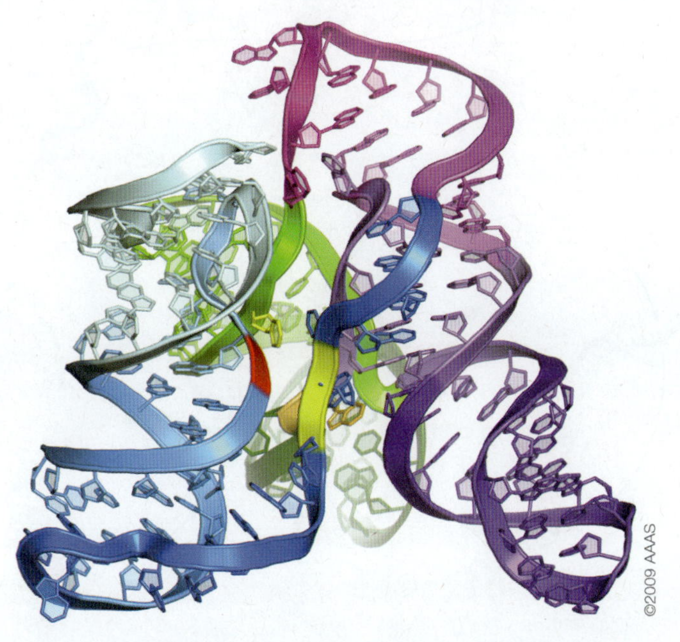

그림 17-10 진화된 RNA 연결효소 리보자임의 구조. 삼각꼴 모양의 결정 구조는 청색, 핑크색, 자주색의 3개 도메인으로 촉매 중심(노란색)과 연결부위(붉은색)을 보여준다. (Adapted, with permission, from Shechner D.M. et al. 2009. *Science* **326**: 1271–1275, Fig. 1C. © AAAS; kindly provided to us by D.M. Shechner.)

합이 형성될 때 나온 피로인산에서 나온 음이온을 염기의 고리 밖에 위치한 아민이 안정화시킨다는 모델로 이어졌다. (단백질 중합효소들에 의해 포스포디에스테르-결합이 형성되는 기작에 대한 논의는 9장을 참조하라.)

이와 같은 성공에도 불구하고 자신을 완전히 복사할 수 있는 능력을 지닌 리보자임과는 아직도 거리가 멀다. 필요한 것은 그 자신의 완전하고 별개의 복사본을 만드는 리보자임이다. 이는 또 다른 개념상의 문제로 우리를 이끈다. 단 하나의 RNA 분자가 자신을 복제하는 주형으로 작용하고 동시에 복사하는 와중에 중합효소로서도 작용할 수 있다는 것을 상상하는 것은 어려운 일이다. 대신에 원시 **복제효소 리보자임(replicase ribozyme)**이 딸 분자로의 복사본을 만들 수 있을지도 모른다는 것은 가능한 일이다. 이는 일시적으로 2개의 상보적 사슬, 하나는 복제효소이고 다른 하나는 복제효소의 상보가닥인 것을 지닌 RNA-RNA 2사슬 분자가 만들어졌을 수도 있다(그림 17-11). 상보가닥의 복사를 계속 순환하면 더 많은 복제효소를 만들 것이고 반면에 복제효소 가닥의 복사를 계속 순환하면 더 많은 상보가닥을 만들고, 이는 다시 복제효소를 만드는 주형으로 작용하는 것으로 번갈아 가며 일어날 수도 있다.

아직은 완전한 자가-복제하는 RNA 중합효소 리보자임을 갖고 있지 못하지만 RNA 분자들을 서로 연결하는 리보자임의 자가-지속적 복제는 이루어졌다. 이 같은 자가-복제 시스템은 상보적인 RNA 기질을 서로 쌍이 되게 하는 상보적 연결효소 리보자임과 일치한다(그림 17-12). 이 시스템에서 E로 표시(그림에서는 옅은 녹색)된 연결효소 리보자임은 리보자임에 상보적인 2개의 RNA 분자(A와 B)를 주형-의존적으로 연결하는 촉매 작용을 한다. 이로서 E′(그림의 중심에 있는 짙은 녹색)으로 표시된 상보적 RNA가 만들어지며, 이는 자신이 하나의 연결효소 리보자임이 되어 자신에 상보적인 2개의 RNA들(그림의 하단에 있는 A′과 B′)을 연결한다. 이번 순환의 연결은 새로운 분자인 E(그림의 중심에 있는 옅은 녹색)를 만든다. 그럼으로 복제는 두 번의 서로

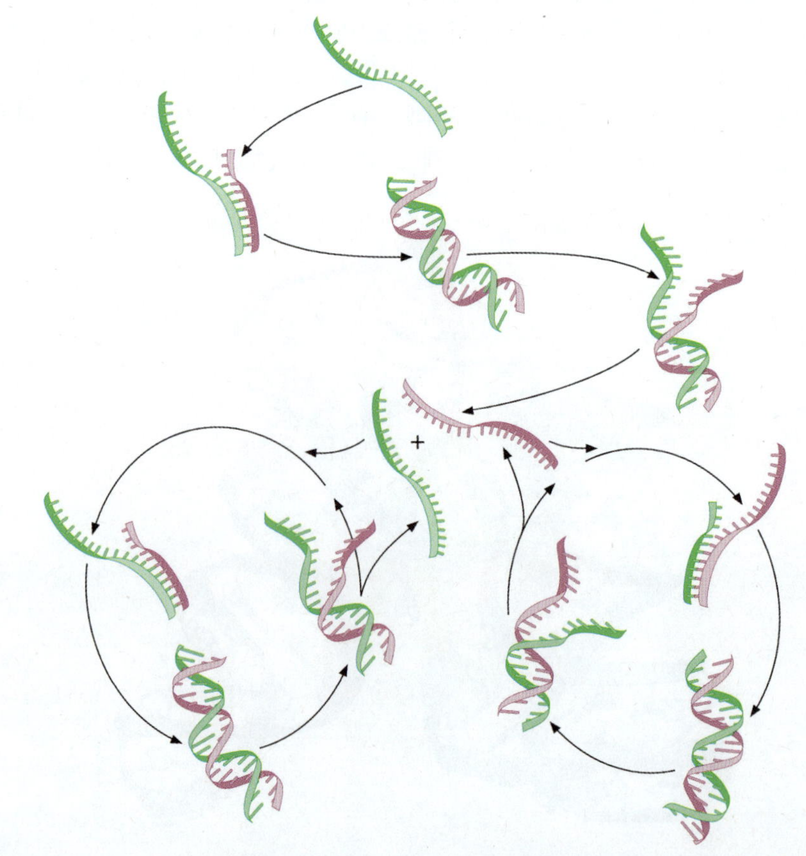

그림 17-11 원시 복제효소 리보자임은 자신의 상보체를 복사했을 수도 있다. 왜냐하면 복제효소(원래의 복제효소는 녹색으로 표현)의 산물은 자신의 상보체일 것이고 새로 합성된 가닥(자줏빛으로 표현)은 복제효소가 아닐지도 모른다. 대신에 복제효소의 상보체일지도 모른다. 이 상보체가 다음에는 추가 복제효소의 합성에 주형으로 작용할 수도 있다. 그러므로 원시 복제효소 리보자임은 아마도 이중나선 산물을 만들었으며 계속되는 단계에서 복제효소와 상보체 가닥으로 해리되었을 것이다. 복제효소 가닥의 복사는 또 다른 주형가닥을 만들었고 그리고 상보체 가닥의 복사는 또 다른 복제효소를 만들었을 것이다. 이 그림에서 복제효소 가닥은 녹색이고 상보체 가닥은 자줏빛으로 나타냈다. (Adapted, with permission, from Ricardo A. and Szostak J.W. 2009. *Sci. Am.* **301**: 54–61. © AAAS.)

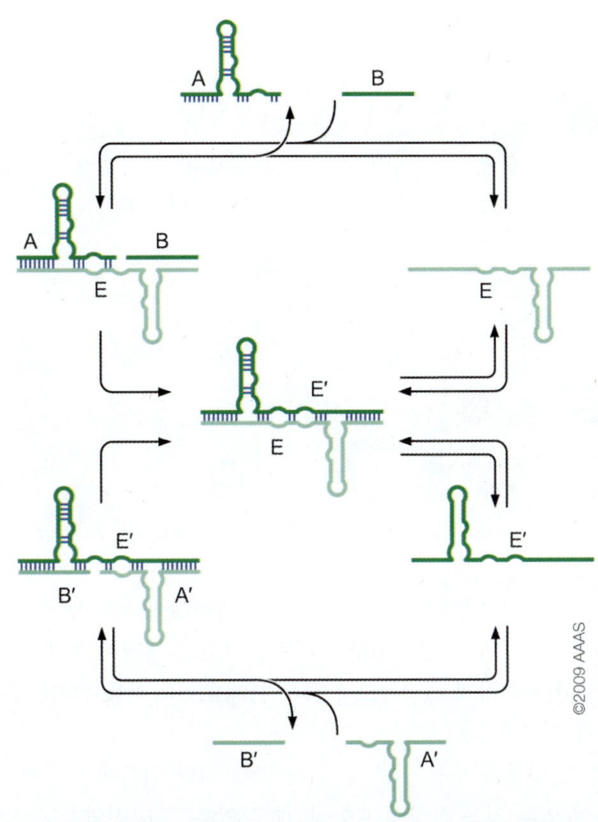

그림 17-12 자가-지속적 복제를 하는 리보자임. 연결효소 리보자임(E)은 E의 일부에 각각이 상보적인 2개의 RNA 분자(A, B)를 연결하게 함으로써 상보적인 리보자임 E′을 만든다. 상세한 설명은 본문을 참조하라. (Adapted, with permission, from Lincoln T.A. and Joyce G.F. 2009. *Science* **323**: 1229–1232. Fig. 1A, p. 7. © AAAS.)

연결된 순환주기로 이루어져 있다: 하나는 E에 의해 촉진되는 것으로 그림의 상단에 있고 A와 B로부터 E′가 만들어지고 다른 하나는 E′에 의해 촉진되는 것으로 그림의 하단에 있고 A′과 B′으로부터 E가 만들어진다. 주목할 만한 것은 E와 E′은 네 가지 RNA 기질(E에 상보적인 2개로 A와 B 그리고 E′에 상보적인 2개인 A′과 B′)을 지닌 공동 풀에서 여러 차례의 연결 작용을 촉진하여 E와 E′이 증폭되고 기질이 고갈됨으로써 반응이 끝나게 된다. 흥미롭게도 서로 다른 연결효소 리보자임이 제한된 기질 풀에서 서로 경쟁을 할 수 있었던 것으로 보이는데 이는 유전적 선택의 기본적인 예로 제시될 수 있다. 그러므로 리보자임은 실제로 충분히 자가-복제를 할 수 있었지만 현재로서는 기질로 리보뉴클레오티드보다는 RNA들에서만 이루어지고 있다.

다윈적 진화는 자가-복제하는 원시세포를 필요로 하는가?

우리 앞에는 또 다른 어려운 문제가 놓여 있다. 동일한 RNA 분자가 유전물질과 복제효소 리보자임으로 동시에 같이 작용하는 RNA 세상을 상상한다 하더라도 이와 같은 시스템은 다윈적 진화가 이루어지기에는 용량에 있어서 제한적이라는 논쟁의 여지가 남아 있다. 복제효소 리보자임이 들어 있는 원시 혼합물을 고려해보자. 그리고 복제효소들 중의 하나에서 자신의 동기들보다 더욱 효율적으로 복제할 수 있는 돌연변이가 일어났다고 상상해보자. 위에서 논의한 바와 같이 만일 각각의 복제효소가 또 다른 복제효소를 복사한다고 하면 향상된 복제효소는 원시 혼합물 안에서 단지 향상되지 않은 자매 분자들의 복사물을 만들어내야 한다는 부자연스러운 일이 있게 될 것이고 그러면 그 자신의 전파는 향상되지 않은 동기들의 작용에 의존될지도 모른다. (2개의 향상된 복제효소가 각자 서로를 복사하기 위해서는 서로 아주 가깝게 있어야 되는데 그 확률은 아마도 아주 적을 것이다[그림 17-13].) 그러므로 이 시나리오에 의하면 향상

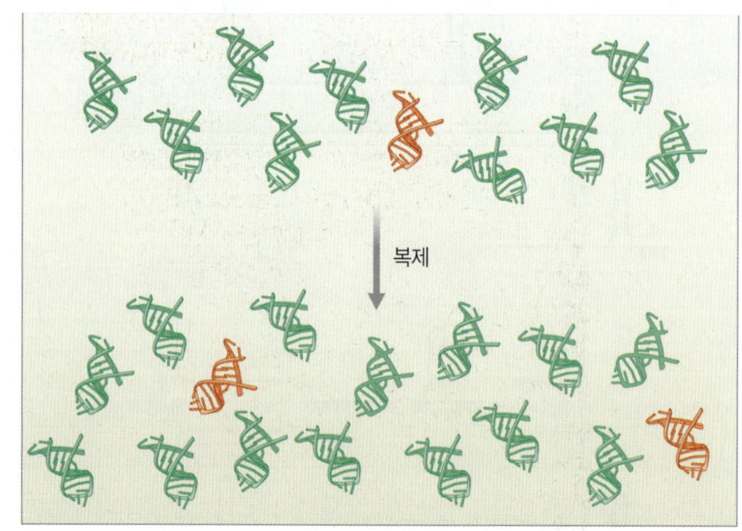

그림 17-13 향상된 돌연변이체 복제효소 리보자임은 원시 혼합물에서 선택적 장점을 갖고 있지 않을 수도 있다. 복제효소 리보자임(녹색)과 아주 드물지만 향상된 복제 효율을 지닌 돌연변이체 복제효소(붉은색)의 집단이 구획이 없는 원시 혼합물에 있는 경우를 생각하자. 복제효소 리보자임들이 무작위적으로 서로를 복사하는 1회의 복제가 있은 후에 보니 향상된 복제효소 리보자임이 향상되지 않은 복제효소들에 비해 보다 더 많이 늘어나지 않았다. 그 이유는 다음과 같다: 향상되지 않은 복제효소는 향상된 복제효소와 마찬가지로 거의 유사하게 서로 간에 복사를 한다. 그리고 향상된 복제효소가 복제가 이루어지고 난 후에는 확산으로 인해 딸 복제효소가 그 자매들보다 향상되지 않은 복제효소와 만나 복사하는 경우가 더 많이 생길 수 있기 때문이다.

된 돌연변이체 복제효소가 이들의 자매들보다 보다 빠르게 자신을 증폭되게 할 수 있는 기회를 갖지 못할 수도 있다. 이러한 고려는 초기의 생명이 복제효소 리보자임을 필요로 할 뿐만 아니라 이제 설명하고자 하는 복제효소를 가둘 원시세포를 필요로 한다는 아이디어에 이르게 된다.

지질의 흡수로 성장과 분열을 할 수 있는 막을 지닌 원시세포 내에 복제효소들이 들어가 둘러싸여 있는 것을 상상해 보아라. 매우 많은 크고 식별할 수 있는 복제효소들을 지닌 원시 혼합물 대신에 원시세포 내에 서로 그룹이 되어 저장되어 있는 적은 수의 복제효소들은 다른 복제효소들로부터 분리되었다(그림 17-14). 이런 원시세포 중의 하나에서 다른 동기들에 비해 엄청나게 뛰어난 드문 돌연변이체 복제효소가 생겼다고 상상해보자. 원시세포 내에는 적은 수의 복제효소만이 있기 때문에 향상된 복제효소는 향상되지 않은 것보다 복사되는 기회가 좀 더 많아져 같은 구획 내의 향상되지 않은 돌연변이체 복제효소의 한 카피보다 많아질 것이다. (간략하게 말하면, 복제가 리보자임의 상보적인 카피를 포함한 중간 단계를 거쳐 진행된다는 앞에서 소개된 복잡함을 무시한다.) 이제 원시세포가 분열할 때 딸세포의 하나는 아마 돌연변이체 복제효소의 두 개의 카피가 "유전"되었을지도 모른다. 만약 그렇다면 그 딸세포에서는

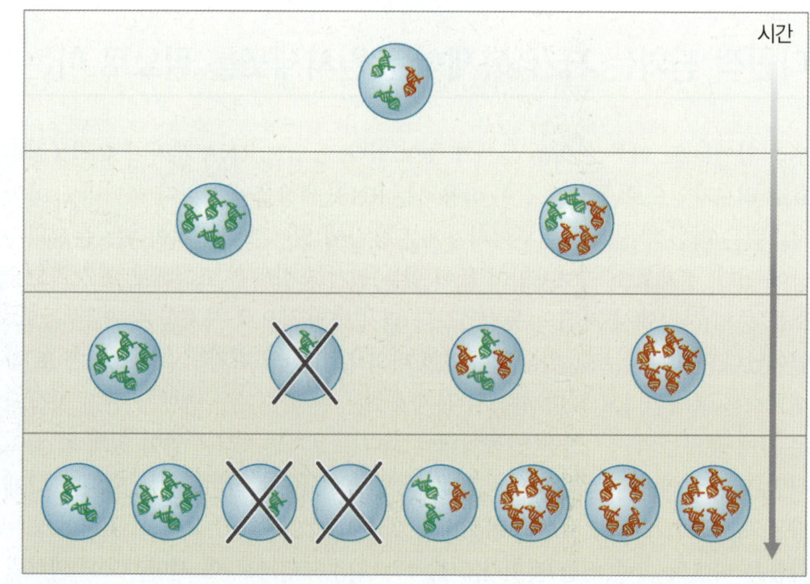

그림 17-14 구획화로 다윈적 선택이 이루어진다. (아래) 적은 수의 복제효소를 지닌 원시세포 내에 저장된 복제효소의 결말. 우연히 하나의 향상된 복제효소(붉은색으로 표시)의 두 개 또는 그 이상의 복사본을 물려받은 원시세포가 생길 수 있다. 이렇게 되면 향상된 복제효소가 서로를 복사하는 빈도가 높아진다. 게다가 빠른 복제는 원시세포의 성장과 분열을 유도하여 향상된 복제효소를 지닌 원시세포가 선택되도록 할 것이다. 또한 우연히 어떤 원시세포는 복제효소가 오직 하나 또는 없는 채 유전될 수 있을지도 모른다. 이런 원시세포들의 경우는 더 이상의 증식은 이루어지지 않을 것이고 여기서는 큰 가위표(X)로 표시하였다. (Courtesy Jack W. Szostak.)

향상된 돌연변이체 복제효소가 서로 복사본을 만들 수 있을 것이고, 그러므로 그 원시 세포의 복제는 다른 원시세포에서보다 더 빠르게 일어날 것이다

보다 우수한 복제효소 리보자임은 뒤따르는 삼투 기작을 통해 원시세포에 성장의 장점을 제공할 수 있다. 확산에 의해 막을 통과하여 원시세포로 들어오는 뉴클레오티드를 복제효소 리보자임이 중합하여 복제가 이루어지게 할 것이다. 이 리보자임에 의해 뉴클레오티드가 비삼투성인 RNA로의 합체가 이루어지면 이는 원시세포의 오스몰 농도를 증가시킬 것이고 그래서 원시세포의 안쪽과 바깥쪽의 농도가 평형화되기 위해서는 물이 안쪽으로 확산될 것으로 기대된다. 물이 안쪽으로 유입되면 막에 장력을 만들 것이고, 이는 원시세포로 하여금 주위의 원시 혼합물로부터 지질을 받아들여 부풀어지게 된다. 원시세포의 이와 같은 성장은 다시금 그 자신을 불안정하게 하며 결국에는 분리하게끔 한다. 그러므로 향상된 돌연변이체 복제효소를 지닌 원시세포는 다른 원시세포에 비해 성장과 분열의 선택적 장점을 지니게 되며 그 결과 새롭게 향상된 복제효소가 불균형적으로 증폭된다. 다른 말로 하면 구획하기 위해 사용한 막 분획으로 복제효소 리보자임은 다윈적 선택으로 보상되는 유전적 혁신을 이루게 된 것이다.

놀랍게도 초기 생명을 위해 인용된 성질들을 지닌 세포-모양의 구획이 실험실에서 비교적 쉽게 만들어졌다. 오늘날의 세포막에서 발견되는 인지질의 성분들인 지방산(기타 양극성 화합물)과 같은 단순 지질들이 수용액 환경에서 소낭이라고 알려진 위상학적으로 폐쇄된 작은 낭을 자발적으로 형성할 능력을 갖고 있다(그림 17-15). 간략하게 말하면, 소낭의 형성은 각 지질의 매끄러운 꼬리들이 엷은 판이 되도록 차곡하게 쌓이는 호의적인 자유에너지에 의해 이루어지는 소수성 효과의 한 예이다. 엷은 판은 테두리에서 물 분자들과의 상호작용을 최소화하기 위하여 다시 자발적으로 닫혀 소낭으로 된다. 더욱이 이와 같은 소낭은 추가적인 지방산 분자들의 첨가로 자랄 수 있다. 성장과 더불어 소낭들은 불안정하게 되고 약간의 휘저음에도 딸 소낭으로 자발적으로 분해된다(그림 17-16). 그러므로 초창기의 모습으로 촉진되기 위해서 점토 무기질에 의존해야만 했던 폴리뉴클레오티드들과는 달리 폴리뉴클레오티드들이 머물기 위한 세포-모양의 구획은 지방산의 자가-조립으로부터 자발적으로 만들어질 수 있었다. 마지막으로 그리고 적절하게 위에서 원시세포의 삼투압-유래의 성장과 분열을 가정하였고 지방산과 같은 단순 지방으로 구성된 소낭은 뉴클레오티드가 투과할 수 없는 것이 아니다. 오히려 이들은 막을 통해 뉴클레오티드들이 확산되게 허용하는 듯 같아 보인다. 뉴클레오티드와 같은 작은 분자들이 막을 투과하게 하는 막의 이중층 안에서 (인지질과 비교하여 볼 때) 지방산은 비교적 무질서하기 때문에 아마도 확산이 일어난다(그림 17-15). 그러므로 지방산으로 구성된 복제효소를 지닌 원시세포는 원칙적으로 단순 확산에 의해서 밖으로부터 뉴클레오티드 기질을 얻을 수 있다.

마침내 초기 생명의 정의에 적합한 최초의 세포에 필요한 구성 요소들인 생식과 복제에 의존할 작은 분자들(뉴클레오티드와 지방산)과 다윈적 진화의 능력이 있는 것들을 갖게 되었다(그림 17-17). RNA 세상 가설에 의하면 최초의 세포는 복제효소 리보자임인 RNA 유전체를 지녔고 소낭-모양의 원시세포에서 스스로 번식하였다. 폴리뉴클레오티드로 뉴클레오티드를 붙잡음으로 생긴 삼투성의 힘은 원시세포를 자라게 하고 결국에는 자발적으로 분할하여 딸 원시세포들을 만들었다. 더욱이 복제효소 리보자임의 소그룹은 구획 내에서 분할되어 있기 때문에 복제 능력이 향상된 드문 돌연변이체들은 선택의 장점을 가질 수 있어 다윈적 진화가 이루어지게 되었다.

머지않아 리보자임은 물질대사를 촉진하는 (어쩌면 이것이 복제효소 리보자임의 출현보다 앞서서 일어났었을 수도 있고) 그리고 최종적으로는 펩티드 결합의 형성(당

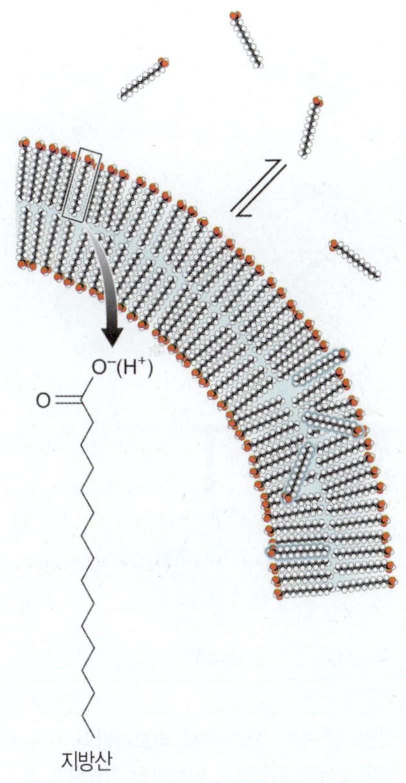

그림 17-15 지방산은 자발적으로 이중층의 소포를 형성한다. 지방산은 단순지질로 하나의 극성 잔기와 하나의 카르복실기 머리를 지녀 소포로 자발적으로 조립된다. 카르복실기는 쉽사리 중화되기 때문에 지방산은 이중층 내에서 무질서하게 될 수 있다고 생각되므로 뉴클레오티드와 같은 작은 분자들은 막을 투과할 수 있다. (Redrawn from Budin I. and Szostak J.W. 2010. *Annu. Rev. Biophys.* **39**: 245–263, Fig. 4. © Annual Reviews, Inc.)

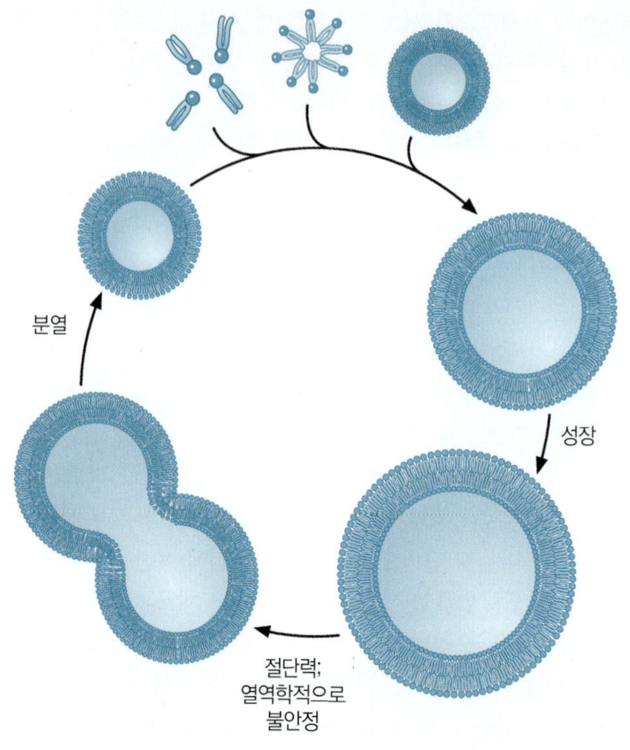

그림 17-16 지질 소낭의 성장과 분열. (Courtesy Jack W. Szostak.)

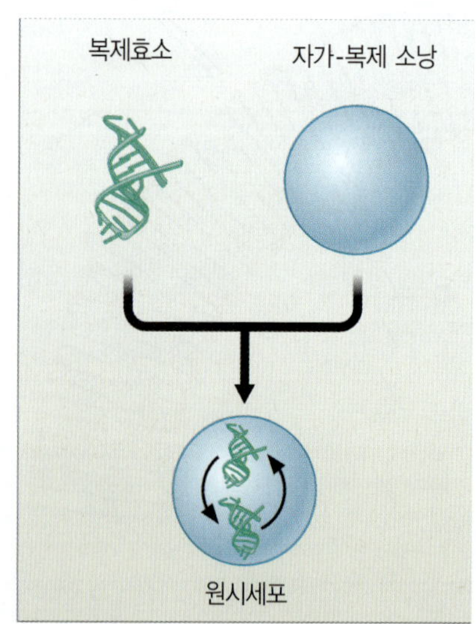

그림 17-17 자가-복제 리보자임과 자가-복제 소낭의 결합으로 이루어진 가설적인 최초의 세포. (Courtesy Jack W. Szostak.)

시의 펩티드 전달효소 리보자임에서 불멸화된)으로 단백질 세상의 발단을 제공하는 그 이상의 책략으로 진화할 것이다. 물론 복제효소 리보자임에서 리보솜으로의 여정은 불가사의하고 많은 단계를 포함하고 있을 것이다. 이들에는 운반 RNA(tRNA), 처음에는 암호가 없는 양식에서 다음에는 전령 RNA(mRNA)의 고안과 함께 암호 양식에 의한 펩티드를 합성하는 능력, RNA와 단백질 요소를 지닌 2개의 소단위로 된 리보솜, 그리고 최종적으로는 긴 길이의 펩티드를 합성하고 복잡한 3차 구조에 이르게 하는 능력 등이 포함된다.

생명체가 지구에서 생겨났는가?

앞에서 서술한 대사는 필연적으로 상당히 추상적이다. 우리는 생명이 어디에서 어떻게 생겨났는지 알지 못하지만 실험관 내에서 생명을 창제하기 위하여 오랜 여정을 거쳐 왔다. 아직도 RNA가 유전물질이고 복제효소를 둘 다 가졌다는 쌍둥이 개념과 구획화가 다윈적 진화를 허용한다는 것은 생명이 어떻게 생겨났는지를 이해하는 데 중요한 진전을 나타낸다. 그럼에도 불구하고 어떤 연구자들은 RNA에 대한 대체 화학과 유전적 진화보다는 신진대사의 진화에 기초한 생명의 기원에 대해 대체될 수 있는 견해에 심사숙고하고 있다. 그뿐 아니라 어떤 과학자들은 지구상에서 생명이 발생하기에는 포함된 장애들이 상당히 많기 때문에 지구에서 생명이 생겼다는 전제를 의심하기도 한다. 회의론자 중에서 유명한 사람으로 프랜시스 크릭이 있다(공평하게 말하자면, 비록 RNA 중합효소 리보자임이 고안되기 이전이기는 하지만). 크릭과 다른 사람들은 생명이 외계로부터 와서 지구에 뿌려진 것이라는 견해에 동의하며, 아마도 운석에 의해 운반된 것으로 본다. 물론 생명이 다른 어떤 곳에서 와서 지구에 뿌려진 것이라는 학설(있음직하지는 않지만)이 사실이라고 할지라도 이는 어떻게 생명이 생겼으며, 어디에서 생겼는지에 대한 질문에 대한 회피이고 이 장에서 시작했던 바로 똑같은 문제로 되돌아가는 것이 된다.

요약

생명체는 지구에 액체 물이 나타난 시기인 44억 년쯤에서 동위원소와 화석의 증거로 보아 이미 생명체가 존재한다고 본 35억 년쯤 사이에 생겨났다. 가장 간단한 형태로서의 생명체는 자가-복제를 할 수 있고 다윈적 진화의 대상이 되는 시스템을 지닌 것이다. 어떤 RNA(리보자임)들이 효소 반응들을 촉진한다는 발견은 단백질-기반의 생명이 원시 생명-형태로부터 나온다는 것을 억누르고 RNA가 정보의 운반자이며 또한 자가-복제를 할 수 있는 RNA 중합효소 리보자임의 역할을 모두 한다고 하는 RNA 세상 가설을 이끌어 내었다. 머지않아 자가-복제를 하는 RNA 분자는 단백질을 만드는 능력으로 진화되어 현재의 단백질 세상의 근원이 되었다. 리보솜에서 펩티드 결합의 형성을 촉매하는 현재의 펩티드기 전달효소 리보자임이 RNA 세상으로부터의 분자 화석일지도 모른다.

RNA 세상 가설의 가능성에 대한 증명으로 연구자들은 방향진화의 방법들을 사용하여 자가-복제의 능력이 있는 리보자임을 만들기 위한 시도를 하였다. 이러한 노력의 결과 현재까지 주형에 의존한 방식으로 95개 뉴클레오티드만큼 긴 RNA 사슬을 합성할 수 있는 RNA 중합효소 리보자임을 만드는데 이르렀다. 그러나 자신을 복사할 수 있는 복제효소 리보자임의 창제는 아직 이루어지지 않았다.

다윈적 진화에 지배를 받는 자가-복제는 성장과 분열이 가능한 세포-모양의 구획을 필요로 할지도 모른다. 그와 같은 원시세포는 지방산 또는 기타 양극성의 화합물로 구성된 지질 소낭으로부터 생기는데 지방산의 누적으로 성장할 수 있고 또한 딸 원시세포로 조각날 수 있다. 그러므로 최초의 생명 형태는 복제효소 리보자임을 둘러싸고 있으며 돌연변이와 자연선택에 의해 보다 빠르게 번식하는 원시세포로 진화할 수 있는 소낭-생명 구획이었을지도 모른다.

참고문헌

Deamer D. and Szostak J.W. eds. 2010. *The origins of life.* Cold Spring Harbor Laboratory Press, Cold Spring Harbor, New York.

Johnston W.K., Unrau P.J., Lawrence M.S., Glasner M.E., and Bartel D.P. 2001. RNA-catalyzed RNA polymerization: Accurate and general. *Science* **292**: 1319–1325.

Lincoln T.A. and Joyce G.F. 2009. Self-sustained replication of an RNA enzyme. *Science* **323**: 1229–1232.

Mansy S.S. and Szostak J.W. 2009. Reconstructing the emergence of cellular life through the synthesis of model protocells. *Cold Spring Harb. Symp. Quant. Biol.* **74**: 47–54.

Powner M.W., Gerland B, and Sutherland J.D. 2009. Synthesis of activated pyrimidine ribonucleotides in prebiotically plausible conditions. *Nature* **459**: 239–242.

Ricardo A. and Szostak J.W. 2009. Origin of life on earth. *Sci. Am.* **301**: 54–61.

Shechner D.M., Grant R.A., Bagby S.C., Koldobskaya Y., Piccirilli J.A., and Bartel D.P. 2009. Crystal structure of the catalytic core of an RNApolymerase ribozyme. *Science* **326**: 1271–1275.

Wochner A., Attwater J., Coulson A., and Holliger P. 2011. Ribozymecatalyzed transcription of an active ribozyme. *Science* **332**: 209–212.

Zaher H.S. and Unrau P.J. 2007. Selection of an improved RNA polymerase ribozyme with superior extension and fidelity. *RNA* **13**: 1017–1026.

Zhu T.F., Schrum J.P., and Szostak J.W. 2010. The origins of cellular life. *Cold Spring Harb. Perspect. Biol.* **2**: a002212.

연습문제

짝수 문제의 해답은 부록 2 해답을 참조하라.

문제 1. 생명 기원의 배경에서 생명을 정의하는 두 가지 주요 성상을 말하라.

문제 2. 마이코플라스마(*Mycoplasma genitalium*)와 같은 세균은 왜 바이러스나 공생자인 *Hodgkinia cicadicola*와 달리 살아 있는 것으로 생각하는지에 대해 설명하라.

문제 3. 밀러와 유리의 실험을 생각하라. 그 결과가 생명의 기원에 대한 연구에 어떤 영향을 미쳤는가? 그 결과의 약점은 무엇인가?

문제 4. 오늘날 세포에 있는 결정적인 촉매 RNA의 특정한 예를 들어라. 이 예시가 생명의 기원에서 RNA 세상의 가설을 지지하는 데 어떻게 도와주고 있는가?

문제 5. 가장 많은 지지를 받는 가설은 RNA 세상으로부터 생명이 진화되었다는 것이다. 단백질과 단백질이 중심이 되는 가설이 왜 지지를 받지 못하는지 그 이유를 제시하라. DNA가 중심이 되는 가설이 왜 지지를 받지 못하는지 그 이유를 제시하라.

문제 6. 다음 각각의 기능에 해당하는 효소 또는 기능을 수행하는 리보자임을 적어라.

i. DNA 주형을 따라 RNA 전사

i. RNA 주형으로부터 상보적인 DNA 가닥의 합성

iii. DNA 주형으로부터 DNA의 복제

iv. RNA 주형으로부터 RNA의 복제

문제 7. 지수적 농축에 의한 리간드의 계통진화(SELEX)를 통해 연결효소 작용을 지닌 리보자임을 선발하는 데 필요한 주요 단계를 열거하라. 여러 회에 걸친 완전한 선발을 할 것이고 그리고 각 회마다 얻은 것이 다양화하기를 원한다고 가정하자. 리보자임의 가능성이 있는 혼합물에 표지 서열을 지닌 RNA 분자를 넣는다. 만약 리보자임이 자신의 5′ 말단에 표지를 연결한다면, 연결하는 리보자임이 혼합물로부터 정제될 수 있다.

문제 8. 원시세포 내의 구획화가 어떻게 다른 RNA 복제효소에 비해 보다 더 효과적인 돌연변이 RNA 복제효소의 보급을 증진시켰는지를 설명하라.

문제 9. 실험실 모델인 원시세포의 막에 대해 기술하라. 이 모델 원시세포는 어떻게 성장하고 분열하는가?

문제 10. 과학자들은 폴리뉴클레오티드의 기본 요소가 인산, 리보오스, 그리고 핵염기 사이의 반응에서 혹은 원시지구에 존재하는 유기 분자들 사이의 반응으로부터 생긴 중간체들 사이의 반응에서 생긴다고 생각하는가? 당신의 답을 설명하라.

문제 11. 피로인산이 어떻게 안정화되는지를 단백질 근간의 포스포디에스테르 결합 형성 기작 대 리보자임 근간의 포스포디에스테르 결합 형성을 위한 모델로 설명하라.

문제 12. 리보자임에 의한 자가-복제를 위해 요구되는 반응 요소들과 리보자임의 기능을 기재하라.

문제 13. RNA의 연결과 RNA 중합체 형성 간의 차이를 설명하라.

문제 14. RNA 중합효소 리보자임의 특성을 프라이머 신장 검사법으로 연구하고 있다. 이 특정 리보자임은 기존의 리보자임에 비해 향상된 능력을 지니고 있다. 향상된 리보자임은 5′ 말단에 부가적인 도메인을 지니고 있는 것이 두 가지 리보자임 사이의 차이다. 각 프라이머 신장 반응에 리보자임, RNA 주형에 결합된 5′-방사성표지된 RNA 프라이머, 그리고 rNTP들을 적당한 완충액에 넣어 마련한다. 반응 2에서는 RNA 주형의 염기서열을 변경하였다. 반응 3에서는 RNA 주형의 염기서열과 리보자임의 새로운 도메인 내의 서열을 변경하였다. 얻어진 산물을 변성된 폴리아크릴아미드 겔 전기영동을 하고 자기방사법으로 (아래에 보이는) 밴드를 얻었다.

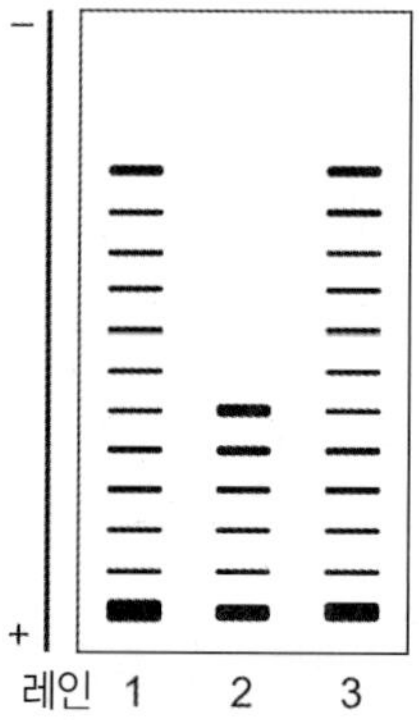

−
+
레인 1 2 3

관련된 염기서열(변화는 이탤릭체로 표시)

반응 1: 리보자임: 5′-UCAUUG-3′,
주형: 5′-CAAUGA-3′

반응 2: 리보자임: 5′-UCAUUG-3′,
주형: 5′-CAAC*UG*-3′

반응 3: 리보자임: 5′-*CAG*UUG-3′,
주형: 5′-CAAC*UG*-3′

A. 이 데이터에 따라 세 반응 사이의 리보자임 복제효소의 활성의 차이를 기술하라.

B. 왜 3열의 산물이 1열의 산물과 같은 이동 형태를 보이는지에 대해 가설을 세워라.

Data adapted from Wochner et al. (2011. *Science* **332:** 209-212).

문제 15. 연구자들이 원시세포를 모델로 지방산 소낭의 투과성을 연구하였다.

A. 막 투과성의 성질이 RNA 세상 가설을 고려할 때 왜 중요한지를 설명하라.

B. 한 실험에서 연구자는 지방산 소낭 내로 뉴클레오티드를 집어넣었다. 소낭 내로 들어가는 뉴클레오티드를 검출함으로써 투과도를 측정하는 대신에 이들은 소낭에 남아 있는 뉴클레오티드의 백분율을 측정하였다. 이들은 24시간 동안에 소낭으로부터 거의 무시할 정도의 AMP, ADP, 그리고 ATP의 손실을 보았다. 그러나 Mg^{2+}의 존재 하에서 AMP와 ADP는 소낭으로부터 서서히 새어나왔지만 ATP는 그렇지 않는 것을 발견하였다. 왜 Mg^{2+}의 존재 하에서 AMP와 ADP는 막을 투과할 수 있는지를 제안하라. Mg^{2+}의 존재 하에서 ATP의 막 투과 실패가 초기 원시세포에서의 투과성에 대해 무엇을 제시하는가?

Data adapted from Mansy et al. (2008. *Nature* **454:** 122-125).

PART 5

조절

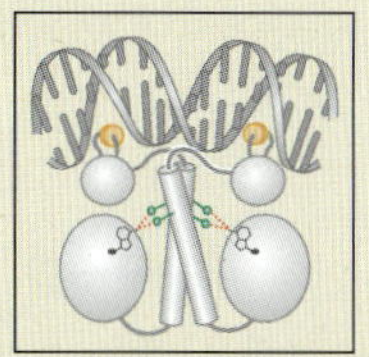
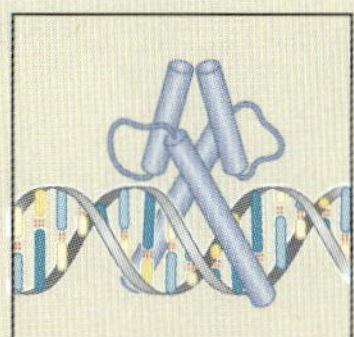
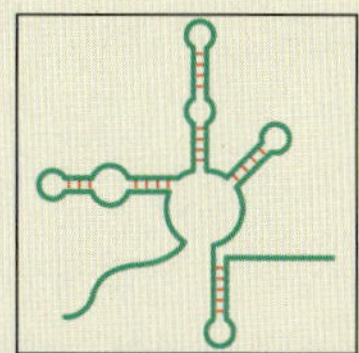
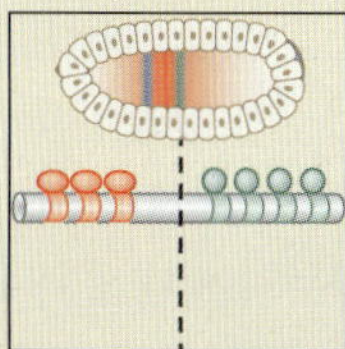
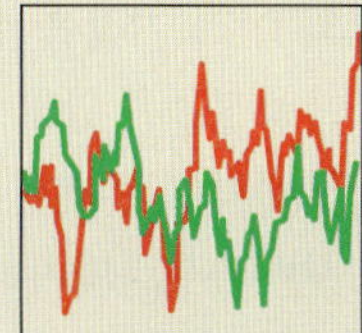

개 요

4부에서는 DNA에 암호화되어 있는 유전정보가 어떻게 발현되는지 살펴보았다. 여기서는 DNA 서열이 이후 단백질 번역의 주형으로 사용될 RNA 형태로 전환되는 전사를 다룬다.

하지만 모든 유전자가 항상 모든 세포에서 발현되는 것은 아니다. 사실 많은 생명체들은 시간과 장소에 따라 다른 조합의 유전자를 발현시키는 세포의 능력에 의존하고 있다. 하등생물인 세균조차도 어느 특정 시기에는 오직 일부의 유전자만을 발현하는데, 예를 들어 그들이 접하는 영양물질의 대사에 관여하는 효소만을 만들고, 현재 이용하지 않는 다른 영양물질의 대사에 관여하는 효소들은 만들지 않는다. 다세포 생물의 발생과정은 소위 "차별적(differential) 유전자 발현"의 훨씬 뚜렷한 예를 제공한다. 근본적으로 사람을 이루는 모든 세포는 동일한 유전자를 가지지만, 특정 세포를 형성하기 위해 발현되는 유전자들의 조합은 다른 유형의 세포를 형성하는 데 발현되는 유전자 조합과 다르다. 따라서 근육세포는 신경이나 피부세포 등에서 발현되는 유전자 조합과는 (최소한 부분적으로) 다른 유전자 조합을 발현한다. 이러한 차이는 대부분의 경우 전사 수준에서, 특히 전사개시 수준에서 나타난다.

다음 장들에서는 어떻게 전사가 조절되는지 살펴볼 것이다. 먼저 세균에서의 조절 방식을 18장에서 살펴볼 것이다. 여기는 기본적인 기작을 가장 쉽게 이해할 수 있는 곳이다. 우리는 전사 조절의 여러 기작을 설명하는 간단한 예를 다룰 것이다. 여기에는 젖당의 대사에 필요한 단백질들을 암호화하는 유전자 그룹인 *lac* 오페론을 포함한다. 유전자들은 젖당의 성장배지에 존재할 때만 전사된다. 이 경우 우리는 어떻게 유전자가 다른 신호에 반응하여 활성화되거나 억제되는지에 대해 배우게 될 것이다. 그 다음에는 다른 예로, *lac* 유전자들과 유사한 방식의 조절과 이보다는 좀 더 다른 전사 조절 기작을 살펴볼 것이다. 마지막으로 람다 파지가 세균을 감염시킬 때 다른 세트의 유전자 조합의 전사 조절이 어떻게 바이러스의 대체 발생경로의 선택을 가능토록 하는지에 대해 설명할 것이다.

19장에서는 효모에서 고등진핵생물에 이르는 진핵세포의 전사 조절에 대한 기본 기작을 다룰 것이다. 전사 활성과 억제의 기작을 세균에서의 기작과 비교하고, 어떤 부분에서 보존되어 있고 어떤 추가적인 특징들, 특히 8장에서 논의된 염색질 변형의 영향들이 있는지에 대해 살펴볼 것이다. 또한 후생유전학적 유전자 조절의 의미와 기작에 대해 논의할 것이다.

여기까지 우리는 활성인자, 억제자 및 유전자에 작용하는 단백질 조절자에 의한 조절을 논의해 왔다. 20장에서는 조절 RNA 분야에 대해 살펴볼 것이다. 여기서 우리는 어떻게 RNA 분자가 세균과 진핵생물의 유전자 발현을 활성화하거나, 또는 더 많은 경우 억제할 수 있는지에 대해 설명할 것이다. 여기에는 트립토판 오페론의 전사약화와 같이 오랫동안 알려져 왔던 기작과 RNA 간섭이나 고등 진핵생물의 마이크로 RNA 같이 아주 최근에 밝혀진 기작을 포함한다.

21장에서는 발생생물학과 진화와 관련된 유전자 조절에 대해 논의한다. 발생 중인 배(embryo) 같이 유전적으로 동일한 세포들로부터 세포형태 특이성(분화)이나 조직 형성(형태발생)을 유도하기 위해 어떻게 유전자들이 조절되는지에 대해 살펴볼 것이다. 또한 가까이 연관된 생명체 사이의 다양성에 대해 논의하고 이들 중 많은 경우에서 형태 및 행동의 차이가 유전자의 변화에 의한 것이 아니라, 발생과정 동안 각 개체에서 발현되는 이들 유전자의 장소와 시기가 다르기 때문이라는 것을 살펴볼 것이다. 최근 수년간 조사한 다양한 유전체 서열로부터 얻은 가장 놀라운 발견은 대부분의 동물들, 즉 쥐, 사람, 심지어 초파리까지 기본적으로 동일한 유전자를 갖는다는 것이다.

이러한 관찰은 각각의 유전체 산물을 정하는 데 있어서 유전자 조절의 일반적인 역할(대부분 전사적 조절)을 다시 한 번 강조하게 한다.

발생에서의 유전자 조절 그물망에 대한 고찰은 이 단원의 마지막 장에 있는 시스템생물학으로 이끈다. 이 분야는 아직 잘 정의되어 있지 않으며 다양한 여러 영역을 포함하고 있는 것처럼 보이지만, 현재의 문맥에서 우리는 유전자 조절 그물망에 초점을 맞출 것이다. 이렇게 함으로써 유전자 그물망의 조절에 대해 새롭게 정의된 사고방식의 바탕을 이루는 명칭과 함께 기본적인 개념을 제공할 것이다. 대부분 컴퓨터와 물리학적 지식을 갖춘 새로운 세대의 분자생물학자들은 이러한 그물망을 그 작동의 기초가 되는 분자적 기작보다는 정보의 흐름의 논리로 설명한다.

콜드 스프링 하버 연구소 기록보관실 제공 사진

마크 타시네(Mark Ptashne)와 조지프 골드스타인(Joseph Goldstein), 1988년 신호전달의 분자생물학에 관한 심포지엄. 타시네는 자코와 모노의 유전자 발현 조절에 관한 초기 개념을 받아들이고, 분자 수준에서의 작용을 기술하는 데 공헌하였다(18, 19장). 골드스타인은 그의 오랜 협력자인 마이클 브라운(Michael S. Brown)과 콜레스테롤 대사에 관여하는 유전자의 발현을 조절하는 신호전달 경로를 연구하였고(19장), 이들은 이 업적으로 1985년 노벨 생리의학상을 수상했다.

스콧 에몬스(Scott Emmons), 게리 루브쿤(Gary Ruvkun)과 바바라 마이어(Barbara Meyer), 2004년 후생 유전체학에 관한 심포지엄. 선충에서의 발생 유전학을 연구하던 중 빅터 암브로스(Victor Ambros)와 루브쿤은 최초의 miRNA와 그 표적유전자를 발견하였다(18장). NASA T 셔츠는 루브쿤의 많은 연구 주제들 중 다른 한 가지, 화성의 생명체에 대한 탐구에 대한 단서를 제공한다. 에몬스는 선충의 행동을 유전자 발현부터 신경생물학에 이르기까지 연구하고 있으며, 대학원 시절 람다 파지의 유전적 스위치(18장)를 밝히는 데 많은 공헌을 했던 마이어는 현재 선충의 성 결정과 유전자량 보정(dosage compensation)에 대한 연구를 하고 있다(20장).

존 거든(John Gurdon)과 앤 맥클라렌(Ann Maclaren), 1985년 발생의 분자생물학 심포지엄. 거든은 1962년 핵이 제거된 난자에 성체 개구리 세포의 핵을 이식하여 기능을 가진 올챙이로 자라게 한 최초의 동물 클로닝 실험을 수행하였다(21장). 그는 이 업적으로 신야 야마나카(Shinya Yamanaka)와 함께 2012년 노벨 생리의학상을 공동수상했다. 맥클라렌은 포유동물 유전학 및 생식생물학의 전문가로, 그녀의 연구는 무엇보다도 시험관 수정의 후기 발생에 대한 필수적 기반을 다졌다. 그녀의 생식생물학에서의 전문성은 가장 영향력 있는 워녹(Warnock) 위원회(생명윤리에 관한 영국 정부위원회)의 위원 등으로 윤리적 문제에 대한 활동을 하게 했다.

크리스티안네 뉘슬라인폴하르트(Christiane Nüslein-Volhard), 1996년 얼룩물고기(Zebrafish) 발생과 유전학에 관한 모임. 뉘슬라인폴하르트와 그녀의 동료인 에릭 비샤우스에 의해 초파리에서 수행된 돌연변이 선별로 초파리 및 거의 모든 동물들의 초기 배 발생에 중요한 많은 유전자들이 밝혀졌다(21장). 이 업적으로 이 두 사람은 1995년 에드워드 루이스와 함께 노벨 생리의학상을 공동수상했다.

헤르스코비츠(Mrs. I. H. Herskowitz) 부인과 아들 이라(Ira)와 조엘(Joel), 1947년 핵산과 핵단백질에 관한 심포지움. 이라 헤르스코비츠(Ira Herskowitz)는 효모, *S. cerevisiae*를 분자생물학을 위한 모델 생물로 사용하는 것을 선도하였고(부록 1), 이전에 그가 람다 파지에서 그랬듯이(18, 19장) 효모에서의 유전자 조절에 대한 개념을 확립하는 데 주된 기여를 했다. 이후 유전학 교과서의 저자가 된 그의 아버지 어윈(Irwin)은 그 해에 심포지엄에 참석하였다.

리처드 요르겐센(Richard Jorgensen)과 데이비드 발콤(David Baulcombe), 2006년 조절 RNA에 관한 심포지엄. 요르겐센은 페튜니아 색소 유전자의 과발현이 진한 갈색 꽃이 아니라 하얀 꽃을 만들 수 있다는 것을 발견하였다(20장). 그 당시에는 몰랐지만, 이 효과는 RNAi에 의한 것이었다. 이 과정에 필수적인 중간체인 작은 간섭 RNA들은 이후 발콤에 의해 발견되었다(20장).

자크 모노(Jacques Monod)와 레오 시라드(Leo Szilard), 1961년 CSH 실험실. 모노는 프랑수아 자코(Françoise Jacob)와 함께 유전자 발현의 조절에 대한 오페론 모델을 고안하였다(18장). 이 업적으로 두 사람은 그들의 동료인 앙드레 루오프(André Lwoff)와 1965년 노벨 생리의학상을 공동수상했다. 전시에 핵물리학자였던 레오 실라드는 1947년 콜드 스프링 하버에서 파지 강좌를 이수한 후 분자생물학자가 되었다. 그는 애런 노빅(Aaron Novick)과 함께 시카고에서 실험실을 운영하고 있다. (Courtesy of Esther Bubley.)

신야 야마나카(Shinya Yamanaka), 1994년 심화 가시적 분자결합화 및 면역세포화학에 대한 CSH 실험실 과정. 야마나카(왼쪽에서 세 번째)가 이 과정의 학생으로 참가하여, 다른 학생들과 그들의 지도자와 함께 사진을 찍었다. 야마나카는 iPS 세포를 만든 업적으로, 존 거든과 2012년 노벨 생리의학상을 공동수상했다. 그는 단지 네 개의 특이 DNA 결합 전사인자의 발현만으로도 분화된 세포를 탈분화된 다능성 상태로 유도할 수 있다는 것을 보여줬다. 이 놀라운 실험은 21장에 나타내었다.

제프 로버츠(Jeff Roberts)와 앤 버게스(Ann Burgess), 1970년 유전물질의 전사에 관한 심포지엄. 로버츠의 연구는 세균과 파지에서의 유전자 발현의 조절인자들, 특히 람다 파지의 항종결인자들에 집중되었다(18장). 버게스는 생물학 교사가 되었고 과학교육을 향상시키기 위한 국가적 노력에 참여하였다. 로버츠는 이 책 4판의 저자였으며, 버게스의 사촌은 현재의 저자(TB)이다.

크레이그 멜로(Craig Mello), 2004년 후생 유전체학에 관한 심포지엄. 멜로는 앤드루 파이어(Andrew Fire)와 함께 세포에 간단히 dsRNA를 도입함으로써 RNA와 상동성이 있는 유전자가 침묵화된다는 것을 발견하였다. 그들이 RNA 간섭이라 명명한 이 발견으로 RNAi 분야의 급속한 발전이 일어났다(20장). 그들은 2006년 노벨 생리의학상을 공동수상했다.

에드워드 루이스(Edward Lewis), 카를 린데그렌(Carl Lindegren), 알프레드 허시(Alfred Hershey)와 조슈아 레더버그(Joshua Lederberg), 1951년 유전자 돌연변이에 관한 심포지엄. 루이스는 초파리를 모델로 사용하여 발생의 유전적 분석을 시작하였다(19장). 그는 에릭 비샤우스(Eric F. Wieschaus), 크리스티안네 뉘슬라인폴하르트(Christiane Nüsslein-Volhard)와 1995년 노벨 생리의학상을 공동수상하였다. 린데그렌은 효모유전학의 선구자였다(부록 1). 허시는 막스 델부뤼크(Max Delbrück), 살바도르 루리아(Salvador E. Luria)와 함께 분자생물학의 초창기에 파지를 모델 시스템으로 사용한 그룹의 리더였고(부록 1), 이 세 사람은 1969년 노벨 생리의학상을 공동수상하였다. 레더버그는 접합이라 불리는 교배과정을 통해 세균들 사이에 DNA가 전달될 수 있다는 것을 발견하고(부록 1), 이 업적으로 조지 비들(George Beadle), 에드워드 테이텀(Edward Tatum)과 함께, 1958년 노벨 생리의학상을 공동수상하였다.

CHAPTER 18

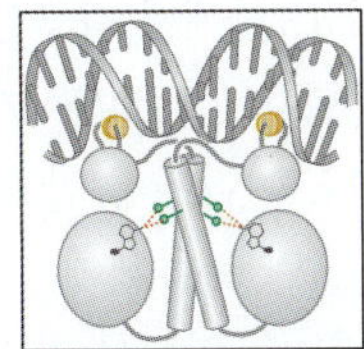

원핵생물의 전사 조절

개 요

우리는 13장에서 DNA가 어떻게 RNA 중합효소에 의해 RNA로 전사되는지를 살펴보았다. 또한 중합효소가 결합하고 전사를 시작하는 유전자의 시작 부위인 프로모터의 서열요소(sequence element)에 대해서도 다루었다. 세균에서 가장 일반적인 형태의 RNA 중합효소(σ70을 가지고 있는)들은 다양한 서열요소로 구성된 프로모터들—세 가지 주요 서열은 "-10", "-35", "UP"—을 인식한다. 특정 프로모터의 세기는 그 프로모터가 갖고 있는 서열요소와 그 요소들이 "공통(consensus)" 서열과 얼마나 일치하는지에 따른다. 조절단백질(regulatory protein)들이 없을 경우 이 서열요소들은 중합효소가 프로모터에 효과적으로 결합하는지, 결합 뒤 얼마나 쉽게 전사를 시작하는지에 영향을 준다.

이 장에서는 발현을 조절하는 기작, 즉 유전자의 산물에 대한 요구가 변할 때 특정 유전자의 발현을 증가시키거나 감소시키는 기작을 살펴보겠다. 유전자의 발현은 여러 단계에서 조절된다. 가장 일반적인 조절은 전사개시 단계에서의 조절로, 이 장의 대부분은 세균에서 전사개시 조절에 초점을 맞추었다. 일반적인 기작과 원리들의 개요를 먼저 다루고, 기본 기작들이 특정 생물학적 환경에 있는 유전자들을 조절하기 위해 어떻게 다양한 조합으로 이용되는지를 설명해 주는 잘 연구된 일부 예들을 살펴보겠다. 다음으로 전사개시 후 전사 조절 기작들, 특히 전사 신장과 종결을 다루겠다. 원핵생물에서 전사 조절의 다른 예는 20장 조절 RNA에서 다룰 RNA 구조에 의해 조절이다. 단백질 수준에서 원핵생물 유전자 발현의 예는 15장에서 언급했었다.

전사 조절의 원리

유전자 발현은 조절단백질들에 의해 조절된다

이 절의 서론에서 언급한 바와 같이 유전자들은 매우 빈번하게 세포 외부 신호에 의해 조절되며, 세균의 경우 성장배지의 물질들이 대표적인 신호가 된다. 이 신호들은 조절단백질들에 의해 유전자에 전달된다. 조절단백질들은 두 종류, 즉 양성 조절인자

(positive regulator) 또는 **활성인자(activator)**와 음성 조절인자(negative regulator) 또는 **억제인자(repressor)**로 구분할 수 있다. 일반적으로 조절 단백질들은 그들이 조절하는 유전자 또는 그 근처에 있는 특정 자리를 인식하는 DNA 결합 단백질(DNA-binding protein)들이다. 활성인자는 조절되는 유전자의 전사를 증가시키며, 억제인자들은 전사를 감소시키거나 차단시킨다.

조절인자들은 어떻게 작용할까? 13장에서 다루었던 전사개시 단계들을 생각해 보자(그림 13-3 참조). 먼저, RNA 중합효소는 DNA가 이중가닥인 닫힌 복합체(closed complex)에서 프로모터에 결합한다. 이어서 중합효소-프로모터 복합체는 열린 복합체(open complex)로 전환되는데, 열린 복합체에서는 전사의 시작부위에 있는 DNA가 풀리고 중합효소가 전사를 시작할 수 있도록 자리를 잡는다. 다음으로 중합효소가 프로모터를 떠나고 전사를 시작하는 단계인 프로모터 이탈이 이어진다. 중합효소들은 신장기를 거쳐 최종 종결전에 빠져나간다. 어떤 단계들이 활성인자에 의해 촉진되고 억제인자에 의해 방해되는지는 프로모터와 조절인자들에 달려 있다.

대부분의 활성인자와 억제인자는 전사개시 단계에서 작용한다

유전자가 유전자 산물을 만드는 각 단계에서 유전자 발현이 조절되는 경우들을 다루게 되겠지만 가장 영향력 있는 단계는 이 장의 초점이 되는 전사개시이다. 그 첫째 이유는 전사개시가 조절에 가장 효과적인 단계이기 때문이다. 첫 번째 단계에서 유전자가 발현될지 아닐지를 결정하면 에너지나 자원이, 예를 들어 단백질로 만들어지지 않을 mRNA, 쓸모없이 만들지 않게 된다. 둘째, 첫 번째 단계에서 조절하는 것이 용이하다. 각 유전자는 한 개의 사본만 있고 일반적으로 각 DNA에 대해 한 개의 프로모터만이 특정 유전자의 발현을 조정하도록 조절된다. 반대로 번역의 단계에서 유전자를 조절하기 위해서는 몇 개의 mRNA 분자들에 각각 영향을 주어야 한다.

그렇다면 왜 모든 조절이 전사개시 단계에만 초점이 맞추어져 있지 않을까? 전사 후 단계에서의 조절은 두 가지 장점을 갖고 있다. 첫째, 더 많은 정보를 줄 수 있다: 한 유전자가 한 단계 이상에서 조절된다면, 더 많은 신호들이 그 발현을 조절할 수 있게 된다. 또는 같은 신호들이 더 효과적으로 작용할 수도 있다. 둘째, 전사개시 이후의 조절은 반응시간을 줄여준다. 번역 조절의 예를 다시 생각해 보자(그림 15-44 참조). 한 신호가 이 단계의 억제를 완화시킨다면 이 유전자에 의해 암호화되는 단백질 산물은 신호를 받는 즉시 생성될 수 있다. 지연된 반응시간은 어떤 환경에서는 장점이 될 수도 있다. 앞서 말한 바와 같이 가장 자주 조절되는 것은 전사개시이다. 활성인자들과 억제인자들이 어떻게 전사개시를 조절하는지를 살펴보도록 하자.

많은 프로모터들은 RNA 중합효소와 DNA의 결합을 돕는 활성인자가 결합하는 것을 막는 억제인자에 의해 조절된다

많은 프로모터에서 조절 단백질이 없을 때 RNA 중합효소는 많은 프로모터들과 약하게 결합한다. 이것은 앞에서 논의한 프로모터 요소들 중 하나 이상이 없거나 불완전하기 때문이다. 그러나 중합효소가 결합할 때 자발적으로 열린 복합체로 전환되어 전사가 시작되는 경우도 있다. 그 결과 **기본(basal)** 수준으로 낮은 수준의 **항구적(constitutive)** 발현을 하게 한다. 이때 RNA 중합효소의 결합은 주요 속도제한 단계(rate-limitig step)이다(그림 18-1a).

이러한 프로모터의 발현을 조절하기 위해서 억제인자는 중합효소가 결합하는 부

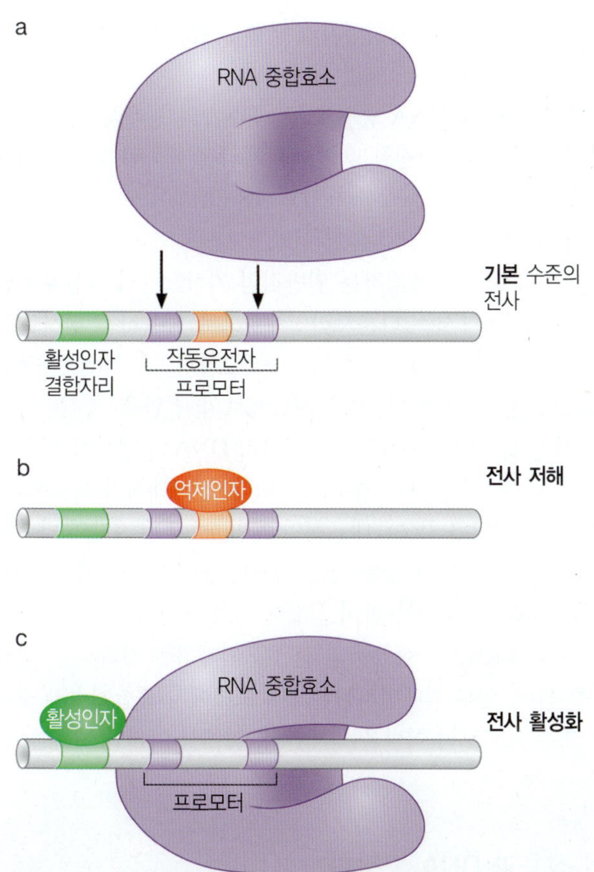

그림 18-1 RNA 중합효소 유인에 의한 활성화. (a) 활성인자와 억제인자가 모두 없을 때, RNA 중합효소는 때때로 프로모터에 임의로 결합하여 낮은 수준(기본 수준)의 전사를 개시한다. (b) 작동유전자 서열에 억제인자가 결합하면 RNA 중합효소의 결합이 억제되고 전사가 저해된다. (c) 활성인자에 의해 RNA 중합효소가 유인되면 높은 수준의 전사가 일어난다. RNA 중합효소는 그림에 나타난 바와 같이 닫힌 복합체로 유인된다(그림 13-13 참조). 다음으로 자발적인 다른자리입체성이 일어나서 열린 복합체로 전환되며 전사가 시작된다. 억제인자와 활성인자가 모두 존재하고 기능을 갖고 있다면, 일반적으로 억제인자의 작용은 활성인자의 작용에 우선한다. (이 경우는 그림에서 보여지지 않았다.)

위와 겹치는 자리에 결합할 필요가 있다. 억제인자는 이러한 방법으로 중합효소가 프로모터와 결합하는 것을 차단하여 전사를 방해한다(그림 18-1b). 그러나 억제가 다른 방법들로도 일어날 수도 있다는 것을 간과해서는 안된다. 억제인자가 붙는 DNA 부위를 **작동유전자(operator)**라고 한다.

프로모터로부터 전사를 활성화하기 위해서 활성인자는 중합효소가 프로모터에 결합하는 것을 돕기만 하면 된다. 일반적으로 활성인자는 한쪽 표면으로 프로모터 근처의 DNA 부위에 결합하고, 동시에 다른 표면으로는 RNA 중합효소와 결합하여 이 효소를 프로모터로 끌어온다(그림 18-1c). **유인(recruitment)**이라고 부르는 이 기작은 단백질과 DNA의 **협동적 결합(cooperative binding)**의 한 예이다(자세한 과정은 후에 다루겠다, 글상자 18-4). 활성인자와 중합효소 사이의, 그리고 활성인자와 DNA 사이의 상호작용은 단지 "접착(adhesive)"의 역할을 제공한다. 활성을 보이는 것은 효소이며, 활성인자는 단순히 효소를 프로모터 근처로 끌어당기는 역할을 한다. 일단 프로모터에 도달하면 저절로 열린 복합체로 다른자리입체성되어 전사가 시작된다.

대장균의 *lac* 유전자들은 방금 요약한 간단한 방법으로 작용하는 활성인자와 억제인자에 의해 조절된다. 이 장의 후반부에서 이 경우를 자세히 다루겠다.

일부 활성인자와 억제인자는 다른자리입체성으로 작용하며 RNA 중합효소 결합 후의 전사개시 단계를 조절한다

모든 프로모터들이 같은 방법으로 조절되는 것은 아니다. 즉, RNA 중합효소가 다른 도움 없이도 효과적으로 프로모터와 결합하고 안정된 닫힌 복합체를 형성하는 경우를 생각해 보자. 그러나 이 닫힌 복합체는 열린 복합체로 자발적으로 전환되지 않는다

(그림 18-2a). 이 프로모터에서는 활성인자가 닫힌 복합체에서 열린 복합체로의 전환을 자극해야만 하며, 이 전환이 속도 제한 단계이다.

이런 종류의 활성인자들은 RNA 중합효소나 DNA의 형태적 변화를 유발하여 프로모터를 자극한다. 즉, 그들은 안정한 닫힌 복합체와 결합하여 열린 복합체로의 전환을 유도하는 형태적인 변화를 유발한다(그림 18-2b). 이 기작은 **다른자리입체성(allostery)** 효과의 한 예이다.

6장에서 단백질들의 활성을 조절하는 일반적인 기작으로서 다른자리입체성 효과에 대해 알아보았다. 이 장에서는 다른자리입체성으로 작용하는 전사 활성인자들의 두 가지 예를 살펴볼 것이다. *glnA* 프로모터의 경우, 활성인자 NtrC는 닫힌 복합체에서 RNA 중합효소와 상호작용하여 열린 복합체로의 전환을 촉진한다. 다른 예인 *merT* 프로모터에서는 활성인자 MerR이 프로모터 DNA의 형태적 변화를 유발함으로 같은 효과를 달성한다. 이와 다른 경우들도 있다. 전사개시가 프로모터 이탈 단계를 제한하기도 한다(그림 12-3 참조). 대표적인 예인 *merT* 유전자의 발현을 조절하는 프로모터를 살펴보자. 활성인자가 없는 경우 수포로 돌아가는 개시를 수행한지만, 활성인자가 있을 경우 효과적으로 기능하여 신장에 이르게 한다.

억제인자들은 단순히 RNA 중합효소의 결합을 억제하는 것과 다른 방법으로 작용할 수도 있다. 예를 들어, 일부 억제인자들은 프로모터에서 중합효소과 결합하고 열린 복합체로의 전환 또는 프로모터 이탈을 억제한다. 뒤에서 이러한 예들을 다루겠다(예, Gal 억제인자).

먼 거리에서의 작용과 DNA 고리화

지금까지 우리는 서로 상호작용하는 DNA 결합 단백질들이 인접한 부위에서 상호 결합한다는 것을 당연시하였다(예를 들어, 그림 18-1과 18-2에서의 RNA 중합효소와 활성인자). 이러한 경우가 자주 있지만, 일부 단백질들은 DNA상 꽤 멀리 떨어진 부위에 결합할 때도 서로 결합한다. 이렇게 멀리 떨어진 부위에서의 상호작용이 일어나기 위해서는 이 부위들 사이의 DNA가 고리를 이루어 이 부위들이 서로 가까워져야 한다(그림 18-3).

세균에서도 이런 종류의 상호작용 예들을 찾아볼 수 있다. 우리가 앞에서 언급한

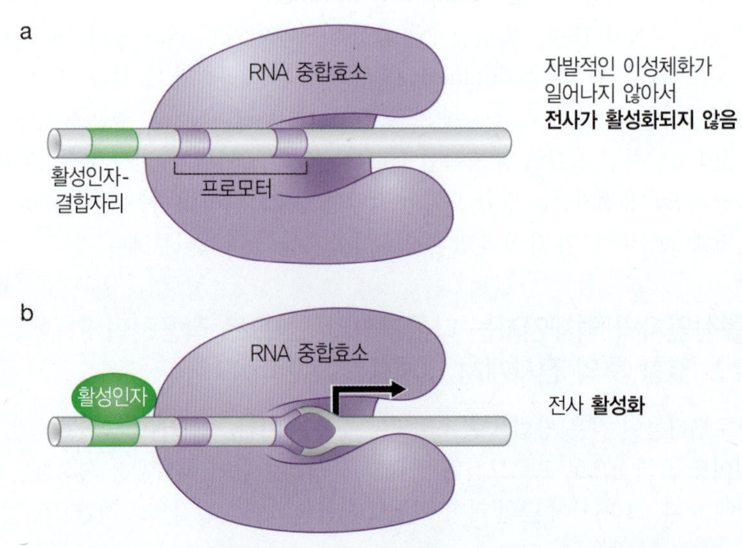

그림 18-2 RNA 중합효소의 다른자리입체성 활성화. (a) 안정된 닫힌 복합체에서 RNA 중합효소와 프로모터의 결합. (b) 활성인자는 중합효소와 결합하여 열린 복합체로의 전환과 높은 수준의 전사를 촉진한다. 닫힌 복합체와 열린 복합체를 도식적으로 나타내었다 이 상태들에 대한 더 자세한 내용은 13장, 그림 13-3을 참조하라.

활성인자들 중 하나인 NtrC는 "멀리서" 활성화 작용을 한다. 3 kb에 이르는 DNA 고리를 형성하여 상호작용하는 억제인자들도 있다. 진핵생물의 유전자 조절에 관한 다음 장에서 "떨어진 거리에서의 작용"을 보여주는 더 많은 극적인 예들을 보게 될 것이다.

떨어진 DNA 부위들은 고리화하여 서로 가까워질 수 있다. 세균에서 볼 수 있는 한 예는 활성인자 결합부위와 프로모터 사이에 결합한 다른 단백질이 DNA의 구부림을 유발하여 활성인자와 중합효소의 결합을 돕는 것이다(그림 18-4). 결합에 유리하지 않은 방향으로 DNA가 구부러지게 하여 고리형성과 활성을 억제하는 단백질도 물론 있다. 이러한 "구조(architectural)" 단백질들은 다른 과정(예를 들면, 자리-특이적 재조합; 12장 참조)에서도 단백질들 사이의 상호작용을 촉진한다.

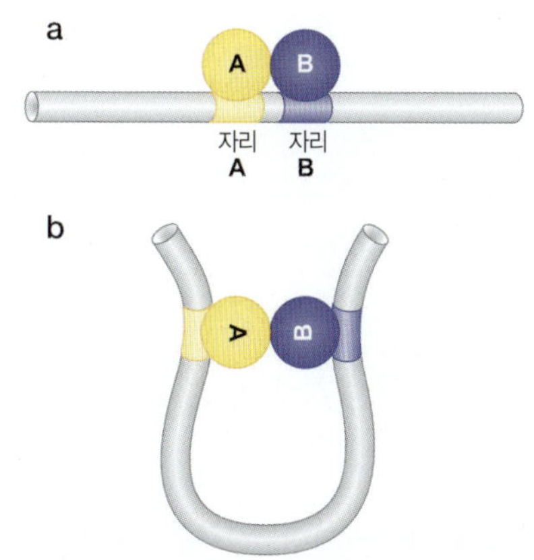

그림 18-3 DNA에 결합된 단백질들 간의 상호작용. (a) 인접 자리에서의 단백질들간의 사이의 결합. (b) 먼 거리에 있는 단백질들 간의 상호작용.

협동적 결합과 다른자리입체성 효과는 유전자 조절에서 다양한 역할을 수행한다

유전자 활성화는 간단한 협동적 결합에 의해 달성될 수 있다는 것을 이미 지적한 바 있다. 활성인자는 DNA와 중합효소에 동시에 작용하여 프로모터로 효소를 끌어온다. 우리는 활성이 어떻게 다른자리입체성 작용에 의해 이루어지는지에 관한 예도 다룬 바 있다. 어떤 활성인자는 프로모터에 이미 결합되어 있는 중합효소와 결합하여 효소나 프로모터의 형태적 변화를 유발시킴으로 전사개시를 촉진한다. 협동적 결합과 다른자리입체성 효과 모두 유전자 조절에서 부가적인 역할을 수행한다.

예를 들어, 조절인자들이 그룹으로 종종 DNA와 결합한다. 즉, 두 개 또는 그 이상의 활성인자와/또는 억제인자들이 서로 결합하고 DNA와 결합함으로 그들이 함께 조절하는 유전자 근처에 결합할 수 있게 한다. 이런 종류의 상호작용은 주변 환경의 작은 변화에도 유전자 발현을 완전히 꺼진(off) 상태로부터 충분히 켜진(on) 상태로 전환할 수 있게 하는 민감한 스위치로 작용할 수 있다. 활성인자들의 협동적 결합은 신호들을 통합하는 역할도 수행할 수 있다. 즉, 일부 유전자들은 다수의 신호들(다수의 조절자들)이 동시에 존재할 때만 활성화된다. 유전자 조절에서의 협동성에 대한 잘 알려진 예는 박테리오파지 λ에서 볼 수 있다. 협동적 결합의 기본 기작과 결과에 대한 예는 이 장의 후반부와 글상자 18-3에서 자세히 다룰 것이다.

다른자리입체성 효과는 그 자체가 유전자 활성화의 방법일 뿐만 아니라 종종 조절인자들이 자신만의 특정 신호들에 의해 조절되는 방법이기도 하다. 전형적인 세균의 조절인자는 두 가지 형태인데, 한 형태는 DNA와 결합할 수 있고 다른 형태는 DNA와 결합할 수 없다. 신호전달물질이 결합하면 조절 단백질은 하나 또는 그 이상의 형태로 고정되며, 그 결과에 따라 조절 단백질로서 작용할 수 있는지 없는지가 결정된

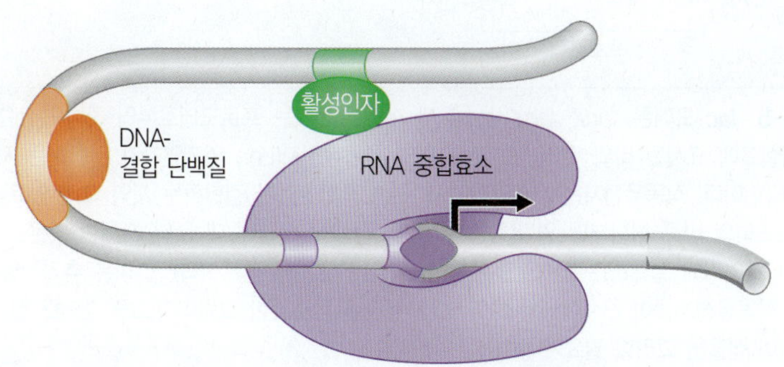

그림 18-4 DNA-굽힘 단백질은 먼 거리 결합하는 DNA-결합 단백질들사이의 상호작용을 촉진할 수 있다. DNA를 구부리는 단백질이 활성인자 결합자리와 프로모터 사이의 자리에 결합한다. 이 굽힘이 유리하게 작용한다면 이 작용은 공간적으로 두 자리를 가깝게하여 DNA-결합 활성인자와 중합효소 사이의 상호작용을 돕는다.

다. 우리는 이러한 예를 6장에서 살펴보았으며(그림 6-19), 다른자리입체성 효과의 기본 기작을 이미 자세히 알아보았다. 이 장과 다음 장에서는 신호에 의해 다른자리입체성하게 조절되는 조절인자들의 몇 가지 예를 다루겠다.

항종결과 그 밖의 조절: 모든 유전자 조절이 전사개시만 겨냥해서 일어나지는 않는다

이 장의 서두에서 언급한 바와 같이, 많은 유전자 조절은 전사의 개시 단계에서 일어난다. 진핵생물에서도 세균에서와 마찬가지다. 그러나 조절이 반드시 이 단계에만 국한되는 것은 아니다. 이 장에서는 전사의 신장, RNA 가공 및 mRNA의 단백질로의 번역 단계에서 나타나는 세균의 유전자 조절에 관한 예들을 살펴볼 것이다. 세균에서 유전자 조절의 다른 예들로 15장에서 다룬 리보솜 단백질 유전자들의 번역조절이 있고, 20장에서 다룰 RNA에 의한 조절(예를 들면, 전사약화, 리보스위치, 작은 RNA들)이 있다. 일부 RNA 조절은 전사 수준에서 일부는 번역 수준에서 일어난다.

전사개시의 조절: 세균의 예

전사 조절의 기본 원리들에 관한 개요를 알아보았으므로, 이 원리들이 실제로 어떻게 작용하는지를 보여주는 일부 예들을 살펴보겠다. 먼저 대장균의 젖당 대사에 관여하는 유전자들을 다루겠다. 여기에서는 활성인자와 억제인자가 어떻게 두 가지 신호에 반응하여 발현을 조절하는지를 알아볼 것이다. 또한 이 조절인자들이 어떻게 작용하는지를 밝혀낸 실험들을 살펴볼 것이다.

활성인자와 억제인자는 함께 *lac* 유전자들을 조절한다

세 개의 *lac* 유전자(*lacZ*, *lacY*, *lacA*)는 대장균의 유전체상에서 인접하게 배열되어 있는데, 이들이 모여 있는 부위를 ***lac* 오페론(*lac* operon)**이라고 한다(그림 18-5). *lacZ*의 5′ 말단에 위치한 *lac* 프로모터는 세 유전자를 하나의 mRNA로 전사되게 하는데, 이 mRNA는 하나 이상의 유전자를 갖고 있기 때문에 다유전자성(polycistronic) 메시지라고 한다. *lac* mRNA는 번역되어 3종류의 단백질 산물들을 만든다. *lacZ* 유전자는 젖당을 갈락토오스와 포도당으로 분해하는 효소인 β-갈락토시다아제를 암호

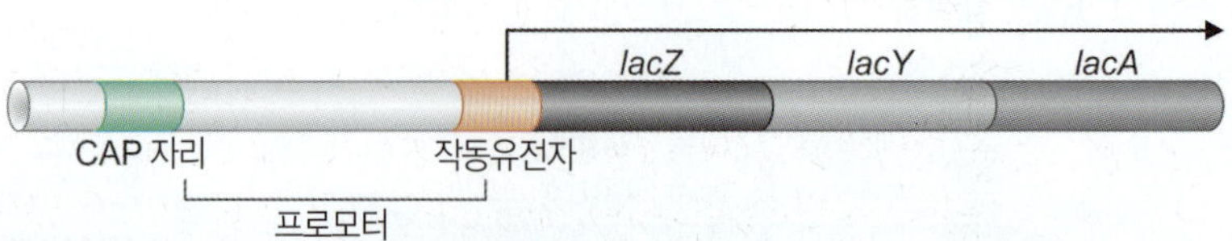

그림 18-5 ***lac* 오페론.** *lacZ*, *lacY*, *lacA* 세 개의 유전자는 프로모터로부터 하나의 mRNA로 전사된다(화살표에 표시된 바와 같이). CAP 자리와 작동유전자(Lac 억제인자가 결합하는 자리)는 각각 약 20 bp이다. 작동유전자는 프로모터에서 RNA 중합효소가 결합하는 지역 내에 있고, CAP 자리는 프로모터의 바로 상단부에 있다(결합자리들의 상대적 배열에 대해 더 자세한 것은 그림 18-8을 참조하고 여기에 결합하는 단백질들에 관한 기술은 본문을 참조하라). 그림은 추가적인 두 개의 약한 *lac* 작동유전자들이 근처에 위치하고 있다는 것을 단순화한 그림이다(그림 18-13 참조). 현 단계에서는 이 점들을 고려할 필요가 없다.

화하며 이들은 모두 세포의 에너지원으로 이용된다. *lacY* 유전자는 젖당을 세포 안으로 운반하는 단백질로 세포막에 삽입되어 있는 젖당 투과효소를 암호화한다. *lacA* 유전자는 티오갈락토시드 트랜스아세틸라아제(thiogalactoside transacetylase)를 암호화하는데 이 효소는 역시 *lacY*에 의해 안으로 운반되는 독성을 가진 티오갈락토시드를 세포에서 제거한다.

이 유전자들은 젖당이 있고 에너지원으로 우선적으로 사용되는 포도당이 없을 때만 높은 수준으로 발현된다. 두 조절 단백질은 이 과정에 관여하는데 하나는 **CAP**이라는 활성인자이고 다른 하나는 **Lac 억제인자(Lac repressor)**라는 억제인자이다. Lac 억제인자는 *lacI* 유전자에 의해 암호화되며, 다른 *lac* 유전자들 근처에 위치하고 있지만 항상 발현하는 자신의 프로모터로부터 전사된다. CAP은 대표적인 분해 활성 단백질(catabolite activator protein)로 **CRP**(cAMP Receptor Protein: 단백질 수용체 cAMP)로도 알려져 있다. CAP을 암호화하는 유전자는 *lac* 유전자들과 인접되어 있지 않고 세균 염색체상의 다른 곳에 위치한다. CAP과 Lac 억제인자는 둘 다 DNA 결합 단백질들이고 각각 *lac* 프로모터나 근처 DNA상의 특정 부위에 결합한다(CAP 자리와 작동유전자; 그림 18-5 참조).

각각의 조절 단백질들은 하나의 환경신호를 받아들여 이것을 *lac* 유전자로 전달한다. 즉, CAP은 포도당의 효과를 매개하는 반면 Lac 억제인자는 젖당신호를 전달한다. 이 조절계는 다음과 같은 방법으로 작용한다(그림 18-6 참조). Lac 억제인자는 젖당이 없을 때만 DNA와 결합하여 전사를 억제한다. 젖당이 있을 경우 억제인자는 활성이 없으며 *lac* 유전자들이 발현된다. CAP은 포도당이 없을 때에만 DNA에 결합하여 lac 유전자들을 활성화시킨다. 즉, 이 두 조절인자의 결합된 작용으로 *lac* 유전자들은 젖당이 있고 포도당이 없을 때 높은 수준으로 발현된다.

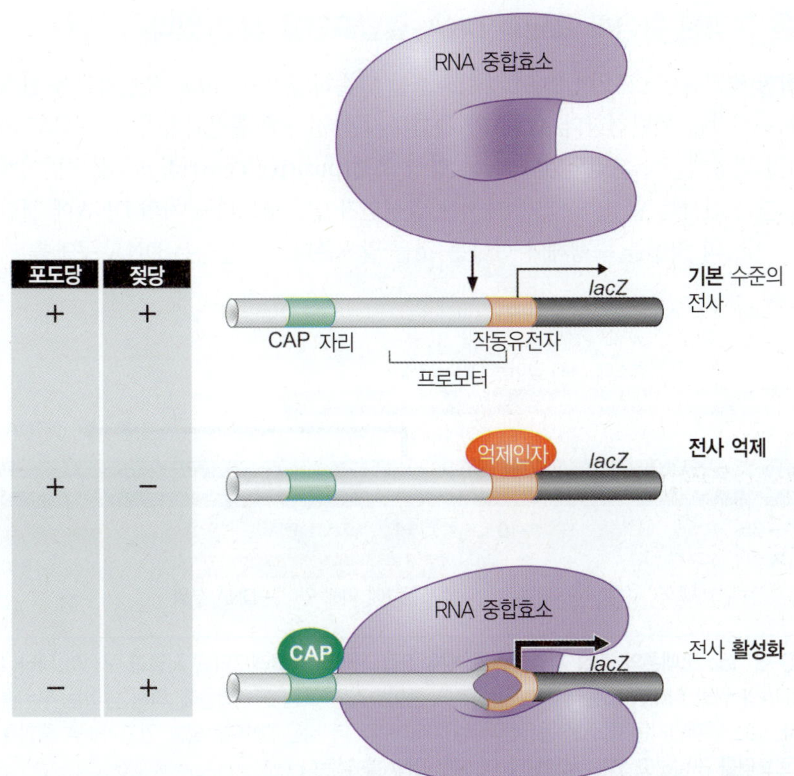

그림 18-6 *lac* 유전자들의 발현. 젖당과 포도당의 유무가 *lac* 유전자들의 발현 수준을 조절한다. 젖당이 있고 (그래서 기능을 가진 Lac 억제인자가 없는) 선호하는 에너지원인 포도당이 없을 때 (활성인자 CAP이 존재할 때) 높은 수준의 발현이 일어난다. 작동유전자에 결합되면 Lac 억제인자는 활성화된 CAP의 존재와 관계없이 중합효소를 방출한다. CAP과 Lac 억제인자는 기본 단위로 보여지나 CAP은 실제 2량체로 DNA와 결합하고 Lac 억제인자는 4량체로 DNA와 결합한다(그림 18-12). CAP은 *lac* 프로모터에 중합효소를 끌어들이고 자연적으로 다른자리입체성되어 열린 복합체를 만든다(아래 선에 보인 상태).

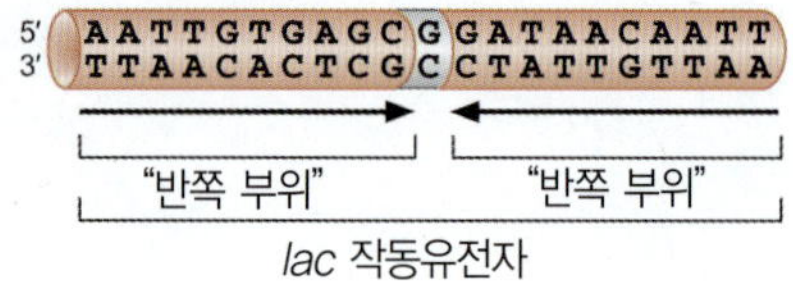

그림 18-7 ***lac* 작동유전자의 대칭적인 반쪽 부위(half-sites).**

CAP과 Lac 억제인자는 RNA 중합효소와 *lac* 프로모터의 결합 과정에서 상반되는 작용을 한다

앞에서 언급한 바와 같이 Lac 억제인자가 붙는 부위를 *lac* **작동유전자**(***lac* operator**)라 한다. 21 bp로 이루어진 *lac* 작동유전자의 염기서열은 이중 대칭구조이고 Lac 억제인자의 두 소단위(subunit)에 의해 인식된다. 이 소단위들은 반쪽 부위(half-site)에 각각 하나씩 결합한다(그림 18-7). 이 장의 다음에 "CAP과 Lac 억제인자는 공통구조 모티프를 이용하여 DNA와 결합한다" 절에서 이 결합을 더 자세히 다룰 것이다. 억제인자는 작동유전자에 결합했을 경우 어떻게 전사를 억제할까?

lac 작동유전자는 프로모터와 겹쳐 있기 때문에 작동유전자에 결합한 억제인자는 RNA 중합효소가 프로모터에 결합하여 RNA 합성을 시작하는 것을 물리적으로 방해한다(그림 18-8 참조). DNA의 단백질 결합자리들은 7장에서 다룬 DNA 발자국법(DNA footprinting)과 겔 이동변화 분석법을 이용하여 규명/분석할 수 있다.

우리가 이미 알고 있는 바와 같이 RNA 중합효소는 활성 억제인자가 없을 때조차 CAP이 없는 경우 *lac* 프로모터와 약하게 결합한다. 그 이유는 *lac* 프로모터의 –35 지역의 서열이 중합효소의 결합을 위한 최적 서열이 아니며, 이 프로모터에는 활성증진 부위(UP-element)도 없기 때문이다(그림 13-5, 글상자 13-1, 그림 18-8 참조). 이것은 활성인자들에 의해 조절되는 프로모터들의 전형적인 특징이다.

CAP은 *lac* 작동유전자와 길이는 비슷하나 염기서열은 다른 부위에 2량체로서 결합한다. 이 부위는 전사개시 부위에서 약 60 bp 위쪽으로 위치해 있다(그림 18-8 참조). CAP이 여기에 결합하면, 활성인자는 중합효소와 결합하여 중합효소를 프로모터로 끌어들이고 중합효소가 프로모터와의 결합할 수 있게 한다(그림 18-6). 이러한 협동적 결합으로 중합효소와 프로모터의 결합이 안정화된다. 이제 CAP에 의해 매개되는 활성을 좀 더 자세히 알아보자.

CAP은 분리된 활성화 표면과 DNA-결합표면을 갖고 있다

여러 실험 결과들이 CAP이 RNA 중합효소를 단순히 유인하여 *lac* 유전자들을 활성화한다는 시각을 뒷받침한다. DNA와 결합하지만 전사를 활성화하지 않는 CAP의 돌연변이 변형체들이 분리되었다. 이들 **양성 조절(positive control, *pc*)** 돌연변이체들의 존재는 전사를 활성화하기 위해서는 활성인자가 프로모터 근처의 DNA에 결합하는 것 이상의 역할을 수행해야 한다는 것을 말해준다. 즉, 활성은 DNA 구조를 지

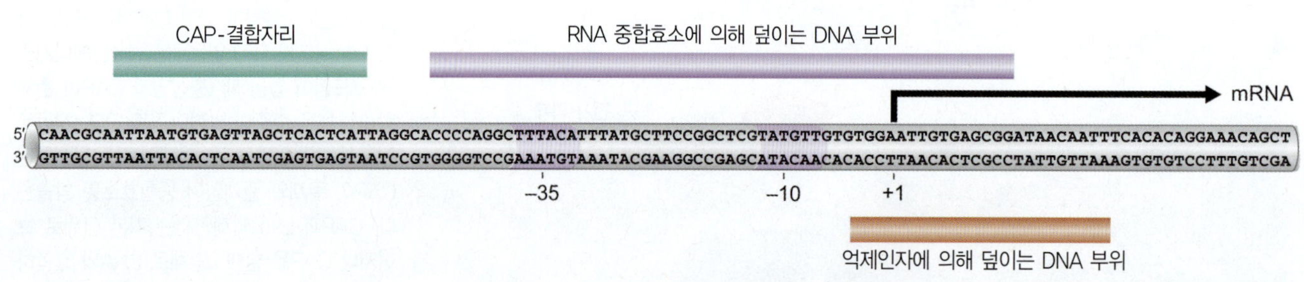

그림 18-8 ***lac* 오페론의 조절 지역** *lac* 오페론 조절 지역의 뉴클레오티드 서열과 구성이 나타나 있다. DNA의 위와 아래에 있는 색 막대는 RNA 중합효소와 조절 단백질들에 의해 덮이는 부위를 보여준다. Lac 억제인자는 최소 작동유전자-결합자리보다 더 넓은 DNA를 덮고 있고, RNA 중합효소는 프로모터를 구성하고 있는 서열보다 더 넓은 DNA를 덮는다.

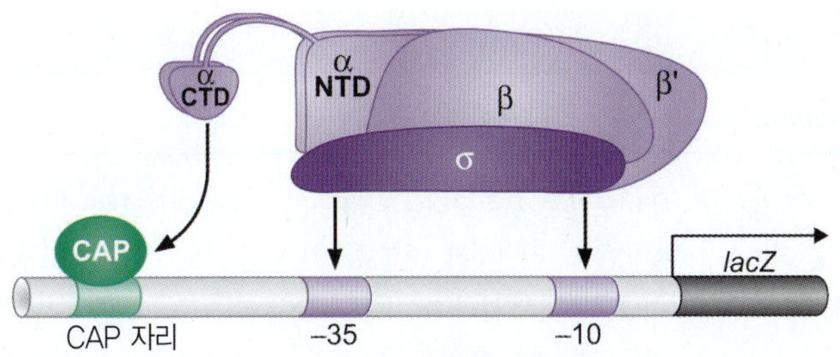

그림 18-9 CAP에 의한 *lac* 프로모터의 활성화. CAP의 도움으로 결합한 RNA 중합효소와 *lac* 프로모터. CAP은 α 소단위체의 CTD에 의해 인식된다. αCTD도 CAP 자리 인접부위의 DNA와 결합한다. 13장에서 언급한 바와 같이 활성인자와 중합효소상의 표적자리 또는 중합효소와 프로모터 사이의 특정 접촉부위를 가리키기 위해 RNA 중합효소를 이와 같이 나타내었다.

엽적으로 변화시키는 활성인자에 의해 일어나는 것이 아니다. 양성 조절 돌연변이체의 아미노산 치환으로 중합효소와 결합하는 CAP의 **활성화 부위(activating region)**를 밝혀내었다.

lac 유전자들을 활성화시킬 때 RNA 중합효소와 만나는 CAP의 활성화 부위는 어디인가? 이 부위는 대부분의 유전자들은 정상적으로 전사할 수 있으나 CAP에 의한 *lac* 유전자들의 활성은 할 수 없는 돌연변이 형태의 중합효소에 의해 밝혀졌다. 이 돌연변이체들은 RNA 중합효소 α **소단위(subunit)**의 **C-말단 영역(carboxy-terminal domain**, CTD)에 있는 아미노산이 변이되어 있다. 13장에서 본 바와 같이 이 영역은 α의 N-말단 영역(NTD)에 유연한 연결자(linker)에 의해 붙어 있다. αNTD는 효소의 안쪽에 묻혀 있으나 αCTD는 밖으로 나와 있어 프로모터의 활성증진 부위에 결합한다(그림 13-7 참조).

활성증진 부위가 없는 *lac* 프로모터에서 αCTD는 CAP과 부근의 DNA에 결합한다(그림 18-9). 이 모델은 CAP, αCTD, 그리고 CAP 결합자리 및 부근의 활성증진 부위를 가지고 있는 DNA 올리고뉴클레오티드 이중가닥을 모두 포함하고 있는 복합체의 크리스탈 결정구조에 의해 입증되었다(그림 18-10). 글상자 18-1에서 *lac* 프로모터의 활성화에 중합효소의 유인만이 필요하다는 것을 설명하고 있다

CAP이 어떻게 *lac* 오페론에서 전사를 활성화하는지, 그리고 Lac 억제인자가 어떻게 그 효과를 저해하는지를 보았다. 이제 이 조절인자들이 어떻게 그들의 DNA-결합자리를 인지하는지를 더 자세히 살펴보겠다.

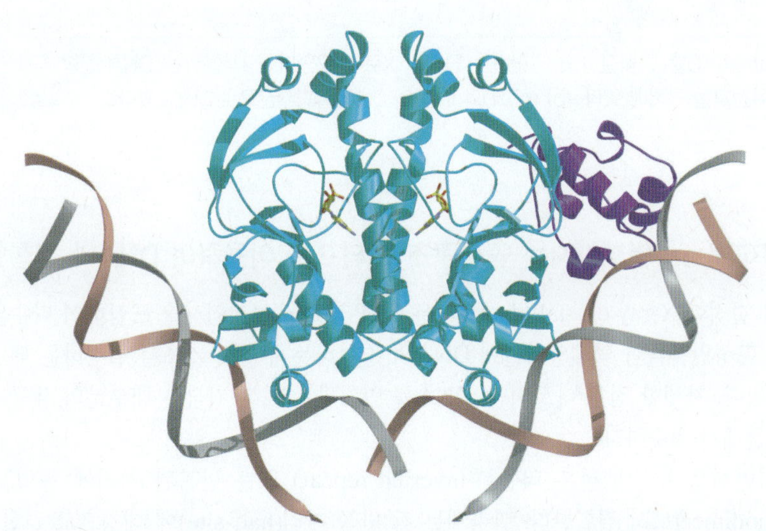

그림 18-10 CAP-αCTD-DNA 복합체의 구조. CAP은 2량체로 DNA의 결합자리에 결합한다. RNA 중합효소의 αCTD(보라색)는 인접한 DNA에 결합하여 CAP과 상호작용한다. 각 단백질의 결합자리는 유전적으로 규명된 잔기들을 포함하고 있다. cAMP 한 분자는 CAP의 각 단량체에 결합되어 있다. (Benoff B. et al. 2002. *Science* 297:1562) 이미지는 MolScript, BioScript, Raster 3D로 나타내었다.

▶ 핵심실험

글상자 18-1 활성인자 우회 실험(Activator Bypass Experiments)

만일 활성인자가 중합효소를 유전자로 유인하는 일만 한다면, 다른 방법으로 중합효소를 유전자로 가져와도 같은 작용이 있어야 한다. 이는 아래 실험들에서와 같이 *lac* 유전자들에서 판명되었다(글상자 18-1, 그림 1).

한 실험에서는 CAP과 중합효소 대신 다른 단백질-단백질 결합이 이용되었다. 서로 결합하는 것으로 알려진 두 단백질을 택하여, 하나는 DNA-결합 도메인에 붙이고 다른 하나는 중합효소 α 소단위(αCTD)의 C-말단 도메인을 대체할 수 있도록 하였다. 이 변형된 중합효소는 적당한 DNA 결합자리가 프로모터 근처에 있기만 하면 대용 "활성인자"에 의해 활성화될 수 있다. 다른 실험에서는 중합효소의 αCTD를 DNA-결합 도메인(예, CAP의 도메인)으로 바꾸었다. 이 변형된 중합효소는 근처에 적절한 DNA-결합자리만 있다면 활성인자가 없어도 *lac* 프로모터로부터의 전사를 효과적으로 개시한다. 세 번째 실험은 더 간단하다. 중합효소가 높은 농도로 존재한다면 활성인자 없이도 시험관에서의 *lac* 유전자들이 높은 수준으로 전사할 수 있다. 이러한 실험들로 중합효소를 인위적으로 유인하든지 또는 높은 농도로 공급하든지 *lac* 유전자들의 발현을 활성화된 수준으로 만들기에 충분하다. 이 실험 결과들은 활성인자가 중합효소와 프로모터의 결합을 돕기만 한다는 것과 일치한다. 단순히 단백질의 농도를 높이는 것이 중합효소와 DNA의 결합을 높이는지에 대한 설명은 글상자 18-4에서 기술 하겠다. 이 글상자에서 언급한 결과들은 만일 활성인자가 전사를 활성화시키기 위해서 특정 다른자리입체성 형태 변화를 유도해야 한다면 일어날 수 없을 것이다.

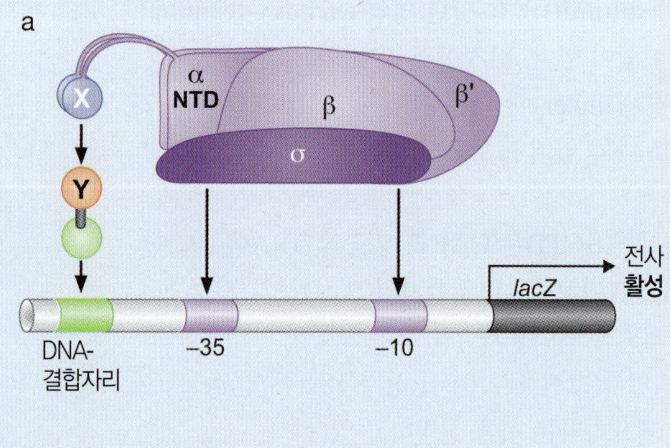

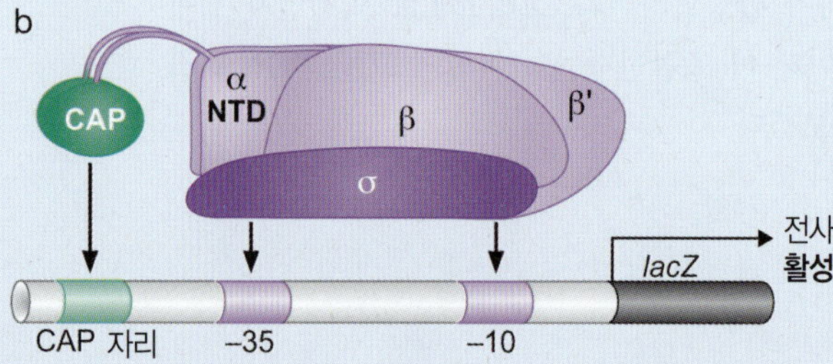

글상자 18-1 그림 1 두 가지 활성 우회 실험. (a) αCTD를 단백질 Y와 결합하는 단백질 X로 바꾸었다. 단백질 Y는 DNA-결합 도메인과 결합되어 있고, 이 부위에 의해 인식되는 자리는 *lac* 유전자들 근처에 있다. (b) αCTD가 CAP의 DNA-결합부분으로 교체되었다.

CAP과 Lac 억제인자는 공통구조 모티프를 이용하여 DNA와 결합한다

X-선 결정학(X-ray crystallography)은 CAP과 Lac 억제인자를 포함하여 다수의 세균의 활성인자들과 억제인자들이 DNA와 결합하는 구조적 기초를 결정하는 데 사용되어왔다. 자세한 점은 다르지만, DNA를 인지하는 기본 기작은 대부분의 세균 조절인자들에서 비슷하다.

일반적으로, 단백질은 역반복(inverted repeat) 또는 반복된 자리에 동형2량체(homodimer)로서 결합한다. 단량체는 각 반쪽 자리(half-site)에 대칭으로 결합하여

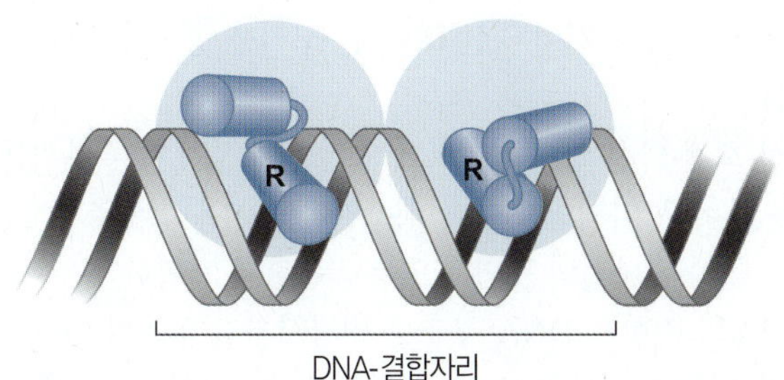

그림 18–11 나선-회전-나선 도메인(helix-turn-helix damain)을 갖는 단백질과 DNA의 결합. 단백질은 일반적으로 2량체로 결합한다. 두 개의 소단위체는 희미한 원으로 표시되었다. 각 단량체상의 나선-회전-나선 모티프가 나타나 있으며 "인식나선(recognition helix)"은 R로 표시되었다.

결합자리에 2량체로 있게 된다(그림 18-7, Lac 억제인자 참조). 특정 DNA 서열의 인식은 **나선-회전-나선(helix-turn-helix)**라고 하는 보존된 2차구조 부위를 사용하여 이루어진다(그림 18-11). 이 영역은 두 개의 α 나선으로 이루어져 있는데, 하나는 **인식나선(recognition helix)**으로 DNA의 큰홈에 꼭 맞는다. 6장에서 언급한 바와 같이, α 나선은 큰홈에 딱 들어맞는 크기로서 이것의 바깥 면 위에 있는 아미노산 잔기들이 염기쌍의 가장자리에 있는 화학 잔기들과 결합하게 된다. 6장에서 살펴본 각 염기쌍이 어떻게 수소결합 수용체와 공여체의 특징적인 양상을 나타내는지를 생각해 보자(그림 6-14). 즉, 단백질은 이 방법으로 DNA 이중나선의 풀림 없이도 다른 DNA 서열을 구별할 수 있다(그림 6-13 참조).

나선-회전-나선 영역의 두 번째 나선은 큰홈을 가로 질러서 위치하고 DNA 골격(backbone)과 접촉하고 있다. 그 결과 인식나선을 적절하게 자리잡게 하면서 동시에 전체 단백질-DNA 결합에 결합에너지를 제공한다.

이 설명은 CAP(그림 18-10)과 Lac 억제인자에 대해서뿐만 아니라 다른 세균 조절인자들에도 해당된다. 박테리오파지 λ 억제인자, λ Cro 단백질들, lambdoid 파지들의 억제인자에서도 볼 수 있다. 그러나 다음 예들에서 볼 수 있듯이 상세한 부분에서는 차이가 있다.

- Lac 억제인자는 2량체가 아닌 4량체로서 결합한다. 그럼에도 불구하고 각 작동유전자는 이 소단위들 중 단 두 개와만 접촉한다. 즉, 올리고 형태의 차이는 DNA 인지 기작을 변경시킬 수 없다. 4량체 내의 다른 두 단량체는 1차 작동유전자의 400 bp 하단부와 90 bp 상단부에 위치한 두 개의 다른 *lac* 작동유전자 중 하나에 결합

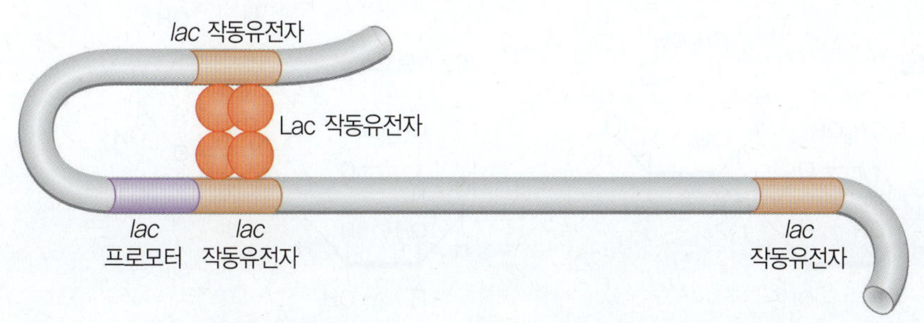

그림 18–12 Lac 억제인자는 4량체로 두 개의 작동유전자와 결합한다. 1차 작동유전자에 결합된 Lac 억제인자와 상단부 보조 작동유전자 사이에 형성된 고리를 볼 수 있다. 비슷한 고리가 하단부 작동유전자와의 사이에서 만들어질 수 있다. 프로모터 옆의 1차 작동유전자는 *lac* 유전자 발현의 조절에 대한 논의에서 언급된 작동유전자이다. 이 그림에서 각 억제인자 2량체는 올리고머 구조를 강조하기 위해 두개의 원으로 표시하였다(이전의 그림에서는 하나의 타원체).

할 수 있다. 이 경우들에서 끼어 있는 DNA는 고리를 형성하여 반응을 용이하게 한다(그림 18-12).

- 일부 경우, 나선-회전-나선 영역 바깥쪽에 있는 단백질의 다른 부위들 역시 DNA와 결합한다. 예를 들어, λ 억제인자는 아미노 말단을 이용하여 추가적인 접촉을 한다. 이것은 DNA를 돌아서 나선의 뒷면에 있는 작은홈과 결합한다.
- 많은 경우 단백질의 결합은 DNA 구조를 변경시키지 않는다. 하지만 일부 경우에서는 여러 가지 변형을 단백질-DNA 복합체에서 볼 수 있다. 예를 들면, CAP은 DNA를 크게 굽혀서 DNA가 부분적으로 단백질 둘레를 감싸도록 한다. 이것은 작동유전자 바깥쪽에 있는 서열들과 결합하는, 나선-회전-나선 영역의 바깥쪽에 있는 다른 부분에 의해 일어난다. 결합이 작동유전자 DNA의 꼬임(twisting)을 일으키는 다른 경우도 있다.

원핵생물의 모든 억세인사들이 나선-회전-나선을 이용하여 결합하는 것은 아니나. 상당히 다른 접근 방법을 사용하는 몇 가지 예가 알려져 있다. 가장 눈에 띄는 예는 파지 P22(λ 계열이나 살모넬라로 침입하는)의 Arc 억제인자이다. 이 Arc 억제인자는 역반복 작동유전자에 2량체로 결합하지만, 이것은 α 나선 대신에 큰홈으로 삽입된 2개의 역평행 β 가닥을 이용하여 결합자리를 인식한다.

Lac 억제인자와 CAP의 활성은 신호에 의한 다른자리입체성 효과로 조절된다

젖당이 세포로 들어가면, 알로락토오스(allolactose)로 전환된다. Lac 억제인자를 조절하는 것은 젖당 자체가 아니라 알로락토오스이다(그림 18-13). 역설적으로 젖당의 알로락토오스로의 전환은 *lac* 유전자들 중의 하나에 의해 암호화되는 β-갈락토시다아제에 의해 촉매된다. 이것이 어떻게 가능할까?

그 해답은 *lac* 유전자의 발현이 억제되었을 때조차 전사체가 약간씩 발현되는 새는 유전자 발현에 있다. 이러한 현상은 종종 RNA 중합효소가 Lac 억제인자 대신 프로모터에 결합하기 때문에 발생한다. 이러한 약간의 누출은 젖당이 없을 때에도 세포에 낮은 수준의 β-갈락토시다아제가 존재하게 하며, 그 결과 젖당이 알로락토오스로 전환되게 한다.

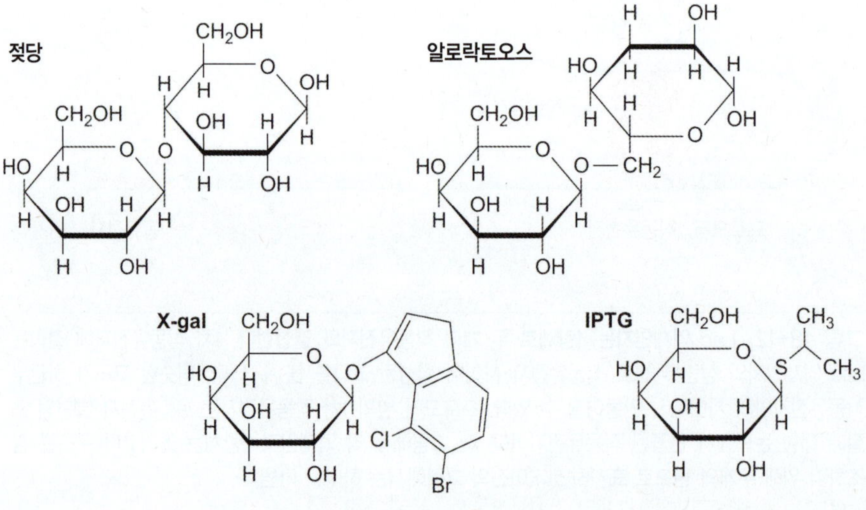

그림 18-13 *lac* 오페론의 유도체는 알로락토오스(allolactose)이다. 젖당은 젖당의 입체이성체인 알로락토오스로 전환되는데, 알로락토오스는 *lac* 오페론의 직접적인 유도체이다—Lac 억제인자에 결합하여 구조적인 변화를 야기함으로 DNA 결합을 중단시킨다(그림 6-20 참조). 합성 분자도 마찬가지로 유도체로 작용할 수 있는데, 가장 대표적인 물질은 IPTG(isopropyl β-D-1-thiogalactopyranoside)이다. X-gal(5-bromo-4-chloro-3-indolyl-β-D-galactopyranoside)은 β-갈락토시아제에 대한 기질로 작용하나 유도체로는 작용하지 못한다. 이 효소가 활성화되었을 때 X-gal은 푸른색을 내기 때문에 기질분석에 유용하다.

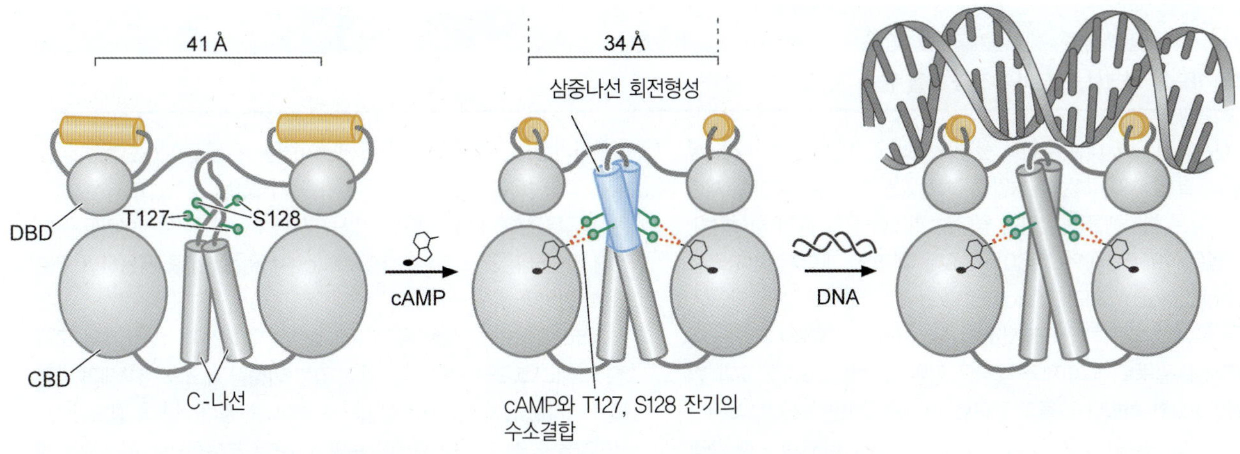

그림 18-14 CAP의 다른입체성 조절 기작. 세 가지 상태의 CAP 크리스탈 구조들이다: CAP 단독, cAMP와 결합하고 있는 CAP, 그리고 CAP-cAMP-DNA 복합체. 이 크리스탈 구조들을 보면 cAMP와 CAP의 결합(CBD를 통한)이 어떻게 단백질의 구조를 변화시키고 DNA인지에 적합한 구조로 재배열되어 DNA와 결합하는지가 명확해진다. CBD에 결합한 cAMP는 단백질의 꼬임부위(coiled region)에 있는 두 개의 잔기와의 수소결합을 만들고, 나선(helix) 구조(푸른색) 만든다. CAP의 DNA 결합도메인의 인지나선은 주황색으로 표시하였다. (Adapted, with permission, fromPopovychN. et al. 2009. *Proc. Natl. Acad. Sci.* **106**: 6927–6932, Fig. 7, p.6931.)

알로락토오스는 Lac 억제인자에 결합하여 억제인자의 형태를 변화시킨다. 알로락토오스가 없을 경우, 억제인자는 DNA와 결합한 형태로 존재하여 *lac* 유전자의 발현이 차단되게 한다. 일단 알로락토오스가 억제인자의 모양을 변경시키면 억제인자는 더 이상 DNA와 결합할 수 없고, *lac* 유전자의 발현 억제가 풀린다. 6장에서 Lac 억제인자의 다른자리입체성 변화에 대한 구조적 수초를 살펴보았다(그림 6-19). 중요한 점은 알로락토오스가 Lac 억제인자와 DNA 결합자리에서 떨어진 부위에서 결합한다는 것이다.

CAP 활성은 비슷한 방법으로 조절된다(그림 18-14). 포도당은 cAMP의 세포 내 농도를 낮춘다. cAMP는 CAP의 다른자리입체성 효과인자로, CAP과 cAMP가 복합체를 이룰 경우에만 DNA에 결합하는 구조를 형성한다(CAP의 다른 이름이 CRP인 이유이다). 즉, 포도당의 수준이 낮을 때(cAMP 수준이 높을 때) CAP은 DNA와 결합하고 *lac* 유전자들을 활성화시킨다. 효과인자인 cAMP와 결합하는 CAP 부위는 DNA 결합자리와 분리되어 있다.

대장균의 *lac* 오페론은 프랑스의 생물학자인 자코브(François Jacob)와 모노(Jaques Monod)가 유전자 조절에 관한 초기 개념을 형성하기 위해 사용한 두 시스템 중 하나이다. 글상자 18-2에서, 우리는 그들의 초기 연구에 관해 간단히 설명하고 그들이 만든 개념이 왜 그렇게 영향력을 주었는지를 기술하였다.

조합 조절: CAP은 다른 유전자들도 조절한다

lac 유전자들은 **신호통합(signal integration)**의 한 예를 보여준다: *lac* 유전자들의 발현은 두 신호에 의해 조절되는데, 각 신호는 한 개의 신호 조절인자—Lac 억제인자와 CAP—를 통해 유전자들로 전달된다.

▶ 핵심실험

글상자 18-2 자코브, 모노와 유전자 조절 뒤의 개념들

한 유전자의 발현이 다른 유전자 산물에 의해 조절된다는, 즉 다른 유전자들의 발현을 조절하는 기능만을 갖고 있는 조절 유전자가 존재한다는, 개념은 분자생물학 초기에 얻어진 위대한 통찰 중의 하나이다. 이 개념은 1950년대와 1960년대초에 파리의 과학자인 자코브(François Jacob)와 모노(Jacques Modod) 등에 의해 제안되었다. 그들은 두 개의 명백히 연관되지 않은 두 현상을, 젖당에서 자라는 대장균에서 β-갈락토시다아제와 대장균 감염 후 박테리오파지 λ의 반응, 설명하고자 하였다 그들의 연구로 1961년 오페론 모델의 출간되었고, 그들의 동료인 루오프(Andre Lwoff)와 함께 1965년 노벨 생리학상을 수상하였다.

우리는 지금 그들의 개념에 너무 익숙해져 있고, 그들의 모델을 시험할 수 있는 많은 직접적인 방법들을 갖고 있기 때문에 그들의 업적의 위대함을 측정하는 것이 어렵다. 이를 위하여 그들이 고전적인 실험을 시작했을 당시 알려졌던 일들이 무엇인지 생각해보자: 대장균에서 β-갈락토시다아제 활성은 배지에 젖당이 있을 때에만 나타났다. 이 효소의 출현이 어떤 유전자의 발현을 스위치하는데 연관되었는지는 명확하지 않았다. 즉 초기의 한 가지 설명은 세포가 포괄적인 작용을 하는 효소(generic enzyme)를 갖고 있고 이 효소가 특정 환경에서 요구되는 특성을 무엇이든 수행한다는 것이었다. 즉 젖당이 존재하면, 포괄적 효소는 젖당을 주형으로 하여 젖당 대사를 위한 적절한 모양으로 변한다는 것이었다.

자코브, 모노, 그리고 그의 동료들은 이 문제를 유전학적으로 분석하였다. 우리는 그들의 실험을 자세하게 살펴보지는 않을 것이나 그 창의성을 맛보기 위해 간단히 요약해 보겠다.

첫째, 그들은 젖당의 존재여부와 관계없이 β-갈락토시다아제를 만드는 대장균 돌연변이를 분리하였다[즉, 효소가 **항상(constitutively)** 만들어지는 돌연변이체]. 이 돌연변이들은 두 종류이었는데, 하나는 Lac 억제인자를 암호화하는 유전자를 억제하는 것이었고 다른 하나는 작동유전자 자리에 결함이 있는 것이었다. 이 두 돌연변이들은 아래에서 언급할 시스-트랜스 테스트 (*cis-trans* test)를 사용하여 구분될 수 있었다.

자코브와 모노는 *lac* 유전자들(Lac 억제 유전자, *LacI*, *lac* 오페론, 그리고 그 조절서열들)을 갖고 있는 야생형 세포의 염색체의 단편을 F′이라는 플라스미드에 삽입시켜 염색체상에 돌연변이 형태의 *lac* 유전자들을 갖고 있는 세포에 도입시킴으로 부분적으로 이배체인 세포(partially diploid cells)을 만들었다. (이 방법은 부록 1의 세균부분에서 더 자세히 언급되어 있다). 이 도입은 한 세포에 두 카피의 *lac* 유전자들을 존재하게 하여서, 야생형의 카피가 특정 돌연변이 카피를 보완할 수 있는지를 실험할 수 있게 하였다. 억제인자를 암호화하는 *lacI* 유전자의 돌연변이로 염색체의 유전자들이 항상 발현될 경우, 플라스미드로 도입된 야생카피는 억제성(유도성)을 회복시켜주었다: 즉 β-갈락토시다아제는 젖당이 다시 있을 때만 만들어졌다(글상자 18-2 그림 1). 이 결과는 플라스미드상의 야생 *lacI* 유전자에서 만들어진 억제인자가 염색체로 확산될 수 있었기 때문이다(즉, 이것은 트랜스로 작용할 수 있다).

염색체 유전자들의 계속적인 발현을 야기하는 돌연변이가 *lac* 작동유전자에 있을 경우, 이 돌연변이는 야생 유전자에 의한 트랜스로 보완될 수 없었다(글상자 18-2 그림 2). 작동유전자는 시스로만 작용한다. (즉, 같은 DNA 분자 위의 직접 연관된 유전자들에만 작용한다).

이 결과들과 그 외 결과들로부터 자코브와 모노는 유전자들이 유전자의 시작지점 근처의 프로모터라는 특정 자리로부터 발현되고 이 발현은 프로모터 옆의 DNA에 위치한 작동유전자 자리를 통해 작용

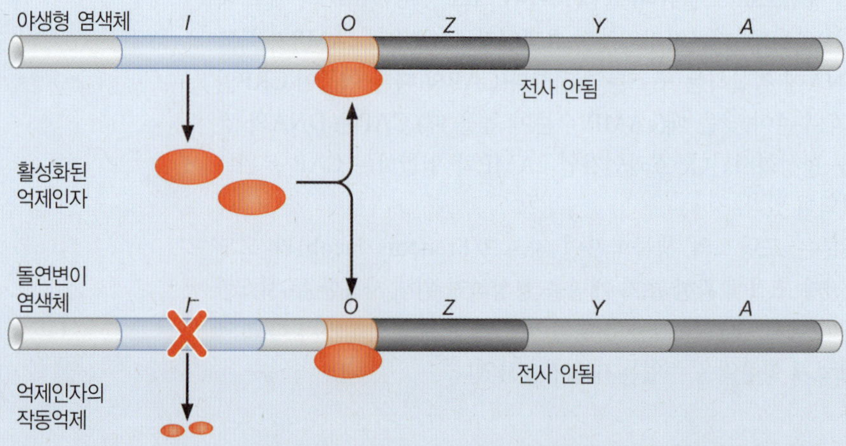

글상자 18-2 그림 1 부분 이배체 세포들은 기능적 억제인자들이 트랜스로 작용함을 보여준다. 젖당이 없을 경우 *lac* 유전자들은 발현되지 않고, 따라서 의미 있는 수준의 β-갈락토시다아제가 만들어지지 않는다.

글상자 14-1 (계속)

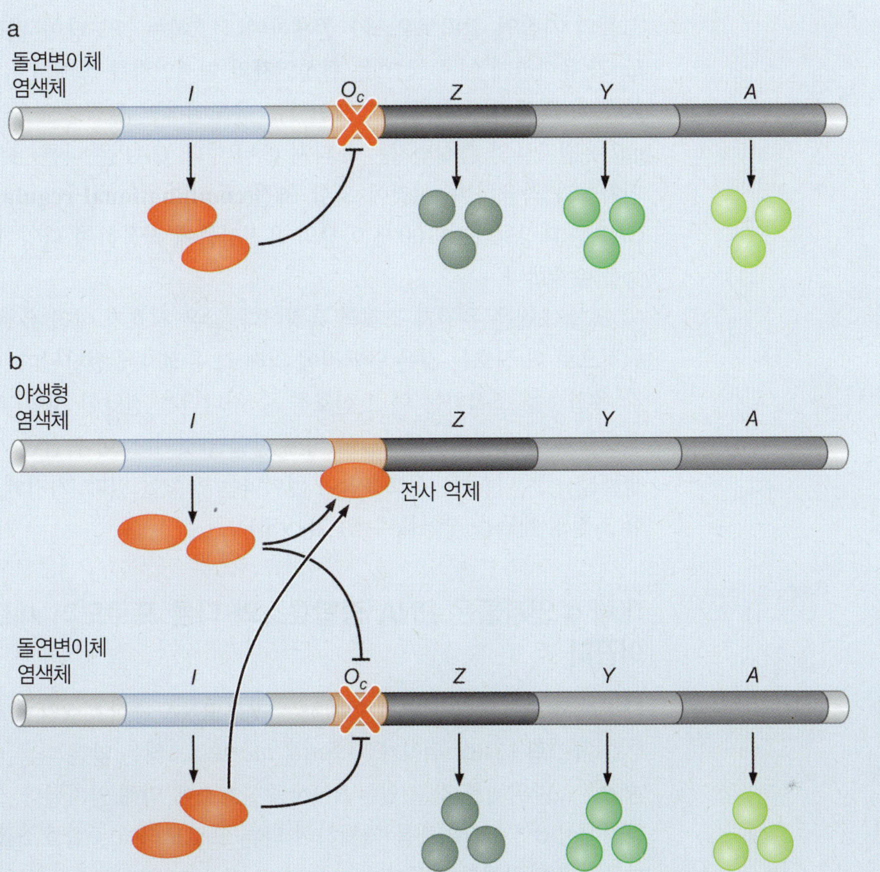

글상자 18-2 그림 2 부분 이배체는 작동유전자가 시스로만 작용한다는 것을 보여준다. (a) 돌연변이 작동유전자(O_c)를 갖고 있는 반수체 세포(haploid cell) (b) 정상적인 작동유전자(O)와 돌연변이 작동유전자(O_c)를 갖고 있는 부분 이배체 세포. 돌연변이 작동유전자에 결합되어 있는 *lac* 유전자들(Z, Y, A)는 같은 세포에 있는 다른 염색체상의 야생 작동유전자의 존재 시에도 항상 발현된다. 즉, 작동유전자는 시스로만 작용한다.

하는 억제인자에 의해 조절된다고 제안하였다.

그러나 *lac* 시스템에 관한 실험들이 별개로 수행된 것은 아니다. 자코브와 모노는 박테리오파지 λ에 대한 유사한 실험을 동시에 진행하였다(이 장 뒤에서 자세히 다룸). 박테리오파지 λ는 두 생활주기 중 어느 쪽으로도 증식할 수 있다. 어느 쪽이 선택될지는 관련 파지 유전자들 중 어느 것이 발현되는지에 달려 있다. 이 프랑스 과학자들은 *lac*의 경우에서처럼 이 시스템에서도 유전자 발현을 조절하는데 결함이 있는 돌연변이체들을 분리할 수 있다는 것을 알아내었다. 이 돌연변이체들을 이용하여 시스로 작용하는 작동유전자 부위를 통해 트랜스로 작용하는 억제인자를 다시 규명해내었다. 이 두 가지 조절 시스템의 유사성은 (매우 다른 생물임에도 불구하고) 자코브와 모노가 유전자 조절의 근본 기작을 확인하였다는 것과 그들의 모델이 자연계 전체에서 적용될 것이라는 것을 확신하게 해주었다. 비록 그들의 해석이 완벽하지는 않았지만—CAP과 같은 활성인자를 포함하지는 않았지만—그들이 제안했던 시스 조절부위라는 기본 모델은 유전자 조절에 관한 구 후의 대부분의 생각들을 지배하게 되었다.

글상자 18-2 그림 3 ***lac*** **오페론과 그 조절을 보여주는 이 그림은 2002년 자코브에 의해 제공되었다.** (Courtesy of Jan Wikowski.)

대장균의 다른 유전자 세트인 *gal* 유전자들을 살펴보자. 이 유전자들은 갈락토오스 대사에 관여하는 효소를 암호화한다. *lac* 유전자들과 마찬가지로 *gal* 유전자들도 그들의 기질인 갈락토오스가 존재하며 선호하는 포도당이 없을 경우 발현된다. 즉, *lac*과 유사하게 이 두 신호는 활성인자와 억제인자를 통해서 유전자들에게 전달된다. *galR*에 의해 암호화되는 억제인자는 유도인자인 갈락토오스의 효과를 매개하지만, *gal* 유전자들의 활성인자는 또다시 CAP이다. CAP은 다른 유전자들에서 다른 억제인자들과 작용하며, 이것이 **조합 조절(combinational regulation)**의 예이다. 사실 CAP은 대장균에서 100개 이상의 유전자들에 작용하여 다양한 동반자들과 함께 기능을 수행한다.

조합 조절은 유전자 조절의 특징이다. 같은 신호가 여러 유전자들을 조절할 때, 일반적으로 이 신호는 같은 단백질에 의해 각 유전자에 전달된다. 이 조절인자는 아마도 각 유전자를 조절하는 여러 신호들 중 하나만을 전달할 것이다. 대부분의 경우 다른 신호들이 별개의 조절인자들에 의해 전달될 것이다. 더 복잡한 개체—특히 고등 진핵생물들—는 더 많은 신호통합이 일어나는 경향이 있다. 거기에서 더 크고 정교한 조합 조절의 예들을 찾아볼 수 있다(19장).

대체 σ 인자들은 RNA 중합효소와 다른 프로모터 세트의 결합을 이끈다

13장에서 프로모터 서열을 인지하는 것은 RNA 중합효소의 σ 소단위체라는 것을 공부했다(그림 13-6). 우리가 논의해온 *lac* 프로모터는 많은 다른 대장균 프로모터와 함께 σ^{70} 소단위체를 갖고 있는 RNA 중합효소에 의해 인지된다. 그러나 대장균은 특정 환경에서 σ^{70} 소단위체를 대체하여 다른 프로모터에 중합효소를 결합시키는 몇 개의 다른 σ 소단위체를 만든다.

이 대체인자 중의 하나는 열충격(heat shock) σ 인자인 σ^{32}이다. 즉, 대장균이 열충격을 받으면 이 새로운 σ 인자의 양이 세포 내에서 증가하고, 일부분의 RNA 중합효소에서 σ^{70} 이 대체된다. σ^{32}의 수준은 두 가지 기작에 의해 증가한다: 첫째, 번역이 증가된다. 특히 열충격 이후에 mRNA가 번역되는 효율이 높아진다. 둘째, 단백질이 일시적으로 안정화된다. 대체 σ 인자의 다른 예는 다음 절에서 다룰 σ^{54}이다. σ^{54}는 세포 내에서 일부 적은 중합효소와 결합하여 이 효소를 질소 대사에 관여하는 유전자들로 이끈다.

때로 일련의 대체 시그마들이 특정 유전자 발현 프로그램을 주도한다. 고초균에서 두 가지 예를 볼 수 있다. 포자형성을 조절하는 정교한 과정은 21장과 22장에서 자세히 다루고 여기서는 간단한 예만 살펴보자.

박테리오파지 SPO1은 고초균에 감염하여, 자손파지(progeny phage)를 만드는 용균성장을 한다. 이 과정에는 파지가 자기 유전자들을 잘 조절된 순서로 발현하는 것이 요구된다. 이 조절은 일련의 대체 σ 인자(alternative σ factor)들에 의해 일어난다. 감염즉시 고초균 σ^{70}을 갖고 있는 세균 RNA 중합효소는 "초기(early)" 파지 프로모터를 인지하여 감염초기에 필요한 단백질들을 암호화하는 유전자들의 전사를 일으킨다. 이 유전자들 중 하나(유전자 28)는 대체 σ 인자를 암호화하며, 이것이 세균 σ 인자를 대체하고 "중기(middle)" 유전자들과 연관된 파지 유전체에 있는 두 번째 세트의 프로모터들로 중합효소를 이끈다. 이 유전자들 중 하나는 다시 "후기(late)" 유전자들을 위하 σ 인자를 암호화한다(그림 18-15).

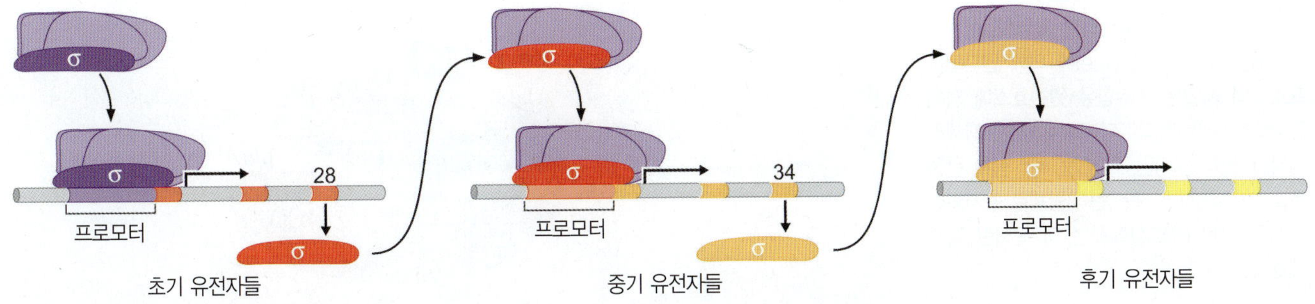

그림 18-15 대체 σ 인자들은 세균 바이러스에 있는 유전자의 순차적 발현을 조절한다. 세균 파지 SPO1은 자신 유전체의 발현을 조절하기 위해 세 개의 σ 인자들을 연속해서 이용한다. 이것은 바이러스 유전자들이 필요한 순서대로 발현되게 한다 (Adapted, with permission, from Alberts B. et al. 2002. *Molecular biology of te cell*, 4th ed., p415, Fig. 7-63. Garland Science/Taylor &Francis LLC.)

NtrC와 MerR: 전사 활성인자들은 유인보다 다른자리입체성 효과로 기능을 수행한다

많은 활성인자들이 유인법으로 기능을 수행하지만 예외들이 있다. NtrC와 MerR은 유인에 의해서가 아니라 다른자리입체성 효과로 작용하는 활성인자들이다. 다른자리입체성 기작을 다시 생각해 보자. 유인으로 작용을 하는 활성인자들은 단순히 활성화된 RNA 중합효소를 프로모터로 끌어온다. 다른자리입체성 효과로 작용을 하는 활성인자들은 활성화되지 않은 중합효소 복합체를 프로모터로 이끈다. 전사를 활성화하기 위해서 이 활성인자들은 복합체의 다른자리입체성 변형을 유도한다.

활성인자 NtrC는 이 효소의 구조적 변형을 일으켜서 열린 복합체로 전환시킨다. 즉, 활성 사건은 RNA 중합효소의 다른자리입체성 변형이다. MerR은 수은 저항성에 관여하는 유전자의 발현을 조절한다. MerR도 불활성 RNA 중합효소-프로모터 복합체에 작용하는데, 이 경우에는 RNA 중합효소에 작용하는게 아니라 DNA에 작용하는 활성인자의 다른자리입체성 효과에 영향을 준다. 이 두 시스템에 대해 좀 더 자세히 살펴보자.

NtrC는 ATP 분해 활성 기능이 있으며 유전자에서 멀리 떨어진 DNA 자리에도 작용한다

CAP처럼 NtrC는 분리된 활성화 영역과 DNA-결합 영역을 갖고 있으며, 특정 신호가 있을 때에만 DNA와 결합한다. NtrC의 경우 그 신호는 낮은 질소 수준이다. 이 조건 하에서 NtrC는 인산화효소인 NtrB에 의해 인산화되고 그 결과 활성인자의 DNA-결합 영역을 드러내는 구조적 변경이 일어난다. 일단 활성화되면, NtrC는 프로모터에서 약 150 bp 상단에 위치한 4개의 자리들에 결합한다(예, *glnA* 유전자). NtrC는 이 자리에 각 2량체로 결합하고, 2량체 간의 단백질-단백질 결합을 통해 매우 협동적인 방법으로 4개의 자리에 결합한다.

glnA 유전자를 전사하는 RNA 중합효소는 σ^{54} 소단위를 갖고 있다. 이 효소는 NtrC가 없을 때, 안정된 닫힌 복합체의 *glnA* 프로모터에 결합한다. 일단 활성화되면, NtrC(상단부에 결합된)는 σ^{54}와 직접 결합한다. 이 결합을 위해서 활성 결합자리와 프로모터 사이의 DNA가 고리를 형성하여 상호결합을 용이하게 해야 한다

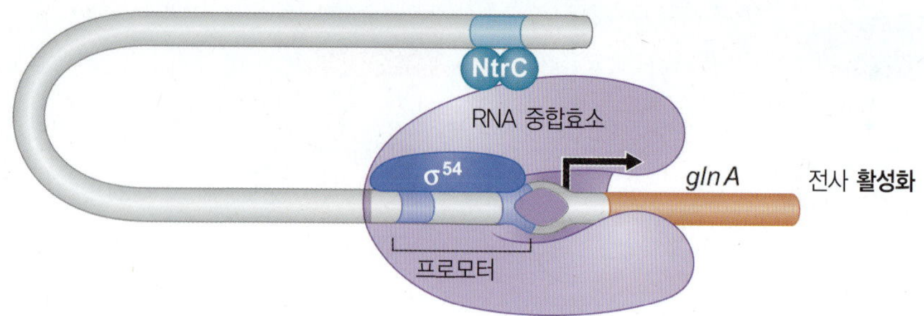

그림 18-16 NtrC에 의한 활성화. σ^{54}-함유 완전효소(holoenzyme)에 의해 인지되는 프로모터 서열은 σ^{70}-함유 완전효소에 의해 인식되는 서열과 다르다. 그림에서는 자세히 나타나 있지 않지만, NtrC는 σ^{54}-함유 완전효소와 접촉한다. NtrC는 2량체로 표시되어 있지만 실제 DNA상에서는 더 복잡한 복합체를 형성한다.

(그림 18-16). NtrC-결합자리들이 더 상단부(1~2 kb)로 이동하여도 활성인자는 여전히 작용할 수 있다.

NtrC 자체는 ATP를 분해하는 효소활성을 갖고 있다. 이 활성은 중합효소의 형태적 변화를 유도하는 데 필요한 에너지를 제공한다. 이 형태적 변화는 중합효소가 전사를 개시할 수 있게 한다. 특히 이 변화는 안정된 닫힌 복합체에서 활성 열린 복합체로의 전환을 촉진한다.

NtrC에 의해 조절되는 일부 유전자들에서, NtrC-결합자리와 프로모터 사이에 IHF라는 다른 단백질의 결합자리가 있다. 결합하자마자 IHF는 DNA를 구부린다: IHF-결합자리가 올바른 위치에 있을 때(DNA가 굽혀졌을 때), NtrC에 의한 활성이 증가한다. DNA의 굽힘에 의해 IHF는 DNA에 결합된 활성인자를 프로모터에 더 가까이 유도하여 활성인자와 거기에 결합된 중합효소의 상호작용을 돕는다(그림 18-4, 12-11 참조).

MerR은 프로모터 DNA를 비틀어서 전사를 활성화시킨다

수은 존재 시 MerR은 한 개의 DNA-결합자리에 결합하여 *merT* 유전자를 활성화시킨다. 그림 18-17에서 볼 수 있는 바와 같이, MerR은 *merT* 프로모터의 −10과 −35 자리 사이에 위치한 서열에 결합한다(이 유전자는 σ^{70}을 갖고 있는 중합효소에 의해 전사된다). MerR은 RNA 중합효소에 의해 결합된 면의 반대쪽 DNA 나선에 결합하므로 중합효소는 MerR과 동시에 프로모터에 결합할 수 있다.

merT 프로모터는 이례적인 특성을 갖고 있다. −10과 −35 자리 사이의 거리가 19 bp로 일반적으로 효과적인 σ^{70} 프로모터에서 발견되는 15~17 bp와 다르다(13장, 글상자 13-1 참조). 그 결과 σ에 의해 인지되는 이 두 서열요소들은 최적의 상태로 분리되어 있거나 배열되어 있지 않다: 이들은 서로에 대해 나선의 면 주위로 회전되어 다소 어긋나 있다. 더욱이 MerR의 결합은 (Hg^{2+}가 없을 때) 좋지 않은 형태로 프로모터를 고정하여 중합효소는 결합할 수 있으나 전사는 개시될 수 없게 한다. 그리하여 기본 수준의 전사도 일어나지 않는다.

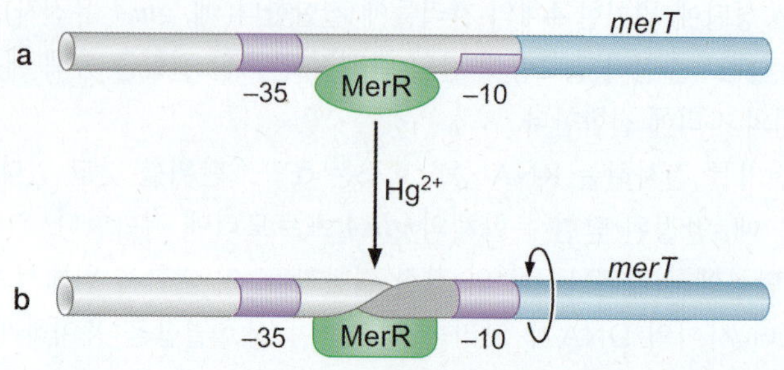

그림 18-17 MerR에 의한 활성화. *merT* 프로모터의 −10과 −35 서열은 나선의 거의 반대쪽에 위치한다. (a) 수은(mercury)이 없으면, MerR은 프로모터에 결합하여 불활성화된 형태를 안정화시킨다. (b) 수은이 있으며 MerR은 DNA를 뒤틀어 프로모터 서열들을 올바르게 정렬시킨다.

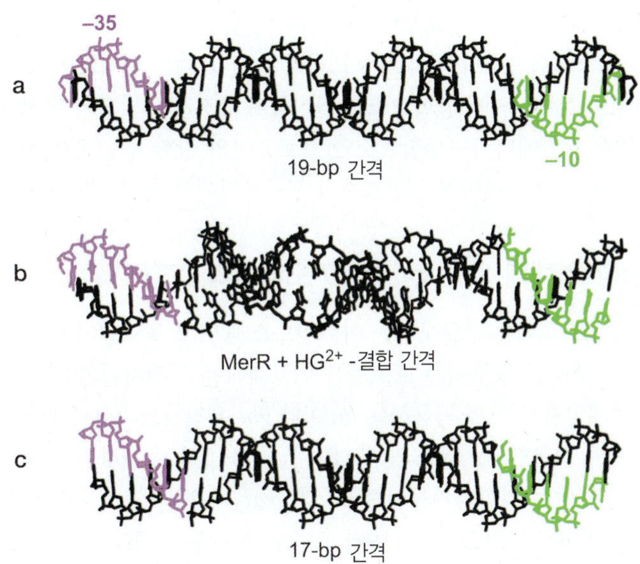

그림 18-18 ***merT*유사 프로모터의 구조.** (a) 19 bp 간격을 갖고 있는 프로모터. (b) 활성인자와 결합 시 19 bp 간격의 프로모터. (c) 17 bp 간격을 갖는 프로모터. a와 b에서 보이는 프로모터는 BmrR 조절자에 의해 조절되는 고초균(*B. subtilits*)의 *bmr* 유전자의 프로모터이다. BmrR은 테트라페닐포스포늄(TPP)과 결합될 경우 활성인자로 작용한다. 한 가닥의 −35(TTGACT)와 −10(TTCAGT) 서열은 분홍색과 연두색으로 각각 표시되어 있다. (Adapted with permission, from Zheleznova Heldwein E.E. and Brennan R.G. 2001. *Nature* 409:378; Fig. 3 b–d.© Macmillan.)

MerR이 Hg^{2+}에 결합하면, 단백질은 프로모터의 중심에 있는 DNA가 비틀어지게 되는 형태적 변화를 일으킨다. 이 구조적 일그러짐은 −10과 −35 자리를 강력한 σ^{70} 프로모터에서 발견되는 것과 근접하게 복원시킨다. 이 새로운 형태에서 RNA 중합효소는 효과적으로 전사를 개시할 수 있다. "활성"과 "불활성" 상태에서 프로모터 DNA의 구조가 결정되었으며 그림 18-18에 나타나 있다.

이 예에서 주목할 점은 활성인자가 RNA 중합효소와 결합하여 전사를 활성화시키는 대신 이미 결합된 효소 부근의 DNA 구조를 변경시킨다는 것이다. 즉, 앞의 경우들과 달리 DNA 결합자리와 활성화 자리의 분리는 없다: MerR의 경우 DNA 결합이 활성과정과 매우 밀접하게 연관되어 있다.

일부 억제인자들은 프로모터에서 RNA 중합효소를 방출하지 않고 잡고 있다

Lac 억제인자는 가장 간단한 방법으로 작용한다: 프로모터와 겹치는 자리에 결합하여 RNA 중합효소의 결합을 차단한다. 많은 억제인자들이 비슷한 방법으로 작용하지만, MerR의 경우 다른 양식의 억제를 한다: 단백질이 전사개시에 적합하지 않은 형태의 프로모터를 잡고 있다. 억제인자들은 여러 방법으로 작용한다. 그 중 한 예를 살펴보자.

일부 억제인자들은 프로모터와 겹치지 않은 결합자리에서 작용한다. 이 억제인자들은 중합효소의 결합을 막지 않고, 오히려 프로모터 옆자리에 결합하여 그 프로모터에 결합한 중합효소와 상호작용을 하여 전사의 개시를 방해한다. 그 한 예는 앞에서 언급하였던 Gal 억제인자이다. Gal 억제인자는 갈락토오스 대사에 관련된 효소들을 암호화하는 유전자들을 조절한다: 갈락토오스가 없을 경우, 억제인자는 유전자 발현을 중단 상태로 되게 한다. 이 경우 억제인자는 닫힌 복합체에서 열린 복합체로의 전환을 억제하는 방법으로 중합효소와 상호작용한다.

다른 예는 고초균에서 자라는 박테리오파지(ϕ29)의 P_4 단백질에서 볼 수 있다. 이 조절자는 P_{A3}라는 약한 프로모터에 인접한 자리에 결합하여 중합효소와 결합하고 활성인자로 작용한다. 이 상호작용은 CAP에서 본 바처럼 αCTD와의 작용이다. 이 활성인자는 P_{A2C}라는 강력한 프로모터에도 역시 결합한다. 여기에서 약한 프로모터에서처럼 중합효소와 접촉하지만 결과는 오히려 유전자 발현의 억제이다. 전자의 경우에서는 여분의 결합에너지가 중합효소를 끌어들여 유전자의 발현을 활성화하지만, 후자의 경우 전체 결합에너지—중합효소와 프로모터의 강한 결합과 활성인자에 의한 부가적 상호작용—가 강력하여 중합효소가 프로모터에서 빠져나갈 수 없다.

AraC와 활성 억제에 의한 *araBAD* 오페론의 조절

대장균의 *araBAD* 오페론 프로모터는 아라비노스가 있고 포도당이 없을 때 활성화되며, 아라비노스 대사에 요구되는 효소들을 암호화하는 유전자들의 발현을 주도한다. 활성인자와 억제인자가 함께 작용하는 *lac*이나 *gal* 유전자들의 경우와 달리, 두 개의 활성인자가 함께 작용한다: AraC와 CAP. 아라비노스가 존재하면 AraC는 이 당과 결합하여 인접한 반쪽-결합자리들인 $araI_1$과 $araI_2$에 2량체로서 DNA와 결합할 수 있도록 형태를 변화시킨다(그림 18-19a). 이들의 상단부(그림에는 나와 있지 않음)가 CAP 자리이다: 포도당이 없을 때, CAP이 여기 결합하여 활성화를 돕는다.

아라비노스가 없는 경우, *araBAD* 유전자들은 발현되지 않는다. 이는 아라비노스가 결합되어 있지 않을 때, AraC가 다른 형태를 취하여 다른 방법으로 DNA에 결합하기 때문이다: 그림 18-19b에서 보이는 것처럼 하나의 단량체가 $araI_1$ 자리에 여전히 결합하지만, 다른 단량체는 $araO_2$라는 멀리 떨어진 반쪽 결합자리에 결합한다. 이 두 자리는 약 194 bp 떨어져 있기 때문에 AraC는 두 자리 사이의 DNA가 고리를 형성하는 방식으로 결합한다. 또한 이 방법으로 결합될 때, $araI_2$ 자리에 AraC의 단량체가 결합하지 않는다. 바로 이 부위가 *araBAD* 프로모터의 활성을 매개하는 위치이어서 이 형태에서는 활성화가 일어나지 않는다.

아라비노스에 의한 *araBAD* 프로모터의 유도 정도는 매우 크며, 그리하여 이 프로모터는 종종 **발현 벡터(expression vector)**로 이용된다. 발현 벡터들은 어떤 유전자

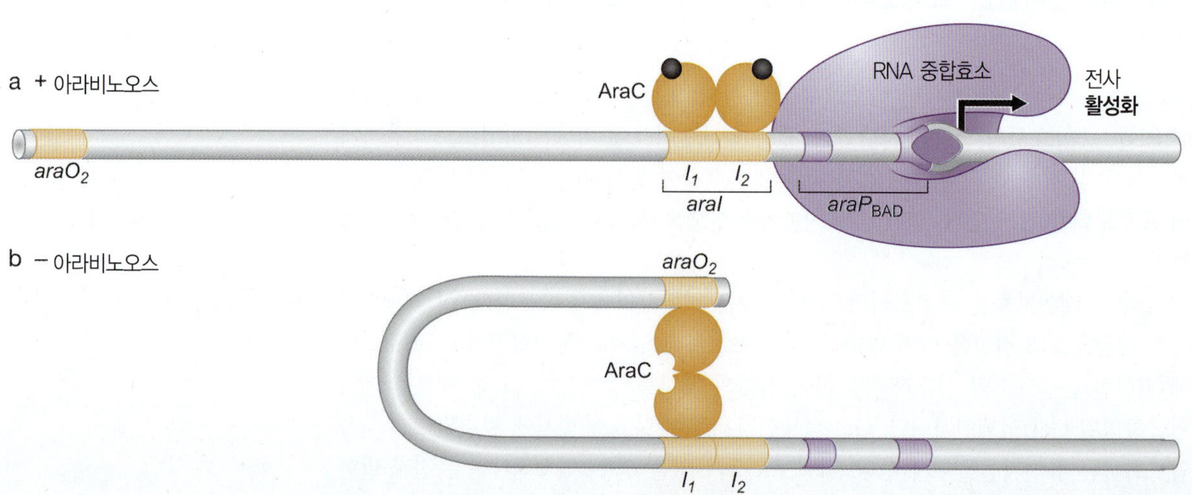

그림 18-19 *araBAD* 오페론의 조절. (a) 아라비노스가 AraC에 결합하면 활성인자의 모양이 변화하여 $araI_1$과 $araI_2$에 2량체로 결합한다. AraC 한 단량체는 프로모터 근처에 위치하게 되어 전사를 활성화시킬 수 있다. (b) 아라비노스가 없을 경우 AraC 2량체는 다른 형태로 $araO_2$와 $araI_1$에 결합한다. 이 위치에서는 $araI_2$ 자리에 단량체가 없게 되고, *araBAD* 프로모터($araP_{BAD}$)를 활성화시킬 수 없다. 이 프로모터는 CAP에 의해서도 조절된다(그림에는 나타나 있지 않음).

를 강력한 프로모터에 결합시켜 특정 단백질을 효율적으로 합성되게 하는 DNA 구조물이다(7장 참조). 이 경우 유전자와 *araBAD* 프로모터를 융합시키면 이 유전자의 발현은 아라비노스에 의해서만 조절된다. 이 유전자의 발현을 원치 않을 때까지 억제 상태로 둘 수 있으며, 유전자 산물이 필요할 때는 단순히 아라비노스를 첨가함으로 "억제해제(derepressed)"와 "유도(induced)"상태로 할 수 있다. 이는 세균에 독성을 보이는 유전자 산물을 만드는 유전자들—즉, 발현되지 않도록 매우 엄격하게 억제해야 하는—조차 발현시킬 수 있게 한다.

좀 더 복잡한 전사조절네트워크에서는 앞에서 살펴보았던 단순한 기작들이 어떻게 적용되는지 알아보자. 박테리오파지 λ의 경우를 보면 다양한 조합의 조절자들이

▶ 의학관련

글상자 18-3 세포간 커뮤니케이션 경로 차단에 의한 독성 억제

미생물에 대한 연구 초기에 세균은 다른 개체와 상호작용이 적은 개별적 생활방식을 갖고 있는 것으로 생각하였다. 그러나 우리는 이제 많은 세균들이 신호를 내고 인지하고 반응하여 서로 커뮤니케이션하고 있음을 알고 있다. 세포간 커뮤니케이션의 대표적인 예로 쿼럼 센싱(quorum sensing)을 들 수 있다. 쿼럼센싱은 세균이 그 집단의 세포 밀도가 증가하는 데 반응하여 세균 유전자의 발현을 작동시키는 것이다. 생물발광, 발병요인들, 항생제, **바이오필름 형성(biofilm formation)**, DNA 도입의 수월성과 관계되는 유전자들의 발현은 밀도가 높을 때만 세균에게 유리하다. 예를 들어 발광세균인 비브리오(*Vibrio fisheri*)는 오징어 숙주의 빛을 내는 기관에서 특정 수준의 집단 밀도에 도달할 경우에만 빛을 내는 **루시퍼레즈(luciferase)** 효소를 만들어낸다. 비브리오에서는 단세포 하나로는 루시퍼레즈를 만드는 것이 이점이 없다. 마찬가지로 사람에게 병을 유발하는 녹농균(*Pseudomonas aeruginosa*)은 많은 세균들과의 협력으로 pyocyanin, cyanide, 리파아제 같은 병원성 인자들을 고농도로 축적할 수 있는 감염시기에만 병원성 인자들을 생산하고 분비한다. 이 장에서 우리는 세균이 어떻게 환경으로부터 오는 신호에 반응하여 유전자를 발현시키거나 억제시키는지에 대해 논의하였다. 여기에서는 세균이 **자동유도체(autoinducer)**로 알려진 화학적 신호에 반응하고 상호작용하는 분자생물학적 기전에 대해 중점을 두겠다. 이 기전에 대한 이해를 통해 우리는 세균 간 커뮤니케이션을 화학적으로 차단하는 방법을 기반으로 한 병원성 세균 감염을 처치하는 새로운 치료전략을 찾을 수 있다.

Acyl-homoserine lactone(AHL)이라는 널리 알려진 신호전달물질과 LuxR 조절 단백질군에 의한 인지를 살펴보자. AHL은 4~18 탄소 유닛의 acyl 체인에 부착된 homoserine lactone ring을 가진 단순한 유기 분자이다. 다른 종의 세균들은 다른 길이의 꼬리를 가진 AHL을 만들며, 각각은 자신이 만든 신호전달산물에만 반응한다. 이러한 신호의 다양성은 세균이 쿼럼센싱을 효과적으로 할 수 있게 한다. AHL은 막투과 물질로 세포 안으로 들어가 LuxR과 결합할 수 있다. LuxR은 AHL과 결합할 때만 전사를 시작할 수 있는 활성 단백질이다. 즉, CAP 활성인자와 같이 LuxR은 AHL과 결합할 경우에만 표적유전자들의 프로모터 부위에 결합한다. 신호물질이 세포 밖에서 들어오기에, LuxR 매개 쿼럼센싱은 리간드가 직접 전사조절인자와 작용하는 극히 단순한 신호전달 시스템이다. LuxR은 스테롤과 같은 막투과 리간드와 결합하여 활성화되는 글루코코르티코이드 수용체와 같은 진핵생물의 조절 단백질과 유사하다. 흥미롭게도 어떤 경우 AHL은 좀 더 복잡한 방법으로 세포질막에 있는 수용체와 결합하여 작용하기도 한다. 이 AHL는 세포질에 있는 별개의 전사 조절 단백질을 인사화시키거나 활성화시킨다. 이 과정은 다음 장(그림 19-24)에서 다룰 STAT 신호전달 경로와 같다.

AHL과 LuxR이 복합체를 이루면 크로모좀에 있는 표적유전자들(루시퍼레즈, 발병인자 유전자들, 그리고 다른 쿼럼센싱 반응 유전자들)의 프로모터 부위에 결합할 수 있다. 그 중 한 표적인 *luxI*는 AHL의 특이적으로 합성하는 효소이며, 양성되먹임 고리를 이루는 결과를 낳는다. 즉, *luxI*는 LuxR의 조절을 받기 때문에 AHL과 LuxR의 결합은 *luxI*의 발현을 증진시키고 AHL의 생산을 증가시킨다. 이 AHL 분자들은 만들어진 세포의 밖으로 나가 그 집단 내의 다른 세포로 들어가고, 그 결과 LuxR의 활성과 AHL의 생산이 더 증가되게 되며, 세포 밖의 AHL의 농도는 더 높아진다. 이 양성되먹임 고리는 세균의 집단 밀도가 충분히 높아지고 AHL이 역치 농도에 이르게 될 때가지만 작용한다. 세포밀도가 이 역치보다 낮으면 세포외 AHL 농도가 낮고 양성되먹임이 작동된다. 즉, LuxR 조절하에서 유전자는 적정 수의 세포(quorum)가 존재할 때만 발현되며 양성되먹임 고리가 작동된다.

이 지식에 기반하여 병원성 세균의 병원성 유전자 발현을 쿼럼센싱 길항제(antagonists)를 이용하여 막을 수 있다. 크로모박테리아(*Chromobacterium violaceum*)의 경우, 6개의 탄소 긴 고리를 가진 N-hexanoyl homoserine lactone이라 명명된 길항제에 의해 LuxR-타입 전사인자들을 활성화시킨다. 이 인자들은 리간드 결합 영역과 DNA 결합 영역으로 구성된 보조단위체로 이루어진 2량체이다. X-선 크리스탈로 그래피 연구는 N-hexanoyl homoserine lactone의 두 보조단위체가 LuxR 인자와 복합체를 이루고, 두 개의 DNA 결합 영역이 DNA에 결합함을 보여주었다(글상자 18-3, 그림 1). 한편, 크로모박테리아 LuxR은 그림에서와 같은 구조를 가진 클로롤아세톤

글상자 18-3 (계속)

(chlorolactone) 길항제에 의해 억제된다. 이 클로롤아세톤은 LuxR과 결합하지만 십자형 구조로 전사인자를 붙들어맨다. 즉 한 보조단위체의 리간드 결합 영역이 다른 보조단위체의 DNA-결합 영역과 연결되게 된다. 이 불활성 구조에서 2량체는 DNA와 결합할 수 없고, 전사를 활성화시키지 못한다. 크로모박테리아에 감염된 예쁜꼬마선충(*Caenorhabditis elegans*)을 이용한 실험은 클로롤아세톤이 실제 선충의 쿼럼센싱-매개사를 억제할 수 있음을 보여준다. 이 결과는 발병과정에서 중요하게 작용하는 전사인자의 구조와 기능에 대한 이해가 어떻게 치료제로 이용할 수 있는 길항제의 개발에 이용될 수 있는지를 보여주고 있다.

자동유도체

길항제

글상자 18-3 그림 1 LuxR 의 불활성 구조를 고정화시키는 쿼럼센싱 길항제. (Adapted, with permission, from the graphical abstract in the online Table of Contents of *Mol. Cell*, Vol. 42[2011], article on pp. 199–209.)

양성- 및 음성-되먹임 고리를 이용하여 다른 패턴의 유전자 발현을 일으키거나 유지하게 한다. 그 결과 다른 생물학적 반응이 일어나게 한다. 미생물이 동종 집단의 밀도를 인지하는 쿼럼센싱 반응은 글상자 18-3에 나와 있는 바와 같이 단순한 되먹임 고리로 이루어져 있다. 박테리아에 의한 쿼럼센싱은 발병과정에 있어서 매우 중요한 반응이다.

박테리오파지 λ의 예: 조절의 층

박테리오파지는 대장균에 감염하는 바이러스이다. 세균에 들어가자마자 파지는 그림 18-20에서 묘사된 것처럼 **용균(lysis)** 또는 **용원(lysogeny)** 양식 중 한 가지 방식으로 증식할 수 있다. 용균성 성장은 파지 DNA의 복제와 새 외피 단백질의 합성을 필요로 한다. 이 성분들은 결합하여 새로운 파지 입자를 만들고 숙주세포의 용해에 의해 방출된다. 용원성 성장은 파지 DNA가 세균 염색체로로 삽입되어 세포분열 시 세균 유전체의 진짜 일부분이 것처럼 수동적으로 복제되는 과정이 수반된다.

용원균(lysogen)은 정상적인 환경에서는 극히 안정하지만, 그 안에서 휴면 중인 파지인 **프로파지(prophage)**는 이 세포가 DNA를 손상시키는 인자에 노출되면(그리하여 숙주세포의 존재가 위협 받으면) 용균성 성장으로 전환한다. 용원성 성장에서 용균성 성장으로의 전환을 **용원성 유도(lysogenic induction)**라 한다.

발생 경로의 선택은 다른 두 개의 유전자 발현 프로그램 중 어느 쪽이 세포에 의해 채택되는지에 따른다. 용원성 상태로 가는 프로그램은 몇 세대 동안 안정적으로 유지될 수 있다. 그러나 유도되면, 효율적인 용균성 프로그램으로 전환된다.

선택적인 유전자 발현 양상이 용균 성장과 용원 성장을 조절한다

박테리오파지 λ는 50 kb 유전체와 약 50개의 유전자를 갖고 있다. 대부분의 유전자들은 외피 단백질 및 DNA 복제, 재조합, 용해와 연관된 단백질들을 암호화한다(그림

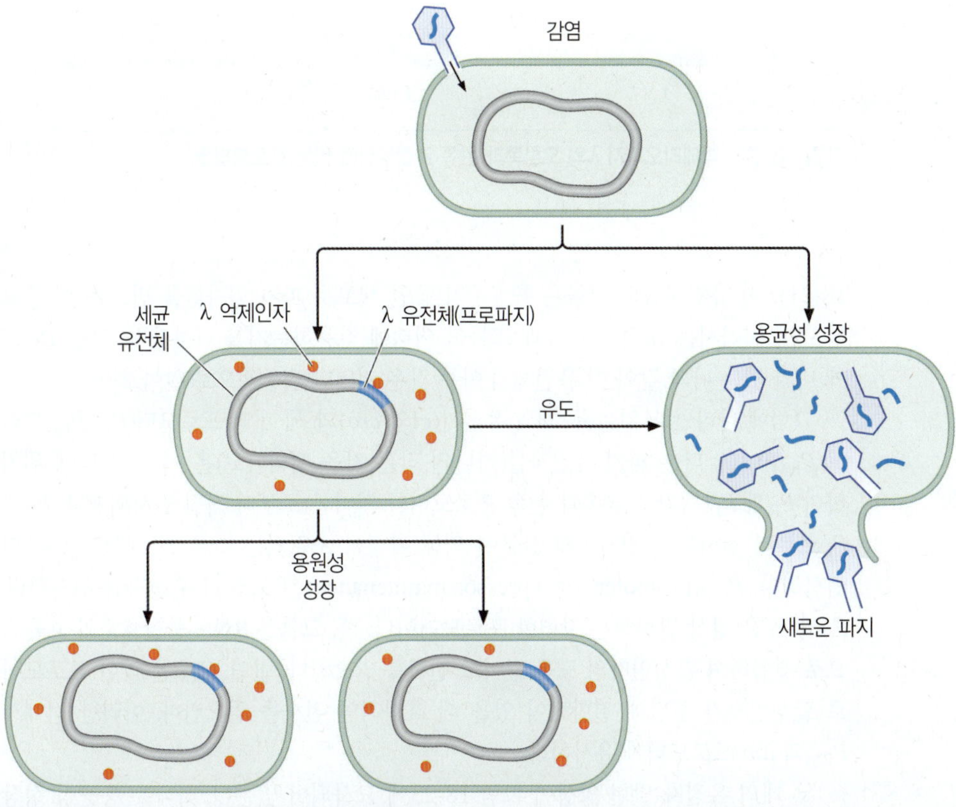

그림 18-20 λ 용원균(lysogen)의 성장과 유도. 감염직후 λ는 용균성 또는 용원성으로 자랄 수 있다. 용원균은 여러 세대에 걸쳐 안전하게 번식할 수도 있고, 유도될 수도 있다. 유도 후, 용균 유전자들이 적절한 순서로 발현되어 새로운 파지 입자들이 생산된다.

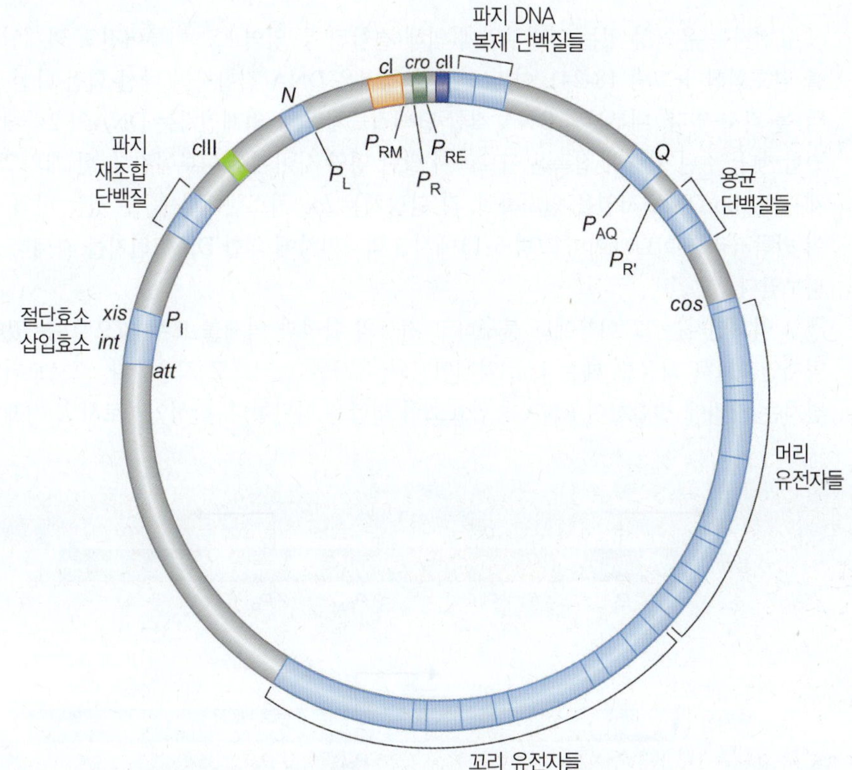

그림 18-21 박테리오파지 λ의 원형 유전자 지도. λ 유전체는 파지 머리(phage head)에서는 선형으로 존재하지만, 감염 후 *cos* 자리가 이어져 원형화된다. 박테리아 염색체로 통합될 때, 파지 유전체는 다시 선형화되는데, 이때는 *att* 자리가 끝이 된다(12장, 그림 12-10 참조).

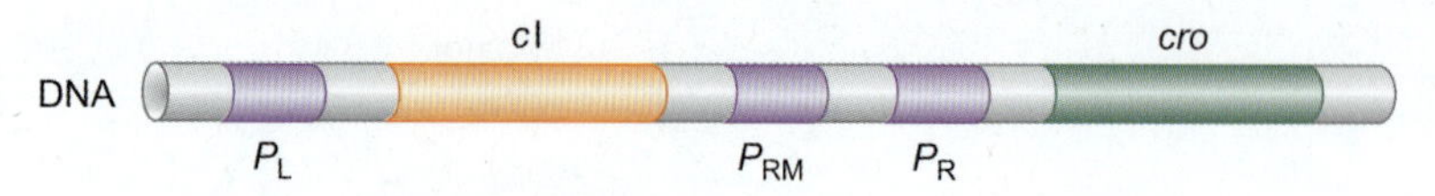

그림 18-22 박테리오파지 λ의 오른쪽과 왼쪽 조절부위에 있는 프로모터들.

18-21). 이 유전자들의 산물은 용균주기 동안 새로운 파지 입자들을 만드는 데 중요하지만, 여기서는 조절 단백질과 그들이 어디에 작용하는지를 다루겠다. 그림 18-22에 나와 있는 바와 같이 이 유전체의 아주 작은 지역만 집중적으로 알아보자.

그림에 나타난 부위는 두 개의 유전자(*c*I와 *cro*)와 세 개의 프로모터(P_R, P_L, 그리고 P_{RM})이다. 다른 파지 유전자들(하나의 작은 것을 제외하고)은 이 지역 밖에 위치하며 P_R과 P_L(각각 오른쪽과 왼쪽 프로모터를 의미함)로부터 직접 전사되거나, P_R과 P_L로부터 전사된 유전자들의 산물에 의해 활성이 조절되는 다른 프로모터들로부터 전사된다. P_{RM}(promoter for repressor maintenance)은 오직 *c*I 유전자만 전사한다. P_R과 P_L은 항상 발현하는 강력한 프로모터이다: 즉, 그들은 RNA 중합효소와 효율적으로 결합하여 활성인자의 도움 없이도 전사를 일으킨다. 반면, P_{RM}은 약한 프로모터로 활성인자가 상단에 결합되어 있을 때 효과적인 전사를 일으킨다. 이러한 점에서 P_{RM}과 *lac* 프로모터가 유사하다.

두 개의 유전자 발현 양상이 그림 18-23에 묘사되어 있는데, 하나는 용균성 성장을 다른 하나는 용원성 성장을 표시한 것이다. 용균성 성장은 P_R과 P_L이 발현되고 P_{RM}이 억제될 때 일어난다. 용원성 성장은 반대로 P_R과 P_L이 억제되고 P_{RM}이 발현될 때이다. 어떻게 이 프로모터들이 조절될까?

조절단백질과 결합자리들

*c*I 유전자는 유연성 있는 연결부위에 의해 결합된 두 영역으로 이루어진 λ 억제인자를 암호화한다(그림 18-24). 아미노 말단 영역은 DNA 결합자리(나선-회전-나선 영역)를 갖고 있다. 대부분의 DNA 결합 단백질들처럼, λ 억제인자는 DNA와 2량체로 결합한다; 주된 이량화 접촉은 카르복시 말단 영역 사이에서 이루어진다. 한 개의 2량체는 17 bp DNA 서열을 인지하여, 각 단량체는 *lac* 시스템에서 볼 수 있는 바와 같이 반쪽자리를 한다. (이미 그림 6-13에서 *λ* 억제인자에 의한 DNA 인지를 자세히 살펴보았다.)

λ 억제인자는 그 이름에도 불구하고 전사의 활성과 억제를 모두 일으킬 수 있다. 억제인자로서 작용할 때는 Lac 억제인자와 유사한 방식으로 작용한다: 프로모터와 겹치는 자리에 결합하여 RNA 중합효소의 결합을 차단한다. 활성인자로서 λ 억제인

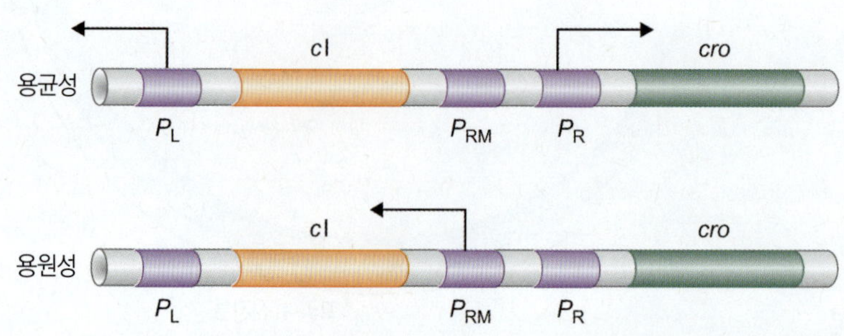

그림 18-23 용균성 성장 및 용원성 성장 시 λ 조절부위의 전사. 화살표들은 용균성 성장과 용원성 성장을 결정하는 시기에 어떤 프로모터가 활성화되는지를 각각 나타낸다. 이 화살표들은 또한 각 프로모터의 전사 방향을 보여준다.

자는 CAP과 같은 방법으로 유인에 의한 활성을 한다. λ 억제인자의 활성화 부위는 이 단백질의 아미노 말단에 있다. 중합효소에 대한 표적은 프로모터의 -35자리를 인지하는 σ 부분에 인접한 σ 소단위체 부위이다(구역 4, 13장, 그림 13-6 참조).

Cro(*c*ontrol of *r*epressor & *o*ther things)는 Lac처럼 전사를 억제하기만 한다. 이 단백질은 하나의 영역으로 이루어졌고 HLH 모티프를 이용하여 17 bp DNA 서열에 2량체로서 결합한다.

λ 억제인자와 Cro는 6개의 작동유전자 중 어디에도 결합할 수 있다. 이 부위들은 각 단백질들에 대해 다른 친화력을 갖는다. 이 부위 중 세 개는 왼쪽 조절부위에서 세 개는 오른쪽 조절부위에서 발견된다. 우리는 λ 억제인자와 Cro가 그림 18-25에서 보이는 오른쪽 조절부위에 위치한 자리에 결합하는 것에 초점을 두고자 한다. 왼쪽 조절 부위에의 결합도 비슷한 양상이다.

O_{R1}, O_{R2}, O_{R3}라 부르는 오른쪽 작동유전자에 있는 세 개의 결합자리는 염기서열이 비슷하나 동일하지는 않고, 각각—만일 다른 것들에서 분리되어 따로 관찰되면—억제인자 2량체나 Cro 2량체와 결합할 수 있다. 그러나 이 다양한 결합에 대한 친화력이 같지는 않다. 즉, 억제인자가 O_{R1}에 결합할 때, O_{R2}에 결합할 때보다 10배의 친화력을 갖는다. 다시 말하면, O_{R2}에 결합할 때, O_{R1}에 결합할 때보다 10배 농도의 억제인자가 필요하다. O_{R3}는 O_{R2}와 거의 같은 친화력으로 억제인자와 결합한다. 반면, Cro는 O_{R3}와 가장 높은 친화력으로 결합하며, 10배 높은 농도로 존재할 때에만 O_{R2}와 O_{R1}에 결합한다. 이 차이의 중요성은 곧 명확해질 것이다.

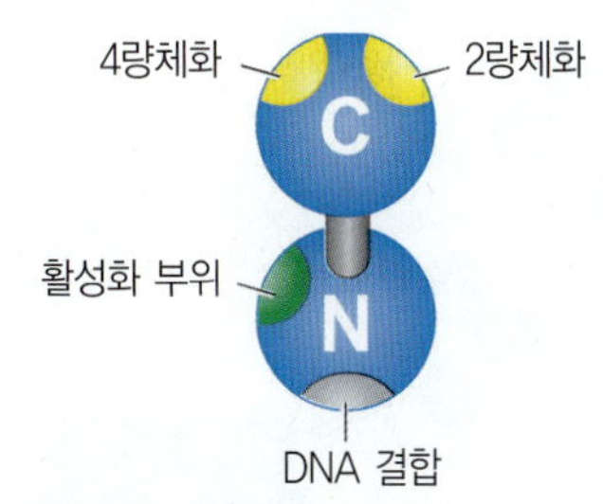

그림 18-24 λ 억제인자. 이 그림은 λ억제인자 단량체의 여러 활성에 관련된 다양한 표면을 보여준다. N은 아미노 도메인을, C는 카르복시 도메인을 나타낸다. "4량체화(Tetramerization)"은 두 2량체가 인접한 DNA 자리에 협동적으로 결합할 때 상호작용하는 부위를 나타낸다. (Adapted from Ptashne M. and GAnn A. 2002. *Gens & signals*, p. 36, Fig. 1. 17. © Cold Spring Harbor Laboratory Press.)

λ 억제인자는 작동유전자 자리에 협동적으로 결합한다

λ 억제인자는 DNA에 협동적으로 결합한다. 이러한 결합은 그 기능에 중요하며 다음과 같이 일어난다. O_R에 있는 억제인자 결합자리를 살펴보자. 2량체 접촉을 제공하는 것 외에, λ 억제인자의 C-말단 영역은 2량체 사이의 결합을 매개한다(그림 18-24에 "4량체화"로 표시된 부분). 이 방법으로 두 개의 억제인자 2량체는 DNA 상의 인접 부위에 협동적으로 결합할 수 있다.

예를 들면, O_{R1}에 있는 억제인자는 낮은 친화력을 가진 O_{R2} 자리에 억제인자가 결합하는 것을 협동적 결합에 의해 돕는다. 억제인자는 두 자리에 동시에 결합할 수 있게 되며, 두 자리를 독립적으로 조사하였을 때는 O_{R1}만 결합할 수 있는 농도에서 동

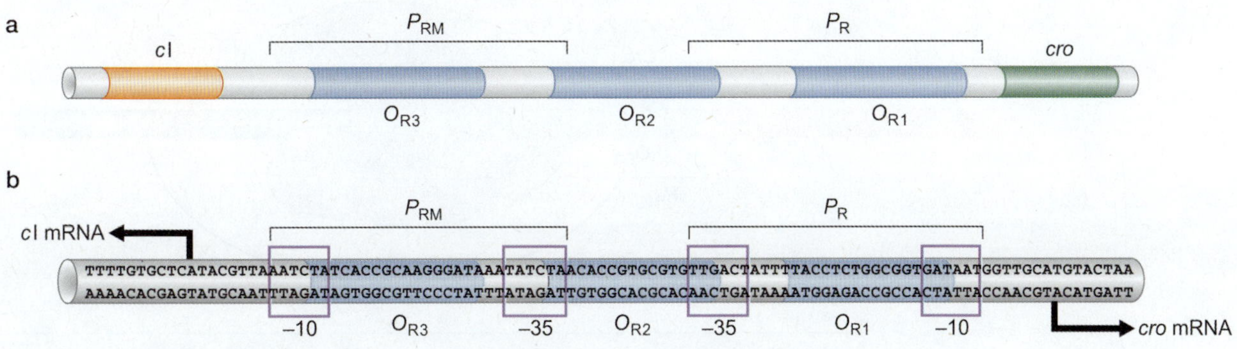

그림 18-25 O_R에 있는 프로모터와 작동유전자의 상대적 위치. O_{R2}은 P_R의 -35 서열과 3 bp 중첩되고, P_{RM}의 -35 서열과 2 bp 겹친다는 것을 주목하라. 이 차이는 O_{R2}에 결합된 억제인자에 의해 P_R이 억제되고 P_{RM}이 활성화되기 충분하다. (b, Adapted, with permission, from Ptashne M. 1992. *A genetic switch: Phage and higher organisms*, 2nd ed. © Blackwell Sceince.)

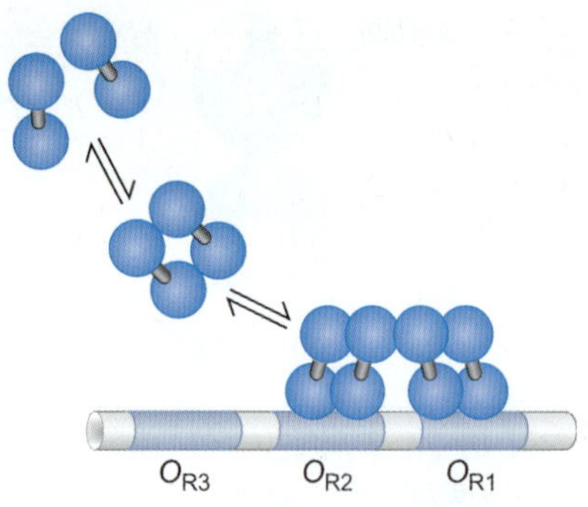

그림 18-26 λ 억제인자의 협동적인 DNA 결합. λ 억제인자 단량체는 2량체를 형성하고, 2량체가 서로 결합하여 4량체를 형성한다. 이 상호결합으로 억제인자와 DNA의 결합이 협동적으로 이루어진다. O_R에 있는 억제인자 4량체와 O_L에 있는 4량체 간의 상호작용에 의해 더 협동적인 결합이 일어난다(본문의 후반부와 그림 18-28 참조).

시에 결합한다(그림 18-26). (협동 없이 O_{R2}에 결합하기 위해서는 10배 높은 농도의 억제인자가 필요하다.) O_{R3}에는 결합하지 않는다: O_{R1}과 O_{R2}에 협동적으로 결합한 억제인자는 인접부위의 세 번째 2량체와 동시에 접촉할 수 없다.

우리는 이미 협동결합에 대한 개념을 다루었고 그 예로 CAP에 의한 *lac* 유전자의 활성을 본 바 있다. 이 경우 억제인자의 협동결합은 같은 DNA 분자 위의 자리에 동시에 결합하는 동안 그들이 서로 접촉하는 단순한 결과이다.

협동결합의 원인과 효과들에 대해 더 자세한 논의는 글상자 18-4에 있다. 조절 단백질들의 협동결합은 주어진 유전자의 발현 수준의 변화가 그 유전자를 조절하는 신호의 미미한 변화에 의해서도 크게 반응할 수 있게 한다. 아래에서 논의되는 λ의 용원성 유도는 이러한 조절의 민감성에 대한 좋은 예이다. 일부 시스템들에서 활성인자들의 상호결합은 신호통합의 기본이 된다(19장의 β-인터페론에 관한 논의 참조).

억제인자와 Cro는 용원 성장 및 용균 성장 시 다른 양상으로 결합한다

억제인자와 Cro가 어떻게 λ가 복제될 수 있는 다른 방법들과 연관된 다른 유전자 발현 양상을 조절할 수 있는가? 그림 18-27에서 보여주는 바와 같이 용균성 성장을 위해서는 하나의 Cro 2량체가 O_{R3}에 결합한다: 이 자리는 P_{RM}과 겹쳐져서 Cro는 이 프로모터의 발현을 억제한다(이 프로모터는 약해서 활성인자가 없을 경우에는 어쨌든 낮은 수준으로 작용할 것이다, 그림 18-27). 억제인자나 Cro 어느 것도 O_{R1}과 O_{R2}에 결합되어 있지 않기 때문에 P_R은 RNA 중합효소와 결합하고 전사를 일으킨다. P_L도 마찬가지다. P_R과 P_L 모두 활성인자가 필요 없는 강한 프로모터임을 상기하라.

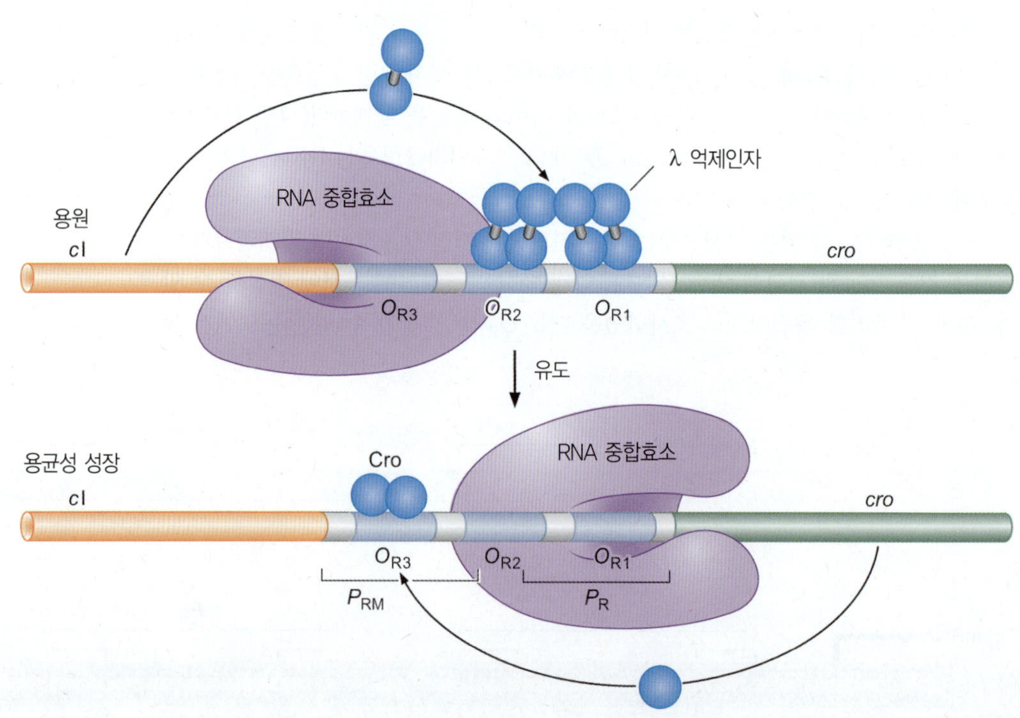

그림 18-27 λ 억제인자와 Cro의 작용. O_{R1}과 O_{R2}에 결합된 억제인자는 P_R로부터의 전사를 차단한다. O_{R2}에 결합된 억제인자가 P_{RM}에서 RNA 중합효소와 만나서 *cI*(억제인자) 유전자의 발현을 활성화시킨다. O_{R3}는 P_{RM} 내에 위치하고, 여기에 결합된 Cro는 *cI*의 전사를 억제한다. (Adapted, with permission, from Ptashne M. and Gann A. 2002. *Genes & signals*, p.30, Fig. 1.13. © Cold Spring Harbor Laboratory Press.)

▶ 고급개념

글상자 18-4 농도, 친화력 및 협동적 결합

"강한(strong)" 결합자리와 "약한 (weak)" 결합자리가 의미하는 것은 무엇일까? 단백질과 DNA상의 결합자리와 같이 두 개의 분자이 서로 인식하거나 서로 결합할 때, 서로에 대해 어느 정도의 친화력(affinity)을 갖고 있는지를 의미한다. 특정 시기에 그들이 서로 결합한 상태로 발견되는지는 (1) 얼마나 강한 친화력으로 존재하나(즉, 얼마나 밀접하게 결합하나)와 (2) 분자의 농도에 달려 있다.

3장에서 강조한 바와 같이 생물학적 시스템에서 조절의 근본이 되는 분자 간의 상호작용은 가역적이다. 상호작용하는 분자들이 서로를 발견하며 그들은 일정 기간 동안 함께 결합되어 있다가 분리된다. 친화력이 높을수록 그 결합은 단단해지고 오랫동안 함께 있게 된다. 농도가 높을수록 서로를 더 자주 발견할 것이다. 즉 높은 친화력과 높은 농도는 비슷한 효과를 갖는다: 둘 다 두 분자가 서로 더 오랫동안 붙어 있게 해준다.

가시화된 협동성(Cooperativity Visualized)

협동성(cooperativity)은 친화력 증가로 표현될 수 있다. 억제인자는 O_{R2}보다 O_{R1}에 대해서 더 높은 친화력을 갖는다. 그러나 일단 억제인자가 O_{R1}에 결합하면, 억제인자는 O_{R2}와 더 단단히 결합할 수 있다. 그 이유는 억제인자가 O_{R2}뿐아니라 O_{R1}과도 결합하고 있기 때문이다. 이 중 어느 결합도 혼자만은 강하지 않으나 이들이 결합하면 두 번째 억제인자에 대한 결합의 친화력을 증가시킨다. 3장에서 다룬 바와 같이 결합에너지(binding energy)와 평형상태(equilibrium)의 관계는 지수의 관계(exponential one)이다(표 3-1 참조). 즉 결합에너지를 두 배 증가시키면 친화력은 열 배 증가한다.

어떻게 협동성이 작용하는지를 묘사한 다른 방법은 억제인자의 농도를 지엽적으로 증가시켜 생각하는 것이다. O_{R1}과 O_{R2}에 협동적으로 결합된 억제인자를 생각해 보자. O_{R2}에 있는 억제인자는 주기적으로 DNA에서 떨어지지만 이것은 O_{R1}에 붙들려 있어서 O_{R2} 부근에 남아 있게된다. 그 결과 주변에서 억제인자의 농도가 지엽적으로 증가하게 되고 억제인자는 다시 붙게 된다.

만일 협동성을 없애고 세포 내의 억제인자 농도만을 증가시킨다면, 억제인자가 O_{R2}에서 떨어질 때 근처의 O_{R1}에서의 억제인자 결합이 없을 것이고 억제인자가 O_{R2}에 다시 붙기 전에 멀리 떨어져 나갈 것이다. 그러나 억제인자의 농도가 높으면 다른 억제인자가 O_{R2} 가까이에 있어서 여기에 결합하게 될 것이다. 즉, 비록 각 억제인자 2량체는 O_{R2}에 잠시 동안만 위치하지만 이것을 붙들고 있거나 또는 결합 가능한 대체 분자의 수를 증가시킴으로 특정 시기에 억제인자가 결합될 가능성을 증가시킬 수 있다.

협동적 결합에 관한 또 다른 생각은 엔트로피 효과(entropic effect)이다. 단백질이 용액 내에서 자유롭게 있는 상태에서 DNA 결합자리로 제한되는 상태로 갈 때, 이 시스템의 엔트로피는 감소한다. 그러나 O_{R1}에 있는 억제인자와의 상호작용으로 O_{R2}에 잡혀 있는 억제인자는 자유로운 상태에 비해 이미 제한되어 있는 상태이다. 이미 구속된 억제인자의 재결합은 자유로운 억제인자의 결합보다 더 적은 엔트로피 비용을 지불한다.

우리는 지금까지 협동성을 설명할 수 있는 세 가지 방법들을 알아보았다. 이제 생물학에서 유용하게 사용되는 협동적 결합의 결과들을 살펴보겠다. 예를 들어, 협동성은 친화력으로부터 예상되는 농도보다 낮은 농도의 단백질들이 약한 결합자리에 자리 잡을 수 있도록 할 뿐 아니라 농도의 변화에 따라 이 결합자리가 채워짐을 나타내는 곡선의 기울기도 변화시킨다. 이것이 무엇을 의미하는지를 이해하기 위한 예로 두 개의 약한 결합자리 A, B와 협동적으로 결합하는 단백질을 살펴보자. 이 자리들은 더 한 자리가 채워질 때보다 더 좁은 범위의 단백질 농도에서, 기본적으로 완전히 빈 상태로부터 거의 꽉 채워진 상태로 변할 것이다(글상자 18-43 그림 1). 실제, λ 시스템에서의 협동성은 예상보다 더 큰데, 그 이유는 많은 양의 자유로운 억제인자들이 (DNA에 결합되지 않은) 세포 내에서 단량체로 존재하기 때문이다. 즉 두 개의 안정화된 2량체가 아닌 네 개의 단량체들의 협동적으로 결합하여 DNA상에 안정화된 복합체를 형성하는 것이며, 결과적으로 결합곡선의 기울기가 증가한다. 왜 협동성이 결합곡선의 기울기를 증가시킬까?

우리는 이미 이 자리가 친화력으로 예상되는 것보다 낮은 농도에서 채워질 수 있다는 것을 보았다. 그렇다면 억제인자의 농도가 감소할 때는 어떻게 결합이 빨리 떨어질까? 어떤 시스템에서 그 구성성분 사이의 상호작용들을 생각해 보자. 구성성분의 농도가 감소하면 이들 간의 상호작용은 덜 자주 일어날 것이다. 이 시스템에 다른 구성요소

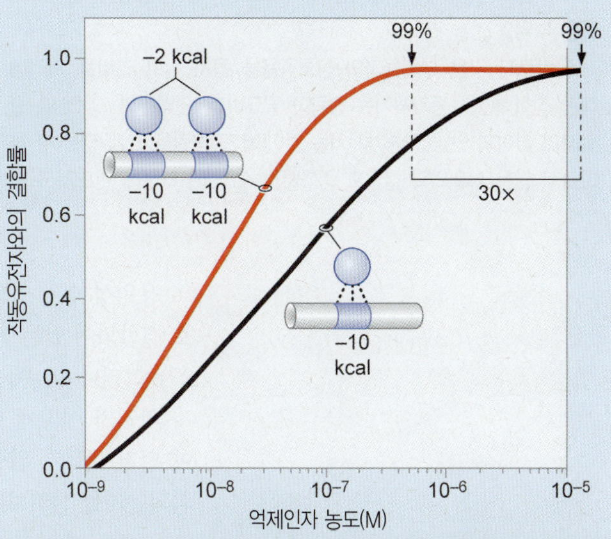

글상자 16-3 그림 1 협동적 결합반응. 검은선은 DNA 위의 한 개의 약한 결합자리에 대한 단백질의 결합을 나타낸다. 붉은선은 같은 단백질이 나란히 두 개의 같은 자리에 결합할 때의 반응을 나타낸다. (이 반응에는 단지 2 kcal/mol의 추가 에너지만 필요) *x*축은 단백질 농도를 로그 스케일로 표시하였고, *y*축은 자리의 결합정도를 나타낸다. 협동적 결합일 경우, 30배 낮은 농도에서 99%의 자리 차지를 보였다. (Adapted, with permission, from Ptashne, M. 2004. *A genetic switch: Phage lambda revisited.* © Cold Spring Harbor Laboratory Press.)

글상자 18-4 (계속)

들과의 복합적인 상호작용들(multiple interactions)이 필요하다면 이 작용은 낮은 농도에서는 드물게 일어날 것이다. 즉, 한 단백질의 네 개의 단량체들이 두 자리에 결합하는 것은 여러 상호작용 (실제로 일곱)을 필요로한다. 각 구성요소들이 만날 확률은 개별 농도가 감소될수록 급격히 감소한다.

협동성과 DNA-결합 특성

협동적 결합의 또 다른 중요 관점은 DNA 결합에 특이성을 부과한다는 것이다. *lac* 프로모터의 CAP 활성이 그 예이다. CAP은 RNA 중합효소를 특이적 CAP 결합자리를 갖고 있는 프로모터로 끌어온다 (동등한 친화력을 가진 CAP 자리가 없는 프로모터에 반하여). 마찬가지로 O_{R1}에 있는 λ 억제인자는 다른 억제인자를 동등한 친화력을 가진 세포 내의 다른 자리가 아닌, 근처에 있는 약한 결합자리에 결합하도록 한다. 즉, 협동성은 단백질들이 생명현상에 필요한 일들을 하기에 충분히 특이적인 결합을 할 수 있게 하는 필수적인 것이다.

DNA상의 특정 부위에 결합하고 있는 단백질로 이를 설명해 보겠다. 이 단백질은 올바른 자리에 높은 친화력을 갖고 있다. 그러나 세포 내의 DNA는 이 단백질에 대한 무수히 많은 가능성 있는 (그러나 올바르지 않은) 결합자리들을 갖고 있다. 중요한 것은 단순히 이 단백질들의 올바른 부위에 대한 절대적 친화력이 아니라 올바르지 않은 부위에 대한 상대적 친화력이다. 올바르지 않은 자리가 올바른 자리보다 더 많이 존재한다는 것을 생각하라. 올바르지 않은 자리에 대한 친화력이 올바른 부위에 대한 친화력보다 낮을 지라도 올바르지 않은 자리가 많으면 단백질이 올바른 자리에 도달하는 동안 자주 올바르지 않은 부위를 만날 것이다.

올바르지 않은 부위들과의 상호작용을 돕지 않고 올바를 자리에 대한 친화력만을 증가시키는 전략이 필요하다. 단백질과 그 DNA 결합자리 사이의 만남을 증가시키는 것이(예, 단백질을 크게 만들어) 올바르지 않은 부외와의 결합도 증가시킬 수 있기 때문에 반드시 도움이 되는 것은 아니다. 일단 올바르지 않은 부위에 대한 친화력이 너무 높게 되면 이 단백질이 올바른 자리를 찾을 수 없게 된다. 올바르지 않은 부위를 가려내는데 너무 긴 시간을 소비한다. 따라서 동력학적 문제(kinetic problem)가 특이성의 문제보다 커진다.

협동성은 이러한 문제를 해결한다. 두 개의 인접한 부위에 협동적으로 결합하여서 다른 자리에 대한 친화력은 증가시키지 않고 이 자리에 대한 친화력을 크게 증가시킨다. 올바르지 않은 부위에 대한 친화력은 증가시키지 않는 이유는 올바르지 않은 자리와 두 개의 단백질이 동시에 가까이 위치할(결합을 안정시키기 위한 협동성을 허용할 정도의) 기회는 매우 낮다. 그들은 올바른 자리를 발견했을 때 두 번째 단백질이 발견될 기회를 가질 수 있을 정도의 시간 동안만 결합되어 있다.

협동성과 다른자리입체성 효과

이 장에서 우리는 협동적 결합의 특정 기작을 언급하기 위해 협동성이라는 용어를 사용하였지만, 이 용어는 다른 기작들이 적용되는 다른 환경에서도 사용된다. 일반적으로 협동성은 두 개의 리간드가 세 번째 분자와 결합할 때 두 리간드 중 하나의 결합이 다른 것의 결합을 돕는 것이라고 할 수 있다. 즉, 우리가 여기서 언급한 DNA-결합 단백질들에 대한 협동성은 단순 접착성(simple adhesive affinity)의 상호작용에 의해 매개되지만, 다른 상황에서는 다른자리입체성 효과로 협동성이 일어날 수도 있다. 가장 좋은 예는 헤모글로빈과 산소 분자들의 결합이다.

헤모글로빈은 동형4량체(homotetramer)이고, 각 소단위체는 한 분자의 산소와 결합한다. 이 결합은 협동적이다: 첫 번째 신호가 결합하면 이것이 다음 산소에 대한 결합자리를 리간드에 대해 더 놓은 친화력을 가지는 형태로 고정하는 입체구조의 변화를 일으킨다. 따라서 이 경우 리간드들 사이의 직접적인 상호작용은 없으나 다른 다른자리입체성 변화를 유발함으로 한 리간드가 두 번째 리간드에 대한 친화력을 증가시킨다.

용원성 성장 동안, P_{RM}은 발현되나 P_R과 P_L은 억제된다. O_{R1}과 O_{R2}에 협동적으로 결합되어 있는 억제인자는 P_R에 R_{NA} 중합효소가 결합하는 것을 차단한다(그림 18-27). 그러나 O_{R2}에 결합되어 있는 억제인자는 P_{RM}으로부터의 전사를 활성화시킨다.

파지가 어떻게 한쪽 경로를 선택하는지에 관한 질문으로 돌아가 알아보자. 그 전에 먼저 세포가 위협을 받을 때 위에서 요약한 용원성 상태가 어떻게 용균 상태로 전환되는지를 살펴보자.

용원성 유도는 λ 억제인자의 단백질 분해를 필요로 한다

대장균은 DNA 손상을 인지하고 반응한다. 이 과정은 RecA라는 단백질의 기능을 활성화하여 일어나는데, 이 효소는 재조합에 관여하지만(여기에서 이름이 유래됨; 11장 참조) 다른 기능도 갖고 있다. 이 효소는 특정 단백질들의 단백질 분해에 의한 자가분해(proteolytic autocleavage)을 촉진한다. 이 활성의 1차 기질은 LexA라는 세균 억제 단백질이다. LexA는 DNA 수선효소(DNA-repair enzymes)들을 암호화하는 유전자들을 억제한다. 활성화된 RecA는 LexA의 자가절단을 증진시켜서 이 유전자들을 억제 상태에서 풀어준다. 이러한 반응을 SOS 반응이라 한다(10장 참조).

만일 이 세포가 용원균이면, 이러한 위협적인 환경에서 탈출하는 것이 프로파지의 최대 관심사이다. λ억제인자는 LexA와 유사하게 진화되어 왔으며, λ 억제인자도 활성화된 RecA에 반응하여 자가절단을 수행한다. 절단반응은 억제인자의 C-말단을 제거하기 때문에 2량체화와 협동성을 잃게 된다. 이 기능들이 억제인자가 O_{R1}과 O_{R2}에 결합하는 데 필수적이기 때문에(용원균 안에 존재하는 억제인자의 농도에서), 협동성의 상실은 억제인자가 이 자리들로부터(마찬가지로 O_{L1}과 O_{L2}에로부터) 분리되게 한다. 억제가 풀리면 P_R과 P_L로부터 전사가 일어나고 용균성 성장이 일어난다. P_R로부터의 전사는 빠르게 Cro를 만들고 Cro는 O_{R3}에 결합하여 P_{RM}으로 억제인자가 더 만들어지는 것을 막는다. 이러한 작용은 유도로의 결정이 비가역적이게 한다.

유도가 효과적으로 일어나기 위해서는 용원균 안에 있는 억제인자의 수준이 매우 엄격하게 조절되어야만 한다. 정상 상태에서도 그 수준이 너무 낮게 떨어지면 용원균은 저절로 유도될 수 있다; 만약 그 수준이 너무 높게 올라가면, 적절한 유도가 효율적으로 일어나지 못한다. 그 이유는 농도를 O_{R1}과 O_{R2}를 비우기에 충분하게 떨어뜨리기 위해서는 더 많은 억제인자들이 RecA에 의해 불활성화되어야 하기 때문이다. 우리는 이미 억제인자가 자신의 수준이 너무 떨어지는 것을 어떻게 막는지를 공부하였다. 억제인자는 자신의 발현을 활성화하는데 이것은 **양성 자동조절(positive autoregulation)**의 한 예이다. 그런데 어떻게 억제인자의 수준이 너무 높아지지 않을까? 억제인자는 자신을 음성적으로도 조절한다.

이 **음성 자동조절(negative autoregulation)**은 다음과 같이 작용한다. 그림 18-27은 O_{R2}에서 억제인자에 의해 활성화되어 있는 P_{RM}을 보여준다. 그러나 그 농도가 너무 높으면, 억제인자는 O_{R3}에도 결합하여 P_{RM}을 억제한다(용균성 성장 동안 Cro가 O_{R3}에 결합하여 P_{RM}을 억제하는 것과 비슷한 방식으로). 이로 인해 O_{R3}를 비우는 수준으로 농도가 떨어질 때까지 새로운 억제인자의 합성을 차단한다.

"유도(induction)"라는 용어가 λ에서 용원성에서 용균성 성장으로 전환하는 것과 젖당에 반응하는 *lac* 유전자들의 전환에 모두 사용되는 것을 주목해라. 이 용어가 공통적으로 사용되는 것은 자코브와 모노에 의해 두 현상이 동시에 연구된 사실에서 유래한다(글상자 18-2 참조). 젖당이 *lac* 유전자의 억제를 풀기 위해서 Lac 억제인자의 형태변화를 유도하듯이, λ 역시 λ 억제인자의 구조적 변화(이 경우 단백질 분해절단)를 일으킴으로 작용한다는 것도 주목해야 할 점이다.

억제인자의 음성 자동조절은 먼거리에서의 상호작용과 큰 DNA 고리를 필요로 한다

우리는 억제인자 2량체들이 O_{R1}과 O_{R2}같은 인접 작동유전자들과 협동적으로 결합한다는 것을 논의했다. 용원균의 프로파지에서 볼 수 있는 다른 수준의 협동적 결합이 있는데, 이 결합은 음성 자동조절이 적절하게 일어나는 데 중요하다. O_{R1}과 O_{R2}에서 억제인자 2량체들은 O_{L1}과 O_{L2}에 협동적으로 결합된 억제인자 2량체와 결합한다. 이 결합으로 억제인자의 8량체(octomer)가 만들어지는데, 8량체 내의 각 2량체는 독립된 작동유전자에 결합되어 있다.

O_R과 O_R에서 억제인자들 간의 먼거리 결합(long-distance interaction)이 잘 이루어지게 하기 위해서 이 작동유전자 자리들 사이의 DNA(*c*I 유전자 자신을 포함하여 약 3.5 kb)는 반드시 고리를 형성해야 한다(그림 18-28). 고리가 형성되면 O_{R3}는 O_{L3}

그림 18-28 O_R과 O_L에서 억제인자들의 상호작용. O_R과 O_L에 있는 억제인자들은 그림과 같이 상호작용한다. 이 상호작용은 결합을 안정화시킨다. 이러한 방법으로 상호작용은 P_R과 P_L의 억제를 증가시키고, 억제인자가 원래보다 낮은 농도에서도 O_{R3}에 결합하게 해준다. O_{L3}와 O_{R3}에 결합된 억제인자들은 억제인자의 농도가 특정 수준 이상만 되면 결합할 수 있다는 것을 보여주기 위해 연한 색으로 표시하였다. (Adapted, with permission, from Ptashne M. and Gann A. 2002. *Genes & signals*, p. 35, Fig. 1.16. © Cold Spring Harbor Laboratory Press.)

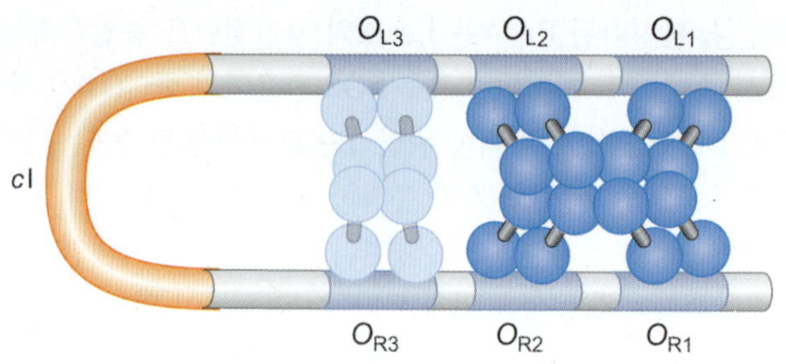

에 가깝게 유지되며, 그 결과 다른 두 억제인자 2량체가 이 두 위치에 협동적으로 결합할 수 있게 된다. 이 협동성은 O_{R3}와 억제인자가 협동성이 없을 때에 비해 낮은 농도에서도 결합할 수 있다는 것을 의미하며, 실제 O_{R1}과 O_{R2}에의 결합에 필요한 농도보다 약간 높은 농도에서 O_{R3}와 억제인자가 결합한다. 즉, 억제인자 농도는 매우 엄격하게 조절된다: 작은 감소도 그 유전자의 발현증가로 상쇄되고, 증가는 유전자의 발현을 차단한다. 이것은 유도가 매우 효율적임에도 용원성이 그렇게 안정적인지를 설명해 준다.

초기 유전학 연구들의 관점에서 해석된, λ 억제인자의 C-말단 영역의 구조는 2량체 형성의 기본원리를 보여준다. 또한 두 2량체가 4량체를 어떻게 형성하는지(억제인자가 O_{R1}과 O_{R2}에 협동적으로 결합할 때 발생하는)를 보여준다. 더욱이 구조는 8량체 형성의 기본 원리와 이것이 억제인자가 형성할 수 있는 가장 높은 상태의 중합체라는 것을 보여준다(그림 18-29).

글상자 18-5의 λ 스위치의 진화에서 용원과 용균성장을 조정하는 회로가 어떻게 조절되는지, 유도의 과정이 어떻게 이루어지는지를 다루었다. 특히 억제인자와 Cro의 상호작용, 그들의 결합자리, 그리고 그들을 조절하는 프로모터들이 어떻게 초기의 미숙한 체계에서 조금씩 현재의 정교한 형태로 진화되었는지를 설명하였다.

다른 활성인자, λ CII, 조절은 새로운 숙주에 감염 시 용균성 성장인지 용균성 성장인지를 결정한다

우리는 λ 억제인자와 Cro가 어떻게 용원성과 용균성 성장을 조절하는지 그리고 유도에 의해 용원성에서 용균성으로 전환되는지를 알아보았다. 이제 파지가 처음에 어떤 선택을 할지를 결정하는 감염 초기의 사건들로 돌아가보자. 이 선택에서 중요한 것은

그림 18-29 λ 억제인자 C-말단 도메인사이의 상호작용. 상단 그림은 λ 억제인자 c-말단 도메인의 두 2량체들을 도식화한 것이다. 도메인 표면 위의 B와 R은 두 2량체 간의 상호작용을 매개하여 4량체가 만들어지도록하고, 이어서 4량체 간의 결합을 매개하여 8량체(억제인자가 O_{R1}, O_{R2}, O_{L1}, O_{L2},네 개의 자리에 협동적으로 결합되어 있을 경우 발견되는 형태)를 형성하게 한다. 8량체가 형성되면 2량체가 더 이상 복합체로 들어갈 수 없으며, 따라서 형성될 수 있는 가장 높은 정렬체는 8량체이다.` (Modified, with permission, from Bell et al., 2000. *Cell* **101**: 801-811, Figs. 4a,b and 5a-c. © Elsevier)

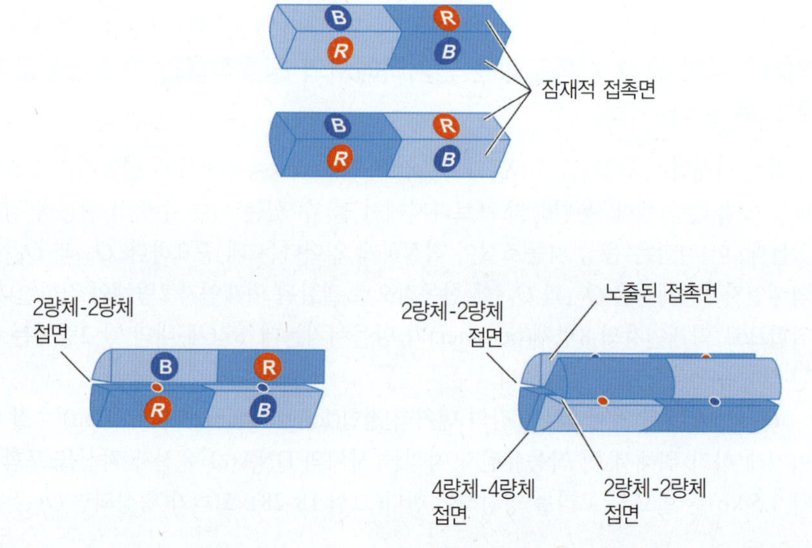

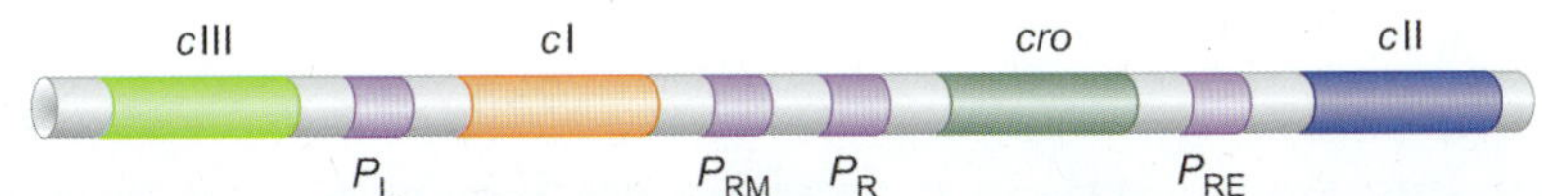

그림 18-30 용균/용원 선택에 연관된 유전자들과 프로모터들. P_L과 CIII사이에 있는 유전자 N은 표시되어 있지 않다.

두 개의 다른 l 유전자들, cII와 cIII의 산물들이다. 어디에 cII와 cIII가 위치하는지를 보기 위해서는 λ의 조절부위에 대한 지도를 약간만 확장하면 된다. cII는 cI의 오른쪽에 있고 P_R에서 전사된다; cIII는 cI의 왼쪽에 있고 P_L에서 전사된다(그림 18-30).

λ 억제인자들처럼 CII 단백질은 전사 활성인자이다. CII는 P_{RE}(repressor establishment)라는 프로모터의 상단에 결합하여 그 프로모터로부터 cI(억제인자) 유전자의 전사를 촉진시킨다. 즉, 억제인자 유전자는 두 개의 다른 프로모터(P_{RE}와 P_{RM})에서 전사될 수 있다.

P_{RE}는 매우 약한 −35 서열을 갖고 있는 약한 프로모터이다. CII 단백질은 −35 서열과

▶ 핵심실험

글상자 18-5 λ 스위치의 진화

우리는 박테리오파지 λ가 용원성 발달과 용균성 발달 중 어느 것을 어떻게 택하는지 그리고 어떻게 효과적으로 안정된 프로파지가 용균적 복제 바이러스로 전환하는지와 같은 결정 기작의 복잡성을 강조하였다. 이 특징적 체계에 영향을 주는 여러 민감한 반응들이 논의되었는데, 협동적 결합, 자동양성 조절과 음성 조절, 반대되는 효과를 보이는 억제인자의 이용 등이다. 이 특징들의 복잡한 상호작용과 이들이 파지에 얼마나 독립적으로 작용하는지를 강조하는 것은 어떻게 이 시스템이 초기 원시적 버젼에서 단계적으로 진전되어 왔는지에 대한 질문에 대한 답을 구하는 것이다. 이것은 모든 생물학 시스템을 고려할 때 중요한 문제이며 여기에서 λ에 대한 답을 찾아보겠다.

λ 스위치가 초기 미완성의 형태에서 어떻게 다듬어져왔는지를 단계적으로 보여주는 글상자 18-5 그림 1을 보자. 각 단계에서 기존의 형태에 대한 간단한 보충이 있었고 더 나은 결과물을 만들었다.

최근 몇 년 동안 일련의 연구들은 이 안에서 제기된 문제들을 해결하기 위해 수행되었다. 이 연구들은 어떻게 비교적 쉽게 λ 스위치를 형성할 수 있는 진전이 있었는지를 겨누어 이루어졌다. 즉, 기존 스위치의 뚜렷하게 중요한 각 특징을 돌연변이로 제거하여 다양한 양상을 가지는 결함 있는 파지를 만들었다. 예를 들어 비효율적으로 용원성이 진행되거나, 불완정한 용원균을 만들거나, 너무 안정하여 너무 쉽게 또는 너무 어렵게 유도를 일으키는 파지를 만들었다.

다른 돌연변이체들을 각 경우의 근본 문제를 보상할 수 있도록 만들었다. 이 실험들을 통해 표면적으로 이 시스템에 존재하는 것처럼 보이는 돌이킬 수 없는 복잡성과는 거리가 먼, 기본적인 개별 특성 상실이 적어도 다른 변경에 의해 보상될 수 있다는 것을 알게 되었다. 예를 들어, 자동양성 조절은 파지의 *cI* 유전자에 *pc* 돌연변이를 도입함으로 제거되었다. *pc* 돌연변이는 CAP에서 언급한 바처럼 활성인자의 활성기능을 제거한다. 즉, 돌연변이 파지는 DNA에 계속 결합하여 전사를 차단하게하고, P_{RM}으로부터 더 많은 억제인자들의 발현을 활성화시킬 수 없는 억제인자들을 만들 수 있다. 이 돌연변이 파지는 용원균을 형성할 수 있다. 그러나 이들은 억제인자의 농도가 낮기 때문에 매우 불안정하다. 프로모터 P_{RM}을 강화시키는 변화를 도입하여 더 안정화되고 야생형 λ에서 만드는 것과 더 유사한 용원균들을 만들 수 있다. 강화된 P_{RM}은 기존 억제인자들의 활성 없이 더 많은 억제인자들의 발현을 지시한다. 억제인자의 자동양성 조절은 야생형 파지에 장점을 제공하는 것으로 보이지만, 이 조절이 적절한 시스템 운영을 위해 완벽한 것은 아니다. 다음으로 현대 시스템으로 진전되기 위한 중간 단계를 살펴보자.

다른 예로, 억제인자에 의한 협동결합은 장점은 있지만 초기 미완성 방식의 파지 기능에 반드시 필수적인 것은 아닌 특징으로 알려졌었다. 즉 협동결합은 억제인자 2량체 사이의 상호결합을 방해하는 것으로 이미 알려진 돌연변이체들의 도입에 의해 상당히 약화되었다. 돌연변이 억제인자에 대한 유전자를 갖고 있는 파지는 용원균을 형성할 수 없다. 그러나 다른 변형들이—P_{RM}의 강화 또는 억제인자 결합 자리인 O_{R2}의 강화—한 파지에서 함께 일어나면 용원균을 만들 수 있다. 물론 야생형 λ보다는 덜 효율적이다.

더 나아가 주목할 만한 실험들에서 λ 스위치는 그것이 어떻게 기능하고 어떻게 발생하는지에 관한 중요한 개념을 조사하는 방법으로 제거되고 재조합되었다. 이 중 가장 최근의 도전적인 실험에서, 억제유전자는 세균 억제 단백질 Tet 억제인자를 암호화하는 유전자로 대체되었다. 같은 파지에서 Cro를 암호화하는 유전자는 *lacI*로 대체되었다. 여기에 파지 내의 작동유전자 자리들을 두 세균 억제인자들이 야생형 λ에서 λ 억제인자와 Cro의 주요 결합방식을 닮은 방식으로 결합할 수 있도록 변형시켰다.

이 비상동적 조합에서 형성된 파지는 야생형의 습성 중 일부를 재현할 수 있었다. 변형된 파지에 도입된 두 억제인자들의 결합이 작은 분자들(*lac*과 *tet* 유도체)에 의해 정확히 적정화될 수 있기 때문에 이제 더 미묘한 조작들이 λ 시스템을 이용한 연구에 이용될 수 있게 되었다.

요약해보면, 다양한 실험적 접근들이 두 가지 점을 명확히 해주었다. 첫째, λ 스위치는 일련의 단계를 통해서 쉽게 진화될 수 있고, 덜

글상자 18-5 (계속)

작용되었던 그러나 작용은 되었던 시스템에 대한 새로운 조절을 추가할 수 있다. 이것은 자연선택을 통해서 진화된 새로운 시스템을 기대할 수 있게 한다. 둘째, 어떤 양식에 대한 대체 방법을 얻을 수 있다. 최종적으로 드러난 해결법에 대한 상세한 이해는 어떻게 진화되었는지에 대한 문제가 필요 이상으로 더 어렵게 보이게 한다. 즉, 최종 해답은 그들이 제기했다면 할 수 있었던 다양성의 문제이었을 뿐이었다.

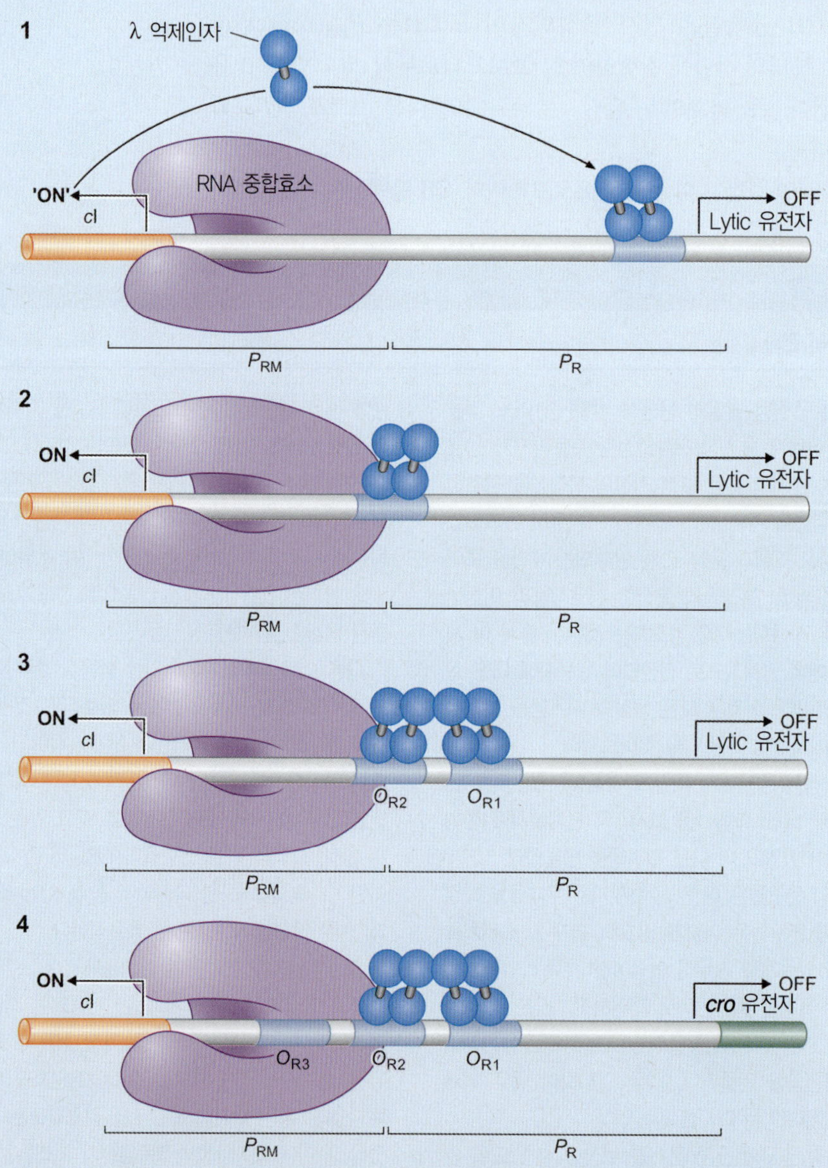

그림 18-5 그림 1 λ 스위치의 진화에 관한 이론적 단계. (1단계) 원시 λ 염색체는 두 개의 프로모터를 갖고 있는데 하나는 용균성 유전자들(P_R)의 발현을 하나는 억제 유전자(P_{RM})의 발현을 담당한다. 한 개의 λ 억제인자-결합자리는 P_R과 겹친다: 이 자리에 결합될 때 억제인자는 용균성 유전자를 억제하나 그 자체의 합성은 조절받지 않는다. (2단계) 여기에서 한 개의 억제인자-결합자리는 P_{RM} 근처로(이제 O_{R2} 자리로) 이동하여, 결합된 억제인자는 P_{RM}에서 중합효소와 만나고 거기서 프로모터를 활성화시키고 PR을 억제한다. (3단계) O_{R1} 자리에 2차 억제인자-결합자리가 도입되었다. 새로운 단백질-단백질 상호결합 면이 생기고, 억제인자 2량체들 간의 상호결합이 인접자리에서 이루어질 수 있게 된다. 이 특징들은 스위치 기작의 효율성을 증가시키는 시스템에 대한 추가적인 협력성을 제공한다. (4단계) 세 번째 억제인자-결합자리(O_{R3})가 도입되었다. 억제인자가 이 자리에 결합하면 자신의 합성을 음성 조절한다. 그 농도가 특정 수준 이하로 낮아지면 효율적인 스위치 기작이 일어난다. (Adapted, with permission, from Ptashne M. and Gann A. 1998. *Curr. Biol.* 8: R812–R822. © Elsevier.)

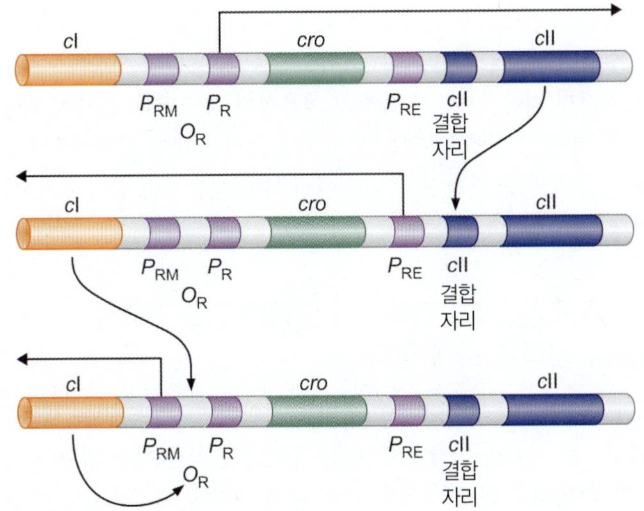

그림 18-31 용원성(lysogeny)의 확립. *c*I 유전자는 용원성을 확립할 경우 P_{RE}에서 전사되고 그 상태를 유지할 경우 P_{RM}에서 전사된다. O_{R1}과 O_{R2}에 결합된 억제인자는 상태 유지를 활성화할 뿐 아니라 용원성 확립에 필요한 발현 상태 확립을 중지시킨다. P_R은 용균성 유전자뿐 아니라 *c*II의 발현을 조절하기 때문에 용원성과 용균성 발달에 모두 중요하다. 마찬가지로, 그림에는 나타나 있지 않지만 많은 용균성 유전자들을 조절하는 P_L도 용원성 확립을 돕는 *c*III 유전자를 조절한다(본문 참조). (Adapted, with permission, from Ptashne M. and Gann A. 2002. *Genes & signals*, p. 31, Fig. 1.14. © Cold Spring Harbor Laboratory Press.)

겹치지만 DNA 나선의 반대면에 위치한 자리에 결합하며, 중합효소과 직접 결합함으로써 중합효소가 프로모터에 결합하는 것으로 돕는다.

일단 충분한 억제인자가 P_{RE}로부터 만들어졌을 때, 이 억제인자가 O_{R1}과 O_{R2}에 결합하여 P_{RM}으로부터 자신의 합성을 할 수 있다. 즉, 억제인자 합성이 한 프로모터로부터의 전사에 의해(한 활성인자에 의해) **확립(established)**되고, 다른 프로모터로부터의 전사(양성 자동 조절)에 의해 **유지(maintained)**된다는 것을 알 수 있다.

이제 CII가 어떻게 용균성 증식과 용원성 증식 사이의 선택을 조화있게 조절하는지 요약해 보자(그림 18-31). 감염 즉시, 두 개의 항구적(constitutive) 프로모터들인 P_R과 P_L로부터 전사가 빠르게 시작된다. P_R은 Cro와 CII의 합성을 지시한다. Cro의 발현은 용균성 발생에 유리한데, 일단 Cro가 특정 수준에 도달하면 O_{R3}에 결합하여 P_{RM}을 억제할 것이다. 반면에 CII의 발현은 억제인자 유전자의 전사를 지시하여 용원성 성장을 일으킨다(그림 18-31). 성공적인 용원성 성장을 위해 억제인자는 O_{R1}과 O_{R2}에 결합해야 하며, PRM을 활성화시켜야 한다.

CII가 *c*I 유전자의 전사를 지시하는 효율성, 그리고 그 결과 억제인자가 만들어지는 속도는 λ가 어떻게 발생할지를 결정하는 중요한 단계이다. 어떤 감염에서 CII가 얼마나 효과적으로 작용하는지를 결정하는 것은 무엇인가?

세포에 침투한 파지 입자의 수는 감염이 용균성으로 진행될지 용원성으로 진행될지를 결정한다

감염의 중복(multiplicity) 또는 moi는 얼마나 많은 파지 입자가 한 집단 내의 한 세균세포에 감염하는지에 대한 측정이다. 파지 입자의 평균 수가 세포당 한 개 또는 그보다 적다면, 감염은 용균성장으로 가기 쉽다. 파지 입자의 수가 두 개 또는 그 이상이면 용원성 성장으로 진행될 것이다. 세포당 파지의 수가 낮아질수록 용균성 감염이 증가하고, 높아질수록 용원성 감염이 증가하기 쉽다.

기계적으로 이러한 예측은 가능하다. 세포로 들어가서 P_R과 P_L로부터 전사를 시작하는 파지 유전체가 많을수록 더 많은 CII와 CIII가 얻어질 것이며, 파지 유전체들 중 적어도 하나는 억제인자 합성을 시작하고 세균 염색체로 삽입될 기회도 증가할 것이다. 감염한 파지 중 하나가 이런 일을 하는 만큼, 다른 파지들도 연속적으로 용균성 성장이 더 진행되는 것이 저해될 것이다.

왜 λ가 이러한 방법으로 반응하도록 되었는지를 추측해 보자—예를 들어 왜 많은 파지와 적은 수의 세균으로 이루어진 집단에 있을 때 용원성 성장쪽으로 진행되는가. 세균의 수가 적다면 다음 감염 시 숙주의 이용성이 제한된다. 그래서 파지는 용균성 감염 후 숙주를 더 이상 찾을 수 없는 위험보다 용원균 내에 잠재적으로 존재하는 것이 유리하다. 세균의 성장 조건 또한 아래에서 다룰 내용처럼 감염 후 어느 쪽으로 갈지의 결정에 영향을 준다.

대장균의 성장 조건은 CII 단백질의 안정성을 조절하여 용균성/용원성 선택을 하게 한다

파지가 감염한 세균세포들이 건강하고 활발히 자란다면 프로파지는 새로운 숙주세포들이 많은 환경으로 자손을 방출할 수 있는 용균성 증식을 하는 경향이 있다. 그러나 세균의 성장에 좋지 않은 환경일 경우, 다시 말해 근처에 자손이 감염할 수 있는 숙주의 수가 적게 될 경우, 파지는 용원균을 형성하여 잠잠히 있는다. 성장조건의 차이들은 다음과 같이 CII에 영향을 준다.

CII는 대장균에서 매우 불완전한 단백질이다; CII는 *hfl* 유전자에 의해 암호화되는 FtsH(HflB)라는 단백질분해효소에 의해 분해된다. CII가 억제인자를 합성시키는 속도는 CII가 얼마나 빨리 FtsH에 의해 분해되는지에 달려 있다. *hfl* 유전자가 없는 세포들은 λ에 감염되자마나 거의 항상 용원균을 형성한다: 단백질분해효소가 없을 때 CII는 안정하며 충분한 억제인자의 합성을 할 수 있다. FtsH의 활성 역시 세균의 성장조건에 영향을 받는다. 아직 정확이 이해되지는 않았지만 다음과 같은 방식으로 추정되고 있다. FtsH는 매우 활성이 강하여 CII를 효과적으로 파괴하고, 결과적으로 억제인자들은 만들어지지 않기 때문에 파지는 용균성으로 자라는 경향이 있다. CII의 수준은 파지 단백질 CIII에 의해서도 조절된다. CIII는 CII를 안정화시키는데, 아마 CIII가 CII의 대체기질로 FtsH와 작용하기 때문으로 보인다.

이 *c*I, *c*II, *c*III 유전자들을 분리한 멋진 유전적 스크리닝이 글상자 18-6에 요약되어 있다. 용균인지 용원인지를 선택하는 것 과 관련된 유전자를 찾아내는 유전학적 접근이다.

두 번째 CII-의존적 프로모터인 P_I는 P_{RE}와 유사한 서열을 갖고 있으며 파지유전자 *int*의 앞에 위치한다(그림 18-21 참조). *int*는 프로파지를 형성하기 위해 λ DNA가 세균 염색체로 자리-특이적 재조합되는 것을 촉매하는 통합효소(integrase)를 암호화한다(12장 참조). 세 번째 CII-의존적 프로모터인 P_{AQ}는 유전자 *Q*의 중앙에 위치하며, 용균성 발생을 지체시키고 용원성 발생을 증진시킨다. P_{AQ} RNA는 안티센스 메시지로 Q 메시지에 결합하여 분해를 촉진시킨다. Q는 용균성 증식의 후기단계를 증진시키는 다른 조절자로 다음 절에서 다룰 것이다.

λ 발생에서 전사의 항종결

전사개시 후 조절에 관한 두 가지 예를 λ 발생에서 찾아볼 수 있다. 하나는 **항종결(antitermination)**이라는 양성 전사 조절의 형태이다.

λ의 N과 Q 단백질에 의해 조절되는 전사체들은 이 조절인자들이 없을 때에도 완벽하게 전사개시를 할 수 있다. 그러나 RNA 중합효소가 조절인자들에 의해 변형되지 않을 경우 프로모터 하단부의 수백에서 천 뉴클레오티드 부근에서 종결된다. 이러한 이유로 λ N과 Q는 항종결인자(antiterminator)라 부른다.

▶ 핵심실험

글상자 18-6 용균성/용원성 선택에 관련된 유전자를 찾아내는 유전적 접근 방법들

용균성/용원성 선택에 관여되는 유전자들은 용균적으로 또는 용원적으로만 효율적으로 자라는 λ 돌연변이체들의 선별에 의해 밝혀졌다. 이 돌연변이체들이 어떻게 발견되었는지를 이해하기 위해서는 어떻게 파지가 실험실에서 키워지는지를 살펴볼 필요가 있다(부록 1 참조). 세균세포들은 한천 평판 위에서 혼탁한 세포층(opaque lawn)으로 가득 차게 키울 수 있다. 그 세포층 위에서 자란 용균 파지는 투명한 용균반(plaques) 또는 구멍(holes)을 만든다(그림 A-3). 각 용균반은 일반적으로 세균세포로 침투한 하나의 파지에서 시작된다. 여기서 생겨난 자손 파지는 주변 세포로 들어가고 원래 감염된 세포 부근의 세균세포들을 죽여서 불투명한 세균세포층에 세균세포가 없는 투명한 지역을 형성한다.

박테리오파지 λ도 역시 용균반을 형성하지만 다소 탁하다. 즉 용균반 내의 지역은 감염되지 않은 다른 지역에 비해 약간 투명하다. 그 이유는 다른 용균성 파지와는 달리 λ는 이것이 감염된 세포의 일부만 죽고 나머지는 용원균(lysogen)으로 살아남기 때문이다. 용원균은 다음의 감염에서 저항성을 보이기 때문에 용균반에서 발견되는 다수의 파지입자들에 의해 해를 입지 않고 용반 내에서 자랄 수 있다. 이 "면역성(immunity)"에 대한 이유는 간단하다: 용원균에서 통합된 파지 DNA(프로파지)는 P_{RM}으로부터 억제인자를 항구적으로 만든다. 따라서 이 세포로 들어오는 새로운 λ 게놈은 이 억제인자와 즉시 결합하고 용균성 성장의 기회는 주어지지 않는다.

한 고전적인 연구에서, 투명한 용균반을 형성한 λ 돌연변이체들이 분리되었다. 이 돌연변이 파지들은 용원균은 형성할 수 없으나 용균성으로 계속 자랄 수 있다. 이 λ의 투명한 돌연변이체들로부터 *cI*, *cII*, *cIII*라는 3개의 파지유전자(clear I, II, III)들이 분리되었다. 다른 연구에서 병원성(virulent, *vir*) 돌연변이라고 하는 돌연변이체들이 분리되었다. 이 돌연변이들은 λ 억제인자가 결합하는 작동유전자 자리에 한정되어 있으며, 이들 파지는 용원균에서도 자랄 수 있다는 사실에 의해 분리되었다. *lac* 시스템과 유사하게, *cI* 돌연변이체들은 Lac 억제인자(*lacI*) 돌연변이체에 해당하고, *vir* 돌연변이체들은 *lac* 작동유전자(*lacO*)돌연변이체에 해당한다(글상자 18-2). 또 다른 돌연변이체가 발견되었는데, 이것은 숙주 유전자에서의 돌연변이로 *hfl*(high frequencey of lysogeny)이라 불린다. 야생형 λ에 감염되었을 때, 이 균주는 항상 용원균을 형성하고, 용원균으로 자라는 일은 드물다. 이 세균 균주는 λ CII 단백질을 분해하는 단백질분해효소가 없다(본문 참조).

N 단백질은 세 개의 종결자에 작용하여 초기 유전자 발현을 조절한다: 하나는 N 유전자 자체의 왼쪽에, 다른 하나는 *cro*의 오른쪽에, 또 다른 하나는 유전자 *P*와 *Q* 사이에 위치한다(그림 18-21, 18-32). Q 단백질은 한 개의 표적을 갖는데, 이것은 *Q*와 *S* 유전자들 사이에 위치한 후기 유전자 프로모터 $P_{R'}$으로부터 200 뉴클레오티드 아래 있는 종결자이다(그림 18-21. 18-32 참조). $P_{R'}$으로부터 전사되는 λ의 후기 유전자 오페론은 원색생물의 전사 단위로서는 상당히 크다. 약 26 kb로 중합효소가 통과하는데 약 10분이 걸리는 길이이다.

항종결인자들이 어떻게 작용하는지에 대한 이해는 아직 불완전하다. 다른 조절 단백질들처럼 단백질 N과 Q는 각 조절인자에 특이적 서열을 가진 유전자들에만 작용한다. 따라서 N 단백질은 λ의 초기 오페론에서는 종결을 억제하지만, 다른 세균 또는 파지의 오페론에서의 발현은 저해하지 않는다. 항종결인자에 대한 특정 인식서열은

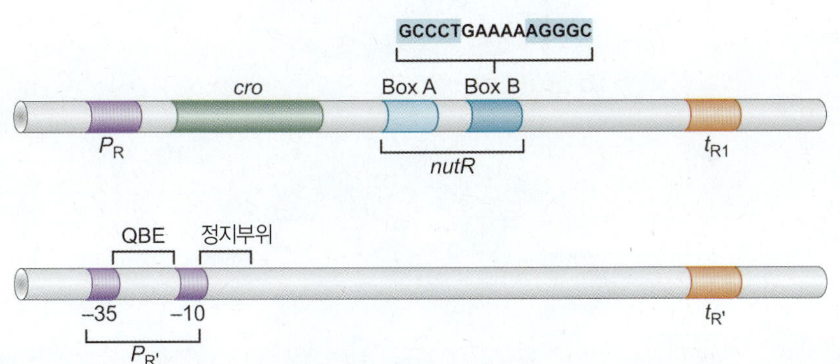

그림 18-32 λ N과 Q 전사 항종결자의 인지부위와 작용부위. 위쪽 선은 오른쪽 방향의 초기 프로모터 P_R과 그 초기 억제인자인 t_{R1}을 나타낸다. *nut* 자리는 8 bp 간격(spacer)으로 떨어져 있는 상자 A(7 bp)와 상자 B, 두 지역으로 나뉘어 있다. 상자 B의 염기서열은 대칭구조이어서 RNA로 전사된 뒤 머리핀 구조를 형성한다. *nutR*의 RNA 유사 가닥의 서열은 위쪽에 나열하였다. 아래 선은 프로모터 Q 단백질 기능에 필수적인 $P_{R'}$과 Q 단백질이 작용하는 종결자를 나타낸다.

그들이 작용하는 종결자에서는 발견되지 않고, 프로모터와 종결자 사이에 있는 부위에 위치한다. N의 경우, P_L과 P_R의 60과 200 뉴클레오티드 하단부에 있는 *nut*(N utilization)자리를 인식한다(그림 18-32 참조). N은 DNA 내의 이 서열들에 결합하지 않고, *nut* 서열을 가지고 있는 DNA에서 전사된 RNA와 결합한다. 즉, 일단 RNA 중합효소가 *nut* 서열을 통과하면, N은 이 RNA에 결합하고 거기로부터 중합효소 자체에 결합한다. 이 상태에서 중합효소는 *N*과 *cro* 유전자들 다음에 있는 종결자들에 저항성을 가진다. λ의 N은 세균유전자인 *nusA*, *nusB*, *nusE*, *nusG*의 산물들과 함께 작용한다. NusA 단백질은 중요한 세포 전사인자이다. NusE는 작은 리보솜 소단위체 단백질 S10인데, N 단백질에 대한 기능은 아직 알려져 있지 않다. NusB 단백질의 세포 내 기능도 아직 알려져 있지 않다. 이 단백질들은 *nut* 서열에서 N과 복합체를 형성한다. 그러나 N 단백질이 높은 농도로 존재할 경우, N 단백질은 이들 없이도 기능을 할 수 있다. 이 사실은 N 단백질 자체가 항종결을 촉진한다는 것을 알려준다.

N 단백질과 다르게, λ의 Q 단백질은 후기 유전자 프로모터인 $P_{R'}$의 −10과 −35 자리 사이의 DNA 서열들(QBE)을 인식한다(그림 18-32 참조). Q가 없을 경우 중합효소는 $P_{R'}$에 결합하여 전사를 개시하지만, 겨우 16 또는 17 뉴클레오티드 후에 멈추게 된다. Q가 있는 경우, 중합효소가 프로모터를 떠나면 Q가 QBE에 결합하고 근처에 멈추어 있는 중합효소와 상호작용한다. Q가 위치하게 되면 중합효소는 $t_{R'}$을 통과하여 전사할 수 있다.

최근 중합효소의 σ 인자가 Q의 기능에 관련된다는 것이 밝혀졌다(그림 18-33 참조). 첫째, 중합효소가 $P_{R'}$에서의 개시 이후 정지하는 이유는 프로모터의 "−10"서열에 유사한 서열을 만나기 때문이다. 일반적으로 σ의 부위 2는 이 서열을 인식하여 그

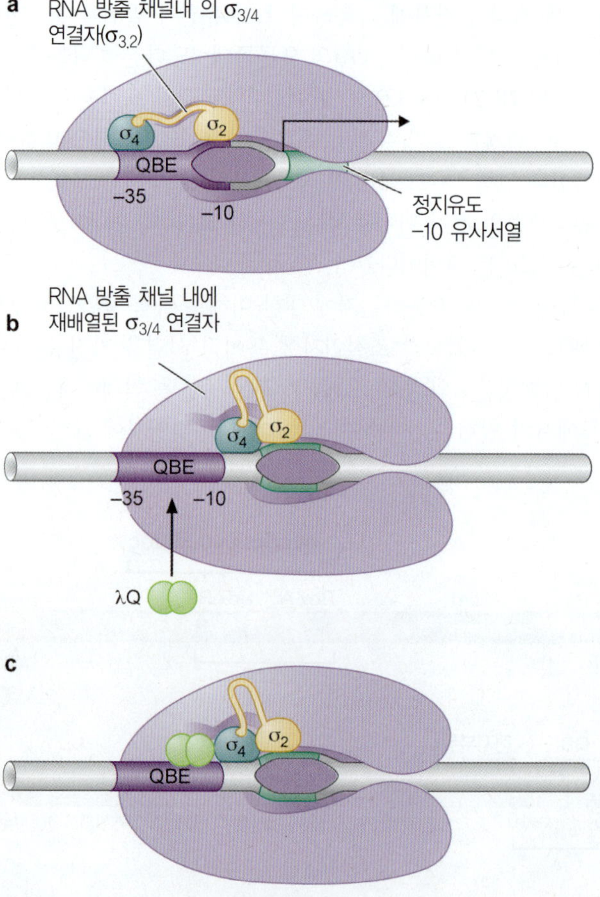

그림 18-33 초기 신장 동안 RNA 중합효소와 Q의 작용. λ $P_{R'}$에서 일어나는 사건의 순서. (a) λ P_R에 결합하는 초기 복합체의 중합효소 서열의 구성. $\sigma_{3/4}$ 연결자는 RNA 방출 채널 내에 있다. (b) 정지 복합체. 초기 전사체(나타나 있지 않음)는 방출 채널에서 $\sigma_{3/4}$ 연결자를 재배열시킨다. (c) λ Q는 정지된 전사 신장 복합체(elongation complex)에 결합되어 있다. 자세한 과정은 본문에 제시되어 있다. (Courtesy of Ann Hochschild).

림 13-8에서 나왔던 비복제가닥(nontemplate strand)의 염기쌍들에 결합한다. 중합효소의 진행이 일시적으로 정지하는 정지부위에서 이러한 일이 일어난다. 동시에 효소의 RNA 채널을 빠져나오는 초기 전사체는 σ와 코어 효소 사이의 경계의 재배열을 촉진시켜서 묻혀진 σ 부위 4의 일부분이 드러나게 한다(13장에서 논의되었음). 다음으로 이 면이 Q와 결합된다.

중합효소와 Q의 새로운 복합체가 왜 하단 종결자의 영향을 받지 않고 통과하게 하는지는 아직 확실하지 않다. 그러나 σ가 개시 이후 하단부의 조절에 관련되어 있고 σ 부위 4가 개시와 그 후에 작용하는 조절인자들의 표적이 될 수 있다는 것은 확실하다.

역조절: RNA 합성과 안전성 조절의 상호작용이 *int* 유전자 발현을 결정한다

CII 단백질은 억제인자 합성에 필요한 프로모터 P_{RE}뿐만 아니라 *int* 유전자의 발현을 조절하는 프로모터 P_I를 활성화시킨다(그림 18-21 참조). Int 단백질은 용원균의 형성 동안 숙주의 유전체에 파지의 유전체를 통합시키는 효소이다(12장 참조). 감염과 동시에 CII 단백질 활성에 유리한 조건은 억제인자와 통합효소의 폭발적인 증가를 낳는다.

그러나 *int* 유전자는 P_I는 물론 P_L로부터도 전사되므로 통합효소는 CII 단백질이 없을 경우에만 만들어질 수 있다고 생각할 수 있지만, 그렇지는 않다. P_L에서 전사된 *int* mRNA는 세포 내 핵산분해효소에 의해 분해되지만, P_I로부터 전사된 mRNA는 안정하고 통합효소 단백질로 전사될 수 있다. 그 이유는 두 메시지가 다른 3′ 말단 구조를 갖고 있기 때문이다.

P_I로부터 전사된 RNA는 *int* 유전자의 끝에서 약 300 뉴클레오티드 뒤에 있는 종결자(terminator)에서 멈춘다: 이 RNA는 6개의 우리딘 뉴클레오티드가 뒤에 있는 전형적인 머리핀 구조(stem-and-loop)이다(그림 18-34; 13장, 그림 13-13 참조). RNA 합성이 P_L로부터 시작될 때, RNA 중합효소는 N 단백질에 의해 변형되어 종결자를 통과해 지나가게 된다. 이 긴 mRNA는 핵산분해효소들의 기질이 되는 가지(stem)를 형성할 수 있다. 이 음성 조절에 필요한 이 자리는 이것이 영향을 주는 유전자의 하단에 있으며, 분해가 이 유전자를 통해 역으로 진행되기 때문에 이 과정을 **역조절 (retroregulation)**이라 한다.

역조절의 생물학적 기능은 명확하다. CII 활성이 낮아서 용균성 발생이 선호될 때, 통합효소는 필요없다: 즉, 통합효소의 mRNA는 분해된다. 그러나 CII 활성이 높고 용원성이 선호될 때는 억제된 파지 DNA가 세균 염색체로 끼어들 수 있도록 *int* 유전자가 발현된다.

이 조절 장치에 대해 아직 모호한 점이 있다. 프로파지가 유도될 때, 세균으로부터 분리되어 자유로운 파지 DNA가 재형성될 수 있도록 통합효소(절제효소라는 또 다른 효소와 함께; 12장 참조)가 만들어질 필요가 있다; CII의 활성이 높고 낮음과 관계없이 반드시 수행되어야 할 일이다. 따라서 이러한 조건에서 N 단백질의 항종결 활성에도 불구하고 파지는 P_L로부터 안정된 통합효소 mRNA를 만들어야만 한다. 어떻게 이러한 일이 이루어질까?

용원성장 동안 파지 유전체가 세균 염색체로 끼어들어갈 때, 재조합이 일어나는 파지 부착자리는 *int* 유전자의 말단과 mRNA 분해가 시작되는 연장된 가지를 암호화하는 서열들 사이이다(그림 18-21 참조). 따라서 통합된 형태에서, 분해를 야기하는 자리는 *int* 유전자의 말단에서 제거되고, P_L로부터 만들어진 *int* mRNA는 안정하다.

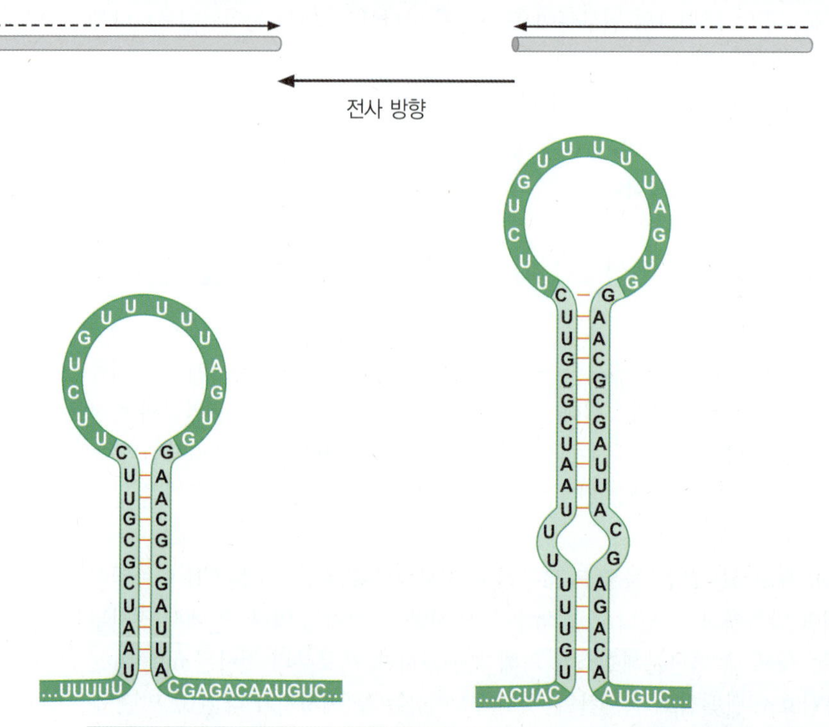

그림 18-34 ***int* 발현의 역조절에 작용하는 DNA 자리와 전사된 RNA 구조.** (상단) DNA 서열; (하단) RNA 머리핀 구조를 형성하는 대칭서열. (아래) 왼쪽 구조는 N 단백질에 의한 항종결없이 P_I 로부터 전사된 RNA에서 형성된 종결자를 보여주며, 이 구조는 핵산분해효소에 의한 분해에 저항성을 가진다. 오른쪽 구조는 N 항종결인자의 영향으로 P_L에서 전사된 RNA에서 형성된 연장된 고리를 나타낸다. 이 구조는 RNase III에 의한 절단과 핵산분해효소에 의한 분해의 표적이 된다.

요약

일반적으로 유전자는 그 산물에 대한 필요에 따라 발현이 스위치된다. 이 조절은 전사개시 수준에서 주로 이루어진다. 예를 들어, 대장균에서 젖당이 성장배지에 있을 때에만 젖당 대사 효소들을 암호화하는 유전자들이 높은 수준으로 전사된다. 더욱이 더 선호하는 에너지원인 포도당이 있을 때는 젖당이 있을 때에도 유전자 발현은 일어나지 않는다.

특정 당(sugar)의 존재와 같은 신호들은 조절 단백질들을 통해 유전자에게 전달된다. 조절 단백질에는 두 가지 종류가 있는데, 유전자를 발현시키도록 스위치를 켜는 양성 조절자인 **활성인자(activator)**와 유전자의 발현을 차단시키는 음성 조절자인 **억제인자(repressor)**이다. 일반적으로 이 조절인자들은 DNA-결합 단백질들로 그들이 조절하는 유전자의 특정 자리나 그 근처에 결합한다.

활성인자들은, 가장 흔하고 간단한 경우에, 근본적으로 약한 프로모터들에 결합한다: 즉 RNA 중합효소들는 조절인자가 없을 경우, 프로모터에 약하게 결합해서 전사를 개시한다. 활성인자는 한 면으로 DNA와 다른 면으로 중합효소와 결합하여 RNA 중합효소를 프로모터로 유인한다. 이 과정은 상호결합(cooperative binding)의 예로 전사를 증진시키기에 충분하게 한다

억제인자들은 프로모터와 겹쳐지는 자리에 결합하여 RNA 중합효소의 결합을 저해할 수 있다. 억제인자들은 다른 방식으로 작용하기도 한다. 예를 들어 프로모터 근처의 자리에 결합하거나 프로모터에 결합되어 있는 중합효소에 결합하여 전사개시를 억제하기도 한다.

대장균의 *lac* 유전자들은 방금 설명한 가장 간단한 방식으로 작용하는 활성인자와 억제인자들에 의해 조절된다. 포도당이 없을 때, CAP은 *lac* 프로모터 근처의 DNA에 결합하여 중합효소를 프로모터로 끌어당겨서 유전자 발현을 활성화시킨다. 락토오스가 없을 때, Lac 억제인자는 프로모터와 겹쳐지는 자리에 결합하여 유전자 발현을 차단한다.

RNA 중합효소가 다른 유전자들로 유인될 수 있는 다른 방법은 σ 인자들을 이용하는 것이다. 즉, 여러 σ 인자들은 가장 많이

사용되는 σ 인자(대장균에서는 σ^{70})를 대체하여 다른 서열의 프로모터들로 효소가 접근할 수 있도록 한다. 예를 들어 σ^{32}는 열충격(heat shock)에 반응하여 유전자의 전사를 지시한다. σ^{54}는 질소 대사에 관여하는 유전자들의 전사를 담당한다. 파지 SPO1은 일련의 대체 σ들을 이용하여 감염 동안 일정한 순서대로 유전자 발현이 일어나게 조절한다.

세균에는 다른 종류의 전사 활성 방법도 있다. 어떤 프로모터에서는 RNA 중합효소가 도움 없이도 효과적으로 결합하고 안정하지만 활성이 없는 닫힌 복합체(closed complex)를 형성할 수 있다. 이 닫힌 복합체는 열린 복합체(open complex)로의 전환을 자발적으로 수행하지 않고 전사가 시작되지는 않는다. 이러한 프로모터에서 활성인자는 열린 복합체로의 전환을 촉진시켜야만 한다.

이런 종류의 프로모터를 활성화시키는 활성인자들은 다른자리입체성 효과로 작용한다: 이 활성인자들은 안정된 닫힌 복합체와 결합하여 형태적 변화를 일으켜서 닫힌 복합체를 열린 복합체로 전환시킨다. 이 장에서 우리는 다른자리입체성 효과로 작용하는 전사 활성인자의 두 가지 예를 알아보았다. 하나는 NtrC 활성인자로 *gln* 프로모터에서 닫힌 복합체를 이루고 있으며 σ^{54}를 갖고 있는 RNA 중합효소와 상호작용하여 전사를 촉진시킨다. 다른 예는 MerR 활성인자로 *metT* 프로모터 DNA의 형태적 변화를 유발한다.

우리가 살펴본 모든 경우에서 조절인자들 자신은 신호에 의한 다른자리입체성 효과로 조절된다: 즉, 신호의 존재 하에 조절인자의 형태가 변한다. 조절인자들은 한 상태에서는 DNA에 결합할 수 있고, 다른 상태에서는 결합할 수 없다. 예를 들면, Lac 억제인자는 알로락토오스 리간드(락토오스로부터 만들어지는)에 의해 조절된다. 알로락토오스가 억제인자에 결합하면 억제인자의 형태가 변하고, 이 상태에서 DNA에 결합할 수 없다.

유전자 발현은 전사개시 후 각 단계에서 조절될 수 있다. 예를 들어 조절은 전사신장(transcriptional elongation) 수준에서 조절될 수 있다. 이 장에서는 박테리오파지의 N과 Q 단백질에 의한 항종결(antitermination)을 다루었다. λ 단백질 N과 Q는 파지 유전체의 특정 프로모터에서 전사를 시작하는 RNA 중합효소와 결합한다. 일단 이 방법으로 변형되면, 중합효소는 하단부 유전자들의 발현을 억제하는 종결자 자리(terminator sites)를 통과할 수 있게 된다.

우리는 이 장에서 박테리오파지 λ가 어떻게 두 가지 증식 방법 중 하나를 선택하는지에 대한 자세한 논의로 마무리하였다. 이 시스템에서 살펴본 여러 방식의 유전자 조절 전략들은 다음 장에서 다룰 동물 발생 조절 시스템을 포함한 다른 시스템에서도 역시 작동하는 것으로 밝혀졌다. 한 예는 엄격한 발현 조절을 위한 협동결합의 사용과 유전자 발현의 확립과 유지를 위한 별개의 방법 이용이다. 우리는 또한 λ에서 발견된 것과 유사한 복합체와 복잡한 유전자 네트워크가 미완성의 초기 상태로부터 어떻게 다듬어져 왔는지를 알아보았다.

참고문헌

Books

Echols H. 2001. *Operators and promoters: The study of molecular biology and its creators.* University of California Press, Berkeley, CA.

Müller-Hill B. 1996. *The lac operon*. de Gruyter, Berlin.

Ptashne M. 2005. *A genetic switch: Phage lambda revisited*, 3rd ed. Cold Spring Harbor Laboratory Press, Cold Spring Harbor, New York.

Ptashne M. and Gann A. 2002. *Genes & signals*. Cold Spring Harbor Laboratory Press, Cold Spring Harbor, New York.

Activation and Repression

Dodd I.B., Shearwin K.E., and Egan J.B. 2005. Revisited gene regulation in bacteriophage l. *Curr. Opin. Genet. Dev. Biol.* **15**: 145–152.

Dove S.L., Darst S.E., and Hochschild A. 2003. Region 4 of s as a target for transcription regulation. *Mol. Microbiol.* **48**: 863–874.

Gann A. 2010. Jacob and Monod: From operons to EvoDevo. *Curr. Biol.* **20**: R718–R723.

Gottesmann M. and Wesiberg R. 2004. Little lambda, who made thee? *Microbiol. Mol. Biol. Rev.* **68**: 796–813.

Hochschild A. and Dove S.L. 1998. Protein–protein contacts that activate and repress prokaryotic transcription. *Cell* **92**: 597–600.

Huffman J.L. and Brennan R.G. 2002. Prokaryotic transcription regulators: More than just the helix-turn-helix motif. *Curr. Opin. Struct. Biol.* **12**: 98–106.

Jacob F. and Monod J. 1961. Genetic regulatory mechanisms in the synthesis of proteins. *J. Mol. Biol.* **3**: 318–356.

Lawson C.L., Swigon D., Murakami K.S., Darst S.A., Berman H.M., and Ebright R.H. 2004. Catabolite activator protein: DNA binding and transcription activation. *Curr. Opin. Struct. Biol.* **14**: 10–20.

Little J. W. 2010. Evolution of complex gene regulatory circuits by addition of refinements. *Curr. Biol.* **20**: R724–R734.

Magasanik B. 2000. Global regulation of gene expression. *Proc. Natl. Acad. Sci.* **97**: 14044–14045.

Murray N.E. and Gann A. 2007. What has phage lambda ever done for us? *Curr. Biol.* **17**: R305–R312.

NgW. L. and Bassler B.L. 2009. Bacterial quorum-sensing network architectures. *Annu. Rev. Genet.* **43**: 197–222.

Oppenheim A.B., Oren Kobiler O., Stavans J., Court D.L., and Adhya S. 2005. Switches in bacteriophage lambda development.

Ann. Rev. Genet. **39**: 409–429.

Payankaulam S, Li L.M., and Arnosti D.N. 2010. Transcriptional repression: Conserved and evolved features. *Curr. Biol.* **20**: R764–R771.

Ptashne M. 2006. Lambda s switch: Lesson from a module swap. *Curr. Biol.* **16**: R459–R462.

Rappas M., Bose D., and Zhang X. 2007. Bacterial enhancer-binding proteins: Unlocking s54-dependent gene transcription. *Curr. Opin. Struct. Biol.* **17**: 110–116.

Rojo F. 2001. Mechanisms of transcriptional repression. *Curr. Opin. Microbiol.* **4**: 145–151.

Roy S., Garges S., and Adhya S. 1998. Activation and repression of transcription by differential contact: Two sides of a coin. *J. Biol. Chem.* **273**: 14059–14062.

Schleif R. 2003. AraC protein: A love–hate relationship. *Bioessays* **25**: 274–282.

Summers A.O. 2009. Damage control: Regulating defenses against toxic metals and metalloids. *Curr. Opin. Microbiol.* **12**: 138–144.

DNA Binding, Cooperativity, and Allostery

Hochschild A. 2002. The switch: cI closes the gap in autoregulation. *Curr. Biol.* **12**: R87–R89.

Lewis M. 2005. The lac repressor. *Crit. Rev. Biol.* **328**: 521–548.

Luscombe N.M., Austin S.E., Berman H.M., and Thornton J.M. 2000. An overview of the structures of protein–DNA complexes. *Genome Biol.* **1**: REVIEWS001.

Monod J. 1966. From enzymatic adaptation to allosteric transitions. *Science* **154**: 475–483.

Vilar J.M.G. and Saiz L. 2005. DNA looping in gene regulation: From the assembly of macromolecular complexes to the control of transcriptional noise. *Curr. Opin. Genet. Dev. Biol.* **15**: 136–144.

Antitermination

Gottesman M. 1999. Bacteriophage l: The untold story. *J. Mol. Biol.* **293**: 177–180.

Roberts J.W., YarnellW., Bartlett E., Guo J., Marr M., Ko D.C., Sun H., and Roberts C.W. 1998. Antitermination by bacteriophage λ Q protein. *Cold Spring Harb. Symp. Quant. Biol.* **63**: 319–325.

Roberts J.W., Shankar S., and Filter J. J. 2008.RNApolymerase elongation factors. *Annu. Rev. Microbiol.* **62**: 211–233.

Santangelo T.J. and Artsimovitch I. 2011. Termination and antitermination: RNA polymerase runs a stop sign. *Nat. Rev. Microbiol.* **9**: 319–329.

연습문제

짝수 문제의 해답은 부록 2 해답을 참조하라.

문제 1. 가장 일반적인 유전자 발현 수준 조절은 전사개시 단계에서 이루어진다. 그 이유를 설명하라.

문제 2. 이 장에서 언급한 다른자리입체성 조절의 세 가지 예를 써라.

문제 3. 대장균 *lac* 오페론 억제를 풀기 위해서는 β-갈락토시다제(lacZ 유전자 산물인)가 필요하다.

A. 이 과정에서 β-갈락토시다제의 역할을 설명하라.

B. 글루코스가 없고 *lac* 오페론의 억제가 막혀 있을 때, β-갈락토시다제가 어떻게 *lac* 오페론 억제를 종결시키는 작용을 수행하는지 예상해보라.

문제 4. 유전적 스크리닝을 할 때 연구자들은 *araBAD* 오페론으로부터 유전자를 항상 발현시키는 돌연변이들을 분리하였다.

A. *araBAD* 오페론에서 항상 발현한다는 것이 의미하는 바를 써라.

B. *araBAD* 유전자의 항구적인 발현을 유도하는 돌연변이의 예를 들어보라. (특정 단백질을 만드는 유전자 또는 DNA 부위의 이름을 써라.)

문제 5. 실험실에서 대장균에게 일반적으로 독성을 보이는 단백질을 정제하기를 원한다면, 그 단백질을 만드는 유전자를 *araBAD* 프로모터를 사용하는 발현벡터에 클로닝해야 한다는 조언을 받았다. 왜 *araBAD* 프로모터를 사용하는 것이 유용한가?

문제 6. 주어진 돌연변이와 조건에 따라서 *lacZ* 유전자의 발현을 예상해보라(발현없음, 기본발현, 발현활성).

A. *lac* 오페론의 작동유전자에 돌연변이를 갖고 있어 억제자의 결합이 안되는 대장균

a. 포도당은 있고 젖당은 없는 경우
b. 포도당과 젖당이 모두 있는 경우
c. 포도당과 젖당이 모두 없는 경우
d. 포도당은 없고 젖당은 있는 경우

B. *lac* 오페론의 프로모터(*lacZ, lacY, lacA* 유전자들)에 돌연변이를 갖고 있어 RNA 중합효소의 결합이 안되는 대장균

a. 포도당은 있고 젖당은 없는 경우

b. 포도당과 젖당이 모두 있는 경우
c. 포도당과 젖당이 모두 없는 경우
d. 포도당은 없고 젖당은 있는 경우

문제 7. 원핵생물의 세 가지 전사 억제기전을 쓰고, 각 경우에서 쓰이는 단백질의 예를 들어 보라.

문제 8. MerR의 상동체인 ZntR 단백질을 공부하고 있다. MeR은 Zn(II)에 반응하여 Zn(II) 해독을 돕는 단백질을 만드는 *zntA*의 전사를 조절한다. ZntR이 *zntA*의 전사를 MerR과 비슷한 기전으로 활성화한다는 가정을 지지하거나 반박할 답을 얻기 위한 실험을 고안할 때 필요한 두 가지 질문은 무엇인가?

문제 9. λ 억제자의 4량체화 도메인에 돌연변이가 생겨 기능이 상실될 경우(그림 18-24 참조) λ 억제자의 돌연변이로 인해 생기는 기능적인 변화를 예상해보라.

문제 10.

A. 박테리오파지 λ가 용균성 대장균 세포에서 만들어지는 λ 억제자의 수준을 깐깐하게 조절하는 이유를 설명하라.

B. λ 억제자에 의한 음성 자동 조절의 기전을 써라.

문제 11. 글상자 18-4의 그림 1을 읽어보고, 다음 DNA 결합 단백질의 경우 결합된 DNA 대 단백질 농도의 퍼센트가 빨간 선과 검은 선 중 어느 쪽과 유사할 것으로 생각하는가?

A. NtrC와 *glnA* 유전자의 상위 조절 DNA

B. RNA 중합효소와 *lac* 작동유전자의 DNA 상위자리

C. λ 억제자(카르복실 도메인이 제거된)의 아미노 도메인과 λ 억제자 작동유전자 자리

문제 12. 한 원핵생물종에서 억제자에 의해 조절되는 새로운 오페론을 발견했다. 억제자가 작동유전자 자리에 결합했다고 가정했을 때, 세포에서 보통 억제가 일어나는 조건에서 DNA와 결합하는 억제자의 특정 위치를 찾기 위한 in vitro 실험을 고안해보라.

문제 13. 원핵생물에서 대체 σ인자가 어떻게 전사를 조절하는지 설명하라.

문제 14. 오른쪽 작동유전자에 있는 세 개의 결합자리에 결합하는 λ 억세사를 연구하는 연구자는 아래 표와 같은 결과를 얻었다. 이 실험에서 일련의 억제자 농도에서 세 결합자리를 모두 갖고 있는 DNA를 이용하여 DNase I 보호 실험(풋프린팅 분석)을 수행하였다. 여기에서 연구자들은 DNA 반쪽에 존재하는 특정 결합자리를 차지하기 위해 필요한 2량체 억제자의 상대적 농도를 계산하였다.

A. 야생형 DNA에 대한 결과와 18장의 정보를 근거로, O_{R1}이 O_{R2}에 비해 10배 정도 접착력이 좋은데도 불구하고 O_{R1}과 O_{R2}의 상대적 농도가 거의 같은지 설명하라.

	각 자리에 대한 억제자의 상대적 농도		
DNA	O_{R3}	O_{R2}	O_{R1}
야생형	25	2	1
돌연변이 X	5	5	—
돌연변이 Y	25	—	2

B. 야생형 DNA에 대한 결과와 18장의 정보를 근거로, O_{R3}와의 결합에 필요한 억제자의 상대적 농도가 O_{R1}과 O_{R2}에 비해 높은 이유를 설명하라.

C. 돌연변이 DNA X와 Y에 대한 데이터를 근거로, 각 돌연변이에서 일어나는 돌연변이를 포함하는 결합자리(O_{R1}, O_{R2} 또는 O_{R3})를 찾아보고, 그 이유를 설명하라.

D. 이 장에서 배운 내용으로 왜 O_{R3}에 결합하는 억제자의 상대적 농도가 돌연변이 X에서 5로 떨어졌는지 λ억제자와 DNA의 결합기전을 중심으로 설명하라.

Data adapted from Johnson et al. (1979. *Proc. Natl. Acad. Sci.* **76:** 5061–5065).

문제 15. 새로 발견된 대장균 오페론의 조절에 세 개의 구조유전자들과 한 프로모터와 함께 샌드위치를 만드는 두 개의 작동유전자들이 관여한다. RNA 중합효소는 프로모터에서 구조 유전자들을 전사하고 어떤 특정 억제자는 그 전사를 억제한다. 적절한 신호가 존재할 때, DNA에 결합하는 억제자가 깨지고 억제는 완화된다. 이 억제기전을 연구하기 위하여 연구자들은 이 프로모터를 갖고 있는 리포터를 만들고 이 작동유전자를 *lac* 작동유전자로 바꾸었다. 야생 *lac* 억제자는 세포에서 이 DNA 구조체(construct)의 발현을 억제할 수 있었다. 연구자들은 이 리포터와 전자현미경을 이용하여 야생 Lac 억제자 또는 돌연변이 Lac 억제자와 배양시 단백질-DNA 복합체를 in vitro에서 볼 수 있다. 돌연변이 억제자들은 작동유전자 자리에 결합하고 2량화를 이루나, 4량화는 형성하지 못한다. 그 관찰 결과가 아래 표에 나타나 있다.

비결합 단백질	관찰된 DNA-단백질 복합체			
	단일 DNA	일렬 결합	결합	고리
야생형 Lac 억제자	53	29	3	15
돌연변이체 Lac 억제자	42	44	14	0

또한 돌연변이체 Lac 억제자는 리포터 유전자에서의 발현을 억제하지 못하고, 내부 *lac* 오페론만 억제하였다. 아래에 주어진 표를 보고, 억제 모델을 제안한 뒤 이 데이터가 당신의 모델을 어떻게 지지하고 있는지를 설명하라. 이 모델을 지지하는 새로운 억제 단백질에 대해 알기 위하여 어떤 정보가 더 필요한가?

Data adapted from Mandal et al. (1990. *Genes Dev.* **4:** 410–418).

CHAPTER 19

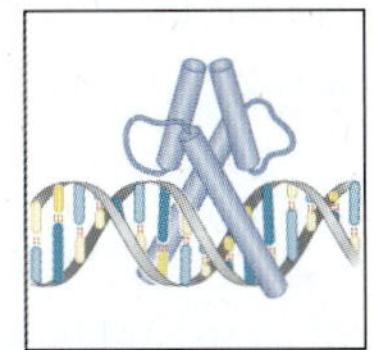

진핵세포의 전사 조절

개 요

진핵세포에서의 유전자 발현의 조절은 세균에서 본 조절 단계에서 모두 조절될 수 있으며, 거기에 부가적으로 몇 가지 조절이 더 가능하다. 14장에서 본 대로, 부가적 조절 단계 중 가장 특이한 것은 **이어맞추기(splicing)**이다. 다수의 예에서, 특정 전사체는 서로 다르게 이어 붙여져 서로 다른 산물을 만들 수 있으며, 이 또한 조절 가능하다.

그러나 가장 주도적인 조절 단계는, 세균에서와 마찬가지로, 전사개시 단계이다. 실제로, 세균에서 전사가 조절되는 원리는 진핵세포의 경우에도 그대로 적용된다. 세균에서의 전사 조절원리는 원핵세포의 유전자 조절(18장) 단원의 처음 몇 쪽에 제시되어 있으며 또한 단원 말미의 요약에도 나와 있다. 우리는 독자들께, 이 단원을 읽기 전에 18장을 읽지 않았다면 이들 부분만이라도 먼저 읽어보도록 권하는 바이다.

우리는 진핵세포의 전사 장치가 세균의 그것보다 더 정교함을 앞에서 보았다(13장). 이것은 단백질 암호화 유전자를 전사하는 RNA 중합효소 II에서 특히 그러하다. 전사 장치가 더 복잡함에도, 진핵세포에서의 전사는 활성화인자(activator)와 억제인자(repressor)에 의해 다시 조절된다. 이들 인자는 DNA에 결합하는 단백질로 적절한 신호에 반응하여 특정 유전자의 전사개시를 활성화 또는 억제한다. 그러나 그것이 전부는 아니다. 진핵세포 및 진핵세포 유전자에는 이들 조절 단백질의 작용을 복잡하게 하는 부가적인 특징이 있다. 먼저 이 두 가지 가장 중요한 복잡성을 요약해 본다.

뉴클레오솜과 뉴클레오솜의 구조를 바꾸는 인자들 우리가 8장에서 논의한대로, 진핵세포의 유전체(genome)는 **히스톤(histone)** 단백질에 싸여 **뉴클레오솜(nucleosome)**을 이루고 있다. 따라서 전사 장치는 부분적으로 감춰진 기질과 만나게 된다. 이런 조건은 조절 단백질이 없는 상태에서는 여러 유전자의 발현을 감소시킨다. 진핵세포는 히스톤을 재배열하거나 화학적으로 변화시키는 여러 효소를 가지고 있어, 이 변화가 뉴클레오솜의 구조를 바꾸어 전사 장치와 여러 DNA 결합 단백질의 결합력에 영향을 미친다. 이처럼 뉴클레오솜은 세균에는 없는 문제를 갖고 있지만, 그것의 구조 변화는 또한 새로운 조절 기회를 제공한다. 조절 DNA와 상호작용하는 전사인자 또는 RNA중합효소의 능력은 때로 자리잡고 있던 뉴클레오솜의 이탈을 필요로 한다.

보다 많은 조절단백질과 보다 광범위한 조절서열 진핵세포와 원핵세포 간의 또 다른 차이는 유전자를 조절하는 단백질의 수이다. 이것은 전형적인 유전자에 존재하는 조절인자 결합자리의 수와 배열을 반영한다(그림 19-1). 세균에서는 각각의 조절인자가 짧은 서열에 걸쳐 결합하지만, 진핵세포에서는 이들 결합자리의 수가 많고 전사개시 부위에서 훨씬 멀리 떨어진 곳까지 위치한다. 유전자에서 전사 장치가 결합하는 자리를 **프로모터(promoter)**, 각각의 결합자리를 **조절인자 결합자리(regulator binding site)**, 한 유전자의 모든 조절인자 결합자리 전체를 **조절서열(regulatory sequence)**이라 부른다.

유전자의 조절서열의 확장, 즉 조절인자 결합자리의 증가는 초파리와 포유류 같은 다세포 생물에서 특히 두드러진다. 이 같은 상황은 이들 생물에서 나타나는 보다 광범위한 신호 통합을 반영한다. 즉, 특정 유전자를 보다 정확한 시간과 자리에서 켤 수 있는 더 많은 신호가 요구되는 경향을 반영하는 것이다. 우리는 세균에서의 신호통합의 예(18장)를 보았다. 그러나 세균의 예에서는 하나의 유전자를 조절하기 위해 두 신호를 (예컨대 *lac* 유전자의 경우 포도당과 젖당) 통합하는 단지 두 가지 조절 단백질만 포함한다. 효모는 다세포 생물에 비해 보다 적은 신호통합체계를 가지며, 이런 면에서는 세균의 그것과 크게 다르지 않다. 또한 효모 유전자의 조절서열은 다세포 진핵생물에 비해 적다(그림 19-1). 고등 진핵생물과는 달리 효모는 또한 "먼 곳에서의 작용"이 일어나지 않는다. 효모의 조절서열은 대개 프로모터에서 수백 염기쌍 이내에 위치한다.

다세포 생물에서의 조절서열은 프로모터로부터 상류 및 하류 쪽으로 수천 염기쌍에 걸쳐 존재할 수 있으며, 수십 개의 조절인자 결합자리를 형성한다. 이들 결합자리는 모여서 흔히 **증폭자(enhancer)**란 단위를 이루는데, 특정 증폭자는 유전자를 특정 시간과 특정 자리에서 활성화시키는 조절인자와 결합한다. 다른 증폭자는 서로 다른 일단의 조절인자와 결합하여 동일 유전자가 서로 다른 신호에 반응하여 다른 시간과 자리에서 발현되도록 조절한다.

보다 넓은 조절서열을 가진다는 것은 조절인자 결합자리가 그들이 조절하는 유전자로부터 멀리 떨어져 있다는 의미이며 어떤 경우 수백 kb 이상에 달한다. 실제로, 포유류의 한 종류인 고슴도치에 있는 어떤 유전자의 인핸서는 전사개시 부위에서 무려 1Mb나 멀리 떨어져 있다. 조절인자는 어떻게 이처럼 먼 곳에서 작용할 수 있을까? 세균의 경우 DNA 결합 단백질들이 몇 kb 범위에서: 1의 O_R에 결합한 억제인자는 O_L에

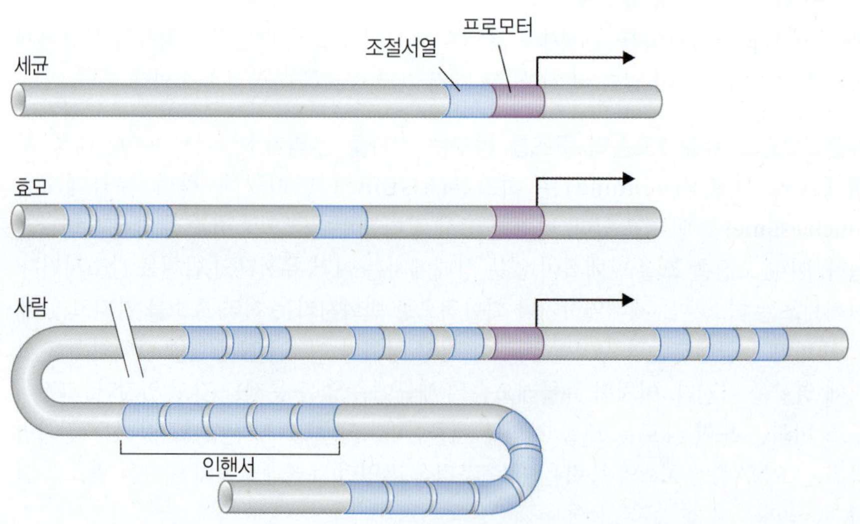

그림 19-1 세균, 효모, 및 사람 유전자의 조절인자. 하나의 억제인자에 의해 조절되는 세균 유전자에 비해 많은 활성화인자와 억제인자들에 의해 조절되는 사람 유전자에서의 조절서열은 훨씬 복잡해짐을 보여주는 그림이다. 각각의 경우에서, 프로모터는 전사가 개시되는 곳에 위치한다. 그러나 실제는 세균에서는 이게 맞지만 진핵세포에서의 전사는 전사 장치가 결합한 곳에서 약간 하류에서부터 시작된다(13장 참조). 사람의 조절서열에서의 여러 조절성 결합자리는, 그림에서처럼 인핸서로 대표된다.

결합한 억제인자와 상호작용할 수 있으며; *glnA* 유전자를 활성화시키는 NtrC 작용부위에서 1 kb 정도의 상류에서 작용함을 앞에서 본 바 있다. "먼 곳에서 작용"하는 예의 경우 단백질 간의 상호작용을 가능하게 하기 위해 중간에 존재하는 DNA가 고리를 형성한다. 먼 곳에서 작용하는 여러 진핵세포의 경우에도 동일한 기작이 그대로 적용된다. 그러나 어떤 경우에는 단백질들 간에 작용하는 거리가 워낙 멀어 어떻게 고리를 이루는지가 명확하지 않다. 어떤 경우에는, 프로모터의 상류에 위치하는 "결박" 서열이 멀리 떨어진 인핸서를 보충할 수 있다.

먼 곳에서의 작용은 또 다른 문제를 야기한다. 어떤 증폭자에 결합한 활성화인자의 작용범위 내에는 여러 개의 유전자가 존재할 수 있는데도, 특정 증폭자는 오직 하나의 유전자만 조절한다. 다른 조절서열들이—**차단인자(insulator)** 또는 **경계인자(boundary element)**라 불리는—증폭자와 일부 프로모터 사이에 존재한다. 차단인자는 증폭자에 결합한 활성화인자에 의해 프로모터가 활성화되는 것을 막는다. 이들 인자에 대해서는 아직 더 밝혀져야 하지만, 활성화인자가 무분별하게 작용하는 것을 막아준다.

효모에서 포유류까지 보존된 전사 조절 기작

이 장에서 우리는 단세포의 효모에서 포유류에 이르기까지의 생물들의 유전자 조절을 논의할 것이다. 이들 생물은 모두 보다 정교한 전사 장치와 진핵세포의 특징인 뉴클레오솜 및 뉴클레오솜 구조 변화 장치를 가진다. 따라서 모든 진핵생물에서 유전자 조절의 기본적인 방식이 동일하다는 것은 놀랄 일이 아니다. 효모는 유전적 및 생화학적 분석을 조합하는데 가장 적합하므로, 활성화인자와 억제인자가 어떻게 작용하는지에 대한 대부분의 정보는 효모로부터 얻어졌다. 효모의 전형적인 활성화인자를 포유류 세포에서 발현시켰을 때 전사를 촉진하는 실험 결과에서 일반화시킬 수 있는 결론을 얻을 수 있었다. 이 실험은 **리포터 유전자(reporter gene)**를 사용하여 실시되었다. 리포터 유전자는 효모의 활성화인자에 대한 결합자리를 유전자의 프로모터의 상류에 삽입시켜 그것의 발현 수준이 쉽게 측정될 수 있도록 한 유전자이다(아래에서 더 논의함).

전형적인 진핵세포의 활성화인자는, 가장 단순한 세균의 경우와 비슷한 방식으로 작용한다: 그것은 DNA 결합자리와 활성화 부위를 가지며, 특정 유전자에 단백질(진핵세포 활성화인자) 복합체를 유인시킴으로써 전사를 활성화시킨다. 반면에 억제인자는 세균에서 본 것과는 약간 다르게 다양한 방식으로 작용한다. 여기에는 소위 **유전자 침묵화(gene silencing)**라 불리는 예도 포함된다. 유전자 침묵화는 염색질의 구조를 변화시켜 상당히 넓은 DNA 부위 내의 유전자를 꺼두는 것이다. 또한 "짧은 구간"의 억제 경우도 있는데, 이때는 서열 특이적 억제자가 인핸서 내의 인접부위에 결합해 있는 활성자를 억제한다.

비록 많은 부분이 공통적이긴 하지만, 모든 진핵생물의 유전자 조절의 세세한 부분이 동일한 것은 아니다. 가장 큰 차이는 앞에서 이미 언급했듯이, 전형적인 효모의 유전자는 다세포 생물의 유전자에 비해 보다 적은 조절서열을 가지는 것이다. 따라서 우리는 유전자 조절의 기본적인 기작이 어떻게 보다 복잡한 신호통합과 조합적 조절을 가지도록 변화되었는지 알기 위해서는 보다 고등한 생물을 알아봐야 한다. 이 장에서는 단백질에 의해 수행되는 전사 조절만 논의하기로 한다. 다음 장에서 우리는 RNA 분자에 의해 이루어지는 유전자 발현의 조절에 관해 논의하게 될 것이다.

활성화인자는 DNA-결합 및 활성화 기능을 가진다

CAP와 같은 전형적인 세균의 활성화인자에는 DNA 결합과 활성화 기능이 별도로 있음을 보았다. 이의 유전적 설명을 했었는데, 양성적 조절(혹은 *pc*)의 돌연변이체는 DNA에 정상적으로 결합하지만, 활성화 기능은 결함을 가진다. 진핵세포의 활성화인자도 마찬가지로 별도의 DNA 결합자리와 활성화 부위를 가진다. 이 경우 두 부위는 대개 단백질의 서로 다른 영역(domain) 상에 위치한다.

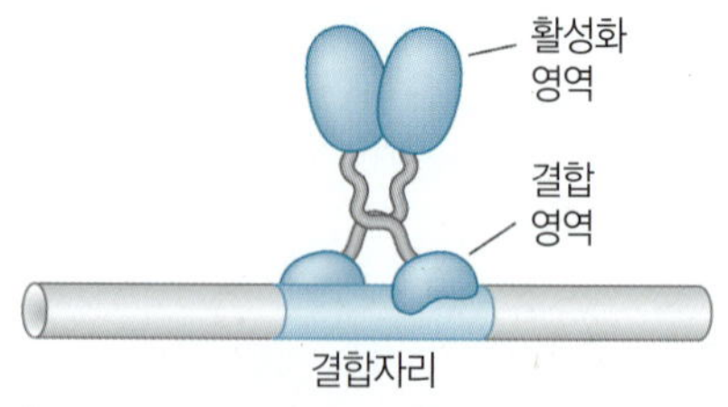

그림 19-2 DNA 상의 결합자리에 결합한 Gal4. 효모의 Gal4 활성화인자는 2량체를 형성하여 DNA상의 17 염기쌍 자리에 결합한다. 이 단백질의 DNA 결합 영역은 활성화 부위와 격리되어 있다.

가장 잘 연구된 진핵세포의 활성화인자인 Gal4를 예로 들어보자(그림 19-2). 이 단백질은 효모의 젖당 유전자의 전사를 활성화시킨다. 이들 유전자는, 세균의 젖당 유전자와 마찬가지로 젖당 대사에 필요한 효소를 암호화한다. 이들 유전자 중에 *GAL1* 이 있는데, Gal4는 *GAL1*의 275염기쌍 상류에 있는 네 개의 자리에 결합한다(그림 19-3). 젖당의 존재 하에, 그곳에 결합하면 Gal4는 *GAL1* 유전자의 전사를 1000배로 활성화시킨다.

Gal4의 격리된 DNA 결합 및 활성화 부위는 두 상보성 실험으로 밝혀졌다. 한 실험에서, *GAL4* 유전자의 부분적 발현—활성화인자의 아미노 말단 쪽의 1/3을 만드는—으로 만들어진 단백질은 정상적으로 DNA와 결합했지만 전사를 활성화시키지는 않았다. 이 단백질은 DNA 결합 영역은 가졌지만 활성화 부위는 갖지 못했고, 따라서 세균의 *pc* 활성화인자 돌연변이체와 상응했다(그림 19-4a).

두 번째 실험에서는, Gal4의 C-말단 쪽 3/4을 암호화하는 부위와 세균의 억제 단백질인 LexA의 DNA 결합 영역을 조합시킨 잡종 유전자를 만들었다. 융합 단백질은, *GAL1* 프로모터의 상류에 LexA 결합자리를 가지는 리포터 플라스미드를 가지는 효모에서 발현시켜 만들었다. 융합 단백질은 이 리포터의 전사를 활성화시켰다(그림 19-4b). 이 실험은 활성화가 단지 DNA의 결합에 의해 일어나는 것이 아니고 우리가 세균의 MerR에서 본 것과 같은 방식으로 일어남을 보여주었다(18장, 그림 18-17). 대신 DNA 결합 영역은, 세균에서와 마찬가지로 활성화 부위를 프로모터 부위에 붙들어 매는 역할만 한다.

비슷한 방법으로 서로 다른 많은 진핵생물의 활성화인자를 조사한 결과 효모, 초파리, 포유류 등에 불문하고 똑같은 결과로, DNA 결합 영역과 활성화 영역은 서로 격리되어 있음이 밝혀졌다. 심지어 일부 예에서는 별개의 폴리펩티드에 의해 수행되는데: 하나는 DNA 결합 영역을 가지고 다른 하나는 활성화 부위를 가져 이 둘이 DNA 상에서 복합체를 형성한다. 예로, 허피스 바이러스의 전사 활성화인자인 VP16은, 바이러스에 감염된 세포에서 발견되는 DNA 결합 단백질인 Oct1과 상호작용한

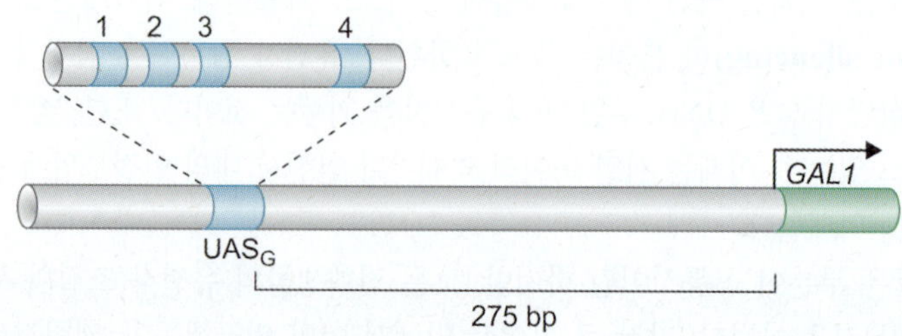

그림 19-3 효모의 *GAL1* 유전자의 조절서열. UAS$_G$(Upstream Activating Sequence for *GAL*, *GAL* 유전자의 상류활성화 서열)는 네 개의 결합자리를 가지는데, 이들 각각은 그림 19-2에서 보는 바와 같이 Gal4의 2량체와 결합한다. 이 그림에는 없지만, 이들 결합자리와 *GAL1* 유전자 사이에는 Mig1이라 불리는 억제인자가 결합하는 또 다른 자리가 있다. 이것에 관해서는 이 단원의 뒷부분에서 다룰 것이다(그림 19-23 참조).

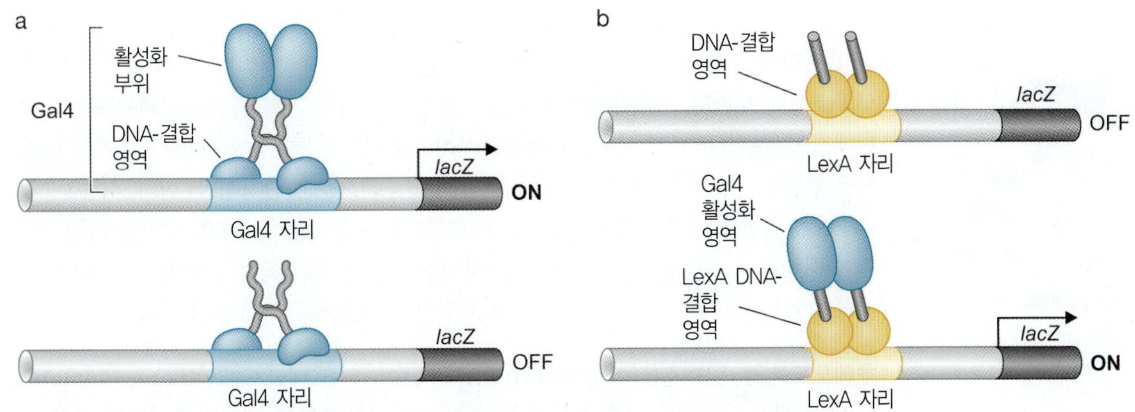

그림 19-4 영역 교환 실험. (a)는 Gal4의 DNA 결합 영역이, 활성화 영역이 없더라도 여전히 DNA에 결합하지만 전사를 활성화시킬 수는 없음을 보여준다. 이 그림에는 없지만 또 다른 실험에서 DNA 결합 영역이 없는 활성화 영역 또한 전사를 활성화시키지 않았다. (b)는 세균의 LexA 단백질의 DNA 결합 영역에 GAL4의 활성화 영역을 결합시켜 만든 잡종 단백질이 LexA가 결합할 자리만 있으면 효모의 유전자를 활성화시킴을 보여준다. 발현 양상은 *GAL1* 프로모터를 대장균의 *lacZ* 유전자에 결합시켜 그것의 산물(β-galactosidase)을 효모세포 내에서 쉽게 분석할 수 있도록 한 리포터 플라스미드를 사용하여 측정하였다. 따라서 다양한 활성화인자 구조에 반응하여 일어나는 *GAL1* 프로모터로 부터의 발현수준을 쉽게 측정될 수 있다. 비슷한 리포터 플라스미드가 이 단원의 여러 실험에서 사용되었다.

다. 또 다른 예는 초파리의 활성화인자인 Notch로, 21장에서 설명한다. 진핵세포 활성화인자의 DNA 결합자리와 활성화 부위의 분리성은 단백질-단백질 간의 상호작용을 분석하기 위해 널리 사용되는 방법들의 기초가 된다(글상자 19-1, "두 잡종 분석법" 참조)

진핵세포의 조절인자는 DNA 결합 영역을 사용하지만, DNA의 인지는 세균에서와 같은 원리가 사용된다

앞에서 설명한 실험에서, 세균의 DNA 결합 영역은 진핵세포 활성화인자의 DNA 결합 영역과 같은 기능을 가짐을 보여준다. 이 결과는 이들 생물에서의 DNA 결합 단백질이 그들이 결합하는 자리를 인지하는데 근본적인 차이가 없음을 시사한다.

앞 장에서(그리고 6장), 대부분의 세균 조절단백질은 DNA의 표적서열에 2량체로 결합함을 보았다. 표적서열은 이중으로 되어 있고, 각 단량체는 하나의 α 나선구조를 표적서열의 절반이 넘는 범위에 걸쳐서 DNA의 큰홈에 삽입시키는데, 결합부위의 DNA의 가장자리 염기쌍을 감지한다. 결합에는 단백질이나 DNA 모두 별다른 구조 변화가 일어나지 않는다. 대부분의 세균의 조절 단백질은 이른바 나선-회전-나선 모티프(helix-turn-helix motif)를 사용한다. 이 모티프는 두 개의 α 나선이 짧은 방향 전환 부위로 격리되어 있다. 한 나선(인지나선)은 DNA의 큰홈에 들어맞아 특이적 염기쌍을 인지한다. 다른 나선은 DNA 골격과 접촉하여, 인지나선의 정확한 위치를 잡아주며 결합 강도를 증가시킨다(6장, 그림 6-13, 6-14 참조). 21장에서 (그리고 이 단원에서도 나중에) 논의하겠지만, 동물의 발생에 중요한 유전자인 호메오박스 유전자는 나선-회전-나선 DNA 결합 단백질을 암호화한다.

대부분의 진핵세포의 경우에도 기본적으로 동일한 DNA 인지 방식이 사용된다. 즉, 단백질은 대개 2량체로 결합하며 α 나선을 큰홈에 삽입하는 방법으로 특정 DNA

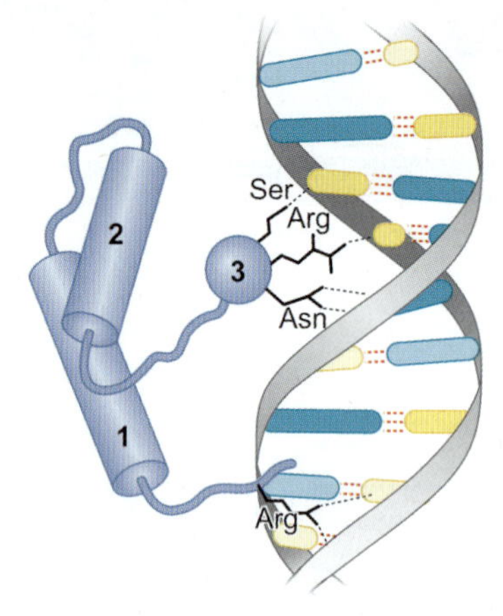

그림 19-5 호메오도메인에 의한 DNA의 인지. 이 호메오도메인은 세 개의 α 나선구조로 이루어져 있는데, 그 중 두개(그림의 2번 및 3번 나선)는 나선-회전-나선 모티프와 유사한 구조를 형성한다(이 그림을 그림 6-13과 비교해 보라). 그리고 나선 3은 인지나선으로 DNA의 큰홈에 삽입된다. 그것의 바깥 가장자리 쪽의 아미노산 잔기는 염기쌍과 특이적 접촉을 한다. 그림에 나와 있는 효모의 α2 전사 억제인자는 나선 1에서 뻗어 나온 팔이 작은홈의 염기와 또한 접촉한다 (Wolberger C. et al. 1991. *Cell* **67**: 517–528. © Elsevier.)

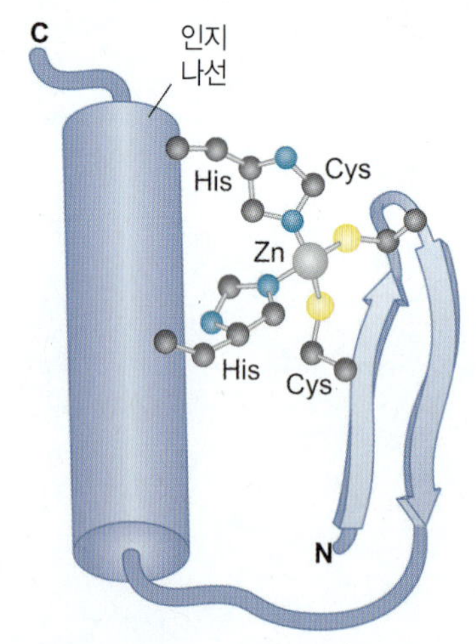

그림 19-6 아연 손가락 도메인. 이 구조체 왼쪽의 α 나선은 인지나선으로 오른쪽에 있는 β 병풍에 의해 DNA에 제공된다. 아연은 α 나선에 있는 두 개의 His 잔기와 β 병풍에 있는 두 개의 Cys 잔기에 의해 공유된다. 이 같은 배열은 구조를 안정화시키며 DNA에 대한 결합에도 필수적이다. 더 자세한 것은 그림 6-15를 참고하라. (Adapted from Lee M. S. et al. 1989. *Science* **254**: 635–637.)

서열을 인지한다. 한 부류의 진핵세포 조절 단백질은 인지나선을 나선-회선-나선 영역과 흡사한 구조의 일부분으로 가진다; 반면 다른 부류에서는 인지나선이 매우 다른 영역구조에 존재한다. 원핵세포에서는 보지 못했던 방식도 존재하는데, 진핵세포의 조절 단백질 일부는 DNA에 **이종2량체(heterodimer)**로 결합하며, 또 다른 경우에는 단량체로 결합하기도(비록 대개는 다른 단백질과 협조적으로 결합하지만) 한다. 이종2량체는 DNA 결합 특이성을 확장시킨다: 각각의 단량체가 서로 다른 DNA 결합 특이성을 가질 때 이들이 결합한 이종2량체에 의해 인지되는 자리는 각 단량체의 인지자리와는 서로 다르다. 여기에 일부 진핵세포 DNA 결합 영역에 대한 개요를 소개한다.

호메오도메인 단백질(Homeodomain Protein) **호메오도메인(homeodomain)**은 나선-회선-나선 DNA 결합 영역의 한 부류로 근본적으로 세균의 단백질과 같은 방식으로 DNA를 인지한다(그림 19-5). 서로 다른 단백질에 존재하는 호메오도메인들은 구조적으로 매우 비슷하다. 이 유사성은 인지나선과, 이를 둘러싸고 있는 단백질 부위에서 모두 볼 수 있다. 반면에 우리가 앞 장에서 본 바 있지만, 나선-회선-나선 영역의 상세한 구조는 매우 다양하다. 호메오도메인 단백질은 모든 진핵생물에 존재한다. 초파리에서 발견된 것들은 많은 기본적인 발생과정을 조절하는데, 이는 보다 고등한 진핵생물에서도 마찬가지다. 우리는 이들의 기능에 대해 21장에서 논의할 것이다. 호메오도메인 단백질은 효모에서도 발견되는데, 우리가 아래에서 논의할 교배형 조절 유전자는 이 호메오도메인 단백질을 암호화한다. 실제로, 그림 19-5의 단백질 구조는 효모의 단백질 구조이다. 다수의 호메오도메인 단백질은 이종2량체로 DNA에 결합한다.

아연 함유 DNA 결합 영역(Zinc-Containing DNA-Binding Domain) 아연 원자를 가지는 다양한 유형의 DNA 결합 영역이 존재한다. 여기에는 **아연집게(zinc finger)** 단백질(6장, 그림 6-15에서 설명)과 효모의 활성화인자 Gal4에 존재하는 **아연 클러스터(zinc cluster)**가 포함된다. 이들 경우에서, 아연 원자는 시스테인 및 히스티딘 잔기와 상호작용하여 DNA 결합 영역의 고유성질에 필수적인 구조적 역할을 제공한다(그림 19-6). 여기서도 DNA는 α 나선을 큰홈에 삽입하는 방식으로 인지된다(그림 6-15b). 일부 단백질은 두 개 이상의 아연집게 영역을 말단이 연결된 형태로 가진다. 각 핑거는 하나씩의 α 나선을 큰홈에 삽입함으로써 인지되는 DNA의 길이가 길어지며, 따라서 결합의 강도가 증가한다.

아연을 사용하는 또 다른 DNA 결합 영역도 존재한다. 이들 경우, 아연은 네 개의 시스테인 잔기와 연합하여 약간 다른(나선-회선-나선과 유사한) DNA 인지 모티프를 안정화시킨다. 이런 예는 글루코코티코이드 수용체 같은 포유류의 조절 단백질에서 볼 수 있는데, 이 단백질은 어떤 호르몬에 반응하여 유전자를 조절한다.

루신 지퍼 모티프(Leucine Zipper Motif) 이 모티프는 단일 구조 단위 내에 2량체화와 DNA 결합 표면을 모두 가지고 있다. 그림 19-7에서 보는바대로, 두 개의 긴 α 나선이 집게구조를 형성하여 DNA를 붙드는데, 각각의 α 나선은 큰홈에 삽입되어 1/2바퀴 서로 떨어져 있다. 2량체의 형성은 동일한 α 나선 내의 또 다른 부위에 의해 일어나는데, 이 부위에서 짧은 길이의 꼬여진 코일구조를 가져 그곳에서 두 나선이 적절하게 배열된 루신(또는 다른 소수성의)잔기 간의 소수성 상호작용에 의해 서로 결합하게 된다. 우리는 이 같은 단백질-단백질 간의 상호작용에 관해 6장에서 보다 상세히 설명한 바 있다(그림 6-9). 루신 지퍼를 가지는 단백질은 때로는 이종2량체나 동종2량체를 형성한다. 이 같은 일은 다음의 이른바 나선-고리-나선 단백질(HLH proteins)에도 적용된다.

나선-고리-나선 단백질(Helix-Loop-Helix Protein) 루신 지퍼의 예와 마찬가지로, 두 단량체로부터의 확장된 α 나선부위가 DNA의 큰홈에 삽입된다. 그림 19-8에서 보는 것처럼, 두 나선 부위로부터 2량체의 표면이 형성된다. 하나는 DNA 인지에 관계하는 동일 나선의 일부분이고, 다른 것은 보다 짧은 α 나선이다. 이들 두 나선은, 두 나선을 묶어주는 유연한 고리로 연결되어 있다(이 모티프의 이름은 이 같은 구조에서 온 것이다). 루신 지퍼와 HLH 단백질은 흔히 **염기성 지퍼(basic zipper)** 및 **염기성 HLH 단백질(basic HLH protein)**이라 불리는데 이는 DNA와 결합하는 α 나선부위가 염기성의 아미노산 잔기를 가지기 때문이다.

HMG 단백질 HMG 단백질은 특이하게 DNA 나선의 작은홈에 작용하는데, **AT 갈고리(AT hook)**라 불리는 고도로 보존된 펩티드 모티프를 가진다. 앞에서 언급했던 다른 DNA 결합 단백질과는 달리 HMG 단백질은 흔히 DNA 나선의 형태를 극적으로 변화시킨다. 이 같은 방식으로, HMG 단백질은 고차원의 단백질-DNA 복합체 형성을 쉽게 해 주는데 β-인터페론의 증폭과 복합체의 예로 추후 상세히 설명할 것이다(그림 19-18). 또한 이 단백질은 발생에도 중요한 역할을 한다. 예를 들어, HMG를 가지는 Sox2 조절자는 배의 줄기세포의 전능성에 필수적이다(21장 참조).

우리는 앞에서 DNA 표적부위를 작은홈에 두고 DNA 서열의 특이성을 유연하게 중개해 주는 다른 두 가지 단백질의 예를 본 바 있다. 그러한 단백질은 LEF-1 인핸서 결합 단백질(그림 6-16)과 보편전사인자인 TBP이다(그림 13-17).

활성화 부위의 구조는 아직 잘 밝혀지지 않았다

DNA 결합 영역과는 달리, 활성화 부위의 구조는 아직 잘 밝혀지지 않았다. 그들은 전사 장치 내에서 그들의 표적과 상호작용할 때 나선구조를 형성하는 것으로 밝혀졌으나, 그와 같은 구조는 결합에 의해 "유도된" 구조로 믿어진다. 앞으로 논의하겠지만, 이와 같이 구조가 고정되지 않음은, 활성화 부위가 여러 다른 단백질 표면과 상호작용할 수 있도록 점착성을 가진다는 생각과 부합한다.

이런 연유로, 활성화 부위는 구조로 특징 지우기보다는 구성 아미노산에 근거하여 분류한다. 예를 들어, Gal4의 활성화 부위는 "산성" 활성화 부위라 불리는데 이는 산성 아미노산이 많음을 반영한 것이다. 이들 산성 잔기의 중요성은 돌연변이에 의해 활성화인자의 힘이 증가할 때 두드러지게 된다: 그런 돌연변이는 활성화 부위의 전체적인 산성도(음하전)를 증가시킨다. 그러나 그럼에도 활성화 부위는 여전히 결정적인 소수성 잔기를 가지고 있다. 많은 다른 활성화인자도 Gal4와 마찬가지로 산성의 활성화 부위를 가진다. 비록 그들 간에 염기서열의 유사성은 존재하지 않지만, 산성 및 소수성 잔기의 특징적 양상은 모두에서 나타난다.

활성화 부위는 반복되는 작은 단위로 구성되어 있는 것으로 보이는데, 각각의 소단위는 약한 활성화 능력을 가진다. 각각의 단위는 짧은 아미노산 서열이다. 이 단위가 많아질수록 산성도가 강해지고 활성화 부위도 강해진다. 이는 활성화 부위가 고정된 구조를 가지지 않고 오히려 단순히 유연한 "점착성(sticky)" 표면으로 작용한다는 생각과 부합된다. (이 추론을 이해하기 위해 활성화 부위가 정교하게 접혀져서 마치 DNA 결합 영역처럼 안정된 3차원 구조를 형성한다고 가정해 보라. 그런 조건이라면 DNA 영역의 일부분은 활성화 능력을 갖지 못할 것이며 영역 전체만 활성을 가질 것이다. 그러나 만약 각 활성화 부위가 단순히 일반적인 점착성 표면을 가진다면, 그것

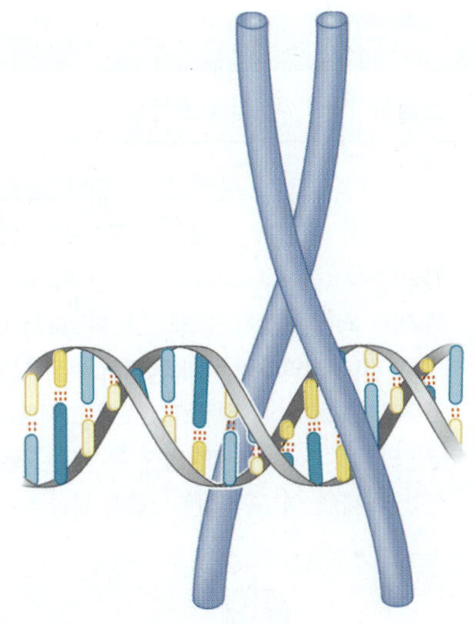

그림 19-7 DNA와 결합하고 있는 루신 지퍼. 각 단량체에 하나씩의, 큰 α 나선 두 개가 그들의 길이를 따라 각기 다른 부위에 2량체화 및 DNA 결합 영역을 형성한다. 그림에서 보는 바와 같이 꼭대기 가까이에서 두 나선은 상호작용하여 꼬인 나선을 이루어 두 단량체를 결합하게 한다. 아래쪽에서는 나선이 DNA를 포옹할 수 있을 정도로 벌려져 DNA 이중나선의 서로 반대편의 큰홈에 삽입된다. 여기서도 α 나선의 아미노산 곁사슬과 큰홈의 가장자리 염기쌍 간의 접촉에 의한 특이성이 제공된다. 이런 결합의 예는 효모의 전사인자, GCN4에서 볼 수 있다. 6장에서 설명했지만, DNA와 상호작용하는 나선 영역은 DNA와 결합하기 전까지는 흐트러진 모습이다. (Adapted, with permission, from Ellenberger T.G. et al. 1992. *Cell* **71**: 1223. © Elsevier.)

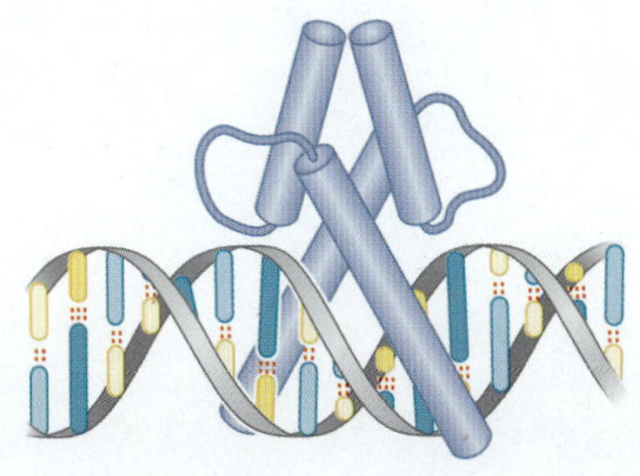

그림 19-8 나선-고리-나선 모티프. 이 경우도, 긴 α 나선이 DNA 인자와 보다 짧은 두 번째 α 나선과의 2량체 형성에 함께 관여한다. (Adapted with permission, from Ma P. C. et al. *Cell* **77**: 451, Fig. 2A. © Elsevier.)

▶ 연구기법

글상자 19-1 두 잡종 분석법

이 분석법은 서로 상호작용하는 단백질들의 확인에 사용된다. 글상자 19-1 그림 1의 경우, 리포터 유전자의 활성화는 단백질 A가 단백질 B와 상호작용하느냐 여부에 달려 있다(비록 이들 단백질이 전사활성화에 어떤 역할을 갖지 않더라도). 본문에서 설명한대로, 이 분석법으로 DNA 결합 영역과 활성화 영역이 서로 다른 단백질 상에 존재할 수 있으며, 그들이 상호작용하고 또한 그럼으로써 활성화 부위가 유전자 부근의 DNA 상에 존재한다면 유전자는 활성화된다는 발견이 이루어졌다. 실제로, 이 분석법은 다음과 같이 수행되었다. 단백질 A를 암호화하는 유전자는 Gal4의 DNA 결합 영역을 암호화하는 DNA 단편과 융합된다. 두 번째 단백질(B)의 유전자는 활성화 영역을 암호화하는 단편에 융합된다. 두 단백질 어느 것도 효모에서 발현될 때 혼자서는 Gal4 결합자리를 가지는 리포터 유전자를 활성화시키지 못한다(그림의 위 두 줄). 두 잡종 유전자가 효모 세포 내에서 함께 발현될 때는 단백질 A와 B 간의 상호작용으로 완전한 활성화인자를 만들어, 그림의 맨 아래 줄에서 보여주는 대로, 리포터는 발현된다. 이 간단한 분석법을 이용하여, 이미 알고 있는 개시 단백질과 상호작용하는 어떤 단백질을 후보 라이브러리로부터 찾아내는 데 이용할 수 있다. 이 경우, 그림의 단백질 A는 개시단백질["**미끼(bait)**"로 불림]이고, 단백질 B(**prey**)는 라이브러리에서 암호화된 여러 후보 중 하나를 나타낸다(라이브러리 제조에 관해서는 7장 참조). 단백질 A를 암호화하는 부위는 DNA 결합 영역에 융합되고, 또한 여러 가지 미확인 단백질들을 암호화하는 라이브러리를 활성화 영역에 융합시킨 DNA를 효모세포에 넣어주었다. 따라서 각각의 전환된 효모세포는 DNA에 결합하는 단백질 A와 활성화 영역과 결합해 있는 단백질 B를 가지게 된다. A와 B를 모두 가지는 세포는 모두 리포터 유전자를 활성화시키게 된다. 이러한 세포는 적당한 지시배지에서 배양하여 형성되는 콜로니로 동정될 수 있을 것이다. 전형적으로 사용되는 리포터 유전자는 *lacZ*로, 양성 콜로니(리포터 유전자를 발현하는 세포로 이루어진 콜로니)는 적당한 지시배지에서 청색으로 나타난다.

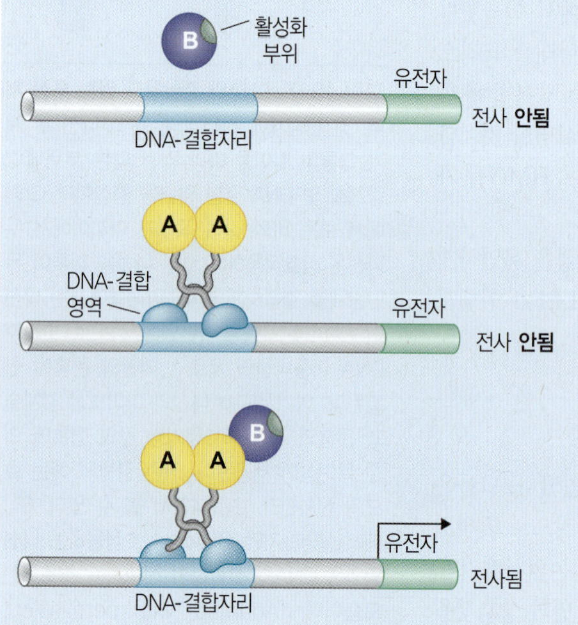

글상자 19-1 그림 1 두 잡종 분석법의 작용 원리. 이 분석에 사용되는 리포터 유전자는 *lacZ*와 같이 그 산물이 쉽게 분석될 수 있는 유전자이다.

은 보다 작고 약한 단위들로 구성되어 있다고 생각하기 어렵지 않다. 활성화 부위와 표적 간에는 "자물쇠와 열쇠"와 같은 방식으로 작용하는 것이 아니다.)

최근에 NMR 구조 연구의 일환으로 효모의 활성인자인 Gcn4의 산성 활성화 부위와 표적인 Gal11 단백질(매개체의 아단위, 13장 참조) 간의 상호작용의 성질이 조사된 바 있다. 활성화 부위는 표적의 틈새에 결합할 때 나선구조를 형성하였다. 그러나 그 구조는 역동적이며 실제 여러 가지 서로 다른 형태와 방향성이 나타났으며, 활성화 부위의 잔기와 표적 간에는 단지 하나의 소수성 상호작용만이 필수적이었고 모든 경우에 나타났다. 이런 "다양한 복합체" 방식은 활성화 부위가 어떻게 여러 종류의 서로 다른 표적 단백질과 상호작용하여 전사를 활성화시키는지를 설명하게 해주는데, 다음 절에서 상세히 설명할 것이다.

다른 종류의 활성화 부위도 있다. 포유류의 활성화인자 SP1에는 글루타민이 풍부한 부위가 존재한다. 또한 프롤린이 풍부한 활성화 부위도 있는데, 포유류의 또 다른 활성화인자인 CTF1에서 볼 수 있다. 이들도 역시 고정된 구조를 갖지 않는다. 일반적으로, 산성 활성화 부위는 강하며 모든 진핵생물에서 공통적으로 작용한다. 하지만 다른 활성화 부위들은 보다 약하고 여러 생물에 공통적이지 않다.

진핵세포 활성화인자에 의한 유전자에의 단백질복합체 유인

우리는 세균에서 일반적인 경우, 활성화인자가 한 표면으로 DNA에 결합하여 전사를 촉진시키며, 또 다른 표면으로 RNA 중합효소와 작용하여 이 효소를 유전자에 유인시킴을 보았다(18장, 그림 18-1). 진핵생물의 활성화인자도 그와 같은 방식으로 작용한다. 그러나 그렇다고 하더라도 활성화인자와 RNA 중합효소 간에 직접적으로 상호작용하는 경우는 드물다. 대신 활성화인자는 중합효소를 간접적으로 유인하거나 아니면 중합효소가 결합한 후에 필요한 다른 인자들을 유인한다. 즉, 활성화인자는 중합효소를 제외한 전사 장치의 구성요소와 상호작용하거나 또는 그들을 유인하거나 아니면 중합효소를 유인한다. 덧붙여서, 활성화인자는 유전자부근의 염색질의 구조를 변형시켜 개시를 도와주는 뉴클레오솜 조절자를 유인할 수도 있다. 마지막으로, 활성화인자는 중합효소가 개시와 신장과정에 요구하는 인자들을 유인할 수 있다. 이와 같은 모든 기능들은 활성화인자가 프로모터에 대한 단순한 유인 단백질임을 보여주는 것이다. 세균의 경우 유인되는 유일한 단백질이 RNA 중합효소지만 진핵세포에서는 그렇지 않은 것이다. 실제로 진핵세포에서 하나의 활성화인자는 세 가지 방식으로 작용할 수 있다. 즉, 뉴클레오솜 조절자와 리모델러의 보충에 의한 프로모터 염기, 일반 전사인자 복합체(예컨대, 매개체)의 보충 및 Pol II의 개시와 신장을 자극하는 단백질 복합체(예, pTEFb/SEC 복합체)의 보충이 그것이다. 우리는 먼저 전사 장치의 유인을 알아본다.

활성화인자는 유전자에 전사 장치를 유인한다

진핵세포의 전사 장치는 13장에서 본대로, RNA 중합효소 외에도 수많은 단백질들로 구성된다. 이들 중 다수의 단백질들은 **매개체(Mediator)**나 **TFIID 복합체(TFIID complex**, 13장, 표 13-2 및 그림 13-20) 같은 먼저 형성되는 복합체에 수용된다. 활성화인자는 하나 또는 여러 개의 이들 복합체와 작용하여 그들을 유전자에 유인시킨다(그림 19-9). 활성화인자에 의해 직접 유인되지 않는 다른 구성요소들은 먼저 유인된 단백질들과 협동으로 유인시킨다.

전사 장치의 여러 단백질들은 시험관 내에서 활성화 부위에 결합하는 것으로 밝혀지고 있다. 예를 들어, 전형적인 산성 활성화 부위는 매개체의 구성요소 및 TFIID의 아단위와 상호작용할 수 있다.

유인과정은 **염색질 면역침강법(chromatin immunoprecipitation, ChIP)**을 사용하여 알아볼 수 있는데, 이에 관해서는 7장에서 설명하였다. 이 기술은 어떤 단백질

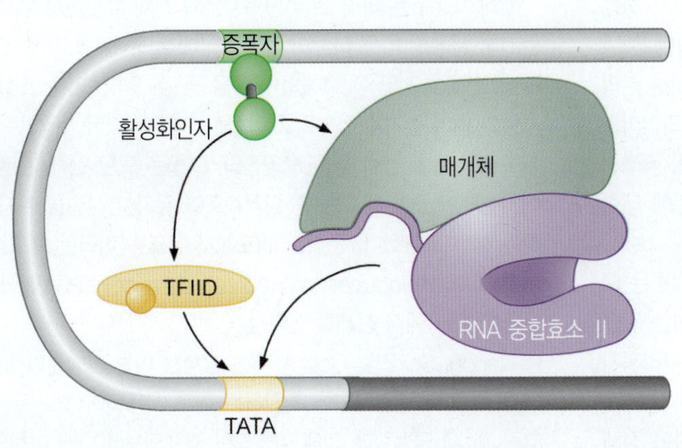

그림 19-9 전사 장치 동원에 의한 진핵세포에서의 전사 개시의 활성화. 하나의 활성화인자가 두 개의 표적 복합체(중개인자와 중개인자를 통한 RNA 중합효소II)를 동원하는 것을 보여준다. 또한 일반 전사인자 TFIID도 이 활성화인자에 의해 동원된다. 다른 일반 전사인자는 중개인자 및 Pol II 복합체(전효소)의 일원으로 동원된다. 이같은 과정은 이 그림에는 설명되지 않았다. 실제로는, 이러한 동원은 대개 유전자의 상류에 결합한 하나 이상의 활성화인자에 의해 일어난다.

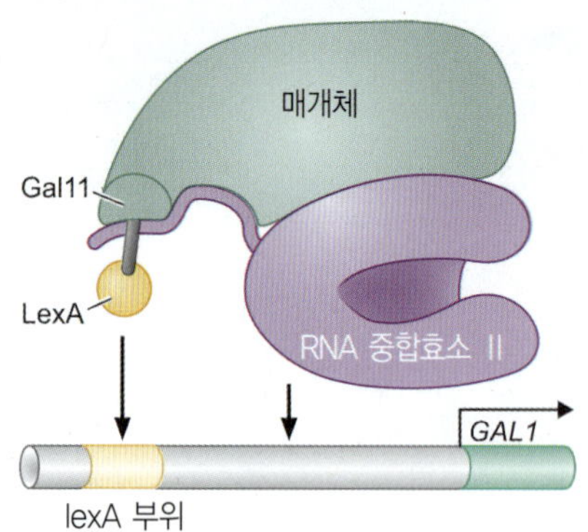

그림 19-10 중개자를 직접 DNA에 붙들어 맬 때 일어나는 전사의 활성화. 이것은 18장과 글상자 18-1에서 설명한 활성화인자 우회 실험의 한 예이다. 이 실험에서 *GAL1* 유전자는, 활성화인자인 Gal4가 없는 조건에서 LexA의 DNA 결합 영역에 중개자 복합체의 구성요소가 결합될 때, 활성화되었다(Gal11/Med15; 13장, 그림 13-20 참조). 활성화는 LexA의 DNA 결합 영역이 유전자의 상류에 결합하는지 여부에 의해 결정된다. 전사개시에 필요한 다른 구성요소들—TFIID 등등—은 아마도 중개자 및 중합효소 II와 결합할 것이다.

이 세포 내의 DNA의 한정된 부위에 결합하는 것을 밝혀준다. ChIP-chip이라 불리며 현재는 ChIP-seq가 가장 흔히 사용되는 이 방법의 상세한 내용은 글상자 19-2에서 설명하였다. 대부분의 유전자에서, 전사 장치는 오직 유전자가 활성일 때에만 프로모터 위에 존재한다. 즉, 전사 장치는 먼저 결합해 있지 않으며, 따라서 활성화인자의 역할은 유인에 있음을 확인해 준다.

세균에서는 유인에 의해서 활성화된 유전자(예, *lac* 유전자)가, 이른바 활성화인자 우회 실험(18장, 글상자 18-1)으로 활성화될 수 있었다. 그 실험에서, 자연적인 활성화인자와 중합효소 간의 상호작용 없이 RNA 중합효소가 프로모터에 결합했을 때 전사활성이 있었다. 비슷한 실험이 효모에서 행해졌다. 효모의 *GAL1* 유전자(정상적으로는 Gal4에 의해 활성화됨)는 세균의 LexA 단백질의 DNA 결합영역을 매개체 복합체에 직접적으로 융합시킨 융합 단백질에 의해 효과적으로 활성화될 수 있었다(그림 19-10).

이 실험에서, 적어도 일부 활성화인자가 전사 장치의 일부로 참여하여 그들의 구조적 변화를 일으켰을 가능성을 배제할 수 없음을 주의해야 한다. 그 같은 변화는 전사개시의 효율을 증가시킬 수 있을 것이다. 그럼에도, 이 장치의 여러 요소들의 유인은 각각의 유전자에 대한 특이성의 근거가 된다. 즉, 어떤 유전자가 활성화되느냐는 어떤 유전자 위에 유인된 장치가 존재하느냐에 좌우된다. 덧붙여, 활성화인자 우회 실험의 성공은, 유전자 발현 개시과정에서 일어나는 다른자리입체성 변화(입체적 구조 변화)가 활성화인자로 하여금 유전자에 단백질을 유인하는 역할 이외의 것을 필요로 하는 것은 아님을 시사한다.

활성화인자는 또한 전사 장치가 프로모터에 결합하게 하거나 전사를 개시하도록 도와주는 뉴클레오솜 조절자를 유인한다

전사 장치의 직접적인 유인과 함께 뉴클레오솜 조절자가 유인되면, **염색질(chromatin)**

▶ 연구기법

글상자 19-2 ChIP-Chip 및 ChIP-seq 분석법은 인핸서를 확인하는 최선의 방법이다

7장에서 염색질 면역침강법(ChIP)에 관해 설명한 바 있다. 이 방법으로 특정 단백질이 세포의 게놈 내의 DNA의 어떤 특정 서열에 결합하는지를 알 수 있으며 또한 그것이 다른 어떤 단백질과 상호작용하는지도 알 수 있다. 설명한대로, ChIP 과정에서, 세포, 조직, 기관 또는 배는 DNA-결합 단백질이 그들과 결합하는 DNA 서열 및 다른 연관 단백질과 교차결합하도록 포름알데히드로 처리한다. 교차결합한 염색질은 200 염기쌍짜리 이하의 작은 단편으로 절단된다. 찾고자 하는 DNA-결합 단백질에 대한 항체를 사용하여 그 단백질이 결합한 DNA를 분리해 낸다. 통상적인 ChIP에서는, 교차결합 부위는 결합을 분리시켜 면역침강 DNA를 찾고자 하는 특정 유전자에 맞는 프라이머를 사용하여 PCR 방법에 의한 DNA 증폭의 주형으로 사용한다. 따라서 증폭된 DNA 서열의 존재 여부로 세포 내의 특정 DNA 서열에 대한 그 단백질의 결합 여부를 알 수 있다.

ChIP-Chip 및 ChIP-seq법과 이들 방법의 여러 응용 방법들은 매우 탁월했다. 어떤 단백질이 이미 알려진 어떤 부위에 결합하는지 뿐 아니라 이들 방법은 그 단백질의 이전에 알려지지 않았던 자리까지 포함하여 게놈 내의 모든 결합자리를 확인할 수 있게 해 주었다.

ChIP-Chip 방법의 경우, 교차결합을 분리한 후 면역침강된 전체 DNA 단편을 모든 DNA 말단에 결합할 수 있는 일반적 프라이머를 적용하여 PCR로 증폭한다. 증폭 후 DNA 분자는 형광 표지를 달고, 마지막으로 전체 유전체 배열에 잡종화시킨다. 여기서 전체 게놈 배열이란 유전체 전체를 커버하는 개개 단편들의 집합을 의미한다. 이 방법으로 DNA 단편이 세포 내의 전체 유전체 내의 어느 곳에서 그 단백질과 결합했는지를 알 수 있게 된다.

ChIP-Chip은 여러 조절 단백질들의 전체 유전체적 분포를 확인하는 데 사용되어 왔다. 이 방법의 예로 서열 특이적 전사인자인 Nanog, Sox2 및 Oct4에의 응용을 들 수 있다. 이들 조절 단백질은 사람의 배아 줄기세포의 독특한 성질, 예컨대 자가 재생능력과 다양한 세포로의 분화 능력 등을 책임진다. 그들은 또한 성체의 분화된 세포에서 발현되었을 때 세포를 줄기세포와 유사한 성질을 가지도록 유도하는 능력도 가졌다. 분화된 세포에서 유도된 이러한 세포를 유도 다능성 줄기세포(induced pluripotent stem cell, iPS 세포)라 부른다(글상자 21-1에서 상세히 설명함).

Nanog, Sox2 및 Oct4에 대한 항체는 이들 단백질이 줄기세포 내에서 세포 내 결합자리를 확인하는 데도 사용되어 왔다(글상자 19-2, 그림 1). 세 단백질에 의해 결합되어 조절되는 100개 이상의 표적 인

글상자 19-2 (계속)

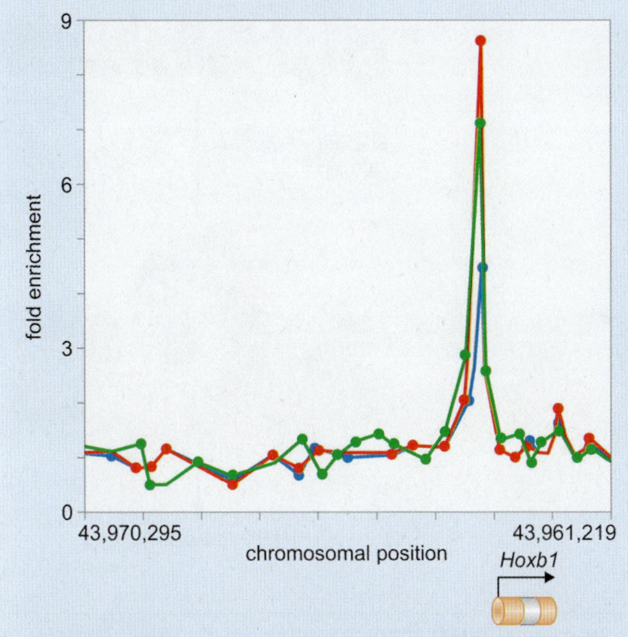

글상자 19-2 그림 1 줄기세포 인자들에 의해 조절되는 인핸서의 ChIP-chip 확인법. 사람의 전체 유전체 타일 배열에 대해 Nanog(녹색), Sox2(적색), Oct4(청색) 유전자를 포함하는 DNA 단편과의 잡종이 만들어졌다. 세 가지 단백질 모두 *Hox1* 유전자와 연관된 5′-인접 서열부위에 결합하였다. (Adapted, with permission, from Boyer L.A. et al. 2005. *Cell* **122:** 947–956, Fig. 2b. © Elsevier.)

핸서가 확인되었다. 이들 인핸서 중 일부는 *Hoxb1* 유전자와 같은 발생에 중요한 역할을 하는 유전자와 결부되어 있었는데, *Hoxb1*은 초파리의 호메오 유전자와 관련이 있다(21장 참조).

이 기술의 가장 최근 버전은 ChIP-seq라 부르는데, 보다 강력하면서도 방법은 보다 단순하다. 선택된 어떤 단백질과 결합한 DNA 단편을 교차결합을 분리한 후 차세대 서열분석 방법(7장 참조)을 사용하여 직접 서열분석에 들어간다. 이 방법으로 표적 서열의 정도(개수)와 정확한 서열이 쉽게 탐지, 측정된다.

이 방법의 또 다른 응용방법은 염색체 형태 파악(chromosome conformation capture, 또는 3C; 7장에서 논의했음)에서 볼 수 있다. 이 방법은 인핸서에 결합한 조절 단백질이 특정 프로모터의 전사 장치에 아주 가까이 위치할 때 이를 확인하는 데 사용된다.

3C에서, 기본적 과정은 앞에서 설명한 방법과 동일하지만 이 경우 인핸서에 교차 결합하는 단백질은 DNA뿐만 아니라 그들과 상호작용하는 다른 어떤 단백질과도 결합한다는 것이다. 만약에 이것이 다른 DNA 자리(예, 프로모터)에 결합한 단백질을 포함한다면, 이들 DNA 자리는 애초의 단백질에 대한 항체에 의해 역시 침강될 것이다. 교차결합을 분리하기 전에, 다시 말해 여러 단백질-결합 DNA 단편들이 서로 인접하여 유지되고 있을 때, 연결 반응이 수행되어, 애초의 단백질에 결합된 DNA 단편의 말단과 그것과 복합체를 이루고 있는 다른 단백질과 DNA 간의 연결이 일어난다. 그런 다음 특정 잡종 분자의 존재가 여러 방법으로 확인되고 그 결과 단편이 유전체 내의 어떤 위치에서(즉, 특정 인핸서 및 프로모터로부터) 왔는지 밝혀지게 된다.

내에 접근이 어렵게 포장되어 있던 유전자의 활성화를 도울 수 있다. 8장에서 설명한 대로, 뉴클레오솜 조절자는 두 유형이 있다. 하나는 히스톤의 꼬리에 화학기를 부가시키는 것으로, 예컨대 **히스톤 아세틸전이효소(histone acetyl transferase, HAT)**는 아세틸기를 부가시킨다. 다른 하나는 뉴클레오솜의 구조를 변화시키는 것으로, ATP 의존적인 **SWI/SNF**를 들 수 있다. 이들 변화가 어떻게 유전자의 활성화를 도울까? 뉴클레오솜의 변화가 어떻게 전사 장치가 프로모터에 결합하는 것을 도울 수 있는지에 대해 설명하는 두 가지 기본적인 모델이 있다(그림 19-11).

첫째, 구조 변화는 뉴클레오솜 내에서 접근할 수 없는 위치에 있던 DNA 결합자리를 노출시킬 수 있다. 예를 들어, 뉴클레오솜의 운동성을 증가시킴으로써 구조 조절자는 조절인자와 전사 장치가 결합할 수 있도록 결합자리를 유리시킨다. 비슷하게, 히스톤 꼬리에 아세틸기를 부가시킴으로써 꼬리 부분과 인접한 뉴클레오솜 간의 상호작용을 변화시킨다. 이 같은 변화는 또한 염색질 구조를 "느슨하게"하여 부위를 자유롭게 할 것이다(완전한 설명은 8장 참조).

아세틸기의 첨가는 또 다른 방법으로 전사 장치 및 다른 단백질의 결합을 도울 수 있다: 그것은 뉴클레오솜에 소위 **브로모도메인(bromodomain)**을 가지는 단백질이 결합할 수 있는 특이적 결합자리를 만든다(8장, 그림 8-41). TFIID 복합체의 한 구성요소는 불화영역을 가져, 아세틸화되지 않은 뉴클레오솜보다는 아세틸화된 뉴클레오솜에 더 잘 결합한다. 따라서 프로모터에 아세틸화된 뉴클레오솜을 가지는 유전자는 그렇지 않은 것보다 전사 장치에 대한 친화력이 더 높아질 것이다. 다른 단백질은

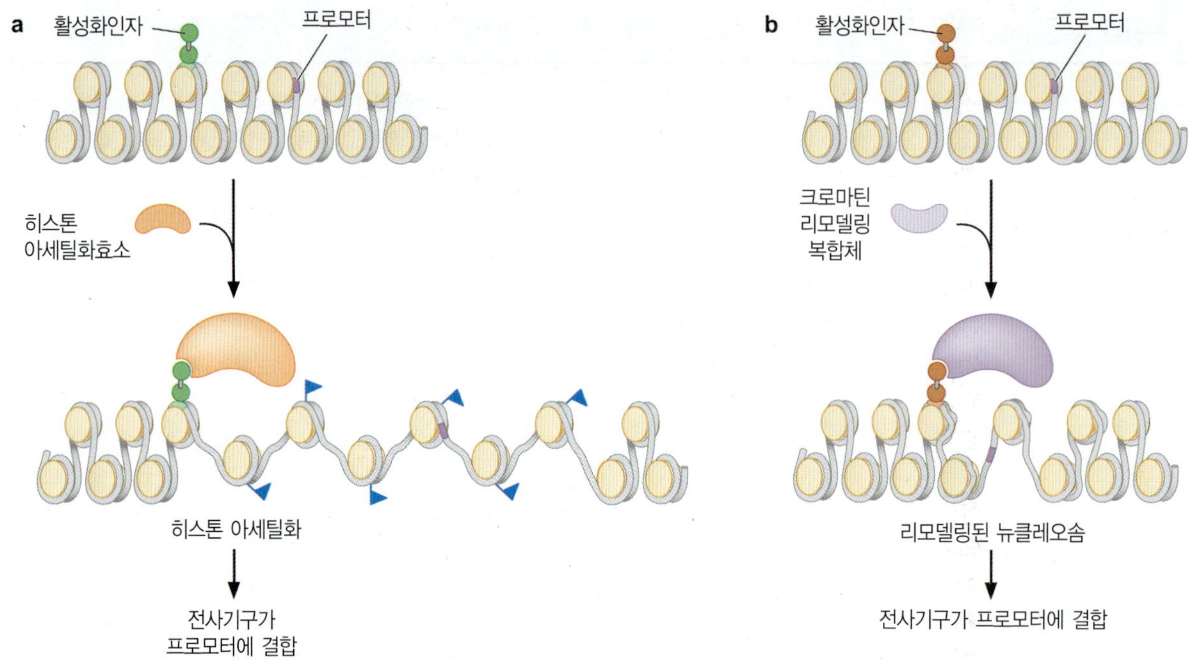

그림 19-11 활성화인자에 의해 지령되는 염색질 구조의 국지적 변화. 활성화인자는 뉴클레오솜 내의 DNA 상의 결합자리에 결합해 있고, 프로모터는 염색질 내에 있어 접근이 불가능하다. 오른쪽 그림은, 활성화인자가 뉴클레오솜 리모델링 복합체를 동원시킴으로써 프로모터 주변의 뉴클레오솜의 구조를 바꾸어 그곳에 전사 장치가 결합할 수 있게 됨을 보여준다. 왼쪽 그림은, 활성화인자가 히스톤 아세틸화 효소를 동원하는 경우를 보여준다. 이 효소는 히스톤 꼬리의 잔기에 아세틸기를 부가시킨다(푸른 깃발 표시). 그러면 뉴클레오솜의 구조가 다소 변하여, 적절한 인지 영역을(브로모도메인; 8장, 그림 8-41, 8-42) 가지는 단백질에 대해 결합부위를 만들게 된다. 이들 효과 등의 결과로 프로모터에 대한 전사 장치의 결합이 가능해진다.

크로모도메인(chromodomain)을 가지는데, 이것은 메틸화된 뉴클레오솜을 인지한다. 이에 관한 예는 추후 설명할 것이다.

전사 장치의 어떤 부분이, 그리고 어떤 뉴클레오솜 조절자가 특정 유전자의 전사에 필요할까? 그리고 유전자에서 작용하고 있는 활성화인자에 의해 어떤 구성요소가 직접적으로 유인될까? 이들 질문에 대한 답은 대부분의 경우 명확하지 않다. 그러나 어떤 유전자에서도 다른 유전자들에 비해 보다 엄격하게 전사 장치의 구성요소가 요구되며, 이는 뉴클레오솜 조절자에게도 마찬가지다. 이들 차이는 여러 예에서 절대적인 것은 아니다. 즉, 모든 유전자는 RNA 중합효소 그 자체는 절대적으로 필요하지만, 각각의 유전자는 전사 장치의 다른 특별한 구성요소나 뉴클레오솜 조절자에 의존할 수 있으며 또는 그렇지 않을 수도 있다. 어떤 경우에는, 전사 장치의 어떤 구성요소가 부분적으로 요구될 수도 있다(즉, 그 구성요소의 결핍 시 활성화가 제거되지는 않지만 감소한다). 덧붙여, 어떤 주어진 유전자의 활성화에 요구되는 것이 세포주기와 같은 환경에 따라서 달라질 수도 있다. 예를 들어, Gal4는 히스톤 아세틸화효소의 부재 시에 *GAL1* 유전자를 효과적으로 활성화시킨다. 그러나 유사분열 중에는—이때는 염색질이 보다 응축된다(8장 참조)—유전자에 아세틸화효소가 유인되지 않으면 활성화는 제거된다.

효모에서의 최근 연구는 유전자에서의 특정 활성화인자와 표적 간의 상호작용이 존재함을 보여주고 있다. 위에서 주목한 바대로 산성 활성화인자인 Gcn4는 Gal11 (Med15)과 상호작용한다. 그것은 또한 TFIID의 아단위인 TAF12 및 전사에 관여하는 다른 복합체와도 상호작용한다. Gcn4와 상호작용하는 전사복합체에는 뉴클레오솜 리모델러인 SWI/SNF도 포함된다. Gal4의 경우는 매개체, TFIID, SAGA(Spt-Ada-Gcn5-아세틸기전이효소)라 불리는 제3의 복합체 등 세 인자와 접하게 된다. 이들 중 제3의 복합체는 아세틸화 작용을 가지며(8장, 표 8-7), 또한 전사 장치와도 상호작용할 수 있는 것으로 보인다. 실제로 SAGA는, TFIID와 마찬가지로 TAF(TBP-associated factor)를 가지고 있으며(13장) 일부 프로모터의 경우 TFIID 대신 이용된다. 서로 다른 요구 조건(예를 들어, TFIID와 매개체를 필요로 하거나 또는 SAGA와 매개체를 필요로 하는 경우 등)을 가진 유전자에 대한 Gal4와 같은 산성 활성화인자의 작용은 여러 표적에 대한 상호작용 능력으로 설명될 수 있다.

우리는 매개체의 아단위에 결합한 DNA 결합 영역 복합체가 활성화에 충분조건임을 주목하였다(그림 19-10). 그러나 그와 같은 활성화인자 우회 실험에서는 활성화가 비록 정상 수준에 도달한다 하더라도 속도는 느리다. 다시 말해 Gal4에 의해 재빨리 도달되는 수준까지 도달하는데 더 오랜 시간이 걸린다. 아마도 활성화 수준은 활성화인자 우회 실험에서 더욱 늦게 도달할지도 모르는데 그 이유는 그 경우 Gal4에서처럼 직접적으로 보충되는게 아니고 그 장치에 따로 도달하는 다른 구성요소들이 필요하기 때문일 수 있다.

활성화인자는 일부 프로모터에서 효과적인 개시 또는 신장에 필요한 부가적인 인자를 보충한다

진핵세포의 정교한 전사 장치는 개시에 필요한 많은 단백질들을 내재하고 있다. 그것은 또한 신장 단계를 보조하는 인자도 가진다(13장 참조). 어떤 유전자에서는 프로모터 하류의 서열이 개시 직후의 중합효소를 정지시킬 수 있다. 이와 같은 유전자에서는 어떤 신장인자의 존재 여부가 유전자의 발현 수준에 큰 영향을 미친다.

초파리의 *HSP70*은 그런 예의 하나이다. 이 유전자는 열충격에 의해 활성화되는데, 함께 작용하는 두 활성화인자에 의해 조절된다. GAGA 결합인자(GAGA-binding factor)는 전사의 개시에 필요한 전사 장치를 보충하는 것으로 보인다. 그러나 제2의 활성화인자인 HSF가 없으면 개시된 중합효소는 프로모터로부터 약 25~50염기 아래 지점에서 정지하게 된다. HSF는, 열충격에 반응하여 프로모터의 특정 부위에 결합하여 키나아제인 P-TEFb(positive transcription elongation factor)를 정지해 있는 전사 장치에 보충시킨다. 키나아제는 RNA 중합효소(CTD "꼬리"; 13장 참조)의 가장 큰 아단위의 카르복시 말단 영역(carboxy terminal domain, CTD)을 인산화시켜 중합효소가 정지에서 풀려 전사가 진행되게 한다. 최근의 연구는 P-TEFb는 보다 큰 복합체인 SEC(super elongation complex)의 구성요소임을 시사하고 있는데, SEC는 프로모터의 기부에서 정지해 있는 Pol II를 출발시킨다. 흥미로운 것은 염색체 전좌에 의해 발생하는 소아 백혈병에 몇 가지 SEC 아단위가 연루되어 있다는 것이다(글상자 19-3).

13장에서, 모든 유전자에서 7 반복부의 Ser5에 있는 CTD 꼬리의 인산화가 전사의 초기 단계에서 중요하며, 키나아제인 TFIIH가 그와 같은 인산화를 수행할 수 있음을 보았다. P-TEFb가 대부분의 유전자에서 요구되는지는 아직 확실치 않다. P-TEFb는 CTD 7반복부의 Ser2의 인산화와 관련이 있는 것으로 보이며, 그러한 변화는 프로모터 서열로부터의 Pol II의 출발과 연계된다(그림 13-21). Gal4와 같은 강한 산성 활성화인자는 나머지 전사 장치에 P-TEFb/SEC를 보충시킬 수 있다. *HSP70* 유전자에서 본 이같은 방식은 일부 유전자에서의 조절 단백질 간의 보충방식일 수 있는데 그렇다면 또 다른 조절 방법을 가지는 셈이다. 정지된 중합효소 및 그것의 출발에 관한

▶ 의학관련

글상자 19-3 히스톤의 구조변화, 전사 신장 및 백혈병

백혈병은 미성숙 백혈구가 증가하는 혈액암이다. 유소아 백혈병이 일반적이며 15세 미만 어린이 2,000명당 1명꼴로 나타난다. 가장 흔한 유형은 ALL, 즉 급성 림프구성 백혈병(acute lymphoblastic leukemia)이다. ALL로 진단 받은 어린이의 약 4분의 3에서 염색체의 재배열이 일어나고 그 결과 MLL 융합 단백질이 생산된다. MLL (mixed lineage leukemia)은 초파리의 Trithorax 단백질과 연관이 있는데, 이 단백질은 또한 효소의 Set1-COMPASS라 불리는 히스톤 구조 변화 복합체의 아단위다. 이 복합체는 히스톤 H3의 4번 리신의 메틸화로(H3K4 3-메틸화, 또는 H3K4m3) 프로모터 부위를 활성화한다. 초파리에서, Trithorax H3K4의 메틸화 복합체는 H3K27의 3-메틸화를 책임지는 Polycomb 억제 복합체의 작용을 상쇄한다. 따라서 MLL, Set1 및 Trithorax 복합체는 유전자 발현에 있어서 양성적 조절자이다. 그들은 활성화되려는 유전자의 프로모터 부위에 "양성적" 염색질 표지(H3K4me3)를 부여한다.

주목할 것은, 급성 림프구성 백혈병을 초래하는 MLL 융합 단백질은 대부분 MLL과 초신장복합체(super elongation complex, SEC)의 아단위 중 하나와의 사이에 융합이 일어난 것인데, SEC에 대해선 본문에서 설명하였으며 Pol II의 신장에 관여한다. 가장 흔한 MLL 융합 단백질은 MLL-AFF1이며 그 외 MLL-ENL이 있으며, SEC의 다른 아단위를 포함하기도 한다. 따라서 여러 소아백혈병을 일으키는 분자적 기작에는 공통점이 있는데, 바로 두 가지 주요 전사 조절 복합체인 MLL(즉 Set1, Trithorax)과 SEC 간에 융합이 일어난다는 것이다 (글상자 19-3 그림 1).

이 두 복합체의 기능적 융합으로 백혈구의 유전자 발현이 폭주하게 될 것으로 추측되어 왔다. 이러한 개념은 MLL 복합체가 정상적으로 어떤 유전자가 궁극적으로 발현되도록 H3K4me3를 통하여 프로모터 부위에 표지를 하는 것이다. 이와 같은 변화는 Pol II의 결합과 정지로 귀결되지만 유전자 발현이 활성화되기에 충분하지는 않다. 그러나 MLL 융합은, 정지된 Pol II를 프로모터로부터 출항시키는 SEC가 이들 유전자에 동원되는 것이므로 즉각적인 활성화를 일으킨다.

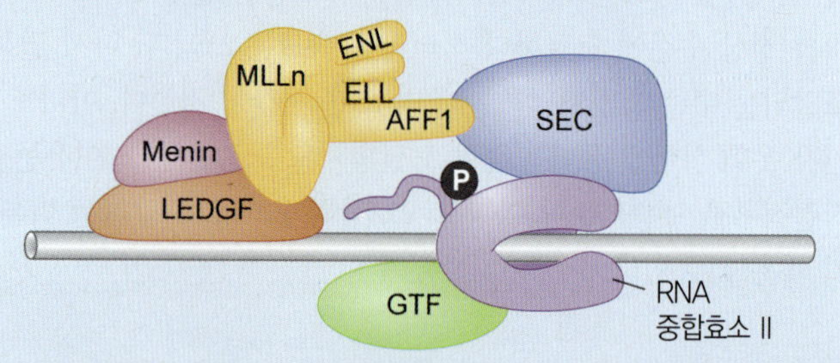

글상자 19-3 그림 1 두 가지 주요 전사 조절 복합체의 기능적 융합체: MLL 키메라. 설명한대로, 여기서 MLL은 SEC를 구성하는 어떤 단백질과 융합한다. 종양 유전자성 보조인자인 Menin은 MLL 융합 단백질을 전사 보조 활성인자인 LEDGF(lens epithelium-derived growth factor, 수정체 상피 유래성 성장인자)에 결박한다. GTF는, Pol II에 결합하여, 중개자 복합체의 아단위와 같은 일반 전사인자가 된다.

일반적인 모습이 그림 19-12에 나와 있다.

에이즈를 일으키는 HIV는 P-TEFb(그리고 SEC)에 의해 조절되는 프로모터로부터 자신의 유전자를 전사한다. 활성화인자 SP1의 조절 하에 중합효소는 이 프로모터로부터 전사를 개시하지만 곧 정지된다. 이 경우 P-TEFb는 DNA 결합 단백질 아닌 RNA 결합단백질에 의해 정지된 중합효소로 운반된다. 이 운반 단백질을 TAT라 부른다. TAT는 HIV RNA의 개시부위 부근의 특정 서열을 인지하며 정지된 RNA 중합효소에 의해 만들어진 전사체에 머무른다. TAT의 또 다른 영역은 P-TEFb와 상호작용하여 그것을 정지된 중합효소에 보충한다. 그 결과 중합효소(Pol)가 출발하게 되고 바이러스의 게놈 전사가 일어나서 숙주세포인 T-림프구가 감염된다.

현재 중합효소의 정지는 매우 보편적인 것으로 보이며, 특히 발생과정 중에 그러하다. 사람의 배아줄기세포 및 초파리의 초기 배에 관한 최근 연구에 의하면, 발생과정 중에 단백질을 암호화하는 전체 유전자의 3분지 1에서 Pol II가 활성화되기 전에 정지 상태를 가지는 것으로 나타나고 있다. 이러한 유전자들이 발현되기 위해서는 SEC의 보충이 특히 필요한 것이다.

정지된 Pol II는 또한 프로모터 부위에 억제성 뉴클레오솜을 배제하는 한 방법이 되어 프로모터로 하여금 상류 조절서열에 의한 빠른 활성화를 위한 "준비"를 가능케 할 것이다. 효모는 일반적으로 정지되는 Pol II가 결여되지만 프로모터를 정지 또는

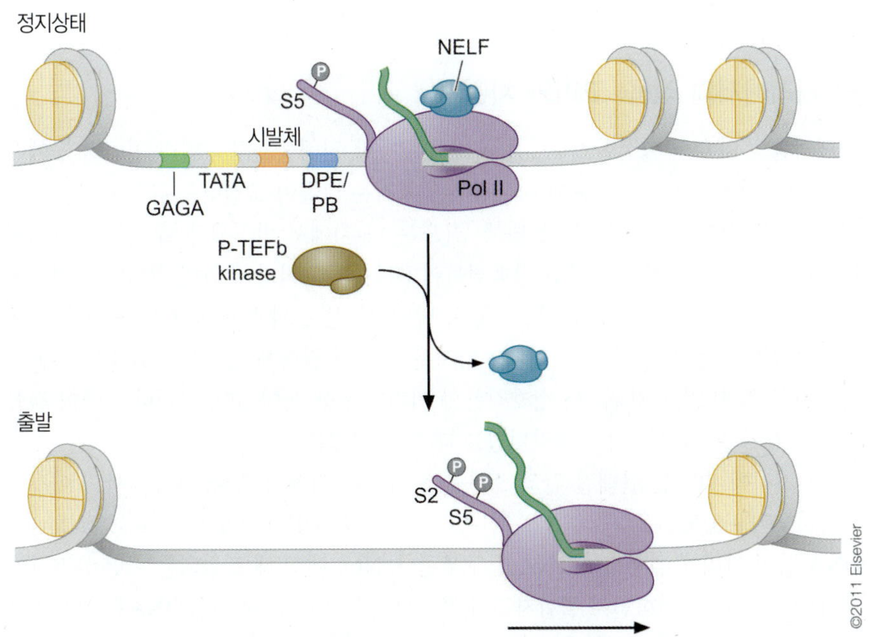

그림 19-12 Pol II의 정지와 출발. TFII H에 의한 "꼬리"에 있는 Serine5의 인산화 이후(그림 13-21 참조), 중합효소는 전사를 시작한다. 하지만 어떤 프로모터에서는 키나제인 P-TEFb(SEC 복합체 내에 존재)의 보충(활성화인자에 의해 일어남)으로 Serine2의 2차 인산화가 일어날 때까지 중합효소는 정지된다. 중합효소 정지는 NELF 복합체에 의해 일어나며 정지에서 풀려 출발할 때 NELF는 다른 인자들과 함께 이탈된다. (Redrawn, with permission, from Levine M. 2011. *Cell* **145:** 502–511, Fig. 3. © Elsevier.)

개방 상태로 전환하는 다른 전략을 사용한다. 즉, 다수의 효모 프로모터는 AT 염기가 풍부한 프로모터를 가지는데, 그 결과 뉴클레오솜 형성을 약화시킨다. 이대로 정지된 Pol II와 AT 풍부 프로모터 서열은 같은 목적을 수행할 것이다. 결국 프로모터를 뉴클레오솜이 없는 상태로 유지하여 빠른 유도가 가능해질 것이다. 이미 상세히 설명한대로, 효모에서 Gal4는 Gal1 유전자를 UASg 부위에 결합함으로써 활성화한다(그림 19-3). 실제로는 이 조절부위 내의 자리에 결합하는 제2의 단백질(RSC)이 있다(그림 19-13). RSC의 역할은 UASg에 대해 뉴클레오솜을 부분적으로 풀고 고정하는 것이다. 이러한 작용은 두 가지 효과를 낸다. 즉, DNA를 뉴클레오솜으로부터 부분적으로 풀어 Gal4가 결합할 수 있도록 그 결합자리를 확보하며, 또한 뉴클레오솜을 준비 상태로 유지함으로써 정해진 자리에 결합하는 것을 보장한다. 이들 중 하나는 전사 개시 부위에 위치하는데, 활성화될 때는 이미 앞에서 설명한대로 Gal4가 SWI/Snf를 보충하여, 이것이 뉴클레오솜을 효과적으로 제거하여(그림 19-11) 나머지 전사 장치가 프

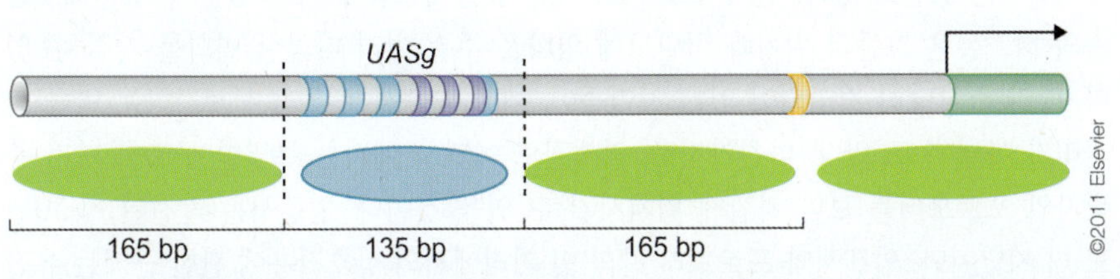

그림 19-13 RSC 복합체는 Gal4가 뉴클레오솜 앞에서 효율적으로 활성화되도록 돕는다. 그림 19-3에서 본 대로 Gal4는, Gal1 유전자의 상류에 있는 UASg 내의 네 자리에 결합한다. 또 다른 단백질인 RSC 또한 표시된 대로 UASg 내의 자리에 결합한다(자주색). RSC는 부분적으로 풀린 뉴클레오솜을 Gal4 자리가 활용될 수 있는 상태로 붙들게 된다. 뉴클레오솜은 기본적 발현(base expression)을 억제하지만 이들은 Gal4에 의해 보충되는 SWI/snf에 의해 효과적으로 제거된다. 뉴클에오솜의 위치와 그들에 걸쳐 있는 DNA의 길이는 아래쪽에 녹색 및 청색 난형으로 표시되어 있다. (Redrawn, with permission, from Wang X. et al. 2011. *Trends Genet.* **27:** 487–492, Fig. 1. © Elsevier.)

로모터에 보충되며 결국 전사가 개시된다(그림 19-13).

먼 거리에서의 작용: 고리와 차단자

진핵생물의 다수의 활성화인자들은—특히 고등한 진핵생물의—멀리 떨어진 곳에서 작용한다. 예를 들어, 포유류 세포의 경우 증폭자는 그들이 조절하는 유전자로부터 수만 염기쌍 때로는 수십만 염기쌍의 상류(또는 하류)에서 발견된다. 우리는 세균에서 DNA의 서로 다른 곳에 결합한 단백질들이 DNA의 고리화에 의해 일어나는 반응으로 상호작용함을 보았다. 그러나 그 경우, 단백질들은 불과 몇백 염기쌍 거리에 있다. 그런 조건에서는, 단백질들이 충분히 가까운 거리에 결합해 있으므로 DNA 상에 있는 것이 그렇지 않은 경우보다 상호작용할 기회가 훨씬 높아진다. 그러나 그들이 결합한 자리가 수천 염기쌍 이상 격리되었을 때 이런 이점은 사라진다.

먼 거리에 결합한 단백질 간의 소통을 도와주는 기작이 있다. 세균에서도 이것이 가능한 예가 있었음을 기억하라. "건축가" 단백질 IHF(integration host factor)는 DNA 상의 자리에 결합하여 DNA를 구부린다. NtrC에 의해 조절되는 어떤 유전자에서, IHF 자리는 활성화인자 결합자리와 프로모터 사이에 존재한다. DNA를 구부림으로써 IHF는 DNA에 결합한 활성화인자를 프로모터에 있는 RNA 중합효소에 도달하게 해준다(12장, 그림 12-11).

증폭자와 프로모터에 결합한 단백질들이 어떻게 고등진핵생물의 세포 내 활성을 도와주는지를 설명하는 여러 모델이 제시되고 있다. 초파리에서, *cut* 유전자는 10만여 염기쌍 떨어진 곳의 증폭자로부터 활성화된다. Chip이라 불리는 단백질은 증폭자와 유전자 간의 소통을 돕는다(Chip이란 이름이 이 기술을 특별히 설명하는 의미있는 이름은 아니다!). 따라서 Chip을 암호화하는 유전자의 돌연변이체는 활성화 강도에 영향을 미친다. Chip이 어떻게 작용하는지는 아직 명확하지 않다. 한 가지 모델에 의하면, Chip이 증폭자와 프로모터 사이의 여러 DNA 자리에 결합한 후, 그것들끼리 상호작용하여 DNA를 여러 작은 고리로 만들며, 그 결과 프로모터와 증폭자를 근접하게 해준다는 것이다. **코헤신(cohesin)**은 세포 분열 때 상동염색체 간의 짝짓기에 관여하는 단백질 복합체로(8장, 그림 8-14), 일부 인핸서-프로모터 고리의 안정화에 관여하는 것으로 생각되고 있다. 코헤신은 중개자(Mediator)에 결합한 채 발견되며, 게놈의 ChIP-seq 실험에서는 흔히 인핸서와 프로모터에 결합하는 단백질과 연관되어 발견된다.

또 다른 모델도 있다. 진핵세포의 DNA는 뉴클레오솜에 싸여 있는데, 뉴클레오솜 속의 히스톤은 그들의 위치와 치밀도에 영향을 주는 여러 다양한 변화를 가질 수 있다. 따라서 상당히 격리되어 있는 자리들이, 세포 내에서는 우리가 생각하는 만큼 먼 거리가 아닐 수도 있다. 마찬가지로, 염색질도 어떤 곳에서는 특별한 구조를 가져 증폭자와 프로모터를 보다 가깝게 위치시킬 수 있을 것이다. 인핸서는 발견된 지 30년도 더 지났지만, 인핸서와 프로모터 간의 먼 거리에서의 상호작용에 관한 근거는 유전자 발현 조절의 중요한 미스테리다.

만약 어떤 증폭자가 400 kb 떨어진 특정 유전자를 활성화시킨다면, 프로모터가 그 영향 내에 있는 다른 유전자의 활성화는 무엇이 막을까? 전형적인 척추동물 게놈에서는 평균적으로 매 100~200 kb마다 하나의 유전자가 존재하므로 인핸서는 둘 또는 그 이상의 유전자에서 "선택" 해야만 한다. **차단자(insulator)**라 불리는 요소가 활성화인자의 작용을 조절한다. 증폭자와 프로모터 사이에 위치하는 차단자는 증폭자로부터 그 유전자가 활성화되는 것을 막는다. 그림 19-14에서처럼, 차단자는 동일 유전자를

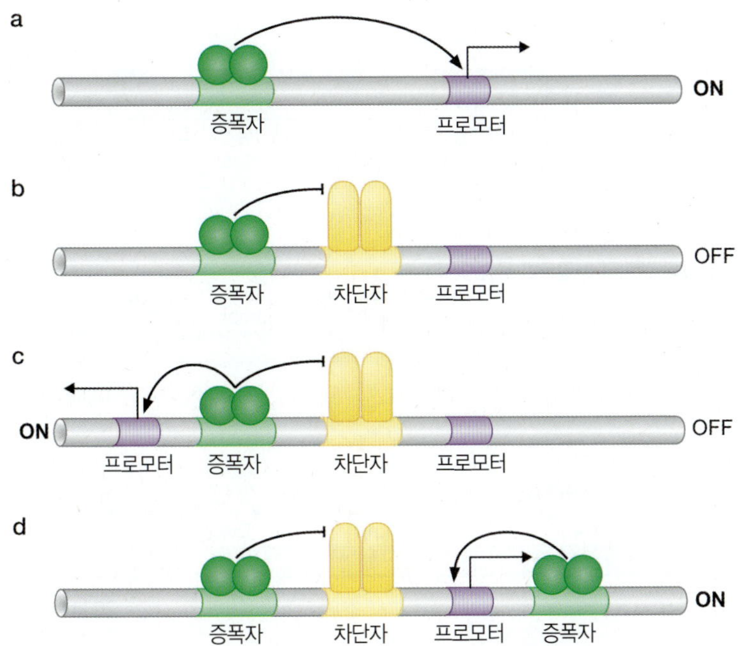

그림 19-14 차단자(insulator)는 증폭자(enhancer)에 의한 활성화를 봉쇄한다. (a)는 인핸서에 결합한 활성화인자에 의해 활성화되는 프로모터를 보여줌. (b)는 증폭자와 프로모터 사이에 차단자가 있는 경우로, 차단자에 적절한 차단 단백질이 결합하면, 증폭자에 활성화인자가 결합하더라도 증폭자에 의한 프로모터의 활성화는 봉쇄된다. (c)는 활성화인자가 인접한 다른 프로모터를 활성화시킬 수 있으나 원래의 프로모터의 활성화는 차단자에 의해 차단됨을 보여줌. (d)는 원래의 프로모터가 하류 쪽에 위치하는 다른 증폭자에 의해 활성화될 수 있음을 보여주는 그림.

프로모터의 하류에 위치한 다른 증폭자로부터 활성화되는 것을 막지는 않는다. 이처럼 차단자에 결합하는 단백질은 프로모터를 억제하는 것은 아니고 활성화인자의 활성을 억제한다. 더 정확히 얘기하면 이 둘 간의 소통을 차단한다. 차단자에는 흔히 CTCF라 불리는 커다란 아연 집게 단백질이 결합한다. CTCF는 또한 코헤신과 결합하여 이 복합체가 가장 가까운 프로모터와 염색체 고리를 형성하며, 그 결과 차단자에서 먼 인핸서가 유사한 고리를 형성하는 것을 막아준다.

다른 분석에 의하면, 차단자는 또한 염색질 변화가 확산되는 것을 억제할 수 있는 것으로 보인다. 염색질의 국부적인 변화 상태는 유전자의 발현 여부에 영향을 준다. 염색질의 일부분에 대한 억제적인 히스톤 변화의 확산이 **전사 침묵화(transcriptional silencing)**라고 부르는 현상의 중심에 있다. 침묵화는 특수한 형태의 전사억제로 염색질을 따라 확장될 수 있어 결합자리 각각에 억제인자를 결합시키지 않고 다수의 유전자를 끌 수 있다. 차단 요소는 이런 확장도 봉쇄한다. 따라서 차단자는 유전자를 애매한 활성화와 억제로부터 함께 보호한다.

이런 현상은 일부 실험적 조작에 이용된다. 포유류의 유전체 내의 임의의 자리에 삽입된 유전자는, 흔히 **이질염색질(heterochromatin)**이라 불리는 응축된 구조의 염색질 내에 들어가는 바람에 "침묵화"된다. 그러나 만약 차단자가 이 유전자의 상류와 하류에 놓이게 된다면 이들을 침묵화로부터 보호해 준다.

어떤 부류의 유전자들은 적절한 조절을 위해 자리조절부위를 필요로 한다

사람의 글로빈 유전자는 성인 및 발달 단계 중의 여러 유형의 적혈구 세포에서 발현된다. 사람에는 다섯 가지의 글로빈 유전자가 존재한다(그림 19-15a). 이들은 집단을 이루고 있지만 이들 유전자가 모두 동시에 발현되지는 않는다. 서로 다른 유전자들은 발달 단계상의 서로 다른 시기에 발현되는데, 태아기의 ε부터 γ, δ, 및 출생 후의 β의 순서로 발현된다. 이 같은 발현은 어떻게 조절될까?

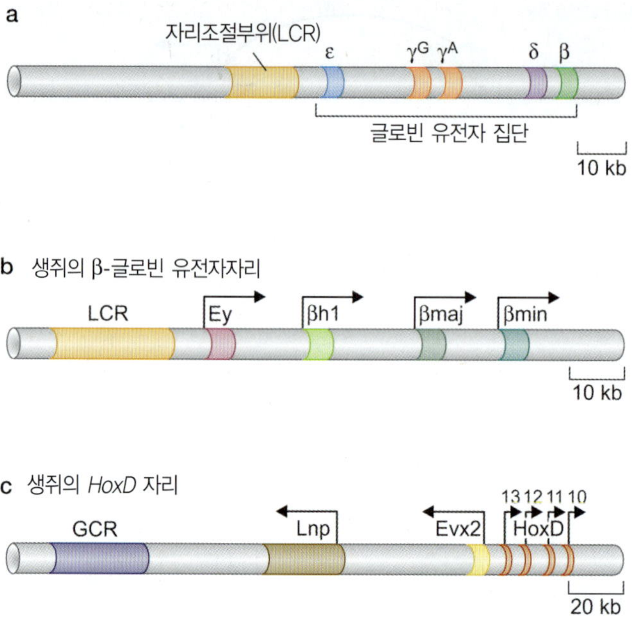

그림 19-15 LCR에 의한 조절. (a) 사람의 글로빈 유전자와 이 유전자의 순차적 발현을 조절하는 LCR. α-글로빈 유전자는 그림에 나와 있지 않은데, 이 유전자는 발생 과정 내내 발현되며, 그 산물은 이 그림의 각각의 글로빈과 차례로 결합하여 발생의 시기에 따라 각기 다른 유형의 헤모글로빈을 만든다. (b) 생쥐의 글로빈 유전자로 이 또한 LCR에 의해 조절된다. (c) 생쥐의 *HoxD* 유전자 집단으로 GCR이라 불리는 인자에 의해 조절된다. GCR도 LCR과 마찬가지로 유전자 집단의 순차적 발현을 일으킨다.

각각의 유전자는 그 유전자가 발달 단계 중의 적절한 시기에 적절한 조직에서 켜질 수 있도록 하는 일련의 조절 부위를 가진다. β-글로빈 유전자(사람의 골수에서 발현됨)에는 두 개의 증폭자가 있는데, 하나는 상류에 다른 하나는 하류에 위치한다. 오직 성인의 골수에서만 바른 조절인자가 활성을 가지며, 이들 증폭자에 결합할 수 있는 적절한 농도로 존재한다. 그러나 이들 유전자가 정확한 순서대로 켜지기 위해서는 더 필요한 것이 있다.

총체적으로 **자리조절부위(locus control region, LCR)**라 불리는 일단의 조절인자는 전체 글로빈 유전자 집단의 30~50 kb 상류에 위치한다. 이와 비슷한 구조는 생쥐의 *Hoxd* 유전자에서도 볼 수 있다. 이 유전자들은 발생 중인 다리의 구조 형성에 관여하며, 배에서 정확하게 발현된다(21장). *Hoxd* 유전자는 LCR과 같은 방식으로 작용하는 GCR(global control region)이라 불리는 인자에 의해 조절된다.

LCR은 여러 서열요소로 구성되어 있다. 이들 중 일부는 증폭자의 성질을 가진다. 즉, 만약 이들 서열을 실험적으로 보고유전자의 상류에 붙여 놓으면 그 유전자가 활성화되는 것이다. LCR의 다른 서열부위는 차단자와 비슷하게 작용하며 또 다른 서열부위는 프로모터의 성질을 가지는 것으로 보인다. 구성요소들의 이 같은 다양성은 LCR의 작동방식에 관한 다양한 모델을 낳게 했다. 그 중 한 모델은, 완전한 전사 장치가 LCR에 보충되고 그곳에서부터 자리를 따라 계속 전사를 하는데, 진행하면서 염색질을 열고 각 유전자의 앞에 위치하는 국부적 조절인자를 풀어주는 것이다. 이들 개별적 프로모터들은 각 유전자를 필요한 만큼의 높은 수준으로 발현시킬 것이다.

최근의 연구는 활성화될 때 LCR과 프로모터의 위치가 세포 내에서 확인될 수 있는 방법을 사용했다(예, 염색체 형태 파악; 글상자 19-2참조). LCR이나 LCR 유사 요소에 의해 조절되는 수많은 유전자들이 이 같은 방법으로 연구되었다. 이들 연구 결과는 모두 상류 조절 서열에 결합한 조절 단백질들이 프로모터가 활성화될 때처럼 프로모터에 가깝게 위치함이 확인되었다. 이런 결과는 LCR에 결합한 단백질들이 프로모터의 다른 인자들과 상호작용한다는 생각과 일치한다.

LCR에 의한 활성화는 염색질의 변화와 상당한 관련이 있다. 그러나 이 활성화의 기작은 아직 분명치 않다. 아마 LCR 주위의 염색질을 열거나 아니면 프로모터 주위를 열지도 모른다. 아니면 LCR과 프로모터가 고리를 형성할 수 있도록 염색질의 구조를 변화시킬지도 모른다.

신호통합과 연합 조절

활성화인자들은 신호통합을 위해 함께 작용하며 상승효과를 일으킨다

세균에서 유전자 조절에 있어서의 신호통합의 예를 보았다. 대장균의 *lac* 유전자의 경우 젖당이 존재하고 포도당이 없을 때만 발현됨을 상기하라. 두 신호는 서로 다른 조절인자—하나는 활성화인자이고 다른 하나는 억제인자—를 통해 유전자에 전달된다. 다세포 생물에서는 신호통합이 널리 사용된다. 어떤 경우에는 하나의 유전자를 켜기 위해 여러 신호가 요구된다. 그러나 세균에서와 마찬가지로 각각의 신호는 별도의 조절인자에 의해 유전자에 전달된다. 따라서 유전자를 켜기 위해서는 다수의 활성화인자가 함께 작용해야 한다.

다수의 활성화인자들이 함께 작용할 때, **상승작용(synergy)**을 한다. 즉, 두 활성화인자가 함께 작용할 때, 그들이 각기 따로 작용했을 때의 합보다 효과가 크다(대개 훨씬 큼). 상승작용은 여러 활성화인자들이 전사 장치의 한 가지 구성요소를 유인함으로써 일어날 수 있고, 또 복수 활성화인자들이 제각기 서로 다른 구성요소를 유인할 수 있어 일어나거나, 아니면 복수 활성화인자들이 그들이 조절하는 유전자 상류의 그들의 결합 위치에 결합하는 것을 서로 도움으로써 일어날 수도 있다. 우리는 예를 들기 전에 이 세 가지 방법을 모두 간략하게 고찰하기로 한다. 전사과정에서의 상승효과에 대한 추가적인 예는 21장, 글상자 21-4에서 설명한다.

두 활성화인자는 단일 복합체—예를 들어, 매개체(mediator)—를 그것의 서로 다른 부분에 접촉하여 보충할 수 있다. 조합된 결합에너지는 인자들의 유인에 상승효과를 일으킬 것이다(3장, 표 3-1 참조). 이때 활성화인자들이 서로 다른 복합체를 유인하는 경우(이 복합체는 모두 활성화인자들의 상호 도움 없이는 결합할 수 없다) 상승작용이 일어날 것은 더욱 자명하다.

상승효과는 활성화인자들이 서로 의존적으로 결합하는 조건에서 결합을 서로 도와줌으로써 일어날 수도 있다. 이와 같은 **협력(cooperativity)**은 세균에서 보았던 유형과 비슷하다. 세균에서 두 활성화인자는 DNA 내의 그들의 결합자리에 결합할 때(예를 들어, 18장, 그림 18-26에서 λ 억제자의 경우) 서로 접촉한다. 그러나 다른 방식으로 작용할 수도 있다: 즉, 한 활성화인자가 두 번째 활성화인자의 결합을 돕는 어떤 인자를 유인하는 것이다. 그림 19-16은 활성화인자들이 DNA에 결합하도록 서로 돕는 여러 방법을 설명한다. 여기에는 "고전적인" 협동적 결합도 포함된다. 즉, 한 활성화인자에 의해 조절자가 유인됨으로써 두 번째가 결합하는 경우와 한 활성화인자가 뉴클레오솜의 DNA에 결합함으로써 다른 활성화인자의 결합자리를 노출시키는 방법이다.

상승효과는 활성화인자에 의한 신호통합에 결정적이다. 어떤 유전자 산물의 생산에 두 신호만 필요하다고 가정하자. 각 신호는 독자적인 활성화인자에 의해 유전자에 전달된다. 두 활성화인자가 모두 존재할 때 유전자는 효율적으로 발현될 것이다. 그러나 활성화인자 하나씩만의 작용으로는 별 효과가 없을 것이다. 이처럼 주형이 다중 신호의 선택적 작용을 받는 기질이 될 수 있다.

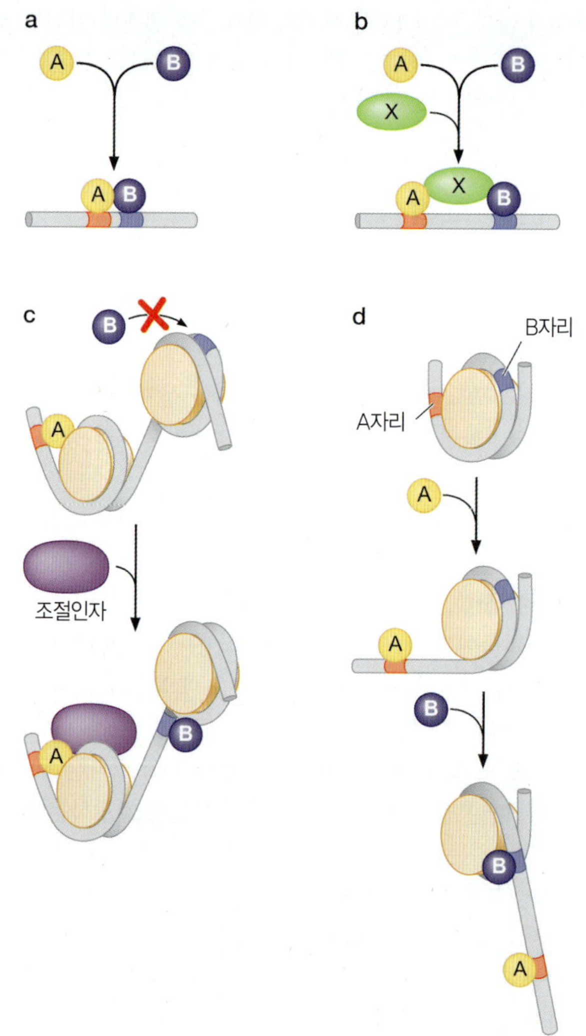

그림 19-16 활성화인자의 협동적 결합. 하나의 단백질이 DNA 위의 자리에 결합하여 인접한 자리에 다른 단백질이 결합 하도록 도우는 네가지 방법. (a)는 두 단백질 간의 직접 작용에 의한 협동적 결합. 이 방식은 18장의 λ 억제인자에서 본 바 있으며 진핵세포의 여러 조절인자 사이에서도 보게 될 것임. (b)는 두 단백질이 제3의 공통 단백질과 상호작용하여 유사한 효과가 일어나는 경우임. (c)와(d)는 한 단백질이 뉴클레오솜 내의 DNA상의 그것의 결합자리에 결합함으로써 제2의 단백질이 결합하도록 도우는 간접효과를 보여줌. (c)에서, 첫 번째 단백질은 두 번째 단백질을 위한 결합자리가 노출되게 해주는 뉴클레오솜 리모델러를 동원시킨다. (d)의 경우, 첫 번째 단백질을 위한 결합자리는 뉴클레오솜 밖으로 삐져나와 있으므로 쉽게 결합한다. 그곳에 단백질이 결합하면, 뉴클레오솜의 DNA가 약간 풀려 두 번째 단백질을 위한 결합자리가 노출된다. 이들 각각의 기작은 한 가지 조절인자가 어떻게 다른 조절인자를 도울 수 있는지, 또는 하나의 활성화인자가 어떻게 전사 장치가 프로모터에 결합하는 것을 도울 수 있는지를 설명해 준다.

신호통합: *HO* 유전자는 두 조절인자에 의해 조절된다—한 인자는 뉴클레오솜 조절자를 유인하고 다른 인자는 매개자를 유인한다

출아효모(*S. cerevisiae*)는 출아로 분열한다. 즉, 분열하여 동일한 두 딸세포가 되는 것이 아니라 모세포에서 출아하여 딸세포를 만드는 것이다. 여기서 우리는 *HO* 유전자의 발현에 대해 알아보고자 한다. (이 유전자의 기능에 관해서는 12장에서 설명한 바 있다.) *HO* 유전자는 오직 모세포에서만 발현되며 또한 세포주기의 특정시기에만 발현된다(G_1-S transition). 이 두 조건은 두 가지 활성화인자, SWI5 및 SBF에 의해 유전자에 전달된다. SWI5는 유전자에서 약간 떨어진 거리의 여러 부위에 결합하는데 가장 가까운 부위도 프로모터에서 1 kb 이상 떨어져 있다(그림 19-17). SBF도 여러 부위에 결합하지만 결합부위는 프로모터 가까이에 위치한다. 이 유전자의 발현에는 왜 두 활성화인자 모두가 필요할까?

SBF(세포주기 중 G_1-S 전이 시기에서만 활성을 가짐)는 도움 없이는 자신의 자리에 결합할 수 없다. 염색질 내의 위치가 결합을 막는 것이다. SWI5(모세포에서만 작용함)는 도움 없이 자신의 자리에 결합할 수 있으나 그 위치에서 *HO* 유전자를 활성화시키지는 못한다(효모의 활성화인자는 먼 곳에서는 작용하지 못하므로). 그러나 SWI5는 뉴클레오솜의 구조를 바꾸는 인자들(히스톤 아세틸전이효소 및 리모델링 효

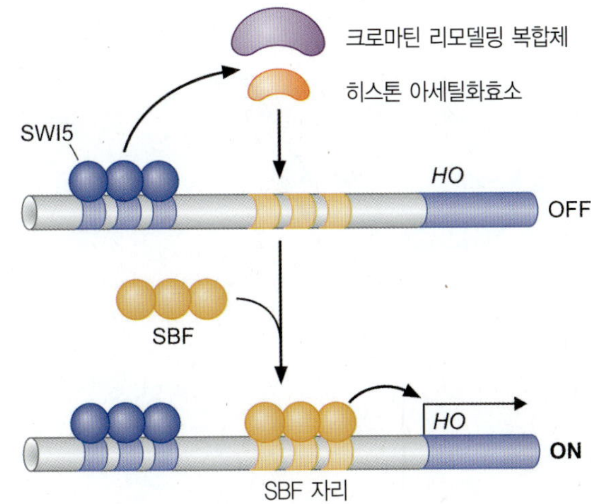

그림 19-17 ***HO* 유전자의 조절.** SWI5는 염색질 내의 자신의 결합자리에 도움 없이 결합할 수 있지만 SBF는 그렇지 못하다. SWI5에 의해 동원된 리모델러와 히스톤 아세틸화 효소가 SBF 결합자리 부근의 뉴클레오솜을 변화시키면, SBF는 프로모터 인근에 결합하여 이 유전자를 활성화시킨다. 단순화 시키기 위하여 그림에서 뉴클레오솜은 그리지 않았다. (Adapted, with permission, from Ptashne M. and Gann A. 2002. *Genes & Signals*. p. 95. Fig 2.18. © Cold Spring Harbor Laboratory Press.)

소인 SWI/SNF)을 유인할 수 있다. 이들이 뉴클레오솜의 SBF 자리에 작용할 수 있다. 따라서 만약 두 활성화인자가 모두 존재하고 활성이면, SWI5의 작용으로 SBF가 결합할 수 있게 되고, 그 다음 SBF는 전사 장치를 유인시켜 유전자의 발현을 촉진한다.

신호통합: 사람의 β-인터페론 유전자에서 활성화인자의 협동적 결합

사람의 β-인터페론 유전자는 바이러스에 감염된 세포에서 활성화된다. 감염은 세 가지 활성화인자: NF-κB, IRF 및 Jun/ATF를 촉발시킨다. 이들 단백질은 프로모터에서 1 kb 상류에 위치하는 증폭자 내의 서로 인접한 자리들에 협동적으로 결합한다. 증폭자에 결합한 이들 조절인자에 의해 형성되는 구조를 **증폭자복합체**(enhanceosome)이라 부른다(그림 19-18). 활성화인자는 그 후 보조활성화인자를 보충하는데, CBP(CREB-binding protein)라 불리는 단백질과 이와 유사한 p300이 그것이다. 이 단백질은 히스톤 구조 변경 활성을 가지며 또한 뉴클레오솜 구조 변경 활성자(예, SWI/SNF)나 전사 장치 자체를 보충시킬 수 있다.

위에서 언급한 활성화인자 외에도 또 다른 단백질인 HMGA1이 증폭자에 결합하는데, 이 단백질은 DNA의 반대편 작은홈에 결합하여 증폭자복합체의 조립을 도와준다. 그러나 이것이 증폭자복합체의 최종 구조물에 포함되지는 않는 것으로 보인다. 만약에 한 번 결합했던 활성화인자들이 모두 그대로 붙어 있게 된다면 DNA는 너무 번잡해지게 될 것이다. 그림 19-18은 증폭자복합체가 어떻게 조립되는지, 그리고 그림 19-19a는 모든 활성화인자들이 증폭자에 결합했을 때의 DNA 결합 영역의 결정학적 구조를 보여준다. 그림 19-18에서 보는 바대로 증폭자 DNA는 구부러져 있는데 일단 활성화인자가 결합하면 곧은 모양이 된다. HMGA1은 DNA를 곧은 모양으로 만들어 최종 구조의 형성을 보조한다.

증폭자 구조의 특이성은, 그것을 구성하는 모든 DNA 염기쌍이 활성화인자와의 결합에 참여한다는 것이다. 이와 같은 성질은 최종 구조에서 왜 HMGA1이 존재할 공간이 없는지를 설명해 준다. 이처럼 증폭자의 모든 서열정보가 남김없이 사용됨은 또한 증폭자가 사람, 생쥐, 말 같은 다양한 생물에서 고도로 보존되었는지 그 이유를 설명해 주기도 한다. 실제로 증폭자는 유전자 서열 자체보다도 오히려 더 잘 보존되었다(그림 19-19b 참조).

앞에서 주목한대로, 활성화인자는 매우 협동적 방식으로 결합하는데 이는 세 가지

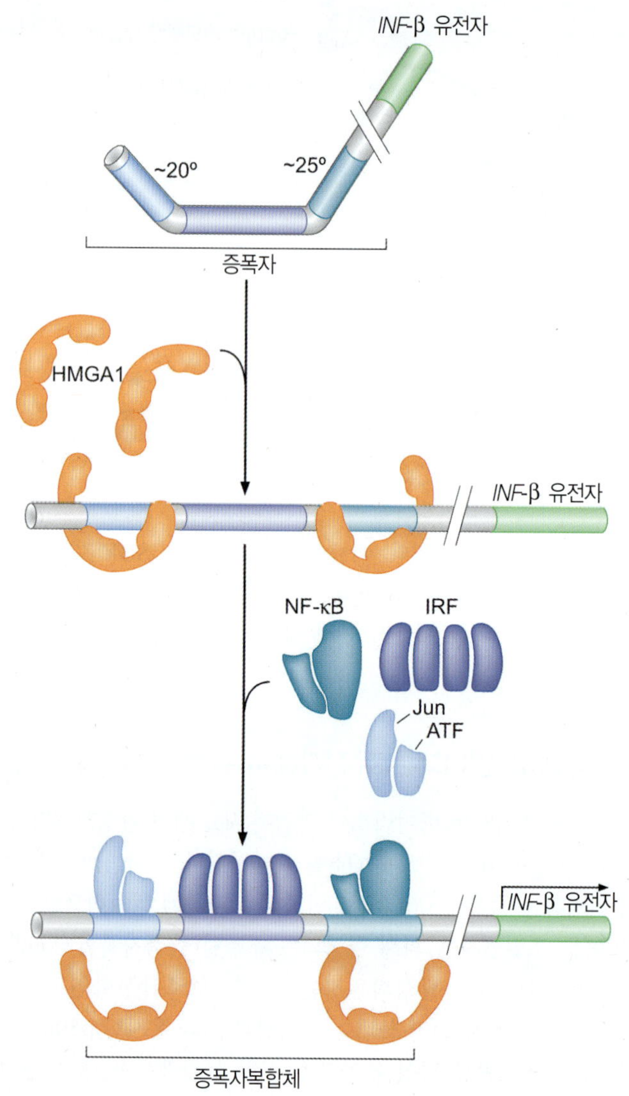

그림 19-18 사람의 β-인터페론 증폭자복합체. 구조 변화 단백질인 HMGA1과 세 활성화인자의 협동적 결합에 의해 β-인터페론 유전자가 활성화된다.

활성화인자 모두가 존재해야 하는 것을 보장할 수 있게 된다. 다음은 조절인자가 협동적으로 결합하게 되는 가능한 세 가지 방식이다: (1) 단백질-단백질 간의 직접적인 상호작용; (2) 하나의 단백질의 결합에 의한 DNA의 구조 변화로 다른 단백질의 결합을 보조; (3) 활성화인자 모두가 보조인자 CBP와 함께 동시에 상호결합. 비록 활성화인자들 간의 단백질-단백질 상호작용의 범위는 알기 어렵지만 이들 세 가지 방식이 모두 사용될 개연성이 크다. 구조 내에서의 직접적인 상호작용의 증거는 충분하지 않지만, 대부분의 경우 활성화인자에는 DNA 결합 영역이 구조 내에 있음은 확실하다.

진핵세포 유전자 조절의 복잡성과 다양성의 핵심은 조합적 조절이다

우리는 세균에서 단순한 **조합적 조절(combinatorial control)**의 예를 본 적 있다. 예를 들면, CAP은 다른 조절인자와 함께 여러 유전자의 조절에 관여한다. *lac* 유전자에서 그것은 Lac 억제인자와 함께 작용하며; *gal* 유전자에서는 Gal 억제인자와 함께 작용한다(18장 참조).

진핵세포의 경우, 광범위한 조합적 조절이 존재한다. 먼저 일반적인 경우를 보자(그림 19-20). 유전자 A는 네 가지 신호(1, 2, 3, 4)에 의해 조절되는데, 각각 네 가지

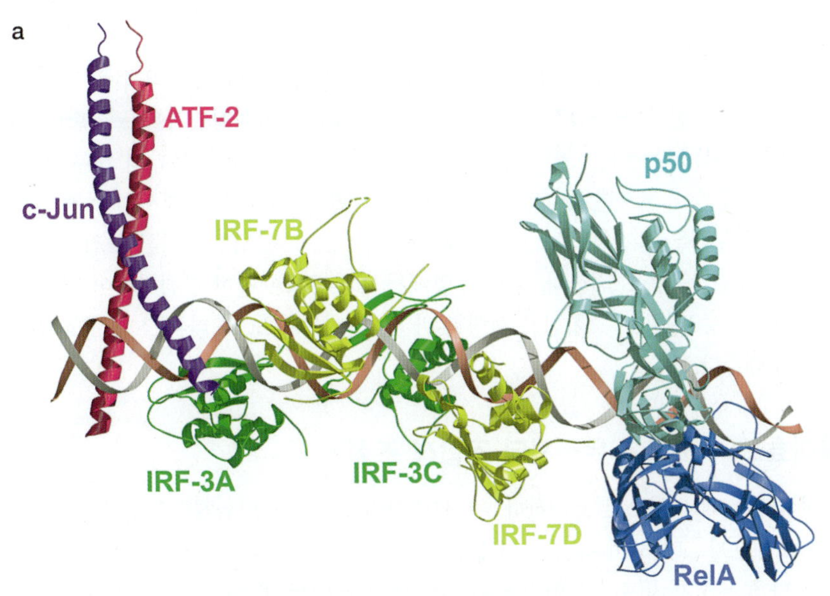


```
Human    1:AAATGTAAATGACATAGGAAAACTGAAAGGGAGAAGTGAAAGTGGGAAATTCCTCTGAAT:60
Mouse    1:......AAATGACAGAGGAAAACTGAAAGGGAGAACTGAAAGTGGGAAATTCCTCTGA..:52
Rat      1:......AAATGACGGAGGAAAAGTGAAAGGGAGAACTGAAAGTGGGAAATTCCTCTGA..:52
Swine    1:......AAATGACATAGGAAAACTGAAAGGGAGAACTGAAAGTGGGAAATTCCTCTGAA.:53
Horse    1:.AATGTAAATGACATAGGAAAACAGAAAGGGAGAACTGAAAGTGGGAAATTCCTCTGAA.:58
Bovine2  1:.....TAAATGACAAAGGAAAACTGAAAGGGAGAACTGAAAGTGGGAAATCTCTCC....:45
Bovine   1:.....TAAATGACATGGGAAAAATGAAAGCGAGAACTGAAAGTGGGAAATTCCTCT....:51
```


그림 19-19. 증폭자복합체의 구조와 서열. (a) 증폭자복합체의 결정구조. 증폭자 DNA에 결합한 활성화인자의 DNA-결합 영역을 보여준다. (Panne D. et al. 2007. *Cell* **129:** 1111. PDB Codes: 2O61, 2O6G.) (이 이미지는 Leemor Joshua-Tor에 의해 제안된 모델을 기초로 조립한 구조이다. 이미지는 MolScript, BobScript 및 Raster3D로 나타내었다.) (b) 1억 년 이상 격리된 종들 간의 인터페론-β 증폭자의 DNA 서열의 보존. 함께 표시된 것은 각각의 활성화인자에 의해 인지되는 증폭자의 서열임.

활성화인자(인자 1, 2, 3, 4)를 통해 조절된다. 유전자 *B*는 세 가지 신호(3, 5, 6)에 의해 조절되며, 각기 세 가지 활성화인자(인자 3, 5, 6)를 통해 일어난다. 이 두 예에서, 한 가지 신호는 공통적으로 존재함을 주목하라. 즉, 두 유전자에서 모두 같은 신호가 활성화인자를 통해 동일하게 작용하는 것이다. 초파리나 사람과 같은 복잡한 다세포 생물에서의, 조합적 조절은 위의 예에서 본 것보다 더 많은 조절인자와 유전자가 포함된다. 그리고 물론 여기에는 활성화인자 외에 억제인자도 포함될 수 있다. 어떻게 조절인자들이 이렇게 복잡하게 뒤섞일 수 있을까?

앞에서 설명한대로, 여러 개의 활성화인자의 작용은 상승효과를 일으킨다. 실제로 단일 활성화인자의 여러 사본이 상승효과를 일으키기도 하는데, 이는 한 가지 활성화인자가 여러 목표지점에 작용할 수 있음을 시사한다. 이것은 또한 서로 다른 조절인자들이 어떻게 그처럼 많은 조합을 이루어 작용할 수 있는지를 설명할 수 있는 근거가 된다. 각 인자는 일련의 목표지점을 사용할 수 있어 함께 작용할 수 있는 조합은 제한

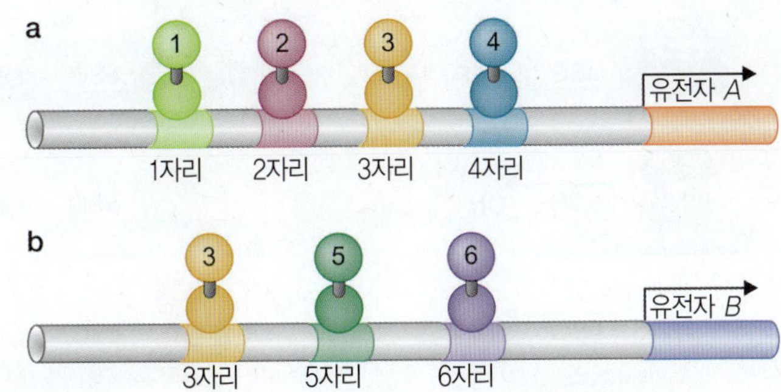

그림 19-20 조합적 조절. 다수의 신호에 의해 조절되는 두 유전자를 보여주고 있다. 유전자 *A*는 4개의 신호, 유전자 *B*는 3개의 신호에 의해 조절된다. 각각의 신호는 하나의 조절단백질에 의해 전달된다. 조절단백질 3은 두 유전자에 모두 작용하는데, 두 경우에서 서로 다른 부가적 조절인자와의 조합에 의한다.

이 없는 것이다.

앞에서 설명한 신호통합의 두 예도—효모의 *HO* 유전자와 사람의 β-인터페론 유전자—다른 유전자를 조합적 조절 방식으로 조절하는 활성화인자를 포함한다. 효모의 예에서, SWI5는 다른 여러 유전자의 조절에도 관여한다. 포유류의 경우, NF-κB는 β-인터페론 유전자뿐 아니라, B 세포에서의 면역글로불린 κ 경사슬 유전자와 그 외에도 많은 다른 유전자들을 조절한다. 마찬가지로, Jun/ATF는 다른 조절인자와 함께 다른 유전자들을 조절한다. 우리는 앞에서 일부 DNA 결합 단백질들이 서로 다른 상대들과 이종2량체로 결합함을 설명한 바 있다. 이 방법도 또 다른 조합적 조절을 가능하게 해준다.

출아효모의 교배형 유전자의 조합적 조절

출아효모는 세 유형으로 존재한다. 즉, 교배형이 다른—**a** 및 α형—두 반수체 세포 및 **a**와 α 세포가 교배하여 융합한 이배체 세포가 그것이다. 두 교배형의 차이는 그들이 서로 다른 유전자 세트(**a** 특이적 및 α 특이적 유전자)를 발현함으로써 나타난다.

a 세포와 α 세포는 각기 세포유형에 특이적인 조절인자를 지령한다. **a** 세포는 조절 단백질 **a**1을 만들고 α 세포는 α1과 α2를 만든다. Mcm1이라 불리는 제4의 조절 단백질 또한 교배형 특이적 유전자들(그 외 다른 유전자도)의 조절에 관여하며, 이것은 두 세포 유형에 공통으로 존재한다. 어떻게 이들 다양한 조절인자들이 협동하여 **a** 세포에서는 α 특이적 유전자들이 켜지고 α 특이적 유전자들은 꺼지며, 또한 α 세포에서는 반대로 조절이 일어나며; 이배체 세포에서는 두 세트 모두 꺼질까?

a 및 α 특이적 유전자들의 프로모터에 배열되는 조절인자는 그림 19-21에 나와 있다.

- **a** 세포에서는 활성화인자가 결합하지 않으므로 α 특이적 유전자들은 꺼진다. 반면 **a** 특이적 유전자들은 Mcm1이 결합하여 유전자를 활성화시키므로 켜진다.
- α 세포에서는, Mcm1이 상류에 결합하여 활성화시키므로 α 특이적 유전자들은 켜

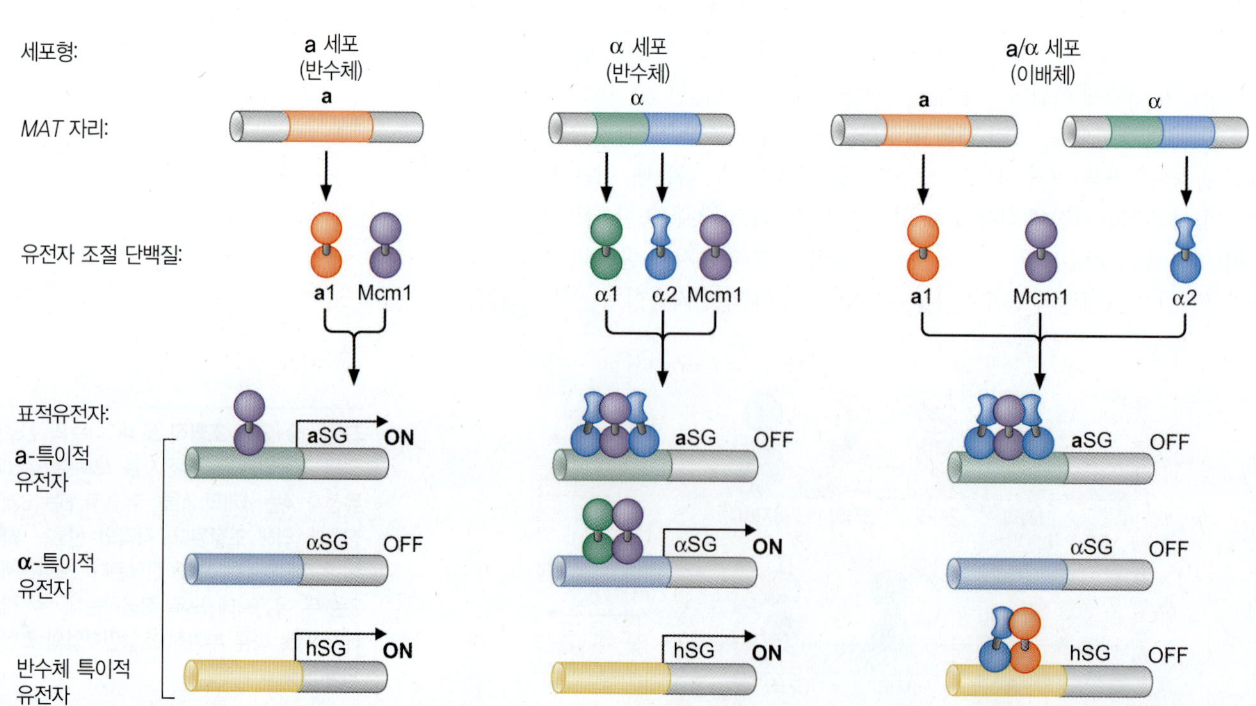

그림 19-21 효모에서의 세포유형 특이적 유전자의 조절. 본문에서 상세히 설명한대로, 효모 *S. cerevisiae*의 세 가지 세포유형(반수체 **a** 및 α 세포, **a**/α 이배체)은 발현되는 유전자 세트에 의해 결정된다. 하나의 공통 조절인자(Mcm1)와 세 가지 세포유형 특이적 조절인자(**a**1, α1, α2)가 함께 세 부류의 표적 유전자를 조절한다. *MAT* 좌위는 교배형 조절인자를 암호화하는 부위이다(12장).

진다. 이들 유전자에서 Mcm1은 약한 결합자리에 결합하며 오직 α1 단백질의 단량체와 협동적으로 결합할 때만 켜진다. 이것이 Mcm1이 이들 유전자를 α 세포에서만 발현시키는 이유가 된다. **a** 특이적 유전자들은 α2 억제인자에 의해 α 세포에서는 꺼진다. a2 억제인자는 2량체로 Mcm1과 협동적으로 이들 유전자에 결합한다. α2의 다음 두 가지 성질이 여기서 **a** 특이적 유전자들이 발현되지 않도록 한다: Mcm1의 활성 부위를 덮어 이 단백질의 활성을 막는다; 그 자체가 또한 능동적으로 유전자를 억제한다. α2에 의한 억제작용의 기작은 다음 절에서 설명할 것이다.

- 이배체 세포에서는 **a** 및 α 특이적 유전자들이 모두 꺼진다. 그 기작은 다음과 같다: **a** 특이적 유전자들은 α 세포에서와 마찬가지로, Mcm1 및 α2와 결합한다. 이렇게 되면 유전자들은 꺼진다. α 특이적 유전자들은, **a** 세포에서와 마찬가지로 활성화인자가 결합하지 않으므로 꺼진다.
- 반수체 세포 유형에서(**a** 및 α) 서로 다른 유전자가 발현되는 것을 **반수체 특이적 유전자(haploid-specific gene)**라 부른다. 이들은 이배체 세포에서는 α2 단백질이 2량체로 **a**1 단백질과 함께 상류에 결합함으로써 꺼지게 된다. 이배체 세포에서는 단지 이들 조절인자들만 존재한다.

교배형 유전자 조절의 상세한 분자적 기작은 다른 효모에서도 밝혀졌다. 글상자 19-4, "조절 회로의 진화능력"에서, 우리는 **a** 및 α 특이적 유전자가 출아효모와 *Candida albicans*에서 어떻게 조절되는지를 비교할 것이다. 이러한 비교는 어떻게 유전자 조절 회로가 진화할 수 있는지 보여줄 것이며, 이 주제는 다음 장에서 다시 검토할 것이다.

전사 억제인자

세균에서는 여러 억제인자가 프로모터와 중첩되는 자리에 결합함으로써 RNA 중합효소의 결합을 봉쇄함을 보았다. 또한 다른 방식으로 작용하는 경우도 보았다. 즉, 억제인자가 프로모터와 인접한 자리에 결합하여 프로모터에 결합한 중합효소와 상호작용하여 전사개시를 억제하는 것이다. 그들은 또한 활성화인자의 작용을 방해할 수도 있다.

진핵세포에서는 이들 중 첫 번째를(세균에서는 이 방식이 가장 일반적이지만) 제외하고 모두 볼 수 있다. 또한 다른 방식의 억제도 볼 수 있는데, 진핵세포에서는 아마도 이 방식이 가장 일반적일 것이다. 그 방식의 작동은 다음과 같다. 활성화인자가 뉴클레오솜 조절자를 유인하듯이, 억제인자도 뉴클레오솜 조절자를 유인할 수 있다. 그러나 이 경우 효소는 활성화인자에 의해서 유인된 경우와는 정반대로 작용한다. 그들은 염색질을 응축시키거나 전사 장치에 의해 인식되는 것들을 제거한다. 예를 들어, 출아효모에서 **히스톤 탈아세틸화효소(histone deacetylase)**는 히스톤 꼬리로부터 아세틸기를 제거하여 전사를 억제한다. 앞에서 설명한 적 있지만, 아세틸기의 존재는 전사를 돕는다. 역설적이지만, 히스톤 탈아세틸화 효소 Rpd3는 또한 전사의 정확성을 보장하기 위해 활성 유전자에 보충된다. 뉴클레오솜은 진행하는 Pol II의 후방에서 탈아세틸화되는데, 이는 전사 단위 내에 있는 "숨은" 프로모터가 사용되는 것을 막게 된다.

또 다른 효소는 히스톤 꼬리에 메틸기를 부가시켜 전사를 억제한다. 비록 일부 예이긴 하지만, 메틸화에 의한 이런 억제는 왕성하게 전사되는 유전자에서 일어난다(8장). 히스톤(및 DNA)의 변화는 **"침묵화(silencing)"**라 불리는 억제의 기본이 되는데, 여기 관해서는 이 장의 뒷부분에서 상세히 설명할 것이다.

그림 19-22 진핵세포의 억제인자 작동방식. 진핵세포의 유전자는 여러 가지 방식에 의해 억제될 수 있다. 다음의 네 가지 억제 방식도 여기에 포함된다. (a) 활성화인자의 결합자리와 중첩되는 자리에 결합함으로써 억제인자가 활성화인자의 결합을 억제하여 그 유전자의 활성화를 봉쇄하는 경우이다. 이 방법에도 약간의 변형이 존재하는데, 억제인자가 활성화인자와 동일 단백질에서 유래된 것이지만 활성화 부위가 결핍된 것일 수 있다. 또 다른 변형으로는, 활성화인자가 DNA에 2량체로 결합할 때 2량체 형성에 필요한 부위는 가지지만 DNA 결합 영역이 없는 유도체에 의해 억제될 수도 있다. 이와 같은 유도체는 활성화 인자와 함께 불활성의 이종2량체(heterodimers)를 형성한다. (b) 억제인자가 DNA상의 활성화인자와 인접한 자리에 결합하여 활성화 부위를 막는다. (c) 억제인자가 유전자 상류의 자리에 결합하여 프로모터의 전사 장치와 특이적인 상호작용을 함으로써 전사개시를 억제한다. (d) 뉴클레오솜의 구조를 전사가 억제 되도록 바꾸는 (예를 들어, 이 그림과 같이 탈아세틸화시키거나 또는 메틸화시키거나 아니면 프로모터를 리모델링시키는) 히스톤 구조 조정자를 동원함으로써 억제가 일어난다.

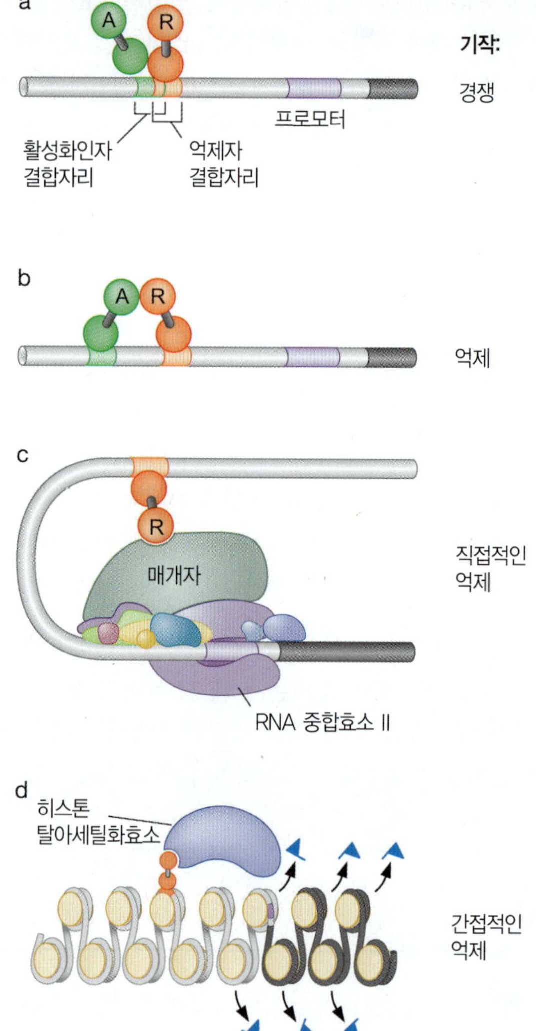

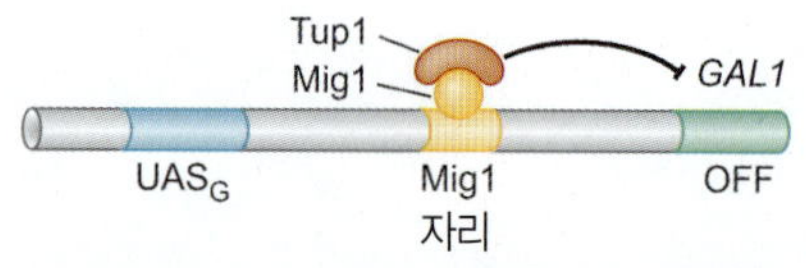

그림 19-23 효모에서 *GAL1* 유전자의 억제. 포도당 존재시, Mig1이 UAS_G와 *GAL1* 프로모터 사이에 있는 자리에 결합한다. Tup1 억제 복합체를 동원함으로써, Mig1은 *GAL1*의 발현을 억제한다. 억제는 뉴클레오솜의 국부적 탈아세틸화와(Tup1이 탈아세틸화 효소를 동원함), 전사 장치의 직접적인 접촉과 억제에 의해 일어난다. 그림에 나오지 않은 실험에서, 만약 Tup1이 DNA 결합 영역에 융합되고, 그 영역이 결합할 수 있는 자리가 유전자의 상류에 놓이게 되면, 그 유전자의 발현은 억제된다.

이와 같은 여러 억제의 예는 그림 19-22에 설명되어 있다. 여기서 우리는 딱 한 가지 예만 들고자 한다. Mig1이라 불리는 억제인자는 Gal4와 마찬가지로 효모의 *GAL* 유전자를 조절한다.

그림 19-23은 앞에서 본 적이 있는 *GAL* 유전자이다(그림 19-3 참조). 여기서는 Gal4 결합자리와 프로모터 사이에 결합자리가 하나 있는데 이곳이 포도당 존재 시에 Mig1이 결합하여 *GAL* 유전자를 끄게 하는 곳이다. 마치 대장균에서처럼, 세포는 보다 선호되는 에너지원인 포도당이 존재하지 않을 때에만 젖당대사에 필요한 효소를 만드는 것이다. 그러면 Mig1은 어떻게 *GAL* 유전자를 억제할까?

Mig1은 Tup1 단백질을 포함하는 "억제복합체"를 유인한다. 이 복합체는 효모에서 전사를 억제하는 여러 DNA 결합 단백질에 의해 유인된다. 여기에는 우리가 앞에서 설명했던 교배형 특이적 유전자를 조절하는 데 관여하는 α2 단백질도 포함된다. Tup1은 포유류 세포에도 존재한다. Tup1의 억제효과를 설명하는 두 가지 기작이 제안되었다. 첫째는, Tup1이 히스톤 탈아세틸화효소를 유인하여, 인접한 뉴클레오솜의 탈아세틸화를 일으킨다. 둘째는, Tup1이 프로모터의 전사 장치에 직접 작용하여 개시를 억제하는 것이다.

▶ 핵심실험

글상자 19-4 조절회로의 진화

본문에서 설명한대로(그림 19-21에도 나와 있음), 출아효모(*S. cerevisiae*)의 서로 다른 교배형은 그들의 일부 유전자를 교배형 특이적 방식으로 발현한다. 즉, α 세포에서는 α-특이적 유전자가 발현되고 **a**-특이적 유전자는 발현되지 않으며, 반면 **a** 세포에서는 **a**-특이적 유전자만 발현되며 α-특이적 유전자는 발현되지 않는다. 다른 부류의 유전자—반수체 특이적 유전자(hsgs)—는 이를 두 세포형(**a** 및 α)에서 모두 발현되지만 2배체인 **a**/α 세포에서는 발현되지 않는다. hsgs 유전자의 산물은 교배에 필요한데, **a**와 α 세포에서는 가능하지만, **a**/α 세포(교배 결과 형성된 것)에서는 가능하지 않는다. 우리는 *MAT* 좌위에서 암호화되는 조절자가 편재형 조절자인 Mcm1과 함께 어떻게 이 과정을 조절하는지 상세히 알고 있다.

최근의 연구 중에 유전자 조절의 연결망이 어떻게 진화해왔는지 잘 보여주는 예가 있다. 세 가지 효모종, 즉 *S. cerevisiae*, *K. lactis* 그리고 *C. albicans*의 예를 보자. *C. albicans*와 *S. cerevisiae*는 3억 년 내지 9억 년 전에 공통조상으로부터 분지하였다. 보존된 단백질을 통한 유연관계를 살펴보면 이 두 종은 물고기와 포유류의 사이 이상으로 멀어졌다. *S. cerevisiae*는 양조와 제빵에 사용되며 또한 실험실의 연구용으로도 많이 사용된다. 반면에 *C. albicans*는 사람에 병을 일으킨다. 그럼에도 불구하고 *S. cerevisiae*와 마찬가지로 *C. albicans*도 두 교배형—**a**형과 α형—을 가지는데, 각 교배형은 서로 다른 세트의 유전자들(**a**형에서는 **a**-특이적 유전자가, 그리고 α형에서는 α-특이적 유전자가, 그리고 hsgs는 **a**와 α세포 모두에서)의 발현에 의해 결정된다.

두 효모종은 모두 **a**/α 이배체 세포에서의 hsgs의 발현에 있어서 공통적인 기작을 가진다(글상자 19-4, 그림 1). 이배체 세포는 **a**1과 α2 호메오도메인 조절 단백질을 모두 가지고 있다. 이 두 단백질은 hsgs의 조절부위에 결합하여 약한 이종2량체를 형성하여 발현을 억제한다. *S. cerevisiae*에서 **a**1/α2 이종2량체는 또한 RME1을 억제하는데, 이 유전자는 이배체 세포가 기아 상태에서 감수분열이 시작되는 것을 억제한다.

또 다른 효모종인 *K. lactis*의 교배 분석은, hsgs의 조절에 RME1이 조절망에 개입하는 또 다른 조절 방식임을 밝혀 주었다(글상자 19-4 그림 1). 이 종에서는 RME1이 **a**세포 및 α세포에서 hsgs의 조절에 결정적인 활성화인자이다. 이배체 세포에서는, **a**1/a2 이종2량체는 *S. cerevisiae*와 *C. albicans*와 마찬가지로 hsgs를 억제한다. 그러나 *S. cerevisiae*와 *C. albicans*에서 억제가 직접적인 데 반해 *K. lactis*는 간접적이다. 즉 **a**1/a2가 RME1의 발현을 억제하고 그 결과 hsgs의 활성화가 일어나지 않는다.

조절자의 개입을 통한 조절망의 진화는, 기존의 경로에 새로운 신로가 부가될 수 있게 해준다. hsgs 억제 경로에 RME1이 개입됨으로써, **a**와 α세포가 교배할지 여부의 결정에 영양조건이 고려될 수 있게 되는 것이다. 이와 같은 연구는, 계통수 내의 다수의 종을 조사함으로써 유전자 조절 연계망이 어떻게 진화해 왔는지를 이해할 수 있게 해준다.

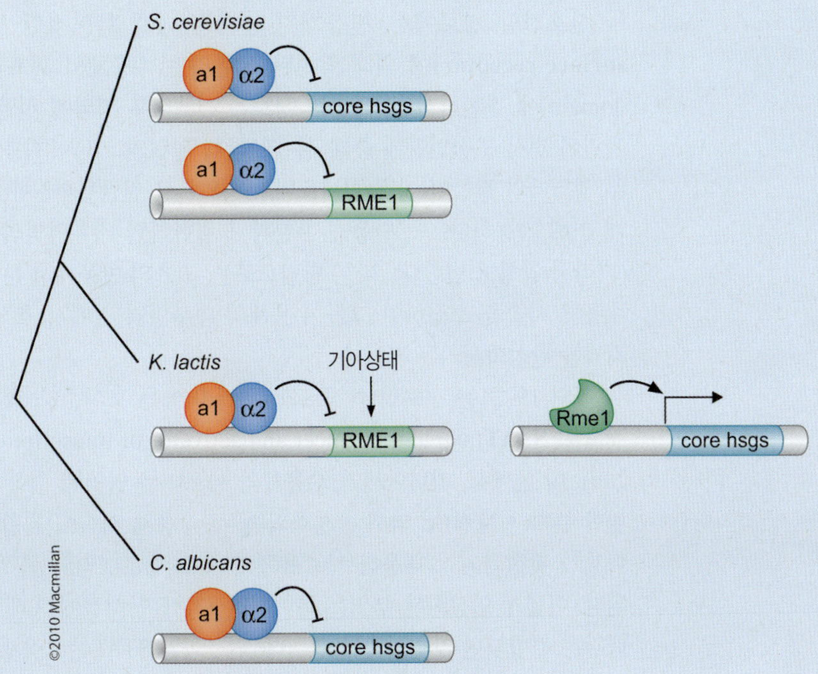

글상자 19-4 그림 1 세 효모균에서의 핵심 hsgs의 조절 진화를 설명하는 단순화된 모델. 세 종 모두 핵심 hsgs는 a1-α2에 의해 억제된다. 그들은 **a**와 α세포에서는 켜지고 **a**/α세포에서는 꺼진다. *S. cerevisiae*와 *C. albicans*에서 억제는 직접적이다. (a1-α2는 이들 유전자의 프로모터에 결합한다). 그러나 *Kluyveromyces lactis*에서는 간접적으로 Rme1을 통해 일어난다. *K. lactis*에서의 이런 우회 회로는 새로운 교배 행동을 낳게 되었는데, 이 종은 오직 기아 상태에서만 교배할 수 있다. (Adapted, with permission, from Booth L. et al. 2010. *Nature* **468:** 959-965. Fig. 4. © Macmillan.)**a**/α a1-α2

신호전달 및 전사 조절 장치의 조절

신호는 흔히 신호전달 경로를 통해 전사 조절 장치에 전달된다

어떤 주어진 유전자의 발현 여부는 흔히 주변 여건에 의해 결정된다. 신호는 여러 형태로 들어온다. 그들은, 우리가 세균에서 보았듯이, 당과 같은 작은 분자일 수 있다. 그들은 또한 한 세포에서 방출되어 다른 세포로 수용된 단백질일 수도 있다. 이런 경우는 특히 발생 중의 다세포 생물에서 흔하다(21장).

세포에 의해 신호가 감지되고 유전자에 전달되는 데는 여러 방법이 있다. 세균에서는 신호가 조절인자의 구조를 변경하여 활성을 조절함을 보았다. 흔히 그러한 작용은 직접적이다: 즉, 당과 같은 작은 분자가 세포 내로 들어가서 전사 조절인자에 직접 결합하는 방식이다. 그러나 간접적으로 작용하는 경우의 예도 있었다(활성화인자 NtrC의 조절의 예). 그 경우, 신호는(낮은 암모니아 수준) NtrC를 인산화시키는 키나아제를 유도한다. 이런 유형의 간접적 신호전달은 **신호전달 경로(signal transduction pathway)**의 예가 된다.

"신호(signal)"란 말은 맨처음 결합하는 분자 자체를 의미한다, 즉 예컨대 당 또는 단백질이 그것이다. 이것은 우리가 앞에서 정의했던 바로 그대로다. 신호는 또한 유전자를 직접 조절하는 조절인자에 최초 결합인자를 탐지하여 전달하는 "정보"를 뜻하기도 한다. 즉, 그것은 신호전달 경로를 지나가는 것이다. 가장 단순한 세균의 경우에는 물론 그와 같은 구분은 없었다. 그러나 진핵세포에서는, 나중에 논의하겠지만(특히 21장에서), 대부분의 신호는 신호전달 경로를 통해 유전자에 전달된다. 이 경로는 때로 매우 정교하다. 이 절에서는 우선 진핵세포에서 신호전달 경로를 통해 신호가 전달되는 두 가지 경우를 알아본다. 그 다음에는, 어떻게 신호가 그 같은 경로로 나오며 또 전사 조절인자들을 조절하는지 일반적인 경우를 논의한다.

신호전달 경로에서, 반응개시 분자는 대개 특이적인 **세포 표면 수용체(cell surface receptor)**에 의해 탐지된다. 분자는 수용체의 세포외부 영역(extracellular domain)에 결합하며 이 결합의 정보는 세포내부 영역에 전달된다. 그곳에서 신호는 관련된 전사 조절인자에 중계되는데, 흔히 일련의 키나아제를 통해 일어난다. 세포외부 영역에의 결합이 어떻게 세포내부 영역으로 전달될까? 이것은 수용체의 구조변화에 의해 가능하다. 즉, 반응개시 분자가 결합하면 내부영역의 구조가 바뀌는 것이다(따라서 활성도 변한다). 다른 방법으로는, 최초의 반응개시 분자가 둘 또는 그 이상의 수용체 사슬을 소집하여 그들 수용체의 내부영역 간에 상호작용을 가능케 함으로써 각각을 활성화시키는 것이다.

그림 19-24는 신호전달 경로의 두 가지 예를 보여준다. 첫 번째는 비교적 단순한 것으로, **STAT**(signal transducer and activator of transcription) 경로이다(그림 19-24a). 이 예에서, 키나아제가 수용체의 세포내부 영역에 결합해 있다. 수용체가 최초 결합 분자(시토킨)에 의해 활성화되면, 두 수용체 사슬이 결합하게 되며 그러면 키나아제가 활성화되어 대응하는 수용체의 세포 내부영역의 특정 서열을 인산화시키게 된다. 이렇게 인산화된 부위는 특이적인 STAT 단백질에 의해 인식되며, 이 STAT 단백질은 결합되면 자신이 인산화된다. 인산화된 STAT는 2량체를 형성하고 핵으로 이동하며 DNA에 결합한다.

두 번째 예는 보다 정교하다(그림 19-24b): 우리가 앞에서 설명한 대로 인터페론-β 증폭자에서 작용하는 활성화인자의 하나인 Jun과 같은 활성화인자를 조절하는 **MAPK**(mitogen-activated protein kinase) 경로가 그 예이다(그림 19-18). 이 경우,

a

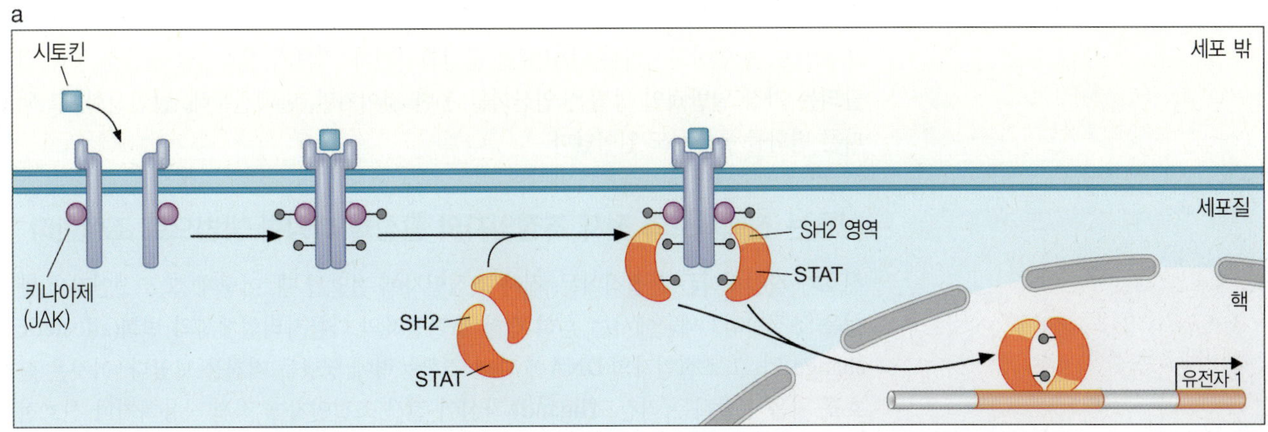

b

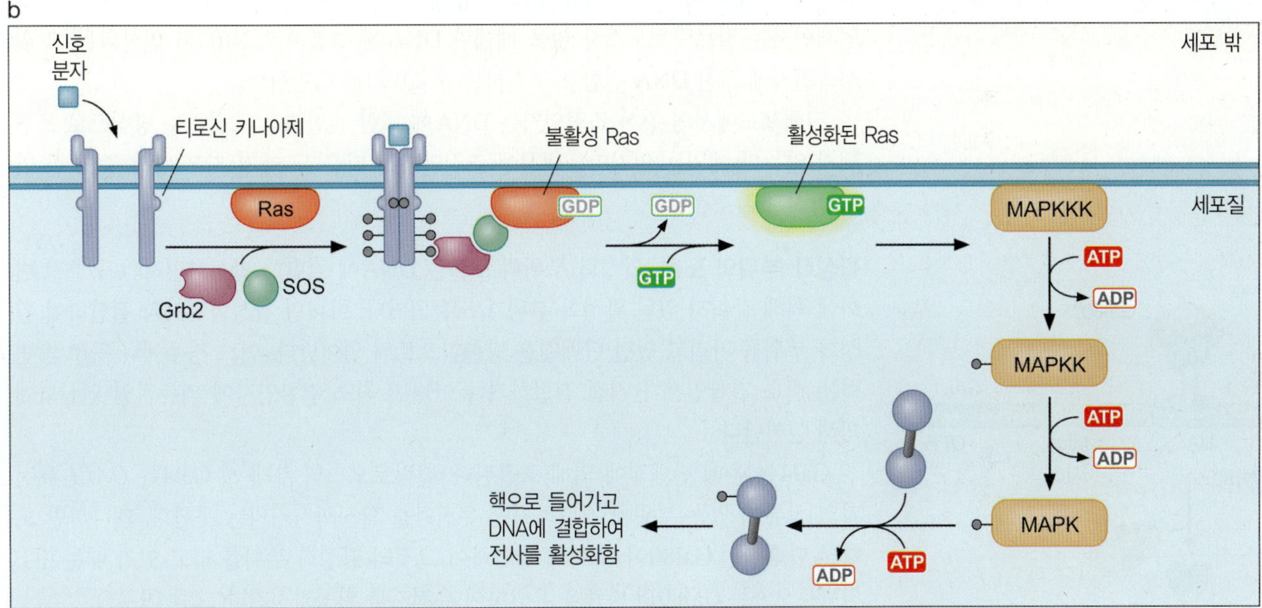

그림 19-24 포유류 세포의 두 가지 신호전달 경로. 그림은 STAT 및 Ras 경로를 보여주고 있다. (a) 시토킨이 수용체에 붙으면, 두 수용체 사슬이 결합하게 된다. 각 사슬은 세포 내 영역에 JAK라 불리는 키나아제를 가지고 있다. 사슬의 결합은(아마도 시토킨의 결합에 의한 구조적 변화에 따르는 것으로 보임) JAK 키나아제에 의한 수용체의 인산화를 일으킨다(키나아제 또한 서로를 인산화시켜 활성을 촉진시킨다). 수용체 사슬의 인산화된 자리는 STAT라 불리는 세포질 단백질에 의해 인지된다. 각각의 STAT는 SH2라는 영역을 가진다. 이 영역은 신호 전달에 관여하는 여러 단백질에서 발견된다. 그들은 특정 서열에 존재하는 인산화된 Tyr 잔기를 인지하는데 그것이 이 경로의 특이성의 기초가 된다. 즉, 어떤 수용체에 동원된 특정 STAT가 어떤 유전자가 활성화될지를 결정하는 것이다. 수용체에 동원되면, STAT 자신은 JAK 키나아제에 의해 인산화된다. 그러면 두 STAT 단백질은 2량체를 형성하게 된다(각각의 STAT의 SH2 영역이 다른 분자의 인산화된 자리를 인지함). 2량체는 핵으로 이동하여 DNA 상의 특정 자리에 결합하여(STAT의 종류에 따라 결합자리가 다름) 인접 유전자의 전사를 활성화한다. (b) 하류의 MAPK 경로로 연결되는 RAS 경로를 보여준다. 성장인자(예컨대, EGF)가 수용체에 결합하면, 수용체는, STAT에서와 마찬가지로, 서로 결합하고 서로를 인산화시킨다. 그러면 Grb2라 불리는 연결 단백질이 동원되는데, 이 단백질에는 활성화된 수용체의 인산화된 Tyr 잔기를 인지하는 SH2 영역이 있다. Grb2의 다른쪽 말단은 구아닌 뉴클레오티드 교환 인자(guanine nucleotide exchange factor, Ras GEF)인 SOS와 결합한다. 결합한 SOS는 세포막의 안쪽에 붙어 있는 Ras 단백질과 결합한다. Ras는 작은 GTPase로 GTP 및 GDP와 각기 결합했을때 그 구조가 달라지는 단백질이다. SOS와의 상호작용은 Ras에 결합된 GDP를 GTP로 바뀌게 하고 따라서 Ras의 구조가 바뀐다. Ras의 구조가 바뀌면 MAPK 연쇄반응의 꼭대기에 있는 키나아제를 활성화시킨다. 이 연쇄반응의 첫 번째 키나아제는 MAPK 키나아제 키나아제(MAPKKK) (Raf)라 불린다. 이것이 Ras에 의해 활성화되면 다음번 키나아제(MAPK 키나아제, Mek)의 serine과 threonine 잔기를 인산화시킨다. 이렇게 활성화된 Mek는 MAPK(Erk)를 인산화하여 활성화시킨다. 그러면 MAPK 키나아제는 여러 기질들을 인산화시키는데, 여기에는 인터페론-β (그림 19-18)와 같은 여러 유전자들을 조절하는 전사 활성화인자들(예, Jun)이 포함된다.

활성화된 수용체는 일련의 신호전달 과정을 유발하여 궁극적으로 Jun(및 다른 전사 조절인자)을 인산화시키는 MAPK를 활성화시킨다. 정보가 신호전달 경로를 통해 전달되는 가장 일반적인 방법은 인산화를 통한 것이지만, 단백질분해, 탈인산화, 그 외 다른 변화를 통해서도 일어난다.

신호는 진핵세포의 전사 조절인자의 활성을 다양한 방법으로 조절한다

신호가 직접적이든 간접적이든, 전사 조절인자에 전달될 때, 어떻게 그 조절인자의 활성을 조절할까? 세균에서는 흔히 전사 조절인자의 다른자리입체성의 변화(allosteric change)가 그 조절인자의 DNA에 대한 결합능력에 영향을 미침을 보았다. 이것은 신호를 처음 전달하는 리간드(ligand) 자신이 전사 조절인자에 직접 작용하거나 신호전달 리간드의 존재가 신호전달 경로를 통해 조절인자에 전달될 때 그러하다. 즉, Lac 억제인자는 알로락토오스가 없을 때에만 DNA에 결합하고, NtrC의 인산화는 그 활성화인자에 의한 DNA 결합을 조절하는 구조변화를 촉발한다.

진핵세포에서의 전사 조절인자는 DNA에 대한 결합력을 조절하는 방식으로 조절되지 않는다(예외는 있지만). 대신에 조절인자는 다음 두 가지 기본 방식 중의 한 가지 방식으로 조절된다.

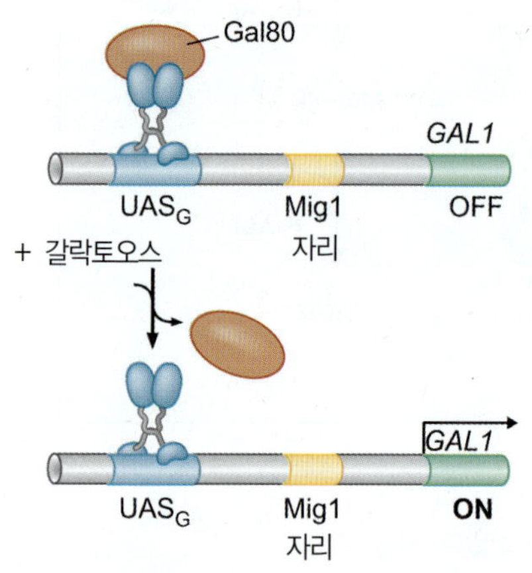

그림 19-25 효모의 활성화인자 Gal4는 Gal80 단백질에 의해 조절된다. Gal4는 갈락토오스 존재 시에만 활성을 가진다. 갈락토오스가 없을 때에도 Gal4는 *GAL1* 유전자의 상류에 있는 자신의 자리에 결합해 있다. 그러나 Gal4는 이런 조건에서는 유전자를 활성화시키지 않는데 그것은 활성화 부위가 Gal80 단백질과 결합해 있기 때문이다. 갈락토오스가 존재하면 Gal80의 구조가 변하여 활성화 부위가 노출되고, 그러면 *GAL1* 유전자는 활성화 된다. 그림에서, Gal80은 갈락토오스 존재시 Gal4로부터 해리하는 것으로 묘사되었으나 실제로는 위치가 변하여 결합력이 약해지며 완전히 격리되지는 않는 것으로 생각된다. Mig1은 자리에 결합하지 않았는데 이는 포도당이 존재하지 않기 때문이다(그림 19-23 참조).

활성화 부위의 노출 활성화 부위의 노출은 DNA에 결합한 활성화인자의 구조적 변화에 의해 감춰져 있던 활성화 부위가 노출되거나, 아니면 활성화인자와 결합하여 활성화 부위를 가리고 있던 단백질을 방출함으로써 일어난다. 어느 경우에나 구조적 변화는 최초 결합인자가 직접 결합하거나 아니면 최초 결합인자에 의존적인 인산화에 의해 일어난다.

Gal4는 은폐 단백질에 의해 조절된다. 갈락토오스의 부재 시 Gal4는 *GAL1* 유전자의 상류에 있는 부위에 결합하지만 유전자를 활성화시키지는 못한다. 왜냐하면 또 다른 단백질인 Gal80이 Gal4에 결합하여 그것의 활성화 부위를 막고 있기 때문이다. 갈락토오스는 Gal80의 방출을 유발하여 유전자를 활성화시킨다(그림 19-25).

여러 예에서 은폐 단백질은 활성화 부위를 감출 뿐 아니라 그 자신이 탈아세틸화효소로 기능하여(때로는 유인한다) 능동적으로 유전자를 억제한다. 대표적 예는 포유류의 활성화인자 E2F이다. 이것은 표적유전자의 상류에 결합하여 유전자를 활성화시킨다. 제2의 단백질인 Rb(retinoblastoma protein, 망막아종 단백질) 억제인자는 E2F에 결합하여 활성화를 봉쇄하며 또한 표적유전자를 억제하는 탈아세틸화효소를 유인한다. Rb의 인산화는 E2F로부터 탈아세틸화효소를 방출케 하여 유전자를 활성화시킨다. E2F는 포유류 세포가 세포주기의 S기를 통과하는 데 필요한 유전자들을 조절한다(9장). 따라서 Rb의 인산화는 이들 세포들의 분열을 조절한다. 이 경로의 돌연변이는 흔히 암을 일으킨다.

핵 내외로의 수송 많은 활성화인자와 억제인자는 비활성일 때는 세포질에 머무른다. 신호전달 분자는 그들을 그들이 작용하는 핵 내로 이동시킨다. 이 과정에는 여러 다양한 방법이 있을 수 있다. 이처럼 조절인자는 억제 단백질이나 세포막과의 상호작용을 통해 세포질에 머무르거나, 아니면 핵으로의 이동에 신호서열이 필요함이 감춰져 있는 구조일 수 있다.

신호에 반응하여 핵 내로 방출되거나 수송되는 것은 억제 단백질이나 계류 부위의 단백질 분해나, 다른자리입체성 변화에 의해 매개될 수 있다. 이 방식의 예는 다음 21장의 초파리의 배의 등배축의 형성에 관한 논의에서 보게 될 것이다. 거기서 Cactus

는 전사 조절인자인 Dorsal을 세포질에 머무르게 하는 억제 단백질이다. 특정 신호가 전달되면 Cactus는 인산화되고 파괴되어 Dorsal이 핵 내로 들어가 해당되는 인핸서 내의 특정 자리에 결합하게 하여 관련 유전자의 전사를 조절하게 한다(21장, 그림 21-12). 이와 똑같은 기작이 β-인터페론의 조절인자 중 하나인 NF-κB의 활성을 조절하는 데 사용된다. NF-κB는 IκB에 의해 세포질 내에 유지되고, 또한 이것은 Dorsal과 IκB의 Cactus에 대한 작용에도 관계한다.

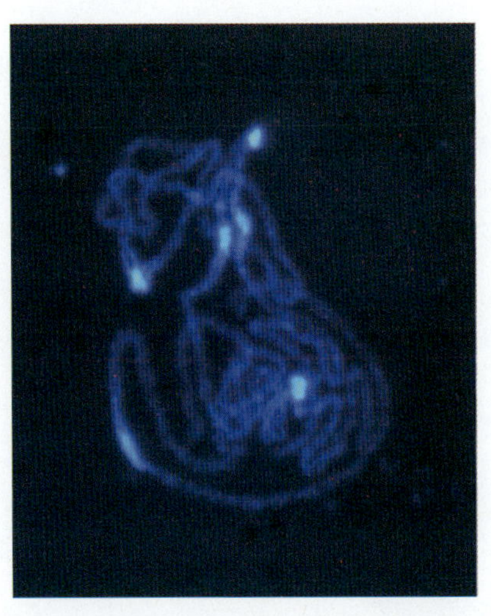

그림 19-26 *Arabidopsis* **유전체의 이질염색질 부위를 보여주는 DAPI 염색법.** DAPI는 DNA를 염색하는데, 보다 밝게 염색되는 것은 염색질이 보다 밀도 높게 응축된 이질염색질 부위임을 뜻한다. 희미하게 염색되는 부위는 진정염색질이다. (Figure kindly provided by Paul Fransz.)

히스톤과 DNA의 구조 변화에 의한 유전자 "침묵화"

우리는 지금까지 유전자 가까이에 결합하여 그것을 켜거나 끄는 활성화인자와 억제인자에 의한 조절에 대해 깊이 알아보았다. 그 영향은 국부적이며, 조절인자의 작용은 흔히 세포 외적인 특이적 신호에 의해 조절된다. 이제 **전사 침묵화(transcriptional silencing)**의 기작에 시선을 돌려보자. 침묵화(20장에서는 약간 다른 경우에 이 용어가 사용된다)는 하나의 위치 효과이다. 위치 효과란 유전자가 특정한 환경 신호에 반응해서가 아니고 그것이 위치하는 자리에 의해 침묵화되는 것이다. 침묵화는 또한 DNA 상의 상당히 넓은 지역에 걸쳐서 여러 유전자를 끌 수 있다. 이들 차이에도 불구하고, 침묵화를 이해하는 것이 전혀 새로운 원리를 요구하는 것은 아니고, 단지 우리가 이 장에서 접했던 것들을 확장하면 된다.

침묵화의 가장 일반적인 방식은 **이질염색질(heterochromatin)**이라 불리는 염색질의 응축형과 관련이 있다. 이질염색질이란 이름은 광학현미경으로 관찰했을 때(그림 19-26) 그것의 모습에서 연유하는데, 밀도가 높은 상태로 응축된 염색질 부위로 이런 상태는 간기 때에도 유지된다(8장). 이질염색질은 흔히 염색질의 특정 부위에 존재하는데, 염색체의 말단부에 존재하는 **말단소체(telomere)**와 **동원체(centromere)** 부위가 대표적이다. 8장에서 배운대로, 동원체와 말단소체는 전형적으로 반복서열로 이루어져 있고, 단백질을 지령하는 유전자는 거의 없다. 만약 실험적으로 유전자를 이들 부위로 옮겨 놓으면 그 유전자는 꺼지게 된다. 실제, 이질염색질 상태로 존재하는 염색체의 또 다른 부위도 있는데, 그곳에서 발견되는 유전자는 효모의 침묵 교배형 유전자처럼 꺼져 있다. 포유류 세포에서 유전체의 약 50%는 이질염색질 형태로 존재하는 것으로 추정된다. 그러나 초파리 유전체에서는 Rolled Map kinase를 포함하는 중요 유전자가 이질염색질에 자리한다. 이들 유전자는 이질염색질에 있을 때 정상적 활성을 가지며 만약 진정염색질로 옮겨 놓으면 비정상적인 양태를 보인다. 그렇지만 대부분의 유전자는 진정염색질에 위치하며, 이질염색질로 옮길 경우 활성이 감소하거나 비정상적이 된다(추후 다시 논의함).

우리는 염색질의 밀도가 히스톤 꼬리를 화학적으로 변화시키는 효소에 의해 바뀔 수 있음을 보았다. 그와 같은 포장방식은 DNA에 대한 접근성에 영향을 미치며 따라서 복제, 재조합 및 전사의 과정에 영향을 준다. 앞에서 설명한대로, 전사의 활성화와 억제는 흔히 유전자에 대한 전사 장치와 다른 조절 단백질들의 접근성을 변화시키기 위하여 뉴클레오솜의 구조 변화를 포함한다. 또한 변화된 뉴클레오솜을 인식하고 그것에 특이적으로 결합하는 단백질도 보았다. 이질염색질 침묵화는 이들과 같은 원리의 확장으로 이해될 수 있을 것이다.

DNA 메틸화효소(DNA methylase)에 의한 DNA의 메틸화에 의해 또한 전사가 침묵될 수 있다. 이 방식의 침묵화는 효모에서는 발견되지 않지만 포유류 세포에서는

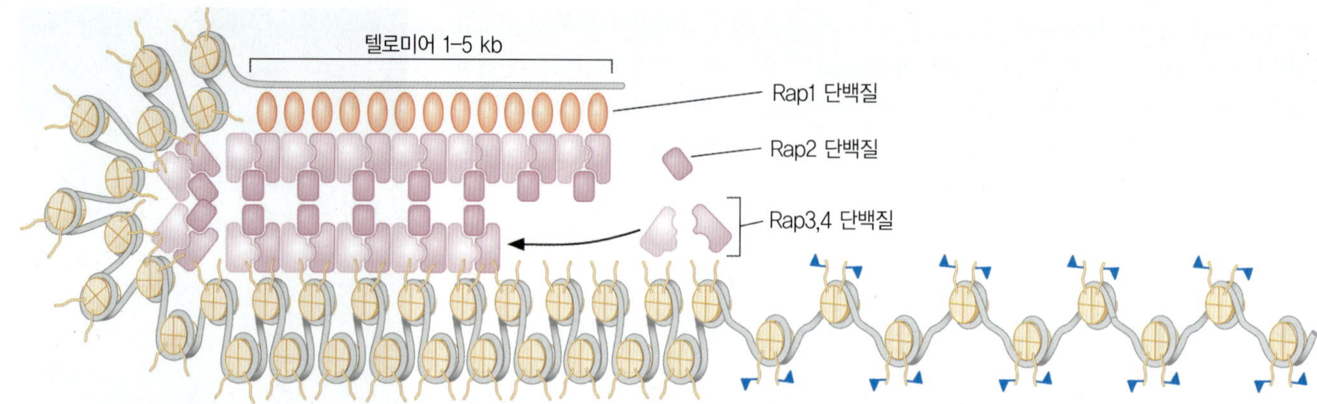

그림 19-27 효모의 말단소체의 침묵화. Rap1이 말단소체에 Sir 복합체를 동원한다. 이 복합체의 구성 인자인 Sir2는 인접 뉴클레오솜을 탈아세틸화시킨다. 탈아세틸화된 말단부는 Sir3 와 Sir4와 결합하게 되고, 더 많은 Sir 복합체를 동원하여 복합체 내의 Sir2로 하여금 뉴클레오솜의 더 먼곳까지 작용하게 하며, 이와 같은 과정이 계속된다. 이는 탈아세틸화에 의해 침묵화가 확산되는 것을 설명해준다. (Adapted, with permission, from Grunstein M, et al. 1988. Yeast heterochromatin : Regulation of its assembly and inheritance by histones, *Cell* **93**: 325–328. Copyright 1998. © Elsevier.)

일반적이다. DNA 서열의 메틸화는 전사 장치를 포함하는 단백질들의 결합을 억제할 수 있어 유전자 발현을 봉쇄한다. 그러나 메틸화는 또 다른 방법으로 발현을 억제할 수 있다. 일부 서열들은 메틸화되어 있을 때만 특정 억제인자에 의해 인식되며 그리하여 인접 유전자를 끄게 되는데, 흔히 히스톤의 구조를 변화시키는 효소의 유인에 의한다.

효모에서의 침묵화는 히스톤의 탈아세틸화와 메틸화에 의해 일어난다

효모의 말단소체, 침묵 교배형 자리, 그리고 rDNA 유전자는 모두 "침묵" 부위이다. 우리는 말단소체를 예를 들어 설명한다.

각 염색체의 마지막 1~5 kb 부위는, 그림 19-27에서와 같이 접히고 밀집된 구조이다. 염색체의 다른 부위에서 발견되는 유전자를 이 부위로 옮겨 놓으면 대개 침묵하는데, 특히 원래의 자리에서도 약하게 발현되는 유전자들에서 더욱 그러하다. 말단소체의 염색질은 유전체 내의, **진정염색질(euchromatin)**이라 불리는 다른 부위의 염색질(이곳에서는 유전자가 보다 잘 발현됨)에 비해 아세틸화 정도가 약하다.

침묵화가 완화된 돌연변이가 분리되었다. 즉, 이러한 말단소체에 유전자를 두면 보다 높은 수준으로 발현된다. 이들 연구는 세 유전자가 침묵화 조절인자인 *SIR2*, *SIR3* 및 *SIR4*를 암호화함을 보여주었다(*SIR*은 silent information regulator를 의미함). 이들 유전자에서 암호화한 단백질들은 침묵염색질과 결합하는 복합체를 이루며, 또한 Sir2는 히스톤 탈아세틸화효소이다.

침묵화 복합체는 말단소체의 반복서열을 인식하는 DNA 결합 단백질에 의해 말단소체에 유인된다. 침묵 교배형 자리에서, 보충은 또한 특이적인 DNA 결합 단백질에 의해 개시된다. 두 경우에서 모두 Sirs의 보충은 히스톤 꼬리의 국부적인 탈아세틸화를 촉발한다. 탈아세틸화된 히스톤은, 이번에는 침묵화 복합체에 의해 직접 인지되며, 따라서 국부적인 탈아세틸화는 염색질을 따라 확산되어 밀집된 이질염색질 부위를 확장시킨다.

그 기작이 아직 불분명한 Tup1에 의한 억제의 경우와는 달리, 이런 침묵화는 명백히 히스톤 꼬리의 탈아세틸화에 의한다. Sir2가 사라지면 침묵화를 완화시키며 또 아세톤 꼬리가 아세틸화되어도 비슷한 효과를 나타낸다. 온전한 이질염색질 구조는 DNA 결합 단백질(Rap1)이 손상없이 계속 존재하는지 여부에 의해 결정된다. 따라서 Sir2에 의한 탈아세틸화된 히스톤의 인식 및 탈아세틸화의 강화 및 확장에도 불구하고 DNA 결합 단백질은 계속 중요한 역할을 한다. 덧붙여서, DNA 결합 단백질은 어느 곳에 침묵화 복합체를 형성할 것인지를 지정함으로써 침묵화의 전 과정을 특정화한다. 또 다른 경우의 침묵화에서는 단백질 대신 RNA 분자가 이러한 침묵화를 수행한다. 우리는 20장에서 그런 경우를 알아볼 것이다. 이 경우는 또 다른 종류의 효모인 *Schizosaccharomyces pombe*에서 교배형 자리와 동원체의 침묵화에 RNAi 장치가 요구된다.

이와 같은 확산이 어떻게 필요한 부위에만(즉 동원체, 침묵화된 MAT 자리 등) 한정될까? 우리는 앞에서 차단자가 히스톤의 변화를 봉쇄할 수 있음을 언급한 바 있다(그림 19-12). 또한 다른 종류의 히스톤 변화가 Sir2 단백질의 결합을 봉쇄하여 이의 확산을 막는다. 히스톤 H3의 꼬리의 메틸화가 이 일을 하는 것으로 믿어진다.

히스톤 메틸전이효소는 히스톤 꼬리에 메틸기를 부가시킨다. 8장에서 본대로, 이들 효소는 메틸기를 히스톤 H3와 H4의 꼬리의 특정 리신 잔기에 부가시킨다. 최근 출아효모에서의 히스톤 메틸전이효소에 관한 보고가 있었다. 이들은 효모에서 일부 유전자의 억제를 돕는 것으로 믿어지고 있었는데, 바로 조금 전 설명한대로, Sir2에 의해 매개되는 침묵화의 확산을 봉쇄한다. 그러나 히스톤 메틸화효소는 보다 고등한 진핵세포와 효모, *Schizosaccharomyces pombe*에서 더 잘 밝혀졌다. 이들 생물에서, 침묵화는 탈아세틸화될 뿐 아니라 메틸화도 된 히스톤을 가지는 염색질에서 나타났다. 즉, H3 꼬리(H3K9)의 Lys-9의 메틸화는 이들 생물에서 침묵화된 이질염색질과 관련 있는 변화이다(8장, 표 8-7). 반면에 메틸화된 다른 부위[예를 들어, 동일한 꼬리(H3K4)의 Lys-4]는 전사 증가와 관련 있다.

초파리에서 HP1은 메틸화된 히스톤을 인지하고 염색질을 응축시킨다

지금까지, 히스톤 내의 아세틸화된 잔기는 브로모도메인(bromodomain)을 가지는 단백질에 의해 인지되었고, 메틸화된 잔기는 크로모도메인(chromodomain)을 가지는 단백질과 결합했다(8장, 그림 8-41). 초파리에서 발견되는 그런 부류의 단백질인 HP1은 침묵화된 이질염색질의 구성요소가 된다.

HP1 단백질은 메틸화된 히스톤 H3를 가지는 변화된 염색질과 작용한다. 이와 같은 특이한 변화는, 소위 **얼룩이(variegation)**라 불리는 억제 유전자인 *Su(Var)3-9*에 의해 암호화되는 효소에 의해 일어난다. 얼룩이 유전자는 어떤 경우에 이질염색질 내

그림 19-28 위치 효과에 의한 얼룩이. 본문에서 설명한대로 초파리의 *white* 유전자는 야생형의 눈을 붉게 만든다(그림의 오른쪽). 이 유전자가 돌연변이 되면 눈은 흰색이 된다(white란 유전자 이름은 여기서 나옴). 야생형 유전자가 이질염색질 부근에 자리하게 되면 일부 세포는 유전자가 발현되고 다른 일부 세포에서는 발현되지 않아 얼룩이로 나타난다. 그림의 왼쪽은 이 같은 결과의 얼룩이 눈이다. (Reprinted, with permission, from Lippman Z. and Martienssen R. 2004. *Nature* **431:** 364–370, Fig. 1a. © Macmillan.)

로 이동할 때 감지된다. 모든 세포에서 모든 시기에 침묵화되는 대신, 이 유전자는 임의적으로 침묵화 및 발현 상태로 전환되어, 결국 어떤 세포에서는 "켜지고" 또 다른 세포에서는 "꺼지게" 된다. 얼룩이는 초파리 성충의 정상적인 붉은 눈을 나타나게 하는 유전자인 *white* 유전자에서 명백하게 드러난다. 이 유전자가 흰 눈이라 불리는 이유는 돌연변이 표현형이 *white*이기 때문이다(부록 1 참조). *white* 유전자가 이질염색질 내로 들어가면 얼룩이로 발현되어 초파리의 눈은 희고 붉은색이 뒤섞여 나타나게 된다(그림 19-28). *Su(Var)3-9* 유전자의 돌연변이는 이와 같은 얼룩이를 억제하여 보다 균일한 붉은색을 나타나게 한다. 이 경우 *white* 유전자의 침묵화가 일어나지 않는 것이다. Su(Var)3-9 단백질은 히스톤 H3 리신-9 (H3K9) 메탈전이효소이다. 아직까지 구체적인 기작은 밝혀지지 않았지만, Su(Var)3-9 단백질은 이질염색질에 유인되어 히스톤의 H3 꼬리에 메틸기를 부가시킨다. 이런 변화는 HP1 단백질의 결합을 위해서는 필수적이며, 결합한 HP1은 이질염색질의 응축에 참여한다. Su(Var)3-9는 또한 염기서열 특이적인 DNA 결합 단백질에 의해 특정 진정염색질의 유전자에도 보충될 수 있는 것으로 여겨지는데, 그럼으로써 HP1에 의한 유전자 특이적인 히스톤의 메틸화와 전사 억제를 유도한다(글상자 19-5, "히스톤 암호는 존재하는가?" 참조).

폴리콤에 의한 억제 또한 히스톤의 메틸화에 의한다

히스톤의 메틸화에 의한 염색체 응축은 또한 동물세포에서 중요한 억제자인 **폴리콤(Polycomb**, Pc)에 의해서도 일어난다. Pc 억제자는 두 가지 단백질 복합체, 폴리콤 억제 복합체1(polycomb repressive complexes 1, PRC1)과 폴리콤 억제 복합체 2(PRC2)가 알려져 있다. PRC2는 서열 특이적 DNA 결합 단백질(억제복합체인 Pho-RC)에 의해 보충되며, Pho-RC는 폴리콤 반응인자(Polycomb Response Element, PRE)와 상호작용한다(그림 19-29). PRC2는 히스톤 메틸기 전이효소를 가져, 히스톤 H3의 꼬리에 있는 리신-27(K27)을 삼메틸화한다. 이러한 메틸화는 PRC1

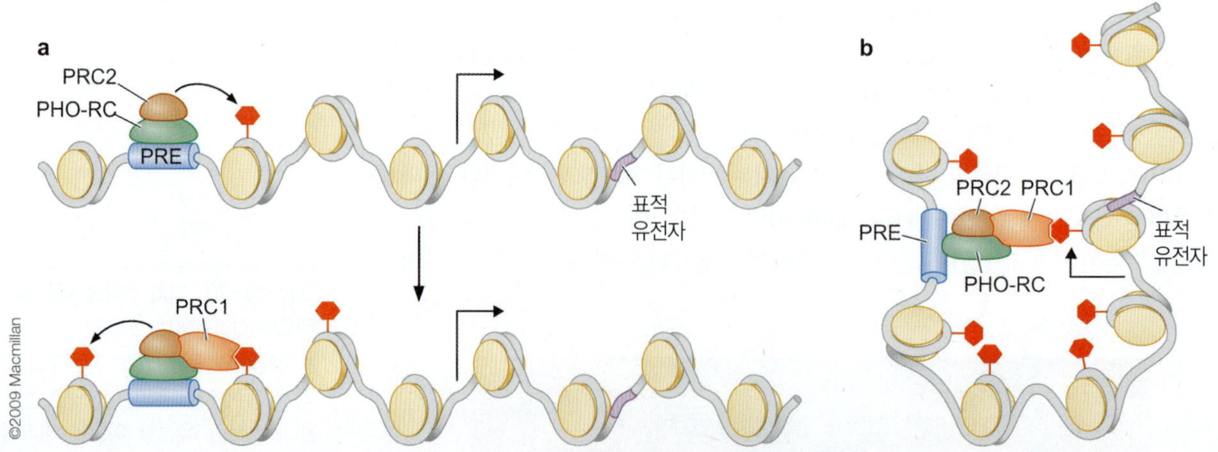

그림 19-29 폴리콤기의 기능에 미치는 Lys27(H3K27me3)에 대한 3중 메틸화된 히스톤, H3의 가능한 역할. (a) 폴리콤 억제 복합체1(PRC1)에 대한 Lys27(H3K27me3)상의 3중 메틸화된 히스톤, H3의 역할(자세한 것은 본문 참조). (b) H3K27me3가 염색질의 고리화에 미치는 가능한 역할. PRE에 고정되어 있는 PRC1은 H3K27me3와 상호작용하여 유전자와 안정적으로 결합할 수 있다. 그 결과 만들어진 DNA 고리는 폴리콤기 복합체와 전사부위를 병렬시켜, PRC2가 H3K27 메틸화를 더욱 확장할 수 있게 만들며, 국지적으로 뉴클레오솜을 더욱 압축시켜 RNA 중합효소를 방해한다. (Adapted, with permission, from Simon J.A. and Kingston R. 2009. *Nat. Rev. Mol. Cell Biol.* **10:** *697–709*, Fig. 3. © Macmillan)

▶ 고급개념

글상자 19-5 히스톤 암호는 존재하는가?

히스톤 암호(histone code)의 존재가 제안되고 있다. 이 설명에 의하면 히스톤 꼬리의 서로 다른 양상으로의 변화는 서로 다른 것을 의미하는 것으로 "읽혀질" 수 있다(8장, 그림 8-39). 이 "의미"는 부분적으로 염색질의 밀도와 형태의 이 같은 변화에 대한 직접적 결과일 수 있다. 그러나 덧붙여서, 어떤 특정 위치에서 특이한 양상 변화는 특이적 단백질을 동원하고 또 그들 단백질이 가지고 있는 인지 영역의 이동을 초래할 수도 있을 것이다.

우리는 앞에서 히스톤에 존재하는 특이적인 아세틸화 또는 메틸화 "표지"를 인지하는 단백질을 본 적이 있다(예, TFIID와 HP1). 또한 H3와 H4 꼬리 및 그들에 결합하는 단백질들의 세린 잔기를 인산화시키는 단백질도 존재한다. 따라서 히스톤 꼬리 부위의 여러 지점에서 다수의 변화가 가능하다(8장, 그림 8-39). 위의 예 외에도 구조 변화를 인지하는 영역을 가진 많은 단백질이 또한 스스로 히스톤을 더욱더 변화시키는 효소로 기능한다. 이제 어떻게 이 같은 인지 및 변화의 양상 유지가 이루어지는지 알아보자.

하나의 단순한 예로 히스톤 H3의 꼬리에 있는 리신-9(8장, 그림 8-39)를 고찰해 보자. 이 잔기의 서로 다른 구조변화의 상태는 서로 다른 의미를 가진다. 즉, 이 잔기의 아세틸화는 유전자의 왕성한 전사와 연관된다. 그러한 잔기는 브로모도메인을 가지는 여러 히스톤 아세틸화효소에 의해 인지되며 이렇게 되면 인접한 다른 뉴클레오솜의 부가적인 아세틸화를 촉진한다. 리신-9가 변화되지 않으면, 침묵화된 부위가 된다(위의 *S. cerevisiae*에서 본 바와 마찬가지로). 아세틸화되지 않은 히스톤은 아세틸화된 히스톤에 비해 흔히 탈아세틸화효소를 동원하여, 탈아세틸화 상태를 강화하고 또한 유지한다(*S. cerevisiae*에서 침묵부위가 확산되는 것을 본 바와 마찬가지로). 마지막으로, 위의 동일한 리신은 어떤 생물에서는 메틸화될 수 있는데, 그 경우 변화된 그 잔기는 이질염색질 상태를 만들고 유지하는 단백질(예컨대, HP1)과 결합하게 된다.

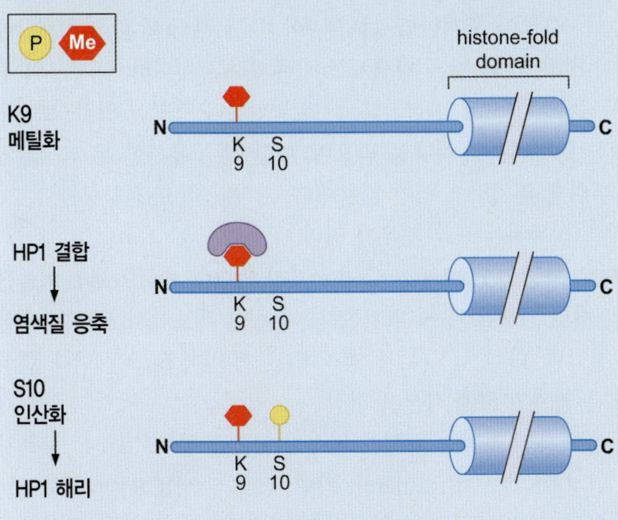

글상자 19-5 그림 1 염색질의 한 가지 변화가 다른 곳에 미치는 영향. 변화는 히스톤 H3의 꼬리에 나와 있다. 9번 리신(K9)의 메틸화는 HP1을 보충하며, HP1은 염색질 응축에 영향을 미친다. 인접한 세린 잔기(S10)의 인산화는 메틸화된 Lys-9으로부터 메틸기 제거 없이 HP1을 이탈시킨다.

그러면 이런 변화의 *조합(combination)*이 명백한 의미가 있을까? 히스톤의 변화가 인접한 곳의 2차적인 변화에 어떻게 영향을 미치는지는 초파리의 HP1 단백질을 통하여 설명한다(글상자 19-5 그림 1). 중기 동안에, HP1 단백질은 유사분열 염색체로부터 일시적으로 사라진다. 이러한 상실은 염색체가 필수적인 "표지"—즉 히스톤 H3의 9번 리신(H3K9)의 메틸화를 그대로 가지고 있더라도 마찬가지다. HP1 결합의 상실은 인접한 H3의 10번 세린 잔기의 인산화와 관련 있다. 이 인산화는 세포주기 키나아제의 일종인 Aurora B에 의해 중개된다. 이 키나아제는 세포 주기의 M기 동안에만 활성을 가지며, 중기염색체의 이질염색질로부터 HP1의 방출을 유도한다.

Aurora B 키나아제에 의한 HP1의 해리는 중심체에 대한 유사분열 방추사의 결합과 연이어 일어나는 세포질분열 과정에서 일어나는 자매염색분체의 분리에도 필요한 것으로 생각된다. 이 과정이 끝나면, Aurora B 키나아제의 활성 상실에 따라 10번 세린의 인산화는 사라지게 되고, HP1이 다시 염색체에 결합하여 이질염색질을 유지하게 된다. Aurora B 키나아제의 활성을 제거하는 돌연변이가 불규칙적인 분리를 일으킴은 위의 모델을 뒷받침한다.

이러한 관찰에도 불구하고, 어떤 특정 좌위에서의 히스톤 변화의 복잡한 양상이 매우 특이적인 결과를 가져오는 그러한 특별한 암호의 존재는 여전히 논의가 더 필요하다. 유전자에서의 변화의 다수는 개시신호라기보다는 유전자가 활성화되거나 억제되는 과정의 일부로 여겨진다. 다시 말해 이는 유전자가 켜졌거나 꺼진 결과이지 원인이 아니라는 것이다. 부위 특이적 DNA 결합 단백질(또는 어떤 경우에서는, 20장에서 논의하게 될 작은 RNA 분자)은 어떤 유전자가 발현될 때, 특이성을 제공하는 가장 강력한 인자로 여전히 유효하다. 그럼에도 불구하고, 히스톤의 어떤 변화는 유전자 활성의 특별한 상태와 관련이 있다. 예컨대, H3K27의 메틸화는 다수의 억제된 유전자에서 관찰되며 반면 H3K4의 메틸화는 활성유전자(또는 정지된 유전자)와 관련이 있다.

의 보충을 유도하는데, PRC1은 염색질을 응축하거나 또는 전사 시작 지점 인근에 뉴클레오솜을 위치케 한다. 한때 Pc에 의한 억제는 넓은 범위의 히스톤 메틸화와 염색체 응축을 일으키는 HP1과 같은 방식으로 작동되는 것으로 생각되었으나 현재 PRE는 대개 프로모터 가까이 위치한다는 것이 명백해졌다. 그럼에도 불구하고 H3K9의 삼메틸화는 HP1에 의한 유전자 침묵화와 연계된다. 반면, H3K27의 삼메틸화는 Pc에 의한 유전자 침묵화와 연결된다.

우리는 여러 유형의 변화가 제각기 어떻게 유전자 조절에 관여하는지를 살펴보았다. 그렇다면 동일한 유전자에서 여러 유형의 변화가 함께 일어난다면 어떻게 될까? 그들의 영향은 어떻게 상호작용할까? 복합적인 유형의 변화는 "히스톤 암호" 방식으로 작용할 것이라고 제안되고 있다. 히스톤의 변화와 히스톤 코드 간의 상호작용에 관한 개념은 글상자 19-5, "히스톤 암호는 존재하는가?"에 설명되어 있다.

포유류 세포에서 DNA의 메틸화는 유전자 침묵화로 이어진다

포유류의 일부 유전자는 인접 DNA 서열의 메틸화로 침묵 상태로 유지된다(우리는 지금 히스톤 메틸화 아닌 DNA 메틸화에 관해 논의하고 있다). 실제 포유류 유전체의 상당 부분이 이 방식으로 표지되어 있으며, 또한 DNA 메틸화는 이질염색질 부위에서도 발견된다. 그 이유는 메틸화된 서열은 대개 히스톤 탈아세틸화효소와 히스톤 메틸화효소를 유인하는 DNA 결합 단백질(예컨대 MeCP2)에 의해 인지되므로, 유인된 효소들이 인접한 염색질을 변화시키기 때문이다. 따라서 DNA의 메틸화는 궁극적으로 이질염색질이 형성되는 자리를 표지할 수 있게 된다(그림 19-30).

DNA 메틸화는 **각인(imprinting)**이라는 현상의 중심에 있다. 이배체 세포에서, 대부분의 유전자는 두 개의 사본이 존재한다. 하나는 아버지로부터 받은 염색체상에 존재하고, 다른 하나는 어머니로부터 받은 염색체상에 존재하는 것이다. 대부분의 경우에 두 대립유전자는 동일한 수준으로 발현된다. 이것은 너무나 당연한 일로, 그들은 동일한 조절서열과 동일한 조절인자의 작용을 받으며, 또한 아주 유사한 두 염색체의 (상동염색체의) 동일한 부위에 위치하고 있기 때문이다. 그러나 한 유전자 사본은 발현되고 다른 유전자 사본은 침묵하는 드문 경우가 있다.

잘 연구된 두 가지 예로 사람의 *H19*와 *Igf2* 유전자가 있다(그림 19-31). 이들은 사람의 11번 염색체상의 서로 가까운 곳에 위치한다. 어떤 한 세포에서 *H19*의 사본 하나(모계 염색체)가 발현되면, 다른 사본(부계 염색체)은 꺼진다; *Igf2*는 반대 현상이 일어난다—부계 사본은 켜지고 모계 사본은 꺼짐.

두 조절 서열이 이들 유전자의 차별적 발현에 결정적 역할을 한다. 그것은 증폭자(*H19* 유전자의 하류에 위치)와 차단자(insulator, 각인 조절 부위[ICR]이라 불리는 것; *H19*와 *Igf2* 사이에 위치)이다. 증폭자는 원칙적으로 두 유전자 모두를 활성화시킬 수 있다. 그런데 왜 그것은 오직 모계 염색체의 *H19*와 부계 염색체의 *Igf2*만 활성화시킬까? 그 해답은 ICR의 역할과 그것의 메틸화 상태에 있다. 즉, 증폭자는 모계 염색체의 *Igf2* 유전자를 활성화시킬 수 없는데, 그 이유는 그 염색체 상의 차단자에 증폭자로부터 *Igf2* 유전자를 활성화시키지 못하도록 활성화인자를 봉쇄하는 CTCF라는 단백질이 결합하기 때문이다(차단자는 그림 19-14에서 설명). 반면에 부계 염색체상에는 ICR 인자와 *H19*의 프로모터가 메틸화되어 있다. 이런 상태에서는 전사 장치가 *H19* 프로모터에 결합할 수 없어 CTCF는 차단자에 결합하지 못한다. 그 결과, 증폭자는 *Igf2* 유전자를 활성화시킨다. 부계 염색체상의 *H19* 유전자는 메틸화된 차단자에 MeCP2가 결합함으로써 더욱 억제된다. 이것은 앞에서 설명한대로, 탈아세틸화효소를 유인함으로써 *H19* 프로모터를 억제한다.

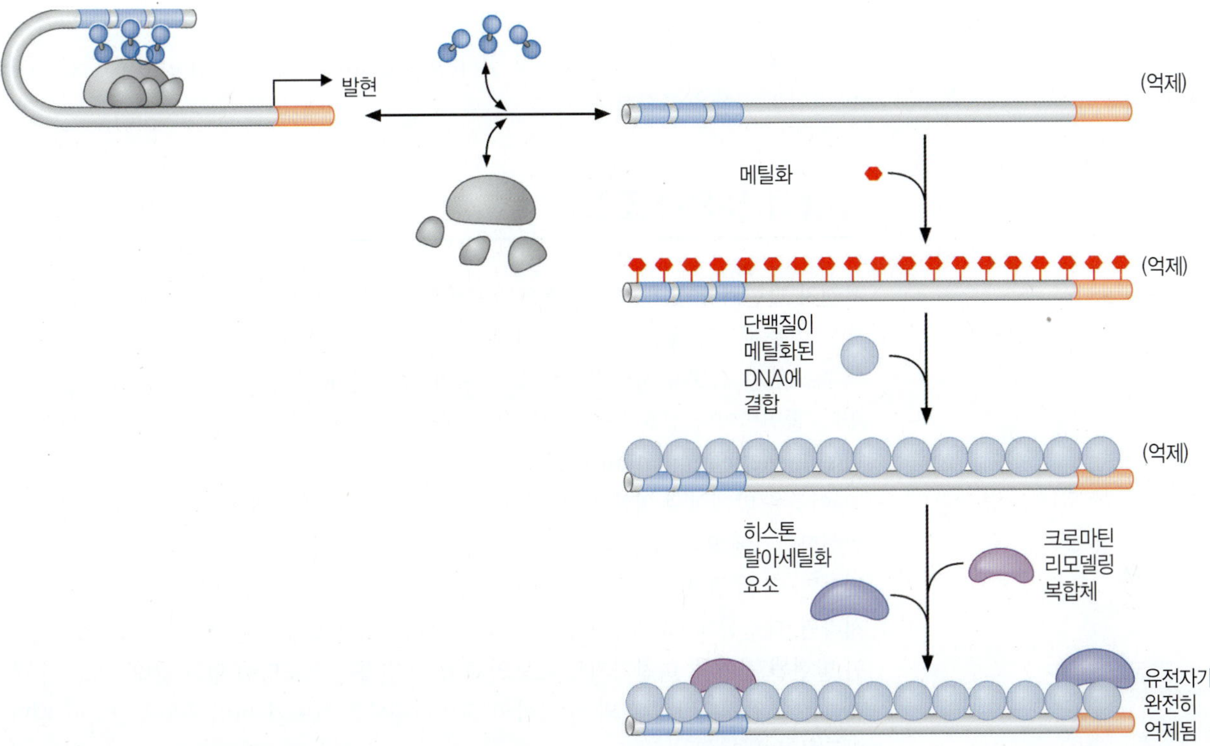

그림 19-30 DNA의 메틸화와 히스톤의 구조 변화에 의한 유전자 끄기. 그림의 맨 위에 설명된 대로 구조가 변하지 않은 상태에서 포유류의 유전자는 활성화인자와 전사 장치의 존재 하에서 발현의 켜짐과 꺼짐이 쉽게 바뀔 수 있다. 이 상황에서는 발현이 완전히 차단되지는 않는다. 때로는 불완전한 꺼짐으로는 부족하고, 유전자가 완전히, 그리고 때로 영구히 꺼질 필요가 있을 것이다. 이런 꺼짐은 DNA의 메틸화와 뉴클레오솜의 국부적인 구조변화에 의해 일어난다. 유전자가 발현되지 않을 때, DNA 메틸기 전이효소(methyltransferase)가 접근할 수 있고, 프로모터 서열과 유전자 및 상류 활성화인자 결합자리 내의 시토신을 메틸화할 수 있다. 메틸기는 시토신 고리의 5′ 위치에 부가되어 5-methylcytosine을 형성한다(4장 참조). 이 변화만으로도 전사 장치와 활성화인자의 결합을 교란시킬 수 있다. 그러나 메틸화는 또한 메틸시토신을 가지는 DNA 서열을 인지하는 다른 단백질(예, MeCP2)을 결합시키게 된다. 결합된 이들 단백질은 국부적 뉴클레오솜을 리모델링하여 구조를 바꾸는 복합체를 동원하여 유전자의 발현을 완전히 끄게 된다.

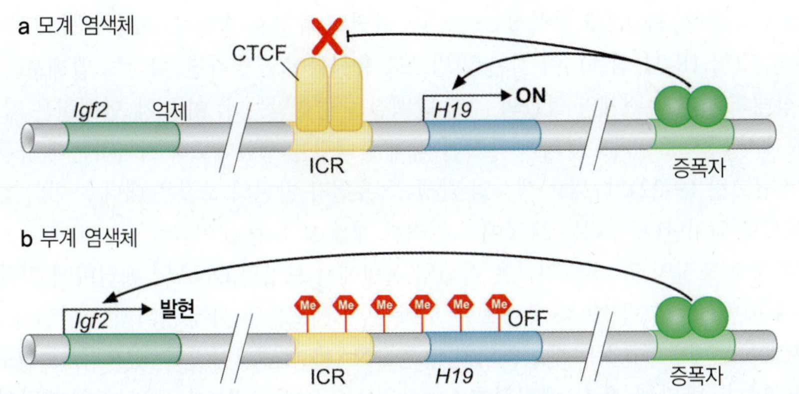

그림 19-31 각인. 각인에 의해 조절되는 두 유전자—포유류의 *Igf2* 및 *H19* 유전자—의 예. 본문에서 설명된 대로, 어떤 세포 내에서, *H19* 유전자는 모계 염색체로부터만 발현되며, *Igf2* 유전자는 부계 염색체로부터만 발현된다. 차단자의 메틸화 상태는, 차단자 결합 단백질(CTCF)의 결합 여부와 하류 증폭자로부터의 *H19* 유전자의 활성 봉쇄 여부를 결정한다.

글상자 19-6, "전사 억제와 관련된 사람의 질병"에서는 전사 억제가 상실되어 일어나는 유전병 두 가지를 소개하고 있다. 하나는 MeCP2를 포함하고 있고 다른 하나는 각인의 결함을 포함한다.

후생적 유전자 조절

유전자 발현의 양상이 때로 유전됨에 틀림없다. 발생과정 중에 한 세포에서 방출된 신호는 이웃세포의 특정 유전자를 켜게 만든다. 이들 유전자는 그들 유전자를 발현하도록 유도했던 신호가 사라진 뒤에도 세포의 여러 세대 동안 켜진 상태로 유지될 수도 있다. 돌연변이나 신호개시가 없는 조건에서의 유전자 발현 양상의 유전을 **후생적 조절(epigenetic regulation)**이라 한다.

이것을 앞에서 논의한 유전자 조절의 다른 예들과 비교해 보라. 만약 한 유전자가 활성화인자에 의해 조절되고, 그 활성화인자는 특정 신호의 존재 하에서만 활성을 가진다면, 그 유전자는 신호가 존재하는 동안만 켜질 것이다. 실제로, 정상적 조건 하에서라면, 대장균의 *lac* 유전자는 젖당이 존재하면서 포도당이 존재하지 않는 조건에서만 발현될 것이다. 마찬가지로 효모의 *GAL* 유전자는 포도당이 없고 갈락토오스가 존재하는 조건에서만 발현되며, 사람의 β-인터페론은 세포가 바이러스에 감염될 때만 만들어진다.

어떤 유형의 유전자 발현은 초기 신호가 더 이상 존재하지 않더라도 세포분열을 통해 전달된다

우리는 후생적으로 유전될 수 있는 유전자 조절의 예를 앞에서 이미 본 적이 있다. 파지 λ 용원균(lysogen)의 유지를 생각해 보자(18장). 용원균이 되면 파지는 숙주세포 내에서 휴면상태가 된다. 이런 상태는 유전자 발현의 특이한 유형이며 아울러 λ의 억제 단백질이 지속적으로 발현되는 상태이다(18장, 그림 18-27 참조).

용원성 유전자 발현은 감염된 세포가 나쁜 성장 조건 하에 놓였을 때 나타난다. 그러나 일단 용원성으로 되고 나면 성장 조건이 개선되어도 안정적으로 유지되며, 용원균을 영양이 풍부한 배지로 옮겨도 유도가 일어나지 않는다. 실제로 유도는 적당한 유도신호(예컨대, 자외선 같은)가 주어지기 전까지는 결코 일어나지 않는다.

따라서 세포분열의 계속에도 용원 상태가 지속되는 것은 후생적 조절의 예가 된다. 이 경우 후생적 조절은 두 단계 방식에 의한 억제인자 생산에 의해 일어난다. 처음에는, 활성화인자 CII(이것은 성장 조건에 민감함)에 의해 억제 단백질(*c*I) 유전자가 활성화됨으로써 합성이 일어나게 된다. 두 번째 단계에서는, 억제 단백질의 합성은 자동조절에 의한다. 즉, 억제 단백질 스스로가 자신의 유전자 발현을 활성화하는 것이다(18장, 그림 18-31 참조). 이 같은 방법으로 용원균이 분열하면, 각각의 딸세포는 휴면 상태의 파지 유전체와 약간의 억제 단백질을 물려받는다. 이 억제 단백질은 각 딸세포에서 파지 유전체로부터 추가적인 억제 단백질을 생산하도록 자극하는데 충분한 양이다(그림 19-32). 다세포 생물의 발생 중 유전자 발현의 조절은 대다수 이와 같은 방식으로 일어난다. 우리는 21장에서 이러한 예를 보게 될 것이다.

후생적 조절의 또 다른 기작은 각인의 설명에서 보았던 DNA의 메틸화에 의한다. DNA 메틸화는 그림 19-33에서 보는 바와 같이 세포분열 시에 정확히 전달된다. 즉, 어떤 DNA 메틸화효소는 메틸화되지 않은 DNA를 메틸화시킬 수 있으나 그 빈도는 매우 낮다. 반면에 **유지 메틸화효소(maintenance methylase)**는 반 메틸화된

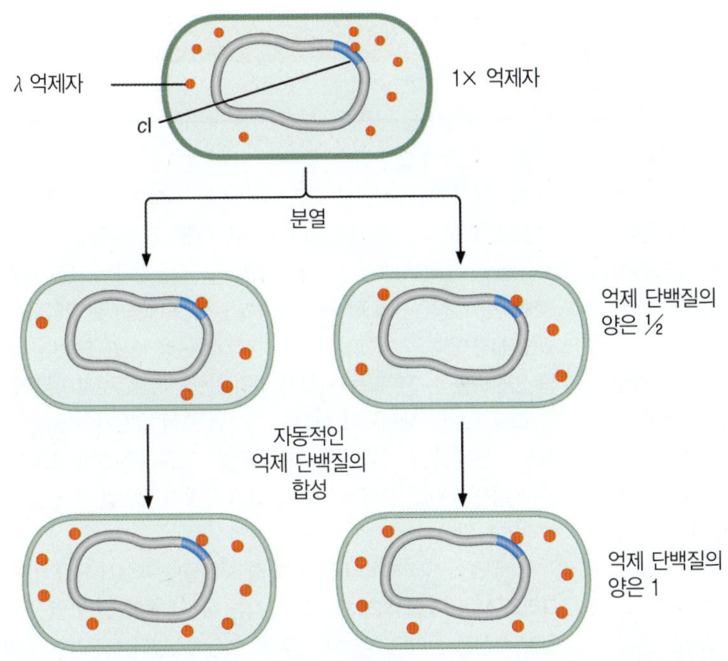

그림 19-32 용원 상태를 유지하게 하는 후생적 조절.

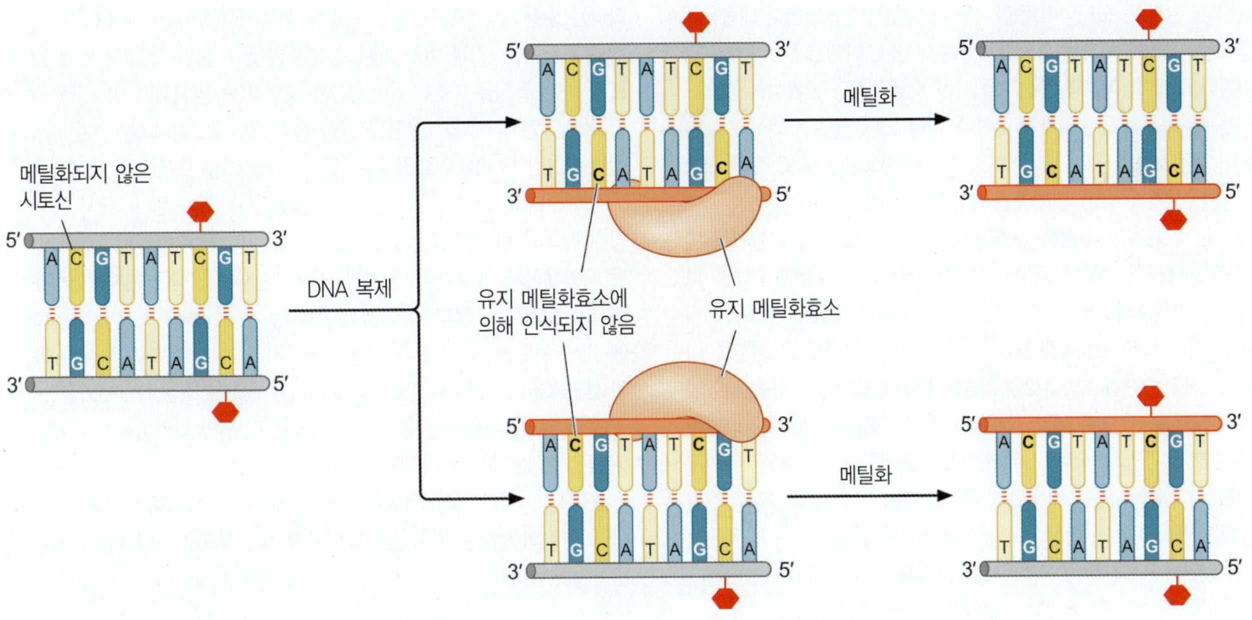

그림 19-33 DNA 메틸화 양상은 세포분열을 통해 지속된다. 그림 19-26에서 본 바와 마찬가지로, 척추동물의 유전자 발현에 관계하는 DNA는 메틸화될 수 있고, 그럴 경우 유전자는 꺼지게 된다. 이 최초의 메틸화는 de novo 메틸화효소에 의한다. 유전자가 꺼져 있는 상태가 영구히 지속되기 위해서는 메틸화 상태가 세포분열을 통해 전달되어야 한다. 이 그림은 그것이 어떻게 이루어지는지 보여준다. 그림의 DNA 서열의 한 가닥에 있는 두 개의 시토신 중 하나는 메틸화되어 있고 다른 하나는 되지 않았다. 이 양상은 세포분열을 통하여 지속되는데, 그것은 DNA 복제 시 메틸화 유지 효소가 반 메틸화된 DNA를 인지하여 메틸화되지 않은 시토신에 메틸기를 부가시키기 때문이다. 전혀 메틸화되지 않은 서열은 이 효소에 인지되지 않으므로 메틸화되지 않은 채 남게 된다. 따라서 두 개의 딸 DNA 이중가닥 모두 어버이와 같은 메틸화 양상을 가지게 된다. (Adapted, with permission, from Alberts B. et al. 2002. *Molecular biology of the cell*, 4th ed., p. 431, Fig. 7-81. © Garland Science/Taylor & Francis LLC.)

▶ 의학관련

글상자 19-6 전사 억제와 관련된 사람의 질병

사람의 여러 질병은 특정 유전자의 억제 불능에 기인한다. 여기서 우리는 두 가지 질병에 관해 논하는데, 이들은 모두 유전자의 억제 불능에 의해 일어나는데, 억제의 기작에 관해서는 본문에서 설명하였다. 첫 번째는 Rett 증후군으로, 이 병은 억제 단백질인 MeCP2의 결핍에 의해 일어나며 두 번째는 Beckwith-Weidemann 증후군으로 *Igf2* 유전자의 ICR에 CTCF가 결합할 자리가 결실되어 일어난다.

Rett 증후군(RTT)은 심한 자폐증을 보이는 병으로 여아 10,000명 당 1명꼴로 나타난다. 이 병은 어린 시기에 언어 능력과 운동 능력 상실, 소뇌증, 발작, 반복 행동, 간헐적인 심호흡 등의 증상을 나타낸다. 또한 산발성으로 나타나는 정신박약의 흔한 원인이 된다. RTT는 억제 단백질인 MeCP2를 암호화하는 X-연관 유전자의 돌연변이에 의해 일어난다. 이 전사조절 인자에 대해서는 본문에서 설명한 바 있는데, 메틸화된 DNA 서열을 인지하여 히스톤 탈아세틸화효소를 보충함으로써 인접한 유전자의 전사를 침묵화시킨다(그림 19-31). *MeCP2* 유전자가 교란된 생쥐는 RTT 환자와 비슷한 증상을 나타냈으며, MeCP2의 상실이 뇌에만 국한되었을 때도 같은 결과를 나타냈다.

MeCP2 유전자는 X 염색체에 존재하므로 결함있는 유전자를 가진 소녀(RTT 환자)는 모자익이 된다. 즉, 이 유전자의 돌연변이 대립유전자를 가진 X 염색체가 불활성화된 세포에서는, 야생형 MeCP2가 만들어진다. 그러나 야생형 유전자를 가진 X 염색체가 불활성화된 세포에서는 MeCP2가 만들어지지 못한다. 하나 밖에 없는 X 염색체에 돌연변이 유전자를 가지는 남자 아이는 모든 세포에서 MeCP2가 결핍되며 대개 생후 1~2년 내에 호흡 부전으로 사망한다.

RTT는 신경계의 퇴행적 질병이라기보다는 신경계의 발생적 질병이다. 이는 환자와 유전자 제거 생쥐에서 신경의 비정상적 형태를 보이지만 신경세포의 사망을 보이지는 않는 것으로 확인된다. 최근까지 MeCP2의 결핍은 발생과정 중의 어떤 시기에 결정적으로 영향을 미치며 그 시기 이후에 MeCP2의 기능을 회복케 하더라도 표현형을 되돌릴 수는 없는 것으로 생각되었었다. 그러나 최근에 MeCP2의 발현을 조절할 수 있게 생쥐를 유전적으로 조작하여, 다 자랄 때까지 MeCP2의 발현이 없는 상태로 기른 후, 성체가 된 후에 MeCP2가 생산되게 했더니 초기 발생 과정에서의 결핍의 영향을 충분히 역전시킬 수 있었다. 이와 같은 놀라운 발견은 쉬운 일은 아니지만, 환자에 대한 치료법이 개발될 수 있는 가능성을 제시하는 것이다.

MeCP2가 어떻게 RTT 증상을 일으키는지는 아직 정확히 밝혀지지 않았다. 앞에서 설명된 대로 MeCP2는 유전자 발현의 억제인자로, 이것의 표적 유전자 중 하나로 뇌-기원 신경 영양인자(brain-derived neurotrophic factor, BDNF)를 암호화하는 유전자가 있다. BDNF는, 성장인자의 하나로, 뇌의 발달에 또 학습 및 기억과 관련이 있는 신경 연접의 변화에 역할을 한다. 최근에, 신경 활동이 MeCP2의 인산화를 유도한다는 사실이 밝혀졌는데, MeCP2가 이렇게 변하면 DNA로부터 해리되어 아마도 그것의 표적 유전자의 발현을 일으키게 되는 것으로 보인다. 이러한 활성의 교란이(예컨대, BDNF의 잘못된 발현) 아마도 RTT의 인지 능력적 증상의 원인일 수 있을 것으로 생각되고 있다.

MeCP2와 BDNF와의 연관, 그리고 이들 단백질과 RTT와의 관계, 그리고 MeCP2에 의해 조절되는 다른 유전자들에 관한 연구는 지금 활발히 진행 중이다. 증상이 인지력 손상에서부터 비정상적인 어조에 이르기까지 넓게 나타나는 것은, RTT의 여러 증상이 모두 나타나는 데에는 아마도 여러 유전자의 잘못된 발현이 관여하는 것으로 보인다.

Beckwith-Wiedemann 증후군(BWS)은 15,000명 당 1명꼴로 나타나는 발생학적 질병이다. 이 증상은 과잉성장(조숙아로 태어나며 정상보다 체구가 큼)과 여러 가지 소아 암(빌름스 종양 포함)의 발병 빈도가 높은 특징을 가진다. 이 증상은 또한 11번 염색체의 p15.5에 위치하는 각인 유전자의 발현 교란과 관련 있는데, 여기에는 본문에서 설명한(그림 19-31) 인슐린 유사 성장인자(*Igf2*)를 포함한다.

설명한대로, *Igf2* 유전자는 한 대립유전자만 발현된다. 다시 말해 각인에 의해 두 대립유전자 중 오직 하나만(이 경우 부친으로부터 받은 대립유전자) 발현된다. 동시에 *H19* 유전자는 오직 모친 쪽 대립유전자만 발현된다. BWS의 여러 경우에서, 두 염색체의 ICR의 메틸화에 의해 *Igf2*는 발현되고 *H19*는 발현되지 않는 결과가 이 증상을 야기했다. IGF2는 태아성장인자의 하나이고 *H19*는 조절 RNA(20장 참조)로 종양의 억제와 관련이 있다. 따라서 BWS의 과잉성장과 종양에 대한 감수성은 이해가 된다.

RTT와 마찬가지로 BWS도 생쥐의 유전자 조작으로 발생시킬 수 있다. 생쥐의 *Igf2*를 과잉 발현시킬 경우 일반적으로 과잉성장과 특정 암이 발병했다.

DNA(완전히 메틸화된 DNA의 복제에 의해 형성된 DNA)를 훨씬 능률적으로 메틸화한다. 포유류 세포에서 DNA 메틸화는 유전체에서 침묵화된 부위의 가장 중요한 표시가 된다. 메틸화는 처음 RNA의 DNA 결합 단백질의 작용에 의해 특정 서열에 지령되는 것으로 보인다(20장). DNA복제 후, 반 메틸화된 부위는 다시 메틸화된다. 이 부위는 억제인자, MeCP2에 의해 인지될 수 있는데, 이 인자는 히스톤 탈아세틸화 및 메틸화효소를 유인하여 침묵화를 재확립한다(그림 19-30).

아직 명백한 예는 발견되지 않았지만, 뉴클레오솜과 DNA 구조변화가 후생적 유전의 근거를 제공할 수 있다. 한 지역의 히스톤 메틸화에 의한 유전자의 꺼짐을 고려해 보자. 염색체의 그 부위가 세포분열 중 복제될 때, 어버이 DNA에 있던 메틸화된 히스톤은 두 딸가닥에 동일하게 나눠어 들어가게 된다(8장, 그림 8-43). 따라서 각각의 딸 분자는 일부는 메틸화되고 일부는 메틸화되지 않은 뉴클레오솜을 가진다. 메틸화된 뉴클레오솜은 크로모 영역을 가지는 단백질을 유인하는데, 여기에는 히스톤 메틸화효소 자체도 포함되어 이것이 인접의 변화되지 않은 뉴클레오솜을 메틸화시킨다. 이와 같은 방식으로 염색질의 변화 상태는 확산이 일어날 때와 같은 방식으로 세대를 따라 유지될 수 있을 것이다. 이것은 상당히 설득력 있는 모델이지만, DNA의 메틸화, DNA 결합 단백질 및 조절 RNA(20장) 등이 없이 작동함이 입증되어야 할 것이다(20장)(즉, 어떤 세포가 구조 변화 효소를 보충해야 할지 결정하는 특정 신호가 없는 상태에서).

요약

세균에서와 마찬가지로, 전사개시는, 비록 다른 단계에서의 부가적인 조절이 있긴 하지만 진핵세포의 유전자 발현의 조절에 가장 흔히 사용되는 단계이다. 역시 세균에서와 마찬가지로 전사개시는 전형적으로 유전자 부근의 DNA 서열에 특이적으로 결합하여 유전자를 켜거나(활성화인자) 또는 끄는(억제인자) 단백질에 의해 조절된다. 이와 같이 보존된 조절 기작은 진핵세포 유전자의 구조와 전사에서 세균에서는 발견되지 않는 여러 복잡성을 가진다.

진핵세포의 DNA는 히스톤에 쌓여 뉴클레오솜을 이룬다. 따라서, 전사 장치와 조절 단백질이 결합하는 DNA 서열은 흔히 봉쇄된다. 작은 화학기를 부가시켜 (또는 제거하여) 히스톤을 변화시키는 효소는 다음 두 방법으로 히스톤을 변화시킨다: 뉴클레오솜이 얼마나 단단하게 포장되었는지 그 포장 상태를 바꾼다(그리하여 뉴클레오솜 내의 DNA에의 접근성을 바꿈): 그리고 유전자 전사에 관여하는 다른 단백질이 결합할 수 있는 결합자리를 형성(또는 제거)한다. 또 다른 효소는 뉴클레오솜을 리모델링한다: 그들은 ATP의 가수분해에서 발생한 에너지를 이용하여 뉴클레오솜의 구조를 바꾸어 그 서열이 사용될 수 있도록 한다. 전사 활성화의 중요한 기작으로는 중핵 프로모터에 있는 뉴클레오솜의 제거이다. 결합되어 있으면서 불활성인 Pol II(이를 정지된 Pol II라 부름)는 열린 상태, 즉 무(無)-뉴클레오솜 상태이므로 적절한 신호가 내려질 때 빠르고 효과적인 유전자 발현이 유도된다.

다세포 진핵생물의 유전자는 세균의 그것에 비해 더 많은 조절 단백질에 의해 조절되며, 일부는 유전자에서 먼 곳에 결합한다. 이것은 다세포 진핵생물의 유전자 조절에는 아주 많은 생리적 신호가 존재함을 반영하는 것이다.

세균과 진핵세포에서의 RNA 중합효소는 보존된 편이다(13장). 그러나 진핵세포의 중합효소는 더 많은 소단위를 가지며, 중합효소와 함께 프로모터에 결합하는 50여 가지의 추가적인 단백질을 가진다. 아직 이들 여러 단백질들이 무슨 역할을 하는지는 잘 모르지만, 대부분이 여러 유전자의 효율적인 전사에 필수적이다. 이들 단백질의 다수는 프로모터에서 큰 단백질복합체를 이룬다.

세균에서 본 것과 마찬가지로, 진핵세포에서의 활성화인자는 주로 유인에 의해 작용한다. 그러나 활성화인자는 중합효소를 직접 또는 혼자서 유인하지는 않는다. 즉, 주어진 유전자의 전사를 개시하는 데 필요한 다른 단백질복합체를 유인한다. RNA 중합효소 자체는 이들 다른 복합체를 따라 들어온다. 활성화인자는 또한 히스톤 변화 효소를 유인할 수 있는데, 이들에 의한 변화는 프로모터에 대한 전사 장치의 결합을 도울 수 있다.

활성화인자는 전사 장치의 여러 구성요소 중 일부 요소나 뉴클레오솜 구조 조절자와 결합할 수 있다. 예컨대, Gal4는 프로모터에 요구되는 중개인자, SAGA, Swi/Snf 및 TFIID를 유인한다. 또 다른 예의 경우, 중합효소가 결합한 후에 효율적인 개시와 신장을 위해 인자들이 요구될 수 있는데, 이들 역시 활성화인자에 의해 유인될 수 있다. 활성화인자의 이런 성질은 특히 다세포 생물에서, 그들이 어떻게 즉각적으로 그리고 다양한 조합으로 작용하는지를 설명해 준다. 또한 그들이 신호통합과 조합적 조절에 널리 작용하는 것도 이해할 수 있다.

일부 활성화인자는 유전자로부터 멀리 떨어진 곳에서 작용하는데, 이 경우 활성화인자 결합자리와 프로모터 사이의 DNA는 고리를 형성하게 된다. 이처럼 먼 거리에 어떻게 고리를 형성하는지는 명확하지 않지만, 아마도 이 구간의 염색질의 구조에 변화가 일어나는 것으로 보인다. 차단자라 불리는 DNA 서열은 멀리 떨어진 증폭자에 결합한 활성화인자가 그들의 프로모터와 상호작용하는 것을 방해하는 단백질과 결합한다. 차단자는 고리 형성을 쉽게 하지 못하게 함으로써(예컨대 염색질의 구조를 바꿈으로써) 억제 작용을 한다. 차단자는 활성화인자가 한정된 유전자에만 작용할 수 있도록 해준다.

진핵세포의 억제인자도 세균에서와 마찬가지로, 여러 방식으로 작용한다. 그러나 세균에서 볼 수 있는 가장 단순하고 일반적인 기작은 억제인자가 프로모터와 중첩되는 부위에 결합하여 RNA 중합효소의 결합을 봉쇄하는 것이다. 이와 같은 기작은 진핵세포에서는 전형적인 방식이 아니다. 진핵세포에서 억제인자가 작용하는 가장 일반적인 방식은 전사를 감소시키는 히스톤 구조 조절자를 유인하는 것이다. 예를 들면, 히스톤 아세틸화 효소는 대개 활성화를 일으키는데 반해, 히스톤 탈아세틸화 효소—아세틸기를 제거하는 효소—는 유전자를 억제한다.

어떤 경우에는, 염색질 DNA의 상당한 부분이 탈아세틸화와 메틸화 같은 적절한 뉴클레오솜 구조 변화에 의해 불활성 상태로 유지될 수 있다. 이 방식은 특이적 억제인자들이 각각의 유전자 자리에 결합할 필요 없이 일군의 유전자들을 "침묵화"시킬 수 있다.

포유류와 같은 일부 진핵생물에서는, DNA의 메틸화가 유전자 침묵화와 관련이 있다. 메틸화된 서열은 전사 장치 및 활성화인자의 결합을 봉쇄하거나, 인접 유전자들을 억제할 수 있는 히스톤 구조 조절 효소를 유인하는 억제인자들과 특이적으로 결합할 수 있다. DNA의 메틸화는 세포분열을 통해 계속 유지될 수 있다. 따라서 메틸화에 의한 유전자 조절도 마찬가지로 세포분열과 함께 전달될 수 있다.

만약 유전자의 발현이 세포분열을 통해서도 어떤 수준으로 유지된다면—돌연변이나 그 같은 발현을 일으키는 신호에 의하지 않고—우리는 이를 후생적 유전이라고 한다. 자동 조절되는 전사인자의 고리가 이런 일을 할 수 있다. 또한 DNA의 메틸화도 유전자 발현에 영향을 미치며 유전된다. 히스톤의 변화에 의한 후생적 유전의 가능성도 논의되곤 한다. 그러나 DNA 결합 단백질, 조절 RNA, 또는 DNA의 메틸화 등과 관계없이 히스톤의 변화만으로 실제 이 같은 후생적 유전이 일어나는지는 아직 명확하지 않다.

참고문헌

Books

Allis C.D., Jenuwein T., Reinberg D., and Caparros M.-L. eds. 2007. *Epigenetics*. Cold Spring Harbor Laboratory Press, Cold Spring Harbor, New York.

Carey M., Smale S.T., and Pederson C.L. 2008. *Transcriptional regulation in eukaryotes: Concepts, strategies, and techniques*. Cold Spring Harbor Laboratory Press, Cold Spring Harbor, New York.

Ptashne M. and Gann A. 2002. *Genes and signals*. Cold Spring Harbor Laboratory Press, Cold Spring Harbor, New York.

DNA Recognition

Garvie C.W. andWolberger C. 2001. Recognition of specific DNA sequences. *Mol. Cell.* **8**: 937–946.

Harrison S.C. 1991. A structural taxonomy of DNA-binding domains. *Nature* **353**: 715–719.

Activation

Bjorklund S. and Gustafsson C.M. 2005. The yeast Mediator complex and its regulation. *Trends Biochem. Sci*. **30**: 240–244.

FudaN.J., Ardehali M.B., and Lis J.T. 2009. Defining mechanisms that regulate RNA polymerase II transcription in vivo. *Nature* **461**: 186–192.

Jones K.A. and Kadonaga J.T. 2000. Exploring the transcription–chromatin interface. Genes *Dev.* **14**: 1992–1996.

Kim Y.J. and Lis J.T. 2005. Interactions between subunits of *Drosophila* Mediator and activator proteins. *Trends Biochem. Sci.* **30**: 245–249.

Kornberg R.D. 2005. Mediator and the mechanism of transcriptional activation. *Trends Biochem. Sci.* **30**: 235–239.

Levine M. 2011. Paused RNA polymerase II as a developmental checkpoint. *Cell* **145**: 502–511.

Luo Z., Lin C., and Shilatifard A. 2012. The super elongation complex (SEC) family in transcriptional control. *Nat. Rev. Mol. Cell Biol.* **13**: 543–547.

MalikS.andRoederR.G.2005.DynamicregulationofPol II transcriptionby themammalianMediator complex. *Trends Biochem. Sci.* **30**: 256–263.

Ptashne M. 2005. Regulation of transcription: From lambda to eukaryotes. *Trends Biochem. Sci.* **30**: 275–279.

Repression

Liu Z. and Karmarkar V. 2008. Groucho/Tup1 family co-repressors in plant development. *Trends Plant Sci.* **13**: 137–144.

Simon J.A. and Kingston R.E. 2009. Mechanisms of Polycomb gene silencing: Knowns and unknowns. *Nat. Rev. Mol. Cell Biol.* **10**: 697–708.

Smith R.L. and Johnson A.D. 2000. Turning genes off by Ssn6-Tup1: A conserved system of transcriptional repression in eukaryotes. *Trends Biochem. Sci.* **25**: 325–330.

Nucleosome Modifiers and Transcriptional Regulation

Hargreaves D.C. and Crabtree G.R. 2011. ATP-dependent chromatin remodeling: Genetics, genomics and mechanisms. *Cell Res.* **21**: 396–420.

Henikoff S. and Shilatifard A. 2011. Histone modification: Cause or cog? *Trends Genet.* **27**: 389–396.

Jenuwein T. and Allis C.D. 2001. Translating the histone code. *Science* **293**: 1074–1080.

Narlikar G.J., Fan H.Y., and Kingston R.E. 2002. Cooperation between complexes that regulate chromatin structure and transcription. *Cell* **108**: 475–487.

Rando O.J. and Winston F. 2012. Chromatin and transcription in yeast. *Genetics* **190**: 351–387.

Shahbazian M.D. and Grunstein M. 2007. Functions of site-specific histone acetylation and deacetylation. *Annu. Rev. Biochem.* **76**: 75–100.

Wang X., Bai L., Bryant G.O., and Ptashne M. 2011. Nucleosomes and the accessibility problem. *Trends Genet.* **27**: 487–492.

Silencing, Imprinting, and Epigenetics

Gartenberg M.R. 2000. The Sir proteins of *Saccharomyces cerevisiae*: Mediators of transcriptional silencing and much more. *Curr. Opin. Microbiol.* **3**: 132–137.

Goldberg A.D., Allis C.D., and Bernstein E. 2007. Epigenetics: A landscape takes shape. *Cell* **128**: 635–638.

Gottschling D.E. 2004. Summary: Epigenetics—From phenomenon to field. *Cold Spring Harb. Symp. Quant. Biol.* **69**: 507–519.

Klose R.J. and Bird A.P. 2005. Genomic DNA methylation: The mark and its mediators. *Trends Biochem. Sci.* **31**: 89–97.

Ptashne M. 2007. On the use of the word epigenetic *Curr. Biol.* **17**: R233–R236.

Wood A.J. and Oakey R.J. 2006. Genomic imprinting in mammals: Emerging themes and established theories. *PloS Genet.* **2**: 1677–1685.

Enhancers, Combinatorial Control, and Synergy

Arnosti D.N. and Kulkarin M.M. 2005. Transcriptional enhancers: Intelligent enhanceosomes or flexible billboards? *J. Cell Biol.* **94**: 890–898.

Li H. and Johnson A.D. 2010. Evolution of transcription networks—Lessons from yeasts. *Curr. Biol.* **20**: R746–R753.

Merika M. and Thanos D. 2001. Enhanceosomes. *Curr. Opin. Genet. Dev.* **11**: 205–208.

Rokas A. 2006. Evolution: Different paths to the same end. *Nature* **443**: 401–402.

Long-Range Interactions

Buecker C. and Wysocka J. 2012. Enhancers as information integration hubs in development: Lessons from genomics. *Trends Genet.* **28**: 276–284.

Dean A. 2006. On a chromosome far, far away: LCRs and gene expression. *Trends Genet.* **22**: 38–45.

Dorsett D. and StrömL. 2012. The ancient and evolving roles of cohesin in gene expression and DNA repair. *Curr. Biol.* **22:** R240–R250.

Gaszner M. and Felsenfeld G. 2006. Insulators: Exploiting transcriptional and epigenetic mechanisms. *Nat. Rev. Genet.* **7**: 703–713.

Li Q., Barkess G., and Qian H. 2006. Chromatin looping and the probability of transcription. *Trends Genet.* **22**: 197–202.

Signals and Signal Transduction

Bromberg J.F. 2001. Activation of STAT proteins and growth control. *Bioessays* **23**: 161–169.

Brown M.S., Ye J., Rawson R.B., and Goldstein J.L. 2000. Regulated intramembrane proteolysis:Acontrol mechanism conserved from bacteria to humans. *Cell* **100**: 391–398.

Pawson T. and Nash P. 2000. Protein–protein interactions define specificity in signal transduction. *Genes Dev.* **14**: 1027–1047.

Repression and Disease

Gabellini D., Green M.R., and Tupler R. 2004. When enough is enough: Genetic diseases associated with transcriptional derepression. *Curr. Opin. Genet. Dev.* **14**: 301–307.

Kriaucianis S. and Bird A. 2003. DNA methylation and Rett syndrome. *Hum. Mol. Genet.* **12**: R221–R227.

Miller G. 2007. Medicine. Rett symptoms reversed in mice. *Science* **315**: 749.

연습문제

짝수 문제의 해답은 부록 2 해답을 참조하라.

문제 1. 유전자 발현의 가장 일반적인 유형은 전사 단계의 조절이다. 진핵세포에서의 다른 유형의 유전자 발현의 이름을 써라. 그 중에 원핵세포에는 볼 수 없고 진핵세포에서만 볼 수 있는 독특한 조절이 있는가?

문제 2. 세균 및 진핵세포에서의 전사조절에 관여하는 DNA 서열을 비교하고 차이점을 설명하라.

문제 3. 대장균의 *lac Z* 유전자는 흔히 출아효모(*S. cerevisiae*)에서는 보고유전자로 사용되는데 대장균(*E. coli*) 에서는 왜 사용되지 못하는가?

문제 4. DNA 주형의 존재 하에서(예컨대, PCR의 산물로부터 형성된), 일반 전사인자와 RNA 중합효소 II는 시험관 내에서 전사 개시를 할 수 있다. 그러나 일반 전사인자와 RNA 중합효소 II만으로는 유전체 DNA를 주형으로 한 전사 개시는 일어나지 않는 이유를 설명하라.

문제 5. 글상자 19-1의 두 잡종 분석법의 원리를 다시 읽어 보시오. 보고유전자의 상호작용을 관찰하려면 세포 내의 어느 곳에서 미끼와 먹이의 상호작용이 일어나야겠는가? 이러한 요구의 관점에서 볼 때, 효모의 두 잡종 분석법은 어떤 결점이 있는가? 그 외 다른 결점도 상상할 수 있는가?

문제 6.

A. 다음은 염색질면역침강법(ChIP)의 여러 단계를 아무렇게나 나열한 것이다. 제시된 각 단계를 ChIP의 순서대로 나열해 보라.

a. DNA-단백질복합체의 면역침강.

b. PCR에 의한 DNA의 증폭.

c. 한 단백질에 대해 특이적인 항체 첨가.

d. DNA 단편에 대해 단백질을 교차 결합.

e. 단백질 제거.

B. 어떤 연구자가 유전자 *Y*를 포함하는 부위에 특이적인 PCR 시발체와 단백질 X에 대한 항체를 사용하여 ChIP를 수행하려 한다. 이 연구자가 문제 해결을 위해 이 실험을 선택하게 된 의문점은 무엇인지 말해보라.

문제 7. 출아효모의 교배형을 결정하는 유전자 발현을 조절하는 데 있어 조합적 조절이 사용되었다. Mcm1은 반수체 *MAT* α 세포에서 어떻게 표적 유전자의 전사를 억제 또는 활성화하는가?

문제 8.

A. 19장에서 설명된, 유전자의 발현에 영향을 미치는, 히스톤의 공유결합적 변화의 예를 제시하라.

B. 어떤 특정 변화가 항상 일정하게 활성화 또는 억제화로 결과되지는 않는지 그 이유를 설명하라.

문제 9.

A. 포유류 세포에서의 유전자 발현에 있어서 DNA 메틸화의 역할을 설명하라.

B. 포유류 세포에서의 DNA 메틸화의 역할은 대장균에서의 DNA 메틸화의 역할과 어떻게 다른가?

문제 10. 신호전달 경로의 참여자들은 다음의 부류로 나눌 수 있다: 신호, 수용체, 중계 분자, 결과물. 그림 19-22의 STAT 경로에서 각 구성요소를 신호, 수용체, 중계 분자, 결과물로 분류해 보시오. 한 가지 용어를 두 번 이상 사용할 수도 있음.

문제 11. 각인은 왜 비멘델성 유전(형질의 분리가 멘델 유전 방식과 맞지 않음)을 하는지 가설을 세워 보라. 멘델식 유전을 더 알고 싶으면 1장을 참고하라.

문제 12. 당신은 지금 포유류 세포에서 전사 조절에 역할을 하는 세 가지 단백질 — 단백질 A, 단백질 B, 단백질 C — 을 연구하려고 한다. 이를 위해 전기영동 이동성 변화분석법(EMSA)을 수행하였는데, 그 결과는 아래와 같았다. EMSA법에 관해서는 7장을 참고할 수 있다. 모든 반응은 결합 완충액과 표지된 DNA 단편을 포함하며, DNA 단편에는 단백질 A에 대한 결합 서열이 포함되었으며, 그 서열은 포유류 유전자의 상류에 있는 것이다. 첨가된 정제 단백질들은 겔 위에 표시되었다.

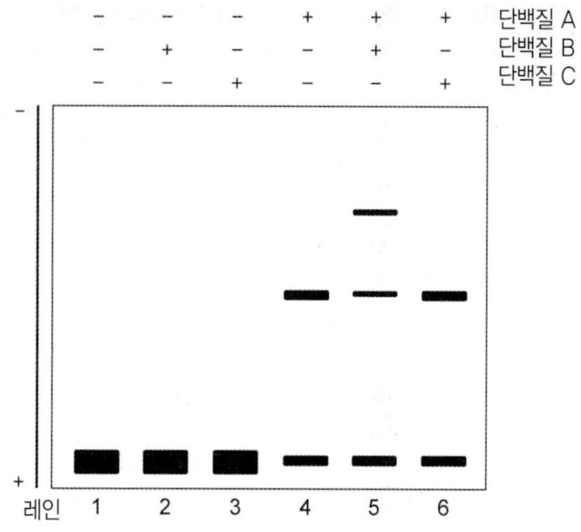

A. 이 자료에 근거하면, 단백질 A가 DNA와 결합하는가? 답변에 대해 설명하라.

B. 레인 5에서 관찰된 결과에 대해 설명하고, 레인 2에서의 결과와 비교하여 설명하도록 하라.

C. 단백질 B가 어떻게 전사를 활성화할지 한 가지 모델을 제시하라.

문제 13. 예쁜꼬마선충(*C. elegans*)의 유전자 이식 계통을 만들려고 한다. *wyz* 유전자는 이 선충의 배의 모든 세포에서 발현된다. *wyz* 유전자의 프로모터(Pwyz, 300 bp)에 녹색형광단백질(GFP, 900 bp)을 암호화하는 유전자를 융합시켰다. 이렇게 융합된 유전자를(아래 그림처럼), 선충 내에 주입하였다. 이렇게 재조합된 유전자는 유전체에 임의적으로 삽입되어 모든 후손에게 안정적으로 유전된다.

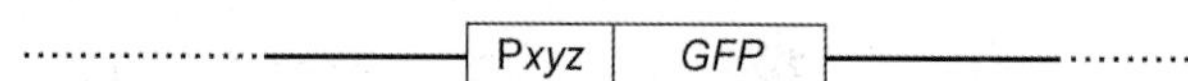

비록 *xyz*가 배의 모든 세포에서 발현된다고 하더라도, 주입된 성체의 후손에서는 GFP가 발현되지 않았다. 당신은 당신의 유전자 주입 능력을 확신하며, 재조합 유전자가 선충의 유전체에 확실히 통합되었다고 믿고 있다.

A. 통합된 유전자와 그 인접부를 증폭하여 양 방향으로 서열 분석을 하였다. 한쪽 편에서는, 통합된 유전자는 임의적인 5000bp 염기서열부와 인접하였다. 다른 쪽에서는 "TAAGGC" 서열이 200번 반복된 부위와 인접하고 있었다. 이 결과에 근거하여, 왜 융합된 유전자가 발현되지 않았는지 설명하는 가설을 세워 보라.
위의 융합 유전자를 또 다른 성체 선충에 주입하여 유전체의 다른 부위에 통합시키고자 시도하였다. 당신은 이 성체로부터 생산된 배의 모든 세포에서 GFP가 발현되는 것을 보고(형광현미경 관찰로) 만족해 할 것이다.

B. 단백질 XYZ의 세포 내 위치를 알아보고자 한다. 세포 내에서 단백질 XYZ의 위치를 찾을 수 있도록 A부분으로부터 재조합시키는 변형법을 제시하고 그 이유도 설명하라.

CHAPTER 20

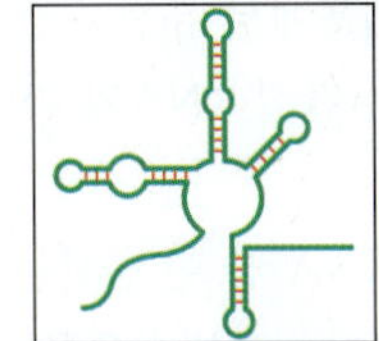

조절 RNA

개 요

우리는 앞의 두 장에서 원핵생물과 진핵생물의 전사가 어떻게 조절되는지에 대해 논의하였다. 이러한 조절은 전형적으로 주위 유전자의 전사를 활성화시키거나 억제하는 서열-특이 DNA 결합 단백질들인 조절 단백질을 사용하여 이루어진다는 것을 배웠다. 50여 년 전, 자코(Fran is Jacob)와 모노(Jacques Monod)가 억제 모델을 제시한 이후로 유전자 조절의 상세한 기작이 연구되어왔다(18장, 글상자 18-2). 당시에는 억제인자인 트랜스(trans) 인자들이 단백질인지 아니면 RNA인지 말할 수 없었다. 그들이 수행한 연구와 다른 대부분의 경우에서 조절자가 DNA의 작동유전자 부위에 결합하는 단백질이라는 것이 밝혀졌다. 하지만 그들은 최초 논문에서 조절자가 RNA 분자일 가능성을 제안했고 실제로 그 가능성을 더 지지했다.

원핵세포와 진핵세포에서 단백질 조절자들이 점점 더 많이 발견됨에 따라 RNA가 조절자일 거라는 생각은 거의 잊혀져 갔다. 하지만 최근에는 특히 진핵세포에서 전사 수준과 번역에서 작동하는 RNA 조절자에 대한 연구가 폭발적으로 진행되고 있다. 이러한 새로운 분야의 출현은 1990년대 초에 처음 보고된 마이크로 RNA(microRNA)의 발견과, 1990년대 후반에 발견된 RNA 간섭(RNA interference)으로 알려진 현상에 기인한다. 그들의 작동법과 연구자들에게 도움을 주는 응용법을 위한 조절 방식을 설명하기에 앞서, 먼저 세균에서 RNA-매개 유전자 조절의 예를 살펴보고자 한다.

세균에서 RNA에 의한 조절

수 년 동안 세균에서 작은 RNA(small RNA)들이 발견되어 왔다. 일부는 플라스미드의 복제를 조절하는 데 관여하고, 다른 것은 유전자의 발현 조절에 관여한다(12장의 Tn*10*에 대한 논의 참조). 후자에 속하는 RNA의 일부는 전사를 조절하며 대장균의 6S RNA가 이에 속한다. 이 RNA는 RNA 중합효소의 σ^{70} 소단위체에 결합하여 많은 σ^{70} 프로모터로부터의 전사를 감소시킨다. 6S RNA는 정지기(stationary phase)에 높은 농도로 축적된다(성장기의 세균이 영양분이 고갈되면 정지기에 들어가 세포분열을 멈춘다). 정지기에는 대체 σ 인자인 σ^S가 만들어진다. 이 σ 인자는 핵심중합효소에 대해 σ^{70}과 경쟁하여 정지기에서 살아남기 위해 요구되는 다중 스트레스반응 유전자들을 발현하는 프로모터로 효소를 이끈다. 6S RNA는 σ^{70} 프로모터에서의 전사를 감소시킴으로써 σ^S 프로모터의 발현으로 전환되는 것을 돕는다.

최근에는 번역과 mRNA 분해를 조절하는 세균의 작은 RNA에 관심의 초점이 맞춰져 있다. 이 작은 RNA는 진핵세포에서 유전자 발현을 조절하는 RNA들과의 유사성 때문에 관심이 고조되었다. 작은 간섭 RNA와 마이크로 RNA에 대해서는 이 장의 후반부에서 다루기로 한다.

sRNA라 불리는 세균의 조절 RNA 중 한 종류는 진핵세포의 마이크로 RNA처럼 표적유전자의 번역 조절에 트랜스(*tarns*) 방식으로 작용한다. 하지만 그들은 80~110 뉴클레오티드로, 21~30 뉴클레오티드로 된 진핵세포의 조절 RNA에 비해 크며, 진핵세포에서처럼 RNA 조절자가 커다란 dsRNA 전구체로부터 가공되는 방식으로 만들어지지 않는다. 대신 작은 유전자가 그들의 최종산물을 암호화하고 있다. 생물정보학(bioinformatics)에 의해 많은 유전자들의 존재가 알려졌으며 대장균에서는 100개 이상의 sRNA의 정체가 밝혀지고 있다. 대부분의 sRNA는 표적 mRNA 내부의 상보적인 서열과 염기쌍을 이루어 작용하며, mRNA의 분해를 유도하거나 번역을 억제하며 심지어 어떤 경우엔 번역을 촉진(stimulating)하기도 한다.

표적 mRNA에 대한 sRNA의 결합은 대부분의 경우 세균의 Hfq 단백질의 도움을 받는다. sRNA와 표적 mRNA 간의 상보성은 대개 완벽하지 않고 짧기 때문에 그들의 상호작용이 약하므로 이러한 RNA 샤페론을 필요로 한다. Hfq는 염기쌍 형성을 촉진한다. 또한 sRNA가 자신의 표적과 결합하기 이전에라도 그들과 결합하여 이 조절자의 안정성을 증가시킨다.

대장균에서 잘 연구된 sRNA로는 81 뉴클레오티드의 RybB RNA가 있다. 이 sRNA는 몇몇 mRNA와 결합하여 그들의 분해를 유도하는데, 이는 염기쌍을 통해 형성된 이질이중가닥(heteroduplex)의 이중가닥 부위가 RNA 가수분해효소 E의 기질로 인식되기 때문이다. RybB의 표적이 되는 대부분의 mRNA들은 철 저장 단백질을 암호화한다. 특정 환경에서 세포는 유리 철(free iron)을 필요로 하지만 농도가 높아지면 독성을 나타낸다. RybB는 철 저장 단백질의 수준을 조절함으로써 유리 철의 농도를 조절한다. RybB는 스트레스 반응의 σ^S 같이 σ^E라 불리는 특정한 σ 인자에 의해 인식되는 프로모터로부터 발현된다. σ^E를 암호화하는 유전자의 발현은 그 자체가 RybB에 의해 조절되며, 그래서 이 sRNA는 σ^E에 대한 자가음성적 조절 고리(autonegative regulatory loop)의 일부가 된다.

위에서 언급한 정지기의 σ 인자인 σ^S는 대장균의 *rpoS* 유전자에 의해 암호화된다. *rpoS* mRNA의 번역은 두 개의 sRNA, DsrA와 RprA에 의해 촉진된다. 활성은 대체 RNA 염기쌍 형성의 스위치가 켜지면서 일어난다. 즉, 작은 RNA들이 평소엔 mRNA상의 리보솜-결합자리와 쌍을 이루어 번역을 억제하는 부위와 결합하게 된다. *rpoS* 유전자는 다른 sRNA인 OxyS에 의해 음성적으로 조절되기도 한다. 그림 20-1은 이러한 두 가지 기작을 나타낸다.

세균에 있는 조절 RNA의 다른 예는 단순히 "안티센스" RNA로 작용하는 것이다. 이들은 유전자의 암호화 가닥의 반대편 가닥에 의해 암호화되며 이 유전자에 의해 생성된 mRNA의 발현을 상동염기쌍 형성을 통해 억제한다. 이러한 현상은 잠재적 독성 산물을 암호화하는 유전자들과 연관이 있는 경향이 있으며, 일부 파지(람다 파지) 유전자의 조절에서도 나타난다(18장 참조). 이러한 RNA들은 종종 시스(*cis*) 방식으로

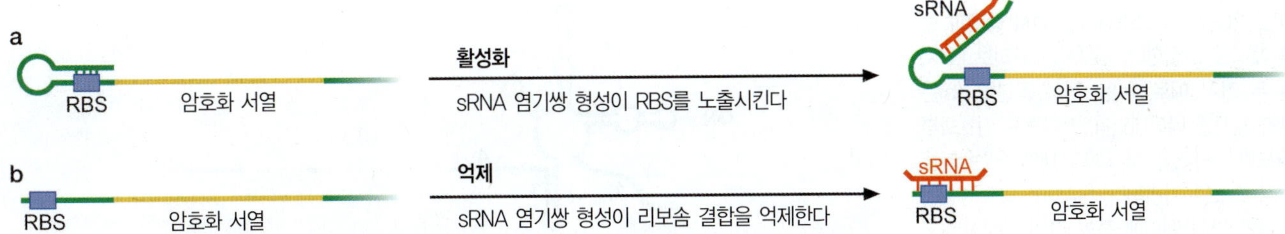

그림 20-1 sRNA에 의한 번역의 활성과 억제. 리보솜-결합자리(RBS)가 다른 RNA 분자(b의 경우)나 같은 RNA 분자의 다른 부위(a의 경우)와 염기쌍을 형성하여 차단되면 번역이 억제된다. (Adapted, with permission, from Gottesman S. et al. 2006. *Cold Spring Harbor Symp. Quant. Biol.* **71**: 1–11, Fig. 1. © Cold Spring Harbor Laboratory Press.)

작용한다고 말하는데, 이는 그들이 만들어진 유전자에만 작용하기 때문이다[위에 언급한 트랜스작용(*trans*-acting) sRNA와 대비됨].

이 장의 후반부에는 트랜스작용 조절 RNA로 돌아가 진핵세포의 유전자 발현 조절에서 이들의 역할에 대해 논의할 것이다. 하지만 이 주제로 돌아가기에 전에 세균에서 실제 시스 방식으로 작동하는 대체 RNA 염기쌍 형성을 매개로 하는 유전자 조절의 다른 예를 살펴보려고 한다. 이들은 자신이 존재하는 mRNA 상에서 유전자의 발현을 조절하는 RNA 조절요소들이다. 가장 두드러진 예는 소위 **리보스위치(riboswitch)**라는 것으로 대사 오페론과 생합성 오페론의 **전사약화(attenuation)**를 조절한다. 대장균의 *trp* 유전자는 RNA-매개 조절기작이 발견된 후자의 고전적인 예이다(이에 대해 글상자 20-1에서 상세히 다룰 것이다).

리보스위치는 유전자 전사체의 내부에 위치하며, 2차 구조의 변화를 통해 그들의 발현을 조절한다

리보스위치는 작은 분자들의 농도 변화에 반응하여 유전자 발현을 조절한다. 이 조절인자들은 전형적으로 그들이 조절하는 유전자의 5′-비번역 부위(5′-UTR) 내에서 발견되며, 전사 또는 번역 수준에서 발현을 조절할 수 있다. 그들은 RNA의 2차구조 변화를 통해 이러한 일을 수행하며, 이에 대해서는 앞으로 논의할 것이다.

각각의 리보스위치는 **앱타머(aptamer)**와 **발현 플랫폼(expression platform)**의 두 구성요소로 이루어진다(그림 20-2). 앱타머가 작은 분자 리간드와 결합하고 이에 대한 반응으로 구조적인 변화가 생기면, 주위에 있는 발현 플랫폼의 2차구조에 변화를 일으킨다. 이러한 구조적 변화는 전사를 종결하거나 번역의 개시를 억제하는 등 관련된 유전자의 발현에 영향을 준다. 두 기작은 그림 20-3에 그 예를 나타내었으며, 지금부터 이에 대해 설명할 것이다.

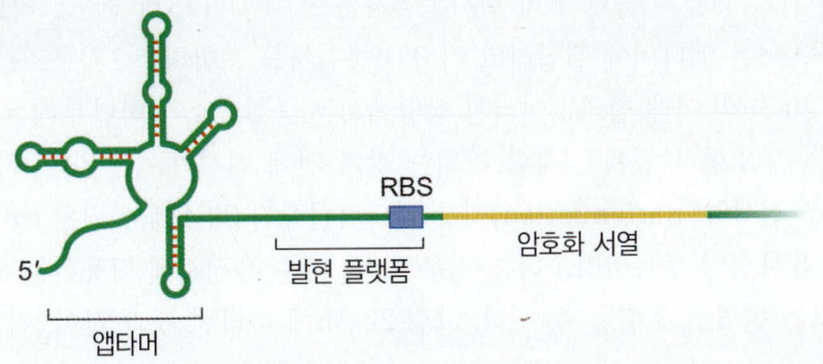

그림 20-2 리보스위치 RNA의 구성. 본문에 설명된 것처럼 앱타머는 조절 대사산물과 결합하여 주위의 발현 플랫폼의 구조를 변화시킨다. 현재까지 알려진 앱타머의 길이는 70~200 뉴클레오티드로 다양하다. 발현 플랫폼은 크기와 특성이 더욱 다양하다.

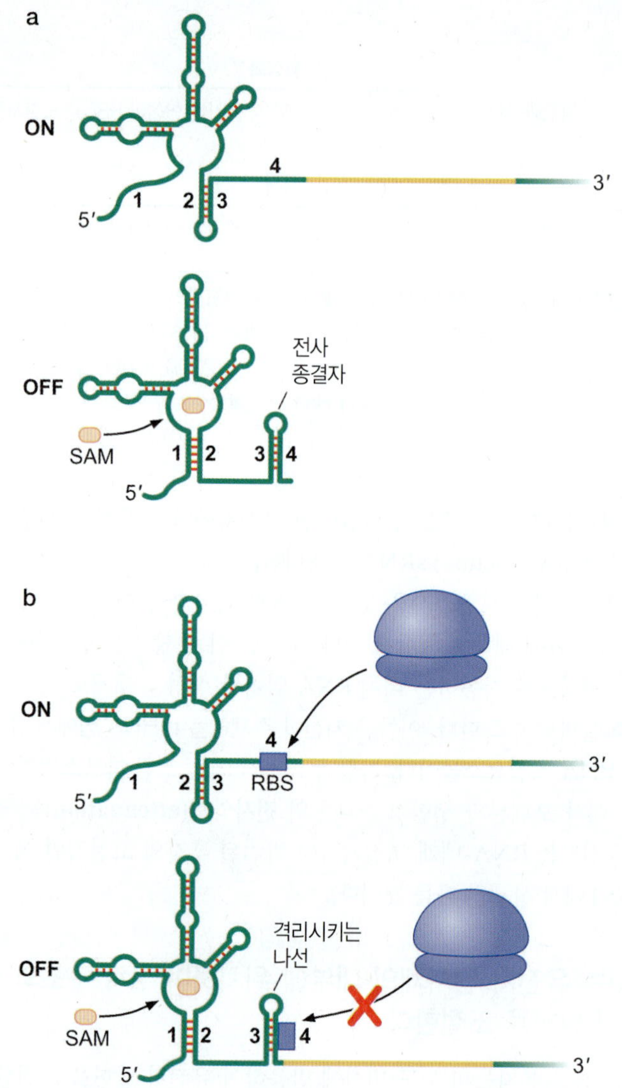

그림 20-3 리보스위치는 전사 종결과 번역 개시를 조절한다. SAM-감지 리보스위치의 두 가지 예로, (a)는 전사 종결을, (b)는 번역 개시를 나타내었다. 1~4번은 암호화부위(노란색)의 상단부 RNA 내에 있는 다른 서열 요소를 가리킨다. SAM이 없으면 2번과 3번 부위 사이에 줄기 고리가 형성된다. SAM이 존재하면 1번과 2번 사이에 줄기 고리가 형성되고, 3번과 4번 부위 간에도 줄기 고리가 형성된다. 이러한 2차구조 변화의 결과로 전사와 번역을 조절한다. (a) 3번과 4번 부위의 줄기 고리는 전사 종결자를 만들고, RNA 중합효소가 이 부위를 전사한 직후 하단부의 암호화부위에 도달하기 전에 전사를 종결한다. 이 경우, 줄기 고리 뒤쪽으로 전사 종결자의 다른 특징인 mRNA 상의 U 확장이 뒤따른다(13장, 그림 13-13). (b) 3번과 4번 부위 사이에 형성된 줄기 고리는 리보솜 결합자리를 고립시켜 번역 개시를 억제한다.

리보스위치는 문제의 리보스위치에 의해 인식되는 대사산물 리간드의 합성에 관여하는 유전자의 상단부에서 흔히 발견되며 이것은 놀라운 일이 아니다. 예를 들어, 고초균(*Bacillus subtilis*)에서 메티오닌 아미노산의 사용에 관여하는 많은 유전자들은 *S*-아데노실메티오닌(*S*-adenosylmethionine, SAM) 감지 리보스위치로 작동하는 200 뉴클레오티드 길이의 비번역 선도 RNA(leader RNA)를 갖는다. 프로모터에서 전사를 개시한 RNA 중합효소는 하단부에 있는 유전자의 암호화 서열에 도달하기 전까지 이 선도부위를 전사한다. 일단 RNA로 전사되면, 선도부위는 분자 내 염기쌍 형성의 대체 패턴을 통해 대체구조(alternative structure)에 적응할 수 있게 된다(그림 20-3a). 한 가지 배열은 줄기 고리 전사종결자를 포함한다(13장 참조). 리보스위치의 리간드인 SAM은 앱타머에 결합하고 이 전사종결자를 포함하는 2차구조를 안정화시킨다(그림 20-3a의 아래 참조). 이러한 상황에서는 중합효소가 하단부에 위치한 유전자의 단백질-암호화 부위를 전사할 기회를 갖기 전에 전사가 종결된다. 이런 형태의 전사 조절을 **전사약화(attenuation)**라 부른다. (글상자 20-1에 설명된 *trp* 시스템과의 기작의 유사성에 주목하라.) 다른 경우로, 또 다른 유전자에 작용하는 SAM-감지 리보스위치는 번역을 조절할 수 있다. 그림 20-3b에 나타낸 것과 같이, 이 경우엔 종

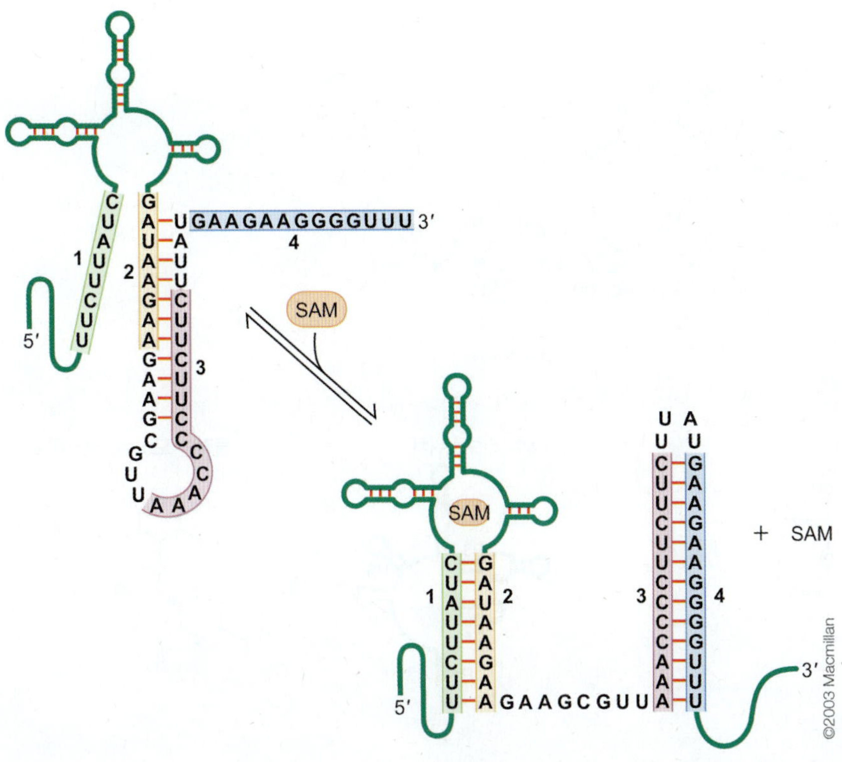

그림 20-4 SAM-감지 리보스위치 2차구조의 변화. 그림 20-3의 1~4번 부위의 염기서열을 다른 색으로 자세히 나타내었다. SAM과 결합한 형태와 결합하지 않은 형태의 두 가지 대체 2차구조에서 발견되는 염기쌍을 나타내었다. (Adapted from Winkler W.C. et al. 2003. *Nature Struct. Biol.* **10:** 701–707, Fig. 5b. © Macmillan.)

결자는 아니지만 리보솜 결합자리(RBS; 4번 부위 내에 위치)를 갖는 줄기 고리를 포함하는 앱타머에 SAM이 결합함으로써 대체적인 2차구조가 안정화된다. 이러한 구조적 변화는 리보솜 결합자리를 격리시키고 리보솜이 번역을 개시하는 것을 억제한다(15장 참조). 따라서 이러한 번역 억제 방식은 앞에서 설명한 트랜스작용 sRNA의 경우(그림 20-1)와 근본적으로 같다. 리보스위치에 SAM이 결합하여 유도되는 RNA의 2차구조 변화에 대한 자세한 설명은 그림 20-4에 나타내었다.

많은 리보스위치들이 규명되었고, 최근에 수행된 전체 유전체 서열 분석 결과에 의하면 아마도 수백에서 수천 개가 세균종들에 발견될 것이라 여겨진다. 특성이 잘 밝혀진 예들도 있는데, 이들은 리신과 다른 아미노산, 비타민 B12, 조효소인 티아민 피로인산(thiamine pyrophosphate, TPP), 플라빈 모노뉴클레오티드(flavin mononucleotide, FMN)와 구아닌을 포함하는 여러 범주의 다른 대사산물에 반응한다(그림 20-5).

다른 종류의 리보스위치는 작은-분자 리간드 대신 충전되지 않은 tRNA에 반응한다. 따라서 어떤 유전자들, 그 중에서도 특히 아미노아실 tRNA 합성효소의 유전자들(15장 참조)은 200~300 뉴클레오티드 길이의 번역되지 않는 선도 RNA를 매개로 하는 전사약화에 의해 조절되며, 이 RNA는 합성효소에 대해 동족인 비충전 tRNA와 직접적이고 특이적으로 상호작용한다. 충전된 형태의 tRNA는 RNA 2차구조에 의해 제공되는 결합주머니에 맞지 않는다. 비충전된 tRNA의 결합은 선도 RNA가 항종결(antitermination) 구조를 갖도록 안정화시키고 인접한 합성효소 유전자의 전사가 진행될 수 있도록 한다. tRNA와 선도 RNA 사이의 "코돈-역코돈" 상호작용에 의해 부분적 특이성이 나타난다. 비충전 tRNA만 선도 RNA에 결합할 수 있기 때문에 동족의 아미노산 공급이 부족하여 세포 내 비충전 tRNA의 수준이 올라갈 때만 전사 읽기 통과가 촉진된다.

리보스위치들은 대부분 세균에 존재하지만 원시세균(archaea), 곰팡이와 식물 같

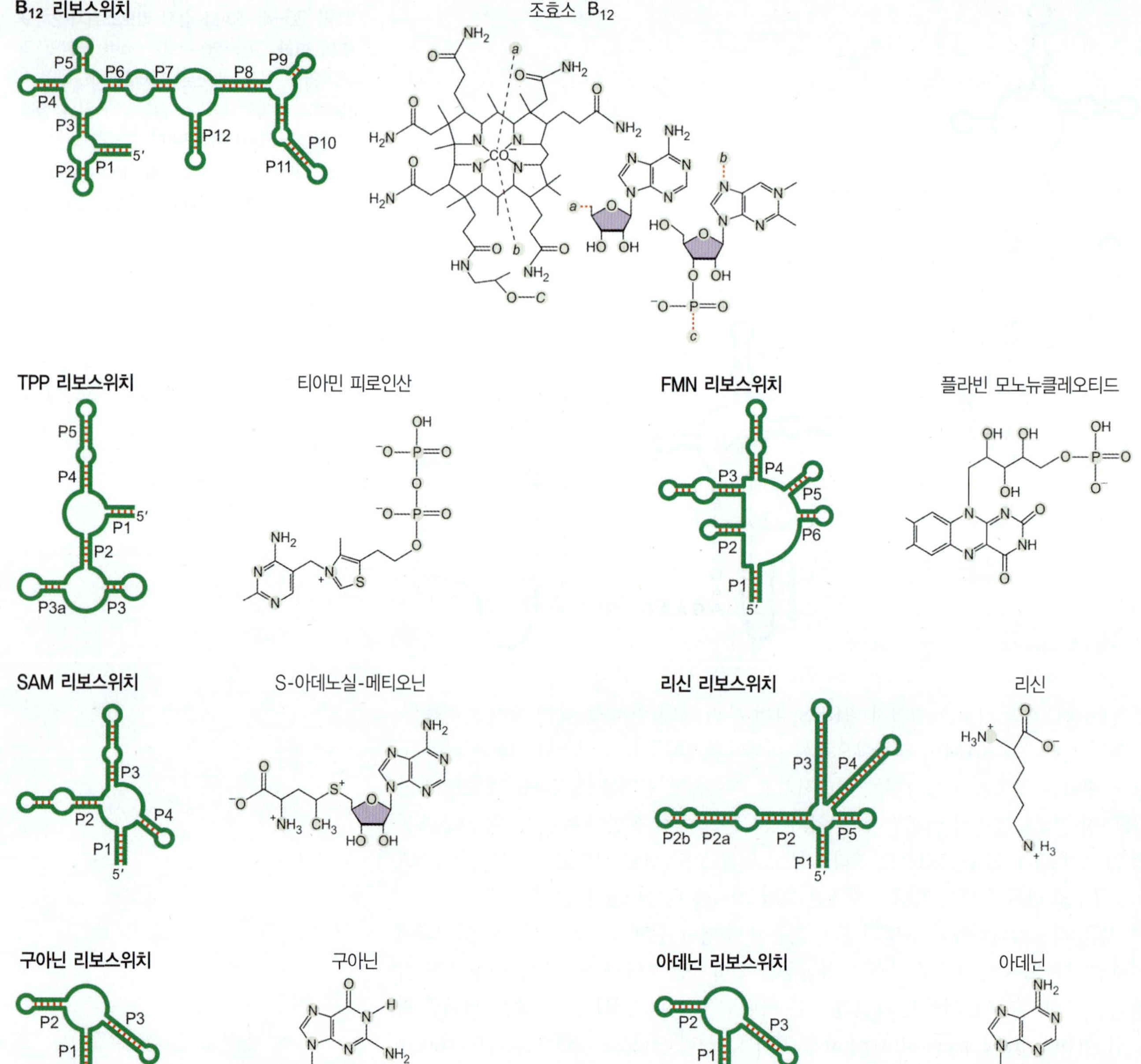

그림 20-5 리보스위치는 다양한 대사산물에 반응한다. 7개의 리보스위치 2차구조와 그들이 감지하는 대사산물을 나타내었다. (Adapted, with permission, from Mandal M. et al. 2003. *Cell* **113**: 577–586, Fig. 7A. © Elsevier.)

은 다른 생명체에서도 발견된다. 이러한 고등생물의 일부에서는 리보스위치가 대체 이어맞추기를 조절하는 데 관여하기도 한다(14장). 예를 들어, 최근에 붉은빵곰팡이(*Neurospora crassa*)에서 발견된 3개의 TPP 앱타머 중 두 개는 RNA 이어맞추기의 조절을 통해 유전자 발현을 억제하고, 세 번째 것은 촉진하였다.

원핵세포와 고세균에서 방어물질로 작용하는 RNA

진핵세포에서 조절 RNA의 역할을 논의하기에 앞서, 세균에 있는 시스템 한 가지를 더 다루겠다. 이것은 엄밀히 말하면 유전자 조절의 예는 아니지만(이것은 바이러스나 다른 외부염색체를 가진 침입자에 대한 방어 시스템이다), 이들이 사용하는 기작은 우리가 앞으로 접하게 될 진핵세포의 RNAi 시스템과 아주 유사하다.

▶ 고급개념

글상자 20-1 아미노산 생합성 오페론은 전사약화에 의해 조절된다

대장균에서 5개의 인접한 *trp* 유전자들은 아미노산인 트립토판을 합성하는 효소들을 암호화한다. 이 유전자들은 트립토판의 양이 제한적일 때만 효율적으로 발현된다(글상자 20-1 그림 1). 이 유전자들은 *lac* 유전자들에서처럼 억제자에 의해 조절되지만 이 경우엔 리간드(트립토판)의 *부재(absence)*에 의해 억제가 풀린다.

그러나 RNA 중합효소가 *trp* mRNA 분자의 합성을 시작한 후일지라도 항상 완전한 전사체를 만들지는 않는다. 리보스위치에서처럼, 완전한 전사체를 만들지의 결정은 전사약화에 의해 조절된다. 이 경우, 대부분의 전사체는 첫 번째 *trp* 유전자(*trpE*)도 포함하지 못하는 미성숙한 상태로 종결된다. 하지만 세포의 트립토판의 수준이 낮으면 전사약화는 극복된다. 트립토판의 양이 제한적일 때 중합효소는 종결하지 않고 모든 *trp* 유전자들을 전사한다. 전사약화가 일어날지의 여부는 리보스위치에서와 같이 대체적인 2차구조를 형성하는 RNA의 능력에 의존한다. 그러나 이 경우, 선도 RNA에 의해 형성되는 대체구조들 간의 선택은 리간드가 RNA에 직접 결합하는 방식으로 조절되지 않는다. 대신 대체구조의 선택은 세균에서 전사와 번역의 연계에 의존한다.

trp 오페론 mRNA의 5′ 말단의 서열은 *trpE*의 첫 번째 코돈에서 161-뉴클레오티드 길이의 상단부 선도서열을 포함한다(글상자 20-1 그림 2). 이 선도서열이 거의 끝나고 *trpE*가 시작되기 전의 위치에 전사 종결자(transcription terminator)가 있는데, 이는 RNA에 특징적인 머리핀 고리(hairpin loop) 구조(글상자 20-1 그림 2의 3과 4번 부위의 서열로 만들어짐)와 뒤따르는 8개의 우리딘 잔기들(13장, 그림 13-13 참조)로 구성된다. 전사는 대개 이 종결자에서 멈추고 139 뉴클레오티드 길이의 선도 RNA가 만들어진다. 이것이 트립토판 농도가 높을 때 만들어지는 RNA 산물이다.

세포 내 트립토판의 농도가 낮으면 선도서열의 3가지 특징들이 RNA 중합효소가 종결자를 통과하도록 허락한다. 첫째, 종결자 머리핀 외에 두 번째의 머리핀 구조가 선도부위의 1과 2번 부위에 형성된다(글상자 20-1 그림 2 참조). 둘째, 2번 부위는 3번 부위와도 상보적이다. 따라서 2번과 3번 부위로 구성된 머리핀 구조가 만들어질 수 있고, 이렇게 되면 종결자 머리핀(3, 4)이 형성되는 것을 막는다. 셋째, 선도 RNA는 14개의 아미노산으로 이루어진 짧은 "선도" 펩티드를 암호화하는 열린 읽기틀을 포함하며, 그 앞에는 강력한 리보솜-결합자리가 있다(글상자 20-1 그림 2 참조).

선도 펩티드를 암호화하는 서열은 주목할 만한 특징이 있는데, 연속적인 두 개의 트립토판 코돈을 갖고 있다는 것이다. 트립토판이 부족하면 가용할 수 있는 충전된 트립토판 tRNA가 거의 없으므로, 리보솜이 두 트립토판 코돈에 다다랐을 때 멈추게 된다. 이러한 상황에서 트립토판 코돈 주위의 RNA는 리보솜 내에 존재하므로 머리핀 고리를 형성할 수 없게 된다. 그 결과는 글상자 20-1 그림 3에 나타내었다.

트립토판 코돈에 붙잡힌 리보솜(b 부분)은 1번 부위를 가려 자유로운 2번 부위가 3번 부위와 염기쌍을 형성할 수 있게 한다. 결과, 3번과 4번 부위에 의해 형성되는 종결자 머리핀이 만들어질 수 없으며 전사약화는 일어나지 않는다. 반면에 만일 리보솜이 트립토판 코돈을 통과하기에 충분한 트립토판과 그로 인해 충분해진 충전된 Trp tRNA가 있다면, 리보솜은 3번과 4번 부위를 포함하는 RNA를 만드는 동안 2번 서열을 막게 된다. 그 결과 종결자가 형성되어 전사약화가 일어나며, *trp* 유전자는 전사되지 않는다.

trp 오페론은 억제와 전사약화에 의해 조절되며 점점 더 심해지는 트립토판의 결핍에 대해 2단계 반응을 제공한다. 하지만 전사약화 만으로도 충분한 조절이 가능한데, *leu*나 *his* 같은 다른 아미노산 오페론들은 전적으로 전사약화에 의해 조절된다. 류신 오페론의 경우 선도 펩티드는 4개의 인접한 류신 코돈을 가지고 있으며, 히스티딘(histidine) 오페론의 선도 펩티드는 7개의 히스티딘 코돈을 나란히 가지고 있다.

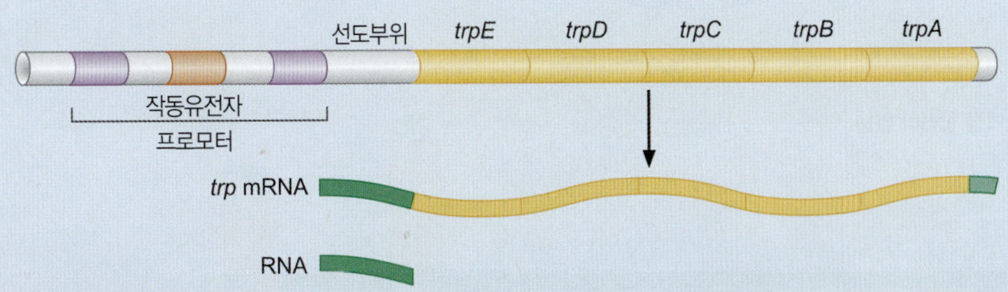

글상자 20-1 그림 1 *trp* 오페론. 선도부위(본문 참조)와 Trp 효소들을 암호화하는 구조유전자들의 관계를 나타내는 대장균의 트립토판 오페론. 유전자 산물들은 안트라닐레이트 합성효소(anthranilate synthetase, *trpE*의 산물), 포스포리보실 안트라닐레이트 전달효소(phosphoribosyl anthranilate transferase, *trpD*), 포스포리보실 안트라닐레이트 이성질화 효소-인돌글리세롤인산 합성효소(phosphoribosyl anthranilate isomerase-indole glycerol phosphate synthetase, *trpC*), 트립토판 합성효소 β(tryptophan synthetase β, *trpB*)와 트립토판 합성효소 α(tryptophan synthetase α, *trpA*)이다.

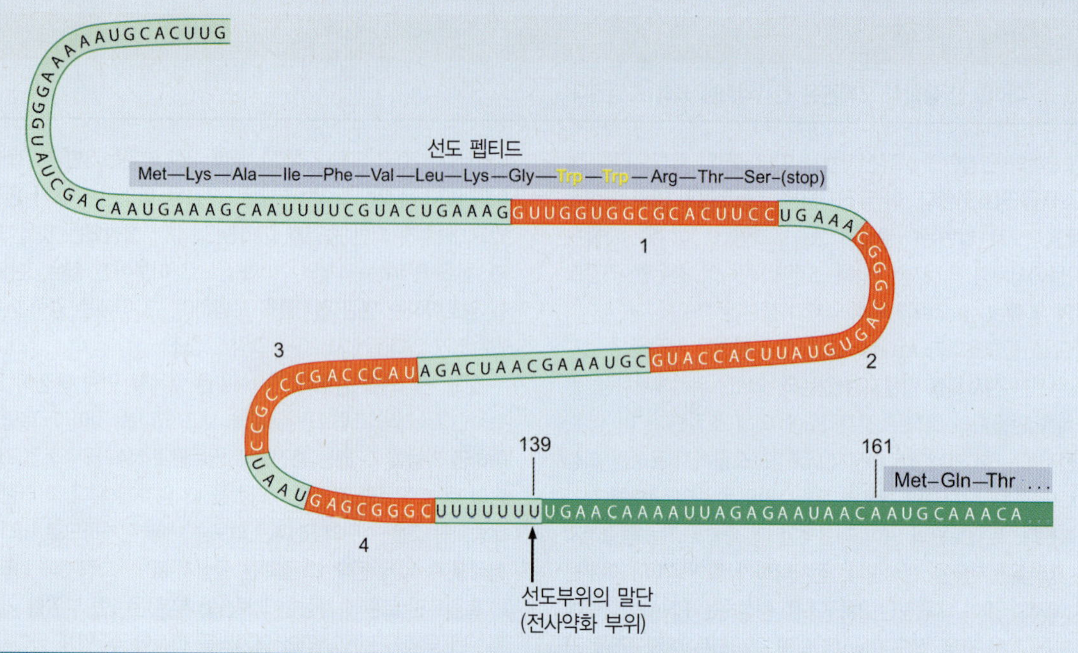

글상자 20-1 그림 2 ***trp* 작동자 선도 RNA.** *trp* 오페론 선도 RNA의 뉴클레오티드 서열의 특징.

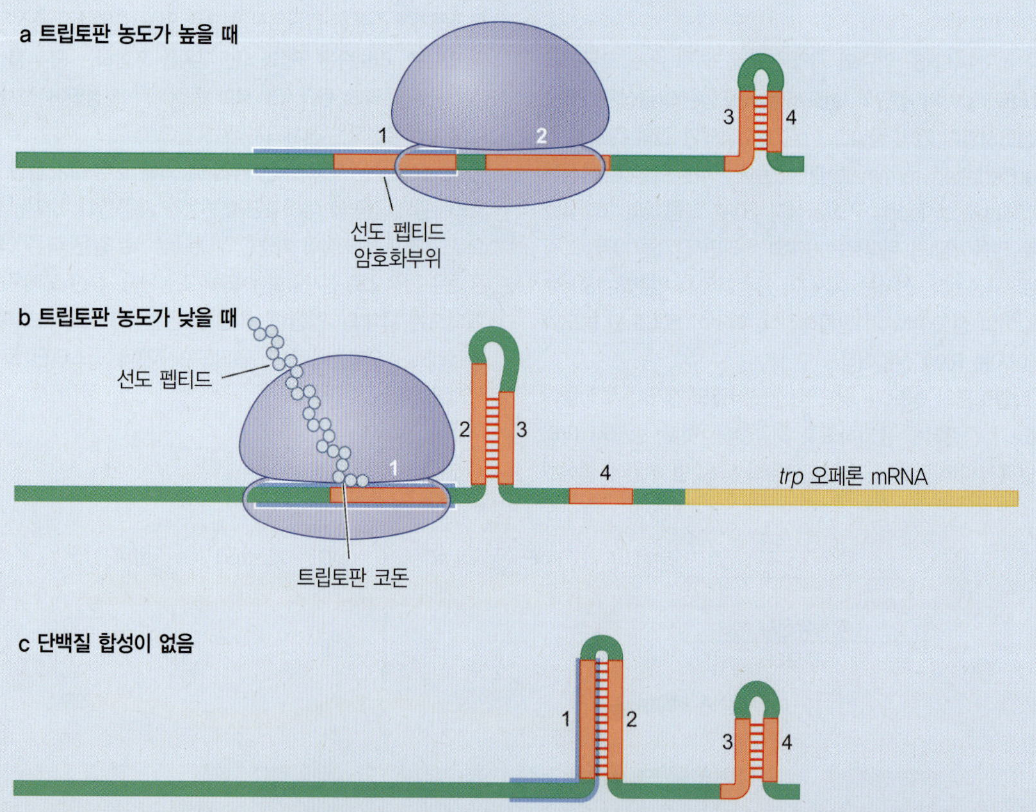

글상자 20-1 그림 3 ***trp* 전사약화자에서의 전사종결.** 그림은 어떻게 *trp* 오페론 전사약화자에서의 전사종결이 트립토판의 가용 양에 따라 조절되는지 보여준다. 청색 상자는 선도펩티드 암호화부위를 나타낸다. (a) 트립토판 농도가 높을 때: 3번 서열이 4번 서열과 염기쌍을 이루어 전사종결 머리핀구조를 형성다. (b) 트립토판 농도가 낮을 때: 리보솜은 인접한 트립토판 코돈에서 멈추고, 자유로운 2번 서열이 3번 서열과 염기쌍을 이루어 3–4 종결 머리핀의 형성을 방해한다. (c) 단백질 합성이 없는 경우: 만일 선도 펩티드 AUG의 번역을 시작하는 리보솜이 없으면, 1번과 2번 서열이 염기쌍을 이루어 형성되는 머리핀구조가 2–3 머리핀의 형성을 억제하고, 3–4 서열의 머리핀 구조가 형성되어 Trp 효소는 발현되지 않는다.

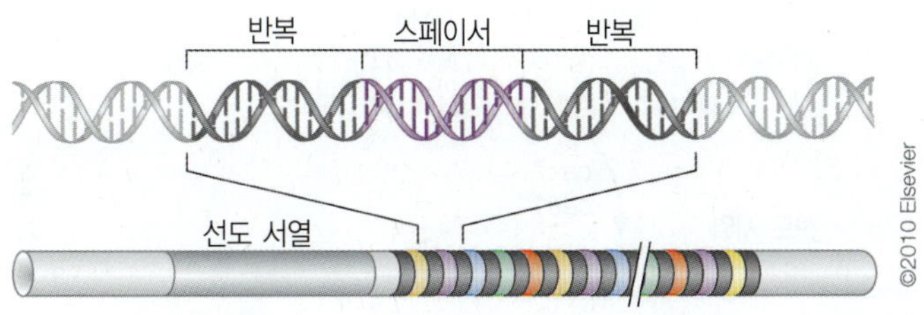

그림 20-6 CRISPR 좌위의 구조. 보존된 반복 서열과 다양한 스페이서 서열이 상단에 나타나 있다. 아래는 이들 서열의 배열이다 (그 수는 매우 다양하다); 가까이에 선도 서열도 나타나 있다. (Adapted, with permission, from Karginov F.V. and Hannon G.J. 2010. *Mol cell* **37**: 7–19, Fig. 1A,B, p. 8. © Elsevier.)

CRISPR은 감염으로부터의 생존과 이를 통해 획득한 저항성의 기록이다

몇 년 전 일부 세균의 유전체에서 그 기능이 알려지지 않은 일상적이지 않지만 체계화된 특정 서열이 주목받게 되었다. 이들의 독특한 패턴은 군집을 이룬 규칙적으로 사이를 띄고 배치된 짧은 회문반복(Clustered Regularly Interspaced Short Palindromic Repaet, **CRISPR**)이라는 다소 길고 복잡한 이름을 부여하게 하였다. 그 전체적인 특징은 그림 20-6에 나타내었는데, (군집 내에 약 30 염기쌍 길이의 매우 잘 보존된) **반복 서열(repeated sequence)**들 사이에 유사한 길이를 갖지만 아주 다양한 서열을 가진 **스페이서 서열(spacer sequence)**이 끼워진 구조를 하고 있다. 배열의 한쪽 말단은 소위 선도 서열이라 부르며 대개 A-T가 풍부하고 약 500 염기쌍의 길이를 갖는다.

이 군집은 드물지 않다. 실제로 염기서열이 알려진 모든 세균 유전체의 절반 정도와 모든 고세균의 유전체에서 발견된다. 많은 경우 유전체당 하나의 군집을 갖지만, 종종 이보다 많아서 20개 이상이 되는 경우도 있다. 그리고 녹색활주세균(*Chloroflexus*)의 한 종에서는 거의 400개가 관찰된다. 이들은 왜 생기고 무슨 일을 할까?

그들의 기원에 관한 첫 번째 단서는 많은 수의 스페이서 서열이 알려진 파지 또는 플라스미드 부위와 동일하다는 놀라운 관찰(전적으로 생물정보학에 의한 발견)에 의한다. 이것은 곧바로 이러한 배열이 세포에 들어온 외부 핵산에 대한 일련의 방어 기작에 관여할 것이란 가설을 제안하게 하였다.

이러한 모델은 특정 파지로 감염시킨 집단에서 살아남은 저항성 세균에서 그 파지에서 유래된 스페이서 서열이 삽입되어 있는 것을 발견한 실험을 통해 지지되었다. 마찬가지로, 연관된 스페이서 서열을 첨가하거나 제거함으로써 파지에 대한 민감도를 감소시키나 그 효과를 사라지게 할 수 있었다. 더구나 세균은 특정 파지로부터 얻은 스페이서 서열의 수가 증가하면 파지 감염에 대해 더욱 저항성을 보였다. 또한 바이러스는 그들이 제공했던 스페이서 서열의 유전체 부위에 돌연변이를 유발함으로써 기

그림 20-7 세 가지 CRISPR 좌위의 *cas* 유전자 구조. 잘 알려진 세 종류의 CRISPR 자위에 있는 다양한 수, 방향성 및 *cas* 유전자의 타입을 나타내었다. 핵심 *cas* 유전자는 적색으로 나타내었다. 그림 20-6에 나타낸 반복 및 스페이서 서열은 여기서는 오른쪽 말단에 있다. (Adapted, with permission, from Karginov F.V. and Hannon G.J. 2010. *Mol cell* **37**: 7–19, Fig. 1C, p. 8. © Elsevier.)

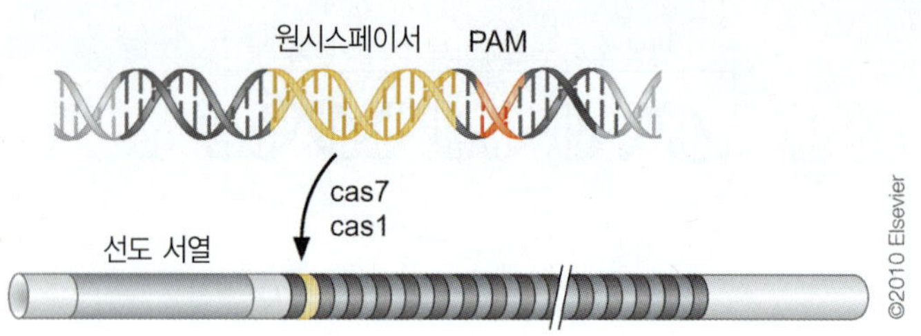

그림 20-8 스페이서 서열의 획득 기작. 각각의 새로운 스페이서 서열은 선도 서열 다음에 삽입되며, 그 결과 배열은 과거 획득한 것에 대한 시간에 따른 기록이 된다. 파지 유전체상에서 스페이서가 될 운명의 서열은 "원시-스페이서(proto-spacer)"로 알려져 있으며 본문에서 설명한 PAM 서열의 근처에 놓여 있다. (Adapted, with permission, from Karginov F.V. and Hannon G.J. 2010. *Mol cell* **37**: 7–19, Fig. 2B, p.10. © Elsevier.)

존에 저항성을 띠고 있던 세포에 감염시킬 수 있는 능력을 회복한다는 것이 알려졌다.

일련의 보존된 단백질을 암호화하는 유전자가 CRISPR 서열과 밀접하게 연관되어 있다. 가장 잘 보존된 두 개의 유전자["CRISPR 연관(associated)"이라는 의미의 *cas1*과 *cas2*]는 모든 경우에서 발견되지만, 다른 cas 유전자들이나 조금 덜 보존된 유전자들은 그렇지 않다. 이 유전자들은 다른 측면의 CRISPR 기능에 관여하는 단백질들을 암호화하고 있으며, 이에 대해서는 나중에 논의할 것이다. 실제의 경우에서 볼 수 있는 복잡한 예가 그림 20-7에 나타나 있다.

스페이서 서열은 감염된 바이러스로부터 얻은 것이다

위에서 간략히 보았듯이, 세포가 특정 바이러스로부터 스페이서 부위를 얻는 것은 해당 파지의 재감염에 대한 민감도를 감소시킨다. 그 기본 공정은 그림 20-8에 나타내었다. 새로운 스페이서가 될 바이러스의 서열을 원시-스페이서(proto-spacer)라 부르며 원시-스페이서 인접 모티프(proto-spacer adjacent motif, PAM) 서열 주위에서 발견된다. 새로운 서열이 CRISPR 배열에 첨가될 때는 선도 서열 근처의 전단부에 삽입된다.

일부 *cas* 유전자는 이 획득 공정에 필요한 단백질을 암호화한다. 따라서 이들이 없는 경우 세포는 항바이러스 방어 기작이 저해되는 것이 아니라, 새로운 바이러스에 대한 저항성을 갖지 못하게 된다. *cas1*, *cas2* 및 *cas4* 유전자 산물은 이 카테고리에 속한다. Cas1은 잠재적인 삽입효소(integrase)인 반면, Cas2는 핵산가수분해효소이다. 반면, 다른 Cas 단백질들 중 Cas6는 CRISPR 군집의 발현과 공정에 관여하고 Cas3는 바이러스 감염에 대한 간섭에 관여한다.

CRISPR은 단일 긴 RNA로 전사된 후, 침입한 DNA 또는 RNA를 표적 파괴하는 짧은 RNA로 가공된다

대장균의 CRISPR의 발현은 가장 활발히 연구되어왔다. 이 발현의 개시를 위한 프로모터는 선도 서열 내에 위치하며, 전-crRNA(pre-crRNA)라 부르는 단일 RNA 전사체를 만든다. 대장균의 경우 CRISPR은 8개의 *cas* 유전자와 연관되어 있으며, 이 중 다섯 개의 유전자 산물은 캐스케이드(Cascade)라는 복합체를 형성한다. 이 복합체에 포함된 한 소단위체는 긴 전사체를 한 개의 스페이서와 한 개의 반복서열 길이를 갖는 개별적인 짧은 **crRNA**로 가공하는 데 관여한다. 이 작은 RNA는 캐스케이드 복합체에 결합한 상태로 남아 침입한 외부 DNA의 DNA 유전체로 유도한다(그림 20-9a).

각각의 crRNA는 5′ 반복(repeat) 부위의 8개의 뉴클레오티드와 이어지는 완전한 스페이서 부위 및 다음 반복의 거의 모든 부분을 포함한다. crRNA에 포함된 반복 구획은 5′ 및 3′ "손잡이(handle)"라 부르는데, 모든 crRNA의 보존된 부위에 해당하며 따라서 캐스케이드 복합체의 소단위체에 결합하는 부위라 여겨진다.

다른 경우(예를 들면, *Pyrococcus furiosus*)에서는, 전-crRNA의 가공이 다른

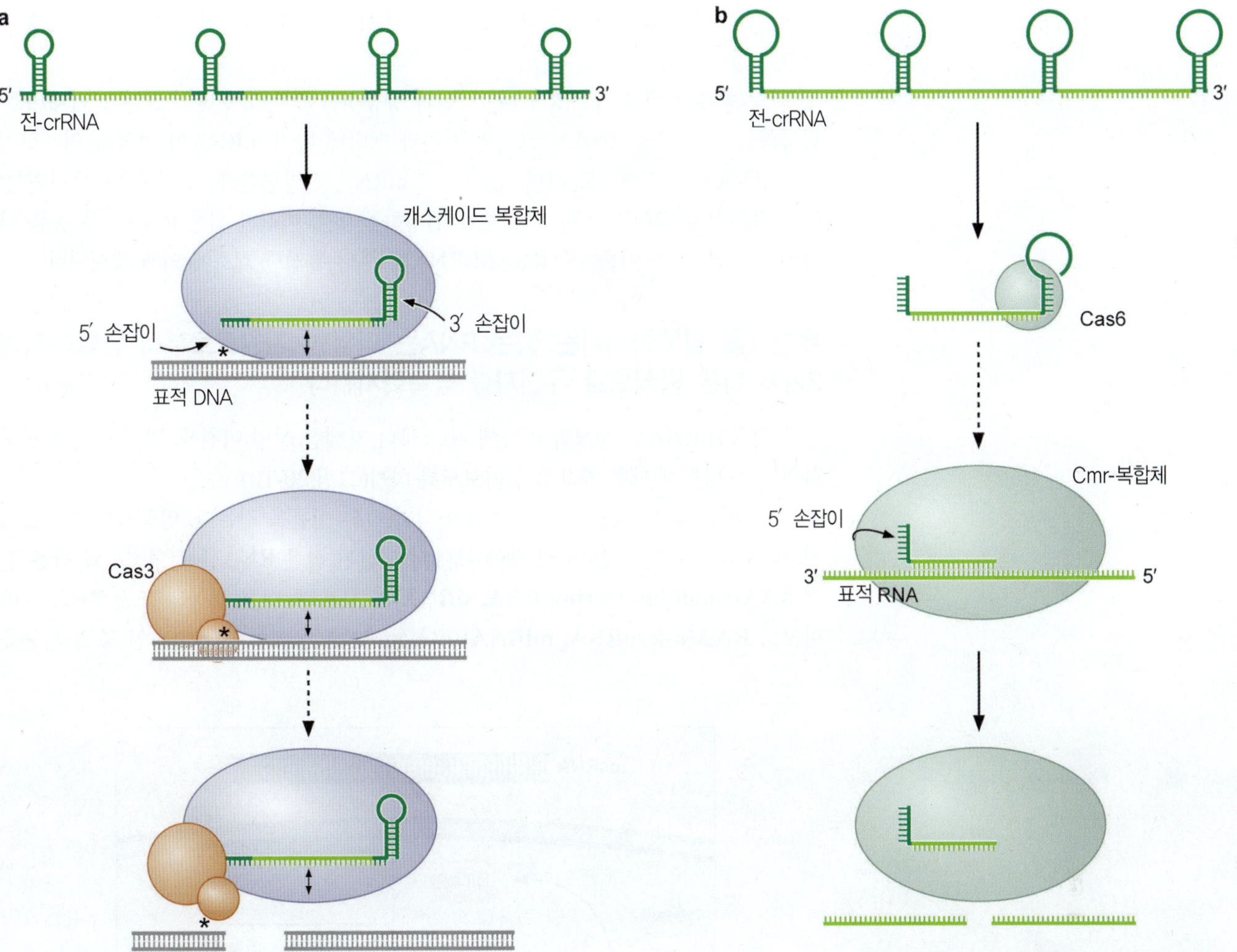

그림 20-9 대장균 및 *P. furiosus*의 CRISPR 좌위의 항바이러스 작동. 대장균 시스템은 DNA를 표적으로 하는 반면(a), *P. furiosus*는 RNA를 표적으로 한다(b). 많은 방식에서 유사하지만, 두 시스템의 가공 기작과 마지막 작동은 본문에 간단히 설명한 것과 같이 현저하게 다르다. a의 경우, 전-crRNA는 캐스케이드 복합체의 CasE 소단위체에 의해 가공된다(CasE 소단위체는 그림 20-7의 *cse3* 유전자에 의해 암호화된다). crRNA와 캐스케이드는 아직 완전히 알려지지 않은 방식에 의해 Cas3의 도움을 받아 표적 DNA로 향하고 이를 자른다. b의 경우, Cas6(그림 20-7 참조)가 캐스케이드와는 별도의 복합체를 이루어 전-crRNA를 가공하고 진핵세포의 RNAi 시스템과 매우 흡사한 기작에 의해 바이러스의 RNA를 표적으로 한다. (Adapted from Jore M.M. et al. 2012. *Cold Spring Harb. Perspect. Biol.* **4**: a003657. © Cold Spring Harbor Laboratory Press.)

(그러나 구조적으로 매우 연관된) 효소에 의해 수행되며, crRNA는 다른 조합의 Cas 단백질로 만들어진 대체 복합체와 결합한다. 이 경우 crRNA는 5′ 및 3′ 손잡이를 갖고 시작하지만 3′ 손잡이는 추가적인 가공 단계를 거치면서 제거된다. 이때 crRNA-단백질 복합체는 DNA보다는 외부 RNA를 표적으로 한다.

대장균과 *P. furiosus* 시스템에서의 기작을 그림 20-9에 나타내었다. 우리는 나중에 비록 세부적인 작동 방식은 꽤 다르지만, 이들이 어떻게 진핵세포의 RNAi 공정과 유사한지에 대해 살펴볼 것이다.

조절 RNA는 진핵세포에 널리 퍼져 있다

진핵세포에 있는 조절 RNA의 종류는 그들의 크기(길거나 짧음), 기원, 그리고 그들이 생성되거나 유전자 발현을 조절하는 기작에 의한 특징에 따라 매우 다양하다. 고등 진핵생물 유전자의 30~70%가 RNA에 의해 조절된다고 믿고 있으며, 그 역할은 발생(예쁜꼬마선충과 아기장대에서 잘 연구되었다; 부록 1참조)에서부터 세포의 항상성 조절과 바이러스 및 전위인자로부터의 방어에 이른다. 특히 한 가지 형태의 조절 방식(RNA 간섭, RNA interference)은 많은 생명체에서 유전자 발현을 조작할 수 있는 강력한 실험도구로 사용할 수 있도록 개발되어왔다.

이 절에서는 다양한 짧은 RNA 조절자에 대해 살펴보고, 이 장의 마지막 부분에 보다 긴 종으로 돌아갈 것이다.

몇몇 종류의 매우 짧은 RNA는 자신과 상동성을 갖는 유전자의 발현을 억제 또는 침묵화시킨다. 이들 RNA는 그들의 기원과 맥락에 따라 mRNA의 번역을 억제하거나, mRNA를 파괴하기도 하며, 심지어 그 mRNA의 발현을 유도하는 프로모터의 전사 침묵화를 유도하기도 한다. 나중에 설명하겠지만, 이러한 짧은 RNA들은 종종 다양한 기원의 더 긴 이중가닥 RNA(dsRNA)로부터 특정한 효소에 의해 생성된다.

유전자를 침묵화시키는 짧은 RNA는 다양한 기원으로부터 만들어지며 3가지 다른 방식으로 유전자를 침묵화시킨다

짧은 침묵화 RNA의 생성과 기능에 대한 보다 자세한 설명 이전에, 먼저 이러한 침묵화의 작동 방식에 대한 개요를 알아보도록 하자(그림 20-10).

작은 RNA들은 그들의 기원에 따라 각기 다른 이름을 갖는다. 인공적으로 만들어지거나 dsRNA 전구체로부터 생체 내에서 생산된 작은 RNA를 전형적으로 **작은 간섭 RNA(small interfering RNA, siRNA)**라 부른다. 다른 그룹의 조절 RNA는 **마이크로 RNA(microRNA, miRNA)**이다. miRNA는 그들이 특이적인 조절 기능을

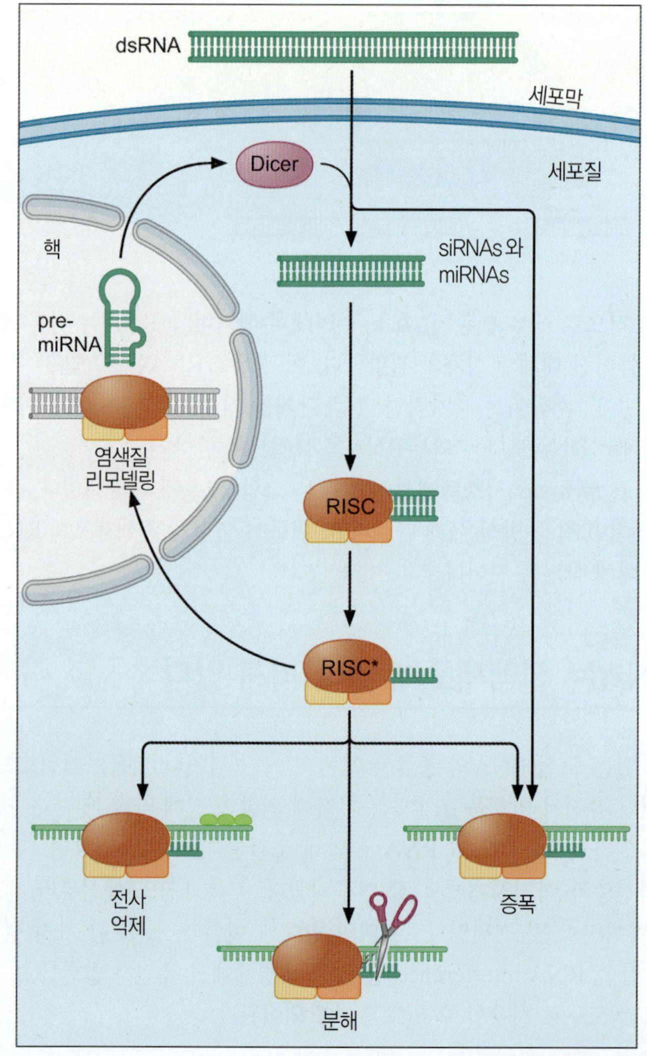

그림 20-10 siRNA 및 miRNA의 생성과 그들의 작용 기전. dsRNA를 siRNA로 만들거나 전-miRNA(pre-miRNA)를 miRNA로 만드는 공정은 다이서라는 효소에 의해 이루어진다. 여기에 나타내지 않았지만 전-miRNA의 생성에만 관여하는 다른 효소인 드로샤는 나중에 설명할 것이다. siRNA와 miRNA는 RISC(RNA-induced silencing complex)라는 복합체가 다음의 3가지 방식으로 유전자를 억제하도록 한다. 상동성을 갖는 mRNA를 공격하여 파괴하고, mRNA의 번역을 방해하거나, 염색질 변형 단백질이 mRNA의 발현을 유도하는 프로모터에 작용하도록 한다(그림 20-18). siRNA는 RNA-의존성 RNA 중합효소를 끌어들여 다이서가 더 많은 siRNA를 만들기 위한 재료가 되도록 더 많은 dsRNA를 합성한다. 이것은 오른쪽에 나타낸 "증폭" 단계로, 그림 20-11에서 더 자세히 설명할 것이다. (Adapted, with permission, from Hannon G.J. et al. 2002. *Nature*. **418**: 244–251, Fig. 5. © Macmillan.)

수행하는 세포에서 발현되는 유전자에 의해 암호화되는 RNA 전구체로부터 만들어진다. 세 번째 짧은 조절 RNA는 **piwi-작용 RNA(piwi-interaction RNA, piRNA)**로, 주로 생식세포에서 발현되며 miRNA와는 구별되는 특징을 갖고 있다.

siRNA와 miRNA는 모두 RNA 가수분해효소 III와 유사한 **다이서(Dicer)**라는 효소에 의해 기다란 RNA 분자로부터 만들어진다. 다이서는 긴 dsRNA나 miRNA 전구체에 의해 형성되는 줄기 고리구조를 인식하고 자른다(이후에 논의할 것이다). 전형적인 siRNA나 miRNA 산물은 21~23 뉴클레오티드 길이를 가지며, 그 과정은 그림 20-10 상단의 다이서에 의해 촉진되는 단계로 나타내었다. 24~34 뉴클로오티드의 piRNA는 dsRNA 전구체를 필요로 하지 않는다. 대신 piRNA는 유전체에서 발견되는 소위 piRNA 군집이라 부르는 부위에서 만들어지는 기다란 단일가닥 전사체의 가공에 의해 만들어진다. 이 공정은 다이서를 필요로 하지 않는다.

이들 작은 RNA는 3가지 방식으로 상동적인 표적유전자의 발현을 억제한다. 그들은 표적유전자에 의해 암호화된 mRNA의 파괴를 유발하고, mRNA의 번역을 억제하거나, 표적유전자 내부의 염색질 구조의 변화를 일으켜 전사를 침묵화시킨다. 주목할 점은 어떠한 경로를 이용하더라도 대부분 동일한 기구를 필요로 한다는 것이다. 이러한 기구는 **RNA-유도 침묵화 복합체(RNA-induced silencing complex, RISC)**를 포함한다. RISC는 작은 RNA 외에 **아거노트(Argonaute)** 계열의 다양한 단백질 등을 포함하고 있다.

작은 RNA는 변성되어 RISC에 특이성을 제공하는 **안내 RNA(guide RNA)** 가닥과 대부분 버려지는 **탑승 RNA(passenger RNA)**로 나눠져야 한다. 그 결과 성숙한 RISC 복합체는 안내 RNA와 상보적인 염기서열을 갖는 표적 RNA로 향한다. 이 표적 RNA들은 파괴되거나 그들로부터의 번역이 억제된다. 일반적으로, 어떠한 발현 억제 경로를 선택할지의 선택은 안내 RNA가 얼마나 그 표적 RNA와 잘 맞는가에 부분적으로 의존한다: 만약 서열의 상보성이 높으면(대부분의 siRNA의 경우) 표적은 파괴될 것이고, 몇몇 염기쌍이 맞지 않아 일치성이 낮으면(miRNA에서 종종 나타나는 경우) 번역을 억제하는 반응이 더 잘 일어난다. 표적 RNA가 파괴되는 경우, 아거노트는 초기 mRNA의 절단을 수행하는 촉매화 소단위체(catalytic subunit)가 된다. 이 때문에 아거노트는 종종 **슬라이서(Slicer)**라 불리고, mRNA의 절단은 슬라이싱(slicing)이라 불린다.

RISC는 핵 안으로 들어갈 수 있으며, 다른 단백질들을 끌어들여 안내 RNA에 상보적인 유전자의 프로모터 주위의 염색질을 변형시킨다(그림 20-10, 왼쪽). 이러한 변형은 전사의 침묵화를 유도한다(19장). 예를 들어 나중에 살펴볼 효모 *S. pombe*의 동원체 부위의 침묵화는 RNAi 기구를 필요로 한다.

miRNA와 siRNA를 구별할 수 있는 뚜렷한 차이점은 전자가 전통적인 트랜스작용 조절자로 작동한다는 것이다. 그들은 특정 유전자에 의해 암호화되지만 다른 유전자에 작용한다(세균 시스템의 sRNA처럼). 반면, siRNA는 전형적으로 그들이 작용하는 부위의 전사체에 의해 만들어지며(세균에서 설명된 안티센스 RNA처럼), 따라서 시스(*cis*) 방식으로 작동한다고 설명된다.

RNAi 침묵화의 또 다른 주목할 만한 특징은 그것의 엄청난 효율성이다. 즉, 아주 적은 양의 dsRNA만 있어도 표적유전자의 발현을 거의 완벽하게 억제하는 데 충분하다. **RNA-의존성 RNA 중합효소(RNA-dependent RNA polymerase, RdRP)**의 작용은 효율성을 증가시키는 요소가 될 수 있으며, 이 효소는 분열형 효모에서 동원체 부위의 침묵화 유도를 포함하여 많은 경우의 RNAi에 추가적으로 요구된다. 이 중합

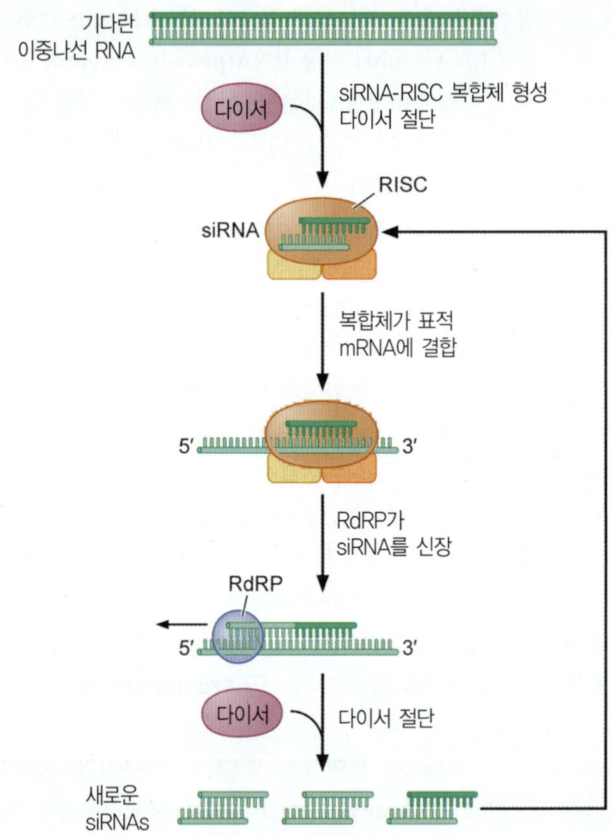

그림 20-11 RdRP에 의한 siRNA 신호의 증폭. 그림 20-10의 오른쪽에 나타낸 것처럼 siRNA 신호는 증폭되어 다이서가 더 많은 siRNA로 가공하도록 더 많은 dsRNA를 만들 수 있다. 이러한 현상은 siRNA-RICSC 복합체가 RNA-의존성 RNA 중합효소를 표적 RNA로 끌어들이면서 일어난다. siRNA는 이 효소의 프라이머로 작용하여 표적을 다이서가 작용할 수 있는 dsRNA로 전환되도록 만든다. RdRP는 식물, 선충과 효모 *S. pombe*에서 발견되며(*S. cerevisiae*는 RNAi 기구를 전혀 갖고 있지 않다), 그림 20-18에서는 *S. pombe*의 동원체 침묵화의 경우에서 이 증폭 단계의 중요성에 대해 살펴볼 것이다.

효소는 억제신호를 증폭시킬 수 있다. RdRP는 원래의 siRNA에 의해 mRNA에 유입된 후 dsRNA를 생산한다(그림 20-10의 오른쪽과 그림 20-11에 자세히 설명). 이러한 되먹임(feedback) 과정은 많은 siRNA를 생산한다. 아직까지 포유류 세포에서는 RdRP가 발견되지 않고 있으며, 여기서의 높은 효율성은 슬라이싱이 촉매적으로 작용(즉, 각각의 RISC가 여러 mRNA를 절단할 수 있다)하기 때문이라 여겨진다.

따라서 비록 이 장의 첫 절에서 유전자 발현을 조절하는 세균의 작은 RNA들의 예를 살펴보았으나, 진핵세포에서 이러한 RNA들의 생성과 작용 기작은 매우 다르다.

miRNA 분자의 합성과 기능

miRNA는 그들과 그들의 표적유전자들을 식별할 수 있도록 돕는 특징적인 구조를 가진다

위에서 언급했듯이, miRNA는 기다란 전사체의 분절로써 유전체에 암호화되어 있다. 그들의 특정적인 구조는 그들을 식별하고 그들이 조절할 표적유전자를 예측하도록 돕는다.

기능적 형태의 miRNA는 전형적으로 ~21 또는 22 뉴클레오티드 길이이다(19~25 뉴클레오티드로 다양할 수 있다). 이 짧은 RNA들은 머리핀 모양의 2차구조를 갖는 기다란 RNA(primary를 뜻해 pri-miRNA라 불림)로부터 두 번의 절단에 의해 생성된다. 첫 번째 절단은 줄기 고리를 떼어내어 전-miRNA(pre-miRNA)를 만들고, 두 번째 절단은 성숙한 miRNA를 만든다. 가장 먼저, 그리고 그 특성이 가장 잘 규명된 miRNA는 예쁜꼬마선충(*C. elegance*)의 유충에서 성충으로의 변이에서 발생을 조

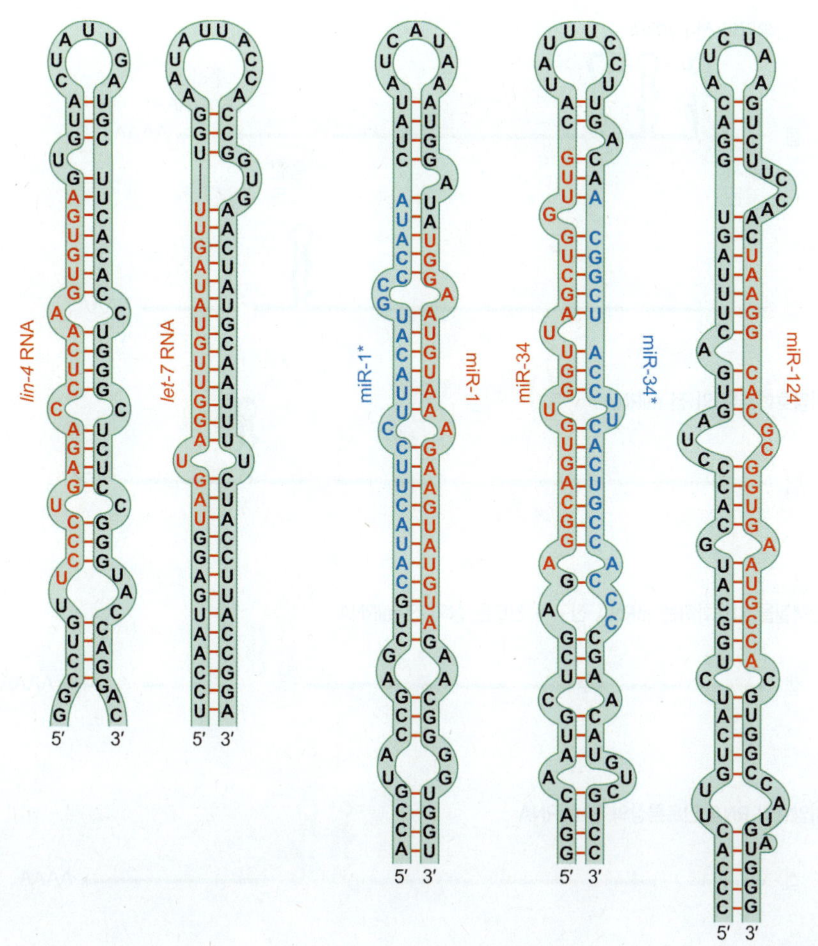

그림 20-12 성숙한 miRNA 생산 공정 이전 단계의 일부 전-miRNA의 구조. 적색의 염기서열은 miRNA이다. 어떤 경우엔 줄기 고리의 양쪽 "팔" 모두 기능적인 miRNA를 생산할 수 있다. 이 경우, 두 번째 miRNA는 청색으로 나타내었다. 예, miR-1(적색)과 miR-1*(청색) 또는 miR-34(적색)와 miR-34*(청색). 여기 나타낸 모든 miRNA는 선충에서 유래한 것이다. *lin-4*와 *let-7*은 유전학적으로 규명되었고, miR들은 생물정보학에 의해 발견되었다. (Modified, with permission, from Lim L.P. et al. 2003. *Genes Dev.* **17**: 991, Fig. 6. © Cold Spring Harbor Laboratory Press.)

절하는 데 관여하는 *let-7*이다(부록 1 참조). *let-7* 및 자연에 존재하는 다른 miRNA에 대한 전-miRNA의 구조를 그림 20-12에 나타내었다.

초기엔 전-miRNA에서 줄기 고리구조의 어느 한쪽 "팔(arm)"이 조절 miRNA로 작용할 것으로 생각되었다. 그러나 양쪽 팔 모두 기능적인 miRNA를 제공하며, 각각은 표적유전자와 자신들만의 짝을 이룬다는 많은 예가 알려지게 되었다(그림 20-12에서 두 miRNA를 적색과 청색으로 표지하였다). 이제는 양쪽 팔로부터 생산되는 miRNA를 가지는 것이 일반적인 것처럼 보인다. 전-miRNA는 전사체의 어느 부위에 의해서도 암호화될 수 있다. 즉, 그들은 암호화 부위, 선도 부위, 또는 인트론에 존재한다(그림 20-13).

miRNA를 포함하는 1차 전사체(pri-miRNA)는 독특한 2차구조를 가지므로, RNA 서열의 2차구조 접힘에 대한 계산을 통해 그들의 존재를 예측할 수 있다. 더구나, 침묵화는 표적과 성숙한 miRNA 간 염기서열의 상보성에 의존하므로, 많은 경우에서 조절되는 후보 표적유전자들 또한 예측할 수 있다. miRNA와 표적 RNA 간의 염기쌍 형성은 전형적으로 "종자 잔기(seed residue)"라 불리는 22 뉴클레오티드 miRNA의 2~9번 염기서열의 상호작용에 의해 개시된다. 이 부위는 가장 높은 상보성을 가지므로 후보 표적유전자를 동정하는 데 가장 유용하다. 물론, 어떤 miRNA가 실제 존재하는지의 여부는 노던 블로팅 등으로 세포 내에서 그 존재가 확인되고 이에 의해 표적 mRNA로부터의 유전자 발현이 영향을 받아야 확인된다.

이들 1차 전사체로부터 miRNA의 생성을 위한 두 절단반응은 뚜렷이 구별되는 두 종류의 RNA 가수분해효소에 의해 매개된다. 하나는 이미 소개한 다이서로,

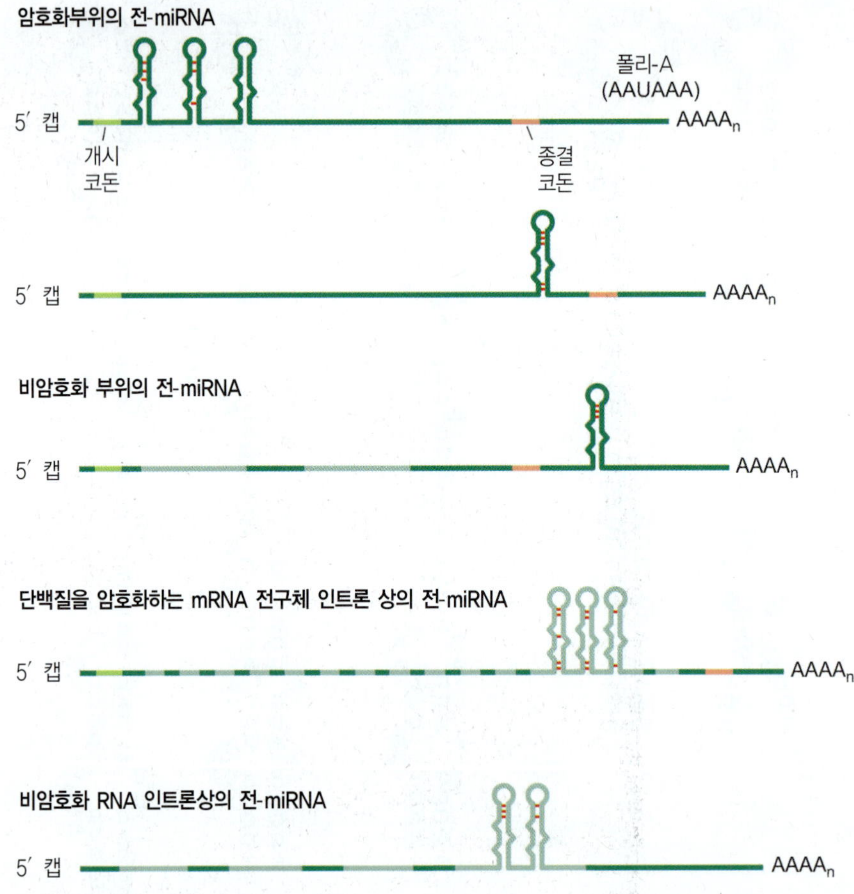

그림 20-13 miRNA는 RNA상의 인트론과 엑손 모두에 의해 암호화된다. 인트론 서열은 옅은 녹색으로 나타내었다. 개시와 종결코돈은 연녹색과 분홍색으로 표시하였다.

siRNA의 생성에서도 필요로 한다. miRNA 가공에 특이적으로 요구되는 다른 효소는 **드로샤(Drosha)**이다. 이 두 효소의 특징은 그들이 작용하는 기질 RNA의 특정 염기서열보다는 구조를 인식하고 절단한다는 것이다. 이제 우리의 관심을 이들 효소가 어떻게 작동하는가? 에로 돌려보자.

활성화된 miRNA는 두 단계의 핵산분해 가공에 의해 생성된다

첫 번째는 단계는 RNA 가수분해효소 III 패밀리에 속하는 드로샤에 의해 수행된다. 드로샤는 1차 전사체(pri-miRNA)에서 줄기 고리부위(전-miRNA)를 잘라내는 두 개의 절단을 만든다. 이 효소는 어떤 개체에서는 파샤(Pasha)라 불리고, 다른 개체에서는 DGCR8이라 불리는 필수적이고 특이적인 소단위체 단백질과 함께 작용하며, 이 두 단백질은 활성화된 **마이크로프로세서 복합체(microprocessor complex)**를 형성한다. 드로샤에 의해 생성된 전-miRNA는 대개 약 65~70 뉴클레오티드 길이이다. 드로샤는 세포의 핵에 존재하며 여기서 드로샤의 촉매작용에 의한 절단이 일어난다.

1차 miRNA의 염기쌍을 형성하는 줄기는 전형적으로 dsRNA의 3나선 회전에 해당하는 33 염기쌍 길이로, 단지 몇 개의 잘못짝지움(mismatch)을 포함한다(그림 20-14). 줄기의 "꼭대기(top)"에는 다양한 크기(대부분 ~10 뉴클레오티드로 상대적으로 크다)의 고리가 존재하는데, 이 고리부위의 서열은 가공반응에 결정적이지 않다. 보다 중요한 것은 드로샤에 의한 가공에서 줄기 고리의 5′ 및 3′ 양 측면에 특정한 2차 구조를 갖지 않는 단일가닥의 RNA(ssRNA)를 필요로 한다는 것이다. ssRNA-dsRNA의 접합은 드로샤의 절단 특이성을 결정함에 있어서 중요한 역할을 담당한다.

줄기부위는 ~11 염기쌍의 하단부 줄기와 ~22 염기쌍의 상단부 줄기로 된 두 개의

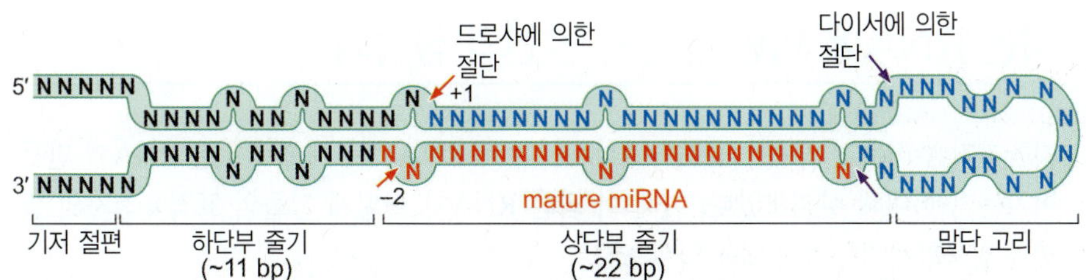

그림 20-14 다이서와 드로샤의 절단부위를 나타내는 1차 miRNA의 개략적 구조. 적색으로 표시된 부위가 성숙한 miRNA로 된다. 기저 절편은 드로샤 복합체의 적절한 인식을 위해 단일가닥이 되어야 한다는 것에 주목하라.

기능적 분절로 나뉜다(그림 20-15). 드로샤는 dsRNA-ssRNA 접합으로부터 11 염기쌍 떨어진 부위를 절단하는데, 이 부위는 1차 miRNA 상의 하단부와 상단부 줄기의 사이가 된다. 따라서 두 개의 절단은 2나선 회전에 해당하는 22 염기쌍의 dsRNA와 꼭대기 고리로 구성된 ~65 뉴클레오티드 길이의 전-miRNA를 생성한다. RNA 가수분해효소 III 패밀리는 dsRNA에 특이적으로 작용하며 3′ 말단에 2 뉴클레오티드를 돌출해 남기는 방식으로 절단한다. 이러한 3′ 말단 돌출은 다음 단계의 효소인 다이서가 이 RNA 분자를 인식하는 데 중요하다.

다이서는 miRNA 생성에 관여하는 두 번째 RNA 절단효소이며, siRNA 생성을 위해 필요한 오직 하나의 효소이다

드로샤에 의해 유리된 전-miRNA는 세포질로 송출되고 다이서에 의해 수행되는 두 번째 RNA 절단반응이 일어난다. 다이서는 드로샤와 마찬가지로 서열 특이적이기보다는 길이를 측정하는 기작으로 절단부위를 선택한다. 다이서의 고해상도 구조는 이러한 작용 기작에 대한 통찰력을 제공한다.

다이서는 세 개의 부분으로 구성된다. 이들은 두 개의 RNA 가수분해효소 III 영역과 PAZ 영역으로 불리는 dsRNA 결합자리이다. (PAZ는 이 영역을 포함하는 Piwi, Argonaute와 Zwille의 세 단백질 이름에서 유래되었다.)

그림 20-16a에는 다이서 단백질의 구성과 이 단백질이 어떻게 dsRNA와 상호작용하는지에 대한 모델을 나타내었다. 그림 20-16b의 아래쪽에는 기질 RNA에 모양을 맞춘 다이서의 구조를 나타내었다. 단백질의 모양은 손도끼를 닮았다. PAZ 영역은 손잡이의 아래쪽으로 dsRNA 기질의 3′ 말단과 작용하는 결합 주머니를 형성한다. 연결자 영역은 손도끼의 손잡이를 이루며, RNA 분자와 결합하는 양전하의 표면을 포함한다. 꼭대기의 "도끼날(blade)" 부분은 대칭적인 2량체로 배열된 두 개의 RNA 가수분해효소 영역으로 이루어진다. 각각의 RNA 가수분해효소 영역은 활성부위를 가지며 기질 RNA의 두 가닥 중 하나를 절단하는 역할을 담당한다. 따라서 다이서는 어떠한 dsRNA에도 작용하여 염기서열과 무관하게 그 말단으로부터 22 뉴클레오티드를 자른다. PAZ 영역은 기질 RNA의 3′ 말단에 부착한 후, ~22 뉴클레오티드 떨어진 효소의 활성화 부위를 자로 재듯이 측정하여 그 위치를 정한다(그림 20-16 참조). 사실, 다양한 크기의 PAZ 영역의 출현은 여러 생명체에서 발견되는 다양한 크기의 다이서 산물과 연관이 있다.

이제까지 살펴보았듯이, 오직 miRNA만이 커다란 머리핀 전구체로부터 만들어진다. 반면 siRNA 경로의 전구체 RNA는 기다란 dsRNA이다. 이렇게 다른 초기 기질의 결과로, siRNA의 생성은 드로샤를 필요로 하지 않는다. 그러나 다이서에 의한 절단은 필요하며, RISC에 편입할 21~22 뉴클레오티드의 적합한 RNA를 만든다.

식물에서는 심지어 miRNA도 다이서에 의해서만 만들어진다. 어떻게 드로샤의 사전 작용 없이 이 일을 수행하는지에 대해서는 명확하지 않다.

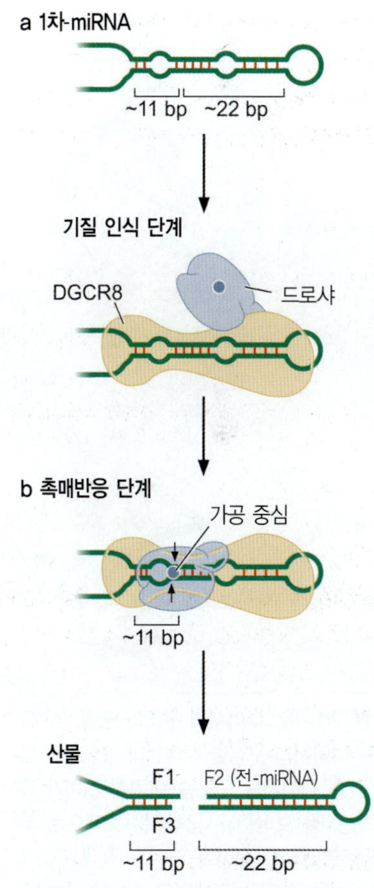

그림 20-15 마이크로프로세서 복합체에 의한 1차 miRNA의 인식과 절단. 절단에 의해 F1, F2(전-miRNA) 및 F3의 세 조각이 만들어진다.

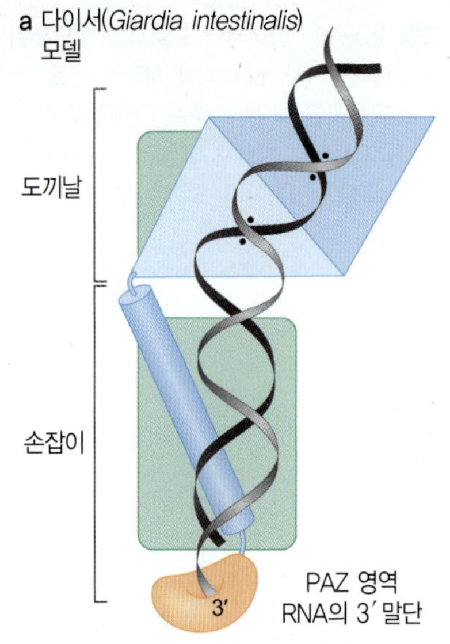

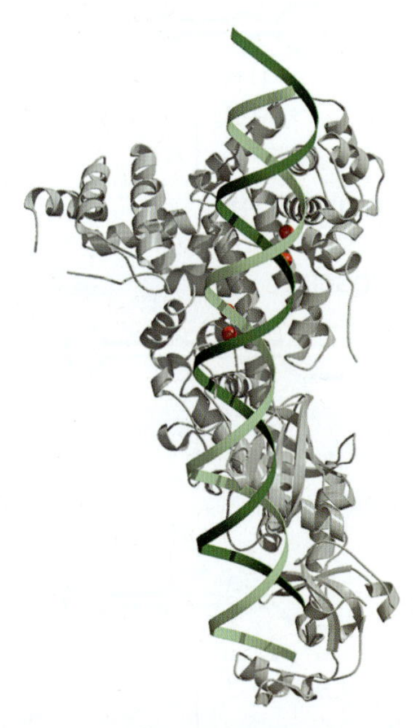

그림 20-16 다이서의 구조와 구성. (a) 도해는 다이서의 구성을 나타낸다. (b) dsRNA에 맞춘 다이서의 구조는 어떻게 길이가 측정되는지를 보여준다. 단백질은 회색으로, 핵산가수분해효소 활성화 부위는 적색 구(a에서는 검은 점)로 나타내었다. RNA는 녹색으로 나타내었다. 여기에서는 RNA 가수분해효소 III와 PAZ 영역을 포함하는 구조만 나타내었다. 다이서 단백질은 ATP 가수분해효소와 다른 영역도 포함하고 있다. (b, MacRae I.J. et al. 2006. *Science* **311**: 195–198. PDB Code: 2FFL; RNA는 결정구조의 일부가 아니라 구조에 맞추어 표시한 것이다.) 이미지는 MolScript, BobScript 및 Raster 3D로 나타내었다.

작은 RNA에 의한 유전자 발현의 침묵화

지금까지 우리는 어떻게 이중가닥 RNA 또는 miRNA 전구체에서 작은 RNA가 만들어지는지에 대해 살펴보았다. 이제 이 작은 RNA가 어떻게 그들의 표적유전자의 발현을 침묵화시키는지에 대해 알아보자.

안내가닥 RNA의 RISC 편입은 유전자 발현의 침묵화가 준비된 성숙한 복합체를 만든다

다이서의 작용은 자신이 작용할 표적 RNA를 결정하는 짧은 RNA 분자를 생성하는 것이다. 활성을 나타내는 조절 RNA는 RISC 단백질복합체에 편입된 상태의 **안내 RNA(guide RNA)**라 부르는 단일가닥의 형태이다. 이 복합체 안에서 RNA 안내가닥은 표적 RNA로 RISC를 끌어들인다. 여기서 복잡한 진핵세포의 커다란 유전체 안에서 단지 ~22 뉴클레오티드 길이의 RNA-RNA 염기쌍만으로 충분히 단일 표적유전자를 명확히 구별할 수 있는지에 대한 의문이 제기되어왔다.

RISC의 중심이 되는 구성요소는 **아거노트(Argonaute)**라 불리는 단백질로, 많은 경우에서 RNA 절단효소로 작용한다. 가장 잘 알려진 유전자 침묵화의 기작은 표적 mRNA에 대한 RISC-매개 절단(또는 슬라이싱)이다. 하지만 많은 생명체는 아거노트 단백질 계열의 다중적인 구성원을 가지고 있다. 예를 들면, 사람에는 8종류의 아거노트가 있지만, RISC 복합체에 편입되었을 때 모든 아거노트가 슬라이서 활성을 나타내지는 않는다. 다른 아거노트를 포함하는 RISC들은 번역의 억제 같은 비슬라이서-의존적 기작(non-slicer-dependent mechanism)으로 유전자 발현을 참묵화시킨다. 앞에서 언급한 piRNA는 다이서에 의해 만들어지지 않지만 RISC 유사 복합체 내에 있는 PIWI라 불리는 아거노트 연관 단백질과 결합한다.

활성화된 RISC의 생성과 슬라이싱은 siRNA의 안내에 따라 다음과 같이 일어난다. 다이서에 의해 생성된 짧은 dsRNA가 RISC에 편입되며, 여기서 변성되어 안내가닥과 탑승가닥으로 분리된다(탑승가닥은 제거된다). 그 결과 성숙한 RISC(mature RISC)라 불리는 단일가닥의 안내 RNA를 가진 RISC는 이제 표적 RNA를 인식하고 절단할 준비가 되었다.

다이서의 예에서 보았듯이, 아거노트 단백질의 구조는 RISC에 의한 표적 RNA의 인식과 절단의 기작을 이해하는 틀을 제공한다(그림 20-17). 다이서와 같이, 아거노트는 PAZ 영역과 RNA 가수분해효소 영역을 가지고 있다. PAZ 영역은 안내 RNA의 3′ 말단을 특이적으로 인식한다. 결합된 안내 RNA는 표적 RNA와 염기쌍을 형성하고, 복합체의 구조는 이 결합이 RNA 가수분해효소 영역의 활성화 자리를 표적 RNA 가닥을 절단할 수 있는 적절한 위치에 놓이도록 한다. 안내 RNA-표적 RNA 이중사의 거의 중간부위인 안내 RNA의 5′ 말단으로부터 10번과 11번째 뉴클레오티드 사이에서 절단이 일어난다.

이미 언급했듯이, 몇몇 경우에서 성숙한 RISC는 mRNA의 침묵화보다는 번역을 억제할 수 있으며, 실제 이것은 miRNA의 가장 일반적인 작동 방식이라 여겨진다.

이러한 번역의 억제 기작은 아직 정밀하게 조사 중이며, 반응의 순서에 대해서는 많은 논쟁이 있다. 즉, 확실히 번역은 억제되지만 mRNA도 파괴된다. 따라서 어떤 것이 다른 것의 결과인지를 증명하기가 어렵다. 만약 mRNA가 파괴되면 당연히 번역도 없을 것이다. 유사하게, 어떤 기작에 의해 mRNA의 번역이 억제되면, 세포는 mRNA

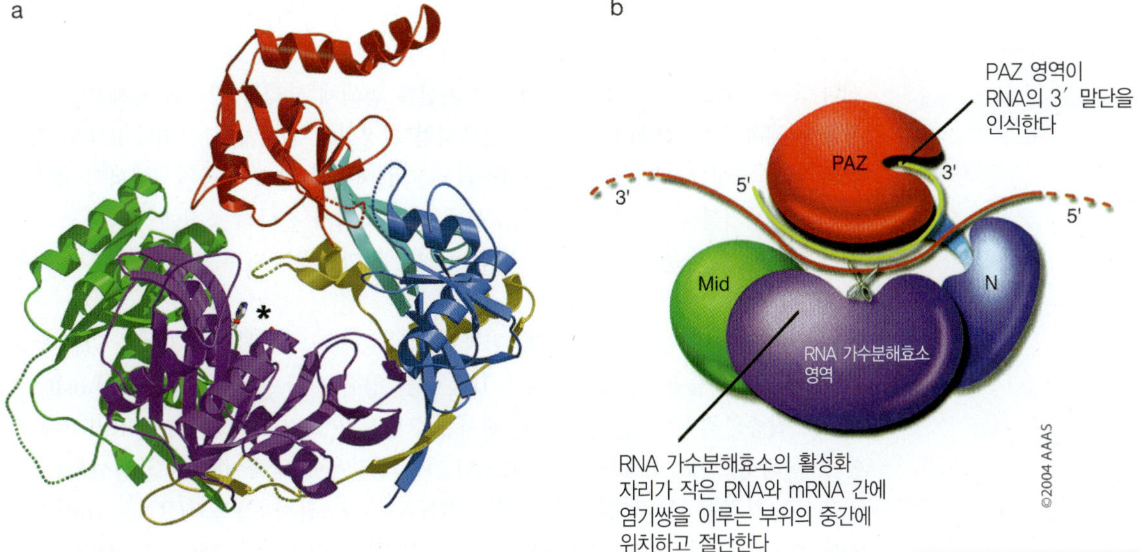

그림 20-17 RNA-결합부위 및 RNA 가수분해효소 H 유사 핵산 가수분해효소 영역을 나타내는 아거노트의 구조. (a) 아거노트의 결정구조. 각 영역은 b와 같은 색으로 나타내었다. 청색 영역은 단백질의 아미노 말단이고 중간부위는 녹색으로 나타내었다. (b) 아거노트 단백질의 도해. 화살표는 작은 RNA와 miRNA 사이에 쌍을 이룬 부위의 중간에서 절단하기 위해 자리를 잡은 RNA 가수분해효소의 활성화 부위를 나타낸다. (a,b, Adapted, with permission, from Song J.J. et al. 2004. *Science* **305**: 1434–1437, Fig. 4C. PDB Code: lu04. © AAAS.) 이미지는 MolScript, BobScript 및 Raster 3D로 나타내었다.

분자를 파괴하는 경향이 있다. 어떤 방식이건 이는 앞에서 설명했던 siRNA에 의해 촉발되는 활성 슬라이싱 기작과는 뚜렷이 구별된다.

번역의 개시는 많은 인자들이 관여하는 정교한 공정이며(15장 참조), 많은 간섭의 기회를 제공한다. 번역의 억제 기작이 어떻든 간에, 몇몇 경우에서는 miRNA가 번역이 억제되는 세포질 내의 가공체(processing body, P-body)에 mRNA를 격리시키는 것처럼 보인다.

작은 RNA들은 염색질 변형을 유도함으로써 유전자를 전사적으로 침묵화할 수 있다

지금까지 우리는 어떻게 miRNA와 siRNA가 표적 mRNA들의 번역을 억제하거나 그들의 파괴를 유도함으로써 유전자를 침묵화할 수 있는지 살펴보았다. 조절 RNA들은 전사 단계에서도 작용할 수 있는데, 프로모터의 히스톤 변형을 유도해 표적유전자의 발현을 정지시킨다. 이러한 기작은 분열효모 *S. pombe*의 동원체 침묵화에서 가장 활발하게 연구되었다.

19장에서 우리는 효모 유전체의 특정 부위에 놓인 유전자는 대게 침묵화되어 있는 것을 보았다. 이 경우에서 우리는 출아효모(*S. cererisiae*)의 말단소체 근처에 있는 유전자가 침묵화되는 것을 상세히 묘사하였다. 이 효모와 분열효모의 교배형 자리(mating-type locus)에 있는 유전자들 또한 침묵화되어 있다. 분열효모에서 동원체는 유전체의 다른 침묵화 부위이다. 이 두 생명체에서, 침묵화는 히스톤의 변형을 수반한다. 그러나 출아효모의 침묵화에는 RNAi 기구가 결핍된 반면, 분열효모 동원체의 침묵화는 RNAi 경로를 필요로 한다.

분열효모의 동원체들은 출아효모보다는 초파리나 사람 같은 고등한 진핵생물(18장, 그림 8-8 참조)의 동원체와 유사한 서열 구성을 갖는다. 각 동원체들은 모든 동원체에서 보편적인 일련의 반복서열을 동반한, 커다랗고 독특한 서열의 중심부위를 갖는다. 앞으로 살펴보겠지만, 반복서열들은 기능적으로 중요하며, 이질염색질의 형성과 연관된 부위의 전사적 침묵화에 기여한다. 이질염색질 내의 히스톤은 억제 표지자를 갖는데, 낮은 수준의 아세틸화와 히스톤 H3 꼬리의 9번 리신(H3K9)에 메틸화가 된다.

분열효모는 RNAi 경로의 주요 구성요소인 다이서와 아거노트 각각에 대한 오직 하나의 유전자를 갖는다. 더 고등한 생물들은 부분적 잉여 기능을 갖는 여러 개의 다이서 및 아거노트 유전자들을 가짐으로써 이 경로의 유전적 조절을 더 어렵게 한다. 게다가, 분열효모에서의 RNAi 경로의 손실은 염색체 분리를 방해하여 세포들의 성장을 저해하지만, 초파리와 선충의 경우처럼 치명적이지는 않다. 그러나 RNAi 경로상의 어느 구성요소의 결핍이 히스톤 H3K9의 메틸화 감소와 동원체에서의 유전자 침묵화의 제거를 유도한다는 발견은, 특히 이 침묵화가 전사적 조절에 의한다고 알려졌기 때문에, 놀라운 것이었다. 이 발견이 있기 전까지 RNAi는 오직 전사 후에 작용한다고 생각되었다.

이러한 전사적 침묵화의 이해를 위한 열쇠는 동원체의 반복서열 자체에 있는 듯하다. 이 서열인자들은 RNA 중합효소 II에 의해 양쪽 가닥으로부터 전사되어 dsRNA 형태로 잡종화될 수 있는 상보적인 전사체를 만든다(그림 20-11에서 본 RdRP에 의한 증폭 과정). 이들 RNA는 다시 RNAi 기구의 작용에 의해 siRNA를 생성하고, 이들은 그 기작은 아직 불명확하지만 RNA-유도 전사 침묵화(RNA-induced transcriptional silencing, RITS) 복합체라 불리는 아거노트를 포함하는 RISC-유사 복합체를 동원체로 유도한다. 이론적으로는 siRNA들이 동원체 DNA를 인식하여 DNA 주형과의 직접적인 서열-특이적 염기쌍을 형성함으로써 이러한 유도가 가능하다. 그러나 siRNA가 RNA 중합효소 II에 의해 동원체에 매달려 있는 전사체로 RITS를 유도하는 모델이 더 맞는 것 같다. RITS는 동원체의 전사체를 절단하고, 이 전사체는 히스톤 변형기구가 동원체를 따라 퍼져나가는 데 다시 요구된다(그림 20-18). 그러므로 전사체가 RNAi의 표적이 되면, 전사 자체가 침묵화를 확산시키게 된다.

앞에서 언급한 것처럼 분열효모의 교배형 자리 또한 전사적으로 침묵화되어 있는데, 이때 RNAi에 결함이 있는 돌연변이주에서 침묵화는 제거되지 않는다. 이 경우 RNAi는 초기에 침묵화 상태를 만드는 경우에만 작용하는 것으로 생각되며, 한 번 이루어진 침묵화의 유지에는 필요치 않다. 출아효모에서처럼 단백질이 관여하는 다른 기작이 억제된 상태를 유지한다(19장). RNAi는 또한 초파리에서 식물에 이르는 다양한 생명체에서 이질염색질 침묵화의 한 부분을 담당하고 있는 것으로 여겨진다. 아래에 설명한 것처럼, 원치 않는 전위인자(transposon) 전사의 침묵화 또한 RNA가 매개하는 것으로 보인다.

진핵세포의 작은 조절 RNA에 대한 현재의 이해는 흥미로운 일련의 관찰과 실험들을 통해 이루어졌다. 이것은 1980년대 후반, 페튜니아에서 색소유전자의 과발현을 시도하는 과정에서 나타난 외관상 혼란스러운 결과(더 진한 자주색을 띠도록 만들었으나 꽃은 하얗게 되어버렸다)로부터 시작된다. 다음으로 선충으로부터 조절 유전자에 대한 놀라운 발견이 이어졌으며, 그 유전자 산물은 miRNA로 밝혀졌다. 그리고 dsRNA를 선충에 도입하면 상보적인 유전자의 발현을 침묵화시킨다는 것을 보인 실험이 이어졌다. 이 이야기는 글상자 20-2, "miRNA와 RNAi의 발견"에 설명되어 있다.

RNAi는 바이러스나 전위인자로부터 보호하기 위한 방어 기작이다

RNAi 기구는 어디에나 항상 존재하는 것은 아니지만 진핵생물에 널리 퍼져 있다. 앞의 경우에서 보았듯이, 출아효모에는 RNAi 기구가 존재하지 않는다. 그러나 최소한의 기본 시스템이 모든 진핵생물의 가장 최근의 공통조상에 존재했으며, 그 이후 어떤 계통들에서 소실되어졌다고 여겨진다.

하지만 도대체 RNAi는 생물학적으로 어떤 작용을 하는 것일까? 물론 miRNA들이 존재하고 이 조절자들을 생산하고 사용하는 데 RNAi 기구를 필요로 하지만, 분열

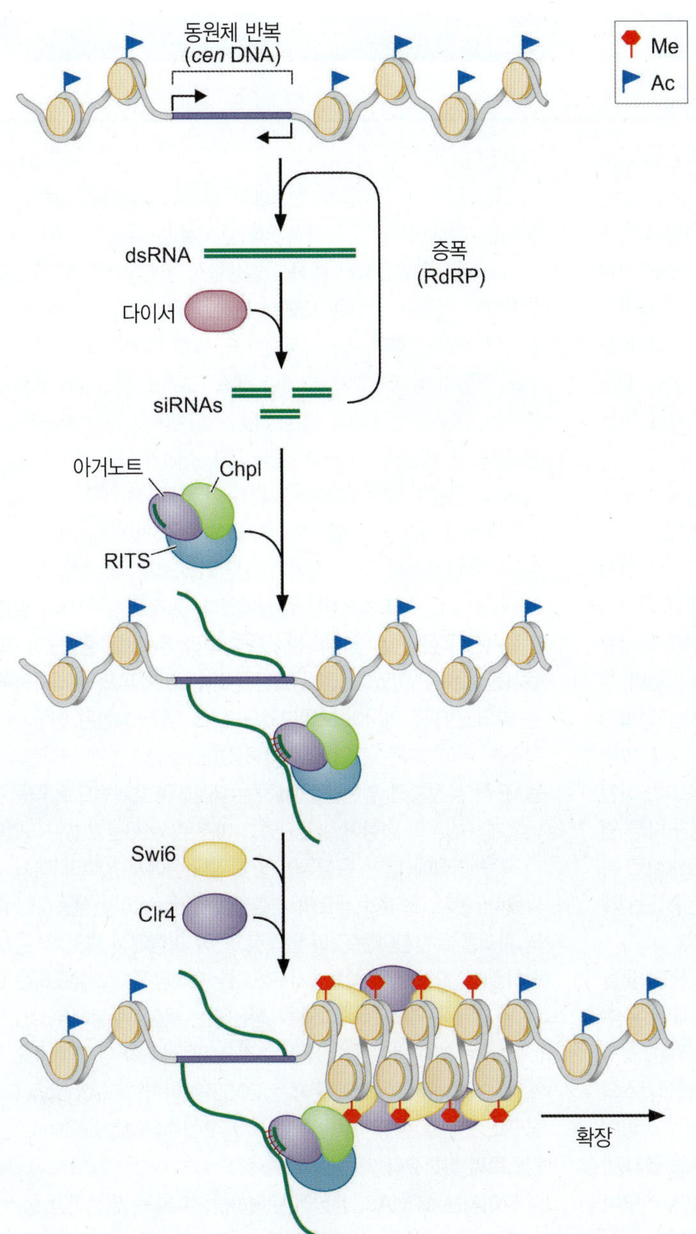

그림 20-18 RITS 유도와 동원체의 침묵화 모델. 분열효모의 동원체에서 반복서열에 둘러싸인 뉴클레오솜을 상단에 나타내었다. 반복서열(*cen* DNA)은 RNA 중합효소 II에 의해 전사되어 다이서의 기질인 dsRNA를 만든다. 이렇게 생성된 siRNA들은 아거노트를 포함하는 RITS 복합체로 옮겨진다. 중간 부분에 보이는 것처럼, siRNA를 포함하는 RITS는 중합효소 II에 붙어 있는 전사체로 유도되는데, 이 전사체는 siRNA와 전사체 간의 상보성을 통해 동원체 반복 서열이 계속 전사되어 생성된다. 이 복합체는 이후 많은 수의 다른 복합체를 끌어들인다. 이중 RDRC는 RdRP를 통해 더 많은 dsRNA의 생산을 유도하고(그림 20-11 참조), Clr4와 Swi6는 H3K9 침묵화 표지자의 첨가를 통해 뉴클레오솜을 국지적으로 변형시킨다. RITS의 또 다른 소단위체인 Chp1은 메틸화된 뉴클레오솜에 결합하여 RITS의 결합을 안정화시키는 크로모도메인(chromodomain)을 포함한다(8장, 그림 8-41). 이 그림에는 나타내지 않았지만, 아거노트(RITS 안의)에 의한 전사체의 "슬라이싱"은 RdRP의 기질 RNA들을 합성하며, 이들은 상보적인 가닥을 합성하여 더 많은 다이서의 기질을 생산한다. 이 공정은 뉴클레오솜의 변형과 그로 인해 침묵화된 지역의 확산을 위해 필요하다. (Redrawn, with permission, from Martienssen R. and Moazed D. 2007. *Epigenetics* [ed. D. Allis et al.], p.157, Fig. 4. © Cold Spring Harbor Laboratory Press.)

효모에서와 같이 어떤 개체들은 RNAi 기구는 가지나 miRNA는 없다. 사실 miRNA들은 RNAi 기구가 존재하는 이유라기보다는 존재하는 것이 더 유리하도록 진화시켰다고 여겨진다. RNAi 기구가 제공하는 본래의 기능 중 하나는 전위인자와 바이러스들로부터 생명체를 보호하는 것이다.

우리는 앞에서 세균의 CRISPR-*cas* 시스템에 대해 살펴보았다(앞선 그림 20-9). 이 경우 외부 DNA(파지 또는 플라스미드)로부터 유래된 DNA 서열은 유전체에 축적되고, 이후 세포에 다시 침입하는 상동 핵산을 파괴하는 작은 RNA 분자의 형태로 발현된다. 비록 CRISPR 시스템이 (표적 핵산을 파괴하기 위한 단백질 복합체를 안내하기 위해 작은 RNA를 사용한다는 것 외에는) 진핵세포의 RNAi 기구와 공통적인 요소를 갖고 있지 않지만, 두 시스템의 기능과 원리의 많은 방식이 매우 유사하다. 이는 piRNA 시스템에서도 마찬가지이다.

앞에서 언급했듯이, piRNA는 siRNA와 miRNA에 이은 세 번 째 종류의 작은 조절 RNA이다. 그들은 유전체상의 **piRNA 군집(piRNA cluster)**의 기다란 단일가닥

▶ 핵심실험

글상자 20-2 miRNA와 RNAi의 발견

1989년, 캘리포니아 오클랜드 소재 생명공학 회사인 Advanced Genetic Science사에서 일하던 요르겐센(Richard Jorgensen)은 원래 종보다 더 진한 자주색을 띠는 페튜니아를 만들기 위한 실험을 진행하였다. 그 방법은 강력한 프로모터 하에서 캘콘(chalcone) 합성효소를 암호화하는 색소 유전자의 추가적 복사본을 식물에 도입하는 것이었다. 이 식물은 더 많은 캘콘 합성효소를 만들 것이고, 그 꽃은 더 자주색을 띨 것이다. 하지만 많은 경우에서 그가 실제로 얻은 것은 자주색과 흰 부위가 나뉘어 있거나 심지어는 완전히 하얀 색을 띠는 옅은 색의 꽃을 가진 식물이었다(글상자 20-2 그림 1).

이 결과들은 비록 실망스럽기는 하였지만 흥미로운 것이었다. 요르겐센은 어떠한 일이 벌어졌는지 이해하는 과정에서, 형질도입된 유전자와 내재 유전자의 발현이 모두 억제된다는 의미의 공동억제(cosuppression) 현상의 다양한 특징들을 밝혀냈다. 도입된 유전자의 발현이 증가하면 캘콘 합성효소의 수준은 낮아졌다. 이때 복사본 수가 많거나 강한 프로모터를 사용하므로 도입된 유전자의 발현이 증가된 것은 사실이다. 한 가지 더 주목할 것은 일부 식물에서는 얼룩진 색소형성의 패턴을 보였는데 이러한 얼룩은 하나의 개체 내에 있는 다른 꽃들에서도 발견되었다. 이러한 패턴은 종종 유전되었으나, 어떤 경우엔 확실히 무작위로 변하였다. 이러한 발견은 요르겐센과 다른 연구자들, 특히 역시 이 현상을 연구하던 마츠케(Marjori Matzke)로 하여금 후성유전학적 현상(epigenetic phenomenon)을 연구하는 계기가 되었다.

다른 연구자들은 바이러스 감염에 대한 저항성을 가지는 식물을 만들고자 했다. 한 가지 방법은 공통적인 바이러스 복제인자의 우성-음성적(dominant-negative) 변형체를 식물에서 과발현시키는 것으로, 이 단백질은 공통적인 복제 기작을 이용하는 감염성 바이러스의 복제를 억제할 것이라 기대하였다. 비록 우성-음성적 바이러스 산물이 그것이 유래된 감자 바이러스(potato virus)의 복제를 억제하였지만, 놀랍게도 작용 특이성은 그 바이러스에만 매우 제한적이었다. 더구나 이때 단백질 자체는 필요하지 않고 단지 RNA만 있으면 된다는 것이 밝혀졌다.

글상자 20-2 그림 1 페튜니아 꽃. 색소 유전자인 캘콘 합성효소를 과발현한 효과의 한 예로 완전한 자주색의 페튜니아 꽃이 될 것이란 기대를 벗어났다. (Courtesy of Richard A. Jorgensen, University of Arizona.)

한편 다른 연구자들은 선충에서 *par-1* 유전자의 발현을 녹다운(knock-down)시키기 위하여 안티센스(antisense) RNA를 사용하였다. 그들은 이 유전자가 특정한 발생학적 형질을 담당한다는 것을 증명하고자 하였다. 시험관 내에서 합성된 안티센스 RNA를 발생 중인 선충에 주입한 결과, *par-1* 유전자의 발현 억제에 의한 것이라 추정되는 형질이 유도되었다. 그러나 센스 RNA도 마찬가지 효과를 나타낸다는 것을 발견하였다. 물론 이것은 실험에서 음성대조군으로 사용한 것으로, 발현에 어떤 효과가 있을 것이라고는 기대하지 않았다. *par-1*과 연관이 없는 RNA는 효과를 나타내지 않았다.

이러한 RNA-의존적인 유전자의 발현은 파이어(Andrew Fire)와 멜로(Craig Mello)의 실험에서 설명되었으며, 이 실험으로 그들은 2006년 노벨 생리의학상을 수상하였다. 실제로, 유전자의 발현을 침묵화시킨 것은 센스나 안티센스가 아니라 두 개의 혼합물에 의해 만들어진 dsRNA이었다. 센스 또는 안티센스 RNA의 분리과정에서 적은 양의 반대편 가닥이 오염되었으며, 그 결과 생성된 이중가닥이 침묵화를 유도했다는 것이 이후 밝혀졌다. 조심스럽게 분리한 dsRNA는 표적 유전자의 발현을 억제하는 데 매우 효과적으로 작용하였다. 이렇게, RNAi의 현상이 발견되었고 이것은 1998년에 발표되었다.

작용 기작에 대한 통찰들이 몇몇 연구실에서 잇따라 대거 쏟아져 나왔다. 먼저, 초파리 세포의 추출물에서 dsRNA가 상동적인 mRNA의 파괴를 유발한다는 것이 알려졌고, 이 과정에서 RISC의 존재를 규명하였다. 1999년에 식물에서 RISC를 표적유전자로 유도하는 siRNA의 존재가 규명되었다. 그들을 생산하는 핵산가수분해효소인 다이서(Dicer)는 2001년에 밝혀졌다. 그리고 이 경로의 마지막 주요 구성요소인 슬라이서(Slicer)의 존재는 2005년 아거노트(Argonaute)의 결정구조 연구를 통해 이 단백질이 RNA 가수분해효소(RNase)임을 보임으로써 밝혀졌다.

다이서는 siRNA의 생성에 관여하는 것 외에, 발생과정 중 miRNA의 기능을 수행하는 데 있어서도 요구된다. 최초의 miRNA와 그 표적은 1993년에 암브로스(Victor Ambros)와 럽쿤(Gary Ruvkun)에 의해 발견되었다. 당시 이러한 발견은 참신하게는 보였지만 별나고 이상한 것이었다. *lin-4* 유전자는 표적유전자인 *lin-14*에 작용하는 작은 RNA를 암호화하였는데, miRNA와 표적 유전자 3′ 비번역부위 간의 염기서열의 상보성을 통해 작용하였다(글상자 20-2 그림 2). 이후 다른 miRNA들이 선충에서 발견되었고 이들 중 일부는 동물과 식물의 유사 유전자와 상동성을 보이는 것으로 보아 이러한 조절 기작이 널리 퍼져 있다는 것이 밝혀졌다. 이렇게 밖에서 공급되거나, 발생과정에서 이용되는 유전자 조절 프로그램의 한 부분으로서, 유전자 조절에 관여하는 작은 RNA의 세계가 출현되었다. 이 분야는 출현 후 겨우 15년 만에 불분명한 현상학으로부터 노벨상을 수상하고, 교과서에 이를 다루는 하나의 장(chapter)을 할애할 만큼 매우 급속하게 발전하였다. 이렇게 진행이 가속화된 이유는 아마도 다양한 종(효모, 식물, 선충)에 대한 연구와 접근 방법(유전학, 생화학, 구조 연구와 생물정보학)의 사용에 기인할 것이다.

글상자 20-2 (계속)

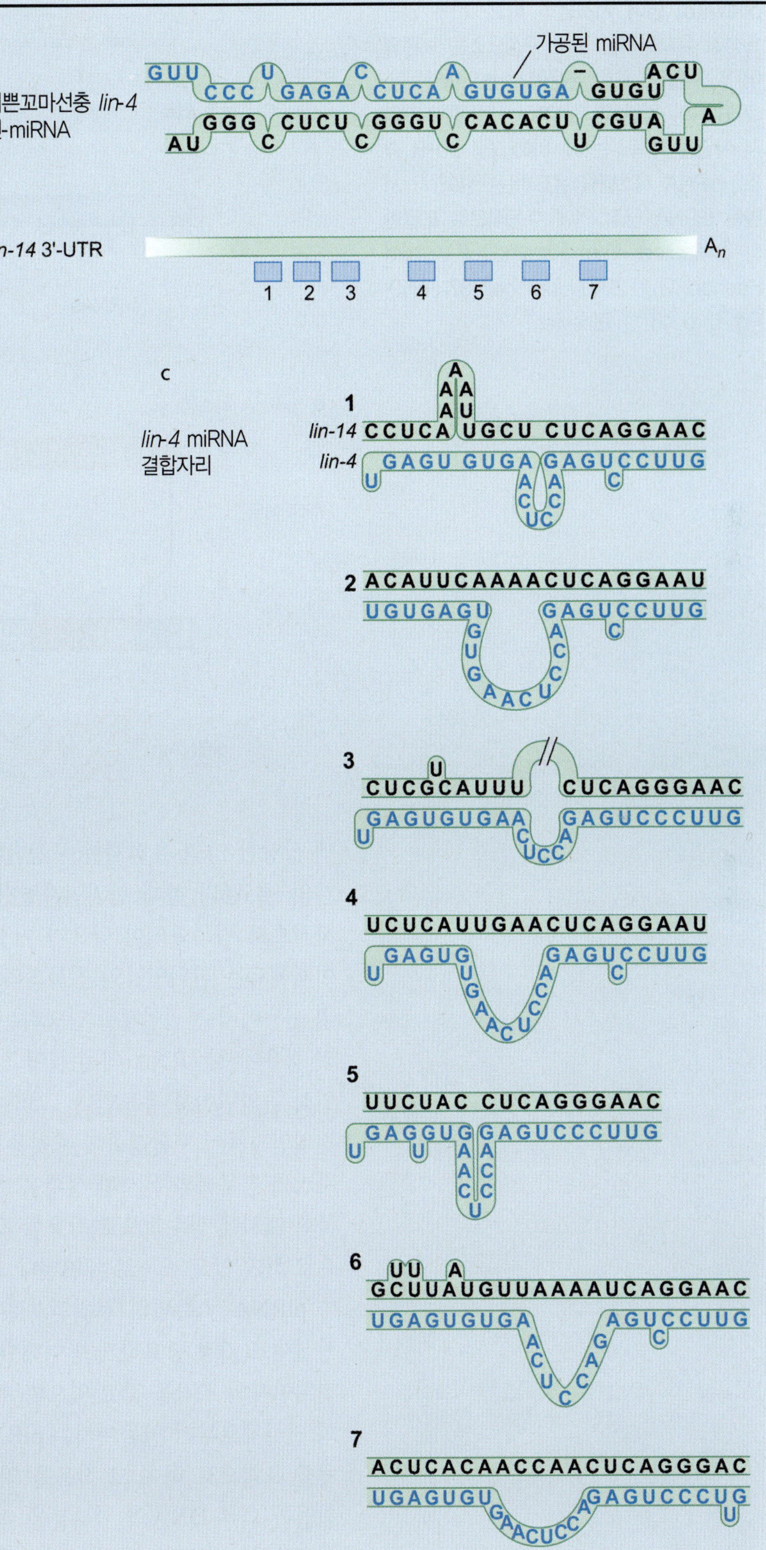

글상자 20-2 그림 2 마이크로 RNA *lin-4*는 자신의 표적유전자 *lin-14*의 3′-비번역 부위(UTR) 내에 결합한다. (a) 다이서에 의해 가공되기 전의 *lin-4* 전-miRNA. miRNA의 서열은 청색으로 나타내었다. (b) *lin-14* 3′-UTR 내부에서 다양한 정도(C에 표시)로 *lin-4* miRNA와 염기쌍을 이루는 7가지 서열. *lin-4*/*lin-14*에 의해 조절되는 생물학적 현상은 꽤 흥미롭다. 우리는 21장에서 유전자 발현이 어떻게 발생적 결정을 조절하는지에 대한 예를 살펴볼 것이다. 유명한 예로는 Hox 유전자가 있는데, 이들의 발현은 공간적정체성을 결정한다. 이렇게 해서 날개와 다른 구조물은 신체의 축을 따라 그들이 있어야 할 자리에 형성되고, 잘못된 장소엔 존재하지 않게 된다(예를 들어 머리에서 다리가 자라지 않게 된다). 그러나 일부 Hox 유전자가 결핍된 돌연변이체에서는 실제로 이러한 일이 일어날 수 있다. 유명한 초파리의 호메오틱 돌연변이체인 안테나페디아(antennapedia)는 머리에서 더듬이 대신 다리가 자란다. lin-14 단백질은 시간적으로 다른 정체성을 조절하는 조절자의 한 예가 된다. 그래서 이시성(heterochronic) 유전자라 불리는 이 유전자에 돌연변이가 생기면 공간적이 아닌 시간적인 형질전환이 일어난다. 즉, 세포는 발생과정의 초기 또는 후기 단계에 있는 세포에 특이적인 운명을 정상적으로 채택한다. 물론 lin-14 단백질의 발현은 본문에서 설명한 것처럼 *lin-4* 마이크로 RNA에 의해 조절된다. (Modified from Ha I. 1996. *Genes Dev.* **10**: 3041–3050, Fig. 1. © Cold Spring Harbor Laboratory Press.)

의 전사체로부터 다이서의 작용 없이 만들어진다.

CRISPR와 마찬가지로, piRNA는 기생하는 핵산을 표적으로 한다. 그러나 CRISPR의 주요 표적이 감염 파지인 것에 비해, 동물 유전체에서 주요 위협은 **전위인자(transposon)**이다. 전위인자는 모든 진핵생물에서 필수적으로 발견되며, 어떤 경우

그림 20-19 세균의 CRISPR(a)과 동물의 piRNA(b) 방어 시스템의 비교. 비록 많은 특성이 유사하지만 분자 구성요소는 보존되어 있지 않다. 또한 본문에서 논의하였듯이, CRISPR이 감염 파지로부터 새로운 스페이서 서열을 획득하는 데 비해(그림 20-8 참조), piRNA 시스템을 유도하는 전위인자 서열은 piRNA 군집 안에 수동적으로 도달한다. (Adapted, from Karginov F.V. and Hannon G.J. 2010. *Mol cell* **37:** 7–19, Fig. 5, p. 16. © Elsevier.)

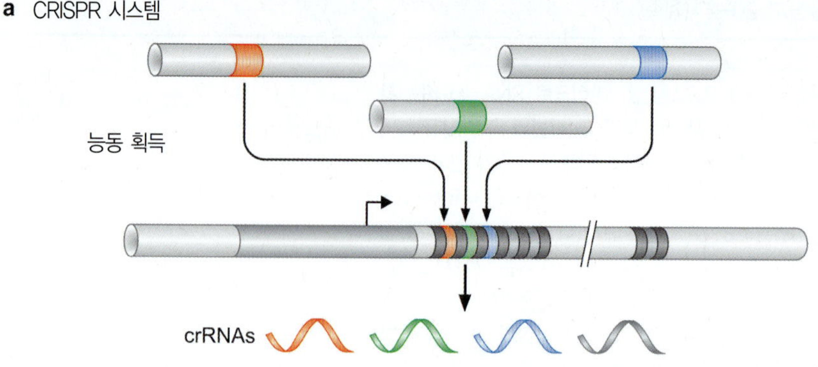

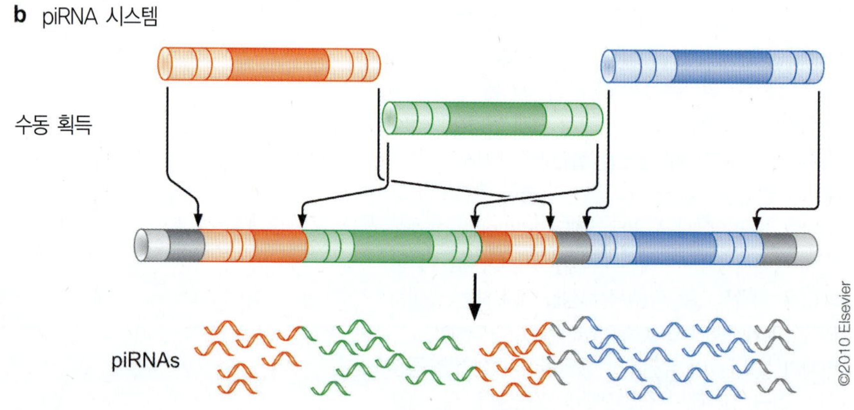

엔 상당한 양의 유전체를 구성한다(8장 및 12장 참조). 예를 들어, 사람은 전체 유전자의 ~45%가 한때 전위인자였던 염기서열로 이루어져 있다. 전위인자들은 대개 전사적으로 침묵화되어 있으며 이질염색질로 꾸려져 있다. 그러나 일부 RNAi 돌연변이체에서는 전위인자의 침묵화와 연관된 히스톤의 변형이 손실되었다. 더구나, 식물 및 선충에서 전위인자를 담당하는 몇몇 siRNA들이 규명되었다. 또한 이들 개체의 몇몇 경우에서는 RNAi의 손실이 전위인자를 재활성화시키고 도약시켜 높은 수준의 자연적 돌연변이를 유도한다. 그러나 siRNA를 생산하는 것으로 알려진 수만큼의 많은 전위인자들이 재활성화되는 것은 아니다. 이것은 앞에서 설명한 분열효모에서 교배형 자리의 침묵화와 유사한 상황을 반영하는 듯하다. 즉, RNAi는 특정 전위인자들의 침묵화 개시에 필수적으로 작용할 것이라 여겨지지만, 이후에는 더 이상의 siRNA를 필요로 하지 않고 스스로 유지된다.

piRNA는 특별히 전위인자로부터 세포를 보호하는 일에 전념하는 듯이 보이며, 생식세포(가장 중요하게 방어해야할 세포)에서 두드러지게 발현된다. piRNA 군집은 전위인자의 조각을 갖고 있으며(이들은 "전위인자 묘지"로 묘사된다), 그래서 이 부위의 전사체로부터 만들어지는 piRNA는 종종 활성 전위인자에 의해 만들어지는 전사체를 표적으로 하여 그 작용을 억제한다. 이미 살펴본 바와 같이 CRISPR 시스템은 침입한 외부 DNA의 일부분을 적극적으로 획득하는 기작을 포함하고 있으며, 이를 이용하여 CRISPR 배열을 자극함으로써 세포에 다시 나타날 똑같은 서열을 표적으로 하는 작은 RNA를 만들도록 한다. piRNA 시스템은 이러한 특성을 갖고 있지 않는 것 같다. 대신 결국 piRNA 군집으로 갈 DNA 서열이 자기 자신을 이동시켜 이 부위에 도달하고, 그 결과 군집에는 전위인자 서열이 풍부하게 될 것이다(20-19 참조)

앞에서 언급했듯이, RNAi는 식물에서 전위인자나 바이러스의 감염을 조절하는 데 필요하다. 바이러스 감염에 대한 RNAi의 방어 효과는 식물에서 광범위하게 관찰되어 왔다. 실제로, RNAi가 그 근본적인 기작이라는 것이 알려지기 오래전부터 이러한 효과들은 인식되어 있었다. 식물의 잎 하나가 바이러스에 감염되면, 바이러스의 복제를 침묵화할 수 있는 인자가 식물 전체에 퍼지게 된다. 이러한 인자는 원래 감염된 잎을 방어하는 것이 아니라, 감염이 확산되는 것을 막는다. 아거노트나 다이서 유전자에 돌연변이가 일어난 식물에서, 감염은 방해받지 않고 확산되며 바이러스의 증식도 훨씬 높게 나타난다. 방어 신호는 바이러스 유전체 자체에서 생성된 siRNA들을 포함한다. 바이러스들은 이에 대응해 왔다. 그들은 종종 숙주의 RNAi로부터 바이러스를 보호하는 기능을 가진 유전자들을 가지고 있다. 한 예로 감자 바이러스 Y로부터 유래한 HcPro는 siRNA의 생성이나 안정성을 감소시킨다. 다른 바이러스 산물들은 siRNA의 전체 확산을 포함하는 방어 기작의 다른 단계들에 영향을 준다.

miRNA와 사람의 질병 사이의 연관성은 글상자 20-3, "마이크로 RNA와 사람의 질병"에서 논의하겠다.

RNAi는 유전자 발현의 조작을 위한 강력한 도구가 되었다

RNAi의 발견은 유전자 발현 조작을 시도하던 연구자들의 관찰에서 이루어졌다(글상자 20-2). 식물의 공동억제(cosuppression)와 선충의 안티센스(antisense) RNA를 이용한 유전자 조작에서 나타난 기대하지 않았던 현상을 이해하려는 시도 중에 RNAi의 발견이 이루어졌다. 그러므로 그 기작이 이해되자마자 즉시 RNAi가 유전자의 발현 조작을 위한 도구로 사용된 것은 놀랄 만한 일이 아니다. 이것은 선충에서 일상적으로 이용되었다. 선충 유전체 상의 어떠한 유전자도 표적화할 수 있는 dsRNA를 암호화하는 라이브러리는 특정 유전자의 발현이 억제된 선충을 선별하는 데 이용될 수 있다. 여기에 이용되는 보편적인 방법은 그림 20-20에 나타나 있다. 선충들은 세균을 먹이로 삼는다. 실험실에서는 대장균이 선충의 먹이가 되는데, 선충의 유전체로 들어가는 가장 빠른 경로는 선충의 위를 통하는 방법이라는 것이 알려졌다. 원하는 어떤 dsRNA는 선충의 먹이가 된 대장균에서 발현될 수 있으며, 이것은 선충의 세포에서 유도되는 RNAi 반응에 충분한 기질을 전달하여 원래의 dsRNA에 상동적인 유전자들의 발현을 억제한다.

물론 전통적인 유전적 선별이 불가능한 포유류 세포에서 이러한 방법으로 유전자를 선별하는 것은 매우 유용할 것이다. 시험관 내에서 인공적으로 합성되어 배양한 포유류 세포에 형질도입된 siRNA들은 RNAi 반응을 유도하고 적절한 표적유전자들의 발현을 감소시켰지만, (세포 안으로 RNA가 도입되는) 형질도입의 효율이 낮았다. 더 기다란 dsRNA 분자들도 세포 내 모든 번역을 종료시키는 반응을 유발하기 때문에 문제를 일으킨다. 이 반응은 바이러스의 복제를 억제하도록 진화하였는데, 많은 바이러스들이 RNA 유전자를 가지기 때문이다.

연구자들은 dsRNA를 세포 내로 옮기는 것보다 miRNA를 모방하는 것이 더 효율적인이라는 것을 알아냈다. 이를 위해, 짧은 유전자들을 올리고뉴클레오티드 형태로 합성하여 플라스미드에 클로닝한 라이브러리가 만들어졌다. 각각의 짧은 유전자는 줄기 고리로 접혀지는 전사체를 제공하도록 설계된다. 이들은 세포 내에서 다이서에 의해 가공되어 표적유전자들의 침묵화를 유도하는 siRNA를 생산한다. 이러한 짧은 합성 유전자들을 **짧은 머리핀 RNA(short hairpin RNA, shRNA)** 유전자라 부른다. 적절하게 설계된 shRNA를 사용하여 유전체 상의 개별적인 유전자를 표적화할 수 있다. 또한 적절한 라이브러리를 가지고 유전적 선별의 수행이 가능해졌다. 예를 들어, 이 라이브러리의 각각의 플라스미드는 각기 다른 유전자에 대해 작용하는 shRNA를 암호화할 것이다. 각각의 세포들이 서로 다른 shRNA를 수용하는 방식으

그림 20-20 dsRNA를 발현하는 세균을 먹임으로써 선충에서의 RNA 간섭이 유도될 수 있다. 이 개요의 첫 단계에서 요구되는 분자적 조작에 대한 상세한 설명은 7장에 나타내었다. 플라스미드로부터 dsRNA의 발현은 서로 반대 방향을 향하는 두 프로모터에 의해 조절되는데, 이 프로모터는 T7 파지에서 유래한 하나의 소단위체로 이루어진 RNA 중합효소에 의해 인식된다. 이 중합효소의 유전자는 *lac* 프로모터의 조절 하에 세포에서 인공적으로 발현된다(18장). 따라서 dsRNA의 생성은 *lac* 프로모터의 유도자를 사용하여 조절할 수 있다.

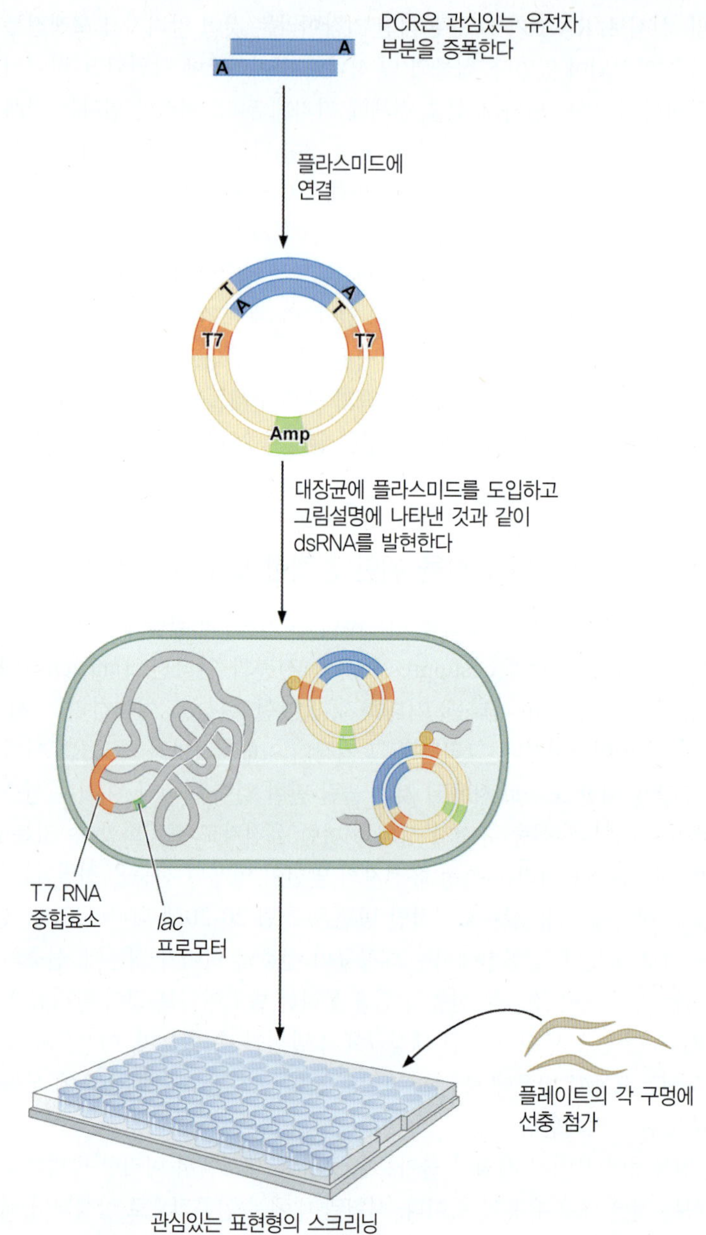

로 전체 라이브러리가 세포에 형질도입된다. 특정 표현형을 나타내는 세포들이 선택되고, 발현이 억제되었을 때 이러한 표현형이 유도되는 유전자를 동정할 수 있다.

기다란 비번역 RNA와 X-불활성화

기다란 비번역 RNA는 유전자 조절에서 전사에 대한 시스 및 트랜스 효과를 포함한 많은 역할을 수행한다

최근에 고효율(high-throughput) 서열분석 기술(7장 참조)을 통해 동물과 식물에서 발현되는 많은 비번역 RNA의 존재가 알려지게 되었다. 이제까지 우리는 짧은 RNA에 대해서만 논의해 왔으나, **기다란 비번역 RNA(long non-coding RNA, lncRNA)**로 알려진 200 뉴클레오티드보다 긴 비번역 RNA의 종류도 존재한다. 이들은 번역과 이어맞추기에서부터 전사 조절에 이르는 공정에서 많은 역할을 수행한다. 후자의

▶ 의학관련

글상자 20-3 마이크로 RNA와 사람의 질병

암

일반적으로 암에서는 많은 miRNA의 수준이 감소되어 있는 것을 종종 관찰할 수 있다. 이러한 감소는 그들 miRNA가 대부분 암-억제 효과(tumor-suppressing effect)를 갖고 있다는 것을 암시한다. 하지만 이러한 일반적인 경향과는 달리 일부 암에서는 특정 miRNA의 수준이 더 증가되어 있다. 암과 연관된 단백질을 암호화하는 유전자에서와 마찬가지로, 만약 문제의 miRNA가 없을 때 암이 생긴다면 암 억제인자(tumor suppressor)로, 반대로 그들의 발현이 증가되었을 때 암이 생긴다면 발암 유전자로 묘사된다. 그들의 표적은 대게 세포주기의 진행(증식)이나 세포사멸(apoptosis)에 관여하는 유전자이다.

사람에서 규명된 수백 가지의 miRNA 중 절반 이상이 암에서 조절이 파괴된 유전체 부위에 위치한다. 따라서 많은 암에서 이들 miRNA의 유전자는 염색체 재배열의 특성에 따라 제거되거나 증폭되어 있다. 예를 들어, *miR-15*와 *miR-16*은 *BCL2* 유전자의 발현을 감소시킴으로써 세포의 세포사멸을 유도한다(글상자 20-3 그림 1). 서반구 성인 백혈병(leukemia)의 가장 일반적인 형태인 만성림프성백혈병(chronic lymphocytic leukemia, CLL)은 13번 염색체 일부(13q14)가 결실되어 있다. 유전체상의 이 부위는 *miR-15a*와 *miR-16a* 유전자를 포함하고 있다. 사실 이들은 CLL과 연관된 가장 작은 결실에 포함된 오직 두 개의 유전자이다. 따라서 이들 유전자가 결실되면 세포사멸이 감소하여 암이 훨씬 쉽게 발생하고 진행될 수 있게 된다.

13번 염색체의 다른 부위(13q31)에서는 발암 miRNA인 *miR-17-92*가 발견되었다. 이 유전자의 발현은 정상 조직과 비교하여 많은 암, 특히 소세포성폐암(small cell lung cancer) 같이 가장 공격적인 형태의 암에서 뚜렷하게 증가되었다. 또한 형질전환 생쥐에서 이 miRNA를 과발현시키면 암 형성이 유도되었다. *miR-17-92*의 가능한 많은 표적 중에는 *PTEN*과 *RB2*라는 두 개의 종양억제 유전자가 있다. 세포주기의 진행을 조절하는 E2F1도 확실한 표적이다. 암에서 이들과 다른 miRNA의 예가 글상자 20-3 그림 1에 나타나 있다.

부서지기 쉬운 X 정신지체(Fragil X Mental Retardation)

RISC 복합체의 생화학적 분석을 통해 많은 수의 연관 단백질들이 규명되었다. 그 중 하나는 부서지기 쉬운 X 정신지체 단백질(Fragil X mental retardation protein, FMRP)이다. 이 단백질을 암호화하는 유전자(*FMR1*)는 X 염색체에 연관되어 있고, 그 돌연변이는 가장 일반적인 유전적 정신지체의 원인이 된다. FMRP는 유전자 조절에 관여하는 RNA-결합 단백질이다. FMRP가 결핍된 환자는 유전자 발현의 파괴에 의해 정신지체 같은 다양한 범위의 발생학적 결함을 가진다.

초파리는 FMRP 상동체(homolog)를 가지고 있다. 이 유전자에 결함이 있는 초파리에서는 뉴론과 근육 사이에 비정상적인 시냅스 연결(synaptic connection)이 관찰된다. 초파리의 아거노트 단백질 중 하나가 FMRP와 연관되었다는 것이 밝혀졌으며, 아거노트에 대한 다른 연구에서는 FMRP가 RNAi 기구의 구성요소와 결합한다는 것이 밝혀졌다. 사람의 세포에서 유사한 발견이 뒤따랐는데, 이는 프래자일 X의 조건과 miRNA의 성숙과 기능 사이에 흥미로운 연관성이 있음을 나타낸다.

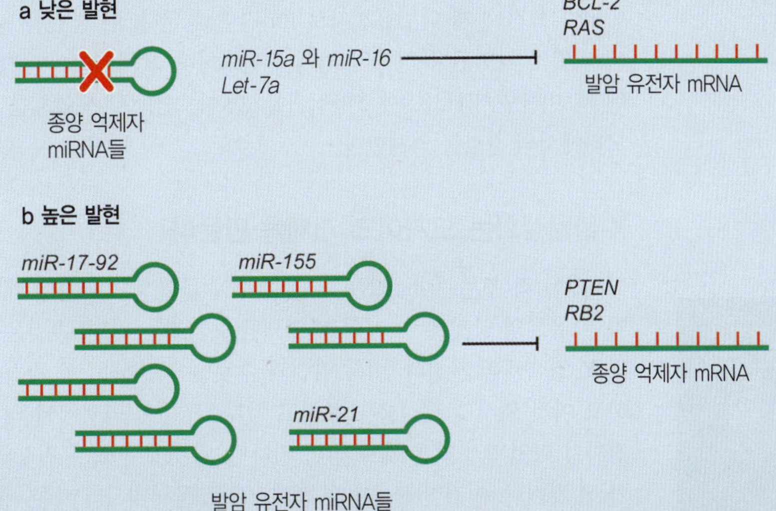

글상자 20-3 그림 1 miRNA는 발암 유전자의 종양 억제자이다. (a) 이 모델에서, 발암 유전자의 발현을 정상적으로 억제하는 miRNA는 종양 억제 유전자로 작용할 수 있다. 돌연변이나 결실에 의해 miRNA의 기능을 상실하면 표적 발암 유전자의 비정상적 발현이 일어나고 종양이 생기게 될 것이다. (b) 여기서 암 억제자나 분화에 관여하는 다른 중요한 유전자의 발현을 감소시키는 miRNA의 증폭 또는 과발현은 증식이나 혈관신생(angiogenesis) 및 침범(invasion)을 촉진함으로써 종양 형성에 기여한다. (Redrawn, with permission, from Garzon R. et al. 2006. *Trends Mol. Med.* **12:** 580–587, Fig. 2. © Elsevier.)

가장 잘 연구된 경우는 여기서 다룰 포유동물의 X-불활성화 과정에 관여하는 Xist RNA이다. 하지만 그전에 발생과정에 작용하는 다른 두 개의 조절 lncRNA에 대해 살펴보겠다.

세포에서 lncRNA가 얼마나 일반적인지에 대해서는 많은 논란이 있다. 언급했듯이, 대부분은 아주 드문 것까지 감지할 수 있는 강력한 고효율 분석법을 통해 측정되었다. 직접적인 실험결과 없이 이들에게 생물학적 의미를 부여하는 것에 대해 신중해야 한다. 하지만 *Xist*처럼 몇몇 특이 lncRNA는 특이적 조절 기능을 갖고 있으며, 여기서 그들에 대해 논의하겠다.

*HOTAIR*은 그 유전자가 사람의 *HoxC* 군집에서 발견되는 lncRNA이나, 다른 염색체상의 *HoxD* 유전자자리로 Polycomb 억제 복합체 2(Polycomb Repressive Complex 2, PRC2; 19장 참조)를 끌어들임으로써 이 유전자의 발현을 조절(트랜스 방식)한다. PRC2는 H3 히스톤의 27번 리신 잔기에 3메틸기를 첨가하며(H3K27me3), 이는 유전자 발현의 억제와 연관된 표지자이다(그림 19-29 참조). 또한 *HOTAIR*은 일반적으로 유전자 활성과 연관된 히스톤의 변형을 제거하는 두 번째 복합체를 끌어들인다. 이 두 단백질 복합체는 *HOTAIR* RNA 분자의 서로 다른 부위와 결합하며, *HoxD* 유전자자리에 특이적인 표적은 세 번째 부위를 통해 이루어지는 것 같다. *HOTAIR*은 발생에 관여할 뿐 아니라, 일부 암에서도 증가되어 있는 것을 발견되었다. *HOTAIR*의 PRC2 결합부위를 제거하면 발생과 암에서의 조절기능이 파괴된다. 이는 중요한 생물학적 역할을 암시하고 있으나, 흥미로운 점은 생쥐에서는 *HOTAIR*가 잘 보존되어 있지 않으며, 이것이 결실되어도 뚜렷한 표현형의 변화를 나타내지 않는다는 것이다. 이는 포유류 내에서 빠르게 진화되었다는 것을 암시한다.

다른 lncRNA는 트랜스가 아닌 시스 방식으로 작동한다. 앞으로 살펴보겠지만 *Xist*는 이러한 경우 중 하나이다. 또 다른 RNA는 각인(imprinting)에 관여한다. 우리는 각인에 대해 19장에서 논의하였다(그림 19-31 참조). 거기서 설명한 Igf2/H19 유전자자리 또한 AIR이라는 lncRNA를 만드는 전사단위를 포함한다. *AIR*은 자체로 각인되며 오직 부계 대립유전자로부터만 발현된다. 이 발현은 부계 염색체상에서 발현되는 몇몇 각인된 유전자의 억제에 필요하다. RNA는 어떤 방식으로 염색체와 연관된 체 머물면서 H3K9에 3메틸기를 붙이는 단백질 복합체를 끌어들이고, 표적 프로모터에서의 전사를 억제한다.

X-불활성화는 모자이크 개체를 만든다

이제 *Xist*라 부르는 lncRNA의 기능과 X-불활성화 과정에 대해 보다 자세히 살펴보자. 포유류의 암컷은 두 개의 X 염색체를 가지는 반면, 수컷은 오직 하나의 X 염색체와 Y 염색체를 가진다. 비록 암컷과 수컷을 구분하는 성 결정의 기본이 됨에도 불구하고 이것 역시 문제점을 내포하고 있다. 만일 X 염색체에 의해 암호화되는 특정 유전자가 확인되지 않은 채로 남아 있다면, 암컷에서 이 유전자의 발현량은 수컷의 2배가 될 것이다. 이러한 불균형은 잠재적으로 물질대사나 다른 세포 공정의 파괴를 야기할 수 있다. 이러한 문제를 피하기 위해서는 소위 **유전자량 보정(dosage compensation)**을 필요로 한다. 포유류에서 이것은 암컷의 두 X 염색체 중 하나를 **불활성화(inactivating)**시킴으로써 이루어진다. 이 작용의 결과, 불활성화된 염색체 복사본 상의 유전자들은 발현되지 않는다. 태반류에서의 불활성화는 32에서 64 세포기에서 일어나며, 이때 각각의 세포에서는 부계 또는 모계 중 어느 한 X 염색체의 복사본이 불활성화될 것인지에 대한 선택이 무작위로 일어난다. 각각의 세포에서 한 번 선택이 일어나면, 그 세포의 모든 자손들은 같은 복사본이 불활성화된다.

그림 20-21 X-불활성화의 시각화: 삼색 얼룩고양이. 본문에 설명된 것과 같이 오렌지색 및 검정색 털의 구역은 X-염색체의 불활성화를 간접적으로 보여준다. (Courtesy VG.)

각각의 세포에서 무작위로 일어난 불활성화의 결과, 암컷은 부계 또는 모계의 X 염색체를 발현하는 세포들을 갖는 모자이크가 된다. 이것은 돌연변이 유전자가 발현되거나 침묵화되는 세포의 정도에 따라 X-연관 질환의 정도에 영향을 줄 수도 있지만, 대개는 미미한 결과를 초래한다. 좀 더 친숙한 예로 삼색 얼룩고양이(calico 또는 tortoiseshell cat)가 있다(그림 20-21). 고양이의 X 염색체 상에 있는 하나의 유전자는 털 색깔이 오렌지색 또는 검은색이 되는 데 영향을 준다. 대립유전자 중 하나는 오렌지색 털을 만들고, 다른 것은 검은색 털을 만든다. 이 유전자에 대해 이형 접합자를 가진 고양이에서 검은색과 오렌지색 털의 다른 구역은 두 X 염색체 중 어느 하나가 불활성화된 세포들로 이루어진 부위를 나타낸다. 이러한 관찰은 모든 삼색 얼룩고양이가 암컷인 이유를 설명해 준다. 흰색은 상염색체 유전자의 영향으로 나타난다.

*Xist*는 포유류 암컷에서 단일 X 염색체를 불활성화시키는 기다란 비번역 RNA이다

어떻게 X 염색체가 불활성화되며, 그 불활성화는 어떻게 발생과정에서 유전되는가? 개시 조절자는 *Xist*라 불리는 RNA 분자이다. 이 RNA는 X 염색체 상에서 X-불활성화에 중요하다고 알려진 유전자자리에 있는 *Xic*에 의해 암호화된다. *Xic*는 X-불활성화 중심(X-inactivation center)를 의미한다. *Xist* RNA는 그것이 발현되는 X 염색체를 덮는다. 이것은 그림 20-22a에 나타나 있다. 무엇이 이러한 현상을 야기하고, 어떻게 한 X 염색체에만 제한적인지, 즉 왜 시스 방식으로만 작용하는지는 확실하지 않다. 하지만 *Xist*의 작용은 불활성화에 중요하며, *Xic* 외에 다른 X 염색체의 염기서열은 요구되지 않는다. *Xist*가 성염색체가 아닌 다른 상염색체에서 발현되면, 이들은 염색체를 따라서 다양한 정도로 유전자를 침묵화시킬 수 있다. 즉, *Xist*는 그 것이 발현된 상염색체를 불활성화시킬 수 있다.

Xist RNA 자체는 침묵화를 유도할 수 없으나, 염색질을 변형시키거나 응축시키는 다른 인자(PRC2 등)들을 끌어들이고, (19장에서 본 포유동물의 침묵화의 다른 예와 같이) DNA를 메틸화시킬 것이다. 이후에 완전히 침묵화된 염색체와 깊은 연관이 있는 MacroH2A라는 드문 히스톤 변형체가 축적된다. 이러한 변형은 침묵화를 유도하고 그것이 유전되도록 한다. 한 번 견고하게 변형이 되면, *Xist* 자체는 더 이상 요구되지 않는다. 불활성화된 X 염색체의 히스톤 변형에서 보이는 한 가지 특징을 그림 20-22b에 나타내었다. 여기에서 하나의 불활성화된 X 염색체는 유전체의 나머지 염색체들보다 적게 아세틸화된다. 이전의 8장과 19장에서 살펴본 바와 같이, 탈아세틸화된 히스톤들은 전사가 되지 않는 유전체 부위와 연관되어 있다.

세포는 어떻게 어느 X 염색체를 불활성화할지 선택할까? 그 해답은 아직 찾기 어려운 것으로 밝혀지고 있지만, 다른 RNA 조절자가 이에 대한 실마리를 제공할 것이다. 이 다른 RNA도 역시 *Xic* 유전자자리에 의해 암호화되지만 반대편 가닥에 있으며 *Xist* 유전자와 중첩된다. 이것은 *Xist*의 철자를 반대로 한 *Tsix*라 부르며, *Xist*의 음성적 조절자로 작용한다(그림 20-23). 실제로, 만약 어느 X 염색체에서 *Tsix*에 돌연변이가 일어나면 그 염색체는 불활성화되도록 선택될 것이다. 따라서 각각의 세포에서 *Xist*와 *Tsix* RNA들의 생성과 안정성 사이의 균형이 어느 한 방향으로 기울어지게 될 것이다.

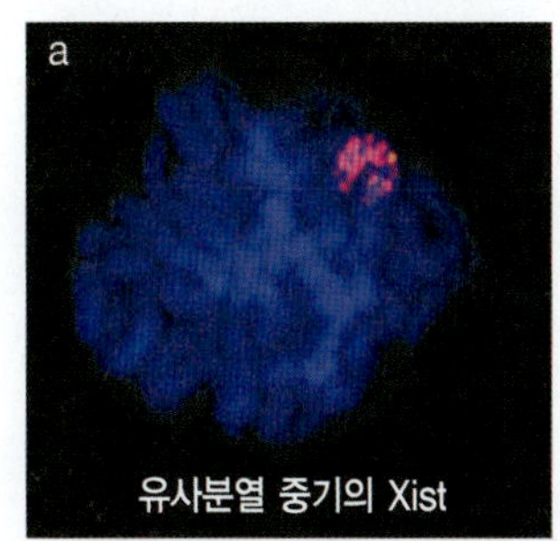

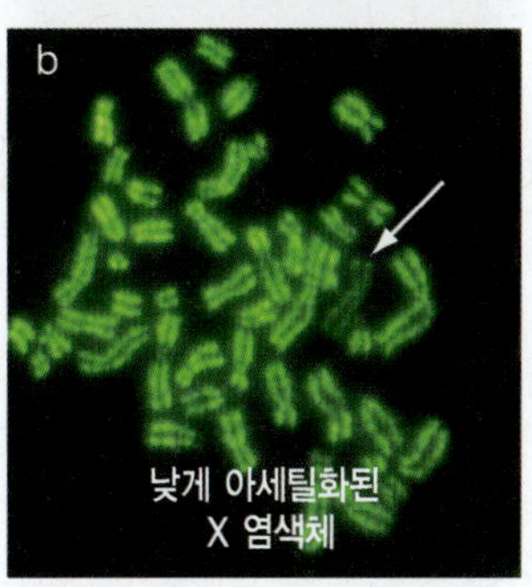

그림 20-22 분자적 표지자를 이용한 X-불활성화의 시각화. (a) 유사분열 중기 세포의 제자리 혼성화(in situ hybridization)는 *Xist* RNA가 불활성 X-염색체를 따라 위치하는 것을 보여준다. (b) 염색체들의 염색은 히스톤 H4의 아세틸화 정도를 나타낸다. 화살표는 다른 염색체들보다 훨씬 낮게 아세틸화된 불활성 X 염색체를 가리킨다. (Reprinted, with permission, from Brockdorff N. and Turner B.M. 2007. *Epigenetics* [ed. D. Allis et al.], p. 327. Cold Spring Harbor Laboratory Press.)

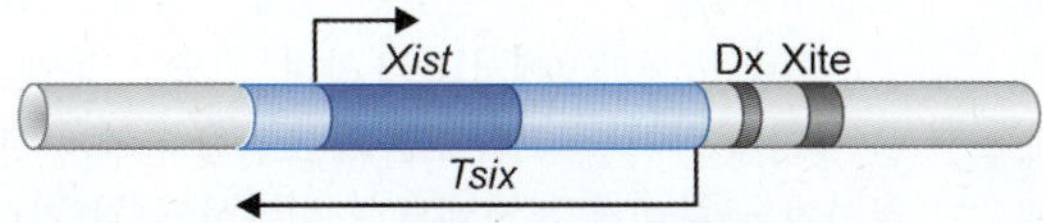

그림 20-23 *Tsix*는 *Xist*의 발현과 작용을 저해한다. 연한 청색 명암으로 나타낸 *Txit*는 진한 청색 명암으로 나타낸 *Xist*의 안티센스 RNA로 발현되며 *Xist* 보다 더 길다. 중첩되는 정도는 진한 청색 부위로 표시된다. *Xite*와 DxPas34(Dx)는 유전자의 발현을 통제하는 조절 요소이다. 불활성화가 개시될 때는 *Xist*와 *Tsix* 모두가 두 X 염색체에서 발현되지만, 이후 불활성화 될 염색체에서는 *Xist*의 발현이 증가되며, 반면 활성화 상태로 남을 염색체에서의 *Xist* 발현은 감소된다. *Xist* 수준의 변화가 어떻게 *Tsix*에 의해 조절되는 지는 아직 명확하지 않지만, 어느 한 염색체에서 *Tsix*가 제거되면 항상 이 복사본이 불활성화된다.

유전자량 보정은 포유류뿐만 아니라 선충과 초파리 같은 모든 동물에서 필수적이다. 하지만 보정을 위한 기작은 각각의 경우에서 다르다. 예를 들어, 초파리에서는 암컷에서 X-연관 유전자의 발현을 줄이는 대신 수컷에서 이를 증가시킨다. 그러나 이 기작에도 비번역 조절 RNA들이 관여한다. 이 경우엔 *roX1* 및 *roX2*라 불리는 RNA들이 염색질 변형 복합체를 수컷의 X 염색체상의 유전자로 끌어들여 전사 활성화를 돕는다.

요약

오래전인 1961년에 이미 RNA 분자가 유전자 조절 물질일 것이라는 가정이 제안되었음에도 불구하고, 그들의 광범위한 존재와 역할의 중요성이 밝혀진 것은 불과 최근 10년간의 일이다. 그 전에 알려진 대장균 *trp* 오페론의 전사약화는 mRNA의 5′ 부위의 RNA 서열이 하단부 유전자의 발현을 조절하는 드문 경우이다. 이 경우, RNA 부위에서 형성되는 분자 내 염기쌍의 대체 패턴은 대체 2차구조를 만들어 유전자에 다른 결과를 초래한다. 어떤 구조에서는 하단부 유전자의 암호화 부위에 도달하기 전에 전사를 종결시키는 반면, 어떤 구조에서는 전사를 계속하여 유전자를 발현시킨다.

리보스위치는 유사한 방식으로 유전자를 조절한다. 유전자의 5′-비번역부위의 대체 2차구조는 그 유전자의 전사를 계속할 것인지 (또 다른 경우에서는 번역을 개시할 것인지) 여부를 결정한다. 리보스위치에서 대체 2차구조의 선택은 특정 유전자를 조절하는 리간드가 RNA에 직접 결합함으로써 이루어진다.

또한 대장균은 작은 RNA(sRNA)를 암호화하며, 이들은 트랜스 방식으로 유전자를 조절한다. 이렇게 작은 유전자는 상보적인 염기서열을 갖는 mRNA와 염기쌍을 형성하는 짧은 RNA를 암호화한다. 이러한 상황은 그들의 표적 mRNA의 번역을 방해하고 파괴를 유도하거나, 심지어 어떤 경우엔 번역을 촉진하기도 한다. 비록 RNA 조절자의 생산이나 표적유전자에 영향을 주는 데 사용되는 기구는 많이 다르지만, 세균의 작은 RNA의 작용은 진핵세포에서 유전자를 조절하는 sRNA들의 작용과 많은 점에서 유사하다.

세균의 시스템 중 하나는 진핵세포에서 나타나는 현상을 매우 잘 반영하고 있으며, 이것이 CRISPR 시스템이다. 특징적인 반복 DNA 서열(군집마다 다름)의 군집은 특별한 종류의 sRNA를 제공하고, 이들은 감염 파지나 플라스미드(실제로는, 세포 내부로 들어가는 방법을 찾은 모든 외부 DNA)를 파괴하는 단백질 기구를 작동시킨다. CRISPR 부위가 이전의 감염으로부터 얻은 파지 유전체의 조각을 축적하고 표적이 되는 RNA의 서열을 결정하게 되면서 "자기"와 "비자기"를 구별하는 능력이 생긴다.

CRISPR와 가장 가까운 진핵세포의 시스템은 소위 piRNA 군집이다. 이 부위는 전위인자의 조각을 포함하고 있다(그래서 종종 "전위인자의 무덤"이라 부른다). 이 부위에서 생성되는 piRNA는 특히, 생식세포에서 유전체 안에 있는 상동 전위인자를 침묵화시켜 그들이 확실히 불활성화 상태로 유지되도록 한다. 작은 간섭 RNA(siRNA)와 마이크로 RNA(miRNA)는 진핵세포에서 발견되는 다른 두 종류의 짧은 조절 RNA이다. piRNA와는 다르게, siRNA와 miRNA는 다이서라 불리는 효소에 의한 가공에 의해 이중가닥 RNA 부위에서 생성된다. siRNA는 한 단계의 반응으로 내재적 또는 외부에서 유래한 dsRNA로부터 직접 만들어진다. miRNA는 유전체 안에 암호화되어 있으며, 그들의 이중가닥적 특성은 드로샤라 불리는 효소에 의해 처음으로 인식되는 2차구조 부위로부터 유래된다. 드로샤는 이들을 다이서가 작용할 수 있는 단계로 가공한다. 다이서에 의해 만들어지는 활성을 나타내는 조절 RNA는 두 경우에서 모두 19~25 뉴클레오티드의 길이를 가진다. 드로샤와 다이서는 RNA 가수분해효소 영역을 가지며 염기서열보다는 크기와 구조를 기반으로 그들의 기질 RNA를 절단한다.

한 번 만들어진 siRNA와 miRNA는 근본적으로 같은 방식으로 작용한다. 그들은 RISC라 불리는 기구에 편입되며, 여기서 RNA 가닥 중 하나가 소위 안내 RNA로 선택되고 이것은 성숙한 RISC 복합체를 자신과 상보적인 표적 RNA로 유도한다. RISC는 RNA 가수분해효소 H 연관 영역을 포함하는 아거노트의 촉매화 소단위체를 통해 RNA를 슬라이싱하거나 mRNA의 번역을 억제한다. 어떠한 침묵화의 경로를 선택할지는 안내 RNA와 그들의 표적 사이의 염기쌍 형성이 얼마나 잘 맞추어지는지의 여부에 의해 결정된다. 짝 맞춤 정도가 높을수록 슬라이싱의 유도가 우세하게 된다. 안내 RNA는 히스톤-변형 복합체와 연관된 RISC를 프로모터 부위로 유도하며, 여기서 프로모터를 변형시켜 유전자의 전사를 침묵화시킨다. 이 경우에도 프로모터로의 이동은 안내 RNA와 mRNA의 염기쌍 형성을 통해 일어나지만, 이때 mRNA는 계속 만들어지고 있으며 따라서 유전자에서 RNA 중합효소 II와 붙어 있게 된다.

miRNA는 생명체 내의 유전자에 의해 암호화되며, 일반적으로 발생에 관여하는 유전자의 조절자로 작용한다. 그 예는 선충과 식물에서 잘 연구되었다. miRNA는 암과도 연관되어 있으며, 몇몇 miRNA는 종양 억제자로, 다른 종류는 발암 유전자로 분류된다. siRNA를 제공하는 dsRNA는 감염 바이러스부터 동원체나 트랜스포존 같은 전사된 반복부위에 이르는 다양한 기원으로부터 얻어지며, 특정 유전자의 발현을 감소시키고자 하는 연구자에 의해 인위적으로 세포에 도입될 수도 있다. 이러한 RNAi의 사용은 일상적인 도구가 되었으며 특히 전통적인 유전학적 방법을 사용할 수 없는 시스템에서 유용하다.

동물과 식물 세포는 또한 200 뉴클레오티드 이상의 "기다란" 조절 RNA를 가진다. 이들은 앞에서 살펴본 HOTAIR와 AIR의 경우처럼 발생과정에서 작용하며, 비록 그들의 상세한 작동 기작은 알려져 있지 않지만, 그들이 조절할 유전자 근처의 염색사를 변형시키는 단백질 복합체를 끌어들이는 것 같다. 이러한 기다란

RNA 중 일부는 트랜스 방식으로, 다른 것은 시스 방식으로 작동한다. 후자의 가장 잘 알려진 예는 *Xist*로, 포유류의 유전자량 보정에서 X 염색체의 불활성화를 유도한다. 동물의 암컷은 두 개의 X 염색체를 가지는 반면 수컷은 단지 하나의 X 염색체(그리고 하나의 Y 염색체)를 갖는다. 양성이 동등한 양의 X 염색체 유전자 산물을 발현하기 위해서는 유전자량 보정의 기작으로 불공평한 염색체의 수를 바로 잡아야 한다. 포유류는 암컷의 X 염색체 중 하나를 불활성화시킴으로써 이 일을 수행한다. X 염색체상에서 암호화되는 *Xist* 라는 RNA 분자가 이 공정을 조절한다.

참고문헌

Books

Stillman B. and Stewart D., eds. 2006. *Regulatory RNAs. Cold Spring Harbor Symposia on Quantitative Biology,* Vol. 71. Cold Spring Harbor Laboratory Press, Cold Spring Harbor, New York.

Bacterial Small RNAs

Gottesman S. and Storz G. 2011. Bacterial smallRNA regulators: Versatile roles and rapidly evolving variations. *Cold Spring Harb. Perspect. Biol.* **3:** a003798.

Storz G., Vogel J., andWassarman K.M. 2011. Regulation by small RNAs in bacteria: Expanding frontiers. *Mol. Cell* **43:** 880–891.

Waters L.S. and Storz G. 2009. Regulatory RNAs in bacteria. *Cell* **136:** 615–628.

Riboswitches and Attenuation

Bastet L., Dub A., Mass E., and Lafontaine D. A. 2011. New insights into riboswitch regulation mechanisms. *Mol. Microbiol.* **80:** 1148–1154.

Breaker R. R. 2011. Prospects for riboswitch discovery and analysis. *Mol.Cell* **43:** 867–879.

Gollnick P., Babitzke P., Antson A., and Yanofsky C. 2005. Complexity in regulation of tryptophan biosynthesis in Bacillus subtilis. *Annu. Rev. Genet.* **39:** 47–68.

WinklerW.C. 2005. Riboswitches and the role of noncoding RNAs in bacterial metabolic control. *Curr. Opin. Chem. Biol.* **9:** 594–602.

WinklerW.C. and Breaker R.R. 2005. Regulation of bacterial gene expression by riboswitches. *Annu. Rev. Microbiol.* **59:** 487–517.

Yanofsy C. 2000. Transcription attenuation: Once viewed as a novel regulatory strategy. *J. Bacteriol.* **182:** 1–8.

CRISPR

Bhaya D., Davison M., and Barrangou R. 2011. CRISPR-Cas systems in bacteria and archaea: Versatile small RNAs for adaptive defense and regulation. *Annu. Rev. Genet.* **45:** 273–297.

Karginov F.V. and Hannon G.J. 2010. The CRISPR system: Small RNAguided defense in bacteria and archaea. *Mol. Cell* **37:** 7–19.

Jore M.M., Brouns S.J.J., and van der Oost J. 2012. RNA in defense: CRISPRs protect prokaryotes against mobile genetic elements. *Cold Spring Harb. Perspect. Biol.* **4:** a003657.

Wiedenheft B., Sternberg S.H., and Doudna J.A. 2012. RNA-guided genetic silencing systems in bacteria and archaea. *Nature* **482:** 331–338.

Mechanisms of RNAi

Baulcombe D. 2005. RNA silencing. *Trends Biochem. Sci.* **30:** 290–293. Czech B. and Hannon G. J. 2011. Small RNA sorting: Matchmaking for Argonautes. *Nat. Rev. Genet.* **12:** 19–31.

Farazi T.A., Juranek S.A., and Tuschl T. 2008. The growing catalog of small RNAs and their association with distinct Argonaute/Piwi family members. *Development* **135:** 1201–1214.

Joshua-Tor L. and Hannon G.J. 2011. Ancestral roles of small RNAs: An Ago-centric perspective. *Cold Spring Harb. Perspect. Biol.* **3:** a003772.

Liu Q. and Paroo Z. 2010. Biochemical principles of small RNA pathways. *Annu. Rev. Biochem.* **79:** 295–319.

Molnar A., Melnyk C., and Baulcombe D. C. 2011. Silencing signals in plants: A long journey for small RNAs. *Genome Biol.* **12:** 215.

Peters L. and Meister G. 2007. Argonaute proteins: Mediators of RNA silencing. *Mol. Cell* **26:** 611–623.

Tolia N.H. and Joshua-Tor L. 2007. Slicer and the Argonautes. *Nat. Chem. Biol.* **3:** 36–43.

Volpe T. and Martienssen R. A. 2011. RNA interference and heterochromatin assembly. *Cold Spring Harb. Perspect. Biol.* **3:** a003731.

Zaratiegui M., Irvine D.V., and Martienssen R.A. 2007. Noncoding RNAs and gene silencing. *Cell* **128:** 763–776.

siRNAs, miRNAs, and piRNAs

Ambros V. 2011. MicroRNAs and developmental timing. *Curr. Opin. Genet. Dev.* **21:** 511–517.

Banisch T.U., Goudarzi M., and Raz E. 2012. Small RNAs in germ cell development. *Curr. Top. Dev. Biol.* **99:** 79–113.

Bushati N. and Cohen S.M. 2007. microRNA functions. *Annu.*

Rev. Cell Dev. Biol. **23:** 175–205.

Ebert M.S. and Sharp P.A. 2012. Roles for microRNAs in conferring robustness to biological processes. *Cell* **149:** 515–524.

Esteller M. 2011. Non-coding RNAs in human disease. *Nat. Rev. Genet.* **12:** 861–874.

Fabian M.R. and Sonenberg N. 2012. The mechanics of miRNA-mediated gene silencing: A look under the hood of miRISC. *Nat. Struct. Mol. Biol.* **19:** 586–593.

Malone C.D. and Hannon G.J. 2009. Small RNAs as guardians of the genome. *Cell* **136:** 656–668.

Ruvkun G. 2008. The perfect storm of tiny RNAs. *Nat. Med.* **14:** 1041–1045.

Long Non-Coding RNAs

Alexander M.K. and Panning B. 2005. Counting chromosomes: Not as easy as 1, 2, 3. *Curr. Biol.* **15:** R834–R836.

Augui S., Nora E.P., and Heard E. 2011. Regulation of X-chromosome inactivation by the X-inactivation centre. *Nat. Rev. Genet.* **12:** 429–442.

Brockdorff N. 2011. Chromosome silencing mechanisms in X-chromosome inactivation: Unknown unknowns. *Development* **138:** 5057–5065.

Deng X. and Meller V.K. 2006. Non-coding RNA in fly dosage compensation. *Trends Biochem. Sci.* **31:** 526–532.

Lee J.T. 2011. Gracefully ageing at 50, X-chromosome inactivation becomes a paradigm for RNA and chromatin control. *Nat. Rev. Mol. Cell Biol.* **12:** 815–826.

Ng K., Pullirsch D., Leeb M., and Wutz A. 2006. Xist and the order of silencing. *EMBO Rep.* **8:** 34–39.

Pauler F.M., Koerner M.V., and BarlowD.P. 2007. Silencing by imprinted noncoding RNAs: Is transcription the answer? *Trends Genet.* **23:** 284–292.

Ponting C.P., Oliver P.L., and Reik W. 2009. Evolution and functions of long noncoding RNAs. *Cell* **136:** 629–641.

Rinn J.L. and Chang H.Y. 2012. Genome regulation by long noncoding RNAs. *Annu. Rev. Biochem.* **81:** 145–166.

연습문제

짝수 문제의 해답은 부록 2 해답을 참조하라.

문제 1. 세균의 예를 들어, 시스와 트랜스 방식으로 작동하는 조절 RNA 간의 차이점을 설명하라.

문제 2. 선도 펩티드에서 흔히 발견되는 두 *trp* 코돈이 in-frame으로 제거된 돌연변이를 갖는 대장균에서, 낮은 수준의 트립토판이 존재할 때 *trp* 오페론 유전자의 전사 수준을 (높다 또는 낮다로) 예측하시오. 그 이유를 설명하라.

문제 3. 어떻게 세균의 유전자가 리보스위치에 의해 조절되어 *S*-adenosylmethionine(SAM) 유사 대사산물에 반응하는지 설명하라.

문제 4. 유전자 발현의 조절 이외에 원핵세포와 원시세균에서 발견되는 조절 RNA가 제공하는 다른 목적은 무엇인가?

문제 5. 진핵세포의 짧은 RNA(siRNA, miRNA, piRNA)들이 유전자 발현을 침묵화하는 세 가지 기작을 일반적으로 설명하라.

문제 6. miRNA의 기원과 생산 방식은 siRNA와 어떻게 다른가?

문제 7. miRNA가 생성되고 유전자 발현을 침묵화하는 작용의 단계와, 각 단계에 관여하는 주요 효소들의 이름을 써라.

문제 8. 다음 문장이 참인지 거짓인지 말하시오. 전-miRNA(pre-miRNA)는 인트론에만 존재한다. 그 이유를 설명하라.

문제 9. 진핵세포에서 발견되는 piwi 작용 RNA(piRNA)의 핵심적인 특성을 설명하라.

문제 10. RNAi를 실험도구로서 사용하는 데 있어서, 초기의 연구자들은 선충에 dsRNA를 전달하기 위하여 dsRNA를 발현하도록 고안된 대장균을 선충의 먹이로 제공하였다. dsRNA의 직접적인 전달이 포유류 세포에서는 효과적으로 작동하지 않는 두 가지 이유를 들고, 연구자들은 이 문제를 어떻게 극복했는지 설명하라.

문제 11. 선충에서 RNAi 반응을 유도하기 위해 선충에게 세균을 먹이는 전략에서 다음의 요소는 어떤 목적으로 사용되었는지 설명하라: 대장균의 유전체에 편입된 *lac* 프로모터, 대장균 유전체에 편입된 T7 유전자, 대장균에 도입된 플라스미드상의 T7 프로모터.

문제 12. 어떻게 lncRNA인 *Xist*의 발현이 포유류 암컷의 한 X 염색체를 침묵화시키는 원인이 되는가?

문제 13. shRNA를 사용하여 표적유전자의 발현을 침묵화하려고 한다.

A. 표적유전자의 발현을 조사할 수 있는 가능한 분석법을 나열하라.

B. 표적유전자 산물의 단백질 양 측정과, 그 감소가 처리한 shRNA에 의한 것인지를 증명하는 실험을 위해 필요한 적절한 대조군을 설명하라.

CHAPTER 21

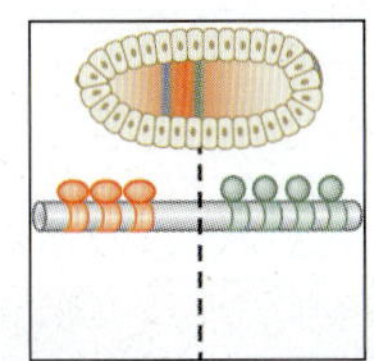

발생과 진화에서 유전자 조절

동물의 발생은 배아가 발생하는 동안에 여러 종류의 세포를 생성하도록 유전체에서 차별적인 발현이 끊임없이 일어나기 때문이다. 일반적으로 동물의 유전체에는 20,000여 개의 유전자가 들어 있다. 이것은 선충과 같이 비교적 간단한 동물에서뿐만 아니라 동물 진화의 정점이라 할 수 있는 인간에서도 적용되는 사실이다.

차별적 유전자 발현(differential gene expression)은 배아를 구성하는 일부 세포집단에서의 단백질 합성(또는 비암호화 유전자의 경우에 있어서는 RNA)으로 정의할 수 있다. 유전자의 차별적인 발현은 새로운 전사작용의 여부에 따라 결정되는 것이 보통이다. 따라서 β-globin 유전자는 혈액세포에서만 전사가 일어나기 때문에 다른 조직에서는 발현되지 않고 적혈구가 생성될 때 선택적으로 발현된다. 그러나 전사-후 기작에 의해 유전자의 발현이 차별적으로 일어나는 경우도 있다. 예를 들면, 초파리의 *hunchback* 유전자 분절로부터 전사된 mRNA들은 배아 발생 초기에는 배아 전체에 분포되어 있지만, 뒷부분(복부)을 제외한 앞부분(두부와 흉부)에서만 기능적인 단백질이 만들어지도록 번역이 일어난다.

유전체의 변함없는 차별적 발현이 동물 발생에서의 핵심이라는 것을 어떻게 알게 되었을까? 세포의 종류는 달라도 유전체는 모두 똑같다는 것이 고대와 현대의 많은 연구를 통하여 밝혀졌다. 이와 같은 사실은 1960년대와 1970년대에 이루어진 아프리카 손톱개구리(*Xenopus laevis*)의 클로닝에 관한 연구에서 최초로 입증되었다. 개구리 성체의 장세포에 들어 있는 핵을 난자의 핵으로 교체하는 것이 가능해짐으로써 이러한 연구들의 종지부를 찍었다. 장세포의 핵은 배아 발생을 거쳐 올챙이와 개구리 성체가 될 때까지 변태를 지속시켰다. 이렇게 탄생한 개구리는 공여세포인 장세포와 유전적으로 동일하기 때문에 "클론"이라고 한다. 1990년대 말경부터 2000년대 초기에 이루어진 연구에서는 양(Dolly)을 클로닝하기에 이르렀고, 현재 최소한 이론적으로는 대부분의 동물에 대한 클로닝이 가능하게 되었다.

발생 중인 동물에서 서로 다른 조직을 이루고 있는 세포들의 "유전적 동일성"을 증명할 수 있는 가장 극적인 증거로는 어떤 하나의 세포가 유도만능줄기세포(iPS)로

개 요

의 변형될 수 있다는 사실을 들 수 있다. 인간의 태아를 포함한 대부분의 포유류의 배아에는 성체의 모든 조직과 기관을 형성할 수 있는 내부세포괴(ICM)라고 하는 작은 세포집단이 들어 있다. 이 ICM 세포들은 여러 종류의 다양한 세포를 생성할 수 있기 때문에 "만능"이라고 한다. ICM 세포의 형성은 세 종류의 특이 전사요소, 즉 Oct4, Sox2와 Nanog의 활성에 의해 이루어진다. 이 세 요소의 강력한 발현에 의해 섬유아

▶ 의학관련

글상자 21-1 iPS 세포의 형성

포유류 배아의 ICM 세포는 다양한 분화과정을 거치면서 성체의 모든 조직과 기관을 형성하게 된다.

2000년대 초반, 줄기세포에 대한 연구 열풍이 생물의학계를 장악하고 있었을 때에는 ICM 세포를 분리해내는 기술이 재생의학 분야에 줄기세포를 이용 가능하게하는 혁신적인 계기가 될 것으로 생각하였다. 예를 들면, 인슐린 의존성 당뇨는 식후에 혈당치가 올라갈 때 이자에서 인슐린을 분비하는 β-세포가 결핍되어 발생하게 된다. 실험실에서 줄기세포를 이용하여 배양한 β-세포를 이식하여 당뇨병을 치료할 수 있는 날이 올 것이라는 희망을 품을 수 있었다. 하지만 태아로부터 ICM 세포를 분리하는 데는 아주 복잡한 기술적인 문제와 윤리적 난관이 직면하고 있었다. 2006년 Takahashi와 Yamanaka에 의해 수행된 주목할 만한 일련의 실험들 때문에 정치적으로도 열띤 논란을 불러왔던 이러한 논쟁이 세상의 관심에서 사라지게 되었다. 박사 후 연구를 수행하고 있었던 Yamanaka는 ICM 세포에서 선별적으로 발현되는 하나의 유전자를 분리하였다. 그는 이 유전자에 *lacZ*를 주입하여 줄기세포로 전환된 생쥐의 섬유아세포를 동정하기 위한 "표지"로 사용하였다(이렇게 전환된 세포를 유도만능 줄기[iPS]세포라고 한다). 섬유아세포에서는 이 표지 유전자가 정상적으로 발현되지 못하지만 iPS 세포로 변형된 세포에서는 발현이 가능하다. 배양된 ICM 줄기세포에서 발현되는 약 30종의 전사인자(TF)들이 많은 연구 단체에 의해 분리되었다. Takahashi와 Yamanaka는 섬유아세포에서 *lacZ* 표지 유전자의 유도를 일으키는 여러 가지 TF를 발현시키는 연구에 집중하였다. 그리하여 서로 다른 TF의 조합을 공동 발현시켜 섬유아세포를 iPS세포로 전환시키거나 재배열시키는 효과가 탁월한 세 개의 인자—Oct4, Sox2 그리고 Nanog—를 밝혀냈다. 이렇게 재배열된 세포들은 진짜 ICM 세포가 가지고 있는 성질을 전부 혹은 거의 대부분 가지고 있다. iPS 세포는 심근세포(심장근육)와 같은 어떤 형태의 세포라도 형성하도록 유도될 수 있다. 더 나아가서 Yamanaka와 공동연구자들은 배아에 iPS 세포를 주입하여 생쥐 성체가 발생될 수 있다는 것을 보여주었다. 글상자 21-1의 그림 1에는 iPS 세포와 관련된 유전형질이 자손의 생식계열로 전달된다는 결과를 보여주고 있다(글상자 21-1 그림 1). 어떤 조직이라도 차례대로 형성해낼 수 있는 iPS 세포로 전환된 여러 종류의 성체조직에서 나타난 특성은 유전적 동일성에 대한 명백한 증거가 된다. 이러한 연구는 대체의학에 대한 가능성을 불러일으키게 되었고, 그 다음에는 환자의 섬유아세포로부터 배양된 iPS 세포를 이용하여 당뇨병 치료를 위한 β-세포를 배양하거나, 파킨슨병을 앓고 있는 환자를 위한 도파민생성 신경세포를 배양하는 등의 질병의 원인이 되는 결함조직을 생성할 수 있게 되었다. Gurdon과 Yamanaka는 분화된 동물세포로부터 어떤 조직도 재생성될 수 있다는 사실을 밝혔고 이 업적으로 2012년 노벨 의학상 혹은 생리학상을 수상하였다.

a

b

글상자 21-1 그림 1 iPS 세포의 발생 잠재능. (a) 흰 털을 가진 생쥐의 배반포(초기배아)에 검은 털을 가진 생쥐로부터 유도된 유도만능줄기(iPS) 세포를 주입한 결과 검은색 생쥐(수컷)가 발생된 것을 보여주고 있다. 성체 바로 옆에는 iPS 수컷과 흰색 암컷 사이에서 갓 태어난 새끼들이다. (b) a의 갓 태어난 새끼들이 갈색 털을 가진 어린 쥐로 자랐다는 것은 검은 털 수컷과 흰털 암컷의 교배 결과 태어나는 새끼들의 전형적인 표현형을 나타내는 것이다. (Reproduced, with permission, from Zhao X.Y. et al. 2009. *Nature* **461:** 86. © Macmillan. a and b are Fig. 2f and 2g, respectively.)

세포(결합조직)와 같은 분화세포가 ICM 세포의 특성을 가지는 iPS 세포로 변형될 수 있다(글상자 21-1, "iPS 세포의 형성" 참조). 실제 배아에 들어 있는 ICM 세포 대신에 iPS 세포를 사용하여 오직 iPS 세포에서 유래된 조직만을 가진 생쥐 성체를 발생시킬 수 있다.

이 장에서는 동물의 발생에서 서로 다른 유전자를 발현시키는데 사용되는 여러 가지 방법에 대하여 알아보고자 한다. 이 장의 전반부에서는 각각의 세포가 적절한 발생을 하는 데 필요한 특정 유전자들을 정확히 발현시키기 위하여 발생과정 동안 서로 어떻게 교감하는지를 알아본다. 이들 각각의 전략에 해당되는 간단한 예를 살펴본다. 다음 부분에서는 이러한 전략들이 하나의 완전한 생명체—여기서는 초파리—의 발생을 조절하기 위하여 19장에서 설명되었던 전사 조절 기작과 어떻게 조화를 이루어 사용되는지를 알아본다. 이 장의 마지막 부분에서는, 진화가 일어나는 동안 어떻게 유전자 조절의 변화가 일어나서 동물형태의 다양화를 가져오게 되었는지에 대하여 논한다. 특히 발육조절 유전자로서 중요한 호메오유전자에 대하여 설명한다.

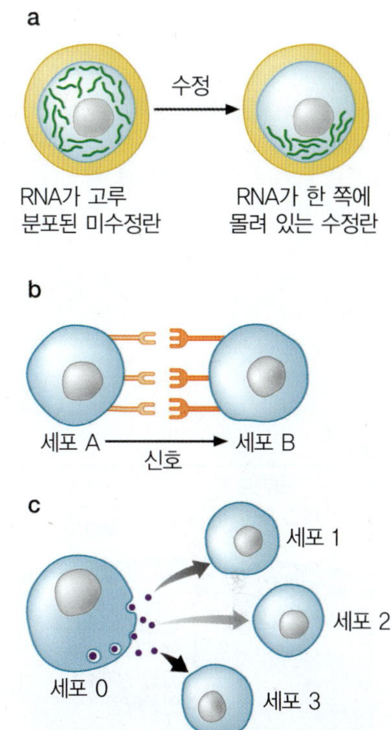

그림 21-1 발생과정에서 차별적인 유전자 활성을 일으키는 세 가지 전략. (a) 어떤 동물에서는 알속에 있는 특정 mRNA가 수정 전이나 후에 한 곳에 몰려서 분포하게 된다. 이 예에서는, 어떤 mRNA(구불구불한 녹색선)가 수정 후에는 식물극(바닥)으로 몰리게 된다. (b) 세포 A는 세포 B의 표면에 있는 수용체를 자극하기 위하여 세포 B와 물리적으로 접촉해야 한다. 이것은 세포 A에서 생성된 "리간드"가 원형질막에 붙어 있기 때문이다. (c) 장거리성 신호전달 세포의 예에서 세포 0은 세포외기질로 확산되는 신호전달 분자를 분비한다. 그 신호를 받은 각 세포(1, 2, 3)들은 결국 유전자 활성에 변화를 일으키게 된다.

발생과정에서 세포가 특정 유전자 세트를 발현하도록 유도하는 세 가지 전략

세포가 주위 환경으로부터 받아들인 "신호물질"에 의해 어떻게 유전자 발현을 조절하는지는 이미 알아보았다. 예를 들어, 대장균에서는 젖당이 *lac* 오페론의 전사를 활성화하는 반면, 포유류에서는 바이러스의 감염으로 β-인터페론 유전자의 발현이 활성화된다. 이 장에서는 유전적으로 동일한 세포들이 서로 다른 유전자를 발현하여 여러 종류의 세포로 분화되어 가는 기작에 대하여 알아본다. **mRNA의 위치, 세포와 세포의 직접 접촉** 그리고 **신호전달분자의 확산을 통한 신호전달**이 세 가지의 주요 전략이다(그림 21-1). 이들 각각에 대해서는 다음 절에서 간단히 소개된다.

어떤 mRNA는 세포골격이 가지고 있는 고유 극성에 의하여 난자와 배아의 내부에 자리를 잡게 된다

유전적으로 동일한 두 개의 세포 사이에 차별성이 나타나게 하는 한 가지 방법은, 세포가 분열하는 동안 어떤 중요한 조절 분자가 비대칭적으로 분포하게 됨으로써, 딸세포들이 물려받은 조절물질의 양이 달라지기 때문에 서로 다른 발달 경로를 거치게 되는 것이다. 일반적으로, 비대칭적으로 분포하게 되는 분자는 mRNA이다. 이 mRNA는 RNA 결합 단백질이나 세포신호전달 분자를 암호화할 수 있지만, 대부분은 전사 촉진물질이나 억제물질을 암호화하고 있다. 이렇게 mRNA가 다양한 단백질 생산기능을 가짐에도 불구하고, mRNA의 분포 위치를 결정하는 것은 공통적인 한 가지 기작에 의해 이루어진다. mRNA는 일반적으로 액틴필라멘트나 미세소관과 같은 세포골격요소들을 따라 이동한다. 이 과정에서 골격요소들이 가지고 있는 고유의 비대칭성에 의해 mRNA가 비대칭적인 분포를 이루게 된다.

액틴필라멘트와 미세소관은 고유의 극성이 있는 +성장말단을 가지고 있다(그림 21-2). mRNA 분자는 "연결자(adapter)" 단백질을 이용하여 세포의 한쪽 끝에서 반대편 끝으로 이동될 수 있다. 어댑터단백질은 mRNA의 **3′ 비암호부위(3′ untranslated trailer, 3′ UTR)** 내에 있는 특이 서열과 결합한다. 한쪽은 mRNA의 3′ UTR을 인식하고, 다른 한편은 미오신과 같은 세포골격요소와 결합한다. 사용된 특정 연결자의 종

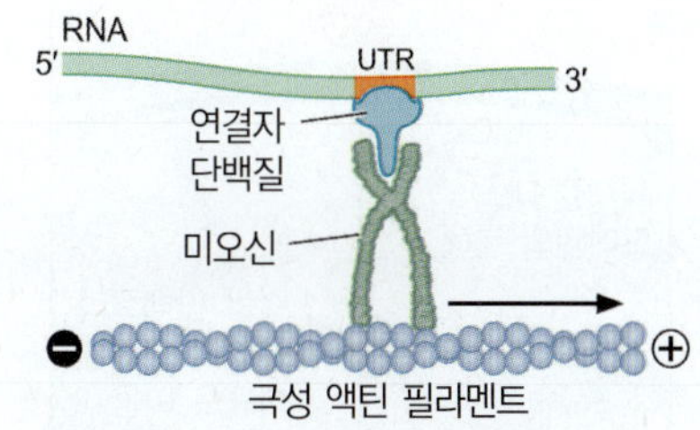

그림 21-2 연결자 단백질은 mRNA의 3′ UTR 내에 있는 특정 서열과 결합한다. 미오신에 결합한 연결자는 액틴필라멘트를 따라 "–" 말단에서 "+" 말단으로 서서히 진행한다.

류에 따라 mRNA-연결자 복합체는 액틴필라멘트를 따라서 천천히 진행하거나 또는 미세소관의 + 성장말단으로 직접 이동한다. 이제부터는 난자에 mRNA 결정요소가 자리를 잡을 때나 유사분열 후에 mRNA 결정요소가 한쪽 딸세포로 이동할 때에 어떻게 이런 기본적인 진행과정이 사용되는지 알아볼 것이다.

세포와 세포의 접촉 그리고 세포의 신호전달분자에 의하여 인접세포의 유전자 발현에 변화가 일어난다

세포는 외세포성의 신호전달 단백질을 생산함으로써 인접세포에서 발현되는 유전자에 영향을 미칠 수 있다. 이 단백질들은 첫 번째 세포에서 분비되어 그 세포의 원형질막에 고정되거나 세포 밖의 기질로 분비된다. 이 두 가지 모두가 일반적으로 일어나는 접근 방법이므로, 이 단원에서는 두 가지 방법 모두에 대하여 알아볼 것이다.

일반적으로 신호 단백질은 수용세포의 표면에 있는 특이 수용체에 의하여 인식된다. 이 수용체가 신호 분자와 결합하면 수용세포 내에서 유전자 발현에 변화가 나타나기 시작한다. 세포 표면의 수용체에서 핵으로의 신호전달은 19장에서 설명된 것과 같은 유형의 **신호전달경로(signal transduction pathway)**를 거친다. 우리는 여기에서 이 경로에 대한 몇 가지 기본적인 내용을 요약하였다.

때때로 리간드-수용체의 상호작용은 궁극적으로 핵 안에 있는 조절 단백질을 변형시키는 효소연쇄(enzymatic cascade) 작용을 일으킨다(그림 21-3a). 한편, 활성화된 수용체는 세포 표면이나 원형질에서 핵으로 DNA 결합 단백질을 방출시킨다(그림 21-3b). 이 조절 단백질들은 특정 DNA 인식부위에 결합하여 유전자 발현을 활성화하거나 억제한다. 리간드의 결합 역시 수용체에서 단백질 분해성 분열을 일으킬 수 있다. 분열에 이어 세포질 내에 있던 수용체부위가 세포 표면에서 떨어져 핵으로 들어가 DNA-결합 단백질과 연결되고 이 단백질은 관련 유전자의 전사를 어떻게 조절할 것인지 영향을 미친다(그림 21-3C). 예를 들면, 수송된 단백질은 전사억제인자였던 것을 활성인자로 변형시킨다. 이때 신호전달 전에는 억제되어 있었던 표적유전자의 활성화가 일어난다. 이 장에서는 세포의 신호전달과정에서 일어나는 각각의 변화에 대한 예를 들어보고자 한다.

표면에 결합되어 있는 신호전달물질은 신호전달세포와 물리적으로 직접 접촉하고 있는 세포의 유전자 발현만 조절한다. 이러한 과정을 **세포 대 세포 접촉(cell to cell contact)**이라고 한다. 반대로 세포질로 분비된 신호전달물질은 더 먼 거리까지 작용할 수 있다. 어떤 경우에는 세포 한 개 또는 두 개 직경 정도의 범위에 영향을 미치고, 어떤 경우에는 세포 50개 이상의 범위까지도 작용할 수 있다. 넓은 범위에 영향을 미치는 신호전달분자들은 때때로 위치 정보를 제공하기도 하는데 이에 대해서는 다음 절에서 다루게 될 것이다.

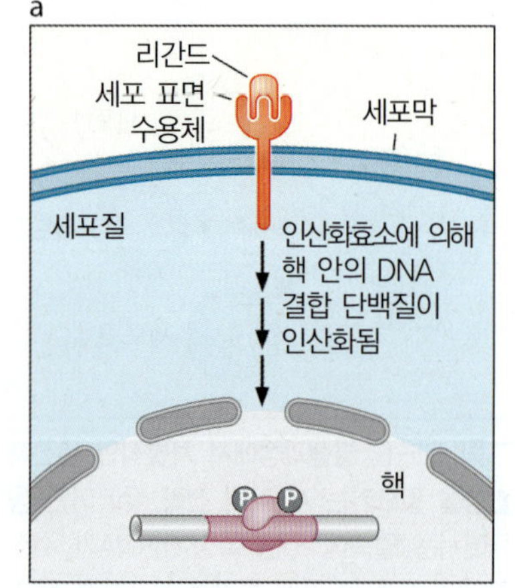

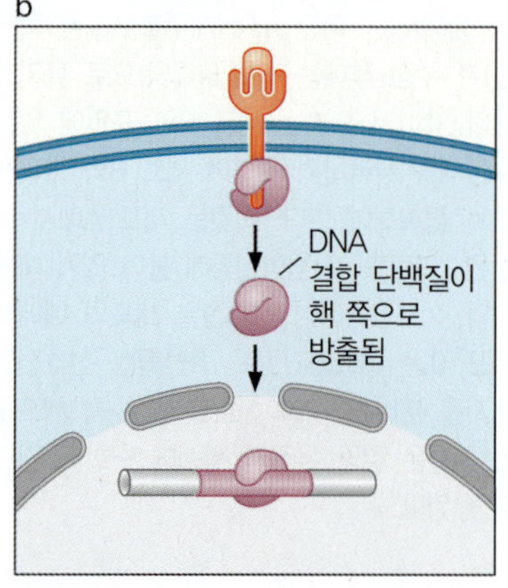

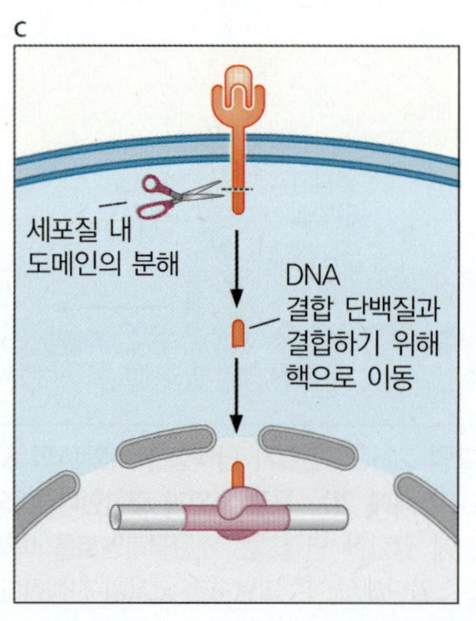

그림 21-3 여러 가지 신호전달 기작. 리간드(또는 "신호전달물질")가 세포표면의 수용체와 결합한다. (a) 핵 내에서 활성화된 수용체가 DNA 결합 단백질의 인산화를 일으키는 세포 인산화효소를 유도한다. 인산화가 일어나면 조절 단백질은 특정 유전자의 전사를 촉진하거나 억제한다. (b) 활성화된 수용체는 휴지상태의 DNA 결합 단백질을 세포질에서 유리시켜 핵 안으로 들어갈 수 있게 한다. 조절단백질은 핵 안에서 특정 유전자의 전사를 촉진한다(또는 억제한다). (c) 활성화된 수용체는 핵으로 들어가기 위하여 수용체의 C-말단부위를 생성하는 단백질분해효소에 의해 분리되어 특정 DNA 결합 단백질과 상호작용한다. 결과적으로 단백질 복합체는 특정 유전자의 전사를 촉진하게 된다.

세포는 분비된 신호전달분자의 농도기울기에 의하여 그들의 위치에 따른 차별적인 분화과정이 유도된다

발생에서 강조되는 중요한 주제는 배아나 기관 내에서 장차 미래의 운명을 결정짓는 세포의 위치이다. 초파리 배아의 **앞쪽(anterior)**에 위치한 세포들은 촉각이나 뇌와 같은 성체의 두부를 형성하게 되며, 복부나 생식기와 같은 **뒤쪽(posterior)**의 구조물로는 발생되지 않는다. 개구리 배아의 끝부분이나 **등쪽(dorsal)** 표면에 위치한 세포들은 올챙이나 성체의 등뼈 부분으로는 발달할 수 있지만, 장과 같은 **복부(ventral)**를 구성하지는 못한다. 이러한 예에서, 성체 내에 발생이 결정되어 있는 한 세포의 운명은 발생 중인 배아 내에서의 위치에 의해 결정된다는 것을 알 수 있다. 발생에 있어서 위치가 미치는 영향을 **위치정보(positional information)**라고 한다.

위치정보가 발현되는 가장 일반적인 방법으로는 19장의 신호전달분자의 이용 편에서 이미 설명되었던 방법 중에 하나인 단순 확장이 있다(그림 21-4). 소규모의 세포 집단에서는 신호전달분자의 합성과 분비에 의하여 **세포외 농도기울기(extracellular gradient)**가 형성되게 된다(그림 21-4a). "생성원(source)" 가까이에 위치한 세포들은 분비단백질을 고농도로 수용하게 되어 특별한 세포형태로 발달한다. 점점 더 먼 거리에 위치하게 되는 세포들은, 수용되는 신호전달분자의 농도가 낮아지기 때문에 다른 발생과정을 거친다. 위치정보를 조절하는 신호전달분자를 **형태형성물질(morphogen)**이라고 한다.

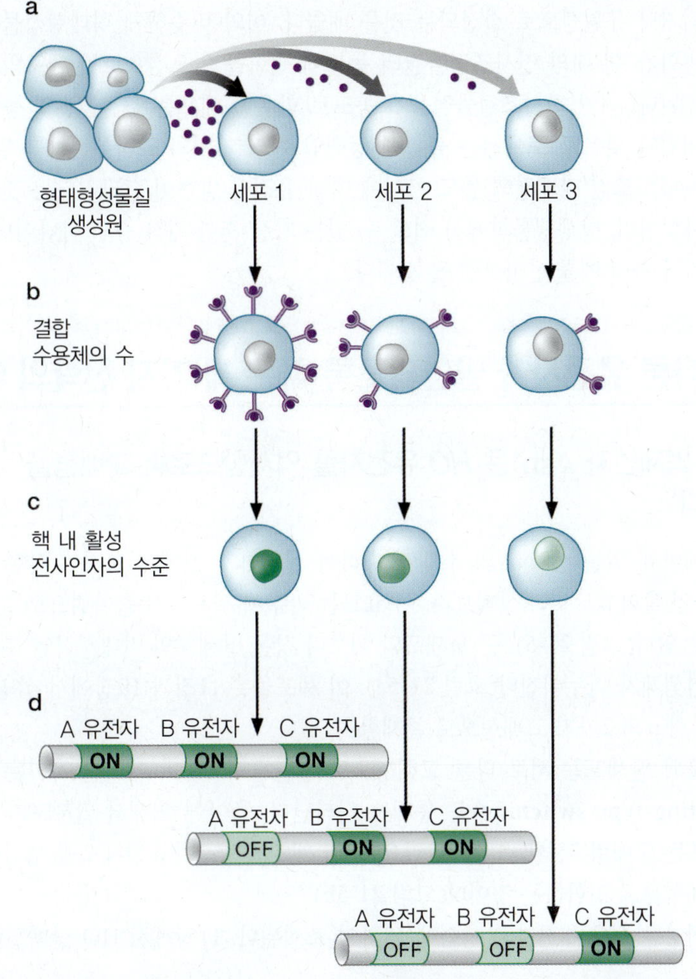

그림 21-4 세포 집단은 세포외기질로 확산되는 신호전달물질 또는 형태형성물질을 생산한다. (a) 세포 1, 2, 3은 형태형성물질 생성원으로부터 점차 멀어지는 위치에 있기 때문에 이들이 받는 신호전달물질의 양도 점점 적어진다. (b) 세포 1, 2, 3이 함유하는 활성 표면수용체의 양도 점점 낮아진다. (c) 이 세 개의 세포에서는 한 가지 또는 그 이상 종류의 조절 단백질 농도가 다르다. 가장 간단히 말하면, 활성화된 세포 표면수용체의 수와 핵 안으로 들어가는 조절인자의 양 사이에는 직선적인 상관관계가 있다. (d) 조절인자의 농도차이에 의해 세포의 유전자 발현이 다르게 일어난다. 세포 1은 조절인자의 함유량이 제일 높기 때문에 A, B, C 유전자가 모두 발현된다. 세포 2는 조절인자 농도가 중간수준이므로 A를 제외한 B와 C 유전자가 발현된다. 마지막으로, 세포 3은 조절인자의 농도가 제일 낮기 때문에 농도가 높아야 발현되는 A와 B 유전자를 제외한 C 유전자만 발현된다.

형태형성물질의 생성원 가까이에 있는 세포들은 신호전달분자들을 고농도로 수용하게 되므로 특정 세포 표면에서는 수용체의 활성화가 최고조로 진행된다. 반면, 생성원에서 멀리 떨어진 곳에 위치한 세포들은 신호물질의 수용농도가 낮아서 세포 표면에 있는 소수의 수용체만 활성화된다. 형태형성물질의 생성원과 인접한 세 층의 세포들을 비교해보면, 첫째 층의 세포에서는 수용체가 1,000개 정도 활성화되지만, 그 다음 층에서는 약 500개가 활성화되고, 마지막 세포층에서는 단지 200개만 활성화된다(그림 21-4b). 세포에서는 이렇게 다양한 수용체 점유도의 차이에 의하여 유전자 발현이 서로 다르게 차별적으로 일어나게 된다.

우리가 앞에서 살펴본 바와 같이, 신호전달분자가 세포 표면의 수용체와 결합하면 세포의 핵 내에서는 활성형의 특정 전사조절물질의 농도가 증가된다. 각 수용체가 특정 전사 조절물질(또는 조절물질들)을 제어하고, 이것이 특정 유전자의 발현을 조절한다. 형태형성물질의 결합에 의해 활성화되는 세포 표면 수용체의 수에 따라 핵 안에서 생성되는 특정 조절 단백질의 양이 결정된다. 형태형성물질과 가까운 곳에 밀집한 세포는—1,000개의 활성화된 수용체를 가지는—핵 내 전사활성자의 농도가 높을 것이다(그림 21-4c). 반대로 형태형성물질로부터 멀리 떨어져 있는 세포는 중간 정도이거나 저농도의 활성을 갖는다. 그러므로 세포 표면에 있는 활성수용체의 수와 핵 내 전사조절물질의 양 사이에는 상관관계가 있다. 동일한 전사조절물질이 어떻게 서로 다른 농도로 여러 종류의 세포에서 서로 다른 차별적인 유전자 발현이 일어나도록 할 수 있을까?

우리는 18장에서 감염된 세균세포가 λ 억제인자의 미세한 농도변화에 의해 용균성으로 되거나 용원성으로 결정되는 것을 배웠다. 이와 비슷하게 형태형성물질 양의 미세한 변화가 핵 내의 전사조절물질의 농도에 변화를 일으킴으로써 세포의 종류가 달라지게 된다. 어떤 전사조절물질을 고농도로 함유한 세포는 조절물질의 농도가 중간 정도이거나 낮은 세포에서는 불활성 상태인 여러 가지의 표적유전자를 발현한다(그림 21-4d). 조절 단백질의 농도 차이에 따라 유전자 발현이 달라진다는 것이 가장 중요한 사실이며, 발생생물학에서 접할 수 있는 가장 흔한 기작 중의 하나이다. 이 장에서는 여러 가지 예를 살펴보게 될 것이다.

서로 다른 유전자가 발현되도록 하는 세 가지 전략의 예

효모의 억제인자 Ash1은 *HO* 유전자를 억제함으로써 교배형을 조절한다

동물의 배아에 있는 mRNA의 소재에 대하여 설명하기 전에 비교적 간단한 단세포 진핵생물인 출아효모부터 살펴보자. 이 효모는 반수체 세포로서 출아법으로 분열하여 생장할 수 있다(그림 21-5). 큰 모세포와 이보다 작은 딸세포의 비대칭적인 두 세포에 복제된 염색체가 나누어진다(그림 21-5a). 이 세포들은 11장과 19장에서 설명되었던 것처럼 **a** 와 α의 2가지 교배형으로 존재할 수 있다.

모세포와 딸세포는 서로 다른 교배형으로 전환될 수 있다. 이러한 차이는 **교배형 전환(mating-type switching)**을 통해서 나타난다. 출아에 의해서 딸세포가 생산되면 모세포는 교배형 "전환"을 할 수 있으며, 한 개의 **a** 세포가 **a** 딸세포를 생산한 다음에 α 교배형으로 전환하는 것이다(그림 21-5b).

전환작용은 *HO* 유전자의 생성에 의하여 조절된다. 11장에서 HO 단백질이 서열

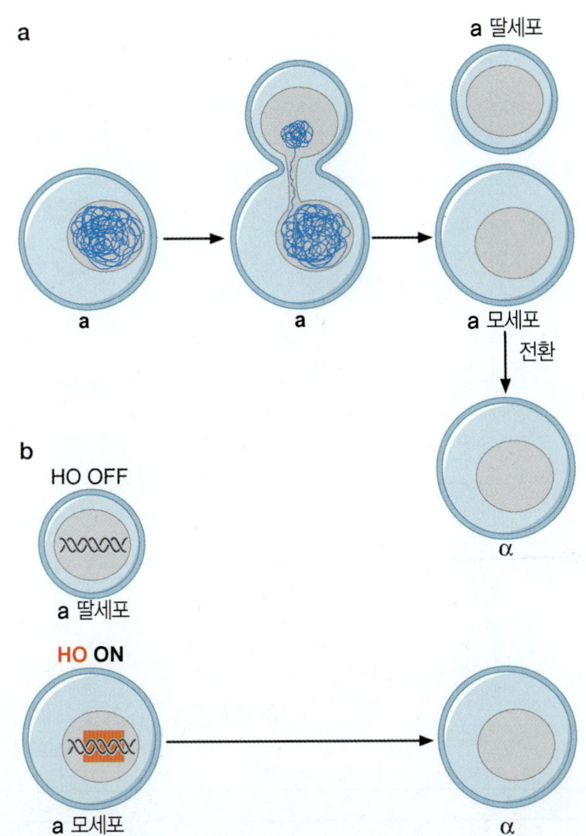

그림 21-5 a 교배형의 반수체 효모세포가 출아에 의해 모세포와 작은 딸세포로 된다. (a) 처음에는 두 세포 모두 **a** 교배형이지만, 가끔 모세포가 α형으로 전환되기도 한다. (b) 딸세포는 Ash1 전사 억제인자 때문에 *HO* 유전자를 발현할 수 없어서 전환 과정을 거칠 수가 없다. 반면에, 모세포는 Ash1이 없어서 *HO*를 발현할 수 있으므로 전환이 가능하다.

특이성 핵산내부분해효소라는 것을 배웠다. 또 19장에서는 모세포에서 HO가 어떻게 활성화되는지 보았다. 딸세포에서는 Ash1이라는 억제인자가 선택적으로 발현되어 불활성화가 유지되기 때문에(그림 21-6) 딸세포가 교배형으로 전환될 수 없다. *ash1* 유전자는 출아되기 전에 모세포에서 전사되지만, 암호화된 RNA는 다음 과정을 거쳐서 딸세포 내에 자리 잡게 된다. 출아가 일어나는 동안 *ash1* mRNA는 미세소관 성장 부위의 말단에 부착한다. 여러 종류의 단백질이 *ash1* mRNA의 3′ UTR과 미세소관에 결합하는 "어댑터"의 기능을 담당한다. 미세소관은 모세포의 핵으로부터 출아되는 쪽으로 확장되며, 이 방법에 의해 *ash1* mRNA가 딸세포로 이동된다. 일단 딸세포로 들어가면 *ash1* mRNA는 *HO* 유전자에 결합하여 *HO* 유전자의 전사를 저해하는 억제 단백질로 번역된다. 딸세포 내에서 *HO* 유전자의 발현이 억제되면 세포에서는 교배형 전환이 일어날 수 없다.

이 장의 후반부에서는 초파리의 배아 발생에서 이용되는 mRNA의 배치에 대하여 알아볼 것이다. 이 배치 과정에서는 mRNA, 특히 3′ UTR에서 발견되는 서열과 결합하는 어댑터 단백질이 또 다시 중계역할을 한다(글상자 21-2, "세포골격의 관찰: 비대칭성과 성장" 참조).

효모의 교배형 전환에 대한 연구에서 밝혀진 두 번째 일반적인 원칙은 초파리의 발생 단원에서 한 번 더 언급된다: 각 세포 내에서 정교한 형태의 유전자 발현을 일으키는 광역분포성의 활성인자와 국소분포성의 억제인자 사이의 상호작용. 효모에서는 SW15 단백질이 *HO* 유전자 발현을 촉진한다(19장 참조). 이 활성인자는 출아가 일어나는 동안에는 모세포와 딸세포 양쪽 모두에 존재하지만 딸세포 내에는 Ash1 억제인자가 있기 때문에 모세포에서만 *HO* 유전자가 활성화된다. 다시 말하면, Ash1은

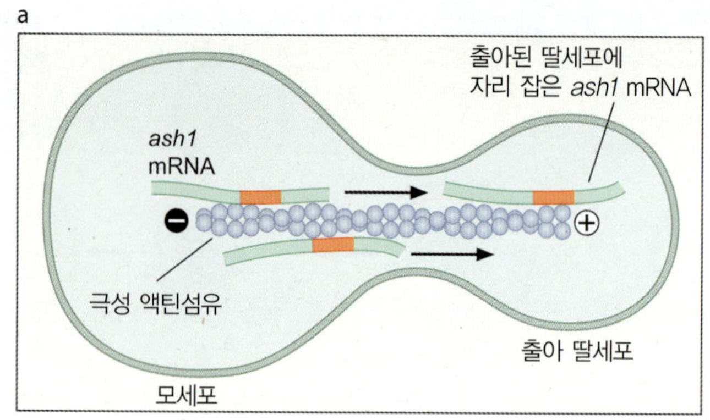

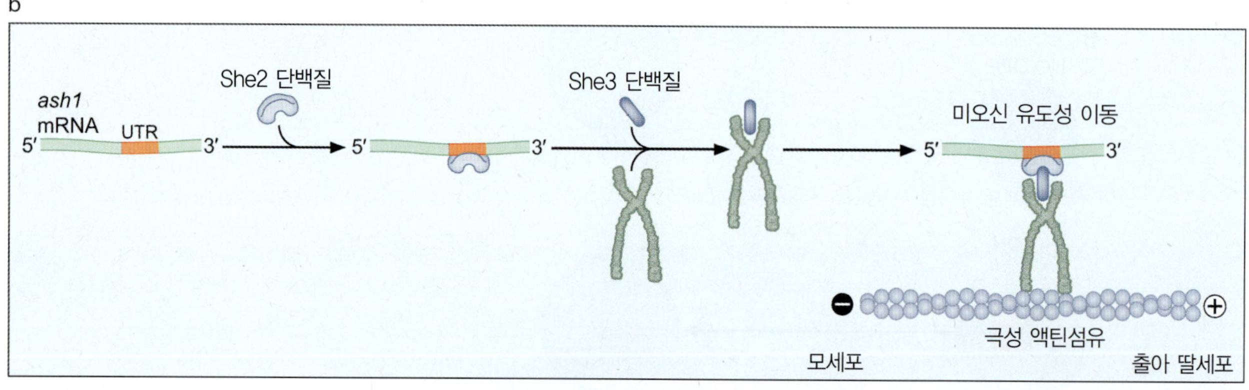

그림 21-6 출아가 진행되는 동안 *ash1* mRNA의 위치. (a) 출아가 진행되는 동안 모세포에서 *ash1* 유전자가 전사된다. 전사된 mRNA는 극성 액틴섬유의 움직임에 의해 모세포에서 출아하는 딸세포로 이동된다. 액틴섬유의 "–" 말단에서 이동이 시작되어 "+" 말단으로 진행된다. (b) 3′ UTR에 포함되어 있는 특정 서열에 She2와 She3 어댑터 단백질이 결합함으로써 *ash1* mRNA가 수송된다. 이 어댑터 단백질이 미오신과 결합하면, 미오신은 액틴섬유를 따라 움직이면서 *ash1* mRNA의 이동에 소극적으로 가담하게 된다. (Adapted, with permission, from Alberts B. et al. 2002. *Molecular biology of the cell*, 4th edition, p. 971, f16-84, part a. © Garland Science/Taylor & Francis LLC.)

SW15가 있음에도 불구하고 딸세포의 *HO* 유전자를 비활성 상태로 유지시켜서 발현을 억제한다.

멍게 배아에서는 mRNA의 국지적 분포에 의해 근육의 분화가 일어난다

mRNA는 유전적으로 모두 동일한 세포로 구성된 배아의 발생기간 동안 유전자 발현이 차별적으로 일어날 수 있도록 조절하는 작용을 한다. 효모에서 딸세포의 운명이 *ash1* mRNA의 유전에 의해 결정되는 것처럼, 발생 중인 배아의 세포들은 mRNA의 유전을 통해서 특유의 발생경로를 거치도록 유도될 수 있다.

한 예로서, 멍게의 초기 배아에서 꼬리근육을 형성하도록 예정된 세포에서 중요한 결정요소는 Macho-1이다.

Macho-1 mRNA는 원래 미수정란에서는 세포질 내에 흩어져 있지만 수정이 일어난 후에는 세포질의 기저부인 식물극에만 한정된 분포를 하게 된다(그림 21-7). 이렇게 되면 8개의 세포로 이루어진 배아에서 단 2개의 세포에만 유전이 되어서 이 두 세포가 꼬리 근육을 형성하게 된다.

Macho-1 mRNA는 액틴과 미오신에서처럼 특정 근육 유전자의 전사를 활성화하는 것으로 알려진 아연집게 DNA 결합 단백질을 암호화한다. Macho-1은 이 세포에서만 생산되기 때문에 이 유전자는 근육에서만 발현된다. 이 장의 2부에서는 초파리 배아의 mRNA로부터 합성된 조절 단백질이 어떻게 유전자 발현을 활성화하거나 억제하고 다른 종류의 세포를 형성하도록 조절하는지에 대하여 알아보게 된다.

▶ 고급개념

글상자 21-2 세포골격의 관찰: 비대칭성과 성장

세포골격은 액틴섬유, 중간섬유, 그리고 미세소관의 세 가지 섬유로 구성된다. 액틴섬유는 출아 중인 효모와 초파리의 난모세포를 비롯한 여러 종류의 세포에서 특정 mRNA를 분산시키는 데 사용된다. 액틴섬유는 액틴의 중합체로 구성된다. 액틴 중합체는 37 nm 간격으로 1회전하고 있는 두 가닥의 평행나선으로 이루어져 있다. 각 액틴 단위체는 중합체 내에서 동일한 위치에 자리 잡고 있으므로 액틴섬유는 뚜렷한 극성을 가진다. 양성(+)말단이 음성(−)말단보다 더 빠르게 자라기 때문에 mRNA는 "+" 성장 말단을 따라 이동하여 자리 잡게 된다(글상자 21-2 그림 1).

미세소관은 튜블린이라는 단백질의 중합체로 구성되며 튜블린은 α 사슬과 β 사슬로 구성된 이질이합체이다. 튜블린 이질이합체는 길고 비대칭적인 원섬유를 형성한다. 각각의 튜블린 이질이합체는 원섬유 내에 같은 방향으로 배열되어 있다. 13개의 원섬유가 모여 원통형의 미세소관을 이루며, 모든 원섬유는 평행으로 배열되어 있다. 그래서 액틴섬유에서처럼 미세소관에도 급속히 자라는 "+" 말단과 더 안정적인 "−" 말단으로 된 극성부위가 존재한다(글상자 21-2 그림 2).

액틴과 튜블린은 모두 효소의 기능을 가지고 있다. 액틴은 ATP를 ADP로 가수분해하는 반응을 촉매하며, 튜블린은 GTP를 GDP로 가수분해한다. 액틴섬유와 미세소관에서 나타나는 역동적인 성장이나 "반복적인 활동"은 이러한 효소의 작용 덕분이다. 액틴이나 튜블린 소단위는 섬유의 "−" 말단에서 ATP나 GTP의 가수분해를 중개하기 때문에 이 소단위들은 다소 불안정해서 "−" 말단부터 분해된다.

액틴섬유나 미세소관의 "+" 말단에서 일어나는 직접성장은 세포골격과 연결된 단백질의 종류에 따라 달라진다. 이러한 단백질 중 하나를 프로필린(profilin)이라고 하는데, 이것은 액틴 단위체와 상호작용하여 액틴섬유의 "+" 말단을 연장시킨다. 다른 단백질들은 미세소관의 "+" 말단에서 튜불린 원섬유의 성장을 촉진하는 것으로 나타났다.

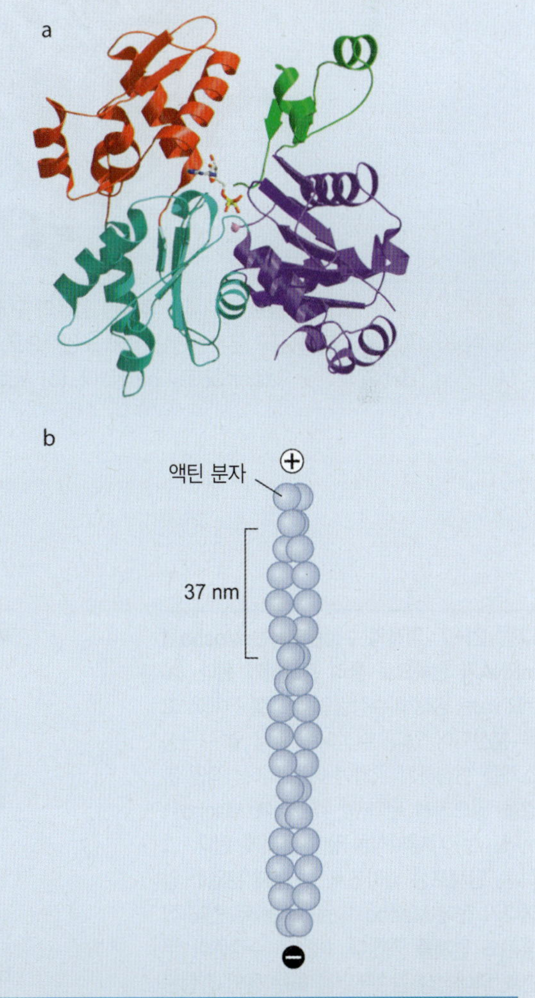

글상자 21-2 그림 1 액틴단위체와 액틴섬유의 구조. 액틴단위체의 결정구조. (a) 중앙에 ATP(붉은색과 노란색)를 가지고 있는 4개의 단위체가 각각 다른 색으로 나타나 있다. 단위체의 "−" 말단은 위쪽에 있고 "+" 말단은 아래에 있다. (Otterbein L.R., 2001. *Science* **293**: 708-711. 이미지는 MolScript, BobScript 및 Raster 3D로 나타내었다. (b) 단위체가 외가닥의 나선형태로 배열되어 액틴섬유가 형성된다.

글상자 21-2 (계속)

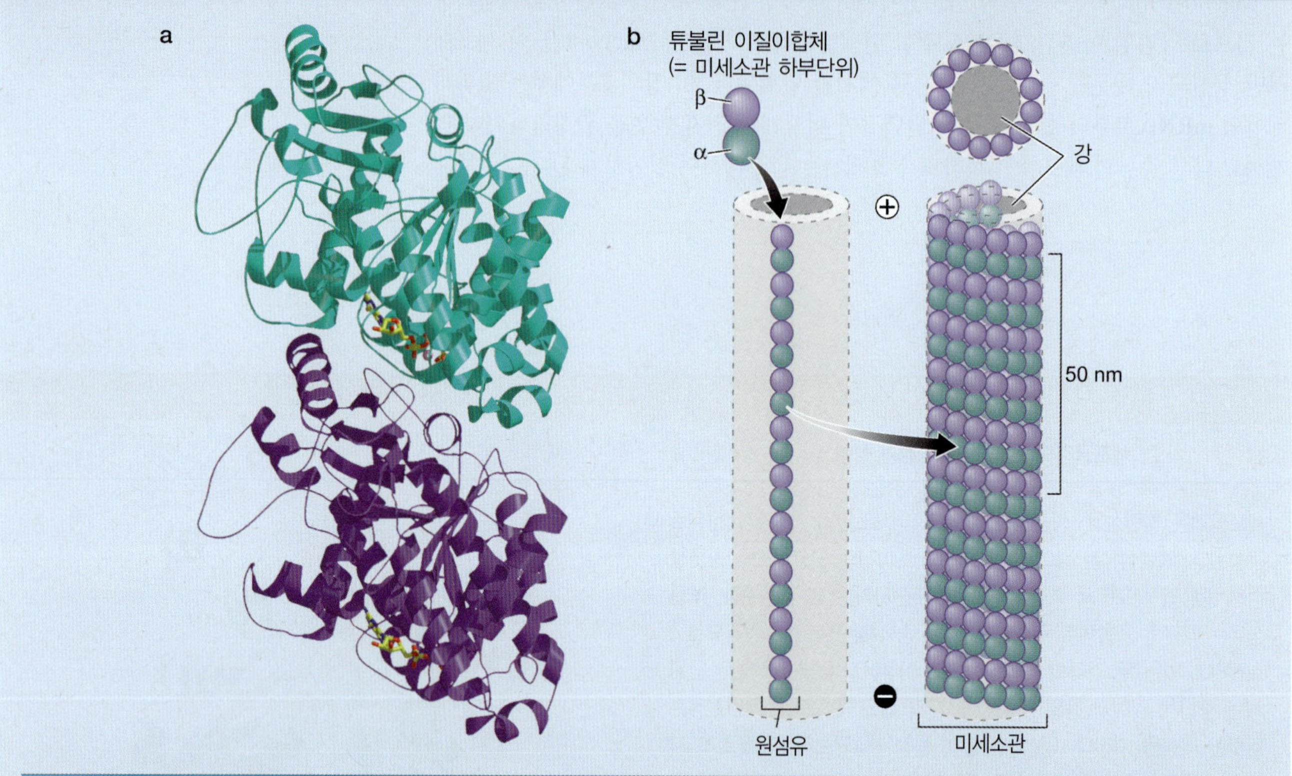

글상자 21-2 그림 2 튜불린 단위체와 튜불린 섬유의 구조. (a) 청록색의 α 소단위와 보라색의 β 소단위로 이루어진 튜불린 단위체의 결정구조. 각 소단위 내에 있는 GTP 분자는 붉은색과 노란색으로 표시되었다. (From Lowe J. et al. 2001. *J Mol. Bol.* **313:** 1045–1057. 이미지는 MolScript, BobScript 및 Raster 3D로 나타내었다. (b) 서로 인접한 단위체로 구성된 튜불린 원섬유가 같은 방향으로 배열되어 있다.

그림 21-7 멍게의 수정란에서는 Macho-1 mRNA가 한쪽으로 몰려 분포하게 된다. (a) mRNA는 원래 미수정란의 세포질 전체에 고루 분산되어 있다. 수정이 되면서 알은 극성소체를 형성하기 위하여 아주 비대칭적인 분열을 일으키게 된다(맨 위). 이때 Macho-1 mRNA는 기저부(식물극)에 몰리게 된다. 그 이후, 단세포성 배아에서 첫 번째 분열이 일어나기 전에 Macho-1 mRNA는 두 번째 집중분포 단계를 거친다. 이것은 수정란이 두 번째 비대칭성 감수분열을 하는 동안 진행된다. (b) Macho-1 mRNA는 미래의 B4.1 할구에 해당하는 4분면 중의 한쪽 면에 집중적으로 분포하게 된다. 이들이 꼬리근육을 생성할 세포들이다. (a, Adapted, with permission, from Nishida H. and Sawada K. 2001. *Nature* **409:** 725, Fig 1 c–e. © Macmillan.)

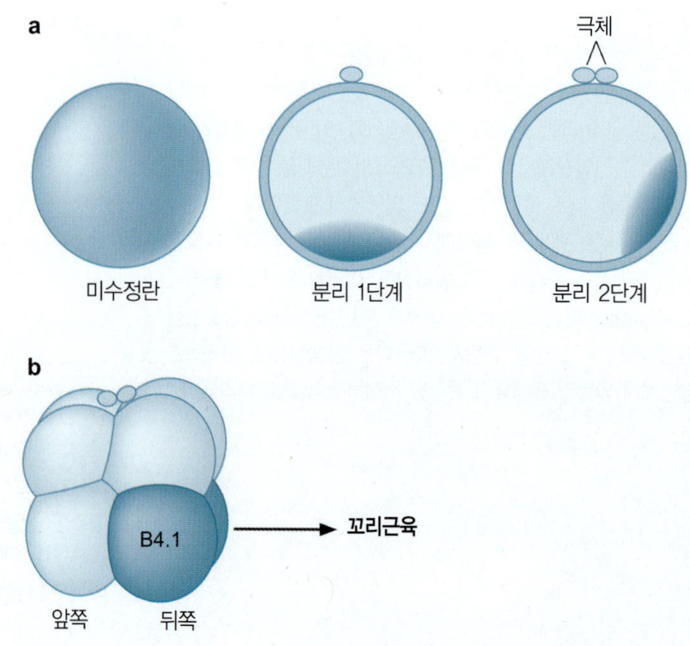

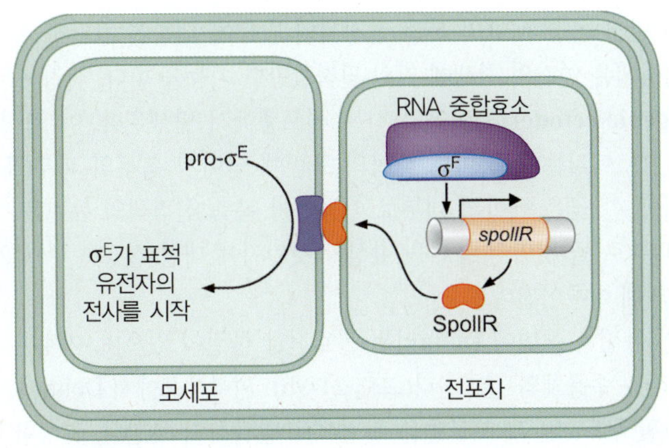

그림 21-8 고초균의 모세포와 전포자에서 나타나는 비대칭적인 유전자 활성은 활성화되는 σ 인자의 종류에 의해 결정된다. *SpoIIR* 유전자는 전포자에 있는 σ^F에 의해 활성화된다. 암호화된 SpoIIR 단백질은 모세포(왼쪽)와 전포자(오른쪽) 사이의 중격에 부착하게 된다. 이것은 모세포에서 불활성형 σ^E(pro–σ^E) 단백질의 분해를 촉진한다. 활성화된 σ^E 단백질은 RNA 중합효소를 이용하여 모세포 내에서 특정 유전자가 활성화되도록 유도한다. (Redrawn, with permission, from Stragier P. and Losick R. 1996. *Annu. Rev. Genet.* **30:** 297–341, Fig. 3a. © *Annual Reviews.*)

포자형성 세균인 고초균에서는 세포 대 세포의 접촉으로 유전자가 서로 다르게 발현된다

유전자 발현을 차별적으로 일어나게 하는 두 번째의 방법은 세포와 세포의 접촉이다. 고초균과 같이 비교적 단순한 경우부터 살펴보자. 고초균은 불리한 환경이 되면 포자를 형성할 수 있다. 이 과정의 첫 단계는 포자의 전구체인 포자낭 내의 비대칭적인 위치에 격막을 형성하는 것이다. 인접한 격막을 경계로 크기가 다른 두 개의 세포가 서로 접하고 있다. 더 작은 세포를 **전포자(forespore)**라 하는데 이것이 포자로 된다. 더 큰 세포는 모세포라 하며 포자의 발생을 보조하는 세포이다(그림 21-8). 전포자는 인접한 모세포의 유전자 발현에 다음과 같은 영향을 미친다.

전포자에는 모세포에서는 불활성인 σ 인자의 활성형인 σ^F가 들어 있다. 18장에서 σ 인자가 RNA 중합효소와 어떻게 연관되는지, 그리고 발현에 있어서 어떻게 표적 프로모터를 선택하는지 알아보았다. σ^F는 분비성의 신호전달 단백질로서 *spoIIR* 유전자를 활성화한다. spoIIR은 모세포와 전포자가 인접한 막 사이의 공간으로 분비되어 모세포 내에서 pro-σ^E 단백질의 분해를 일으킨다. Pro-σ^E는 σ^E 인자의 불활성형 전구체이다. Pro-σ^E 단백질은 σ^E의 활성을 방해하고 모세포의 막에 단백질을 부착시킬 수 있는 N-말단 억제도메인을 가지고 있다(그림 21-8). spoIIR은 아미노-말단 펩티드의 단백질분해를 유도하여, 막으로부터 성숙 활성형의 σ^E를 방출시킨다. σ^E는 전포자에서 발현되는 유전자와는 다른 유전자 세트를 모세포에서 활성화시킨다. 여기서 spoIIR은 전포자와 모세포 사이의 경계에서 작용하며, σ^E의 작용을 통해 인접한 모세포에서 차별적인 유전자 발현이 일어나도록 하는 신호전달분자의 기능을 한다. 전포자는 인접한 모세포와 상호작용할 수는 있지만, 다른 세포의 σ^E 반응을 유도하기에는 부족한 소량의 spoIIR만 생산하기 때문에 세포와 세포의 접촉이 필수적 요소이다.

곤충의 중추신경계에서 피부-신경의 조절스위치는 Notch 신호전달에 의해 조절된다

이제부터는 고초균에서 설명된 것과 놀라울 정도로 유사한 세포 대 세포 접촉의 예를 동물의 배아를 대상으로 살펴보려 한다. 앞에서 spoIIR이 단백질 분해작용 통해 σ^E를 활성화시켜 특정 유전자의 프로모터 서열에 RNA 중합효소를 보낸다. 다음 예에서는, 세포 표면 수용체가 세포막에서 분리되면 수용체의 내세포질 영역이 핵으로 들어가서 선택된 유전자의 전사를 촉진하는 특정 DNA 결합 단백질 서열과 결합한다.

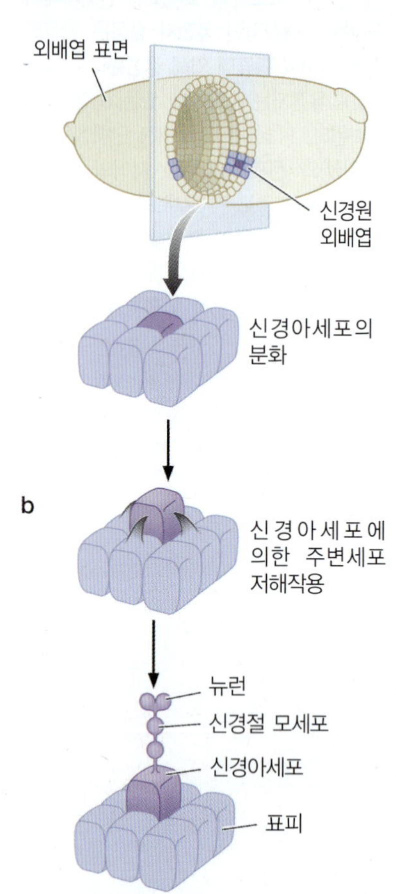

그림 21-9 신경원 외배엽은 두 종류의 주요 세포, 즉 뉴런과 피부세포를 형성한다. (a) 초기 신경원 외배엽에 분포하는 세포들은 두 종류의 세포형태 중 어떤 것이든지 형성할 수 있다. 한편, 일단 뉴런이나 "신경아세포"(배열된 세포의 중앙에 위치한 어두운색 세포)로 분화하기 시작하면 이것과 직접 접촉되는 모든 인접세포들을 억제한다. (b) 이 억제작용으로 인하여 대부분의 세포는 배아의 표면에 남아서 피부세포를 형성하게 된다. 반대로, 뉴런은 배아의 강소로 이동하여 뉴런을 형성한다.

여기서는 먼저 곤충 배아의 복측 신경색의 발생에 대하여 간단히 살펴보자(그림 21-9). 이 신경색은 인간의 척색에 거의 필적할만한 기능을 한다. 신경색은 **신경원 외배엽(neurogenic ectoderm)**이라고 하는 세포층에서 발생된다. 이 조직은 두 가지 세포군으로 나누어지는데, 하나는 배아의 표면에 남아서 복부의 피부(또는 표피)를 형성하고, 다른 한 군은 배아의 내부로 이동하여 복측 신경색의 뉴런을 형성한다(그림 21-9a). 피부로 될 것인지 뉴런을 형성할 것인지에 대한 결정은 두 세포군 사이의 신호전달에 의해 이루어진다.

발생 중인 뉴런은 표면에 **Delta**라는 신호전달 물질이 있으며, 이것은 피부세포에 있는 **Notch**라는 수용체와 결합한다(그림 21-9b). 피부세포에서 Delta에 의하여 수용체 Notch가 활성화되면 그 세포들은 뉴런으로 발달하지 못한다. 활성화가 일어나서 내세포질의 Notch($Notch^{IC}$) 영역이 세포막에서 분리되어 핵으로 들어가 Su(H)라고 하는 단백질과 결합한다. Su(H)-$Notch^{IC}$ 복합체는 뉴런의 발생을 저해하는 전사 억제유전자를 활성화한다.

신호전달물질 Notch가 Su(H) 활성 단백질을 단순 유도하는 것이 아니라 on/off 조절스위치를 작동시킨다. 신호전달물질이 없으면 Su(H)는 Hairless, CtBP 그리고 Groucho와 같은 여러 가지 억제보체 단백질과 결합한다(그림 21-10). 이런 단백질들과 결합한 Su(H)는 Notch 표적유전자를 활발하게 저해한다. $Notch^{IC}$가 핵으로 들어가면 $Notch^{IC}$는 Su(H)와 복합체를 이루고 있던 억제단백질을 활성단백질로 바꾸어 놓는다. 그렇게 되면 Su(H)는 억제되어 있었던 유전자를 활성화시킨다.

신호전달물질 Delta-Notch는 세포와 세포의 접촉에 의해 전달된다. Delta 리간드(뉴런의 전구체)에 있는 세포는 신호전달물질 Notch를 활성화하고 뉴런의 분화를 억제하기 위하여, Notch 수용체를 가지고 있는 표피세포와 직접적인 접촉을 해야 한다. 다음 절에서는 신호를 보내는 세포와 멀리 떨어져 있는 세포의 유전자 발현에 영향을 미치는 신호전달물질의 예를 들어 볼 것이다.

척추동물의 신경관 내에서는 형태형성물질 Sonic Hedgehog의 농도기울기 의해 다양한 뉴런이 형성된다

여기서는 어떤 발생 기관의 위치정보를 관장하는 장거리성 신호전달물질인 형태형성물질에 대한 예를 살펴보았다. 뉴런의 분화에 대해서 논의를 하는 중이지만 척추동물의 신경관을 먼저 살펴보았다. 모든 척추동물의 배아발생에서는 등쪽 외배엽을 따라 위치한 세포들이 배아 내부로 이동하여 장차 성체의 척색이 될 신경관을 형성하는 단계가 있다.

신경관의 가장 아래쪽에 있는 세포들은 **층판(floor plate)**이라는 특별한 구조를 형성한다. 층판은 농도기울기성 형태형성물질의 기능을 하는 것으로 생각되는 Sonic hedgehog(Shh)라는 신호전달물질이 발현되는 부위이다.

Shh는 층판에서 분비되어 신경관의 등쪽에서 외세포성 농도기울기를 형성한다. 신경관에서 발생한 뉴런은 그 세포들이 흡수하는 Shh 단백질의 양에 따라 여러 가지 세포로 발달한다. 이것은 층판으로부터 그 세포의 위치에 의해 결정된다; 층판 가까이 위치한 세포들은 최고농도의 Shh를 수용하고 멀리 떨어질수록 세포의 Shh 흡수율이 낮아진다. Shh의 외세포성 농도기울기로 V3와 MN 그리고 V2라는 세 종류의 신경세포분화가 일어난다. 이 세포들은 층판으로부터 점점 멀어지는 위치해 있으면서 서로 다른 세 가지 조절유전자, Nkx2.2와 Olig2 그리고 Pax6를 각각 발현한다(그림 21-11a 참조).

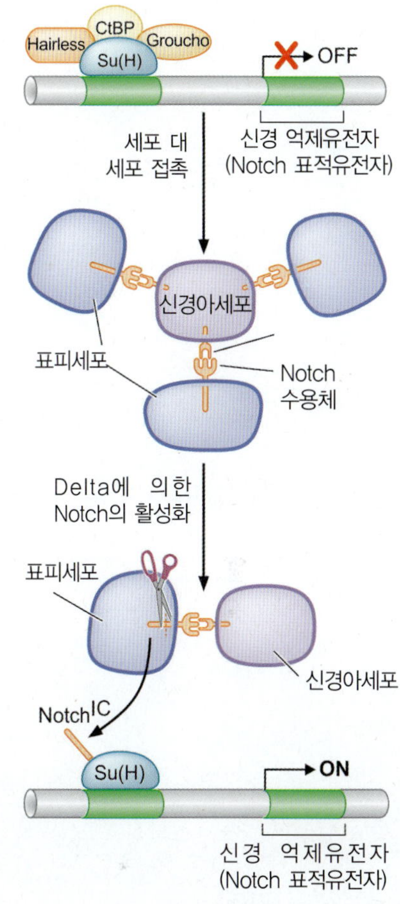

그림 21-10 Notch-Su(H) 조절스위치. 발생 중인 뉴런(신경아세포)은 뉴런 억제유전자(맨 위)를 발현하지 않는다. 이 유전자들은 Su(H)라는 DNA 결합 단백질과 보조억제 단백질(Hairless, CtBP, Groucho)에 의해 발현이 제한된다. 신경아세포는 Delta라는 신호전달물질을 발현하고, 이것은 세포 표면에 붙어 있다. Delta는 뉴런과 직접 물리적으로 접촉하고 있는 인접세포에서 Notch 수용체와 결합한다. Delta-Notch의 상호작용으로 인접세포에서 Notch 수용체가 활성화되며, 이 세포는 표피로 분화된다. 활성화된 Notch 수용체는 세포의 단백질분해효소에 의해 분해되고, 세포질 내의 수용체는 핵 내로 들어간다. Notch 단백질의 조각은 Su(H) 조절단백질이 억제인자보다는 촉진제로 작용할 수 있도록 조절작용을 한다. 결과적으로 표피세포에서는 뉴런 억제유전자가 활성화되므로 뉴런으로 발생될 수가 없다.

처음에는 Pax6가 신경관 전체에서 발현된다(그림 21-11b, 시간 t_0). 층판 가까이 위치하고 있어서 Shh를 고농도로 수용하게 되는 세포들은 Shh 신호전달의 전사작동체인 Gli의 활성을 최고로 받게 된다. 초기인 t_1기에는 Gli의 농도가 Olig2의 발현을 유도하기에 충분하다(그림 21-11b). 계속해서 Shh의 유도가 지속되면서 등쪽 신경관 내에서 Gli의 농도가 증가하여 Nkx2.2의 활성화가 일어난다.(그림 21-11b, 시간 t_2). 교차-억제 상호작용으로 Nkx2.2, Olig2와 Pax6가 연속적으로 발현되어 신경세포 V3와 MN 그리고 V2의 분화가 일어난다.

단순히 "농도기울기 친화도" 모델에 의하면, Olig2와 Nkx2.2 유전자의 조절 DNA는 친화도가 다른 Gli-결합자리를 가지고 있을 것으로 생각된다. 예를 들면, Olig2는 Gli 활성인자의 농도가 낮아도 결합할 수 있는 고-친화성의 Gli-결합자리를 가지고 있기 때문에 Nkx2.2보다 먼저 활성화된다. 반대로 Nkx2.2는 Shh와 Gli 활성인자가 더 높은 농도로 유지되어야 결합이 가능한 저-친화성의 Gli-결합자리에 의해 조절된다는 것이다.

최근의 연구에서는 신경관을 형성하는 유전자들의 상호작용 연결망에 의해 OLig2와 Nkx2.2의 차별적인 발현이 조절된다고 밝혀졌다(그림 21-11b). 일단, Oli2가 등쪽에서 활성화되면 Pax6가 억제되어 Nkx2.2를 유도하기 위한 "창"이 생성된다. Pax6는 Nkx2.2에 대한 잠재적 억제인자이지만 Olig2는 억제하지 못한다. Pax6에 의해 일어나는 차별적인 발현은 Olig2와 Nkx2.2가 연속적으로 발현하기 위해 중요한 기작이다. 아마도 Nkx2.2 조절 DNA에는 Pax6 억제인자 결합자리가 있고, Olig2 조절 DNA에는 이 억제인자 결합자리가 없을 것이다.

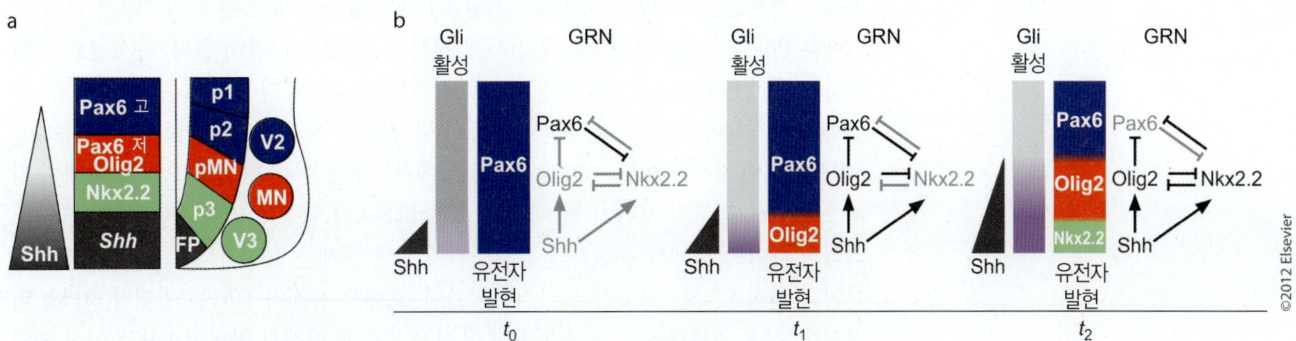

그림 21-11 Shh의 세포외 농도기울기에 의하여 세 종류의 신경세포가 분화된다. (a) Shh가 신경관에서 농도기울기를 이룬다. (b) 발달과정에 따른 Shh 신호-중재 형태형성 모델. (Adapted, with permission, from Balaskas N. et al. 2012. Cell **148:** 273–284; part a is Fig. 1A, p. 274; part b is Fig. 7A, p. 281. © Elsevier.)

초파리 배아 발생에 대한 분자생물학

이 장에서는 노랑초파리(*Drosophila melanogaster*)의 초기 배아 발생을 중심으로 설명하였다. 다른 어떤 동물보다 초파리의 배아를 연구대상으로 하면, 배아 발생 과정의 분자학적인 조절 기작에 대하여 더 쉽게 이해할 수 있다. 이 장의 앞부분에서 다루었던 세포교신과 유전자 조절의 다양한 기작에 대한 예도 초파리를 통해서 관찰할 수 있다.

일부에 집중 분포된 mRNA와 세포-신호전달 과정은 모두 전후반부(머리-꼬리), 등배쪽(등-배)의 체축을 중심으로 조절 단백질의 농도기울기를 형성하게 되는 위치정보를 만드는 데 사용된다. 활성인자나 억제인자 같은 조절 단백질은 배아를 여러 부위로 경계 지워주는 물질을 만드는 유전자의 발현을 조절한다. 주목할 만한 사실은, 그들이 정밀한 on/off 형태의 유전자 발현을 나타내도록 하기 위해 복합적인 조절 DNA—특히 복합 증폭자—를 사용하는 것에 대한 것이다.

초파리 배아 발생의 개관

초파리의 생명도 사람의 생명처럼 시작된다. 수컷 성체가 암컷에 정액을 주입시키면, 하나의 정자세포가 성숙란에 들어가서 반수체의 정자와 난자의 핵이 융합하고, 이배체의 "접합체(zygotic)" 핵을 형성한다. 이 핵은 난자의 중앙에서 원형질막은 형성되지 않으면서 여러 개의 핵으로 분열되는 과정을 거친다. 이러한 배를 **합포체(syncitium)**—여러 개의 핵이 있는 하나의 세포—라고 한다. 다음 분열단계를 거치면서 핵은 난자의 피질부나 주변부로 이동하기 시작한다. 일단 피질부위에 자리 잡으면 세 번의 분열을 거쳐 중앙에 있는 난황의 주변에 거의 6,000개의 핵으로 이루어진 단일 층이 형성된다. 수정 후 2~3시간이 경과하면 약 1시간 동안에 걸쳐 인접한 핵들 사이에 세포막이 만들어진다.

초파리 배아 발생에서 처음 두 시간 동안 진행되는 급속한 핵분열에 의해 중요한 형태형성 유전자들의 조기 발현이 억제된다. 길이가 짧은 장배형성(*sog*)유전자를 살펴보자. *sog* 유전자는 수정 후 2시간 반에서 3시간 사이에 등쪽 외배엽이 형성되는데 중요한 BMP 신호 억제인자를 암호화하고 있다. *sog* 전사 단위의 길이는 20 kb이다. RNA 중합효소 II(Pol II)의 신장 속도는 아주 느려서 초당 20 bp의 속도이다. 결과적으로 *sog* 전부를 전사하고 mRNA 전체를 합성하는데 거의 20분이 소요된다. 첫 11차례의 핵분열은 6~8분의 빈도로 일어나기 때문에 이렇게 짧은 분열주기의 간기 동안에는 Pol II가 *sog* 유전자를 완전하게 전사할 수 있는 시간이 없다. 유사분열이 일어나는 동안 Pol II는 염색질 주형으로부터 떨어져 나와서 다음 분열주기가 시작될 때 전사를 재개해야만 한다. 결과적으로 배아 발생의 첫 두 시간 동안에는 의미있는 *sog* mRNA의 합성이 일어날 수가 없다. 이 예에서는 *sog* 전사 단위의 크기에 의해 수정 후 2시간 반 정도의 시간이 될 때까지 *sog* mRNA의 합성이 일어나지 않게 된다. 초파리의 배아 발생에서 유전자의 발현시기에 관한 문제는 유전자의 크기와 대형 인트론이 관련이 있다는 보고가 있다. 예를 들면, 호메오 유전자 *Ubx*는 길이가 80 kb 이상인데, 작은 인트론을 가진 공동발현 유전자 분절에 비해서 발현이 1시간 이상 지연된다.

세포막이 형성되기 전의 핵은 어떤 종류의 세포로도 발생할 수 있는 **전능성(totipotency)**이 있다. 일단 세포로 형성되면 초파리 성체의 특정 조직으로의 분화가

"결정된(determined)"것이다. 이 과정은 글상자 21-3 "초파리 발생의 개관" 편에 설명되어 있다. 이러한 결정과정을 유도하는 분자적인 기작에 대해서는 이 장의 뒷부분에서 설명할 것이다.

초파리 배아에서 등배축으로의 조직 발생은 농도기울기에 의해 조절된다

초파리 초기 배아에서 등배축으로의 조직발생은 Dorsal이라는 조절 단백질에 의해 조절되며, 이 단백질은 원래 미수정란의 세포질 전면에 분산되어 있다. 수정 후에 핵이 배아의 피질부에 도달하면 측편과 복부에서는 이 Dorsal 단백질이 핵으로 들어가지만, 등쪽에서는 세포질에 남아 있게 된다(그림 21-12). 배아 전체에 형성되는 핵 내 Dorsal 단백질의 농도기울기는 척추동물 신경관의 복부에 형성되는 Gli 활성인자의 농도기울기와 원칙적으로 아주 유사하다(그림 21-11 참조).

Dorsal 단백질이 핵으로 수송되기 위해서는 **Spätzle**이라는 세포 신호전달물질이 필요하다. 이 신호물질은 미수정란의 원형질막과 바깥쪽 난각 사이에 존재하는 세포외 기질의 복부에서 등쪽으로 농도기울기를 형성한다. 수정 후에 Spätzle은 세포 표면의 Toll 수용체와 결합한다. Spätzle의 농도와 합포체 배아의 특정부위에 존재하는 수용체의 양에 따라 Toll의 확산범위가 정해진다. Spätzle의 농도가 제일 높은 복부에서는 Toll 수용체의 활성이 최고에 이르고, 조금씩 옆으로 치우칠수록 활성도가 점점 낮아진다. 신호전달물질 Toll에 의하여 세포질 억제인자 Cactus가 분해되면, 세포질

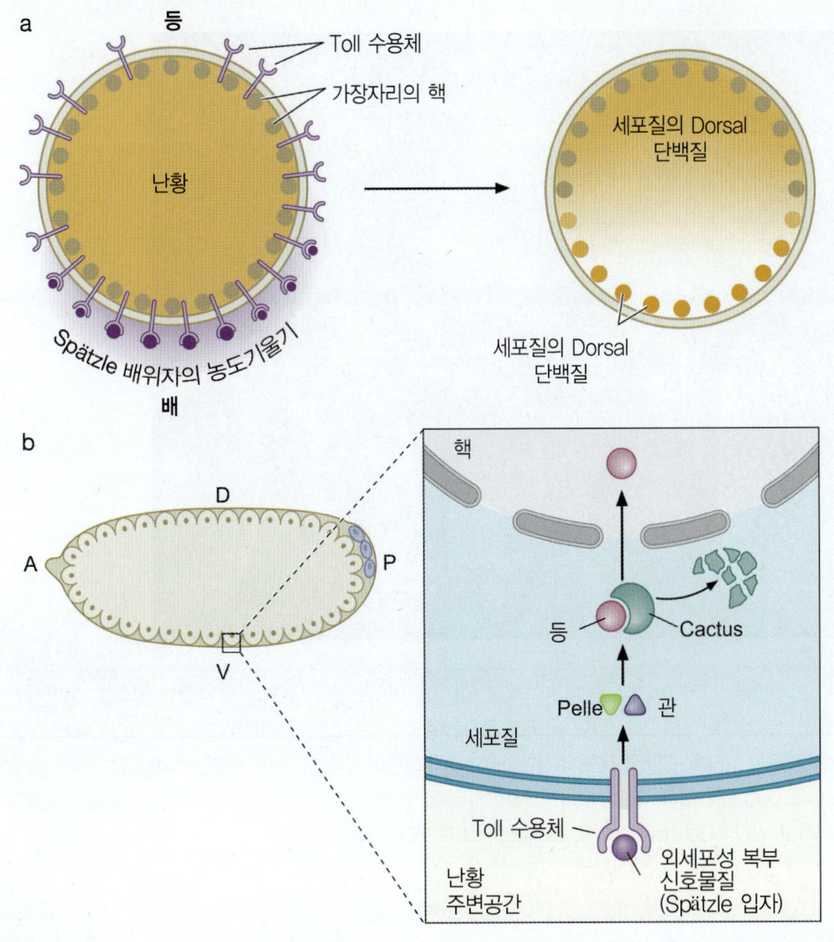

그림 21-12 Spätzle-Toll과 Dosal의 농도기울기. (a) 원형의 그림은 초파리 초기 배아의 횡단절편을 나타낸다. Toll 수용체가 배아의 원형질막에 균일하게 분포되어 있다. Spätzle 신호전달분자는 복부 아래쪽에서 가장 높은 농도기울기를 형성한다. 그래서 복부에서는 측면이나 등쪽에 비해 Toll 수용체의 활성화가 많이 일어난다. 이러한 Toll 신호물질의 농도기울기로 인하여 핵 내에 Dorsal 단백질의 농도기울기가 생긴다. (b) 배아의 앞쪽이 그림의 왼쪽에 표시되고, 등쪽 표면이 위로 표시된 횡단면; 오른쪽으로 Toll 신호전달물질을 전달하는 그림. Toll 수용체가 활성화되면 세포질에서 Pelle 인산화효소의 활성화가 일어난다. Pelle는 직접 또는 간접적으로 Cactus 단백질을 인산화하는데, Cactus 단백질은 Dorsal 단백질에 결합하여 Dorsal 단백질을 억제하게 된다. 인산화가 일어나서 Cactus가 분해되면 Dorsal은 세포질에서 핵 안으로 들어가게 된다.

▶ 고급개념

글상자 21-3 초파리 발생의 개관

정자와 난자의 반수체 핵이 서로 융합하여 형성된 이배체 접합자의 핵에서는 난자 중앙의 난황부위에서부터 신속하고 연속적인 난할이 진행된다. 분열 중인 핵의 중심립에서 방출된 큰 미세소관들은 핵이 수정란의 중심으로부터 가장자리 쪽으로 이동할 수 있도록 도와준다 (글상자 21-3 그림 1). 난할이 여덟 번 진행되면 256개의 핵이 가장자리로 이동하기 시작한다. 이동되는 동안에 난할이 두 번 더 진행된다(글상자 21-3 그림 1, 핵분열주기 9). 전부는 아니지만 거의 1,000개에 이르는 핵이 대부분 피질부위로 이동된다(글상자 21-3 그림 1, 핵분열주기 9). 나머지 핵("난황핵")은 가운데에 남아서 다소 불명확한 기능을 수행하게 된다.

수정 후 약 90분이 지나서 대부분의 핵이 피질부위에 도달하게 되면, 그 핵들은 먼저 Pol II 유전자를 전사할 수 있게 된다. 그래서 "중기포배변이"를 하는 것으로 보이는 손톱개구리와 같은 여러 가지 동물들에서처럼 초기 할구(또는 핵)가 급속한 유사분열을 하는 동안에는 전사가 억제된다. 아직 그 원인은 분명하지 않지만 DNA는 폭발적인 복제를 하지만 전사작용은 동시에 일어나지는 않는 것으로 보인다. 이외의 또 다른 연구에서도 복제를 촉진하는 거대복합체 분자와 전사작용 사이에는 경쟁관계가 나타난다는 주장이 있다.

피질부에 도달한 핵은 세 번 더 분열하여(수정 후 모두 13번 분열) 약 6,000개의 핵이 중앙의 난황을 둘러싸고 원통구조를 이루게 된다 (글상자 21-3 그림 1, 핵분열주기 14). 세포골격 단백질의 항체를 사용한 조직화학적인 염색법을 이용하여 각 핵을 둘러싸고 있는 그물망 구조를 관찰할 수 있는데, 이때까지도 배아는 여전히 합포체의 상태로 머문다. 수정 후 두 시간부터 세 시간 사이의 약 한 시간 동안에는 서로 인접한 핵 사이에 세포막이 형성된다(글상자 21-3 그림 1, 핵분열주기 14). 수정 후 3시간이 되면 배아는 다른 대부분의 동물 배아에서도 볼 수 있는 것과 같은 "세포로 된 속이 빈 공" 모양의 포배와 같은 세포성 포배엽으로 변형된다.

최근에 개발된 SPIM(단일평면조사 현미경)법으로 초파리 배아 발생에 대한 자세한 영상을 얻을 수 있다. 다음 웹사이트에서 배아발생 초기에 관한 고해상도의 영상을 구할 수 있다.: http://WWW.nature.com/nmeth/journal/vaop/ncurrent/extref/nmeth.2062-sv1.mov.

핵이 수정란의 피질부위로 이동하면 이 핵들은 만능이 되어 어떤 세포로도 분화될 수 있다. 핵의 위치가 세포의 운명을 결정한다. 피질부의 뒤쪽으로 이주한 30여 개의 핵은 Oskar라는 단백질 결정인자

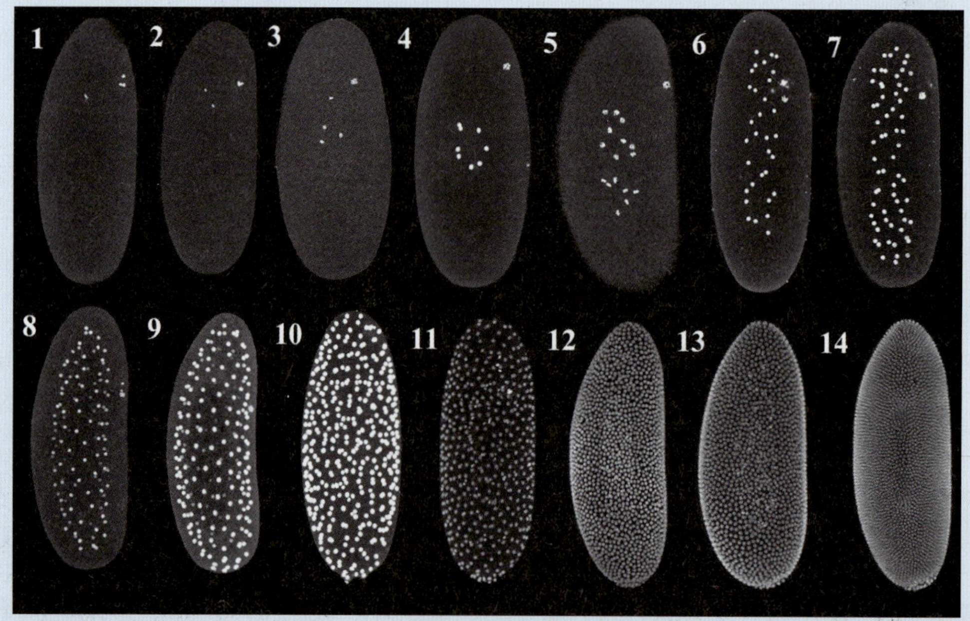

글상자 21-3 그림 1 초파리의 배아 발생. 초파리의 배아는 장차 머리가 될 부분이 위로 향하게 배치되었다. 숫자는 핵분열의 횟수를 나타낸다. 배아 내부에 하얗게 염색된 부분이 핵이다. 예를 들면, 1단계에는 정자와 난자의 전핵이 융합하여 한 개의 접합체 핵으로 된다. 1~7단계에서 오른쪽 상단부에 염색된 부분은 극체이다. 1단계의 접합체 핵과, 2단계, 3단계 등에서 핵은 배아의 중심부에 위치하고 있다. 2단계에는 접합체의 핵으로부터 발생된 두개의 핵이 들어 있다. 10단계에는 약 500개의 핵이 피질부(배아의 가장자리)에 한 층으로 배열된다. 핵분열 14단계에는 피질부에 6,000개 이상의 핵이 아주 밀집하여 한 층을 이루고 있다.(Courtesy of W. Baker and G. Shubiger.)

글상자 21-3 (계속)

와 만난다. Oskar는 이 핵이 생식세포로 발생되도록 한다(글상자 21-3 그림 2). 극부위의 원형질에 함유되어 있을 것으로 추정되는 결정인자 중에 극성입자라는 큰 핵단백질복합체가 있다. 뒤편의 핵은 극성입자와 함께 배아 중심체로부터 떨어져 나오고, 이렇게 형성된 극세포는 그 배아의 성별에 따라 정자나 난자로 분화한다. 가운데나 앞쪽 부위와 같이 비정상적인 곳에 극성원형질을 미세주사하면 여분의 극세포가 더 분화된다.

극성원형질에 들어가지 않은 피질부의 핵은 체조직을 형성하도록 예정되어 있다. 다시 말하면 이 핵들은 어떤 종류의 세포로도 분화할 수 있다. 한 시간 이하의 아주 짧은 시간 내에 각 핵의 특별한 분화경로가 결정된다(또는 특성화된다). 인접한 핵들 사이에 세포막이 형성되는 것이 세포의 운명을 결정하는 데 중요하다고 결론내릴 수 있는 정확한 근거는 없지만, 이 특성화 과정은 세포막이 형성되는 동안에 진행된다. 완전한 세포가 형성되기 이전에 핵의 종류에 따라 독특한 형태의 유전자가 전사된다. 수정 후 세 시간이 되면 각 세포의 위치가 고정되고, 배아의 앞쪽 상단에 위치한 세포는 초파리의 머리구조를 이루게 되고, 뒷부분에 위치한 세포들은 복부를 구성하게 된다.

Eric Wieschaus와 Christiane Nüsslein-Vollhard에 의해 이루어진 계통유전학 연구에서 초파리의 초기 배아형성을 조절하는 약 30개의 "분절유전자(segmentation genes)"가 동정되었다. 이 실험 과정에서는 수천 개의 배아가 죽게 된다. 배아 발생의 중간 단계에는 등쪽의 피부나 표피에서 섬세한 털이나 작은 돌기 모양의 큐티클이 분비된다. 배아의 각 체절에는 특징적인 모양의 돌기가 있다. 죽은 배아에서 특이한 형태의 돌기가 형성되는 것을 바탕으로 하여 세 가지의 분절유전자가 밝혀졌다. 소위 "gap"이라는 유전자에 돌연변이가 일어나면 인접한 몇 개 마디가 결실된다(글상자 21-3 그림 4). gap 유전자 *Knirps*의 돌연변이는 복부 제2절에서 제7절까지의 결손을 일으킨다(정상배는 8개 마디로 되어 있다). "쌍지배"유전자의 돌연변이에서는 체절이 교대로 결실된다.

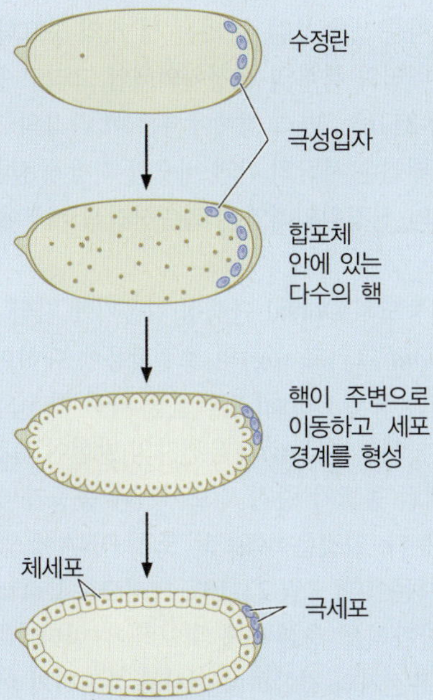

글상자 21-3 그림 2 생식세포의 발생. 미수정란의 세포질 뒤쪽에 위치한 극성입자에는 생식세포 결정인자 Nanos mRNA가 들어 있어서 복부의 체절 발달에 중요한 영향을 미친다. 핵(중앙의 점)들이 주변부로 이동하기 시작한다. 뒤쪽으로 들어간 핵은 극성입자를 분리시켜 극세포를 형성하고 극세포는 생식세포로 발생된다. 나머지 체세포들은 파리의 다른 모든 조직을 형성하게 된다. (Adapted, with permission, from Schneiderman H.A. 1976. *Symp. R. Entomol. Soc. Lond* **8**: 3–34. © Royal Entomological Society.)

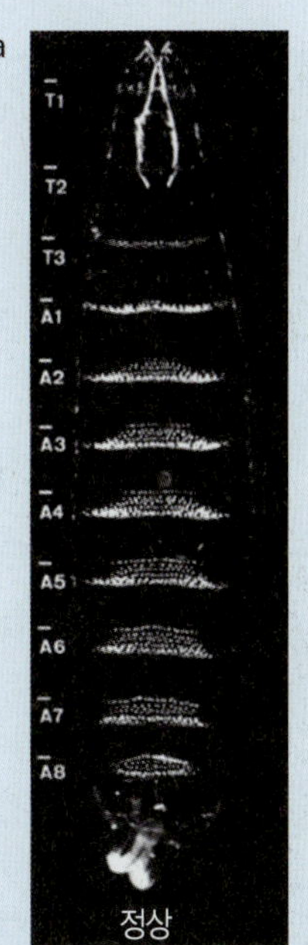

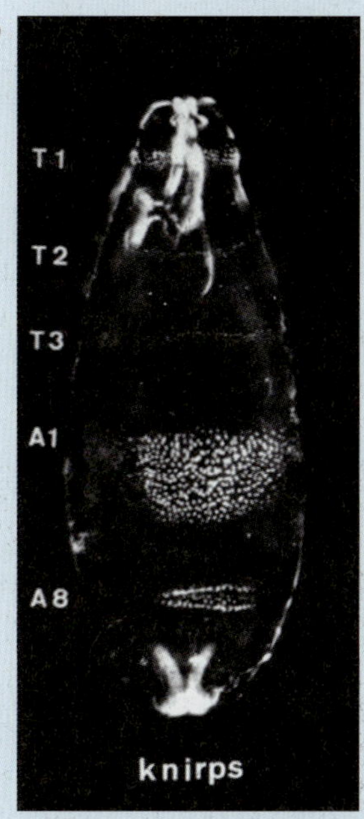

글상자 21-3 그림 3 정상 큐티클과 돌연변이 큐티클의 암시야 사진. (a) 정상적인 배아에서는 돌기의 형태가 체절마다 조금씩 다르다(사진에 T1에서 A8로 표시됨). (b) Knirps 돌연변이(gap 유전자 *Knirps*에 돌연변이가 있는)에서는 복부 제2체절부터 제7체절까지 결실이 일어났다. (Reprinted, with permission, from Nüsslein-Volhard C. and *Wieschaus* E. 1980. *Nature* **287**: 795–801. © Macmillan. Images courtesy of Eric Wieschaus, Princeton University.)

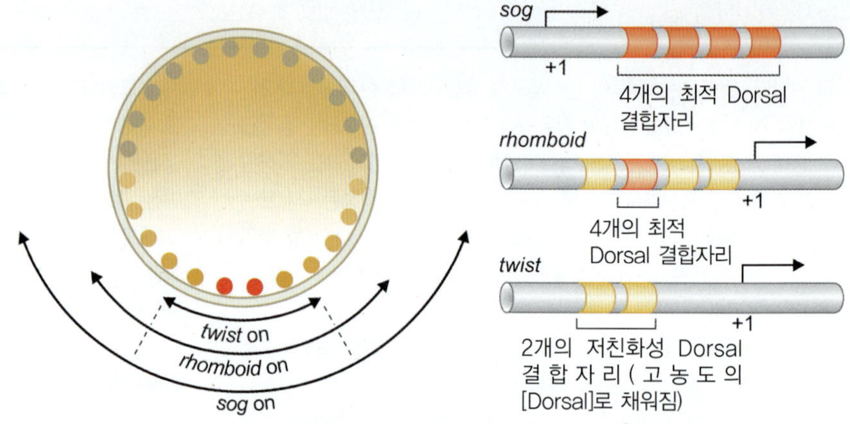

그림 21-13 세 종류의 조절 DNA와 그들의 역치. twist 5′ 조절 DNA는 Dorsal 기울기가 최고 수준일 때에만 결합할 수 있는 결합친화도가 낮은 두 개의 Dorsal 결합자리를 가지고 있다. 결과적으로 *twist*는 복부의 핵에서만 발현된다. *rhomboid* 5′ 증폭자는 Dorsal 결합자리 집단을 가지고 있다. 이 결합자리 중에 단 하나만 Dorsal 인식서열에 대해 높은 친화성을 나타낸다. 이렇게 친화성이 높은 자리와 낮은 자리가 혼합되어 있어서 *rhomboid*의 발현은 Dorsal 기울기가 높을 때와 중간 정도일 때 모두 활성화될 수 있다. 마지막으로 *sog* 증폭자에는 일정한 간격으로 네 개의 Dorsal 결합자리가 있다. 그래서 Dorsal 농도가 높을 때, 그리고 중간일 때와 저농도일 때에도 측면과 복부에서 *sog*의 발현이 촉진된다.

에서 핵으로 Dorsal이 분비된다. 그 결과, 초기배아의 복부 절반에서는 핵 내에 Dorsal 농도기울기가 형성된다. 배아의 복부에 위치하는 핵은 Dorsal 단백질을 최고 농도로 함유하지만, 측편에 있는 핵의 Dorsal 농도는 낮아진다.

Dorsal 표적유전자가 활성화되기 위해서는 Dorsal 단백질의 농도가 아주 높아야 하지만, 다른 유전자들은 중간 농도와 저농도에서도 활성화될 수 있다. 이렇게 형성된 Dorsal 단백질의 농도기울기로 인해 수정 후 약 2시간 동안 세포형성과정을 거치면서 배아의 등-배쪽을 가로질러 유전자를 발현시킬 수 있는 세 개의 중요한 경계가 형성된다. 이로써 세 개의 조직, 즉 중배엽과 복부의 신경원외배엽 그리고 등쪽의 신경원외배엽이 분화되기 시작된다(그림 21-13). 파리 성체에서는 이 각각의 조직들이 형태가 다른 서로 세포로 발생된다. 중배엽은 사람의 간과 비슷한 지방체 같은 내부기관과 비상근을 형성한다. 복부와 등쪽의 신경원외배엽은 복측신경색 내부에 뉴런을 형성한다.

지금부터는 고농도, 중간농도, 저농도의 Dorsal 단백질 기울기에 따라 활성화되는 세 종류의 표적유전자(*twist*, *rhomboid* 그리고 *sog*)의 조절작용에 대하여 알아본다. Dosal의 농도가 최고수준—즉, 최고농도의 Dorsal 단백질을 가진 핵—으로 되면 중배엽을 형성하는 복부 최외각의 18개 세포에서 *twist* 유전자의 발현이 촉진된다(그림 21-13). *twist* 유전자는 Dorsal 단백질 농도가 중간 정도이거나 농도가 낮은 측면의 신경원외배엽에서는 활성화되지 않는다. 이것은 twist 5′ 조절 DNA에 있는 두 개의 Dorsal 결합자리의 친화도가 낮기 때문이다(그림 21-13). 그러므로 Dorsal의 농도를 최고로 유지하기 위해서는 이 결합자리를 충분하게 확보해야 한다; 측면 부위의 Dorsal 단백질 농도가 낮으면 *twist* 유전자와 결합하여 전사를 촉진하기 어렵다.

rhomboid 유전자는 복부 신경원외배엽의 Dorsal 단백질 농도가 중간 정도일 때 활성화된다. rhomboid 5′-flanking 부위에는 전사개시부위 1.5 kb 5′에 위치한 300 bp의 증폭자가 있다(그림 21-14a). 이 증폭자는 *twist* 5′ 조절부위에서 관찰된 바와 같이 대부분 친화성이 낮은 Dorsal 결합자리 집단을 가지고 있다. 이 부위 중에서 최소한 한개는 중간 농도—측면에 존재하는 양—의 Dorsal 단백질과 결합하기에 최적인 고친화성 부위이다. 원칙적으로 *rhomboid* 증폭자는 중배엽에 있는 고농도의 Dorsal 단백질과 등쪽 신경원외배엽에 분포하는 중간 농도의 Dorsal 단백질에 의해서 활성화될 수 있지만, **Snail**이라는 전사억제인자 때문에 중배엽에서는 발현하지 못한다. 억제인자 Snail은 중배엽에서만 발현되며 신경원외배엽에는 존재하지 않는다. 300 bp의 *rhomboid* 증폭자에는 Dorsal 활성인자의 결합자리 외에 Snail 억제인자

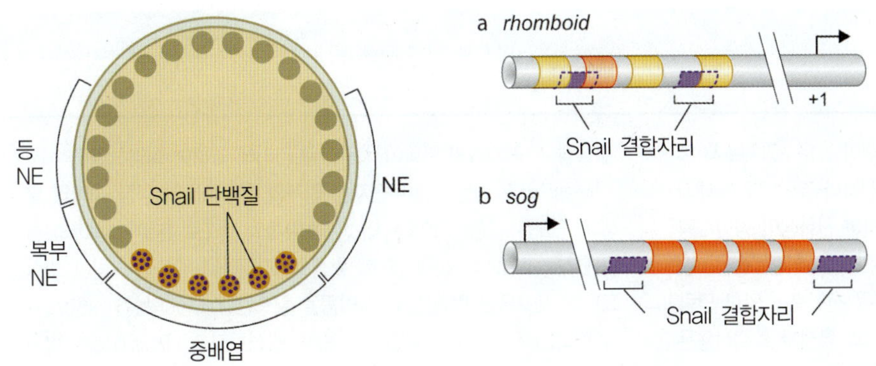

그림 21-14 조절 DNA. (a) *rhomboid* 증폭자에는 Dorsal 억제인자와 Snail 억제인자가 결합하는 자리가 있다. Snail 단백질은 오직 복부(중배엽)에만 존재하고, *rhomboid*는 중배엽에서는 발현되지 못하고 신경원외배엽의 복부(복부NE)에서만 제한적으로 발현된다. (b) *sog* 증폭자에도 Snail 억제자리가 있다. 이들은 *sog*가 중배엽에서는 발현되지 않게 하고, 신경원외배엽(NE)의 복부와 등쪽 부위를 둘러싸는 넓은 측면 띠를 형성하도록 발현을 제한한다.

결합자리가 있다. 넓게 분산된 Dorsal의 농도기울기와 한쪽에 편중된 Snail 억제인자 사이의 상호작용으로 등쪽 신경원외배엽에 있는 *rhomboid* 유전자의 발현이 제한적으로 일어난다. 우리는 한 곳에 몰려 있던 Ash1 억제인자가 출아 중인 효모의 딸세포에서 활성자 SW15의 작용을 방해하는 것을 보았는데, 이제 초파리의 발생에서도 이 원리가 광범위하게 적용되는 것을 보게 될 것이다.

초기배아의 측면에 있는 Dorsal 단백질은 최저의 농도에서도 등쪽과 복부의 신경원외배엽을 둘러싸고 있는 *sog* 유전자를 충분히 활성화시킬 수 있다. *sog*의 발현은 유전자의 첫 번째 인트론 내에 위치한 400 bp의 증폭자에 의해 조절된다(그림 21-14b). 이 증폭자에는 최저 수준의 Dorsal 단백질 농도에서도 결합될 수 있는 강한 친화력을 가진 Dorsal 결합자리 네 개가 균일하게 분포되어 있다. *rhomboid*에서 보았던 것처럼, Snail 억제인자가 있으면 그 부위의 Dorsal 단백질 농도가 높더라도 중배엽에서는 *sog*가 발현하지 못한다. 그래서 여러 가지 수준의 Dorsal 농도기울기를 이용한 유전자 발현의 조절작용은 Snail 억제인자와 Dorsal 결합자리 친화도의 조합에 따라 달라진다.

Dorsal 결합자리의 수용은 그 부위 고유의 친화도뿐만 아니라 표적 증폭자에 결합하는 Dorsal 단백질과 다른 단백질 간의, 즉 단백질-단백질의 상호작용에 의해서도 결정된다. 앞에서 보았듯이, 300 bp *rhomboid* 증폭자가 복부 신경원외배엽에 형성된 중간 수준의 Dorsal 기울기에 의해 활성화되는 것이 그 예이다. 이 증폭자는 대부분 친화도가 낮은 Dorsal 결합자리를 가지고 있다. 그러나 Dorsal 농도가 중간 정도라고 해도 **트위스트(Twist)**라는 또 다른 활성 단백질과 단백질-단백질의 상호작용을 일으킴으로써 이 결합자리와 충분히 결합할 수 있게 된다. Dorsal 농도가 중간 수준이면 rhomboid 증폭자와 결합하는 또 다른 활성 단백질과의 사이에 단백질-단백질의 상호작용이 일어나기 때문에 이 자리들과 충분히 결합할 수 있다. 또 다른 상호 협동작용에 대해서는 19장과 글상자 21-4의 "활성인자의 협동작용" 편에서 논의되었다.

미수정란의 전극과 후극에 분포하는 RNA에 의해 분절이 시작된다

수정 당시 초파리 알에는 mRNA가 두 곳에 편재되어 있다. 그 중 하나인 *bicoid* mRNA는 전극에 위치하는 반면, 다른 하나인 *oskar* mRNA는 후극에 위치한다(그림 21-15a). *oskar* mRNA는 **극성과립(polar granule)**의 집합체를 만드는 RNA 결합 단백질을 암호화하고 있다. 이것은 여러 종류의 단백질과 RNA로 구성된 거대분자의 복합체이다. 이 극성과립들은 생식세포의 전구체인 극세포와 복부세포를 비롯한 초기 배아의 뒷부분에서부터 조직이 발생하도록 조절한다(그림 21-15b).

oskar mRNA는 파리 암컷의 난소에서 합성된다. 이것은 처음에 **보육세포(nurse**

▶ 핵심실험

글상자 21-4 활성인자의 협동작용

*lac*이나 λ와 같은 세균의 조절 단백질은 친화성이 높은 2량체로서 결합한다. 효모에서는 Gal4 활성인자가 Gal1 유전자나 갈락토오스 대사에 필요한 다른 유전자의 발현을 유도하기 위하여 친화성이 강한 2량체로 결합한다(19장 참조). 이와는 달리 동물세포에는 이런 "전용" 전사인자가 없다. 이 인자들의 다수 혹은 대부분은 친화력이 약한 단량체로서 DNA와 결합한다. 결론적으로 동물에서의 유전자 조절작용은 세균이나 효모보다 유전적으로 더 복합적이다. 유전자 발현을 촉진하거나 억제하기 위해서는 다양한 결합자리와 결합할 수 있는 다중성 단백질이 필요하다.

이러한 복합적인 유전자 조절 원리는 동물의 발생에서 흔히 볼 수 있는 특성이다. 아주 흔하게, 활성인자 A와 B는 제한적인 형태로 유전자를 발현시킬 때에 서로 공조작용을 한다. A나 B 단독으로는 그 작업을 수행할 수가 없다. 동물의 발생에서 이러한 활성인자의 공조효과에 관한 예를 흔히 볼 수 있지만, 여기서는 멍게 배아의 심장 중배엽(심장 전구세포)의 분화에서 관찰된 원리에 대하여 설명하였다.

*MesP*라고 하는 조절유전자는 멍게와 척추동물의 심장 중배엽 발생에 중요한 결정인자이다. 이것은 110개의 세포로 분열한 배아의 할구 B7.5 구역에서 선택적으로 활성화된다(글상자 21-4 그림 1 화살표). 이 세포들은 멍게의 심장 박동을 일으킨다. MesP는 Tbx6b/c와 Lhx3라는 두 개의 전사인자에 의해 활성화되고, Tbx6b/c는 할구 B7.5에서는 물론 꼬리 근육이 발생될 때까지 발현된다(글상자 21-4 그림 1a 화살표). Lhx3는 소화관 예정부위가 발생될 때까지 할구 B7.5와 함께 발현된다(글상자 21-4 그림 1b 화살표). B7.5 할구에서만 Tbx6b/c와 Lhx3가 모두 발현되며, 이 세포에서 MesP를 활성화시키기 위하여 공조효과를 나타낸다(글상자 21-4 그림 1c 화살표). 왜냐하면 어떤 것이든지 단독으로는 MesP가 B7.5 구역에서만 발현되고 소화관과 꼬리근육에서는 불활성화되도록 할 수 없기 때문이다.

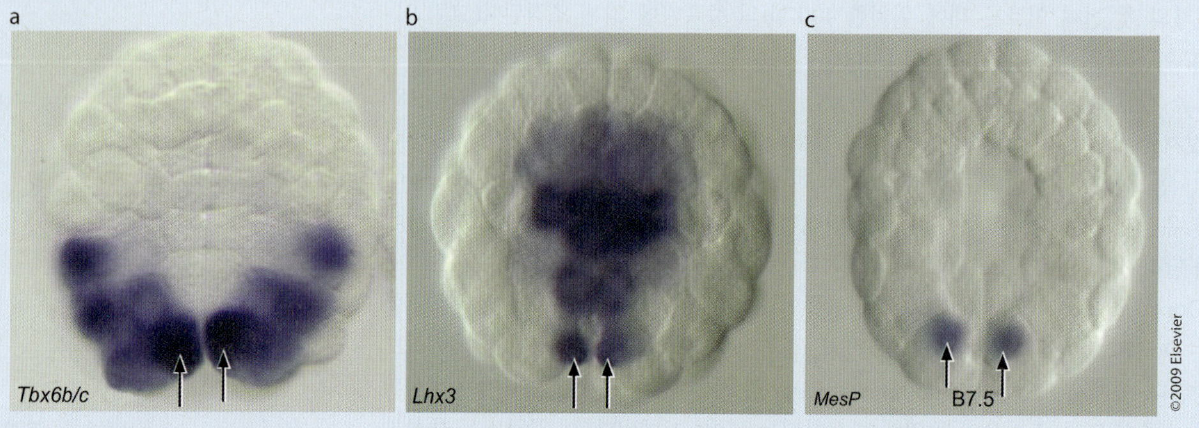

글상자 21-4 그림 1 MesP는 두 가지 전사인자의 협동작용에 의해 활성화된다. 각각의 단백질을 발현하는 세포들은 파란색으로 염색되어 있다. (a) *Tbx6b/c*의 발현. (b) *Lhx3*의 발현. (c) *MesP*의 발현. (Courtesy of Lionel Christiaen. Reproduced, with permission, from Christiaen L. et al. 2009. *Dev. Biol.* **328:** 552. Parts a, b, and c are from Fig. 3A, 3B, p. 556 and Fig. 6C, p. 558. © Elsevier.)

cells)라는 "보조"세포에 의해 미성숙란이나 **난모세포(oocyte)**의 앞쪽 끝에 고정된다. 난모세포와 보육세포는 모두 난소 내의 특수한 줄기세포로부터 발생한다(글상자 21-5, "줄기세포 Niche" 참조). 그러나 난모세포가 성숙하여 커짐에 따라 *oskar* mRNA는 앞쪽에서 뒤쪽으로 이동한다. 이러한 위치이동 과정은 *oskar* mRNA의 3′ UTR 내에 있는 특정서열에 의한 것이다(그림 21-16). 우리는 앞에서 *ash1* mRNA의 3′ UTR이 어떻게 미세소관의 성장말단과 상호작용하여 출아 중인 효모의 딸세포로 위치이동을 하게 하는지를 보았다. 초파리 난모세포의 *oskar* mRNA의 위치이동도 이와 아주 비슷한 과정에 의해 조절된다.

초파리의 난모세포는 고도로 양극화되어 있다. 핵은 앞쪽에 있으며, 핵에서부터 신장된 미세소관은 세포질 뒤쪽으로 확장된다. *oskar* mRNA는 미세소관의 "+" 성장말단과 결합하고 있는 유도 단백질과 상호작용하여 핵이 있는 난의 앞쪽 부위에서 뒤

그림 21-15 초파리의 알과 배아에서 모계 mRNA의 배치. (a) 초파리 미수정란의 앞쪽에는 *bicoid*가 뒤쪽에는 *oskar* mRNA가 분포하고 있다. (b) Oskar 단백질은 뒤쪽 세포질에서 극성 과립집합체의 형성을 보조한다. 이 부위로 들어간 핵들은 배아의 후미부를 돌출시켜 극세포를 형성한다. (c) 초파리의 알이 형성되는 동안 극성 미세소관들은 난모세포의 핵에서부터 신장되어 뒤쪽 원형질로 길어진다. *oskar* mRNA는 미세소관과 상호작용하는 어댑터 단백질과 결합하여 뒤쪽 원형질로 RNA를 수송한다. "–"와 "+"기호는 미세소관이 신장되는 방향을 나타낸다.

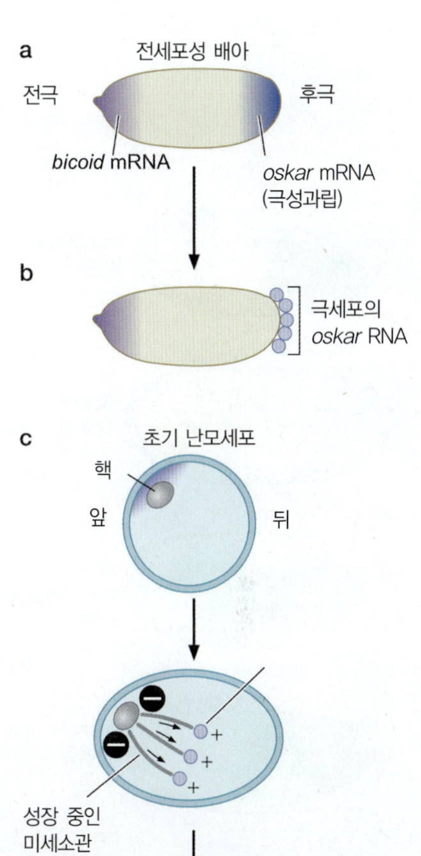

쪽 세포질로 이동된다. 수정이 일어난 후에 *oskar* mRNA(그리고 극성입자)를 물려받은 세포는 극세포를 형성한다.

미수정란의 앞쪽에 있는 *bicoid* mRNA의 분포도 역시 3′ UTR 내의 염기서열에 의해 조절된다. *oskar*와 *bicoid* mRNA의 뉴클레오티드 서열은 서로 다르다. 결과적으로 그들은 서로 다른 유도 단백질과 상호작용하며, 난의 서로 다른 부위에 위치하게 된다. 각 mRNA의 위치를 결정하는데 있어서, 3′ UTR의 중요성은 다음 실험을 통해서 확인된다. 만약 *oskar* mRNA의 3′ UTR을 bicoid의 3′ UTR과 바꾼다면, 잡종인 *oskar* mRNA는 앞쪽 부위에 배치된다(정상적으로는 *bicoid*가 배치될 부위). 이렇게 배치가 잘못되면 초기배아에서 비정상적인 부위에 극세포가 형성된다(그림 21-16 참조). 또 배치가 잘못된 극성입자들은 두부조직의 분화에 필요한 유전자의 발현을 억제한다. 결국 정상 상태에서는 두부조직을 형성할 세포가 생식세포로 변형되게 된다.

Bicoid와 Nanos가 *hunchback*을 조절한다

Bicoid 조절 단백질은 세포형성이 완료되기 전에 합성된다. 그 결과 이 단백질은 합성부위인 앞쪽 극에서부터 배아의 길이를 따라 광범위한 농도기울기를 형성하면서 분산된다. Bicoid의 농도가 높거나 중간 정도이면 *hunchback*의 활성화가 일어나고, 이로써 배아가 여러 개의 마디로 세분화된다(그림 21-17). *hunchback* 유전자는 두 개의 프로모터로부터 전사된다: 하나는 위에서 설명한 것처럼 Bicoid 기울기에 의해 활성화 된다; 다른 하나는 발생 중인 난모세포에서 발현을 조절한다. 후자 즉 "모계의" 프로모터는 미수정란의 세포질 전체에 고르게 분산되어 있는 *hunchback* mRNA의 합성을 유도한다. 배아의 뒷부분에서는 이 모계 전사물질의 번역작용이 **Nanos**라고 하는 RNA 결합 단백질에 의해 억제된다(그림 21-17). 앞에서 보았듯이 Nanos

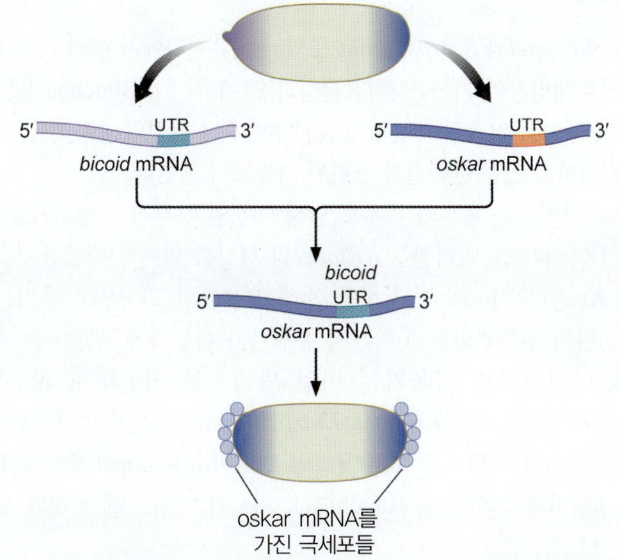

그림 21-16 *bicoid*와 *oskar* mRNA는 다른 UTR 서열을 가지고 있다. *bicoid* UTR은 전극에 자리 잡도록 하는 반면, *oskar* UTR서열은 뒤쪽 원형질에 배치되도록 한다. *bicoid* UTR을 가진 *oskar* mRNA는 정상 *bicoid* mRNA처럼 전극으로 배치된다. *oskar*가 잘못 배치됨으로 인하여 앞쪽 부위에 극세포가 형성된다. 뒤쪽 원형질 내에는 정상 *oskar* mRNA가 배치되기 때문에 후극에서도 극세포가 형성된다.

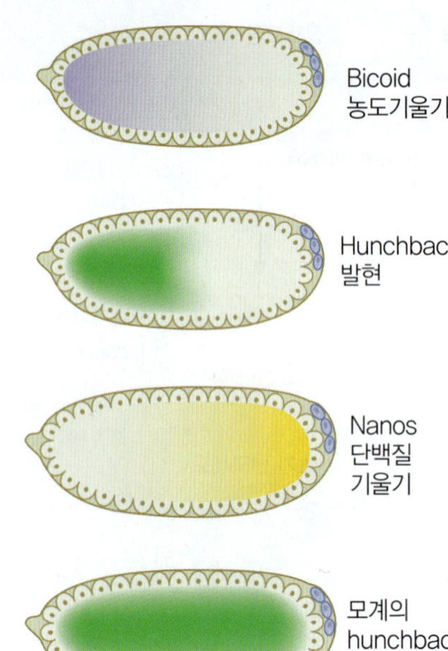

그림 21-17 Nanos에 의한 Hunchback 단백질의 농도기울기와 단백질 합성 저해작용. *hunchback*은 고농도와 중간 농도의 Bicoid 기울기에 의해 활성화되기 때문에 앞쪽에서 뒤쪽으로 형성된 Bicoid 단백질 농도기울기에 의하여 *hunchback* 유전자의 발현이 정교하게 일어난다. *Nanos* mRNA는 극성입자와 관련이 있다. 이것의 합성이 끝나면 기울기를 형성하기 위하여 단백질이 뒷부분에서부터 확산된다. 모계의 *hunchback* mRNA는 배아 전체에 확산되지만, 이것의 합성작용은 *hunchback* 3′ UTR에 있는 특이서열과 결합한 Nanos 단백질에 의해 억제된다. 그래서 Nanos 단백질의 기울기에 의해 반대쪽인 앞쪽에 Hunchback 기울기가 형성된다.

mRNA는 3′ UTR과 극성입자 사이의 상호작용에 의해 뒷부분에 선택적으로 분포되기 때문에 뒷부분에서만 Nanos가 발견된다.

Nanos 단백질은 특정 RNA 서열과 결합한다. Nanos 반응요소, NRE(Nanos response elements)는 모계 *hunchback* mRNA의 3′ UTR 내에 위치하며, 이 결합으로 *hunchback* 폴리-A의 꼬리부분이 단축되고, 이어서 RNA를 이탈시켜 번역작용이 저해된다(15장 참조). 따라서 배아의 앞부분에서는 Bicoid 기울기에 의해 *hunchback* 프로모터 접합체의 활성화가 진행되는 한편, Nanos는 뒷부분에서 모계의 *hunchback* mRNA의 전사를 방해한다(그림 21-17 참조). 이렇게 이중적인 *hunchback*의 발현 조절작용에 의해 Hunchback 단백질이 배아의 앞쪽에는 최고농도로 나타나지만 뒤쪽에서는 농도기울기가 급격히 감소하게 된다. 발생에 있어서 농도기울기와 그 영향에 관해서는 글상자 21-6, "농도기울기 역치"에 설명되었다.

*hunchback*은 여러 가지 증폭자들에 의해 정밀하게 조정된다

다양한 형태형성 유전자들의 활성은 다수의 증폭자들에 의해 조절된다. Bicoid 기울기에 의해 *hunchback* 유전자가 초기에 활성화되는 것을 예로 들어보자. 배아의 전반부에서는 고농도와 중간 농도의 기울기에 의해 hunchback 발현이 활성화되었다(그림 21-17 참조). Bicoid-결합자리와 배열이 유사하고 조절활성이 비슷한 두 가지 증폭자에 의해 활성이 조절된다(그림 21-18). 왜 증폭자는 한 개가 아니고 두 개일까? 증폭자가 한 개일 때보다 두 개일 때 더 선명하고 정밀한 형태로 유전자가 발현된다. 또 기온변화와 같이 환경변화의 영향을 받는 대형 집단에서 유전자가 정확하게 활성화되도록 한다. 어떤 경우에는 활성이 중복되는 여러 가지 증폭자들에 의해 비정상적인 변이가 일어나지 않게 된다. 배아발생의 후기에 등쪽 표면을 따라 섬세한 감각모가 형성되도록 하는 *shavenbaby*라는 조절유전자를 예로 들 수 있다. *shavenbaby*는 전사부위 위쪽 방향으로 40 kb의 간격을 두고 분포하고 있는 5가지 증폭자들에 의해 조절된다. 적정온도에서는 개개의 증폭자가 결핍되어도 털의 형태에 심각한 결함이 나타나지 않는다. 그러나 온도가 높거나(30℃) 낮은(15℃) 불리한 조건 하에서는 증폭자 하나가 제거되면 감각모가 기형이 되거나 털이 거의 발생하지 않게 된다.

Hunchback 억제인자의 기울기로 여러 가지 gap 유전자의 발현 경계가 결정된다

Hunchback은 *Krüppel*과 *Knirps*, *giant* 등의 gap 유전자에서 여러 가지 발현 경계를 결정하는 전사억제인자의 기능을 한다(글상자 21-3 참조). Hunchback은 유전자 발현의 첫 단계에 배아를 연속된 체절형태로 나누어주는 체절의 줄무늬를 형성하는 gap 유전자를 암호화하고 있는 단백질과 관련된 기능도 수행한다.

Hunchback 단백질은 흉부와 복부로 발생 예정인 부분까지 농도기울기를 형성한다. 고농도의 Hunchback 단백질은 *Krüppel*의 전사를 억제하며 중간 농도와 저농도에서는 각각 *Knirps*와 *giant*의 발현을 저해한다(그림 21-19a). 우리는 Bicoid와 Dorsal 활성인자의 결합친화도에 따라서 유전자가 다양하게 발현되는 것을 보았다. Hunchback 억제인자의 기울기는 이런 방법으로 작용하지 않는다. 대신에 Hunchback 억제자리의 수가 *Krüppel*, *Knirps*와 *giant* 유전자의 다양한 발현형태를 결정하는 중요한 인자가 될지도 모른다(그림 21-19b). Krüppel 증폭자에는 세 개의 Hunchback 결합자리가 있으며, Hunchback 기울기가 높으면 억제가 된다. 반면에

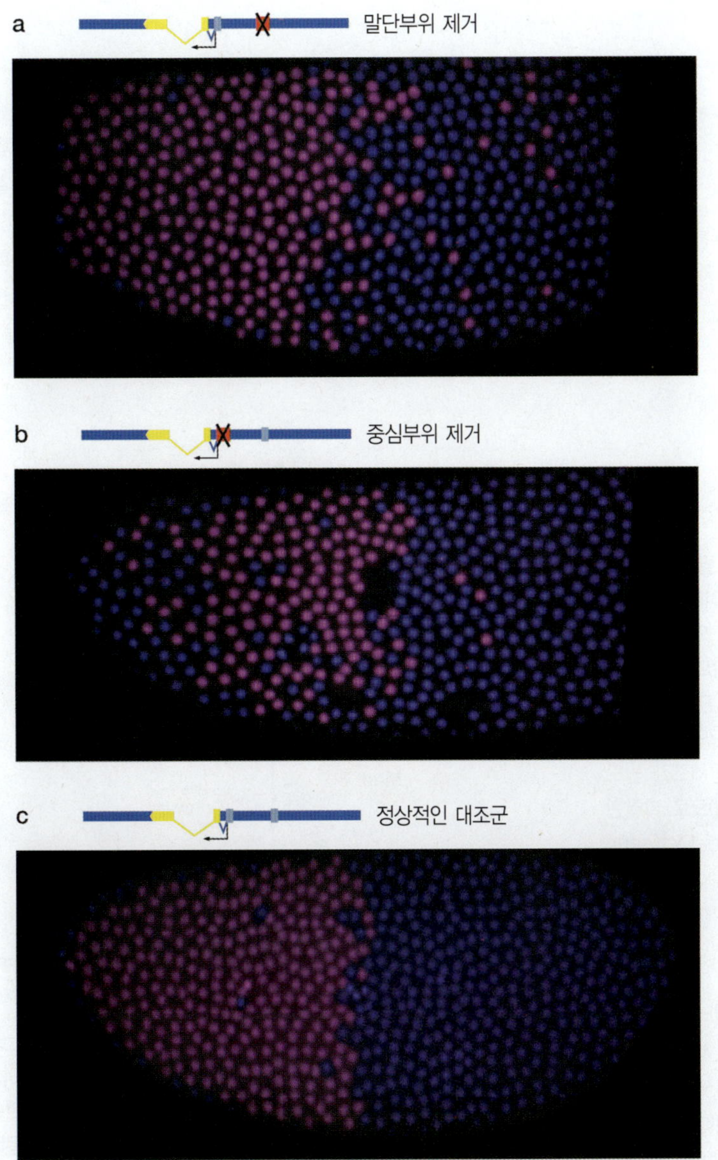

그림 12-18 Hunchback은 활성은 비슷한 두 개의 증폭자에 의해 조절된다. (a) Hunchback의 전사작용은 증폭자가 온전하게 존재하는 중심부의 전이유전자부터 먼저 활성화된다. 말단 어두운 부분의 증폭자는 돌연변이(그림에서 X로 표시된)로 인해 불활성 상태이다. 배아의 앞쪽(왼쪽 반쪽)에서는 발현이 제한되지 않은 것을 명심하자. (b) 여기서는 어두운 말단부의 증폭자만 온전하고 중심부의 증폭자가 불활성 상태일 때의 활성 형태를 보여주고 있다. 앞부분에 산발적인 발현이 나타났다. (c) 두 가지 증폭자가 모두 온전히 존재할 때에는 활성이 균일하게 나타나고 경계가 명확해지는 것을 알 수 있다.

▶ 의학관련

글상자 21-5 줄기세포 Niche

초파리의 난자나 난모세포는 **생식선줄기세포(germline stem cell, GSC)**라는 줄기세포 전구체로부터 발생된다. 초파리의 난소에서 GSC 세포가 난모세포로 전환된다는 사실은 아주 많이 알려져 있으며, 이러한 기작은 다양한 측면에서 사람과 파리의 여러 종류의 줄기세포의 발생에 적용될 것이다. 줄기세포는 증식을 일으키는 신호를 발생하는 "niche"라고 하는 특수세포와 직접적인 접촉이 이루어져야 증식할 수 있다. 줄기세포가 niche로부터 떨어지게 되면 증식을 멈추고 그 세포들은 특수한 세포형태로 분화하게 된다. 예를 들어, 초파리에서는 GSC가 난소 niche에서 떨어지게 되면 신호물질-유도 억제과정에 의해서 비분할 난모세포로 발생된다. 이 과정은 다음과 같이 분자적 수준으로 설명할 수 있다.

Cap 세포라고 하는 초파리 난소의 niche 세포는 Dpp라는 확산성 신호물질을 분비한다. GSC 내에 있는 Dpp 수용체가 활성화되면 *bam*이라는 주요 조절유전자가 휴지상태로 된다: *bam*의 전사가 차단되면 GSC가 분열한다. *bam* 유전자의 발현이 정지되는 것은 Cap 세포와 GSC가 물리적으로 직접 접촉함으로써 일어나게 되며, 이는 곤충의 신경계가 형성되는 동안 Notch 신호물질의 활성화가 일어나는 과정과 유사하다. GSC가 분열함에 따라 딸세포들 가운데 일부는 Cap 세포로부터 멀어지게 되어서 더 이상 Dpp 신호를 수용할 수 없게 된다. 신호물질이 없으면 *bam*의 전사가 활발해져서 세포는 분열을 멈추고 대신에 난모세포로 분화한다(글상자 21-5 그림 1).

줄기세포의 분열과 난모세포 분화 사이의 기본적인 선택은 on/off

글상자 21-5 (계속)

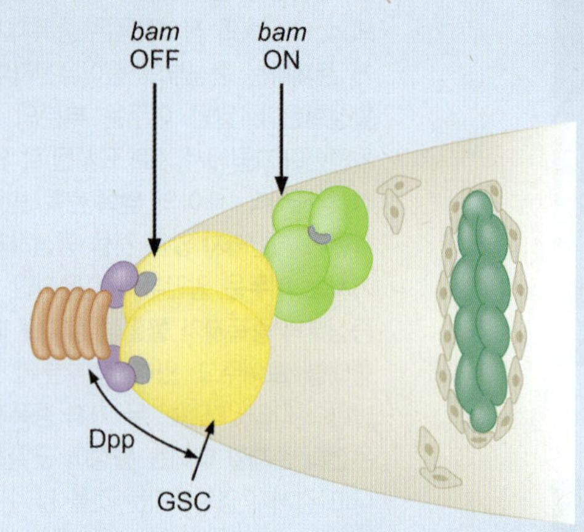

글상자 21-5 그림 1 난모세포의 발생에서 *bam*의 발현. 그림은 *bam* mRNA와 단백질의 분포와 발현 양상을 나타낸 것이다. Cap 세포(자주색)에서 Dpp가 분비되면 Dpp는 *bam*의 발현을 억제하는 신호전달과정을 일으키는 생식선줄기세포(GSC, 노란색)상의 수용체를 활성화시킨다. GSC가 Cap 세포로부터 멀어짐에 따라 Dpp 신호는 사라지고, *bam* mRNA가 발현되어 세포질 내에 고농도의 단백질이 생산된다. Bam 단백질이 생산되면 멀리 떨어져 있는 딸세포가 난모세포전구체(녹색)와 더 앞쪽의 8세포체의 포낭(짙은 녹색)으로 발달한다. (Adapted, with permission, from Chen D. and McKearin D.M. 2003. *Development* **130**: 1159–1170, Fig. 1. © Company of Biologists).

조절 방식으로 작용하는 *bam* 발현에 의한다. 그리고 이러한 조절작용은 bam의 5′ 조절부위에 있는 GRCGNC(N)$_5$GTCTG 서열로 구성된 휴지인자에 의하여 조절되는 것으로 알려져 있다. Dpp 신호에 의해 Mad와 Medea라고 하는 두 가지 Smad 조절 단백질이 핵으로 수송된다. 이 단백질들은 휴지인자 내의 두 자리에서 결합하고, 이어서 ZF6-6또는 Schnurri라고 하는 전사억제인자가 공급되어 bam의 전사작용이 억제된다. Schnurri의 공급과 연속된 bam의 억제작용은 GSC가 Cap 세포와 접촉을 유지하고 있어야만 일어난다. 결국 이 세포들은 더 많은 줄기세포를 형성하도록 분열하게 된다. 반대로, Cap 세포로부터 떨어진 GSC 딸세포에서는 유전자의 휴지를 유도하는 신호경로가 방해되기 때문에 bam의 전사가 활발하게 진행된다. 이 세포들에서는 Dpp 수용체가 활성화되지 않아서(신호전달이 방해되어) Mad와 Medea가 핵으로 운반되지 못하므로 5′ 휴지인자와 결합하지 못하거나 Schnurri가 나오지 않는다. 이 상태에서는 bam이 발현되므로 딸세포는 더 이상 분열하지 않고 오히려 난모세포로 분화하게 된다. niche와 줄기세포 사이의 물리적인 직접 접촉과 신호물질-유도 억제작용을 이끌어내는 데 필요한 조건들은 줄기세포의 증식을 지속하기 위한 일반적인 방법일지도 모른다.

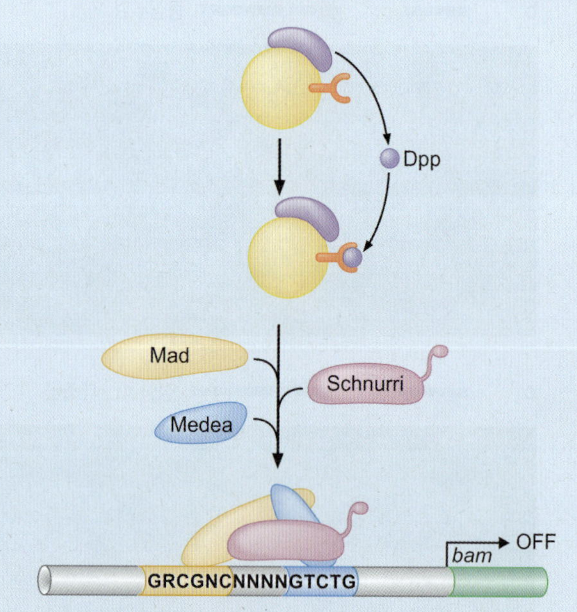

글상자 21-5 그림 2 Dpp 경로는 주요 발생 유전자를 활발하게 억제한다. Cap 세포에서 분비된 Dpp(자주색)가 생식선줄기세포(GSC, 노란색)의 Dpp 수용체와 결합하면 Mad(주황색)와 Medea(파란색)를 핵으로 이동하도록 촉진하는 신호가 개시된다. 억제된 목표유전자는 (이 그림에서는 *bam*을 예로 들었다.) Mad와 Medea에 결합하는 한 개의 *cis*-활성휴지인자(SE)를 가지고 있으며, 이들은 전사를 효율적으로 억제하기 위해 Schnurri(분홍색)를 동시에 공급한다. (Adapted, with permission, from Pyrowolakis G. et al. 2004 *Dev. Cell* **7**: 229–240, Fig. 7. © Elsevier.)

giant 증폭자에는 7개의 Hunchback 결합자리가 있으며 Hunchback 기울기가 낮으면 저해작용이 일어난다. 아직 자세한 기작이 밝혀지지 않았지만, 아마도 이렇게 다양한 억제 작용의 경계선은 각 Hunchback 억제도메인의 작용에 의해 형성되었을지도 모른다.

Hunchback과 Gap 단백질은 분절유전자를 발현시킨다

*bicoid*와 *oskar* mRNA로 시작되는 단계적 조절반응에서 나타나는 중요한 현상은 *even-skipped* 또는 간단히 *eve*로 불리는 **"쌍지배(pair-rule)"** 유전자의 발현이다.

▶ 고급개념

글상자 21-6 농도기울기 역치

서로 다른 형태의 유전자 발현을 일으키는 농도기울기 조절에 관한 여러 가지 예를 알아보았다. Sonic hedgehog와 그 전사 효과기인 Gli는 척추동물의 배아에서 신경관이 발생될 때 Nkx2.2와 Olig2 그리고 Pax6가 차별적으로 발현되도록 한다(그림 21-11). 등쪽에 형성된 농도기울기는 초파리 배아의 예비세포질의 배측 외배엽과 측면(신경원) 외배엽 그리고 복측 중배엽에서 유전자가 서로 다르게 차별적으로 발현되도록 한다(그림 21-12). Bicoid 농도기울기에 의해서 "gap" 유전자가 발현되면 배아의 예비세포질 앞-뒤축을 가로질러 연속적인 체절형태가 나타나게 된다(글상자 21-3 그림 3).

최근까지 Gli와 Dorsal 그리고 Bicoid와 결합자리 사이의 친화력은 공간적인 유전자 발현 경계에 의해 결정된다고 알려져 있다. 실제로, 이러한 방식이 Dorsal 기울기에서 적용된 것을 확인한 바 있다. 그러나 Gli와 Bicoid 기울기에 의해 다양한 형태의 유전자 발현이 나타나는 것이 결합 친화력의 차이 때문이라고 하기에는 충분하지 않다는 증거가 최근에 밝혀졌다. 예를 들면, 높은 수준의 Bicoid 기울기에 의해 활성화되는 Bicoid 표적유전자들의 결합력은 저농도의 기울기에서 활성화될 때와 결합력이 비슷하다. 반대로, 단순한 결합 친화력 모델에서는 높은 수준의 기울기에서 활성화되는 유전자는 친화력이 낮은 결합자리를 가지지만, 낮은 수준에서 활성화되는 유전자는 친화력이 높은 결합자리를 가지고 있다는 것을 예상할 수 있다.

사실, Bicoid 기울기의 역치가 서로 다른 것은 Runt 억제인자를 비롯한 상대 억제인자의 기울기에 따라 달라진다는 것이 밝혀졌다(글상자 21-6 그림 1). 표적유전자 RT_1, RT_2와 RT_3는 점점 더 낮은 Bicoid 기울기에서 활성화된다. 그러나 RT_1과 RT_2의 Bicoid 결합자리에 대한 친화력은 비슷하다. Runt에 의해 차별적으로 발현이 억제됨으로써 분명한 발현 경계가 나타나는 것 같다. RT3는 고농도의 Runt 기울기에서 조절되지만, RT_2와 RT_1는 점점 더 낮은 기울기에서 억제된다. 아직까지, 이 표적유전자들이 비슷한 수의 Runt-결합자리를 가지고 있는지는 밝혀지지 않았다. 아마도 그것들의 반응이 서로 다른 것은 RT_1이 RT_2나 RT_3보다 Runt 억제자리를 더 많이 가지고 있기 때문이라고 추정된다.

앞에서 논의된 바와 같이, 척추동물 신경관에서 Gli 활성인자 기울기는 Sonic hedgehog 기울기를 차별적으로 형성하도록 하는 전사 억제인자에 의해 결정될 것이다.

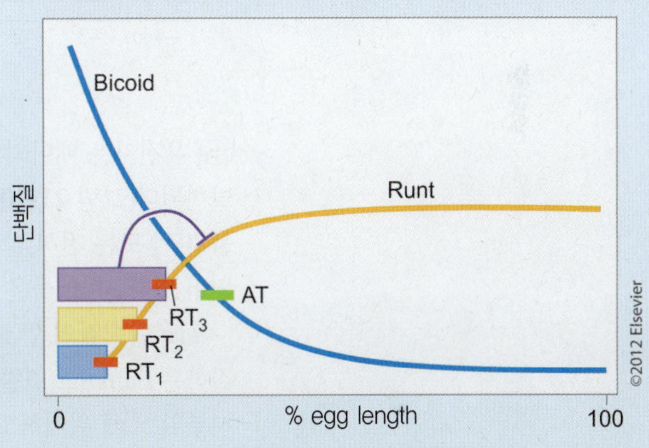

글상자 21-6 그림 1 활성인자와 억제인자 기울기의 협동작용. 자세한 설명은 교과서를 참조하라. (Adapted, with permission, from Roth S. and Lynch J. 2012. *Cell* **149:** 511, Fig. 1, p. 512. © Elsevier.)

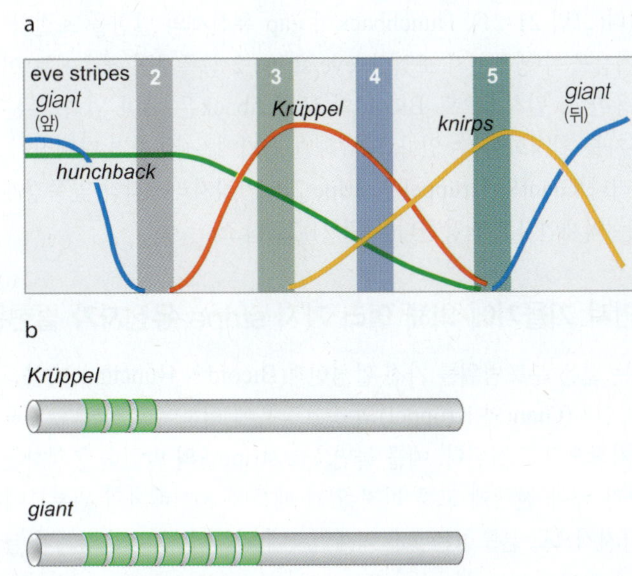

그림 21-19 *hunchback*의 발현으로 *gap* 유전자의 연속적인 발현이 나타난다. (a) 앞-뒤에 걸쳐서 형성된 Hunchback 억제인자 기울기로 인하여 *Krüppel*, *Knirps* 그리고 *giant* 유전자의 발현 경계가 다양하게 결정된다. Hunchback은 고농도에서는 *Krüppel*의 발현을 억제하지만 저농도에서는 *giant*의 발효가 억제된다. (b) *Krüppel*과 *giant*의 5′ 조절 DNA에는 여러 개의 Hunchback 억제자리가 있다. *Krüppel*에는 세 개가 있지만 *giant*에는 일곱 개가 있다. *giant* 증폭자에는 Hunchback 억제자리의 수가 많기 때문에 Hunchback 기울기가 낮은 수준에서도 저해작용이 일어날 수 있다. (a, Redrawn with permission, from Gilbert S.E. 1997. *Developmental biology*, 5th ed., p. 565, fig 14-23. © Sinauer.)

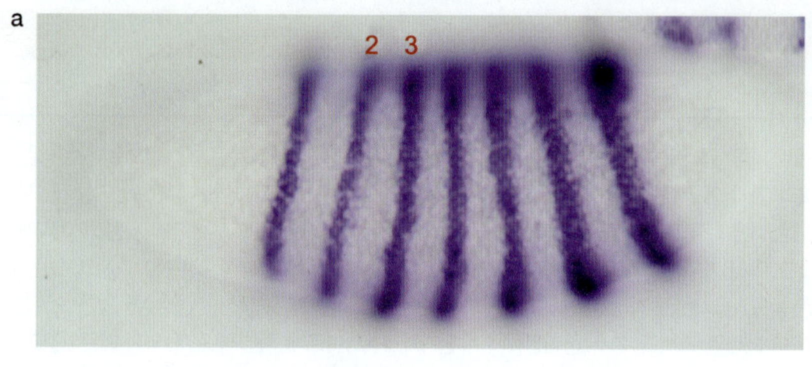

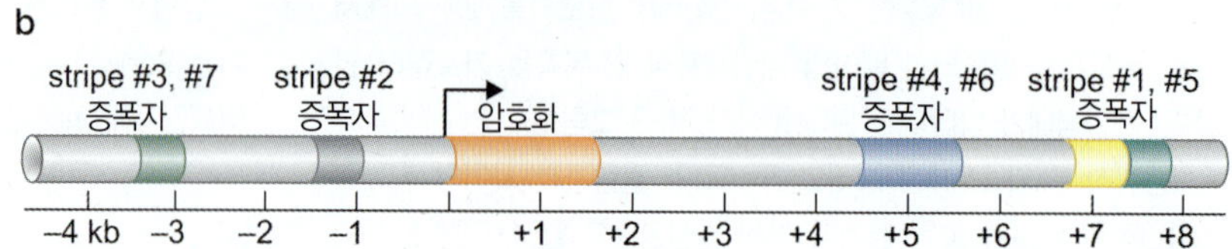

그림 21-20 발생 중인 배아에서 *eve* 유전자의 발현. (a) 초기배아에서 *eve*의 발현 양상 (b) *eve* 유전자 자리에는 12 kb 이상의 조절 DNA가 있다. 5′ 조절부위에는 두 개의 증폭자가 있어서 stripe 2, 3, 7의 발현을 조절한다. 각 증폭자의 길이는 500 bp이다. 3′ 조절부위에는 세 개의 증폭자가 있고 이들은 stripe 4와 6, stripe 1과 5의 발현을 각각 조절한다. 초기배아에서는 다섯 가지의 증폭자에 의하여 *eve*가 발현되어서 7개의 띠가 형성된다. (a, Image courtesy of Michael Levine.)

eve 유전자는 배아의 장축을 따라 형성되는 일곱 개의 연속된 띠(stripe) 또는 쌍지로 발현된다(그림 21-20). 각각의 *eve* stripe는 4개의 세포로 둘러싸여 있고 각 띠는 *eve*를 거의 또는 전혀 발현하지 않는 띠사이의 간격—세포 네 개의 넓이만큼—으로 분리되어 있다. 이 띠들은 장차 배아가 연속체절로 분화되는 전구체 부분에 해당된다.

eve 단백질의 암호서열은 길이 2 kb 이하로 비교적 짧다. 반면에 *eve*의 발현을 조절하는 flanking 조절 DNA는 12 kb 이상의 DNA로 구성된다. 약 4 kb는 *eve* 전사개시부위 5′에 위치하고, 약 8 kb는 3′ flanking 부위에 있다(그림 21-20 참조). 5′ 조절부위는 띠 2, 3, 7을 발현하고 3′ 부위는 1, 4, 5, 6번 띠의 발현을 조절한다. 12k b 길이의 조절 DNA에는 초기배아에서 *eve* 발현에 의해 모두 일곱 개의 띠를 형성하는 다섯 개의 독립된 증폭자가 있다. 각 증폭자는 한 개 또는 두 개 띠의 발현을 일으킨다. (글상자 21-7의 "동물의 발생과 진화에 있어서 *cis*-조절서열" 편에서, 동물 유전체에 있는 모듈 조직의 조절요소에 대한 보기를 들고 미래의 형태에 대해 논한다.) 이제 *eve*의 stripe 2 발현을 조절하는 증폭자의 조절양식에 대해 알아보고자 한다.

Stripe 2 증폭자는 길이가 500 bp이고 *eve* 전사개시 부위의 위쪽 1 kb 지점에 위치한다. 이것은 Bicoid, Hunchback, Giant, Krüppel 등 4개의 조절 단백질 결합자리를 가지고 있다(그림 21-21). Hunchback이 gap 유전자의 발현을 조절할 때 어떻게 억제인자의 기능을 수행하는지 보았다. eve stripe 2 증폭자의 경우에는 이것이 활성인자로서 작용한다. 원칙적으로 Bicoid와 Hunchback은 배아 앞쪽 부분 전체에서 stripe 2 증폭자를 활성화할 수 있다. 왜냐하면 거기에는 두 가지 단백질이 모두 있기 때문이다. 그러나 Giant와 Krüppel은 stripe 2의 가장자리—각각 앞쪽경계와 뒤쪽경계—를 만드는 억제인자로 작용한다(그림 21-21 참조).

Gap 억제인자 기울기에 의해 여러 가지 stripe 유전자가 발현된다

Eve stripe 2는 넓은 분포범위를 가진 활성인자(Bicoid와 Hunchback)와 국지적으로 분포하는 억제인자(Giant와 Krüppel)의 상호작용에 의하여 형성된다. 다른 *eve* 증폭자도 동일한 기작으로 조절된다. 예를 들면, *eve* stripe 3의 발현을 통제하는 증폭자는 전사활성인자가 배아 전체에 고루 퍼져 있기 때문에 초기배아의 전부분에서 활성화될 수 있다. 국지적으로 분포하는 gap 억제인자에 의해서 각 띠의 경계가 분명하게 형

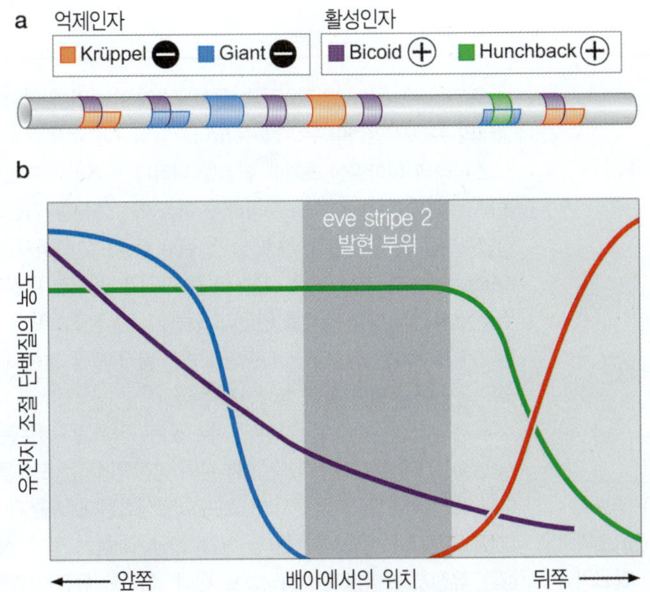

그림 21-21 *eve* stripe 2의 조절. (a) 500bp 증폭자에는 Bicoid, Hunchback, Krüppel, Giant 등의 단백질이 결합할 수 있는 자리가 모두 12개 있다. 초파리의 초기 배아에 분포하는 이 조절 단백질들은 그림 (b)에 표시되어 있다. *eve* stripe 2를 발현하는 세포는 Bicoid와 Hunchback 단백질의 농도가 높다. stripe의 경계는 Giant와 Krüppel 억제인자에 의해 형성된다(Giant는 앞쪽과 뒤쪽에서 발현된다. 앞쪽 형태만 보이면 Hunchback에 의해 조절되는 뒷부분이 발현되지 않은 것이다.) (Adapted, with permission, from Alberts B. et al. 2002. *Molecular biology of the cell*, 4th ed.: a, p. 409, Fig. 7-55, b, p. 410, Fig. 7-56. © Garland Science/Taylor & Francis LLC.)

▶ 핵심실험

글상자 21-7 동물의 발생과 진화에 있어서 *cis*-조절서열

cis-조절서열은 동물의 유전체 내에 모듈 방식으로 구성되어 있다. 일반적으로 복합 발현 형태를 이루고 있는 각각의 구성요소에는 독립된 증폭자가 필요하다. 생쥐 배아의 발생과정에서 간, 췌장, 뇌하수체 샘과 같은 다양한 조직과 기관에서 발현되는 한 유전자를 생각해보자. 그 유전자는 각각의 발현부위에 필요한 독립된 증폭자를 가지고 있다는 것이 차이점이다. 우리는 *eve* 자리의 5′-와 3′-flanking 부위에 5개의 독립된 증폭자가 존재하는 것을 보았다(그림 21-20 참조). 초파리 초기배아에서 각 증폭자는 7개의 eve stripe 중 단지 한 개나 두 개만 발현하도록 한다. 이러한 모듈방식의 구성은 아래에 설명되어 있는 바와 같이 *cis*-조절서열의 진화를 통하여 형태의 다양화를 촉진한다.

모듈 구성 방식은 다면발현을 피한다

진화과정에서 유전자 발현 양상은 어떻게 변화되어 왔는가? 진화가 일어나는 동안에 중요한 활성인자 결합자리의 뉴클레오티드에 변화가 일어나면 어떤 특정 조직이나 세포에서 유전자 발현이 일어나지 않는다는 확실한 증거가 있다. 큰가시고기의 배지느러미를 예로 들어보자. 배지느러미가 없는 가시고기의 변종이 있다. 지느러미를 가지고 있는 개체와 교배시킨 결과 지느러미를 감소시키는 주요 유전자 자리가 밝혀졌다. 이것은 유전자 *Pitx1*의 5′-측면부위에 위치한다. *Pitx1*은 생쥐의 흉선, 후각 구멍, 후지를 비롯한 여러 가지 조직의 발생에 필수적인 발생조절 유전자이다. 가시고기의 배지느러미("하지")의 증폭자 내의 주요 활성인자 결합자리에 점돌연변이가 일어난 결과 지느러미의 감소가 나타나게 된다(글상자 21-7 그림 1). 이러한 돌연변이는 배지느러미의 발현은 방해하지만, 흉선과 후각 구멍 그리고 *Pitx1* 유전자가 활성상태인 다른 조직에서는 *Pitx1*의 조절에 필요한 다른 증폭자의 활성을 방해하지 않는다.

모듈의 일종인 *cis*-조절부위에서 나타나는 특이한 변이는 여러 종의 초파리에서 독특한 체색의 진화를 일으키기도 한다. 원래 *yellow*(y)는 체색에 중요한 역할을 하는 유전자 자리인데, 이 유전자에 간단한 돌연변이가 일어나면 멜라닌 색소가 없는 황색 파리가 된다. *y* 유전자는 강모, 날개, 그리고 복부의 발현을 조절하는데 독립된 별개의 증폭자들을 이용한다.

노랑초파리의 성체(특히 수컷)는 후복부의 체절이 짙은 색을 띠고 있다. 이러한 체색은 *y* 복부 증폭자가 Hox 단백질인 Abd-B에 의해 직접 활성화되었기 때문이다. 킥카와초파리처럼 복부에 체절이 없는 초파리류는 Abd-B 활성인자 부위에 점돌연변이를 가지고 있다. 이로 인해 복부에 *y* 유전자가 발현되지 않아서 체색이 나타나지 않게 된다.

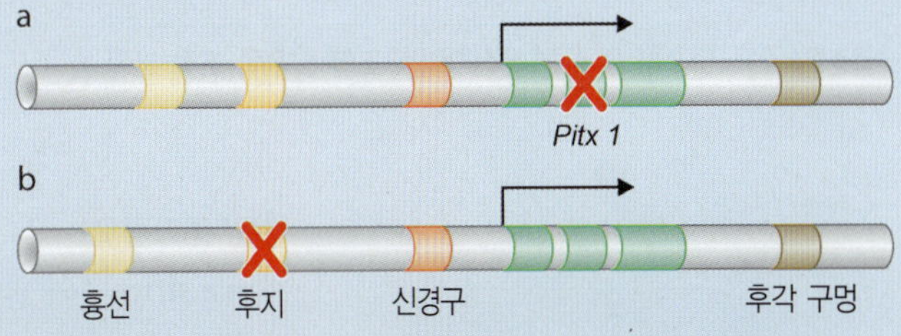

글상자 21-7 그림 1 발생 조절유전자 *Pitx1*. (a) 5′ 위쪽으로 유전자 서열이 있는 *Pitx1* 유전자의 구조. 보이는 것은 (실험쥐의) 유전자 암호부위(두 번째 엑손)에 있는 치사 무효 돌연변이를 나타낸다. (b) 큰가시고기 야생형의 5′ 위쪽의 서열에서 발생한 조절 돌연변이로 인해 배지느러미의 크기가 감소된다.

글상자 21-7 (계속)

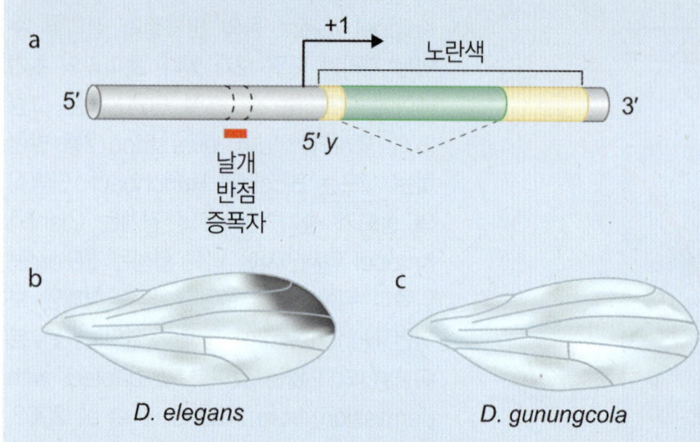

글상자 21-7 그림 2 초파리의 *yellow*(*y*) 유전자 자리. (a) *yellow* 유전자의 구조와 위쪽의 조절서열(증폭자 서열)을 나타낸다. (b) 초파리 수컷 성체의 날개에 있는 정상적인 체색("교미반점"). (c) 반점이 없는 종의 날개; 이 초파리는 5′ 반점 증폭자에 돌연변이가 일어났다.

어떤 독립 증폭자는 날개에서 *y*의 발현을 조절한다. 어떤 초파리류에서는 이 증폭자가 수컷의 날개 중 하나의 사분면상에 반점을 발현시킨다(글상자 21-7 그림 2). 이 반점은 구애행동에 중요한 요소가 된다. 교미반점이 없는 종의 날개 증폭자에서는 강모와 복부 큐티클과 같은 조직은 손상되지 않으면서 *y* 유전자의 활성에 제한적인 손상을 일으키는 점돌연변이가 나타난다.

억제인자의 변이로 유전자발현에 큰 변화가 나타날 수 있다

증폭자가 불연속적으로 자리 잡고 있는 모듈의 주요 활성인자 자리에 생긴 간단한 손실로 인하여 *Pitx1*과 *y* 유전자의 활성이 손상되는 것을 확인할 수 있다. 억제인자의 구성요소에 손상이 일어나면 새로운 형태의 유전자 발현이 유발될 수 있다.

초파리의 배아발생 초기에 활성을 나타내는 거의 대부분의 증폭자들은 유전자 발현 경계를 분명하게 형성하는 기능을 가진 억제인자 결합자리를 가지고 있다. 예를 들면, *eve* stripe 2 증폭자는 Giant와 Krüppel 억제인자를 위한 결합자리를 가지고 있는데, 이것이 앞뒤에 뚜렷한 유전자 발현 경계를 만든다(그림 21-21 참조). 이 부위에 돌연변이가 일어나면 정상적인 발현형태보다 넓게 확장 발현되어 촘촘한 줄무늬가 아닌 넓은 띠를 형성하게 된다.

억제인자를 통하여 일어날 수 있는 진화의 예로는 인간의 lactase(LCT) 유전자가 있다. 대부분의 영장류에서는 모유를 먹는 유아의 소장에서 *LCT* 유선자가 고도로 활성화된다. 사춘기 이후에는 *LCT* 유전자가 불활성이 된다. 어떤 집단에서는 드물게 성인에서도 *LCT* 유전자의 발현이 나타나기도 한다. 이러한 유전자 발현의 지속 현상은 이유기가 지난 후에도 오랫동안 우유를 섭취하는 유목사회에서 볼 수 있다. *LCT* 유전자의 발현이 지속적으로 나타나는 집단은 *LCT* 유전자의 5′쪽에 위치한 *MCM6* 유전자 내의 인트론 서열에 뉴클레오티드의 치환이 일어난다(글상자 21-7 그림 3).

이러한 뉴클레오티드의 변이는 청소년과 성인의 소장 내에서 *LCT*의 발현을 억제하는 기능을 가진 침묵 단백질과 정상적으로 결합하는 억제인자에 손상을 일으킬 수도 있다. 이러한 *cis*-조절 요소의 손상은 큰가시고기의 *Pitx1* 유전자에서 관찰된 후지/등지느러미 증폭자의 불활성화나 초파리의 *y* 유전자에서 나타나는 복부와 날개의 증폭자의 불활성화와 비교될 수 있을 것이다. 그러나 lactase 유전자에서는 억제인자가 결실됨으로써 *LCT*의 활성이 일시적으로 유지되도록 하는 새로운 유전자 발현 형태로 진화되었다.

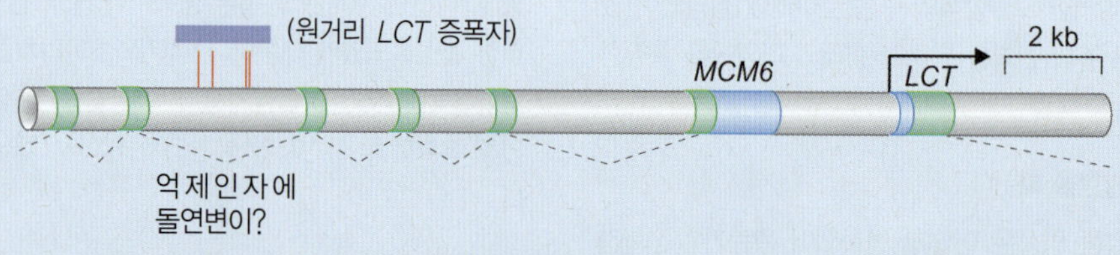

글상자 21-7 그림 3 LCT유전자의 구조와 5′위쪽 조절 부위.

성된다(그림 21-22).

eve stripe 4의 발현을 조절하는 증폭자도 역시 Hunchback과 Knirps에 의해 억제된다. 그러나 각각의 경우에 요구되는 억제인자의 농도가 서로 다르다. Hunchback의 기울기가 낮으면 *eve* stripe 3 증폭자를 억제하기에는 부족한 수준이지만, *eve* stripe 4 증폭자를 억제하기에는 충분한 농도가 된다(그림 21-22). Hunchback 억제인자에 의하여 두 증폭자가 다르게 조절되어 stripe 3과 stripe 4의 앞쪽 경계가 뚜렷하게 형성된다. 초기배아에서는 Knirps 단백질도 내부기울기를 형성한다. Stripe 3 증폭자를 억제하는데 필요한 농도기울기보다 stripe 4 증폭자를 억제하는데 요구되는 농도기울기가

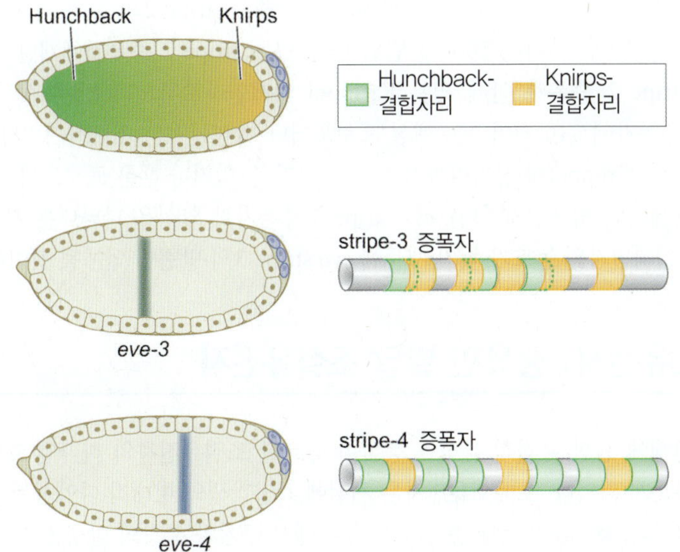

그림 21-22 Hunchback과 Knirps 억제인자의 대립적인 기울기에 의해 형성되는 stripe 3과 stripe 4 증폭자의 차별적인 조절작용. 두 개의 stripe는 배아의 서로 다른 부위에 위치하고 있다. *eve* stripe 3 증폭자는 고농도의 Hunchback 기울기와 저농도의 Knirps 기울기에 의해 억제된다. 반대로 stripe 4 증폭자는 저농도의 Hunchback 기울기와 고농도의 Knirps 기울기에 의하여 억제된다. Stripe 3 증폭자는 극소수의 Hunchback 결합자리만 가지고 있으므로 이것을 억제하기 위해서는 고농도의 Hunchbak 기울기가 필요하다. Stripe 3 증폭자는 Knirps 결합자리를 많이 가지고 있어서 Knirps의 농도가 낮아도 억제작용이 충분히 일어날 수 있다. Stripe 4 증폭자에는 억제인자 결합자리가 반대로 구성되어 있다. 거기에는 Hunchback 결합자리가 많아서 Hunchback 농도가 낮아도 stripe 4의 발현이 억제된다. Stripe 4 증폭자에는 Knirps 결합자리가 극소수이므로 억제작용이 일어나기 위해서 고농도의 Knirps가 필요하다. Stripe 3 증폭자는 stripe 3과 7의 발현을 통제한다. Stripe 4 증폭자는 stripe 4와 6의 발현을 통제한다. 우리는 간단하게 각 증폭자에 대하여 한 개의 stripe만 살펴보았다.

더 높다. 이러한 차이로 stripe 3과 stripe 4의 뒤쪽 경계가 뚜렷하게 생성된다.

우리는 Hunchback 억제인자의 기울기로 Krüppel, Knirps와 Giant 유전자의 발현이 각각 다르게 일어난다는 것을 알았다. 이렇게 서로 다른 차별적인 조절은 Krüppel, Knirps 그리고 Giant 증폭자 내에 있는 Hunchback 결합자리의 수가 증가함으로써 이루어지는 것인지도 모른다. Hunchback과 Knirps의 기울기에 의해 나타나는 stripe 3 과 stripe 4 증폭자의 차별적인 조절작용도 이와 비슷한 원리로 일어난다. *eve* stripe 3 증폭자에는 Hunchback 결합자리가 거의 없으나 Knirps 결합자리는 비교적 많은 반면, *eve* stripe 4 증폭자에는 Hunchback 결합자리는 많지만 Knirps 결합자리가 거의 없다(그림 21-22 참조). 그 외에 *eve* 발현을 조절하는 나머지 stripe 증폭자의 조절작용에도 비슷한 원리가 적용되는 것으로 보인다(다른 쌍지배 유전자의 발현은 물론).

복잡한 *eve* 조절부위에서는 단거리 전사 억제인자의 작용에 의해 여러 가지 증폭자가 서로 독립적으로 작용할 수 있게 된다

우리는 초기배아에서 *eve*의 발현이 다섯 개의 독립적인 증폭자에 의하여 조절되는 것을 보았다. 사실 성숙한 배아의 심장과 중추신경계(CNS) 내에는 *eve* 유전자 발현을 조절하는 다른 증폭자가 있다. 이러한 복합적 조절 방식은 *eve*의 특성이 아니다. 분포범위가 평균 이상으로 넓은 증폭자를 많이 가지고 있는 유전자 자리가 있다. 예를 들면 다수의 유전자들이 100 kb 이상의 거리로 분산되어 있는 10개 이상의 증폭자에 의해 조절된다고 알려져 있다(다음에 설명하는 바와 같이). 그러므로 중요한 발생과정에 관여하는 유전자는 대부분 많은 수의 증폭자에 의해 조절된다. 이 증폭자들이 부가적인 유전자 발현 양상을 나타내기 위해서 서로 어떻게 작용할까? *eve*의 경우에는 다섯 개의 독립적인 증폭자가 7개의 stripe를 생성한다.

전사억제작용이 좁은 범위로 일어나는 것은 증폭자의 자율성(추가적인 유전자 발현을 생성하기 위한 여러 가지 증폭자들의 독립적인 작용)을 확보하기 위한 하나의 기작이다. 이것은 하나의 증폭자와 결합한 억제인자는 같은 유전자 조절부위 내에서 다른 증폭자와 결합한 활성인자의 작용을 방해하지 않는다는 것을 뜻한다. 예를 들면,

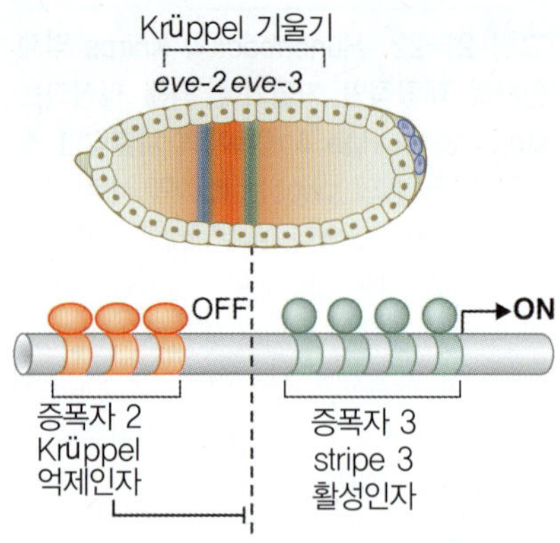

그림 21-23 단거리 억제작용과 증폭자의 자율성. *eve* 조절 영역에 있는 여러 가지 증폭자들은 전사 억제작용이 일어나는 범위가 좁기 때문에 서로 독립적으로 작용할 수 있다. 어떤 하나의 증폭자와 결합한 억제인자는 인접한 증폭자에 있는 활성인자의 작용을 방해하지 않는다. 예를 들면, Krüppel 억제인자는 stripe 2 증폭자에 결합하여 배아의 중앙에 stripe 2가 발현되지 못하도록 한다. *eve* stripe 3 증폭자는 중앙에서 발현된다. 여기에는 Krüppel 억제 단백질로 인식할 수 있는 특이 DNA 서열이 없기 때문에 Krüppel에 의한 저해작용이 일어나지 않는다. 또 stripe 2 증폭자와 결합한 Krüppel 억제인자는 멀리 떨어져 있는 stripe 3 활성인자의 작용을 방해하지 않는다. Krüppel이 활성인자의 전사 촉진작용을 억제하기 위해서는 위쪽으로 100 bp 이내에서 활성인자와 결합해야 한다. Stripe 2와 stripe 3 증폭자는 1.5 kb 서열의 간격만큼 떨어져 있다.

Krüppel 억제인자는 *eve* stripe 2 증폭자와 결합해서 stripe 2의 뒤쪽 경계부를 형성한다. Krüppel 억제인자는 500 bp 범위 내에 있는 stripe 2 증폭자에게만 작용한다. 이것은 stripe 2 증폭자 안에 있는 Krüppel 억제인자로부터 1 kb 이상 떨어져져서 stripe 3 증폭자에 결합되어있는 핵심 프로모터나 활성인자는 저해하지 않는다(그림 21-23). 만약 Krüppel이 장거리까지 효력을 미칠 수 있거나 혹은 프로모터 가까이 위치했다면(세균의 억제인자처럼), *eve* stripe 3 증폭자가 활성을 나타내는 부위에서는 Krüppel 억제인자의 농도가 높기 때문에 *eve* stripe 3의 발현이 억제될 것이다.

호메오유전자: 중요한 발달 조절유전자

초파리 발생에 관한 유전적 분석을 통하여 중요한 조절유전자의 하나인 호메오유전자를 발견하게 되었다. 호메오유전자는 체절에 각양각색의 형대적 다양성을 만들어주는 유전자이다. 호메오유전자 중 일부는 두부에서 구기와 촉각의 발생을 조절하는 반면, 다른 것들은 흉부에서 날개와 평균곤의 형성을 조절한다. 가장 잘 알려진 호메오유전자로는 각각 촉각과 날개의 발생을 억제하는 *Antp*와 *Ubx*가 있다.

Antp(*Antennapedia*)는 가운데가슴(mesothorax)의 발생을 조절한다. 가운데가슴에는 앞다리나 뒷다리와는 형태적으로 다른 1쌍의 다리가 생긴다. *Antp*는 배아의 가운데가슴에서 정상적으로 발현되는 호메오도메인 조절 단백질을 암호화하고 있다. 예를 들면, 이 유전자는 두부조직에서 발생이 진행되고 있을 때에는 발현되지 않는다. 그러나 염색체의 역위에 의해 *Antp*에 돌연변이가 일어나게 되면 안테나를 비롯한 두부조직에서 유전자가 발현되도록 하는 "외래" 조절 DNA의 지배를 받게 되어 Antp 단백질 암호서열이 생성된다(그림 21-24). *Antp*가 두부에서 잘못 발현되면 촉각 대신에 다리가 생기는 놀라운 형태적 변화가 일어난다.

Ubx(*Ultrabiothorax*)는 세 번째 가슴마디인 뒷가슴(metathorax)의 발생을 조절하는 호메오도메인 조절 단백질을 암호화하고 있다. *Ubx*는 특별히 두 번째 가슴마디인 가운데가슴의 발생에 필요한 유전자의 발현을 억제한다. 실제로 *Antp*는 Ubx가 조절하는 유전자에 속한다: Ubx는 뒷가슴에서 *Antp*가 발현되지 않게 하고, 배아의 가운데가슴에서 발현되도록 제한한다. Ubx 억제인자가 결손된 돌연변이에서는 *Antp* 발현이 비정상적인 형태로 나타낸다. 이 유전자는 정상적인 발현부위인 가운데가슴에서만 발현되는 것이 아니라 뒷가슴에서도 이상 발현이 일어난다. *Antp*의 이상 발현으로 뒷가슴 대신에 가운데가슴이 이중으로 반복되는 형태적 변이가 발생한다.

초파리의 성체는 가운데가슴에 1쌍의 다리와 날개를 가지고 있지만, 뒷가슴에는 1쌍의 다리와 평균곤이 있다(그림 21-25 참조). 평균곤은 날개보다 훨씬 작고 비행하는 동안에 균형을 잡아주는 기능을 한다. *Ubx* 돌연변이에서는 평균곤이 날개로 변환되어 발현되므로 완전한 네 개의 날개를 가지는 놀라운 표현형이 나타난다.

그림 21-24 *Antp* 유전자의 우성 돌연변이에 의해 촉각이 다리로 변형된다. 오른쪽의 초파리는 정상이다. 머리 앞쪽 끝에 있는 정상적인 촉각을 볼 수 있다. 왼쪽의 초파리는 우성 *Antp* 돌연변이(*AntpD*/+)의 이형접합체이다. 이 파리는 머리에 촉각 대신에 다리가 달린 것을 제외하고는 외견상으로 거의 정상이며 생존이 가능하다. (Courtesy of Matthew Scott.)

뒷가슴의 여러 조직에서 *Ubx*가 발현되는 것은 80 kb 이상의 유전체 DNA로 구성된 조절서열에 의한 것이다. *Cbx*(*Contrabithorax*)라는 돌연변이는 *Ubx* 조절 DNA의 암호부위에 변이가 일어난 것이다. *Cbx* 돌연변이는 *Ubx*가 가운데가슴에서 이상 발현되도록 할 뿐 아니라, 정상 발현부위인 뒷가슴에서도 발현되게 한다(그림 21-26). 이제 *Ubx*는 정상적인 가운데가슴의 발생에 필요한 다른 유전자들은 물론 *Antp*의 발현도 억제한다. 결과적으로, 가운데가슴은 정상적인 뒷가슴이 중복되는 구조로 바뀐다. 날개가 평균곤으로 바뀐 *Cbx* 돌연변이 초파리는 마치 날개 없는 개미 같은 놀라운 형태를 가지게 된다.

호메오유전자의 발현 변화로 인해 절지동물의 다양화가 나타난다

"이보디보(evo-devo)"라고 알려진 신흥 분야는 전통적으로 독립된 두 개의 연구 분야, 즉 진화생물학과 발생학이 만나는 첨단에 위치한다. 이보디보 연구의 원동력은 파리, 선충류, 그리고 다른 실험동물의 발생에 대한 유전적 분석을 통하여 진화적 다양성을 일으키는 핵심유전자를 동정하게 된 것이다. 호메오유전자는 이러한 유전자의 대표적인 예가 된다.

초파리의 유전체에는 두 개의 유전자 복합체(Antennapedia complex와 Bithorax complex)에 모두 여덟 개의 호메오유전자가 들어 있다(글상자 21-8, "초파리의 호메오유전자는 특수한 염색체 집단 내에 배열되어 있다" 참조). 일반적으로 무척추동물의 유전체에는 보통 하나의 복합체 내에 여덟 개에서 10개의 호메오유전자가 들어 있다. 척추동물에는 원조 Hox 복합체가 중복으로 나타나며 네 개의 집단이 있다. 호메오유전자 각각의 발현과 기능상에서 나타나는 변화로는 절지동물에서는 사지의 형태를 변화시키고, 척추동물에서는 골격축을 바꾸는 것이다. 우리는 다음에 Ubx의 활성 변화가 어떻게 곤충이나 다른 절지동물에서 진화적 변화를 일으키는지 알아보게 될 것이다.

a

b

그림 21-25 ***Ubx* 돌연변이는 후흉 대신에 중흉이 반복된 형태의 변형을 일으킨다.** (a) 파리는 정상적으로 1쌍의 앞날개와 그 바로 밑에 1쌍의 작은 평균곤을 가지고 있다. (b) *Ubx* 유전자에 돌연변이가 일어난 초파리이다. 후흉은 중흉이 반복된 형태로 바뀌었다. 결국, 파리는 날개 1쌍, 평균곤 1쌍이 아니라 날개를 2쌍 가지고 있다. (Courtesy of E.B. Lewis.)

갑각류에서 나타나는 다리 변이현상은 *Ubx* 발현의 변이에 의한 것이다

전부는 아니지만 헤엄칠 수 있는 대부분의 절지동물이 갑각류에 포함된다. 일부 갑각류는 바다에 살고, 나머지 일부는 민물에도 산다. 새우, 게, 가재와 같이 우리가 좋아하는 요리의 재료가 되는 동물도 포함된다. 가장 많이 연구되고 알려진 갑각류 그룹은 "바다원숭이"로 알려진 아르테미아(*Artemia*)이다. 그것의 배아는 장난감 가게에서도 구입할 수 있는 단단한 포자의 형태로 채집할 수 있다. 그 포자를 소금물에 넣어주면 다시 빠르게 발생할 수 있다.

이 새우의 머리에는 섭식용 부속지가 달려있다. 머리에서 가장 가까운 흉부체절 T1에는 흉부 제2체절부터 제11체절까지에서 나타나는 것과 같은 모양의 유영용 부속지가 있다. 아르테미아는 **새각류(branchiopods)**라고 하는 갑각류의 한 목에 속한다. 갑각류의 또 다른 목으로는 **등각류(isopods)**가 있으며, 등각류는 새각류와 같이 흉부 제 2체절에서 제 8체절까지 유영용 다리를 가지고 있다. 그러나 흉부 제1체절의 다리는 변형이 일어나서 다른 것보다 더 작으며, 섭식기능을 하고 있다(그림 21-27). 이 변형된 다리를 턱다리(maxillipeds)라고 하며, 두부에서 볼 수 있는 부속지(그림에는 나타나 있지 않지만)와 흡사하게 보인다.

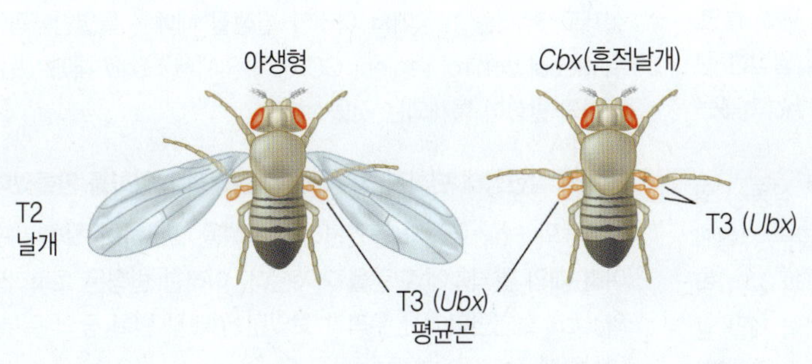

그림 21-26 **중흉에서 *Ubx*의 발현이 잘못되면 날개의 결손이 일어난다.** *Cbx* 돌연변이에 의해 중흉의 발현이 잘못되면 *Ubx* 조절부위가 교란되어 중흉이 후흉의 형태로 변형된다.

▶ 고급개념

글상자 21-8 초파리의 호메오유전자는 특수한 염색체 집단 내에 들어 있다

*Antp*와 *Ubx*는 초파리 유전체에 있는 8개 호메오유전자 중의 2개에 해당된다. 초파리의 호메오유전자 8개는 2개의 유전자 복합체 내에 위치하고 있다. 8개 유전자 중 5개는 Antennapedia 복합체 내에 위치하는 반면, 나머지 3개 유전자는 Bithorax 복합체 내에 배열되어 있다(글상자 21-8 그림 1). 복합체의 명칭과 복합체 내에 있는 개별 유전자를 혼동하지 말아야 한다. 예를 들어, Antennapedia 복합체는 *Antennapedia* 유전자(*Antp*) 이름을 따서 붙였으며, 이것은 복합체 중에서 가장 먼저 동정된 호메오유전자이다. Antennapedia 복합체 내에는 4개의 또 다른 호메오 유전자가 있다: *labial(lab)*, *proboscipedia(pb)*, *Deformed(Dfd)*, 그리고 *Sex combs reduced(Scr)*이다. 이와 비슷하게 Bithorax 복합체는 *Ultrabithorax(Ubx)*의 이름을 따서 붙였지만, 이 복합체에는 이것 외에도 *abdominal A(abd-A)*와 *Abdominal-B(Abd-B)*라는 2개의 유전자가 더 있다. 또 다른 곤충인 밀가루바구미는 초파리의 Antennapedia와 Bithorax 복합체 내에 있는 8개 호메오유전자와 상동인 호메오유전자 복합체를 한 개만 가지고 있다. 두 가지 복합체는 아마도 하나의 조상 복합체 내에서 염색체가 재배열됨으로써 발생하게 되었을 것으로 생각된다.

염색체에 호메오유전자가 배열되어 있는 순서와 이 유전자들이 배아의 전-후 축을 따라 발현되는 형태 사이에는 상호 직선적인 대응관계가 있다(글상자 21-8 그림 1 참조). 예를 들면, Antennapedia 복합체의 3′-most position에 위치한 *lab* 유전자는 초파리 배아의 맨 앞쪽 머리부위에서 발현된다. 반대로 Bithorax 복합체의 5′-most position에 위치한 *Abd-B* 유전자는 제일 뒤쪽 부위에서 발현된다(글상자 21-8 그림 1 참조). 이러한 상호직선적인 관계의 중요성에 대해서 잘 밝혀지지는 않았지만, 사람과 쥐를 포함한 모든 척추동물은 물론 밀가루바구미를 비롯한 절지동물의 각 주요 그룹에서도 이러한 관계가 나타나기 때문에 중요한 내용임에는 틀림이 없다.

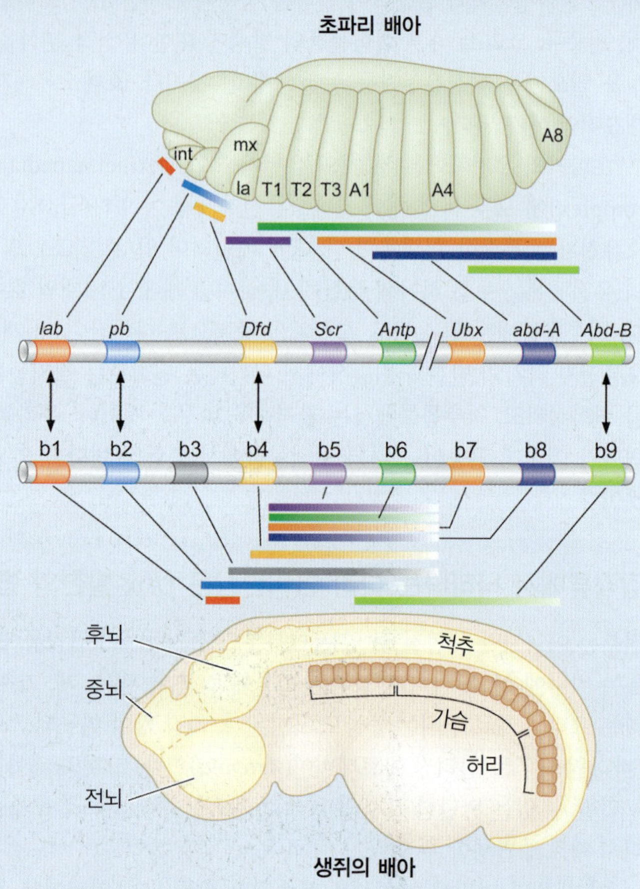

글상자 21-8 그림 1 초파리와 생쥐에서 *Hox* 유전자의 위치와 발현. 그림은 초파리와 생쥐의 *Hox* 유전자의 직선적인 배열과 전사 형태를 비교하여 나타낸 것이다. (Adapted, with permission, from McGinnis W. and Krumlauf R. 1992. *Cell* **68**: 283–302, Fig. 2. © Elsevier.)

포유류의 Hox 유전자 복합체는 전-후 형태형성을 조절한다

생쥐는 38개의 *Hox* 유전자가 4개의 복합체(Hoxa, Hoxb, Hoxc, Hoxd) 내에 배열되어 있다. 각 집단 또는 복합체는 9개 또는 10개의 *Hox* 유전자를 가지고 있으며, 곤충에서 볼 수 있는 유일한 호메오유전자인 초파리의 Antennapedia와 Bithorax 복합체를 구성하는 단독 호메오유전자 복합체에 해당된다(글상자 21-8 그림 2). 예를 들면, *Hoxa-1*과 *Hoxb-1* 유전자는 초파리의 *lab* 유전자와 가장 밀접한 관련이 있으며, 각 복합체의 반대편 끝에 위치한 *Hoxa-9*와 *Hoxb-9*은 *Abd-B* 유전자와 비슷하다.

생쥐와 초파리의 *Hox* 유전자 사이에 나타나는 "연속적" 상동성 외에도, 생쥐의 각 Hox 복합체는 초파리에서 관찰된 것과 같은 유형의 상호직선적 관계를 보인다. 예를 들면, *Hoxa-1*과 *Hoxb-1*과 같이 각 복합체의 3′ 말단부위에 위치한 *Hox* 유전자들은 생쥐 배아의 제일 앞부분(앞으로 후뇌가 될 부위)에서 발현된다. 반대로 *Hoxa-9*과 *Hoxb-9*과 같이 각 복합체의 5′ 말단 가까이에 위치한 *Hox* 유전자들은 배아의 뒷부분(척색의 흉부와 허리 부위)에서 발현된다. *Hoxd* 복합체는 발생되는 다리의 전-후를 축으로 연속적인 발현을 나타낸다. 척추동물의 진화과정에서 *Hoxd* 유전자가 "새로운" 조절 DNA를 획득하게 된 것과 비슷한 양상은 곤충의 다리에서는 발견되지 않았다. 실제로, 우리는 19장에서 다리가 발생될 때에는 특별한 "광역조절부위(global control region, GCR)"에 의해서 *Hoxd* 내에 있는 유전자 각각의 발현이 통제되는 것을 보았다.

Hox의 발현형태 변화가 척추동물의 형태적 다양화를 만들었다

포유류의 *Hox* 유전자 돌연변이는 척색을 비롯하여 척추를 구성하는 여러 개의 골격축에 교란을 가져온다. 이러한 변형은 초파리의 *Antp*와 *Ubx* 돌연변이에서 우리가 보았던 형태적 변화 중의 일부를 다시 연상하게 한다.

생쥐의 *Hoxc-8* 유전자를 살펴보자. 이것은 초파리의 Bithorax 복합체의 *abd-A* 유전자와 아주 밀접한 관계가 있다. 이것은 정상적으

글상자 14-1 (계속)

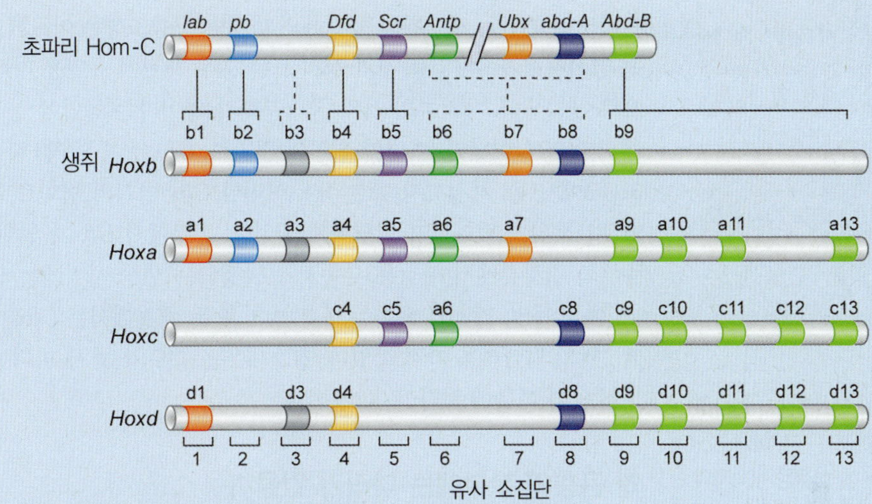

글상자 21-8 그림 2 초파리와 생쥐에 있는 호메오유전자 복합체의 구성과 발현의 유지. (Adapted, with permission, from Gilbert S. E. 2000. *Developmental biology*, 6th ed, Fig. 11.36a © Sinauer.)

로 가슴뼈와 "꼬리" 앞쪽, 즉 요추의 사이에 있는 경계 부위에서 발현된다(*abd-A* 유전자는 초파리 배아의 복부 앞쪽에서 발현된다.) 정상적으로는 첫 번째 요추에는 늑골이 없다. 한편 *Hoxc-8* 유전자에서 일어난 넉아웃 돌연변이와 상동인 돌연변이를 가진 배아에서는 돌연변이 표현형이 극심하게 나타낸다. 첫 번째 요추에는 여분의 갈비뼈 흔적이 1쌍 발생된다. 이러한 비정상적 발생형태를 "호메오" 변형이라고 하며, 원래 정상적으로 발생되어야 할 구조 중의 하나가 비정상부위에서 발생된다. 이러한 경우 정상적으로는 후흉부위에서 형성되어야 할 척추뼈가 요추 앞쪽 부위에서 발생된다.

Hox 유전자 발현형태의 유지

Hox 유전자의 발현이 국지적인 형태로 나타나는 것은 파리와 생쥐의 초기배아에서 서열-특이성 전사 활성인자와 억제인자의 복합작용에 의한 것이다. 이 조절 단백질들의 일부는 FGF와 Wnt 경로와 같은 세포 신호전달 경로에 의해 조절된다. 초파리의 eve 발현에서 띠를 형성하는 여러 개의 gap 억제인자들은 *Hox* 유전자의 초기 발현에서도 역시 발현형태를 조절한다. 이러한 현상은 gap 억제인자가 소실된 후에도 오랫동안 생활환 끝까지 유지된다.

초파리의 *Abd-B Hox* 유전자를 예로 들어보자. 이것은 복부 제5마디에서 복부 제8마디가 포함되는 후복부에서 특이적으로 발현된다. 초파리 초기배아의 두부, 흉부 그리고 전복부에서는 Hb, Kr 그리고 Kni gap 억제인자에 의해 처음부터 *Abd-B* 발현이 억제된다. 이들은 *eve* 발현에서 각 부위에 스트라이프를 만드는 억제인자들이다(그림 21-19, 21-20 참조). 이 억제인자들은 후복부에서 *Abd-B*가 발현되지 못하게 한다.

파리와 포유류에서 대부분의 다른 *Hox* 유전자들의 발현은 물론 *Abd-B* 발현도 폴리콤 억제복합체(Polycomb repression complex, PRC)라고 하는 큰 단백질 복합체에 의해 유지된다. PRC는 초기배아(두부, 흉부 그리고 전복부의 전구체)에서 유전자 활성화에 실패한 세포의 *Abd-B* 조절서열과 결합한다. 이 모든 세포에서 PRC는 히스톤 단백질 H3의 리신 27을 메틸화하는데, 이러한 메틸화는 *Abd-B* 전사 단위의 억제작용과 관련이 있다. 역으로, 어디에서나 볼 수 있는 활성인자 복합체의 일종인 Trithorax complex(TRC)는 배아초기에 유전자를 발현하는 세포에서 *Abd-B* 조절서열과 결합한다(즉, 후복부). TRC의 결합은 히스톤 H3의 리신 4를 메틸화하며, 이것은 *Abd-B*의 전사활성과 관련이 있다.

그러므로 PRC와 TRC는 배아 초기에 유전자들의 초기 발현형태를 좌우하는 *Hox* 유전자 발현에서 on/off 상태를 유지한다. 만약 특정 세포에서 *Hox* 유전자가 억제된다면, PRC가 결합하여 그 세포로부터 분열된 모든 딸세포에서도 유전자 off 상태가 유지되도록 한다. 역으로, 만약 세포에서 어떤 *Hox* 유전자가 활성화된다면 그때는 TRC가 결합하여 모든 딸세포에서 유전자가 안정적으로 발현할 수 있게 할 것이다. TRC와 PRC는 Hox 유전자 발현 형태의 "기억"을 유지시키는 작용을 한다.

microRNA는 *Hox*의 활성을 조절한다

많은 *Hox* 유전자 복합체는 microRNA(miRNA 또는 miR) 유전자를 가지고 있다. *miR-10*을 가지고 있는 파리의 *ANT-C*와 *miR-iab4*를 가진 *BX-C*를 예로 들 수 있다. 암호화된 miRNA는 다른 Hox 단백질의 합성을 저해하거나 약화시킨다. *iab4* mRNA는 복부조직에서 Ubx 단백질의 합성을 방해한다. 척추동물의 *Hox* 복합체도 *miR-10*을 비롯한 miR 유전자를 가지고 있다. 여러 종류의 척추동물에는 *Hox* 복합체의 5′ 부위에 *miR-196* 유전자가 있다. 암호화된 miRNA는 생쥐 배아의 뒤쪽에서 Hoxb8 단백질의 합성을 저해하는 것으로 알려져 있다. miRNA가 어떻게 단백질 합성을 저해하거나 약화시키는지 자세하게 알려면 20장을 참조하라.

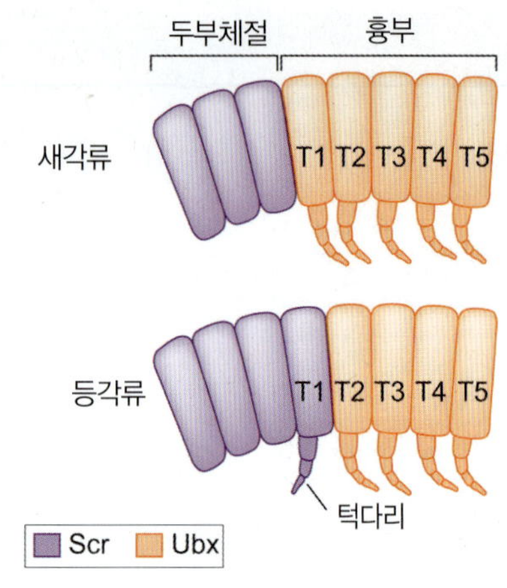

그림 21-27 두 그룹의 갑각류에서 나타나는 형태의 변화. 새각류에서는 두부에서 *Scr*의 발현이 억제되어 두부에 섭식용 부속지의 발생을 촉진하는 한편, *Ubx*는 흉부에서 발현되어 흉부에서 유영용 부속지가 발생되도록 조절한다. 등각류에서는 두부와 흉부의 제1절(T1)에서 *Scr*의 발현이 나타나는데, 결국 T1의 유영용 부속지가 섭식용 부속지(턱다리)로 변형된다. T1에서는 *Ubx*가 발현되지 않기 때문에 Scr이 뒤편으로 확산할 수 있게 되었으며, 정상 상태에서는 *Ubx*에 의해 *Scr*의 발현이 억제된다. (Adapted from Levine M. 2002. *Nature* **415**: 848–849, fig 2, © Macmillan.)

새각류와 등각류에서는 *Ubx*의 발현형태가 조금 다르게 나타난다. 이러한 발현 양상의 차이는 등각류의 흉부 제1체절에 있는 유영용 다리의 변형과 상관관계가 있다. 아마도 현존하는 새각류와 등각류의 마지막 공통조상은 아르테미아(이것은 새각류에 속한다)에서 볼 수 있는 것과 같이 모든 흉부 체절에 유영용 다리를 가지고 있었을 것으로 생각된다. 새각류와 등각류의 분화가 일어나는 동안에 등각류의 *Ubx* 조절서열에 변이가 일어났다. 이러한 변화의 결과로, *Ubx*는 흉부 제1체절에서는 발현되지 않고 T2에서 T8 체절까지 발현된다. 이러한 *Ubx* 발현의 변화로 유영용 다리가 생겨야 할 T1 부위에 턱다리가 발생하게 되었다. 흉부에서 *Ubx*가 발현되지 않는 것과 다른 종류의 갑각류에서 섭식용 부속지가 발생되는 현상 사이에는 밀접한 상관관계가 있다. 예를 들면, 가재의 배아는 흉부의 처음 두 체절에서는 *Ubx*가 발현되지 않기 때문에 2쌍의 턱다리를 가지고 있다. 청소새우는 흉부의 첫 세 마디에서 *Ubx* 발현이 일어나지 않기 때문에 턱다리가 3쌍이다.

왜 곤충의 복부에는 다리가 없을까

모든 곤충은 3개의 흉부체절 각 마디마다 2개씩 모두 6개의 다리를 가지고 있다. 이것은 100만 종 이상 되는 모든 곤충에 적용된다. 반대로 갑각류 같은 다른 절지동물은 다리의 수가 다양하다. 어떤 갑각류들은 가슴과 복부의 모든 마디에 다리를 가지고 있다. 곤충의 복부에서 다리가 없어지는 진화적인 변화는 등각류의 턱다리에서 볼 수 있는 것과 같이 형태-결정 유전자의 발현에 변이가 일어났기 때문이다. 더 나아가면, 곤충에서 복부다리의 결손은 Ubx 조절 단백질에 기능적인 변화가 발생하였기 때문이다.

곤충에서는 *Ubx*와 *abd-A*가 다리의 발생에 필요한 *Distal-less(Dll)*라고 하는 유전자의 발현을 억제한다. 초파리의 배아 발생에서, *Ubx*는 뒷가슴과 복부의 앞쪽체절에서 높은 수준으로 발현된다; *abd-A*는 뒤쪽 복부체절까지 연장 발현된다. *Ubx*와 *abd-A*가 공동으로 복부 앞쪽 7마디에서 Dll가 발현되지 않도록 유지시킨다. 비록 *Ubx*는 뒷가슴에서 발현되지만 그 마디에서 Dll가 발현되는 것을 방해하지 않는다. 왜냐하면 *Ubx*는 *Dll*가 활성화될 때까지는 다리가 발생되는 T3에서 발현되지 않기 때문이다. 결과적으로, *Ubx*는 T3에서의 다리 발생을 방해하지 않는다.

앞에서 이미 언급되었던 새각류에 속하는 아르테미아 같은 갑각류에는 흉부체절 11개 모두에 *Ubx*와 *Dll*가 높은 수준으로 분포되어 있다. *Dll*의 발현은 유영용 다리의 발달을 촉진한다. 왜 *Ubx*는 곤충의 복부체절에서는 *Dll*의 발현을 억제하지만 갑각류에서는 억제하지 않는 것일까? *Ubx* 단백질이 곤충과 갑각류의 사이에서 분화되었기 때문이라는 것이 그 답이다. 이러한 사실은 다음의 실험을 통해서 증명되었다.

유전자 전이가 일어난 초파리 배아에서는 흉부 발생이 예정된 조직 전체에 *Ubx*의 이상발현이 일어나서 *Dll* 발현이 억제되기 때문에 다리가 발생되지 않는다(그림 21-28). 반대로 유전자 전이 초파리에서 갑각류의 Ubx 단백질이 비정상적으로 발현되면 *Dll* 유전자가 발현되고 흉부에서 다리가 발생된다. 이러한 사실은 초파리의 Ubx 단백질은 갑각류의 Ubx 단백질과 기능적으로 다르다는 것을 나타낸다. 초파리의 Ubx 단백질은 *Dll* 유전자의 발현을 억제하지만 갑각류의 Ubx 단백질은 *Dll* 유전자의 발현을 억제하지 않는다.

두 가지 Ubx 단백질 사이에 기능적인 차이가 생긴 것은 무엇 때문일까?(그들의 아미노산 동일성은 32%뿐이지만, 그들의 호메오도메인은 59/60의 유사성을 보일만큼 거의 같다.) 갑각류의 단백질에 있는 29개의 아미노산 잔기로 된 짧은 모티프가 억

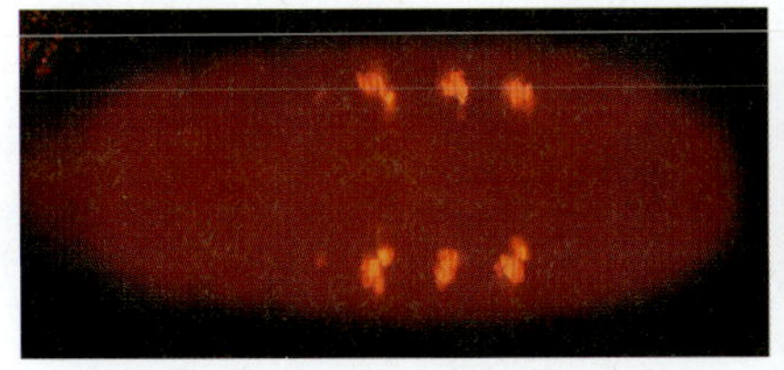

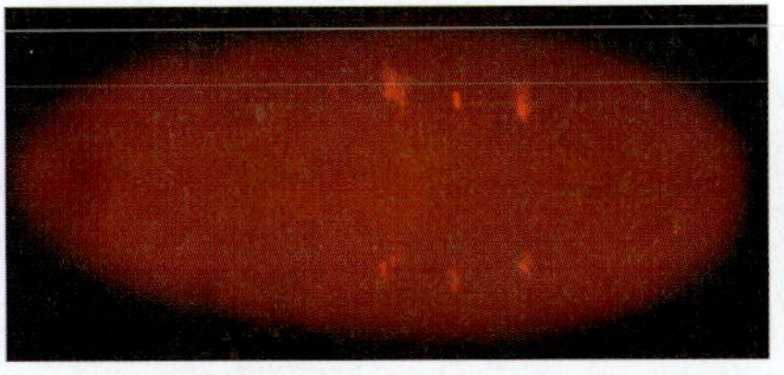

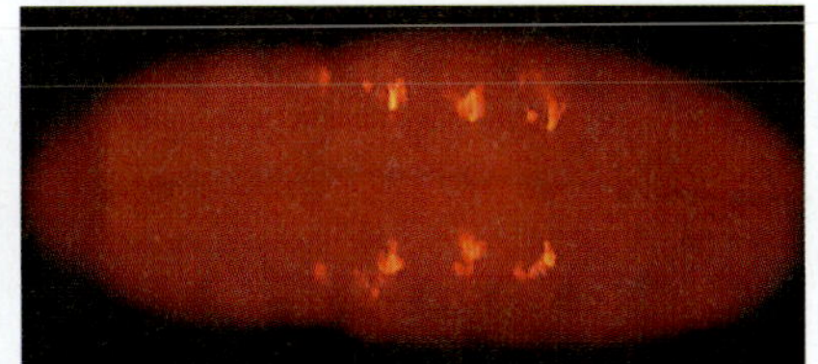

그림 21-28 Ubx 단백질 기능의 진화적 변화. (a) *Dll* 증폭자(*Dll*304)는 초파리 배아의 3쌍의 "점"이 있는 부위에서 정상적으로 활성화된다. 이 점들은 초파리 성체에서 3쌍의 다리로 발달한다. (b) 초파리의 Ubx 단백질(DmUbxHA)의 발현이 잘못되면 *Dll* 증폭자의 발현이 강력히 억제된다. (c) 반대로, 소금새우 *Artemia*(AfUbxHA)에서 Ubx 단백질의 발현이 잘못일어나면 *Dll* 증폭자의 발현이 경미하게 억제된다. (Adapted, with permission, from Ronshaugen M. et al. 2002. Hox protein mutation and macroevolution of the insect body plan. *Nature* **415**: 914–917, fig 2, part c, © Macmillan. Images courtesy of William McGinnis and Matt Ronshaugen.)

제작용을 방해하는 것으로 밝혀졌다. 이 서열이 없으면, 갑각류의 Ubx 단백질은 초파리의 단백질만큼 효율적으로 *DII* 유전자의 발현을 억제하는 기능을 나타내게 된다 (그림 21-29).

갑각류와 초파리의 Ubx 단백질에는 다양한 억제 도메인이 들어 있다. 17장에서 논의된 바와 같이, 이 도메인들은 한 개 또는 그 이상의 전사억제 복합체와 상호작용을 한다. 갑각류의 Ubx 단백질에 들어 있는 "항억제" 펩티드가 이 복합체와 작용하여 억제 도메인의 기능을 저해할지도 모른다. 이 펩티드가 초파리의 단백질과 결합되면, 그 잡종 단백질은 갑각류의 Ubx 단백질과 같은 기능을 하게 되어 *DII*를 더 이상 억제하지 않게 된다.

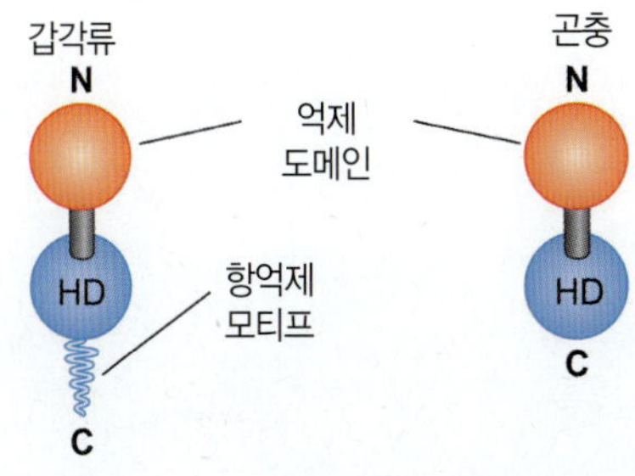

그림 21-29 갑각류와 곤충의 *Ubx* 비교. (왼쪽) 갑각류의 *Ubx*. carboxy-말단의 항억제펩티드가 amino-말단 억제자리의 활성을 방해한다. (오른쪽) 돌연변이에 의해 곤충의 *Ubx*. carboxy-말단의 항억제펩티드가 소실되었다. (Adapted, with permission, from Ronshaugen M. et al. 2002. *Nature* **415**: 914–917, Fig. 4, part b, © Macmillan.)

조절 DNA 서열이 진화함으로써 비행용 부속지의 변형이 나타났을지도 모른다

Ubx는 절지동물의 형태적 변화에 대한 연구에서 큰 역할을 하였다. Ubx의 발현형태에 변이가 생김으로써 갑각류의 유영용 부속지가 턱다리로 변형되는 것으로 밝혀졌다. 또 Ubx 단백질 내의 항억제성 모티프의 결실이 곤충의 복부에 다리가 발생하지 않게 된 주요 원인이 된 것으로 보인다. 우리는 이 주제의 마지막 부분에서 *Ubx* 표적 유전자의 조절서열에서 일어난 변이가 초파리와 나비에서 볼 수 있는 것과 같은 날개 형태의 다양성을 초래하였다는 것을 확인하게 된다.

초파리의 평균곤이 발생되는 부위에서는 *Ubx*가 발현되어 날개발생을 억제하는 인자로 작용한다. 대략 5개에서 10개 정도의 표적유전자가 Ubx의 작용에 의해 억제된다. 날개의 성장과 형태형성에 중요한 단백질 유전자는 모두 날개에서 발현된다(그림 21-30). *Ubx* 돌연변이에서는 이 유전자들이 더 이상 평균곤의 발현을 억제하지 않게 되므로, 결국 평균곤이 2번째 날개 쌍으로 발생된다.

초파리는 쌍시목에 속하며, 이 목에 포함된 종들은 모두 1쌍의 날개와 1쌍의 평균곤을 가지고 있다. Ubx는 모든 쌍시목에서 날개의 발생을 억제하는 기능을 나타내는 것으로 보인다. 나비는 인시목이라는 다른 목에 속하는데, 이 목에 속하는 생물은 날개 1쌍, 평균곤 1쌍을 가지는 것이 아니라 모두(나방도 포함하여) 2쌍의 날개를 가지고 있다. 쌍시목과 인시목에서 날개의 형태에 차이가 나타나게 하는 것은 무엇일까?

이 두 종류의 목은 약 2억 5,000만 년 전에 공통조상으로부터 분화하였다. 이것은

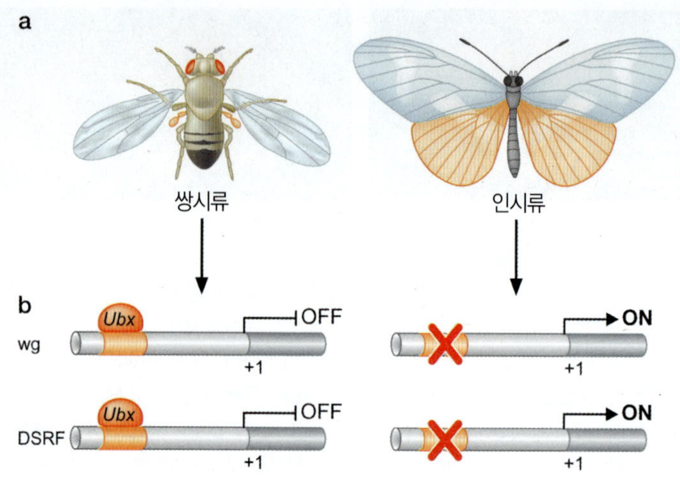

그림 21-30 ***Ubx*** **표적유전자 조절 DNA의 변화.** (a) *Ubx* 억제인자는 쌍시류의 평균곤과 인시류의 뒷날개에서 발현된다(주황색). (b) 쌍시류의 다른 표적유전자에는 Ubx 억제자리가 있다. 인시류에는 이 억제자리가 없다.

개구리와 같은 비포유류와 인간이 포함된 척추동물 사이에 분화가 일어난 것과 거의 같은 시기이다. 이것은 우리가 논의하였던 세 가지 기작 전부 또는 그 중의 한 가지 기작에 의하여 *Ubx* 유전자의 기능에 변화가 일어나기에 충분한 시간이었을 것으로 보인다. 아주 단순한 기작으로 *Ubx*의 발현형태에 변이가 나타난 결과, 인시목에서는 뒷날개의 전구체에서 Ubx가 발현하지 않는다. 이러한 기능상실로 인하여 정상상태에서는 *Ubx*에 의하여 억제되던 모든 유전자가 발현하게 되어 뒷날개가 발생하게 된다. 등각류에서 유영용 다리가 턱다리로 전환되는 현상도 이런 기작을 증명하는 명백한 사례가 된다. 한편, 파리와 나비에서는 *Ubx*의 발현형태에 뚜렷한 변화가 나타나지 않는다. *Ubx*는 나비의 뒷날개가 발생될 때 높은 수준으로 발현된다.

그러한 사실은 우리에게 두 가지 가능성을 제시한다. 첫째, Ubx 단백질은 파리와 나비에서 서로 다른 기능을 한다. 두 번째, 초파리에서는 Ubx에 의해 억제되던 표적유전자 10개 중 5개의 조절 DNA 상에 변이가 일어났기 때문에, 나비에서는 이 유전자들이 더 이상 Ubx에 의해 억제되지 않는다는 것이다(그림 21-30 참조). 10개의 *Ubx* 표적유전자 중에서 5개의 조절서열을 바꾸는 것보다 억제 활성을 변형시키는 것이 더 용이할 것으로 보인다.

놀랍게도, 여러 가지 *Ubx* 표적유전자의 조절서열의 변이로 인해 날개형태의 다양화가 발생한다는 설명은 가능성이 더 희박한 것으로 밝혀졌다. 초파리와 나비에서 Ubx 단백질의 기능이 같은 방식으로 작용하는 것으로 나타났다. 예를 들면, 나비에서는 뒷날개의 세포조직에서 Ubx가 소실되면 뒷날개가 앞날개 형태로 변형된다(그림 21-30a 앞날개와 뒷날개의 차이 편을 참조하라.). 이러한 사실은 나비의 Ubx 단백질이 앞날개의 발생을 저해하는 억제인자로 작용한다는 것을 나타낸다. 입증되지는 않았지만 날개-형태형성 유전자의 조절 DNA상에 있는 Ubx 결합자리가 결실되었을 수도 있다(그림 21-30b). 그 결과, 뒷날개의 발생이 더 이상 Ubx의 작용에 의하여 저해되지 않는다.

유전체의 진화와 인간의 기원

특히 동물들의 유전체 비교에 초점을 맞추어 특별한 유전체 비교 분석의 예를 살펴보기로 하자. 인간과 침팬지의 유전체를 네안델타르인의 유전체와 비교 · 분석한 결과,

인간의 기원에 대하여 놀라운 사실을 발견할 수 있었다.

다양한 동물들의 유전자 세트는 매우 유사하다

약 100종의 동물 유전체가 수집되어 완전하게 분석된 결과, 노랑초파리, 예쁜꼬마선충과 같은 주요 모델 동물은 물론 인간 유전체를 비롯한 몇몇 동물 그룹의 유전체 염기서열이 거의 일치하는 것으로 밝혀졌다. 인간 유전체와 구별되는 변별적 특징을 밝히기 위하여 몇 종류의 영장류(침팬지, 붉은털원숭이 등)들이 분석되었다(뒷부분 참조). 초파리의 다양한 종분화를 이해하는데 도움을 얻기 위하여 초파리 12종의 염기서열이 분석되었다. 현재, 모든 동물문의 1/3 정도가 유전체 서열이 완전히 밝혀진 종과 같은 일원으로 설명될 수 있다.

유전체 서열 비교 분석으로부터 밝혀진 더욱 놀라운 사실은, 말미잘에서부터 인간에 이르기까지 광범위하고 다양한 종류의 동물들에서 유전자 세트의 보존성이 매우 높게 나타난다는 것이다. 일반적으로 무척추동물(말미잘, 벌레, 곤충)은 약 15,000개의 단백질 암호 유전자를 가지고 있다. 척추동물은 평균 25,000개 정도의 더 많은 유전자를 가지고 있다. 그러나 유전자의 수가 더 많은 것은 척추동물에만 독특한 "새로운 유전자"가 있기 때문이 아니고, 이미 무척추동물에 들어 있던 "오래된 유전자"가 중복되어 있기 때문이다. 예를 들면 무척추동물은 섬유아세포 성장인자(FGF)라고 하는 성장인자를 암호화하는 유전자 복사본을 단지 몇 개만 가지고 있지만, 척추동물은 일반적으로 20개의 서로 다른 FGF 유전자를 가지고 있다.

모든 동물의 변별적인 특징을 나타내는데 필요한 유전자 세트가 *Monosiga*라고 하는 단세포성 진핵 원생동물의 유전체 배열 집합체에 들어 있다. 이 생물은 현존 동물의 가장 가까운 친척이다. 그러나 무시형, 형질전환 성장인자-β(TGF-β), Hedgehog나 Notch와 같은 신호분자의 암호를 비롯하여 동물의 발생에 필요한 다수의 유전자가 결핍되어 있다. 그리고 동물의 배아발생에서 유전자가 서로 다르게 차별적으로 활성화 되는데 필요한 *Hox* 유전자와 *Hox* cluster 같은 중요한 조절유전자도 가지고 있지 않다. 그래서 간단한 진핵생물이 현대의 동물로 진화하기 위해서는 약 10억 년 전 고대 바다에 살았던 단순한 생물에는 없었던 새로운 유전자 생성이 필요했다.

많은 동물이 변이유전자를 가지고 있다

모든 동물의 발생에는 일정의 기본 유전자 세트 또는 도구가 필요함에도 불구하고 각각의 유전체는 모두 그들 고유의 독특한—그리고 때로는 놀라운—특징을 가지고 있다. 멍게를 살펴보자. 멍게는 셀룰로오스 합성효소 유전자를 가지고 있다(그림 21-31). 식물에서 이 효소는 목재의 주성분인 셀룰로오스를 생산하는 데 사용된다. 사실 모든 동물에는 이 효소가 없는데, 멍게는 왜 이 효소가 필요할까? 성체는 움직이지 않고 조수 웅덩이에 붙어서 바닷물을 여과한다. 이것은 식물의 셀룰로오스와 비슷한 생물중합체인 투니신으로 이루어진 탄력성의 보호 껍질을 가지고 있다. 유전체의 서열을 분석하기 전에는 멍게가 그들 고유의 내생적인 셀룰로오스 합성효소를 가지고 있는 것인지 혹은 투니신 껍질을 생산하는 공생생물을 가지고 있는지 알 수가 없었다. 사실, 특이한 유전적 기능을 수행하기 위해 간단한 공생생물을 이용하는 동물들이 많다. 예를 들면, 흰개미와 목재를 먹고 사는 바퀴벌레는 목재를 소화시키는 데 필요한 유전자를 가지고 있는 공생박테리아를 그들의 장 속에 가지고 있다.

성게의 유전체 분석을 통하여 밝혀진 또 다른 사실은, 성게는 인간과 척추동물에

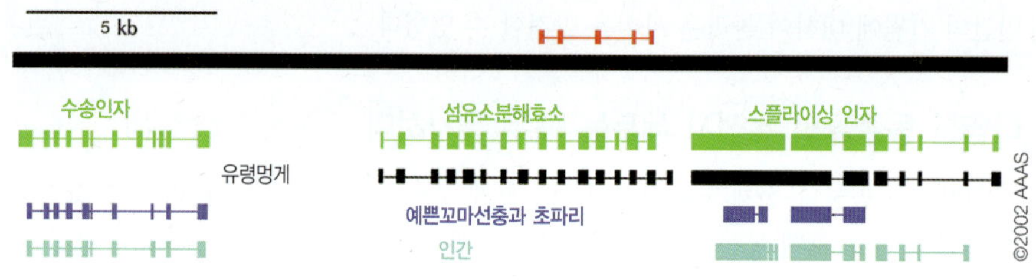

그림 21-31 다른 동물과 서열비교 분석이 이루어진 유령멍게의 유전체에 들어 있는 식물성 유전자. 유령멍게의 서열 가운데 하나인 20 kb 부위를 보여주고 있다. 이 서열에는 식물세포벽의 주성분인 셀룰로오스의 합성과 분해에 필요한 효소를 암호화하는 셀룰로오스 유전자가 들어있다. 맨 위에 있는 붉은색 네모는 애기장대의 *Kerrigan*-1 유전자이다. 유전자 검색 프로그램을 이용하여 녹색 네모로 표시된 유령멍게의 유전자에서 15개의 엑손이 발견되었다. 컴퓨터 프로그램에서는 실패하였지만 실제로는 cDNA(검은색 네모)에 5′ 엑손이 있었다. 이와 비슷하게, RNA 스플라이싱 인자를 암호화하고 있는 플랭킹 유전자는 대규모 암호부위에 소량의 인트론이 있을 것으로 예상되었으나 cDNA 서열상에는 인트론이 포함되어 있지 않은 것으로 나타났다. 5′-엑손의 크기도 일치하지 않았다. 플랭킹 유전자는 인간과 파리와 벌레 속에 들어 있었으나, 셀룰로오스 유전자는 셀룰로오스 보호 껍질을 가지고 있는 유령멍게에서만 발견되었다. 여러 종류의 동물 유전체 중에서 플랭킹 유전자의 인트론-엑손의 구조적 차이를 자세히 살펴보라. (Reprinted, with permission, from Dehal et al. 2002. *Science* **298:** 2157–2167, Fig. 8. © AAAS.)

서 면역글로불린을 재배열하는 데 필요한 *RAG1*과 *RAG2*라는 두 개의 유전자를 가지고 있다(12장 참조). 척추동물의 독특한 특징 중의 하나는 감염이나 상해에 대항하여 적응적 면역반응을 일으킬 수 있는 능력이 있다는 것이다. 이 능력에는 특이성과 정밀성으로 외부 항원을 인지하는 기능을 가진 특이 항체의 생산이 포함된다. 무척추동물은 보통 선천적인 면역력은 가지고 있으나 적응적 면역반응 능력은 없다. 성게의 유전체 분석이 이루어지기 전에는 현대 척추동물의 조상이 *RAG1*과 *RAG2*를 가지고 있는 바이러스나 전이유전자를 획득하였을 것으로 생각하였다. 그러나 성게에서 이 유전자들이 동정되면서 그것이 사실이 아닌 것으로 밝혀졌다. 대신, *RAG* 유전자는 훨씬 더 먼 조상인 후구동물에 의해 획득되었고, 여기서 극피동물(예를 들면, 성게)과 척색동물(예를 들면, 척추동물)이 분화되었다(그림 21-32 참조). 이런 조상의 몇몇 후손들은 멍게처럼 *RAG* 유전자를 잃게 되었다는 것을 알 수 있을 것이다.

신티니는 진화적으로 아주 오래된 것이다

유전체의 비교분석으로 밝혀진 놀라운 사실 중의 하나는 유연관계가 먼 동물들 사이에 유전적 연관의 보존성, 즉 신티니가 높다는 것이다. 사람과 생쥐 사이에는 많은 신티니가 있다. 많은 경우에 있어서 이러한 연관성은 4억 년 전 포유류의 공통조상으로부터 마지막으로 분화되어 나온 복어까지 확대된다. 훨씬 더 놀라운 것은, 현존하는 거의 대부분의 동물문이 발생한 시기인 캄브리아 방사기보다 더 오래전인 약 7억 년 전에 공통조상으로부터 분지된 말미잘과 같은 하등 무척추동물과 인간 사이에도 연관의 보존성이 상당히 높다는 사실이다(그림 21-33).

원핵생물에게는 유전적 연관성이 필수적인데, 연관 유전자는 같은 오페론 내에서 공동으로 조절된다(18장). 비록, 선충류인 예쁜꼬마선충(*C. elegans*)이 몇 개의 오페론을 가진 것으로 알려져 있기도 하지만, 일반적으로 후생동물의 유전체에는 이러한 유전적 연관성이 관찰되지 않는다. 다시 말하면, 서로 인접한 유전자들이 비연관 유전자보다 공동발현될(적혈구에서처럼) 가능성이 더 희박하다. 유전체 비교분석연구의 초기에는 유전적 연관에 의한 유전자조절 효과가 없는 것으로 알고 있었다. 예를 들

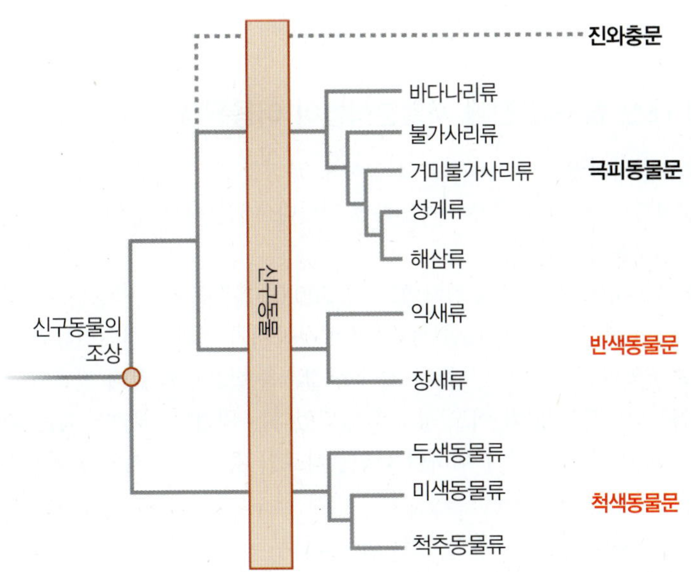

그림 21-32 후구동물의 계통수. 후구동물에는 네 개의 동물문이 포함되어 있다. 진와충문, 극피동물문, 반색동물문과 척색동물문이다. 극피동물문은 다섯 개의 강, 반색동물문은 두 개의 강, 척색동물문은 세 개의 강으로 나뉜다. 척추동물과 유연관계가 가장 가까운 동물은 멍게가 포함된 미색동물류라는 것이 중요한 사실이다(글상자 19-3 참조). (Adapted, with permission, from Gerhart J. 2006. J. *Cell Physiol*. **209:** 677-685. © Wiley-Liss, Inc.)

면, 포유류(인간과 쥐와 같은)의 유전체와 예쁜꼬마선충이나 초파리와 같은 무척추동물의 유전체의 비교분석에서, 유연관계가 가까운 동족유전자의 배열에서는 신티니가 나타나지 않는다. 그러나 선충류와 초파리의 유전체는 많이 "파생되었다"는 증거가 나타났다. 즉, 그들은 다른 유전체에서는 찾아볼 수 없는 독특한 재배열과 변이과정을 거쳤다. 이 사실에 대한 증거는 하등한 말미잘(*Nematostella*)의 유전체 분석을 통하여 밝혀졌다.

고생물인 말미잘은 절지동물(삼엽충 같은)과 환형동물이 출현하기 전인 전캄브리아기 화석에서 발견되었다. 그들의 단순함과 아주 오랜 역사에도 불구하고, 그들은 파리와 선충이 가지고 있지 않는 몇 가지 유전자를 가지고 있다. 더욱더 놀라운 사실은 비록 순서가 어느 정도는 바뀌었지만, 인간유전체에서 볼 수 있는 유전적 연관성의 약 절반정도가 말미잘의 유전체에서도 유지되고 있다는 것이다(그림 21-33). 사람의 10번 염색체의 q24 부위를 살펴보자. 이 부위에는 세포분열에 필요한 kinase를 암호화하고 있는 *SLK*와 액틴유전자를 비롯한 11개의 유전자가 4 Mb 간격 내에 배열되어 있다. 더 작은 말미잘의 유전체에도 이 11개의 유전자가 존재할 뿐만 아니라 1 Mb 간격 내에서 연계되어 있다. 이렇게 지엽적인 신티니 보존현상은 유전적 연관성이 현재는 설명할 수 없는 감지하기 어려운 방법으로 유전자의 기능에 영향을 미칠 수 있는 가능성을 증대시키는 것이다. 특히, 해면동물이나 편형동물과 같은 고생물의 유전체 연구를 통해서 조상의 핵형—현존하는 모든 동물문의 조상이 되는 후생동물의 정확

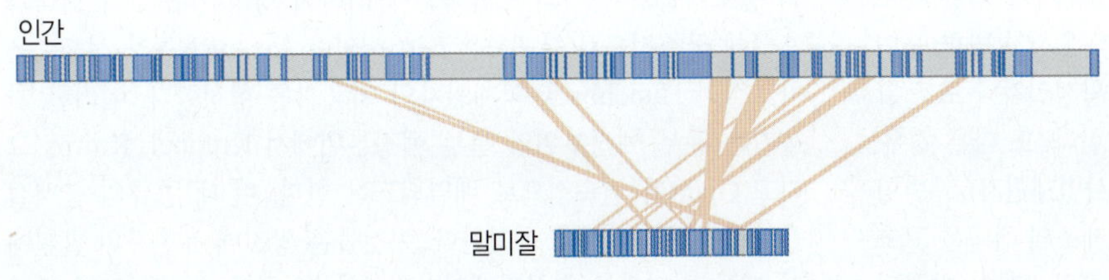

그림 21-33 말미잘과 인간 사이의 유전적 연관의 보존성. 상단의 그림은 사람의 10번 염색체(q24 부위)의 4 Mb 구간을 나타낸 것이다. 선들은 말미잘 염색체의 1 Mb 구간 내에 있는 유전자에 대응하는 11개의 유전자들의 배열상태를 나타낸다. 11개의 유전자가 모두 양쪽 염색체상에 존재하고 있으나, 인간과 말미잘이 공통조상으로부터 갈라져 나온 이후 약 7억 년이라는 시간이 지나면서 이 유전자들의 순서는 바뀌었다.

한 염색체와 유전적 연관성—을 복원할 수 있을지도 모른다.

인간의 기원에 대한 탐구에 전체 서열분석법이 이용된다

막대한 양의 DNA 염기서열을 경제적으로 신속하게 분석할 수 있게 됨으로써 불과 1년 전 만 해도 상상할 수 없었던 실험이 가능하게 되었다. 네안델타르인의 유전체 분석에 관한 최근의 연구를 살펴보자.

현대인은 거의 100,000년 전에 출현하였고 약 500,000년 전에 네안델타르인과 공통조상을 가졌다. 약 30,000년 전 네안델타르인이 사라지기 전까지 현대인류와 네안델타르인이 공존했었다는 증거가 있다. 두 집단이 결혼을 함으로써 현대 인류의 유전체에 "네안델타르인의 유전체"가 어느 정도 유입되었다는 의견도 나왔다. 최근, 과학자들은 이러한 가능성을 검토하기 위하여 네안델타르인 유전체의 서열을 완전히 밝혀냈다.

네안델타르인의 DNA 샘플은 보존이 잘된 화석으로부터 얻을 수 있었다. 그런데 이 DNA는 세균과 곰팡이로 심하게 오염되어 있었다. 오염이 되긴 했지만, 수십 만 개의 짧은 DNA "판독부위"(7장 참조)를 생산할 수 있는 기술 덕분에 오염된 DNA 혼합물 가운데서 정확한 네안델타르인의 DNA를 분리할 수 있었다. 실제, 잘 보존된 네안델타르인 화석으로부터 수집한 총 DNA의 단지 2∼3%가 인간과 침팬지의 유전체서열에 대응되는 진짜 네안델타르인의 DNA에 해당된다. 네안델타르인과 인간과 침팬지의 유전체를 자세하게 비교함으로써 현대인류와 네안델타르인 사이에 실질적인 혼합이 있었다는 것이 밝혀졌다. 멸종 생물의 유전체가 부활될 수 있다는 생각은 놀라운 것이다.

요약

세포는 배아의 발생과정에서 서로 다른 여러 가지 유전자를 발현함으로써 다양한 발생 경로를 거친다. 유전자의 차별적인 발현은 대부분 전사 초기단계에서 조절된다. 주로 mRNA의 국소분포, 세포와 세포의 접촉, 신호전달분자의 확산이라는 세 가지 방법이 이용된다.

mRNA 국소분포는 미세소관의 신장말단에 3′ UTR 특이서열이 부착함으로써 이루어진다. 이러한 기작은 출아 중인 효모의 딸세포에서 *ash1* mRNA가 자리 잡을 때 사용된다. 이것은 또 초파리 미수정란의 후형질에 *oskar* mRNA가 분포하도록 하는데도 사용된다.

세포 대 세포의 접촉에서는 막결합 신호전달분자가 어떤 세포의 신호전달과정을 활성화함으로써 이웃 세포의 유전자 발현에 변이를 일으킨다. 어떤 경우에는 휴지상태의 전사활성인자나 보조 활성단백질이 세포표면에서 핵 내로 들어가기도 한다. 또 다른 경우, 이미 핵 안에 존재하던 전사 정지인자(또는 전사억제인자)가 변형되어 유전자의 발현을 촉진할 수 있다. 세포 대 세포의 접촉은 고초균의 모세포와 전포자에서 서로 다른 유전자 프로그램이 발현될 때 사용된다. 곤충의 중추신경계 발생과정에서 피부세포가 뉴런으로 전환되지 못하도록 할 때에도 아주 유사한 기작이 사용된다.

세포 신호전달분자의 외세포성 기울기 형성에 의하여 복합조직이나 기관의 발생과정에 다양한 형태의 세포가 생성될 수 있다. 이 기울기로 인하여 활성화된 전사인자가 세포내 기울기를 형성하여 농도의존적 방법으로 유전자 발현을 조절한다. 외세포성의 Sonic hedgehog 기울기에 의해 척추동물 신경관의 복부 절반 정도에 Gli 활성자의 기울기가 형성된다. 여러 가지 수준의 Gli 기울기에 의해서 표적유전자 세트가 차별적으로 조절되어 서로 다른 형태의 뉴런이 만들어진다. 이와 유사하게, 초파리의 초기배아에서 Dorsal 기울기가 형성되면 등배축을 가로질러 서로 다른 유형의 유전자 발현이 일어난다. 이런 차별적인 조절방식은 표적증폭자 내에 있는 Dorsal 결합자리의 결합친화도에 따라 달라진다.

초파리 배아의 체절은 국소 분포를 이루는 mRNA와 조절인자의 농도기울기 사이의 조합작용에 의하여 형성된다. 각각 전극과 후극에 국소적으로 분포하는 *bocoid*와 *oskar* mRNA가 전후축을 가로질러 Hunchback 억제인자의 기울기를 형성한다. 이러한 기울기는 흉부 예정부위와 복부 예정부위에서 Krüppel, Knirps 그리고 Giant가 연속적으로 배열되도록 한다. 이 네 종류의 단백질을 gap 단백질이라고 통칭한다. 이것들은 쌍지배 유전자의 발현에서 띠를 형성하는 전사억제인자의 기능을 한다. *eve*와 같이 쌍지배 유전자의 조절부위에 위치하고 있는 독립적인 증폭자에 의해 각 띠의 발현이 조절된다. 각 증폭자는 활성인자와 gap 억제인자가 결합할 수 있는 여러 가지 결합자리를 가지고 있다. Bicoid와 같이 광범위하게 분포하는 활성인자와 국소적 분포를 이루는 gap

억제인자의 상호작용으로 쌍지배의 각 띠마다 앞쪽경계와 뒤쪽경계가 형성된다. 7개의 띠를 생성하는 쌍지배 유전자의 발현에서 각각의 stripe 증폭자는 서로 독립적으로 작용한다. 이러한 증폭자의 자율성은 부분적으로는 단거리 전사억제작용에서 기인한 것이다. 한 증폭자와 결합한 gap 억제인자는 동일한 유전자에 위치하고 있는 인접 stripe 증폭자의 활성작용은 방해하지 않는다.

호메오유전자는 각각 서로 다른 체절을 형성하게 하는 조절단백질을 암호화하고 있는 유전자이다. 가장 잘 알려진 두 가지 유전자는 초파리의 제2가슴마디와 제3가슴마디의 발생을 조절하는 *Antp*와 *Ubx*이다. 날개에서 *Ubx*가 이상 발현되면 초파리의 날개가 발생하지 못하는 반면, 두부에서 *Antp*의 발현이 잘못되면 촉각이 다리로 변형된다.

단순히 수와 다양성의 측면에서 보면 절지동물은 동물계에서 가장 성공적으로 번식한 군이라고 할 수 있다. 절지동물의 다양성에 관한 분자생물학적인 연구는 다른 어떤 동물군보다 더 많은 연구가 이루어졌다. 예를 들면, 여러 종류의 갑각류 집단에서는 *Ubx* 유전자의 발현에 변화가 일어나면 유영용 다리가 턱다리로 전환된다. Ubx 단백질에 기능적인 변화가 발생하면 곤충의 복부에서 다리발생이 억제될지도 모른다. 결론적으로, Ubx 표적유전자의 변이는 쌍시목의 평균곤과 인시목의 뒷날개에서 볼 수 있는 것과 같은 형태적 변화를 일으킨다.

다양한 동물 집단에 대한 유전체 분석을 통하여 핵심적인 "유전도구세트"의 보존 현상이 매우 뛰어난 것으로 밝혀졌다. 대부분의 동물 유전체에는 비슷한 유전자 세트가 들어 있고, 대부분 동물의 차별성은 새로운 유전자의 생성보다는 "오래된" 유전자의 중복성과 다양화로부터 야기되었다. 거의 대부분의 유전자가 서로 다른 동물 집단 내에서 잘 보존되고 있을 뿐만 아니라, 유전적 연관의 보존현상이나 신티니도 나타난다. 인간 유전체에 들어 있는 모든 유전자의 반이나 되는 유전자가 말미잘과 같은 아주 다른 동물 집단에서는 서로 인접하여 연쇄적으로 배열되어 있다. 전체 유전체를 분석한 자료는 인류의 기원에 대한 연구를 하기 위하여 사용되고 있다. 네안델타르인과 침팬지의 유전체를 비교한 결과에서 현대 인류는 멸종된 네안델타르인으로부터 물려받은 중요한 유전인자를 가지고 있다는 것이 밝혀졌다.

참고문헌

Books

Carroll S.B., Grenier J.K., andWeatherbee S.D. 2005. *From DNA to diversity: Molecular genetics and the evolution of animal design*, 2nd ed. Blackwell, Malden, Massachusetts.

Gilbert S.F. 2010. *Developmental biology*, 9th ed. Sinauer Associates, Sunderland, Massachusetts.

Wolpert L. and Tickle C. 2010. *Principles of development*, 4th ed. Oxford University Press, New York.

mRNA Localization

Macdonald P.M. 2011. mRNA localization: Assembly of transport complexes and their incorporation into particles. *Curr. Opin. Genet. Dev.* **21**: 407–413.

Martin K.C. and Ephrussi A. 2009. mRNA localization: Gene expression in the spatial dimension. *Cell* **136**: 719–730.

Medioni C., Mowry K., and Besse F. 2012. Principes and roles of mRNA localization in animal development. *Development* **139**: 3263–3276.

Cell-to-Cell Contact

Barad O., Hornstein E., and Barkai N. 2011. Robust selection of sensory organ precursors by the Notch-Delta pathway. *Curr. Opin. Cell Biol.* **23**: 663–667.

Schweisguth F. 2004. Notch signaling activity. *Curr. Biol.* **14**: R129–R138.

Shapiro L., McAdams H.H., and Losick R. 2002. Generating and exploiting polarity in bacteria. *Science* **298**: 1942–1946.

Morphogens

Ashe H.L. and Briscoe J. 2006. The interpretation of morphogen gradients. *Development* **133**: 385–394.

Rogers K.W. and Schier A.F. 2011. Morphogen gradients: From generation to interpretation. *Annu. Rev. Cell Dev. Biol.* **27**: 377–407.

Roth S. and Lynch J. 2012. Does the Bicoid gradient matter? *Cell* **149**: 511–512.

Developmental Enhancers

Arnosti D.N. and Kulkarni M.M. 2005. Transcriptional enhancers: Intelligent enhanceosomes or flexible billboards? *J. Cell Biochem.* **94**: 890–898.

Jaeger J. and Reinitz J. 2006.On the dynamic nature of positional information. *BioEssays* **28**: 1102–1111.

Levine M. 2010. Transcriptional enhancers in animal development and evolution. *Curr. Biol.* **20**: R754–R763.

Segmentation

Lemons D. and McGinnisW. 2006. Genomic evolution of Hox gene clusters. *Science* **313**: 1918–1922.

Lewis E.B. 1978. A gene complex controlling segmentation in *Drosophila*. *Nature* **276**: 565–570.

Tschopp P. and Duboule D. 2011. A genetic approach to the transcriptional regulation of Hox gene clusters. *Ann. Rev. Genet.* **45**: 145–166.

연습문제

짝수 문제의 해답은 부록 2 해답을 참조하라.

문제 1. 차별적 유전자 발현을 정의하라.

문제 2. 만능성 내세포괴(ICM)의 세포와 같은 기능을 하는 유도 만능성 줄기세포(iPS)의 중요성에 대하여 설명하라.

문제 3. 발생과정에 유전자가 차별적으로 발현되도록 하는 세 가지 전략을 밝혀라.

문제 4. 농도-의존성 형태형성인자에 의해 야기되는 차별적인 유전자 발현의 일반적인 단계에 대하여 서술하라.

문제 5. 출아효모(*Saccharomyces cerevisiae*)의 교배형 전환의 조절작용에서 유전자가 서로 다르게 차별적으로 발현되도록 하는데 사용되는 방법은 무엇인가? 이 방법에 사용된 mRNA나 단백질의 명칭은 무엇인가?

문제 6. 고초균(*Bacillus subtilis*)의 전포자가 모세포에서 유전자 발현에 영향을 미칠 때 유전자를 독립적으로 발현시키기 위하여 사용된 방법은 어떤 것인가? 이 방법에 사용된 mRNA와 단백질의 명칭은 무엇인가?

문제 7. Dorsal은 노랑초파리(*Drosophila melanogaster*)의 배아 초기에 배복부의 형태형성을 조절하는 단백질이다. 5′ 조절 DNA에 있는 Dorsal-결합자리의 형태와 수가 유전자의 발현경계와 어떤 관련이 있는지 설명하라.

문제 8. 초파리의 난모세포에서 고유의 적절한 조직발생을 위하여 *bicoid*와 *oskar* mRNA의 3′ UTR이 필요하다는 것을 나타내는 실험에 대하여 설명하라.

문제 9. 배아에서 적합한 분절이 일어나도록 하기 위하여 Bicoid와 Nanos가 어떻게 Hunchback 단백질의 기울기를 형성하는지 설명하라.

문제 10. *eve* stripe 1-7을 살펴보고, *eve* 유전자의 5′ 조절유전자 부위에서 stripe #2가 최적의 발현을 하기 위하여 stripe #2를 위한 증폭자가 필요하다는 것을 검정할 수 있는 보고서를 써보라.

문제 11. *eve* stripes 야생형의 발현을 나타내는 그림 21-20을 살펴보라. 만약 *eve* 유전자의 5′ 조절유전자 부위에서 *eve* stripe #3과 #7에 필요한 증폭자가 결실되었다면, 배아에서 발생할 수 있는 *eve* stripes의 형태를 예측해보라.

문제 12. 그림 21-21을 보고, Bicoid와 Giant의 농도가 배아의 앞부분에서부터 뒷부분으로 감에 따라 급격하게 떨어지는 이유를 밝혀라.

문제 13. 어떻게 초파리의 안테나 대신 다리가 발현될 수 있는지 설명하라.

문제 14. 왜 많은 신호 단백질들을 도구유전자로 취급하는지 설명하라.

문제 15. *Bicoid* mRNA는 모계에서 유래되며, 초파리의 초기배아에서는 앞 분분에 분포한다. Bicoid 단백질은 *hunchback* 유전자의 농도 의존성 전사 활성인자이다.

아래 그림은 야생형 *hunchback* 촉진유전자의 조절 하에 어떤 유전자가 발현된 배아를 나타낸 것이다. 어두운 부분이 발현이 된 부분이다. 이 그림을 보고 다음 물음에 답하라.

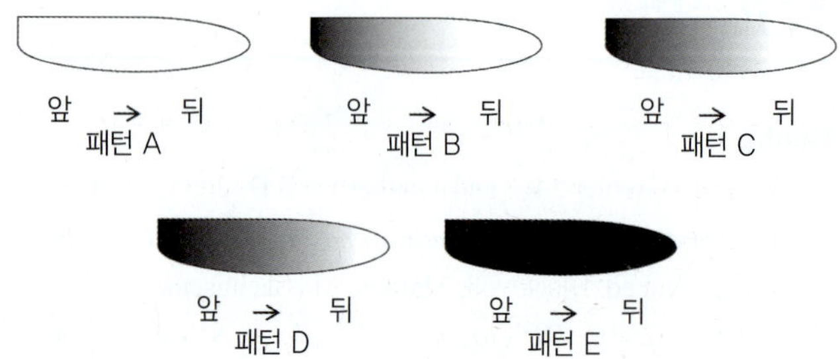

A. 어떤 발현 패턴이 *bicoid* mRNA를 발현하지 않는 모계에서 유래된 배아인지 고르고 설명하라.

B. 초파리는 이배체 생물이다. 이것은 패턴 C와 아주 유사한 형태를 만든다. 만약, 모계가 *bicoid* 유전자의 사본을 한 개만 가지고 있다면 이 패턴에 어떤 변화가 나타날 것이라고 생각하는가? 변화가 없다면 왜 그런지 설명하라. 변화가 있다면 위의 그림 중에서 가장 유사한 패턴을 고르고 이유를 설명하라.

C. *hunchback* 촉진유전자는 고친화성 Bicoid 단백질 결합자리와 저친화성 결합자리를 가지고 있다. 만약 모계에 두 개의 *hunchback* 유전자 사본이 있고, *hunchback* 촉진유전자에 돌연변이가 일어나서 저친화성 결합자리만 가지고 있다면 어떤 발현 패턴이 나타날 것이라고 생각하는가? 그 이유를 설명하라.

CHAPTER 22

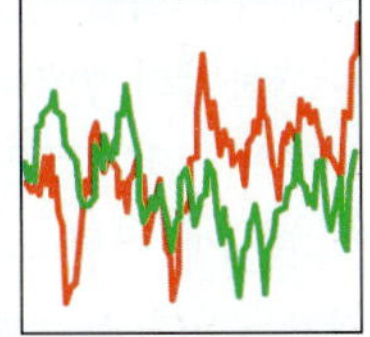

유전체분석 및 시스템생물학

개 요

기술적인 진보는 분자생물학에 근본적인 변화를 가져왔다. 이제 줄기세포가 심장 근육으로 분화하는 것과 같은 복잡한 세포현상에 관련된 모든 요소—모든 유전자와 단백질—를 알아낼 수 있게 되었다. 대량 유전자 분석(large-scale DNA sequencing)과 단백질체학(proteomics) 방법이 등장하기 이전에 분자생물학자들은 전체 중 단지 일부, 즉 한 과정을 결정하는 주요 조절인자로 추정되는 구성성분에 대한 체계적인 분석을 통하여 일반 원리를 찾아내고자 하였었다. 한 과정의 모든 구성요소를 찾아내고 그 특성을 찾을 수 있게 되면서 새로운 질문—기본이 되는 원리들은 무엇인가?—에 대해 답을 할 수 있는 기회를 갖게 되었다. 이번 장에서 우리는 새로이 떠오르고 있는 시스템생물학(systems biology)을 다루고자 한다. 시스템생물학은 전통적인 실험 분자생물학과 컴퓨터 분석의 결합으로 만들어졌다.

분자생물학의 성공은 비교적 단순한 시스템을 다룸으로 바탕이 되는 기작을 아주 자세하게 규명할 수 있게 한 데 있다. 이 전통적인 접근은 더 고등하고 복잡한 수준의 생물학적 구성(biological organization)을 정량적이면서 빠르게 처리할 수 있는 측정법, 모델링, 재구성, 그리고 이론이 결합된 야심차면서 전체적인 연구 전략에 의해 밀려나기 시작했다. 이 학제적인 연구가 시스템생물학이라는 떠오르는 분야이다. 시스템생물학은 분자생물학과 세포생물학뿐만 아니라 수학, 공학, 물리와 컴퓨터 과학이 함께하는 학문이다. 그 목적은 생명체의 활동을 지배하는 상호망의 창발적 속성(emergent property)을 양적이고 예측되는 방법으로 기술하는 데 있다. 이러한 접근은 정보전달, 신호전달, 세포분열, 세포골격의 움직임 등 여러 수준에서 작동되는 생물학적 시스템에 적용될 수 있다. 이 책에서는 유전자의 분자생물학 책에서 적합하게 유전자 조절 회로(gene regulatory circuit)의 시스템생물학에 초점을 두었다. 바라는 바는 이 접근이 개별적인 구성요소를 분리하여 수행하는 연구에서 이해할 수 없는 유전자 조절의 원리를 밝혀내는 것이다.

시스템생물학은 **합성생물학(synthetic biology)**과 같은 다른 새로운 분야와 밀접하게 제휴되어 있다. 시스템생물학과 같이 합성생물학은 생물학적 회로의 원리를 밝히는 것을 추구한다. 그러나 합성생물학은 유전자 조절의 자연적 경로의 특성과 유사한 인공적인 그물망을 만들고자 하는 시도이다. 이 접근 방법은 우리가 조절 시스템이 어떻게 작동되는지에 대한 우리의 모델을 검증할 수 있게 해준다. 상대적인 단순함 덕분에 인공적인 그물망은 자연 시스템에서 발견되는 보다 복잡한 조절 회로보다 더 정량적인 방법으로 분석된다.

시스템생물학은 유전 조절의 논리뿐만 아니라 진화의 정황에 대해서도 정보를 주는 매우 흥미있는 분야이다. 고등 개체의 진화를 유도하는 원리는 19장에서 다루었던 바와 같이 유전자 발현을 조절하는 그물망의 변화에 있지 유전자 자체에 있는 것이 아니다. 예를 들어 동물들은 비슷한 군의 유전자들을 갖고 있지만 이 유전자들은 다른 자리 다른 시기(때때로 근본적으로 다른)에 발현한다. 다시 말해 조절 그물망은 진화에서 상대적으로 변동적이지만 유전자는 비교적 변화하지 않는다.

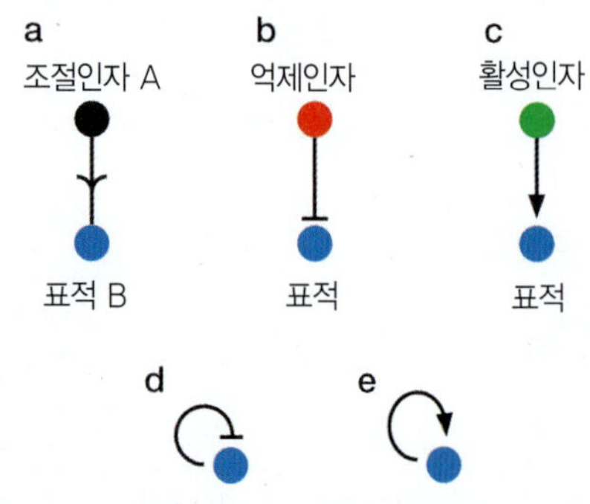

그림 22-1 노드와 에지로 구성된 단순 그물망. (a) 단순 스위치. 두 종류의 스위치는 음성 (b)과 양성 (c) 신호를 보여준다. (d) 양성 자동조절; (e) 음성 자동조절

여기에서는 시스템생물학과 합성생물학을 자연 상태와 재구성된 유전자 조절의 회로에 중점을 두어 소개하고자 한다. 우리는 이 분야에서 기본이 되는 자세한 수학이 아닌 유전 회로의 원리와 유전 조절의 다른 연결 그림에 대한 반응을 직관적으로 이해하는 데 집중하고자 한다. 시스템생물학은 새로운 분야이다. 이에 대한 기본 원리 중 일부는 유전자 조절의 고전적인 연구, 특히 18장에서 언급한 연구에서 파생되었다. 이 장에서 우리는 생물학적으로 다양한 조절 시스템의 범위에 대한 단순한 예들을 해석하는 데 도움이 될 형식화된 언어를 소개하겠다.

조절 회로

조절 회로(regulatory circuit)는 **노드(node)**과 **에지(edge)**으로 구성된 단순한 그물망으로 묘사할 수 있다. 노드는 유전자들이고 점(dot)들로 표현한다. 에지는 다른 산물에 의한 유전자의 조절을 의미하며 선으로 표시한다(그림 22-1a). 에지는 A가 B를 조절하는지 아니면 반대인지를 알려주는 방향성을 보여준다. 또한 에지는 그 조절이 양성 반응인지 음성 반응인지를 알려주는 신호를 갖고 있다. 즉, 유전자 A에서 B로 이어지며 "⊥"로 끝나는 선은 유전자 A의 산물이 유전자 B를 억제하는 조절자라는 것을 의미한다(그림 22-1b). 반대로 유전자 A에서 유전자 B로 연결된 화살표를 가진 선은 유전자 A가 유전자 B의 발현을 촉진하는 방향으로 작용함을 나타낸다(그림 22-1c).

유전자 A의 산물이 유전자 B의 발현을 조절하는 단순한 두 개의 노드 변화를 먼저 살펴보자(그림 22-1a). 즉, 신호에 반응하여 유전자 A가 암호화하는 조절 단백질 신호는 유전자 B의 발현을 촉진한다. 조절 단백질이 억제인자(repressor)가 될 수도 있다: 이 경우 전사는 억제유전자를 불활성화시키는 유도자(inducer)에 의해 촉진된다(그림 22-1b). 반대로 조절자가 활성인자(activator)가 될 수도 있는데, 활성체는 신호전달물질에 반응하여 전사를 촉진시키는 능력을 갖고 있다(그림 22-1c).

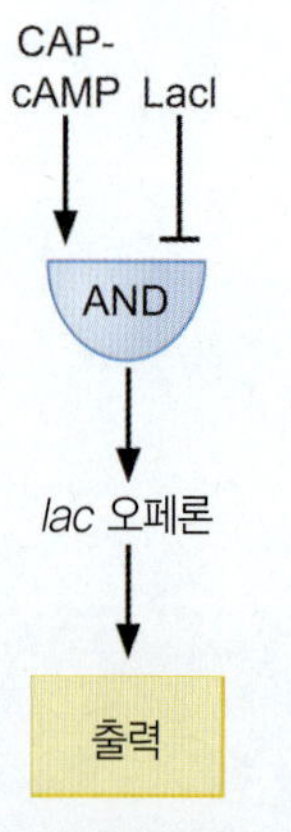

그림 22-2 AND 게이트. 락토오스 오페론은 최종출력(오페론의 전사)에 CAP-cAMP의 존재와 LacI 억제인자의 결여가 모두 필요한 AND 게이트에 해당된다.

젖당 오페론(18장, 그림 18-16에서 논의됨)은 두 개의 조절 단백질에 의해 조절되며, 두 종류의 조절이 섞여진 예이다. 전사는 유도자가 있을 경우 촉진되는데, 유도자는 Lac 억제인자를 불활성화시키고 cAMP의 농도를 높이며, cAMP는 CAP 활성인자(catabolite activator protein)가 DNA에 결합하는 것을 촉진한다. 즉, 젖당 오페론은 단순한 스위치가 아니며, 그 발현은 억제인자가 없고 리간드 cAMP에 결합하는 CAP이 있어야만 한다. 이것은 출력을 위해서는 두 개의 입력조건이 순차적으로 만나야 하는 것을 나타내는 전기공학에서 나온 용어인 "AND Gate" 논리(logic)이다. 여기에서 이 조건들은 억제를 막고 양성 반응을 활성화시키는 것이다. AND 게이트는 그림 22-2에 도식화하였다.

자동조절

조절유전자는 다른 표적유전자의 전사뿐만 아니라 자신의 전사를 조절하는 경우가 많다. 이러한 조절을 **자동조절(autoregulation)**이라 하고 그 신호는 산물의 특성에 따라 음성이 될 수도 있고 양성이 될 수도 있다(그림 22-1d,e).

음성 자동조절은 노이즈를 줄이고 반응을 빠르게 한다

먼저 음성 자동조절을 다루어보자. 이 경우 억제인자에 대한 유전자는 자신의 산물에 의해 억제되는 방향으로 조절된다. 음성 자동조절의 고전적인 예는 박테리오파지 λ의 *c*I 유전자로 18장에서 다룬 바 있다(*c*I는 양성 자동조절의 한 예이기도 하다). 즉 CI 억제인자가 작동유전자(operator) 자리인 O_{R3}에 결합하면 자신의 유전자의 전사를 억제한다(18장, 그림 18-27).

음성 자동조절의 생물학적 중요성은 무엇이고 왜 진화과정에서 반복적으로 선택되었는가? 한 가지 설명이 18장에서 다루어졌었다. 음성 자동조절은 조절 단백질의 수준이 항상 일정한 수준으로 유지하게 하는 항상성 기작이다. 즉, CI의 수준이 낮아져서 *c*I와 다른 표적유전자의 억제를 풀어준다면, 전사의 증가는 억제유전자의 세포 내 농도를 증가시키게 되고 억제가 다시 시작된다. 역으로 유전자의 발현이 증폭되어 필요 이상의 억제가 만들어진다면 음성 자동조절에 의해 억제유전자의 수준이 세포 증식과 분열 동안 또는 단백질 분해에 의해 또는 두 가지 모두에 의해 희석되어 낮아질 때까지 이 유전자의 발현이 정지 상태에 있게 된다.

음성 자동조절은 또 다른, 아마도 명백하지는 않지만 장점을 제공한다. 억제인자를 과도하게 쓸모없이 생산하지 않고, 가능한 빨리 억제인자의 생산을 막아야 하는 경우를 생각해 보자. 강력한 프로모터는 재빠른 생산을 가능하게 해주나 대신 정상적인 상태에서 과다한 축적을 야기한다. 반대로 약한 프로모터는 적절한 수준의 억제인자를 만들지만 시간이 오래 걸린다. 음성 조절은 두 경우에 모두 최상의 조건을 만들어 준다: 강력한 프로모터는 조절 단백질의 빠른 축적을 유도하게 하고, 전사의 자가억제는 적절한 수준의 억제인자가 만들어졌을 때 과다한 축적을 중단시킨다. 두 개의 수학적인 모델과 실험은 음성 자동조절이 단순 조절보다 단백질 축적에 대해 더 빠르게 반응하게 한다는 것을 입증해 주었다(그림 22-3).

유전자 발현은 다양성(noisy)을 갖고 있다

유전자 발현에 있어서의 노이즈에 대한 개념은 항상성에 있어서 음성 자동조절의 역

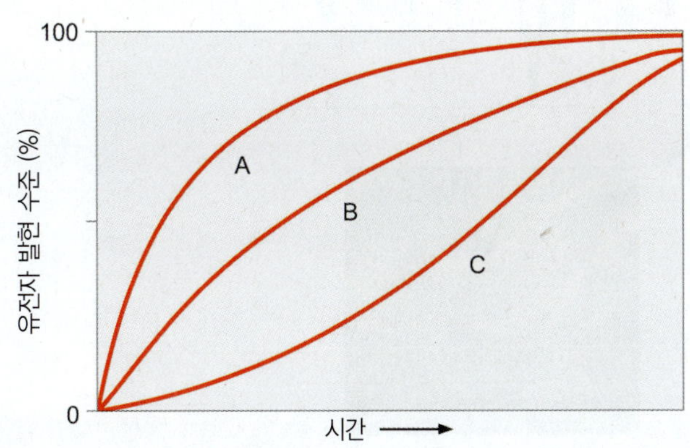

그림 22-3 유도자에 영향 받는 반응 속도 (kinetics) 단순 스위치(B), 자동 음성 조절 스위치(A), 양성 자동 조절 스위치(C)는 한 유도 신호에 대해 다른 반응 속도를 갖는다.

할에 관한 앞에서의 언급에 함축되어 있다. 최근까지, 동종의 세포 집단에서 한 유전자의 발현 수준은 비교적 세포 간의 차이 없이 일정하다고 생각되었다. 그러나 이제는 유전자 발현 수준은 같은 집단에서도 개별적인 차이가 있고 심지어는 같은 세포에서 같은 유전자 두 사본 사이에서도 기본적으로 다르다는 것을 알게 되었다. 이에 겉으로는 거의 일정한 조건에서 일어나는 유전자 발현의 다양성을 노이즈라고 정의하였다. **노이즈(noise)**의 존재는 확률성이 개별 유전자 발현에 영향을 준다는 것을 말해준다. **확률성(stochasticity)**은 어떤 과정이 어느 정도로 무작위하게 일어나는지를 알려준다. 다음에서 볼 수 있는 바와 같이, 일부 조절 모티프는 노이즈에 대처할 수 있도록 고안되었으며 어떤 모티프는 노이즈를 이용할 수 있도록 고안되었다

유전자 발현에 있어서 노이즈는 내재적인 원인과 외재적인 원인에서 발생하며, 그 결과 한 인종에서의 유전자 발현의 차이가 생기게 된다. **내재적인 노이즈(intrinsic noise)**는 한 세포 내에서 개별 유전자의 발현 수준에 있어 다양성을 의미하며 유전자 발현기구 내의 확률적 사건에 기인한다. 내재적인 노이즈를 입증하는 고전적인 실험 중 하나는 같은 유전자에 대해 두 개의 사본을 갖고 있는 대장균 세포를 이용한 실험이다. 유전자 중 한 사본은 붉은 형광 단백질을 다른 하나는 초록 형광 단백질을 암호화할 수 있는 리포터와 결합시켰다. 만약 내재적인 노이즈가 없다면 두 유전자 사본들은 붉은색과 초록색 형광 단백질을 같은 양으로 만들며 결과적으로 세포는 노란색을 낼 것이다. 그런데 많은 세포들은 선명한 붉은색을 띠며 일부 세포들은 선명한 초록색을 나타내었다(그림 22-4a). 즉, 각 유전자 발현의 수준이 세포마다 동일하지 않았다. 어떤 세포에서는 한 사본(초록색 형광 단백질을 발현하는 사본)이 다른 사본(붉은색 형광 단백질을 발현하는 사본)보다 더 활발하게 발현되며, 어떤 세포에서는 반대의 현상을 볼 수 있었다.

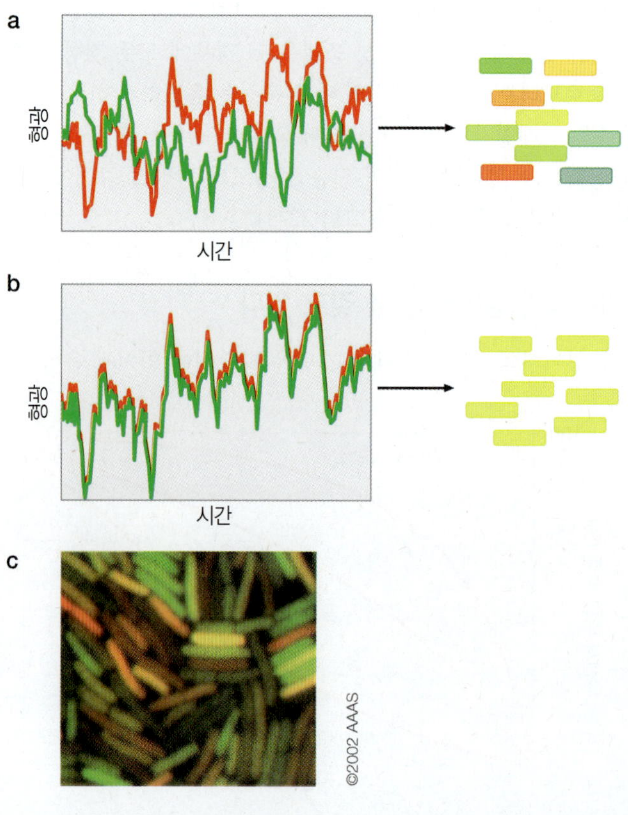

그림 22-4 내부 고유의 노이즈 대 외부의 노이즈(intrinsic versus extrinsic noise). 한 유전자에 대해 두 개의 카피를 갖는 대장균(*Escherichia coli*) *세포*. 이중 한 카피는 붉은색 형광을 내는 리포터에 결합시키고 다른 하나는 초록색 형광을 내는 리포터에 결합시켰다. (a) 두 개의 유전자가 시간에 지나면서 발현에 차이가 있고 한 세포 내에서도 개별적인 차이가 있을 것으로 예상했을 때 얻어지는 결과(내부 고유의 노이즈). (b) 두 유전자의 발현 수준이 외부의 노이즈 때문에 시간이 흐르면서 동일하게 변화할 경우 예상되는 결과. (c) 노란색 외에 붉은색과 초록색의 세포가 관찰된 형광 현미경 결과는 내부 노이즈를 입증해준다. (Reprinted Elowitz M.B. et al. 2002 *Science* **297:** 1184–1186. © AAAS.)

외재적인 노이즈(extrinsic noise)는 외관상 동종의 집단에 있는 세포 사이에서 일어나는 유전자 발현의 차이 또는 시간 경과에 따라 같은 세포에서 일어나는 유전자 발현의 차이를 의미한다. 이 외재적 노이즈는 개별 세포들 간의 주변 환경의 미세한 차이 또는 시간이 지나면서 세포가 갖고 있는 전사 또는 단백질 합성을 할 수 있는 능력에 변화가 생김으로 발생한다. 그림 22-4b에서 두 유전자의 발현 수준이 시간에 따라 변화하는 것을 볼 수 있다. 이 경우 한 세포에서 두 유전자의 발현 수준이 특정 시기에 올라갔다가 이후 떨어진다. 이러한 현상은 한 세포에서 일부 유전자 또는 전체 유전자가 발현할 수 있게 하는 능력이 시간에 따라 변동이 있다는 것을 의미한다. 그림 22-4c의 형광현미경 사진에서 우리는 일부 세포가 노란색을 띠는 반면, 일부는 내재적인 노이즈의 결과로 붉은색이나 초록색을 나타내는 것을 볼 수 있다.

음성 자동조절로 되돌아가보면, 우리는 이 조절 모티프가 자동조절되는 유전자의 발현 수준의 차이를 보정하도록 하여 세포가 노이즈에 대처할 수 있도록 하게 함을 알 수 있다. 박테리오파지 λ CI 합성을 관할하는 음성 자동조절 회로는 견고하다. **강건성(robustness)**은 조절 회로의 최종 산물이 특정 변수에 영향을 받지 않는다는 것을 말한다. 즉, 억제인자를 일정 수준으로 유지하기 위한 CI 자동조절 순환의 힘이 *cI* 유전자의 발현 시 일어나는 노이즈에 대하여 강력하다. 다른 조절 모티프 또한 세포가 유전자 발현을 촉진하는 신호에 있어서의 변동과 같은 여러 확률적인 원인에 대처할 수 있게 세포를 도와준다.

확률성은 대장균만의 특성이 아니다. 실제 생명체 전체에 광범위하게 해당된다. 예를 들어, 체세포 핵을 핵이 제거된 배아세포에 넣어 만들어진 고양이 클론의 털 패턴은 유전체가 유래한 원래 고양이의 털 패턴과 같지 않다. 사람들은 이 클론과 기원이 되는 고양이가 유전적으로 같지 않기 때문에 고양이들의 털 패턴이 같지 않다고 추측했었다. 그들이 생각하지 못한 것은 털 패턴을 관할하는 일련의 유전적 사건은 전체적으로 내장된 프로그래밍이 아니고 추계적인 확률과정(stochastic process)을 포함하고 있다는 것이다. 두 번째 예로서 일란성 쌍둥이의 지문이 같지 않다는 것을 들 수 있다.

양성 자동조절은 유전자 발현을 지연시킨다

양성 자동조절은 활성 단백질이 자기 유전자의 전사를 촉진시킬 때 일어난다(그림 22-1e). 박테리오파지 λ의 *c*I 유전자는 여기에 대해서도 고전적이나 다소 복잡한 예를 제공해 준다: CI 억제인자의 세포 내 농도가 낮으면 CI 억제인자는 *c*I 전사를 조정하는 프로모터(P_{RM})의 바로 위에 위치한 O_{R2}와 O_{R1} 작동유전자에 우선적으로 결합한다(그림 18-26). O_{R2}에 결합한 CI 단백질은 RNA 중합효소와 결합하여 전사를 활성화시켜 CI 합성을 증가시킨다. 물론 우리가 보았던 것처럼 CI가 높은 수준에 도달하게 되면 O_{R3}에 결합하여 전사를 억제시킨다. 즉, *c*I 유전자는 양성 자동조절과 음성 자동조절을 모두 받는다.

이제 양성 자동조절만 되는 활성 단백질에 대한 유전자의 경우를 생각해 보자(그림 22-1e). 유전자 산물이 일정한 수준으로 존재하기 위해서는 단백질의 합성 속도가 분해(불안정하다면) 또는 세포의 성장과 분열로 인한 농도 희석 때문에 생기는 단백질의 손실과 균형을 이루어야 한다. 즉, **"안정적 평형상태(steady state)"**는 유전자 산물의 수준이 시간이 지나도 무시해도 좋을 만큼의 변화만 갖고 있는 조건을 말한다. 중요한 점은 유전자의 발현이 개시된 이후 안정적 평형 상태에 이르기까지의 시간이 음성 자동조절이나 그물망이 전혀 없는 경우에서보다 양성 조절의 경우에 더 길다는 것이다(그림 22-3). 좀 더 정확히 말해, 중간 축적에 걸리는 시간이 다른 조절 스위치에 비해 양성 조절에서 더 길다. 그 이유는 생산 속도가 시간이 지나면서 증가하고 애초부터 활성인자의 축적에 의존하기 때문이다.

양성 자동조절은 형태형성(morphogenesis)에 관련된 단백질의 더딘 축적으로부터 혜택을 받는 발생처럼 천천히 전개되는 생물학적 과정에 유용하다. 예를 들어, 고초균(*Bacillus subtilis*)의 포자형성의 원시 발생과정에서 포자형성 시 후기 사건을 조절하는 주요 조절 단백질들은 (대체 중합효소 σ 인자 σ^G와 σ^K) 자신의 구조유전자들뿐 아니라 형태형성 유전자들의 전사를 자극한다. 즉, 시그마인자뿐만 아니라 그들을 조절하는 유전자 산물들은 σ^G와 σ^K 생산이 자신의 합성에 의존하기 때문에 천천히 축적된다.

양성 자동조절은 또 다른 이점을 갖고 있다. 이 장점은 "쌍안정 스위치"로 알려진 조절 스위치의 극단적인 형태에 근거하고 있으며 아래에서 설명할 것이다.

쌍안정(Bistability)

지금까지 우리가 다룬 모든 조절 회로들은 유전자나 유전자들을 작동시키는 신호가 제거되면 회로의 스위치가 작동불능 상태로 되돌아가는 가역적인 회로들이었다. 그러나 어떤 경우, 유전자 발현이 시작되면 작동 상태로 고정되어 오랫동안 계속 발현되기도 한다. 이것을 **쌍안정 스위치(bistable switch)**라고 한다.

일부 조절 회로는 대체 안정 상태에서 고정된다

쌍안정 스위치의 잘 알려진 예는 고초균이 유전적으로 외부 DNA를 받아들일 수 있는지를 관할하는 회로이다. **수용능(competence)**은 세균이 성장을 멈추고 주변 환경으로부터 순수한 DNA를 받아들여 유전자 재조합 방법으로 동종 유전자 서열들을 자신의 유전체로 끼어 넣는 능력을 획득할 수 있는 특화된 상태이다. 수용능을 주로 조절하는 인자는 DNA 결합 단백질인 ComK이다. ComK는 자신을 포함한 약 100개의 유전자를 활성화시키는 인자이다(그림 22-5). 스위치를 안정되게 하는 것은 여러 ComK 물질들과 *comK* 프로모터 자리와의 협동적인 결합이다. 글상자 18-4에 있는

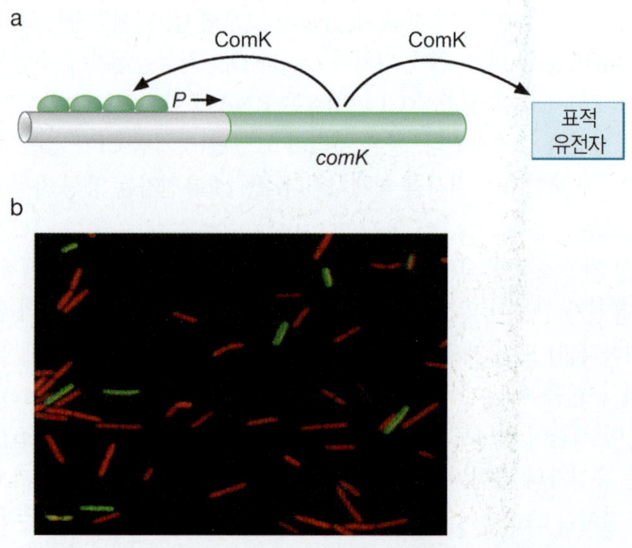

그림 22-5 쌍안정(Bistability). (a) 쌍안정은 조절 단백질 ComK가 표적유전자들의 전사뿐 아니라 자신의 유전자를 전사도 증가시키는 양성 자동조절 스위치에 의한다. 프로모터에 결합된 ComK 단백질들의 협력으로 비선형 반응(nonlinear response)이 일어나며, 이 반응은 ComK 수준에서 작고, 추계적 변화에도 민감하다. 이 스위치는 개시 또는 중단 사이를 전환시키는 양면의 칼이다. (b) 고초균(*Bacillus subtilis*) 세포(붉은색)는 수용능 조절자 ComK에 의해 활성화되는 프로모터의 조절 하에 리포터 유전자의 발현을 개시(초록색)시키거나 중단시키는 쌍안정의 고전적인 예이다. 이 리포터는 초록 형광 단백질은 암호화한다. (b. Reprinted, with permission, from Duhnau, and Losick R. 2006. *Mol. Microbiol.* **61:** 564–572. © Blackwell Science.)

λ 억제유전자(쌍안정의 고전적인 예) 경우에서 보았넌 바와 같이, 이런 종류의 협동은 활성인자의 농도를 조절하여 스위치의 산물이 비선형(nonlinearity)으로 만들어지게 한다. 즉, 산물은 ComK 수준의 변화에 매우 민감하다(강건성의 반대).

세포가 *comK*의 작동에 대한 잠재력을 갖는지 아닌지는 ComK 단백질의 분해 안정성의 수준에서 조절되는 조절 기작에 의한다. 그럼에도 불구하고 *comK*를 활성화시키기 위한 궁극적인 결정은 확률성에 의한다. 즉, ComK가 분해되지 않는 상태에서, 전체 집단 중 단지 일부만 수용능성을 가진다. 이는 ComK에 의한 유전 활성을 나타내는 형광 리포터를 도입한 세포에서 뚜렷하게 볼 수 있다. 그림 22-5는 세포가 *comK*가 작동하는 일부 집단과 작동하지 않는 집단으로 나누어지는 것을 보여준다. 양성 조절 되먹임은 *comK*를 작동시키기에 불충분한 ComK와 ComK에 의해 조절받는 유전자들을 작동시키기에 필요한 양성 자동조절을 일으키기에 충분한 문턱 수준의 ComK 사이에 있는 칼날이기 때문이다(글상자 22-1, "쌍안정과 이력현상" 참조). 즉, *comK* 유전자의 발현에 있어서 노이즈는 활성인자가 역치 농도에 도달해 있는 세포와 도달하지 않은 세포들 사이에서 ComK의 수준에 약간의 차이를 낳게 한다. 양성 자동조절의 예는 유전자 발현 시 노이즈가 세포를 대체 상태로 유도하는데 어떻게 이용되는지이다.

양성 자동조절만이 쌍안정의 유일한 기반은 아니다. 두 개의 다른 상태로 안정하게 존재하는 스위치는 서로를 억제하는 억제인자, 즉 음성적으로 서로의 전사를 조절하는 두 개의 억제인자에 의해서도 만들어진다. 위에서 언급한 바와 같이, 박테리오파지 λ는 양성 자동조절이라기보다 두 개의 음성 조절 회로에 근거한 쌍안정 스위치의 고전적인 예이다: CI와 Cro 억제인자의 상호 상반되는 작용은 바이러스의 용원과 용균 상태를 협력하여 고정시킨다(18장). 시스템생물학의 언어로 되돌아와서 우리는 박테리오파지 λ는 음성 에지(negative edge)에 의해 두 방향이 연결된 두 개의 노드 스위치(two-node switch)를 가졌다고 말할 수 있다.

많은 쌍안정 스위치가 세균에서 발견되었으나 쌍안정이 미생물에만 해당되는 것은 아니다. 예를 들어, 배발생 동안 예쁜꼬마선충은 왼쪽-ASE와 오른쪽-ASE로 불리는 좌우대칭 미각신경을 만들어낸다. 이중 음성되먹임(double-negative-feedback)은 한쪽 상태 또는 다른 쪽 상태를 안정적으로 유지하게 하며, 공통전구세포가 한쪽의 수용체 세트를 발현하게 되게 지시한다. 이 경우 스위치는 확률성으로 정해지지 않는다. 오히려 상류 신호(upstream signal)가 이중 음성되먹임 고리가 한쪽이 우세한 상태로 스위치를 고정시키는 동안 스위치의 방향을 지시한다.

쌍봉 스위치는 다양한 지속성을 보인다

쌍안정 스위치는 두 개의 모드를 가진 쌍봉 시스템으로 다른 안정 상태에서 오랜 시간동안 지속될 수 있다. 유전적 수용성과 λ 파지의 유전 스위치의 경우, 쌍안정의 기반은 조절 단백질과 DNA의 상호결합과 연관된 자기강화 조절 회로(selfreinforcing regulatory circuits)이다. 쌍봉 모드를 보이는 일부 조절 회로들은 다른 안정 상태에서는 지속적이지 않기 때문에 흥분성 회로라 한다. 쌍안정 시스템처럼 흥분성 시스템은 작은 변동에도 크고 정형화된 반응을 야기하는 자기강화 회로를 갖고 있다. 흥분성 시스템에서 다른 상태로의 스위치는 일시적이고 쉽게 되돌려진다.

생물학에서 흥분성 시스템의 고전적인 예는 신경에서 발생하는 활성전위이다. 뉴런은 세포 안보다 밖의 양이온 농도가 약간 높으면 휴지전위(보통 −70mV) 상태로 그 결과 세포질은 음전하를 띠게 된다. 휴지전위가 역치(−55mV) 이상 올라가면 전위

▶ 핵심실험

글상자 22-1 쌍안정과 이력현상

양성 자동조절이 *comK*의 쌍안정을 기반으로 한다는 것을 증명하기 위한 실험은 유도체에 반응하여 상향 조절되거나 하향 조절되는 프로모터의 조절을 받는 *comK*의 변형된 사본 사용을 토대로 한 것이다. 변형된 유전자만을 갖고 있는 세포에서는 쌍안정은 관찰되지 않고 ComK에 의한 유전자 발현은 유도체가 증가할수록 거의 동일한 양상으로 증가한다. 이러한 결과는 어느 농도의 유도체에가 주어지더라도 한 집단에 있는 세포 사이의 발현 수준이 단봉분포라는 것을 제시한다(글상자 22-1 그림 1b). 그러나 변형된 유전자와 정상적으로 자동조절되는 유전자를 갖고 있는 세포에서는 유도자의 농도가 증가하면 세포가 낮은 수준의 ComK 활성을 갖고 있는 일부 집단과 높은 수준의 ComK 활성을 갖고 있는 집단으로 나뉘게 된다(글상자 22-1 그림 1c). 다른 말로 말하면 자동조절되는 유전자에 대한 변형된 유전자 "지원(primes the pump)"로부터의 ComK 생산을 위한 작동 스위치는 ComK의 수준이 증가될수록 더 많은 세포에서 켜지게 된다.

엄밀히 말해서, 쌍안정이라는 용어의 사용은 스위치가 **이력현상(hysteresis)**을 보이는 것을 요구한다. 이력현상은 특정 세트의 조건들에서 개시 상태이었던 스위치가 이 조건들이 제거되거나 역전되었을 때 중단 스위치로 즉시 전환되지 않는 것을 의미하는 일종의 기억이다. 예를 들어, 강자성 물질의 이력현상을 생각해보자. 자기장에 노출되면 물질은 자성화되고, 중요한 점은 외부 자기장이 제거될 때에도 자성이 남아 있는 것이다. 다시 ComK와 유도체에 반응하는 변형된 카피를 모두 갖고 있는 세포의 예를 생각해보자. 우리가 본 것처럼, 유도체가 증가하면 역치(threshold)를 넘을 때까지 ComK의 양이 증가하며, 그 결과 양성 자동조절이 개시 상태가 된다. 이제 우리가 점점 작은 양의 ComK가 유전자의 가공된 사본(engineered copy)에서 만들어질 유도자의 양을 낮추었을 때를 생각해보자. 유도자의 양이 낮아질수록 ComK는 유도자가 증가할 때 스위치를 바꾸기에 충분하지 않은 농도에서도 "작동(ON)" 상태로 남아 있는 것을 관찰하였다. 다른 말로, ComK는 작동상태인 원래 조건이 역전될 때조차 작동 상태를 기억하고 있다.

박테리오파지의 증식 시 용원과 용균 양식의 사이의 결정을 통할하는 스위치 또한 이력적(hysteretic)이다. 용원세포가 DNA 손상물질에 짧게 노출되어 프로파지가 유도될 때, 파지는 비가역적으로 용균상태로 들어간다. 즉, 파지는 CI 억제인자 합성을 재개할 수 있는 용원상태로 다시 들어갈 수 없다. 이에 대한 반증으로 락토오스 오페론이 락토오스의 존재에 의해 작동(ON) 상태로 전환될 때, 배지에 유도체가 없어지면 오페론은 다시 중단(OFF) 상태로 되돌아갈 수 있다.

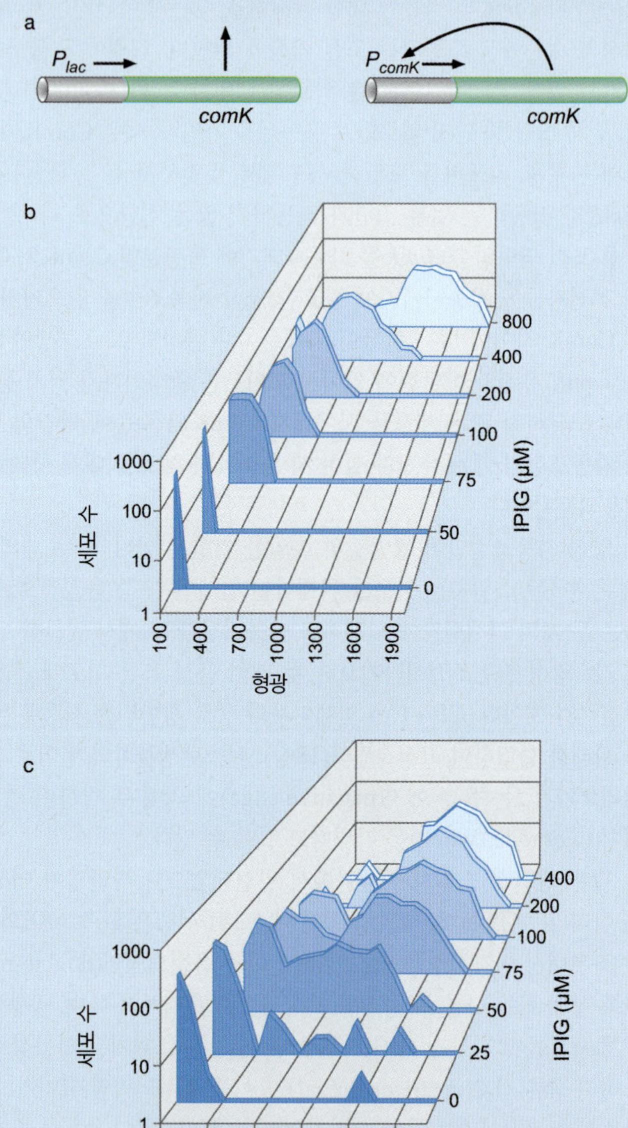

글상자 22-1 그림 1 *comK* 스위치의 쌍안정 (a) 양성 자동조절이 쌍안정을 야기한다는 것을 보여주는 실험이다. *comK* 프로모터가 *lac* 오페론처럼 IPTG 유도자에 반응하는 프로모터로 대치된 변형 *comK* 유전자를 보여준다. (b) *comK*가 IPTG 유도 프로모터의 조절을 받을 때 변형된 *comK* 유전자만 갖고 있는 세포에서 점진적인 반응이 일어난다. (c) 양성 자동조절이 완벽하게 남아 있고 시스템이 락토오스 유도 *comK* 복사본에 의해 활성화되는 쌍봉 분포를 볼 수 있다. ComK 조절하에 프로모터에 녹색형광 단백질에 대한 유전자를 결합시킨 세포 a와 b를 주목하라. (b,c, Reprinted, with permission, from Maamar H. and Dubnau D. 2005. *Mol. Microbiol.* **56:** 615–624, Fig. 4E,J. © Blackwell Science.)

의존성 이온 통로로 알려진 막의 단백질 통로는 나트륨이온을 세포 안으로 들여보낸다. 양이온의 안쪽 이동은 막전위를 높이고, 아직 열리지 않은 통로들을 자극하여 나트륨이 세포로 들어가게 한다. 결과적으로 연속적인 이온통로의 열림은 세포 안쪽에 양전위(+40 mV) 피크를 형성한다. 높은 전위는 역으로 나트륨 통로를 닫게 한다. 과다한 나트륨이온은 뉴런 밖으로 퍼내지고 막은 원래의 휴지상태로 돌아간다. 즉, 막전위의 작은 교란은 크고 정형화된 반응을 일으키나 스스로 원래의 휴지 상태로 빠르게 되돌아가게 만들어져 있다.

마찬가지로 다른 상태를 오랫동안 유지하지 못하거나 회로가 가역적으로 작용하게 하는 일련의 사건들을 작동시키는 자기강화 회로는 흥분성 회로라고 불린다. 앞에서 언급한 유전적 수용능 시스템도 흥분성에 속한다. ComK에 의한 양성 자동조절은 장시간 동안 ComK를 고농도로 유지하게 해주는 쌍안정 스위치를 만든다. 그러나 ComK의 자기강화합성이 음성되먹임 고리와 중첩되면서 활성 단백질의 분해가 일어나게 된다. 이 음성되먹임 회로는 수용능 세포가 자라지 않고 DNA를 수용하게 하는 상태에서 벗어나서 세포 수가 늘어나는 생장 상태로 가게 한다. 반면, λ 파지 유전스위치는 여러 세대 동안 용원 상태를 유지할 수 있으며 가장 적절한 쌍안정 상태로 간주되고 있다.

수용능은 낮은 확률의 사건이다. 수용능 유도 조건에서 극히 일부 세포들만 DNA를 받아들이는 비성장 상태로 들어간다. 흥분성에 대한 더 강력한 예는 같은 세균이 활발히 성장할 수 있을 때 볼 수 있다. 정상 성장 상태에서 고초균은 두 개의 다른 상태로—개별 유영 세포와 일련의 고착세포 사슬—존재한다. 중요한 것은 이 두 타입의 세포가 확률적으로 약 열 세대 빈도로 스위치된다는 것이다. 왜 고초균은 두 가지 다른 타입으로된 세포집단을 만들까? 한 가지 가설은 세균이 현재의 유용한 상태가 얼마나 지속될지 모르기 때문에 만약의 사태에 발생하는 자신의 실수에 대비하도록 진화되고 있다는 것이다. 고착 사슬은 표면에 부착하여 현재의 유용한 미세환경을 이용하는 정착자로 간주된다. 반면 유영세포들은 새롭고 유용한 환경을 찾아 헤엄치는 탐색 대원이다.

유영 상태와 사슬 상태 사이의 스위치는 어떻게 이루어지는가? 스위치의 심장은 조절 단백질인 SinR과 SlrR이다(그림 22-6a). 18장에서 다루었던 λ 파지의 CI/Cro 스위치와 같이 이 두 단백질은 한 개의 이중 음성 고리의 일부분이다. 그러나 상대 유전자에 대한 억제인자로 작용하는 λ 파지 고리와는 달리, SinR은 SlrR 유전자의 억제인자이나 SlrR은 SlrR-SinR 복합체에 대한 억제인자를 잡아매는 SinR의 저해제로 SlrR 유전자를 억제할 수는 없다. 즉, 이 이중 음성 고리의 한 축은 유전자 전사 수준에서 조절되며 다른 한 축은 단백질-단백질 결합 수준에서 조절된다. 이 스위치는 두 개의 자기강화 상태로 존재한다: $SlrR^{LOW}$ 상태는 SlrR에 대한 유전자가 SinR에 의해 억제되는 상태이고, $SlrR^{HIGH}$ 상태는 SlrR에 대한 유전자의 억제가 풀린 상태로 SinR이 SlrR에 의해 불활성화되어 있다. $SlrR^{LOW}$ 상태의 세포들은 운동성과 세포 분리에 관한 유전자들이 발현되고, 그 결과 수영을 할 수 있다. $SlrR^{HIGH}$ 상태의 세포들은 사슬을 고착화시키는 세포외 기저에 대한 유전자들을 발현하고 있다.

이 전환은 세포를 긴 통로에 삽입시킨 세균 한 개의 폭 정도의 미세 유동장치를 이용하여 실시간으로 볼 수 있다. 이 세포들은 운동성 유전자에 대한 초록색 형광 리포터와 사슬 상태의 특징적인 기저 유전자에 대한 붉은색 형광 리포터를 갖고 있다. 그림 22-6b의 카이머그래프는 한 통로에 대한 5분 간격의 간헐 촬영 현미경 사진을 보여준다. 통로 바닥의 운동성 세포(초록)는 사슬 유전자를 발현하는 자손(빨강)을 만든

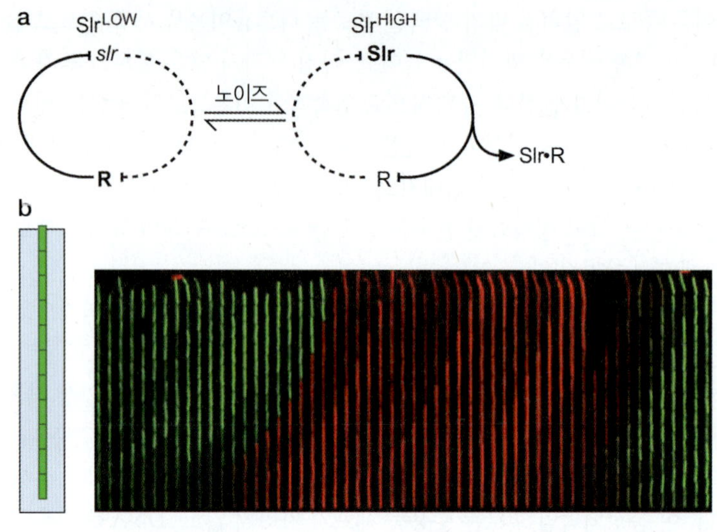

그림 22-6 다른 세포 상태의 전환을 관할하는 흥분성 회로. (a) 운동과 사슬화를 관할하는 이중 음성 고리 그림. SlrR과 SinR은 Slr과 R로 단순화하여 표시되었다. SlrR^{LOW} 상태에서 SinR은 SlrR에 대한 유전자 (고리의 왼쪽 팔)를 억제하고 SlrR은 낮은 수준으로 유지한다(그림자). SlrR^{HIGH} 상태에서는 높은 수준으로 존재하는(강조) SlrR이 복합체의 SinR을 잡아서 SlrR에 대한 억제를 푼다. (b) 왼쪽은 바닥이 막혀 있고 위가 열린 미세유동 통로 그림. 세포가 성장하고 분열하면서 세포는 통로의 위에 존재한다. 오른쪽의 카이모그래프는 5분 간격 간헐 현미경 촬영 결과를 보여준다. 바닥의 왼쪽 스위치에 있는 운동성 세포들(초록)은 사슬 상태(빨강)를 유지하는 자손을 만든다. 실제 바닥 근처의 사슬 세포는 초록의 운동 상태로 전환되며 운동성 상태를 유지하는 자손 (초록)을 생산한다. (Panel b was kindly provided by T. Norman.)

다. 연속적으로, 바닥 근처의 사슬 상태 세포는 운동성 유전자를 가진 세포로 전환된다(초록). 많은 간헐 촬영 실험에서 얻은 결과들은 세포가 각 상태에서 수 세대를 유지하고 다른 상태로 전환함을 보여준다.

먹임-전진 고리들

시스템생물학 분야가 기여한 중요한 점은 무수한 종류의 이론적으로 가능한 단순 조절 회로 중에서 단지 적은 수만이 자연에서 실제 발견된다는 것을 알아낸 것이다. 명백하게 어떤 회로들은 자연선택(natural selection)에 유리한 좋은 점을 갖고 있다.

먹임-전진 고리들은 유익한 3개 노드 그물망(three-node network)이다

가장 놀랄 만한 예는 세 개의 노드로 구성된 그물망이다(그림 22-7a). 세 개의 노드가 각 에지에 연결될 수 있는 길은 13개이다. 이들은 에지의 방향에 의해 서로 구분될 수 있다. 에지가 두 개 또는 세 개의 노드에 연결되는지, 노드쌍이 하나 또는 두 개의 에지에 연결되는지에 따라 다른 연결 방법이 생긴다. **먹임-전진 고리(feed-forward loop**, 그림 22-7b)로 알려진 13개 중의 하나는 실제 매우 많다. 우리는 이를 "그물망 모티프(network motif)"라고 부르는데, 그 이유는 유전 회로에서 되풀이하여 발달하기 때문이다. 먹임-전진 그물망 모티프는 2차 전사인자 B를 조절하는 1차 전사인자 A로 구성된다(그림 22-7b). 두 전사인자는 다시 모티프 C에 있는 세 번째 유전자를 조절한다. 그림 22-7b는 신호가 아닌 조절의 방향을 단순히 알려준다.

신호(양성 대 음성 조절)가 가장자리의 방향에 따른다면, 8종류의 차별화된 먹임-전진 고리가 생길 수 있다. 다시, 자연선택은 다른 것보다 자주 발견되는 두 개에 유리하게 한다. 그 중 한 모티프(연접 모티프, coherent motif)에서는 산물을 대표하는 표적유전자에 이르는 직접 방법과 간접 방법은 같은 신호를 갖는다(예, A와 B는 활성인자이다; 그림 22-7c). 다른 모티프(비연접 모티프, incoherent motif)에서는 두 방법이 다른 신호를 갖는다. 표적유전자 C가 직접적인 방법으로 A에 의한 양성 조절을

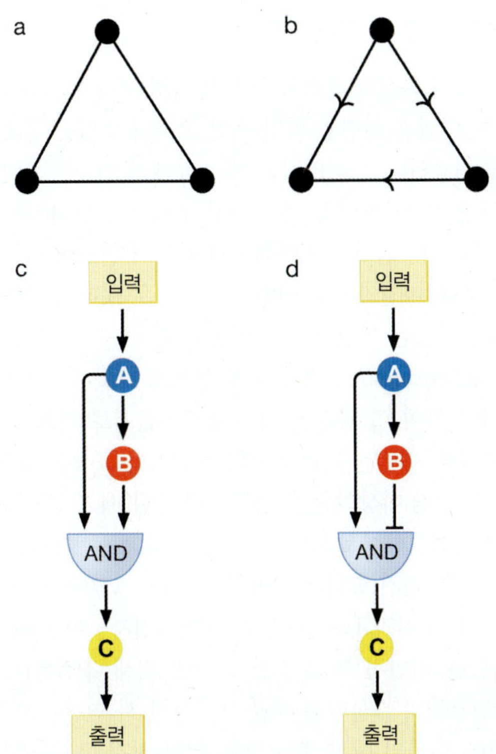

그림 22-7 그물망의 타입. (a) "세 개 노드 (three-node)" 그물망에서 각 노드는 한 개의 유전자이고 각 유전자들은 서로 에지로 연결되어 있다. (b) 먹임-전진 고리는 실제 가장 많이 발견되는 3개 노드 그물망이다. (c) 먹임-전진 고리의 "간섭(coherent)" 형태에서 표적유전자로 가는 직접 에지와 간접 에지는 모두 양성 신호를 갖는다. (d) 비간섭(incoherent) 형태에서 직접 에지는 양성 신호를, 간접 에지는 음성 신호를 갖는다.

받는 경우와 간접적인 방법으로 B에 의한 음성 조절을 받는 방법이 있다(그림 22-7d). 두 경우에서 표적유전자의 발현은 AND 게이트의 논리에 속한다; 즉 C의 전사는 전자에서는 A와 B 모두("AND")를 필요로 하지만 후자에서는 A는 필요하나 B는 필요하지 않다("AND NOT").

두 모티프가 모든 다른 먹임-전진 고리들과 실제 모든 가능한 세 개 노드 그물망에게 유리하기 때문에 진화에서 선택되는 유리한 점을 갖고 있는 것으로 기대되는 것은 논리적이다. 실제 전산모델링(computational modeling)과 실험은 각 모티프가 조절 회로에서 유용하게 작용하는 특성을 갖고 있다는 것을 밝혀내었다. 예를 들어, 연접 먹임-전진 고리는 표적유전자 C가 전사되는 순서로 지속적인 입력을 요구하는 성격을 갖고 있다(그림 22-7c). 다른 말로 이러한 종류의 먹임-전진 고리는 오래되거나 지속적인 신호에 유일하게 반응하는 지속성 탐지기(persistence detector)이다. 이러한 속성은 표적유전자의 작동이 1차 활성인자 A와 2차 활성인자 B의 충분한 축적에 의존하는 점에서 나온 것이다. 즉, 입력신호는 2차 활성인자 B의 농도가 표적유전자 C를 활성화시키기에 필요한 역치에 도달하기에 충분히 지속되어야만 한다. 다시 말해서, 입력에 대한 반응이 지연되면 연접 먹임-전진 고리(incoherent feed-forward loop)는 세포가 실제 지속되는 신호와 추계적 변동(노이즈)을 신호세기로 구분하게 해준다.

비연접 먹임-전진 모티프는 자기 자신에 유리한 속성을 갖고 있다(그림 22-7d). 유전자 발현이 작동되거나 정지되게 하는 것은 펄스 생성자(pulse generator)이다. 즉, 활성인자 A는 표적유전자 C의 발현을 작동시키나, 시간이 지나 억제인자 B가 축적되면 표적유전자의 발현은 중단된다. 따라서 비연접 먹임-전진 고리는 유전자 발현이 짧은 시간 동안만 필요할 때 유용하다.

먹임-전진 고리는 발생 시 이용된다

이러한 견해들은 그 밖의 복잡한 유전자 조절 방식에 대한 원리를 단순화하여 만들게 해주었다. 어떤 경우, 연접과 비연접 먹임-전진 고리의 조합은 유전자 활성의 정교한 패턴을 생성하는 데 이용된다. 드라마틱한 예는 앞에서 언급한 포자 형성과정으로 그 조절 회로는 일련의 연접 및 비연접 먹임-전진 고리들과 연관되어 있다(그림 22-8). 이 연접 고리들은 회로로의 입력이 지속적이게 하여서 발생이 다른 시기나 자리에서 일어나지 않도록 해준다. 마찬가지로 비연접 고리들은 형태 형성과정에 걸쳐 유전자 발현을 위한 연속적인 펄스를 생성하는 데 이용된다.

다른 예는 초파리(*Drosophila*) 배의 등배 형성을 조절하는 기작에서 볼 수 있다. 21장에서 논의한 바와 같이 이 과정은 넓은 농도기울기로 분포되어 있는 모계 조절 단백질인 Dorsal에 의해 시작된다. Dorsal의 직접적인 표적은 *twist* 유전자로 이 유전자는 조절 단백질이 중간 이상의 높은 농도로 존재할 때 활성화된다. Twist 또한 조절 단백질로 Dorsal과 협력하여 *snail* 등의 다양한 표적유전자들을 활성화시킨다. 이 조절 모티프는 연접 먹임-전진 고리의 명백한 예이다. 그러나 *snail* 유전자는 전사 억제인자를 암호화하며 Dorsal과 Twist의 많은 표적유전자들이 Snail에 의해 억제된다. 이러한 표적유전자들은 비연접 먹임-전진 고리에 의해 조절된다. 즉, *doral*, *twist*, *snail*과 그 하위 유전자들의 그물망은 세균 포자형성 시 연결된 연접과 비연접 먹임-전진 고리로 구성된다. 초파리 배 발생의 경우, 먹임-전진 고리들은 등배 형성을 조절하는 데 이용된다. Dorsal(그리고 Twist)의 농도와 Snail의 농도가 높은 중배엽에서 Snail에 의한 유전자의 저해는 억제되어 있으나, Dorsal의 농도는 높으나 Snail의 농도는 낮은 신경외배엽에서는 이 유전자들이 발현된다.

진동 회로

우리는 일반적으로 유전자 스위치를 켜거나 끄거나 또는 발현 수준을 조정하는 방식의 조절을 생각한다. 그러나 생물학에서 광범위한 중요성을 가진 다른 종류의 유전자 조절은 많은 유전자들의 발현을 규칙적인 간격으로 주기적으로 상향 조절되거나 하향 조절되게 하는 진동(oscillation)이다. 이 진동 양식을 조절하는 회로를 밝히고 양적으로 규명하는 것은 시스템생물학의 으뜸가는 도전 중의 하나이다.

일부 회로들은 유전자 발현의 진동 패턴을 생성한다

진동 조절 회로의 비교적 단순한 한 예는 카울로박터 크레센투스(*Caulobacter crescebtus*)의 세포주기이다(그림 22-9). 여기에서 주 조절자들인 CtrA와 GcrA는 주기적으로 서로의 양을 늘리고 떨어뜨린다. 이들의 상반되는 양은 세포주기 과정에 걸쳐 진동 양상(oscillatory pattern)으로 유전자 발현이 일어나게 한다.

진동 양상을 보이는 잘 알려진 예는 낮과 밤 동안 많은 유전자가 다른 시기에 주기적으로 발현하게 하는 시계이다. 파리와 포유동물에서 이러한 일주기성 리듬(circadian rhythm)은 Clock과 Cycle과 같은 활성인자와 Per(Period)와 같은 자동 억제인자가 관여하는 음성되먹임 고리에 의해 부분적으로 조절된다. Clock과 Cycle 단백질은 조절자리에 결합하여 *per* 유전자의 전사를 자극한다. Per 단백질이 결정적인 수준으로 축적되면 Clock과 Cycle의 작용은 억제되고 자신의 합성도 중단된다. 같은 방법으로 *per*의 발현이 중단되면 단백질 수준에서 불안정한 특성을 가진 Per 단

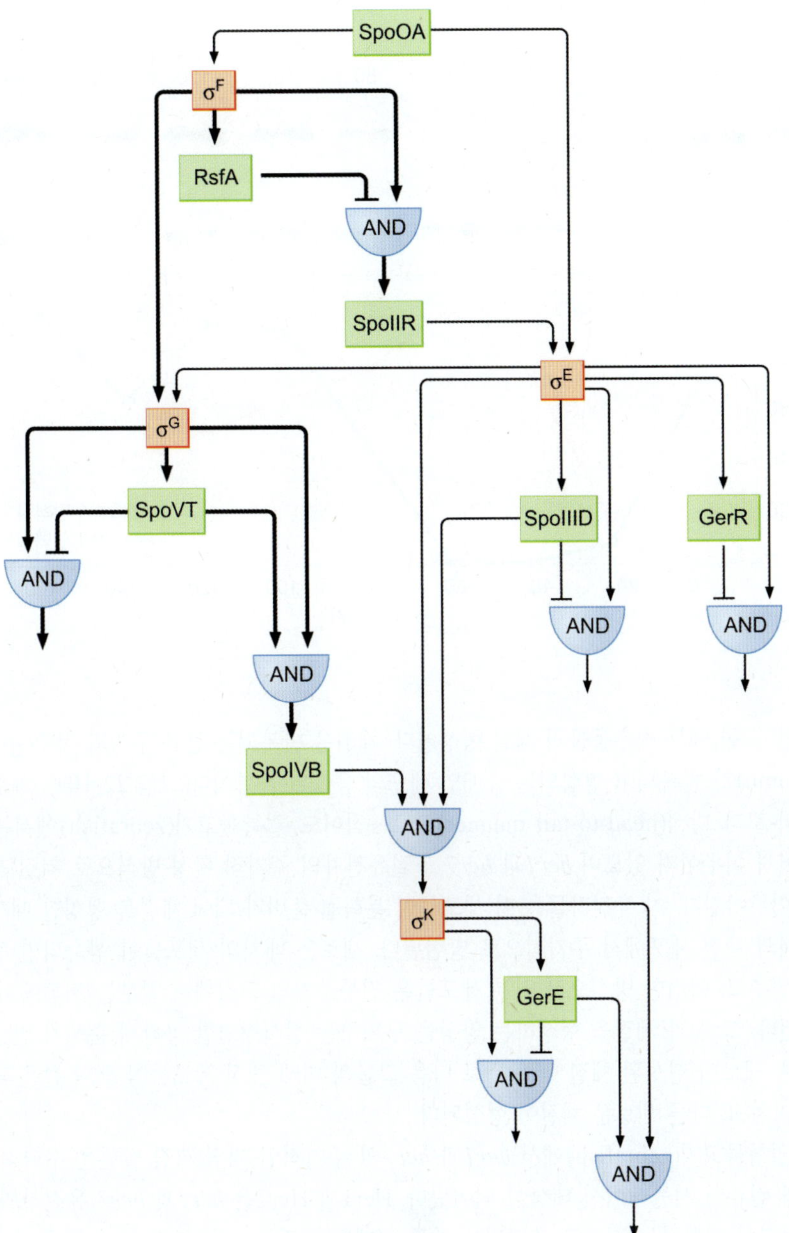

그림 22-8 포자형성을 관할하는 회로는 일련의 먹임-전진 고리들과 연결된다. 포자형성에 관여하는 조절 또는 신호 단백질들에 관한 회로이다. σ^G와 σ^K 인자들이 양성 자동조절을 받는다는 단순성은 볼 수 없다. (Redrawn, with permission, from Wang S.T. et al. 2006. *J. Mol. Biol.* **358**: 16–37, Fig. 5 © Elsevier)

백질은 세포에서 고갈된다. 그 결과 자동조절 억제유전자의 농도가 Clock과 Cycle의 활성을 억제하기에 불충분한 역치 이하 수준이 된다. *per* 유전자는 다시 발현되고 이러한 *per* 발현의 켜짐/꺼짐 주기는 24시간 순환의 유전자 활성이 일어나게 한다. 순환은 Per 단백질의 합성과 분해시기에 따라 이루어진다. Per 단백질의 안정성 변화는 진동횟수를 변화시켜 정상적인 24시간 주기 대신 22시간 또는 26시간마다 켜짐/꺼짐이 일어나는 비정상적인 주기를 만들 수 있다. 그럼에도 불구하고 어떻게 일주기 시계가 24시간 순환을 유지하는지와 어떻게 그러한 강력한 방법으로 이루어지는지에 대해서는 아직 완전하게 알려지지 않았으며, 아직 밝혀지지 않은 부가적인 기작이 여기에 관계될 것으로 예상된다.

흥미롭게도 음성 자동조절 또한 다른 주기적 유전자 발현과 연관되어 있는 것으로

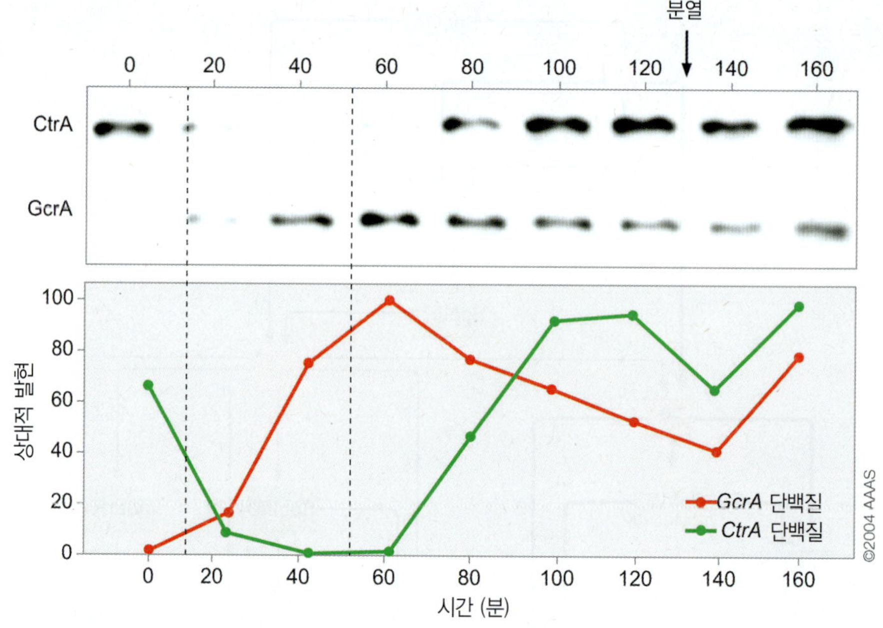

그림 22-9 CtrA와 GcrA 조절자들은 *Caulobacter* 세포주기 동안 서로 다른 위상으로 증가되었다가 감소한다. (Adapted, with permission, from Holtzendorff *J. et al.* 2004. *Science* **304**: 983–987, Fig. 3B, C. © AAAS).

보인다: 한 예는 척추동물의 체절 형성이다. 체절은 반복되는 근육 구획과 척주(spinal column)가 반복되어 형성되는 중배엽 세포의 응축된 블록이다(그림 22-10a). 체절은 머리-꼬리 방식(head-to-tail manner)으로—적어도 얼룩물고기(zebrafish)에서는—이어져 이루어져 있으며 *her1*과 *her7* 조절유전자의 주기적 활성 방식으로 켜짐/꺼짐이 이루어진다. 이 유전자들은 이 세포들이 분화될 준비가 되어 체절을 형성할 때까지 미래의 체절 세포에서 주기적으로 발현된다. 새로운 배치의 세포들이 성숙되면 진동이 멈추고, 이러한 방식으로 일부 세포들은 진동주기의 고점에서 일부는 저점에서 정지된다. 그 결과 체절을 형성하는 양상을 구획하는 질서정연한 공간적 순서가 만들어진다. 새로이 형성된 체절 바로 뒤로 다음 그룹의 미래 체절 세포들이 오며 같은 과정을 거쳐 또 다른 새로운 체절이 형성된다.

얼룩물고기(zebrafish)에서 *her1*과 *her7*의 주기적인 켜짐/꺼짐 발현은 수학적 모델과 컴퓨터 시뮬레이션 대상이 되어왔다. Her1과 Her7은 *her1*과 *her7* 유전자의 조절자리에 결합하는 것으로 추정되는 자동 억제 단백질들이다. 그러나 이 억제 상태는 잠시 동안만 발생한다: Her1과 Her7 억제 단백질들이 분해로 인해 고갈되어 역치 이하의 농도로 감소되면 전사의 억제는 풀리고 새로운 단백질 합성이 시작되어 억제 상태가 재개되며, 이러한 현상이 반복적으로 일어난다. 억제유전자 산물들의 진동 수준은 새로운 체절의 패턴을 결정하도록 다른 유전자들의 발현을 조절한다. 얼룩물고기에서 새로운 체절의 형성은 30분마다 이루어진다. 체절 형성의 시기를 설명하는 모델의 주요 특징은 *her1*과 *her7* 유전자의 발현이 작동될 때와 자신의 합성이 중단되기에 충분한 양의 자동 억제유전자가 축적될 때 사이의 지연이다(그림 22-10b).

Her1/Her7 자동조절 고리는 어떻게 체절 유전자가 개별 세포에서 켜짐/꺼짐 주기로 발현되는지, 예정 체절에서 어떻게 한 세포가 주변의 다른 세포들과 동시에 진동 유전자 발현을 하는지를 잘 설명해 준다. 동시성은 세포와 세포 간의 신호로 얻어진다. Her1과 Her7은 그들 자신의 유전자를 억제할 뿐만 아니라 Delta라는 세포 표면 단백질을 암호화하는 유전자의 발현을 억제한다. Delta는 이웃 세포의 Notch 수용체 단백질에 결합한다(21장 참조). Notch 신호전달 시스템이 Delta 리간드에 의해 활성

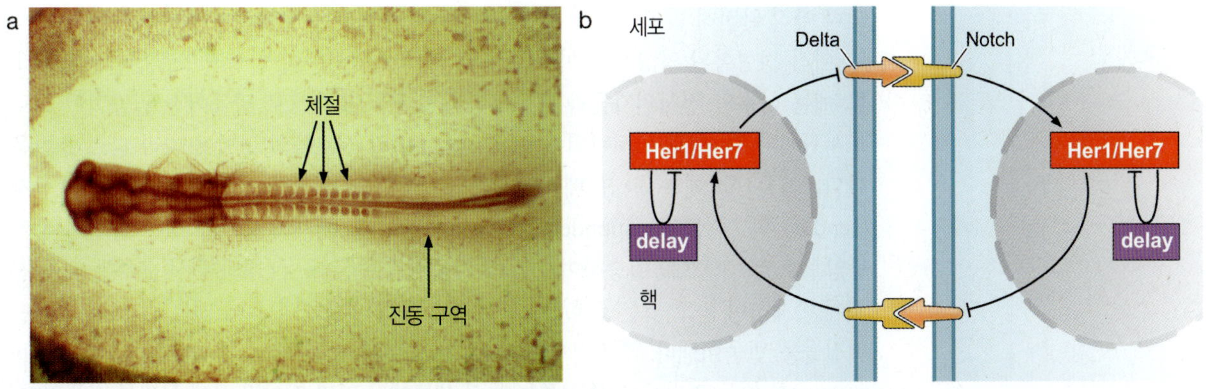

그림 22-10 척추 발생 동안 체절 유전자의 발현. (a) 병아리 배 발생 동안의 체절. 화살표는 체절과 진동 유전자 발현(oscillatory gene expression)이 일어나는 장차 체절이 생길 구역이다 (Julian Lewis 그림). (b) 그림은 얼룩말물고기에서 체절유전자의 진동 발현이 생성되고 동시에 작동되는 모델을 보여준다. 진동유전자 발현은 Her1과 Her7 자동 억제인자가 관계된 음성되먹임에 의해 이루어진다. 세포간 진동의 일치는 Delta와 Notch 신호에 의해 발생한다. Her1/Her7은 Delta 리간드의 생성을 억제한다. 역으로 Notch 신호는 Her 단백질의 생성을 촉진한다. (Adapted from a figure kindly provided by Julian Lewis.)

화되면, Her1과 Her7을 암호화하는 유전자의 발현이 증가한다. 켜짐/꺼짐 주기에서 Her 단백질이 다량 존재하면(그리하여 *her* 유전자 발현이 낮아지면), Delta 리간드의 생산이 감소된다(그림 22-10b). 결과적으로 Notch 신호가 낮아지고 이에 따라 인접 세포에서의 *her* 유전자의 발현이 낮아지게 된다. 역으로 Her1과 Her7의 수준이 낮아질 때(그리하여 *her* 유전자 발현이 높을 때), Delta 수준은 증가하고 그 결과 인접 세포에서의 *her* 유전자 발현이 증가한다. 각 경우에 Notch를 통하여 인접 세포로 전달된 신호가 세포 내의 Her1과 Her7과 협동하여 인접한 두 세포 간의 진동 양상이 일치하게 된다. 즉, 음성 자동조절과 세포 간 신호전달이 맞물려진 주기들이 체절을 만드는 세포 간의 진동 양상을 만들고 조율한다.

합성 회로는 자연 조절 그물망의 일부 특성을 모방한다

조절 그물망을 관할하는 원리를 이해하기 위한 보완적 접근 방법은 자연적으로 일어나는 시스템의 특성을 모방한 비교적 단순한 회로를 만드는 것으로 합성생물학 분야의 목표이다. 진동에 관한 논의를 확장시킨 성공적인 회로 설계의 드라마틱한 예는 "억제진동자(repressilator)"이다. 억제진동자는 대장균에서 만들어진 3개 마디로 이루어진 그물망이다. 억제진동자는 순환 양상으로 서로 연결된 3개의 조절 단백질로 이루어지며 연결된 3개의 가장자리들은 모두 음성이다. 억제진동자는 세균 억제인자 λCI, LacI, 그리고 TetR로 구성된다. CI는 LacI을 암호화하는 유전자를 억제하고, LacI은 TetR을 암호화하는 유전자를 억제하고, TetR은 CI를 암호화하는 유전자를 억제한다. 세 개의 노드로 구성된 회로는 세 유전자의 전사가 모두 낮은 수준으로 일어나게 할 것으로 보인다. 그러나 억제진동자는 전사가 약 2시간 주기를 가진 놀란 만한 진동 양상으로 일어나게 한다. 아마도 각 유전자의 발현에 대한 노이즈 때문에 세 억제유전자의 농도 변동은 일정한 수준을 유지하기 어려우며 결과적으로 진동 양상의 발현이 일어난다. 아직까지 억제진동자의 진동 양상은 자연적인 시스템보다 훨씬 덜 강력하다. 위에서 언급한 바와 같이 합성 회로(synthetic circuit)는 보다 복잡한(그러나 아직 완전히 밝혀지지 않은) 자연 진동자의 회로를 모방하기에는 부적절하다.

여러 정형화된 양상을 보여주는 몇몇 다른 그물망들이 합성적으로 만들어져왔다. 한 예는 다수의 전사인자들과 프로모터가 다양한 조합으로 만들어진 인공적인 회로 도서관이다. 이 회로 도서관의 구성요소들은 입력 신호들의 조합에 따라 다르게 반응한다. 다른 한 예는 한천 배지에서 줄무늬 유전자 발현을 만들어내는 "발신자(sender)"와 "수신자(responder)"로 구성된 예이다. 배지의 중앙에 있는 발신 균주가 중앙으로부터 신호를 발송하여 신호의 기울기를 만든다. 두 개의 수신 균주는 배지 전체에 존재하며 높고 낮은 신호전달물질의 농도에 반응하여 눈에 띄는 발색 리포터 단백질들을 만들어낸다. 결과적으로 한 수신 균주는 발신 세포 가까이에 색 무리(halo pattern)를 만들고 다른 수신 균주는 발신 세포에서 멀리 떨어진 곳에 무리를 만들었다.

요약

시스템생물학은 정량적 방법, 빠른 처리 방법, 모델링, 재구성, 이론이 결합된 새로이 떠오르는 분야로 생명 구조의 복잡함을 규명해내는 학문이다. 시스템생물학을 조절 회로에 적용하여서 개별 요소로 분리하여 수행한 연구에서는 그 동안 이해할 수 없었던 유전자 조절의 원리를 밝히는 것을 시도한다. 합성 생물학의 보완 분야는 또한 원리를 밝히고 자연 회로의 특성과 유사한 인공 조절 그물망을 만든 것을 시도하고 있다.

전사 그물망은 유전자들을 대표하는 노드와 다른 유전자에 의한 한 유전자의 조절을 의미하는 에지로 구성된다. 단순한 두 개의 노드 조절 모티프에서 한 유전자는 다른 유전자의 발현을 조절하고, 이 조절은 음성이나 양성이다. 다른 단순한 모티프는 자신의 유전자를 조절하는 자동 조절이다. 자신의 유전자를 억제하는 음성 자동 조절은 노이즈를 줄이는 효과를 보인다. 노이즈는 외관상 같은 조건에서 유전자의 발현에 차이가 있는 것을 말한다. 양성 자동조절은 일정 수준의 발현에 천천히 도달하도록 하는 속성이다. 양성 자동조절의 극단적인 예는 장시간에 걸쳐 유전자의 발현을 ON/OFF시키는 쌍안정 스위치이다.

조절 네트워크에서 다른 일반적인 모티프는 먹임-전진 고리이다. 먹임-전진 고리는 세 개의 노드 모티프이며 한 조절 유전자(유전자 A)가 표적유전자의 발현과 2차 조절유전자(유전자 B)의 발현을 관할한다. 이차 조절 유전자는 또한 표적유전자의 발현을 조절한다. 즉, 먹임-전진 고리에서 유전자 A는 직접적으로 유전자 B를 통하여 간접적으로 표적유전자의 발현을 조절한다. 표적의 발현은 AND 게이트에 속하며 두 조건에 영향 받는다: 어떤 경우에는 활성인자와 다른 인자의 존재, 활성인자의 존재와 억제인자의 결여.

실제 일부 조절 회로는 세포주기에서 볼 수 있는 바와 같이 진동 주기의 유전자 발현을 만든다. 이 회로의 원리는 한 조절 단백질의 출현이 자신의 소실과 2차 조절 단백질의 출현을 가져오는 것이다. 이어서 2차 조절 단백질은 자신의 소실과 1차 조절 단백질의 재현을 야기하여 유전자 발현이 지속적으로 ON/OFF되게 한다. 세 개의 억제인자가 순환주기로 연동된 합성 그물망은 실제 진동자를 모방하며, 유전자 발현의 주기적 패널을 보여주나 실제 진동자의 강직함 보다는 덜하다.

시스템생물학에 사용된 방법은 복잡한 세포학적 과정에 관계된 각 요소를 체계적으로 규명하게 해준다. 정보를 얻는 능력은 생물학자들이 자료를 분석하는 방법에 있어 근본적인 변화를 촉진시키고 있다. 이제는 한 과정이 어떻게 작동되는가를 묻는 대신, 왜 특정 양상으로 구성되었는가를 묻는다. 앞을 예측해볼 때, 점점 복잡해지는 합성생물학과 결합한 시스템생물학에서 얻어지는 견해는 언젠가 자가증식(self-propagation)의 최소 회로를 가진 인공 세포를 만들어낼 것이다. 그렇게 되면 미래에는 오염물질을 분해하고 쓰레기를 재활용하며 햇빛을 연료로 바꾸고 인간 질병과 싸우는 능력과 같은 맞춤 특성을 가진 인공 세포를 갖게 될 것이다.

참고문헌

Books

Alon U. 2006. *An introduction to systems biology: Design principles of biological circuits.* Chapman & Hall/CRC, Boca Raton, Florida.

Systems Biology

Alon U. 2007. Network motifs: Theory and experimental approaches. *Nat. Rev. Genet.* **8**: 450–461.

Bintu L., Buchler N.E., Garcia H.G., Gerland U., Hwa T., Kondev J., and Phillips R. 2005. Transcriptional regulation by the numbers: Models. *Curr. Opin. Genet. Dev.* **15**: 116–124.

Bintu L., Buchler N.E., Garcia H.G., Gerland U., Hwa T., Kondev J., Kuhlman T., and Phillips R. 2005. Transcriptional regulation by the numbers: Applications. *Curr. Opin. Genet. Dev.* **15**: 125–135.

Crosson S., McAdams H., and Shapiro L. 2004. A genetic oscillator and the regulation of cell cycle progression in *Caulobacter crescentus. Cell Cycle* **3**: 1252–1254.

Dubnau D. and Losick R. 2006. Bistability in bacteria. *Mol. Microbiol.* **61**: 564–572.

Endy D. 2005. Foundations for engineering biology. *Nature* **438**: 449–453.

McAdams H.H., Srinivasan B., and Arkin A.P. 2004. The evolution of genetic regulatory systems in bacteria. *Nat. Rev. Genet.* **5**: 169–178.

McGrath P.T., Viollier P., and McAdams H.H. 2004. Setting the pace: Mechanisms tying *Caulobacter* cell-cycle progression to macroscopic cellular events. *Curr. Opin. Microbiol.* **7**: 192–197.

Raser J.M. and O Shea E.K. 2005. Noise in gene expression: Origins, consequences, and control. *Science* **309**: 2010–2013.

Sprinzak D. and Elowitz M.B. 2005. Reconstruction of genetic circuits. *Nature* **438**: 443–448.

Vilar J.M., Guet C.C., and Leibler S. 2003. Modeling network dynamics: The lac operon, a case study. *J. Cell Biol.* **161**: 471–476.

연습문제

짝수 문제의 해답은 부록 2 해답을 참조하라.

문제 1. 조절 회로에서 노드와 에지가 의미하는 바는 무엇인가? 노드와 에지는 어떻게 묘사되나?

문제 2. 조절의 관점에서 “AND 게이트”가 의미하는 바를 설명하라.

문제 3. 그림 22-3에 있는 음성 자동조절(시간당 유전자 발현 수준[%])을 기술해라. 왜 음성 조절이 진화에서 선택되었는지를 설명하라.

문제 4. 노이즈와 확률성의 상관관계를 써라.

문제 5. 대장균의 같은 유전자로 부터의 두 사본 발현을 첫 번째 사본은 초록 형광 단백질 리포터를 이용하여 두 번째는 붉은 형광 단백질 리포터를 이용하여 측정하라. 이 시스템에서 관찰되는 내재적 및 외재적 노이즈의 예를 들어 보라.

문제 6. 음성 자동 조절 하의 조절 회로가 왜 강력한지를 설명하라.

문제 7. 그림 22-3에는 산출물이 안정 상태일 때 양성 자동조절 커브의 어느 부분에 해당되는가? 유전자 발현이 양성 자동 조절일 때 어떻게 안정화 상태가 되는지를 설명하라.

문제 8. *comK* 프로모터에 결합하는 ComK의 어떤 성질이 쌍안정 스위치 형태의 조절 회로를 만드는가?

문제 9. 고초균이 유영형과 사슬형 사이를 전환하게 조절하는 조절회로는 어떤 타입인가? 세포는 각 상태를 얼마 동안 유지하는가?

문제 10. 빛에 의해 활성화되는 유전자를 생각해보자. 지속적인 빛이 존재할 경우 이 유전자의 발현은 작동되지만 곧 꺼진다. 어떤 타입의 먹임-전진 고리가 이 유전자를 조절한다고 생각되는가? 그 선택의 이유를 설명하라.

문제 11. 일주기 리듬(circadian rhythm)은 무엇이고 어떻게 조절되는가?

문제 12. 에지와 노드를 이용하여 빠르게 작동되지만 일정 수준의 유지되는 조절 단백질의 발현을 나타내는 조절회로를 그리고 명칭을 써라.

문제 13. 에지와 노드를 이용하여 합성 억제진동자를 나타내는 조절회로를 그려 보라. 각 노드에 해당하는 유전자를 명명하고 억제진동자의 발현 양상을 말해 보라.

문제 14. *ara* 오페론은 *araC*를 포함하는 몇몇 유전자들의 발현을 조절한다. 아라비노스와 DNA 결합단백질인 AraC가 존재할 경우 유전자 발현은 작동된다. AraC 단백질은 양성 자동조절에 관여한다. 아래 그림과 같이 연구자들은 일련의 인공 프로모터들(각각은 AraC 결합부위와 *lac* 작동유전자를 갖고 있다)로 구성된 회로를 만들었다. 아라비노스와 AraC가 하위 유전자들의 전사를 증진시킨다는 것을 기억하라. *lacI*은 LacI 억제인자를 만들고, LacI은 *lac* 작동유전자에 결합하여 전사를 억제한다(아라비노스와 AraC가 존재할지라도)

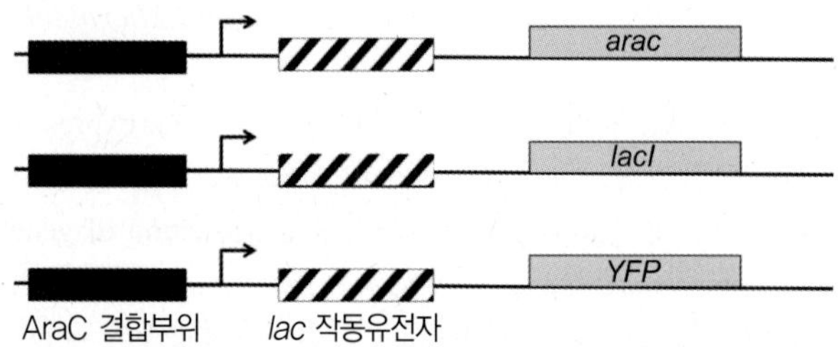

A. 아라비노스를 세 개의 인공 프로모터들을 모두 갖고 있는 세균에 넣어 줄 경우, YEP 발현의 진동양상이 관찰된다. AraC가 소량으로 존재한다고 가정해보자. YEP 발현이 아라비노스가 첨가된 뒤 어떻게 작동되는지 간단히 설명하라.

B. 아라비노스를 넣어준 뒤 YEP 생산이 초기에 증가된 후, 어떻게 YEP 빌현이 징지되는가?

C. YEP 발현이 억제된 후 어떻게 다시 작동되는가?

D. 소량의 IPTC (*lac* 오페론의 유도자)를 아라비노스와 함께 배지에 넣으면 진동이 영향받는다고 생각하는가?

E. 세 개의 노드 회로를 그려보자. 노드를 AraC, LacI, YFP로 명명하고 적절한 에지를 포함시켜라(⟶ 활성, ⊣ 억제).

PART 6

부록

개 요

콜드 스프링 하버 연구소 기록 보관실 제공 사진

로버트 호르비츠(Robert Horvitz), 1990년 뇌 심포지엄. 호르비츠(왼쪽)는 1970년대 중반에 캠브리지의 시드니 브래너(Sydney Brenner) 연구실에서 박사후연구원으로 예쁜꼬마선충을 재료로 연구했으며, MIT에 자신의 연구실을 차린 후에도 계속해서 이 모델 시스템을 사용했다. 2002년에 선충에서의 연구업적으로 (세포예정사를 조절하는 유전자 연구로) 호르비츠와 이 시스템을 확립한 브래너, 브래너의 또 다른 박사후연구원이었던 존 설스턴(John Sulston)이 함께 노벨 생리의학상을 수상했다. 이 사진에서 호르비츠는 당시 그의 연구실 소속이었던 엘리자베스 사빈(Elizabeth Sawin, Climate Interactive 사의 부사장), 아사 아벨리오비츠(Asa Abeliovich, 콜롬비아 대학의 신경생물학자)와 함께 있다.

메리 리온(Mary Lyon)과 루돌프 재니츠(Rudolf Jaenisch), 1985년 발생분자생물학 심포지엄. 리온과 재니츠는 함께 생쥐를 재료로 일했다. 리온은 포유동물 세포에서 유전자량 보정이 일어나는 기작인 X-염색체 불활성화 현상(20장)을 발견했다. 재니츠는 유전자 이식 생쥐의 제조 기술과 치료목적의 복제 기술 개발에 기여했다.

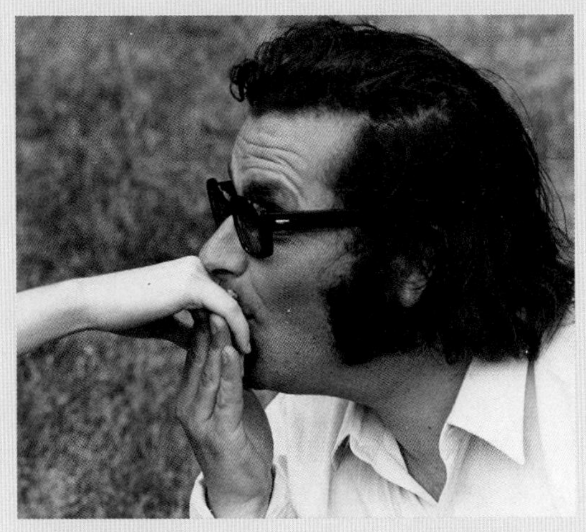

마이클 애슈버너(Michael Ashburner), 1970년 유전물질의 전사 심포지엄. 애슈버너는 초파리 유전체의 구조와 기능에 대한 다양한 연구에 흥미를 가졌던 초파리 모델 생물체의 대가였다. 그는 크레이그 벤터의 회사였던 세레라 제노믹스와 함께 초파리의 유전체 염기서열 분석을 담당했던 컨소시엄에 참여했으며, 이때의 경험을 바탕으로 "*Won for All*"이라는 짧은 책을 저술했다. 이 사진에서 당시 하버드에서 박사후연구원으로 있었던 바버라 함칼로(Barbara Hamkalo)의 손에 키스를 하고 있다. 그녀는 지금 어바인에 있는 캘리포니아 대학의 분자생물학 교수로서 이질염색질의 구조(8장)에 흥미를 가지고 있다.

대일 카이저(Dale Kaiser), 1985년 발생분자생물학 심포지엄. 카이저는 박테리오파지 λ의 증식(18장)에 관한 초기 연구에 크게 기여하였다. 이런 연구 과정에서 그는 서로 상보적인 단일가닥 말단을 지닌 DNA 분자는 서로 연결되기가 쉽다는 것을 알게 됐는데, 이 발견은 재조합 DNA 기술의 발달에 결정적인 역할을 했다.

바버라 매클린톡(Barbara McClintock)과 해리엇 크레이튼(Harriet Creighton), 1956년 유전의 메커니즘: 구조와 기능 심포지엄. 옥수수 유전학자인 매클린톡은 3부의 사진에도 등장했었다. 크레이톤은 학생으로서 매클린톡과 함께 일하며, 감수분열 동안의 유전자 교환인 염색체의 교차와 관련된 중요한 논문을 발표했다. 크레이톤은 그녀의 경력 중 30년 동안을 자신이 1929년에 졸업했던 웰슬리 대학에서 식물학을 강의하는 데 바쳤다.

부록 1

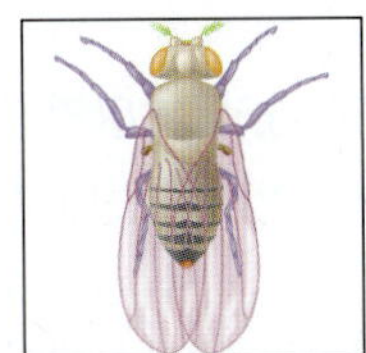

모델 생물체

개요

분자생물학 분야의 오랜 격언 중 하나는 중요한 문제들이 그 문제를 다룰 수 있는 가장 단순하고 접하기 쉬운 시스템을 이용하면 아주 쉽게 해결된다는 것이다. 이런 이유로 인해 분자생물학자들은 오랫동안 소위 모델 생물체라고 불리는 몇 가지 생물에 주목해 왔다. 이 중 중요한 것들을 단순한 생물부터 나열해 보면 대장균(*Escherichia coli*), T 파지, λ 파지 등의 박테리오파지, 출아효모(*Saccharomyces cerevisiae*), 애기장대(*Arabidopsis thaliana*), 예쁜꼬마선충(*Caenorhabditis elegans*), 노랑초파리(*Drosophila melanogaster*), 생쥐(*Mus musculus*) 등이 있다.

이런 모델 생명체들이 지니는 공통점은 무엇일까? 모든 모델 시스템에 공통적인 주요 특징 중의 하나는 다양한 전통적인 유전학 연구기법과 새롭고 유용한 분자유전학 연구기법을 사용하여 이들을 조작하고 유전학적으로 연구할 수 있다는 것이다. 두 번째 공통적인 특징은 각각의 모델 시스템을 이용한 연구가 많은 연구자의 관심을 끌어왔다는 것이다. 이것은 아이디어, 실험 방법, 도구 또는 균주 등이 같은 개체를 이용하는 여러 연구자 사이에서 공유될 수 있었으며, 이로 인해 더 빠르게 발전이 촉진될 수 있었음을 의미한다.

예를 들면, 1940년대 초에 막스 델브뤼크(Max Delbrück), 살바도르 루리아(Salvadore Luria), 알프레드 허시(Alfred D. Hershey) 등을 비롯한 일단의 연구자들이 뉴욕의 콜드 스프링 하버 연구소(Cold Spring Harbor Laboratory)에 모여 여름을 함께 보내며 대장균의 T 파지 증식에 관한 연구를 시작하였다. 파지 그룹이라 불렸던 이들은 분자생물학 분야를 확립하는 데 중요한 역할을 한 사람들이었다. 이 파지 그룹의 구성원 중 여럿은 물리학자로서, 파지의 단순함뿐만 아니라 많은 숫자의 파지를 이용한 실험 결과가 정량적, 통계적으로 의미 있는 결과를 제공한다는 점에서 파지에 흥미를 가지게 되었다. 1950년대 말에 콜드 스프링 하버 연구소에서 매년 정기적인 파지 연수 코스를 열기 시작했으며, 여기에 점점 더 많은 연구자들이 이 새로운 시스템을 배우기 위해 참가했다. 이것은 각각의 연구자가 여러 종류의 다른 생명체를 대상으로 연구를 수행하는 것에 비하여 같은 종류의 모델 시스템에 연구를 집중하였을 때 얼마나 빨리 발전이 이루어지는지를 보여주는 좋은 예이다.

어떤 모델 생명체를 선택하느냐는 어떠한 의문점을 가지고 있느냐에 달려 있다. 분자생물학의 기본적인 문제를 다루고자 한다면 단순한 단세포 생물이나 바이러스를 이용하는 것이 가장 쉬운 방법이다. 이들은 매우 빨리 자라고 많은 양을 얻기가 용이하며, 대부분 유전학적 연구 및 생화학적 연구를 함께 사용하기가 용이하다. 반면에 발생과정 등과 같은 다른 문제들은 대부분 더 복잡한 모델 생명체를 이용해야만 답이 얻어질 수 있다.

따라서 T 파지(그 중에서도 특히 가장 잘 알려진 T4 파지)는 유전자의 본성과 정보의 흐름에 관한 기본적인 과제들을 연구하는데 가장 이상적인 시스템이다. 반면에 유전적인 분석에 매우 유용한 교배 시스템을 지닌 효모는 진핵세포의 기본적인 특성들을 연구하는 가장 유용한 시스템이다. 곰팡이에서 고등 진핵세포에 이르기까지 단백질들과 일반적인 조절 메커니즘들이 진화적으로 잘 보존되어 있으므로, 효모에서 얻어진 발견이 인간에서도 사실인 경우가 많다. 선충류와 초파리도 아주 잘 발달된 유전학 연구 시스템을 가지고 있어 발생이나 행동과 같이 하등한 생명체로는 효과적으로 연구할 수 없는 문제점들을 해결하는 데 이용될 수 있다. 마지막으로 생쥐는 선충이나 초파리에 비해서 훨씬 다루기가 어렵긴 하지만 포유동물이기 때문에 인간의 질병과 생명현상을 이해하는 데 가장 좋은 모델 시스템이다.

이 장에서는 가장 흔하게 사용되는 여러 실험 생물과, 이들이 모델 시스템으로서 지니고 있는 주요 특징과 장점이 소개될 것이다. 또한 각각의 생명체를 연구하는데 사용될 수 있는 실험기법과 이들을 대상으로 수행되고 있는 생물학 과제들도 다루게 될 것이다. 그러나 분자생물학에 크게 기여한 모든 모델 생명체들을 자세히 다루지는 않겠다.

박테리오파지

박테리오파지(bacteriophage)를 비롯한 여러 바이러스들은 기본적인 유전 현상을 조사할 때 이용할 수 있는 가장 단순한 시스템이다. 이들의 유전체는 매우 작으며, 숙주세포(파지의 경우는 세균세포)에 들어간 이후에 비로소 복제 및 발현이 일어난다. 이들의 유전체는 또한 감염과정 동안에 재조합될 수도 있다.

이 시스템의 단순함으로 인해서 파지는 분자생물학의 초창기에 매우 널리 사용되었으며, 실제로 이 분야 발전에 크게 공헌했다. 오늘날까지도 이들은 DNA 복제, 유전자 발현, 재조합 등과 같은 기본적인 기작을 연구하는 데 많이 이용된다. 또한 이들은 재조합 DNA 기술(recombinant DNA technology)에서 사용되는 벡터(매개체, vector)로서도 중요하며(7장), 다양한 화합물의 돌연변이 활성을 조사하는 데에도 이용된다.

파지는 단백질 외피에 둘러싸여진 유전체(DNA 또는 RNA, 대부분의 경우는 DNA)로 구성되어 있는데, 단백질 외피의 일부는 유전체가 들어 있는 머리구조를 형성하고, 나머지는 꼬리구조를 형성한다. 꼬리부분은 파지 입자를 대장균 숙주세포의 외부 표면에 달라붙게 해서 세포 내부로 파지의 유전체가 전달되도록 해준다. 이 단계에는 특이성이 있어 각각의 파지는 특정한 세포 표면물질(대부분은 단백질)에만 결합하며, 따라서 특정 파지에 대한 수용체를 가진 세포만 그 파지에 감염될 수 있다.

파지는 자라는 형태에 따라 **용균성(lytic)**과 **약독성(temperate)** 두 종류로 나눌 수 있다. 용균성 파지는 T 파지와 같은 것들로, 용균작용에 의해서만 증식한다. 그림 A-1에서와 같이 파지가 대장균 세포에 감염되면 DNA 복제가 진행되어 수백 개까지

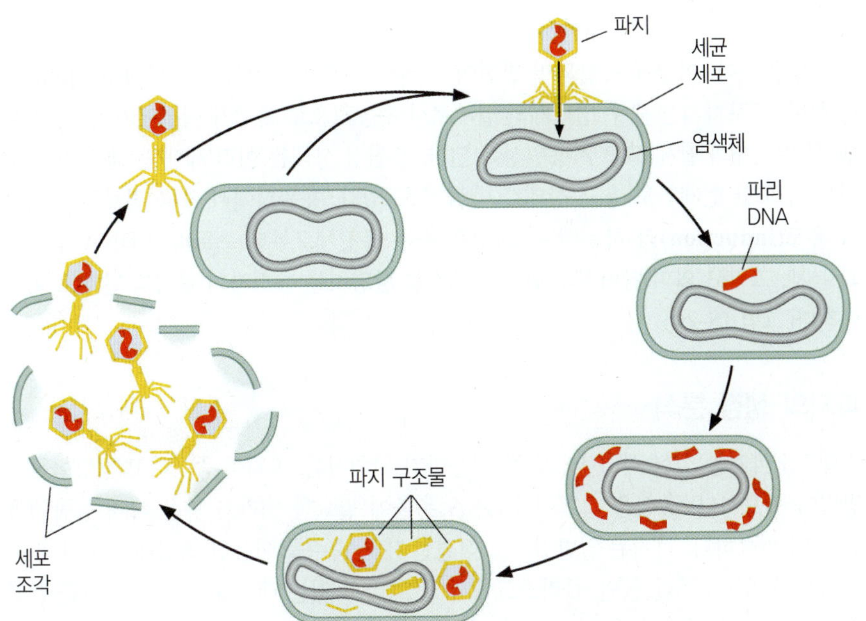

그림 A-1 박테리오파지의 용균 생장주기. 파지 입자는 적절한 세균 숙주세포(적절한 수용체를 가지는 세포)에 결합하여, 주로 DNA로 구성된 유전체를 주입한다. 주입된 DNA는 복제되고, 유전자가 발현되어 많은 수의 새로운 파지를 만들어 낸다. 이들 파지가 성숙한 파지 입자로 만들어지면, 세균세포가 용해되고 방출되어 다른 숙주세포에 감염된다.

여러 개의 유전체가 만들어지고, 유전자 발현이 일어나 새로운 외피 단백질이 만들어진다. 이러한 과정은 숙주세포가 용해되기 이전에 새로운 파지 입자가 만들어지도록 잘 조절된다. 방출된 파지들은 다시 자유롭게 숙주세포에 감염된다.

약독성 파지(λ 파지 등)도 용균작용에 의해 증식될 수 있다. 그러나 이들은 **용원성(lysogeny)**이라 불리는 다른 발생경로를 가질 수도 있다(그림 A-2). 용원성 시기에는

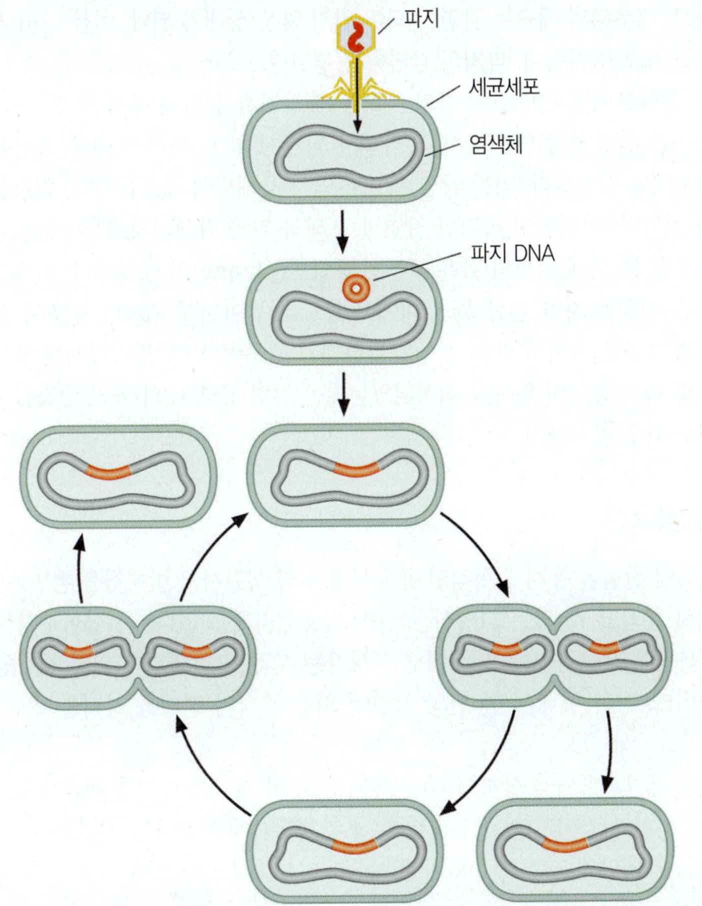

그림 A-2 박테리오파지의 용원성 주기. 감염의 첫 단계는 용균 파지와 같다(그림 A-1). 그러나 DNA가 세포 내로 들어가면, 세균 염색체에 삽입되어, 유전체의 일부로서 수동적으로 복제가 된다. 또한 외피 단백질을 암호화하는 유전자는 계속 발현이 억제된다. 삽입된 파지는 프로파지라 불린다. 용원성은 여러 세대 동안 안정하게 유지될 수 있으며, 적절한 환경 하에서는 용균성 주기로 바뀔 수도 있다. 자세한 설명은 18장을 참조하라.

파지 유전체가 복제되는 대신에 숙주의 유전체에 통합되며, 외피 단백질의 발현은 일어나지 않는다. 이렇게 통합되어 발현이 억제된 상태의 파지를 **프로파지(prophage)** 라 한다. 프로파지는 숙주 염색체의 일부로서 수동적으로 복제가 이루어지며, 분열 후 생기는 두 개의 딸세포 모두 용원성이 된다. 용원성 상태는 여러 세대 동안 유지될 수 있으나, 또한 언제라도 용균 상태로 바뀔 수도 있다. 용원성에서 용균 경로로의 변화를 **유도(induction)**라 하는데 이 과정은 숙주 유전체로부터 프로파지 DNA의 절단과 복제, 그리고 외피 단백질의 합성과 조절을 담당하는 유전자의 활성화 단계로 이루어진다(그림 18-20).

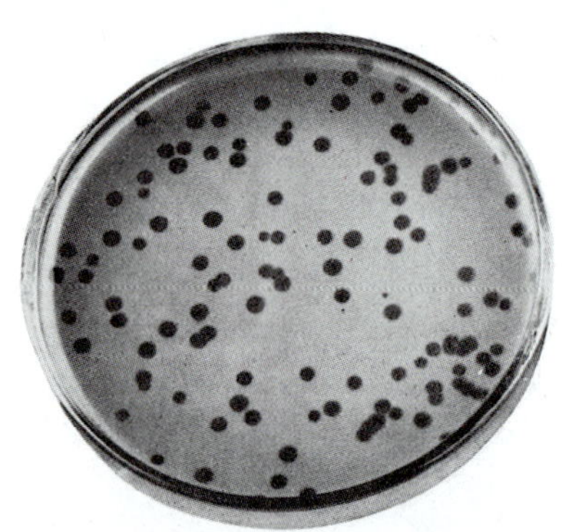

그림 A-3 파지의 감염에 의해서 세균세포층에 형성된 용균반. 이 그림은 용균성 T 파지에 의해서 생성된 용균반이다. (Reprinted, with permission, from Stent G.S. 1963. *Molecular biology of bacterial viruses*, Fig. 1. © W.H. Freeman.)

파지의 생장 분석

박테리오파지를 실험 시스템으로 잘 이용하기 위해서는, 파지를 증식하고 정량화하는 방법이 필요하다. 증식은 실험이나 DNA 추출에 필요한 역가가 높은 파지 농축액을 만들 때 필요하다. 파지는 일반적으로 적절한 세균 숙주를 이용한 액상배양을 통해 증식시킬 수 있다. 예를 들면, 플라스크에서 잘 자라고 있는 대장균 세포에 파지를 감염시키고, 적당한 시간이 경과하면 세포가 용해되어 파지 입자를 담고 있는 맑은 상층용액이 남게 된다.

용액에 존재하는 파지 입자의 수를 측정하기 위해서는 용균반 분석(plaque assay)을 사용한다(그림 A-3). 용균반 분석은 다음과 같이 진행된다. 먼저 파지를 숙주세포와 섞어 감염시키고, 이를 희석한 후, 감염이 안 된 다량의 세균세포를 가지고 있는 연한 "한천(soft agar)"과 섞어준다. 이 혼합물을 페트리접시의 단단한 한천층 위에 부어 연한 한천이 젤리와 같은 상층을 형성하도록 하면, 이 상층의 일부 세포만 감염이 되어 있고, 대부분의 세포는 감염이 되어 있지 않은 상태가 된다. 이를 여러 시간 배양하면 세균 세포가 자라며, 파지의 감염이 진행된다.

최초 혼합물에서 감염된 각각의 세포는 배양기간 동안에 용해될 것이며, 이때 방출된 파지는 한천의 점도 때문에 멀리 확산되지 못하며, 따라서 아주 가까이에 있는 주변 세포에만 감염된다. 이들 감염 세포도 역시 용해되어 새로운 파지 입자를 만들어 내게 될 것이다. 이러한 반복적인 감염과 용해의 결과 감염되지 않은 세균이 가득 자란 불투명한 층 위에 원형의 맑은 부분인 **용균반(plaque)**이 형성된다. 이것은 감염이 되지 않은 세균은 자라 연한 한천 내에서 농도가 높아지게 되지만 최초에 감염된 세포 주변의 세균은 죽어서 맑은 반점을 나타내기 때문이다. 각 접시에서의 용균반 숫자와 원래의 파지 용액이 얼마나 희석되었는지를 알면 용액 내의 파지 숫자를 계산하는 것은 매우 쉬운 일이다.

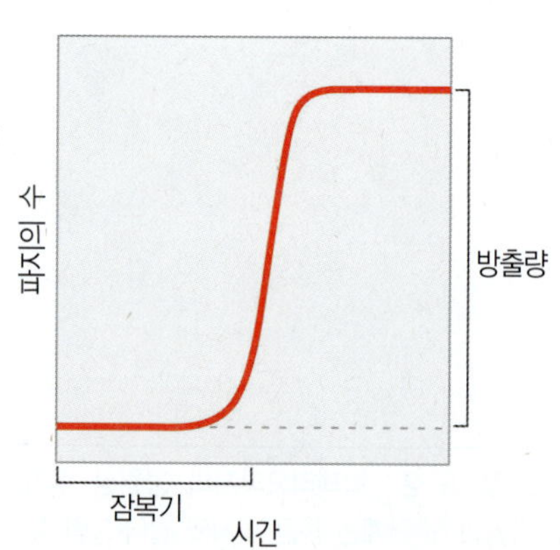

그림 A-4 일회 생장곡선. 본문에 설명된 바와 같이 일회 생장곡선은 파지가 한 주기의 용균성 생장을 진행하는 데 걸리는 시간의 길이와 감염된 세포당 만들어지는 파지의 수를 나타내 준다. 이것을 각각 잠복기와 방출량이라 한다.

일회 생장곡선

이 고전적인 실험을 통해 전형적인 용균성 파지의 생활사가 밝혀졌을 뿐만 아니라, 이를 자세히 분석할 수 있는 다양한 실험이 가능해지게 되었다. 이 실험과정에서 가장 중요한 특징은 세균 집단을 동시에 감염시키는 것과 자손 파지에 의한 재감염을 제거하는 것이다. 이를 통해서 한 번의 감염에 의한 증식의 진행을 살펴볼 수 있다(그림 A-4).

파지를 세균세포와 혼합하여 10분간 놔둔다. 이 시간은 파지가 세균세포로 흡수되기에는 충분한 시간이지만 감염이 더 이상 진행되기에는 부족한 시간이다. 그 다음에 혼합물을 새 배양액으로 10,000배 희석한다. 이 희석으로 인해 처음 혼합 단계에서 파지가 결합한 세포만 감염된 집단으로 나타나며, 감염 이후 새로 생성된 파지는 감염될 수 있는 숙주세포를 만나지 못하게 된다.

이 희석된 감염세포 집단을 배양하여 감염이 계속 진행되도록 한 다음, 일정 간격으로 표본을 따내어 용균반 분석 방법으로 유리된 파지의 수를 분석한다. 초기에는 최초 감염 시기에 감염되지 않고 남아 있는 파지만 있게 되므로 그 수가 매우 작다.

충분한 시간이 경과하면 감염된 세포가 용해되어 새 파지를 방출하므로 파지의 숫자가 급격히 증가하는 것을 확인할 수 있다(용균성 파지 T4의 경우에는 약 30분이 소요된다). 감염과 자손방출 사이의 시간 간격을 **잠복기(latent period)**라고 부르며, 방출되는 파지의 숫자를 **방출량(burst size)**이라 한다.

파지 교차 및 상보성 검사

파지의 숫자를 확인할 수 있게 됨에 따라 특정한 파지 유도체가 주어진 세균 숙주세포에서 증식할 수 있는지를(그리고 방출량 등과 같은 값으로 효율을) 확인할 수 있게 되었다. 또한 특정한 파지 유도체를 이들이 만들어내는 용균반 형태의 차이로 구분할 수 있게 되었다. 숙주의 범위와 용균반의 형태는 대부분 파지들 간의 유전적 차이에 의해 생겨나게 되는데, 분자생물학 연구 초창기에는 이것이 유전정보가 어떻게 암호화되고 기능을 나타내는지에 관해 분석할 수 있는 좋은 유전 표지자(genetic marker)가 되었다.

하나의 세포에 두 개의 파지 입자가 동시에 감염될 수 있는 혼합감염(mixed infection) 능력은 다음과 같은 두 가지 면에서 유전적 분석을 용이하게 해주었다. 첫째는 이런 특성으로 인해 파지의 교차가 가능해졌다. 만일 같은 종류의 두 가지 다른 돌연변이 파지가 한 세포에 동시에 감염되면, 두 유전체 사이의 재조합에 의해 유전자 교환이 일어날 수 있으며, 이러한 유전자 교환의 빈도는 유전체상에서 유전자들의 순서를 결정하는 데 사용될 수 있다. 높은 재조합 빈도는 두 돌연변이가 멀리 떨어져 있다는 것을 의미하며, 낮은 재조합 빈도는 이들이 매우 가까이 위치한다는 것을 의미한다. 이러한 실험에는 매우 많은 숫자의 파지 입자를 사용할 수 있으므로, 아주 낮은 빈도로 일어나는 재조합(매우 가까이에 위치한 두 돌연변이 사이의 재조합)이라 하더라도 검색할 수 있는 방법만 있으면 확인이 가능하다. 둘째로 동시감염을 이용해 각 돌연변이가 어떤 상보군(complementation group)에 속하는지 결정할 수 있다. 즉 두 개 이상의 돌연변이가 있는 경우 이들이 같은 유전자의 돌연변이인지 아니면 다른 유전자에 생긴 돌연변이인지 확인할 수 있다. 만일 두 개의 돌연변이 파지를 같은 세포에 동시에 감염시킨 경우 각각의 돌연변이에 결핍되어 있는 기능이 보완된다면 이 두 돌연변이는 서로 다른 유전자, 즉 다른 상보군이다. 반면에 두 돌연변이가 서로를 상호보완하지 못한다면 이것은 두 돌연변이가 같은 유전자에 위치함을 보여주는 증거가 될 수 있다.

형질도입 및 재조합 DNA

파지의 교차와 상보성 검사는 파지 자체를 분석하는 유전학 연구를 가능하게 해주었다. 그런데 이 똑같은 매개체와 기술이 다른 시스템에서의 유전학 연구에도 이용될 수 있다. 처음에는 이러한 연구가 감염 시에 우연히 획득된 세균 유전자에 국한되었지만 1970년대에 재조합 DNA 기술이 발달함에 따라 이러한 연구는 다른 생명체의 DNA로까지 확대되었다.

감염과정에서 파지는 아주 가끔 우연히 세균의 DNA 일부를 획득하게 된다. 파지가 숙주세포의 DNA를 획득하는 가장 손쉬운 방법은 용원성 상태에서 유도되어 프로파지가 세균 염색체에서 잘려 나올 때이다. 이 과정은 위치특이적 재조합(site-specific recombination; 12장 참조)에 의해 일어나는데, 이것이 약간 잘못된 위치에서 일어나게 되면 파지 DNA의 일부가 소실되고 세균의 DNA 일부가 포함된다. 이러한 교환에 의해 파지 유전체 중에서 증식에 필수적인 부분이 제거되지만 않으면 형성된 재조합 파지는 여전히 자랄 수 있으며, 따라서 한 세균의 DNA를 다른 세균으로 옮기는데 사용될 수 있다. 이러한 과정을 **특수 형질도입(specialized transduction)**이라 한다. 특수 형질도입 파지에 포함된 세균 DNA는 파지 자체의 DNA를 연구할 때와 같은 종류의 유전적 분석에 이용될 수 있다.

특수 형질도입을 할 수 있는 능력으로 인해 λ 파지는 최초의 클로닝 벡터들 중 하나로 선택되었다(7장). 제한효소 절단부위의 대부분을 제거하고 파지의 용균 성장에 필요 없는 부위에 하나(삽입 벡터) 혹은 두 개(교환 벡터)의 절단부위를 남김으로써, λ 파지는 in vitro에서 어떤 DNA라도 쉽게 삽입될 수 있도록 만들어졌다. 이 DNA는 증식될 수 있으며 원래의 파지 내에 있을 때에 비해 훨씬 쉽게 분석이 가능하다. *λ* 파지의 제한효소 절단부위는 그 제한 시스템을 발현하는 균주에서 효과적으로 증식되는 파지를 반복적으로 분리함으로써 제거할 수 있다. 이와 같은 방법으로 제한효소에 대해 저항성을 보이는 파지를 모은 후, in vitro에서 어느 부위가 제거되고 어느 부위가 남아 있는지를 확인하여 원하는 유도체를 동정해 낸다.

제한효소 절단부위와 재조합 파지를 확인할 수 있는 방법이 서로 다른 여러 종류의 λ 벡터가 개발되었다. 이 중 한 *λ* 변이체는 억제자를 암호화하는 *c*I 유전자 부위(18장 참조) 중간에 여기에만 존재하는 하나의 제한효소 절단부위를 가지고 있다. 이 벡터는 이 유전자가 완전하므로 파지가 용원성이 될 수 있으며, 따라서 반투명한 용균반을 형성한다. 그러나 이 부위에 DNA 조각이 삽입되면 형성된 재조합 파지는 *c*I 유전자가 부서져 있어 용원성이 되지 못하며, 따라서 맑은 용균반 만을 형성한다.

이러한 용균반의 형태변화로 재조합 파지를 쉽게 비재조합 파지와 구분할 수 있다. 또한 이러한 접근 방법은 *hfl* 균주(글상자 16-5 참조)의 세균을 사용하면 재조합 파지를 검사할 뿐만 아니라 선택적으로 분리해 내는데 이용될 수 있다. *hfl* 균주에서는 용원화될 수 있는 파지는 모두 용원화되므로, 재조합 파지만이 용균반을 형성하게 된다.

세균

대장균(*E. coli*)이나 고초균(*Bacillus subtilis*)이 갖고 있는 실험 시스템으로서의 장점은 이들이 비교적 단순한 세포로서 키우기가 쉽고, 조작이 간단하다는 것이다. 세균은 단세포 생물로서 DNA, RNA 및 단백질 합성기구들이 모두 하나의 세포 내 구역에 위치하고 있다(세균은 핵이 없다).

세균은 대부분 하나의 염색체를 지니며, 고등생물의 염색체에 비해 훨씬 작다. 또한 세균은 짧은 세대시간(generation time)을 가지며(세포주기는 20분까지 짧아질 수 있다), 하나의 세포로부터 유전적으로 동일한 세포집단(클론)을 쉽게 만들 수 있다. 마지막으로 세균은 유전학적 연구가 매우 간편한데 그 이유는 이들이 반수체여서 돌연변이 형질을 열성형질까지도 쉽게 확인할 수 있으며, 또한 유전물질이 세균들 사이에서 쉽게 교환될 수 있기 때문이다.

분자생물학은 세균과 파지 모델 시스템을 이용한 연구에서 기원하였다. 1943년에 루리아(Luria)와 델브뤼크(Delbrück)의 유명한 방황변이(fluctuation) 분석실험이 있기 전까지는 세균을 이용한 연구는 전통적인 유전학 영역 밖이었다. 루리아와 델브뤼크는 통계적인 접근 방법을 이용하여 세균이 특정 파지의 감염에 대하여 저항성을 가지도록 변할 수 있음을 보여주었다. 특히 이들은 이러한 변화가 파지에 대한 반응에 의해서가 아니라 자연적으로 일어난다는 것을 보여주었다. 따라서 다른 개체와 마찬가지로 세균도 형질(예를 들면 파지에 대한 감수성 또는 저항성)이 유전될 수 있으며, 때로는 이러한 유전형질이 다른 상태로 자연적으로 변화(돌연변이)할 수 있다. 루리아와 델브뤼크의 실험은 세균도 다른 생물체와 마찬가지로 유전적으로 결정되는 형질을 지니고 있다는 것을 보여주었다. 그 단순함으로 볼 때 세균은 유전물질 또는 그레고르 멘델의 형질결정인자(유전자)의 특성을 이해하는 데에 가장 이상적인 실험 모델 시스템이었을 것이다.

세균의 생장 분석

세균은 액체배지나 고체(한천)배지에서 자랄 수 있다. 세균세포는 빛을 분산할 수 있을 정도로 충분히 크며(길이가 약 2 μm), 따라서 흡광도의 증가로 액체 배지에서 세균의 생장을 쉽게 측정할 수 있다. 활발히 생장하는 세균은 일정한 세대시간마다 분열하여 지수적으로 그 수가 증가한다. 이 시기를 **지수생장기(exponential phase of growth)**라 한다. 집단의 개체수가 증가하면 생장률은 감소하며, 세균은 **정지기(stationary phase)**에 들어간다(그림 A-5).

세균의 수는 배양균을 희석하여 페트리접시의 고체 한천배지 위에 평판배양하여 확인할 수 있다. 하나의 세포는 비교적 짧은 시간에 수백만 개의 세포로 이루어진 군체(colony)를 형성한다. 접시 위에 몇 개의 군체가 있는지와 배양균을 얼마나 희석했는지를 알면 원래 배양액에서 세포의 농도를 계산할 수 있다.

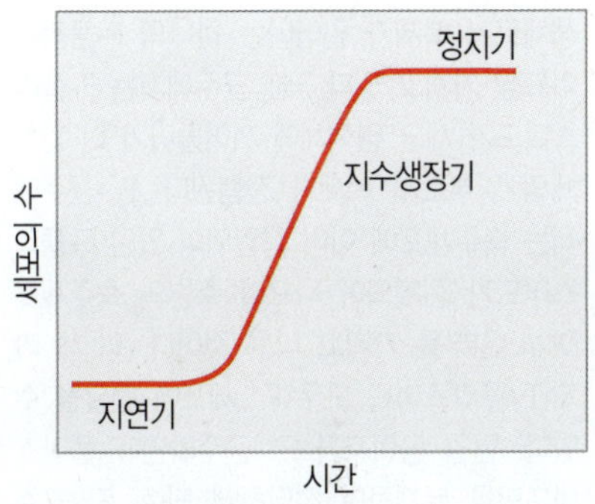

그림 A-5 세균의 생장곡선. 본문에 설명된 바와 같이 대장균과 같은 세균세포는 과밀해지지 않는 한 산소가 잘 공급되는 영양배지에서 매우 빠르게 증식한다. 이러한 생장시기를 지수생장기라 하는데, 이는 세포가 지수적으로 증가되기 때문이다. 세포의 숫자가 지나치게 높아지면 배양액에서의 농도가 매우 높아져서 생장이 소위 정지기로 들어서며 점점 작아지게 된다. 정지기에 들어선 세포를 새 배양액에 낮은 농도로 희석하면 지연기를 지나 다시 지수생장기로 들어가게 된다. 각 시기에서 세포수의 증가율이 그림에 나타나 있다.

세균은 유성접합, 파지 매개 형질도입, DNA 형질전환 방법으로 DNA를 교환한다

분자생물학 모델 시스템으로서 세균의 중요한 장점 하나는 손쉬운 유전자 교환(genetic exchange) 시스템이 있다는 것이다. 유전자 교환은 돌연변이의 위치 확인, 여러 돌연변이를 지닌 균주의 제조, 그리고 열성 돌연변이를 우성 돌연변이와 구분하고 시스-트랜스(cis-trans) 검사를 수행할 수 있는 부분 이배체(partial diploid) 균주의 제조 등을 가능하게 해준다.

세균은 대부분 **플라스미드(plasmid)**라 알려진 자동복제 DNA(autonomously replicating DNA)를 지니고 있다(그림 A-6). 이들 중 대장균의 생식(fertility) 플라스미드(**F 인자**)와 같은 일부 플라스미드는 한 세포에서 다른 세포로 옮아갈 수 있다. 즉 F 인자를 지니고 있는 세포(F^+)는 플라스미드를 F^- 세포에 전달할 수 있다. F 인자 매개 접합(F-factor mediated conjugation)은 복제가 수반되는 과정이다. 따라서 F^+ 세포는 F 인자의 한 사본(copy)을 유지하면서 하나의 사본을 전달하게 되므로 접합의 결과 두 개의 F^+ 세포가 형성된다. 때로는 F 인자가 염색체에 융합되기도 하며, 그 결과 접합에 의해 숙주세포 염색체가 F^- 세포로 이동할 수 있다. 이렇게 F 인자가 염색체에 융합된 균주를 **Hfr**(고빈도 재조합, high frequency recombinant) **균주**라 하며,

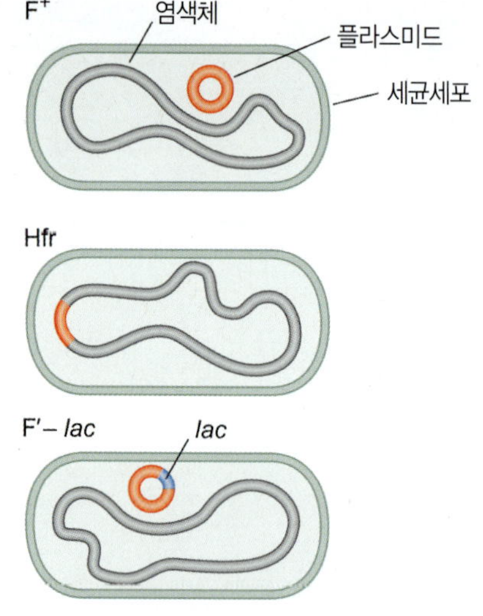

그림 A-6 세포 내에 존재하는 세 가지 형태의 F-플라스미드. F^+ 세포는 독립된 소염색체로서 복제가 일어나는 하나의 F-플라스미드를 가지고 있다. Hfr 균주에서는 F-플라스미드가 세균 염색체에 끼어들어가 이 염색체의 일부로서 복제가 진행된다. F′-균주에서는 숙주세포에 이미 삽입되어 있던 F-플라스미드가 절제되어 나오며 주변의 숙주세포 DNA 일부를 가지고 나온 것이다. 이 세 가지 F-플라스미드 모두 F^- 세포에 전달될 수 있다. 만일 공여자가 F^+ 균주라면 F-플라스미드만을 복제하며 전달하게 되며, F′ 균주의 경우에는 F-플라스미드에 들어 있는 숙주세포의 DNA를 함께 복제하여 전달하게 된다. Hfr 균주에서는 삽입된 위치와 접합의 시간에 따라 숙주 염색체가 복제되어 전달되는 부분과 양이 달라진다. 수여세포에 들어가면 숙주의 염색체 DNA와의 재조합, 즉 수여세포 유전체와의 유전자 교환이 가능하다.

유전자 교환에 매우 유용하다.

정확히 숙주 염색체의 어떤 부분이 이동하는가는 두 가지 요인에 의해 달라진다. 첫째는 Hfr 균주에서 F 인자가 숙주 염색체에 융합되어 있는 부위가 다르다는 것이다. 수용세포로의 숙주 염색체 이동은 융합된 F 인자와 가장 가까운 부위에서부터 1차원적으로 일어나게 된다. 따라서 플라스미드가 어디에 융합되어 있느냐에 따라 염색체의 어느 부위가 먼저 전달되는가가 결정된다. 둘째는 접합이 끝나기 전에 염색체 전부가 전달되는 경우가 매우 드물다는 것이다. 따라서 전달 시작부위에서 거리가 떨어져 있는 유전자들은 매우 낮은 빈도로 전달이 일어나며 아주 멀리 떨어진 부위에 위치한 유전자는 접합 동안에 전달되지 못할 것이다.

F 인자의 세 번째 주요 형태는 F′-플라스미드이다. F′-플라스미드는 염색체의 일부를 지니고 있는 생식 플라스미드로서 이 염색체 부위는 플라스미드와 함께 세포 사이에서 높은 빈도로 이동하게 된다. 예를 들면, 이러한 F′ 중 역사적으로 중요한 F′-*lac*이 있는데, 이것은 젖산 오페론을 포함하고 있는 F 인자이다. F′ 인자는 염색체 특정 부분의 사본을 두 개 가지는 부분 이배체를 만드는 데 이용될 수 있다. 이것이 바로 자코브(Jacob)와 모노(Monod)가 젖산 오페론 억제인자 유전자와 억제인자가 결합하는 작동유전자 부위 돌연변이들의 시스-트랜스 검사를 수행하기 위하여 부분 이배체를 만든 방법이었다(글상자 18-3 참조).

F 인자는 대장균 균주와만 접합을 할 수 있으나, 상대를 가리지 않고 종류가 서로 다른 다양한 균주들에, 심지어는 효모에까지도 DNA를 전달할 수 있는 접합 플라스미드도 있다. 이러한 종류의 이종접합 플라스미드(promiscuous conjugative plasmid)는 재조합 기술에 의하여 변형된 DNA를 포함한 여러 DNA를 다른 유전자 교환 시스템이 없는 세균 균주에 도입할 수 있는 간편한 수단으로 사용된다.

또 다른 유용한 유전자 교환 수단으로는 파지 매개 형질도입이 있다(그림 A-7). **일반 형질도입(generalized transduction)**은 가끔씩 바이러스가 완성될 때 바이러스 DNA 대신에 염색체 DNA 조각을 획득하는 파지에 의해 매개된다. 이러한 파지 입자가 세포에 감염되면 이전 숙주의 염색체 DNA 조각이 바이러스 DNA 대신에 세포 내로 주입된다. 주입된 염색체 DNA는 감염된 숙주세포의 염색체와 융합될 수 있으며, 따라서 한 세포에서 다른 세포로 유전정보가 영구적으로 이동한다. 이러한 형질도입은 숙주 염색체 DNA의 어떠한 부분이라도 다른 세포로 전달할 수 있기 때문에 일반 형질도입이라 불린다. 바이러스의 크기에 따라 수 kb의 염색체 DNA만 전달할 수 있는 것에서부터, 100 kb 이상의 큰 DNA를 형질도입하는 것들도 있다.

다른 종류의 파지 매개 형질도입에는 이미 소개한 **특수 형질도입(specialized transduction)**이 있다. 이 과정에는 파지 DNA 부위에 염색체 DNA를 대신 가지고 있는 λ와 같은 용원성 파지가 관여한다. 이러한 특수 형질도입 파지는 감염된 후 지니고 있는 세균 DNA를 새로운 세균 숙주세포에 전달할 수 있다.

마지막으로는 7장에서 언급한 바와 같이 DNA에 의해 매개되는 형질전환이 있다. 실험적으로 중요한 특정한 세균 종들(예를 들면, 고초균, 대장균은 아님)은 선형의 DNA(동종의 다른 세포로부터 방출되거나 얻어지는)를 받아들일 수 있는 자연적인 유전자 교환 시스템을 지니고 있다. 세포가 외부로부터 DNA를 받아들이기 위해서는 대부분 "유전적 수용성(genetic competence)"이라 불리는 특별한 상태에 있어야 한다. 클로닝된 염색체 DNA를 재조합 DNA 기술을 이용하여 조작한 다음 유전적 수용성을 가진 세포에 도입할 수 있으므로, 유전적 수용성은 매우 유용하다.

세균 플라스미드는 클로닝 벡터로 이용될 수 있다

앞서 살펴본 바와 같이 세균은 독립적으로 복제되는 플라스미드라고 불리는 원형의 DNA 조각을 흔히 지니고 있다. 이러한 플라스미드는 세균 DNA나 그 외의 다른 DNA의 편리한 운반체로 이용될 수 있다. 실제로 재조합 DNA를 클로닝한 최초의 성공적인 사례에는 대장균의 pSC101 플라스미드가 사용되었는데, 이 플라스미드에는 *Eco*RI 제한효소 절단부위가 하나만 있어 플라스미드의 복제 능력에 결함을 초래하지 않고 DNA를 삽입할 수 있다(7장).

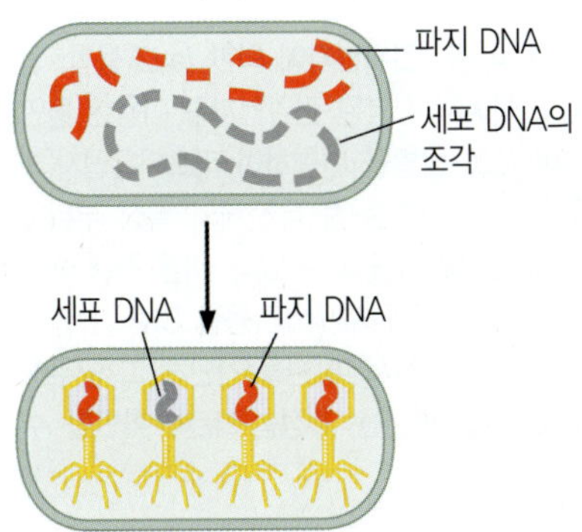

그림 A-7 파지 매개 일반 형질도입. 파지 감염 시 숙주 염색체가 조각나서 복제된 파지 DNA 대신에 파지 입자를 형성할 수 있다. 이 숙주 DNA는 일반적인 파지 유전체처럼 다른 세포에 전달된다. 새로운 숙주 내에서 이 DNA는 염색체에 결합되어 유전자 교환을 촉진한다.

전위인자는 삽입 돌연변이와 유전자 및 오페론 융합에 이용될 수 있다

12장에서 살펴본 바와 같이 **전위인자(transposon)**는 그 자체로 매우 흥미로운 유전 요소일 뿐만 아니라 세균을 분자유전학적으로 조작하는 데 매우 유용한 수단이 된다. 예를 들면, Tn*5*나 Mu와 같이 염색체에 염기서열 특이성이 낮게(즉, 거의 무작위로) 삽입되는 전위인자는 전체 유전체를 대상으로 하는 삽입 돌연변이의 라이브러리를 만드는 데 이용될 수 있다(그림 A-8).

이러한 돌연변이는 화학물질을 이용하여 유도된 전통적인 돌연변이체에 비하여 두 가지 중요한 이점이 있다. 한 가지는 전위인자의 삽입이 돌연변이원에 의한 단순 염기치환에 비하여 유전자의 완전한 불활성화(영 돌연변이, a null mutation)를 더 잘 일으킬 수 있다는 것이다. 두 번째 장점은 불활성화를 유도하기 위해 삽입한 DNA를 이용하여 유전자를 분리하고 클로닝하기가 쉽다는 것이다. 심지어는 적절한 DNA 프라이머만 있으면 불활성화된 유전자의 정체를 전위인자를 포함하고 있는 염색체 부분의 DNA 염기서열 분석을 통하여 간단히 확인할 수 있다.

전위인자는 또한 유전체 수준에서 유전자와 오페론의 융합을 만드는 데 이용될 수 있다. 프로모터가 없는 *lacZ*(예를 들면, Tn*5lac*) 등과 같은 리포터 유전자(reporter gene)를 가지는 변형된 전위인자가 제조되었다. 이 전위인자가 염색체에 적절한 방향으로 삽입되면 리포터의 전사는 파괴된 표적유전자의 조절에 의해 일어나게 된다. 이러한 융합을 오페론 융합 또는 전사 융합이라 한다(그림 A-9).

프로모터뿐만 아니라 번역개시 부위도 없는 리포터 유전자를 지니는 다른 융합 유도 전위인자들도 제조되었다. 이 경우에 리포터가 발현되기 위해서는 리포터가 표적유전자의 전사조절을 받아야 하며, 또한 번역이 적절히 이루어질 수 있도록 표적유전자의 읽기틀(reading frame)에 맞게 삽입되어야 한다. 리포터가 표적유전자와 전사 및 번역이 함께 일어나도록 융합이 이루어진 경우 이를 유전자 융합(gene fusion)이라 한다.

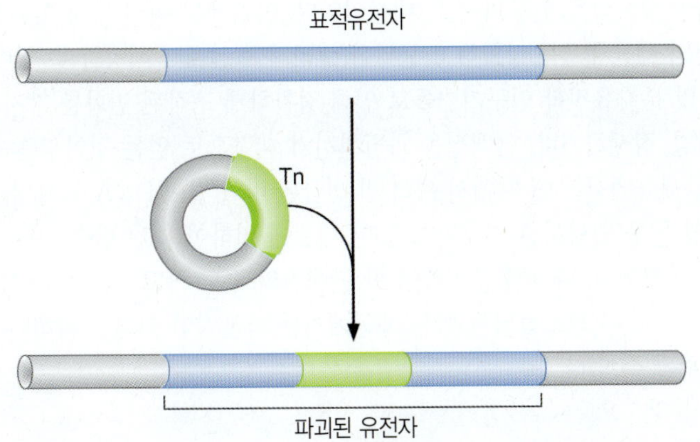

그림 A-8 전위인자에 의한 삽입 돌연변이 제조. 세포 안으로 들어간 플라스미드 상의 전위인자는 숙주의 유전체로 전이될 수 있다. 전형적인 세균의 염색체는 유전자의 밀도가 높기 때문에 전위인자는 많은 경우 유전자 안에 끼어들어가게 된다. 전위인자 상의 표지(항생제 내성 등과 같은)를 이용하여 삽입이 일어난 세포를 분리해 낼 수 있다. 전위인자 끝부분의 염기서열과 유전체의 염기서열을 알고 있으므로, 삽입된 위치를 간단히 확인할 수 있다.

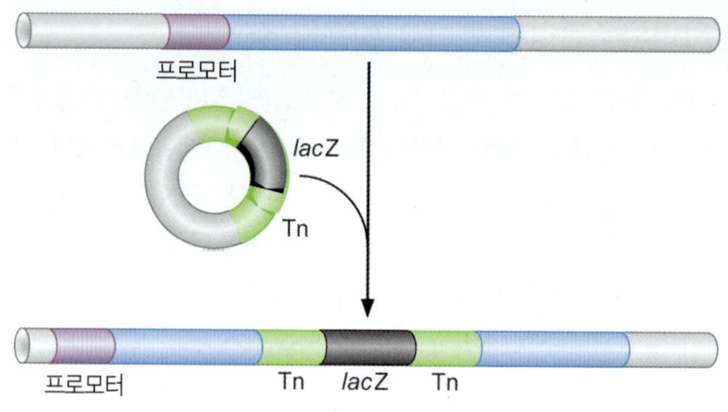

그림 A-9 전위인자에 의한 *lacZ* 융합. 앞의 그림에서 설명된 전위인자를 이용한 돌연변이 제조 방법을 변형하여 리포터유전자(예를 들면, *lacZ* 등)를 유전체의 특정 부위에 삽입하는 데 사용할 수 있다. 이를 통해 숙주의 유전자(전위인자 *lacZ* 융합 DNA가 삽입되어 있는 유전자) 발현을 간단히 그 균주에서의 *lacZ* 발현을 측정함으로써 확인할 수 있다.

세균의 분자유전학 연구는 재조합 DNA 기술, 유전체 염기서열 분석 및 전사의 프로파일링에 의해서 증진되었다

DNA 클로닝과 같은 유전자 재조합 DNA 기술과 더불어 유전체의 염기서열 분석과 유전체 수준의 유전자 전사 연구기법은 고등한 세포에서의 분자생물학 연구에 혁명을 일으켰다. 그런데 이 기술들은 세균 모델 시스템을 연구하는 데에도 전통적인 유전학 연구 방법과 함께 사용되어 똑같이 큰 영향을 미쳤다. 예를 들면, 유전자 융합을 위한 맞춤형 전위인자 유도체의 발달은 재조합 DNA 기술의 발달에 의해서 촉진되었다. 또한 정확한 돌연변이와 유전자 융합을 만들어내는 재조합기술과 유전자 수용성을 함께 사용한 결과 분자유전학적 조작의 종류와 숫자가 크게 증가하였다. 세균의 모든 유전자를 포함하는 미세배열(microarray)을 사용함으로써 유전체 전체를 대상으로 유전자 발현을 연구할 수 있게 되었다. 위에서 언급한 여러 방법들을 함께 사용하여 특정 조건에서의 발현이 확인된 유전자의 기능을 쉽고 편하게 밝혀낼 수 있다. 효모와 진핵생물 시스템의 연구에 큰 영향을 미쳤던 단백질 간의 상호작용을 빠르게 찾아내는 방법들[투하이브리드(two-hybrid) 분석 등; 글상자 19-1 참조] 또한 세균 단백질의 상호작용 네트워크를 밝혀내는 데에도 매우 유용한 방법이다. 유전체 전체의 염기서열 정보와 이종접합 플라스미드의 사용은 매우 정교한 전통적 유전학 연구 방법을 사용할 수 없었던 세균에서 분자유전학적 조작을 가능하게 해주었다.

잘 발달된 전통 유전학 및 분자유전학 연구 방법이 사용 가능한 단순한 세포에서는 생화학적 분석이 특히 효과적이다

분자생물학이 발달하기 시작한 이후로 세균은 DNA 복제기구, 정보 전달, 유전자 조절 등에 관한 생화학적 연구의 주요 대상이었다. 여기에는 여러 가지 이유가 있다. 첫째, 많은 양의 세균세포를 정확하고 균일한 생리적 조건에서 배양할 수 있다. 둘째, 전통 유전학 및 분자유전학 연구기법들로 인해 정확하게 조작된 변화를 가지고 있는 단백질복합체를 정제하거나, 단백질을 과발현시켜 대량으로 얻는 것이 가능하다. 셋째, 무엇보다도 세균에서는 이 책에서 여러 번 언급된 바와 같이 DNA 복제, 유전자 전사, 단백질 합성 등을 담당하는 기구가 고등한 세포에 비하여 훨씬 단순하다(구성요소의 수가 작다)는 것이다. 따라서 분리해야 할 단백질의 수도 작고, 기작도 고등한 세포에 비해 일반적으로 더 간소화되어 있는 세균에서는 기본적인 기작을 밝히는 일이 훨씬 더 빨리 진행될 수 있다.

세균에서는 세포학적 연구가 가능하다

구조가 단순하고 막으로 둘러싸인 세포 내 구조(예를 들면, 핵이나 미토콘드리아)가 없음에도 불구하고, 세균은 수세기 동안 생각되어 왔던 것처럼 단순한 효소주머니는 아니다. 지금은 우리가 잘 아는 바와 같이, 단백질이나 단백질복합체는 세포 내에서 특정한 위치를 차지하고 있으며, 심지어 염색체조차도 세균 내에 잘 정렬되어 있다. 작은 크기에도 불구하고 세균에서도 항체를 이용하여 고정된 세포에서 단백질의 위치를 확인하는 면역형광현미경법(immunofluorescence microscopy)이나 생체 내에서 단백질의 위치를 확인하기 위한 녹색형광 단백질(green fluorescent protein)을 이용한 형광현미경법, 세포 내의 염색체 부위나 플라스미드의 위치를 확인할 수 있는 형광 제자리혼성화(fluorescence in situ hybridization, FISH) 등의 세포학적 연구기법이 사용될 수 있다. 이러한 방법의 적용은 이 책에서 언급된 여러 가지 분자적 과정을 밝히는 데 크게 기여하였다. 예를 들면, 이제 우리는 세균의 복제기구 위치가 상대적으로 고정되어 있으며, 세포의 중심부위에 위치하고 있다는 것을 알고 있다(9장). 이러한 발견은 우리에게 철로를 따라 기차가 지나가듯이 DNA 중합효소가 주형을 따라 이동한다는 전통적인 견해와는 달리 DNA 주형이 복제 시기 동안에 고정되어 있는 복제 "공장(factory)"으로 실처럼 빠져나간다는 사실을 알려준다. 또한 세포학적 연구를 통해 복제 동안에(역시 전통적인 견해와는 달리) 새로 합성된 두 개의 염색체 복제원점 부위가 세포의 양끝 방향으로 이동한다는 것을 알게 되었다. 세포학적 연구 방법은 세균세포의 분자적 연구를 위한 주요 무기 중의 하나이다.

파지와 세균은 유전자에 관한 기본적인 사실들을 가장 잘 알려준다

분자생물학은 본래 세균과 파지 모델 시스템을 사용한 실험에서 유래하였다. 실제로 2장에서 본 바와 같이 폐렴쌍구균을 이용한 선구적인 실험을 통해 유전물질이 DNA라는 사실을 알게 되었으며, 그 이후로 이 책 전체에 걸쳐 살펴본 바와 같은 대장균과 파지를 이용한 연구들이 뒤를 이었다. 예를 들면, 허시(Hershey)와 체이스(Chase)의 실험을 통해 사람들이 파지의 유전물질이 DNA라는 사실을 믿게 되었으며, 메셀슨(Meselson)과 스탈(Stahl)의 실험은 대장균에서의 DNA 복제가 반보존적으로 일어난다는 것을 증명하였다. 크릭(Crick)과 브레너(Brenner)는 파지 교배 실험(15장)을 통해 유전암호가 세 자리 코돈으로 구성되어 있다는 것을 밝혔으며, 야노프스키(Yanofsky)는 대장균에서의 정교한 유전실험을 통해 유전자와 단백질의 선형 대응성을 입증하였다. 또한 자코브와 모노는 유전자 발현 조절의 기본적인 전략을 밝혀냈다(글상자 18-2). 이외에도 가장 단순한 시스템을 선택함으로써 생명의 기본적인 과정들을 밝혀낸 예는 수도 없이 많다.

*r*II라 불리는 T4 파지의 한 유전자자리를 집중적으로 조사한 시모어 벤저(Seymor Benzer)의 연구는 매우 중요한 예이다. 야생형의 T4는 대장균 B 균주나 K 균주 어디에서나 자랄 수 있는 반면, *r*II 돌연변이는 B 균주에서만 자랄 수 있다. 따라서 이러한 특성을 이용하면 0.01% 미만의 빈도로 생겨나는(예를 들면 두 가지 다른 종류의 *r*II 돌연변이 사이의 재조합에 의해서 생겨나는) 야생형 파지도 확인해 낼 수 있다. 즉, 10,000개의 *r*II 돌연변이 파지 중에 섞여 있는 단 하나의 야생형 파지도 재조합 파지만 용균반을 형성할 수 있는 K 세균 균주층에 뿌려주면 확인이 가능하다.

이러한 *r*II 돌연변이의 성질을 이용해서 벤저는 *r*II 돌연변이주들 사이의 재조합 실험을 수행하였으며, 이를 통하여 해상도가 높은(뉴클레오티드 염기쌍 수준에 이르는) 돌연변이 순서의 지도를 작성하였다. 그는 또한 *r*II 자리가 두 개의 인접한 유전자로 구성되어 있음을 보여주는 상보성 검사를 고안하였다. 벤저는 유전자를 표현하기 위하여 **시스트론(cistron;** 시스와 트랜스라는 단어에 기초한)이라는 용어를 처음으로 도입하였다. 크릭과 브레너가 유전자 암호에 대한 유전학적 연구에서 같은 자리를 이용할 수 있었던 것이 이러한 연구에 의해 가능했었다는 것은 매우 흥미로운 사실이다.

합성회로와 조절 잡음

최근 대장균과 다른 세균들을 유전자 발현의 새로운 측면을 연구하는 모델로 사용하기 시작했다. 특히 유전적 회로의 조절에서 나타나는 잡음(소폭의 변화)이 유전적으로 동일한 집단 내에서 여러 개체들의 발현을 살펴봄으로써 확인되었다. 관찰된 변화와 이러한 변화의 생물학적 결론으로부터 유전자 네트워크에서 잡음의 이점과 문제점을 이해할 수 있게 되었다. 이러한 연구는 리포터와 이미징 기술의 발달에 의해 더 촉진되었으나, 여전히 세균의 규모와 생활주기라는 기본적인 이점에 의존하고 있다(22장의 고초균 예 참조).

합성 생물학 기술은 대부분 세균 시스템에서 개척되었다. 여러 새로운 유전 조절 회로가 만들어졌으며, 이는 만들어진 네트워크의 기본적인 특성을 연구하는 수단을 제공하였을 뿐만 아니라 기름막을 분해하는 세포와 같이 유용한 기능을 지니는 새로운 균주를 만들어 낼 수 있는 가능성을 제공하였다. 최근에는 더 나아가 완전한 세균 유전체를 인공적으로 합성한 조각들로부터 만들어 낼 수 있으며, 만들어진 인공 유전체가 살아 있는 세포를 유지하도록 잘 기능할 수 있다는 것이 입증되었다.

출아효모

단세포 진핵생물은 실험 모델 시스템으로서 여러 가지 이점을 가지고 있다. 이들은 다른 진핵생물에 비하여 비교적 작은 유전체를 지니고 있으며(8장 참조), 유전자의 수도 적다. 대장균과 마찬가지로 이들도 실험실에서 빨리 배양할 수 있어(이상적인 조건에서 한 번 분열에 약 90분) 하나의 세포만 있어도 이를 증식시켜 클론 집단을 얻을 수 있다. 이러한 단순함에도 불구하고 효모세포는 진핵생물의 주요 특징을 모두 지니고 있다. 효모는 염색사를 형성하고 있는 선형 염색체를 여러 개 지니고 있는 명확히 구분된 핵을 가지고 있으며, 세포질에는 모든 종류의 세포소기관(예를 들면, 미토콘드리아)과 세포골격(cytoskeleton) 구조(액틴섬유와 같은)를 모두 지니고 있다.

가장 잘 알려진 단세포 진핵생물은 출아효묘(*Saccharomyces cerevisiae*)이다. 발효제로 이용되기 때문에 흔히 맥주효모, 또는 제빵효모라고도 불리는 이 효모는 100년 이상 집중적으로 연구되고 있다. 1860년대에 루이스 파스퇴르(Louis Pasteur)는 이 효모가 발효를 촉진한다는 것을 확인하였다(파스퇴르의 연구 이전에는 당이 자연적으로 알코올과 이산화탄소로 분해된다고 알려져 있었다). 이러한 연구를 통해 이후 효소가 최초로 발견되었으며, 생화학이 주요한 실험적 접근 방법으로 발달하게 되었다. 또한 1930년대에 시작된 출아효모에서의 유전학적 연구를 통해 많은 유전자의 특성이 밝혀졌다. 따라서 대장균과 마찬가지로 출아효모도 생물학의 기본적인 문제점들을 파헤치는 데 있어서 유전학적 접근과 생화학적 접근이 모두 가능한 모델 생물체이다.

반수체와 이배체 세포의 존재가 출아효모의 유전적 분석을 쉽게 해준다

출아효모는 반수체 상태(각 염색체 사본을 하나만 가짐)에서나 이배체 상태(각 염색체 한 쌍을 가짐)에서 모두 자랄 수 있다(그림 A-10). 반수체 상태와 이배체 상태 사이의 전환은 교배(mating, 반수체에서 이배체로)와 포자형성(sporulation, 이배체에서 반수체로)에 의해 일어난다. 반수체에는 **a**와 α 세포의 두 가지 종류가 있다. 이들을 함께 배양하면 교배되어 **a**/α 이배체 세포가 만들어진다. 영양분이 부족한 상태가 되면 이들 **a**/α 이배체 세포가 감수분열을 하여(8장 참조) 네 개의 반수체 포자(두 개는 **a** 포자, 두 개는 α 포자)를 가지는 자낭(ascus)을 형성한다. 생장조건이 좋아지면 이 포자들은 발아하여 반수체로서 생장을 하거나 교배를 통해 **a**/α 이배체를 다시 형성하게 된다.

실험실에서는 이들 세포를 조작하여 다양한 유전적 분석을 수행할 수 있다. 유전적 상보성은 각각 하나의 다른 돌연변이를 지니고 있는 두 반수체 세포를 교배하여 간단히 수행할 수 있다. 만일 이 두 돌연변이가 상보성을 가지면 이배체는 그 돌연변이에 대해 표현형으로 볼 때는 야생형일 것이다. 각각의 유전자 기능을 조사하기 위해서는 유전자 하나씩만을 가지고 있는 반수체를 이용하여 돌연변이를 제조할 수 있다. 예를 들어, 만일 어떠한 유전자가 세포의 생장에 필수적인가를 알고자 한다면 그 유전자를 반수체에서 소실시킬 수 있다. 필수 유전자가 아닌 것이 소실된 경우에만 반수체로서 살아남을 수 있을 것이다.

효모에서는 정확한 돌연변이를 제조하기가 쉽다

효모의 유전적 분석은 정확하고 빠르게 각각의 유전자를 변형시킬 수 있는 기술의 발달에 의해 더 발전하였다. 양끝이 유전체의 특정 부위와 유사성을 지니는 선형 DNA를 세포 안에 형질전환(transformation)하였을 경우 매우 높은 빈도로 상동재조합이

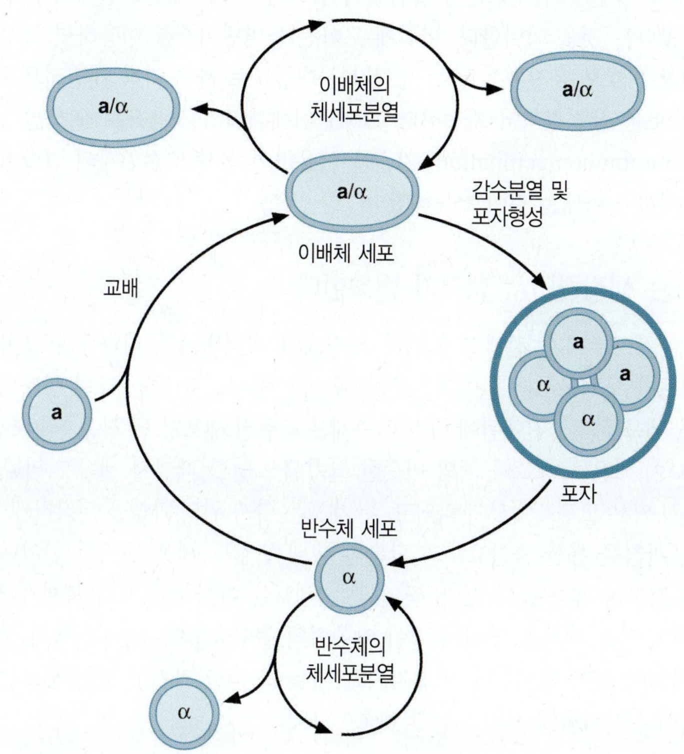

그림 A-10 출아효모의 생활주기. 출아효모는 세 가지 다른 형태로 존재할 수 있는데, 두 종류의 반수체, **a**와 α, 그리고 이 둘의 교배 결과 만들어지는 이배체가 그것이다. 이들 세포의 복제, 교배 및 포자형성 과정이 그림에 나타나 있다.

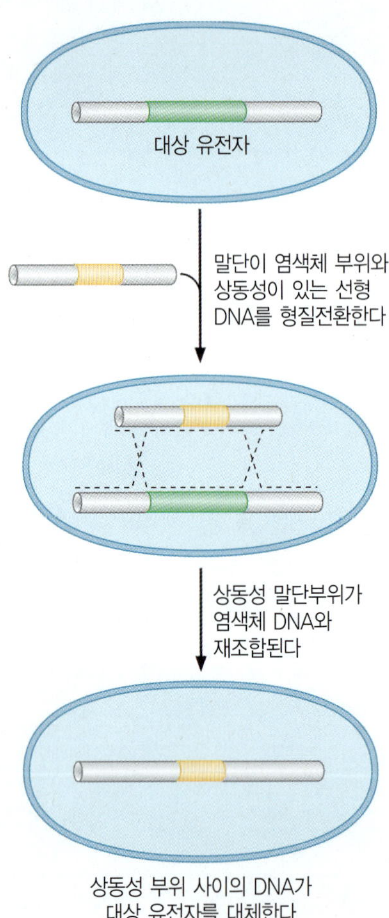

그림 A-11 효모에서의 재조합 형질전환. 효모 유전체의 어떤 부분이라도 쉽게 원하는 염기서열로 바꾸어 줄 수 있다. 삽입될 DNA의 말단에 대체할 DNA 부위와 상동성이 있는 짧은 염기서열을 만든다. 이 DNA가 세포 안으로 도입되면 염색체 DNA와 높은 확률로 상동재조합이 일어나 유전자의 교환이 일어난다. 삽입된 DNA는 원래의 DNA와 한 개의 염기만 다를 수도 있고 아니면 길이와 염기서열이 완전히 다를 수도 있다. 따라서 매우 정교한 유전적 변형도 만들어낼 수 있다.

일어나 염색체 DNA 부위가 형질전환된 DNA로 바뀌게 된다(그림 A-11). 이러한 성질은 유전체 안에 정확한 변화를 만드는 데 이용될 수 있다. 이러한 접근은 유전자의 암호화 부위 전체를 정확히 없애거나 읽기틀 내의 특정 코돈을 바꾸어주는 경우, 혹은 프로모터 내의 특정 염기쌍을 바꾸는 데 이용될 수 있다. 유전체 안에 이렇게 정확한 변화를 만들어낼 수 있으므로 특정 유전자나 조절 부위의 기능에 관한 자세한 질문에 대한 답을 비교적 쉽게 구할 수 있다.

출아효모는 작고 잘 분석된 유전체를 가지고 있다

오랜 유전학 연구 역사와 비교적 작은 유전체 크기로 인해 출아효모에서 진핵생물(비바이러스로서) 중 최초로 유전체 전체의 염기서열이 완전히 밝혀졌다. 이 기념비적인 업적은 1996년에 달성되었다. 염기서열(1.3×10^6 bp) 분석 결과 6000여 개의 유전자가 확인되었으며, 진핵생물을 구성하는 유전적 복잡성에 관한 최초의 개관을 얻게 되었다.

출아효모의 완전한 유전체 염기서열 정보를 이용하게 되면서 이 생물을 연구하는 데 있어서 "유전체 전체를 대상으로 한(genome-wide)" 연구가 가능해졌다. 예를 들면, 약 6000개의 출아효모 유전자를 모두 가지는 DNA 미세배열은 다양한 생리적 조건에서의 유전자 발현 양상을 분석하는 데 광범위하게 사용되고 있다. 실제로 출아효모에서는 현재까지 다른 종류의 탄소원(포도당 대 갈락토오스), 세포의 종류, 배양온도 등을 비롯한 200가지 이상의 다른 조건에서 유전자의 발현 양상이 분석되었다. 이러한 결과는 단순히 각각의 유전자 발현을 조사하는 데 유용할 뿐만 아니라, 조건 변화에 따라 비슷한 반응을 보이는 유전자들, 즉 발현이 같이 조절되는 집단으로 유전자를 나눌 수 있도록 해준다.

또 다른 유전체 수준의 자원으로는 각각 하나의 유전자만 소실된 6000개의 돌연변이주 라이브러리가 있다. 5000개 이상의 이들 돌연변이는 반수체로서 살 수 있으며, 이는 효모 유전자의 대부분이 실험실에서의 이상적인 배양조건에서는 생장에 필수적이지 않다는 것을 의미한다. 이렇게 모아진 돌연변이주를 이용하면 특정한 과정에서의 역할을 효모 유전체의 모든 유전자를 대상으로 하여 각각 개별적으로 검색할 수 있는 새로운 유전검색이 가능하다. DNA 미세배열의 사용으로 염색질 면역침강(chromatin immunoprecipitation) 기술을 이용하여 전사 조절인자의 결합자리를 유전체 수준에서 찾아내는 것이 가능해졌다(7장 참조).

출아효모는 생장하면서 형태가 변화한다

출아효모는 세포주기가 진행됨에 따라 특징적인 형태변화를 나타낸다(그림 A-12). 새로운 세포가 모체로부터 떨어져 나간 직후에는 딸세포가 약간 타원 형태의 구형으로 보인다. 세포주기가 진행됨에 따라 나중에는 독립된 세포가 될 작은 "싹(bud)"이 생기게 된다. 이 싹은 모세포와 거의 비슷한 크기에 도달할 때까지 계속 자라나게 된다. 이 시점에서 싹은 모세포에서 분리되고, 두 세포는 다시 위의 과정을 시작하게 된다.

현미경 관찰을 통한 출아효모의 단순한 형태 관찰도 세포 내에서 일어나는 일에 대한 많은 정보를 제공할 수 있다. 싹이 없는 세포는 아직 유전체의 복제가 시작되지 않은 것이다. 이는 새로운 싹의 형성이 야생형의 출아효모에서는 DNA의 복제 개시와 잘 연관되어 있기 때문이다. 마찬가지로 매우 큰 싹을 가지고 있는 세포는 염색체 분리가 일어나는 시점에 거의 도달한 세포이다.

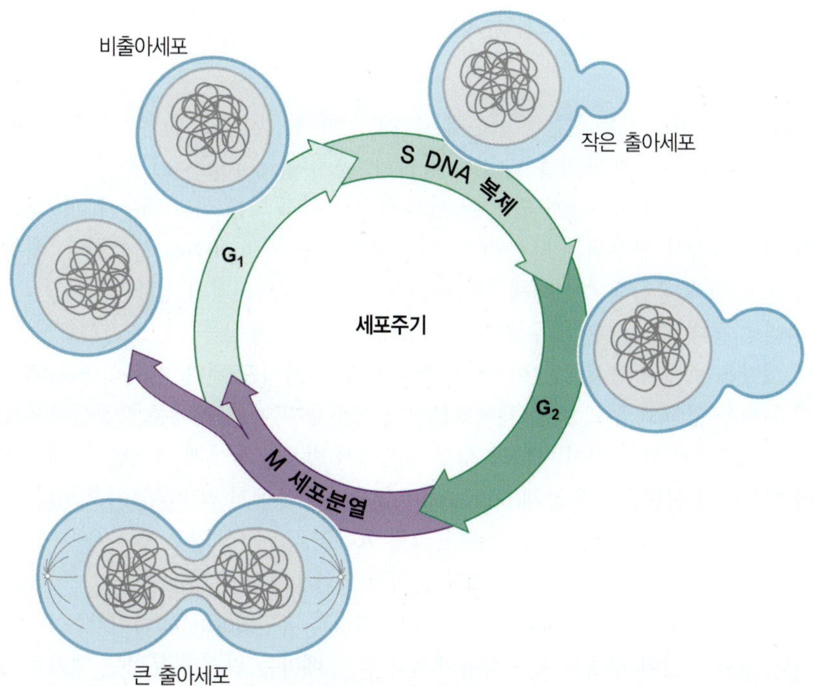

그림 A-12 효모의 체세포분열 주기. 출아효모는 출아에 의해서 분열한다. 체세포분열 주기에서 새 눈의 형성과정이 그림에 나타나 있다.

효과적인 유전학적, 생화학적 및 유전체학적 도구를 모두 사용할 수 있는 출아효모는 기초 분자생물학 및 세포생물학 분야의 문제들을 연구하는 데 매우 유용한 생물체이다. 출아효모를 이용한 연구는 진핵생물의 전사 및 유전자 발현 조절, DNA 복제, 재조합, 번역 및 이어맞추기 등을 이해하는 데 크게 공헌하였다. 출아효모를 이용한 유전학적 연구로부터 이러한 과정에 관여하는 단백질들이 확인되었다. 또한 중요한 사실은 출아효모에서 기본적인 기능을 담당하는 주요 유전자와 단백질들이 인간을 비롯한 다른 진핵생물들에서도 잘 보존되어 있다는 것이다. 따라서 이 단순한 모델 진핵생물에서 알아낸 사실들이 더 복잡한 생물에서 일어나는 생명현상을 이해하는 데에도 매우 유용하다.

애기장대

식물학은 농업이나 약용식물 등에서 기원한 가장 역사가 오래된 생물학 분야이다. 식물학은 멘델에 의해 유전학의 기초를 완성하였으며, 찰스 다윈(Charles Darwin), 바버라 매클린톡(Barbara McClintock), 윌리엄 베이트슨(Willian Bateson) 등을 비롯한 여러 학자들에 의해 세포유전학, 발생학, 생리학, 진화학 등이 발전하게 되었다. 식물학 분야는 현재에도 RNA 간섭(RNA interference) 등과 같은 기본적인 분야의 발전에 크게 기여하고 있으며, 또한 경제와 환경에도 큰 영향을 미치고 있다. 지난 십여 년 동안에 겨자와 유사한 하찮은 풀인 애기장대(*Arabidopsis thaliana*)가 초파리, 예쁜꼬마선충, 생쥐 등과 같이 중요한 모델 생물체로 부상되었다. 애기장대는 식물생물학의 주요한 분야들, 특히 피자식물에 관한 여러 현상들을 잘 보여주고 있다. 옥수수에 관한 연구가 20세기에 식물유전학을 획기적으로 발전시킨 것처럼 애기장대는 식물 유전체학과 미래의 식물학에 비약적인 발전을 가져다줄 것이다.

애기장대는 반수체 시기와 이배체 시기를 가지는 빠른 생활주기를 가지고 있다

효모와 마찬가지로 모든 식물은 반수체 시기와 이배체 시기를 모두 가지고 있다. 이배체는 감수분열을 통해 포자를 만들며, 따라서 "포자체(sporophyte)"라 불린다. 형성된 포자는 발아하여 반수체가 되고 이 시기 동안에 각각 다른 성의 배우자(gamete)로 분화된다. 따라서 반수체는 남성 또는 여성 배우체(gametophyte)로 불린다. 배우자는 수정에 의해 융합되어 이배체 접합자를 만든다. 이 두 시기의 상대적인 시간은 종에 따라 다른데, 이끼류는 배우체로, 애기장대와 기타 고등식물들은 포자체로서 대부분의 시간을 보내며 양치류는 이 두 시기를 반 정도 가지게 된다. 현화식물은 배우체 시기가 매우 짧아서 두세 번의 체세포분열만을 하게 되며, 생식계통은 동물에서처럼 배아로 격리되어 있는 것이 아니라 식물 성체에서 발생한 꽃에서 생겨난다. 애기장대처럼 대부분의 식물은 자웅동체(hermaphrodite)이며 꽃에서 감수분열이 일어나 암수의 반수체 배우체를 모두 만들어낸다(그림 A-13). 그러나 일부 식물은 자웅이체(dioecious)이며, 매우 드물기는 하지만 분화된 성염색체를 갖기도 한다.

애기장대와 같은 종자식물은 수정 후 배아형성과 휴면(dormancy)이라는 또 다른 시기를 거쳐 씨앗이 형성된다. 포유류에서와 같이 배아는 완전히 분화된 배외조직에 의해 영양을 공급받는다. 그러나 동물과는 달리 배젖(endosperm)이라 불리는 이 배외조직은 반수체인 두 번째 정자와 알세포의 두 반수체 자매의 융합에 의해 형성된 암컷의 "중심" 세포 사이의 독립된 수정에 의해 만들어진다. 삼중핵이 빠르게 분열하여 세분화되고 녹말과 단백질이 축적되는데, 이것이 배아에 영양을 공급해 주게 된다. 배젖은 애기장대를 비롯한 여러 식물에서 수명이 매우 짧아서 배아가 자람에 따라 금

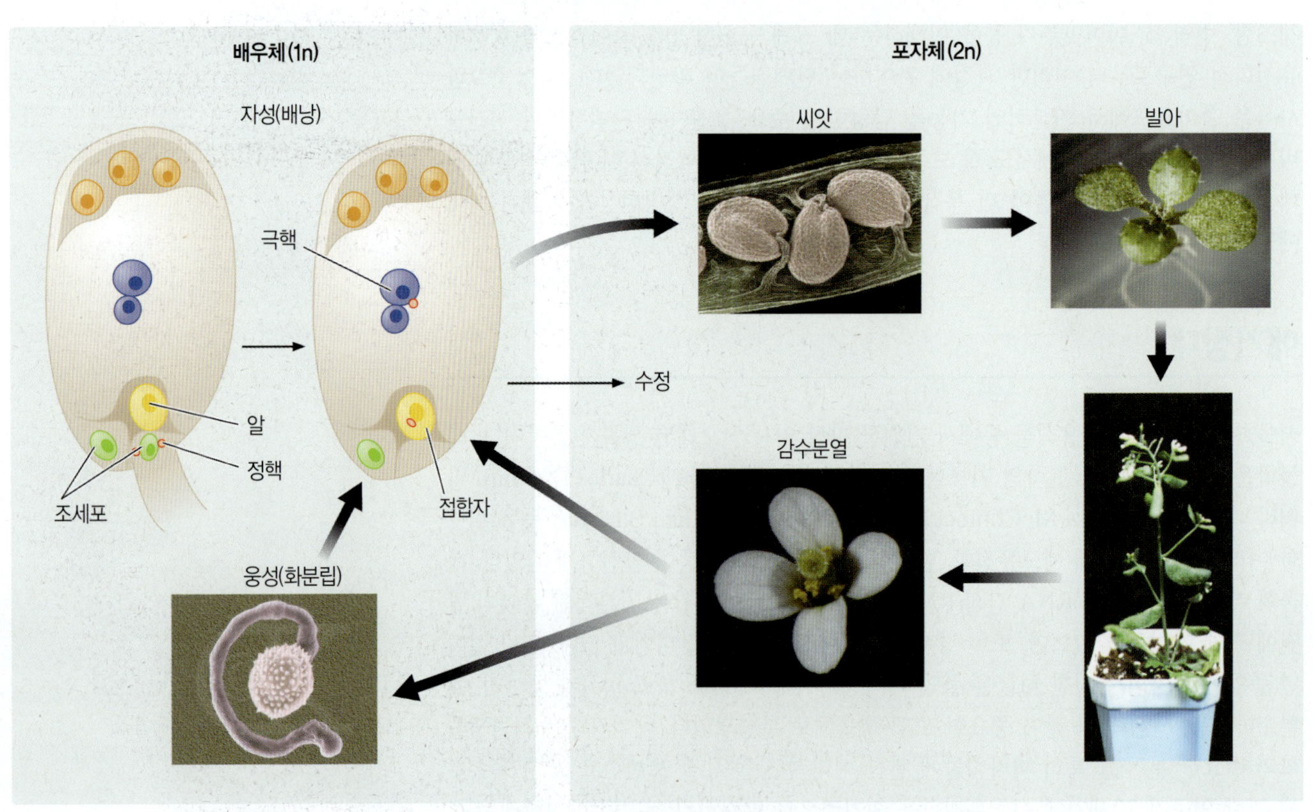

그림 A-13 애기장대의 생활주기. (Courtesy of Rob Martienssen.)

세 소모되지만 밀이나 옥수수와 같이 녹말을 제공하는 주요 곡물을 비롯한 여러 식물에서는 발아시기까지 남아 있다.

애기장대는 역유전학에 의해 쉽게 형질전환된다

아그로박테리움(*Agrobacterium tumefaciens*) 등과 같은 토양 세균에 감염되면 세균의 Ti 플라스미드에 의해 호르몬 생합성 유전자가 숙주 식물의 염색체 DNA에 전달되므로 종양의 생장이 유도된다. 종양유도 유전자들은 플라스미드의 전달 DNA(T-DNA) 부분에서 발견되는데, 이 DNA 양옆에는 전달에 필요한 DNA 서열이 경계부분에 반복되어 있다. 종양유도 유전자를 관심 있는 유전자와 대체하면 식물을 형질전환할 수 있다. 애기장대는 단순히 농축된 아그로박테리움을 계면활성제 용액에 섞어 식물에 뿌리거나 이 용액에 식물을 담가 형질전환할 수 있다. 일시적 감염은 즉시 일어나서 일시적인 발현 연구에 유용하며, 영구적인 형질전환은 며칠에서 몇 주일 후에 수정 전의 암컷 배우체에 감염되어 일어나는 것으로 여겨진다. 제초제 저항성과 같은 선택 표지자를 사용함으로써 제초제를 가진 토양이나 배지에서 발아하는 형질전환된 식물을 선택적으로 골라낼 수 있다.

애기장대의 형질전환 효율은 매우 높아서 이를 돌연변이 제조에 사용할 수 있다. 수십만 개의 T-DNA를 각각의 식물에 무작위로 삽입시킨 후 이를 증폭하고, 삽입된 부위의 염기서열을 분석하여 유전체에서 각각의 유전자가 파괴된 돌연변이 식물체들을 만들어낼 수 있다. 이렇게 삽입도 효모에서 결실이 사용되는 것과 똑같이 "역유전학"에 사용될 수 있다. 또한 T-DNA에 리포터유전자를 포함시키거나 강한 증폭자를 포함시킴으로써 이들이 삽입된 부위에 있는 유전자의 발현을 조사하거나 발현이 되지 않던 유전자의 발현을 증가시킬 수 있다. T-DNA에 전위인자를 포함시키면 여러 번 형질전환을 할 필요 없이 도약된 많은 숫자의 전위인자를 얻을 수 있으며, 유도체, 복귀 돌연변이(revertant), 모자이크 등을 만들어낼 수 있다. 쌀이나 옥수수에서는 형질전환이 훨씬 어렵기 때문에 이들 식물에서는 역유전학에 전위인자가 주로 사용되어왔다.

애기장대는 유전체가 작아 조작이 용이하다

애기장대는 105 Mb의 진정염색질과 15 Mb의 이질염색질, 그리고 15~25 Mb의 부수체(satellite) 반복서열과 rDNA를 포함하고 있는 140 Mb의 유전체를 가지고 있다. 염기서열이 밝혀진 이질염색질의 대부분은 다섯 개의 동원체 부위에 해당하며, 약간의 이질염색질 부위가 염색체 팔 부위에서 발견된다. 진정염색질과 이질염색질 대부분의 염기서열 분석 결과 29,000개의 애기장대 유전자 중 99%의 염기서열이 확인되었다. 애기장대와 다른 여러 식물의 유전체 분석 결과 속씨식물의 진화계통수 중 애기장대를 포함하고 있는 중요 가지인 "진정쌍자엽식물(eudicots)"에서 여러 번의 유전체 중복이 진행되었다는 것이 밝혀졌다. 가장 최근의 중복은 겨우 몇백만 년 전에 일어났으며, 그 결과 약 25%에 달하는 유전자들이 기능적인 유사유전자를 갖고 있어 유전자 중복이 많이 나타나고 역유전학적 접근이 쉽지 않다. 반면에 일반적인 유전학적 접근은 애기장대에서 매우 유용하게 사용되었는데, 유전자의 중복으로 인해 에틸메탄술폰산(ethylmethane sulfate, EMS), 에틸니트로소우레아(ethylnitrosourea, ENS), 또는 방사선 등의 돌연변이원을 과량으로 처리하여도 식물이 죽지 않는다. 씨앗은 직접 돌연변이화 될 수 있으며, 열성 돌연변이는 발아시킨 다음 자화수분에 의해 얻을 수 있다.

유전체 염기서열과 여러 다형성 계통을 사용하게 됨으로써 유전학적 접근에 의해 돌연변이를 위치적 클로닝(positional cloning)하는 일이 매우 단순해졌다. EMS 돌연변이는 심지어 돌연변이화한 식물의 DNA에서 원하는 유전자의 점돌연변이를 검색하는 **타일붙이기(tiling)**라는 역유전학적 접근 방법에도 사용될 수 있다. 고용량의 염기서열 분석이 가능해짐으로써 이러한 전략이 훨씬 더 유용해졌으며, 각 유전자에서 대립유전자의 완전한 변이 스펙트럼을 얻을 수 있다. 또한 유전체 서열의 사용으로 인해 타일붙이기 미세배열, 대규모의 단백질 위치측정, 단백질체학 기술 등 많은 유전체학 연구기술 등이 가능해졌다.

19~30 뉴클레오티드 길이의 작은 RNA에 의한 RNA 간섭은 유전자를 조절하는 중요한 방법의 하나로 식물에서 최초로 발견되었다(19장 참조). 애기장대에서는 적어도 세 종류의 작은 RNA들, 즉 miRNA, 트랜스로 작용하는 tasiRNA, 그리고 siRNA가 알려져 있는데, 이들은 크기와 형성되는 과성은 서로 다르지만 모두 염기서열이 일치하는 유전자의 발현을 내부절단효소에 의한 절단의 촉진, 번역의 억제, 또는 염색질과 DNA의 변형 등에 의해 조절한다. 이 작은 RNA들은 단사 머리핀 구조의 전구체 또는 RNA 의존성 RNA 중합효소의 산물인 이중나선 RNA로부터 만들어진다. 애기장대에서 RNA 간섭을 이용한 유전체학적 연구 방법으로는 VIGS(바이러스 유도성 유전자 침묵화), 공동억제(cosuppression), 머리핀 침묵화(hairpin silencing), 인공 miRNA 등이 있다.

후생유전학

후생유전적 변이는 일반적으로 염색체로 유전되는 돌연변이라고 정의되기는 하지만 염기서열의 변화는 갖고 있지 않다. 이러한 "외부 돌연변이(epimutation)"는 일반적으로 정상적인 돌연변이에 비해 상당히 높은 가역성을 나타내며, DNA나 여기에 결합한 단백질의 화학적 변형에 의해 나타난다. 식물은 수세기 동안 후생유전학 분야 연구의 선두주자였으며, 애기장대도 예외는 아니었다. 포유동물의 유전체와는 유사하지만 효모, 선충이나 초파리와는 달리 식물의 유전체는 시토신이 많이 메틸화되어 있으며 히스톤이 많이 변형되어 있어 유전체 안의 여러 유전자와 반복서열의 발현에 후생적인 영향이 나타나게 된다. 이러한 변형은 RNA 간섭을 포함한 다양한 요인에 의해 조절되는데, 이들은 식물에서 최초로 발견된 RNA 의존적인 DNA 메틸화와 분열형 효모와 기타 생물에서 발견된 RNA-의존적인 히스톤 변형 등을 일으킨다.

특정한 유전자의 침묵화가 암수의 생식계통에서 다르게 나타날 때, 각인(imprinting)은 주로 모계에서 유전된 대립유전자가 발현되게 만든다. 각인된 발현은 배외성 배젖(extraembryonic endosperm)조직에서 많이 나타나며, 동물 태반에서의 각인을 연상하게 한다. 이렇게 잘 알려진 예에서 각인된 유전자의 탈메틸화는 중심세포에서 일어나며, 배젖에서 모계의 발현이 나타난다.

후생유전의 영향은 때로는 환경에 의해서도 영향 받으며, 극단적인 예로는 겨울의 추위를 식물이 기억하여 다음 봄의 개화가 영향 받는 경우도 있다. 이러한 기억은 추위에 의해서 유도되어 국지적으로 증식된 세포에 남게 되며, 감수분열에 의해 사라져 겨울 밀과 같은 개화 양상을 나타내게 된다. 애기장대에서 이러한 춘화처리(vernalization) 과정은 RNA 가공과 히스톤 변형에 의해 조절되며, 동물에서 세포성 기억에 관여하는 polycomb 복합체 또한 이 과정에 관여한다.

식물은 환경에 반응한다

동물과는 달리 식물은 한 지점에 머물러 환경의 급격한 변화를 피해갈 수 없으며, 따라서 목초의 내성과 같이 동물에서는 발견되지 않는 성질을 가지게 된다. 식물에서 최초로 "유전자 대 유전자(gene-for gene)" 반응으로 분자 수준에서 특징이 분석된 선천성 면역체계는 여러 가지 면에서 동물과 유사하지만, 동물에 비해 훨씬 더 다양하며 바이러스, 미생물, 벌레, 곤충, 그리고 심지어 다른 식물들까지 인식할 수 있다. 식물은 이러한 생물학적인 스트레스뿐만 아니라 빛의 강도, 일주기, 염, 물 등의 변화와 같은 다양한 무생물적인 스트레스에도 반응하고 견뎌내야 한다. 이러한 환경신호들은 식물의 발생에 큰 영향을 미치는데, 예를 들면 씨앗 형성을 최적화하기 위하여 개화를 유도하거나 늦추게 된다.

고대의 공생 원핵생물에서 기원한 광합성 엽록체가 생물계의 유기탄소를 고정하는 역할을 하기 때문에 빛은 식물의 생물학에서 중심 역할을 한다. 광합성 연구에 있어서도 애기장대는 담배나 시금치 같은 전통적인 모델 생물들을 대체하고 있는데, 이는 유전자와 유전체의 조작이 용이하기 때문이다.

발생과 패턴형성

식물의 발생은 곡물의 경작과 품종개량에 영향을 미쳤으며, 따라서 화서의 구조, 씨앗의 분쇄와 잎의 형태에 영향을 미치는 획기적인 기술혁신이 고대의 농부들과 현명한 육종가에 의해 선택되어 인간의 역사에 영향을 미쳤다. 콜리플라워(cauliflower), 팝콘과 케일은 요즘의 농부들이 잡초라고 여길 수 있는 원래의 조상종에 비해 단지 몇 개의 유전자만 다르다. 현화식물은 최근에 진화된 식물군으로써 개화에 필요한 여러 유전자가 애기장대를 모델로 한 연구에 의해 확인되었다.

식물과 동물은 공통의 단세포 조상으로부터 분지되었으며, 따라서 다세포로의 발생은 각각의 계에서 독립적으로 진행되었다. 그러므로 전사인자의 중요성이나 신호분자의 작용순서(펩티드, 호르몬, 수용체) 등과 같은 필수적인 일반적 원칙들은 이 두 생물계에서 공통적으로 나타나지만, 특정한 분자들이 보존되어 있는 경우는 많지 않다. 또한 세포주기와 MAP(mitogen-activated protein) 인산화효소 연쇄 같은 일부 기작은 매우 가깝지만, 대부분의 기작은 서로 다르다. 예를 들면, 배아 발생과 발생의 시기적 특성은 두 생물계에서 모두 전사인자와 miRNA에 의해 결정되지만 작용하는 분자들은 잘 보존되어 있지 않아서, 식물에서는 주로 MADS 전사인자가 작용하고 동물에서는 *Hox* 유전자가 작용한다. 이 두 생물계에서 세포 간의 신호전달에는 모두 호르몬이 사용되는데, 이들은 최소한의 일반적인 유사성만을 지니고 있다. 실제로 식물에서는 고도로 연결된 관다발계를 통해 mRNA, 작은 RNA, 전사인자 등을 비롯한 고분자 물질들이 세포에서 세포 사이로 직접 전달되지만, 이런 현상은 동물에서는 거의 일어나지 않는다.

공통적인 발생 기작은 따라서 단세포 또는 몇 개의 세포로 구성된 공통조상으로부터 유래한 것으로 여겨지며, 각각 독립적으로 비슷한 기능을 하도록 선택되었을 것이다. 아마도 폴리콤(Polycomb) 체계와 같이 잘 보존된 후생유전 기작은 공통조상인 단세포 진핵생물에서는 다세포성 전사 기억이 아니라 유전체의 구성과 보호, 염색체와 세포 분화 등과 같은 기능을 담당했을 것이다. 애기장대는 이렇게 식물계 내에서 또는 생물계 사이에서 잘 보존된 기능을 찾아내는 데 있어 중요한 역할을 한다.

예쁜꼬마선충

분자유전학 분야에 많은 공헌을 한 이후에 브레너는 발생과 행동의 분자적 기초에 관한 중요한 의문점들을 연구하기 위하여 작은 후생동물(metazoan)을 동정했다. 파지와 세균에서의 분자유전학 연구의 성공 경험으로부터 그는 분화된 세포형태를 지니면서도 미생물에서와 같이 유전학이 가능한 가장 단순한 생물체를 원했다. 1965년에 그는 이러한 여러 가지 적합한 특성을 지니고 있는 작은 선충인 예쁜꼬마선충(*Caenorhabditis elegans*)을 사용하게 되었다. 이들은 유전적 검색을 가능하게 해주는 짧은 세대시간, 수백의 자가자손(self-progeny)을 만들어내어 많은 숫자의 자손이 만들어질 수 있는 자웅동체(hermophrodite) 생식, 교배에 의하여 유전자 축적이 일어날 수 있는 유성생식, 직접 발생과정을 추적할 수 있는 작은 수의 투명한 세포 등과 같은 여러 가지 유용한 특징을 가지고 있다.

브레너는 이러한 연구의 장기적 성공에 필요할 것으로 여겨지는 두 가지의 야심찬 초기 목표를 설정하였다. 하나는 순차적인 전자현미경 단편 사진을 재구성하여 완전한 세포 지도를 구성하는 것으로서 1986년에 존 화이트(John White)에 의하여 완성되었다. 다른 하나는 동물의 모든 세포에 대한 계통(cell lineage) 지도를 완성하는 것으로 1983년 존 설스턴(John Sulston)에 의하여 완성되었다. 이것은 성체 선충의 각 세포들이 발생과정에서 어떻게 생겨났으며, 최종적으로 분화된 동물체에서 자손 세포들이 어떻게 연관되어 있는지를 보여준다. 7년 후에 브레너는 300여 개 이상의 형태 및 행동 돌연변이체를 분리해 냄으로써 새로운 모델 생물체에서의 유전학을 확립하였다. 이를 통해 여섯 가지의 성 연관군으로 나누어지는 100개 이상의 상보군이 확인되었다. 거의 30년이 지난 현재 전 세계적으로 400개 이상의 연구실에서 예쁜꼬마선충이 사용되고 있다. 이 생물은 단순함과 실험적 접근의 용이함으로 인해 이제는 가장 잘 밝혀진 후생동물 중의 하나가 되었다.

예쁜꼬마선충은 생활주기가 빠르다

예쁜꼬마선충은 세균을 먹이로 하여 페트리접시에서 배양한다. 생장은 일정한 온도범위에서 잘 일어나는데 25°C에서 15°C보다 두 배 정도 빠르게 생장한다. 25°C에서 수정된 배아는 12시간에 완전히 발생을 마쳐 복잡한 행동이 가능한 자유롭게 활동하는 동물로 부화한다. 이들은 약 40시간 정도면 네 번의 유생 단계(L1~L4)를 거쳐 생식적으로 성숙한 성체가 된다(그림 A-14).

자웅동체의 성체는 약 4일 동안에 최고 300개까지의 자가자손을 만들어 내거나, 매우 드문 수컷과 교배하면 1000개까지의 잡종 자손을 만들 수 있다. 성체는 약 15일 정도 살게 된다. 스트레스가 많은 조건에서는(음식 부족, 높은 온도, 높은 개체군 밀도) L1 단계에서 다른 발생 단계를 거쳐 **휴면유충(dauer)**이라 불리는 상태에 도달하게 된다. 휴면유충은 환경의 스트레스에 저항성이 크며, 환경이 개선될 때까지 기다리며 몇 개월을 살아남을 수 있다. 휴면유충 단계로 들어가지 못하거나 비정상적으로 들어가는 돌연변이의 연구를 통해, 환경 조건을 감지하는 기능을 하는 신경세포에서 발현되는 유전자, 몸 전체에서 발현되며 신체의 성장을 조절하는 유전자, 수명을 조절하는 유전자 등 많은 유전자들이 확인되었다. 후자의 유전자들이 성체에서 활성화되면 개체의 수명이 크게 증가하며 이들의 상동유전자가 포유동물에서도 수명의 연장과 관련이 있는 것으로 알려졌다.

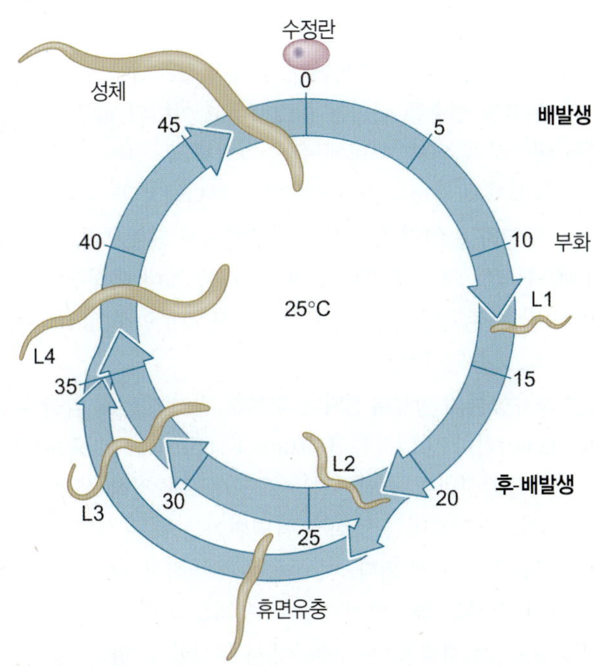

그림 A-14 예쁜꼬마선충의 생활주기. 첫 유생 단계에서 성체까지 발생시간에 따라 생활주기를 나타낸 그림이다. 휴면유충이 되는 대체 발생 단계도 나타나 있다.

예쁜꼬마선충은 비교적 적은 수의 잘 알려진 세포계통으로 구성되어 있다

예쁜꼬마선충은 단순한 몸 구조를 가지고 있다(그림 A-15). 자웅동체 성체에서 가장 뚜렷한 기관은 생식선으로, 증식 및 분화 단계의 생식세포(정자와 난자), 수정실(fertilization chamber; 저정낭, spermatheca), 어린 배아를 잠시 저장하는 자궁(uterus)을 가지고 있다. 배아는 자궁으로부터 22개의 표피세포로 이루어진 음문

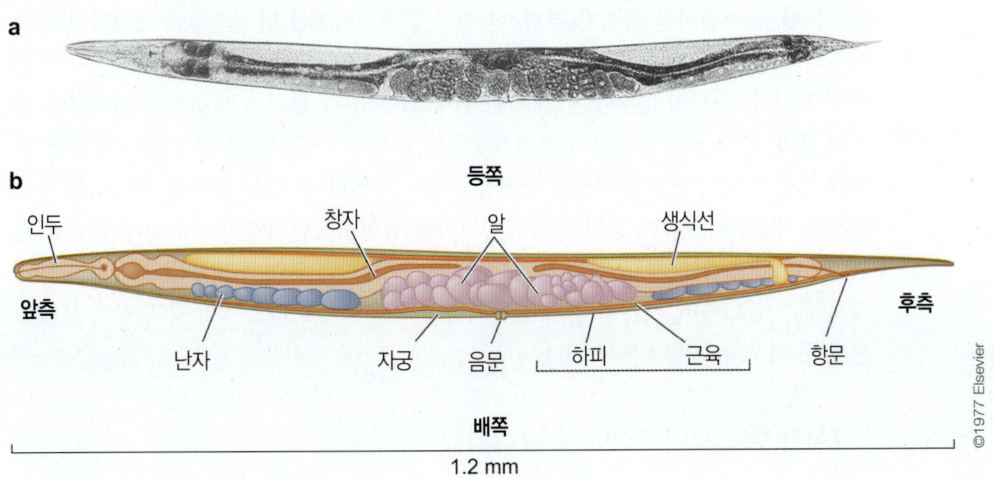

그림 A-15 선충의 몸 구조. (a) 자웅동체인 선충 성체의 단면도이다. (b) 여러 기관들이 아래 b의 그림에 나타나 있다. (a, Reprinted, with permission, from Sulston J.E. and Horvitz H.R. 1977. *Dev. Biol.* **56**: 110–156. © Elsevier.)

(vulva)을 통하여 밖으로 나오게 된다. 음문의 형성을 막는 돌연변이는 배아의 생성을 억제하지는 못하지만 알을 낳는 것은 억제한다. 결과적으로 배아는 자궁 안에서 발생하고 부화하게 된다. 부화된 선충은 어미를 먹어치우고 어미의 피부(외피층) 안에 갇혀 "벌레 주머니"를 형성하게 된다. 이렇게 쉽게 확인할 수 있는 표현형을 이용하여 수백 가지의 음문을 형성하지 못하는 돌연변이가 분리되어 음문세포의 생성, 특성화 및 분화 조절 기능을 담당하는 여러 유전자들이 밝혀지게 되었으며, 그 결과 이 단순한 기관의 형성에 10~100여 개의 유전자가 필요하다는 것이 밝혀졌다. 이들 유전자 중에는 진핵생물에서 잘 보존되어 있는 세포증식 조절 경로인 티로신 수용체 신호전달 경로의 구성요소들도 포함되어 있다.

이들에 해당하는 포유동물의 상동유전자는 대부분 변이에 의해 암을 유발할 수 있는 발암유전자(oncogene)거나 암억제유전자(tumor-supressor gene)이다. 예쁜꼬마선충에서는 이 경로가 불활성화된 돌연변이는 음문세포가 전혀 생겨나지 못하므로 음문이 발생되지 않으며, 이 경로가 활성화된 돌연변이는 음문 선구세포가 과다하게 증식되어 여러 개의 음문을 가지게 된다. 이 동물은 투명하고 단 22개의 세포로부터 음문이 생겨나기 때문에 각각의 돌연변이가 어떠한 세포의 변형과 관련 있는지와 같이 돌연변이에 의해 나타나는 결함을 세포 수준에서 분석할 수 있다.

세포사 경로가 예쁜꼬마선충에서 발견되었다

세포의 사멸과정은 다양한 발생과정(예를 들면, 발가락의 형성이나 올챙이 꼬리의 소실 등)에서 관찰되었지만 세포의 죽음이 "프로그램 되어" 있으며 유전적으로 조절되는 과정이라는 사실은 유전적, 실험적으로 다루기 쉬운 예쁜꼬마선충의 사용에 의해 얻어진 주요한 발견이다. 세포 계통의 초기 분석 결과로부터 모든 개체에서 똑같이 특정한 세포들이 죽는다는 것을 알게 되었으며, 이러한 결과는 세포사멸이 유전적으로 조절된다는 사실을 제시해 주었다. 최초의 세포사 결함(*ced*, cell death defective) 돌연변이는 세포 사체가 주변세포로 흡수되지 못하는 것이었으며, 따라서 이 돌연변이에서는 세포 사체가 수 시간 이상 남아 있게 된다. *ced* 돌연변이를 이용하여 로버트 호르비츠(Robert Horvitz)와 그의 동료들은 세포 사체를 만들어내지 못하는 다른 *ced* 돌연변이들을 분리하였다. 이들은 모두 세포사멸을 시작하지 못하는 것으로 확인되었는데, 돌연변이를 분석한 결과, 한 경우를 제외하고는 발생과정에 예정되어 있는 세포의 죽음은 그 세포 자신에 의한 것임을, 즉 세포가 스스로 자살을 한다는 사실을 알게 되었다. 수컷의 경우에는 연결세포(linker cell)라 불리는 세포가 주변세포에 의해서 죽게 된다. *ced* 유전자의 분자생물학적 규명은 세포사멸을 조절하는 동일한 생화학 반응을 담당하는 단백질을 포유동물에서 확인할 수 있는 수단을 제공하였는데, 실제로 예쁜꼬마선충에 인간의 유사유전자를 발현시키면 돌연변이 *ced* 유전자의 기능을 대신할 수 있다. 세포사멸은 개체의 발생과 질병에 있어서 세포의 증식과 마찬가지로 매우 중요하며, 따라서 암과 신경퇴행성 질환의 치료요법 개발 등과 같은 분야에서 열띤 연구의 초점이 되고 있다.

RNAi가 예쁜꼬마선충에서 발견되었다

1998년에 놀랄 만한 발견이 발표되었다. 이중사 RNA를 예쁜꼬마선충에 도입한 결과 이 이중사 RNA(dsRNA)와 유사한 유전자의 발현이 침묵화된다는 것이다(유전자 발현의 침묵화는 20장에 잘 소개되어 있다). 이 현상이 비록 다른 모델 생물체에서도 확인되었지만 예쁜꼬마선충의 유전, 발생 조절이 쉽다는 점(예를 들면, 침묵화를 일으키지 못하는 돌연변이체의 제조 등) 때문에 예쁜꼬마선충은 이러한 형태의 침묵화 현상을 밝혀내는 연구를 이끌어가는 역할을 했다. 이 예기치 못한 발견과 이에 뒤따른 RNA 간섭(RNA interference, RNAi) 현상의 분석은 세 가지 측면에서 매우 의미가 크다. 하나는 거의 모든 동물, 균류, 식물에서 dsRNA의 도입이 동일한 서열의 mRNA 분해를 일으키는 것으로 보아 RNAi가 일반적인 현상이라는 것이다. 실제로 RNAi에 대하여 우리가 아는 많은 정보는 식물에서의 연구를 통해서 얻어졌다(20장). 두 번째는 이러한 신비로운 과정에 대한 실험적 연구를 통하여 그 분자적 기작(그림 20-10 참조)이 매우 빠르게 밝혀졌다는 것이다. 세 번째는 RNAi가 여러 생명체에서 유전자 발현을 조작하는 데 광범위하게 쓰이게 되었다는 점이다. 이 방법은 특정한 과정에 관련된 유전자를 전통적인 유전학적 방법을 사용하는 것에 비해 "체계적 전략"으로 찾아낼 수 있는 수단을 제공한다. 즉, 간섭 RNA의 라이브러리는 생명체 내의 모든 유전자에 대해 제조될 수 있으므로, 라이브러리의 특정 RNA와 특정한 표현형질을 연관시킴으로써 그 형질이 나타나는데 역할을 담당하는 유전자를 추적해 낼 수 있다. 이러한 접근법은 전통적인 유전학적 연구가 어려웠던 개체에도 적용될 수 있다. 이러한 연구는 작은 내생의 miRNA가 관여하는 또 다른 RNA와 매개되는 유전자 조절과정에 관한 연구와 교차되었는데, 이들 miRNA는 식물이나 동물에서의 유전자 발현, 섬모충에서의 유전체 재배열, 효모에서의 염색질 구조 조절 등에 관여한다. 최초로 알려진 두 개의 miRNA는 예쁜꼬마선충에서 유전자 검색을 통하여 발견되었다. 선충의 miRNA들 중 일부는 파리와 포유동물에서도 보존되어 있으며, 이들 생물에서도 miRNA의 기능이 이제 막 밝혀지기 시작하고 있다. 최근의 연구에 의하면 인간의 유전체 내에도 약 1000여 가지의 miRNA가 존재할 것으로 예상된다.

노랑초파리

노랑초파리(*Drosophila melanogaster*)를 유전학 및 발생학 연구에 모델 생물체로 사용한 지 벌써 100주년이 다가오고 있다. 1908년에 토머스 헌트 모건(Thomas Hunt Morgan)과 콜롬비아 대학의 동료들이 셔머혼 홀(Schermerhorn Hall)에 있는 그들의 실험실 창가에 썩어가는 과일을 놓아두었다. 그 이유는 작고 빠르게 번식하며, 실험실에서 배양할 수 있는 동물을 분리하여 눈 색깔과 같은 양적 형질(quantitative traits)의 유전을 연구하기 위한 것이었다. 채집된 동물들 중에서 초파리가 이러한 연구를 위하여 선택되었다. 성체는 2주 만에 많은 수의 자손을 만들어내며, 값싼 효모와 한천을 혼합한 배지를 사용하여 재활용한 우유병에서 배양되었다.

노랑초파리는 빠른 생활주기를 가진다

노랑초파리 생활사의 두드러진 특징은 매우 빠른 배발생 시기와 뒤이은 세 단계 유생 성장기, 그리고 변태기(metamorphogenesis)이다(그림 A-16). 배발생기는 수정 후 24시간 내에 완성되어 제1령 유충(the first-instar larva)으로 부화될 때 끝나게 된다. 21장에서 언급한 바와 같이 노랑초파리의 초기 발생시기에는 다른 어떤 동물보다도 빠르게 핵분열이 일어난다. 제1령 유충은 24시간 동안 성장한 다음 탈피하여 더 큰 제2령 유충이 된다. 이 과정이 반복되어 제3령 유충이 된 다음, 2~3일 동안 먹이를 섭취하며 성장한다.

그림 A-16 초파리의 생활사. 초파리의 각 발생 단계를 보여준다.

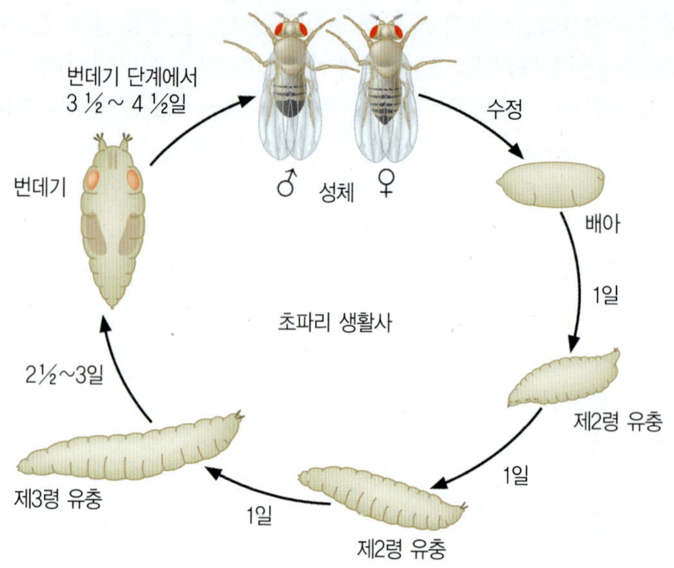

유충 발생 단계에서 일어나는 중요한 과정으로 중간 단계 배아의 표피에서 함입되어 생겨나는 성체판(imaginal disk)의 성장이 있다(그림 A-17). 모든 부속지 세트에 대해 한 쌍의 성체판이 있으며(예를 들면, 한 쌍의 앞다리 성체판과 한 쌍의 날개 성체판), 또한 눈, 안테나, 구기, 생식기 등에 해당하는 성체판도 있다. 판은 처음에는 작고 배아에서는 100개 미만의 적은 세포로 구성되어 있으나, 성숙한 유충에서는 수만 개의 세포를 가지게 된다. 날개 성체판의 발달은 분비된 Hedgehog와 Dpp(TGF-β) 같은 신호물질이 어떻게 농도기울기를 형성하여 복잡한 패턴형성과정을 조절하는가를 이해할 수 있는 중요한 모델 시스템이다. 성체판은 변태기(또는 번데기화) 동안에 각각에 해당하는 성체구조로 분화된다.

최초의 유전체 지도가 노랑초파리에서 만들어졌다

1910년에 모건의 연구실에서는 보통의 밝은 빨간색이 아니라 하얀색 눈을 갖는 자연적인 돌연변이 수컷 초파리를 동정하였다. 이 한 마리의 초파리가 일련의 유전학 실험

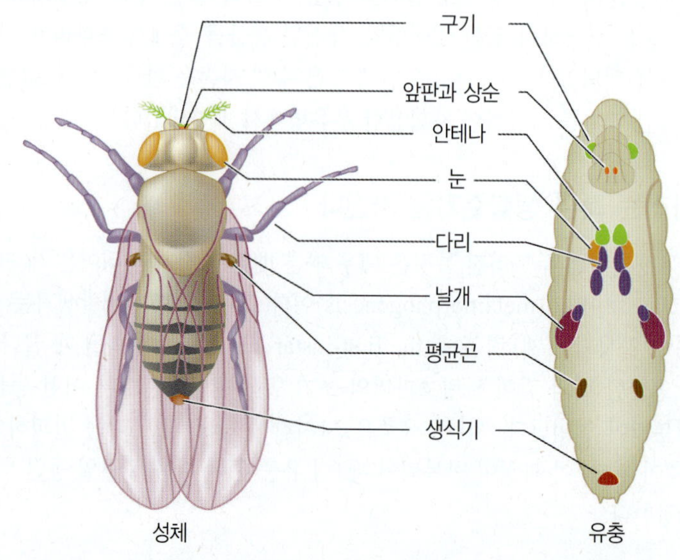

그림 A-17 초파리의 성체판. 유생에서 여러 성체판의 위치가 오른쪽 그림에 나타나 있다. 왼쪽 그림은 각 성체판에서 형성되는 부속지와 기관을 나타낸 것이다. 이 판들은 초기에는 배아에서 적은 수의 세포로 만들어지지만 성숙된 유충에서는 수만 개의 세포로 성장된다. 이 판들이 번데기화 동안에 각각의 해당하는 성체 구조로 발달하게 된다.

을 시작하게 만들었으며, 이를 통해 두 가지 중요한 발견을 하게 되었다. 이는 유전자가 염색체상에 존재한다는 것과 각각의 유전자가 감수분열 동안에 독립적으로 나누어질 수 있는 두 개의 대립유전자로 구성된다는 것이다(1장의 멘델의 제1법칙 참조). 또 다른 돌연변이의 발견으로 인해 서로 다른 염색체 상에 위치하는 유전자들은 독립적으로 분리되는 반면 같은 염색체상에 위치한 연관된 유전자들은 그렇지 않다는 것이 입증되었다(멘델의 제2법칙).

콜롬비아 대학의 학부생이었던 알프레드 스터트반트(Alfred H. Sturtevant, 모건 실험실의 일원)는 재조합 비율에 기초하여 연관된 유전자의 거리를 측정하는 간단한 수학 연산식을 개발하였다. 이 방법의 단순성과 효력은 유전학을 근본적으로 변화시킬 정도로 큰 영향을 미쳤으며, 유전자가 염색체상의 위치에 따라 물리적으로 정의되고 순서를 정할 수 있는 것이라는 사실을 최초로 입증하였다. 1930년대에 이르러 날개의 크기와 형태, 눈의 색깔과 형태 등과 같은 성체의 다양한 생리적 특성을 조절하는 많은 유전자들의 상대적 위치를 포함하는 자세한 유전자 지도가 만들어졌다.

모간 초파리 연구실에서 훈련받은 또 다른 과학자인 헤르만 뮐러(Hermann J. Muller)는 이온화 방사선과 같은 환경 요인이 염색체의 재배열과 유전자 돌연변이를 일으킬 수 있다는 것을 입증하였다. 대규모의 "유전적 검색"은 주로 성체 수컷에 EMS(에틸메탄술폰산, ethylmethanesulfonate)와 같은 돌연변이원을 먹이에 넣어 처리한 후 정상 암컷과 교배한 다음에 행해진다. 자손 1대(F_1)는 이형접합체이며, 하나의 정상 염색체와 하나의 돌연변이 염색체를 가지게 된다. 아래에 설명된 바와 같이 이들 돌연변이를 연구하기 위하여 다양한 방법이 사용된다.

큰 생식능력(한 암컷이 수천 개의 알을 낳을 수 있다)과 빠른 생활주기 외에도 초파리는 실험 연구에 계속 사용되게 만드는 여러 가지 유용한 특징을 지니고 있다. 초파리는 두 개의 큰 상염색체인 염색체 2번과 3번, 작은 *X* 염색체(성을 결정함), 그리고 아주 작은 네 번째 염색체의 단 네 염색체만 가지고 있다. 뮐러의 동료였던 캘빈 브리지스(Calvin B. Bridges)는 초파리 유충의 특정 조직에서 세포분열 없이 연속적인 내생복제(endoreplication)가 일어난다는 사실을 발견하였다. 침샘(salivary gland)에서는 이 과정에 의해 1000개 이상의 염색분체를 가지는 거대한 염색체가 만들어진다. 브리지스는 이 **다사염색체(polytene chromosome)**를 노랑초파리 유전체의 물리적 지도(physical map)를 얻는 데 사용하였다(어떤 생물체보다도 가장 먼저 얻어졌음; 그림 A-18).

브리지스는 네 염색체에서 총 5000개의 "밴드"를 확인하였으며, 이들과 전통적인 재조합 지도에서 확인된 유전자자리 사이의 상관관계를 확립하였다. 예를 들면, 열성

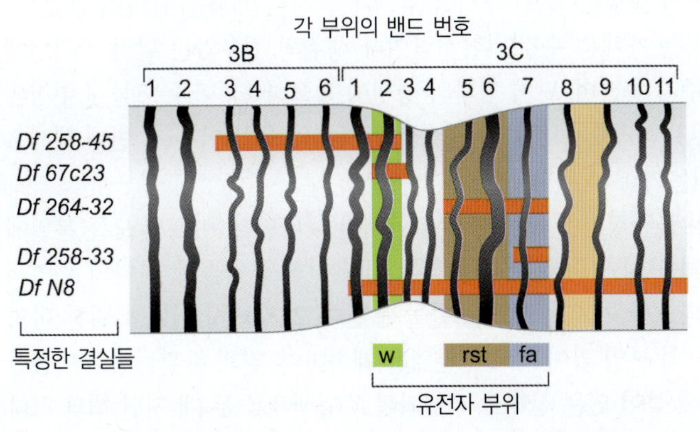

그림 A-18 유전자 지도, 다사염색체 및 결실 지도 작성. 세포질분열이 없는 내생복제에 의해 침샘과 같은 초파리의 특정 조직에서는 수천 개의 염색분체로 구성된 거대 염색체가 만들어진다. 최초로 특정 유전형질을 나타내는 유전자와 염색체의 특정 부분과의 상호관계를 확인할 수 있었다. 특히 초파리의 표현형(흰 눈)은 *X* 염색체 3C 부위의 결실과 연관되어 있다. (With permission from Hartwell L. et al. 2004. *Genetics: From genes to genomes*, 2nd ed., p. 816, Fig. D-4. © McGraw-Hill.)

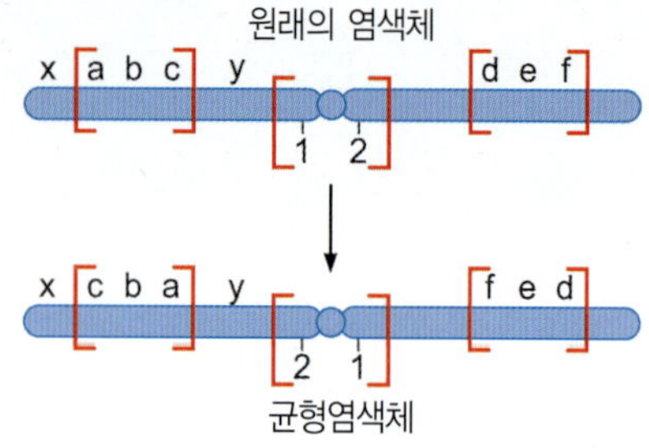

그림 A-19 균형염색체. 균형염색체(아래 패널)는 정상 염색체(위 패널)와 비교하였을 때 역위를 가지고 있다. 이 그림에서 가상의 염색체는 두 개의 팔이 있다. 왼쪽 팔은 유전자 a, b, c의 순서가 바뀌어진 역위가 있으며, 오른쪽 팔도 마찬가지로 역위에 의해 d, e, f의 순서가 바뀌어져 있다. 또한 동원체 부위에도 역위가 있어 1, 2, 두 유전자의 순서가 바뀌어 있다. 균형염색체는 유전자의 순서가 정상 염색체와는 매우 다르며, 따라서 이형접합체에서 염색체 간의 재조합이 억제된다.

인 흰 눈(*white*) 돌연변이의 이형접합체인 암컷 초파리는 정상적인 빨간 눈을 나타낸다. 그러나 같은 *white* 돌연변이를 가지고 있고, 다른 *X* 염색체 상의 일부가 소실되어 다사체 밴드 3C2-3C3가 제거된 암컷의 경우에는 흰 눈을 나타낸다. 이것은 우성의 정상 유전자가 더 이상 존재하지 않기 때문이다. 이러한 종류의 분석으로부터 흰 눈 유전자가 X 염색체 상의 다사체 밴드 3C2-3C3 사이 어딘가에 존재한다는 결론을 얻을 수 있다.

이외에도 또 다른 다양한 유전학 연구 방법이 개발됨으로써 초파리는 동물의 유전을 연구하는 중요한 모델 시스템으로 자리 잡게 되었다. 예를 들면, 원래의 염색체 구성에 대한 일련의 역위(inversion)를 가지고 있는 **균형염색체(balancer chromosome)**가 만들어졌다(그림 A-19). 이러한 균형염색체는 감수분열 동안에 원래의 염색체와 재조합을 진행하지 못한다. 그 결과 열성치사 돌연변이를 갖는 초파리의 영구적인 배양이 가능해졌다. 21장에서 이미 살펴본 *even-skipped(eve)* 유전자의 영돌연변이(null mutation)를 생각해 보자. 이 돌연변이에 대하여 동형접합인 배아는 죽게 되어 살아 있는 유충과 성체를 만들지 못한다. *eve* 좌위는 2번 염색체에 위치한다(다사체 밴드 46C). 영돌연변이는 *eve* 영돌연변이를 지니는 "정상" 염색체와 정상 유전자 사본를 지니는 균형염색체의 이형접합체로 집단 내에서 유지될 수 있다. *eve* 영돌연변이는 완전한 열성이므로 이 초파리는 잘 살아갈 수 있다. 그러나 다음 세대의 자손 성체에서는 오로지 이형접합체만 관찰된다. 균형염색체를 두 사본 가지는 배아는 역위에 의해 중요한 유전자들이 파괴되기 때문에 죽게 된다. 또한 두 사본의 정상 염색체를 지니는 배아는 *eve* 영돌연변이에 대한 동형접합이므로 죽게 된다.

유전 모자이크는 성체 초파리에서 치사 유전자의 분석을 가능하게 해준다

모자이크(mosaic)란 동물이 전체적으로 정상적인 유전적 배경에서 여러 개의 작은 돌연변이 조직 반점부위를 나타내는 것이다. 이러한 작은 반점은 대부분의 다른 조직이 정상이므로 개체를 죽이지는 못한다. 예를 들면, 발생 중인 유충에 X-선을 조사한 경우에 *engrailed/engrailed* 동형접합 돌연변이의 작은 반점이 체세포 재조합에 의하여 생겨날 수 있다. 이러한 반점이 발생 중인 날개의 뒤쪽에 만들어진 경우에는 정상적인 후측(posterior) 구조 대신에 전측(anterior) 구조가 중복된 비정상적인 날개를 나타내게 된다. 유전적 모자이크(genetic mosaic)의 분석은 Engrailed 단백질이 초파리의 부속지와 체절이 전측과 후측 부분으로 세분화되는데 필요하다는 증거를 최초로 제시해 주었다.

유전적 모자이크의 가장 놀라운 예는 암수모자이크(gynandromorph)이다(그림 A-20). 이것은 말 그대로 반쪽은 수컷이고 반쪽은 암컷인 초파리이다. 초파리의 성은 *X* 염색체의 수에 의하여 결정된다. 두 개의 *X* 염색체를 지닌 개체는 암컷인 반면, 하나의 *X* 염색체를 가지는 개체는 수컷이다(사람이나 생쥐의 경우와는 달리 *Y* 염색체는 성결정에 영향을 주지 못하며, 단지 정자의 생성에 필요하다). 아주 드물게 수정된 *XX* 배아에서 두 개의 *X* 염색체 중 하나가 정자와 난자핵의 융합 이후 첫 번째 체세포 분열 단계에서 소실되는 경우가 있다.

이러한 *X* 염색체의 불안정성은 첫 번째 분열에서만 나타난다. 이후의 모든 분열에서는 두 개의 *X* 염색체를 지닌 핵은 두 개의 *X*를 지닌 딸핵을 만들며, 하나의 *X* 염색체를 지닌 핵은 하나의 *X*만 가지는 딸핵을 만들게 된다. 21장에서 이미 살펴본 바와 같이 이들 핵은 세포막의 분열 없이 빠르게 분열을 계속하며, 알의 바깥둘레로 이동한다. 이러한 이동은 함께 붙어 있는 상태로 진행되어 *X* 염색체를 두 개 지닌 핵과 하나만 지닌 핵들 사이의 혼합은 거의 일어나지 않는다. 따라서 배아의 반쪽은 수컷, 나머지 반쪽은 암컷이 되고, 중간 경계에서는 수컷과 암컷 조직이 임의로 결정되게 된다. 각각의 정확한 부위는 첫 번째 분열 후 두 딸핵의 방향에 의해서 결정된다. 그 경계가 때로는 성체의 왼쪽 반과 오른쪽 반을 각각 암컷과 수컷으로 이분하기도 한다. 예를 들어, *X* 염색체 하나에 열성의 흰색 대립유전자가 있다고 가정해 보자. 만일 첫 번째 분열에서 *X* 염색체를 하나 잃어버리게 된다면 오른쪽 반의 수컷 부분은 흰 눈을 가지게 되는(수컷 부분은 하나의 *X* 염색체만 가짐) 반면 왼쪽 반의 암컷 부분은 빨간 눈을 가지게 된다. (암컷 부분은 두 개의 *X* 염색체를 가지고 있으며, 이 중 하나는 우성인 야생형 대립유전자를 가지고 있다는 사실을 기억하라.)

효모의 FLP 재조합효소를 이용하여 효과적으로 유전모자이크를 만들 수 있다

전통적인 유전적 분석을 하던 시기에 미처 예상치 못했던 사실 중의 하나는 노랑초파리가 분자생물학 연구 및 유전체 분석에 매우 유리한 특징을 지니고 있다는 것이다. 그 중에서도 가장 중요한 특징은 유전체 크기가 비교적 작다는 것이다. 초파리의 유전체는 약 150 Mb이며, 14,000개 미만의 단백질 유전자를 지니고 있다. 이것은 생쥐나 사람 유전체 크기의 약 5%에 불과하다. 근래에 들어서는 과거의 유전자조작 기술을 발전시킨 새로운 기술들과 재조합 DNA를 가지는 안정한 유전자 이식 계통의 제조 등과 같이 전혀 새로운 실험 방법들이 확립되었다.

앞에서 살펴본 바와 같이 유전 모자이크는 체조직에서의 체세포 재조합에 의해 만들어진다. 초기에는 재조합을 유도하기 위하여 X-선을 사용하였으나, 이 방법은 효율도 높지 않으며 돌연변이 반점이 작게 만들어진다. 최근에는 효모의 FLP 재조합효소(recombinase)를 이용하여 체세포 재조합의 빈도를 매우 높일 수 있게 되었다(그림 A-21). FLP는 FRT라는 간단한 염기서열 부위를 인식하여 DNA의 재배열을 촉진한다(12장 참조). FRT 부위를 네 개 염색체 각각의 동원체(centromere) 부위 가까이에 P 인자 형질전환(아래 참조)을 이용하여 삽입한다. 그 다음 한 염색체는 *Z* 유전자의 영돌연변이이며 다른 염색체는 야생형인 이형접합체 초파리를 제조한다. 이 두 염색체는 모두 FRT 부위를 가지고 있다. 이 초파리들은 내생의 FLP 재조합효소가 없으므로 안정하게 잘 살아갈 수 있다. 그런데 이 유전자 이식 초파리에 열 유도성 hsp70 프로모터에 의해 조절되는 효모의 FLP 재조합효소를 도입할 수 있다. 열충격을 주면 FLP가 만들어지며, FLP는 *Z* 유전자를 포함하는 두 상동부위의 FRT에 결합하여 체세포 재조합을 촉진한다(그림 A-21). 이 방법은 매우 효과적이다. 실제로 아주 짧은

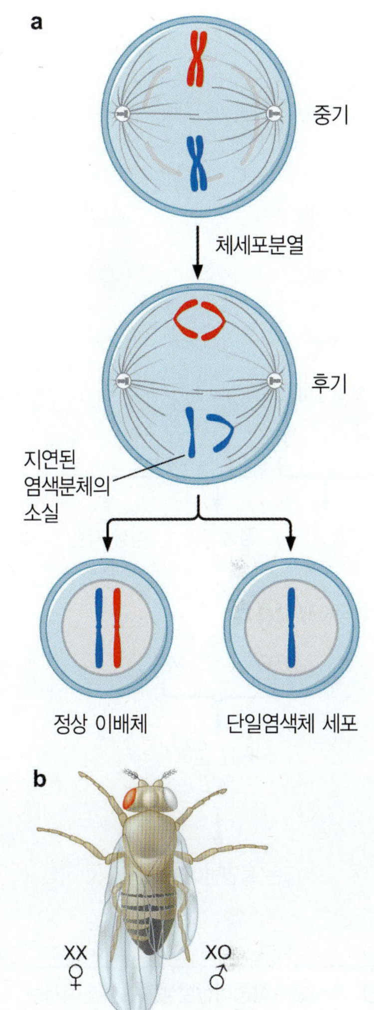

그림 A-20 암수모자이크. 암수모자이크 돌연변이는 특히 인상적인 유전 모자이크의 한 형태이다. (a) 파란색의 *X* 염색체는 열성의 (흰 눈)돌연변이를 가지고 있으며, 빨간 *X* 염색체는 정상의 우성 유전자를 가지고 있다. 돌연변이는 *XX*(암컷) 초파리의 첫 번째 체세포분열 시의 *X* 염색체 소실에 의한 것이다. (b) 그 결과 돌연변이체는 반쪽은 암컷이며, 반쪽은 수컷이다.

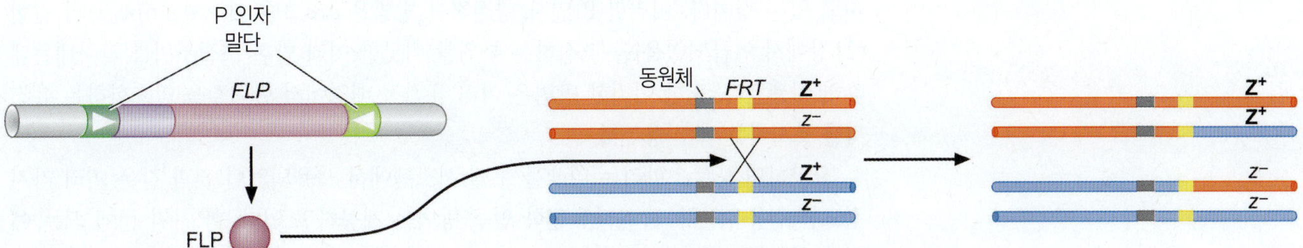

그림 A-21 FLP-FRT. 효모의 위치 특이성 재조합 시스템의 사용은 초파리에서의 체세포 재조합을 높은 수준으로 증가시킬 수 있다. 재조합은 필요할 때만 초파리에서 재조합효소를 발현함으로써 조절된다.

열처리로도 충분한 양의 FLP 재조합효소가 만들어져 성체 파리의 여러 부분에 큰 z^-/z^-의 반점이 만들어진다. FRT 인식서열은 초파리 유전체에 P 인자 형질전환을 이용하여 도입할 수 있다. 현재는 FLP 재조합효소를 이용한 재조합을 통해 FRT 부위 사이에 위치한 특정 유전자를 제거할 수도 있다.

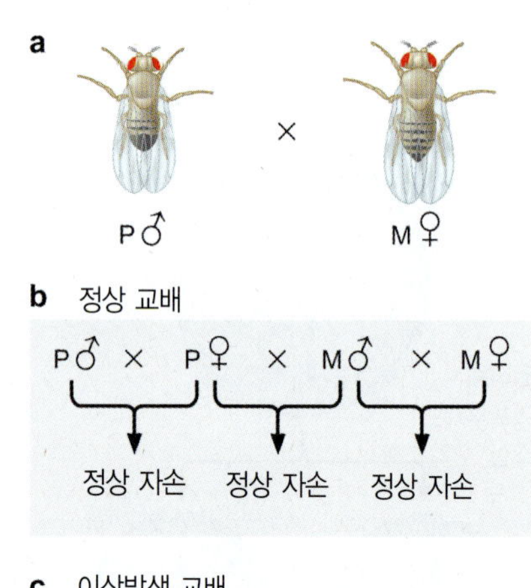

그림 A-22 잡종이상발생. P 계통에서는 전위인자의 기능을 억제하는 억제인자가 발현되므로 P 전위인자가 활동을 하지 못한다. P 계통이 억제인자가 없는 M 계통과 교배된 경우 전위인자는 극세포에서 이동할 수 있으며, 생식세포 형성에 필요한 유전자에 삽입되는 경우도 흔하다. 따라서 이러한 교배 결과 자손의 불임 확률이 높다.

외부 DNA를 가지는 유전자 이식 초파리는 쉽게 만들 수 있다

P 인자는 **잡종이상발생(hybrid dysgenesis)**이라는 유전현상을 일으키는 전이 DNA 인자(transposable DNA element)이다(그림 A-22). "M" 계통(strain)의 암컷 노랑초파리와 "P" 계통(같은 종의 다른 집단)의 수컷을 교배한 결과를 생각해 보자. 자손 1대(F_1)는 불임인 경우가 흔하다. 이는 P 계통이 여러 사본의 P 전위인자를 가지고 있어 M 계통 알에서 만들어진 배아에 이동해 들어가기 때문이다. 이 알에는 P 인자의 전이를 억제하는 억제인자가 없다. P 인자의 절제와 삽입은 배우자의 전세포(progenitor)인 극세포(pole cell)에 제한된다. 때때로 P 인자가 생식세포의 발생에 중요한 유전자에 끼어 들어가게 되며, 그 결과 이 교배에서 생긴 성체는 불임이 된다.

P 인자는 정상 초파리 계통에 재조합 DNA를 삽입하는 형질전환 벡터로 사용된다(그림 A-23). 완전한 크기의 P 전위인자는 길이가 3 kb이며, 양끝에 절제 및 삽입에 필수적인 역반복서열을 가지고 있다. 그 사이의 DNA는 전위(transposition)의 억제인자와 전위를 촉진하는 전위효소(transposase)를 모두 가지고 있다. P 계통의 발생 중인 알에서는 억제인자가 발현된다. 그 결과 P 계통의 암컷에서 분리되는 배아에서는 P 인자의 이동이 일어나지 못한다. 이동은 P 인자가 없는 M 계통의 암컷에서 만들어진 알에서 발생한 배아에서만 볼 수 있다.

재조합 DNA는 억제인자와 전위효소 부분이 소실된 결손 P 인자에 삽입된다. 이 DNA를 초기 전세포 단계 배아의 극성 과립(polar granule)을 가지고 있는 후측 부위에 주입한다(21장 참조). 전위효소는 재조합 P 인자 벡터와 함께 주입한다. 난할에 따라 핵이 후측 부위에 도달하면 이들은 극성 과립과 재조합 P 인자를 전위효소와 함께 얻게 된다. 극세포는 극성 원형질로부터 출아되어 나오며 재조합 P 인자는 극세포에 무작위적으로 아무 위치에나 삽입된다. 다른 극세포에서는 각각 P 인자의 삽입이 다르게 일어난다. 재조합 P 인자 DNA와 전위효소의 양은 평균적으로 하나의 극세포에 하나의 P 인자가 삽입되도록 조절된다. 배아는 성체로 발생시킨 후 적절한 시험 계통과 교배된다.

재조합 P 인자는 야생형의 *white*⁺와 같은 "표지(maker)" 유전자를 지니고 있으며, 이들을 주입하는 대상으로는 돌연변이형 *white*⁻의 계통을 사용한다. 시험계통은 모두 *white*⁻이며 따라서 어떤 F_2 파리가 빨간색 눈을 가지면 이 파리는 재조합 P 인자를 가지고 있는 것이다. 이러한 P 인자 형질전환 방법은 *eve* 2번 띠(*eve* stripe 2)의 발현(21장에서 언급되었음)을 조절하는 부위를 비롯한 여러 발현 조절부위를 찾아내는데 흔히 이용된다. 또한 이러한 방법은 여러 유전적 배경에서 단백질을 암호화하는 유전자를 조사하는 데 사용된다.

요약하면 노랑초파리는 미생물 모델 시스템에서 사용되었던 것과 같은 여러 가지 정교한 전통유전학 및 분자유전학 연구 방법을 제공하고 있다. 한 가지 눈에 띄는 예외는 재조합 DNA를 사용한 상동재조합 방법을 이용하여 유전자의 결손 유도 등과 같은 유전체의 정확한 조작을 할 수 있는 방법이 없다는 것이다. 그러나 이러한 방법도 최근에 개발되었으며, 쉽게 사용될 수 있도록 간소화되고 있는 중이다. 놀랍게도 이러한 조작은 더 복잡한 모델 시스템인 생쥐에서는 쉽게 이루어지고 있다. 그럼에도

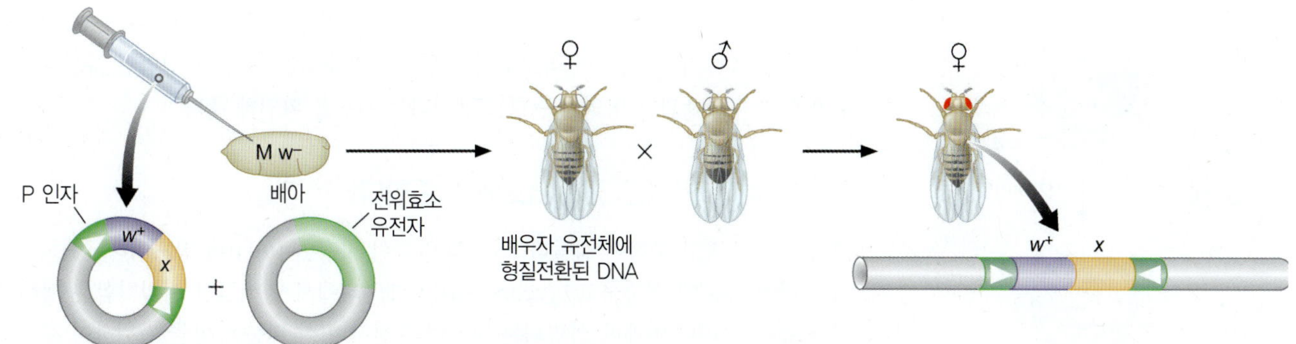

그림 A-23 P 인자 형질전환. P 인자는 초파리 배아의 형질전환에 벡터로 사용될 수 있다. 원하는 염기서열 부위를 P 인자 안에 끼워 넣는다. 이 재조합 분자 하나를 초파리 염색체의 한 부위에 안정하게 삽입할 수 있다.

불구하고 유전학 도구의 풍부함과 수세기의 연구 결과 축적된 기초지식으로 인해 초파리는 여전히 발생과 행동 연구의 주요 모델 시스템으로 남아 있다.

생쥐

예쁜꼬마선충이나 노랑초파리의 관점에서 보면 생쥐(*Mus Musculus*)의 생활사는 느리며, 매우 귀찮은 것이다. 배아의 발생이나 임신기간은 3주 이상 걸리며, 출생한 생쥐는 5~6주 후에야 사춘기에 도달한다. 따라서 실제 생활주기는 8~9주로서 노랑초파리보다 5배 이상 길다. 그러나 생쥐는 포유동물로써 인간과 매우 유사하며 이러한 진화 계통수에서의 높은 위치로 인해 특별한 지위를 누리고 있다. 물론 침팬지나 기타 고등 영장류는 생쥐보다 인간에 더 가깝지만 이들은 생쥐에서 가능한 여러 가지 실험 조작이 불가능하다.

따라서 생쥐는 선충이나 초파리와 같은 단순한 생명체에서 발견된 기본원리와 인간의 질병 사이의 연결 고리를 제공한다. 예를 들면, 초파리의 *patched* 유전자는 Hedgehog 수용체의 주요 구성요소를 암호화하고 있다(21장). 야생형의 *patched* 유전자 활성이 결핍된 돌연변이 초파리의 배아는 패턴형성에서 다양한 결함을 나타낸다. 생쥐의 상동유전자도 역시 발생과정에 매우 중요하다. 그런데 놀랍게도 특정한 *patched* 돌연변이는 생쥐와 인간에서 피부암 등과 같은 다양한 암을 유발한다. 초파리의 분석을 통해서는 이러한 결과를 얻을 수 없었다. 또한 정상인 생쥐에서 특정한 유전자를 효율적으로 제거하는 기술이 개발되었다. 이러한 "녹아웃(knockout)" 기술은 인간의 발생이나 행동, 그리고 질병의 기초가 되는 기본 기작을 이해하는 데 크게 기여하고 있다. 여기에서는 실험 시스템으로서 생쥐의 주요 특징을 간단히 살펴보겠다.

생쥐의 염색체 종류 수는 사람과 유사해서 19개의 상염색체(인간은 22개)와 X, Y의 두 성염색체를 갖는다. 생쥐와 인간 사이에서는 염색체상의 유전자 구성의 유사성(synteny)이 광범위하게 나타난다. 즉, 생쥐 염색체의 특정 부위는 이에 해당하는 인간염색체의 유사 부위와 같은 종류의 유전자를(같은 순서로) 가지고 있다. 생쥐의 유전체는 모두 염기서열이 밝혀졌고 정리되었다. 21장에서 살펴본 바와 같이 생쥐는 인간 유전체에서 나타나는 것과 실제로 거의 같은 유전자 수를 가지고 있다. 두 종 모두 약 25,000개 정도의 유전자를 가지고 있으며, 이들 중 85% 이상이 일대일 대응관계

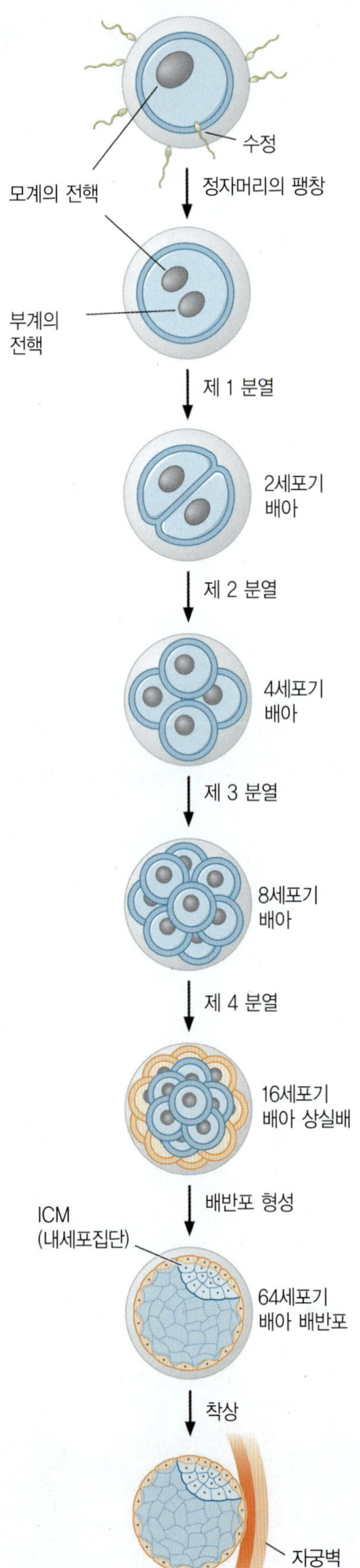

그림 A-24 생쥐 발생의 개요.

를 보인다. 거의 대부분의 차이점은 각 계통에서 특정 유전자군의 선택적 중복에 의해서 생겨난 것이다. 유전체의 비교분석은 우리가 오랫동안 잘 알고 있었던 사실, 즉 생쥐가 인간의 발생과 질병의 훌륭한 모델이라는 사실을 확인해 준다.

생쥐의 배아 발생은 줄기세포에 의존한다

생쥐의 알은 작고 조작이 힘들다. 인간의 알처럼 직경이 100 μm 정도이다. 이들은 크기가 작기 때문에 얼룩물고기(zebrafish)나 개구리에서 행해졌던 이식실험은 행해지지 못했다. 그러나 아래에 설명되는 것처럼 유전자 이식 계통을 만들기 위하여 재조합 DNA를 생쥐 세포주에 넣어주는 미세주입 방법(microinjection method)이 개발되었다. 또한 생쥐의 배아를 아주 초기 배아라 할지라도 충분한 양을 얻어 제자리 혼성화(in situ hybridization)나 특정 유전자 발현 양상을 시각화할 수 있게 되었다. 이러한 시각화 방법은 정상 배아나 특정 유전자 좌위가 파괴된 돌연변이 배아 모두에 적용될 수 있다.

그림 A-24는 생쥐의 배발생 과정 전체를 보여주고 있다. 생쥐 배아의 초기 분열은 매우 느려서 12~24시간마다 한 번의 빈도로 일어난다. 최초의 명확한 세포형태의 변형은 **상실배(morula)**라 불리는 16세포기 단계에서 나타난다(그림 A-24, 패널 6). 바깥쪽에 위치하는 세포들은 배아를 형성하지 않고, 태반(placenta)을 형성하게 된다. 안쪽에 위치한 세포들은 내세포집단(inner cell mass, ICM)을 형성한다. 64세포기에는 ICM 세포가 13개밖에 없으며, 이들이 성체 생쥐의 모든 조직을 형성하게 된다. ICM는 배아줄기세포(embryonic stem cell)의 주 공급원으로서, 이들 세포는 배양될 수 있으며 적절한 성장인자만 주어지면 모든 종류의 성체세포로 유도될 수 있다. 인간의 줄기세포는 사회적인 논란의 대상이 되고 있기도 하지만, 당뇨병이나 치매 등과 같은 다양한 퇴행성 질환에서 결함이 있는 세포를 대신할 수 있는 조직의 계속적인 공급원 제공이라는 희망도 보여주고 있다.

64세포기(수정 후 3~4일)가 되면 생쥐 배아는 **배반포(blastocyst)**라 불리며, 비로소 착상(implantation)이 가능해진다. 배반포와 자궁벽 사이의 상호작용에 의해 태반이 형성되는데 이것은 하등한 난생의 오리너구리를 제외한 모든 포유동물에서 나타나는 특징이다. 태반이 형성된 후에 배아는 낭배형성(gastrulation)을 시작하는데, 이 과정에서 ICM들이 내배엽(endoderm), 중배엽(mesoderm), 외배엽(ectoderm)의 세 생식세포층을 형성한다. 이 직후에 뇌, 척수와 심장, 간과 같은 내장기관을 가지는 태아가 생겨난다.

생쥐 낭배형성의 첫 단계는 ICM이 두 세포층으로 나누어지는 것이다. 안쪽의 하배엽(hypoblast, 배반엽하층)은 내배엽을 형성하며, 바깥쪽의 상배엽(epiblast, 배반엽상층)은 외배엽을 형성한다. **원조(primitive streak)**라 불리는 주름이 배반엽 상층을 따라 길이로 형성되며, 이 주름 쪽으로 이동해 들어가는 세포가 안쪽의 중배엽을 형성한다. 원조의 안쪽 끝은 **결절(node)**이라 불리는데, 이곳이 TGF-β 신호전달과정의 저해제인 Chordin과 Noggin 등을 비롯한 전후축(anterior-posterior axis) 패턴형성에 관여하는 다양한 신호전달물질의 근원이 된다. Chordin과 Noggin이 동시에 결핍된 돌연변이 생쥐 배아는 전뇌와 코 등의 머리구조가 없는 태아가 된다.

생쥐 배아에 외부 DNA를 도입하는 것은 쉬운 일이다

유전자 이식 생쥐에서 재조합 DNA를 효과적으로 발현시키기 위해서 미세주입 방법이 개발되었다. DNA를 난자 전핵(pronucleus)에 주입한 다음 배아를 암컷 생쥐의 수란관(oviduct)에 넣어주어 착상과 발생을 유도한다. 주입된 DNA는 유전체의 아무 위치에나 무작위적으로 삽입된다(그림 A-25). 삽입의 효율은 매우 높아서 발생단계 초기에, 주로 1세포 배아에서 일어난다. 그 결과 유전자는 성체에서 체세포 조직과 생식계통을 형성하게 될 ICM 세포를 포함한 배아의 거의 모든 세포에 삽입된다. 이러한 간단한 미세주입 방법으로 만들어진 유전자 이식 생쥐의 거의 50% 정도가 **생식계통 형질전환(germline transformation)**을 보이며, 따라서 이들의 자손도 주입된 재조합 DNA를 가지게 된다.

Hoxb2 유전자의 증폭자(enhancer) 부위가 *lacZ* 리포터유전자에 결합된 융합유전자를 살펴보자. 이 리포터를 포함하는 유전자 이식 계통에서 배아와 태아를 얻은 다음 *lacZ*의 발현 양상을 염색하여 확인해 보았다. 이 경우 염색은 후뇌(hindbrain)에서 나타난다(그림 A-26). 유전자 이식 생쥐는 β-글로빈이나 *HoxD* 유전자의 조절부위를 포함한 여러 조절부위의 특성을 밝히는 데 사용되었다. 이 두 유전자 모두 수백 kb 이상의 거리에서 다른 유전자의 발현을 조절하는 먼거리 조절인자들(각각 LCR과 GCR)을 가지고 있다(19장 참조).

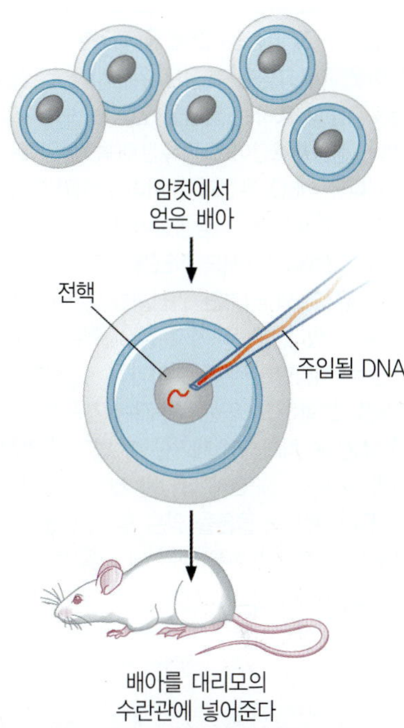

그림 A-25 DNA를 알 전핵에 미세주입하여 형질도입 생쥐를 제조한다. 1세포 배아를 새로 교배한 암컷 생쥐에서 얻는다. 재조합 DNA를 핵에 주입한 다음 배아를 대리모의 수란관에 이식한다. 수일 후 배아는 착상하여 재조합 DNA를 지니는 태아를 형성한다.

상동재조합은 각 유전자의 선택적 제거를 가능하게 해준다

생쥐의 유전자 이식 방법 중 가장 강력한 한 가지 수단은 특정한 한 유전좌위를 파괴하거나 녹아웃시키는 것이다. 이를 통해 인간 질병의 생쥐 모델을 만들 수 있게 되었다. 예를 들면, *p53* 유전자는 DNA 회복에 필요한 유전자들의 발현을 활성화하는 조절 단백질 유전자이다. 이 유전자는 인간의 다양한 암에 관련되어 있다. *p53*의 기능이 상실되면 암세포는 DNA의 돌연변이가 빠르게 축적되어 침습성이 크게 증가하게 된다. 생쥐에서 *p53* 유전자만 제거되고 나머지는 정상인 생쥐 계통이 만들어 졌다. 이 생쥐들은 암에 매우 잘 걸리며, 어린 나이에 죽게 된다. 이들 생쥐가 인간의 암 치료제나 항암제 가능성 약물의 시험에 사용될 수 있으리라는 기대가 있다. 비록 초파리도 *p53* 유전자를 가지고 있고 돌연변이체도 얻어졌지만 생쥐 모델과 같이 약 개발에 사용되지는 못한다.

유전자 파괴(gene disruption) 실험은 배아줄기(ES) 세포를 가지고 행해진다(그림 A-27). 이 세포는 생쥐의 배반포를 ICM 세포가 분화하지 않고 증식만 하도록 배양하여 얻어진다. 재조합 DNA는 관심 있는 유전자의 돌연변이를 가지도록 제조한다. [ES 세포는 몇 개의 전사인자를 사용하여 체세포를 재프로그래밍하는 새로 고안된 방법을 사용하여 만들어질 수도 있다(그림 21장, 글상자 12-1 참조).] 예를 들면, 특정 유전자의 단백질 암호화 부위를 시작부위 근처 주요 아미노산 서열 부위가 소실되어 유전자의 읽기틀이 달라지도록 변형시킨다. 이렇게 변형시킨 표적유전자를, 네오마이

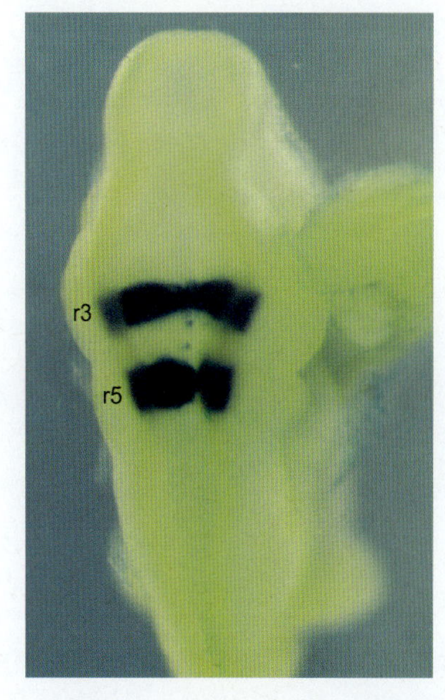

그림 A-26 형질도입 생쥐에서 얻어진 배아의 유전자 발현 양상. *Hoxb2* 유전자의 조절부위에 *lacZ* 리포터 유전자가 결합된 재조합 DNA를 가지는 형질도입 생쥐 계통을 제조하였다. 배아는 형질도입된 암컷에서 얻어졌으며, β-갈락토시디아제(LacZ) 활성을 나타내는 부위를 염색하여 확인하였다. 10.5일 된 배아의 후뇌 부위에서 두 개의 명확한 밴드가 확인되었다. 위쪽이 배아의 머리이며, 아래쪽이 꼬리이다. (Nonchev et al. 1996. *Proc. Natl. Acad. Sci.* **93:** 9339-9345, Fig. 1c.)

그림 A-27 상동재조합을 이용한 유전자 녹아웃. 이 그림은 특정한 유전자가 결핍된 세포주를 제조하는 방법을 간략히 보여주고 있다. 상동재조합이 표적유전자(녹색) 안에서 일어나면 NEO 유전자가 끼어 들어가며, 유전자가 파괴된다. 비상동성이거나 무작위적인 재조합에 의해서도 NEO를 포함하는 파괴된 유전자와 티미딘 인산화효소(TK)가 삽입될 수 있다. 이 두 가지 경우 모두 네오마이신을 처리한 경우에 살아남을 수 있으나, TK를 포함하고 있는 세포는 간시클로버(GANC)을 처리하여 제거할 수 있다. 따라서 표적유전자에 NEO가 삽입된 세포만 살아남게 된다. 세포의 클론을 얻은 후 이 유전자가 결핍된 완전한 생쥐를 얻는 데 사용될 수 있다(그림 A-25 참조).

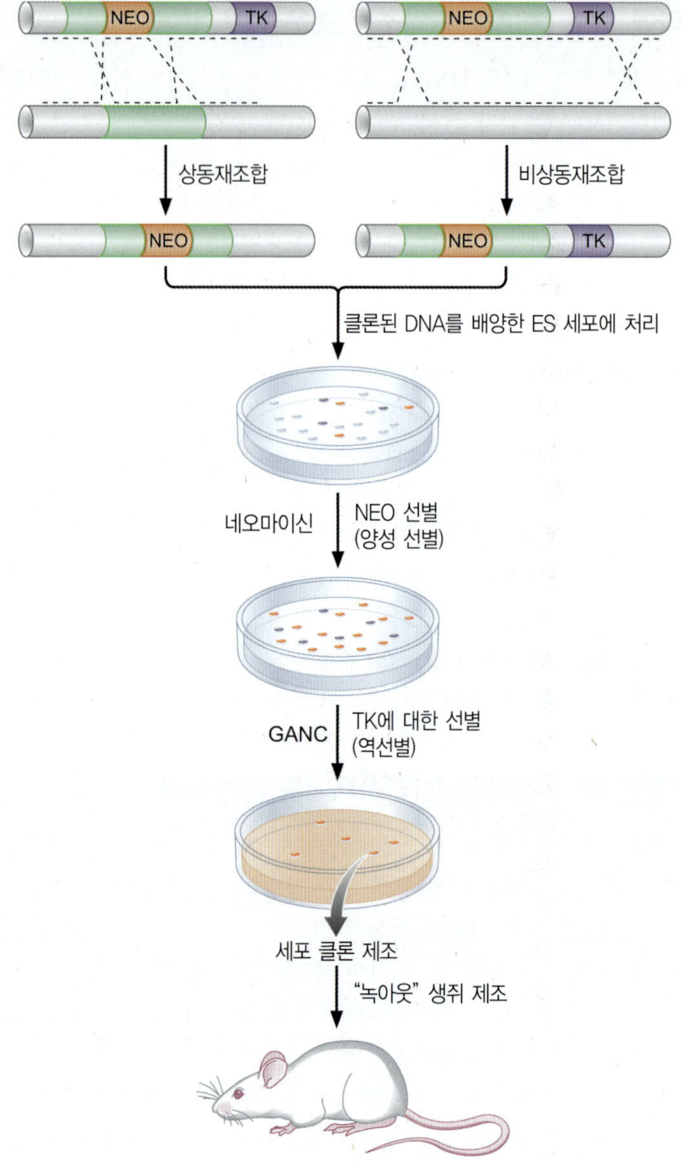

신(neomycin)에 저항성을 나타내도록 하는 NEO 유전자와 같은 약물저항성 유전자와 연결시킨다. 항생물질을 지닌 배양액에서는 이러한 이식 유전자를 지닌 ES 세포만 자랄 수 있다. NEO 유전자는 변형된 표적유전자의 하단부에 위치하게 되며, 상단부의 인접부위와 염색체 사이의 이중 재조합 결과 표적유전자가 돌연변이 유전자와 약물저항성 유전자로 바뀌게 된다. (혹은 NEO 유전자가 표적유전자로 끼어 들어가게 된다.)

그러나 원래의 세포 내 유전자 위치가 아닌 다른 부위에서 일어나는 비상동재조합도 높은 빈도로 일어난다. 상동재조합이 일어난 세포를 농축하기 위해, 티미딘 인산화효소(thymidine kinase, TK) 유전자를 재조합 벡터에 집어넣고, TK에 의해 독성 물질로 바뀌는 간시클로버(gancyclovir)라는 약물로 다시 한 번 역선별(counter selection) 한다. TK 유전자는 벡터에서 상동성이 있는 부위의 바깥쪽에 위치하게 만든다. 따라서 돌연변이 유전자가 염색체에 상동재조합에 의하여 염색체에 삽입되면 TK 유전자가 떨어지게 되지만, 비상동재조합에 의해서는 TK 유전자를 포함한 전체 벡터가 삽입될 것이며, 따라서 이를 이용하여 상동재조합이 일어난 것을 선별해 낼 수 있다.

이러한 과정을 통하여 표적유전자의 한 사본이 돌연변이 대립유전자인 재조합 ES 세포를 얻을 수 있다. 이 ES 세포를 모아서 정상 배반포의 ICM에 주입한다. 이 잡종 배아를 대리모 생쥐의 수란관에 주입하여 발생을 유도한다. 잡종 배아로부터 얻은 성체의 일부는 생식계통 형질전환이 일어나 돌연변이형의 표적유전자를 지니는 반수체 배우자(gamete)를 만들게 된다. 최초의 형질전환과 상동재조합에 이용된 ES 세포는 체 조직과 생식계통을 모두 만들게 된다. 한번 형질전환 된 생식세포를 지닌 생쥐가 만들어지면, 이들 간의 교배를 통하여 동형접합체 돌연변이를 만든다. 때때로 이러한 돌연변이는 치사성으로 인하여 배아 단계에서 분석되어야만 한다. 그 이외의 경우에는 유전자 돌연변이체가 성체까지 발생하며, 다양한 방법으로 이들을 조사한다.

생쥐는 후생적 유전현상을 나타낸다

조작된 생쥐 배아의 연구를 통하여 매우 특이한 비멘델 유전 혹은 후생적(epigenetic) 유전현상이 발견되었다. 이것은 **부모 각인(parental imprinting)**이라 알려진 현상으로(그림 A-28), 특정 유전자의 두 대립유전자 중 하나만이 활성화되어 있는 것이다. 이것은 발생 중인 정자나 난자 중에서 하나의 사본이 선택적으로 불활성화되기 때문이다. *Igf2* 유전자의 경우를 고려해 보자. 이것은 발생 중인 태아의 장과 간에서 발현되는 인슐린유사 성장인자(insulin-like growth factor) 유전자이다. 부계로부터 유래한 *Igf2* 대립유전자 만이 배아에서 활발히 발현되며, 다른 한 사본은 염기서열이 완전히 정상임에도 불구하고 불활성화되어 있다. *Igf2* 유전자에서 모계와 부계 사본의 활성 차이는 *Igf2* 유전자의 발현을 억제하는 침묵인자(silencer) DNA의 메틸화에 기인한다. 정자변형(spermiogenesis) 동안에 DNA의 메틸화가 일어나며, 그 결과 *Igf2* 유전자가 발생 중인 태아에서 활성화된다. 이는 메틸화에 의해 침묵인자가 불활성화되기 때문이다. 반면에 발생 중인 난모세포에서는 억제인자 DNA가 메틸화되지 않는다. 따라서 암컷에서 유래한 *Igf2* 대립유전자는 발현되지 않는다. 다시 말하면, 부계의 유전자 사본은 배아에서의 발현을 위하여 이 경우에는 메틸화에 의해 "각인(imprint)" 되는 것이다. 직접적인 예는 19장에 자세히 소개되어 있다.

생쥐와 인간에서 약 30여 개의 각인되는 유전자가 알려져 있다. 이들 중 앞서 예를 든 *Igf2*를 비롯한 대부분의 유전자는 발생 중인 태아의 성장을 조절하는 것이다. 각인은 태아로부터 모체 자신을 보호하기 위하여 진화된 것이라고 제안되었다. *Igf2* 단백질은 태아의 성장을 촉진하는 단백질이다. 모체는 태아의 성장을 모계 유전자의 불활성화를 통하여 제한하려는 것이다.

우리는 각 개체가 생존과 적응 및 증식을 위하여 어떻게 DNA를 유지하고 복제하는지 살펴보았다. 이러한 기본적인 생물학적 목표를 달성하기 위한 전체적인 전략은 거의 대부분의 생명체에서 유사하며, 따라서 단순한 생명체를 이용함으로써 오히려 성공적으로 조사될 수 있다. 그러나 고등생물에서 나타나는 분화나 발생과 같은 복잡한 과정들이 더 복잡한 유전자 발현의 조절 기작을 필요로 한다는 것은 틀림없는 사실이며, 따라서 이러한 과정은 더 복잡한 생명체에서만 연구될 수 있다. 우리는 이미 매우 광범위하고 유용한 실험기술들이 생쥐를 조작하고 복잡한 생물학 문제들을 탐구하는 데 성공적으로 사용되는 것을 살펴보았다. 그 결과 생쥐는 고등한 포유동물에서 더 많이 나타나는 발생, 유전 및 생화학적 과정들을 연구하는 가장 훌륭한 모델 시스템으로 사용되고 있다. 생쥐 유전체에 관한 최신의 논문과 해석은 인간의 발생과 질병에 관한 문제를 이해하고 조사하기 위한 모델 시스템으로서 생쥐의 중요성을 더 한층 강조해 주고 있다.

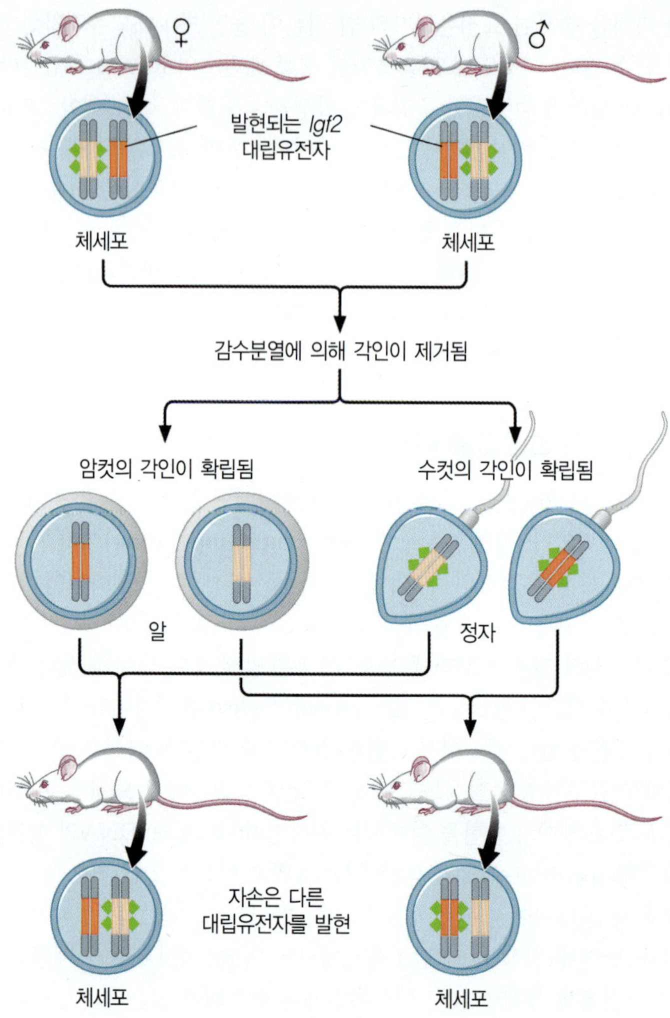

그림 A-28 생쥐에서의 각인. 생쥐에서 특정 유전자의 영구적인 발현 억제. 19장에 설명된 바와 같이 각인은 오직 하나의 생쥐 *Igf2* 유전자만 발현되도록 해준다. 발현되는 유전자는 항상 부계의 염색체상에 위치하는 유전자이다.

참고문헌

Burke D., Dawson D., and Stearns T. 2000. *Methods in yeast genetics.* Cold Spring Harbor Laboratory Press, Cold Spring Harbor, New York.

Hartwell L.H., Hood L., Goldberg M.L., Reynolds A.E., Silver L.S., and Veres R.C. 2004. *Genetics: From genes to genomes*, 2nd ed. McGraw-Hill, New York.

Miller J.H. 1972. *Experiments in molecular genetics.* Cold Spring Harbor Laboratory Press, Cold Spring Harbor, New York.

Nagy A., Gertsenstein M., Vintersten K., and Behringer R. 2003. *Manipulating the mouse embryo*, 3rd ed. Cold Spring Harbor Laboratory Press, Cold Spring Harbor, New York.

Sambrook J. and Russell D.W. 2001. *Molecular cloning: A laboratory manual,* 3rd ed. Cold Spring Harbor Laboratory Press, Cold Spring Harbor, New York.

Snustad D.P. and Simmons M.J. 2002. *Principles of genetics*, 3rd ed. John Wiley and Sons, New York.

Stent G.S. and Calendar R. 1978. *Molecular genetics: An introductory narrative.* W.H. Freeman and Co., San Francisco.

Sullivan W., Ashburner M., and Hawley R.S. 2000. *Drosophila protocols.* Cold Spring Harbor Laboratory Press, Cold Spring Harbor, New York.

Wolpert L., Beddington R., Lawrence P., Meyerowitz E., Smith J., and Jessell T.M. 2002. *Principles of development*, 2nd ed. Oxford University Press, Oxford.

부록 2

해답

1장

문제 2. 틀림. 하나의 유전자는 두 개 이상의 대립유전자를 가질 수 있다. 대립유전자의 모든 것 중에서 관련성을 (예를 들면 유전적 교배와 지도작성 혹은 서열분석으로) 결정할 수 있다.

문제 4. 틀림. 금어초의 대립유전자에서처럼 어떤 대립유전자는 불완전 우성을 나타낸다. 순계 붉은 금어초와 흰 금어초를 교배하였을 때 F_1 세대는 중간색의 표현형을 보여준다. 하나의 유전자는 하나 이상의 대립유전자를 지닐 수 있고, 개개의 대립유전자와 다른 대립유전자 사이의 관계가 결정된다.

문제 6.

A. 모든 완두콩은 노란색 종자를 지닌다. 이들의 종자색 유전자는 이형접합형(*Yy*)일 것이다. 만약 노란색 종자가 우성이라면 노란색 표현형만이 관찰될 것이다.

B. 3 노란색 종자 : 1 청색 종자

C. 1 *YY* : 2 *Yy* : 1 *yy*.

D. 2 이형접합형(*Yy*): 2 동형접합형(*YY*와 *yy*) 혹은 간단하게 하면 1:1.

문제 8.

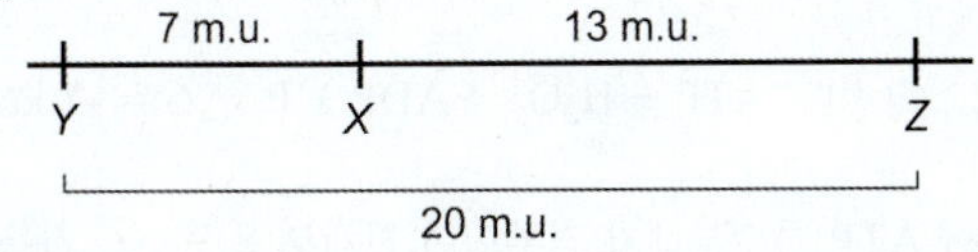

문제 10. 이 정보로부터 *L*과 *M*은 연관되어 있고 한 염색체에 5 m.u.만큼 떨어져 있다. 재조합 빈도 50%는 이 유전자들이 서로 연관되어 있지 않다는 것을 의미한다. 즉 동일 염색체에 아주 멀리 떨어져 있거나 혹은 다른 염색체상에 있다는 것을 말한다. 그러므로 유전자 *N*은 *L*로부터 >50 m.u. 만큼 떨어져 있거나 혹은 다른 염색체상에 있다.

문제 12. 돌연변이는 DNA 염기서열에 생기는 변화로 유전되는 것이다. 낮은 돌연변이율은 생물체가 오랜 기간에 걸쳐 환경에서 일어나는 변화에 적응하도록 한다. 생물체로 하여금 새로운 환경에서 생존하도록 한 돌연변이는 다음 세대로 전해질 수 있다.

문제 14. 이중교차는 아주 드물게 일어나는 사건이므로 15라는 값은 관찰된 재조합체 자손 중에서 가장 작은 수일 것이다. 주어진 정보로부터 *pk*가 *y*와 *tri* 사이에 놓여 있기에 관찰된 15는 *y*와 *pk* 그리고 *pk*와 *tri* 사이에서 동시에 교차가 일어나서 생긴 개체수이다.

재조합 백분율(또는 m.u.)을 계산하기 위해서는 두 유전자 사이의 교차에 의해 생긴 관찰된 재조합체 수를 자손의 총 개체수로 나누면 된다. 관찰된 재조합체를 위해서는 이중교차의 값을 더해주어야 하는데, 왜냐하면 이들 자손 중에는 단일 교차가 있기 때문이다.

*y*와 *pk* 사이의 거리 = [(*X*+15)/1000] × 100 = 23.0% 또는 23.0 m.u.

X = 215 = *y*와 *pk* 사이에 교차로 인해 생긴 재조합 자손의 총 개체에 대한 기대치.

*pk*와 *tri* 사이의 거리 = [(X+15)/1000] x 100 = 18.4% 또는 18.4 m.u.

X = 169 = *pk*와 *tri* 사이에 교차로 인해 생긴 재조합 자손의 총 개체에 대한 기대치.

2장

문제 2. DNA의 골격은 당-인산기로 되어 있다. 그러므로 골격은 ^{32}P로 표지된다. 어떤 아미노산(시스테인과 메티오닌)은 황을 포함하고 있다. 그러므로 단백질은 ^{35}S로 표지된다. 역으로의 표지는 불가능하다. DNA에는 황이 없고 아미노산에는 인산이 없다.

문제 4. DNA에 있는 염기는 시토신, 티민, 아데닌과 구아닌이다. 질소를 함유한 염기에는 피리미딘 고리(시토신과 티민)와 퓨린 고리(아데닌과 구아닌)구조를 지닌다. 뉴클레오시드는 질소 함유 염기에 당(RNA는 리보오스, DNA는 디옥시리보오스)이 결합된 것이다. 뉴클레오티드는 질소 함유 염기에 리보오스 혹은 디옥시리보오스가 결합된 것에 인산기가 한 개, 두 개 혹은 3개가 붙어 있다.

문제 6.

A. 분산적 모델 하에서 한 번의 복제가 이루어지면, 모든 DNA의 절반이 ^{15}N이고 나머지 절반은 ^{14}N이 된다. 그러므로 염화세슘 구배 농도 초원심분리의 결과는 중간 밴드가 될 것이다.

B. 보존적 모델 하에서 한 번의 복제가 이루어지면, 이중나선 DNA 분자의 절반은 ^{15}N이고 이중나선 DNA 분자의 나머지 절반은 ^{14}N이 된다. 그러므로 염화세슘 구배 농도 초원심분리의 결과로 하나의 무거운 밴드와 그리고 하나의 가벼운 밴드가 될 것이다.

C. 보존적 복제 모델은 한 번의 박테리아 복제가 끝나면 제외될 수 있지만 분산적 복제와 반보존적 복제 모델이 구별되기 위해서는 두 번의 복제가 요구된다. 보존적 모델에서 1회 복제로 2개의 이중나선 산물이 생기는데 하나는 완전한 15N이고 다른 하나는 완전한 14N이 되어 원심분리 결과 두 개의 분명한 밴드(HH와 LL)가 될 것인데 그러나 그렇게 관찰되지 않았다. 그러나 분산적 이거나 반보존적 모델에서 1회 복제로 구배에서 단 하나의 밴드(HL)만을 만들었다. 2회의 복제 후에 반보존적 모델은 2개의 분명한 밴드(LL과 HL)를 만들었고 실제로 관찰되었다. 반면에 분산적 모델은 각 사슬은 (대부분은) 가볍고 약간은 무거운 서열을 혼합하여 가진 더 많은 중간 밴드만을 가질 것으로 예측된다. 그러므로 반보존적 모델이 2회의 복제로 확증된다.

문제 8. RNA(DNA는 아님)는 단백질 합성이 일어나는 세포질에 있다. RNA의 화학구조는 DNA와 유사하다(디옥시리보오스 대신에 리보오스, 티민 대신에 우라실). RNA는 DNA 주형에서 합성된다.

문제 10. 폴리리보솜은 동일한 mRNA가 동시에 번역하고 있는 리보솜의 집단을 말한다. 폴리리보솜을 통해 어떤 특정 단백질의 번역이 증가되어 그 단백질이 적당 농도로 이르게 하는 시간을 단축시킨다. 이는 하나의 mRNA가 다수의 단백질 카피가 동시에 만들어질 수 있는 주형으로 작용하게 한다. 이는 mRNA가 많은 양으로 있지 않아도 되고 또 짧은 반감기이어도(짧은 생존) 되기 때문에 유용하다.

문제 12.

복제 ↻DNA —전사→ RNA —번역→ 단백질

DNA 중합효소는 DNA 복제나 핵 안에서 DNA 합성에 책임이 있다. RNA 중합효소는 핵 안에서 DNA로부터 RNA로 전사하게 한다. 리보솜은 세포질 내에서 RNA로부터 단백질로 번역하는데 책임이 있다. mRNA는 전사의 산물이며 단백질 합성(번역)의 주형이 된다. tRNA는 주형을 읽고 적절한 아미노산을 가져오게 함으로써 번역 동안에 어댑터로 작용한다. rRNA는 리보솜을 구성하는 요소이면서 또한 번역과정에서 일어나는 펩티드결합 형성에 촉매요소로 작용한다.

문제 14.

A. 단백질 합성은 DNA 분해효소(DNase)를 첨가함으로써 DNase가 없을 때의 수준의 절반 정도만큼 억제된다. DNase를 더 많이 첨가하여도 효과가 증가되지는 않는다.

B. DNA가 단백질 합성을 위한 직접적인 주형은 아니지만, 중심설에서 보면 이 두 과정은 mRNA를 통해 서로 연결되어 있다. DNase의 존재 하에서 DNA는 파괴된다. DNA가 없으면 RNA 중합효소는 새로운 mRNA를 만들 주형이 없고, mRNA는 단백질 합성을 위한 주형으로 작용한다. mRNA는 짧은 동안만 살기에 mRNA의 전체 수준은 DNase의 첨가의 결과와는 무관하게 감소한다. 어떤 mRNA는 DNase의 존재 하에서 단백질의 합성이 관찰되는 수준까지 보이도록 존재하여야만 한다.

3장

문제 2. 틀림. 효소는 반응의 활성 에너지를 낮춘다. (ΔG는 동일하게 있다.)

문제 4. 틀림. 25°C에서 K_{eq}이 10배가 변했다면 ΔG에서는 약 1.4배의 변화에 상응한다.

문제 6.

A. DNA 내의 염기들 사이의 수소결합.

B. 공유결합(펩티드결합)

문제 8. 극성 분자는 쌍극자모멘트를 갖는 반면 비극성 분자는 갖지 않는다. 반데르발스 상호작용이 극성과 비극성 분자에 포함될 수 있다.

문제 10.

$K_{eq} = ([A]\times[B])/[AB] = ([A]\times 2\ mM)/(0.5\ mM) = 8.0\times 10^5\ mM$,

$[A] = 2.0 \times 10^5\ mM$

문제 12. 그렇다. $ATP + H_2O \Leftrightarrow ADP + P_i$ $\Delta G = -7\ kcal/mol$ (표 3-5).

반응에 ATP 가수분해가 결부되면 전체로 음성 ΔG 값을 준다.

전체 반응: 글루탐산 + NH_3 + ATP ⇔ 글루타민 + ADP + P_i $\Delta G = -3.6\ kcal/mol$.

문제 14.

A. 트립토판의 잔기는 수소결합을 주거나 받지 않는다.

B. 글루탐산의 잔기는 수소결합에 참여할 수 있는 카르복실산을 갖고 있다.

C. 그 수는 작지만, 단백질-DNA 복합체에 있는 아르기닌의 수소에 구아닌이 결합하는 경향이 있다.

4장

문제 2.

A. 나선 회전당 10 염기쌍 × 4회전 = 4회전에는 약 40 염기쌍.
용액 상태에서는 나선 회전당 10.5 염기쌍 × 4회전 = 4회전에는 약 42 염기쌍
길이 = 나선당 3.4 nm × 4나선 회전 = 13.6 nm.

B. 11 염기쌍/나선 회전 × 4나선 회전 = 4회전에는 약 44 염기쌍.

문제 4.

G:C 대 C:G 큰홈

G:C 염기쌍의 큰홈에서의 화학기 패턴은 AADH인 반면, C:G 염기쌍의 큰홈에서의 화학기 패턴은 HDAA이다. 두 염기쌍의 작은홈에서 화학기 패턴은 서로 같다(ADA).

A, 수소결합 수용체; D, 수소결합 공여체; H, 비극성 수소; M, 메틸기.

A:T 대 G:C 둘 다

A:T 염기쌍의 큰홈에서의 화학기 패턴은 ADAM인 반면, G:C 염기쌍의 큰홈에서의 화학기 패턴은 AADH이다. A:T 염기쌍의 작은홈에서의 화학기 패턴은 AHA인 반면, G:C 염기쌍의 작은홈에서의 화학기 패턴은 ADA이다.

A:T 대 T:A 큰홈

A:T 염기쌍의 큰홈에서의 화학기 패턴은 ADAM인 반면, T:A 염기쌍의 큰홈에서의 화학기 패턴은 MADA이다. 두 염기쌍의 작은홈에서 화학기 패턴은 서로 같다(AHA).

문제 6.

Ai. 인산이에스테르결합. (DNase I의 약한 처리에 의해 DNA의 당-인산 골격이 잘려 DNA에 틈새가 생길 것이다.)

Aii. DNA는 원래 초나선 형태이다. DNase I 처리에 의해 DNA는 더 이상 cccDNA가 아니며 이완된다.

B. DNA 연결효소로 처리하면 틈새가 이어져 다시 cccDNA 형태가 된다. Lk^o 값은 정수가 아니다(10,000/10.5). 항상 정수인 Lk는 Lk^o와 같지 않다. 그러므로 약간 초나선이 될 것이다,

문제 8. N A Z X E
회절 패턴의 선은 문자에 있는 선에 수직이다.

5장

문제 2. 유전물질이 DNA인지 RNA인지 결정하는 가장 간단한 방법은 그 서열에 우라실이 있는지를 조사하는 것이다. 만약 우라실이 있다면 바이러스는 유전물질로 RNA를 가지는 것이다. 만약 그렇지 않다면 유전물질은 DNA이다. 유전물질이 단일가닥인지 이중가닥인지 결정하기 위해서 각 염기의 함량을 조사하라. G 함량이 C와 같고, A 함량이 T와 같다면, 그 분자는 이중가닥 DNA이다. 이중가닥 RNA의 경우 G와 C 함량이 같고, A와 U 함량이 같다. 어느 것에도 해당이 안 되면 유전물질은 단일가닥이다.

문제 4. 우라실은 티민의 5번 탄소 위치에 메틸기가 없다는 점에서 티민과 다르다. 우라실과 티민 모두 아데닌과 염기쌍을 이룰 수 있다. DNA에서 자주 일어나는 시토신의 탈아미노화는 우라실을 만든다. 만약 우라실이 남은 채로 복제가 일어나면 DNA에 변이가 생기게 된다(C:G가 T:A로). 자연 상태에서 DNA에 우라실이 있다면, 우라실은 DNA 수선효소에 의해 오류로 인식되지 않아서 변이가 발생할 것이다.

문제 6. 2차구조: 줄기, 머리핀(줄기와 고리), 내부 고리. 비규범적인 염기쌍: G:U 및 U:U.

문제 8. 리보자임으로 분류된 RNA는 효소로 분류된 단백질과 유사하게, 특별한 기질을 위한 결합자리, 보인자(cofactor) 결합자리, 촉매활성자리를 가지며, 활성자리당 한 번 이상 반응을 촉진하는 능력이 있다.

문제 10. 망치머리를 두 부분으로 분리해야 한다. 한 부분은 촉매활성을 가지고, 다른 부분은 기질로 작용한다. 기질이 망치머리의 촉매 부위에 연결되어 있지 않기 때문에, 기질은 새로운 분자가 결합할 수 있도록 방출될 수 있다. 이렇게 하면 망치머리는 여러 번 반응을 수행할 수 있는 진정한 리보자임이 된다.

문제 12.

A. 아데노신.

B. 이 뉴클레오시드 유사체는 다른 뉴클레오시드처럼 RNA 가닥에서 가수분해되지 않는다. 메틸기가 아데노신에 있는 리보오스의 2′-히드록시기에 첨가되어 있다. 메틸기가 있을 때 산소는 높은 pH에서 더 이상 탈양자화되지 않고, RNA 가닥 내 리보오스의 3′ 위치에 있는 잘리기 쉬운 인산기를 공격할 수 없다.

문제 14.

A. RNA는 촉매자, 즉 리보자임이다. 단백질 부분 혹은 RNA 부분만으로는 기질을 분해하지 못하지만(반응 2와 3), 단백질과 RNA가 함께 있을 때 촉매반응이 진행된다. RNA 부분과 스페르미딘(비특이적 펩티드)이 함께 있을 때 기질이 절단되기 때문에(반응 6), RNA가 반드시 촉매자로 작용한다. RNA 없을 때 단백질과 스페르미딘은 촉매를 수행할 수 없다(반응 5). 단백질과 스페르미딘은 RNA의 촉매작용을 도운다.

B. 양전하를 띠는 스페르미딘은 반응 동안 음전하인 RNA 촉매자와 음전하인 RNA 기질 사이의 반발력을 상쇄시켜준다.

6장

문제 2. 이온결합은 서로 반대의 전하를 띠는 기 사이에 형성된다. 이온결합은 산성아미노산(아스파르트산, 글루탐산)과 염기성 아미노산(리신, 아르기닌, 히스티딘)의 곁사슬 사이에서 형성될 수 있다.

문제 4. 펩티드결합을 형성할 때, 물 분자가 빠져나가면서 한 아미노산의 카르복시기는 다른 아미노산의 아미노기와 공유결합 한다. 물을 잃어버리면서 두 분자가 결합하기 때문에 이 반응을 축합 혹은 탈수반응(물 소실에 특이적인)이라 부른다.

문제 6. 4차구조. 단량체 미오글로빈은 4차구조를 형성하지 않는다. 헤모글로빈 사량체는 생리적 기능에 중요한 4차구조를 형성한다. 두 단백질은 구상이며, 그들의 섭힘 소단위는 수로 α나선이다; 그들의 2차구조와 3차구조는 유사하다. 1차구조는 2차구조와 3차구조를 지시한다; 그러므로 미오글로빈과 헤모글로빈의 일차구조는 유사하다. [매우 다른 1차구조를 가진 폴리펩티드 사슬조차도 유사한 2차구조와 3차구조를 가질 수 있음을 주목하라(즉 식물 헤모글로빈과 사람 헤모글로빈). 그러나 유사한 서열을 가진 단백질 도메인은 항상 같은 접힘 구조를 가지는데, 이는 서열의 유사성이 도메인까지 확장된다는 사실을 보여준다.]

문제 8.

A. 파괴됨, 비공유결합.

B. 파괴됨, 비공유결합.

C. 파괴되지 않음, 공유결합.

D. 파괴되지 않음, 공유결합. β가닥은 2차구조의 한 단위이다; β판(샌드위치)은 단백질 3차구조의 한 예이다(접힘 도메인의 특별한 형태).

E. 파괴됨, 비공유결합.

문제 10. 두 개의 시스테인과 두 개의 히스티딘은 아주 작은 아연 집게 도메인을 안정화하는 필수적인 Zn^{2+}의 결합에 아주 중요하다. 이들 4 잔기 중 어느 하나라도 알라닌으로 치환되면 Zn^{2+}은 결합하지 못하고 아연 집게 도메인은 불안정하여 그 기능을 상실할 것이다.

문제 12. 효소는 전이상태를 형성하는데 필요한 에너지를 감소시켜 반응물과 산물 사이의 에너지 장벽을 낮춤으로써 반응을 촉매(반응률을 촉진)한다. 효소는 많은 경우 그런 것으로 나타났는데, 그 이유는 효소의 활성자리는 기저상태 구조보다 반응물의 전이상태 구조에 보완적이기 때문이다. 즉 효소와 기질의 전이상태 모양 사이에 선호하는 비공유결합성 상호작용이 있다.

문제 14.

A. RRM(즉 RNA 결합도메인 형태의 특징적인 서열 모티프)은 특별한 RNA를 인식하는 도메인으로 접히는 80~90개의 아미노산 잔기로 구성된 서열이다. (“RRM” 용어가 종종 도메인을 지칭하는 것으로 잘못 사용되고 있음을 주목하라; 단어 “모티프”와 “도메인”의 옳은 사용을 위해서는 글상자 6-2, 용어설명을 참고하라.)

B. 결과는 아미노 말단의 RRM과 처음 3개의 반복서열이 상보성에 충분하다는 사실을 보여준다. RRM과 하나의 반복서열을 합친 부위, 혹은 7개의 반복서열과 카르복시 말단을 합친 부위는 37°C에서 야생형 성장을 회복하도록 하지 못한다.

C. 결과는 상보성 분석과 일치하지만, 3개의 반복서열이 시험관에서 완전한 활성을 나타내는데 충분치 않다는 사실을 제안한다. 더구나 잘린 RRM을 가지면서 7개의 반복서열과 카르복시 말단 부위가 완전한 형태는 시험관에서 활성은 없지만, 효모의 생장은 부분적으로 회복하였다. 이런 불일치는 Tif3 도메인들 중에서 혹은 번역 개시복합체의 다른 요소와 함께 일부 기능이 중복됨을 제안한다.

7장

문제 2.

A. 6 bp 서열을 인지하는 제한효소의 경우, 해당 유전체에서 그 서열이 발견될 빈도는 4^6 또는 4096 bp당 1개꼴이다.

B. 그렇다. XhoI과 SalI의 인지자리는 서로 다르지만 점착성 말단끼리 염기쌍을 형성할 수 있다. 왜냐하면 단일가닥 부위들이 서로 상보성을 가지고 있기 때문이다.

문제 4. 서던블롯을 수행하면 DNA 탐침으로 특정 DNA 서열을 탐지할 수 있다. 노던블롯으로는 DNA 탐침을 사용하여 특정 mRNA 서열을 탐지할 수 있다. 서던블롯은 다음과 같이 수행된다. 제한효소로 유전체 DNA를 자르고 겔 전기영동으로 DNA를 분리한 다음, 그 DNA를 양전하를 지닌 막에 옮기고 DNA 탐침으로 연구대상 DNA 조각을 탐지한다. mRNA 집단을 자르지 않는 것만 제외하면 노던블롯도 이와 비슷한 단계로 수행된다. 노던블롯으로는 mRNA 양을 탐지할 수 있으며, 서로 다른 실험적 조건하에서 생성된 mRNA들을 서로 비교할 수도 있다.

문제 6. 유전체 라이브러리는 온전한 유전체를 제한효소로 잘라 생성된 전체 DNA 조각들로 이루어져 있다. 오로지 유전체 DNA로부터 발현된 서열들로만 이루어져 있는 cDNA 라이브러리는 세포의 모든 mRNA의 역전사로 생성된다. 각 경우에서 만들어진 DNA 조각들은 플라스미드 벡터에 연결된다. 인간 유전체는 mRNA로부터 떨어져나가는 인트론을 암호화하는 서열들을 포함하여 높은 비율의 비암호화 DNA를 갖고 있다. cDNA 라이브러리는 이런 유전자-암호화 서열들을 연구하고 발현시키는 데 유용하다.

문제 8. 이온-교환 크로마토그래피는 전하에 기초하여 단백질을 분리한다. 겔-여과 크로마토그래피는 크기에 기초하여 단백질을 분리한다. 친화성 크로마토그래피는 구슬(bead)에 붙인 특정 분자, 단백질 또는 핵산과의 상호작용에 기초하여 단백질을 분리한다.

문제 10.

A. 오로지 DNA의 한 말단(가닥)에만 표지해야 단백질과 결합한 DNA 조각을 핵산분해효소로 자른 후 전기영동했을 때 단일 표지된 말단(single labeled end)을 지닌 조각들을 사다리꼴로 볼 수 있기 때문이다. 양 말단이 표지된 DNA를 절단할 경우, 잘리는 패턴이 복잡할 것이고 "발자국(footprint)"은 모호해질 것이다. 그리고 만일 단백질이 비대칭적으로 결합하면 그 패턴은 훨씬 더 복잡해진다.

B. 어떤 부위가 단백질과 결합하는지를 결정하려면 해당 서열에 특이적인 시발체(primer)를 사용하여 서열을 증폭하고 그 결과를 대조군과 비교하면 된다. 또 다른 방법은 타일링 DNA 미세배열을 사용하여 서열들을 찾는 것이다.

문제 12.

A. 그 웨스턴 블롯은 배와 성체 레인(lane)에서 한 개의 Z 단백질 띠를 탐지하였다. 노던블롯 결과는 유전자 Z가 배(embryo)에서는 2가지 종류의 전사체를, 성체 초파리에서는 오로지 한 가지 종류의 전사체만을 발현한다는 것을 보여주고 있다. 한 가지 가능한 가설은 대체 RNA 이어맞추기(alternative RNA splicing)가 일어나 이 RNA 전사체로부터 카르복시 말단 도메인을 만드는 암호화 부위가 사라졌기 때문에 웨스턴 블롯에 사용한 항체가 더 빨리 이동한 전사체로 부터 번역된 단백질은 인지하지 못했다는 것이다.

B. 이 가설을 증명하기 위해서 여러분은 웨스턴 블롯에 단백질 Z에 대한 새로운 항체를 사용할 수 있다. 이 항체는 온전한 단백질 Z에 대한 항체 다클론성 항체(polyclonal antibody)일 수도 있고, 단백질 Z의 가운데 또는 아미노-말단 부위에 대한 단클론성 항체(monoclonal antibody)일 수도 있다. 새로운 항체를 사용했을 때, 만일 웨스턴 블롯의 배 레인(embryo lane)에서 두 번째 띠가 나타난다면 이 결과는 A에서 제시한 가설을 증명하는 것이 된다.

8장

문제 2. 원핵세포의 염색체 DNA는 핵양체에 위치한다. 진핵세포에서 염색체 DNA는 핵 내에 위치한다. 핵양체와 달리 핵은 막으로 쌓여있고, 일반적으로 세포에 있어서 작은 부분을 차지한다.

문제 4. 유전자간 서열은 전이 현상으로 인해 나타날 수 있다. 이 서열은 miRNA를 암호화하거나, 전사 기작을 조절하는 서열로의 기능을 수행, 혹은 위유전자처럼 단순히 기능이 없을 수도 있다.

문제 6. 코헤신은 S기와 유사분열 초기에 자매염색분체들을 함께 묶어주는 역할을 한다. 유사분열 후기 동안, 코헤신은 제거되고 동원체의 방추사부착점에 부착된 미세소관들은 자매염색분체쌍을 딸세포로 분리시킨다.

문제 8. 체세포나 생식세포와 같이 성장하거나 분열하는 모든 세포들은 유사분열 한다. 오직 생식세포만 감수분열을 통하여 난자와 정자를 생산한다.

문제 10. 수소결합은 히스톤 단백질들과 작은홈 주변의 phosphodiester 골격 사이에서 주로 형성되며, 작은홈의 염기들 사이에서도 추가적으로 형성된다. 이러한 상호작용들이 서열 특이적으로 일어나는 것은 아니다. 유전체 DNA는 히스톤 단백질을 둘러싸고 있다. DNA의 작은홈과 상호작용하는 단백질들은 상대적으로 낮은 비율로 서열 특이적으로 상호작용한다. 이와는 대조적으로, DNA의 큰홈과의 상호작용은 일반적으로 서열 특이적인 상호작용을 유도한다(4장).

문제 12. 브로모도메인은 아세틸화를 인식한다. 크로모도메인, TUDOR-도메인, 그리고 PHD 핑거(fingers)는 메틸화를 인식한다. (SANT 도메인은 변형되지 않은 히스톤 말단을 인식한다.)

문제 14.

A. 히스톤 탈아세틸화효소는 뉴클레오솜과 결합한 DNA에 결합한다. (레인 1, 2, 3, 4번과 레인 5를 비교). 히스톤 탈아세틸화효소가 단량체라고 가정하면, 동시에 두 개의 탈아세틸화효소가 뉴클레오솜과 결합한 DNA에 결합하는 것이 가능하다. (레인 2, 3, 4번에서 가장 많이 이동한 2개의 밴드들). 히스톤 탈아세틸화효소는 메틸화 되지 않은 뉴클레오솜보다는 히스톤 H3의 리신 36이 메틸화된 뉴클레오솜을 인식하는 것으로 보인다.

B. 이 데이터들을 토대로 보았을 때, 히스톤 탈아세틸화효소는 메틸화된 히스톤 H3와 반응하기 위해 크로모도메인을 포함할 가능성이 있다.

9장

문제 2. DNA 합성의 기본 기작은 DNA 주형에 들어오는 뉴클레오티드의 수소결합에 의한 상호작용으로 시작된다. 적절한 염기쌍이 형성되면, 프라이머의 3′-OH기가 새로 들어오는 뉴클레오티드의 α-인산에 친핵성 공격을 시작한다. 피로인산이 떨어져 나가고 피로인산가수분해효소에 의해 두 개의 인산으로 분해된다. 새로 들어온 뉴클레오티드는 이제 주형가닥과 염기쌍을 이루고 프라이머 DNA 가닥에 공유결합으로 연결된다.

문제 4.

A. 디옥시구아노신.

B. 삼인산기가 없어서 아시클로바는 신장 중인 DNA 가닥에 끼어 들어갈 수 없다. 키나아제는 기질을 인산화시킨다. 키나아제는 아시클로바가 가지고 있지 않은 인산기를 부가한다.

문제 6. 일부 DNA 중합효소는 DNA 수선과 같은 특별한 과정에서만 쓰인다. 그것들은 진행성이 그리 높지 않으며 세포에서 많은 양의 DNA 합성을 수행하지는 않는다. 따라서 선도가닥이나 지연가닥 DNA 중합효소에 비해 적은 수의 뉴클레오티드를 첨가하는 이들 DNA 중합효소에 교정기능은 크게 중요하지 않다.

문제 8.

A. 두 방향 다. 복제는 양방향으로 일어날 것이다.

B. 아래가닥. 아래가닥은 오른쪽에서 선도가닥 주형으로 작용한다. 이 가닥에 결합한 RNA 프라이머 3′ 말단에서 DNA 중합효소에 의한 가닥의 신장은 주형의 끝부분까지 연속적으로 진행된다.

C. 아래가닥. DNA 연결효소는 DNA 합성 동안 지연가닥의 오카자키 단편들 간에 인산이에스테르 결합으로 연결한다. DNA 합성이 불연속적이어야 하기 때문에, 아래가닥은 왼편에서 지연가닥의 주형으로 작용한다.

문제 10.

A. 대장균 세포는 세포분열당 단 한번만 복제를 개시하지만, 빠르게 분열할 때에는 이전 복제가 완료되기 전에 다음 복제가 시작된다. 이러한 상황에서 세포분열 시간은 20분 정도 된다.

B. 환형 대장균 유전체는 선형 염색체와 같은 말단이 없다. 이런 상황에서, 복제기구가 환형의 유전체를 완전히 복제하므로 대장균에서는 복제 후 말단소체중합효소가 없음으로 인한 염색체 길이가 짧아지는 문제가 발생하지 않는다.

문제 12. 각 DNA 중합효소의 3′-핵산말단분해효소 활성은 DNA 중합효소로 하여금 DNA 합성 동안에 생긴 잘못 들어 온 뉴클레오티드를 제거할 수 있도록 한다. DNA 중합효소 I은 DNA 중합효소 앞의 뉴클레오티드를 제거할 수 있는 5′-핵산말단분해효소 활성을 부가적으로 가진다. 특별히, 이 기능은 DNA 중합효소가 DNA 지연가닥의 RNA 프라이머를 제거할 수 있도록 한다.

문제 14.

A. α-인산은 3′-OH의 친핵성 공격으로 새로 합성되는 DNA 가닥으로 끼어들어 간다. β- 혹은 γ-인산은 피로인산이 되어 나중에 가수분해되므로 신장 중인 DNA 가닥에는 결코 끼어들어 가지 않는다.

B. 겔 전기영동은 분자를 크기에 따라 분리한다. ^{32}P로 표지된 dNTP들은 새로이 합성된 DNA보다 훨씬 작아 어떠한 DNA 가닥보다도 훨씬 빠르게 이동한다.

C. 음성적 대조군의 한 예는 같은 DNA 합성 분석을 수행하나 DNA 중합효소가 없는 상태로 하는 것이다. 새로운 DNA 합성이 없으면 프라이머:주형 결합체는 표지되지 않을 것이다. 만약 프라이머:주형 결합체와 ^{32}P로 표지된 dNTP를 포함한 반응액을 양전하 막으로 여과시키면, 방사능이 막에 부착하지 않은 것을 발견할 것이다. 이것을 DNA 중합효소를 포함하는 같은 반응과 비교할 수 있다. 만약 ^{32}P로 표지된 dNTP가 DNA 중합효소에 결합함으로써의 효과가 염려된다면 반응액을 여과하기 전

10장

문제 2. 시토신이 탈아미노화되면 우라실이 된다. 염기절제수선 과정의 특이적 글리코실라아제가 우라실을 비정상적 DNA로 인지한다. 만약 우라실이 그대로 남아 있게 되면 다음 번 복제 후 돌연변이가 발생할 수 있다. 5-메틸시토신이 탈아미노화 되면 티민이 되며, 이 경우 DNA 수선 경로에 의해서 잘못된 DNA로 인식되지 않는다. 다음 번 복제 후 탈아미노화된 5-메틸 시토신은 아데닌과 짝을 짓게 되어 전이 돌연변이가 된다. 다시 말해, 세포는 돌연변이를 방지하기 위해 우라실은 제거하지만 탈아미노화로 생성된 티민은 제거 하지 않는다.

문제 4.

순서	MMR	BER	NER
인지	MutS(MutH가 가닥을 확정)	DNA 글리코실라아제	UvrA
절제	MutH(MutL에 의해 활성화 됨)와 ExoVII, RecJ 또는 Exo I	DNA 글리코실라아제, AP 핵산내부분해효소 및 핵산외부분해효소	UvrC와 UvrD(UvrB에 의해 유도된 버블의 도움)
DNA 합성	DNA PolIII	DNA Pol I	DNA Pol I
연결	DNA 연결효소	DNA 연결효소	DNA 연결효소

문제 6. Dam 메틸화효소가 적절히 작동치 않으면, 어미가닥은 복제 중에 메틸화되지 않을 것이다. 이처럼 메틸화되지 않으면, MutH는 어느 가닥이 어미가닥이고 새로 합성된 가닥인지 구별할 방법이 없게 된다. 그러면 MutH는 잘못된 가닥을 절단하는 경우가 생길 것이다. 어미가닥의 부정교합 수선은 임의적 돌연변이 발생을 증가시키게 될 것이다(외인적 요인에 의하지 않고).

문제 8. 두 구아닌 간의 교차결합은 DNA 나선을 티민 2량체와 비슷한 형태로 왜곡하게 된다. 그렇게 되면 NER 단백질이 이 시스플라스틴 유도 교차결합 부위의 DNA 지역을 절제하도록 인지하게 된다. 염기 절제 수선은 오직 하나의 뉴클레오티드만 절제한다. 또한 특정 글리코실라아제는 그 DNA 장애를 인지해야 한다. 어떤 글리코실라아제도 시스플라스틴 유도형 교차 결합은 인지하지 못한다.

문제 10. 비상동말단연결(NHEJ)은 돌연변이의 발생을 무릅쓰고 2중가닥절단(DSBs)을 수선한다. NHEJ 효소는 DSB의 유리 말단을 처리한다. 이 과정에서 DNA 두 가닥이 연결되기 전에 DNA 서열이 결실 또는 첨가될 수 있다.

문제 12.

돌연변이 된 경로	DNA 손상	생존율	돌연변이 발생
NER	증가	감소	증가
장애관통합성	변화 없음	감소	감소

NER 돌연변이체는 야생형에 비해 DNA 손상이 증가하게 되는데 그 이유는 티민 2량체가 효율적으로 수선되지 못하기 때문이다. 장애관통 합성으로 인한 DNA 손상에 대한 내성은 DNA 손상을 수선하는 것이 아니므로, DNA 손상 수준은 그대로 유지된다. 그러나 이러한 내성이 사라진다면 세포 사망이 증가하게 될 것이다. NER의 상실도 마찬가지다. NER 돌연변이 세포에서는 DNA 손상이 많을수록 돌연변이 발생이 증가하게 될 것이다. 장애관통 합성이 교란된다면 돌연변이 발생은 감소할 것이다. 그 이유는 장애관통 중합효소가 통상적으로 돌연변이 발생을 유발하기 때문이다.

문제 14.

A. 배지는 선별을 위해 히스티딘이 결핍되었다. 애초의 점돌연변이의 특정 위치에서의 또 다른 점돌연변이만이 *HisG* 유전자의 복귀를 일어나게 할 것이다. 이 돌연변이는 유전자의 서열을 야생형 서열로 돌아가게 할 것이다.

B. 세포 내에서의 유리기는 DNA에 손상을 일으킬 수 있고, 이 손상으로 야생형으로의 복귀가 일어날 수 있다. 또 다른 일반적인 과정으로는, 복제 에러와 염기의 가수분해가 또한 DNA를 변화시킬 수 있다.

C. 화학물질 A. 대조구에 비해 화학물질 A에 의한 복귀 돌연변이가 더 많았다는 것은(생존율에 비해), 돌연변이가 더 많이 유발되었음을 의미한다.

D. 화학물질 C. 대조구에 비해 화학물질 C에 의한 복귀 돌연변이가 더 적었다는 것은(생존율에 비해), 돌연변이 빈도가 낮음을 의미한다.

11장

문제 2. 두 대립유전자는 약간의 염기서열 차이로 인해 서로 다르다. 그 유전자의 대부분의 염기서열은 서로 같아서 상동성이다.

문제 4. 세 번째 단계는 5′ 말단 침투를 나타낸다. DNA 합성효소는 DNA의 신장을 위해서 프라이머-주형 연결에 3′-OH를 필요로 하기 때문에 이것이 문제이다. 따라서 이 오류를 정정하기 위해서는 세 번째 단계에서 3′ 말단의 침투와 그것과 적당한 파란색 가닥과의 염기쌍 형성을 보여줘야 한다.

문제 6. RecBCD는 DNA 헬리카제와 핵산분해효소 활성을 지닌다. 구체적으로 보면 RecB는 3′에서 5′으로의 DNA 헬리카제와 핵산분해효소로 작용하고 RecD는 5′에서 3′으로의 DNA 헬리카제로 작용한다. RecC는 RecB와 RecD 모두의 효율성을 증진시키도록 도움을 준다. RecC는 카이자리를 인지하고 결합하여 3′ 꼬리에서 핵산분해효소 활성을 중지시킨다. RecBCD는 가닥 침투를 위한 단일가닥 DNA를 생성하기 위해 절단 부위에서 이중가닥 DNA 가공과정에 결정적인 역할을 수행한다.

문제 8. DNA 기질은 전기영동 이동성 이동 분석(electrophoretic mobility shift assay, EMSA)에 의해 분석될 수 있다. 즉, 말단에 방사능으로 표지된 DNA와 RuvA 단백질을 같이 섞어 놔둔 후에 비변성 겔(nondenaturation gel)에 전기영동을 한다. 두 개의 밴드를 겔에서 볼 수 있다. 하나는 보다 빠르게 이동하게 되는데 이것은 DNA 기질만을 나타내며 느리게 이동하는 밴드는 RuvA가 DNA 기질에 결합된 형태이다. 말단 부위에 ^{32}P로 방사능 표지된 연결부에 있는 DNA 가닥 중 하나만을 실험에서 음성대조군으로 사용할 수 있다. 왜냐하면 RuvA는 단일가닥에 결합하지 않기 때문에 보다 빠르게 이동하는 밴드를 육안으로 볼 수 있다.

문제 10. Spo11이 DNA의 이중가닥 절단을 매개한다. Spo11 단백질에 있는 티로신(tyrosine) 잔기는 DNA 절단을 위해 DNA 골격(backbone)의 포스포디에스테르 결합을 공격한다. Spo11은 절단된 DNA와 공유결합적으로 고에너지 중간체를 형성하기 위해 포스포디에스테르 결합의 절단 결과로 나오는 에너지를 저장한다.

문제 12. DSB 수선 상동 재조합에서처럼 SDSA는 재조합 위치에서 DSB, 5′에서 3′으로의 절제, 그리고 DNA 합성을 위한 프라이머로 사용하는 3′ 말단의 침투 등으로 시작한다. SDSA는 홀리데이 연결부 절단을 통한 분리가 없다는 점에서 DSB 수선 상동 재조합과 다르다. 가닥 침투 후에 완전한 복제 분기점이 SDSA에서 발생되고, 침투되지 못한 3′ 말단은 SDSA에서 제거된다. 새로이 합성된 DNA가 대체되고 두 번째 DNA 합성이 그 과정을 마무리하여 유전자 전환이 이루어진다.

문제 14.

A. 그림에서 2번 레인을 보면 X 단백질은 홀리데이 연결부와 유사한 DNA 기질을 절단한다. 하나의 가닥만 방사능으로 표지되었기 때문에 단지 하나의 밴드만이 자가방사기록사진에 나타난다. DNA 기질의 길이는 60 nt이고 절단된 산물은 31 nt이기 때문에 그 절단은 그 가닥의 중앙, 즉 그 연결부의 90도 각도 근처에서 발생되는 것으로 여겨진다. 기대했던 대로 RecA 단백질이 그 DNA 기질을 절단하지 못한다는 것을 3번 레인에서 볼 수 있다.

B. X 단백질의 기능은 RuvC의 기능과 유사하다. 대장균에서 RuvC는 X 단백질의 실험결과에서처럼 홀리데이 연결부를 절단한다.

12장

문제 2. 재조합효소들은 공유결합된 단백질-DNA 중간체를 통하여 파손된 인산이에스테르 결합의 에너지를 보관한다. 재조합효소는 절단된 가닥이 단백질-DNA 공유결합을 공격할 때 파손된 DNA 가닥들을 재연결한다.

문제 4. 두 종류의 재조합효소들은 공유결합된 재조합효소-DNA 중간체를 형성하고, 2개의 이중가닥으로부터 4개의 DNA 가닥을 이용하여, 가역반응을 촉매하며, DNA의 4개의 특이 자리를 인식하여 결합하는 4개의 아단위를 포함한다. 재조합효소들은 이 반응을 촉매하기 위하여 외부 에너지를 요구하지 않는다.

세린 재조합효소들은 첫 단계에 4가닥을 모두 절단한다. 티로신 재조합효소들은 단지 2가닥의 DNA를 먼저 절단하여 재연결하고, 곧이어 남아 있는 2가닥을 절단하여 재연결한다. 첫 번째 절단과 재연결은 세린 재조합효소의 기작에서는 형성되지 않는 홀리데이 연결부를 생성한다. 세린 재조합효소들의 기작은 단백질-DNA 복합체에서 2량체의 180° 회전을 포함한다. 이러한 유형의 단백질-DNA 회전은 티로신 재조합효소들의 기작에서는 일어나지 않는다.

문제 6. λInt는 통합재조합과 절제재조합 두 경우에서 기능한다. λInt는 *att* 자리를 통한 재조합을 촉매하는 티로신 재조합효소이다. 또한 λInt는 Xis와 IHF의 결정적 지원을 받아 절제를 촉매한다.

문제 8. DNA 전위인자들은 사이클 전체에서 DNA로 존재하지만 레트로전위인자는 증식 사이클에서 RNA 중간체를 포함한다.

문제 10. Tn5와 같은 전위인자가 숙주 유전체 내로 삽입되는 것은 일반적으로 염기서열 특이적이 아니다. 오려붙이기 기작을 통하여 Tn5는 거의 무작위적으로 관심 있는 숙주 유전체 내로 삽입된다. 삽입되는 위치에 따라 이 과정은 유전자 발현에 중요한 유전자 혹은 상류 DNA 요소의 코딩 염기서열을 파괴하게 된다. 과학자들은 전위인자의 염기서열은 이미 알려져 있기 때문에 특정한 표현형을 갖는 세포를 스크리닝해서 파괴된 유전자를 확인할 수 있게 된다. 화학적 돌연변이를 이용한 스크리닝에서는 보편적으로 만들어지는 작은 점돌연변이를 확인하는 것이 훨씬 힘들다.

문제 12. 오려붙이기 기작에서 전위인자는 원래의 유전적 위치로부터 절제한다. 전위인자 DNA는 공격해서 DNA 가닥 운반 기작을 통하여 다른 DNA 위치에 삽입된다. 복제기작에서는 트랜스포소좀이 전위인자의 각 면의 한 가닥을 절단한다. 절단된 가닥은 공격해서 이중으로 갈라진 구조를 형성하는 유전체에서 다른 위치인 표적 DNA 자리에 연결하게 된다. 복제 후 갈라진 중간체의 가공 결과는 2개의 전위인자를 포함하는 환형의 공동통합체이다.

문제 14.

A. 어머니의 SstI 분해물은 5.5 kb 조각에 일치하는 띠를 보이지 않지만 3.2 kb 조각에 일치하는 띠를 포함하고 있다. 단지 엑손 14를 포함하는 조각들이 다르다. 다른 모든 조각들은 같은 크기인 것 같다.

B. 환자의 KpnI 분해물은 7.3 kb 조각에 일치하는 띠를 보이지 않지만 5.3 kb와 4.3 kb 조각에 일치하는 띠를 포함하고 있다. 단지 엑손 14를 포함하는 조각들이 다르다. 다른 모든 조각들은 같은 크기인 것 같다.

C. 단지 엑손 14를 포함하는 조각들이 환자와 어머니 분해물에서 다르기 때문에 전위인자는 엑손 14에 끼워들어 간 것으로 보인다. SstI 분해물을 토대로 봤을 때 환자는 어머니의 3.2 kb 조각보다 2.3 kb 더 큰 한 개의 조각을 갖고 있다. KpnI 분해물을 토대로 봤을 때 환자는 어머니의 7.3 kb 조각 대신에 두 개의 더 적은 조각들을 갖고 있지만, 더 적은 조각들의 합은 9.6 kb이다. 이와 같은 관찰은 엑손 14의 전위인자 삽입에 의하여 설명되고, 전위인자 DNA 자체가 KpnI 인식자리를 포함하고 있다.

13장

문제 2. RNA 중합효소는 처음에 프로모터 서열에 결합한다. 결합 이후 프로모터-RNA 중합효소 복합체는 전사를 개시하기 위해 구조적 변화가 일어난다. 전사를 막거나 특정 유전자의 전사를 증가시키기 위해서는 프로모터를 통하여 개시를 저해하거나 증진시키는 것이 가장 확실하다.

문제 4. DNA 족문 분석법이 가장 좋은 선택이다. 이 분석법은 RNA 중합효소가 프로모터에 결합하고 있다면 그 위치 주변의 족문을 보여준다. EMSA도 DNA에 결합하는 단백질을 조사하는 방법이다. EMSA는 RNA 중합효소가 프로모터에 결합하는 것은 알려주지만 결합이 −35와 −10 지역 가운데에서 일어나는 것을 보여주지 못한다. ChIP도 가능하지만 특정 DNA 서열만을 고려했을 때는 DNA 족문 분석법이 가장 적절하다.

문제 6. 실험 결과는 깨물기설을 지지한다. 이 실험은 RNA 중합효소는 프로모터에 결합하여 남아 있고 DNA는 풀려서 초기 전사 동안 RNA 중합효소로 당겨진다.

문제 8. 굵게 표시한 뉴클레오티드는 종결 머리핀 구조의 형성을 위해 서로 염기쌍을 이루는 지역 안에 있다. 이 뉴클레오티드 중 하나에 돌연변이를 일으키면 염기쌍은 이루어지지 않게 되고 머리핀 구조가 만들어지지 않음으로써 종결은 일어나지 않는다. 만약 줄기 고리의 다른 편에 돌연변이를 일으켜 처음 돌연변이를 일으킨 염기와 염기쌍이 재형성되도록 만든다면 이런 이중 돌연변이체에서는 종결이 복구될 것이다.

문제 10. Pol II의 CTD 꼬리에 있는 세린 잔기의 인산화는 프로모터 탈출과 효과적인 신장에 필요하다. 이외 다른 형태의 인산화는 꼬리가 RNA 가공에 필요한 인자들을 모집하도록 해준다. 그러므로 이 과정을 책임지는 꼬리 인산화의 조절은 적절히 조정된다.

문제 12. 폴리-A 중합효소는 DNA 주형이 필요 없으며 mRNA의 3′ 말단에 200개 정도의 A를 첨가한다. RNA 중합효소는 주형이 필요하며 RNA를 만들기 위해 4 NTP 모두를 사용한다.

문제 14.

A. 유입물 반응에는 세포 내의 모든 DNA(염색질)가 들어 있다. 유입물에는 DNA의 모든 지역이 동등한 수준으로 존재한다. 특정 시발체 세트를 사용한 PCR을 하였다.

B. 폴리-A 신호서열을 암호하는 서열의 3′ 쪽 DNA에 특이적인 시발체를 사용한 PCR 반응에서 확실한 일치성이 나타난다. 이 결과는 Rat1이 *ADH1* 유전자의 이 지역에 위치해야 함을 보여준다.

C. 어뢰설에서 Rat1은 폴리-A 자리의 하류에 전사된 RNA를 5′ → 3′ 방향으로 분해한다. 이는 결과적으로 RNA 중합효소를 DNA에서 떨어지게 한다. 이 실험의 결과는 Rat1이 모델에서 예상한 바와 같이 폴리아데닐화 후에 즉시 절단된 전사체를 연결할 것으로 예상되는 유전자의 3′ 말단 위치에서 전사 기구와 더 우세적으로 결합한다는 것을 보여준다.

14장

문제 2. 5′과 3′ 이어맞추기 자리는 인트론에 대해 명명된다. 5′ 이어맞추기 자리는 상류의 엑손의 3′ 말단과 만나는 인트론의 5′ 말단 쪽에 위치한다. 3′ 이어맞추기 자리는 다른 엑손의 5′ 말단과 만나는 인트론의 3′ 말단에 있다. 인트론 내에 있는 분기점 A 역시 이 어맞추기 반응에 필요하다. Py 연속서열은 분기점 자리 뒤에 온다.

문제 4. 생체 내에서 Prp22는 이어맞추기복합체에서 이어맞추기된 mRNA를 신속하게 제거하며 이어맞추기복합체를 해체한다. 또한 올가미 RNA는 빠르게 분해된다.

문제 6. U1 snRNP는 U1 snRNA의 서열인 5′-ACUUAC-3′과 완전히 상보적인 5′-GUAAGU-3′ 서열과 결합한다. 돌연변이는 U1이 5′ 이어맞추기 자리에 결합하는 것을 감소시키겠지만 염기쌍이 5개 정도로 유지되면 결합을 완전히 막지는 못할 것이다. U6 snRNA(상응하는 서열 5′-ACAGAG-3′)는 5′-GUAAGU-3′ 서열과 3개의 염기쌍을 형성할 수 있고 서열 5′-GUAUGU-3′과는 4개의 염기쌍을 형성한다. 이러한 점이 U6 snRNP가 5′ 이어맞추기 자리와의 결합을 증진시킬 것이다.

문제 8. 최종 산물은 두 엑손 사이에 있는 인트론 서열을 포함하고 있을 것이다. 번역 동안 이 RNA는 의도치 않은 아미노산을 암호하거나 미성숙 종결코돈을 만들 것이다. mRNA에 이런 여분의 서열이 삽입되면 삽입된 서열의 하류 쪽 코돈에서 읽기틀의 변화가 만들어진다. 이런 변화는 필연적으로 단백질의 손상을 일으킨다.

문제 10. 종결코돈 생성에 의한 분해 과정은 미성숙 종결코돈을 가진 mRNA를 분해한다. 이는 세포로 하여금 하나의 기작을 통해 대체 이어맞추기가 한 종류의 유전자에서 일어나도록 한다. 2개의 대체 엑손을 가진 특정 유전자에서 최종 이어맞추기된 mRNA에는 어느 한개만 포함되지 두 개가 함께 포함되지 않는다. 대체 엑손 중 각각은 암호물의 나머지와 맞는 열린 읽기틀을 가지지만 만약 두 엑손이 성숙한 mRNA에 같이 포함되면 두 엑손의 서열은 미성숙 종결코돈을 만들게 된다.

문제 12.

A. 이어맞추기복합체가 필요한 인트론. 핵추출물이 있을 때 올가미와 이어맞추기된 산물의 띠를 볼 수 있다. 핵추출물이 없을 때는 단지 mRNA 전구체 띠만 보인다.

B. II군 인트론. 이어맞추기는 핵추출물이 있거나 없을 때 둘 다에서 일어나므로 반응은 자가 이어맞추기다. 산물은 이어맞추기복합체가 필요한 반응에서와 같이 이동한다. 그렇기 때문에 II군 인트론이 확실하다.

C. I군 인트론. 이어맞추기는 핵추출물이 있거나 없을 때 둘 다에서 일어나므로 반응은 자가 이어맞추기다. 한 산물은 반응 A와 B의 올가미 산물보다 더 빨리 이동한다. 이는 선형의 산물을 의미하며 I군 인트론의 주요 특징이다.

15장

문제 2. tRNA는 자신에 맞는 고유한 아미노산을 3′ 말단에 연결한다. 아미노산과 tRNA의 3′ 말단에 존재하는 5′-CCA-3′의 3′-OH 혹은 2′-OH사이에 고에너지 아실결합이 형성된다.

문제 4. Ser-$tRNA^{Thr}$ → $tRNA^{Thr}$ + Ser

문제 6. 알라닐-tRNA 합성효소가 교정포켓을 이용하여 Gly-$tRNA^{Ala}$를 가수분해한다. 알라닌의 측쇄(메틸기)는 글리신에 있는 수소보다도 약간 크다. 그래서 알라닐-tRNA 합성효소의 활성부위가 글리신에 적응할 수 있게 되어 글리신으로 잘못 충전된 $tRNA^{Ala}$가 된다. 알라닐-tRNA합성효소는 교정포켓을 가지고 있어서 이 포켓이 글리신과 딱 들어맞게 되어 있으나(그래서 글리신을 제거하게 되는데) 알라닌이 연결된 $tRNA^{Ala}$는 제거하지 않는다.

문제 8. 가장 간단한 실험은 리보솜에 단백질 분해효소를 처리한 후 이 리보솜이 계속하여 새로운 단백질을 합성할 수 있는지를 확인해 보면 된다. 이러한 처치 후, 즉 대부분의 단백질이 제거된 후에도 펩티드결합이 여전히 일어나는 것을 알게 되었다. 구조적인 연구에서도 RNA가 펩티드 결합을 촉매한다는 것이 증명되었는데 촉매부위의 18Å 이내에는 아미노산이 존재하지 않는다는 것이다.

문제 10. 이들 복합체 각각의 구조는 매우 유사하다. EF-G의 일부가 EF-Tu-GTP-tRNA 복합체에서 tRNA의 모양과 유사하게 되어있다. 이 사실이 어떻게 이들 두 복합체가 리보솜의 A자리에 결합할 수 있는지를 설명한다.

문제 12. 항생제는 번역 단계에서 리보솜의 특정 부위, EF-Tu 혹은 EF-G와 결합하여 번역을 저해한다. 번역의 한 단계에서 중지되면 모든 번역과정이 중지하게 된다. 번역은 세포의 생존에 필수적이다. 리보솜의 정확한 단백질과 rRNA요소들이 원핵세포와 진핵세포에서 서로 다르다. 그러므로 항생제는 진핵세포가 아닌 원핵세포의 리보솜 구성요소에 특이적으로 결합하여 번역을 저해한다.

문제 14.

A. 트레오닌의 구조는 그 크기에 있어서 발린과 매우 유사하므로 ValRS의 활성부위에 맞게 되어 있다. 트레오닌은 히드록시기를 가지는데 발린은 메틸기를 가진다.

B. 대부분의 Thr-$tRNA^{Val}$이 K270A와 D279A에서 생산된다. 이 사실은 전적으로 교정에 문제가 있음을 말해준다.

C. 한번 잘못 삽입되고 교정이 일어날 때 마다 매회 1분자의 ATP가 소모된다. 왜냐하면 ATP는 tRNA로부터 아미노산이 가수분해되면 새로운 아미노산이 아데닐화되어 전달되어야하기 때문이다. 만약 변이형 ValRS가 교정을 하지 않게 되면, Thr-$tRNA^{Val}$은 증가하게 되나 ATP 소모량은 감소하게 될 것이다. 바로 이런 현상이 K270A와 D279A 돌연변이체에서 나타난 것이다.

16장

문제 2. 가장 일반적인 돌연변이는 A:T가 G:C로 또는 G:C가 A:T로 치환되는 것이다. 만일 DNA가 가운데 뉴클레오티드가 치환된 코돈을 암호화하고 있다면 리신은 아르기닌으로 또는 그 역으로 바뀔 것이다. 이 두 아미노산은 양전하를 띠고 있다. 단백질에서 이러한 아미노산의 변환은 다른 경우에 비해 훨씬 보존적이므로 세포로서는 단백질의 구조와 기능을 변화시키지 않는 가장 좋은 기회가 된다.

문제 4.

아니오	**A.** UGC
예	**B.** CGA
아니오	**C.** UGA
예	**D.** CGU
아니오	**E.** GCG

문제 6. 반복된 2뉴클레오티드 서열 GU를 사용한다. 5′-GUGUGUGUGUGUGU...-3′은 발린(5′-GUG-3′)과 시스테인(5′-UGU-3′)이 반복되는 폴리펩티드를 암호화한다.

문제 8. 암호화 가닥은 mRNA와 같은 서열을 갖는다. 단, mRNA는 T 대신 U를 갖는다.

첫 번째 틀(5′-말단의 첫 번째 뉴클레오티드에서 시작)을 사용하면, NH_2-트레오닌-발린-세린-알라닌-아르기닌-류신-COOH이다.

두 번째 틀(5′-말단의 두 번째 뉴클레오티드에서 시작)을 사용하면, NH_2-프롤린-페닐알라닌-아르기닌-류신-COOH 이다.

세 번째 틀(5′-말단의 세 번째 뉴클레오티드에서 시작)을 사용하면, NH_2-아르기닌-페닐알라닌-글리신-(정지)COOH이다. 이 서열은 유전자의 중간에 있으므로 사용되는 틀이 아닐 것이다.

문제 10.

A. 2염기쌍을 삽입한 틀이동 돌연변이이다. 틀이동은 아래쪽의 코돈이 다른 서열의 아미노산을 암호화하도록 한다.

B. 2염기쌍을 삽입한 변형된 서열 1에, 삽입된 염기쌍 바로 앞의 염기쌍 하나를 제거해도 틀이동 상태로 남으며, 이때는 하나의 읽기틀이 이동된다. 틀이동은 아래쪽의 코돈이 다른 서열의 아미노산을 암호화하도록 한다.

C. 2염기쌍을 삽입한 변형된 서열 1에, 삽입된 염기쌍 바로 앞의 염기쌍 두 개를 제거하면 틀이동이 제거된다. 따라서 이 경우는 유전자 내(유전자 자체 안에서의) 억제인자 돌연변이의 예가 되며, DNA 서열이 야생형과 동일하지 않더라도 야생형의 아미노산 서열로 돌아간다.

문제 12. 보편성은 모든 생명체에서 유전암호가 보존되어 있음을 의미한다. 대부분의 경우 생명체는 같은 유전암호를 사용한다. 하지만 몇몇 특이 코돈 또는 아미노산에 표준 유전암호를 벗어난 다양성이 존재한다. 포유동물의 미토콘드리아, *Candida albicans*, *Mycoplasma capricolum*는 예외적인 유전암호를 사용한다.

문제 14.

A. 억제인자 돌연변이는 유전자간 정지 억제인자이다. 유전자 간이라 함은 해당 유전자가 아닌 다른 유전자에서 돌연변이가 일어났기 때문이다.

B. 아주 흔하게 사용하는 $tRNA^{Leu}$가 억제인자 돌연변이를 갖는다면, 세포 내의 많은 유전자들이 이 특이 tRNA를 필요로 하는

류신을 암호화하는 문제가 생긴다.

C. 정지토돈 5′-UAG-3′ 는 역코돈 5′-CUA-3′ 에 의해 인지된다. 5′-UAG-3′ 는 류신 코돈 5′-UUG-3′ 와 단지 한 개의 뉴클레오티드가 다르다. 그러므로 돌연변이가 일어난 역코돈의 서열은 5′-CUA-3′ 이고, 야생형의 역코돈은 5′-CAA-3′ 이다.

D. 5′-UAG-3′ 코돈은 대장균 유전체에서 정지코돈으로 거의 사용되지 않는다. 그러므로 단백질 번역의 종결 대신 아미노산을 삽입하는 것은 대장균의 다른 단백질들에 대해 커다란 문제(대게 세포가 죽거나 성장이 느려지게 하는)를 일으키지 않는다. 억제인자 돌연변이의 결과로 생기는 각 5′-UAG-3′ 코돈에 하나의 아미노산 삽입은 대부분 특정 돌연변이 단백질의 번역에만 영향을 미친다.

보다 많은 정보를 얻으려면, Thorbjarnardöttir et al. (1985. *J. Bacteriol.* **161**:219-222)을 참조하시오.

17장

문제 2. 마이코플라스마의 유전체는 작음에도 불구하고 그들은 세포 구조를 갖고 있고 세포분열을 수행하며 그리고 바이러스처럼 숙주에 의존하지 않는다. 마찬가지로 공생체 *Hodgkinia cicadicola*도 생존을 위해서는 숙주세포에 의존하기에 살아 있는 것으로 고려하지 않는다.

문제 4. 가장 대표적인 예시가 리보솜의 대 구성단위에 있는 RNA 성분으로 펩티드결합을 촉진한다. 다른 예시도 가능하다. 단백질 합성에서 일어나는 1차 반응은 RNA를 요구하기 때문에 RNA 세상 가설에서 RNA가 단백질에 우선한다는 아이디어는 보다 그럴듯하게 보인다. 리보솜의 촉매 RNA는 RNA 세상의 분자 화석일 수 있다.

문제 6.

i. RNA 중합효소.

ii. 역전사효소.

iii. DNA 중합효소.

iv. RNA 복제효소, 일종의 리보자임. (어떤 RNA-의존성 RNA 중합효소도 역시 존재한다는데 주목하라.)

문제 8. 여러 개의 RNA 복제효소가 막과 결합하게 되면, 보다 효율이 떨어지는 복제효소가 돌연변이 복제효소를 복사하는 기회가 증가된다. 결국에는 그 원시세포가 분열하게 되면, 2개 또는 그 이상의 돌연변이 복제효소가 하나의 원시세포 내에 저장될 수 있는 기회가 된다는 것은 이치에 맞다. 시간이 지나감에 따라 보다 효율적인 돌연변이 복제효소를 지닌 원시세포의 보급은 보다 비효율적인 복제효소를 지닌 원시세포를 초월하게 될 것이다.

문제 10. 과학자들은 시작 물질로서 원시지구에 존재 가능한 유기분자들을 사용하여 피리미딘을 만들었다. 생물 발생 이전의 조건에서 인산, 리보오스, 그리고 핵 염기로부터 뉴클레오티드를 만들고자 시도한 실험은 성공하지 못했다. 그러므로 과학자들은 이 가설을 지지하지 않는다.

문제 12. RNA 복제효소인 리보자임은 오직 한 번보다는 더 많은 포스포디에스테르 결합을 만들도록 촉진할 수 있어야만 한다. 또한 복제효소인 리보자임은 촉매작용 때에 쓰이는 유리 리보뉴클레오티드를 요구한다. 복제효소 리보자임의 서열과 그 상보체는 또한 주형으로 사용된다. 복제효소 서열의 복제는 상보체 서열을 만든다. 상보체 서열의 복제는 RNA 복제효소의 다른 사본을 만든다.

문제 14.

A. 리보자임은 반응 2보다는 반응 1과 3에서 보다 긴 RNA 산물을 합성할 수 있다.

B. 반응 2에서 주형의 염기서열의 변화는 해로운 효과를 가져왔다. 주형과 리보자임의 서열에서의 염기서열의 변화는 야생형 수준의 리보자임의 촉매 능력으로 회복시켰다. 리보자임 서열 5′-UCAUUG-3′ 는 주형의 서열 5′-CAAUGA-3′ 와 상보적이다. 반응 3에서 리보자임과 주형의 서열에서의 변화로 두 서열 간의 상보성이 회복되었다. 합성 동안에 리보자임은 주형 RNA와 적당한 염기쌍을 이룬다.

18장

문제 2. 알로락토오스는 DNA 결합 도메인과 다른 부위에서 Lac 억제자와 결합한다. 일단 결합하면 알로락토오스는 Lac 억제자의 구조를 바꾸고 DNA에서 떨어뜨려 억제를 중지시킨다. 마찬가지로 다른자리입체성 효과자들은 *araBAD*와 *gal* 오페론들을 조절한다. 낮은 농도의 포도당이 있을 때, cAMP는 CAP에 결합하여 CAP 의 모양을 변화시킴으로 CAP가 DNA에 결합하여 활성화할 수 있게 한다. 다른자리입체성을 통하여 NtrC 와 MerR은 *glnA*와 *merT* 유전자들의 전사를 각각 활성화시킨다. 더 많은 예들도 있다.

문제 4.

A. 항구적인 발현은 *araBAD* 오페론에 있는 유전자들이 아라비노스의 존재 여부와 관계없이 발현된다는 것을 의미한다. 즉, 조절되지 않고 유전자가 발현된다.

B. AraC를 만드는 유전자에 생긴 돌연변이는 *araBAD* 오페론의 항구적인 발현을 야기할 수 있다. 이 돌연변이는 아라비노스가 없을 때 생기는 AraC에 의한 DNA 고리 형성을 억제해야만 한다. 또한 *araO*$_2$ 자리에 생긴 돌연변이를 제거하면 항구적인 발현이 일어날 수 있다.

더 자세한 정보는 Englesberg et al. (1965. *J. Bacteriol.* **90:** 946-957)를 참조하시오.

문제 6.

Aa. 기본발현수준. 포도당이 있을 경우, CAP은 결합되지 못한다. 이 돌연변이는 *lac* 억제자가 결합하는 것을 억제하고 결과적으로 기본수준의 *lacZ* 발현만 있게 된다.

Ab. 기본발현수준. 포도당이 있을 경우, CAP은 결합되지 못한다. 이 돌연변이에서 억제자는 락토오스가 존재하지 않든지 존재하든지 결합되지 못한다. 결과적으로 기본수준의 *lacZ* 발현만 있게된다.

Ac. 활성화된 발현 수준. 포도당이 없을 경우 CAP은 결합한다. 억제자는 락토오스와 관계없이 결합되지 못하고 *LacZ* 발현 수준은 활성화된다.

Ad. 활성화된 발현 수준. 포도당이 없을 경우 CAP은 결합한다. 제자는 락토오스와 관계없이 결합되지 못하고 *LacZ* 발현 수준은 활성화된다.

Ba. 발현 없음. RNA 중합효소의 결합을 억제하는 프로모터에 생긴 돌연변이는 *lacZ*가 억제자가 작동유전자에 결합하지 못하고 CAP이 결합해 있더라도 *lacZ*의 발현을 일으키지 못한다.

Bb. 발현없음.

Bc. 발현없음.

Bd. 발현없음.

문제 8. ZntR이 Zn(II)와 결합하는가? 프로모터의 −10 과 −35 자리 사이에 스페이스가 있는가? ZntR이 *zntA*의 프로모터 부위에 결합하는가? Zn(II)를 넣으면 ZntR이 다른 양상으로 프로모터에 결합하는가? Zn(II)를 넣어주면 ZntR과 DNA결합이 틀어지는가? 다른 답들도 가능하다.

더 자세한 내용은 Outten et al. (1999. *J. Biol. Chem.* **274:** 37517-37524)을 참조하시오.

문제 10.

A. 억제자가 낮은 농도이면 세포는 박테리오파지의 방출준비 없이 용균상태를 유도할 수 있다. 억제자가 증가하면 비효율적으로 되고, 억제자가 O_{R1}과 O_{R2}를 비우고 용균성장이 유도되기 전에 더 많은 억제자가 불활성화에 필요해진다.

B. λ 억제자의 농도가 높으면, λ 억제자가 O_{R3}에 결합함으로 자신의 전사를 억제한다. 이것은 RNA 중합효소가 P_{RM}에 결합하는 것을 억제한다.

문제 12. 억제자가 결합하는 특정 자리를 찾기 위하여 DNA 풋프린팅 분석(7장 참조)을 할 수 있다. 유도체가 억제를 막는다면 실험에 유도체를 넣지 않는다. 유도체를 대조군으로 이용할 수 있다. DNA로는 오페론 구조유전자의 상위 부위 중 일부를 이용한다. 프로모터가 알려져 있다면 그 부위를 반드시 포함해야 한다. DNA의 한쪽 끝만 방사성 표지화한다. DNA와 억제자를 같이 배양한 뒤 DNase I을 짧게 처리한다. 그 반응 산물을 변성 겔을 이용한 전기영동으로 DNase I 처리기간 동안 억제자와 결합하고 있던 부위를 찾는다. 음성 대조군으로 억제자와 함께 유도체를 넣어 배양한다. 다른 음성 대조군으로 DNA와 DNaseI 을 같이 배양한 뒤 억제자를 넣는다. DNaseI 대신 결합되지 않은 DNA를 자르는 특정 화학약품을 이용할 수 있다.

문제 14.

A. O_{R1}에 결합된 λ억제자는 상호협동적으로 억제자가 O_{R2}에 결합하는 것을 돕는다. 그 결과 억제자는 낮은 O_{R2}에 대한 친화성으로 인해 높은 농도가 필요함에도 필요한 농도보다 적은 농도에서 O_{R2}에 결합하게 된다.

B. 18장에서 λ 억제자는 낮은 농도에서도 O_{R1}과 O_{R2}에 상호협동하여 결합한다. 이 두 자리에 결합되어 있을 때 억제자는 상호협동적으로 O_{R3}에 결합하지 못한다. λ 억제자 농도가 충분하다면 λ 억제자는 O_{R3}에 결합한다.

C. 돌연변이 X는 O_{R1}에 돌연변이를 가진 DNA이다. 표에 있는 데이터를 보면 연구자들은 돌연변이 X와 O_{R1}의 결합을 확인하지 못하였다. 이 돌연변이는 억제자가 DNA에 결합하는 능력이 상실된 것으로 보인다. 돌연변이 Y는 O_{R2}에 돌연변이가 생겼다. 데이터를 보면 연구자들은 돌연변이 X와 O_{R2}의 결합을 확인하지 못하였다. 이 돌연변이도 억제자가 DNA에 결합하는 능력이 없는 것으로 보인다.

D. λ 억제자는 DNA에 상호협동적으로 결합한다. O_{R1}이 없는 경우, λ 억제자는 O_{R2}와 O_{R3}에 상호협동적으로 결합한다. 그 결과 O_{R3}에 결합하는데 요구되는 농도를 낮출 수 있다.

19장

문제 2. 세균과 진핵세포는 유전자의 암호화 서열 상류에 프로모터 서열을 가진다. 세균과 진핵세포는 또한 억제자 또는 활성자와 같은 조절 단백질이 결합하는 곳인 DNA-결합자리를 가진다. 한 가지 활성자 및/또는 한 가지 억제 단백질이 전형적인 세균 유전자를 조절하지만, 진핵세포 유전자의 조절인자들은 보다 정교하다. 진핵세포의 경우, 더 많은 조절 인자들이 존재하며, 조절인자는 프로모터의 상류나 하류에 모두 존재할 수 있고, 이곳은 여러 활성자 및/또는 억제자의 결합자리를 포함할 수 있다. 다수의 조절인자들은 다세포 생물의 인핸서로 나눌 수 있으며, 차단자(또는 경계인자)가 존재할 수도 있다. 진핵세포 유전자의 조절인자는 그것이 조절하는 유전자로부터의 거리가 세균의 경우보다 훨씬 먼 곳에 위치할 수도 있다.

문제 4. 유전체 DNA는 뉴클레오솜으로 싸여 있다. 전사 개시는 뉴클레오솜을 리모델링하거나 특정 지역으로 옮기는 것을 포함한다. 이 과정에는 별도의 단백질이 필요하다. PCR로부터 만들어진 주형 DNA는 뉴클레오솜을 가지지 않는다.

문제 6.

A. 바른 순서 : d, c, a, e, b. 7장의 그림 7-35를 참고하기 바람.

B. 연구자는 단백질 X가 DNA에 결합하는지 의심해 보아야 하며,

단백질 X가 유전자 *Y*에 또는 *Y*의 프로모터에 결합하는지 고려해 봐야 할 것이다. 또한 그러한 상호작용이 어떤 조건(예컨대, DNA 손상 존재시나 특정 당의 존재시 등)에서 일어나는지 검증할 수 있을 것이다.

문제 8.

A. 메틸화, 아세틸화 및 인산화.

B. 히스톤 꼬리의 잔기 변화는 흔히, 특정 유전자의 특별한 발현과 관련이 있다. 예컨대, 아세틸화는 왕성하게 전사되는 유전자에서 가장 일반적으로 나타난다. 다른 변화(예컨대, 메틸화)도 유전자 발현의 활성화 또는 억제와 연관될 수 있다. 히스톤 꼬리 내의 서로 다른 잔기의 메틸화는 각기 다른 영향을 나타낼 수 있거나, 또는 어떤 주어진 변화(다른 변화가 존재하는 경우)에서 다른 결과를 일으킬 수 있다.

문제 10. 시토킨 – 신호, 시토킨 수용체 – 수용체, JAK – 중계 분자.

STAT – 중계 분자, 특정 유전자의 전사 발현 – 결과물.

문제 12.

A. 단백질 A는 이 EMSA 분석에서 DNA 단편과 특이적으로 결합한다. 레인 4는 단백질 A와 단백질A에 대한 결합자리를 가지는 DNA 단편 간의 반응 결과를 보여준다. 보다 천천히 이동하는 밴드는 단백질A와 결합한 DNA 단편을 나타낸다. 과량의 결합하지 않은 DNA는 레인 1에서처럼 겔의 바닥에 위치한다.

B. 단백질 A와 B가 DNA 단편과 결합한다. 레인 2와 5에 의하면, 단백질 B는 혼자서는 DNA 단편과 결합하지 않는다(레인 2). 단백질 B는 단백질 A가 DNA에 결합한 후 단백질 A에 결합하는 것으로 생각된다. 레인 5의 가장 높은 곳에 있는 가장 느리게 이동하는 밴드는 단백질A, B와 DNA 단편과의 복합체를 나타낸다. 그 다음 번 밴드는 DNA 단편과 결합한 단백질 A이다. 가장 빨리 이동하는 밴드는 결합하지 않은 DNA를 나타낸다.

C. 단백질 B는 혼자서는 DNA 단편과 결합하지 않으나, 만약 단백질A가 결합해 있으면 결합하게 된다. 단백질 A와 B는 특정 유전자의 상류에 전사 장치를 동원하는 전사 활성화 복합체일 수도 있고 아니면 단백질 B 혼자 활성자 역할을 하지만 그것이 DNA에 효과적으로 결합하려면 단백질 A를 필요로 하는 것일 수도 있다.

20장

문제 2. 낮은 전사. 낮은 농도의 트립토판에서는 리보솜이 *trp* 오페론의 선도 펩티드를 암호화하는 mRNA 서열을 정지 없이 읽고 번역할 것이다. 두 개의 *trp* 코돈이 없으면, 리보솜은 쉽게 선도 펩티드를 번역한다. 3:4 전사약화자의 형성은 *trp* 오페론 유전자의 전사를 막는다.

문제 4. 원핵세포와 원시세포 유전체에 있는 CRISPR이 바이러스 감염으로부터 생명체를 보호한다. 스페이서 서열이 배열에 첨가되고 같은 바이러스에 의한 감염에 대한 저항성이 증가한다.

문제 6. 유전체는 전사된 후 줄기 고리 2차구조를 형성하는 1차 miRNA를 암호화한다. 1차 miRNA는 상단부 줄기로부터 하단부 줄기를 절단하는 드로샤에 의해 가공되고, 이렇게 만들어진 전-miRNA는 성숙한 miRNA를 만드는 다이서에 의해 더 가공된다. siRNA는 두 상보적 RNA가 염기쌍을 이루어 형성된 dsRNA로부터 만들어진다. 다이서에 의해 가공이 되면 가공된 miRNA와 유사하게 보이며 비슷한 방식으로 유전자 발현을 억제한다.

문제 8. 거짓. 전-miRNA 서열은 인트론, 엑손 또는 전사체의 비번역 부위에서 발견된다.

문제 10. 포유류 세포로 기다란 dsRNA를 형질도입하는 효율은 낮다. 또한 이 포유류 세포는 dsRNA가 세포에 들어가면 비특이적으로 번역을 정지시키는데, 이는 dsRNA가 바이러스 감염과 같은 반응을 유발하기 때문이다. 이를 극복하기 위해서, 연구자들은 다이서에 의해 가공되어 siRNA를 만들 수 있도록 줄기 고리로 접히는 전사체를 발현하기 위해 짧은 머리핀 RNA 유전자(shRNA)를 사용한다.

문제 12. *Xist*는 염색사의 리모델링을 위해 메틸화효소, 탈아세틸화효소와 유전체를 응축시키는 효소 같은 단백질을 X 염색체로 끌어들인다.

21장

문제 2. 어떤 분화세포를 iPS 세포로 전환시킬 수 있다는 것은 각 세포가 유전적으로 동일하다는 것을 증명한다. 이 iPS 세포는 어떤 형태의 세포로도 분화를 할 수 있게 된다. 이러한 개념은 의학적인 응용 가능성이 매우 크다.

문제 4.

1. 한 개의 세포 혹은 세포들은 형태형성물질이나 신호전달 분자를 합성하고 분비한다.

2. 분비된 형태형성물질의 분포에 따라 세포외 농도기울기가 형성된다.

3. 형태형성물질은 다른 세포들의 표면에 있는 수용체와 결합한다. 생성세포와 수용세포 사이의 거리가 멀어질수록 형태형성물질의 분포 비율은 감소한다.

4. 활성화된 수용체는 신호전달경로를 통해서, 많은 유전자 발현 조절기능을 하는 전사조절인자의 발현이 증가되도록 한다.

문제 6. 고초균(*B. subtilis*) 세포들은 세포 대 세포의 접촉을 통하여 모세포의 유전자 발현에 영향을 미치는 전포자를 형성한다. 전포자의 σ^F는 SpoIIR의 발현을 촉진한다. 분비된 SpoIIR에 의해 인접한 모세포 내의 σ^E전구체가 σ^E로 분해된다.

문제 8. 연구자들이 *oskar* mRNA의 3′ UTR 대신에 *bicoid* mRNA의 3′ UTR을 가진 mRNA를 만들 수 있었다. 그들은 정상적으로 *bicoid* mRNA에서 볼 수 있는 것과 같은 *oskar* mRNA가 정상적으로 앞쪽 극에 분포하는 것을 관찰하였다. 이러한 방법으로 원래와는 다른 부위에 극세포가 형성되도록 유도할 수 있다.

문제 10. 당신은 stripe #2 증폭자를 대장균(*E. coli*)의 *lacZ* 유전자에 융합시킬 수 있다. 만약 동일한 위치에서 LacZ의 발현이 관찰되었다면, stripe #2 증폭자는 stripe #2 발현시키기에 충분하다. 당신은 *lacZ* 유전자를 내생 부위에 있는 *eve* 유전자에 융합시킬 수 있으며, 실험을 위해 필요하다면 *eve* 유전자의 5′ 조절자리에 있는 stripe #2 증폭자를 없앨 수 있다. 그리고 필요에 따라 stripe #2는 stripe #2 증폭자가 없는 곳에서는 나타나지 않게 할 수 있다. stripe #2 증폭자는 stripe #2의 발현을 위해 반드시 필요하다.

문제 12. 배아의 앞에서부터 뒤쪽까지의 단백질 농도의 미세한 변화는 협동결합에 의해 일어난다.

문제 14. 모든 동물의 발생에 있어서 중요한 도구 유전자 세트가 많은 동물에 공통적으로 보존되어 있다.

22장

문제 2. "AND 게이트" 논리를 따르는 조절회로는 두 개의 입력조건이 만나야 한다. 단순히 스위치를 키고 끄는 것을 조절하는 것이 아니다.

문제 4. 확률성은 한 시스템이 어느 정도 무작위적으로 이루어진다는 것을 의미한다. 유전자 조절에서의 무작위는 명백히 같은 조건에서도 유전자 발현에 노이즈 또는 변이를 가져오게 한다.

문제 6. 음성 자동조절은 조절 회로의 산출물이 항상성을 유지하는 동안 노이즈를 야기하는 변수에 둔감하게 한다.

문제 8. ComK는 *comK* 프로모터에 협동적으로 결합한다. 양성 자동조절에서의 반응은 ComK 단백질의 작은 변화에도 매우 민감하여, 그 산출물이 역치에 도달했을대 비선형이다. 이 스위치는 On과 OFF 상태 사이의 "칼 에지"에 있다고 한다.

문제 10. 유전자 조절은 비연접 먹임-전진 고리의 조절을 받는다. 빛의 도입은 산출물을 직접적으로 활성화시키는 활성인자를 생성시킨다. 또한 활성인자는 산출물 생성을 막는 억제인자의 생성을 유도한다. 유전자의 발현은 억제인자가 만들어지기 전이나 활성인자는 만들어진 짧은 시간에 일어난다.

문제 12. 음성 자동조절

문제 14.

A. 아라비노스가 있을 경우 AraC는 *raC*, *lacI*, *YFP* 유전자의 AraC 결합자리에 결합하여 전사를 개시하고, 단백실 산물을 생산한다.

B. LacI는 아라비노스 존재 시 만들어진다. 만들어진 LacI는 세 유전자들의 *lac* 작동유전자 자리에 결합하여 이들의 전사를 중단시킨다. 따라서 YEP는 더 이상 만들어지지 않는다.

C. LacI는 자신의 합성을 억제한다. 때로 세포 분열에 따른 희석과/또는 분해로 억제에 요구되는 수준 아래로 자신의 수준을 떨어뜨린다. 아라비노스가 존재하고 소량의 AraC가 남아 있으면, 더 많은 AraC가 만들어지고 YEP가 다시 생산될 것이다.

D. YEP 신호는 아라비노스가 처음 첨가된 후 오랫동안 지속될 것이다. IPTG는 LacI 결합을 억제하기 때문에 더 많은 LacI 또는 더 오랜 시간이 이 시스템이 YEP 발현을 중단하기 전에 필요할 것이다.

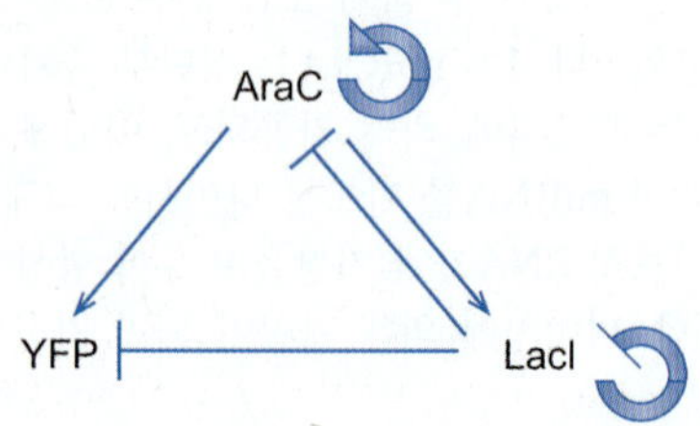

찾아보기

한글 찾아보기

ㄱ

ㄴ

ㄷ

ㅈ

기타

영문 찾아보기

A

B

C

D

E

J

K

L

M

N

O

P

Q

R

S

T